ZHONGGUO XIANDAI GUOSHU ZAIPEI

中国现代果树栽培

上册

龙兴桂　冯殿齐　苑兆和　林顺权　颜昌瑞　主编

中国农业出版社

北　京

内 容 提 要

本书系统介绍的具较高经济效益和多种价值的中国原生、引种及
涉及品种1 200余个。同时为满足多层次读者阅读和应用的需求，
实用技术知识的介绍。全书分三篇。

第一篇 总论：内容包括果树的生长发育规律、果树与环境
土肥水管理、整形修剪、设施栽培、有害生物防治、常用药

第二篇 常绿果树：内容包括柑橘、荔枝、龙眼、杨梅
橄榄、阳桃、番木瓜、番石榴、澳洲坚果、番荔枝、毛叶
果、黄皮、莲雾、酸角、人心果、椰子、红毛丹、西番莲
腰果、山竹子、槟榔、新兴果树等33章。

第三篇 落叶果树：内容包括苹果、梨、桃、葡萄、
榴、无花果、板栗、核桃、巴旦木、枣、山楂、银杏、柿
桑、阿月浑子、沙棘、枸杞、黑加仑、海棠、树莓、欧李
毛棶等33章。

每种果树分别介绍了主要种类和品种、苗木繁殖、生
求、建园和栽植、土肥水管理、花果管理、整形修剪、病虫
包装、果品贮藏保鲜等技术。有的专门对优质高效丰产栽培
操作的实践性。

本书内容丰富、技术先进，注重理论与实践相结合，具
和可操作性。可供农林院校、果树科研人员、果树生产及管
树专业培训教材和工具书。

作 者 简 介

　　龙兴桂，教授，生于 1938 年 9 月，山东省滕州市人。1964 年 7 月毕业于北京林学院（现北京林业大学），相继在山东农学院（现山东农业大学）、山东农业工程学院任教。一直从事园艺、林业、桑蚕等多学科的教学、科研及技术推广工作。为提高教学科研水平，坚持深入生产一线考察调研、访问及学术交流，足迹遍布全国各地及东南亚多国，积累了大量的第一手资料。主编、参编、翻译科技图书和高校教材共计 15 部，主要有《现代中国果树栽培·落叶果树卷》《苹果栽培管理实用技术大全》《中国板栗栽培技术》《苹果病虫害防治技术》《中国森林昆虫学》第二版（增订本）等；撰写专业论文 20 余篇，主要是关于苹果腐烂病、黑门娇异蟟、锈色粒肩天牛等的研究等。其中有的著作和论文先后获得国家及省部级科技进步奖、山东省高校科研成果奖等多项奖励。50 多年来，为弘扬园艺、林学、桑蚕学科知识，培养各类专业技术人才做出了积极贡献。

《中国现代果树栽培》编辑委员会

序 一

由龙兴桂教授组织数十所农林院校和果树科研机构的百余名果树教学、科研、生产管理和技术推广等多领域的专家，历经多年遍访中国及周边邻国进行考察、调研、收集一手资料，编撰了《中国现代果树栽培》专著。

该书内容包括总论、常绿果树和落叶果树三篇七十七章。其中，总论系统介绍了果树生长发育规律、果树与环境、果树良种选育、苗木繁育、土肥水管理、整形修剪、设施栽培、病虫害防治及农药应用等技术；常绿果树篇和落叶果树篇涵盖了中国在果树产业、生态环保、园林景观等方面具有生态、社会功能和重要经济价值的树种70余种，涉及果树品种数千种，详细阐述了每种果树的主要种类、品种和苗木繁育、生长发育与结果习性、对环境的要求、建园与栽植、土肥水管理、花果管理、整形修剪、病虫害防治、果实采收分级包装、果实贮藏保鲜等系统知识。

书中内容既涵盖传统的果树栽培、生产管理和病虫害防治技术，又采纳现代果树栽培创新技术，还介绍了各树种优质丰产高效栽培模式案例。

本书涉猎果树品种之多、范围之广、技术之先进、实用操作性之强，填补了当今果树栽培学科著作之所缺，是一本现代果树栽培之大全。本书的问世必将为广大读者提供极为丰富的果树栽培技术知识，并为传承中国现代果树栽培技艺作出重大贡献。

中国工程院院士

北京林业大学教授　　尹伟伦

2018 年 8 月于北京

序 二

　　我国果树栽培历史悠久，资源丰富，栽培技术成就巨大。为了顺应国内外发展趋势，围绕果树提质增效、转型升级、果树产业区域化发展、规模化种植、集约化栽培、机械化管理的总趋势，实施贯彻"精准扶贫"果树认领助推农特经济发展精神，近年来果树产业在农业增效、农民致富、生态优化中贡献突出，受到了广大科技工作者、生产者的高度重视，强化了实践和研究创新，取得了大批优秀成果；国际合作交流的加大，引进了大量的新资源、新技术，在实践中创新，形成了中国特色技术体系，在生产中得到推广。

　　但是，随着我国现代果业发展，果树生产仍面临亟需解决的问题：产业结构不近合理，苗木繁育体系建设滞后，果品产量及安全问题突出，病虫害防控压力大，异常气候频发，果品采后处理和加工能力不足等。该书是为顺应我国果树产业发展趋势，由龙兴桂教授牵头，组织全国高校、科研院所的教授、专家以及经验丰富的研究者创新、总结、充实完成的著作，内容新颖，技术贴合当前发展需要，对当代果树生产问题和新的生产方式发展具有重要的指导普及意义，符合我国果树产业发展规划要求，为当前果树"精准扶贫"工作提供了技术支持。该书重视理论联系实践，具有很强的可操作性。

中国工程院院士
山东农业大学教授　束怀瑞

2018 年 9 月于泰安

序 三

　　由龙兴桂教授等主编的《中国现代果树栽培》集热带、亚热带、温带、寒带现有经济栽培果树树种的大部分种类。作者多为中国从事教学、科研、科技推广的现职专家。本书从果树主要树种的多种效益、功能，不同品种的生物学特性、适宜生态环境、种苗繁育、建园条件、栽植技术、土肥水管理、整形修剪、叶花果管理、采摘适期，到贮藏运输、如何保持果实外观及内在品质等系统技术均做了详细介绍。该书语言简洁、通俗易懂，具有较强的科学性、先进性、实用性和可操作性，不仅在中国而且在东南亚广大地区也适用，对果树生产、科研与教学等具有较强的指导作用，是一部很好的科技图书。

越南林业大学教授　陈文卯

2018 年 10 月 20 日

前　言

　　果树是为人类提供重要营养物质的经济林木，具有大田作物无可比拟的多种功效。果树除能保持水土、维护自然生态平衡、营造适宜人类生活的优美景观外，很多种果树的根、茎、叶、花、果实、种子等又有医疗保健作用，多种产品还是现代工业的重要原材料之一。

　　众所周知，早在数千年前，伟大的中华民族创造了举世闻名的农耕艺术文化，果树栽培是其中重要的一个分支。据文献记载，秦汉前期，中原大地就有成片规模的果树栽植。后来，随着时间的推移，人们在生产实践中培育了许多优良的果树品种，创造、积累了丰富的果树栽培管理经验。

　　随着人民生活水平的提高，苹果、梨、香蕉、石榴、菠萝、桃、椰子、柑橘、龙眼、荔枝、杨梅、樱桃、草莓、蓝莓等果树栽培面积和产量均大幅度增加，中国果树生产发展迅速。1998 年，全国（不包括台湾地区）果树栽培面积为 863.55 万 hm²，产量 5 452.96万 t；到 2014 年，栽培面积发展到 13 127.24 万 hm²，产量达 26 142.24 万 t，中国果树产业在国民经济中的地位有了大幅提升。然而，还应该看到，中国优质果品在世界果品市场上占有率尚低，贮藏、包装、调运等方面与发达国家相比还有较大差距，管理仍较粗放，单位面积产量和科技含量也低，加之目前果树栽培技术发展很快，新技术不断出现，总结新成果、新技术、新经验，使科技成果及时转化为生产力，是果树现代化生产所急需。因此，强化果树栽培管理，提高果品产量和品质，对满足人们的需求，持续增加果农经济收入，都具有重要的意义。

　　为了传承、发展果树科学技术知识，造福人类，丰富人民物质文化生活，历经几十载，走遍全国及周边国家进行考察调研，邀请各地活跃在果树教学、科研、技术推广、生产一线等岗位的资深专家与青年学者共同编撰了这本《中国现代果树栽培》一书。在撰稿过程中，力求将国内外果树的新品种、新知识、新技术，尽可能作系统全面的介绍，使本书能反映当代果树栽培的最高科技水平。

　　为满足不同层次读者的需要，书中除概述有关果树栽培的基础理论和基本技能外，着重记述了中国落叶果树和常绿果树中的主要经济栽培种及品种，重点为名、特、优品种。每种果树均从生物学、生态学特性，苗木繁育，建园栽植，土肥水管理，整形修剪，病虫害防治，新技术应用，果品采摘，贮藏保鲜等方面做了系统介绍。为适应基层果树工作者和新果区果农的要求，对大部分果树种类优质丰产栽培模式进行了实例介绍。

本书在编写过程中，得到了山东农业工程学院、农业农村部食物与营养发展研究所、中国农业科学院、中国热带农业科学院、华南农业大学、福建农林大学、南京农业大学、华中农业大学、西北农林科技大学、新疆农业大学、北京林业大学、南京林业大学、中国林业科学研究院、山东农业大学、山东省农业科学院、山东省植物保护总站、广东海洋大学、河南农业大学、泰安市泰山林业科学研究院、台湾屏东科技大学、山东云农集团、山东亚特生态技术股份有限公司、山东省中新木瓜国际研究中心，以及越南林业大学等高等院校和科研院所众多同行专家的热情支持，并得到中国农业出版社的领导及有关同志的热情帮助，在此深表谢意！

由于作者分布地域广泛，加之时间紧、任务重，难免有不当之处，恳请读者批评指正。

2018 年 2 月

目 录

第二篇　常绿果树

第一篇

总论

第一篇 总 论

第一章　现代果树栽培概论

第一节　现代果树栽培含义

现代果树是由野生植物经过长期的自然选择和人类栽培繁育驯化选择而成的经济植物类群，是园艺植物的组成部分，亦是城乡绿化、滩地平原和山区造林绿化的经济林树种。现代果树多为木本植物，如苹果、梨、桃、葡萄、柑橘、龙眼、荔枝、杧果、枇杷、阳桃、橄榄、栗、核桃、山楂、柿、杏、枣、榛、银杏等。在果树栽培书籍中，人们还把某些草本植物归为果树范畴论述，如香蕉、草莓、菠萝等。总之，果树是既能为人类提供食用的果实、种子，又能为培育繁殖植物提供砧木等的一类具有重要经济、社会、生态效益的植物种群。

果树生产包括果树栽培、育种及果实贮藏、加工、运输、销售等多个环节。果树栽培系指从良种选定、育苗、建园、科学栽植、土肥水管理、整形修剪、病虫害防治到适期采收等多个生产环节。这些环节间是相互联系、相互制约的。因此，要搞好果树生产，应力求使每个环节处于最佳状态，才能达到优质丰产、低耗高效的生产目的。

果树栽培主要是以多年生植物为对象的生产性事业，必须考虑自然生态条件、社会经济条件及科学技术的投入，方能使果树生产得以发展。果树栽培的任务是生产优质、高产、高效、低耗的果品，以满足国内外市场对果品的需求，并为食品工业、医药工业、化学工业等提供原材料。

现代果树栽培是现代农业的重要组成部分，随着社会经济的发展，果树栽培产业范围不断扩大，产业技术亦应与时俱进，不断创新，不断适应现代果树产业的要求，发挥现代果树产业的经济、社会、生态效益。

第二节　现代果树栽培的意义

现代果树栽培已不单是生产供人们食用的果实、种子，产生直接的经济效益，而且也会给人们带来巨大的社会效益和生态效益。

果树栽培的主要产品是果实和种子，统称果品，历来是人类食物的组成部分。果品的种类繁多，形态各异，色泽美观，营养丰富，风味适口，还有很好的保健功效。果品营养价值很高，含有人体所必需的多种营养物质，如糖类、脂肪、蛋白质、各种维生素、有机酸、色素、酶类及钾、磷、钙、镁、铁、硫、钠、碘、硒、锌等元素。据分析，每百克苹果含糖 $10\sim20\ g$，每百克葡萄含糖 $10\sim30\ g$，每百克桃含糖 $13\sim15\ g$，每百克无花果果干含糖 $75\ g$ 以上，每百克干枣含糖 $50.3\sim86.9\ g$。许多干果含有丰富的蛋白质和脂肪，如每百克核桃仁含蛋白质 $63\sim70\ g$，含脂肪 $14.6\sim19.0\ g$；每百克杏仁和榛子含蛋白质 $17\sim26\ g$，脂肪 $50\sim60\ g$；每百克鲜栗种仁含蛋白质 $5.1\sim10.7\ g$。果品中含有的果酸、单宁和芳香物质，能刺激胃腺分泌胃液，增进食欲，帮助消化，核桃仁、龙眼、荔枝等历来为良好的滋补品；杏仁中的杏仁素有止咳化痰的功效；板栗、枣、柿饼、葡萄干等在中国东北、华北、西北等地可以代粮，是群众喜好的辅助食品。随着国民经济发展和人民生活水平不断提高，果品在人们食物构成上所占的比重逐渐增大，必将成为人们食物重要的组成部分。据国外研究，每人每年需食 70～80 kg 的水果才能达到人体健康的需求。

果品除鲜食外，还可加工成果脯、果干、果冻、果酱、蜜饯、果汁、果醋、果酒、果胶、果膏、糖水罐头等。

果品及其加工制品除制作食品外，其果皮、种子、果核、残渣、下脚料，可通过综合利用，提取制成各种产品，如香精、芳香油、葡萄糖、果糖、果酸、单宁、酒精等，这些产品是化学工业、医药工业、食品工业、纺织工业等多种产业的重要原料。

果树木材坚韧，纹理致密美观，可作乐器、家具、农具、建筑用材；果树栽培技术性强，是劳动密集型产业，发展果树生产，可以吸纳农村剩余劳力，繁荣城乡市场，促进农村经济全面发展；果树作为一种重要的绿化经济林树种，可以美化城市和乡村，绿化荒山荒滩，保持水土，净化空气，有利于生态平衡。

第三节　果树栽培简史

我国是世界上果树种质资源最为丰富的国家，果树栽培历史悠久，早在六七千年前，人们就知道采集、食用、贮藏树木的果实和种子。原产我国的桃、李、枣、杏、梅、榛、李、梨等果树，栽培历史已有 4 000 年。我国古籍《诗经》（前 11 世纪至前 6 世纪）、《夏小正》（前 8 世纪至前 5 世纪）、《禹贡》（前 9 世纪前后）、《尔雅》（公元前 2 世纪前后）等著作中就有关于果树栽培利用的记载。

公元前 2 世纪至公元前 1 世纪的古书《史记·货殖列传》中载有"安邑千树枣，燕秦千树栗；蜀汉江陵千树橘；淮北、常山以西，河济之间千树梨……此其人皆与千户侯等。"可见当时这些果树已广为栽培。《管子·地员篇》（前 5 世纪至前 3 世纪）中，谈到栽植果树与地势和土壤的关系；《盐铁论》（前 1 世纪）中提到果树"大小年"的现象。汉武帝时期，张骞经丝绸之路，给欧洲带去了中国的桃、梅、杏等，带回了葡萄、无花果、苹果和石榴等，丰富了我国的果树种质资源。

魏晋南北朝时期，我国的果树栽培技术有了较大的提高。北魏期间的农学巨著《齐民要术》（533—544 年）中提出梨树实生繁殖有劣变现象，谈到了砧木与接穗的相互影响，梨树的嫁接技术，枣树的环剥、疏花，葡萄的埋土防寒，以及果园熏烟防霜，果树病虫害防治，果实采收、贮藏、加工等技术。

北宋蔡襄所著的《荔枝谱》（1059 年）对荔枝的栽培历史、品种分布、生物学特性、形态特征、加工方法和行销地域等许多方面都做了详细介绍，成为我国最早的一部果树专著；南宋韩彦直的《橘录》（1178 年），详细记载了柑橘许多品种的性状、栽培管理技术、采收、贮藏和加工方法等，被誉为世界上第一部完整的柑橘栽培学著作。

元代《王祯农书》（1313 年）对嫁接技术作了详尽介绍；鲁明善所著《农桑衣食撮要》（1314 年），用简明、通俗的语言，对果树繁殖、栽培管理和果实采收做了详细的介绍。

明代王象晋所著《群芳谱》（1621 年）对果树栽培管理技术进行了概括，并按其食用部分进行了分类，补充了许多栽培管理新方法。明代末年徐光启所著《农政全书》（1628 年）记述了近 40 种果树的栽培管理方法和原理，从绿篱到果树的繁殖（包括播种、分株、压条、扦插和嫁接等）、病虫害防治均做了详细的介绍。清代陈扶摇的《花镜》（成书于 1688 年），对前人的果树栽培技术做了科学的总结。

这些有代表性的著作表明，我国劳动人民很早就有了果树栽培的丰富知识和宝贵经验，对推进我国果树生产的发展做出了很大贡献。

第四节　现代果树的种类及分布

　　世界上的栽培果树多是由原野生植物逐渐演化而来，人类的生产活动起了重要作用。据统计，世界果树（含野生果树）约134科，2 792个种，其中较重要的约有300种，分布在世界各地。中国是世界上最主要的栽培植物起源中心之一，也是果树原产地中心之一，果树资源极为丰富。我国原生果树种类远多于世界其他各国。早在1882年瑞士植物学家德康道尔在其著作中阐述属于应用果实部分的栽培植物共41种，原产于中国的有10种，约占全世界1/4。加之我国幅员辽阔，具有优越、丰富、多样的自然条件，千百年来人们精心培育出了不少优良品系、品种和类型。据刘孟军统计，到1994年底，我国栽培果树（包括原产和引进的）约有81科1 282个种，占世界首位，而且我国不少原产果树早已输往国外，成为当地主要或次要的果树种类。

　　人们为了更好地调查、认识、研究、繁育、栽培和利用果树，多将果树分门别类。目前，常见的分类方法有"自然分类系统（Natural system）"和"人为分类系统（Artificial system）"，可根据"果树叶的生长期""果树栽培地域的气候条件""果树的生长习性"或"果实的构造"等进行分类，下面简要介绍分类方法。

一、按自然分类系统分类

　　植物分类学（Plant taxonomy）是整个植物学中最基本的一门学科。对植物进行分类的目的在于建立植物进化系统和鉴别植物，对果树资源调查、繁育、科学栽培和利用果树等都有极大的好处。

　　自然分类系统的理论基础是达尔文的生物进化论和自然选择学说，即按其亲缘关系和进化过程进行分类。植物学分类的基本单位是"种"，是指具有种间生殖隔离的繁殖群体，也是分类系统中唯一客观存在的最基本阶元；物种间的生殖隔离导致基因间彼此不能相互交流，从而保证了物种的多样性和稳定性，使种与种之间可以相互区别。

　　植物分类系统由高到低的阶元分别是：

界（Regnum）
　门（Divisio）
　　纲（Classis）
　　　目（Ordo）
　　　　科（Familia）
　　　　　属（Genus）
　　　　　　种（Species）

　　由于植物种类太多，为了区分得更细致，常在原阶元名称前加上"总（super -）"或"亚（sub -）"。有的分类还在科和属之间设"族（tribus）"，属和种之间设"组（sectio）""系（series）"。

　　果树的"种""品种（caltival）"和"类型"繁多，为了方便国内和国际间的科学交流，各种果树都采用"林奈双名法（The Linnean binomial nomenclature）"进行命名，即由"属名、种名、命名人的拉丁文名字缩写"构成，如：柚 [*Citrus grandis*（L.）Osbecs]、苹果（*Malus pumila* Mill.）、中国板栗（*Castanea mollissima* Bl.）、香蕉（*Musa paradisiacal* L.）。

二、按果树叶的生长期特性分类

　　可将果树分为落叶果树和长绿果树两大类。这两类果树种类众多，在果树栽培学上或在果树生产过程中，人们又习惯于将果树的生长习性和果实的构造通过综合考虑来进行分类。

（一）落叶果树

1. 仁果类（pomaceous fruits） 这类果树果实的食用部分是由花托发育而成，果心有多粒种子，如苹果、梨、山楂、木瓜、海棠等。

2. 核果类（stone fruits） 果实是由子房发育而成，具有明显的外、中、内三层果皮，中果皮肉质可食，外果皮薄，内果皮坚硬成核，如桃、杏、梅、李、樱桃。

3. 坚果类（nuts） 这类果实的可食部分是种子的子叶或胚乳，其果实或种子多具有坚硬的外壳，如栗、核桃、银杏、榛、扁桃等。

4. 浆果类（berries） 这类果树果实是由子房或联合其他花器发育成柔软多汁的肉质果组成，如乔木：无花果、石榴等；灌木：树莓、醋栗等；藤本：葡萄、猕猴桃等。

5. 枣柿类（ziziphus jujuba persimmon class） 如柿、枣、酸枣等。

（二）常绿果树

1. 柑橘类（citrus fruits） 各种柑橘。

2. 荔枝类（leechees） 荔枝、龙眼等。

3. 核果类（stone fruits） 橄榄、油橄榄、杧果、杨梅、油梨、枣椰子、岭南酸枣等。

4. 浆果类（berries） 阳桃、蒲桃、番石榴、人心果、枇杷、番木瓜、莲雾、蛋黄果、费约果等。

5. 壳果类（nuts） 腰果、香榧、槟榔、澳大利亚坚果、巴西坚果、椰子、马拉巴栗等。

6. 聚复果类（aggregate free fruits） 树菠萝、番荔枝、面包果、刺番荔枝等。

7. 荚果类（pods） 角豆树、酸豆、苹婆等。

8. 草本类（herbs） 香蕉、菠萝、草莓等。

9. 藤本类（vine） 鸡蛋果、南胡颓子。

三、按果树适生地域分类

（一）寒带果树（北温带果树）（tropical fruit trees）

抗－40 ℃左右的低温，如山葡萄、醋栗、穗状醋栗、树莓、越橘、榛子、秋子梨、蒙古杏、山荆子等。

（二）温带果树（temperate fruit trees）

主要树种有苹果、梨、桃、沙果、杏、李、梅、樱桃、山楂、板栗（北方系）、核桃、枣、柿、葡萄等。

（三）亚热带果树（subtropical fruit trees）

1. 常绿性果树（无真正休眠期） 主要包括柑橘类、龙眼、枇杷、橄榄、阳桃、杨梅、油橄榄、苹婆、油梨等。

2. 落叶性果树 主要指扁桃、柿（华南系统）、核桃、长山核桃（上海系统）、无花果、石榴、枳等。

（四）热带果树（tropical fruit trees）

1. 一般热带果树 原产于热带，但能在南亚热带地区生长，对低温的抵抗性略强的作为经济栽培的果树，如香蕉、杧果、菠萝、木菠萝、椰子、番石榴、蒲桃、番木瓜、余甘子、椰枣等。

2. 纯热带果树 主要包括槟榔、面包果、山竹、腰果、可可、巴西坚果、神秘果、榴梿等。

第二章 果树的生长发育规律

第一节 果树一生的生长发育规律

果树是多年生植物，常常多年受到外界环境条件的影响，在生长发育上有较大的差异。果树在一生中要经历生长、开花结实、衰老和死亡这一过程，也称之为生命周期。各种果树生命周期长短是不一样的，有的能生存几年、几十年，而有的能生存几百年，甚至千年。果树一生中开花结果是最重要的时期，果苗栽植后开始结果的年龄，不同树种之间差异较大，有的果树结果很快，栽植后 1～2 年就开始开花结果，有的要十多年才能开花结实，如香蕉、番木瓜栽后 10 个月开花，草莓、树莓 1 年可开花，桃、杏、李、葡萄等 2～3 年可以开花结果，苹果、梨 3～5 年可开花，核桃、银杏结果就比较慢，农谚说："桃三杏四梨五年，若要吃枣在当年"。

果树的繁殖方式有实生繁殖和无性繁殖。实生繁殖果树个体发育在一生中包括两个明显不同的发育阶段，即幼年阶段和成年阶段。实生繁殖的果树从种子萌发到开花结果需要较长的时间，即幼年阶段是从出现第一片真叶开始，延续到具备开花结实潜能，这一时期的长短，各个树种之间差别较大，主要取决于亲本的遗传特性、外界环境条件以及所采取的农艺措施，因而实生繁殖的果树结果较晚。现代果树栽培使用的苗木通常为无性繁殖的苗木，即通过压条、扦插、嫁接等营养器官繁殖得到的苗木。无性繁殖果树没有种子萌发生长过程，因而没有真正的幼年阶段，其繁殖材料取自结实的枝条，这些材料已通过了幼年阶段，因而生长过程中只要营养生长能满足开花的要求，即可进入结果期，所以开花结实较早。

一般果树一生的生命周期可分为幼树期、初果期、盛果期和衰老期。

一、幼树期

果树栽培上的幼树期通常是指从苗木定植到开花结果这一段时期。这个时期是树冠迅速扩大、根系向外（离心）加速生长的时期，营养生长占绝对优势，苗木开始形成树冠，光合和吸收面积迅速扩大。

幼树期的长短和栽培技术有密切关系。为尽快结果，幼树期要加强管理、扩穴深翻、充分供应肥水，使根深叶茂，加快营养物质的积累。培养树体结构是主要任务，轻剪多留枝，尽早培养树冠，为丰产创造良好条件。

二、初果期

初果期指从第一次结果到开始有一定经济产量为止。这个时期的特点是：树冠和根系仍然处于快速生长时期，是向外（离心）生长最快的时期。

该时期树体结构已基本形成，是从营养生长占绝对优势向生殖生长平衡过渡的时期。在栽培上既要培养树形又要兼顾结果。

栽培上采用轻修剪，如生长过旺，可控制肥水，少施氮肥，多施磷肥，必要时可使用化学抑制剂。

三、盛果期

盛果期是果树进入大量结果的时期。这个时期经过高产稳产后，开始出现"大小年"和产量下降的现象。盛果期是果树一生中最重要，也是最长的时期。不同果树、不同栽培条件该时期长短不一，少则几年、几十年，多者可达百年。

盛果期要调节好营养生长和生殖生长的关系，既要保持树体的生长势，又要使树体高产稳产优质。主要采取的措施为：加强肥水供应，合理修剪，均衡配备好营养枝、结果枝和预备枝，控制适宜的结果量，防止"大小年"。

四、衰老期

从稳产高产状态被破坏，开始出现"大小年"和产量明显下降年份起，直到产量降到几乎无经济收益时为止。该时期的骨干枝、骨干根大量衰亡，结果的小枝越来越少。由于更新复壮的可能性很小，应尽早砍伐清园，另建新园。

第二节　果树一年的生长发育规律

随着外界环境条件一年四季的变化，果树出现一系列形态和生理的变化，并呈现一定的生长发育规律，如每年的萌芽、开花、结果、落叶、休眠等规律性的变化，这种变化叫年生长周期。落叶果树可明显地分为生长期和休眠期，而常绿果树则没有明显的生长期和休眠期。

一、根系的生长

果树地上部和地下部是一个统一的整体，相互联系又相互制约，一方的正常生长发育均以另一方的正常生长发育为前提。根系是构成果树树体的重要部分，对果树起着固定、吸收养分的作用。

（一）果树根系的类型

根据繁殖方式的不同，果树根系具不同类型和特点。实生繁殖和用实生砧木嫁接的果树根系为实生根系，其特点为主根发达，分布较深，适应性强。用扦插、压条繁殖所形成的个体根系为茎源根系，其特点为主根不明显，分布较浅，适应性相对较弱。在根上发生不定芽而形成根蘖，而后与母体分离形成单独的个体，其根系为根蘖根系，其特点与茎源根系相近。

（二）果树根系的分布

沿土壤表层平行方向生长的根系为水平根系。水平根系在土壤中分布的深度和范围与树种、土壤、砧木等有密切的关系，如桃、樱桃、梅等果树根系在土壤中分布较浅（40 cm 以内），苹果、梨、核桃等分布较深。

大体与土表呈垂直方向生长的根系为垂直根系。垂直根系深入土壤的深度与树种、砧木、繁殖方式、土层厚度、土壤质地等综合因素有关。在土质疏松、通气良好、水分良好的土壤中根系分布较深。图 2-1、图 2-2 为库尔勒香梨根系的水平和垂直分布规律。

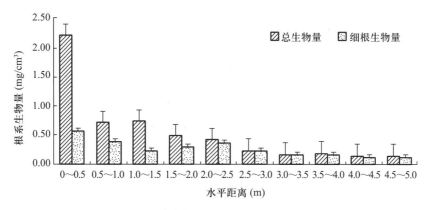

图 2-1　库尔勒香梨根系生物量水平分布

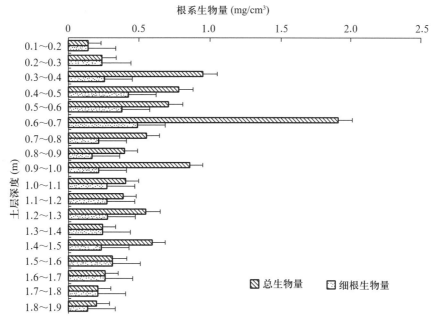

图 2-2　库尔勒香梨根系生物量垂直分布

（三）果树根系在一年内的生长动态

　　果树的根系在年周期中没有自然休眠现象，只要条件适宜，根系可以随时由停止状态迅速过渡到生长状态。在年周期中果树根系生长动态，既取决于果树的种类、砧穗组合、当年生长与结果状况，同时也与外界如土壤温度、水分、通气以及营养物质状况密切相关。在年周期中，根系生长与地上部器官生长发育的相互关系是复杂的（图 2-3），是与地上部器官综合平衡的结果。一般原产于温带寒地的落叶果树，如苹果、梨等，其根系能在较低温度下先于枝芽开始活动。柑橘等亚热带果树，根系活动要求较高的温度，则多先萌芽后发根。在不同深度土层中，由于土壤温度和水分等的差异，根系生长有交替现象。

　　霍俊伟等（2004）研究山杏、黄海棠、山梨和毛樱桃 4 种果树发现，随着幼苗出土，其主根都以较快的速度下扎，进入 6 月以后出现第一次生长高峰，此时的根系生长量均占全年总生长量的 20%。随着地上部的快速生长，主根生长速度逐步变缓，8 月以后主根又出现了第二次生长高峰，是主根生长的最快时期，进入 9 月仍保持着较高的生长速度，2 个月的主根生长量均接近或超过全年总生长量的一半。刘汝诚采用根窖观察山楂树地下根系在年周期中的生长状况，发现除了按自身生物特性变化和在土壤中有规律、有节奏的变化外，根系还因土层温度、降水量等外部环境条件的影响发生变化。

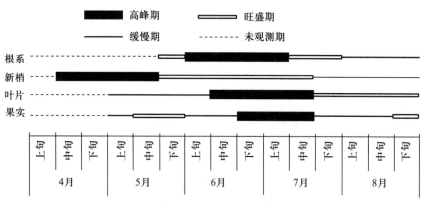

图 2-3 库尔勒香梨根、梢、叶、果的生长关系

吸收根生长从早春温度大于5℃开始到11月低于5℃结束。吸收根在生长期有两次发根高峰：第一次在5～6月，持续时期长，吸收根发根量多，为全年总发根量的49%～62%；第二次在果实采收期前后，持续期间短，吸收根发根量少，仅为全年总发根量10%～12%。全年生长期间吸收根生长的长度：在地下40～60 cm处最短，向上、向下依次加长。吸收根多分布在60 cm土层中，其中20～40 cm处，为总发根量的33.34%；吸收根的寿命，细小的1周左右，前端粗大的2～4周，不久即变褐色木栓化，变为过渡根。刘兴治等发现果树的树种不同，水平根系分布的深度也不同。苹果、梨、核桃、板栗分布较深，可达70～80 cm，但82.1%～97.3%分布在60 cm以上的土层之内；桃、李、杏、樱桃根系分布较浅，只达50～60 cm，绝大部分在40 cm以上土层之内。树冠离心生长停止之后，根系也不再扩展，主要分布在树冠投影（树盘）之内。

（四）影响根系生长的因子

1. 树体的有机养分 根系的生长、水分和营养物质的吸收，都有赖于地上部充分供应有机物。叶片受到损害时，有机物供应不足，根系生长受到抑制。

2. 温度 不同树种对温度的要求不同，一般北方原产的树种要求温度较低，而南方树种要求较高。

3. 土壤水分和通气状况 果树根系最适宜生长的土壤含水量为土壤最大田间持水量的60%～80%。在干旱条件下根系停止生长。土壤水分过多时，通气不良，根系缺氧，二氧化碳等有害气体积累，引起根系中毒。一般果树根际的氧气浓度应在10%以上。

4. 土壤营养条件 根系总是向肥料多的地方生长，在肥沃的土壤中根系发达，生长时间长。

（五）栽培管理与根系的生长

根系的生长发育受环境条件特别是土壤条件的影响较大，创造良好的环境条件促进根系的生长是果树栽培的重要任务之一。

不同树龄时期根系环境的管理内容不同。幼树期应注意深耕、扩穴、增施有机质改良土壤，促进根系的生长。树龄增大后，要加深耕作层，深施肥料，同时要注意控制结果量。衰老期要注意骨干根的更新，促进新根的发生。在年周期中果树根系环境的管理也不同，春季应注意保持土壤疏松、提高土温，以促进根系生长；夏季高温季节要注意松土、灌水、地面覆盖；秋季是根系发生较多的时期，应注重深翻和施有机肥。

二、芽、枝和叶的生长

（一）果树的芽

芽是果树枝、叶、花等器官的原始体，与种子有相似的特点，可以形成新的植株。随着芽的萌发，在雏梢的叶腋间，由下而上发生新一代的芽原基。在芽原基出现后，生长点即由外向内分化鳞片原基。对仁果类或核果类果树来说，在芽鳞片分化之后，如果条件合适，芽就可能通过质变转入花芽分化；如果条件不具备，芽即进入雏梢发育期。多数落叶果树雏梢分化大致可划分为冬前雏梢分化期、冬季休眠期和冬后雏梢分化期。

同一枝条上不同部位的芽在发育过程中由于所处的环境条件不同以及枝条内部营养状况的差异，造成芽的生长势以及其他特性的差别称为芽的异质性。有些果树在当年形成的新梢上，能连续形成二次梢和三次梢，这种特性称为芽的早熟性。另一些果树，当年形成的芽一般不能萌发，要到第二年春才能萌发抽枝，这种特性称为芽的晚熟性。果树进入衰老期后，能由潜伏芽（隐芽）发生新梢的能力称芽的潜伏力。生长枝上的芽能萌发枝叶的能力称萌芽力。生长枝上的芽不仅能萌发，而且能抽生长枝的能力，称为成枝力。

只抽生枝条、生长叶片的芽叫叶芽；只开花，不抽生枝条的为纯花芽，如桃、杏、李的花芽；不仅能抽生枝条，也能开花结果，如苹果、梨的花芽为混合花芽。着生于枝条顶端的芽为顶芽，着生于叶腋的芽为侧芽，没有固定着生位置的芽称为不定芽。当年形成芽当年萌发，如葡萄的夏芽、桃的侧芽，为早熟性芽；当年形成第二年萌发的芽，如苹果、梨的芽为晚熟性芽。

不同果树枝条上的芽着生方式也不相同，按一个节上着生芽的数目分单芽和复芽，每个节上只着生一个芽为单芽，如苹果、梨的芽为单芽。每个节上着生 2 个以上芽为复芽，如桃、杏、李、核桃等果树的芽为复芽。

（二）果树的枝干

1. 枝条的加长生长和加粗生长　果树枝条的加长生长是通过枝条顶端分生组织的细胞分裂伸长而实现的。细胞分裂只发生在枝条的顶端，因而多年生枝条的加长生长仅在顶端。新梢的加长生长常分新梢开始生长期、新梢旺盛生长期、新梢缓慢生长期 3 个时期。

树干、枝条的加粗，都是形成层细胞分裂、分化增大的结果。加粗比加长生长稍晚，其停止也稍晚。

果树的枝干生长存在顶端优势、垂直优势与层性现象。活跃的顶端部分或茎尖常常抑制其下侧芽，这种现象叫顶端优势。枝条与芽的着生方位不同，生长势表现出较大差异，这种现象称垂直优势。顶端优势和芽的异质性共同作用，使枝条在树冠内的分布呈层状分布的现象称为层性现象。

2. 影响枝条生长的因子　不同品种的新梢生长强度有较大差异，这是一种遗传特性。砧木对地上部分的生长有很大的影响，可分为乔化砧、半矮化砧和矮化砧等。树体内的贮藏养分不足时，新梢短而细。枝干的内源激素，如生长素、赤霉素、细胞分裂素表现为刺激生长，脱落酸和乙烯则表现为抑制生长。环境条件如温度、水分、光照、矿物质元素等也是影响枝干生长的重要因素。

（三）果树叶和叶幕

叶是光合作用的主要器官，果树树体结构 90％左右的干物质是由叶片合成的。仁果类、核果类及枣、柿等果树叶为单叶，核桃、草莓、荔枝、龙眼等叶为复叶，柑橘类、金橘类的叶为单生复叶。

单叶的发育经过了叶原基、叶片、叶柄的分化、展叶、生长停止等过程。枝条基部的叶原基是冬季休眠前出现的，至翌年休眠结束后进一步分化，萌芽后叶片展开、叶面积增大、叶柄伸长。

叶幕是对叶片在树冠内集中分布区而言。叶幕与树体的产量和果实的品质亦有密切的关系。叶幕的厚薄是衡量果树叶面积多少的一种方法。叶面积的多少常用叶面积指数表示，即植株叶幕的总叶面积与其所占的土地面积之比。叶面积指数大表示叶片多，反之则少。一般果树的叶面积指数以 4～6 比较合适，喜阳树种应低一些，耐阴树种可高一些。

三、花芽的分化与形成

花芽分化是有花植物发育中最为关键的阶段，同时也是一个复杂的形态建成过程。这一过程是在植物体内外因子的共同作用、相互协调下完成的。了解果树的花芽分化对于制定合理的栽培措施进行花期调控，实施观赏植物的周年生产及实现植物的遗传调控具有重要意义。果树生长到一定阶段便由叶芽生理和组织状态转化为花芽生理和组织状态，发育成花器官雏形，这个过程称作花芽分化。

（一）花芽分化的过程

花芽分化是由叶芽的生理和组织状态转化为花芽的生理和组织状态的过程。在花芽形态分化之前，生长点内部由叶芽的生理状态（代谢方式）转向形成花芽的生理状态（代谢方式）的过程叫生理分化。生理分化是花芽分化的关键时期，也称之为花芽分化的"临界期"，此时期生长点原生质处于不稳定状态，对内外因素有高度敏感性，是在栽培上控制花芽分化的关键时期。

果树的花芽分化经历了叶芽期（生长点狭小、光滑而不突出）、花芽分化初期（生长点肥大突起，呈半球体）、花蕾形成期（肥大突起的生长点变为不平滑，四周突起）、萼片形成期（花原始体顶部先变平坦，然后其中心部分相对凹入而四周产生突起体，即萼片原始体）、花瓣形成期（萼片内方基部发生突起体，即为花瓣原始体）、雄蕊形成期（花瓣原始体内方基部发生的突起）和雌蕊形成期（在花原始体中心底部所发生的突起）几个过程。

多数果树的花芽分化是相对集中而又有些分散，是分期分批陆续分化形成的。在一定气候条件下，各种果树的花芽分化时期是相对集中和相对稳定的。不同果树形成一个花芽所需的时间长短不同，如苹果从生理分化到雌蕊形成需要 1.5～4 个月，而枣则仅需 5～8 d。

（二）影响花芽分化的因子

影响果树花芽分化的因子很多，很早以来人们就对成花的机制作了不少研究，从不同角度和水平上提出了看法。

100 年前，人们就已知道碳水化合物对花芽形成的重要性，它既是植物体内各种化学物质的碳架提供者，又是物质所需能量的携带者，所以在花芽分化前首先看到碳水化合物的积累（钟晓红等，1999）。20 世纪初，Kreb Hans 提出开花的碳氮比理论：植物体内含氮化合物与同化糖类含量的比例是决定花芽分化的关键因子。当碳占优势时，开花结实受到促进，氮占优势时，营养生长受到促进。

柴拉轩（Chailakhyan）提出开花素学说，开花素由成茎素赤霉素（GA）和成花素组成。他还认为一些植物在低温下能产生一种春化素，而在长日照条件下春化素就能转变成 GA，同时在长日照条件下又能形成一种成花素，结果在 GA 和成花素共同作用下引起成花，而在短日照条件下不能形成成花素和春化素，因此不能成花。1970 年 Luckwill 提出了植物体内激素的某种平衡能够调控花芽孕育的假说，而激素如何使基因活化是基因调节成花的关键。1977 年 Sachs 提出了养分分配假说，认为生长点内部不同组织所获得的营养差异决定是否形成花芽，中心分生组织获得较多养分供应时就会转向花芽分化方向。

花芽分化和开花是复杂的形态建成过程，是植物体内各种因素共同作用，并同环境因子相互协调的结果。其中遗传基因起着决定作用。现代分子生物学已开始了成花基因的研究，认为开花是成花基因表达的结果，利用基因工程技术目前已分离出与控制花形、花色有关的基因，这些研究为阐明花芽分化机理和从分子水平调控成花提供了依据。

1. 花芽分化的内部因素 果树处于幼年状态时营养面积小，缺乏结构物质，DNA（脱氧核糖核酸）、RNA（核糖核酸）含量少，内源激素中 IAA（生长素）和 GA 含量较高，营养生长旺盛。随着幼年阶段的发展，营养面积扩大，碳水化合物积累增多，幼年阶段结束是营养生长的缓和或中止，IAA 和 GA 含量降低，生长抑制物质 ABA（脱落酸）、根皮素、乙烯增多，碳水化合物、氨基酸、蛋白质积累增多，细胞分裂素积累，细胞分裂活跃，tRNA（转运 RNA）和 mRNA（信使 RNA）大量产生，促进特殊蛋白质的合成，形态分化开始，花原基出现。

花芽的形成必须以良好的枝叶生长为基础。绝大多数果树的花芽分化是在新梢生长减缓或停止之后开始的。开花消耗大量贮藏养分，抑制当年花芽分化。根系的生长与花芽分化具明显的正相关，这与吸收根合成蛋白质和细胞分裂素等的能力有关。

2. 花芽分化的外部条件

（1）光照。光照是花芽形成的必要条件，光照不足会影响花芽分化。强光抑制新梢内生长素的合成，紫外光钝化和分解生长素，也抑制新梢的生长，促进花芽分化。在栽培上，往往树冠的上部和外围光照充足的地方花芽多，而树冠内膛或下部花芽少，因而调节树冠枝叶的合理密度十分重要。光周期对果树的花芽分化也有影响，如苹果对长日照、柑橘对短日照产生自然适应形成花芽分化。

（2）温度。温度对果树的光合作用、呼吸作用、吸收作用和内源激素等有影响，从而影响花芽分化。不同果树花芽分化的适温不同，原产热带的果树要求较高的温度，原产温带的果树要求较低的温度。温度过高、过低都不利于花芽分化。

（3）水分。水分过多，会促进枝叶生长，但不利于花芽分化。在花芽分化临界期之前适度控制水分，抑制新梢生长，有利于光合产物的积累和花芽分化。

（4）土壤养分。土壤养分过多，果树枝条生长旺盛，花芽分化少；反之，在稍瘠薄的土壤上栽培的果树，生长较弱反而形成的花芽较多。氮素过多容易引起营养器官的生长，减少花芽分化，而磷、钾稍多能促进花芽分化。栽培上可通过控制肥料的种类来调节花芽分化。

3. 控制花芽分化的途径　充分利用花芽分化长期性的特点，在幼龄树时期着重施用磷、钾肥，少施氮肥，控制浇水量，进行环切（剥）处理，使用生长抑制剂等。进入成龄树后要加强临界期的施肥和灌水，注意疏花疏果。"分化临界期"是控制分化的关键时期，临界期施用氨态氮和磷肥、钾肥，保证水分供应，有利于花芽分化。

四、开花、坐果和落花落果

（一）开花

果树于花芽分化后，在一定的环境条件下即行开花结果，适宜的温度是开花的重要条件。

果树的花由花梗、花托、花冠、雌蕊和雄蕊组成。在一朵花中雌、雄蕊齐全的称为两性花或完全花。仅有雌蕊或雄蕊的称为单性花或不完全花。单性花的雌花与雄花着生在同一株树上称为雌雄同株，如核桃、柿、栗等果树；雌、雄花着生在不同树上称之为雌雄异株，如银杏、阿月浑子等。

温度与光照是影响开花的主要因素。多数果树随着春季气温的回升，花芽开始萌动、开花。在年周期中，开花需要一定的积温，如苹果从花芽萌动到开花需要≥5 ℃的积温为 185 ℃±10 ℃。开花前的气温与开花早晚密切相关，高温会促进早开花。花期的温度与开花时间的长短有密切关系，高温会使花期变短，而低温则会延长开花期（表 2-1）。

表 2-1　不同种类果树开花温度与时间的关系

果树种类	平均气温（℃）	开花期（月/旬）	资料来源
苹果	14.5	4/中	陕西杨陵
	16.0	4/中	河北保定
山桃	9.5	3/中	陕西杨陵
杏	8.0	3/下	河北保定
樱桃	10.3	3/下	陕西杨陵
李	11.0	4/上	河北保定
梨	11.0	4/上	河北保定
柿	18.4~20.9	5/上中	河北保定
枣	23.4~25.1	6/上中	河北保定

(续)

果树种类	平均气温（℃）	开花期（月/旬）	资料来源
葡萄	22.4	5/中下	河北保定
枇杷	13.3		日本
温州蜜柑	17.6		日本
核桃	16	4/下	日本

注：引自曲泽洲《果树生态》，1988。

生产上，开花期是最重要的物候期，不同果树的开花物候期不同，同一果树不同年份的开花期也不完全相同，开花期的早晚与气候条件有密切关系。

（二）坐果

授粉受精是坐果的前提。开花后雄蕊的花粉落到柱头上，在适宜的温、湿度条件下，花粉萌发，花粉管开始伸入柱头组织，再进入子房的胚珠中，花粉管先端的雄核进入胚囊内与胚珠的卵核结合而形成种子，这个过程叫受精。

同一品种间授粉属于自花授粉，自花授粉后能结果的称为自花结实，如枣、葡萄的多数品种能自花结实。不同品种间授粉并能结果的叫异花结实，如苹果、梨等果树需要异花授粉后才能结实，栽培上必须配置授粉树。

花芽内发育的子房，到开花前突然停止生长，授粉受精可以使其重新生长，因为授粉受精可促使子房内形成激素。花粉中含有生长素、赤霉素以及类似赤霉素物质——芸薹素，它们在花粉内含量极少，只有当花粉管在花柱内生长时，可使形成激素的酶系统活化，激素量增加。受精后胚和胚乳也合成生长素、赤霉素和细胞分裂素等激素，它们有利于坐果。除少数单性结实的种类外，大多数果树的结实都以授粉受精形成种子为必要条件。

雌、雄同株或异株的果树，往往有雌蕊和雄蕊不在同一时期成熟的特性，称为雌雄异熟。如核桃为雌雄同株，但有些品种有雌雄异熟现象，往往不能正常进行授粉受精，应该配置授粉树。

果树的花粉或胚囊在发育过程中发生退化或停止发育的现象叫花的败育。多数果树出现败育花是不能正常结果的，如杏的雌蕊败育。引起花败育的主要原因是：细胞内染色体分离不正常；土壤瘠薄，树体贮藏养分少；上一年结果量过多使花芽分化结构和能量物质缺乏；不良的气候，如低温、干旱等。

（三）落花落果

落花落果是果树正常的生理现象，果树形成的花大部分会脱落，只有百分之几或更少的花才能坐果，形成的幼果到成熟前还有一部分脱落。落花落果严重时，会导致产量不足。所以保花保果是生产上的重要管理内容。在同一地区不同年份、不同气候条件下落花落果是不一样的，落花落果主要是由于授粉受精不良、营养不足以及不良的外界环境条件所致。

果树的生理落果可分为前期落果和采前落果。前期落果主要是由于花器发育不良、营养不良或外界环境条件影响而造成的。采前落果主要是由于胚提早成熟，果实中内源激素平衡失调所致。落果率高低与果实中内源激素含量变化密切相关，一般落果率高时，果实中生长素、赤霉素和细胞分裂素含量较低，而脱落酸与乙烯含量较高。

（四）提高坐果率的措施

提高坐果率是实现果树丰产的重要前提，调节树体营养平衡是提高坐果率的重要措施。可通过修剪及疏花疏果调节树体合理负担、均衡树势、平衡施肥可有效提高坐果率。开花期保证授粉受精可有效提高坐果率，如合理配置授粉树、果园放蜂、人工辅助授粉等。还可以通过使用植物生长调节剂促进坐果，平衡树势。及时防治病虫害，以及防风、防霜等是保证果树开花坐果的有效管理措施。

五、果实的生长和成熟

苹果、梨等仁果类果树的果实是由子房与萼片基部及花托肥大而成；树莓、草莓等果实是由多数种子着生在肥大的花托上形成；桃、杏、李等核果类果树的果实是由核和肥大的中果皮形成；核桃、扁桃等坚果类果树的果实主要食用部分为种子。不同果实的生长过程和成熟也不尽相同。

(一) 果实的生长动态

开花以后，把果实的体积、直径或鲜重在不同时期的累积增长作成曲线，可以得到两类图形。S形：果实的生长有一个速长期，如苹果、梨、扁桃、核桃、草莓、菠萝、香蕉等；双S形：果实的生长有两个速长期，如桃、杏、李、樱桃、葡萄、无花果、枣、阿月浑子等。

果实细胞分生组织和根、茎不同，没有形成层，属于先端分生组织。最初细胞分裂时表现为果实的纵轴伸长快，果实的纵径和横径比数值较大。以后随着细胞增大，横径生长速度超过纵径。

果实的纵横径之比为果形指数，影响果形指数的因素很多。同一树种，不同品种果形指数不同；生长势强的砧木，果形较长；负载量高时，果形指数较小。同一品种，高温地区或高温年份，果形较扁。乙烯利、B_9 可使元帅苹果变扁，而 GA_{4+7}＋BA 可使果形指数变大。

果实在一天内表现为缩小和增长有节奏的变化。通常在黎明或黎明后不久果实开始缩小，持续到中午，然后开始恢复，大约到下午 4 时完全恢复原状，并开始增大（图 2-4）。果实的缩小和增长与果实水分的消长和光合产物的积累有关。

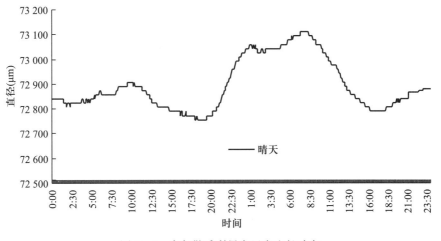

图 2-4　库尔勒香梨果实昼夜生长动态

(二) 影响果实增长的因素

果实细胞数目的多少与细胞分裂时期的长短和分裂速度有关。果实细胞分裂开始于原始形成后到开花时暂时停止，以后视果树种类而异。树体的有机营养、无机营养、水分及温度、光照均影响果实的膨大；果实内种子的数目和分布影响果实的大小和形状。果实的生长受内源激素的调节，也可通过外源激素调控。

(三) 果实的色泽发育

果实色泽是果实外观品质的重要指标。果实在成熟过程中可溶性碳水化合物的积累是果实着色的重要前提。决定果实色泽发育的主要色素有：叶绿素、类胡萝卜素、花青素、黄酮素等。花青素的形成需要有糖的积累，有利于糖分在果实内积累的各种因素，也有利于着色。光与碳水化合物形成有关，也可直接刺激诱导花青素的形成；氮素多不利于着色；适当的干旱有利于着色；夜温低有利于着色；植物生长调节剂 NAA、2,4,5-三氯丙酸可促进果实成熟和着色，乙烯利、比久可促进成熟和着色。

（四）果肉质地

在果实成熟过程中果肉质地会发生明显变化。决定果实硬度的内因是细胞间的结合力、细胞构成物质的机械强度和细胞膨压。细胞间结合力受果胶的影响，随着果实的成熟，可溶性果胶增多，原果胶减少。细胞壁的构成物质中纤维素的含量与硬度关系较大。

叶片含氮量与果肉硬度呈负相关，钾也有类似效应。采前光照好，果实内碳水化合物积累多，硬度高。水分多，硬度低；温度高，果肉易变软。激素也会影响果实硬度，NAA 会使元帅苹果果实硬度下降；比久会增加苹果果实硬度。

（五）果实风味

1. 果实的糖酸含量和糖酸比

（1）糖。果实中的糖和淀粉的形成有一定联系。如苹果的幼果中无淀粉或很少，随着果实的发育，淀粉增多，进一步随着果实的成熟，淀粉减少，含糖量增加。果实中所含的糖主要有葡萄糖、果糖、蔗糖，果糖最甜，但葡萄糖风味好。

（2）酸。果实内含二羧酸和三羧酸，苹果、梨、杏、李含苹果酸多，柑橘类和菠萝含柠檬酸多，葡萄含酒石酸和苹果酸多。果实在发育过程中酸的变化一般趋势是：幼果开始生长时低，随着果实生长，有机酸含量增加，至近成熟时酸减少。

（3）糖酸比。影响果实的甜酸味。影响果实糖酸含量的因素：

① 温度。气温高，糖含量不高，但糖酸比高；气温低，糖酸比低。热带果实，其糖分含量占干重百分率低，含糖以蔗糖为主，风味甜。

② 光照。光照好，糖分积累多。

③ 叶果比。叶果比大、枝叶停止生长早的，含糖量高，果实含酸量也高。

④ 矿物质营养。氮素多，枝叶徒长，新梢停止生长晚，糖积累少，酸积累多。钾可以增加苹果的苹果酸含量，降低葡萄酒石酸含量，增加含糖量。缺磷，果实含酸多，磷适量，糖多酸少。

2. 维生素含量 维生素尤其是维生素 C 在营养上十分重要，果皮中含量较高，受光良好的部位含维生素 C 较高。

3. 氨基酸 影响果实风味和营养。

第三章　果树与环境

第一节　环　　境

一、环境的概念

果树的生命周期中生长、开花、结实与环境密不可分，环境对产量、果实品质有很大影响，掌握果树的生长环境对果园管理有重要意义。环境是指果树生长空间的一切因素的总和，包括气候条件、土壤条件、地势条件和生物因子等。

任何一种果树必须在一定的环境中生存，而果树又是环境构成的因素之一。果树和环境条件的相互作用中环境条件起主导作用。果树栽培的目的就是根据果树的特性，改变和创造适合的环境条件来满足果树的要求，达到高产优质的目的。

二、环境因子

1. 气候因子　包括光照、温度、水分、空气、风、雨、雪、霜等。这些因子对果树的生长发育有很大影响，很难受到人为的控制，气候因子决定了果树的自然分布。随着设施栽培的发展，设施后果树的小气候条件得以改变，人类对设施果树生长环境的各因子可以进行更有效的调控。

2. 土壤因子　包括土壤类型、土壤的物理化学性质等。土壤是果树生长的基础，是果树吸收的水分和营养物质的主要来源，土壤因子直接影响果树的产量和品质。

3. 地形因子　包括地形地貌（山地、平原、洼地）、坡度、坡向、海拔高度等。这些因子影响着果园的光照、温度等，从而影响果树的生长发育。

4. 生物因子　包括动物、植物和微生物。如野兔、老鼠对果树的危害，蜜蜂给果树传粉，杂草、间作物等也会改变果园的微气候。真菌、细菌等对果树既有有利的方面，也有不利的方面。

5. 社会因子　随着人口的增加，人类对环境的影响越来越大，人类的活动在一定程度上改变了果树的生长环境，如人类活动导致的环境污染对灌溉用水、果园空气、土壤都有不同程度的影响。

第二节　环境对果树的影响及其生理效应

一、土壤

土壤是果树生存的基础，果树生长、开花结实所需要的水分和养分多数是通过根系从土壤中吸取的，土壤环境会直接影响果树生长发育。在一定条件下，土壤成为果树优质、高产的重要限制因素，因此，果园管理中土壤管理一直被认为是重要的基础性工作，对于不适合果树生长的土壤必须要经过人工改良。

（一）土层

多数木本果树为深根性植物，根系分布较深，对土层要求较高，土层的厚薄直接影响根系的分布。一般要求果园的土层厚度为 80～100 cm。

（二）土壤质地

土壤质地一般可分为沙质土、壤质土、黏质土、砾质土等类型，对果树生长发育有不同的影响。土壤结构是指土壤颗粒排列的状况，以团粒结构最适于果树的生长和结果。

（三）土壤温度

土壤温度直接影响根系的生长、吸收等生理活动。土壤温度受太阳辐射的影响，与土壤的质地和结构及含水量有关。土壤温度影响根系的活动，一般根系最适温度为 22～29 ℃。土壤温度还影响微生物的活动，温度高，土壤微生物活跃，可以分解土壤中的有机物等养分供根系吸收利用。土壤温度还影响盐类的溶解和养分的转化。

（四）土壤水分

土壤含水量是土壤极为重要的因素，是指土壤水分在土壤中所占的比例。通常用相对含水量来表示，即土壤自然含水量占田间最大持水量的百分数。一般以田间持水量的 60%～80% 为宜，5%～12% 时叶片凋萎。地下水位的高低限制果树根系分布深度，影响果树的生长和结果。

（五）土壤空气

果树根系的生长要求土壤有一定的透气性，土壤中氧气的含量影响根系的活动。一般要求土壤的氧气（O_2）含量≥15%，土壤透气性差时，氧气含量下降，二氧化碳浓度会升高，当土壤中 CO_2 浓度达 37%～55% 时根系会停止生长。表 3-1 给出了各种果树土壤空气中氧气浓度与果树生长的关系。

表 3-1　各种果树生长与土壤空气中氧气浓度的关系

单位：%

树种	地上部			地下部	
	正常发育	新梢生长受到抑制	新梢生长停止	发生新根	枯死
苹果	6	5	3	3	1 左右
梨	5	4	2	2	1 左右
君迁子	4	3	2	2	0.5 以下
枳	4	3	1 左右	—	0.5 以下
温州蜜柑	4	3	1 左右	1	0.5 以下
葡萄	7	4	2	2	0.5 左右
桃	8	6	2	3	2.0 以下

（六）土壤酸碱度

土壤酸碱度直接影响土壤的理化特性、土壤营养元素的分解及存在形态、土壤溶液的成分以及土壤微生物活动，从而影响根系的吸收机能。土壤过酸、过碱都会影响根系原生质胶体特性及酶的活性。在强碱性土壤中，因为钙中和根的分泌物，而使铁、锰、铜、硼、锌等缺乏，同时磷多与钙结合成为溶解度很小的磷酸钙。在强酸性土壤中，土壤中的铝、锰、铁、铜、锌、硼等溶解度增大，引起活性铝对果树的毒害。在酸性土壤中，氢离子浓度大，土壤胶体吸收的钾、钙、镁等被氢离子代换，随雨水流失，故酸性土壤常缺钾、钙、镁等元素。土壤中大多数有益微生物适于中性的土壤环境，即 pH 6.5～7.5，土壤过酸、过碱都会抑制微生物活动。一般土壤中的微生物随着土壤酸碱度的增强而减少。因此，中性土壤中的微生物比酸性土壤或碱性土壤中的多。

果树的生长要求不同的土壤酸碱度，土壤中的有机质、矿物质元素的分解和利用以及微生物的活动，都与土壤酸碱度有关。土壤 pH 影响根系的吸收，不同树种、不同品种、不同砧木对土壤酸碱度的适应性不同（表 3-2）。

表 3-2 几种主要果树的土壤 pH 适宜范围

树种	适宜土壤 pH 范围	最适土壤 pH
苹果	5.3～8.2	5.4～6.8
梨	5.4～8.5	5.6～7.2
桃	5.0～8.2	5.2～6.8
葡萄	7.5～8.3	5.8～7.5
板栗	5.5～7.5	5.5～7.0
枣	5.0～8.5	5.2～8.0
柑橘	5.5～8.5	6.0～6.5

（七）土壤含盐量

在干旱区，由于降水少、空气干燥，蒸发量大，土壤中的盐分随地下水蒸发液流上升到土壤表层，使土壤表层的盐分浓度增高，当盐分浓度达到一定程度时果树就会发生盐害。土壤中影响果树生长的盐类主要为钠盐和氯化物，其中以碳酸钠危害最大。不同果树对土壤中盐的忍耐性不同（表 3-3）。大量灌水或降水可将土壤表层的盐分淋溶到土壤深层，使盐害得到缓解。生产上常采用深挖排碱渠结合漫灌的方法排盐。

表 3-3 几种主要果树的耐盐能力

单位：%

果树种类	土壤中的总盐量	
	正常生长	受害极限
苹果	0.12～0.16	0.28 以上
梨	0.14～0.20	0.30
桃	0.08～0.10	0.40
杏	0.10～0.20	0.24
葡萄	0.14～0.29	0.32～0.40
枣	0.14～0.23	0.35 以上
栗	0.12～0.14	0.20

（八）土壤有机质

土壤有机质是土壤肥力的重要物质基础，是土壤固相中所含的各种有机成分，耕作层土壤有机质含量一般为 0.5%～3.0%。土壤有机质含量虽然很少，但它对肥力因素中的水、肥、气、热影响很大，是土壤肥力评价的重要指标之一。土壤有机质中含有比较丰富的氮、磷、钾等元素，使得这些营养元素在土壤中得以保存和积累。有机质经过微生物的分解作用，释放植物营养元素，供给果树和微生物的需要。有机质可以很好地协调水、肥、气、热关系，具有改良土壤、提高土壤肥力的重要作用。果园增施有机肥，提高土壤有机质含量是提高果品质量的重要途径。

二、温度

各种环境因子中，温度是影响果树生长发育的主要因素，温度因子包括年平均温度、积温以及最高温、最低温等。

温度是影响果树自然分布的主要因素之一，各种果树的地理分布主要受温度条件的限制，其中最主要的是年平均温度、生长期的积温和冬季最低温度，不同果树各有不同的适宜温度（表3-4）。

表3-4 主要果树适宜的年平均温度

单位：℃

树 种		年平均温度	树 种		年平均温度
苹果		7～14	李		3～22
梨	（秋子梨）	5～7	枣	（北枣）	10～15
	（白 梨）	7～15		（南枣）	15～20
	（砂 梨）	15～20	杏		6～14
桃	（华北系）	8～14	核桃		8～15
	（华南系）	12～17	柿	（北方）	9～15
葡萄		5～18		（南方）	16～20
樱桃	（大樱桃）	7～12	枇杷		16～17
	（中国）	15～16	柑橘		16～18

需要较低温度（7～13℃）的果树有：苹果、梨、山楂、杏、李、樱桃、草莓、树莓等；需要中等温度（13～18℃）的果树有：桃、葡萄、无花果、阿月浑子、石榴、扁桃、枣、核桃等；需要较高温度（18～24℃）的果树有：香蕉、柑橘、菠萝、番木瓜、荔枝、龙眼等。

果树需要达到一定的温度总量才能完成生活周期，通常把高于一定温度的日平均温度总量叫做积温。对果树来说，在综合外界条件下能使果树萌芽的平均温度称为生物学零度，即生物学有效温度。一般落叶果树的生物学有效温度的起点多在日平均温度6～10℃，常绿果树多在10～15℃。在一年中能保证果树生物学有效温度的持续时期为生长期，生长期中生物学有效温度的累积值为生物学有效积温，简称有效积温或积温。

果树在一定温度下开始生长发育，为完成生长期或某一生育期的生长发育过程，要求一定积温，如温度低，则生育期延长，如温度高，则生长期缩短。

各种果树在生长期对温度要求不同，这与果树的原产地条件有关。各种果树在生长期内，从萌芽到果实成熟要求一定的积温；同一树种不同品种对积温的要求也不同（表3-5）。如不同葡萄品种从萌芽到果实成熟所需≥10℃的活动温度是不同的。根据达维塔雅的研究，极早熟品种要求有效积温为2 100～2 500℃，早熟品种为2 500～2 900℃，中熟品种为2 900～3 300℃，晚熟品种为3 300～3 700℃，极晚熟品种则要求3 700℃以上的活动积温。

表3-5 不同果树开花和果实成熟时期的积温

单位：℃

果树种类	开花	果实成熟
苹果	419	2 500
梨（洋梨）	435	867
桃	470	1 083
杏	357	649
大樱桃	404	446
葡萄	—	2 100～3 700
柑橘	—	3 000～3 500

果树在年发育周期中，都要求一定的温度范围。果树自萌芽后，转入旺盛生长时要求温度较高，

落叶果树为 10～12 ℃，常绿果树为 12～16 ℃。不同温度对果树的同化和异化过程的效果是不一样的，有其最适点、最低点和最高点，即温度的三基点（表 3-6）。

表 3-6　果树生长的三基点温度

单位：℃

果树种类	最低温度	最适温度	最高温度
苹果	5.0 左右	13.0～25.0	40.0 左右
葡萄	10.0 左右	20.0～28.0	41.0 左右
桃	10.0 左右	21.0～28.0	43.0 左右
柑橘	12.5 左右	23.0～29.0	45.0 左右
荔枝	16.0～18.5	24.0～30.0	46.0 左右

果树生长过程中过高的温度会抑制生理过程，而过低的温度也对果树的生长发育不利。

温度在 0 ℃以下低温使果树的组织发生冰冻所造成的伤害称为冻害。果树易受冻害的部位是根颈、枝干、皮层、一年生枝、花芽。果树的冻害以该树种的栽培分布北界较重，温带落叶果树和热带、亚热带常绿果树都可发生。我国北方的苹果、梨，南方的柑橘、香蕉、菠萝等果树均发生过冻害。不同树种、品种忍耐低温的能力差异较大（表 3-7）。冻害除受低温的程度影响之外，还与低温持续时间的长短、低温出现的时期、降温的幅度、果树健壮程度、果树低温锻炼的程度及器官的种类有关。

表 3-7　果树越冬期的抗寒力

单位：℃

果树种类	抗寒力	果树种类	抗寒力
山定子	−52	桃	−22～−25
小苹果	−40	枳	−20
大苹果	−30～−35	甜橙	−3～−7
秋子梨	−30～−52	柚	−5
白梨	−23～−25	香蕉	2.5
砂梨、洋梨	−20	龙眼	0～−4
欧洲葡萄	−16～−18	荔枝	0～−2
美洲葡萄	−20～−22	菠萝	−1

温度在 0 ℃以上的低温对生长期果树组织造成的伤害称为寒伤，也称冷害。由于冷害是在 0 ℃以上低温时出现，所以受害组织没有结冰现象，故与冻害和霜冻伤害有本质区别，热带和亚热带果树常遭受冷害。冷害主要发生在果树生长期间，可引起果树生长发育迟缓，生理机能受损，从而造成减产和果实品质变劣。

0 ℃左右低温的危害称霜害。霜害会引起果树的幼嫩组织或器官结冰受害。根据霜冻发生的时期，可分为早霜（秋季，由温暖季节向寒冷季节过渡的时期）和晚霜（春季，由寒冷季节向温暖季节过渡的时期）。霜冻易在地势低洼、冷空气易积聚的地方发生，天气晴朗、无风、气温低的天气也易出现霜冻。

在北方干旱区由于空气干燥，加之低温使果树组织失水而造成的伤害称冻旱或冷旱，俗称"抽条"，这是低温与生理干旱的综合表现。在冬春之际，幼树表现枝干失水、皱皮和干枯现象，这种现象在我国东北、华北北部、西北及西藏、山东北部多发生。苹果、梨、葡萄、核桃、板栗、柿等果树都有发生，1～5 年的幼龄树尤为严重。不同树种、不同品种的抗冻旱能力不同，枝条皮层在越冬前害虫伤害也易造成失水。秋季停止生长晚，枝条不充实也易发生冻旱。

落叶果树需要一定时期的低温才能通过自然休眠，春季才能恢复正常的萌芽、开花等生长发育过程，这种对低温的要求称为需冷量。如果冬季温度过高不能满足休眠所需的低温，则第二年春季果树生长发育不正常，发芽、开花不整齐，落花落果严重。

不同树种、同一树种不同品种，其需冷量是不同的。一般以 7.2 ℃ 为基点，累计 7.2 ℃ 以下所遭遇的低温时数作为需冷量，不同果树需冷量差异范围较大，表 3-8 为一些主要果树通过自然休眠的需冷量。

表 3-8　主要果树通过自然休眠的需冷量

(Childers，1983)　　　　　　　　　　　　　　　　　　　　　　单位：h

果树种类	需低于 7.2 ℃的时数	果树种类	需低于 7.2 ℃的时数
美洲李	700～1 700	长山核桃	300～1 000
苹 果	250～1 700	酸樱桃	600～1 400
树 莓	800～1 700	甜樱桃	500～1 300
欧洲榛	800～1 700	欧洲越橘	150～1 200
梨	200～1 500	猕猴桃	600～800
醋 栗	800～1 500	杏	300～900
核 桃	400～1 500	黑莓	200～400
梅	300～1 200	扁桃	100～400
桃	50～1 200	草莓	200～300
柿	100～400	无花果	≤300
葡 萄	100～1 500		

需冷量在指导果树区划、设施促早栽培等方面有重要意义。设施栽培促果树早萌芽、早开花结果，必须考虑果树的需冷量。设施栽培过程中的品种选择、覆盖时间、加温时间等环境控制，必须要以该品种的需冷量为基本依据，应满足通过自然休眠期的低温时间。

三、水分

水分是果树生存的必要生态条件，是树体结构和果实的主要成分，是果树吸收营养物质、运输分配营养的溶剂，是果树光合、呼吸等各种生理活动必需的物质。水分可调节果园环境温度和树体温度，因而水分管理是果园管理的重要内容。

果树的需水量因树种而不同，一般梨＞李＞桃＞苹果＞樱桃＞酸樱桃＞杏。果树耐旱主要表现在以下两个方面：

(1) 果树本身需水较少，具有旱生形态特征，如叶片小、角质厚、渗透压高等，如石榴、扁桃、阿月浑子、无花果等。

(2) 具有强大的根系吸收水分，如葡萄、杏、荔枝、龙眼等。

抗旱力强的果树：桃、扁桃、杏、石榴、枣、无花果、核桃、葡萄；抗旱力中等的果树：苹果、梨、柿、樱桃、李、梅；抗旱力弱的果树：香蕉、枇杷、杨梅、草莓；抗涝的果树：枣、葡萄；不耐涝的果树：桃、无花果。

不同树种和品种对空气湿度的要求不同，原产于干燥地区的果树适应较低的空气湿度，而原产于湿润热带、亚热带的果树适应较高的空气湿度。

果树在年生长周期里各个物候期对水分的要求不同，温带落叶果树在休眠期需水较少，随着萌芽生长，树体蒸腾量增加，需水量逐渐增多。常绿果树虽然没有明显的休眠期，但在冬季低温季节蒸腾量小，需水相对较少。水分的亏缺会影响果树的生长发育，甚至会造成对树体的伤害。春季萌芽期水分不足会延迟发芽或发芽不整齐；花期干旱会引起落花落果；新梢生长期缺水会导致新梢停止生长；果实发育期缺水会影响果实膨大，单果重降低。果实成熟期遇降水易导致裂果。

　　萌芽期需水量较少，应适当少浇水。新梢生长与果实膨大期需水量最大，对缺水敏感，为需水临界期，应保证水分的供应。花芽分化期需水相对较少，水分过多，花芽分化减弱。采果前后需水较少，应适当少浇水。休眠期需水量少，一般在越冬前浇越冬水一次（冬灌）即可。

　　空气湿度对果树的生长及果实品质有多方面的影响。空气湿度的大小与果树的蒸腾密切相关，影响果树的水分平衡，从而影响多种生理作用。蒸腾过强时，会引起果树叶片枯焦、凋萎，柱头干燥，影响授粉受精，抑制花芽分化，抑制果实膨大等。不同树种和品种对空气湿度的要求和反应不同，如扁桃、阿月浑子、欧亚葡萄等原产于干旱区夏季干燥地带，适应较低的空气湿度；而猕猴桃、杨梅、香蕉、枇杷、柑橘等果树原产于湿润热带、亚热带，适应较高的空气湿度。

四、光照

　　光照是果树光合作用的能量来源，果树的生长发育及产量的形成需要光合作用形成的有机物质。果树受光的类型可分为四种，即上光、前光、下光和后光。上光和前光是果树生长发育的主要光源，下光和后光虽较弱，但果树对漫射光的利用率高，下光和后光可改善树冠下部的果实品质。

　　果树树冠内光的分布与产量和品质有密切关系，而影响果树树冠内光分布的因素很多，如栽培管理方式、树种品种、地域气候因素以及冠层结构等，而对于成龄的栽培管理方式一致的果树，树形及冠层的结构对树冠内光的分布影响较大。

　　刘娟等对杏树冠内光分布的研究结果表明，树冠不同部位光照强度由下向上、由内向外逐渐增强，并且主枝的开张角度对树冠内光的分布影响较大，主枝开张角度太小，树冠内无效光区占树冠比例就高，光能的有效利用率就低。阎腾飞等对苹果树冠内光分布规律以及与产量、品质的关系等进行了大量的研究，发现苹果不同方位冠层内光照强度与叶面积指数、林隙分数以及平均叶倾角等呈一定的相关性；产量的分布与光照强度有密切的关系，主要集中在 $25\% \sim 55\%$ 的适中光照区域；可见光照并不是越强越好，冠层不同部位光质的差异是造成树体品质差异的主要原因之一。成小龙等对库尔勒香梨冠层内的光照分布做了初步研究，发现不同的季节冠层内光照强度差异明显，冬季冠层内枝干的分布不同也能造成光照强度的明显差异，不同的树形结构与行向是造成冠层内光分布不同的主要原因，果实的着色面积与可溶性固形物含量随光照强度的增大而增大。

　　王安柱等对桃树的光照分布与产量、品质的关系进行了研究，结果表明，主干形桃树果实产量是开心形的 2.1 倍，倾斜主干偏展形桃树比 Y 形桃树光照分布均匀，产量和品质较好；单果重量、可溶性固形物含量和果实着色所需的最适相对光照度不同，分别为 27.2%、71.7% 和 83.5%；34% 相对光照强度是桃优质生产的最低限度。可见在栽培方式统一的条件下，树形的合理选择对桃优质生产极为关键。

　　另外，相同的树形，树冠垂直方向光照度的变化幅度大于水平方向，这可能与冠层由上向下叶幕密度的变化大于由内向外叶幕密度的变化有关。因此，树冠内的光强分布受树形及树冠部位的影响较大。

　　刘娟等的研究表明，9 月下旬轮台白杏的花芽均处于雌蕊分化期，但树冠内不同部位花芽分化进程不同，水平方向和垂直方向均存在显著差异，且在不同的方位上也有显著差异。在不同方位上，花芽分化进程表现为西面的相对较慢，南面相对较快，东面和北面居中，这种现象与光照有密切的关系。

　　成小龙等的研究结果表明，库尔勒香梨不同树形、不同冠层部位果实的品质存在较大差异。开心形果实可溶性固形物含量、维生素C含量及果实固酸比均高于疏散分层形同部位果实，可滴定酸含量低于疏散分层形，果实硬度略高于疏散分层形。这主要是由于冠层内光照条件的差异所导致。

果树对光的需要程度，与各树种、品种原产地的地理位置和长期适应的自然条件有关。强阳性果树有桃、扁桃、杏、枣、阿月浑子等；阳性果树有苹果、梨、葡萄、李、樱桃；耐阴果树有核桃、山楂、草莓、树莓等。

光照强度大，容易形成短枝，增强侧枝的生长，病虫害减少。光照强时，枝条向上生长减弱，侧芽生长较强，容易形成开张的树冠。光照弱时，容易造成枝条徒长而虚弱。光照对叶片的形态结构和生理功能影响较大，良好光照条件下的叶片厚，单叶重也高，光合能力强。

光照强，有利于形成花芽，坐果率高，果实大、着色好、含糖高、品质好。相反，光照不足花芽形成数量少，质量差，坐果率低，形成的果实含糖量低，着色不良，综合品质也差。

光照强度又决定光合作用的强弱和同化养分积累的多少，而足够的同化养分积累是果树花芽分化的条件之一，如果光照不充足，叶片光合产物减少，对花芽分化和形成均产生不利影响。

五、光照度、温度和湿度综合作用

果园是一个复杂的人工生态系统，其中对果树生长发育产生直接影响的温度、湿度、光照等是果树生存不可缺少的必要条件。各生态因子之间不是孤立的，作为一个动态平衡的生态系统，各因子相互联系、相互制约，任何一个因子的变化，必将引起其他因子不同程度的变化，比如光照强度的变化必然引起空气温度和湿度的变化。

在果树的生长发育过程中，各种环境条件综合影响着果树的生理活动。同时果园的微气候对其也有很大的影响。在晴天，上午随着光照强度的增强，果园内温度逐渐升高，至下午日落之前，随着光照强度的减弱，果园的温度逐渐下降。而果园的空气相对湿度与光照度则呈现出负相关。这种温度、湿度的变化，主要取决于太阳辐射强度。

果园株间、行间和树冠中心的温、湿度间存在着明显的差异，不同栽植密度的果园温度、湿度、光照也存在差异，密度越大果园的光照越弱，湿度就越大，温度就越低。另外，间作物在一定程度上影响果园的微气候环境。

光照度、温度和湿度与果树花芽分化有密切关系。空气相对湿度过高，会使果树呼吸作用加强，从而影响碳水化合物的积累，一般花芽分化期要求空气相对湿度较低，过高则会使花芽分化不良。如果温度偏高，果树营养生长旺盛，短枝率就降低，最终影响树冠内部的光照，造成花芽发育不良，容易落果；光照度又决定光合作用的强弱和同化养分积累的多少，而足够的同化养分积累是果树花芽分化的条件之一，如果光照不充足，叶片光合产物减少，对花芽分化和形成均产生不利影响。

果树冠层不同部位温度与相对湿度的差异是多种因素共同作用的结果，如太阳辐射、气象因素、栽培模式、地面覆盖物、叶幕密度、植物冠层结构等，不同的树种、不同的生理时期，果树对温度与相对湿度的需求不同，在北京地区，桃果实发育后期最适宜的温度为24～30 ℃，最适宜的相对湿度为50%～70%。

近年来，国内外对冠层内的微域气候的研究主要集中在苹果、桃及葡萄上。王琰等对苹果冠层温度与相对湿度的变化进行了大量的研究，发现冠层垂直方向，顶部到底部温度逐渐变低，温差可达0.5～3.0 ℃；水平面上，距离树干中心越近，温度越低。冠层上部至下部，相对湿度逐步变大，同一冠层内，距中心干的距离越大，相对湿度越小；冠层垂直方向温度与相对湿度的变化大于水平部位。李国栋对富士苹果3种树形的树冠生态因子进行了比较，树冠内相对湿度最低出现在20:00至第二天8:00，其中自由纺锤形树形结构冠层内相对湿度最大，小冠疏层形相对湿度最小，而3种树形温度的变化差异不大。张海成对板栗冠层微气候与品质的关系研究表明，在同一时期，果实品质因子对温度的需求量有所不同，温度对果实品质的影响大于相对湿度对其的影响。

六、风

　　风是果树环境的重要因子之一，既有有益方面也有不利的方面。微风有利于果树的传粉，微风可以改变果园的温度、湿度，调节 CO_2 浓度，改善树冠微环境，有利于光合作用。当风速超过 10 m/s 会破坏枝叶，造成落果，风速过高还会降低光合作用的效率等。开花期的大风会造成落花、吹干柱头，影响授粉与坐果。春季的干热风会造成果树抽条，降低幼苗定植成活率等。

　　实践证明在风害严重的区域建立适宜的果园防护林可有效减小果园风速，防止风害。在建园时设置合理的栽植密度、行向，采用合理的树形、架式、树体结构对降低风速、减轻风害都有重要作用。

七、其他因素

　　坡度会影响土层厚度、光照、水分等，从而影响果树的生长结果。坡度越大土层越薄，土壤含水量、土壤养分越少，而坡度小的地方土层厚，水分与养分含量高。坡向影响光、热、水等，由于坡向不同接受太阳辐射量也不同，因而光、热、水等条件有明显差异。相同坡度不同坡向接受太阳辐射的强度有较大差异。在北半球，南坡向接受太阳辐射大于北坡向接受太阳辐射，东坡向与西坡向介于两者之间。由于不同坡向生态条件的差异，果树的生长及灾害发生也不相同。同一种果树在南坡比北坡春季开始生长早，结束生长晚，物候期进展较快。生长在南坡的果树生长健壮、果实成熟早、着色好、含糖量高，但易遭受干旱、灼伤等；生长在北坡的果树由于温度低、光照弱，容易造成枝条成熟不良、越冬性差，果实着色不好，含糖量不高，有些地方还会遭受北方低温寒流、大风的影响。山地建园时应充分考虑当地生态条件及果树对环境的适应性。

　　降水也是果树环境的重要因子，降水不仅会影响土壤水分，也会影响空气湿度，从而影响果树的授粉受精、花芽分化和果实发育以及病害的发生。

　　果园是一个特殊的生态系统，果树除受到果园外部生态因素的影响外，果园内部的各生态因子对果树生长发育均有更为直接的影响，调节好各因子之间的相互关系是果树管理的重要内容。

第四章　果树良种选育

第一节　果树良种选育的意义

果树良种是指果树的优良品种。所谓品种是指经人工选择培育的，具有一定的经济价值，产量、品质或其他方面符合人类要求，在遗传上相对稳定且相似的，能适应一定的自然条件和栽培条件，在适宜的条件下，能够充分发挥该群体的固有特征和价值的植物群体。而优良品种则是指在一定区域、一定历史阶段表现优良的品种。果树良种选育，就是综合运用生物科学成就，培育果树新品种的科学技术。广义的果树良种选育还包括引种和良种繁育的内容。

我国果树资源丰富，栽培历史悠久，曾经把许多野生果树驯化为栽培树种，如桃、杏、李、白梨、山楂、中国栗都原产于我国。

果树工作者经过长期培育和选择，选育出适应不同生态条件的优良品种。如在芽变选种方面，从红星苹果中选出了新红星、玫瑰红、岱红等；从皇家嘎拉中选出了泰山嘎拉；从乔纳金中选出了新乔纳金；从国光中选出了山农红；从富士中选出了烟富 3、烟富 6、烟富 8 等。在实生选种方面，选出了无花栗、红光栗、金丰、燕山红；从早生黄金桃实生后代中选出了丰黄桃等。在杂交育种方面，育成了秦冠、华帅、华硕等苹果；育成了京玉、雨花露等桃品种；育成了北醇、户太 8 号、夏至红、京艳等葡萄品种；育成了香慈梨、晋梨、玉露香梨、美人酥梨、红香酥梨等梨品种。

随着良种选育理论的发展和方法的改进，大大地丰富了各地果树品种类型，对提高果树产量和果品质量都起到了很大的作用。

第二节　果树遗传变异规律

果树育种学的发展，离不开遗传学基础理论的指导。果树良种选育就是应用遗传学知识，根据果树生产的需要，改良果树的遗传品质，提高果树群体的遗传水平，培育新品种，达到早熟、优质、丰产的目标。

一、遗传学的几个基本概念

1. 遗传、变异与选择　遗传、变异与选择是生物进化的三大要素。遗传是指生物亲代与后代之间性状相似的现象。这里的性状是生物形态特征和生物学特性的总称。俗话说"种瓜得瓜，种豆得豆""龙生龙，凤生凤，老鼠生来会打洞"，苹果繁殖的后代是苹果，板栗的后代是板栗。遗传的本质是亲代将其遗传物质传给了下一代，遗传是生物不变的一面。同时，生物的亲代与子代之间，或子代个体之间不是一成不变的，总是存在着相对差异，这种差异在遗传上称为变异。所谓"一母生九子，九子各不同"说的就是变异。变异是生物选择的基础。遗传保持了物种的相对稳定性，变异使得物种不断进化。选择包括自然选择和人工选择。自然条件对生物的去劣留优作用，就是自然选择。人类对自然发生的变异有目的地淘汰不符合人类需要的个体，保留符合人类需要的个体，这就是人工选择。而通过人工选择定向培育生物新类型，就是良种选育。

2. 遗传的变异和不遗传的变异　在人工选择过程中，为了选出遗传上优良的变异，就要分清遗传的变异和不遗传的变异。遗传的变异是指变异发生后，变异了的性状能够传给后代，变异是由遗传物质的改变引起的。例如，杂交育种选出的品种、辐射处理选出的品种等都能把变异的性状传给下一代。而不遗传的变异也称饰变，是在外部环境的影响下，某些性状发生了变异，但变异只能表现在当代，不能遗传给后代，当引起变异的条件消失了，变异也就消失，原因是遗传基础没有发生改变。例如，种在边行或粪场的庄稼有"高一头，深一色"的现象，但从边行或粪场的庄稼植株上采种，如果下一年肥料变了，变异也就不存在了。所以，对这种不遗传的变异进行选择是无效的。

二、遗传的细胞学基础

细胞是生物生命活动的基本单位。除了病毒以外的所有生物都是由细胞构成的，而病毒的生命活动要靠细胞来维持。生物繁殖必须通过一系列的细胞分裂，才能把遗传物质传递给后代。

细胞学的发展，证明了控制生物性状的遗传物质，大部分存在于细胞核中的染色体上，因此，了解遗传规律，先要从了解细胞入手。

植物细胞主要由细胞膜、细胞质和细胞核组成。细胞膜外还有一层细胞壁，对细胞起保护和支撑作用。细胞质中包含着各种细胞器，主要有线粒体、质体、核糖体、内质网等，这些不同种类的细胞器有其独特的生理功能。细胞中与遗传关系最密切的是细胞核，细胞核由核膜、核基质、核仁和染色质（体）组成，其中染色体是遗传物质的主要载体。

1. 染色体的形态　染色质和染色体是同一物质在细胞不同分裂时期的不同形态。染色质和染色体都是由 DNA 和蛋白质组成的。在细胞分裂的间期，一般看不到一定形态的染色体，只看到染色较深的染色质。在细胞分裂的过程中，染色体的形态和结构表现为一系列规律性的变化，其中以有丝分裂中期染色体的表现最为明显和典型，因为这个阶段染色体收缩到最短最粗的程度，并且从细胞极面上观察，可以看到它们分散地排列在赤道板上，故通常都以这个时期进行染色体形态的认识和研究。根据细胞学的观察，一条完整的染色体，包括以下 4 部分。①着丝粒（主缢痕）。每个染色体都有一个着丝粒，没有着丝粒的染色体不能存活。在细胞分裂时，纺锤丝就附着在着丝粒区域，就是通常说的着丝点。每个着丝点的位置是恒定的。因此，着丝粒的位置直接关系到染色体的形态特征。着丝粒所在的区域是染色体的缢缩部分，称为主缢痕。②染色体臂。每个染色体都有被着丝粒分开的两个臂，有长有短。③次缢痕。在某些染色体的一个或两个臂上通常有另外的缢缩部位，染色较淡，称为次缢痕。次缢痕的位置和范围也是恒定的。④随体。某些染色体次缢痕的末端还有一个圆形或呈长形的突出体，叫随体。

着丝点的位置、染色体的长短、随体的大小等可作为鉴别染色体的标志。

2. 染色体的数目　各种生物的染色体数目都是恒定的，而且大多数高等生物都是二倍体，其体细胞内染色体数目都是成对存在的。这种形态和结构相同的染色体，称为同源染色体。同源染色体不仅形态相同，而且它们所含的基因位点也相同。形态结构不同的各对染色体之间，则互称为非同源染色体。在性细胞中，染色体只有体细胞中每对同源染色体中的一条，故性细胞中染色体数目是体细胞的一半。通常分别以 $2n$ 表示体细胞的染色体数，以 n 表示性细胞的染色体数（表 4-1）。

3. 染色体的结构　染色体由 DNA 蛋白质纤维经多次折叠螺旋化而成。中期的每条染色体，是由 2 个染色单体构成的，而每一个染色单体又是由一条 DNA 蛋白质纤维构成的。其中 DNA 是主要的遗传物质。DNA 上具有某种遗传功能的区段就是通常所说的基因。基因是控制生物性状的基本遗传单位。

表 4-1 部分生物染色体数目

物种名称	体细胞染色体数目（2n）	配子染色体数目（n）
苹果	34	17
巴梨	34	17
桃	16	8
李	16	8
葡萄	38	19
枣	20	10
日本栗	22	11
核桃	32	16
柿	30	15
玉米	20	10
洋葱	16	8
番茄	24	12

4. 细胞分裂 细胞的分裂方式分有丝分裂和减数分裂两种。体细胞的分裂属有丝分裂。有丝分裂时，染色体复制一次，细胞核均衡地分裂一次，使得生物体中所有体细胞都具有相同数目的染色体，也就具有了相同的遗传物质，这就保证了生物遗传的稳定性。无性繁殖依赖于有丝分裂，是一种亲本不通过性细胞而产生后代的繁殖方式，能够保持母本特性不变。减数分裂是有性生殖个体在形成生殖细胞过程中发生的一种特殊分裂方式，只发生在性细胞的形成过程中。减数分裂时染色体复制 1 次，细胞连续分裂 2 次，使分裂后的 4 个子细胞的染色体数目都只有其母细胞的一半。在生物世代交替过程中，具有一半染色体数目的雌配子和雄配子结合，又形成具有其母细胞染色体数目的新细胞，使得亲代与子代之间保持了染色体数目的恒定。同时，在减数分裂过程中，通过同源染色体非姐妹染色单体的交叉互换，非同源染色体的自由组合以及四分体中非姐妹染色体的部分片段的交叉互换，增加了基因变异的种类。因此，减数分裂不仅能够保持遗传物质的相对稳定性，而且为遗传的多样性提供了可能性。

三、遗传学三大基本定律

基因分离定律、基因自由组合定律和基因连锁与互换定律被称为遗传学三大基本定律。

1. 基因分离定律 基因分离定律是孟德尔发现的。这是遗传学中最基本的一个规律，从本质上阐明了控制生物性状的遗传物是以自成单位的基因形式存在的，他通过一系列的杂交试验指出了一对相对性状的遗传规律。分离规律的实质是一对等位基因在形成配子时相互分离，各自进入到不同配子中去，从而形成两种数目相等的配子。两个遗传性状不同的纯合二倍体亲本杂交以后，就一对相对性状来看，在完全显性的情况下，F_1 表现一致，只表现显性性状，F_2 出现性状分离，显性性状个体数与隐性性状个体数之比为 3:1。

2. 基因自由组合定律 也称为独立分配规律，也是孟德尔发现的，它是讨论两对及两对以上相对性状的遗传规律。其实质是当具有 2 对或 2 对以上相对性状的亲本进行杂交，在子一代产生配子时，等位基因分离的同时，非同源染色体上的非等位基因表现为自由组合。

3. 基因连锁与互换定律 该定律是摩尔根发现的。其实质是位于同一染色体上的不同基因，在减数分裂过程形成配子时，常常连一起进入配子；在减数分裂的四分体时期，由于同源染色体上的等位基因随着非姐妹染色单体的交换而发生互换，因而产生基因的重组。

四、数量性状遗传与杂种优势

生物界的遗传性状，可以分为质量性状和数量性状。像孟德尔豌豆杂交试验中提到的豌豆花色的红花与白花、种子形状的圆粒与皱粒、子叶颜色的黄色与绿色等性状容易区别，非此即彼，呈现非连续性变异的性状称为质量性状。质量性状一般由效应大而为数不多的主基因控制，相对性状间有显隐性关系。如豌豆的红花与白花，界限分明，不易混淆，一般不易受环境条件的影响，因此，在育种工作中可利用质量性状为指示性状，以鉴别真假杂种。

表现为连续性变异的性状，称为数量性状。例如果树植株的高度、成熟期的早晚、果实的大小、果汁的多少、果实的含糖量等，都必须用度量衡的数字来表示，这些属于数量性状。数量性状的表现主要有两大特征。①数量性状的变异是连续的；②数量性状容易受环境的影响而发生变异。数量性状的遗传规律，目前用微效多基因假说来解释。微效多基因假说认为：数量性状受一系列多基因控制，这些基因的效力相等，而且是微效的，它们对表现型的影响有累加作用，这些基因之间通常不存在显隐性关系。

在果树生产中与产量和品质有关的许多性状属于数量性状。数量性状对环境条件比较敏感，环境条件的微小差异，可以导致相同基因型个体之间在表现型上的差别。例如对苹果或梨的高产，优质型芽变选种时，在选种过程中经常遇到环境条件影响所产生的饰变，解决的办法是将初选芽变枝条嫁接在同一株母树上进行比较，以便真正选拔出基因型的优变植株。因此，在良种选育工作中，要求严格控制一致的环境条件，以取得可靠的试验结果。

杂种优势是生物界的普遍现象，它是指两个遗传组成不同的亲本杂交后产生的杂种第一代，在生长势、生活力、抗逆性、繁殖力、产量和品质上比其双亲都优越的现象。杂种优势所涉及的性状，大都为数量性状，故必须以具体数值来衡量，表明其优势的大小。解释杂种优势的遗传理论主要有显性假说和超显性假说两种，但都尚不完善。

并不是所有杂种都有优势，杂种优势的大小与以下因素有关：①在一定范围内，双亲的亲缘关系较远，生态类型和生理特性差异较大，且双亲间优缺点能互补的，一般杂种优势较大；②杂种优势的大小与双亲基因型的纯合程度有密切关系，双亲基因型的纯合程度越高，F_1 群体就越具有高度一致的杂合体基因型，F_1 群体的优势就越明显；③杂种优势的大小与杂种对环境条件适应的程度有关。

现在对杂种优势的利用已经成为提高农业产量和改进品种的重要措施之一。袁隆平的杂交水稻就是杂种优势利用的一个典型，1979—1988 年全国累计种植杂交稻面积 $8.37 \times 10^7 \mathrm{hm}^2$，累计增产 $1 \times 10^8 \mathrm{t}$ 以上，增加总产值 280 亿元，取得了巨大的经济效益和社会效益。在果树育种上，杂种优势的利用具有得天独厚的优势，其过程比农作物简单，不需要经过自交纯化的步骤，即杂交后利用显性互补的原则选出优良单株，用无性繁殖方法固定其优良性状，即可形成可推广的新品种。

五、遗传物质的变异

除了杂交使基因分离和重组引起遗传变异外，还有两种可遗传的变异：一类是基因突变；一类是染色体畸变。

（一）基因突变

基因突变是指染色体上某一基因发生了化学性质的变化，由原来的基因突变为对应的等位基因。例如小麦的有芒变无芒，果树有刺变无刺，桃果实有毛变为无毛等。由于基因突变而表现突变性状的细胞或个体，称为突变体，或称突变型。发生某一突变的个体数占被调查个体总数的比率，称为突变率。基因突变可以发生在个体发育的任何时期，一般性细胞突变率比体细胞的高，特别是在减数分裂的末期对外界环境的变化比较敏感，容易发生突变。在体细胞时期也可以发生突变，许多植株的芽变就是体细胞突变的表现。性细胞发生的突变可以通过受精过程直接传给后代，而体细胞则不能。但体细胞突变可以通过无性繁殖固定，果树中许多新品种是由芽变得来的，如从红星苹果中选出了短枝型的新红星、玫瑰红、岱红等。

（二）染色体畸变

染色体畸变包括染色体结构变异和染色体数目变异两类。染色体结构变异是指染色体的结构发生不正常的变化，染色体结构变异有多种，最常见的有缺失、重复、倒位和易位 4 种。不管哪一种变异，都能引起生物性状、繁殖力或生活力的改变，是引起突变的重要原因之一。

染色体数目变异是指细胞核中染色体数目的增加或减少，也是引起遗传变异的重要原因之一。大部分生物体细胞中含有 2 套染色体，称为二倍体，用 $2n$ 表示。性细胞中含有 1 套染色体，用 n 表示，由性细胞直接发育形成的生物体，称为单倍体。单倍体植株体细胞中只有 1 套染色体，减数分裂时不能配对，不能形成正常的配子，因此，不能正常开花结果，所以单倍体本身在生产上直接利用价值不大。但利用化学处理可以使单倍体加倍，得到纯合二倍体，因此是一种有效的育种手段。

具有 3 个或 3 个以上染色体组的生物称为多倍体。多倍体在生理特点上具有不育性或部分不育性，利用此特性，可培育无核或少核的果实。如香蕉是天然的三倍体，在形态上表现果实大，抗逆性、适应性强，品质好，产量高等特点，在生产上利用价值较高。无籽西瓜是人工诱导普通西瓜成为四倍体，然后再与二倍体杂交获得的，由于无籽且品质好，所以在生产上得到了广泛应用。不同树种对多倍体的应用也有一定差异，苹果上应用较多的是三倍体品种，葡萄上应用较多的是四倍体品种，草莓上应用较多是的八倍体品种。

还有一类染色体数目的变异是非整倍性变异，即在正常体细胞染色体数的基础上发生个别染色体的增加或减少。

基因突变、染色体畸变都能使生物体发生变异，产生生物新类型，但在自然条件下其变异率比较低。目前采用的诱变育种即物理或化学方法人工诱变。人工诱变的变异率比自然变异率高出几百至几千倍，能够扩大变异幅度，增加选择范围，提高育种效率。

六、遗传的分子基础与遗传工程

随着分子遗传学的发展，人们已经揭开了遗传物质的分子之谜。生物的遗传物质是核酸，有两种形式，主要是脱氧核糖核酸（DNA），另一种是核糖核酸（RNA）。二者分子结构相似。DNA 是核苷酸构成的双螺旋长链。每个核苷酸由 1 个脱氧核糖、1 个磷酸和 1 个碱基组成，碱基有 4 种，分别是腺嘌呤（A）、鸟嘌呤（G）、胸腺嘧啶（T）、胞嘧啶（C）。每一条链由核苷酸中的脱氧核糖与磷酸相连，两条链的方向是相反的，两条链的连接是靠核苷酸上的碱基有规则地配对结合起来的，碱基互补配对原则是 A 与 T 配对，G 与 C 配对，由于碱基排列顺序是随机的，所以，DNA 的排列方式是多样的，这就决定了 DNA 的多样性。

作为遗传物质的 DNA，其基本特点是能够准确地自我复制。DNA 的复制，是以 DNA 的其中一条链为模板，按照碱基互补配对原则，合成新链的，称为半保留复制。这种复制的特点是能够保持上下代遗传物质的恒定性。前面提到的染色体的复制，实质上是 DNA 的复制。这就是生物能稳定遗传的分子学基础。

RNA 也是核苷酸链，它与 DNA 不同，一是 RNA 的核糖取代了 DNA 的脱氧核糖，二是有一种碱基与 DNA 不同，RNA 的尿嘧啶（U）取代了 DNA 的胸腺嘧啶（T），而且 RNA 是单链结构。

DNA 分子的核苷酸有一定的顺序，这个顺序就是遗传密码，遗传密码从 DNA 可以转录到 mRNA，再从 mRNA 翻译成蛋白质，从而直接或间接地表现性状。

遗传物质变异就是 DNA 上一个或多个核苷酸（碱基）丢失或改变所致。

了解遗传物质的分子基础，人们就可以采用类似工程设计的方法对生物的遗传物质实施实验室的技术操作，以定向地改造生物的遗传组成，使生物获得新的遗传性状，这就是遗传工程。广义的遗传工程包括细胞工程、染色体工程、基因工程等，狭义的遗传工程就是指基因工程。

基因工程就是将某一种目的基因移植到另一物种中去，使二者的 DNA 分子组合在一起，以达到改造生物的目的，创造新物种。

基因工程的施工步骤可分为：获得目的基因，将目的基因与载体结合成重组 DNA 分子（重组质粒），重组 DNA 分子的转化、筛选和表达。

第三节　果树良种选育的方法

一、实生选种

实生选种是指利用自然授粉的种子播种，从长成的植株中选择优良品种类型或对实生繁殖群体的自然变异进行选择的育种方式。

选择方法有两种：①混合选择，是指在实生群体中，选出产量、品质、抗性等符合选种目标要求的优良单株，然后采种，混合繁殖，以改进果树群体的遗传组成的方法，形成的品种是以实生繁殖为主的群体品种；②单株选择，即从实生群体中选出优良单株，分别繁殖形成无性系或家系，再根据无性系或家系的表现，选出优良无性系或家系。

实生选种具有悠久的历史，早在 3 000 年前，人们就对野生或半野生的果树进行选择，通过许多世代的逐步选择和提高，从野生类型向人类需要的栽培类型演化。这种方法在品种进化中起着重要作用。在选种的早期阶段，就是实生繁殖的果树进行混合选择，同时将选择的种子进行混合繁殖，向一定目标培养，不断提高品种水平。例如陕西扶风的隔年核桃就是按早实性，经多世代选择最后形成播种后经两三年就能开花结果的品种类型；山西汾阳在实生繁殖核桃时，选用个大、皮薄、仁满的坚果来混合播种，以改进实生群体的水平，原先野生核桃壳坚厚、内褶壁发达而仁小，通过选种，形成现在壳薄而仁满的类型。

果树的繁殖方法从实生繁殖逐步过渡到营养繁殖（无性繁殖），特别是采用嫁接繁殖以后，实生选种就着重于单株选择，而后经嫁接繁殖形成营养系品种。著名的温州蜜柑就是从实生苗中选出的无核单株，之后经嫁接繁殖形成的品种，现今已成为柑橘栽培北缘地带分布最广的主栽品种。罐藏黄桃新品种丰黄、连黄等，也是从实生苗中选出的单株，经嫁接繁殖而成为当前广泛栽培的罐桃品种。

进行实生选种，首先应该确定选种目标和选种标准。选种目标要根据需要确定，切合实际，应侧重某一个或几个方面，比如生产上突出的问题是结果太晚，应以早结果为选育目标，结合丰产、抗病、优质等进行全面评价。核桃某些病虫害发生严重的地区，要注意选择抗病虫的植株；在中国北部寒冷地区则应侧重选择抗寒性的植株。在选种目标中，高产、优质是共同的要求。至于选种标准，在不同的选种阶段应有所不同。在发动群众阶段，选种标准应该简单而明确，以便有较多的单株入选。在组织专业人员开展初选时则应提出比较具体的选种标准，以确定重点入选单株。实生选种一般按初选、复选和决选的程序进行。初选一般是结合群众报种，到实地果园中去考察，目测预选，对符合要求的植株进行标记编号，作为初选的预选树，然后专业人员对预选树进行现场调查记载，采集果树样品进行室内分析，并对记录材料进行整理和对比，确定初选单株。复选阶段主要对初选树再次进行评选，通过繁殖形成营养系在初选园里进行比较，也可结合进行生态试验和生产试验，复选出优良单株，然后由国家品种委员会组织品种比较试验和适应性试验进行决选。最后确定新品种的价值，定名推广。

二、芽变选种

（一）芽变的概念

芽变是芽的顶端分生组织细胞发生遗传物质的突变。在芽的分生组织中刚发生突变时，由于其变异性状尚未表现出来，不易被人们察觉，只有当变异的芽萌发成枝，甚至开花结果表现出突变性状后，才被人们发现。所以芽变总是以枝变或株变形式出现的。

芽变是植物产生变异的丰富源泉，它既可以为育种提供种质资源，又可直接从中选出优良品种，是选育新品种的一种简单而有效的方法。人类在农业生产实践中，很早就已经应用芽变选种。我国早在宋朝就有芽变选种的记载。如欧阳修在《洛阳牡丹记》中记述了牡丹的多种芽变："潜溪绯，千叶绯花，出于潜溪寺。本是紫花，忽于丛中特出绯者，不过一二朵，明年移在他枝，洛人谓之转枝花，故其接头尤难得。"蔡襄在《荔枝谱》中也记述了荔枝的芽变品种"龙芽"的产生情况。果树中有许多著名的优良品种来自芽变，美国在 20 世纪初从元帅品种中选出了芽变品种红星和红冠；50 年代初从红星芽变中选出了新红星；70 年代以来，又选出许多红色、短枝型的元帅系芽变新品种。

芽变选种是指由发生变异的芽长成枝条或植株，通过鉴定选择获得新品种的方法。这种方法大多是在原品种优良综合性状的基础上，从个别或少数性状发生的突变中，选择某种更为优异的类型。果树是高度杂合的多年生木本植物，常会发生芽变，变异性状可用无性繁殖加以固定保存和利用。

（二）芽变的特点

1. 多样性　芽变有形态特征的变异，也有生理特性的变异。形态特征的变异包括叶、果、枝条和植株形态的变异。如衢橘芽变产生的窄叶无核柳梅橘，红星苹果芽变产生的短枝型新红星等。生理特性的变异包括果实成熟期、果实品质、抗性等变异。如从金川雪梨中选出的白瓜梨能早熟 $10\sim15$ d。

2. 重演性　相同类型的芽变，可以在不同时期、不同地点、不同单株上重复发生，如元帅系苹果的株型由普通型变为短枝型，果皮色泽由条红变为片红等芽变，在不同时间地点都有发生。

3. 稳定性　一般芽变品种的变异性状都是比较稳定的，通过无性繁殖，能保持这种变异性状。但有些芽变，在其生长发育过程中，有可能失去已变异的性状，恢复成原有类型，即回归突变。苹果的某些浓色芽变就有回复到原色泽的趋向。这种现象的实质是基因突变的可逆性，多数是由于芽变的嵌合性，即有的芽变是不稳定的周缘嵌合体。

4. 局限性与多效性　芽变没有发生遗传物质的重组，仅是原类型遗传物质的突变，所以一般仅局限于少数性状发生变异。例如各种果树发生的许多色泽芽变，主要是果皮色泽变异不同，其中以红色变异最为普遍。还有少数芽变，其发生变异是多方面的。例如苹果的紧凑型芽变，枝条节间短粗，树冠矮化，并早实丰产，这些表现是多效性的缘故。

（三）芽变选种的方法

1. 芽变选种的目标　芽变选种主要是从原有优良品种中进一步选择更优的变异，要求在保持原品种优良性状的基础上，针对其存在的主要缺点，通过选择而得到改善。例如苹果元帅系，要着重选浓红耐贮型和短枝丰产型，而对金元帅则着重选育抗早期落叶病，抗果锈耐贮运不皱皮的短枝丰产型；对玫瑰香葡萄要着重选果穗紧凑、果粒均匀的类型。

2. 芽变选种的时期　芽变选种原则上应该在整个生长发育过程的各个时期进行细致的观察和选择。但是，为了提高芽变选种的效率，除经常性的观察选择外，还可根据选种目标抓住最易发现芽变的有利时机，集中进行选择。

（1）果树采收期。此时最易发现果实经济性状的变异，如果实着色时期、着色状况、成熟期、果形、品质以及结果习性、丰产性等。

（2）灾害期。在剧烈的自然灾害之后，包括霜冻、严寒、大风等，要抓住时机选择抗御自然灾害能力强的变异类型。

（四）对芽变的分析

在选种过程中，首先要筛除饰变材料，可以参考以下几个方面来鉴别芽变与饰变。

1. 变异性状的性质　观察分析是数量性状还是质量性状发生的变异。质量性状一般不会因环境条件的影响表现为饰变，例如果皮无色与有色、片红与条红可断定为芽变。

2. 变异体的范围　变异体有枝变、单株变及多株变异 3 种情况。如果是枝变，需观察它是否为嵌合体，鉴定为扇形嵌合体的，即可肯定为芽变；如为单株变异，就较难确定变异性质，有芽变、饰变或实生变异 3 种可能；如果为多株变异，立地条件不同，可排除环境的影响确定为芽变。

3. 变异的方向　饰变与环境条件的变化相一致，而芽变则与环境条件无明显的关系。例如，果实的着色，随着光照条件而变化，树冠外围枝所结的果实，色泽较浓，而内膛隐蔽枝的果实，着色较淡。因此，在树冠内膛发现的浓红型变异，则可能是芽变，而光照充足处发现的这种类型，则有可能不是芽变。

4. 变异性状的稳定性　饰变是一般环境条件改变引起表现型的变化，因此在这一环境条件存在时，表现型才显示这种变异，没有这种条件，变异就会消失。所以了解变异性状在历年的表现，并结合分析环境因素的变化，就能判断。

（五）芽变选种的程序和步骤

芽变选种分两步进行。第一步是从生产园内选择初选优系，包括枝变和变异单株；第二步是对初选优系的无性繁殖后代进行筛选，包括复选和决选两个阶段。

1. 初选

（1）发掘优良变异。为发掘优良变异，要将经常性的专业选种与群众性选种结合起来，和群众说明选种的意义，要建立必要的选种组织，普及选种技术，明确选种目标，开展多种形式的选种活动，包括座谈访问、群众报优、专业普查等。对初选优系都要编号、作出明显标记和调查记载，果实要单收单采，并与当地生态环境下的适宜对照树进行对比分析。

（2）分析变异。根据上述的对芽变分析的原则和方法，对变异进行分析比较，筛除有充分证据可肯定的饰变。如发现变异性状十分优良，但还不能确定是否为芽变，可把选择的材料置于高接鉴定圃，根据其表现，决定以后的工作；有充分根据确定为芽变，而且性状优良，但对某些性状还不清楚，可直接进入选种圃；有充分证据证明变异是十分优良的芽变，而且无相关的劣变可不经高接鉴定圃及选种圃，直接参加复选。

自然发生的芽变往往是以嵌合体形式存在的，如为周缘嵌合体则易于稳定，有的为扇形嵌合体或周缘区分嵌合体往往不稳定，为了使变异体纯化和稳定，通常可采用修剪或营养繁殖的方法，使其转化成为周缘嵌合体或同质突变体，供生产应用。

2. 复选　复选包括高接鉴定圃选种和选种圃选种。高接鉴定的主要作用是为了进一步鉴定变异体性状和鉴定变异体的稳定性，同时为扩大繁殖准备材料。在高接鉴定中，主要环境条件要一致。

选种圃的主要作用是全面而又精确地对芽变进行综合鉴定。因为在选种初期往往只注意特别突出的优良变异性状，常常忽略数量性状。选种圃也需保证主要环境条件的一致性。从结果的第一年开始，连续 3 年组织鉴评，根据鉴评结果，由选种单位提出复选报告，确定入选优系，再提交上级部门组织决选。

3. 决选　由主管部门组织专家对入选品系进行评定决选。根据试验数据、实物、现场审查全面审定。

三、杂交育种

（一）杂交育种的概念及意义

杂交育种是以基因型不同的品种进行交配产生杂种，通过培育选择，获得新品种的方法，是选育新品种的主要途径，是近代育种工作最主要的方法。杂交育种按亲缘关系的远近可分为品种间杂交和远缘杂交，一般杂交育种是指品种间杂交育种。由于杂交引起基因重组，后代会出现组合双亲控制的优良性状基因型，产生加性效应，并利用某些基因互作，形成具超亲类型新个体，为选择提供了物质基础。杂种后代群体，通过培育、鉴定、选择等步骤，获得优良单系，再经过无性繁殖就形成新品种。

英国园艺学家奈特在发现植物性别与父本对后代的遗传影响后，开始对苹果、梨、桃、李、樱桃、草莓等果树进行杂交育种，使果树品种选育由仅仅利用自然产生的变异，发展到人工创造变异的育种阶段。我国杂交育种在 20 世纪 50 年代初就已开始，60 年代起发展迅速，目前我国许多单位进行了果树杂交育种工作，特别是在苹果、梨、桃、葡萄上进行了以高产、优质为目标的杂交育种。已选育出的如辽伏、胜利、秦冠、华帅、华硕等苹果品种，早酥、锦丰、黄花、晋酥等梨品种，京玉、雨花露、春蕾等桃品种，北醇、公酿 1 号、早红、户太 8 号等葡萄品种，都已在生产上推广应用。除选出新品种外，在杂交育种技术工作研究，理论研究上也取得了进展，例如，在全国范围内开展果树品种资源调查、保存和利用研究，不同果树性状的遗传规律、杂种培育条件和技术、性状鉴定和预先选择，童期发育及控制等研究，在提高良种繁育技术，确立繁育制度等方面都比其他育种方法研究的深入。

（二）确定杂交育种目标和制定育种计划

杂交育种目标的确定一方面应根据国民经济发展的需要，如培育黄肉罐藏桃以适应中国对外贸易需求，培育大果、抗病葡萄以适应南方鲜食需要；另一方面，还应根据当地果树品种存在的问题，如北部寒冷地区，不能栽培品质优良的大苹果品种，可以把培育抗寒性强品质优良的中型苹果作为育种目标。育种目标确定后，要制订详细计划。按目标要求不同，计划远近不同，选择不同的杂交方式。

（三）杂交亲本选择和选配的原则

（1）杂交亲本应该具备育种目标要求的性状。例如优质苹果育种，金冠就是一个很好的亲本，美国纽约州用金冠×红玉杂交育成了乔纳金。

（2）尽可能选择优良性状多，优点突出的种质材料作亲本，并重点考虑母本。

（3）亲本间优缺点要互补。选择的亲本应该是优点多缺点少，双方可以有共同的优点，但不能有共同的缺点，某一亲本的缺点，必须由另一方的优点来弥补。吉林果树所用金冠作母本与红太平杂交，选育出的金红就是很好的例子。金冠抗寒性差，能从父本红太平上得到弥补，而红太平果小、偏酸、不耐贮的特性也能从金冠上得到弥补。

（4）选择生态地理上相距远、生态型差别较大的亲本组合。选择地理起源较远或不同生态型的品种作亲本，可以丰富杂种的遗传基础，增强杂种优势，表现出生活力强、适应范围广和抗逆性强等优点。例如，1960 年北京植物园用欧洲葡萄中的玫瑰香（含糖量 18%）和我国原产的山葡萄（含糖量 15%）杂交，获得杂种的含糖量平均 20%，最高 24.9%，高出亲中值 16.5%。

（5）要考虑亲本的育性和交配亲和性。应选择雌性器官发育健全、结实性强的品种作母本，选花粉育性正常、生活力强的作父本。

（四）杂交方法

杂交前要熟悉开花习性和花器构造，便于确定花粉采集和授粉时间、去雄和授粉方法。对自交结实品种要了解有无闭花受精现象。对父本花期迟于母本的类型，可以采用父本的贮藏花粉，也可采用父本花枝水培促使父本提早开花的措施，或采用延迟修剪、早春灌溉、树冠遮阴、激素处理等方法延迟母树开花，从而调节授粉期，使父母本花期相遇。

在授粉前要准备好杂交用具，包括去雄器具、贮粉瓶、授粉器、70%酒精、隔离带和标签、绑扎材料等。采集父本将要开放的发育良好的花蕾，在室内取下花药，室温下干燥、待花药开裂、花粉散出后收集于小瓶内，贴上标签、注明品种、立即置于干燥器内保存。苹果、梨、桃的花粉在室温干燥的条件下可保存 2~3 周；葡萄和枇杷可保存 2 个月；而柿子的花粉在同样条件下只能维持 2 天的生活力。经长期贮存和从外地寄来的花粉，在杂交前要先检查花粉的生活力，用1%的琼脂与5%～10%的蔗糖配制成培养基，把花粉播种在培养基上，在25℃下使其发芽，在显微镜下观察发芽情况，已失去发芽力的花粉不能再用来授粉。

杂交要在生长健壮、开花结果正常的母树上进行，选生长健壮的结果枝上发育充实的花蕾，授粉花朵要保持一定间距，以保证以后养分供给充分。杂交应选晴朗无风的天气。对两性花，为了防止自交，在花药成熟开裂前去雄。去雄后可立即授粉、套袋；套袋后挂标签，写上杂交亲本和授粉日期，7～10 d去袋。每一组合授粉结束，杂交工具需要用70%酒精浸泡，杀死花粉，以免把此组合花粉带给另一组合。

（五）杂交种子处理和杂种培育

杂交果实应适当晚采，使种子能充分成熟。采收后要放在冷凉的地方后熟，落叶果树的种子在播种前都要经过一段时间的低温层积处理，层积处理通常用一份种子混4～5份湿润的河沙，在盒内分层均匀放置，放在2～4℃的阴处，2个月左右即可播种。杂种从种子萌发到开花结果需经过一段时期。在实生苗生长前期，采取加强肥水、轻剪等措施，促进迅速扩大树冠，加强营养和其他物质积累，后期采用控制肥水、弯枝、扭枝和喷布生长延缓剂等措施，控制营养生长促其向生殖生长转化，从而提早开花结果。

（六）杂种的选择鉴定

在杂种的培育过程中进行杂种的鉴定和选择，结果前可在田间、温室或实验室，对植物学特性、抗性和生理生化特性进行直接或间接的鉴定。

1. 早期选择 在杂种苗从依赖营养到独立营养转化的时期，大体上在幼苗3～4片真叶时，进行抗逆性选择，淘汰畸形苗、染病苗。

2. 预先选择 结果前，根据苗期形态特征等与结果后经济性状的相关性进行选择。

3. 结果期选择 进入结果期，对果实主要经济生物学性状进行连续3～5年鉴定，从而选出优良单株，再通过品种比较试验和区域化试验最后选出新品种。

第四节　果树良种的引种

一、引种的概念

引种是指把果树品种或野生资源从分布地区引入新的地区栽种。果树树种和品种都有一定的分布范围，如果引入地与原产地自然条件差异小，或引入果树本身适应范围较广，或采取简单措施，不改变遗传性能适应新环境，并正常生长发育、开花结实的称为简单引种。如果引入地区自然条件和原分布区自然条件差异较大，或引入果树本身适应范围较窄，只有通过改变遗传性才能适应新环境则称为驯化引种。

二、引种的作用

（1）可以改变果树种类、品种分布不均和消费多样性的矛盾。引种是改变品种组成和获得优良品种的最简捷的方法。在果树生产中，引入异地起源的树种或育成的品种常占很大比重，譬如柑橘原产中国，现在美国、巴西等国普遍栽培；桃原产中国，现也已成为世界性果树。苹果、西洋梨、葡萄原产欧洲，中国均已相继引入。中国引入较早的葡萄、核桃在长期栽培中已选出不少新的品种和类型，引入较迟的西洋梨、甜樱桃等则仍以直接利用引入品种为主。

（2）通过引种常可使品种在新的地区得到比原产地更好的发展。譬如起源于南亚的香蕉，在南美洲得到大量发展，而且单位面积产量高、品质好，比在原产地更为突出。这是因为引种地区的自然条件比原产地更适宜品种的优良特性的充分表现。

（3）引入各种种质资源改变遗传组成。如引入优良品质基因或抗性基因进行育种，改良当地品种的遗传组成。美国引入原产中国的板栗和沙梨后，成为抗栗疫病和梨火疫病育种的优良亲本。

三、引种成功的标准

（1）不需要特殊保护能顺利越冬、越夏，能正常生长发育，无严重的病虫害。
（2）能以原来的方式正常繁殖。
（3）能保持品种原有的优良性状，不降低经济利用价值。

四、引种原理

进行简单引种的果树，引入到新的自然条件下能够生存，并能正常生长结果，说明这种果树在原分布区内已具备适应类似环境的潜力，或新的环境条件没有超越该品种遗传反应范围。

对于驯化引种的原理，达尔文认为驯化是植物本身适应了新环境条件和改变生存条件的结果，选择则是人类驯化活动的基础。米丘林经过引种实践提出，果树驯化最好通过播种，在果树早期实生苗阶段，其适应性也极大程度地发展，可塑性最大，到结果后 2~3 年后就完全消失。处于幼龄阶段的个体，具有较大的遗传可塑性，易接受外界环境条件影响，从而定向改变遗传适应范围。此外，米丘林认为杂交是最有希望的驯化方法，杂交时如果利用地理上和生态上远缘的植物做亲本，可以增强杂交后代对新环境的适应力。此外，米丘林指出果树的农业栽培技术和立地条件选择有极其重要的作用。

近代遗传学对有性后代性状变异、遗传和环境条件与基因关系的研究，推动了对驯化引种本质的认识，认为新环境对实生苗有遗传定向培育作用，在一两个世代较短时间内究竟有多大还得不到有利证据，而获得的性状不能遗传。变异不能定向获得，变异是不定向的，选择才是定向的。引种驯化原理，实质是通过有性过程形成多样的、复杂的基因重组类型，从中选择出对当地适应性强的重组类型，也就是对大量的各种重组基因型进行自然选择和人工选择。

五、影响果树引种的因子

根据引种原理，要使引种成功，关键是从内因上选择适应的基因型，使它们满足引种地区综合生态环境条件，外因上要采取适当的农业技术措施，使其能正常生长结果，符合生产品种的要求。引种成败的主要影响因子有：

1. 温度 果树引种环境条件中最不易进行人工调节的因子，因温度条件不符合生长发育基本要求，而使植物不能正常生长，或造成树体致命的伤害，也可能虽然生长正常但影响果树产量和果实品质，使引种果树没有生产价值。临界温度是果树能忍受的最高或最低温度的极限，如菠萝一般临界低温为 $-1\,℃$、甜橙为 $-7~-6\,℃$、橘类为 $-9~-8\,℃$，最低温度及其持续时间、回升快慢常成为柑橘引种栽培的限制因子。

果树的安全越冬，除了极限温度外，一定致害低温持续的时间、变温速度等也有很大影响。低温造成果树伤害的另一种原因是晚霜，特别是花期霜冻有时会使果树严重减产。

高温是限制果树北树南移的重要因子，一般落叶果树生长期气温达 30~35 ℃，生理过程就受到抑制，50~55 ℃时会发生严重伤害。

活动积温也是影响引种的重要因素，据中国气候特点，不同成熟期的葡萄品种群对活动积温要求不同：极早熟品种群 2 000~2 400 ℃，早熟品种群 2 400~2 800 ℃，中熟品种 2 800~3 200 ℃，晚熟品种 3 200~3 500 ℃，极晚熟品种 3 500 ℃以上。引种时需根据当地活动积温，选择可以满足积温要求的品种群。

2. 降水 各种果树对降水量的要求和适应性有很大差异。如凤梨在降水量 500 mm 的干燥地方生长，但在湿润多雨地区也能适应，扁桃则只适应干燥地区，不能在多雨地区生长。桃、杏、梅、葡萄耐干旱力强，苹果、梨、柿等则较弱，因此要根据耐旱性不同进行引种。

3. 日照　果树的日照要求也是遗传性所决定的，果树北移时，生长季内日照延长，使生长期也延长，休眠期推迟，因而易遭冻害；北树南移时，生长季内日照缩短，枝条提早封顶，缩短了生长期，抑制了正常生命活动，有时顶芽二次萌发，反而延迟了生长期，同样削弱了树体对不良条件抵抗力。

4. 风　果实成熟期如正值大风到来，这样的果树就不宜引种栽培，我国浙江、福建省沿海7～8月台风频繁，在这期间成熟的品种就一定要有保护措施。

5. 土壤　影响果树引种成败的主要因素是土壤酸碱度的差异和含盐量。通常年降水量 500 mm 以下的干燥地区，由于蒸发量大于降水量，不能很好地排盐，使盐碱不能很好地被淋溶，逐渐积蓄，如我国华北、西北地区有较多的碱土带，而华南的红壤土则主要是酸性土。沿海涝洼地多为含盐量高的盐碱土。果树不同树种对土壤酸碱度的适应性有较大差异。核果类果树多适于中性和微酸性土壤，浆果类多适于酸性和微酸性土壤。杜梨耐碱性土，沙梨砧耐酸性土。葡萄的土壤适应性较广，从微酸到弱碱都能正常生长结果。引种时必须因地制宜，充分注意不同树种及品种间的抗性差异。

土壤质地和酸碱度也影响引种果树正常生长结果，如核桃喜中性偏碱性的土壤，在南方酸性红壤中虽能生长，但结果不良。而杨梅则要求酸性土壤条件下才能正常结果。

6. 其他生态因子　不同地区引种还有一些当地特殊生态因子可能成为引种的限制因素。例如某些目前还难以控制的病虫害等。我国浙江、广东某些柑橘产区溃疡病猖獗限制了甜橙的发展，华北、东北、华东一些枣产区的枣疯病成为枣树引种的限制因素。长江流域葡萄黑豆病、白腐病、炭疽病发生严重，引种时必须特别重视品种类型间抗病性的差异。

以上这些因子在引种时要根据具体情况进行分析，综合考虑。

六、引种原则

对果树种类、品种适应范围的研究，直接或客观的方法是把果树引入目的地栽种，观察其对当地气候、土壤等生态因子，特别是不良条件的适应能力，以及在新条件下的产量、品质、结果时期等经济性状的表现，从而确定其适应范围和引种价值。但是限于条件，不可能大量引种试栽，同时要对引种材料进行严格的选择。选择引种材料主要由两方面因素决定：一是对引入材料经济性状要有明确要求，如要引入罐桃品种就可排除所有白肉桃品种，而优先考虑那些果肉黄色、不溶质、粘核，果肉不带红色的品种。二是品种类型在引入地水土适应的可能性，根据品种的遗传基础、生态因子、栽培技术和引种关系，可以做出大致估计，但客观分析引种的可能性要建立在对引种地区农业气候、土壤资源，以及树种、品种群对气候、土壤等条件要求的研究基础上，一般可参照如下原则：

（1）从当地综合生态因子中，找出对引入树种或品种适应性的限制因子，作为估计适应可能性的重要依据。如辽宁省中北部苹果的引种，限制因子是冬季低温及持续时间，可以用日平均温度是否低于－14 ℃作为估计美国原产苹果品种适应性的指标；我国长江以南葡萄病害严重，因此葡萄品种对主要病害的抗性强弱应作为引种的限制因子。

（2）要调查引入类型分布范围，或对比原产地分布范围与引种地主要农业气候指标，从而估计适应可能性。

（3）分析果树中心产区和引种方向关系，向心引种可能性大于离心引种。不同树种几乎都可找到中心产区，从中心产区以北不同地点引种时，向南引比向北引适应性强。

（4）可参考适应性类似的种类、品种在本地区的表现，引入树种或品种在原产地或现有分布范围内，常和其他树种品种一起生长，表现出对共同条件相似的适应性。因此，可以通过其他种类、品种在引种地区表现的适应性，来估计引入树种、品种适应可能性。譬如在可以栽培杨梅的地区引种枇杷、柑橘都较易获得成功。

（5）从病虫害及灾害经常发生地区引抗性品种。因为这些地区在长期自然选择和人工选择影响下，形成了具有对这些病虫害、灾害的抗性品种类型，所以在这些地区引抗性品种较易成功。

（6）考虑品种类型的亲缘关系。亲缘关系能表明它们系统发育条件和适应性的密切关系，如亲本之一是抗寒性强的品种，则后代中选出的品种就可能有较强的抗寒性。此外可查阅有关品种适应性研究资料，借鉴前人的经验教训，都有利于引种材料的选择。引种时要防止贪大求全，盲目乱引。

七、引种方法

简单引种首先要严格检验引入材料和进行登记编号，登记项目包括种类、品种名称、繁殖材料种类、材料来源和数量、收到日期、收到后采取的措施。同时把引入时该种类的植物学性状、经济性状、原产地风土条件特点等记载说明均列入档案。

简单引种一般包括少量引试、中间繁殖比较鉴定和大规模推广三个阶段。少量引试，是每个品种可引种 3～5 株，植入资源圃或品种圃内，观察其适应性和经济价值。进入结果期后，选适应性和经济性状好的品种，进行生产性中间繁殖。待中间繁殖的果树大量结果以后，对引种品种有充分把握时，可组织大量繁殖推广应用。

驯化引种在选择引种地区和引入类型时，基本可参照简单引种。驯化过程包括适应变异和个体选择等环节，所以必须增加引种时的数量，为较严格的选择提供足够的材料。对有性繁殖的果树，驯化引种时，种源选择上不少于 5 个，并选自接近树种分布极限边缘地带，从抗性最强的优良母株上采种，每种源采种母株一般不少于 10 株，每一母株实生后代不少于 50 株。对无性繁殖果树，一般只要选抗性较强，经济性状符合要求的若干个无性系，无须选种源，每个无性系采种后获得的实生苗不少于 100 株。驯化引种可以从树种原分布边缘再向南或北推移多大距离，或综合生态究竟能差异多大，不同树种表现不一。如果一个世代引种不能成功，可采用多代连续选择或逐代迁移选择法。多代连续选择法是从实生后代中，选出相对适应能力强的若干个体，进行适当保护，待其开花结果后采种，再在当地播种培育和选择，一代一代累积加强对当地水土条件的适应性。逐代迁移选择法是从引种地区向引入方向推移一定距离播种培育，从中选出适应性强的类型，并采种子，再向引入方向推移一定距离处播种，培育选择适应性更强的类型，逐代迁移，最终在引入目的地选出符合要求类型。米丘林曾经用这种方法进行抗寒性引种驯化，他开始从俄国杏栽培北限罗斯托夫采种，播于考兹洛夫，结果实生苗全部冻死。米丘林重新从罗斯托夫采种，播于罗斯托夫以北 300 km 的地方，从这里选适应性最强的实生树采集杏核，再播于更北的考兹洛夫培育选择，从而育成了抗寒性极强的北方杏。近代遗传学认为逐代迁移或多年就地播种，每代获得变异，变异是多方面的，不定向的，但有一定范围。逐代迁移和多代就地播种，起了连续定向选择变异的作用，使变异向一定方向积累，从而最终选择并获得适应性强的类型。

另外，适宜的农业措施，也能使引入类型在新的环境中正常生长结果，以获得高产优质产品，如中国北部地区栽培葡萄品种，采用埋土防寒法。热带爪哇东部山地农民引种瑞光苹果成功，每 667 m² 产量高达 4 500 kg，经济效益明显，他们采用适应热带气候砧木，进行拉枝、绑扎，使主枝水平生长，并在苹果采后 1 个月左右摘除全部叶片，使苹果树再次开花，达到每年收获 2 次。为果树引种成功而采取的一切农业措施，必须切实可行，扣除成本后仍有较大收益，否则也不能认为引种成功。

第五节 果树辐射育种

一、辐射育种的概念

辐射育种是指利用电离辐射（如 X 射线、γ 射线、β 射线等）使果树的遗传物质发生变异，从中选择培育新品种的方法。美国早在 20 世纪 30 年代就开始对苹果进行辐射育种，但没有获得预期效果。直到 60 年代后期，由于原子技术的广泛应用推动了辐射育种的发展，美国、意大利、苏联、荷兰和日本先后建立了 ^{60}Co γ 射线或中子的核研究中心。1964 年联合国粮农组织/国际原子能机构（FAO/IAEA）联合处成立，建立了世界性协作研究体系和学术交流网络。根据联合国粮农组织原子能委员会联合处 1985 年的统计，用辐射处理已育成的果树品种有 24 个。中国的辐射育种从 20 世纪 60 年代开始，杨彬等在 1980 年辐射处理苹果枝条，获得国光矮化优系 7 - 14，金冠优系 10 - 13 等种质；蒋洪业等在 1980 年获得抗寒的"辐向阳红梨"；李雅志等在 1993 年从密云山楂中诱变得到大果短枝丰产观赏突变系；谢治芳等在 1993 年用快中子照射培育出农大 1 号板栗；中国农业科学院柑橘研究所培育出少核的 418 红橘、中育 7 号、中育 8 号等。

二、辐射的种类

辐射可分为电磁波辐射和粒子辐射两类。电磁波辐射有 X 射线、γ 射线、紫外线、微波、激光等，粒子辐射包括带电的 α 射线、β 射线、质子、电子束、离子束和不带电的中子等。

根据能量的大小和能否引起被照射物质的原子发生电离，辐射又分电离辐射和非电离辐射两类。能量较高，能直接或间接引起被照射物质电离的射线，称为电离射线，如 γ 射线、X 射线、α 射线、β 射线、中子等；能量较低，不具备电离效应的射线称为非电离射线，如紫外线。

三、辐射诱变的方法

辐射处理的主要方法分为外照射和内照射两种。

1. 外照射 指放射性元素不进入植物体内，而是把放射源置于被照射材料的外部，让射线通过空间穿透到植物体内部的照射方法。这种方法安全简便，可以同时处理很多材料。适于外照射的射线有 X 射线、γ 射线、中子、激光、紫外线等。在具体应用中，外照射又分为快照射和慢照射。在同样照射剂量的情况下，时间短、剂量率高的照射为快照射，反之为慢照射。外照射适用于各种植物材料，可以是完整的植株，也可以是幼苗、种子、接穗、花粉及离体培养材料。

2. 内照射 将放射性元素引入到植物体内部进行照射的方法称为内照射。具体做法是将放射性同位素 ^{32}P、^{35}S、^{14}C 配成一定放射强度的溶液，浸泡种子或枝芽，使放射性物质渗入组织内部通过 β 射线进行照射，这种方法要求有专门操作放射性设备的条件，应用很少。

另外，射线的复合处理和重复照射，对提高诱变效果良好，如 γ 射线与微波复合处理能减轻辐射损伤；有人报道对苹果休眠的枝条进行重复照射，比只照射一次的材料获得了更多突变。

四、辐射诱变后代的培育与选择

经辐射处理过的植物材料所长成的植株，称为辐射诱变后代。辐射诱变后代中存在着正常植株、变异植株和非遗传性的生理异常植株等多种类型。在变异植株中也可能存在嵌合体、劣变植株等。因此，我们还必须认真观察和科学鉴定，才能从辐射诱变后代中筛选出有用的优良变异，培育出新的品种。

1. 有性繁殖材料后代的选育 经辐射处理的种子长成的植株称为诱变一代（M_1），由诱变一代再繁殖的后代称诱变二代（M_2），依次类推。在 M_1 中，往往会出现一些畸形植株，如植株矮化、发育迟缓等。在高剂量的情况下表现更为突出。但是 M_1 这种形态和生理上的畸变，一般不能遗传。此外，以种子为材料进行辐射处理时，由于种子的种胚是多细胞组织，处理后往往是个别细胞发生变异，因此，由这样的种子发育成的 M_1 植株就形成了嵌合体。再加上有些变异是隐性的，造成有些变异没有表现，遗传的变异与不遗传的变异混淆在一起不易区分。因此，为了有效充分地利用变异，对 M_1 一般不进行淘汰。到 M_2 代，一般不再表现生理损伤，一些隐性基因也因纯合而表现出来，M_2 代出现分离，所以，M_2 代是选择的重点。M_3 代以后，性状已基本稳定，可进行品系比较，筛选优良品系。

2. 无性繁殖材料辐射诱变后代的选育　无性繁殖材料在遗传上大多是异质的，辐射诱变后突变性状在嫁接苗第一营养世代植株上（V_1）就能表现出来，所以可以直接从 V_1 代选择优良变异类型。选出的优良类型经进一步比较鉴定后，即可扩大繁殖，培育成优良无性系。然而无性繁殖材料在辐射诱变时，只是分生组织某一层的单个细胞发生突变，突变细胞经过分裂形成一群细胞，产生由突变细胞和正常细胞构成的嵌合体。因此，将突变体在早期从嵌合体状态下分离出来，是培育的关键。分离突变体常用的方法主要有以下 3 种：①分离繁殖法。研究表明，休眠芽基部叶原基的叶腋分生组织中细胞少，经辐射处理可产生较宽的突变扇形嵌合体，经辐射处理的芽长成的枝条，称为初生枝。取初生枝基部腋芽进行分离繁殖，可以使突变扇形嵌合体继续扩大生长，有可能使突变扇形嵌合体转化为同质突变体。②短截修剪法。短截可以使剪口下的芽处于萌发的优势位置，从而可使原处于基部位置的正常情况下难以萌发的突变芽有机会生长成枝条。对于突变扇形嵌合体的枝条，通过短截修剪和选择，可使处于扇形面内的芽萌发转化成周缘嵌合体。③组织培养法。组织培养可为不同变异的细胞提供增殖和发育的机会，从而可显著提高辐射诱变的效果。

第五章　果树苗木培育

苗木培育工作是果园建设与果树生产的基础和前提条件，苗木的数量和质量直接影响果树的生产。为了避免从外地引入的苗木不适于当地自然条件，减少运输的费用，保证栽培成活率和杜绝病虫害的传播，应尽可能就地育苗。

第一节　苗圃的建立

苗圃是苗木生产的基地，它的任务就是要用最短的时间，以最低的成本，培育出优质高产的苗木，来满足果树生产用苗需要。因而，它不但需要应用先进的科学技术进行集约经营管理，而且需要能最大限度地满足苗木生长所需的环境条件。

一、苗圃地选择

如苗圃地的选择不合理，会使苗木质量差，产苗量低、效益差。所以苗圃地的选择对于果树育苗至关重要。为培育优质高产的苗木，除应具有较高的经营水平外，具有能满足苗木生长所需要的良好的环境条件，也是非常重要的。选择苗圃地应考虑以下几个方面：

（一）经营条件

1. 苗圃应设在交通方便的地方　这样利于运输育苗所需的各种生产资料和苗木外运，可减少运输费用及苗木损失，提高成活率，减少生产成本。

2. 苗圃应设在栽植地区的中心或靠近栽植地　这样一方面可以减少苗木运输费用，缩短运输时间，减少苗木运输过程中失水量，从而提高栽植成活率；另一方面可以就近育苗，就近栽植，苗木对当地生长环境条件适应性更强。

3. 苗圃应设在居民地附近　这样便于解决苗圃季节用工、吃住和用水、用电等问题。

（二）自然条件

影响苗木生长的立地因子众多，以气候、土壤条件最为重要。气候条件包括大的气候条件与小的生态环境即微气候条件。大气候条件虽不能改变，但也应排除极端气候因子影响的地段。微气候因子变化较大，应慎重考虑，它与地形因子密切相关。

1. 地形　苗圃地应尽量建设在地势相对平坦的地方。地势坡度大，做畦和浇水都很不方便，管理上既费工又费力。若为坡地，北方常以不超过 3°，南方多雨地区常以不超过 5°的缓坡为宜。

北方干旱、寒冷地区，育苗地处在风口或阴坡，果苗容易遭受冻害。因此，苗圃地一般应选向阳坡中下部，而以东南向最佳。另外，坡面的选择还考虑所育苗木特性，使坡向的光热特性与苗木的生长要求相一致。

苗圃应避免设在潮寒流汇集的洼地，低洼的盆地容易汇集冷空气形成霜冻，且排水困难易受涝害，不利于育苗。地下水位过高，可能导致雨季被淹；蒸发量大的地方，可能导致盐渍化。一般沙壤土地下水位 1.5～2.0 m，轻黏壤土以 2.5 m 以下，黏性土壤 4.0 m 左右为宜。

2. 土壤 土壤是苗木赖以生存的条件。它供给苗木生长所需要的水分、养分、温度及根系呼吸所需的氧气，并提供根系发育所需的环境条件，直接关系到种子萌发、插穗生根及苗木的生长。

要选择质地疏松的壤土和沙壤土，这种土壤适于土壤微生物活动，利于种子发芽和幼苗生长，苗木根系生长较好，须根多，起苗省工，伤根少。而重黏土苗圃，土壤通透性差，根系发育不良、须根少、出苗易伤根；另外春季出苗不整齐，秋天落叶晚，木质化程度低。沙土地育苗，由于土壤漏水漏肥，苗木生长较弱。

大多数果树都喜欢中性或微酸性土壤，应根据不同树种的适应能力而选择土壤酸碱度。

3. 水源 果树苗木需水量较大，所以苗圃必须有充足的水源，以确保育苗灌溉的需要，特别在干旱地区。种子萌芽或插条生根发芽，必须保持土壤湿润；特别是幼苗生长期间，苗木根系浅、耐旱力弱、抗旱能力差，如果此时天气干旱，不能及时保证水分供应，往往会造成苗木停止生长，甚至枯死。地下水源的利用应考虑打井的可行性及水质，含盐量一般不得超过 0.1%，最高不得超过 0.15%。

4. 病虫害 要生产出品种纯正的优质苗木，病虫害防治是不容忽视的一环。果树苗期的病虫害主要有猝倒病、立枯病、白粉病、斑点落叶病、金龟子、蚜虫、螨类、潜叶蛾、棉铃虫等，防治不及时，常导致幼苗落叶甚至大量死亡，影响苗木出圃质量，造成严重损失。为提高苗木质量，需要预防为主、综合防治。

（1）应选择空气、水质、土壤未污染的区域，且地势平坦、土质肥沃、灌排良好的沙壤土。

（2）苗圃地附近不要有能传染病菌的苗木，远离成龄果园；不能有病虫害的中间寄主，如成片的桧柏、刺槐等；尽量选择无病虫和鸟兽害的地方，避免影响出苗率和降低苗木质量。

（3）为了防止苗木立枯病、根结线虫病等，育苗地尽量避免使用十字花科菜地。同时育苗地要避免重茬，连年重茬育苗的苗木生长弱，立枯病、根癌病和白绢病等根部病害严重，造成苗木大量死亡，因此育苗地一定要进行轮作，轮作周期最少要间隔 2～3 年。

（4）土壤消毒及地下害虫防治。为了彻底杀灭苗圃地里的立枯病、根癌病等土传病菌，苗圃地在播种前要用福尔马林或绿亨 1 号、2 号消毒。40% 福尔马林 100 倍液，或用 1 g/m² 绿亨 1 号 3 000 倍液、4 g/m² 绿亨 2 号 1 000 倍液喷洒。为了防治地下害虫，育苗地用的有机肥必须经过腐熟发酵，以杀死蛴螬等害虫。整地前每 667 m² 可按 3 000 kg 鸡粪与 30 kg 尿素混匀，然后用塑料薄膜或泥浆封闭，腐化半个月，做基肥使用。整好畦面后，每 667 m² 用 3% 辛硫磷颗粒剂 1.5～2.0 kg 拌细土 50 kg，均匀撒在畦面上，然后耙锄到地表下，避免地下害虫取食种子，或防止其他害虫为害。

（5）播种前种子要消毒处理。果树种子消毒处理应在冬藏前进行。一是温水浸种，用 55 ℃温水浸种 20 min。二是常温下药剂浸种，用 100 倍硫酸铜溶液浸种 20 min，或用 1 000 倍高锰酸钾溶液浸种 15 min。三是药剂拌种，用 50% 的多菌灵可湿性粉剂拌种，用药量为种子量的 0.3%，或每千克种子用 0.5～1.0 g 绿亨 1 号和 4.0 g 绿亨 2 号混合后拌种。冬藏所用的沙土等材料应未受污染。

二、苗圃地区划

按照充分利用、合理布局的原则，圃地区划可分为生产区和非生产区（辅助用地）的区划。生产用地不低于总面积的 75%。

（一）生产用地的区划

生产用地指苗圃中可以进行育苗的区域。主要分为播种区、营养繁殖区、移植、大苗区、母树区和温室大棚，有条件的苗圃还可建引种驯化区。

1. 播种区 播种是整个育苗工作的基础和关键。幼苗对不良环境的抵抗力弱，管理要求精细，所以在苗圃的规划设计中，应将其安排在全苗圃中自然条件和经营条件最好、最有利的地段。播种区应靠近管理区，以便于进行管理；应选择在地势高而平坦，坡度小于 2°的地段；应接近水源，以方便灌溉，土质优良且深厚肥沃，背风向阳。

2. 营养繁殖区　营养繁殖区是进行扦插、压条、分株和嫁接的地块，与播种区的要求基本相同。在苗圃的规划时，应将其设置在土层深厚、地下水位较高、排灌方便的地区。

3. 移植区　由播种区和营养繁殖区中繁殖出来的苗木，需要进一步培养成较大的苗木时，需要移入移植区进行培育。在移植区中扩大株行距，增加营养面积，因此其面积比繁殖区相应增大，以保证充足的阳光与养分。在苗圃的规划设计中，移植区应靠近繁殖区和大苗区，有利于苗木的移植。

4. 大苗区　其特点是株行距大，培育的苗木大，规格高，根系发达，所占面积大。在果树苗圃的规划设计中，应充分考虑大苗区对面积的需求，将其分布在苗圃四周，靠近移植区和交通主干道，有利于苗木的外运。另外，大苗区应土层深厚，地下水位较低，地块整齐。

5. 母树区　为了获得优良的种子、插条、接穗、根蘖等繁殖材料，特设立采种、采条、挖蘖的母树区。在苗圃的规划设计中，母树区占地面积比较小，应设置在土壤深厚、肥沃，地下水位较低的地区。

6. 引种驯化区　用于引进新的树种和品种，进而推广。可设置在苗圃一角，对地形、土壤条件要求不严，只要水源、交通方便即可。另外，根据各苗圃的具体任务和要求，可视情况设置试验区、标本区、温室区等。

7. 温室大棚区　该区投资较大，但具有较高的生产率和经济效益。为了加快育苗速度，提高繁殖率，可在大棚里进行育苗，以避免外界的低温、干旱或多雨的影响。该区适宜设置在距离管理区较近，便于管理，土壤条件较好，地势高，排水好的地区。

（二）非生产用地的区划

非生产用地即辅助用地，主要包括道路系统、排灌系统、防护林带和管理区，这些用地直接为苗木生产服务。在区划中要掌握的原则是：既要满足生产的需要，又要尽量少占用土地；一般要占苗圃总面积的 20%～25%以下。

1. 道路系统　苗圃中的道路是连接各耕作区之间与开展育苗工作有关的各类设施的动脉，一般设有环路和一级、二级、三级道路。为了车辆、机具回转方便，在苗圃的周围一般设置环路，绕苗圃一周。一级道路即苗圃中的主干道，是苗圃内部和对外运输的主要道路，在规划设计中，最好将其设在苗圃的中心线上，与出入口、建筑区相连，宽 6～10 m，汽车可以相向对开，标高高于耕作区20 cm，并呈"十"字交叉形。二级道路与主干道垂直，与各耕作区相连，宽 4～6 m，标高高于耕作区10 cm。三级道路是沟通各耕作区的道路，宽 2～4 m，与二级道路垂直。三个等级的道路应相互交叉垂直，沟通联系整个苗圃，有利于苗圃间的交流和苗圃与外部的交流。

2. 排灌系统　排灌系统是苗圃排水和灌水设施的总称，是保证苗木不受旱涝危害的重要设施。灌溉系统包括水源、提水设备、引水设施。水源分为地面水和地下水两类，水源应位于地势较高的地方，并力求分布均匀。提水设备多用抽水机（水泵）。引水设施有地面渠道引水和暗管引水两种形式，这与采用什么灌溉方法相联系。漫灌和侧方灌溉使用地面渠道引水，渠道应与道路结合而设置，多与道路平行或垂直；喷灌和滴灌使用管道引水进行灌溉。排水系统：排出灌溉后的余水和大雨后的积水。排水系统与灌溉系统用同一个渠道，大排水沟宽 1 m 以上，中小排水沟宽 0.3～1 m，中排水沟设在路边，耕作区的小排水沟与步道相结合。另外，大排水沟设在苗圃的最低处，将废水直接排入河内，这样既能节省建设资金，也使苗圃更加整齐。苗圃中可以采用滴灌与喷灌的灌溉方法，虽然投资较大，但从长远来看能够节省大量资金。

3. 防护林　为了避免苗木遭受风沙危害、冻害等，在苗圃的四周应设置防护林，以降低风速、减少地面蒸发及苗木蒸腾，创造小气候条件和适宜的生态环境。防护林带应选择毛杨树、朴树、海桐等适应性强、生长迅速且树冠高的树种，并且要速生和慢生、常绿和落叶、乔木和灌木、寿命长和寿命短的树种相搭配。

4. 管理区 该区不适宜育苗，主要包括办公室、宿舍、仓库等，在苗圃的规划设计时，可以将其设置在苗圃的中间位置，便于苗木的经营管理；且最好位于一级道路的交汇处，直通苗圃大门，交通方便；管理区应地势较高，靠近水源和电源。

第二节 实生苗培育

一、采种母树条件

选择优良母树，适时采集优良种子是培育壮苗的一个重要环节。俗话说"母肥子壮"。母树的性状、生长、发育都与种子质量有着密切关系，从优良母树上采集的种子质量好、发芽率、成苗率高，有利于提高苗木质量。

1. 母树生长健壮 选择的母树应该生长健壮。最好选择一些乡土树种，乡土树种由于长期经受分布地区气候、土壤条件的影响，适应了经常变化着的外界环境，选用优良乡土母树的种子育苗容易成活，适应性和抗逆性强，而且种源丰富。所以在选择采种母树时，应强调优先选用优良的乡土母树。

2. 母树的年龄与种子的品质有关 壮年母树的种子不仅产量高，而且品质好，培育出来的苗木健壮。过熟的母树和结实过早的幼树，种子颗粒不饱满、重量轻，培育出来的苗木纤弱。

3. 母树生长地土壤条件与种子品质有关 土壤条件好，光照充足，母树生长发育好，树冠发达。

4. 母树无病虫害 遭受病虫危害的母树，生长发育受到影响，不仅结实的种子不饱满，产量低，而且常常会引发种子病虫害的发生。所以，不要在有病虫危害的母树上采集种子。

二、采种

(一) 采种时期

种子采集过早，种子尚未成熟，不仅处理困难，不耐贮藏，而且种粒不饱满，播种后出芽率低，培育成的苗木细弱，甚至不出芽；采集得晚，不仅会因早熟的种子脱落造成损失，还会由于过熟的种子随着自然老化而下降活力，且遭受鸟、鼠等的危害。因此，如何掌握各类植物的结实习性与规律，适时采收是关系到获得高活力优质种子的重要环节之一。一般种子外部形态成熟以后到自然脱落之前是采集种子的最佳时机。此外，气候、土壤各种外界因素可以直接和间接通过母株影响种子的成熟过程。适时采种还应注意以下问题：

1. 种子成熟 同一种树种由于地理位置不同，海拔、坡向、坡度、土壤和降水量等的差异，种子成熟时期也不一样。一般情况下，果实由淡绿色变为褐色、黑色或其他深颜色，种仁饱满，才算成熟。因此，采种之前要认真进行检查，根据种子成熟时的特征来确定采种的最佳时间。

2. 不同树种成熟期的确定 不同树种的种子有不同的成熟特征，种子成熟特征可分为 3 类：浆果类成熟期果皮变软，颜色由绿变红、黄、紫色等，并具有香味，多能自行脱落，应注意及时采摘；干果类（荚果、蒴果、翅果等）成熟时果皮变为褐色，干燥开裂，也有在树枝上宿存的；球果类果鳞干裂、硬化、变色，种鳞开裂散出种子。因此，应根据不同树种的种子成熟期适时进行采种。

(二) 采种方法

根据种实的种类、脱落形式、脱落时间、树体的大小以及使用的工具采用相应的采种方法。

1. 地面收集 大粒种子可用此方法，如山桃、山杏、核桃等。采集时可在地面铺帆布、塑料布、席等，用机械或人工振动树木，促使其种子脱落。振动式采种机专门用以采集种子，可以振落种子而对树木生长影响较小。地面收集的方法安全、效率高，是普遍使用的方法。

2. 直接从植株上采集 比较矮小的植株，如小乔木、灌木可以利用各种工具如枝剪、高枝剪等采集。高大果树可以上树利用枝剪、高枝剪采集。在地势平坦的地方可以利用机械设备，如车载自动升降梯，结合人工利用枝剪进行采集。可以自制采种工具，如采集球果、鳞果可在高枝剪、球果耙上做一敞口布兜，剪下的果实接落在布兜内，避免二次收集，减少损失，提高效率。采种还可用其他方法，但要注意人身安全，不要破坏母树。

（三）种子调制

种子调制是采种后对果实和种子进行干燥、脱粒、净种等技术措施的总称。调制的目的是获得纯净而适宜贮藏、运输和播种的优质种子。种子调制方法必须根据果实及种子的构造和特点而定。

1. 种子干燥　最主要作用是降低种子水分，提高种子的耐贮性，以便能较长时间保持种子活力。此外，种子干燥还有杀死害虫，消灭或抑制病原微生物活动，促进种子后熟，减少运输压力的作用。种子干燥的方法通常有自然干燥和人工机械干燥两类。

（1）自然干燥。利用日光暴晒、通风和摊晾等降低种子水分的方法称为自然干燥。方法简便，经济而又安全，尤其适于小批量种子。但用此法干燥种子，必须做到清场预晒、薄摊勤翻、适时入仓、防止结露回潮。

（2）人工机械干燥

① 自然风干法。此法简便易行，只要有一台鼓风机就能进行工作，但干燥性能有一定限度。

② 热空气干燥。由于专业化的种子生产批量大，自然干燥有时受气候条件影响，自然风干法又不适于大批量种子生产，这时就需要建立种子烘干加工厂，用热空气干燥种子。其工作原理是：在一定条件下，提高空气的温度可以改变种子水分与空气相对湿度的平衡关系。不同类型的种子，不同地域，所采用的加热机械和烘房布局也各不相同。但用此法干燥种子都应注意如下事项：不可将种子直接放在加热器上焙干；应严格控制种温；种子在干燥时，一次失水不宜太多；如果种子水分过高，可采用多次间隙干燥法；经烘干后的种子，需冷却到常温时才能入仓。

2. 净种　即除去夹杂在种子中的鳞片、果皮、种皮、果柄、枝叶碎片、空粒、废种子、土块等。其目的是提高种子纯净度。净种方法一般是根据种子、夹杂物的大小和密度不同，分别采用风选、水选、筛选或粒选。

（1）风选法。利用风力清除比种子轻的夹杂物及空粒、秕粒。主要方法有簸箕风选、风扇及卷扬机风选。簸箕选种多适用于较小的种子；风扇、卷扬机多适用于较重的中粒种子。

（2）水选法。根据种子和夹杂物的密度不同清除杂物。不但能清除各种杂物而且能将绝大多数的秕种、虫蚀种精选出去。适用于海棠、杜梨、樱桃等，但浸种时间不可太长，以防种子吸水过多，影响贮存。

（3）粒选法。逐粒挑选粒大、饱满、色泽正常、无病虫害的种子。只适用于种粒较大或较少的珍贵种子，如银杏、核桃等。粒选可按种子的大小分级，分别播种，使出苗整齐，生长发育一致，提高苗木的质量。但此法较费工。

（4）筛选。使用不同孔径的筛子将种子与夹杂物分开。

（四）种子的贮藏

1. 影响种子贮藏的主要因素

（1）影响种子生活力的内在因子。果树的遗传特性是影响种子寿命的主要内在因子，遗传特性决定了种子的形状、结构和养分构成。

① 种子的养分状况。一般认为，含脂肪、蛋白质多的种子寿命较长，含淀粉多的种子寿命较短。脂肪和蛋白质释放的能量比淀粉高，维持种子休眠所需的微弱呼吸作用时间就长，因此富含脂肪和蛋白质的种子寿命比含淀粉多的种子寿命长。

② 种皮的结构。一些种子的种皮结构致密或有蜡质，透气透水性差，种子内部不易吸水和获得氧气，能维持种子代谢活动最低水平所需的条件，种子容易保持休眠状况且维持微弱的呼吸，种子寿

命长。有些种子种皮薄、质地疏、膜质，氧气和空气中的水分容易进入种子，使代谢作用加强，营养物质消耗较多，种子寿命较短。有些种子比较小，含营养物质较少，寿命相对较短。但有些种子种皮比较厚、致密，而种皮的某些部位易吸水通气，种子寿命也相对较短，如山桃。有些种子如核桃虽富含脂肪，但种皮木质化、有孔，使呼吸作用加强，故而缩短了种子寿命。

③ 种子含水量。种子含有适当的水分，是维持生命活动的必要条件，但是水分过多则容易引起种子酶的活动，增强呼吸作用，进而消耗种子内含贮藏物质，使种子寿命缩短。一般把维持种子生活力最低的含水量称为安全含水量。种子含水量过低，低于安全含水量则导致种子会干燥收缩，使种子失去生命力，缩短寿命。如银杏在干燥环境中，种仁很快收缩变形，失去生命力。核桃种子种皮木质化，种皮有孔，干燥状态下易失水，失去生命力。

④ 种子成熟度和机械创伤。未成熟的种子含水量高，营养物质还未完全转化成耐贮藏、不易溶解的脂肪、蛋白质、淀粉等物质，种皮还不具有保护功能；种子呼吸作用强，大量消耗营养物质；种子外部因湿度大，易受微生物的侵害。因此，未充分成熟的种子寿命短，不耐贮藏。机械创伤的种子，种皮不完整，不能起到保护作用，种子易受到微生物的侵害，使种子生活力降低。

（2）影响种子生活力的外部因子。影响种子生活力的外部因子有温度、湿度、通气条件和生物因子。

① 温度。温度是影响种子生活力的主要外部因素之一。种子在低温条件下（0～5 ℃）呼吸作用微弱，营养物质消耗少，种子寿命长。在一定范围内（0～55 ℃），温度升高，种子内部代谢作用增强，营养物质转化、消耗加快，种子寿命短。温度过低易冻坏种子，温度过高易使种子代谢活动紊乱，都会使种子失去活力，缩短种子寿命。大多数种子贮藏最适温度为 0～5 ℃。

② 湿度。空气相对湿度是影响种子贮藏和种子寿命多种因素中的一个主要因素。空气相对湿度大，种子含水率增大，平衡含水量提高，种子代谢活动增强，种子寿命降低。同时种子的呼吸代谢活动使贮藏环境湿度提高，微生物活动加强，容易使种子发霉变质。种子在贮藏过程中空气湿度一般应保持在 45%～60%，长期贮藏的种子不超过 25%，要保持湿度稳定，不要忽高忽低。多数种子贮藏前要经过干燥，一般达到安全含水量。但安全含水量高的种子，贮藏环境过分干燥会使种子迅速失水、种仁收缩、失去生命力。

③ 通气条件。安全含水量低的种子，经过干燥后呼吸活动微弱，不需要过多的氧气就能保持生命力，在贮藏时对通气要求不严，甚至可以密封贮藏。安全含水量高的种子，代谢活动较强，需要氧气进行呼吸，需要通气条件较好。尽管较强的代谢会缩短种子寿命，但这是必需的。呼吸作用产生二氧化碳、水分和热量，如果通气不良，这些东西排不出去，积累在种子周围，阻隔了种子呼吸所需的氧气，使种子无氧呼吸，产生乙醇等有害物质，对种子产生危害。贮藏这类种子时要有通风透气设施。

④ 生物因子。采集的种子不可避免地带有一些真菌、细菌。微生物寄生在种子上会对种子产生危害，微生物呼吸也会产生二氧化碳，使种堆发热，影响种子寿命。虫卵孵化、昆虫咬食会对种子产生很大危害，同时昆虫的排泄物、昆虫的活动对种子周围环境产生不良影响，进而对种子产生危害。另外，要防止鼠类对种子的危害。

2. 种子贮藏方法

（1）密封贮藏法。种子充分干燥后放入罐、坛、缸、瓶内，用蜡封口，放在阴凉干燥处，可长期保持发芽力。

（2）干藏法。各种砧木种子待其充分干燥后装入袋子、木箱、缸内，放在通风干燥的屋里。要经常检查，防止虫蛀和鼠害。

（3）窖藏法。此法多用于板栗种子，板栗种子怕冻、怕热、怕风干、怕种皮破裂。要先用窖藏法贮藏，在播种前 50 d 左右再进行沙藏催芽。

（4）沙藏法。在小雪以后土壤封冻时，选择地势高燥、排水良好，背风阴凉的地方，挖深 0.6～0.9 m 的沟，长、宽根据种子数量而定。沟底铺 0.1 m 厚的湿沙，沙子的湿度以手握成团而不滴水为适宜。大粒种子用 20 倍的湿沙混合，堆到离地面 0.1 m 为止，然后覆湿沙至地面，最后覆土成屋脊状。在春季解冻后要经常检查翻动种子。

3. 种子贮藏注意事项

（1）不能用塑料袋装种子。种子在冬季贮藏期间虽然处于休眠状态，但是呼吸作用尚未停止，用塑料袋装种会妨碍种堆内空气与外界空气的交换，影响种子呼吸，降低发芽势，甚至使种子发霉变质。

（2）不要忽冷忽热。贮藏在外面的种子，大冻后就不应再转入暖室中，在暖室中存放的种子，大冻后也不要再拿到室外，否则会降低种子发芽率。

（3）不能被烟气熏蒸。种子长时间受烟气熏蒸，不仅会降低其发芽率和发芽势，还易发病，所以烟火大的房间不能存放种子。

（4）不要让种子接触地面。无论是用麻袋、布袋或其他容器存放种子都不能直接放在地面上。要用石头或木板高高垫起（离地面 50 cm），存放在露天的种子用苦布盖好，不能让雨雪淋湿，以防受潮坏种。

（5）种子不能与农药、化肥共同贮存。因为一些农药、化肥有挥发性，如果和种子贮藏在一室，会使种子受伤害而降低发芽率和发芽势。

（五）种子贮藏

主要用于野生果树、砧木材料以及某些实生繁殖的核桃和板栗等实生群体品种。但某些果树的种子不能显著降低含水量，如柑橘、龙眼、荔枝、柿、栗、核桃、山核桃、榛子、香榧等的种子，其含水量降低到 12%～31% 时就会使生活力迅速下降，甚至于全部死亡。因此，对这些果树种子的贮藏比较困难。

三、种子检验

种子检验是保证种子质量的关键。通过如下方法进行种子检验。

（一）鉴定种子生活力

为保证果树种子质量和确定适宜的播种量，在种子层积处理或播种前，需对种子生活力进行鉴定。常用的鉴定方法主要有以下 3 种：

1. 目测法 籽粒饱满，千粒重高，无病虫害，无发霉气味，种皮有光泽，剥去种皮后，种仁呈乳白色，不透明，压之有弹性，不出油，为有生活力的种子。反之，则为失去生活力的种子。

2. 染色法 将种子入水中 12～24 h，使种皮柔软（核桃、毛桃、山杏等硬核种子需轻轻砸碎外壳），然后细心剥去种皮，放入染色剂（5% 红墨水或 0.1% 靛蓝胭脂红或 0.1% 署红溶液）中，染色 2～4 h，再将种子取出，用清水冲洗。凡种仁全部染色或者胚着色者，为无生活力的种子；子叶染色而胚未染色，胚或子叶部分染色者，为生活力较差的种子；胚和子叶没有染色的为生活力较好的种子。

3. 剥胚法 先将种子在水中浸 12～24 h，然后剥去种皮，放入铺有温润引水纸的玻璃器中，将玻璃器置入 20～25 ℃ 的湿箱中，经 2～10 d，凡是胚不腐烂，且部分或各部分表现增长伸开，饱满而有光泽，就是有生活力的种子。

（二）种子发芽率

山梨等果树种子，需经低温层积贮藏后，才能正常发芽。为了准确计算出播种量，必须在播种前 20 天左右进行一次发芽率测定。生产上常用的测定方法有以下两种。

1. 室内培养皿测定法 取一个培养皿，在培养皿中放入一层吸水纸和少量的水，使吸水纸吸湿饱和。然后，取 50 粒种子，整齐地摆放在吸水纸上，盖上纱布，放在 20 ℃左右的条件下催芽，催芽期间不断补水，经 20 d 后统计发芽率。

2. 室内沙盆测定法 花盆内装细沙土，适量浇水。然后取种子 50 粒摆在沙面上，再覆 1～1.5 cm 的细沙，放在 20 ℃条件下进行发芽。发芽后，每天检查发芽粒数并另放一边，经 20 d 后统计发芽率。发芽率计算公式为

$$发芽率 = \frac{全部发芽种子粒数}{供试验种子粒数} \times 100\%$$

（三）种子发芽试验

取少量有代表性的种子（小粒种子 50～100 粒，大粒种子 30～50 粒），作发芽试验。未经层积的小粒种子（如海棠、杜梨等）"两开一凉"的温度浸种，不断搅拌至水冷凉，经冷水浸泡 2～3 d，再在暖坑上（25～28 ℃）催芽，一般经 1～2 d 小粒种子即发芽。大粒种子核桃用开水烫种，将未层积的种子放入开水中，搅拌均匀后迅速捞出，立即浸入冷水中，使种壳开裂，便于种子吸水，再次冷水浸泡 5～6 d 催芽。最后计算发芽率。

四、催芽方法

催芽是指通过人为的措施，为种子发芽创造适宜的条件，打破种子休眠的状态，促进种子发芽的工作。催芽的方法一般是针对种子休眠种类的不同而采取相应的措施。一般强迫休眠和种皮致密休眠的采用水浸催芽；种皮被油脂、蜡的采用化学药剂浸种催芽；含抑制物质、种胚未成熟的采用层积催芽。

1. 水浸催芽 就是用水浸泡种子，是一种简单的催芽方法。其目的是使种皮软化，种子吸水膨胀，加速酶的活动，促进贮藏物质的转化，供给胚生长发育的需要。在我国目前的实际操作过程中普遍对种子进行播前浸种处理，尤其温水浸种，认为由此可加快种子发芽。种皮致密、透水性差的果树种子可适用温水浸种法；如种子透水性过强，在温水浸泡时吸胀过快，会造成细胞损伤而影响活力。由此可见，在用水浸催芽时，应根据种皮的厚薄、种粒大小来调整浸种的水温和时间，否则将可能会给生产上带来不利的影响。

2. 化学药剂浸种催芽 用化学药剂（小苏打、对苯二酚、溴化钾）、微量元素（硼、锰、锌、铜）、赤霉素等溶液浸种，可以解除种子休眠，加强种子内部的生理活动（酶的活动、养分的转化、胚的呼吸作用等），促进种子提早萌发，使种子发芽整齐，幼苗生长健壮。

种皮透性很差的硬壳种子，可用浓硫酸酸蚀处理，通过强酸处理可以使种壳变薄和消除珠孔等部位的堵塞物，以增强种胚与外界的透气性，促进发芽，如红枣、山楂、黑莓的种子，但酸蚀种子浸泡时间应视种粒大小、种壳厚薄而有所变化。一般是当种皮出现孔纹时，即可停止腐蚀，并将种子放入流水中充分洗涤，然后进行发芽试验。

一般认为赤霉素对打破种子休眠，促进发芽有着积极的作用。对于种子内含有抑制物质或缺乏内源促进物质的种子，用赤霉素浸种，在一定程度上可以调节种子内的激素平衡，使促生长类激素含量增加，从而打破种子休眠，促进萌发。此外，对于某些需要低温层积的种子，用赤霉素处理可代替低温层积并优于低温层积。

3. 层积催芽 就是把种子与湿润物混合或分层放置，促使种子露出胚根的处理。其优点是：可以软化种皮，增加透性。可以使种子内含有的抑制物质逐渐消失，而生长激素逐渐增加。种子在层积催芽过程中，新陈代谢总的方向和过程与发芽是一致的，这样有利于种子的生命活动向好的方向发展。层积催芽根据层积温度的不同，可以将其分为低温层积、变温层积和高温层积。

（1）低温层积。在层积期间，使种子始终处于低温（0～10 ℃）的环境中进行的层积催芽法称为低温层积。其作用在于促使抑制类物质逐步分解，而生长类物质逐步增加，从而使种子解除休眠而萌

发。如对山杏、苹果、梨、中华猕猴桃，都发现低温层积能促进其种子萌发，提高发芽率，幼苗生长加快。

（2）高温层积。在层积期间，把种沙混合物置于高温（10 ℃以上）环境中进行催芽的方法称为高温层积。该方法有利于种皮内的抑制物质单宁等向外弥散，解除对种胚的抑制作用，同时更利于种胚的进一步后熟和生活力水平的提高。

（3）变温层积。用高温与低温交替进行的层积催芽法称为变温层积。即先高温后低温，必要时再用高温进行短时间催芽。某些树种只用低温层积催芽的效果不好，而用变温层积催芽却往往能取得良好的效果。这可能是因为变温比恒温更接近于种子长期经历的自然条件，能促使种皮伸缩受伤，加快吸水速度，促进呼吸作用，刺激酶的活动和营养的转化，从而打破种子休眠，加快种子萌发。

第三节　自根苗培育

根系由自身体细胞产生的苗木称为自根苗。自根苗可用扦插、压条、分株和组织培养等方法繁殖。自根苗是用优良母株的枝、根、芽等营养器官生根繁殖而来，它保持母体的遗传特性而变异较少，生长一致，进入结果期较早，繁殖方法简便。但因自根苗无主根且根系分布较浅，适应性和抗逆性均不如实生苗和实生砧嫁接苗，而且繁殖系数也较低。果树生产中葡萄、榅桲、无花果、石榴等可用硬枝扦插法繁殖；某些柑橘类可用嫩枝扦插；苹果矮化砧木、荔枝、龙眼、杨梅等可用压条繁殖；枣、银杏、石榴、草莓、香蕉、菠萝、杜梨等多用根蘖分株繁殖法。自根苗也可用作砧木，称为自根砧，常用于因实生变异大，不能保持后代一致性的砧木树种，也可用于种子甚少且发芽率较低的树种。苹果和梨的营养系矮化砧木多采用压条、扦插或组培法繁殖。

一、根蘖苗培育

根蘖苗是指果树根上萌生的根蘖或靠近根部的茎上发生的分蘖，经分离后形成的新植株，是靠根系发生的不定芽而形成的新植株，适用于根系容易大量发生不定芽的树种，如枣、山楂、树莓、榛子、樱桃、李、石榴、杜梨、山荆子、海棠、银杏等，在生产上多利用自然根蘖进行分株繁殖。为促使多发根蘖，可于休眠期或发芽前将母株树冠外围部分骨干根切断或造伤，并施肥水，促使发生根蘖和旺盛生长，秋季或翌春挖出分离栽植。根蘖苗能保持母树的优良特性，节约投资与土地，同时苗木生长快，结种亦早。根蘖苗的培育按如下布局进行：

1. 母树选择　在准备育苗的前一年，进行树的普查与选优，对根蘖力强的树挂牌登记，然后以树干为圆心，以 2～3 m 为半径的范围内，深翻 30～40 cm，促进根蘖苗发生；也可在早春于树干根际，铺一层土杂肥，然后同土壤一起翻耕，并灌水保持湿润，促进根蘖苗发生。每 667 m² 施土杂肥 2 000～4 000 kg，深翻时勿伤原有的根蘖苗。若根蘖过多时，应及早选留生长粗壮者，铲除细弱者，使养分集中供应。

2. 分根　根蘖苗一般在母体上生长一年，即可分根。分根时用利刀从母体的萌蘖处切断。取出的根蘖苗多呈丛状，为提高利用率，可用剪刀从丛状连接处分离成单株，并保留一段根块。

3. 根部修剪、刻伤　一般根蘖苗根系不完善，主根长，侧根、须根少。对主根可留 15～20 cm 长，尽量多保留侧根和须根。对于粗壮无须根的苗木，可用剪刀在根部刻伤，以刺激萌发新根。

4. 栽植　如果根蘖苗分化现象严重，除按一般栽培技术要求外，栽前应按粗细、高矮、强弱严格分级，以求苗木整齐一致。

5. 归圃再育　对不能直接用于栽植的弱小根蘖苗，可栽植于苗圃，每 667 m² 栽 5 000～6 000 株（可按果树生长特性调整）。苗期管理同种子育苗，一般培育两年后即可出圃，生长旺盛者一年也可出圃。

二、压条苗培育

压条在枝条与母株不分离的状态下，将其压入土中或包埋于生根介质中，使其生根后，再与母株剪断脱离，成为独立植株，这种培养新植株的方法叫压条繁殖。这种繁殖方式获得的自根苗称压条苗。其繁殖方式简单、设备少，但操作费工、繁殖系数低、不能大规模采用。该方式适于扦插难以生根的树种，如龙眼、荔枝、杧果、榛子、番石榴及苹果无性系砧木等，自然界用这种方式繁殖的有黑树莓、蔓性黑刺莓、醋栗等。

（一）压条生根原理

压条时一般在芽或枝的下方发根部位进行创伤处理，之后将处理部位埋压于基质中。处理方式有环剥、环缢和环割等。处理后，将顶部叶片和枝端生长枝合成的有机物和生长素等向下输送通道切断，使这些物质积累在处理口上端，形成一个相对高浓度区。由于其木质部与母株相连，继续得到水分和矿物质营养的供给。埋压造成的黄化处理，引起创伤附近的细胞木栓化，形成很薄的薄膜来保护伤口，接着伤口附近的形成层开始活动，分裂成愈伤组织，愈伤组织能防止病菌侵染和营养物质的流失，改善吸水状况，提高透气性，有利于生根，而后在愈伤组织内部或附近的节上分化出根原始体，根原始体进一步发育钻出体外形成根。

（二）压条繁殖特点

压条繁殖时，在生根期间，枝条不与母体分离，被压枝条所需要的养分、水分由母树供给，因此，生根快而可靠，成活率高，用其他方法不易繁殖的种类，可采用此法，且能保持原有品种的优良特性；缺点是位置固定，不能移动，短时期内也不易大量繁殖。

（三）压条时期及枝条选择

压条时期，分为生长期压条和休眠期压条。生长期压条，华北地区一般在 7～8 月进行，常绿树种南方多在梅雨季节进行。落叶树种休眠期压条，一般在早春 2～4 月刚开始生长时进行。休眠期压条应选择一年生枝条，生长期压条选用当年生枝，枝条应成熟。

（四）压条生根的处理

1. 机械处理　包括环剥、环缢和环割。环剥是在枝条节、芽的下部剥去 2 cm 左右宽的枝皮；环缢是用金属丝在枝条的节下面绞缢；环割则是环状割 1～3 周。环剥、环缢和环割深度均达木质部，并截断韧皮部筛管通道，使营养和生长素积累在切口上部。

2. 黄化或软化处理　用黑布、黑纸包裹或培土包埋枝条使其软化或黄化，以利根原体突破厚壁组织。黄化处理对一些难生根的树种效果很好。由于枝叶在黑暗的条件受到无光的刺激，激发了激素的活性，加速了代谢活动，并使组织幼嫩，为生根创造了有利的条件。黄化处理枝条，一般需要 20 d。

3. 激素处理　用生长素 IBA、IAA、NAA 等处理能促进压条生根。空中压条时用生长素处理，生根效果很好。枇杷用 250 mg/kg 的 IBA 羊毛脂剂涂抹于压条枝表面可以增加生根。人心果在空中压条繁殖时用 IBA 和 NAA 的 1 000 mg/kg 羊毛脂混合剂处理效果最好，并可缩短生根所需时间。木菠萝、蒲桃、番石榴、长山核桃、枣等在空中压条时，于环剥后立即或 3 天后在剥除皮处涂上 5 000 mg/kg IBA 的 50%酒精溶液，效果良好。栗的堆土压条试验中，将休眠的 3 年生欧洲栗植株截短后并在基部进行环状剥皮，用 250 mg/kg IBA 处理可获得高达 90%的生根率。

4. 保湿和通气　基质须保湿和通气。在开始生根阶段，基质干燥、板结和黏重则阻碍根的发育。疏松的土壤和锯屑混合物，或泥炭、苔藓都是理想的生根基质。

（五）压条苗的培养方法

根据果树种类及生长特性、埋压状态与部位等不同，可将压条分为地面压条、埋土压条和空中压条。

1. 地面压条　将母株的枝条弯曲地埋入土中，使被埋部分生根后与母株分离，成为独立植株。根据埋土及弯曲形式不同，又可分为 3 种方法，即普通压条、水平压条和波状压条。

（1）普通压条法。又称单枝压条。适用于枝条离地面近，易弯曲的植物。方法是在母株中选靠近地面的一、二年生枝条，弯曲埋入土中，压埋深度 10～20 cm。近母株一侧挖成斜面，使枝条与土壤密切结合，远离母株一侧挖成垂直面，引导新梢向上生长。顶梢应露出地面。用刻伤或环剥处理地下被埋压部分，以刺激生根。还可用钩形树杈固定被压部分，待生根后截断与母株联系，成为新植株。

（2）水平压条法。又称连续压条法或沟压法。适用于藤本或蔓生植物。在春季萌发前进行，但有的果树如葡萄也可在生长季节的雨季进行。苹果矮化采用水平压条时，母株按行距 1.5 m、株距 30～50 cm 定植。植株斜栽以利压埋，压埋时选靠近地面或部位低的枝条，顺枝条着生方向开放射状沟，深 2～5 cm，将枝条水平压入，用枝耙或铁丝等钩状物固定，上覆少量松土，压埋枝条，芽萌发后可再覆薄土，促进枝条黄化。新梢长达 15～20 cm 时培土，25～30 cm 时第二次培土。枝条基部未压入土内的芽因处于优势位置，应及时除去强旺萌蘖。秋末将基部生根的小苗自水平枝上剪下即成自根苗。保留靠近母株的 1～2 株小苗，以供翌年重复压条用。

（3）波状压条法。又称重复压条法，适用于枝条较长、柔软的植物或蔓生植物。方法是将枝条呈波浪形压埋入土中，以后露出地面的枝条发出新枝，埋入土中的部分生长出不定根，待成活之后逐一切断相连的波状枝，形成各自独立新植株。一般在春季用一年生木质化枝条进行，半木质化枝条在 6 月下旬以后进行。波状压条是将枝条一段覆土，另一段不覆土，压条之后应保持土壤适当湿润，并要经常松土除草，使土壤疏松，透气良好，促使生根；冬季寒冷地区应予以覆草，免受冻害；随时检查埋入土中的枝条是否露出地面，如已露出必须重压；留在地上的枝条若生长太长，可适当剪去顶梢；如果情况良好，对被压部位尽量不要触动以免影响生根。分离压条的时间，以根的生长情况为准，必须有了良好的根群方可分割。对于较大的枝条不可一次割断，应分 2～3 次切割。初分离的新植株要特别注意保护，注意灌水、遮阳等；畏冷的植株应移入温室越冬。

2. 埋土压条　又称培土压条、壅土压条、直立压条、萌蘖压条。适用于萌蘖性强及丛生性强的树种。方法是在春季萌芽前，母株枝条在地面上 2 cm 左右短截，促发萌蘖。当新梢长达 15～20 cm 时，将行间土壤松散地培在新梢基部，高约 10 cm，宽约 25 cm。一个月后新梢高达 40 cm 时，进行第二次培土，培土高约 30 cm，宽约 40 cm，培土前应灌水，培土后应保持土壤湿润。培土时注意用土将各枝间距排开，不致使苗根交错。一般培土后 20 d 左右开始生根，休眠期可扒开土堆进行分株起苗。分株时从新梢基部 2 cm 处剪下，剪完后对母株再立即覆土保温冷冻。翌春发芽前再扒开覆土，促使母株继续发枝，重复进行压条。母株利用多年后，为控制生长高度以利培土，必须对其进行更新修剪。

3. 空中压条　又称高空压条法或先端压条法，简称高压。适用于基部不易发生萌蘖枝条或树体高大、枝条不易弯曲的树种，如黑莓、露莓、醋栗等根条细软又容易生根。空中压条法在整个生长期都可进行，但以春季和雨季较好。一般在 3～4 月选直立健壮的二、三年生枝，也可在春季选用去年生枝，或在夏末部分木质化枝上进行，于基部 5～6 cm 处环剥 2～4 cm，注意刮净皮层、形成层，然后在环剥处包上保湿的生根材料，如苔藓、椰糠、锯木屑、稻草泥，外用塑料薄膜包扎牢。3～4 个月后，待泥团中普遍有嫩根露出时，剪离母根，一周后有更多嫩根长出，即可假植或定植。

一般空中压条绿叶树是在生长缓慢期进行分株移植，落叶树是在休眠期进行分株移植。为防止生根基质松落损伤根系，最好在无光照装置下过渡几周，再通过锻炼，成活更可靠。空中压条成活率高，但易伤母株，大量应用有困难。

三、扦插苗培育

将果树部分营养器官插入土壤（基质）中，使其生根、萌芽、抽枝，成为新的植株的方法叫扦插，该方法获得的自根苗称为扦插苗。扦插依所用的不同营养器官来区分，可以分为枝插、根插、芽（叶）插。枝插又可分为硬枝插、绿枝插。扦插繁殖具有操作简单方便、高效价廉并能使幼苗保持母株的优良性状的优点。

（一）硬枝扦插

利用充分成熟的 1～2 年生枝条进行扦插称硬枝扦插。扦插方法有直插和斜插。单芽和较短插条直插，多芽和较长插条斜插。在休眠期进行，以春季为主，是生产中常用的一种方法，主要用于葡萄、石榴和无花果等果树的繁殖。

1. 插条的采集与贮藏　落叶果树硬枝扦插使用的插条在休眠期采集，一般结合冬季修剪进行。在晚秋或初冬采后贮藏在湿沙中，也可在春季萌芽前，随采随插，葡萄须在伤流期前采集。在生长健壮，结果良好的幼年母树上，选发育充实、芽体饱满、无病虫害的营养枝。采集到的枝条应分品种、粗度、按 50～100 cm 长度剪截，50～100 根捆成一捆，拴挂标签，注明品种、数量和采集日期。

插条的保存，一般采用沟藏或窖藏。贮藏沟深 80～100 cm、宽 100 cm 左右，长度依插条数量而定。插条在贮藏沟内要横向与湿沙分层相间摆放。沟底部平铺一层湿沙，最上面盖 20～40 cm（寒冷地区适当盖厚）的土防寒。贮藏期间注意检查沙的温度与湿度。在室内或窖内贮藏，通常将插条半截插埋于湿沙、湿锯末或泥炭中，贮藏期温度保持 1～5 ℃为宜，湿度 10%。

2. 扦插时间　硬枝扦插时间应在春季发芽前进行，以 15～20 cm 土层温度达 10 ℃以上为宜，大约在 3 月下旬。催根处理在露地扦插前 20～25 d 进行。

3. 插条处理　扦插前将冬藏后的插条先用清水浸泡 1 d，使其充分吸水。然后剪成长约 20 cm、带有 1～4 个饱满芽的枝段。节间长的树种，如葡萄留单芽或双芽即可。坐地育苗建园的葡萄和枣可剪成 50 cm 长，枣须有 10 cm 长的两年生枝。插条上端剪口在芽上距芽尖 0.5～1 cm 处剪平，下端在芽下 0.5～1 cm 处剪成马耳形斜面。剪口要平滑，以利于愈合。

4. 催根处理　容易生根树种一般不需进行催根处理，但对于较难生根的树种，在扦插前 20～25 d 进行催根处理才能获得较高的生根率和较好的根系。常用的方法有以下几种：

（1）机械处理

① 剥皮。一般来说，枝条木栓组织较发达的果树品种较难生根，扦插前先将表皮木栓层剥去，增强插穗吸水能力，可促进发根。

② 纵刻伤。用刀在插穗基部刻 2～3 cm 长的伤口，至韧皮部，可在纵伤口间形成排列整齐的不定根。

③ 环状剥皮。剪穗前 15～20 d 在母株上准备用作插穗的枝条基部环剥一圈皮层（宽 3～5 cm），有利于促发不定根。

对插条进行刻伤、剥皮等处理，人为地造成伤痕，扩大创伤面，可促进枝条内部养分和生长素向伤口处移动，增强呼吸作用，提高过氧化氢酶的活动，从而促进细胞分裂和根原体的形成，增加愈伤组织和插条生根范围，提高扦插成活率。

（2）加温处理。早春扦插常因土壤温度低而造成生根困难，可用人为增温方法解决生根难的问题。生产上常用的增温催根方式有温床、电热加温或火坑等。在热源之上铺一层湿沙或锯末，厚度 3～5 cm，将插条下端弄整齐，捆成小捆，直立埋入铺垫基质之中，捆间用湿沙或锯末填充，顶芽外露。插条基部温度保持在 20～28 ℃，气温控制在 8 ℃以下；通常通过喷水通风降低上端芽所处环境温度保持温湿度。这样可使根原体迅速分生，而芽则受气温的限制延缓萌发。经 3～4 周生根后，在萌芽前定植于苗圃。

（3）药剂处理

① 将插穗基部在 0.1%～0.5% 的高锰酸钾溶液中浸泡 10～12 h，取出后扦插，以加快生根的速度。

② 将插穗在5%～10%的蔗糖溶液中浸泡10～24 h，有较好的生根效果。

③ 对提供扦插材料的母株施用磷、钾肥和钙肥，也可促进扦插生根。

（4）生长调节剂处理。植物生长调节剂可以加强枝条的呼吸作用，提高各种酶的活性，促进细胞分裂，对于不易生根的树种、品种，采用人工合成的生长调节剂处理插条，有利于生根。但不同生长调节剂及其使用浓度对不同树种扦插生根的影响有所差异，如邝洁蓬等（2004）在不同生长调节剂对竹节秋海棠插枝生根的影响研究中发现，萘乙酸（NAA）150 mg/L处理插条基部3.5 h、吲哚乙酸（IAA）1 250 mg/L处理茎尖基部2 h、吲哚丁酸（IBA）200 mg/L处理茎尖基部5 h、2,4-滴1.5 mg/L处理插条基部4 h效果最好，而6-苄氨基腺嘌呤（6-BA）则对竹节秋海棠插枝生根有抑制作用，并且随着浓度的升高而增大，当浓度为3.5 mg/L时，所有插条均不生根。常用的生长调节剂有萘乙酸、吲哚乙酸、ABT生根粉等。

（二）绿枝扦插

绿枝扦插又称嫩枝扦插，是利用当年生半木质化的新梢在生长期进行扦插。半木质化的绿枝薄壁细胞多，含水量足，可溶性糖和氨基酸含量多，酶活性高，再生能力强，容易生根。因而，对生根较难的树种（如山楂、猕猴桃等），或硬枝扦插材料不足时，可采用绿枝扦插，效果较好。绿枝扦插宜用河沙、蛭石等通透性能好的材料作基质。一般先在温室或塑料大棚等处集中培养生根，然后移至大田继续培育。

1. 插条采集 选生长健壮的幼年母树，于早晨或阴天枝条含水量较高时采集。应采当年生尚未木质化或半木质化的粗壮枝条。随采随用，不宜久置。

2. 扦插时间 扦插在生长季进行，时间要适宜。过早枝条幼嫩，不易成活；过迟生根不好，遇高温季节成活率低，且新梢生长期短，成熟度差。原则上要保证扦插成活后，当年形成一段成熟的枝。因此，时间尽量要早，最好不晚于麦收后。

3. 插条处理 将采下的嫩枝剪成长5～20 cm的枝段，上剪口于芽上1 cm左右处剪截，剪口平滑；下剪口稍斜或剪平，在芽的下方，保留新梢上部1～3片叶，并减去1/2叶面积，以便光合作用的进行，制造养分和生长素，保证生根、发芽和生长使用。插条下端可用吲哚丁酸（IBA）、吲哚乙酸（IAA）、ABT生根粉等激素处理，使用浓度一般为5～25 mg/kg，浸12～24 h，以利成活。

（三）根插

用根段进行扦插繁殖称为根插。凡根上能形成不定芽、易生根蘖的树种都可采用根插育苗。如山楂、苹果、梨、枣、柿、李等。根插繁殖主要用于培养砧木。

繁殖材料可结合秋季掘苗和移栽时收集，或者搜集野生和深翻果园挖断的根系。选粗度0.3～1.5 cm的根，剪成长10 cm左右的根段，并带有须根。上口剪平，下口剪斜。秋冬季采集的根段需沙藏保存，春采的可直接扦插。根段直插或斜插均可，但应防止上下颠倒，若根段倒插，不利于成活。

根插的时间、方法和插后管理等与硬枝扦插基本相同。但根的抗逆性较弱，要注意防寒、防旱。

（四）插后管理

1. 湿度管理 扦插后立即灌一次透水，以后保持插床的湿度在50%左右。当愈伤组织形成后，浇水量应逐渐减少，以利发根。扦插苗要求空气湿度较大，一般在60%以上为宜。

2. 温度管理 早春地温较低，需要覆盖塑料薄膜或铺设地热线增温催根，保持床面温度在20～30 ℃。

3. 松土除草 当发现苗床杂草萌生时，要及时拔除，当土壤板结时要及时松土。

4. 追肥 扦插苗生根发芽成活后，插穗内的养分已基本耗尽，需要充足供应肥水，以满足苗木生长对养分的需要。必要时可采取叶面喷肥的方法。

第四节 嫁接苗培育

嫁接就是人为地将一株植物上的枝条或芽等组织，接到另一株植物的枝、干或根等部位上，使之愈合生长在一起，形成一个新的植株。这个枝条或芽称为接穗（芽），承受接穗的植株称为砧木。

一、砧木、接穗的相互影响

嫁接植株的生理功能由砧、穗分担，砧木供给水分和矿质营养，接穗供给碳水化合物。砧木对接穗有广泛的影响，如树体生长与结实性、根系生理生化特性及其对环境的适应能力等；接穗对砧木也有明显影响，如根系生长能力、根系再生能力、根系密度以及根系的抗逆性等，两者构成了既协调又矛盾的关系。

（一）砧木对接穗生长发育的影响

砧木不但可以改变接穗枝条的生长速率，也影响接穗树体的生长量，单叶面积及叶绿素含量等，大致可分为增强和减弱接穗的生长势两种类型。如海棠、某些类型的山定子等果树嫁接以后，促使树体生长高大；Singh（2005）利用 Perlette 嫁接在 4 种砧木上的幼苗进行试验，发现砧木 StGeorge 和 C-1613 具有矮化作用，嫁接其上的 Perlette 枝条节间较短，而自根砧的节间和枝条最长，枝条最粗，生长量最大。Reynold 等（2001）研究也表明，自然条件下，嫁接在 5BB 砧木上的酿酒品种树体最小，而自根砧的最大。Crossen 等（2002）也发现砧木可以减少树体的生长量。但在有些栽培管理方式下，某些砧木反而会增强接穗的营养生长，如在人为控制灌水、高密度栽培等条件下，砧木体现了较强的适应性，使接穗品种表现出较强的生长势。Samanci 等（1995）在试验期间不灌水，发现 1103P、SO4 和 5BB 砧木上的接穗营养生长量较大。Mattii 等（2002）的高度密植的栽培方式，使嫁接在 1103P 砧木上的接穗生长势明显强于其他砧木和自根树的生长势。

此外，砧木对嫁接树的物候期如萌芽期和落叶期也有明显的影响，红玉和青香蕉苹果接在宁夏酸果子上，落叶期要比宁夏酸果子本身早 10 d 以上，春季萌芽也早。

（二）砧木对接穗结果的影响

砧木在多方面对接穗结果产生影响。砧木对接穗的结果期和果实着色期有一定的影响。同为乔化砧，金冠苹果嫁接在难咽（属西府海棠）、茶果（属海棠果）、河南海棠、山定子砧上进入结果期较早，而接在三叶海棠砧木上则进入结果期晚。果实的着色状况取决于花色苷的含量，日本久宝田尚浩研究表明，藤稔葡萄嫁接在不同砧木上其果皮中花色苷含量明显不同，以嫁接在 3306 砧上的含量最高，嫁接在 8B 和 3309 上的次之，而以嫁接在 101-14 上的含量最低（久宝田尚浩等，1995）。产量是影响果树生产效益的重要因素，所以关于砧木对嫁接品种果实产量方面的研究很多。Samanci 和 Uslu（1995）发现晚熟鲜食品种 Muskule 和 Razaki 嫁接在 99R 上产量最低，而嫁接在 SO4 和 5BB 上产量较高。酒用品种 Chardonel 嫁接在 5BB 和 110R 砧木上产量明显提高（Main 等，2002）。Reynolds 和 Wardle（2001）试验所用 9 个品种嫁接在 5BB 上树体产量最高。试验结果还表明，同一条件下，不同砧穗组合对产量的影响效果不同。同一砧木对生长势不同的接穗品种影响结果明显不同，生长势强的接穗品种，表现出较高的产量（Kocsis 和 Podmaniczky，2005）。

（三）砧木对果实品质的影响

果实品质一直是人们关注的焦点，各种试验结果表明，砧木能对嫁接品种的果实品质产生不同程度的影响。砧木对果实品质也有很大影响，关军锋等（2004）对比分析了 4 种砧木（M26、M9、MM106 中间砧及山定子乔砧）对金冠苹果的果实品质及矿质营养的影响。结果表明，除 MM106 砧木果实品质表现较差外，其余砧木的果实品质无明显差异；M26 砧木果实 P、Ca 含量较低，MM106 砧木果实 Ca 含量较高；不同砧木上果实的 Mg、K 含量无显著差异。Volpe 和 Boselli（1990）提出河岸葡萄与沙地葡萄的后代（101－14、3306、3309）尤其是 3309 砧木的葡萄汁中糖分含量高，酸含量低，而 99R、Gagliardo 和 Harmong 作砧木的糖分含量低，Gagliardo、1103P 和 5BB 作砧木的酸含量高。Kocsis 和 Podmaniczky（2005）也发现不同砧穗组合的葡萄汁中糖含量不同。Reynolds 和 Wardle（2001）认为砧木有提高果实可溶性固形物含量的趋势。Barbera 嫁接在 Rupestris dulot 上的果实酿制的葡萄酒中总酚和花青苷含量要高于嫁接在 5BB 和 41B 砧木上的果实（Corino 等，1999）。

（四）砧木对树体生理特性的影响

不同砧穗组合对嫁接品种的叶片光合效率有明显影响。以 M26 和 M7 为砧木的同一品种的苹果叶片光合效能显著高于嫁接于 Bud9 上的，以嫁接在 M26 上的光合效率较高（张建光等，2004）。欧毅等（2006）以毛桃、山杏、毛樱桃和江安李实生苗作砧木嫁接黑宝石李及安哥诺李，对其叶片光合效能和生理生化指标进行了比较，研究表明，毛樱桃砧黑宝石李叶片净光合速率（Pn）及反应生理指标的水溶性糖、还原性糖含量较高，光合产物输出率和植株生长量则较低，叶片中 P、B、Mn、Ca、Mg 有积累趋势；而安哥诺 4 种砧木间各指标差异不显著。不同砧木苹果树果实水势的年变化差异较大，乔砧红星苹果树果实水势一般高于矮化中间砧树，并且高而平稳，随着果实发育缓慢上升（王中英等，1997）。SDC 系苹果砧木嫁接的红星树，叶片蒸腾量小，脱落酸（ABA）含量高，单位叶面积失水量小，抗旱性强；嫁接树越冬期枝条自由水含量高，抽条率明显低于 M9，越冬能力强（牛自勉等，1991）。

（五）砧木对树体抗性的影响

果树用的砧木一般都是野生或半野生的种类，它们具有较广泛的适应性，如抗寒、抗旱、抗涝、耐盐碱和抗病虫害等。如山定子原产我国的北方，抗寒力强，有些类型可抗－50 ℃ 以下低温，所以接在山定子上的苹果，一般能减轻冻害。但山定子对盐碱的抗性差，而且不耐涝。用海棠作苹果砧木，一般对黄叶病抵抗力较强，抗旱又抗涝。用贝达、山葡萄为砧木嫁接的葡萄，根系抗寒力可较一般优良品种提高 12~14 ℃，不仅能简化防寒措施，且保证了越冬的安全。

（六）接穗对砧木的影响

接穗对砧木的生长能力有重要的影响，主要表现在对根系生长状况、形态（根系分布的深度、密度，分根角度及须根多少）、颜色，根的年生长高峰和根系淀粉、碳水化合物、总氮、蛋白质氮的含量及过氧化氢酶活性的影响。巨峰、康太、红香水、罗也尔玫瑰等葡萄品种的贝达砧嫁接苗栽培，其根系的过氧化物酶活性、呼吸速率及可溶性蛋白含量均受到地上部接穗的影响，与贝达自根苗根系比，其过氧化物酶活性提高、呼吸速率降低、可溶性蛋白含量减少。即砧木贝达受地上部接穗的影响，其生理活性相应降低（王家民等，2002）。在苹果实生砧上嫁接红魁，砧木须根非常发达而直根较少；如果嫁接初笑或红绞品种，则砧木具有 2~3 个深根性的直根，而不是须根。普通元帅嫁接在 MM106 砧木上，MM106 根系分根紧密；短枝元帅使 MM106 根系分根稀疏。以海棠为砧木嫁接的青香蕉苹果，根系为褐色，主要分布层深；嫁接元帅，则根系为黄褐色，主要分布层较浅。嫁接晚熟品种的砧木，根系在年生长周期中出现 3 次生长高峰；嫁接早熟品种的，根系只有 2 次生长高峰。抗寒性接穗能够提高砧木的抗寒能力，不抗寒接穗品种会降低砧木的抗寒能力，如君袖嫁接在 MM106 上，MM106 根系抗寒能力下降。接穗也影响砧木的固定性以及根系的再生能力等。

二、砧木选择

果树一般是由砧木和接穗构成的复合体，砧木为嫁接果树提供根系。根系不仅起固着和吸收的作用，而且有许多物质再合成的功能，因而必然对地上部分产生巨大的影响。砧木也是果树嫁接的基础，砧木与接穗的亲和力、质量等对嫁接成活、果树的生长结果等均有重要的影响。因此，应该慎重选择砧木，并培育健壮砧木。嫁接用的砧木，要选择生育健壮、根系发达、适应当地环境条件、具有一定抗性（如抗寒、抗旱、抗盐碱、抗病虫能力强）以及与接穗具有较强亲和力的种苗木作砧木。砧木既可以使嫁接树的树体长得高大，也可以使树体长得矮小。砧木对果树的结果期、坐果率、果实成熟期、色泽、品质、嫁接树的寿命等都有一定影响。

（一）果树砧木应具备优良条件

（1）在促进接穗生长、产量、果品品质、寿命等方面有良好的影响。

（2）对气候、土壤等环境条件适应能力强，如抗旱、抗寒、抗涝、抗盐碱等。

（3）对病虫害的抵抗力强。

（4）与接穗有良好的亲和力。

（5）易于大量繁殖。

（6）具有特殊需要的特性，如矮化、乔化等。

（二）充分考虑果树砧木与接穗间的相互影响，要尽量做到互相利用

由于砧木与接穗间生理功能不同，砧木根系吸收土壤水分和养料供给接穗利用，接穗枝叶制造同化代谢产物运送给砧木根部，所以产生吸收、营养等供求上的差异矛盾，造成砧木与接穗间的相互影响。这种影响主要有以下几方面：

1. 加强和削弱营养生长 主要有加强树冠枝叶的生长，促使树体生长高大的乔化砧和使树冠矮化或极矮化的矮化砧。在生产上可以根据实际需要利用这两种砧木，从而培育出更优质的果树品种。

2. 影响果实的产量、品质 有的优质砧木果大，色泽鲜艳，成熟期早，皮薄，味甜，果实含糖量高，含酸量低；而有的作砧木嫁接的果实皮厚，糖酸含量都很低。要掌握砧木的特性，以提高果实的品质。

3. 影响果树的抗病性 果树的抗病性、抗寒、抗旱、耐涝等抗性的高低与砧木有直接关系。

三、接穗选择和贮藏

果树接穗的质量，直接影响到果树嫁接成活率和生长结果状况。此外，由于嫁接是一种无性繁殖方式，如果用带有病虫害（特别是病毒病害）的接穗进行嫁接，病虫害将通过嫁接而传播蔓延，给生产造成巨大经济损失。因此为保证嫁接成活率和之后的果树生产，必须严格地选择和采集接穗，并对采集的接穗进行恰当的贮藏保存。

（一）接穗的选择

1. 接穗必须是适合当地的优良品种 适合当地的优良品种包括两个方面：一是嫁接的品种要适应当地气候，二是嫁接品种必须优良、经济价值高。

2. 接穗必须从优良的采种母树上采集 优良的采种母树是指经多年调查观测，品种纯正，适应当地气候条件，生长健壮，丰产、稳产，品质优良的母树。

3. 接穗不能带有病虫害 为避免病虫害的传播，接穗不能带有病虫害，特别是病毒病。因为很多病毒病都是通过嫁接而传播的。

4. 接穗必须生长充实 因为生长充实的枝条芽体较为饱满，作为接穗嫁接成活率高，成活后新梢生长量大，并且枝条秋后木质化程度高。而那些徒长枝条或者发育不充实的枝条芽体不饱满，作为接穗嫁接成活率相对较低，嫁接成活后新梢生长量小，秋后枝条不能充分木质化。

5. 接穗不能带有机械伤口，并且水分要充足 带有刮碰伤的接穗，影响接穗的水分，进而影响嫁接成活率，即使嫁接成活的，也影响新梢的生长量。所以在接穗充足的情况下，一般不使用带有雹伤、刮碰伤的接穗。

（二）接穗的贮藏

生产上常用的接穗贮藏方法有窖藏和沟藏两种。

1. 窖藏 窖藏就是把采集的接穗贮藏在地窖里。一般地窖的低温控制在 0 ℃左右，最高不能超过 5 ℃。地窖地面铺一层厚 10 cm 的湿河沙，把种条按品种标签分类，竖直排放在窖中的细湿河沙

中，同时在窖中放置温、湿度计，注意经常观察温度和湿度，以便及时采取措施。

2. 沟藏　在墙根北面的阴凉地方挖沟，一般要在土壤冻结之前挖好，沟宽 1 m、深 1 m，长度可依接穗的数量多少而定，数量多时沟挖长一些。将剪下的接穗按标签上的品种，分类埋在沟内，上面用湿润的细河沙埋起来，每隔 1 m 竖放一小捆玉米秸秆，其下端通到接穗处，以利通风透气。

四、嫁接时期

果树嫁接的时期，因植物的性质、种类、品种、各地的气候以及嫁接的方法等而有所不同。按自然季节划分，木本果树的嫁接可分为春接、夏接和秋接 3 个不同时期。春季宜于枝接，一般以春季发芽前 2～3 周内为最适时期，因为此时砧木的形成层已经开始活动，树液已开始流动，而接穗的芽还没有活动，此时进行枝接最容易愈合；夏季宜于芽接，在夏季，接穗已完全发育充实形成腋芽，砧木的树液流动已不太快且剥皮还很容易，此时进行芽接，成活率高。接穗的充实期，因树木种类而异。砧木较易剥皮的时期，则因土壤的含水量和病虫害的发生与否而有差异，如果此时天气干旱，应灌水补肥，促进树液流动，以利剥皮。枝接适期常在早春树液开始流动而芽尚未萌发时为宜，南方宜在 2～4 月进行，北方宜在 3 月下旬至 5 月上旬进行。只要接穗保存在冷凉处不发芽，一直可接到砧木展叶为止。

五、嫁接方法

嫁接方法很多，但基本的嫁接方法是芽接和枝接。此外，随着生物技术的发展微嫁接等新的方法也在果树生产中发挥重要的作用。

(一) 芽接
以芽片为接穗的繁殖方法，包括 T 形芽接、嵌芽接、方块形芽接和贴皮接等。

1. T 形芽接
（1）不带木质部的 T 形芽接。一般在接穗新梢停止生长后，而砧木和接穗皮层易剥离时进行，芽接接穗应选用发育充实、芽饱满的新梢，接穗采下后，留 1 cm 左右的叶柄，将叶剪除，以减少水分蒸发，最好随采随用。

先在芽上方 0.5 cm 处，横切一刀，深达木质部，再在芽下方 1～1.5 cm 处向上斜削一刀至横切口处，捏住芽片横向一扭，取下芽片；再在砧木皮部光滑处，横切一刀，宽度比接芽略宽，深达木质部，再在刀口中央向下竖切一刀，长度与芽片长相应，切后用刀尖左右一拨撬起两边皮层，迅速插入芽片，并使接芽上切口与砧木横切口密接，其他部分与砧木紧密相贴，然后用塑料薄膜条绑缚，只露叶柄和芽。

（2）带木质部的 T 形芽接。实质是单芽枝接。春季砧木芽萌发时进行，接穗可不必封蜡，选发育饱满的侧芽，在芽上方背面 1 cm 处自上而下削成 3～5 cm 的长削面，下端渐尖，然后使接芽呈上厚下薄的盾状芽片，再在砧木平滑处皮层横竖切一 T 形切口，深达木质部，拨开皮层，随即将芽片插入皮内，并用塑料条包扎严密，外露芽眼。接后 15 天即可成活，将芽上部的砧木剪去，促进接芽萌发。

2. 嵌芽接　在砧、穗均难以离皮时采用嵌芽接。选健壮的接穗，在芽上方 1 cm 处向下向内斜削一刀，达到芽的下方 1 cm 处，然后在芽下方 0.5 cm 处向下向内斜削到第一刀削面的底部，取下芽片，在砧木平滑处，用削取芽片的同一方法，削成与带木质部芽片等大的切口，将砧木上被削掉的部分取下，把芽"嵌"进去，使接芽与砧木切口对齐，然后用塑料条绑紧。

3. 方块芽接　主要用于核桃、柿树的嫁接。用双刀片在芽的上下方各横切一刀，使两刀片切口恰在芽的上下各 1 cm 处，再用一侧的单刀在芽的左右各纵割一刀，深达木质部，芽片宽 1.5 cm，用同样的方法在砧木的光滑部位切下一块表皮，迅速放入接芽片使其上下左右对齐，并密切结合，然后用塑料条自下而上绑紧即可。

4. 贴皮接 贴皮接是一种单芽枝接。在砧木离地 5~10 cm 处将其剪断（苗圃嫁接时，剪砧便于操作，其他情况下嫁接是否剪要视具体情况而定）。在剪口下 2~4 cm 处选平滑光洁的部位，将刀刃和砧木呈 30°~45°角向下斜切一刀，深达木质部内，再使刀与茎平行并略带木质部向下滑切长 1.5~2.0 cm，拔出刀，用刀尖将被切离的那一小部分的木质部与皮层分开，并将木质部剥离。然后用嫁接刀在穗芽的下方 0.5~1.0 cm 处先削一斜面，长约 0.5 cm，再从芽正下方平削一刀，使其露出形成层，再将接穗翻过来，从芽的背面平削一刀，其深度视砧木而定，然后接芽从穗条上剪离，将切削的芽片插入砧木切口，并将砧木上切出的皮层贴在接芽上露出的形成层上，再用宽 1.5 cm 的塑料地膜条自上而下绑严捆紧，露出接芽和叶柄，绑缚时也不可过紧，防止将形成层挤压成伤影响成活率及长势。

（二）枝接

枝接是以枝段为接穗的繁殖方法。枝接季节多在惊蛰到谷雨前后，砧木芽开始萌动但尚未发芽前。有些树种要到发芽后至展叶期或更晚，如板栗的插皮接、核桃的劈接或葡萄的绿枝接。枝接的优点是成活率高，嫁接苗生长快，但比较费接穗，要求砧木要粗。枝接主要包括切接、腹接、劈接、插皮接、舌接、插皮舌接、桥接等。

1. 切接 此法适用于较细的砧木，在适宜嫁接的部位将砧木剪断，剪锯口要平，然后用切接刀在砧木横切面的约 1/3 处垂直切入，深度应稍小于接穗的大削面，再把接穗剪成有 2~3 个饱满芽的小段，将接穗下部的一面削成长 3 cm 左右的大斜面（与顶芽同侧），另一面削一个小削面长 1 cm 左右，削面必须平，迅速将接穗按大斜面向里、小斜面向外的方向插入切口，使砧穗形成层贴紧，然后用塑料布条绑好。

2. 腹接法 多用于填补植株的空间，一般是在枝干的光秃部位嫁接，以增加内膛枝量，补充空间，嫁接时先在砧木树皮上切一 T 形切口，深达木质部，横切口上方树皮削一三角形或半圆形坡面，便于接穗插入和靠严，切口部位一般在稍凸的地方或弯曲处的外部，砧木直立或较粗时 T 形切口以稍斜为好。腹接接穗应选略长、略粗、稍带弯曲的为好。

选一年生生长健壮的发育枝作接穗，每段接穗留 2~3 个饱满芽，用刀在接穗的下部先削一长 3~5 cm 的长削面，削面要平直，再在削面的对面削一长 1~1.5 cm 的小削面，使下端稍尖，接穗上部留 2~3 个芽，顶端芽要留在大削面的背面，削面一定要光滑，芽上方留 0.5 cm 剪断，在砧木的嫁接部位用刀斜着向下切一刀，深达木质部的 1/3~1/2 处，然后迅速将接穗大削面插入砧木削面里，使形成层对齐，用塑料布包严即可。另外还有皮下腹接和带基枝腹接，主要用于板栗的嫁接。

（1）皮下腹接。此法主要用于幼树内膛光秃带补枝。具体方法是：在砧木需要补枝的部位（一般每隔 75 cm 补一个枝），先将砧木的老皮削薄至新鲜的韧皮部，然后割一 T 形口，在横切口上端 1~2 cm 处，用嫁接刀向下削一月牙斜形削面，下至 T 形横切口，深达木质部，这样以免接穗插入后"垫枕"。接穗要求长一些，一般为 20 cm 左右，最好选用弯曲的接穗，削面要长为 5~8 cm 的马耳形、背面削至韧皮部，然后将接穗插入砧木，用塑料条包扎紧密不露伤口即可。

（2）带基枝腹接。实际为改进皮下腹接的一种新方法，其优点是基角自然开张角度大，砧木 T 形口上方无须削切月牙刀口，不必担心"垫枕"。具体方法是将砧木的老皮削薄，没形成老翘皮的砧木可不削，直接在选定的部位割一 T 形口深达木质部。接穗选择为二年生母枝上有两条一年生分枝的枝条，在二年生母枝距一年生分枝处 3 cm 剪下，剩下两个一年生分枝及 3 cm 长一段二年生基枝。在分枝上选择一个一年生枝留作接穗，另一个枝条距分枝处 2 cm 剪下，剪下的枝条可用作插皮接接穗，然后从剪留下一年生枝条从上下到至二年生基枝削成马耳形，一年生枝厚，二年生基枝薄（下刀方向是留下的一年生枝相对面留下的一段一年生枝背面）。削好的带基枝的一年生接穗可直接插入砧木 T 形口，用塑料布包扎即可。成活率高，保存率也高。

3. 劈接法 多在砧木较粗时采用，一般选用一年生健壮枝的发育枝做接穗，在春季发芽前进行。

先将砧木截去上部并削平断面，用劈接刀在砧木中央垂直下劈，深 4～5 cm，一般每段接穗留 3 个芽，在距最下端芽 0.5 cm 处，用刀沿两侧各削一个 4～5 cm 的大削面，使下部呈楔形，两削面应一边稍厚一边稍薄，迅速将接穗插入砧木劈口，使形成层对齐贴紧，绑好即可。

4. 插皮接 插皮接又称皮下接，需在砧木芽萌动离皮的情况下进行，在砧木断面皮层与木质部之间插入接穗，视断面面积的大小，可插入多个接穗。

在砧木的嫁接部位选光滑处剪断，剪、锯口要平，以利愈合，在接穗的下部先削一长 3～5 cm 的长削面，使下端稍尖，再在削面的对面轻削去皮，接穗上部留 2～3 个芽，顶端芽要留在大削面的背面，在砧木切口下表面光滑部位，割一比接穗长削面稍短的纵切口，深达木质部，将树皮向两边轻轻拨起，然后将接穗长削面对着木质部，从皮层切口中间插入，长削面留白 0.5 cm，砧木直径约 2 cm 时插 1 个，2～4 cm 时插 2 个，4～6 cm 时插 3 个，6～8 cm 时插 4 个。此法广泛用于苹果、梨、核桃、板栗等低产园的高换头。

另外有一种改进插皮接法：此法只用于板栗的嫁接。具体方法是首先确定砧木的嫁接部位，然后在离嫁接部位以上 40～50 cm 处剪去枝头。剪砧后各骨干枝仍要保持从属分明。然后在从嫁接部位处对砧木环割一圈，向上 5 cm 左右处再环割一圈取下砧皮。将削好的接穗插入环剥口下砧木皮层，用塑料条绑缚固定。由于接穗的接口上部进行了大环剥，并且枝头已剪掉，上部砧木即成了当年的活支柱，待一年后从接口处锯掉，即很快愈合，成活率高，少风折，生产上应广泛采用。

5. 舌接 舌接又称双舌接，在砧穗粗度相当时采用此法，在砧木上削出长 3.5～4.5 cm 的马耳形削面，在削面上端 1/3 长度处垂直向下切一长约 2 cm 的切口，接穗与砧木削法相同，然后将砧、穗大、小削面对齐插入直至完全吻合，两个舌片彼此夹紧，若砧穗粗度不等，可使一侧形成层对准，然后用塑料条包严绑紧。

6. 插皮舌接 嫁接时从待接枝的平直部位锯去上部，砧木接口直径需在 3 cm 以上，根据砧木的粗度确定插入接穗的数量，一般砧木接口直径达 3～4 cm 时，插 2 条接穗，穗长 15 cm 左右，削面上端要有 2～3 个饱满芽，斜削面呈长马耳形，长 5～8 cm。嫁接前，先在砧木接口的待插部位，按照接穗削面的形状，轻轻削去老皮露出新皮，其削面的长宽稍大于接穗的削面，然后将接穗削面前端的皮层捏开，使接穗的木质部慢慢插入砧木的木质部与韧皮之间，接穗的皮部放在砧木的嫩皮上，微露削面即可，然后绑好。

六、嫁接后管理

嫁接后如果不加强管理，即使嫁接成活但也会前功尽弃，甚至毁坏了砧木，所以我们不能满足于嫁接成活。而要使优种生长良好，提早开花结果，必须加强管理。

1. 喷药防虫 嫁接后至发芽期最易遭受早春害虫的为害，要及时喷药防治。

2. 去除萌蘖 嫁接后十几天砧木上即开始发生萌蘖，如不及时除掉会严重影响接穗成活后的生长。除萌蘖要随时进行，对小砧木上的要除净，大砧木上的如光秃带长，应在适当部位选留一部分萌枝，第二年嫁接，如砧木较粗又接头较小，则不要全部抹除，在离接头较远的部位适当保留一部分，以利长叶养根。

3. 补接 嫁接 10 d 后要及时检查，对未成活的要及时补接。

4. 松绑与解绑 一般嫁接后新梢长到 30 cm 时，则应及时松绑，否则易形成缢痕和风折。若伤口未愈合，还应重新绑上，并在 1 个月后再次检查，直至伤口完全愈合再将其全部解除。

5. 绑支棍防风 在第一次松绑的同时，用直径 3 cm 长 80～100 cm 的木棍，绑缚在砧木上，上端将新梢引缚其上，每一接头都要绑一支棍，以防风折。采用腹接法留活桩嫁接，可将新梢直接引缚在活桩上。

6. 摘心 新梢的摘心和副梢的促进控制。为了控制过高生长，接穗新梢生长到 40～60 cm 时要进行摘心。摘心有以下几点好处：可以控制过高生长；减少风害，可以形成大量副梢，控制结果部位外移。摘心一般进行 1～2 次。对于苗圃培养大型苗木不能摘心；苗圃要求的是健壮的单条，所以要摘除副梢以促进单条生长。

7. 防治病虫害 接芽抽出新梢时，常遭到地老虎等害虫的为害，可用呋喃丹杀除，每 667 m² 用 2.5～3 kg，在接芽行间撒药，有效期可达 40 d 左右。

8. 加强肥水管理 嫁接后的植株喜肥需水，应及时施肥和灌水，以促进嫁接树和树苗的生长，一般嫁接后为了促进快速生长要追施氮肥。幼树嫁接的要在 5 月中下旬追肥一次，大树高接的在秋季新梢生长后追肥。各类型嫁接树 8～9 月喷 0.3%磷酸二氢钾 2～3 次，有利于防止越冬抽条及翌年雌花形成，同时要搞好土壤管理和控制杂草。

第五节 组织培养和无毒苗培育

一、组织培养

组织培养是指从植物体上取出器官、组织、细胞或原生质体等材料，在无菌的条件下利用人工的培养基对其进行培养，使之生存并维持其结构和功能的方法和技术。组织培养除了在基础理论上有重要价值外，在实际应用中的作用也日益凸显。组织培养是果树无性繁殖的一种重要方法，具有繁殖速度快、性状保持稳定、苗木整齐均一等特点。果树采用这种无性繁殖的方法来大量培育种苗具有十分重要的意义，其经济效益十分显著，同时在遗传育种上更有其独特的价值。幼胚培养可以克服远缘杂交的障碍，有利于种属间的杂交。花粉培养可用于单倍体育种，得到纯合的二倍体。原生质体培养、体细胞杂交使人们有可能在更大范围内进行基因重组，在育种上创造新的极为罕见的品种及种类。

组织培养作为现代生物技术的一个重要组成部分，已由实验室走向商业化生产，如蓝莓、大樱桃、枣、草莓等种苗的生产主要通过组织培养技术来实现。为人类创造着巨大财富。随着科学技术的进步，特别是生命科学的发展，可以预测，未来的果树组织培养技术的科技含量将会进一步提高，在果树生产中将会发挥更大的作用。在此介绍的果树组织培养技术主要包含以下几种：愈伤组织培养、胚胎培养、花粉及胚乳培养等。

(一) 愈伤组织培养

愈伤组织培养是指将母体植株上的各个部分切下，形成外植体，接种到无菌的培养基上，进行愈伤组织诱导、生长和发育的一门技术。一般情况下，植物组织均能诱发形成愈伤组织；由外植体形成愈伤组织，标志着植物组织培养的开始。

1. 愈伤组织的诱导 细胞是植物结构和生命活动的基本单位，能够分裂、繁殖和分化出不同形态、执行不同功能的组织和器官。细胞具有全能性，每个细胞都具有全套的遗传信息，在特定环境下能进行表达，产生一个独立完整的个体。愈伤组织的诱导就是使已分化的植物细胞脱离原来的发育轨道，失去原有状态和功能，恢复到未分化状态的过程。一般双子叶植物比单子叶植物及裸子植物组织容易形成愈伤组织。幼年组织细胞比成年组织容易，二倍体比单倍体容易。

外植体可选用植物根、茎、叶、花、种子的切段，培养过程中植物生长调节剂是培养基重要的成分。一般要在培养基中添加 2,4 -滴（2,4 - D）、萘乙酸（NAA）、吲哚乙酸（IAA）、吲哚丁酸（IBA）、细胞分裂素（BA）等。有些天然产物也对愈伤的诱导和维持十分有益，如椰子汁、酵母提取物、番茄汁等。

2. 愈伤组织细胞的分化 植物细胞形成愈伤组织大致经历 3 个时期：诱导期、分裂期、分化期。即脱分化恢复分裂，持续分裂增生和进一步再分化形成植株。

（1）诱导期。即细胞正在准备分裂的时期。其主要目的是通过一些刺激因素和激素的诱导使原本处于静止期的细胞合成代谢活化，进而发生分裂。2,4 - D 对于细胞中 RNA 的转录合成有明显的促进作用，常被用于愈伤组织的诱导。

（2）分裂期。即细胞通过分裂不断增生子细胞的过程。主要表现为细胞的数目迅速增加，内无液泡，细胞体积小，细胞的核和核仁增大到最大，细胞中 RNA 含量减少，而 DNA 含量保持不变。随着细胞不断分裂和生长，细胞的总干重、蛋白质和核酸含量大大增加，新细胞壁的合成极快。其共同特征是：细胞分裂快，结构疏松，缺少有组织的结构，维持其不分化的状态，颜色浅而透明。来源于不同植物或同一种植物不同部位的愈伤组织，在颜色、结构和生长习性上都可能存在差异。

（3）分化期。即愈伤组织细胞停止分裂，细胞内发生一系列形态和生理上的变化，形成一些不同形态和功能的细胞的时期。具体表现为细胞分裂部位和方向发生改变，由原来局限在组织外缘的平周分裂转为组织内部较深层局部细胞的分裂。形成瘤状或片状的拟分生组织，称作分生组织结节。分生组织结节可以成为愈伤组织的生长中心，或者进一步分化为维管组织结节。细胞的体积相对稳定，不再减小。出现了各种类型的细胞：如管胞、纤维细胞、薄壁细胞、分生细胞、色素细胞等。生长旺盛的愈伤组织呈乳白色、白色或浅绿色，老化的多转化为黄色或褐色。

3. 愈伤组织的继代培养　继代培养是继初代培养之后连续数代的扩繁培养过程。一般在 25～28 ℃下进行固体培养时，每隔 4～5 周进行一次继代培养。通过继代培养，可使愈伤组织无限期地保持在不分化的增殖状态。影响继代培养的分化潜力的主要因素有两个：

（1）生理因素。即在组织培养过程中，由于植物材料内部的一些变化，会导致继代培养物分化潜力发生变化。

（2）遗传因素。即在继代培养中通常出现染色体紊乱。

4. 愈伤组织的形态发生　外植体细胞在适宜的培养条件下发生脱分化、再分化，产生芽和根，或者形成胚状体，发育成苗或完整植株，这个过程称为形态建成。

（1）不定芽和根的发生。愈伤组织通过形成不定芽再生成植株，这是组织培养中常见的器官发生方式。

（2）体细胞胚的发生。组织培养中，由一个非合子细胞（体细胞），经过胚胎发生和胚胎发育过程（经过原胚、球形胚、心形胚、鱼雷胚和子叶胚 5 个时期），形成的具有双极性的胚状结构。胚状体的维管组织与外植体的维管组织无解剖结构上的联系，其维管组织的分布是独立的 Y 字形，而不定芽的维管组织无此现象。胚状体产生的数量比不定芽多；胚状体可以制成人工种子，便于运输和保存；胚状体的有性后代遗传性更接近母体植株。

（二）器官培养

器官培养包括离体的根、茎、叶、花器和果实的培养。以器官作为外植体进行离体培养，是植物组织培养中最主要的一个方面，进行的植物种类最多，应用的范围也最广。器官培养不仅是研究器官生长、营养代谢、生理生化、组织分化和形态建成的最好材料和方法，而且在生产实践上具有重要的应用价值，如利用茎、叶和花器培养建立的试管苗，可在短期内提高繁殖速率，进行名贵品种的快速繁殖；利用茎尖培养可得到脱毒试管苗，解决品种的退化问题，提高产量和质量；将植物器官作诱变处理，用器官培养可得到突变株，进行细胞突变育种。

1. 根的培养　离体根培养是进行根系生理和代谢研究的最优良的实验体系，因为根系生长快，代谢强，变异小，加上无菌，不受微生物的干扰，并能根据研究需要，改变培养的成分来研究其营养吸收、生长和代谢的变化。另一方面，由根细胞可再生成植株，不仅证明根细胞的全能性，而且也能产生无性繁殖系，用于生产实践。多为无机离子浓度低的 White 培养基，其他培养基如 MS 等也可采用，但必须将其浓度稀释到 2/3 或 1/2。培养条件为暗光和 25～27 ℃。

根段的离体培养也可以用来再生植株。第一步诱导形成愈伤组织。第二步在再分化培养基上诱导芽的分化、在愈伤组织上分化成小植株。

2. 茎段的培养与繁殖技术 茎段培养指不带芽和带一个以上定芽或不定芽的，包括块茎、球茎在内的幼茎切段的无菌培养。培养茎段的主要目的是快繁，其次也可探讨茎细胞的生理特点，以及进行育种上筛选突变体的过程。茎段培养用于快速繁殖的优点在于：培养技术简单易行，繁殖速度较快；芽生芽方式增殖的苗木质量好，且无病，性状均一；解决不能用种子繁殖的无性繁殖植物的快速繁殖问题等。

由于每个新梢仅一个顶芽，也可利用腋芽，茎上部的腋芽培养效果较好。还应注意尽量在生长期取芽，在休眠期取外植体，成活率降低。如苹果在 3～6 月取材的成活率为 60%，7～11 月下降到 10%，12 月至翌年 2 月均下降 10% 以下。

其最常用的基本培养基为 MS 培养基，加入 3% 蔗糖，用 0.7% 的琼脂固化。培养条件保持在 25 ℃ 左右，给予充分的光照。经培养后茎段的切口特别是基部切口上会长出愈伤组织，呈现稍许增大，而芽开始生长，有时会出现丛生芽，从而得到无菌苗。

在茎段培养中，促进腋芽增殖用 6-苄氨基腺嘌呤（6-BA）是最为有效的，依次为 Kt 和 Zt 等。生长素虽不能促进腋芽增殖，但可改善苗的生长。赤霉素（GA）对芽伸长有促进作用。继代扩繁是茎段培养的主要一步。这可由两种途径解决：一是促进腋芽的快速生长，二是诱导形成大量不定芽。第一种途径的好处是不会产生变异，能保持品种优良特性，且方法简便，可在各种植物上使用，每年从一个芽可增殖 10 万株以上。第二种途径会产生变异。继代增殖过程注意选用合适的培养基和生长调节剂。

生根培养的目的是使再生的大量试管苗形成根系，获得完整的植株。创造适于根的发生和生长的条件，主要是降低或除去细胞分裂素而加入生长素。由于在苗增殖时施用了较高浓度的细胞分裂素，并促使苗中保持着一定的量，因此，在生根培养中不需要加细胞分裂素。生长素的浓度，萘乙酸（NAA）一般为 0.1～1.0 mg/L，吲哚乙酸（IAA）和吲哚丁酸（IBA）可稍高。

试管苗的生根，对基本培养基的种类要求不严，如 MS、B_5、White 等培养基，都可用于诱导生根，但是其含盐浓度要适当加以稀释。前面的几种培养基中，除 White 外，都富含 N、P、K 盐，均抑制根的发生。因此，应将 N、P、K 盐降低到 1/2、1/3 或 1/4，甚至更低的水平。

生根培养时增强光照有利于发根，且对成功地移栽到盆钵中有良好作用。故在生根培养时应增加光照时间和光照强度，但强光直接照射根部，会抑制根的生长，所以在生根培养时最好在培养基中加 0.3% 活性炭，以促进生根。

3. 叶的培养 离体叶培养包括叶原基、叶柄、叶鞘、叶片、子叶在内的叶组织的无菌培养，其大多经脱分化形成愈伤组织，再由后者分化出茎和根。

叶是植物进行光合作用的自养器官，又是某些植物的繁殖器官，因此叶培养不仅可用于研究形态建成、光合作用、叶绿素形成等理论问题，也是繁殖稀有名贵品种的有效手段。在自然界，很多植物的叶都具有很强大的再生能力，能从叶片产生不定芽的植物，以羊齿植物最多，双子叶植物次之，单子叶植物最少。再生成植株的方式有两种：一种是直接诱导形成芽；另一种是先诱导形成愈伤组织，再经愈伤组织分化成植株。

一般同一叶片的栅栏组织较海绵组织处于更成熟的状态。在培养叶肉时因为海绵组织在分裂前就死亡，如果栅栏组织不发达就难以培养。把灭菌后的叶组织切成约 0.5 cm 见方小块或薄片（如叶柄和子叶），接种在 MS 或其他培养基上。培养基中附加 BA 1～3 mg/L、NAA 0.25 mg/L。叶接种后培养条件为每天 10～12 h 光照，光强 1 500～3 000 lx。培养 2～4 周，叶切块开始增厚肿大，进而形成愈伤组织。这时应转移到再分化培养基上进行分化培养，分化培养基的细胞分裂素含量约为 2 mg/L。约 10 d，愈伤组织开始转绿出现绿色芽点，它将发育成无根苗。若再将苗移至含 NAA 0.5～1 mg/L 的生根培养基上可诱导成根，从而发育形成完整植株。叶的培养比胚、茎尖和茎段培养难度大。首先要选用易培养成功的叶组织，如幼叶比成熟叶易培养，子叶比叶片易培养。其次要添加适当的生长素和细胞分裂素，保证利于叶组织的脱分化和再分化。

（三）胚培养

离体胚的培养对于北方果树具有重要的意义。

1. 离体胚培养的意义

（1）可以克服杂交育种当中胚的早期夭折。在杂交育种的过程中特别是高等植物种间或属间进行远缘杂交过程中，经常会出现花粉不能在异种植物上萌发或可以萌发但是不能够正常生长，或虽可以正常生长但是不能够伸入子房等不亲和的现象，还有的是由于胚乳发育不良或细胞融合产生物种间的不亲和导致杂种败育等，利用胚培养技术，可以在幼胚阶段通过胚的抢救技术使败育或没有发育完全的胚正常生长为一棵植株。

（2）可以克服种子的休眠。植物的种子在成熟以后，有的种子由于胚的发育不全或抑制物质的存在或是种皮的限制导致了胚休眠，利用胚培养技术，剥离出胚，给予一定的生长条件或是激素等其他处理克服其休眠及其他抑制种子生长的因素，使其快速生长。

（3）用于基础性研究，可以利用胚胎培养技术研究胚胎发育过程中胚发育的内外因子及其相关的代谢和生理生化方面的研究。

胚的发育主要有两种来源，有性来源的合子胚和无性来源的细胞胚或不定胚。Hanning 在 1904 年第一次使离体胚提前发育为小苗后，离体胚的培养在世界上便快速发展起来。

2. 离体胚培养　离体胚的培养主要有两种类型：一种是成熟胚的培养；另一种是幼胚的培养。

（1）成熟胚的培养。成熟胚的培养一般相对比较容易。首先成熟胚的剥离比较容易，一般只要剥开种子就可以很好地剥离；同时成熟胚自身已经贮藏了足够自己萌发和生长的养料，因此对成熟胚来讲，在简单的培养基上就可以培养。但要注意的是，不同果树种子的生理学特点不同，如休眠或后熟，导致胚无法正常发育。

（2）幼胚的培养。幼胚在胚珠中的生长是异养的，因此对幼胚培养必须向其提供足够的营养物质并给予其充分发育的条件，才可以培养成功。胚早期离体培养技术是应用最广泛、最方便、效果最好的培养方法，在柑橘、桃等果树上已经得到了广泛的应用。幼胚的培养指的是将胚从退化的子房或胚珠中剥离下来，或将包含退化胚的胚珠或子房整个进行培养，培养一段时间后再将胚剥离下来进行培养的一种技术。

①幼胚培养的取材时期很重要。不能在胚已经败育了再去进行幼胚的抢救。果树中胚一般是包裹在果实中的，在培养的时候直接对果实进行消毒，在无菌条件下对幼胚进行剥离，然后接种到适宜的培养基上进行培养。对种壳又厚又硬的果实来讲，也可以取出种子后进行消毒，再在无菌的条件下剥离幼胚进行培养。

幼胚是一种半透明、高黏稠状组织，剥离过程中极易失水干缩，所以剥离过程中一定要注意保湿，操作要迅速，保证在培养之前胚不至于失水过多而影响培养效率。由于胚柄积极参与了幼胚的发育，特别是球形期以前幼胚的培养，所以胚剥离时应带胚柄。幼胚剥离以后要立即接种到适宜的培养基上进行培养，经过一段时间的培养，幼胚或直接发育或通过愈伤组织途径发育为一棵小苗。

②幼胚培养的影响因素。幼胚的生长是异养的，所以相对自养的成熟胚培养来讲，其培养难度大得多，一般影响幼胚发育的因素有以下几种。

幼胚的发育时期。现在果树幼胚适宜的培养时期随着研究的不断深入和完善，就幼胚抢救成功和成苗率来讲，所利用组织的优劣次序是：活体内胚＞带胚座的胚珠＞胚珠＞退化和败育胚。早熟桃在进行幼胚抢救的时候，传统方法认为桃胚的发芽能力一般与其大小成正相关，即以种胚的长度与鲜重作为判断是否进行离体培养的指标。如小于 5 mm 的桃胚，成苗率只有 32％。但是最近研究发现，只要有合适的条件和优良的培养基，大于 1 mm 的桃幼胚成苗率都可以达到 100％。蒋春光的试验表明对金星无核葡萄最适宜的接种时期为花后 36～39 天，此时正是浆果开始软化和着色的前期。

培养基。幼胚早期的培养是一个异养过程，所以培养基的好坏对幼胚抢救成功是至关重要的。不同果树所适合的培养基是不一样的，柑橘、猕猴桃的幼胚培养一般以 MS、MT 作为基本培养基；桃、李属等核果类果树的幼胚培养主要以 Monnier、WP、C2d、SH 和 White 作为基本培养基；桃、葡萄用 Nitsch 培养基也可以获得满意的效果。所以对幼苗的培养要根据不同的果树、不同的品种选择合适的培养基，以期获得最好的培养效果。

糖在培养基中的作用是提供幼胚生长发育所需要的碳和维持培养基中一定的渗透压，其对幼胚的培养十分重要。一般认为初期阶段和胚珠培养当中，蔗糖的浓度应高些。桃的幼苗以及胚珠在 6%、10%、12%的培养基上生长迅速，但是在 2%的蔗糖浓度下却没有反应。

一般认为在幼胚培养时不需要添加外源激素。对培养基中使用激素的浓度和水平，不同的报道中也是不一样的。但是在诱导愈伤组织的过程中，或为了打破种子休眠，一般都要添加一定的激素。

生长条件。在幼胚培养中，温度的作用大于光，幼胚接种后在黑暗或弱光下培养，幼苗形成后再移到光下培养。多数植物的胚在 25～30 ℃发育良好。在早熟桃胚退化的过程中，18 ℃可以阻止其退化。pH 对幼胚的培养具有一定的影响，不同植物对 pH 的要求不同。

③幼胚离体培养的生长发育方式。

胚性发育。幼胚接种到培养基上以后，仍然按照在活体内的发育方式发育，最后形成成熟胚（有时甚至可能类似种子），然后再按种子萌发途径出苗形成完整植株，这种途径发育的幼胚一般一个幼胚将来就是一个植株。

早熟萌发。幼胚接种后，离体胚不继续胚性生长，而是在培养基上迅速萌发成幼苗，通常称之为早熟萌发。在多数情况下，一个幼胚萌发成一个植株，但有时会由于细胞分裂产生大量的胚性细胞，以后形成许多胚状体，从而可以形成许多植株，这种现象就是所谓的丛生胚现象。

愈伤组织途径。在多数情况下，幼胚在离体培养中首先发现细胞增殖，形成愈伤组织。由胚形成的愈伤组织大多为胚性愈伤组织，这种胚性愈伤组织很容易经过胚胎发生途径分化形成植株，但形成的愈伤组织存在其胚性经过长期继代丧失的现象。

二、无病毒苗培育

（一）培育无病毒苗的意义

1. 果树无病毒苗的概念 果树病害主要有真菌病害、细菌病害和病毒病害三大类，其中前两类病害的为害特点是局部致病，患病部位有病原菌，且症状明显，适时用药剂防治，能控制其危害蔓延；病毒病害则不同，果树一旦被病毒侵染，便全身带毒，终生致病，且无有效药剂能够彻底清除。果树病毒病害又分为非潜隐性病害和潜隐性病害，前者大多表现有典型症状，容易观察和识别，如苹果绿皱果病、苹果锈果病、苹果花叶病等；而潜隐性病害并不使患病植株表现明显症状，一般呈慢性为害。当砧木或接穗一方不耐病时，就会表现出症状，引起树体生长势急剧衰退，甚至导致全树死亡。

截至 2006 年，世界上苹果非潜隐性病毒病害有 13 种，我国发生的有 4 种；潜隐性病毒病害有 9 种，我国已明确鉴定的有 3 种。果树无病毒苗是一个相对概念，并不是绝对不带有任何病毒，只是不带有对当地果树生产危害大的几种病毒。如我国规定，凡不带有非潜隐性病毒，也不带苹果绿皱果病、苹果锈果病毒、苹果花叶病毒、苹果褪绿叶斑病毒、苹果茎痘病毒和苹果茎沟病毒的苹果树苗即为苹果无病毒苗。

2. 培育无病毒果树苗木的意义 果树病毒病恶化树体的生长发育，降低产量和果实品质，已成为影响果树生产的主要障碍，日益引起果树界关注。到目前为止，对已感染病毒病的果树尚无有效治愈方法，只能采取预防措施以控制蔓延。栽植无病毒苗木，建立无病毒苗木繁殖体系，是防止果树病毒病的主要途径和有效措施。

果树主要是通过嫁接、扦插、压条、分株及组织培养等无性繁殖方法培育苗木，果树病毒病主要是通过无性繁殖过程传染扩散。为避免病毒病危害果树，对容易由无性繁殖传播的病毒，应对繁殖材料提前检测，当确定不带病毒后，再进行育苗和销售。现已明确，大多数果树和砧木的种子不带病毒。苹果、梨的病毒主要通过嫁接、修剪等传播；其他果树病毒有的由线虫或花粉传播。

实践证明，培育无病毒果苗，建立无病毒果园，不但苗木生长健壮，而且树势良好，单位面积产量高，果实品质好，经济效益明显增加。我国从 20 世纪 70 年代开始，对苹果、柑橘、葡萄、草莓等主要果树，在病毒检测、脱除病毒、培育无病毒母本树以及建立无病毒苗木繁育体系和无病毒果园方面进展迅速，效果明显。

（二）无病毒苗的培育

无病毒苗是指经过脱毒处理和病毒检测，证明不带指定病毒的苗木。因此，建立无病毒苗木繁育体系、健全无病毒检疫检验制度、培育无病毒原种、防止果苗带毒和人为传播是防治和克服果树病毒病的根本措施和有效途径。

1. 无病毒苗繁育体系的建立　　无病毒苗繁育体系是经过国家或省（市、自治区）级主管部门审查核准，责成有关单位完成的不同层次、不同环节的繁殖任务，应有统一技术要求、共同完成无病毒苗木的繁殖。

无病毒苗繁育体系主要包括：无病毒原种培育、引进、保存和病毒检测，无病毒原种保存圃，无病毒品种采穗圃，无病毒砧木种子园，无病毒无性系砧木母本园和无病毒苗木繁殖圃等。

（1）无病毒原种保存圃。对所选无病毒原种，要保存在隔离的网室内，隔 1～2 年后还需再检测。另一部分可作试管保存。核果类的保存可以是种子或母本树，其他树种多是植株，每个品种保存 3 株即可。

（2）无病毒采穗圃（母本圃）。包括无病毒果树品种母本园、无病毒砧木种子园、无病毒无性系砧木繁殖圃。主要负责向各繁育无病毒果苗的苗圃提供确认无病毒的果树苗木、砧木和接穗。无病毒母本圃（采穗圃）可建立在田间有隔离的地块，或建立在 0.3 mm 孔径的网室内。每年用指示植物法或 ELISA 鉴定法轮回鉴定一次，以确保绝对无病毒。本圃可建在省级单位供全省用，个别地、市有条件时也可建立，但无鉴定条件时，应送省级部门做检验。在本圃的果树苗木、砧木和接穗中发现带毒者应立即拔除烧毁。

（3）无病毒苗木繁殖圃。由无病毒母本圃向其提供无病毒的实生和无性系砧木、栽培品种接穗。向果树生产单位提供无病毒果树苗木，但不得从无病毒果树苗木上采取接穗繁殖苗木。本圃应该经当地主管部门核准认定，并具有无病毒果苗生产许可证，由植物检疫部门签发无病毒苗木合格证。

2. 无病毒苗的培育方法

（1）热处理法。热处理要在适当的条件下进行，不能用过高的温度和过长的时间，以免植物致死。掌握适宜的温度、光照和处理时间，才能取得较好的效果。热处理法有以下两种。

① 温汤浸渍。将需脱毒的材料浸入 50～55 ℃ 水中 5～10 min，或在 35 ℃ 较低的水中浸泡若干小时，使一些对热敏感的病毒钝化。

② 高温空气处理。该处理在热处理箱内进行，对被病毒侵染的整株苗木进行处理。具体方法是：将砧木种子进行盆栽，实生苗长成后，将需处理的芽或枝条嫁接在砧木上，盆栽一年后在早春移放到人工气候室或大型恒温箱中，每天光照 16 h，光照度 3 000～5 000 lx，温度 37～38 ℃，相对湿度 45%～90%，开始处理时温度为 30～32 ℃，每隔 1 d 上升 1 ℃，直到 37 ℃，稳定处理 5～7 周后，剪下新梢上 1.5～2 cm 长的梢尖，微嫁接在健壮的砧木苗上。当年即可抽生新梢，下午再用指示植物法进行病毒鉴定，确认无病毒后，就可作为无病毒母本树。具体的处理温度、时间、方法及难易程度见表 5 - 1。

表 5-1 果实主要病毒热处理温度、时间及难易程度

病毒名称	处理温度（℃）	处理时间（d）	处理方法	难易程度
苹果花叶病毒	37.0	14~21	热空气	
苹果褪绿叶斑病毒	38.0	28	热空气	易
苹果茎痘病毒	38.0	42	热空气	较易
苹果茎沟槽病毒	38.0	70	热空气	难
葡萄扁叶病毒	35.0	21	热空气	
葡萄卷叶病毒	38.0	56	热空气	难
葡萄黄花叶病毒	38.0	56	热空气	
葡萄栓皮病毒	38.0	98	热空气	最难
草莓斑驳病毒	38.0	0.5 h	热空气	
草莓皱叶病毒	38.0	50	热空气	
桃坏死环斑病毒	38.0	17	热空气	易
桃矮缩病毒	38.0	17	热空气	易
桃绿环斑病毒	38.0	42	热空气	难

（2）茎尖培养脱毒法。作为脱毒所用的茎尖大小要适宜，一般为 0.1~0.2 mm，带有 1~2 片叶原基为好，超过 0.5 mm 时，脱毒效果差。果树茎尖培养适宜的培养基为 MS，同时添加一定比例的细胞分裂素和生长素。植物材料经过预处理，如热水或热空气处理、低温处理、药物（硫脲）处理等，使茎尖的病毒钝化或数量减少，然后再切取茎尖培养，均可大大提高脱毒效率。一些病毒，尤其是类病毒，在一次茎尖培养时不能有效地被脱除，还须经过多次反复的预处理和茎尖培养才能被脱除。

（3）其他组织培养脱毒法。包括原生质体培养、细胞培养、花粉培养、胚培养、分生组织培养、顶端组织培养和愈伤组织培养等，均可脱除病毒。一般是通过植物各部位器官和组织的培养去分化，诱导产生愈伤组织；然后从愈伤组织再分化产生芽，长成小植株，可得到无病毒苗，该方法运用在草莓上已获得成功。这说明病毒颗粒会在愈伤组织的培养过程中逐渐消失。

（4）热处理结合茎尖培养脱毒法。热处理脱毒效率较低，有些病毒很难用单一的热处理脱毒，因此，采用热处理和茎尖培养相结合的方法脱除病毒，是一种较为理想的脱毒方法。

（5）茎尖微体嫁接脱毒法。以当地优良砧木的实生苗作砧木。种子经低温层积处理后，再消毒，去种皮后将胚接种到培养基（含有 MS 无机盐和 0.7% 琼脂）上，在 25℃ 黑暗条件下培养 15 d，去掉上胚轴和子叶。去顶幼苗移至液体培养基（含 MS 无机盐和 3% 蔗糖）的平底试管中，内有一个滤纸桥，中间有小孔，砧木幼苗胚轴穿过小孔使其固定。接穗品种可用试管培养的新梢，或从田间取无菌茎尖作材料，以液体培养基湿润接穗，然后与砧木胚轴的维管束部位连接，1 周后接穗部位产生愈伤组织，6 周后接穗产生 4~6 片叶时，就可往外移栽。

嫁接时茎尖大小为 0.2~0.3 mm，即带 2~3 个叶原基为好，既可除去病毒，又有较高成活率。如从田间取材，嫁接适宜时期是 5 月，成活率 70%；采用试管内的材料作接穗，则不论季节，成活率可达 60%，最高可达 90% 以上。

（6）化学治疗脱毒法。在茎尖组织培养和原生质体培养中，在培养基内加入抗病毒醚，能有效抑制病毒复制。抗病毒醚是对脱氧核糖或核糖核酸具有广谱作用的人工合成核苷物质（又称病毒唑）。目前，已报道的植物病毒抑制剂除抗病毒醚（1-B-D-呋喃核糖基-1,2,4 三氯唑-3-羧基酰胺）以外，还有一些脲嘌呤或脲嘧啶类物质，以及细胞分裂素或植物生长素类物质。化学杀毒剂的应用效果

因病毒种类而不同，用此法不可能脱除所有病毒。试验证明，将 12.5 mg/L 的抗病毒醚加入培养基 80 d（40 d 继代一次），可脱除苹果茎沟槽病毒和苹果褪绿叶斑病毒，但对其他病毒无效。因此，需要继续开发抗病毒的多种药剂。

3. 果树病毒病的检测方法

（1）田间症状鉴定法。果树的显性病毒病有明显症状，可直接在田间进行观察。如苹果绿皱果病毒表现为病株的幼果表面出现水渍状斑块，逐渐发展为凹凸不平的畸形果，病部果皮逐渐木栓化；苹果锈果类病毒其锈果型的表现为先从顶部出现淡绿色水渍状斑块，最后向果梗扩展成木栓化锈斑与纵纹等。

（2）指示植物检测法。果树可采用木本指示植物检测法检测病毒。如苹果褪绿叶斑病毒、苹果茎痘病毒、苹果茎沟槽病毒均可采用木本指示植物检测法检测。

（3）血清学检测法——酶联免疫吸附法（ELISA）。该检测法采用 A 蛋白酶联免疫吸附法（PAS-ELISA）进行检测，凡能制备出抗血清的果树病毒均采用此法进行检测。

ELISA 检测时取样部位和时期因病毒种类不同而异，如检测桃坏死环斑病毒、桃矮缩病毒和苹果褪绿叶斑病毒，可用嫩叶、新梢、一年生枝皮，全年均可检测。但在夏季高温时，检测苹果褪绿叶斑病毒和桃矮缩病毒的灵敏度有下降趋势，特别是苹果褪绿叶斑病毒，当气温在 30 ℃ 以上时，往往检测不出来。待检样品的稀释倍数通常为 5～20 倍，抗体 1 000～2 000 倍，酶标抗体 500～2 000 倍。因取样时期或病毒种类不同，应注意摸索最适宜的稀释倍数。

（三）无病毒苗的保存

经过热处理或茎尖培养获得的无病毒植株，虽然已经脱毒，但也会再次感染。因此，作为无病毒苗木的种源母株，还必须想法长期保持无毒状态。保存无病毒苗木的原种母树有两方面的工作，即隔离和系统鉴定。

隔离的目的是为了避免母株材料重新感染病毒，隔离的方法是把种源母树的地块和繁殖母体的地块设法分开，最好种植在用防虫网保护的网室或专门的温室里，以防止媒介昆虫带毒传染，并且种源母树的地块要远离有病毒潜伏的果园 2 km 以上，移植的土壤要用 50 倍的甲醛水溶液或其他杀菌农药消毒，防止线虫和真菌孢子传毒。无病毒苗木或植株要进行繁殖时，所用的砧木也必须是无毒个体，而且嫁接所用的工具必须用甲醛水溶液、肥皂水或洗衣粉水进行严格的消毒。

对种源母树应定期进行系统鉴定，观察有无重新感染病毒。一般每隔 3～4 年检测 1 次，并观察其品种特性有无变化。如发现有病毒植株即行销毁。

（四）无病毒果苗的标志、包装、运输和保管

1. 标志　由病毒检测管理机构检测监制签发果苗无病毒苗木合格证标签。无病毒苗木合格证标签规格见相关国家标准，如苹果见 GB/T 12943—2007。每株无病毒苗木都要挂上标签。

2. 包装　无病毒苗木需按品种和苗木种类（实生砧嫁接苗、矮砧嫁接苗、矮化中间砧苗、自根苗）分别包装。包装内外都要挂牌标记，注明品种、苗木种类、数量及产地名称。

3. 运输　运输与普通苗木相同。

4. 保管　无病毒苗木要与普通苗木隔离存放。无病毒苗木要有专人负责保管，以防丢失和调换，并要有详细的进出记录，以备核查。

第六节　矮化砧木苗培育

矮化果树主要是指靠矮化砧木的影响，使普通长枝型的品种树冠变矮。目前，苹果的矮化砧木类型较多，有 M26、M9、MM106 和 SH 系，其中 M26 应用最为普遍，占矮砧苹果面积的 95.72%；其次是 M9、MM106 和 SH 系，分别占矮砧苹果面积的 1.71%、1.37% 和 1.21%（路超，2012）。梨树过去多用榅桲做矮化砧，近些年培育获得了一些梨树矮化中间砧，其中矮化程度以 PDR54 最高，K30、K11、S5 次之；早果性 K30 最好，PDR54、K11、S5 次之；K30、K11、S5 矮化程度中等，适于做梨的矮化中间砧，且特别适合盆栽；S2、S3 和 PDR54 中间砧早酥梨树表现了良好的早期丰产性和矮化性能，在我国梨树生产中得以广泛的推广应用（沙守峰，2009）。甜樱桃矮化砧木吉塞拉 5 号、吉塞拉 6 号及 Y1 具有矮化、早实、丰产、抗逆、适应范围广、固地性能好等优点，深受广大种植户的喜爱（刘庆忠，2011）。

一、矮化砧木的主要优点

矮化砧木的主要优点：①树体小，树体比一般乔砧树小 1/3～2/3，适于密植栽培。②结果早，单位面积产量高，定植后 2～3 年结果，萌芽率高，短枝多，结果早，能迅速丰产。如 SH3 嫁接红富士苹果后产量比乔砧提高 53％，可溶性固形物含量提高 1％左右，而嫁接红星后产量比乔砧提高 24％，可溶性固形物含量则提高 3％ 左右（鄢新民，2012）。③果实品质好、着色好，含糖量高。④管理方便，因树冠矮小，修剪、采收等管理方便省工。因此，矮化砧苗木越来越受到栽培者重视。

二、矮化砧的类型

对矮化砧的分类，国内常常与现有乔砧类型树的高度和树体大小做比较。达乔砧树高 2/3 左右的为半矮化砧，苹果以 M7、MM106 为代表；达乔砧树高的 1/2 的为矮化砧，以 M9、M26 为代表（马宝焜，2010）。以苹果为例，简述矮化砧类型。

（一）矮化砧

1. M9 矮化性强，嫁接幼树结果早，丰产，但树体生长易弱，根系浅，固地性差，压条生根较困难，抗旱性差，嫁接成活率低，有大脚现象。适作中间砧用。

2. M26 矮化性、早果性同 M9，但植株生长健壮枝条粗壮。容易繁殖，压条生根好，繁殖系数高，嫁接亲和力强作自根砧和中间砧均可，是目前世界上应用最广泛的矮砧。

3. 崂山柰子 为我国原产的无性系矮砧资源，其矮化、早果性与 M9 近似，嫁接亲和力强，砧穗生长粗度一致，可压条繁殖，但生根量较少。可作自根砧和中间砧使用。

（二）半矮化砧

1. M2 矮化性中等，与苹果嫁接亲和力强。压条易生根。较抗旱，耐瘠薄，固地性强，但抗寒性差。可作自根砧和中间砧。

2. M7 矮化性与 M2 相近。嫁接亲和力强。压条易生根，繁殖系数高。适应性较强，较抗寒、耐旱，但易生根头癌肿病，不耐涝。在黄河故道和辽宁省表现较好。适作自根砧和中间砧。

3. MM106 矮化性中等。偏旺，嫁接亲和力强。压条易生根，繁殖系数高，可扦插繁殖，对土壤适应性强，较抗寒。嫁接富士苹果表现较好。适作根砧和中间砧。

三、矮化砧苗木的繁育方法

近年采用矮化中间砧方法育苗越来越多。矮化砧育苗方法如下。

（一）矮化砧母本园的建立

1. 矮化砧母本园的条件 母本园要求地势高而平坦，雨季不积水，以肥沃保肥保水强的沙质土壤为好。要多施有机肥，有灌水条件，保证长期供给养分、水分。加强田间管理，使土壤疏松，增加土壤中的空气含量。

2. 整地与施肥 栽植前要深耕，并施足基肥。每公顷用圈肥量 60～75 t。翻耕后耙平作畦，畦面宽以 1.5 m 为宜。

3. 栽植　按整好的畦面，1 m×1.5 m一株，穴植，每公顷栽6 660株。也可以丛植，每穴3株或4株。这样枝条多，苗量大，既可剪条扦插，又可就地压条繁殖。栽植时间，春栽和秋栽均可。以用自根苗为好，栽植时可比原苗圃地稍深3～4 cm，发出的根蘖也是矮砧。踏实后整平畦面，浇足水，确保苗木成活和生长良好。

（二）矮化砧苗木的繁殖方法

培育矮化自根砧苗最普通的方法是压条培土促使生根，然后分株成独立苗木；还有扦插生根育苗及组织培养的方法。

1. 压条法

（1）直立压条法。这是一种最简单的压条方法。具体操作：在春季发芽前把母株枝条离地面15 cm以上剪去，萌芽后新梢长到15 cm时，基部培土5 cm。等新梢长成30 cm左右时，再培土高10～15 cm。由于雨水冲刷，苗高50 cm左右时，可第三次培土，埋高25 cm左右。若新梢生长弱培土可浅些。直立压条法出苗量低，由于土堆高出地面，中耕及雨水冲刷等土堆易下塌，同时土堆常易干旱缺水，生根差，所以需经常浇水，否则生根量少。

（2）水平压条法。春季萌芽前，把一年生枝条压倒，埋于沟底。压条后暂不埋土，待各节位萌芽新梢长到15 cm左右时，再把压倒的枝条和新梢茎部埋住，埋土深4～5 cm。埋土后浇水，使枝条与土密接，易于生根。如果在压条时，对压条各节采用刻芽措施，萌芽效果更好。水平压条法费工多，但出苗量大，根系好。水平压条抽枝量大，需多追肥，勤浇水，以保证苗木生长的需要。刚定植2～3年后采用水平压条效果较好。

2. 扦插生根法　矮化砧易于生根，扦插可以充分利用春季剪砧剪下的矮砧枝条、压条没生根枝条以及断根枝条。将枝条剪成长20～25 cm的枝段，按25 cm×15 cm的行、株距插入育苗畦中，可培养矮砧自根苗。

插条的剪取以秋剪为好，冬季贮藏于0～5 ℃的沙培窖内，剪口可产生愈伤组织，第2年春扦插后生根效果好。扦插时注意不要插得太浅，插条顶部可与地面平或略高。插后浇水，覆盖层薄草保湿，待萌芽后把草除去但仍应保持畦面湿润。当年可长成好的自根矮砧苗，秋季可嫁接。如果在秋季对矮砧枝条按20～25 cm的距离分段嫁接苹果品种芽，秋末分段剪下保存，第2年扦插，可当年形成良好的矮砧苹果苗木。但要加强管理，注意抹芽、增施肥水等。

（三）矮化中间砧苗木的培育

矮化砧可使树体矮小，适当密植，结果早，产量高，果实品质好。但是矮化砧木自根苗木繁殖系数低，时间长，不能适应生产发展的需要。同时矮砧根系不发达，固地性差，易受风害，较难适应果树生产要求。因此，近年采取了矮化中间砧的形式育苗，提高了矮化砧苗木的繁育速度。

矮化中间砧苗木是由基砧、矮化中间砧和品种苗3部分组成。苹果基砧多用海棠作砧木，各地可以选用适应当地土质、气候条件的砧木。基砧上接15～20 cm的矮化砧枝段，顶端嫁接苹果品种苗。从生产实践中看到，矮化中间砧苗木不仅具备了矮化自根砧的结果早、产量高、品质好、管理方便的优点，而且还克服了矮化自根砧根系差的缺点，可以充分利用各地资源丰富的砧木资源，加速繁殖，对促进苹果的矮化密植栽培增加了有利条件。矮化中间砧苗木繁殖有以下3种方法：

1. 单芽接法　当年秋季在普通海棠砧上嫁接上矮化砧芽，第二年春天剪砧，使矮砧芽萌芽抽条，秋季再在矮砧下部20 cm处嫁接苹果品种芽，第二年春剪砧，秋季可长成矮化中间砧苗木。

2. 枝、芽接结合法　秋季在矮化砧枝条上，每隔15～20 cm芽接上苹果品种芽，第二年春天将其带接芽的枝段剪下，采用舌接或劈接等办法接到海棠砧木上，秋季可长成矮化中间砧果苗。

3. 二重砧嫁接法　这种接法是先把苹果品种接穗嫁接在矮化砧枝段上端。矮砧可用上年芽接剪砧剪下的枝条，长度20～25 cm（可以在春季室内嫁接），一端再接到普通海棠砧木上，这样当年即可长成矮化中间砧果苗。其嫁接方法可用舌接、劈接、插皮舌接等。

　　矮化砧木的韧皮部较普通品种和普通砧木的韧皮部厚些，嫁接时要特别注意形成层对齐的问题，否则将影响嫁接成活率。

四、矮化砧苗木的管理

　　矮化砧苗木管理与乔砧大体相同。所不同的是矮砧母树园长期固定育苗，所以要加强肥水管理，每年要深刨，使土壤疏松，同时要多增加有机质肥料，使母树生长旺盛，萌芽健壮的枝条；生长季节要多次追肥，在萌芽期、新梢旺长期追氮肥和复合肥 3～4 次，追肥后浇水，保持土壤湿润，结合喷药保叶增施氮肥作根外追肥，使叶片肥厚、光合作用强，促进根系生长和枝条充实。另外，中耕除草时，对压条要特别注意培土，对过密的枝芽可适当疏除，保证苗木和枝条健壮充实，培育优质壮苗。

第六章　果树土肥水管理

概　述

果园土肥水管理是果树生产的基本环节，是果树高产、优质、高效的基础。科学的果园土肥水管理可维持和提高土壤肥力，促进果树生长发育，提高果实产量和品质，并有效地控制水土流失，降低成本，提高效益。

在果树栽培中，确定果树施肥方案时，必须对树体的营养状况进行诊断，同时分析土壤的养分状况。在果园土壤施肥管理方面要掌握果树树种、品种及其对营养成分的需求，了解树龄、栽植方式及果树的长势和结实情况；了解土壤一般的理化性质和果园土壤的养分供应能力、果园地表管理方式、果园施肥及有机物利用情况及土壤的养分供给能力，掌握适宜的肥料形态、施肥量和施肥时期。

水是果树的重要组成部分，果树的叶、枝、根部含水量约50%，而鲜果含水则高达80%～90%。果树在年生长发育中，如缺水则影响新梢的生长、果实的增大和产量的提高，甚至裂果、落果。水还是果树生命活动的重要原料，有调节树体体温的作用，是调节果树生育环境的重要因素。

果园排水是防止果园积水成涝的一项重要措施，在降雨较多的区域，过多的降雨会导致果园积水。排水不良，根呼吸受到抑制，严重地影响果树地下部和地上部的生长发育。我国北方果产区大部分雨量集中在7～8月，此时果树需水不多，水分过多反而促使徒长，延迟休眠，甚至发生涝害，必须及时排水。

总之，果园土肥水管理是果树生产中一项综合性的系统工程，土壤管理、施肥、灌排水要密切配合，以求得更高的效益。

第一节　土壤管理

一、果园土壤改良

我国果树广泛栽种于山地、丘陵、沙砾、滩地、平原、海涂及内陆盐碱地。这些果园中相当一部分土层瘠薄，结构不良，有机质含量低，偏酸或偏碱，不利于果树的生长与结果。因此，改变土壤的理化性状，才能使土壤中的水、肥、气、热条件得以协调，从而提高土壤肥力。果园土壤改良，主要包括深翻熟化、增施有机肥和翻压绿肥以及掺土、掺沙等措施。

（一）深翻熟化

1. 深翻对土壤和果树的作用　深翻主要是疏松土壤，特别是对坚实的底层土壤，增加其通透性，并施以有机质肥料，以促进土壤团粒结构的形成，可显著提高土壤的熟化程度和肥力，有利于微生物的活动，增加土壤营养成分（表6-1）。

表 6-1　老柑橘园深翻改土后土壤营养成分的变化

处　理	有机质（%）	全氮（%）	全磷（%）	全钾（%）
改土前	0.57～1.48	0.037～0.070	0.025～0.060	0.3～0.5
改土后	1.35～1.80	0.074～0.094	0.149～0.220	0.9～1.3

果园深翻可加深土壤耕作层，为根系生长创造条件，促使根系向纵深伸展，根量及分布深度均显著增加（表 6-2）。深翻促进根系生长，是因深翻后土壤中水、肥、气、热得到改善所致，增强抗旱、抗寒能力，使树体健壮、新梢长、叶色浓，从而提高果树的产量和品质（表 6-3）。中国农业科学院果树研究所秋白梨园深翻试验说明，深翻园梨果体积大（平均 61.6 cm³，未深翻的仅44.6 cm³），比未深翻园增产 38.1%。因此，深翻结合重施有机质肥是果园低产变高产的有效途径。

表 6-2　深翻对苹果（国光）根量和深度的影响

处　理	全根量（条）	吸收根		每平方米根系含量（条）	根系最深度（cm）	80%根分布层（cm）
		数量（条）	占全根比（%）			
深翻	654	586	89.7	1 558.6	70	10～60
未熟化	230	200	86.0	754	50	0～40

注：用壕沟法观察。

表 6-3　深翻对桃树生长和叶片养分含量的影响

处　理	生长量和叶片养分含量					
	树体生长量（g）	地下部重（g）	地上部重（g）	10 月 1 日叶分析（%）		
				N	P₂O₅	K₂O
深翻施堆肥区	141.7	59.5	82.2	2.74	0.73	3.67
深翻区	91.6	44.2	47.4	2.52	0.53	2.77
未深翻区	61.9	29.1	28.8	2.46	0.96	1.57

2. 深翻时期　实践证明，果园土壤深翻在一年四季均可进行，但通常以秋季深翻的效果最好。春、夏季深翻可以促发新枝，但可能会影响到地上部的生长发育。

（1）秋季深翻。由于地上部生长已趋于缓慢，果实多以采收，养分开始回流，因而对树体生长影响不大。而且，由于秋季正值根系生长的第三次高峰，伤根易于愈合，促发新根的效果也比较明显。秋季深翻一般在果实采收后结合秋施基肥进行。而且，深翻后如结合灌水，可使土壤颗粒与根系迅速密接，有利根系生长。因此秋季是果园深翻较好的时期。但在秋季少雨的地区，如果灌溉困难，也可考虑在其他时期进行。

（2）春季深翻。应在萌芽前进行，此时地上部尚处于休眠期，根系刚开始活动，生长较缓慢，但伤根后容易愈合和再生。从土壤水分季节变化规律看，春季土壤解冻后，土壤水分向上移动。土质疏松，操作省工。北方多春旱，翻后需及时灌水。早春多风地区，蒸发量大，深翻过程中应及时覆盖根系，免受旱害。风大干旱缺水和寒冷地区，不宜春翻。

（3）冬季深翻。入冬后至土壤结冻前进行，操作时间较长，但要及时盖土以免冻根。如墒情不好，应及时灌水，使土壤下沉，防止露风冻根。如冬季少雪，下一年春应及早春灌，北方寒冷地区通常不进行冬翻。

（4）夏季深翻。最好在新梢停长或根系前期生长高峰过后，北方雨季来临前后进行。深翻后，降雨可使土壤颗粒与根系密接。雨后深翻，可减少灌水，土壤松软，操作省工。但夏季深翻如果伤根多，易引起落果，故结果多的大树不宜在夏季深翻。

总之，果园深翻除北方寒冷、干旱缺水地区外，四季均可进行。翻后各有不同程度的良好效果，但深翻时期，应根据树龄、劳力、土壤、气候情况以及有无灌水条件等灵活运用。最好在春季和秋季根系旺盛生长之前进行，因此时温度适中、雨水较多，断根后伤口愈合快，7～15 d 就可长出新根。

3. 深翻的深度　深翻的深度应略深于果树主要根系分布层，并结合地势、土壤性质而定。在土层浅、土质差的果园，因根系生长受到土壤状况的限制，深翻的深度一般要求达到 80～100 cm。若为土质好或平地沙质土壤，且土层深厚，则可适当浅些。矮砧根系分布较浅，深翻深度应不少于60 cm。乔砧根系分布深，深翻应达到 80 cm。

4. 深翻改土方法

（1）扩穴。又称放树窝子。幼树定植后根据根系伸展情况，结合施基肥，每年或隔年按树冠大小，逐年向定植穴外扩穴，深度视果树栽培特点和土壤情况，一般 60～100 cm 不等。适合劳力较少的果园。

（2）隔行深翻。在行株间进行，初结果树根系接近布满全园，隔一行翻一行，逐年轮翻，这样每次只伤一面的侧根，对果树生长结果影响较小。平地果园可利用机械配合，山地果园可结合水土保持工程完成。

（3）全园深翻。将定植穴以外的土壤一次深翻完毕，这种方法需要劳力及肥料较多，但翻耕后便于平整土地，有利果园耕作，最好在建园定植前进行。幼年果园根系未到处可以深些，成年果园根系布满全园，则应浅些。

（4）爆破改土。在紫色基岩地，土层浅，下层母岩坚硬，可采用爆破改土。

总之，应根据果园具体情况灵活运用不同深翻方式。一般小树根量较少，一次深翻伤根不多，对树体影响不大，成年树根系已布满全园，以采用隔行深翻为宜。深翻要结合灌水，也要注意排水。山地果园应根据坡度及面积大小而定，以便于操作，有利于果树生长为原则。

（二）掺土与掺沙

掺土与掺沙是针对山地果园因雨水冲刷而造成的根系裸露、土壤太少或土壤粘重的园地而采取的措施，对加厚土层，增加土壤保水保肥能力有明显作用。掺土的方法是把土块均匀分布全园，经晾晒打碎，通过耕作把所掺的土与原来的土壤逐步混合起来。

掺土量视植株的大小、土源、劳力等条件而定。但一次培土不宜太厚，以免使根系呼吸困难，从而影响果树生长和发育，造成根颈腐烂，树势衰弱。山地成龄果园培土，要先刨地松土后再掺土，一般掺土深度 10 cm 左右，最厚不能超过 15 cm。果园掺土具有增厚土层、保护根系、增加营养、提高产量、改良土壤结构等作用。

果园掺土是一个经常性的工作，但大多数是结合冬季清理背沟、沉沙函等进行。掺土可用沉沙、塘泥、河泥等。

（三）增施有机肥

生产上常用的有机肥有厩肥、堆肥、禽粪、鱼肥、饼肥、人粪尿、土杂肥绿肥以及城市中的垃圾等。有机肥料除含主要元素外，还含有微量元素和许多生理活性物质，包括激素、维生素、氨基酸、葡萄糖、DNA、RNA、酶等，故称完全肥料。多数有机肥需要通过微生物的分解释放才能被果树根系所吸收，故也称迟效性肥料，多作基肥使用。

有机肥分解缓慢，所以在整个生长期间，可以持续不断发挥肥效，使土壤溶液浓度没有忽高忽低的急剧变化，特别是在大雨和灌水后不会发生流失，还可缓和施用化肥后引起的土壤板结、元素流失或使磷、钾变为不可给态等的不良反应。

施用有机肥不仅能供给植物所需要的营养元素和某些生理活性物质，还能增加土壤的腐殖质，改良沙土，增加土壤的孔隙度，改良黏土的结构，提高土壤保水保肥能力，缓冲土壤的酸碱度，从而改善土壤的水、肥、气、热状况。一般按"斤*果斤肥"的原则进行施用有机肥，最好保持土壤的有机质达到 1.0％以上。

（四）果园绿肥

果园套种绿肥是增加土壤有机质，改良土壤结构，提高肥力，减少冲刷，经济有效的土壤改良办法，特别是对边远山区果园有重大意义。绿肥作物除具间作物条件外，还须生长迅速、枝叶繁茂、耐阴、翻入土中后易腐烂且分解肥力强。常用的绿肥作物有大豆、绿豆、豌豆、苜蓿、草木樨、荞麦、油菜、紫云英、沙打旺等。播种期可依地区特点确定，主要考虑的条件是不与果树竞争水分和养分，且翻耕时正是株丛发育最旺盛，合乎果树需要的季节。由于种植绿肥作物旨在获得大量的绿色体，因此应加大播种量 1～2 倍。翻耕时期一般以初花期或盛花期为宜，也应注意轮作，生长前期适当施肥。

（五）排盐碱

盐碱地可溶性盐碱较高，不适于果树生长，因此在盐碱地上发展果树，一切措施要从排盐碱着手。果园内要修建排水系统，即在果园顺行间，每隔 20～40 m 挖一道排水沟，沟深 1 m，上宽 1.5 m，底宽 0.5～1 m。同时还要深耕施入有机肥。采取地面覆盖麦秸、玉米秸、杂草等措施，减少水分蒸发，有利于防止盐碱上升地面。

（六）应用土壤结构改良剂

土壤结构改良剂分为有机土壤结构改良剂、无机土壤结构改良剂及无机-有机土壤结构改良剂。有机土壤结构改良剂是从泥炭、褐煤及垃圾中提取的高分子化合物；无机土壤结构改良剂有硅酸钠及沸石等；有机-无机土壤结构改良剂有二氧化硅有机化合物等。上述物质可改良土壤理化性质及生物学活性，可保护根层，防止水土流失，提高土壤透水性，减少地面径流。固定流沙，加固渠壁，防止渗漏，调节土壤酸碱度等。近年来有不少国家已开始运用土壤结构改良剂，提高土壤肥力，使沙漠变良田。

二、幼年果树土壤管理制度

1. 中耕除草 生长季节对树盘进行浅耕松土，可改善土壤通气状况，减少下层土壤水分蒸发，促进土壤微生物活动，提高土壤肥力。同时锄去杂草，减少养分、水分消耗。南方春夏季多雨，表土容易板结多在雨后土壤稍干时进行。中耕除草次数可根据气候、杂草情况而定，一般全年要进行 4～8 次，中耕一般不宜过多，以免破坏土壤结构，造成土壤冲刷、养分丧失。

2. 幼树树盘管理 幼树树盘即树冠投影范围。树盘内的土壤可以采用清耕或清耕覆盖法管理。耕作深度以不伤根系为限。有条件的地区，也可用各种有机物覆盖树盘。覆盖物的厚度，一般在 10 cm 左右。如用厩肥、稻草或泥炭覆盖还可薄一些。为了降低地温，在夏季给果树树盘覆盖，效果较好。沙滩地树盘培土，既能保墒又能改良土壤结构。减少根颈冻害。

3. 果园间作 幼年果园空地较多，可依具体情况加以利用。果园间作可形成生物群体，充分利用光能，改善微域气候和土壤条件，提高土地利用率，有利于果树生长发育，并可提高果园收入。但种植间作物也有一定缺点，例如易发生与果树争夺肥水和阳光的问题。须注意间作物种类选择，种植方法得当，扬长避短。适宜的间作物应具备的条件是：

（1）生长期短、适应性强、吸收养分和水分较少，大量需肥水期与果树不同。

（2）植株较矮小，对果树光照影响不大。北方没有灌溉条件的果园，种植耗水量多的宽叶作物（如大豆）可适当推迟播种期。

（3）与果树没有共同的病虫害，比较耐阴和收获较早等。

（4）最好能提高土壤肥力。

---

* 斤为非法定计量单位，1斤＝0.5千克。——编者注

（5）有较高的经济价值。中国果园中常种的间作物有豆类（大豆、绿豆、蚕豆等）、薯类（甘薯、马铃薯等）、花生、棉花、谷类（谷子、荞麦等）、蔬菜（韭菜、胡萝卜、葱、蒜等）、绿肥作物（苜蓿、豌豆等）等。不可种植秋季大量需肥水的作物，以免延迟果树生长，不利越冬。

间作物要与果树保持一定距离，通常以树冠外围为限，并要进行合理轮作、加强管理，以减轻对果树的影响。

三、成年果园土壤管理制度

（一）清耕制

清耕制是我国果园的传统土壤管理方法。即园内不种作物，经常中耕除草，进行耕作，特别是有早春刨园和夏季刨园的习惯，使土壤保持疏松和无杂草状态。早春刨园有利于提高地温，促进下层冻土的解冻，并有减少水分蒸发的功效。夏季刨园则与春季刨园不同，夏季刨园多在雨季，杂草丛生，刨园既可消除杂草，又可散失土壤中多余的水分，改善土壤通气状况、果园通风和光照条件，应列为果园常规作业项目。

清耕法一般在秋季深耕，春季进行多次中耕，使土壤保持疏松通气，促进微生物繁殖和有机物分解，短期内可显著地增加土壤有机态氮素。耕锄松土，能起到除草、保肥、保水作用。但长期采用清耕法，土壤有机质迅速减少，还会使土壤结构受到破坏，影响果树的生长发育。

（二）生草制

生草制是国外采用较多的一种土壤管理制度，在土壤水分较好的果园可以采用。即在果树行间种植多年生牧草、豆科绿肥或野生杂草，不耕翻，定期刈割，割下的草就地腐烂或覆盖树盘。应选择优良草种，关键时期补充肥水。在缺乏有机质、土壤较深厚、水土易流失的果园，生草法是较好的土壤管理方法。

生草后土壤不进行耕锄，土壤管理较省工，可减少土壤冲刷，遗留在土壤中的草根，增加了土壤有机质，改善土壤理化性状，使土壤能保持良好的团粒结构。

生草还能防止水土流失，防止夏季温度过高，冬季温度过低对果树的不利影响，还能吸收过多的水分和养分等。据测定，生草地比裸露地的地表径流减少40%～60%，土壤冲刷量减少30%～90%。据 B. B. Pyob 报道，果园短期生草（半年或两年半）果实变小，含糖量比休闲果园高 1.16%～1.03%，酸量少 0.28%～0.61%，果实成熟早，色泽好。

生草之弊在于与果树争水争肥，可加强管理，适期刈割和施肥、灌水等，以缓冲其矛盾。据报道种多年生牧草或长期种覆盖作物是增加土壤有机质的有效方法。果园采用生草法管理，可通过调节割草周期和增施 5～10 kg 硫酸铵，并酌情灌水，则可减轻与果树争肥争水的弊病。有研究证实，经常割草，可使禾本科草类根系显著变浅，利用表层水分，经过 13 年生草试验证明，果树生长发育正常，产量提高，采前落果减少，果实着色美观。

但长期生草的果园易使表层土板结，影响通气；草根系强大，且其在土壤上层分布密度大，截取下渗水分，消耗表土层氮素，因而导致果树根系上浮，与果树争夺水肥的矛盾增加，因此要加以控制。

（三）覆盖制

即在树冠下或稍远处覆以杂草秸秆、沙砾、淤泥或地膜等，不同果园应根据土质情况就地取材。日本、美国等应用此法已久。国内广东、山东、辽宁都在推广。

果园以覆草最为普遍，覆草厚度 5～10 cm，覆后逐年腐烂减少，要不断补充新草。

覆盖能防止水土流失，抑制杂草生长，减少蒸发，防止返碱，积雪保墒，调节土壤温度，覆草更能提高土壤肥力，并能防止磷、钾和镁等被土壤固定而成无效态，对团粒形成有显著效果，还能节省劳力和肥料费用。因而有利于果树的吸收和生长，但覆盖易使树根向上，同时还给病虫害防治带来麻烦，所以要连年覆盖不间断并加强病虫害防治。据美国报道，覆盖层下 5～10 cm 土壤有机质含量比生草高 1%，比清耕高 3%；覆盖 5 年土壤含水量比清耕多 70%。

（四）免耕制

免耕制也称为最少耕作法。即不耕耘，主要用除草剂清除杂草。有全园免耕、行间免耕、行间除草株间免耕 3 种形式。这种方法由于不搅动土壤，具有利于水分渗透和积累，能够保氮，保持土壤自然结构，由于作物根系伸入土壤表层以及土壤生物的活动，可逐步改善土壤结构，随土壤容量的增加，非毛细管孔隙减少，但土壤中可形成比较连续而持久的孔隙网，所以通气较耕作土壤为好。且土壤动物孔道不被破坏，水分渗透常有所改善，土壤保水力也好，并且具有节省劳力、降低成本等优点。以土层深厚、土质较好的果园采用较好，尤以在潮湿地区刈草与耕作存在困难，应用除草剂除草较为有利。

免耕制亦是土壤培肥的措施之一。爱尔兰的研究表明，苹果园免耕 9 年，土壤有机质含量为 4.3%，清耕制为 4.0%；树莓园免耕 6 年，土壤有机质含量为 6.3%，清耕制为 5.2%。经过免耕的果园，表层土壤的坚实度较大，对人工作业和机械作业的抗压力较强，可减缓频繁的果园作业对土壤结构的破坏。但是随着绿色果业和有机果业的发展，除草剂在果园的应用逐渐受到限制。

免耕的土壤水肥条件好，果实产量也高，据辽宁省农业科学院果树科学研究所试验，免耕比清耕增产 7.3%，用除草剂除草，节时、省工、见效快。免耕法果园无杂草，减少水分消耗，土壤中有机质含量比清耕法高，比生草法低。免耕法表层土壤结构坚实，便于果园各项操作及果园机械化。

（五）间作制

果园间作是在果树行间种豆类、蔬菜等作物。目前在我国人多地少情况下，适宜的间作可充分利用土地，提高效益。但间作物与果树间存在争肥、争水、争光的矛盾。所以间种植株要矮小、生长期要短、收获次数要少，不要间种禾本科的麦类、玉米、高粱、谷子等。间作一般要求在幼树期，距树干 50 cm 以外进行，以给果树留足空间。但近年来果树间种已逐步发展到果树遮蔽下面，栽种一些耐阴和怕强光的经济作物，如平菇、生姜等。

上述几种果园土壤管理制度，在不同条件下各有利弊。各地应根据果树种类、自然条件因地制宜地单用或组合运用，才能收到良好的效果。例如，北方地区果树需肥水最多的生长前期保持清耕，中后期或雨季种草，可兼具清耕与生草法的优点，而减轻了两者的缺点。

第二节　施肥管理

施肥是果园管理中的重要环节。营养是果树生长与结果的物质基础，施肥就是供给果树生长发育所必需的营养元素，并不断改善土壤的理化性状，给果树生长发育创造良好的条件。科学施肥是保证果树早果、丰产、优质的重要措施。因此，在促进果树生长、花芽分化及果实发育时，应首先供给其主要组成物质即水分和碳水化合物，同时应重视供应土壤中大量元素，其次还需注意供给土壤中的微量元素及稀土中的痕量元素。

一、肥料的种类和作用

（一）有机肥料

有机肥俗称农家肥，由各种动物、植物残体或代谢物组成，主要是以供应有机物质为手段，以此来改善土壤理化性能，促进植物生长及土壤生态系统的循环。包括人粪尿、厩肥、禽肥、家畜粪肥、饼肥、绿肥、堆肥、灰肥等农家肥料。这类肥料营养全面，肥效持久，是土壤微生物繁殖活动取得能量和养分的主要来源，可提高土壤孔隙度，疏松土壤，加速土肥融合，改善土壤中水、肥、气、热状况，提高土壤肥力。有机肥在分解过程中还能产生多种有机酸，使难溶性养分转化为可溶性养分，提高养分的有效性和吸收性。

1. 堆肥 各类秸秆、落叶、青草、动植物残体、人畜粪便为原料，按比例相互混合或与少量泥土混合进行好氧发酵腐熟而成的一种肥料。

2. 沤肥 其原料与堆肥基本相同，只是在水淹条件下进行发酵而成。

3. 厩肥 猪、牛、马、羊、鸡、鸭等畜禽的粪尿与秸秆垫料堆沤制成的肥料。

4. 沼气肥 在密封的沼气池中，有机物腐解产生沼气后的副产物，包括沼气液和残渣。

5. 绿肥 利用栽培或野生的绿色植物体作肥料。如豆科的绿豆、蚕豆、草木樨、田菁、苜蓿、苕子等。非豆科绿肥有黑麦草、肥田萝卜、小葵子、满江红、水葫芦、水花生等。

6. 作物秸秆 农作物秸秆是重要的肥料品种之一，作物秸秆含有作物所必需的营养元素 N（氮）、P（磷）、K（钾）、Ca（钙）、S（硫）等。在适宜条件下通过土壤微生物的作用，这些元素经过矿化再回到土壤中，为作物吸收利用。

7. 饼肥 菜籽饼、棉籽饼、豆饼、芝麻饼、蓖麻饼、茶籽饼等。

8. 泥肥 未经污染的河泥、塘泥、沟泥、港泥、湖泥等。

（二）无机肥料

无机肥为矿质肥料，也叫化学肥料，简称化肥。该肥是以矿物质、空气、水等为原料经过化学反应及机械加工制成的肥料，具有成分单纯、含有效成分高、易溶于水、分解快、肥效快、施用和贮运方便、易被根系吸收等特点，所以称"速效性肥料"，包括氮、磷、钾、复合肥和微量元素肥料五类：

1. 氮肥 主要包括氨态氮肥、硝态氮肥和酰胺态氮肥 3 类。氮是合成各种氨基酸和蛋白质的必要元素，是构成细胞的主要成分。氮素适量，则果树的光合作用强，树体生长健旺，叶色浓绿，花量大，坐果率高。所以在春季果树各组织分生旺盛、器官形成时，吸收氮素最多。缺氮会明显的影响果树生长，导致减产，缩短寿命。但氮素过多，与其他元素失去平衡，则会枝叶徒长、生长延迟、越冬困难、抗性降低，也会减少花芽分化和坐果。

2. 磷肥 主要包括水溶性磷肥（过磷酸钙、重过磷酸钙），弱酸溶性钙（钙镁磷肥）及难溶性磷肥（磷矿粉）。磷是细胞核、卵磷脂、酶、维生素等的组成部分。促进花芽分化、果实发育和种子成熟，提高品质，并能促进枝条、根系等组织的成熟，提高果树的抗寒、抗旱能力。

3. 钾肥 主要包括磷酸钾、氯化钾、草木灰等。可加速二氧化碳的同化作用，增强光合效率。增施钾肥有提高产量、品质和增强抗病能力的效果，钾肥大多易溶于水，肥效较快，易被吸收利用。

4. 复合肥 一般指含有氮、磷、钾 2 种或 3 种主要营养元素及以上的化学肥料，施用复合肥可发挥各元素间的促进作用，提高利用率，同时还可针对某一树种、品种的不同生长时间的需要来改善树体的营养状况，增加品质和质量。

5. 微量元素肥料（微肥） 指含有一种或多种微量元素（硼、锰、铜、铁、锌、钼、镁、钙等）的肥料，微量元素在果树的生长发育和优质高产中起非常重要的作用。当果树缺少某种微量元素时易发生生理病害，又叫缺素症，能影响果树的生长和果品质量。

（三）菌肥

菌肥也称生物肥、生物肥料，即含有土壤中有益微生物的肥料。常用的有根瘤菌肥料、固氮菌肥料、磷细菌肥料及菌根真菌的接种剂等。

目前，市场上出现的各种细菌肥料，实际上是含有大量微生物的培养物。它们可以是粉剂或颗粒，也可以是液体状态。将其施到土壤里，在适宜的条件下进一步生长、繁殖，一方面可以将土壤中某些难于被植物吸收的营养物质转换成易于吸收的形式，另一方面可以通过自身的一系列生命活动，分泌一些有利于植物生长的代谢产物，刺激植物生长。含固氮菌的菌肥还可以固定空气中的氮素，直接提供植物养分，不过目前各种菌肥能固定的氮素数量十分有限。

施用各种化肥和菌肥时一定注意其养分含量和真伪，根据需要而定，以免造成伤害。

二、施肥方法

（一）土壤施肥

土壤施肥是果树施肥的基础，一般分作基肥和追肥两种。土壤施肥必须根据根系分布特点，将肥料施在根系集中分布层内，便于根系吸收，发挥肥料最大效用。果树的水平根一般集中分布于树冠外围稍远处。而根系又有趋肥特性，其生长方向常以施肥部位为转移。因此将有机肥施在距根系集中分布层稍深、稍远处，诱导根系向深广生长，形成强大根系，扩大吸收面积，提高根系吸收能力和树体营养水平，增强果树的抗逆性。

果树应根据树种、品种、树龄、砧木、土壤、肥料种类和生长势等进行土壤施肥。若根系强大，分布深而广，施肥宜深，范围要大，如荔枝、龙眼、苹果、梨、核桃、板栗等果树；根系分布浅的施肥宜浅，范围要小，如桃、金柑、凤梨、香蕉等果树；矮生果树和矮化砧木，根系分布得更浅些，范围也小，施肥深度和广度要适应这一特性，才能获得施肥的良好效果。幼树根系浅，分布的范围不大，以浅施、范围小些为宜。随树龄的增大，根系的扩展，施肥的范围和深度也要逐年扩大加深，满足果树对肥料日益增长的需要。再根据土壤性质与不同果树的不同品种、需肥关键时期和肥料的种类进行追施肥料，所以在追肥的方法上有所不同。

各种肥料元素在土壤中的移动性不同，施肥深度有所不同。如氮肥在土壤中移动性强。即使浅施也可渗透到根系分布层内，供果树吸收利用。钾肥移动性较差，磷肥移动性更差，故磷、钾肥宜深施，尤以磷肥宜施在根系集中分布层内，才利于根系吸收，以免磷肥在土壤中被固定，影响果树吸收。为了充分发挥肥效，过磷酸钙或骨粉宜与厩肥、堆肥、圈肥等有机肥料混合腐熟，施用效果较好。

经多年生产和科研实践，秋施基肥是果树生产的关键环节，且多提倡早秋施用。基肥以有机肥为主，配合部分速效性化肥。有机肥要根据结果量于秋季一次施足。基肥中矿质元素的含量宜占全年总施用量的70％。土壤追肥一般从发芽前开始到开花前结束，多追施全年速效性氮肥的1/3；花后土壤追肥即6月追施全年速效性氮肥的1/3；8月为果实迅速膨大期的，追施速效性钾肥，对促进果实发育，增加产量和改进品质等都有明显的效果。果园若施用复合肥，则以秋施全年总量的2/3，春施1/3为好。

施肥效果与施肥方法有密切关系。现将生产上常用的施肥方法介绍如下：

1. 环状施肥　又称轮状施肥。是在树冠外围稍远处挖环状沟施肥，沟宽约30～40 cm，深20～40 cm，把肥料施入沟内，与土壤混合后覆盖。此法具有操作简便、经济有效等优点。但挖沟易切断水平根，且施肥范围较小，易使根系上浮而分布于表土层。因此，这种方法适用于幼树和小型树冠树。

2. 猪槽式施肥　此法与环状施肥类同，而将环状中断为3～4个猪槽式，较环状施伤根较少。隔次更换施肥位置，可扩大施肥部位。这种方法一般在秋施基肥使用，但在春季有的地方也用这种方法追施肥料。四川柑橘产区多采用此法。

3. 放射沟施肥　该法是在树冠下，距主干100 cm以外，顺水平根生长方向放射状挖5～8条施肥沟，宽30～50 cm，深20～40 cm，将肥料施入。为防止大根被切断，应内浅外深挖沟。这种方法较环状施肥伤根较少，但挖沟时也要少伤大根，可以隔年或隔次更换放射沟位置，扩大施肥面，促进根系吸收。但施肥部位也存在一定的局限性。一般用于春、夏季的追施肥料，在施肥部位也存在一定的局限性，肥料的利用率不高。

4. 树盘全面扒土施肥　也称扒土晾根施肥。在春季2月中下旬至3月上旬，对树盘进行全树盘扒土至树冠外围，深度30～40 cm，即在根系集中分布层，扒土后，根系露出，根和地表接受阳光的辐射，提高土壤温度，使根系早发新根，吸收营养，供应地上部萌芽、开花。这种方法可改良土壤地表结构，防治地下病虫害。肥效的利用率也高，但工作量较大。

5. 条沟施肥　可在早施基肥的果园行间、株间或隔行开深 80～100 cm、宽约 80 cm 的沟施肥，也可结合深翻进行。这种方法工作量大，施肥量也大，但肥料利用时间长、效果好。此法适宜于宽行密株栽培的果园，较便于机械操作。

6. 全园施肥　成年果树或密植果园，根系已布满全园时多采用此法。将肥料均匀地撒布园内，再翻入土中。但因施入较浅，常导致根系上浮，降低根系抗逆性和易发根蘖。此法若与放沟施肥隔年更换，可互补不足，发挥肥料的最大效用。

7. 穴施　在树盘挖深 25 cm 以上、宽约 20 cm 小坑，在每株树挖小坑 10 个或更多，均匀分布于树盘内，适用于春夏施的速效性化肥和液体粪肥。这种方法能克服其他施肥方法的施肥不足，弥补果树生长的亟须肥料。

8. 灌溉式施肥　近年来广泛开展灌溉式施肥研究，尤以与喷灌、滴灌结合进行施肥的较多。实践证明，任何形式的灌溉式施肥，由于供肥及时，肥分分布均匀，既不伤根系，又保护耕作层土壤结构，节省劳力，肥料利用率高，可提高产量和品质，降低成本，提高劳动生产率。灌溉式施肥对树冠相接的成年树和密植果园更为适合。

总之，施肥方法多种多样，且方法不同效果也不一样，应根据果园具体情况，酌情选用。

（二）根外追肥

也称叶面喷肥，是果树辅助性的施肥措施，即把肥料配成低浓度的溶液，喷到叶、枝、果上，然后被吸收入树体内，现在生产上已普遍采用。此方法简单易行，用肥量小，发挥作用快，并可与某些农药、生长调节剂等混合使用，省工省力；不受养分分配中心的影响，可及时满足果树的需要；避免某些元素在土壤中化学的或生物的固定作用；还可预防若干种缺素症；对施肥水平低的脱肥果树、结果偏多的果树、气候干旱无灌溉条件的果树、根系发育不足的病弱果树等，叶面喷肥是壮树、增产的有效措施；可补充树体对水分的需求。合理根外施肥，能提高果树的坐果率，促使果实膨大，增进品质，充实枝条，增强抗性。

叶片是制造养分的重要器官，而叶面气孔和角质层也具吸肥特性，一般喷后 15 min 到 2 h 即可吸收。但吸收强度和速率与叶龄、肥料成分和溶液浓度等有关。幼叶生理机能旺盛，气孔所占比重较大，较老叶吸收速度快，效率也高；叶背较叶面气孔多，且表皮层下具有较疏松的海绵组织，细胞间隙大而多，利于渗透和吸收，因此叶背较叶面吸收快。

根外追肥可提高叶片光合强度 50% 以上，喷后 10～15 d 叶片对肥料元素反应最明显，以后逐渐降低，至 25～30 d 则消失。据研究，根外追肥还可提高叶片呼吸作用和酶的活性，因而改善根系营养状况，促进根系发育，增强吸收能力，促进植株整体的代谢过程。天旱地干时，因为土壤施肥不易发挥良好的效果，可使用根外追肥补充。土壤施肥能较大量供应果树各器官在各不同生长时期中对肥料的需要，是长期的又是持久的。根外追肥一般用于果树的生长季节，根系活动能力弱，吸收养分感到不足时，可增大叶面积、加深叶色、增加叶厚度、提高光合效能；在某些微量元素不足，引起缺素症时进行应用。所以根外追肥只能辅助于土壤施肥，但根外追肥不能代替土壤施肥，两者各具特点，互为补充，运用得当，可发挥施肥的最大效果。

1. 配制适宜的肥液浓度　浓度大小与树种、物候期、气候、肥料种类关系密切。在不发生肥害的前提下，尽可能施用高浓度，最大限度地满足果树对养分的平衡供应。一般气温低、湿度大、叶片老熟时，肥料对叶片损伤轻，可施用浓度大些；相反，则必须小些。

（1）叶面喷氮肥。叶面喷氮肥，最常用的是尿素，尿素是中性肥料，有效成分高，分子体积小，扩散性强，易透过叶片的细胞膜进入细胞内，吸收率既高又快。尿素的喷施浓度为 0.3%～1.0%，但以 0.3%～0.5% 的范围最安全，树弱、幼叶，高温干旱，则浓度低。

（2）叶面喷磷肥。常用于叶面喷施的磷肥有磷酸二氢钾和过磷酸钙等。过磷酸钙为 $0.5\%\sim$ 3.0% 浸出液，常用浓度为 1%（用过磷酸钙 $500\,g$ ＋水 $5\,kg$ 配制可得 10% 母液，再用 10% 的母液加 $45\,kg$ 水，即得 1% 的过磷酸钙溶液）。磷酸二氢钾的常用浓度为 $0.3\%\sim0.5\%$。

（3）叶面喷钾肥。叶面喷施的钾肥有氯化钾、硫酸钾、硝酸钾、磷酸二氢钾和草木灰浸出液等。氯化钾、硫酸钾 $0.3\%\sim0.5\%$。

（4）喷施时期。一般氮在萌芽开花至果实采收后多次喷施；磷自新梢将停止生长至花芽分化期间进行；钾肥在生理落果至成熟前进行喷施。微量元素主要在发生缺素症时喷施。

2. 适时喷洒　在果树急需某种养分且有少许缺素症状时，喷施该元素效果最佳，如花前期需要硼最多，此期间喷施硼效果较好，可以保花、保果，大大提高坐果率和果形的端正率；幼叶时对肥料反应敏感，但叶面积小，接触概率也较小，当叶片长到一定面积时喷施效果最佳；6 月喷布尿素、硫酸亚铁等能使叶片肥厚，浓绿，促进花芽分化和加速果实膨大；8 月果实成熟前喷布磷酸二氢钾、过磷酸钙浸出液等能提高果实品质。另据辽宁省农业科学院果树科学研究所的试验表明，果树叶面喷布活力素、稀土、苹果叶面专用肥等可以提高产量，增加着色，提高品质，防治缺素症等。据 Titus（1973）报道：衰老叶片因尿素酶的活动，也具吸收氮素的功能；秋季喷后可提高枝条和根部蛋白质含量，这就给后期根外追肥提供了依据。据中国农科院果树研究所报道，在梨花芽萌动期喷硼和尿素，可降低冻花率。

3. 确定最佳喷施部位　不同营养元素在树体中移动性和利用率各不相同，因此喷洒部位也有区别。在树体内移动性差的钙、硫、铁、锌、硼等中、微量元素，最好直接喷洒到需要的器官上，如幼叶、新梢、花及果实上。

4. 选择适宜配方肥料　应根据肥料特性和树种等配制适宜浓度与施用次数，以免产生肥害。不同树种对同一种肥料反映也有差异。苹果喷施尿素效果显著，其他果树稍差；梨树和柿树吸收磷较多，喷施磷肥效果明显。氮、磷、钾三元素配合喷施，往往优于单质元素的施用，不仅仅表现在产量上，也表现在果实的品质上。

用于根外追肥的有大量元素和微量元素，近年来曾进行复合肥的喷布试验。复合肥可促进营养生长和果实发育，提高产量和品质。据河北农业大学苹果根外追肥试验结果表明：喷后叶色浓绿，叶绿素显著增加，增长持续期也较长，其增长量有随浓度的增高而增加的趋势。叶的栅栏组织层数增多，海绵组织较未喷布者松散，有利于气体交换和同化作用的提高，促进新梢和果实的生长，提高产量和果实含糖量，对治疗和预防缺素症也有一定作用。

影响叶面喷肥效果的因子有：

（1）湿润剂。因叶面有蜡质，水滴不易停留在上面，加湿润剂后，减小水的表面张力，使肥料溶液可以停留在叶面上。

（2）温度。温度高，雾点干得快，影响养分的渗入，所以一般在早、晚喷施，但空气湿度高时，温度愈高，养分渗入愈强。根外追肥适温为 $18\sim25\,℃$，湿度较大些效果好。因而喷布时间于夏季最好在 10：00 以前和 16：00 以后，以免气温高，溶液很快浓缩，既影响吸收，又易发生药害。

（3）叶龄。幼叶比老叶渗入得快，老叶叶背较叶面吸收率高，故应重点喷施叶背。

（4）树种。不同树种反应不同，核果类叶面施肥效果差，有人试验对桃、李叶片喷尿素、硫铵、硝铵都不吸收，苹果比樱桃吸收氮高 $2\sim3$ 倍。

（5）溶液种类。不同溶液种类其渗入的速度、吸收量不同，磷素的吸收速度次序为 H_3PO_4 ＞ K_2HPO_4 ＞ Na_2HPO_4 ＞ KH_2PO_4 ＞ $Ca(H_2PO_4)$。

（6）溶液的 pH。叶片与根一样，在酸性介质中吸收阴离子较好，而在碱性介质中吸收阳离子又较优越，一般以 pH $5.5\sim6.0$ 最有利于尿素吸收，而以钙为主的溶液 pH 可以稍高些，但铁在 pH 高的情况下溶解度降低，所以应在 pH $4\sim4.5$ 的水中加入硫酸亚铁。

（7）在灌溉后进行根外追肥效果好。根外追肥必须掌握与果树吸收有关的内外因素，才能充分发挥根外追肥的最大效果，喷施前先做小面积试验，确定不能引起肥害，然后再大面积喷布。

三、施肥量

（一）诊断施肥

果树的矿质营养原理是指导果树施肥的理论基础，根据果树营养诊断（土壤营养诊断和树体营养诊断）进行施肥，是实现果树栽培科学化的一个重要标志。营养诊断是将果树矿质营养原理运用到施肥措施中的一个关键环节，它能使果树施肥达到合理化、指标化和规范化。因此，果树营养诊断科学施肥，对实现果树生产现代化具有极为重要的作用。

果树需要的营养元素主要有 16 种，其中按需要量的大小，可分为常量营养元素和微量营养元素。常量营养元素有氮、磷、钾、钙、镁等，微量营养元素有铁、锰、锌、铜、硼等。这些营养元素在果树生理上各有其作用，都不能缺少，也不能过量。如果缺少就会出现特有的缺素症；如果过量也会形成奢侈吸收或引起毒害（表 6 - 4）。它们之间还有一个共同特点，就是元素间不能互相代替，当树体中缺乏某一常量或微量元素时，必须以该种元素加以补充。果树营养诊断方法如下：

1. 土壤诊断　即从果园里采集土壤样品带回实验室进行研究分析，通过测定土壤的成分、性质以及营养状况等方面的内容，因地制宜决定植株的密度，进而进行施肥。土壤诊断的方法科学性较高，能够较好地指导实践活动。

2. 叶片诊断　能够正确地反映出果树的健康状况，并能够帮助果农及早发现症状，采取相应的防治措施。其做法是：将洗干净的叶片烘干研碎，测定其中包含的元素含量，然后根据对应的营养指标，适时合理施肥，以防止果树营养缺失而影响果实的质量。

3. 休眠期枝条诊断　目前普遍采用的叶片诊断方法存在一定的弊端，可能对于某些缺失元素的补给已经为时过晚，对于改善果树的营养状况效果不佳。因此，如果在 1 月采集休眠期枝条进行营养诊断，就可以较早地掌握果树的营养状况，对处于生长季早期的果树进行营养调节。此外，运用休眠期枝条诊断的方法可以帮助果农衡量以往施肥的功效。

4. 诊断施肥综合法　该方法最早是由 Beaufils 正式提出的，现在已经广泛运用于农作物和果树的营养诊断上。通过该方法可以测试叶片中的营养成分，进而判断果树的健康状况，确定施肥时补充营养的先后顺序，适时采取相应的解决措施，从而保证果树的优质、高产和稳产。

表 6 - 4　果树缺素症诊断

症状出现部位	主要特异症状	诊断	容易混淆的症状区分
症状在全树表现，树整体发育不良，特别是老叶发黄，枝梢干枯	自老叶向上部叶变黄，新生叶片小，带紫红色，枝梢细弱	缺氮	
	新叶暗绿色，老叶青铜色，枝及叶柄带紫色，新梢细弱，叶小	缺磷	
症状在成熟叶上表现，生长初期不出现，症状自果实膨大期出现，新叶不表现症状	枝条伸长后，中部和下部叶片出现小点状黄斑，叶边缘先变黄，接着变褐色，形成叶缘枯焦，邻近枯焦的组织仍在生长，呈浓绿色，常使叶片皱缩	缺钾	① 缺钾黄色部分（或褐色部分）与绿色部分的对比明显，而缺镁则对比不明显
	基部叶片外缘和叶脉间先呈黄绿色斑点，这些斑点连接成褐色斑块，病叶卷缩，脱落	缺镁	② 缺钾引起叶缘焦枯 ③ 缺镁易发生在酸性土壤上
老叶上呈现症状，生长初期即可发生	叶小而变细，枝也细弱，枝顶部节间变短，细叶密集成簇生、丛生状，叶脉间鲜明变黄，并渐向新叶发展，从成熟叶开始落叶	缺锌	① 变黄部分与绿色部分清晰 ② 碱性土壤上易发生

（续）

症状出现部位	主要特异症状	诊断	容易混淆的症状区分
症状在新叶上表现，自新叶开始出现症状，逐渐向老叶发展	叶脉间淡绿色，沿叶脉仍残留绿色	缺锰	缺锰、缺铁表现症状相似，区别如下： ① 新生叶不失绿为缺锰，新生叶失绿为缺铁 ② 缺铁叶片是自上而下渐轻，缺锰则是自上而下渐重
	叶脉间黄绿色到黄白色，仅叶脉绿色	缺铁	
	自顶端的新生叶叶尖及叶缘干枯，且新叶畸形，枝梢枯死	缺钙	
症状出现在新叶、枝梢、果实上	新梢顶部叶片呈淡黄色，叶片凸起甚至扭曲，以后叶尖或叶缘枯死；新梢顶端的韧皮部及形成层组织内产生坏死斑，使新梢自顶端向下逐渐枯死，形成枯梢	缺硼	缺硼： ① 有树脂流出 ② 顶芽及枝变枯 ③ 土壤 pH 6.3
	花芽少，花蕾变黄脱落，生理落果严重，幼果畸形，中期和后期果面木栓后，凸凹不平呈海绵状	缺钙	缺钙： ① 没有树脂流出 ② 发生在酸性土壤上
	果面出现木栓化坏死斑点		

（二）平衡施肥

平衡施肥就是将叶片营养诊断结果，与树种的叶片营养元素标准值做对比分析，结合果园的生态条件和栽培特点，借助计算机专家系统，确定供肥中某一元素的含量值和不同元素间的配比，按此配方生产专用平衡肥料；再根据果树的需肥规律，确定施肥时期和施肥量，以此达到合理、量化施肥的目的。养分平衡法是国内外配方施肥中最基本和最重要的方法。此法根据农作物需肥量与土壤供肥量之差来计算实现目标产量（或计划产量）的施肥量，由农作物目标产量、农作物需肥量、土壤供肥量、肥料利用率和肥料中有效养分含量这五大参数构成平衡法计量施肥公式。

在施肥条件下农作物吸收的养分来自土壤和肥料。养分平衡法中"平衡"之意在于土壤供应的养分不能满足农作物的需要，就用肥料补足。养分平衡法采用目标产量需肥量减去土壤供肥量得出施肥量的计算方法。

养分平衡法计量施肥原理是著名土壤化学家曲劳（Truog）于 1960 年在第七届国际土壤学会上首次提出的，后为斯坦福（Stanford）发展并试用于生产实践。其计算是：

$$某养分元素的合理利用量 = \frac{农作物的总吸收量 - 土壤供应量}{肥料中养分当季利用率}$$

式中，农作物的总吸收量＝生物学产量×某养分在植株中平均含量；土壤供应量由不施该元素时农作物产量推算；肥料中养分的当季利用率系根据田间试验结果计算而得。

就果树作物而言，若要真正做到准确配方施肥，同样必须掌握目标产量、果树作物需肥量、土壤供肥量、肥料利用率和肥料中有效养分含量，这是平衡法配方施肥的基础。事实表明，五大参数缺一不可。

1. 果树作物目标产量 根据树种、品种、树龄、树势、花芽及气候、土壤、栽培管理等综合因素确定当年合理的目标产量。

2. 果树作物需肥量 果树在年周期中需要吸收一定的养分量，以构成自体完整的组织。不同果树每年每 0.1 hm² 生产 1 000 kg 产量所需的养分量见表 6-5。

表 6-5 不同果树每年每 0.1 hm² 吸收量

（山林，1962）

种 类	树龄（年）	每 0.1 hm² 产量（kg）	全树每年每 0.1 hm² 吸收量（kg）			每 0.1 hm² 生产 1 000 kg 果的吸收量（kg）		
			氮	磷酸	氧化钾	氮	磷酸	氧化钾
梨（长十郎）	14.5	3 750	16.1	6.0	15.4	4.3 (10)	1.6 (4)	4.1 (10)

（续）

种　类	树龄（年）	每0.1 hm² 产量（kg）	全树每年每0.1 hm² 吸收量（kg）			每0.1 hm²生产1 000 kg果 的吸收量（kg）		
			氮	磷酸	氧化钾	氮	磷酸	氧化钾
梨（二十世纪）	18	2 092	9.7	4.8	9.7	4.7 (10)	2.3 (5)	4.8 (10)
温州蜜柑（一）	25	6 000	36.0	6.7	23.6	6.0 (10)	1.1 (2)	4.0 (7)
温州蜜柑（二）	22	5 861	26.6	3.0	19.1	4.6 (10)	0.5 (1)	3.3 (7)
柿（次郎）	9	1 425	8.6	2.2	7.5	6.0 (10)	1.6 (3)	5.3 (11)
葡萄（玫瑰露）	5	1 500	9.0	4.5	10.8	6.0 (10)	3.0 (5)	7.2 (12)
苹果（国光）	成年树	2 813	8.6	2.2	9.0	3.0 (10)	0.0 (0)	3.2 (11)
桃	13.4	2 250	11.6	4.5	15.0	5.1 (10)	2.0 (4)	6.6 (13)
桃（白桃）	8	1 875	9.0	3.7	14.2	4.8 (10)	2.0 (4)	7.6 (16)

* 括号内数字为氮、磷、钾比。

3. 土壤供肥量

$$土壤供肥量＝土壤养分测定值（N、P、K）\times 667\ m^2\ 地土重\times 校正系数$$

其中
$$667\ m^2\ 土重＝667\ m^2\times 土层深度\times 容重$$

$$校正系数＝\frac{空白田产量（不施肥园）\times 果树单位产量吸收量}{土壤养分测定值\times 每亩土重}+X$$

校正系数又称土壤测定养分的利用系数，它是一个变数，与养分测量值关系密切，其值可以小于100%，也可大于100%。由于土壤活动的复杂性，土壤肥力性质的差异性，校正系数的变异较大，必须通过田间试验取得。在公式中加入一个X，代表其他一些影响校正系数的因素如土壤养分缓冲和养分固定，土壤类型、土壤结构、土壤质地、土壤阳离子交换量等，对这些因素与土壤供肥量的关系研究得越详细，配方施肥就越准确。

4. 肥料利用率　肥料利用率不是一个恒值，它受土壤肥力水平、施肥量、土壤水分、种植措施等的影响很大，变幅可达几倍。但在一定替作、栽培和施肥等条件下仍表现有规律的变化。为使该项参数准确可靠，最好通过田间试验取得。根据各地试验结果氮约为50%、磷约为30%、钾为40%。如改进灌溉方式，可提高肥料利用率。

5. 肥料中有效养分含量　在养分平衡法配方施肥中，肥料中有效养分含量是个重要参数。常用有机肥料及矿质肥料的有效养分含量分别列表于表6-6和表6-7。

表6-6　有机肥料主要养分含量

单位：%

肥料种类	氮	磷	钾	肥料种类	氮	磷	钾
厩肥	0.5	0.25	0.5	鹅粪	0.55	0.54	0.95
人粪	1.0	0.36	0.34	鸽粪	1.76	1.78	1.00
人尿	0.43	0.06	0.28	土粪	0.17~0.53	0.21~0.60	0.81~1.07
猪粪	0.60	0.40	0.44	蚕渣	2.64	0.89	3.14
马粪	0.50	0.30	0.24	城市垃圾	0.25~0.40	0.43~0.51	0.70~0.80
牛粪	0.32	0.21	0.16	垃圾土	0.2~0.31	0.16	0.37~0.46
羊粪	0.65	0.47	0.23	泥粪	2.0	0.3	0.45
鸡粪	1.63	1.54	0.85	河泥	0.44	0.29	22.16
鸭粪	1.00	1.40	0.62	棉籽饼	5.6	2.5	20.85

(续)

肥料种类	氮	磷	钾	肥料种类	氮	磷	钾
菜籽饼	4.6	2.5	21.4	大豆	0.58	0.08	0.73
花生饼	6.4	1.1	1.9	豌豆	0.51	0.15	0.52
茶籽饼	1.64	0.32	0.4	花生	0.43	0.09	0.36
蓖麻饼	4.98	2.06	1.90	箭筈豌豆	0.54	0.06	0.30
桐籽饼	3.60	1.30	1.30	红三叶	0.36	0.06	0.24
蚕豆饼	1.6	1.3	0.4	猪屎豆	0.57	0.07	0.17
玉米秆	0.5	0.4	1.6	柽麻	0.78	0.15	0.30
草灰	—	1.6	4.6	秣食豆	0.58	0.14	0.41
木灰	—	2.5	7.5	沙打旺	0.49	0.16	0.20
谷壳灰	—	0.8	2.9	大米草	0.25	0.21	0.16
普通堆肥	0.4~0.5	0.18~0.26	0.45~0.70	肥田萝卜	0.36	0.05	0.36
苕子	0.56	0.63	0.43	小麦草	0.48	0.22	0.63
紫云英	0.48	0.09	0.37	玉米秸	0.48	0.38	0.64
田菁	0.52	0.07	0.15	稻草	0.63	0.11	0.85
草木犀	0.52~0.6	0.04~0.12	0.27~0.28	满江红	0.19	0.03	0.08
苜蓿	0.79	0.11	0.40	细绿萍	0.26	0.09	0.21
芝麻	1.94	0.23	2.2~5	水葫芦	0.12	0.06	0.36
蚕豆	0.55	0.12	0.45	水花生	0.21	0.09	0.85
绿豆	2.08	0.52	3.90	水浮莲	0.09	0.10	0.35
紫穗槐	3.02	0.68	1.81	水草	0.87	0.50	2.36

表6-7 主要矿质肥料的种类和有效养分含量

单位：%

肥料	氮	磷	钾	肥料	氮	磷	钾
硫酸铵	20~21			石灰氮	30		
硫酸钾			48~52	过磷酸钙		12~20	12~20
硫酸氢铵	16~17			钙镁磷肥	10~30（含钙）	12~20	
氯化钾			50~60	磷矿粉		10~35	
硝酸铵	23~35			骨粉	3~5	20~25	
硝酸镁钙	20~21			磷酸铵	17	47	
窖灰钾肥				磷酸二氢钾		52	35
尿素	46			草木灰		1~4	5~10
氨水	17			复合肥（1）	20	15	20
氯化铵	24~25			复合肥（2）	15	15	15
硝酸钙	13			复合肥（3）	14	14	14

（三）施肥量确定

1. 确定施肥量的依据 果树是多年生植物，植株本身情况和外界条件以及两者的关系非常复杂，因此很难定出统一施肥量标准。一般可根据下列几方面确定：

（1）根据果树需肥情况。果树树种、品种不同，需肥量不一样。例如柑橘、苹果、葡萄需肥量大，而枣、杏等较耐瘠薄。品种间由于生育特性不同也有差别，例如玫瑰香葡萄、青香蕉苹果在生产上常较其他品种多施肥，才能生长结果良好。不同砧木的嫁接苗吸肥状况也常不同。应在施肥量上加以调节。幼树根系分布范围小且结果少，需肥量较成年树少。不同生育状况的树，施肥量应有区别，例如生长势的强弱、结果量的多少都是决定施肥量的重要依据。

（2）根据土壤、气候等外界条件。土壤状况与施肥量有密切关系，基础好而肥沃的土壤，施肥量可适当减少；瘠薄的山地、沙地果园除积极进行土壤改良外，必须配合多施肥，才能保证果树生长结果良好。多雨地区，必须采用多次少施的方法才会防止浪费肥料，提高肥效。此外，地形、地势、土壤酸碱度、气候条件的综合状况等，对施肥量都有影响。果园的栽培管理技术也是施肥的依据。

（3）肥料种类和施肥期。各种肥料中有效成分不同，施用量应有区别。不同施肥时期的作用不一样，使用肥料种类不同，都应区别对待。

2. 施肥量的确定　计算施肥量前应先确定目标产量，测出果树各器官每年从土壤中吸收各营养元素量，扣除土壤中供给量，并考虑肥料的损失，其差额即施肥量，也就是养分平衡法算式在果树上的具体化：

$$施肥量（kg/hm^2）=\frac{果树吸收营养元素量-土壤供肥量}{肥料中有效养分含量（\%）\times 肥料利用率（\%）}\times 15$$

总之，施肥量的确定，其基本原则是稀植大冠、产量偏低的果园比高密度果园需肥量少；按幼龄期、初果期、盛果期等不同树龄需肥量依次增大；地力强、土壤结构良好的果园比沙性大、有机质含量低的果园需肥少。应参考优质丰产果园的施肥量，结合营养诊断和当地果树生长结果情况（树相）、土壤肥瘠、灌溉条件以及土壤管理制度等多方面分析研究决定，并不断加以调整，使理论施肥量更加符合生长实际。

近年国内外还采用先进的科学手段，如利用电子计算机，对肥料成分、施肥量、施肥时期以及灌溉方式对肥效的影响等，进行数据处理，很快计算出最佳的施肥量，使科学施肥、经济用肥已从理论逐渐成为现实。

第三节　水分管理

一、水分检测

（一）根据土壤含水量检测

用测定土壤含水量的方法确定果树是否缺水，是较可靠的方法。土壤能保持的最大水量称为土壤持水量。一般认为，当土壤含水量达到持水量的60%～80%时，土壤中的水分与空气状况最符合果树生长结果的需要，因此，当土壤含水量低于持水量的60%以下，再结合树体的具体情况，判断是否缺水。

土壤含水量包括吸湿水和毛管水。可供植物根系吸收利用的水，为可移动的毛管水。当土壤内水分减少到不能移动时的水量，称为水分当量。土壤水分下降到水分当量时，果树吸收水分受到障碍，树体就陷入缺水状态。所以，必须在土壤达到水分当量以前及时进行灌溉。如果土壤水分继续减少至某一临界值，则植物生长困难，终至枯萎，此时给植物灌水也不能恢复生长的土壤含量称为萎蔫系数。据研究，萎蔫系数大体相当于各种土壤水分当量的54%。因此，当土壤含水量达到萎蔫系数时果树必已缺水。

如已了解某果园土质，并经多次含水量的测定，也可凭经验用手测或目测法，判断其大体含水量，从而决定是否需要灌溉。如土壤为沙壤土，用手紧握形成土团，土团不易碎裂，说明土壤湿度大约在最大持水量的50%以上，一般可不必进行灌溉。如手指松开后不能形成土团，则证明土壤湿度太低，需进行灌溉。如土壤为黏壤土，捏时能成土团，但轻轻挤压容易发生裂缝，则证明水分含量少，需行灌溉。

（二）果树组织水分测定方法

1. 通过果树组织水势来衡量树体水分状况 果树树体组织液的浓度随植物体水分状况的变化而变化，因此可以通过测定树体组织的水势来监测树体水分的变化。在植物生理学上，水势定义为单位偏摩尔体积水的化学式，是植物水分状况的基本度量，体现了植物体内水分的能量状态。常用以下方法来测定：

（1）小液流法。当植物组织和外界蔗糖溶液接触时，若组织水势小于外界溶液，水分进入植物组织，外液浓度增高；相反，组织水分进入外液，使外液浓度降低；若二者水势相等，外液浓度则不变。溶液浓度不同，密度不同。将浸过植物组织的蔗糖溶液加上甲基蓝滴入原浓度蔗糖溶液中，观察色滴沉浮，若不动，则表示此浓度蔗糖溶液与植物组织等渗，为植物组织的水势。

（2）压力势法。植物叶片由于蒸腾作用不断地向四周环境散失水分，而使叶片本身水势降低，并由此造成土壤→植物→大气和植物体中根→茎→叶的水势下降梯度。由于叶子底下的水势所引起的拉力，使植物木质部水链系统的水分常处于一定的压力之下。当切下叶片时，叶片木质部张力解除，导管中汁液缩回木质部（水势越低缩回越多）。将切下的叶片放在压力室中，加压时木质部汁液正好推回切口处，此时的加压值等于切取叶片之前木质部张力的数值，即加压值大致等于叶片水势。

（3）热电偶湿度计法。在装样品的密闭杯中，插入热电偶湿度计。滴加纯蒸馏水于热电偶环上，由于样品水势低于纯水，导致热电偶环上水分丧失，经过一段时间后样品杯达到平衡状态。热电偶环上水分丧失导致温度略有降低，这种温度变化可转为电压变化，因而在纳伏计上可读出数字的变化。然后，据此换算成水势值。

（4）折射仪法。用折射仪可测定任何溶液的折射率，也可测定果树组织汁液的折射率，任何溶液的折射率比纯水高，所以组织汁液浓度越高，折射率越大。因此植物组织的汁液浓度可反映植物体内的水分状况。

2. 通过检测果树的径流来监测树体的水分状况 直接测量植物的径流量来确定植物的水分消耗（蒸腾），以此来衡量植物体内的水分状况。

3. 通过土壤温湿度监测仪来衡量树体水分状况 土壤→果树是一个连续的体系，应用土壤温湿度监测仪如EM50等定时监测土壤水分变化，通过监测数值来分析土壤水分状况，可以间接衡量树体的水分状况。

二、灌水方法

灌水方法应本着节约用水、提高利用率，减少土壤侵蚀，有利于果树生育的原则进行。但各地因条件不同，应因地制宜，灵活选用。随着科学技术和工业生产的发展，灌水方法不断改进，正在向机械化方面发展，使灌水效率和效果大幅度提高。下面介绍几种灌水方法：

1. 沟灌 沟灌是在整个果园的果树间开灌水沟，由输水沟或输水管道供水的灌溉方法。灌水沟的间距视土壤类型及其透水性而定，一般易透水的轻质土壤沟距为60～70 cm；有结构的中壤土和轻壤土的沟距为80～90 cm；重壤土的沟距为100～120 cm。灌水沟深度取决于灌水沟距离果树树干的远近，距树干远的灌水沟应深一些，反之应浅些。一般灌水沟深为20～25 cm，近树干的灌水沟深12～15 cm，单沟灌水的流量通常为0.5～1.0 L/s。灌水沟的长度，在土层厚、土质均匀的果园可达到130 cm左右。若土层较浅土质不均匀，则沟长不宜大于90 cm。

沟灌的主要优点是土壤湿润均匀，水分蒸发量与灌水量损失小；可以减小土壤板结和对土壤结构的破坏；土壤通气良好；减少果园中平整土地的工作量，方便机械化耕作。因此，沟灌是果园中较合理而又节水的一种地面灌水方法。缺点是开沟劳动量大，坡地易造成土壤冲刷。

2. 分区灌溉 即在果树间筑土埂，埂高一般为 15～20 cm，把果园划分成许多长方形或正方形的小区，由输水沟向各小区供水的灌溉方法，一般一株树为一个独立的小区。这种灌水方法能使灌溉水分与果树根系相接触，使整个根系受水均匀。但其主要缺点是破坏土壤结构，使土壤表面板结，需培筑许多纵横土埂，既费劳力又妨碍机械化耕作。

3. 盘灌（树盘灌水、盘状灌溉） 即在每株树干周围的地面上，用土埂围成圆形或方形浅坑如盘状，由输水沟或输水管道引水入浅坑的灌水方法。灌溉时水流入圆盘内，灌溉前疏松盘内土壤，使水容易渗透，灌溉后把松表土，或用草覆盖，以减少水分蒸发。盘灌方法简单易行，但土壤水分仅分布在树根附近，根群部分水量较少，从而缩小了果树根系的湿水范围，并会影响机械耕作，土壤易板结，还有灌水效率不高等缺点。

4. 穴灌 在树冠投影的外缘挖穴，将水灌入穴中，以灌满为度。穴的数量依树冠大小而定，一般为 8～12 个，穴深一般为 60～80 cm，直径 30 cm 左右，穴深以不伤粗根为准，灌后将土还原。干旱期穴灌，亦将穴覆草或覆膜长期保存而不盖土。此法用水经济，浸润根系范围的土壤较宽而均匀，不会引起土壤板结，在水源缺乏的地区，采用此法为宜。但开挖穴数过多会造成伤根，而且需要花费的人力、物力多。

5. 环灌 修筑直径为树冠直径 2/3～3/4 并带有土埂的环形沟，由输水沟向环形沟供水。环灌湿润土壤范围较小，主要湿润果树根群部分的土壤，因此灌水量较小，用水较经济。此外，环灌对土壤结构的破坏也较小，但对机械化耕作仍有一定程度的妨碍。环灌多应用于幼龄果树，是一种较好的果园节水灌水方法。

6. 喷灌 即用压力管道输水，再由喷头将水喷射到空中形成细小雨滴均匀地洒落到地面湿润土壤，以满足作物的需水要求。喷灌与地面灌溉相比，有以下优点：

（1）省水。与地面灌水法相比可省水 20％～30％，对渗漏性强，保水性差的砂土，可节省 60％～70％，灌水均匀度为 80％～90％。

（2）减少对土壤结构的破坏，可保持原有土壤的疏松状态。

（3）可调节果园的小气候，减免低温、高温、干风对果园的危害。

（4）省地、省工、增产。采用喷灌可节省占地面积 7％～10％，喷灌可调节田间小气候有利于作物生长，一般可提高产量 10％～20％。

（5）对地形、作物、土壤等条件适应性强，因而喷灌技术推广的重点应是坡地、丘陵地区的果园。

然而喷灌一次性投资成本大、能耗大，在经济不足、能源紧张的地区使用受到限制。且喷灌受风影响很大，水的飘移损失较严重，所以在受风影响大的地区就不宜采用。

7. 滴灌 滴灌是近年发展起来的机械化与自动化的先进灌溉技术，是用封闭管道输配水或营养液至滴头呈水滴状渗入作物根系集中层的土层内。滴灌系统的主要组成部分为：水泵、化肥罐、过滤器、输水管（干管和支管）、灌水管（毛管）和滴水管（滴头）。滴灌具有如下优点：

（1）省水率高。滴灌仅湿润作物根部附近的土层和表土，因此大大减少了水分蒸发。比渠灌省水 70％～80％，比管灌省水 50％左右，比喷灌省水 30％。

（2）不板结不破坏土壤结构，不影响田间作业，对地表空气湿度影响小。

（3）节约劳力。滴灌系统可以全部自动化，将劳动力减少至最低限度。

（4）有利于果树生长结果。滴灌能经常地对根域土壤供水，均匀地维持土壤湿润，不过分潮湿和过分干燥，同时可保持根域土壤通气良好。因此，滴灌可为果树创造最适宜的土壤水分、养分和通气条件，促进果树根系及枝、叶生长，从而提高果树产量并改进果实品质。

滴灌的主要缺点是：需要管材较多，投资较大；管道和滴头容易堵塞，要求良好的过滤设备；滴灌不能调节气候，不适于冻结期应用。

8. 渗灌　又称地下滴灌，是指通过地埋毛管上的灌水器缓慢流出渗入附近土壤，再借助于毛细管作用将水分扩散到整个根层供作物吸收利用的方法。与地面滴灌的根本区别在于地下滴灌灌水切口的流量是一个变值，流量随管壁周围土壤水分增大而减小，而地面滴灌切口的流量是一个定值。

渗灌具有灌水质量好、减少地表蒸发、节省灌溉水量以及节省占地等优点，还能在雨季起一定的排水作用，因此这种方法逐渐受到重视。

渗灌系统的主要组成部分是地下管道系统。可分为输水管道和渗水管道两部分。输水管道的作用在于连接水源，并将灌溉水输送至田间的渗水管道。输水部分也可以做成明渠。

渗水管道的埋深、间距是影响渗灌质量的主要因素。渗水管道的埋深应视土壤质地、作物种类及耕作要求而定，黏性土毛管水上升高度大，可较沙性土埋深些，管道的上缘应紧靠作物根系集中分布层，并使埋深大于农业机械深耕的深度，以防机械运行破坏。一般埋深 40～60 cm。管道的间距应视土壤质地、管内水头压力、管道埋深以及管材透水性能而定。土壤质地黏重，管内水头压力较大，管道埋深且管材透水性能良好时，间距可大些；反之间距宜小些。当管内水流无压时管道间距可为 2～3 m。

渗水管道的长度应视管道铺设坡度，管内水流有无压力，流量大小以及管道透水性而定。我国采用的无压渗水管道长度多为 20～25 m。管道铺设则应与地面坡度基本一致，一般取 1/1 000～5/1 000。

三、灌水时间

果树灌水，应在果树生长未受到缺水影响以前进行，不要等到果树已从形态上显露出缺水时才进行。如果当果实出现皱缩、叶片发生卷曲时才进行灌溉，将对果树的生长和结果造成不可弥补的损失。确定果树灌水时间，应根据果树生长期内各个物候期的需水要求及当时的土壤含水量而定。

在一年中，果树生长季节的前半期，植株萌芽、生长、开花、结果，生命活动旺盛，需要充足的水分。而后半期，为了使之及时停止生长，促进枝蔓成熟，适时进入休眠期，做好越冬准备，则要适当控制水分。一般在下列时期，根据土壤水分状况，进行灌溉。

1. 发芽前后到开花期　此时正值越冬后土壤水分缺乏时。灌水可促进萌芽及新梢生长，迅速扩大叶面积，增强光合作用，并使花芽继续正常分化，为开花坐果创造良好条件。在春旱地区，花前灌水能有效促进果树萌芽、开花、新梢叶片生长，以及提高坐果率。一般可在萌芽前后进行灌水，若能提前早灌效果则更好。

2. 新梢生长和幼果膨大期　此期常称为需水临界期。此时果树的生理机能最旺盛，若土壤水分不足，会使幼果皱缩和脱落，并影响根的吸收功能，减缓果树生长，明显降低产量。因此，这一时期若遇干旱，应及时进行灌溉。一般可在落花后 15 天至生理落果前灌水。南方多雨地区，此时常值雷雨季节，必要时还应注意排水。

3. 果实迅速膨大期　多数主要落叶果树的果实迅速膨大期常是花芽大量分化期，争夺水分的矛盾仍然存在。此时灌水，不但可满足果实膨大对水分的需要，而且可保证花芽分化之需，对当年及次年的产量均有良好作用。

4. 采果前后及休眠期　中国北方地区，为了提高果实品质，加强枝芽越冬前锻炼多不再灌水，必要时还须排水，但当秋旱时，可适当灌溉，一般在土壤结冻前进行，可起到防旱御寒作用，且有利于花芽发育，促使肥料分解，有利于果树次年春天生长。

四、灌水量

果树的灌水定额依果树的种类、品种和砧木特性、树龄大小以及土质、气候条件而有所不同。耐旱树种，如枣树、板栗等是水分要求较低的树种，灌水定额可以小一些；耐旱性较差的树种，如葡萄、苹果、梨等，灌水定额应大一些。幼树应少灌水，结果果树可多灌水。沙地果园，宜小水多灌。

盐碱地果园灌水应注意地下水位，以防止返盐、返碱。一般成龄果树一次最适宜的灌水量，以水分完全湿润果树根系范围内的土层为宜。在采用节水灌溉方法的条件下，要达到的灌溉深度为0.4～0.5 m，水源充足时可达0.8～1.0 m。

最适宜的灌水量，应在一次灌溉中，使果树根系分布范围内的土壤湿度达到最有利于果树生长发育的程度。只浸润土壤表层或上层根系分布的土壤，不能达到灌溉目的，且由于多次补充灌溉，容易引起土壤板结，土温降低，因此，必须一次灌透。深厚的土壤，需二次浸润土层1.0 m以上。浅薄土壤，经过改良，亦应浸润0.8～1.0 m。如果在果园里安置张力计，则不必计算灌水量，灌水量和灌水时间均可由真空计量器的读数表示出来。

根据不同土壤的持水量、灌溉前的土壤湿度、土壤容重、要求土壤浸润的深度，计算出一定面积的灌水量，即：

灌水量＝灌溉面积×土壤浸湿深度×土壤容重×（田间持水量×0.8－灌溉前土壤湿度）

土壤浸湿深度按根系分布计算，一般为60～80 cm。

由于不同土壤类型其容重和田间最大持水量也不同，可参考表6-8。

表6-8　不同土壤类型的容重和田间持水量

土类	土壤容重（g/cm³）	田间持水量（%）
黏土	1.38	71.2
黏壤土	1.40	60.2
壤土	1.48	52.3
沙壤土	1.62	36.7
细沙土	1.74	28.8

灌溉前的土壤湿度，每次灌水前均需测定，田间持水量、土壤容重、土壤浸润深度等项，可数年测定一次。

五、排水

排水是果园土壤水分管理的重要内容之一。在我国北方的大部分地区，雨季多集中在7～9月，连阴雨或一次性降水量过大会使果园，特别是建于低洼地的果园积水成涝。果园较长时间积水会因土壤缺氧导致果树根系和枝叶生长发育异常，严重时可出现植株死亡。

（一）排水不良对果树的危害

（1）果树根系的呼吸作用受到抑制，降低对水分、矿物质的吸收能力。当土壤水分过多缺乏氧气时，迫使根系进行无氧呼吸，积累乙醇造成蛋白质凝固。程度轻时，叶片和叶柄偏上弯曲，新梢生长缓慢，先端生长点不伸长或弯曲下垂。严重时可导致地上部叶片萎蔫、黄化并脱落，落花、落果，甚至根系变黑褐枯死或植株死亡。

（2）土壤通气不良，妨碍微生物特别是好气微生物的活动，从而降低土壤肥力。

（3）在黏土中大量施用硫酸铵等化肥或未腐熟的有机肥后，如遇土壤排水不良，使这些肥料进行无氧分解，使土壤中产生一氧化碳或甲烷、硫化氢等还原性物质，这些物质严重影响根系和地上部的生长发育。

由于排水不良对果树的早期危害一般都是由缺氧引起的，因而任何一种有利于氧气向根系或还原性的根际土壤供应的反应都将有利于果树在淹水条件下的存活。这些反应主要有较好的空气运输系统，较大的根系孔隙度，皮孔增生和不定根的形成等。

（二）排水时间

（1）多雨季节或一次性降雨过大造成果园积水成涝时，应挖明沟排水。

（2）在河滩地或低洼地建立的果园，雨季地下水位高于果树根系分布层时，必须设法排水。可在果园开挖深沟，把水引出果园。排水沟应低于地下水位。

（3）土壤黏重、渗水性差或根系分布层下有不透水层时，易积涝成害，必须排水。

（4）盐碱地果园下层土壤含盐高，会随水上升而到达表层，若经常积水，果园地表水分不断蒸发，下层水上升补充，造成土壤次生盐渍化。因此必须利用灌水淋洗，使含盐水向下层渗漏，汇集排出园外。

进行土壤水分测定是确定排水时间较准确的方法。此外，各种果树耐涝力的强弱也是是否进行排水的考虑因素。一般来说，桃、无花果的耐涝性弱，而葡萄耐涝性强，发现土壤过湿时，对不耐涝的果树先排水。我国幅员辽阔，南北雨量差异极大，雨量分布集中的时期也不相同，因此需要排水的情况也不相同。一般来说，南方较北方果园排水时间多而频繁，尤以梅雨季节应多次排水。北方7～8月多涝，是排水的主要季节。

（三）排水方法

1. 平地果园排水 即一般平地果园的排水系统，可顺势在园内或四周修排水沟，把多余的水顺沟排出园外。分明沟排水与暗沟排水两种：

（1）明沟排水。即在地表间隔一定距离顺行挖一定深、宽的沟进行排水。由小区内行间集水沟、小区间支沟和果园干沟3个部分组成，比降一般为0.1%～0.3%。在地下水位高的低洼地或盐碱地可采用深沟高畦的方法，使集水沟与灌水沟的位置、方向一致。明沟排水广泛地应用于地面和地下排水。地面浅排水沟通常用来排除地面的灌溉贮水和雨水。这种排水沟排地下水的作用很小，多单纯作为退水沟或排雨水的沟，深层地下排水沟多用于排地下水并当作地面和地下排水系统的集水沟。

（2）暗管排水。多用于汇集和排出地下水。在特殊情况下，也可用暗管排泄雨水或过多的地面灌溉贮水。暗管排水是在果园内安设地下管道，一般由干管、支管和排水管组成，其好处是不占耕地，不影响园间耕作、排水排盐效果好、养护负担轻，土质不适于开明沟的果园更适用。缺点是管道容易为泥沙堵塞，果树根也易深入管道间阻碍流通，成本高、投资大。

暗管埋设深度与间距，应根据土壤性质、降水量与排水量而定，一般深度为地面下0.8～1.5 m，间距10～30 m。在透水性强的沙质土果园中，排水管可埋深些，间距大些；黏重土壤透水性较差，为了缩短地下水的渗透途径，把排水管道设浅些，间距小些。铺设的比降为0.3%～0.6%，注意在排水干管的出口处设立保护设施，保证排水畅通。当需要汇集地下水以外的外来水时，必须采用直径较大的管子，以便排泄增加的流量并防止泥沙造成堵塞，当汇集地表水时，管子应按半管流进行设计。

目前，国外农田和果园排水多用明沟除涝，暗管排除土壤过多水分，并调节区域地下水位，成为全面排水发展体系。

2. 山地果园排水 丘陵山地果园在建园时，一般已修好等高水平梯田，在梯台开有后沟，在果园上方开有环山沟，用以排除过多雨水和山洪，防止土壤冲刷。若开园时尚未修筑好排灌系统的，应及时补做。在雨季到来前清除沟中杂物，使水流畅通，在出水口放平石，跌水处放跌石，防止土壤崩塌。

第七章　果树整形修剪

第一节　整形修剪的作用及意义

一、整形修剪的概念

整形是根据果树生长发育的内在规律和外界条件,综合运用修剪技术,把树体整成一定的形状,也就是使树体的主干、主枝及枝组等具有一定的数量关系、空间布局和明确的主从关系,从而构成特定树形。将果树培养成具有丰产、稳产、优质树体结构和群体结构的树形。

整形可以克服多年生果树在长期生长过程中,枝群拥挤、过密过疏、参差不齐的弊端,而使树冠各类枝条如主枝、侧枝及结果枝组等有一定的比例和明确的主从关系。使树冠按果树生长特性长期维持一定形状,以充分利用空间和光照,达到既有牢固骨架,又能早期丰产、长期优质高产,延长盛果年限。

修剪是指运用工具或以撑、拉、伤、变等手段,控制枝条的长势、方位及数量,形成一定的形状,达到维持良好的生长与结果的相互协调。使其在一定条件下达到丰产、优质、低耗、高效的栽培技术。修剪不仅指剪枝梢,还包括根系修剪、外科手术和化控技术等。

整形与修剪二者是相互依存不可分割的操作技术,整形是通过修剪来实现的,修剪又必须在整形的基础上进行。

二、整形修剪的作用

果树为什么要进行修剪?一方面果树是多年生作物,同一株树上,生长与结果、衰老与复壮同时存在,个体与群体的矛盾比较突出。因此,它在生长发育过程中,在不同时期、不同空间、不同器官间矛盾容易激化,经常出现不协调现象,如"大小年"、落花落果、果园封行、树冠郁闭、下部光秃等,必须通过修剪来调节;另一方面由于果树是产值较高,产品质量要求较高的经济作物,也有必要通过修剪来调节。这两方面的原因,促进了果树修剪的高度发展,成为果树栽培中不可缺少的重要措施。

果树整形修剪的作用就是根据果树的生长结果习性,培养适合一定栽植方法的早果丰产、稳产、长寿的树体结构和群体结构。减少病虫害发生,提高品质、抗灾能力,降低成本。在自然生长的情况下,果树的各部分经常保持着一定的相对平衡关系。修剪以后,树体原来的平衡关系被打破,从而引起果树地上部与根系,整体与局部之间发生变化,重新建立新的平衡关系。

(一)修剪的双重作用

在正常情况下,修剪能增强果树的局部长势,削弱整体生长量。这种既促进又削弱的作用称为果树修剪的双重作用。一般局部促进越强,整体受抑制越明显,修剪时要充分考虑这种双重作用。修剪对局部的促进作用,主要是因为剪后减少了枝芽的数量,改变了原有营养和水分的分配关系,集中供给保留下来的枝芽。修剪的局部促进作用常表现为,树龄越小,树势越强,促进作用越大,但局部促进作用主要与修剪方法、修剪轻重、剪口芽质量和状态有关，短截的促进生长作用最明显，尤其是剪口第一芽，第二芽依次递减，而疏剪只对剪口以下枝条有促进作用，而对其上部有削弱作用。在同等树势下，重剪较轻剪促进生长作用强，剪口芽质量好发枝旺。修剪对整体的抑制作用，主要是因为剪下大量的枝芽，缩小了树冠体积，减小了同化面积，修剪造成许多伤口，需消耗一定的营养物质才能愈合。抑制作用的大小与生长势有关，并随树龄增长，生长势缓和而减弱。因此修剪时要考虑到这种双重作用，既要从整体着眼，又要从局部着手，使局部服从整体。

（二）调节果树与环境的关系

整形修剪可以调整果树个体与群体结构，提高光能和土地利用率，改善单株或群体的通风透光条件。提高有效叶面积指数和改善光照条件是整形修剪主要遵循的原则，二者是相互矛盾的统一体，叶面积指数过大，必然引起光照不良，影响产量和质量，而叶面积指数过小，光能利用率低，也影响到产量。因此要通过整形修剪培养出良好的树体结构和群体结构，有效地利用时间和空间。

（三）调节生长与结果的关系

调节枝条生长势，促进花芽形成，协调生长与结果之间的关系是修剪的主要目的之一。生长是结果的基础，只有保证足够的枝叶，才能保证制造足够的营养物质，也才能分化花芽。但是若生长过旺，消耗大于积累，则又会因营养不足而影响花芽分化，相反结果过多则生长受到抑制，造成大小年，因此在生产上幼树期促进营养生长，使其尽快达到开花结果的枝叶量。盛果期树使花枝和营养枝保持一定比例，从而达到稳产。更新期加强营养生长，促进树体更新。

（四）调节果树各局部的关系

果树正常的生长结果必须保持树体各部分的相对平衡。

1. 根系与地上部的均衡 我们通常提到的整形修剪是指地上部的整形修剪，根系很少进行修剪，但是根系自身也有年生长周期和生命周期。通过修剪可影响到根系。例如，幼树期间根系和树冠都迅速扩大，因此地上部轻剪长放才能平衡根系与树冠的关系，若重剪则根系与地上部比增大，地上部生长势就会长旺。此外调节地上和根系的关系，还与修剪时期、修剪程度、修剪方法有关。

2. 调节器官间的均衡 修剪除能调节生长与结果的关系以外，也能调节同类器官间的平衡关系。如同一树体中各大主枝，同一主枝上侧枝以及枝组大小配备，枝条长、中、短枝比例。果实的分布和负载量等，要求有一定的从属关系和树势均衡。

（五）调节树体的营养状况

修剪作用实质上是在综合管理的基础上，对树体内营养物质的分配和运转进行适度的控制和调节，使养分得到合理利用和分配。

1. 对树体内营养成分的影响 果树冬季枝条短截以后，剪留部分所萌发的新梢含氮量和含水量，均有明显增加。但是，如果修剪量过重，碳水化合物的含量则有减少的趋势。因此，幼树的修剪量不宜过重，否则会导致枝条中含氮量增加，碳水化合物的含量减少，而使营养生长过旺，不易形成花芽，推迟结果年限，影响早期产量和经济效益。在葡萄初花期保留基部花序和4~6片功能叶摘心，可人为终止新梢延长生长，使营养及时供给花序，保证开花坐果，以期提高坐果率。

2. 对内源激素的影响 果树芽的萌发、枝条生长、花芽分化、果实发育等生理过程以及营养物质的分配和运转都受树体内的激素的控制。而激素的分布和运转与极性有关。短截剪去了枝条的先端部分，排除了激素对侧芽的抑制作用，提高了下部芽的萌芽力和成枝力，在芽上部刻伤，切断上部激素下运的通道，因而能刺激下部萌发新枝，开张角度改变了枝条顶端优势，促进侧芽萌发。

三、整形修剪的意义

合理整形，可以培养坚固的骨架，改善树体的光照条件，使其充分利用空间位置，扩大树冠，并负载大量果实，为丰产奠定良好的基础。在整形的基础上，修剪着重调节树势，调节树冠整体与局部枝条的生长和结果的关系，使枝条分布均匀，通风透光，促进幼树早成花，早结果；成龄树多结果，结好果，连年丰产稳产，延长盛果期年限，提高经济效益。整形修剪的意义，主要包括以下几个方面：

1. 幼树早结果、早丰产　果树是多年生作物，一般结果较晚，少则 2～3 年，多则十几年，甚至更长时间，如何提早结果、早期丰产、延长盛果期年限，是果树整形修剪的重要目标。如桃树具有芽的早熟性和多次生长的特性，可通过多次摘心，使其迅速扩大树冠，早成形、早结果；对于苹果、梨等，萌芽前采用刻芽、多道环切等措施，增加分枝，缓和树势，提早结果；对生长较旺而直立的树种、品种，开张角度，幼树采取轻剪、缓放，利用腋花芽结果，尽早进入盛果期。

2. 提高果品质量　通过整形修剪，使树冠通风透光；采取疏花疏果，合理负载，使果实个大均匀，光泽艳丽，果实品质好。

3. 降低生产成本，提高工作效率　果树因树种品种不同，树冠大小差异很大，任其生长，生产管理不方便，尤其是打药、采收费时费工。因此通过整形修剪，控制树冠高度，留出作业道，可使果园管理方便操作，降低管理费用，提高工作效率。

4. 增强抗御自然灾害的能力　根据各地气候条件，采取相应的整形修剪措施，如风大的地区，采用低干矮冠形；我国东北等寒冷地区，为便于埋土防寒，葡萄采用匍匐栽培和小冠多主蔓扇形整枝；光照强度大的北方，大枝易出现日灼病，用保留主枝上的背上小枝组的方法，可减少日灼；早春寒流常使杏、中国樱桃等早花树种花期受冻，修剪上多保留秋梢部分的花芽，以减缓不良气候影响造成的损失。

第二节　整形修剪的原则及依据

一、整形修剪的原则

随着科学技术的发展和生产实践经验的不断总结，果树整形修剪也在进行相应的变革，果树由不修剪到修剪，由无形到有形，由简单修剪到精细修剪，随着栽培制度的变革，修剪又逐渐转化到了简化修剪。这些变革都是围绕早结果早丰产，以获得优质的果品和提高果树的经济效益为目的。因此，果树修剪总的原则是"小树助长，大树防老，有形不死，无形不乱，因树修剪，随枝造型。"

1. 小树助长，大树防老　"小树助长"即幼树阶段，要多留枝，促分枝，促长树，早成形，早成花，早结果。"大树防老"即进入盛果期的树，修剪要把握如何维持树势中庸，稳定结果部位，及时更新复壮枝组，保持稳产和延长结果年限，防止衰老。

2. 轻剪为主，轻重结合　轻剪为主是指剪去的枝条的重量占树体总重量的比例较低。在全树轻剪为主，增加总生长量的基础上，对某些局部则要根据需要该轻就轻，该重则重，轻重结合。如对骨干枝的延长枝，要留壮芽适当短截以促发壮枝，扩大树冠和培养牢固骨架；对有空间的辅养枝，要轻剪缓放，少疏多留，以促进形成花芽，但对某些影响骨干枝生长和内膛光照的辅养枝要逐步疏枝回缩。对旺树采取轻剪缓放，对弱树则应在加强土肥水管理的基础上适当重剪。总之，在修剪的程度上，应根据生长与结果的平衡关系的变化而有所变化，才能达到高产稳产的目的。

3. 因树修剪，随枝作形　即根据果树生长结果具体表现及枝条分布情况进行修剪。由于品种、树龄不同及立地条件、栽培技术的差异，果树的生长结果表现是千差万别的，修剪时既要考虑树形、品种特点和株行距的大小，又要对每株树、每个枝的修剪灵活掌握，随枝就势，加以引导，不可机械的为造型而修剪。所以，既要对全树有总体设想，又要根据每个枝的长势、角度、位置进行适当调整，使之形成一个良好树形，安排好大、中、小各类结果枝组，成为一个丰产的树体。

4. 平衡树势，从属分明　在同一果园内，不同单株之间，或同一株树的不同类枝条间，生长势总是不平衡的。修剪时，就要注意通过抑强扶弱，保持果园内各单株之间的群体，长势近于一致，一株树上各主枝间及上下层骨干枝之间，保持平衡的长势和明确的从属关系，使整个果园的植株都能够上下内外均衡结果，实现长期的优质和稳产高产。

5. 统筹兼顾，合理安排 对幼树至初盛果期来讲，既要统筹安排好骨架，形成良好的树体结构，又要合理安排和利用辅养枝，尽量转化为结果枝，使其早结果、早丰产。片面追求整形，不是栽培的目的；而只顾当前结果而忽视整形，对盛果期丰产稳产不利。对盛果期树，生长和结果兼顾，修剪上要保持树体稳定，促使枝组健壮生长，才能稳产丰产。

6. 冬夏结合，综合运用 即冬季修剪和夏季修剪相结合，综合采用疏、截、缓、撑、拉、别、刻芽、摘心、扭梢、环剥、环割等方法。冬季修剪便于整形和调整骨架，有利于促进生长；夏季修剪可使树冠通风透光，调节和缓和生长，培养结果枝组，促进花芽分化，尤其是幼树、旺树，冬剪和夏剪结合，甚至以修剪为主，对培养骨架，调节树势，促进花芽分化效果明显，应大力推广应用。

二、整形修剪的依据

果树的生物学特性、外界条件和栽培技术是修剪的主要依据。

1. 根据品种的生长结果习性 有的品种萌芽率很高，成枝力很强；有的品种萌芽率很低，成枝力弱。枝条的开张角度，有的品种开张性强，甚至下垂，有的品种则直立性强。成花早晚及丰产性高低等也各有差异。所以修剪时要根据各品种的特性，采取相应的措施，才能收到良好的效果。例如国光等品种萌芽率低，成枝力弱，潜伏芽寿命长，幼树期应掌握少疏多截，促生分枝；盛果期枝多，可加大疏枝量，而萌芽率高的品种，如富士、祝光等，则应掌握多疏、少截。有腋花芽结果习性的金帅、鸡冠、祝光等品种，应充分利用腋花芽结果，培养枝组，可以采取先轻后重的办法，促生短果枝。结果枝寿命长的元帅、青香蕉等品种，应着重培养短果枝，增强结果能力，延长结果寿命，而结果枝寿命短的红玉等品种，应及时更新枝组，并培养新的枝组结果。

2. 根据不同的年龄时期 果树从栽植到死亡要经历幼树期、初盛果期、盛果期、衰老期4个阶段。在不同年龄时期，其生长结果表现不同，整形修剪的目的、任务和采取的措施也不同。

（1）幼树期。枝条直立，不开张，长枝多，短枝少。修剪的任务是促进生长，开张角度，扩大树冠，建造树形，采取多截少疏，充分利用辅养枝，局部控制使其迅速转化为结果枝。

（2）初盛果期。五至六年生树，已形成少量花芽结果，此时树的生长势较强，要继续扩大树冠，安排骨架，尤其要选择和培养主侧枝，充分利用层间和下层辅养枝，使其尽量转化为结果枝。此期整形修剪和结果并重，为进入盛果期大量结果培养好骨架和结果枝组。

（3）盛果期。10年左右大树，长势逐渐缓和，结果量增加，修剪要保持树势稳定健壮，选留健壮果枝结果，稳定增产，提高果品质量，延长结果年限。为此，修剪要细致，着重枝组的更新复壮，注意调整主侧枝的从属关系，均衡树势，不断改善内膛光照条件，多年的辅养枝要及时清理和疏除。

（4）衰老期。生长开始衰弱，修剪上要注意更新复壮，合理负载，尽量延长结果年限。

3. 根据不同的生长势 果树的生长势因品种、肥水条件、树龄、结果量及立地条件等因素的不同而异。果树的生长势可分为强旺、中庸、衰弱3种类型。树势强旺型，应该轻剪，缓和树势。弱树应去弱留壮，适当短截，控制花果量，促进树势的恢复。只有根据不同树势进行修剪，使果树有健壮中庸的树体，才能达到稳产丰产的目的。

4. 根据不同环境条件和栽培管理技术 不同的果园，所处的立地条件不同，土质不同，所处的小气候也不一样。土质肥沃，地势平坦，水浇条件好，果树的生长势较强，可采用大冠品种，树冠可适当高些，层间距大些，修剪量宜轻一点，使树快长、早成形、早结果；土层薄、土质差的丘陵地，肥水一般，栽植密度较大，宜采用小冠型。土肥水条件差，果树生长势较弱，树冠宜小不宜大，树干要矮，层间距不可过大。修剪时多用壮枝壮芽短截。风对整形也常有较大影响，如红星等品种枝条软，夏季风多，常使迎风面枝角度变小，应注意降低树干高度，拉枝开角。在冻害较重的地区或抗寒较差的品种，冬剪时应适当多留花芽，并多利用腋花芽和副梢花芽等，或采取防寒措施。

5. 根据不同的栽植密度　栽植密度不同，其整形修剪方式也应有所不同。一般栽植密度大的果园，整形时应注意培养枝条级次低、小骨架和小树冠的树形，修剪时应注意开张枝条角度，控制其营养生长，控制树冠过大，促进花芽形成，以发挥其早结果和早期丰产的潜力；对栽植密度较小的果园，则应适当增加枝条的级次以及枝条的总数量，以便迅速扩大树冠，充分利用空间，为下一步高产打下基础。

6. 根据修剪后的树体反应　修剪后的树体反应是整形修剪的重要依据。也是鉴定修剪技术正确与否的重要标准，如上一年疏枝过重或短截过重，枝条生长过旺，则下年应适当轻剪；如果枝细弱，花量过多，下年应多疏一些质量差的花芽，防止下一年成为"小年"。

综合以上几个方面，果树修剪的依据可概括为"五看"：看品种特性，看树龄时期，看生长势，看环境条件，看修剪后的反应。把情况分析透了，修剪才有充分的依据，才能灵活地运用各种修剪方法，发挥整形修剪的调节作用。

第三节　与整形修剪有关的生长特性

一、芽的异质性

枝条上不同节位的芽，由于在形成时所处的位置与所经历的时间长短、营养状况不同，芽的质量就不一致。通常一个枝条最基部的芽，发育早，营养差，故小而不充实，多数情况下，翌年不能萌发而成潜伏芽；自下而上，各节叶片增大，腋芽发育条件改善，所形成的芽愈加饱满，芽内分化愈臻完善，到枝条的中上部为最强健，再向上，所形成的叶又变小，芽发育的时间也减少，芽的质量又差。至于顶端则依据枝条类型的差异，或者形成叶芽，或者形成花芽。如属秋梢，则顶芽往往不能充分发育而成秕芽；春秋梢交接部位，又往往不能形成花芽而形成盲节。修剪时，剪口落在饱满芽上，可以促发强旺枝条；剪口在基部可以迫使潜伏芽萌发而成枝，起更新作用；剪口落在盲节处，则可促使下部较多弱芽萌发而形成中、短枝条，藉以缓和树势，或使营养生长转向成花结实。

二、顶端优势

果树和其他高等植物一样，其主茎顶端生长占优势，同时抑制着它下面邻近的侧芽生长的现象，称为顶端优势。顶端优势产生的原因，目前尚无定论。F. W. 温特于 1936 年提出了营养调运学说，他认为顶端分生组织的细胞生长活跃，代谢旺盛，合成的较多的激素，促使营养物质向顶芽调运，使侧芽得不到足够的营养物质而受到抑制。枝条一经修剪，顶端优势就转移到剪口以下各芽。如将枝条拉平，顶芽对下部芽的抑制作用减弱或消失。利用或改变顶端优势，就可以调节芽的萌发，平衡枝间与株间势力，甚至于变发育枝为结果枝，或者反之。果树在幼龄时期枝量少，生长旺而直立，顶端优势明显，故修剪宜轻，尽量多留枝叶，开张角度削弱其顶端优势，成龄树分枝已多，长枝甚少，枝条开张，顶端优势明显减弱，因此，修剪量宜重，短截多，疏除弱枝也多。

三、萌芽率、成枝力

1. 萌芽率　某一枝上萌发芽数与总芽数的比例称为萌芽率。萌芽率是果树修剪重要的依据之一。
萌芽率强弱是相对而言的，因树种、品种而异。桃、李、杏、葡萄比苹果、核桃萌芽率高；秋子梨、白梨比沙梨萌芽率高。苹果品种间萌芽率有强到弱依次为红玉、祝光、金帅、富士、红星、印度、国光；苹果的短枝型比同源的普通型品种萌芽率高。同一树种、品种萌芽率大小受芽的发育程度和着生位置、枝势及枝条类型的影响。中庸树比徒长树萌芽率高。同一树种不同品种间萌芽率高的比低的结果早。一些农业技术措施，如刻伤、拉枝、延迟修剪、喷生长调节剂等，可提高萌芽率。

2. 成枝力 一年生发育枝短截后抽生成长枝的能力称为成枝力。成枝力是果树重要的生长习性，通常以萌芽中抽生长枝的比例表示，称为成枝率。

成枝力的强弱，主要依树种、品种而异，但也受树龄、栽培管理、修剪程度、砧木等因素的影响，一般桃的成枝力强于苹果，苹果的成枝力强于梨。苹果不同品种间成枝力强弱顺序依次为红玉、祝光、富士、金帅、红星、国光。短枝型品种成枝力弱于普通型品种。不同品种间成枝力的强弱，与芽的发育程度和构成有一定关系；凡是长枝上侧芽小、芽鳞片少、芽轴短的品种，成枝力一般表现较强。成枝力随树龄的增长而逐渐减弱，随短截程度的加重而增强。生长在土层深厚、肥沃、水分充足、通气良好的条件下，可以提高成枝力。成枝力强的品种，在整形中容易选留骨干枝，幼树生长快，成形早，注意对骨干枝以外的长枝及时改造利用，容易获得早期丰产。

四、层性

层性是顶端优势和芽的异质性共同作用的结果。顶端优势、层性明显的果树，从幼年开始，中心干上的顶芽或剪口芽，萌发力旺盛的延长枝，顶芽及剪口芽以下的几个侧芽，则萌发为强壮枝或较强壮的枝条，中部的芽抽生较短小的枝，中部以下的芽多数不萌发而为潜伏芽。随着幼树的生长，顶部强壮的枝条逐年生长，形成骨干枝，中部的弱枝形成枝组，或成为弱小枝。骨干枝随着树龄的增长，逐年长大，弱小枝则逐渐衰亡，使骨干枝在中心干上的分布呈分层状态。

层性的表现因树种、品种、树龄、枝干级次不同而异，凡顶端优势强、干性明显、顶芽及附近数芽发育特别良好的树种，层性就明显，如核桃、银杏等。顶端优势弱，干性不明显，其层性也不明显，如桃、柑橘等。幼树层性明显，随着树龄增长，层性遂不明显。层性在中心干上比主枝上明显。

层性是果树需光适应性或光照自身调节的表现。具有层性的树冠，由于层与层之间有较大间隔，有利于树冠内的通风透光。在生产上，常通过整形修剪将苹果、梨、核桃、栗等果树培养成有一定层性的树形。

五、生长势

发育枝抽生数量和生长强度的总体表现，以骨干枝延长枝的发枝数量多少、长度、粗度、充实度、生长方向以及枝条颜色和光泽来衡量；有时也以春梢初期生长速度来衡量，生产上，常以树冠外围大部分新梢的生长状况作为判断树势强弱的标志之一。

果树生长势受树种、品种、砧木、树龄、结果多少、土肥水管理和修剪程度等多因素的影响。通常同一品种嫁接在乔化砧或短枝型的植株生长势强，幼树比成龄树生长势强，随着树龄的增大，生长势逐渐减弱，连年大量结果，生长势会很快变弱。生产上幼树期要求生长势强，以迅速扩大树冠，为以后丰产打下基础；成年树要求生长势长期稳定在中等程度，保持高产稳产。冬季适度重修剪，减少部分弱枝弱芽，疏除过密枝，改善光照条件，使留下的枝条获得较多来自根系吸收的水分、矿质元素和合成的含氮有机质及激素类物质，可以明显增强生长势。

第四节 与整形修剪有关的术语

一、果树芽的类型

1. 顶芽 着生在枝条顶端的芽称为顶芽。

2. 侧芽 着生在枝条顶端以下各部位叶腋间的芽称为侧芽，也称腋芽。

3. 盲节 春梢逐渐停止生长至秋梢逐渐开始生长时，形成的交界部位称为盲节。

4. 潜伏芽 也称隐芽，枝条基部以及盲节附近的芽，生长势极弱，一般不萌发而呈现潜伏状态，只有在短截等刺激下才能萌发，这样的芽称为潜伏芽。

5. 不定芽　在根或枝干上没有芽体形态的部位，经过刺激而萌发的芽称为不定芽。

6. 叶芽　萌发后只抽枝长叶，不能开花结果的芽称为叶芽。

7. 花芽　萌发后能够开花的芽称为花芽。着生在枝条顶端的叫顶花芽，着生在其他部位叶腋间的花芽称为腋花芽。

8. 混合芽　萌发后不仅能够抽枝长叶，而且着生花序，能够开花的芽称为混合芽。如苹果的花芽都是混合芽。

二、果树枝干的类型

1. 骨干枝　骨干枝包括主干、中心干、主枝和侧枝等，是构成树体骨架的枝干。

2. 主干　从根颈起到构成树冠的第一大分枝基部的树干称为主干。主干负载着整个树冠的重量，是根系和树冠营养物质交换的运输通道。

3. 中心干　第一层主枝以上直到树冠顶端的树干称为中心干，也称中央领导干。

4. 主枝　直接着生在中心干上，构成树冠骨架的各大分枝称为主枝。

5. 侧枝　直接着生在主枝上的大枝叫侧枝。从靠近主枝基部第一个算起，分别称为第一、二、三……侧枝，其中离主干非常近的侧枝常被称作把门侧枝。

6. 延长枝　各级骨干枝先端向外延伸生长的一年生枝称为延长枝或延长头，其逐年向外延伸，扩大树冠。

7. 辅养枝　着生在树冠各部的非骨干枝叫辅养枝，起着辅养树体和结果的作用。

8. 枝组　着生在各级骨干枝上的小枝群，其中有若干结果枝和营养枝，是生长和结果的基本单位，经常被称为结果枝组。

三、果树枝条的类型

1. 新梢　芽萌发后长出的新枝，在当年落叶之前称为新梢。

2. 春梢　春季抽生的新梢称为春梢。

3. 秋梢　秋季抽生的新梢称为秋梢。

4. 副梢　新梢上的侧芽在当年萌发形成的分枝称为副梢，或二次枝。

5. 果台副梢　苹果树着生花芽的部位，开花结果后增粗肥大称为果台。果台上抽生的副梢称为果台副梢。

6. 结果枝　着生花芽，能够开花结果的一年生枝叫做结果枝。结果枝又分为以下几种：

（1）长果枝。当年生长量在 15 cm 以上，顶芽是花芽的结果枝。

（2）中果枝。当年生长量在 5～15 cm，顶芽是花芽的结果枝。

（3）短果枝。当年生长量在 5 cm 以下，顶芽是花芽的结果枝。

（4）短果枝群。短果枝多年连续结果，分枝形成的结果枝群。

7. 营养枝　只着生叶芽，萌发后只能抽梢长叶的枝叫营养枝。营养枝具有辅养树体、扩大树冠的作用，并且能够形成结果枝。营养枝又分为发育枝、徒长枝和竞争枝。

（1）发育枝。芽体充实饱满，生长健壮，能够构成骨干枝，扩大树冠，并且可以培养成结果枝。

（2）徒长枝。由休眠枝受刺激萌发生长而成，常着生在各级骨干枝的多年生部位，特点是生长势旺、节间长、叶片大而薄、芽体瘦弱、消耗营养物质较多。

（3）竞争枝。着生在骨干枝延长头下部，生长直立强壮的枝条，常与延长枝竞争生长，争夺营养和空间。

8. 轮生枝　在很短的枝段上，几个临近的芽萌发后，形成 3 个以上呈现轮状排列生长的枝条，统称为轮生枝。

9. 叶丛枝 生长量小，节间极短，没有明显的腋芽，叶序的排列呈丛状的枝称为叶丛枝。营养条件好时，叶丛枝可以转化成结果枝。

10. 裙枝 在树冠下部外围向下生长的枝条统称为裙枝。

第五节 整形修剪方法

一、树体结构

（一）树体结构对果树的影响

树体结构主要是树干和树冠高度、树冠形状、骨干枝的数量和级次、开张角度、叶幕厚度、树体负载量等。

良好的树体结构，是果树丰产的基础。树体结构是否合理，关系到果树结果的早晚、产量高低、质量优劣、盛果期的年限及经济寿命。

1. 树体结构对果树早期丰产的影响 迅速形成果树有效的结果部位和级次，对提早幼树结果有很大作用。矮干比高干较早进入结果期；对苹果来说幼树开张角度，并迅速形成大量结果枝组，可有利于早期丰产，反之不利于早期丰产。

2. 树体结构对连年丰产的影响 不同的树体结构对空间的利用率不同，所以不同树体结构的树冠对产量的影响很大，一般来说，有中干的树形比开心形对空间利用率高，有中干的树形，主枝分层，枝组配备得当，空间利用率高，从而有利于丰产。不同的树冠结构对光的利用率不同，过稀的树冠对空间利用率不高，过密的树冠易使内膛郁闭，顶端优势过强，内部枝组枯死，容易造成结果部位外移，所以，过稀过密均不利于合理利用空间，对结果不利。

3. 树冠结构对果树经济寿命的影响 树冠结构直接关系到果树经济寿命的长短，树冠结构良好，可改善树体营养状况，调节果树生长与结果的矛盾，延长果树的经济寿命。如桃树在自然情况下，十几年就会衰老，而采取合理修剪，保证良好的树体结构，寿命可达 30 年或更长。

（二）树体结构各基本因素的作用及其相互关系

1. 树体高度 树体高度是决定树冠体积，结果多少的重要因素，因树种、品种、砧木、气候与土壤条件及其他农业技术而不同。板栗、核桃比梨、苹果高大，桃干性较弱；苹果实生砧，树体乔化，海棠、沙果树体较大，崂山奈子较矮化；山地土壤瘠薄，地下水位较高的地方，树体一般较矮，反之则高。树体高度适当增加，对合理密植及经济利用空间有重要意义，但树体过高，外围枝过密易引起内部光照不足，内膛枝枯死，影响生长结果。所以，必须因树种、品种、砧木、气候与土壤条件及其他农业技术而定。

2. 主干高度 干高是决定产量和经济寿命的重要因素。各种果树寿命最长、结果量最大的层次是不同的。如苹果、桃第一层枝最强，柿、枣等层次较多，矮干形的果树，树冠的枝组多，开始结果早，产量高，寿命长。矮干可预防日灼，修剪、采收、防治病虫害等操作方便，但不利于机械化操作。

3. 中心干（中央领导干） 中心干的有无是决定树冠体积、树形和产量的重要因素。层性强的果树，栽植比较稀的果园，多数采用有中心干的树形，中心干的长短主要是根据目标树形的高度来控制的，中心干的最高处就是树冠高度，为了保障行间通风透光，树高一般为行距的 80%，当树冠超过要求高度时，就应落头，落头多落在最上一个主枝的基部分枝处。

4. 主枝数目和配置 主枝是构成树形的主要骨干枝，主枝数目多少是因树种、品种、整形方式与生长环境及其他农业技术的不同而不同。过多会使枝长且密，树冠郁闭，影响通风透光。从而影响产量达不到丰产的目的。稀植大冠形 5～7 个主枝，同时配备部分侧枝，使树体排列有序，配备好结果枝组；密植园有干形，目前采用纺锤形等，主枝数目可多，级次低，不配备侧枝，主枝上直接配置结果枝组。

5. 层次关系 为了保证冠内通风透光，各层主枝要有一定层间距，一般下层间距大，向上各层逐渐减小，同层间，各主枝生长势要均衡，主枝角小，易生长旺。侧枝过多，易影响同层或上下层的光照。随着树龄的增大，产量的不断提高，要随时对侧枝、结果枝组进行调整和更新，以保持各层间互不影响，树体结果枝分布合理，生长势均衡，经济利用空间，获得较高的产量。

（三）果树常用树形及特点

果树生产所选择和常用的树形，主要应根据树种和品种的生长特性及栽培的需要，采取人工控制其树体大小，树冠结构、确定干高、树高、树冠间隔、主枝层次及主枝排列等而选择相应的树形，现将有关树形介绍如下：

1. 中心干形 这类树形适用于有中心干的果树，如苹果、梨、甜樱桃、柿、栗、核桃、银杏等。其特征为中心保持一个中心干，主枝排列在中心干上，向四周伸展。依树种品种层性强弱，在中心干上可分层或不分层。

（1）主干疏层形。主干疏层形在苹果乔砧稀植园中采用较多。树形主要特点，有中干，干高50～60 cm，全树5～6个主枝，分成明显的2～3层，第一层3个主枝临近或临接，第二层1～2个主枝，插入第一层空间，尽量避免对生，第三层1个主枝，插空上升。

① 主枝间距。第一层3主枝层内距10～30 cm，第一层与第二层间距80～120 cm，第二层和第三层间距60～80 cm。

② 主枝角度。第一层主枝基角65°～75°，腰角60°～70°，梢角60°左右，整个主枝略呈弓形，如能左右略有弯曲更为理想。

③ 侧枝配备。侧枝是着生结果枝组的主要部位，第一层每主枝3～4个侧枝，第一侧枝距中心干50～60 cm，第二侧枝在第一侧枝对侧，距第一侧枝40～50 cm，第三、四侧枝距第一、二侧枝各100 cm左右，侧枝方向以背斜侧枝为好。第二层以上各主枝配置1～2个侧枝，交错插空安排。角度可以较第一层小一些。

主干疏层形树冠高度以4 m左右为宜。土质好，株行距较大时，树冠可略高，土层薄，株行距较小，树冠可矮些，分两层，树高3 m左右。此树形符合有中心干的果树的特性，主枝数适当，结合牢固，为目前我国有中心干果树苹果、梨最常用的树形。

（2）小冠疏层形。这种树形由主干疏层形改进而来，多用于苹果短枝型品种或矮化密植果园。树高2.5～3 m，干高50 cm，第一层可安排3～4个主枝，每主枝1～2个侧枝；第二层留1～2个主枝，不再留侧枝，距一层50～60 cm，主枝间距30～40 cm。

（3）纺锤形。又称自由纺锤形，有主干形发展而来，在欧洲广泛应用。干高40～50 cm，树高2.5～3 m，冠径3 m左右。在中心干四周培养多数主枝，主枝水平短于1.5 m，主枝不分层，上短下长，主枝上无侧枝直接着生结果枝组。适用于发枝多、树冠开张、生长不旺的果树。如梨、李、苹果短枝型或矮化砧苹果等。修剪轻，结果早。树冠透光好，产量稳定，果实品质好，干性弱的要设支架。另外，矮纺锤形树形较矮小，树高2～2.5 m，冠径1.5～2 m。

（4）细长纺锤形。为当前欧洲广泛推广的树形。中心干除下部培养近于水平的大枝3～5个外，不再分出大枝，而在中心干和大枝上培养水平枝组结果。适于每666.7 m² 栽222株的矮化苹果树，如M9砧的金冠。

（5）高纺锤形树。树冠高3 m，小结果枝组着生在主干上，有10～15个位置合适且不超过30 cm的侧枝，第一侧枝距地面不少于80 cm。一般约隔10 m立一个2.5 m长的水泥桩，分别在1 m和2 m处各拉一道12号钢丝，扶直中干。用竹竿作立柱绑缚。这种树形必须用矮化砧（如M9T337）或矮化中间砧（基砧甜茶—中间砧SH6—品种）。株行距多为（1.3～1.5）m×（3.5～4）m，每667 m²栽植111～170株。

2. 无中心干形 这类树形适用于中心干不易培养的果树，如桃、杏、李等，主枝从主干上部分生，无中心干，一般树形较矮。

（1）杯状形。此树形由丛状形改进而来，曾用于无中心干的核果类果树，仁果类果树也曾有应用。主干留一定高度剪去上部，使分生 3 个主枝，向四周斜生，均衡发展，自后再使 3 个主枝各分生 2 个势力相等的主枝，以后逐年继续分生，直至左右邻近的树相接近为止，而树冠中心始终保持空虚，呈杯状。

（2）自然开心形。又称挺身开心形，由杯状形改进而来。主枝 3 个在主干上错落着生，排列较开张，其先端直线延伸，而它的姿势比较直立，在主枝侧外分生副主枝。基部副主枝大力培养，使其尽量向外伸展，树冠侧面形成两层，树冠中心仍保持空虚。此树形的优点是：

① 符合核果类果树的生物学特性，整形容易。主枝结合牢固，树体健康长寿。

② 树冠开张，侧面分层，结果立体化，结果面积大，产量较高。

③ 主枝比杯状形不易暴露，枝干日灼病和其他病害较少。但由于基本主枝少，早期产量不如杯状形，更不如丛状形。

此形常用于没有中心干的核果类果树，但在苹果、梨上也有应用。

（3）自然圆头形。又名自然半圆形。属于无中心干形中的闭心形。过去梨、柿、枣、栗等落叶果树粗放栽培也常应用。主干在一定高度剪截后，任其自然分枝，疏剪掉过多的骨干枝，适当安排主枝、侧枝和枝组，自然形成圆头形。此形修剪轻，树冠成形快，造型容易，但内部光照较差，影响品质，树冠无效体积多。

（4）V 形。果树主枝呈 V 形生长的一种树形，有支架者称 Y 形架。该树形起源于澳大利亚，已在桃、苹果、梨等多种果树上应用，美国、新西兰也开始应用。树干上发出两个主枝，不留中心干，两主枝夹角 60°，并分别与地面呈 60° 夹角斜上生长，架顶枝条间距 2 m，树高 2.5～3 m，冠幅 2.5 m 左右。V 形结果早，产量高，品质优良，便于采收。

二、整形修剪时期

果树修剪的时期不同，效果差异很大。这主要是由于果树在不同时期其营养和器官条件不同所致。其次，各时期环境条件不同也有关系。按照修剪时期的划分，在年周期内通常将修剪分为休眠期修剪和生长期修剪。

（一）休眠期修剪

休眠期修剪是指落叶果树从正常的秋冬落叶至春季发芽前进行的修剪。常绿果树从晚秋秋梢停长至春梢萌发时进行，落叶果树休眠期已落叶，对果树的整体结构和局部安排所存在的问题，容易认清看准。果树处于休眠阶段，生命活动微弱，养分已回流到根系和骨干枝内贮存，修剪后损失养分也较少。地上部修剪后，枝芽减少，留下的枝条集中利用贮藏养分，因此，新梢生长加强，剪口附近枝芽长期处于优势。有些树种如葡萄，春季修剪过晚，容易引起伤流，会严重削弱树势。所以葡萄最适宜的修剪时间，是深秋或初冬落叶以后；而核桃树在休眠期修剪，却会发生伤流，因此核桃树的适宜修剪时期是在春季和秋季，而不可在冬季。

冬季修剪主要是疏除密生枝、病虫枝、并生枝和徒长枝以及过多过弱的花枝，调整骨干枝、辅养枝，更新果枝等。

树势强弱不同，修剪的具体时间也应有所区别。一般先剪弱树，后剪旺树，过旺的幼树也可以到次年春季萌芽前树液开始流动时修剪，可以起到缓和削弱树势的作用，较寒冷的地区应注意剪口芽的保护，防止冻害。

（二）生长期修剪

在果树萌芽后的生长发育期内进行的修剪，称为生长期修剪。生长期修剪的作用主要在于控制树形，改善冠内通风透光条件和促进花芽分化。另外，还可提高冠内光合效率等。生长期修剪又可分为春季修剪、夏季修剪和秋季修剪，现分述如下。

1. 春季修剪 亦称春季复剪，或称花前复剪，主要补充冬季修剪的不足。除葡萄、猕猴桃、核桃等需防止伤流外，大多果树都可以进行春季修剪。春季萌芽后贮藏养分被萌动枝芽消耗，一旦已萌动的芽剪去，下部芽再重新萌动，生长推迟。因此，顶端优势明显减弱，从而提高萌芽率，有利于缓和生长势，另外对于花芽量少或不易识别花芽的品种，冬剪可适当多留枝，春天萌芽后进行花前复剪，进一步调整花量，对缓和大小年结果有良好效果。

2. 夏季修剪 因修剪减少部分枝叶量，对树体生长有一定削弱作用。所以一般其修剪量要轻些。主要调节生长与结果的关系，改善树体内膛光照条件，促进花芽分化和果实的生长；对幼树旺树利用二次枝，有利于培养结果枝组。夏季修剪除短截外，曲枝、摘心、扭梢、环割、拿枝等，应灵活掌握。

3. 秋季修剪 果树在年周期中，新梢停止生长后，落叶前或休眠期以前，在秋季进行的修剪。如核桃落叶后修剪常常有伤流，在采收后进行修剪。一般在果树落叶前对树体结构，枝叶密度判断较为准确，因此，成龄树树体结构调整，可在秋季进行，疏除大枝后，伤口冬前即可愈合，可以减少病害或冻害，同时，可减少对剪锯枝条的刺激，防止翌年春萌发徒长枝。

总之，根据果树树种、品种和不同年龄时期生长结果状况，在年周期中出现的不同矛盾，及时采取适当修剪措施是十分必要的。

三、整形修剪的方法

果树修剪的基本方法包括短截、疏剪、缓放、缩剪、刻芽、捋枝、环剥、拿枝、摘心、扭梢等。果树从幼树定植、整形、培养枝组到衰老更新均采用上述各项基本修剪方法综合运用，现将各项基本修剪方法分述如下。

（一）短截

短截是对果树一年生枝条保留一部分，剪去另一部分的方法。

1. 短截的程度和类型

（1）轻短截。即仅剪去枝条的顶端部分或在春秋梢交界盲节处剪截1/3～1/4。一般剪口部位选留弱芽或次饱满芽，修剪后，剪口下发1～2个中长枝条，发出枝条的生长势较原来的枝条弱或相似，可促进萌芽率，形成较多的中短枝和叶丛枝。辅养枝为了缓和树势，多采用轻短截。

（2）中短截。指在一年生枝春梢或秋梢的饱满芽处剪截1/2～1/3。中短截能提高萌芽率和成枝力，促进生长势。通常对幼树骨干枝延长枝和培养大中型结果枝组时常采用中短截。

（3）重短截。在枝条下部或基部次饱满芽处剪截。通常为了利用此枝，但又要控制其生长部位而采用重短截。重截后，剪口下往往萌发1～2个旺枝及部分中弱枝。

（4）极重短截。在枝条基部轮痕处剪截。剪口芽是弱芽或剪口稍斜，促使基部隐芽萌发，极重截常常为了削弱枝条的生长势，因为有些枝条若疏除则太空，保留又太强，需采取极重截的办法。

2. 短截的具体运用 在整形修剪中，短截是应用最多、最广泛的修剪手段之一。为了达到以下目的，常运用短截的方法。

（1）幼树整形时，定向培养骨干枝，增加枝条数量和增大尖削度，建造牢固的骨架，运用中短截。

（2）促进幼树快长树，多分枝，增加枝量，扩大树冠，多用中短截和轻短截相结合。

（3）提高成枝力和增强树势，运用中短截。

（4）利用辅养枝，培养中大型枝组，增加枝叶密度，充分利用空间，运用中短截和轻短截。

（5）利用剪口芽改变枝条角度和延长枝方向多运用中短截。

（6）复壮弱树的弱枝，促进花芽形成，运用中短截。

（7）使辅养枝靠近骨干枝，采用重短截和轻短截结合的方法。

（8）平衡树势，削弱局部枝条的生长势，运用轻短截，促进局部枝条生长势，运用中短截。

（9）旺树促进花芽形成，运用轻短截或延迟中短截。

（二）疏剪

将枝条从基部全部剪除的修剪方法称疏剪。

1. 疏剪的作用　从树体来讲，疏剪减少总体生长量；而从生长来讲，疏剪起到调节树体枝类组成和果枝比例等作用。疏剪的剪口成为上下物质交换的阻碍，因此，对剪口部位上下的枝有削弱和促进的双重作用。剪口越大，这种作用越明显。

2. 疏剪的应用范围　主要是疏剪影响光照的过密大枝、病虫枝、枯死枝，没有利用价值的徒长枝，过密的交叉枝、重叠枝，旺树外围过多的影响光照和竞争力强的发育枝，衰弱树的弱枝和过多的弱果枝等。

3. 疏剪的应用

（1）促进局部生长。为了促进骨干枝的生长，对其上部多余的大辅养枝或大枝进行疏除，一是伤口大阻止养分向上运输，二是改善了下部枝的光照条件，有利于促进剪口下部枝条的生长势。

（2）削弱或抑制部分枝的生长。为不削弱和抑制树冠上部和外围枝的生长势，对下部过密大枝疏除，同时增大伤面，起到削弱上部枝生长的作用。

（3）疏除多余的、过密的、无保留价值的枝和病虫害枝。

（4）疏除过密外围枝。进入结果期后，外围枝叶密挤，枝条生长旺，内部枝生长弱，光照差，花芽不易形成或坐果率低，疏除部分辅养枝和外围枝，疏清层距，内膛见光，促进成花，提高坐果率。

（5）促进弱枝成花。如树弱枝密，可疏剪弱枝留壮枝；如树旺徒长不成花，则应疏除上部旺枝、直立枝、削弱生长势，促进中弱枝形成花芽。

疏剪，尤其是疏大枝过多，会削弱全树或被疏枝的生长势，成龄树疏除大枝应特别注意伤口的保护，尽量减少在骨干枝上造成大的伤口，剪口下留有分枝，有利于伤口愈合。避免一次连续的"连口疤"和"对口疤"等。枝头连续伤口常易引起小叶病的发生。疏大枝伤口要削平，并涂防护剂保护伤口。

（三）缓放（长放）

对一年生发育枝不剪截称缓放，或称甩放。缓放枝没有剪口的刺激作用，枝势缓和，提高萌芽率，中短枝比例增加，有利于成花结果。缓放与轻剪的反应类似，因而在修剪中常把轻剪缓放相提并论。在幼树、旺树的辅养枝上灵活采用，对缓和树势，促进分枝，早成花和早结果有良好效果。

（四）缩剪

对多年生枝或枝组的剪截称为缩剪，又称回缩。在幼树上，缩减为了控制辅养枝，限制生长空间，削弱枝势，使之转化为果枝。在盛果期树上，为培养中型枝组，去强留弱，改善内膛光照，对背上背下枝组缩剪。过长的下垂枝抬高枝头，密植果园骨干枝交叉改换枝头或连续几年长放，结果部位外移，为更新枝组回缩复壮。

衰老树骨干枝下垂回缩更新，常用背上或背上斜侧枝代替主枝延长头。

对于疏剪的应用要适当。幼树枝量少，生长势强或角度小的枝，回缩过重、过急易引起发旺条。所以，幼树不要急于回缩；盛果期或衰老树，枝龄大，生长势已缓和或衰弱，回缩常易削弱枝势，缩剪时剪口要留带头枝，维持其生长势，尤其树冠内膛和中下部的大型枝组缩剪时，后部光秃较重，剪口带头枝弱小，过重、过急缩剪会严重削弱生长势，常导致缩剪枝发生干腐病等枯死现象。

对老树缩剪，能刺激局部潜伏芽萌发，抽生新的徒长枝，更新树冠，延长结果年限。

（五）捋枝

捋枝是指在春季萌芽前，树液开始流动时，对辅养枝进行开张角度促进萌发的措施。手握枝条，由基部向梢端渐次捋出使枝条的皮部多处见到细微横裂口，有时或使木质部稍有伤损，并使枝条开大角度，捋枝有利于促进枝条的萌芽力，促发中短枝，促进花芽形成。

（六）刻芽与刻伤

1. 刻芽　又称为目伤。在冬季修剪或萌芽前，在枝条或芽的上方用刀横割深入木质部，切断木质部部分导管，暂时阻碍水分和养分的运输，使之集中到伤口下的芽（或枝条）上，促进芽的萌发。在幼树整形时，萌芽力弱的品种常采用此法发枝。在修剪时，用剪刀在枝条中下部割几刀，或萌芽前在芽上方刻伤皮层，可促生中短枝。

2. 生长季刻伤　幼树冠内辅养枝及主侧枝上的新梢芽下方，进行分段刻伤。这时的刻伤，主要是对韧皮部，一般不伤木质部，保护好叶片，阻止上部叶片同化物质的下运，缓和枝条生长势，萌发2次新梢，促进花芽形成。

（七）环剥、环割、倒贴皮

1. 环剥　剥去枝干上一定宽度的环状皮层称环剥。

（1）环剥部位。在主干中上部或主枝的分枝部位环剥，对树冠起暂时削弱作用，常可促其早成花，早结果。

① 辅养枝基部环剥。为充分利用辅养枝，使其结果而采取的促花措施，常常是结几年果后疏除。

② 枝组环剥。对一些缓放枝，前部已形成中短枝，后部常常发枝少，在分枝部位的下部环剥，促其前部分枝成花结果，而剥口后部因环剥刺激仍能发出新分枝，待前部结果后，后部促发的枝条已成花芽，可缩剪前部，保留后部，稳定结果部位。

（2）环剥时期。为形成花芽在5月中旬至6月下旬环剥为宜；为促进坐果可在盛花末期和5月上中旬进行。

（3）环剥宽度。环剥宽度原则是剥后20 d左右愈合为宜。树干直径10~15 cm剥口在0.8~1 cm为宜，直径3 cm左右的剥口在0.3~0.5 cm为宜。剥口一般不宜过宽，过宽愈合时间长，削弱树势重。环剥注意切口深度，最好不要伤及木质部，在剥皮时尤其注意保护木质部外面形成层的薄壁细胞，以利愈合，环剥后可在剥口处包扎一圈报纸或塑料膜条。剥口过宽过深时，对元帅系品种常能造成死树或死枝，所以，元帅系环剥时可在剥口留2~3处2 cm左右的部位不剥皮，既可防止死树，又能起到环剥效果。

2. 环割　在枝干上横割一道或数道环状深至木质部的刀口称为环割。

3. 倒贴皮　将环剥下的环状树皮倒过来贴入环剥口内，使其重新愈合称倒贴皮。

以上3种做法的作用是暂时阻碍养分向下运输，有利于花芽形成。一般在幼树或旺树结果少的树上运用。树弱或结果正常的树不需采用。环割的作用时间短，效果也差，但操作简单。倒贴皮削弱树势严重，树势衰弱，环剥要掌握剥口宽度和时期，并防止剥刀过深，以防死树。

（八）摘心

在生长期，摘除新梢顶端幼嫩部分称摘心。其作用可削弱枝条生长势，促进新梢萌发二次枝，增加枝条密度，促进花芽形成。对于旺树新梢、果台枝摘心，还具有抑制新梢旺长、提高坐果率和减少生理落果的作用。在幼龄密植果园，为早期丰产，可采取摘心，有助于增加分枝和缓和枝条生长势。

（九）扭梢

在新梢半木质化时，用手捏住枝梢旋转180°并将梢端向下别在叶柄后。10 d后扭伤组织愈合，再用手掀动扭伤的新梢，使其重新愈合，被扭新梢可形成顶花芽。一般扭梢成花率在50%以上。扭梢时间在5月上中旬为宜。

（十）拿枝

拿枝也称软化开角，用手握住当年新梢，拇指向下慢慢压低，食指中指上托，同时可使枝头左右摆动，听到或手感被压部位木质有丝丝断裂声音，使枝条角度开张。

一、二年生长梢枝容易做，有时枝条较粗，木质较硬，拿一处不行，可移动一下部位，再拿一次。有的枝条一次可以使角度开张，有的枝拿 2～3 次才能开张。拿枝时期：二、三年生长枝在 7 月中下旬至 8 月上旬拿枝，这时新梢较长，木质较软，新梢叶片好，借先端叶片重力下压容易开张。此时也正是秋梢及二次枝迅速生长期，拿枝开角后，新梢枝段伤及木质部，很容易萌发二次副梢，增加幼树枝量，当年容易成花。如三、四年生金帅品种，拿枝后秋梢部分很容易形成二次枝或腋花芽结果。国光幼树秋季拿枝后容易在开角处发生二次枝，当年成花，促进国光早结果。

第八章　果树设施栽培

一、概述

果树设施栽培又称为保护地栽培，指在不适宜陆地果树生长发育的寒冷季节或炎热季节，利用保温防寒或降温放热设备，人为地创造适宜果树生长发育的小气候条件而进行的果树生产，以期获得高产稳产的栽培方式，是现代果树的发展方向。设施栽培在我国发展很快，目前已广泛用于桃、葡萄、樱桃、杏、李、草莓等多种果品的生产和育苗。

露地果树栽培是在自然气候条件下进行生产的一种栽培方式，由于完全受自然环境和气候条件的支配，其生长和收获受到很大限制，不能完全满足市场的需求。比如桃较早的成熟期在6月上旬，葡萄在7月底，杏在5月中旬，樱桃最早也要在5月初。加之早熟品种多不耐贮运，市场供应期较短，不能随人所愿。随着人们生活水平的不断提高，对水果消费要求也日趋高档化、多样化，在时间上也逐渐由季节性转为周年性。因此，为了满足人们的需要，采用设施栽培可使果品上市供应时间提前或延后，目前已经成为一种发展趋向。

果树设施栽培，是人工利用保护设施，如塑料拱棚、日光温室、智能化温室等，在不能生产或生产量很低的季节里创造适合果树生长、发育的条件（包括光照、温度、水分、空气等组分），从而实现优质果品生产。近年来的实践证明。设施栽培具有如下重要作用：①利用保护设施，可以克服不利于果树生长的环境条件，扩大栽培范围；②通过保护设施，可以在不适宜的季节里促使果树正常生长发育，从而获得反季节果品；③保护设施为果树生长提供了一个封闭环境，减少了很多来自自然界的有害污染，有利于实现无公害优质果品生产；④保护设施为人工控制果树生长环境条件创造了物质基础，相对地实现了果树生产工厂化管理，通过人为调节温、光、水、气等，使果树的萌芽、开花、结果、采收等生产环节实现了人为控制；⑤由于人为控制因素的存在，设施栽培的果品完全可以做到抓空档、抢淡季上市，获得较高的经济效益。

设施栽培已有100多年的历史，我国的果树设施栽培始于20世纪80年代初。由于设施栽培适应了果树集约化的发展，具有明显的特点和优势，在辽宁、河北、北京、山东、河南、上海、浙江等地相继掀起了果树设施栽培热潮，目前全国果树设施栽培面积超过40 000 hm²，涉及油桃、葡萄、樱桃、杏、李等多个树种。在设施结构方面以塑料大棚为主，配合发展日光温室，并积极应用滴灌、微灌等先进的农业工程设施。在栽培技术方面，成功地运用了促早栽培技术。

二、果树设施栽培前景展望

果树设施栽培的兴起，特别是促早栽培的油桃、葡萄等无公害果品倍受消费者青睐。随着我国经济的迅速发展与人民生活水平的不断提高，对周年时鲜无公害果品的需求大大增加。我国农业产业化结构的调整，为果树设施栽培提供了良好的发展机遇，为了使果树设施栽培健康发展，在发展时应着重注意以下几个方面的问题。

1. 因地制宜选择不同的栽培模式 我国的果树设施栽培，目前仍以促早栽培为主，适宜发展的地区应具备以下条件：一是冬季要有必要的低温（7.2℃以下低温累计500 h以上），能及早满足一般果树的需冷量；二是冬、春雨雪少，光照充足，光热资源丰富，因此秦岭淮河以北的中北部地区是发展果树设施栽培的主要区域。在栽培模式上应以塑料大棚为主，如黄河阶地海拔400 m左右的陕县原种场，1月上中旬盖棚保温勿需加温，油桃可提早20~35 d成熟，生产成本较低，经济效益很好。高寒地区冬季低温来临较早，可提前盖棚。以日光温室（暖棚）生产为主的，可在12月底至1月初盖棚，提早35 d以上成熟，经济效益显著。另外，延迟栽培也应引起重视，并适当发展。

2. 选择适宜品种 在侧重选择特早熟品种的同时。还要注意选择果个大、品质优的品种。特早熟品种一般果个小，风味淡。而果实发育期在65 d以上的品种大多数为大果，品质好，产量高，经促早栽培虽不能最早上市，但在市场上仍有较好的竞争能力。

3. 规模化、产业化发展 果树设施栽培是一项技术密集型、劳动密集型的高效益农业生产，适宜集中连片发展，走集约化、规模化和产业化发展之路。应选择不同生态气候条件的适宜区，集中连片发展，实现不同树种、不同品种、不同成熟期合理搭配，开展产前、产中和产后系列化服务，建立一批具有一定规模的果树设施栽培基地，对于全面提高生产水平、果品档次和整体效益具有重要意义。但在强调规模化、产业化发展的同时，又要从客观条件和市场空间的实际出发去发展，避免盲目上马，一哄而起，给生产者造成不应有的损失。

4. 着重提高果品质量 由于种种原因，目前设施栽培的果实与露地相比，品质普遍下降，突出表现在糖、酸及维生素C含量降低，风味变淡，果个较小等方面，成为制约我国果树设施栽培进一步发展的关键因素，需引起高度重视。今后必须从品种选择、设施环境因子调控、土肥水管理、合理负载等方面采取有效措施，着力提高果树设施栽培的果实品质。

三、设施果树棚室设计与规划

（一）日光温室的设计与规划
1. 日光温室的设计类型

（1）斜平面竹木结构日光温室。温室脊高2.8~3.2 m，跨度7~8 m，前柱高1.2 m左右，后墙高1.8~2.0 m，后坡长1.5~1.7 m，仰角30°以上，后坡在地面上的水平投影1.2~1.5 m。脊高与跨度根据各地合理屋面角要求可稍作调整。前屋面下设前柱、腰柱和中柱3排顶柱，中柱向北倾斜10°~15°，腰柱向南倾斜10°~15°。中柱顶在后坡椽上，隔2 m左右设一个中柱，在椽顶端中脊部位东西向搭脊檩；再在前柱、腰柱及脊檩上搭南北向斜梁，间距3 m左右一排。前柱前部到底脚用竹片弯成拱状插入前底脚处即可。顶柱可用水泥或石条，规格12 cm×（10~12）cm，中柱受力大，要稍粗大些。屋面东西向隔35~40 cm拉一道8#铁丝，经山墙拉紧固定。顺屋面在8#丝上南北向隔60~70 cm绑一根竹竿或竹片，每隔2 m左右设一排卡槽，然后覆上薄膜，再将卡簧镶嵌于卡槽中固定薄膜。若不设卡槽，也可压细竹竿穿细铁丝把薄膜固定在骨架上。后墙以土墙为主，宽1 m左右，外培0.5 m左右防寒土。后屋面用秸秆等作房箔，上面覆旧薄膜，再盖一层防寒土（或秸秆等物），厚40~70 cm，呈缓坡状。

（2）斜平面与拱圆形钢竹混合结构日光温室。斜平面钢竹混合结构日光温室，规格、形状与竹木结构温室相近，只是骨架由钢筋或钢管作形焊接而成。屋面中上部为斜平面，前部到底脚弯成拱状。钢架用14#~16#钢筋作上下弦。用8#~10#钢筋作腹杆（拉花），焊接成断锚三角形的三弦桁架；或用3.3 cm左右粗度钢管作上弦。用16#钢筋作下弦焊成二弦桁架，并按屋面要求作形。屋脊处设中柱，东西搭横梁（可用粗钢管、角铁等），桁架后部固定在横梁上，前部固定在水泥墩预埋件上。东西向每隔3 m左右设一个钢桁架，桁架间东西向用14#钢筋作拉杆，设2~3道，焊在桁架下弦上面，把各个桁架连成一体。桁架上顺屋面隔30~40 cm东西向拉一道8#铁丝，铁丝上顺坡面南北向每隔 0.7 m 左右绑一根竹片或竹竿，每隔 2 m 左右设一道压槽固定棚膜即可。这种温室顶柱少，光照好，较竹木结构温室牢固耐用。

斜平温室中部和前部空间小，对于桃和樱桃等直立生长的果树来说，树体生长受到限制而不宜采用；而对于葡萄来说，树体呈藤蔓状，可溯面做形搭架，较适宜采用。但斜平温室在使用中存在着采光性能不如拱圆形，前屋面采光角度进一步增加有困难，前屋面下段低矮不便作业等问题。若把斜平面改成拱圆形，即可解决这些问题。斜平面钢竹混合结构温室改成拱圆形，只要把三弦桁架焊成拱圆形即可，其他结构不变。

（3）拱圆形钢架结构日光温室。温室跨度 7～8 m，后墙高 1.8～2.0 m，后坡长 1.5～1.7 m，投影宽度 1.0～1.5 m，前后屋面骨架为钢结构一体化半圆拱形桁架，上弦为 6 分钢管，下弦为 $12^{\#}$～$14^{\#}$ 钢筋，腹杆为 $8^{\#}$～$10^{\#}$ 钢筋，上下弦间距 13 cm 左右。前屋锚拱圆形。后屋面的桁架采用直线形或微拱形均可，后屋面与最高点要有 30 cm 左右距离，便于卷放草苫。距离前底脚 0.6 m 左右处屋面高度要保证 1.2 m 以上。前屋锚双弧面构成的半圆拱形，下、中、上三段各点切线与地平面的夹角分别为 60°～30°、30°～20°、20°～10°。拱形桁架后端搭在后墙上，与事先在后墙端合适位置作好的钢筋预埋件焊接在一起，前端与前底脚钢筋预埋件焊在一起，或焊在下面垫砖或水泥柱等的东西向水平放置的钢筋上。拱形桁架东西向间距 0.8～1.0 m，后屋面上端东西向用钢管或角铁焊在桁架上弦上面作拉杆，前屋面用 $14^{\#}$ 钢筋作拉杆焊在桁架下弦面，焊 2～3 道拉杆把各个拱架连成一体。后屋面用竹帘作房箔，上面盖两层草帘或草垫子，再覆一层旧薄膜。然后覆土呈缓坡状。后墙外培防寒土，若砌成空心夹层墙，可不培防寒土。前屋面覆盖薄膜后，在薄膜上两拱架之间用 $10^{\#}$ 铁丝或专用压膜线顺屋面压住薄膜。这种温室内无顶柱，骨架简单牢固，室内采光良好，作业方便，只是造价较高。

（4）拱圆形竹木结构日光温室。温室跨度 7.5 m 左右，中脊高 2.8～3.0 m，后墙高 1.8 m 左右，以土墙为主，墙厚 1.0 m；也可采用石墙，厚 0.5 m，外培防寒土。前屋面下设前柱 2 根，腰柱及中柱四排顶柱。前柱高 1.0 m 左右，中柱向北倾斜 10°～50°顶在后屋面桁上。前柱、腰柱上东西向搭横梁，横梁上按需安拱杆的位置上钉高 5 cm 左右的小吊柱，拱杆固定在小吊柱上，拱杆后端固定在后屋顶脊檩上，拱杆间距 0.5～0.7 m。由于后屋面受力大，要求中柱粗大，间距 2 m 左右一根。腰柱与前柱东西向根据横梁强度 3 m 左右一排。前柱到前底脚用竹片做拱形插入地中即可。前柱到前底脚 0.5～0.6 m，前柱高 1.0 m，加上横梁与小吊柱，屋面距地面垂直高度达 1.2 m 左右。后屋面桁上端搭在中柱上，下端搭在后墙上；桁上东西向搭脊檩、腰檩共 4 排；檩上面用玉米秸、高粱秸等作房箔，上面覆土呈缓坡状。这种温室材料来源广泛，造价低，应用较多。存在的缺点是，前屋面下顶柱横梁较多，遮光面大，作业不便，耐久性差。

（5）半地下式日光温室。室内栽培畦在地平面下 0.9～1.0 m。温室中脊高 2.1 m，后屋面长 1.2～1.3 m，水平投影宽为 1 m，后墙高 1.9 m，墙厚 1 m，土筑。这种温室采光与保温性能好，最冷季节室内外温差可达 32 ℃以上。这种温室适于冬季严寒、全年降雨量少、地下水位低的西北地区的蔬菜生产。若果树上应用，可在地下水位低，地势较高且四周排水畅通地块，地面向下凹 30 cm 左右，建成上述 4 种类型温室均可。

以上 5 种类型的日光温室是目前果树保护地栽培中使用较多的几种，存在的不足之处，还有待于今后进一步研究改进。

2. 日光温室场地选择与规划

（1）建造日光温室场地的条件

① 地块东西向具有足够长度。日光温室的建造，要求坐北朝南东西延长。若地块东西长度不够，温室短小，影响生产规模和效果。

② 地形开阔，阳光充足。东、南、西三面无高大树木、建筑物等，避免遮阴。

③ 要避开风口、风道、河谷、山川等。最好的地形是北边有山或土坎作天然防风障，东西

开阔。

④ 土质疏松肥沃，无盐渍化和其他污染，地下水位低。

⑤ 有水源、电源，有良好的排灌设施。

⑥ 最好靠近居民区和公路，以便管理和运输。

⑦ 避开烟尘及有害气体污染。

（2）日光温室场地规划

① 单栋温室规划。温室方位要求坐北朝南，东西延长，一般地区以南或南偏东5°为宜，高寒地区则以南偏西5°～10°为宜。

温室内径规格。长度50～100 m，宽度7～8 m。

后墙与山墙占地宽度（含防寒土厚）。后墙宽为1.5～2.0 m，山墙宽为1～1.5 m。

温室开门位置及作业间位置与占地面积。一般温室门开在某一头，作业间与温室门对应，稍靠后部。作业间大小根据条件和需要而定。

树体至山墙、后墙距离。根据树种与作业条件而定，一般要求1～1.5 m以上。

② 温室群规划。前后两排温室间距：一般以冬至前后前排温室不对后排温室构成明显遮光为准，保证后排温室在日照最短的季节里每天有4 h以上的光照时间。就是从10：00至14：00，前排温室不对后排温室造成遮光。前后排温室距离的计算方法为：

$$前后距离＝高度×2＋1.3$$

田间道路规划。依据地块形状大小，确定温室长度和排列方式。一般东西两列温室间应留3～4 m的作业道并可附设排灌沟渠。若在温室一侧修建工作间，再根据作业间宽度适当加大东西相邻两列温室的间距。东西向每隔3～4列温室设一条南北向交通干道，南北向每隔10排左右设一条东西向交通干道。干道宽5～8 m，以便大型运输车辆通行。

温室群附属建筑物的位置。如水塔、锅炉房、仓库等应建在温室群的北面，以免遮光。

（二）塑料棚的设计

1. 塑料大棚

（1）大棚的类型

① 竹木结构大棚。以竹竿为拱杆，木杆为立柱和拉杆，跨度12～14 m，中高2.4～2.7 m，长50～60 m。拱杆间距多为1 m。

② 悬梁吊柱竹木大棚。该大棚与竹木结构大棚相同，适当增加立柱与拉杆的粗度，取消2/3立柱，用小吊柱支撑拱杆，小吊柱下端固定在拉杆上，上端支柱在拱杆下部。

③ 钢架无柱大棚。跨度10～12 m，中高2.5～2.7 m，长55～66 m。拱杆由6分镀锌管弯成拱圆形，两端焊在地锚上，每3根拱杆设一道带下弦的加固桁架，下弦用 $\phi12$ 钢筋，拉花用 $\phi10$ 钢筋，在下弦处焊3道拉筋，拉筋用6分镀锌管，每根拱杆用 $\phi10$ 钢筋作斜撑焊在拉筋上。

（2）大棚的设计。大棚的设计内容包括棚型、高跨比、长跨比。

① 大棚的棚型。流线型的大棚，不但可减弱风速，压膜线也能压得牢固，应提倡使用；而带肩的棚型，在遇风速大时，薄膜易被风吹起，使薄膜破损，不宜采用。

② 大棚的高跨比。大棚的高跨比以0.25～0.3比较适宜，高跨比越大棚面弦度越大。带肩的大棚，计算高跨比时，要从大棚中高减掉肩高，即高跨比＝（棚高－肩高）/跨度。所以高跨比值小，棚面平坦，抗风能力低。

③ 大棚的长跨比。长跨比与大棚的稳定也有关系，长跨比值越大，地面固定部分越多，稳定性越强。例如大棚面积为666.7 m²，14 m跨度，长度应为47.6 m，周边长为123 m，而10 m跨度，长度为66.6 m，周边长度为153 m。大棚的长跨比等于或大于5，稳定性比较好。所以，大棚的跨度以10～12 m比较适宜。

（3）大棚的场地选择与规划。场地选择的条件与日光温室基本相同，要求场地更开阔，由于大棚的抗风能力低于日光温室，必须避开风口。建设大棚群时，棚间前后距离应达到 2～2.5 m，棚头之间距离达到 5～6 m，有利于通风和运输。

2. 塑料中棚　塑料中棚是比大棚小、比小拱棚大的一种塑料棚，跨度在 4～6 m，中高 1.8～2 m，面积 60～200 m² 不等。中棚的类型如下：

（1）竹木结构单排中棚。以竹片或细竹竿弯成圆拱形，两端插入土中，间距 1 m，中央设一排立柱，顶端支撑一道横梁。细竹竿可 3 根捆在一起提高强度，长度不够可 2～3 根连接起来。

（2）竹木结构双排柱中棚。与单排柱中棚规格结构完全相同，由于拱杆截面较小，增加一道梁和立柱。

（3）钢管无柱中棚。用 4 分钢筋作拱杆，弯成弧形，间距 1 m，在拱杆基部用两根 4 分钢管焊成整体，中部用一根 4 分钢管作梁，焊在每根拱杆上。10 根拱杆为一组，焊成 66.7 m² 的中棚。应用时可单独进行，也可以 2～3 组连接成 130～200 m² 的中棚。

3. 塑料小拱棚　小拱棚是应用比较广泛的保护地设施。棚宽 1～2 m，长 8～10 m，高 0.6～0.8 m，最高不超过 1 m。

小拱棚内空间小，受外温影响大，晴天太阳出来后升温特别快，夜间和阴天降温也快，因为覆盖面积小，棚内温度极不均匀，中央部分气温和地温高于四周，栽培的果树四周矮小，中间易徒长。为了克服这个缺点，最好采取放顶风的方法。覆盖薄膜时，用两幅薄膜烙合，每米留出 30 cm 不烙合，放顶风时用一根 30 cm 长的高粱秸支成菱形口，闭风时撤下。

小拱棚放风开始从两端揭开薄膜放风，外温进一步升高，需要从两侧放风。开始在背风的一侧支起几处薄膜顺风放风。并从逆风的一侧支起几处放风口顶风放风，再进一步由两侧同时支起放风口放对流风。经过放对流风后，果树已经受到锻炼，可选晴天上午把薄膜揭开进行大放风，结合进行田间管理，整枝、追肥、浇水等。夜间再盖上薄膜，留出部分放风口放夜风。

当外界温度已经完全符合果树生长发育需要时，利用早晨、傍晚或阴雨天，撤下小拱棚，转为露地生产。

四、温室的覆盖材料

（一）透明覆盖材料

目前，国内生产的棚膜类型较多，高效节能型日光温室上应用数量较多的是聚氯乙烯无滴防老化膜，它的主要优点是透光率高，保温性能好，拉伸强度大，易黏合，特别是无滴性能好；缺点是密度大，容易污染，且清洗困难。尽管如此，聚氯乙烯无滴防老化膜仍是当前最适于高效节能日光温室应用的薄膜。

普通聚乙烯棚膜由于保温、透光性能差，使用寿命短，现在正趋于淘汰，代之而起的是各种新型聚乙烯棚膜，如聚乙烯防老化膜、聚乙烯无滴防老化膜、聚乙烯多功能膜、聚乙烯调光膜、无滴调光膜以及漫反射膜等。这些新型棚膜大都具有某些新的特殊性能，如聚乙烯无滴调光膜，在制作时加入特定的稀土调光剂而使薄膜在紫外线照射时会产生蓝、红色荧光而达到更好地利用阳光的目的。如果调光效果显著，又具有长寿、保温、无滴等功能，可在生产上，特别是紫外线强的高原地区应用。又如漫反射薄膜是以低密度聚乙烯和聚氯乙烯为基材，均匀掺入一定数量的晶体物质，单层或多层共挤出的产品，具有透可见光能力强、透长波红外辐射能力低、辐射均匀、耐低温、防老化性能好的特点。乙烯醋酸乙烯三层共挤无滴保温防老化膜功能全，机械强度好，是一种有较好使用前途的新型棚膜。透明覆盖材料的特性如下：

1. 透光性　塑料薄膜透光性较好。聚氯乙烯薄膜透过的可见光为露地的 80％～85％，红外光为 45％，紫外光为 50％。聚乙烯薄膜与聚氯乙烯薄膜的透光率相近，但其红、紫外光透过率较高，因而散热量较大，保温性能较差。玻璃透过的可见光为露地的 $85\% \sim 90\%$，红外光为 12%，紫外光几乎不透。由于薄膜透光性较好，薄膜大棚能够接受大量的太阳辐射能，为获得高产高效创造了重要条件。

生产中应注意：在使用中应保持清洁，经常清除灰尘。提倡应用无滴薄膜。薄膜中加入去雾剂，在覆盖时则不产生露点，这种薄膜称为无滴薄膜。无滴薄膜有利于透光、增温、降湿和防病，保护地外层或内层均可采用；选择应用有色薄膜。生产中通常采用无色透明膜，也可采用有色薄膜，有色薄膜在应用前应先做试验，注意选择，才能发挥其特有的作用。

2. 保温性 塑料薄膜有增温和保温的作用。由于薄膜对长波辐射的透过率比玻璃大，因此夜间的保温性能较差。

生产中应注意：夜间应考虑是否需多层覆盖保温，以防霜冻出现；白天应考虑是否需通风降温，以防高温危害。聚氯乙烯薄膜保温性较好，可用于大棚、日光温室外层覆盖；而聚乙烯薄膜无毒，且吸尘污染后易冲掉，可用于地膜、小拱棚覆盖。

3. 气密性 塑料薄膜不透气，生产中应注意：棚内要适时通风，防止高温多湿，造成病虫害加重。

4. 伸缩性 塑料薄膜能伸能缩，给保护地栽培带来很大方便。但随着使用年限的增加，会逐渐变质、变色、变硬、变脆，甚至破裂。

生产中应注意：聚乙烯薄膜比聚氯乙烯薄膜强度较小，拉长后不易复原，强风吹后易松脱，用作大棚覆盖稍差。大棚薄膜用后应及时收起，清除灰尘，置于阴凉、干燥、洁净处保存，以减缓老化速度。

5. 焊接性 塑料薄膜遇高温时易熔，故可焊接。破了可热补，小块可焊成大块，成卷的薄膜可焊接成整个大棚，非常便利。焊接可用调温型电熨斗、电烙铁等。薄膜种类不同，要求温度也不同。一般聚乙烯约需 $110\ ℃$；聚氯乙烯约需 $130\ ℃$。通常用 $100 \sim 200\ W$ 的电烙铁，或 $200\ ℃$ 的电熨斗即可满足要求。

焊接时应注意，被焊的两层薄膜之间要干燥，不能有尘土、水滴，并要掌握好焊接温度，否则不能焊牢。上膜时，应选择无风晴天小心进行，防止机械破损。有洞时，应及时修补，防止小洞变大洞。

塑料薄膜还有其他特性，如对酸、碱等具有耐腐蚀性；对外界不良的自然条件具有耐候性等。

（二）夜间保温覆盖材料

日光温室夜间一般不加温，所以，前屋面保温覆盖材料的选择十分重要。常用于夜间保温覆盖的材料主要有：

1. 草帘（苫）   目前，生产上使用最多的是稻草帘，其次是蒲草、谷草、蒲草加芦苇以及其他山草等编制的草帘。草帘的特点是保温效果好，取材方便，能使用 3 年左右。

草帘的保温效果一般为 $5 \sim 6\ ℃$，但实际保温效果则因草帘厚薄、疏密、干湿程度等的不同而有很大差异，同时也受室内外温差及天气状况的影响。如沈阳市在日平均气温为 $-13.4\ ℃$ 条件下测定，盖草帘的温室可比不盖的增温 $7.8\ ℃$。蒲草掺芦苇的草帘保温效果比稻草帘好些，保温效果可达 $7 \sim 10\ ℃$。草帘打得厚而紧密，才有良好的保温效果。一般宽 $1.5\ m$，长 $7\ m$ 的稻草帘，重量至少要过 $40\ kg$。太轻则保温性能减弱。好草帘要有 $7 \sim 8$ 道筋，两头还要加上一根小竹竿，这样才能经久耐用。

2. 棉被 用棉布（或包装用布）和棉絮（可用等外花或短绒棉）缝制而成。保温性能好，其保温能力在高寒地区约为 $10\ ℃$，高于草帘、纸被的保温能力。棉被造价很高，一次性投资大，但可使用多年。此外，还有纸被、无纺布等覆盖材料。

五、设施内小气候及其调控

设施栽培之所以能够实现果树反季节生产，从而获得理想的经济效益，主要是人为的设施为果树提供了特殊的小气候条件，在自然环境不能满足果树生长发育的情况下，设施可以为其提供适宜的生长发育条件。但是，这些条件不是自然就可以得到，它受外界复杂气候因子的影响，有时还会出现恶劣的损伤果树生长发育的状况，需要人工合理地调控。以下重点介绍光照、温度、湿度及空气。

（一）光照

1. 光照度　光照强度也就是透入设施内的可见光强度，因为它与植物的光合作用有直接关系，所以对设施来说，透过可见光的多少十分重要。由于设施栽培生产主要在冬春弱光季节进行，室外自然光照弱，加上透明屋面材料对光照的减弱，室内光照强度较弱是普遍问题。影响光照度的因素主要有温室方位、屋面角度、薄膜透光率及天气状况等。如何从棚室设计和管理方面增加光照度是生产中的重要技术环节。

2. 光照时数　指一天内光照时间的长短，它直接影响果树光合作用时间，从而影响光化合产物的积累。设施果树生产主要在冬春季进行反季节栽培。此时昼短夜长，白天光照时间较露地正常生产缩短了很多，这对果树生长发育很不利。所以，在北方冬季设施生产中，应尽量做到早揭帘、晚放帘，有条件的可利用灯光补充光照，延长光照时间。

3. 光照分布　光照分布均匀，果树生长发育一致，才能获得高产。但设施内的光照往往由于建筑方位不当，骨架遮阴等原因，使光照分布不均匀。一般规律是由南向北光照度逐渐减弱。另外，设施栽培的果树栽植密度都比较大，如果修剪不当，往往造成郁闭现象，同时由于室内无风，树冠内膛及下部叶片处于微弱的光照条件下，光合效率低而成为无效叶片。所以内膛及下部枝条生长细弱，花芽分化不良，落花落果严重，果品质量差。

4. 光的质量　设施内进入的光在质量上要全面，不仅要有足够的可见光，还应有必要的紫外光，这样才能保证果树生长健壮。玻璃虽然透过可见光能力强，但透过紫外光的能力却很差，所以玻璃温室内的果树一般生长较柔弱；聚乙烯薄膜虽然透过可见光的能力弱，但透紫外光的能力较强，所以聚乙烯薄膜温室的果树生长较苗壮。透过光的质量，决定于透明覆盖材料性质。

5. 光照条件的调控

（1）减少遮阴面积。除减少骨架遮阴外，温室可采用梯田式栽培，后高前低，减少遮阴，增加光照面积；南部光照好，可以密植，北侧光照差宜稀植；采用南北行栽植，加大行距，缩小株距或采用主副行栽培等可减少植株间遮阴。树体生长期适时搞好夏剪，通过疏密、拉枝及剪截等方法改善树冠光照条件，另外，树体过于高大郁闭不易控制时要适时间伐换苗，可以隔行换苗逐步更新，不影响产量。

（2）清洁透明屋面。经常擦扫透明屋面，减少污染，可以增强透光率；采用保温幕和防寒裙的设施，白天要及时揭开增加透光率；草苫、纸被等防寒物要早揭晚盖，尽量增加光照时间。为减少棚膜老化污染对透光率的影响，最好每年更新棚膜。

（3）增加反射光。在冬春弱光季节，利用张挂反光幕改善室内光照分布增加光照强度。阳光照到反光幕上以后。可以被反射到树体或地面上，靠反光幕南侧越近，增光越多，距反光幕越远，增光效果越差。反光幕反光的有效范围一般为距反光幕 3 m 以内，地面增光 9%～40%，距地面 0.6 m 高处增光率 8%～3%。不同季节太阳高度不同，反光幕增光效果不同。冬季太阳高度角低，反光幕上直射光照射时间长，增光效果好。但由于张挂反光幕，会减少墙体蓄热量，对缓解温室夜间降温不利，这是张挂反光幕的不利一面。因此，在果树温室升温后至大量展叶之前以保温为主。一般不张挂反光幕；在大量展叶后，树体生长发育旺盛，叶片光合作用对光要求较高，并且外界夜间气温较高时可张挂反光幕，改善光照条件。

（4）棚室补光。棚室光照不足是普遍存在的问题，进行补光能够增产是显而易见的。棚室内通常采用白炽灯（长波辐射）与白色日光灯（短波辐射）相结合进行补光。因为白炽灯光中可见光少，大部分能量都在红外线中，作为补光照明效率太低，所以设施补光应以日光灯为主。

（5）遮阴。遮阴的目的是降低室温或减弱光照强度。用遮阴网或草帘遮阴，也可采用有色薄膜进行遮阴。果树设施栽培普遍存在着光照不足问题，遮阴是在室内高温难以控制时，以降温为目的进行短时间遮阴。扣膜后覆盖草苫遮阴。降低室温，创造适于果树休眠的低温环境，直到休眠结束开始升温为止。

（二）温度

1. 气温 设施内的温度受外界影响，有明显的日变化和季节性变化。温度的日变化取决于太阳出没时间、天气状况及卷放帘时间早晚等因素。日出后揭开覆盖物，阳光射入室内，温度迅速上升，14:00 左右达到最高温，以后随光线减弱外界气温下降而降低，16:00 以后迅速降温。由于温室是密闭空间，温室内的温度变化又与外面自然条件下的温度变化有着根本的不同。晴朗的白天，棚室内经常出现高温，如不采取通风换气等降温措施，9:00～15:00 气温往往高于 30 ℃，最高温可达 40 ℃以上，寒冷季室内外温差可达 40 ℃以上。夜间气温也较外界高 20 ℃左右，昼夜温差较大。生产中，在白天高温期必须采取通风换气等降温措施把温度控制在 30 ℃以下。据辽宁省农业科学院果树研究所对单层薄膜覆盖，后墙不堆土的日光温室观测结果可知，室内气温的季节性变化与外界气温变化趋势基本相同，但室内气温的季节性变化幅度较外界气温变化幅度小。1～4 月室内外温差大，温室效应明显；5 月以后，室内外温差逐渐减小，所以从 4 月下旬开始可逐步撤除防寒覆盖物。

2. 土壤温度 土壤温度也是影响栽培效果的一个重要因素。土壤散热途径多，升温缓慢，在开始升温后，往往气温已达到生育要求，但地温不够，使果树迟迟不萌动。棚室内具有特殊的热传递情况，特别是薄膜阻止了土壤向室外的直接热辐射，气温高，这是棚室土壤温度高于外界土壤温度的原因。棚室内土壤的热传递与外界土壤的热传递方式是相似的。棚室内各个深度的土壤温度都明显高于外界土壤温度。在外界土壤中，5～50 cm 深度的温差及最上部土层每日温差的变化，比棚室土壤中温度变化明显。

冬季外界温度低，从温室中间到边缘有相当大的水平温度梯度。在大型温室里，从中间到边缘的降温梯度可达 0.5 ℃/m；小型温室，上层土壤的降温梯度可达 3.0 ℃/m。据观测，1 月温室地温南北方向差异较大，以中部偏北最高，比南、北两端 0.5 m 处分别高 7 ℃和 5 ℃左右。而且由于土壤的辐射和热传导作用，覆盖面积越大，土壤保温效果越好。

土温的日变化也较明显，最高温在 14:00 以后，最低温在早晨日出前后，昼夜温差较气温为小。

由于设施内大幅度地提高冬春季节的室内气温，从而使植物有效生育期得到了大大延长。据辽宁省农业科学院果树研究所 2004 年观测，日光温室的日平均气温大于或等于 10% 的天数比露地延长了87 天；日最低气温大于或等于 0 ℃的天数，20 cm 地温大于或等于 15 ℃的天数，分别达到 288 d 和268 d，比露地的分别延长了 100 d 和 79 d。

3. 温度调控 果树不同树种、不同物候期对温度要求是不同的。如扣膜后至升温前的休眠期要求较低的温度以利于果树休眠，升温后至开花前要求较高温度，而花期温度要求稍低等。棚室内温度控制要尽可能把温度调节到对果树生长发育最为有利的条件下。

（1）降温。晴朗的白天，密闭棚室高温现象经常出现，超过果树生育适宜温度要求，需要进行降温。降温方法主要有以下几种：

① 遮阴降温。主要在果树休眠期应用，扣膜后，马上覆盖草苫，室内得不到太阳辐射，创造较低温度环境，满足果树需冷量要求，及早解除休眠。在生长期出现高温，而其他方法降温有困难时，可短时间采用遮阴方法。由于遮阴削弱太阳光照强度，影响光合作用，不能长时间使用。

② 通风换气降温。通过换气窗口排出室内热气换入冷空气降低室温。换气分自然换气和强制换

气两种。目前绝大多数都采用自然换气。

③ 结合灌水降温。水的热容量比土壤大2倍，比空气大3 000倍。以水的保热能力来说，是土壤中空气的25倍，因此，灌水不仅调节温度，也可改变土壤的热容量和保热性能。灌水的小气候效应非常明显，灌水后土壤色泽变暗，温度降低，能增加净辐射收入，且不易暴冷暴热；再者由于灌水后大部分的太阳能用在水分蒸发上，因而用于气流交换的能量就大大减少，从而，灌水后白天地温都较低而晚上温度偏高。

④ 喷雾降温。有人在500 m²的温室内做了一次喷雾试验，结果在白天太阳辐射强烈条件下，棚室内平均气温下降8 ℃，相对湿度提高50%以上，可见喷雾降温效应很明显。当然喷雾一般在短时间内进行，否则会造成不利于植物生育的小气候环境。

（2）保温。根据果树各生育期对温度要求，室温偏低时应加强增温保湿。如寒冷季节，夜间保温除覆草苫外，增加纸被覆盖，双层草苫覆盖，搭脚草苫和撩草等，提高保温效果。此外采用地膜覆盖可以减少土壤水分蒸发，增加土壤蓄热量，有利保温。

（三）湿度

1. 空气湿度　空气相对湿度与果树蒸腾作用和吸水有着密切的关系。在空气相对湿度较小时，果树蒸腾较旺，吸水较多，因而需水量较大，所以，在一定程度上，空气相对湿度较小对果树生长有利。空气相对湿度太大，由于抑制了蒸腾作用，因此对果树生长有一定影响，同时还影响果实成熟，降低产量和品质，并易造成虫害的蔓延。反之，相对湿度太小，会引起大气干旱，特别是气温高，土壤水分缺乏的条件下影响更加明显。空气湿度可以影响蒸发大小，从而影响喷水后降温的快慢。

设施栽培相对湿度的日变化与室温日变化曲线恰好相反。在晴天早晨气温低相对湿度大，随日出后气温升高相对湿度开始下降，到8:00～9:00急剧下降，14:00左右，相对湿度降至20%～40%，达最小值；以后随室温降低，相对湿度增大，15:00～16:00急剧增至90%左右，一直保持到次日日出以前，夜间湿度变化很小。阴天及雨雪天，室内气温低变化小，而且换气量小呈密闭状态，室内相对湿度较大，日变化很小，整天处于高湿状态（相对湿度90%左右），对果树极为不利。另外，空气相对湿度还与棚室大小有关，高大棚室空气相对湿度小，而局部湿度大，如温室两头湿度大，中间湿度小。就一般情况而言，在果树生长季节内，以日平均相对湿度在80%左右为宜，高于90%或低于60%都是不利的．需要加以调节。

2. 土壤湿度　土壤湿度直接影响果树根的生长及肥料的吸收，间接影响地上部生长发育。土壤干旱，果树蒸腾失水，水分平衡状态受到破坏，抑制果树生长；土壤积水，土壤中气体减少，根系缺氧。一般来讲，土壤容水量在80%以上时，土壤空气就会缺少；土壤容水量在60%～70%，果树生育最好。棚室由于薄膜覆盖与外界隔离，没有天然降水，土壤湿度只能靠人工灌水来调控，同时考虑到土壤湿度与空气湿度和土壤蓄热量的密切相关性，因此，棚室灌水技术要求更严格。

3. 湿度调控　设施内的湿度调节，必须根据果树各生育期对湿度的要求合理进行。湿度过低时，可用增加灌水、地面和树上喷水等方法将湿度提高。然而，室内湿度过低现象很少，而高湿现象是普遍存在的。降低温室内湿度最有效的办法是换气和覆地膜。

（1）换气。棚室湿度过大时，要及时通风换气，将湿气排出室外。换入外界干燥空气。但是必须正确处理保温和降湿之间的矛盾。因为，通风换气后，排到室外的空气，既是湿空气，也是热空气；而从室外进来的空气，既是干空气，也是冷空气。换气的结果必然是湿度降低，温度也随之下降。室内相对湿度的变化，正好与温度的变化相反。一般都是温度提高，湿度变小；温度降低时，湿度加大。棚室的湿度是早晨最高，14:00最小，如果在早晨高湿时换气，室温本来就很低，再通风换气造成降温，果树就要受害。所以换气要在9:00前后室温开始升高并且外界气温稍高时进行，换气量和换气时间都应严格掌握。

（2）地膜覆盖。棚室内覆地膜，可使覆盖地面蒸发大大减少，从而达到保持土壤水分，降低空气湿度的目的。还可以减少灌水次数，保持土壤温度效果很好。地膜覆盖一般在温室升温前后灌一次透水后进行，株、行间全部用地膜覆盖严密，接缝用土压好。

（3）灌水与喷雾。灌水既能增加土壤湿度，又能增加空气湿度，同时还能改变土壤的热容量和保热性能。灌水应根据果树各时期的需水特点和土壤含水量情况综合考虑，为防止因灌水造成空气湿度过大，应选在晴朗的上午进行，并加大换气量排湿。灌水后及时中耕，既疏松了土壤，减少了土壤水分蒸发，降低空气湿度，又有利于增温保墒。目前棚室灌水方法还比较落后，多数还采用大水漫灌方法，不仅浪费水，而且造成土壤和空气湿度过大，地温降低，对果树生长不利，科学的灌水方法是采用滴灌和喷灌技术。滴灌的特点是连续地或间断地小定额供水，给果树根部创造一个良好的水分、养分和空气条件，室内湿度很小，病害很少。喷灌是用动力将水喷洒到空中，充分雾化后成为小水滴，然后像下雨一样缓慢地落在树体及地面上，这对改善棚室内的小气候作用很大，喷灌后土壤湿润，但室内湿度并不很大，而且喷灌可以结合施用化肥、农药等农业措施一起进行。棚室内无风影响，喷雾均匀，喷灌后土壤不易板结，肥料很少流失，盐分不会上升，综合效果很好。当然，滴灌和喷灌机械需要材料投资和一定的技术要求。

当室内空气湿度过低，土壤湿度又不宜过大时，可中午前后高温期进行喷雾，既能增加空气湿度，又能达到降温目的。还可在地面少量洒水或在通风处设置一定大小的自由水面等，都可以有效地增加空气湿度。

（四）空气成分

1. 二氧化碳

（1）浓度。大气中二氧化碳的含量通常是 0.03%，这个数字虽然也能保证果树正常发育，但若人工增施二氧化碳，则会获得更高产量。据测定，当二氧化碳浓度为 $300\ cm^3/(m^3)$，二氧化碳光合率为 $10\sim20\ mg/(dm^3 \cdot h)$，当二氧化碳浓度为 $1\ 000\ cm^3/(m^3)$，光合率为 $50\sim90\ mg/(dm^3 \cdot h)$。

设施栽培，特别是在寒冷季节，气窗密闭，通风很少，室内二氧化碳含量较高，这是因为土壤中有机物的分解，以及果树本身的呼吸作用都能产生二氧化碳的结果，尤其在铺有酿热物的情况下，其二氧化碳浓度更高。白天太阳出来以后，随着光合作用的进行，其二氧化碳含量逐渐减少，而且往往低于外界大气；但随着温度上升，气窗开启，通过空气交换后又接近大气含量。

据测定，玻璃温室在密闭状况时，10：00～14：00 二氧化碳浓度为 $100\ cm^3/m^3$，特别是 12：00 左右，仅为 $75\ cm^3/m^3$。棚室通风从 16：00 密闭以后，其二氧化碳浓度不断增加，18：00 是 $600\ cm^3/m^3$、20：00 是 $800\ cm^3/m^3$，22：00 以后则达 $100\ cm^3/m^3$，这个浓度一直保持到次日清晨揭草苦之前，揭草苦以后，随着光合作用的进行，二氧化碳浓度急剧下降，但是一旦开窗换气后，很快与大气平衡，到了中午浓度又全降下来，低于大气浓度，即使换气也是这样。但若遇低温阴雨，开窗很少，这种低浓度状态时间就会更长。

（2）施用效果。从上述二氧化碳浓度日变化情况看出，二氧化碳浓度与光合作用要求正好相反。早晨二氧化碳浓度较高，但光线弱，温度低，光合速率低；中午前后二氧化碳浓度低，而光合速率较高，二氧化碳浓度对光合作用的进行有明显的限制作用。可见棚室中增施二氧化碳，能提高群体的光合速率，提高产量。一般来讲，二氧化碳的效果与温度、光照条件有关，光的强度越大，二氧化碳浓度越高，果树的同化量就越多。但浓度过高会引起气孔开度减小而使气孔阻力增大，阻止扩散到叶内，净光合速率不再增加，二氧化碳浓度达到饱和点。各种果树二氧化碳浓度饱和点及浓度为何值时有害，目前不完全清楚。在果树整个生育期施用二氧化碳，当然很好，不过成本太高，目前还不可能。一般可在果树主要生育期和在寒冷季节通风量很少时期施用。在铺有酿热物的棚室或含有大量有机质的棚室内，土壤中会产生不少二氧化碳，再补充二氧化碳，效果不十分明显。与此相反，如果在含有机质少或实行无机质的水培或砂培等无土栽培时，施用二氧化碳，效果则十分明显。再者棚室是否严密，如果到处是孔洞，即使补充足够的二氧化碳，同样会很快跑到室外，果树利用率很小。阳光越强，施用二氧化碳效果越好，晴天施用二氧化碳会起到良好作用。在低温季节，每天早晨密闭时间较长的棚室，在室温较高情况下都可以补充二氧化碳。

（3）施用方法。施用二氧化碳，一般有直接施用法和间接施用法。间接施用法是增施有机肥料，不仅可以增加土壤营养，同时有机肥料分解时所产生的二氧化碳，可增加室内二氧化碳的含量。这里只阐述有关二氧化碳直接补给的方法。

① 液态二氧化碳施用方法。将装在高压瓶内的液态二氧化碳放出成二氧化碳气体直接补充到室内，最适于需要一次放出大量二氧化碳的情况。容积 40 L 钢瓶可装液态二氧化碳 25 kg，两罐气对 $666.7 m^2$ 的棚室来说，可使用 25～30 d，将装有液态二氧化碳的钢瓶放在棚室中间，在减压阀的出口装上内径 8 mm，壁厚 0.8～1.2 mm 的聚氯乙烯塑料管，再将塑料管架到棚室拱架上，距棚室顶 10～20 cm 为宜，再在管路上每隔 1～1.5 m 钻一直径 0.8～1.2 mm 的放气孔，气流经棚室顶反射到全室内均匀分布。

② 固态二氧化碳（干冰）施用方法。将计算好用量的干冰，用报纸包好或放在水中设法使其慢慢气化，可在所需要地点产生二氧化碳。但要注意其气化时消耗周围的热量，使温度降低，或在水中一次大量溶解时会造成危险。

③ 碳酸氢铵加硫酸生成二氧化碳施肥方法。两者反应所产生的二氧化碳作为气肥，硫酸铵可作为土壤肥料。

为使 $667 m^2$ 棚室二氧化碳达到 $1 100 cm^3/m^3$，需浓硫酸 2.05 kg，碳酸氢铵 3.47 kg，浓硫酸先用非金属容器加水稀释成 5 倍液，一次稀释 3～5 用酸量。将稀释后的硫酸铵每 $667 m^2$ 10 个容器分装，放置高度 1.2 m 左右。每天将一日用量的碳酸氢铵分 10 份放入稀硫酸的容器中，放入的速度不宜过快，全部放入需 15 min 以上，10 个容器可巡回放入。

二氧化碳施肥时期，每天日出后半小时开始，间断补充。光照度不同，二氧化碳施用浓度应有差异，如晴天为 $1 000 cm^3/m^3$，阴天应为 $500 cm^3/m^3$。当温室内二氧化碳浓度自然增多时，增施二氧化碳逐步减少，以防二氧化碳浓度过高造成植株老化或中毒。

2. 有毒气体 因棚室密闭，其有害气体发生后多在室内聚集，浓度很高，如不采取相应措施，则会造成人和树体受害。棚室中有害气体主要有如下几种。

（1）氨气。棚室内施用尿素，尿素分解产生氨气，如果超过 $5 cm^3/m^3$，对果树就有危害作用。尿素施后第三天到第四天产生氨气最多，果树受害最重，其特征是先是水浸状，接着变成褐色，最后枯死，尤其是叶缘部分，更易发生。施堆肥过多也易受氨害，因为有机质本身分解也会产生氨气。土壤中形成大量的氨后，进一步使土壤碱化，严重影响有益菌类硝酸菌的活动。

防止氨害的措施：氨肥施用量不宜过多，每 $667 m^2$ 最多不超过 30 kg，施用尿素后立即覆土，也可以与过磷酸钙等酸性肥料混用，并充分灌水，可抑制氨害的发生，氨味过重时应及时开窗换气。

（2）亚硝酸。氨害的发生在施肥后一周内，如果在施肥后一个月左右受害，则多因为亚硝酸气所致。症状表现多是叶面，严重时除了叶脉以外，叶内部分全体漂白、枯死，这种气体可以通过气孔或水孔进入组织侵入细胞。因为施肥在温度适宜时，经 2～3 d 发生氨气，氨气进一步分解产生 NO_2 气，这气体多在施肥后一个月左右产生。一般情况下，变成亚硝酸后很快成为硝酸被植物所吸收，但若施肥过多，一时转变不成硝酸，亚硝酸气则在土壤中聚积，果树就会受害。亚硝酸气体超过 $2 \mu L/L$ 时，果树就会表现受害症状。亚硝酸气的危害，较多发生于施用大量氮肥的沙质土壤中。国外报道，室内露水的 pH，可以测亚硝酸气体的发生，这种气体未发生时，露水呈中性，发生后 pH 下降，其临界点依果树种类而不同。

防治方法：①施肥种类要选择，如尽量避免在棚室中使用尿素，其他肥料也不要撒在土表，要同土壤混合或者施后覆土，肥料要分批分次施入，一次施肥不要过多。②如果症状明显，危害严重，要及时用。

第九章　果树有害生物防治

第一节　果树病害防治

一、果树病害的概念

果树在生长发育、开花、结果和果实的贮运过程中，由于受到有害生物的侵染或不适宜的非生物因素的影响，使树体或果实在生理、组织器官和形态上发生不正常的变化，导致果实产量降低、品质变劣，组织坏死、腐烂，甚至整株果树死亡，这种现象称为果树病害。

果树病害的发生必须具有病理变化过程。通常果树树体或果实受到有害生物的侵袭或某些不适宜的非生物因素的影响，往往先引发其生理机能的改变，然后造成组织形态的改变，它有一个逐步加深的发展过程。机械损伤一般不称为病害，它没有一个逐步发展的过程，而是在短时间内受到外力因素的影响造成的，没有病理变化过程。但是，机械损伤会削弱树势，为有害生物的侵染创造有利条件，易诱发病害。因此在果树栽培管理上，要尽量减少或避免树体和果实受机械损伤，注意保护伤口，对预防果树病害亦有很大的作用。

二、果树病害的病原

引起果树和果实病害的因素称病原，感病的果树和果实叫寄主。能引起果树和果实发病的病原很多，根据病原的特性可将病原分为两大类。

1. 非生物性病原　指不适宜的外界非生物因素，如不适宜的光照、温度、湿度和营养元素的不足或过量，有毒的废气、废水、烟尘、药物等。由非生物性病原引起的病害，称非侵染性病害，又称生理病害。这类病害均不传染。

2. 生物性病原　指能引发果树和果实有病的生物，如某些真菌、细菌、病毒、类病毒、类菌质体、类立克次氏体、线虫、寄生性种子植物等。这些生物统称病原生物，简称病原物，其中的真菌和细菌常称为病原菌。这些病原物可通过各种相同或不同的途径进行传播、侵染、扩散和蔓延。因此，把这类病害称为侵染性病害或寄生性病害。

三、果树病害的症状

果树或果实感病后，其外部形态、内部组织和生理上所显现的异常状态称为症状。不同的病原多引发不同的症状，一般多根据症状的类型区分为两种性质不同的特征。

1. 病状　果树树体或果实感病后所表现出来的病变特征，如树体的器官组织增生（肿瘤、毛根等）、减生（小叶、矮化、失绿、黄化等）、坏死（枝干皮层溃疡、腐烂、干枯、斑点、条纹、果实变质霉烂等）、萎蔫、畸形等。

2. 病征　指病原物在果树或果实上产生的营养体和繁殖体，如病原真菌在树体和果实上产生的各种颜色的霉层、粉状物、锈状物、颗粒状物、瘤状物、马蹄状物等。

病征是果树病害较为稳定的特征，掌握病害的病征类型，区分病害的病状和病征，为正确诊断病害，鉴定病原类别提供依据。

四、果树病害发生的基本因素

果树病害是病原在一定的环境条件下与感病果树相互作用的结果。了解病原的特性、果树的感病性和抗病性及适宜病害发生发展的环境条件，对掌握病害的发生发展规律，拟订合理的防治对策有重要的意义。如侵染性病害都有侵染源，消除侵染来源，截断侵染途径即可有效防止病害的发生；果树不少枝干病害的病原菌是弱寄生菌，当寄主生活力衰弱时病原菌易侵入导致发病，所以加强栽培管理，增强树势是预防枝干病害发生的重要方法；环境条件既影响寄主，又影响病原，创造有利于寄主不利于病原的外界环境条件亦为果树病害防治的重要途径之一。

五、果树侵染性病害的发生和发展

侵染性病害是果树和果实的主要病害，据统计，90％以上的果树果实病害为侵染性病害。如苹果腐烂病、炭疽病、轮纹病、早期落叶病、白粉病、根朽病、病毒病；梨树黑星病、梨桧锈病、轮纹病；桃褐腐病、缩叶病、穿孔病；葡萄白腐病、白粉病、霜霉病、褐斑病、根癌病；枣锈病、枣疯病；板栗胴枯病；柿角斑病、圆斑病；核桃黑斑病等。这些病害的发生发展是树体或果实在一定的环境条件下，受到病原生物的侵染而发生的，病原生物与寄主实际上是寄生与反寄生的关系。一般生长健壮的果树常常能抵抗病原生物的侵入和扩展，即使已经侵入了，症状很轻，甚至不表现症状；树势弱，则易受到病原物的侵染而发病，甚至树体整株死亡，整果腐烂。外界环境，如温度、湿度、风雨、光照、土壤和栽培管理措施有利于病原物而不利于果树果实时，病害就易于发生、扩散、蔓延，病程就缩短。否则，病害就受到抑制，甚至不产生病害。

（一）侵染性病害的发生过程

侵染性病害的发生是由于病原物经过某种传播媒介的作用接触到寄主，再经过一定的侵入途径（伤口、气孔、皮孔、蜜腺、或直接穿透寄主皮层）侵入到寄主体内建立寄生关系，在寄主体内繁殖、扩散、蔓延，导致寄主生理和组织形态上发生病变，最后显现出病害的症状，这个过程称病害的侵染程序，简称病程。为便于研究这类病害，一般将病程分为侵入前期、侵入期、潜育期和发病期4个阶段。

1. 侵入前期　从病原物与寄主接触向侵入部位生长活动，并形成可侵入的某些组织结构为止的一段时期，称之为侵入前期。这一时期，病原物可通过风、雨水、昆虫等多种媒介达到入侵部位，除病原物本身和寄主的因素外，还受外界生物和非生物多种因素的影响，特别是温度、湿度对侵入前期的影响最大，这一时期是病原物侵染过程的薄弱环节，也是病害防治的有利时期。

2. 侵入期　从病原物到达侵入部位并侵入体内建立稳定的寄生关系，这段时期叫侵入期。不同的病原物，侵入途径不尽相同，病毒、类菌质体、细菌等多从伤口侵入，真菌除从伤口侵入外，还能从自然孔口（皮孔、气孔、水孔、蜜腺等）侵入，某些病原真菌还能直接穿透寄主的表皮层进入体内。侵入期是病害的开始，掌握病原物的侵入途径和适宜的环境条件，对病害的预测预报和防治非常重要。

3. 潜育期　从病原物与寄主建立寄生关系到表现明显的病害症状为止的一段时期，称之为潜育期。果树病害潜育期的长短，取决于病原物的特性、果树生长状况和环境条件。短者数小时，长者数天、数十天，甚至数年。

4. 发病期　指病害症状出现之后的时期。这段时期，有些病害一年只发生一次，某些病害则一年重复发生多次，导致病害的加重。病害危害程度，除与病害本身的特点有关外，还与这个时期的环境条件和栽培管理水平有关。果树工作者必须重视改善环境条件和果树栽培管理措施，以利于控制病害的扩散、发展和蔓延。

（二）侵染性病害的侵染循环

侵染循环系指从前一个生长季节开始发病到下一个生长季节再度发病的全过程。侵染循环是果树病害研究的重要问题，很多病害的防治措施就是依据病害侵染循环的特点拟订的。

1. 病原物越冬或越夏场所 果树病害的越冬或越夏场所，是病害的重要初侵染来源，是侵染循环中的薄弱环节，此时期寄主大部分处于休眠状态，病原物也多处于不活动状态，有利于采取某些防治对策。病原物越冬越夏场所主要有病株残体、田间病株、种子苗木和其他繁殖材料及土壤等。

2. 初侵染和再侵染 越冬或越夏后的病原物在生长季开始后的第一次侵染叫初侵染。在同一个生长季节里，完成第一次侵染的病原生物，经过传播，再次侵染危害，称为再侵染。初侵染来源于病原物的越冬或越夏场所；再侵染来源于当年新发病株。在果树侵染性病害中，只有少数病害无再侵染，如苹果、梨的赤星病。而多数果树病害一年可进行多次侵染，如苹果白粉病、苹果炭疽病、梨黑星病等。有再侵染的病害，遇适宜的环境，可继续蔓延，扩大危害，造成病害的流行。

3. 病原物的传播 各类病原物的传播，主要通过外界的自然因素和人为因素，而其自身的运动是极有限的。果树病害的病原物不同，其传播方式也不同，病原物本身只能作近距离的传播，远距离传播主要靠风、雨水、昆虫、其他动物（鸟类等）和繁殖材料（种苗、接穗、砧木）等媒介进行。了解病原物的传播方式，防止其传播，就能切断病害的侵染循环，控制病害的扩散蔓延。

六、果树病害的诊断

果树病害种类繁多，只有对病害进行正确诊断，才能对症下药，获得满意的防治效果。对于症状明显的病害，应用常规的植物病害诊断方法，即可确定病害的种类和病原，但有些病害，特别是某种新发生的病害，必须经过周密的调查研究及采用某些新的诊断手段，才能正确鉴定病害的种类和病原。一般果树病害的诊断步骤和方法如下。

1. 症状观察 首先应根据症状的特征，排除虫害和机械损伤，再进一步区分是侵染性病害还是非侵染性病害。

侵染性病害是由有害生物侵染引起，能够传染，多有传染征兆，且常有较明显的病状和病征。发病是从小面积逐步侵染开来，有发病中心，离发病中心远的植株病情会轻一点，如由病原真菌引起的病害，发病后期，多在病部出现明显的病征，像霉状物、粉状物、锈状物、颗粒状物、黑色小点等；细菌引起的病害，多为畸形、斑点或腐烂；病毒、类菌原体、类病毒、线虫等病原物引起的病害，则呈现花叶、黄化、卷叶、瘿瘤、畸形等特殊症状。

非侵染性病害，只有病状，没有病征，不能传染，没有发病中心，常大面积同时发生。发病的轻重与土壤、地形、地势、气候和特殊环境条件有关。

2. 显微镜检查 通过症状观察，初步认定了病害种类后，应进一步利用显微镜确定病原物的种类和检查组织病变。如果是真菌性病害，可从病部挑取病原菌的营养体和繁殖体，或将病部组织制成切片（最好经染色法处理），置于显微镜下，观察病原菌营养体和繁殖体的形态特征，以及病部组织结构，确诊真菌病害的种类和病原。细菌性病害，可切取小块病组织制片，置于显微镜下检查，若有大量病原细菌从病组织中涌出（呈云雾状，并致水滴混浊），则证实是细菌性病害。若病害是由线虫引起的，镜检时可清晰地看到它们个体的形态，根据其形态特征鉴别其种类。如果是病毒、类菌原体、类病毒所致病害，可用电子显微镜观察鉴别。应当指出，在显微镜下发现的微生物，并不一定就是病原物，为进一步确定其致病性，往往需要进行多次分离培养和接种试验，才能准确的确定其病原物。

3. 人工诱发及排除病因 经初步诊断，被认为可疑的病原，可人为地接种于果树上，看是否发病。如是真菌、细菌、线虫等病害，可从病株上将病原物分离出来，然后在人工控制的条件下，将病原物接种到同种健康的植株上，以诱发病害。若在被接种的植株上出现与病株相同的症状，再应用同样的方法进行分离培养，如果得到与接种相同的病原物，则可证实该病原物就是此种病害的病原。

病毒、类菌原体、类病毒所致病害，常采用嫁接的方法或某种指示植物来鉴别病原。对一时不易判断的非侵染性病害，可以人为地创造发病条件，如高温、低温、水涝、干旱、缺乏某种元素和药害等，观察果树是否发病，且表现同样的症状，或采取治疗措施排除病因，如选用含有可疑缺乏某元素的盐类，对病株进行喷洒、注射、枝灌、灌根等方法进行治疗，观察植株病害症状是否减轻或恢复健康；也可选用指示植物，栽植于疑为缺乏此元素的果树附近，观察其症状反应，用以诊断果树是否缺乏这种元素。

4. 化学诊断　目前主要用来诊断果树缺素症。当初步诊断果树病因可能是土壤或肥料中缺乏某种元素时，可对果树器官组织或园内土壤进行化学分析，测定其成分和含量，然后与正常值对比，查明过多或过少的成分，以确定病原，再对症补充某种元素和肥料，观察效果。

七、果树病害防治的基本原理和方法

果树病害是果品减产和品质降低的重要原因，防治果树病害是果树栽培管理必要的生产环节。果树生产者只有熟练地掌握果树病害的发生发展和流行规律，并充分考虑果树对环境条件的要求，才能制订正确的果树病害防治对策。

防治果树病害也应贯彻执行"预防为主，综合防治"的植物保护方针，这个方针体现了植物保护的客观规律。科学研究和生产实践证明，许多果树病害，必须在其发生发展之前，采取积极的防治措施，并重视综合地应用果树病害的各种防治方法，才可有效地预防和控制果树病害的发生发展和危害。

果树病害防治的具体方法很多，但总括起来不外乎植物检疫、农业防治、物理防治、生物防治和化学防治5类，且这些方法均应在加强果树栽培管理措施的基础上，灵活地运用，使之互相协调，取长补短，才能获得最佳的防治效果。

1. 植物检疫　植物检疫是国家保护农林生产的重要措施。它是由国家及地方政府颁布法令和条例，对农林植物、繁殖材料及产品进行管理和控制，防止危险性病、虫、杂草等传入和输出，或在传入后，采取一系列的预防和歼灭措施，限制其传播蔓延。果树病害的检疫分对内和对外检疫。检疫对象的名单由国家和地方有关行政机关确定，然后以法令和条例的形式颁布，并授权检疫机关执行，有关部门亦应协助执行，任何单位、个人和部门不得违犯，否则，将受到处罚。如苹果黑星病、李属坏死环斑病毒、香蕉穿孔线虫、柑橘黄龙病、柑橘溃疡病等都属于果树检疫病害。

2. 农业防治　农业防治是指在果树栽培管理过程中，有针对性地采取有利于果树抗病性的增强和开花结果，而不利于病原物的越冬（越夏）繁殖、扩散蔓延和侵染等一系列的栽培管理措施，这是果树病害防治的最根本的办法。例如选育抗病品种，培育无毒苗木，苗木消毒，注意果园卫生，合理轮作，适当整形修剪，土、肥、水管理，适期的果实采摘和合理的贮藏运输等。这些措施既有利于防治果树病害，又有利于提高果品产量和品质，还不需要额外的投资，是一种治本的果树病害防治措施。

3. 物理防治　物理防治是指利用各种物理因素和简单器械来防治果树病害的一类方法。目前利用热处理和辐射处理防治植物病害已逐步获得成效。在果树病害防治中，如利用组织培养和高温相结合的方法培养无毒苗，对带病的种子、苗木、接穗等繁殖材料进行热处理，以及在果树栽培管理过程中，及时摘除病叶病果，剪除病枝病梢，刮除病斑病皮，并进行深埋或烧毁等，均是一些简便易行的有效方法。

4. 生物防治　生物防治是指利用有益生物防治果树病害的一类方法。目前已有颉颃微生物的利用和交叉保护现象的利用。颉颃微生物的利用，一是利用颉颃微生物的代谢产物抑制或杀死病原微生物；二是直接把人工培养的颉颃微生物施入土壤中或喷洒在果树树体和果实表面，达到防治果树病害的目的。如利用农抗 120 防治苹果腐烂病等。

交叉保护现象的利用系指利用低致病力的病原菌或利用病毒的弱毒株系接种于寄主植物，诱导寄主增强其抗病性，或保护寄主不受侵染。如利用苹果花叶病弱毒株系接种后对强毒株系产生干扰作用等。

5. 化学防治 化学防治是指利用杀菌剂等化学药剂来预防和治疗果树病害的方法。化学防治使用方便、见效快、效率高，具有保护、铲除、治疗和免疫多种作用，能在短时间内控制病害的发生和流行。但是，如果使用不当，会使果树产生药害，杀伤有益微生物，也能使病原物产生抗药性和造成人畜中毒以及环境污染等。

第二节 果树害虫防治

一、果树害虫的种类及特征

果树害虫主要是由昆虫和螨类组成的。昆虫是世界上种类最多的动物类群，人类已知的昆虫多达 100 余万种，其繁殖能力最强，分布最广；螨类是动物中的另一个类群，其种类、数量和繁殖能力仅次于昆虫。它们与人类都有着极为密切的关系，其中不少种类为害果树的叶、花、果实、枝干和根系，可严重影响果树的产量和品质，给果树生产带来很大的经济损失。因此，正确识别它们的形态特征，掌握其生物、生态学特性，对有效地控制有害种类的数量消长和发挥有益种类的作用，均有重要的理论和现实意义。

1. 昆虫的形态特征 昆虫尽管种类繁多，生活习性各异，但其身体形态有着共同的特点，从而形成了昆虫纲的特征。

（1）昆虫体躯左右对称，由含几丁质外壳的体节组成。昆虫整个体躯明显地分为头、胸、腹 3 个部分。头部有口器、触角、1 对复眼及数个单眼。

（2）成虫胸部有 3 对足、2 对翅，少数种类无翅或只有 1 对翅。

（3）从幼虫生长发育为成虫须经过一系列外部形态和内部结构的变化，即变态。

2. 螨类的形态特征 螨类是为害果树叶、芽的重要害虫。它有独特的生活规律，正确区分害螨，可为合理制订防治对策提供依据。

（1）螨类成虫体躯分头胸部和腹部两个体段。头部不明显，无触角，无复眼，多数种类有 1～2 对单眼。

（2）成螨有 4 对足，幼螨有 3 对足。

二、害虫个体生长发育规律

1. 世代和年生活史 绝大多数害虫为卵生。从卵开始发育到成虫能繁殖后代为止的 1 个周期称为 1 个世代。害虫在 1 年内出现的各个虫期和世代的变化情况，或者说害虫在 1 年内的发育史称为年生活史（简称生活史）。

各种害虫完成 1 个世代所经历时间的长短不一样，因此，在 1 年中发生的代数就不同。有的 1 年 1 代，如苹舟掌蛾；也有的 1 年数代，甚至 1 年十几代，如蚜虫和红蜘蛛；还有的数年甚至十多年 1 代，如蚱蝉。完成 1 个世代所需时间的长短和 1 年内发生的代数多少，除与害虫遗传特性有关外，还与环境条件有关，尤其与气候条件关系最为密切。如桃蛀螟，在山东 1 年发生 2～3 代，而湖北和江西则 1 年发生 5 代；梨小食心虫，在辽南 1 年发生 3～4 代，在山东 1 年发生 4～5 代。

2. 害虫的繁殖方式和生长发育规律 害虫有惊人的繁殖能力，这与它们多种多样的繁殖方式有关。绝大多数的果树害虫营两性生殖，即雌雄虫交配，雄虫的精子与雌虫的卵子结合形成受精卵后，才能发育成新的个体。少数害虫营孤雌生殖，即不经雌、雄虫交配，雌虫产下的卵直接发育成新的个体。害虫从幼虫发育为成虫，身体的外部形态和内部结构发生一系列的变化，通常称为变态。害虫的变态基本上可分为两种类型，即完全变态和不完全变态。完全变态的害虫一生中经过卵、幼虫、蛹、成虫4个虫态，其幼虫和成虫的外部形态和生活习性完全不同，如舞毒蛾，幼虫是毛毛虫，取食果树叶，而成虫则是美丽的蛾子。不完全变态的害虫，一生中仅经过卵、若虫和成虫3个虫态，不完全变态的幼虫统称为若虫。若虫和成虫在外部形态和生活习性上大体相同或相似。如为害苹果叶的蚜虫、网蝽等害虫。

害虫完成胚胎发育，破卵而出的过程称孵化。卵从母体刚产下来至孵化为止所经历的时间叫卵期。害虫自卵孵出后，经过一定的生长发育时期，形成新表皮而将旧表皮脱去，这种现象叫蜕皮。由卵孵出来到第一次蜕皮的幼虫称为一龄幼虫，以后每蜕一次皮就增加1龄；两次蜕皮之间的时间称为龄期。龄期的长短，常与温度有一定的关系。一般温度高，龄期短；温度低，龄期长。幼虫最后停止生长，不再取食，叫老熟幼虫。老熟幼虫蜕皮后变成蛹，通称化蛹。不完全变态的昆虫无蛹期。幼虫从卵里孵化出到化蛹为止的时期，称幼虫期。幼虫期是大量取食的阶段，往往也是为害果树的时期，故也应是防治的重点虫期。害虫破蛹壳而出或老熟若虫蜕去最后一次皮变为成虫的过程，统称羽化。成虫从羽化到死亡所经历的时期，称为成虫期。成虫期的主要任务是交配、产卵，有些种类的成虫阶段还需补充营养，可对果树造成危害。

螨类是一类特殊的小型动物。刚孵化出来的螨，称为幼螨，幼螨蜕1次皮后，称为若螨，若螨蜕最后一次皮后，称为成螨。一般若螨有3对足，成螨有4对足。螨类繁殖力极强，1年至少2～3代，多者达20～30代。

三、害虫的习性

害虫的习性包括害虫的活动和行为。

1. 害虫活动昼夜和季节的节律性　所谓节律系指有一定节奏的变化规律。绝大多数害虫的活动，如取食、化蛹、羽化、交配、产卵、孵化、蛰伏等，均存在昼夜和季节的节律性，深入了解害虫活动的昼夜和季节节律性，对其防治有实际意义。

2. 害虫的行为　害虫的行为主要包括食性、趋性、假死性、群居性、休眠和滞育等诸方面。这些行为是害虫在长期的系统发育和个体发育过程中对环境条件的适应，它有利于害虫种群的生存和繁衍。人们了解和掌握害虫的行为规律，也有利于控制其数量消长。

四、害虫与环境因素的关系

害虫的生长发育和繁殖都要求一定的环境条件，只有在环境条件满足其要求时，害虫才能生存、繁殖和发展。环境条件或者说环境因素，通常分为生物因素和非生物因素两类。生物因素包括生境内一切生物种群（动物、植物和微生物），它们通过营养链和各种信息的联系，发生食物、天敌、共生、共栖、竞争等关系，人类的活动也常包括在内。非生物因素包括气候和土壤等因素。气候因素主要指温度、湿度、降水、光、风等。上述这些因素，直接或间接地影响着害虫种群数量的消长。正确认识和研究它们之间的相互关系，了解害虫数量消长的主要因素，可为拟订合理的防治对策提供理论依据。

五、害虫防治的基本原理和方法

果树害虫的防治，亦应坚持"预防为主，综合防治"的方针。贯彻这个方针，必须在加强预测预报的基础上，灵活、适时、有选择性地综合应用害虫防治的各种技术措施，使之互相协调，长短互补，经济、安全、有效地控制果树害虫的数量消长，使其危害在经济受害允许水平以下，并注意以最少的投资换取最大的经济效益。果树害虫常用的防治技术措施有以下几类。

1. 植物检疫 果树害虫防治必不可少的重要措施。如苹果蠹蛾、椰心叶甲、枣实蝇等，都应严格检疫，特别是苗木、接穗等繁殖材料的调运，均要严格检查，禁止带虫苗木接穗等繁殖材料的传入和输出。

2. 农业防治 即指在果树的栽培管理中有针对性地采取不利于害虫滋生、繁殖和危害的果树管理措施。如采用无虫苗木，选用抗虫品种，合理地整形修剪和土、肥、水管理，注意清除果树枯枝落叶，铲除杂草，剪除虫果，摘除虫叶，刮除粗老树皮，杀灭隐居害虫，人工捕捉害虫等，这是一类果树害虫防除的重要方法。

3. 生物防治 即指利用有益生物来防治害虫的一类方法。如人工释放赤眼蜂防治苹果小卷叶蛾和梨小食心虫，利用瓢虫防治蚜虫，利用捕食螨防治果树叶螨，以及利用杀螟杆菌、昆虫病毒等防治各种害虫。生物防治具有不污染环境，保持生态平衡，对人、畜无毒等优点，但对环境条件要求较严，见效较慢，应用技术较复杂。

4. 物理防治 即指利用各种物理因素和简单器械来防治害虫的方法。如利用灯光、性诱剂、黄板、糖醋液诱杀害虫，束草、束膜诱杀螨类和其他害虫，通过覆膜、防虫网、涂胶、涂白、套袋等阻隔杀灭害虫等，这是简便而又很有效的一类除虫方法。

5. 化学防治 目前果树害虫防治中普遍应用的重要方法。它具有见效快、效率高、使用方法多样等优点，特别是害虫爆发时，在短时间内即能控制其危害。但如果使用不当，会造成果树及果实的药害，杀伤天敌生物，导致害虫产生抗药性，发生人畜中毒事故等，并且易造成环境污染。应充分注意选用高效、低毒、低残留量的农药，适时、适量施药。应用新药时，注意先作小面积试验，再大面积应用，以防药效不佳或出现药害等意外事故。

第三节 果园鼠害防治

一、害鼠的种类及形态特征

果园鼠害是一种世界性的生物灾害。特别是进入 21 世纪以来，随着气候变暖以及果树产业的迅速发展，鼠害发生日趋严重，果树受害更加频繁。鼠类对果树的为害主要是通过啃咬树干、伤害根系及取食果实，给果树生产造成损失。为害根系主要是伤害幼树苗及苗木的根系，从而影响果树生长发育；取食果实，主要是将果实咬成伤疤和空洞；有的咬断果柄，使果实脱落失去经济价值，有的将果实盗食一空。

鼠类属哺乳纲、啮齿目动物。果树上的主要害鼠有：松鼠科的岩松鼠（*Sciurotamias davidianus*）、花鼠（*Eutamias sibiricus*）、豹鼠（*Tamiops swinhoei*）、赤腹松鼠（*Callosciurus erythraeus*）；仓鼠科的莫氏田鼠（*Microtus maximowiczii*）、棕色田鼠（*Lasiopodomys mandarinus*）；鼠科的褐家鼠（*Rattus norvegicus*）、大足鼠（*Rattus nitidus*）、黄毛鼠（*Rattus losea*）、社鼠（*Niviventer confucianus*）、板齿鼠（*Bandicota indica*）、高山姬鼠（*Apodemus chevieri*）等。

二、害鼠个体生长发育规律及习性

根据一年中产生性周期的次数，将鼠分为单性周期鼠和多性周期鼠两大类。单性周期鼠是一些有冬眠习性的鼠种，一般一年繁殖 1 次。多性周期鼠一年可以繁殖 2～8 次不等。多数鼠种的初生幼仔发育不完全，不能移动，需要母鼠提供各种保护，经过数日后发育迅速，很快就能站立活动并断乳，断乳后即可开始独立生活，这时就开始分窝。

鼠的活动与昼夜变化有很大的关系。根据鼠的活动规律可将鼠分为白昼活动型、夜间活动型和昼夜活动型 3 类。气候条件对鼠的昼夜活动有影响，白天活动的鼠，在阴、雨和有风的天气下，一般很少外出，春秋季节中午活动多，夏季高温季节在午前、后晌活动多，而中午时分活动少。一些白昼活动的鼠种在有月光的夜晚也可出洞活动。

三、害鼠与环境因素的关系

害鼠的生长发育和繁殖都需要适应其周围的生态环境。影响鼠的环境因子包括气候因子、生物因子和土壤因子。气候因子包括温度、湿度、降水量、光照、风、雪等，其中，温度对鼠的影响最显著，它直接影响鼠的体温，从而影响其新陈代谢速率、生长发育和繁殖等；生物因子包括与鼠的生命活动有关的植物、动物和微生物等，与鼠的关系有取食、被取食、寄生、共生或充当隐蔽场所等；土壤因子主要是指对鼠的分布有影响的土壤和地形等。自然界中，鼠种群所处的环境条件是不断变化的，因此，鼠种群数量在时间上和空间上亦进行动态变化。影响鼠种群消长动态的因素，包括其出生率、死亡率、生殖力、寿命和发育速度等自身因素，也包括其所处的外界环境条件的变化等。

四、果园鼠害发生特点与防治方法

（一）果园鼠害发生特点

果树是多年生植物，树下植被覆盖率高，土壤翻耕少，果园内生态环境相对比较稳定，适宜害鼠的栖息、繁殖和生存。果园鼠害表现出以下几个特点：一是果园的鼠洞比农田多，鼠的种群密度比一般农田大，危害也重；二是果实成熟期重于开花结果期；三是特早熟或特晚熟品种重于大宗品种；四是大风后的落地果重于树上果。

（二）果园鼠害防治方法

在果园，对于鼠害的防治应根据果园鼠害发生危害特点和习性，制定有效的预防或防治措施。果园鼠害的防治方法主要有生物防治、化学防治、物理防治和生态防治等。

1. 生物防治 注意保护和利用哺乳类、鸟类和爬行类天敌。其中，哺乳类主要有黄鼬、艾虎、香鼬、狐狸、兔狲、猞猁、野狸和家猫等，鸟类有长耳鸮、短耳鸮、纵纹腹小鸮等猫头鹰类，爬行类动物主要是各种蛇类等。

2. 化学防治 主要是利用杀鼠剂，使有毒物质进入害鼠体内，破坏鼠体的正常生理机制而使其中毒死亡。化学防治的优点是效果快，使用简便，广泛用于大面积灭鼠时能暂时降低鼠的密度和把危害控制在最低程度。缺点是一些剧毒农药能引起二次甚至三次中毒，导致鼠类天敌日益减少，生态平衡遭到破坏；在使用不当时还会污染环境，危及家畜、家禽和人的健康。

3. 物理防治 主要利用鼠铗、鼠笼、绳套、压板、水淹、刺杀等器械灭鼠。电流击鼠、超声波驱鼠、利用外激素引诱等可作为辅助工具。缺点是效果较慢。

4. 生态防治 主要是通过破坏和改变鼠类的适宜生活条件和环境，使之不利于鼠类的栖息和繁殖，并增加其死亡率。常用的田间措施有：加强果园夏季管理，注意铲除树下杂草，破坏鼠类栖息环境。秋季及时清扫果树落叶，烧毁枯枝、病枝，消除害鼠藏身之处，减少鼠害的发生。采用覆草栽培的果树，在主干基部也应空出 30 cm 不盖草。同时，应注意果树主干基部的防护。在土壤封冻前，主干基部埋土 30 cm 高，既可以防寒，保护根系，又起到一定程度的防鼠作用。晚秋至初冬，在果树主干基部包裹一层薄铁皮或易拉罐皮，可以起到很理想的防护效果。春季及时去除，防止勒伤树皮。合理规划耕地、精耕细作、快速收获、减少田埂和铲除杂草、冬灌和定期翻动草垛等也有利于鼠害防治。

如果秋冬季果园管理不善，防鼠工作疏忽，果树被老鼠啃伤，应及时采取补救措施。一般采用休眠的枝条作接穗进行桥接，重新沟通果树体内水分和养分的运输，从而挽救受害的果树。

第四节 果园杂草防治

果园杂草是指与果树争夺阳光、土壤水分和矿质营养的野生植物。杂草对果树的危害程度主要与果树冠幕层距地面的高度、杂草高度、杂草攀爬高度及有害杂草的密度密切相关。

一、杂草的生物学特性

（一）形态结构的多型性

杂草在人和自然的选择下，个体大小、根茎叶形态和内部组织结构等形成了多种多样的适应方式。不同种类的杂草个体大小差异明显，高的可达 2 m 以上，矮的仅有几厘米；同种杂草在不同生境条件下，其个体大小变化亦较大。生长在阳光充足地带的杂草，多数茎秆粗壮、叶片厚实、根系发达，具有较强的耐旱耐热能力；相反，生长在阴湿地带的杂草，其茎秆细弱，叶片宽薄、根系不发达。生长在水湿环境中的杂草通气组织发达，而机械组织薄弱，生长在陆地湿度低的地段的杂草则通气组织不发达，而机械组织、薄壁组织都很发达。

（二）生活史的多型性

一般早发生的杂草生育期长，晚发生的生育期短，但同类杂草生育期则差不多。根据杂草当年开花，一次结实成熟，隔年开花一次结实成熟和多年多次开花结实成熟的习性，可将杂草的生活史过程分为一年生、二年生和多年生。

一年生杂草在一年中完成从种子萌发到产生种子直到死亡的生活史全部过程，有春季一年生杂草和夏季一年生杂草。二年生杂草的生活史在跨年度中完成，第一年春季杂草萌发产生莲座叶丛，耐寒能力增强，第二年抽茎、开花、结实、死亡，如芥菜、野胡萝卜等。多年生杂草可存活 2 年以上。这类杂草不但能结子传代，而且能通过地下变态器官生存繁衍。简单多年生杂草，如蒲公英、酸模等可借种子繁殖，也可因切割由宿根繁殖；匍匐多年生杂草，可以借球茎、匍匐茎或根状茎繁殖，这类杂草是一类很难控制的杂草。

（三）营养方式的多样性

杂草营养方式是多种多样的。绝大多数杂草是光合自养的，但也有不少杂草属于寄生的。

根据对寄主的依赖程度可将其分为全寄生和半寄生两大类。全寄生是指从寄主植物上获取它自身生活需要的所有营养物质，包括水分、无机盐和有机物质，例如菟丝子、列当和无根藤等，其叶片退化，叶绿素消失，根系蜕变为吸根。主要寄生在一年生草本植物上，可引起寄主植物黄化和生长衰弱，严重时造成大片死亡，对产量影响极大。半寄生如槲寄生、樟寄生和桑寄生等本身具有叶绿素，能够进行光合作用，但由于根系缺乏而需要从寄主植物中吸取水分和无机盐，由于它们与寄主植物的寄生关系主要是水分的依赖关系，故称为半寄生。主要寄生在多年生的木本植物上，寄生初期对寄主生长无明显影响，当寄生植物群体较大时会造成寄主生长不良和早衰，虽有时也会造成寄主死亡，但与全寄生植物相比，发展速度较慢。

二、杂草分类

生产实践中，人们习惯于将杂草简单地分为单子叶杂草、双子叶杂草两大类；有时则分为禾本科杂草、阔叶类杂草及莎草三大类。

1. 禾本科杂草 茎圆，节间明显，中空；常有叶舌；一个子叶；叶鞘张开；叶片狭长，叶脉平行，无柄。如马唐、牛筋草、狗牙根等。

2. 阔叶类杂草 茎圆，节间不明显，茎实心；两个子叶；叶长宽比小，叶脉网状，有柄。如藜、反枝苋、马齿苋、酢浆草、苍耳等。

3. 莎草类 茎三棱，无节间，实心；叶鞘不张开，无叶舌；一个子叶；叶片狭长，叶脉平行，无柄。如香附子、碎米莎草等。

针对果树生产和果园杂草的危害特点，将我国常见的 300 种果园杂草分为无害杂草、轻度危害杂草和重度危害杂草 3 类。无害杂草全部为草本植物，总数为 30 科 115 种，其中单子叶杂草为 2 科 17 种，双子叶杂草为 28 科 98 种，占果园杂草总数的 38.3％。轻度危害杂草全部为直立性草本植物，总计 24 科 126 种。其中，单子叶杂草 2 科 24 种，双子叶杂草 22 科 102 种，占杂草总数的 42.0％。重度危害杂草，总数为 17 科 59 种。其中，单子叶为 1 科 10 种，双子叶为 16 科 49 种，占杂草总数的 19.7％。

三、杂草防治

(一) 农业防除

1. 深翻土地 深翻果园土壤不仅能把土表的杂草种子埋入深层土壤中，使之不能正常萌发，减少一、二年生杂草的发生数量，还可以破坏多年生宿根性杂草的根系，把部分地下根状茎翻至地表，使其不能得到足够的水分而干枯死亡。

2. 科学施肥 由于有机肥来源复杂，一般都混有杂草种子，因此要采取高温堆肥等办法，充分腐熟，使有机肥中的杂草种子不能发芽。

3. 中耕除草 要坚持"除早、除小、除了"的原则，及时清除田间杂草，减轻杂草的危害。

(二) 化学除草

1. 化学药剂选择 由于果园内很少种植其他作物，一般选用灭生性的除草剂。果园中常用的除草剂有草甘膦、农达、克芜踪、氟乐灵、敌草隆、达草灭、特草定等。按使用时期不同可分为两大类：一是萌芽前土壤处理剂，如敌草隆、达草灭、特草定等。二是生长期茎叶喷雾剂，如草甘膦、农达、克芜踪等。

防除一、二年生的单、双子叶杂草，如狗尾草、马唐、蟋蟀草、小飞蓬、龙葵、苍耳、藜等，一般可在杂草萌发前，采用 75％五氯酚钠可湿性粉剂每 667 m² 200～400 g，或 48％氟乐灵乳油每 667 m² 100 mL 加 40％阿特拉津胶悬剂 200 g，混合后进行土壤处理。也可在杂草生长前期，使用 20％克芜踪水剂每 667 m² 100～200 mL，或 10％草甘膦水剂每 667 m² 750～1 000 mL，或 50％草甘膦可湿性粉剂每 667 m² 120～200 g，加水 30～40 kg，再加 0.2％洗衣粉，茎叶喷雾，也可用 41％农达乳油每 667 m² 150～200 mL，加水 30～40 kg，均匀喷雾，均有较好的防治效果。

2. 防治时间 对一年生和多年生单、双子叶杂草混生的果园，可在杂草出苗前或萌动时，用 25％敌草隆可湿性粉剂每 667 m² 500～800 g 进行土壤处理；也可在杂草生长期，每 667 m² 用草甘膦有效成分 100～150 g，加水 30～40 kg，再加 0.2％洗衣粉，均匀喷雾，或用 10％草甘膦水剂每667 m² 750 mL 加 25％绿麦隆可湿性粉剂 75 g 茎叶喷雾。对以多年生深根性杂草如狗牙根、莎草、茅草、野艾蒿等为主的果园，可在杂草生长旺盛期，每 667 m² 用草甘膦有效成分 150～200 g 或 41％农达乳油 350～400 mL，加水 30～40 kg 喷雾，不仅可以杀死杂草的地上部分，而且对地下根茎也有很好的防效。

3. 注意事项

(1) 首先要弄清楚果园的杂草种类和发生情况，再确定除草剂的品种和用量，避免盲目喷施除草剂。

(2) 在使用茎叶喷雾剂如克芜踪、草甘膦、农达等时，应该定向喷雾，不应将药液喷到果树叶片上，避免造成药害。同时，喷药力求均匀周到，对宿根性杂草的茎叶应喷至湿润滴水为度，以免影响防治效果。

(3) 选择最佳用药时间。果园喷除草剂应在晴朗无风的天气喷药，不要将药液喷到树叶上和周围的作物上。

(4) 2, 4 -滴丁酯熏蒸性强，对阔叶作物十分敏感，周围有阔叶作物时要看风向慎用。

(5) 喷过除草剂的药械，要反复冲洗后才能再喷其他药剂。

第五节　果园鸟害防治

随着农业生态环境的变化，鸟类对果园的危害不断增大。为防止鸟类对果树的危害，我国果树工作者从生产实际中摸索出许多有效的防治措施。鸟是一种很聪明的动物，为提高防治效果，在生产中不宜采取单一或固定方法，而应综合利用多种方法。主要防治方法如下：

一、物理防治

1. 果实套袋和反光膜　对苹果、桃、葡萄等较大的果实（果穗）进行套袋，可缩短鸟类的为害期，减少果品的损失；摘袋后再套塑料纱网袋，即可保护果实不受鸟类为害，也可保护果实不受各种害虫的为害。果园地面铺盖反光膜，反射的光线可使害鸟短期内不敢靠近果树，同时利于果实着色。

2. 设置保护网　对树体较矮、面积较小的果园，在鸟类为害前用保护网（丝网、纱网等，网孔应钻不进小鸟）将果园罩盖起来即可，同时还可以和防雹结合，采后可撤去保护网。该法是防治鸟害效果最好的方法，但不足之处是投资较大。

二、驱鸟防治

驱鸟的方法较多，但应综合利用，避免驱鸟方法固定化，以避免鸟类对环境产生适应。

1. 人工驱鸟　鸟类在清晨、中午、黄昏三个时段为害果实较严重，果农可在此时前到达果园，及时把害鸟驱赶到园外；被赶出园外的害鸟还可能再回来，因此，15 min 后应再检查、驱赶 1 次，每个时段一般需驱赶 3~5 次。这个方法比较费工，适合离家近且种植面积小的果园。

2. 声音驱鸟　声音驱鸟是利用声音来把鸟类吓跑。鸟类的听觉和人类相似，人类能够听到的声音，鸟类也能够听到。声音设施应放置在果园的周边和鸟类的入口处，以利用风向和回声增大声音。

（1）驱鸟炮。由专业公司生产的装置，利用电子放大声响驱赶鸟群。

（2）智能语音驱鸟器。利用数字技术产生不同种类鸟的哀鸣，对同类的鸟造成恐吓作用，同时还可以把他们的天敌吸引过来，把过路的鸟类吓跑。

（3）自制简易驱鸟器。将鞭炮声、鹰叫声、敲打鸟时的惊叫声等用录音机录下来，在果园内不定时地大音量放音，以随时驱赶园中的散鸟。

3. 置物驱鸟　鸟类的视觉很好，会敏锐地发现移动的物体和他们的天敌存在；但是鸟类对视觉的反应不如对声音的反应强烈，所以置物驱鸟最好和声音驱鸟结合起来，以使鸟类产生恐惧，起到更好的防治效果；同时使用这两种方法应及早进行，一般在鸟类开始啄食果实前开始防治，以使一些鸟类迁移到其他地方筑巢觅食。

（1）"恐怖的眼睛"气球。在气球上面画一个恐怖的鹰的眼睛，放在果园的上面，能够飘来飘去，起到驱鸟的作用。

（2）彩色闪光条。彩色闪光条是一些发亮的塑料条，把它们挂在果园四周那些鸟害比较严重的地方，随风舞动，且可以反射太阳光，起到驱鸟的作用。

（3）制作天敌模型。在园中放置假人、假鹰，可短期内防止害鸟入侵。

4. 喷水驱鸟　有喷灌条件的果园，可结合灌溉和"暮喷"进行喷水驱鸟。

三、化学防治

鸟害的化学防治是在果实上喷洒鸟类不愿啄食或感觉不舒服的生化物质，驱使鸟类到其他地方觅食。目前国内外在葡萄、樱桃和苹果等树种上有一定应用。

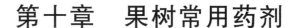

第十章　果树常用药剂

第一节　农药知识

农药是指具有预防、消灭或者控制危害农业、林业的病、虫、草、鼠和其他有害生物以及有目的地调节植物、昆虫生长的化学合成或者来源于生物、其他天然物质的一种物质或者几种物质的混合物及其制剂。

一、农药的分类与剂型

1. 农药的分类　按原料的来源及成分，可将农药分为无机农药（硫黄、硫酸铜）和有机农药。有机农药可分为植物性农药（除虫菊、印楝素）、矿物油农药（石油乳剂）、微生物农药（苏云金杆菌、农用抗生素）和化学合成的农药等。

按用途，可将农药分为杀虫杀螨剂、杀菌剂、杀线虫剂、除草剂、植物生长调节剂和杀鼠剂等。

按作用方式，杀虫剂可分为胃毒剂、触杀剂、内吸剂、熏蒸剂及昆虫生长调节剂等；杀菌剂可分为保护剂和治疗剂；除草剂可分为选择性除草剂和灭生性除草剂。

2. 农药的剂型　农药的原药必须经过一定的加工过程，形成一定的形态的制剂才能够使用。加工后的农药具有一定的形态、组成和规格，称为农药的剂型。据国际制造商协会联合会（GIFAP）推荐的农药剂型代码有 60 多种。其中，常见农药剂型主要有颗粒剂（GR）、乳油（EC）、水乳剂（EW）、微乳剂（ME）、可湿性粉剂（WP）、悬浮剂（SC）、水分散粒剂（WG）、可溶液剂（SL）、水剂（AS）、可溶粉剂（SP）、微囊悬浮剂（CS）和油悬浮剂（OF，OD）等。

二、农药的药效及持效期

药效是指药剂在田间条件下对果树有害生物产生的实际防治效果。持效期是指农药施用后，能够有效地防治有害生物所持续的时间。农药在实际使用时，其药效和持效期，受药剂性质、施药方法、施药时间、施药条件、果树生长情况以及气象条件等多种因素的影响。

三、农药的药害、毒性与分级标准

1. 农药的药害　药害系指使用农药不当而对果树的生长、发育和产量、品质产生不良影响的现象。盲目增加用药量或施药次数，会产生药害。如果喷洒农药后产生药害，可采取喷清水或略带碱性水淋洗，以加快药剂的分解。对于抑制或干扰植物赤霉素的除草剂、植物生长调节剂，可喷施缓解药害的药物，如 2,4 - D 丁酯等药剂，以缓解药害。

2. 农药的毒性与分级标准　习惯上将农药对高等动物的毒害作用称为毒性。根据农药对动物体损害的性质和持续的时间可将农药的毒性分为急性毒性、亚急性毒性和慢性毒性。衡量或表示农药急性毒性的程度常用大白鼠经口致死中量（LD_{50}）作为指标，凡农药品种的 LD_{50} 值越小，引发毒性作用所需剂量越小，毒性水平越高；反之其毒性越低。农药急性毒性分级标准见表 10 - 1。

表 10 - 1 农药产品毒性分级标准及标识

毒性分级	级别符号语	经口 LD$_{50}$（mg/kg）	经皮 LD$_{50}$（mg/kg）	吸入 LC$_{50}$（mg/m³）	标识	标签上的描述
Ⅰa级	剧毒	≤5	≤20	≤20		剧毒
Ⅰb级	高毒	>5～50	>20～200	>20～200		高毒
Ⅱ级	中等毒	>50～500	>200～2 000	>200～2 000		中等毒
Ⅲ级	低毒	>500～5 000	>2 000～5 000	>2 000～5 000	低毒	
Ⅳ级	微毒	>5 000	>5 000	>5 000		微毒

不同农药的毒性水平差异较大，杀菌剂、除草剂、植物生长调节剂、昆虫生长调节剂中绝大多数是低毒化合物，其中个别品种属中等毒性。高毒和剧毒品种大多属于有机磷和氨基甲酸酯类杀虫剂。

第二节　常用农药

一、杀虫剂

1. 敌百虫 trichlorfon

其他名称：Trichlorphon、Totalene 等。

毒性：低毒。急性经口 LD$_{50}$为 560 mg/kg；大鼠急性经皮 LD$_{50}$>5 000 mg/kg。对蜜蜂及其他益虫低毒。

剂型：30%、40%敌百虫乳油，80%、90%敌百虫可溶粉剂。

作用特点：敌百虫是一种毒性低、杀虫谱广的有机磷杀虫剂。在弱碱液中可转变成敌敌畏，但不稳定，很快分解失效。对害虫有很强的胃毒作用，兼有触杀作用，对植物具有渗透性，但无内吸传导作用。适用于咀嚼式口器害虫的防治。

应用技术：防治枣树黏虫、荔枝树椿象，使用 80%可溶粉剂 700 倍液喷雾。

注意事项：①高粱、豆类特别敏感，玉米、苹果中的某些品种，如曙光、元帅对其较敏感。②稀释后的药液不宜放置过久，应现配现用。

2. 敌敌畏 dichlorvos

其他名称：DDVP、DDV。

毒性：中等毒。原药雄、雌大鼠急性经口 LD$_{50}$分别为 80 mg/kg 和 56 mg/kg，急性经皮 LD$_{50}$分别为 107 mg/kg 和 75 mg/kg，对瓢虫等天敌和蜜蜂有杀伤性。

剂型：48%、77.5%乳油，15%、22%、30%烟剂。

作用特点：敌敌畏是一种高效、速效的广谱杀虫剂，具有触杀、胃毒和熏蒸作用，对咀嚼式和刺吸式口器害虫防效好。其蒸气压高，对半翅目、鳞翅目昆虫有极强击倒力。施药后易分解，残效期短，无残留。

应用技术：防治苹果树小卷叶蛾、蚜虫等，有效成分用药量 400～500 mg/kg 喷雾。

注意事项：①对高粱、月季花易产生药害。对玉米、豆类、瓜类幼苗及柳树也较敏感。②不宜与碱性农药混用。

3. 毒死蜱 chlorpyrifos

其他名称：乐斯本；Lorsban、Dursban。

毒性：中等毒。原药大鼠急性经口 LD_{50} 为 163 mg/kg，急性经皮 LD_{50}＞2 000 mg/kg。对兔皮肤、眼睛有较轻刺激。

剂型：40％乳油，15％、25％、30％、400 g/L 微乳剂，20％、30％、40％水乳剂，0.5％、3％、10％、15％、20％颗粒剂等。

作用特点：具有触杀、胃毒和熏蒸作用的广谱杀虫剂。在叶片上的持效期不长，但在土壤中的持效期则较长，对地下害虫的防效好。

应用技术：防治苹果树桃小食心虫，有效成分用药量 200～266.7 mg/kg 喷雾；防治苹果树绵蚜，有效成分用药量 200～266.7 mg/kg 喷雾；防治柑橘树介壳虫，有效成分用药量 320～480 mg/kg 喷雾；防治柑橘树锈壁虱，有效成分用药量 267～500 mg/kg 喷雾；防治柑橘树红蜘蛛，有效成分用药量 240～480 mg/kg 喷雾；防治荔枝树蒂蛀虫，有效成分用药量 400～500 mg/kg 喷雾。

注意事项：①不能与碱性农药混用。②为保护蜜蜂，应避开作物开花期使用。③对烟草敏感。

4. 乙酰甲胺磷 acephate

其他名称：高灭磷、盖土磷；Ortho12420、Orthene、Ortran。

毒性：低毒。雄、雌大鼠急性经口 LD_{50} 分别为 945 mg/kg 和 886 mg/kg，急性经皮 LD_{50}＞361 mg/kg。

剂型：20％、25％、30％、40％乳油，75％可溶性粉剂。

作用特点：内吸杀虫剂，具有胃毒和触杀作用，并可杀卵，有一定的熏蒸作用，是缓效型杀虫剂。施药后初效作用缓慢，2～3 d 效果显著，后效作用强。可防治多种咀嚼式、刺吸式口器害虫和害螨。

应用技术：防治果树食心虫、柑橘树介壳虫、螨等，有效成分用药量 400～600 mg/kg 喷雾。

注意事项：①不能与碱性农药混用。②不宜在桑、茶树上使用。③2019 年 8 月 1 日起，含有该药有效成分的单剂、复配制剂禁止在瓜果作物上使用。

5. 喹硫磷 quinalphos

其他名称：爱卡士、喹恶磷、克铃死；Ekalux、Kinalux。

毒性：中等毒。大鼠急性经口 LD_{50} 为 200 mg/kg；急性经皮 LD_{50} 为 1 750 mg/kg。对蜜蜂高毒。

剂型：10％、48％乳油。

作用特点：有机磷杀虫、杀螨剂。具有胃毒和触杀作用，无内吸和熏蒸性能。在植物上有良好的渗透性。杀虫谱广，有一定的杀卵作用。在植物上降解速度快，残效期短。

应用技术：防治柑橘介壳虫，有效成分用药量 250～312.5 mg/kg 喷雾；防治柑橘红蜘蛛，有效成分用药量 125～167 mg/kg 喷雾；防治梨树梨木虱，有效成分用药量 125～167 mg/kg 喷雾。

注意事项：①对鱼、水生动物和蜜蜂高毒，不要在鱼塘、河流、养蜂场等处及其周围使用。②对许多害虫的天敌毒力较大，施药期应避开天敌大发生期。

6. 稻丰散 phenthoate

其他名称：爱乐散、益尔散；Elsan、Cidial。

毒性：中等毒。大鼠急性经口 LD_{50} 为 410 mg/kg，急性经皮 LD_{50} 为 5 000 mg/kg。对某些鱼类有毒。

剂型：60％、50％乳油，40％水乳剂。

作用特点：具有触杀和胃毒作用，且有杀卵活性，适用于果树、水稻等作物。

应用技术：防治柑橘矢尖蚧等介壳虫，有效成分用药量 333～500 mg/kg 喷雾。

注意事项：①不能与碱性农药混用。②仅登记在水稻和柑橘上使用，应严格按登记使用剂量用药。③对蜜蜂有毒，有时可引起蜘蛛等捕食性天敌密度下降。

7. 三唑磷 triazophos

其他名称：三唑硫磷；Hostathion。

毒性：中等毒。大鼠急性经口 LD_{50} 为 82 mg/kg，急性经皮 LD_{50} 1 100 mg/kg。

剂型：20％、30％、40％乳油，30％水乳剂，15％、20％微乳剂。

作用特点：广谱性有机磷杀虫剂，具有强烈的触杀和胃毒作用，杀虫效果好，杀卵作用明显，渗透性较强，无内吸作用。用于果树、水稻等多种作物防治多种害虫。

应用技术：防治柑橘红蜘蛛，有效成分用药量 125～250 mg/kg 喷雾；防治苹果树红蜘蛛，有效成分用药量 188～250 mg/kg 喷雾；防治苹果树桃小食心虫，有效成分用药量 200～400 mg/kg 喷雾。

注意事项：①毒性较高，施药时应特别注意安全防护，以免污染皮肤和眼睛引起中毒。②贮存在远离食物、饲料和儿童接触不到的地方。③禁止在蔬菜上使用。

8. 杀螟硫磷 fenitrothion

其他名称：杀螟松、速灭松、灭蟑百特、杀虫松；Fenitox、Novathion 等。

毒性：中等毒。大鼠急性经口 LD_{50} 为 400～800 mg/kg，急性经皮 LD_{50}＞1 200 mg/kg。对蜜蜂有毒，对非靶标节肢动物具有高毒。

剂型：45％、50％乳油。

作用特点：具触杀、胃毒作用和一定的渗透作用，杀虫谱广，对三化螟等鳞翅目害虫有特效，但杀卵活性低。

应用技术：防治果树食心虫、毛虫、卷叶蛾等，有效成分用药量 250～500 mg/kg 喷雾。

注意事项：①对十字花科蔬菜和高粱作物较敏感，不宜使用。②不能与碱性药剂混用。

9. 杀扑磷 methidathion

其他名称：速扑杀；Supracide、Ultracide。

毒性：高毒。雌、雄大鼠急性经口 LD_{50} 分别为 43.8 mg/kg 和 26 mg/kg，急性经皮 LD_{50}＞1 546 mg/kg。对蜜蜂有毒，短期内对大多数有益节肢动物有害。

剂型：20％、40％乳油，20％、40％可湿性粉剂。

作用特点：是一种广谱的有机磷杀虫剂，具有触杀、胃毒和渗透作用，能渗入植物组织内，对咀嚼式和刺吸式口器害虫均有杀灭效力，尤其对介壳虫有特效，对螨类有一定的控制作用。药效发挥较慢，持效期为 14 d。

应用技术：防治梨树介壳虫、梨小食心虫等，有效成分用药量 400～500 mg/kg 喷雾。

注意事项：①不可与碱性农药混用。②对核果类应避免在花后期施用，在果园中喷药浓度不可太高，否则会引起褐色叶斑。③为高毒农药，按有关规定操作。④2015 年起禁止在柑橘上使用。

10. 辛硫磷 phoxim

其他名称：肟硫磷、腈肟磷、倍腈松；Baythion、Volaton。

毒性：低毒。雌、雄大鼠急性经口 LD_{50} 分别为 2 170 mg/kg 和 1 976 mg/kg，急性经皮 LD_{50} 分别为 1 000 mg/kg 和 2 340 mg/kg。对鱼有毒，对瓢虫等天敌蜜蜂有杀伤性。

剂型：0.3％、1.5％、3％、5％颗粒剂，20％、40％、56％、70％、600 g/L 乳油，30％、35％微囊悬浮剂。

作用特点：属高效低毒有机磷杀虫剂，以触杀和胃毒为主，无内吸作用，杀虫谱广，击倒力强，对鳞翅目幼虫很有效。因对光不稳定，持效期很短，残留危险性极小，叶面喷雾一般持效期为2～3 d；

但施入土中，其持效期很长，可达 1~2 个月，适合于防治地下害虫。

应用技术：防治苹果上的桃小食心虫，有效成分用药量 333.3~400 mg/kg 喷雾。

注意事项：①黄瓜、菜豆和甜菜等都对辛硫磷敏感，应按已登记作物规定的使用剂量施用，以免引起药害。②在光照条件下易分解，所以田间喷雾最好在傍晚，贮存时放在暗处。③药液要随配随用，不能与碱性药剂混用，作物收获前 5 d 禁用。

11. 丁硫克百威　carbosulfan

其他名称：好年冬、丁硫威；Marshal、Advantage。

毒性：中等毒。大鼠急性经口 LD_{50} 250 mg/kg；急性经皮 LD_{50}＞2 000 mg/kg。对蜜蜂有毒，对益虫有潜在危害。

剂型：5％、20％、200 g/L 乳油，5％颗粒剂，35％种子处理干粉剂。

作用特点：一种广谱性、内吸性的氨基甲酸酯类杀虫剂，对害虫具有触杀和胃毒作用，持效期长、杀虫谱广。在害虫体内代谢为克百威起杀虫作用，可用于柑橘、蔬菜、水稻上的多种害虫防治。

应用技术：防治苹果蚜虫，有效成分用药量 50~66.7 mg/kg 喷雾；防治柑橘锈壁虱，有效成分用药量 100~133.3 mg/kg 喷雾；防治柑橘潜叶蛾、蚜虫，有效成分用药量 133.3~200 mg/kg 喷雾。

注意事项：①不可与碱性农药混用。②在稻田施药时，不要施敌稗和灭草灵，以防产生药害。③2019 年 8 月 1 日起含有该农药有效成分的单剂复配制剂，禁止在瓜果上使用。

12. 氰戊菊酯　fenvalerate

其他名称：速灭杀丁、杀灭菊酯、敌虫菊酯、百虫灵、速灭菊酯；Sumicidin、Sumitox、Fenvalethrin。

毒性：中等毒。大鼠急性经口 LD_{50} 451 mg/kg；急性经皮 LD_{50}＞5 000 mg/kg。对蜜蜂、鱼虾、家禽等毒性高。

剂型：20％、25％乳油。

作用特点：拟除虫菊酯类杀虫剂，杀虫谱广，对天敌无选择性，无内吸传导和熏蒸作用。对鳞翅目幼虫效果好，对直翅目、半翅目等害虫也有较好效果，但对螨类无效。

应用技术：防治苹果上的桃小食心虫，有效成分用药量 50~100 mg/kg 喷雾；防治苹果黄蚜，有效成分用药量 50~62.5 mg/kg 喷雾；防治柑橘潜叶蛾，有效成分用药量 16~25 mg/kg 喷雾。

注意事项：①不能与碱性农药混用。②施药要均匀周到。③在害虫、害螨同时发生时，应配合使用杀螨剂。

13. S-氰戊菊酯　Sesfenvalerate

其他名称：来福灵、顺式氰戊菊酯、高效氰戊菊酯、强力农、白蚁灵。

毒性：中等毒。大鼠急性经口 LD_{50} 为 87~325 mg/kg，急性经皮 LD_{50}＞5 000 mg/kg。

剂型：5％、22％、50 g/L 乳油，50 g/L 水乳剂。

作用特点：一种活性较高的拟除虫菊酯类杀虫剂，与氰戊菊酯不同的是它仅含顺式异构体。但杀虫剂活性要比氰戊菊酯高出约 4 倍，因而使用剂量要低。具有杀卵活性，在植物上有良好的稳定性，能耐雨水冲刷。

应用技术：防治苹果上的桃小食心虫，有效成分用药量 16~25 mg/kg 喷雾，或使用 50 g/L 水乳剂 2 000~4 000 倍液喷雾；防治柑橘潜叶蛾，有效成分用药量 6~7 mg/kg 喷雾。

注意事项：①不宜与碱性物质混用。②喷药时均匀周到，尽量减少用药次数及用药量，而且应与其他杀虫剂交替使用或混用，以延缓抗性的产生。③柑橘每季最多使用 3 次，安全间隔期为 7 d。

14. 氯氰菊酯　cypermethrin

其他名称：兴棉宝、灭百可、安绿宝、赛波凯、轰敌、奥斯它、韩乐宝、格达、赛灭灵；Cymbush、Ripcord、Arrivo 等。

毒性：中等毒。大鼠急性经口 LD_{50} $250 \sim 4\,150$ mg/kg，急性经皮 $LD_{50} > 4\,920$ mg/kg。正常剂量下对鱼不存在危害。

剂型：5%、10%、20%乳油，5%、10%微乳剂，10%可湿性粉剂等。

作用特点：具有触杀、胃毒作用，也有一定的拒食作用，杀虫谱广，药效迅速，对光、热稳定，对某些害虫的卵具有杀伤作用，可防治对有机磷产生抗性的害虫，但对螨类和盲蝽防效差。

应用技术：防治苹果上的桃小食心虫，有效成分用药量 $67 \sim 100$ mg/kg 喷雾；防治柑橘潜叶蛾，有效成分用药量 $50 \sim 100$ mg/kg 喷雾。

注意事项：①不要与碱性物质如波尔多液等混用。②不可污染水域及饲养蜂蚕场地。

15. 高效氯氰菊酯 beta - cypermethrin

其他名称：高保、虫必除、百虫片、保绿康、克多邦、高灭灵、无敌粉；High effect cypermethrin、High active cyanothrin。

毒性：中等毒。大鼠急性经口 LD_{50} 649 mg/kg；急性经皮 $LD_{50} > 1\,830$ mg/kg。

剂型：2.5%、4.5%、10%、25 g/L、100 g/L 乳油，3%、4.5%、10%水乳剂，4.5%、5%、10%微乳剂等。

作用特点：生物活性较高，是氯氰菊酯的高效异构体，杀虫谱广，击倒速度快。

应用技术：防治苹果上的桃小食心虫，有效成分用药量 $20 \sim 33$ mg/kg 喷雾。

注意事项：同氯氰菊酯。

16. 顺式氯氰菊酯 alpha - cyperme thrin

其他名称：高效灭百可、高效安绿宝、奋斗呐、快杀敌、百事达。

毒性：中等毒。大鼠急性经口 LD_{50} 为 $60 \sim 80$ mg/kg；急性经皮 $LD_{50} > 500$ mg/kg。

剂型：50 g/L、100 g/L 乳油。

作用特点：一种生物活性较高的拟除虫菊酯类杀虫剂，由氯氰菊酯的高效异构体组成。其杀虫活性为氯氰菊酯的 $1 \sim 3$ 倍，因此单位面积用量更少，效果更高。

应用技术：防治柑橘潜叶蛾，有效成分用药量 $5 \sim 10$ mg/kg 喷雾；防治柑橘红蜡蚧，有效成分用药量 50 mg/kg 喷雾；防治苹果上的桃小食心虫，有效成分用药量 $20 \sim 33$ mg/kg 喷雾；防治梨树梨木虱，有效成分用药量 $16.67 \sim 31.25$ mg/kg 喷雾。

注意事项：①本药忌与碱性物质混用，以免分解失效。②对鱼、蜜蜂高毒，注意防护。③柑橘树每季最多使用次数为 3 次，安全间隔期为 7 d。

17. 溴氰菊酯 deltamethrin

其他名称：敌杀死、凯安保、凯素灵、天马、谷虫净、增效百虫灵。

毒性：中等毒。大鼠急性经口 LD_{50} $135 \sim 5\,000$ mg/kg，急性经皮 LD_{50} 为 $> 2\,000$ mg/kg。

剂型：25 g/L、50 g/L 乳油，2.5%、5%可湿性粉剂，2.5%水乳剂。

作用特点：以触杀、胃毒作用为主，对害虫有一定驱避与拒食作用，无内吸熏蒸作用。杀虫谱广，击倒速度快，尤其对鳞翅目幼虫及蚜虫杀伤力大，但对螨类无效。

应用技术：防治梨小食心虫和苹果、柑橘害虫，有效成分用药量 $5 \sim 10$ mg/kg 喷雾；防治荔枝树椿象，有效成分用药量 $5 \sim 8.3$ mg/kg 喷雾。

注意事项：①不能在桑园、鱼塘、河流、养蜂场等处及其周围使用，以免对蚕、蜂、水生生物等有益生物产生毒害。②不可与碱性物质混用，以免分解失效。③对螨、蚧效果不好，因此在虫、螨并发的作物上使用此药，要配合专用杀螨剂，以免害螨再猖獗。

18. 高效氟氯氰菊酯 beta - cyfluthrin

其他名称：保得、乙体氟氯氰菊酯；Bulldock。

毒性：低毒。大鼠急性经口 LD_{50} 380 mg/kg；急性经皮 $LD_{50} > 5\,000$ mg/kg。

剂型：2.5％、4.5％、10％、25 g/L、100 g/L 乳油，3％、4.5％、10％水乳剂，4.5％、5％、10％微乳剂。

作用特点：具有触杀和胃毒作用，无内吸作用和渗透性。杀虫谱广，击倒迅速，持效期长，除对咀嚼式口器害虫如鳞翅目幼虫、鞘翅目的部分甲虫有效外，还可用于刺吸式口器害虫（如梨木虱）的防治。

应用技术：防治苹果树桃小食心虫，有效成分用药量 8.3～12.5 mg/kg 喷雾；防治苹果树金纹细蛾，有效成分用药量 12.5～16.7 mg/kg 喷雾；防治柑橘树木虱，有效成分用药量 10～16.7 mg/kg 喷雾。

注意事项：①不能与碱性物质混用，以免分解失效。②不能在桑园、鱼塘及河流、养蜂场使用，避免发生污染中毒。

19. 高效氯氟氰菊酯　lambda‑cyhalo thrin

其他名称：功夫、爱克宁、λ‑三氟氯氰菊酯。

毒性：中等毒。雄、雌大鼠急性经口 LD_{50} 分别为 79 mg/kg 和 56 mg/kg，急性经皮 LD_{50} 分别为 632 mg/kg 和 696 mg/kg。对蜜蜂和鱼类剧毒。

剂型：25 g/L、50 g/L 乳油，2％、2.5％悬浮剂，10％水乳剂，2.5％、23％微囊悬浮剂等。

作用特点：具有触杀和胃毒作用，无内吸作用。同其他拟除虫菊酯类杀虫剂相比，其化学结构中增添了 3 个氟原子，其杀虫谱更广，活性更高，药效更迅速，并且具有强烈的渗透作用，耐雨水冲刷性强，持效期长。对作物安全，对环境安全。害虫对其产生抗性缓慢。

应用技术：防治柑橘潜叶蛾，有效成分用药量 12.5～25 mg/kg 喷雾；防治柑橘蚜虫，有效成分用药量 6.25～8.33 mg/kg 喷雾；防治荔枝蒂蛀虫，有效成分用药量 12.5～16.67 mg/kg 喷雾；防治荔枝蝽，有效成分用药量 6.25～12.5 mg/kg 喷雾；防治梨小食心虫，有效成分用药量 5～8.3 mg/kg 喷雾，此浓度对梨红蜘蛛有抑制作用；防治苹果上的桃小食心虫，有效成分用药量 6.25～16.7 mg/kg 喷雾。

注意事项：由于对鱼类和蜜蜂剧毒，远离河塘等水域施药，周围蜜源作物花期禁用，天敌放飞区域禁用。

20. 甲氰菊酯　fenpropathrin

其他名称：灭扫利；Meothrin、fenpropanate、Rody、Danitol。

毒性：中等毒。雄、雌鼠急性经口 LD_{50} 分别为 70.6 mg/kg、66.7 mg/kg；急性经皮 LD_{50} 分别为 1 000 mg/kg、870 mg/kg。对鱼、蚕、蜂高毒。

剂型：10％、20％乳油。

作用特点：具有触杀和胃毒作用，有一定的驱避作用，无内吸、熏蒸作用。杀虫谱广，对鳞翅目、半翅目、双翅目、鞘翅目等害虫有效，对多种叶螨有良好效果，可用于虫螨兼治。

应用技术：防治苹果树桃小食心虫，有效成分用药量 67～100 mg/kg 喷雾；防治苹果山楂红蜘蛛，有效成分用药量 100～133.3 mg/kg 喷雾；防治柑橘树红蜘蛛，有效成分用药量 100～200 mg/kg 喷雾。

注意事项：①无内吸作用，因而喷药要均匀、周到。②为延缓抗药性产生，一个生长季节内施药次数不要超过 2 次。③此药虽具有杀螨作用，但不能作为专用杀螨剂使用，最好用于虫螨兼治。④在低温条件下药效更高，提倡早春和秋冬施药。⑤在苹果上安全间隔期为 14 d。⑥对鱼、蜜蜂、家蚕毒性较高，对鸟类毒性较低。蜜源作物花期和栽桑养蚕区禁止用药，禁止在河塘等水体中清洗施药器具。

21. 联苯菊酯　bifenthrin

其他名称：天王星、虫螨灵、氟氯菊酯、毕芳宁；biphenthrin、Talstar、FMC‑54800。

毒性：中等毒。兔急性经口 LD_{50} 54.5 mg/kg，急性经皮 LD_{50}＞2 000 mg/kg。对兔的眼睛有轻微的刺激作用。对蜜蜂有毒。

剂型：2.5％、4.5％、10％水乳剂，2.5％、25 g/L、100 g/L 乳油等。

作用特点：具有很强的杀虫活性，以触杀、胃毒作用为主，无内吸、熏蒸作用，但具有一定的驱避作用和拒食作用。杀虫谱广、作用迅速。在土壤中不移动，对环境较为安全，持效期较长。适用于防治鳞翅目幼虫、粉虱、蚜虫、潜叶蛾、叶蝉、叶螨等。用于虫、螨并发时，省时省药。

应用技术：防治苹果上的桃小食心虫、苹果叶螨、柑橘红蜘蛛，有效成分用药量 20～30 mg/kg 喷雾；防治柑橘潜叶蛾，有效成分用药量 15～22.5 mg/kg 喷雾；防治柑橘木虱，有效成分用药量 18～30 mg/kg 喷雾。

注意事项：①不要与碱性物质混用，以免分解。②对蜜蜂、家蚕、天敌、水生生物毒性高，使用时应注意不要污染水源、桑园等。

22. 吡虫啉 imidacloprid

其他名称：咪蚜胺、高巧；Gaucho。

毒性：中等毒。大鼠急性经口 LD_{50} 450 mg/kg，急性经皮 LD_{50}＞5 000 mg/kg。

剂型：10％、20％、25％、50％、70％可湿性粉剂，5％、10％、20％乳油，40％、65％、70％水分散粒剂等。

作用特点：硝基亚甲基类内吸杀虫剂，具有广谱、高效、低毒、低残留，对人、畜、植物和天敌安全等特点。具有触杀、胃毒和内吸作用。速效性好，药效和温度呈正相关，温度高，杀虫效果好。用于防治刺吸式口器害虫及其抗性品系。

应用技术：防治苹果黄蚜，有效成分用药量 25～40 mg/kg 喷雾；防治梨木虱，有效成分用药量 40～80 mg/kg 喷雾；防治梨黄粉虫、桃蚜使用 10％可湿性粉剂 4 000～5 000 倍液喷雾。

注意事项：①对家蚕有毒，使用过程中不可污染养蜂、养蚕场所及相关水源。②不能与碱性物质混用，不宜在强光下喷雾使用，收获前一周禁止用药。

23. 啶虫脒 acetamiprid

其他名称：莫比朗；Mospilan。

毒性：中等毒。雄、雌大鼠急性经口 LD_{50} 为 217 mg/kg 和 146 mg/kg，急性经皮 LD_{50}＞2 000 mg/kg。对鱼毒性较低，对蜜蜂影响小。

剂型：3％、5％、10％、25％乳油，3％、5％、10％微乳剂，20％可溶粉剂，3％、5％、10％、20％、70％可湿性粉剂。

作用特点：对害虫具有触杀、胃毒和内吸作用，速效性好、活性高、持效期长、杀虫谱广，与常规农药无交互抗性等特点，能有效地防治对有机磷、氨基甲酸酯、拟除虫菊酯类具有抗性的害虫。尤其适合对刺吸式害虫的防治，是吡虫啉的取代品种。

应用技术：防治柑橘蚜虫，有效成分用药量 10～12.5 mg/kg 喷雾；防治柑橘潜叶蛾，用有效成分用药量 9～13.5 mg/kg 喷雾；防治苹果蚜虫，有效成分用药量 12～15 mg/kg 喷雾。

注意事项：①对桑蚕有毒，切勿喷洒在桑树上。②不能与强碱性物质混用，如波尔多液、石硫合剂等。③安全间隔期为 15 d。

24. 烯啶虫胺 nitenpyram

其他名称：Bestguard。

毒性：低毒。雄、雌大鼠急性经口 LD_{50} 分别为 1 680 mg/kg 和 1 575 mg/kg，大鼠急性经皮 LD_{50}＞2 000 mg/kg。

剂型：10％、20％水剂，25％可溶粒剂，20％水分散粒剂，20％水分散粒剂等。

作用特点：与其他新烟碱类杀虫剂相似，对害虫具有触杀、胃毒和内吸作用，速效性好、活性高、持效期长、杀虫谱广，对各种蚜虫、粉虱、叶蝉和蓟马等有优异防效。

应用技术：防治柑橘蚜虫，有效成分用药量 20～25 mg/kg 喷雾。

注意事项：贮运时，严防潮湿和日晒。

25. 噻虫嗪　thiamethoxam

其他名称：阿克泰、快胜；Actara、Adage、Cruiser。

毒性：低毒。大鼠急性经口 LD_{50} 为 1 563 mg/kg，急性经皮 LD_{50} >2 000 mg/kg。

剂型：25％水分散粒剂，21％悬浮剂等。

作用特点：第二代新烟碱类杀虫剂，作用机理与吡虫啉等第一代新烟碱类杀虫剂相似，但活性更高、安全性更好，且与吡虫啉、啶虫脒、烯啶虫胺等无交互抗性。具有胃毒、触杀、内吸作用，作用速度快、持效期长等特点。对刺吸式害虫如蚜虫、飞虱、叶蝉、粉虱等防效好。

应用技术：防治葡萄、柑橘介壳虫，有效成分用药量 50～62.5 mg/kg 喷雾；防治柑橘蚜虫，有效成分用药量 20.8～25 mg/kg 喷雾。

注意事项：①勿让儿童接触，不能与食品、饲料存放一起。②在苹果树、梨树上最多施用 4 次，安全间隔期为 14 d。

26. 氯噻啉　imidaclothiz

毒性：低毒。雌、雄大鼠急性经口 LD_{50} 雌性 1 620 mg/kg，雄性 1 470 mg/kg，急性经皮 LD_{50} >2 000mg/kg。

剂型：10％可湿性粉剂，40％水分散粒剂。

作用特点：属于我国拥有自主知识产权的新烟碱类杀虫剂，具有强的内吸活性和较强的触杀作用。对蓟马、白粉虱、蚜虫、叶蝉、飞虱等效果好，且药效不受温度高低的影响。

应用技术：防治柑橘蚜虫，有效成分用药量 20～25 mg/kg 喷雾。

注意事项：①一般低龄若虫期用药效果好，持效期达 7 d 以上。②每 666.7 m² 用水量在 30～50 kg，稀释时要充分搅拌均匀。

27. 氟啶虫酰胺　flonicamid

其他名称：Teppeki Ulala。

毒性：低毒。雄、雌大鼠急性经口 LD_{50} 分别为 884 mg/kg 和 1 768 mg/kg，急性经皮 LD_{50} >5 000 mg/kg。对家蚕、蜜蜂、异色瓢虫等安全。

剂型：10％水分散粒剂。

作用特点：吡啶酰胺类杀虫剂，对蚜虫有很好的神经作用和快速拒食活性，喷药后 30 min 蚜虫完全停止取食，对其他刺吸性害虫同样有效。具有内吸性强和较好的传导活性，用量少、活性高、持效期长等特点，与有机磷、氨基甲酸酯类和拟除虫菊酯类农药无交互抗性。

应用技术：防治苹果蚜虫，有效成分用药量 20～40 mg/kg 喷雾。

28. 阿维菌素　abamectin

其他名称：螨虫素、齐螨素、害极灭、杀虫丁；Avermectin。

毒性：高毒。大鼠急性经口 LD_{50} 为 10 mg/kg，急性经皮 LD_{50} >380 mg/kg；兔急性经皮 LD_{50} >2 000 mg/kg。对捕食性和寄生性天敌虽有直接杀伤作用，但因植物表面残留少，因此对益虫的损伤小；对根结线虫作用明显；对水生生物、蜜蜂高毒。

剂型：0.5％、1％、1.8％、3.2％、5％乳油，1.8％、3％、5％微乳剂，0.5％、1％、1.8％可湿性粉剂。

作用特点：作用机制与一般杀虫剂不同，它通过干扰昆虫神经生理活动，刺激释放 γ-氨基丁酸，而氨基丁酸对昆虫的神经传导有抑制作用。独特的作用机制，不易使害虫产生抗药性，与其他杀虫剂无交互抗性，能有效地杀灭对其他杀虫剂已经产生抗性的害虫。具有触杀和胃毒作用，对植物叶片有很强的渗透作用，可杀死表皮下的害虫，且持效期长。成、若螨和害虫与药剂接触后即出现麻痹症状，不活动不取食，2～4 d后死亡。

应用技术：防治苹果红蜘蛛，有效成分用药量3～4.5 mg/kg喷雾；防治苹果二斑叶螨，有效成分用药量4.5～6 mg/kg喷雾；防治梨木虱，有效成分用药量6～12 mg/kg喷雾；使用饵剂防治橘小实蝇、橘大实蝇，有效成分用药量为2.7～4.05 g/hm²，将0.1%饵剂稀释2～3倍，每个诱集罐加稀释液54 mL，每666.7 m²挂10个诱集罐。

注意事项：①施药时要有防护措施，戴好口罩等。②对鱼高毒，应避免污染水源和池塘等，不要在蜜蜂采蜜期施药。

29. 多杀霉素 spinosad

其他名称：菜喜、催杀等。

毒性：低毒。雄、雌大鼠急性经口LD_{50}分别为3 783 mg/kg和>5 000 mg/kg；兔急性经皮LD_{50}>2 000 mg/kg。对捕食性和寄生性天敌虽有直接杀伤作用，但因植物表面残留少，因此对益虫的损伤小。

剂型：5%、25 g/L、480 g/L悬浮剂，0.02%饵剂，20%水分散粒剂。

作用特点：从放射菌代谢物中提纯出来的生物源杀虫剂，毒性极低。通过触杀和胃毒作用，能引起害虫系统瘫痪。喷药后当天即见效，杀虫速度可与化学杀虫剂相媲美，非一般生物杀虫剂可比。可用作果树飞虫如橘小实蝇的诱饵。

应用技术：使用饵剂防治橘小实蝇，用0.02%饵剂每667 m² 70～100 mL点喷投饵。

30. 除虫脲 diflubenzuron

其他名称：敌灭灵、伏虫脲、氟脲杀、灭幼脲；Dimilin、Difluron、TH6040。

毒性：低毒。大鼠急性经口LD_{50}>4 640 mg/kg；兔急性经皮LD_{50}>2 000 mg/kg，大鼠急性经皮LD_{50}>10 000 mg/kg。对有益生物如鸟类、鱼等水生生物、蜜蜂、寄生蜂、瓢虫、草蛉等无不良影响。

剂型：5%、25%、75%可湿性粉剂，5%、20%乳油。

作用特点：几丁质合成抑制剂，阻碍昆虫的表皮形成，影响卵的孵化。对害虫具有触杀与胃毒作用，对鳞翅目害虫有特效，对鞘翅目、双翅目多种害虫也有效。对害虫药效缓慢，持效期为12～15 d。

应用技术：防治柑橘潜叶蛾，有效成分用药量62～125 mg/kg喷雾；防治苹果树金纹细蛾，有效成分用药量125～250 mg/kg喷雾。

注意事项：①应在幼虫低龄期或卵期施药，施药要均匀。②不能与碱性物质混用。

31. 杀铃脲 triflumuron

其他名称：杀虫脲、氟幼灵；Alystin、Mascot。

毒性：低毒。大鼠急性经口LD_{50}>5 000 mg/kg；急性经皮LD_{50}>5 000 mg/kg。对皮肤和眼睛有轻微的刺激作用。

剂型：5%、20%、40%悬浮剂，5%乳油。

作用特点：对害虫的作用机制与除虫脲相似，但许多研究者认为其不仅是几丁质的合成抑制剂，而且还具有与保幼激素相似的活性。对害虫具有胃毒作用及有限的触杀作用，有一定的杀卵活性。

应用技术：防治苹果金纹细蛾，有效成分用药量33～50 mg/kg喷雾；防治柑橘潜叶蛾，有效成分用药量57～80 mg/kg喷雾。

注意事项：①贮存有沉淀现象，摇匀后使用，不影响药效。②为提高药效可同菊酯类农药配合使用，比例为2：1。③对虾、蟹幼体有害，成体无害。

32. 灭幼脲 chlorbenzuron

其他名称：灭幼脲3号、苏脲1号，一氯苯隆；Chlorobenzuron，PH60-38。

毒性：微毒。大鼠急性经口 LD_{50} ＞20 000 mg/kg；对鱼类低毒，对天敌安全；对益虫和蜜蜂等膜翅目昆虫无害，但对赤眼蜂有影响。

剂型：20％、25％可湿性粉剂。

作用特点：苯甲酰基类的杀虫剂，具有胃毒作用，兼有一定的触杀作用，无内吸性。主要通过抑制昆虫的蜕皮而杀死昆虫，幼虫接触药液后 2 d 开始死亡，3～4 d 达到高峰。成虫接触药液后，产卵减少、或不产卵、或所产卵不能孵化。耐雨水冲刷，残效期达 15～20 d。

应用技术：防治苹果金纹细蛾，有效成分用药量 100～166.7 mg/kg 喷雾。

注意事项：①悬浮剂有明显的沉淀现象，使用时要先摇匀再加水稀释。②不要与碱性农药混用。③不要在桑园等处及附近使用。

33. 氟虫脲　flufenoxuron

其他名称：卡死克；Cascade。

毒性：低毒。大鼠急性经口 LD_{50} ＞3 000 mg/kg，急性经皮 LD_{50} ＞2 000 mg/kg。

剂型：50 g/L 水分散粒剂。

作用特点：苯甲酰脲类杀虫杀螨剂，具有触杀和胃毒作用。对叶螨属和全爪螨属多种害螨的幼螨杀伤效果好，虽不能直接杀死成螨，但接触药的雌成螨产卵量减少，并可导致不育。

应用技术：防治苹果、柑橘红蜘蛛，有效成分用药量 50～75 mg/kg 喷雾；防治柑橘潜叶蛾，有效成分用药量 25～50 mg/kg 喷雾；防治柑橘锈壁虱，有效成分用药量 50～80 mg/kg 喷雾。

注意事项：①施药时间要较一般杀虫剂提前 3 d 左右，对钻蛀性害虫宜在卵孵化盛期、幼虫蛀入作物之前施药，对害螨宜在幼若螨盛发期施药。②不宜与碱性农药混用，可以间隔施药，可先喷氟虫脲治螨，10 d 后再喷波尔多液治病，如相反顺序用药则间隔期要长些。③苹果上应在收获前 70 d 用药，柑橘上应在收获前 50 d 用药。

34. 氟啶脲　chlorfluazuron

其他名称：抑太保、定虫脲、氟伏虫脲；IKI-7899、Atabron。

毒性：低毒。大鼠急性经口 LD_{50} ＞8 500 mg/kg，急性经皮 LD_{50} ＞1 000 mg/kg。

剂型：5％、50 g/L 乳油，10％水分散粒剂。

作用特点：作用机理为抑制几丁质合成，阻碍昆虫正常蜕皮，使卵的孵化、幼虫蜕皮以及蛹发育畸形，成虫羽化受阻。药效高，作用速度较慢，对多种鳞翅目害虫以及直翅目、鞘翅目、膜翅目、双翅目等活性高，但对蚜虫、叶蝉、飞虱无效。

应用技术：防治柑橘潜叶蛾，有效成分用药量 16.6～25 mg/kg 喷雾。

注意事项：①喷药时要使药液湿润全部枝叶，才能发挥药效。②用药时间较一般有机磷、拟除虫菊酯类杀虫剂提早 3 d 左右，在低龄幼虫期喷药，钻蛀性害虫宜在产卵高峰期施药。

35. 氟铃脲　hexaflumuron

其他名称：盖虫散；Consult、Dowco-473、Trueno、Hexafluron。

毒性：低毒。大鼠急性经口 LD_{50} ＞5 000 mg/kg，急性经皮 LD_{50} ＞5 000 mg/kg。对鱼和家蚕毒性高。

剂型：5％乳油，15％、20％水分散粒剂。

作用特点：苯甲酰脲类杀虫剂，是几丁质合成抑制剂。具有很高的杀虫和杀卵活性，而且速效。

应用技术：防治苹果金纹细蛾，有效成分用药量 16.7～25 mg/kg 喷雾。

注意事项：①使用时喷洒均匀周到。②防治叶面害虫宜在低龄幼虫盛发期施药，防治钻蛀性害虫宜在卵孵化盛期施药。③不要在桑园、鱼塘等地及其附近使用。

36. 噻嗪酮　buprofezin

其他名称：优乐得、扑虱灵、稻虱灵、稻虱净；Applaud、Aproad、NNI-750。

毒性：低毒。大鼠急性经口 LD_{50} 2 198 mg/kg，急性经皮 LD_{50} ＞5 000 mg/kg。

剂型：20％、25％、65％、75％、80％可湿性粉剂，25％、37％、40％、50％悬浮剂。

作用特点：触杀作用强，也有胃毒作用。作用机制为抑制昆虫几丁质合成和干扰新陈代谢，致使若虫蜕皮畸形或翅畸形而缓慢死亡。对成虫没有直接杀伤力，但可以缩短其寿命，减少产卵量，并且产出的多是不育卵，幼虫即使孵化也很快死亡。对半翅目的飞虱、叶蝉、粉虱及介壳虫类害虫有较好的防治效果，一般施药后 3～7 d 才能显效，药效期长达 30 d 以上。对天敌较安全，综合效应好。

应用技术：防治柑橘介壳虫，有效成分用药量 150～250 mg/kg 喷雾。

注意事项：①药液不能直接接触白菜、萝卜，否则将出现褐斑及绿叶白化等药害。②使用时应先对水稀释后均匀喷雾，不可用毒土法。

37. 虫酰肼 tebufenozide

其他名称：米满；Mimic、RH5992。

毒性：低毒。大鼠急性经口 LD_{50} >5 000 mg/kg，急性经皮 LD_{50} >5 000 mg/kg。对捕食性昆虫及蜘蛛无害。

剂型：10％、20％、30％悬浮剂，10％乳油。

作用特点：非甾族新型昆虫生长调节剂，具有胃毒作用。对鳞翅目幼虫有极高的选择性和药效，幼虫取食后 6～8 h 不再为害作物，3～4 d 后开始死亡。

应用技术：防治苹果卷叶蛾，有效成分用药量 100～133.3 mg/kg 喷雾。

注意事项：①该药剂对卵的效果较差，施用时应注意掌握在卵发育末期或幼虫发生初期喷施。②对鱼有毒，对蚕高毒，喷药时不要污染水源，蚕、桑地区禁用。

38. 甲氧虫酰肼 methoxyfenozide

其他名称：雷通；Intrepid、Runner。

毒性：低毒。大鼠急性经口 LD_{50} >5 000 mg/kg，急性经皮 LD_{50} >5 000 mg/kg（24 h）。

剂型：24％、240 g/L 悬浮剂。

作用特点：甲氧虫酰肼与虫酰肼一样对鳞翅目害虫有较高的选择性，对幼虫和卵有特效；但它与虫酰肼不同的是有很好的根部内吸活性。

应用技术：防治苹果金纹细蛾，有效成分用药量 80～100 mg/kg 喷雾；防治苹果小卷叶蛾，有效成分用药量 48～80 mg/kg 喷雾。

39. 杀螟丹 cartap

其他名称：巴丹、派丹、卡塔普、沙蚕等。

毒性：中等毒。大鼠急性经口 LD_{50} 325～345 mg/kg，小鼠急性经皮 LD_{50} >1 000 mg/kg。对皮肤和眼睛无刺激作用，对蜜蜂有中等毒性，对鸟类低毒，对蜘蛛等天敌无不良影响。

剂型：50％、95％、98％可溶性粉剂。

作用特点：杀螟丹是沙蚕毒素的一种衍生物，胃毒作用强，同时具有触杀、一定的拒食和杀卵作用。对害虫击倒较快，有较长的持效期。杀虫谱广，能用于防治鳞翅目、鞘翅目、半翅目、双翅目等多种害虫和线虫。

应用技术：防治柑橘树潜叶蛾，有效成分用药量 490～653 mg/kg 喷雾。

注意事项：①对蚕毒性大，蚕区施药要防止药液污染桑叶和桑室。②白菜、甘蓝等十字花科蔬菜幼苗对药剂敏感，喷药浓度过高，也会对水稻产生药害。

40. 氯虫苯甲酰胺 chlorantraniliprole

其他名称：康宽、奥得腾、普虫、氯虫酰胺。

毒性：低毒。大鼠急性经口 LD_{50} >5 000 mg/kg，急性经皮 LD_{50} >5 000 mg/kg。

剂型：35％水分散粒剂，5％、200 g/L 悬浮剂。

作用特点：邻甲酰氨基苯甲酰胺类杀虫剂，作用于鱼尼丁受体，释放平滑肌和横纹肌细胞内贮存的钙离子，引起肌肉调节衰弱，麻痹，直至最后害虫死亡。对鳞翅目害虫幼虫活性高，杀虫谱广，持效性好，耐雨水冲刷。对哺乳动物和害虫鱼尼丁受体极显著的选择性差异，大大提高了对哺乳动物和其他脊椎动物的安全性。

应用技术：防治苹果上的桃小食心虫，有效成分用药量 35～50 mg/kg 喷雾；防治苹果金纹细蛾，有效成分用药量 14～20 mg/kg 喷雾。用药时期为卵孵化盛期。

41. 螺虫乙酯 cpirotetramat

其他名称：亩旺特；Movento。

毒性：雄、雌大鼠急性经口 LD_{50} ＞2 000 mg/kg，雄、雌大鼠急性经皮 LD_{50} ＞2 000 mg/kg。

剂型：14.5%、22.4% 悬浮剂，15.3% 乳油。

作用特点：是一种新型杀虫剂，杀虫谱广，持效期长。它是通过干扰昆虫的脂肪生物合成导致幼虫死亡，降低成虫的繁殖能力。螺虫乙酯是唯一具有在木质部和韧皮部双向内吸传导性能的现代杀虫剂，能保护新生芽、叶和根部，防止害虫卵和幼虫生长。由于其独特的作用机制，可有效地防治对现有杀虫剂产生抗性的害虫，同时可作为烟碱类杀虫剂抗性管理的重要品种。

应用技术：防治柑橘介壳虫，有效成分用药量 48～60 mg/kg 喷雾；防治苹果绵蚜，有效成分用药量 60～80 mg/kg 喷雾。

注意事项：建议在低于 60 mg/kg 剂量下，最多施药 1 次，安全间隔期为 40 d。

42. 虫螨腈 chlorfenapyr

其他名称：溴虫腈、除尽；Pirate、Alert。

毒性：低毒。雄、雌大鼠急性经口 LD_{50} 分别为 441 mg/kg、1 152 mg/kg；兔急性经皮 LD_{50}＞2 000 mg/kg。对蜜蜂、禽、水生生物毒性较高。

剂型：10%、100 g/L 悬浮剂。

作用特点：一种杀虫杀螨剂，新型吡咯类化合物，具有胃毒和触杀作用，对咀嚼式、刺吸式及钻蛀性害虫均有效，且防效高、用量少、持效期长，对作物安全。

应用技术：防治苹果金纹细蛾，有效成分用药量 40～60 mg/kg 喷雾。

注意事项：①只限于在登记的作物上使用，每季作物使用不超过 2 次。②应与不同作用方式的杀虫剂轮用，但不能混用。③作物收获前 14 d 禁用。

43. 苏云金杆菌 bacullus thuringiensis

其他名称：Bt、青虫菌。

毒性：低毒。大鼠经口按每千克体重 2×10^{22} 活芽孢给药无死亡，也无中毒症状。对人低毒，对家禽、鱼类、鸟类、猪等低毒，对害虫天敌安全，但对蚕有毒害。

剂型：8 000 IU/mg、16 000 IU/mg、32 000 IU/mg 可湿性粉剂，2 000 IU/μL、4 000 IU/μL、6 000 IU/μL、8 000 IU/μL 悬浮剂，15 000 IU/mg、16 000 IU/mg 水分散粒剂。

作用特点：苏云金杆菌是一种细菌性杀虫剂，具有胃毒作用。它可以产生两大类毒素：内毒素（即伴孢晶体）和外毒素（α、β 和 λ 外毒素）。伴孢晶体是主要的毒素，在昆虫碱性中肠中，可使肠道在几分钟内麻痹，昆虫停止取食，并很快破坏肠道内膜，侵染和穿透肠道底膜，进入血淋巴，最后昆虫因饥饿和败血症死亡。外毒素作用缓慢，在昆虫蜕皮或变态时作用明显。苏云金杆菌杀虫谱广，可用于防治直翅目、鞘翅目、双翅目、膜翅目害虫，特别是鳞翅目害虫。

应用技术：防治苹果、梨、桃、枣上的食心虫、尺蠖，使用 8 000 IU/mg 悬浮剂 200 倍液喷雾；防治梨天幕毛虫、柑橘凤蝶、苹果巢蛾，使用 16 000 IU/mg 可湿性粉剂 2 250～3 750 g/hm² 喷雾。

注意事项：①在使用时，比化学杀虫剂提前 2～3 d 使用，对低龄害虫效果好，30 ℃以上效果好。②不能与有机磷杀虫剂或杀菌剂混用。③因对蚕毒力强，在养蚕地区使用时，必须注意勿与蚕接触。④在低于 25 ℃的干燥阴凉仓库中贮存，防止暴晒和潮湿，以免变质。

44. 苦皮藤素 celastrus angulatus

其他名称：绿得意。

毒性：低毒。大鼠急性经口 LD_{50} 为 2 000 mg/kg，急性经皮 LD_{50} ＞2 000 mg/kg。对眼睛和皮肤无刺激作用，对鸟类、水生生物、蜜蜂及害虫天敌安全。

剂型：0.2%、1%水剂，1%乳油。

作用特点：一种高效、低毒、低残留、无公害的绿色环保农药，主要作用于昆虫的消化道组织，破坏消化系统正常功能，导致昆虫进食困难，饥饿而死。不易产生抗性。

应用技术：防治葡萄绿盲蝽，有效成分用药量 4.5～6 g/hm² 喷雾；防治猕猴桃树小卷叶蛾，有效成分用药量 2～2.5 mg/kg 喷雾。

注意事项：①不宜与碱性农药混用。②在害虫发生初期、低虫龄用药效果好，使用时加入喷液量 0.03%洗衣粉可提高药效。

45. 印楝素 azadirachtin

毒性：低毒。大鼠急性经口 LD_{50} ＞5 000 mg/kg，急性吸入 LC_{50} 为 0.72 mg/m³；兔急性经皮 LD_{50} ＞2 000 mg/kg。对人、畜等温血动物无害，对害虫天敌安全。

剂型：0.3%、0.5%、0.6%、0.7%、0.8%乳油。

作用特点：从印楝树中提取的植物性杀虫剂，具有拒食、忌避、内吸和抑制生长发育作用。主要作用于昆虫的内分泌系统，降低蜕皮激素的释放量；也可以直接破坏表皮结构或阻止表皮几丁质的形成，或干扰呼吸代谢，影响生殖系统发育等。对害虫不易产生抗药性。

应用技术：防治柑橘潜叶蛾，有效成分用药量 5～7.5 mg/kg 喷雾。

注意事项：①药效较慢，应在幼虫发生前期使用；持效期较长，每次喷雾的间隔期为 10 d，且在清晨或傍晚喷施效果好。②不能与碱性农药混用。

46. 矿物油 petroleum oil

毒性：低毒。急性经皮 LD_{50} 为 4 300 mg/kg。对人畜安全，不杀伤天敌。

剂型：95%、97%、99%乳油。

作用特点：一种无内吸和熏蒸作用的杀虫、杀螨剂，对虫卵具有杀伤力。低毒、低残留。

应用技术：防治柑橘红蜘蛛，有效成分用药量 3 300～6 600 mg/kg 喷雾；防治柑橘介壳虫、苹果树红蜘蛛，有效成分用药量 4 950～9 900 mg/kg 喷雾。或使用 97%乳油 100～150 倍液防治红蜘蛛、介壳虫、潜叶蛾、红蜘蛛、蚜虫等害虫。

二、杀螨剂

1. 哒螨灵 pyridaben

其他名称：哒螨酮、速螨酮、哒螨净、灭螨灵等；Sanmite、Nexter、NCI-129。

毒性：低毒。雄大鼠急性经口 LD_{50} 为 1 350 mg/kg，急性经皮 LD_{50} ＞2 000 mg/kg，急性吸入 LC_{50} 为 620 mg/m³。对鱼类毒性高，花期使用对蜜蜂有不良影响。

剂型：6%、10%、15%乳油，15%、20%、40%可湿性粉剂，10%、15%微乳剂，20%、30%悬浮剂，20%粉剂。

作用特点：广谱、触杀性杀螨剂，可用于防治多种害螨。对螨的整个生长期即卵、幼螨、若螨和成螨都有很好的效果。不受温度变化的影响，无论早春或秋季使用，均可达到满意效果。

应用技术：防治山楂叶螨，有效成分用药量 50～67 mg/kg 喷雾。防治柑橘红蜘蛛，有效成分用药量 125～150 mg/kg 喷雾。

注意事项：①无内吸作用，施药时要喷洒均匀。②可与大多数杀虫剂混用，但不能与石硫合剂和波尔多液等强碱性药剂混用。③一年最多使用 2 次。

2. 炔螨特 propargite

其他名称：奥美特、克螨特、除螨净；Comite、Omite。

毒性：低毒。大鼠急性经口 LD_{50} 为 2 200 mg/kg；兔急性经皮 LD_{50} 为 3 476 mg/kg。对多数天敌较安全。

剂型：25％、40％、57％、70％、73％乳油，20％、40％水乳剂。

作用特点：低毒广谱性有机硫杀螨剂，具有触杀和胃毒作用，无内吸和渗透传导作用，对成螨、若螨有效，杀卵的效果差。药效在 20 ℃以下时随低温递降。可用于防治棉花、蔬菜、苹果、柑橘、茶、花卉等多种作物的害螨。

应用技术：防治柑橘红蜘蛛，有效成分用药量 285～380 mg/kg 喷雾；防治苹果红蜘蛛，有效成分用药量 243～365 mg/kg 喷雾。

注意事项：①高温、高湿下，对某些作物的幼苗和新梢嫩叶有药害，对柑橘新梢嫩叶等不宜低于 2 000 倍。②柑橘收获前 30 d 停止用药。

3. 苯丁锡 fenbutatinoxide

其他名称：托尔克、克螨锡。

毒性：低毒。大鼠急性经口 LD_{50} 为 2 631 mg/kg，急性经皮 LD_{50}＞1 000 mg/kg，急性吸入 LC_{50} 为 1 830 mg/m³。对害螨天敌如捕食螨和草蛉等影响甚小。

剂型：20％、25％、50％可湿性粉剂，10％乳油，20％、50％悬浮剂，80％水分散粒剂。

作用特点：对害螨以触杀为主，喷药后初效慢，3 d 后活性开始增加，14 d 达到高峰，持效期可达 2～5 个月，对成螨、若螨、幼螨的杀伤力较强，但对卵的杀伤力不大。当气温在 22 ℃以下活性降低，低于 15 ℃药效较低，冬季不宜使用。

应用技术：防治柑橘红蜘蛛、锈壁虱有效成分用药量 150～250 mg/kg 喷雾，防治苹果红蜘蛛有效成分用药量 250 mg/kg 喷雾。

注意事项：①作物中最高用药浓度为 1 000 mg/kg，柑橘最后一次施药距收获期为 14 d 以上。②对柑橘和某些葡萄品种易产生药害。

4. 双甲脒 amitraz

其他名称：螨克、胺三氮螨、阿米德拉兹、果螨杀、杀伐螨；Mitac、Azaform、Baam、BTS-27419、Danicut 等。

毒性：中等毒。大鼠急性经口 LD_{50} 为 500～600 mg/kg，急性经皮 LD_{50}＞1 600 mg/kg。

剂型：10％、12.5％、20％乳油。

作用特点：广谱杀螨剂，具有触杀、拒食、驱避作用，也有一定的胃毒、熏蒸和内吸作用。对叶螨科各个发育阶段的虫态都有效，但对越冬的卵效果较差，用于防治对其他杀螨剂有抗药性的螨也有效，药后能较长时间地控制害螨数量的回升。

应用技术：防治苹果、柑橘红蜘蛛、介壳虫，有效成分用药量 130～200 mg/kg 喷雾；防治梨木虱，有效成分用药量 166～250 mg/kg 喷雾。

注意事项：①20 ℃以下施药效果差。②不宜与碱性农药（如波尔多液等）混用。③在柑橘收获前 21 d 停止使用，最高用量为 1 000 倍液。④对短果枝金冠苹果易产生烧叶药害。

5. 喹螨醚 fenazaquin

其他名称：喹螨特、螨即死；EL-436、ED436。

毒性：中等毒。大鼠急性经口 LD_{50} 134 mg/kg；兔急性经皮 LD_{50}＞5 000 mg/kg。对皮肤和眼睛有刺激性。

剂型：18％悬浮剂，95 g/L 乳油。

作用特点：喹啉类杀螨剂，具有触杀作用，对柑橘、苹果红蜘蛛有较好的防治效果，持效期长，对天敌安全。

应用技术：防治柑橘红蜘蛛，有效成分用药量 33.3～50 mg/kg 喷雾；防治苹果树红蜘蛛，有效成分用药量 20～25 mg/kg 喷雾。

注意事项：对蜜蜂及水生生物低毒，避免直接施用于花期植物上和蜜蜂活动场所，避免污染鱼池、灌溉和饮用水源。

6. 联苯肼酯 bifenazate

毒性：低毒。大鼠急性经口 LD_{50} >5 000 mg/kg，急性经皮 LD_{50} >2 000 mg/kg。对鱼类高毒，对鸟类中等毒，对蜜蜂、家蚕低毒。

剂型：43%悬浮剂。

作用特点：一种新型选择性叶面喷雾用杀螨剂，对螨的各个生活阶段有效。具有杀卵活性和对成螨的迅速击倒活性，对捕食性螨影响极小，非常适合于害螨的综合治理。

应用技术：防治苹果红蜘蛛，有效成分用药量 160～240 mg/kg 喷雾。

注意事项：使用时应注意远离河塘等水体，禁止在河塘内清洗喷药器具。

7. 噻螨酮 hexythiazox

其他名称：尼索朗；Nissorun。

毒性：低毒。大鼠急性经口 LD_{50} >5 000 mg/kg，急性经皮 LD_{50} >5 000 mg/kg，急性吸入 LC_{50} >2.0 mg/m³ （4 h）。

剂型：3%水乳剂，5%乳油，5%可湿性粉剂。

作用特点：噻唑烷酮类新型杀螨剂，对植物表皮层具有较好的穿透性，但无内吸传导作用。对多种害螨具有强烈的杀卵、杀幼若螨的作用，对成螨无效，但对接触到药液的雌成虫所产的卵具有抑制孵化的作用。属非感温型杀螨剂，在高温或低温时使用的效果无显著差异，持效期达 50 d 左右。

应用技术：防治柑橘红蜘蛛，有效成分用药量 25～33.3 mg/kg 喷雾；防治苹果红蜘蛛，有效成分用药量 25～30 mg/kg 喷雾。

注意事项：①对成螨无作用，在成螨虫口较低时或比其他杀螨剂稍早些使用效果更佳，喷药要均匀周到。②对柑橘锈螨无效，用于防治红蜘蛛时应注意锈螨的发生为害。③因残效期长，1 年只用 1 次为宜；柑橘、苹果安全间隔期不少于 30 d。④可与石硫合剂、波尔多液等碱性农药混用；与四螨嗪存在交互抗性，不宜与其轮换使用。

8. 三唑锡 azocyclotin

其他名称：倍乐霸、三唑环锡、灭螨锡；Peropal。

毒性：中等毒。雄、雌大鼠急性经口 LD_{50} 分别为 209 mg/kg、363 mg/kg；急性经皮 LD_{50} 5 000 mg/kg。对皮肤和眼睛有刺激，对鱼毒性高。

剂型：20%、25%、70%可湿性粉剂，20%、40%悬浮剂，8%、10%乳油等。

作用特点：触杀作用较强的广谱性杀螨剂。可杀灭若螨、成螨和夏卵，对冬卵无效。对光和雨水有较好的稳定性，残效期较长。在常用浓度下对作物安全。

应用技术：防治苹果、柑橘红蜘蛛，有效成分用药量 125～166.7 mg/kg 喷雾。

注意事项：①可与有机磷杀虫剂和代森锌、克菌丹等杀菌剂混用，但不能与波尔多液、石硫合剂等碱性农药混用。②甜橙在 32 ℃以上时使用，会引起新梢嫩叶产生药害，高温季节避免使用。③我国农药安全合理使用准则规定：三唑锡每年在苹果上最多使用 3 次，柑橘上最多使用 2 次，安全间隔期苹果为 14 d，柑橘为 30 d。

9. 四螨嗪 clofentezine

其他名称：阿波罗、克芬螨、螨死净等；Apollo、Brsclofantazin。

毒性：低毒。大鼠急性经口 LD_{50} >5 200 mg/kg，急性经皮 LD_{50} >2 100 mg/kg。对皮肤和眼睛无

刺激作用。对鱼虾、鸟类、蜜蜂及捕食性天敌较为安全。

剂型：20%、500 g/L悬浮剂，10%、20%可湿性粉剂，75%、80%水分散粒剂。

作用特点：触杀型有机氮杂环类杀螨剂。对螨卵有较好的防效，对幼螨也有一定的活性，对成螨效果差，持效期长，一般可达50～60 d，但作用较慢，用药后2周达防效高峰，因此使用时应做好预测预报。

应用技术：防治柑橘红蜘蛛，有效成分用药量100～125 mg/kg喷雾；防治梨、枣红蜘蛛，有效成分用药量50～100 mg/kg喷雾；防治苹果红蜘蛛，有效成分用药量80～100 mg/kg喷雾。

注意事项：①主要杀螨卵，对幼螨也有一定效果，对成螨无效，所以在螨卵初孵用药效果最佳。②当螨的密度大或温度较高时，最好与其他杀成螨剂混用，在气温较低（15 ℃左右）和虫口密度小时施用效果好，持效期长。③与尼索朗有交互抗性，不能交替使用。④该药剂对蜜蜂、鱼类等水生生物、家蚕有毒，施药期间应避免对周围蜂群的影响，应避开蜜源作物花期施药，蚕室和桑园附近禁用，远离水产养殖区等。

10. 溴螨酯 bromopropylate

其他名称：螨代治、新灵、溴杀螨醇、溴杀螨；Neoron。

毒性：低毒。大鼠急性经口LD_{50}>5 000 mg/kg；兔急性经皮LD_{50}>4 000 mg/kg。对兔的皮肤有轻微刺激作用，但对眼睛无刺激作用。对鸟类及蜜蜂低毒。

剂型：500 g/L乳油。

作用特点：具有杀螨谱广、持效期长、毒性低等特点，触杀性较强，无内吸性，对成、若螨和卵均有一定的杀伤作用。温度变化对药效影响不大。适用于棉花、果树、蔬菜及茶等作物，可防治叶螨、瘿螨、线螨等多种害螨。

应用技术：防治柑橘红蜘蛛，有效成分用药量333～500 mg/kg喷雾；防治苹果树红蜘蛛，有效成分用药量250～500 mg/kg喷雾。

注意事项：①果树收获前21 d停止使用。②在蔬菜和茶叶采摘期禁止用药。③害螨对该药和三氯杀螨醇有交互抗性，使用时要注意。

11. 乙螨唑 etoxazole

毒性：低毒。雌、雄大鼠急性经口LD_{50}>5 000 mg/kg，急性经皮LD_{50}>2 000 mg/kg。

剂型：110 g/L悬浮剂。

作用特点：几丁质合成抑制剂，属于2,4-二苯基噁唑衍生物类化合物，是一种选择性杀螨剂。主要是抑制螨卵的胚胎形成以及从幼螨到成螨的蜕皮过程，从而对螨从卵、幼螨到若螨不同阶段都有优异的触杀性。但对成螨的防效低。对噻螨酮已产生抗性的螨类有很好的防治效果。

应用技术：乙螨唑对柑橘、苹果、花卉、蔬菜等作物的螨类有卓越防效，最佳防治时间是害螨为害初期。防治柑橘树、苹果树红蜘蛛，有效成分用药量14.7～22 mg/kg喷雾。

注意事项：由于在碱性条件下易分解，不能与波尔多液混用。

12. 唑螨酯 fenpyroximate

其他名称：霸螨灵、杀螨王；Danitron、NNI-850。

毒性：中等毒。雄、雌大鼠急性经口LD_{50}分别为480 mg/kg和240 mg/kg，急性经皮LD_{50}>2 000 mg/kg。对皮肤无刺激，对眼睛有轻微刺激。

剂型：5%、20%、28%悬浮剂，5%乳油。

作用特点：苯氧吡唑类杀螨剂。高剂量时可直接杀死螨类，低剂量时可抑制螨类蜕皮或产卵。具有击倒和抑制蜕皮作用，无内吸作用。

应用技术：防治柑橘红蜘蛛，有效成分用药量33.3～50 mg/kg喷雾；防治柑橘锈壁虱，有效成分用药量25～50 mg/kg喷雾；防治苹果红蜘蛛，有效成分用药量16～25 mg/kg喷雾。

注意事项：①在害螨发生初期使用效果较好。②在同一作物上一年只能使用一次，安全间隔期为25 d。③不能与石硫合剂混用。④施药时药液不能飘移至桑园和桑叶上，蚕取食了被污染的桑叶，会产生拒食现象。

三、杀菌剂

1. 百菌清 chlorothalonil

其他名称：克菌灵、达科宁；Daconil、Forturf。

毒性：低毒。大鼠急性经口 LD_{50} ＞10 000 mg/kg；兔急性经皮 LD_{50} ＞10 000 mg/kg。

剂型：50%、60%、75%可湿性粉剂，40%、72%悬浮剂，75%、83%水分散粒剂等。

作用特点：广谱杀菌剂，能与真菌细胞中的 3-磷酸甘油醛脱氢酶中的半胱氨酸的蛋白质结合，破坏细胞的新陈代谢而丧失生命力。其主要作用是预防真菌侵染，没有内吸传导作用，但在植物表面有良好的黏着性，不易受雨水冲刷，有较长的药效期，一般持效期为 7～10 d。

应用技术：对果树的多种病害均有防治效果。如霜霉病、白粉病、炭疽病、斑点病和灰霉病等。用 75%可湿性粉剂 500～800 倍液喷雾，可防治柑橘疮痂病，苹果黑星病、白粉病、早期落叶病，葡萄炭疽病、霜霉病、黑痘病等。

注意事项：①要防止污染池塘、水渠、河流，以免鱼类中毒。②苹果、桃、梅、梨、柿树等易发生药害，使用浓度不宜过高。苹果树在落花后 20 d 内不宜使用，以防果实产生锈斑。③不能与石硫合剂、波尔多液等强碱性农药混用。

2. 苯菌灵 benomyl

其他名称：苯来特；benlate。

毒性：低毒。一般只对皮肤和眼睛有刺激症状，无中毒报道。雌、雄大鼠急性经口 LD_{50} ＞4 640 mg/kg，急性经皮 LD_{50} ＞2 150 mg/kg。

剂型：50%可湿性粉剂。

作用特点：一种高效、广谱、内吸性杀菌剂。具有保护、治疗和铲除作用。

应用技术：可用于喷洒、拌种和土壤处理，用来防治苹果、葡萄白粉病，梨黑星病、轮纹病，葡萄白腐病、炭疽病、褐斑病和柑橘疮痂病等多种病害。

注意事项：①在苹果、梨、柑橘上安全间隔期为 7 d，葡萄上 21 d，收获前，在此期限内不得使用。②不能与石硫合剂和波尔多液等碱性药剂混用。③连续使用可能产生抗药性，最好和其他药剂交替使用。

3. 苯醚甲环唑 difenoconazole

其他名称：世高、敌萎丹；CGA169374。

毒性：低毒。大鼠急性经口 LD_{50} ＞1 453 mg/kg；兔急性经皮 LD_{50} ＞2 010 mg/kg。

剂型：10%、15%、20%、25%、30%、37%水分散粒剂，30 g/L 悬浮剂，250 g/L、20%、25%、30%乳油等。

作用特点：一种内吸、广谱杀菌剂，对果树黑星病、黑痘病、白腐病、斑点落叶病和白粉病等病害有较好的治疗效果。

应用技术：主要用作叶面处理剂和种子处理剂。用于防治梨黑星病、苹果斑点落叶病、草莓白粉病、葡萄炭疽病、黑痘病、柑橘疮痂病等。

注意事项：①对鱼及水生生物有毒，切忌污染鱼塘、水池及水源。②避免在低于 10 ℃和高于30 ℃条件下贮存。③不宜与铜制剂混用。

4. 丙环唑 propiconazole

其他名称：敌力脱、必扑尔。

毒性：低毒。大鼠急性经口 LD_{50} 为 1 517 mg/kg，急性经皮 $LD_{50}>4$ 000 mg/kg。

剂型：25%、50%、62%、70%、250 g/L 乳油，20%、40%、50%、55%微乳剂。

作用特点：一种具有保护和治疗作用的内吸性杀菌剂，可被根、茎、叶部吸收，具有双向传导性，能很快地在植株体内传导，渗透力及附着力极强，施药 2 h 即可将入侵的病原体杀死。可防治子囊菌、担子菌和半知菌引起的病害，其作用机理是影响甾醇的生物合成，使病原菌的细胞膜功能受到破坏，最终导致细胞死亡，从而起到杀菌、防病和治病的功效。

应用技术：适用于香蕉叶斑病、葡萄白粉病、炭疽病和草莓白粉病的防治，在花期、苗期、幼果期、嫩梢期使用。

注意事项：①可以和大多数酸性农药混配使用，但在农作物的花期、苗期、幼果期、嫩梢期，稀释倍数要达到相应的要求，并在植保技术人员的指导下使用。②施药后剩余的药液和空容器要妥善处理。③贮存温度不得超过 35 ℃。

5. 吡唑醚菌酯 yraclostrobin

其他名称：凯润；Headline。

毒性：低毒。大鼠急性经口 $LD_{50}>5$ 000 mg/kg，急性经皮 $LD_{50}>2$ 000 mg/kg。

剂型：25%乳油。

作用特点：线粒体呼吸抑制剂．具有保护、治疗、内吸传导作用。

应用技术：防治香蕉黑星病、叶斑病，发病初期喷雾。

6. 丙森锌 propineb

其他名称：泰生、甲基代森锌；antracol。

毒性：低毒。大鼠急性经口 $LD_{50}>5$ 000 mg/kg，急性经皮 $LD_{50}>5$ 000 mg/kg。

剂型：70%、80%可湿性粉剂，70%、80%水分散粒剂。

作用特点：主要是抑制病原菌体内丙酮酸的氧化。抗菌谱广，保护作用优异，具选择性。

应用技术：适用于杧果炭疽病的防治。在杧果开花期，雨水较多易发病时喷雾。

注意事项：①丙森锌是保护性杀菌剂，必须在病害发生前或始发期喷药。②不能与螯合铜和碱性药剂混用，如前后分别使用，间隔期应在 7 d 以上。

7. 波尔多液 bordeaux mixture

其他名称：Bordocop、Comac。

剂型：28%悬浮剂，80%可湿性粉剂。

作用特点：保护性杀菌剂，是一种含有极小蓝色粒状悬浮物的液体。放置后会发生沉淀，并析出结晶，性质发生了变化。它对金属有腐蚀作用。抑菌谱广，具保护作用，与硫酸铜、碱式硫酸铜和王铜等无机铜制剂比较，具有良好的展着性和黏合力，在植物表面可形成薄膜，不易被雨水冲刷，残效期比较长，对作物比较安全，是良好的保护性杀菌剂。

应用技术：波尔多液可以喷雾、浸种、泼浇等。可防治苹果早期落叶病、炭疽病、干腐病、轮纹病、锈病、黑星病，葡萄黑痘病、霜霉病、褐斑病、白腐病、炭疽病等。

注意事项：①不能与石硫合剂、松碱合剂、肥皂及遇碱易分解的药物混用，施药后至少要隔15～20 d 才能喷洒上述药物。②对铜敏感的李、桃、鸭梨、苹果等作物在潮湿多雨条件下易产生药害，对石灰敏感的葡萄在高温下易产生药害。

8. 代森胺 amobam

其他名称：Dithane、Stainless。

毒性：中等毒。大鼠急性经口 LD_{50} 为 450 mg/kg，对皮肤有刺激作用，对鱼毒性低。

剂型：45%水剂。

作用特点：能渗入植物组织内，杀菌力强，具有一定的治疗作用，兼有保护和铲除作用。在植物体内分解后还有肥效功能。

应用技术：用途较广，既可以叶面喷洒，又可作土壤和种子处理以及农用器材的消毒等。可喷雾防治梨黑星病、黑斑病，苹果褐腐病，桃褐腐病；浇灌播种沟，可防树苗立枯病；浇灌果树根际，可防治果树烂根病。

注意事项：①不宜与石硫合剂、波尔多液、铜制剂等混用。②喷雾用稀释倍数低于 1 000 倍时，对某些作物易发生药害。

9. 春雷霉素 kasugamycin

其他名称：春日霉素、加收米。

毒性：低毒。对人畜、水生生物安全，对蜜蜂有一定毒害。小鼠急性经口 $LD_{50} > 5\ 000$ mg/kg；大鼠急性经皮 $LD_{50} > 9\ 000$ mg/kg。

剂型：2%水剂，2%、4%、6%可湿性粉剂。

作用特点：一种农用抗生素，是放线菌产生的代谢产物，具有较强内吸性，兼有生长调节剂功能。主要干扰氨基酸的代谢酯酶系统，从而影响蛋白质的合成，抑制菌丝伸长和造成细胞颗粒化，但对孢子萌发无影响。

应用技术：主要用于喷雾和灌根。对柑橘流胶病、砂皮病，猕猴桃溃疡病等有好的防治效果。

注意事项：①不能与碱性农药混用。②施药 8 h 内遇雨要补喷。③对葡萄、柑橘、苹果等有轻微药害。④应随用随配，以防霉菌污染变质失效。

10. 代森锰锌 mancozeb

其他名称：大生、喷克、山德生；manzeb（JMAF）、Dithane。

毒性：低毒。大鼠急性经口 $LD_{50} > 10\ 000$ mg/kg，兔急性经口 $LD_{50} > 10\ 000$ mg/kg。

剂型：50%、70%、80%可湿性粉剂，75%、80%可分散粒剂。

作用特点：杀菌谱较广的保护性杀菌剂。主要是抑制菌体内丙酮酸的氧化。

应用技术：可防治果树多种病害。70%代森锰锌可湿性粉剂 400～600 倍液喷雾，可防治苹果早期落叶病、霉心病、果树轮纹病等多种病害。

注意事项：不能与碱性药剂和铜、汞制剂混用，在喷过铜、汞、碱性药剂后要间隔一周后才能喷此药。

11. 代森锌 zineb

其他名称：蓝克；ZEB。

毒性：低毒。对人、畜几乎无毒，对植物安全。低浓度时，对植物有一定的刺激作用，高浓度时则会发生药害。雄性大鼠急性经口 $LD_{50} > 5\ 200$ mg/kg，急性经皮 $LD_{50} > 2\ 500$ mg/kg。

剂型：65%、80%可湿性粉剂，40%粉剂。

作用特点：一种叶面喷洒使用的保护剂，对许多病菌如霜霉病菌、晚疫病菌及炭疽病菌等有较强触杀作用。对植物安全，在水中易被氧化成异硫氰化合物，对病原菌体内含有—SH 基的酶有强烈的抑制作用，并能直接杀死病菌孢子，抑制孢子的发芽，阻止病菌侵入植物体内。但对已侵入植物体内的病原菌菌丝的杀伤作用很小。

应用技术：能防治果树多种病害。在果树开花前和发病初期使用才能取得较好的效果。可防治梨和苹果黑星病、花腐病、褐斑病、炭疽病、赤星病，桃缩叶病、穿孔病，柿黑星病，葡萄白腐病、炭疽病、黑痘病、软腐病和褐斑病等。

注意事项：①不能与铜制剂或碱性药物如石硫合剂混用，以防药害和减效。②应在阴凉干燥处，密闭贮藏，防止吸潮。

12. 啶酰菌胺 boscalid

其他名称：凯泽、烟酰胺；Cantus。

毒性：低毒。大鼠急性经口 $LD_{50}>5\,000$ mg/kg，急性经皮 $LD_{50}>2\,000$ mg/kg。

剂型：50％水分散粒剂。

作用特点：烟酰胺类杀菌剂，杀菌谱较广，几乎对所有类型的真菌病害都有活性，通过叶面渗透在植物中转移，抑制线粒体琥珀酸酯脱氢酶，阻碍三羧酸循环，使氨基酸、糖缺乏、能量减少，干扰细胞的分裂和生长，具有保护和治疗作用。抑制孢子萌发、细菌管延伸、菌丝生长，杀菌作用由母体活性物质直接引起，没有相应代谢活性。与多菌灵、速克灵等无交互抗性。

应用技术：对防治白粉病、灰霉病、菌核病和各种腐烂病等非常有效，并且对其他药剂的抗性菌亦有效，主要用于葡萄、果树等病害的防治。

13. 多菌灵　carbendazim

其他名称：氨甲基苯并咪唑、苯骈咪唑 44 号、棉萎灵；BCM、MBC、Bavistin。

毒性：低毒。大鼠急性经口 $LD_{50}>1\,500$ mg/kg，急性经皮 $LD_{50}>2\,000$ mg/kg。

剂型：25％、40％、50％、80％可湿性粉剂，80％、90％水分散粒剂，40％、50％悬浮剂，15％烟剂。

作用特点：一种高效低毒内吸性杀菌剂，具有保护、铲除和治疗作用。高效、杀菌谱广。对子囊菌和半知菌有效，对卵菌和细菌引起的病害无效。作用机理为干扰菌丝有丝分裂中纺锤体的形成，从而影响细胞分裂。

应用技术：可用来防治苹果早期落叶病、炭疽病、轮纹病、白粉病，梨黑星病，桃褐腐病、疮痂病，山楂白粉病，葡萄炭疽病、白腐病、黑痘病等多种果树病害。

注意事项：与杀虫剂、杀螨剂混用时，要随用随混，不能与碱性农药混用。

14. 多抗霉素　polyoxins

其他名称：多氧霉素、多效霉素、宝丽安、保利霉索；Polyoxin D。

毒性：低毒。对人、畜基本没有毒性，对鱼类、蜜蜂毒性较低；对植物安全。小鼠和大鼠急性经口 $LD_{50}>20\,000$ mg/kg，大鼠急性经皮 $LD_{50}>1\,200$ mg/kg。

剂型：1.5％、3％、10％可湿性粉剂，0.67％涂布剂，0.3％、1％、3％水剂。

作用特点：广谱性抗生素类杀菌剂，具有较好的内吸传导作用，其作用机制是干扰细胞壁几丁质的生物合成，芽管和菌丝体接触药剂后，使其局部膨大、破裂，溢出细胞内含物，从而不能正常发育，最终导致死亡；此外，还有抑制病菌产孢和病斑扩大的作用。

应用技术：可用来防治苹果斑点落叶病、褐斑病、霉心病、轮斑病、腐烂病，草莓、葡萄灰霉病，梨黑斑病等多种真菌病害。

注意事项：不可与酸性和碱性药物混合施用。

15. 粉唑醇　flutriafol

其他名称：Armour、Impact。

毒性：低毒。雌、雄大鼠急性经口 LD_{50} 分别为 $1\,140$ mg/kg 和 $1\,480$ mg/kg；兔急性经皮 $LD_{50}>1\,000$ mg/kg。

剂型：12.5％、25％悬浮剂。

作用特点：杀菌谱广，具有内吸性，对病害有保护和治疗作用，

应用技术：可防治白粉病、锈病等。

注意事项：施药时，应使用安全防护用具，防止药液溅及皮肤及眼睛。

16. 氟硅唑　flusilazole

其他名称：福星、新星、克菌星；Nustar、Olymp。

毒性：低毒。

剂型：10％、15％、20％、25％水乳剂，20％可湿性粉剂，2.5％、8％热雾剂，40％、400 g/L

乳油，5％、8％、15％、25％、30％微乳剂。

作用特点：三唑类杀菌剂，主要是破坏和阻止病菌的细胞膜重要组成成分麦角甾醇的生物合成，导致细胞膜不能形成，使病菌死亡。对子囊菌、担子菌和半知菌所致病害有效，对卵菌无效。

应用技术：可防治梨、苹果、脐橙、大枣等的黑星病，在病发初期喷药，兼治赤星病。当病害发生高峰期，喷药间隔可适当缩短。也可防治苹果、葡萄白粉病，苹果、梨轮纹烂果病，对苹果轮纹烂果病菌有很强的抑制作用。

注意事项：①防止对鱼毒害和污染水源。②对藻状菌纲引起的病害无效，可与相应的杀菌剂混用。

17. 氟环唑 epoxiconazole

其他名称：环氧菌唑、欧博。

毒性：低毒。雌、雄大鼠急性经口 LD_{50} 分别为 674 mg/kg 和 1 110 mg/kg，急性吸入 $LC_{50}>$ 5 000 mg/m^3。

剂型：7.5％乳油，70％水分散粒剂，25％、30％、12.5％悬浮剂。

作用特点：三唑类杀菌剂，具有很好的保护、治疗和铲除活性，内吸性强，可迅速被植株吸收并传导至感病部位，使病原菌侵染立即停止，其活性成分氟环唑抑制病菌麦角甾醇的合成，阻碍病菌细胞壁的形成，并且氟环唑分子对一种真菌酶（C-14 脱甲基化酶）有强力亲和性，能有效抑制病原真菌。氟环唑可提高作物的几丁质酶活性，导致真菌吸器收缩，抑制病菌侵入。

应用技术：对香蕉上的叶斑病、白粉病、锈病以及葡萄上的炭疽病、白腐病等病害有良好的防效。

18. 氟吗啉 flumorph

其他名称：灭克。

毒性：低毒。雌、雄大鼠急性经口 LD_{50} 分别为 3 160 mg/kg 和 >2 710 mg/kg，急性经皮 $LD_{50}>$ 2 150 mg/kg。

剂型：20％、50％、60％可湿性粉剂，10％乳油，35％烟剂。

作用特点：羧酸酰胺类杀菌剂，高效、低残留，残效期长，保护及治疗作用兼备，对作物安全。

应用技术：对葡萄上的卵菌纲，尤其是霜霉科和腐霉科的疫霉属菌有杀菌效力。

注意事项：勿与铜制剂或碱性药剂混用。

19. 福美双 thiram

其他名称：秋兰姆、赛欧散、阿锐生；TMTD。

毒性：中等毒。大鼠急性经口 LD_{50} 为 560 mg/kg。

剂型：40％、50％、70％、80％可湿性粉剂，80％水分散粒剂。

作用特点：一种具有保护作用的杀菌剂，其抗菌谱广。

应用技术：可用于防治葡萄白腐病、炭疽病等果树病害。

注意事项：不能与碱性药物和铜、汞制剂混用，或前后紧接使用。

20. 腐霉利 procymidone

其他名称：速克灵、菌核酮；Sumilex、Sumisclex。

毒性：低毒。雄、雌大鼠急性经口 LD_{50} 分别为 6 800 mg/kg 和 7 700 mg/kg，急性经皮 $LD_{50}>$ 2 500 mg/kg。

剂型：50％、80％可湿性粉剂，10％、15％烟剂，20％、35％、43％、50％、80％悬浮剂，80％水分散粒剂。

作用特点：内吸性杀真菌剂，使用后保护效果好、持效期长，能阻止病斑蔓延。

应用技术：发病初期施药，可防治果树灰霉病、黑星病、褐腐病，葡萄、草莓灰霉病。于春、秋梢旺盛生长期喷药，可防治苹果斑点落叶病。

注意事项：①药剂配好后要尽快喷用，不要长时间放置。②不能与碱性药剂、有机磷农药混配。③长时间单一使用易使病菌产生抗药性，应与其他杀菌剂轮换使用。

21. 己唑醇 hexaconazole

其他名称：安福、洋生、翠丽。

毒性：低毒。雄、雌大鼠急性经口 LD_{50} 分别为 2 189 mg/kg 和 6 071 mg/kg，急性经皮 LD_{50}＞2 000 mg/kg。

剂型：5％、10％、25％、30％、40％悬浮剂，30％、40％、50％水分散粒剂，50％可湿性粉剂，10％乳油，5％、10％微乳剂。

作用特点：三唑类杀菌剂，抑制甾醇脱甲基化，破坏和阻止病菌的细胞膜重要组成成分麦角甾醇的生物合成，导致细胞膜不能形成，使病菌死亡。具有内吸、保护和治疗活性。

应用技术：对担子菌纲和子囊菌纲引起的果树病害如苹果、葡萄、香蕉等白粉病、锈病、黑星病、褐斑病、炭疽病等有优异的保护和铲除作用，一般进行茎叶喷雾。

22. 甲基硫菌灵 thiophanate - methyl

其他名称：甲基托布津、甲基硫扑净；topsin - M。

毒性：低毒。雄、雌大鼠急性经口 LD_{50} 分别为 7 500 mg/kg 和 6 640 mg/kg，大鼠急性经皮 LD_{50}＞10 000 mg/kg。对鸟类、蜜蜂低毒。

剂型：50％、70％可湿性粉剂，48.5％、500 g/L 悬浮剂，70％、80％水分散粒剂，3％糊剂。

作用特点：苯并咪唑类广谱杀菌剂，具有内吸性传导功能，对多种病害有预防和治疗作用。在植物体内转化为多菌灵，干扰菌丝有丝分裂中纺锤体的形成，影响细胞分裂。

应用技术：适用于苹果轮纹病、炭疽病，葡萄褐斑病、炭疽病、灰霉病，桃褐腐病等果树上的多种病害的防治。用 3％糊剂涂抹病斑可防治苹果腐烂病。

注意事项：①可与多种农药混合使用，但不能与碱性及无机铜制剂混用。②长期单一使用易产生抗性，可与其他杀菌剂轮用或混用。

23. 碱式硫酸铜 copper sulfate basic

其他名称：绿得保、保果灵、铜高尚。

毒性：低毒。大鼠急性经口 LD_{50} 为大雄鼠 2 450 mg/kg，大雌鼠 3 160 mg/kg。对蚕有毒。

剂型：27.12％、30％、35％悬浮剂，70％水分散粒剂。

作用特点：保护性杀菌剂。因其粒度细小，分散性好，耐雨水冲刷，悬浮剂还加有黏着剂，因此能牢固地黏附在植物表面形成一层保护膜，碱式硫酸铜有效成分依靠植物表面水的酸化，逐步释放铜离子，抑制真菌孢子萌发和菌丝发育。

应用技术：可用于防治苹果斑点落叶病、炭疽病、轮纹病及梨黑星病，用药后果面光洁。

注意事项：①不宜在早晨有露水或刚下过雨后施药。②高温时使用浓度要低，一般在 25～32 ℃时使用 600～800 倍液为宜。

24. 腈菌唑 myclobutanil

其他名称：仙星、特菌灵、果垒、诺信；Systhane。

毒性：低毒。雄、雌大鼠急性经口 LD_{50} 分别为 1 470 mg/kg 和 1 680 mg/kg，急性经皮 LD_{50}＞10 000 mg/kg。

剂型：40％可湿性粉剂，5％、6％、10％、12％、12.5％、25％乳油，20％、40％悬浮剂，5％、12.5％微乳剂，12.5％水乳剂，40％水分散粒剂。

作用特点：一类具保护和治疗活性的内吸性三唑类杀菌剂。具有强内吸性，药效高，对作物安全，持效期长的特点。主要对病原菌的麦角甾醇的生物合成起抑制作用，对子囊菌、担子菌均具有较好的防治效果。该剂持效期长,对作物安全,有一定刺激生长作用。

应用技术:对白粉病、锈病、黑星病、灰斑病、褐斑病、黑穗病有很好防效。

注意事项:①施药时注意安全防护。②贮存在阴凉、干燥处。

25. 克菌丹 captan

其他名称:开普顿;Capta。

毒性:低毒。雌、雄大鼠急性经口 LD_{50} >5 000 mg/kg,兔急性经皮 LD_{50} >2 000 mg/kg。

剂型:50%可湿性粉剂,40%悬浮剂,80%、90%水分散粒剂,450 g/L悬浮种衣剂。

作用特点:广谱性杀菌剂,以保护作用为主,兼有一定治疗作用。

应用技术:可用作叶面喷雾,也能用于土壤处理防治根部病害。可防治苹果轮纹病、炭疽病、褐斑病、斑点落叶病、煤污病、黑星病等。

注意事项:不能与碱性药剂混用。

26. 喹啉铜 oxine-copper

其他名称:必绿、千金。

毒性:低毒。大鼠急性经口 LD_{50} 为 4 700 mg/kg,急性经皮 LD_{50} >2 000 mg/kg。

剂型:33.5%悬浮剂、50%可湿性粉剂。

作用特点:一种喹啉类保护性杀菌剂,广谱、高效、低残留有机铜螯合物,对真菌、细菌性病害均具有良好的预防和治疗作用。喷施后在植物表面形成一层严密的保护药膜,缓慢释放杀菌的铜离子,抑制病菌的萌发和侵入,从而达到防病治病的目的。

应用技术:喷雾可防治苹果轮纹病、荔枝霜疫霉病,在病害发生前喷药防治效果好。

注意事项:①喷药应均匀周到。②不能与强酸及碱性农药混用。③安全间隔期为 15 d。

27. 硫黄 sulfur

其他名称:硫黄粉、保叶灵、果腐宁。

毒性:低毒。对水生生物低毒,鲤鱼和水蚤的 LC_{50}(48 h)均>1 000 mg/L。对蜜蜂几乎无毒。

剂型:91%粉剂,45%、50%悬浮剂,80%水分散粒剂。

作用特点:一种无机硫杀菌剂。其杀菌机制是作用于氧化还原体系细胞色素 b 和 c 之间电子传递过程,夺取电子,干扰正常的氧化—还原反应。

应用技术:可用来防治桃疮痂病、褐腐病、炭疽病和果树白粉病及各种红蜘蛛等。防治桃褐腐病,可在落花后开始喷药,可兼治炭疽病。

注意事项:①不宜与硫酸铜、硫酸亚铁等金属盐类药剂混用。②对桃、李、梨、葡萄敏感,使用时应适当降低浓度及使用次数。

28. 硫酸铜钙 copper calcium sulphate

其他名称:多宁;Bordeaux mixture velles。

毒性:低毒。大鼠急性经口 LD_{50} 为 2 302 mg/kg,急性经皮 LD_{50} >2 000 mg/kg。

剂型:77%可湿性粉剂。

作用特点:广谱保护性杀菌剂,可与大多数不含金属离子的杀虫杀螨剂混用。

应用技术:对果树的多种病害有效,防治对象有柑橘溃疡病、葡萄霜霉病等。

注意事项:①桃、李、梅、杏、柿等对其敏感,不宜使用,且苹果、梨的花期、幼果期对铜离子敏感。②不应与强酸性或与本药起反应的药剂混用。③配制时采用两次稀释法,先加入少量水搅拌呈浆状,然后加水到使用浓度。④安全间隔期 15 d。

29. 络氨铜 cuaminosulfate

其他名称:抗枯宁、胶氨铜、消病灵、克病增产素。

毒性:低毒。大鼠急性经口 LD_{50} >2 610 mg/kg,急性经皮 LD_{50} >3 160 mg/kg。

剂型：15%、25%水剂，15%可溶粉剂。

作用特点：一种保护性杀菌剂。主要通过铜离子发挥杀菌作用，铜离子与病原菌细胞膜表面的 K^+、H^+ 等阳离子交换，使病原菌细胞膜上的蛋白质凝固，同时部分铜离子渗透入病原菌细胞内与某些酶结合，影响其活性。

应用技术：能防治真菌、细菌和霉菌引起的多种病害，如苹果斑点落叶病、轮纹病、霉心病，梨黑星病、轮纹病、黑斑病，葡萄穗轴褐腐病等。

注意事项：不宜与其他农药、化肥混用。

30. 咪鲜胺 prochloraz

其他名称：扑霉灵、丙灭菌、施保克、咪鲜胺；Mirage、Sportak。

毒性：低毒。大鼠急性经口 LD_{50} 为 1 600 mg/kg，急性经皮 LD_{50} >5 000 mg/kg。

剂型：25%、450 g/L 乳油，10%、25%、40%水乳剂，10%、12%、15%、20%、45%微乳剂。

作用特点：高效、广谱杀菌剂，主要抑制甾醇的生物合成，具有预防保护治疗等多重作用，无内吸作用，对于子囊菌和半知菌引起的多种病害防效极佳。

应用技术：可以与大多数杀菌剂、杀螨剂、杀虫剂混用，均有较好的防治效果。防治对象有柑橘炭疽病、蒂腐病、青霉病、绿霉病，香蕉炭疽病、叶斑病，杧果炭疽病，草莓炭疽病，苹果炭疽病，梨黑星病，葡萄黑痘病等。

注意事项：①使用前应先摇匀再稀释，即配即用。②浸果前务必将药剂搅拌均匀，浸果 1 min 后捞起晾干。③防腐保鲜处理应将当天采收的果实当天用药处理完毕。④可与多种农药混用，但不宜与强酸、强碱性农药混用。⑤不可污染鱼塘、河道、水沟。

31. 咪鲜胺锰盐 prochloraz manganese chloride complex

其他名称：施保功；Sporgon。

毒性：低毒。大鼠急性经口 LD_{50} 为 1 600~3 200 mg/kg，急性经皮 LD_{50} >5 000 mg/kg。

剂型：50%、60%可湿性粉剂。

作用特点：具有内吸、传导、预防、保护、治疗等多重作用，属于咪唑类广谱杀菌剂，以咪鲜胺—氯化锰复合物为有效成分，对子囊菌引起的多种作物病害有特效。通过抑制甾醇的生物合成而起作用的，可用于使用咪鲜胺易引起药害的植物上。

应用技术：适用梨树、苹果、火龙果、柑橘等，可防治苹果树腐烂病、干腐病、斑点落叶病、炭疽病、褐斑病、白粉病、黑星病、花腐病，梨黑斑病、褐斑病、白粉病、锈病、轮纹病、干腐病、干枯病、黄叶病，柑橘叶斑病、流胶病、纹羽病、炭疽病、青霉病、煤污病、溃疡病、黑星病等。

注意事项：①防腐保鲜处理应将当天采收的果实当天用药处理完毕。②浸果前务必将药剂搅拌均匀，浸果 1 min 后捞起晾干。③对鱼有毒，不可污染鱼塘、河道或水沟。

32. 醚菌酯 kresoxim-methyl

其他名称：翠贝；BAS、490F。

毒性：低毒。大鼠急性经口 LD_{50} >5 000 mg/kg，急性经皮 LD_{50} >2 000 mg/kg。

剂型：50%、60%水分散粒剂，30%可湿性粉剂，30%、40%悬浮剂。

作用特点：一种高效、广谱、内吸性杀菌剂。可抑制病原孢子侵入，具有良好的保护和治疗作用。与其他常用的杀菌剂无交互抗性，且比常规杀菌剂持效期长。

应用技术：对草莓白粉病、苹果树黑星病、梨黑星病、葡萄白腐病等病害具有良好的防效。

注意事项：①不可与强碱、强酸性的农药混合使用。②安全间隔为 4 d，作物每季最多喷施 3~4 次。

33. 嘧菌环胺 cyprodinil

毒性：大鼠急性经口 LD_{50} >2 000 mg/kg，急性经皮 LD_{50} >2 000 mg/kg。

剂型：30％悬浮剂，50％水分散粒剂。

作用特点：抑制蛋氨酸生物合成，抑制水解酶的分泌。具有保护、治疗、叶片穿透及根部内吸活性。叶面喷雾或种子处理。同三唑类、咪唑类、吗啉类、苯基吡咯类等无交互抗性。

应用技术：适宜葡萄、草莓、果树等，主要用于防治灰霉病、白粉病、黑星病、叶斑病等。

注意事项：①不慎与眼睛接触后，请立即用大量清水冲洗并征求医生意见。②穿戴适当的防护服。

34. 嘧菌酯 azoxystrobin

其他名称：阿米西达，安灭达；Heritage。

毒性：低毒。大鼠急性经口 LD_{50}＞5 000 mg/kg，急性经皮 LD_{50}＞2 000 mg/kg。

剂型：50％水分散粒剂，25％、250 g/L 悬浮剂。

作用特点：线粒体呼吸抑制剂，属甲氧基丙烯酸酯类杀菌剂，高效、广谱，具有保护、铲除、渗透、内吸活性。抑制孢子萌发和菌丝生长。

应用技术：对几乎所有的真菌病害均有良好的活性。可用于茎叶喷雾，也可进行土壤处理。

注意事项：不能与杀虫剂混用，也不能与有机硅类增效剂混用，会因渗透性和展着性过强引起药害。

35. 嘧霉胺 pyrimethanil

其他名称：施佳乐、甲基嘧霉胺、品高；Scala。

毒性：低毒。大鼠急性经口 LD_{50} 为 4 150～5 971 mg/kg，急性经皮 LD_{50}＞5 000 mg/kg。

剂型：25％乳油，20％、30％、37％、40％、400 g/L 悬浮剂，20％、40％可湿性粉剂，40％、70％、80％水分散粒剂。

作用特点：苯氨基嘧啶类杀菌剂，具有保护和治疗作用，同时具有内吸和熏蒸作用。其杀菌作用机理独特，通过抑制病菌侵染酶的分泌从而阻止病菌侵染，并杀死病菌。对灰霉病有特效。

应用技术：用于防治葡萄、草莓等的灰霉病、枯萎病以及果树黑星病、斑点落叶病等。

注意事项：①当一个生长季节需施药 4 次以上时，应与其他杀菌剂交替使用，避免产生耐药性。②贮存时不得与食物、种子、饮料混放。

36. 棉隆 dazomet

其他名称：必速灭；Basamid。

毒性：低毒。大鼠急性口服 LD_{50} 为 640 mg/kg，急性经皮 LD_{50}＞2 000 mg/kg。对鱼类毒性中等，对蜜蜂和鸟类无毒。

剂型：98％微粒剂。

作用特点：一种高效、低毒、广谱杀线虫剂，兼治土壤真菌，易于在土壤及其他基质中扩散，可作为土壤熏蒸消毒剂。

应用技术：登记用于防治草莓线虫病害。适合于多年连茬种植的土壤。先进行旋耕整地，浇水保持土壤湿度，每 667 m^2 用 98％微粒剂 20～30 kg，进行沟施或撒施，旋耕机旋耕均匀，盖膜密封 20 d 以上，揭开膜敞气 15 d 后播种。

注意事项：①使用时土壤温度应保持在 6 ℃以上（12～18 ℃适宜），含水量保持在 40％以上。②对鱼有毒，且容易污染地下水。③对所有绿色植物均有药害，土壤处理时不能接触植物。

37. 氢氧化铜 copper hydroxide

其他名称：可杀得、冠菌铜；Kocide 101。

毒性：低毒。大鼠急性经口 LD_{50}＞1 000 mg/kg，急性吸入 LC_{50} 为 2 000 mg/m^3。

剂型：53.8％、77％可湿性粉剂，37.5％干悬浮剂，46％、53.8％、57.6％水分散粒剂。

作用特点：靠释放出铜离子与真菌体内蛋白质中的—SH、—NH_2、—COOH、—OH 等基团起作用，导致病菌死亡。

应用技术：用于柑橘、葡萄、苹果等。可防治柑橘疮痂病、树脂病、溃疡病、脚腐病，葡萄霜霉病、白腐病，苹果斑点落叶病等。

注意事项：①与春雷霉素的混剂对苹果、葡萄等植物的嫩叶敏感，因此，一定要注意浓度，宜在16：00后喷药。②不能与酸和多硫化钙混用。

38. 氰霜唑 cyazofamid

其他名称：赛座灭、氰唑磺菌胺、科佳；Docious、Ranman。

剂型：100 g/L悬浮剂、40％颗粒剂。

作用特点：磺胺咪唑类杀菌剂。属线粒体呼吸抑制剂，其杀菌机制是通过抑制病菌代谢过程中细胞色素 bcl 中的 Q_i，而导致病菌死亡，不同于甲氧基丙烯酸酯类药剂（是细胞色素 bcl 中 Q_O 抑制剂）。对卵菌的所有生长阶段均有作用。

应用技术：主要用于防治卵菌类病害，如霜霉病、霜疫霉病、疫病、晚疫病等；适用于葡萄、荔枝等果树在病害发生前或发生初期。

注意事项：①不能与碱性药剂混用。②注意与不同类型杀菌剂交替使用，避免病菌产生抗药性。

39. 噻菌灵 thiabendazole

其他名称：特克多、涕必灵、噻苯灵；Tecto、Tobaz、Storite、MK‐360。

毒性：低毒。雄、雌大鼠急性经口 LD_{50} 分别为 6 100 mg/kg 和 6 400 mg/kg。

剂型：15％、42％、450 g/L、500 g/L悬浮剂，40％可湿性粉剂，60％水分散粒剂。

作用特点：作用机制为抑制真菌线粒体的呼吸作用和细胞增殖，与苯并咪唑类药剂有正交互抗药性。具有内吸、传导作用。

应用技术：收获前可喷雾防治苹果和梨的青霉病、炭疽病、灰霉病、黑星病、白粉病等。

注意事项：①对鱼类有毒，不要污染池塘和水源。②避免与其他药剂混用。

40. 噻菌铜 thiediazole copper

其他名称：龙克菌。

毒性：低毒。雄大鼠急性经口 LD_{50} 为 2 150 mg/kg，雌、雄大鼠急性经皮 LD_{50} ＞2 000 mg/kg。对人、畜、鱼、鸟、蜜蜂、青蛙、有益生物、天敌安全，对环境无污染。

剂型：20％悬浮剂。

作用特点：噻二唑杀菌剂，对细菌性病害有较好的防效。具有内吸、治疗和保护作用，持效期长，药效稳定，对作物安全。

应用技术：可防治苹果斑点落叶病、桃树流胶病等。

注意事项：①应在初发病期使用，采用喷雾或弥雾。②使用时，先用少量水将悬浮剂搅拌成浓液，然后加水稀释。③不能与碱性药物混用。

41. 噻霉酮 benziothiazolinone

其他名称：菌立灭。

毒性：低毒。雌、雄大鼠急性经口 LD_{50} 分别为 784 mg/kg 和 670 mg/kg，急性经皮 LD_{50} ＞2 000 mg/kg。

剂型：1.5％水乳剂，1.6％涂抹剂，3％可湿性粉剂。

作用特点：一种新型、广谱、内吸性杀菌剂，对真菌性病害具有预防和治疗作用。其杀菌作用机理包括破坏病菌细胞核结构，以及干扰病菌细胞的新陈代谢，使其生理紊乱，最终导致死亡。

应用技术：可用于防治梨黑星病、苹果疮痂病、柑橘炭疽病、葡萄黑痘病等多种细菌、真菌性病害。

注意事项：安全间隔期内禁止使用。

42. 石硫合剂 calcium polysulphide

其他名称：多硫化钙，石灰硫黄合剂，可隆；Lime sulfur（ESA，JMAF）。

毒性：低毒。急性经口 LD_{50} 为 400～500 mg/kg。

剂型：29％水剂，45％结晶（粉固体）。

作用特点：具有渗透及腐蚀病菌细胞壁和害虫体壁的作用，可以直接杀菌、杀虫；对植物起到保护作用。

应用技术：果树上对各种锈病和白粉病效果良好，对各种红蜘蛛、锈壁虱效果也很好，对介壳虫若虫、桃缩叶病、葡萄炭疽病和桃褐腐病等均有防治效果，对苹果在盛花期喷施还有疏果作用。

石硫合剂使用浓度要根据寄主病虫害的种类，发生时期来确定，一般在果树休眠期喷 3～5 波美度液，可防治梨、苹果和柿黑星病，苹果花腐病、轮纹病，葡萄黑痘病、白粉病，桃褐腐病、菌核病、疮痂病、炭疽病、细菌性穿孔病、桑褐斑病、白粉病、芽枯病、拟干枯病、杏褐腐病，柑橘介壳虫、梨圆蚧；生长季节，用 0.1～0.5 波美度液喷雾，对苹果锈病、白粉病及各种红蜘蛛、介壳虫若虫、柑橘上的锈壁虱、红蜘蛛等都有良好的防治效果；石硫合剂原液用作果树伤口消毒，可防治梨、苹果树腐烂病、轮纹病和烂根病等多种枝干及根部病害。

注意事项：①石硫合剂是强碱性药物，不能与波尔多液、松碱合剂、铜汞制剂和肥皂等混用。②石硫合剂使用不当易发生药害，特别是杏、桃、李、梅、葡萄、树莓等，一般不宜夏季使用，如必须用时要先做药害试验，确定最高使用浓度后，才能使用。③夏季使用，要在早、晚气温较低时喷施，以防药害，温度越高药害也越大。

43. 双炔酰菌胺 mandipropamid

毒性：低毒。大鼠急性经口 $LD_{50}>5\,000$ mg/kg。

剂型：23.4％悬浮剂。

作用特点：羧酸酰胺类杀菌剂。其作用机理为抑制卵磷脂的生物合成，对绝大多数由卵菌纲病原菌引起的叶部和果实病害均有很好的防效。对处于萌发阶段的孢子具有较高的活性，并可抑制菌丝生长和孢子形成。可以通过叶片被迅速吸收，并停留在叶表蜡质层中，对叶片起保护作用，持效性好。

应用技术：于发病初期开始，开花期、幼果期、中果期、转色期各均匀喷药 1 次，对荔枝霜疫霉病有较好的防治效果。

注意事项：对昏迷病人，切勿经口喂入任何东西或引吐。

44. 四氟醚唑 teraconazole

其他名称：M1460。

毒性：对人、畜低毒，对鸟和蜜蜂低毒，对鱼类毒性中等。雄、雌大鼠急性经口 LD_{50} 分别为 1 250 mg/kg 和 1 031 mg/kg，大鼠急性经皮>2 000 mg/kg。

剂型：4％、12.5％水乳剂。

作用特点：属于第二代三唑类杀菌剂，分子结构中含氟，杀菌活性是第一代的 2～3 倍，杀菌谱广、高效、持效期长达 4～6 周，具有保护和治疗作用，并有很好的内吸传导性能。

应用技术：适宜果树如香蕉、葡萄、梨、苹果等，对香蕉叶斑病、苹果斑点落叶病、梨黑星病、葡萄白粉病和草莓白粉病等有显著的防治效果。

注意事项：①应贮存在通风、干燥的库房中，防潮湿、日晒，不得与食物、种子、饲料混放。②避免与皮肤、眼睛接触，防止由口鼻吸入。

45. 松脂酸铜

其他名称：绿乳铜、佳达宁。

毒性：低毒。雌、雄大鼠急性经口 LD_{50} 分别为 2 000 mg/kg 和 1 260 mg/kg，急性经皮 LD_{50} 分别为 3 690 mg/kg 和 3 160 mg/kg。

剂型：12％、18％、23％乳油，20％水乳剂，20％可湿性粉剂。

作用特点：高效、低毒、广谱、持效期长，具有预防保护和治疗双重作用。

应用技术：可与多种杀虫剂、杀菌剂、植物生长调节剂现混现用。可用于防治多种真菌和细菌所引起的常见植物病害，可与其他杀菌剂交替使用，效果好。

注意事项：①不能与碱性农药混用。②安全间隔期7～10 d。③贮存于阴凉干燥通风处，喷雾过程中要安全操作，以防对人伤害。

46. 王铜　copper oxychloride

其他名称：碱式氯化铜、氧氯化铜。

毒性：雌、雄大鼠急性经口 LD_{50} 分别为 1 462.3 mg/kg 和 1 044.7 mg/kg。

剂型：47％、50％、70％可湿性粉剂，30％悬浮剂。

作用特点：能黏附在植物体表面，形成一层保护膜，不易被雨水冲刷。

应用技术：主要用于防治柑橘溃疡病，也可防治其他真菌病害及部分细菌病害，如苹果黑点病、柑橘黑点病、疮痂病、溃疡病、白粉病等。可喷洒、撒粉，喷洒时将粉剂同水简单混合即可。

注意事项：①与春雷霉素的混剂对苹果、葡萄等的嫩叶敏感，对此一定要注意浓度，宜在 16：00 后喷药。②不能与硫代氨基甲酸酯杀菌剂混用。

47. 肟菌酯　trifloxystrobin

其他名称：肟草酯、三氟敏；Aprix、Compass。

毒性：低毒。大鼠急性经口 LD_{50} ＞5 000 mg/kg，急性经皮 LD_{50} ＞2 000 mg/kg。

剂型：7.5％、12.5％乳油，25％、45％干悬浮剂，25％、50％悬浮剂。

作用特点：甲氧基丙烯酸酯类杀菌剂，是一种呼吸抑制剂。是具有杀菌活性的天然抗生素的合成类似物，能被植物蜡质层强烈吸附，对子囊菌类、半知菌类、担子菌类和卵菌纲等真菌都有良好的活性。具有广谱、保护、治疗、铲除、渗透、内吸活性、耐雨水冲刷、持效期长等特性。

应用技术：主要用于茎叶处理，药效不受环境影响，应用最佳期为孢子萌发和发病初期阶段，但对黑星病各个时期均有活性。

48. 戊菌唑　penconazole

其他名称：果壮。

毒性：低毒。大鼠急性经口 LD_{50} 为 2 125 mg/kg，急性经皮 LD_{50} ＞3 000 mg/kg。

剂型：10％乳油，20％水乳剂。

作用特点：三氮杂环类杀菌剂，是甾醇脱甲基化抑制剂，通过作物的根、茎、叶等吸收，并能很快在植物体内随体液向上传导，

应用技术：于发病初期进行叶面喷雾，对葡萄白腐病有较好的防治效果。安全间隔期为葡萄收获前 30 d。

注意事项：口服中毒应刺激呕吐，必要时可洗胃。无特效解毒剂。

49. 戊唑醇　tebuconazole

其他名称：立克秀、科胜、菌立克、普果；raxil、folicur、horizon、lynx。

毒性：低毒。大鼠急性经口 LD_{50} ＞4 000 mg/kg，大鼠急性经皮 LD_{50} ＞5 000 mg/kg。

剂型：12.5％、25％、250 g/L 水乳剂，25％、250 g/L 乳油，25％、40％、80％可湿性粉剂，12.5％、30％、430 g/L、50％悬浮剂，50％、75％、80％、85％水分散粒剂，6％微乳剂。

作用特点：广谱三唑类杀菌剂，是甾醇脱甲基化抑制剂，具有保护、治疗、铲除三大功能，杀菌谱广、持效期长。

应用技术：主要用于防治香蕉、苹果、梨等的多种真菌病害，可用于叶面喷洒。

注意事项：①接触应遵守农药安全使用操作规程，穿好防护衣服。②应贮存于干燥、通风、阴凉

和儿童触及不到的地方。③如有中毒情况发生，应立即就医。无特殊解毒剂，应对症治疗。④茎叶喷雾时，在果树幼果期应注意使用浓度，以免造成药害。

50. 烯酰吗啉　dimethomorph

其他名称：安克、安克-锰锌、克露。

毒性：低毒。大鼠急性经口 LD_{50} 为 3 900 mg/kg，急性经皮 LD_{50} ＞2 000 mg/kg。

剂型：25％、30％、50％、80％可湿性粉剂，10％、15％水乳剂，40％、50％、80％水分散粒剂，25％微乳剂，20％、25％、40％悬浮剂。

作用特点：杀卵菌纲真菌杀菌剂，其作用特点是破坏细胞壁膜的形成，对卵菌生活史的各个阶段都有作用，在孢子囊梗和卵孢子的形成阶段尤为敏感，在极低浓度下（＜0.25 μg/mL）即受到抑制。与苯基酰胺类药剂无交互抗性。

应用技术：对果树霜霉病、霜疫霉病、晚疫病、疫（霉）病、疫腐病、腐霉病、黑胫病等低等真菌性病害均具有很好的防治效果。可用于葡萄、荔枝等。

注意事项：对植物无药害，因其内吸常与触杀型杀菌剂如代森锰锌、铜制剂混用。

51. 烯唑醇　diniconazole

其他名称：特普唑、禾果利、速保利、力克菌；spotless、S－3308 L

毒性：低毒，雌、雄大鼠急性经口 LD_{50} 分别为 474 mg/kg 和 639 mg/kg，急性经皮 LD_{50} ＞5 000 mg/kg。

剂型：12.5％可湿性粉剂，5％微乳剂，10％、25％乳油。

作用特点：三唑类杀菌剂，在真菌的麦角甾醇生物合成中抑制 14α－脱甲基化作用，引起麦角甾醇缺乏，导致真菌细胞膜不正常，最终真菌死亡，具有保护、治疗、铲除作用，持效期长久。对人、畜、有益昆虫、环境安全。

应用技术：可用于防治梨黑星病。

注意事项：①应存放在阴凉干燥处。②施药后，对少数植物有抑制生长现象。

52. 辛菌胺醋酸盐

其他名称：菌毒清、环中菌毒清。

毒性：低毒。大鼠急性经口 LD_{50} 为 851 mg/kg，急性经皮 LD_{50} ＞2 000 mg/kg。

剂型：1.8％水剂。

作用特点：通过破坏各类病原体的细胞膜、凝固蛋白、阻止呼吸和酵素活动等方式达到杀菌作用。有一定的内吸和渗透作用，对多种植物真菌、细菌和病毒均有显著的杀灭和抑制作用。

应用技术：可用于由细菌、病毒、真菌引起的多种果树病害的防治。如苹果、梨腐烂病。

53. 溴菌腈　bromothalonil

其他名称：炭特灵、休菌清。

毒性：低毒。雌、雄大鼠急性经口 LD_{50} 分别为 794 mg/kg 和 681 mg/kg，急性经皮 LD_{50} ＞10 000 mg/kg。

剂型：25％乳油、25％可湿性粉剂。

作用特点：一种广谱、防霉、灭藻的杀菌剂，能抑制和铲除真菌、细菌、藻类的生长，对农作物病害有较好的防治效果，对炭疽病有特效。

应用技术：适用于苹果、葡萄等多种作物，防治炭疽病、黑星病、疮痂病、白粉病、锈病、立枯病、猝倒病、根茎腐病、溃疡病、青枯病、角斑病等多种真菌性、细菌性的病害。叶面喷雾和土壤灌根，都能表现出较好的防效。

注意事项：①贮存时密封、防潮，现用现配。②保质期 2 年。

54. 三乙膦酸铝　fosetyl－aluminium

其他名称：乙膦铝、疫霉灵、疫霜灵、藻菌磷。

毒性：对人、畜无毒，对鱼、蜜蜂低毒，较安全。急性经口 LD_{50} 为 5 800 mg/kg，急性经皮 $LD_{50}>3\,200$ mg/kg。

剂型：25%、40%、80%可湿粉剂，85%、90%可溶性粉剂。

作用特点：内吸性杀菌剂，在植物体内能上下传导，具有保护和治疗作用。

应用技术：乙膦铝对卵菌都有防治作用，适用于多种真菌引起的病害，对霜霉病防效尤佳。可喷洒、灌根、浸渍等。

注意事项：①不能与强酸、强碱性药剂混用，以免分解失效。②连续长期使用容易产生抗药性，可与其他杀菌剂轮换使用。③易吸潮结块，贮存时应封严，并保持干燥。

55. 乙酸铜　copper acetate

其他名称：醋酸铜。

毒性：无毒至轻度毒性。

剂型：20%水分散粒剂。

作用特点：广谱、保护性杀菌剂，主要通过醋酸和铜离子对病原菌的毒杀作用产生效果。对植物的真菌有良好的杀菌作用，对细菌病害也有效，在病原菌侵入前使用效果好。

应用技术：20%水分散粒剂用药量 167~250 mg/kg 可喷雾防治柑橘溃疡病。

注意事项：①注意密封。②应贮存于通风干燥库房中。③袋口必须密封扎牢，防止受潮。④严禁明火、易燃物。

56. 乙蒜素　ethylicin

其他名称：抗菌剂 402。

毒性：中等毒。大鼠急性经口 LD_{50} 为 140 mg/kg，急性经皮 LD_{50} 为 80 mg/kg。

剂型：80%乳油。

作用特点：大蒜素的同系物，是一种高效、广谱仿生杀菌剂，兼具植物生长调节剂作用。其杀菌机制是其分子结构中的 （S—S＝O＝O） 基团与菌体分子中含—SH 基的物质反应，从而抑制菌体正常代谢。

应用技术：用 80%乳油 800~1 000 倍液喷雾可防治苹果叶斑病。

注意事项：①不能与碱性农药混用。②对皮肤和黏膜有强烈的刺激作用。

57. 异菌脲　iprodione

其他名称：扑海因、咪唑霉；Rovral。

毒性：低毒。大鼠急性经口 $LD_{50}>3\,500$ mg/kg，兔急性经皮 $LD_{50}>1\,000$ mg/kg。

剂型：25%、255 g/L、500 g/L悬浮剂，50%可湿性粉剂。

作用特点：广谱性接触杀菌剂，对葡萄孢属、链孢霉属、核盘菌属、小菌核属等真菌具有较好的杀菌效果，对链格孢属、蠕孢霉属、丝核属、镰刀菌属、伏革属等真菌也有效果。

应用技术：可用于防治苹果斑点落叶病、褐斑病、轮斑病、葡萄灰霉病、香蕉冠腐病、贮藏期轴腐病。

注意事项：①要避免与强碱性药剂混用。②不宜长期连续使用，以免产生抗药性，应交替使用，或与不同性能的药剂混用。

58. 抑霉唑　imazalil

其他名称：戴唑霉、万利得；Magnate、Deccozil、Fungaflor。

毒性：中等毒。大鼠急性经口 LD_{50} 为 227~343 mg/kg；兔急性经皮 LD_{50} 为 4 200 mg/kg。

剂型：22.2%、50%、85%乳油，0.1%涂抹剂，20%水乳剂，3%膏剂。

作用特点：内吸性广谱杀菌剂、果品防腐保鲜剂，影响细胞膜的渗透性、生理功能和脂类合成代谢，从而破坏霉菌的细胞膜，同时抑制霉菌孢子的形成。对侵害水果的许多真菌病害都有防效。对柑橘、香蕉和其他水果喷施式浸渍，能防止收获后的水果腐烂。对抗多菌灵、噻菌灵等苯并咪唑类的青、绿霉菌有特效。

应用技术：用于防治由青霉素、绿霉菌、欧氏杆菌所致的柑橘、香蕉、杧果、苹果等果品贮藏期病害。将采收后鲜果用药液浸果，取出晾干，装箱贮存。

注意事项：不能与碱性农药混用。

59. 中生菌素 zhongshengmycin

其他名称：克菌康、中生霉素、农抗 751。

毒性：低毒。雄小鼠急性经口 LD_{50} 为 316 mg/kg，雌小鼠急性经口 LD_{50} 为 237 mg/kg。大鼠急性经皮 LD_{50} >2 000 mg/kg。

剂型：1％水剂，3％可湿性粉剂。

作用特点：是一种杀菌谱较广的保护性杀菌剂，具有触杀、渗透作用。其作用为 N-糖苷类抗生素，其抗菌谱广，能够抗革兰氏阳性、阴性细菌，分枝杆菌，酵母菌及丝状真菌。对细菌是抑制菌体蛋白质的合成，导致菌体死亡；对真菌是使丝状菌丝变形，抑制孢子萌发并能直接杀死孢子。对农作物的细菌性病害及部分真菌性病害具有很高的活性，同时具有一定的增产作用。使用安全，可在苹果花期使用。

应用技术：对苹果轮纹病、炭疽病、斑点落叶病、霉心病，葡萄炭疽病、黑痘病等病害可于发病初期开始喷雾防治。

注意事项：①不可与碱性农药混用。②预防和发病初期用药效果显著，施药应做到均匀、周到，如施药后遇雨应补喷。③贮存在阴凉、避光处。

四、除草剂

1. 氟磺胺草醚 fomesafen

其他名称：虎威、豆魁、帅虎、龙卷风、北极星。

毒性：低毒，对皮肤、眼睛有轻度刺激作用。大鼠急性经口 LD_{50} 为 1 430～1 770 mg/kg；家兔急性经皮 LD_{50} >1 000 mg/kg。

剂型：10％、20％乳油，12.8％微乳剂，18％、25％水剂。

作用特点：选择性除草剂，二苯醚类选择性苗后茎叶处理剂。防除阔叶杂草极为有效，苗后使用会很快被叶部吸收，破坏光合作用引起叶部枯斑，迅速枯萎死亡。

应用技术：果园用于防除苘麻、马齿苋、苍耳、铁苋菜、鸭跖草、地肤、野西瓜、田菁、鬼针草、无刺曼陀罗、龙葵、反枝苋、裂叶牵牛、粟米草、萹蓄、蓼、白背黄花稔、刺黄花稔、猪殃殃、苦苣菜、藜、荨麻、车轴草等阔叶杂草。但对禾本科杂草防效较差。一般在生长期，杂草 2～5 叶期，每 667 m² 有效用量 20～30 g，兑水 40 kg，为增加药效在药液中加入喷液量 0.1％的表面活性剂，定向喷雾作茎叶处理。

注意事项：①在土壤中持效期较长，幼林、果园使用，要避免将药液喷溅到树上，应尽量用低压喷雾。低压喷头定向施药，或在喷头上架保护罩。②可与防禾本科杂草的除草剂如稀禾定、精喹禾灵各单用剂量混用。③作业时应注意人体防护，如误服中毒，应立即催吐，并送医院治疗。

2. 乳氟禾草灵 lactofen

其他名称：克阔乐。

毒性：低毒，对皮肤刺激性小。大鼠急性经口 LD_{50} >5 000 mg/kg；兔急性经皮 LD_{50} >2 000 mg/kg。

剂型：24％乳油。

作用特点：选择性苗后触杀型茎叶处理剂。药剂通过植物的茎叶吸收，在体内进行有限的传导，通过破坏细胞膜的完整性而导致细胞内含物流失，最后使杂草的叶片干枯致死。在光照充足的条件下，施药后 2～3 d，敏感的阔叶杂草叶片出现灼伤斑，并逐渐扩大，整个叶片变枯，最后全株死亡。药剂施入土壤易被微生物分解。

应用技术：果园用于防除反枝苋、马齿苋、苍耳、铁苋菜、鬼针草、美洲豚草、大果田菁、无刺曼陀罗、龙葵、牵牛、苘麻、野西瓜、田芥菜、鸭跖草、地肤、圆叶田菁、卷茎蓼、鳢肠等一年生阔叶杂草。每 667 m² 使用有效量 8～10 g，兑水 40 kg，于杂草株高 5 cm 时施药。为了扩大杀草谱防除禾本科杂草，可与精噁唑禾草灵、高效氟吡甲禾灵、稀禾定等防除禾本科杂草的除草剂以各自单用剂量混用，兼除禾本科杂草。可与苯达松、氟磺胺草醚等防阔叶草的除草剂以各自单用剂量的一半混用；以单用剂量的一半与异噁草酮的单用剂量混用，可扩大杀草谱，提高对苗木的安全性。

注意事项：①对 4 叶期前生长旺盛的杂草杀草活性高，适宜的温度和土壤湿度有利于药效的发挥，所以必须科学用药。②单位面积的用药量少，药效高，除使用时必须掌握用药量外，喷雾时力求药液均匀，不得重喷、漏喷。③作业时，药剂切勿接触皮肤和眼睛，施药后用肥皂和水洗脸、洗手。

3. 敌草胺　napropamide

其他名称：大惠利、草萘胺、旱清、旱克。

毒性：低毒，对眼睛和皮肤无刺激性。雌性大鼠急性经口 LD_{50}＞5 000 mg/kg，急性经皮 LD_{50} 为 4 680 mg/kg。

剂型：50％可湿性粉剂，50％干悬浮剂，20％乳油。

作用特点：酰胺类选择性苗前土壤处理剂。药剂随雨水或灌水淋入土层内，单子叶杂草主要是芽鞘吸收，双子叶杂草通过幼芽和幼根吸收向上传导，抑制幼草与根的生长，敏感杂草在发芽后出土前或刚出土即中毒死亡，禾本科杂草幼草、幼芽吸收能力比阔叶杂草强。除草效果与杂草出土前后的土壤湿度有关，药剂持效期达 70 d 左右。施药一次可解决整季杂草危害问题。

应用技术：果园使用，每 667 m² 有效用量 25～150 g，兑水 40 kg，于杂草萌动前喷雾做土壤处理。可有效防除稗草、马唐、牛筋草、野燕麦、马齿苋、反枝苋、刺苋、繁缕、龙葵、苦荬菜等一年生单、双子叶杂草，防除禾本科杂草优于阔叶杂草，防除萌动时的杂草优于已出苗的杂草，对多年生杂草无效。

注意事项：①干旱情况下施药必须进行浅混土。②对已出的大草必须先人工除掉然后再进行施药。③若施药后覆盖地膜则用药量应适当减少 1/3～1/2。

4. 西玛津　simazine

其他名称：西玛嗪、库区净。

毒性：低毒，对人、畜毒性小，无刺激作用。大鼠急性经口 LD_{50}＞5 000 mg/kg；兔急性经皮 LD_{50}＞3 100 mg/kg。

剂型：50％、80％可湿性粉剂，40％悬浮剂。

作用特点：选择性内吸传导型除草剂。药剂被杂草的根系吸收后迅速向上传导至绿色叶片内，抑制光合作用，使杂草饥饿而死。湿度高时吸收传导药剂快。对种子发芽无影响，只是在种子内养分耗尽后幼苗才死亡。一般在施药后 7 d 杂草开始出现受害症状，最初为叶尖失绿干枯，继而叶片边缘褪色，并逐步扩展至整个叶片失绿，最后全株枯死，在阔叶杂草的叶片上有时出现不规则的坏死斑点，随即逐步扩大而死。水溶性极小，在土壤中不易向下移动，被土壤吸附在表层形成药层。一年生杂草多发生于浅层，杂草幼苗的根系能吸收到药剂而死，而苗木的根系主根明显，并迅速下扎而不受害。

应用技术：常用于常绿树种、果园、葡萄园等，每 667 m² 有效用量 75～100 g，兑水 40 kg，于杂草萌发盛期均匀喷雾做土壤处理。墒情好时有利于发挥药效。可防除一年生杂草和种子繁殖的多年生杂草，如马唐、狗尾草、画眉草、虎尾草、牛筋草、稗草、莎草、苍耳、鳢肠、野苋菜、马齿苋、藜、野西瓜苗、铁苋菜、地棉、蓼等。

注意事项：①在土壤中残效期可长达一年，因而影响下茬敏感作物的出苗生长。特别是干旱少雨或用药量高时，虽然隔年，有时仍对敏感作物有药害现象。桃树对西玛津较敏感。②可通过食道、呼吸道等引起人体中毒。中毒症状有全身不适、头晕、口中有异味、嗅觉减退或者消失等。中毒时可采用一般急救措施和对症处理，治疗可应用抗贫血药物。③喷雾器具使用后，要反复清洗干净；药剂应贮存在干燥和通风良好的仓库中。

5. 莠去津 atrazine

其他名称：阿特拉津、玉佬、玉佳、贝它津、盖萨林、绿泉、科奇。

毒性：低毒。大鼠急性经口 LD_{50} 为 1 780 mg/kg，急性经皮 LD_{50}＞3 170 mg/kg。

剂型：38％水悬剂，38％悬浮剂，48％、80％可湿性粉剂，90％可分散粒剂。

作用特点：选择性内吸传导型除草剂。以根部吸收为主，茎叶吸收很少，迅速传导到植物分生组织及叶部，干扰光合作用使杂草致死，杀草作用和选择性同西玛津，但其除草活性高于西玛津。水溶性大，易被雨水淋洗至较深层，因而对某些深根性杂草有抑制作用。在土壤中易被微生物分解。残效期受单位面积用药量、土壤质地、降水与气温等因素的影响，一般可长达半年左右。

应用技术：适用于果园、葡萄园等。每 667 m² 有效用量 80～120 g，兑水 40 kg，于杂草出土前和苗后早期使用。防除一年生禾本科杂草和阔叶杂草，对多年生杂草也有一定的抑制作用。防除一年生杂草用低剂量，灭生性除草用高剂量。可与都尔、甲草胺、敌草隆等多种除草剂混合使用。

注意事项：①桃园对莠去津敏感不能使用。②残效期长，应与其他除草剂交替使用。③在土壤中比较容易被雨水淋洗或渗透到较深的土层，对雨水多、砂性强的地区最好不用或降低用量。

6. 草甘膦 glyphosate

其他名称：农达、草根斩、农旺、广锄、农得乐、万锄、青达、草克灵、天达、龙友、农腾、猛巴、稼福来、金加利、打草、年年春、农发发、好收成、奔达、林达、草快枯、农友富、根除、永达、飞达、农泰、农可发、达利农、蓬枯、好立达、春多多、农民乐、百草清、快而净、农盼、时拨克、龙发、一可灭草。

剂型：7％、10％、12％、16％、30％、41％、48％水剂，25％、28％、30％、41％、50％、58％、65％可溶性粉剂，50％、70％水分散性粒剂，74.7％、88.8％、95％可溶性粒剂。

毒性：低毒。对于人误服的情况，草甘膦一般在口服后 15 min 内便可能产生呕吐及喉部疼痛现象，接着可能产生腹痛及腹泻症状。病征通常在服用量超过 100 mL 较明显。

作用特点：有机磷类、内吸传导型、广谱灭生性除草剂。主要通过抑制植物体内烯醇丙酮基莽草素磷酸合成酶，从而抑制莽草素向苯丙氨酸、酪氨酸及色氨酸的转化，使蛋白质的合成受到干扰，导致植物死亡。植物的绿色部分均能很好地吸收草甘膦，但以叶片吸收为主。施药后药随光合作用产物从韧皮部中的筛管很快向下传导，24 h 内大部分药剂转移到地下根和地下茎。施药后植物的中毒症状表现较慢，一年生杂草一般经 3～5 d 开始出现反应。半月后全株枯死；多年生杂草在施药后 3～7 d 地上部叶片逐渐枯黄，继而变褐，最后倒伏，地下部分腐烂。20～30 d 地上部分基本干枯，但枯死时间与单位面积用药量与气温有关。杀草谱很广，能有效防治 100 种以上一年生杂草，但百合科和豆科的一些植物对抗性较强。草甘膦与土壤接触后很快与铁、铝等金属离子结合而钝化，失去活性，因而只能用作茎叶处理。对土壤中的种子和土壤中微生物无不良影响。

应用技术：果园、桑园等除草，防除一年生杂草，每 667 m² 用 10％水剂 0.5～1 kg；对于一些恶性杂草，如香附子、芦苇等，可每 667 m² 按照 200 g 加入助剂，除草效果好。

注意事项：①在晴天，高温时用药效果好，喷药后 4～6 h 内遇雨应补喷。②药液用清水配置，勿用硬水和泥浆水配置，否则会降低药效。③喷药时可适当加入柴油或者洗衣粉提高药效。④喷药作业，严防药液雾滴触及或飘移到附近作物，以免产生药害。⑤使用后 3 d 内勿割草、放牧或翻地。⑥对金属有腐蚀性，贮存和使用时尽量用塑料容器，用过的药械必须清洗干净。⑦包装破损时，高湿度下可能会返潮结块，低温贮存时也会有结晶析出，用时应充分摇动容器，使结晶溶解，以保证药效。⑧大面积灭草时，药后杂草与灌木成片干枯，应注意火灾发生。

7. 氟乐灵 trifluralin

其他名称：特福力、氟特力、茄科宁、土里问、止封灵；Trim。

毒性：低毒。大鼠急性经口 $LD_{50}>5\,000$ mg/kg；家兔急性经皮 $LD_{50}>5\,000$ mg/kg。

剂型：38%、48%乳油，2.5%、50%颗粒剂。

作用特点：选择性除草剂。主要通过杂草种子发芽生长穿过土层的过程被吸收，禾本科植物的幼芽和阔叶植物的下胚轴吸收，子叶和幼根也能吸收，但出苗后的茎和叶不能吸收，造成植物药害的典型症状是抑制生长。

施入土壤后，由于挥发、光解、微生物和化学作用而逐渐分解消失，其中挥发和光解是分解的主要因素。施到土表的药剂最初几小时内的损失最快、潮湿和高温会加速药剂的分解速度，防治杂草的持效期为 3～6 个月。一次施药基本可保持整个生长期不需除草，在干旱地区使用，也有一定的防除效果。

应用技术：适用于种植前和种植后的各种果园。每 667 m² 有效用量 50～100 g，兑水 40 kg，于杂草尚未出土前喷雾做土壤处理，土壤有机质含量超过 10%时，不宜使用，施药后应立即交叉混土两遍，混土深度为 5～7 cm。可防除一年生禾本科杂草和由种子繁殖的多年生杂草及一些阔叶杂草，如马唐、狗尾草、稗草、牛筋草、千金子、早熟禾、看麦娘、雀麦、野燕麦、地肤、苋、藜、马齿苋、繁缕等，对已出土的杂草无效。

注意事项：①为防止药剂挥发，提高防效，施药后应立即混土。从喷药至混土间隔时间越短越好，最好连续作业，大风时应避免施药作业。②贮藏时避免阳光直射，不要靠近火和热气，在 4 ℃以上的阴凉处保存为好。

8. 二甲戊灵 pendimethalin

其他名称：施田补、除草通、二甲戊乐灵、除芽通、菜锄、施灵通、芽涧、舒通、克草锋、勒锄、勿用锄、深发、双镰、吉化广田通；Stomp、Prowl。

毒性：低毒。大鼠急性经口 LD_{50} 为 1\,250 mg/kg；家兔急性经皮 $LD_{50}>5\,000$ mg/kg。

剂型：30%、33%乳油，45%微囊悬浮剂，20%悬浮剂。

作用特点：二硝基苯胺类选择性土壤处理剂。抑制植物分生组织细胞分裂，不影响杂草种子的萌发。主要通过杂草幼芽、幼茎、根部吸收，在体内传导性很差。双子叶植物吸收部位为下胚轴，单子叶植物为幼芽，其受害症状是幼芽和次生根被抑制。

应用技术：在果园中防除禾本科杂草和某些阔叶杂草。杂草萌动前每 667 m² 用有效量 60～100 g，兑水 40 kg，喷雾做土壤处理，除草效果达 90%以上，对树木安全，持效期达 45 d。二甲戊灵可防除马唐、狗尾草、稗草、早熟禾、看麦娘、画眉草、牛筋草、异型莎草、荠菜、猪殃殃、萹蓄、酸模叶蓼、繁缕、地肤、马齿苋、凹头苋等一年生杂草。

注意事项：①对单子叶杂草效果好于双子叶杂草，因而在双子叶杂草较多的地块，可考虑与其他防双子叶杂草的除草剂混用。②土壤有机质含量低、沙质土、低洼地等用低剂量，土壤有机质含量高、黏质土、气候干旱、土壤含水量低等用高剂量。③土壤墒情不足或干旱气候条件下，用药后需混土 3～5 cm。④对甜菜、萝卜（胡萝卜除外）、菠菜、甜瓜、西瓜、直播油菜、直播烟草等作物对其敏感，容易产生药害，不得在这些作物上使用。⑤在土壤中的吸附性强，不会被淋溶到土壤深层，施药后遇雨不仅不会影响除草效果，而且可以提高除草效果，不必重喷。在土壤中的持效期为 45～60 d。

9. 地乐胺 butralin

其他名称：双丁乐灵。

毒性：对人、畜低毒或无毒。

剂型：48％乳油。

作用特点：二硝基苯胺类选择性芽前土壤处理剂。其作用与氟乐灵相似。药剂进入植物体后，主要抑制分生组织的细胞分裂，从而抑制杂草幼芽及幼根的生长，导致杂草死亡。活性较低，对土表的挥发性和光解作用较氟乐灵缓慢，干旱时也有良好的除草效果。

应用技术：适用于部分果树，每 667 m² 用有效量 50～100 g，兑水 40 kg，于杂草萌动前喷雾做土壤处理，能有效防治大多数一年生禾本科杂草和部分阔叶杂草，如稗草、马唐、狗尾草、牛筋草、千金子、早熟禾、繁缕、小藜、马齿苋等。对菟丝子有较好的防除效果。

注意事项：①露地施药后应进行混土，混土深度为 3～5 cm，以免光解和挥发。②土壤湿润或浇水后施药，不混土也有较好的防除效果。③防除菟丝子于苗后喷雾需全面细致，使菟丝子所缠绕的茎都能接触到药剂。

10. 高效氟吡甲禾灵 haloxyfop-R-methyl

其他名称：高效盖草能、盖草宁、高效氟吡乙禾灵、高效吡氟氯禾灵。

毒性：低毒，对鱼类有毒。雌、雄大鼠急性经口 LD_{50} 分别为 300 mg/kg 和 623 mg/kg，大鼠经皮 LD_{50}＞2 000 mg/kg。

剂型：10.8％乳油。

作用特点：苗后选择性除草剂。具有内吸传导性，茎叶处理后很快被杂草叶片吸收并输导至整个植株，抑制茎和根的分生组织而导致杂草死亡。药效发挥较快，喷洒落入土壤中的药剂易被根吸收，也能起杀草作用。对苗后到分蘖抽穗初期的一年生和多年生禾本科杂草有很好的防除效果，对阔叶杂草和莎草无效。药效期较长，一次施药基本控制全生育期的禾本科杂草危害。在土壤中降解快，对景观植物无害。

应用技术：适用于各树种果园，每 667 m² 用有效量 3～5 g，兑水 40 kg，于植物生长旺盛期（禾本科杂草 3～6 叶期）防效最佳，高于 30 cm 的大型草防除效果略差。只能作茎叶处理，土壤处理效果差。可防除马唐、狗尾草、牛筋草、稗草、野燕麦、看麦娘、芦苇、白茅、虎尾草、千金子等一年生和多年生禾本科杂草。

注意事项：①防除禾本科杂草有效，而对莎草科和阔叶杂草无效，在有单子叶杂草和双子叶杂草混生的地块可与阔叶除草剂混用，扩大杀草谱，提高除草效果。②对鱼类有毒，严禁把剩余药液及洗涤喷药器具的水倒入湖泊、河流、水塘。③施药作业时，防止药液溅到皮肤和眼睛上，施药时注意劳动保护。④喷药前，需了解天气预报，要保持施药后 3 h 内无雨，以便提高药效。⑤使用时加入有机硅助剂可以显著提高药效。

11. 精吡氟禾草灵 fluazifop-p-butyl

其他名称：精稳杀得、氟草除。

毒性：低毒。雌、雄大鼠急性经口 LD_{50} 分别为 2 712 mg/kg 和 4 096 mg/kg，急性吸入 LC_{50} 为 5.24 mg/m³。

剂型：15％、150 g/L 乳油。

作用特点：内吸传导型茎叶除草剂。杂草吸收药剂的部位主要是茎和叶，但施入土壤中的药剂通过根也能被吸收。对禾本科杂草有很强的杀伤作用。由于吸收传导性强，可达地下茎，因此，对多年生禾本科杂草也有较好的防除作用，禾本科杂草在施药后 48 h 内即停止生长，受害植物一般在 10～15 d 后才死亡，对未杀死的杂草也有抑制作用。药剂在土壤中残效期为 1～2 个月，移动 1～2 cm。

应用技术：适用于各树种果园，每 667 m² 用有效量 5～10 g，兑水 40 kg，于植物生长旺盛期喷雾作茎叶处理，能有效地防除稗草、马唐、狗尾草、牛筋草、千金子、画眉草、早熟禾、看麦娘、芦苇、狗牙根、双穗雀稗等一年生禾本科杂草，提高剂量可防除多年生禾本科杂草如芦苇、狗牙根、双穗雀稗等。

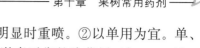

注意事项：①药效表现较迟，不要在施药后 1～2 周内效果不明显时重喷。②以单用为宜。单、双子叶杂草混生的地块可与阔叶除草剂混用或先后使用。③和干扰激素平衡的除草剂（如 2,4-滴）有颉颃作用，即它们混用，除草效果会下降。

12. 精喹禾灵 quizalofop - p - ethyl

其他名称：除禾能、草通灵、旱草枯、休锄、精禾草克、草威特、金禾银、金耙、虹川根锄、依它捕、草崩、豆斗草、金克草灭、卡草生、禾草清、草捕壮、闲人地罢、豆颜、居益、庄稼旺、普日特、奇除、祥宇星、好省劲、金草克、旱草盖、选拔、强锄、高效草除、奥草、停锄、盖冒、旱地草克、精旱作丰、富钢锄。

剂型：5%、8.8%、10%、10.8%乳油。

毒性：低毒。

作用特点：为苯氧基及杂环氧基苯氧基丙酸类选择性内吸传导型茎叶处理剂，对阔叶草本景观植物和木本景观植物有高度的选择性，茎叶处理可在几小时内完成对药剂的吸收作用，从而向植物体内上、下部移动。一年生杂草施药后 1 d 药剂可传遍全株，施药后 2 d 可对新叶有抑制现象，施药后第 4 d 杂草即可表现出坏死症状。多年生禾本科杂草吸收后能迅速向植物地下部移动，抑制根茎的再生能力。

应用技术：适用于落叶果树果园，每 667 m² 有效用量 4～7 g，兑水 40 kg，于禾本科杂草 3～5 叶期喷雾作茎叶处理，当地里有单、双子叶杂草混生时，可与防除双子叶杂草的除草剂按各自单用量进行混用，可以兼除禾本科杂草和阔叶杂草。只能作茎叶处理，土壤处理无效。提高剂量对狗牙根、白茅、芦苇等多年生杂草也有效，对莎草科和阔叶杂草无效。

注意事项：①在干旱条件下，杂草生长缓慢，叶面积吸收药液少时，应适当增加用药量。②施药后 1 h，药剂即被吸收，即使下雨也不影响药效，不必再重喷。③为扩大杀草谱精喹禾灵与可与甜菜宁混用，或与虎威、阔叶枯等隔天搭配使用。④误饮应多喝水，将药液吐出，安静以后马上找医生采取抢救措施。

13. 精噁唑禾草灵 fenoxaprop - p - ethyl

其他名称：加保护剂称之为骠马、骠灵、千里马、精骠、骠农、麦骠、野燕清、骠星、猛骠、福龙、瑞骠、捷马、金马、普净、美麦、高派农、洁禾等，不加保护剂的称威霸。

剂型：6.9%水乳剂，7.5%水乳剂，10%乳油。

毒性：低毒。

作用特点：属苯氧基及杂环氧基苯氧基丙酸类具选择性、内吸传导型的芽后茎叶处理剂，其有效成分为乙基苯氧丙酸。绿色植物组织吸收后，输导至叶基、茎、根部的生长点，迅速使生长点细胞膜的形成受阻，从而导致杂草死亡。杂草吸收药剂后 2～3 d 便停止生长，日益褪绿，逐渐坏死，一般需 10～30 d 完全死亡。

应用技术：常用于落叶果树果园防除马唐、稗草、狗尾草、黑麦草、千金子、风剪股颖等禾本科杂草。适宜施药期为杂草 2 叶期至分蘖中期以前，每 667 m² 用有效量 2.5～5 g，兑水 40 kg，喷雾作茎叶处理。

注意事项：①土壤墒情好有利于药效的发挥，土壤干旱时应灌溉后或雨后施药，没有灌溉条件时应加大喷水量，并适当提高用药量。②温度高低不影响防效，但影响杂草死亡速度。气温较低时施药，杂草死亡时间延长。北方一般于夏季施药为好。③施药后杂草死亡较慢，药后 5～7 d 检查心叶基部，如发黄变褐色，则表明施药有效。④对鱼、蟹的毒性较高，故不要污染河流、池塘。⑤误服应先服 200 mL 液体石蜡，然后用 4 L 水洗胃，最后服活性炭及硫酸钠。禁忌用肾上腺素衍生物处理。

14. 百草枯 paraquat

其他名称：克芜踪、对草快、对草荒、新锐、旱锄、迅达、草歼、百稼兴、天除、野田野火、灭绿、朝霞红、克瑞踪、康正踪、行喷宝、迅锄、一把火、千草枯、草枯灵、龙卷风、草获。

剂型：17%高渗水剂，20%、25%水剂。

毒性：中等毒，但对人毒性极大，且无特效解毒药，口服中毒死亡率可达90%以上。

作用特点：联吡啶类速效触杀型灭生性除草剂，对叶绿体片层膜破坏力强，使光合作用和叶绿素合成很快中止，叶片着药后2～3 h即开始受害变色。对单、双子叶植物的绿色组织均有很强的破坏作用，但不能传导，因而只使受药部受害。百草枯不能穿透木栓化后的树皮，药剂一经与土壤接触即钝化失效，无残留，施药后很短时间内即可移栽或移栽后在树冠下喷药都不会对根有影响。

应用技术：适用于各种果树果园，在树冠下喷洒，每667 m² 有效用量40～60 g，兑水40 kg，于杂草基本出齐，株高小于15 cm时，晴天施药，见效快。除草时，加水须用清水，药液要尽量喷洒在茎、叶上，不要喷在地上，到土壤中会失去活性。可与西玛津、莠去津、敌草隆等混用防除一、二年生杂草，效果好，对多年生杂草有触杀但很快又恢复生长。

注意事项：①喷洒要均匀周到，可在药液中加入0.1%洗衣粉以提高药液的附着力。施药后30 min遇雨对药效基本无影响。②不能与带阴离子的农药混用，喷后24 h内，牲畜禁止进入施药地块食草。③注意劳动保护如药溅入眼睛或皮肤上，要马上用清水冲洗。④在园林及作物生长期使用，切忌污染作物，以免产生药害

15. 敌草快 diquat

其他名称：立收谷、利克除。

剂型：20%水剂。

毒性：中等毒，对眼睛有刺激作用。

作用特点：为联吡啶类、非选择性、有一定传导性能的触杀型除草剂。茎叶处理后，可迅速被绿色植物吸收，破坏其叶绿素并使细胞脱水，植株呈现萎黄，干枯死亡。光照对药效的发挥影响很大，晴朗的天气条件下药效发挥快，喷药后24 h开始枯黄，阴天时药效缓慢，但杂草有更多的时间吸收叶面上的药液，并渗入到组织中，因而杀草更彻底。

应用技术：适合果园种植后冠下喷雾茎叶处理，每667 m² 有效用量30～40 g，兑水40 kg，能防除各种一年生杂草，但对多年生杂草，只能杀死地上部的绿色茎叶，不能杀死地下根茎，易萌发新株故需多次喷药。

注意事项：①非选择性触杀型除草剂，切勿对幼树进行直接喷雾。否则，接触作物绿色部分会产生严重药害。喷雾必须均匀周到，效果才好。②需喷高液量、低压力、大雾滴并选择风小时进行喷洒。③药后24 h内勿让家畜进入喷药区。人员发生中毒要立即送医院诊治。④切勿与碱性磺酸盐润湿剂、激素型除草剂的碱金属盐类等化合物混合使用。

16. 敌稗 propanil

其他名称：斯达姆。

剂型：16%、20%、36%乳油。

毒性：低毒。

作用特点：选择性除草剂。喷洒于植物叶片能迅速吸收，但在体内传导很有限，不宜拌药土使用。能破坏植物细胞膜的透性，影响水分代谢，使杂草叶片失水枯死。2叶期的稗草种子内养分耗尽，生活力很弱，是用药的最好时期。稗草3～4叶期不宜用药，因此时活性增强抗药力强，效果差。

应用技术：作茎叶处理，主要防除稗草、千金子、马唐、狗尾草、蟋蟀草等一年生禾本科杂草；对藜、马齿苋、鸭舌草、水蓼、牛毛草等也有一定防效。可与多种除草剂混用，扩大杀草谱，如敌稗＋二甲四氯、敌稗＋使它隆、敌稗＋乙草胺，还可与噁草酮、丁草胺、扑草净、敌草隆等混用，扩大杀草谱，提高除草效果。每667 m² 有效用量为100～150 g。

注意事项：①应选择晴天无风天气，气温高时，除草效果好，但不要超过30 ℃。避免雨前喷药。

②不能与有机磷和氨基甲酸酯类农药混用，也不能在施用敌稗前两周或施用后两周内使用有机磷和氨基甲酸酯类农药，以免产生药害。③在土壤中易分解，不能做土壤处理剂使用。

17. 甲嘧磺隆　sulfometuron-methyl

其他名称：森草净、草灌净、林无草；oust 等。

剂型：10％可溶性粉剂，10％悬浮剂，75％可湿性粉剂，75％水分散粒剂。

毒性：低毒。

作用特点：为磺酰脲类除草剂。植物根部和叶面均可吸收，并迅速传遍全身，植物吸收 6～8 h 之后，即可使细胞的分裂受到抑制，生长很快停止。对种子萌发和幼苗生长均有抑制作用。敏感植物吸收后缓慢致死，外部表现为茎叶失绿变成褐色或紫红色，顶芽枯萎直至坏死，然后是整株植物的根、茎、叶全部死亡。作用机制是通过抑制植物体内的乙酰乳酸合成酶的活性，而使支链氨基酸的生物合成受到抑制而致死，时间需 3～4 周甚至更长时间。

应用技术：适用于苹果园，每 667 m² 有效用量为 5～8 g，兑水 40 kg，芽前用药时向地面喷洒，芽后用药时向杂草的茎叶喷洒，从杂草萌发到萌发后的整个生育期内均可施药，最佳施药时间是杂草快要萌发到草高 10 cm 前的时间内，或是人工除草后草又刚长出来时施药为最好。防除绝大多数一年生和多年生杂草和阔叶灌木。

注意事项：①甲嘧磺隆对农作物敏感，在农田绝对禁用。②施药时应选择无风天气进行，以免产生飘移，造成作物药害。③显效较慢，施药后 6～8 h 杂草停止生长，3～4 周内杂草茎叶变紫失绿后顶芽坏死，直至全株烂死。④喷药器械最好专用，改作他用时一定要彻底清洗干净后再用，洗液不能随便乱倒，以免对农作物和观赏植物造成药害。

18. 氯嘧磺隆　Chlorimuron-methyl

其他名称：豆威、豆磺隆、豆青亮、豆友、园豆园、封豆洁、豆得利。

剂型：5％、10％、20％、25％、50％可湿性粉剂，10％、20％可溶性粉剂，25％干悬浮剂。

毒性：低毒。

作用特点：磺酰脲类内吸传导型，选择性芽前、芽后除草剂。通过植物根、叶吸收，并迅速传导，在敏感植物体内作用于分生组织，抑制乙酰乳酸酶，阻碍支链氨基酸（缬氨酸、亮氨酸、异亮氨酸）的生物合成，而阻止细胞分裂，植物生长受抑制，杂草心叶变黄，叶皱缩，1～3 周内杂草死亡。

应用技术：主要用于果园防除阔叶杂草如本氏蓼、酸模叶蓼、鼬瓣花、扁蓄、豚草、藜、香薷、狼把草、牵牛、苍耳、蒿子、野薄荷、荠菜、苣荬菜、苘麻等。每 667 m² 有效用量 1～1.5 g，兑水 40 kg，于生育期作茎叶处理，持效期长，在北方地区，一年用药一次能维持全年不用除草。

注意事项：①土壤平整，无残茬，无坷块，土壤湿润有利于药效发挥。②持效期长，下茬不宜种植敏感农作物如甜菜、水稻、瓜类、向日葵、马铃薯等作物。③活性大，用量少，配药要用二次稀释，药液要随配随用，施药要均匀，不能重喷。不能采用低容量航空喷雾。④施药药械作业完后要认真彻底清洗，药液及废水不能倒入农田。⑤施药时注意防止药液溅入眼中，作业后要马上用清水洗手，洗脸。

19. 苄嘧磺隆　bensulfuron-methyl

其他名称：农得时、稻禾草、咸农、超农、维农、麦佬、镐休、阔莎克星、积田无草、威农、苄嘧磺隆、阔莎克星、水功、草尼、猎狼、水乐、大水牛、便农、水葫芦、稻不长草、富庆、阔锄、莎草净、阔棱除、割根、麦帅、大败草、稻乡。

剂型：10％、30％、32％可湿性粉剂。

毒性：低毒。

作用特点：磺酰脲类选择性内吸传导型除草剂。有效成分可在水中迅速扩散，为杂草根部和叶片吸收，转移到杂草各部阻止细胞的分裂和生长，敏感的杂草生长机能受阻，幼嫩组织过早发黄，抑制叶部生长、阻碍根部生长而坏死。

应用技术：在果园中常用来防除阔叶杂草如鸭舌草、眼子菜、节节草、陌上菜、矮慈姑等及莎草科杂草牛毛草、异型莎草、水莎草、碎米莎草、萤蔺等。每 667 m² 有效用量 4～5 g，兑水 40 kg，于生育期作茎叶处理。

注意事项：①轮作时要考虑不同作物的耐药性，菠菜、甜菜、黄瓜、芸薹属最为敏感，谷物、洋葱抗药性强。②活性高，用药量少，必须称量准确。③园林苗圃和草坪化学除草时土壤墒情好防效好。④适用于阔叶杂草及莎草科杂草优势的地块。⑤如有误服中毒，勿用药物引吐，可喝大量清水催吐，并去医院诊治。

20. 绿磺隆 chlorsulfuron

其他名称：嗪磺隆、漂化、沈农；DPX - 4189、Glean。

剂型：10％、20％、25％、80％可湿性粉剂，25％水分散粒剂，75％干式胶悬剂。

毒性：低毒。

作用特点：磺酰脲类选择性内吸传导型除草剂。通过杂草叶面或根部吸收，而迅速传导到全株。其主要作用是抑制细胞分裂，对光合作用无直接影响。其选择性是因为抗性植物与敏感植物在体内代谢速度不同。对多种阔叶杂草表现出高度活性，防除效果好。

应用技术：主要用在果园冠下防除猪殃殃、大巢菜、婆婆纳、牛繁缕、碎米荠、藜、卷耳、扁蓄、野志鹳草、田旋花、看麦娘、荠菜、离子草等杂草。每 667 m² 有效用量 1～2 g，兑水 40 kg，于阔叶杂草 2～3 叶期进行茎叶处理，防除效果达 95％以上，持效期长达 3～5 个月。

注意事项：①活性高，在土壤中持效期长，下茬作物不能种敏感作物如甜菜、豌豆、玉米、油菜、棉花、芹菜、胡萝卜、辣椒、水稻等。②pH 高的碱性土壤地区不能使用，适用于南方酸性土壤，因氯磺隆不易降解，在土壤中持效期长，并有累积作用，会对后茬作物产生药害，应严格控制用药量。③对眼、鼻、咽喉有轻度刺激作用，用药时要注意防护，施药完毕要及时清洗。

21. 苯磺隆 tribenuron - methyl

其他名称：阔叶净、巨星、巨净、麦乐乐、麦磺隆、麦道、锄洁、麦发；DPX - L5300。

剂型：10％、18％、20％可湿性粉，20％可溶性粉剂，75％可分散粒剂，75％干悬浮剂，75％水分散粒剂。

毒性：低毒。

作用特点：内吸传导型选择性除草剂。可被杂草的根、茎、叶吸收，并在体内传导。通过抑制缬氨酸、亮氨酸和异亮氨酸生物合成，导致植物死亡。在土壤中通过化学水解很快分解，持效期 60 d 左右。

应用技术：适用于果园防除荠菜、米瓦罐、地肤、反枝苋、离子草、糖芥、田蓟、播娘蒿、繁缕、遏蓝菜、麦瓶草、大巢菜、卷茎蓼、碎米荠、雀舌草、葎草等阔叶杂草；猪殃殃、藜、蓼、婆婆纳中度敏感；铁苋菜、小蓟、田旋花、鸭跖草等防效差。每 667 m² 有效用量 1～2 g，兑水 40 kg，于杂草萌芽出土后，株高不超过 10 cm 时喷药作茎叶处理，喷药时加入药液量的 0.2％非离子表面活性剂可提高药效。

注意事项：①根据杂草群落确定剂量，耐药性中度杂草较多时用上限。②防除多年生阔叶杂草，用药量宜酌高。喷药时气温在 20 ℃以上、潮湿及土壤水分充足时施药防效最佳，在干燥低温条件下施药，药效表现缓慢，但不影响最终防效。③喷雾应均匀周到，勿重喷、漏喷，喷药时注意防止药液雾滴漂移至邻近的敏感作物。④可与氟草定、二甲四氯、2,4-滴丁酯等防阔叶杂草除草剂以各自单用的剂量混用。用过的喷雾器械要彻底清洗干净。

22. 敌草隆 diuron

其他名称：地草净。

剂型：25％、50％、80％可湿性粉剂，5％、10％粉剂。

毒性：对人、畜低毒。

作用特点：取代脲类内吸传导型选择性土壤处理剂。主要通过根部吸收，在导管内随水分向上传导到叶内，药剂集中在叶片绿色细胞内发挥作用，抑制光合作用。在光照条件下，受害植物不能吸收二氧化碳和放出氧气，停止生成有机物而使植物饥饿而死。在黑暗中药剂对植物不起作用。受害植物首先是叶片边缘和尖端褪绿，后发黄，最后枯死。

对种子发芽和植物根系不具有毒性，施药后植物种子照样萌发出土，待种子中的养分消耗净后，由异养转为自养时幼苗接触除草剂才逐渐死亡。水溶性低，在土壤中淋溶性小。

应用技术：常用于南方果园、园林、苗圃、茶园中防除一年生禾本科杂草和部分阔叶杂草。于杂草萌发出土前每 667 m² 有效用量 40～75 g，兑水 40 kg，喷雾做土壤处理，持效期 2 个月。主要防除杂草有马唐、狗尾草、稗草、旱稗、藜、苋、繁缕、地肤、眼子菜等一年生禾本科杂草和部分阔叶杂草。

注意事项：①最好在播种后喷雾或在生育期撒施毒土，做土壤处理，一般不进行茎叶处理，以防药害。②出苗期容易产生药害，禁止使用。③施药后 10～15 d 内不降雨，则需进行混土，其深度为 1～2 cm。④在土壤有机质低于 1％或高于 5％时或长期干旱的圃地，不宜单独使用，可与其他除草剂混用。

23. 稀禾定 sethoxydim

其他名称：拿捕净、本郎、苗臣、倍加净、灭草敌、草服它、宏裕星。

剂型：12.5％、25％乳油。

毒性：低毒。

作用特点：内吸传导型选择性茎叶处理剂。通过茎叶吸收转移到分生组织，破坏细胞的分生能力，其作用缓慢，处理后 3 d 停止生长，叶色 7 d 褪绿，14 d 后枯死。稀禾定对禾本科杂草的杀伤力很强，但对阔叶杂草无效，可以安全地用于阔叶树和松树苗圃，稀禾定施入土壤后很快分解，只作茎叶处理。持效期为 1 个月。

应用技术：用于果园防除一年生和多年生禾本科杂草，对莎草科的香附子和阔叶杂草无效。对禾本科杂草从发芽至分蘖期防效最好。一般情况下，每 667 m² 有效用量为：一年生杂草 2～3 叶期 15～20 g，4～5 叶期 20～27 g；多年生杂草 4～7 叶期 40～80 g，兑水 40 kg。施药应选择无风天气进行（风力小于 2 级），施药时每 667 m² 加 0.2～0.3 L 矿物油，可降低稀禾定 1/4 的用量，其除草效果与常规用药量相同。能防除马唐、狗尾草、狗牙根、稗草、看麦娘、匍匐冰草、牛筋草、黑麦草、芦苇、假高粱、白茅等杂草。

注意事项：①在推荐用量下，对阔叶作物安全，对下茬作物无不良影响，但绝不能用于禾本科草坪防除禾本科杂草。②杀草速度较慢，药后需 10～15 d 才整株死亡，施药后不要急于再施其他除草剂。③在单子叶、双子叶杂草混生的地块，应与阔叶杂草除草剂混用，以免阔叶杂草再形成草害。④施药时间以早晚为好，中午或气温高时不宜施药。干旱或杂草较大时杂草的抗药性强，用药量应酌加。⑤施药时应穿戴防护服，施药后要马上用肥皂清水洗净脸、手、腿并漱口；如有误服，应大量饮水、催吐，保持安静，送医院诊治。⑥剩余的药液和容器的洗涤液不能倒入水田、河流、鱼塘。

24. 磺草灵 asulam

其他名称：剑锄。

剂型：33.3％水剂，40％钠盐水剂。

毒性：低毒。

作用特点：选择性内吸传导型除草剂。药剂由植物的根、茎、叶吸收，并在体内传导。其作用部位在生长点细胞，干扰细胞分裂和长大。施药部位，嫩叶很快变黄，停止生长，最后枯死。通常在施药后 1～2 周，生长点枯死，老叶的枯死在施药后 20～30 d。在土壤的持效期短，半衰期仅 6～14 d。

应用技术：在播后苗前作土壤处理，也能在生育期作茎叶处理，每 667 m² 有效用量 120～160 g，兑水 40 kg，于植物生长旺盛期喷雾作茎叶处理，能有效地防除马唐、稗草、早熟禾、看麦娘、蒺藜、豚草、蓼、酸模等一年生禾本科杂草和阔叶杂草。

注意事项：①受许多自然条件的影响，气温高、阳光充足时药效好，气温低，不利于药剂的渗透和传导。因此要选择晴朗的天气施药为宜，低温、空气干燥时不宜施药。②作茎叶处理时加入少量的表面活性剂，能提高除草效果，但也对苗木产生药害，故苗圃里使用，一般不加表面活性剂。③不宜与三氮醋酸、茅草枯、2,4-滴混用，否则会产生药害。④对蕨类植物有很好的防效，当苗圃中出现个别单株或少量的蕨类，可用涂抹法处理，易取得好效果。

25. 麦草畏 dicamba

其他名称：百草敌；Banvel、MDBA。

剂型：48%水剂，70%水分散粒剂。

毒性：低毒。

作用特点：内吸传导型苗后选择性除草剂。可被杂草根、茎、叶吸收，通过木质部和韧皮部向上传导，集中在分生组织及代谢活动旺盛的部位，影响植物根与芽的正常生长发育，造成叶片畸形、叶柄与茎弯曲、根肿大、茎尖顶端膨大，生长点萎缩、分枝增多等。一般施药后 24 h 阔叶杂草即会出现畸形卷曲症状，15～20 d 死亡。易在土壤中移动，沙壤土中移动 8～12 cm，黏壤土 4～6 cm。在土壤中的持效期较长，在干旱少雨地区持效期还会延长。在土壤中经微生物分解后消失。

应用技术：常用于果园防除繁缕、牛繁缕、大巢菜、播娘蒿、田旋花、刺儿菜、藜、灰绿藜、马齿苋、反枝苋、酸模叶蓼等阔叶杂草。每 667 m² 有效用量 15～16 g，兑水 40 kg，于阔叶杂草 2～4 叶期施药作茎叶处理。

注意事项：①施药后 2～3 h 内降雨会降低除草效果，应注意施药时的天气状况。②不能与有机磷杀虫剂混用。③阔叶草坪如马蹄金、白三叶草坪对麦草畏敏感，不能使用。④如误服必须喝大量清水，诱发呕吐，再找医生治疗。麦草畏对人的眼睛、皮肤有刺激作用，可引起发炎，药液溅入眼中应用清水冲洗 15 min 以上，药液沾染皮肤应立即用肥皂清水洗净。

26. 氯氟吡氧乙酸 fluroxypyr - methyl

其他名称：使它隆、氟草定、治莠灵、阔胜、猪秧净。

剂型：20%乳油。

毒性：低毒。

作用特点：内吸传导型苗后除草剂。施药后很快被植物吸收，敏感植物出现典型的激素除草剂反应，植株畸形，扭曲。在耐药性植物体内，药剂可结合成轭合物，失去毒性，从而具有选择性。温度对其除草的最终效果无影响，但影响其药液发挥的速度。一般在温度低时药效慢，温度高药效快，植物很快死亡。在土壤中半衰期短，不会对下茬阔叶作物产生影响，在林间可间种。

应用技术：常用于葡萄园、果园防除马齿苋、田旋花、荠菜、猪殃殃、繁缕、牛繁缕、米瓦罐、卷茎蓼、泽漆、藜、婆婆纳、空心莲子草、小旋花等阔叶杂草。每 667 m² 有效用量 20～25 g，兑水 40 kg 并加 0.1%～0.2%非离子型表面活性剂有很好的防效。在土壤中淋溶不显著，大部分分布在 0～10 cm 表土层中。在有氧的条件下，在土壤微生物的作用下很快降解成 2-吡啶醇等无毒物。在土壤中半衰期较短，不会对间种的下茬阔叶作物产生影响。

注意事项：①单用时，杂草 2 叶期至生长旺盛期为最佳施药期，施药作业时，风力在 2 级以下，防药液飘移到邻近的阔叶作物上。②幼林、移植苗圃、果园施药时，应压低喷头作定向喷雾，不能使药液喷到树叶上，防止产生药害。③对鱼类有害，切忌污染水源。

27. 溴苯腈 bromoxynil

其他名称：伴地农、阔草灵、麦迪。

剂型：22.5％乳油。

毒性：低毒。

作用特点：选择性苗后茎叶处理剂。主要经由植物的叶片吸收，在植物体内进行极其有限的传导，抑制光合作用和蛋白质的合成，使植物组织坏死。施药后 24 h 内叶片褪绿，出现坏死斑。气温较高、光照强的条件下，加速叶片枯死。

应用技术：适用于果园防除藜、蓼、苋、麦瓶草、龙葵、苍耳、猪毛草、麦家公、田旋花、卷茎蓼、地肤、播娘蒿、萹蓄、婆婆纳等阔叶杂草。每 667 m² 有效用量 20～30 g，兑水 40 kg，于生长期阔叶杂草 2～4 叶期定向喷雾。也可与防禾本科杂草的除草剂如禾草灵、莠去津、精噁唑禾草灵等以各自单用剂量混用，兼治禾本科杂草；亦可与防阔叶杂草的除草剂如 2,4 -滴丁酯、二甲四氯、麦草畏、扑草净混用扩大杀草谱，提高防效。

注意事项：①遇低温或高温天气，除草效果不好。②不宜与肥料混用，也不能添加助剂，否则也会造成药害。③作业时避免药剂接触皮肤和眼睛，喷药时注意人体防护。④避免药液污染水源。⑤应贮存在 0 ℃以上的地方，0 ℃以下发生冰冻。

28. 噁草酮　oxadiazon

其他名称：农思它、草畏它、草畏斯、噁草灵。

剂型：12％、12.5％、13％、25％乳油。

毒性：低毒。

作用特点：内吸传导兼触杀型选择性除草剂。土壤处理时杂草幼芽或幼苗接触药层吸收药剂发生作用。苗后施药，杂草通过地上部分吸收。药剂进入植物体后积累在生长旺盛部位，抑制生长，致使杂草组织腐烂死亡。在光照条件下才能发挥杀草作用，杂草自萌芽至 2～3 叶期均对其敏感，以杂草萌芽期施药效果最佳。随着杂草长大，效果下降。在土壤中代谢较慢，半衰期 2～6 个月。

应用技术：常用于果园防除稗、马唐、牛筋草、狗尾草、千金子、鸭舌草、水苋、节节菜、陌上菜、鳢肠、藜、鸭跖草、铁苋菜、龙葵、通泉草、婆婆纳、异型莎草、萤蔺、牛毛毡等一年生禾本科、莎草科和阔叶杂草和种子萌发的多年生杂草。每 667 m² 有效用量 50～100 g，兑水 40 kg，于杂草芽前喷雾做土壤处理。

注意事项：①潮湿的土壤效果好，干旱时必须先喷水后施药。②苗床必须平整，覆土要均匀，保证不露籽，否则会产生药害。③对 2 叶以上的禾本科杂草防效差。

29. 苯达松　bentazone

其他名称：排草丹、灭草松、草必尽、苍棱克、歼草欢。

剂型：25％、48％水剂。

毒性：低毒。

作用特点：触杀型选择性苗后除草剂。主要通过茎叶吸收，但在体内传导作用很小，因此施药必须均匀周到，效果好。杀草作用主要是抑制光合作用中的希尔反应，阻碍二氧化碳的固定。同时还使细胞急剧坏死，抑制蒸腾作用和呼吸作用，中毒植物表现叶萎蔫、变黄，10～15 d 死亡。温度高、阳光充足时有利于药效的发挥。其选择性是由于不同植物体内降解或解毒能力有差异。禾本科和豆科植物有较强的耐药性，而多种阔叶杂草与莎草则表现敏感。施药 2 h 后二氧化碳同化过程受到抑制，8 h 全部停止，因而死亡。淋溶性强，很少被土壤吸附，接触土壤后，易被土壤微生物很快分解，不宜做土壤处理，宜做茎叶处理。

应用技术：在果园中常用来防除猪殃殃、繁缕、荠菜、酸模叶蓼、泽泻、萤蔺、异型莎草、碎米莎草、苘麻、鬼针草、苍耳、马齿苋、鸭跖草、藜、婆婆纳、牛毛毡等阔叶杂草和莎草科杂草，对禾本科杂草无效。每 667 m² 用有效量 50～80 g，兑水 40 kg，苗后喷雾作茎叶处理。

注意事项：①禾本科草坪使用，应在阔叶及莎草出齐且幼小时施药。喷洒要均匀，使杂草茎叶充分接触药剂，效果好。②极度干旱和水涝的地块，不宜使用。③施药后 8 h 内应无雨，否则需补喷或重喷。④使用应遵守农药安全使用一般操作规程，如不慎，药液溅到皮肤上或眼里，立即用大量清水清洗；误服时需饮入食盐水冲洗肠胃，并使之呕吐，服用医用活性炭，不能喂食牛奶、蓖麻油和酒，并送医院对症治疗。

30. 异噁草松 clomazone

其他名称：百农思、广灭灵、广灭净、金扩灭灵、豆黄灵、田得济、封锄。

剂型：36％微囊悬浮剂，48％乳油，75％水分散粒。

毒性：低毒。

作用特点：选择性芽前除草剂。药剂通过杂草的根、幼芽吸收，经木质部导管随蒸腾流向上传导至植物的各部分，从而抑制敏感植物叶绿素的生物合成。杂草吸收药后能萌芽出土，但无叶绿素及胡萝卜素而成白苗，并在短期内死亡。水溶性比较高，在春旱的情况下，也能发挥除草作用。与土壤有中等程度的黏合性，影响其在土壤中的流动性，不会流到土壤表层 30 cm 以下。在土壤中主要由微生物降解，土壤黏性及有机物含量是影响药效的主要因素。在土壤中的生物活性可持续 6 个月以上。

应用技术：可用于果园防除一年生禾本科杂草和阔叶杂草，如稗草、马唐、狗尾草、牛筋草、香薷、水棘针、遏蓝菜、酸模叶蓼、柳叶刺蓼、节蓼、萹蓄、苘麻、龙葵、野西瓜苗、苍耳、藜、鸭跖草、狼把草、鬼针草、马齿苋等。对小旋花、小蓟等多年生杂草有抑制作用。对铁苋菜无效。每 667 m² 有效用量 25～30 g，对水 40 kg，于杂草萌动前喷雾做土壤处理。不会受光分解，也不易挥发。土壤湿度大有利于药剂的吸收，干旱条件下，需混土，深为 5～7 cm。

注意事项：①施药时必须带罩作定向喷雾，不能飘移到邻近的其他作物上，否则会产生药害，故该药剂不能航喷或利用灌溉设备施药。②在土壤中的生物活性为 6 个月以上，施药后 10 个月以内，不宜作农用，不宜间种农作物。③可与氟乐灵、乙草胺、异丙甲草胺、氯磺隆、拉索等除草剂混用，可避免对有些苗木如杨、柳等产生药害。扩大杀草谱，提高防除效果。④作业后必须彻底清洗喷雾器械。

31. 草除灵 benazolin‐methyl

其他名称：高特克、旺发、好阔、多油多、油草除、油草迈、好实多、油菜星、阔草克。

剂型：15％、30％乳油，50％悬浮剂，50％可湿性粉剂。

毒性：低毒。

作用特点：选择性芽后茎叶处理剂。植物通过叶片吸收，输导到整个植物体，作用方式同二甲四氯丙酸相似，只是药效发挥缓慢，敏感植物受药后生长停滞，叶片僵绿，增厚反卷，新生叶扭曲，节间缩短，最后死亡，与激素类除草剂症状相似。耐药性植物体内降解为无活性物质而具选择性。气温高作用快，气温低作用慢。在土壤中转化成游离酸并很快降解为无活性物质，对后茬作物无影响。

应用技术：适用于果园防除三叶草、繁缕、苍耳、牛繁缕、雀舌草、猪殃殃、苋、曼陀罗、地肤、婆婆纳、皱叶酸模等一年生阔叶杂草，但对大巢菜防效差，对稻槎菜、荠菜基本无效。每 667 m² 有效用量 10～15 g，兑水 40 kg，于阔叶杂草出齐 2～3 叶时喷雾作茎叶处理，防除阔叶杂草药效随剂量增加而药效提高，施药后，在重喷处可能会产生不同程度的药害症状，一般情况 20 d 可恢复。

注意事项：①对未出土杂草无效。大面积应用前，必须做树种安全性试验，阔叶杂草出齐，并避开低温天气施药。②洗容器水不能流入河道、鱼塘。③切勿让儿童接触，药剂应存放在安全、阴凉干燥并远离食品、饲料、饮料的地方。

32. 五氯酚钠 PCP‐Na

剂型：65％可溶性粉剂。

毒性：低毒。

作用特点：灭生性触杀型除草剂。水溶液为碱性，能与植物细胞内酸性化合物形成不溶性的五氯酚结晶，使细胞死亡，但不能传导，能够破坏细胞线粒体中的蛋白质膜，进而破坏呼吸代谢中氧化磷酸化反应，成为氧化磷酸化的解偶联剂，阻止 ATP 形成，使植物丧失维持生存的能量来源，使生理生化过程停止而死亡。

施于土壤后，不易从下层渗透和流失，特别在有机质含量多的土壤中吸附作用更强。药效期长短与用药量和阳光有关，一般防效期 5～7 d，土壤中持效期 2～4 周。

应用技术：常用于果园、桑园、茶园，防除一年生单子叶和双子叶杂草如稗草、狗尾草、马齿苋、碱草、藻类、马唐、蓼、早熟禾、繁缕等。每 667 m² 用有效量 800～1 200 g，兑水 40 kg，于杂草种子萌发盛期用药，喷雾做土壤处理。在水中可抑制硝化细菌的繁殖，使铵态氮不能转化为硝态氮，减少氮肥的损失，延长肥效。

注意事项：①对鱼、虾剧毒，不要在邻近鱼塘的地方用药，洗刷喷洒机具，余液不能倒入养鱼塘。②对人、畜有毒，配药液、拌药土和撒药时戴胶皮手套和口罩，以防刺激皮肤和黏膜而引起中毒。③拌毒土时要均匀，发现药块要研细再拌匀，以防产生药害。④可与二甲四氯、均三氮苯类和取代脲类除草剂混用，可延长药效期，扩大杀草谱。

五、植物生长调节剂

1. 萘乙酸 1 - naphthyl acetic acid

其他名称：α-萘乙酸；NAA。

毒性：低毒，对皮肤、黏膜有刺激作用，对鱼类有毒。

剂型：0.1％、0.5％可溶液剂，50％、80％可湿性粉剂，50％、540 g/L 悬浮剂。

作用特点：类生长素物质。主要生理作用是促使细胞伸长，促进生根，推迟果实成熟，抑制乙烯产生。低浓度抑制离层形成，可用于防止落果；高浓度促进离层形成，可用于疏花疏果，诱导雌花的形成，产生无籽果实。

应用技术：葡萄用 20％萘乙酸粉剂 1 000～2 000 倍液处理插条，能提高扦插成活率；苹果树使用 20％萘乙酸粉剂 8 000～10 000 倍液喷雾 2 次，可减少落果，增加产量。10％萘乙酸·乙烯利水剂，可用于荔枝树杀花穗，在早花树花芽抽出 5～7 cm 喷施 1 000～1 200 倍液，施药后花穗末端干枯，可使在原花穗基部抽出短壮的侧花穗，提高坐果。

注意事项：①不宜与碱性农药混用，施药时应严格遵守农药安全使用准则。②早熟苹果品种用于疏花疏果易产生药害，不宜使用。③大风天或预计 1 h 内降雨，请勿施药。

2. 赤霉素 gibberellic acid

其他名称：九二〇、奇宝。

毒性：低毒。

剂型：3％、4％乳油，40％可溶粒剂，75％、85％结晶粉，2.7％、3％、4.1％脂膏。

作用特点：广谱性植物生长调节剂。可促进细胞分裂、伸长。植物体内普遍存在着内源赤霉素，是促进植物生长发育的重要激素之一，是多效唑等生长抑制剂的颉颃剂。可促进细胞分裂，茎伸长，叶片扩大、单性结实、果实生长，打破种子休眠，改变雌、雄花比例，影响开花时间，减少花、果脱落。外源赤霉素进入植物体内，具有内源赤霉素同样的生理功能。主要经叶片、嫩枝、花、种子或果实进入到植株体内，然后传导到生长活跃的部位起作用。

应用技术：葡萄调节生长，有效成分用药量 4～6.7 mg/kg，花前喷雾或 10～20 mg/kg 花后喷雾、蘸果穗；葡萄增产、无核，有效成分用药量 50～200 mg/kg 花后 1 周处理果穗；柑橘树喷花，可使果实增大、增重，有效成分用药量 20～40 mg/kg 喷雾；菠萝喷花，可使果实增大、增重，有效成分用药量 40～80 mg/kg 喷雾；梨树促进果实生长，每果用 2.7％脂膏 25～30 mg 涂抹果柄。

注意事项：①赤霉素纯品水溶性低，85％晶体粉剂用前先用少量酒精（或高度烈酒）溶解，再加水稀释至所需浓度。②使用时以晴天 10：00 前或 16：00 后进行为宜，且气温在 18 ℃以上。③赤霉素遇碱分解，在偏酸和中性溶液中较稳定。④使用前最好现配现用，贮藏于低温干燥处。

3. 赤霉酸　gibberellin A4，A7

其他名称：赤霉素 4＋7。

毒性：低毒。

剂型：2％脂膏，10％水分散粒剂。

作用特点：广谱性植物生长调节剂。可促进细胞分裂，茎伸长，叶片扩大，单性结实、果实生长，打破种子休眠，改变雌、雄花比例，影响开花时间，减少花、果脱落。

应用技术：在苹果谢花后 2 周，用 12.5～25 mg/kg 药液喷洒幼果，可防止幼果脱落，增加坐果率；在梨树上，于花瓣脱落后 20～35 d 使用，涂抹于果梗中间部位，每果处理 0.22～0.38 mg，促进果实增大，提早采收。也可使用 2.7％赤霉素 4＋7·赤霉酸脂膏涂抹果柄，每果使用有效成分 0.105～0.675 mg。

注意事项：①喷雾时，果实表面着药必须均匀，否则会引起不对称生长，造成果实畸形；涂抹果梗时，药剂不可触及果实表面，否则果皮会形成锈斑、果形不正、外观不良。②用于促进生长或坐果时，应配合水肥管理等措施。

4. 苄氨基嘌呤　6 - benzy - lamino - purine

其他名称：保美灵（＋GA4、G7）。

毒性：低毒，对蜜蜂、传粉昆虫安全。

剂型：1％可溶粉剂，2％可溶液剂。

作用特点：广谱性植物生长调节剂。可促进植物细胞生长，与 GA4/A7 一起使用可改善果形。

应用技术：柑橘树喷施 33.3～50 mg/kg 药剂 2～3 次可调节柑橘生长、增加产量；苹果树喷施 3.8％苄氨·赤霉酸乳油 800～1 000 倍液，可调节果形、促进生长。

注意事项：①遇碱易分解，勿混用其他农药或肥料。②使用时掌握好使用剂量、时间。

5. 氯吡脲　forchoorfenuron

其他名称：吡效隆醇、调吡脲、施特优、吡效隆；Fulmet、KT - 30、4PU - 30。

毒性：低毒。

剂型：0.1％、0.3％、0.5％可溶液剂。

作用特点：一种新的植物生长调节剂，具有细胞分裂素活性，能促进细胞分裂、分化，器官形成，蛋白质合成，提高光合作用，增强抗逆性和抗衰老。用于瓜果类植物，具有良好的促进花芽分化、保花保果和使果实膨大的作用。

应用技术：葡萄提高坐果率，增加产量，谢花后 10～15 d，用 10～20 mg/kg 药液浸幼果穗；猕猴桃促进果实生长，于谢花后 20～25 d 用 10～20mg/kg 药液浸幼果；枇杷增产，提高品质，谢花后 20～30 d，用 10～20 mg/kg 药液浸幼果 1～2 次；脐橙防止落果，加快果实生长，在盛花后 20～35 d，用 10～15 mg/kg 药液涂抹幼果果柄蜜盘。

注意事项：①可与其他农药、肥料混用。②使用时应按规定浓度、用量和方法，浓度过高可引起果实空心、畸形。

6. 噻苯隆　thidiazuron

其他名称：脱叶灵、脱叶脲、脱落宝；Dropp。

毒性：低毒，对眼睛和皮肤有刺激作用，一般不会引起全身中毒。

剂型：0.1％、0.5％可溶液剂，0.1％、50％、80％可湿性粉剂，50％、540 g/L 悬浮剂。

作用特点：具有很强的细胞分裂素活性，能诱导植物细胞分裂，促进愈伤组织的形成，在低浓度下，就可促进植物生长，具有保花、保果，加速果实发育及增产的作用。

应用技术：葡萄提高坐果率、增产，于花期使用有效成分 4～6 mg/kg 喷雾；葡萄增大颗粒，在花后幼果黄豆粒大小时，用 0.1％可溶液剂 3 g/kg 浸蘸果穗约 5 s，然后抖尽残药。苹果促进果实纵向生长，改变果形指数，提高果实高桩率，于苹果初花期和盛花期，使用有效成分 2～4 mg/kg 喷雾。

注意事项：①施药后 2 d 内降雨会影响药效。②葡萄上使用时要避免阳光太强及高温时施药，以 17:00 后至傍晚时用药效果最佳。蘸穗时一定要抖净残药，否则，会因药液残留引发果粒日灼或变形。③勿与碱性物质混用。

7. 芸薹素内酯　brassinolide

其他名称：益丰素、天丰素、油菜素内酯、农梨利；brassins、BR。

毒性：低毒。

剂型：0.004％、0.007 5％水剂，0.01％、0.15％乳油，0.01％可溶液剂，0.1％水分散粒剂。

作用特点：具有植物生长调节剂作用的第一个甾醇类化合物，具有使细胞分裂和延长的双重作用，促进作物对肥料的有效吸收，辅助作物劣势部分良好生长。

应用技术：苹果树、梨树、荔枝树、香蕉调节生长，增加产量，在生长期使用 0.02～0.04 mg/L 喷雾；柑橘树提高坐果率，开花盛期和第一次生理落果后用 0.001％水剂 800～1 000 倍液喷雾 3 次。

注意事项：①活性较高，施用时要按规定剂量用药，防止浓度过高。②可与杀虫剂、杀菌剂等农药一起混合喷施。

8. 复硝酚钠　sodium nitrophenolate

其他名称：特丰收、丰产素、爱多收。

毒性：低毒。

剂型：0.7％、0.9％、1.4％、1.8％、2.1％水剂。

作用特点：经处理后，能迅速渗透到植物体内，以促进细胞的原生质流动，加快植物发根速度，对植物发根、生长、生殖、结果等均有程度不同的促进作用。可用于促进植物生长发育、提早开花、打破休眠，促进发芽、防止落花落果、改良植物产品的品质等。与其他植物激素不同，在植物播种至收获之间的任何时期皆可使用。

应用技术：荔枝促花、保果，使用 1.8％水剂 2 000～3 000 倍液，在花穗前后各喷施 1 次；柑橘调节生长、增产，在生长期喷施 1.8％水剂 3 000～4 000 倍液，连续喷雾 4 次。

注意事项：①施用时，严格控制使用浓度，浓度过高会抑制植物生长。②可与农药、化肥混合使用，喷洒时可加入展着剂，以减少药液流失。

9. 多效唑　paclobutrazol

其他名称：氯丁唑。

毒性：低毒，对大鼠和家兔的皮肤、眼睛有轻度刺激，对鱼类、鸟类低毒。

剂型：5％乳油，10％、15％可湿性粉剂，25％悬浮剂。

作用特点：三唑类植物生长调节剂，是内源赤霉素合成的抑制剂。其矮化作用的机制是通过抑制树体内赤霉素的产生而使新梢节间变短，即在相同长度的新梢上叶片数增多。

应用技术：苹果幼旺树，采用沟施法，用药量为 50～90 mg/kg，施药后覆土。荔枝树使用 300～400 mg/kg 进行茎叶喷雾，能有效地控制冬梢。龙眼树控梢，在生长期喷施 10％可湿性粉剂 250～500 倍液，连续 2 次。

注意事项：①在果树上使用虽然用量低，但药效长久，一般可维持 2～3 年，因此不宜连年使用。②一般只适用于幼旺树，适龄不结果的果树和盛果期的壮树，初定植的果树、弱树和进入衰老期的果树不宜施用。③由于果树施用后，枝条缩短，花芽充实饱满，坐果率高，产量大幅度提高，所以应注意疏花疏果，防止果树因结果过多而导致树势变弱。

10. 乙烯利 ethephon

其他名称：一试灵、乙烯磷；Ethrel、Cepha、Cerone、Florel。

毒性：急性经口 LD_{50} 为 3 030 mg/kg；兔急性经皮 LD_{50} 为 1 560 mg/kg。对皮肤、黏膜、眼睛有刺激。

作用特点：促进成熟的植物生长调节剂。调节植物生长、增产、催熟。在酸性介质中十分稳定，但在 pH>4 时，则分解释放出乙烯。一般植物细胞液的 pH 皆在 4 以上，乙烯利经由植物的叶片、树皮、果实或种子进入植物体内，然后传导到作用的部位，释放出乙烯。如促进果实成熟及叶片、果实的脱落，矮化植株，改变雌、雄花的比例，诱导某些作物雄性不育等。

应用技术：柿子树催熟，用 40％乙烯利水剂 400 倍液喷雾或浸渍；香蕉催熟，用 40％乙烯利水剂 400 倍液喷雾或浸渍。

注意事项：不能与碱性农药混用，否则失效。

六、杀鼠剂

1. 溴鼠灵 brodifacoum

其他名称：大隆、溴鼠隆、溴联苯鼠隆、溴鼠灵；Talon。

毒性：急性经口 LD_{50} 为 0.27 mg/kg，急性经皮 LD_{50} 为 0.25～0.63 mg/kg。

剂型：0.5％母药，0.005％毒饵。

作用特点：香豆素类杀鼠剂，抗凝血。大隆是第二代抗凝血杀鼠剂，靶谱广、毒力强，居抗凝血剂之首。具有急性和慢性杀鼠剂的双重优点，可以作为急性杀鼠剂、单剂量使用防治害鼠，又可以采取小剂量、多次投饵的方式达到较好消灭害鼠的目的。大隆适口性好，不会产生拒食作用，可以有效地杀死对第一代抗凝血剂产生抗药性的鼠类。毒理作用类似于其他抗凝血剂，主要是阻碍凝血酶原的合成，损害微血管，导致大出血而死。中毒潜伏期一般在 3～5 d。猪、狗、鸟类对大隆较敏感，对其他动物比较安全。

应用技术：用于防治果园内的田鼠，使用 0.005％毒饵 1 500～2 250 g/hm² 撒施或穴施；使用 0.5％母药可配制成 0.005％毒饵饱和投饵，用量为 2 250～3 000 g/hm²，或每洞 15 g 投放。

注意事项：①在鼠类对第一代抗凝血剂产生抗性后再使用较为恰当。②本品剧毒，且因有二次中毒现象，所以死鼠应烧掉或深埋。③2017 年被列入限制使用的农药名录。

2. 鼠甘伏 gliftor

其他名称：伏鼠酸、甘氟。

毒性：急性经口 LD_{50}>330 mg/kg（小鼠）。

剂型：1.5％毒饵。

作用特点：有机含卤杀鼠剂。在动物体内发生生物氧化后形成氟乙酸，最终破坏机体内主要的新陈代谢过程——三羧酸循环，影响神经系统和心血管系统。中毒有几小时潜伏期。

应用技术：用于室内的家鼠，使用方法为饱和投饵。

注意事项：①为剧毒杀鼠剂，施药人员须配备必要的防护用品，防止牛、羊中毒，毒饵宜选用小粒粮制作。②本药要加强保管，划定施药范围和地点，确保人、畜安全。

3. 氟鼠灵 flocoumafen, storm, stratagen

其他名称：杀它仗、氟鼠酮、氟羟香豆素。

毒性：大鼠急性经口 LD_{50} 为 0.25 mg/kg，急性经皮 LD_{50}<3 mg/kg。

剂型：0.005％毒饵。

作用特点：属香豆素类第二代抗凝血型杀鼠剂，具有适口性好、毒力强、使用安全、灭鼠效果好的特点。对啮齿动物的毒力与大隆相近，并对第一代抗凝血剂产生抗性的鼠有同等的效力。主要为抑制动物体内凝血酶的生成，使血液不能凝结而死。

应用技术：果园使用 $1\sim1.5$ kg/hm^2 堆施。

注意事项：①在使用时避免药剂接触皮肤、眼睛。②谨防儿童、家禽、鸟类接近毒饵。③毒饵包装物及收集死鼠应烧掉或深埋。④不要与粮食、种子、饲料放在一起。

4. 敌鼠钠盐 sodium diphacinone

毒性：大鼠急性经口 LD$_{50}$ 为 15 mg/kg。

剂型：0.05％毒饵。

作用特点：茚酮类杀鼠剂。具有靶谱广、适口性好、作用缓慢、效果好的特点。主要是破坏血液中的凝血酶原，使之失去活性，同时使微血管变脆，抗张力减退，血液渗透性增强。

应用技术：将原药或母药配制成 0.05％的毒饵进行饱和投饵，或每堆用 0.05％毒饵投放。

注意事项：①在使用时避免药剂接触皮肤、眼睛。②谨防儿童、家禽、鸟类接近毒饵。③毒饵包装物及收集死鼠应烧掉或深埋。④不要与粮食、种子、饲料放在一起。⑤2017 年被列入限制使用。

5. 莪术醇 curcumol

毒性：大鼠急性经口 LD$_{50}$＞4 640 mg/kg，急性经皮 LD$_{50}$ 为 2 150 mg/kg。

剂型：0.2％饵剂。

作用特点：植物源杀鼠剂。

应用技术：使用 0.2％饵剂，毒饵 5 000 g/hm^2，饱和投饵。

第三节　农药的使用方法及混合施用

一、使用方法

正确的农药施用方法，是在深入了解病、虫、杂草等有害生物发生规律的基础上，根据农药的性质、加工剂型、环境条件等多种因素确定的。施用方法确定后，还应精确计算药量，配药浓度，严格掌握施药过程中的技术要领，以保证施药质量，只有这样，才能充分发挥药效，达到经济、安全、有效的防治目的。

根据目前农药加工不同的剂型种类，施药方法也不尽相同，如喷粉、喷雾、毒饵、土壤处理、熏蒸、熏烟、烟雾、撒施、涂抹、注射、飞机喷施、涂抹、覆膜等多种施药方法。果树上常用的施用方法主要有以下几种：

1. 喷粉　利用各种喷粉器具喷施药剂的方法。此法工作效率高，不受水源限制，对植物较安全。喷粉应在无风、无上升气流时进行，要求喷得均匀周到，使植物或病虫体表覆盖极薄的一层药粉。一般每公顷喷施量为 22.5～30 kg，飞机喷粉，每公顷 11.25 kg。

2. 喷雾　农药制剂中，除超低容量喷雾剂可直接喷施外，其他农药制剂如乳油、可湿性粉剂、乳膏、水溶剂、可溶性粉剂、胶体剂等均需加水调制成乳液、悬浮液、溶液或胶体液。使用喷雾机具喷药，即喷雾。由于喷雾器使药液形成微小的雾点，并在一定的压力下喷射到植物或病虫体表。因此，药液分布性和均匀程度较好，药剂的沉积量高，一般沉积率可达 40％左右（粉剂的沉积率仅达 20％左右），受药面积大，耐雨水冲洗，残效期长，防治对象广。杀菌剂、杀虫剂等多用喷雾法。这是果园中应用最广的一种方法。超低容量喷雾是指每公顷喷药量在 5 L 以下的喷雾方法，具有药效长、工效高、省药、不用水、劳动强度低、防治费用少等优点。但受风力、风向和上升气流的影响大，剧毒农药不宜使用。

3. 熏烟法　利用烟剂农药产生的烟来防治有害生物的施药方法。此法适用于防治虫害和病害，鼠害防治有时也可采用，但不能用于杂草防治。烟是悬浮在空气中的极细的固体微粒，其重要特点是能在空间自行扩散，在气流的扰动下，能扩散到更大的空间中和很远的距离，沉降缓慢，药粒可沉积在靶体的各个部位，包括植物叶片的背面，因而防效较好。熏烟法主要应用在封闭的小环境中，如仓库、房舍、温室、塑料大棚以及大片森林和果园。

4. 涂抹法 将具有内吸性的农药配制成高浓度的药液，涂抹在植物的茎、叶、生长点等部位，主要用于防治具有刺吸式口器的害虫和钻蛀性害虫，也可施用具有一定渗透力的杀菌剂来防治果树病害。

5. 注射法 将农药稀释到一定浓度后，用注射器将药液注入植物体内防治病虫害。如防治果树的蛀干害虫，常见到给果树挂吊瓶。

二、农药的混合施用

农药的混合施用，目的在于同时防治两种或两种以上的病虫害或兼治杂草，可节省劳力和提高工效。农药混施，还可改善其性能，提高药效；减缓和克服病虫抗药性的产生；与肥料混用，可起到根外追肥的作用。

农药之间能否混用，混用后能否达到上述目的，这是一个很复杂的问题。除与药剂本身的理化性质有直接关系外，还与农药加工剂型、病虫及杂草的种类、生长时期、环境条件等多种因素有关。所以，确定农药混用，必须进行科学的试验和测定，切勿随意混用。

混合用药注意事项：

（1）中性药剂与中性药剂、酸性药剂与酸性药剂、中性药剂与酸性药剂，它们之间一般不会产生化学反应和物理变化，可以互相混合施用。

（2）遇碱性物质易分解失效的药剂，不能与碱性药剂、肥料或其他碱性物质混用。例如：敌敌畏、乐果、马拉硫磷、代森锌、福美锌、福美双等不能与碱性强的药剂如松碱合剂和波尔多液、石硫合剂等混用，也不能与碱性物质如氨水、石灰、肥皂等混合使用，否则，易降低药效，甚至发生药害。有些药剂可暂时混合，但需要立即施用，不能久置过夜。如敌百虫与纯碱或肥皂混合后，很快转化成敌敌畏，产生较强的触杀作用，须随配随用，不可存放。也有些药剂如杀螨剂中的螺螨酯、哒螨灵等化学性质很稳定，可以与许多农药及肥料（尿素、堆肥、人粪尿、硫酸铵）混合施用。

（3）混合后会出现乳剂破坏现象的农药剂型或肥料，不能混合使用。乳油与其他农药剂型或肥料混合后，如果出现乳剂破坏，液面上有乳油或下有沉淀，不但会降低药效，而且会产生药害。目前农药加工所用的乳化剂种类很多，只有在使用前进行混合试验后，才能确切知道哪些可以混合，哪些不能混合。

（4）混合后产生絮状或大量沉淀的农药剂型，不能相互混用。可湿性粉剂、乳剂等与其他农药剂型或肥料混合后，如果出现絮状和产生大量沉淀，也会降低药效，引起药害，这是因为湿润剂或乳化剂被破坏。

（5）混合后会产生化学反应，对植物产生药害的农药剂型或肥料，不能相互混用。例如：波尔多液与石硫合剂混合后，发生化学反应生成黑褐色的多硫化铜沉淀，破坏了其杀菌性能，同时并可产生过量的可溶性铜，使植物产生药害。

（6）微生物杀虫剂和微生物除草剂不能与杀菌剂混用，否则会降低药效，但杀菌剂可与部分杀虫剂混用；微生物杀虫剂也可以与部分杀虫剂混用，并且能提高药效。

农药的混合施用，虽然已有不少成功的经验，但与生产发展的需求，仍有很大距离，需要广大果农和植保工作者不断进行科学实验并总结经验，以便进一步掌握农药混用规律，为果树生产服务。

第四节　农药浓度表示、换算及其计算方法

正确的农药稀释方法，对准确表示农药的浓度，充分发挥农药的效能，避免人畜中毒和植物药害及环境污染有重要的意义。

一、药剂浓度的表示方法

通常有百分浓度、百万分浓度和倍数法 3 种。

1. 百分浓度 表示 100 份药液（或药剂）中含有药剂有效成分的份数，以％表示。如 65％代森锌可湿性粉剂，表示 100 份这种药剂中含有 65 份代森锌的有效成分。

百分浓度又分为质量百分浓度和体积百分浓度两种。固体与固体或固体与液体之间，配药时常用质量百分浓度，液体之间常用体积百分浓度。

2. 百万分浓度 表示 100 万份药液（或药粉）中含有这种药剂有效成分的份数，以 μg/g、mg/kg 或 mL/m³ 表示，如 2 000 mg/kg 赤霉素溶液，表示 100 万份这种溶液中含有 2 000 份有效成分的赤霉素。

3. 倍数法 在药液或药粉中，稀释剂（水或填充料）的量为原药或原药加工剂型量的多少倍。例如：90％敌百虫原粉 500～1 000 倍液，表示用 90％原粉 1 份，加水 500～1 000 份稀释后的药液；65％代森锌可湿性粉剂 500 倍液，则表示用 65％代森锌可湿性粉剂 1 份，加水 500 份稀释后的药液。显然倍数法并不一定能直接反映出药剂有效成分的稀释倍数，但使用起来很方便。在农药的配制时，如果不注明按体积稀释，一般均按重量计算，实际上稀释倍数越大，两者之间的误差就越小，在生产上这种误差是允许的，实际应用时多根据稀释倍数的大小，常采用内比法和外比法两种配法。

（1）内比法稀释 100 倍或 100 倍以下，计算稀释量时，要扣除原药剂所占的 1 份。如稀释 60 倍，即用原药剂 1 份加稀释剂 59 份；稀释 100 倍则用原药剂 1 份加水 99 份。

（2）外比法稀释 100 倍以上时，计算稀释量不扣除原药剂所占的 1 份。如稀释 3 000 倍，则原药剂 1 份，加水 3 000 份。

此外，果树生产上农药与农药或农药与肥料混用时，常写成甲药多少倍液加乙药多少倍液的形式，实际上是混合药液总量各为甲乙两种药剂的倍数。例如：等量式波尔多液 200 倍液加 5％尼索朗乳油 2 000 倍液，即 2 000 单位的混合药液中，含有 10 个单位的硫酸铜和生石灰及 1 个单位的 5％尼索朗乳油。

二、药剂浓度表示之间的换算

1. 百分浓度与百万分浓度之间的换算

$$百万分浓度 = 百分浓度 \times 10\,000$$

2. 倍数法与百分浓度之间的换算

$$百分浓度（\%）= \frac{原药浓度}{稀释倍数} \times 100$$

3. 毫升与有效成分（g）之间的换算 在原药剂的密度等于或近似于 1 时，毫升（mL）与有效成分（g）之间，生产上可按下式换算：毫升数×药剂浓度。

三、稀释农药时的计算公式

（一）按有效成分计算

1. 求稀释剂（水或填充料）的用量

$$稀释剂用量 = \frac{原药重量 \times 原药剂浓度}{配制药剂浓度}$$

2. 求原药剂用量

$$原药剂用量 = \frac{配制药剂重量 \times 配制药剂浓度}{原药剂浓度}$$

（二）按倍数法计算（不考虑药剂有效成分含量）

1. 求稀释剂（水或填充料）**用量**

（1）求稀释 100 倍（包括 100 倍）以下稀释剂用量

$$稀释剂用量 = 原药剂重量 \times (稀释倍数 - 1)$$

（2）求稀释 100 倍以上稀释剂的用量

$$稀释剂用量 = 原药剂重量 \times 稀释倍数$$

2. 求原药剂用量

（1）求稀释 100 倍以下（包括 100 倍）原药剂重量

$$原药剂重量 = \frac{稀释剂用量}{稀释倍数 - 1}$$

（2）求稀释 100 倍以上原药剂重量

$$原药剂重量 = \frac{所配药剂重量}{稀释倍数}$$

（3）求稀释倍数

① 由浓度比求稀释倍数：

$$稀释倍数 = \frac{原药剂浓度}{所配药剂浓度}$$

② 由重量比求稀释倍数：

$$稀释倍数 = \frac{配制的药剂重量}{原药剂重量}$$

3. 多种药剂混合后的浓度计算法 即同种药剂或不同种药剂相混，求混合后的有效成分浓度的计算法。

设第 1 种药剂浓度为 N_1，重量为 W_1，

第 2 种药剂浓度为 N_2，重量为 W_2

……

最后一种药剂浓度为 N_x，重量为 W_x。则混合药剂浓度为

$$\frac{\sum NW}{\sum W} \times 100 = \frac{N_1 \times W_1 + N_2 \times W_2 + \cdots + N_x \times W_x}{W_1 + W_2 + \cdots + W_x} \times 100$$

4. 用低浓度药剂将高浓度药剂稀释成中间浓度的计算方法

$$高浓度药剂重量 = \frac{配制药剂重量 \times (配制药剂浓度 - 低浓度药剂浓度)}{高浓度药剂浓度 - 低浓度药剂浓度}$$

$$低浓度药剂用量 = 配制药剂重量 - 高浓度药剂重量$$

第五节　常用农药中毒及解救

农药可经过呼吸道、皮肤及消化道进入人体，农药使用不当或残留过高易导致农药中毒。

1. 急性中毒 指一些毒性较大的农药通过呼吸道、皮肤、消化道进入人体，在短期内出现头昏、恶心、呕吐、抽搐痉挛、呼吸困难、大小便失禁等症状。

2. 慢性中毒 指一些毒性不高的农药被人、畜长期少量摄取后，在体内积累而造成中毒的现象。慢性中毒是逐渐产生的，长期残留累积在体内的农药有可能诱发基因产生突变、癌变、畸形，有的可对人体内的酶和生殖系统构成严重影响。

急性中毒的急救措施就是去除农药污染源，防止农药继续进入人体内，严重的立即送医院治疗。经皮肤引起的，应立即脱去被污染的衣物，迅速用温水冲洗干净，或用肥皂水冲洗（敌百虫除外），

或用4%碳酸氢钠溶液冲洗被污染的皮肤；若药液溅入眼内，立即用生理盐水冲洗20次以上；经呼吸道吸入引起的，应将中毒者带离施药现场，移至空气新鲜的地方，并解开衣领、腰带，保护呼吸畅通，除去假牙，注意保暖；经口腔引起的，应带上农药标签，迅速送医院治疗。

第六节　农药的残留与安全间隔期

农药残留是农药使用后残存于生物体、农副产品和环境中的微量农药原体、有毒代谢物、降解物和杂质的总称；其残存的数量称为农药的残留量，以每千克样本中含有的农药毫克数来表示。农药的残留受农药的品种、剂型、施用次数、施药方法、施药时间、气象条件及植物品种等多种因素的影响，其中农药本身的性质、环境因素以及农药的使用方法是影响农药残留的主要因素。

世界各国，特别是发达国家对农药残留问题高度重视，对各种农副产品中农药残留都规定了越来越严格的限量标准。农药最大残留限量以每千克食物中所含农药的毫克数来表示。

安全间隔期是指最后一次施药至采收前的时期，也就是说作物自喷药后到残留量降到最大允许残留量所需间隔的时间。安全间隔期是农药安全使用标准中的一部分，是控制和降低农产品中农药残留量的一项关键性的技术，也是最后的一道关口。

在果树生产中，最后一次喷药与收获之间的时间必须大于安全间隔期，其农药的残留量一般将低于最高残留限量，也就是说农药的残留是不会超标的。因此，了解果树的安全间隔期对保证果品的食用安全有重要意义。部分农药在果树上的安全间隔期见表10-2。

表10-2　几种药剂在果树上安全间隔期

作物种类	农药名称	防治对象	使用剂量（mg/kg）	每季作物最多使用次数	安全间隔期（d）
柑橘	阿维菌素	潜叶蛾、红蜘蛛	3～4.5	2	14
	苯丁锡	红蜘蛛	167～250	2	21
	啶虫脒	蚜虫	12～15	1	14
	毒死蜱	红蜘蛛、锈蜘蛛	240～480	1	28
	炔螨特	红蜘蛛	243～365	3	30
	溴氰菊酯	潜叶蛾、蚜虫	5～10	3	28
苹果	除虫脲	桃小食心虫、金纹细蛾	125～250	3	21
	代森锰锌	炭疽病、斑点落叶病	1 000～1 333	3	10
	啶虫脒	蚜虫	12～15	1	30
	氟虫脲	红蜘蛛	50～75	2	30
	四螨嗪	红蜘蛛	83～100	2	30
梨	氟硅唑	黑星病、赤星病	40～50	2	21
	烯唑醇	黑星病	31～42	3	21

第七节　果园施药基本要求

（一）施药人员、施药时间及个人防护要求

为了杜绝农药在使用时中毒事故的发生，施药人员最好经过技术培训，了解农药有关知识，搞好个人防护。施药过程中严禁吸烟、喝水、吃东西。配药、拌种、拌毒土时一定要戴橡皮手套和防毒口罩。用过药后，及时用肥皂清洗手、脸和裸露在外的皮肤。

施药前要检查药械性能，排除故障或隐患。施药人员最长连续工作时间不能超过 6 h，连续工作 3～5 d 应该休息 1 d。因为无论防护多么好，也难免会受到或多或少的农药污染，如果工作时间过长，有可能导致中毒事故的发生，特别是在炎热的夏季。高温期间尽量在早晚施药，避开中午高温。

（二）农药废弃物的处理

施药过程中，如发生溢漏，应对污染区进行掩埋或清理，防止人、畜靠近或接触。对固态农药如粉剂和颗粒剂等，可用干砂或土掩盖；对液态农药，可用锯末、干土或炉灰等粒状吸附物清理；如属高毒农药，应按照高毒农药的处理方式进行处理。

农药废弃包装物不能随意丢放。完好无损的可由销售部门或生产厂家统一收回。高毒农药的破损包装物要按照高毒农药的处理方式进行处理。

（三）施药后的果园管理

为了避免药后偷食水果导致农药的中毒事件的发生，施药后，可竖立标志牌，禁止采摘、挖野菜、割草等，以防人、畜中毒。

第十一章 果实采收与采后处理

概 述

一、做好采收和采后处理的意义和基本原则

采收和采后处理，包括包装、贮藏、运输、配送和销售，是果树生产的最后一个环节，也是关系到生产者收益和消费者利益的最重要的一个环节。果农生产出来的优质果品，能否让消费者享受到，取决于采收和采后处理是否适宜。每年因采收和采后处理不恰当而导致的损失是巨大的，发达国家果品采后损失为5%~10%，而我国果品采后损失为15%~20%。因此，必须充分重视果品的采收和采后处理。

采收和采后处理主要从以下几个方面对果品产生影响：一是影响果实的品质和耐贮运性。采收的时期、成熟度、采收的方式方法、采后的预冷、分级、包装、贮藏、处理、码垛、运输方式、采后病虫害的控制等，都会对果品的品质和贮运性产生影响；二是影响其商品性。作为商品销售和消费，要求果品成熟度一致，口感品质优良，大小规格一致，外观漂亮，包装精美适当，货架期有保证，供应期尽可能长，这就要求果品按照规定的标准进行分级，按照商品的要求进行包装，按照市场的要求进行贮运，以保证果品的商品质量。

果品的采收成熟度与其产量、品质和耐贮性有着密切的关系。采收过早，不仅果实的大小和重量达不到标准，而且风味、品质和色泽也不好，产量减少；采收过晚，果实已经成熟衰老，不耐贮藏和运输。在确定果实采收成熟度、采收时间和方法时，应该考虑果实的市场要求、采后用途、它们本身的特点、贮藏时间的长短、贮藏方法、设备条件、运输距离的远近、销售期的长短和产品的类型等。一般就地销售的果实，可以适当晚采，而作为长期贮藏和远距离运输的果实，应该适当早采，一些有呼吸高峰的果实，如苹果、桃等，应该在达到生理成熟之后和呼吸跃变之前采收。没有呼吸高峰的果实，如樱桃、葡萄等，则应在果实达到最佳或市场要求的果实品质时采收。采收工作有很强的时间性和技术性，必须提前做好人力、物力上的安排和组织工作，选择适当的采收期和采收方法，对采收人员进行技术和标准培训，才能获得良好的效果。

果实的采后处理是为了保持或改进果实产品品质，使其从农产品原料转化为商品，包括挑选、整理、分级、清洗、包装、预冷、贮藏、后熟等。根据果实的特性和市场要求，而采用全部或一部分措施环节。有条件的尽量使用机械设备和流水线作业，没有条件的也应尽量使用简单的机械和手工作业，完成果实的采后商品化处理，改善果实的商品性状，使果实从农产品原料转化为商品，实现果实的清洁、整齐、美观，利于销售，从而提高产品的价格和信誉。

二、影响采后果实品质的采前因素

果实采收前，许多因素如环境条件（气候和土壤性状、纬度和海拔等）、果实自身因素和农业技术措施（包括品种、砧木、树龄、树势、施肥、灌溉、修剪以及采收时的果实成熟度等），都会在一定程度上影响和改变果实的品质性状，影响到果实的贮藏寿命。采前对这些因素予以重视，可以得到更好的果实品质，延长和保证果实的贮藏期和保鲜效果。

品种是影响果实商品性状和贮藏性能的最主要因素。不同种类以及不同品种的果品，其品质、外观、商品性、耐贮性都有可能差别很大。一般仁果类中的苹果、梨以及浆果类中的葡萄、猕猴桃，坚果类中的核桃、板栗等具有较好的耐贮性，核果类中的桃、李、杏、樱桃等，采后代谢旺盛，对低温冷害敏感，耐贮性较差。晚熟品种比较耐贮藏，中熟品种次之，早熟品种一般不耐贮藏。

降水量和空气湿度影响日照时间和强度，影响土壤的透气性、酸碱度，影响果树植株的蒸腾作用，影响养分的合成和积累，影响植株和果实的抗病性，病菌侵染增加，有时造成裂果等，对果实的商品性和耐贮性发生影响。

土壤的类型、透气性、酸碱度、肥力、水分和温度变化等影响果树的根系生长、养分吸收和果实的发育，其对果实商品性和耐贮性的影响不可忽视。

温度是影响果实发育、成分组成、品质和耐贮性的主要因素之一，尤其是采前温度和采收季节会对果实品质和耐贮性产生明显影响。如苹果、桃等果实在采前6～8周若晴天多、昼夜温差大，则果实着色好、糖度高、品质好，耐贮藏。梨在采前4～5周生长在相对凉爽的气候条件下，可以减少贮藏期间的果肉褐变与黑心。

施肥是保证果实正常生长的关键农艺措施，注意增施有机肥，合理施用化肥，才能获得优良的品质。如果氮肥施用过量，则会延迟成熟，导致缺钙，引发一些生理病害，如苹果苦痘病、虎皮病，桃子缝合线凹陷病变等。土壤缺磷时，果实颜色不鲜艳，果肉带绿色，含糖量降低，贮藏中容易发生果肉褐变和烂心，增施磷肥，有提高果实含糖量、促进着色的效果。钾和镁影响果实对钙的吸收利用，钾、镁含量高的苹果易发生苦痘病。钙在果实品质和耐贮性方面具有重要的作用，高钙可以抵消氮高的不良影响，能够抑制果实的呼吸作用，延迟果实衰老，抑制乙烯合成，保持细胞完整性，提高抗逆能力，抑制果实采后一些生理病害的发生，如苹果在花后6～8周喷施氯化钙或其他钙制剂肥料，或采后浸钙，可以有效减轻由于缺钙引起的生理病害。

灌溉影响果实大小、产量和品质。如桃在采前几周缺水，果实就难以膨大，果肉硬度大，但果实小，产量下降。但如果灌水太多，也会延长果实的生长期，延迟成熟，果实着色差、糖度低、腐烂重、不耐贮藏。

光照的时间、强度、光质影响果实的贮藏寿命。光照不足会使果实含糖量低、着色差、产量下降、贮藏中易衰老和发生生理病害，缩短贮藏期。如树冠内膛的苹果光照不足易发生虎皮病，贮藏中衰老快，果肉易粉质化。光照过强易发生日灼病，日灼病的果实不耐贮藏。

此外，病虫害的防治、砧木的种类、修剪、疏花疏果、果实结果部位、树龄树势、果实大小、套袋及生长调节剂的使用等，都会影响到果实品质和耐贮性。

三、影响果品采后品质的两大因素

(一) 果实的呼吸作用

呼吸作用是果实采后的基本生理代谢活动，是影响果实耐贮性的最重要的因素。果实的呼吸作用是在酶的参与下，利用空气中的氧气，将果实内复杂的有机物如淀粉、糖等逐步降解为二氧化碳和水等，同时释放出能量（热量）的生命活动过程。果实采后，如果呼吸过于旺盛，会导致衰老加快，贮藏期缩短。因此，采后应尽量降低果实的呼吸作用，以延长其贮藏寿命。果实呼吸作用的强弱通常用呼吸强度来表示，即1 kg果实在1 h内放出二氧化碳的毫克数或毫升数［单位：mg/(kg·h)］，也可以用单位重量、单位时间内吸收的氧气的重量或体积数来表示。

根据果实成熟时呼吸强度的变化不同，可分为呼吸跃变型和非呼吸跃变型两种类型。呼吸跃变型又称为呼吸高峰型，其特征是果实采后其呼吸强度先略有下降，而后迅速上升，并出现高峰，随后很快下降。这类果实一般伴随呼吸高峰的出现，果实风味和口感达到最佳，高峰过后，鲜食品质下降迅速。这类果实一般乙烯生成量较大，在呼吸跃变之前，伴随有乙烯高峰的出现。不同种类和品种的果实呼吸跃变出现的时间和强度差异较大。用于贮藏，尤其是中长期贮藏，通常需要在呼吸跃变之前采收。一般来说呼吸跃变型果实，尤其是跃变强度较大的果实，如苹果、猕猴桃、西洋梨等，在常温下耐贮性相对较差，采用冷藏或气调贮藏效果较好。非呼吸跃变型果实又称非呼吸高峰型果实。果实在采后成熟衰老过程中，呼吸强度呈持续缓慢下降，并无峰值出现。非呼吸跃变型果实一般乙烯生成量较低。用于贮藏或鲜食的此类果实，通常以在充分成熟（但不过熟）时采收为好。

苹果、梨、猕猴桃、香蕉、桃、李、杏、杧果、鳄梨、番木瓜、柿、无花果、甜瓜等属于呼吸跃变型果实；柑橘、葡萄、鲜枣、草莓、石榴、樱桃、菠萝、柠檬、荔枝、枇杷等属于非呼吸跃变型果实。

果实的呼吸作用还可分为有氧呼吸和无氧呼吸。有氧呼吸是在有氧条件下进行的呼吸，是果品的主要呼吸方式。无氧呼吸就是在无氧或氧气不足的条件下发生的呼吸作用，此时一般生成乙醛、乙醇等。乙醛、乙醇的大量积累，会对果实产生毒害作用，使果实品质劣变，产生异味。因此在贮藏过程中，要尽量避免造成果实无氧呼吸。一般贮藏情况下，果实不会发生无氧呼吸，但在气调贮藏、自发气调贮藏或塑料薄膜包装中，若氧气含量过低，果实就会产生无氧呼吸，发生低氧伤害。

影响果实呼吸作用的因素有很多。不同种类和品种的果实，呼吸强度差异很大。一般仁果类（如苹果、梨等）的呼吸强度较低，而核果类（如桃、李、杏等）的呼吸强度较高，南方生长的果实比北方生长的果实呼吸强度高，早熟品种比晚熟品种呼吸强度高。

果实的不同发育阶段其呼吸强度不同。一般发育初期果实生理活动旺盛，呼吸强度高，随着果实的生长发育，呼吸强度逐渐下降。果实从成熟、完熟到衰老，呼吸跃变型果实呼吸强度呈现下降、上升、再下降的变化，非呼吸跃变型果实呼吸强度一直呈逐渐下降的趋势。

温度是影响采后果实呼吸作用最大的环境因素。在一定范围内，温度越低，果实的呼吸强度越小，呼吸高峰值越低，出现呼吸高峰的时间越晚。但温度过低也会影响果实组织的正常生理代谢，发生低温伤害。高于冰点产生的伤害称为冷害，低于冰点产生的伤害称为冻害。原产热带、亚热带的果实，不宜在过低的温度下贮藏。同样，高温下果实呼吸强度增高，但温度过高也会对果实造成生理伤害，初期呼吸强度上升，随后迅速下降。温度对呼吸作用的影响可以用温度系数（Q_{10}）来表示，即温度每上升 10 ℃呼吸强度增加的倍数。Q_{10}数值越大，说明降温对于抑制果实呼吸、延长贮藏寿命效果越显著。水果的Q_{10}值一般为 2～3。但不同温度范围，Q_{10}值差异较大，通常在 0～10 ℃范围内差异最大，说明越接近 0 ℃，温度对呼吸强度的影响越大。所以，在不发生冷害和冻害的前提下，应尽可能降低贮藏和运输温度，以最大限度地抑制果实呼吸作用，延长贮藏寿命（表 11 - 1）。

表 11 - 1　不同温度下果实的呼吸强度

单位：mg（CO_2）/（kg·h）

种类	0 ℃	5 ℃	10 ℃	15 ℃	20 ℃
苹果（晚熟）	3	6	9	15	20
苹果（早熟）	5	8	17	25	31
杏	6	—	16	—	40
亚洲梨	5	—			25
蓝莓	6	11	29	48	70
甜樱桃	8	22	28	46	65
黑穗醋栗	16	28	42	96	142

（续）

种类	0℃	5℃	10℃	15℃	20℃
无花果	6	13	21	—	50
鲜食葡萄	3	7	13	—	27
猕猴桃（后熟）	3	6	12	—	19
油桃（后熟）	5	—	20	—	87
桃（后熟）	5	—	20	—	87
柿	6	—	—	—	22
李（后熟）	3	—	10	—	20
石榴	—	6	12	—	24
草莓	16	—	75	—	150

注：摘自 USDA，ARS 2004 年出版的 *Agriculture Handbook Num* 66（HB - 66）。

（二）果实的蒸腾作用

多数水果的果实含水量很高，一般占到 80%～90%。水分对果实的口感和新鲜程度有很大的影响。果实采收后水分蒸发仍然继续，随着贮藏期的延长，失水达到一定程度，果实就会表现出萎蔫、失重和新鲜度下降。此外，失水严重时还会使果实生理代谢活动增强，缩短贮藏期。反过来，果实生理代谢活动强，呼吸作用旺盛，会加速果实的蒸腾失水。

果品的种类和成熟度影响果实的蒸腾作用。一般比表面积大的果实、成熟度低的果实，水分的蒸腾损失较多；果皮厚、表皮结构致密、蜡质层厚的果实水分蒸腾损失小；未成熟的果实，表皮发育不完全，水分蒸腾损失大。

温度影响果实的水分蒸腾速度。环境温度高，水分蒸腾速度快。环境温度低，水分蒸腾损失小。但如果环境温度快速下降或温度波动较大，空气湿度达到过饱和，水蒸气就会在果实表面结露，有利于病菌繁殖，容易造成果实腐烂。所以，在贮运过程中，应尽量保持环境低温，减少温度波动。

空气湿度是影响果实蒸腾失水的重要因素。空气湿度一般用相对湿度来表示：相对湿度＝绝对湿度/饱和湿度×100%。贮藏环境中的相对湿度越大，果实水分的蒸腾损失越小。多数水果贮藏的适宜相对湿度一般为 85%～95%。

风速也是影响果实水分蒸腾的重要因素。在贮藏环境中，风速越大，果实蒸腾失水越严重。目前果品贮藏冷库一般采用吊顶风机作为蒸发器，为保证库内温度均匀并减少蒸腾损失，在保持库内适宜湿度的同时，要合理控制库内空气流速。苹果贮藏库货间风速一般控制在 0.25～0.5 m/s。气压也影响蒸腾。随着气压下降，水的沸点降低，蒸腾作用加剧。在真空预冷时，要考虑蒸腾损失对果实的影响。

四、影响果实贮藏的主要环境因素

影响水果贮藏的主要环境因素包括温度、湿度和气体成分（氧气、二氧化碳和乙烯）。

（一）温度

温度是影响果实贮藏品质和贮藏期的最重要的环境因素。在一定温度范围内，随着温度降低，果实的各种生理代谢强度降低，贮藏期延长，各种微生物生长繁殖减缓或受到抑制，腐烂损失减轻，因此，低温是水果贮运中保持品质和延长贮藏期的最主要的技术措施。

在不发生冷害和果实内结冰冻害的前提下，贮藏温度越低，果实的贮藏品质越好、贮藏期越长。许多对冷害不敏感的果品种类或品种，近冰点贮藏是一个较好的选择。果实的冰点与果实种类和含糖量有关，一般北方果品的冰点在$-1 \sim -2$℃。贮藏中还要注意保持贮藏温度的稳定，冷库温度波动一般不要超过± 1℃，波动过大会刺激果实的呼吸强度增大，加速果实蒸腾失水，引起果实表面结露，有利于霉菌生长和果实腐烂的发生。

（二）湿度

湿度主要影响果实失重和病害的发生。贮藏环境中湿度过低，果实会失水皱缩，湿度过大，在温度高时，容易导致果实腐烂。对于多数水果，贮藏温度较低时，较适合的空气相对湿度一般为90%～95%，贮藏温度较高时，为了降低腐烂损失，相对湿度保持在80%～90%比较合适。实际生产中常采用薄膜袋包装来保持果实有一个较高的环境湿度。

（三）氧气和二氧化碳

在控制温度的前提下，降低贮藏环境中的氧气浓度，或者提高二氧化碳的浓度，会有效地抑制果实的呼吸作用，延缓果实的成熟和衰老，同时，对于病原微生物也有一定的抑制效果，其贮藏保鲜效果要优于单纯控制温度和湿度。但要注意，对于每一种水果种类或其品种，都有其适宜的贮藏气体浓度范围，氧气浓度过低或二氧化碳浓度过高，都会对果实产生伤害。

（四）乙烯

乙烯是一种促进果实成熟和衰老的植物激素类物质。乙烯会增强果实的呼吸作用，促进果实的成熟和衰老，其与果实的色香味的形成有密切关系。控制果实乙烯生成，对于水果贮藏尤其是呼吸跃变型水果的贮藏尤为重要。一般来说，呼吸跃变型果实乙烯生成量较大，非呼吸跃变型果实乙烯生成量较小，但微量乙烯的存在都会促使这些果实的成熟，在贮藏时要尽量避免环境中产生过多的乙烯。生产中常采用冷库定期通风换气、吸附或分解库内乙烯以及使用乙烯抑制剂如1-MCP（1-甲基环丙烯）处理，来控制乙烯的作用。

第一节　果实采收

一、采收时期的确定

采收时期的确定主要是根据果实成熟度或市场要求。判断果实成熟度的方法和指标有很多，不同树种、不同地区往往采用不同的方法和指标。测定果实的乙烯释放量和呼吸强度的变化，是确定果实成熟度的最准确的方法，但使用起来比较麻烦。一般是使用简单直观易于测定和判定的指标，结合几种指标进行综合判定。果实适期采收，就是根据果实本身的特点、成熟状态、运输距离、商品需求、贮藏时间、贮运条件及采收能力等，选择确定合适的成熟度进行采收。采收过早，果实大小、产量会受影响，色泽、风味和口感品质较差，耐贮性也较差。采收过晚，成熟度高，虽然口感品质提高，但果实硬度下降，成熟衰老已经或即将发生，易出现生理病害，如苹果过晚采收，易发生虎皮病、水心病等，特别是当果实在树上通过呼吸跃变期后采收，果实的耐贮性会显著下降。

确定果实成熟度和采收期的方法有许多，生产中常用的方法有以下几种。

（一）果实生长发育期

每个品种的果实，从开花生长到成熟采收的发育天数，在同一地区、相同栽培条件下，基本是一致的，有些年份由于气候差异会有延迟或推后，但一般情况下，差别不会太大。因此，对于特定品种的果实，可以根据多年的经验，按照从落花到成熟的天数，确定成熟度和采收日期。目前多数果树树种的成熟度和采收日期是采用此种方法，再结合考虑其他指标来确定的。如山东元帅系列的苹果的生长期为145 d左右，国光苹果的生长期为160 d左右（表11-2）。

表 11 - 2　苹果各品种采收期

品种	胶东地区	辽南辽西地区
辽伏	6 月中旬	7 月上旬
藤木 1 号	7 月中上旬	7 月中旬
美国 8 号	8 月上旬	8 月中旬
津轻	8 月中上旬	8 月下旬
嘎拉	8 月中旬	8 月下旬
金冠、元帅	9 月中旬	9 月下旬
乔纳金	9 月底	9 月底
红将军	9 月底	10 月初
王林	9 月底至 10 月初	10 月上旬
华冠	9 月底	10 月初
寒富	10 月初	10 月上旬
华红	10 月初	10 月下旬
富士、国光	10 月中旬	10 月下旬

注：数据引自《渤海湾地区苹果生产技术规程》（NY/T 1083—2006）所给出的苹果各品种采收期。

（二）果实外观色泽、形态等

许多果实在成熟时，果皮都显示出其特有的颜色，果实的大小、形状和充实饱满程度都具有相对固定的特点，因此，果皮颜色和形态可作为判断果实成熟度的重要指标之一。一般果实生长中，首先在果皮上合成叶绿素，随着成熟度的提高，叶绿素逐渐分解减少消退，花青素合成增加，显现出其特有的颜色。如苹果、梨等底色开始褪绿转黄，果面出现光泽；葡萄（深色品种）由绿转微红、半红、全红、紫红、紫黑等，果面蜡质形成增厚；樱桃由绿色转黄、浅红、全红、深红、紫红等，樱桃的颜色与其果实中的含糖量呈正相关。套袋果实中果实的叶绿素和花青素形成极少，当生长后期解袋后，花青素迅速形成，呈现出品种应有的外观色泽。

（三）果实硬度

当果实成熟时，由于原果胶的分解转化，果实细胞间层溶解，果实变软。果实未成熟时果肉硬度较大，接近成熟时硬度下降，果肉变软。因此，可根据果实的硬度变化，判断果实的成熟度。硬度的测量可以用手指触压来粗略地主观判断，也可用果实硬度计测定。例如，用作长期贮藏，富士苹果和元帅系苹果采收时硬度一般应在 7 kg/cm^2 以上。

（四）可溶性固形物含量

果实成熟时，果实中的可溶性固形物含量上升。可溶性固形物包括了果实中的可溶性的糖、酸、单宁、果胶等物质，一般用折光仪来测定。富士苹果采收时一般要求其可溶性固形物含量在 14% 以上，元帅系苹果要求在 11% 以上（表 11 - 3）。

表 11 - 3　苹果主要品种的采收成熟度硬度和可溶性固形物含量指标

品种	果实硬度（kg/cm^2）	可溶性固形物含量（%）
富士系	≥7.0	≥13
嘎拉系	≥6.5	≥12

（续）

品种	果实硬度（kg/cm²）	可溶性固形物含量（%）
藤牧 1 号	≥5.5	≥11
元帅系	≥6.8	≥11.5
华夏	≥6.0	≥11.5
粉红佳人	≥7.5	≥13
澳洲青苹	≥7.0	≥12
乔纳金	≥6.5	≥13
秦冠	≥7.0	≥13
国光	≥7.0	≥13
华冠	≥6.5	≥13
红将军	≥6.5	≥13
珊夏	≥6.0	≥12
金冠系	≥7.0	≥13
王林	≥6.5	≥13

注：数据引自 GB/T 8559—2008 苹果冷藏技术标准。

（五）淀粉含量

一些果实，如苹果，随着果实的成熟，果肉中淀粉水解为糖，淀粉含量下降。因此，测定淀粉含量可用于判定果实的成熟度。一般采用 0.5%～1% 的碘—碘化钾溶液处理果实横截面，根据截面呈现蓝色的面积大小和深浅程度，与标准图谱颜色对比，判断确定成熟度和适宜的采收期。

（六）果梗脱离的难易程度和种子颜色的变化

有些水果的果实在成熟时，果柄与果枝之间产生离层，容易采摘下来。种子变褐，通常是判断梨成熟的标准。

二、采收方法

果实的采收可分为人工采收和机械采收两种。人工采收可以是一次性采收，也可分批采收。机械采收一般都是一次性采收。

（一）人工采收

作为鲜销和用于长期贮藏的水果最好采用人工采收。人工采收可以根据果实的成熟度分次采收，机械损伤较少，可以保证采收果实的质量。具体采收的方法根据果实的种类有所不同。苹果和梨成熟时，其果柄和结果枝间产生离层，采收时以手掌将果实向上一托，果实即可自然脱落。果实采后装入随身携带的特制帆布采果袋中，装满后打开袋子的底扣，轻轻将果实漏入大木箱中。桃、杏、李果实成熟后果肉特别柔软，容易造成刮痕和机械伤，采收时小心用手掌托住果实，左右摇动使其脱落。葡萄的果穗与枝条不易脱落，需要用采果剪采收。

采收时要避免果实机械伤害，采收人员要剪指甲，并进行采收前的技术培训，掌握果实采收要求的成熟度标准和采收技术。采收前要准备好采收工具，如采收袋、篮、筐、篓、箱、梯架等。包装容器要实用、结实，容器内要加上柔软的衬垫物，以减少和避免产生机械伤。采收时间应选择晴天的早晚，温度比较凉爽时进行采收，避免雨天和正午高温时采收。采收时应采取先下后上、先外后内的顺序。采收后集中到大箱中，大箱应放置在田间遮阴棚或遮阴处，或用反光覆盖材料进行覆盖，以减少光照导致的果实温度上升。采收前要做好计划和准备工作，避免采收时忙乱、果品积压、野蛮装卸和运输。

（二）机械采收

机械采收适合于大部分干果如核桃、扁桃等，及加工用水果如酸樱桃、欧洲李、葡萄干等。机械采收效率高。一般使用强风或强力机械振动，使形成离层的成熟果实脱离树体。树下使用帆布篷和传送带接住脱落的果实（水果），或使用风力将掉落地下的果实（干果）集中到行间，再使用机械将其吸入车内，运送到加工厂进行加工处理。有些果实机械采收前还要喷洒乙烯利等促进离层发生的果实脱落剂。机械采收在一些发达国家比较普遍，在我国还比较少见。

三、采后预冷和分级

果实采收后，一般要求尽快送到包装厂进行预冷、分级、包装和贮藏。

（一）预冷

水果采收时，一般正值高温季节，果实温度较高，呼吸旺盛，如不及时迅速降温，将会加速果实成熟、衰老，缩短贮藏寿命，降低果实品质，严重时造成果实腐烂损失。预冷是将采收后的果实温度，尽快地冷却到贮藏温度的操作过程。预冷是果实冷链流通的第一个环节。

果实预冷可以抑制果实的呼吸作用，降低其蒸腾失水，减缓果实后熟、衰老和失水带来的外观和内在品质的下降。果实采后及时预冷，将果实温度在短时间内降至适宜的温度，可有效降低果实的呼吸强度，减少有机物质的消耗，保持果实硬度，延长贮藏期。低温可以降低有害病菌体内各种酶系统的活性，从而抑制病菌生长，减少果实病害腐烂的发生。预冷降温还可以提高果实的硬度，减少分级操作中产生的机械伤害。及时预冷是果实采后保鲜的重要环节，预冷及时与否关系到水果能否保证鲜度和品质。

果实采收后要尽快进行预冷处理，樱桃、蓝莓、草莓等一般要求采后 2～4 h 进行预冷处理，苹果、梨等要求不超过 24 h。采后预冷必须及时进行，否则果实贮藏保鲜效果会受到很大影响。比如苹果在 20 ℃温度下放置 1 d，相当于在 1 ℃温度下放置 10 d。苹果采后晚入库预冷 1 天，将会缩短其贮藏寿命 10～30 d。

预冷的方法主要有风冷、水冷和真空预冷，这其中又可有冰冷、真空结合水预冷等方式。预冷方法的选择要根据果品的适宜特性，预冷温度的选择要根据果实的温度、冷害敏感性和预期贮藏寿命而定。

风冷又可分为库内自然降温预冷和强制通风预冷（或称差压预冷）。库内自然降温预冷是将采收后的果实放入贮藏用的冷藏库或加大制冷能力的预冷库中，依靠库温和果温的温差和库内气流将果温降下来，这种方法果实降温较慢，预冷时间较长，一般超过 24 h。但自然降温预冷可将预冷与贮藏结合起来，减少设施投资，使用时要注意根据库的制冷能力，控制每天入库的果实数量。强制通风预冷是在预冷库中建造预冷设施，或使用移动式预冷风机，形成压力差，强制冷风通过待预冷的果实。这种方法预冷时间较短，根据果实大小不同，一般需要 4～24 h。强制风冷会使果实失去一定的水分。几乎所有果实种类都可使用风冷方式进行预冷。

水冷是将果实放入冷水中进行降温的方法。根据设备类型，水冷又可分为冰冷、喷淋式水冷和浸入式水冷。冰冷是使用制冰机制成碎冰或用袋装冰，加入果实包装箱中，利用冰的低温和融化时的吸热，带走果实的热量。为防止病菌传播导致果实腐烂，预冷用水要进行杀菌消毒，可使用次氯酸钠、二氧化氯等含氯的水消毒剂，使用时注意使用浓度，浓度过高时会对果实表皮产生伤害，在使用中要定期测定预冷水中的余氯浓度，浓度低时及时补充。水冷预冷时间较短，一般需要 20～60 min。樱桃、桃子等可使用水冷方法进行预冷。

真空预冷是在减压条件下使果实表面水分蒸发，通过蒸发潜热带走果实热量，达到果实降温的预冷目的。真空预冷适于比表面积较大的果蔬，如叶菜类和食用菌，在果品中小型果如樱桃等可使用真空预冷。真空预冷速度最快，一般预冷时间为10～20 min。真空预冷果实失水较多，现在也有在真空预冷设备中将喷淋水结合进去，解决了这一问题。

（二）分级

分级是果品商品化的基本要求。果实分级有利于包装运输和展示销售，有利于提高效益。果实分级一般根据果实的大小、重量、形状、外观、颜色、病虫害、机械伤、成熟度及内在品质（如糖度、酸度、硬度）等。分级的方法有人工分级和机械分级。机械分级有根据重量或直径大小的分级设备，有采用光电和照相等原理根据颜色和形状的分级设备，有采用近红外等根据果实糖度、酸度、硬度等的分级设备。机械分级速度快、效率高。分级设备一般与清洗、打蜡、包装等设备组成分级包装线。

每个国家都制定有自己的果实分级标准，还有一些国际组织也制定有国际或地区性的果实分级标准，在进行果实分级时，要根据市场要求按照相应的标准进行果实分级。我国的果实分级标准分为国家标准、农业行业标准、商业行业标准及地方标准等。

第二节　果实包装与运输

一、果实包装的作用

包装是商品的一部分，是销售贸易的辅助手段，是实现果实标准化、商品化的重要环节，其作用首先是保证果实在运输和贮藏过程中的安全，减少伤害和损失；其次是便于运输、贮藏和销售，提高果实的标准化和商品化程度。合理包装可以使果实在流通中保持良好的稳定性，提高商品率和卫生质量，可以使果实商品化和标准化，有利于合理堆码，充分利用贮藏工作空间。

对果实包装的要求有以下几个方面：一是包装要求轻便、坚固、耐用，具有一定的机械强度，可承受一定的压力，在装卸、运输、贮藏堆放和销售过程中，能保护包装内的果实避免机械伤害；二是包装内部与果实接触的地方要求平整光滑，不会对果实造成擦伤或其他机械伤害；三是包装要求安全，包装材料中不含有毒有害物质，并且可以资源回收利用，价格低廉；四是包装设计要求方便使用、节约空间、大小适当、规格统一、外形美观。

二、包装的类型

果实的包装可分为贮运包装和销售包装，外包装和内包装，产地包装和消费地包装等多种形式。

贮运包装和产地包装一般规格较大，以方便搬运和保护功能为主，如苹果贮藏用的大木箱，每箱可装300 kg，多用于冷库贮藏，近年也有直接使用大箱运输，到销地城市再进行分级包装。由于木箱需要耗用木材及其本身易传播病虫，现在很多国家都采用大的强化塑料箱来代替木箱。许多水果采用托盘化包装，将小包装箱摆放在托盘上进行打包，叉车搬运，用于贮藏和运输，以减少机械伤和提高效率。销售包装可在产地进行，也可在消费地进行，一般规格较小，比较注重外观设计，以便于销售和消费者购买为目的。

外包装一般有木箱、瓦楞纸箱、泡沫保温箱、塑料周转箱等，木箱和塑料周转箱一般用于贮藏和运输，瓦楞纸箱和泡沫保温箱多用于销售包装。内包装是与果实直接接触的包装，一般有塑料薄膜袋包装、单果包装、塑料小盒或托盘包装。塑料薄膜袋包装，一方面可减少果实的水分损失；另一方面，塑料薄膜袋包装可以限制气体运动，可以利用果实的呼吸作用，减少包装内的氧气含量，增加包装内的二氧化碳含量，起到气调保鲜的作用。目前使用较多的是聚乙烯薄膜袋和无毒聚氯乙烯薄膜袋，实际选用时，要根据果实的种类和贮运环境条件，选择大小、厚薄及透气性合适的薄膜袋。单果包装是使用纸、塑料薄膜、泡沫网套等包装单个果实，然后放入包装容器如纸箱等中。单果包装比较费人工和材料，但可减轻碰撞和挤压造成的机械伤害，减少病菌腐烂的传染和蔓延，还可起到一定的保湿作用和气调作用。果实较小且较易腐烂的果实，如草莓、蓝莓、樱桃等，可采用小塑料盒包装；苹果、梨、桃等销售包装可采用托盘包装。

果实的包装中常常使用支撑物或衬垫物，以减少产品的震动和碰撞，易失水的果实常在包装容器中加塑料衬。果实常用支撑物或衬垫物有纸、塑料托盘、瓦楞插板、泡沫塑料、塑料薄膜袋、塑料薄膜等，以起到缓冲挤压、分离产品、减少碰撞、控制失水等作用。

三、运输和销售

果实的运输可分为铁路运输、公路运输、水路运输及航空运输等，相应的运输工具有火车、汽车、轮船、飞机等。选择运输工具要根据果实的贮运特性、运输时间、运输条件、运输成本及市场要求而定。

铁路运输具有运量大、成本低、速度快等优点，适合于大宗货物的长距离运输。其运输成本略高于水运，但大大低于公路及航空运输。但铁路运输只能限于在有货运线路的地点之间，也不能像汽车运输那样实现门到门的运输。铁路运输主要有普通棚车（俗称车皮）、机械保温车（机保车）和加冰保温车（冰保车）3 种车厢类型。

公路运输是最重要和最常使用的运输方式。有普通车和冷藏车两种方式。汽车运输投资少、机动灵活、送达速度快，可以做到门到门的运输。

水路运输的优点是载运量大、成本低、耗能少，但水运要依赖航道，速度较慢，时间较长。水运主要适于大运量、长距离货物运输，大宗水果的国际贸易运输主要依靠远洋货轮。

航空运输的特点是速度快，但其运费昂贵，运量小，耗能高，一般适用于高价值、易腐烂水果的运输。

近年来，国际上集装箱运输已发展为一个主要运输形式。集装箱运输是将一批批小包装货物集中装在大型箱中，形成一个整体，便于装卸和运输。冷藏集装箱是在集装箱的基础上增加了制冷装置和箱体隔热，可以确保集装箱内果实保持所需要的贮运温度。集装箱运输可利用火车、汽车、轮船等多种运输方式，使用机械化装卸设备，进行长距离运输。

为了保持果实的品质，果实的运输也要求有良好的环境条件，需要控制的因素有温度、湿度、气体成分、堆码与装卸等。

温度是最重要的环境因素，果实运输过程中保持低温环境十分重要。低温运输对保持果实新鲜程度、品质和降低腐烂损失极为重要。一般要求运输温度与贮藏温度相同，或略高于贮藏温度，因为运输条件下不易达到贮藏冷库的温度条件。尽可能实现冷链流通，在达不到冷链流通的条件时，要尽量缩短高温路途时间，或采用通风降温、棉被保温或加冰保温的方式。

对一些贮藏期短的果实，在其贮运中也可采取气调或自发气调（保鲜袋）的方式，这种方式成本较高，特别是对于二氧化碳敏感的果实，要特别注意运输温度的控制和二氧化碳浓度的控制，避免二氧化碳伤害。

运输中要注意减少振动，降低机械损伤。注意合理堆码，货物间留出通风间隙，保持货物内部良好的通风环境和车厢内部温度的均衡，避免温度过高或过低。装卸时要避免野蛮装卸，减少因装卸造成的伤害和损失。

果实运达销地后，要及时入库冷藏，很多时候在销售前还要进行一次分选和包装。对于有些需要后熟的果实，催熟处理一般设置在销售地进行，如香蕉、西洋梨、桃、猕猴桃等。催熟时需要在专门设施中控制好温度、湿度、乙烯浓度等。果实在市场销售时，要避免高温、阳光直射，必要时还要洒水增湿。

第三节　果品贮藏

一、果品贮藏保鲜原理和方法

果品贮藏保鲜的原理是在果实不受到伤害的前提下，尽可能地降低果实的呼吸速率和蒸腾失水。因此目前生产上规模使用的果实保鲜方法，主要有冷藏法、气调法和保鲜剂法。冷藏法是最有效、最重要、最基础的保鲜方法，后两种都是在冷藏的基础上，增加了抑制呼吸的措施。

机械冷藏是国际上通用的果品贮藏方式。目前，机械冷藏库也已成为我国果品贮藏的主要方式和设施。冷藏库有微型冷库（几吨至几十吨）、中型冷库（几百吨）和大型冷库（千吨以上）。

气调贮藏是在冷藏的基础上，利用气调库气调设备或气调包装材料，对果实环境中的氧气、二氧化碳和氮气浓度进行调节，通过调低氧气浓度，调高二氧化碳浓度，来抑制果实的呼吸作用，从而达到果实保鲜的目的。气调贮藏可以大大延长果实的贮藏期（一般可延长贮藏期30％以上），提高果实的贮藏质量。发达国家果品贮藏使用气调库已占到很高比例。我国苹果贮藏中气调库的比例也已达到10％以上。苹果采用气调贮藏，可以使一些耐贮苹果品种达到周年供应。

保鲜剂保鲜法是在冷藏的基础上，使用保鲜剂处理果实。保鲜剂通过抑制果实呼吸、抑制果实生理性病害以及抑制微生物的生长和繁殖，达到延长果实保鲜期，降低腐烂损失，提高贮藏质量的目的。目前应用范围广，使用规模大的果品保鲜剂是1-甲基环丙烯（1-MCP），它是乙烯的竞争性抑制剂，可与乙烯的作用底物结合，从而抑制乙烯产生引发果实成熟的作用，达到抑制果实成熟，抑制呼吸，延长果品贮藏期的目的。作用于苹果、梨、柿、猕猴桃等果品上，效果非常明显。

二、果品的贮藏保鲜示例

（一）红富士苹果的贮藏保鲜

1. 包装物料及贮藏设备准备

（1）准备贮藏用大箱。贮藏苹果时所用的上开口框架箱，铁质或木质，箱体长、宽、高一般为 1.1 m×1 m×0.66 m，四壁及底面有隔栅，四底角加腿，腿高 0.09 m，整箱总高 0.75 m。大箱贮藏苹果前，用表面光滑、内具 0.3 cm 宽的中空隔断、总厚度 0.3～0.4 cm 的硬质聚乙烯板，紧贴大箱内壁四周及底部放置，围成的箱体结构。

（2）单果包装可选用泡沫网套。大包装选用铁质大箱，内置围框。装果之前，围框内置长宽与箱体相同、高 1.5 m 左右、厚（0.03±0.005）cm 的塑料薄膜袋，袋体上少量打孔。

果实入库前，对库体、制冷设备、气体调节设备、监测设备、管道等进行检修。果实入库前一个月左右，将包装物料、工具等入库，封闭库门，每立方米空间用硫黄 10～20 g 熏蒸或用 26％过氧乙酸 5～10 mL 喷洒消毒，24 h 后打开库门和风机，通风换气 48 h 以上。果实入库前 3 d，库内密闭降温，至−3 ℃左右。

2. 原料准备　根据果实发育期和市场需求，在适宜采收期，采摘或收购原料。原料苹果应完好、洁净、无害虫、虫伤、病疤，无异味，充分发育，达到市场和运输贮藏所要求的成熟度。按照果实大小分级：果实直径≥80 mm，果实直径≥70 mm，果实直径＜70 mm。也可增加类别，如特大型：果实直径≥90 mm。

商品质量要求高的果实可先单果套泡沫网套，一般果实可裸果，轻拿轻放至大箱内的塑料薄膜袋内，最大装箱深度 60 cm，入库前将薄膜袋口封好。

3. 入库　每天入库量控制在库容的 15％～20％。原料争取在采后 24 h 内入库。根据库房和箱体大小合理安排货垛，确定堆码高度。

按品种分库、分垛、分等级堆码，为便于货垛空气环流散热降温，有效空间的贮藏密度不应超过

$250\ kg/m^3$，箱装用托盘堆码允许增加 $10\%\sim20\%$ 的贮量。货垛排列方式、走向及间隙应与库内空气环流方向一致。为便于检查、盘点和管理，垛位不宜过大，入满库后应及时填写货位标签和平面货位图。

货位堆码要求：距墙 $0.2\sim0.3\ m$；距顶 $0.5\sim0.6\ m$；距冷风机不少于 $1.5\ m$；垛间距离 $0.3\sim0.5\ m$；库内通道宽 $1.2\sim1.8\ m$；垛底垫木（石）高度 $0.1\sim0.2\ m$。

自入库开始，将温度控制仪的温度控制范围设置在 $-2\sim0\ ℃$。入满库后，$2\ d$ 内将库温降至 $-1\ ℃$，波动幅度 $\leqslant\pm1\ ℃$。库内温度稳定后，封闭库门，用 1×10^{-6} 的 $1-MCP$ 熏蒸处理 $24\ h$。

4. 贮藏期管理

（1）恒温库。库内温度控制在 $-1\ ℃$，波动幅度 $\leqslant\pm1\ ℃$；湿度控制在 $90\%\sim95\%$。监测温度和湿度。温度计和湿度计在使用前先进行校正，温度计误差 $<0.2\ ℃$，湿度计误差 $<5\%$。监测点根据库容确定，一般 $500\ t$ 的库容，每库设 $6\sim9$ 个，位置要有代表性，且保证监测仪器不受强气流、震动和冲击等影响。每隔 $2\ h$ 记录一次监测数据。每周抽检一次果品质量。根据监测情况，适时采取措施调控温湿度，通风换气。

（2）气调库。库内温度控制在 $-1\ ℃$，波动幅度 $\leqslant\pm1\ ℃$；湿度控制在 95% 以上。气体成分指标：$2.0\%<$ 氧气 $<4.0\%$，$0.5\%<$ 二氧化碳 $<1.0\%$，乙烯 $<10\ \mu L/L$。监测记录温度、湿度和气体成分。将制冷、气体调节设备控制仪的控制范围按指标要求设置，根据监测情况适时调控。每 $7\ d$ 开 $1\ h$ 臭氧去除乙烯。

5. 出库 出库时，检测果品硬度和可溶性固形物。做好出库记录。根据客户要求，大箱出库直接冷链运输，或分装后运输；未分级的分装前先行分级。如内外温差大于 $15\ ℃$，应在库内进行分装。分装时注意剔除病害果、腐烂果。恒温库中果品可分批出库，气调库中果品宜一次出完。气调库出库前，打开库门和风机，库内氧气含量超过 18% 时，工作人员方可入库。

（二）杏的贮藏保鲜

1. 确定成熟度 最佳采收时间要考虑诸多因素，对于口感品质来说，尽量晚采可使品质提高，果个增大、风味增强、可溶性固形物提高、口感酸度降低。但果实硬度下降，果肉变软，腐烂会增加，从而对贮藏和运输不利，而且晚采会增加由于天气变化等造成的自然损失的风险。市场销售对色泽、口感、运输、贮藏的要求决定了采收的时间。过早采收，果实未成熟，糖度低，酸度大，口感差。过晚采收则果肉软，无法运输销售，货架期短，果实极易受伤、腐烂。

果实性状的变化速度与品种有关。一般来说，果实颜色是决定成熟度的较好的外观指标。果实的其他指标如可溶性固形物、硬度、果个大小等，会依产量负载、季节气候变化而每年有所不同，但在一年当中，这些指标与颜色都有较好的对应关系。

因此，采收要在最佳成熟度时进行，以使质量最好、货架期最长。要综合考虑成熟指标，来决定采收时间。采收时如果不是一次性全部采收，要明确采收成熟度的要求，按成熟度分批分期采收。

2. 采收时间 采收一般要安排在一天当中气温较低的早上进行。由于多数采收要根据果实颜色来判断成熟度，所以采收要在天放亮以后开始。如果采收量大，要尽可能早的在凉爽的清晨开始采收工作。要避免采收湿果。

果实在高温下更容易出现碰压伤和机械伤害，因此，尽可能在气温较低的时候采收，而且这样也会减少果实的田间热，这要比高温时采收，再降温除去田间热要有效得多。树上果实的温度一般与环境气温相同，当气温上升时，果温上升只落后几分钟，如果果实受到日光照射，温度上升要快于气温。

因此，要在一天当中凉爽的时候进行采收工作，早上采收要等天亮能够确定果实颜色和成熟度时，要尽可能在凉爽的上午完成采收。

3. 采收容器 田间采收用的容器，要求表面光滑，无尖锐突出，以减少采收时的机械伤害。可使用专用的采果布袋。在从采收袋向装果箱中倒果的过程中，要特别注意轻拿轻放，粗放的操作会导致碰压伤，有时碰压伤可以马上看出来，有些碰压伤当时看不出来，而在过后的几天内显现出来。装果箱如果也用于果实降温冷却，则要求周围有气孔。装果箱在使用前还应进行表面消毒。装果箱一般来说塑料大箱优于木箱，在购置时可考虑选择塑料大箱。

如果采收的果实要在果园中暂时放置一段时间，要将其放在遮阴处，并最好加覆盖以减少其升温。如果使用背式采果袋，田间装果箱不要装得太满，以防压伤果实，轻拿轻放仔细操作，防止果实碰压伤。

4. 田间操作　采收者要明了采收的要求，仔细采收，轻拿轻放，以减少采收时的伤害和损失。机械伤害包括刺伤和碰压伤，易使果实受到微生物侵染，增加呼吸消耗、失重及腐烂损失。

采后的果实在果园中会很快升温，因此要尽快把采收的果实运往包装厂或冷库。在田间预防果实升温的最好方法，是不要让其受到太阳直射。太阳直晒可迅速提高果温，特别是装果箱上面的几层果实。果实受到太阳直晒，可使果温大大高于气温。采收后把果箱放在遮阴处，是减缓果温升高的最简便方法。如果没有遮阴处，也可在装果箱放置时和运输时，使用反光膜覆盖。

注意：采收时要轻拿轻放；采收果袋和装果箱不要装得太满；倒果时要注意减少机械伤；运输时车辆速度不要太快；尽量早得把果实运到包装厂和冷库；采后 4 h 内应把果温降下来；采收的果实在果园暂放时，要放在遮阴处，或使用反光覆盖物，避免阳光直晒。

5. 辅助装置　采收用梯子要求结实、稳固。用具的安全性可使采收者采收时更加仔细，减少碰压伤和刺伤，增加采收速度，提高采收效率。

在计划采收操作时，要尽可能地减少采收者到装果箱的行走距离，装果箱要尽可能地放在靠近采收者的地方，这有助于减少机械伤，并可以使采收者的时间多用在采收操作上，少花在到装果箱的来回路程上。

采收时，要从梯子顶端开始采收，先采上部果实，后采下部果实，避免带着一袋子果实向上爬梯子。要尽量减少移动梯子。采收和运送果实时，要注意果袋不要碰到树枝上，以减少碰压刺伤。

6. 对采收者的要求　采收者穿着要合适，工具要适用，要剪指甲以防刺划伤果实，不要戴戒指、项链及其他首饰，以免影响采收。

采收时不要一次采摘多个果实，特别是当果实较大或较软时，一只手一次只采一个果实。采收常见的机械伤包括：碰压伤、指痕和刺伤。不要捡拾落果。

如果果实不是一次性全部采收，要向采收者交代清楚采收什么标准的果实（如颜色、着生部位等），最好的办法是采收一部分符合标准的果实，让采收者看，然后按此标准进行。

采收者要注意劳动安全保护，要戴帽子，衣鞋合适，充足饮食等。采前要向采收者示范采果方法和采收要求。

7. 运输　采收后要尽快将杏果运往包装厂和冷库。一般要求采后 4 h 内进行预冷或冷藏。运输时车辆速度要稳，路面要平整。在不平整的路面上车速过快，会导致碰压伤增多。使用非封闭式车辆时，装果箱上要加盖防晒覆盖，以防止日光直晒果实升温。

8. 贮藏　杏果很少大量和长期贮藏。一般在 $-0.5 \sim 0$ ℃温度条件，$90\% \sim 95\%$ 相对湿度条件下，可贮藏 $1 \sim 2$ 周，有些品种或成熟度较小的果实可贮藏 $3 \sim 4$ 周。一般杏的最高冻结温度为 -1.0 ℃。

杏果气调贮藏的最大好处是能保持果实硬度和果实底色。一般气调条件为 $2\% \sim 3\% O_2 + 2\% \sim 3\% CO_2$。如果 $O_2 < 1\%$，会导致杏果产生异味，CO_2 浓度如果 $>5\%$ 超过 2 周，则会引起果肉褐变和风味丧失。

运输中（时间 <2 周）采用高 CO_2（$5\% \sim 10\%$）可抑制微生物活动，减少腐烂。贮藏前采用 $20\% CO_2$ 处理 2 d，可在随后的贮运中减少腐烂。

由于杏果后熟较快，因此，超市销售时建议放置在冷柜区。食用前可将杏果放置在 $18 \sim 24$ ℃条件下后熟，能提高其食用口感品质。

有些杏品种对低温敏感，易产生冷害。冷害敏感品种在 5 ℃下贮藏，冷害发生的程度要重于 0 ℃

下贮藏。冷害一般表现为胶凝状崩溃、果肉褐变、风味丧失。因此，杏果一般要贮存在 0 ℃条件下，以减轻其冷害发生。

杏果对乙烯敏感。乙烯能促进杏果后熟软化，同时也能促进其腐烂。

除冷害外，杏果采前如处于 38 ℃以上高温较长时间，则易发生核烧，其症状为核周围果肉组织软化变褐。

杏果采后病害主要有褐腐病和根霉腐烂病。褐腐病一般花期侵染，采前可发病，但多数采后发生。采前防治和采后及时降温冷藏，是有效的控制方法。根霉腐烂病常发生在后熟或接近后熟的杏果上，及时降温并在 5 ℃以下存放可有效控制此种腐烂病的发生。

第二篇

常绿果树

第二篇 常绿果树

第十二章 柑 橘

概 述

我国是大多数柑橘种类的起源地，也是世界上最早栽培柑橘的国家，已有4 000多年的历史。《周礼·冬官考工记》有"橘逾淮为枳"的记载。春秋战国时代《史记·货殖列传》中有"蜀汉江陵千树橘，其人与千户侯等"的记载，足见当时柑橘的栽培盛况及其栽培的经济收益。公元前100—200年的秦汉时代已出现"黄甘橙"的名称（司马相如《上林赋》）。1178年韩彦直的《橘录》是世界上第一部柑橘专著，记述当时浙江温州的柑橘种和品种，以及嫁接、栽培、防寒、采收及贮藏等技术及栽植密度。

东南亚国家也是柑橘原产地之一。日本725年始从我国引种柑橘类植物。欧洲地中海地区在公元前310年有枸橼记载，公元前1世纪至4世纪意大利有过甜橙和柠檬的栽培，但因战争及气候影响，直至11~12世纪才在西西里岛栽培柠檬，15世纪才有甜橙出产，16世纪（1520年以后）葡萄牙人从我国广东引入甜橙以后，栽培才渐渐兴旺，柑类则迟至19世纪才输入。至于美洲，没有原生柑橘，自欧洲人迁入后才开始引种栽培。

柑橘果实色、香、味兼优，果汁丰富，除含丰富糖分、有机酸、矿物质等外，还富含维生素C，营养价值高。果肉可制糖水橘瓣罐头、果酱、果汁、果酒及提取柠檬酸等。种子富含维生素E，果皮维生素A、B族维生素含量较多，维生素P含量比果肉高1~3倍。在海绵层中还含有近似维生素P的橘皮苷。果皮还可作盐渍、蜜饯，提炼果胶、香精油等。枳、酸橙、葡萄柚等的果皮含新橙皮苷，加工提炼后其甜度为糖精的20倍。橘实、橘络、种子及叶均可供药用，如陈皮和橘红是重要中药材。此外，花可窨制花茶，木材质地致密是细工用材，树终年常绿、花香果美可供绿化观赏，有些种类如酸橙等还可作防护林。

柑橘的适应性较强，耐寒性不及落叶果树，但是耐热、耐湿，从南温带至热带、从干旱少雨到湿润多雨地区均有栽培，在北纬45°的俄罗斯克拉斯诺达尔，南纬41°的新西兰北岛均有分布，生产规模大的产区分布在南北纬20°~30°的亚热带地区。中国、巴西和美国产量最多，三国产量占世界总产量的47%。此外，西班牙、意大利、日本、墨西哥、印度、埃及、巴基斯坦、土耳其、阿根廷、以色列、摩洛哥等国也是世界柑橘的主产国。

中国柑橘栽培面积和产量均居世界第一，2013年中国柑橘生产面积243万hm^2，产量3 276万t，其中十大主产区广东、福建、浙江、江西、湖南、四川、重庆、贵州、广西、云南柑橘种植面积233.4万hm^2，占全国面积的96.05%。

柑橘生产投资不大，效益较高。近年来柑橘业已成为我国南方农民脱贫致富，调整农村产业结构以及三峡库区开发性移民的骨干项目，大大繁荣了地方经济，改善了人民生活。此外，柑橘是重要的外销果品，为国家创造了大量外汇。

第一节 种类和品种

一、种类

柑橘类属芸香科（Rutaceae）柑橘亚科（Aurantioideae）柑橘族（Citreae）柑橘亚族（Citrinae）的植物。栽培上最重要的是柑橘属，其次是金柑属、枳属。这三个属的主要区别见表 12-1。

表 12-1　柑橘类三个主要属的区别

属　名	主要性状
枳　属	落叶性，复叶，有小叶 3 片，子房多茸毛，果汁有脂
金柑属	常绿性，单生复叶，叶脉不明显，子房 3~7 室，每室胚珠 2 枚，果小
柑橘属	常绿性，单生复叶，叶脉明显，子房 8~18 室，每室胚珠 4 枚以上，果大

（一）枳属

枳属（*Poncirus* Raf.）只有 1 种，即枳［*Poncirus trifoliate*（L.）Raf.］，别名枸橘、刺柑，原产我国长江流域。枳为落叶性灌木状小乔木，枝条多刺。叶为三出掌状复叶。10~11 月落叶。花为纯花芽，单生，先开花后出叶。花大，白色，花瓣薄。果球形，直径 3~5 cm，子房和果面具茸毛，果皮柠檬黄色，瓤囊 6~8，果肉含黏液，味酸，9~10 月成熟，不堪鲜食。每果 30 多粒种子，卵形，肥圆，子叶白色，多胚。果和种子供药用。枳性耐寒，能耐-20℃的低温，是柑橘优良砧木之一，能增强接穗耐寒力及促进矮化，早结丰产，提高品质及抵抗某些病虫害（图 12-1）。

枳有大叶、小叶，大花、小花，以及圆形果（光皮）、梨形果（皱皮）等类型。在日本有一变种名飞龙［*P. trifoliata* var. *monstrosa*（T. Ito）Swing］，树矮叶小，枝刺均弯曲，常作盆栽。天然杂种和人工杂种有枳橙、枳柚、枳橘橙、枳金柑等。

图 12-1　枳

枳橙（Citrange）是枳与甜橙的杂种。为半落叶性小乔木，一树具 3 种叶型，有三小叶和两小叶组成的复叶，亦有单生复叶。果长圆形，橙色，较粗糙。种子 30 余粒，子叶白色，多胚。生长强健，树冠较高大，耐寒力差异大，卡里佐枳橙不耐寒，抗衰退病强，做砧木用。

枳柚（Citrumelo）是枳和葡萄柚或柚的人工杂种，耐寒、耐旱，部分枳柚耐盐碱，抗衰退病、裂皮病、木质陷孔病、根腐病、线虫，可用作高抗性砧木。

（二）金柑属

金柑属（*Fortunella* Swing）原产我国，我国柑橘主产区均有栽培，以广西桂林、江西遂川、浙江宁波、广东龙川较多。其适应性强，耐寒、耐旱、抗病虫力强，丰产稳产。常绿灌木或小乔木，成枝力强。叶小而厚，叶脉不明显，翼叶小。花小白色，花柱很短，6~8 月开花。果型小，皮厚，味甜或酸，有香气，果肉微酸或酸甜，囊瓣 3~7，维生素 C 含量较高。种子卵形，表面平滑，子叶绿色，多胚或单胚。供生食、蜜饯和观赏用。

本属有金枣、圆金柑、长叶金柑、山金柑 4 个种和金弹、长寿金柑 2 个杂种。四季橘（Calamondin）可能是金柑和宽皮柑橘的杂交种，亦有作为种（*Citrus madurensis* Lour；*C. mitis* Blanco）看待。

1. 山金柑［*F. hindsii*（Champ.）Swing］　别名山金豆、山金橘、山橘。广东、广西、福建、浙江、湖南、江西等省份山地野生，耐寒。小灌木，枝梢多刺。叶椭圆形，先端渐尖。果小，横径 1~1.5 cm，囊瓣 3~4，果汁少，味酸苦，仅做蜜饯。本种是天然四倍体，染色体数为 36。变种有金豆（*F. hindsii* var. *chintou* Swing），为二倍体，叶片较大而薄，果扁圆形，中国和日本作观赏用。

2. 圆金柑 ［*F. japonica*（Thunb.）Swing］　别名罗纹、金橘。浙江宁波、镇海栽培最盛。灌木，枝有小刺。叶长卵形。果球形，较细小，果径 2.5～3 cm，果面较粗糙，橙黄色，油胞大而突起，囊瓣 4～7，汁多，微酸，种子 1～3 粒。供蜜饯、鲜食或作盆栽。较耐寒，高产稳产。

3. 金枣 ［*F. margarita*（Lour.）Swing.］　别名罗浮金柑、牛奶金柑、长实金柑、枣橘。我国各柑橘产区均有小量栽种。灌木，树冠半圆形，枝细密无刺，叶披针形，果长卵圆形，囊瓣 4～5，皮金黄色，味甜或酸。较耐寒。供鲜食或蜜饯和盆栽观赏（图 12-2）。

4. 长叶金柑 ［*F. polyandra*（Ridl.）Tanaka］　海南岛原产，汕头地区也有分布。枝梢无刺。叶长达 10～15 cm，披针形。果细小，橙红色，圆球形，果皮薄，油胞多而大。不耐寒，经济价值低，栽种较少。

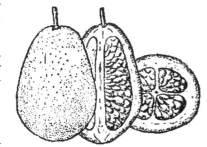

图 12-2　金　枣
（彭镜波，果树栽培学各论）

5. 金弹　别名金柑，认为是圆金柑和金枣的杂交种，曾命名为（*F. crassifolia* Swingle）。我国各柑橘产区均有小量栽种，以浙江宁波镇海栽培最多。树冠圆头形，灌木。叶阔披针形，稍厚。枝梢密生，少刺或无刺。果纵径约 3.5 cm，横径 2.7 cm，倒卵形或倒卵状椭圆形，果皮光滑、金黄色，囊瓣 5～7，少数 8 瓣，果肉及果皮均甜、有香气，种子 4～9 粒，11～12 月成熟。是较耐寒，果实品质较好、产量较高、果型较大、经济价值较高的一个种。

6. 长寿金柑　别名月月橘、公孙橘、长寿橘、寿星橘。是金柑与橘杂种，曾作种（*F. obovata* Tanaka）看待，矮生无刺，四季开花。叶短，椭圆形，先端圆基部尖。果型较大，倒卵形，皮薄，囊瓣 6～7。果肉酸，经济价值不大。不耐寒。温州和福州做盆栽。

（三）柑橘属

柑橘属（*Citrus* L.）为常绿小乔木，具单生复叶，除枸橼外，叶有翼叶和节，叶脉明显，子房 8～18 心室，通常为 10～14 室，每室有 4 个以上的胚珠，两行排列，种子单胚或多胚，胚白色或绿色。根据柑橘属的形态特征通常将其分为六大类：

1. 大翼橙类　乔木，叶片中大，翼叶大，与叶身同大或过之。花小，有花序，花丝分离。果中大，汁胞短钝。种子小，扁平。做砧木或育种材料。大翼橙有 6 个种、4 个变种，我国现有 2 个种和 1 个变种，即红河橙、大翼橙和大翼厚皮橙。

（1）红河橙（*Citrus hongheensis*）。系 1975 年在云南红河发现的新种。分布在海拔 800～1 000 m 山地。乔木，单生复叶，叶翼特长，一般为 12.5 cm，最长达 18 cm，为叶身长度的 2～3 倍。总状花序，偶有单花，花蕾紫色。萼片边缘和表面均披毛。花白色，花径 3～3.5 cm，花丝分离，花柱细长，子房连接处无关节。果大，横径 11～12 cm，心室 10～13，皮厚，1.5～1.9 cm。种子大，单胚（图 12-3）。

图 12-3　红河橙花叶形态
（柑橘科技通讯，1976）

（2）大翼橙（*C. hystrix* DC.）。东南亚国家有分布。叶小，先端钝尖，基部圆。花小，2 cm 以下。果小，横径 4～6 cm，10～14 心室，果面粗糙。

(3) 大翼厚皮橙（*C. macroptera* var. *kerrii* Swing）。系美拉尼西亚大翼橙（*C. macroptera* Montr.）的一个变种，分布于中国云南南部以及泰国和越南的北部等地。果大 8～9 cm，12～13 心室，皮厚 1～2 cm，一般 1.2～1.4 cm。叶大，翼叶与叶身等长或略短。花小，2 cm 以下。

2. 宜昌橙类 有宜昌橙、香橙、香园 3 种。

(1) 宜昌橙（*C. ichangensis* Swing）。又名宜昌柑、宜昌柠檬。灌木状小乔木，枝有尖刺。叶狭长，是宽的 4～6 倍。叶翼大，与叶身等长或过之。花为纯花芽，单生，下垂。花径 2.5～3 cm，有紫花和白花两类型。雄蕊 20 枚，基部连合，顶端分裂成数小束，花柱极短，柱头大、早凋。果黄色，横径 4.5～5 cm，扁圆形、圆球形或梨形，先端呈盘状或锥状突起，果面较粗糙，油胞突出，皮厚 0.2～0.4 cm，囊瓣 9～10，沙囊小。种子 30～40 粒，也有 100 余粒，棱脊显著，表面光滑，单胚或多胚，白色。果可药用。耐瘠瘠及耐阴，能耐－15 ℃低温。在湖北宜昌、兴山，重庆江津等地均有野生。

(2) 香橙（*C. junos* Sieb. ex Tan.）。又名橙子。中国原产，分布于湖北、四川、浙江、江苏、贵州等地。小乔木，树势强健，树冠半开张，枝细长有刺；叶中大，椭圆形或卵形，翼叶宽大，倒卵形；果实有香气，中等大，扁圆形，两端凹入；果皮橙黄色，厚、粗糙易剥离，油胞稀而下凹；汁胞淡黄、柔软，味酸。种子大，20～40 粒，表面光滑有棱角，单胚或多胚，白色或淡绿。品种有罗汉橙、蟹橙、真橙。能耐－10 ℃低温，耐旱耐瘠瘠，抗病虫能力较强。做砧木或育种材料，果实供药用，果皮做蜜饯。

(3) 香圆。乔木，是宜昌橙与柚的杂交种，也作种（*C. wilsonii* Tan.）看待。叶较小，卵圆形，翼叶中大。花大白色，有花序。果中大，扁圆至椭圆形，果顶有浅乳突，果皮深黄色，粗糙皱褶，油胞大，下凹，果皮不易剥离。囊瓣约 13 个，汁胞淡黄色、质较脆，味酸苦。种子较多，较扁平，棱脊明显，胚 2～3 个，子叶白色。湖北、四川、云南、浙江、贵州均有分布。耐－10 ℃低温，耐旱，耐瘠瘠，可作育种材料，果实药用。

3. 枸橼类 有枸橼、柠檬、黎檬、绿檬 4 种。

(1) 枸橼（*C. medica* L.）。别名香橼。灌木或小乔木，树冠开张，枝条稀疏交错。叶大，厚，长椭圆形，两端圆，几无翼叶，叶柄与叶身几无节。四季开花，嫩梢与花紫红色。花大，有完全花与雄花，雄蕊极多，约为花瓣的 9 倍。子房大，圆柱形，花柱有时宿存。果大，长椭圆形，黄色，香气浓。果皮粗厚，油胞凹陷。果肉白色或浅灰绿色，瓣囊小，汁胞少，味酸苦。种子小而多，扁平、光滑，胚白色，1～2 胚（图 12 - 4）。我国西南和印度原产，世界各柑橘产区均有栽种，意大利、希腊和法国栽培最多。果实供药用、提香精油或观赏等。

枸橼分两大类，即我国的酸枸橼与含酸量极低的甜枸橼，后者花蕾与嫩梢浅绿色，花柱宿存，如法国的科西嘉枸橼（Corsican citron）。尚有一变种——佛手〔*C. medica* var. *sarcodactylis* (Noot.) Swing〕。果实先端开裂，分散成指状，多次开花。我国广东肇庆，浙江金华市，四川犍为县、沐川县和重庆石柱县主产。作为观赏和药用。

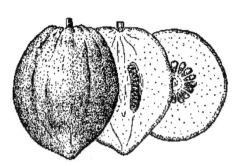

图 12 - 4 枸橼
（彭镜波，果树栽培学各论 南方本）

(2) 黎檬（*C. limonia* Osbeck）。别名广东柠檬。华南原产，印度称 Rangpurlime 或 Kusaie lime，被认为是柠檬和柑或橘的自然杂交种。灌木状小乔木，枝条乱生，有刺，叶椭圆形，两端钝圆，翼叶不明显。嫩叶与花紫红色。多次开花，花小。果小，圆形，皮薄，浅黄或红色，囊瓣 8～9，果肉橙红至黄色，味酸，也有带甜味类型。种子小，8～10 粒，卵圆形，1～2 胚，胚浅绿色。适宜温暖湿润。有 2 个品种：①红黎檬，果肉与果皮橙红色；②白黎檬，果肉与果皮浅黄色。华南地区有少

量栽种，南亚次大陆、中南半岛一带也有栽培。主要做砧木用，果做蜜饯、盐渍或调味。

（3）柠檬〔*C. limon* (L.) Burm.〕。别名洋柠檬。树开张，枝梢有刺。叶中等大，淡绿色，卵状椭圆形，先端尖长，叶缘有锯齿，翼叶不明显。嫩枝叶及花紫红色，花大，花序先端数花，多为完全花，其下为雄花。果长圆或卵圆形，果顶有乳状突起。果皮黄色、光滑，具香气。果肉淡黄色、味酸，含柠檬酸3%～7%，维生素C丰富。种子1～2胚，白色。多次开花，鲜果耐贮藏。做饮料和医药用，果皮提取柠檬油。除香柠檬外，其他品种耐寒力弱。

（4）绿檬〔*C. aurantifolia* (Christm.) Swing〕。别名来檬。树冠矮小、分枝多，有针刺。叶椭圆形，两端圆钝。果小，球形，有小乳头状突起，皮薄，青绿色，成熟期最早，5～7月即采收。肉浅绿，含酸量较高。种子小，多胚，绿色。有2种类型：甜绿檬及酸绿檬，前者做砧木用，后者做经济栽培。印度尼西亚原产，我国在云南、台湾、广西有零星栽种。鲜果作饮料，制露酒及调味品，果皮提柠檬油。在广东四季开花，但以冬春最多。主要品种有墨西哥绿檬（果小）、Tahiti（果较大）等适宜高温湿润；Bearss适于冷凉干燥。不耐寒，易感梢枯病，可作为柑橘碎叶病的指示植物。

4. 柚类　有柚、葡萄柚2种。

（1）柚〔*C. grandis* (L.) Osbeck〕。又名文旦、香抛、气柑、橙子。树冠高大，植株寿命长；嫩梢、新叶、幼果均有茸毛。叶大、卵圆形，翼叶大、心形。花大、多数簇生。果大，重500～2 000 g，梨形、圆形至扁圆形。果皮海绵层厚，白色或粉红色，不易剥离。囊瓣10～18，果肉白或浅红、玫瑰红色；味甜或酸，也有苦味的。种子大而多，30～150粒，楔形，表面有皱纹，单胚，白色(图12-5)。果实耐贮运，除鲜食及制汁外，果皮及未熟幼果供蜜饯、盐渍，种子榨油。耐寒力较弱。多在亚洲国家栽种，我国各柑橘产区均有栽种。我国柚类品种较多，有些品种有自花不实现象。

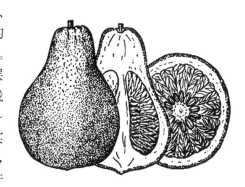

图12-5　柚　子

（2）葡萄柚（*C. paradisi* Macf. ）。是柚与甜橙自然杂交种。树形和特性与柚相似，但树冠较矮小，枝梢较纤细、披垂，叶较小。果圆形或扁圆形，单果重400～500 g。果皮软薄柔滑，不易剥离，淡黄、金黄或带粉红色。果肉淡黄、淡红至红色。囊瓣10～13，不易分离。汁多，味酸带苦。种子多或无核，多胚，白色。果实耐贮运，鲜食或饮料用，维生素C含量高。主要品种有马叙（Marsh seedless）、红玉（Ruby）、汤普森（Thompson）、邓肯（Duncan）等。以美国栽种最多，加勒比海诸国也有较多栽培，我国有少量栽种。

5. 橙类　有甜橙和酸橙2种。

（1）甜橙〔*C. sinensis* (L.) Osbeck〕。别名广柑、黄果。中国原产，世界柑橘产区均有分布。树势中等，枝条较密、紧凑，树冠圆头形。叶椭圆形，叶柄短，翼叶小。花白色，单生或总状花序。果圆形至长圆形，果皮淡黄、橙黄至淡血红色，油胞平生或微突，果皮难剥离。囊瓣10～13，不易分离，果肉黄至血红色，果心小而充实，汁胞柔软多汁，有香气。种子卵形或长纺锤形，白色。果实耐贮运，鲜食或制汁，果皮制药和作食品调料、提炼香精油。

甜橙品种丰富，全世界优良品种达400种以上，是世界上栽培面积最大的柑橘类。依成熟期分早、中、晚熟品种，亦有分为冬橙和夏橙。从气候适应性而论，有的品种只适应干旱的亚热带地区（地中海型气候），有的只适于湿润的亚热带地区（太平洋气候型），也有两种气候都适应的品种。从果实性状特点可分为普通甜橙、脐橙、血橙与糖橙。脐橙果顶有次生小果，突出成脐状，如华盛顿脐橙；血橙在某种环境条件下汁胞呈血红色，如红玉血橙；糖橙的特点是果实含酸量低，如新会橙和柳橙，果肉可溶性固形物（TSS）含量为16%，酸为0.1%，固酸比160：1；糖橙的种胚为乳黄色，而普通甜橙为暗褐色。

（2）酸橙（*C. aurantium* L.）。中国原产，世界各柑橘产区均有栽种，我国有少量栽种。常绿乔木，树冠较开张，枝有刺。叶卵形或倒卵形，叶柄较长，翼叶较大。花较大，白色，萼片有毛，花单生或总状花序。果圆或扁圆形，果皮粗厚，橙黄至橙红色，油胞下凹。果心中空，囊瓣 10～12，果汁酸苦。种子多，黄白色，种皮多皱，多胚，白色。耐寒、耐旱力比甜橙强，可耐−9 ℃，多用作砧木。酸橙品种颇多，枸头橙，耐寒又耐盐碱，为黄岩、临海等地本地早、早橘、朱红等的砧木；代代花香气特浓，常作为窨茶和制香料。

6. 宽皮柑橘 宽皮柑橘（*C. reticulata* Blanco）特点是果皮宽松易剥，囊瓣易分离，故称为宽皮柑橘（图 12 - 6）。依其性状差异分为柑与橘两类，是中国乃至亚洲地区柑橘类果树中最重要的树种，其耐寒、耐旱、耐热性比橙类强，分布地域也比橙类广，其栽培面积仅次于甜橙。

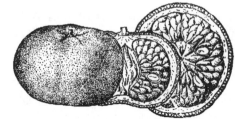

图 12 - 6 宽皮柑橘

（1）柑。分为普通柑类与温州蜜柑类。前者果中等大，果型略高，果皮稍厚，如椪柑、四会柑、槾等；后者叶较大，叶柄较长，花瓣反卷，一般无核，果皮薄而光滑。

（2）橘。分为黄橘类与红橘类。前者果小而扁，皮薄，黄色或橙色，如本地早、乳橘、早橘等；后者一般性状与黄橘同，唯果皮红色，如朱橘、红橘。宽皮柑橘类的天然和人工杂交种很多。蕉柑、王柑（King）和 Temple Orange 是柑与甜橙的天然杂交种，韦尔金橘（Wilking Mandarin）是王柑（King）与柳叶柑（Willow Leaf）的人工杂交种；橘柚（Tangelo）是橘与柚的人工杂交种。

二、品种

（一）普通甜橙类

1. 锦橙 别名鹅蛋柑 26。主产西南地区。树势强健，树冠圆头形，树姿开张，枝条有小刺。叶片长卵圆形，肥大，先端尖长，基部楔形，深绿色。果实椭圆形至长椭圆形，单果重约 175 g。果皮光滑，橙红色，中等厚。果心小，半充实。瓤瓣梳形，整齐，瓤壁薄。汁胞披针形，肉质细嫩化渣，汁多味浓，酸甜适度。果实可食率为 75％左右，每 100 mL 果汁含糖 8.8～9.8 g，含酸 0.88～0.94 g，维生素 C 53.55 mg，可溶性固形物为 10％～14％。种子数约 6 粒。果实 12 月上中旬成熟（图 12 - 7）。锦橙丰产、质优、耐贮，是鲜食和加工兼优的良种。已选出多个少核优系，如开陈 72 - 1、蓬安 100、北碚 447、铜水 72 - 1、兴山 101。

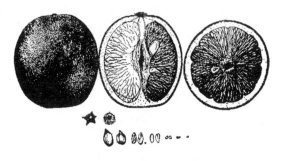

图 12 - 7 锦 橙
（蒋聪强）

2. 冰糖橙 别名冰糖包。树势中等，树冠较小，枝梢较披垂。叶片窄小，主脉隆起。果实近圆形或椭圆形，单果重 110～160 g。果皮橙黄色，较薄，油胞平生，果面光滑。果肉脆嫩化渣，风味浓甜，汁多，富有香气。每 100 mL 果汁含糖 11～13 g，酸 0.3～0.6 g，维生素 C 48.4～51.93 mg，可溶性固形物 13％～15％。果实 11 月下旬成熟。该品种具结果早，丰产稳产，耐贮运等特点。选育有麻阳大果冰糖橙和麻阳红皮大果冰糖橙 2 个新品种。

3. 丰采暗柳橙 果实圆形或近圆形、橙红色，果顶有印圈。可溶性固形物 12.3％～13.0％，酸 0.8％～0.9％。种子 13～15 粒。汁多，风味浓郁，成熟期 12 月中旬，较耐贮藏。该品种丰产稳产，适应性强。主产广东、广西、福建。

4. 改良橙 别名红江橙、红橙、漳州橙。系印子柑与福橘的嫁接嵌合体。果肉有橙红、淡黄及半红半黄三种类型。主产广东、广西、福建。树冠强健，圆头形，枝条细密，较直立，有短刺。叶片长椭圆形，叶缘微波状，叶翼不明显。果实圆球形，单果重 120～150 g。果皮橙黄色或橙色，果顶平，皮薄而光滑，难剥。果肉柔嫩化渣，酸甜味浓，汁多，有香气，其中以红肉型品质最佳。每 100 mL 果汁含糖 10～11 g，含酸 0.9～1.0 g，维生素 C 35.5～43.7 mg，可溶性固形物 12%～15%。果实 11 月中下旬成熟，耐藏性好，鲜食加工均宜，较丰产稳产，裂果严重。

5. 哈姆林甜橙　原产美国佛罗里达州，1960 年引入我国栽培。树势强健，树冠半圆形，较开张，枝条密集，粗壮。叶片长椭圆形，较小而薄，深绿色。果实圆球形，单果重约 130 g，大小不整齐。果实 11 月中旬成熟，果皮橙色，充分成熟时可达深橙色，皮薄光滑，不易剥离。果肉细嫩，较化渣，汁多，出汁率达 50% 以上，味浓甜，具清香。种子少，每果约 3.5 粒。每 100 mL 果汁含糖 9.5 g，酸 0.85 g，维生素 C 52.1 mg，叮溶性固形物 11.5%。较耐贮藏，成熟期较早，产量高。

6. 伏令夏橙　别名佛灵夏橙、晚生橙。主产于美国、西班牙等国。我国于 1938 年由张文湘从美国引进四川栽培。树势强健，枝梢壮实，较直立，树冠圆头形，结果以后枝梢下垂、刺少。叶片长卵形，翼叶明显。果实椭圆形至圆球形，单果重 140～170 g。果皮橙黄色至深橙色，油胞大、凸出，表面粗糙，果实中心柱较大而充实。果肉质脆、较化渣，汁胞柔嫩多汁，甜酸适口，味浓有香气。种子 3～6 粒。每 100 mL 果汁含糖 9～10 g，酸 1.2～1.3 g，维生素 C 45～71 mg，可溶性固形物 11%～13%。成熟期为翌年 4～5 月，果实发育期需 350～390 d。果实较耐贮运（图 12-8）。丰产性强，品质较好，成熟期晚。除鲜食外，也是世界主要制汁品种。新品种有江安 35、奥林达（Olinda）、

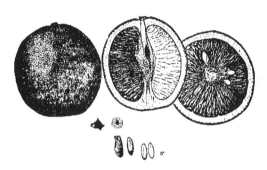

图 12-8　伏令夏橙
（蒋聪强）

福罗斯特（Frost）、康倍尔（Campbell）、卡特尔（Cutter）、蜜奈（Midknight Valencia）等新生系和路德红肉夏橙（Robde Red）等。

（二）脐橙类

1. 华盛顿脐橙　别名抱子橘、无核橙、纳福橙。为美国加利福尼亚州主栽品种之一。我国于 20 世纪 30 年代先后从美国和日本引入，各柑橘产区均有栽培。树势中等，树冠半圆形，树姿开张，枝梢细密，大枝粗长、披垂，少刺。叶片椭圆形，两端钝尖。果实圆球形，较大，重 180～250 g，果顶尖凸，具脐，脐孔开或闭合。果面橙色至深橙色，顶部较薄、光滑，蒂部较厚而粗糙，油胞大，较稀疏，凸出；果皮厚薄不均，较易剥皮。瓤瓣较易分离；汁胞脆嫩，纺锤形或披针形，不整齐，风味浓甜清香；无核，品质极佳；可食率为 74.9%，果汁率为 46.4%。每 100 mL 果汁含糖 8～10 g，酸 0.9～1 g，可溶性固形物 11%～14%。果实 11 月中下旬成熟。耐贮性稍差，贮后风味易变淡（图 12-9）。新的品种、品系有重庆的奉园 72-1、湖南的新宁，具产量更高、品质更好的特点。

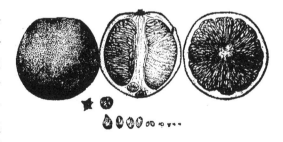

图 12-9　华盛顿脐橙
（蒋聪强）

2. 罗伯逊脐橙　别名鲁宾孙脐橙，1925 年美国罗伯逊氏果园的华盛顿脐橙早熟枝变，成熟期较华盛顿脐橙早 10～15 d。1938 年引入我国四川、湖北，各甜橙产区亦有栽培。树势中等或稍弱，树姿开张，树冠半圆头形；树干及大枝上常见瘤状突起，枝条较短而密，无刺或少刺。叶片椭圆形，较华盛顿脐橙小。果实圆球形或锥状圆球形，果大，重约 200 g。果皮橙色至深橙色，较粗厚，油胞大

而突出，较易剥离，多开脐。肉质脆嫩，汁多，酸甜适度，风味较华盛顿脐橙淡，有香气，无核，品质上等。每 100 mL 果汁含糖 9.5～11 g，酸 0.7～1.2 g，可溶性固形物 11%～12%。果实 11 月上中旬成熟，耐贮性稍差。

本品种比华盛顿脐橙丰产、稳产，较早熟，耐热、耐湿力与适应性较强，栽培范围广。新品系有四川江安 19、眉山 9 号、湖北秭归 35 等。

3. 纽荷尔　树冠开张、圆头形，枝条粗长，披垂，有短刺。果椭圆形，顶部稍凸，多为闭脐，蒂部有 5～6 条放射沟纹，11 月上中旬成熟，果皮难剥离，可溶性固形物 12.0%～13.5%，酸 0.9%～1.1%。无核。果肉汁多、化渣、有香气，品质上等。该品种丰产性好。我国各柑橘产区有栽培。

（三）血橙类

塔罗科珠心系血橙（Tarrocco Nucellar）　意大利从塔罗科中选出，我国四川、重庆有栽培。树势强健，无刺，几乎无翼叶。果实球形，果梗部稍隆起，果皮橙红色，单果重 156.5～267.5 g，果肉脆嫩多汁，风味极优。成熟时果面呈深浅不一的紫红色或带红斑，果肉现紫红色斑。种子 0～4 粒，2～3 月成熟。

（四）宽皮柑橘类

1. 温州蜜柑　别名温州蜜橘、无核橘。500 年前日本僧人将浙江早橘带回日本，经实生变异选育而成。在我国分布很广，栽培面积也大。温州蜜柑树冠开张、主枝较多，枝梢长而倒垂，树冠多为不整齐的扁圆形，较矮，枝叶较疏，无刺。叶大、长椭圆形、肥厚浓绿，叶柄长。果实扁圆形，大小不一。果面橙黄或橙色，油胞大而凸出，较橘类难剥皮。瓤瓣半圆形，7～12 瓣，瓤壁韧，不化渣，汁胞柔软多汁，甜酸适度，无核。各品系成熟期不一，从 10 月初至 12 月都有成熟。果实耐贮运，丰产、稳产，质优，适应性强，耐寒、耐旱、耐瘠，对溃疡病有一定的耐病力。除鲜食外，是制罐的好原料。已选育了宫川、兴津、尾张、国庆 1 号等众多品系。

2. 椪柑　别名芦柑。原产华南，我国各柑橘产区均有栽培。树势强健，树冠紧凑、直立，主干有棱，枝条较细而密集。叶片长椭圆形，中等大，厚、深绿色，先端钝，顶端凹口明显。果实扁圆形或高扁圆形，单果重 110～160 g。果皮橙黄色，有光泽，中等厚，油胞小而密生，凸出，蒂周有 6～10 个瘤状突起，具放射状沟纹，皮易剥离。瓤瓣肥大，长肾形，中心柱大而空。汁胞肥大，脆嫩爽口，汁多味甜，风味浓、品质极佳。每 100 mL 果汁含糖 11～13 g，酸 0.5～0.9 g，可溶性固形物 11%～16%。种子 5～10 粒。果实 12 月上中旬成熟，较耐贮运，具有适应性强，早期丰产，品质佳等特点。近年来，各地选育的芽变优系有南靖少核、高桶芦、长泰岩溪晚芦、汕头长源 1 号等。

3. 砂糖橘　原名十月橘，别名冰糖橘，原产广东省四会市，广东、广西大量栽培。树冠圆锥状圆头形，主干光滑，枝条较长，上具针刺。叶片卵圆形，先端渐尖，基部阔楔形，叶色浓绿，边缘锯齿状明显，叶柄短，翼叶小，叶面光滑，油胞明显。果实近圆球形，果小，橘红色，果皮薄而脆，易剥离，油胞密集、突出，海绵层浅黄色；瓤瓣 10 个，大小均匀，易分离，橘络细，分布稀疏，中心柱较大而空虚，汁胞短粗，呈不规则的多角形，橙黄色，柔嫩、汁多，清甜而微酸。新品系有早熟和晚熟无籽砂糖橘。

4. 蕉柑　又名招柑、桶柑，原产广东潮汕，主要产区是广东的揭阳、潮州等市。树势中等，分枝多，枝条开张略下垂，刺较少。翼叶狭窄，或仅有痕迹。花单生或 2～3 朵簇生，花瓣通常长 1.5 cm 以内，雄蕊 20～25 枚，花柱细长。花中大，完全花。果实圆球形或高扁圆形，大小为（5.65～7.7）cm×（5.1～6.4）cm，橙黄至橙红色，果皮厚而粗糙，紧贴果肉，尚易剥离，中心柱大而空，果顶平。可溶性固形物 11.0%～14.0%，酸 0.4%～0.9%，每 100 mL 果汁含维生素 C 35～40 mg。种子无或少，子叶深绿、淡绿或近于乳白色，合点紫色，多胚。成熟期 12 月下旬至翌年 1 月。该品种早结丰产性好，果肉柔软多汁、化渣、风味浓，有香气。果实耐贮运。近年新选育的品系有新优选蕉

柑和油优蕉柑，果型较大，种子数少，丰产性好。

5. 贡柑　又称"皇帝柑"，乃橙与橘的自然杂交种，起源于广东省四会市贞山，长势中等，树冠圆头形，枝条纤细；叶片卵圆形，叶翼较小；果形高圆形，果顶平，果皮薄、紧贴果肉，橙黄色、尚易剥离。核少、肉脆化渣、高糖低酸、清甜香蜜，可溶性固形物 12.0%，酸 0.3%～0.5%，风味浓郁。成熟期 12 月上中旬，品质优良，较容易感染炭疽病。

6. 马水橘　也称春甜橘，原产于阳春市马水镇塘岩村而得名，明代末期已种植，至今有 300 多年历史。树势健壮，树冠半圆头形，枝细密，叶片长椭圆形，翼叶较小，花较小，完全花，果实扁圆形，橙黄色，有光泽，大小为 5.0～5.5 cm，单果重 40～60 g，果顶微凹，皮薄，容易剥离，化渣、少核、汁多及清甜芳香，每 100 mL 果汁含糖 11.8 g，酸 0.6 g。成熟期在 1 月中旬至 2 月上旬。粗生易管，早结丰产。

7. 南丰蜜橘　树势壮旺，树冠半圆头形，树梢长细而稠密，无刺。叶片卵圆形，叶缘锯齿较浅，翼叶较小。果实偏圆形，橙黄色，果顶平，中心有小乳突，果皮容易剥离。11 月上旬成熟，可溶性固形物 11.0%～16.0%，酸 0.8%～1.1%，汁多，具浓郁香味，种子 0.7 粒。丰产性好，抗寒性强，易感疮痂病。有大果系、小果系、桂花系、早熟系等品系。江西主产。

8. 默科特　宽皮柑橘与甜橙的杂交种，属橘橙类，为美国佛罗里达州迈阿密农业试验所育成。果实体积中大，底部较平。果实含糖量高，微酸，风味俱佳；囊瓣易分离，果皮易剥；种子较少，晚熟杂柑品种，果实翌年 2 月初成熟，可留至 4 月采摘。长梢端着果，果实易受风害、日灼和冻害，丰产性强，具有明显早结、丰产、稳产特性。管理不善有明显的大小年倾向。

近年又选有 W 默科特。种子更少。囊瓣易分离，果实多汁，风味俱佳，粒化较晚出现。结果过多会使果实偏小，疏果后可改善果实外观，果皮颜色宜人且质地较细腻。与有核的柑橘品种混栽会增加种子，宜成片或隔离栽培。

（五）柚类

1. 琯溪蜜柚　别名平和抛、文旦柚，原产福建平和县琯溪河畔。树冠半圆形，枝条开张、树势强健。果实倒卵形，单果重 1 500～2 500 g，最大者可达 4 700 g。果皮较薄，为 0.8～1.5 cm。果肉饱满，蜡黄色，汁胞透亮，柔软多汁，酸甜适中，香气浓郁。每 100 mL 果汁含糖 9.17～9.86 g，酸 0.73～1.01 g，维生素 C 48.73～68.55 mg，可溶性固形物 10.7%～11.6%。无核。果实于 10 月中下旬成熟。琯溪蜜柚丰产稳产性能好，适应性强，品质优良，耐贮性强。

2. 沙田柚　原产广西容县沙田。树势强健，树冠圆头形，枝条细长，较密。叶大，长椭圆形，叶端钝尖，翼叶较大，倒心形。果重 700～2 000 g，顶部微凹。蒂部有小短颈，蒂周有放射状条纹。果皮黄色，中等厚。果心小，充实。汁胞披针形，乳白色，排列整齐，汁少。果实可食率 56.4%，每 100 mL 果汁含糖 9.95 g，酸 0.38 g，维生素 C 89.27 mg，可溶性固形物 10.5%～11%。果实 11 月中旬成熟。极耐贮藏，可贮至翌年 5～6 月，风味好（图 12 - 10）。本品种自花授粉能力较差，要配置授粉树或人工辅助授粉，才能获得高产。

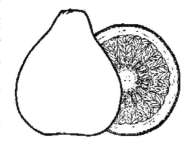

图 12 - 10　沙田柚
（蒋聪强）

3. 玉环柚　果实高扁圆形，果肩倾斜，果顶凹陷，单果重 1 000～1 400 g。果皮橙黄色，有光泽，皮厚。汁胞晶莹透亮，脆嫩化渣，汁多味香，种子多退化。10 月中下旬成熟，可食率 57%～58%。适应性强，丰产、质优，主产浙江玉环市。

4. 梁平柚　别名梁平平顶柚。原产重庆梁平区。树势中等，树冠中大，开张，枝条多披散下垂，枝叶较稀疏。果实高扁圆至扁圆形。单果重 1 000～1 500 kg，果顶平凹。果皮黄色，皮薄光滑，油胞圆平，具浓郁香气。瓤瓣 13～21，较易剥离。汁胞淡黄色，细嫩多汁、化渣、味浓甜。可食率为

72.2%，每100 mL果汁含糖9.8 g，酸0.31 g，维生素C 111.7 g，可溶性固形物14.1%。种子较多，60～120粒。10月下旬成熟。该品种丰产、稳产，适应性强，较耐贮藏。缺点是果实有苦麻味。

（六）葡萄柚类

1. 马叙无核（Marsh Seedless） 原产美国佛罗里达州。树势健壮，树冠高大，枝梢开张，果重400～600 g，圆至长圆形，果皮淡黄色，平滑而有光泽，皮厚5～7 mm。果肉淡黄色，瓤瓣柔软多汁，风味良好，种子少或无，贮运性能好。

2. 红玉（Ruby） 植株性状、果型、品质与马叙无核葡萄柚相同，唯红玉果面、海绵层、瓤瓣皮和汁胞呈深红色。

3. 邓肯（Duncan） 是原始的葡萄柚品种，树冠高大、健壮，果大、扁球形或球形，基部有短放射沟，顶部有不明显印圈。果皮厚，淡黄色，表面平滑。果肉淡黄色，柔软多汁，甜酸适度而微苦。种子多，30～50粒，较耐寒。

（七）柠檬类

尤力克柠檬（Eureka） 原产意大利。各柑橘产区都有栽培。树势强健，树冠圆头形，枝条粗壮，较稀疏，刺少而短小。叶片椭圆形，较大，翼叶无或不明显。单果重约158 g，长椭圆形，顶部有乳状凸起，乳状基部常有明显印环，基部钝圆，有明显放射状沟纹。果皮淡黄色，较厚而粗，油胞大。果心小而充实，瓤瓣梳形，不整齐，果肉柔软多汁，味极酸，香味浓。每100 mL果汁中含糖1.48 g、酸6.0～7.5 g、维生素C 50～65 mg、可溶性固形物7.5%～8.5%。果实冷磨出油率为0.4%～0.5%，出汁率38%左右。每果有种子8粒左右（图12-11）。该品种树势强健，早结丰产、稳产。是提取香精油及制汁的优质原料。果皮还可提取果胶，制作蜜饯及果酱，种子富含脂肪和维生素E，榨油可食用。

图12-11　尤力克柠檬
（蒋聪强）

（八）杂柑

1. 天草橘橙 树势中等，幼树稍直立，结果后开张。果实扁球形，单果重200 g，大小均匀。果皮较薄，淡橙色，赤道部果皮厚，剥皮稍难，油胞大而稀，果面光滑。12月中旬成熟，果肉橙色，肉质柔软多汁，糖度11%～12%，酸度为1%左右，单性结实强，无核；混栽则种子多。抗病力强，丰产性好，果大质优，外观美，适应性广，耐贮运。日本引进，我国各柑橘产区推广

2. 不知火 是由日本农水省园艺试验场于1972年以清见与中野3号椪柑杂交育成。其果实大，平均果重200 g，最大400 g以上。果实倒卵形，多有突起短颈。果皮黄橙色，10月上旬开始着色，12月上旬完全着色，果面稍粗，易剥皮，果汁糖度在13%以上，最高达17%，味极甜。次年2～3月成熟，风味极好。

第二节　苗木繁殖

一、实生苗培育

（一）种子检验和处理

柑橘种子忌过分干燥，鲜湿种子晾干或弱光下晒至种皮发白、互不粘着，即可播种。远运则要干些，与干净河沙、木炭粉、谷壳、苔藓等混合，麻袋或木箱装运；贮运时要常检查，以防发热、发霉。可用10%八羟基喹啉浸泡晾干的砧木种子10 min，自然晾干后装入塑料袋，置7～10 ℃贮藏。

播种前应进行种子生活力的测定，可用氯化三苯基四氮唑（TTC）法。种子生活力测定后即行催芽，用 35～40 ℃温水浸种 1 h，再浸冷水半天，种子放于垫草的竹箩中并盖草，每天用 35～40 ℃温水均匀淋 3～4 次，翻动种子 1 次。此外，用 1.5%硫酸镁在 35～40 ℃温水浸种 2 h，或 0.4%高锰酸钾液浸种 2 h，亦可用 54～56 ℃温水浸种 50 min 再浸 0.1%高锰酸钾 10 min，可有效消除种子所带的病菌，有利于发芽和生长。

（二）整地施肥

苗圃应离柑橘园较远或有自然屏障隔开，以减少病虫感染。宜于土壤疏松、肥沃、排灌便利的平地或缓坡地，冬寒地区应选背风向阳处，忌山谷、洼地。海涂、滨海沙滩应选有淡水源、含盐 0.1%以下的地段。施足基肥，精细整地后播种。

（三）播种

种子微露白根即可播种。华南无霜冻地区，宜秋冬播种。据广东的经验，红木檬檬、酸橘等最迟要在冬至前后播，发芽快、生长整齐、病害少，两年可出圃。闽北、桂北、粤北及华中等地区，多在 2～3 月播种，如土壤干湿适度，则翌年春季发芽早而整齐。四川用温床或营养钵育苗，12 月播枳籽，3 月中下旬苗高 14～15 cm 时移栽露地，当年夏秋多数可嫁接。

播种量为所需砧木量的 1～2 倍，每公顷床苗可移栽 10 hm²。每公顷需 200～300 kg 种子。播后用木板轻压畦面，使种子入土，盖河沙、火烧土或细土至不见种子为度，再盖稻草 3～4 cm，用草绳把稻草固定后充分浇水。

（四）出苗后管理

播后保持土壤适度湿润，早晚浇水。出苗后揭去稻草，使苗接受阳光和防止弯曲。幼苗易患立枯病，在长出 3～4 片真叶前应减少浇水和停止施肥。以后勤施薄肥，可用 10%～15%人粪尿，浓度逐渐提高。在夏季可施充分腐熟麸水或猪粪水促进生长，在冬季至翌年春发梢前施一次较浓的优质液肥。苗期注意防治立枯病、凤蝶、潜叶蛾等病虫害，及时除草。齐苗后分 3～4 次间苗，拔除混杂品种和衰弱弯曲的劣苗。

（五）移栽

移植前，土壤灌透水，以利起苗。移栽时剔除劣、病、弯曲的苗并按大小分级，将过长主根留 17～20 cm 截短，蘸泥浆，促生新根，提高成活率。移栽密度应便于管理和嫁接，柚、橙、红檬檬等生长迅速，距离可较大；柑、橘生长缓慢，距离较小，大致行距为 20～33 cm、株距13～20 cm，大多省份密度均为 12 万株左右/hm²。栽植时苗根要舒展，不可盘根打结，要种稳压实。深度与播种圃同，太深难发根，太浅易受旱。植后充分浇水，至苗恢复生长势后行浅中耕施薄肥，以后每半个月至 1 个月追肥 1 次。勤除砧苗基部萌蘖，保持苗干平直，以利嫁接。

二、嫁接苗培育

（一）砧木选择

1. 枳 耐寒，主根浅，侧根少，须根发达，喜微酸性，抗盐碱力弱，耐湿，适于水分充足、有机质丰富的壤土，抗脚腐、流胶、根线虫、衰退等病。枳砧嫁接后结果早，丰产，较早熟，皮薄，色佳，糖分高，较耐贮藏，砧部肥大多皱褶。小花类型的枳作矮化砧，大花类型则半矮化。主要做温州蜜柑、瓯柑、椪柑、红橘、南丰蜜橘、金柑、甜橙等的砧木。

2. 枸头橙 浙江黄岩地区主要砧木。树势强健高大，根系发达，耐旱、耐湿、耐盐碱，寿命长，冬季落叶少，产量高，平地、山地、海涂均表现良好。常做早熟温州蜜柑、本地早、早橘等的砧木。

3. 酸橘 主根深，根系发达，耐旱耐湿，对土壤适应性强，嫁接后苗木生长快，树冠健壮，直立，丰产、稳产、长寿，果实品质好，抗衰退病，抗盐性强，对钙质土也相当适应。广东、广西、福建、台湾用作椪柑、蕉柑、甜橙等的砧木。

4. 红檬檬 砧苗生长旺盛，皮层较厚，易嫁接成活。生长快，结果早、丰产，果大。耐湿，耐盐碱，抗衰退病，易患脚腐病、疮痂病。根系发达，但分布浅易受风害，不耐旱、寒和瘠瘦，易衰老，寿命较短。土壤肥沃、栽培条件良好才能丰产。与红檬檬同属的兰普来檬亦抗衰退病，对多种为害根、树干病害抗性强，对盐和钙抗性强。

5. 红橘 根系发达，生长强健，树干直立光滑。寿命长，抗旱力强，较耐寒，适于山地栽培。在重庆作为甜橙砧木表现树冠高大，但结果迟，产量和品质不及枳砧。

6. 香橙 根深，多粗根，树势强健，木质坚硬，寿命长。抗旱抗寒，较耐热耐瘠，耐湿性较差，抗天牛，苗期易患立枯病。嫁接后树冠高大，产量高，果型大，成熟期稍晚，盛果期迟，初果期稍低产。为柠檬的优良砧木，嫁接先锋橙较矮化，枝粗密集，树冠紧凑，结果密度大，果大，深橙红色，风味浓，微有香气。与温州蜜柑、椪柑亲和良好。

7. 柚 做柚的共砧，嫁接成活高，根深，大根多，须根少，树冠高大。宜深厚、肥沃、排水良好的土壤。不耐寒，耐盐碱，在海涂做砧木生长良好。

8. 枳橙 根系发达，生长势旺，耐旱、耐瘠、耐寒，抗脚腐病，不耐盐碱。嫁接甜橙、温州蜜柑矮化，早结果、丰产，成熟期早，近年来大力推广。

（二）接穗采集

从无病采穗圃的优良单株上剪取生长充实壮健、芽眼饱满、无病虫害的优良枝条作为接穗。接穗须在枝条充分成熟、新芽未萌发时剪取。一般现接现采，在晴天上午露水干后剪取，雨天不宜采，如必须在雨天采取，须晾干再包装贮藏。接穗剪下后应立即除去叶片，50～100条为一束，用湿布包好并标记品种名。为防治附着接穗上的蚧类和螨类，可用1%肥皂水或500倍液洗衣粉水洗刷，再用清水洗净晾干。接穗要有较低的温度（4～13℃）、较高的空气相对湿度（约90%）及适当透气环境贮藏。需远运的接穗，可用优质草纸数层浸湿压去多余水分，将接穗包卷其中，或用苔藓植物填充，再包以塑料薄膜。木箱装运，不受暴晒发热，可保存1个月左右。

（三）嫁接时期及方法

按嫁接接穗的取芽大小不同可分为芽接法和枝接法；按嫁接部位不同可分为切接法和腹接法。嫁接时期主要集中在春季萌芽前，一般除平均温度在10℃以下月份外，均可嫁接，但不同时期宜用不同方法。

1. 切接 在春梢萌发前1～3周嫁接成活率较高。气温过低或强风浓雾、雨后土壤太湿、夏秋中午高温烈日均不宜嫁接。嫁接时一般均用塑料薄膜包封。常用切接的方法有：

（1）单芽切接法。操作简易，砧木与接穗均削至两者形成层，接触面大；成活率高，接穗只用单芽，节省接穗，但嫁接慢。

（2）小芽切接。比单芽切接、T形芽接方便，工作效率、成活率较高，砧木较小也可嫁接。

2. 腹接法 操作简易，四季可接，平均温度在10℃以上有接穗时即可进行。四川多在5～6月及9～10月嫁接。

（1）通头芽腹接。削接穗法与单芽切接同，但第二刀在芽眼上方削下，成通头芽，易与砧木密接。

（2）芽片腹接。可在高温期嫁接，砧木宜粗壮，在0.8 cm以上，选上部成熟、粗壮的新梢作为接穗，削芽法与"丁"字形芽接相似，带木质部。

（四）嫁接后苗木管理

嫁接后至萌芽前要防止苗圃地过干或过湿。春接后15～20 d、夏秋接后10 d芽片仍鲜绿即为成活，如已变黄应及时补接或待春暖再接。要经常抹除砧木上的萌蘖。接穗若有2条以上新梢长出，应留强去弱，留直去斜。待接穗新梢基部木质化后解除缚扎的薄膜，如不露芽包扎，还须在检查成活时先让其芽露出。腹接苗在接穗芽萌发前于接口上约0.3 cm剪断砧木（有霜冻地区8月以后嫁接的当年不剪砧，以防接芽生长后受冻），或在接口上7～10 cm处将砧木上部折弯，待接穗新梢木质化后于接口处斜剪除砧苗。

幼苗整形主要是确定主干高度，培养一定数量的骨干枝。剪顶时间因气候而异：高温多湿地区延迟剪顶，以抑制晚秋梢或冬梢发生；如冬季早冷则早剪顶，保证秋梢充分老熟。一般浙江在 7 月，广东、广西均在立秋前后剪顶。剪顶高度因种类而异，橙、柑及橘 30～50 cm，柚、柠檬 50～80 cm。施肥应按整形要求，以促梢和壮梢为主。浙江、湖南等地，以春、夏梢构成主干，秋梢为一级骨干枝，施肥重点在促这 3 次梢健壮生长。在每次发梢前 1～2 周施重肥，即嫁接前或剪砧前后施重肥 1 次，促春梢生长健壮；5 月中又施重肥促夏梢健壮；7 月中下旬再施重肥促进秋梢生长，在每次梢生长中又适当施薄肥壮梢；但 8 月中旬后应停止施肥，以免促发新梢入冬后受霜冻。华南每年发梢 5 次（春梢、两次夏梢、秋梢、晚秋梢或冬梢），如以春梢和第一次夏梢作为主干，则秋梢构成第一级分枝。其施肥的原则是：春梢停止伸长后，施 1 次肥；第一次夏梢萌发前又施重肥，促夏梢生长健壮，保证剪顶高度；伸长停止后，少施或不施肥，控制第二次夏梢生长（因剪顶时要将其剪去）；到剪顶前施一次重肥，促使秋梢萌发，发秋梢后酌施 1～2 次薄肥壮梢。

此外还应及时防治病、虫、草害，抹除砧木和主干上不需要的萌芽及防寒等。

三、脱毒苗培育

（一）柑橘无病毒育苗的意义

目前报道的柑橘病毒及类似病原有 10 余种，我国研究报道的仅有柑橘速衰病毒、温州蜜橘矮缩病毒、柑橘碎叶病毒、柑橘裂皮类病毒和引起柑橘黄龙病的韧皮部限制性细菌。病毒病对柑橘的危害主要表现在：削弱树势，降低产量；影响产品的质量，如导致果实畸形而使果实丧失食用价值或影响其销售；导致树体的急剧衰退，甚至死亡。由于柑橘以无性繁殖为主，在长期的发育过程中，感染病毒的概率较大，因此复合侵染现象更加普遍。由于我国所用的砧木大多抗病而不表现明显症状，一旦改用对病毒敏感的砧木，可很快引起树体衰退，甚至死亡。目前尚无根治柑橘病毒病的有效药剂，因此培育和使用无病毒苗，并在生产过程中防止病毒传播媒介传毒，是目前柑橘生产抵御病毒病的最有效技术措施。

（二）柑橘无病毒育苗方法

1. 茎尖嫁接脱毒技术　茎尖嫁接是在无菌条件下，切取待脱病毒样品的微小茎尖嫁接到试管中培养的实生砧木苗上，愈合发育为完整植株，达到脱病毒的效果。步骤如下：

（1）砧木准备。柑橘种子不带病毒，常用枳橙、粗柠檬、酸橙及枳壳种子培育砧木。将种子的内外种皮剥去，用加有 0.1% 吐温－20 的 0.7% 次氯酸钠溶液表面消毒 10 min，后用无菌蒸馏水冲洗 3 次，消毒后的种子在加有 1% 琼脂 MS 植物细胞培养基上发芽。培养基含有下列盐类：NH_4NO_3 1 650 mg/L，KNO_3 1 900 mg/L，$MgSO_4 \cdot 7H_2O$ 370 mg/L，$MnSO_4 \cdot H_2O$ 16.8 mg/L，$ZnSO_4 \cdot 7H_2O$ 8.6 mg/L，$CuSO_4 \cdot H_2O$ 0.025 mg/L，$CaCl_2 \cdot 2H_2O$ 440 mg/L，KI 0.83 mg/L，$CaCl_2 \cdot 2H_2O$ 0.025 mg/L，KH_2PO_4 170 mg/L，H_3BO_3 62 mg/L，$Na_2MO_4 \cdot 2H_2O$ 0.25 mg/L，$FeSO_4 \cdot 7H_2O$ 28.85 mg/L，$Na \cdot EDTA$ 37.25 mg/L。用 25 mm×150 mm 试管分装培养基，每管 25 mL，播种 3 粒，然后在恒温 27 ℃下暗培养 2 周。

（2）接穗准备。茎尖嫁接的接穗通常采自田间或温室里生长的嫩梢，也可以根据需要进行催芽。催芽的方法是将全树的叶子摘掉，根据温室内温度情况，10～20 d 可萌发多芽，嫩芽长到 3 cm 以内，采集嫩芽，去掉较大的叶，切取 1 cm 长，用加有 0.1% 吐温－20 的 0.25% 次氯酸钠表面消毒 5 min，再用无毒蒸馏水冲洗 3 次，在无菌的条件下借助双目解剖镜和解剖刀将叶子剥掉，留最幼嫩的 3 个叶原基，然后切取 0.14 mm 茎尖作为接穗。

（3）茎尖嫁接。在无菌条件下从试管取出 2 周龄砧木苗截顶，留长 1.5 cm 的茎，切根，留 4～6 cm长，去掉子叶和腋芽。在砧木的顶部或侧面的倒 T 形切口中，切口约长 1 mm，宽 1～2 mm，深达形成层，去掉切口表皮，露出皮层。

用解剖刀将带有 3 个叶原基的顶端分生组织即 0.14 mm 长的茎尖切下，放在砧木茎顶部的维管束环上或垂直放在 T 形切口内，与下切口的皮层接触。嫁接必须迅速，以免组织失水干燥。

（4）嫁接苗管理。嫁接后轻轻放入加入维生素 B_1 0.2 mg/L、维生素 B_6 1.0 mg/L、烟酸 1.0 mg/L、肌琼 100 mg/L 和蔗糖 75 g/L 的 MS 液体培养基的平底试管中，每管 1 株。试管内预先放入中央扎孔的滤纸桥，以支撑嫁接苗。嫁接好的试管苗置 27 ℃下恒温培养，每天给以 16 h 1 500～3 000 lx 光照。嫁接后培养 1 周即可产生愈伤组织，5～6 周长出 4～6 片叶，然后把试管里的茎尖苗再嫁接到温室里的粗壮砧木上。

（5）影响嫁接成活的因素

① 种子萌发时的光照。这个因素对嫁接成活影响大。在黑暗中萌发的特洛亚枳橙，嫁接成活率为 37.5%，而每天以 1 000 lx 光照 16 h 的砧木，嫁接成活率仅 2.7%。

② 砧木龄期。这也是一个很重要的因素，2 周龄的砧木苗嫁接成活率最高，用幼小（1 周）砧木嫁接，茎尖常被砧木愈伤组织埋掉，而嫁接在较老（3～4 周龄）的砧木上，茎尖常变干，呈褐色而死去。这些结果说明嫁接成活率依赖于受光和龄期影响的砧木组织分化程度。不同砧木其最适宜的嫁接条件可能不同。Hosoi 等用照光萌发 3 d 的枳壳苗嫁接成活率最高。

③ 砧木品种。砧木品种也影响嫁接成活率。曾用作茎尖嫁接的砧木有特洛亚枳橙、粗柠檬、枳壳、大翼来檬、酸橙、兰卜来檬、沃尔卡默柠檬、甜橙、印度酸橘、红橘等。以粗柠檬、Etrog 香檬、大翼来檬作为柠檬的砧木比特洛亚枳橙好。特洛亚枳橙主要作为甜橙、宽皮橘和葡萄柚的砧木。

④ 接穗品种。最常见的几个柑橘品种成功地进行了茎尖嫁接，表明各种嫁接在其适宜的砧木上成活率没有差异。

⑤ 茎的大小。茎尖愈大，嫁接成活率愈高，而脱毒率愈低。要保证一定的嫁接成活率和脱毒率，就必须选择茎尖的大小。常规的嫁接，茎尖是取带有 3 个叶原基的顶端分生组织，即 0.1～0.2 mm 长的茎尖。

⑥ 嫁接速度。茎尖嫁接难度较大，嫁接速度是影响成活率的主要因素之一。砧、穗切口必须平滑，无损伤，而且嫁接越快越好，以免组织干燥。在常规工作中，一人每小时约嫁接 30 株，成活率 40% 以上。

2. 柑橘容器育苗

（1）塑料大棚或玻璃温室。塑料大棚有单栋和连栋系列，装配镀锌钢管骨架，大棚呈半圆拱形，顶高 4～5 m，单跨有 6 m、8 m、10 m 等规格，长约 30 m 左右，单栋大棚面积 330 m² 左右。可育苗 6 500～8 000 株。除塑料大棚外，近来采用浮法玻璃建造连栋玻璃温室，单拱跨度 9.6 m，顶部及四周采用 4～5 mm 厚浮法玻璃，拱棚沟高 3.0～4.0 m，顶高 4.2～5.2 m，开间 4 m 左右。现代化的温室应用自控系统控制温室的光照、温度、湿度和肥水管理。

（2）育苗容器。有播种穴盘（或播种盒）与育苗钵。播种盒用于砧木播种，用黑色硬质塑料压制而成，一个播种盒分 5 个小方格，10 个播种盒连在一起组装在铁栏架上，可播 50 粒种子。育苗钵用于培育嫁接苗，由聚乙烯薄膜压制成型，钵呈圆柱形，直径 15 cm，高 30 cm，钵底有 8 个排水孔，每钵育苗 1 株。

（3）培养土配制。培养土基质可用泥炭土和腐叶土混合。如采用发酵后的锯木屑和河沙混配，在每立方米培养土中加 3/4 的锯木屑和 1/4 的河沙，再加入菜饼 10 kg、过磷酸钙 2 kg、硫酸钾 1.25 kg、尿素 1 kg、硫酸亚铁 1.5 kg、白云石粉 3 kg。

（4）播种和嫁接苗培育。播种时间与露地播种时间接近，播后浇水，保持盒内充足水分。温室内温度控制在 30～35 ℃，相对湿度 80%～90% 比较适宜。砧苗 5 个月大，高达 50 cm 以上时，移栽到较大的育苗钵中。嫁接和苗期管理可参阅前面育苗部分。

四、苗木出圃

（一）起苗

起苗前应充分灌水，抹去幼嫩新芽，剪除幼苗基部多余分枝，喷药防治病虫害。苗木出圃时要清理并核对品种标签，记载育苗单位、出圃时期、出圃数量、定植去向、品种品系、发苗人和接收人签字，入档保存。

柑橘苗出圃必须达到如下要求：①接穗和砧木品种纯正，来源清楚；②不带检疫性病虫害，无严重机械伤；③接口愈合正常，砧木和接穗亲和良好；④生长强健节间短，叶片厚，叶色绿，主干直径超 0.8 cm 以上，高度达到一定要求，主枝 3～5 条分布均匀；⑤根系发达，主根无曲根或打结，侧根分布平衡，须根新鲜、多而坚实。

（二）苗木包装和运输

1. 包装　容器苗连同完整的原装容器一起调运。大田苗就地移栽可带土团起苗和定植，如需远距离运输，需对裸根苗枝叶和根系进行适度修剪，用泥浆蘸根后再用稻草包捆，外用带孔塑料薄膜包裹并捆扎牢固。每包不宜超过 50 株。起苗前应喷药杀灭重要常见病虫害。

2. 标志　出圃苗木须附苗木产地检疫证和质量检验合格证，若属无病毒苗，应附有资质检测机构的证明，并挂牌标示。裸根苗应分品种包装，并在包装内外挂双标签。注明品种（穗/砧）、起苗日期、质量、等级、数量、育苗单位、合格证号等。容器苗应逐株加挂品种标签，标明品种、砧木等。

3. 运输　苗木运输量大时，运输器具宜安置通气筒或搭架分层。使苗堆中心的温度≤25 ℃。运输途中严防重压和日晒雨淋，到达目的地后，应尽快定植或假植。

（三）苗木检疫

苗木出圃前还应由当地植物检疫部门根据购苗方的检疫申请和国家有关规定，对苗木是否带有检疫性病害进行检疫，无检疫性对象的苗木可签发产地检疫合格证。有检疫对象的苗木应就地封锁或销毁。

第三节　生物学特性

一、根系生长特性

（一）根系生长动态

根在一年中有几次生长高峰，与枝梢生长相互交替。在华南冬春温暖，土壤温、湿度较高，发春梢前已开始发根，春梢大量生长时，根群生长微弱；春梢转绿后，根群生长开始活跃，至夏梢发生前达到生长高峰；以后当秋梢大量发生前和转绿后又出现根的生长高峰。在华东、华中一带早春土温过低时，常先发春梢后发根。本地早第一次发根一般在春梢开花后，此时发根较少，至夏梢抽生前，新根才大量发生，形成第一次生长高峰，发根量最多，第二次高峰常在夏梢抽生后，发根量较少，第三次高峰在秋梢生长停止后，发根量较多。

（二）根系分布

柑橘根系的分布依种类、品种、砧木、繁殖方法、树龄、环境条件和栽培技术不同而异。柚、酸橙、甜橙等较深；枳、金柑、柠檬、香橼、柑和橘等较浅。枝梢直立的椪柑较深，枝梢开张披垂的蕉柑、本地早较浅。实生的较深，压条、扦插的浅。土层疏松深厚、地下水位低的根系深，在水位低的沙质土壤可深达 5.1 m，但在一般环境约深达 1.5 m，以在表土下 10～60 cm 的土层分布较多，约占全根量的 80％以上。地下水位高或土质黏重的柑橘园，根系仅深约 30 cm，绝大多数根接近地表分布。柑橘根系的分布宽度可达树冠的 2～3 倍以上，以 3～5 年生的水平根扩展最迅速。

柑橘是内菌根植物，真菌能供给根群所需的矿质营养，并增强抗旱和抗病害的能力，缺乏菌根的柑橘苗生长较差。

甜橙、酸橙、葡萄柚、柠檬等根系在土温 12 ℃左右时开始生长，23～31 ℃时根系生长、吸收及地上部生长最好。在 9～10 ℃时根系仍能吸收水分和营养，但降至 7.2 ℃即失去吸收能力。土温 37 ℃以上时，根生长微弱以至停止。土温较长时间 40 ℃以上，根群死亡。根耐热性依柑橘品种不同而异。伏令夏橙根在 46 ℃条件下可耐 20～60 min。印度酸橘和粗柠檬实生苗在 50 ℃条件下 10 min 均未受害；而酸橙和甜橙实生苗在 49 ℃条件下 10 min 均有部分根死亡，在 57.2 ℃条件下 20 s 即有苗木死亡。枳和香橙根系生长适温较低，在土温 10 ℃时开始生长，20～22 ℃根伸长最佳，25～30 ℃时生长受抑制，低至 5 ℃仍能吸收，但 1 ℃时只有香橙还有吸水能力。

柑橘根对氧气不足具有强的忍耐力，但要维持其生长，土壤空气中至少须含有 3%～4%的氧气，能达到和大气相近的含氧量最为适宜，在 2%以下时根的生长逐渐停止，含氧低于 1.5%时根有死亡的危险。伏令夏橙、葡萄柚等丰产园在 25～75 cm 土层中孔隙量为 9%以上，而低产园孔隙量为 5%～8.2%。土壤水分过多，氧气不足，同时产生硫化氢、亚硝酸根（NO₂）、氧化亚铁等，会使根系中毒腐烂枯死，特别是在夏季淹水几天便会产生硫化氢约达 3 mL/m³，会致使柑橘根中毒黑腐。

二、芽、枝和叶生长特性

（一）芽

每叶腋有一个芽，多个潜伏性副芽，故在一个节上能萌发数条新梢，人工抹去先萌发的嫩梢，可促进萌发更多的新梢。新梢伸长停止后几天，嫩梢先端能自行脱落，俗称顶芽"自剪"，削弱了顶芽优势，使枝梢上部几个芽常一齐萌发、伸长，成为生长势略相等的枝条。但枝梢上部的芽，生长势仍然较强，以下的芽生长势依次递减，上部芽的存在能抑制下部芽的萌发，故将枝条短截或把直立性枝条弯曲，均可促进下部侧芽发梢。在枝、干上具有潜伏芽，受刺激后能萌发成枝；根部受伤或刺激后其暴露部分也会萌发不定芽而成新梢。

（二）枝

枝干幼小时表皮有叶绿素和气孔，能进行光合作用，直至外层木栓化、内部绿色消失为止。柑橘枝梢由于顶芽自枯，形成合轴分枝，致使主干容易分枝和形成矮生状态，加上复芽和多次发梢，遂致枝条密生，呈干性不强、层性不明显的圆头形或近于圆头形的树冠。

枝干形成层的活动有间歇性，新梢伸长期间形成层活动微弱，新梢伸长停止后，形成层逐渐活跃。形成层分裂活动旺盛期是枝干加粗生长最快、树皮与木质部最易分离的时期，是嫁接最适期。新梢嫩绿色时，横切面呈三角形，带有棱脊。

分枝角度和分枝级数对枝梢生长和结果有极大影响。直立枝顶端优势较强，含赤霉素和氮较多，生长旺盛，养分、水分转运过快，营养物质积累较少，不利于花芽分化；水平枝或下垂枝则相反。因此，适当拉开分枝角度可提早结果。

1. 依发生时期分 柑橘枝梢依发生时期可分为春梢、夏梢、秋梢、冬梢。由于季节、温度和养分吸收不同，各次新梢的形态和特性各异（图 12-12）。

（1）春梢。在 2～4 月（立春前后至立夏前）发生，是一年中最重要的枝梢，发梢多而整齐，枝梢较短，节间较密，多数品种叶片较小，先端尖。春梢能发生夏梢和秋梢，也可能成为翌年的结果母枝。

（2）夏梢。在 5～7 月（立夏至立秋前）发生。高温多雨季节，生长势旺盛，枝条粗长，叶大而厚，叶翼较大或明显，叶端钝。自然生长的夏梢萌发不齐整。幼年

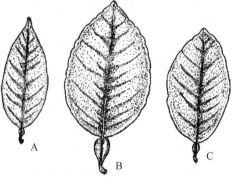

图 12-12 甜橙不同枝梢的叶形
A. 春梢 B. 夏梢 C. 秋梢

树可培养夏梢成骨干枝和增加枝数，加速形成树冠，提早结果。发育充实的夏梢可成为来年的结果母枝。但夏梢大量萌发会加剧落果，应针对实际情况加以利用和控制。

（3）秋梢。在8~10月（立秋至霜降前后）发生。生长势比春梢强、比夏梢弱，叶片大小介于春梢和夏梢之间。8月发生的早秋梢在湖北、湖南、浙江、四川等地可成为优良的结果母枝。10月发生的晚秋梢生育期短、质量较差，在暖冬年份才能成为良好的结果母枝。

（4）冬梢。为立冬前后抽生的枝梢。长江流域极少抽生冬梢，华南地区幼年树易萌发冬梢。早冬梢在暖冬年份及肥水条件好时，才能成为结果母枝。冬梢的抽生会影响夏梢和秋梢养分的积累，不利于花芽分化，应防止其发生。

2. 依继续生长分　柑橘枝梢依其一年中是否继续生长，可分为一次梢、二次梢和三次梢等。一次梢以春梢为主；二次梢是在春梢上再抽夏梢或秋梢，也有在夏梢上再抽秋梢的。三次梢即在一年中连续抽生春、夏、秋梢。华南有抽4~5次的。

3. 依抽生新梢的质量分　柑橘一年中枝梢抽生的数量和质量，是衡量树体营养状态及来年产量的重要标志。因为生长充实的春梢、夏梢、秋梢都可以分化花芽，成为结果母枝，栽培上把促进新梢抽生作为幼树提早结果、成年树高产稳产的措施。

（1）徒长枝。树势较弱或叶片较少的植株在主干或主枝上抽生徒长枝，其节间长，有刺，叶大而薄。着生部位适宜的徒长枝可作更新枝，用于衰老树的更新复壮。对突出树冠外围的徒长枝可进行弯枝或摘心，使其变成结果母枝或抽生分枝，不需利用的徒长枝应剪除。

（2）结果母枝。着生结果枝的枝梢统称为结果母枝。柑橘的春梢、夏梢、秋梢都可能成为结果母枝，多年生枝也能抽生少量结果枝。各种结果母枝的比例随品种、树龄、生长势、结果量、气候条件和栽培管理情况而异。四川的成年甜橙以春梢为主要结果母枝，温州蜜柑幼年树以夏梢为主要结果母枝，其次为春梢、秋梢；随着树龄渐长，春梢成为主要的结果母枝。华南地区幼龄结果树以秋梢为主要结果母枝，秋旱山地以晚夏梢为主要结果母枝，盛果期的丰产树春梢和夏梢或秋梢是主要结果母枝，老年树多以春梢为结果母枝。

柑橘需要相当数量的营养枝以保持对生殖作用的平衡，才能连年丰产。发育健壮的结果母枝可抽生结果枝及营养枝。湖南黔阳丰产甜橙树同时抽生结果枝和营养枝的结果母枝占总结果母枝的58.2%。而低产树的仅占36.2%。结果母枝健壮、产量高，锦橙结果母枝小于0.25 cm的坐果较难，粗度0.25~0.5 cm的均能坐果，而以大于0.35 cm的最可靠；母枝越粗，就越促使果枝增粗而产生大果，枝条纤弱或过粗徒长，均不易形成花芽或着果。

（3）结果枝。由结果母枝萌发而成。结果枝分无叶结果枝和有叶结果枝。幼龄结果树抽营养枝和有叶结果枝较多，老年树则是营养枝少而无叶结果枝多。有叶结果枝有营养生长和结果的双重作用。甜橙、蕉柑有叶顶花果枝，不仅当年结果良好，强壮者次年还可成为结果母枝。但有叶顶花果枝生长势过强时，会抑制花蕾发育。柠檬以无叶花序枝结果最好，无叶花序枝和少叶多花的结果枝也是可靠的结果枝。金柑的结果枝为无叶单花枝（图12-13）。

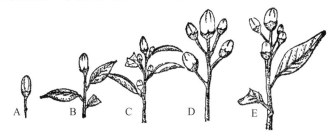

图12-13　甜橙结果枝类型
A. 无叶顶花果枝　B. 有叶顶花果枝　C. 腋花果枝　D. 无叶花序枝　E. 有叶花序枝

(三) 叶

柑橘叶片除枳为三出复叶外，都是单身复叶；叶身与翼叶间有节，保留复叶的痕迹。翼叶大小因种类、品种而不同。大翼橙和宜昌橙翼叶最大，柚次之，香橼几乎无翼叶，叶身与翼叶间几乎无节。叶片以柚类最大，橙类、柠檬及柑、橘等次之，金柑最小。叶片的形态、色泽、香气及其他特征，是区别种类、品种的重要标志之一（图 12-14）。

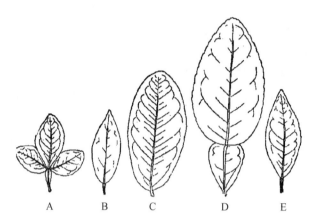

图 12-14 柑橘叶形
A. 枳 B. 金柑 C. 枸橼 D. 柚 E. 宽皮柑橘

柑橘光合效能低，光饱和点为 30 000~40 000 lx，适宜叶温为 15~30 ℃。每合成单位干物质需消耗 300~500 倍水分。天气干燥时，最适光合作用的叶温局限在 15~20 ℃，效能较低；在大气湿润条件下，最适于光合作用的叶温为 25~30 ℃，叶温高达 35 ℃时，光合效能才降低。在不同光量下成长的叶大小有差异，光量低则叶大而薄，气孔数少（表 12-2）。叶片成熟后光合效能最高，二年生老叶的光合效能不如新叶。柑橘叶片对漫射光和弱光利用率较高，光补偿点低，温州蜜柑为 1 300 lx，甜橙和柠檬在 20 ℃和 30 ℃时分别为 1 345.5 lx 和 4 036.5 lx。柑橘有耐阴性，但华盛顿脐橙和温州蜜柑均较喜光。柑橘叶片贮藏全树氮素的 40% 以上，以及大量的糖分，是重要的贮藏器官。叶片的同化物质输向附近的果实，而距离果实和新梢较远的成熟叶，其同化物质则主要输向根。随着叶片的发育，其成分也有变化。甜橙叶片在 6 周龄、叶片大小定型时，氮、磷、钾含量最多，随着叶龄衰老养分含量降低，即有部分氮、磷、钾在正常落叶前回流树体。

表 12-2 遮光对温州蜜柑光合效能的影响

（天野等，1972）

光照度（万 lx）	叶面积（cm²）	气孔数（个）	光合效能 [CO₂，mg/（dm²·h）]
10	13.6（100）	826（100）	6.84（100）
6	20.3（149）	756（92）	6.59（96）
3.6	28.4（208）	752（91）	6.11（89）
0.8	35.5（260）	550（67）	3.30（49）

柑橘叶片寿命一般为 17~24 个月。甜橙丰产树绿叶层厚，叶大色浓绿，一年生叶片占 66.11%，二年生叶片 27.45%，三年生叶片 5.8%，四年生叶片 0.64%。叶片寿命与养分、栽培条件相关，每年新梢萌发伴有大量老叶脱落，以春季开花末期落叶最多；外伤、药害或干旱造成的落叶，多是叶身先落，后落叶柄。叶片早落对柑橘生长、结果和越冬都不利。栽培上促使叶片生长正常，提高光合作用效能，保护叶片，是增强树势、提高产量的重要措施。

三、开花与坐果习性

(一) 开花

1. 花芽分化时期 柑橘花芽分化在冬季果实成熟前后至第二年春季萌芽前进行。同一品种在同一地方也因年份、树龄、营养状态、树势、结果情况等而异,通常以春梢分化较早,夏梢、秋梢次之。花芽形态分化可分为 6 个阶段 (图 12-15)。温州蜜柑花芽从 11 月开始分化,各阶段长短不一,花萼形成期较长 (11 月至次年 1 月),雄蕊、雌蕊分化比较集中 (2 月中旬至 3 月中旬)。表 12-3 为柑橘花芽分化期。

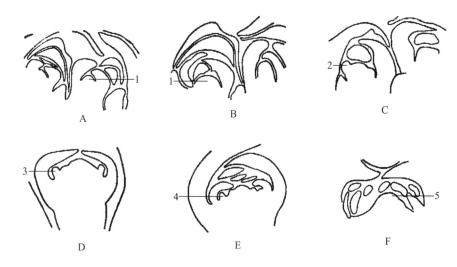

图 12-15 甜橙花芽分化各时期的特征

A. 分化前期,生长点比较尖 B. 形成初期,生长点顶端变平,横径继续扩大并伸长 C. 萼片形成期,花萼原始体出现 D. 花瓣形成期,萼片内部花瓣原始体出现 E. 雄蕊形成期,花瓣内雄蕊原始体出现
F. 雌蕊形成期,雌蕊原始体出现

1. 生长点 2. 花萼原始体 3. 花瓣原始体 4. 雄蕊原始体 5. 雌蕊原始体

(仿刘孝仲等)

表 12-3 柑橘花芽分化时期

种类 (品种)	地 点	分化期	种类 (品种)	地 点	分化期
甜 橙	重庆	11 月 20 日至翌年 1 月上旬	温州蜜柑	浙江黄岩	2 月下旬至 3 月初
暗柳橙	广州石牌	11 月上中旬开始	温州蜜柑	湖北宜昌	12 月下旬始
雪 柑	台湾士林	1 月 6 日至翌年 2 月 3 日	温州蜜柑	湖南长沙	11 月至 12 月开始
雪 柑	福州	12 月 30 日至翌年 1 月 5 日	福橘	福州	1 月 5～25 日
椪 柑	福州	1 月 13 日至翌年 2 月 6 日	蕉柑	台湾士林	11 月 5 日至翌年 1 月 20 日
椪 柑	广州石牌	11 月上旬	蕉柑	广州石牌	11 月中下旬

2. 促进柑橘花芽分化的条件 櫟檬、枸橼、柠檬等在热带和亚热带可四季开花,柑、橙、橘、柚等在亚热带地区每年春季开花 1 次,在热带地区可多次开花。例如,波多黎各的葡萄柚有 2 次花果;印度南部那格普尔的椪柑和甜橙在 6 月和 12 月至 1 月各开一次花;毛里求斯的年降水量 900 mm 之处,周年轮流开花。柑橘只要具备适当的环境条件,如停止生长的时间较长,积累足够的养分,当重复开始生长时便会着生花芽并开花。

低温和干旱是诱导柑橘形成花芽的主要条件。在地中海地区平均为 10 ℃ 的冬季,需要 2 个月的

"休眠"，而在热带地区 2 个月的干旱"休眠"最为适宜，在热带这一时期不需要完全无雨，如果每月降雨 50～60 mm 更为理想。在亚热带地区，冬季低温期长的年份，来年开花较多。芽接后 4 个月的华盛顿脐橙苗栽培在地面温度为 20～35 ℃、根部平均温度分别为 14 ℃、22 ℃、30 ℃的环境中，经过 9 个月，在 14 ℃土温区发梢次数最少，30 ℃土温区发梢次数最多；但成花相反，14 ℃土温区成花最多，22 ℃土温区略有成花，30 ℃土温区无成花。又将原来受 30 ℃土温处理、没有开花的嫁接苗转移到 14 ℃土温的环境后，新梢开花；而原来受 14 ℃土温处理的苗木转移到 30 ℃土温的环境后，新梢极少成花。表明低温能诱导甜橙花芽分化，高温抑制花芽分化。

水分胁迫是诱导热带地区柑橘成花的主因，中午柑橘的叶片水势分别为 −2.8 MPa 和 −3.5 MPa，经 2～5 周的控水后，以足够的水恢复灌溉，植株成花反应的强度同胁迫的程度和时间成正比。控水 2 周的植株，午前和午后测定的叶水势为 −0.9 MPa，中午测定的叶水势为 −2.25 MPa，这对诱导无叶花枝已足够（Southwick 等，1986）。地中海西西里岛在 7～8 月对柠檬进行 30～40 d 的控水，使部分叶片在中午前后萎蔫，老叶落掉一部分；在恢复正常灌水前施重肥，尤其是速效氮，并结合轻度的灌水；之后，再大量灌水，柠檬能在晚夏和早秋开花结果。温州蜜柑、甜橙、葡萄柚的嫁接苗经 3 周的控水至叶萎卷略凋落便可形成花芽，恢复施肥灌水后在夏秋即可萌发新梢开花，而一直灌水的则完全无花。

3. 花芽分化的生理变化　柑橘枝梢糖分和含氮物质的含量在 11 月至翌年 2 月达到较高水平，并以糖分占优势，此时期正是亚热带地区的柑橘花芽分化期。

柑橘花芽分化期树体细胞液浓度比较高，秋季当温度降至 13 ℃以下时，柑橘树体内淀粉开始转化为糖，并且糖的浓度随温度降低而在冬季达到最高。蕉柑花芽分化初期（11 月初）叶片淀粉积累减少，可溶性糖增加，还原糖含量较高；当还原糖显著减少，蔗糖和淀粉稳定增加时，开始了萼片的分化（2 月初）。

环状剥皮可引起与控水处理相同的生理变化。对甜橙、柠檬、柑等环剥皮可增加绿枝和叶片淀粉和糖的积累，提高了细胞液浓度，剥皮口上部叶片积累大量脯氨酸和精氨酸。脯氨酸在分生组织大量积聚，提供丰富氮源合成蛋白质，与细胞迅速分裂增殖有关（W. V. Dashek and S. S. Erickson，1981）。

赤霉素抑制柑橘花芽分化。在 11～12 月用 200～400 mg/L 赤霉酸（GA₃）每隔半个月喷洒一次，显著抑制锦橙成花，12 月上旬喷洒效果最显著。对控水中的尤力克柠檬，用赤霉素在花芽分化前后处理结果母枝的芽，抑制成花的效果和赤霉素浓度成正比，处理浓度较高的芽萌发营养枝。营养生长旺盛植株或徒长直立的枝条的赤霉素活性高，不易积累养分和充实成熟；斜生枝、水平枝和下垂枝赤霉素的活性依次减弱。赤霉素和脱落酸含量的变化与花芽分化及大小年结果密切相关。Goldschmidt（1984）报道 Wilking 柑大年树的枝、叶、芽含 ABA 量比小年树高 2.2 倍，结果过多致枝、叶、芽含脱落酸量过高而形成大小年。李学柱（1981）报道赤霉素含量过高，大年树不能分化花芽，结果形成了大小年。用 25 mg/L 和 50 mg/L 赤霉素喷洒，可减少伏令夏橙的成花量。每 3 d 对柠檬喷洒一次 B9 0.25%，连续 5 次，或苯并噻唑羟醋酸盐（BTOA）25 mg/L 5 次或 50 mg/L 2 次，可促进成花，有控水促花的效果。而脱落酸（ABA）的含量和活性则与赤霉素相反（胥耳等，1985；童昌华等，1992）。伏令夏橙控水后叶片产生乙烯量成倍增加。

诱导柑橘花芽分化的必需条件与花器形态发育的必要条件不同，对花芽分化有诱导效果的是控水、土壤干旱、抑制根和枝梢的生长，提高细胞液浓度，促进淀粉、蛋白质的水解作用；对分化后的花器官形成的有效措施是灌水、降低细胞液浓度。花的发育需要丰富的营养物质。重施磷肥可以提早柠檬等多种果树的幼树开花。钾对柑橘着花影响似乎没有氮、磷显著，严重缺乏时着花也显著减少。柑橘花含氮、磷、钾量比其他器官高，要使花芽发育良好需要有充分的三要素供给。

4. 促进花芽分化的措施　首先要保持树势健壮，叶色正常，及时促发大量健壮的营养枝，秋冬少落叶；采果前后及时施肥，提早采果和分期采果，以利恢复树势及花芽分化。冬季温暖地区，花芽分化期应适当控水，达到叶片微卷、叶色转淡的程度。在花芽分化前喷洒多效唑 1～2 次。或在花芽分化前 20～30 d 将直立强旺枝条进行弯枝，或在一部分主枝基部环割两圈或缚扎铁丝（叶脉变黄即须解缚），以及局部断根、晒根等都有促进成花的效果。

（二）坐果

柑橘花雄蕊先熟，甜橙柱头成熟后 6～8 d 仍能授粉，授粉后 30 h 左右，花粉管到达胚珠，再经 18～42 h 完成受精。柠檬从花粉萌芽经柱头到达胚囊的时间为春花 8 d、夏花 3 d、冬花 15 d（Micllele and Cabrese，1977）。枳壳要经 28 d 才完成受精。多数柑橘种类、品种须经授粉受精才能结果，如沙田柚、梁平柚等有籽、单胚、自交不亲和品种，授粉受精不良会影响产量。但温州蜜柑、南丰蜜橘、华盛顿脐橙及一些无核橙、无核柚不经受精能单性结实。

果实不经受精而结实称单性结实，通常单性结实不产生种子。没有外来刺激而产生无核果的称为自发单性结实。普通的脐橙、温州蜜柑、塔希提来檬和某些柑橘品种能自发单性结实，许多有核品种也能单性结实。有核柑橘品种采用去雄套袋免除受精后，一些品种不能坐果，而另一些可以产生无核果实，表明其有单性结实的能力，但结出的果实通常较少、也较小。一些柠檬品种、葡萄柚和夏橙去除花粉后容易产生无核果实，而韦尔金橘去除花粉后不能结果。

（三）落花落果

柑橘落花落果较多。落果状况因种类、品种、树龄、开花量、环境条件及栽培管理等而异。第一次落果在谢花后不久即开始，小果带果梗落下，一般在谢花后 7～15 d 落果最多，过 10～15 d 又出现第二次落果无梗小果的脱落，延续 10～15 d，落果较多，以后落果迅速减少，到 30 d 后基本停止。到此时为止，落果数已占总小果数的 60%～85%。早花品种落果停止期早，晚花品种停止期迟。至成熟采收前也出现采前落果。树势衰弱或栽培管理不善，病虫为害也严重。据华南农业大学统计，五年生暗柳橙成熟果实仅占总花蕾数的 2.81%。树势健壮坐果率高达 5.45%，树势衰弱坐果率仅 0.15%（表 12-4）。

表 12-4 不同树势的暗柳橙落蕾落花落果状况

（华南农业大学园艺学院）

树势状况	总蕾数	落蕾率（%）	落花率（%）	有梗小果落果率（%）	无梗小果落果率（%）	收果率（%）
树势健壮	12 613	78.51	2.25	5.40	8.38	5.45
树势中等	7 799	77.03	1.86	6.45	12.05	2.60
树势衰弱	11 974	82.36	3.39	3.98	10.12	0.15
总计	32 386	79.58	2.58	5.12	9.91	2.81

1. 花发育不良 不同种类、品种有不同程度的不完全花（退化花、畸形花），如柱头、子房畸形或缺乏，雄蕊短缩，花瓣短厚等。柠檬、佛手和枸橼的退化花最多。树势衰弱、干旱、落叶严重、营养缺乏，则退化花增多。据调查，甜橙树势健壮的畸形花占 5%，树势衰弱的达 14.5%。花蕾期遇温度胁迫也出现早期花退化或呈畸形，不能开花。缺锌或磷、氮不足的甜橙花少和发育不良，落花落果严重。花蕾蛆危害也引起畸形花。

2. 授粉受精不良 除单性结实品种外，其他柑橘品种都需要授粉受精才能结果，一般异品种授粉结果率更高。花期遭遇低温阴雨，影响授粉受精，将加重第一次生理落果。沙田柚等少数品种自花结实率低，异花授粉可提高坐果率（表 12-5）。

3. 营养不足 营养不足是落花落果的主要因素，营养不足雌雄器官和种子发育不健全也大量落果。新梢大量发生，也促使小果脱落。沙糖橘大量萌发夏梢会加剧枝梢生长和果实发育对养分需求的矛盾，造成果实养分不足而引起落果。

4. 水分失调 在干旱状态下，养分和水分吸收困难，光合作用效能降低，合成的有机物转运受到障碍，加上叶渗透压比小果的渗透压高，其吸水力比小果强，干旱更多的是引起小果缺水，在生理落果期特别易引起严重落果。

表 12-5 柚自花、异花授粉坐果率比较（第二次生理落果前统计）

（华南农业大学和杨村柑橘场）

父母本品种	坐果率（%）	父母本品种	坐果率（%）
沙田柚♀×酸柚♂	37.50	新会橙隔绝授粉	1
桑麻柚♀×酸柚♂	48.21	雪柑自花授粉	27
沙田柚♀×酸柚♂	33.67	雪柑隔绝授粉	4
沙田柚自花授粉	1.70	新会橙♀×香柠檬♂	23
桑麻柚自花授粉	0	新会橙♀×年橘♂	56
新会橙自花授粉	15.00	新会橙♀×雪柑♂	17

5. 日照不足 密植园枝叶交叉，光照不良，内部枝叶同化机能低，树冠内部成花较少，即使成花，也因营养不良，使得花器官发育不全，即使开花也会落花落果，故密植荫蔽园多是树冠表面结果。长期阴雨，影响光合作用，亦引起落果。

6. 植物激素 柑橘受精后，子房得到由种子分泌的生长素而发育成幼果。种子少或种子发育不健全的果实容易落果，都与生长素有密切关系。单性结实的柑橘的子房壁含有较多的生长素或具有产生生长素的能力，虽然没有种子，果实仍然正常肥大；但无核品种比有核品种容易落果。在果实发育过程中应用生长调节剂可以减少落果和增大果实。在小果期喷 2,4-滴 5～10 mg/L 加 0.5% 尿素对增大果实和保果效果良好。

赤霉素对某些柑橘品种有很好保果效果。胥耳等（1985）试验，细胞激动素（BA）能有效减少脐橙的第一次生理落果，GA 可有效减少脐橙第二次生理落果。使用时涂果柄的效果比全株喷施更好。美国佛罗里达州用赤霉素（GA₃）提高自花不实橘柚的结实率和产量效果显著，在盛花期和落瓣期间喷布。南非当克里曼丁 80% 盛花时喷 7.5 mg/L GA₃ 可显著增加结实率。

7. 管理不当 农药使用不当也会引起落果。在花蕾期喷洒松脂合剂会使柑橘花变成露柱花。开花期喷洒松脂合剂、石硫合剂会使花的柱头受害而落果。病虫害和自然灾害直接间接引起落果。施肥浓度过高引起伤根，喷药浓度过高伤果，都可引起落果。

四、果实发育与成熟

（一）果实生长动态

柑橘果实为柑果，由子房外壁发育成果实的外果皮即油胞层（色素层）；子房中壁发育为内果皮即海绵层；子房的内壁为心室，发育成瓤囊，内含砂囊（汁胞）和种子。砂囊是食用的部分。在子房发育初期心室中尚无砂囊，至开花期才从心室基部内表皮向果心方向长出砂囊原基，砂囊原基的细胞不断分裂和增大发育成为砂囊，充满囊瓣的内部（图 12-16）。

柑橘果实自谢花后子房成长至成熟时间较长，随着果实增大，内部也发生组织结构和生理的变化。先是果皮的增厚，接着是砂囊（汁胞）的增大为主，最后果皮、果肉显现品种成熟固有色泽、风味而成熟。

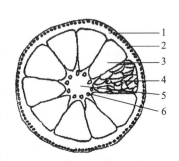

图 12-16 柑橘果实剖面
1. 果皮 2. 油胞 3. 瓤囊
4. 砂囊 5. 果心 6. 维管束

(二)果实成熟

柑橘幼果果皮含有叶绿素，能进行光合作用和其他复杂的合成作用，其合成产物可维持果实本身呼吸作用。未成熟果实类胡萝卜素被叶绿素的绿色所遮盖，不能显现品种成熟时固有的色泽；临近成熟时，果实组织产生乙烯，组织中的原果胶分解为可溶性果胶，细胞彼此分离，组织松散和软化；叶绿素不再合成，继续分解，果皮绿色逐渐消退；同时，类胡萝卜素合成增多，使果皮显现出黄、橙黄或橙红色。红橘果皮中含有红橘类的黄酮系色素，使果皮表现红或橙色。温室中伏令夏橙，以日温20 ℃、夜温5～7 ℃、土温12.5 ℃左右处理，使叶绿素减少，类胡萝卜素增加，果实着色最好。温度上升着色延迟，日温30 ℃着色不良。果皮叶绿素的分解和乙烯密切相关，果实呼吸作用产生的微量乙烯可促进叶绿素分解，以20 ℃分解最快。秋季气温下降和日夜温差大的高纬度地区或海拔较高的地区，果皮叶绿素分解较快，着色较早，皮色较鲜艳。华南气温较高，着色较晚，皮色较淡；海南的改良橙果肉已生理成熟而果皮仍为绿色。

果汁中的可溶性固形物主要是糖类，也有盐类、有机酸、可溶性蛋白质和果胶等。甜橙的可溶性固形物有80％～90％是糖，柠檬的可溶性固形物约70％是有机酸。在果实成熟时，积累于果实组织中的淀粉、果胶和其他糖类水解，提高了可溶性固形物的含量，并增强了果汁的渗透压，吸水力增强，使果汁量增加。成熟期的果肉、果汁表现出品种固有颜色是由胡萝卜素如叶黄素所致。果实在成熟期糖的积累增多，呼吸作用减弱，促进类胡萝卜素增加，有利于果肉着色和品质的提高。

随着果实的成熟酸则逐渐减少。含酸量的变化很大程度上取决于气候条件，凡能提高呼吸强度的条件都能破坏酸，所以，同一品种的甜橙在南部产区比北部产区酸味少。不同品种的糖酸含量有差异，致风味而不同。一般糖酸比越大，风味越甜。如广东的暗柳橙含糖量为11％～15％，酸0.3％～0.6％，糖酸比超过（20～40）∶1，湖南的冰糖橙含全糖11.8％、酸0.6％，糖酸比18.6∶1，风味浓甜，几无酸味。

第四节 对环境条件的要求

柑橘属于热带、亚热带雨林下的小乔木。温暖的气候，有机质和水分丰富的土壤，部分荫蔽的环境，形成了柑橘常绿、耐阴、不耐寒、根部好气好水、要求土壤有机质丰富的特性。

一、土壤

柑橘对土壤适应性较广，根系要求土壤深厚、疏松肥沃。良好的柑橘园土壤应具有良好的物理性能，无硬土盘或沙石层阻隔，雨季能降低水位达0.8～1 m以下，土壤耕作层含2％～3％的有机质，最好能达到5％，沙质土有机质最低要有0.5％，所以，在深耕改土中应加入大量的有机质，每年的施肥也应补充大量有机质肥料。

柑橘对土壤酸碱度的适应范围较广，在pH 4.5～7.5范围内均可栽培并获丰产，而以pH 6.0～6.5为适宜。在pH 5.5以下易使铝、锰、铜、铁等变为可溶性而导致过量及磷、钙、镁、钼的缺乏，尤以在pH 4以下为甚。铝、铁、锰等过多，对柑橘根有毒害。而在pH 7.5以上时锰、铁、硼、铜、磷等的可溶性又剧减，对柑橘生理有不良的影响。

土壤质地对果实有一定的影响，沙质土壤保肥力差，易缺乏氮，树势较弱，根和枝的生长受到一定抑制，果皮薄、滑，着色较早，酸少、味甜；深厚而黏重土壤，排水差，但腐殖质丰富，保水保肥力好，树势旺盛，果大，皮粗厚，酸味浓，较耐贮藏。

二、温度

温度是影响柑橘产区分布的主要因素。多数柑橘分布于年平均温度15 ℃以上地区，少数地区略低于15 ℃，绝对低温不低于−10 ℃。−9 ℃是温州蜜柑的北限，−7 ℃是甜橙、柚的北限。耐寒力除与种类、品种有关外，还受其他因素的影响。通常土温在 12 ℃以上才能萌芽，在 15.6 ℃以上嫩梢才能伸长迅速。酸橙种子的最低萌芽温度为 12.8 ℃，比甜橙低些，多数柑橘种子的萌芽最适温度为 31～34 ℃。高达 40 ℃则无萌芽。枝梢生长最适的水培液温度范围为 23～31 ℃，在 37～38 ℃停止生长。柑类和葡萄柚能忍受 51.7 ℃的骤热。

柑橘正常生长发育要求一定的有效积温。柠檬、脐橙、锦橙、温州蜜柑等以 5 000～6 000 ℃为适宜。温州蜜柑以年平均温度 15 ℃以上、20 ℃以下、绝对低温－9 ℃以上的地区为宜，而经济栽培以年平均温度 16～17 ℃、最低温－5 ℃以上为最适宜。蕉柑能耐－7 ℃的低温，但在年平均气温 21～22 ℃、冬季气温极少降至－2 ℃的地区最能发挥其丰产性和优良品质。椪柑的适应性比蕉柑广，较能耐寒耐热，在海南岛南部的万宁市（年平均 25 ℃）出产的椪柑早熟，品质也优良。伏令夏橙耐寒性较强，但越冬果实不能在－3 ℃以下。冬季温度低则糖积累少而酸味强，冬季温暖则果实能充分膨大，果肉柔软，风味优良。

柑橘在一定限度内温度高则果皮薄，果实含糖量高而酸少，纤维含量也随温度的提高而减少。高温地区产的果实色泽较淡，低温地区产的果实色泽较浓，较耐贮运。热带地区周年温暖，柑橘生长快、果实成熟早。收获时期短；而且，缺乏低温，花期受干旱控制，常在旱季结束，恢复降雨后开花，一年多次开花结实，产量低，果实成熟期不一，着色不良。不适当的高温会造成果皮着色不良、果汁少等弊病。如高温同时伴随干燥，花果新梢也会受损伤。温度较低的亚热带，柑橘花期受温度控制。经过冬季充分休眠后，集中在春季开花，能高产，成熟期气温也逐渐降低，促进果实成熟着色。南亚热带和北热带地区，柑橘花期受低温和干旱控制，无霜或有轻霜，极少降至－2 ℃，是柑橘最适宜区。

三、湿度

柑橘系常绿果树，从年降水量仅 20～30 mm（埃及）至 3 000～4 000 mm（日本鹿儿岛、印度阿萨姆）的地区都有栽培。夏干或夏湿亚热带各有其适宜的品种。地中海沿岸诸国和美国的加利福尼亚州属夏干区，集中冬季降雨，其他季节几乎无雨，靠灌溉供应水分。在年降水量 200～600 mm 的地区要获得丰收，要灌相当于 800～1 000 mm 雨量的水。中国、日本和美国佛罗里达州等属夏湿区，雨量多，冬季降雨比其他季节少。但降雨过多又易发生湿害及光照不足等不良影响。柑橘年蒸腾蒸发量 750～1 250 mm，年降水量大致以 1 200～2 000 mm 较为适宜，我国大多数生产区年降水量都在1 200～2 000 mm。

四、光照

柑橘虽耐阴，但要高产优质仍需有较好的光照。光照足，枝叶生长健壮，花芽分化良好，病虫害少，高产，果实着色好，糖和维生素 C 含量高，增进果实品质和耐贮性。栽植过密，树冠严重交错，枝梢细长不充实，叶薄；花少，畸形花多，落花落果严重，果实着色不良；含糖量低，病虫害多。阳光过强也不利柑橘生长，如夏秋阳光猛烈加上高温，树冠向阳处的果实或暴露的粗大枝干日灼；也引起地表龟裂和增高土温，伤害根群。

柑橘耐阴性的强弱依种类、品种、树龄、物候期等而有不同，宽皮柑橘不耐阴，甜橙树冠内也能良好结果，温州蜜柑多在树冠外围结果。对在树冠外部结果良好的品种，最好造成波浪形的树冠，使光线能透进树冠内部，促使内部枝条结果。此外，幼树比成年树耐阴，冬季休眠期较萌芽、开花、枝梢生长和果实着色成熟期耐阴，营养器官较生殖器官耐阴。

五、风

风对柑橘的影响随风力强弱和季节变化而异。微风可防止冬春霜冻和夏秋高温危害，增强蒸腾作

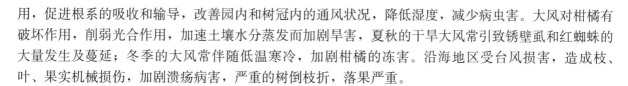
用，促进根系的吸收和输导，改善园内和树冠内的通风状况，降低湿度，减少病虫害。大风对柑橘有破坏作用，削弱光合作用，加速土壤水分蒸发而加剧旱害，夏秋的干旱大风常引致锈壁虱和红蜘蛛的大量发生及蔓延；冬季的大风常伴随低温寒冷，加剧柑橘的冻害。沿海地区受台风损害，造成枝、叶、果实机械损伤，加剧溃疡病害，严重的树倒枝折，落果严重。

六、其他因素

山地坡向直接影响日照量、温度、水分、风等，间接影响到树势、产量、果实外观及品质。南向日照时间最长，光量最多，在低温地区一般是最优的方向。北向冬季日照少，气温、地温不足。东向一旱即受到光照，枝叶朝露早干，气温上升早，枝梢生长良好，果品优良。但在低温地带，早上已霜冻的树体及枝叶，受朝日照射，树温很快升高，霜冻融解快，反易受冻害。西向在冬季下午受西日照射，树体温度高，生理活动旺盛，日落后由于气温急剧下降，易受寒害，日烧病也较多，是柑橘栽培最劣坡向。

第五节　建园和栽植

一、建园

（一）园地选择

柑橘园的建立应根据柑橘的习性及其所需的环境条件和社会经济因素选择园地，按市场需求，在交通方便的地区，进行规模开发。

1. 温度条件　温度是柑橘建园最应考虑的主要因素，如果当地有霜雪冰冻，经济栽培便有困难。建园时要注意：①柑橘的耐寒性；②多年最低平均温度、绝对最低温度、周期性大冻，以及秋霜、春霜资料；③小气候条件，如在山坡地，利用逆温层，自然屏障，在江河湖港，利用大水体对气温的调节作用。

2. 水分和土壤条件　水源是园地选择的基本条件之一，是影响产量和果实品质的重要因素，必须选择有湖泊、山塘、水库等的地方建园。丘陵山地是柑橘上山的主要园地类型，要土壤排水透气良好，水位 1 m 以下，土层深厚，有机质丰富，酸碱度适当，水源要丰富，或附近有利于建造山塘水库的地形，海涂和海滩地需要有淡水源。

3. 交通　为了促进果品流通，选择园地要注意当地的交通情况。选择在铁路、公路或航道附近建园。

4. 检疫与隔离　选择园地时，应对当地原有的柑橘病虫害情况进行调查，有检疫性病虫害的柑橘园，应先行彻底清除或不在该地建园；特别是柑橘黄龙病，新建园与病果园至少有 2 km 的隔离区。

（二）园地规划

在进行宜园地规划前，应进行调查的主要内容是地况、气候、土壤、水利条件、植被情况、交通、社会条件等。

1. 小区划分　小区划分的目的是便于管理，提高效率。应根据地形、地势、坡度、坡向、土壤条件，结合果园的道路系统、防护林带、水土保持等工程划分小区。山地地形较复杂，小区面积以 0.667～2 hm² 为宜。丘陵地地势宽阔，可适当大些。平地果园地势平坦，小区面积可达 6.667 hm² 或更大；常有台风的地区，小区面积可缩小为 2.0～3.3 hm²。每区种植 1 个品种，便于管理。

2. 道路设置　道路的设置应根据果园机械化要求，并结合防护林带、水土保持工程、灌溉系统、小区划分等方面综合考虑。其次，尽可能与国家和地方公路相连接。

果园的道路分为干道、支路、耕作道，3种道路互相连接。干道与国家公路相通，宽6～8 m。支路设在小区间或小区内，宽3～4 m。耕作道与防护林带相结合，宽2 m。

3. 排灌系统设置 丘陵地排灌系统应以蓄为主，蓄排水兼顾。采用明沟排灌。

（1）防洪沟。在果园上部开环山防洪蓄水沟，防止山洪冲坏果园。在果园下部开一条防洪沟，以保护山下农田，防洪沟一般深及底宽各1～1.5 m，坡度为0.1%～0.2%，沟内每隔10 m留一土墩，墩高应比沟面低20～30 cm，以减低水流速度。在防洪沟的上部保留或种植水源林。

（2）排（蓄）水沟。将直向和横向排（蓄）水沟结合。直向沟自上而下设置，尽量利用天然直向沟，这种沟植被厚，土壤冲刷少。为了减轻冲刷，可采取"工"字形排（蓄）水沟，也就是直向沟与横向沟间隔而成"工"字形，使水流分散分段流下，以减弱径流冲刷。直向沟深宽0.5～0.7 m，每隔4 m或折弯处沟内留一沉沙凼以缓和径流。在每级梯田内侧设背沟，沟内每隔3～4 m留一土埂，埂面低于沟面约10 cm，使大水能排、小水能蓄。所有排（蓄）水沟的水，应引向天然排水沟或山塘、水库。结合排灌系统可设置水池，每公顷园地设置30 m³蓄水池一个，以利于解决喷药、施肥和抗旱用水。水田柑橘园设置三级排灌系统由畦沟、园圩沟、排（灌）沟组成，入水口与灌水沟相接，出水口与排水沟相接，构成自流灌溉网。有条件的柑橘园，可配置喷灌或滴灌设施。

4. 防护林规划 防护林具有防风、防寒、抵御不良气候的作用，防护林能涵养水源，增加果园土壤及空气的湿度，在夏季能降温、防晒，有效改善柑橘园的生态环境。

防护林带与主风向垂直，林带减低风速效果最好的距离为树高的12～15倍。主林带间距离视风速而定，大约为200～600 m，主林带宽10～20 m，副林带与主林带垂直，副林带间距300～800 m，带宽8～14 m。林带与果园应有3～4 m距离。

防护林的树种选用适合当地生长的速生、高大，具有经济价值的树种。我国西南地区可用大叶桉、杉木、丛竹等，长江流域地区可用杉木、水杉、木麻黄、樟树、桂竹等，华南一带可用木麻黄、小叶桉、台湾相思等。

5. 辅助建筑物规划 包括粪池、畜舍、工具房、机械房、农药肥料仓库、果实贮藏库、包装场、宿舍、办公室等均应全面规划，节约用地，合理布局。粪池应分散在各小区，以便就近积制肥和施肥，每0.33 hm²柑橘园设有一个30 m³的粪池。

二、栽植

（一）栽植时期

新梢老熟后至下次发梢前定植苗木成活率高。霜冻地区在春梢发生前（3月上旬至4月上旬）定植较好。浙江也有在10月下旬至11月上旬定植的。四川、云南、贵州冬季温暖多雨，均秋植。容器育苗四季定植都可以。

（二）栽植密度

栽植密度因树种、品种、砧木、土壤及气候等条件而异。树冠高大的柚最宽，橙次之，柠檬、柑及橘等又次之。香橼、佛手、金柑等最窄。乔化砧宽，矮化砧窄。缓坡地土层深厚、肥沃宜宽，陡坡、瘠瘦地宜窄；冲积地及地下水位低的平地根系深广，寿命长，株行距宜宽，地下水位高宜密。现将南方主要柑橘种植密度列于表12-6。

密植园的间伐。树冠扩大至相互接触荫蔽时，枝叶会逐渐干枯，产量下降，除回缩修剪外，应及时间伐植株。间伐方式可隔株间伐即单号行间伐或隔行间伐。据广东杨村柑橘场间伐前后3年产量比较，疏株间伐增长56.9%，疏行间伐增长40.7%。

表 12 - 6　南方主要柑橘一般栽植密度

品　种	株行距（m）	每公顷株数	品　种	株行距（m）	每公顷株数
甜橙	（3.3～5）×（4～5）	405～750	本地早	（3～4）×4	630～840
温州蜜柑	（3～4）×（3.5～5）	495～945	南丰蜜橘		600～900
椪柑	（3～4）×（3.5～4）	630～945	柠檬	（3～4）×（4～5）	495～840
蕉柑	（3～4）×（3.5～4）	630～945	柚	（5～6.3）×（5～7.3）	210～405
纽荷尔脐橙	3×4	850	清见橘橙	3×3.5	950
奥灵达夏橙	3×4	850	砂糖橘	3×（3.5～4）	850～950
红橘	（3～4.5）×（4～5）	450～840	金柑	2×（2～3）	1 665～2 505

（三）栽植方法

有带土定植和不带土定植（裸根苗）。前者伤根少，成活率高，恢复生长快，就近定植时较多采用，远运的苗木多数不带土。在高温季节和雨水少及水源较缺的地区，宜带土定植。种植前先将植穴内土壤与基肥混匀，避免伤根。种植穴培成宽 1 m、高 20 cm 的土墩，以防下陷。种植深度与在苗圃时同。填土时要使细土与细根密接，盖土后将根际四周泥土轻轻踏实，并淋水，再盖上草，结合整形剪除部分叶片，减少蒸腾。

（四）栽后管理

种植后设立支柱扶苗，防风吹摇动，注意保湿，及时淋水。以后定期适量施肥，促进生长。并经常防治病虫，及时摘除树干不定芽及徒长枝梢，培养良好树冠。

第六节　土肥水管理

一、土壤管理

（一）扩穴

幼树在定植后几年内，应继续在定植沟或定植穴外进行深度相等的扩穴改土；成龄柑橘园土壤紧实板结，地力衰退，根系衰老，也应改土和更新根系。在根系生长高峰期进行深翻改土，断根后伤口易愈合，发根多。广东全年均可进行，以 4～12 月较好。抽梢期及有冻害地区冬季低温期不宜扩穴，以免影响新梢生长和加剧冻害。

幼树可在植穴外围挖半圆形沟或在植沟外挖长形沟，分年深翻改土。成年果园为避免伤根过多，可在树冠外围挖条状沟或放射状沟深翻改土，深、宽 0.6～1 m，分层埋施绿肥等有机、无机肥料，可以隔年、隔行或每株每年轮换位置深翻。广东红湖农场，深耕时每株施土杂肥、堆肥 50～100 kg、豆饼 0.5～1 kg、过磷酸钙 0.5 kg（或骨粉 1 kg）、石灰 0.5 kg 与表土拌匀填入坑中层，心土堆置坑面并高出地面 10～15 cm，以防渍水。

（二）培土

培土可以加厚土层，增加养分，防止根系裸露，防旱保湿，防寒保温，促进水平须根生长。一般用塘泥、草皮泥等在旱季前或冬天采果后进行培土。如园地属黏性土，可培沙质土，反之培黏性土。培土不宜太厚，3～10 cm 即可，以防根颈部和下层根系腐烂。

（三）间作

山地柑橘园土壤有机质缺乏，冲刷严重，应该种植绿肥或其他经济作物，改善土壤理化性，提高土壤肥力。绿肥覆盖地面可防止土壤冲刷，降低土温，增加空气湿度和抑制杂草。一年生绿肥每年可轮作 2～3 次，多年生绿肥每年可割数次。高温地区可间种印度豇豆、假花生、柱花草等。低温地区可种印度豇豆、豌豆、田菁、绿豆、紫云英等。在广东，与香蕉、番木瓜、辣椒间种，增加果园早期收益。

（四）生草法

我国柑橘园也普遍采用生草法，以自然生草栽培为主，铲除深根高秆的恶性杂草，保留浅耕矮秆的天然杂草即可。以藿香蓟进行生草栽培可增加捕食螨，控制红蜘蛛。

二、施肥管理

柑橘是多年生木本植物，抽新梢次数多，生长量大，结果多，挂果时间长，需肥量大。在亚热带气候条件下，柑橘几乎无休眠期，周年均可吸收矿质营养。根系从土壤中长期地、有选择性地吸收某些营养元素，容易造成这些元素缺乏或出现失调。柑橘所需的矿质营养主要是根系从土壤中吸收，而且各种营养元素之间相互影响吸收过程，这种相互作用可分为增效作用和颉颃作用。因此，应增施有机肥和矿质营养，改善土壤肥力，才能保证柑橘正常生长和发育。

（一）施肥时期

不同季节及物候期柑橘对营养元素的吸收量不同，从晚春到秋季高温期吸收量大，至秋末冬初仍吸收相当分量，冬季为全年吸收量最少时期。随着新梢伸长吸收增加，开花期增加最快，结成小果后才达到全年吸氮高峰。大部分小果掉落后，氮的吸收量有所下降，但对磷、钾、镁的吸收继续增加，达到高峰。到下一次新梢生长旺盛时，又形成吸氮高峰。中、晚秋氮的吸收量逐渐降低，而磷、钾吸收量继续升高，至晚秋为全年高峰期。总之，氮、钾在新梢期、花期、果期均大量吸收。氮以新梢吸收较多，钾以果实迅速增大期吸收较多，磷在花芽分化至开花及小果期，而镁在小果期吸收较多。整个植株（包括果实）吸收量以氮最多，钾次之，磷、镁较少。

1. 幼树施肥 为加速幼树生长，提早结果，应结合幼树多次发梢特点而多次施肥。树小根嫩，宜勤施薄施。各地气候不同，每年施肥时间、次数也有差异。广东地区每年培养3~4次梢，需肥量大，施肥次数要增多，应每次发梢前都施。春梢是枝梢生长的基础，施肥量要增加。计划次年结果的树，应增加秋梢萌发前的氮肥用量，在秋梢充实期则增加磷、钾肥，减少施氮量。

2. 结果树施肥

（1）春芽萌发前和花蕾期。此时施速效肥可促进春梢生长，维持老叶机能，延迟落叶，提高叶的含氮量，使花器发育完全，增加子房细胞分裂数量，提高结果率。对着生花蕾多，尤其是老树，在开花前3周加施一次肥，能显著促进结果。

（2）幼果发育期。开花消耗了大量营养物质，花后叶片会褪色，此时正值幼胚发育和砂囊细胞旺盛分裂，如营养不足，极易落果。应及时施速效氮肥，提高坐果率。为避免施氮过量，促发夏梢引起大量落果，可薄肥勤施及根据叶色施肥。对少果壮树少施或不施。

（3）果实迅速膨大期。生理落果过后，果实迅速成长，对糖、水分、钾及其他矿物质营养要求增加。落果停止后老树要施肥壮果，壮年树既要促进果实增大，又要促进大量萌发结果母枝——秋梢。平地和水田宜在预定发梢前20 d施下，山地在发梢前40 d施下，以氮为主，结合磷、钾肥施用。

（4）果实成熟期。果实成熟期，糖迅速增加并继续吸收氮、磷、钾等，这些物质也是花芽形成所必需；因此在采果前后施肥补充营养，恢复树势，使花芽分化良好。这次施肥要视树势、结果情况、叶色等情况，叶色浓绿或结果量多者多施磷、钾肥，树弱者增施氮肥，而且，在果实着色50%~60%时施下。

（二）施肥量

施肥量参照树龄、树势、土质、肥料种类、气候情况适当变更，若加上叶片和土壤分析调整施肥量会更合理。按理论计算施肥量应先测出柑橘各器官每年从土壤中吸收各营养元素量，扣除土壤中能

供应量，再考虑肥料的利用率，按下式求施肥量：

$$施肥量＝\frac{吸收肥料元素量－土壤供应量}{肥料利用率}$$

广东普宁幼树单株用肥量：一年生全年施用大豆饼肥 0.5 kg，二年生施 1 kg，三年生施 1.5 kg，折合纯氮一年生约 35 g，以后逐年增施 35 g。

四季施肥的比例应随树龄和发梢难易而适当变更。结果树，春、秋以氮为主，夏、冬以磷、钾为主；进入成熟期，氮以少为佳，采果前后才恢复氮的适当施用量。丰产树、老树春夏季氮肥要加重，占全年 60％以上，青壮树春夏氮肥要相应减少，甚至不施。中国柑橘研究所（1972）曾对 7 个丰产园（52.5～67.5 t/hm²）的施肥量进行分析，表明全年折合每 667 m² 施纯氮 40～72.5 kg，纯磷 15～45 kg，纯钾 15～35 kg 为宜。

（三）施肥方法

一般化肥为速效性肥料，易流失，集中施用易伤根，宜分期、分散薄施。氮、钾易向土壤下层移动，但难横向扩展，宜全面施用。磷肥不易移动宜深施，并与有机肥混合或制成颗粒状施用。地下水位低根系深，要早施深施，10～25 cm 为度，秋冬深，春夏浅。地下水高的浅根果园，肥料分解快，易流失，要多次分施，畦面撒施或开 7～10 cm 浅穴施。

三、水分管理

（一）灌水

柑橘常绿，生长量大，挂果期长，水分要求较高。柑橘物候期不同对水分需要也不同，冬季最少，随着春季萌芽生长需水量逐渐增加。发芽至幼果期（4～6 月）土壤水分最好达到田间最大持水量的 60％～80％，或者 30～40 cm 土层的 PF 值在 2.0～3.0 的范围内。果实迅速膨大期（7～8 月）是树体光合作用旺盛时期，在重庆又正处高温伏旱，土壤水分在 PF 值接近 3.0～3.3 时就必须灌水。果实膨大后期至成熟期（8 月下旬至采收期）为提高果汁糖分，土壤可以干燥一些，8 月下旬 PF 值为 2.7，至采收期 PF 值 3.8，但土壤过分干燥，PF 值 3.8 以上，就会影响产量。生长停止期（采收后至 3 月），气温降低，蒸腾量少，降雨也少，土壤水分最好保持在 PF 值为 3.0 以下。

（二）排涝

水田柑橘园需修建好排灌系统，并结合柑橘各生育期对水分要求及季节气候特点灵活掌握。夏季要保持雨天不积水，洪水不入园，遇旱浅灌快排，并加深水沟，降低水位，培土护根。秋季台风暴雨后排涝，保持水位在生根层下 5～10 cm 处直至第二年春，以利越冬。广东在采果后至春梢萌发前进行控水，保持土壤稍干爽，表土微龟裂，以促进花芽分化。

海涂地柑橘园地势较低，地下水位高，易遭涝害。建园时要筑堤，设涵管、水闸、抽水机械，实行深沟高畦种植，完善排灌系统，增厚土层，相对降低地下水位。雨季深沟排水洗盐，表层土保持疏松，水分渗入土中溶解盐分从沟中排出。干旱引淡水灌溉。要特别注意防止灌水过多和沟中长期积水，引起地下水位上升造成反盐，实行快灌、快排。

（三）滴灌节水技术

现代化果园应建立管道灌溉系统，并将灌溉与施肥结合，实现"水肥一体化"。通过滴灌系统灌溉施肥。当采用滴灌时，每行树拉一条滴灌管，滴头间距 60～80 cm，流量每小时 2～3 L。采用微喷灌时，每株树树冠下安装一个微喷头，流量每小时 100～500 L，喷洒半径 3～5 m。以上两种灌溉方式都需要一个首部加压系统，包括水泵、过滤器、压力表、空气阀、施肥装置等。滴灌可以大幅度提高灌溉效率与水分利用率。还可以节省 50％以上的肥料。

滴灌和微喷灌施肥，要求肥料水溶性好。常用的肥料有尿素、硝酸钾、硫酸铵、硝酸钙、氯化钾和硫酸镁等。常用磷肥如过磷酸钙不宜在管道中使用，通常在种植前与有机肥混合用作基肥或改良土壤时使用。如果使用有机肥进行管道施肥，必须沤腐熟后将澄清液过滤后放入管道系统，最好用纯鸡粪、羊粪、人粪尿等。微量元素（如硼、锌、铜、钼）可通过灌溉系统使用。

第七节　花果管理

柑橘花量大而着果率较低，多数橘区的着果率为 $2\%\sim3\%$，高的达到 $7\%\sim10\%$，大部分花均不能结成果实。因此，做好保花保果工作，显得特别重要。

一、保花保果

1. 环剥保果　环割在直接影响树体糖分配的同时，对树体的激素平衡也产生间接影响。环割对温州蜜柑营养生长的抑制效应表现在多方面，包括降低新梢的长度、减少新梢的节数，抑制夏梢的生长。在结果的柑橘树上试验表明：在盛花期（5月）进行环剥能提高坐果率，促进幼果果肉细胞膨大，使果实大小一致，连续环剥 3 年，年年增产。

2. 赤霉素（GA$_3$）　赤霉素是目前公认效果较好、应用最广的保果调节剂，对无核品种特别有效，一般在谢花期至第一次生理落果期使用。在温州蜜柑、椪柑等橘树花谢 2/3 和谢花后 10 d 左右，树冠分别喷洒一次浓度为 $30\sim50$ mg/ kg 的赤霉素，坐果率显著提高；对于花量较少的柑橘树，谢花后幼果期喷布浓度为 $100\sim200$ mg/L 的赤霉素一次，保果效果十分显著。

3. 细胞分裂素（BA）　常用的有 6-苄基腺嘌呤（6-BA），谢完花后用 $50\sim100$ mg/L 喷布一次，或用 6-BA $200\sim400$ mg/L+GA$_3$ 100 mg/L 涂果，对防止生理落果有明显效果。

4. 2，4-滴　一般用的是 2，4-滴钠盐或 2，4-滴丁酯，在谢花后春梢转绿后，用 $5\sim15$ mg/L 喷 $1\sim2$ 次，对提高坐果有一定效果。

5. 控梢保果　初结果树（4~6年）花量少、长势旺，夏梢多，落果严重，及时抹除夏梢，防止幼果落果。人工摘梢的方法是当夏梢长至 $5\sim7$ cm，新梢新叶还未展开时摘除，$7\sim10$ d 摘一次，至 7 月中下旬（谢花后约 120 d），进入稳果期停止摘梢。

二、疏花疏果

花果过多，消耗树体营养极大，抑制新梢生长，形成大小年，使树势衰弱，结果过多而死亡。疏果应以叶果比为标准进行。一般温州蜜柑 $20\sim25$ 片叶、华盛顿脐橙 60 片叶留一个果。因树龄、树势不同，疏果标准也不同。壮树疏果宜稍少，弱树稍多；大年宜多疏果，小年少疏。疏果应在生理落果停止后，对一些结果过多的树进行疏去较弱小密集幼果、病虫果。局部疏果大致按适宜的叶果比标准，将局部枝全部摘果或仅留少量果实，部分枝全部不摘，使一树上各大枝轮流结果。

三、果实套袋

套袋可以使果实不受或少受不良自然环境条件的刺激，防止日晒、风吹、雨打、药害、病虫危害及枝叶磨伤果面等，使果实表皮细嫩、光洁、无污染，色泽鲜艳，能充分提高果品的外观质量和商品率，是生产无公害绿色果品的重要途径之一。

套袋宜从柑橘的第二次生理落果结束后开始。时间过早，因坐果未稳，增大成本，同时也易损伤幼嫩果皮；时间过迟，有的果面已形成伤害，起不到保护作用。套袋应选择晴天，待果实、叶片上完全没有水迹时进行。

套袋前根据不同的树势、树体情况确定合理的载果量，不能盲目地多留或少留果实。提前疏去小果、畸形果、病虫果、过密果等，力争做到套袋果实分布均匀。套袋前应全园先喷一次杀虫、杀菌剂混合液，严格防治柑橘溃疡病、炭疽病、黑星病、红蜘蛛、锈蜘蛛、介壳虫等病虫害，要尽量避免喷药对果实产生药害。套袋应在喷药后 3 d 内完成，如喷药后未及时套袋遇到下雨要补喷。最好上午喷药，下午套袋。根据品种和套袋作用的不同使用不同型号的专用果袋，如脐橙果实套袋以单层白色半透光专用纸袋效果最好；胡柚采用内层黑色双层袋能使其提前转色，提早上市获取较好的经济效益。

套袋时把果袋撑开，观察通气孔是否完全打开，然后把果实套入袋内，袋口置于果梗着生部上端，将袋口折叠收紧，用封口铁丝缠牢，以避免昆虫、病菌、农药及雨水进入果袋。注意不能把树叶套进袋内，严格遵循一果一袋。按先上后下、先里后外顺序套袋，方便操作。

第八节　整形修剪

一、幼年树修剪

利用柑橘复芽和顶芽的优势进行"抹芽控梢"，促使幼树多发新梢，以便抽发大量的结果母枝。具体方法是：有 3～4 条主枝，9～12 条二级分枝的苗木，定植后在第一次新梢萌发时进行拉线，使主枝均匀分布，主枝与主干延长线成 40°角左右开张，容纳更多的新梢。苗木粗壮，土肥水管理良好时，可在种后第一年放梢 4～5 次。统一放梢，在广东蕉柑、甜橙有 40%～50% 的春梢萌发多条夏梢时可放梢，秋季有 70%～80% 枝梢萌发新芽才可放梢。放梢前 10 d 施速效肥，放梢后根据植株新梢的强弱分别施肥，过多施肥会促发晚秋梢或冬梢。当新梢长至 5～6 cm 时疏去过多枝梢，每枝基梢保留 2～4 条新梢。

二、结果树修剪

结果树修剪因品种、树龄、结果情况而异。冬剪在采果后至春芽萌发前进行。主要是疏剪枯枝、病虫害枝、衰弱枝、交叉枝等。剪口粗，发梢较强，成为结果母枝的较少，对局部衰退枝更新，剪口粗度以 0.5～1 cm 为宜，对严重衰退的大枝更新，剪口粗度为 1～1.5 cm。剪除量以不超过树冠中上部外围枝叶量的 1/4 为宜。

夏剪主要有摘心、抹芽、短截、回缩等，促进秋梢结果母枝抽生，所以，夏剪在结果母枝发生前进行。在生理落果期当夏梢长 2～3 cm 时抹除，降低落果，提高产量和品质，减少病虫害，增加结果母枝，使树冠枝梢紧凑而矮壮、整齐，果园郁闭推迟，盛果期延长。广东夏剪在秋梢抽发前 15～20 d 进行，老、弱树或灌溉条件差的丘陵地，应提早夏剪。生长旺盛的品种修剪宜迟，甜橙、蕉柑可比椪柑先剪，因剪后新梢再抽梢的情况较少，而椪柑较多。

三、衰老树修剪

衰老树发枝难，结果少或部分枝梢干枯，应及时更新复壮，延长经济寿命。衰老树或过于密植、造成分枝较高的树，可采取主枝更新。离骨干枝基部 70～100 cm 处锯断，同时进行深耕、施基肥、更新根群。极少结果或不结果的衰老树，在树冠外围将枝条粗度为 2～3 cm 处短截，或将一至二年生侧枝全部剪除。对部分枝条尚能结果的衰老树轮流进行短截重剪，并疏剪部分过密、过弱侧枝，保留较强健的枝叶，可保持一定的产量。

第九节　病虫害防治

一、主要病害及其防治

（一）柑橘溃疡病

1. 病原　柑橘溃疡病病原细菌 [*Xanthomonas campestris* pv. *citri* (Hasse) Dye] 属假单胞细菌目假单胞菌科，是植物检疫对象，在我国大部分柑橘产区都有发生。

2. 为害症状 受害的叶片初期出现黄色或暗黄色针头大小的油渍状斑点，后扩大成近圆形米黄色病斑；随后病部表皮破裂、隆起，形成表面粗糙的褐色病斑，病部中心凹陷呈火山口状开裂，木栓化，周围有黄色晕环，少数品种的病斑沿黄晕外有一深褐色带有釉光的边缘圈，病斑的大小依品种而异，一般直径 3～5 mm。枝梢上的病斑与叶片上的相似，但病斑较大或多个聚合成大斑。果实病斑中部凹陷龟裂和木栓化程度比叶片上的病斑明显。溃疡病严重时引起大量落叶，枝条枯死，果实脱落，品质差。

3. 传播途径和发病条件 病原菌在叶、枝梢和病果的病斑中越冬。有的柑橘品种秋梢受侵染后，并无症状，为潜伏侵染，到次年再发展蔓延。当春季气温和湿度适宜时，病菌从病斑溢出，借风雨、昆虫、枝叶接触等传播，由气孔、皮孔、伤口侵入。高温、高湿的夏秋两季是严重发生季节。本病以甜橙类最感病，葡萄柚和部分柠檬品种也严重感病，大部分的柚品种为弱抗性；在柑橘类以贡柑易感病，马水橘、年橘、阳山橘、椪柑次之，温州蜜柑抗病较强；最抗病的有香橙、金柑、四季橘。幼嫩组织容易感病，高温、高湿时期萌发的夏、秋梢容易受侵害。害虫造成的伤口有利于病菌侵染。

防治方法主要有：

（1）植物检疫。严禁病区的苗木、接穗进入无病区。

（2）农业防治。严格执行无病苗育苗规程，杜绝苗木传病；做好病情调查及早喷药预防，及时处理病叶、病果、病株；加强肥水管理，促使新梢整齐抽发，做好潜叶蛾等害虫防治；营造防风林，减低风害；冬季清园剪病枝，清落叶、落果，集中烧毁，减少越冬病源。

（3）化学防治。在柑橘谢花后 15 d 喷一次药，夏、秋梢则在抽梢后 7～10 d 喷药，每 15 d 一次，连续 3 次。药剂有农用链霉素可湿性粉剂（1 000 万单位）2 000～2 500 倍液，57.6％冠菌铜干粒剂 1 000 倍液或波尔多液 0.5％～0.8％等量式。

（二）柑橘疮痂病

1. 病原 疮痂病病原为柑橘痂圆孢菌（*Sphaceloma fawcettii* Jenkins），属半知菌亚门腔孢纲黑盘孢目黑盘孢科痂圆孢属，在我国柑橘产区普遍发生。

2. 为害症状 为害新梢、叶片、幼果等，受害叶片初期为黄褐色小点，后逐渐扩大，变为蜡黄色，多发生在叶背面，病斑木栓化隆起，多为叶背突出而叶面凹陷，叶片扭曲畸形，早脱落。新梢受害的症状与叶片相似，但突起不明显，病斑分散或连成一片，后期成斑疤。幼果受害初期为褐色小点，随后扩大成黄褐色斑，木栓化瘤状突起，严重时病斑连成一片，幼果畸形，易早落。有的随果实长大，病斑变得不显著，但果小、皮厚、汁少、味差。

3. 传播途径和发病条件 以菌丝体在病斑内越冬，次年气温升至 15 ℃以上，并为阴雨多湿天气时，病菌产生分生孢子，借风力或水滴和昆虫传播到幼嫩组织上，萌发侵染成新病斑，新病斑上又产生分生孢子再侵染。菌丝生长的最适温度为 20～21 ℃，发病的温度为 15～24 ℃，当温度 28 ℃以上时很少发生。以为害幼嫩的春梢、花器和幼果或 9 月的秋梢最严重。柑橘品种的感病性不同，橘类、柠檬最感病，柑类、柚类等次之，甜橙类、金柑、枳抗病性较强。疮痂病菌只侵染幼嫩组织，以刚抽出而尚未展开的嫩叶、嫩梢及谢花的幼果最易受害。

4. 防治方法

（1）植物检疫。新种植区，苗木、接穗实行检疫，禁止病原带入新区。

（2）农业防治。以有机肥为主，实行配方施肥；春、夏季排除积水，改善果园环境；冬季清园，剪除病枝、收集病叶集中烧毁，喷布 0.8～1.0 波美度石硫合剂 150～200 倍液，或 0.8％～1.0％等量式波尔多液，减少菌源。

（3）化学防治。当春梢新芽露出 0.2～0.3 cm，谢花约 70％时，连续喷药 2～3 次，以保护新梢及幼果；8 月下旬至 9 月上旬抽发新芽露出 0.2～0.3 cm 时喷药保护。农药可用 0.5％等量式波尔多液，或 53.8％氢氧化铜干悬浮剂 900～1 100 倍液，57.6％冠菌清干粒剂 900～1 000 倍液，12％松脂酸铜乳油 800～1 000 倍液，80％代森锰锌可湿性粉剂 500～600 倍液等。

（三）柑橘炭疽病

1. 病原　柑橘炭疽病病原菌是盘长孢状刺盘孢菌〔*Colletotrichum gloeosporioides*（Penz.）〕，属半知菌亚门黑盘孢目刺盘孢属。有性阶段为围小丛壳菌〔*Glomerella cingulata*（Stonem.）Spauld et Schrenk〕，属子囊菌亚门核菌纲球壳目疔座霉科小丛壳属。该病在我国柑橘产区普遍发生，为害柑、橘、橙、柚、柠檬、香橼、佛手、金柑等。

2. 为害症状　炭疽病菌为害叶片、枝梢和果实，亦为害花、果柄，以及大枝和主干。为害叶片症状有两种类型：①急性型。主要发生在幼嫩的叶片上，多从叶尖、叶缘或沿主脉开始，初为暗绿色，像被开水烫伤，后变为淡黄或黄褐色，叶片腐烂、脱落。②慢性型。多出现在成长中的叶片或老叶片叶尖及近叶缘处，病斑初为黄褐色后变灰白色，边缘褐色，病、健部分界明显，后期病斑上出现黑色小粒点。

枝梢症状亦有两种类型：①急性型。在刚抽出的嫩梢顶端突然发病，如开水烫伤，3～5 d 枝梢和嫩叶凋萎变黑，并出现橘红色带黏质小液点的分生孢子团。②慢性型。多发生在枝梢叶柄基部腋芽处或受伤处，初为淡褐色、椭圆形，后扩大为长梭形，稍凹陷，当病斑环绕枝梢一周时，其上部枝梢很快干枯，病部呈灰白色或灰褐色，上有生长小黑点的分生孢子盘，若病斑较小而树势较壮时，病斑随枝梢生长在周围产生愈伤组织，使病皮干枯脱落，形成大小不一的梭形斑疤，病皮干枯爆裂脱落。

花朵发病，雌蕊柱头发生腐烂，褐色，引起落花。果柄被侵染，在甜橙和椪柑的果柄较多，初期呈淡黄色，后变褐色干枯，果肩黄色，随之落果，或病果挂在树上。果实受害可产生干疤型、泪痕型、果实腐烂型和幼果僵果等不同症状。僵果多在幼果 1～1.5 cm 时发生，初期出现暗绿色油渍状、稍凹陷的不规则病斑，后扩大至全果，病果腐烂变黑，干缩成僵果，挂在树上。果腐型主要发生于贮藏期和湿度大的果园近成熟果实，从果蒂或近蒂部发生，深入到果实内部，渐扩展至全果，腐烂组织呈本色水渍状软腐，表面长出炭疽病菌子实体。

3. 传播途径和发病条件　病菌以菌丝体或分生孢子在病枝、病叶和病果组织上越冬。病菌的生长适宜温度为 21～28 ℃，最高 35～37 ℃，最低 9～15 ℃；分生孢子萌发的适温为 22～27 ℃，分生孢子在适温下 4 h 开始萌发。越冬的病菌在次年环境条件适宜时，菌丝产生分生孢子，借风雨或昆虫传播，侵入寄主引起发病。枯病枝上菌丝体全年均可产生分生孢子，春季枯死病枝产生的分生孢子尤甚。在高温多雨条件下发病严重。此病为弱寄生菌，当树势衰弱、局部坏死，或有伤口的情况下，才能为害。管理粗放或措施不合理，如果园积水、土壤板结、偏施化肥、酸性过大、环割过度、超负挂果会加重发病。

4. 防治方法

（1）农业防治。增施有机肥，改良土壤，创造根系生长的良好环境。改善园区生态环境；避免不适当的环割伤害树体；剪除病枝叶和过密枝条，使果园通透性良好，以减少菌源。

（2）化学防治。在春季花期、幼果期和嫩梢期喷药 1～2 次防病。药剂有 40％灭病威（多菌灵·硫）悬浮剂 500 倍液，70％甲基硫菌灵可湿性粉剂 800～1 000 倍液，80％代森锰锌可湿性粉剂，10％苯醚甲环唑水分散粒剂 1 000 倍液，或 12％松脂酸铜 800～1 000 倍液。

（四）柑橘脚腐病

1. 病原　柑橘脚腐病在我国普遍发生，由多种真菌引起，单一病原菌或多种病原菌均可引起发病。国内已知有 12 种病原菌，主要是金黄尖镰孢霉〔*Fusarium oxysporum* Schlect. var. *aurantiacum*（LK.）Wollenw〕、柑橘疫霉〔*Phytophthora cactorum*（Lebert et Cohn）Schröter〕、寄生腐霉菌〔*Phytophvthora parasitica* var. *nicotranae* Tucker〕等。

2. 为害症状　此病发生在主干基部，初时病部呈不规则油渍状，树皮呈黄褐色至黑褐色腐烂，病部常有褐色黏液渗出，随后扩展到形成层和木质部，引起烂根。植株受害时，与病部同方位上的树冠叶片失去光泽，严重时叶片变黄，易脱落。当病斑扩展至根茎树皮全部腐烂时植株枯死。

3. 传播途径和发病条件 该病菌以菌丝体或厚垣孢子在病树和土壤中的病残体上越冬，成为初侵染源。次年气温升高、雨量增加时，病斑中的菌丝除继续为害健康组织外，疫霉产生孢子囊，释放游动孢子，镰孢霉菌产生分生孢子，由雨水传播，伤口侵入。生长发育温度为 10～35 ℃，最适温度为 25～28 ℃。高温多雨利于此病流行。土壤黏重、板结、排水不良、种植过密的园区发病重。虫害的伤口或人为导致主干基部皮层损伤均有利此病侵染。

4. 防治方法

(1) 农业防治。①选用耐病砧木。以枳、枳橙、红橘、酸橘、酸橙为砧木，适当提高嫁接口位置，较少发病；地下水位较高或密植的柑橘园，不宜选用红橘做砧木。②加强栽培管理。防治蛀干害虫，可减少病害的发生。冬季用石灰水涂白，起消毒和防寒作用，涝害或大雨后在地面及下部树冠喷布杀菌剂。

(2) 物理化学防治。及时把病树腐烂部分及病部周围一些健康组织刮除，涂敷 25% 瑞毒霉可湿性粉剂 100～200 倍液或 90% 三乙磷酸铝可湿性粉剂 200 倍液，也可用 1∶1∶10 波尔多浆涂敷。

(五) 柑橘煤烟病

1. 病原 柑橘煤烟病又称煤污病，在全国产区普遍发生。病原菌有 30 多种，除小煤炱属产生吸胞为纯寄生外，其他各属均为表面附生菌。常见的病原菌有柑橘煤炱（*Capnodium citri* Berk. et Desm）、巴特勒小煤炱（*Meliola butleri* Syd）、刺盾炱〔*Chaetothyrium spinigerum*（Höbn）Yam.〕。

2. 为害症状 在叶片、枝梢或果实表面最初出现灰黑色的小煤斑，以后扩大形成黑色或暗褐色霉层，但不侵入寄主。刺盾炱属的霉层似黑灰，多在叶面发生，煤层较厚，绒状，用手擦时可成片脱落；煤炱属的煤层为黑色薄纸状，易撕下或在干燥气候条件下自然脱落；小煤炱属的霉层呈放射状小煤斑，散生于叶片两面和果实表面，其菌丝产生吸胞，附在寄主表面，不易剥落。严重时，大部分枝叶变成黑色，影响光合作用，树势下降，开花少，果品差。

3. 传播途径和发病条件 病菌以菌丝体、子囊壳或分生孢子器在病部越冬，次年春天长出子囊孢子或分生孢子，随风雨传播，散落在蚜虫、介壳虫或粉虱等害虫的分泌物上，以此为营养，进行繁殖发展，引起发病。蚜虫、介壳虫、粉虱防治不力的柑橘园，煤烟病随之严重，尤以粉虱类为甚。

4. 防治方法

(1) 农业防治。合理密植，适当修剪，改善果园通风透光条件；及时防治粉虱、蚜虫、介壳虫等害虫。保护寄生柑橘粉虱、黑刺粉虱的天敌，可减轻煤烟病发病程度。

(2) 化学防治。发生煤烟病可在冬春清园期喷布 95% 机油乳剂 150～250 倍液或松脂合剂 8～10 倍液，还可在春季叶面有水滴时，对着叶片撒布石灰粉除煤污。

(六) 黄龙病

1. 病原 柑橘黄龙病又称黄梢病，为害柑橘属、金柑属和枳属的品种，是毁灭性传染病。病原为薄壁菌门变型菌纲的 α 亚纲中的韧皮部杆菌属的表皮细菌。有亚洲种（*Candidatus* Liberibacter asiaticus，Las）、非洲种（*Candidatus* Liberibacter africanus，Laf）和美洲种（*Candidatus* Liberibacter americanus，Lam）三个种。亚洲、非洲和美洲均有此病发生，我国华南地区普遍存在。江西、湖南、云南、贵州、四川南部、浙江金华、温州等市（县）也有发生。印度称梢枯病，菲律宾称叶斑病，南非称青果病。现在统一称为黄龙病（Huang Long Bing，HLB）。

2. 为害症状 该病初期在树冠出现 1 条或数条叶片黄化的枝梢，随后其他枝条的叶片相继黄化。黄化有两种类型：一是整张叶片均匀黄化，二是叶片呈不规则的黄绿相间的斑驳状黄化；在病枝上再抽出的新梢，叶片似缺锌或缺锰状花叶。病树枝梢衰弱、叶小，早开花、花量大，坐果少，果小，着色差。部分病果的果肩为橙红色，其他部位青绿色，称为"红鼻子果"。病果汁酸，果心柱不正。随病情加重，根部腐烂，全株死亡。幼树病梢多为均匀黄化，树势转弱，再抽的新梢短小，叶片小、叶质硬，黄绿色，或表现相似缺锌的症状，在1～2年可全园毁灭。结果树发病时，多数发生一条或多条小枝的叶片黄化，随后向下部和周围的枝叶扩散。到秋冬季节，黄叶逐渐脱落；次年，春芽早发，花多而不实，新梢似缺锌症状。随病情加重，根系腐烂，2～3年死树。

3. 传播途径和发病条件 黄龙病通过带病的接穗和苗木远距离传播，近距离为柑橘木虱传播。幼树抽梢次数多，发病率高，病区内补种新苗则出现"先种后死，后种先死"的情况。

4. 防治方法

（1）植物检疫。柑橘黄龙病为重点检疫对象，禁止带病的接穗、苗木进入无病区。

（2）农业防治。建立无病苗圃，按柑橘无病毒繁育体系规程，培育无病苗木；加强栽培管理，保持树势健壮，提高耐病能力；进行病虫预测预报，统一喷药，防治传病媒介柑橘木虱；及时挖除病树，随时检查，发现病树，及时挖除销毁。

二、主要害虫及其防治

（一）柑橘红蜘蛛

柑橘红蜘蛛学名全爪螨（*Panonychus citri* McGregor），我国柑橘产区均有分布。

1. 为害特点 以成螨、若螨和幼螨刺吸柑橘叶片、绿色枝梢和果实汁液。被害处呈现出许多灰白色小斑点，严重时，叶片和果面灰白色，叶片提早脱落，甚至导致落果，树势衰弱，直接影响产量和品质。

2. 形态特征 雌成螨长约0.39 mm，宽约0.26 mm，近椭圆形，紫红色，背面有13对瘤状小突起，每一突起上着生1根白色刚毛，足4对。雄成螨鲜红色，体略小，长约0.34 mm，宽约0.16 mm，腹部后端较尖，近楔形，足较长。卵扁球形，直径约0.13 mm，鲜红色，顶部有一垂直的长柄，柄端有10～12根向四周辐射的细丝，可附着枝叶表面。幼螨体长0.2 mm，色较淡，足3对，若螨与成螨相似，体较小，一龄若螨体长0.2～0.25 mm，二龄若螨体长0.25～0.3 mm，均有足4对。

3. 发生规律 红蜘蛛一年发生的代数与温度有关，年均温度22 ℃以上的地区，一年发生30代左右；年均温度20 ℃左右的地区，一年发生约20代；年均温度15～17 ℃的地区，一年发生12～15代，世代重叠。以成螨和卵越冬，暖冬年份可见若螨。在近叶柄、枝条棱沟或裂缝处越冬。其发生密度与温度、湿度、食料、天敌和人为等因素有关，发育和繁殖的适宜温度为20～30 ℃。当相对湿度为85％时，25 ℃时完成一个世代约需16 d，30 ℃时则需13～14 d；冬季完成一代需63～71 d。春、秋季是发生严重期，夏季高温对其生长不利。全爪螨两性生殖，也可孤雌生殖，孤雌生殖的后代为雄性。每雌螨产卵30～60粒，产于叶背主脉两侧、叶面、嫩梢和果实上。

4. 防治方法

（1）农业防治。冬季清园，集中烧毁剪出的枝叶，减少虫源。果实实行生草栽培，保护园内藿香蓟类杂草等，或间种作物，调节园区温度、湿度，有利于捕食螨等天敌的栖息繁衍。

（2）生物防治。保护和利用自然天敌，如捕食螨、食螨瓢虫等食量大的天敌；人工放养捕食螨。每株柑橘挂1袋（1 000头）胡瓜钝绥螨，半个月红蜘蛛虫口减少97.6％，1个月虫口减退率达100％，广东在4月至5月上旬或8月中下旬至9月上旬释放。一般每株树挂1～2袋。放养捕食螨后，禁止喷杀伤捕食螨的农药。

（3）化学防治。加强虫情检查，局部性发生时实行挑治，当虫口2头/叶时，全面喷药防治；采果后至春芽前或春芽和幼果期后用专一性农药，如20％哒螨灵可湿性粉剂1 500～2 000倍液，25％单甲脒水剂1 000～1 500倍液，1.8％阿维菌素乳油2 000～2 500倍液喷杀等。

（二）柑橘锈瘿螨

1. 为害特点 柑橘锈瘿螨［*Phyllocoptruta deivora*（Ashmead）］又名柑橘锈壁虱、锈螨、锈蜘

蛛，以成、若螨群集在叶片、果实、枝条上，以口器刺入表皮细胞吸食汁液为害柑橘。叶片、果实受害后油胞破坏，内含芳香油溢出被氧化而呈黄褐色或古铜色，故称黑皮果。严重被害时，引起叶片硬化、畸形和幼果大量脱落，品质低劣，树势下降。

2. 形态特征 成螨体长 0.1～0.16 mm，楔形，初呈淡黄色，后渐变为橙黄色或橘黄色；头小向前方伸出，具颚须 2 对；头胸部背面平滑，足 2 对，腹部有许多环纹，腹末端有纤毛 1 对。卵圆球形，表面光滑，灰白色透明。若螨的形体似成螨，较小，腹部光滑，环纹不明显，腹末端尖细，具足2 对。一龄若螨体灰白色，半透明；二龄若螨体淡黄色。

3. 发生规律 柑橘锈瘿螨每年发生的代数，随地区及气候的不同而异。在我国北亚热带一年发生约 18 代，中亚热带 22 代，南亚热带 24～30 代，世代重叠。成螨在柑橘枝梢的腋芽缝隙或卷叶内越冬，南亚热带常在秋梢叶片上越冬。越冬成螨在春季气温上升到 15 ℃左右时，开始取食危害和产卵等活动。雌成螨为孤雌生殖，卵分散产于叶背和果面凹陷处，也可产在枝梢上。每一雌螨产卵30～40 粒。幼螨经 2 次蜕变为成螨。广东 4 月中旬成螨逐渐向春梢叶片转移取食和产卵，5 月上旬向幼果迁移，先在果萼周围为害，引起幼果大量脱落。锈螨先在树冠下部和内膛叶片及果蒂部位发生，向树冠外围叶片和果实的阴面蔓延。高温的夏季和干旱的秋季危害猖獗。

4. 防治方法

（1）农业防治。果园生草，旱季适时灌溉，以减轻锈壁虱的发生与危害。

（2）生物防治。减少或避免使用铜制剂防治柑橘病害，尽量使用选择性农药，如多毛菌粉（每克700 万菌落）300 倍液喷布，并保护天敌，控制锈壁虱为害。

（3）化学防治。定期用 10 倍放大镜检查叶背，每个视野平均有锈瘿螨 2 头时，应立即喷药防治。药剂可选用 70％丙森锌可湿性粉剂或 65％代森锌可湿性粉剂 600～800 倍液，1.8％阿维菌素乳油3 000～4 000 倍液，5％唑螨酯悬浮剂 1 500～2 000 倍液，45％晶体石硫合剂 200～300 倍液。喷药要细致，树冠内膛和果实阴面均匀着药。

（三）介壳虫类

柑橘介壳虫属同翅目蚧总科，其种类多。虫体常被粉状、蜡质分泌物或介壳，防治困难。发生较普遍的有硕蚧科的吹绵蚧，盾蚧科的矢尖蚧、褐圆蚧、红圆蚧、黄圆蚧、长牡砺蚧、长白蚧、糠片蚧、黑点蚧；蜡蚧科的红蜡蚧、褐软蜡蚧、日本龟蜡蚧、角蜡蚧；粉蚧科的堆蜡粉蚧、根粉蚧；绵蚧科的网纹绵蚧等。尤以矢尖蚧、吹绵蚧、褐圆蚧、黑点蚧、红蜡蚧等危害较重。均以若虫、雌成虫群集在叶、枝和果实上吸汁为害，常诱发煤烟病。根粉蚧则主要是在根系上吸食汁液，造成烂根，上部表现缺肥黄化，抽梢少，落花落果，影响柑橘树势、产量和品质。

1. 柑橘矢尖蚧

（1）为害特点。柑橘矢尖蚧 [Unaspis yanonensis（Kuwana）] 又称矢尖盾蚧、矢根介壳虫。国内柑橘产区普遍发生，初发生时呈点状分布，逐渐蔓延聚集成块状。为害柑橘枝梢、叶片及果实，引起叶片失绿黄化，严重时叶片卷缩干枯、枝条枯死，果实变小，现青色凹陷，外观差，果味酸。

（2）形态特征。二龄雌介壳扁平淡黄色半透明，中央无脊；雌成虫介壳长 2～4 mm，胸部长，腹部短，分节明显，前窄后宽，中央有 1 纵脊，两侧有向前斜伸的横纹，黄褐色或棕色。二龄雄介壳有3 条似飞鸟状白色蜡丝带，随蜡丝增多而形成有 3 条纵脊的狭长、粉白色介壳。雄成虫体橙黄色，长0.5 mm，尾片长 0.4 mm，具翅 1 对，翅展 1.76 mm，无色透明，眼深紫褐色。卵椭圆形，长约0.2 mm，宽 0.09 mm，橙黄色。初孵若虫扁平椭圆形，雌虫橙黄色，雄虫淡黄色，触角和足发达，固定取食后逐渐退化消失。雄虫蛹长卵形，淡黄色。

（3）发生规律。一年 2～4 代，世代重叠，以雌成虫和少数若虫越冬，4～5 月日均气温达 19 ℃时，越冬雌成虫产卵于介壳下，卵期很短，初孵若虫很快分散转移至枝、叶、果上固定取食，分泌蜡质成介壳，形体缩短，若虫 3 龄，二龄触角和足均退化。10 月以后日平均气温低于 17 ℃时停止产卵。第一代若蚧盛发期在 5 月中下旬，多寄生在老叶上；第二代若蚧盛发期在 7 月下旬，寄生在新叶和果实上；第三代若蚧盛发期在 9 月上中旬，分散为害。矢尖蚧具有趋阴性，树冠下部和内层荫蔽处零星发生，以后向上和外部扩散；荫蔽的橘园受害重。

2. 吹绵蚧

（1）为害特点。吹绵蚧（*Icerya purchasi* Maskell）又称绵团蚧，我国柑橘产区都有分布，尤其南方产区受害重。以若虫和成虫群集于柑橘的叶、嫩枝及枝条为害，吸食汁液使叶片发黄，枝梢枯萎，引起落叶、落果，并排泄蜜露诱致煤烟病发生。轻者削弱树势，重者枯死。

（2）形态特征。吹绵蚧雌成虫椭圆形，橘红色，长 5～7 mm，背面隆起，着生黑色短毛，被淡黄白色棉絮状蜡质分泌物。足和触角黑褐色，无翅。产卵前腹背后方有半卵形白色卵囊，囊上有脊状隆起线 14～16 条。雄虫似小蚊，长约 3 mm，橘红色，前翅狭长，紫黑色，后翅退化为平衡棒；触角 11 节，黑色，环毛状。胸部黑色，胸背具黑斑；腹部末节有瘤突 2 个，各生 4 根毛。卵呈长椭圆形，长约 0.7 mm，初产时橙黄色，后变为橘红色，密集于卵囊。一龄若虫椭圆形，体红色，眼、触角和足黑色，腹部末端有 3 对长毛。随龄期增长，体色变深至红褐色，蜡粉、体毛增多，雄虫比雌虫狭长，蜡粉少，行动活泼。蛹（雄）长 2.5～4.5 mm，橘红色。茧长椭圆形，覆有白色疏松的蜡丝。

（3）发生规律。在华南吹绵蚧一年发生 3～4 代，华东与中南地区 2～3 代。以三龄若虫和无卵雌成虫在枝条、叶背越冬。4～6 月多发生，雌成虫聚集在主枝阴面或枝杈间，定居后不再移动，交配后 6～11 d 产卵，产卵期 5～45 d，卵产于卵囊内，每雌虫产卵 300～400 粒，多达 2 000 粒。雄虫少，多孤雌生殖，但越冬雄虫较多，常在树缝隙、叶背及土中化蛹。雌若虫共 3 龄，雄若虫共 2 龄。初孵若虫在卵囊内停留一段时间后分散到叶片主脉两侧为害。二龄后多分散至枝干和果梗等处群集为害。吹绵蚧适于温暖高湿的气候，以 25～26 ℃适于繁殖。

3. 褐圆蚧

（1）为害特点。褐圆蚧（*Chrysomphalus aonidum*）在各柑橘产区均有发生，以成虫和若虫在叶片、果实及嫩枝上刺吸汁液，叶片受害后出现淡黄色斑点；枝干受害，表现为表皮粗糙；嫩枝受害后生长不良，树势减弱；果实受害后，表皮有凹凸不平斑点，品质降低或落果。

（2）形态特征。雌介壳圆形，直径 1～2 mm，褐色，边缘淡褐色。蜡质坚厚，中央隆起，表面有密而圆的同心轮纹，边缘较低，形似草帽状，壳点在中央，呈脐状，红褐色。雄介壳长椭圆形或卵形，比雌介壳小，长约 1 mm，色泽与雌介壳相似，但蜕皮壳偏于一端。雌成虫长约 1.1 mm，淡橙黄色，倒卵形，头胸部最宽，腹部较长。雄成虫长约 0.75 mm，淡橙黄色，足、触角、交尾器及胸部背面均为褐色，有翅 1 对，透明。卵长约 0.2 mm，长卵形，橙黄色。初孵若虫卵形，淡橙黄色，体长 0.23～0.25 mm，足 3 对，触角、尾毛各 1 对，口针较长。二龄虫的足、触角、尾毛均消失。二龄雄虫出现黑色眼斑。蛹（雄）有触角、眼、翅芽和足芽，并出现交尾器。

（3）发生规律。褐圆蚧每年发生 3～6 代，世代重叠，以受精雌虫越冬。福州地区初孵若虫盛发期第一代 5 月中旬，第二代 7 月中旬，第三代 9 月下旬，第四代 10 月下旬至 11 月中旬。两性生殖，雌成虫产卵期长达 14～56 d。卵期几小时至 2～3 d。初孵若虫扩散后即固定在新梢、嫩叶及果实上刺吸汁液，分泌蜡质覆盖于体背，雌若虫多在叶背、果实上，雄若虫多在叶正面为害。雄若虫寿命约 4 d，蜕皮 2 次，羽化为成虫，雌若虫共 3 龄。

4. 黑点蚧

（1）为害特点。黑点蚧［*Parlatoria zizyphus*（Lucas）］各柑橘产区均有分布，以成虫和若虫群集为害枝条、叶片和果实，叶受害后褪绿发黄，延迟果实成熟，诱发煤烟病，严重时枝梢枯干。

（2）形态特征。雌介壳漆黑，长约 1.8 mm，第一壳点椭圆形，突出位于前端，第二壳点近长方形，背面有 2 条纵脊。介壳周围和后缘附有灰白色蜡片。雄介壳较狭小，长约 1 mm，淡黄色，第一壳点黑色,附着于前端,其余为灰白色蜡片。雌成虫倒卵形,淡紫红色,前端两侧各有一大耳状突出,臀叶 4 对,其中第一、第二和第三对等大、发达。雄成虫紫红色,翅 1 对,半透明,腹末有针状交尾器。卵长 0.25 mm,紫色。若虫体长 0.3 mm,初孵时紫灰色,后体色渐深为深灰色,固定后足、触角和尾毛消失,固定后分泌白色绵状蜡点。

(3)发生规律。黑点蚧一年 3~4 代,世代重叠,以雌虫和少量卵在枝叶上越冬。雌虫产卵于介壳下腹部末端,4 月下旬初孵若蚧开始为害当年生春梢,初孵若蚧爬行一段时间后固定,然后分泌白色绵状蜡质,5 月下旬少数若蚧向果实迁移为害,6~8 月在叶片和果实上大量发生,第二代多为害果实,部分为害叶片。7~8 月上旬以后果实上虫口逐渐增加,8 月中旬又转移到夏、秋梢叶片上危害,第三代为害叶片。雌若蚧共 3 龄,雄若蚧二龄后化蛹。树势衰弱、郁闭的果园受害重。树冠向阳面多于背阴面,叶面多于叶背。

5. 糠片蚧

(1)为害特点。糠片蚧(*Parlatoria pergandii* Comstick)又名灰点蚧、圆点蚧,我国大部分柑橘产区有分布。若虫、雌成虫聚集刺吸枝干、叶和果实汁液,尤其果蒂下陷或灰尘多处受害重,叶受害呈淡绿色,枝干布满灰白色介壳,引起枝枯叶落,果实被害处出现黄绿色斑点,还诱发煤烟病,重者叶干枯卷缩,树势衰弱甚至枯死。

(2)形态特征。雌介壳长 1.5~2 mm,灰色,中部隆起,边缘倾斜,形状和颜色酷似糠壳。两壳点小,重叠于介壳边缘,第一壳点圆形,暗黄绿色,第二壳点较大,近圆形略隆起,黄褐色。雄介壳长约 1.28 mm,灰白色或淡黄褐色,壳点位于介壳之前端,两侧边平行。雌成虫宽卵圆形,长 0.8 mm,紫红色,口针和臀部淡黄色。雄虫紫色,具触角和翅 1 对,足 3 对。卵椭圆形,长约 0.3 mm,淡紫色。若蚧初孵时体紫色,椭圆形,眼黑褐色,触角和脚均短,触角端节有长毛 3 根,体长 0.2 mm。蛹呈长方形,长 0.55 mm,紫色,腹末有尾毛 1 对。

(3)发生规律。一年发生 3~4 代,以受精雌虫和卵在枝叶上越冬,世代重叠。雌成虫能孤雌生殖,第一代主要为害枝叶,第二代为害果实,使果实表面密布介壳。以 7~10 月虫口密度最高。糠片蚧喜寄生在较为荫蔽的地方,尤以植株内腔下部及有尘土积集的枝梢上为多。果实上多寄生于细胞凹陷处或果蒂附近,叶片上则灰尘多的叶面多于叶背,且多在中脉两侧。因此在温暖、潮湿、光照不足、管理粗放的橘园受害较重。

6. 红蜡蚧

(1)为害特点。红蜡蚧(*Ceroplastes rubens* Maskell)又名红蜡虫、红粉蚧等。国内柑橘主产区有分布,浙江、四川和贵州等地柑橘受害重。成蚧和若蚧主要群集在枝梢上,少数在叶柄或叶片上吸取汁液,并诱发烟煤病,使树势生长衰弱,枝梢叶短,枯枝多,果少而小且味酸。

(2)形态特征。雌介壳背面蜡壳很厚,隆起似红小豆,直径 3~4 mm,高约 2.5 mm。顶部凹陷似脐状,具 4 条白色蜡带从底边卷向顶部,底边向上卷成瓣状。雌成虫椭圆形,紫红色,触角 6 节,口器发达,足小,爪较硬。雄成虫体长 1 mm,暗红色,触角、足及交尾器淡黄色,前翅白色半透明,后翅退化成平衡棒。卵椭圆形,淡紫红色,两端稍细,长约 0.3 mm。初孵若虫扁平椭圆形,红褐色,前端略宽,腹末端有 2 根长毛。固定后触角、足和尾毛消失,分泌白色蜡质而呈白壳点。雄虫二次蜕皮后成预蛹,长约 1 mm,淡黄色。预蛹和蛹蜡壳均为长形,暗紫红色,背面隆起,两端各有 1 对蜡质突起。

(3)发生规律。一年发生 1 代,以受精雌成虫越冬,5 月中下旬产卵,卵产于雌虫体下,产卵期达 1 个月,200~500 粒/雌。卵期 1~2 d,孵化 2~3 d 后若蚧开始分散到新梢上为害,尤以向阳的外侧枝梢虫口多,虫口密度高时,新老枝、叶片及果柄上都有分布。固定后便开始吸汁为害,分泌蜡质,覆盖体背。随虫龄增大,蜡壳加厚增大,耐药性增强。雌若虫共 3 龄,多固定于枝上,少数在叶上。雄虫多固定于叶柄和叶背沿主脉两侧,蜕皮 2 次化蛹,8 月下旬至 9 月中旬羽化,雄成虫寿命

$1\sim2\,d$，交配后不久死亡。当年生春梢虫口最多，$5\sim6$ 月危害最盛。

7. 堆蜡粉蚧

（1）为害特点。堆蜡粉蚧（*Nipaecoccus vastator* Maskell）又称橘鳞粉蚧，全国柑橘产区都有，华南发生较普遍。以成、若虫群集在新梢、叶腋和叶片基部及幼果刺吸汁液。新梢被害常致畸形，枝叶扭曲，叶片皱缩，果实上多群集果蒂，引起果皮呈块状突起，变小变黑和畸形肿瘤，不堪食用，重者引起落果。

（2）形态特征。雌成虫椭圆形，扁平，长 $3\sim4\,mm$，紫黑色，触角和足草黄色，触角 7 节。背面覆盖厚的白色蜡粉，每节横向分为 4 堆，体背排成明显的 4 行。虫体边缘有粗而短的蜡丝，末端的 1 对蜡丝较长。雄成虫紫酱色，长约 $1\,mm$，仅 1 对前翅，半透明，腹末有 1 对白色蜡质长尾刺。卵淡黄色，椭圆形，长约 $0.3\,mm$。若虫形似雌成虫，分节明显，紫色，初孵时无蜡质粉堆，固定取食后，体背及周缘即开始分泌白色粉状蜡质，并逐渐增厚。

（3）发生规律。广州一年发生 $5\sim6$ 代，世代重叠，以成虫、若虫在树枝裂缝、卷叶及蚂蚁巢内越冬。翌年 2 月初若、成虫活动取食，为害春梢枝条，3 月下旬出现第一代卵囊，孵化后若虫为害幼果，5 月上旬出现第二卵囊，聚集在果柄、果蒂取食，11 月第六代若虫群集秋梢取食。广州若虫盛发期以 $4\sim5$ 月和 $10\sim11$ 月虫口密度最大，危害最重。雄虫少，主要行孤雌生殖，雌虫产卵于带淡黄色的白色绵状蜡质卵囊内，每雌产卵 $200\sim500$ 粒。雌若虫 4 龄。

8. 介壳虫防治方法

（1）农业防治。结合冬季修剪，剪除带虫枝叶，除吹绵蚧外，虫枝放置空地一周后（以便保护天敌），集中烧毁，减少越冬虫口基数；做好柑橘果实和苗木检疫，杜绝扩散。

（2）生物防治。柑橘蚧类的天敌种类很多，捕食性天敌有整胸寡节瓢虫、红点唇瓢虫、二双斑唇瓢虫、日本方头甲、草蛉、澳洲瓢虫等，寄生性天敌有双带巨角跳小蜂、金黄蚜小蜂、纯黄蚜小蜂、矢尖蚧黄蚜小蜂、糠片蚧黄蚜小蜂、糠片蚧恩蚜小蜂、盾蚧长缨蚜小蜂等。

（3）物理防治。在柑橘园挂置黄色粘虫板可粘捕成虫。

（4）化学防治。在卵盛孵期叶片或果实有虫率达到 10% 时，喷药防治，每隔一周喷一次，连续喷雾 $2\sim3$ 次。药剂有 95% 机油乳剂 200 倍液、5% 啶虫脒乳油 2 000 倍液、10% 吡虫啉可湿性粉剂 2 000 倍液。

（四）蚜虫类

1. 橘蚜

（1）为害特点。橘蚜属同翅目蚜虫科，遍布所有柑橘产区，成虫和若虫吸食柑橘的嫩梢、嫩叶、花蕾和花的汁液，使叶片卷曲皱缩，新梢枯萎，叶片、花蕾和幼果脱落；诱发煤烟病；使枝叶发黑，影响光合作用。

（2）形态特征。成虫分有翅和无翅型两种。无翅胎生雌蚜，体长 $1.3\,mm$，漆黑，复眼红褐色，触角灰褐色，足胫节端部及爪黑色，腹管管状，尾片乳突状有丛毛；有翅胎生雌蚜与无翅型相似，翅无色透明，前翅中脉分 3 叉，翅痣淡黄色。无翅雄蚜与无翅雌蚜相似，体深褐色，后足胫节特别膨大。有翅雄蚜与有翅雌蚜相似。卵椭圆形黑色。若虫：体褐色，复眼红黑色，亦分有翅和无翅型 2 种，有翅型的翅在 3 龄后长出。

（3）发生规律。发生代数随地区，年份不同而异，据浙江、广东、湖南等地观察，橘蚜一年发生 $10\sim20$ 代。浙江黄岩主要以卵越冬，广东、福建以成虫越冬。越冬卵在 3 月下旬至 4 月上旬孵化为无翅若虫，在新梢上群集为害，若虫成熟后开始胎生幼蚜，继续繁殖为害。其繁殖的适温为 $24\sim27\,℃$，雨水多或气温低或过高不利其发生，故春、秋两季繁殖最盛，为害最烈。条件不适宜或叶片老化、虫口密度大时，就产生有翅胎生蚜，迁飞它处为害，幼蚜喜群居。繁殖一代所需时间随着温度不同而异，为 $5.5\sim41.9\,d$，平均 $10.6\,d$。成虫寿命为 $5.7\sim28.5\,d$。每雌能胎生幼蚜 $5\sim68$ 头，最多达 93

头。秋末或冬初出现有翅雌、雄蚜，交配后产卵越冬。

2. 橘二叉蚜

（1）形态特征。橘二叉蚜又名茶二叉蚜，分布区与橘蚜同。除柑橘外，还为害茶、柳、咖啡等。成虫分有翅和无翅型 2 种。有翅胎生雌蚜体长 1.6 mm，黑褐色，翅无色透明，前翅中脉二分叉，触角蜡黄色，腹部两侧各有 4 个黑斑。无翅胎生雌蚜体长 2 mm，近圆形，暗褐或黑褐色，腹部和胸部背面有网纹。若虫与成虫相似，体长 0.2～0.5 mm，无翅，淡棕色或淡黄色。

（2）发生规律。一年发生 10 余代，以无翅雌蚜或老若虫越冬，次年 3～4 月为害新梢和嫩叶，以5～6 月繁殖最盛。其繁殖最适温为 25 ℃左右，雨水过多或气候干旱不利于发生。行孤雌生殖，均为无翅蚜，但当环境不利或虫口密度过大，便产生有翅蚜，迁飞它株为害。

3. 防治方法

（1）农业防治。冬季剪除被害及有卵枝，刮除大枝上越冬虫、卵，消灭越冬虫口；生长季节摘除抽生不整齐的新梢，减少害虫食量，压低虫口基数。

（2）生物防治。保护利用天敌，蚜虫的天敌很多，有瓢虫、草蛉、食蚜蝇、寄生蜂和寄生菌等。气温高时天敌繁殖快、数量大，消灭蚜虫快。这时应尽量减少喷药，或采取涂干，点片或隔行喷药等方法保护天敌。

（3）物理防治。在柑橘园挂置黄色粘虫板可粘捕有翅蚜。

（4）化学防治。在新梢有蚜率达 25％左右时喷药，药剂有 10％氯氰菊酯乳油 3 000 倍液或 2.5％鱼藤酮乳油 600～1 000 倍液，0.3％苦参碱水剂 400 倍液。

（五）柑橘潜叶蛾

1. 为害特点 柑橘潜叶蛾又名绘图虫或鬼画符，属鳞翅目橘潜蛾科。我国柑橘产区均有发生，幼虫潜入柑橘嫩梢、嫩叶表皮下取食，形成白色弯曲的虫道，使叶片卷缩硬化，容易脱落，也为柑橘溃疡病菌的侵入和螨类等害虫越冬提供条件。夏、秋梢受害重，春梢受害，苗木和幼树受害重，成年树轻。

2. 形态特征 成虫小型蛾类，体长约 2 mm，翅展 5.3 mm，体和翅白色，触角丝状，前翅尖叶形，有较长缘毛，基部有 2 条黑纹，2/3 处有 Y 形纹，近翅尖部有 1 黑斑，黑斑之前，有 1 较小的白点，后翅绿毛极长，针叶形银白色。卵扁圆形，无色透明，长 0.3 mm。幼虫黄绿色，成熟幼虫体纺锤形，长 4 mm，头部和腹部末端尖细，尾节末端有 1 对较长的尾状物。预蛹长筒形，长 3.5 mm；蛹纺锤形，初呈淡黄色，后为深褐色，长 2.8 mm，外被黄褐色薄茧。头顶端有倒"丁"字形构造。头和复眼深红色，将羽化前变为黑红色。

3. 发生规律 潜叶蛾的发生随地区和年份的气温不同而异，在浙江黄岩一年发生 9～10 代，广东 10 代以上，以蛹或老龄幼虫在叶片边缘卷曲处越冬。次年 4 月下旬越冬蛹羽化为成虫，5 月危害。7～8 月抽梢期危害最烈。成虫略具趋光性，多于清晨羽化，羽化后即行交尾产卵。从羽化至产卵需经 1～4 d，卵多于夜间产在嫩叶背面的中脉两侧。幼虫孵化后，即潜入嫩叶、嫩梢表皮下取食为害。幼虫老熟后，在叶片边缘卷曲处化蛹，世代重叠，各虫态并存。

4. 防治方法

（1）农业防治。夏、秋梢时控制肥、水施用，摘除并处理田间过早或过晚抽发的不整齐嫩梢，使夏、秋梢抽生整齐健壮，减少害虫的食料，降低虫口密度。

（2）物理防治。在柑橘园挂置黄色粘虫板可粘捕成虫。

（3）化学防治。应在嫩芽长 2～3 mm 或抽梢率达 25％时开始喷药。主要药剂有 2.5％溴氰菊酯乳剂 5 000～10 000 倍液，20％杀灭菊酯 5 000～10 000 倍液，10％氯氰菊酯 3 000～5 000 倍液，10％二氯苯醚菊酯 2 000～3 000 倍液。

（六）柑橘卷叶蛾

我国为害柑橘的卷叶蛾类有 7 种，以拟小黄卷叶蛾和褐带长卷叶蛾分布普遍。以幼虫为害柑橘新梢、嫩叶、花和果实，使嫩叶成缺刻、卷叶或被吃掉；幼果被害后，引起大量落果；为害成熟果实后，引起腐烂脱落。

1. 拟小黄卷叶蛾

（1）形态特征。成虫雌虫体黄色，长 8 mm，翅展 18 mm，雄虫体稍小，头部有黄褐色鳞毛，雄虫前翅有黑褐色纹，两翅并拢时呈六角形斑点，区别于雌虫。雌虫前翅前缘有较粗而浓的黑色褐斜纹、横向后缘中后方，后翅淡黄色。卵呈鱼鳞状排列成椭圆形的卵块，上面覆有胶质薄膜。卵初产时呈淡黄色，后变深呈黄褐色，孵化前可见幼虫黑色的头部。一龄幼虫头部黑色，二龄后头部为黄色。前胸背板淡黄色，足淡黄褐色，蛹长 9 mm，黄褐色。

（2）发生规律。一年发生 8 代左右，以幼虫在卷叶内越冬或以蛹和成虫越冬。越冬幼虫于 3 月化蛹，3 月中旬羽化为成虫，随即产卵。卵多产于叶片正面，于 3 月下旬孵化，开始为害。幼虫 5 龄，各虫态历期不同。每雌虫产卵 2～3 块，每卵块约有 140 粒卵。成虫趋光性不强，对糖酒醋液有趋性。

2. 褐带长卷叶蛾

（1）形态特征。成虫暗褐色，雌体长 8～10 mm，雄虫略小。前翅长方形暗褐色，基部有黑褐色斑纹，前缘中央到后缘中后方有 1 深褐色宽带。雄蛾前翅前缘基部有 1 近椭圆形突出部分，后翅淡黄色。卵椭圆形，淡黄色，排列成椭圆形卵块，上面覆有胶质薄膜。一龄幼虫头部黑色，腹部黄绿色，胸脚和前胸背板深黄色；二至四龄幼虫前背板及胸足为黑色；老熟幼虫头、前胸背板和前、中足黑色，后足褐色。蛹黄褐色，长 8～13 mm。

（2）发生规律。该虫一年发生 4～6 代，以幼虫在卷叶或杂草上过冬，每年 4～5 月第一代幼虫为害柑橘幼果、嫩叶、嫩梢和花蕾，6 月以后为害嫩梢，9 月以后可为害成熟果实。幼虫在卷叶内化蛹，成虫清晨羽化，傍晚交尾，次晨产卵。卵产在叶上，每雌虫产 2～3 个卵块，每块约 300 粒。

3. 防治方法

（1）农业防治。冬季清除果园杂草，消灭越冬幼虫等。在 4～6 月加强检查，及时摘除有虫卵块。

（2）生物防治。4～6 月释放松毛虫赤眼蜂。在一、二代产卵期，每 7 d 放蜂一次，每代放蜂 3～4 次，每 667 m² 每次放蜂 25 000 头。此外，喷施青虫菌 800～1 000 倍液（0.1 亿/g）。

（3）物理防治。用糖酒醋液诱捕成虫（红糖：黄酒：醋：水＝1：2：1：6）。

（4）化学防治。虫口密度大时喷药，主要药剂有 90％敌百虫 800～1 000 倍液，2.5％溴氰菊酯 4 000～5 000 倍液，20％杀灭菊酯 3 000～4 000 倍液，10％二氯醚菊酯 2 000～3 000 倍液。

（七）凤蝶类

1. 柑橘凤蝶

（1）为害特点。柑橘凤蝶属鳞翅目凤蝶科。为害柑橘的凤蝶约 5 种，以柑橘凤蝶和玉带凤蝶发生较多，以吃柑橘嫩叶、嫩芽为害。

（2）形态特征。成虫有春、夏两型。春型体较小，长 21～28 mm，翅展 70～95 mm。体淡黄色，胸、腹有宽的黑纵带，由胸节前方直达腹部末端。前翅三角形，黑色，外缘有 8 个月牙形黄斑；后翅外缘有 6 个月牙形黄斑。夏型体长 27～30 mm。翅展 105～108 mm。卵球形略扁，初产时淡黄色，后变淡紫至黑色。低龄幼虫体褐色，成熟幼虫体绿色，长 38～48 mm，前胸背面有橙黄 Y 形臭角，遇惊时便伸出，放出难闻气味。体表面光滑，后胸背面两侧各有 1 眼状纹。腹部第一节后缘有 1 条黑色大环纹。前、中、后胸、腹部第一节和第四至六节有黑色带状斜纹。蛹近菱角形，初为淡绿色，后为暗褐色。

（3）发生规律。一年发生 3 代，以蛹越冬，翌年 4 月羽化为春型成虫。第二代成虫 7～8 月出现，第三代 9～10 月出现，即为夏型成虫。成虫白天活动，采蜜交尾，卵散产在嫩叶、嫩芽上。卵期 1 周左右，幼虫期 20～28 d，蛹期 7～14 d。幼虫孵化后咬食嫩芽、嫩叶。一头大幼虫，一天可食 5～6 片叶。幼虫老熟后即在隐蔽处吐丝做垫，用尾足趾钩抓住丝垫，再吐丝环绕胸腹间，并缠枝上做茧化蛹。

2. 玉带凤蝶

（1）形态特征。成虫黑色，体长 25～27 mm，翅展 95～100 mm。雄蝶前翅外缘有黄白色斑点 9 个，后翅中部有白色斑 7 个，白斑横贯前后翅，形似白色玉带。雌蝶有两型，一型与雄蝶相似，但后翅外缘处有数个月形深红色小斑，或臀角有 1 深红眼状纹。另一型前翅灰黑色，后翅外缘内方有横列的深红色半月形斑 6 个，中部有 4 个大的黄白斑。卵圆球形，初产时黄白色，后变为深黄色。幼虫一龄黄白色，二龄黄褐色，三龄黑褐色，四龄油绿色，五龄绿色。老熟幼虫体长 45 mm，头黄褐色，后胸前缘有 1 齿状黑线纹，中间有 4 个紫灰色斑点，第二腹节前缘有 1 黑带，第四、第五腹节两侧有黑褐色斜带，中间有黄、绿、紫、灰色的斑点，第六腹节亦有斜行花纹 1 条。臭角紫红色。蛹长约 30 mm，呈灰褐、灰黄、灰黑及绿色等。

（2）发生规律。一年发生 4～5 代，以蛹附着在枝条、叶背等处越冬。翌年 4 月越冬蛹羽化，交尾产卵。各代幼虫分别盛发于 5 月中下旬、6 月下旬、8 月上旬和 9 月上旬。田间世代发生不整齐，4～11 月均有幼虫出现。

3. 防治方法

（1）农业防治。冬季结合清园，捕杀越冬虫蛹；经常捕捉幼虫和摘除虫卵。

（2）生物防治。柑橘凤蝶类天敌有凤蝶赤眼蜂、凤蝶金小蜂、广大腿小蜂和野蚕黑瘤姬蜂等寄生蜂，应加以保护。

（3）化学防治。90% 敌百虫 800～1 000 倍液，100 亿/g 的青虫菌或苏云金杆菌 1 000～2 000 倍液，2.5% 溴氰菊酯 500～1 000 倍液。

（八）柑橘果实蝇

为害柑橘的实蝇类害虫属双翅目实蝇科，已知有 9 种，为检疫性害虫。国内柑橘产区主要有柑橘大实蝇［*Bactrocera*（*Tetradacus*）*minax*（Enderlein）］、蜜柑大实蝇［*Bactrocera*（*Tertradacus*）*tsuneonis*（Miyake）］和橘小实蝇［*Bactrocera dorsalis*（Hendel）］。

1. 柑橘大实蝇

（1）为害特点。柑橘大实蝇分布于西南地区。成虫产卵于柑橘果实中，孵化后蛀食果肉，导致果实腐烂、脱落。

（2）形态特征。成虫体长 12～13 mm，翅展 20～24 mm，体黄褐色，头大，复眼金绿色，单眼三角区黑色，触角长、黄色，中胸背面有"人"字形深茶褐色纹，斑纹两侧各有 1 条宽纹。翅透明，翅痣及翅端斑点均棕色。腹部卵形，基部狭小，第一节扁平、方形，背面中央有 1 黑色的直纹，从基部直达腹端。第三节基部有相当宽的黑色横纹。产卵器基节与腹部等长，后端狭小部分长于腹部第五节。卵长椭圆形，长 1.2～1.5 mm，乳白色，一端较尖，中部稍弯曲。成熟幼虫长 10～21.5 mm、锥形，前小后大，乳白色。蛹长 8～9.6 mm，圆筒形，黄褐色，将羽化时变黑色。

（3）发生规律。柑橘大实蝇一年发生 1 代，以蛹于土中越冬。在四川于 4 月下旬至 6 月上旬成虫羽化出土，交尾产卵盛期在 6 月中旬至 7 月上旬。卵期约 1 个月，7～9 月孵化为幼虫、9 月上旬为羽化盛期，幼虫入土化蛹盛期在 10 月至 11 月上旬。蛹多在晴天中午前后羽化，雨后初晴羽化数量最多，阴天、雨天极少羽化或不羽化。羽化出土的成虫先在土面或杂草上爬行，待翅展后飞翔，出土后的成虫 1 周内大都不取食，栖息于果园附近的山林叶背上，成虫多在下午活动取食，傍晚最盛，食料以竹叶上和青冈上的蚜虫分泌蜜汁为主。成虫羽化后 20 d 性器官才发育成熟，雌虫腹内卵粒至 6 月初成熟，雄虫也于此时具有交尾能力。交尾多在高温、低湿的晴天 13:00～14:00 进行，成虫一生交尾多次，交尾多在柑橘叶面或叶背进行。雌成虫交尾后半个月开始产卵，多在 14:00～18:00 产卵，一雌虫产卵 50 粒左右，多者 100 余粒，可产卵多次，每次 5~10 min。每孔产卵 10~14 粒，多的有 44 粒。产卵部位多在柚子蒂部、甜橙果顶和果腰、红橘的果顶。被害果大都在 9 月底至 10 月初有未熟先黄、黄中带红的现象。三龄幼虫常群集一个囊瓣取食，食 3~5 瓣便可老熟。一个被害果有幼虫 9.6 头，多者达 39 头。被害果 10 月中旬逐渐脱落。化蛹深度一般 3.3 cm 内最多，蛹于 3 月土温达 19~20 ℃时开始羽化出土，羽化最适温为 22 ℃左右，土壤含水量超过 15%，或低于 10%时都能引起越冬蛹死亡。

2. 橘小实蝇

（1）为害特点。橘小实蝇多分布于华南地区，为害柑橘、石榴、桃、李、杏、梨、苹果等 46 个科 250 多种果树、蔬菜和花卉，幼虫为害果实，使果实腐烂脱落。

（2）形态特征。成虫体长 6~8 mm，翅长 5~7 mm，头黄褐色，复眼边缘黄色，触角细长，3 节，第三节为第二节长的 2 倍。胸部黑色，肩脚、背侧脚、中胸侧板、后胸侧板大斑点和小盾片均为黄色。头额鬃 3 对，胸鬃有肩板鬃 2 对，背侧鬃 2 对，前翅上鬃 1 对，后翅上鬃 2 对，中侧鬃 1 对，小盾前鬃 1 对，小盾鬃 1 对。翅透明，脉黄色，翅前缘带褐色，伸至翅尖，较狭窄。足大部黄色，中足胫节端部有 1 赤褐色的距，后胫节通常为褐色至黑色。腹部卵圆形，棕黄至锈褐色，第一、第二节背板愈合，第三腹节背板前缘有 1 条深色横带，第三至第五节具 1 狭窄的黑色纵带。雌虫产卵管基节棕黄色，长度略短于第五背板，针突长 1.4~1.6 mm，末端尖锐，具刚毛长、短各 2 对。雄虫第三背板具栉毛，雄虫阳茎细长，弧形。卵梭形，长约 1 mm，乳白色，表面光亮，精孔一端稍尖，尾端较钝圆。成熟幼虫体长 10.0~11.0 mm，黄白色，蛆式，前端小而尖，后端宽圆，口钩黑色，前气门呈小环，有 10~13 个指突，后气门板 1 对，有 6 个椭圆形裂孔，末节周缘有乳突 6 对。蛹长 4.4~5.5 mm，椭圆形，初化蛹时浅黄色，后变红褐色。

（3）发生规律。一年发生 3~9 代，世代重叠。以蛹在表土层或成虫在杂草丛越冬，全天均可羽化，以 8:00~10:00 最盛。雄虫能飞 8 km。雌虫以产卵管刺伤果实或自然受伤果实吸取分泌出的蜜露和植物花蜜。成虫多在上午取食，中午或下午在叶丛中、树干枝条上活动、停息。羽化后 11~13 d 性成熟，开始交尾。交尾时间多在 19:00~21:00。雌虫可多次交尾，雌虫交尾后 2~3 d 可产卵，交尾 1 次的雌虫可持续产卵 27 d。一般在白天产卵，16:00~17:00 最盛。产卵于果皮与果肉之间，喜欢在新的伤口、裂缝等处产卵，不喜欢在已有幼虫为害的果上产卵，雌虫产卵 400~1 800 粒。孵化后潜入果肉取食为害，常群集。幼虫成熟后脱离受害果实，弹跳落地，钻入 1~5 cm 泥土中化蛹，也可在受害果内化蛹。成虫能活 4 个月，甚至一年多，卵期 1~6 d。幼虫 3 龄，幼虫期 7~20 d，前蛹期 12~18 d，蛹期 8~20 d，最长的 44 d。

3. 防治方法　实蝇类防治应以农业防治为基础，物理防治与化学防治相结合，尤以是性诱剂和食物引诱剂（水解蛋白等）应用的综合防治，达到杀虫保果的目的。

（1）加强检疫。严禁从疫区调运果实、种子和苗木，摘除被害果和收捡落果，不要乱扔蛆果，建立废果处理池，及时将废果入池灭虫。

（2）农业防治。深翻柑橘园土壤，杀灭越冬蛹。

（3）物理防治。成虫产卵前挂瓶诱杀，诱饵可用自制红糖毒饵或诱蝇醚（甲基丁香酚）诱杀成虫，也可用 90%敌百虫 1 000 倍液加 3%红糖液，喷全园 1/3 植株，每树喷 1/3 树冠即可，每 4~5 d 喷一次，连续喷 3~4 次，诱杀成虫效果显著。

（4）化学防治。化蛹高峰期在树冠周围地面泼浇或在产卵盛期 9:00~10:00 成虫活跃期可施药喷洒树冠浓密处，喷 2 次以上，至果实采收前 10~15 d 停药。选择高效低毒低残留的药剂如 10%氯氰菊酯 2 000 倍液，50%杀螟松、80%敌敌畏 1 000~2 000 倍液。

（5）套袋防治。在产卵前可采取果实套袋，套袋前进行一次病虫害的全面防治。在成虫发生期大量释放经辐射不育的雄蝇，与雌虫交配，产出不育卵，以根除此虫。

第十节 果实采收、分级和包装

一、果实采收

柑橘采收期因品种、树龄、生长势强弱及栽培气候条件以及用途、运输远近等而有迟早，在同一地区同一品种，不同年份亦略不同。果皮有70%～80%转变为固有色泽即宜采收。也可根据果汁糖酸比率、果实大小等决定。糖酸比达到（8～12）：1，即可采收，柠檬当果实成长到一定大小即可采收催色。过早采收，果实内的营养成分还未能转化完全，影响果实的品质和产量；过迟采收，会增加落果及降低品质，影响树势的恢复和花芽的形成，导致次年减产。

采收前几周要制订采收计划，做好采收的一切准备工作。采收用的果剪，必须是圆头，刀口锋利，以免刺伤果实。容器要内壁柔软、光滑，减少果皮的碰伤，防止感染病菌而腐烂。天气对采收的果实品质影响很大，最好在温度较低的晴天晨露干后进行。雨天采收，果面水分过多，易使病虫滋生。采果时应由下而上，由外到内，用采果剪，"一果两剪"，第一剪带果柄3～4 mm剪断，第二剪则齐果蒂把果柄剪去，亦可一果一剪，即齐果蒂把果柄剪断。树高时用果梯或果凳。采收后的果实要放阴凉处，不能日晒雨淋。采收后进行果实初选，拣出病虫、畸形、过小和机械伤的果实，把合格的果实送至包装地点。

二、果实分级

柑橘果实的分级就是根据果实的大小、色泽、形状、成熟度、病虫害及机械损伤等情况，按照规定的标准进行选择，使果实规格、品质一致，便于包装、贮运和销售，实现柑橘标准化生产。分级时要剔除病虫果、机械伤果，以避免在运输、贮藏中损失。目前果实分级多采用自动化分级，可以节省大量人力，提高工效。少量用人工分级。

三、包装

包装是保证果实安全运输的重要措施。包装可减少果实在运输、贮藏和销售过程中的摩擦、挤压、碰撞等所造成的损失，减少病害传染和水分蒸发，延长货架期和贮藏寿命。

包装容器要求材料质地坚固，能承受一定压力，不易变形，无不良气味，价格低廉，大小适度，便于堆放、搬运，内部平整、光滑。多用钙塑箱包装，以20 kg为宜，在箱两侧留有一定的通气孔，以利通风换气。

果实装箱前先单果包装，材料可用塑料袋或泡沫套，装箱时底层果实的果蒂应向上，上层果实的果蒂应向下，中间层的果实，果蒂向上向下均可。柠檬果实装箱应横放。一个果箱只能装同一组别的果实，并且有固定的排列方式。在包装箱上印上果实的品名、组别、重量、包装日期等。

四、运输

运输是柑橘果品流通过程中的一个重要环节，通过运输将果品从产地运到市场或贮藏库，因此，搞好运输是保护柑橘果实质量的重要措施。

（1）快装快运。柑橘采摘后，仍然是一个活的有机体，不断地进行着新陈代谢作用，消耗自身的贮藏营养物质，品质不断下降。所以果实采收以后必须快装快运，迅速抵达目的地，尽量减少在运输途中的营养损失。

（2）轻装轻卸。装卸是引起果品腐烂损失的一个主要环节。柑橘果实属于鲜嫩易腐性货物，装卸时严格做到轻装轻卸。

（3）防热防冻。柑橘果实有其适宜的温度要求和受冻的临界限。温度过高，引起呼吸加强，促进果实的衰老,过低则容易遭受冷害和冻害。柑橘类果实一般应控制在 5～10 ℃。运输途中温度波动太大,对果实的运输也是不利的。现代很多运输工具都配备了降温和防冻装置,如冷藏卡车、冷藏集装箱等。

第十一节 优质高效栽培模式

一、果园概况

在广州市黄埔区九龙镇荔枝坑柑橘园,面积 12 hm²,园地为水田,土层厚度,土质疏松,透气性强、保水性好的沙质壤土,土壤有机质 2.6%,水源丰富,能排能灌。2008 年定植,2011 年每 667 m² 产量为 920 kg,2012 年每 667 m² 产量为 1 850 kg,2013 年每 667 m² 产量为 2 850 kg,2014 年每 667 m² 产量为 3 676 kg。

二、整地建园

将全园深翻、平整后,挖排水沟,沟距 6 m,沟宽 50 cm,沟深 40 cm,每畦定植 2 行。以 2.5 m× 3.5 m 株行距定穴,每 667 m² 定植 83 株。挖穴宽长深 80 cm×80 cm×80 cm,每穴施充分腐熟的农家肥 15 kg(农家肥以猪牛粪与蘑菇渣以 1∶1 拌匀堆沤 1 个月以上),将农家肥与定植穴的土壤充分拌匀后整成宽 80 cm、高 15 cm 的定植盆。

选择品种纯正、枝叶完整、根系发达、径粗 1.0 cm、株高 60 cm 的无病虫害的健壮砂糖橘苗木,于春梢萌动前(2 月 10 日前)定植。在整好的定植盆中央开一小穴,将果苗定植,果苗的根系要舒展,回土至嫁接口以下 12 cm 处,回土后要注意轻压树根周围并淋足定根水,次日再淋水一次,以后根据天气情况淋水 1 个月内保持树盆土壤湿润。

三、管理技术

(一)土肥水管理

加强肥水管理,促早结丰产,定植成活后,第一次新梢老熟施第一次肥,5～8 月,每月淋施一次,每株施花生麸水+0.5%尿素+0.5%钾肥。第二年,在每次梢前 10 d 施速效氮为主的促梢肥,梢后复合肥,配施花生麸及粪水等沤制的有机肥,株施 3 kg。12 月施一次以有机肥为主的越冬肥。每株施复合肥 0.1 kg 及腐熟农家肥 2 kg,石灰 0.2 kg。施肥方法是在树冠滴水线下往内挖 2 条深、宽各 20～30 cm、长度与树冠直径相同的沟,施后覆土。树盆除草并覆盖。

结果树每年施肥 4 次。第一次在 4 月下旬,第二次在生理落果前,每株撒施复合肥 0.25 kg,少施氮肥,以防大量抽发夏梢。第二次 7 月淋施花生麸水+1%复合肥,施肥量视挂果量而定。第三次于 9 月初,留秋梢前 10 d,每株撒施尿素、氯化钾、复合肥各 0.15 kg。第四次在采果后全园深翻扩穴施肥,每株施农家肥 20 kg、钙镁磷肥 0.5 kg、石灰 0.5 kg。

(二)整形修剪

定植后 1～2 年以整形修剪为主,抹芽放梢,培养开心形树冠。定植后以分布均匀的 3 条枝梢作为主枝,在每条主枝上选留 2～3 条做一级副主枝,同理选留二、三级副主枝。于 9 月抽生秋梢时进行培养结果母枝,对徒长枝进行扭枝处理,促其花芽分化,促进幼龄树的立体结果。

(三)病虫害防治

冬季清园,喷施 1∶1∶100 波尔多液,减少病虫源,发现病虫害及时挑治,做好新梢潜叶蛾及蚜虫等防治工作,新梢长 2～3 mm 时喷药,7 d 喷 1 次,连喷 2 次,药剂选用灭多威 1 000 倍液或灭扫利 2 000 倍液、10%吡虫啉可湿性粉剂 2 000～3 000 倍液。在嫩叶转绿后防治红蜘蛛、锈壁虱,用克螨特 2 000 倍液+机油乳剂 200 倍液或 1.8%阿维菌素乳油 2 000 倍液防治。剪除溃疡病枝叶,在新梢长 3 mm 时用氧氯化铜 600 倍液、退菌特或多菌灵 600 倍液，隔 6 d 喷药一次，连喷 2 次，药物轮换使用。

（四）保花保果及疏花疏果

对开花及挂果量过大的树，结合修剪将荫蔽枝、交叉枝、病虫枝剪除，疏剪过多花枝，摘除无花春梢。丰产树在第二次生理落果后疏去 20% 小果。对挂果量少的树摘除夏梢，摘梢方法是夏梢长至 5～7 cm 时摘除，每 7～10 d 摘一次，摘至 7 月中旬。此外，喷施叶面氨基酸营养肥，以补充植株体内营养。

无籽砂糖橘萌发新梢能力很强，尤其是在夏季高温、高湿条件下，夏梢萌发能力更强，在正常肥水管理水平较高的果园，摘一条夏梢，过几天在已摘除的叶芽处长出 2～3 条新梢，树势壮旺的树甚至长出 5～8 条新梢，越摘夏梢越多。

单顶果由于顶端优势明显，在春梢转绿后接着在幼果的侧边萌发单条夏梢，由于单顶果结在春梢上，春梢生长消耗了大量的养分，幼果养分积累少，夏梢只长至 5 cm 时单顶果就会脱落。因此，对单顶果上的夏梢，要在夏梢长至 5 cm 前摘去，才能保住单顶果。

第十三章 荔　　枝

概　　述

　　荔枝起源于我国南部的亚热带地区，至今在海南中南部、广东西南部、广西东南部和云南南部仍保存着成片或零星分布的野生荔枝林。中国是世界荔枝栽培最早的国家，现已传遍30多个国家，目前栽培荔枝的国家有中国、印度、泰国、南非、澳大利亚、毛里求斯、马达加斯加、越南、留尼旺、以色列、新西兰、美国、孟加拉国、马来西亚、西班牙、墨西哥、巴基斯坦、尼泊尔、缅甸、柬埔寨、老挝、菲律宾、斯里兰卡、印度尼西亚、日本、加蓬、刚果、新西兰、巴拿马、古巴、特立尼达、波多黎各和巴西等。荔枝最早的名称是"离支"，见于公元前2世纪汉代司马相如的《上林赋》，但据资料考证，我国最早的荔枝栽培年代应在秦、汉以前，即至少在公元前3世纪以前。汉武帝元鼎六年（公元前111年）"起扶荔宫"即已引种两广的荔枝；历代先后写过《荔枝谱》，记述了福建、广东、四川、广西的荔枝品种和栽培；吴应逵的《岭南荔枝谱》（1826年）记述了广东品种多达74个。荔枝在我国南方的分布，限于北纬18°～31°，但主产区在22°～24°30′，以广东、广西、福建、海南、台湾和云南6个省份最多，另外，贵州、重庆、四川也有少量栽培。据不完全统计，我国2018年荔枝种植面积为54.2万 hm^2，总产量301万 t。

　　荔枝的形、色、香、味俱佳，被誉为果中之王。荔枝果实皮色鲜艳美观，肉质细腻多汁，香甜可口，营养丰富，是滋身健体的上等补品。明代李时珍《本草纲目》载："常食荔枝，能补脑健身，治疗瘰疬疔肿，开胃健脾，干制品能补元气，为产妇及老弱补品。"据分析每100 g荔枝果肉含有水分83.8 g、糖14.76 g、蛋白质0.82 g、脂肪0.2 g及10多种矿物质（钙5 mg、磷31 mg、钾171 mg、锌0.7 mg、铁0.31 mg、镁10 mg、铜0.148 mg、锰0.055 mg、硼0.02 mg）；维生素C 71.5 mg、维生素 B_1 0.011 mg、维生素 B_2 0.065 mg、维生素 B_6 0.603 mg；还含有16种必需氨基酸，其中丙氨酸110 mg、谷氨酸62.9 mg、天门冬氨酸60.3 mg、赖氨酸37.2 mg。除鲜食外，果实还可用于制荔枝干、果汁、糖水罐头和酿酒等。荔枝蜜是蜜中上品。果皮、树皮、树根含有大量单宁，均为制药的好原料。种子也可用以酿酒、制醋和制作饲料。荔枝树干纹理细致坚实，耐潮防腐，是制作家具的优良用材。

　　特别值得一提的是荔枝文化绵延流长。据记载，水果类被写入古代文人诗赋，当以荔枝为最，唐宋以来的不少文化名人和诗家，如杜甫、杜牧、欧阳修、苏轼、苏辙、杨万里、陆游等，都有许多关于荔枝的名诗传世，如"一骑红尘妃子笑，无人知是荔枝来"。此外，在古代，荔枝进贡至皇家，除了皇帝自己享用外，也作为一种对亲信大臣的赏赐物品，有时也作为与外邦友好交往的礼物。当代，不少荔枝产地把发展荔枝产业作为当地经济发展的重要支柱和桥梁，荔枝与文化联姻、与旅游联姻、与经济联姻，如举办各种荔枝节，以荔枝搭台，唱经济之戏，是当今荔枝文化的一大显著特点。

　　荔枝产业作为我国热带、亚热带地区农业的支柱产业之一，是当地农民重要的经济来源。荔枝是我国鲜果在国际市场享有明显竞争优势的少数水果种类之一，在国内外市场深受欢迎，特别是在国际市场有很大的发展空间。

第一节 种类和品种

一、种类

荔枝（*Litchi chinensis* Sonn.）为无患子科（Sapindaceae）荔枝属（*Litchi* Sonn.）常绿果树。荔枝属下只有 2 个种：菲律宾荔枝（*L. philippinensis* Radl.）和中国荔枝（*L. chinensis* Sonn.），前者分布于菲律宾，野生状态，果肉薄，味酸涩、不堪食用，但可作为砧木或杂交育种资源；后者即通常所指的荔枝，原产中国。

二、品种

《中国果树志 荔枝卷》（吴淑娴，1998）汇集了包括主栽品种、一般品种、少量或零星栽培品种及单株、稀有品种和品系以及野生荔枝单株和株系共 222 个。目前在全国各主产区的栽培面积较大的主要品种有 25 个，择其最重要的 13 个品种介绍如下。

1. 三月红 别名早果、玉荷包（广东）、鹿角（四川）、四月荔、五月红（桂），为著名早熟品种，主产于珠江三角洲和广西南部。树势旺，枝条粗壮而直立；花序粗长，果大，均重 30 g，心形或歪心形，皮色鲜红，肉质稍粗多汁，甜中微带酸涩，可溶性固形物 15%～20%，大核但不饱满。在广东中山市 2 月中下旬开花，5 月中下旬成熟。品质中，丰产稳产，适于潮湿沃地种植。

2. 白糖罂 别名蜂糖罂，主产广东茂名。树势中，树冠开张；果大，约 24 g，红色、歪心形、梗粗、皮薄、肉厚味甜、爽脆多汁、具香蜜味，可溶性固形物 17%～19%，大核间有焦核。广东高州 2 月中下旬至 3 月上旬开花，5 月上旬至 6 月中旬成熟。品质优，丰产。

3. 白蜡 主产于广东茂名。树势中，枝条疏长而硬；果重约 24 g，近心形或卵圆形、皮薄、色鲜红；肉爽脆多汁、清甜，可溶性固形物 17%～20%，种子中大，间有焦核。广东茂名 2 月中下旬至 3 月上旬开花，5 月下旬至 6 月中旬成熟，品质优。丰产性能较好。

4. 妃子笑 我国栽培范围最广的主栽品种，别名蒲、落塘浮、芝麻荔（粤）、陀堤（川）。树势旺，枝条疏长粗硬下垂；花序长而纤细，花量大，果大，均重约 30 g，近圆球或卵圆形，皮薄淡红色；龟裂片凸起，龟裂峰细密尖锐；肉厚爽脆、细嫩多汁、清甜微香，可溶性固形物 17%～21%，种子较小且不饱满。广州 3 月中旬至 4 月上旬开花，6 月上中旬成熟。品质优，丰稳产，易遭天牛为害。

5. 黑叶 别名乌叶（潮汕、闽南）、冰糖荔（广西），为广东、广西、福建、台湾最普遍栽培品种。树高大，枝疏长，叶色浓绿近于黑；花序长大，果中大，重约 19 g，歪心形或卵圆形，皮薄而韧、色暗红；肉软多汁，甜带微香，可溶性固形物 16%～20%，种子中大间有焦核。广州 3 月下旬至 4 月上旬开花，6 月中旬成熟，可鲜食、制罐和制干。丰产稳产，耐湿，但抗风能力较弱，虫害较多，易遭天牛为害。

6. 糯米糍 别名米枝（广东）、糯米甜、丁香、冰糖荔（广西）。世界名贵品种，主产于珠江三角洲，广西、福建也有栽培。枝细而多分枝，柔软下垂；花序中大，花枝细密；果大，重约 25 g，扁心形，果肩一边显著隆起，果基微凹，果顶浑圆；皮色鲜红，果肉乳白或黄蜡色，肉厚细嫩多汁、味浓甜微香，可溶性固形物 18%～21%，焦核，品质极优，为鲜食最佳品种。广州 3 月下旬至 4 月下旬开花，6 月下旬至 7 月上旬成熟。生态适应性差，大小年明显，裂果严重。

7. 桂味 别名桂枝、芝麻荔、冰糖荔（广西），带绿（四川）。树高大，枝疏而硬，树冠稍直立；花序中大，花枝较细，易形成带叶花枝；果近圆球形，中等偏小，重约 20 g，皮薄而脆、色鲜红，果肩常有墨绿色斑块，故又称"鸭头绿"；龟裂片凸起，龟裂峰尖锐；肉细嫩爽脆多汁，清甜带桂花香味，可溶性固形物 18%～21%，焦核与大核并存，品质极优，为鲜食最佳品种。广州 3 月下旬至 4 月下旬开花，6 月下旬至 7 月上旬成熟，大小年结果严重。

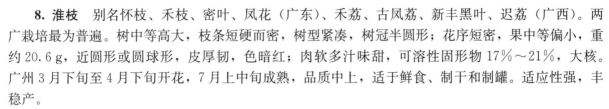

8. 淮枝 别名怀枝、禾枝、密叶、凤花（广东）、禾荔、古凤荔、新丰黑叶、迟荔（广西）。两广栽培最为普遍。树中等高大，枝条短硬而密，树型紧凑，树冠半圆形；花序短密，果中等偏小，重约 20.6 g，近圆形或圆球形，皮厚韧，色暗红；肉软多汁味甜，可溶性固形物 17%～21%，大核。广州 3 月下旬至 4 月下旬开花，7 月上中旬成熟，品质中上，适于鲜食、制干和制罐。适应性强，丰稳产。

9. 鸡嘴荔 产于广西合浦，又称香山鸡嘴荔。树高大，枝条粗硬，略开展。叶片长椭圆形，叶面平整，先端渐尖。花序分枝多，花蕾密集。果暗红色，均重约 29.5 g，歪心形或扁圆形。龟裂片中等大，平坦或乳头状突起，裂片峰，缝合线不明显。果肉白蜡色，爽脆清甜微香。种子中小核比率 80%，含可溶性固形物 18%、酸 0.35%。果实 6 月下旬至 7 月上旬成熟。该品种适于山地栽培，果大质优，适于鲜食、制罐和制干。

10. 仙进奉 为新选育的品种，主产于广东增城，现在广东东莞、玉林、钦州以及四川等地都有种植。植株半圆形，树冠半开张，树势较壮旺；叶片披针形或宽披针形，尖端渐尖，主侧脉明显，叶片较厚，叶缘呈波纹状，叶色墨绿；开花期 4 月上中旬，成熟期 7 月上中旬。果实为长歪心形，平均单果重 25～28 g，果肩耸起，较偏身，果顶渐圆；果皮较厚、较软，颜色鲜红；龟裂片乳状微隆起，峰钝，裂纹浅且宽；肉质黄蜡色，汁多，有蜜香味。焦核率高达 80%～90%，可食部分占全果重 78%～82%；可溶性固形物含量 18%～20%，裂果少，耐贮藏，丰产、稳产性能好。

11. 无核荔 产于海南琼山，称南岛无核荔，已引种到广东各地，又称粤引无核荔。树冠圆头形，树势中等。花穗长，花量大，如果不进行疏花处理，同一株树上有大（大于 30 g）、中（20～25 g）、小果型（小于 20 g）三种类型的果实。无核率受气温影响，正常年份无核率 75%，焦核率 20%，大核率 5%。可食率 76.1%，含可溶性固形物 17.5%、酸 0.32%。开花期 3 月上旬（海南）至 4 月上旬（广东），果实成熟期 6 月上旬（海南）至 7 月上旬（广东）。品质中等，适合鲜食。

12. 兰竹 别名贡子、难得（闽）。福建主栽品种。树高大，树冠开张，枝细，分枝多，枝叶茂盛；花序中大，花枝细，果大，均重约 25 g，心形，皮薄脆、红色带绿或浅紫；肉软多汁，爽甜微酸，可溶性固形物 16%～17%，焦核率 30%～40%。品质中，鲜食、制干、制罐均宜。福建漳州 3 月下旬至 4 月下旬开花，6 月下旬至 7 月上旬成熟。适应性较强，丰产稳产。

13. 陈紫 别名状元红、状元香、元香、延寿红、陈家紫等（闽）。福建莆田、仙游的著名品种。树高大，枝疏且脆，树冠开张。花枝细，花量大。果实小，均重 14.8 g，长卵圆和短卵圆形，果肩一边隆起；皮紫红色；龟裂片小，裂片峰尖刺状。肉韧多汁，味甜带香，可溶性固形物约 19%。莆田 4 月中旬至 5 月上旬开花，7 月中下旬成熟，品质优。较耐寒，丰稳产。

第二节 苗木繁殖

一、实生苗培育

（一）种子的采集和处理

1. 种子采集 荔枝种子极不耐干燥，种子离开果肉后容易失去发芽能力。离开果肉的种子，在旱热天气下 1～2 d，种皮光泽暗黑，种子发芽率降低；经 5～6 d，种皮皱缩，光泽丧失，失去发芽能力。种子未离果实在常温下可保存 7～8 d，10 d 以上也失去发芽能力。为此采集荔枝种子要求新鲜，故荔枝果实成熟期就是荔枝种子采集时期。荔枝种子随采随播或随采随催芽。荔枝种子越大越饱满，发芽率越高，苗木生长越壮。不充实的种子，发芽率低，苗木生长弱。采种时应淘汰不充实及小粒的种子，选择粒大饱满的种子作为播种用。不同荔枝品种的种子发芽力相差甚远。糯米糍、白糖罂、钦州红荔、新兴香荔、鸡嘴荔、大丁香、小丁香、灵山香荔的种子，发育不完全，甚至退化成焦核，发芽差，不能选作播种材料；淮枝、大造、黑叶、圆枝、白腊的种子饱满，发育良好，发芽率高，可选作播种材料。

2. 种子贮运　荔枝种子极易失水，在干燥和高温下失去发芽能力，所以在贮运中要保持一定的水分和温度，才能保证荔枝种子的发芽率。一般有 3 种方法：

（1）塑料袋贮运法。荔枝种子表面在阴凉处晾干后，立即放入塑料袋中，每袋 1～2 kg，扎紧袋口，放于室内阴凉处，以后注意抹干水滴和适当翻动，以免种子烧坏生长点。

（2）沙藏法。荔枝种子 2 份，混合干净湿沙（沙含水容量 1%～2%）1 份，贮藏于室内阴凉处，可以贮存 15 d 左右。

（3）冷藏法。荔枝种子剥离果肉 5 d，发芽率仅有 5%，但果实冷藏（3～5 ℃）1 个月取出，种子仍有近 100% 的发芽率。

3. 种子消毒　为了预防荔枝苗期病害，一般在播种前或催芽前进行种子消毒。用 0.5%～0.1% 硫酸铜液，或用 0.1% 高锰酸钾液，或用福尔马林 300 倍液浸种 10 min，取出后用清水洗净，然后播种或催芽。催芽后的种子不宜用消毒剂消毒。

4. 种子催芽　荔枝种子无休眠期，种子离开果肉后在适宜温度和水分条件下能萌芽生长，故荔枝无需贮藏，采后可立即播种。但为使播种后加快种子发芽，缩短出苗期，提高发芽率，使幼苗出土和生长更整齐，在播种前应进行种子催芽。种子催芽方法主要有两种：

（1）沙藏催芽法，在室内通风透光或树荫下选一块平整的地方，在上面堆 3～5 cm 湿沙，把洗净的种子放在沙面上，不要让种子重叠，在种子上面盖厚为 5 cm 的禾草，经常喷水保持禾草湿润，待种子露白，即可播种。或是将 1 份荔枝种子，加入 3 份湿沙均匀混合，堆成 30～40 cm 高的沙堆，表面再加 1～2 cm 的湿沙，最后用薄膜封盖保湿。沙藏催芽要检查沙的含水量和温度，沙的湿度以手握成团而无水滴出，放开后又能自然散开为宜。催芽的温度以 25 ℃ 为宜，30 ℃ 以上会大大降低发芽率，33 ℃ 以上则失去发芽力。过干时要喷水，过湿时要吹风晾干。温度过高，要用荫棚遮盖。经 4～5 d 后种子胚芽露出（俗称露芽），即可取出苗圃播种。催芽后的种子，播种要及时，如果胚根长出过长，播种时易折断，入土能力差，出苗率会降低，影响幼苗生长。

（2）浸水催芽法。播种前把荔枝种子放入冷水中泡浸，但 8 h 要换一次水，保证水中氧气充足，有利种子发芽；或是把种子盛于布袋中浸入流动的河水中泡浸 24～36 h，待种脐裂口露白后取出播种。这种方法简便，但效果比沙藏催芽差些。

（二）整地施肥

播种前 1 个月，苗圃地进行犁晒，熟化土壤，以提高土壤肥力。播种前施足基肥，犁耙打碎土壤，每 667 m² 施腐熟土杂肥 1～1.5 t、钙镁磷肥 100 kg、石灰 50 kg。为防治地下害虫，可用 50% 辛硫磷乳油 0.5 kg，对水 0.5 kg，再与 150 kg 细沙土混拌均匀制成毒土，每 667 m² 施毒土 15 kg。广东东莞大朗果苗场，在新开垦的红壤丘陵地上，每 667 m² 施 50 kg 石灰，深犁 20 cm 后，耙匀晒干，再犁 2 次，再施入磷肥 100 kg、钾肥 40 kg，有机肥 4 000 kg，再一次犁松耙匀待用。犁耙后起畦，畦面宽 1 m，畦沟宽 30 cm，畦高：缓坡苗圃 20 cm，水田苗圃 30 cm。起好畦后，把畦面平整打碎土块，便可起浅沟播种。

（三）播种

荔枝种子的播种方法有直播和床播两种。

1. 直播　直播是将种子直接播在嫁接圃内，不经移植，直接嫁接出圃。直播费工少，苗木中途生长不受伤害，生长快。但直播苗木主根深，须根少，影响苗木出圃定植的成活率。播种的密度一般株距 8～10 cm，行距 10～12 cm，淮枝每千克种子 800～900 粒，每 667 m² 播种子 75～100 kg。先按行距开播种浅沟，沟深 3 cm，接原定株距，把种子平放于沟中，然后覆盖，盖上碎土或细沙，厚度 1.5～2 cm。太浅种子易干死，太厚种子出土困难。盖土后畦面覆盖禾草，最后淋足水分，有条件的畦面用遮光网搭荫棚遮阴。

2. 床播　床播是将种子播在苗床上，出苗后生长一段时间，再行移植。床播密度大，苗木经移植须根多，苗木出圃后定植成活率高。床播播种方法有撒播和条播。

（1）撒播。撒播是平整畦面后，把荔枝种子直接撒播在畦面上，后盖细土或细沙，再盖禾草，淋足水，再搭阴棚。撒播的优点是：单位面积产苗量较高，但不便于进行土壤管理，致使土壤易板结，通气不良；苗木密度大，通风透光不良，不利苗木生长，播种量也较大，用每 667 m² 淮枝种子约 200 kg。

（2）条播。条播通风透光较好，有利苗木生长，有利于土壤管理。条播方法与直播方法相同。但株行距密些，株距 5~6 cm，行距 8~10 cm，播种量：每 667 m² 用淮枝种子 120~150 kg。

（四）出苗后管理

1. 淋水保湿　在荔枝种子发芽出土阶段，保持畦面土壤湿润是很重要的。畦面过干，荔枝种子会迅速死亡。但也不能过湿，特别是水田苗圃。晴天每天淋水一次，保证苗木顺利发芽生长。

2. 揭覆盖物　幼苗开始出土时，选阴天或傍晚阳光不太强之际，将禾草揭去，以免妨碍幼苗生长和避免禾草被暴晒而高温灼伤嫩芽。过迟揭芽会引起苗芽弯曲，揭草最好分两次揭开，以免水分变化急剧影响幼苗生长。

3. 搭遮阴棚　在苗畦上搭阴棚，宽度略宽于畦面，高 20~30 cm，棚顶覆盖材料，最好是遮光率 60%~70% 的塑料遮阴网，其次是竹片、蔗叶等。苗木遮阴目的是为了降低地表温度，减少苗木本身的蒸滕和土壤水分的蒸发，防止地表温度过高，使幼苗免受高温的日灼伤害。

4. 间苗定干　荔枝种子发芽后，把弯曲苗、过弱苗、过密苗、叶片白化苗拨去。同时把因枯顶苗而形成的多干苗进行定干，留强壮茎一条，其余的剪去。

5. 施肥和除草　幼苗第一片真叶转绿后开始施肥，第一次肥以稀薄粪水最佳，以后每月施一次肥，浓度逐渐加大。入冬前施土杂肥过冬。入冬后停止施肥，以防抽发冬梢。

6. 防治病虫害　荔枝幼苗根茎嫩，易受病虫为害。地下的金龟子、地老虎常咬断根系，防除地下害虫可撒施药剂防治。椿象、毛毡病、尺蠖、卷叶蛾、蒂蛀虫为害枝叶，可喷施 90% 敌百虫+40% 乐果。

7. 冬季盖膜　冬季用塑料薄膜覆盖苗床，提高苗床内温度，加速苗木生长，并可防止冻害。11 月开始用薄膜覆盖，覆盖后每周揭开薄膜洒水一次，薄膜直盖至第二年分床前。

二、嫁接苗培育

（一）砧木选择

砧穗不亲和为当前嫁接中最突出的问题。关于砧穗相互影响，对气候、土壤的适应性、抗病虫性等亟待研究。据广东和广西等荔枝产区的经验，淮枝宜作为糯米糍、桂味、白蜡和白糖罂等品种的砧木；黑叶和大造宜作为妃子笑的砧木。大造、糯米糍和黑叶与白糖罂之间的砧穗组合不亲和率分别高达 90% 和 80% 以上。妃子笑作为砧木有乔化表现。穗砧亲和力与亲缘关系有关，亲缘关系近者，亲和力好。

（二）接穗采集

荔枝接穗质量关系到苗木种植生长后的产量、品质、抗逆性和适应性，故应认真选择。接穗应从品种优良纯正、丰产稳产、生长健壮的优良植株上，选取树冠外围中上部、向阳、发育良好、芽眼饱满、皮身滑嫩，枝条已木质化、无病虫害的枝条作为接穗。幼苗嫁接采取已经老熟、顶芽未萌发或刚萌发 1 cm 的新梢作为接穗，这时的枝条，积累的养分最丰富。春接多用去年的秋梢；秋接多用当年的夏梢作为接穗。大树高接多采用一至二年生的枝条作为接穗。

荔枝嫁接所用的接穗，一般随采随接。采下接穗立即剪去叶片，仅留叶柄，并剪去生长不充实的梢端，以减少水分蒸发。每 50~100 条接穗捆成一扎，挂上标签，注明品种名称及采集日期。用湿布或薄膜包装，可供嫁接。此外，采前 1 个月，在接穗基部环割或环剥，使接穗养分增加，有利于嫁接成活。

（三）嫁接方法

嫁接时期的确定，因荔枝品种、嫁接方法及地区气候不同而异。早熟荔枝萌芽早，嫁接期也较早；而迟熟荔枝，萌芽期较迟，嫁接期也较迟。同一荔枝品种，嫁接方法不同，嫁接适期也不同；补片芽接法，树液流动容易剥皮；而切接法一般在 2～4 月嫁接。荔枝同一品种，同一嫁接方法，因地区不同嫁接适期也不同。广东、广西、海南周年都可进行荔枝嫁接，但以春季嫁接（2～4 月）和秋季嫁接（9～10 月）为最适。福建以 3～4 月最适，四川泸州以 4～5 月为最好。

荔枝嫁接方法有芽接和枝接两类。芽接法是接穗仅为 1 个芽，不带木质部，如补片芽接。枝接是接穗带有芽眼的一段枝条，带有木质部，如合接、切接、劈接、舌接、嵌接等。枝接中切接是当前荔枝的主要嫁接方法，首先是切砧木，在砧木离地面 10～20 cm 平直光滑处，约 45°角斜削去砧木上部，然后在斜面下方，沿皮层与木质部交界处，向下纵切一刀，切面长短视接芽长短而定，一般 1～2 cm；然后是削接穗，把枝条平整的一面向下，在芽眼下 1～1.5 cm 处，向前削一刀成为 45°角斜面，然后将接穗翻转至芽眼下缘，向前切去皮层，削面要平滑，稍带木质部，削面长与砧木削面长相等，接穗留 1～2 个芽切断，然后，把芽放入砧木内；最后用薄膜带缚扎密封。

（四）嫁接后苗木管理

1. 检查成活及补接 嫁接后 30～40 d 要检查是否成活，不成活的及时补接。

2. 及时剪去砧顶 补片芽接法，嫁接时砧木未剪去顶部，在检查成活后 7～10 d，接芽仍然活着的，便可剪断砧木顶部，去掉顶端优势的抑制，加速接穗的萌芽生长。如砧苗较小，尤其接位以下无保留叶片的，最好分次断砧，第一次横断约 2/3，保留 1/3 与下部相连，并将半断部分向下压，使其弯倒在畦面上，叶片继续制造养分，供应砧根和接穗萌发生长。接芽新梢叶片转绿后，才能将砧顶彻底剪除。

3. 解缚 嫁接时加套薄膜袋或反折塑料薄膜筒密封的，在接穗芽萌发后，要剪穿袋顶，使新梢顺利生长。缠缚固定接合部或兼起密封作用的塑料薄膜带，则在新梢老熟后从侧边切开解除。

4. 抹除砧芽 剪顶后的砧木，常有砧芽萌发抢夺养分，应随时抹除，集中养分供应接穗生长。

5. 肥水、排灌 接穗萌发后的第一次新梢老熟后，即可开始施肥，以后每次梢期施 1～2 次肥。旱时灌水，涝时排水，防止过干过涝。

6. 整形 苗高 30～40 cm 时进行修剪摘顶，促使中上部多分枝，然后选留 3～4 条分布均匀的壮枝为主枝。

7. 防治病虫害 每一次抽梢后，应喷 1～2 次 90％敌百虫 800 倍液或 40％乐果 1 000 倍液防治荔枝椿象和卷叶虫、尺蠖。

三、营养苗培育

荔枝营养苗培育主要有扦插和空中压条（广东等地俗称"圈枝"）两种方法，但因扦插成活率低，生长缓慢，应用少，空中压条是我国传统的荔枝育苗方法，至今乃在生产中应用。

（一）优良母树的选择

应选择品种纯正、丰产稳产、品质优，生长势旺、具有该品种特征特性的壮年结果树。

（二）空中压条育苗时间

一年四季都可以进行，但主要集中在两个时段：

1. 2～4 月 该季节育苗，气温逐渐回升，雨水渐多，树液流动旺盛，剥皮操作容易，圈枝发根快，出苗时间也较短；但春季是荔枝开花期，开花期空中压条影响开花结果。同时空中压条育苗和落苗都是在春夏农事繁忙的季节，劳力不好安排。春育夏种空中压条苗在树上的时间短，出根少，种植成活率较差。同时随果落的苗木，定植后，生长不久即进入旱季，雨水少，影响成活。

2. 7～11 月　夏秋季是较适合的荔枝空中压条育苗季节，出根后的苗木仍留在树上，让其积累更多养分，翌春落树进行春植，成活率更高。

(三) 空中压条育苗方法

供压条的枝条要求枝身较直，生势健壮，无寄生物附着和无虫害，树皮光滑无损伤，且曝光好，以二至三年生枝茎粗 1.5～3 cm 为宜。在枝条的分枝下方 15 cm 处，选平直部位环剥。先做成两圈刀口，相距 3～5 cm，将两圈之间的树皮剥除，刮净附在木质部的形成层，裸露 7～10 d 使残留形成层干死，才可包裹生根基质。基质要求通气、保湿，且有少量养分，以椰壳纤维较理想，也可用锯屑、苔藓、牛粪土或泥炭土。包裹时，以上圈口为中心，拉紧泥条，缠绕使泥条紧贴枝条不松动，最后绕成一个椭圆形泥团。薄膜纸长 40～50 cm，宽 28～30 cm，用塑料带扎紧薄膜纸两头。

(四) 出苗后管理

上泥包薄膜后，圈枝苗春育经 60～80 d，秋育经 150～200 d 发出第三次根后，细根密布即可把苗从母树上剪下。落苗时用枝剪或小锯贴近泥团下方，把枝条连泥团剪下，落树后，随即剪去大部分枝叶，只留数条主枝及少量叶片，但不要把叶片全部剪去。留下的叶片也不要剪存半叶。解开塑料薄膜，将泥团充分淋湿，再包好付运或蘸泥浆，直立排放树荫下，再用湿稻草遮盖泥团，注意保湿，催发新根，经 7～10 d 长出大量新根，即及时假植或定植大田。

空中压条苗虽可直接定植果园，但因面积大，护理难于周到，常有部分苗在抽第一次新梢期间，嫩梢从叶尖逐渐枯萎，植株干枯死亡，称为回枯现象（或称回水现象）。其原因是：根系过弱，地上部和地下部水分、养分严重失调所致。为了提高定植成活率，最好经过精细假植。一般假植于田间，要精细整地，使土壤充分松软，酌施有机肥、草木灰，畦面宽约 1 m，每畦假植 2 行，按株距 30 cm，将苗栽下。小心填土避免伤根，植后淋水。畦面盖草搭矮棚遮阴，减少水分消耗。以后注意淋水保湿和防止积水烂根，适当施薄肥或根外追肥，促进第一次新梢迅速转绿，至第二次梢老熟后，回枯不易发生，便可带土团出圃定植。此外，也可以把催根后的圈枝苗假植在小竹筐中，竹筐高 30 cm、宽 25 cm，或是用塑料袋编织布，做成高 30 cm、宽 25 cm 的假植袋，每筐 1 株，可避免出圃时挖苗断根，影响定植成活率。假植筐的营养土以肥沃的园土为主，加适量腐熟堆肥、过磷酸钙和草木灰，均匀混合而成。

四、苗木出圃

出圃前的准备工作和起苗工作的技术质量好坏，直接影响苗木的质量、定植成活率及幼树生长，因此必须认真做好。

(一) 起苗

1. 裸根苗起苗　起苗前进行苗木调查，核对苗木品种和各级苗木的数量，以便计划供苗；根据苗圃内苗木的数量及供应苗任务，制订苗木出圃计划及操作规程；起苗前 15 d，剪去未老熟顶梢，促进叶片充分老熟浓绿；起苗前 1～2 d，充分灌湿苗床，以免起苗时伤损过多须根，待土壤稍干后便可挖苗。

起苗时用起苗铲从苗木植株基部深挖断苗木根系，主根应深 20～25 cm，须根应尽量保护，不可伤根太多。苗木挖起后，进行修剪，保留主根长 20 cm 左右，须根不用修剪；主干或分枝保留 50 cm 高进行短剪，保留 2～3 条分枝，每株保留 3～4 复叶，每复叶留小叶 2 片。把病虫害的枝叶剪去。并挂牌标明品种、数量等。

2. 带土苗起苗　起苗前 15 d，将嫁接苗打顶，使其叶片充分浓绿肥厚，利于移植后易发新根；起苗前畦地充分淋湿，便于起苗土团完整。用起苗器在苗床上带土起苗，带土苗土团直径 12～15 cm，长 20～25 cm。苗木根系和土团不应松动。带土团的苗木，用同样大小的塑料袋装上，外用塑料带缚扎。苗木起苗后集中放在阴凉处，准备起运。运苗时应竖立排放，避免震动擦伤。带土苗搬运时一定要用手托住土团，不要只抓苗木主干，以免因土团重量而拉脱。

（二）苗木分级、假植

参考《荔枝种苗》（NY/T 355—2014）以及倪耀源和吴素芬（1990）的标准，荔枝出圃苗木在满足品种纯正、砧穗亲和良好、苗木植株生长健壮、主枝 2～3 条、叶片浓绿、根系壮旺且分布均匀、无病虫害基本要求情况下，主要依据苗高和主干粗度分级指标进行，具体见表 13 - 1。

表 13 - 1　荔枝种苗分级标准

单位：cm

分级项目	嫁接苗		空中压条苗	
	一级	二级	一级	二级
苗高	>60.0	45.0～60.0	>55.0	45.0～55.0
主干粗	>1.5	1.0～1.5	>2.5	2.0～2.5
新梢长度	>40	30～40	>40	30～40

荔枝苗挖出来后，由于各种原因不能立即出圃，为了防止根系干燥，需及时用湿沙或湿泥把苗木根系临时性假植。假植期间要经常检查，发现覆盖的土或覆盖的沙下沉，根系露出，要及时培上。土壤或沙应保持湿润，若干燥，应及时淋水。为防阳光暴晒，苗木枝叶失水过快，应搭棚遮阴。

（三）苗木包装、运输

苗木在调运过程中，要进行妥善的包装，以防苗木在运输过程中干枯、腐烂、受冻、擦伤或压伤。荔枝苗植株最容易失水干枯而影响成活，要做好防止苗木干枯，最好是使用容器苗或带土苗，其根部带有土团，保持湿润。裸根苗起苗后立即用泥浆蘸根，外加塑料薄膜密封保湿。若是路途较远，时间较长，株际间可加含水量高的苔藓、水草或吸水后的草纸，不断提供水分。不要使苗木在外界温度剧变下运输。保持适当低温，有利于降低苗木本身呼吸作用，但不可低于 15 ℃。防止苗木擦伤及压伤，故包装物应坚固耐压。苗木包装力求经济简便，形体大小适宜，切勿太大、太重，以便搬运。荔枝裸根苗一般 25 株或 50 株一捆，然后根系蘸泥浆，包薄膜，装车。容器苗或带土苗则一株一株装车运输。

（四）苗木检疫

苗木检疫是防治病虫害传播的有效措施，对荔枝新发展地区更为重要。为了避免荔枝严重病虫害随苗木传入或传出，在挖苗时必须进行田间检查，调运苗木要严格检疫手续，发现有检疫对象的病虫苗木，应就地烧毁，以保护荔枝的健康发展。

目前，国家还未颁布荔枝检疫病虫害，但是，为害荔枝枝干的溃疡病，为害叶片的荔枝瘿螨、蒂蛀虫等的危害也很严重，应严加控制和防治，做到重要病虫不送出、新区不引进。苗木在挖苗前应有国家检疫机关专业人员的检疫，然后发给检疫证。

第三节　生物学特性

一、根系生长特性

（一）根系生长动态

荔枝的根系庞大，由主根、侧根、吸收根和大量的根毛组成。荔枝根系的分布因繁殖方法、土壤性质、地下水位、树龄及栽培管理不同而异。实生繁殖和用实生砧嫁接的荔枝根系为实生根系，其主根由种子的胚根发育而来，特点为主根发达，根群深广，对不同环境有较强的适应能力；空中压条苗（广东和广西产区俗称"圈枝苗"）无主根，苗期侧根盘生，定植后向四周扩展，也能形成庞大的根

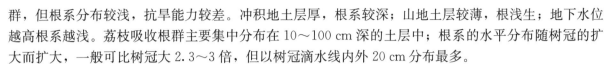

群，但根系分布较浅，抗旱能力较差。冲积地土层厚，根系较深；山地土层较薄，根浅生；地下水位越高根系越浅。荔枝吸收根群主要集中分布在 10～100 cm 深的土层中；根系的水平分布随树冠的扩大而扩大，一般可比树冠大 2.3～3 倍，但以树冠滴水线内外 20 cm 分布最多。

荔枝的侧根为灰褐色。须根着生于侧根上，是根系最活跃的部位，由吸收根、瘤状根及输导根组成。吸收根初生白色，有根毛，海绵层厚，有弹性，主要分布于疏松肥沃的耕作层土壤。瘤状根着生于输导根上，形成不规律肿瘤状的节，起着贮藏营养的作用，瘤状根的多少与荔枝的丰产性呈正相关。输导根在吸收根之上，由吸收根演化而来，海绵层脱落，黄褐色，木质化程度逐渐加强，主要起输导水分和养分的作用。

荔枝的根系周年都可生长，但其生长量随温度和水分的增减而变化。一般来说，荔枝根系一年内有 3 个生长高峰。第一次生长高峰在夏梢萌发前的 5～6 月，这时是谢花后幼果发育、树体已消耗大量养分的时期，一般根量少，但对第二次生理落果有较大的影响，对无挂果的树可能是全年中生长量最多的一次；第二次生长高峰在采果后的 7～8 月，此时地温高湿度大，最利于根系生长，对结果树而言，是一年中根生长量最大的时期，采果后根系的生长对秋梢的培养起着重要的作用；第三次生长高峰在花芽分化前的 9～10 月，此时秋梢老熟后，土温尚高，土壤湿度较前两次低，其生长量也较前两次为低。个别年份 11 月，根系还会发生第四次生长，但一般生长量有限。荔枝根的再生能力强，尤其是根生长峰期间。此时断根可刺激形成大量新吸收根群。生产上常利用断根法更新根系。

（二）根系生长与土壤的关系

荔枝根系的正常生长与土壤温度、湿度及通气状况关系密切。23～26 ℃的土温是荔枝根系生长的最适温度，土温在 10～20 ℃时，荔枝根系生长随土温升高而加快，冬季较低的土温和夏季较高的土温都不利于根系的生长。最适宜荔枝根系生长的土壤含水量是田间持水量的 60%～80%。土壤疏松、土层深厚、有机质含量丰富，根系生长旺盛而密集；土壤板结、土层浅薄、土壤瘦瘠，根系生长衰弱而稀疏。

荔枝幼根常与真菌共生，形成内生菌根。土壤含水量低于萎蔫系数时，菌根的菌丝体仍能从土壤中吸收水分并分解腐殖质、分泌生长素和酶，促进根系活动。因而荔枝具有较强的耐旱耐瘠性能。因菌根好气，故长期浸水或培土过厚不利菌根形成。菌根形成和生长偏爱弱酸性土壤环境，以 pH 5～5.5 最宜。

二、芽、枝和叶生长特性

（一）芽

荔枝的芽为裸露单芽，一旦除去便不能发梢。荔枝顶端优势明显，故顶芽的萌芽力和成枝力最强。顶芽以下 1～4 个腋芽也可萌发成枝。荔枝的芽具早熟性，新梢上的芽当年能连续萌发抽梢，形成多次梢，利于迅速形成树冠。主干和主枝上有大量潜伏芽，重修剪可使潜伏芽萌发，利于树冠更新。

（二）枝

按照发生生长季节，枝梢分为春梢、夏梢、秋梢和冬梢。

1. 春梢 指春分至清明（3 月下旬至 4 月上旬）抽发的新梢。2 月上中旬抽出的春梢则称为早春梢。春梢生长期长达 80～140 d，叶小、转绿慢、节间短，但往往形成壮实的枝条。

2. 夏梢 指 5～7 月在老熟的春梢上或在未坐果的花穗基部抽发的新梢。夏梢生长快、梢期短（30～50 d），叶大而薄、转绿快、节间长。幼树可抽发 2～3 次夏梢。结果树的夏梢生长期间正值果实发育。坐果多会抑制夏梢发生，而大量夏梢的抽发也会反过来加剧落果。对于焦核品种如糯米糍，夏梢生长极不利坐果，故应避免坐果期间出现夏梢。

3. 秋梢　指 7 月下旬至 10 月下旬抽发的新梢。幼树直接从老熟夏梢上抽生，结果树则在采后从果穗基部密集节及其下几个叶腋中抽出。早秋梢梢期短（＜30 d）。迟发秋梢因气温逐渐下降，梢期延长。初结果树也可培养 2～3 次秋梢，成年结果树一般萌发 1 次秋梢。因秋梢是来年重要的结果母枝，故适时培养健壮充实的秋梢乃丰产之前提。

4. 冬梢　指 11 月至翌年 1 月抽发的新梢。冬梢生长慢，叶片转绿老熟也慢，梢期长达数月。结果树发生冬梢不利于成花。

枝梢生长受到树龄、挂果量、营养贮备等树体状况影响。幼树抽梢能力强，每年能抽梢 4～6 次，有利迅速形成和扩大树冠；幼年结果树一年能抽梢 2～3 次；成年树一年仅抽梢 1～2 次，且梢少而短。

（三）叶

叶为偶数羽状复叶，互生或对生，由 2～4 对小叶组成，叶披针形、长椭圆形或倒卵形，长 5～15 cm，宽 3～5 cm，革质，有光泽。荔枝营养芽萌发并伸长的同时分化生长出复叶，初时对生的小叶合拢呈针状，随着新梢生长，小叶展开，叶面迅速扩大，革质化，并转绿，光合机能逐渐完善。初生叶生长至面积为成长叶的 50％时，才有净光合，完成从异养到自养的过渡。新梢伸长加粗的同时，不断木质化，由黄绿转为灰褐色，进入老熟状态。荔枝叶片的寿命一般 1～2 年。老叶更新期在萌发春梢和秋梢时期较为明显。

三、开花与结果习性

（一）花芽分化

1. 花芽分化阶段与过程　花芽分化包括成花诱导、花的唤起和发端及花的分化几个阶段。具有感受能力的植株、器官和组织，在感受外界信号（低温）后，其分生组织进入一个相对稳定的状态，即成花决定态，此过程称为成花诱导。在成花诱导阶段，可以肯定茎端分生组织的功能发生了根本的改变，使未分化的营养芽在生理上转向分化花芽。经过成花诱导后出现在茎端，确定成花的事件称为花唤起，花发端就是花唤起在形态学上的表现。花唤起的时间短暂，形态学主要体现在一些超微结构变化，活动状态是唤起的基本表现。荔枝花芽诱导完成后顶芽鳞片松动膨大可以认为是花唤起的标志，而顶芽膨大松动张开后露出白色芽体（俗称"白点"）则是肉眼可辨的花发端的标志。花的分化是指在花发端后经过花序分化和花分化并完成花器官形态建成的过程。据季作梁等（1984）对糯米糍荔枝的解剖学观察，花序分化过程大致如下：荔枝当年生秋梢顶芽在花芽分化以前体形瘦小，生长锥尖长，外包有叶原基或有毛的褐色苞片（图 13 - 1 - A），当秋梢老熟，在适宜的条件下，顶芽开始活动；从切片可观察到芽内部已开始分化，出现圆锥花序原基的突起，生长锥变扁，为分化初期（图 13 - 1 - B）；随着花序原基细胞不断分裂，在两侧形成初生突起并在进一步分化过程中形成新的苞片，与此同时，在下部的苞片腋内形成次生突起，为侧生花序原基（图 13 - 1 - C）；随着花序顶部生长锥不断伸长，初生突起及次生突起再次陆续出现并逐渐形成新的苞片和侧生花序原基（图 13 - 1 - D）；侧生花序原基不断发育、分枝，到整个花序原基基部侧生小花序中心的生长锥开始花器官分化，花穗轴顶部仍继续伸长，不断形成新的花序原基，直到主轴顶端小花序开始花器官分化才停止伸长。所以，从整个圆锥花序看，花序原基和花器官分化同时进行（图 13 - 1 - E）；花序分化的顺序是由基部向上进行。花器官的分化过程大致如下：随着花穗轴的伸长，花穗轴基部的侧生花穗轴顶部不再伸长，中心生长锥两侧分裂，在基部形成弓形的萼片原基（图 13 - 1 - E），接着中心的生长锥二侧分裂突起形成中部下陷状，逐渐分裂出分离的雄蕊原基（图 13 - 1 - F），雄蕊原基不断发育最后形成花药；在雄蕊形态建成的同时，中心生长锥两侧出现雌蕊的突起，随着雌蕊原基增大并弯曲向中心生长，因而中心部形成两侧突起（图 13 - 1 - G），其后雌蕊原基两侧相会合成长为一个整体（图 13 - 1 - H），以后雌蕊原始体不断特化，发育为 2 个心皮及 2 个柱头的雌蕊（图 13 - 1 - I）。花器的分化由外向内进行，依次形成萼片、雄蕊和雌蕊。花穗结构，小花数目，小花类型及空间分布均在此阶段确定。

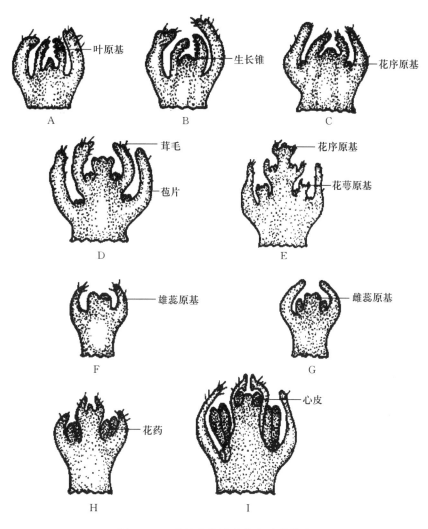

图 13-1 荔枝花芽形态分化过程模式

A. 叶芽 B. 圆锥花序分化初期 C. 圆锥花序发育前期 D. 圆锥花序进一步发育

E. 圆锥花序发育后期 F. 雄蕊分化期 G. 雌蕊分化期 H. 雌蕊进一步发育 I. 花芽分化成熟

（季作梁等，1984）

2. 花芽分化的时期　花芽分化的时期与品种、地区、气候条件及结果母枝的发育状态有关。早熟品种花芽分化早，晚熟品种花芽分化迟，如在广州，早熟种三月红、中熟种黑叶和晚熟种糯米糍或淮枝的花芽分化期一般分别为 10 月上中旬至 1 月中下旬、11 月上中旬至 2 月中下旬、12 月上中旬至 3 月下旬。同一品种种植在纬度低的地区比纬度高的地区花芽分化早，如妃子笑荔枝在海南岛的花芽分化开始和结束时间一般比广州要早 15～20 d。气候条件对花芽分化时期的影响很大程度取决于冷凉低温出现的早晚及其持续时间，如 2007 年冬季遭遇持续低温天气，延长了成花诱导时间，推迟了花发端时间，因此造成 2008 年中晚熟品种的荔枝开花期普遍比往年推迟 15～20 d。此外，末次秋梢老熟时间的迟早也直接影响花芽分化的迟早，一般规律为老熟早，其花芽分化也早。

3. 影响花芽分化的内外因素　荔枝花芽分化受内在条件和外在条件的制约。前者主要表现于不同品种特性的差异、结果母枝成熟程度、树体营养物质代谢和内源激素的水平等；后者较突出的受温度、水分和热量等的影响。

（1）影响花芽分化的内部条件

① 品种特性。在相对相同的条件下，不同品种对于外界环境条件的反响不同，如早熟品种在较高的冬季低温下就能满足其对花芽分化的要求，而晚熟种则需要较低的冬季低温。

② 结果母枝的生长状态。结果母枝老熟，且营养生长进入停滞状态是花芽分化的重要前提，花芽分化期间抽冬梢不利于花芽分化。

③ 树体代谢物质的变化。未能花芽分化的荔枝树体内淀粉含量明显低于进行花芽分化的树。据分析，成花多的树，在 12 月下旬至 1 月下旬其秋梢结果母枝叶片全氮和蛋白质氮的含量降低，而还原糖、全糖的含量增高，淀粉的含量以 1 月下旬最高，非蛋白质氮在冬季的变化不大。

④ 内源激素的调节。内源激素研究表明，花芽分化前夕梢端内的赤霉素（GA）和生长素（IAA）明显下降，在花芽形态分化期间维持低水平；而脱落酸（ABA）和细胞分裂素（CTK）则在形态分化后迅速提高。故花芽分化所需的激素平衡是 CTK 和 ABA 相对较高，而 GA 和 IAA 相对较低。

（2）影响花芽分化的外部条件

① 温度。花芽分化不同阶段对温度有不同的要求。在成花诱导阶段，低温的强度和持续时间是决定性因素，多数荔枝品种要求 15 ℃以下的低温才能完成花诱导。花唤起和发端阶段则需要较高的温度（18～23 ℃），完成花诱导的芽若长期处于诱导性低温条件下则不能表现花的发端。花发端后的形态分化阶段若遇高温（大于 25 ℃）可能发生"成花逆转"（俗称"冲梢"）现象，这种逆转现象随低温诱导的时间延长而减弱，一般低温诱导时间充分时形成纯花序，低温诱导时间不足时则形成带叶花序或不能形成花序。

② 水分。秋冬季干旱（水分胁迫）有利花芽分化，但作用是间接的。干旱使荔枝树进入营养生长静止状态，从而有利花芽分化的同步化。但是尚无证据证明干旱因子能取代冷凉单独诱导荔枝成花。过分干旱伴随着低温同时出现，往往不利于花芽分化，但花诱导完成后适度的灌水有利于花的发端。低温诱导的花芽分化也不会因湿度增加而逆转。如广东从化 1983 年 1 月平均温度在 13 ℃以下，多次出现 6 ℃以下的低温，尽管该市的冬季雨量超过 400 mm，次年荔枝成花率仍超过 90％。

（二）开花与坐果

1. 开花习性 荔枝同一花穗中雌雄花是不同时成熟开放的，这种现象称为雌雄花异熟现象。依其不同开放过程可分为三类：①单次异熟型，同一花穗中雌雄花不同时成熟，分别在不同时期开放，一般是先开少量雄花（M_1）再开雌花（F_1），最后又开雄花（M_2）。糯米糍和乌叶等大多数品种属此类型，这种开花类型对授粉不利。②单次同熟型，同一花穗整个开花过程中，有一段短时间的雌雄花交错开放。淮枝和白蜡等属于这一类型。③多次同熟型，在同一花穗的整个开花过程中，雌雄花交错开放不止一次，三月红、大造等属这一类型。后两种开花类型有利于授粉受精。

荔枝昼夜都能开花，雄花以白天 8:00～16:00 时开放最多，晚上开的雄花一般花药不能即时开裂，花药开裂多在 8:00～14:00 时，雌花则在 7:00～8:00 时和 14:00～17:00 时开放最多。雄花的花药从花开放到散粉后变褐色干枯 2～3 d，以金黄色时散播花粉最多。雌花的柱头成熟时呈羽状开裂，对花粉有容受能力的时间 3～4 d，但以柱头刚开裂黏液大量分泌时是授粉的最适宜时间。

2. 坐果 荔枝雌花为二裂子房，各具一个倒生胚珠。胚珠内正常成熟的胚囊至少有一个卵细胞，两个助细胞和两个极核。除个别荔枝品种，如无核荔，具有单性结实能力外，均需授粉受精后才能坐果。授粉后完成双受精的时间一般要 2～3 d，双受精完成后再经过 7～10 d，荔枝的二裂子房中，通常是其中一室发育，另一室萎缩。生产中俗称"果实分单"或"果实分大小"，一般当幼果由"双果"变为"单果"时，初始坐果才算是完成。

（三）落花落果

荔枝花多果少，素有"荔枝爱花不惜子"之说，体现为落花落果严重。一般最终坐果率只有1%～5%，比较丰产的淮枝品种，在栽培管理较好，无特殊灾害天气的情况下，最终坐果率也只有3%～9%。

荔枝在开花前就有花蕾脱落，未授粉的雌花在开花后3～5 d即陆续脱落，荔枝落花落果因品种、年份、气象条件不同而有所差异，但主要决定于品种特性。荔枝的落花落果依品种不同有3～4次生理高峰期。

第一次为花期落果峰：从雌花开放还没有全部结束就开始，随着第二期雄花（M_2）盛开而达到高峰，并持续至终花。此次落果数量最多，比例最大，占总落果量的60%左右，严重时甚至全部脱落。此期落果主要由于授粉受精不良。此外，花量过大，特别是第二期雄花比例太大，消耗了大量养分，子房间的竞争也可能导致大量脱落。

第二次为幼果期落果峰：幼果绿豆大时（雌花授粉后25 d左右）大量脱落，其后至下一次落果峰之前还有少量零星落果发生。其原因主要是受精不良、胚乳发育受阻或胚发育中止。低温、阴雨天气常加重幼果的脱落。

第三次为中期落果峰：出现在授粉后55 d左右，为果肉组织迅速发育阶段，果实个体需消耗大量营养，而体现明显的竞争效应。夏梢发生及根系生长都会加剧此期落果，种子发育不正常的果实处于竞争劣势而易被淘汰。

对于糯米糍等种子败育型的焦核品种，除上述3个生理落果高峰外，另有一次采前落果峰。焦核果实比大核果实对不利环境（风、雨、干旱、高温等）更为敏感，因此，若遇不利环境，焦核品种落果更为严重，落果波相也更为复杂。

（四）果实裂果

荔枝的裂果，尤其是名优糯米糍、无核荔和白糖罂品种的裂果是生产上的严重问题，一般年份的裂果率为10%～30%，严重的裂果率可达50%～70%，有的年份个别果园高达80%～90%。裂果多出现在假种皮的快速生长期，一般有2个高峰，一是果肉刚包满种子时期，二是果实近成熟期。裂果的实质就是果实发育过程中的一种生理失调现象，它的基本症状为果皮和假种皮的一部分开裂。裂果发生的原因是内外因子综合作用的结果。内因主要与品种遗传特性有关，包括果皮厚度、延展性、组织结构、裂纹的宽窄浅深、果实破裂的临界膨压等。外因包括：①气候因子。温度越低，湿度越大，日照时数越小，大气水蒸气压亏下降越快，裂果发生越严重，久旱骤雨和台风雨是诱发裂果的典型天气。②矿质营养。土壤中交换性钙，树体和果实中钙、硼，特别是钙与荔枝裂果关系密切，钙主要通过参与果皮细胞壁构建和组织力学性能的形成来实现其对裂果的调控作用。③土壤水分供应不均衡。荔枝果实发育前期主要长果皮，后期主要长果肉，如果皮发育阶段久干旱又无灌溉的话就会使果皮发育不良，延展性降低，在果肉生长阶段雨水天气多，则会使果肉发生突发性生长而导致裂果增加。④栽培管理不当。如化肥特别是氮肥施用偏多、环割保果次数超过3次、病虫害防治不当等。

四、果实发育与成熟

（一）果实生长动态

雌花完成授粉受精后，即开始果实的生长发育。据李建国等（2003）对大核淮枝和焦核糯米糍果实发育过程的观察和研究认为，其果实的个体发育应划分2个时期（第Ⅰ期和第Ⅱ期），第Ⅱ期又可划分为两个亚期（Ⅱa和Ⅱb）。第Ⅰ期是以果皮和种皮发育为主（约占整个生长期的2/3，花后0～53 d），为果实缓慢生长阶段，而胚的发育很缓慢，仅从球形胚发育成鱼雷型胚，此期种子的溶质积累明显快于水分进入，其他部分的干鲜重积累速率近似；Ⅱa期的主要特点是种胚的快速生长，其他部分也有一定量的生长，假种皮以筒状向顶生长，逐渐包满种子，但是假种皮只是附着在种皮而无任何粘连，因而其基部与种柄顶端的环形连接处为水分和溶质进入假种皮的唯一通道，水分进入果实速率落后于溶质的积累，大约持续 14 d（花后 53～67 d），而焦核类果实的Ⅱa 期不够明显；Ⅱb 期的生长特点主要是假种皮快速膨大生长，并大量积累糖分，大约持续 21 d（花后 67～88 d），水分进入假种皮超前于溶质进入（图 13 - 2）。Ⅱ期假种皮的快速生长，挤占果皮提供的空间并对果皮形成应力，果皮相应延伸，而使果皮逐渐变薄。这种具假种皮果实所特有的果皮与果肉生长之间的关系，被称为"球皮对球胆效应"。

不论是早、中、晚熟品种或何种果实类型，果实及其各部分生长型均呈现单 S 型。不同成熟期的荔枝品种或同一品种不同雌花开放期果实之间的差别主要在于第Ⅰ期缓慢生长期的长短不同，早熟品种和晚花果实的第Ⅰ期缓慢生长较为短暂。

黄辉白等（1987）对桂味果实的研究，揭示了果实各组织之间存在胚乳液寿命长短→种皮大小→果皮大小→假种皮→果实大小的生长影响程序。即假种皮的生长受到先行生长果皮提供空间的限制，大果皮提供大空间，形成大果，果皮与假种皮和果重呈正相关性；果皮重与种皮重之间为明显正相关，而种皮发育程度受营养及激素中心胚乳液的寿命决定。胚乳液的寿命越短，种子越早败育，甚至形成仅有种皮和假种皮痕迹的空壳果。有些品种的"焦核"（如桂味）则证实为胚自身的中途死亡。荔枝的种胚重则与假种皮呈负相关关系，两者在中后期同步生长，存在营养和生长空间的竞争关系。

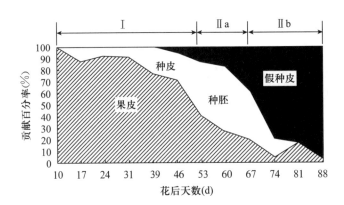

图 13 - 2　荔枝果实发育期间各部分干重增量对果实增量贡献率变化

(李建国等，2003)

（二）果实成熟

果实为具假种皮果实，圆形、卵形或心形等。果皮具瘤状凸起的龟裂片，龟裂片上有龟裂片峰，龟裂片及其龟裂片峰是区分荔枝品种的典型特征。从果肩至果顶有明显的逢合线，成熟时多呈鲜红色。果皮系由子房壁发育而成，由外果皮、中果皮和内果皮三部分组成。果肉为假种皮，由外珠被外层细胞发育而成，白色半透明。种子 1 枚，黑褐色、光亮，部分品种种子败育，形成"焦核"果，也有种子完全退化的无核果。按种胚发育程度可把荔枝果实分为四种类型：①种胚发育完全正常，形成大核果实，如淮枝；②种胚发育早期全部败育，形成焦核果实，如糯米糍；③种胚发育中期败育，形成中等核果实，如桂味；④种胚和种皮完全败育，形成无核果实，如无核荔。

荔枝属于非跃变型果实，成熟过程不伴随乙烯和抗氰呼吸为主的呼吸跃变。成熟期间假种皮迅速积累可溶性糖，不积累淀粉。果实一旦离体便迅速转入衰老过程，发生褐变，而无采后成熟现象。荔枝成熟过程中果实发生剧烈的生理变化，包括假种皮快速膨大、糖分急剧积累、酸下降、果皮退绿着色。

假种皮急剧生长膨大的同时，糖分含量也急剧上升。果实积累的糖分包括蔗糖、葡萄糖和果糖。不同品种的单双糖比例不同，可能与品种间的酶系统不同有关。如陈紫成熟时蔗糖/单糖为 1∶4，妃子笑为 1∶2.5，水东为 1∶2，桂味为 1∶1，糯米糍为 2∶1。荔枝假种皮初期积累的有机酸主要有苹

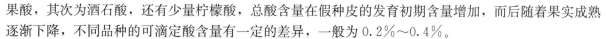

果酸，其次为酒石酸，还有少量柠檬酸，总酸含量在假种皮的发育初期含量增加，而后随着果实成熟逐渐下降，不同品种的可滴定酸含量有一定的差异，一般为 0.2%～0.4%。

荔枝果成熟时果面呈红色或紫红色，这主要是花青苷积累的结果。着色（或上色）通常指果面的表色，即花青苷的形成。荔枝果皮着色过程中叶绿素和类胡萝卜素含量下降，而花青苷迅速合成。

第四节　对环境条件的要求

一、土壤

荔枝对土壤的适应性较强，无论山地的红壤土、沙质土、砾石土，或是平地的黏壤土、冲积土、河边沙质土，都能适应生长和结果，但以通气良好的沙壤土和红壤土更为理想。荔枝喜微酸性土壤，故土壤疏松透气、排水良好，有机质丰富（>2%），pH 5～5.5 时，荔枝树生长结果最好。

二、温度

在荔枝的系统发育中形成了对温度适应范围较小的特性，温度已成为荔枝生长发育的重要条件。我国荔枝的经济栽培区位于北纬 19°～24°，包含两个主要气候区：①南亚热带的闽南—珠江区和台北区。是荔枝主要经济栽培地带；②热带北缘的雷琼区和台南区。经济栽培的南缘是海南省的陵水、屯昌、白沙、琼海。往南除高海拔山区外，冬季缺少必需的低温，荔枝不能开花。南亚热带气候区的特点是夏炎冬冷、雨量充沛，年均温 20～23 ℃，日均温≥10 ℃天数在 300 d 以上，≥10 ℃积温 7 000～8 000 ℃，冬季有一段低温干燥天气，有利于荔枝花芽分化，最冷月份（1 月）的均温为 10～14 ℃，偏北或海拔偏高的一些地方个别年份可能出现 1～5 d 的霜期。

冬季极端低温决定了荔枝树分布的北限。广东英德、广西柳州和福建霞浦是目前华南荔枝栽培的北限。但另有些北部省份因局部适宜小气候，也有少量栽培，如四川乐山市悦来乡荔枝湾村（北纬 29°39′）面临岷江水，冬暖夏凉是全国荔枝栽培的北缘。

据福建 1955 年和 1963 年两次较大寒流引起的严重霜冻中观察认为，−4 ℃是荔枝致死的临界温度，−2 ℃是荔枝受冻害的临界温度。但不同树龄及品种耐受低温的能力有所差异，幼树及嫩梢在 2 ℃下便有冷害，而处于生长停顿状态下成年树可耐受−2 ℃低温；元红和陈紫的耐寒性比乌叶和兰竹强。

不同发育期对温度的要求也不同。荔枝的营养生长在 15 ℃时生长很慢，根系生长以 23～26 ℃土温最为适宜；枝梢生长最适宜气温为 24～29 ℃。对绝大多数荔枝品种而言，花芽诱导期最低温度大于 13 ℃，成花少，最高温度大于 20 ℃，则很难成花。荔枝花发端后，花和花穗发育受温度影响较大，15 ℃时发育缓慢，20～25 ℃最适宜花穗发育，大于 25 ℃则会出现较多带叶花穗甚至发生"冲梢"现象。花期的温度对荔枝小花的开放、开花期的长短、花粉萌发、授粉受精均有重要的影响，荔枝开花的温度虽因品种类型有所不同，但一般在 10 ℃以下少有开花（三月红在 7～10 ℃可见开花），18～24 ℃最为适宜，29 ℃以上则减少开花；温度过低开花期延迟，如 1961 年 3 月福建低温，荔枝延迟至 5 月初与龙眼同时开花。温度不仅影响虫媒传粉活动，还直接影响柱头容受性，花粉管萌发和生长。高于 30 ℃或低于 15 ℃均不利虫媒传粉活动和花粉管萌发生长。荔枝授粉受精最适宜温度为 23～28 ℃。果实发育期的温度影响果实发育进程，日均温 15 ℃以上有效积温越高果实生长发育历程越短，反之，历程越长。

三、湿度

自然生长的荔枝要求雨量充沛，年降水量在 1 200 mm 以上。我国荔枝产区多属季候风气候，年降水量 1 000～2 000 mm，虽充沛却分布不匀，以春夏季降雨为主。最适宜生长的树体水分状况为黎明前的叶水势高于-1.0 MPa。花芽分化期对水分的要求减少，适度的干旱促进荔枝花芽分化，冬季降雨多，易促生冬梢，致使来年无花。花穗轴分化期间适当的水分有利于花穗抽出和发育，此间水分胁迫和光照不足会减少花穗的大小和雌雄花的比例，当叶水势小于-1.5 MPa 时，花穗停止发育。Menzel（1994）认为 $20\sim25$ ℃气温，叶片水势在-1.0 MPa 以上，平均日辐射量在 $6\sim8$ MJ/（$m^2 \cdot s$）之间最适宜花穗的发育。花期多雨对荔枝传粉受精和坐果不利。花期雨水过多，多数柱头黏液受冲刷，花药不开裂，雌蕊凋萎，或因雨水多花粉腐烂，同时低温阴雨也影响昆虫活动，雌花得不到授粉。荔枝果实发育为时较短，生长快，需要一定的雨量，但幼果期多雨，常导致土壤积水，影响吸收根的活力，造成大量和集中的落果，此期土壤水分胁迫也会影响果皮的正常发育，导致形成小果，甚至脱落；果实发育中后期需要水分最多，缺水则果实变小以至提早成熟，久旱骤雨，极易引起大量落果、裂果，严重影响产量。

四、光照

据已获数据，荔枝秋梢叶片的净光合速率（Pn）大约为 3.2 μmol/（$m^2 \cdot s$），最大 Pn 为 12 μmol/（$m^2 \cdot s$)左右。传统上有"向阳荔枝"一说，意即荔枝在树冠透光度差的情况下，偏向冠幕外围及顶部结果。据分析报道，在 12 月至 1 月的日照时数与产量呈正相关（$r=0.605$）。开花和幼果发育期间，以晴天为主适度光强下，有利于加速花药成熟、花粉散发和昆虫活动，但光照过强，会因蒸发量大，致使花丝凋萎，柱头黏液干枯而影响授粉受精。小果发育需要充足光照才能正常发育，对幼果遮阴试验表明，在花后 7 d 和 21 d 各进行 7 d 的遮阴（透光率 10%），引起严重落果，尤以花后 7 d 处理为甚。成熟期充足的光照能促进果实成熟和增进果实品质，但此时光照过强，会造成果实日灼现象，并加剧裂果发生。

五、风

微风对荔枝传粉、促进气体交流、增加光合效率和减少病害有利，在强日照时，微风可降低叶温避免日灼。花期忌吹西北风和过夜南风。

大风和热带风暴对果实发育危害最大，大风导致大量落果，热带风暴常造成采前大量落果和枝叶损伤。多种灾害性天气对荔枝的综合性影响更为严重，广西北流 1984 年 4 月 8 日雷雨大风伴随冰雹，最大风速 17 m/s，正在开花的荔枝花序全部被打坏，80%以上叶片被打烂，部分枝条折断，甚至树被吹倒，严重失收。故在果园建立前要考虑风的危害。

第五节 建园和栽植

一、建园

（一）园地选择

荔枝为多年生长寿果树，大面积发展建园时应慎重选择园址。根据我国人多地少、丘陵山地面积大的特点，荔枝园的选择确定，应以山地和丘陵地为主要方向，但在具体选择园地时，要考虑如下几个方面。

1. 地形地势 宜选择夏长冬暖、热量丰富、地势开阔、坐北朝南的丘陵地或坡地，或近水源和有一定水利设施的低丘。最好选坡度 10°以下的缓坡地建园，尽量避免在坡度超过 25°的山坡地建园。

2. 土壤 荔枝根系分布广，有菌根。花岗岩风化母质、沙页岩风化母质或石英沙岩风化母质形成的红壤、冲积土或第四纪红土等都适宜种植荔枝，但以有机质含量超过 1%、碱解氮在 80 mg/kg、速效磷含量在 3 mg/kg 以上、速效钾在 60 mg/kg 以上、pH 在 $5.5\sim6.5$ 的冲积土较为理想。土层深达 2 m 以上、质地疏松的土壤如果达不到上述要求，在栽培中通过增施有机肥和压绿改良土壤，提高肥力也可种植荔枝。

3. 其他因素　园地选在水库周围是非常理想的，因为水库可以调节小气候，减少温差变化，而且能为荔枝提供"气体肥料"二氧化碳；园地交通要方便，以便生产资料和果品的集散；园地要集中成片，以便集约经营管理，迅速形成商品规模和生产中心；园地要避开对环境的污染源，如陶瓷厂、玻璃厂、砖厂、制铅厂、磷矿厂、碱厂、塑料厂、天那水厂、农药厂等附近不宜选地种荔枝。

（二）园地规划设计

果园规划包括分区、道路、排灌系统、肥料基地、防护林及果园建筑物等的规划。

1. 小区划分　根据园地地形地势的变化和土壤的不同情况，结合品种安排和排灌渠道、道路的设计，把整个果园划分成若干个单位。果园面积大者，需先划分为若干个大区，每个大区再划分为若干个小区。小区的设计宜长方形，山地小区的长边应与等高线平行，平地小区长边应与有害风方向垂直。这种划分要以方便管理为依据。小区大小依情况而定，自然条件好，地形整齐，地力均匀的小区宜大，通常 $6.7 \sim 10 \ hm^2$，反之宜小，$1 \sim 2 \ hm^2$。

2. 果园道路系统　由主道、支路和小路组成，大型果园必须按要求设计。主道要求位置适中，贯穿全园并与公路相连，其宽度 $5 \sim 7 \ m$，以便通行大型汽车。支路与主道相连，宽 $4 \sim 5 \ m$，为小区的分界线。丘陵山地果园，主道与支路要结合小区划分，可顺坡倾斜而上，也可横坡环山而上或呈"之"字形拐。顺坡的主道与支路要设在分水线上，不宜设在集水线上，以免被水冲毁。沿坡上升的斜度不能超过 $7° \sim 10°$。路的内侧要修排水沟，路面要呈内斜状。小路设在小区内或小区间，与支路相连，宽 $1 \sim 2 \ m$，为小区内的作业通道。修筑梯田的荔枝园地可利用边埂作为小路。

3. 排灌系统　果园的排灌系统包括蓄、引、排、灌等 4 个方面，这是真正做到旱能灌、涝能排的保证设施。对丘陵山地果园首先考虑的是灌溉系统，即蓄水、输水和园地灌溉网的规划设计。凡是在有水源可利用的地方，应选址修筑小型水库、水塘或蓄水池等。经济条件许可时，可在果园高处修筑蓄水池，设计安装渗灌、滴灌，这是最省水和先进的灌溉方法。丘陵山地果园的排水系统宜按自然水路网的趋势设计，多采用地面明沟排水，主要有 3 种形式：

① 环山防洪沟。沟的大小视果园上方集雨面积而定，一般宽和深均为 $60 \sim 100 \ cm$。防洪沟挖出的土放在沟的下方，在沟面每隔 $5 \sim 10 \ m$ 留一土墩，墩高比沟底高 $15 \sim 25 \ cm$，使沟形成竹节形，以蓄积小雨水和缓冲流速。防洪沟要有 $0.1\% \sim 0.3\%$ 的坡降，并与水库、山塘及纵排水沟相连。

② 纵排水沟。应尽量利用天然的汇水沟做纵排水沟，或在主道和支路两侧挖一些竹节形的纵排水沟，中间连通各级梯田的后沟和一些排水沟，也可用长满杂草的小路代替纵排水沟，纵排水沟一般深 $20 \sim 30 \ cm$、宽 $30 \sim 50 \ cm$，为了减少冲刷，一定要把纵排水沟修成竹节形或使沟底长满杂草。

③ 等高排水沟。主要修筑在梯面内侧和横路内侧，一般沟深 $20 \ cm$ 左右、宽 $25 \sim 30 \ cm$，每隔 $5 \sim 8 \ m$ 留一低于沟面 $10 \ cm$ 的土墩，将横排水沟修成竹节形。

4. 肥料基地　荔枝主产区气候多为高温多雨，有机质分解快，荔枝需肥量多，尤以山地、丘陵荔枝园，更需要大量有机肥做深翻改土之用，因此需要建立一定规模的绿肥生产基地，或者禽畜养殖场，以及粪池等配套设施。

5. 防护林　山地果园要设置防护林，以改善果园的生态环境，保证果树正常开花结果。防护林主要有水源林和防风林。水源林种在荔枝园防洪沟以上的地带，主要作用是涵蓄水分，减少土壤冲刷。防风林分主林带和副林带，主林带要与主要风向垂直，若地形不规则，允许有 $25° \sim 30°$ 的偏角；副林带要与主林带垂直，以防御来自其他方向的大风，加强防护效果。一般主林带栽植 $4 \sim 5$ 行，副林带 $2 \sim 3$ 行。

（三）建筑物的设置

生活设施、办公室、农具室、肥料农药仓库等等建筑物都应安排在工作和交通便利的地方。

（四）整地和改土

这项工作应在种植前 6～12 个月内完成，主要内容包括：①清山。清除山上原有的树木、小灌木和杂草，注意小灌木和杂草集中堆放，以后可以回填种植穴中；②开垦。平地、缓坡地或坡度小于 10°的斜坡丘陵地，先进行机械开垦，深度 30 cm 以上。对坡度较陡的山地，园地开垦应根据具体情况采用等高梯田法，或等高撩壕和鱼鳞坑法；③挖坑。按规划种植密度定点挖坑，坑的大小为深 1 m，长和宽各 1 m，挖坑时表土与底土分放两边；④水池、粪池修建和排灌系统安装；⑤种植绿肥作物。在株与株之间种植牧草（如意大利多花黑麦草）和豆科绿肥（如印度豆、乌绿豆等），这样一来可保持水土流失，更重要的是能改善土壤和调节果园的生态环境，对修梯田，特别是机械开梯田的果园尤为重要。另外梯田的梯壁、道路和沟的两侧及沟底应使用固土性较好的禾本科草种；⑥土壤营养状况分析；在种植前最好对土壤的理化性质和养分情况做以全面的测试和调查；⑦基肥准备，包括禽畜粪肥、农家土杂肥、磷肥、石灰和杂草等；⑧回坑。挖好的坑经 3～4 个月风化后即可进行，回坑时先放表土，底土与基肥拌匀放在上面，大约回至九成满。回坑后 1～2 月或在定植前 15～30 d，每坑施土杂肥 20～40 kg、尿素 100 g、过磷酸钙 250 g，肥料与表土拌匀回土至满，然后用表土堆一高于坑面 20～30 cm 土墩。

二、栽植

（一）栽植方式和密度

种植密度应考虑所选品种、园地条件、土壤、气候及采取的栽培措施，如树势壮旺和枝条开张的品种可适当稀植，树势偏弱和枝条直立的品种可适当密植。我国大面积生产主要有两种密度：永久性定植和计划密植。前者株行距较宽，一般为 6 m×7 m（240 株/hm²）；后者一般为 4 m×4 m（630 株/hm²），当行间枝条交叉时，有计划地进行疏剪和间伐。国外（如澳大利亚）荔枝考虑到机械化操作的需要，普遍较为稀植，永久性的株行距为 12 m×12 m（70 株/hm²），但建园时一般采用计划密植（140 株/hm² 或 280 株/hm²，株行距分别为 12 m×6 m 和 6 m×6 m），8～12 年后实施间伐。

（二）品种选择和授粉树配置

品种选择首要考虑的因素是品种的生态适应性，根据品种区域化、良种化的要求，正确选择品种是保证早果、丰产和优质的主要条件之一。在生产中选择当地原产或已试种成功，且有较长的栽培历史，经济性状又较佳的品种最稳妥。从外地引种，必须了解其生物学特性是否适宜当地的气候、土壤条件，避免盲目引种，造成不必要的经济损失。品种确定后，就要考虑品种的配置，不同规模的荔枝园品种配置也应有所不同。一般小型荔枝园（如 6.7 hm² 以下）应以一个品种为主栽种，再搭配 2 个授粉品种，授粉品种约占 10%；大型荔枝园（面积在 67 hm² 以上）应有 3～4 个成熟期不同的主栽品种，而且每个种都应有与其花期相近的授粉品种。

（三）栽植方法

定植时期一般分春植（每年 2～5 月）和秋植（每年 9～10 月），上年圈枝苗宜在 3～5 月定植，嫁接苗最好在 2 月下旬至 4 月上旬种植，秋植苗最好带有营养袋（杯），否则影响成活率。荔枝的根很嫩脆，容易被折断，种时要轻拿轻种。种植时先小心把包装泥团的塑料薄膜解除，用手握住泥团，把苗移植穴内，培土时用穴边的碎土，轻轻压实，切忌大力踩踏，以免伤根。苗木入土的深度一般掌握与苗期相同，因此对于带泥团的苗木，培土高于泥团 2～3 cm 即可，对于刚从母株上锯下的圈枝苗，覆土的深度较原来的土墩高 6～10 cm 也可。之后再在植株周围用泥土筑成直径 80 cm 左右的碟形树盆，方便淋水和施肥。另外，为了减少苗木水分蒸发，种前还应剪除部分叶片。

（四）栽后管理

苗种植好后，应立即淋定根水。种植初期的主要管理工作：①淋水与排水。晴旱天气要注意勤淋水，保持土壤适当湿润，雨多时要搞好排水，防止浸水伤根。②苗木保护。在风力大的地方应在苗旁

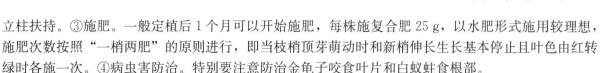

立柱扶持。③施肥。一般定植后1个月可以开始施肥，每株施复合肥25 g，以水肥形式施用较理想，施肥次数按照"一梢两肥"的原则进行，即当枝梢顶芽萌动时和新梢伸长生长基本停止且叶色由红转绿时各施一次。④病虫害防治。特别要注意防治金龟子咬食叶片和白蚁蛀食根部。

第六节　土肥水管理

一、土壤管理

（一）幼龄期荔枝园的土壤管理

对于新种植的幼龄荔枝园，首先考虑的是应如何充分利用行间空地，间种一些矮秆的并能增进土壤肥力或对土壤有改良作用的农作物，如花生、黄豆、豆科绿肥、蔬菜等以及一些生长快、周期短的果树如番木瓜、菠萝、番荔枝、桃、李等。这不仅能增加土壤肥力和改良土壤结构，还能增加经济收入，不论是小面积还是大面积果园，间种都有实际收益。但行株间忌间种与幼树争光、争营养和妨碍荔枝树正常生长的高秆或攀缘作物如木薯、甘蔗、瓜类等；最好也不要间种结果晚和树龄长的果树，如20世纪80年代中期，广东不少间种柑橘的荔枝园，虽有一定收益但大都不够理想，结果造成荔枝投产迟、产量低。

幼龄果园另外几项重要的土壤管理措施主要是松土除草、深翻改土压青和树盘覆盖等。

（1）松土除草。一般年松土除草5～7次，夏、秋高温多湿，杂草生长迅速，表土易板结，松土除草次数宜多，春、冬季杂草生长较缓，耕作次数可少。

（2）深翻改土压青。为了迅速扩大树盘，必须从定植后第二年起进行深翻改土压青，具体做法是沿原定植坑的外围开环状沟或2～4条长方形改土沟，深50～60 cm，宽度和长度视有机质肥料和劳力条件而定，将枯枝落叶、作物茎秆、草料等分层埋入沟内，粗料在下，细料在上。但对于水位较高的果园，改土工作要注重培土、客土，加厚土层，增施腐熟有机质肥。

（3）树盘覆盖。指利用各种不同的有机或无机原料，对树盘的土壤进行地表覆盖。其优点为夏降土温，冬季保暖，减少水分蒸发，抑制杂草丛生，减轻水土流失，增加土壤养分。用于覆盖的原料有绿肥作物秆或群体、各种农作物秸秆、杂草、枯枝落叶、粗沙或煤渣（黏土果园内）、塘河泥（沙土果园内）和塑料薄膜（分白、银灰和黑色）等。有机物覆盖又可分为死体和活体两种。总之，树盘覆盖的方式和原料多种多样，覆盖厚度、时间、时期等可根据需要而定。

（二）结果期荔枝园的土壤改良

土壤改良管理的原则是使整个果园的土壤达到丰产果园的要求。丰产果园的基本特征为：具有一定厚度的活土层（60 cm）；土壤疏松，砾石度在20%左右，通气透水性好，不易积水成涝；土壤有30%的黏粒来保持养分，保水保肥，供水供肥能力强，水分和养分供应适宜而且稳定；土壤有机质含量高（大于1.5%），养分充足，团粒结构好。

土壤改良的具体措施：

（1）增施有机肥。有机肥的施用应结合深翻改土进行，以局部改良为主，逐渐实现全园改良。荔枝园多为山地和丘陵地，土壤的基础条件较差，改良土壤的任务非常艰巨，据调查广东省大部分荔枝园的有机质的含量低于丰产园的要求。

（2）重视土壤耕作，做好中耕除草和培土客土等工作。不少果农反应失管1～2年的荔枝树，产量明显下降，这也说明日常耕作的重要性。管理好的荔枝园每年中耕除草2～3次，第一次在采果前或采果后（7～8月）结合施肥进行，深度宜浅，10～15 cm，以免伤根太多，影响树势，延迟出梢。第二次在秋梢老熟后（10～12月）结合控制冬梢进行，深度宜深，20～25 cm，以达到促进深层土壤熟化，切断部分水平细根的目的。第三次在开花前约1个月进行，只宜浅耕，深度不宜超过10 cm，主要目的是促进新根生长，增强对肥水的吸收。另外，在杂草多的果园宜掌握在5月份大部分杂草已发芽并长至一定高度时全面除草一次，8～10月份视情况再行除草一次。如发现有露根或果园土壤瘦瘠，要培入新土，培土宜在秋冬进行。

（3）做好水土保持和设施维护工作。这是坡地果园土壤熟化的基础，没有这个基础就谈不上有效地提高土壤保肥保水性能和有机营养的积累等。

二、施肥管理

荔枝施肥主要通过基肥、追肥和喷肥（根外追肥）3种形式，分别于不同时期进行。

（一）基肥

基肥是荔枝年生长周期中所施的基本或基础肥料，是3种形式中最重要的一种，对荔枝一年中的生长发育起着决定性的作用。基肥应以各种腐熟、半腐熟的有机肥为主，适量配以少量化肥。据有关资料介绍，土壤单施无机磷肥，其利用率为25%～30%，若与有机肥混合施用，磷肥利用率可提高到50%左右。因此，实践中磷肥常常与有机肥一起施用。目前，荔枝基肥分2次施：①采果前后（最好采果后）。这次基肥中可混入一定量的速效化肥（尿素或复合肥），主要目的是及时恢复树势并保证促发健壮的秋梢。②冬末春初（每年春节前完成）结合冬季清园进行。此次基肥用量大，肥效时间长，对荔枝开花和果实生长作用重大。

（二）追肥

根据果树生长情况和结果情况及不同生育期需肥的特点，在荔枝年生育周期内，要及时补充追肥。追肥一般使用无机速效化肥或腐熟的有机肥或粪水等。目前，荔枝追肥时期大致可分为花前促花肥、花后壮果肥、采果后秋梢肥。促花肥的施用时期得当，能促进花器发育，抽出健壮花穗，施用不当时，则可能促使新梢生长。因此要依具体情况而定才能收效，原则上应掌握：早熟种小寒至大寒施，中、迟熟种大寒至雨水施；旺树、青年树迟施或不施，弱树、老年树早施多施；气温回升快，雨水多，幼龄结果树、壮旺树不见花蕾暂不施。壮果肥的作用是及时补充开花时树体的营养消耗，保证果实的正常生长和肥大以及减少第二次生理落果等，同时避免树体因过分的营养消耗而衰弱。施用时期为谢花后至第一次生理落果期（幼果绿豆大时），花量大的宜早施，花量少的宜迟施。秋梢肥的施用时期应因树龄、树势，并紧密结合放秋梢的次数和时期而定，原则上掌握一次梢一次肥，多次梢多次肥，在秋梢萌芽前施用。

荔枝幼年树根少，分布范围小且不均匀，无论施用有机肥或无机肥，均以树两侧开半月形或环状沟施为宜。有机肥宜深施至25～30 cm，无机肥以10～15 cm为宜，沟宽15～20 cm。也可以在根际每株开浅穴2～3个，施后覆土。每年树冠扩大，施肥沟的部位也随之向外扩展。旱季施用液肥或干施后淋水以增效。

成龄树树盘施肥，应逐年或逐次改换施肥部位。一般2～3年轮回一遍，以使所有部位的根系都能吸收肥料。有机肥应深施至40 cm，无机肥20 cm左右即可，沟宽20～30 cm。每次施肥时，注意将土与肥混匀，然后覆土。

目前我国多依靠总结施肥经验，如澳大利亚、以色列和南非已普遍采用营养诊断。但从我国目前丰产园总结的施肥经验看，大多存在过量施肥，资源浪费和环境污染等问题。如以每生产100 kg果计，广东建议施肥量为纯氮1 380 g、纯磷800 g、纯钾1 500 g；广西建议纯氮1 600～1 900 g、纯磷800～1 000 g、纯钾1 800～2 000 g。而澳大利亚建议标准为纯氮600 g、纯磷200 g、纯钾440 g（Menzel，1984）。因此，逐步推广叶分析和土壤分析应是今后努力的方向。

（三）根外追肥

根外追肥是指在果树生育期内，根据需要将各种速效肥料（包括大量元素和微量元素）的水浸液，喷洒在荔枝叶片、枝条及果实上的追肥方法，属于一种临时性的辅助追肥措施。主要用于用量少或易被固定的无机肥料，只要使用及时得当，都会收到良好的效果。可根据需要在果树生长的任何时期进行。常用根外追肥种类及浓度见表 13-2，除此之外，目前市面上还有各类有机、无机混配或发酵的叶面肥。

表 13-2 荔枝常用根外追肥种类及浓度

元素	肥料种类	使用浓度（%）	年喷次数（次）	备注
N	尿素	0.5～1.0	3～5	选含缩二脲低的优质尿素
N、P	磷酸铵	0.5～1.0	3～4	生育期喷
P	过磷酸钙	1.0～2.0	2～3	果实膨大期喷
K	硫酸钾	1.0～1.5	2～3	果实膨大期喷
K	氯化钾	0.5～1.5	2～3	果实膨大期喷
P、K	磷酸二氢钾	0.2～0.5	2～3	果实膨大和秋梢期喷
N、Ca	硝酸钙	0.5～1.0	2～3	新叶转绿时
Ca	氯化钙	0.3～0.5	2～3	花后 3～5 周
Mg	硫酸镁	0.5～1.0	2～3	末次秋梢老熟后
Zn	硫酸锌	0.3～0.5	2～3	末次秋梢老熟后和小果期
B	硼砂或硼酸	0.05～0.1	2～3	花穗发育期
Fe	硫酸亚铁	0.3～0.5	1～2	幼叶开始失绿时喷
Mn	硫酸锰	0.2～0.4	1～2	末次秋梢老熟后
Mo	钼酸铵	0.02～0.05	2～3	花穗发育期
Cu	硫酸铜	0.1～0.2	1～2	末次秋梢老熟后

三、水分管理

荔枝营养生长期间要求温暖湿润的气候，秋冬季花芽分化期间则要求冷凉和相对干燥。总体而言，我国荔枝主产区基本具备这两个条件。但不同年份间差异较大，如秋梢抽梢期常遇到阶段性的干旱，造成发梢迟和梢质量差，甚至不发梢，影响结果母枝的培养。秋梢期若遇 10～15 d 干旱天气就应灌水，以保持土壤含水量在田间最大持水量的 60%～80%。

荔枝花诱导完成后，若土壤过度干旱，不利花的发端；花穗轴分化期间，干旱不利雌花分化。因此，干旱年份，进入花芽形态分化时，宜适当灌水。

荔枝果实发育期间，需要适量而均匀的降雨。少雨干旱或阴雨连绵，雨水过多或干湿交替，都不利于坐果，后期还会加剧裂果。因此，果实发育期间水分管理的原则是保持土壤水分的均衡供应，雨多需排涝，天旱及时灌水。割草覆盖树盘可保持土壤湿度。国外荔枝园有采用生草法栽培，行间生草便于机械化管理，有利于改善土壤结构，截留降水，增强蓄水功能，但必须定期刈草，以舒缓草与树之间的水分和养分的争夺。

第七节　花果管理

一、控梢促花壮花

1. 控梢　在末次秋梢老熟后，受气候和树体内在生长节奏的影响，我国南方产区的荔枝经常容易发生冬梢，这是导致荔枝不能花芽分化的一个重要因素。控制冬梢的抽生和杀死已抽出的冬梢是保障成花的关键。控制冬梢萌发的基本办法是立足于秋季水肥等土壤管理，使末次秋梢适时抽出和适时老熟，生产上其他常用的措施包括：

（1）断根法。在秋末冬初末次秋梢老熟后，对果园进行深耕 25～35 cm，切断部分根群，控制肥水吸收；或结合施基肥在树冠外围土层挖深沟达 35～50 cm，切断水平侧根，晒 2～3 周，填入清园杂草和其他一些有机质肥料，可起到深翻改土和调节树势作用；或在整个树盘翻土20～30 cm。

（2）环割法。环割的时间宜在立冬至冬至进行，幼年结果树也有在末次秋梢转绿时环割，效果良好，但对于过于旺盛的树，宜有其他措施配合。环割宜用刀刃薄而锋利小刀，在骨干枝皮层做环状切割 1 圈，深达木质部。对于枝梢生长旺盛，叶色浓绿光泽，可环割 2 圈，相距 10～15 cm。环割部位视树体而异，初结果幼年树可在树干或枝径 6～10 cm 的骨干枝进行；对树势强健的可在枝径 10～15 cm 的第二至四级分枝进行。

（3）化学调控法。生产上常用的生长调节剂有乙烯利和多效唑。乙烯利可以在冬梢抽出 3～5 cm 时喷施，当浓度在 250～400 mg/L 范围时都有杀梢的作用；多效唑一般在冬梢开始萌动时或萌动前喷施，浓度一般为 350～500 mg/L；生产上用 300 mg/L 乙烯利和 400 mg/L 多效唑混合喷施效果更佳。此外，当冬梢抽出 7 cm 以上时，生产上常使用类似除草剂触杀性质的杀梢素，其主要作用是单纯杀梢，优点是见效快（24 h 内见效），不易引起老叶脱落，缺点是无促花和壮花功能。

（4）螺旋环剥法。螺旋环剥技术是 20 世纪 90 年代初期开始在生产中逐渐推广，并被证实是促进糯米糍、桂味等生势旺、成花难荔枝品种早结丰产的重要措施之一。根据不同品种的要求在 10 月中旬至 12 月中旬，选离地面 10 cm 以上主干或主枝用宽 0.2～0.5 cm 的环剥刀螺旋环剥 1.2～2.0 圈（螺距 8～15 cm），深达木质部，两圈的螺距为 5～8 cm，将剥离的树皮取出。

2. 促花 冬梢得到有效控制并完成花芽生理分化后，能否保证"白点"（肉眼可辨的白色"小米粒"状的花序原基）正常冒出是判断花芽形态分化是否顺利完成的又一个关键阶段。"白点"芽体萌动状态的外部特征是芽眼饱满，鳞片松开，由干硬变软，由褐色逐渐呈青绿色。促进"白点"出现的前提首先是打破顶端花芽的休眠，生产上常用措施包括：

（1）土壤灌溉。在花芽的形态分化期，如糯米糍、淮枝和桂味等晚熟种在珠三角地区，如果秋冬季遭遇干旱天气，应在 1 月中旬前后在树盘灌水或淋水，以地下 40 cm 处土壤湿润为宜。

（2）喷洒细胞分裂素。在花芽形态分化期，喷施 20～40 mg/L 细胞分裂素（如 6 - BA），也可以有效打破芽体休眠，促进芽体萌动和"白点"的出现。

（3）修剪。在花芽形态分化期，适度的修剪也有利于刺激未修剪的顶芽萌动。

3. 壮花 "白点"的出现是成花的必要条件，但有"白点"并不等于一定有花，因为荔枝花芽是混合花芽，混合花芽的发育受气候和树体本身营养水平等因素的影响，即使结果母枝的顶端露出了"白点"，也不能保证一定能够发育成纯花穗，"春（立春）前暖，花变梢"的现象非常普遍。要保证"白点"继续发育成有主花穗和侧花穗的优良纯花穗应采取如下措施。

（1）灌水。如遇天气干旱，应及时淋水抗旱，保证花穗正常抽生。有试验表明荔枝抽穗期的干旱可减少开花的数量和大大提高雄花的比例，而正常的灌水可大大提高雌花的比例。

（2）喷叶面肥。丰富的氮素营养及矿质营养的平衡和贮藏碳素营养是花芽继续发育和优良花质形成的基本条件，因此如已抽出花穗，但叶色还没转绿的树应喷施叶面肥（氮、磷、钾、硼为主），阴雨天还要喷施核苷酸以提高树体的光合作用。

（3）喷细胞分裂素。此类生长调节剂对花穗发育和花芽质量也有重要的影响，因此可根据树体的需要喷施一次该类调节剂。

（4）杀花穗上的小叶。对花穗上出现的小叶要及时作出处理，这是最重要的一条，也是导致有果无果的关键，摘除花穗小叶可显著增多每穗雌花数和坐果数。在花穗期密切注意花穗小叶的发育，尤其是气温高和雨水足的年份特别易抽出带叶花穗小叶。处理小叶的方法目前除人工摘除外，使用较多是用药物处理，一般用 150～200 mg/L 乙烯利，效果较好，但使用浓度应根据树势、气温等做相应变化。

二、控穗疏花

花穗的长短、粗壮程度、节间的长短、总花量及其雌雄花比例决定花穗的质量和坐果性能。荔枝花穗过长、花量过大、雌花比例低是造成荔枝"花而不实"的主要原因之一。主要对策：①培养短壮且花量适中的短花穗结果；②尽量减少开花的数量，控制开花节奏来提高长花穗坐果率。

同一品种，末次秋梢的老熟时间与花穗的长短有较为密切的关系，一般老熟早的梢成花也早，容易形成长花穗；反之，如果末次秋梢老熟时间掌握得好，则容易形成短花穗。目前生产中常用控穗疏花的措施包括：

（1）竹枝扫花。在开花前 7 d 内，用坚实柔软的小竹枝在花穗顶部往返"扫打"，使部分花蕾脱落，这是一种减少花量的操作简单且安全的方法，但费工费时。

（2）人工疏剪法。在始花前 5 d 内，用修剪工具剪除 90％以上的花穗，剩下的花穗一般主轴长度短于 10 cm，侧花穗 3～5 条。

（3）疏花机疏花法。在始花前 3 d 内，用疏花机在花穗长 10～12 cm 处统一进行短截，侧花穗则不进行处理。

（4）药物控穗疏花。在刚开少量花时，用生长调节剂多效唑或烯效唑，并配合一定量的乙烯利喷施花穗，多效唑和乙烯利使用浓度一般分别为 150～200 mg/L 和 50～100 mg/L，药物的使用依品种、天气不同效果差异较大，大面积应用前需要进行小面积试验。

（5）药物杀穗。当花穗伸长至 5～10 cm 时，用杀冬梢类药物喷花穗，导致花穗部分干枯和弯卷，使花穗的发育暂时停止，10 d 后再逐步恢复分化发育，这样处理后的花穗短小，花量少，雌花期长，雌雄比例增高。

三、保果壮果

荔枝素有"爱花不惜子"之说，果实发育期间发生的严重落果现象是导致荔枝产量低而不稳的重要原因。保果工作是荔枝生产周年管理的中心，绝不是简单的几项措施就可以解决的，应该采取综合保果措施，从夏季采收后的管理、秋季健壮结果母枝的培养、冬季花芽分化的调控至春夏季花果期的系列管理等，在年周期管理中一环扣一环去执行，才能获得好的保果效果和满意的产量。果实发育期生产中常用的减轻落果的措施有：

（一）创造良好的授粉受精条件

荔枝雌花完成授粉受精过程才能使果实得到正常的发育，影响荔枝授粉受精的因素非常复杂，在荔枝花期，必须做好以下几项工作，以最大限度地满足授粉受精的要求。

1. 花期放蜂 蜜蜂在荔枝花丛中采集时间具有同步性和连续性，是人工授粉所不能代替的。蜜蜂在开花前 3～5 d 进园，平均每 667 m² 放 1～2 箱蜂，注意放蜂期间，荔枝园及其附近果园或菜园均应停止喷用农药，以防蜜蜂中毒或受污染。

2. 人工辅助授粉 人工授粉效果虽然比不上蜜蜂，但在蜂源缺乏或气候条件不适宜昆虫传粉，雌花先开或雌花盛开时附近没有雄花开放或少量开放的果园应考虑采用。人工辅助授粉具体做法是：荔枝雄花盛开时，于 9:00 左右露水干后，树下铺上薄膜，用手轻轻摇动树枝，收集花粉和花朵，立即去除害虫及枝叶，铺开在阳光下晒 2 h 左右（如遇阴雨天可在室内铺开，用灯光照射，风扇吹干），促使花朵中的花药开裂散出花粉，然后把花粉连同花朵倒入清水中充分搅拌，使花粉均匀散开，接着用纱布过滤，留下花粉悬浮液。为了促进花粉发芽，可再加入钼酸铵和硼酸，配制成含有 30 mg/L钼酸铵和 50 mg/L 硼酸的花粉悬浮液。此悬浮液呈黄褐色，半透明，具有荔枝花香。最后用喷雾器把花粉液喷射在盛开的雌花上。授粉过程中花粉液要随配随用，尽量缩短花粉在水中的浸泡时间。因为雄花在水中浸泡时间太长，单宁物质渗出增多，抑制花粉发芽。此外，切忌用力搓洗花朵，尽量用最短的时间（2～3 min）洗出花粉水，绝不能超过 30 min。

3. 应对不良天气的对策

（1）摇花。荔枝花期遇到连绵阴雨，花穗上积满小水珠，花器官呼吸作用闭息，引起花穗变褐、沤花，这时要及时摇树，摇落凋谢的花朵和水珠，以减少因积水造成花穗变褐腐烂，同时也可减少病原菌的侵染。

（2）洗"碱雾"。"碱雾"是指空气相对湿度近于饱和，白天多雾，到中午还未消失，这时虽然空中无雨水，但花穗也积有水珠，加上雾中微滴中落有许多可溶性的有毒物质，损伤柱头使其不能受精，这时喷水洗雾，可洗掉柱头上的有毒物质，又能使花通气，有利于受精和坐果。

（3）防晒。雌花盛开期遇高温、干燥天气时，柱头容易干枯凋萎，影响授粉受精，这时应在早晚各喷水一次，以增加果园空气相对湿度，降低温度和柱头黏液浓度，改善授粉受精条件。

（二）适时喷施植物生长调节剂和叶面肥

在搞好果园管理的基础上，于荔枝开花坐果期应用低浓度的生长调节剂，可以调节树体和果实中内源激素水平，促进花器发育健全，刺激子房膨大以及防止离层的形成，从而减少落花落果。这种方法具有花工少、成本低、效果好等优点。

雌花期保果。雌花大量开放后第三天（此时雌花的"蝴蝶须"处于变黄发干阶段）进行药物保果，药物可选用 3～5 mg/L 2，4-滴或萘乙酸（NAA）等生长素类植物生长调节剂加 1 000 倍液生多素等。注意使用浓度不要太高，避免对雌花柱头的伤害。

坐果期化学调控保果。雌花谢花后 15～20 d 喷施 2，4-滴 3～5 mg/L、萘乙酸 20～30 mg/L、2，4，5-TPA 20～25 mg/L 或三十烷醇 1～3 mg/L 等植物生长调节剂，并配合 0.3%～0.5%尿素和 0.2%磷酸二氢钾等叶面肥。

雌花谢花后 35～40 d 喷施赤霉素 30～50 mg/L 和防落素 40～50 mg/L，并配合叶面喷施尿素 0.5%～1.0%和磷酸二氢钾 0.3%水溶液。

对于糯米糍、鸡嘴荔和无核荔等采前落果严重的品种，在雌花谢花后 40～45 d 喷施 NAA 30～40 mg/L。

（三）枝干环割或螺旋环剥

1. 环割 环割是一项较为稳妥有效的保果措施，适用于生长偏旺的结果树，特别是对幼年树效果更显著。对老龄或树势偏弱的结果树一般不采用环割措施。环割时间和环割次数依品种、树势和后期挂果量而定。对于较为丰产稳产的淮枝品种，整个果期环割次数最多 2 次，第一次在谢花后 7～10 d，第二次在谢花后 30～35 d，如果花期授粉受精条件较好的年份或果园，可以只在谢花后 30～35 d 环割一次；如果在花后 7～10 d 环割了一次，过 21～28 d，在每个花穗的平均果数超过 10 个的情况下，就不需要环割第二次。对于丰产稳产性能较差的品种，如糯米糍和桂味，在整个果期环割的次数一般不要超过 3 次，第一次在谢花后 7～10 d，第二次在谢花后 30～35 d，第三次在谢花后的 55～60 d。

环割宜在二级主枝或三级大枝上（胳膊粗以上）进行，在光滑部位用锋锐电工刀或嫁接刀或专用环割刀环割一圈，深度达木质部即可。

2. 螺旋环剥 对于在冬季采用了螺旋环剥进行控梢促花的树，在果实发育期，其伤口一般都会愈合，愈合后就需要补刀进行保果，一般做法是在原来环剥口的下部加剥半圈或将愈合组织刮掉。对于冬季未采用螺旋环剥控梢促花的树，可在花期采用螺旋环剥进行保果。做法是，在始花前后，具体时间视当时天气而定，如始花期天气晴朗，就在始花期或者适当提早环剥；如果始花期遇连续阴雨天，可推迟至盛花期环剥。用宽度 2～3 mm 的环剥刀，在离地面 25 cm 以上、6～10 cm 粗度以上的大枝上，选光滑部位进行螺旋环剥，环剥 1～1.5 圈，螺距 4～6 cm，深度刚达木质部即可。

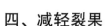

四、减轻裂果

裂果的发生是多方面因子综合作用的结果，因此，也只有采用综合配套栽培技术才能起到减轻裂果的效果。

1. 培养适时健壮的结果母枝　不同时期老熟的结果母枝，开花期不同，裂果发生程度也不同，一般花期早的裂果率较少，但坐果率较低；花期晚的坐果率高，裂果率也相对较高。在珠江三角洲地区，糯米糍末次秋梢老熟期最好控制在12月上旬。

2. 改良土壤，增施有机肥　一般保肥保水性能差的沙质土较易发生裂果，大量使用化肥也是造成裂果问题日趋突出的重要原因之一。因此，着眼于土壤改良和增施有机肥以培养强大的根系，提高对逆境（主要指骤干骤湿）的抵抗能力，改良土壤结构可以达到减少裂果的目的。果实发育期间偏施化肥，特别是尿素会导致裂果增加。叶片中氮含量越高，裂果率越高。常规荔枝生产中在果实发育期一般追肥2～3次，为了减轻裂果，糯米糍的追肥最好以有机肥配合一定量的钾肥合适。以产果50 kg树体计，每株施过磷酸钙0.5 kg、硫酸钾1 kg、充分沤熟的有机肥10～15 kg，在4月底可以作为壮果肥施用。

3. 增加果皮中钙含量　补钙的方式有土壤施用生石灰和在末次秋梢至果实发育期间根外喷钙肥。一般于每年冬季（12月份至次年1月份），结合冬季清园撒施生石灰，以挂果50 kg的树计，每株施石灰5～10 kg；冬季未施石灰的果园，可在春季（2～3月）撒施。

4. 调整挂果量，保持适当的叶果比　荔枝裂果多发生在果实的向阳面，挂果越多裂果越重，保证有适当的叶片既有利于蒸腾（调整叶果之间水分交流），也有利于保护果实免受太阳暴晒，从而减少裂果。一般秋梢上的叶果比为（4～6）：1比较合适，如果从整株树来说，每个果至少要有50片叶。

5. 改善果园通风透光条件　荔枝光合效能低，越荫蔽果园，荔枝叶片制造养分越少，运输给果实更少，造成果实发育不好。发育不好的果实就容易落果和裂果。因此，应加强修剪和疏枝的工作，保持果园和树体的通风透光性。

6. 保持均衡的土壤水分供应　在果皮发育阶段，如遇干旱，应及时灌溉，保持土壤处于湿润状态（土壤含水量为田间持水量的60%～80%），无灌溉条件的果园，要进行树盘覆盖，减少土壤水分蒸发。在果肉快速膨大期，如遇多雨天气，要及时排水，在果实转色时更应防止土壤水分的剧烈波动。

7. 适时环割和断根　一般在大雨来临前或台风前2～3 d进行最有用，可有效减少根系对水分的吸收。

8. 其他　调节果园小气候，减少骤变气候的影响，如行间生草、行内清耕和树盘覆盖等。加强病虫害防治。霜疫霉、炭疽病、椿象、金龟子、吸果夜蛾等危害常加剧裂果的发生，受病虫害危害的果实的病斑处和伤口往往是果实裂口最容易发生的部位之一。

第八节　整形修剪

一、与整形修剪有关的术语

1. 疏剪　又称疏枝。将一年生枝或多年生枝从枝条的基部剪除。

2. 短截　又称剪短。将一年生枝条剪去一部分，并保留原枝条一部分的枝叶。

3. 回缩　又称缩剪。对多年生枝干进行短截。

4. 抹芽　嫩芽萌发后人工抹芽，以减少芽数或推迟枝条萌发期，调整枝梢生长位置或生长角度，使枝梢分布均匀。抹芽是幼年未结果的荔枝树整形修剪中常用的一种方法，可使新梢整齐、健壮。

5. 抹梢　在新梢生长初期根据去劣选优的原则从基部抹去淘汰的枝条。

6. 抹花　在花穗抽出初期，人工将花穗抹除，以达到推迟花期、减少花量提高雌性花比例和花质的目的。

7. 摘心　新梢未木质化时，将其先端的芽摘除。摘心是幼年未结果枝整形修剪中常用的一种方法。

二、树形结构特点

荔枝主干的高矮及主枝数多少主要与繁殖方法、砧木和接穗种类及整形修剪等有关。用压条繁殖的树，主干呈多干形，分枝低，干高不明显。嫁接繁殖的树，主干3～5条，干高30～50 cm。荔枝叶片寿命一般1年至1年半，春梢及秋梢萌发期是大量新、老叶更新期，故造成荔枝的层性不明显，主要形成自然圆头或半圆头树形。

三、幼树整形

小树须在定植后2～3年完成整形，一般采用矮干、主枝分布均匀的紧凑半圆头形树冠。定干高度30～50 cm，留向四周均匀分布的主枝3～5个，每主枝再培养2～3个副主枝，构成植株的骨干。枝条短而密集的品种，如淮枝、糯米糍、白糖罂等，可任其侧枝自然分枝生长；枝条长而壮的品种，如三月红、圆枝、妃子笑和黑叶等，可在新梢长至20～25 cm时摘心以抑制过旺生长，或在新梢转绿后留20～25 cm短截，增加分枝级数以形成紧凑型树冠。主枝和副主枝分枝角度过小时，须用拉、撑、顶的办法来调整角度；若分枝角度过大，则宜选留斜生背上枝或支撑抬高枝的角度。

四、修剪技术

（一）修剪时期、作用

1. 修剪时期　荔枝树修剪分为春季修剪、夏秋季修剪和冬季修剪。春剪一般于3～5月进行；夏秋季修剪一般于7～8月完成，秋季多雨年份，或土壤中肥水较多时，可将修剪适当推迟至8～9月进行；冬季修剪一般在12月至翌年2月间进行。

2. 修剪的作用　修剪是荔枝优质丰产稳产栽培中的重要措施之一，其主要作用有：

（1）提早结果，延长经济结果寿命。荔枝植后一般需6～7年才能正常结果，在整形修剪上，可利用荔枝一年多次生长的特性，加速树冠形成，通过合理的修剪保持从属关系，合理占领空间，可促进幼树提早结果和早期丰产。此外通过对老树的更新复壮修剪等也可延长经济结果寿命。

（2）提高产量和克服大小年。通过合理整形构成立体结果树冠基础，通过修剪调节生长势，促进或抑制花芽分化，控制结果枝的数量或花量，协调生长和结果的关系，以达到高产稳产的目的。

（3）通过合理的修剪可使树冠通透，果形增大，着色良好，品质提高。

（4）提高工效，降低成本。荔枝树冠高大，如任其生长，往往高达十几米，管理操作极为不便，这样势必降低工效，增加成本。

（5）减少病虫害发生。郁闭的荔枝园往往椿象、叶瘿蚊、毛毡病等十分严重。

（二）幼年结果树修剪

幼年结果树是指荔枝生命周期中的生长结果期，特点是能够开花结果，但营养生长仍占主导地位。在这一阶段的修剪要注意以下几个方面：

（1）保持一定量的营养生长，一般采用放2～3次秋梢，根据不同品种的要求促使晚秋梢或早冬梢成为结果母枝。由于荔枝采收期集中在6～7月，采果后仍有足够时间放出2～3次秋梢。应于采果后15 d内，疏除病虫枝、枯枝和过密枝。但此时必须轻剪，且尽量保留树冠中下部枝条，以便较早形成圆头形树冠，增大结果面积。

（2）结合培养树冠和及时促发健壮的秋梢，应以疏剪为主，幼年结果树萌芽力强，顶芽一次常可萌发 3～5 个新梢，甚至更多，故应注意适时疏剪，原则是去弱留强，每次梢留 1～2 个新梢，最多不超过 3 个。

（3）适时采收、合理折果枝是秋季修剪的基础。过去强调短枝采果，修剪不低于"龙头丫"（芽点密集的节位），这是针对过去栽培粗放、树势衰弱的情况而言。但实践证明，随着栽培管理技术水平的提高，健壮的植株发枝力较强，在不同部位修剪都可发出健壮的新梢，可根据培养丰产树冠的要求进行。常年修剪强度以剪至上一年结果母枝的中下部为宜，必要时可剪至二至三年生枝，这种回缩修剪在密植荔枝园普遍应用。

（4）防止花穗过长过大。可在 2 月进行短截花穗或适量疏花，变长花穗为短花穗，减少总花量，增加雌花比例。

（三）成年结果树修剪

成年结果树系指生命周期中的结果生长期。此期中生殖生长占据优势，为开花结果最旺盛时期。由于大量开花结果，消耗树体有机营养的积累，供给根系的养分减少，根系生长及吸收减弱，采果后较难及时恢复，影响充当新结果母枝的秋梢及时萌发。因此，成年树的修剪应围绕保持健壮树势和培养优良结果母枝这个目标进行。这一阶段的修剪应注意采取以下措施：

（1）修剪时间视培养秋梢次数而定。培养各次梢修剪都应在芽趋于饱满但未萌动前进行。对于生长势不够旺盛的树，必须先施肥后修剪，以保证发出壮梢。

（2）修剪宜轻，一般剪除枝梢的 20%～30%。修剪的对象有两树交叉枝和徒长枝、病虫枝、荫蔽枝、纤弱枝、下垂枝以及树冠内过密枝和重叠枝等。尽可能保留向阳枝和壮枝。由于荔枝的主干及主枝忌烈日暴晒和霜冻，故应在树顶部保留足量的枝梢以构成较密的叶幕。掌握程度是在中午时分阳光可以透过冠幕，在地面上出现均匀分散的阳光斑（俗称"金钱眼"）。

（3）适时采收，合理折果枝。对弱树如果叶小、甚至树冠顶部叶片呈缺水症状，褪绿色黄，或者挂果过多的树应适当比旺壮树提前采果，使树势早恢复，否则轻者影响抽秋梢，重者采果后顶部干枯。由于成年树发枝力弱，故一般对中晚熟品种进行短枝不带叶采果，而早熟品种可视树势和管理水平等而采取不同采果方法，如对于一些挂果少的旺树可在低于俗称"龙头丫"之处折断。

（4）及时短截修剪，延迟封行。进入成年期后会发生封行现象，造成不同程度的平面结果，既降低单位面积产量，又加速树冠向高处徒长。因此，必须于封行前 2 年秋季结合采果后修剪，进行轻度或中度短截修剪。如对淮枝品种，应在 8 月中旬行轻度短截，剪去 3～4 个节，结合施肥，短截后约 20 d 便可以抽生秋梢；对树势强的玉荷包品种，宜中度短截，即采果后对 0.6～1.0 cm 粗的枝条剪去 30～50 cm。

（四）衰老树更新修剪

衰老的原因除树龄外，往往与水土流失、地下水位较高、丰产后栽培管理跟不上、病虫危害、台风灾害后处理不及时等有关。进行树冠更新的同时也要注意根系更新。

树冠更新修剪应根据树势衰退程度决定更新轻重。衰退严重的树可以在主枝、副主枝上回缩重剪。用禾草包扎主枝、副主枝，外涂泥浆保护以防烈日暴晒。抽出新梢后，选定适于培养为侧枝的枝条，删除邻近过密的枝梢，但一般可保留略多枝梢，以期 2 年内培养成半圆头形树冠。对于因主枝过多过密而衰退的树，可酌情将较细的主枝从基部锯掉。轻微衰退的树可在 8 月下旬轻剪侧枝，争取翌年少量结果。被台风吹倒的树，应立即扶正和固定，劈裂和折断的骨干枝要锯平，并做好防晒和留梢工作。

根系更新的做法一般是在树冠滴水线下开深 60 cm、宽 45 cm 的环状沟，用枝剪或手锯截断大根并修齐锯口，以腐熟畜粪或草杂肥，加少许石灰分层埋入。

中国现代果树栽培
ZHONGGUO XIANDAI GUOSHU ZAIPEI 第二篇 常绿果树

第九节 病虫害防治

一、主要病害及其防治

（一）荔枝霜疫霉病

荔枝霜疫霉病（*Peronophythora litchi*）是广东荔枝最严重的病害。主要为害将近成熟的荔枝果实，也可以为害荔枝叶片，花穗及幼果。在高湿的情况下会引起大量落果、烂果，造成严重的损失。

1. 为害症状 嫩叶受害形成不规则褐色的斑块，湿度大时，在病部长出白色霉状物；较老熟的叶片受害时，通常在中脉处断断续续变黑，沿中脉出现褐色小斑点，扩大后成为淡黄不规则的病斑；完全老熟的叶片一般不会受害。受害花穗变褐腐烂，病部长出白色霉状物。果枝果柄被害，病斑呈褐色，病部与健部界限不清楚，高湿时也产生白色霉层。病菌可在果实任何部位侵入，产生不规则、无明显边缘、褐色的病斑，并迅速扩展至全果变褐色，果肉变酸腐烂，有褐色的汁液流出。湿度大时，全果长满白色霉状物，即为病原菌的孢囊梗及孢子囊。病果极易脱落。

2. 病原 荔枝霜疫霉病的病原真菌称为荔枝霜疫霉菌（*Peronophythora litchi* Chen ex Lo et al.），属尾鞭毛菌亚门。

3. 传播途径和发生规律 落在地面上的病果，会在当年9月前后，在腐烂的果皮内形成卵孢子，落入土壤越冬。翌年春，在温、湿度适宜时，长出大量孢子囊，萌发出游动的孢子，成为此病的主要初侵染源。此外树冠上的罹病花枝及果枝，也可以形成小量的卵孢子。产生孢子囊及游动孢子，成为次要的初侵染源。荔枝霜疫霉病病菌最适宜的温度是22~25℃，高湿度成为此病的发生与流行的决定因素。在高湿条件下，温度18℃时病菌只需5 min便可完成侵入，在25℃下，从病菌侵入到症状出现不到24 h（戚佩坤等，1984，2000），目前所有的荔枝栽培品种都感病。

4. 防治方法 根据荔枝霜疫霉病菌致病性极强、潜育期短及再侵染频繁的特点，防治此病应采取降低果园湿度、减少侵染来源及药剂保护等综合防治措施。

（1）农业防治

① 修剪。采收后，要把病虫枝，弱枝，阴枝彻底剪去，使树冠通风透光良好，降低湿度。

② 清洁果园。在9月前把落在地面上病果，烂果收集干净，深埋或烧毁，防止卵孢子形成落入土中越冬，减少病菌的越冬基数。

（2）化学防治

① 减少病害初侵染源。珠三角地区在3月中旬至4月下旬，越冬卵子孢子萌发出土，产生大量孢子囊及游动孢子，侵染嫩梢、花穗。此时用1‰硫酸铜液喷洒树冠下面土壤，减少初侵染源。

② 喷药保护。于花蕾期，幼果期和成熟期要喷药保护，喷药次数要根据下雨情况及病情发展而定。有效药剂包括烯酰吗啉、吡唑醚菌酯、双炔酰菌胺、烯酰·吡唑酯、嘧菌酯等。

（二）荔枝炭疽病

荔枝炭疽病（*Colletotrichum gloeosporioides*）是一种重要的荔枝病害，为害叶片、枝梢、花穗和果实，造成果实成熟期大量烂果和落果。也是一种在贮运期间造成果腐烂的重要的病害。

1. 为害症状 叶片受害常在叶尖开始，初时产生圆形或不规则形、淡褐色小斑，后迅速扩展为深色的大斑，病斑边缘不清楚，在叶背面的病斑上形成许多小粒点，为病菌的分生孢子盘，初为褐色后变为黑色，突破表皮，在湿度大时，溢出粉红色的黏液，为病菌的分生孢子团。严重时导致叶片干枯、脱落。果实在成熟期容易受害，病部变褐色腐烂。天气潮湿时，在病部上产生许多小粒点，溢出粉红色黏液。花穗染病会变褐腐烂。

2. 病原 荔枝炭疽病是一种真菌病害，由真菌界中的几种刺盘孢菌（*Colletotrichum* spp.）所致。

· 270 ·

3. 传播途径和发生规律 病菌主要以菌丝体及分生孢子盘在病部上越冬，翌年春季，当环境条件适宜时，病组织上的分生孢子盘产生分生孢子，由风雨及昆虫传播，落到荔枝嫩叶及幼果表面并侵入到寄主内。荔枝炭疽病菌具有潜伏侵染特性，病菌侵入到寄主组织后，若此时环境条件有利于寄主植物生长发育，树势生长健壮，已经侵入的炭疽菌受到抑制而处于潜伏状态，病菌在寄主内不易扩展而暂不显症。但当树势衰弱或环境条件不良时，寄主的抵抗力下降，处于潜伏状态的病菌便开始繁殖、扩展，容易诱发病害。因此，荔枝炭疽病的发生与栽培管理有密切关系。果实成熟期，最易感染炭疽病。

4. 防治方法 根据炭疽病菌的特性，防治荔枝炭疽病应以加强栽培管理，提高树体抗病力为主，辅以冬季清园及适时喷药保护的方法。

（1）农业防治。加强栽培管理及做好清园工作，结合防治霜疫霉病，做好冬季修剪和清园工作，剪除病枝梢、病果，清除地面病叶、病果集中烧毁，以减少菌源，使果园通风透光，修剪后，喷一次 40%灭病威悬浮剂 400～500 倍液。

（2）化学防治。适时喷药保护，在花穗期、谢花后 20 d、30 d 和 40 d 各喷药一次，减少病原的潜伏侵染，保护花穗和幼果。药剂可用 40%灭病威悬浮剂 400 倍液，65%代森锌可湿性粉剂 500 倍液，70%甲基硫菌灵可湿性粉剂 800～1 000 倍液，60%唑醚•代森联水分散粒剂 1 000～1 500 倍液等。在果实快速膨大期还需喷药 1～2 次，应选用炭疽病与霜疫霉病兼治的药剂，如 62%多•锰锌（霜炭清）可湿性粉剂 600～800 倍液和 64%杀毒矾•锰锌 500 倍液等。

二、主要害虫及其防治

（一）荔枝蒂蛀虫

1. 为害特点 荔枝蒂蛀虫（*Conopomorpha sinensis* Bradley）是荔枝果实"零容忍"的防控对象，是影响荔枝产量和质量安全的主要因素之一。幼虫自荔枝第二次生理落果后的整个挂果期间均可为害，常引致大量落果或造成"粪果"，亦能蛀食新梢、花穗、叶片中脉。

2. 形态特征 成虫体灰黑色，长 4～5 mm，翅展 9～11 mm，触角约为体长的 2 倍。翅狭长，缘毛密且长。前翅 2/3 基部灰黑色，端部橙黄色，有由黑色和银色的微斑构成 Y 形纹，最末端有 1 黑色圆点；在翅的中部有两度曲折的白色条纹，静止时两前翅合拢构成清晰"爻"字纹是该成虫的最明显特征。卵椭圆形、扁平，卵壳微突并有不规则的网状花纹，初产时淡黄色，后转橙黄色。老熟幼虫圆筒形，乳白色，长 8～9 mm，仅具 4 对腹足，趾钩二横带，臀板三角形，末端尖。蛹长约 7 mm，初呈淡绿色，后转为黄褐色，触角长于蛹体，头顶有一个三角形突起的破茧器。蛹具薄膜状的茧。

3. 发生规律 荔枝蒂蛀虫在广州附近地区每年 10～11 代，世代重叠，主要以幼虫在荔枝冬梢或早熟品种花穗轴顶部越冬。越冬代成虫 3 月底至 4 月初羽化，交尾后 2～5 d 产卵，卵散产，具明显的趋果性和趋嫩性，每雌平均产卵 114 粒左右，卵期 2～6 d。幼虫孵出后自卵壳底面直接蛀入寄主内，整个取食期间均在蛀道内，虫粪也留在蛀道中，决不破孔排粪。为害荔枝果实的幼虫自第二次生理落果后（即果核从液态转为固态），开始蛀入幼果核内，引致大量落果；为害近成熟的果实时，幼虫在果蒂与果核之间食害，受害果实虽多不掉落，但在果蒂与种柄之间充满褐黑色粉末状的虫粪，俗称"粪果"，不堪食用。幼虫有 4 个龄期，历期 8～11 d，老熟幼虫脱果后主要在浓郁的叶片结薄茧化蛹，也有少数吐丝下坠在地面的落叶上结茧。蛹期约 7 d。成虫期 8～10 d。蒂蛀虫的危害与荔枝品种及果实的成熟度关系密切：早熟品种受害最早，中、迟熟种受害相对最重，果实越接近成熟期受害会越严重。

4. 防治方法 贯彻以农业防治控基数，化学防治护果实，平时注意保护天敌的策略。

（1）农业防治。①控制冬梢，压低越冬虫源基数。勤清地面枯枝落叶、落果，减少田间虫口数量。②结合丰产栽培，适当修剪，使果园通风透光。

（2）生物防治。蒂蛀虫的自然的天敌有多种寄生蜂，如甲腹茧蜂（*Chelonus* spp.）、扁股小蜂（*Elasmus* spp.）和绒茧蜂（*Apanteles* spp.）等。

（3）化学防治。开展虫情测报，适时喷药护果。荔枝挂果后，依据实地测报，在成虫羽化始盛期（即羽化率累加至20%）喷药，隔5 d再喷一次，务必将害虫消灭在成虫产卵前期。对荔枝蒂蛀虫高效的药剂有48%毒死蜱和5%高效氯氰菊酯1 000倍液、25%灭幼脲或25%丁醚脲500倍液等。需要特别指出，在荔枝非挂果期间，田间的蒂蛀虫种群数量一般较低，不宜喷药。

（二）荔蝽

1. 为害特点 荔蝽（*Tessaratoma papillosa* Drury） 若虫和成虫均能刺吸嫩梢、花穗、幼果的汁液，导致嫩梢枯萎、落花、落果；荔蝽射出的臭液，也能使梢、花、幼果枯焦，甚至能伤害人的眼睛和皮肤，引起剧痛。

2. 形态特征 荔蝽属半翅目蝽科。成虫体盾形，黄褐色，长22～28 mm，宽13～17 mm。胸腹面敷有白色蜡质粉状物，一对臭腺开口于胸部的腹面。雌虫腹部末节腹面中央分裂；而雄虫腹末节背面有一下凹的交尾构造。卵近圆球形，直径2.5～2.7 mm，初产时淡绿或黄色，孵化前深灰色，常14粒相聚成块。若虫共5龄。初龄体椭圆形，长约5 mm，体色由鲜红变深蓝色；以后各龄体呈长方形，橙红色，体形逐龄增大，至五龄时体长18～20 mm。四龄开始，中胸背侧翅芽显露。

3. 发生规律 荔蝽每年发生1代，以成虫在寄主树上的密叶丛中或附近隐蔽处所越冬。在广州地区的越冬成虫3月开始活动取食，具假死性，在10 ℃以下的低温多不活动。交尾后多产卵于叶片背面，4～5月为盛卵期，产卵可持续到8月。卵期半个月左右。4月初见若虫陆续孵出，初孵若虫有群集性，5～6月盛发，常导致大量落花落果。6月成虫逐渐羽化，常与去年的旧成虫并存。成虫平均寿命长达311 d。从四龄若虫到成虫卵巢发育之前，虫体的抗药性最强；待卵巢发育成熟，卵粒形成之际，因体内脂肪下降，呼吸代谢旺盛，其抗药性最差。了解这个特点对选择化学防治的时机十分重要。

4. 防治方法

（1）生物防治。多种卵寄生蜂、鸟类、蜘蛛、蚁类、白僵菌等都是荔蝽的天敌。应用荔枝平腹小蜂（*Anastatus japonicus*）防治荔蝽是我国害虫生物防治中一个很成功的例子。每年春季荔蝽产卵初期开始放蜂，以后每隔10 d放一批，共放2～3批。每次放蜂量视害虫密度而定：每株树有荔蝽100头左右的，可放蜂500头；如果虫口密度过高，则应先用敌百虫液喷射，压低虫口密度后，隔7 d再行放蜂。放蜂时间要避开低温和雨天，并设法预防蚂蚁取食蜂箔。

（2）化学防治。早春越冬的荔蝽成虫恢复活动，在成虫交尾时，喷90%敌百虫结晶600～800倍液。第二次喷药在幼虫大量孵化时进行，虫口密度大的果园应全面喷，虫口密度小而开花少的荔枝园可重点对花果和幼虫比较集中的植株或方向喷，可以减少对天敌的杀伤，节约农药和劳动力。

（3）物理防治。利用冬季低温（10 ℃以下），荔蝽冷冻麻木、不易飞起，突然猛力摇树，迅速将坠地的越冬成虫收集，集中烧毁或深埋。采摘荔蝽卵块进行集中处理也是一种辅助的防治方法。

（三）油桐尺蠖

1. 为害特点 为害荔枝的尺蠖有多种，最主要是油桐尺蠖（*Buzura suppressaria* Guenee）。以幼虫咬食嫩叶、嫩梢、花穗、幼果及其枝梗，在高龄暴食期间对植株的生长及产量影响极大，如四龄后的幼虫1 d每虫可食8～12片叶。

2. 形态特征 油桐尺蠖属鳞翅目尺蛾科，其幼虫体色随种类及环境而多变，但仅具腹足2对，是其形态学上的最大特点。行动时，身体弯成环状，一屈一伸，似以尺量物；休息时，以腹足固定，身体前部分伸出与攀附的植物成一角度，又是其拟态的最大特点。油桐尺蠖成虫体长19～25 mm，体灰白色，散布黑色小点，头部后缘及胸腹部各节末端灰黄色。前后翅均白色而杂有灰黑色小点，自前缘至后缘有3条橙黄色波状纹。雄蛾触角羽毛状，雌线状。卵椭圆形，蓝绿色，堆成卵块，表面覆有黄褐色绒毛。末龄幼虫体长 60～72 mm，体色随环境而异，有深褐色、灰褐色或青绿色，头部密布棕色小斑点，顶上两侧有角突，前胸背板有 2 个瘤突。气门紫红色。蛹为被蛹，黑褐色，头顶有角状小突起 2 个，臀棘末端刺状物有小分叉。

3. 发生规律 油桐尺蠖在广东每年发生 4 代，以蛹在土中越冬。越冬代成虫于 3 月上中旬羽化，各代幼虫发生期依次为 4～5 月、6～7 月、8～9 月和 9～11 月，其中以第一、二代幼虫对荔枝的春梢、花穗和幼果危害最大。成虫夜间活动，有趋光性。卵产于叶背或树皮裂缝处，每雌产卵 800～1 000 粒，重叠成块状。卵期 10～15 d，初孵幼虫吐丝下坠随风飘荡扩散。幼虫共 6 龄，历期 24～32 d，末龄幼虫沿树干下爬或吐丝下坠，多在主干周围 50～70 cm 范围内入土 1～3 cm 化蛹。蛹期 17～25 d，但越冬蛹长达 4 个多月。

4. 防治方法

（1）生物防治。尺蠖类幼虫天敌较多，如果不滥用农药（杀虫剂、除草剂），生物群落稳定，能维持动态平衡，则一般不致大发生。

（2）化学防治。在局部发生危害时，及时进行挑治，不得已才全面喷药，必须抓准低龄幼虫期喷药。药剂一般可选用 80％敌敌畏乳油或 40％水胺硫磷 1 000 倍液、90％敌百虫结晶 500 倍混 0.2％洗衣粉、18％杀虫双水剂 500 倍液等。但有机磷及菊酯类农药对高龄油桐尺蠖幼虫效果不理想，宜选用苏云金杆菌类微生物杀虫剂，如青虫菌、杀暝杆菌等。

（3）物理防治。挖蛹，重点在越冬代和第一代，或在虫口密度高的树干下，铺设薄膜，上铺 7～10 cm 松土，待幼虫老熟下树化蛹时集而杀之。

（四）龟背天牛

1. 为害特点 龟背天牛（*Aristobia testudo* Voet）以幼虫钻蛀荔枝枝干的木质部形成蛀道，蛀道每隔 10～15 cm 有一排粪孔，孔口常见大量橙红色、颗粒状的虫粪及木屑排出，极易识别。成虫咬食当年枝梢皮层，造成长形半环状剥皮，部分木质部露出，使枝梢渐渐干枯，树势衰弱，甚至整株死亡。

2. 形态特征 成虫体长 20～30 mm，宽 8～11 mm，体漆黑色。触角比体长，自第三节起均为深黄色，第三至五节端部各有一环黑色毛簇，尤以第三节的毛簇最长最密。鞘翅上有黑色的条纹将赤黄色的斑块围成龟背状纹，此乃该虫外形的最明显特征。幼虫扁圆筒形，乳白色。老熟幼虫体长约 60 mm，前胸背板发达，侧沟明显，前缘有 4 个黄褐色斑，后缘有黄褐色的"山"字形纹。蛹为裸蛹，长约 30 mm，前期乳白色，后期黄褐色，1～6 腹节背面后缘各有一列棕褐色毛组成的横纹。卵长椭圆形，米粒状，黄白色，长约 4.5 mm。

3. 发生规律 龟背天牛 1 年 1 代，跨年完成，以幼虫在寄主蛀道内越冬。在广东，成虫 6～8 月羽化，羽化后先在寄主树冠上环状啮食细枝皮层补充营养，遂交尾、产卵，卵多产于直径 1～3 cm 的枝条或树杈处。产卵时成虫先咬一新月形伤口，再转身产卵于伤口皮层下，散产，卵期 10～12 d。幼虫孵出后直至当年 12 月大都是在产卵处附近的树皮下蛀食，翌年始深入木质部并向下蛀食形成蛀道，至化蛹时整条蛀道可长达 70～100 cm。幼虫老熟后就在蛀道中化蛹。一株荔枝树常可发现多头幼虫为害（但每蛀道仅有 1 条幼虫）。

4. 防治方法

（1）物理防治

① 捕杀成虫。7～8 月为成虫羽化盛期，利用其假死性，用细枝触击成虫，或突然用力摇树，利用成虫坠地之机杀之。

② 刮杀皮下的卵和幼虫。根据成虫产卵对枝丫选择的习性和着卵位置半月形伤口的特征，于 8～12 月，利用小刀或螺丝刀等类似工具，刺刮杀死树皮下的卵和越冬前的低龄幼虫。

（2）化学防治。毒杀蛀道内的幼虫。经常留意从散落地面的虫粪、木屑追踪树上的蛀孔，用钢丝通刺蛀道后灌注 80％敌敌畏乳剂 30 倍液，或用克牛灵、天牛敌等药剂，熏杀蛀道内幼虫，并以黏泥封闭孔口，效果甚佳。

（3）生物防治。在蛀孔道倒数的第二个排粪口，用"注射法"或"海绵吸附法"施放斯氏线虫 A24（*Steinernema carpocapsae* A24）2 000～4 000 条，不仅安全高效，而且有利于寄主蛀道的愈合。

第十节　果实采收与贮藏运输

一、荔枝的采收

（一）果实成熟度

荔枝最佳食用成熟度是荔枝充分成熟的时候，对产地销售的荔枝来说，以九成以上的成熟度为佳。如果要进行长途运输的荔枝，以八成熟的荔枝为好。八成熟的果实外果皮龟裂片大部分转红，裂片沟转黄，内果皮白色，糖/酸比 70 左右；九成熟的果实外果皮龟裂片全部转红，内果皮近蒂处开始呈现红色，糖/酸比 87 左右。荔枝充分成熟后，如果继续留在树上，则会发生果肉风味变淡，且带有纤维感的现象，俗称"退糖"。

（二）采收时间

采收时的气候条件对荔枝贮藏期、贮藏效果及贮藏后货架寿命影响很大。用于贮藏的荔枝，必须在晴天早晨采收，或者是在阴天或多云天气采收。若在雨天采收，由于果实含水量高，呼吸强，易裂果，且在贮藏过程中易感染病害，贮藏效果差。荔枝也不宜在烈日下采收，否则因为果实带有大量的田间热，在采后难以迅速降低果温，果实呼吸旺盛，消耗快，导致果实品质迅速下降。

（三）采收方法

正确的采收方法要求在考虑母树来年生产的同时保证商品质量。荔枝果穗基枝顶部节密粗大，俗称"葫芦节"。在密节处折果枝，留下粗壮枝段称"短枝采果"。折果枝不带或少带叶，应视品种、树龄、树势而定。采收时要带好采果篮、箩、田间周转箱、果梯、剪刀等必备工具。采收时自上而下，先外围果，后内膛果，逐层采摘。轻采轻放，以防损伤果皮。

二、荔枝采后处理

（一）挑选、分级

包装前要先进行挑选、分级，剔除病果、虫果、带褐斑果、过青或过熟果、小果和畸形果等，特别是病果和虫果，一定要剔除干净。在国内销售一般以整穗为单位处理，而用于出口的荔枝，以单果为单位，可按照大小或重量进行分级。根据果实大小分级，可采用孔径分级机，这种分级机械是让果实从不同孔径的孔洞中滚过，通过小孔径时，小果掉下，而大果继续前进，碰到适合孔径的孔时才掉下，这样就能将果实按大小分成不同等级。但是这种方法很容易导致果实出现大量的机械损伤，除了采用熏硫浸酸做保鲜处理的果实外，其他一般很少利用，生产上也很少使用。另一种是根据颜色和大小，主要通过人工的观察比较，因此误差较大，这种方法在生产上小规模小包装出口上应用较多，以每盒小包装装有相同个数荔枝，其重量相近，颜色相近，包装后较美观，从而也提高其商品档次和商品价值。

（二）包装

荔枝的包装一般可分为大包装和小包装，也可分外包装和内包装。大包装一般用于流通过程中，方便操作，如采用竹箩、塑料周转箱、泡沫箱、大纸箱等，每个包装可容纳的重量一般在 10 kg 以上。小包装或内包装也称销售包装，一般包括礼品盒、小纸箱、小塑料筐、小竹箩、各类薄膜袋等。

目前荔枝的包装基本上是用人工包装。首先准备好包装容器（竹箩、纸箱、泡沫箱、塑料箱等），再衬垫上塑料薄膜袋，然后把荔枝整簇紧密有序地装好，一般果实朝上，果枝、果梗向下。这样整箱

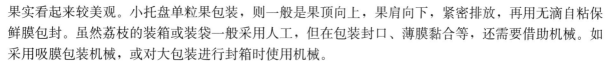

果实看起来较美观。小托盘单粒果包装，则一般是果顶向上，果肩向下，紧密排放，再用无滴自粘保鲜膜包封。虽然荔枝的装箱或装袋一般采用人工，但在包装封口、薄膜黏合等，还需要借助机械。如采用吸膜包装机械，或对大包装进行封箱时使用机械。

（三）预冷

预冷的作用就是迅速降低田间热，延长贮藏期。荔枝采收后至预冷的时间越短，保鲜效果越好，一般要求在采收后 6 h 以内完成包装、预冷、入冷库等过程效果较好。

预冷的方法有多种，生产中常用的有冰水预冷、冷库预冷、空调房预冷、阴凉棚预冷等。最简单、最原始的预冷方法是将采收的果实散放在背阴、冷凉、通风场所，让其自然降温，让产品所带的田间热散去，这在没有更好的预冷条件时，仍然是一种应用较普遍的方法。将荔枝堆放于 15～20 ℃ 空调房进行预冷的方法，预冷的效果好于阴凉棚预冷，但是比以下介绍的冰水和冷库预冷效果差。

冰水预冷是直接将荔枝浸泡入冰水之中，使果实降温。冰水冷却一般在冰水横槽中进行，槽的大小可根据处理果实的量定做。在夏季，如果加入充足的碎冰，一般可以将冰水温度降到 5 ℃ 以下，浸泡 15～20 min，即可将果温降低到 7 ℃ 左右。在冷却过程中，由于冰水的温度会逐渐回升，应定时补充新的碎冰。冰水冷却时槽中的水通常是循环使用的，这样会导致水中腐败微生物的累积，使产品受到污染，因此往往在冷却水中加入一些杀菌剂，减少病原微生物的交叉感染，如加入一些次氯酸盐。此外，水冷却器也要经常换水清洗。采用水冷却时，产品的包装箱要具有防水性和坚固性，或者经过预冷后再包装。目前采用泡沫箱加冰方式北运的荔枝，也是一种采用包装内加冰的预冷方式，在每个泡沫箱内一般加果重的 1/3～1/2 的冰。

将荔枝堆放于冷库进行预冷的方法称为冷库预冷。可利用现有的冷库条件，将包装好的荔枝按要求堆叠于冷库内。冷库的温度以 3～5 ℃，相对湿度保持 95％或以上较为适宜。此外，在当制冷量足够大及空气以 1～2 m/s 的流速在库内和容器间循环时，冷却的效果更好。因此，堆码的垛与包装容器之间都应该留有适当的空隙，保证气流通过。预冷需要 24 h 或以上的时间。

（四）常规杀菌剂处理

荔枝采后先用含氯的清洗剂（浓度 0.1％）清洗果实，然后用水冲洗，待稍干后，再用荔枝保鲜剂（包含有针对荔枝采后病虫害的杀菌剂及保鲜剂）浸果实 1 min，稍晾干后包装，对抑制荔枝贮运过程中的病害有明显的效果。常用的杀菌剂、防腐剂包括 1 000 mg/L 特克多＋1 000 mg/L 乙磷铝、500 mg/L 咪鲜胺锰盐、500 mg/L 抑霉唑、1 000 mg/L 特克多＋1 000 mg/L 异菌脲等。

三、贮藏和运输

荔枝采用的贮藏与运输方法主要取决于荔枝园离目标市场的远近程度，如果是产地销售，一般采用常温贮藏运输方法，如果是较远距离的销售（如有 3 d 左右车程）则需要采用低温贮运方法，如果是出口，则要根据进口国的技术要求进行。

（一）常温贮运

常温贮运是指在没有制冷设备条件下，主要是靠杀菌剂的防腐作用达到防腐保鲜的目的，防腐后的荔枝用塑料薄膜包装保湿以防止失水褐变和变质。生产中普遍使用泡沫箱加冰的普通货车常温运输方式，适用于运输时间为 3～4 d 的中途运输。一般果实重量与冰的比率为 2∶1，如果果实经过预冷，加冰量可稍减，比率可降为（3～4）∶1。但是采用泡沫箱加冰包装，当运到销售地后，由于冰的逐渐融化，处于泡沫箱底部的荔枝果实将泡在水中，导致果实变色，如果时间过长，则会有异味。为了防止果实泡在融化的水中，现多采用冰袋或塑料冰瓶。具体做法是：①首先准备泡沫箱，泡沫箱规格一般为长 60 cm，宽 40 cm，高 50 cm，厚 10 cm 左右，一箱大约可装荔枝 10～15 kg。②准备 25 cm×40 cm 的小塑料袋用于包碎冰，90 cm×60 cm，厚 0.03 mm 的大塑料袋用于包装荔枝。也可用 500 mL 或 1 000 mL 的矿泉水瓶装 400 mL 或 800 mL 的水（注意不能装满水，否则结冰后易把瓶子撑破），放入冷冻间冻成冰以待使用，也可使用专用的冰袋。将大塑料袋垫于泡沫箱底及四周。③荔枝采后迅速进行挑选，除去有病虫、机械伤、褐变果等不正常果，最好先用冰水预冷 5～10 min，稍晾干后倒入泡沫塑料箱，定重，扎好袋口，在面上铺上一层用塑料袋包装的碎冰或矿泉水瓶冻好的冰，一般加冰量占果实重量的 1/3～1/2。盖好泡沫箱盖，用封箱胶封好。④贮藏期间泡沫箱之间应该堆紧，在整堆的顶部和四周可用泡沫板或棉被围起，延长保温时间。⑤这种方法进行短期运输、贮藏后要迅速销售，一旦打开包装袋，果实很快变色。时间超过 5 d，果实会有异味。

（二）低温贮运

这是目前在生产上使用最多，而且效果也较好的一种适合荔枝贮藏保鲜的方法。当果实经过预冷，达到适宜温度后，即可进行冷库贮藏。荔枝的最适贮藏温度为 3～5 ℃，在此温度范围内，荔枝可贮藏 1 个月左右，基本保持果实的色、香、味，加上合适的包装，可以有 1～2 d 的货架寿命。在低温贮藏过程中，冷库管理的好坏对果实的贮藏寿命影响很大。一般要求做到：

（1）入库前冷库的消毒。一般可采用福尔马林、漂白粉、过氧乙酸或乳酸，也可采用臭氧进行消毒。

（2）冷库降温。在荔枝果实入库前，应先将库温降到荔枝的贮藏适宜温度 3～5 ℃以下。让经预冷后的荔枝在进入冷库时，就有一个适宜的环境，以免受到环境温度波动的影响。

（3）控制出入库量。每天或每次的出入库量应有一定的数量，一般为库容的 10%～20%，最好不要超过 30%，以避免由于过多货物的进出而影响库房温度，导致大幅度的波动。

（4）库房温度的控制。假如荔枝是直接在冷库内预冷，在预冷后把需分散堆放的荔枝重新堆叠码垛。为使荔枝以后降温均匀和温度恒定，在堆码上有一定的要求，一般码成长方形的堆，堆与堆之间距离 0.5～1 m，堆高不能超过风道喷风口，距风口下侧 0.2～0.3 m，离开冷风机周围至少 1.5 m 以上，与冷库壁和库顶间距 0.3～0.5 m，特别是库顶，多留空间对冷空气的流通很有必要。通常，冷库地面要铺垫 0.1～0.15 m 高的地台板，库内中间走道应有 1.5～1.8 m 宽，方便搬运与堆叠。

（5）冷库内气体管理。冷库需有通风装置，定时排换库内气体，引入新鲜空气，换空气次数和时间视贮量多少和时间长短而定，尽量在温度较低的早晨或晚间进行。

运输要求的条件与冷藏一致，长途运输最好采用冷藏车和冷藏集装箱。如果没有冷藏车船，采用普通货车运输，可将荔枝先预冷，装车前转入泡沫箱，同时在车厢周围用泡沫板或棉胎等材料保温，并加适量的冰，也可进行 4 d 左右的运输。

国际上先进的流通是冷链式流通，以冷藏车、船为运输工具，从采收后到消费的整个过程，都保持在适宜的低温范围内，即产地有冷库；运输采用冷藏车、船或保温车、船；批发部门有冷库，零售店有冷柜；家庭有冰箱。整个系统中的任何一个环节都必须实行低温管理。采用冷链流通技术，对延长荔枝的贮藏期和货架期具有明显的效果，实现荔枝采后冷链流通，可达到保证荔枝贮运保鲜的效果。

第十四章 龙 眼

概 述

龙眼是我国南方传统的滋补水果。据文献记载，龙眼的原产地，是在我国南部和越南北部。我国龙眼种植历史悠久，是世界龙眼的主要生产国。在 3 000 多年前的汉代就有栽培。据《三辅黄图》记载，汉武帝曾在帝都建扶荔宫，试图将龙眼等水果引到中原温带地区栽种，可见当时南方已有广为栽培。印度及其他地区的栽培龙眼均由我国传去。19 世纪以后，龙眼逐渐传入欧美、非洲、大洋洲的部分亚热带地区。

世界龙眼分布以亚洲南部为主，我国栽培面积最大。除我国外，泰国、印度、菲律宾、越南地等也有一定数量。

2010 年我国龙眼种植面积 40 万 hm² 以上，总产量达 113.65 万 t，分别占世界龙眼总面积的 73.8％和产量的 91.2％。种植面积和产量均居世界首位。我国龙眼主要产于福建、广东、广西、台湾等地，海南、四川、云南、贵州、浙江南部有少量栽培。广西是我国龙眼种植面积最大的省份，为 16.7 万 hm²，占全国总种植面积的 41.36％；广东是我国目前龙眼产量最多、单产最高的省份，栽培面积达 12.4 万 hm²，占全国总面积 31％，产量 47.56 万 t，占全国总产量 43％。福建是我国栽培龙眼历史最悠久的省份，从同安向北至福清的福厦公路两侧包括福清、莆田、仙游、南安、泉州、晋江、同安等地已形成一条"龙眼带"。近几年来，福建漳浦、南靖、蕉城、华安等地以及宁德地区，也在积极发展龙眼生产。台湾龙眼栽培面积亦超 1 万 hm²，已成为台湾主要水果之一。

龙眼是重要的亚热带果树，为我国南方的名贵佳果。由于果实富含营养成分，自古以来被视为珍贵补品。明代李时珍曾有"资益以龙眼为良"的评价。据分析，龙眼鲜果中含可溶性固形物 17％～24％、总糖 12.38％～22.55％、还原糖 2.85％～10.16％、酸 0.10％～0.32％、粗脂肪 0.13％、粗蛋白 1.47％，每 100 g 含维生素 C 43.12～163.70 mg、维生素 K 196.50 mg，水分 77.15％。此外，龙眼果肉中还含有粗蛋白质、无机盐类等。

龙眼及其制品桂圆干、桂圆肉、桂圆膏等具有开胃健脾、补虚益智、养血安神之功效，可作为治疗病后虚弱、贫血萎黄、神经衰弱、产后血亏的补品。在我国第二次抗衰老科学研讨会上，有关专家指出："龙眼、何首乌是抗衰老的天然食品。"日本医学界实验证明："龙眼具有很强的抗癌作用，其功效不亚于抗癌药物——长春新碱。"

龙眼树冠常绿，是适于房前屋后绿化的树种。其花量多，蜜量大，开花期紧接在柑橘、荔枝之后，是很好的蜜源植物。龙眼的木材坚实，纹理优美，可供制作雕刻品及高级家具。其根、枝干富含单宁，可用于提取烤胶。

龙眼对丘陵山地红壤的适应性较强，具有一定的耐瘠、耐酸、耐旱能力，栽培比较容易，而且树体高大、经济寿命较长，一些龙眼产区的乡村、果农将龙眼树作为风水树。

我国龙眼生产具有广阔的发展前景。龙眼鲜果及龙眼干（桂圆）在国内市场（包括港澳市场）、糖水龙眼罐头在欧洲市场，均深受欢迎。近几年国内龙眼市场受到泰国等地的龙眼冲击，加上国内生活水平的提高，龙眼产业受到一定的影响，所以应充分利用南亚热带的光热条件，栽培新技术的研发和推广，大力发展龙眼生产。

第一节　种类和品种

一、种类

龙眼（*Dimocarpus longan* Lour.）别名桂圆、益智，属于无患子科（Sapindaceae）龙眼属（*Dimocarpus* Lour.），该属中的栽培种为龙眼，发源于亚热带地区。我国龙眼栽培历史悠久，龙眼品种资源丰富，据不完全统计，全国约有 300 个品种（品系）。我国许多龙眼产区尚存大量实生优良、特异种质资源，有待进一步选种开发。近些年仅福建省组织科技人员进行龙眼部分产区种质资源调查，就发现了若干个带有菠萝等果味及花香、奶香和肉质脆嫩等具有特殊品质的龙眼优良单株。

二、品种

（一）早熟品种

1. 东壁　东壁为福建主要的稀优品种，原产于泉州市开元寺，目前泉州晋江已有一定数量栽培。树冠圆头形，树性较直立。果穗长约 24 cm，每穗果实 34～42 粒。果实扁圆形，果顶圆，果基平，果肩亦平，单果平均重 9～10 g。果皮赤褐色带灰，具黄褐色细斑，龟状纹明显，果面放射线多。果皮稍厚，果肉淡白、透明、嫩脆，味浓甜，渣极少，品质极优。可食率为 62.5%～65.6%，可溶性固形物 19.5%～23.3%。单产不高，且有大小年结果现象。成熟期在 8 月中下旬。

2. 八一早　八一早产于福建同安区。果实扁圆形，单果重 10.6～12.7 g，果皮黄褐色，果肉乳白色，质脆，味清甜，可食率为 66.2%～70.0%，可溶性固形物含量 18.2%～22.3%，是鲜食和制罐的良种。成熟期在 8 月初。

3. 丰州早白　丰州早白产于福建南安丰州。果实扁圆至肾状形。果顶圆，果基微凹，果肩平或微凸。单果平均重 8.6 g。果皮黄褐色至灰褐色，皮柔软。果肉淡白色、透明、柔软，味浓甜，为鲜食优良品种。可食率为 68.6%，可溶性固形物含量 19.8%～22.4%。产量中上，成熟期在 8 月中下旬。

4. 处暑本　处暑本产于福建莆田、仙游。果穗长 30 cm，每穗果实 50 粒。果实近圆形，果肩不明显。单果平均重 13 g 左右。果皮淡黄褐色，龟状纹细密。果肉乳白，质软，汁少，品质中下。可食率为 62.7%，可溶性固形物含量 15.2%～17.3%。成熟期在 8 月下旬。

5. 石硖　石硖又名石圆、脆肉。为广东栽培最多的品种，产于中山、顺德、南海、番禺、广州等地。树势旺盛，树冠较大。果实圆形略带扁。单果平均重 7.5～10.1 g。果皮黄褐色，具深黄褐色至灰黄褐色斑纹，粗厚易剥。肉厚，核小，肉质爽脆，味清甜、芳香，品质甚佳。种子红褐色。可食率为 67.1%～69.8%，可溶性固形物含量达 22.3%。成熟期在 8 月上中旬。

石硖可分 3 个品系：①黄壳石硖。果较大，肉质极细嫩爽脆，味清甜，品质最优，且皮较坚厚，耐贮运。②青壳石硖。较丰产稳产，但含糖量低，味淡，易流汁，品质较差。③白壳石硖。又名宫粉壳石硖，皮厚，肉厚，核中小，肉质爽脆，味甜，品质上，且单产高。

6. 乌圆　乌圆又名孤圆、乌叶。乌圆中的大乌圆品系（广西），果大，单果平均重 16.9 g。肉厚，爽脆，味甜，品质中上。可食率为 74.3%，可溶性固形物含量 16.5%～18.3%。产量稳定，适于鲜食和焙干。种子发芽率高。成熟期在 8 月下旬。

7. 早禾　早禾为广东省最早熟品种，产于广东广州附近。果实圆形，单果平均重 6.7 g。果皮薄而脆，青褐色。果肉乳白色，质脆，汁少，味甜，品质中上。可溶性固形物含量 13%。成熟期在 7

月中下旬。

8. 储良 储良原产于广东高州，近年来在广东、广西发展较快。果实扁圆形，单果平均重 12 g，果皮淡黄褐色。果肉乳白，肉厚，爽脆，味浓甜，品质上。可食率为 68.8%，可溶性固形物含量 23.2%。丰产性能好，不容易出现"冲梢"。成熟期在 8 月中下旬。

9. 八月鲜 八月鲜产于四川泸州。果实扁圆或圆形。果大，单果平均重为 12 g。果皮黄褐色，具不明显龟纹，皮薄。果肉较厚，莹白色，质地嫩脆，汁多，味浓甜，品质上。可食率为 66.3%，可溶性固形物含量 20.2%。为早熟型鲜食与制干良种。成熟期在 8 月中旬。

(二) 中熟品种

1. 福眼 福眼为福建泉州的龙眼主栽品种。树高大，树冠圆头形或半圆形。果穗长 21 cm，每穗果实约 31 粒，穗重 250 g。果实扁圆形，单果平均重 15.6 g。果皮黄褐色，龟纹不明显，皮韧。果肉淡白色，味清甜，肉厚，品质中上。果核紫黑色。可食率为 68.5%，可溶性固形物含量 17.4% ～ 20.2%。福眼产量高，适于鲜食与制罐，但大小年结果现象较严重。成熟期在 8 月下旬至 9 月上旬。

2. 乌龙岭 乌龙岭又名黑龙岭、霞露岭，原产于福建仙游郊尾霞露岭，为莆田、仙游栽培最普遍的品种。树势强壮。果穗 20 cm，每穗果实约 31 粒，穗重约 332 g。果实圆形。单果平均重 12.9 g。果皮红褐色，果肉乳白，软脆，味甜。果核棕黑色。可食率为 55.9%，可溶性固形物含量 19.6% ～ 20.3%。乌龙岭产量高，但大小年结果现象较严重，鬼帚病少，焙干率高，制成龙眼干外形美观。成熟期在 9 月上旬。该品种又分红壳、白壳、青壳等品系。

3. 油潭本 油潭本原产福建莆田油潭村，在莆田市栽培面积较大。树形直立。果穗短，约 22 cm，每穗果实 32 粒，穗重 345 g。果实扁圆形，单果平均重 10.8 g。果皮青褐色，纵纹明显，龟纹不明显，皮厚。果肉乳白，肉软，味甜，品质中等。可食率为 59.5%，可溶性固形物含量 17.0% ～ 19.3%。产量高且稳产，制干率高，焙干壳不凹陷，但易罹鬼帚病。成熟期较迟，在 9 月中旬。

4. 赤壳 赤壳又名硬种，主产于福建同安区。树冠圆形或半圆形，果穗长 21 cm，每穗约 25 粒，穗重 365 g。果实扁圆，果顶圆形，单果平均重 14.6 g。果皮黄褐，果肉淡白，极厚，肉脆，味清甜，品质中上，果核紫褐。可食率为 71.5% ～ 71.9%，可溶性固形物含量 15.7% ～ 17.2%。产量较高，鲜食、焙干均佳，但大小年结果现象较明显。成熟期在 8 月下旬至 9 月上旬。

5. 普明庵 普明庵为福建莆田主栽品种之一。树冠半圆至圆形。果穗较长，穗重约 400 g。果扁圆形，果基微凹，单果平均重 9.3 g。果皮黄褐色。果肉乳白，软脆，味清甜，品质上。果核赤褐色。可食率为 72.7%，可溶性固形物含量 16.6% ～ 18.4%。稳产，鲜食品种，因其皮薄，不宜焙干，易患鬼帚病。成熟期在 9 月上旬。

6. 红核子 红核子为实生种，分布范围较广，为福州市主要鲜食品种。树冠高大。果圆形，单果平均重 5.9 g，果皮黄褐色，皮薄。果肉乳白，质脆，味浓甜。果核红褐色。可食率为 58.6%，可溶性固形物含量 19.5% ～ 21.7%。红核子生长较旺，产量高，耐旱，亦较耐寒，但果实较小。成熟期在 9 月上中旬。

7. 水涨 水涨又名有种，产于福建同安。树冠半圆形，开张。果实扁圆形，果顶圆，果基微凹，果肩微凸，单果平均重 14.2 g。果皮深锈褐色或棕褐色，龟纹明显，皮韧。果肉稍脆，味淡甜，肉厚，品质中等。果核紫黑。可食率为 67.4% ～ 75.2%，可溶性固形物含量 11.9% ～ 13%。产量高且稳产，适于罐藏，不耐贮藏，但焙干时壳易凹陷，且焙干率低。果实成熟期在 8 月下旬至 9 月上旬。

8. 乌秋本 乌秋本又名湖洲本，产于福建南安、晋江等地。树冠圆头形。果实扁圆形，单果平均重 12.1 g。果皮锈褐色，龟纹中等明显，皮韧。果肉淡白，稍脆，味甜，肉厚，品质中上。果核紫黑。可食率为 68.4%，可溶性固形物含量 14.1% ～ 17.8%。乌秋本适宜焙干，但大小年结果现象较严重，产量不稳定。成熟期在 8 月下旬至 9 月上旬。

其他中熟品种见表 14-1。

表 14-1 部分中熟龙眼品种

品种	果实特征	产地
泉州本	果扁圆形或圆形，单果重 8.8 g，味甜，质脆，不易流汁，品质上，供鲜食	福建仙游
福白	果扁圆形，单果重 11.5 g，味稍淡，品质中等，宜焙干、鲜食	福建南安
后壁埔	果扁圆形，单果平均重 14.5 g，味甜稍脆，品质中上，适于鲜食	福建同安
鸡蛋龙眼	果扁圆形，单果平均重 11.0 g，味甜，肉厚质脆，焦核率高，品质上，极适鲜食	福建诏安
大鼻龙	果近扁圆形，单果平均重 14.5 g，味清甜，汁多，肉厚，稍脆，品质中上，适于焙干	福建福清
乌壳	果近扁圆形，单果平均重 12.1 g，味清甜，质软脆，汁多，肉厚，品质上，适于鲜食	福建莆田
青壳大鼻龙	果圆形，果皮青绿，单果平均重 12.8 g，味甜，质脆，品质中上，鲜食、焙干、罐干均宜	福建莆田
公马本	果短肾脏形，单果平均重 15.5 g，味甜、质脆，汁多，极易离核，品质上，鲜食、罐藏均宜	福建莆田
万福种	果近扁圆形，单果平均重 11.7 g，味甜、稍淡、质韧，品质中下，适于焙干	福建同安
后壁本	果扁圆形，单果平均重 10.3 g，味甜质脆，品质中上，鲜食、罐藏均宜	福建莆田
南圆	果圆形，单果平均重 13.3 g，味甜，质软，汁多，品质中上，适于鲜食	福建福州
红壳宝圆	果圆形，单果平均重 8.7 g，味甜，质脆，汁少，品质上，适于鲜食	福建福州
黄壳	果圆形，单果平均重 7.2 g，味浓甜，质脆，品质上为鲜食良种，但果偏小	福建莆田
草铺种	果扁圆形，单果平均重 9.7 g，味浓甜，质脆，不易裂果，品质上，供鲜食	广东潮安
泸元 106	果近圆形，单果平均重 10.2 g，味浓甜，质脆，肉厚，品质上，鲜食、焙干均宜	四川泸州

（三）晚熟品种

1. 扁匣榛 扁匣榛又名扁匣针，产于福建长乐。果实扁荷包形，单果平均重 9.0 g。果皮茶褐色，且平滑，近基部有数条纵纹。果肉乳白，质脆，味甜，品质上。可食率为 60.6%。鲜食良种。成熟期在 9 月下旬。

2. 紫螺 紫螺产于福建长乐青山。果实扁圆形，果肩微凸，单果平均重 12.8 g。果皮灰褐色，龟纹及疣状突均不明显，较厚。果肉乳白色，肉厚，质细脆，味甜，品质上。果核棕黑色。可食率为 66.5%，可溶性固形物含量 22.1%～24.8%。较耐贮藏，为鲜食、焙干良种。成熟期在 9 月中下旬。可挂于树上一个月不变质。

3. 醮核龙眼 醮核龙眼产于福建福清渔溪，其他产区亦有发现。果实扁圆形，果肩微凸。单果平均重 10.7 g。果皮黄褐色，较厚，龟纹明显。果肉乳白，汁少，味甜。种子红褐色。果实大小不一，果大者种子发育正常，果小者多为醮核，甚至无种子，醮核率约 50%，可食率为 80.3%，可溶性固形物含量 16.1%。醮核龙眼宜鲜食。成熟期在 9 月下旬。

4. 九月乌 九月乌产于福建莆田、涵江一带。果实短肾状形，果肩突起。单果平均重 11.7～14.0 g。果皮锈褐色，纵龟裂纹明显，疣状突起。果肉乳白，较厚，质稍脆，味清甜，品质上。可食率为 68.3%，可溶性固形物含量 18.1%。适于鲜食、制罐。成熟期在 9 月下旬至 10 月上旬。

5. 青壳 青壳产于福建莆田。果穗大，穗重 843 g，果实密集且多。果实扁圆形。单果平均重 10.7 g。果皮青褐色，纵纹多。果肉乳白，质脆，味甜，品质中上。果核黑褐色。可食率为 67.5%，可溶性固形物含量 19.5%。鲜食、焙干、制罐均佳。成熟期在 9 月下旬。

6. 水南 1 号 水南 1 号是由莆田市农业科学研究所选育的优良品种。果穗较大，果粒排列较紧凑。果实扁圆。果皮黄褐色。单果平均重 18 g。果肉质脆，味浓甜，品质优。可食率为 71%，可溶性固形物含量 20.8%。鲜食、焙干、制罐均可。本品种较迟熟（成熟期在 9 月下旬），抗鬼帚病。

7. 立冬本 立冬本产于福建莆田，属特晚熟株系。果实近圆形，果肩微耸或平。果皮青褐带灰，纵纹明显。果大，单果平均重 13.0 g。果肉厚，质嫩，味浓甜，质佳。可食率为 67.8%，可溶性固形物含量 21.5%～23.2%。焙干性能好，焙干率可达 40.2%，但易流汁。成熟期 10 月中旬。

（四）新品种

1. 东良 东良是东莞市农业科学研究中心、华南农业大学园艺学院以储良为母本、石硖为父本杂交选育的龙眼新品种。树势壮旺（生长势较强），果实品质优，丰产稳产性好，在东莞成熟期为 7 月底至 8 月上旬。果实呈扁圆形，大小比较均匀，单果重 10.9 g。果皮黄褐色，龟状纹和疣状突起不明显。果肉乳白色，半透明，表面不流汁，易离核，肉质脆，清甜，可食率 70.9%，可溶性固形物含量 20.2%。适合广东等地龙眼产区种植，2011 年通过广东省品种审定。

2. 东丰 东丰是东莞市农业科学研究中心、华南农业大学园艺学院以储良为母本、石硖和大乌圆龙眼混合花粉为父本杂交选育的龙眼新品种。树势中等，树干开张。花序较长，成花坐果能力强。果实扁圆形，较大，均匀度好，平均单果重 10.2 g。果肉乳白色，半透明，味甜，可食率 69.4%，可溶性固形物含量 20.12%。适合广东等地龙眼产区种植，2012 年通过广东省品种审定。

3. 凤梨穗 凤梨穗是厦门市同安区农业技术推广中心在龙眼品种资源普查中发现，原产地厦门市同安区新民镇西塘村马垵自然村。树形开张，果穗较大，大小均匀，单果重 13.4 g。果皮黄褐色。果肉乳白色、半透明，表面不流汁，易离核，质较脆，味甜，有特殊的香味，可食率 69.2%，可溶性固形物含量 19.5%。早结果，丰产，品质较优。鬼帚病发病率较低。成熟期 8 月下旬至 9 月初。2007 年通过福建省品种审定。

4. 四季蜜龙眼 四季蜜龙眼系广西农业科学院园艺研究所等单位选育。生长势中等，树冠圆头形，树姿开张。在自然条件下枝梢成花容易，不分春梢、夏梢、秋梢或者冬梢，只要枝梢老熟积累充足养分，就能开花结果，成花不需要低温和干旱条件，花芽分化、开花和坐果在高温下仍能正常进行。易冲梢。不同季节果实大小不同，6～11 g；果肉白蜡，爽脆，表面不流汁；风味清甜，香气浓，有蜜味芳香。易离核；可食率可达 65% 左右，可溶性固形物含量 16%～25%，特别是 9～12 月达 23%～25%。10 月至春节前果实可留树挂果长达 1 个月，不易退糖。2008 年通过广西壮族自治区农作物品种审定委员会审定。

5. 泉龙 142 泉龙 142 系福建农林大学园艺学院等单位 1998 年从福建省惠安县螺城镇北关街林果场发现的优良实生单株选育而成。植株生长势强，树形开张，投产早，易成花，坐果率高。果穗大，穗重 770 g；果实近圆形，果皮黄褐色带青底色；单果重 12.6 g，可食率 72.9%，可溶性固形物含量 19.5%。果肉乳白色、半透明，不流汁，易离核，肉质爽脆，味清甜，品质优，宜鲜食和焙干。在晋江市池店镇种植，果实成熟期 8 月下旬，比福眼提早 7 d。2010 年通过福建省非主要农作物品种审定委员会审定。

6. 泉龙 157 泉龙 157 系福建农林大学园艺学院等单位 1998 年在福建省福清市龙田镇、西焦村、村厝自然村、村民庄和玉房屋南边的水井旁（北纬 25°38′03.7″，东经 119°23′23.5″）发现的龙眼实生优良单株。穗重 550 g，果粒均匀，果实近圆球形，单果重 12.8 g。果皮黄褐色；果肉黄白色，半透明，质脆，化渣，味浓甜，具有牛奶的特殊香味，可溶性固形物含量 19.7%～23.6%，可食率 64.3%。该优株具有丰产、稳产性能好等特点。2010 年通过福建省非主要农作物品种审定委员会审定。

7. 泉龙 222 泉龙 222 系福建农林大学园艺学院等单位 1998 年在福建省漳州龙海市颜厝镇洪塘村调查发现的龙眼实生单株。穗型好，果粒均匀，穗重 625 g，单果重 14.0 g。果皮黄褐色，底色鲜绿，龟状纹不明显，放射线不明显。果肉黄白色，半透明，质脆，香味浓（似桂花），可溶性固形物含量 21.0%，可食率 65.8%。果实成熟期 8 月下旬。2012 年通过福建省非主要农作物品种审定委员会审定。

8. 泉龙 104　泉龙 104 系福建农林大学园艺学院等单位，在泉州开元寺发现东壁变异优良株系选育而成。外观与东壁品种果实相近；单果重 10.5 g，大果可达 15 g 以上；果肉乳白色、半透明，表面不流汁，肉质爽脆、味甜、香气浓，汁多、化渣、核小，可食率平均为 63.7%，可溶性固形物 22.5%，鲜食品质优。泉龙 104 较抗鬼帚病，适应性和抗逆性强，早结丰产、产量高。2012 年通过福建省非主要农作物品种审定委员会审定。

第二节　苗木繁殖

一、实生苗培育

（一）种子的检验和处理

龙眼种子极易丧失发芽能力，为此，从果实中取出种子后，应立即用清水漂洗，剔除果壳等杂物和种脐上的果肉，然后立即播种。若种子来自罐头厂，可混少量细沙，并用脚踏摩擦，除去种脐上附着的果肉；漂洗，过筛去劣；种子与沙按 1 ∶ （2～3）的比例混合，堆积催芽，堆积高度以 20～40 cm 为宜；保持细沙含水量约 5%。

采用细沙催芽，发芽率可达 95%，而一般不催芽的发芽率仅 60%～75%。采用细沙催芽，要注意细沙的含水量，含水量太高，易引起发霉、烂芽。催芽的温度以 25 ℃为宜，30 ℃以上发芽率大大降低，33 ℃以上则丧失发芽力。当胚根长出 0.5 cm 时即可拣出播种，每隔 2 d 拣一次。平时应喷水补充沙堆中的水分。如果采种后未马上播种，可用含水量 1%～2%外的沙混合贮藏（置于阴凉的地方），但最多只能保存 15～20 d。新鲜的种子切忌堆闷、暴晒，否则会引起种胚败坏或种子失水，降低发芽率。

近年来福建莆田果农采用浸水催芽的方法，即将洗净的种子直接装在袋中，在水中漂洗 36 h 左右，待大多数种子脐部裂口露白后播种。

（二）整地施肥

选择背风、无冷空气积聚的沙壤土或黏壤土、排灌方便的园地为佳。播前宜犁翻晒白。苗地应施足基肥，每 667 m² 约撒施腐熟土杂肥 5 000 kg、石灰 50～100 kg，犁翻耙匀后起畦，畦面宽 0.8～1.0 m、高约 25 cm。

（三）播种

龙眼种子应随采随播，以保持种子的新鲜度。播种的方式可用撒播和宽幅条播。

1. 撒播　一般多用撒播，其做法是畦整平后，播上种子，保持粒距 8 cm×10 cm，每 667 m² 播种量 115～125 kg（种子较小粒者可播 100 kg）。播后用粗圆木棍滚压，将种子压入土中，使其与土壤紧密接触。然后每 667 m² 用 3 000 kg 火烧土或适量沙覆盖（以看不见种子为度，切忌深播，因为种芽的顶土能力差）。最后再盖一层稻草，浇上水；若有条件，最好采用沟灌，待土壤湿润后，即行排水。

2. 宽幅条播　在宽 80～100 cm 的苗床上开出底宽约 15 cm 的沟，用于播种；条沟之间留 20 cm，用于耕作。

（四）出苗后管理

当龙眼种子已萌发，约有 1/3 长出幼苗时，即可抽去一半的稻草；当幼苗长出约八成时，可全部抽去稻草，以避免苗木主干生长受阻。当幼苗长出 4 片真叶时浇施稀薄的人粪尿，每月 2 次；至 11 月下旬，停止施肥，以避免抽冬梢，造成冻害；到第二年 1 月下旬至 2 月上旬再施肥，以促进春梢抽生。

龙眼实生苗主根发达，侧根生长常受到抑制。因此，在龙眼长出 4 片真叶时，可用锋利的平头小刀，在距小苗主干 3～5 cm 处按 45°斜插，将幼苗主根切断。然后加强灌溉保湿，并注意施肥。经 1

个月左右，在主根切断处会长出 3～4 条侧根。切断主根，虽暂时抑制了生长，但很快即恢复生长势，且便于移植。

在播种圃中，龙眼小苗长势强弱明显，应分批间苗，去密留稀，使苗木均匀分布；去弱留强，淘汰弱小或主干弯曲的小苗，将养分集中到强株上，有效地促进苗木茁壮生长。经过间苗后，壮苗还要进行移植，移入嫁接圃中。移栽的目的有三个：①播种圃苗木密度大，移入嫁接圃后通过培育，便于嫁接，通常 667 m² 播种圃可供移植 3 335～4 002 m²；②通过移植可切断主根，促发侧根，培养良好的根群；③嫁接圃经过施基肥等，可以给小苗提供更加充足的肥料，保证砧木生长粗壮。

（五）移栽

龙眼小苗移栽一般于春芽萌发前或春梢老熟后进行，即在 3～5 月进行，其中以清明前后较好。为了防治龙眼叶斑病和木虱。应在小苗移栽前喷布一次 50％甲基硫菌灵可湿性粉剂 800 倍液，或 50％多菌灵可湿性粉剂 500～1 000 倍液与 40％乐果乳剂 1 000 倍液的混合液。

挖苗前播种圃要充分灌水，这样挖苗时可少伤侧根。主根较长的应剪去 1/3。供移栽的苗床有横条栽和纵条栽两种。横条栽的，行距 20 cm，株距 15 cm，每 667 m² 移栽 12 000～14 000 株。纵条栽的，畦宽 65 cm，在畦的两边移栽两大行，中间留 20～25 cm，便于耕作；每一大行中栽植两小行，小行行距 13 cm、株距 20 cm，交错种植，每 667 m² 也可栽植 10 000～12 000 株。纵条栽便于嫁接操作。小苗移栽时的栽植深度应保持在播种圃的深度，切忌太深，以免影响生长。

移栽后，苗床要保持湿润。移栽后 1 个月，苗木已恢复生长，应开始施稀薄的人粪尿，每 667 m² 约施 1 500 kg。在 6～10 月，每月应施肥 2 次。一次施人粪尿 1 500～2 000 kg，另一次约施 20 kg 复合肥。施肥量可由少逐渐增多。在 7～8 月份，应注意及时防治病虫，尤其是木虱。

二、嫁接苗培育

（一）砧木选择

龙眼砧木是采用本砧，即用龙眼作为砧木。龙眼品种间亲和力差异不大，几乎所有能发芽的种子都可用于培育砧木，但以大而饱满的种子发芽率高，生长好，可速生快长，嫁接成活率亦高。福建的福眼、赤壳、水涨、乌龙岭、油潭本、大鼻龙，广东的乌圆，广西的广眼等，种子较大，这些品种用来培育砧木较好；广东的石硖等种子较小，播种后生长较慢，长势较弱，不宜用于培养砧木。

（二）接穗采集

龙眼接穗应采自品种纯正、品质优良的母树。在树冠外围中上部，选择生长充实、腋芽饱满、无病虫害、枝梢皮色棕红的一二年生枝条作为接穗，忌用徒长枝。接穗以随采随接为好。有花穗的枝梢应提前剪去花穗。剪下的接穗应立即去掉叶片和嫩梢，每 30～50 支绑成一束，用塑料薄膜包裹。每 1～2 d 解开通气一次，这样可以保存 1 周。如用干净的湿河沙混藏，可保存 2～3 周。但需控制河沙的含水量，既不能太干，也不能太湿（以手捏河沙能成团，放手就显开裂缝为宜）。

（三）嫁接方法

龙眼小苗嫁接的季节以 3～6 月较适宜，在福建，以 3 月下旬至 4 月中旬嫁接成活率最高。嫁接的方法有：

1. 单芽切接 龙眼小苗主要嫁接方法，方法简单、成活率高。单芽切接接穗只用单芽，所以有限的接穗可以繁育较多的苗木，且嫁接成活率高，目前生产上应用效果好，已较大面积推广应用。

2. 舌接 舌接是龙眼小苗常用的嫁接方法之一，多用二至三年生实生苗作为砧木。

3. 芽片贴接 芽片贴接又名补片芽接。其嫁接季节较长，4～10 月（此时比较容易剥皮）均可进行。福建莆田以 4～6 月和 9 月嫁接，成活率较高，以 4 月成活率最高。

4. 靠接 靠接又名寄接、挨接。嫁接时期以 3～4 月为佳。采用靠接法，由于接穗在嫁接成活前不脱离母体，所以成活率高。

(四) 嫁接后苗木管理

嫁接后的管理精细与否，对成活率及苗的质量有很大影响。嫁接后要做好下列几项管理工作：

① 及时抹除砧木上萌发的不定芽，以集中养分，保证接芽的生长。

② 及时挑膜放梢。嫁接虽用厚 0.01 mm 超薄型地膜进行全封闭包扎，但仍有少数接芽未能冲破地膜，所以需用刀尖挑开薄膜，让芽伸长。

③ 及时防治病虫害。

④ 及时剪顶。当新梢达到一定高度后，在距主干 30~45 cm 处摘顶，以促其早分枝，多分枝。经过整形修剪，保留 3~4 条分布均匀的侧枝作为骨干枝。

⑤ 加强肥水管理。要勤施薄肥，及时排灌，保持土壤湿润。

⑥ 及时补接。嫁接后 2 周，若接穗仍保持新鲜状态，说明已成活。若未接活，应抢在嫁接季节进行补接。

三、苗木出圃

(一) 起苗

龙眼嫁接苗出圃规格是嫁接部愈合良好，接口以上 3 cm 处径粗达 0.5 cm，新梢长度达 25 cm，苗木总高度达 40 cm，且根系发达，即可出圃；高压苗必须在长出二次根后，且根量多、分布均匀，泥团完整不散，根系无受损伤，方可出圃。挖苗可用锄头，也可用起苗器。起苗器用水管制成，起苗时，以苗为中心，在苗株两侧将起苗器直插入土，并用铁锤敲打，使起苗器入土深些。然后将起苗器与苗（连根带泥）一同拔起，根部即带有 15 cm×20 cm 的圆筒形泥团。剪去过长的苗根，用稻草包扎。龙眼嫁接苗根系较发达，保护好根系栽植成活率高。苗木出圃时若带土球栽植成活率更高。苗木的挖掘在出圃前数日，苗圃应灌水，使土壤湿润，有利于带土起苗。龙眼起苗一般要带土球，土球直径应大于 13 cm，高度应大于 15 cm，并用稻草或塑料袋包装，以防止运输途中土壤松散伤根。

(二) 苗木分级、假植

起苗后要进行修剪，剪除嫩叶和部分复叶。通常每片复叶只留基部一对小叶，其余剪除，以减少水分蒸发。最后苗木还要按大小分级。假植地点应选在离定植园不远并近水源的地方。袋与袋之间靠紧，且填上园土（填土高度为袋高的 2/3），并覆盖稻草，最后喷水使之保持湿润。经 1 个月即可发根长芽。一般 8~9 月假植，翌年春季 3~4 月苗木萌芽前即可定植。龙眼高压苗根系脆弱，栽植时成活率较低，为了提高定植成活率，可先进行假植，待重新长出新根后再定植。其方法是：将高压苗锯离母树后，立即截干，留主干 40~50 cm，不留枝叶，再用营养袋假植；营养袋直径 20 cm、高30 cm，袋底留孔；将营养土装进营养袋，解开高压苗的塑料薄膜，并将高压苗种在营养袋中。

(三) 苗木包装、运输

起苗后最好当天栽植；若不能当天栽种，可临时放置在荫蔽处，喷水保湿。若因长途运输而无法带土球时，应将根部蘸上黄泥浆，且应随挖随蘸随包装。苗木应按件挂上标签，注明品种名称、级别、数量、生产单位和起苗日期。装运时要按品种和级别堆放。运输过程要保持一定的湿度和通气条件，切忌日晒、雨淋、风吹和堆叠过高。苗木运到目的地后要及时定植。高压苗新根脆而易断，运输途中不能将土团搞散。对土球松散、断根多的苗木要再假植后定植。

(四) 苗木检疫

为了防止危险性病虫害随着苗木的调运传播蔓延，将病虫害限制在最小范围内，对输出、输入龙眼苗木的检疫工作十分必要。我国加入 WTO 后，国际间或国内地区间种苗交换日益频繁，因而病虫害传播的危险性越来越大，所以在苗木出圃前，要做好出圃苗木的病虫害检疫工作。苗木外运或进行

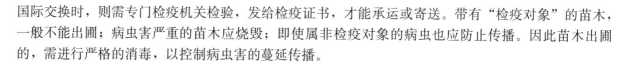

国际交换时，则需专门检疫机关检验，发给检疫证书，才能承运或寄送。带有"检疫对象"的苗木，一般不能出圃；病虫害严重的苗木应烧毁；即使属非检疫对象的病虫也应防止传播。因此苗木出圃的，需进行严格的消毒，以控制病虫害的蔓延传播。

第三节 生物学特性

一、根系生长特性

（一）根系生长动态

龙眼的根系发达，生活力强，其分布范围因土壤、地下水位和管理措施的不同而异。在土层深厚、地下水位较低的红壤山地，龙眼根垂直分布可达 3 m 以上。龙眼的大部分根系是分布在 10～90 cm 深的土壤中。若地下水位高或有硬土层，其垂直根入土深度受到限制，浅的仅 0.35 m。侧根的水平分布范围，大多为树冠的 1～3 倍，但 80% 根系分布在树冠扩展的范围内。

龙眼幼嫩根色浅或无色透明，老的菌根或菌根基部呈黄褐色。其形态为总状分叉。吸收根上有菌根共生，无根毛。菌根的存在是龙眼适应红境山地旱、瘠等恶劣环境的重要原因。它能够改善根部吸收养分的能力，尤其增强对磷的吸收；菌根吸水能力强，能够在萎蔫系数下从土壤中吸收水分，显著增强了龙眼的抗旱能力。

（二）根系生长与土壤的关系

新根与新梢生长有交替现象，新根的生长高峰多出现在新梢充实之后或萌芽之前。新根的生长与土壤温度关系密切。土温 15 ℃时，新根开始活动，23～28 ℃为生长最适温度，生长最快；29～30 ℃时，生长又趋缓慢；土温高至 33 ℃以上，根系不生长。土壤含水量也对根系的生长有很大的影响。土壤水分充足，根系生长良好。如 6～7 月干旱，根系生长相对减少，甚至停止生长。新根的生长还与开花结果量、树势强弱、管理水平等有关。小年树新根生长量多，大年树生长量少。在挂果期内，新根生长也受影响，至采果后，新根生长才有回升的趋势。合理的果园耕作、间作套种、增施有机肥等，能切断一部分老根，改进土壤理化性质，促进新根生长旺盛。大年树疏花穗也能明显增加新根生长量，中度疏穗的比不疏穗的根系生长量约增 1 倍。

二、芽、枝和叶生长特性

（一）芽

龙眼的花芽分化包括生理分化和形态分化。福建莆田龙眼花芽生理分化出现在 12 月至翌年 1 月。在花芽生理分化期内，枝梢上的顶芽及其附近 1～3 个腋芽的内部，正进行营养物质的积累，此时外界环境条件对其影响很大。若冬季偏暖，往往容易抽生冬梢或使梢轴拉长，消耗了营养物质，不利于花芽分化。土壤干旱同样可促进营养积累，有利于花芽生理分化。龙眼的花芽达到同一分化期的时间，先后可相差 1 个月左右。但每个形态分化期仍有一个相对稳定的高峰期。

绝大多数龙眼一年仅花芽分化 1 次，且花芽分化的时期相对稳定。但四季蜜龙眼等个别品种可以周年进行花芽分化，若在水热条件好的地区可以做到一年多次开花结果。

（二）枝

龙眼每年抽梢 3～5 次，以生长季节来分，可分为春梢、夏梢、秋梢和冬梢。其中春梢 1 次，夏梢 1～2 次，秋梢 1～2 次，冬梢较少见。龙眼未结果的幼年树，每年抽生新梢 5 次。已进入结果时期的成年龙眼树，每年抽生新梢的时期、次数，每次抽生的数量是随结果量、树体内营养水平、树龄、管理水平和环境条件等因素而变的。一般是年结果过少、树体内营养水平高、树龄低、管理水平较高、环境条件适宜情况下的龙眼树，新枝梢抽生的时期提早，抽生的次数多，每次抽生的数量多，新抽生的枝梢健壮，条件相反的情况之下，新枝梢抽生的情况便相反。

（三）叶

龙眼叶片为偶数羽状复叶。种子播种后长出的幼苗第一、第二叶仅具 1 对小叶，第三叶具 2 对小叶，以后逐渐增加。成年树有的有 4 对小叶。小叶对生成互生，叶面绿色，叶背淡绿，主脉显著突出，侧脉明显，嫩叶赤褐色。叶片寿命 1～3 年。龙眼叶片的结构与其抵抗干旱能力有关。其叶片表皮的角质层较厚，气孔大多被副卫细胞的乳头状突起所覆盖；输导组织发达；加上根系吸水能力强，因而能在红境丘陵山地生长。

三、开花与结果习性

（一）开花

龙眼开花期自 4 月中旬至 5 月下旬，依气候、品种、树势、抽穗期而异。较温暖的地区或年份早开花；树势强旺的，早开花。单株开花期 30～45 d，单穗则多在 20 d 以上。龙眼的花穗为圆锥形聚伞花序，在主花序和各级侧花序上着生数朵至二三千朵花。每一侧花序是由很多小花序组成；每个小花序有 8 朵花，中央 1 朵先开，旁边 2 朵后开。龙眼有的 60%～90% 的花蕾能正常开花，其余早期脱落。

龙眼的花型主要有雄花、雌花两种；此外还有为数很少的两性花和各种变态花。雄花数量很多，大约占总花数的 80%，开放的时间长，开放次数多，一般在开放后 1～3 d 脱落或枯干；雌花外形与雄花相似，但雌蕊发达，雄蕊退化，开放时间短，一般集中开 1～2 次；龙眼两性花数量很少，具有正常的雌、雄蕊，花药能散发花粉，子房可发育膨大。龙眼盛花时能分泌大量花蜜，可吸引蜜蜂传粉。龙眼花开放的顺序，通常是先开雄花，再开雌花，最后以雄花告终；也有先开雌花，或雌雄花混开，以雄花结束。

龙眼花穗（福建莆田）在 2 月上旬至 3 月下旬抽生，4 月上中旬以后逐渐发育成完全的花穗。抽穗时期依结果母枝种类、树势及早春气候而异。以夏梢作为结果母枝且树势壮旺的植株，抽穗最早；以夏延秋梢作为结果母枝的次之；以秋梢作为结果母枝且树势衰弱的植株，抽穗最迟。花穗大小与抽穗迟早有关。通常早抽者穗大，开花也早；迟抽者穗小，花期也迟。花穗大小还受整形修剪技术的影响。如果在每次抽梢时，每个基枝留 1～2 个新梢，这些新梢将成为充实强壮的结果母枝，以后抽生的花穗也较大，有利于产量的提高。

（二）落果

龙眼是坐果率很高的树种，其坐果率可达 20% 左右，高者可达 40%。龙眼的生理落果以授粉后 3～20 d（5 月中旬至 6 月上旬）最多，占总落果数的 40%～70%。此期落果与花器发育不良、授粉受精不良有密切关系。据在福州地区观察，开花期气温较低（15.7 ℃以下）时的落果数比气温较高（22.2～25.3 ℃）时增加 4～5 倍。温度较高，有利于蜜蜂活动，增加授粉的机会。6 月中旬至 7 月中旬出现第二期生理落果。这主要是肥水不足、营养不良造成的。此期落果较少，但果实较大，会严重影响产量。病虫为害及其他灾害（风、旱害）会加剧落果。

（三）落花落果原因

龙眼开花后，完成了授粉受精作用的雌花子房便发育成果实；没有完成授粉受精作用的雌花便随着其他花朵渐渐脱落，形成第一次生理落果，这次生理落果数量很大，造成落果的主要原因是授粉受精不良。龙眼雌花开放时，若连续下雨或遇 16 ℃以下的低温或者遇到高温干燥等不良天气，均会严重影响龙眼花的传粉受精。在龙眼果实生长发育过程中，6～7 月因夏梢抽生，还会因缺肥或树体内养分失调，造成第二次落果。此后，因病虫危害、大风、干旱等原因还会造成落果。因此在这期间一定要注意外界环境的控制。

四、果实发育与成熟

龙眼果实的发育，据福建对红核子的观察，可以分为三个阶段：

（一）果皮、种皮发育阶段

该阶段自受精后子房开始发育至假种皮明显出现为止。雌花授粉受精作用完成之后，果实便开始发育，主要是果皮和种皮的发育。在雌花盛开后约 10 d，除少数花子房二室能同时发育外，多数在此期分化成一大一小。小的一室色暗，停止生长或脱落；大的一室色鲜绿，继续发育，胚乳呈透明胶状体，盛花后 20 d，种柄明显突起。这时在果实近蒂部开始膨大，种子与果皮之间有空隙，压之有不实感，因而果实重量及体积增大很缓慢。

（二）假种皮、子叶生长阶段

果皮和种皮的发育之后，然后是胚和子叶的发育，最后才是果肉的发育。此期约 28 d。从 6 月 14 日假种皮出现至 7 月 12 日包过种子顶部。种腔内子叶迅速增大增重，种皮由软变硬。后期种子充实，种子发育基本完成。此时，若缺水肥，不仅当年产量和品质下降，而且还会影响到夏梢的生长发育和秋梢的抽发，从而影响下年的产量。

（三）假种皮迅速生长和果实成熟阶段

此阶段的特点是假种皮（果肉）迅速增厚增重，果实的横径生长超过纵径，果实由长圆形变为圆球形。到 8 月上旬以后，果实渐趋成熟，营养物质转化，可溶性固形物、糖、维生素 C 逐渐增加，柠檬酸含量降低，糖酸比增加。

第四节 对环境条件的要求

一、土壤

龙眼对土壤的适应性很强。从福建龙眼主产区来看，绝大部分龙眼栽种在红壤丘陵山地上，这些土壤是红壤到砖红壤的过渡性土壤，具有深度富铝化特征；由于植被破坏和酸性岩系的影响，加上长年累月的风雨袭击，土壤表现酸、旱、黏、瘠等特点。根据李来荣等实地调查，高产园与低产园的土壤性质有明显的差异。一般龙眼高产园的土壤松软湿润，有机质含量超过 1%，全氮量不低于 0.07%，碳氮比为 7～11，每千克土壤含有效磷 25 mg。所以红壤丘陵山地栽植龙眼，必须要注意改良土壤，河流两岸的冲积地适于种植龙眼，但需防止地下水位过高而影响根系生长。

总之，龙眼适宜种植在通气良好、pH 为 4～6 微酸性、土层深厚、排水良好、有机质含量较高的沙壤土或红壤土上。

二、温度

低温是龙眼地理分布（北移）的最主要的限制因子。龙眼喜温忌冻，我国在年平均温度 18～24 ℃地区均有分布，但以年平均温度 20～22 ℃、冬季无霜冻、绝对最低温度不低于－3 ℃的地区，作为经济栽培适宜区。在 0 ℃时，幼苗受冻；－1.5 ℃时，大树老叶受冻；－3 ℃时大树严重受害，但龙眼耐寒性与品种、低温持续时间、空气湿度等有关。低温伴着干旱，会加剧冻害。

龙眼对温度的要求还视不同的物候期而有所不同。冬季 12 月至翌年 1 月间，要有一段相对的低温期，减少冬梢以利于花芽分化。抽穗期间，气温不宜过高，以 8～14 ℃为宜。若气温高至 18～20 ℃，则营养生长旺盛，花穗"冲梢"多；若"冲梢"后不久天气转冷，还可继续发育成花穗。开花期则需要较高气温，花粉萌发需要 20～25 ℃。气温太低，对开花坐果均不利。果实发育和成熟期正值夏秋高温季节，有利于提高品质。

福建省农业厅果树站初步定出福建龙眼安全区和寒害区的气象指标（表 14-2）。

表 14-2　福建龙眼安全区和寒害区的气象指标

类型	年平均温度（℃）	最低月平均温度（℃）	绝对低温（℃）	分布范围
安全区	>20	12	<-1	惠安以南、安溪东南部、南靖以南
基本安全区	20	11	<-3	惠安以北、福清以南
寒害区	19	9~10	<-5	福州、宁德地区沿海县、龙岩地区南部
严重寒害区	18	8~10	<-5	闽清、永泰以北

三、湿度

龙眼在亚热带果树中属比较耐旱的，这与其植物学构造（叶片角质层厚、气孔结构有利于节水以及庞大的根系等）有关。但是水分是龙眼生长发育必需的条件，"有收无收在于水"的说法，说明了水分的重要性，我国龙眼主产区年降水量足够，多在 1 000~1 600 mm，而春夏季生长期内雨量较多，冬季花芽分化期雨量少，这有利于抑制营养生长，促进花芽分化。但是若在夏末秋初，雨水少，会影响果实发育和秋梢的抽生；花期多雨，会影响授粉受精；果实成熟期多雨，会影响果实品质和增加落果。根系生长旺盛期（6~8 月）应保持足够水分，以利根系迅速生长，龙眼也较耐涝。据报道，四川江河两岸的龙眼，遭洪水淹没 3~5 d，未见受害。但长期果园积水，也会使根系腐烂，树势衰退。

四、光照

光照是龙眼进行光合作用必不可少的条件。光照充足，枝梢生长充实，病虫害少。花芽分化期光照条件好，则花芽质量高。开花期如遇阴雨天，会影响坐果率，在果实发育期阳光充足，会促进果实品质和产量的提高；但与荔枝相比，龙眼是较耐阴些，所以才有"当日荔枝、背日龙眼"的说法。

五、风

微风可以促进空气流动，补充树叶周围的二氧化碳，增强光合作用，改善空气中的温度与湿度。但福建等沿海地区，夏秋季常有台风登陆（台风可达 8 级以上），此时果实即将成熟，常造成果实大量脱落。台风袭击后常使龙眼枝断树倒，严重的连根拔起。四川龙眼产区花期有时会有从西北吹来的焚风，使气候很干燥，且常夹有大量黄沙、微尘，使雌蕊干燥凋萎，坐果率降低。

六、其他因素

随着工业的高速发展，环境污染日益严重，给龙眼生长发育带来不良的影响。如燃料排出的废气，会增加空气中的二氧化硫、氟化氢、氯气等有毒成分的含量，使果树出现病斑，导致落叶、落果。据试验，二氧化硫浓度为 3×10^{-6} 时，只需 10 min 就可使果树受害；二氧化硫遇雨成为酸雨，对龙眼的坐果率有严重影响。氟化氢的毒性比二氧化硫高 1 000 倍。臭氧、氮氧化物等对植物都有很明显的毒害作用。

除空气污染外，目前水和土壤污染也很严重，主要来源于工厂废水和农药。土壤被污染后，土质变劣。果树生长不良。有些农药在土壤中残留时间很长，农药进入植物体后，能转移到果实中，会影响人体健康。为此，栽植龙眼的果园应尽量远离污染严重的工矿。

第五节　建园和栽植

一、建园

（一）园地选择

龙眼的生长发育、开花结果所需要的生态环境中，适宜的温度、光照、水分、土壤等是龙眼生命活动中不可缺少的生存条件，其他如海拔高度、纬度、地势、坡向、风等对龙眼生长发育也有影响。园地选择最主要的因素是温度。

龙眼是寿命较长的一种果树，有数百年的经济栽培年限，因此，园地的选择十分重要。我国南亚热带地区能够用于发展龙眼生产的土地主要是丘陵山地和河流两岸的冲积洲地。

海拔 500 m 以下的丘陵地，一般土层深厚、排水良好、日照充足、空气流通，适于龙眼生长，是发展龙眼的主要基地。但丘陵地植被人为破坏严重，表土及土壤营养元素大量淋溶、流失，有机质含量低。海拔 500～1 000 m 的山地也有种植龙眼，但数量较少。丘陵山地因受地形地势的影响，会引起一系列生态因子的变化，应予以认真选择。

坡向不同，温度、湿度有很大的差异。南坡比北坡日照长，温度高，但土壤的含水量和土壤肥力却比北坡低。一般以 20°以下缓坡、斜坡开山建园较好。坡度太大，建园花工多，土壤也易流失。

用来种植龙眼的平地，多是江河下游的冲积洲地。这种类型果园，一般地势平坦，土层深厚，土壤肥沃。但由于地势较低。所以应当修筑堤坝，防止洪水淹入危害；注意开深沟排水，降低地下水位。

此外，还应充分利用路旁、宅旁、村旁、水旁等"四旁"空隙地栽植龙眼。这样既能经济利用土地，增加收益，又能美化环境。

（二）园地规划

由于开山建园，破坏了该片地段的生态条件，为此，必须建立新的生态平衡。建园时一定要因地制宜，全面规划，合理布局，实行山、水、园、林、路综合治理。

1. 小区规划　为了便于管理，常将整个龙眼园划分成若干小区。小区的面积以 2～5 hm² 为宜。小区的形状应为带状长方形，长边需与等高线平行，以防止水土大量流失，便于设置排灌系统。总之，小区划分的原则是各区的土壤条件、坡度、坡向要相对一致，要有利于提高工作效率。

2. 道路设置　龙眼园道路的设置，应根据园地规模、地形、地势、坡度及机械化程度而定。龙眼园的道路系统，应当包括干路和支路。干路要求位置适中，贯穿全园，山地果园可环山而上，或呈 S 形。干路宽一般为 4～5 m。若采用环山而上的设置方法，其斜度应不超过 7°，以便于机动车辆行驶。干路还可结合小区的分界线设置，作为小区的分界线；支路应与干路衔接，宽 2～4 m，可作为作业通道。由于龙眼种植较稀，行间较宽，也可以通过果树行间作业，梯田果园可以利用边埂作为人行小路，不必另开支路。道路系统所占的面积不应超过总耕地面积的 5%。

3. 排灌系统设置　华南地区春季雨水多，夏季又常有暴雨，秋季干旱，因此，龙眼园的排灌系统的设置，是确保"高优"栽培的一项重要工作。山地果园的排灌系统应包括拦洪沟、排水沟、台后沟。要求做到旱能灌、涝能排，中雨、小雨不流失，大雨不冲刷土壤。

（1）拦洪沟。果园上方山地，暴雨或骤雨时会积聚大量雨水，向下冲刷果园。所以应在果园的最上部，设置环山拦洪沟，切断山顶径流，也可兼作环山灌溉渠。环形沟的大小、深浅视上方集水面积而定。一般深为 0.8 m、宽为 0.5 m，有 0.2%～0.3%的比降，并在沟内筑成竹节状，即每隔 8～10 m 留一土墩（低于沟面 20～30 cm），以缓冲流速和蓄水。拦洪沟要与排水沟连接，以便排出多余的水。

（2）排水沟。尽量利用天然纵沟或低地作总排水沟。也可以根据地形设置多条排水沟（设在主要道路两侧）。一般要求沟宽、沟深各 50 cm。为了缓冲水势，可随道路盘曲而下，开成梯级形排水沟。

每级水沟的外缘应高于内侧，以防止水土流失，也可采用竹节沟，以缓冲水势。纵向排水沟若不设法缓冲水势，将被冲刷成一条大纵沟，加剧水土流失。

（3）台后沟。指梯田的内侧沟，即在每级梯田内侧，开一深 20～30 cm、宽 30 cm 的沟。台后沟要与排水沟连接；在其出水口要做一小土坝，土坝的高度应低于台面，做到水少时可利用台后沟蓄水，水多时可将水排到排水沟。

4. 防风林带设置 防风林带的营造要在建园前 1～2 年进行。防风林主要起降低风速、提高空气湿度和调节温度的作用；水源林种在山地顶部或陡坡。东南沿海风害严重的地区建立龙眼园，其防风林宜设主林带和副林带。主林带要与主要风向垂直；若地形不规则，允许有 25°～30°的偏角。副林带与主林带垂直，以防御来自其他方向的大风，加强林带的防护作用。主林带间的距离一般为 400～500 m。沿海风大的地区可缩小到 250～300 m；副林带间距离为 500～800 m。主林带的行数，与当地风速、林带的树冠大小、地形和有无边缘林带有关，一般主林带栽植 5 行，副林带栽植 3 行。林带内的栽植距离，乔木树种行距 2～2.5 m，株距 1～1.5 m；灌木树种株行距均以 1 m 为宜。小型龙眼园设环园林即可。为了避免林带的遮阴与串根，龙眼树与林带之间的距离应有 3～5 m，并在林带与果园之间挖一阻根沟，以阻止林带根系深入。

用于营造防风林的树种，应选择对当地风土适应性强、生长迅速、树形高、与龙眼无共同的病虫害、具有一定经济价值的树种。作为龙眼园防风林常用的树种有木麻黄、桉树、白千层和相思树等。

二、栽植

（一）栽植时期与密度

1. 栽植时期 可分春季和秋季两个时期。有霜害的地区或缺少水源的山地，以春季栽植为宜。春季定植要在苗木萌芽前或春梢生长充实之后进行，一般春季定植在 2～4 月，气温渐高，雨量充足，定植易成活；秋季定植多在 9～10 月，亦须在秋梢萌芽前或秋梢生长充实后进行；若在有霜冻地区栽植，最好在 8～9 月进行，这样栽植后抽出的秋梢能充分成熟，可安全过冬。秋季定植要注意浇水和用稻草等覆盖，以保持土壤的湿度，防止因失水而死，以提高成活率。

2. 栽植密度 龙眼的栽植，多采用长方形或正方形的方式。但以长方形方式栽植更普遍。因其有利于果园管理和机械化操作。栽植密度必须根据品种、繁殖方法、土壤、地势而定。距离太宽，影响产量；过密，则影响生长与结果。福建莆田、仙游一带，株行距 5 m×（6～7）m，每 667 m² 栽植 19～22 株；有的地区株行距为 5 m×8 m，每 667 m² 约栽植 16 株。山地可适当栽密些，每 667 m² 约栽植 25～35 株；冲积洲地栽植距离要宽些。如果采用计划密植，株行距以 4 m×4 m 或 4 m×3.5 m，每 667 m² 栽植 42～47 株为宜，这样可以获得早期产量；以后随着树冠扩大，要逐渐疏伐，最后每 667 m² 保留 21～23 株。

（二）栽植方法

1. 定植穴的准备 为了使果园栽植较整齐，应按照栽植株行距确定定植点。定点时，可先选一有代表性坡地，由下至上做一条垂直于各梯田的直线，然后以此直线为标准，分别向左右两侧的梯田、按株距测点，再将上下梯田连接起来。这样确定的定植点，上下各点都在同一直线上，比较整齐，便于管理。

定植点测定后，就要进行挖穴。由于龙眼植株高大，根系发达，主根较深，其根系密集层多在 1 m 上层内；加上红壤丘陵地土壤贫瘠，理化性状劣，因此要先挖穴，局部改良土壤，这样龙眼苗才能正常生长。生产上定植穴宽 1 m、深 1 m。挖穴时，应将表土和底土分开堆放，回穴的材料可就地取材，可用绿肥、秸秆、垃圾土、厩肥等有机肥。要求每穴施下绿肥或秸秆 20～30 kg、饼肥 2～5 kg、磷肥（过磷酸钙或钙镁磷肥）2～3 kg，在定植穴的中下部，填入底土及绿肥或垃圾土，并拌入石灰、饼肥、磷肥；定植穴的上层应填入表土、腐熟的垃圾土和少量磷肥（混合均匀）。要将定植穴所有挖出的土全部回穴。由于土壤疏松，回穴后会高出土面 20～30 cm，以后会逐渐沉降。所以栽植时要深穴浅种，以利发根，提高栽植的成活率。回穴填肥工作最好要在定植前数个月完成，让基肥充分腐熟，穴土沉实后栽植。

2. 定植 龙眼嫁接苗根系较发达，栽植成活率高。出圃时若带土球栽植成活率更高。土球直径约 15 cm。土球外应包扎上稻草，以防止运输途中土壤松散。若因长途运输而无法带土球时，应将根部蘸上泥浆。起苗后最好当天栽植；若不能当天栽种，可临时放置在荫蔽处，喷水保湿。定植时植株的根颈部应与高出地面的土堆平齐，不能过深或过浅。如在定植前数月已挖好定植穴，穴内土壤已充分下陷，则栽植时根颈部可稍高出地面 5～6 cm。定植时将苗木放置穴内。扶正苗木，填土压紧、踩实，再覆土，然后在苗木周围土面做一环沟，浇足定根水，并覆盖稻草。

龙眼高压苗根系脆弱，栽植时成活率较低，为了提高定植成活率，可先进行假植，待重新长出新根后再定植。其方法是：将高压苗锯离母树后，立即截干，留主干 40～50 cm，不留枝叶，再用营养袋假植；营养袋直径 20 cm、高 30 cm，袋底留孔；将营养土装进营养袋，解开高压苗的塑料薄膜，并将高压苗种在营养袋中。假植地点应选在离定植园不远并近水源的地方。袋与袋之间靠紧，且填上园土（填土高度为袋高的 2/3），并覆盖稻草，最后喷水使之保持湿润。经一个月即可发根长芽。一般 8～9 月假植，翌年春季 3～4 月苗木萌芽前即可定植。

定植时将苗置于定植穴中，割开塑料袋，填上土，用手从外围逐渐向内压紧，使土壤与根密切接触。切勿用脚踩，否则嫩根会被压断，根的土团会散开。为减少叶片水分蒸发，可剪去部分小枝及叶片。

在沿海风力较大地区，定植幼苗时需立支柱，以避免风吹，影响根部生长。有的主干还要用稻草包扎。成活后要加强管理，促进抽梢，注意病虫害防治，以保证新梢的正常生长。

（三）栽后管理

定植后护理的中心工作是设法提高定植成活率。主要工作是做好灌水和排水工作，增加覆盖物，防治病虫害和及时施肥。

1. 灌水和排水 新植的龙眼苗开始是靠其自身贮藏的水分和养分维持生命，经过一段时间后，就要靠根系从土壤中吸收养分来维持生长发芽。由于定植过程中挖苗、定植伤了根系，吸收能力下降，所以，苗木从定植后到发芽、展叶、第一次枝叶老熟前，均需经常维持树盘土壤湿润，时间大约 2 个月。隔几天浇一次水，每次浇多少水，要视当地当时的天气情况而定。秋植更要特别注意灌溉，维持树盘土壤湿润。相反，一些果园中长期积水，则需立刻设法将积水排出；对果苗和泥土一起下陷形成一个凹坑的定植坑，应将凹坑填平，以免坑内长久积水，淹死果苗。

2. 树盘覆盖 树盘覆盖可以防止树盘土中水分蒸发，保持土壤湿润和稳定土壤的各种物理化学性状；可以减少杂草在树盘内生长；还可以防止树盘的土壤板结。所以，龙眼苗种好后，应用绿肥和其他有机物将树盘覆盖。随着时间的推移，树盘覆盖物逐渐减少。所以，定植后的护理工作之一就是不断地增加树盘覆盖，为龙眼的生长创造良好的生态环境条件。

3. 勤施薄施催苗肥 新种植的龙眼苗施肥的原则是勤施薄施。因为苗小根弱，每次施肥的浓度不宜过大，但施肥的次数却要求多次。龙眼苗每次开始萌动、芽体胀大和新抽发的枝叶转绿的时候，都要各施一次水肥。可用 30％腐熟人畜粪尿，也可用 0.5％尿素溶液进行淋施，每株淋 2～3 瓢（约 2 kg 的量）。也可结合每次防治病虫害喷药时，在药液中加 0.2％的尿素，在新叶展开后，以叶背为主向全株喷施；秋末冬初可喷 0.5％的氯化钾溶液。

4. 病虫害防治 新种植的龙眼苗，容易遭受地下害虫和金龟子、爻纹细蛾、椿象、瘿螨、角颊木虱等害虫的危害，需及时加以防治，具体防治方法请参看病虫害防治部分。

第六节 土肥水管理

一、土壤管理

华南地区龙眼园大多为丘陵山地、台地的红壤和砖红壤。这类土壤的土层一般较深厚，生产潜力大，但总体来看，具有土壤酸性、有机质缺乏、风化淋溶剧烈、土壤结构性差、水土流失严重等特点。

（一）深翻改土

龙眼属菌根果树，根系生长需要充足的有机质，良好的通透性。丘陵山地龙眼园，定植后 1～2年，根系已布满定植穴。为了促进树体速生快长，应及时深翻改土，疏松土层，施绿肥及其他有机肥等。据对福建仙游丰产龙眼园的调查结果，表明深翻扩穴改土对龙眼幼树扩大树冠有着重要作用。

深翻扩穴改土宜在秋冬进行，即 10 月至翌年 2 月之间，尤其以 10～11 月最好。因为此时土温尚高，有利于根系伤口的愈合、新根的再生。

龙眼幼树园深翻改土的位置，可定在定植穴外围，即在相对的两侧各挖一个长 100 cm、宽和深各 40～50 cm 的条沟。第二年换个方向进行；以后逐年扩大，3～4 年完成。对于种植梯面较窄的单行龙眼园，深翻沟应开在株间或梯台的内侧。开沟时，表土和心土应分开堆放，以便表土放入穴底。

改土的材料，可以其他树枝叶、稻草、麦秆、豆秆、花生藤、地瓜藤叶、绿肥、山边杂草等为粗料，根据肥源选用猪牛厩肥、饼肥、灰肥、鸡鸭粪、蘑菇土、化肥做精肥。一层土一层肥，分层填入。通常粗枝叶放底层，粗料和表土放中下层，表土和化肥混合物以及精肥放在中上层。每层草料上都撒些石灰，浇施入粪尿，以促进发酵分解。最后填入心土。

每株龙眼幼树，改土材料用量为金光菊等 20～30 kg（或稻草 20 kg，或甘蔗叶 20 kg）、花生饼5 kg、钙镁磷（或过磷酸钙）0.5～1.0 kg、尿素 0.5 kg、蘑菇土 20～25 kg、石灰粉 0.25 kg。

成年龙眼园宜进行全园耕翻。每年 1～2 次。在 2 月和采果后进行。通过翻犁疏松土层，可改善土壤理化性质，促进新根旺长。注意树干附近不宜犁翻，以免伤根过多。

（二）培土

培土是龙眼园土壤管理的一项重要工作。培土可增厚土层，防止因土壤冲刷造成的根系裸露；增加土壤的营养物质；夏秋可防旱降温，冬季可保温防寒。培土用的土壤，可根据丘陵山地红壤的特点，选用疏松含沙质稍多的肥土，也可以用些红壤新土。若能用垃圾土等培土，效果更佳。培土不能太厚，否则会造成闷根，影响根系生长。三至五年生的幼龄龙眼树，通常每年每株培 50～250 kg 土；成年树可每 2～3 年进行一次，每株培 250～300 kg 土。

（三）间作

在幼龄龙眼园，合理利用株行空隙地间作其他作物，能防止土壤冲刷，降低夏季地表高温，减少土壤水分蒸发，抑制杂草滋生，有利于土壤微生物活动，改善土壤理化性状，促进龙眼幼树的生长。成年龙眼园，可套种间作一些较耐阴、植株较小、浅根系的绿肥或草。但不宜种得离龙眼树干太近，以防止与龙眼争水分和肥分，同时避免伤断龙眼根系过多。

龙眼产区广大果农积累了不少经验。如福建莆田、晋江等地的龙眼园，春种豆类（如大豆、花生、绿豆、豇豆等），夏种甘薯，冬种豌豆。福建同安果区则根据果园土壤的具体情况，因地制宜，逐步形成龙眼园的套种间作制度（花生或大豆—甘薯—豌豆，2 年 5 季），达到了以短养长、改良土壤的目的。此外，还可套种绿肥作物，如印度豇豆、八月白、乌绿豆、猪屎豆、山毛豆、毛蔓豆及豌豆、苕子、肥田萝卜等。

（四）其他土壤管理技术

1. 清耕覆盖 清耕覆盖法综合了清排法、生草法和覆盖法的优点，避免了它们的不足之处。高优栽培、管理较好的果园常用清耕覆盖法进行土壤管理。针对龙眼生长特点，在龙眼生长、吸收旺盛时期进行清耕。雨季让土壤生草，有利于蒸发水分，降低土壤湿度；干旱和冬季则除草覆盖。这样，既可增加果园土壤的有机质，防止水土流失，又可避免杂草与龙眼争夺水分与养分。覆盖作物除具备间作植物所必须具备的条件外，还需具备生长期短、前期生长慢、后期生长快、枝叶繁茂、翻入土中后易分解腐烂等特点。

在龙眼园地表覆盖稻草、麦秆、五节芒、甘蔗渣等，覆盖厚度视材料多少而定，一般为 $10\sim20$ cm。覆盖可以防止土壤受到雨水冲刷；夏季可降低土温，据测定，山地果园采用覆盖法最热时可降低土温 $8.8\sim12.0$ ℃，冬季可提高土温 $2.3\sim3.0$ ℃；可抑制杂草生长；减少土壤水分蒸发，提高土壤含水量；保持土壤疏松，覆草区蚯蚓数量明显增加。覆草的缺点是需要大量草料，如草源不足，对成片龙眼园来说，难以实施。生产上多采用树盘局部覆草法。

2. 地膜覆盖 地膜覆盖是现代农业设施栽培中的一项新技术，通常在夏秋干旱季节进行龙眼园地膜覆盖保墒。地膜覆盖的优点是改善根际环境，提高植株保水保肥、抗旱的能力，抑制杂草生长，减少土壤病原菌引起的病害，提高生物产量和经济产量，提早果实成熟期等。地膜是聚乙烯制品，即高压低密度的聚乙烯（LDPE），具有气密性（保水保温）、伸长性（伸长率为 $100\%\sim300\%$）和可焊接性。我国现有生产的地膜有无色透明膜、有色膜（黑色、墨绿色、银灰色、银色、乳白色、紫罗兰色、白黑双面色、银黑双面色）等。龙眼园用银灰色膜对龙眼开花结果有良好的效果。近几年国内外研制生产了新型地膜，如低压高密度聚乙烯（HDPH）和线性聚乙烯（LLDPE）等。新型地膜强度高，可塑性更大，厚度仅为普通地膜的 1/5，能紧贴地面。

但全年性的地膜使用多年后，会使根系上浮，同时影响草的生长和绿肥的种植。因此，宜在冬春季节和盛暑时覆盖地膜。

3. 龙眼园的化学除草 化学除草即利用除草剂来杀灭果园杂草。化学除草能抑制杂草旺盛生长，解决杂草与龙眼争肥水的问题；同时，被杀死的草覆盖在地表，减少土壤的冲刷，增加土壤有机质。

龙眼栽培的区域，气候高温多湿，果园、苗圃杂草生长繁茂，杂草与龙眼树争夺肥水。且杂草是许多病虫的中间寄主。许多果园每年除草用工占总用工的 $40\%\sim50\%$。化学除草是果园耕作方式的一大进步。在欧美等国家的果园，化学除草面积已达 $60\%\sim80\%$。我国龙眼园正开始应用和推广化学除草。

（1）山地龙眼园常见杂草。南方亚热带龙眼园杂草，按其生长时期及果树生长特点与气候的关系，可分为春草和夏草两类。春草主要有早熟禾、蚊母草、芥菜、碎米荠、狗牙根等；夏草主要有白茅、香附、马唐、狗牙根、狗尽草、鹅不食草等。

果园化学除草主要是针对宿根性恶性杂草，如白茅、莎草、狗牙根、狗尽草等，这类杂草繁殖快，危害期长，难以根除。

白茅属多年生杂草。匍匐根状茎，横走于地下，黄白色，节具鳞片和不定根；秆直立，高 $25\sim80$ cm，节有柔毛。山地龙眼园，尤其是瘠薄的酸性红壤地，常常大量滋生。

香附又称莎草、回头青。为多年生杂草。匍匐根状茎较长，有椭圆形块茎，具香味，坚硬，褐色，株高 $15\sim95$ cm。

狗牙根。又称绊根革，为多年生宿根性杂草，具有横走的根茎和细韧的须根，茎秆匍匐地面，长可达 100 cm，直立部分高 20 cm。

（2）化学除草剂除草的机理。①叶面吸收。传至杂草植株或根，造成根部腐烂死亡，如草甘膦、二甲四氯等。②土壤处理。由杂草根吸收，传到植物体各部分，抑制光合作用，使杂草"饿死"，如西玛津、阿特拉津等。③喷洒叶片，直接抑制杂草体内的活性，而使植株干瘪而死。如敌稗、西维因等。

此外，生产上还利用"时差"和"位差"除草。"时差"是指苗圃或果园定植前，用见效快、残效短的除草剂（如草甘膦、五氯酚钠等）除去杂草。"位差"是指利用龙眼与杂草根系分布的深度不同，进行除草。龙眼根深，杂草根浅，故可使用敌草隆等除草剂（在水中溶解度小、土壤吸附力强），使其在土壤表层 2 cm 内形成药膜，让杂草大量吸收，而龙眼树根深不会或很少吸收药剂而免受伤害。

二、施肥管理

对许多龙眼丰产园的调查和研究表明，龙眼园施用单一营养成分不能满足龙眼生长发育和结果的需求，而应把各种营养成分以适当的比例搭配使用。

（一）施肥时期

龙眼需肥期与物候期有关，了解龙眼物候期和养分分配规律，才能为龙眼生长发育适时施肥提供依据。龙眼的花芽，当年分化当年开花。在福建，早春二月，即春芽萌动时，花序原基形成，开始花芽分化。因此，早春的龙眼生长发育不仅需要氮肥，还需要磷、钾肥，以保证枝梢生长和花芽分化发育的需要。

了解土壤条件和水分变化规律，也是制定施肥时期的依据之一。龙眼园的耕作方式、间作物种类与土壤营养周年变化有关。如幼龄龙眼园，间作豆科作物，早春土壤氮和钾含量可能减少；夏季生长期间，由于根瘤菌固氮作用，可使土壤氮提高。龙眼园土壤含水量与肥效发挥也有关。各地时期略有不同。

龙眼（福建莆田）的施肥时期可分为：

1. 花前肥 在 3 月施用，以氮肥为主，配合磷、钾肥，以提高花的质量，增加坐果率。

2. 促梢保果肥 在 5 月施用。此次施肥甚为重要，既可促进坐果，防止落果，又可促进夏梢的抽生，为翌年结果奠定基础。对于龙眼提高单产、减轻大小年结果现象有良好的作用。

3. 采果肥 采果肥可分采前肥和采后肥两种。采前肥在 8 月上旬进行，施用复合肥，以促进秋梢抽生和果实膨大，采后肥可在 9 月上中旬进行，以氮肥为主，配合其他肥料，以恢复树体。

4. 基肥 在冬季进行，以缓效的有机肥为主，配合施用磷肥（过磷酸钙、钙镁磷肥）等。也可以结合龙眼园秋冬季深翻改土进行。

5. 根外追肥 还可结合果园具体需求情况，在果实膨大期进行若干次根外追肥。

根外追肥简单易行、肥料用量小，可使龙眼叶片迅速直接地吸收各种肥分，发挥作用，但不受养分分配中心的影响，能及时地满足龙眼生长发育的急需。根外追肥对保果壮果、改善果实品质、矫治缺素症、调节龙眼树势有重要作用。

（二）肥料种类及施肥量

1. 肥料种类 肥料主要有化肥、有机肥、复合菌肥、稀土肥料等。

（1）化肥。由 1 种或几种元素组成的速效性肥料，称为化肥。化肥用量少，使用方便，省工。但长期单独施用化肥，会产生以下弊病：①易使龙眼园土壤板结，土壤理化性质恶化；②易导致缺素症的发生；③施用不当，易造成肥害，施用地方离树干或大根太近，易造成灼根；④易被土壤固定或被淋失（流失）。化肥常用作根外追肥用；应薄肥勤施，或与有机肥混合施用。龙眼园使用的化肥主要有尿素、硫胺、碳酸氢铵、过磷酸钙、钙镁磷、磷酸二氢钾、硫酸钾、氯化钾、硫酸镁、钼酸铵、硫酸亚铁、柠檬酸铁、硫酸锰、硫酸锌、硼砂等。化肥的含量在商品上都应有标注。

（2）有机肥。以有机物质为主的缓效性肥料。有机肥不仅可以提供龙眼生长发育、开花结果所需的各种营养（包括微量元素和土壤微生物的能源物质），而且可以改良丘陵山地红壤的理化性质。人粪尿、厩肥、腐殖酸类肥料、饼肥（大豆、花生、菜籽、桐籽）、堆肥、垃圾、骨粉、鱼肥、绿肥、塘泥等有机肥的营养含量见表 14-3。

表 14-3 常用有机肥主要养分含量

单位:%

肥料种类	N	P$_2$O$_5$	K$_2$O
人粪	0.80～1.00	0.30～0.40	0.25～0.45
人粪尿	0.50～0.70	0.10～0.30	0.20～0.35
厩肥	0.40～0.60	0.15～0.30	0.40～0.80
猪粪	0.45～0.60	0.20～0.40	0.45～0.60
牛粪	0.30～0.34	0.20～0.25	0.15～0.40
羊粪	0.35～0.50	0.15～0.25	0.15～0.30
鸡粪	1.5～1.7	1.4～1.6	0.80～0.95
鸭粪	1.0～1.1	1.3～1.5	0.60～0.65
马粪	0.45～0.55	0.20～0.40	0.20～0.30
鸽粪	1.5～1.7	1.7～1.8	0.90～1.1
骨粉	0.05～0.07	40.0～42.9	—
鸡毛	14.0～16.0	0.11～0.13	微 量
城市垃圾	0.20～0.30	0.30～0.40	0.50～0.70
人发	13.0～15.0	0.07～0.09	0.07～0.10
塘泥	0.40～0.50	0.25～0.30	2.0～2.3
草木灰	—	1.6～2.5	4.6～7.5
谷壳灰	—	0.60～0.80	2.5～2.9
普通堆肥	0.40～0.60	0.20～0.30	0.30～0.60
菜籽饼	4.50～6.20	2.4～2.9	1.4～1.6
花生饼	6.0～7.0	1.0～1.2	1.5～1.9
大豆饼	6.2～7.0	1.2～1.3	1.0～2.0
棉籽饼	3.0～3.6	1.5～1.7	0.90～1.10
茶籽饼（绿肥）	1.10～1.64	0.32～0.37	0.8～1.1
玉米秆	0.50～0.60	0.30～0.40	1.5～1.7
紫穗槐	3.0～3.1	0.60～0.73	1.7～1.8
紫云英	0.41～0.48	0.07～0.09	0.35～0.37
印度豇豆	2.3～2.6	0.40～0.48	2.4～2.6
肥田萝卜	0.25～0.30	0.05～0.09	0.35～0.40
箭筈豌豆	0.60～0.66	0.10～0.12	0.55～0.60
绿豆	0.52～0.56	0.09～0.12	0.70～0.90
木豆	0.60～0.67	0.10～0.13	0.25～0.30
蚕豆	0.50～0.60	0.10～0.12	0.45～0.50
大豆	0.55～0.60	0.08～0.10	0.60～0.70
花生	0.40～0.50	0.08～0.10	0.35～0.40
苜蓿	0.60～0.70	0.10～0.12	0.30～0.35
苕子	0.50～0.60	0.60～0.70	0.40～0.50

（3）稀土肥料。含有镧、铈、镨等化学性质相似的 17 钟元素的肥料称为稀土肥料。稀土元素化学性质非常活泼，具有氧化、催化等功能。稀土肥料有团体稀土和复合稀土（复合肥料加标上元素）等。稀土肥料对果树的作用主要有：①提高呆实的坐果率。在花开后一星期，喷硝酸稀土（含氧化物 36％），能提高坐果率；②促进果实提早成熟；③提高果实品质，增加含糖量；④促进枝叶生长和果实转色。

（4）复合菌肥。由多种有益微生物混合接种在液体或固体的培养基中培养而成的菌肥称为复合菌肥。复合菌肥的主要菌种有奇 4（G4）、磷细菌、钾细菌、叶面固氮（4003）、杀虫菌等。菌肥具有营养丰富、刺激生长、杀虫、抗病等作用，能提高果实的坐果率，提高品质和产量等。

2. 施肥量 龙眼需肥量因树龄、树体大小、生长结果状况、土壤条件、环境条件等而有所不同。因此，应根据龙眼不同物候期特点、土壤肥力、结果量等决定施肥的数量和次数。

土壤条件是决定施肥量的因素之一，红壤龙眼园每年施肥量应大些，瘠薄的丘陵山地红肥沃的冲积洲地龙眼园等则可少施些。

龙眼树体状况也是决定施肥量的因素之一。如幼树生长以氮肥为主，配合适量磷、钾肥；成年树结果负担大，应增加施肥量。成年树年周期中各肥分的施用量也应根据龙眼的需要来决定。如处在结果期、结果多的大年树，应相应地增加磷肥的施用量，以保证产量和品质。

一般年份土壤供应量，氮为吸收量的 1/3、磷为吸收量的 1/2、钾为吸收量的 1/2。全年肥料总的利用率；氮为 50％、磷为 30％、钾为 40％。不同土壤略有差异。

成年龙眼园全年每 667 m² 施肥量，折合全氮（N）25～35 kg、磷（P_2O_5）20～25 kg、钾（K_2O）25～40 kg。按每 667 m² 15～20 株计算，每株约施氮（N）1.6～1.75 kg、磷（P_2O_5）1.3～2.5 kg、钾（K_2O）1.35～2.0 kg。

全年施肥量分若干次施入。通常花前肥约占全年的 10％，促梢保果肥（5 月）约占 15％，采前肥（8 月上旬）约占 15％，采后肥（9 月上中旬）约占 10％，秋冬肥约占 50％，根外追肥占 3％～5％。

3. 施肥方法

（1）土壤施肥。土壤施肥应根据龙眼根系生长、分布及土壤条件等，采取不同的施肥方法，让龙眼根系充分吸收利用，发挥最大的肥效。通常，根系生长密集之处，即是施肥的地方。生产上以树冠滴水线处为施肥地点。也可利用龙眼根系的向肥性，引导根系深入或向外扩展，扩大根系范围。此外，施肥方法还应考虑到肥料的特性，如磷肥在土壤中移动性极小，且易被红壤固定，因此应将磷肥施在根际，以提高磷的吸收利用率，龙眼园常用土壤施肥方法有：

① 环状沟施肥（又称轮状施肥）。在树冠外围稍远的地方，挖环状沟施用（沟深 15～30 cm）。这种施肥法具有操作简便、用肥经济等优点。但这种施肥法易切断一些生长较快的水平根，且施肥范围较小，故多用于龙眼幼树。

② 放射沟施肥。以树干为中心，在离树干 60～80 cm 处向外挖 6～8 条放射沟（深 20～30 cm），施肥于沟中；隔年或隔次更换放射沟的位置，以增加龙眼根系的吸收。此法比环状施肥伤根少，但挖沟时也要避开大根，以免伤及。

③ 条状沟施肥。在树冠淌水处两侧开条沟，此在龙眼园的行间或株间开条沟（深 20～30 cm），然后将肥施于条沟内，下次施肥时可换另外两侧。这是目前龙眼园最常见的一种施肥方法。

④ 全园施肥。成年龙眼园根系已布满全园。可将肥料均匀地施入园中，再翻入土中。此法施肥较浅，易使根系上浮。

（2）根外追肥。根外追肥所用的微量元素多为化学纯的药剂。各种肥料适宜的喷布浓度见表14-4。在春季进行根外追肥，浓度可略高些；在夏秋高温干旱季节进行，浓度应适当低些，以免产生肥害。多种肥料混合使用时，适宜的浓度应按比例下降。

表 14-4　龙眼树根外追肥使用肥料的浓度

肥料种类	浓度（%）	肥料种类	浓度（%）
尿素	0.2～0.4	硫酸锌	0.1～0.2
硼砂	0.1～0.2	磷酸二氢钾	0.2～0.3
钼酸铵	0.05～0.1	硫酸锰	0.05～0.10（加0.1%熟石灰）
氧化锰	0.10～0.15	草木灰	1.0～3.0（浸提滤液）
柠檬酸铁	0.1～0.2	过磷酸钙	0.5～0.8（过滤）
硫酸钾	0.3～0.4	环烷酸锌	0.015～0.045
氧化锌	0.1～0.2	钼酸钠	0.001～0.015
硫酸铜	0.01～0.02	硫酸镁	0.1～0.2
硝酸钾	0.3～0.4	硝酸镁	0.4～0.8
氯氧化铜	0.10～0.15	硝酸稀土	0.02～0.04
硫酸铵	0.2～0.3	高效复合肥	0.2～0.3
硝酸铵	0.2～0.3		

注：高效复合肥含氮4%、磷48%、钾22%。

（3）特殊施肥法。南方一些丘陵山地水土流失、营养淋失严重，造成龙眼缺素症。对此，可采用套根施肥的方法。施肥期一般在3～10月（根系生长吸收期），其中以花谢后5～7 d为好。施用的浓度应略小于根外追肥所用的浓度。其方法是：用8 cm×（10～13）cm的塑料袋装100～200 mL肥料溶液；在龙眼树的东、南、西、北的树冠滴水线内30～50 cm处，从土中掏出一束新根较多的须根，将掏出的须根插入装好肥料的塑料袋内，并扎好袋口，以防水分蒸发。此法对矫治缺素症效果较好。

此外，也可采用滴灌施肥方法，具有供肥及时、肥分分布均匀、不伤根、保护土壤结构、省劳力、肥料用量少等优点。但目前存在着水质达不到要求，易造成滴头堵塞等问题。

三、水分管理

（一）灌水时期和作用

龙眼虽较耐旱，但只能说是在较旱的条件下能生存，要获得高产，必须有充分的水分供应。水分缺乏会影响当年的枝、叶、花、果生长发育，还会造成结果母枝抽生不良，影响花芽分化和翌年的产量。龙眼园灌溉在严重干旱前进行。

（二）灌水方法和数量

夏秋季果实发育期遇干旱时，龙眼幼树2～3 d浇灌一次水，成年树每周灌溉一次以保证果实发育和枝条生长。冬季除非特别干旱的年份，成年龙眼园一般不浇水，因为冬季一定程度上的干旱有利于花芽分化和控制冬梢。此外，生产上应及时浇灌种植的定根水、施肥后的肥后水等。2003年福建同安遇夏秋久旱，无法抽生秋梢，果农挑水浇灌秋梢仍不能抽生，而采用喷水灌溉的龙眼园秋梢抽生正常。

（三）排涝

在南方龙眼产区时常会出现大雨或暴雨。地势低洼或水位高的龙眼园常积水成涝。长期积水将导致根系腐烂、落花落果，甚至造成树势衰退。因此，对于地势较低的果园，应设置完好的排灌系统，防洪排水设施的合理布局尤为重要。丘陵山地龙眼园应根据不同的地域、地理特点，需统一考虑和安排排水泄洪沟渠的位置、流向和流量，修筑完善的防洪泄洪系统，减少水土流失，防止洪水冲刷、毁园。龙眼园的排水方式有明沟排水和暗沟排水。

（四）滴灌节水技术

滴灌是通过干管、支管和毛管上的滴头，在每一株下通过低压向土壤经常缓慢地滴水，是直接向土壤供应已过滤的水分、肥料或其他化学剂等的一种灌溉系统。它没有喷水或沟渠流水，让水滴慢慢流出，并在重力和毛细管的作用下进入土壤。滴入作物根部附近的水，使作物主要根区的土壤经常保持最优含水状况，省水省工，增产增收。

第七节　花果管理

在龙眼结果期间，果穗梢下部侧芽不易抽生营养枝。结果越多、夏秋梢抽生越少；采果后的秋梢也因气候和树体营养不足等原因，较难成为良好的结果母枝。龙眼花多，但是近几年来龙眼产区落花落果现象严重，甚至应是大年的结果树也出现花多果少的情况。鉴于上述原因，龙眼园必须进行一定的花果管理，以达到稳产的目的。

一、保花保果

龙眼是果树中坐果率较高的树种，其花多，且一株树上多是雌雄花混开，雌花授粉的机会多，因此坐果率很高，坐果率一般达到 15%～27%，高的超过 30%。龙眼花穗开花后，受气候条件影响较小，只要花芽分化良好，形成结果母枝数量多、质量好、抽穗率高，就能获得高的产量。但是有些年份龙眼产区落花落果现象严重。如 1995 年 5 月上中旬，福建龙眼主产区出现一派繁花似锦的景象，但在盛花后 2～3 周，各地龙眼就开始大量落果，持续至 6 月中下旬，全省大多数龙眼树都出现着果稀疏或秃穗的现象，造成大年不丰产。

花多果少的原因：①与冬暖春寒的气候有关。冬暖影响了龙眼植株花芽的低温发育要求，到了 4 月下旬又常遇持续高温，造成花器发育时间短，影响了花质，导致大量落花落果。②与花期阴雨有关，阴雨天气影响了授粉受精。③与近年来有些工厂及汽车等排出的废气、酸雨等危害有关。④与粗放的栽培管理有关。常因营养不足，造成落果。

因此，提高抽穗率和花穗的质量是保花保果的有效措施，主要措施：

（1）加强龙眼园的土壤管理，促使树势生长健壮，抽生数量多、质量好的秋梢，从而提高抽穗成花率。

（2）合理留果，保持树势稳定，培养优良的结果母枝，提高花穗质量，提高坐果率。

（3）花穗抽生及发育期如气温偏高，花穗小叶迅速生长，应及时人工抹除小叶或喷布 0.01%～0.015% 的乙烯利溶液，杀死幼微小叶，保证花穗发育，提高花穗、花朵的质量，提高坐果率。

（4）龙眼园养蜂放蜂授粉，每 2～3.3 hm² 龙眼园配一箱蜜蜂，有利于授粉，提高坐果率。

（5）合理施肥。立春前后施稻前肥，以促进花芽分化和花穗发育，提高抽穗率和增大花穗。春分至清明施花前肥，以促进花蕾正常开花结果，减少后期落果，促进幼果发育，对提高产量有明显作用。5～6 月的幼果发育期施壮果肥，减少后期落果，促进幼果发育，对提高产量和品质有明显作用。

（6）根外追肥。在谢花后，幼果发育期，每隔 15 d 左右喷施 0.3% 尿素＋0.2% 磷酸二氢钾 2～3 次，对提高坐果率，促进幼果发育均有良好效果。

（7）及时防治荔蝽、爻纹细蛾等害虫，保证幼果的正常发育。

（8）生长调节剂保果

① 生长素类。按其应用情况可分成两大类：

萘化合物。有萘乙酸（NAA）、萘乙酸酰胺（NAAm）、萘丙酸（NPA）等。其中萘乙酸应用较广，因为它生产容易、价格低廉，且有一定的保果效果。据试验。浓度为 $(1～4)\times10^{-5}$ 的萘乙酸，可提高龙眼花粉的萌发率 5.5%～15.7%。

萘酚化合物。有 2，4 -二氯苯氧乙酸（2，4 -滴）、2，4，5 -三氮苯氧乙酸（2，4，5 - T）、2，4，5 -三氯苯氧丙酸（2，4，5 - TP）等。其中以 2，4 -滴应用较广。浓度为（1～2）$\times 10^{-5}$ 的 2，4 - D 可极显著地提高龙眼花粉的萌发率（比对照提高 25.1％～35.5％）。

② 赤霉素类。作为生产调节剂、主要是赤霉素（GA_3、GA_{4+7}）。其中 GA_3 应用很广泛，用（1.5～3）$\times 10^{-5}$ 的浓度，可提高花粉萌发率（比对照提高 18.2％～26.0％）；用 GA_3 来保果，可显著地提高坐果率，并使果实增大、还可提高果实中可溶性固形物的含量。

③ 细胞激动素类。细胞激动素中应用较多是苄氨基腺嘌呤（BA）。据初步试验，浓度为 5×10^{-5} 的 BA 可极显著地提高龙眼（红核子）的坐果率和果实中的可溶性固形物含量，还可防止叶片衰老，使叶片较长时间保持绿色。

④ 三十烷醇。三十烷醇对植物的生长有促进作用，也有保果的效果。它用量较低，浓度为 $(0.5～3) \times 10^{-6}$ 即有效。

除生长调节剂外，一些微量元素的保果效果也是很显著的。如硼、钼等与龙眼花粉的育性很有关系。一般花粉的含硼量不足，在自然条件下花粉萌发所需要的硼是靠花柱内的硼来补偿。因此，用浓度为（5～20）$\times 10^{-5}$ 的硼砂喷布。可使龙眼花粉的萌发率提高 27.0％～59.1％；但浓度超过 4×10^{-4}，则对龙眼花粉的萌发有抑制作用。用浓度为（1～5）$\times 10^{-6}$ 的钼酸铵喷布，对龙眼花粉萌发也有极显著的效果。此外，在幼果期喷布硼砂，可满足幼果对硼的需求，有利于果实发育。

二、疏花疏果

1. 疏折花穗的时期　疏折花穗，一般掌握在花穗长 10～15 cm、花蕾显露但又未开放时进行。过早疏折花穗，不易识别花穗的好坏，且疏折后容易抽发二次花穗；太迟疏折，因开花消耗了大量的树体营养，失去了疏花穗的作用。疏折花穗的时间可根据大小年情况灵活掌握：大年宜迟，福建莆田可在谷雨季书（4 月下旬）疏折，小年宜早，在清明季节（4 月上旬）进行。

2. 疏折花穗的部位　疏折花穗的时间不同，疏折花穗的部位也有所不同。清明前后疏花，可在新旧梢交界点以下 1～2 节处疏折；谷雨前后疏花，可在新旧梢交界处疏折；立夏进行疏花，可在新旧梢交界点以上 1～2 节处疏折、若疏折花穗部位太深（即太重），则新梢萌发无力，仅抽生弱小枝梢。若疏折部位过浅，则容易再抽二次花穗。疏折花穗的部位还受树势强弱的影响，树势强旺的植株，因其抽梢能力强，可疏折深些；树势弱的，则宜浅疏。

3. 疏折花穗的程度　疏折花穗的程度，要掌握既能使当年有相当的结果量，又能为翌年结果培养出优良的结果母枝。要根据树势、树龄、品种和管理水平而定。树势旺、肥水管理等水平高的，可疏去总花穗的 30％～50％；早熟品种可少疏些，掌握在 20％～30％。树势弱、迟熟品种以及管理水平低的，应多疏，可疏去总花穗的 50％～70％。这样可引发抽生夏梢，缩小大小年结果的幅度。

4. 疏折花穗的方法　龙眼疏折花穗的方法，大致可按照去上留下、去外留内、去小留大、去龙留虎、去劣留优的原则。

（1）去上留下。指树顶部花穗应多疏少留。这样可以多抽新梢，保持一定的叶面积，增强光合作用。积累更多的养分，树冠中下部的花穗应多留。同一枝条上下均有花穗的，也应留下部的花穗。

（2）去外留内。指树冠外围的花穗应多疏些，树冠内部的花穗应多留些，这样可促进树冠外围多抽新梢，以扩大树冠，增加叶面积，制造更多的养分供果实生长用。

（3）去小留大。即疏去小穗，保留大穗。

（4）去龙留虎。指疏去突出树冠外围的花穗（即龙头穗）。这种花穗多是长花穗，花量多，雌花比例低，坐果率低，又消耗大量的营养物质，因此应去除。应保留短穗及生长健壮的花穗（即虎头穗）。

（5）去劣留优。指要疏去劣穗、病穗及生长位置不当的花穗。对结果率较高、穗形较大的花穗，可适当疏摘一小部分小花枝，以减轻整个花穗的负组。同一枝梢并生 2 穗或多穗者，只留 1 穗，其余剪除。所留花穗必须有适当距离，并且要均匀分布。通常掌握在两手所及的范围内留 5～6 穗，以梅花式分布为宜。

5. 疏果　龙眼在疏折花穗后，由于养分集中，坐果牢较高，会导致单穗结果过多，树体负担过重，果实大小不一或果实变小，还会影响夏、秋梢的抽生与生长。为了调节结果与长梢的矛盾，同穗果实之间竞争养分的矛盾，必须在疏折花穗的基础上进行疏果，对缩小大小年结果和提高果实品质有一定的作用。

（1）疏果时期。应在生理落果已结束，果实有黄豆大小时，福建莆田在芒种（6 月上旬）至夏至（6 月下旬）间进行，在大暑（7 月下旬）至立秋（8 月上旬）再行二次疏果。

（2）疏果方法。先适当修剪内部过密的小枝穗，再剪去过长的枝穗，最后疏去畸形果、病虫果和过密的果实，留下密度适当、分布均匀的壮健果。每枝穗可根据其粗细、长短留下 2～7 粒。两果之间保持一定的距离，以利于果实充分长大，使果穗小果实整齐、均匀、硕大。对于并蒂果应去一留一。留果量因树势强弱及果穗大小而异。树势强壮、果穗大的，或坐果率低的，应多留些；反之，可少留些。通常大穗的每穗留 60～80 粒，中等穗头的每穗留 40～50 粒，小穗的留 20～30 粒。

目前，一些龙眼产区出现开花后落果严重的现象。对此，为了保证当年产量，可改疏折花穗为疏折果穗。疏折果穗可于 6 月进行，疏折果穗的数量与疏折花穗一样，在两手所及的范围内保留 5～6 穗。疏折果穗有利于促发夏梢。疏折果穗后再在保留的果穗上选留与疏删果粒。

三、控冬梢

一些龙眼产区冬季水热条件好，在 11 月至翌年 1 月抽出冬梢，消耗了营养，导致翌年开春无花或少花。控冬梢即防止冬梢的抽生，应立足于秋季肥水等土壤管理。使秋梢适时抽发；并在按时完熟后，不再萌发冬梢。在此基础上还可采取下列措施，以控制冬梢生长。

1. 深耕断根　对树势较旺，有可能抽冬梢的植株，或已抽出长约 3 cm 以下的冬梢时，在根盘深耕 20 cm；或在冬至前，深耕 20～30 cm；或在树冠外围挖深沟（30～50 cm），以切断部分根系。晒 2～3 周，填上土杂肥，使新陈代谢方向有利于成花。但对老弱树不宜伤根过多。

2. 露根法　秋梢充实后，挖开树冠表土，使根群裸露，并让其晒数日，使植株停止营养生长。这对促进成花有一定效果。

3. 摘除冬梢　对已抽出的冬梢可人工摘除冬梢，或用竹竿打断冬梢，以免冬梢消耗养分，影响成花。

4. 药物控冬梢　乙烯利可以杀死嫩梢，使幼叶脱落，且可以促进花芽分化，增加雌花比例。通常应用乙烯利的浓度为（2.5～10）$\times 10^{-4}$，冬梢短、叶嫩。要采用低浓度；冬梢长，已展叶的要用较高浓度。使用浓度太高，易引起落叶。此外，浓度为（7.5～12）$\times 10^{-4}$ 的 PP_{333}（多效唑）、0.1% 的 B_9 均有控制冬梢、促进花芽分化的作用。

四、龙眼"冲梢"与防控

龙眼"冲梢"现象是因受内外条件的影响，使在发育中的龙眼花穗长出新叶，或者花序发育中途终止，花穗顶端抽发新梢。花穗"冲梢"后，会使已形成的花蕾萎缩脱落，成穗率低，甚至完全变成营养枝。龙眼花穗若大量"冲梢"是造成龙眼减产甚至绝收的主要原因之一。

"冲梢"一般发生在花序迅速分化期。因冲梢的时期不同，会出现"叶包花"和"花包叶"两种现象。叶包花的花穗"冲梢"一般发生较早，多在 3 月上中旬。从外观看，主花轴上的苞片原基发育成叶片，逐渐由赤褐色变成绿色。由于花穗上叶片的迅速生长，影响了花序的发育，因此已分化的花蕾逐渐脱落，形成叶包花。花包叶的花穗"冲梢"发生较迟，多在 3 月下旬至 4 月上旬。外观上可见花序中途停止发育，花序主轴顶端突变成营养枝，四周和基部是花，即花包叶。

龙眼花穗的"冲梢"，主要是受气温的影响。花穗的发育需要较低的温度，即在 3 月保持 3～14 ℃才能正常发育，这样幼叶在花穗发育过程中枯落，逐渐成为纯花穗。这种纯花穗穗大，花多，坐果率高。若在花穗发育期温度较高，湿度较大，常导致营养生长加强，穗轴上的叶片逐渐展开，养分被叶片消耗，花蕾脱落，花穗发育不良。

因此，当出现"冲梢"现象时，必须积极采取措施补救。如立即摘除（打折）花穗上的幼叶和顶芽，减少养分消耗，使已形成的花蕾不致脱落。该方法虽费工，但对抑制营养生长和提高坐果率颇有效果。当然，在龙眼花芽生理分化期（11 月中下旬）采取深翻断根、控水或喷布生长抑制剂等措施，对于抑制营养生长，促进花穗发育，防止"冲梢"，均有一定的效果。

第八节　整形修剪

龙眼树不加修剪或修剪不当，常造成树冠高大，枝条密集，病虫滋生，影响产量与品质，通过整形修剪可使枝条分布均匀，树冠紧凑，提早进入结果期；对结果树进行修剪，配合施肥，可培养良好的结果母枝。修剪还可以保持树冠通风透光，减少病虫危害，使树体壮旺，提高产量与品质。

一、树形结构及特点

龙眼树的整形，主要是培养主枝开心圆头形或自然开心形树冠，使主干、主枝、副主枝层次分明。主干高度应根据地区、繁殖方法、品种而灵活掌握。通常主干高度为 40～60 cm，主干上留 3～4个主枝，主枝的分布要均匀，着生角度要合适，一般多为 45°～70°。主枝自然延伸，以后在主枝上再留副主枝、侧枝，使树冠形成圆头形。这些主枝、副主枝、侧枝构成了树冠的骨架，故又称为骨干枝。

骨干枝和树冠的培养，要从苗圃或定植后即开始进行。在苗圃或定植当年即应进行定干，选配好主枝。以后每次新梢都要进行必要的抹芽、控梢，继续配置好副、主枝和侧枝。每年再进行轻度修剪。修剪时，剪去纤弱枝、密生枝、荫蔽枝、病虫枝等；对于生长过于旺盛的，也可以进行短截，促进分枝。

二、修剪技术要点

（一）修剪时期、作用

龙眼树修剪时期分为春、夏、秋三次，每次修剪的重点有所不同。福建莆田为例。

1. 春剪　在 4 月中下旬疏花穗时，结合剪除无效枝，以减少不必要的养分消耗。大年宜在春梢抽发时，即短截去不充实部分，以促发早夏梢，为次年培养既多又壮的结果母枝。

2. 夏剪　在 6 月下旬疏果时，结合剪去内膛枝、病虫枝、落花落果枝和过多、过细的夏梢。一条粗壮的春梢短截后会抽生 4～5 条夏梢，若让其都生长，会使结果母枝细弱，从夏梢顶端延伸出的秋梢（夏延秋梢）也较细弱。夏延秋梢是龙眼最主要的结果枝，要求其粗度达 0.8 cm、长度 25 cm 以上，才能抽大穗、雌花比例高、花质好、着果多。所以一条基枝上只留 2～3 条的夏梢，使其长得粗壮，成为次年良好的结果母枝。为了防止龙眼抽冬梢，可留部分粗壮春梢在这时短截，使它抽发中、晚夏梢，到"白露"前后再延伸长出中、晚秋梢，这种秋梢到 11 月下旬成熟，有利于防止冬暖抽冬梢和花期"冲梢"。中、晚秋梢开花期较迟，有利于交错花期，增加授粉机会，提高着果率。

3. 秋剪　在采果后结合清园时，剪去病虫枯枝、荫蔽枝、杂乱枝、下垂枝和过多、过细晚夏梢，早秋梢，每个夏梢上留下 1～2 个壮实秋梢。

总之，龙眼结果树的修剪，要做到"留枝不废，废枝不留"，才能培养成半矮化、圆头形的丰产、稳产树冠。

（二）修剪方法

修剪方法主要有短截、疏剪、摘心和疏芽等，可根据需要灵活选用。

1. 短截 剪短采果后留下的过长结果枝，一般留 25～30 cm 较适宜；剪短当年抽出的长夏梢，或第一次秋梢太长（35 cm 以上），具体可依据枝梢下部的分枝情况适当剪短。若枝梢下部无分枝，周围空隙较大，则剪口位置可低些，以促使分枝填补空隙；若下部分枝较多或距离分枝较近，则只将枝梢顶部密节处剪除。

2. 疏剪 主要适用于中、老年树。从枝条基部剪除枯枝、衰弱枝、交叉枝、不定芽、病虫枝等，使留下的枝梢有合理的生长空间，且通风透光。

3. 摘心 计划培养二次秋梢时更要重视此项工作。对抽出较迟的第一次秋梢要及时进行摘心，使其停止继续伸长生长，转为增粗生长和增加营养积累，以利于培养健壮末次秋梢。若第二次梢抽生太迟，为使其停止伸长，促进老熟，也可以采用摘心。摘心的方法是在新梢长约 5 cm 时，摘除顶部约 2 cm 或 2～3 节。

4. 疏芽 新梢抽出 3～4 cm 或展叶时进行疏芽，通常只留分布均匀的枝梢 1～2 条，特别粗壮的基枝可留 3 条，其余的嫩梢应及时疏除，使养分集中，提高枝梢的质量。

三、不同年龄期树的修剪

（一）幼树期和初果期

幼龄树的修剪宜轻不宜重，除春梢全部剪除或短截外，对可剪可不剪的应暂保留。剪法以短截为主，结合疏删。首先剪去过密枝、交叉枝、向内枝、病虫枝、纤弱枝和下垂枝，再对位置高、生长过旺的枝条进行短截，促其抽发分枝，延缓过旺的长势，使树冠生长平衡、整齐。

初投产的龙眼树，即定植后四至七年生树，树体生长仍然旺盛，树冠继续迅速扩大，分枝量增加。此期的修剪是为保证树体健壮生长，促使树冠加快形成；进入秋末后，要抑制生长，控制冬梢，促进花芽分化，抽生花穗，合理留果，迅速提高产量，夺取早期丰产。

（二）盛果期

龙眼嫁接树定植 7～8 年以后，树体结构基本形成，结果枝组已大量增多，结果量大大增加，是龙眼获得最大经济价值的重要时期。此期龙眼根系、树冠扩大都比较慢，树冠内部骨干枝上光照不良的枝梢干枯增多。此期修剪目的是调节生长枝与结果枝的比例，改善光照条件，提高光合效能，减少消耗，保持树势的平衡与稳定，延长盛果年限，达到高产、稳产的目的。

秋梢是龙眼翌年的主要结果母枝。以夏梢为基枝的夏延秋梢作为结果母枝质量最好，成穗率高；采果后秋梢若管理得好，也是很好的结果母枝。龙眼花穗只能着生在前一年抽生的顶芽上。在盛果期间。由于果实消耗了大量营养，加上果实内种子产生的赤霉素的作用，使结果母枝的侧芽不易萌发，不会再抽新梢，因此当年结果越多，夏梢抽生就越少，来年结果少，导致大小年结果和早衰。

促发龙眼夏梢的技术措施有两个：①在龙眼开花前（清明至谷雨）疏除 30％～60％的花穗，促发夏梢，以作为延伸秋梢的基枝；②于 6 月芒种前后，在龙眼生理落果后，疏剪 30％～60％的果穗，以促发夏梢。前者往往会使基枝抽生的梢次多，营养分散而降低成穗率，且若抽生枝梢过于壮旺，又易形成长花穗；造成坐果率较低；后者能够继续抽发健壮的秋梢结果母枝，即 6 月疏果穗，7 月抽夏梢，9 月延伸秋梢。只要在栽培上重施壮果促梢肥，完全可以达到目的。因此，疏除果穗，协调梢、果矛盾，促发夏梢做秋梢结果母枝的基枝，对于龙眼的丰产、稳产是非常重要的技术措施。

采果后从结果母枝腋芽抽发的采后秋梢，其组织充实、节间短，与夏延秋梢一样，具有形成花穗、开花结果的能力。因此，栽培上采取适时采收、改采后肥为采前肥、及时"整芽"等综合措施，促进秋梢早抽发、早充实，对于稳定产量有着极其重要的意义。

（三）衰老期

衰老树的更新修剪，应在加强土、肥、水、病虫防治等管理的基础上依据枝条衰老程度进行短截或删除。初衰老树的修剪主要是剪去枯枝、弱枝、病虫枝和过密枝；半衰老树的修剪主要对部分大枝和个别骨干枝进行回缩修剪；重衰老树的修剪主要对1～2级主枝重剪回缩更新，让剪口附近萌发新枝，培养新的树冠。

此外，密植园一般有永久树和计划间栽树之分，永久树栽植后1～2年要进行整形修剪，树冠不断扩大后，间伐间栽树；间栽树以回缩修剪为主，逐年缩小树冠，春季让部分枝组结果，部分枝组回缩，采果后将挂果枝组再行回缩。也可采用永久树和间伐树交替回缩的办法。

第九节　病虫害防治

一、主要病害及其防治

（一）龙眼鬼帚病（龙眼丛枝病）

龙眼鬼帚病是一种病毒性病害，在福建、广东、广西等（地）均有发生。龙眼感病后枝梢、花穗生长畸形，不能结实。严重影响产量和树势。

1. 为害症状　病株梢叶和花穗均具明显症状。幼叶狭小，淡绿色，叶缘卷曲，不能展开，叶片呈线形扭曲；成叶凹凸不平，叶缘常向内卷曲。叶脉与叶肉间有黄绿相间的不定形斑块。病叶多易脱落而成秃枝，节间缩短，形同扫帚，故称鬼帚病。花穗侵染后呈短簇状，花膨大畸形。若能结果，果少而小，通常下枯，呈褐色，经久不落。

2. 传播途径　本病可经嫁接传染。带病种子、接穗和苗木是本病远距离传播的主要途径。荔枝椿象和木虱等刺吸式口器昆虫能使本病在邻近果园间扩展、蔓延。

3. 发生规律　龙眼各品种间抗病性有差异。油潭本、福眼、石硖等品种较感病，而乌龙岭、东壁等品种较抗病。

不同枝梢发病程度也不同。一般春梢和秋梢容易发病；幼龄树比成年树发病普遍；嫁接苗及高压苗较感病，实生苗发病较少。

4. 防治方法

① 培育无病苗木。在无病品质优良的母树上采接穗，不得在病株上采接穗或者高压苗木。

② 实行检疫，不要将病苗、病穗等传入无病区。

③ 及时防治椿象、龙眼角颊木虱、白蛾蜡蝉等害虫，减少病害传播机会。

④ 及时剪除病相及病花穗，以减少毒源。

（二）龙眼叶斑病类

叶斑病类为龙眼常见的叶片病害，各产区均有发生。常见的龙眼叶斑病有灰斑病、褐斑病、白星病等。严重时可导致早期落叶，影响树势。病原是一种真菌。

1. 为害症状　叶斑病类主要是在叶片上产生斑点、斑块，导致落叶。

（1）灰斑病。常发生于叶上。病斑多从叶尖向叶线扩展。发病初期，叶片出现赤褐色圆形、椭圆形病斑，以后逐步扩大。常多个病斑愈合成不规则形大斑。病斑呈灰白色，病斑两面散生黑色斑点（分生孢子器）。

（2）褐斑病。为害成叶和老叶。初期为圆形或不规则形小斑点，呈褐色，扩大后叶面病斑中间呈灰白色或淡褐色，周围有明显的褐色边缘；叶背病斑淡褐色，边缘不明显。后期病叶表面生出小黑点（分生孢子器）。病斑常数个连成不规则形大斑，蔓延至叶基部，引起落叶。

（3）白星病。为害成叶。发病时叶面产生针头大小圆形褐色小斑点，扩大后为灰白色病斑，病斑周围有一明显的褐色边缘。叶背病斑灰褐色，边缘不明显。有时病斑周围有一黄晕团。

2. 传播途径和发生规律　龙眼叶斑病类的病菌以分生孢子器、分生孢子或菌丝体在病叶或落叶上越冬，这是第二年病害传播的主要来源。病菌主要靠风、雨来传播，在温度、湿度适宜条件下，病菌侵入叶片。这类病害全年均可发病，但以夏、秋两季发病最多。

3. 防治方法

（1）农业防治。①加强栽培管理，增强树势，提高抗病力。②做好清园工作。当年的病叶是第二年病害传播的主要来源，因此应消除枯枝病叶，并烧毁。

（2）化学防治。在发病较重的果园，夏季和秋季应注意检查。在发病初期连续喷药 2～3 次、每次间隔 10～15 d。喷布的药剂有 0.5∶0.5∶100 的波尔多液（即硫酸铜 0.5 份、石灰 0.5 份、水 100 份），70％甲基硫菌灵可湿性粉剂 800～1 000 倍液，70％代森锰锌可湿性粉剂 500～800 倍液。各种药剂应交替使用，一般不宜连续使用 3 次，以免病菌产生抗药性。

（三）龙眼霜疫霉病（龙眼霜霉病）

主要分布于华南各龙眼产区，常发生在果实采收前，引起落果和烂果。

1. 为害症状　本病多从果蒂开始发生。初期果皮表面出现褐色或黑色的不规则病斑，后来迅速扩展蔓延，终至全果变黑色，果肉腐烂，有酸味和酒味，并流出褐色汁液。病害发生至中后期，病部表面长出白色霜霉状物。叶片受害后出现褪绿斑块，以后病斑扩大成为不规则的黄绿色斑块。空气湿度大时，病部会长出白色霜霉状物。

2. 传播途径和发生规律　病原是一种真菌。菌丝体在病叶或病果上越冬，翌年春季借风雨传播。8 月中下旬侵染将近成熟的果实。尤其在气温高于 31 ℃而又连续下雨的高温高湿天气，病害发展快，落果严重。果园管理粗放、排水不良、果园荫蔽潮湿，有利于本病发生。

3. 防治方法

（1）做好清园工作。果实采收后，结合修剪，清除枯枝落叶和烂果，集中烧毁，并喷一次 0.3 波美度石硫合剂或 0.5∶0.5∶100 波尔多液。

（2）控制果园湿度，保持树冠通风透光。

（3）药剂保护。在开花前或谢花后，每隔 15 d 喷药一次，连续 2～3 次。药剂可选用 0.5∶0.5∶100 波尔多液，70％甲基硫菌灵可湿性粉剂 1 000 倍液，25％瑞毒霉（甲霜安）可湿性粉剂 800～1 000 倍液，64％杀毒矾可湿性粉剂 600 倍液。

（四）龙眼果实酸腐病

一般发生于被害虫为害的虫伤果和成熟果实上。

1. 为害症状　果实多在果蒂部开始发病，病部初发生褐色小斑，后逐渐变暗褐色大斑，直至全果变成褐色，且腐烂。内部果肉霉烂酸臭，果皮硬化，暗褐色，有酸水流出，上生分生孢子（呈白色霉状）。

2. 传播途径和发生规律　病原为真菌。分生孢子借风雨或昆虫传播，在贮运期间，健果与病果接触也会传染。分生孢子吸水萌发后由伤口侵入，菌丝在果肉内蔓延，并分泌酵素分解薄壁组织，致使果肉败坏，不能食用。荔蝽及果蛀虫为害的伤口及采果时造成的伤口，病菌最易侵入。

3. 防治方法

（1）加强栽培管理。及时喷药防治荔蝽、果蛀虫等刺吸式口器昆虫。

（2）采收及运输期间，尽量避免损伤果实和果蒂。

二、主要害虫及其防治

（一）龙眼角颊木虱

1. 为害特点　龙眼角颊木虱为龙眼树上一种分布广而常见的主要害虫。以成虫在嫩梢、芽、叶上吸食为害，若虫固定在叶背吸食并形成下陷的虫瘿，使叶面布满钉状小突起。为害严重时叶片皱缩变黄，削弱树势。

2. 形态特征 成雌虫体长 2.5～2.6 mm，宽 0.7 mm；雄虫休长 2～2.1 mm，宽 0.5 mm。背面黑色，腹面黄色，头短而宽，颊锥极发达，呈圆锥状向前方平伸，并疏生细毛。触角 10 节，末节顶部有 1 对细的刚毛，叉状，外长内短；翅透明，前翅具 K 形黑褐色斑。卵长椭圆形，前端尖细延伸成一长丝或弧状弯曲，后端钝圆，其腹面扁平，近孵化时可见 2 个红色眼点。初孵若虫体浅黄色，后变黄色，复眼红色，体扁平，椭圆形，周缘有蜡丝，3 龄若虫长出翅芽，体背面有红褐色条纹。

3. 发生规律 在福建福州 1 年发生 4～5 代，在广州 1 年发生 7 代，世代重叠明显。在福建闽南龙眼角颊木虱以若虫在叶背虫瘿内越冬，第二年 3 月上旬（旬均温 14.8 ℃以上）开始活动，4 月初羽化为成虫，随即产卵。新的第一代成虫出现于 5 月下旬至 6 月上旬，第二代在 7 月上中旬，第三代在 9 月上中旬，第四代在 11 月上中旬，第五代（越冬代）至翌年 4 月中旬前后羽化为成虫。成虫多在白天羽化，随后即交尾产卵。卵产于龙眼树的嫩梢顶芽、叶柄及嫩叶背面，但多产于叶背主脉两侧。孵化的若虫爬至叶背面固定吸取汁液为害 2～3 d 后，叶面出现钉状突起，内存若虫。成虫常在嫩梢叶片上栖身取食，头部下俯，腹部翘起。龙眼被害后新梢抽生受影响，枝叶生长不良，还会传播鬼帚病。

4. 防治方法

（1）化学防治。越冬后第一代发生较整齐，此时杀虫效果良好，并有杀卵作用。在每次梢的萌芽期和叶片伸长期各喷药一次，可选用 20％杀灭菊酯乳油 2 000 倍液。

（2）生物防治。保护和利用天敌。捕食龙眼角颊木虱的天敌有粉蚜幼虫（捕食若虫）、姬小蜂（寄生于若虫体内）等。

（二）荔蝽

荔蝽主要为害荔枝、龙眼，其形态特征及防治方法见"常绿果树卷 荔枝"部分。

（三）白蛾蜡蝉

1. 为害特点 白蛾蜡蝉俗称"白鸡"，成虫、若虫聚集在枝梢、花穗和果梗上吸取汁液。被害枝叶、果上附有许多白色杨絮状蜡质分泌物，致使枝梢生长不良，易引起煤烟病的发生。

2. 形态特征 成虫体长 17～21 mm，黄白色或碧绿色，头额稍尖，圆锥状，复眼褐色，触角于复眼下方，基部膨大，顶端刚毛状。前翅三角形，黄白色或碧绿色，后缘角尖锐略长，翅脉分支多，翅面中央靠前线和后缘 1/3 处各有一段短的棕黄色翅脉，其上有几个小白斑。后翅黄白色，半透明。卵长椭圆形，淡黄白色，集中产在一起呈长方形。若虫末龄体长约 8 mm，稍扁，腹部末端呈裁断状，全体密被白色絮状物，后足发达，善跳。该虫 1 年发生 2 代，以成虫 10 多头一起于茂密的枝条上越冬。

3. 发生规律 白娥蜡蝉 1 年发生 2 代。以成虫在茂密枝叶丛中越冬。3 月天气转暖时开始活动，并交尾产卵。卵产于嫩梢和叶柄上，呈长方形卵块状。每一卵块有 10～30 粒卵。福建闽南第一代若虫发生于 3～4 月，第二代在 7～8 月。若虫有群集性，常三五成群上爬或跳动。若虫和成虫均可吸食嫩枝叶、果实汁液，常分泌白色蜡质物，布满枝梢、果实上。果园湿度大时，发生尤为严重。

4. 防治方法

（1）农业防治。结合冬、夏修剪，剪除虫害枝及过密技，以利通风透光，减少虫源，减轻危害。

（2）化学防治。在成虫产卵初期和若虫低龄期，喷布 90％晶体敌百虫 1 000 倍液，或 80％敌敌畏乳油 1 000 倍液，或 50％杀螟松乳油，或 50％马拉硫磷乳油 1 000 倍液，或松脂合剂 18～20 倍液。由于分泌的蜡质物不亲水，在喷上述药液时，加 0.2％纯碱或洗衣粉，可获得更佳的防治效果。

（四）龙眼亥麦蛾

1. 为害特点 龙眼亥麦蛾为近年来发现的龙眼树的新害虫。幼虫多从距顶梢约 1 cm 处蛀入，为害嫩茎髓部并向下蛀食，被害部形成隧道。在局部地区梢受害率达 42％，严重影响树势与产量。

亥麦蛾在新梢不同生长期蛀入,其为害症状不同。新梢抽生前期蛀入,嫩叶生长表现为卷曲皱缩,呈丛枝状,类似鬼帚病;夏梢、夏延秋梢的新梢展叶期侵入,却不表现卷曲皱缩症状,但第二年花丛密集,花朵臃肿肥大。

2. 发生规律 在福建福州1年发生5代,以老熟幼虫或蛹在被害枝梢内越冬。第一代幼虫于3月中下旬为害春梢和花穗,第二代幼虫6月上中旬为害夏梢,第三代8月中下旬为害秋梢,第四代9月上中旬,第五代11月上旬,其中第二、第三代为害夏梢和夏延秋梢最为严重。老熟幼虫化蛹前,先咬破皮层一个孔,并在羽化孔下1 cm处化蛹;羽化交尾后,成虫产卵于嫩梢或叶柄基部;孵化后幼虫从表皮蛀入,主要蛀食新梢的木质部。幼虫蛀入后向下取食,被害部形成隧道,并不断向外排泄粪便,严重时,木质部被吃空,并堆积黑色粉状排泄物,老熟幼虫常在蛀孔附近化蛹。幼果期还发现蛀食果核,并在核内结茧化蛹。

3. 防治方法

(1) 农业防治。及时剪除被害枝梢、集中烧毁。

(2) 化学防治。结合各次梢期喷药。在春梢或花穗抽发初期。喷布20%氰戊菊酯油3 000倍液,隔7 d再喷一次。

(五)荔枝小灰蝶

1. 为害特点 荔枝小灰蝶以幼虫蛀食龙眼、荔枝果核,是龙眼、荔枝果实发育前期和中期的主要蛀虫。

幼虫由果实的中部或肩部侵入,食害果核。初龄幼虫入孔甚小,孔口留有少许虫粪,雨水淋湿后成糊状,黑褐色,黏附于虫口下方。幼虫稍长大后,虫粪则不附着于蛀食孔口,所以蛀入孔清晰可见。

成长幼虫虫孔直径可达3~4 mm。在果内蛀入果核时,常以臀部顶住虫孔,不易被人发现。幼虫可夜出转果为害,1头幼虫能蛀害2~3个果实,被害果挂于树上不脱落。果实长大至果肉包满果核时不受危害。幼虫老熟后在树干表皮木栓裂缝中化蛹。

2. 发生规律 荔枝小灰蝶一年发生3代,第一代幼虫为害荔枝果实,发生在5月下旬至6月上旬;第二、三代幼虫为害龙眼果实,盛发于6~7月龙眼果实发育的前期与中期。福建闽南也有报道,一年发生4代。

3. 防治方法

(1) 农业防治。摘除虫果,减少虫源。

(2) 化学防治。根据荔枝小灰蝶的生活习性,在卵孵化期及时喷药防治,重点在6月中下旬第二代幼虫出现时和7月上旬第三代幼虫出现时防治。药剂可选用90%晶体敌百虫800倍液,50%敌敌畏乳剂800倍披,20%杀灭菊酯2 000倍液,25%杀虫双400倍液。

(六)荔枝瘿螨

1. 为害特点 荔枝瘿螨是荔枝、龙眼常见的一种重要害螨,不仅影响当年的产量,也影响来年的产量。

以若螨、成螨刺吸嫩枝、叶片及花果,受害处长出毛毡,尤其是叶片更为明显,受害叶除长出褐色毛毡外,常弯曲畸形,因此,曾称为毛毡病,果农称为油渣叶。受害的嫩梢生长衰退,结果率比健枝减少57.6%,果也较小,比正常果重减少16%。花及幼果受害,常引起落花、落果,致使产量下降。

2. 形态特征 成螨体似萝卜形,极小,长约0.2 mm,初期淡黄色,以后颜色加深呈橙黄色。卵圆球形,黄白色,半透明。若蛹体小,形似成螨,但色白,半透明,后期呈淡黄色。

3. 发生规律 荔枝瘿螨在福建、广东、广西等地一年四季均有发生,无明显越冬现象,只要天气较暖和,便可继续繁殖,以黄褐色或鲜褐色的毛毡上的螨体最多,初期黄白色的毛毡或老的深褐色的毛毡螨量较少。在毛毡下进行吸食等活动，并产卵于其中，以后毛毡越来越多，颜色由乳白色逐渐变为黄褐色，鲜褐色，此时常见螨体在毛毡下爬动。

4. 防治方法

（1）农业防治。人工清除被害梢，新梢未萌发前大多联体集中在原来被害梢的毛毡上，此时剪除被害梢，并集中烧毁，可减轻为害，如能连续剪除 2 次，效果更佳，尤其适合幼树或较矮的树。

（2）化学防治。在新梢刚萌发，螨体从老毛毡转移新梢为害时，喷洒 0.3 波美度的石硫合剂，或73％克蛹特乳油 1 000 倍液，或喷洒其他杀螨剂。若结合剪除被害梢，防治效果更好。

第十节　果实采收和贮藏保鲜

一、果实采收

大多数龙眼品种果实成熟的标准有三个：从果皮来看，龙眼成熟时果皮由青色变成淡褐色或黄褐色，由厚而粗糙转变为薄而比较光滑；从果肉来看，成熟时果肉质地由较硬变成脆嫩。由淡而无味变成浓甜，并且未熟时的生青味也消失；从果核来看，成熟时的果核已硬化，种皮颜色由红色转变为黑色、棕黑色（红核子等品种除外）。

龙眼采收期因地区、品种、用途及气候而异。在福建莆田大约从 8 月中旬至 9 月下旬采收，采收旺季在白露前后 10 d 左右。

全国龙眼主产区海南、台湾南部成熟最早，其次是广东、广西，最迟是福建。在福建，同一品种成熟期可差近 1 个月，闽南的漳州、厦门最早；随后依次为泉州、莆田、福州；宁德地区要更迟些，也是我国龙眼生产纬度最高、成熟最迟的区域。

龙眼采果应在晴天晨露干后或 16:00 后进行，避免在中午高温时或雨天时采果。

二、果实分级

相关标准将鲜龙眼分为优等品、一等品、合格品（表 14-5）。

表 14-5　鲜龙眼分级标准

等级		优等品	一等品	合格品
果实		果实为同一品种，具该品种成熟果的固有色泽，无裂果，无变质果		
穗梗		穗梗不得超多"葫芦节"，不带叶，无空果枝		
果形		正常，具有该品种特性	较正常	尚正常，无严重畸形果
果穗整齐度		果粒分布均匀、紧凑	果粒分布均匀、较紧凑	果粒分布均匀、尚紧凑
果肉		肉质新鲜、风味正常、厚度均匀、有弹性		
污染物及病虫害		无外物污染，无病虫害果	无外物污染，无病虫害果	无外物污染，病虫为害果不得超过 3％
成熟度		果实饱满，具弹性，果壳表面鳞纹大部分消失，而种脐尚未隆起		
果实横径（％）	大型果	≥28 mm 的果≥70	≥25 mm 的果≥70	≥22 mm 的果≥70
	中型果	≥26 mm 的果≥70	≥24 mm 的果≥70	≥22 mm 的果≥70
	小型果	—	≥22 mm 的果≥70	≥20 mm 的果≥70
可食率（％）	鲜食果	＞65	＞60	＞55
	焙干果	＞55	＞52	＞50
	制罐果	＞70	＞65	＞55

(续)

等级		优等品	一等品	合格品
可溶性固形物（%）	鲜食果	>20	>18	>18
	焙干果	>19	>16	>14
	制罐果	>14	>12	>11

注：1. 大果型的主要品种有福眼、赤壳、水涨、乌龙岭、油潭本、大乌圆等；中型果的主要品种有东壁、普明庵、沪圆20、大鼻龙等；小果型的主要品种红核子、广眼、蕉眼等。

2. 鲜食种有东壁、石碟、普明庵、红核子等；焙干种有乌龙岭、油潭本、大鼻龙等；制罐种有福眼、赤壳、水涨等。

三、包装和运输

龙眼经分级后即可包装。过去多用竹篓装运，现在多用纸箱、板条箱、塑料箱。纸箱四周需各有直径 2 cm 的通气孔 10 个，能耐压，不变形；木箱、塑料箱四周及盖、底均须留有宽 2 cm 的缝 3～5 条。装箱时要果穗朝外、果梗朝内，轻装轻放，避免挤压，减少脱粒。采下的果实可在荫蔽处进行选果、整理和堆放。

龙眼鲜果无论是用车运（如汽车、火车）、船运还是空运，均需尽量避免机械损伤腐烂变质。为此必须注意：①包装容器既要轻便，又要能耐压、不变形。装箱不能太满，以免挤压果实，造成脱粒或裂果。②果箱在车厢或船舱中要有规则排放。既要充分利用有限的空间，又要留有适当的通风道，以利通气。③要保持一定低温。若有条件，用冷藏车运输效果较好，但温度不宜低于 2 ℃，以免果实被冻伤。若用货车长途运输，需在车顶加冰，以降温。若运输路程短，可用通风良好的篷车，运输途中尽量避免直接日晒。

四、贮藏保鲜

龙眼是我国南方名优特产水果，由于采收期气温高，果实呼吸作用很强，营养物质消耗快，水分蒸发大，果皮迅速衰老；同时因龙眼果实皮薄、多汁、含糖量高，易受机械损伤和感染病菌，故采收后必须采取多种技术措施贮藏保鲜。

龙眼属南亚热带水果，果实易变质，常温保鲜较难。

1. 烫皮保鲜　此乃民间经验，即将整穗的果实浸于沸腾的开水中烫 30～40 s（以不烫伤果肉为度），热烫后即取出挂在通风处，这样果壳逐渐干燥，果肉仍保持新鲜状态，而且由于水分蒸发一部分，果肉变得更甜，烫后果穗置于通风处可保藏 20 d 以上。

2. 低温贮藏　若作为加工罐头的原料，来不及加工，可进入冷库贮藏。进冷库前要进行预冷。若不经过预冷，果实带有大量的田间热，集中堆放后果温升高，而且这时果实呼吸作用旺盛，会加快果温的升高，影响龙眼贮藏的寿命。冷库温度维持在 2～4 ℃。

3. 冷链贮藏与远销　据福建省果树研究所研究，东壁、油潭本等果壳较厚、果肉高糖的品种。经沸水热烫 10 s 后，立即用强冷风吹 24 h 以降低消耗，然后整穗用塑料袋包头，置于纸箱中，在 2～3 ℃ 低温中贮藏。运输时用冷藏车（温度不高于 5 ℃），到达销售地点后，置于冷柜或冷藏库内，保持 2～3 ℃ 温度贮藏、销售。从贮藏到销售，整个过程都处在冷链状态，贮藏效果良好。

第十一节　新技术的应用

一、龙眼花期调控技术

由于受气候影响，生产上龙眼树常常出现开花结果率波动很大和隔年结果现象。20 世纪 90 年代中期，台湾屏东科技大学颜昌瑞教授发现爆竹火药具有诱导龙眼花芽分化的作用，进而研发了氯酸钾龙眼催花技术，使热区龙眼可根据需要周年开花。

爆竹火药易爆炸，因此研发筛选出氯酸钾替代。氯酸钾也属高度危险的易爆品，熔点为 356 ℃，发火点为 150 ℃，加热氧化反应为：$2\ KClO_3 \rightarrow 2\ KCl + 3O_2$。使用上一定要注意安全操作。

多种氯酸钾处理方法均有催花效果：土壤施用法，以 10～20 L 药剂溶于水，平均洒于龙眼植株树冠下，树干至树冠下 3/4 位置，再加以覆土及浇水至微湿；喷叶处理，以 1％～2％氯酸钾溶液喷洒于叶片；注射法，以 5％溶液 50～200 mL 注射于枝干或植株浮根处；枝干包缚法，环刻枝干后以 200～600 g 药剂包缚于刻伤处。

氯酸钾处理效果因品种、地点及时间而异，与开花率和叶片生育期无关，根系过深的土施效果略差；1％～2％的氯酸钾叶面喷洒效果比土施更好；龙眼树冠直径 6 m 之内，土施氯酸钾 400 g 能催花 66％以上，树冠直径 6 m 以上，增加剂量有增加开花率的效果；冬季处理诱导花芽分化的效果比夏季好。

氯酸钾为有效促成龙眼开花的药剂，但在温暖地区较为有效，目前在世界许多热区推广应用。中国台湾南部和海南，以及美国夏威夷等地应用效果良好，泰国已全面使用推广进行龙眼周年生产，泰国 40％龙眼是应用氯酸钾进行反季节生产，销往中国 53％为氯酸钾处理的反季节龙眼。福建以北区域积温不够，使用氯酸钾催花效果不佳。

二、衰老树的改造

龙眼树寿命长，通常经济栽培寿命可达 100 年以上。土地条件好、管理水平高的，经济栽培年限可更长。如福建晋江至今还有 3 株明代万历年间栽植的龙眼树，已有 400 多年的树龄，至今仍结果；泉州鲤城区有 1 株树龄 200 多年的龙眼树，年结果仍达 500 kg 左右。但是有些龙眼树只种植 30～40 年，树势就衰退，枯枝大量出现，新梢萌发能力差，产量严重下降，有的甚至多年不结果，这种龙眼树称为衰老树。衰老树在各龙眼产区均占有一定的比例。如福建泉州鲤城区，衰老树约占 18％。为了提高龙眼的单产，必须对衰老树进行改造。

（一）出现衰老树的原因

龙眼"未老先衰"的原因，①长期管理粗放，甚至严重失管，使这些龙眼树树体早衰。②过量结果，造成树体早衰。有些果农只顾眼前利益，大年时任其结果，不加调控，管理又跟不上，造成树体负荷过重。③果园失管，水土流失严重，造成根群裸露，影响地上部的生长。④自然灾害的影响，如风、旱、涝等均会削弱树势。

（二）龙眼衰老树的类型

龙眼衰老树类型的划分，主要是为了在改造时针对衰老的程度，采取相应的技术措施进行处理，使这些衰老树更新复壮。根据龙眼衰老树的生长势、树冠的衰老程度、结果能力，曾文献等将衰老树分为三种类型：

1. 初衰型　树势衰退，部分枝条衰老，叶幕稀疏，部分叶片变小，叶色淡绿，但骨干枝正常，仍有一定的产量。

2. 半衰老型　树冠中远端枝梢衰退或枯干，枝叶稀疏，部分枝干受损，树冠残缺不全，叶片大部分较小，部分叶片叶色枯黄，产量低。

3. 重衰老型　主枝衰老、枯死或折断，新梢极少，主干皮部剥脱，部分木质部已腐朽、空洞化，树冠严重残缺不全；大部分叶片小而枯黄，丧失结果能力或濒临死亡。

（三）衰老树的复壮

龙眼芽的寿命较长，可将衰老枝条短截，促进剪口附近萌发较壮的更新枝，恢复树势，提高结果能力，程度视树体衰退情况而定。

对于初衰树，主要剪去枯枝、弱枝、病虫枝和过密枝。对于个别枝梢可以视衰退程度进行重剪，这样可改善树冠内的光照和通风条件，促进新梢萌发，

对于半衰树，应进行部分枝序回缩修剪更新。一般在末级梢向下 3～6 级（大约是一次分支算 1 级）处短截。对于部分严重衰退的枝可在大枝处短截；对于老秃枝条亦应重剪，以促发剪口下部的枝干长出更新枝。

对于重衰树，可采取枝下回缩更新的办法。对于主枝枯衰、枝叶稀疏、甚至木质部腐烂折裂的，要在主枝或主干完好的部位短截；对于多主枝的植株，要分级回缩，并使各主枝短截部位略有高低，使更新后的树冠呈立体结构。

短截后，枝干失去枝叶，极易晒伤树皮，所以短截的枝干伤口要用稻草包扎，外面涂稀泥，以保湿防晒。经 1～2 个月，短截处会抽出多条新梢，此时，一般只疏去过密枝，其余的暂时全部保留。经 5～6 个月，可选留骨干枝，其余的去除，以集中养分，供骨干枝快速生长。短截后 2～3 年，这些新梢即可重新形成树冠。应该指出，进行地上部更新时一定要加强树体管理，及时防治病虫。对部分会抽出花穗的枝梢，也应酌情剪除，以促进枝梢生长，加快树冠的形成。

根系生长良好与否，对植株生长影响很大。若根系衰老，新根少，则吸收机能差，新梢生长也不良，甚至叶片脱落，枝梢光秃。根系更新就是要促使新根生长，为枝梢生长奠定物质基础。根系更新最有效的措施是适当断根和改良土壤。具体做法是：在树冠滴水线处内侧挖深、宽各 40～50 cm 的改土沟；剪平粗根伤口，任其暴露数天；分 2～3 层向改土沟埋入腐熟的土杂肥（加过磷酸钙和复合肥），一层土，一层肥；注意沟面应高于原来土面，以免沉实后下陷积水。树冠下其余的土壤，应全面翻耕 15～35 cm 深（树冠内线些，树冠外渐深），切断部分衰老粗根及细根。最好结合培土。对于土壤冲刷严重的果园，更要注意培土防水土冲刷，根系裸露。

第十二节　优质高效栽培模式

一、果园概况

果园位于福建省泉州市泉港区界山镇界山村，地处北纬 25°，海拔高度 80～160 m，东经 118°40′～118°43′，属南亚热带湿润海洋性气候区。年平均气温 18～20 ℃，年降雨量 1 400～1 800 mm，无霜期 350 d 以上。≥10 ℃年积温 7 105 ℃，极端最低温 1.5 ℃以上，1 月平均气温 11.6 ℃，果园小气候条件适宜龙眼生长结果。1999 年建园，面积 20 hm²，红壤，肥力中上水平，耕作层深 25～40 cm，有机质含量 0.6%～1.2%，pH 5.0～6.5；新垦开发，果园配备排灌沟渠。

生产目标：小苗种植后 3 年试投产，5 年平均株产 8 kg 以上，8～10 年进入盛产期。高接换种树 3 年投产，6 年进入盛产期。以盛产树计，每 667 m² 产量指标为 800 kg；优等品、一等品果实达 75%以上。

二、龙眼标准化生产技术

（一）建园和栽植

1. 园地建设　果园实行山、水、园、林、路综合规划，完善所需配套的排灌系统、肥料基地、机耕道和必要的附属设施。建园时以道路将园地划分小区，坡度＞10°的山坡地应修建等高梯台；地下水位高的地段应挖深沟降低水位；常有大风侵袭的果园应建立防风林。

选择生长健壮、品种纯正的嫁接苗，苗木高度 50 cm 以上，嫁接口离地高度 20～30 cm，砧木和接穗亲和性好，嫁接口平滑，接口以上部位枝条粗度直径为 0.8 cm 以上，至少有三次梢老熟，根系良好，无病虫害。苗木以带土移植为好。

2. 栽植

（1）栽植密度。常用株行距为 5 m×6 m 或 6 m×7 m，最大株行距不宜大于 7 m×8 m。计划密植

或坡度较大的园地可选择 5 m×5 m 株行距。

（2）植穴的准备。植穴通常为长 0.8 m、宽 0.8 m、深 0.6 m，基肥充足可挖植穴长、宽、深各 1.0 m。植穴经曝晒后回填，回填材料有绿肥、杂草、秸秆、塘泥、鸡粪、猪牛栏粪等有机肥及表土。绿肥、杂草、秸秆等粗料应加少量石灰置于植穴下层，土、肥分层填埋；塘泥、鸡粪、猪牛栏粪等加过磷酸钙或钙镁磷肥，与表土混合回填于植穴上层。

（3）栽植时间。除冬季外，其他季节（2～10 月）均可定植，其中春植（3～4 月）成活率较高，其次是秋植（9～10 月）。容器苗移植不受季节限制。

（4）栽植方法。选择无大风的阴天定植。定植前把苗木上过多的枝叶剪去，每个复叶只保留 2 片小叶，嫁接口以上只保留 1～2 条长 30～40 cm 的枝条。栽种时，将苗木置于定植穴中，使根颈部与地面平或稍高于地面，扶正、填上细土、压实，整成直径 1.0 m 的树盘，淋足定根水，用稻草、杂草等覆盖。要求带泥团苗定植后泥团不撒，裸根苗定植后不屈根并使根系与土壤充分接触。定植以松土下沉后根颈与地面平或稍高于地面为宜。

（二）幼年树管理

1. 水分管理　定植到抽出二次梢前，遇旱需每周淋水 1～2 次；成活后遇旱应视情况淋水保持土壤湿润。定植第一年用塘泥、土杂肥、稻草、杂草等覆盖树盘保湿。及时修复被雨水冲毁的排灌系统，雨季注意排除果园积水。

2. 施肥管理　第一年施肥以勤施、薄施、不伤根为原则。定植后第一次梢老熟后可开始施肥，结合淋水每月施肥 1～2 次，肥料以速效氮肥为主，每次可用 5%～10% 腐熟花生麸水或 50% 人粪尿水 4～5 kg，开浅沟淋施，或用复合肥（以 N：P_2O_5：K_2O＝15：15：15 为例）50 g 加尿素 30～40 g，在树盘上撒施后淋水。一年生植株每次喷药除虫可加入适量叶面肥。随着树体增大，相应增加每次施肥量，减少施肥次数，每抽出一次新梢施肥 1～2 次。

3. 深翻改土　山地果园从定植后第二年开始扩穴改土，一年四季均可进行，但雨天不宜。改土材料有绿肥、杂草、塘泥、枯枝落叶等有机肥或山地表土。定植后 4 年累计每株施入有机肥 50～100 kg。

4. 间作套种，中耕除草　幼年树的树盘要经常中耕除草。树盘外可间种花生、绿豆、黄豆、绿肥或低矮牧草等作物。若没有间种作物，在夏秋季可留杂草，但杂草不能影响幼树生长。冬季结合清园全面铲草压青。

5. 整形修剪

（1）定干。植后第一年要及时抹除砧木上的嫩芽，植株宜定干高 30～50 cm，以后随着树冠的增大，逐年剪除过于下垂枝条、升高树干，以下部枝条离开地面 40～50 cm，方便耕作为宜。

（2）留主枝。幼树主干上不重叠荫蔽的枝条均可保留。随着树冠扩大、分枝增多、互相遮蔽时，逐步疏去主干上分枝少、直立或过于下垂的枝条，保留 3～5 条分枝较多、与主干构成 45°～70° 角的枝条作为主枝。株行距小或枝条直立性强，主枝位置可低些；株行距大或枝条较软，主枝位置应高些，通常在主干上高 50～100 cm 范围内留主枝。

（3）修剪、整形。剪枝以疏枝为主，及时疏剪重叠交叉枝、荫蔽枝、纤弱枝、病虫枝等，保持树冠通风透光。随后逐步减少主干上枝条的数量，使保留的主枝有较多分枝。除了对个别过于徒长的枝条短截促分枝外，不宜过度短截枝条。对直立性较强的植株可拉枝，改变主枝生长角度，培养开张的树冠。

（三）结果树管理

1. 培育健壮树势及优质结果母枝

（1）科学施肥。结果树施肥方法有环状沟施、条状沟施、放射状沟施、全园撒施、根外追肥五种方法。肥料种类有有机肥和无机肥两大类。通常，N：P：K 施用的比例为 1：0.6：1，宜坚持

"配方、适时、适量"的原则，采取"攻头、补中、控尾"的策略进行肥料调配施用。以 50 kg 产量的结果树为例，各时期施肥可参考如下方式：

① 基肥。冬季扩穴改土，结合控冬梢进行。每株可施入稻草 5～10 kg＋鸡鸭粪 15～20 kg＋石灰 1～2 kg＋钙镁磷肥 1 kg。

② 花前肥。3 月下旬至 4 月上旬施用，肥量占全年 50％。每株可施入水肥 50 kg＋复合肥 1.0～1.5 kg＋硫酸钾 0.5～1.0 kg＋尿素 0.5 kg＋钙镁磷肥 0.25～1.0 kg。

③ 壮果促梢肥。5 月下旬至 6 月上旬施用，肥量占全年 20％～30％。每株可施入复合肥 1～1.5 kg＋尿素 0.25 kg＋氯化钾 0.25 kg＋钙镁磷肥 0.25 kg。这一时期由于气候炎热，挖施肥沟不能晾晒太久，不宜施碳铵，施肥不宜采用撒施。

④ 采前肥。采前 15～20 d 施用，以化肥为主，肥量占全年 10％～30％。每株可施入复合肥 0.8～1.0 kg＋尿素 0.15～0.25 kg＋氯化钾 0.15 kg＋钙镁磷肥 0.15 kg。由于正值果实生长后期，施肥挖沟（穴）回填不能晾晒太久。

⑤ 根外追肥。不定期，结合喷药时进行。

（2）合理修剪。结果树修剪有疏枝、整芽、拉枝、摘心、短截等方法，各季节主要修剪内容有：

① 春剪。疏删花穗，剪除过密枝、病弱枝、杂乱枝，短截春梢徒长枝，整芽和开心形修剪等。

② 夏剪。一是结合疏果对春梢及前期疏花位置不够理想的枝条进行短截；二是疏枝整芽，疏除内膛枝和病虫枝，剪除空秃枝、过多的细弱枝梢。

③ 采后剪。包括前期的短截剪枝和后期的疏删整芽。主要是剪除树冠内部病弱枯枝，删去过密枝和重叠枝，择留腋芽饱满位置剪短剪平采果后留下的过长结果枝，适当短截前期抽出的长夏梢，促进枝条萌芽抽梢，待新梢抽出 3～4 cm 或展叶时再进行整枝除芽。

④ 冬剪。疏除枝梢，剪除枯枝、交叉丛密枝和纤弱枝。

（3）适时培养结果母枝。通过合理施肥，适时修剪，保持健壮树势，促进适时萌芽抽梢；通过灌水、耕翻，促进新梢生长，培养秋梢结果母枝；通过喷施根外肥，结合应用植物生长调节剂，促进枝梢及时老熟。

2. 控冬梢

（1）松土断根。末次秋梢老熟后，树冠下深翻松土，切断部分表土层的细根，减少肥水吸收，可达抑控冬梢的目的。松土掌握锄耕 15～20 cm 深，并呈内浅外深状。为防伤根太重而过分削弱树势，根颈 50 cm 范围内的土壤不宜深翻。

（2）主枝干绑扎铁线。12 月上中旬末次梢老熟后，树势强壮者，在顶芽萌发而未抽梢期间，用 14～16 号铁线绑扎树干或骨干枝，以下陷伤及韧皮部为度，1 个月后解除绑扎铁线。

（3）环割环剥。末次梢老熟后旺壮树可于 11 月中下旬酌情环割或环剥骨干枝。环剥宜用螺旋环 1.5 圈，圈距 6～7 cm，宽度 0.3～0.5 cm，并留空 30％～40％的低位主枝以养根护树，防低温干旱引发树势衰退。

（4）人工摘除冬梢或嫩叶。冬梢伸长 3～5 cm 时从基部摘除，或将冬梢上嫩叶摘除，抑制新梢生长，减少消耗养分。

（5）药物抑杀冬梢。在末次秋梢老熟后喷一次 0.05％多效唑，隔 20 d 复喷一次。12 月若抽出冬梢，在冬梢展叶前喷 0.015％～0.035％乙烯利。使用乙烯利控冬梢最多只能用 2 次，且 2 次喷药相隔的时间要有 15 d 以上。也可选择专用的龙眼控梢药剂。

3. 防止"冲梢"

（1）药物防"冲梢"。当花穗生长到 6～9 cm、花穗上小叶刚展开而未转色时，可喷洒药物以抑制红叶生长和顶芽伸长，提高雌花比例，提高坐果率。目前较为常用的防"冲梢"药物有乙烯利、比久、多效唑和细胞分裂素，可用每 50 kg 含乙烯利 25～50 mL＋25％多效唑 95～160 g 药液喷雾。龙眼对激素类药物较为敏感，喷药"冲梢"应根据不同品种、环境因子及树体生长态势灵活掌握。

（2）人工去顶摘叶。花穗生长主轴超过15 cm、小叶已开始由红转绿时，可采用人工摘心摘除花穗饰变叶，以促进花穗主轴上侧芽萌动和花序发育。

（3）早春扩穴或浅耕断根。

4. 保花保果

（1）提高花穗质量。在加强果园肥水管理，改善树体营养的基础上，可结合施花前肥和防"冲梢"措施，达到缩短花穗长度，提高花穗中雌花比例及花穗质量的目的。

（2）辅助授粉，提高坐果率。开花期间，连续阴雨天气注意摇树，防止沤花；花期放蜂或喷洒花粉液，可促进授粉受精，提高坐果率。

（3）保花。始花期以每50 kg水加入赤霉素1 g＋硼砂25 g＋磷酸二氢钾100 g药液喷洒，可达到一定的保花效果。

（4）保果。谢花后至并粒期和种子发育期，分别喷施每50 kg有1 g＋防落素1 g药剂，并结合根外追肥，可收到较好的成效。

5. 疏花疏果

（1）疏花。疏花宜在清明至谷雨花穗主轴长15～20 cm、花蕾显露而未开放时进行。清明前后疏花，疏折部位可在新旧梢交界处以下1～2节；谷雨疏花可折至新旧梢的交界处；立夏前后疏花则在新旧梢交界以上1～2节处折除。疏除方法按照"去主留副、去外留内、去上留下、去劣留优"的原则，所留花穗果穗分布要均匀，距离要适当，以两手所及范围内保留梅花式分布的5～6穗为宜。疏花应根据不同树况树势灵活掌握。

初投产树。为进一步扩大树冠，树体管理以促枝梢生长为主要目的，疏花可提前在成穗期到来之前进行。根据幼龄树坐果率较低的特点，首次疏花可适当多留穗数，以后再进行二次疏花或疏果。

花开满树的成年树。于成穗期至始花期疏摘50％的花穗，第一次生理落果过后再疏去10％～15％的果穗。

未全抽穗或"冲梢"严重的成年树。以保当年产量为主，促枝梢生长为辅。先疏除病弱劣穗，再适当疏去过密穗。

树势衰弱的老年树。以保护树势为主，适当兼顾当年产量。于始花期一次性重疏花，疏花量可依具体情况，控制在45％～70％；严重衰弱树，应折除全株花穗，以免造成植株过度衰竭。

（2）疏果。一般在6月上中旬进行。疏删方法按照"树冠上部多疏，中下部少疏；外围多疏，内部少疏；弱树多疏，壮树少疏；大年多疏，小年少疏"的原则，先剪去空秃穗、弱劣穗、畸形穗和病虫穗，再剪去树冠顶部突出过长的小果穗，然后对树冠内部过密穗作适当疏折，保留果多而紧凑的短壮穗。如单个果穗坐果过多，可疏去一些侧穗，或对个别主、侧轴实施短截，并疏删过密的果粒。产量可达50～60 kg的植株，可留150～200穗，大穗留果60～80个，中穗留果40～50个，小穗留果20～30个。

不论疏花或疏果，都应根据树势、树龄、品种及管理水平，确定树体挂果的合理负载量。掌握的尺度是既要使当年拥有相当的产量；又能为来年培养出量多质优的结果母枝。

6. 病虫害综合防治　采用土、肥、水等综合农业措施，加强果园常规管理，减少有害生物的发生为害。以防为主，综合防治。提倡采用农业防治、生物防治、物理防治方法，合理使用高效、低毒、低残留量化学农药。

幼年树枝梢生长期每月喷杀虫剂1～2次防治新梢害虫；结果树秋梢生长期，采用"一梢两药"的方法防治新梢害虫，即在每次新梢长5～10 cm时喷杀虫剂一次，新梢展叶刚转绿时再喷一次。

花果期在尺蠖、毒蛾、卷叶蛾、金龟子盛发时应及时喷药杀虫，4～5月对金龟子多的果园还要结合人工捕杀。荔蝽，在开花前（3月下旬左右）喷药杀越冬成虫，在卵孵化期（5月上中旬）喷

1～2次药杀若虫。荔枝蒂蛀虫、小灰蝶等蛀果虫类，在成虫羽化高峰期及时喷药杀虫。龙眼炭疽病，在花穗期、幼果期、果实发育后期喷药防治，但对通风透光好，不常发病的果园可不喷药。

7. 采收和采后处理　果实成熟的标志有果壳变薄而光滑，手压富有弹性；种皮由红色变成黑色或赤褐色；糖度达到最高点；果肉具该品种的风味特点等。龙眼的采收期，因地区、品种及用途而异，除贮运用果宜于八九成熟采收外，采果以充分成熟为宜；太早，品质不好，产量又不足，过迟则会出现落果增加、种脐增大、果肉木质化、糖分减少、品质变差等问题，从而影响产量和质量。个别挂果负载过重的植株，可分期采收，先行采摘部分果穗，这样有利于采后的树势复壮。果实采摘后，及时进行分级分类和保鲜加工处理。

三、龙眼果园周年管理工作历

详见表14－6。

表14－6　龙眼果园周年管理工作历

月份	物候期	工作中心	管理要点
1月 小寒至大寒	花芽生理分化期	促进结果母枝营养积累，整修果园"三保"设施	搞好冬季清园；整修梯田，拓展台面或修造鱼鳞坑；消灭越冬害虫；防冻、防霜、防旱；清理排灌系统；堆积有机肥
2月 立春至雨水	花芽形态分化期；春梢酝酿期	促花芽分化；防止花穗"冲梢"	花穗摘叶去顶或喷药防"冲梢"；雌花诱导；成年弱树施花前肥或根外追肥，幼树施促梢壮梢肥；检查防治越冬代角颊木虱及荔蝽
3月 惊蛰至春分	抽穗期；春梢期	结果树攻花穗发育质量，幼树促春梢生长；治虫、防病	继续对花穗摘叶去顶、喷药防"冲梢"；重施花前肥，肥量占全年50%；高接换种、育苗、定植；套种绿肥；防治越冬椿象成虫及木虱等，剪除鬼帚病枝梢
4月 清明至谷雨	花穗形成期、现蕾始花期；春梢期	疏花春剪，保花，促坐果；治虫防病	结合疏花进行春剪；花穗短截去顶；幼树除花；防治椿象、细蛾类害虫及真菌病害；追肥、药剂保花，辅助授粉，防止沤花；搞好排水；继续高接换种、育苗和定植
5月 立夏至小满	开花期；第一次生理落果期；春梢老熟期	二次疏花；保花花保果；防病治虫	二次疏花；保花保果；结合平腹小蜂治椿象，防治霜疫病、椿象若虫、金龟子等病虫害；中耕；排水；短截春梢，剪除落花落果空秃枝；幼树施肥促夏梢
6月 芒种至夏至	第二次生理落果期；幼果期；夏梢期	保果、疏果、夏剪、施肥；防病治虫	施壮果促梢肥，肥量占全年20%～30%；结合根外追肥进行药剂保果；结合白僵菌防蛾类害虫，喷药防治霜疫病、叶斑病和木虱等；疏果；夏剪，整芽；浅耕除草；防止雨季积水
7月 小暑至大暑	幼果膨大期；夏梢期	壮果、壮梢、治虫	结果多植株追施肥水，结果少或无结果幼树，短截夏梢，促抽梢分枝；树盘覆盖，防旱保湿；防治白蛾蜡蝉及3种细蛾类害虫
8月 立秋至处暑	果实迅速膨大期；秋梢期	壮果促梢；护果护梢；治虫	结合根外追肥，以药剂壮果、壮树、壮梢；巧施采前肥，以速效肥为主，肥量占全年20%～30%；继续防治细蛾类害虫及霜疫霉病；防旱保湿，雨季排涝，防台护果
9月 白露至秋分	果实成熟期；秋梢期	采收；采后管理	防范台风和暴雨导致裂果、落果和水土流失；遇旱淋水保果，促进后期增产；适时采收；实施采后修剪，清除枯枝病叶；因树补肥，恢复树势，促抽梢；喷药治虫保梢

（续）

月份	物候期	工作中心	管理要点
10月寒霜至霜降	树势恢复期；秋梢生长期	促梢、壮梢、护梢	整芽疏枝，培养结果母枝；继续做好3种细蛾及龙眼角颊木虱等害虫的防治；中耕除草，抗旱促梢；壮旺树培养二次秋梢；晚熟品种采收
11月立冬至小雪	秋梢充实期；冬梢萌发期	促秋梢老熟；控冬梢萌发	秋梢抽生较迟者，追肥灌水促老熟；弱势追肥淋水保持树势；秋梢老熟树势壮旺、枝梢顶芽眼饱满者，若遇暖冬气候，应用生长调节剂控制冬芽萌发；堆土积肥，备扩穴改土
12月大雪至冬至	冬梢抽生期；芽生理分化期	控冬梢；清园	扩穴施基肥；结合冬剪清园、喷药消灭越冬害虫；采用树干刷白、地面覆盖等办法，做好防寒工作；人工摘除或药物杀伤中晚冬梢；深耕断根促休眠

第十五章 杨 梅

概 述

　　杨梅（*Myrica rubra* Sieb. et Zucc.），又称圣僧梅、白蒂梅、树梅、珠红、珠蓉等，现在的"杨梅"这一名字，来源于明代李时珍的《本草纲目》，其中写道："其形如水杨子，而味似梅，故名"。杨梅原产于我国东南部，浙江省余姚市境内发掘的新石器时代河姆渡遗址中发现，早在7 000多年前当地就有野生杨梅的生长。人工栽培史可追溯到西汉时期，距今已有2 000多年的历史，东方朔的《林邑记》写道："林邑山杨梅，其大如杯碗，青时极酸，熟则如蜜，用以酿酒，号梅花酎，甚珍重之。"在有关果树栽培的主要古农书如《齐民要术》《种艺必用》《种艺必用补遗》《授时通考》等书中，均有杨梅作为栽培果树的记载。

　　杨梅在植物分类学上属于杨梅科、杨梅属，本属有50余种，其中我国有杨梅、毛杨梅、青杨梅、矮杨梅、大杨梅和全缘叶杨梅共6种。我国杨梅的栽培品种均属杨梅种，由于经过悠久的人工栽培历史，产生了野杨梅、红杨梅、粉红杨梅、水晶杨梅、钮珠杨梅和乌杨梅等6个栽培变种。在我国现保存的400份种质资源中，已通过省级鉴定（审定、认定）的杨梅品种和栽培形成的主要农家品种共18个，依据成熟期早晚的顺序排列为长蒂乌梅、早荠蜜梅、大火炭梅、临海早大梅、早色、安海变、丁岙梅、西山乌梅、洞口乌、荸荠种、甜山杨梅、大叶细蒂、小叶细蒂、乌酥、火炭梅、晚荠蜜梅、晚稻杨梅、东魁，其中荸荠种、东魁栽培最多，是我国杨梅具有代表性的两大优良品种。

　　我国是杨梅的主产国，邻国日本有少量栽培，澳大利亚近年引种，现已结果，旨在进行商业栽培，印度、缅甸、越南等国出产另外一种杨梅，果形小，常栽于庭院，作为观赏或糖渍供食用，欧美诸国也只有少量的引种，大多作观赏或药用。我国杨梅自然分布在东经97°～122°和北纬18°～33°之间，东起台湾东岸，西至云南瑞丽，北至陕西汉中，南至海南岛南端；栽培分布可划分为江苏太湖沿岸和杭州湾两岸地区、浙闽沿海区、华南滨海区、滇黔高原区、湘西黔东区等五个栽培区。近年来，杨梅生产发展速度较快，栽培面积和产量不断上升，杨梅已逐渐成为南方的一种重要果树，据估计，2014年我国杨梅的种植面积约18万hm²，年总产量80万～100万t，以浙江省为例，2001年全省杨梅面积4.7万hm²，年总产21万t，2008年发展到7.5万hm²，年总产35万t。

　　杨梅成熟时期大多从5月中旬至7月中旬，果实色泽鲜艳、汁液多、风味浓郁，是鲜食佳果。果实富含糖类、有机酸、纤维素、矿物质元素、维生素和一定量的蛋白质、脂肪、果胶及8种对人体有益的氨基酸，其中矿物质元素的钙、磷、铁含量要高出其他许多水果。同时含有丰富的杨梅素、花色苷等黄酮类化合物和没食子酸等鞣质类化合物，具有较强的抗氧化性能和清除自由基能力，在消食、除湿、消暑、止泻、利尿益肾、治痢疾、治霍乱、降血压、降血脂、抗肿瘤、防止动脉粥样硬化、消炎镇痛、增强免疫能力方面有一定功效。此外，杨梅鲜果除生食外，用糖或白酒浸渍（腌渍）可作药用，还可加工成蜜饯、罐头、果汁、果酱、果干、果酒等。

第一节 种类和品种

一、种类

杨梅属于杨梅目（Myricales）杨梅科（Myricaceae）杨梅属（*Myrica* L.），本属植物在我国已知的有 6 种。

（一）杨梅

杨梅（*M. rubra* Sieb. & Zucc.）为常绿乔木，树高可达 14 m，胸径可达 60 cm，幼年树树皮灰绿色，老则转为灰褐色，表皮纵向浅裂，枝梢木质脆，易折断，树冠整齐，呈圆球形或半圆球形。叶互生，革质，表面浓绿，背面灰绿色，主脉明显；生于结果枝上的为倒披针形或倒卵状长圆形；生于萌蘖枝上的为长椭圆状或楔状披针形。花雌雄异株，偶有发现雌雄同株，着生于叶腋；雄花序圆柱状，黄红色，为复柔荑花序，花粉黄色；雌花序为柔荑花序，由数个雌花密接而成覆瓦状排列，柱头细长 2 裂，鲜红色。果实为核果，大多呈圆球状，果肉由多数肉柱突起聚集而成，成熟时有黑、紫、红、粉红、白色等；果核常为阔椭圆形或圆卵形，略成压扁状，极硬，初夏成熟。

我国栽培的杨梅均属本种，由于经过悠久的人工栽培历史，培育产生了许多园艺品种，分出 6 个变种，这些变种作为不同的园艺品种类群较为恰当。

1. 野杨梅 多数自然实生，少数嫁接繁殖。干高而粗，枝开展。叶大，边缘常具锯齿，或呈波状。果实小而红色，亦有淡红色的，肉柱细、多尖头，味极酸。早熟，成熟果实易脱落，核大、粘核。广泛分布于杨梅自然分布区。常作为砧木用。

2. 红杨梅 果实较野杨梅大，色泽单纯，绝不混有白色，栽培范围甚广，品种繁多，一般红色、深红色、紫红色的杨梅均属之，品质中等。如上虞的深红杨梅、萧山的中叶青、黄岩的东魁等均属本类。

3. 粉红杨梅 果实完全成熟时，绝不变为黑色或纯红色，多少混有白色，果色有水红、粉红、淡红等，有果实呈现两种果色的现象，即向阳面呈淡红色、背阳面呈白色或淡黄色，称"半红"。味甜酸，品质好坏不一。浙江永嘉的粉梅种，上虞、余姚的白花种，定海的红杨梅均属本类。

4. 水晶杨梅 成熟果实呈淡绿色、乳白色、灰白色或白色中略带绿晕斑，但绝不间有红色。味清甜，品质尚好，产量较低。凡产杨梅地区都有此种出现，各地少量栽培。以浙江上虞二都的水晶杨梅和福建长乐的纯白蜜为其代表。

5. 乌杨梅 叶表面通常浓绿色，果实成熟前为红色，成熟时变为浓紫包、紫黑色，品质上等，甜味浓，肉柱粗而钝，核易与果肉分离。如浙江余姚、慈溪的荸荠种，江苏洞庭的乌梅，广东潮阳的乌酥等均属此类。

6. 钮珠杨梅 灌木状，高不过 1 m 左右，树冠整齐，几为平顶，干小而分枝多。叶短缩，与石榴叶相似，丛生梢顶，背面深绿色。果实小、柄短，基部平，顶端微凹，不具小瘤，色红，肉柱尖，味清淡。

（二）毛杨梅

毛杨梅（*M. esculenta* Buch. Ham.）在贵州又称杨梅豆。常绿乔木或小乔木，高 4～10 m，胸径可达 40 cm，树皮灰色。幼枝及芽密被柔毛，叶革质，倒披针形或倒卵状长椭圆形。雌雄异株，花为柔荑花序，红褐色，生于叶腋，雄花序分枝圆柱形，红色；雌花分枝极缩短，因而整个花序似成单一穗状，通常每花序上有数个孕性雌花发育成果实。果实卵形或椭圆状，大如樱桃，红色，外果皮肉质，多汁液及树脂；核与果实同形，具厚而硬的木质内果皮。9～10 月开花，次年 3～4 月果实成熟。本种在外形上与杨梅极相似，但本种的花序显著分枝，尤以雄花序为甚；此外，其小枝、叶柄及叶片中脉基部处被密生的柔毛也极易同杨梅和矮杨梅区分。

本种产于我国四川中部以西、贵州西部和南部、广东西北部及广西和云南，在印度、尼泊尔、越南等亦有分布。常生长在海拔 280～2 500 m 的稀疏杂木林内或干燥的山坡上。

（三）细叶杨梅

细叶杨梅（*M. adenophora* Hance）原产广东和海南岛，果实盐渍后称为青梅，故又称青杨梅，或称杨梅树。常绿灌木，高 1～3 m，小枝细瘦，密被短茸毛及金黄色腺体，树皮灰色。叶薄革质，具茸毛，倒卵圆形，叶缘有稀疏锯齿，上下两面幼嫩时密被腺体。雌雄异株，花序生于叶腋，雄花序单一穗状，雌花序单生于叶腋，单一穗状或在基部具不显著分枝，红黄或红褐色。果实普通椭圆状，红色或白色，10～11 月开花，次年 2～5 月果实成熟。本种产于海南和广西，生于山谷或林中。

本种有变种称恒春杨梅（var. *kusanoi* Hayata），系常绿小乔木，幼枝灰褐色，有毛，果椭圆状。产于我国台湾恒春。

（四）矮杨梅

矮杨梅（*M. nana* Chev.）别名云南杨梅、滇杨梅。常绿灌木，高 0.5～2 m，小枝较粗壮，无毛或有稀疏柔毛。叶革质或薄革质，倒卵形，很少为椭圆形，基部楔形，缘边中部以上有粗锯齿，叶脉表面凹陷，背面凸出。雌雄异株，花序生于叶腋，呈褐绿色，雄花序单一穗状，雄花无小苞片，雌花序有极短分枝，雌花子房无毛。果球形或稍扁的卵形，红色，纵横径 0.8 cm×0.6 cm 左右，味酸可食。2～3 月开花，6 月果实成熟。

本种产于云南、贵州海拔 1 500～2 800 m 处，有 2 个变种，即尖叶矮杨梅（*M. nana* var. *integra* Chev.）和大叶矮杨梅（*M. nana* var. *luxurians* Chev.）。

（五）大杨梅

大杨梅（*M. arborescens* S. R. Li & X. L. Hu）为高大乔木，树高 15 m 左右，干周达 3 m 以上，树皮灰褐色，具明显不规则银白色晕斑。叶片大，长披针形，常密集着生于小枝上部；叶片中上部有明显的钝锯齿；叶背密披金黄色腺体，并有长柔毛。果实圆球形，成熟时绿色或白色。2～3 月开花，4～5 月果实成熟。

本种产于云南南部和西南部，生长在西双版纳的勐混、西定，滇西的陇川、瑞丽、盈江等海拔 900～1 400 m 的山地或林中。

（六）全缘叶杨梅

全缘叶杨梅（*M. intergrifolia* Roxb）为灌木或乔木，树高 8～10 m，树皮深灰褐色。叶披针形，先端渐尖，基部狭楔形，叶全缘，边缘略反卷，叶面光滑，叶脉明显下凹。柔荑花序，腋生，雌花序圆筒形，雄花序弦月形。果实椭圆形。2～3 月开花，4～5 月果实成熟。分布在我国云南西南边境海拔 900～1 400 m 的山地。

二、品种

（一）全国性栽培品种

1. 荸荠种 属乌梅类，原产浙江余姚市张湖溪，今已成为我国分布最广、种植面积最多的 2 个主栽品种之一。树势中庸，树冠半圆形，树姿开张，枝条稀疏，较细长。叶长倒卵形或椭圆形，全缘。果实在原产地 6 月中下旬成熟，抗风力强，不易脱落；果实圆球形略扁，果顶微凹陷，有时具"十"字形条纹，果底平，果蒂小，果轴短，肉柱棍棒形，先端圆钝，果面乌紫红色；中等大小，单果重约 14 g，含可溶性固形物 12.0%，可食率 93%～96%；肉质细嫩柔软，具香气，汁多，甜酸适口，核小，卵圆形，核肉很易分离，品质极上等。本种早结、丰产、稳产、优质，适应性广。

2. 东魁 又称巨梅，因果形特大而著称，是国内外杨梅果形最大的品种，属红梅类，原产浙江黄岩，今已成为我国分布最广、种植面积最多的 2 个主栽品种之一，目前全国各杨梅产区都有栽培。树冠高大、圆头形，生长势强，枝粗节密，叶大密生，叶缘波状皱缩似齿、或全缘。果实在原产地 6

月中下旬陆续采收，抗风力较强。果实特大，为不正圆球形，纵横径 3.5～3.7 cm，平均单果重约 22 g，最大的达 52 g，果面紫红色，肉柱较粗大，先端钝尖，味浓，甜酸适中，含可溶性固形物 11％～13％、总酸 1.35％，核中等大，可食率 94.0％～95.6％，品质优良。本种耐干旱、贫瘠土壤，丰产、稳产、优质，适应性广。

（二）区域性栽培品种

1. 晚稻杨梅 又称舟山佛梅。主产于浙江舟山定海皋泄，现已成为舟山地区的主要栽培品种，为浙江省主要优良品种之一。该品种树势强旺，分枝力强，常 2～3 个主干，树冠较高大，圆形至半圆形，主侧枝较直立，盛果后树冠略显开张。以春梢中短结果枝为主，叶广披针形或尖长椭圆形。果实圆球形，紫黑色，富有光泽，中等大小，平均重 11.2 g；肉柱圆钝肥大，肉质致密，甜酸适中，含总糖 9.8％、总酸 0.9％、可溶性固形物 10.0％～11.5％，品质特优，鲜食、加工皆宜；核椭圆形，种仁饱满，乳白色。当地夏至后 7～10 d 开始成熟，采收期长达半个月。丰产、稳产，为当前优良晚熟品种。

2. 丁岙梅 属乌梅类，主产于浙江温州市的茶山。树势强健，树冠较大，圆头形或半圆形，不甚整齐。叶密生，浓绿色，倒披针形或长椭圆形，先端钝圆或尖圆，基部楔形，全缘。果实圆球形，果型较大，重 15～18 g，果柄长约 2 cm，果与果轴固着力强，可连轴采下，在市场上可与一般品种区别；果面黑紫色，两侧有明显纵浅沟各相映，在市场上称此品种具有"红盘绿蒂"的美貌，使其身价更高；果肉厚，肉柱圆头，肉质柔软、多汁，甜多酸少，含可溶性固形物 11.1％、酸 0.83％，核小，呈卵形，仁饱满，可食率 96.4％。品质上，较耐贮藏。6 月中下旬成熟，产量上等，抗风能力较强。

3. 大炭梅 主产杭州市余杭区等地。树势较强，树冠开张，分枝能力强，呈圆头形，不甚整齐，枝梢细长，以短、中果枝结果为主。叶大而厚，为广倒披针形，边缘略为波状，蜡质层厚。果实圆球形，果底平或稍凹，果蒂大而突起，黄绿色，肉柱长，顶端粗壮，呈圆钝形或尖头，长短不一致，果面凹凸不平整；充分成熟后乌紫色似炭，故名大炭梅，汁甚多，甜酸适口，风味浓厚，肉质细而柔软，果实可食率 93.11％，含可溶性固形物 9.9％、酸 0.59％。本种杭州 6 月下旬至 7 月上旬成熟，适应性较差，抗病、抗旱力较弱，生产管理需精细。

4. 水梅 浙江东南地区的主栽品种。树冠圆头形，生长强健。叶长倒卵形，先端钝圆，基部狭楔形，全缘。果实大，稍不正的圆球形，重 13～14 g，顶圆形或平，顶点显著凹入，果基平，果面紫红色，肉柱的先端绝大多数呈圆钝，柔软多汁，故名水梅；含可溶性固形物 12.6％，品质优良；核小，椭圆形。6 月中下旬成熟。

5. 水晶杨梅 主产浙江上虞、余姚两县交界处。树势强健，树冠半圆形。叶为倒披针形或倒长卵形，先端圆钝，间或渐尖，边缘间或有锯齿，质薄，淡绿色。果实大，球形，重 11.42 g，果面白色，完熟后呈白色或黄乳白色，个别果实稍带红色；肉柱圆头，果肉柔软，多汁，味甜而稍带酸，品质优良；核大，果实可食率 86.65％，含可溶性固形物 8.8％；6 月下旬至 7 月上旬成熟。

6. 乌梅 主产江苏洞庭山，为当地主栽品种。树势强健，枝密生。叶倒披针形，质较硬，全缘，向外翻卷。果中大，椭圆形，重约 13.1 g；果蒂明显为圆锥形突起，一般淡绿色，成熟时红色；肉柱圆钝，大而整齐，肉紫黑色，厚而松，汁多，可溶性固形物 9.1％，甜酸可口，略有香气，品质优良。但成熟后易落果，大小年现象较易发生。

7. 大叶细蒂 主产江苏洞庭东山，为当地主栽品种。树较高大而开张，枝梢长而粗壮。叶大，软宽披针形，全缘或先端具有小锯齿。果大，圆形，重 15 g；顶部广圆，底部具浅梗注；肉柱一般圆钝，少数尖；果肉紫红色，质柔软、汁多，含可溶性固形物 10％，甜酸适度，肉厚，核小，品质优良，6 月下旬成熟。本种成熟后不易落果，丰产，但易发生大小年。

8. 大粒紫杨梅 主产福建福鼎。树势旺盛，树冠扁圆形，枝条开张，干色灰褐，新梢长粗。叶倒披针形，叶先端渐尖，基部窄楔形，向下延伸，全缘或微波状；叶面稍皱，色绿，背面黄绿。果实近圆球状，重12.9 g，果顶圆，果基平或隆起呈青色，缝合线稍明显，果肉内外紫红色，肉柱粗；核扁圆，稍大有棱起，可食率94%，可溶性固形物11.5%，含酸量1.36%，6月中旬成熟。

9. 二色杨梅 主产福建建阳、建瓯、古田、南平和泰宁等县。树冠高大，枝梢稠密，叶倒卵形或匙形。果为略扁的圆形，果蒂部隆起，重13～15 g；肉柱槌形，先端圆头，果色上下不同，1/2以上为紫黑色，其下呈红色，故名"二色杨梅"；肉厚而软，汁多，核小，味清甜，每100 mL果汁含糖9.45 g，品质优良；6月下旬成熟。本种适应性强，耐寒、耐旱，但不抗风。

10. 乌酥 主产广东潮阳及周边地区。树冠高大而稍直立，枝条稍为稀疏，较细长，主根较粗而深，侧根较少。叶长倒卵形或椭圆形，全缘。果大，重约16 g，紫黑色；肉厚质松，汁多味甜，香气浓，核小，品质优良，6月上中旬（芒种后）采收。本种性喜土层深厚疏松土壤，高产、优质，成熟期遇雨也不致大量落果，但花期怕严寒雨雾，产量不稳定，寿命较短。

11. 歙县紫梅 别名乌梅、正梅，在安徽歙县栽培较多。果实中大，单果重11.49 g，紫红色，果顶凸起，顶端平，缝合线不明显，果梗与果枝连接牢固，不易脱落；肉柱较细，核为不正椭圆形，可食率92%。果汁多，深红，具香气，可溶性固形物含量11%，品质优良。

12. 光叶杨梅 主产湖南靖县。树冠半圆形，开张。叶为卵状椭圆形，全缘。果球形，果顶有放射状沟，直达果实中部，肉柱圆钝，有油浸似的光泽，色紫红，含可溶性固形物14%，味甜微酸，品质上，产地6月中旬成熟。本种着果率高，稳产。

第二节　苗木繁殖

一、实生苗培育

（一）圃地选择

杨梅苗圃应选择在全年排水良好、夏秋季灌溉便利的地块，以土层深厚、质地疏松而肥沃的土壤为好。因此，杨梅产区的育苗专业户，都是利用水稻田或夏秋季节有水灌溉的山地、平地作为苗圃地。此外，杨梅育苗忌连作，前期种过杨梅树苗或种过龙柏、水杉、柑橘、松树、桃、檫树等各种果树或观赏树木的土地，如再种植杨梅苗木，通常会出现植株生长矮小、枝干细弱的现象。

（二）采种

杨梅实生苗的种子一般从主干矮化、主枝数多、树冠比较稀疏、生长健壮的实生成年野生杨梅植株上采收，因为该类实生树的种子小而发芽率高，培育出来的嫁接苗粗根比较多，亲和性较好。采种前先检查果实的核仁，选核仁饱满的单株采种，采种用的果实宜充分成熟后采收。采后选日光不直射的场所，将果实堆置3～5 d，堆积高度不超过20 cm，以免温度过高而引发种胚死亡。果肉腐烂后，洗净并除去上浮不饱满的瘪子，放在竹编的帘上晾晒，阳光太强时略加遮阴，或者摊放在通风的地方阴干，切忌在水泥地上直接暴露在阳光下晒，以避免丧失发芽率。待种子干燥后立即播种，出苗率很高；也有不少育苗者用3份清洁的湿沙和1份种子混合以后，在室外贮藏，把种子干藏到10月中旬之后进行播种，其发芽率也很高。

（三）播种

为了使苗木生长整齐，一般都采用撒播，待出苗以后再移植。在播种前准备苗床，对土地进行深翻、晒干、整平以后，再在畦面上撒一层红黄壤的新土，这种新土的杂草种子和病菌都很少，播种后可以减少杂草发生的数量，节省除草用工，土内病菌少，杨梅幼苗的死亡率低，生长粗壮而健康。在播种前将种子在多菌灵600倍液中浸1～2 d，然后撒播，每平方米播种子1.25～1.5 kg，播后稍加镇压，再撒焦泥灰或沙土进行覆盖，盖土深度1 cm左右，再盖草浇水，搭盖小搭棚防晒。在苗床管理上要注意排水，防止鼠类危害；保持一定的湿度，3～7 d喷洒一次清水；当苗长到2片真叶时，揭开小搭棚炼苗、促长。

目前，部分育苗者将种子沙藏至 10～12 月进行播种，便于春季小苗移栽，成活率高、移栽后生长快。搭盖小搭棚时，先加盖一层薄膜密封，再盖遮阳网防晒。种子在 1 月底即开始萌动，2 月中旬破土出苗，出苗以后如遇中午日照过猛时，要打开部分薄膜，以调节温度和湿度，以免日灼病或猝倒病的发生。在 4 月中下旬移苗前几天，揭去薄膜，进行蹲苗锻炼，促使根群旺盛，苗木粗壮。

（四）移苗

栽植幼苗的土壤要进行翻耕，经过风化干燥，再做成 100 cm 宽度的畦。每 667 m² 施过磷酸钙 75 kg，菜饼 150 kg 或腐熟粪肥 1 500 kg。为了培育壮苗，基肥必须充足，而所用肥料的种类和数量可以因地制宜。开沟施入基肥以后，盖好土壤，平整畦面，即可移苗。

在移植前对苗木喷射多菌灵 500～600 倍液或多菌灵 600 倍液，对附着在苗木表面的病菌进行消毒，降低发病率。移苗应选择无风的阴天，不宜在西北风强烈的天气进行，挖出的苗根部要带土，随挖随种，种植距离为行距 30～35 cm、株距在 8～10 cm，每 667 m² 种植 15 000～18 000 株。种植以后应浇透清水一次，促进土壤压紧。

（五）实生苗管理

杨梅小苗对肥料反应十分敏感，移苗后至苗高 20 cm 之前，即使施用少量的薄肥也易引起苗木死亡。至苗高 30 cm 左右时，苗木抗性加强，则可开始施少量的薄肥，一般施用稀薄人粪尿（1 份人粪掺 2 份水）或 1‰以下的尿素水肥，每隔 15 d 左右浇施一次。至苗高 40 cm 以上时，可采取反复摘心，以促进苗木生长加粗。移植的实生苗要注意抗旱，如遇干旱土壤晒白或开裂时，要在傍晚引水沟灌，在第二天清晨排除水沟内的积水，以利苗木正常生长。此外，应勤松土除草，做好病虫害的防治。经过以上培育的苗木，粗度达到 0.6 cm 以上时，在次年春季即可进行嫁接。

二、嫁接苗培育

（一）接穗的剪取

接穗要求在 7～15 年生结果性能良好、品种特点表现充分的杨梅树上剪取，这种母本树枝条健壮，接穗数量多，生机旺盛，嫁接容易成活，接后发芽快，生长迅速，容易达到苗木出圃的标准。在选择接穗时要用母树的向阳面和顶部的粗壮枝条，粗度在 0.5～0.8 cm，带灰白色充分成熟的 2～3 年生春梢带叶枝条，采下的接穗应立即剪去叶子，放置 1～2 d 再接，这时接穗的水分已蒸发一部分。

（二）嫁接时期和方法

1. 嫁接时期　嫁接一般在萌芽展叶后进行，广东在惊蛰至春分，浙江在 3 月下旬至 4 月中旬。嫁接应选在无风的阴天进行，而不宜在强烈的西北风天气下嫁接。嫁接方法普遍采用切腹接法，接穗和砧木的削入深度达到各自直径的 1/4～1/3 深处，嫁接时把接穗切成长度 10 cm 左右，上留 4～5 芽，与砧木接触的一面削 2～3 cm 长，背面削成 0.5 cm 斜面，而砧木也削成相应的长度，接穗插入以后注意砧木和接穗的形成层互相密接，用薄膜密封接合处伤口、扎实。

2. 嫁接方法　我国杨梅育苗者普遍认为树液流动过旺时会严重影响嫁接的成活率，嫁接前进行断根，可以明显地提高嫁接的成活率。所以，在实生苗嫁接时，可以采取以下任何一项措施：

（1）掘接。砧木掘起后在室内进行嫁接，嫁接后再种植。

（2）断根。嫁接以前铲断一部分主根和大的分枝根，挖断部分小根，再行嫁接。

（3）断砧。嫁接前 10～15 d 短截砧木至适宜嫁接的高度，提高砧木的树液浓度后再嫁接。

（三）嫁接苗的管理

1. 培土和去土　掘接苗在室内嫁接好的苗木，仍在室内用沙盖住根部，经数天以后种植到苗圃。掘接苗种植时，必须培土至接穗的顶部，以露出接穗最顶端的 1～2 个芽为止，嫁接苗在培土的保护下温度和湿度比较稳定，有利于接穗和砧木形成层的接合以及苗木的正常生长。接穗发芽以后，盖在顶芽上的土一般都能自动塌下。如果顶芽上方仍有土壤压住，应及时除去，露出接穗顶端的第 1～2 个芽，以免压制生长。在第一次新梢老熟之前，仍要保留土壤覆盖嫁接口，否则容易引起接口部位的干燥，接穗枯死。第一次新梢老熟之后，去除覆盖接穗的土壤，露出嫁接口。

2. 解缚和整枝 第二次新梢老熟以后，除去接口部位所缚的薄膜。在接穗发枝以后，留一条直立向上的枝条，其余枝条及时除去，苗高 50 cm 时及时摘心，使苗木生长充实。如果土壤的肥力充足，可以在 30～50 cm 高度范围内促发分枝。在 10～11 月除去幼嫩的新梢以免发生冻害。

3. 排水和灌溉 在苗木生长的整个时期要保持畦面的湿润状态，以供给苗木生长足够的水分。特别是夏秋季高温时节，如遇缺水，常会引起生长受阻，年内达不到出圃要求的高度和粗度。在夏秋季如发生严重干旱，在傍晚时灌水到畦沟内，次晨再排除积水。在夏秋季多雨时节要及时排水，以免土壤渍水影响根系的呼吸作用，使整个植株生长受到影响。

4. 基肥和追肥 一般要求在种植以前施足基肥，每 667 m² 用过磷酸钙 100 kg，菜饼 200 kg 或栏肥 2 000 kg 或草木灰 200 kg。畦宽 1 m，开沟施入基肥，再盖上土壤，然后种植苗木。施用基肥以后一般就不再追肥，各地经验认为苗圃切忌施追肥，特别是追施氮肥很容易引起相反的效果，即叶片黄化，生长缓慢，苗木质量降低，严重时会引起苗木死亡。但是，可以在 6 月开始每隔半个月喷磷酸二氢钾一次，使苗木生长粗壮。在秋季，地面追施钾肥，使组织生长充实，根系发育良好。

三、苗木出圃

出圃的苗木按苗龄的差异分一年生和二年生苗。一年生苗的生活力较强，种植以后成活率较高；二年生苗如起苗伤根太多，种植不当会影响成活率，但种植得法，形成树冠较快，结果提早。如果苗木要经长途运输，则以一年生苗为宜，这种苗木断根少，成活快，就地种植可用二年生苗。起苗时尽量少伤根，有利于种植后成活和加速幼树的生长。

一年生苗木分为 3 个等级，如表 15-1 所示。表中的苗木粗度是指接穗顶芽抽生的枝条上离母枝 2 cm 处的直径，高度是指接穗和砧木交界处到夏梢顶端的长度。

表 15-1 杨梅一年生嫁接苗出圃规格

级别	粗度（cm）	高度（cm）	根系情况
一级	≥0.65	≥50	4 个以上粗根，须根发达
二级	0.55～0.64	35～49	3～4 个粗根，须根中量
三级	0.45～0.54	25～34	2～3 个粗根，须根少量

选择潮湿天气起苗，一般无风阴天起苗较好，不宜在干燥天气或刮西北风时起苗，以免苗木风干，影响成活。起苗前要摘除大部分的枝叶，剪去过长的枝条，最高不能超过 50 cm，摘叶的目的在于减少水分蒸发，提高成活率。起苗时应尽量保持根系完整，起苗后每百株合成一捆，将根系在泥浆中浸蘸或用浸湿的苔藓附在根部，再用稻草或薄膜包装，随装随运，尽量减少中转时间，提高种植成活率。

第三节 生物学特性

一、根系生长特性

杨梅根较浅，主根不明显，20～30 年生大树也易被大雪压倒或结果过度而连根拔起。侧根和须根发达，70%～90%的根系分布在 0～60 cm 深的土层内，尤其在 5～40 cm 的浅土层中最为集中，少数深达 1 m 以上。根系的水平分布大于树冠直径的 1～2 倍。此外，杨梅根部有放线菌共生形成的根

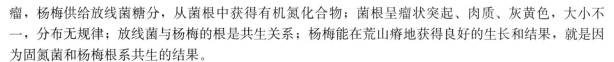

瘤，杨梅供给放线菌糖分，从菌根中获得有机氮化合物；菌根呈瘤状突起、肉质、灰黄色，大小不一，分布无规律；放线菌与杨梅的根是共生关系；杨梅能在荒山瘠地获得良好的生长和结果，就是因为固氮菌和杨梅根系共生的结果。

杨梅根系生长与枝梢生长接近同步，两者的生长高峰十分接近，这与柑橘、梨等果树不同，同步的原因可能是杨梅具有根瘤可固氮。杨梅根系的生长活动开始于 2 月下旬，3 月上旬新根开始露白并进入旺盛生长期，5 月中下旬、7 月中旬和 10 月上旬是杨梅一年中的 3 个生长高峰。土层深厚肥沃、有机质丰富、地下水位低、通气性好、pH 在 5.5～6.51 的沙质或石砾土壤最适于杨梅根系生长。因此，在山陵坡地建园时，应特别注意选择沙砾土壤结合进行深耕改土和增施有机肥。

二、芽、枝和叶生长特性

（一）芽和枝的类型

1. 芽　杨梅的芽一般为单芽。杨梅营养枝、结果枝上的顶芽均为叶芽，比较瘦小；结果枝除顶芽外，其附近的带叶腋芽大多为花芽，圆形，相对叶芽较长、较大。

2. 枝条　杨梅枝条叶片互生，节间短，雌株比雄株更短。分枝呈伞状，质脆易断。依其性质分为徒长枝、发育枝、结果枝和雄花枝等 4 种。生长直立，长度超过 30 cm，组织不充实，其芽不饱满的枝条称徒长枝；长度在 30 cm 以下，节间中等长，芽发育充实饱满，有希望抽生结果枝的称发育枝；着生雌花的枝条称结果枝；着生雄花的枝条称雄花枝。结果枝最长的可达 90 cm，最短的不过 2～3 cm，因此，结果枝依长度可分为下列 4 种：

（1）徒长性结果枝。长度超过 30 cm，其上着生为数不多的花芽，待开花后，仅少数结成果实，多数不结果而中途脱落。

（2）长果枝。粗细中等，枝长 20～30 cm，除顶芽为叶芽外，其先端 5～6 芽为雌花，这类枝条虽能结果，但因本身不够充实，结果率不及中果枝。

（3）中果枝。枝长 10～20 cm，除顶芽为叶芽外，其下 10 余节几乎全为花芽，基部叶片脱落，此为结果最可靠之枝。

（4）短果枝。枝长 10 cm 以下，最短者仅为 2～3 cm，可生 2～4 个花芽，结果较好。

（二）枝梢生长特性

1. 芽　杨梅枝梢的顶芽及附近 4～5 侧芽易萌芽、抽生新的枝梢，萌芽后约半个月展叶，同一植株萌芽、展叶一般都较整齐。枝梢基部虽有叶芽，但多不抽枝，呈潜伏芽状态，若遇修剪等刺激，即会萌芽、抽生新的枝梢。杨梅结果枝的花芽比叶芽萌动要早，因树龄的大小、树势的强弱，相差 7～20 d。

2. 枝　杨梅寿命较长，一般幼年树一年抽生 3 次梢，成年树抽梢 2～3 次，但也因品种和当年的结果量和当时的气候条件不同而异。就结果量中等的荸荠种杨梅而言，一年中有 3 个生长高峰，4 月为春梢生长高峰，其生长量占年生长量的 3/5，6 月为果实迅速膨大期，枝条生长量很小，果实采收以后（即 6 月底至 7 月 20 日）为夏梢生长的高峰期，其生长量约为年生长量的 1/5，8 月上旬出于天气干旱生长基本停止，8 月下旬至 9 月底因雨水增加，出现秋梢生长高峰，这个时候的生长量约为全年生长量的 1/5，10 月中旬以后由于气温降低，枝条生长处于停顿阶段。

3. 叶　杨梅叶片常互生，多簇生于枝梢顶端，一般春叶最大，夏叶次之，秋叶最小；同一植株的春叶浓绿色，秋叶浅绿色；夏叶介于上述两者之间。杨梅是阳性果树，不同梢次的叶片互相遮阴常引起落叶；杨梅老叶的脱落期是 5 月初春梢停长以后，到 6 月上中旬落叶达到高峰；但常受到栽植土壤的影响，在黏重土壤上种植的杨梅，落叶时间大大提早，往往在上年的 10 月开始，11 月达到落叶高峰，严重影响果实产量和品质，栽植于沙砾土、沙壤土的杨梅，落叶期都在次年 5 月，树体健康，产量稳定。

（三）树冠的形成与结构

杨梅的树冠多为自然圆头形，雄杨梅植株高大，枝叶密集，雌株相对较稀而矮小。杨梅的骨干枝都由枝条顶芽及其附近数芽抽生而来，抽生的新梢即呈螺旋状排列，使枝条均匀地分布在主轴四周。枝梢顶芽抽生直立性生长的新梢，附近数芽也同时抽生新梢，出现较明显的层性现象。但顶芽抽生后不久，有30%～40%的顶芽枝由于受附近枝条的竞争影响，渐渐枯萎。顶芽及附近数芽抽生的枝条，能成为结果枝或发育枝，如果生长过强，常形成徒长性枝条，枝粗而直立。因此，杨梅树不进行人工修剪时，其分枝都在顶端，自然形成圆头形的树冠。

三、开花与结果习性

（一）开花

1. 花的类型 杨梅雌雄异株，花小，单性，风媒。雄株杨梅的雄花枝着生于叶腋，一个雄花枝上的雄花穗数有10～20穗，雄花穗形似圆筒形或长圆锥形，初期鲜红、暗红或黄红色等，后期鲜红、紫红或转红黄色等，变化较大。雄花穗由15～36个雄花序组成，每个雄花序由1～6朵雄花组成，其外皆具一个广卵形、淡绿色总苞，随着花开，逐渐显露出绿白色小苞片。每个雄花着生花丝2根，顶端呈Y状张开，其上着生肾形的花药，开裂后产生黄色花粉，每一药囊花粉粒数在7 000以上，花粉发芽率仅9%。据日本报道，花粉被风吹带达数千米远。雌株杨梅的每一结果枝的花穗数以6～9穗者居多，露蕊时花穗长1.0 cm左右，粗0.15～0.23 cm，圆柱形，每一花穗具花7～26朵，部分退化，雌花子房1室，柱头多为2裂，也有3～4裂，鲜红色，呈Y状张开，授粉后每穗一般仅结1个果实。

2. 花芽分化期 叶芽转变为花芽，至花器各部分发育完全为止，这一时期称花芽分化期。据观察，在杭州雄杨梅的花序原基形态分化期开始于7月中旬，而雌杨梅为7月底至8月初。其生理分化期较形态分化期早2～4周，先期分化的为雌蕊退化花序，8月上旬以后分化的为正常花序。花原基的形态分化历时约3个月，8月至9月上旬开始，9～11月雌、雄蕊分别出现并进一步发育，11月底花芽分化完毕，个别延至12月初。因此，春梢和夏梢都能形成花芽。

3. 开花期 指花芽苞片开裂、雌蕊的柱头外露或雄花药囊开裂为标志的时期。杨梅占全树5%的雄花药囊分离露出花丝或5%雌花柱头裸露时谓之初花；达75%时谓之盛花；雄花开裂散粉后变成黄褐色，雌蕊柱头开始干枯即为终花期。杨梅的开花时期，与花芽分化一样，颇不一致，常因品种和栽植地点不同而异，受自然条件的影响，特别是春季温度的影响，就有长短和先后之分。雄花2月上旬开始苞片开裂，3月至4月上旬出现盛花期，开放的总日数达39 d左右，盛开日数5 d上下；雌花3月上旬萌动，4月初开放，花期长达25 d左右。雄花遇到连续几天低温阴雨即停止开放，待天气晴朗、温度回升时继续开放。当雄花花苞外露时，雌花序也迅速增大，但不见苞片开裂，在同一雌花穗上，往往出现有的单花还在开放，而有的单花子房已开始膨大。一般雌花穗上最早开放的1～2朵花可能发育成果实，其余都枯萎而死，就一花穗（序）而论，开花期大致分为花苞开裂期、花序分离期、初花期、盛花期、盛花结束期、落花期等6个阶段。

（二）坐果

杨梅开花数量很多，坐果率高，如成年荸荠种杨梅达到7%～8%，最高的达到15%～19%，而生长旺盛的幼年树坐果率也有3%～4%。杨梅雌雄异株，面积较大的栽培果园需配植比值为1%的杨梅雄株，面积较小的果园可高接2～3个雄枝，有利于授粉提高栽培产量。杨梅靠风媒传粉，开花期间，若连续大雾笼罩或遇黄沙天气，花粉传播受到影响，因而就会降低当年产量。杨梅结果枝上花序着生部位不同，对着果率有显著的影响，一般以顶端1～5节着果率最高，特别是第一节占绝对优势，通常在结果枝的上部着生1个果者占多数，2个果的占少数。

（三）落花落果

杨梅开花后，到第一次生理落果以前，只要结果枝顶端不抽生春梢，光合产物集中在幼果上，则着果率很高；但是，开花后结果枝上抽生春梢，必将争夺花和幼果的养分，造成大量落花落果，春梢抽生越多，则着果率越低，甚至全部脱落。在浙江中部地区，5 月上中旬出现落花落果期，大量花序和幼果脱落，此期结束以后，优良品种如荸荠种、晚稻梅和东魁等一直到成熟采收，基本上都不会再出现生理性的落果。但是，有的品种如浙江黄岩、乐清一带的水梅，浙江余姚、慈溪的湖南种杨梅，在 5 月中旬以后仍会继续落果，接近成熟时落果更多，这样就出现了两个落果高峰期。杨梅采前落果除与品种特性有关以外，也与外力作用密切相关，如杨梅成熟时常受台风袭击造成的落果，特别是果梗和结果枝连接较松的迟熟品种，更易引起大量落果。

四、果实发育与成熟

（一）果实生长动态

杨梅果实从谢花后子房膨大形成幼果到果实成熟所经历的时间为 60～70 d，其形态发育变化，以浙江中部地区的荸荠种杨梅为例说明如下。

1. 果径 果径生长呈双 S 形发育曲线。即从谢花起至硬核期之前的 20 d，果径迅速生长，纵径生长量大；硬核期前后约 20 d，果径生长停滞；硬核期之后到果实成熟期，果径迅速生长，横径生长占优势，高峰期每天增长达 0.76 mm。

2. 果重 果实重量的增长，也呈明显的双 S 模式，其中果实含水量变化最大。从幼果期至硬核前期果实鲜重增加较快，但到硬核期放缓，而硬核期之后到成熟期鲜重增加又明显加快，每日的鲜重增加量在成熟前的肥大期达到高峰。

3. 硬核期 开花后大约 30 d，果核开始硬化，持续 1～2 周时间，果径越大核硬化越快，小果径的果实则硬核进度慢。硬核期是调控当年产量和果实品质的关键时期，叶面追肥或适量根施不同种类的肥料，有事半功倍的效果，增施速效氮肥可加速小果径果实脱落，增施腐熟有机肥可增大果实并提高品质。

（二）果实成熟

杨梅的果实就其种子而论与桃和梅类似，在果树栽培学中划属核果类，而就可食部分而言则称为浆果。果实形状、色泽、肉柱、风味等均为品种的重要特征之一。杨梅外果皮为柔软多汁的可食部分，内果皮为坚硬的核，核内无胚乳，只有一肥厚、松软、蜡质的大子叶（胚），贮藏着发芽所必需的养分。果实的可食部分由无数多汁小突起的肉柱组成，肉柱有长短、粗细、尖钝、硬软之分，这主要决定于品种特性，但亦因树龄不同、结果多少、土壤肥瘠、雨水多少、成熟度及植株上着果部位（即向阳还是背阳）等有关。在同一果实上也有尖钝两种肉柱同时存在，通常果基部和顶部多尖，腰部的圆钝；未熟果实肉柱多尖，成熟后变圆；肉柱圆钝的果实汁多柔软可口，风味佳良，肉柱尖的果实汁少，风味差，但组织紧密，较耐贮运，亦不易腐烂。在成熟期方面，福建、广东当地品种 5 月下旬至 6 月初开始成熟，浙江北部和江苏早熟品种在当地 6 月中下旬成熟，晚熟品种 7 月上中旬全部成熟；在海南岛，昼夜温差小，成熟期延迟；内陆省份特别是内陆盆地，昼夜温差大，成熟期则相应提前。

第四节 对环境条件的要求

一、温度

杨梅是较耐寒的常绿果树之一，喜爱温暖的气候，最适宜在年平均温度 15～21 ℃、最低温度不低于－9 ℃的气候条件下生长。在最低气温大于－8 ℃的地区、杨梅可以安全越冬；当冬季出现绝对最低温度低于−9 ℃、日最高气温≤0 ℃连续 3 d 以上时，就会使杨梅严重受冻，大幅度减产。杨梅怕高温，不耐酷热，高温烈日有可能引起杨梅树干焦灼以致枯萎而死；尤其是刚种下的幼年树，因根系浅、少，更不耐高温，必须采取各种覆盖降温措施。温度对杨梅果实品质的影响，主要表现在杨梅果实的肥大成熟期，异常高温会导致果实着色不良、果汁含量降低，同时含酸量增加、固酸比降低。

二、水分与光照

杨梅喜气候湿润，我国杨梅主产区年降水量都在 1 000 mm 以上；栽培区如有河流、湖泊绕其四周，或滨海、山峦深谷之间，生长结果就好；栽植地点雨水充足、生长期空气湿润，则树体生长健壮，寿命长，结实多，果实大而味甜汁多。浙江的萧山、上虞、舟山，江苏省的太湖洞庭，广东的潮阳，福建滨海地区等地，雨量充沛或借大水体调节温度，最有利于杨梅生长。浙江是全国杨梅生产的主产区，现将浙江省杨梅产区的自然条件列于表 15 - 2，以供参考。

表 15 - 2 浙江杨梅主产区气象要素

产地	年均温度（℃）	绝对最高温度（℃）	绝对最低温度（℃）	年降水量（mm）	相对湿度（%）	绝对晚霜期（月/日）
温州	17.9	39.3	−3.9	1 694.6	82	4/5
黄岩	16.9	38.1	−6.8	1 410.0	81	4/5
慈溪	16.0	37.9	−9.3	1 289.0	82	4/4
萧山	16.1	38.8	−15.0	1 347.0	82	3/29
兰溪	17.7	41.3	−8.0	1 365.2	82	5/5

水分对杨梅生产的影响，主要表现在开花、果实肥大、秋梢老熟等三个时期。杨梅花期空气湿度大，授粉受精良好，反之则差，若遇连续 5 d 平均相对湿度低于 70% 和平均日蒸发量大于 6 mm，则杨梅产量下降。杨梅果实肥大期降水量小于 100 mm 时，果实膨大受到明显抑制，果实细小，当年产量将明显降低。杨梅秋梢老熟期降水充沛，很容易诱发晚秋梢或早冬梢，降低来年开花植株的比例或单株花量，来年的杨梅产量将有不同程度的减产。

杨梅对光照的要求不严，在比较荫蔽的山谷也很适宜。

三、土壤

杨梅最适于松软、排水良好、含有石砾、pH 5.4～6.0 的沙质红壤土或黄壤土，凡狼尾蕨、杜鹃、松、杉等植物生长良好之山坡地，最适于栽培杨梅。又因杨梅与菌根共生，故在比较瘠薄、排水良好的山坡地反而比平坦沃地生长结果更为良好，长在平坦沃地处反而会引起树体徒长，容易落花落果。就土壤质地而言，沙砾土栽培杨梅，根系发达、吸收根占比多，树势中庸，枝梢不易徒长，叶片大、厚、浓绿，同化物质积累相对较多，早结丰产，优质果率高；黏性土栽培杨梅，根系虽发达，但菌根结瘤较差，同一果园株间树势参差不齐，大多植株叶片小、薄、淡绿色、易感染褐斑病，提早落叶，早结丰产后容易树体早衰；沙黏土栽培杨梅，栽种效果则居于沙砾土、黏性土之间。浙江不少地方的果农常常选择沙性或砾性土栽培杨梅，获得了树冠矮化、结果提早、产量较高的效果。如浙江省余姚市双河乡柳家岙村利用沙性土栽培成片的荸荠种杨梅，第三年开始结果，第六年单株产量达到 35～40 kg，50～60 年生的杨梅，树冠直径仅仅在 4 m 左右，产量较高而且稳定。

四、坡度与坡向

山谷密度大的地方，杨梅自然分布较多，但陡峭山坡地很少自然分布，栽培中为了方便管理，一般栽植在坡度 30° 以下的山坡地上，但与生长结果关系不大。山坡方向对杨梅的品质关系密切，背阳

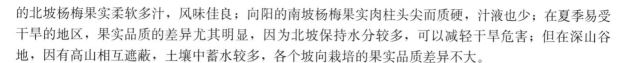

的北坡杨梅果实柔软多汁，风味佳良；向阳的南坡杨梅果实肉柱头尖而质硬，汁液也少；在夏季易受干旱的地区，果实品质的差异尤其明显，因为北坡保持水分较多，可以减轻干旱危害；但在深山谷地，因有高山相互遮蔽，土壤中蓄水较多，各个坡向栽培的果实品质差异不大。

五、海拔高度

江浙地区，海拔高度对杨梅产量、品质及成熟期产生比较明显的影响。如果海拔在 500 m 以上，年平均气温在 15 ℃ 以上的深山谷地，蓄水较多的各个坡向都可发展杨梅，但年均气温在 15 ℃ 以下，则对杨梅的生长发育不利，产量较低。海拔在 500 m 以下，随着海拔高度增加，果实的单果重下降，可溶性固形物含量增加，成熟期延迟。在浙江余姚，海拔 140 m 处的单果重为 11.04 g，海拔 470 m 处的单果重为 7.03 g；海拔 20 m 处的可溶性固形物含量在 11% 左右，海拔 300 m 处的可溶性固形物含量 12.5%～13.5%；海拔 30 m 处的成熟期为 6 月 22～28 日，海拔 130 m 处的成熟期为 6 月 26 日至 7 月 1 日，海拔 300 m 处的成熟期为 7 月 2～8 日。高海拔地区冬季与花期温度较低，易发生冻害，坐果率较低。

第五节　建园和栽植

一、建园

（一）园地选择

杨梅建园工作的好坏将对生产起着长远的影响，各地应以农业区划为依据，坚持高质量建园。宏观上把杨梅的生物学特性与生态环境如温度、降水量、土壤质地、果品销售等因子综合权衡考虑，为高效、优质、安全栽培奠定基础。微观上还应充分考虑果园小环境、植被等因素，趋利避害生产绿色果品：选择远离城镇居民区、工矿企业、废弃物和废旧物资堆放点，周边甚少种植瓜菜、多为自然植被或稻田，冬季有霜冻的园区，可大幅度降低果蝇为害果实；土壤植被多为阔叶的双子叶植物，特别是蕨类、杜鹃、青冈、橡子树等植物占优势开发的杨梅果园，结果提早，果形大，品质佳，相反，以单子叶植物占优势开发的果园，往往使杨梅生长过旺而结果不良，产量低，品质下降。

（二）园地规划

正确地规划园地，对果园建立有重要意义，尤其是山区建园更加重要，杨梅的栽培收益及生产成本与园地规划有密切关系。规划不当，对水土保持和果园的机耕将带来困难。

1. 园区划分　建园面积较大时，为了便于水土保持和经营管理，应把全园划分成若干面积 0.6～1.0 hm² 的种植小区。小区的地段可按山头的坡向来划分，最好不要跨分水岭，小区形状以长方形为妥，其长边可沿等高线横贯坡面。

2. 道路规划　要使公路、干路和小路成为系统。果园要小路连接干路，干路通往果园外公路，公路再通水路或铁路，使果实采收以后能及时运出销售。干路宽 5～6 m，通行机动车，上山的干路应根据地形地势修迁回盘山道，并在适当地段加宽作为车辆交汇的场所；小路宽 3 m 左右，便于生产资料和果实进出果园。

3. 水土保持　我国杨梅产区雨量充沛，春夏常遇暴雨，土壤冲刷严重。为了避免果园上部林地及未开垦地的山洪冲入果园，应在果园的最上方按等高方向挖一条深 30～60 cm、宽 60～100 cm 的横向拦水沟；依山势及自然水流路径，再加人工修筑加固，上接拦水沟、修筑纵向排水沟。依据当地杨梅栽种的山地坡度及人力、物力等条件，可采用挖掘机修筑梯田、等高定植壕、鱼鳞坑，深翻 80 cm 后开垦种植穴栽种杨梅，可节省大量人力用于后期果园土壤管理的扩穴改土。

（三）整地与改土

杨梅大都利用山地红黄壤进行种植，这些土壤本身十分瘠薄，土壤理化性质较差。通过扩大种植穴，增施基肥，使土壤理化性质不断改善，种植以后 3～4 年即开始结果。定植穴设置在梯田或鱼鳞坑外缘的 1/3 处；挖穴的规格为长宽各 1.2 m，深 0.7～0.8 m；一般在冬季进行挖穴，在深翻土壤时不可把土层搞乱，应将表土放在一边，底土放在另一边，使其在冬季经冰冻风化，达到改良土壤的目的。到春季定植时，先放底土、后放表土，再将一定数量经过充分熟化的有机肥和土壤混合后填至穴深的 80%，再行苗木定植；有机肥可用垃圾、畜禽粪便、河泥、饼肥、堆肥等；每个定植穴用垃圾 35～40 kg，或堆肥 50 kg，或家畜家禽屎便 25～30 kg，或饼肥 3～4 kg，再加过磷酸钙 1 kg。有机肥不足时，土壤改良的效果甚微。

二、栽植

（一）品种选择

由于杨梅不耐贮藏，供应期短暂，在选择品种中，应利用不同成熟期的优良品种，互相搭配来延长果实的供应期。例如：浙江慈溪把早种、早大种、荸荠种、荔枝种、粉红梅、迟山杨梅和风欢种等品种互相搭配，使杨梅的供应期从 6 月 11 日延续到 7 月 20 日，先后共 38 d；福建把早红、白蜜、大粒紫、细叶、半红等品种互相搭配，使成熟期从 6 月 1 日延续到 6 月 22 日，共 22 d；江苏吴县把凤仙红、早红、大红花、树叶、大核头、凤仙花、小黑头、大叶细蒂、乌梅、荔枝头、绿阴头、黄泥掌等品种互相搭配使成熟期从 6 月 12 日左右延续到 7 月 10 日左右；广东潮阳把山乌、乌酥两品种搭配使果实成熟期从 5 月下旬延续到 6 月中旬。

（二）授粉树配置

一般在种植 500～1 000 株的雌株中，只要配种 1 株雄株即可。种植后如没有授粉树，可以在雌株上高接雄枝。迄今为止尚未发现由于缺乏配置授粉树而影响杨梅的授粉和产量，可能是杨梅产区野生杨梅丰富、并存在雄株之缘故。此外，在雌株的花序中可以找到少数的雄花蕊，能产生正常的花粉供授粉之用。

（三）栽植密度

土层深，肥力条件较高，土壤偏黏性，种植时施肥较多的可以种得稀一些，相反可以种得密一些。目前我国杨梅每 667 m² 种植密度多在 15～37 株范围，其行株距有 7 m×6 m、6 m×5 m、4.5 m×4 m。随着人工控制树冠技术的推广，可以进一步增加种植密度，提高早期的产量。

（四）栽植时期

杨梅的定植时期可以分成冬植和春植。广东、福建、云南、贵州和四川等温暖地区，冬季没有严寒，一般在冬季 12 月或翌年 1 月定植。春植一般在 2 月下旬至 3 月上旬气温开始回升后，直到 4 月初杨梅春梢萌发前都可以进行，浙江、江苏、湖南、湖北、江西等省，冬季温度较低，常有冻害，一般采用春植。如果栽植过迟，幼树栽后根系尚未开始生长，新梢萌芽后得不到水分供应，影响成活或当年生长。定植应选择在阴天或小雨天进行，特别要注意不能在刮西北风的天气进行，在定植过程中防止根系暴晒的时间过长，以免根系干燥影响成活率。

（五）栽植方法

各地普遍喜用一年生苗，这种苗木运输方便，挖苗时根系损伤少，种植得法时成活率高达 95% 以上，但这些苗木的生长速度不及二年生苗；为了提早结果，如苗木运输方便或就地种植可以使用二年生苗。栽植前适当剪短过长的主根，剪除大部或全部叶子，短截主干，再将幼树根部放入已施下基肥的穴内，校正距离，对齐直行和横行，然后培土到高出根颈 10 cm 左右，等穴内的土壤下陷以后，根颈部分的高度和地面高度大致相平为止。种植不宜太深，否则深层土壤通气性不良，根系生长衰弱，树体生长大受影响；种植过浅，幼树在 7～8 月受干旱为害，造成小苗干枯；苗木要放正，须根向四周开展，避免卷曲，再盖以表土压紧，然后浇水和覆盖。

（六）栽后管理

杨梅苗木定植后，无论晴天还是雨天都必须当天浇足定根水，每株用一条支柱固定，防止树体摇动，有利于苗木成活和幼树生长。大多数杨梅产区的果农认为，杨梅种植以后只能浇水不能浇肥，即使稀薄的肥料也会引起根系腐烂，严重时植株死亡；幼树生长第二次新梢老熟后，开始追施淡粪水肥，应离苗木主干 50 cm 以上。种植当年，根系生长很弱，7～8 月高温季节，要松土、灌水和割草覆盖，防止水分蒸发，在福建的南部以及广东、广西等省份秋冬季节日照强烈，土壤干燥，一年生幼树要注意灌水和覆盖，但盖草要离开树干一定的距离，以免引虫为害树体。种植后第二、第三年，在春、夏、秋梢抽生前半个月，根据树冠大小，每株适量施入中氮、高钾、低磷复合肥 0.1～0.2 kg。结果前一年注意少氮增钾，促进花芽分化，可全年株施尿素 0.3～0.4 kg 加草木灰 2～3 kg 或加硫酸钾 0.2～0.3 kg。

第六节　土肥水管理

一、土壤管理

果园土壤管理是提高土壤肥力，改良土壤结构，加速深层土壤熟化，进一步控制水土流失，更有利于杨梅的生长和结果。杨梅生产是一个利用自然地力和天敌来生产果品的栽培体系，这种体系的投资少、成本低，扩大了杨梅的种植范围，但单纯依靠自然地力条件，杨梅生长缓慢，到 10 年左右才开始结果，见效慢，不能迅速反映出经济效益。为了克服其弊端，达到早期丰产和高产稳产，尚需根据杨梅的特性进行扩穴、培土、翻耕、间作等土壤管理措施，在集约栽培的条件下明显提早杨梅的始果期，增加产量，提高品质。

（一）扩穴

在苗木定植时所挖的定植穴 3～4 年后被杨梅根系所占满，根系扩展生长将遇到坚实的种植穴壁的土壤阻挡，必须逐年对种植穴外的未深翻的土壤进行深翻，一般靠近下坡面的土壤疏松，不需要深翻，而靠上坡面和左右两侧往往土壤未经深翻，应该进行深翻。土壤深翻时期以秋冬为宜，此时根系活动渐趋停止，即使由于深翻造成损伤亦容易愈合，恢复生长；春夏深翻不甚适宜，因生长季节内杨梅器官受伤以后，不易愈合，势必影响树势和生长；深翻的操作办法可以全园一次性进行，在劳动力不足的情况下可以以树干为中心每年逐步扩大，也可以在第一年翻深这一边土壤而第二年深翻另一边土壤，最后完成全园深翻。深翻结合冬季清园、增施基肥进行，扩穴深宽各 40～60 cm、长度与树冠冠幅一致，深翻土壤时不可把土层搞乱，应将表土放在一边，底土放在另一边，回填时将杂草和表土置于底层，基肥和底土置于上层，使底土在冬季经冰冻风化，达到改良土壤的目的。

山地杨梅果园开垦时，挖掘机深翻梯田、等高定植壕、鱼鳞坑等表层土壤 80 cm，替代果园土壤管理的扩穴工作，是最为经济高效的扩穴方法。

（二）培土

山地杨梅园由于土壤经常冲刷，根系容易暴露土外，培土可以保护根系，增加根系的伸展和吸收范围。培土一般就地取材，最常用的是山地表土、草皮泥，亦有用焦泥灰、塘泥等，每株 250～500 kg。在土层浅薄的山地果园常依赖客土来加厚土层，每年加厚 3～6 cm，等到杨梅成林时，所加土壤高出地面 30 cm 以上，形成矮主干或多主干的树冠结构，经过客土改良的果园，可使杨梅获得高产。在黏性重的果园，常加沙砾土和有机质或河泥、田泥，以改善土壤的通透性，提高土壤肥力，增加水分保持能力，有利于根系的菌根结瘤，避免成年杨梅丰产后树体早衰；广东潮阳是传统的杨梅产区，土壤黏性重、瘠薄，成年杨梅丰产后树体极容易早衰，当地果农创造性地在每年果实采摘后，以树干为中心，用稻草结绳围成 2～3 圈，再用有机肥和梯壁的草、泥培土 3～6 cm，取得连年丰产优质的栽培效果，俗称"围苑培土"。

(三) 翻耕

幼年杨梅生长量小，往往竞争不过山间杂草、杂树，导致生长缓慢，甚至死亡。因此，种下的小树要求一年内需结合除草中耕 3～4 次，在直径 1 m 左右范围内，连根清除杂草、杂树，并行土面覆草；经常中耕的果园可以改善土壤物理性质，提高渗透性和通气性，有利于固氮菌的活动，改善植株的营养条件。成年杨梅果园在冬季休眠期翻耕一次，翻耕深度 15 cm 左右。多数杨梅在没有筑成梯田的斜坡上种植，易受大雨的冲击，在夏秋雨水期，除去与杨梅争肥能力强的木本和旺盛的草本植物，保留长势弱的蕨类或其他双子叶植物，这样既起到松土作用，又防止水土流失，以免杂树与杨梅竞争水分。

(四) 间作

杨梅幼树种植以后到进入旺果期以前，树冠及根系的分布范围较小，可以利用株行间空隙地进行间作其他作物，但所栽培作物不能离根太近，否则会影响杨梅生长。大部分杨梅园因为远离村落，没有进行间作；在浙江省的余姚、慈溪、黄岩、温州等地离村落较近的杨梅果园，则常常间种作物。春季种植大豆、花生、绿豆、豇豆、甘薯等；冬季种植绿叶、蔬菜、萝卜、豌豆、蚕豆。由于种植这一类作物时进行了松土、施肥，有利于杨梅的生长和结果，间作以后的杨梅园往往产量很高。

二、施肥管理

(一) 需肥特点

根据对杨梅果实的分析，每吨果实含氮 1.40 kg、五氧化二磷 0.05 kg、氧化钾 1.50 kg、氧化钙 0.05 kg、氧化镁 0.16 kg，表明杨梅需要的大量元素是钾和氮，磷、钙、镁则是需要的中量元素；依据缪松林对浙江余姚优质丰产杨梅园的调查，土壤含氮 0.079%～0.096%、磷 0.907%～1.11%、钾 0.004 7%～0.005 6%，表明土壤能提供的氮、磷、钾肥料很少；杨梅虽和放线菌共生，有固氮作用，但固氮的数量很少。鉴于以上原因，土壤的营养元素，除了磷以外，氮素仍然缺少，而最缺的是钾肥。与其他果树相比，杨梅果实养分吸收量相对较低，尤其是对磷（P_2O_5）的吸收量仅为温州蜜柑的 1/8；据最近几年对浙江黄岩、广东河源的东魁杨梅丰产优质果园观测试验和验证结果表明，按每 667 m² 种植 18 株，产量 1 350 kg 折算，9～12 年生成年结果树年间吸收 N、P_2O_5、K_2O 的比例为 100∶30∶（300～400），其中磷肥不宜采用化学肥料，一般采用富含有机态磷的腐熟有机肥效果较好，以烘干鸡粪最为适宜。

杨梅对氮的需求比钾低，表现在树体生长和果实发育的各个时期，但据李三玉等（1980）试验表明，在杨梅施钾量适中、花芽分化前每株适量施用 0.25 kg 氮，可加速杨梅的花芽分化和发育。磷能促进杨梅新根的发生和生长，提高坐果和促进果实发育，但从实践来看，杨梅单独施用磷肥，坐果率虽然提高，果实却变小并且果形不端正、品质降低。钾是杨梅生长发育需求量最大的肥料，各个时期的生长发育均需较高水平的钾肥，可使根数量增多、枝叶生长旺盛，果实糖分提高、色泽艳丽、耐贮运性增强。杨梅对硼十分敏感，当土壤中有效硼含量低于 0.09 mg/kg 时，树体衰弱，枝条顶端小叶簇生，新梢、多年生枝条枯死，同时花芽分化不良，落花落果严重，产量降低；因此，杨梅开花前叶面喷施和土壤施用硼肥相结合，能提高坐果率、增加产量；但硼素过量会引起毒害作用，喷消石灰可抑制对硼的过量吸收。

(二) 基肥

1. 施肥时期 受 12 月至翌年 2 月严冬天气的影响，杨梅根系生长处于停滞期，基肥应在此期施入土壤，到春季根系活动可以吸收充足的矿质营养，满足杨梅开花坐果、春梢生长、果实膨大、果实成熟之所需，以及可以促发较多的结果枝，为次年结果打下基础。目前杨梅产区的不少果农把基肥放在春季施用，所施肥料没有腐熟，到达开花季节和春梢萌发，春梢和幼果很难吸收到营养。

2. 肥料种类和数量 用作基肥的肥料种类，有粗肥和精肥两大类，以及微量元素肥料。粗肥主要有火烧土、堆肥、草皮泥、肥土和垃圾，每株杨梅常用堆肥 40～45 kg，或火烧土、草皮泥、肥土数百千克；近十多年规模开发的杨梅果园，大多采用火烧土作为粗肥，冬季清园时清除树枝、杂草、草皮泥，统一移到果园的空地，用暗火煅烧后再作为粗肥施用。精肥有禽畜粪便和饼肥，沙质土壤的成年树每株可施饼肥 6 kg 加腐熟厩肥 10 kg，冲积土壤和红壤每株施饼肥 6 kg 加腐熟厩肥 15 kg；以烘干鸡粪作为基肥最理想，鸡粪中的氮有 50% 左右是速效氮，放入后当年就能被根系吸收，可减缓叶片老化，增加贮藏养分，鸡粪中的磷以有机态磷被聚集起来，变为结合态，缓慢被杨梅根系吸收，均衡供应树体所需，这样可防止杨梅栽植的酸性红黄壤磷的缺乏或富余。对杨梅而言，微量元素肥料包括农用硼砂、硫酸镁和硫酸锌等；沙质土壤的成年树每株可施硼砂 50 g 加硫酸镁 25 g，红壤的成年树每株施硼砂 50 g 加硫酸镁 50 g 和硫酸锌 25 g。

3. 施肥方法 依据杨梅树龄的大小可采用：

（1）盘状施肥。以幼年树比较适宜，即以杨梅的树干为中心，把土壤呈圆盘状耙开，施肥盘的大小与树冠相当，深度在 20～30 cm，耙出的土堆在盘外四周，成为外围，均匀撒施粗肥、精肥、微量元素肥料以后再覆土。

（2）环状施肥。以主干为中心，按树冠大小挖环状沟，深度在 20～30 cm，火烧土等粗肥宜深施，烘干鸡粪等精肥可浅施，再撒施微量元素肥料以后盖土，此法适用于大树施肥。

（3）穴施或放射状施。由于杨梅大树根系延展很广，而肥料数量有限，为了更好地发挥肥料的效果而集中施用肥料，可以采用穴施或放射状施肥；穴状施肥，以树干为中心，与树冠周围的弧式线平衡，挖 5～6 条沟穴，沟之长短、深度视所用肥料多少和树冠大小而定；放射状施肥，以主干为中心，与树冠周围的切线垂直，挖 5～7 条放射状沟，沟长 70～80 cm，宽 30～40 cm，深 30 cm，肥料施入后盖土。

（三）追肥

结果树以高产、稳产、优质、高效为目标，全年土壤追肥 1～2 次，施肥原则为增钾少氮控磷；根外追肥 2～3 次。

1. 壮果肥 果实硬核期施入。重点是大年树，长势弱、果实多的树，对小年树、长势强、果实少的树可不施或少施，否则会加剧杨梅的大小年现象。施肥以钾肥为主，配施少量氮肥，满足果实膨大、春梢生长所需的营养，以利调节营养生长与生殖生长的平衡。尤其是花量多、结果多的大年树，这次追肥后，既能补充个头较大的幼果生长所需养分，又可加速个头细小的幼果脱落、增加春梢的发生量，为次年具有充足的结果预备枝打下良好的基础，对于小年树或基肥施足时可不必施壮果肥。目标株产 50 kg 的树，一般株施尿素 0.25～0.5 kg 加硫酸钾 0.5～1.0 kg。

2. 采果肥 采果后 2 周内施入。由于开花结果及枝梢生长消耗了大量养分，随后是杨梅的花芽分化期，因此采后及时追肥，以利恢复树势，促进抽生夏梢，促进花芽分化，增加翌年花量。然而对小年树来说，由于结果量少，负担轻，树势生长旺盛，这次追肥可不施。视树体情况，可株施腐熟栏肥 10～25 kg 拌硫酸钾 1.0～1.5 kg，另加过磷酸钙 0.5 kg，但过磷酸钙不宜施用于大年树，不利于树势恢复，宜施用于小年树，以利提高翌年坐果率和产量，并且用量不宜过多，不然坐果过多，果变小且果形不端正，品质降低，甚至树皮裂开。

3. 根外追肥 主要在果实生长期应用。树势弱的大年树，开花前喷布 0.3% 尿素，可壮花、提早春梢抽生和增加春梢数量。树势中庸的丰产树，花期喷布 0.2% 硼砂加 0.3% 磷酸二氢钾，可提高坐果率。坐果多的植株，果实硬核前期喷布 0.3% 尿素，可增加春梢数量、加速细小颗粒脱落。果实生长期喷布 0.2% 尿素加 0.3% 磷酸二氢钾或高效稀土液肥 1 200～1 500 倍液，促进叶片生长，提高光合作用，改善果实品质；一般喷布 1～2 次为宜，次数过多，会促使营养生长过旺，影响果实品质。

三、水分管理

杨梅分布在长江流域以及我国南方各省的山地。这些地区的 2～3 月或 7～8 月降雨很少，地面蒸发强烈，土壤缺水严重，正值杨梅花穗抽生或果实采后恢复时期，需要充足的水分，易受干旱的危害。2～3月是杨梅花穗抽生时期，土壤水分供应不足，花穗抽生参差不齐，导致坐果多批次，除首批坐果能成为有效产量外，其他批次果实大多发育不良、品质不佳；为此，在杨梅抽生花穗之前充足灌水一次，可以明显提高当年产量。7～8月是夏梢发生和花芽分化发育的阶段，干旱容易影响枝条的发育而使花芽瘦小，使次年的果形变小，品质变差，在朝南的山坡影响更大；为此，在建园时应选择土层深厚地段进行土壤深翻，提高保水能力并诱使根系深入；在上半年根据实际情况，在果园内多设贮水沟和贮水槽，使雨水流入其中，供7～8月干旱季节使用；在6月底7月初梅雨即将结束时，对杨梅园全园中耕一次，并割杂草进行全园铺草以防止水分蒸发。

山地栽种杨梅，栽于山窝的植株，做好排涝，应全年保持排水沟畅通，避免土壤渍水，影响杨梅生长。

第七节　花果管理

一、抑梢促花

杨梅种植以后进入结果期较迟，一般来说5～8年开始结果，初结果树营养生长旺盛、成花不良。若使杨梅种植以后3～4年就能形成较大的树冠并开始结果，初结果树连年丰产，就要改进栽培措施，采用前促后控方法控制杨梅幼树生长，促进成花。主要农业措施包括选用早结果的品种、粗壮的嫁接苗提高建园质量，加强栽植后管理，合理施肥和整形修剪促进结果树冠的快速形成，培养较多数量的短壮结果枝、促进花芽发育等。其中，形成早结树冠后，通过去强留弱、通风透光修剪，增施钾肥、减少或停止氮肥使用，夏末秋初断根和晒根，并拉枝、吊枝、环割、环剥，喷布生长抑制剂等技术措施最为关键。生产上大多采用环割、拉枝、喷布多效唑等方法抑制杨梅营养生长，促进生殖生长。

（一）环割

杨梅栽植2～3年后，即可形成株高2～2.5 m、冠幅约10 m²、枝干分枝级数8～10级的早结树冠。通过调整土肥水管理和夏季整形修剪措施，合理环割，减少秋梢生长量、促进花芽分化，即可提早进入结果。为促进杨梅提早结果或者抑制成年树过旺生长，可以在杨梅采收期之后20～30 d，视树体长势环割幼年树主干或成年树主枝1～2圈，环割深度至枝干形成层为宜，特别是强健粗壮直立的幼年树冠或成年树辅养枝，抑梢促花效果尤其明显。环割以后经常出现叶色褪绿现象，施少量氮肥即可恢复。环割不当时，也会引起枝条的死亡，主要是由于环割伤口过宽或割后天气连续干旱，但这种情况并不常见。

（二）拉枝

杨梅栽植2～3年后形成早结树冠，进入结果期，为抑制成年树过旺生长，可运用拉枝技术抑梢促花。杨梅枝条硬而脆，在拉枝中很易折断，但在生长季节，即5～8月枝条较韧，不易折断，是拉枝的适宜时期。初结果树拉开主枝、副主枝的角度，抑制秋梢萌芽、生长，改善树冠内部结果枝的光照条件，促进结果枝花芽形成。过旺生长的成年树拉大辅养枝角度，抑制辅养枝上秋梢的盛发，保证杨梅结果枝花芽形成有足够的养料供应，可明显提高成花率。在秋梢旺发的枝序，结果枝成花率通常不足20%，而通过拉平辅养枝，抑制秋梢旺发，或者只长少量短秋梢，结果枝成花率可提高到70%以上。所以，拉枝是幼树提早结果或旺长树不可缺少的重要措施之一，拉枝不可能只进行一次就能拉成需要的角度，一般在生长季节需拉枝3～4次，才能使枝条拉到所需的角度。

（三）喷布多效唑

对于生长旺盛的适龄结果树，喷布多效唑抑梢促花是生产上普遍应用的技术措施。在夏、秋梢生长长度达到1～5 cm时，叶面喷施330～670 mg/L多效唑药液，以喷至叶片滴水为度，可明显抑制夏、秋梢的生长数量和长度，促进花芽形成；施用多效唑时配合人工拉大主枝和副主枝的角度，抑梢促花效果更佳。如果喷洒多效唑浓度过高或喷药量过大，经常出现枝叶受抑过重，果实变小、肉柱病发生严重等现象，因此不宜连年使用；喷布多效唑后如发现新梢过于缩短，可在翌次新梢生长至 2～3 cm 时，喷洒 40 mg/L 赤霉素药液，促使新梢伸长生长。

二、保果

杨梅自然坐果率高，树势中庸的植株，只要有适中的花量，都能丰产。对于生长旺盛的杨梅树，在花期降雨不充沛的地区或年份，一般采取不施氮、增施钾和磷肥的措施保果；在花期降雨充沛的地区或年份，同时采用环割措施提高坐果率，环割时期以盛花末期为宜，如浙江北部地区，一般在 4 月 10 日前后进行，选取直径 3～5 cm 的主干或主枝环割一圈，不论幼树或过旺的成年树，通过环割能使坐果率从 3%～5% 提高到 20%～30%，明显提高产量。

三、疏花

疏花是控制杨梅大小年结果的主要措施之一。针对树势偏弱，花枝、花芽过量或结果过多的树，结合春季修剪，于 2～3 月短截树冠中上部的 1/3 中小枝组，保留枝桩 10～20 cm 促发新梢，疏删花枝和密生枝、纤细枝、内膛小侧枝。在人工疏花的基础上，树冠喷施 330 mg/L 多效唑药液进行化学疏花，以喷湿叶腋幼果或花朵、叶片不滴水为度，使用多效唑时应注意浓度不能过高，也不能在初花期施用，以免疏花过多。初次实践此项技术的果园，最好在经验丰富者指导下进行，以免疏花无度，效果不佳。对弱树和花芽过多的树，在果实采收后花芽生理分化期喷 100～300 mg/L 赤霉素，每隔 10 d 喷一次，连续喷 3 次，对减少翌年大年的花量、提高果实品质有显著的效果。

四、人工疏果

疏果是提高杨梅果实品质的主要措施之一，对东魁等大果型品种可推广人工疏果。人工疏果时期在定果后果实迅速肥大前分 2～3 次进行。先疏除密生果、畸形果、病虫果，后疏小果。浙江余杭超山果农对大炭梅的疏果标准是：同一基枝上的结果枝，每 6 条中留 3 条结果枝上果实，另 3 条疏去，留下的每条结果枝保留 2 个果实；树冠上部少留，下部多留，这样可促进夏梢多发，形成结果枝，减少大小年结果的幅度。浙江黄岩、临海经验：东魁杨梅实行 2 次疏果，即 4 月 25 日果实花生仁大小时进行第一次疏果，每个结果枝留 2 果；5 月 10 日果实达到拇指指甲大小时进行第二次疏果，5 cm 以下的短果枝留 1 果，5～15 cm 的中果枝留 1～2 果，15 cm 以上的长果枝留 2 果。与对照相比，大年单果重增加 32.6%～48.5%，糖度提高 1.7%～2.2%，优质果率提高 59.0%～81.1%，单株产值为对照的 6.49～10.52 倍；小年单果重增加 2.9%，糖度增加 1.1 白利度，平均单株产值为对照的 2.98 倍（表 15-3）。

表 15-3　人工疏果对东魁杨梅产量和质量的影响

（颜丽菊等，2003）

年份	处理	株产（kg）	单果重（g）	成熟期（月/日）	可溶性固形物（%）	优质果率（%）	株产值（元）
1999	疏果	50.3	23.6	6/23	12.1	87.0	538.5
	对照	113.0	17.8	6/26	10.4	5.9	83.0
2000	疏果	57.0	24.9	6/22	12.3	90.5	782.0
	对照	17.5	24.2	6/24	11.2	95.0	262.0
2001	疏果	76.0	24.5	6/17	11.3	59.0	568.0
	对照	162.0	16.5	6/20	3.1	0.0	54.0

第八节　整形修剪

杨梅生长旺盛，往往使营养物质大量用于生长而结果延迟，通过整形修剪使生长向开花结果方向转化，提早结果、提高产量、提升品质，因此，整形修剪是杨梅栽培技术中的重要环节。整形的作用是使树体矮化，便于生产管理和提早结果；使整个树冠凹凸不平，增加光照和结果表面积，单位体积内叶片数量增加，叶形变大，有利于光合作用和糖的积累，增加产量。修剪使各部位的结果数量均匀，使果实大小和品质整齐一致；调节生长和结果的平衡，缩小大小年的幅度；更新整个结果枝群，或者整个树冠，延长结果寿命。

一、整形

杨梅整形的主要目的是提早结果，使树体矮化便于劳作。目前生产中杨梅常用的树形有矮冠开心形和自然圆头形。

（一）矮冠开心形

定植时在离地 30～40 cm 处进行剪截定干，待发枝后的第一年以抹芽为主，从离地约 20 cm 起选留第一个主枝，以后每隔 15～20 cm 留第二、第三个主枝，3 个主枝均选生长强壮、不轮生的枝条，主枝开张角度为 50°左右，且均匀地向 3 个方向伸展，留用的每个主枝保留 2 个夏梢，其余抹除，夏梢上再抽发秋梢，则适当摘心，促使主枝充实粗壮。次年对主枝的延长头适当短截，使其按原方向延伸，并将主枝上所有侧枝短截，萌芽抽枝后，在主枝的侧面距主干 60～70 cm 处留一强壮枝作为第一副主枝培养，3 个主枝上的第一副主枝伸展方向均应在主枝的同一侧选留。第三年在各主枝的另一侧距第一副主枝 60～70 cm 培养第二副主枝，第四年距第二副主枝 40 cm 左右处再培养第三副主枝。一个主枝培养 2～3 个副主枝，副主枝与主枝的夹角一般为 60°～70°。主枝、副主枝的延长头每年适度短截延伸，并在其上尽量分布侧枝群，以充分利用空间，增加结果体积，但侧枝群在主枝、副主枝上的分布应上下、左右错开，侧枝群的大小自主枝、副主枝的上部至下部渐次增大，呈圆锥状分布。矮冠开心形大主枝仅 3 个，并向四周开张斜生，中心开张，阳光通透，树干不高，管理方便，树冠上侧枝较多，能充分利用空间，提早结果。

（二）自然圆头形

杨梅苗木定植后任其自然生长，最后也能形成圆头形树冠，但是任其自然生长，如果主干上主枝过多，枝条过密，树冠郁闭，易造成骨干枝光秃，内膛空虚，表面结果，产量不高。因此，为了使自然圆头形树冠获得优质高产，应加以人为整形。一般苗木定植后，在离地 30～40 cm 处进行剪截定干，待发枝后，留生长强壮、方位适当的枝条 4～5 个作为主枝，主枝在中心干上下各保持 10～15 cm 的间距，开张角度 40°～50°向四周伸展，主枝间互不重叠。次年主枝顶端继续延长，在主枝基部可留些侧枝，如见有徒长枝应及时从基部除去，这时如主枝间距离过宽，可选强壮分枝做副主枝培养，以便充分利用空间。总的要求是主枝与主枝或主枝与副主枝间应保持 70～100 cm 的间隔，务必使主枝或副主枝上所发生的侧枝都可得到充足的光照，树冠内部或下部都能结果。

二、修剪

如果放任杨梅自然生长，随着树冠的扩大，结果部位逐渐外移，至一定的树龄，树冠扩大缓慢，则在树冠顶部及外围抽生密集的枝叶，而树冠内部及下部由于光照少而大部分骨干枝光秃，无结果单位，这样树体仅在表面结果，产量低，且树体衰老快，同时喷药、采收等操作管理极不方便。因此，杨梅进入结果期后，为改善树膛和下部的光照条件，使内膛和下部结果，从而达到树冠上下内外立体结果，提高产量，延长结果寿命，增加效益，调节生长与结果的矛盾，缩小大小年结果的幅度，控制树冠高度，需对树体进行修剪。

（一）生长期修剪

于 4 月中旬至 9 月中旬进行，修剪目的是开张树冠，培养粗壮的中短结果枝，控制秋梢旺发。春季发芽后到秋季生长停止以前及时除去树体上的无用萌蘖，包括主干基部发生的徒长枝，主枝、副主枝和大型辅养枝背面发生的过强枝条。同时在春季枝梢开始生长后组织尚未木质化时对其进行摘心。一方面可提高坐果率，减少落果；另一方面又可促进树冠空秃部分的徒长枝抽发二次枝，进而演变成结果母枝。此外，通过拉枝和撑枝使主枝和主干开张角度，促使杨梅树冠开张，改善光照，达到立体结果。对内膛空虚的杨梅树应先在采摘后迅速进行一次夏季修剪，至 7 月上中旬前结束，可促发夏梢，充实内膛，控制晚秋梢，强壮春梢结果枝，加快花芽形成。

（二）休眠期修剪

掌握强树早剪、弱树迟剪的原则。强树在 10 月下旬至 11 月进行为宜，过早易抽晚秋梢，过迟易遭受冻害；弱树以次年春季 2 月下旬至 3 月上旬修剪为宜，过早易受冻害，过迟影响开花抽梢。成年结果树，采用截去大枝、疏删小枝及回缩与短截相结合的修剪方法，控制树冠高度，防止内膛空虚，达到立体结果。修剪时，先锯去上部直立大枝，然后疏除徒长枝、枯枝、病虫枝、纤弱枝、密生枝、垂地枝、重叠枝和晚秋梢。在主干与主枝上，间隔 30 cm 左右培养一个结果枝组。对一个枝条上抽生的多个小枝，树冠上部的应去强枝留弱枝，保证果实品质。

（三）大年树修剪

对于杨梅大年树，由于上一年结果量少，则大量营养枝转变成结果枝，花果量大，营养消耗多，积累少，树体营养生长减弱，春梢等结果枝发生量少，花芽不易形成。因此，大年树的修剪原则是：在保证当年产量的前提下，适当控制花果留量，减少养分消耗，增加养分积累，促进结果枝的发生，为小年丰产奠定基础。具体措施有疏、缩不合适的大枝、枝组，大年树修剪可重些，对树冠上部或外部位置不当或空间不适合的大型枝组进行回缩或从基部疏除，这样可去掉许多花芽；结果枝组修剪要留一定比例的更新枝，即对发育枝、结果枝短截，或对部分多年生枝进行回缩修剪，促进隐芽萌发，抽发壮枝，使枝冠内结果枝与发育枝保持合适的比例。

（四）小年树修剪

小年树花果量少，产量低，树体营养消耗少，积累多，树体营养生长旺盛。因此，小年树应尽量保花保果，提高坐果率，使小年不小。修剪时应尽量保留结果枝，开花时及时摘除结果枝顶端的嫩梢，或盛花末期对粗度 3～5 cm 的枝干进行环割，提高坐果率。

（五）衰老树修剪

当杨梅树势老衰、产量下降时可行更新，按树势衰退程度进行。

1. 局部更新　对树冠上部已有部分侧枝或主枝枯萎的树体，应将衰弱或枯死的主枝重截，对留下各枝分 2～3 年更新，每年仍保持一定产量的同时，树势恢复较快。

2. 主枝更新　对树冠上部空虚、分枝少而纤弱、中下部发生大量萌蘖枝的树体，可将新枝上部的衰退骨干枝全部截去，并疏除部分新枝，更新后 2～3 年树冠可恢复。

3. 主干更新　如果整个树冠几乎衰败，但主干仍粗壮健康，可在主干基部截去，促使隐芽萌发新枝，经 3～4 年树冠可恢复。

第九节　病虫害防治

一、主要病害及其防治

（一）杨梅癌肿病

杨梅癌肿病俗称"杨梅疮"，是杨梅小枝及树干上的主要病害。

1. 为害症状　初期病部产生乳白色的小突起，表面光滑，逐渐增大形成肿瘤，表面变得粗糙不平，呈褐色至黑褐色。在树干上发病，常使树势早衰，严重时也可以引起全株死亡。

2. 病原　癌肿病是一种细菌性病害，鉴定认为是丁香假单胞菌杨梅变种（Pseudomonas）。在5～35℃的温度范围内均能生长，以25～30℃为最适宜；在 pH 5～9 的培养基上都能生长，以 pH 6～8为最适宜。

3. 发生规律　病原菌在树上和果园地面的病瘤内越冬。次年春季细菌从病瘤内溢出，通过雨水的溅散和自上往下流动把病菌传播；除此以外，病菌还通过枯叶蛾传播，凡是病重的地区，枯叶蛾虫口密度均较高。病菌是从伤口侵入杨梅体内，大约4月底至5月初开始侵入枝梢，在20～25℃的条件下，经过30～35天的潜伏期就开始出现症状。新病瘤从5月下旬开始出现，在6月20日以后增加。幼树很少发生，随着树龄增大，伤口增多，病瘤也逐渐增加。不同杨梅品种发病也有差异，一般以小炭梅、湘红杨梅和早大种发病较重，大炭梅、荸荠种和荔枝种发病较轻。

4. 防治方法

（1）农业防治。①禁止在病树上剪取接穗和出售带病苗木，在无病的新区，如发现个别病树，应及时砍除并烧毁。②冬季清园时剪除并烧毁发病的枝条，以免病菌再行传播。③在采收季节，避免穿硬底鞋上树而损伤树皮、引致病菌感染。

（2）化学防治。春季在肿瘤中的病菌溢出之前，用利刀刮除病斑并涂以 200 倍液抗菌剂 402，当愈伤组织形成以后，病斑自行脱落。

（二）杨梅褐斑病

杨梅褐斑病是杨梅叶片上的一种主要病害。

1. 为害症状　主要为害叶片。开始在叶面上出现针头大小的紫红色小点；中期逐渐扩大呈圆形或不规则形病斑，中央浅红褐色或灰白色，其上密生灰黑色的细小粒点；进而病斑连接成斑块，最后干枯脱落。发病严重者，特别是在黏重土壤上的杨梅树，在10月就开始落叶，到第二年70%～80%的叶子掉落，但发病轻者到第二年的4月开始落叶。

2. 病原　切片鉴定认为它是真菌类子囊菌亚门，腔菌纲座囊菌目座囊菌科的 *Mycosphaerella myrica* Saw 引起的病害。

3. 发生规律　该病一年发生一次，病菌以子囊果在落叶或挂在树上的病叶中越冬。第二年4月底至5月初，子囊果内的子囊孢子开始成熟，下雨以后释放出来的子囊孢子借风传播蔓延，7～8月高温干旱时停止蔓延；病菌侵入叶片组织以后潜伏期3～4个月，8月下旬出现新病斑，10月开始病情加剧，11月开始大量落叶。

4. 防治方法

（1）农业防治。①建园地点应选择排水良好、光照充分的砂砾质土壤，海拔较高的山腰或山顶种植杨梅，发病较少。②加强栽培管理，多施禽畜肥和饼肥等有机肥料和钾肥，及时清扫果园内的落叶，集中烧毁或深埋，减少越冬病原。

（2）化学防治。在杨梅果实采收后喷一次 70%甲基硫菌灵 800 倍液，或 65%代森锌 600 倍液。

（三）杨梅干枯病

1. 为害症状　主要为害枝干。初期为不规则暗褐色的病斑，随着病情的发展病斑不断扩大，并沿树干上下发展，病部由于水分逐渐丧失而成为稍凹陷的带状条斑；病部与健康部有明显裂痕；后期病部表面着生很多黑色小粒点，发病严重时，病部可以深达木质部。当病部蔓延，环绕枝干一周时，枝干即枯死。

2. 病原　属于真菌类半知菌亚门腔胞菌纲黑盘孢目黑盘孢科，学名为 *Myxosporium corticola* Rostr。病菌中的两属即粘盘孢子属（*Myxosporium*）与长盘孢子属（*Gloeosporium*）近似，其差异前者主要是侵害树干，后者主要侵害叶片和果实。

3. 发生规律　该病菌是一种弱寄生菌，一般从伤口侵入，当寄主生长衰弱时，才会在树体内扩展蔓延，故发病轻重与树势关系密切。

4. 防治方法　①加强管理，多施有机肥料和钾肥，增强树势，提高对本病的抵抗力。②在采收季节，避免穿硬底鞋上树而损伤树皮、引致病菌感染。③早期刮去病斑，冬季清园时剪除病枝，在伤口涂抹抗菌剂 402，伤口容易愈合。

（四）杨梅梢枯病

杨梅枯梢病又名小叶枯梢病，是由于树体缺硼引起的生理病害。

1. 为害症状　叶小、梢枯、枝丛生、不结果或很少结果。可全树发病；但更多的是半株或在若干枝条上发病，或者树冠顶部发病，基部主干与主枝分叉处抽生健壮枝条。

2. 发生规律　土壤有机质、有效硼含量低，速效磷、交换性钙钾含量高的果园发病较多。

3. 防治方法　①树冠喷施 0.2％硼砂溶液，并加入倍量的尿素，以喷湿叶片为度。②施有机质基肥时，每株加入硼砂 50～100 g。

（五）杨梅枝叶凋萎病

杨梅枝叶凋萎病又称杨梅枝枯病、杨梅青枯病，具有发病快、病程长、传染性强等特点。

1. 为害症状　当年枝梢急性凋萎，叶片不脱落，植株枯死；或当年枝梢叶片首先急性青枯，后渐渐呈枯黄、褐黄直至枯死，1～2 个月后叶片才渐渐脱落。

2. 病原　尚不明确。

3. 发生规律　有机肥施用不足、氮肥施用过量，结果过量的植株，在果实采收后，容易发生枝梢急性凋萎，植株枯死。一般果园该病在 9 月先从树冠上部出现零星叶片青枯，之后顶部、外围枝条及内膛枝均有不同程度的发病，次年春季症状减轻，甚至正常抽梢、结果，但秋季出现更严重的症状，重复 2～4 年，根系枯死，植株死亡。

4. 防治方法

（1）农业防治。①加强管理，增施有机质基肥。②大年树疏花、疏果，控制结果量。

（2）化学防治。病情较轻的植株在花期、夏秋梢萌芽期、秋末，使用青枯立克 100～150 mL 加大蒜油 30 mL、根基宝 100 mL、尿素 100 g，兑水 30 kg 灌根，每个时期 2 次，间隔 7 d。

（六）杨梅肉柱病

杨梅肉柱病俗称"杨梅花""杨梅火"，是近年来杨梅果实上发生率较高的一种生理性病害。

1. 为害症状　幼果表面破裂，果肉呈不规则凸出，并且失水绽开，裸露的核面褐变，随着果实的成熟，轻则病部附近木质化、食用价值降低，重则鲜果不能食用。

2. 发生规律　该病在果实硬核后至成熟前最易发生。一般长势过旺、使用多效唑抑梢促花的果园发病较多，树冠中、下部或长势过弱、结果较多的树受害严重。发病品种以东魁较重，荸荠种稍轻。

3. 防治方法

（1）农业防治。加强树势调控管理，培育中庸树势。

（2）化学防治。①杨梅幼果绿豆大小时喷 70％甲基硫菌灵 800 倍液加高美施 600 倍液。②杨梅果实硬核后喷施 30 mg/L 的赤霉素药液一次，可减轻该病的发生。

二、主要害虫及其防治

（一）松毛虫

幼虫初孵化时，群集于新梢叶片上，食害嫩叶，1 周后，开始分散食害，食叶量显著增大，受害叶片严重时只剩叶脉。幼虫结茧化蛹，茧为丝状黄白色，缀于叶片上；成虫体色灰黄，两翅有褐色斑块和 4 个黑点。1 年发生 1 代。幼虫于 4 月上旬孵化，幼虫期 35～40 d，于 5 月上中旬结茧化蛹，经 10 d 后羽化。

防治方法：

（1）物理防治。①4月上旬幼虫孵化初期、集中危害时人工捕杀。②利用成虫趋光性较强的特性，5月中下旬点灯诱杀。

（2）化学防治。4月中下旬发现幼虫时，用20％杀灭菊酯4 000倍液防治。

（二）白蚁

蛀蚀根颈及树干并筑起泥道，沿树干通往树梢，损伤其韧皮部及木质部，造成树体水分和养分等物质输送受阻，使叶片、枝梢及根系均呈"饥饿"状态，最后叶黄脱落，枝枯树死，老树受害尤烈。白蚁群集土居生活，每年4月初在土中咬食根部，并出土沿树干筑泥道啃食树皮，11月始集中于巢内越冬。

防治方法：

（1）物理防治。①挖掘蚁巢，烧死蚁群。②诱杀。在白蚁危害的四周地面上，堆放白蚁爱吃的松木、甘蔗、茅草等，上盖塑料薄膜，再盖上嫩草，每隔2～3 d检查一次，如果有白蚁即用灭蚁灵粉剂喷杀，或散施地虫克星颗粒剂；5～6月闷热天气的傍晚，可点灯诱杀成虫。

（2）化学防治，在白蚁进出的孔道上喷亚砒酸、水杨酸合剂或灭蚁灵消灭蚁群。

（三）小蓑蛾

小蓑蛾俗称避债虫、蓑衣虫、袋皮虫、背包虫、茧虫，属鳞翅目蓑蛾科。为害杨梅新梢叶片和一年生枝条的木质部，往往以大量的虫口集中到少数几株树上食害，吃光嫩叶，并使小枝枯死。1年发生2代，以老熟幼虫在护囊内越冬，次年4～5月化蛹、羽化成虫、产卵、孵化第一代幼虫，从护囊爬出咬碎叶片，连缀一起做成新护囊；7～9月孵化第二代幼虫，危害最烈，受害叶片发红、造成早落，危害严重时，仅剩下叶柄、叶脉，越冬前吐丝闭囊口，将护囊缠挂树上。

防治方法：

（1）物理防治。冬季修剪时或幼虫危害初期，人工摘除护囊，集中消灭。

（2）化学防治。在幼虫孵化盛期和幼龄幼虫期，用敌百虫或杀螟松乳剂1 000倍液，喷湿树冠内外。

（四）卷叶蛾

卷叶蛾俗称卷叶虫。幼虫食害叶肉，在顶端幼嫩叶片上吐丝裹成一团、卷于当中，结茧化蛹，使新梢生长缓慢，长势衰弱。1年发生2次，幼虫在5月底至6月中旬和7～8月为害幼嫩叶片。

防治方法：

（1）物理防治。苗圃和低矮树冠的杨梅树上发现时，及时用人工捕杀。

（2）化学防治。幼虫期喷布90％精制敌百虫1 000倍液，或20％杀灭菊酯4 000倍液，均有很好效果。

（五）杨梅果蝇

杨梅果蝇是一种杂食性害虫，主食腐烂的水果、蔬菜等植物体。杨梅果实着色后，会吸引正在繁殖的果蝇到杨梅上产卵，孵化后的幼虫食害杨梅果肉为生，等到幼虫成熟后，才会变成果蝇飞走。杨梅果蝇在田间世代重叠，不易划分代数，各虫态同时并存，一个世代历期4～7 d，发生盛期在果实着色期至采收结束期，与食物条件优劣正相关。

防治方法：

（1）农业防治。①选择远离居民区、周边不种植果菜的区域建园。②清洁果园，果实着色期清除杨梅生理落果并深埋，减少虫源。

（2）物理防治。果实着色期用敌百虫、糖、醋、酒、清水按1：5：10：10：20配制成诱饵，用塑料钵装液置于杨梅园内，定期清除诱虫钵内虫子，每周更换一次诱饵。

（3）化学防治。果实成熟前用50％辛硫磷乳油1 000倍液对地面喷雾处理，压低虫源基数。

第十节 果实采收、分级和包装

一、果实采收

杨梅果实成熟期和采收期依产地和品种而异：贵州的矮杨梅成熟最早，4月即开始成熟和采收；广东、福建、四川等省的杨梅在5月中下旬开始成熟和采收；浙江、江苏、安徽、江西、湖南等省，在6月中旬至7月上旬成熟和采收。乌杨梅品种群如荸荠种、晚稻梅和丁岙梅等，在果实发红时味道仍酸，只有转变到紫红色或紫黑色时，甜酸适口呈现最佳风味，此时为最佳采收期，如果不及时采收，果实颜色变成炭黑色，风味反会变差，甚至变质腐烂；红杨梅品种群如东魁杨梅，在充分成熟时果实不会发紫，其成熟标志是肉柱肥大、光亮，色泽变成深红或微紫即可采收；白杨梅品种的采收是果实肉柱上的叶绿素完全消失，肉柱充分肥大，变成白色水晶状发亮，即是成熟的标志，一般白色品种群中属于纯白色的数量很少，多数品种在充分成熟时略带粉红色，特别是干旱年份果实成熟时，红色素成分增加。果实采收成熟度，根据销售终端地点不同而确定，近距离运输果实可以完熟时采收，中距离运输果实以九成熟采收为好，远距离运输果实以八成熟采收为好。

在浙江杭州，有"夏至杨梅满山红，小暑假杨梅要出虫"等农谚，说明杨梅的采收时期很短。杨梅采收季节，气温较高、降雨多，果实成熟后极易腐烂和落果，故应抓住时机，随熟随采。采收前割除果园杂草、杂树，以便于采收。由于杨梅同一果园或单株的果实成熟时间不一致，所以要分期分批采收，劳动力充足时，每天采收一次，否则要隔天采收一次；采收时间以早晨或傍晚为佳，此时温度低，果实采后损耗较少，一般不宜在雨天或雨后初晴时采收，但遇果实过熟亦当采收。采收人员采摘前剪去指甲，以免刺伤果实，采收过程应戴一次性薄膜卫生手套，全程实行无伤采收操作，避免囊状体破裂；周转箱（筐）或采果篮内壁光滑或垫衬海绵等柔软物，容量10 kg以下为宜；采收时用手指握住果柄摘除，轻挑、轻采、轻放，禁止摇落果实，以免果实落地受伤和粘上泥沙影响果实品质和食品卫生；采摘后要轻拿轻放，随采随运，避免在太阳下暴晒。高大树冠顶部的少数果实，人工无法采收时，可在树下铺聚乙烯薄膜或草，摇落果实于薄膜或草上，再捡起放入容器，这些果实不宜远销或贮藏。

二、果实分级、包装和运输

杨梅采摘人员一般一人同时携带2只篮子，依感官果实大小、好坏、色泽一边采摘一边分级。档次高的放入小篮子，普通的放入大篮子，既可减少果实损伤，又可减少分级用工，大大降低采后果实霉烂率。面积较小的种植农户，采摘质量达标的果实，送到附近的收购点出售，进入鲜果物流销售模式；面积较大的果园，采摘质量达标的果实，直接进入鲜果物流销售模式。根据市场的需求，就地销售的果实，在采摘或少量装运时，可用透气性好的塑料箱、小竹篮和小竹篓，在内壁衬上新鲜的蕨类植物枝叶或荷叶，内放果实1.5～5.0 kg；这种容器的体积小，采摘时提在手上在树冠内行动方便，采后有时连果实一起直接售给消费者，使果实保持完整新鲜状态。质量不达标的果实，一般用作加工材料、就地腌制。

第十一节 果实贮藏保鲜

杨梅采收以八九成熟为宜，果实色泽由红转紫红或紫黑。采收应在晴天上午露水干后或阴天进行，不宜在雨天、雨后和高温下采收。采收时应戴洁净手套，轻摘轻放，避免果实肉柱损伤，并随时剔除机械伤、软化、霉变等果实。盛果容器应清洁、干燥，不宜过高过大，装果高度不宜超过20 cm，采摘前应在容器底部及四周垫柔软缓冲物。采下的杨梅应及时转移到预冷场所，来不及转移宜放在阴

凉、通风的场所，避免日晒。

杨梅采摘后，在 10~15 ℃操作间，按 LY/T 1747—2008《杨梅鲜果等级》要求进行挑选分级，分级后装入适宜销售的小塑料篮或竹篮内，装果高度不宜超过 15 cm，装果量不宜超过 2 kg，避免二次损伤。果实采收后应在 2 h 内完成分级并进行预冷，可采用冷库、强制冷风、真空冷却等方式，在 0~3 ℃的条件下预冷，使果心温度降至 3 ℃以下。经预冷后的杨梅可直接包装进入物流运输销售，也可置于保鲜库短期贮藏。杨梅低温贮藏温度宜为 0~2 ℃，相对湿度宜为 80%~90%，贮藏期间需每天检测库内温度。杨梅近距离运输销售，贮藏期不宜超过 5~6 d；远距离运输周转销售，贮藏期不宜超过 3~4 d。

出库后的杨梅，在果筐外选择厚度 0.02~0.03 mm 的聚乙烯薄膜包装袋进行充氮包装，为尽量降低袋内空气浓度，可用先抽真空，再充氮气的方法进行，充氮后薄膜包装袋应平整，不致影响外包装。将包装后的杨梅和冰瓶（袋）等蓄冷材料同置于 2~3 cm 厚的定型泡沫箱内并密封。杨梅与冰瓶（袋）的重量比宜不大于 4∶1；冰瓶（袋）为水等蓄冷材料在 −18 ℃条件下冻结制得。充氮与外包装环节应在 10~15 ℃的操作间进行。采用低温冷藏车运输，冷藏车车内温度应为 2~5 ℃。杨梅运输最长期限不宜超过 24 h。果实运达销售地后，应置于 0~2 ℃保鲜库内临时贮藏，宜在 48 h 内完成销售。

杨梅鲜果在运输过程中，行车应平稳，减少颠簸和剧烈振荡。码垛要稳固，货件之间以及货件与底板间留有 5~8 cm 间隙。

第十二节　设施栽培技术

利用塑料大棚改变杨梅生长发育的环境条件，可成功地促成杨梅果实早熟、提早上市，提高杨梅的栽培效益。杨梅设施栽培有简易竹制大棚、钢架大棚和大型温室 3 种结构形式。竹制大棚可利用山区竹林资源丰富条件，就地取材，成本较低，可连续使用 2~3 年；以单栋建造形式较方便，可用大棚卡槽固定薄膜和防虫网。大型连栋温室栽培效果较好，但成本高、投资规模大、建设周期长；建造时需在拱间设置集雨槽，其扣膜及压膜线安装不太方便，技术难度较大。近年来针对杨梅栽培开发的专用镀锌钢架大棚，成本适中，可连续使用 10 年以上，综合经济效益比较好；建造时根据杨梅园地条件，请大棚专业施工人员设计安装，以保证棚室的安全可靠。

大棚搭建高度要求比树冠高 50 cm 以上，以防止因阳光直射高温而灼伤叶、果；盖膜时间以元旦前后为宜，时间过早，大棚作用不明显；太迟也会影响栽培效果。当然，仅从防虫避雨的无害化生产角度来讲，可在杨梅硬核期搭棚，省去了低温季节的大棚栽培管理环节，节省了成本和用工。

该项技术适宜杨梅早熟产区。宜选用早熟、易结果、品质优良的品种。为方便管理和采摘，采用矮化密植，每 667 m² 栽 25 株为宜，定植 1 年后再搭建大棚。杨梅大棚栽培前期气温低，应注意扣膜保温，并在晴天中午适当通风换气，降低棚内湿度，防止高温灼伤树体；3 月中旬至 4 月中下旬气温升高后，可将四周薄膜拆除，保留（或换上）防虫网，让棚内通风透气，使树体在自然温度条件下生长。棚内铺设地膜能有效控制棚内湿度，减少因低温高湿造成的病害发生，减少水分蒸腾。

第十三节　新技术的应用

一、防虫网单株覆盖技术

针对杨梅果实采收期间，受果蝇、暴雨、大风等影响导致产量损失、品质下降的生产实际，以及杨梅安全、高效的生产要求，提出在采收前 40 d 将杨梅结果树，以 40 目防虫网为幔、以毛竹为支架进行单株全树覆盖（即杨梅单株全树防虫网覆盖技术，简称"单株罗帐"）。这一物理措施，达到对果蝇的显著防效以及增效的目的。该项目技术操作简单，果农易学易懂，灵活性好，适应性广，是一项非常适宜在果农中推广的新型的轻简化实用技术。

该项技术的主要原理：随着时间的推移，田间自然温度升高，未罩"罗帐"的杨梅树上的杨梅（自然种群）平均每颗杨梅的带虫量急剧上升，高峰期达 35 头/棵，其中最高虫量 120 头/棵，带虫率高达 60%～100%，而笼罩"罗帐"的杨梅树上几乎没有，彻底阻断果蝇对杨梅的危害，彻底不用化学药剂，保障杨梅的食品安全。挂帐后，晴天具有遮光保湿作用，雨天具有避雨、避风、保温作用，既有利于杨梅果实发育，又减少了风雨为害而造成的采前落果。

该项技术适宜于南方杨梅产区，适用于矮化杨梅结果树。应用时注意选择树体高度在 3.5 m 以下，事先应对"罗帐"与单株树冠大小做相应估测，采收前 40 d 覆盖"罗帐"。如采收期雨水过多，会导致杨梅果实白腐病发生；湿度过大山区如水库周围，会出现落果过多现象。使用防虫网后，单株杨梅平均增效 40%～50%。

二、大树矮冠更新技术

针对大面积种植盛产期的杨梅成年大树，因树体高大采摘困难，许多高新技术不能应用的生产实际，通过粗放型大枝连续修剪技术综合运用，一方面快速、有效地降低树冠高度，提高劳动采摘的安全系数；另一方面提高杨梅内膛枝散射光比率，促使杨梅树内膛枝、下垂枝及外围枝等立体结果，大幅度增加杨梅的产量。

该项技术要点：对从未进行矮化整形、树冠高大的成年杨梅树。第一年先从基部去除中心直立枝干，如中心直立枝有 2 根以上的，去除 2 根，剩余第二年去除；再去除着生高度超过 2.5 m 以上的直立枝组；最后适量去除内膛枯枝、斜生的重叠枝。第二至三年根据内膛所抽生的新梢情况，再锯除剩余的过高枝干。对已经进行过修剪的杨梅树，应控制树体大部分结果枝叶在 1.5～3.5 m，从 3～3.5 m 的部位锯除直立过高的枝条，疏删中间密生枝，适当去除斜转直的重叠和交叉枝，疏除部分内膛枝条，修剪量控制在 20%左右。以后每年适当的去除生长直立且过旺的枝条，保持树形开张和内膛的通风透光。

该项技术适用于全国各杨梅产区。注意杨梅树体高度达到 2 m 以上才能进行大枝修剪，时期宜在夏季采摘后立即进行，连续多年实施，特别是对树龄较大的杨梅树，树形的改造应分几年完成。修剪顺序应先内后外，先上后下，先大枝后小枝。最后实现树冠高度控制在 3 m 以下。

第十四节　优质高效栽培模式

杨梅栽种始果期树龄较长，进入丰产期不易，是杨梅栽培的产业共性问题，使得部分果农栽种其他果树，制约了杨梅产业的拓展；商品鲜果常常带有果蝇，给食用者带来心理压力，减少了消费群体。在广东省河源市龙川县，新润种养场东魁杨梅果园通过生态选址、促进生长、控制结果等措施，使杨梅种植以后第三年开始结果，第六年进入丰产，生产的果实优质无虫，较好地解决了杨梅栽种者的高效栽种、食用者的卫生食用等技术问题，为各地杨梅的高效安全栽培树立了典范。

一、果园概况

杨梅果园面积近 20 hm²，年平均温度 19.1 ℃，年极端最低温度 −4.6 ℃，年降水量 1 730 mm，海拔 330～360 m，坡度 20°～35°山地，赤红壤土，土层深厚，pH 4.8～5.2，肥力低。2000 年冬新垦梯田，梯面宽度 4～5 m，2001 年春节前定植，株距 6 m，单行种植，品种东魁杨梅。2004 年 6 月树冠高度 162.5 cm，冠幅 185.7 cm×178.6 cm，约 50%植株结果，单株产量约 15 kg，2007 年进入丰产期，树冠高度 342.5 cm，冠幅 468.8 cm×457.4 cm，植株结果率 95%，平均株产 45.5 kg，最高株产 145 kg，平均单果重 24.9 g，可溶性固形物 11.4%，可食率 93.1%，果品质量达到国家无公害标准相关要求。

二、生态选址、规避果蝇

据调查，在广东中北部山区，周边山地为森林、灌木、杂草等组成的原状自然植被，山间梯田、平地仅仅栽种水稻，远离居民区，冬季有霜冻，栽种单一杨梅品种的杨梅果园，在果实采收的前中期没有发现果蝇为害果实，仅在果实采收末期，发现落地果实上有果蝇为害。虫源密度低和不利于果蝇盛发的生态环境，可能是果蝇为害率低的主要原因。龙川县新润种养场东魁杨梅果园地处粤东北地区，每年冬季都有霜冻，周边山地为原状自然植被，山间梯田仅栽种水稻，方圆 1 km 范围没有居民区，十多年来生产的杨梅果实基本不带蝇。

三、早结栽培

1. 建园 种植前 60 d，在新垦梯田上开挖 100 cm×100 cm×60 cm 定植穴，分两层回填杂草，每穴施腐熟鸡粪 25～30 kg 加过磷酸钙 1 kg，并做好高度 20 cm 种植墩，选用嫁接口高度约 5 cm 的一年生苗，定干高度 20～25 cm，种植时把嫁接口埋入土中 6～10 cm，浇足定根水，成活前保持土壤湿润。

2. 培土施肥 每年春节前培土施基肥，促进幼树春梢生长或提供初结果树开花和坐果之需，此期基肥用腐熟鸡粪 10～12 kg 加硫酸钾 0.5 kg，初结果树再加硼砂 25 g，施肥时先在杨梅吸收根区均匀撒施各种肥料，再从梯壁取表土覆盖肥料，培土厚度 4～6 cm。栽种成活后到结果前的每次夏秋梢抽发期，每株撒施硫酸钾 0.1～0.2 kg、浇施沼气发酵液 15～30 kg，促进早结树冠的形成；形成早结树冠、翌年准备结果的植株，在最后一次秋梢生长期则不再施肥。初结果树的植株，在果实硬核期之后 1 周施沼气发酵残渣 15～30 kg、富含草木灰的火烧土 10～15 kg，促进果实膨大，提升果实品质。

3. 整形和修剪 定植时采用嫁接口高度约 5 cm 的一年生苗，保留干高 30 cm 剪截定干。第一年夏梢老熟后选留离地高度约 20 cm、30 cm、40 cm，平面叉角约 120°、开张角度为 50°左右的 3 个枝芽为主枝，剪除其余枝条。定植第二年夏梢老熟后，以第一年选留主枝的方法，各个主枝选留 2～3 条强壮枝作为主分枝培养，剪除其余枝条。经第一至二年整形后，第三至五年以冬季修剪为主，剪除直立或徒长的枝条，促使树冠向四周开张斜生，中心开张，阳光通透，树干不高，树势达到缓和，提早杨梅结果。

4. 促花保果 达到树冠高度 130 cm 以上、冠幅 150 cm 以上的植株，在夏、秋梢生长长度达到 1～5 cm 时，叶面喷施 670 mg/L 多效唑药液，以喷至叶片滴水为度，抑制夏、秋梢生长长度和秋梢生长数量，促进花芽形成。对于生长旺盛的结果树，在 8 月下旬选取直径 3～5 cm 的主干或主枝环割一圈，控制冬梢发生，削弱树势，提高翌年坐果率，提高产量。

四、丰产栽培

1. 采后开心形稀疏修剪 翌年进入丰产期的结果树，采果后修剪时。首先疏除中心直立大枝，降低树高，开张树冠，降低植株抽吐晚秋梢能力，保障花芽分化的顺利进行；然后疏除过密枝组，拓展结果枝的生长空间；最后回缩部分顶端直立单轴枝组，削弱顶端优势，确保结果枝在冬季有充足的阳光。

2. 合理施肥控树势 每年施肥 2 次，冬季培土施肥与早结栽培一致，6 月 20 日前后施用采果肥。考虑东魁杨梅在广东河源栽培表现的生长结果习性，即 9 月中旬以后易抽生晚秋梢，影响花芽分化和发育。因此，采果肥按目标株产 50 kg 折算，在果实采收后 10 d 内（6 月中下旬）施用，健壮树开沟施硫酸钾 0.8 kg，树势中庸、偏弱的树开沟施沼气液 100 kg，硫酸钾 0.8 kg。

3. 喷药保护结果枝　6 月中旬至 8 月上旬，由于植株间当年结果量的不同，植株生长势区别明显，先后抽生翌年结果枝，卷叶蛾盛发，为害新枝叶片，容易引致花芽营养不足，花芽脱落。在翌年结果枝生长的 7 月上旬至 8 月下旬，每隔 15 d 喷杀灭菊酯 1 000～1 500 倍液一次，共 3 次。

4. 抑梢厚叶　东魁杨梅在广东河源气候条件下，常遇 9 月上旬至 10 月中旬因台风而引致的充沛降雨，9 月中旬以后抽生晚秋梢或早冬梢，影响杨梅花芽分化和发育。在 9 月上旬和 10 月上旬，叶面喷施 670 mg/L 多效唑药液，以喷至叶片滴水为度。大部分植株仅少量抽生晚秋梢或冬梢；末级晚春梢、夏梢、秋梢等结果枝的叶色加深，叶片厚度分别为 0.28 mm、0.27 mm、0.27 mm，较没有用多效唑处理的春叶、夏叶、秋叶厚度增加 0.04 mm。

第十六章 枇 杷

概 述

一、栽培意义

枇杷是我国原产的果树，也是南方各地栽培较普遍的亚热带常绿果树。枇杷果实成熟于春末夏初，是一年中上市最早的水果之一，此时，正值水果上市的淡季，加上枇杷果肉柔嫩多汁、甜酸适度、风味佳美，深受消费者喜爱。

枇杷鲜果营养价值高。据国内外有关单位测定分析，每 100 g 枇杷果肉中含可溶性固形物 9％～15％、蛋白质 0.4～0.5 g、脂肪 0.1～0.2 g、糖 7～10 g、粗纤维 0.8 g、灰分 0.4～0.5 g，其中磷和钙的含量较其他果品高，含维生素 C 3 mg，类胡萝卜素 1.76 mg，维生素 A 175 个国际单位，还含有苯乙醇 3-羟基-2-丁酮等 18 种挥发性物质和苦杏仁苷（维生素 B_{17}）。蛋白质中含亮氨酸等 10 种必需氨基酸及谷氨酸等 8 种非必需氨基酸。脂肪中含 C_{21} 到 C_{31} 的长链烃、β-谷固醇、菜油甾醇等固醇类，以及软脂酸、亚油酸等脂肪酸。

枇杷果除可鲜食外，还可制作糖水罐头、果汁、酿酒、果胶、果酱、果膏、果露。枇杷种子含有 20％的淀粉，可酿酒或提取工业用淀粉。枇杷的果实、花、叶、树皮都可入药。枇杷叶是我国传统的润肺止咳、清热利尿的良药；果实中的类胡萝卜素可降解人体中的尼古丁；树根能治虚涝、久咳、关节痛疼等。意大利的注册医师则把枇杷叶用于治疗皮肤病和糖尿病，并把其乙醇提取物用于抗炎症。此外，由于苦杏仁苷的抗癌作用被发现，枇杷的药用价值进一步提高。

枇杷树冠整齐，枝粗叶绿，浓荫如幄，四季常青，秋冬开花，是一种优良的庭院和绿化树种。此外，枇杷还是一种产蜜量高的蜜源植物。

枇杷一年多次抽梢，每次梢长 10 cm 以上，树冠扩大快，易成形，因而结果早，一般定植后 3～4 年开始结果，管理水平高的果园，嫁接苗定植 2 年后可试产，3 年后可投产；亦有报道实生树定植 3 年后进入开花结果。定植后 6～10 年进入盛果期，能持续结果 20～40 年，甚至经济寿命长达 70～80 年。枇杷果的售价是国产水果中较高的，种植枇杷可获得良好的经济效益。

二、栽培历史及分布

栽培枇杷是由原生枇杷演化和选育而来。迄今为止的研究表明：栎叶枇杷可能是枇杷属中的原生枇杷，栎叶枇杷在地质年代的第三纪（距今 250 万年以前）已在四川的大相岭北缘起源了，随后栎叶枇杷和普通枇杷杂交形成大渡河枇杷。大渡河枇杷在适应性方面竞争不过普通枇杷，只能生存在原产地的局部地区；而普通枇杷可能在大相岭以南的石棉、汉源和峨边等地形成优势（这些地方迄今仍有野枇杷原生林存在）。因普通枇杷适应性广，而繁衍传播开来。

枇杷的栽培历史可以追溯至纪元前。公元前 1 世纪西汉司马迁所撰《史记·司马相如传》引《上林赋》中记载："卢桔夏熟，黄甘橙榛，枇杷橪柿"。1975 年湖北江陵文物挖掘工作中，发掘出距当时 2 140 年前的汉代古墓中有随葬竹筒一件，内藏生姜、红枣、桃、杏、枇杷等果品。历史记载和考古发现相互印证，充分说明我国公元前 1 世纪已种植枇杷。枇杷的名称来源，宋寇宗《本草衍义》中记载："其形如琵琶，故名之"。但现已查明，"枇杷"名称早于"琵琶"。《本草衍义》的记法有误。

枇杷自从古代开始即由原产地向外传播。在 3 世纪，西晋郭义恭《广志》里记载："枇杷四月成熟，出南安、键为及宜都"。南安即今乐山市，键为在宜宾市西北，宜都即湖北宜昌一带。4 世纪六朝开始，枇杷作为珍贵果树，以四川、湖北为中心向中原、华北、华南、华东各个方向呈辐射状传播，遍植于各名园之中。这方面的情形从古代众多文人吟咏枇杷的诗词中得到有力的佐证。例如，晋代顾徽的"枇杷若榴，参乎京师"：南朝谢灵运的"春惟枇杷，夏则林檎"；杜甫的"枇杷树树香"，等等。唐宋期间，四川、湖北、陕南和江浙已成为枇杷的主产区，福建则可能自宋代起才成为主产区之一，安徽则更迟一些。

近几十年来，全国最大的枇杷产区几经变化，1988 年前是浙江，之后是福建，从 21 世纪初开始，四川成为最大产区。

现在，枇杷在长江以南所有省份均有分布。长江以北的陕南、甘肃陇南、河南局部、长江流域的湖北中南部、安徽南部、江苏南部以及苏北沿海的东台市（北纬接近 33°）、西藏东部，共 20 个省份。分布区南至海南岛，北至陕西汉中、安康以及甘肃武都（北纬 33°25'），东起台湾地区，西至西藏东部的广大地区。主产区为四川、福建、重庆、浙江、江苏、广东、台湾、安徽等。

枇杷自中国传至外国也比较早。相传唐代时期，日本的"遣唐使"（留学僧）把枇杷带回日本，故日本早期的枇杷有"唐枇杷"之称。日本最早有枇杷文字记载的是 1180 年。日本有明确记载从中国引入枇杷的是中国宋代（日本江户时代）。1784 年林奈的学生瑞典植物学家 Thunberg 到日本，在长崎发现枇杷，按系统分类法，把枇杷命名为蔷薇科欧楂属（后来才重立枇杷属）枇杷种。同年，法国巴黎植物园从我国广东引去枇杷；1787 年，英国皇家植物园也是从广东引去枇杷；自此，枇杷由西欧至地中海沿岸各国传播开来。1867—1870 年，枇杷自三路传入美国：自欧洲传至佛罗里达；自日本传至加利福尼亚州；由中国移民传至夏威夷，由此，枇杷在西半球各地传播开来。

目前，枇杷已分布在亚洲的中国、日本、韩国、印度、巴基斯坦、泰国、老挝、越南、亚美尼亚、阿塞拜疆、格鲁吉亚、土耳其、伊拉克、塞浦路斯、以色列等；美洲的美国、加拿大、墨西哥、危地马拉、委内瑞拉、厄瓜多尔、巴西、阿根廷、智利等；欧洲的地中海沿岸各国；非洲的地中海沿岸诸国以及南非和马达加斯加；澳洲的澳大利亚和新西兰。主产国有亚洲的中国、日本、印度、巴基斯坦，地中海沿岸的西班牙、意大利、土耳其、以色列，南美的智利、阿根廷和巴西等。主产地区常分布在南北纬 20°～35°，但在海洋性气候或大水体调节下，可分布至 45°。中国的枇杷面积和产量均约占全球的 90％。

第一节　种类和品种

一、种类

枇杷归属于蔷薇科（Rosaceae）枇杷属（*Eriobotrya*），与石楠属（*Photinia*）、花楸属（*Sorbus*）和山楂属（*Crataegus*）等属亲缘较近。1784 年瑞典人 Thunerg 把枇杷归入欧楂属，至 1822 年英国植物学家 Lindley 整理欧楂属时，认为枇杷特性与欧楂不同，有另立一属的必要，于是将其命名为*Eriobotrya*（erio 为茸毛，botrya 为花序，*Eriobotrya* 的希腊文原意为多茸毛的圆锥花序）。枇杷属究竟有多少个种，各国的记载不同。近十来年，华南农业大学枇杷课题组对此进行了多方面的研究表明，我国原产有 20 个种（或变种、变型），可能还有 2 个变种有待证实；东南亚原产的至少有 11 个种（或变种、变型）。现把已知的我国原产枇杷的多数种类及主要种略做介绍。

（一）普通枇杷

普通枇杷（*Eriobotrya japonica* Lindl.）种名 *japonica* 为 Thunberg 所错订，普通枇杷并不是原产日本，而是原产中国，这已为国际上所公认。本种为枇杷属中唯一的栽培种。小乔木，高 6～10 m，树皮灰褐色，新梢密被锈色茸毛。叶片革质，披针形，倒卵形至长椭圆形，长 12～30 cm、宽 3～9 cm；先端急尖，基部楔形；叶缘有锯齿状缺刻；叶面淡绿色多皱，叶背密被锈色茸毛，主脉及侧脉明显；叶柄甚短。花多数成复总状花序，长 10～16 cm，花直径约 12 cm，总花梗及花梗密被锈色茸毛；子房下位，通常 5 室，每室有 2 胚珠。果实球形至倒卵形，直径 2～5 cm，果肉黄色或白色。有 2～6 粒种子；种子暗褐色，长 1～1.5 cm。2n=34。开花期 10～12 月；果熟期次年 4～6 月。

（二）栎叶枇杷

栎叶枇杷（*E. prinoides* Rehd. & Wils.）为小乔木，高 4～10 m；小枝灰褐色，幼时被茸毛，以后脱落近于无毛。叶片革质，长圆形或椭圆形，稀卵形，长 7～15 cm；先端急尖稀圆钝，基部楔形，边缘具疏生波状齿，近基部全缘；上面亮绿初被柔毛，后近无毛，下面密被灰色茸毛，侧脉 10～12 对，下面隆起，中脉及侧脉近无毛；叶柄长 1.5～3 cm，被棕灰色茸毛。圆锥花序顶生，长 6～10 cm，总花梗和花梗被灰棕色茸毛；花柱 2～3，离生或中部合生；具有自交不亲和的特性；子房顶端被柔毛。果实卵形，暗褐色，味苦涩，不堪食用。直径 6～7 mm，种子 1～2 粒。可以作为栽培枇杷的砧木。产于四川、云南。生长于河旁或湿润密林中，海拔 800～1 700 m。

（三）大渡河枇杷

大渡河枇杷（*E.* ×*daduheensis* H. Z. Zhang et W. B. Liao）为小乔木，高可达 10 m。叶片革质。长圆椭圆形或卵形、倒卵形，长 10.0～24.0 cm，宽 4.5～9.0 cm；上部边缘具疏锯齿，基部全缘；密生灰色或黄褐茸毛，中脉凸起，侧脉 10～18 对；叶柄 1.0～2.5 cm，有黄灰色茸毛；托叶条形，早落。圆锥花序顶生，长 8～12 cm；总花梗和花梗密生锈色茸毛；花直径 15～20 mm；萼筒及萼片外部被锈色茸毛；花瓣白色，先端有深缺刻，基部具短爪，内面基部具柔毛；雄蕊 20 稍长于花柱而短于花瓣，花丝基部扩展成联合状；花柱 3 或 4，稀 5，离生；子房顶端有柔毛。果实长椭圆形或倒卵形，直径 1.5～3 cm，黄色或橙黄色，外有柔毛。种子 1 或 2 粒，稀 3 粒，直径 5～10 mm，褐色，光亮。花期 10～11 月，果期 4～5 月，为我国华中农业大学章恢志先生命名的变种，产于四川石棉、汉源。生长于山坡、河边的杂木林中，海拔 800～1 200 m。可作枇杷砧木。

（四）台湾枇杷

台湾枇杷（*E. deflexa* Nakai）为小乔木或乔木，高 5～12 m。小枝粗壮，幼时被棕色茸毛，以后脱落近无毛。叶片集生小枝顶端，卵状长圆形至椭圆形，长 10～19 cm；先端短尾尖或渐尖，不久叶面红毛脱落，在一些产地，其叶背仍密被锈色茸毛，故称"赤叶枇杷"；叶柄长 2～4 cm，无毛。圆锥花序顶生，长 6～8 cm；总花梗和花梗均密被棕色茸毛；花梗长 6.12 mm；花直径 15.18 mm，白色；花柱 3～5。果实近球形，直径 1.2～2 cm，黄红色，无毛。种子 1 或 2 粒。产于广西、广东、台湾、海南。生长于山坡或山谷阔叶杂木林中，海拔 1 000～1 800 m。果实味甘美，含水分多，有治愈热病之效。可作为普通枇杷的砧木。

（五）台湾枇杷武葳山

台湾枇杷武葳山变种（*E. deflexa* var. *buisanensis* Nakai）为小乔木至乔木，主干粗糙，皮孔多；小枝棕红色，纤细，光滑无毛，具半圆叶痕。叶片长圆披针形，革质，先端尾尖，基部呈楔形或不对称楔形，长 9～14 cm，宽 1.5～2.5 cm。初生叶片叶面为红色，叶背为黄色，幼叶茸毛少，老叶两面无毛，叶面光滑，有光泽。幼叶中脉为红色，随着叶片成熟转为绿色。叶边缘有微锯齿，间隔 0.5～1.5 cm。具 2 片托叶，长为 0.5～1.3 cm，外卷，初生时为红色，后慢慢变绿。多数中脉在两面隆起，叶侧脉对数为 8～9；叶柄初红色，慢慢中上部或全部变绿，有的中下部仍有红色，长约 1.28 cm。原产台湾地区，近年发现广东乳源也有分布。

(六) 台湾枇杷恒春变种

台湾枇杷恒春变种 (*E. deflexa* var. *koshunensis* Nakai) 为常绿乔木，小枝粗壮，青绿色，被有茸毛，老枝棕褐色，无毛。幼叶两面被毛，叶背被有幼小茸毛，叶片长 14～21 cm，宽 4.5～8 cm（因叶片比五葳山变型宽，在台湾被称为"肥胖型"），叶脉 8～11 对，叶柄长 1.2～2.5 cm，叶片中上部有波状疏锯齿，中下部全缘，先端锐尖或圆钝；具托叶，长条状，边缘光滑。原产我国台湾，广州有引种，结果量大。

(七) 广西枇杷

广西枇杷 (*E. kwangsiensis* Chun) 为常绿乔木，高 15～30 m，小枝棕褐色，初生嫩枝被棕色茸毛，后脱落无毛。叶片革质，长椭圆形，先端渐尖或尾尖，基部呈不对称楔形；长 12～18 cm，宽 3.4～6.0 cm。初生叶片两面有棕色茸毛，后脱落无毛。叶边缘有内弯锯齿，间隔 1.0 cm（多数）。具托叶，半圆刀形，边缘有锯齿，后脱落。中脉在两面隆起，侧脉 8～14 对；叶柄长 1.0～2.5 cm，无毛。圆锥花序顶生，总花梗和花梗被有白色短茸毛，花序较小，10 cm×8 cm；花瓣白色，萼片基部有短爪，后脱落；雄蕊多数，直立；柱头 2～4，中下部合生。花期 4～5 月，果实 9～10 月成熟，成熟时呈黄色，球形，直径为 1～1.5 cm，味甜，内有种子 1 粒，少数为 2 粒。分布在广西大瑶山（金秀县）、桂北溶江、贺州马井。海拔 165～807 m，多生长在山谷或涧水边疏林中。可以作为栽培枇杷的砧木。该种为著名植物分类学家陈焕庸先生命名的，但没有留下种的描述。以上描述为华南农业大学林顺权、杨向晖根据桂林植物所的模式标本和大瑶山活体植株的性状所做。

(八) 麻栗坡枇杷

麻栗坡枇杷 (*E. malipoensis* Kuan) 为乔木，高 10～15 m；枝粗壮，被锈色茸毛。叶片革质，长圆形至圆倒卵，长 30～40 cm，宽 10～15 cm，是枇杷属叶片最大的种。先端急尖，基部渐狭，边缘有疏生波状锯齿，上面光亮无毛，下面密被锈色茸毛。圆锥中脉粗壮，侧脉 20～25 对；叶柄约长 1 cm，密被锈色茸毛。圆锥花序顶生，总花梗和花梗密锈色茸毛；花直径约长 1 cm，萼筒杯状，外面锈色茸毛，内面无毛：花瓣白色，内面被锈色柔毛。外面无毛，基部有短爪；雄蕊 20；花柱 3～5，离生，被柔毛，子房顶端被柔毛。结果期与普通枇杷相仿，果实发育过程中，呈棱形，近成熟时方转为梨果型。产于云南麻栗坡。生长于山谷密林中，海拔 1 200～1 500 m。

(九) 腾越枇杷

腾越枇杷 (*E. tengyuenensis* W. W. Smith) 为乔木，高达 18 m；小枝粗壮，暗灰色，幼时密被锈色茸毛，以后脱落近于无毛。叶片集生小校顶端，革质，长圆形、椭圆形或近倒卵形；长 10～17 cm，先端渐尖，基部宽楔形或近圆形；边缘中部以上具少数疏生尖齿，中部以下全缘；下面被棕色柔毛，老时脱落无毛；中脉凸起，侧脉 10～18 对，网脉显明；叶柄长 2～3.5 cm。圆锥花序顶生，长 10～12 cm，总花梗及花梗密被棕黄色茸毛；花瓣乳黄色，倒卵形，长约 8 mm，密被棕黄茸毛。产于我国云南腾冲等西部地区和西藏的樟木，缅甸北部也有分布。生长于山坡杂木林中，海拔 1 700～2 500 m。

(十) 怒江枇杷

怒江枇杷 (*E. salwinensis* Hand-Mazz.) 为小乔木；小枝粗壮，幼时密被棕色茸毛，以后逐渐脱落。叶片厚革质，倒卵披针形，长 10～12 cm，先端渐尖，基部楔形，有时近圆形，边缘先端四分之一处每侧有 4～10 浅锯齿，下面被黄色长柔毛，侧脉 10～20 对，并有明显网脉；叶柄肥厚，长 2～3 cm。圆锥花序长 15 cm，总花梗及花梗密被棕色茸毛；花瓣乳黄色，倒卵形，长 5 mm，先端截形微缺或 2 裂，被黄色柔毛；花柱 2。果实球形，直径约 15 mm，肉质，具颗粒状突起，基部和顶端被棕色柔毛，种子 1 粒。产于云南西北部。生长于亚热带季雨阔叶林中，海拔 1 600～2 400 m。可以作为普通枇杷的砧木。

（十一）香花枇杷

香花枇杷（E. fragrans Champ）为小乔木，高可达 10 m；小枝粗壮，幼时密被棕色茸毛，不久脱落无毛。叶片长圆椭圆形，长 7~15 cm，先端急尖或渐尖，基部楔形或渐狭，边缘在中部以上具有浅疏锯齿，中部以下全缘。幼时两面密被茸毛，不久脱落两面无毛；叶柄长 1.5~3 cm。顶生圆锥花序，长 7~9 cm，总花梗密被锈色茸毛；花梗长 2~5 mm。果实球形，直径 1~2.5 cm，表面具颗粒状突起并被茸毛和反折宿存萼片。产于广东、广西、云南、福建等地。该种是除普通枇杷外，次早在我国香港地区发现的种，在广东分布很广，除了广东湛江等地，几乎全省各地都有分布。生长于山坡丛林中，海拔 800~850 m。

（十二）大花枇杷

大花枇杷（E. cavaleriei Rehd. & Wils）为常绿乔木，高 4~10 m；小枝粗壮，棕黄色，无毛。叶集生枝顶，长圆形、长圆披针形或长圆倒披针形，长 7~10 cm，先端渐尖，基部渐狭，边缘具稀疏内曲浅锯齿，近基部全缘，两面无毛；叶柄长 1.5~2.5 cm。圆锥花序顶生，总花梗和花梗被稀疏短柔毛，花梗粗壮，长 3~10 mm；花直径 1.5~2.5 cm，白色，花柱 2~3。果实椭圆形或近球形，直径 1~1.5 cm，橘红色，肉质，具颗粒状突起，无毛或微被柔毛，顶端有反折宿存萼片。果味酸甜，可生食，也可酿酒。产于四川、贵州、湖北、湖南、江西、福建、广西、广东等地。生长在山坡、河边的杂木林中。

（十三）齿叶枇杷

齿叶枇杷（E serrta Vidal）为常绿乔木，高 10~20 m；小枝黄褐色，幼时密生茸毛，后脱落无毛。叶片革质，倒卵形或倒披针形，长 9~23 cm，宽 3.5~13 cm，先端圆钝或急尖。基部圆钝或急尖，基部渐狭，边缘有内弯锯齿，间隔 6~8 mm，上面光亮，两面皆无毛，中脉在两面突出，侧脉 10~16 对；叶柄长 1.5~3 cm，无毛。圆锥花序顶生，直径达 8 cm，分枝和总花梗粗壮，密生黄色茸毛，无花梗；花多数，较密生，直径 8~10 mm；萼筒杯状，长 3~4 mm，外面密生黄色茸毛；萼片卵形，长 2~2.5 mm，外面密生黄色茸毛，内面无毛；花瓣白色，倒卵形，长 3~3.5 mm，顶端微缺，基部有柔毛；雄蕊 20；花柱 3~4、稀 2 或 5，基部有柔毛，子房顶端有柔毛。果实卵球形或梨形，顶端有宿存萼片。这是枇杷属里少数种类果实大小与普通枇杷相仿（可重于 30 g）的种，种子数通常只有 1~2 粒。产于云南；生长于山坡林中。引种到广州后，一年中通常只抽一次春梢，但梢量大。

（十四）倒卵叶枇杷

倒卵叶枇杷（E. obovata W. W. Smith）为乔木，高约 10 m；小枝粗壮，暗灰色，初生锈色茸毛，后脱落无毛。叶片革质，倒卵形或倒披针形，长 5~10 cm，宽 2~6 cm，先端圆形或短渐尖，基部楔形，边缘有尖锐内弯锯齿，间隔约 5 mm，近基部全缘，上面光亮或近光亮，两面皆无毛，中脉在两面隆起，侧脉 10~14 对；叶柄 1.5~3 cm，无毛。圆锥花序顶生、开展，长 6 cm，总花梗、花梗及花萼皆密生棕色茸毛；花梗粗壮，长 2~4 mm；花直径 1~1.5 cm；萼筒杯状，长 3~5 mm，萼片三角卵形，长 3~4 mm；花瓣白色，倒卵形，长 5~7 mm，先端圆钝或微缺，基部具短爪，并有棕色茸毛；雄蕊 20，较花瓣短；花柱 2~3，约和雄蕊等长，中部以下有白色长柔毛。果实未见。产云南，生于山坡丛林中，模式标本采自昆明附近。

（十五）南亚枇杷

南亚枇杷（E. bengalensls Hook. f.，南亚枇杷原变型）为常绿乔木，高可达 10 m 以上。叶片圆形、椭圆形或披针形，长 10~20 cm、宽 48 cm，先端渐尖，基部楔形，边缘有深刻尖锐锯齿，上面光亮，两面皆无毛，侧脉约 10 对；叶柄长 2~4 cm，叶片内熊果酸含量是原产我国的枇杷种类中最高的，显示其作为治咳药物的潜力。花为展开的圆锥花序，长和宽均为 8~12 cm，有茸毛；花梗长 3~5 mm；萼筒长 2~3 mm，外面有茸毛，萼片长 1 mm，钝或稍锐；花瓣白色，倒卵形或近圆形，

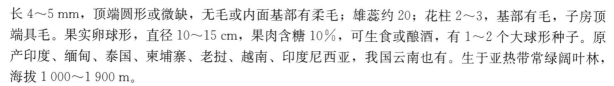

长 4～5 mm，顶端圆形或微缺，无毛或内面基部有柔毛；雄蕊约 20；花柱 2～3，基部有毛，子房顶端具毛。果实卵球形，直径 10～15 cm，果肉含糖 10%，可生食或酿酒，有 1～2 个大球形种子。原产印度、缅甸、泰国、柬埔寨、老挝、越南、印度尼西亚，我国云南也有。生于亚热带常绿阔叶林，海拔 1 000～1 900 m。

目前，在我国尚未找到活体的还有两个变型：南亚枇杷四柱变型（E. benglasis Hook. forma intermedia Vidal）和缩花变型（E. benglasis Hook. f. contract Vidal）。

（十六）南亚枇杷窄叶变型

南亚枇杷窄叶变型［E. bengalensls f. angustifolia（Card.）Vidal］叶片披针形，长 7～12 cm，宽 2～3.5 cm，边缘有深锯齿；花朵密集。产云南，生于山坡杂木林中，模式标本采自路南。

（十七）椭圆枇杷

椭圆枇杷（E. elliptica Lindl.）为常绿小乔木，高可达 10 m，小枝粗壮、无毛。叶革质，长圆形或长圆披针形、稀长圆倒披针形，先端渐尖或短尾尖；基部楔形，稀近圆形，叶长 18～25 cm，宽 6～9 cm；上下两面均无毛，侧脉 15～20 对，上面微陷，下面突起，叶柄长 2～4 cm，无毛。圆锥花序顶生，密被茸毛；花近无梗，萼片三角形，有短筒，外被茸毛；花瓣圆形或椭圆形，基部被毛；雄蕊 20，花柱 5，子房被毛。果实倒卵形或近球形，是果实大小堪与普通枇杷和齿叶枇杷媲美的一种枇杷。产于云南大围山和西藏墨脱，生长于常绿阔叶林中，海拔 1 500～1 800 m。

（十八）窄叶枇杷

窄叶枇杷（E. henryi Nakai）为灌木或小乔木，高可达 7 m；小枝纤细，灰色，幼时被茸毛，不久脱落无毛。叶片革质，披针形或倒披针形，稀线状长圆形，长 5～11 cm，先端渐尖，基部楔形或渐狭，边缘有疏生尖锯齿，嫩时两面被锈色茸毛，不久脱落两面无毛；叶柄长 0.5～1.3 cm，圆锥花序顶生，长 2.5～4.5 cm，总花梗和花梗密被锈色茸毛，花梗长 2～4 mm，花直径 15～18 mm，白色，雄蕊 10，花柱 2，果实卵形，果皮红色。长 7～9 mm，外被锈色茸毛，顶端有反折宿存萼片，种子 12 粒。产于云南东南部，生长于山坡稀疏灌木丛中，海拔 1 800～2 000 m。

（十九）小叶枇杷

小叶枇杷（E. seguinii Card）为小乔木，高 4～5 m；小枝棕灰色，无毛。叶长圆形或倒卵长圆形，长 3～6 cm，先端圆钝或急尖，基部渐狭，下延或窄翅状短叶柄，边缘有紧贴内弯锯齿，下面幼时被长柔毛，以后脱落；叶柄长 1～1.5 cm，无毛。圆锥花序或总状花序，顶生，少花或多花，长 1～4 cm，密被锈色茸毛；花直径约 5 mm；雄蕊 15，花柱 3～4。果实卵形，约长 1 cm，紫黑色或红色，微被柔毛。产于贵州西南部、云南东南部，生长于山坡林中，海拔 500～1 500 m。

（二十）薄叶枇杷

薄叶枇杷（E. fulvicoma Chun & Liao）为小乔木。叶片长 9.8～15 cm，叶宽 2.5～4.34 cm，叶脉对数 9～11 对，叶柄长 0.7～3.0 cm，通常从基部第三四对脉开始有叶缘锯齿。花穗长 7～13 cm，宽 7～13.5 cm，花瓣长 0.6～0.9 cm，宽 0.45～0.65 cm，柱头 3 或 4，雄蕊约 20 枚。模式标本系中山大学科研人员采自广东信宜，并命名。

二、品 种

我国普通枇杷品种资源相当丰富。据黄金松（1989）报道，截至 1985 年，浙江、福建等 12 省份的不完全统计表明，我国有地方品种和野生种资源 642 个。《中国果树志·枇杷卷》中列入有代表性的品种或株系达 350 个以上，其中白肉品种约 100 个，其余为黄肉品种。尽管栽培有一定规模的品种不超过 100 个，当家品种不会超过 30 个，但作为种质资源，其余品种也都是宝贵的。建在福建省农业科学院果树研究所的国家级品种资源圃已收集保存种质 500 多份。

枇杷品种分类方法很多，大多是根据农艺性状分类的。较常用的分类方法有如下几种：依果肉颜色分为白肉种和黄肉种，有人还分出一种中间型；依果形分为长形、圆形和扁圆形；依成熟期分为早、中、晚熟；依用途分为鲜食种和罐藏种。此外还有依生态型分为温带型和热带型，或分为北亚热带品种群和南亚热带品种群。这最后一种分类法是丁长奎（1993）提出的，其主要依据之一是南亚热带品种群的几个有代表性品种如解放钟，引到北亚热带地区均不能正常开花结果。从近年来的实践来看，北亚热带的优良品种引到南亚热带，则在产量上都很难与当地种竞争。由此看来，此种分类法较有道理和实用性。

刘权等也于 1993 年发表了对全国主要产区的 50 个以上主要品种的数值分类结果，分成三类：第一类为小果白肉型；第二类为分布于江浙的黄肉中果型；第三类为大果型，主要来自福建。第二、三类实际上与丁长奎的北、南亚热带品种群有许多类似之处。

现把枇杷的综合分类及其代表性品种介绍如下。

(一) 白肉种

白肉种枇杷的最突出特征是果肉白色至淡黄色，据分析其色素以玉米黄质、叶黄素和堇菜黄质为主。几乎白肉种的果实都表现皮薄肉质细嫩、味甜而爽口，似乎这几个性状相连锁，品质优，适于鲜食，不耐贮运。

1. 白玉 树势强健，枝条粗长，易抽生夏梢，树冠紧密呈高圆头形，叶长而大，平均长宽为 32.7 cm×9.3 cm。果实大，椭圆形或高扁圆形，果重 30 多 g。果面白色斑点圆形，果梗附近较多，果肉洁白，平均厚 3.5 mm，汁多，可溶性固形物 12%～14.6%，可食部分占 70.55%，果皮薄韧易剥离，种子长圆形，平均每果 2～3 粒，单粒重 1.32 g。初花期在 10 月底至 11 月上旬，盛花期在 11 月中下旬，终花期在 1 月上旬，果实成熟期在 5 月底至 6 月初。本品种主栽于江苏苏州吴中区洞庭东山，具有树势强盛、早熟、丰产、大小年不显著、果实大、形状整齐美观、风味极佳、成熟期抗旱性强等特点，充分成熟风味易变淡，宜适时采收。

2. 照种 江苏苏州吴中区洞庭东山较老的著名白肉枇杷，耐寒丰产，品质优良，果实较耐贮运，为外贸主要品种，也是当地主栽品种，栽培面积占 80% 以上。该品种树势中庸偏强，枝条开张，节间短，分枝多而紧凑，成年树冠圆头形或扁圆形。叶中等大，平均长宽为 26.3 cm×9.1 cm，长椭圆形。果实圆形或椭圆形，果形整齐美观，平均重 30 g，最大可达 34.5 g，充分成熟果实果面淡橙黄色，果粉厚，果皮薄韧，剥皮不易断裂，剥后皮易反卷。果肉白色，充分成熟的果肉为淡黄白色，平均肉厚 7.1 mm，汁液多，组织细腻，易溶。总糖量 10.94%，总酸量 0.46%，可溶性固形物 11.3%～13.8%。种子较小而多。初花期 10 月底至 11 月初，盛花期 11 月下旬至 12 上旬，终花期 1 月中旬，果实成熟期 6 月上旬。该品种通过长期营养繁殖，产生变异，有短柄照种、长柄照种和鹰爪照种 3 个品系。果农喜栽果形大、果柄长、产量高的品系。

3. 软条白沙 浙江余杭著名的鲜食品种，以品质优而闻名，可称世界性的名牌品种。该品种树势中庸树冠，枝条多平展、细软，使树冠披倒。叶大小中等，平展或斜出，长椭圆形或广倒披针形，平均长宽为 6.16 cm×8.04 cm。果实呈卵圆、扁圆或圆形，平均纵横径 3.78 cm×3.84 cm，重 25.2 g，果皮极薄，果心小，果肉厚 0.8 cm，可食率为 73.7%，可溶性固形物 14%～18%，酸 0.55%，种子平均 2.5 粒，重 4.71 g。初花期 10 月底，盛花期 11 月上旬，盛花末期 11 月下旬，花终期 12 月下旬，果实成熟期 6 月上旬。本品种风味卓绝，为我国著名的优质品种，但果皮较薄，在成熟前遇多雨气候，很容易裂果，且又不耐贮藏运输；抗逆性较差，花期较短，不抗寒，产量不稳定，因此经济效益差，栽培面积也日趋减少。

4. 珠珞白沙 江西省安义县新民乡珠岛等地的主要栽培品种之一。该品种树势中庸，树姿半开张，成年树冠为平圆头形。分枝较密，老枝淡黄色，枝条长而细软。叶片斜或平展，披针形，平均长宽为 23.3 cm×6.1 cm。花穗直立，基部支轴下垂，较疏松，平均长宽 7.25 cm×5.6 cm，花瓣淡黄微带绿色。果实在安义县 5 月下旬成熟，扁圆形，果顶平广，果基钝圆，平均纵横 3.36 cm×3.6 cm，平均单果重 27.6 g，大小均匀，最大果重 28.8 g，果面淡黄色，有光泽，果皮薄，强韧，易剥，果肉乳黄色，质软致密，汁液中等，味清甜，微香。可溶性固形物 15.8％，最高可达 19.8％，含酸量 0.184％，可食率 76.12％。种子 2～4 粒，重 4.4 g。该品种较丰产，含固形物特高，味浓，品质极优，宜鲜食；经济寿命长，70 年生的树单株产量达 100～150 kg；抗寒性强，唯抗病虫害的能力差，隔年结果现象较显著，故发展较少。

5. 白梨　福建莆田选出的优良品种，果肉厚，白嫩如梨故称白梨，至今已有 80 多年的栽培历史。树势中庸，较开张，树冠圆头形；枝条粗细中等，分枝密；叶片长椭圆形至披针形，平均长宽 23.4 cm×6.6 cm。果实圆形或椭圆形，平均纵横径为 3.8 cm×3.96 cm，平均重 31.84 g，果皮薄，剥皮易；果肉厚，平均 0.85 cm，可溶性固形物 10.8％，含酸量 0.30％，每 100 g 果肉含维生素 C 2.46 mg。果肉平均重 22.46 g，可食率占 70.54％。种子平均 4.1 粒，平均粒重 1.60 g。10 月底至 11 月上旬始花，11 月中下旬盛花，终花期在 12 月中下旬，果实成熟期在 4 月下旬。本种较丰产，品质极上，为鲜食良种；抗性较强，裂果、皱缩、日烧等病发生较少，但果实易被碰伤发黑，不耐贮藏运输。

6. 贵妃　福建省农业科学院果树研究所于 1999 年从莆田市涵江区新县镇文笔村实生选育的优质、大果、晚熟的白肉枇杷新品种。其果实经济性状表现诸多优点，果肉淡黄白色，肉质细腻、化渣、浓甜回甘、鲜美可口，可溶性固形物含量 14.5％～17.1％，最高 20.3％。锈斑少，皮较厚，剥皮易，不易裂果。大果，单果重 63.0～72.6 g，最大 115 g。可食率高，为 72.6％～75.2％。晚熟，福州地区果实成熟期 4 月下旬至 5 月上旬。丰产性好，贮藏性能极佳，贮藏 2 个月后可溶性固形物含量 13.9％，可食率 73.3％，剥皮易，肉质细腻、化渣、浓甜回甘、鲜美可口，仍具备良好的商品价值。

7. 白茂木　日本唯一的白肉枇杷品种，我国福建和台湾地区均有引进。为日本长崎果树试验场用茂木自然杂交的种子经电离辐射而育成的品种。基本性状同茂木，但果肉为乳白色，风味好，且果形更大，成熟期更迟一些，在福建 5 月上旬成熟。

（二）黄肉中果型

黄肉的北亚热带品种多为中果型，南亚热带品种有一部分为中果型。枝梢的木质硬韧，树冠扩展较缓慢，校形直立；叶片小，果小型至中等，果实风味较浓，抗寒性一般较强，开花期和果实成熟不一致。代表性品种有：

1. 洛阳青　该品种果实成熟时，果顶萼片周围仍呈青绿色，故名洛阳青。本品种为浙江省黄岩县主栽品种之一，占总面积的 85％以上，并被广泛引向他地。该品种是本类型中栽培最广泛的品种。叶着生于枝条上多垂挂，全叶椭圆形，平均纵横径 18.22 cm×7.32 cm，叶背密生淡褐色茸毛，叶肉在叶脉间平整。花穗较大，平均纵横径 10 cm×9 cm，每穗上平均有花 67 朵，果实在果穗上着生时较平展，且松散，果粒附着力强，倒卵圆形，平均纵横径 3.8 cm×3.8 cm，平均单果重 32.74 g，果皮厚，组织强韧，剥落中等，果肉为橙红色，肉质中等稍粗，组织致密，果肉厚，平均 0.73 cm，汁液中致多，甘多酸少或甜酸适度，果心中大，心皮强韧，厚薄中等，易分离，可食率 72.8％，可溶性固形物 9.5％，种子平均每果中有 2.6 粒。初花期在 11 月中旬，盛花期在 12 月中旬，末花期在 1 月中旬，花期约 60 d 左右，果实成熟期在 5 月下旬至 6 月上旬。本品种适应性强，抗寒、抗风力中等，耐瘠、抗旱、抗涝力较强，抗叶斑病、日烧病亦强，裂果少，幼树结果早，成形快，较丰产、稳产，果形整齐，色泽，外形均优美，果皮厚，肉质致密，果实耐贮运，除鲜食外，为加工的优良品种，是 20 世纪枇杷罐头产业兴盛时期的主打品种。必须进行疏花疏果以提高商品率，成年树喜光，郁闭后产量明显下降，但更新回缩后，产量又较快恢复。浙江大学华家池分校（原浙江农业大学）与黄岩县桔果林业局合作从本品种中选出少核洛阳青品系。

2. 浙江大红袍　浙江余杭主栽品种，国内各枇杷主产区均有引种，或嫁接苗或实生繁殖，但与原种均有差异。树冠开放，叶片大小中等，平均长宽为 20.6 cm×6.7 cm。花穗呈圆锥形，大，长、宽平均为 12.1 cm×9.3 cm，支轴及小花排列较疏松，平均每花穗着花 75 朵。果穗上各果粒着生时多开展而垂挂，较疏松，果梗粗短，平均长 2.88 cm，粗 0.55 cm，硬度中等，茸毛多，果粒附着力强，果实呈正圆形或扁圆形，平均纵横径 4.13 cm×4.22 cm，单果重平均 39.1 g，大者可达 7.9 g，各果粒间大小形状较整齐；果皮厚且韧，剥落容易；果肉厚，平均 0.84 cm，呈浓橙红色，肉质较粗且致密，心皮纸质，易分离，汁液中等，风味甜多酸少，可溶性固形物平均 12.8%，可食率占 72.9%。平均每果中种子 2.32 粒，较大，单核平均重 1.56 g。初花期在 10 月底，盛花期在 11 月中旬，盛花末期在 12 月中旬，花终期在 1 月上旬，果实成熟期在 6 月初或 5 月底。本品种树势中庸，生产势强，丰产稳产，大小年不明显，果形整齐，大小中等，色泽佳，外观美，皮厚，肉质中等，耐贮运。除生食外，加工制罐亦佳，果肉色泽好，但树势较弱，根部病害多，叶小且少，果形亦小，产量下降，除需加强培肥管理外，还要进行品种更新复壮。近年来浙江农业科学院园艺研究所在大红袍实生群体中选出优良品系少核大红袍，以及比大红袍早熟 3～5 d，迟熟 7 d 的塘栖早丰、塘栖迟红。

3. 安徽大红袍　歙县"三潭"地区的主要品种之一。树势较强，树冠较乱，呈圆头形，15 年生树高 4.4 m，冠径 5.33 m，干周 52 cm，半开张，枝条中等粗。叶片在枝梢上挺直，叶缘有明显深锯齿。花序从中下部下垂，平均为 12.19 cm×11.45 cm，每花序平均有小花 89.5 朵，较稀疏。每穗平均果数 5～7 个，最多可达 10 个，平均单果重 45.50 g，最大果重 100 g 以上。果面橙红色，斑点较细密而明显，果粉较多，果皮较厚，易剥离。果肉橙红色，中等厚，质地稍粗硬，果心大，心皮厚而硬，含糖 6.92%、酸 0.26%，每 100 g 含维生素 C 7.81 mg，甜酸适度，略有香气，品质上，含可溶形固形物 11%。每果平均含种子 3～5 粒，果实 5 月下旬成熟。本品种实生树 15 年左右进入盛果期，大小年不明显，比其他品种丰产、稳产、抗寒、抗旱能力强，较耐贮运，但易患日烧病和炭疽病，鲜食加工均宜，是优良的兼用种，适宜大量发展。

4. 光荣　系安徽省歙县漳潭乡农民张光荣从大红袍选育而成，故名光荣，安徽省歙县漳潭乡主栽品种之一。树势较强，树冠半圆形，树姿开张，枝条较乱。18 年生树高 4.8 m，冠径 6.2 m×5.3 m。叶片长椭圆形，在枝上挺直。花序自顶部下垂，较密集，平均为 8 cm×5.65 cm，花蕾、花冠均较大，有小花 59 朵。果穗较稀，每穗平均果数 5～6 个，最多可达 3 个，果实卵圆形，果顶微凹，单果纵横径为 4.2 cm×4.1 cm，平均果重为 45 g，最大果重 80 g 以上。果面橙黄色，斑点较密而明显，果粉中多，果皮稍厚较强韧，易剥离。果肉橙黄色，中等厚，果心大，心皮硬厚，质粗，柔软多汁，味甜稍带酸味，略香，含糖 8.87%、酸 0.44%，每 100 g 含维生素 C 9.6 mg，含可溶性固形物 10%，每果平均含种子 3～5 个，5 月中下旬成熟，为中熟种。本品种 20 年左右进入盛果期，树体丰产、稳产，大小年不明显，果实耐运，抗寒、抗旱性强，有时果皮锈斑严重。该品种果形大，色泽鲜艳，品质上等，是鲜食加工兼用的优良品种。

5. 夹脚　曾是浙江余杭主栽品种之一。枝梢多直立，树冠呈杯状形，分枝角度小，采收上树时，夹角小易夹脚，故名。叶中等大小至大，广倒披针形，平均长宽 22.7 cm×6.2 cm，花穗中等，总轴先端下垂，第一支轴下垂，花梗亦弯曲，花朵向下着生，每穗长、宽平均 6.70 cm×7.93 cm，平均每穗 85 朵。果穗上各果粒着生时多垂挂，果梗平均长 2.03 cm，粗 0.60 cm，果粒附着力强；呈歪倒卵形，平均长、宽 4.41 cm×400 cm，重 33.4 g，果汁极多，风味酸多甘少，味浓。可溶性固形物 11.5%，果心大小中等，心皮厚，可食率为 75.4%。种子平均每果 2.25 粒。初花期 11 月中旬中期，盛花期 11 月下旬末，盛花末期 12 月中旬初期，终花期 1 月中旬中期。果实成熟 5 月底至 6 月初。

6. 珠珞红沙　因产于江西省安义县珠珞山区，是江西省安义县和靖安县的主要栽培品种之一，约占总面积三分之二。树势较强，树姿半开张，树冠整齐，成年树为圆头形。花穗直立，中下部支轴下垂，花序紧密，呈圆锥形，每穗平均有花 59.5 朵。果实呈扁圆形，果形整齐，果顶平广萼部微凹，果基钝圆，平均纵横径 3.42 cm×3.87 cm，平均单果重 26.55 g，大小均匀。果实色泽好，外观美，

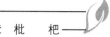

果面橙黄色，果皮中厚，强韧，易剥皮，果肉厚达 0.32 cm，橙黄色，肉质柔软致密，汁液较多甜多酸少，味浓，有微香。可溶性固形物 14.90%，最高可达 18.520%，可食率 76.20%。种子 2～4 粒，卵圆形，栗褐色，平均大小 1.5 cm×1.2 cm，平均重 2.65 g，基部呈黄褐色，占种子的 1/4，种脐较小，狭长，褐色，有少数种子种皮开裂。初花期 11 月中旬，盛花期 12 月中旬，终花期 1 月下旬，果实成熟期 5 月中下旬。本品种树势强，丰产，品质优。抗性强，能抗 −11.3 ℃的低温，经济寿命长，在管理粗放的条件下，70 年生树的单株产量仍有 200～400 kg，最高的可达 500 kg。为鲜食和制罐两用品种。

7. 长红 3 号 1976 年由福建省农业科学院果树研究所配合云霄县农业局从长红实生类型中选出的优良单株。该品种母树 17 年生时，株高 4.8 m，树冠冠径 6.2 m，连续多年株产均达 75～100 kg，树形半开张，新梢粗壮，长度和发枝力中等。叶片密集，长椭圆形，中大偏小。花穗大，稍分散，穗姿平展，平均每穗花 145 朵。果穗疏散，果梗长而较细，绿色，茸毛较少，每穗着果 5～7 粒，果实长卵圆形至卵圆形，平均果重 40～50 g，最大果重 70～80 g，大小较均匀，平均纵横径为 4.8 cm×3.4 cm。果皮中等厚，易剥离；果肉平均厚 0.9 cm，橙黄色，质地细嫩，汁液中等，可溶性固形物 6%～9%，含酸 0.73%，每 100 g 含维生素 C 9.8 mg，可食率 71.8%。种子棕褐色，平均 3.65 粒。该品种结果早，一般嫁接后第二年就能开花结果，在莆田、福州 10 月底到 11 月初始花，11 月中旬盛花，果实在云霄 3 月下旬到 4 月上旬成熟，在莆田、福州 4 月中旬成熟，比一般品种早 7～10 d，成熟期较一致，一般分二次可采完。该品种还较丰产、稳产，10 年生嫁接树株产 30～40 kg。抗性强，日烧、皱缩、裂果均少。其不足是果实风味稍淡，含维生素量较低，结果过多的树有早衰迹象。

8. 茂木 日本引进品种。早年日本长崎县茂木町自唐枇杷实生选得，是我国台湾地区主要经济栽培品种。树势较旺盛，直立性，成年后逐渐开张，枝条较多。叶片阔披针形，先端渐尖，基部楔形，叶缘上部有浅锯齿，叶脉间皱。结果能力强，穗果数 4～10 粒，多者达 15 粒以上，果实一般向上着生，果实为长倒卵形，较田中为小，普通果实重 40～50 g，大的可达 60～70 g。外皮橙黄色，并附有灰白色果粉。果皮易剥离，果肉较厚，柔软多汁，甜味强，酸味少，种子 2～3 粒，品质优良。可溶性固形物 11%，可食率 75%左右。成熟期较田中品种早，3 月中旬至 4 月上旬采收。该品种丰产、稳产、坐果率高、果肉厚，适合于肥沃土壤中种植。

（三）黄肉大果种

多为南亚热带品种。枝梢的木质疏松、生长量大，树冠扩展快，较开张，叶片较大。开花期和果实成熟期较一致，果形大，果实风味较淡，抗寒性较差，引种到北亚热带结果性能差。

1. 解放钟 本品种从福建省莆田城关大钟实生苗中选出，果实比大钟更大，1949 年开始结果，取名解放钟。树势强，半直立，树冠平顶圆头形，枝条粗壮，密度中等，20 年生树高 5.50 m，冠径 5.30 m×4.70 m，绿叶层 4.00 m，干周 64 cm，分枝点高 95 cm。叶大，长椭圆形，平均长、宽 25.4 cm×7.9 cm。花穗短圆锥形，大小平均 11 cm×10.8 cm；花穗总轴直立，末端及支轴向下弯曲，茸毛细密，褐色，花穗中大。果倒卵形至长倒卵形，平均纵横径为 5.53 cm×4.68 cm；平均重 61.04 g，最大达 172 g，超过世界最大的日本田中枇杷（该品种最大的单果重为 165 g）。果面橙红色，剥皮易；果肉厚，平均 0.93 cm，橙黄色，肉质细密，汁液中等，甜酸适度，风味浓；含可溶性固形物 11.1%～12.0%、酸 0.510%，每 100 g 果肉含维生素 C 5.72 mg，果肉平均重 43.62 g，可食率占 71.46%。种子平均 5.7 粒，平均粒重 2.25 g，长三角形，种皮浅褐色，有较大黄斑。10 月下旬至 11 月上旬抽穗，初花期 11 月下旬，盛花期 12 月，终花期 1 月下旬，果实成熟期 5 月上中旬。本种为晚熟品种，果特大，宜鲜食和鲜果外销出口，耐运输、贮藏，值得大力推广，近年引种广东等地表现良好，缺点是有裂果和日烧病的发生。

2. 早钟 6 号 早钟 6 号是福建省农业科学院果树研究所在 1981 年以解放钟为母本，以早熟的日本品种森尾早生为父本杂交育成的。1993 年正式定名。该品种树势旺，树姿较直立，枝梢粗壮，枝条较稀疏。叶片较大、较厚，叶色浓绿，夏叶的叶缘有反卷现象，但不如解放钟明显。9 月中下旬抽花穗，10 月下旬初花，11 月中旬盛花，12 月初终花。果实成熟期为 4 月上、中旬（福州地区），比解放钟枇杷早熟 15 d 以上。果实倒卵至洋梨形，平均单果重 52.7 g，最大者可达 100 g 以上。果皮橙红色，锈斑少，鲜艳美观，果皮中等厚，易剥离。果肉橙红色，平均肉厚 0.89 cm，质细，化渣，甜多酸少，香气浓。含可溶性固形物 11.9%、酸 0.26%，每 100 g 果肉含维生素 C 6.6 mg，可食率 70.2%。每果平均有种子 4.6 粒。由于该品种结合了双亲特点，兼备了大果、优质、早熟的优良性状，明显优于我国现有的早熟品种。该品种具有较强的抗性和适应性。叶片抗斑点病，裂果、日灼、皱果、果锈、紫黑斑均少。对有机磷农药、逆境比较敏感。开始结果早，母株的实生苗定植 3 年后即可开始结果。坐果率高，丰产性能好，大小年较不明显，在福建等产区广为推广。

3. 大五星 1980 年从四川龙泉美满 6 队萧九松家实生树中选出的良种，由于果顶萼洼处呈五星状，故名大五星。在成都地区 5 月中下旬成熟，果较大，平均单果重在 60 g 以上，最大的可以超过 100 g，果实圆形，果面橙红色，果肉厚、橙红色，易剥皮，汁多。可溶性固形物 11%～13%、酸 0.39%，可食率 73%，味甜酸少、味浓、品质上等。该品种丰产性较好、果大、外观美、品质佳，在四川栽培面积较大，但该品种易感染叶斑病而造成早期落叶。生产栽培上要注意加强肥水管理，及时防治叶斑病。引种到南亚热带地区，果实不大。

4. 龙泉 1 号 成都龙泉驿区从实生树选出。果实卵圆形，平均果重 58.31 g，最大果重 105 g，果面橙红色，果肉厚、橙红色、易剥皮，含可溶性固形物 11.9%～13%，可食率 71%，种子平均数 4.4 粒，风味甜酸适度，质地细嫩，在成都 5 月中下旬成熟，丰产、适应性强，为四川近年主推品种之一。该品种对叶斑病、缩果病、日灼病的抗性均较强，不易裂果，果锈较少，丰产性好、果实耐贮运。但在果实成熟前酸味较重，应适时采收。

5. 粤引佳伶枇杷 华南农业大学园艺学院从西班牙引进的枇杷优良品种 Javierin 选育而成，2009 年经广东省品种审定委员会审定。该品种树势强健，早结，适应性较强，遗传性状稳定。果实梨形至长圆形，单果重 62.3～76.5 g，果皮橙黄色，易剥皮，果肉厚、橙黄色，硬度 0.54 MPa，含可溶性固形物 10.5%～11.6%，酸度较高，为 0.72%～0.87%，每 100 g 果肉含维生素 C 5 mg，可食率 72.3%～74.6%。单果种子数一般在 3 粒以下。特点是果大、种子较少，品质好，产量适中。为中晚熟品种。在广东用其作父本，与早钟 6 号杂交，以培育出杂交 5 号、早佳 8 号、早佳 90 等 3 个广东省审定的新品种。

6. 田中 1879 年日本人田中芳男氏在长崎取大粒茂木果实食之，播种后选出，目前我国台湾栽培较多，福建、四川、湖北亦有零星分布。树势旺盛，树型开张，树冠圆头形。叶片较大，椭圆或卵圆形，平均长宽 23 cm×8.8 cm，色泽绿，叶片厚，叶缘有浅疏锯齿，嫩叶两面均有茸毛，成熟叶背面较多茸毛，叶脉间皱。果大，外观美，呈倒卵圆形，横剖面呈五角形，果重 70～90 g，最大可达 165 g。萼洼大，果皮与果肉均橙黄色，分离较困难，果肉较薄，稍酸，含可溶性固形物 11%，可食率 66.5%。种子在 5 粒以上，种子卵圆形或三角形，种皮棕褐色。成熟期较茂木约迟 10 d，采收期可在 2 月上旬至 5 月上旬，盛产期在 3 月中旬至 4 月下旬。

该品种表现丰产、稳产特性，外观漂亮，但皮较薄，可食部分少，含酸量较高，需要在充分成熟时采收。该品种被广泛引到世界各地，除了引入我国，还被引到美国、以色列、阿尔及利亚、巴西、印度、意大利、西班牙、土耳其等。在日本国内，其产量只占茂木的 1/3 强。

第二节 苗木繁殖

枇杷可用实生、嫁接、高压和试管繁殖等方法育苗。实生繁殖虽然有方法简便，短时内可获大量苗木，植株树势强、寿命长等优点，但因枇杷遗传上高度杂合，不同株的实生树之间会产生性状分

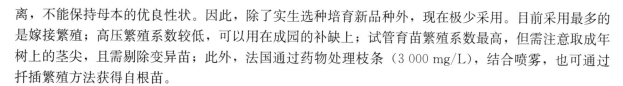

离，不能保持母本的优良性状。因此，除了实生选种培育新品种外，现在极少采用。目前采用最多的是嫁接繁殖；高压繁殖系数较低，可以用在成园的补缺上；试管育苗繁殖系数最高，但需注意取成年树上的茎尖，且需剔除变异苗；此外，法国通过药物处理枝条（3 000 mg/L），结合喷雾，也可通过扦插繁殖方法获得自根苗。

一、砧木苗培育

枇杷砧木选择，长期以来总是处于两个极端，一个极端是近亲，即应用本砧，这不但在我国应用最多，在国外也占主导，本砧与接穗嫁接亲和性好，缺点如前已述，根系太浅，易倒伏，易受热害和寒害；另一个极端是远亲，不同属，包括用榅桲、石楠、苹果、梨和火棘作为砧木的，主要是在地中海沿岸国家使用，我国仅苏州等地采用石楠作为砧木，它们与枇杷的嫁接亲和性并不差，主要的问题是结果期延迟（晚 1～2 年结果）和对果实品质有影响。我国有丰富的枇杷属种质资源，与普通枇杷同属不同种，既不是近亲，也不是远亲，可谓"不近不远"的，这些种能否作为普通枇杷的砧木，华南农业大学（枇杷课题组）等单位正在进行积极的探索。

（一）本砧

普通枇杷果实初夏成熟，台湾地区枇杷果实秋季（10 月）成熟。从充分成熟的果实中取出种子，洗净阴干后即可播种。如不马上播种，可将洗净阴干的种子 1 份与干沙 2 份混合放置在阴凉干燥处贮藏，如方法得当，95％以上的种子可发芽，甚至在贮藏 6 个月后，发芽率仍达 60％。种子量大时切忌堆放，以防种堆发热，降低发芽率。由罐头加工厂购种时，应了解种子是否经过高温处理，以免种子死亡不发芽。枇杷的苗圃地以沙质壤土为宜，宜浅播，切不可深埋。直播时每 667 m^2 大约播 60 kg，3 万粒种子，撒播时每 667 m^2 用种 100～250 kg。播后不覆土而用木棍滚压种子入土，畦面覆盖稻草。播后约 2 周，苗可出土。苗高 7～10 cm 时，可适当疏苗或移栽，并开始施肥。枇杷幼苗喜阴，在较荫蔽处播种，或搭荫棚，或利用间作物遮阴，生长更好。苗高 50～60 cm，茎粗约 1 cm 即可嫁接（若想种少数的实生枇杷，此时亦即可定植）。在南亚热带地区，5 月播种，次年 1～2 月就可嫁接。

（二）榅桲和石楠

1. 榅桲　为落叶果树，与枇杷同亚科而不同属，两者形态完全不同，但嫁接亲和力很强，据报道，解放钟等 4 个品种嫁接云南榅桲，成活率为 76％～96％，不逊于本砧。以榅桲作为砧木，能丰产，提早成熟。云南榅桲还可提高果实的可溶性固形物。除此外，还有两大优点：一是有矮化效果，14 年本砧解放钟的树高为 3.15 m，而云南榅桲砧树高仅为 2.2 m，后者的冠径小 70 cm 左右。以色列自 1960 年以来，一直以榅桲作为矮化砧来扩大枇杷的种植，矮化在很大程度上减少了修剪、疏花疏果、套袋和采收的劳动量。二是榅桲有耐黏湿土壤的功效，在土壤黏重的埃及，榅桲砧被广泛应用。榅桲根系也是浅根性的，故寿命短。云南榅桲砧果实偏小，单果重明显低于本砧。易罹天牛危害，这是不利之处。榅桲的砧木苗可通过扦插繁殖获得。

2. 石楠　同榅桲相比与枇杷的亲缘关系更近些，尽管也不同属，但同为常绿小乔木，嫁接亲和力也强。江苏等地常用石楠作为枇杷砧木。优点是丰产，寿命长，根系发达，耐寒耐旱力强，且不受天牛危害。不足之处是石楠砧的枇杷初结果时果实大小不一，品质变差，着色也变差，需经几年后才好转。据当地经验，石楠有白皮种与紫皮种子之分，以白色种作为砧木，嫁接易活，生长结果也较佳。石楠种子播种期在 3 月，苗木生长 1～2 年后可供嫁接，也可用堆土压条法培育石楠砧木苗。

（三）枇杷属野生种

我国拥有丰富的野生枇杷种质资源，它们长期在野生环境下生长，理应具有较好的抗性，但却未进行很好的砧木利用，因此，对野生枇杷作为普通枇杷砧木进行探索具有重要意义。虽然前人曾对台湾枇杷作为砧木进行尝试，但台湾枇杷根系也浅。华南农业大学枇杷课题组近年来对野生枇杷作为普通枇杷的砧木进行了两方面的探索：一是以多种野生枇杷作为砧木，进行了嫁接亲和性和后期结果的研究，证明了椭圆枇杷、怒江枇杷、香花枇杷是早钟 6 号和一些西班牙引进品种的良好砧木；二是探究了 11 个野生枇杷杂种后代组合（普通枇杷野生树×台湾枇杷、栎叶枇杷×早钟 6 号、栎叶枇杷×解放钟、大渡河枇杷×栎叶枇杷、大渡河枇杷×解放钟、栎叶枇杷×大渡河枇杷、栎叶枇杷×台湾枇杷恒春变型、解放钟×台湾枇杷恒春变型，等等）作为栽培枇杷砧木的可能性，结果表明：野生枇杷杂交种的嫁接成活率普遍高于野生枇杷；栎叶枇杷×大渡河枇杷是作 3 个接穗品种（早钟六号、白玉和西班牙引进品种"马可"）砧木的较好选择；其他野生枇杷的杂交种也值得做更深入的研究。

二、嫁接苗培育

枇杷的嫁接方法很多，在大树上可采用高砧切接或嵌接，在小苗上可用切接、插接或劈接、折砧腹接、芽片贴接等。目前，以小苗留叶切接和剪顶劈接法最常用。

（一）留叶切接法

12 月下旬至翌年 2 月中旬在一年生以上的砧木基部 1～3 片叶片上方剪干切接，接穗具单芽或双芽，长 3～5 cm。接后用薄膜条包扎嫁接部位和接穗的上切口，芽眼及接穗中部不密封。接后 15～20 d 就可发芽，嫁接成活率高。注意经常抹砧芽，排水和防旱，加强苗木管理，勤施薄肥，防病虫等，可获较高的苗木出圃率。如二至三年生和个别一年生的砧木上无叶可留，则采用倒砧切接法。即把离地面 20～30 cm 处的砧木剪断 3/4 并折倒于地，使上下仍有少量韧皮部及木质部相连，树液相通，在断口处切接，待接穗长出的新梢充实后，再把倒砧剪除。留叶或倒砧，都是为了给接穗提供营养，提高嫁接成活率。

（二）剪顶留叶劈接法

福建果农近几年多采用此法，育苗速度快，从播种到出圃只需 15～16 个月。为保证苗木及时出圃，在采种后应立即播种，并加强实生苗的水肥管理、树体管理，保证翌年早春大多数砧木苗干粗达 0.7cm 以上。2 月中旬到 3 月下旬，在幼砧上的正在萌生、尚未充实的春梢上剪顶 1/2～2/3（此处的梢粗可达 1 cm 左右），然后用含有单芽或双芽的接穗在顶端进行劈接，接后的包扎方法同切接。一般接后 10 d 就可发芽，成活率在 80% 以上，当年秋季嫁接苗高度超过 60 cm，即可出圃定植。

三、压条苗培育

高压育苗法的繁殖系数较低，母株因被高压损失一定的枝叶，产量也会受到影响，不能作为常规育苗法。但是，对于枇杷园的缺株补植；或者对选定的枇杷优株需要尽快扩大观察规模的，可以采用此法。因为高压苗比用其他方法培育的苗木都更早结果。

具体做法与其他果树的高压育苗大同小异。在春季或秋冬，从树冠中选二至四年生的枝条（视具体目的而定），枝粗 2～4 cm，直立或斜生的，在离分枝 10 cm 左右处进行环剥，环剥带宽 3～4 cm，将形成层刮除干净，以苔藓、熟化的园土相拌作为生根基质，缚于环剥处，外用塑料薄膜包扎，待不定根长出、根系生长良好时，锯下假植于苗圃中，一年后出圃定植于果园。曾有果农在基质中拌入少量的陈年粪池沙，特别有利于高压苗的生根，推测是人粪尿中残留的吲哚乙酸起作用。高压育苗还需注意两个方面：一是用塑料薄膜包扎时要扎紧，以减少生根基质的水分损失，并防止大量的雨水渗入；二是高压苗锯离母树后，因苗木根系少，而地上部枝叶较多，因此要剪除一部分枝叶，以减少蒸发，定植时需立支柱，防止树头摇动导致断根。

四、组培苗培育

从结果盛期的枇杷树上取茎尖，取材时间可在夏梢停止生长、而秋梢尚未萌发时最佳。外植体的处理按离体培养的常规操作进行，接入培养基的外植体以 2～5 mm 为宜，培养基以 MS＋6-BA0.5 mg/L＋NAA0.1 mg/L＋GA$_3$0.1 mg/L 为宜，茎尖萌动并抽叶后，不断继代增殖，此阶段的培养基附加物为

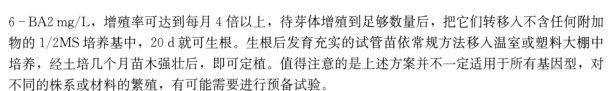

6 - BA2 mg/L，增殖率可达到每月 4 倍以上，待芽体增殖到足够数量后，把它们转移入不含任何附加物的 1/2MS 培养基中，20 d 就可生根。生根后发育充实的试管苗依常规方法移入温室或塑料大棚中培养，经土培几个月苗木强壮后，即可定植。值得注意的是上述方案并不一定适用于所有基因型，对不同的株系或材料的繁殖，有可能需要进行预备试验。

第三节　生物学特性

一、形态和解剖特征

枇杷为常绿小乔木，树冠多呈圆头形。幼树及结果初期树体因枝条顶端优势强，树冠层性明显，枝条较稀疏，盛果期后枝条顶端优势特点转弱，加上叶幕浓重，层性渐不明显。

枇杷的芽体萌芽力弱，但成枝力强。顶芽芽体大而裸露，密披锈黄色茸毛，抽生的枝条较短；侧芽芽体小、扁平、三角形，紧贴叶腋。有的腋芽极小，有的完全没有发育出来，因此在一些叶腋或叶柄痕上看不到芽体，但紧靠顶芽下方的一两个侧芽极易萌动，以致使人误认为有 2～3 个"顶芽"，实际上只有一个真正的顶芽。侧芽抽生的枝条较长。

枇杷的春梢枝条短，长 5～15 cm，粗壮，叶大；夏梢枝条长，可达 20～30 cm，叶片较春梢叶小；秋梢与夏梢的特征相似，结果树上的秋梢往往成为结果枝，这类枝条多较短，有的带叶或不带叶，不带叶的结果枝就好像是结果母枝直接抽花穗。冬梢因低温影响，生长弱，枝条短而细。但在南亚热带地区，枇杷枝梢的冬季生长量仍较大。

枇杷叶片由叶身、叶柄和托叶构成。叶序为 3/8 式，互生，叶片大而厚，长 10～15 cm，宽 3～10 cm，因品种不同而异。形态多为倒卵形至长椭圆形，少数为倒披针形。叶面革质，叶背有锈色茸毛，叶缘有锯齿状缺刻。叶片色泽的深浅，毛茸稀密，叶缘锯齿稀密和深浅，到达叶缘的位置，叶脉间叶肉皱褶程度及侧脉对数等，都是鉴别品种特征的依据。

枇杷的花穗为顶生复总状花序，长 10～20 cm，花序主轴上有 5～10 个侧轴，有的侧轴还有三级小分轴。通常每穗有几十朵成百朵花，最多者可达 200 朵。花萼、花瓣、花柱、心室均为 5 出数。花萼绿色，花瓣白色，雄蕊 20，排成两轮，花柱离生基部联合，子房下位，5 个心室中各有 2 个胚珠。理论上可以像苹果和梨一样有多达 10 粒的种子，但多数种子发育中途败育。一般情况，大多数品种只有 3～4 粒种子。最多的是产于英国的一种枇杷种质资源，有 8 粒种子，最少的是江西品种"独核"。

枇杷的果实由花托和子房部分共同发育成为"假果"，与苹果和梨类似，花托形成果肉，子房壁形成包在种子外面的内膜。果皮由单层细胞构成，较薄。果皮外观成熟时淡黄色至橙红色，果肉乳白色至黄色。果形圆球形、倒卵形或扁圆形。

二、生长特性

（一）根系生长特性

枇杷根系的垂直分布与水平分布受土层厚度、土质、地下水位的影响而有不同。一般枇杷属于浅根系果树，根系分布浅而窄。在土壤深厚的红壤山地，根系入土深度可达 1.5 m 以上，但 80% 的吸收根分布在土层表面下 10～50 cm 的土层范围内，土面 50 cm 以下很少有根。枇杷根的水平分布范围小，大多数根分布在主干外 1～1.6 m 范围内，2 m 以外的范围分布渐少，2.5 m 以外则很少有根，导致根冠比较小。日本的研究表明：以温州蜜柑与枇杷相比较，前者的地上部/地下部的重量比为1.24，即地上部仅略比地下部重些，而后者的比值为 3.64，即枇杷的地上部重量为地下部的 3 倍多；从地上部的同化器官叶片的总重量和地下部吸收器官细根的总重量比（叶重/细根重）来看，温州蜜柑为 2.33，而枇杷的高达 8.57。由此可见，枇杷根系的生长弱于枝叶的生长，植株易受旱和为大风所折。在枇杷栽培实践中，通过挖大穴、扩穴改土、深翻施肥等，可以促进根系生长，扩大根系的水平和纵向分布范围，对于保证枇杷生长发育和丰产稳产具有重要意义。与此同时，寻找强根系砧木的探索得到科研人员的重视和产业界的期待。

枇杷根系的生长与土壤温度的高低有密切关系，一般土温高于 5 ℃，根系即可生长，10 ℃左右为最适温度，20 ℃以上生长减缓，30 ℃以上停止活动。因此，在热带地区，根系在夏秋春节停止生长；在温带地区冬季根系生长减缓以至停止；在亚热带地区，根系几乎周年都在活动，但最大的生长高峰在早春，其次在晚秋，5～6 月和 8～9 月也分别各有一次小的高峰期，后者常在相对深的土层里发生。枇杷根系的生长与地上部生长有交替现象，根系生长比地上部枝芽的活动早半个月左右。

（二）枝梢生长特性

在南亚热带，枇杷一年四季均可抽梢，有些年份一季中抽 2 次梢，全年抽 4～6 次；在北亚热带至温带南缘，一般不抽冬梢。

1. 春梢　在根系活动之后的早春开始萌动抽生。南亚热带气温高，枝梢生长迅速，新梢可长 10 cm 以上。北亚热带气温低，生长缓慢而充实。春梢可从去年抽生的生长枝顶芽发生，也可从结果枝上的侧芽发生，或从落花落果枝的侧芽和疏花穗后的结果枝的侧芽发生。生长充实的春梢通常都能抽发夏梢成为结果母枝。

2. 夏梢　夏梢为周年中抽梢最整齐、数量最多的一次。通常在 5～6 月采果后，由果穗基部侧芽抽生，或由未结果枝的当年春梢上萌发延伸或侧芽抽生。夏梢长度 10～30 cm，粗度在 0.6 cm 以上的一般都能成为结果母枝。但在江浙一带如果当年丰产，夏梢抽生迟者，不能成为结果母枝。

3. 秋梢　幼年树抽生的秋梢数量大，是扩大树冠的主要枝梢之一。成年树的秋梢枝条很短，只有数片叶，有时甚至无叶片而成为花穗基轴，在其上开花结果；少数的秋梢是从结果母枝的侧芽萌发而成为营养性的秋梢。

4. 冬梢　南亚热带地区的枇杷树均可萌发冬梢，通常在 11 月上旬开始抽生。在江苏、浙江、安徽地区较少萌发冬梢，即使萌发，因气温逐渐下降，展叶成枝的很少，通常仅保持几片萎缩幼叶越冬，待翌春气温回升，才开始伸长，成为冬春连续枝。因此在北缘地带要控制枇杷冬梢的抽生，以减少营养消耗。

（三）花生长特性

在福建，夏梢是枇杷主要的结果母枝，花芽分化是在结果母枝的顶芽上进行的。枇杷的花芽分化有两个特点：①分化时间短。枇杷的花芽分化与蔷薇科的落叶果树一样，花芽分化的时期始于夏秋，但落叶果树花芽分化的时间较长，芽体在冬季要转入休眠，到第二年春季又开始分化直至开花，整个分化过程历经 8～10 个月；而枇杷的花芽分化具有连续性，一经分化即可转入开花，从分化至开花，只需 3 个月左右，仅为落叶果树分化时间的 1/3。②花芽的形态分化一半在芽内进行，一半在芽外进行。即顶芽内进行从花序总轴到支轴的分化，这一分化阶段是肉眼观察不到的。当花穗抽出时，花穗边生长，边进行小花的分化。

花序总轴原基开始分化的时间福建福州是 7 月下旬；浙江黄岩是 8 月上旬，杭州则是 8 月中下旬。

花芽分化的进程与结果母枝类型有密切的关系。李乃燕等（1982）进行的石蜡切片观察结果表明：春梢主梢（春梢顶芽枝）在 8 月初分化花序总轴原茎后，8 月中下旬分化支轴原基，9 月上旬先后出现花萼和花瓣原基，9 月中旬末期出现雄蕊和雌蕊原基，10 月雌雄性细胞分化和发育；春梢侧梢（春梢侧芽枝）的花序总轴原基分化是在 8 月中旬，夏梢主梢是在 8 月下旬，夏梢侧梢则在 9 月初。春梢主梢和夏梢侧梢的花芽分化起动期相差近 1 个月，但是后起动者发育进程加快，到 10 月下旬，四种枝梢上的花芽分化程度已基本一致，它们的雌蕊原基都同样是 1.53 mm 左右，都已为开花准备好了条件。值得注意的是由顶芽抽生的结果母枝，枝条短而粗，其上花芽形成较早，花量多；由侧芽抽生的结果母枝，枝条细长，其上的花穗小。这为我们疏花穗提供了疏留依据。

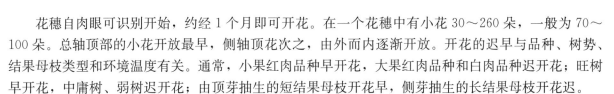

花穗自肉眼可识别开始，约经 1 个月即可开花。在一个花穗中有小花 30～260 朵，一般为 70～100 朵。总轴顶部的小花开放最早，侧轴顶花次之，由外而内逐渐开放。开花的迟早与品种、树势、结果母枝类型和环境温度有关。通常，小果红肉品种早开花，大果红肉品种和白肉品种迟开花；旺树早开花，中庸树、弱树迟开花；由顶芽抽生的短结果母枝开花早，侧芽抽生的长结果母枝开花迟。

花期早，容易受冻。11～14 ℃为枇杷开花的最适温度，10 ℃以下，花期延长。在福建，一穗花开完只需半个月至 1 个月，全树花期不超过 2 个半月；在浙江，一穗花开完长的需 2 个月，全树花期 3～4 个月甚至更长。为此，江浙枇杷产区的果农常把枇杷花分为三批：最早开的（10～11 月间）称为"头花"，这批花如果不受冻，果实品质较好；"二花"在 11～12 月，冻害少于头花，坐果率也较高，品质中等；"三花"在 1～2 月，最少受冻，但果小品质差。

三、果实发育与成熟

谢花后枇杷幼果开始发育。在福建省福州市，发育初期的幼果纵径增长较快，20 d 后其种子内的胚已由球形胚转入心形胚，幼果外的黄色茸毛开始脱落，幼果的绿色果皮渐渐显现，尔后进入横纵径同步增长，并在后期同时迅速增长。在浙江黄岩，洛阳青枇杷的鲜果重量增长规律为：前期（花后 60 d 内）增长较慢，在中后期（花后 60～105 d）重量的增长较前期快。果实内含物的增长规律是前期水分的增长慢，中期快，后期又缓慢下来；干物质含量随果实不断长大而增加，后期增长速度最快。在果实成熟期（采收前 10～15 d），果皮颜色由绿转黄，有些品种的果肉仍在增长，果实体积和重量达到最大值，果实内部生理发生一系列变化，乙烯含量和呼吸先后出现高峰，接着果实发育期内大量积累起来的山梨（糖）醇迅速转化为蔗糖、果糖和葡萄糖，使果实呈现甜味。与此同时，果实的含酸量下降，品种固有的外观颜色出现，果实成熟。

掌握果实成熟期间的发育规律，可以帮助我们正确地确定采收时期，避免在果皮转色之初就提早采收，特别是某些晚熟品种的果实，需要在转色完全后留树一段时间或下树贮藏一段时间后才能充分体现品种的品质。另据研究，田中枇杷的糖分在全面着色后 5 d 达到最高值，而酸的含量在全面着色后变化缓慢。因此，为了保证枇杷果实的品质，提高果品的商品价值和经济效益。务必注意适时采收，不要提早采收。

枇杷的果实发育期为 4 个月左右。发育期的长短与温度有关，我国南北枇杷产区的谢花期相差不多，但枇杷成熟相差甚远，在枇杷栽培的北缘地区，发育期较长，例如，在武汉，枇杷在谢花之后需经一个幼果滞长期，该时期可能长至 2 个月，待 3 月以后气温回升，幼果才进一步发育。在滞长期内幼果受冻的可能性较大，不受冻者，整个果实发育期也相对延长了。而在福建云霄县，枇杷在 3 月即可下树了，同一地区的果实发育期长短与栽培品种有关，早熟品种与晚熟品种的成熟期可相差一个月左右。

第四节　对环境条件的要求

枇杷嫁接树定植后 3～5 年即开始结果，结果盛期达 20～40 年之久，百年树龄的实生树，株产仍可达 150～200 kg。因此，了解枇杷生态的特性，创造适合枇杷生长的环境条件是很有必要的。

一、立地条件

枇杷在平地和山地均可栽培，山地若坡度不大，则通风好、积水少，更有利于枇杷生长。但在山地建园时，应避免北向和西北向，尤其是在寒冷、枇杷易受冻的地区。枇杷树对土壤类型的要求不严，各类土壤均可生长。土层越深越好，土质越疏松越好。枇杷对土壤 pH 值的要求也不严，pH 5～8 均可，但以 pH 6 最适宜。

二、温度

枇杷是比较典型的亚热带果树，树体在系统发育过程中形成了喜温暖潮湿、畏寒的特性，适宜在年均温 15 ℃以上的地区栽培，而在年均温 20 ℃以上的南亚热带地区，无冻害，果实长得好，早成熟，为枇杷的最适栽培区。刘权等（1998）对枇杷生态适宜区和次适宜区的划定提出不同意见，认为要根据综合指标来评定，表 16-1 列出综合指标中的 13 个指标及评定标准供参考。

表 16-1 枇杷生态适宜区和次适宜区生态指标

综合指标项目	生态区域	
	最适宜及适宜区	次适宜区
年平均温度（℃）	18～20	15～17.9
1 月份平均温度（℃）	6～10	4～5.9
≥10 ℃年积温（℃）	5 000～6 500	4 500～4 999
日最低气温≤-3 ℃的积温（℃）	0～-15	-16～-50
日最低气温≤-3 ℃的天数（d）	0～10	11～20
日最低气温≤0 ℃的天数（d）	0～5	5.1～20
年降水量（mm）	1 200～1 500	<1 200 与>1 500
4～5 月降水量（mm）	200～300	301～500
坡度	1°～7°	7.1°～15°
立地条件土质	疏松透性好	黏重、透性尚可
排水性	良好	一般
pH	5.5～6.5	<5.5 与>6.5
有机质	2.1%以上	1%～2%

环境温度太高、太低均不适宜枇杷生长。温度太高，如超过 30 ℃，根系生长即停止。枇杷属于浅根系植物。如果没有根系的良好生长，树体的正常生长发育就失去了基础。在枇杷果实成熟期，如遇高温烈日直射，常引起日灼病。在枝梢生长、开花期、果实发育期温度偏低，枝梢生长慢、短小、叶片少、营养积累少；10 ℃以下，花粉发芽缓慢，授粉受精不完全，不利坐果，果实味淡、酸，转色差，推迟成熟。当温度过低时，枇杷的生殖器官受冻害将直接影响当年产量，枇杷花在-6 ℃的环境下严重受冻，而花蕾却能经受这样的低温，最忌受冻的器官是幼果（尤其是内部的胚珠），-3 ℃的环境下，幼果就受害，因此-3 ℃是幼果生长的临界温度，也是作为确定枇杷经济栽培的一个最重要的指标。在南亚热带地区，结霜与结冰后次日温度如急剧回升，幼果将全部死亡，在这种情况下，枇杷幼果耐寒性非常弱，一夜的冰点下温度都将致其死亡。根据枇杷幼果对低温忍受力低弱的特点，枇杷经济栽培的北缘地区应确定在冬季低温高于-3 ℃的地方。

三、水分

年降水量 1 000～2 000 mm，雨水分布较均匀的湿润地区，枇杷生长发育良好。枇杷如种在江河湖泊、水库等大水体周围，环境温度变幅小，空气潮湿对枇杷的生长发育更加有利，既可避免或减少冻害，又可减轻日灼、裂果、皱果等生理性病害。南方各产区，春季雨水较多，轻则导致果实着色差、成熟迟、风味变淡；重则造成裂果，尤其是果皮薄、糖分高的品种更易裂果，影响商品质量。土壤水分不足，枝梢生长很快停止，花芽分化过程受阻，果实皱缩，因此，枇杷园应有足量的覆盖物，可减少浇水次数或灌水量，甚至可不灌水，但在果实收获前或花芽分化期若出现极度干旱，使果实皱缩或阻碍花芽分化，可适当喷水。枇杷根系对土壤通气状况有较高的要求，忌积水，地下水位高时易烂根。对于容易积水的平地枇杷园，一定要做好排水和降低地下水位的工作。

四、阳光

枇杷是较耐阴的亚热带果树。枇杷叶的光合作用诱导远比温州蜜柑迅速，光合作用效率也高，一天有 3 h 以上的直射光就足够了。不过，果实生长后期有充足的阳光，果实着色更好，品质更佳，成熟期提早。

五、风

枇杷根系浅，树冠又较大，容易被吹倒；冬春的西北风可使幼果期发育受阻，易形成障碍果。为了持续获得枇杷园的高效益，在避风处建园并营造好枇杷园的防护林网是非常重要的。

第五节　建园和栽植

一、建园

根据枇杷的生物学特性，建园时应注意以下几个方面：

（一）园地选择

园地选在坡度不超过 25°的山地为最佳，既通风透气，又排水良好。若选在平地，应注意挖好排水沟，不能积水；若在有冻害的地方建园，要考虑该地的小气候条件，选坐北朝南、靠近大水体的地方或利用山地逆温层等建园。

（二）土壤条件

土层越厚越松越有利于枇杷根系生长，因此，园地要建在土壤有机质含量丰富、土层厚度达 60 cm 以上的丘陵山地。土层不够厚的要挖 1 m 见方的大穴，以后还要逐年扩穴，直至全园生土全部改造完毕。土质太黏重的，要加客土进行改良。山地建园时应注意防止园地的水土流失，注意规划好园地的道路及排灌系统，同时修筑好水平等高梯田，梯壁台面种植绿肥，既可获得有机肥，又可防止表土流失，土壤干旱。在建园修筑梯田方面，福建莆田果农发明了一种筑墩栽培法。其要点如下：①第一年在 20°～30° 坡度的山坡上清除地上物，把杂草等收集起来，全园耕翻 20 cm 以上，把表土收集在一起；②按一定的行间距挖大穴（1 m 见方以上），心土掏出，再把心土和杂草各放一层后，浇一遍人粪尿，土壤 pH 低于 5 的山地要施用石灰，如此反复 2～3 次，用表土把穴填满。与此同时，把全园的心土挖一遍，大团大团的心土不要敲碎，再在其表铺些杂草，使满园遍布小水坑，既防止水土流失，又有利心土风化；③翌年定植苗木时，在定植穴周围把已风化的心土填上，形成高墩，即所谓的筑墩。并用从心土里挖出来的石头（或附近运来的石头）垒梯田壁，梯田可以是单株花坛式梯田，也可以是等高式梯田。以这种方法，从垦荒开始，第四年枇杷即投产，而且产量比较高。

总之，要针对枇杷根系的特点，为其生长创造良好的土壤条件，为树体早果、丰产、稳产和优质结果打下良好的基础。

二、栽植

栽植密度要根据园地情况和栽植品种等来确定，一般株行距为 4～5 m，坡地、寒冷地可相对密些，前者通风透气好，后者有利抗寒；平地和温暖地要稀一些。大树型的品种如解放钟等，株行距应为 5～6 m。

南亚热带地区春植秋植均可，但 11 月至翌年 2 月是定植的最好时期。冬季较寒冷的地区以春芽萌动前为宜。

栽植方法同其他果树相类似。移植时苗木应带土球或根部蘸泥浆保湿；并剪去 2/3 的叶片，以减少苗木的水分蒸发。栽植时不宜栽得过深，浅植既有利成活，也便于以后培墩；栽后还要浇足定根水，以利于苗木成活。较干旱的地区，苗旁可覆草，但切莫在主干外 30 cm 范围内铺草，否则，蚂蚁会啃食干周的树皮。

第六节　土肥水管理

一、土壤管理

扩穴是建立丰产枇杷园的前提，趁幼树期操作方便，就要有计划地进行扩穴。扩穴宜分年度完成，以定植穴为中心，每年一边或两边向四边扩穴，深翻深度达 80～100 cm，挖出心土，与有机肥、磷肥、秸秆、火烧土、石灰等分层堆放。劳力或资金不足时，至少需全园耕翻 30 cm。

幼年枇杷园应实行间作制度，种豆类或豆科绿肥等，能够改良土壤提高肥力，又可充分利用空间增加收入。

幼年枇杷园的土壤可实行覆草管理，枇杷进入盛果期后，覆草有诸多的好处，保持一定的水分防干旱；防止土壤板结有利根系通气；熟化土壤增加有机质提高土壤肥力。种植间作物本身就是一种覆草管理，称生物覆盖。也可采用死物覆盖，即在间作物收获后，将间作物秸秆覆盖于土表。也可实行清耕覆盖管理，即在树体最需水分时，清除全园杂草或收割覆盖作物，覆盖于土面，在树体生长缓慢时期或雨季保留园中杂草或种植覆盖作物，吸收园中多余水分和养分，有利于果实成熟，提高品质。采用这种方法管理土壤，一年中至少清耕数次，特别是夏秋干旱时节，要及时清耕。枇杷结果后，园地封行，此时可以实行清耕或免耕管理。

二、施肥管理

施肥也是果园土壤管理的部分内容，由于树体的营养水平与土壤的施肥管理关系密切，因此，将之单独论述。

通过挖穴下足基肥（每穴施入 100～150 kg）以及扩穴改土的改造工程，枇杷园的土壤条件已经较好地保证了枇杷生长发育的需要。但是，土壤的肥力是有限的，必须通过施肥补充每年结果所消耗的土壤肥分。

据分析表明，枇杷是需钾较多的果树，果实中的氮、磷、钾含量分别为 0.89%、0.81%、3.19%。因此，要适量增施钾肥。幼树期每年每公顷分别施氮、磷和钾 30 kg、30 kg 和 45 kg，可以每 2 月施一次，薄肥勤施。在结果期，较瘦的山地每公顷施氮、磷和钾分别为 187.5～225 kg、150～187.5 kg 和 187.5～225 kg；较肥沃的平地分别施 150 kg、94.5 kg 和 112.5 kg。日本报道，若期望每公顷收获 10 t 枇杷，应施氮、磷和钾分别为 240 kg、190 kg 和 190 kg。施肥时期一般分四次，各次的用量比例和施肥作用效果列于表 16－2。

表 16－2　成年枇杷施肥时期、用量比例和作用效果

物候期	用量（占全年）	作用效果
采果后	50%	恢复树势，促夏梢和花芽分化
开花前	15%	促开花，增强抗寒力
春梢前	25%	促春梢和果实增大
幼果速长期	10%（叶面肥）	提高产量和品质

上述成年树的施肥方案只能提供基本参考，实际工作中，应考虑树体的营养状况、土壤肥力状况及气候情况等决定施肥的标准。福建庄伊美等（1991 年）通过叶片分析研究，已提出了枇杷叶片营养诊断标准，其适量指标为氮 2.24%、磷 0.19%、钾 1.54%、钙 1%、镁 0.25%、硼 20～100 mg/g、

锌 25～100 mg/g、活性铁 50 mg/g、锰 100～500 mg/g、铜 5～10 mg/g。

根据上述诊断标准，分析各地果园的土壤营养状况，正确地制订施肥方案，做到科学施肥，可以保证枇杷既丰产又优质。例如福建莆田常太镇枇杷园的土壤管理和施肥水平都有较好的基础，但经叶片分析表明：钾和硼含量偏低，镁明显不足，而铁和锰含量则有过高的趋势，据此，今后应调整施肥方案，可以实现既节约化肥投入，又能丰可以产优质。

三、水分管理

果园的水分管理，应注意排水和降低地下水位，尤其是平地果园，如不注意排水，造成水分过量蓄积或地下水位太高，枇杷易烂根或发生"烂头病"，造成减产和短寿。

第七节　树体管理

一、整形修剪

（一）整形

枇杷枝条的生长有一定的规律，任其自然生长的枇杷树，也可逐渐生长为带有层性的圆锥形树冠，结果后转为自然圆头形或半圆头形。对于树冠小的品种而言，自然形成的树冠就能符合栽培要求，树体能够正常生长和结果，因而，较少给予人工干预。但对于树冠大的品种，树体过于高大，不但操作不方便，而且内部过于荫蔽，有效叶面积少，结果少。因此，必须进行人工干预，控制树冠的生长，调整枝条的分布，即所谓的加以整形，使树冠矮化，并呈现出一定的树形。对直立的品种，应通过整形，不断改变枝条生长的状态，使之斜生，最后形成变则主干形或疏散分层形。对其他的品种，目前的做法是在离地面 30～40 cm 处留 3～4 个一级主枝，作为第一层主枝，其余枝条去掉或留部分作为辅养枝。第二年再留一层 3～4 个主枝，然后截顶，使植株空心，形成空心圆头形。在中国台湾和日本，采用更进一步的杯状形，即在离地面高 40～60 cm 处留 4～5 个侧枝，向四面伸展并拉成与主干呈 40°～50°的角度，第二年在主枝的适当位置各留 3～4 个亚主枝，将主干截枝。这样培养出来的树形就如杯状，使疏花疏果、套袋和采收便于进行。这种树形在广东和福建也越来越流行，因为树冠矮，操作方便，可以节约不少的劳动力。

（二）修剪

幼年期的枇杷树，经过 2～3 年的整形，树冠形成，枝条增多，进入结果。由于枇杷四季常绿、生长季节长，生长量大，枝叶繁多，因此必须去除一些多余的枝条。枇杷秋冬开花，冬春挂果，此时天气又较冷，如像落叶果树那样，在冬季修剪，显然是不太适宜的。其他季节里春夏秋梢在不断生长，也不太适宜修剪，要见缝插针，抓住两个短暂的时期。一是 8 月或 9 月（依地区不同），花芽分化已完成，有个别的花蕾已露出来的时候。二是采果后马上进行。这两次修剪均不能延误，前者的延误导致剪口易于干枯和浪费树体养分；后者的延误导致夏梢萌生延迟。

修剪的方法，花芽分化后修剪大枝，尤其是删剪密生枝，使树冠结构合理。万不可短截当年春夏梢，否则将造成花穗减少，影响产量。采果后主要是剪去枯枝、病虫枝、衰弱枝、下垂枝，短截可以利用的徒长枝和采果枝。剪口要平，对衰弱树要进行更新修剪，去除弱枝留强枝，回缩多年生的枝条，刺激潜伏芽萌发，重新形成树冠。更新修剪最好在采后 1 周内进行，留下来的主枝修剪不宜过重。更新修剪可恢复树势，延长结果期，产量也可大为提高。

二、花果管理

（一）疏花疏果

枇杷不但花穗多、每穗的花朵多，而且生理落果较少，若任其自然开花结果，结果量大，树体易大小年结果，此外，任其结果的树体，每个果穗上有 20 粒果左右，大大小小，参差不齐，商品性差。所以疏花疏果是保证连年稳产和保证果实整齐一致的关键措施。

（二）疏花穗

福建的枇杷主产区现在基本上采用疏花穗的办法，在 10 月上旬至 11 月初，花穗已明显、但尚未开花时进行。通常一个小枝组上有 4 穗者，疏去 1~2 穗，有 5 穗的疏去 2 穗。先疏去叶片少、发育不好，或有病虫害的花穗，并掌握去外留内、去迟留早、去弱留强和树冠上部多疏的原则，疏去花穗总量的 50%~60%。疏花穗一般用手从基部把花穗折除，基部叶片尽量保留。

在我国有冻害的地方，很少疏花穗，常待冻害过后，结合疏果进行疏果穗。但在日本有冻害的地方，也有采用疏花穗的。日本早先进行过试验，结果表明：疏去总花穗的 50% 和 25% 的，与不疏的相比，同年的产量略低一点（不超过 4%），但大果率增加 1 倍多，中果率也多些，小果率少得多，而且次年的枝条开花率提高 1~3 倍。因此认定疏花穗的效果十分显著，现在日本果农多数采用疏 50% 花穗；一些谨慎的果农疏 25% 的花穗，另外 25% 留待疏果时疏。

（三）疏花蕾

疏花蕾有不同的做法，但都应考虑到最后便于套袋。有的采用摘除花穗的上半部；有的既摘除顶部，也摘除基部的 2 个支轴，只保留中部 3~4 个支轴；福建莆田有的果农完全采用因穗而异的疏法，依以后便于套袋而疏留。在无冻害的地方，要留的是早期开的花，这样的花发育成的果实较整齐、果大。在有冻害的地方，以留中晚期开的花为主，因为早花受冻概率大，而且幼果较花蕾更不耐寒。所以，疏花蕾的时期宜确定在大多数花已开时为好。

（四）疏果与套袋

尽管上述的疏花蕾已去除了过多的花，但由于枇杷坐果率高，每穗上仍有 20 粒左右的幼果，仍然存在结果过多的问题。而且也还存在果实大小不一，熟期相异，影响品质等问题。所以，疏果是很重要的。

疏果的指导思想应是：给枇杷树一个较合适的负载量，同时使留下来的果大小较一致，成熟较整齐，并便于套袋以提高品质。

疏果时期以在残花落尽，幼果有蚕豆大小时为宜。

疏果时，先折去部分过多的果穗，然后逐穗疏果粒，将病虫果、畸形果、小果、过密果疏去。根据果穗的特点，并考虑到套袋的方便，决定果实的去留。大果形品种（如解放钟等）每穗留 3~4 粒，小果形品种留 5~8 粒，留下来的果必须大小一致。疏果时可以考虑树旺、枝粗、叶多的适当多留；反之，则少留。

疏果后即行套袋。套袋有诸多的好处：防裂果和日灼，防病、虫、鸟危害，防果面出现锈斑，防果面毛茸和果粉脱落，使果实有很好的外观。

通常在套袋前就应把套袋的材料备齐。以前多采用旧报纸，现在多采用黄色的牛皮纸或用过的水泥袋，既不会被雨水打烂，明年也可以再用。纸袋的大小根据栽培品种的果穗大小而略有差异，可事先做好纸袋带到田间。

套袋时一穗一袋，袋角留有通气口，防止果实腐烂，也便于采果前观察检查成熟度。套袋后用小铁丝缚扎比绳子工效高。每人每天通常可套 800~1 000 袋。

三、树体保护

1. 防风 枇杷根系分布浅而窄，根冠比小，易被台风或强风吹倒。除了建防风林外，在多风的地区和季节还要给枇杷立支柱；挂果不均匀的，应对挂果重的侧枝立支柱支撑结果枝，加以保护。

2. 防旱 在结果晚期和花芽分化期若出现极度干旱，除了做好土壤的清耕覆盖外，可以适当给树体喷水或灌水。

3. 防寒 这是枇杷栽培的北缘地区的一项经常性工作。南亚热带地区一般无需防寒，但在个别的年份，如 1991—1992 年幼果期遇到突发的低温，随后温度又急剧回升，枇杷所受的冻害比北亚热带地区的更为惨重，所以，也要保持警惕。

防寒措施：①利用花期主动避过寒害。这是日本最普遍采用的方法。枇杷花期长至 2～3 个月，日本主要利用中期和后期花，大大减少受冻的可能。②增施有机肥和磷、钾肥，增强树体抗寒能力。③树干刷白，地面覆盖杂草或覆盖农用薄膜。④加温直接防寒。我国采用熏烟法，用垃圾、湿草、树叶、杂柴、砻糠等，加 250 g 氯化铵等发烟材料弄成一堆，每 667 m² 五堆，在气温将骤降的夜晚燃烧，可使果园气温提高 2 ℃。日本采用重油加热器燃烧。⑤开花前扒土，露出骨干根，并晾 7～10 d，然后施肥盖土，可推迟花期 15 d。

此外，冬季如遇下雪，应及时摇去树冠上的积雪，以防冻伤幼果和树体。

四、植物生长调节剂的应用

1. 控梢 对生长过旺、徒长枝多发的枇杷树，可在夏梢萌发时期，喷施 500～800 mg/L 的多效唑（PP_{333}），控制枝梢生长。此外，它还能促进山梨醇的合成，积累养分，有利于花芽分化和开花坐果。

2. 促进花粉萌发 枇杷的花粉萌发率与坐果率有关。在花期喷 50 m/L GA 或 0.1～1 mg/L IAA，外加 0.1% 硼砂和 0.2%～1% 硫酸锰，可以提高花粉萌发率。

3. 疏花疏果 喷布 25 mg/L 的萘乙酸或萘乙酰胺可以疏花疏果。喷洒的程度要控制好，以免把花果疏尽。在经过试验能正确掌握喷洒程度的基础上，此法在大型果园或人工不足的情况下是较合适的。

4. 保果 在留果太多的情况下，可以用生长调节剂增强树体的坐果能力。在果实豌豆般大小时，用 10 mg/L 的 GA_3 喷洒，1 周后重复一次，不但坐果好，而且果实大，可食率比例提高。

5. 无籽果实的诱导 这项技术在生产上尚未完全可行，但由于其意义重大，我国大陆及台湾、日本、以色列和其他国家至少有 10 组科学家在进行这方面的探索。目前获得的相对好一些的办法是在花期喷 100～300 mg/L GA_3，促使种子全部败育，再在幼果期喷 1 次或多次 100 mg/L GA_3 加低浓度的 KT（激动素，20 mg/L）或 CPPU（吡效隆，30 mg/L）促进坐果和果实膨大，这样可得到与对照的可食部分差不多重量的商品果，但果实的可溶性固形物含量等方面降低了。科学家们仍在继续努力。

第八节 设施栽培技术

设施栽培在我国 21 世纪初才刚刚开始试验，但发展很快。在日本，设施栽培收获的枇杷已占枇杷总产量的 20% 以上，而且还在逐年增加，因此，它是一个不可忽视的栽培方向。

枇杷的设施栽培是指在钢管或合金管支撑的塑料大棚温室里栽培枇杷。最早开始于日本鹿儿岛的垂水市，那里是枇杷的主产区之一，也是火山活跃区，火山灰的落下，使枇杷果的外观很差。当地一些果农就在枇杷果实发育后期搭塑料棚挡住火山灰。人们很快发现，塑料大棚不只是挡住了火山灰，还使果实提早成熟，而且品质大为提高，此外，还发现塑料棚可以用于防寒。于是，设施栽培枇杷很快就在日本推广开来。

塑料薄膜是在盛花期后盖上去的，采果后即移开，但在夏季多雨，也有留至雨季过后才移开，这样可以减少雨季病虫害。设施栽培的枇杷管理与露地栽培的有所不同。例如：施肥应减少（因淋溶流失少），病虫害控制需更严（因温湿均较高）。由于设施栽培的出现，可以在一定程度上调控枇杷的生长发育期，因此在日本的果品市场上，自 12 月开始至翌年 7 月均有枇杷供应。

在我国，设施栽培有两个发展方向：一是北京和辽宁营口等北方地区设施栽培枇杷，取得很好的经济效益，尤其是与观光园艺相结合的设施枇杷园；另一个是浙江、四川成都等地塑料大棚栽培，可以提早 1 个月上市，效益也很好。

第九节 果实采收、贮藏和加工

在果树生产的现代化进程中，一个重要的发展趋势是提高了对果品商品性的要求，为此，要求果农不但要重视狭义的树体管理（也称树冠管理），还要重视果实的管理。枇杷果皮薄易损伤，采收、包装和运输均有一定的难度，因此，就更应注重此环节。

一、采收

枇杷完全成熟时，果面和种子充分着色，果肉组织软化，糖酸比最佳。因此，枇杷果应该适期采收。但在完全成熟时采收，也有一定的不足，此时，枇杷果只能保质 2～3 d，过熟果柄易碰落，影响外观品质，也不利运输和贮藏。为了外运销售，果农们希望早些采摘枇杷，为了不影响品质，只能提早 1～2 d 采收，过早采摘，果肉的糖分难以完全转化，鲜食口感变差。

按规范进行疏果和套袋的果，采收时会方便一些，质量也更可靠。可以连袋一起整穗采收，一同运回包装场（运果的篮子或箱子底部应衬垫草纸或其他柔软材料）。在我国台湾地区的台东县，整个果穗采下后便被装进塑料包装袋，随即放入包装箱，采收过程更为简便，质量也更好。如疏果和套袋工作没做好，采收过程则要麻烦一些。但是，这最后一道田间工序是必须十分认真的，否则，枇杷果面的茸毛易脱落。

柔软多汁的果实易被碰伤，使商品性和贮运性降低，卖价大打折扣。

要备好采果梯、采果钩、盛果器具底部要垫草纸；采果工指甲要剪平；单果采摘时应手持果柄摘下，防止触摸果面，轻拿轻放；浅装轻运，以防碰压。

二、包装和贮运

采收过程中应顺带把个别的裂果和病虫果剔除掉，包装前进一步把落地果、受伤果拣出。然后分品种，分等级进行包装。枇杷果实质量的判定及果实大小的分级标准列于表 16-3、表 16-4，可按此执行。

表 16-3 枇杷果实质量分级标准

项目	一级	二级	三级
果形	整齐端正丰满，具该品种特征。大小均匀一致	尚正常。无影响外观畸形果	次于二级果者
果面色泽	着色良好、鲜艳、无锈斑或锈斑不超过 10%	着色较好，锈斑面积不超过 20%	
毛茸	基本完整	部分保留	
生理障碍	不得有萎蔫、日烧、裂果及其他生理障碍	允许绿色及褐色部分不超过 100 mm²，裂果允许一处，长度不超过 5 mm，无其他严重生理障碍	
病虫害	无	不得侵入果肉	
损伤	无刺伤、划伤、压伤、擦伤等机械伤	无刺、划、压伤、无严重擦伤等机械损伤	
肉色	具有该品种最佳肉色	基本具有该品种肉色	
可溶性固形物	白肉类：不低于 11%	黄肉类：不低于 9%	

（续）

项目	一级	二级	三级
总质量	白肉类：每 100 mL 果汁中不高于 0.6 g 黄肉类：每 100 mL 果汁中不高于 0.7 g		
固酸比	白肉类：不低于 20∶1 黄肉类：不低于 16∶1		

注：①二级果所允许的缺陷，总共不超过三项。

②三级果为符合质量总要求，但不够二级果标准者。

表 16-4　枇杷果实大小分级标准

单位：g

项别	品种	特级（特大果 2 L）	一级（大果 L）	二级（中果 M）	三级（小果 S）
白肉类 品种	软条白砂	≥30	25～30	20～25	16～20
	照种白砂	≥30	25～30	20～25	16～20
	白玉	≥35	30～35	25～30	20～25
	青种	≥35	30～35	25～30	20～25
	白梨	≥40	35～40	25～35	20～25
	乌躬白	≥45	35～45	25～35	20～25
黄肉类品种	大红袍（浙江）	≥35	30～35	25～30	20～25
	夹脚	≥35	30～35	25～30	20～25
	洛阳青	≥40	35～40	25～35	20～25
	富阳	≥40	35～40	25～35	20～25
	光荣	≥40	35～40	25～35	20～25
	安徽大红袍	≥45	35～45	25～35	20～25
	长红 3 号	≥50	40～50	30～40	25～30
	解放钟	≥70	60～70	30～40	40～50
可食部分	福建黄肉品种	≥68%	≥66%	≥64%	≥62%
	其他品种	≥68%	≥64%	≥62%	≥60%

注：二级果，分两级，即 L 以上为大果，M 及 S 为小果。解放钟单果大于 80 g 以上者为超大果（3 L），30～40 g 为特小果（2S）。

贮运包装的容器用纸箱，箱容以小为宜，不要超过 10 kg，近年各地产区基本上采用的箱容不超过 5 kg。苏州和台湾等地枇杷采用纸质母子箱，先将果实逐个排列于 1 kg 的小盒内，然后将 5 个或 10 个小盒装入一个母箱中。

运输过程中，枇杷果经不起摔跌震荡，所以长途运输宜选火车或船只作为运输工具，有条件的，尽可能采用低温（10 ℃）运输，以保证运到目的地后仍有好的外观和品质。

三、贮藏保鲜

果皮较厚的枇杷，其耐贮性相对要高于皮薄的枇杷，但不论果皮有多厚，果实的耐贮性总逊于柑橘等水果，货架寿命也短，即使采收很规范的鲜果，在常温下最多也只能保鲜 10 d。因此为了延长销售期，必须做好贮藏保鲜工作。

大批量的常规贮藏保鲜方法现尚未报道。莆田果农小批量贮藏时采用的是缸贮。先在缸底部铺上一层松针，把鲜果轻轻放进去，贮藏 1 个月，外观仍很新鲜。

采用低温贮藏时，应注意通风和保持一定的湿度（可用塑料薄膜保湿），贮藏期可达 28～60 d，果实品质基本不变，但贮藏过后的货架寿命只有 3～5 d。

我国的研究表明，采用气调库低温保存（3 ℃±1 ℃，O_2 浓度保持在 2%～3%），枇杷贮藏寿命超过 40 d，果实品质仍佳。美国采用聚乙烯包裹果实冷藏，果肉易变褐，果实风味变差。外国研究者，采用杀菌剂 benomyl 处理，枇杷果在 16 ℃下贮藏 1 个月，好果率高。

总体而言，枇杷的贮藏保鲜工作是独特的，因为枇杷 3～4 月开始上市，是一年中最早上市的水果之一，因此越早上市价格越高，通常都是每千克 40～50 元开市，然后慢慢地走低。因此，贮藏保鲜 1 个月，效益可能反而更低了。这样，华南以及福建等地的早熟枇杷就很少有人去进行贮藏保鲜，反之，北缘的苏州和汉中安康等地的迟熟枇杷就很值得进行贮藏保鲜。5 月下旬 6 月采摘的枇杷能贮藏保鲜一段时间，有很好的效益。

四、加工

枇杷果实加工成罐头后，不失其固有的风味，为水果罐头的紧俏商品。每吨果实能加工糖水罐头 1～1.3 t，所剩的碎肉可制成果汁和果酱。果皮和内膜，可制果酒或提取果胶。枇杷种子可加工酒精或提取淀粉。枇杷叶也可制成加工品。据黄金松（1998）介绍，枇杷主要加工产品有以下几种。

（一）糖水枇杷罐头

原料：果实要新鲜，充分着色、无病虫害和无明显机械伤。圆形果横径 3 cm 以上，长形果 2.8 cm 以上。100 kg 果肉需配 25% 的糖液 15 kg，柠檬酸适量。

工艺流程：选料洗果（用 0.1% 高锰酸钾液洗果）→烫果（在 85～90 ℃热水中浸烫 6～15 s）→去皮、去核→护色→分级→漂洗→装罐→加糖汁（糖汁温度应控制在 75 ℃以上）→排气（100 ℃ 10 min）→封罐→杀菌（沸水中 5～18 min）→冷却（冷却至 40 ℃）→揩罐→保温（20～25 ℃下 7～5 d）→包装

规格型号：按内容物净重分为 567 g、425 g 和 525 g 等。前两种为马口铁罐装，后一种是玻璃瓶装。

质量要求：果肉为橙黄、橙红或黄色，同罐内要求一致；果实大小均匀，肉质软硬适中。以 567 g 罐型为例，每罐内大果装 8～12 只、中果为 13～17 只、小果为 18～22 只。外销产品果肉净重不低于 40%，内销产品不低于 38%。开罐糖度为 14%～18%。美国的研究表明枇杷罐头装罐前的最终 pH 应调在 4 或略低，pH 超过 4 无法防止罐头在贮存期内滋生微生物。

（二）枇杷汁

原料：每 100 kg 果肉加 15% 糖液 105 kg、白糖适量、柠檬酸适量。

工艺流程：选料洗果→取肉→预煮→打浆→榨汁→配料→均质→加热装瓶→密封→杀菌→冷却

质量要求：成品呈橙黄色，具有枇杷汁应有的风味，无异味。汁液混浊均匀，浓淡适中。原果汁含量不低于 45%，可溶性固形物为 17%～20%，柠檬酸 0.5%。

枇杷果用于加工枇杷罐头和枇杷汁，情况也是独特的。因为枇杷的鲜果售价很高，做罐头和果汁很难有利可图。反之，那些不好销售的枇杷次果用以加工果酱或其他加工品，则有可能是可行的。

（三）枇杷酱

原料：充分成熟的果肉 60 kg、砂糖 40 kg、琼脂 100 g、柠檬酸 150 g。

工艺流程：原料处理→预煮→绞碎→浓缩→装罐密封→杀菌→冷却

质量要求：色泽橙黄或金黄；具枇杷酱应有的风味；酱体呈粒状，不流散，无汁液分离，无糖的结晶，稍有韧性；可溶性固形物不低于 65%。

（四）精制枇杷酒

原料处理：果实去皮去核后破碎，打成浆状。按果浆量备 5% 的酵母糖液（含糖 8.5%），砂糖、食用酒精适量。

工艺流程：原料处理→前发酵→榨酒→后发酵→调整酒度→装瓶→杀菌

（五）提炼工业酒精

枇杷种子可提炼工业用酒；果皮亦可与种子混合加工。

制法：①原料，将种子用破碎机破碎成粉；②发酵，将碎粉加 25％ 米糠或 10％ 麦麸拌匀后蒸 20 min，再拌入 5％ 发酵粉或发酵液，经 10 d 左右，发酵过程即可完成；③蒸馏，用蒸馏器蒸馏；④灌装，将蒸馏出的酒精灌入容器内。要求酒精度达 90％ 以上。

（六）提取工业淀粉

枇杷种子含有丰富的工业淀粉。先将种子晒干，碾成细粉，然后加水清洗沉淀。将取得的淀粉晒干或烘干即可。

（七）枇杷叶膏

具清肺、止咳、化痰之功能，用于肺热咳嗽，痰少咽干等症。

原料处理：枇杷叶全年均可采摘。晒至七八成干时，刷去茸毛扎成小把，再晒干备用。以完整、色灰绿者为佳。

制法：用水喷润、切丝、加水煎煮 3 次、合并煎液、过滤。滤液浓缩成相对密度为 1.22～1.25（在 80～85 ℃ 条件下测定）的清膏。每 100 g 清膏加炼蜜 200 g 加热溶化。混匀，浓缩至规定相对密度。

质量要求：本品为黑褐色稠厚的半流体，味甜、微涩。取本品 10 g，加水 20 mL 稀释后，相对密度应为 1.10～1.12。

（八）枇杷叶冲剂

本药清肺化痰，主治久咳音哑、痰中带血、肺痿肺痈、口干烦渴等症。

原料处理同枇杷叶膏。

制法：把去净茸毛的枇杷叶用水喷润、切丝，用煮提法提取 2 次，各加水 10～12 倍煮沸 2 h，滤取 2 次药液，沉淀过滤、浓缩。另取稠膏 50％ 的糊精与稠膏和匀，并将少量糖精钠用水溶解，喷洒入内，搅拌均匀。经低温干燥后，轧为细粉。再与糖粉混匀，制成颗粒，分装即成。

第十七章　菠　萝

概　述

菠萝（*Ananas comosus*）为凤梨科（Bromeliaceae）凤梨属（*Ananas*）植物。"凤梨"是菠萝在中文中的学术名称，在植物分类学上及我国台湾地区采用，取其"冠芽似凤尾，果形和风味似梨"之意；"菠萝"一词则是我国大部分地区对其的俗称，原写为"波罗"，其"艹"字头是 19 世纪才创造出来的，由于其果实表面似佛祖头部，因此"菠萝"一词源自《般若波罗蜜多心经》；但也有人认为"菠萝"一词源自粤语对其英文名称"Pineapple"的音译。

菠萝原产南美洲热带地区（巴西、玻利维亚和巴拉圭），在当地多种语言中都被称为"Ananas"。Ananas 这个词是来自巴拉圭瓜拉尼语（亦有人认为是巴西图皮语），为"松球果"之意，由葡萄牙人以"Pineapple"传播开来，但在德、法、意、俄等多种欧洲语言中仍称为 Ananas。菠萝是由哥伦布在第二次航海（1493 年）到加勒比海地区时将其带回欧洲；15 世纪末，西班牙人将其带到菲律宾、夏威夷、印度与中南半岛。

菠萝在我国已有约 400 年栽培历史。1605 年由葡萄牙人带到中国澳门地区，我国台湾地区1624—1661 年已规模化种植菠萝；康熙年间（1661—1722 年）中期吴震方在《岭南杂记》记载当时在珠江三角洲地区已大量栽培，不过那时菠萝还是称"番荔枝"。

由于菠萝属于热带果树，我国栽培区主要是在广东、海南、台湾、云南、广西等北回归线以南地区，尤其以广东雷州半岛为主产区。2013 年我国菠萝种植面积约 6.6 万 hm^2，其中广东约 3.2 万 hm^2，台湾约 1.0 万 hm^2；全国菠萝年产量 148 万 t，其中广东年产量约 75 万 t。

菠萝花谢后，由苞片、花萼、花托、子房、花序轴连合膨大，肉质化成为球果状的聚花果。宿存花萼裂片围成一空腔，腔内藏有萎缩的雄蕊和花柱，小果为浆果，通常无种子。

菠萝果肉色香味浓郁，甜酸适口，清脆多汁。果实除鲜食外，多用于制罐头，还可加工成多种产品。叶的纤维甚坚韧，可供纺织和造纸；花果也可用于观赏。菠萝性平，味甘、微酸、微涩、性微寒，具有清暑解渴、消食止泻、补脾胃、固元气、益气血、消食、祛湿、养颜瘦身等功效。

第一节　种类和品种

一、种类

菠萝为凤梨属（*Ananas*）植物，而凤梨属的分类也存在争论。多数分类学者认为凤梨属有 7～8 个种（表 17-1），主要形态见图 17-1。Smith and Downs（1979）和 Harry E. Luther（2008）将长齿凤梨从凤梨属分离，成立拟凤梨属 *Pseudananas*，将其学名写为 *Pseudananas sagenarius*（Arruda da Camara）Camargo。而 Coppens d'Eeckenbrugge 和 Leal（2003）则将 Smith 和 Downs（1979）和 Harry E. Luther（2008）所说的凤梨属所有种类合并为一个物种，再将拟凤梨属（*Pseudananas*）合

并到凤梨属中，只有凤梨（*Ananas comosus*）和长齿凤梨（*Ananas macrodontes*）2种。这种分类方法近年常被欧洲菠萝研究者所引用，但未被国际植物分类学者所接受。

表 17 – 1　凤梨属的主要种类

Harry E. Luther（2008）	Smith 和 Downs（1979）	Coppens d'Eeckenbrugge and Leal（2003）
1. 野凤梨 *A. ananassoides*（Baker）L. B. Smith	1. 野凤梨 *A. ananassoides*（Baker）L. B. Smith	1. *Ananas comosus*（L.）Merril 将 *A. ananassoides* 和 *A. nanus* 合并为凤梨的一个变种。*A. comosus* var. *ananassoides*（Baker）Coppens & Leal
2. 矮凤梨 *A. nanus*（L. B. Smith）L. B. Smith	2. 矮凤梨 *A. nanus*（L. B. Smith）L. B. Smith	
3. 光凤梨 *A. lucidus* Miller	3. 光凤梨 *A. lucidus* Miller	2. 立叶凤梨 *A. comosus* var. *erectifolius*（L. B. Smith）Coppens & Leal
4. 巴拉圭凤梨 *A. parguazensis* Camargo & L. B. Smith	4. 巴拉圭凤梨 *A. parguazensis* Camargo & L. B. Smith	3. *A. comosus* var. *parguazensis*（Camargo & L. B. Smith）Coppens & Leal
5. 凤梨（菠萝）*A. comosus*（Linnaeus）Merrill	5. 凤梨（菠萝）*A. comosus*（Linnaeus）Merrill	4. *A. comosus* var. *comosus*
斑驳凤梨 *A. comosus* var. *variegatus*（E. Lowe）Moldenke	未列为变种	未列为变种
缺	*A. monstrosus*	缺
6. 红苞凤梨 *A. bracteatus*（Lindley）Schultes f.	6. 红苞凤梨 *A. bracteatus*（Lindley）Schultes f.	5. *A. comosus* var. *bracteatus*（Lindl.）Coppens & Leal
三色红苞凤梨 *A. bracteatus* var. *tricolor*（Bertoni）L. B. Smith	未列为变种	未列为变种
7. 弗里茨凤梨 *A. fritzmuelleri* Camargo	缺	缺
8. 长齿凤梨 *Pseudananas sagenarius*（Arruda da Camara）Camargo（拟凤梨属，从凤梨属分出）	8. 长齿凤梨 *Pseudananas sagenarius*（Arruda da Camara）Camargo（拟凤梨属，从凤梨属分出）	6. *Ananas macrodontes* Morren。合并在凤梨属中

图 17 – 1　凤梨属主要种类

A. 野凤梨　B. 红苞凤梨　C. 凤梨（菠萝）　D. 光凤梨　E. 矮凤梨　F. 巴拉圭凤梨　G. 立叶凤梨　H. 长齿凤梨

凤梨属中，作为果树栽培的只有菠萝（*A. comosus*）。其他种类果肉食用价值低，主要用于观赏或纤维原料。

（一）凤梨组

1. 野凤梨 ［*A. ananassoides* (Baker) L. B. Smith］ 原产巴西、巴拉圭、圭亚那和委内瑞拉，是凤梨属最小的物种之一。果长椭圆形，果径 3～5 cm，果重 50～80 g，但有很多种子，果眼深，可食率较低。以吸芽繁殖。

野凤梨在巴拉圭的原产地当地被称为 yvira（纤维），在巴西的原产地被称为 gravata′de rede（渔网凤梨）、gravata′de cerca brava（野生栅栏凤梨）或 nana cac′aba（硬刺凤梨），因此最初被利用的是其长而强韧的纤维。

野凤梨与最常见野生菠萝（果大肉多）不同，目前的菠萝栽培品种最初也是由野凤梨经人工选择演化而来。在南美安第斯山脉东部的草原或砍伐过的森林中都有野凤梨，生长在持水能力差的沙石土壤中，分布不均匀。在圭亚那也有少量野凤梨生长在繁茂的热带雨林。而亚马孙河及其主要支流成为分隔野凤梨北部和南部两个群体的自然屏障。

野凤梨的多数类群是单克隆，但有些是多克隆的，它可能起源于一个有性事件。野凤梨的特点是叶子狭长，可达 2 m，叶宽不到 4 cm，锯齿稀疏向上。花序轴长（通常超过 40 cm）而细（径通常小于 15 mm）。中小型花序，球状或圆柱，花期后几乎停止生长，因此果肉很少。果肉白色或黄色，硬而纤维化，含有较高糖，酸甜，风味佳，但种子多。相比之下，冠芽生长快，果实成熟后仍继续生长，常比聚花果长 1 倍以上。一般种在花园中逐步被驯化，一些低矮品种已越来越多作为一种鲜切花栽培。

哥伦布发现美洲大陆前，野凤梨被作为助消化药、杀虫药、抗菌药、堕胎药、痛经药等使用。在巴西奥里诺科河及圭亚那，人们仍在食用其果实。

野凤梨主要用作观赏。抗逆性强，亦可作为育种材料。

2. 矮凤梨 ［*A. nanus* (L. B. Smith) L. B. Smith］ 原产巴西、秘鲁等南美国家。叶细长（长约 50 cm、宽约 1.5 cm），有显著刺状锯齿，叶边向外弯曲，莲座状着生，叶肉厚。聚花果椭圆形，果小，长 3～5 cm，食用价值较低，无种子。较耐寒。

Coppens 和 Leal 2003 年将其合并在野凤梨（*A. ananassoides*）中。

3. 立叶凤梨（*A. erectifolius* Smith ） 植株中等大小，嫩茎多；冠芽粗大，基部叶繁密；叶多而竖立，富含纤维；果实小而纤维化，不宜食用，有些类型几乎没有果实。与野凤梨非常类似，但与野凤梨的本质区别是叶片光滑，这一性状是由单基因控制的。

立叶凤梨不是野生种类，历来在西印度群岛栽培。由于其长而韧的纤维，现在圭亚那包括奥里诺科河盆地、北部的亚马孙河流域仍有种植。

立叶凤梨是凤梨属纤维含量最高、质量最好的种类，纤维含量达 6%。中美洲地区的人们一直用其纤维编成吊床和渔网，但已逐渐被合成纤维和尼龙纤维代替。

立叶凤梨的叶缘没有刺且直立生长，是人们对野凤梨长期驯化选择的结果，因为这一性状更容易得到纤维。人们已从栽培品种中收集到了一些倒刺和少刺的类型。

遗传多样性研究表明，立叶凤梨是由野凤梨在不同时空条件下驯化而来。近年来，立叶凤梨在鲜切花市场表现出良好的发展前景。

4. 光凤梨（*A. lucidus* Miller） 叶有光泽，叶缘无锯齿，果小。主要供观赏，亦适合用作纤维原料。

Harry（2008）认为其与立叶凤梨为同一个种。

5. 凤梨（菠萝） ［*A. comosus* (Linnaeus) Merrill］ 茎短，株高 0.8～2 m，冠幅主要取决于叶长。叶多数（40～80 枚），莲座式排列，剑形，长 40～90 cm、宽 4～7 cm，顶端渐尖，全缘或有锐

齿，腹面绿色，背面粉红色，边缘和顶端常带褐红色，生于花序顶部的叶变小，常呈红色。花序于叶丛中抽出，状如松球，长6～8 cm，结果时增大；苞片基部绿色，上半部淡红色，三角状卵形；萼片宽卵形，肉质，顶端带红色，长约1 cm；花瓣长椭圆形，端尖，长约2 cm，上部紫红至蓝紫色，下部白色。序轴发育为聚花果。聚花果肉质，长15 cm以上。花期夏季至冬季，但生产上常通过使用乙烯或乙烯类物质人工诱导开花。

原产南美洲热带地区，我国广东、海南、台湾、福建、广西、云南等地有栽培。

为著名热带水果之一，其可食部分主要由肉质增大之花序轴、螺旋状排列于外周的花发育而成。花通常不结实，宿存的花萼裂片围成一空腔，腔内藏有萎缩的雄蕊和花柱。叶的纤维甚坚韧，可供织物、制绳、结网和造纸之用。

主要靠茎上的吸芽、地面的蘖芽、花梗上的裔芽、果顶的冠芽进行营养繁殖。营养期受品种和温度影响，通常为12～24个月。果实成熟后，裔芽或吸芽可以分株繁殖。吸芽繁殖成本低并省时，但果实会出现变小和大小不一现象，所以商业栽培一般限于2个或3个生产周期。

野生菠萝被驯化后其对开花诱导敏感性降低，形成大量短而宽的叶，花多、果大、种子少，由于无性繁殖以及自交不亲和性造成产量降低。低产品种的雌蕊多不育。通常以无性繁殖来完成生长周期，这样就不能产生适应环境的野生类型了。

在哥伦布发现美洲大陆时，该种在当地随处可见，果实用来鲜食或做成饮料；其他用途与野凤梨一样，腐烂的菠萝用作箭或茅枪头上的毒液。

6. 巴拉圭凤梨（*A. parguazensis* Camargo & L. B. Smith）　分布在哥伦比亚、委内瑞拉、巴西北部，生长在热带雨林边缘。植株矮小，株高约50 cm，冠径约50 cm。叶缘常波状，向外弯曲（与菠萝区别），有锐锯齿；叶中央有淡红斑。该种于1966年在委内瑞拉玻利瓦尔州发现，主要供观赏用。

野生巴拉圭凤梨和野凤梨也很相似，只是叶片更宽，叶基部窄，刺（锯齿）更大，有些是倒刺。主要分布在奥里诺科河盆地和尼格罗河上游盆地，以及哥伦比亚和亚马逊平原东北东部。它生长在不同密度的树荫之下，从空地或河岸到茂密的森林中均能生长。与野凤梨相比，因其水分利用率低，仅限于生长在较阴的环境中。

7. 红苞凤梨（*A. bracteatus* Baker.）　原产巴西。叶多而密，坚硬，叶缘有长而锋利的锯齿（故常用作绿篱），莲座状，株高及冠幅可达1～1.2 m。果、苞叶均为红色，果比菠萝稍小，重500～1 000 g，可食，稍酸，有种子（有些栽培品种已无种子）。

红苞凤梨与长齿凤梨（*A. macrodontes*）相似，是来源于地理分布相同的两个栽培变型。最常见的类型（*A. bracteatus sensu* Smith & Downs）用于围篱、纤维植物、生产果汁、医药。其叶片长而宽，生长密集，而且叶缘布满了刺状锯齿，能起到很好的隔离作用。虽然其生长旺盛，但没有侵占性。聚花果中等大小（0.5～1 kg），花序轴大。花和果上覆瓦状苞片螺旋排列，这些苞片花期亮粉红色到红色，花序颜色鲜艳。其一个斑叶突变体在热带观赏植物园中被广泛应用，其形态学和基因突变非常小，暗示其是单一的基因型。

第二个类型的形态与弗里茨凤梨（*A. fritzmuelleri* Camargo）一致。因此，在Smith和Downs（1979）、Coppens和Leal等分类中都把弗里茨凤梨（*A. fritzmuelleri* Camargo）划入红苞凤梨中，而不单独作为一个种类。该类型与长齿凤梨（*A. macrodontes*）比还有一个相同特点是叶基部有倒刺。这个类型比较罕见，仅在巴西有一个种质材料保存在巴西农业研究院和里约热内卢的公园里。该类型也用作篱笆。

核DNA和叶绿体DNA数据证实，红苞凤梨与长齿凤梨（*A. macrodontes*）是近缘种。但其染色体数目为$2n=2x=50$。

较菠萝耐寒，在我国较耐寒冷的地方冬天可入室内盆栽。主要为观赏用，作鲜切花或绿篱，一些叶片边缘或中间白色嵌合体（斑叶）品种观赏价值更高。日本等将其与菠萝杂交，培育一些食用和观赏兼用的品种。

（二）长齿凤梨组

该组仅长齿凤梨（*A. macrodontes* Morren）一种。原产阿根廷、玻利维亚、巴西、厄瓜多尔、巴拉圭。叶缘有长锯齿，聚花果红色，苞片大，无冠芽。供观赏用。

一些分类学者把它单列拟凤梨属（*Pseudananas*）属，学名为 *Pseudananas sagenarius*（Arruda da Camara）Camargo。在拉丁文中，Pseud 具有"伪、像、似"之意，*Pseudananas* 直译"伪凤梨、像凤梨、似凤梨"等之意。由于花序和聚合果呈红至粉红色，亦有人错将其列为红苞凤梨的变种。

与菠萝组种类的主要区别是聚花果上无冠芽，茎上也罕有吸芽，依靠匍匐茎无性繁殖；叶基部及以上倒刺状锯齿。果实肉质化程度低、酸，含大量的种子；是高度自花授粉植物，为四倍体。

二、品种

经过长期的人工选育，菠萝已有数百个栽培品种。早期的菠萝品种以有刺、无刺进行分类，分为卡因类（Cayenne group）、皇后类（Queen group）、黑色安提瓜（Black antigua）；后有学者根据果的特性，将菠萝分为 4 个类群：卡因类（Cayenne group）、皇后类（Queen group）、西班牙类（Spanish group）和杂交类（包括 *A. ananossoides* 基因型在内）；1956 年，Py 和 Tisseau 将 Singapore Spanish 并入西班牙类，增加了伯南布哥类（Pernambuco group）；1977 年，Leal 和 Soule 根据叶片光滑程度，增加第五个园艺类——迈普尔类（Maipure）；1984 年 Py 等又将该类重新命名为佩罗莱拉类（Perolera group）。

尽管园艺学分类由于统计数量不全面、同名异种或同种异名等原因而存在一定的局限性，但目前多数人仍按 5 个大类来分类，即无刺卡因类、皇后类、西班牙类、伯南布哥类、佩罗莱拉类。

我国菠萝主要栽培品种如下：

（一）巴厘

巴厘（Yellow Mauritius）亦称菲律宾、陈家庚、黄果等。属皇后类，占我国栽培面积的 80% 以上，在湛江等主产区甚至达 90%。生长势中等；叶较开张，叶缘有刺状锯齿，叶青绿带黄，正面中央有黄色彩带；叶背有白粉，背面两边有狗牙状波纹，果重 0.75～1.5 kg，短圆形或近圆锥形；果眼较小、较深，果肉黄色或深黄色，肉质较致密，纤维少，多汁，香味浓，含可溶性固形物 12%～15%、总酸 0.47%，品质上。供生食或加工（图 17-2）。

耐旱，适应性强、高产稳产，较耐贮运。吸芽抽生早，数量较多，芽位较低，故菠萝园收益年限较长。但果眼深，加工成品率低；叶缘有刺，不方便管理。

图 17-2 巴 厘

（二）无刺卡因（Smooth Cayenne）

由法国探险队在南美洲圭亚那卡因地区发现而得名。又称沙捞越、南梨、台湾无刺、美国种等，栽培历史已有 170 多年。我国广东（主要在粤东地区）、福建、台湾地区栽种较多。目前，世界上 70% 的菠萝产品及 95% 罐头菠萝来自卡因类。

植株健壮高大。叶阔大、厚而长，开张，叶色浓绿，叶槽紫色彩带不明显，叶缘无刺或先端有少许刺。一般为单冠芽，裔芽 3～4 个，吸芽少。果实一般 7～8 月成熟，为晚熟品种。

果长圆筒形，一般果重 1.5～3 kg，大者可达 4～6 kg。小果数较多，阔而浅平，苞片短而宽。果实呈黄绿色至黄色，果肉黄白色，肉质柔软多汁，香味较淡，纤维稍多，含糖及含酸量均高，可溶性固形物 14%～16%，高的可达 20% 以上。品质次于菲律宾及神湾品种。因果实较大，果形周正、圆筒形，果眼平浅，适于罐头加工，成品率高（图 17-3）。

该品种要求较高的肥水条件。抗病能力比较弱，易感凋萎病。果皮薄，易遭日灼及病虫危害而引起腐烂。果实不耐贮运。吸芽少，萌发迟，芽位高，特别在高度密植，养分供应不足和培土不及时的情况下，吸芽抽生很迟或甚至不能抽生，以致产生隔年结果及早衰现象。该品种多不良变异，如扇形果、复冠果、多果瘤、多裔芽、叶缘有刺等植株。

图 17-3 无刺卡因

（三）神湾

神湾又名金山种，属皇后类，为广东珠江三角洲地区的主栽品种，其他产区也有零星栽培。植株中等大小；叶较开张，叶缘多刺状锯齿，叶窄而厚，带红紫色，正面中央有红色彩带；叶背有白粉，中脉两侧有狗牙状粉线。果重 0.5～0.75 kg，果常短圆筒形；小果小而突出，果肉橙黄色或金黄色，肉质较致密，纤维少，汁少，质脆，香味浓，含可溶性固形物 14%～15%、总酸 0.5%～0.6%，纤维少，品质佳，主要供生食（图 17-4）。

（四）台农 17

台农 17 又名金钻菠萝，早熟，吸芽数量较多，生食品质佳；但果较小，产量较低。植株中型，除叶尖外，叶缘无刺，叶表略呈红褐色，两端为草绿色，果实为圆筒形。果重约 1.4 kg，圆筒形，叶缘无刺，叶表面略呈红褐色，果皮薄，花腔（芽眼）浅。果肉黄或深黄色，肉质细致，含可溶性固形物 14.1%，酸度低（0.28%），糖酸比 50，口感及风味均佳，纤维中（图 17-5）。

（五）台农 16

台农 16 又名甜蜜蜜菠萝。除叶尖外，叶缘无刺，叶表中轴呈浅紫红色，并有隆起条纹。冠芽上的叶短，果实呈长圆锥形或略椭圆形，果目略突；成熟时果皮呈鲜美黄色，果肉黄或浅黄色，果肉纤维少而极细（几乎无粗纤维）。含可溶性固形物 18%、总酸 0.47%，糖酸比 38。

果重 1.3 kg，果实成熟期为 7～8 月。肉质细致，甜度高，风味佳（图 17-6）。

图 17-4 神 湾

图 17-5 台农 17

图 17-6 台农 16

（六）金菠萝

金菠萝又名 MD-2，美国夏威夷菠萝研究所育成的杂交品种。金菠萝是一个优良的鲜食菠萝品种，于 1996 年推广栽培，为国际鲜食菠萝贸易的主导品种。

生长旺盛，植株直立紧凑，叶色浓绿，抗旱、抗寒、抗病性较强，容易催花，果实整齐、大小中等，产量较高、稳定，果实一般 7 月上旬成熟。

果中到大型，1.3～2.5 kg，底部宽平，果眼大而平，果皮鲜橙黄色，成熟时呈琥珀色，果肉为鲜艳的橙黄色，极甜、紧密、低酸，但纤维多。可溶性固形物含量 15％～17％，维生素 C 含量高（图 17-7）。

比无刺卡因更抗内部褐变，但易得小果心腐病，对疫霉敏感，对寄生虫和内腐病具高抗性，冷冻贮藏期长达 2 周。具有耐运输、耐贮存、采后病害（腐烂病、黑心病）少、保鲜期长等优点。

图 17-7 金菠萝

第二节 苗木繁殖

一、芽体苗培育

菠萝是异花授粉植物，通常自花不实。同一品种大面积栽培通常也不产生种子，但用不同品种授粉则可以得到正常的种子。由于菠萝高度杂合，生产上都利用其腋芽或顶芽所形成的相对独立的芽体（相当于枝梢）进行无性繁殖。根据芽体着生的部位不同可分为冠芽（着生聚花果顶端）、裔芽（着生在花梗上）、吸芽（着生在茎上）和蘖芽（坐生在地下茎上）等 4 种。

（一）吸芽育苗

吸芽是由母株地上茎中上部的腋芽抽生而成，巴厘、神湾等主要栽培品种通常是在果实即将成熟时开始抽生；但也有许多品种开花就有吸芽产生，开花后便大量发生，这种吸芽早发和多发现象会影响果实的发育。吸芽的数量与植株品种及其强弱有关，每株 1～10 个。

吸芽繁殖是我国菠萝生产中最主要的繁殖方式，用作种苗的吸芽要充分成熟，表现为叶型开张、叶片变硬，叶长为 25～35 cm 时，剥去基部叶片后，可见褐色不定根点。

一般在采果后继续留置植株促进吸芽生长，2～3 月后待芽体（含叶片）长 30 cm 以上、径粗达 1.5 cm 时摘下，倒置在母株上使基部伤口晾晒 3～7 d（防病）即可栽植。

若短时间内需大量吸芽来培养种苗，可在母株吸芽高 10～15 cm 时，将其全部摘下供吸芽繁殖。然后对母株施 1％尿素溶液 1～2 次，以薄施多施为原则，促使茎部其他休眠芽继续萌发，培养第二批吸芽。为增加繁殖系数，生产上也常用伤害植物根部的方法，刺激其产生吸芽。

（二）冠芽育苗

冠芽是由花序轴顶芽发育而成，着生于果顶，正常为单冠（单芽），发生变异时为复冠（丛芽）或鸡冠芽。当果实成熟采收时，切下冠芽，直接定植或于苗圃中培养至 20 cm 以上时定植。澳大利亚通常采用冠芽繁殖，而我国则很少采用。

对于冠芽繁殖有不同争议。有人认为冠芽形成的植株果形标准、果粒大、开花整齐，成熟期较一致；也有人认为植株生长不整齐，变异率比吸芽繁殖高。冠芽芽体较小，其繁殖的植株生长发育的时间较长，营养生长期一般比吸芽繁殖长 4～6 个月。

（三）裔芽育苗

裔芽由靠近果实基部的果序柄腋芽萌发而成，随果实发育一同生长。一般每株 4～5 个，多则 20个。生产上很少用裔芽繁殖种苗，因为菠萝裔芽发生过多时会影响果实发育，大部分果农都分批将裔芽摘除。

为了翌年生产种苗的要求，有时也采用裔芽进行繁殖，每个植株可适当保留 2～3 个裔芽，待长度为 18～20 cm 时摘下。裔芽繁殖植株的营养生长期一般也比吸芽繁殖长 4～6 个月。

（四）弱芽培育

相对弱小的吸芽、冠芽和裔芽是不符合芽体繁殖标准的，必须经过人为强化培养后才能用于培植种苗。

① 育苗地点要选择土壤疏松、土质肥厚、水源条件良好、进排水方便的地方。

② 选好合适育苗地点后，经多次犁耙整地后再起畦，畦高 20 cm、宽 1.5 m，畦沟宽 50 cm。及时施用有机肥做基肥，每畦施腐熟有机堆肥 100 kg。后将弱芽进行种植，植浅且植稳，行距 12～15 cm、株距 8～10 cm。

③ 待小芽苗成活发根后，适时施追肥。原则是少量多次、勤施薄施，常用腐熟后稀释的人、畜粪尿水，比例是 1：（15～20），也可施 1‰～1.5‰尿素水，促使苗体达到苗圃种植规格。

④ 雨季要注意沥水，避免种苗长时间渍水；旱季确保水分供应；冬季温度较低时注意防寒保暖，确保幼苗不受冻害损伤。苗高 25 cm 时出圃供大田定植。

二、扦插苗培育

扦插是重要的无性繁殖方法之一。实际上，菠萝芽体繁殖也是扦插繁殖的一种特殊类型；个别情况下也利用老茎进行繁殖。菠萝叶片密集，利用叶片及其基部所带茎皮（需有完整腋芽）为扦插材料，通过促进腋芽萌发进行繁殖，也是菠萝繁殖一个重要途径。菠萝叶插可全年进行，尤其 3～6 月出芽率高。

（一）插穗的获取

切下菠萝吸芽（或冠芽、茎），用刀将吸芽叶片从外围开始逐片剥离，削取叶片时一定要保留基部的腋芽。

（二）扦插方法

在苗床上放入厚度为 15～20 cm 干净基质（河沙或珍珠岩等）。将切下的叶片基部及茎段插入基质中 1～2 cm 深，浇透水。

（三）扦插后的管理

每天向叶面喷洒 1～2 次少量水分，保持基质湿润状态。11 月至次年 3 月扦插时，由于天气干燥和气温偏低，每个花盆需覆盖聚乙烯薄膜。4～7 月气温高且空气湿度大，扦插后的前 10 d 覆膜以保持湿度，之后要去除薄膜且保持通风和避免阳光直射。8～10 月扦插主要是注意保湿和防止阳光直射，管理上与 4～6 月扦插相似。扦插后每 2 周浇一次 1‰尿素或稀释 5 倍后的 MS 母液，以保证芽萌发所需的营养。待腋芽萌发出 2～3 枚 15 cm 长、叶基部有 5 条长 3 cm 以上不定根时，转移土中。

在扦插前对基质要进行消毒，以防引起叶基的腐烂。小苗进行移栽后，进行合理的营养供给，其增长速度更快。

三、组培苗培育

华南农业大学果树系长期致力于菠萝生物技术研究，已建立了成熟菠萝组织（器官培养、组织培养、细胞培养及体细胞胚发生）体系，繁殖系数高、生产周期短，不仅适合于生产育苗，也可用于无病毒苗。

（一）菠萝愈伤组织诱导

在晴天采下茎基粗 0.5 cm 以上、发育正常的菠萝吸芽带回实验室，将衰老叶片从基部完全剥除。用自来水将吸芽冲洗干净，离吸芽生长点上方约 0.5 cm 处切断所有叶片。将吸芽先以 2% NaClO 预消毒 10 min，无菌水冲洗 3 次；再以 0.1% HgCl 消毒 8 min，无菌水冲洗 3 次；以稍带部分吸芽组织的形式切取每片着生在吸芽上的白色叶基，并将该叶基以 0.1% HgCl 消毒 5 min，无菌水冲洗 3 次，接种在 MS+2.0 mg/L 6-BA+2.5 mg/L NAA 上进行愈伤组织诱导，4 周后切下愈伤组织转到增殖培养基（MS+3 mg/L BA+2 mg/L NAA），每 4 周进行一次继代培养。

（二）通过器官发生途径进行繁殖

将上述菠萝愈伤组织转入 MS+0.1～0.5 mg/L 6-BA+0.02～0.5 mg/L NAA 培养基上，使不定芽生长到约 5 cm 高时，将不定芽转入 MS+0.5～1.0 mg/L NAA（或 0.5～1.0 mg/L IBA）诱导出不定根，然后进行练苗移栽。

（三）利用体细胞胚进行繁殖

在无菌条件下，将愈伤组织切成 0.3 cm×0.3 cm 小块，每 250 mL 培养瓶（25 mL 培养基）接入 5 块愈伤组织。在 MS+0.01 mg/L TDZ（Thidiazuron）+5 mg/L 2，4-D 上暗培养诱导体细胞胚 40 d，继代后转入光照条件下诱导 20 d，转入菠萝体细胞胚发育培养基（MS+0.5 mg/L BA+1 mg/L NAA）上进行光培养 30 d，然后将发育成熟的体细胞胚从母体上分离，转入 MS+2.0 g/L 活性炭+0.5 mg/L IBA 培养基上光培养 30 d 进行生根，然后进行练苗移栽。

四、苗木出圃

（一）种苗质量要求

选用品质好、产量高、抗性强、适应性广的优良品种的吸芽、裔芽等作为繁殖材料。种苗来源清楚，品种纯度大于 98%，生长健壮、叶色正常，长势好，茎干无腐烂、变质。根据菠萝种苗茎粗、苗高、最长叶宽三项指标分为两级（表 17-2、表 17-3），低于二级标准的种苗为等外苗，不得栽植，同一种植小区内栽植种苗的要大小一致。

表 17-2　菠萝吸芽苗及裔芽苗分级指标（NY/T 451—2001）

单位：cm

项目	一级	二级
苗高	25～34	35～45
茎粗	≥3.6	2.5～3.5
最长叶宽	≥3.0	2.5～2.9

表 17-3　菠萝冠芽苗分级指标（NY/T 451—2001）

单位：cm

项目	一级	二级
苗高	38～50	28～37
茎粗	≥4.6	3.9～4.5
最长叶宽	≥2.8	2.3～2.7

（二）苗木包装和运输

采苗后，宜将芽体置于母株上或棚架上；不可堆积，以免发热腐烂。种苗经日晒 5～10 d 收集起来，供种植或包装外运。干燥的种苗比较有利于长途装运。外运的种苗按大小分级，每 20～30 株扎成一捆，扎好后苗尾部向下倒放于土中待运。装车时一扎一扎叠好，在运输过程中避免日晒雨淋。到达目的地若未立刻种植，种苗应放在荫蔽处，解绑，切勿堆压。

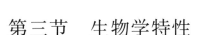

第三节　生物学特性

菠萝是多年生草本植物，童期受品种、繁殖方式和环境温度影响，实生繁殖24～30个月，无性繁殖12个月以上，开花期约1月，果实发育期3～5个月。

一、根生长特性

（一）根系分类

菠萝根系属于茎源的须根系，无主根，伴有菌根存在。其根是由茎节上的根点直接发生的，强壮植株的茎上有800～1 200个根点。按其生长空间不同分为气生根和地下根。

1. 气生根　菠萝以气生根为主，多着生于植株茎部及叶腋处，长度可达30 cm以上。气生根能够吸收空气中的水分和养分，当其接触土壤后，即转变为地下根。

吸芽的气生根如能尽早接触土壤转变为地下根有利于促进早结果、结大果。吸芽着生位置影响气生根能否及时伸入土壤，从而影响芽苗的繁殖。

2. 地下根　菠萝的地下根为须根，为细长纤维状，多分枝。可细分为粗根、支根和细根3种。细根是吸收根，幼嫩，多分枝，布满根毛，生长旺盛，吸收能力强。地下根系庞大，能够满足地上部分所需水分和养分的供给。

菠萝地下根好气、浅生，喜松软、肥沃的土壤，积水、通气不良或栽培过深，根生长会衰弱。菠萝的地下根与菌根共生，菌根的菌丝体能够在土壤含水量低于凋萎系数时从土壤中吸收水分，因此能增强菠萝植株的耐旱性，同时又能分解土壤中的有机物供给植株。

（二）根系生长与土壤的关系

土壤温度、土质、耕作层厚度、土壤肥力等因素均影响菠萝根系生长。菠萝根系对温度的反应较敏感，最适合的生长温度是25～31 ℃，在43 ℃以上或5 ℃以下逐渐停止生长。当温度上升至15 ℃时，根开始迅速生长。如低于5 ℃持续1周根即开始死亡。适当密植和地面覆盖对根的生长有利。

广州通常每年3月上旬天气转暖，下雨后湿润，根即开始生长，随温度上升而加速；4月上旬到5月下旬陆续发根；5月下旬到7月末根的生长达到最高峰；9～11月秋季干旱转凉，生长缓慢；12月以后天气转冷，根逐渐停止生长；每年12月至翌年1月近地表的根群常因干旱寒冷而枯死，到翌年春暖时再发根。

根系吸收的水分中约7%能被菠萝利用作为植物体的构成成分，而一般植物仅能利用0.5%以下，其余则蒸腾失去。

二、芽、茎和叶生长特性

（一）芽

菠萝的芽体根据着生部位的不同可分为冠芽、裔芽、吸芽和块茎芽4种。

1. 冠芽　着生于果顶，正常为单冠，发生变异时可变为复冠或鸡冠。

2. 裔芽　自果柄长出，一般每株抽4～5个，多则20个。

3. 吸芽　着生于母株地上茎的叶腋间，一般在母株抽蕾后抽出，开花结束后为吸芽盛发期。卡因品种较少，1～3个；菲律宾品种为4～5个；神湾品种有10个以上。强壮植株吸芽多。吸芽在采果后摘下可作种苗用。

4. 块茎芽　由地下茎长出，因受叶丛遮蔽，接受阳光少，生长细弱，结果期较迟。但由于着生位置低，开花结果后不易被风吹倒，当植株过高时，适当保留地下芽以降低芽位，防止倒伏，便于培土。

（二）茎

菠萝茎分地下茎和地上茎，其上均着生许多休眠的腋芽，茎的粗度是植株强弱的重要标志，壮苗茎粗状，叶片短而宽厚。

地上茎高20～30 cm，被螺旋状着生的叶片所包，不裸露。茎顶是生长点，在营养生长阶段不断分生叶片，至发育阶段则分化花芽形成花序。当生长点转化为花芽、抽生花序时，休眠芽相继萌发成裔芽和吸芽，越靠近顶部越早抽出。地下茎有时会抽生块茎芽（根蘖苗）。

（三）叶

菠萝叶剑状、狭长，革质，中间厚、两边薄，形成叶槽，可以积累雨水和露水。叶螺旋排列，叶序5/13，因为叶长而窄，不太会遮盖相邻植株的中片。

叶基的白色组织能吸收水分和直接溶解的养分，随着叶片生长和成熟，将转变为绿色组织。

菠萝叶背有非常稠密的由多细胞组成的鳞片状的毛，使叶背呈银白色，常会沾在衣物上形成白色灰尘。鳞毛包围气孔，帮助减少植物体水分散失；鳞毛使叶片呈银白色，有利于增加光反射和降低叶片温度（图17-8）。当鳞毛缺乏（缺铜时），或被昆虫（螨和蚂蚁）破坏，或患心腐病时，叶片外观呈现出光泽状。

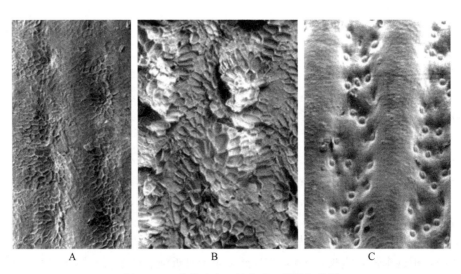

图17-8 菠萝叶表面的电子显微镜扫描图
A. 叶片的上表面 B. 叶背表面显示分布着稠密的毛状体
C. 擦去叶背表面的毛状体后呈现出位于沟槽中的气孔

叶上表面有一层厚厚的蜡质层，有助于减少水分的流失。

叶腹面有一层储水组织，约占成熟叶横截面厚度的一半（约2 mm）。当降水多时，该组织如同一个水库贮存水分，填补干旱季节植物体生长和果实发育期间的水分不足。在经历一个超长的干旱期后，该储水组织显著减少甚至接近消失，植株便出现干旱迹象。

菠萝气孔主要位于叶背下陷的凹槽中，气孔小、密度低，并被一层厚厚的鳞毛包围，以减少水分从叶孔中散失，这些保水结构决定菠萝能够忍耐干旱。菠萝是景天酸代谢（CAM）植物，气孔夜间开放，且在干燥气候下叶片形成胶质物与黏质物的生理特点，使菠萝的蒸腾率远比许多作物低。如每平方米菠萝叶24 h蒸散的水分为50 g，而棉花则为750 g。

螺旋状着生的叶片有利于收集空中雨露，叶基部的白色部分、茎顶生长点周围的幼嫩部分、叶腋的根点和芽点都有吸收能力，故在菠萝生长期进行根外追肥和喷布植物生长调节剂催花等较易收效。

不同菠萝品种每株叶片数目的变化很大，以卡因品种最多，一株可达60～80片；菲律宾品种40～60片；神湾品种最少，一般20～30片。叶片的多少和果实的大小、果重成正比。在一定范围内，叶数多、叶片大、果也大。当把菠萝整个植株叶片束起时，其最高的三片叶的叶面积总和可作为营养生长及计算产量的有用指标。

一株正常结果无刺卡因植株，一般具有 35～50 片叶，标准叶长 70～100 cm、宽 5～6 cm、厚 0.2 cm、鲜重 50～80 g，全株叶面积为 2.2 m²，平均叶鲜重 3.6 kg，果实可重达 1.5～2.5 kg。

菠萝叶片的生长量受气候环境条件影响很大。菠萝原产热带，忌 5 ℃以下低温。一般 6～8 月定植后即迅速生长；10 月天气转冷渐干旱，生长即缓慢；1～2 月低温干旱，生长几乎停顿。较弱的植株叶色变红或橘黄，品种间也有差异：如菲律宾品种（巴厘）、神湾品种对低温最敏感，经霜后大部分叶色变红；卡因品种则较耐寒，仅叶色变黄、叶尖干枯。12 月至翌年 2 月平均只出叶 0～2 片；3～4 月回暖，春雨来临，又开始生长；7～9 月高温多雨，生长达到高峰，月平均出叶 4～5 片，高者可达 7～8 片。在 10 月以前要促使植株生长壮旺，出叶数多且长大；在低温期尽量减少叶片受霜冻，是保证丰产的关键。

三、开花与结果习性

（一）开花

1. 花的结构 菠萝花茎短、有叶，直立；头状花序顶生。小花为完全花，无柄，生于苞腋内；苞片通常花期红色，花谢后转绿，至果熟时又变红黄色；萼片短，3 枚，覆瓦状排列；花瓣 3 枚，分离、直立，基部有舌状的小鳞片 2 枚；花瓣通常基部白色、顶部蓝紫色或紫红色，先端三裂，基部重叠为筒状。

雄蕊 6 枚，花药 2 裂，内曲，侧生；子房下位，肉质，基部阔，与花托合生并藏于其内；柱头中空、3 裂，子房 3 室，每室有 14～20 个胚珠。

2. 花芽分化 菠萝正造花花芽分化多在 11～12 月进行。但只要植株长到一定大小，乙烯利等化学药剂能在任何时间诱导其花芽分化，达到周年结果。植株达到可以感受成花诱导的大小时，凡能抑制营养生长的环境因子，都能促使花芽分化。这些因子包括养分、水分的减少，温度降低，日照时数缩短，日射量减少等。目前已广泛应用碳化钙（电石）、乙烯利、萘乙酸、羟基乙肼等药物人工催花。氮肥过多，水分充足，刺激生长过旺，则不易分化花芽。生长过旺的植株人工诱导花芽分化较困难，对此要用高浓度乙烯利或多次反复处理才有效果。

花芽分化与成熟叶片数量有关。无刺卡因叶达 35～50 片、巴厘叶达 40～50 片、神湾叶达 20～30 片时，开始花芽分化。整个花序分化期 30～45 d，从花芽形态分化开始到抽蕾，全过程 60～70 d。从植株中心茎的顶部抽出花轴，称为抽蕾，再经一段时间小花才开放。花蕾未抽出之前，从植株外部形态可观察到心叶变细，聚合扭曲，株心逐渐增宽，经 20～30 d 开花。

菠萝花芽形态分化的过程分四个时期：

① 未分化期。生长点狭小而尖，心叶紧叠不开展，叶片基部呈青绿色。

② 花芽开始分化期。生长点圆宽而平，向上突起延伸。心叶疏松开展，叶片基部由青绿色转为黄绿色。

③ 花芽形成期。生长点周围形成许多小突起，小花、花序的原始体形成。叶片随着花芽发育膨大而束成一丛，叶基部由黄绿色变成淡红色的晕圈。

④ 抽蕾期。小果苞片分化完成，伸长突出，冠芽、裔芽原始体形成，向上伸展。心叶发红是抽蕾的征兆。

巴厘品种在自然栽培情况下，花芽分化大体是在 12 月底开始、1 月底结束（约需 30 d），2 月底到 3 月初现红环抽蕾，全过程需 60～70 d；7 月催花的经 12～14 d 小花分化结束；10 月催花的需 30 d 花芽分化结束。

3. 开花与授粉 菠萝生长到一定阶段后，从中心茎顶部抽出花轴，称为抽蕾。花蕾未抽出之前，从植株外部形态可观察到心叶变细，聚合扭曲，株心逐渐增阔，经 20～30 d 开花。

头状花序是由 100～200 个小花聚合而成。通常基部小花先开，依次向上开放，经 15～30 d 全花序小花开完，小花数较多，花期也较长。

自然状态下靠蜂鸟、昆虫等传粉。

(二) 坐果

菠萝从开花至果实成熟需 120～180 d。谢花后，果实由花序轴、子房和花被基部共同发育形成聚花果。花序中小花数的多少与果实大小有密切关系。巴厘、神湾等小花数为 90～100 朵时，果重为 600～750 g；51～62 朵时重 300～400 g。植株健壮，营养充足会增加小花数目，产量就会提高。

四、果实发育与成熟

菠萝为聚花果，肉质，呈球果状，小果为浆果。聚花果由花序轴以及螺旋状排列的肉质苞片、花萼、花托和不发育子房连合而成，顶部由花序轴延伸形成冠芽。

自然状态下，菠萝 2～3 月抽蕾，6 月底至 8 月初成熟。果实的大小、形状、色泽因品种、植株强弱、冠芽保留与否及果实发育期的温度情况而异。卡因品种果最大，巴厘品种次之，神湾品种最小。卡因品种果形为长圆筒形，巴厘品种微呈圆锥形，神湾品种为圆柱形。

第四节　对环境条件的要求

(一) 土壤

菠萝适宜生长在酸性沙质土壤中，要求土壤 pH 4.5～6、疏松透气、排水良好和具有良好的保肥保水能力。栽植地首选沙质土壤如黄泥沙和黑泥沙地。

(二) 温度

菠萝原产南美热带地区，生长发育适宜温度 16～33 ℃，不耐低温和霜冻，超过 40 ℃高温对植株和果实（日灼）损害严重。栽植地区要求年均温在 22 ℃以上、最冷月均温 15 ℃以上、最低温 5 ℃以上、极端低温≥2.5 ℃、≥10 ℃年积温值在 7 000 ℃以上。我国属于其北缘产区，通常栽培在北回归线以南，冬季常有寒害发生。

(三) 湿度

菠萝较耐旱，但生长发育过程要求年均降水量不低于 1 200 mm 以上。月平均降水量对菠萝的生长至关重要，菠萝正常的生长需要月平均降水量至少满足 100 mm。若月平均降水量低于 50 mm 时，需要进行灌溉。雨量过多也不利于菠萝根系生长，造成根系缺氧烂根，诱发茎腐及凋萎病；根系受积水浸泡超过 24 h 根系会大量死亡。

(四) 光照

菠萝原生长于热带森林中，有一定耐阴性，但长期驯化后，还是需要较充足的阳光，在年平均日照时数在 1 700 h 以上才能正常生长。高密度种植会造成果实含糖量及单果重下降。过强的光照加上高温，会引起叶色褪绿呈现红黄色，果实出现灼伤。

第五节　建园和栽植

一、建园

(一) 园地选择

1. 气候条件　菠萝为热带果树，易受低温而影响品质。种植园地应选择在冬季温暖、夏无酷暑、光热充足、雨量比较充沛、终年无霜的地区，年均降水量 1 200 mm 以上。

2. 土壤环境质量　菠萝园应设置在地势较平缓，排灌方便的地方。其土壤环境除了应符合国家标准《土壤环境质量　农用地土壤污染风险管控标准》（GB 15618—2018）中二级标准以上的条件外，还应满足pH 4.5～6，土层深厚，疏松透气、理化性状良好，具有良好的保肥保水能力的沙质壤土。土壤肥力条件符合《绿色食品　产地环境质量》中旱地和园地二级以上指标（NY/T391—2013），即土壤有机质含量在1％以上、全氮含量0.1％以上、有效磷含量10 mg/kg以上、有效钾含量80 mg/kg以上。

3. 灌溉水　菠萝园灌溉水的质量应符合《农田灌溉水质标准》（GB 5084—2005）中对水质各项污染物的基本控制项目标准值和选择控制项目标准值，且医药、生物制品、化学试剂、农药、石油炼制、焦化和有机化工等行业的废水（包括处理后的废水）不可作为生产基地的灌溉水。

4. 环境空气　菠萝园的环境空气质量应符合农业部《无公害农产品　种植业产地环境条件》（NY 5010—2016）和《绿色食品　产地环境技术条件》（NY/T 391—2013）的规定。产地空气中二氧化硫≤0.15 mg/m³、二氧化氮≤0.12 mg/m³、氟化物≤7 mg/m³。

5. 园地位置　生产基地应选择在无污染和生态条件良好的地区，符合绿色食品产地环境质量标准。基地选点应远离工矿区和公路、铁路干线，避开工业和城市污染源的影响，选择在交通较方便、水源充足、坡度宜小于20°，且冷空气不易沉积、具有可持续的生产能力的地方。

（二）园地规划

1. 用地　用地规划应根据菠萝生长要求的环境条件制定，以可持续发展为前提，水土保持、水源林、排灌系统、道路系统、种植小区、生活及产品处理地等项目进行综合规划。种植用地与非种植用地的面积比宜为10∶4，各非生产用地项目的占用量视实际情况而定。对于坡度大于15°的丘陵地，山顶上应保留水源林，其面积视实际情况而定，但不宜少于该丘陵面积的10％。

2. 小区　按同一小区的坡向、土质和肥力相对一致的原则，将全园分为若干小区，每个小区面积1.5～3 hm²。缓坡地采用长方形小区。

3. 道路　根据园地的地形地势及面积大小，分别设立主干道、支干道和小型农机用道。

4. 防护林　园区应设立防风林。按实际情况结合道路建设将园地划分为若干区，在小区四周种植抗风力强且非菠萝病虫害寄主的树种，种植数量视实际情况而定。丘陵的防风林应按地势进行规划。在等高梯田的梯边或等高平台的台边应培养（或种植）低矮植被。

5. 排灌系统　园区应设立排灌系统，畦沟应具备排水功能，同时视具体情况另行修建排洪道、山塘水库或蓄水池，优先考虑建设喷灌系统或滴灌系统。

6. 肥池　按实际需要在园区内修建一定数量的无渗漏肥池。

二、栽植

（一）园地准备

1. 整地　将选定的栽植地进行深耕改土。新垦地要先清理石块、树木根桩等；轮作地应将前茬作物的易腐败部分翻压到地下作有机肥，除净硬骨和茅草等恶性杂草。注意多犁少耙，尽量保持直径在5～6 cm的团块状土块占多数，犁地深30 cm以上。

2. 做畦　坡度小于5°的开阔地应尽可能东西向起平畦，畦宽110～150 cm，畦沟宽30～40 cm；坡度5°～10°时应起等高垄畦，畦宽110～150 cm，畦沟起在畦的靠山顶一侧，畦沟宽30～40 cm；坡度大于10°时，应修建等高梯土或平台，梯土（平台）宽度视实际情况而定，畦沟宽30～40 cm；梯土（平台）水平走向宜有0.3％～0.5％的比降。

3. 挖种植沟　沿畦的走向挖宽40～50 cm、深约30 cm的种植沟，沟底再挖松5～10 cm深。

4. 施基肥　以有机肥为主，如堆肥、沤肥、厩肥、粪便肥、泥肥、秸秆肥、饼肥和绿肥等，配以部分化肥。推荐的施用方法：对于新植园，将绿肥置于定植沟内，按每667 m²施100 kg石灰撒施

（pH≤4.5时）于其上，再覆盖一薄层表土，然后将与过磷酸钙混合堆制腐熟好的畜栏肥等农家肥与化肥和微生物肥一起与挖种植沟时起出的土壤拌匀后回填，最后覆盖一层约5 cm表土，使土面高出地面20 cm左右。各类肥料施用量可占第一造果施肥总量的比例为：N 25％，P_2O_5 70％～80％，K_2O 20％。

5. 覆盖　种植前用地膜平铺于平整好的畦面上，四周用土壤压紧，地膜覆盖具有保墒、冬季保温和防止杂草滋生的作用。除地膜覆盖外，还可用枯草、稻草、蔗渣。覆盖厚度以3～5 cm为宜。

（二）定植

1. 种苗质量要求　选用品质好、产量高、抗性强、适应性广的优良品种的吸芽、裔芽等作为繁殖材料。种苗来源清楚，品种纯度大于98％，生长健壮，叶色正常，长势好，茎干无腐烂、变质。根据菠萝种苗茎粗、苗高、最长叶宽三项指标分为两级（表17-4、表17-5），低于二级标准的种苗为等外苗，不得作为栽植，同一种植小区内栽植种苗的要大小一致。

表17-4　菠萝吸芽苗及裔芽苗分级指标（NY/T 451—2001）

单位：cm

项目	一级	二级
苗高	25～34	35～45
茎粗	≥3.6	2.5～3.5
最长叶宽	≥3.0	2.5～2.9

表17-5　菠萝冠芽苗分级指标（NY/T 451—2001）

单位：cm

项目	一级	二级
苗高	38～50	28～37
茎粗	≥4.6	3.9～4.5
最长叶宽	≥2.8	2.3～2.7

2. 栽植密度　种植密度因品种、土壤条件、地形地势、栽培管理水平和计划单果重或单位面积产量不同而异。平缓开阔且肥力较好的果园种植密度宜小些。

3. 栽植方式　根据地形和冬期长短等因素选用单行、"品"字形双行、三行或多行式。大行距120～150 cm；小行距：卡因类品种35～50 cm，皇后类品种30～40 cm，台农系列品种50～70 cm。株距：卡因类品种25～30 cm，皇后类品种20～25 cm，台农系列品种30～40 cm。

4. 栽植季节　宜在4～10月定植。

5. 栽苗植前处理　剥除种苗基部干枯叶和果瘤，剪除过长叶片后，用800～1 000倍液硫菌灵或多菌灵液浸泡种苗基部10～15 min，浸泡后晾干待植。

6. 栽植方法　根据品种和芽苗的大小进行分类、分区种植。菠萝应浅种，种植深度：冠芽苗3～4 cm、裔芽苗5～6 cm、吸芽苗6～8 cm。选择晴天定植，在施完基肥后，种植沟按株距开定植穴，下苗后用手扶正植株、培土并压实植株周围土壤，淋足定根水。操作时要防止土壤盖过或落入株心。

第六节　土肥水管理

一、土壤管理

（一）园地覆盖

园地覆盖物可保持土壤水分，防止表土被冲刷，减少肥分散失，抑制杂草生长，提高冬季地温，

降低夏季地温。

一般采用地膜覆盖，即在植株种苗种植时，用黑色塑料薄膜进行覆盖。覆盖时，将田畦施足基肥，平整好，把薄膜轻轻地覆盖在整理好的畦面上，然后用泥土沿薄膜一周压紧，不留下空档。最后在铺好的薄膜上按标准株距、行距打洞栽种菠萝。

在栽植时未进行地膜覆盖的果园，可用枯草、稻草、蔗渣等进行覆盖，还可在大行间种植低矮绿肥或保留低矮的非恶性杂草。

（二）除草

地膜覆盖的果园通常无需除草。未覆盖果园应在植株封行前除草，一年4～5次。

畦面或小行间杂草用人工清除，大行间的恶草可用人工或化学除草剂防除。喷药时，应防止除草剂喷到植株和苗叶片上。

（三）中耕培土

未用地膜覆盖的菠萝园，在雨后应结合松土进行轻培土至根系不裸露为宜；冬季前，结合施冬肥进行中耕培土护苗。次造园应适时进行中耕培土，培土的高度要盖过吸芽的基部，中耕深度10～15 cm为宜，春季宜浅、秋季宜深。操作中，要避免触伤植株而影响发根，注意勿使土粒溅入种苗心部而引发心腐病。一般山地种植园一年中耕3～4次为宜，而在土壤较好的平原地带，一年中耕1～2次为宜。

二、施肥管理

（一）施肥的意义

菠萝在生长发育过程中既需要大量的氮、磷、钾，也需要一些微量元素（主要是锰、镁），这些养分大部分需从土壤中吸收。而由于土壤中的养分不一定齐全，因此必须通过施肥适时适量补充养分，满足菠萝生长发育的需要。

（二）合理施肥原则

除按《肥料合理使用准则　通则》（NY/T 496—2010）的规定执行外，前期勤施薄施，中期重施，后期补施，前期多施氮、磷肥，后期重施钾肥。有条件的地方应采取测土配方法和营养诊断法施肥。

肥料使用必须满足作物对营养元素的需要，使足够数量的有机物质返回土壤，以保持或增加土壤肥力及土壤生物活性。所有有机或无机（矿质）肥料，尤其是富含氮的肥料应对环境和作物（营养、风味、品质和植物抗性）不产生不良后果方可使用。

（三）基肥

菠萝种植密度较大，植后追施固体肥比较困难。植前施足有机肥，有助于菠萝快速生长及开花结实。

基肥一般是用猪栏肥、牛栏肥、垃圾肥加适量的磷肥及麸饼一起堆沤腐熟后用，一般每667 m^2 施基肥2 500～3 000 kg。也可用复合肥做基肥，每667 m^2 用至少120 kg，或过磷酸钙80 kg和三元复混肥10 kg。

珠江三角洲、粤东地区多是山地种植菠萝，一般放2层基肥，第一层放绿肥或杂草1 000～1 500 kg，撒少许石灰，第二层放质量较好的土杂肥、花生麸、鸡屎等。

（四）追肥

1. 幼年植株施肥　菠萝从种植至抽蕾前整个营养生长时期需要较多的氮、钾，少量的磷，对氮、磷、钾三要素的吸收比例约为17∶10∶16。为了植株快速生长，幼年植株施肥以薄施、勤施为原则。

一般在植后30～40 d开始施第一次肥，每667 m^2 施7.5～10 kg尿素，可在雨后撒施，但要注意不要将尿素撒施在幼叶和种苗心部，以免造成烂叶、烂心。天旱可用尿素水淋施，浓度 0.5%～1%，或腐熟的人、畜粪尿稀释 10 倍淋施，以后每月追肥一次。

植后 60 d，每 667 m² 施复合肥 30 kg 加尿素 10 kg。植后 60～90 d 施一次肥，施肥量可根据植株生长情况适当增施复合肥。植后 90～120 d 除施复合肥 20 kg、尿素 10 kg 以及其他有机质水肥外，要增施钾肥，每 667 m² 钾肥 7.5～10 kg；这一时期的施肥很重要，植株将准备越冬，增施钾肥可提高植株的抗寒能力。

2. 结果株施肥　菠萝进入抽蕾、开花结果期，需要和吸收的养分更多，对氮、磷、钾三要素吸收的比例约 7：10：23。此外，增施一些钙、镁营养元素，可促进果实增大及提高品质。因此，结果株要做好以下几个时期的施肥工作。

（1）壮蕾肥。在抽蕾前 15～30 d 施完。一般每 667 m² 施尿素 5～7 kg、复合肥 10 kg、硫酸钾 22.5 kg；或用腐熟的人、畜粪尿稀释 10 倍，1 000～1 500 kg 淋施。

（2）壮果肥。施用宜多且精，增施以钾为主的壮果肥，对保持植株健壮、叶色浓绿、果实增大、吸芽萌发都有显著的作用。谢花后 15～20 d 可结合壮果肥，喷施 0.2% 磷酸二氢钾或其他含有机质较高的叶面肥。此后，喷 1% 尿素 1～2 次，以平衡植株抽蕾所消耗的氮。第一次壮果肥在谢花后施用，每 667 m² 根施复合肥 15 kg 和硫酸钾 15～20 kg。此后每 20～30 d 施肥一次，用量与第一次基本相同。

三、水分管理

菠萝叶片浓郁，合理密植情况下，能有效形成自荫效果，但其整个生长发育过程中既不能缺少水分，也不能忍受环境过久积水。

（一）灌溉

除定植后遇到旱情要及时灌溉外，苗期、花蕾抽生期、果实发育期和吸芽抽生期遇连续 15 d 不下雨时，亦应及时灌溉。灌溉方法首选喷灌或滴灌。根据不同情况而采取不同的方式，但总的来说，由于菠萝的叶片具有吸水和保水功能，有利于植株的吸收，而长期采取地面灌溉可能导致土壤板结和透气性差，从而影响根的生长发育和吸收能力。因此，应多采用叶面灌溉的方式为菠萝提供水分。

将灌溉和施肥、施药结合起来，既能降低劳动力和生产成本，又有利于种植园的保水、保肥、治病和省工、节水。

（二）排涝

菠萝根系不耐渍水，尤其是苗期易犯心腐病，但由于通常种植在坡地，不易积水。在平缓和低洼的种植地，雨后应及时排除积水。此外，在种苗定植前 10 d，不要有大水。对于土壤湿度过小、过干、过硬的地方，可以考虑用微喷滴灌的方式稍淋定根水。

第七节　花果管理

一、花果管理的意义

在菠萝生产上，因定植时间、种苗大小、环境条件和栽培技术等的不一致，造成了菠萝自然抽蕾率不高和个体抽蕾期存在差异，直接影响果园管理及果实采收。使用植物生长调节剂进行人工催花，可将抽蕾率从 70% 左右直接提高到 95%～100%（无刺卡因类）且成熟期较一致，果实可一次性采收。

菠萝自然开花集中在 3～5 月及 7～8 月两个时期，前者果实于 6～8 月采收，约占全年产量的 80%，称为夏果。此时正值高温多雨时节，果实不耐贮运且市场供应过于集中也无好价。与此相较，菠萝外销在春季需求量多，价格高。

各地可按自然条件、市场和加工的需要，有计划、分批进行催花，进而达到均衡生产和实现周年供应。

二、催花

（一）催花时期及标准

菠萝催花需根据市场需求、栽培品种和生长状况等综合考虑。植株大小不同，其营养水平有差异，应用植物调节剂催花后，其抽蕾率、果重、品质都有差别。一般植株越大，抽蕾率越高，果实越大，品质越好，易丰产、稳产。用于催花的植株，巴厘种要求有 35 cm 以上的叶片不少于 30 枚，卡因种要求长 40 cm 的叶片 35 枚。如果植株太小，使用植物生长调节剂催花，果实小，甚至抽出带冠的苞片抽，不形成花蕾。因此，生长不良的植株最好不要用激素催花，先加强管理，保证植株健壮生长，以确保开花结果正常、丰产，效益好。

（二）催花药剂及使用方法

1966 年 S. P. Burg 和 E. A. Burg，发现，NAA 诱导菠萝乙烯产生，可快速促进成花，进而确定了乙烯在菠萝催花进程中的关键作用（Burg and Burg，1966）。目前，菠萝人工使用的主要催花剂有乙烯利、电石、萘乙酸或萘乙酸钠，其中后两者在生产上已很少用。

1. 乙烯利催花 乙烯利化学名为 2 -氯乙基磷酸（$C_2H_6ClO_3P$），纯品为无色结晶，工业品为淡黄色褐色液体，易溶于水。市场上销售的乙烯利多为含量 40% 的液体。使用时，要依据时间、品种特性，一般安全使用浓度为 300～500 倍液（960～1 600 mg/kg）。乙烯利施用方法有灌心或叶面喷施，效果相当；通常连续施用 2 次，两次相隔 5 d。

巴厘、神湾等品种用乙烯利催花较卡因类品种效果好，采用的浓度较卡因类低，一般可周年处理周年结实。卡因品种抽蕾时期长，果实发育的时间也长，所以在温度较低的地区催花处理一般在 7 月前进行完毕，在冬季来临前收完果，一般不以冬果过冬。

用植物生长调节剂进行人工催花，在催花前 30 d 停施氮肥，催花应选择晴天进行，处理后 4 h 内若下雨，要补灌催花药液，温度较高的时节或秋季催花最好选 16：30～17：00。

2. 电石催花 电石即碳化钙（CaC_2），是一种灰色易燃颗粒或块状固体，易吸湿，加水后产生乙炔气体，有促进菠萝花芽分化、提早开花的作用。生产上可用电石粒，也可用电石溶于水制成电石水进行催花。

催花时将电石直接投入有露水的菠萝株心，每株株心投 0.5～1 g，风大、干旱期株心无露水或少露水时，需投入电石粒后迅速加 50 mL 水于株心。另外，也可用浓度 0.5%～1.0% 的电石水灌株心。电石水要即配即用，用冷水配制的效果好。使用时，将一定量的电石投入水中，电石在自然溶解的过程中产生大量的气泡，待电石充分溶解、水中气泡很少时，用电石液灌株心，每株 50 mL。施用电石应注意安全，因其为易燃、易爆物品，其他注意事项与使用乙烯利催花类同。

三、果实管理

不同菠萝品种，果实大小不同。同一品种果实的大小与植株生长势、叶面积大小有关。植株健壮，叶多、长、宽且厚，叶面积相应较大，果实也比较大。此外，在果实生长发育时期适当喷植物生长调节剂，能有效增大果实，提高单果率，提高产量。

（一）壮果

生产上用于壮果的植物生长调节剂有赤霉素（GA_3 或 "九二〇"）和萘乙酸（NAA）。这两种植物生长调节剂用于壮果，果柄有所增粗，对防止果实断柄、倒伏有利，但果心也增大，肉质疏松，酸偏高，味偏淡，品质有所下降，不耐贮运。萘乙酸促果还会出现肉粗、黑心，在较高温情况下成熟的果实果皮不转黄，果农较难判断采收时期，易造成果实过熟采收，品质及贮藏性下降，果实经济效益低，目前广东菠萝产区一般不用萘乙酸进行壮果。

赤霉素壮果在广东湛江产区较常使用，在其他产区也有使用赤霉素壮果的，但使用的浓度和方法略有不同。广州地区卡因种在花期一般喷 1～2 次，幼果期喷 1 次；开花末期喷 1 次赤霉素壮果，浓度为 50 mg/kg，同时加 1％尿素；谢花后 20 d 左右（即幼果期喷的）喷赤霉素 70 mg/kg，加 0.2％的磷酸二氢钾。在广东徐闻产区，谢花 1/2 时用 15 L 水加赤霉素 1 g 和磷酸二氢钾 30 g 喷果。

广西巴厘种用赤霉素壮果，一般开花末期喷第一次，用 20 L 水加 1 g 赤霉素，再加 1％尿素，隔 20 d 后喷第二次，15 L 水加 1 g 赤霉素加 0.2％磷酸二氢钾或含钾的叶面肥。

喷赤霉素时应注意：①药液要均匀喷在整个果面，以湿润为宜，如喷不均匀，会引起果畸形；②选择阴天或阴天有零星小雨的天气喷果效果最好，干旱天气或晴天喷后用草覆盖效果会更好些。

(二) 果实套袋

菠萝果实套袋可以改善果实的外观品质，防止日灼的产生，降低果实农药残留，减轻病虫危害，减少机械损伤等。生产上，主要有黑网遮盖和单果套袋等。其中黑网遮盖，即以区块为单位，于高于菠萝植株顶部 20～30 cm 处撑起黑网，尤其减弱正午阳光强度。采用此措施应注意阴凉时（傍晚）揭开黑网，通风透气。单果套袋则是直接对菠萝果实进行逐个套袋。陆新华等试验白色单层纸袋、外黄内黑双层纸袋、牛皮纸袋三种纸质果袋套袋对果实品质的影响后认为，对于无刺卡因菠萝推荐使用透光性好的白色单层纸袋。

(三) 催熟

果实催熟有利于因应市场需求和使采收期一致，方便管理。但必须处理恰当，否则易引起品质下降，贮藏性下降或生理性病害。一般大面积且是生产秋、冬果，或生产加工果的果园才进行果实催熟。秋、冬温度渐低，果实成熟期长，用乙烯利催熟果实，可使果实成熟期较一致，减少采收的次数，基本上一次能采完，降低成本。生产上，催熟剂多还是采用乙烯利。其催熟的浓度为 500～800 mg/kg，气温低时则高些。采前 30 d 左右或果实七成熟时可用乙烯利喷果催熟。催熟时应避免把药液喷到小吸芽上，高浓度的乙烯利会诱发小吸芽早抽蕾。处理时要选择晴天，以均匀喷湿果面为度。

第八节　病虫害防治

一、主要病害及其防治

(一) 心腐病

心腐病大部分是由寄生疫霉菌（*Phytophthora parasitica* Dast.）引起的。另外，胡萝卜软腐欧文氏菌和细菌性软腐病菌引起的菠萝果实皱缩病及心腐病，也是造成苗心腐烂发臭的主要原因。

1. 为害症状　该病主要发生于苗期，生长期及结果期也有发生。病叶初表现为暗无光泽，后退绿，叶尖干枯变褐，叶基腐烂，叶片失水下垂；根系腐烂褐变，失去吸水能力，茎部腐烂发出臭味，终至全株死亡。高温多雨季节，尤其夏季种植后遇暴雨，土壤黏重或积水排水不良时发病严重。

主要为害幼苗，特别是定植后 2 个月的幼苗，也为害成年植株。

2. 发生规律　病原菌于土壤中过冬，通过昆虫传播，从植株幼嫩部位侵入引起发病，心腐病多发于高温多雨季节，借助雨水扩散；秋季定植后遇暴雨，发病较重；通常 5～6 月和 10～11 月发病较多。一旦患上心腐病，只能拔除，心腐病防治应在其发生前进行。

3. 防治方法　选择健壮种苗，种植前将种苗基部的枯叶剥离；苗用 25％多菌灵可湿性粉剂

800～1 000倍液浸泡基部 10～15 min，倒置晾干后种植。选择排水良好的沙质壤土种植菠萝，选择地势较高，有一定坡度的地方；改善园地排水系统，避免积水。定植前一定要深耕土地，做到深耕浅种，定植时不要让土粒进入株心，定植后注意排水；中耕除草时不要碰伤基部。施基肥时注意，多施磷、钾肥，少施氮肥；及时拔除已感染植株，移出菠萝园集中焚毁，同时在原病株处撒石灰消毒，发现园中植株感染，可用甲基硫菌灵或 50%可湿性粉剂 800～1 000 倍液喷洒果园，10～15 d 一次，连续2～3次即可。

（二）凋萎病

凋萎病由菠萝凋萎病病毒（*Pineapple mealybug wilt - associated virus*，PMWaV）和介体昆虫粉蚧（*Dysmicoccus* spp.）引起，又称为粉蚧凋萎病。

1. 为害症状　病株首先从根部开始受害，根系停止生长，随之叶尖开始失水变皱，叶尖由绿色变为红黄色，炎热干旱的季节叶片变为红色，叶肉组织逐步坏死，叶尖干枯，基部叶片发黄软垂，以后逐步发展到叶片枯黄凋萎，根系腐烂，果实萎缩，全株逐渐枯死。遭受凋萎病的果实小、颜色差，失去食用价值。

2. 发生规律　粉蚧虫与蚂蚁相伴聚居，蚂蚁搬运粉蚧虫到健康植株，扩大粉蚧危害范围；其发病率与蚂蚁数量紧密相关，凋萎病多发于秋季高温干旱天气，此天气利于粉蚧的繁殖；低温、多雨天气，凋萎病少有发生；新开垦荒地发病少，熟地发病多。

3. 防治方法　选用无病虫种苗，40%乐果乳油 800～1 000 倍液、松脂合剂 6 倍液浸泡种苗 3 s，倒置略微晾干后定植；施肥时增加有机肥的用量；在平地和排水不良地应用高畦种植，合理密植，雨季注意排水；发病初期及时选用 50%甲基硫菌灵 400 倍液加入 1%～5%尿素液混合喷洒；对已发病植株，喷施松脂合剂 6 倍液，喷施在根基部的表层土壤中，以防止粉蚧和其他害虫地下传播；一旦发现病株，拔除后带出菠萝园集中焚毁。

（三）叶斑病

1. 为害症状　主要为害幼苗，以及成株的叶片；病斑为不规则形，边缘淡黄色，中间蜜黄色；初为绿豆大的斑点，逐渐扩大为椭圆形、深褐色、凹陷、边缘隆起的病斑；患病叶片不能光合作用；严重时叶片早衰，停止生长。

2. 发生规律　病原 *Mycosphaerella* sp. Curvuriaeragrostidis（P. Henn），为点状分生孢子器单个存在或孢子群藏于叶表皮下，黑褐色；分生孢子盘为黑色或暗褐色，叶斑病菌丝在病叶片上过冬，翌年在多雨潮湿的季节；分生孢子大量涌出，借助风雨、昆虫传播；在高温高湿季节发病较多。叶斑病在田间时有发生，一般栽培管理妥当叶斑病就会较少发生。

3. 防治方法　合理施肥和灌溉，增施磷、钾肥，使植株健壮，抗逆性增强，预防发病。叶斑病发生时，可用 50%多菌灵可湿性粉剂 500～800 倍液或甲基硫菌灵 500～800 倍液喷洒防治即可。

（四）黑心病

1. 为害症状　菠萝黑心病也称内生褐斑病、内部褐化病及黑目病、小果心腐病、小果褐腐病等。患黑心病的菠萝果实外部无症状，剖开后，紧靠中轴的果肉变褐，甚至变黑，故又称内部褐变病。通常小果先出现褐斑，后褐斑互相连接，色泽渐深，并向果髓发展，最终果髓变黑，甚至果肉也部分变黑，而果实外表并无异状，闻之仍具菠萝香味。

很多研究表明黑心病小果基部先出现半透明的水渍状或浅褐色小斑点，与小果相邻的髓部和果肉却完好无损；随着病情的发展，出现褐斑的小果数量增加、面积扩大、颜色变深，但病斑仅局限于一个果实之内；而后病斑逐渐扩展超出果基范围连成一片，甚至使离果皮 10 mm 以内的全部果肉与果心坏透而变为黑褐色，最后除几毫米厚的果皮完好外，果肉和果髓几乎全部变黑，丧失食用价值。

受害果实在外观上较难察觉，一般果实由青绿色变为深绿色；失去光泽，果实重量减轻；用手指轻敲果实，病果有水一般的响声，声音较响；小果及小果子房壁受害成褐色或黑褐色，并逐步木栓化，使果肉变硬。有些果面变为黑褐色；逐渐扩大到果心，最后全部变为褐色；横切果实可见圆形或三角形褐色水渍状；纵切可见腐败部位向果心延长、纺锤形褐色水渍状；绿果期，果实为黄白色，果心周围有褐色斑点。

2. 发生规律　菠萝黑心病是菠萝主要病害之一，有人认为病原主要由青霉菌和镰刀菌组成，先附生于未凋谢的花瓣，侵入花腔内自然孔道如蜜腺管和其他原因造成的伤口，进入到胎座内；果实发育期间病原处于潜伏状态，果实成熟期病菌恢复活动后，引起蜜腺壁变色，进而使果心腐败。当气温低于 25 ℃的冷暖变化大天气易引起黑心病；夏果一般不发生黑心病，秋冬季果实发病高，绿果期和成熟期都可发病；到察觉到黑心病时再防治已无效。也有学者认为是由低温引起的生理失调症，22～25 ℃以下的低温可导致该病，高于 25 ℃则不发生。田间低温可能引起代谢的某些变化，产生一种导致黑心的前体物，收获后继以低温（4～8 ℃）贮运，促使前体物累积。若接着在 20 ℃高温下 7 d，前体物会转变成毒物，导致黑心。

3. 防治方法　菠萝黑心病的主要特征是菠萝果实果内褐变，酚类化合物、酶类、活性氧是褐变的发生必须具备的三个因素。目前认为该病是受多种因素影响的一种复杂生理变化过程的病害。黑心病以预防为主，选择抗病良种，合理施肥，施足基肥，以土杂肥为主，增施磷钾肥，少施用氮肥；追肥最好在抽蕾之前；避免在结果期集中施肥。花期每隔 2～3 周喷施一次 1‰等量波尔多液；花期喷施 800～1 000 倍液苯菌灵，保护发育中花序，使大田基本没有此病发生。改善果园排水条件，合理密植。适时采收，避免在雨天及露水未干时采收，运输时应用冷藏车运输，保持恒定温度在 7～8 ℃为佳；罐藏用果应在采后 2～5 d 加工完毕。

（五）日灼病

1. 为害症状　在夏、秋果生长阶段，如受到强光照射（80 000 lx 以上时），尤其摘除冠芽后隐蔽度降低时，受阳光直射部位受到灼伤，灼伤部位局部坏死，水分蒸发变快，果实风味变差；由于局部坏死可引发微生物侵染而腐烂。

2. 发生规律　日灼病是一种生理性病害，由日光过度强烈引起果实照射部位损伤；一般发生在 6～8 月。

3. 防治措施　科学栽培，选择日灼病发生少的品种，避免过度稀植；在夏、秋季炎热中午可用加盖遮阳网或戴防水纸帽降低菠萝受光强度，也可用菠萝叶束起遮住果实，但避免束缚过多、紧。

二、主要害虫及其防治

（一）菠萝粉蚧

菠萝粉蚧（*Dysmicoccus brevipes*）的成虫以及若虫潜入菠萝根、茎、隐蔽处吸食汁液，受害植物叶由绿色变为黄色，再转为红黄色；叶尖干枯，软化下垂成凋萎状；果受害生长不良失去光泽，并可诱发煤烟病、传染凋萎病；根受害停止生长，严重时变黑、腐烂，造成水分营养供应不足，植株生长衰弱甚至枯萎。

1. 为害特点　在我国广东、广西和台湾等产区均有发生，在菠萝的全生长期都能发病。

2. 形态特征　菠萝粉蚧长 2～3 mm，椭圆形，灰白或桃红色，被白色蜡粉，身体边缘有白色状蜡丝，雌虫附于寄主上产卵 2～12 粒。

3. 发生规律　低洼、潮湿、隐蔽利于粉蚧繁殖；5～9 月为主要危害期。

4. 防治方法　选择不带粉蚧虫的种苗，定植前用 40%乐果＋40%敌敌畏 600～800 倍液浸泡种苗 10～15 min，将根部朝上晾干后定植；在粉蚧发生的菠萝园，喷施松脂合剂，夏季为 20 倍液，冬季为 10 倍液有良好效果；定期检察是否有粉蚧发生，8～9 月转入高温干旱季节之前用药剂防治，若发现有虫害扩大趋势，则定期向植株和植株茎部土壤喷淋 800 倍液乐果；对园中危害严重的植株，整株挖出集中焚毁；粉蚧大量发生常与蚂蚁有关，发现蚂蚁穴则用敌百虫 800 倍液喷洒；合理轮作可以很好减少病虫害的发生，如菠萝和甘蔗轮作。

（二）红蜘蛛

1. 为害特点 红蜘蛛（*Tetranychus cinnbarinus*）通常以群体在叶背面，成虫口器刺破表皮，吸吮植物汁液，为害表皮细胞；受害先从叶背面发生，受害部位成褐色，严重时叶片凋萎，果实干缩，甚至全株枯死。

2. 形态特征 成螨圆形或卵圆形，长约 1 mm，若虫有足 4 对，成虫红色，故称"红蜘蛛"。

3. 发生规律 通常发生于重叠叶，借助风、雨、工具等传播，成螨土壤中越冬，4～5 月活动频繁期；6 月初幼螨发生频繁期，在成螨、幼螨活动盛期是防治重要时期，夏秋干旱高温季节受害严重，需及时防治。

4. 防治方法 在夏、秋季高温季节，红蜘蛛发生盛期前可用 0.3 波美度的石硫合剂或用 25％亚胺硫磷乳油配成适合的溶液等进行喷杀，盛期用三氯杀螨醇 1 000 倍液、亚胺磷硫 800 倍液喷施防治，及时清除田间老枝、枯叶，发现虫叶集中烧毁；保持田间一定湿度也可预防红蜘蛛的猖獗。

（三）蛴螬

1. 为害特点 蛴螬是金龟子幼虫，也是菠萝重要的地下害虫，幼虫啃食菠萝植株的根和茎，初期症状为叶片出现褪绿现象，植株生长不良；后期叶片则失去光泽，颜色渐变为红紫色，叶尖变得干枯。结果期植株被害严重时，造成果实萎缩，严重时干枯；地下根被啃食所剩无几，地下茎被咬成不规则大小缺刻洞口，造成植株叶片凋萎。

2. 形态特征 蛴螬体长 2 cm，宽大约 1 cm，身体白色有光泽。

3. 发生规律 每年 4 月当土壤温度为 8 ℃时蛴螬到土面活动；15～20 ℃时蛴螬活跃最为频繁；24 ℃以上时幼虫钻入土壤中，冬季 6 ℃以下时在深土层中越冬；多雨季节和有机质丰富的土壤环境中危害严重。

4. 防治方法 6～8 月，在菠萝园安装杀虫灯诱杀成虫减少其成虫的产卵量；若发现蛴螬，用丁硫克百威 800 倍液与 20％的氯氰菊酯乳油 800 倍液混合喷淋在菠萝植株根部接近土壤能有效杀灭蛴螬；用生物药剂防治如奥力克 500 倍液喷洒和浇灌也能有效杀灭蛴螬。

三、鼠害及其防治

1. 为害特点 鼠害在各个菠萝产区普遍发生，老鼠咬食菠萝茎部、根部、果实，被咬食产生凹陷，严重时空心，受害植株衰弱，造成减产甚至绝收。

2. 发生规律 菠萝园鼠害时有发生，但秋天和早春由于其他食物较少，菠萝受害最严重，夏季果实采收时发生也较重。

3. 防治方法 根据鼠害发生情况，在菠萝园老鼠常出没地方投放捕鼠器、粘鼠板等灭鼠工具，不乱堆杂物，减少老鼠栖息场所；也可将敌鼠钠盐、杀鼠灵等灭鼠药剂与麦糠、稻谷、小麦混合制成药剂投放菠萝园，注意人、畜安全，防止中毒。

第九节 果实采收、分级和包装

一、果实采收

（一）果实成熟度鉴别

采收所依据的果实成熟度，不同的地区、品种、用途有不同的标准。采收前应对果实的成熟度进行鉴别［参见《菠萝》（NY/T 450—2001）］。

1. 外观鉴别成熟度　菠萝果实的成熟度，从外表色泽看可分为三期。

（1）青熟期。果皮由青绿色变为黄绿色，白粉脱落，现出光泽，果眼间隙的裂缝呈现浅黄色，果肉组织开始软化，果肉颜色由白色转向黄色，果汁渐多，有甜味。此时成熟度达 70%～80%。

（2）黄熟期。果实基部 2～3 层小果显黄色，果肉橙黄色，果汁多，糖分高，香味浓，风味最好，此时的成熟度达 90%。

（3）过熟期。皮色金黄，果肉开始变色，组织脱水，汁液特别多，糖分下降，香味变淡，开始有酒味，失去鲜食价值。

2. 从化学成分鉴别成熟度　菠萝果实太青，维生素高，糖低酸高，无香脂味；过熟时，糖高酸高，维生素含量大大减少，营养价值降低。

在自然情况下，菠萝果实成熟期不尽一致。因此，要勤检查，按成熟的先后，分批及时采收。为使果实成熟期和着色一致，采用 800～1 000 mg/L 乙烯利喷果，可使果实提前 7～15 d 成熟，不影响风味，且果肉色泽更宜人。

（二）采收方法

采收时用锋利弯刀割断果柄，除去苞叶后将多余的果柄截去，留一部分果柄不超过 2 cm。如果要求不留冠芽，则在平顶处截去冠芽，但不要伤及果皮。采收时应轻采轻放，避免一切机械损伤，不要堆叠过高，并尽快汇集到处理场地。

二、果实分级

通常按品种、成熟度和果实大小进行分级。同一品种，依用途与成熟度不同，将菠萝果实分为加工用、近地鲜销和远运鲜销。我国制定了鲜菠萝的行业标准，具体的等级质量标准如表 17-6 所示。

表 17-6　菠萝果实等级质量标准

（刘光荣等，菠萝优质丰产栽培技术）

等级			优等	一等	二等
果形			具该品种特征，果形正常，发育良好，无影响美观的果瘤或果瘤芽，无畸形		
果面			具有同一类品种特征，具有该品种成熟时固有色泽，新鲜干爽，无外污物、日灼病、裂口、流胶、虫伤、可见昆虫		
果肉			具有该品种成熟时固有色泽和风味，无黑心		
果重(g)	卡因类	带冠芽	1 750～2 000	1 500～1 750	1 250～1 500
		无冠芽	1 500～1 750	1 250～1 500	1 000～1 250
	皇后类	带冠芽	1 250～2 000	1 000～1 250	750～1 000
		无冠芽	1 100～1 800	850～1 100	600～850
冠芽			单冠芽，长度不低于 10 cm，但不超过长的 1.5 倍，与果实结合良好	单冠芽，长度不低于 10 cm，但不超过果长的 2 倍，与果实结合良好	单冠芽，与果实结合良好
腐烂			不允许		
机械伤			不得有导致腐烂的擦伤、压伤、碰伤、刺伤等		
果柄			切口平整光滑，干燥发白，长 2～3 cm，无苞片		
可溶性固形物含量			12%		

三、包装

菠萝果实经挑选、分级后，应立即进行包装。包装容器主要有竹篓、板条木箱、耐压硬纸箱和硬塑料箱等。包装容器必须清洁、干燥、坚实、牢固、无异味、无虫蛀、无腐朽和无霉变，内外无突出物，纸箱不受潮、不离层，并力求美观。包装用的纸箱，要求耐压 150 kg、12 h 无明显变形和塌盖，容量净重不超过 15 kg。

鲜菠萝的包装应装满装紧不致损伤为宜。果实最好竖放，有冠芽的装放 2 层，无冠芽的可装放 2～3 层。果间、果层、果与箱壁间用保护性材料衬垫。每个容器上应注明产品名称、品种、级别、规格、产地和采收日期等。

四、运输

运输工具应清洁、通风，有防晒防雨设备，最好有冷藏设施。待运菠萝调离贮地后应尽快发货，最迟不超过 48 h。小心装卸，堆垛牢靠，严禁重压。不得与有毒、有异味的物品混运。到达目的地后，尽快卸货入库，或销售、加工。

第十节　果实贮藏保鲜

我国菠萝产于华南，但大部分市场却在北方非菠萝产区，因此果实低温贮藏是菠萝产业可持续发展的重要保证，对果采后增值、保值，农民致富和促进农村经济发展都具有十分重要的意义。

一、品种及成熟度对贮藏的影响

菠萝有卡因类、皇后类和西班牙类三大品种群。现有品种大多不耐贮藏，也不耐低温，仅有皇后类的巴厘、西班牙类的武鸣及我国云南、台湾土种等较耐贮藏。

菠萝成熟度与耐贮性密切相关。若成熟度低，果实糖分含量少，香气不足，色泽淡，则商品价值低。另外，菠萝为非跃变性果实，因此采后不能继续成熟。此外，在常温下，由于秋、冬季的果实极易发生黑心病，不耐贮运；夏果因高温、易腐烂、轻耗，所以春果是北运和贮藏最理想的品种。

二、采收技术对贮藏的影响

由于菠萝为非跃变性果实，因此采收过早，会使果品质量差，风味不佳；过迟又容易造成果实腐烂。判断菠萝果实成熟度主要依据果皮颜色。作为贮运的果实应在青熟期采摘，此时果白粉脱落，果皮由青绿色变为黄绿色，小果间隙（果缝）浅黄有光泽，果肉开始软化，果汁渐多，此时成熟度为七八成熟；而对于鲜销果宜在黄熟期采摘，此时果实基部 2～3 层小果显黄色，果肉橙黄色，汁多，糖分高，香味浓，风味最好，成熟度为九成熟；而当果实全果深黄，果皮失去光泽，基部果肉暗黄，组织开始脱水时，此时已达过熟期，果实失去食用价值。采用 800～1 000 mg/L 乙烯利药液均匀喷布果面，可使果实较快成熟且成熟度一致，并可提早 7～15 d 采收，但果实风味稍差。

采收时间以早晨露水干后为宜，阴雨天不应采收，以免发生果腐病。菠萝采收以人工为主。采果人戴上手套，根据果实大小与颜色选准果实后，用果刀切取，并应留 2 cm 长的果柄，作为鲜果销售，可保留果顶冠芽，小心别弄伤叶片，但若远距离运销，为节省包装与贮藏费用，还是除去冠芽为好。菠萝采下后要轻拿轻放，避免机械损伤，严防日晒，并及时进行分级和剔除病伤果。

三、采后损失与控制

菠萝采收后由病菌引起的病害主要有黑腐病、褐腐病和蒂腐病等。黑腐病又称软腐病、水腐病、心腐病等，其病菌可从果实冠芽切割口、果皮伤口入侵果肉，或在收获期从果柄上的切割口入侵果实，或贮运装卸的损伤伤口处发生感染，感染 48 h 后即可出现症状，发病初期，病菌侵染部位产生暗淡或微褐色的水渍病斑，严重时，颜色变为灰褐色至黑褐色并流水，该病为菠萝果实采后主要的病害。防治该病一方面要避免机械损伤，轻拿轻放，采后防止日晒；另一方面，采收时每割一个菠萝，割刀应先在消毒液中浸一下，同时，采后用特克多 1 000 mg/L 浸果 5 min，对该病防治良好；或将果柄切面浸渍含 10％苯甲酸的酒精或农药抑霉唑也可。褐腐病在过去主要在国外发生，近年来国内如广州的效卡因菠萝栽培上也发现此病，一般发病率在 2％以下，但个别产地高达 13％，该病主要为害成熟果，被侵染果实小果外观与好果无异，但剖视，被害小果变褐色或有黑斑，通常感病组织分散，不集中在果轴及其附近，后期变干变硬，也不易扩展，对此病的防治关键要注意防止机械损伤。

此外，菠萝同样是一种对低温敏感的热带水果，一般低于 6 ℃便会发生冷害，其中黑心病是菠萝贮藏过程中最普遍发生的生理性病害，其主要就是由于果实在生长及贮运过程中遇低温所致。发病果实外部无感病症状，但剖开后，紧靠中轴的果肉变褐，故又称内部褐变病。病斑初期呈半透明状的小水泡，以后颜色变暗，范围扩大，变干变黑。发病严重时，甚至可使离果皮 10 mm 以内的全部果肉和果心损坏变黑。秋冬季菠萝果实在田间受到低温影响，可诱导该病发生，而夏收菠萝相对较少发生。同时，发病果实不能完全后熟，果皮颜色变黑变暗，风味差，冠芽萎蔫或容易脱落。

四、菠萝的贮藏保鲜方法

1. 低温贮藏法　主要是通过降低温度来抑制呼吸作用，达到贮藏保鲜的目的，通常采用的贮藏温度为 8 ℃左右。但菠萝果实对贮藏温度的反应与菠萝果实的成熟度有关，若将采收时没有一点黄色的全绿果实贮藏于 10 ℃温度下，则极易产生冷害。美国夏威夷研究人员认为在 7 ℃时最大贮藏寿命 4 周，印度推荐的贮运适温是 8 ℃，南非则推荐 8.5 ℃。

2. 气调贮藏法　主要是通过减少贮藏库中的含氧量和适当的低温来抑制呼吸作用达到保鲜的目的。据美国夏威夷大学研究由 2％氧气和 98％氮气组成的气调大气，在 7.2 ℃温度下，可以延长菠萝的保鲜期。

3. 药物保鲜法　据报道，把一半成熟的菠萝在 100 mg/L 2，4，5 - T 液中浸泡后，在常温下可保鲜 6～14 d。另据报道，将 25％小果变黄的菠萝用 100 mg/L 萘乙酸钠盐溶液浸湿后，在室温下贮藏 9 d，这些果只有 50％小果变黄，能保持菠萝特有的风味和果肉组织的正常结构。用 300 mg/L 度的苯莱特浸果柄新鲜切口，可有效地防止从切口入侵的各类病菌。

第十八章　香　蕉

概　述

　　香蕉（*Musa* spp.）起源于亚洲东南部的印度、马来西亚等地。我国华南地区也是矮型香蕉的原产地之一。

　　香蕉是世界上最古老的植物栽培种类之一。公元前600年的印度佛教经文中就有香蕉的文献记载。在我国，公元前111年已开始种植香蕉，是世界上香蕉栽培历史最悠久的国家之一。此后，在《南方草木状》《齐民要术》等史料中出现香蕉花、果、假茎的描述，一些品种名称如红蕉、牙蕉和鸡蕉等也出现在史料中，并有关于香蕉的栽培、加工和医药等方面用途的记载。

　　目前全球在120多个国家和地区有香蕉栽培，这些国家和地区分布在南北纬30°以内的热带、亚热带地区。我国香蕉栽培分布在北纬23°以南地区，主产区包括广东、广西、海南、福建和云南等地，四川金沙江河谷地带也有栽培。香蕉中的粉蕉和大蕉（*Musa* spp. ABB）相对更耐低温，分布纬度可达30°，海拔可达1 200 m。如西藏南部和云南南部海拔1 200 m以下地区、三峡地区、江西南部、福建北部都有蕉类分布。

　　香蕉不仅是世界重要的热带、亚热带水果，在非洲、中南美洲、太平洋上许多岛屿等地，香蕉（其中的煮食蕉）是超过4亿人的主食，是位居水稻、小麦和玉米之后的第四大粮食作物。联合国粮农组织（FAO）统计数据显示，2012年全球香蕉（含煮食蕉在内）产量10 199万t，其中产量最多的国家是印度（2 487万t），其次是中国（1 055.0万t），菲律宾位居第三（923万t），其后依次为厄瓜多尔（701万t）、巴西（690万t）和印度尼西亚（619万t）。

　　香蕉果实颜色鲜艳、质地柔软、清甜而芳香、天然无籽、食用方便，因此深受人们喜爱。此外，香蕉的营养价值也十分丰富，其碳水化合物含量及热量值均高于其他类型的水果。据分析，香蕉每100 g果肉含糖20 g、蛋白质1.2 g、脂肪0.6 g、粗纤维0.4 g、P_2O_5 28 mg、Ca 18 mg、维生素C 24 mg、维生素B_1 0.08 mg，每100 g果肉的热量为376.8 kJ。香蕉果实除鲜食和作为主食外，还可以用来制香蕉干、香蕉粉、香蕉酱、香蕉脆片和酿酒。香蕉的花、果、根等还有较高的药用价值，具有清热解毒、止渴、利便等功效，部分野生蕉的花蕾具有收敛止血功效。一些地区用某些类型的花蕾和茎心做蔬菜；香蕉的新鲜假茎、叶片和花蕾可作猪和牛等的饲料，一些类型的茎叶富含纤维，还可用于造纸、制绳或作麻质代用品。假茎烧灰提取一种碱液（俗称庚油），可作为食物的防腐剂和染料的固定剂。茎叶含钾量高，切碎后可用作肥料。

第一节　种类和品种

一、种类

　　香蕉属于芭蕉科（Musaceae）芭蕉属（*Musa*）。芭蕉属又包括南蕉组（Australimusa）、红花蕉组（Callimusa）、Rhodochlamys、菲蕉（Fei′i 蕉）和真蕉组（Eumusa）共 5 个组。所有的栽培香蕉均属于其中的真蕉组，由尖叶蕉（也称阿加蕉，*Musa acuminata*）和长梗蕉（也称伦阿蕉，*M. balbisiana*）这两个亲本种间或种内杂交而来。来自尖叶蕉的染色体基因组用 A 代表，来自长梗蕉的用 B 代表，因此栽培香蕉可分为 AA，AAA，AAB，AAAB，ABB，BBB，BB 等组群。香蕉品种的拉丁文通常用属名和染色体组的不同组合及原品种名来表示，例如威廉斯来源于尖叶蕉的三倍体，用 *Musa* AAA cv. Williams 表示，东莞大蕉来源于尖叶蕉和长梗蕉的杂种三倍体，则可用 *Musa* ABB cv. Dongguandajiao 来表示。尖叶蕉和长梗蕉的性状对比见表 18-1。

表 18-1 尖叶蕉与长梗蕉的性状比较

性 状	尖叶蕉（*M. acuminata*）	长梗蕉（*M. balbisiana*）
假茎色泽	深或浅的褐斑或黑斑	不显著或无
叶柄槽	边缘直立或向外，下部边缘具翼膜	边缘向内，下部边缘无翼膜
花序梗	一般有软毛或茸毛	光滑无毛
果小梗	短	长
胚珠	每室 2 行，排列整齐	每室有 4 行，排列不整齐
苞片肩的宽狭	高而窄	低而阔
苞片卷曲程度	苞片展开向外弯曲而上卷	苞片掀起但不反卷
苞片的形状	披针形或长卵形	阔卵形
苞片尖的形状	锐尖	钝尖
苞片的色泽	外部红色、暗紫或黄色，内部粉红、暗紫或黄色	外部明显褐紫色，内部鲜艳的深红色
苞片褪色	内部由上至下渐褪至黄色	内部颜色均匀不褪色
苞片痕	明显突起	微突起
雄花的离生花被	瓣尖或多或少有折皱	罕有折皱
雄花的色泽	乳白色	或多或少粉红色
柱头的色泽	橙黄或黄色	乳黄或浅粉红色

目前，我国的香蕉分类系统不能与国际接轨。根据植株形态特征和经济性状，我国将栽培蕉分为四大类：香蕉（又称香牙蕉或华蕉）、大蕉、粉蕉和龙牙蕉，其中香蕉属 AAA 组群，大蕉和粉蕉属 ABB 组群，龙牙蕉则属 AAB 组群。每大类中的不同品种或品系在假茎高度、假茎色泽、叶片性状、果实性状和幼苗性状等方面又有所差异。国际上则根据香蕉的食用方式将其分为三大类，即鲜食香蕉、煮食香蕉和大蕉，其中的大蕉是指 AAB 组中的大蕉亚组，相当于有棱角的龙牙蕉，包括法国大蕉和牛角大蕉，不同于我国分类系统中的大蕉（国外常归为煮食香蕉）。

二、品种

（一）香蕉

香蕉是经济价值最高、栽培面积最大的类型，为三倍体 AAA 组群。株高通常为 1.5～4 m。植株生长健壮，假茎多黄绿色带深褐黑斑，叶姿多半开张。叶片较阔大，先端圆钝，叶柄中短、叶柄槽沟开张，顶部两翼通常向外翻卷。吸芽通常紫绿色，绝大部分品种幼苗期有一个阶段叶片表面带紫色斑。果轴通常有茸毛。果指向上生长，幼果横断面多为五棱形，胎座维管束 6 根，胚珠 2 行，果皮绿色；成熟时果指细长呈弯月形，果棱角小而近圆形，果皮通常黄绿至黄白色、较厚，果肉黄白色、三室易分离，高温青皮熟（即在高温下后熟时果皮不能正常转黄而呈绿色，俗称青皮熟）；完全后熟果有浓郁香蕉香味，果肉清甜。皮薄，外果皮与中果皮不易分离。不具花粉，故不能产生种子，单性结实。一般株产 15～30 kg，高的达 60～70 kg。香蕉品种间在梳形、果形、产量潜力和抗逆性等方面有一定差异。根据干高、茎形比、叶形比、果指性状等，我国香蕉分可为高秆、中秆、矮秆三大类，其中中秆香蕉又可分为高把、中把、中矮把三个品系。

香蕉主要栽培品种及其特性如下。

1. 巴西蕉　1987 年从澳大利亚引入，目前为我国最重要的主要栽培品种，属中秆类型，假茎高度 2.2～3.3 m，茎周较粗。叶片细长且较直立。果穗长大、果指长 19.5～26 cm，单株产量 18.5～34.5 kg。果实香味浓，含糖量 18.0%～21.0%，品质中上。该品种产量高、果梳形态佳、果指直、商品性高，但抗风力较弱，高感香蕉枯萎病 4 号生理小种。

2. 威廉斯　1912 年在澳大利亚新南威尔士州选出，1981 年从澳大利亚引入广东。该品种一直是澳大利亚主栽品种，在我国也有种植。假茎高度与巴西蕉的接近，通常 2.3～3.2 m，但其茎周比巴西蕉的小。叶片长稍直立。果穗较长，果指长 18～22.5 cm，果形较直，排列紧凑，梳形整齐美观，香味浓郁，品质优。单株产量 20～30 kg，丰产稳产。该品种抗风力较差，易感染花叶心腐病和香蕉枯萎病 4 号生理小种。此外，种苗变异率较高，因此幼苗期要特别注意筛除劣株。

3. 天宝蕉　原产中国福建，又称矮脚蕉、天宝矮蕉、本地蕉、度蕉。茎高 1.5～1.8 m，茎周 50～60 cm，叶片长椭圆形，叶片基部卵圆形，先端钝平，叶柄粗短。花苞表面紫红色杂有橙色斑纹，内部橙红色。花柱、花丝宿存。果指短小，果指长 15～20 cm，弯月形，果皮薄，果肉浅黄白色，肉质柔软、味甜、香味浓，品质佳。产量较低，株产 10～20 kg。抗风力强，抗寒及抗病性较差。从中选出的高种天宝蕉（又称天宝高脚蕉），假茎高 2.0～2.2 m，叶片较宽大，叶柄较长，对环境适应性强，产量较高。

4. 广东香蕉 1 号　即 "741"，广东省农业科学院果树研究所选自高州矮香蕉的自然变异。茎高 1.8～2.4 m，果指长 17～20 cm，株产 15～30 kg。果形稍弯，品质中上，抗风力较强，适合广泛地区栽培。

5. 广东香蕉 2 号　即 "631"，广东省农业科学院果树研究所从越南品种 Chuoi Tien 的变异单株中选出。茎高 2.2～2.6 m，茎周 65～85 cm，果指长 19～22.5 cm，通常株产 17～34.5 kg。果指微弯，肉香甜，香味浓，品质优。适应性较强，抗风力中等。

6. 泰国蕉　即 "B9"，1988 年从泰国引入广东，现为广东茂名的主要栽培品种。假茎高度 2.3～3.5 m，茎干高而瘦弱，淡黄绿色，叶柄边缘紫红色，果梳距疏，梳数和果实数较少，果形较直，果指长 18.5～22.5 cm，单株产量 18.5～34.0 kg。品质优良，味香清甜，果实催熟后果皮金黄色，但抗风、抗寒能力较差，不宜在台风频繁发生的地区种植。

7. 北蕉　中国台湾地区从华南地区引进，是台湾主要品种，已有 250 年栽培历史，分布于台南和台中。株高 270～300 cm，生长发育迅速，生长周期约 12 个月，适应性强，穗重 25～30 kg。果指形状略呈弓形，熟后果皮金黄色，肉淡黄色、细嫩香甜，风味品质极佳。但抗风力弱，且不抗香蕉枯萎病 4 号生理小种。

8. 台蕉 1 号　由北蕉体细胞变异选育而，中抗香蕉枯萎病 4 号生理小种，主要在台湾地区的高屏栽培。株高 2.8～3.1 cm，但其假茎粗度比北蕉小。叶片较窄长，中株后叶缘出现干枯带状，后期新叶顶端扭曲不整是其主要特征。果穗上下整齐，产量较北蕉低，但外销合格率则较高。催熟后转色均匀，两段着色发生率较低。生育期较北蕉长约 1 个月。不抗风，易受花蓟马危害。

9. 台蕉 3 号　从台蕉 1 号中选出的中矮变异株，高抗黄叶病。其特点是叶片短，抽穗期新生叶片顶端呈扭曲分裂。生育周期与台蕉 1 号相近。该品种每串果房果梳可达 8～11 个，但末把比较细小，因此要注意疏果。果实转色均，果皮金黄，果肉风味、品质佳。适合在土壤肥沃地区种植。

10. 宝岛蕉　又名新北蕉，由北蕉体细胞变异选育而成，是台湾的重要的品种。宝岛蕉高抗黄叶病（发病损失通常在 5% 以下）。株高 2.7～3.0 cm，假茎较粗，可达 80 cm 以上。叶片宽厚、深绿色。果穗呈圆柱形，果把数多且排列紧密，果指弯度较小，产量高。果皮绿色较深，转黄速度较慢，但转色较为均匀。果实风味与北蕉相似，粉质，并随季节变化，以5～6月口感最佳。生育期偏长。

11. 矮脚顿地雷 原产广东高州。假茎粗壮，高2.3～2.5 m，茎周约60 cm，叶片长大，叶柄较短。果穗长度中等，果梳数较多，梳距密，果指大，品质优。一般株产15～20 kg，高产株可达50 kg。抗风、抗寒力较强，遭霜冻后恢复较快。

12. 齐尾 原产广东高州，又称中脚顿地雷。假茎高约3.0 m，茎周约65 cm，假茎上端变细程度强。叶窄长，较直立向上伸展，叶柄长，密集成束，尤其在抽蕾前后叶丛生成束。果穗和果指比高脚顿地雷稍短，果梳数较少，但果指数较多。不耐瘠瘦，抗风、抗寒、抗病力均较弱。果实品质中上。

（二）大蕉

大蕉又称柴蕉、方蕉、牛蕉、象牙蕉、酸蕉等，为三倍体ABB组群。相比较香蕉而言，大蕉植株较高大粗壮，假茎高度1.8～4.5 m，茎周55～90 cm。叶姿态表现为半开张至开张，假茎表面青绿色或深绿色，无黑褐色斑或褐斑不明显；叶柄沟边缘闭合或内卷；叶片宽大、厚实、深绿色。基部对称或略不对称楔形，先端较尖，叶背和叶鞘微披白色蜡粉或无。果轴无茸毛。果柄及果指直而粗短，4或5棱明显，果顶瓶颈状，皮厚而韧、耐贮藏，成熟后果皮黄色或淡黄色，高温黄熟，外果皮与中果皮易分离，果肉三室不易分离，肉质软滑酸甜，杏黄色或带粉红色，无香气，偶有种子，品质中。株产15～20 kg。上半年果实产量较高，质量较好。吸芽较多、青绿色、丛生。生育期比香蕉长。是蕉类中最耐寒的类型，抗风力强，抗叶斑病和枯萎病4号生理小种。按假茎高度可分为高型、中型和矮型三个品系，以矮型产量较高。珠江三角洲等地的大蕉类型较多，如顺德中把大蕉、东莞高把大蕉、东莞矮把大蕉、新会畦头大蕉。

（三）粉蕉

与大蕉一样，也属于三倍体的ABB组群，与东南亚的Pisang Awak同类。广泛分布于华南地区，包括广东的粉蕉，广西、海南的蛋蕉或糯米蕉，广西及云南的西贡蕉等。其共同特点是：植株高大粗壮，一般超过3.5 m，茎周75～85 cm，树势开张，假茎表面青绿色；叶片狭长而薄，先端稍尖。叶柄狭长，一般闭合，无叶翼，叶基部对称。叶柄和叶基部披白粉，边缘有红色条纹。果轴无茸毛，果指微弯近圆柱形，棱角不明显，果实微弯，果柄、果指细短。果实软熟后皮薄、浅黄色，果肉乳白色，肉质细腻，清甜微香。子房3室不易分离。适应性较强，生长壮旺，对肥水要求不高，株产10～30 kg。抗叶斑病，抗寒力比香蕉强，抗风力和土壤适应性比大蕉弱。粉蕉成片栽培时易感染束顶病和枯萎病（对生理小种1和4均易感病）。粉蕉中目前最为重要的品种为广粉1号。

1. 广粉1号 由广东省农业科学院果树研究所从汕头市澄海农家粉蕉中优选而成，属大果粉蕉。植株粗壮，假茎高2.8～4.2 m，假茎周长75～83 cm，果指长12～20 cm，单果重150～200 g。单株产量20～35 kg。青果灰绿不被粉或少被粉，催熟后果实黄色，皮薄，肉乳白色、质滑，味浓甜。果实含可溶性固形物26%以上、可滴定酸0.34%。春植蕉生长周期为15～17个月。田间表现抗香蕉叶斑病、束顶病、黑星病和炭疽病，但易感枯萎病及卷叶虫病。

2. 糯米蕉 植株高大粗壮，干高达3～4.5 m，中周可粗达60～70 cm。果梳和果数较多，梳距密，果指排列紧贴，果形较直或微弯，果柄较长，果皮薄，果指长11～14 cm，单果重60～100 g，味清甜可口，完熟时有微香，株产10～25 kg。

3. 牛奶蕉 零星分布于珠江三角洲，干高3.2～4.5 m，假茎黄绿色，株型似中山粉沙香，但果数较少，果指较长，果形似香蕉，果指的长度达14～18 cm，单果重100～180 g，果皮稍厚，皮色灰绿，味甜少香，一般株产15～25 kg。

4. 龙溪米蕉 主要分布于福建，干高3.5～4.5 m，浓绿色，茎周60～70 cm。果指棱明显如四方蕉，果指13～15 cm，果数多，单果重90～130 g，果柄粗大，果皮稍厚，后熟暗黄色。肉质松滑，

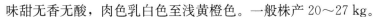

味甜无香无酸，肉色乳白色至浅黄橙色。一般株产 20～27 kg。

5. 粉大蕉　也称大粉蕉。干高 3.2～4.8 m，茎周 70～85 cm，色青绿具黑斑。果数较多，果指长 15～18 cm。果粗大具棱，果皮厚，灰绿色，被白粉，后熟灰蛋黄色，肉质松滑，肉色乳白，味较淡，无香味。株产 18～30 kg，较耐枯萎病。

（四）龙牙蕉及其他优稀类型

龙牙蕉属于三倍体 AAB 组群。植株较高但假茎偏细，树势开张，假茎表面黄绿色有少量紫红色斑纹。叶柄通常呈闭合状态。叶片狭长，基部两侧呈不对称楔形，果轴被茸毛。果指直或微弯，短圆肥满。果皮薄而光洁，成熟后皮色金黄，高温黄熟。果肉乳白色，酸甜滑润，是蕉类中的优良品种。对肥水要求不高，株产通常 10～20 kg。龙牙蕉中比较著名的品种有过山香和贵妃蕉，此外较为重要的栽培品种还有贡蕉和金手指蕉。

1. 过山香　又称中山龙牙蕉（广东）、美蕉（福建）、象牙蕉（四川）、打里蕉（海南）。植高 2.2～4 m，茎周 50～55 cm。整株黄绿色。叶狭长，基部两侧呈不对称楔形；叶柄沟边缘的翼叶及叶片基部边沿为紫红色。花苞表面紫红色，被白色蜡粉。每穗 6～8 梳，每梳果指 19 条，果指长 9～14 cm，果实生长前期常呈该品种特有的扭曲状，充分长成后果指饱满近圆形、略弯，软熟后皮薄、鲜黄色，肉质细腻、乳黄色、略带香气，品质优。株产 10～20 kg。较耐花叶心腐病和叶斑病，但易感染枯萎病，也易感象鼻虫、卷叶虫，抗风性较差，抗寒力稍优于香蕉。冬季低温发育的果实后熟后有"生骨"现象。果实黄熟后果皮容易开裂，不耐贮运。喜排水良好的水田或缓坡地。生育期比香蕉长 1～2 个月。

2. 贵妃蕉　又称河口龙牙蕉。干高 2.5～3.5 m，假茎青绿色、被黑斑，果指微弯，果端稍小、内弯，果柄短粗，单果重 70～130 g，果指长 12～18 cm，青果灰绿色，后熟深黄色，皮较厚，肉质软，固形物含量较低，但味极清甜，香味近香蕉，株产 10～20 kg。该品种耐镰刀菌枯萎病，但易感香蕉假茎象鼻虫。

3. 贡蕉　引自马来西亚，即 Pisang Mas，属 AA 组群。我国零星栽种，又名米蕉。株高 2.3 m 以上，茎周 50 cm，叶柄基部有分散的褐色斑块。每穗 4～5 梳，每梳果指数 17，果指短小而直，圆形无棱，长约 10 cm。成熟果皮金黄色，果肉黄色、芳香细腻，品质优异。成片栽培时容易感染枯萎病。喜排水良好的沙壤土。

4. 金手指蕉（FIHA01）　又称孟加拉龙牙蕉，为洪都拉斯用夫人指蕉（Lady Fingers）与香蕉（*Musa* spp. AAA）杂交育成的四倍体蕉，属于 AAAA 组群。植株较瘦高，干高 2.8～4.5 m，色黄绿具有深浅不同的浅红紫痕，柄脉浅红紫色，吸芽更典型。果穗梳果数特多，果较短小，单果重 70～110 g，果端小，十分饱满时也易裂果。果肉质软，味甜带酸，皮色艳黄。株产 15～25 kg。生育期比香蕉长约 1 个月。抗叶斑病、枯萎病（生理小种 1 和 4）、穿孔线虫病等多种病害，但易感香蕉线条病毒。抗寒性强，适于冷凉地区，为中美洲部分国家的主栽品种，在我国华南地区已试种成功，其果肉味甜带微酸。

第二节　苗木繁殖

由于绝大多数的香蕉栽培品种为三倍体，不能产生种子，因而难以通过种子繁殖的方式进行苗木繁育。自然状态下香蕉通过吸芽繁育后代，每株香蕉地上部通常可产生吸芽 10 多个。生产上，香蕉可采用这些吸芽苗作为繁殖材料，也可以将吸芽苗的球茎切成块后作为种苗（块茎苗）。

优良吸芽苗和块茎苗的共同特征是地下球茎大、生长健壮、伤口小、无病虫害。随着植物组织培养技术的发展，香蕉组培苗以其繁殖系数高、种苗整齐等优点，成为目前我国香蕉生产采用的主要种苗形式。

一、吸芽苗培育

吸芽苗应选择球茎粗大充实、幼叶展幅狭小的剑芽，或由剑芽长成的高 1.2～1.5 m、根多、幼叶未展开的健壮吸芽苗，不宜采用假茎细弱、远离母株、叶片早展开的大叶芽。春植可选过冬笋芽（俗称缕衣芽），夏秋植可选 2～5 月间长出的春笋（也称红笋）、夏笋或从已采收的蕉头抽出的健壮大叶芽。种苗应从品种纯正、无病虫的蕉园选取。若在线虫疫区取苗，必须经过消毒后才能种植：吸芽苗挖出后剪除根系，然后在 53～55 ℃温水中浸泡 20 min。缕衣芽根系较多，定植后先长根后出叶，生长迅速、结果早。红笋定植后先出叶后长根，只要季节合适，均容易成活。

二、块茎苗培育

株龄 6 个月以内、距地 15 cm 处茎粗 15 cm 以上的吸芽，均可取块茎作种苗。取苗时将假茎留10～15 cm高切断，挖起块茎即可。块茎苗的优点是运输方便、成活率高、生长结果整齐、植株矮、较抗风。但高温多雨季节块茎切口易腐烂，应少伤害母株，必要时对块茎进行消毒。切块时间最好在11月至翌年 1 月。方法是：将地下茎挖出后，切成 120 g 以上的小块，大的地下茎可切成八块，小的切成两块，每块留一粗壮芽眼，切口涂草木灰防腐。按株行距 15 cm，把切块平放在畦上，芽朝上，再盖一薄层土、覆草。长根、出芽后施肥。到 5～6 月苗高 40～50 cm 可移植。块茎的第一代苗的产量稍低于吸芽苗。我国很少采用块茎苗。

三、组培苗培育

我国的香蕉组织培养苗（简称组培苗）推广应用已有 20 多年的历史，是我国以组培苗形式推广、种植面积最大、最成功的农作物之一。与传统吸芽繁殖相比，香蕉组织快繁具有无病毒、变异率小、生长发育期一致、果实商品性好、种苗便于运输、采收期集中等优点。自推广以来，需求量日益增大。目前我国香蕉组培苗年生产量已超过 1 亿株。生产上对组织培养苗的要求是长势健壮、高度和叶片数整齐一致，根系新鲜无褐化，无矮化、徒长、花叶、黄化、畸形等变异，无病虫害。香蕉组培苗的生产流程如下：

（一）组培材料的选择

正确选择香蕉的组培材料是保证组培苗质量的第一步。在香蕉组培起始材料的选择过程中，应坚持"见果取芽"的取材原则。香蕉种植的自然变异率很高（甚至达到 3％以上），所以只有"见果取芽"才能最终确定品种的特性特征。以株高 50～80 cm 的红笋芽、剑叶芽为佳。

（二）外植体消毒与起始培养

起始培养的目的是获得无菌苗，建立无菌繁殖体系。宜选择晴天在无传统病害的香蕉区，选用长势健壮、挂果整齐、产量高的母株，挖取吸芽、洗去外表泥土、剥除芽外面的叶鞘及不定根，先用洗衣粉水洗涤，再用自来水冲洗干净，最后用刀将吸芽修成直径 4～5 cm、高 6～7 cm 大小，含有茎尖生长点的小块。进入接种室后，用酒精棉球擦拭后在超菌工作台上继续将外植体修成约直径3 cm、高3.5 cm 的小块，用 3％的次氯酸钠浸泡 15 min，无菌水冲洗 3 次，然后以茎尖为中心纵切成 2～4 块，接入起始培养基（MS＋6 - BA 1 mg/L＋NAA 0.1～0.2 mg/L＋3％的食用白砂糖）中，于25～28 ℃、弱光条件下培养。35～50 d 后即可长出新芽。

（三）继代培养

把上述获得新芽转接在增殖培养基（MS＋6 - BA 2～4 mg/L＋NAA 0.05～0.15 mg/L＋3％的食用白糖）上，弱光条件下培养。一般 15～20 d 继代一次，使芽的数量不断增加。为避免变异风险增加，继代次数一般控制在 8～10 代。

此外，继代过程中要还去除变异材料，从而最大限度减少变异的发生。变异芽主要有以下几种类型。

（1）空心。增殖芽只有一层叶鞘，没有"心"。

（2）发泡。增殖芽外表组织疏松肿大、不结实。

（3）发白。增殖芽外层叶鞘出奇的嫩白。

（4）增殖芽基部产生愈伤组织。此外，增殖芽长相歪扭、长势缓慢或出现不分化的现象等。

为保证所培育的香蕉组培苗不带病毒（花中心腐病），在继代的初期需要抽样进行病毒检测。经检测无毒的吸芽才能进一步扩繁。

（四）生根

高于 2.5 cm 的不定芽直接转接至生根培养基（1/2MS＋NAA 0.1～0.2 mg/L＋活性炭 0.5％＋3％的食用白糖）诱导产生根，在光照条件（2 000～3 000 lx，光照时间为 12 h/d）下培养，待苗高约 4 cm 时即可出瓶练苗。

（五）炼苗与假植

香蕉试管苗在定植大田前，需经过一段时间（一般春夏季需要 50～60 d，秋冬季约需要 90 d）的假植，待蕉苗长至 5～10 片叶时移栽。假植时先将试管苗培养基洗干净，用 0.5％高锰酸钾溶液浸根茎 3～5 min，然后用新鲜细河砂将苗成畦成排培植，淋足定根水。也可直接假植于适当大小的营养杯（直径 12 cm×14 cm，底部有小孔）中，培养基质宜选择疏松、透气、排水良好、营养丰富的营养土，也可采用沙培。而在将组培苗假植于营养杯前需先进行练苗。具体做法是：打开培养瓶盖或培养袋，让试管苗在普通空气温湿度条件下炼苗 3～7 d（组培条件下空气相对湿度接近 100％）。

在大棚苗的培育过程中也要注意继续剔除异株。一般在营养杯苗新抽生 5 片叶时，即可分辨出潜在的变异苗。变异的大棚苗有以下几类：①叶片形状比例改变，由正常的长形变成短圆形，且叶子稍厚；②叶柄变粗短且较密集于上部，小假茎也变粗矮；③叶片侧脉间有不规则、疏密无规律、大小均等的白色斑块，谷称"花叶苗"；④叶片中脉扭曲，致使叶片翻转，叶背朝天；⑤植株奇高，叶片尖长，叶距疏，小假茎细长，或表现柔软无硬度；⑥植株叶片、叶柄、小假茎特别的青绿，硬朗；⑦假植时长势缓慢，比正常苗晚出圃 20 d 以上；⑧叶片皱缩，厚度薄。为了减少在大棚育苗过程中产生新变异，应不用或少用激素类叶面肥或药肥。

第三节 生物学特性

香蕉为多年生常绿大型草本植物，其高度受品种及栽培环境条件等的影响，通常 1.5～6 m。香蕉的地下茎为粗大球茎，球茎上着生层层叶鞘紧裹而成假茎。新叶由假茎中心抽出后在顶部展开。香蕉的真茎是在花芽分化形成花序时，由地下茎的顶端分生组织向上伸长而成的，即香蕉的果穗轴，其顶端即为由雌花发育而成的果穗、两性花（因品种不同宿存或脱落）及雄蕾（图 18-1）。香蕉的植株结果一次后不能继续结果，因此香蕉采收后需要砍除母株。在适当时机留优良吸芽来延续后代。

一、根系生长特性

香蕉属于无性繁殖植物，没有主根，为肉质须根系，因此忌湿怕干。香蕉的根主要分布在近地面 10～30 cm 深的土层中，从球茎底部抽出的根其分布深度可达 1.0～1.5 m，水平根伸展宽度可达 1～3 m，根系主要分布在距离假茎 1 m 范围内。因此香蕉施肥时宜施在距离假茎 0.5～1 m 的范围、深度为 10～30 cm 的土层中。香蕉

图 18-1 香蕉植株的吸芽

新根白色，每株根数 200～1 000 条。

此外，香蕉根系的分布范围也受到土壤结构与理化特性等的影响。土层瘠薄时分布较浅。相反，如果土壤肥沃疏松、排灌良好分布则深。植物根系分布范围广、根系发达则吸收能力和抗逆性强，产量高。相对而言，粉蕉和大蕉的根系对各种逆境的适应性较香蕉的强。因此，在土壤较贫瘠的山区，建议选择种植粉蕉和大蕉。

香蕉根系生长的最适宜温度为 25 ℃，根系停止生长的温度白天和晚上有所不同，分别为 15 ℃和10.5 ℃。在广州等热带亚热带地区，一般每年的 4～10 月是香蕉根系旺盛生长的季节，11 月下旬至第二年 3 月处于相对休眠期，此时是蕉园施肥松土的最佳时期。此外，香蕉植株在抽蕾后一般也不再发生新根。

二、假茎和叶生长特性

香蕉的茎有真茎和假茎两种类型，其中外部由叶鞘抱紧包裹而成的"茎秆"是假茎，其功能相当于木本植物的主干，起着支持和输导作用；真茎则是被包裹在假茎中心的花序茎。香蕉地下球茎的顶端生长点，前期抽生叶片，当达到一定叶片数和叶面积时开始花芽分化、形成花穗向上生长，直至从假茎的顶部抽生出来，其花轴即是香蕉真茎的地上茎部分。地上茎的组织和球茎一样，都是以白色的薄壁细胞为基础，也是由中心柱和皮层两部分组成，但皮层厚度大为减少，结构柔软，不能支撑果穗，仅起连接根、叶及果等器官的作用。

在吸芽刚形成时抽生的香蕉叶片为鳞片状，具有较狭小的鞘叶，无叶身，然后抽出有狭窄叶身的剑叶及正常大叶。花序分化开始时叶身达到最大，随后逐渐变小，着生在花轴上的最后一片短而圆的叶称为护叶。在花芽分化后，叶片、叶柄变短而密集排列于假茎顶部，广东蕉农称之为"把头"。香蕉叶片的大小和形状在伸出前已确定。香蕉一生可生成宽度＞10 cm 的叶 28～41 片。从叶片数可预测花分化时间。Grand Nain 在产生 26～31 片叶之后花始分化。香蕉抽蕾后保持有 8 片以上光能叶，即能保证果实正常灌浆饱满。香蕉组培苗无剑叶。

香蕉生长快慢与温度、光照度及降水量密切相关，相关系数分别为 0.925 9、0.780 9 和 0.653 5。适宜香蕉生长的时期为 4～11 月，平均温度≥15 ℃，最适生长时期为 6～9 月，平均温度≥25 ℃，夏季 5 d 左右抽生 1 片叶。12 月至翌年 2 月香蕉生长基本处在停止状态，日均温＜15 ℃。冬季则需 14 d以上才能抽生 1 片叶。

亚热带地区蕉叶寿命为 71～281 d，一般 130～180 d，热带地区为 150 d，后期抽生的叶片寿命短于 100 d。随着新叶生长，下部老叶逐渐枯萎，接近死亡的叶片叶柄下垂呈悬挂状，要及时割除老叶，以减少物质消耗。

三、吸芽生长特性

香蕉地下球茎（俗称蕉头）是根系、叶片及吸芽着生的地方和养分贮存中心。香蕉球茎上每两片叶之间的部位为茎节，每节间都有一个腋芽，其中球茎中部或中上部的芽眼较多，一般是下部芽先生长并露出地面，这些芽称为吸芽。虽然香蕉球茎上能着生几十片叶片和几十个腋芽，但其中仅有 10多个腋芽可以最终发育成为吸芽。吸芽先水平生长后向上生长，并逐渐变圆锥形，变宽变大。香蕉新茎一般从靠近母株的地面直立长出，形成密集丛状。吸芽在形成自己的球茎和根系前靠母株球茎提供营养。无论香蕉是哪个季节种植的，当植株达到一定年龄大小（4 个月左右）后遇上气温适宜时地面抽生吸芽。一般上半年在 4～6 月温暖湿润的雨季及下半年 9～11 月是吸芽生长高峰时期；在较冷的冬季及较炎热的夏季吸芽生长缓慢。

香蕉的吸芽依其性状和来源可分为剑芽和大叶芽（图 18－2）。剑芽因抽生时期不同又可分为红笋和缕衣芽两种类型，均可选留作母株，也可用作种苗。

图 18-2 香蕉的吸芽
A. 剑芽 B. 大叶芽

四、开花与坐果习性

香蕉的花芽分化属于不定期分化类型，在周年中没有固定的开花时期，只要营养生长积累到一定程度（30～42片叶，含种植时的叶数）就可以进行花芽分化、抽蕾开花并结果。香蕉的雌花开放后一般均能结果，没有落花落果现象。

例如珠江三角洲的高秆香蕉一般在抽出20～24片大叶时进行花芽分化，抽生28～36片大叶时即可开花。如把小叶计算在内，从吸芽抽出到开花要抽生35～55片叶。植株生长6～10个月后开始形成花序，因品种、种苗大小、气候和管理水平等条件而异。气温高，养分和水分充足，可提早花芽分化。管理水平差异可造成同一品种开花期和收果期相差2～3个月。香蕉植株在生长的头3～6个月对营养不足特别敏感，栽培上要施足肥。由此可见，香蕉早期的肥水管理对香蕉花芽分化及生育周期有非常大的影响，加强早期肥水管理，有利于促进早结丰产。虽然香蕉一年四季都能开花坐果，但开花的数量（主要包括雌花梳数、果指数等）、产量及果实的品质等因四季气候变化而不同，因为随着季节气候的变化，光照、温度等环境因素不同。花芽开始分化后1～2个月开花坐果。在花序伸出前的1个月左右，是果实梳数和每梳果指数的决定期。花序伸出假茎顶端的过程称为抽蕾。

香蕉的花序为无限佛焰花序，苞片与着生花的节相间排列。花序基部着生5～15节雌花，中部着生几节两性花（中性花），数目因品种而异，顶部则均为雄花，节数多达150节以上，长梗蕉的雄花甚至多达350节。自然状态下，随着花序轴不断生长，雄花可连续开放直至采收。由于雄花的生长消耗大量养分，因此生产上在中性花开放时进行断蕾，除去雄花序。花芽分化前的营养条件影响到雌花的数量和质量。基部雌花发育成果穗，每一节称为一梳，每一个果实称为一个果指。

五、果实发育与成熟

绝大多数香蕉栽培品种为三倍体，花粉发育不良，果实为单性结实，一般不含种子。Ram 等将香蕉果实生长发育过程分为三个时期：细胞分裂期（至抽蕾后4周），香蕉心室表面的细胞持续分裂；细胞膨大期（抽蕾后4～12周）；成熟期（抽蕾后12～15周）。果实为单S生长型。前期果皮生长快，抽蕾前后主要是果皮生长；后期果肉生长快，果指转为朝上生长时果肉才发育。在抽蕾后的4～6周，用细胞分裂素或赤霉素可以调控细胞分裂速度。香蕉生产上，在断蕾前后施用植物生长调节剂香蕉膨大素，可以使果指增长，产量提高。但这一举措会减少果实的风味，应谨慎使用。

香蕉从抽蕾到断蕾及从断蕾到收获所需要的时间除了受种类和品种的影响外，还受到季节气候的影响。香牙蕉从现蕾至断蕾所需的时间一般夏天约为 14 d，而冬季则需要 25 d，从断蕾至收获一般夏季需要 65~80 d，而冬季需要长达 90~150 d 甚至更长。粉蕉从现蕾至断蕾所需的时间一般夏天约比香蕉的长 4~5 d，从断蕾至收获夏季所需时间一般比香蕉的长 20 d。大蕉从现蕾至断蕾所需的时间与香蕉的接近，但从断蕾到收获夏季所需时间要比香蕉的长约 10 d。高温季节的果实生长快速，果形正常，色泽好；低温季节的果实则往往果穗小，果指短，果色暗淡。采收前 9 个月（相当于抽蕾前 6 个月）的月均温对果梳重量有强烈影响，随着月均温升高，果梳重量增加。

在果实成熟期，从外观上可以观察到香蕉果皮颜色的变化。刚抽生时幼果的果皮通常为黄绿色，后逐渐转为绿色。到接近成熟采收期时，绝大多数品种果皮的绿色又逐渐变淡，果指逐渐变得浑圆饱满。此时，果实的内部也发生剧烈的生理生化变化。未软熟的香蕉富含淀粉和单宁，软熟后淀粉转化为糖，单宁则分解。

第四节 对环境条件的要求

一、土壤

土壤是根系生长发育的环境。虽然香蕉对土壤要求不是很严格，在平原或山地的各种土壤上都能生长，但如果要想获得高产、优质，蕉园土壤必须符合以下条件：

① 土层深厚，忌"漏底土"。一般要求土层厚 60 cm 以上，切忌选择土层厚度小于 30 cm 的"漏底土"，此类土壤保水保肥能力较差，除非采用滴灌方式种植香蕉。

② 土壤疏松透气，忌板结黏重。土壤质地以具有良好的团粒结构的沙壤土至轻黏壤土为理想。如果选择黏重板结的土壤，其通透性差，造成香蕉根系生长发育不良，难以获得高产。

③ 土壤酸碱度适宜。香蕉适宜的土壤 pH 为 4.5~7.5，其中以 pH 6.0~7.0 最为理想，太高或太低会影响养分的有效性。此外，pH 5.5 以下酸性土壤比较适宜香蕉枯萎病镰刀菌的繁殖。

④ 地下水位低，忌积水。香蕉一般要求地下水位在 0.8 m 以下，且排水良好、灌水方便，地下水位如果高于 0.4 m 则难以获得优质高产。

⑤ 有机质和其他养分含量丰富。香蕉对肥水的要求均较高，土壤肥力低下对产量和品质的影响均较明显。土壤有机质含量丰富、土层深厚肥沃、pH 较高有利于香蕉枯萎病的控制。

二、温度

香蕉属于热带亚热带果树，生长发育所需要的温度相对也较高。香蕉生长的温度范围为 15.5~35 ℃，最适温度为 24~32 ℃，平均约为 28 ℃。温度对香蕉生长速度的影响，表现在每片叶子抽生所需要的时间、从抽蕾到果实成熟的时间、抽蕾和收果的株数、相邻两造抽蕾的间隔期等各个方面。据西双版纳热带植物园观察，西贡蕉在月均温 25~26 ℃时，5~6 d 可抽生一片叶，在 20 ℃以下则需要 10 d 以上，尤其 12 月至翌年 1 月，生长 1 片新叶需 25~30 d。在华南地区，一般 4~10 月为香蕉生长期，以 6~8 月生长最快，12 月至翌年 1 月最慢。在热带海拔低于 500 m 的地区，香蕉从抽蕾到采收需要 70~125 d，而亚热带地区多数需要 110~250 d。生长期小于 20 ℃的温度延缓生长和果实发育。果实发育期随海拔上升而延长。在低纬度地区，宿根蕉每年可以收获 1.5~1.6 造，即两年可收 3 造，而在高纬度地区，通常只能收获 2 造。因此香蕉大规模种植区多分布在纬度 20°以内、海拔低于 500 m 的热带地区，包括美洲的墨西哥南部、美洲中部、南美洲南纬 20°以北的加勒比海岛屿，非洲的西非、中非、东非湿润热带地区和亚洲北纬 20°以南地区等。在南北纬 20°~30°的亚热带气候区也有香蕉的商业栽培，主要包括我国的华南地区、澳洲昆士兰南部、新南威尔士州、南非、古巴、巴西南部等。在超过北纬 30°的地区也偶见香蕉的种植，如以色列、约旦、埃及等。与热带地区相比，亚热带地区的昼夜温差较大，有利于香蕉光合产物积累，因而生产的香蕉甜度更高、香气更浓。

香蕉怕低温、忌霜冻。在 10～12 ℃ 的低温下，果实生长缓慢，果指瘦小，品质差。温度降低至 2.5 ℃ 如持续几天并降雨，将导致香蕉植株冷害，假茎中心腐烂而死亡。低温持续时间较短，即使叶片死亡，在天气转暖后地下部仍可再生。在 0 ℃ 下 10～15 min 香蕉叶片发生不可逆伤害。香蕉不同器官及不同发育时期对低温的敏感程度均有所不同。香蕉不同器官冷敏感的程度依次是果轴、花蕾、幼叶、叶片、假茎、根系、球茎。不同生育期冷敏感的程度依次是抽蕾期、幼苗期、花芽分化期、幼果期、果实膨大期、大苗期。相反，如果温度太高也不利于香蕉的生长。干燥天气大于 33 ℃ 的气温会引起果皮组织变色，38 ℃ 时停止生长，38 ℃ 以上高温可引发叶片和果实的灼伤，甚至引起叶肉组织坏死和叶片干枯。

从抗冷的角度，ABB 类型的香蕉最耐寒，AAB 和 AAAB 类型次之，AAA 和 AA 类型最差。

三、水分

香蕉为巨型草本植物，叶面积大，蒸腾量大，各器官含水量也高，因此需水量较大。每形成 1 g 干物质需要消耗 500～800 mL 的水分。

温暖湿润、肥料充足时，香蕉生长速度快，每月可长 4～5 片叶，低温干旱时每 2～3 周才长 1 片叶。华南地区降雨不均匀，5～8 月高温常伴随多雨，叶片生长最快，而 10 月到翌年 3 月温度较低且常伴随干旱，生长速度相对较慢。香蕉叶片迅速生长期也即是植株生长最旺盛时期，是需水最多的时期。在高温季节足够的养分和水分供应，可促进香蕉叶片扩展和植株生长，提早抽蕾和提高产量。长期干旱导致香蕉植株生长缓慢、叶片变黄凋萎下垂、假茎萎缩。在花芽分化期，则果梳数和果指数减少、果指变短。从抗旱的角度来说，ABB 类型最耐旱，AAB 类型次之，AAA 类型最不耐旱。

空气湿度对香蕉的生长也有影响。高湿条件下香蕉生长更快，但高湿易引发病害尤其是真菌病害的发生。

香蕉的根系为肉质根，既不耐旱，也不耐渍，渍水会导致根系呼吸困难、减少养分吸收效率，甚至根系窒息死亡。因此，蕉园土壤要求排水良好。

四、光照

许多证据表明，香蕉对光照度的要求不是太高。比如单独株生长的野生蕉并不比人工群体种植的香蕉好；大棚适度遮阴可以加快叶片生长；香蕉花芽形成期、开花期和果实成熟期，以日照时数多并有阵雨天气为适宜。在温度高和光照充足的条件下，果实发育速度快、果指粗而长。但光照太强会灼伤香蕉的叶片、果实。反过来，荫蔽也不利于香蕉生长和结果。波多黎各 Lacatan 品种在全光照下，种植后 16～17 个月 68% 的植株可收果；而在 5% 遮阴条件下，只有 38% 植株收果，果实发育期明显延长。过分荫蔽不仅生长速度慢、生产期延长、果实品质变差，还会导致叶斑病等真菌病害的严重发生。所以应该合理密植，以减少过强的光照对香蕉的伤害，调节地温及空气的湿度，合理利用土地，提高单位面积产量，提早成熟。

五、风和其他因素

香蕉是大型草本植物，植株高度通常 1.5～4.5 m，但只有未木质化的假茎，且叶片肥大而根系较浅，容易被强风吹倒，尤其是接近果实成熟期，果穗重量通常可达 10～50 kg 不等。而我国的香蕉产区主要分布在沿海地区，常常遭受台风的侵袭。高型香蕉在风速超过 40 km/h、矮型香蕉超过 70 km/h 风速时就易导致植株折断或倒伏。

第五节　建园和栽植

一、建园

(一) 园地选择

选择适宜的种植田地是香蕉优质高产栽培的基础。温度是影响植物分布与生长的主要环境因子。香蕉属于热带亚热带果树，喜温、怕冻。年平均气温 20 ℃ 以上，最低月平均气温不低于 12 ℃，极端最低温多年平均值在 2.6~6.2 ℃，阳光充足，冬季无霜或轻霜的区域为香蕉较理想的种植区。香蕉对土壤的要求不严，但若要获得高产，应选择交通方便、避风向阳、背北向南、土层深厚、土质肥沃疏松、排灌良好、保水保肥力强、土壤酸碱度微酸至中、地下水位较低的地方建立蕉园。香蕉叶片大，茎秆为假茎，易受到台风危害。除台风外，海南全境、广东雷州半岛与茂名市部分地区、广西南部与西南部、云南南部等都是冬春季无低温危害的香蕉最适栽培区。海南东部和广东、福建沿海地区台风频繁，商品蕉园需选择抗风或矮干品种。

此外，蕉区应无枯萎病、叶斑病、束顶病及线虫病等严重病害。蕉园周围不宜种植香蕉病毒病中间寄主作物如茄科、葫芦科等蔬菜作物。有机香蕉的生产还要求土壤、空气和灌溉水达到相应的质量标准。

(二) 园地规划

园地选择好后需对蕉园进行规划。除配套的房屋及电力系统外，蕉园最重要的是要建设完善的排灌和道路系统。有河流、水库及池塘的地方可充分利用这些水源，没有现成水源可利用的蕉园可开挖机井。灌溉系统安装需要考虑到地形设计，平地要设多级排水沟。山坡地以 15° 以下缓坡为宜。建议用微喷或滴灌方式进行灌溉，因为这两种方式不仅节水，更重要的是可防止水土冲刷，减轻病害传播，提高肥料利用率等。道路布局时应根据蕉园的地形、走向来规划主干道与支路。主干道应允许大型车辆通过。长期蕉园还应进行防风林的规划与种植。

(三) 整地和改土

园地规划好以后要对蕉园进行整地和改土。首先要清除、烧毁前作的残留物，并进行土壤消毒等作业。然后用大胶轮拖拉机进行二犁二耙。耕深 35 cm 以上，耙平碎土。整好地后要开沟起畦、挖穴。坡园地种蕉需用开沟犁开沟，沟深 30 cm 左右，畦的走向要与等高线相同，以便以后的灌溉、施肥及采收等作业。水田种蕉要起畦种植，较好的做法有双畦植法，即每两行香蕉开挖一条排水沟，沟宽 30~40 cm。香蕉种在畦上，以后结合培土逐渐加深排水沟以降低地下水位。

二、栽植

香蕉的种植方式包括矩形、三角形、双株和宽行窄株等多种方式。我国多采用矩形种植方式，机械化操作时多采用宽行窄株方式。

(一) 栽植密度

栽植密度受到香蕉的种类和品种、土壤肥力状况、叶姿和栽植方式等多种因素的影响，但一般主要以高度来确定植株的栽植密度。香蕉品种越高大株行距越稀。在华南地区，因种植方式等其他因素不同，每 667 m² 种植高秆品种 105~165 株，中秆品种 125~190 株，矮秆品种 145~215 株。植株的高度等受土壤肥力状况、种植管理水平的影响，同一品种在肥水条件好的前提下植株相对较高大，故宜适当稀植。此外，还可参考叶面积指数 (LAI) 来确定种植的密度。矮秆品种 LAI 在 4.0~4.5 时可提供最大光合有效辐射利用。相比单造蕉而言，多造蕉宜稀植；秋植蕉宜稍稀植，春植蕉适当密植。机械化耕作的蕉园，行距要适当加宽。值得一提的是，随着种植密度的加大，香蕉营养生长期与果实发育期会相应延长；组培苗第二造蕉也要比组培苗当代的要高出许多。表18-2是当前主栽品种常用的种植密度。

表 18 - 2 香蕉主栽品种每 667 m² 习惯的种植密度

(许林兵和杨护)

单位：株

品 种	珠江三角洲	粤 西
巴西蕉	110～130	130～160
威廉斯	120～130	130～160
广东香蕉 2 号	125～135	140～170
广粉 1 号	100～110	120～130
贡蕉	140～160	180～220

（二）栽植时期

香蕉花芽分化属于不定期分化型，对气温没有严格的要求。因此，理论上香蕉一年四季都是可以种植的。香蕉主产区的蕉农主要选择春植（2～4 月）、夏植（5～7 月）或秋植（8～10 月）。春植蕉因种类品种和蕉区气候条件而异，于当年 9 月至第二年春期间抽蕾，第二年 2～6 收反季节蕉。反季节蕉一般风味较好、产量较低、价格也相对较高。夏秋植蕉第二年 5～6 月抽蕾，8～12 月收获正造蕉。正造蕉因花芽分化及果实生长发育期气温较高，果实生长发育快、生长发育期较短，果实品质相对较差而产量较高。春植蕉在管理水平较高的前提下次年可收获 2 造，秋植蕉只能在次年下半年收获 1 造。

具体选择何时进行种植主要根据市场、当地的气候条件以及香蕉抽蕾宜避开低温等要求而定。比如为避开夏秋季台风，海南岛 5 月定植，采收期可比内陆早 15～30 d。而在广州等地区 5 月定植，则易在抽蕾期或果实发育期等对低温相对敏感的时期遭遇低温而出现短果、低产的现象，因而很少采用。7～8 月气温高，定植成活率较低。

大蕉春植春收，粉蕉和龙牙蕉春植夏秋收，秋植的粉蕉则要等到第三年春季采收。

（三）蕉苗准备

首先要选择适宜当地种植的优良品种，这是香蕉生产优质高产的关键。生产上，蕉苗采用吸芽苗或组培苗。吸芽苗选择球茎粗大、假茎高 1.0～1.5 m、植株健壮无病虫害、根系发达的剑芽苗。组培苗选用品种纯正，无病毒，组培苗要确保在 8 代以内变异率低于 3‰，苗高 20 cm 左右，5～15 片叶，茎粗壮，叶色青绿，无病虫害者。相比较而言，组培苗苗相整齐，生长期一致，易于管理，是目前我国香蕉生产上主要采用的种苗形式。

确定种植密度规格后，种植前 10～30 d 按株行距挖种植穴，每穴放入腐熟农家肥 20 kg、过磷酸钙 0.35～0.5 kg、石灰 0.2 kg，与土拌匀，表面再覆盖一层 10 cm 左右无肥表土，以免蕉苗根系直接接触肥料导致灼伤。种植时，吸芽苗按大小分级，当天起苗当天植，入穴后用碎土压实，上层盖一层松土，盖过球茎 2～5 cm。组培苗将袋苗按株高、叶片数分级分别种植，小心撕去营养袋，带原袋土种入穴中，以碎土盖过原袋土 0.5～2 cm 并稍压实，淋足定根水，阳光过强要注意遮阴护苗。

第六节 土肥水管理

一、土壤管理

（一）土壤翻耕、培土

一般在早春回暖、新根发生前全园进行一次深耕。此时温度相对较低而湿度较大，植株新根发生尚少，伤根对植株的影响较小，如果深耕过早易遭受冷害，过迟则影响根群生长。深耕的深度一般平地蕉园以 15～20 cm 为宜，山地蕉园根系较深，可耕深至 20～30 cm。为防止伤根过度，一般距离植株 50 cm 以内的范围深耕深度宜稍浅。深耕时要同时挖除隔年残留的旧蕉头（球茎），以免妨碍根群和地下茎生长。深耕后结合施肥，可以促进新根迅速生长。

根据蕉园土壤的特点，必要时进行松土、培土。松土时可在整地时用机械或人工来破除地下的不透水层，深翻 50～70 cm，并适当加入作物秸秆、塘泥等有机物质进行改土。宿根蕉园一般 4 月以后不宜深耕，但在每年 4～11 月上泥或腐熟土杂肥 3～4 次，使土层培高 20～30 cm。

（二）蕉园的间作与轮作

自然状况下香蕉通过吸芽繁殖后代，通常可以连续多年生长，周而复始。但种植一次收获 2～3 造后产量下降，病毒病等病虫害发生率提高，有毒物质积累，土壤理化结构恶化，球茎也易产生露头现象，如果施肥不当也会导致某些微量元素缺乏。且随着收获次数的增加，生长不一致的现象也越来越严重，所以通常种植 1 次，收获 2～3 次后砍除蕉株并重新种植。如果能与其他作物轮作，则可以克服上述问题。尤其是选择水旱轮作的话，效果更佳。应避免栽种茄科作物或番木瓜等与香蕉有共同病害的作物。宽窄行方式种植的蕉园，宽行内可间种豆科绿肥或蔬菜等短期作物。

（三）覆盖与杂草控制

香蕉生长前 3～4 个月，株行间空隙较大，容易滋生杂草，与香蕉争水争肥。控制杂草的方法有：

（1）人工除草或机械除草。

（2）蕉园覆盖。覆盖物可以是稻草等作物秸秆，也可以是塑料薄膜。覆盖不仅可以抑制杂草萌发阻止杂草生长，使土壤保持冷凉、湿润，而且以作物秸秆为覆盖材料腐烂时，还可以改善土壤理化性状，提高土壤肥力，而用黑色薄膜覆盖时可有效减少水分蒸发。

（3）种植覆盖作物。即通常所说的生草栽培。覆盖作物不仅可以控制杂草，增加土壤有机质，提高土壤肥力，还可以减少水土流失，吸引益虫和缓和地温变化。覆盖作物常用豆科作物，如白三叶、草木樨、苜蓿等；豆科作物除了起到普通覆盖作物的功能外，还具有固氮功能。

（4）使用除草剂。使用效果易受气候条件和其他环境因素影响，且如施用不当，还会严重伤害植株和污染环境。

（四）旧蕉头挖除

刚收获的母株可保留假茎为新株提供养分，待母株残茎基本腐烂后（香蕉采收 60～70 d）及时挖除旧蕉头，并填上新土，以利于子代根系的生长，减少病虫害的发生。此外，喷洒 EM 菌、酵母菌或芽孢杆菌等可加速收获后假茎的分解。

二、施肥管理

（一）施肥的意义

俗话说："有收没收在于水，收多收少在于肥。"可见，合理施肥对于作物的丰产是非常重要的。香蕉植株高大，速生快长，故需肥量大。与其他许多果树相比，香蕉对肥料反应非常敏感，不耐瘠薄。

（二）肥料的种类及施肥时期

1. 香蕉的需肥特性　要想获得优质高产的香蕉，首先必须了解香蕉的需肥特性，并尽可能满足香蕉对肥料的需求。施肥主要应考虑果实带走的养分。据报道，若每公顷种植香蕉 2 000 株，每株产香蕉 25 kg 计算，香蕉果实带走的各种矿质营养见表 18－3。特别需要注意的是，香蕉对钾和钙的需求非常高而对磷的需求少，其中钾的消耗量达到氮的 3.7 倍之多。

因根系浅，对肥料反应敏感，因此要勤施薄施。一般一年中施基肥 1 次，追肥多次。基肥一般以有机肥、磷肥为主，有时也可加一些钾肥。在种植前施入定植穴，要与土壤拌匀，施肥深度至少在畦面 30 cm 以下。一般苗期宜淋施，也可结合穴施、沟施；营养生长期以穴施、沟施为主；孕蕾期则以洞施为主，配合淋施；果实发育期以淋施为主，配合撒施及叶面喷施。

表 18 - 3　每 50 t 香蕉果实所带走的矿质营养

单位：kg

营养元素	质量	营养元素	质量
氮	189	钠	1.6
磷	29	锰	0.5
钾	778	铁	0.9
钙	101	锌	0.5
镁	49	硼	0.7
硫	23	铜	0.2
氯	75	铝	0.2

2. 肥料种类　单质肥料可选择硫酸铵、氯化铵、硝酸铵、尿素、过磷酸钙、硫酸钾、氯化钾、钙肥（生石灰或石灰石粉、硫酸钙、过磷酸钙）。复合肥最好选用高钾、高氮的专用复合肥。有机肥包括人畜粪尿、禽粪、动物废弃物、鱼肥、厩肥等动物有机肥及秸秆、绿肥、堆肥等植物性有机肥。优质有机肥每 2～3 年施一次即可。在有机质丰富，土壤 pH 稍高的蕉园香蕉枯萎病的发生率也较低。有机肥适量配合化学肥施用可达到增产、稳产和改善品质的三重目的。

3. 施肥时期、用量与次数　植物在不同的生长发育时期对肥料需要的数量和种类不同，香蕉也不例外。香蕉在定植后 3 个月对养分反响最为灵敏，施肥的增产效果常优于后期大量施肥，故种植成活或留定吸芽后就要开始施肥，大部分肥料在抽穗前施完。新植蕉园除在定植前施基肥外，在抽出 1～2 片新叶时进行第一次施肥，以后每隔 10～20 d 施一次，一年施 9～14 次甚至更多。相比较而言，多造蕉比单造蕉施肥次数要多；单施无机肥比施有机肥次数要多；大蕉、粉蕉施肥次数可比香蕉少一半，龙牙蕉则与香蕉相近。香蕉的施肥总量除了受到土壤肥力状况等因素影响外，主要决定于产量。单位面积产量高，香蕉果实带走的养分就多，因此需要补充的肥料就多。高产蕉园每年每公顷施肥参考用量为氮肥 900～1 200 kg、磷肥 270～360 kg、钾肥 1 200～1 500 kg。

（三）施肥方法

香蕉常用的施肥方法有沟施、淋施、穴施、撒施、喷施和灌施等。一般腐熟有机肥在定植前与土壤混匀当作基肥，或在行间离植株 70 cm 处沟施。化肥主要是穴施，在离干 30 cm 处挖 1～3 个深度 20～30 cm 的穴，施后淋水。沙质土、肥力低的蕉园或多雨季节，施肥宜少量多次。排水不良、根系发育不良或台风后根系折断，影响养分吸收时，可配合根外追肥（喷施）。一些现代蕉园将施肥与滴灌技术结合起来，既节省人工成本，又大大减少肥分流失。

三、水分管理

香蕉的整个生育期的水分管理以润—湿—润为原则，雨季做好排水，防止蕉园渍水，旱季及时灌溉，使土壤保持适当水分，尤其是香蕉的需水临界期（从花芽分化前 1 个月，新植蕉 16 片叶期，宿根蕉 24 片叶期，至幼果期）。香蕉常用的浇灌方法有漫灌、浇灌、喷灌及滴灌等。采用漫灌时，一般要求每隔 10～15 d 一次，灌溉量 1 275～2 500 m³/hm²；采用沟灌时，一般每 5～7 d 一次，灌水量 750～1 500 m³/hm²；采用淋灌方式时，需每隔 2～4 d 一次，全畦淋灌需水 525～975 m³/hm²，穴面淋灌每株需水 35～75 kg；采用喷灌时，每公顷设 9～12 个喷头，每次喷 5～6 h，每 7～14 d 喷一次。采用滴灌时则每 2～4 d 一次，每次 4 h。香蕉滴灌施肥技术水分利用效率最高，同时也可对浇灌量、浇灌时间、施肥量精确调节。滴灌与喷水带浇灌对比，香蕉的长势是一样的，但更省水、省肥、省工、省药、省电。各种灌溉方式的差异主要在于湿润的土壤范围不同，总体来说，植株需水量相当于每周 20～40 mm 降水量。最好借助土壤张力计量结果为灌溉提供依据。

四、香蕉水肥一体化滴灌新技术

水肥一体化滴灌新技术即通过滴灌系统施肥。滴灌用的肥料种类很多，选择的原则就是完全水溶。一般用尿素、氯化钾、硝酸钾、硫酸镁等。各种有机肥要沤腐后用上清液，鸡粪是最好的肥源。磷肥一般不从滴灌系统用，常在定植时每株用 1 kg 过磷酸钙撒在滴灌带下，不用覆土。施肥采用少量多次的原则。一般 3～5 d 滴一次。同时一次滴灌面积约 2.67 hm²，每次 2～3 h。水肥一体化滴灌新技术比当前普遍采用的喷灌加人工施肥技术节省肥料 36％以上，增产率可达到 22.9％～62.4％。

第七节　花果管理

一、花果管理的意义

香蕉属于单性结实，一般开花即可顺利结果，不需要进行特别的保花保果处理。但需要注意的是花芽分化及抽蕾的时期对产量有很大的影响，尤其是要避免抽蕾遭遇冬季低温。此外，通常情况下都要进行断蕾、疏果，并对断蕾后的果实进行套袋。

二、疏果、断蕾

受种类品种、抽蕾时期等因素影响，香蕉每串果穗一般能抽出 5～12 梳的果梳。根据树体的大小、功能叶片数量、果穗的粗细等情况，生产上的留梳数一般为 6～8。头梳蕉果指不足 10 个，尾梳蕉果指数不足 14 个者通常整梳去除。疏果后养分可相对集中供应给留下的果实，有利于其果指增长，并可提早 2～3 d 成熟。在最后一梳果抽出后、花蕾开完 1～2 梳雄花时于末梳蕉果下端 10～15 cm 处摘除雄花蕾，称为断蕾。疏果在抽蕾后 1 个月进行，在留足梳数及单果的基础上，断蕾越早越好。注意断蕾、留梳及疏果时都必须空手操作，严禁使用小刀割除。断蕾宜在晴天下午进行。

在疏果、留梳的同时应结合抹花。抹花的时机最好在果指尚未完全展开、手触花瓣易脱落时。田间实践证明，抹不抹花及抹花的早晚对香蕉的生长及果指的长度没有明显的影响，但要生产优质香蕉必须抹除雌花残留物如萼片和柱头，避免干枯后擦伤果指。且减少次品果和包装场采后处理工作量。抹花时宜戴手套，一株香蕉果串的抹花工作应分 2 次以上来完成，即在疏果时抹 2～3 梳的蕉花，在留梳断蕾时再抹剩下的蕉花。

有的花蕾抽出的位置刚好在叶柄之上，如任其继续生长会将叶柄压断，而花蕾也因突然失去依托而折断。因此要及时校蕾，把妨碍花蕾下垂的叶片拨开或割掉。

三、果实套袋

果实套袋不仅可减少黑星病、花蓟马等病虫危害，还可减少叶片擦伤所造成的机械损伤；此外，对香蕉的果实进行套袋还有利于果实生长发育从而缩短果实成长时间，冬季还有防寒和增加果指长度的效果，夏秋季则免受日灼提高产量，改善果梳形状及提高一级果比例。由此可见，香蕉果实套袋可起到提高产量和品质的作用。

香蕉在抹花留梳完毕后要及时喷一次药防治病虫害，药液干后便可套袋。套袋分果梳套袋和果穗套袋。一般情况下都是采用果穗套袋，给蕉串套上珍珠棉，顶端用草球绳绑紧在果轴上，再用两张报纸绑在珍珠棉袋外，挡住西南方向及果串易晒的位置，避免太阳灼伤果指端部，外层再套一层蓝色塑料薄膜袋。果袋目前采用有孔透明或浅蓝色聚乙烯膜袋，厚度约 0.25 mm。孔的大小 1.25～3 mm，间距分别为 7.5～2.5 cm。袋的长度以超出果穗上部 15～45 cm、下部 25 cm 为标准，宽度以果实成熟后仍有一定活动空间为度。有的地区在袋的内部涂布防叶斑病的杀菌剂。套袋前要把大的苞片叶移开并割除带状苞片叶，套袋从果穗下端套入，上袋口扎紧在果轴上，防脱落和老鼠钻入且避免雨水进入。套好袋后可用条状色带标注套袋日期，以利采收时确定成熟度。套袋绑在果轴上的位置越高越好，最少也要离头梳香蕉着生果轴位置 30 cm 以上；套袋可起到防寒保温、蕉果着色好、减少病虫害及避免外伤的功效。

第八节　树体管理

香蕉的树体管理主要包括吸芽管理、割叶、套袋、断蕾、抹花、疏果（包括疏果穗、疏果梳及疏果指）和收果后的残株处理，此外，还有防风和防寒等管理措施。

一、吸芽管理

蕉园如果没有选择重新种植组培苗的话，一般通过在母株生长仍旺盛时期选留适当位置的健壮剑芽来替代将来被砍除的母株，持续蕉园生产，并同时尽量使留下的吸芽维持整齐的株行距排列。

一株香蕉一般可同时产生 5～10 个吸芽，但只留 1 个，其余宜尽早挖除。5～7 月每 15 d 除芽一次，3～4 月及 8～9 月每月除芽一次，10 月后气温比较低，不利于吸芽的生长，也不再挖除吸芽。

1. 秋冬蕉和龙牙蕉留吸芽　春植蕉应在 6 月留首次吸芽，翌年 9～10 月收获秋冬蕉。秋植蕉则选留定植后第二年 5 月抽生的第二、三次健壮吸芽。宿根蕉应选留 5～6 月抽出的健壮、深度适中的第二、三次吸芽。过早过大的吸芽可切断吸芽的茎干或损伤部分根系或适当多留几个弱芽、减肥控水，也可挖出重新种植于原位置上，以控制生长速度；对过迟过小的吸芽，可通过增施肥料、勤灌水加速生长。龙牙蕉留吸芽也采用秋冬蕉留吸芽法。

2. 春夏蕉留吸芽　一般到 6 月植株开始抽生吸芽；7～8 月吸芽盛发，这时的芽体健壮；9 月后抽芽减少，芽体也变弱。所以春夏蕉留吸芽应在 8～9 月留第三至四次吸芽，对早留的吸芽同样可采用秋冬蕉留吸芽控制措施调节其生长速度。

3. 多造蕉留吸芽　①"四年五造蕉"，春植后当年 7 月留第一次、二次吸芽，第二、三、四次分别在第二年 4 月、第三年 3 月和 9～10 月各留第一次吸芽；②"三年四造蕉"，第一、二、三次分别在第一年 6 月、第二年 3 月和 9～10 月留吸芽；③"两年三造蕉"，第一、二次分别在第一年 5～6 月、11 月留吸芽。要生产多造蕉，关键是早留芽、留大吸芽，加强肥水管理，促进植株迅速生长。

4. 大蕉和粉蕉留吸芽　大蕉在每年 9 月留吸芽过冬，到第二年早春吸芽可高达 50 cm，第三年上半年可收果。在华南地区，以上半年的大蕉产量、质量最佳。粉蕉比香蕉生长期长 1～2 个月，留吸芽应比香蕉早 1～2 个月，8 月留吸芽可在春季收果，3～4 月留吸芽则在秋季收果。

二、割叶

香蕉的整个生长发育期抽生 35～43 片叶，功能叶片的寿命一般为 130～180 d，枯萎的叶片下垂倒贴向假茎，成为病虫滋生的最佳场所。因此要及时割除假茎基部枯萎的叶片。一般每月至少进行一次，最好每 2 周一次。此外，凡接触到或可能接触到果实的叶片和苞片也都从着生处割除，以免引起斑痕。一般每个时期健康功能叶维持在 10～15 片即可实现高产目标。

三、收果后的残株处理

香蕉虽然是多年生植株，但每一个香蕉植株只能结一次果。因此收获后的香蕉植株需要去除。但由于收果后的植株体内仍含有大量养分，且这些养分在果实收获后会回流到假茎和球茎中，继而转移至吸芽。因此，生产上一般采后在假茎 1.5 m 高处砍断蕉株，经 60～70 d 残茎腐烂时才挖去旧蕉头。

四、防风及台风灾害后管理

香蕉是大型草本植物，其茎秆由叶鞘抱紧而成，没有木质化，且叶片巨大、根系浅，因此极易遭受台风的影响而倒伏。我国沿海地区的香蕉生产经常遭受台风的影响而蒙受巨大损失。为了减轻台风的危害，应注意以下事项：①选地时宜选择背风向阳的蕉园；②选择矮秆抗风品种；③营造防风林，防风树种可选择水杉、桉树等；④立支柱防风。立支柱防风宜在抽蕾前或台风来临前进行，用粗壮的竹或木杆背常驻风向撑好绑稳，对于接近成熟的蕉株在台风来临前割去部分叶片。在风大、土层浅、根浅地区，幼苗栽种后即需立支柱。宽窄行方式种植时，可把两窄行间的蕉株用尼龙绳互相连接，连线处在花蕾抽出位置的下部。在没有严重台风的地区，如果出现蕉树倾斜或果穗较重时也必须立杆支撑。立支柱不仅可以避免植株倒伏，对防止果皮机械损伤和病虫伤害以及提高果穗质量也有一定的作用。

一旦蕉园遭受台风侵袭，要及时扶正倒伏的蕉苗并培土。大蕉株若未折断，可小心地连同支柱扶正，培土护根，经过1周植株稍恢复生长后，施以稀的肥料，干旱则灌水。砍除折断的植株，加快吸芽生长。无吸芽的，可砍去倒伏株的假茎上半部，重新把母株种下。进行一次全园喷药，防治病虫害。

五、防寒及冷害后的管理

香蕉起源于东南亚，性喜温湿，对低温冷害敏感。我国香蕉产区主要集中于广东、广西、福建、海南、云南等亚热带地区，冬季容易受到寒潮的袭击而发生冷害，给香蕉生产带来致命打击。如1991—1996年的6年时间里，香蕉就分别在1991—1992年、1992—1993年及1995—1996年的冬季先后三次遭受特大寒潮的袭击，蕉园大片被毁。据统计，1995—1996年冬的这次寒潮使广东香蕉主产区中山、高州减产70％以上。即使没有严重寒潮发生的年份，由于冬季低温造成的冷害损失据估计也能达到10％以上。因此地处亚热带、热带与亚热带交接处的蕉园要从以下几个方面做好防寒工作。

1. 选择抗寒品种 相比较而言，大蕉和粉蕉的抗寒性明显高于香牙蕉，因此在纬度偏北、低温寒潮频发地区最好选择种植这些香蕉种类。香牙蕉中目前尚未选育出抗寒品种，部分品种对低温特别敏感，在选择时需特别注意。

2. 适时种植 抽蕾期的香蕉对低温最为敏感，其次是果实生长发育期（幼苗阶段不在田间）。而香蕉一年四季都可以开花坐果，因而可通过适时种植新蕉苗或留芽从而避免在冬季低温期间抽蕾开花。比如早春种植大苗，加强肥水管理，可在当年的冬季严寒来临之前收获。也可以采用秋植收获正造蕉，这样以20片叶左右的植株越冬，其耐寒性较强。

3. 防寒措施

（1）蕉园覆盖。利用稻草等对蕉园进行覆盖，不仅可以控制杂草生长、减少水土流失，冬季则有如给蕉园盖上了一层厚厚的棉被。

（2）果实套袋。果实套袋可防治病虫危害，减轻机械损伤。冬季套袋（可在寒潮期间扎紧下端的袋口）有如人穿上了保暖衣。

此外还有蕉园熏烟、蕉园灌水或喷水等措施也可以缓解低温伤害。近年来，科研人员正在开发防寒剂，希望有一天可以应用于生产。所有防寒措施的基础是加强肥水管理、培育健壮植株越冬。

4. 冷害后的植株管理 对于冷害症状较轻、假茎未受害的植株，可以割除受伤害叶片和叶鞘，防止感染病害；若母株受害后还具有抽生新叶和抽蕾能力者，可除去头年秋季预留的吸芽，改留发育期较晚的小吸芽；孕蕾的植株遭受冷害后，可用利刀在假茎上部花穗即将抽出处（俗称"把头"）割一条浅的切口（长15～20 cm，深3～4 cm），帮助花穗从侧面切口处抽出。对地上部植株大部分被冷死者，应尽快砍去母株，促使吸芽迅速生长。对受害的植株，要尽早施速效氮肥。

第九节 病虫害防治

病虫害防治要贯彻"预防为主，综合防治"方针，采用农业、生物、物理及化学等防治方法对病虫害进行防治，抓住病虫发生的关键时期，使用高效、低毒、低残留农药对病虫害进行处理。最后一次用药距采果间隔 30 d 以上。

一、主要病害及其防治

（一）香蕉镰刀菌枯萎病

1. 为害症状 香蕉镰刀菌枯萎病又称巴拿马病、黄叶病。最早在巴拿马大米歇尔（Gros Michel）品种大面积发生，目前，是包括我国在内的全球香蕉产业面临的毁灭性病害。植株感病后，首先是下部叶片从叶缘处开始变黄，然后逐步向中脉扩展，叶片迅速变黄、凋萎、倒垂（黄化叶片从叶柄软处折断向下垂挂），严重时整株叶片干枯死亡，假茎外部近地面处有纵向裂缝。在维管束的纵切面中可观察到褐色条纹，横切面则呈黄红色或红棕褐色斑点或斑块状（图 18-3）。

 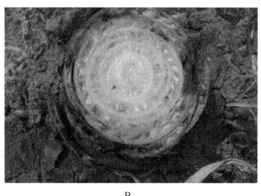

A   B

图 18-3 香蕉镰刀菌枯萎病
A. 感病植株 B. 假茎横切面

2. 病原 病原菌为半知菌亚门尖孢镰刀菌古巴专化型 [*Fusarium oxysporum* f. sp. *cubense* (E. F. smith) Snyder & Hansen]。其分生孢子座上产生的大型分生孢子呈镰刀形、无色，通常有 3～5 个隔膜，产生的无色小型分生孢子则圆形或卵圆形、单胞或双胞。

3. 发生规律 香蕉枯萎病是典型的土传病害，病原菌的腐生能力极强，在土壤中可长期存活。病害主要通过带病吸芽或组培苗等进行远距离传播，通过雨水、灌溉及农事活动扩散。病原菌主要从寄主根部伤口侵入寄主，然后通过寄生维管束向假茎上部及叶部蔓延。田间线虫危害重的田块病害发生较严重。此外，土壤湿度过大、酸度过低及土质为沙壤土的蕉园发病较为严重。

4. 防治方法

（1）严格执行植物检疫制度，禁止从疫区向非疫区调运苗木，防止病害通过种苗远距离传播。

（2）培育无病种苗，在非疫区取种、在无香蕉种植历史的地块取组培苗栽培用土，组培苗培育过程全程保证无病原菌侵染。

（3）栽培抗病品种，从而从根本上预防该病的严重发生。

（4）增施有机肥，增加土壤微生物活力，提高植株抗病能力。

（5）适当提高土壤 pH，抑制病原菌的繁育。

（6）病区内实行独立排灌，严禁带菌水流入无病蕉园。

（7）农具消毒。病区耕作用过的工具必须浸入 50％福尔马林药液消毒后才能用于无病蕉园耕作。

（8）蕉园一旦发生染病植株应及时铲除烧毁，病穴撒石灰消毒，附近植株则以 60％多菌灵可湿性粉剂 800 倍液或 70％甲基硫菌灵可湿性粉剂 800 倍液淋灌根茎部，每周一次，连续 3～4 次。

（9）合理轮作。该病目前还没有理想的化学药剂防治，发病蕉园可通过与水稻、瓜菜、玉米、甘蔗等作物进行轮作，从而控制病害的严重发生。

（10）尽量减少一切可能伤根的行为，如改挖除吸芽为割除吸芽。

（二）香蕉黄叶斑病

香蕉叶斑病主要有黄叶斑病、黑叶斑病、煤纹病、灰纹病和缘枯病等，其中我国以黄叶斑病最为常见。

1. 为害症状 香蕉黄叶斑病也称褐缘灰斑病，是华南地区普遍发生的香蕉病害。该病通常由老叶片最先感病，逐渐向上部叶片蔓延。初期在叶片上产生与叶脉平行的浅褐色条纹或近梭形的褐色小斑，随后发展成长椭圆形，病斑中部呈灰褐色，周缘呈暗褐色至黑褐色，外围有黄晕。感病叶片迅速早衰，局部或全叶黄化枯死。空气湿度较高时可观察到稀疏的灰色霉状物。

2. 病原 病原菌为半知菌亚门香蕉尾孢菌（*Cercospora musae* Zimm）。分生孢子梗丛生或单生。分生孢子棍棒状或圆筒状、直或弯曲、透明或微褐色。

3. 发生规律 以菌丝在病叶或病株上越冬，春暖后病原菌产生大量孢子，这些孢子随风传播，在有雨水、露水等高湿条件下在寄主叶面萌发，菌丝体经气孔侵入后在叶片细胞间扩展引起发病。因此，该病在种植密度过大、偏施氮肥、多雨、多雾和重露天气条件下，特别是有台风的暴雨季节发生最为严重。

4. 防治方法

（1）农业防治。及时清除蕉园的病枯残叶以减少初侵染源；合理密植、及时除叶，从而保证蕉园良好通风透光条件，降低蕉园湿度；合理施肥，切勿偏施氮肥、增施钾肥和有机肥，提高植株抗性；合理排灌，排水不良易造成蕉园湿度偏高而利于病害发生。

（2）化学防治。生长旺季每 20 d 喷药一次，抽蕾后每 15 d 左右喷一次。目前较常用的药剂有 25％敌力脱乳剂 1 500 倍液，70％安泰生可湿性粉剂 500 倍液＋40％灭病威悬浮剂 500 倍液，25％丙环唑乳油 1 000 倍液等。为防止产生抗药性，这些药剂可轮换使用。

（三）香蕉黑星病

1. 为害症状 香蕉黑星病也称黑斑病，广泛发生于我国各香蕉产区，主要为害叶片、果轴及未成熟青果。在叶片或中脉上散生近圆形或不定形突起小黑斑，斑中着生小黑点，周围淡褐色。严重时黑斑密布愈合成斑块，叶片变黄干枯，老叶比新叶片易感病。未成熟果指的受害症状与叶片的相同，严重时可导致果肉硬化。

2. 病原 为香蕉大茎点霉 [*Macrophoma musae* (Cooke) Berl et Vogl]。子实体起初埋生，后突破表皮，球形、黑褐色，孔口圆形、与器壁同色。分生孢子圆形或长卵形、两端钝圆、无色、单胞。

3. 发生规律 该病的初侵染源为蕉园病残株、叶和病果。病原菌的分生孢子随着风雨传播。高温高湿多雨、低洼地、积水、通风不良等条件有利于该病的发生。

4. 防治方法

（1）农业防治。加强栽培管理，增施有机肥；排灌系统良好，尽量采取滴灌，降低蕉园湿度，创造不利于病原菌繁殖与传播的条件。搞好蕉园卫生，经常清除果园的病叶残株，降低病原菌基数。抽蕾挂果期用塑料薄膜套果，套袋前喷药 1～2 次，可有效减轻果实病害的发生。

（2）化学防治。常用药剂有 75％百菌清可湿性粉剂 600 倍液，60％多菌灵可湿性粉剂 1 000 倍液＋25％戊唑醇水乳剂 1 000 倍液，30％苯甲·丙环唑乳油 2 000 倍液，25％腈菌唑乳油 1 500 倍液等，最好轮换使用。重点喷果实，每 7～10 d 喷 1 次，连续施药 3 次。

（四）香蕉炭疽病

1. 为害症状　主要为害成熟或即将成熟的果实，果实采前感病，采后后熟时发病，在黄熟果实上出现浅褐色、绿豆大的病斑，俗称"梅花点"，后扩大呈深褐色不规则块斑，潮湿时病斑上可见黏质橙红色小点，果实变黑褐色腐烂，果柄发病时引起蕉指脱落。如果刚抽蕾的幼嫩果指顶端感病，花序腐烂，果指提早脱落，果指端侵染后变黑腐烂，影响果实发育。

2. 病原　为香蕉炭疽病菌（*Colletotrichum musae*），属半知菌亚门真菌。病斑上的粉红色小点，为病原菌的分生孢子盘和分生孢子。分生孢子盘圆盘形，分生孢子短圆柱形，无色，单胞，壁薄，表面光滑。

3. 发生规律　初侵染源主要为带病植株，病菌随风雨传播到青果或叶片上，高温高湿条件下分生孢子发芽侵入寄主，病原菌感染果实后处于被抑制状态，至果实黄熟时显症，但如果菌株致病力强，田间未成熟果实也可能表征。一般夏季高温多雨、空气湿度大及种植偏施氮肥的香蕉园收获的蕉果感病机会大、发病重。

4. 防治方法

（1）加强肥水管理，切忌偏施氮肥，增强植株抗病力。

（2）搞好蕉园卫生，及时清除和烧毁枯叶、病花和病果。

（3）适时采收。果实饱满度高，果实黄熟快，容易感病，以七八成熟时采收为宜。切忌雨天采收，采收时尽可能避免机械损伤。

（4）化学防治。抽蕾初期可用 75％百菌清可湿性粉剂 800 倍液或 50％多菌灵可湿性粉剂 500～800 倍液喷果，喷花后及时套袋，每 10 d 喷 1 次，连喷 2～3 次，以防止幼果感染。

（5）搞好采后包装及催熟场所的消毒与清洁卫生工作，可用 5％福尔马林液喷射，或用硫黄熏蒸 24 h，避免贮运的库、室等出现高温高湿、通风不良现象。

（五）球茎细菌性软腐病

1. 为害症状　感病初期，球茎出现褐色斑点，或由球茎与假茎交接处侧面感病首先腐烂，然后向其他方向扩展；或由球茎底部腐烂向上扩展，感病的球茎腐烂发臭，假茎维管束变褐色，假茎纵裂。感染后期的植株叶子抽生缓慢，心叶稍矮缩或黄化状，类似枯萎病的症状。

2. 病原　此病属细菌性病害。病原为欧氏软腐病杆菌致病菌（*Erwinnia carotovora*）。

3. 发生规律　病害主要随雨水及流水传播，因此采用漫灌或串灌方式的蕉园病害易于蔓延与流行。高温、多雨、地表温度高及田间排水不畅的田块病害发生严重，低温干燥季节病害发展缓慢。此外，病害也可随着带菌的农具和土壤传播。

4. 防治方法

（1）完善排灌系统，尽量采用滴灌方式进行灌溉，避免蕉园积水及病害随流水传播。

（2）及时清除田间重病株并烧毁，病穴撒石灰消毒或用 2％漂白粉淋透植穴病土，至少半个月后方可补种。

（3）尽量避免因假茎基部及根系受伤而给病原菌的入侵创造条件。

（4）发病田块用过的农具要进行消毒。可用 10％漂白粉或饱和石灰水浸泡锄、刀等劳动工具 5～10 min。

（5）与水稻等非寄主作物轮作多年，可有效减少田间病原菌的基数，减轻病害的发生。

（6）化学防治。可选用 30%氧氯化铜悬浮剂 300 倍液＋72%农用链霉素可湿性粉剂 3 000 倍液，88%水合霉素可溶性粉剂 2 000 倍液，2%春雷霉素可湿性粉剂 800 倍液＋23%络氨铜水剂 400 倍液，72%农用链霉素 3 000 倍液＋20%松脂酸铜乳油 400 倍液等，淋灌病株基部，每 10 d 淋灌一次，连续淋灌 2～3 次。香蕉植株较大时，宜增加施药量。

（六）细菌性萎蔫病

1. 为害症状　典型症状是从心叶下第二或第三片叶的叶尖开始出现黄化，随后柄脉褪绿呈红褐色，叶片黄化凋萎干枯。而同期在下部多数叶片迅速发黄，近叶柄处叶片打折下垂，致使整片叶凋萎。假茎失水变小，维管束变浅褐色至深褐色。嫩芽也出现变黑、扭曲和矮生症状。

2. 病原　此病为青枯假单胞菌的 2 号生理小种（*Pseudomonas solanacearum*，Race2），属革兰氏阴性杆状细菌，单细胞大小为 0.5 μm×1.5 μm，有 1 条极生鞭毛。

3. 发生规律　参照球茎细菌性软腐病。

4. 防治方法　加强检疫，严禁从病区调进蕉苗。及时挖除病株，并用 2%漂白粉液或撒石灰对病穴进行消毒处理，病株周围的蕉株则用 72%农用链霉素可湿性粉剂 3 000 倍液，或 DT 杀菌剂 500 倍液，或 53.8%氢氧化铜干悬浮剂 600 倍液淋灌蕉头，每 7 d 一次，连续 2～3 次。其他可参照球茎细菌性软腐病的防治方法。

（七）香蕉花叶心腐病

1. 为害症状　典型症状是花叶和心腐。花叶症状主要出现在幼龄蕉苗上。叶片上出现与侧脉平行、长短不一的梭形黄绿色条纹。条纹由叶缘开始，向柄脉方向扩展，严重时，嫩叶可呈现严重黄化或黄色斑驳相间排列的花叶症状。心腐症状是病害进一步发展的结果，病株的心叶和假茎中心部分出现水渍状，顶叶黄化呈扭曲状，心叶不能正常伸展和张开，发病后期，心叶至假茎中部变黑腐烂，病株死亡。

2. 病原　香蕉花叶心腐病是一种由黄瓜花叶病毒（*Cucumber mosaic virus*，CMV）引起的病毒病。

3. 发生规律　感病植株、带病种苗和蕉园附近感染花叶病毒的黄瓜、辣椒、茄、瓜类等其他寄主为田间侵染源。传毒媒介昆虫主要为棉蚜和玉米蚜，远距离传播主要是调运感病蕉苗。天气干旱有利于蚜虫的发生和传播，由此发病也较严重。

4. 防治方法

（1）实行植物检疫，培育无病蕉苗如组培苗。

（2）蕉园附近和蕉园内尽量不种植 CMV 的其他寄主，避免交叉感染。

（3）及时挖除烧毁感病植株，并用肥皂水洗干净手。

（4）增施钾肥，切忌偏施氮肥，以增强植株的抗病性和耐病性。

（5）定期更新蕉园。种植组培苗后收获宿根蕉最好不要超过 2 次，可明显降低发病率。

（6）天气干旱时，及时喷施药剂防治蚜虫。可选用 10%吡虫啉可湿性粉剂 1 000～3 000 倍液，5%鱼藤酮乳油 1 000 倍液，50%抗蚜威可湿性粉剂 3 000 倍液，50%辟蚜雾 1 000～1 500 倍液待喷雾，每 7 d 施一次，连续施 2～3 次，叶片正、背面均匀喷雾。

（八）香蕉束顶病

1. 为害症状　俗称蕉公、青筋。新植蕉株感病，新生叶片逐渐变小变窄，顶端蕉叶直立成束状，植株矮缩，故称束顶病（图 18-4）。在柄脉和主脉处可观察到深绿色条纹，俗称"青筋"。病叶边缘褪绿变黄失绿，病株生长缓慢但分蘖增多，且多不结果。抽蕾前后发病，叶片既不变小，也不黄化，但仍可在叶柄和中肋看到青筋。抽出的蕉果畸形、细小、无商品经济价值。抽蕾时发病，果实畸形细小无法发育长大，无经济价值。

2. 病原　此病是香蕉束顶病毒（*Banana bunch top virus*，BBTV）引起的病害。

图 18 - 4　香蕉束顶病

3. 发生规律　感病植株和带病种苗为主要侵染源，蕉园内通过香蕉交脉蚜（又称黑蚜）传播束顶病毒。在广东地区，每年 10 月交脉蚜的种群数量逐渐回升，第二年 1～2 月达到高峰。天气干旱，蚜虫发生严重则束顶病发生也较重。此外，长时间不用组培苗进行更新的蕉园，其病毒病发生率会逐步上升。远距离靠带病蕉苗传播。

4. 防治方法

（1）培育无病种苗。

（2）及时挖除烧毁感病植株，病穴土用石灰消毒 1 周后再补种。

（3）发病率超过 30％的蕉园宜与水稻等作物进行轮作，新植蕉园应远离发病严重的老蕉园。

（4）及时喷施药剂防治蚜虫。尤其是在 3～4 月和 9～10 月加强蚜虫的防治。可选用 50％辟蚜雾 1 000～1 500 倍液喷吸芽、植株"把头"及蕉园杂草，每 7～10 d 喷一次，连喷 3 次。

二、主要害虫及其防治

（一）香蕉象鼻虫

香蕉象鼻虫又称香蕉象甲，根据为害的主要部位不同，又可分为香蕉假茎象鼻虫（*Odoiporus longicollis* Oliver）和球茎象鼻虫 [*Cosmopolites sordidus* (Germar)] 两种。

1. 香蕉假茎象鼻虫

（1）为害特点。香蕉假茎象鼻虫是我国蕉区最重要的钻蛀性害虫，主要以幼虫蛀食香蕉的假茎、叶柄、花轴等部位，造成纵横交错的虫道，虫道口有无色透明的胶状物流出，虫道中可观察到虫粪的堆积（图 18 - 5）。受害植株生长缓慢，茎秆细小、果实品质差、产量低、假茎易被折断。

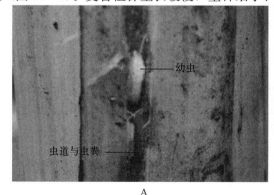

图 18 - 5　香蕉假茎象鼻虫为害状

A. 假茎中的虫道、虫粪及幼虫　B. 无色透明的胶状物

（2）形态特征。香蕉假茎象鼻虫又可分为大黑带和双带两种。双带象鼻虫幼虫肥大、无足，后缘圆形，身体呈淡黄白色而头壳则呈红褐色。成虫体背面暗红褐色，腹面近黑色，前胸背板两侧各具1条纵带条纹。

（3）发生规律与生活史。香蕉假茎象鼻虫1年发生4代以上，在广东可达6代以上，世代重叠。成虫产卵于表层叶鞘组织内，孵化的幼虫在原地蛀食，后向茎内蛀食，继而向上或向下钻蛀。老幼虫在表层叶鞘的香蕉纤维做室化蛹。幼虫不耐水浸，蛹被水浸或暴晒也易造致死，成虫避光，喜在潮湿的香蕉外层叶鞘内活动。主要以幼虫在隔年留头老蕉茎内越冬，每年4～5月和9～10月是成虫发生的两个高峰时期。

（4）防治方法

① 农业防治。清洁蕉园，清除枯烂叶鞘并对其进行曝晒和集中烧毁；挖除隔年旧蕉头，灌水浸泡7 d以上，浸死幼虫和蛹；采用无虫种植材料如组培苗。

② 化学防治。防治效果良好的主要有缓释型颗粒剂，包括二嗪磷颗粒剂和毒死蜱颗粒剂。每年在成虫发生的两个高峰期和多雨季节将4％二嗪磷颗粒剂或15％毒死蜱颗粒剂撒于把头处，每株5～10 g，防效达到90％以上。

2. 香蕉球茎象鼻虫

（1）为害特点。香蕉球茎象鼻虫又称香蕉象鼻虫。球茎象鼻虫幼虫蛀害蕉株近地面的球茎和根须，幼蕉受害心叶变黄，心叶卷缩变小，植株生长缓慢甚至全株枯死，严重时球茎腐烂死亡或蕉蕾无法抽出。

（2）形态特征。个体较假茎象鼻虫短小。幼虫黄白色，头朱红色至赤褐色，腹部较大，身体弯曲。成虫则全身呈黑色或黑褐色，具蜡质光泽，前胸背板长椭圆形，背板上布大刻点，中部有一光滑无刻点的直带纹。鞘翅粗糙，翅面有刻点，沟明显。

（3）发生规律。该虫在华南地区1年发生4～5代，世代重叠，周年均可发生。卵产于球茎表面，孵化后幼虫即由外向球茎内部蛀食，在球茎内形成虫道，老熟幼虫向外移动蛀食，并在虫道中化蛹，不做茧。羽化后的成虫仍暂居虫道中，经数日后从虫道上端钻出。成虫避光，群居性，多栖息于球茎附近或残株中，夜间爬出活动。

（4）防治方法。可参照假茎象鼻虫的防治。

（二）斜纹夜蛾

1. 为害特点 斜纹夜蛾［*Prodenia litura*（Fabricius）Spodoptera］属于鳞翅目夜蛾科，是一种广泛分布的杂食性、爆发性害虫，危害的植物多达99个科290种。幼虫白天匿藏在荫蔽处，夜间咬食香蕉的幼嫩心叶，使叶片穿孔残缺不全，甚至把心叶全吃光，并排泄粪便污染或引起病原感染。

2. 形态特征 老熟幼虫呈黄绿色至墨绿或黑褐色，从中胸至腹部第八节背面各有1对近半月形或三角形黑斑。蛹呈赤褐色至暗褐色。成虫全身暗褐色，前翅灰褐至褐色，有白色条纹，表面有许多明显的斑纹，前翅中部自前缘至后缘有一条灰白色阔带状斜纹（雌虫此纹呈散纹状），故称斜纹夜蛾。

3. 发生规律 海南省一年发生7～9代，全年可繁殖，无滞育现象。昼伏夜出：成虫白天隐藏于荫蔽处，夜间活动，咬食苗期幼嫩新叶。具趋光性和趋化性，对糖、醋、酒等物质敏感。成虫寿命3～10 d；卵期25 ℃以上2～3 d，幼虫在26～30 ℃时为11～17 d；蛹在28～30 ℃时8～11 d。气温高和潮湿，有利于发生。不耐寒，对食料无选择性。

4. 防治方法

（1）农业防治。清园并铲除蕉园杂草。

（2）物理防治。发现病叶，人工捕捉刚孵化幼虫；糖、醋诱杀，糖：醋：酒：水加少量杀虫剂诱杀成虫。

（3）化学防治。3龄前是斜纹夜蛾防治适期，一般在1～2龄幼虫群居时进行防治，4龄后的斜纹夜蛾抗药性增强，防治难度加大。可选用20%虫螨腈、5%虱螨脲、40%毒死蜱、2.5%高效氯氟氰菊酯1 500～2 000倍液等进行防治，这些药剂在生产上可以轮换选择使用。斜纹夜蛾幼虫有昼伏夜出、假死性、杂食性等特点，因此施药时间以傍晚用药为佳；选用1 mm的喷片孔径低容量均匀喷雾于叶背和叶面。

（三）香蕉弄蝶

1. 为害特点　香蕉弄蝶（*Erionota torus* Evans）的幼虫称卷叶虫，是华南地区的主要害虫之一。幼虫吐丝将蕉叶结成苞，取食蕉叶，边吃边卷叶，光合叶面积下降，阻碍生长，影响产量和品质。

2. 形态特征　成虫茶褐色或黑褐色，触角顶端膨大，前翅中部有三个大小不一的近长方形黄斑；成熟幼虫淡绿色，体上覆盖有白色蜡粉，头棕色或黑色。蛹呈圆筒型，淡黄白色。卵馒头形，直径1.9～2.1 mm，顶端平坦，卵壳表面有放射状线纹。

3. 发生规律　该虫在华南地区1年发生4～5代，以5～10月危害较重，其中6～8月虫口数量最多，以老熟幼虫越冬。成虫于清早或傍晚活动，产卵于香蕉叶片上，多在清晨孵化。幼虫体表分泌有大量的白粉状物，幼虫吐丝把叶片卷筒状而成虫苞藏身其中，边食边卷，常见蕉叶被食仅存中脉。

4. 防治方法

（1）农业和物理防治。越冬后清园，人工捕杀叶苞的幼虫和蛹。

（2）化学防治。在幼虫低龄期进行，采用90%敌百虫、80%敌敌畏乳油、或48%乐斯本乳油800倍液喷雾叶面。也可用青虫6号300倍液喷洒。

（四）香蕉花蓟马

1. 为害特点　香蕉花蓟马（*Frankliniella parvula*）是一种主要为害香蕉花蕾和幼果的害虫。香蕉花蕾一旦抽出，该虫立刻成群聚集，由花苞苞片后方膨大部分侵入，产卵于果轴、果指，导致果皮组织增生木栓化，形成颗粒突起的虫斑，影响果实外观及商品价值。

2. 形态特征　成虫体型微小而细长，橙黄色至浅褐色，复眼发达，在头顶上排列成三角形，触角6～9节，念珠状或根棒状，口器锉吸式，前胸能活动，中、后胸愈合，前后翅较窄长，翅边缘密生缨状长毛，足跗节1～2节，跗节端部有泡囊。

3. 发生规律　一年多代，世代重叠。一年中任何时候，只要有花蕾抽出，就可在花苞内为害：当苞片尚未尽开时，已经侵入苞皮内十几层的果房。卵粒产入果指的表皮组织内，尖端部分突出，周围的植株组织均变大突起；幼虫孵化后由卵壳钻出，果表皮上即留下一老化、顶端变黑色的突起斑点。

4. 防治方法

（1）农业防治。做好蕉园清园工作，清除田间杂草，减少虫源；加强肥水管理，促使花蕾尽快抽出，并及时断蕾和对果实进行套袋。

（2）化学防治。在香蕉花蕾自假茎顶端抽出时，用10%高效氯氰菊酯乳油1 500倍液，10%吡虫啉可湿性粉剂1 000倍液，每7～10 d一次，连续2～3次。

（五）香蕉交脉蚜

1. 为害特点　香蕉交脉蚜（*Pentalonia nigronervosa*）又称蕉蚜、黑蚜，在华南香蕉产区均有分布。交脉蚜主要吸食香蕉心叶基部汁液，成蚜和若蚜群集在叶背和假茎上汲取汁液、分泌蜜露，严重时造成叶片卷缩萎蔫甚至枯死，并传播香蕉束顶病毒病和香蕉花叶心腐病，所以其危害性很大。

2. 形态特征　香蕉交脉蚜有翅蚜体长13～17 mm，身体深棕色，复眼红棕色，触角、腹管和足的腿节、胫节的前端呈暗红色，头部明显长有角瘤，触角6节并在触角上有若干个圆形的感觉孔，腹管圆筒形。前翅大于后翅，翅脉上有许多有黑点，经脉与中脉部分交会，故此得名。

3. 发生规律 该虫为孤雌生殖，卵胎生，幼虫要经过 4 个龄期以后才变成有翅或无翅。冬季蚜虫多集中在叶柄、球茎、根部越冬，到春季气温回暖时，蚜虫又开始活动、繁殖。发生初期虫群较少，此时多集中在寄主的下部为害，随着虫口数量的增加，群体增大逐步向上部扩大为害，一般在心叶茎部和嫩叶阴暗处集中为害。该虫发育期短，一年能繁殖 20 代以上。香蕉交脉蚜有趋黄性和趋阴性，其繁殖代数及发生程度受气候条件及栽培管理水平的影响，一般雨水少的年份、田间清洁差而荫蔽蕉园发生较为严重。主要靠风和调运带虫蕉苗进行远距离传播；近距离传播则通过爬行或随吸芽、土壤、工具及人工传播。

4. 防治方法

（1）农业防治。清除病株，香蕉交脉蚜传播病毒病，因此蕉园一旦发生病株要及时彻底消灭蚜虫及感病植株；采用不带病虫的组培苗。

（2）化学防治。春季气温回升蚜虫开始活动至冬季低温到来蚜虫进入越冬之前，及时喷药杀虫。可选用 10%高效氯氰菊酯乳油，或 3%啶虫脒乳油 1 500 倍液；也可选用 10%吡虫啉可湿性粉剂。

第十节 果实采收、分级和包装

一、果实采收

（一）采收成熟度的确定

香蕉是一种后熟型的果实，其采收时间的确定通常根据以下两种方法来判断。

1. 根据果肉的饱满程度及果棱角的大小来判断 该方法既可靠又简单易行。随着果指生长发育进程的推进，香蕉果指棱角的明显程度与色泽均发生相应变化：棱角逐渐由锐变钝，最后呈近圆形，果皮绿色也逐渐变淡。一般以果穗中部果指的成熟度为准来判断果实的成熟度。如果蕉身棱角仍较明显则为七成以下饱满度（成熟度）；蕉果圆满但尚能见棱形为八成饱满；蕉果圆满无棱形则为九成以上饱满度。采收时的饱满度越高，收获的产量就越高，品质也越好，但越不耐贮藏。

2. 根据断蕾后的发育天数结合果棱角的大小来判断 4～6 月断蕾的蕉果一般需要 65～90 d 达到成熟度七八成；7～8 月断蕾的蕉果需要 90～100 d；9～10 月断蕾的需要 110～140 d；冬季断蕾则需要 150～180 d；12 月以后断蕾的蕉果，所需生长天数又逐渐缩短。

（二）适时采收

一般香蕉果指饱满度到六七成熟时催熟后基本可食，但如果饱满度超过九成，催熟后果皮易开裂。因此一般在饱满度七至九成之间采收。人们应根据市场对蕉指粗度的要求、运输距离远近、采收时期和预期贮藏时间长短等来确定采收的成熟度，即蕉指的饱满度。距离越远，运输所需的时间越长，采收的饱满度宜低。例如，采后用于远销和贮藏的香蕉，以七至八成的饱满度为宜；近销和就地销的以八成以上的饱满度采收为宜。1～3 月采收以八成熟为宜，4～5 月采收七成半熟，在 6～8 月采收，成熟度为七成熟即可。

（三）采收方法及注意事项

采收是生产的最后一个环节，如果采收过程中碰压、撞击和摩擦香蕉果实，将直接影响外观，降低品质和商品价值，还会在催熟过程中产生更多的乙烯，从而影响其他果实，因此采收和搬运中均应轻采轻放、轻搬运，避免擦伤或机械损伤。人工采收时，两人一组，一人托住果串，一人砍断果轴，砍后挂上吊运设备或装在垫有海绵的平板车上运走，采收过程要求果轴不着地、绝对避免果指机械伤。有条件的生产者多采用机械采收的方法。首先通过吊索把果穗运出蕉园，有的在采收时用起重吊臂勾住果穗，用做成双斜立面、加软垫的车厢把果轴运至加工场所。

此外，为延长香蕉贮藏期，减少贮藏过程中病害的发生，收前 15 d 蕉园严禁灌水，排干蕉园内畦沟内的积水。采收时机宜选择晴朗天气的 11:00 时之前，高温天气采收的果实温度太高不耐贮藏，浓雾天和下雨天也不宜采收香蕉，否则果梳易感染病菌而发生腐烂。

二、果实分级、包装与运输

采收后香蕉运回加工处理场后，通过一系列工艺处理后才能上升到商品。这些工艺流程大体为：果穗过秤→去除果指顶端残存的花器官→去轴落梳，剔除感染病虫害的果、伤果和参差不齐等不合格的蕉梳→洗涤→果梳修整后进行分级处理→防腐处理→晾干→包装与装箱→入库或发运。落梳去轴时用特制锋利的凹形落梳刀沿蕉梳与果穗轴连接处切下，用力适度，切口平滑。病虫果及伤果则易在贮藏期间产生大量乙烯，造成其他好果提前成熟，因此必须淘汰。分级处理根据品质、果体大小将香蕉分成不同等级，以形成标准化处理流程。其中，品质包括了香蕉完好度（指香蕉不过熟、不软化、无病害、无过多昆虫叮咬或抓伤、无过多风刮伤和机械伤）、果形正常度（指香蕉不过分弯曲、直、变形或复合果）和成熟度。果体大小包括了果指长度和围径。为防止采后容易出现的由真菌引起的变质腐烂，减少采后损失，在包装前，需要对经修整、分级后的果实进行洗涤和防腐处理。先将合格蕉梳放入 0.1%～0.2% 明矾水或 0.6% 的漂白粉中漂洗干净，捞起后进一步用保鲜药剂进行处理。目前主要用真绿色香蕉保鲜剂、扑海因（也可用施保克和特可多）1 000 倍液浸泡 2 min 左右。经清洗、防腐保鲜药剂处理、晾干、过秤后按等级进行装箱。

外包装用竹筐和纸箱两种。箩装主要以竹箩为主，包装时内衬 2～3 层再生纸或塑料薄膜，较小的蕉梳放置在下面，箩面装较大的果梳，蕉果装好后再封上一层再生纸，盖上木盖后用铁丝扎牢。箩筐取材易，成本低，但承受力较弱，蕉果在贮运过程中易受到机械损伤。纸箱是中高档的香蕉包装方法。装箱时在箱内衬垫聚乙烯薄膜，蕉梳果背朝上，紧密排齐，同时加入乙烯吸收剂与二氧化碳吸收剂，它们要用纱布或微孔薄膜袋小包装，然后置于包装蕉果的聚乙烯袋内。纸箱包装具有保护性能好、易于搬运和堆放、有利于商品装潢等特点。

我国的香蕉主要销往东北、华东、华北、华中以及西北等地区，多数采用火车、汽车及船舶进行运输。汽车运输具有灵活、方便、快捷等特点，成为主要的运输工具。在运输过程中，温度需要控制在 13～15 ℃。温度太高，香蕉呼吸作用加强，乙烯释放量增加，提早成熟。温度太低则易出现冷害症状。因此在高温季节运输时需要有冷柜等降温设备，而冬季运输时需要有加温设备。夏季运输如无降温条件，应在包装箱内放置乙烯吸收剂以降低乙烯含量，留有通风散热通道，顶部有遮阳防雨设备，做到快装快运。冬季如无加温设备，可在车厢或船舱内及顶部铺设棉被等保温材料，并关闭车厢或船舱的门窗。

第十一节　果实贮藏保鲜

一、贮藏保鲜的意义

尽管香蕉一年四季都可以采收，但我国部分蕉区地处亚热带地区，为了避开抽蕾开花期遭遇冬季低温寒潮，香蕉在一年中的收获期并不是均匀分布的，不同季节香蕉的销售价格差别也较大。在亚热带的香蕉产区，每年的 9～12 月是香蕉收获的旺季，而这一时期柑橘等其他水果也大量上市，因此香蕉的销售价格较低，而春季则是水果的淡季，此时香蕉的销售价格较高。为了达到周年供应或获得较高经济利益的目的，对香蕉进行贮藏保鲜仍然是十分必要的。

二、贮藏保鲜

香蕉的贮藏期长短与品种、栽培条件、成熟度、温湿度、病虫害、机械伤等因素都有密切关系。要想延长香蕉贮藏保鲜时间，必须从采前栽培技术着手，采后也要提供适宜的贮藏条件，采取一切可能的措施推迟呼吸高峰的出现，避免冷害的发生，减少乙烯的释放，从而最大限度延缓后熟期的到来，获得较长的贮藏寿命。

香蕉贮藏的条件主要包括温度、湿度及贮藏库中的气体成分与浓度等几个方面。

1. 贮藏温度　香蕉对低、高温都非常敏感，因此对温度的控制要求比较严格，目前一般采用的贮藏温度为 12～14 ℃，高于 15 ℃的温度会加速香蕉变软变黄。

2. 空气湿度　香蕉贮藏的最佳相对湿度为 90%～95%。湿度过高会导致贮藏期的病害发生严重，湿度过低则会加速果实失水。

3. 气体成分　适当控制贮藏环境中的 O_2、CO_2 和乙烯浓度有利于延长贮期，尤其是在气调贮藏过程中，特别需要控制好环境中的气体成分及其含量。O_2 和 CO_2 的适宜浓度分别为 2%～5% 和 2%～8%。O_2 浓度太低易出现低氧伤害，甚至造成无氧呼吸即发酵，过高的 CO_2 浓度会使香蕉中毒，因此必须用消石灰等降低贮藏环境中 CO_2 的浓度。此外，控制贮藏环境中的乙烯对香蕉的贮藏至关重要。香蕉是一种典型的呼吸跃变型水果，在采后成熟过程中会释放乙烯，常温下迅速出现呼吸跃变，使果实内部组织发生一系列成熟与衰老的生理变化。因此，香蕉贮藏期间应严格控制乙烯的浓度。常用的方法有用高锰酸钾吸收、用臭氧发生器放出的臭氧分解乙烯等。O_2、CO_2、乙烯三者是互相影响互相制约的，控制好 O_2、CO_2、乙烯，也就延缓了香蕉呼吸高峰的到来，从而延长了贮藏期。

三、香蕉催熟

虽然香蕉可以自然成熟，但整梳果甚至同一根果指都会出现青黄不一的现象，风味也不均匀。为了美观、优质的香蕉果实，生产上一般用催熟剂（乙烯利）对香蕉进行人工催熟。常用方法是用 40% 乙烯利配成浓度为 500～1 500 mg/L 的溶液喷果，然后密封 24 h。控制催熟时的温度是决定香蕉催熟是否成功的关键所在。一般温度控制在 18～22 ℃，温度超过 23 ℃，果实、果肉将先于果皮后熟，果肉品质较差，皮颜色差、暗淡，通常是灰绿色。如果温度超过 28 ℃会出现所谓"青皮熟"现象。严冬收获的香蕉生理成熟度较低，不易催熟，需要稍高的催熟温度（22～24 ℃）。其次，催熟时的空气相对湿度对颜色、新鲜度、耐运力等品质特性有重要的影响。湿度过高则果皮变"脆"，容易裂开，出现"掉指"（果指的蒂部断开）。如果湿度太低，在催熟过程中失水严重，颜色较差，伤斑显得更加突出。为防止这些现象发生，一般催熟的第一天，在密封条件下空气相对湿度接近 100%，第二至三天湿度宜控制在 90%～95%，之后为 80%～85%。一般整个催熟过程宜控制在 5～6 d，在果皮颜色转黄、果顶及指梗尚带浅绿色时上货架最佳，一般可零售 4～5 d。乙烯利浓度每相差 500 mg/L，成熟期可相差 1 d。此外，还要注意催熟房换气，CO_2 浓度不得超过 5%。

第十九章　杜　　果

概　　述

杜果（*Mangifera indica* Linnaeus）也称芒果，为漆树科（Anacardiaceae）杜果属（*Mangifera* Linnaeus）多年生木本果树，其果实外形美观，色泽诱人，肉质甜滑，风味独特，营养价值高，素有"热带果王"之美称。

杜果原产于印度和东南亚一带。据文献记载，印度为栽培杜果最早的国家，始于 4 000 多年前。我国栽培杜果的历史也较悠久，相传唐玄奘赴印度取经时，于 645 年（唐贞观十九年）从印度引入杜果；台湾地区于 1561 年（明嘉靖四十年）首次引进杜果。然而，杜果的大面积商品性生产，台湾省始自 20 世纪 50～60 年代，而大陆则迟至 80 年代中期。尽管商业性栽培历史不长，但杜果生产已在热区发挥着越来越重要的作用。据农业农村部南亚办统计，2018 年我国大陆地区杜果的种植面积达 27.82 万 hm²，产量达 226.81 万 t，产值达 105.26 亿元。

杜果果实营养价值高。根据我国杜果主产区几个主要栽培品种测定分析，果实果肉主要品质指标含量为可溶性固形物 14%～25%，糖 11%～19%，蛋白质 0.65%～1.31%，β 胡萝卜素 22.81～63.04 μg/g，同时，人体必需的微量元素硒、钙、磷、钾等含量也很高。

《食性本草》上载文说："杜果能治'妇人经脉不通，丈夫营卫中血脉不行'之症。"杜果特别适合于胃阴不足、口渴咽干、胃气虚弱、呕吐晕船等症状。成熟的杜果在医药上可作缓污剂和利尿剂，种子可作杀虫剂和收敛剂。果皮也可入药，为利尿、浚下剂。

第一节　种类和品种

一、种类

据相关资料记载，我国现有普通杜果（即栽培杜果，*Mangifera indica* Linn.）、泰国杜（*Mangifera siamensis* Warbg. ex Craib）、扁桃杜（*Mangifera persiciformis* C. Y. Wu et T. L. Ming）、冬杜（*Mangifera hiemalis* J. Y. Liang）、长柄杜果（*Mangifera longipes* Griff.）、林生杜（*Mangifera sylvatica* Roxb.）、香杜果（*Mangifera odorata* Griff）、锡兰杜果（*Mangifera zeylanica* Hook. f.）等 8 种，后面 7 个种与普通杜果有明显差异，食用价值不及普通杜果，但具有育种价值。

二、品种

（一）金煌杜

原产我国台湾地区，为白象牙与凯特杜杂交后代选育而成。现我国各主产区均有种植。

果实 4～5 月成熟，果大，通常单果重约 500 g，但大者可达 1～1.5 kg。长卵形，果形指数（长/宽）约 2。果肩小，斜平，果腹深绿色，向阳面（或果肩）常呈淡红色。成熟时深黄色至橙黄色。果皮光滑，果肉组织细密，质地腻滑，无纤维感（未成熟的生理落果经后熟也有甜味），果汁少，含可溶性固形物 15.3%～16.5%、总糖 13.4%～14%、有机酸 0.07%、维生素 C 153 mg/kg。种子扁薄，仅占果重的 5%～6%，肾状长椭圆形，种壳薄，种仁占种子的 1/4～1/3，偏上，单胚。

枝条长，直立，粗壮，但结果后下垂，形成开张的圆头形树冠。叶片大、长而厚，叶面平直，长椭圆披针形至长卵状椭圆披针形，长度通常是宽度的 4 倍左右，叶基圆钝，叶尖急尖，嫩叶淡绿色。老叶浓绿至墨绿色。混杂有白象牙杧与凯特杧叶片的特点。圆锥花序一般较长，常达 30 cm 以上，花梗紫红色，花朵较大，但较稀疏，花瓣浅黄色，谢前转粉红色，花药玫瑰红色。

该品种生长势强，具有早果、丰产、稳产特点，中熟。果实外观美，肉质腻滑，无纤维感。种子扁薄，可食部分高，但甜度稍低。对低温阴雨抗性较强。挂果期必须套袋使果皮变成金黄色，商品价值才好。是优质的鲜食品种（图 19-1）。

（二）贵妃杧（红金龙）

原产于我国台湾地区，1997 年引入海南。现全国各主产区均有种植。

果实 4～5 月成熟，通常单果重 400～800 g，但大者可达 1 500 g。果实长卵形，果形指数约 1.74。果肩斜平，果腹红色，向阳面（或果肩）常呈玫瑰色，成熟时底色黄色，盖色紫红色。果面光洁、果粉多，果肉厚，橙黄色，组织疏松，质地软，无纤维，肉质细滑，多汁，含可溶性固形物 14%、有机酸 0.08%，每 100 g 鲜果含维生素 C 11 mg。种子长卵形，占果重的 10%～15%，单胚。

树势较开张，叶片大、长而厚，叶面平直，长椭圆披针形至长卵状椭圆披针形，长度通常是宽度的 4 倍左右。叶基圆钝，叶尖急尖、嫩叶淡绿色，老叶浓绿至墨绿色。圆锥花序一般较长，常达 30 cm 以上，花梗紫红色。花朵较大，但较稀疏，花瓣浅黄色，谢前转粉红色，花药玫瑰红色。

该品种生长势较强，丰产稳产，果实外观美，风味品质上等，耐贮运和货架时间长，综合商品性好，是优质的鲜食品种（图 19-2）。

图 19-1 金 煌

图 19-2 贵妃杧

（三）白象牙杧

原产于泰国，现我国各主产区均有种植。

果实 4～5 月成熟，一般单果重 350～400 g。果实象牙形，果肩小、稍斜平，果背直或微弯，果腹突，果窝较深，果喙明显但较平，果顶略呈钩状，整个果实较圆厚，上部与下部差异较小，形状窈窕。成熟后果皮浅黄色或黄色，较光滑，果肉浅黄色或乳黄色，结构细密，纤维极少。种子弯刀状，较扁薄，纤维少，种仁占种壳的 1/3～2/5，多胚。

枝条粗壮、直立，枝条较稀疏，木栓化以后浅褐色至暗褐色。叶片大而较厚，通常叶面较平，椭圆披针形，嫩叶紫褐色至浅红色，刚老熟的叶片中脉常常呈红色的。圆锥花序中等至大，花序轴绿间红色，有2~3次分枝。花朵中等至大，花瓣浅黄色，以后转粉红色，花药玫瑰红色。两性花比例较高（22%~29%）。

该品种生长势较强，中熟，高产，果实外观好较吸引人，果皮厚耐贮运，货架寿命长，是优质的鲜食品种（图19-3）。

（四）台农1号

原产我国台湾，海南、广西各主产县市栽培较多，其他主产区均有种植。

果实3~5月成熟，宽卵形，单果重150~300 g，单株产量30~50 kg以上。果肩较小，腹肩凸起，背肩弯斜，果窝浅而明显，果喙大而钝。果皮成熟后粉红色或金黄色，光滑，密布白色斑点，并有分散的花纹。味香甜，皮厚耐贮运。种子单胚。

枝梢较粗壮、密，树势矮而壮。叶片椭圆披针形，叶缘呈大波浪状。圆锥花序长20~30 cm，有三次分枝，较紧密，花序轴间红色或红间绿色，花朵中等大，花瓣黄白色，彩腺黄色，两性花比例较高，一般占总花数20%以上。通常在春节前后开花。着果率和成果率较高。

该品种生长势强，适应性广，树体矮化，对炭疽病抗性强，较耐贮运，货架寿命长。结果较早，丰产、稳产、优质，是适宜发展的早熟鲜食品种（图19-4）。

图19-3 白象牙

图19-4 台农1号

（五）凯特

原产美国，于1947年从Mulgoba实生树选出的品种，在我国四川攀枝花和云南华坪等地栽培较多，其他省区有少量栽培。

果实4~5月成熟，果卵形，单果重800~1 300 g，果形指数1.3。果腹凸出，腹肩有明显的沟，有"果鼻"。果皮较光滑，密布小斑点。青果暗紫色，杂有暗紫色的晕，但在阳光充足的地方盖色粉红；成熟后底色黄绿，盖色鲜红。果肉黄色至橙黄色，组织细密，纤维极少，熟果香气怡人，果肉味甜、芳香，质地腻滑，纤维少，品质优。含可溶性固形物15%~16%，可食部分82.4%，种子仅占果重的5.5%。种子扁薄，椭圆形，纤维稀少，种脉凸出，种壳较薄。种仁肾状倒卵形，约占种壳的1/3，居中，单胚。

树冠广卵形，枝条长，节间也长，分枝少。叶片较大较平，有时叶缘反向下翘，卵状椭圆披针形，叶形指数3.8~4.0。叶缘微波浪，嫩叶淡绿色，老叶深绿色。圆锥花序长，常达30~40 cm，花枝较长而下垂。花序主轴较粗壮、绿色或红色，有短绒毛。花大，花瓣黄白色，凋谢浅粉红，彩腺橙红色，谢前转褐色，花药暗紫色。两性花比例中等较大。

该品种早结、丰产、稳产、晚熟优质。低温阴雨年份仍有收成，以花期干旱，阳光充足的地方种植较好，产量较高，果实外观较鲜艳（图 19-5）。

（六）金白花杧

原产泰国。在我国广西、云南和海南等地有栽培。

果实 5~6 月成熟，果实中等偏大，略呈梭状长椭圆形，果形指数 2.0~2.2。果肩小，近弧形，无果洼，腹肩凸起、果腹突出。果顶较尖小，果窝浅或无，果喙明显而钝。果皮光滑，有密花纹，成熟时金黄色，着色均匀，果粉中等。果肉金黄色至深黄色，味浓甜，芳香，质地腻滑，无纤维感。可溶性固形物含量 19.8%，全糖 17.6%，有机酸 0.181%，维生素 C 含量 26 mg/100 g，可食率 78.9%。种子长椭圆形、种壳薄、种仁小，仅占种壳的 1/3，居中，多胚。

叶片椭圆披针形，叶形指数约 4。基部近楔形，叶尖急尖，叶缘呈中至密波浪状。花序较大，一般长 25~30 cm 或更大，有三次分枝。花序轴黄绿间粉红色，花朵较密集、中等大小，花瓣黄白色，雄蕊多 1 枚，花药浅紫色。两性花比例 10%~20%。

该品种具早结、产量中等、中熟、品质特优、外形美观等特点。但在多雨地区产量不理想（图 19-6）。

图 19-5　凯　特　　　　　　　　　　　　图 19-6　金百花杧

（七）圣心

原产美国，在我国四川、云南和广西等地有栽培。

果实 4~5 月成熟，果实中等大小，歪圆形至宽卵形，果形指数 0.9~1.1。果肩小，无果洼。果腹凸出，果背弧形，果顶圆浑，果窝不明显或无，果喙大而较平。青果底色青绿盖红紫色，成熟果的颜色分别为黄色与深红色，在光线充足时红色覆盖面达 90% 以上。果皮较光滑，密布白色小斑点，常披果粉。果肉橙黄色，组织较细密，含可溶性固形物 15.8%、全糖 13.18%、有机酸 0.16%，每 100 g 鲜果含维生素 C 31 mg，可食部分 72%~82%。种子约占果重的 10%。

树冠圆头形，枝条较开展。叶片卵状椭圆披针形，嫩叶黄褐色，老叶深绿色，叶片较厚，叶面可见明显的网状花纹。花序圆锥形，具三次分枝，花序轴红间绿色，有短绒毛，花朵中等，花瓣黄白色，凋谢前转粉红色。彩腺橙黄色，凋谢前转褐色，花盘较大，山包状。雄蕊 1 枚，花药玫瑰红色或浅紫红色。两性花比例中等。着果率较高，但成果率中等。

该品种生长势较强、结果较早、丰产、迟熟。果肉味甜，有松香味，质地较细腻，品质中上。在干热地区开花结果较好（图 19-7）。

图 19-7 圣 心

（八）椰香杧（鸡蛋杧）

原产印度，我国主要在广东、海南和四川等地栽培。

果实 5～6 月成熟，平均单果重 120～150 g，但 3 月开花的果实有时可达 150～200 g 或更大。果实卵状至长椭圆形，果皮光滑，满布白色斑点，成熟时黄绿色或深黄色，果肉深黄色至橙黄色。由于果较小，形似鸡蛋，果肉又为深黄，故名"鸡蛋杧"。果肉组织细密，纤维少，溢汁也少。肉质腻滑，纤维极少，品质优。含可溶性固形物 16%～18%、全糖 15%～16.8%、有机酸 0.08%～0.16%，每 100 g 鲜果维生素 C 含量 13～23 mg，可食部分 60%～68%。种子占果实重量 13%～15%，长椭圆形，较饱满，种仁占种壳的 3/4～4/5，偏下，单胚。

枝条粗壮，萌枝力强，顶部腋芽常常能抽出 5～7 条或更多的枝梢，枝条绿色，常披白粉状蜡质层，有时蜡质层与煤烟斑相间。在过渡带常出现网状木栓花纹。通常叶片较小，披针形或椭圆披针形。叶基楔形，叶尖尖长，渐尖。花序通常为广圆锥形，花序轴浅绿色。花瓣淡黄色，谢华前转褐色，花药玫瑰红色。通常 2～3 月开花，两性花比例中等，但有时也很低，因年份和管理水平而异。成果率较高，常常成串结果。

该品种生长势较强、高产、优质，有椰香，但丰产年追肥不及时易导致大小年或隔年结果。适宜在冬春干旱、阳光充足有灌溉条件的地方栽培。

（九）桂热 82（桂七杧、田东青杧）

系广西从秋杧的实生变异单株中选育出的中熟品种。

果实长椭圆形。单果重 205～240 g，最大单果重 365 g。成熟果皮深绿色，后熟果皮淡绿至绿色。果肉黄色，纤维少，蜜甜浓香，肉质细嫩，每 100 g 成熟果含维生素 C 6.95 mg，可溶性固形物含量 23.6%，全糖 17%，可滴定酸为 0.51%，可食率约为 73%。叶片椭圆披针形，叶肉厚实，叶脉明显。花序卵圆锥形，长 24 cm，宽 17 cm，花梗紫红色。南宁市 2 月中旬花芽萌动，3 月中旬初花，4 月上旬盛花，7 月下旬至 8 月上旬果实成熟。

该品种品质极优，香气浓郁，带浓重的椰香味，是鲜食的上佳品种。

（十）桂热 10 号

原产广西南宁，是广西从黄象牙杧实生后代中选出的优良变异单株，在广西百色地区栽培较多。

果实较大，单果重 350～550 g，长椭圆形，果形指数 2。果肩小，腹肩微凸，几无背肩。果蒂基部凸出，果腹稍凸，果窝浅，果喙大而凸出，果背直落，果顶圆浑。未成熟时果皮略呈蟹青色，斑点大而较密，果肉深黄色，肉质稍细密，味甜，多汁，纤维中等或偏少。可溶性固形物含量为 19%～22%，可食率 71%～73.4%。种子长椭圆形。种仁较充满，多胚。

叶片中等或较大，椭圆披针形至卵状椭圆披针形。叶基楔形，叶尖渐尖，尖长。叶缘微上卷，常呈大波浪状。花序长圆锥形至圆锥形，花序轴紫红色或浅红色间绿色。彩腺深黄色，后转褐色。花药玫瑰红色。

该品种树势中等，晚熟，早结，高产稳产，品质中上。

（十一）三年杧（金杧果）

原产于云南德宏，西双版纳栽培较多，是云南省杧果主要栽培品种之一。

果实成熟期 6~7 月，平均单果重 120~200 g，果实肾形，果皮金黄色。果肉橙黄色，味甜而微酸，味香甜，汁多，纤维较多，品质一般。含可溶性固形物 15%~17%，可食部分占 72%~75%。

树势中等，树冠圆头形，树形紧凑，十年生树高 5~6 m。树冠呈扁圆形，分枝角度大，叶片椭圆披针形。花期 12 月下旬至 2 月下旬，两性花占 12.5%~16.7%。果核长形，种子多胚。在云南、广西、四川等地表现为高产。

该品种树势中等，适应性强，高产，品质一般。

（十二）水英达杧（缅甸鹦鹉杧）

原产于缅甸，我国广西 2000 年 6 月从缅甸引进。

在广西 7 月下旬至 8 月下旬成熟，为中熟品种。果实近纺锤形或长椭圆形，果形指数 2.1，平均单果重 280~350 g，最大果重 450 g。果洼明显，果嘴突出，属中果型，外形美观，皮厚光滑，成熟时金黄色。果肉橙黄色，肉细味甜，汁多，纤维少，品质极优。含可溶性固形物 19.1%~22.3%，可食率达 80.5%~82.0%。种子为多胚。植株生长势中等，树冠卵圆形。耐贮性强。

该品种具适应性强、抗病虫、易丰产、品质好、耐贮运等优点。可在花期干燥少雨地区做试验性推广。

第二节　苗木繁殖

一、砧木苗培育

（一）苗圃地的选择与整地

杧果苗圃应根据地下水位和地势的高低起畦，水位高、地势低应起高畦，一般畦长 10 m、宽 80~100 cm、高 20 cm，畦间 40~50 cm（地形地势不同畦的长宽可灵活掌握）。整畦时宜注意排水，因在育苗期的幼苗忌水，连续多日的浸水易导致幼苗发育不良或死亡。整畦时宜视土壤肥力状况，酌施腐熟的有机肥（一般施腐熟畜粪或堆肥 45~60 t/hm²）及过磷酸钙做基肥。

（二）种子采集和处理

做砧木用的杧果种子，以选用本地土杧种子为宜。土杧不仅与商业栽培品种亲和力强，而且抗性强，作为砧木嫁接成活率高。采果时要求母树高产且健康，选果形端正、发育正常、饱满且无病虫害的果实取种。

将食用或加工用果后的充分成熟的种子，置于水盆中洗净残肉，剔除浮水的种子，在通风处晾干（切勿在强光下暴晒，否则影响发芽率）。

（三）剥壳催芽

杧果种核较硬，直接播种发芽率低，长出的苗弯曲，畸形苗比例大；剥壳后播种发芽率高，长出的苗直立，畸形苗比例小。

1. 准备沙床　在树荫或 60% 的荫棚下，用干净的河沙修筑成长 10 m、宽 1 m、高 20 cm 的沙床，沙床间隔 40~50 cm 以便淋水管理，用 50% 多菌灵 700 倍液灌透沙床。

2. 种子剥壳　先用枝剪在种蒂处剪出一个小口（小心别伤到种仁），然后用枝剪夹住种壳一边，沿缝合线向下扭转，撕开种壳（不撕断），反过来再撕另一边，便可取出种仁。

3. 浸种　为了保证种子出芽率高且出芽快、整齐，种仁可用 1 g/kg 的高锰酸钾水溶液浸泡 1~

2 min，接着用赤霉素溶液（50～150 mg/kg）或清水浸泡 24 h。

4. 催芽　播种时种仁宜直立（不可平放播种），种脐朝下，种仁间隔 3～5 cm；用细沙盖过种仁 1～2 cm，用花洒桶充分淋水；以后每天淋水保湿。播种后约 9 d 可发芽。

（四）袋装苗培育

选规格为长 30 cm、宽 20 cm 的塑料袋，装入培养土。一般简易的培养土用肥沃的表土或干牛粪（堆肥）与土 3∶7 混合制成即可。将幼苗按每袋 1 株苗移入袋内，并装土淋水即可。如果不催芽，直接播种，可直接植入营养袋。

（五）砧木苗管理

砧木苗由于根系浅、弱，组织幼嫩，抗逆力差，易受病虫为害，因此必须加强保护和管理：①淋水保湿又不积水；②遮阴防日灼，最好在苗床上用 50%～75% 透光率的黑色遮光网搭荫棚；③防治病虫害，一般长出第二至三蓬梢时，病虫开始为害，主要的病虫害是横线尾夜蛾和炭疽病。

二、嫁接苗培育

（一）嫁接时间

当砧木培育到径粗达 1 cm 时，便可进行嫁接。嫁接时间可依气候而定，气温低于 20 ℃时不宜嫁接，否则成活率低，一年当中以 3～6 月为最适宜嫁接季节（海南 3 月气温已明显回升，其他省份可延长至 4 月），9～10 月次之，一般嫁接成活率都在 88% 以上。如果干旱，要在嫁接前 1～2 d 灌水，以提高嫁接成活率。

（二）接穗的采集和贮存

接穗必须采自品种纯正、无严重病虫害的母树。采接穗时，应在树冠外围选择向阳、无病虫害、粗壮、当年生成熟或半成熟直立枝条较佳，接穗成熟度须和砧木配合。不宜在正值开花、结果的植株上剪接穗，因此时植株正处生殖生长阶段，剪取的接穗不易接活。接穗采后立即剪去叶片（留一小段叶柄），并用拧干水的湿毛巾包扎好，做好标记。试验发现，采穗 1 周后（叶柄自然脱落后）再嫁接，成活率高。

（三）嫁接方法

杜果嫁接方法虽然很多，但在生产中一般只用芽接和枝接这两种方法。芽接又分 T 形芽接和嵌芽接；枝接分为切接、嵌接和舌接等。采用切接方法比较普遍，尤其是对高接换冠的树体基本采用此法。

（四）嫁接苗的管理

1. 去脚芽　即剪顶嫁接后，砧木嫁接口下部常会萌发不定芽即脚芽，必须去掉脚芽，以免影响接芽生长。

2. 补接　即嫁接 3 周后，要检查接穗是否成活，如果未成活，要及时补接。

3. 肥水管理　即苗圃要经常保持湿润，在干旱时要及时灌水，而有积水时要尽快排除，并在嫁接 1 个月开始，隔月施肥一次，要勤施薄肥，逐月提高施肥浓度。

4. 防治病虫害　幼苗时期，病虫害容易发生，特别是横线尾夜蛾和炭疽病，要注意防治。

三、苗木出圃

苗木出圃前，应对苗木的品种、数量、质量进行核实标记，制订苗木出圃计划。杜果起苗分带土起苗和不带土起苗。带土起苗可采用起苗器进行，起苗时保留直径 15～18 cm 的土团，并用稻草或麻袋包扎好泥团，然后立即剪去 1/2 的叶片；不带土起苗，要在起苗前 1 d 灌透水，以免起苗时须根折断，起苗后立即剪去 2/3 的叶片和嫩梢，再用稀泥浆蘸根，按 10 株一小扎、50～100 株一大扎捆好。如要远途运输，则用编织袋或塑料袋包裹根部。

第三节　生物学特性

一、根系生长特性

(一) 年周期中根系生长活动

杧果根系生长活动可周年进行。在热带地区，只要土壤不是过分干旱，根系可以周年生长。在亚热带地区，由于低温、干旱的影响，根系的生长活动会出现短暂停滞，致使杧果叶片易出现卷叶，叶色较淡，失去光泽，显现缺素等症状。但当根系一旦恢复正常生长活动后，上述现象会随之消失。

(二) 根系与地上部分生长的关系

在年生长周期中，杧果根生长一般会出现两个明显的高峰期（旺盛生长期），并与地上部生长高峰期交替出现。在早春新芽萌发前，由于土壤温度低或干旱，根系活动弱，生长少。以后随着气温升高，雨水增多，但由于春梢生长、夏梢抽发、开花结果等地上部分活动一直处于旺盛阶段，故根系生长一直处于低潮。根系生长第一次高峰出现在果实采收后、秋梢抽发前，此时树体负担减少，如果土壤水分充足，根系会迅速地转入生长活动高峰期，为秋梢抽生打下基础。但此期时间甚短，随着秋梢的抽发和旺盛生长，根系生长又转入低潮。秋梢停止生长后至冬季低温来临前，根系生长进入第二个高峰期，此时树体养分充足，气温适宜，高峰期长，根系生长量大，为早冬梢抽生与翌年花芽分化、开花结果等打下物质基础。在秋旱严重的地区，土壤水分是此期根系活动的主要限制因素。在高峰期即将来临前灌水、施速效性肥均有助于高峰期的到来与旺盛进行。以后，随着温度下降根系生长逐渐停止，下层土壤的根在冬季较温暖的地区仍可继续生长，直至花序大量萌发时。

由于根系活动旺盛，促进了当年枝叶大量生长，有机养分与激素的积累，反过来又促进了根系的旺盛生长。如果当年过量结果，或枝叶遭受病虫危害等，生长不良，都可影响到树体对根系有机养分的供应，从而使根系生长活动受到抑制并给地上部分带来不良影响。

(三) 不同土层根系活动情况

在不同深度的土层中，各层根系的生长活动也有交替的现象，这是因各层土壤温度、湿度、通气条件不一所致。上层土壤温度复升较快，降温亦较下层早，故上层根系生长活动高峰期到来较迟、结束也晚，整个生长期较上层根系时间长。

(四) 根系生长与环境条件和管理的关系

根系生长发育除直接受制于地上部分有机养分的供应外，也与环境条件特别是土壤条件密切相关。环境条件可以影响根系的形态结构、分布与生理活动机能，从而牵制地上部分的生长、结果与果树寿命。

土壤温度、水分和通气条件是根系能否生长与生存的主要因素。土壤养分会影响到根系生长活动的旺盛程度、生长期长短、须根的密度等。为使根系生长发育良好，必须通过栽培管理给根系创造良好的环境条件。

杧果树在栽植前挖穴施肥，就是为了给种植后的幼树根系生长发育准备疏松、通气、养分、水分充足的环境条件，以利幼树根系快速扩展。在果树生长过程中，每年还必须随果树扩展情况进行深耕扩穴改土，增施有机肥，改善土壤水、肥、气、热条件，促进根系生长良好。果树衰老时切断骨干根，重施有机肥，以疏松土壤、增加养分，可复壮根系。

杧果在矮化密植栽培时，为使幼树早结果，种植穴可适当浅些，定植时切断主根与垂直向下的根系，限制垂直根生长，用浅施肥、铺面肥、树盘覆盖等诱使水平根生长。在年生长周期中，为促进早春根系活动和使秋季根系生长高峰期及时到来，增加土壤有机质，树盘覆盖、松土，早春和即将采果前施速效性肥，土壤干旱时适当灌水等措施都是十分有效的。

二、枝梢生长特性

杧果枝梢多在 2～3 月开始生长，直至 11～12 月停止，一个单枝每年可抽生枝梢 2～5 次，幼树更多。杧果抽生的梢按季节可分为春梢、夏梢、秋梢、冬梢，各次梢的抽生时间每一单枝有先后差异。杧果叶芽萌动、伸长后，进入枝梢生长。枝梢生长的全过程：顶芽幼叶伸出芽外，同时外围鳞片脱落，节间伸长，幼叶展开增大、转色，顶芽出现，叶片淡绿到深绿（完全停止生长、枝梢老熟），历时 1～2 个月，过程长短主要视气温而异。在雨水充足、气温较高的夏秋季多为 30 d 左右。

（1）春梢。2～4 月萌生的梢，分 1～2 批抽生。多于花芽萌发的同时或稍后抽生，极少在花芽萌发前抽生。开花多的树抽生少，反之则多。在整株树结果少时，开花后未坐果的枝梢会很快又抽梢一次，开花结果多的树此时多不抽生。

（2）夏梢。5～7 月抽生。此时温度高、水分足，抽生的枝壮旺，抽生时期各单枝极不一致，有些单枝可连续抽生 2 次以上，就整株树而言，可连续不停抽生新梢，特别是幼树、青年树，夏梢多而旺，也是造成落果的主要原因。在生产上常采用抹除 5～6 月抽生的夏梢，以提高坐果率。成年结果树结果多时，抽夏梢极少而弱，或不抽生。

（3）秋梢。8～10 月抽生。此时温度、水分适宜，又是采果后，壮旺树可抽生 1～2 次梢，且抽生时期一致。对我国种植的大多数品种来说，秋梢是翌年的结果母枝，因而培养粗壮的秋梢具有重要意义。

（4）冬梢。10 月以后抽生，在 10 月中下旬至 11 月上中旬，气温高的栽培区可迟至 11 月下旬至 12 月初。抽生的早冬梢，是晚熟品种的优良结果母枝，但此时由于树体弱或土壤干旱等原因，往往不易抽生。如能在 10 月用追施肥料、灌水等措施促进早冬梢大量抽生，对翌年产量极为有利，但以后低温来临，抽生的梢不利于花芽分化。对于我国海南、广东等产区的结果树，基本采用控制冬梢生长的方法以促进花芽分化。

枝梢在转色前的生长是枝梢生长的关键时期，它决定叶片的大小、厚薄、转绿快慢以及叶的功能。但此期叶片尚未转绿，光合作用极弱，枝梢生长的养分主要依靠下部枝条贮藏的和成熟叶制造的养分供应。因此枝梢生长强弱除和品种遗传性有关外，与其基部梢的粗壮程度和此次萌芽长枝的数量、树体健壮程度、树冠上成熟叶片的数量以及萌芽时的土壤管理等密切相关。故在栽培管理上，特别是剪枝、施肥等措施可依据此生长规律调节枝梢生长势，如采取萌芽前追肥、萌芽后抹梢、弱枝少留、壮枝多留嫩梢等办法。

杧果芽的萌发与枝梢生长具有较强的顶端优势，由于顶芽萌发生长，常会抑制侧芽萌发生长。顶芽直立向上而粗壮，近顶部侧芽次之，越是下部芽越难萌发，甚至不发，枝条角度也依次加大。如果人工破除顶芽，可以促进侧芽萌发、生长，因此幼树栽培管理上常利用人工摘除顶芽或新梢剪顶，促进分枝，增加枝梢量，加大分枝角度，减弱单枝生长势，以达到早结果、早丰产的目的。

杧果每次梢顶端的多张叶片和芽集中排列，近似轮状，同时由于枝生长顶端优势和芽的异质性共同作用的结果，枝干上分枝出现相对集中分层排列，使得杧果树冠具有较明显的层次。在树冠整形修剪时常利用此特点，以利于树冠内的通风透光。

三、开花与结果习性

（一）花芽分化

枝梢生长发育形成的叶芽和花芽，原本是由同一分裂组织分化而来，只有发育到一定时期后，一部分芽由于内外因素变化的影响，才表现出与叶芽在生理上、形态上的不同，此变化过程称为花芽分化。花芽分化是果树年生长周期中最重要的生理活动。

杧果花芽分化的时间，因品种、地区、气候、栽培管理等因素的不同而变化，有的可早至头年的

8～9月，有的则晚至翌年的1～3月，个别部分可延至4～5月。但无论在任何复杂的情况下，花芽分化时期都有如下几个共同规律：

（1）杧果花芽分化时期并非集中于短期内，即使同一品种、同一植株上也不可能同时开始、同时结束，而是在一定的时期内分批、分期陆续分化花芽，因品种、环境条件而异，可以持续2～5个月。由于杧果一年多次抽发新梢，造成了枝梢在发育上和所处环境条件上的差异，影响花芽分化在时间上的差异，即使同一时期抽发的新梢，也会因为所处的内外条件不同，停梢迟早不同，枝梢发育进程有异，而影响花芽分化期。

（2）杧果花芽分化期受气温、土壤水分的影响明显。冬季晴朗，温度较高，土壤湿润，花芽分化期提前，分化进程加快；低温、阴雨或土壤过度干旱，则花芽分化期推迟，分化进程减慢。杧果花芽无休眠期，整个分化过程（花原基出现，花枝、花蕾、花器官分化）与芽萌动、萌发、伸长、开花同时按次序进行。

（3）杧果花芽分化期，虽因枝梢生长期因不同年份气候而异，但就品种而言，在同一地区，气候又相对地稳定，故其分化盛期仍有相对稳定性。早熟品种分化期早，晚熟品种分化期迟，同一品种不同年份分化盛期时间上相差15～30 d。

（4）在花芽形态分化以前有一个生理分化期。在此时期芽从外形上看正进入萌动状态：芽鳞片开始松动，芽顶略现鲜绿，芽内生长点的细胞处于极不稳定状态，对内外因素高度敏感，是易于改变芽的性质、控制花芽分化的关键时期，故栽培上的促进花芽分化的措施，必须在冬春芽萌动前进行，最迟也不得超过芽萌动初期，否则无效。因此，这一时期又称为芽分化的临界期。外界条件特别是适当低温，在此时期是决定花芽数量的关键。

（二）影响花芽分化的因素

1. 花芽分化与枝叶、根系生长的关系　结果树必须有大量、优质的枝叶生长，才有形成花芽的物质基础。树体中的养分首先要满足其枝干、叶、根系、果实生长后，有多余的养分才可能供应花芽分化的需要。因此幼年树要想早结果，树体必须健壮生长，具有足够的叶片和发达的根系；成年树每年均应有生长良好的枝叶，树势稳定；非绿色部分的大干粗枝与绿叶比例不能过大，以减少树体消耗；秋梢（或早冬梢）结果母枝要及时停止生长，以利养分积累和各类激素水平的变化及根系正常的生长活动，才有可能由营养生长转向生殖生长。凡是管理正常的果园，翌年花序量多而健壮，而多年失管的果园，开花大量减少或几乎不开花。

此外，枝梢的分枝角度也会影响到激素的分布、枝条的长势，从而影响芽的性质。杧果直立枝顶端优势强，生长素含量高，乙烯含量低，花芽不易分化；下垂枝与直立枝相反，斜生枝、水平枝顶端生长素含量依次下降，故采用开张枝角度、扭枝、环割、喷洒乙烯利等生长调节剂药物都可延缓枝条生长，促进花芽分化。

2. 开花结果与花芽分化的关系　开花结果会消耗大量养分，从而影响枝梢生长、养分的积累、根系活动和各种激素间的消长关系。杧果开花过多使春梢抽生，使秋梢抽生少、弱，根系活动差，即使大量增施速效性肥料，根系也难于吸收，从而导致养分积累不够，有利于花芽分化的激素如脱落酸、乙烯、细胞分裂素等含量降低，故翌年花芽分化量减少，花序质量下降。

3. 环境条件与花芽分化的关系

（1）光照。杧果是喜光果树，在充足的阳光条件下，花芽分化期提前，枝梢花芽分化率高，开花提前，坐果率也较高。在同一树上，南北向的花芽化率和开花早晚均有差别。这是因为光照的强弱、长短，会影响到杧果枝梢的生长、树体的光合性能和激素的合成与分解，从而影响花芽分化。

（2）温度。温度会影响杧果营养生长的强弱、停梢的早晚。杧果花芽分化前和分化初期要求适当低温，以利于枝梢停止生长并通过生理分化期。因此，秋冬气温的高低和变化幅度会影响到分化期到来的早迟以及分化持续时间。杧果芽从开始分化至第一朵小花开放，是连续进行的，这一时期的长短与当时气温密切相关。根据华南热带作物研究院在海南的观察，从开始分化到第一朵小花开放需20～33 d。此外，气温还会影响花芽分化的数量和质量。在芽萌动至萌发初期，气温骤然升高，易萌发叶芽和混合花序，甚至使开始分化的花芽又转向枝叶生长；在春梢生长前期，气温骤降，也可使其正在生长的顶端转变为花芽；早期分化的花序，一般气温较低，多为纯花序；冬春持续较长期的低温，也可导致花芽数量减少，这是因为长期较低温，枝梢虽无明显寒害，但树体抗御寒冷耗费贮藏养分过多，影响了花芽分化。

（3）水分。充足的水分会促进营养生长，反之，过分干旱会抑制营养生长，妨碍有机营养物质的产生与积累，间接影响花芽分化。在花芽分化临界期以前适当干旱，有利于枝梢停止生长，提高细胞液浓度，有利于花芽分化，但过分长期的土壤干旱，特别是刚进入结果期，根系分布尚浅的小树或矮密栽培条件下的杧果树会减少花芽分化的数量与质量，因过分干旱抑制了枝梢顶端芽的萌动和树体内部的生理活动，从而影响到芽在此期所必需的其他外部条件的感受，以及一些成花激素的合成等。

（4）矿物质养分。枝梢抽生过弱、过旺都不利于花芽分化。秋梢抽生前和停长后适当施氮肥，有利于枝梢生长、转绿和及时停长，并有利于氨基酸、激素等的合成，但忌过量施氮和偏施氮肥。磷、钾的供应对糖与蛋白质的合成有利，可增加花量。

（三）花序抽生

杧果结果母枝一般都是当年生的夏梢、秋梢和早冬梢，只要能停止生长，其上不再抽生嫩梢，均有可能成为结果母枝。除此之外，头一年的结果母枝，其上未抽新梢者，多年生枝（多为上部受伤后）、早春花芽分化前抽生的春梢嫩枝，也均有可能成为结果母枝。但在我国大多数杧果产区，结果母枝主要是秋梢。

结果枝上主要是顶芽抽生花序，顶芽、侧芽同时抽生的较少。当顶芽受到伤害时，附近的侧芽可能代替顶芽分化花芽，抽生花序。顶芽抽生花序后，由于寒害或早花而行人工去除花序，腋芽仍有可能再度分化而抽生花序（花穗）。花序再生力的强弱，品种间有较大差异，可作为品种稳产性的标志之一，如金煌、贵妃、桂热82号等品种再生力强，多次抽生，在各地表现稳产。

原生花序去除后气温低则易再次分化花芽，否则不能再生，花序再生力强的品种，应用人工摘除早期花序，促进腋芽萌发，可在一定程度上推迟开花期，避过低温阴雨对开花的影响。

花期是品种的重要特性。一般早熟品种花期较早，迟熟品种花期较迟。从我国大多数杧果产区的气候条件看，花期的早晚与品种的稳产性有极密切的关系。同一品种具体年份的花期早晚与花芽分化过程的气温有关，气温高，分化进程快，则开花期提早，同时也与树体营养有关，小年之后的树，开花早，丰产后的树开花相对较迟。秋梢停梢的早晚、人工摘花等，凡是影响花芽分化始期与花序发育进程的因素，均对花期有不同程度的影响。

杧果花期的另一特点是花期长。从第一个花序开花至最后一个花序开花结束，有的品种历时半年以上。一个花序从初花期至末花期需10～45 d。开花期长短与气温有密切关系，气温高，开花期短，反之则长。花序中下部的花先开，然后逐次往上、往下推移。

杧果两性花在花序上占总花数的百分比（简称花性比）因品种而异，高者可超过70％，低者仅1％。同一品种在不同地区、不同年份和不同花期，花性比都会有变化。这些变化明显地受气温的影响，在花器分化后期温度适宜，则子房发育良好，温度过高、过低均使子房在发育中受抑制，部分子房退化，形成雄花。由于树体营养的差异，不同树体、不同枝条、不同树龄花性比也会有变化，一般晚抽生的花序比早生者两性花比率高，大年树比小年树高，生势壮比生势弱高，花序上中部比下部高，即使出现这些变化，但花性比仍不失为品种的重要特性，因为在各品种情况基本相同时，两性花比率高的品种仍保持较高水平，低者仍较低。一般花性比太低的品种，开花期天气温暖晴朗，尚能正常结实，但遇低温阴雨，则开花多、结实少的现象比其他品种严重，故此，品种花性比常年不足10％者，不宜用作经济栽培。

（四）授粉受精与坐果

1. 授粉受精与落果　杧果全天均有花开，但以 9:00 左右开花最多。一般花药开裂散发花粉以 9:00～11:00 最多。杧果小花从花瓣展开至柱头干枯历时约 1.5 d，柱头接受花粉以当天为好，某些品种只在花后 3 h 内授粉具有最大受精能力，开花后 6 h 传粉已无意义。

杧果开花后，已授粉受精的子房迅速转绿并开始膨大，未经授粉受精的在开花后 3～5 d 内凋谢脱落。由于内外因素的影响，杧果的两性花大部分也在受精前后脱落，即使如此，杧果因花量大，如能保证传粉和受精过程顺利通过，在坐果初期可见到一个花穗上仍有小果几十个，甚至超过 100 个，但由于果实生长期落果不严重，到果实采收时其熟果率仅 0.1%～1%。

杧果从开始坐果到快速生长期结束这段时期中均可能有连续不断的落果，落果数达初期坐果数的 95% 以上。果实生长减缓后坐果也已基本稳定。杧果谢花开始坐果后 2～3 周内落果的绝对数量最多，这时落果主要是因受精不良或幼胚死亡所致。此后落果，有的品种则到分果期（大、小果明显区分，小果脱落）后基本停止。此期落果与树体养分分配有关。大多数品种在果实生长后期，如无病虫危害，不再继续落果，但有少数品种在采收前 2～3 周，又会出现落果。

2. 影响落花、落果的因素

（1）环境条件。温度对开花结果的影响最大。在花序伸长、花器发育期间，温度对花粉的发育有重大影响。此期最适宜的温度是 15～30 ℃，夜间温度低于 10 ℃ 所产生的花粉粒活力会大大下降，且随低温严重程度与持续时间而加剧，即使随后开花时天气转好，仍会导致坐果率下降。杧果正常授粉受精，坐果的温度应在日平均 20 ℃ 以上，以 22～32 ℃ 最适宜，温度不足会在一定程度上影响坐果，影响昆虫传粉、花药开裂、花粉粒萌发、花粉管伸长、胚囊发育与受精，还会在幼果期影响幼胚发育，使幼胚死亡、落果或出现无胚果，但开花期间温度超过 35 ℃ 以上并伴随着干旱，又会加速花柱、花粉粒干枯，从而危及坐果。杧果花对阴雨、日照不足、雾等也极度敏感，阴雨、高湿可使花药延迟开裂或不开裂，干扰昆虫传粉，加重病虫发生，影响叶片光合作用等，造成落花落果。栽培晚花品种，推迟花期，避过低温阴雨天气，是提高坐果率的最有效途径。

（2）树体营养。杧果正常授粉受精过程中，除需要有花粉萌发和受精的正常外界条件外，花器官的良好发育也是十分重要的。树体内糖与含氮物质的积累、激素等的供应都对花器官发育有影响。因此，造成树势衰弱的各种因素都会间接影响花器官发育，如秋梢生长弱；冬春大量落叶；叶片被病虫危害；叶片少开花过多或春梢抽发量大于抽花量；氮、磷、钾、硼、锌等某种元素不足等。保证结果树树势健壮、科学合理施肥是提高坐果率的重要措施，适当调节花量与春梢比例也会有利于坐果。

果实快速生长期树体营养分配失调是加剧落果的关键。如夏季雨水过多；偏施氮肥，促使夏梢大量抽生旺长，导致新梢与果实间争夺养分的矛盾尖锐化；树冠过分郁闭，光照不足；弱树结果过多；或因虫害大量损失叶片，树体养分供不应求也会促使果实落果加剧。对弱树增强其树势，营养生长期增施有机肥、氮肥和配合适量磷、钾；冬季防干旱保护根系；防止落叶；对开花过量适施磷、钾肥；冬季防干旱保护根系；对开花过量结果过多的进行疏花疏果；在结果期，增施磷、钾肥，人工摘除夏梢；对树冠郁闭树，特别是结果量不足的旺树，在幼果生长期适当疏除部分营养枝、增加树冠光照、防治病虫等都是行之有效的保花保果技术措施。

（3）品种。品种内在的遗传性是决定坐果率的重要因素，如花期的早晚。根据我国大多数杧果种植区域的气候条件分析，早花品种除少数年份外，都很难顺利通过授粉受精过程。坐果率与品种关系密切，在花期气候条件基本能满足时，品种间坐果率有较大差异。据广西农学院多年观察发现，不同品种在同一条件下坐果率有较大差异。同一品种不同年份，由于内外因素的变化（树体养分、气候），坐果情况也发生变化。但就历年观察结果看，平均花穗坐果数量的高低，是品种的一个重要特征，在一定程度上反映了品种的生产性能。此外，有的品种有雌雄异熟自花不亲和现象，即使自花能孕的品种，用其他品种的花粉也能提高坐果率。

四、果实发育与成熟

（一）果实生长动态

杧果果实从幼果开始膨大增长至果实成熟，需80～150 d，因品种和气候条件而异。如果实生长后期遇高温、干旱可加速成熟，果实生育期缩短。杧果果实的生长规律与其他核果类的两个生长高峰不同，杧果仅出现一次快速生长，起初（授粉受精后不久）生长缓慢，以后生长速度逐渐加快，达最大速度。2个月后，其果径已达成熟时果径95％左右，随着体积的增长，重量也相应地增加。以后体积增大速度减慢，至成熟前2～3周（有些品种更早）增大基本停止。在体积减慢生长期，内果皮开始逐渐硬化，直至成熟时达最大硬度。在果实成熟前3～4周，果实纵径与横径已基本停止增加，但果实厚度与重量仍在增长，尤以重量增加更多，直至成熟采收时结束。成熟前果实比重小于1，成熟时比重达1.01～1.02。

杧果果实成熟时的体积、重量是品种重要特征，且与该品种的商业性密切相关，但同一品种在不同地区，同一地点的不同年份、不同栽培水平、甚至不同树体、枝梢，果实大小会有所变化，甚至在某些情况下变化较大，这种变化是决定果园产量的重要因素之一。

（二）种子生长动态

杧果种子的生长曲线与果实一样，初期生长缓、中期加速、后期慢至停止，且生长高峰期两者也是同步进行。种子的快速生长有助于果实的快速生长，因为种子的生长发育过程中合成多种激素，以保证果实不脱落和继续生长。果实生长初期生长速度缓慢，是因为种子尚未发育成形，后种子快速生长发育，果实也进入生长高峰期，到后期种子进入生理成熟阶段，内果皮开始变硬，逐步形成果核，此时果实生长减缓，直至逐步停止，由此可见，种子的生长发育与果实增长有相当密切的关系。杧果有些品种幼果在低温影响下胚发育受到障碍，可形成无种子果实，或用生长调节剂促使坐果，也可形成无种子果实，但这些果实由于无种子生长，绝大多数至采收时也不能增至该品种果实应有的大小。因此，保证授粉受精和胚初期发育阶段顺利通过，是种子形成并发育的前提，而种子则是果实生长所需激素的主要源泉。

（三）外界条件

土壤水分影响枝叶生长和光合能力、根系活动，从而间接影响果实大小。前期果实内水分占总重的80％～90％，随着果实增长，含水量虽有下降（80％左右），但果内水分绝对量是大量增加的。果实中期和后期增重和增长，需要充足的水分。

温度影响杧果授粉受精以及胚的发育，及果实前期的细胞分裂，因此是影响果实增长的主要因素。

光照影响光合产物的形成，尤以果实生长中后期影响显著，不但影响果实大小，还会影响到品质、外观、贮藏性等。

第四节　对环境条件的要求

一、土壤

杧果根系较深，粗长，对土壤要求不严，从水田到坡地的各种土质都可种植。但是，以排水条件好、土层厚（2 m以上）、pH为5.5～7.5、通气良好的松软沙壤土为好。土壤过于肥沃，易引起植株营养生长过旺，不利于结实；土质黏重，易于板结，通气性差的瘦瘠土壤，必须深翻改土，重施有机肥才能使杧果发育良好。

二、温度

温度是决定杧果自然分布的主要因素。杧果性喜高温干燥而不耐严寒，能忍受的最低温度为1～

2℃，0℃以下的温度将导致植株死亡。一般认为，年平均温度21℃以上，最冷月均温度不低于15℃，终年无霜的地方比较适宜发展杧果生产。杧果生长的有效温度是18～35℃，枝梢生长的最适温度是24～29℃。温度影响杧果花芽分化的数量、质量和进程。实验表明，高温（白天30℃，晚上25℃）对营养生长有利，中温（白天25℃，晚上19℃）对开花不利，低温（白天19℃，晚上13℃）对杧果花芽形成有促进作用，但是，花芽分化速度随着温度的降低而减慢。

杧果的抗寒力依品种、繁殖方法、树龄、树体状况而异。不同品种抗寒力有差异，有的品种能经受-5.6℃时的霜冻而不受损伤，而有的品种在-2.2～-2.8℃时严重受冻。花序对低温的反应，品种间也稍有差别。嫁接苗的抗寒力低于实生苗。当夜间气温降至5℃以下并出现凝霜时，花序和幼树局部叶片受寒害而发黑。气温降至0℃左右时，生势较弱的幼苗地上部分和成年树的花序与嫩梢会枯死，大树树冠外围的叶片也会受冻伤，若低温持续时间较长时，甚至一至二年生枝都有可能被冻死。但树体对低温有较强的耐受能力，气温下降至-3℃左右，如持续时间不长，虽枝叶会受严重冻害，但还不至于全株死亡。据华南热带作物科学研究院调查，在年平均温度17.9℃，1月平均温度7.4℃，绝对最低温度-5℃（常年在-2～-3℃）的浙江平阳地区，杧果仍能生长和结果，只是营养生长缓慢、产量低，因此绝对低温低于-3℃为时很短，且非常年出现的地区仍有杧果栽培。

在高温的夏季，枝梢生长快且生长量大，冬季生长慢且生长量少。适当的低温干旱有利于花芽分化，但花芽分化后需要高温来缩短花序发育时间，有利于提高两性花比例。如海南最低温度出现于1～2月，其平均温度为15～17℃，杧果花期及幼果期若处于低温天气环境中，将影响昆虫授粉，不利于坐果，且病虫害严重。日平均温度高，可使花期缩短，产期提早；反之，温度低，则花期会延长，产期也将延缓。

温度也影响杧果花的性别表现，当花芽进入形态分化时，气温高有利于分化成两性花，特别是早熟品种，两性花的比率受气温高低的影响出现较大幅度的波动。气温高开花期短，只有15～20 d；相反，温度低则需要30～35 d。温度不但影响到杧果的开花，还影响坐果和果实发育，花期气温在15℃以下时，授粉受精会受到影响，甚至花序枯死，幼胚死亡；温度如高达35℃以上，并伴随干风，会抑制雌蕊发育，小花和果实会遭受日灼。

三、水分

杧果对于土壤水分的耐旱性及耐湿性均很强，一般年降水量在700～2 000 mm的地区均能生长良好，但忌连续阴雨及大气湿度太大。周年降水量高且频繁时，将使植株营养生长速度快，导致结果少、产量低。开花期若逢下雨，雨水会将花粉冲掉，同时不利昆虫活动，影响授粉。幼果期至果实肥大期间为需水量最大的时期，降雨的水分和人工灌溉的水分均能促进果实的生长。

就产量而言，降雨总量虽然重要，更重要的是降雨分布情况，在花期、果实生长期以降雨量少为好。一般认为有灌溉条件的雨量较低的地区种植杧果最好。降水量少的地区杧果产量稳定、病虫少，果实外观好，也较耐贮运。我国发展的晚熟杧果商品基地四川攀枝花、云南华坪等地就是低降水量地区，可是缺乏灌溉条件，限制了杧果产量进一步提高。杧果在花芽分化前、花芽分化期及开花期均忌阴雨连绵、大雾、空气湿度大而光照不足的天气，土壤有充足的水分供应，但若频繁降雨，空气、土壤过分潮湿，易造成病虫害流行扩散，危及果实外观与贮藏性。空气适当干燥，阳光充足，有利于花的开放和传粉昆虫活动，促进授粉受精和坐果，减少炭疽病、蒂腐病的发生及尾夜蛾、短头叶蝉、瘿纹的滋生和繁衍，使得花和果实少受病虫害侵害，坐果率高，果实生长发育好，果实色泽光洁，品质好，耐贮藏，利于保鲜。久旱骤雨，会引起严重裂果。结果树采果后秋梢生长期，要求土壤有充足水分，若干旱会影响秋梢生长和恢复树势，从而危及花芽分化，是造成隔年结果的主要原因之一。若冬季缺水，影响杧果顺利越冬，促使冬春大量落叶，危及开花结果，导致减产。

杧果幼苗阶段，要求有充足的水分供应，雨水较多时苗木生长速度加快；如供水不足，生长缓慢，抽梢次数减少。

四、光照

杧果是喜光果树，充足的阳光有利于杧果幼树萌芽抽梢和展叶，可提高叶片的光合作用，增加光合产物积累，从而有利于加快幼树的生长和提早结果；另外，可使成年树花芽分化期提早，花芽分化质量好、数量多，有利于授粉受精，坐果好，产量高，品质佳，着色好。一般树冠向阳面花穗多，开花较早，结果也多，外观品质优良；而枝叶茂密、通风透光差的内部结果较少，且易发生病虫害，落果严重，果实外观、品质差，不耐贮。但过强光照伴随空气湿度过小或土壤干旱，果实向阳面会遭受日灼；如光照不足，病虫害多，光合作用差，营养积累少，花芽分化晚，开花也晚。杧果幼苗需在较荫蔽条件下才能生长良好，在强光照下杧果苗生长减缓，叶片发黄。

五、风

杧果树体高大，根深叶茂，枝条较脆，抗风能力中等，大风和台风常会折枝或整株树被刮倒。杧果果实较大，果柄较脆，在果实较大的阶段，大风（6 级以上）会造成严重落果或果枝损伤，引发病害，影响果实外观，降低商品果率，但矮化密植果园对大风的抵抗力大大加强，8 级以上风速才能造成大量落果或树倒。

但是，过于郁闭、空气不流通的果园，树冠交叉，相互遮阴，空气湿度大，果实常受叶片摩檫损伤，病虫害严重。总之，杧果树适宜微风常吹、空气流通、空气湿度较低的开阔地带生长。

第五节 建园和栽植

一、建园

（一）园地选择

选择园地时，注意杧果栽培的最适宜温度是年均温 20 ℃以上，最低月均温度 15 ℃以上，绝对最低温度 0.5 ℃以上，基本无霜日或霜日 1～2 d，阳光充足，基本无台风危害；杧果可种在坡地上，也可种在平地上。一般南向坡光照充足，果树生长良好，果实色泽、风味佳。坡地果园的坡度应小于20°，土层深厚，土质疏松，较肥沃，pH 6.5 左右，水源充足；平地果园要选择在地下水位低、排水方便、地势较开阔地方建园。对于坡度较大果园，水土保持工程较大，宜造林防水土流失。

（二）园地规划

包括小区划分、防护林、排灌系统、道路系统和辅助设施等。

1. 小区划分 小区面积 2 hm²，长方形，长边沿等高线走向。

2. 道路规划 主干道宽 4～6 m，设在园地中部把果园分成若干大区，与园外道路相接；支道3～4 m，设在小区之间与主道相连；便道可在每小区内，每隔 3～4 行果树，设一加宽行作为便道（加宽 1～2 m）。

3. 排灌系统 排水沟分为直向排水沟和横向排水沟，直向沟除利用天然沟外，大型果园每隔100 m设一条 50 cm×60 cm 深宽直向沟，横向沟可结合主支道路两侧设置并与直沟相连。坡度大于15°的果园应在果园顶和果园山脚下各开一条环山拱沟，深 60 cm，宽 100 cm，果园要安装引水、提水系统。

4. 防护林系统 平地果园每隔 400 m，与道路、小区结合植 6 行主林带 1 条，在主林带的侧向每隔 700 m 植 2 行副林带。树种选择马占相思、刚果桉。株行距为 1.0 m×2.0 m。山地果园则在山顶分水岭上种植水源林和主风口或果园四周造防护林，防护林带内应种植蜜源植物。

5. 辅助设施　果园应规划管理用房、包装场、药物配制室、生活用水电设施等。

采用宽行窄株定植，推荐株行距 3 m×（4～5）m 或 4 m×（5～6）m。同一地块应种植单一品种，避免混栽不同成熟期品种。坡地种植应等高开垦，大于 20°的坡地不宜种植。

（三）园地开垦和改土

平地果园开垦较简单，按一定的面积划分小区，规划好道路和防护林带，按种植密度定植，挖种植沟或种植穴。山坡地果园可开梯田或按等高线种植。

开垦梯田时，可与挖种植沟结合起来。种植沟以宽 1.0 m、深 0.8～1.0 m 为好；利用生土筑梯田埂，表土回填种植沟。虽然挖种植沟比较耗工耗料，成本也较高，但改土效果好，对果树生长有利。在生产上按面宽 80 cm、深 70 cm、底宽 60 cm 挖穴，要求定植前半年挖好。

挖好种植沟和穴后，可进行压青改土。具体方法是先压一层厚 15～20 cm 杂草或绿肥，再压一层约 30 kg 猪牛粪或 50 kg 堆肥，面上撒一层石灰粉和 1 kg 磷肥，然后盖一层表土，如此重复 2～3 次，最后培高种植穴面土 15～20 cm，让杂草等有机物分解腐烂，穴土沉实后再种植，一般从挖穴到定植需要 3～6 个月。

二、栽植

1. 栽植时间　多在春、秋两季进行，特别是 3～5 月最好。此时气温平和，阴雨天多，湿度大，大风少，成活率高。营养袋育的苗，虽然随时都可以种，但是仍以春、秋两季为好。不管是裸根苗还是营养袋苗，种植时一定要避开枝梢生长期，在枝梢开始生长前或枝梢老熟以后种植为宜，否则成活率极低。

2. 栽植密度　应视品种、地势、土壤状况而定。树冠高大直立的品种应种植疏一些，如象牙杧的株行距为 4 m×5 m。一般采用宽行窄株定植，推荐株行距 3 m×（4～5）m 或 4 m×（5～6）m。

3. 栽植方法　种植前，先挖开一个 30～40 cm 深的穴，将袋装苗轻轻放入穴内，去除塑料袋。裸根苗需将根系分层自然伸展，分层盖回表土，轻轻压实，苗高以根颈高出地面 5 cm 为准，再盖上一层约 10 cm 的松土，并将土堆成内低外高、形如锅底的土堆，以便淋水。然后，用草覆盖树盘，淋足定根水。在常风较大地方，种植时要将芽接面迎向来风方向，并在树干旁立一支柱，绑住树干，以增强抗风力，以免强风吹倒植株。种植后，要加强淋水，勤施薄肥，随时检查成活情况，及时补苗，提高果园成林率及整齐度。

第六节　土肥水管理

一、土壤管理

（一）土壤改良

在土壤瘠薄、结构不良、有机质含量低的地区，应进行土壤改良。一般采取深翻改土措施。

每年在植穴或树冠外围深翻、扩穴、压青。7～9 月青肥旺盛生长，是深翻压青的好时机。深翻压青要有计划进行，第一年在穴的东西两边深翻，第二年在南北两边，第三、第四年周而复始。一年扩两边穴，若干年后全园就都作过一次以上深翻改土了。每次在植穴或树冠叶幕下挖长 80～150 cm、深与宽各 40～50 cm 的施肥沟，每条沟压入绿肥或青草 50 kg，厩肥或土杂肥 10～20 kg，过磷酸钙 0.5～1.0 kg，再回入表土。施肥沟开始短些，随着树冠扩大而加长。实践表明，经深翻施有机肥的植株根群较发达，植株生长也旺盛，产量也较高。

（二）培土

培土具有增厚土层、保护根系、增加营养、改良土壤结构等作用。我国南方杧果种植地区高温多雨，土壤流失严重。因此加厚土层既保护了根系，又有施肥的作用。培土每年都要进行。土质黏重的果园，应培含沙质较多的疏松肥土；含沙质较多的果园，应培塘泥、河泥等黏重的土壤。培土的方法是把土块均匀地分布全园，经晾晒打碎，通过耕作把所培的土和原来的土壤逐步混合起来。培土的厚度要适宜，过薄起不到培土的作用，过厚不利于杧果树的生长发育。

（三）间作

间作物要有利于杧果树的生长发育。一般可间作花生、菠萝、豆类或绿肥等。在种植密度较高的果园，一般只能在定植的当年间作作物，最好种绿肥。

（四）覆盖

在杧果根圈盖草或利用间作物覆盖地面，可抑制杂草生长，增加土壤有机质，防止土壤板结，保持土壤团粒结构以增加通气性，还有减少蒸发和水土流失、防风固沙的作用，可缩小地面温度变化的幅度，改善生态条件，有利于杧果树的生长发育。

（五）中耕

中耕是在秋季对杧果园进行浅锄，使土壤保持疏松透气，促进微生物繁殖和有机物氧化分解，短期内可显著增加土壤氮素；中耕还能切断土壤毛细管，减少水分蒸发，增强土壤的保水的能力。同时，还能消灭大量的杂草，减少病虫的滋生。中耕的深度一般为 $20\sim40$ cm，过深伤根，对杧果生长不利；过浅则起不到中耕应有的作用。中耕时期，一般应在果实迅速增大下垂至采果后，可中耕 $2\sim3$ 次。

二、施肥管理

（一）幼树施肥

1. 基肥 定植前 $2\sim3$ 个月挖穴，施入绿肥、腐熟有机肥等，常规穴按 80 cm×70 cm×60 cm，每穴施入绿肥 25 kg、腐熟有机肥 $20\sim30$ kg、磷肥 1 kg、生石灰 0.5 kg。之后第二年和第三年，每年 $7\sim9$ 月结合土壤改良施有机肥，施肥量与之相同。

2. 追肥 在施足基肥的情况下，定植当年少施或不施化肥。

土壤为沙土，树龄 2 年，每梢一次肥，每次用量为尿素 100 g＋硫酸钾 50 g。春梢、夏梢、秋梢萌动前分别施一次有机肥，用量为每株 10 kg＋钙镁磷肥 0.5 kg。

土壤为壤土或轻黏土，树龄 2 年，3 月、5 月、7 月、9 月 各施化肥一次，每次用量为尿素 200 g＋硫酸钾 100 g。春梢、夏梢、秋梢萌动前分别施一次有机肥，用量为每株 10 kg＋钙镁磷肥 0.5 kg。

土壤为沙土，树龄 3 年，每梢一次肥，每次用量为尿素 200 g＋氯化钾 100 g。春梢、夏梢、秋梢萌动前分别施一次有机肥，用量为每株 15 kg＋钙镁磷肥 0.5 kg＋石灰 0.5 kg。

土壤为壤土或轻黏土，树龄 3 年，3 月、5 月、7 月、9 月 各施化肥一次，每次用量为尿素 250 g 和氯化钾 150 g。春梢、夏梢、秋梢萌动前分别施一次有机肥，用量为每株 15 kg＋钙镁磷肥 0.5 kg＋石灰 0.5 kg。

建议用稀薄腐熟粪水或沤肥与化肥交替使用，减少化肥使用量，每株施用粪水 $15\sim20$ kg。

（二）结果树施肥

推荐施肥量为每生产 1 000 kg 果实，施用氮肥 25.84 kg，磷肥（以 P_2O_5 计）9.3 kg，钾肥（以 K_2O 计）29.84 kg，钙肥（以 CaO 计）12.5 kg，镁肥（以 MgO 计）5.0 kg。

1. 采果前后肥 占总施肥量的 40%，其中有机肥占 80%，磷肥全部，其他肥占 40%。在树两侧滴水线内侧挖宽 30 cm、深 40 cm 的沟各 1 条，每年交替，将树盘杂草填入沟底，推荐施肥量为每株施厩肥 $20\sim30$ kg，三元复合肥 $0.5\sim1$ kg，钙镁磷肥 $0.5\sim1$ kg，尿素 $0.1\sim0.2$ kg，硼砂 50 g，生石灰 $0.5\sim1$ kg。

2. 催花肥 占总施肥量的 $10\%\sim15\%$，推荐施肥量为末次秋梢老熟雨季结束前结合断根施入饼肥 1 kg，磷钾二元复合肥 $0.2\sim0.5$ kg。

3. 谢花肥　开花后期至谢花时施用，占总施肥量的 15％～20％。推荐施肥量为三元复合肥 0.3～0.4 kg，尿素 0.1～0.2 kg。

4. 壮果肥　谢花后 30～40 d 施用，占施肥量的 30％～35％。推荐施肥量为每株在三元复合肥 0.3～0.5 kg，氯化钾 0.5 kg，花生饼肥 0.2～0.5 kg，粪水 1～2 次，每株每次 15～20 kg。

5. 叶面肥　在秋梢转绿期、花蕾期、幼果发育期各追施 2～3 次，间隔期 7～10 d。

三、水分管理

水分是杧果生长健壮、高产、稳产、连年丰产和长寿的重要因素。必须适时进行灌水和排水，以满足杧果生长发育的需要。

1. 灌水　杧果每年对水分的需要量很大。新植的幼树根系浅，主根不发达，对水分的需求只能靠灌水。灌水的方法，先是锄松树盘的表土，等灌足水后，再盖上一层松土。

2. 排涝　土壤积水对杧果生长影响很大，首先是杧果根的呼吸作用受到抑制，其次是妨碍土壤中微生物的活动，从而降低土壤肥力。所以，在降水量大的产区应做好排水工作。一般平地杧果园的排水系统，主要有明沟排水和暗沟排水两种。

第七节　花果管理

（一）植物生长调节剂的使用

使用植物生长调节剂时必须按规定的使用浓度、使用方法和使用时间，不应使用未经国家批准登记和生产的植物生长调节剂。

用作控梢促花的植物生长调节剂，推荐浓度为乙烯利 200～300 mg/L，15％多效唑每平方米树冠土施 6～8 g，叶面喷施 800～1 000 mg/L。

用作保花保果用的植物生长调节剂，推荐浓度为赤霉素 50～100 mg/L，萘乙酸 40～50 mg/L。

植物生长调节剂进行叶面喷施时应加入中性洗衣粉、表面活性剂等提高药效。

在收获前 1 个月应停止使用植物生长调节剂。

（二）疏花、疏果

对开花率达末级梢数 80％以上的树，保留 70％末级梢着生花序，其余花序从基部摘除，对较大的花序剪除基部 1/3～1/2 的侧花枝。

谢花后至果实发育期，剪除不挂果的花枝以及妨碍果实生长的枝叶；剪除幼果期抽出的春梢、夏梢。

谢花后 15～30 d，每条花序保留 2～4 个果，把畸形果、病虫果、过密果疏除，减少套袋后空袋数。

（三）果实套袋

果实套袋在第二次生理落果结束后进行，一般在谢花后 40～50 d 开始。一般红色果皮的品种用白色单层袋，黄色果皮品种选用外黄内黑双层袋。套袋时期不可过迟，以免影响套袋效果。套袋前修剪，疏除病虫枝、交叉枝，使其通风透光，另行疏果，并剪去落果的果梗；套袋前果面喷施杀菌和杀虫混合剂及叶面肥 1～2 次。果实上药液干后再套袋，而且需在 2～3 d 内作业完毕，不要间隔太久。套袋前，果袋用杀菌和杀虫混合剂浸泡消毒，晾干后使用。在下雨天或清晨果实露水未干时勿套袋。

套袋时封口处距果实基部果柄着生点 5 cm 左右，封口扎紧。

采收时不要立即除袋，须连袋一起采下，待运至包装场分级包装时才除下，以防果实擦伤及果粉脱落。

红杧类品种应在果实着色后再套袋，套袋后在采收前 15 d 去袋增色。

第八节 整形修剪

一、树形

杧果不同品种有不同的树形。目前栽种的品种大致有以下 3 种类型。

1. 椭圆形 树形高而直立，在自然生长条件下形成椭圆形的树冠，高度大于冠幅，主干粗壮，骨干枝直生，如象牙杧、金煌杧等。这类树从苗期定植抽芽后就应抓紧整形，可在苗木离地面 40～60 cm 处短截主干，促进分枝，从中培养 1～2 条长势均匀、粗壮的骨干枝，用人工牵引、修剪等措施抑制枝条的直立性，使枝条斜生，形成较开展的椭圆形树冠。

2. 圆头形 树冠开展，株高与冠幅相近，自然生长下形成圆头形树冠，主干明显而短，分枝粗壮，疏密适度，椰香杧等大多数属这一类。在苗期，要强化一级枝，通过短截、修枝等措施，使一级枝成为强健的骨架，以期形成既开展、矮生，又不易下垂的树冠。

3. 扁圆形或伞形 树矮，主干短，分枝低，枝条容易下垂，自然生长下形成扁圆和伞形树冠，植株高度小于冠幅，如秋杧等属此类型。对此类型树，要适当疏剪过多的枝条，培养 3～5 条生长均匀的主枝，使之形成理想的树形。

二、不同年龄期树的修剪

（一）整形方法

1. 短截

（1）轻度。轻剪末级梢部分密节芽，或第二级梢密节芽上端剪去整条末级梢，对中等以上枝使用。

（2）中度。在末级梢或第二级梢密节芽下发枝 1～3 条，针对弱枝使用。

（3）重度。在第二级梢甚至第三级梢枝条基部小叶片处短截，发枝 1～2 条，对特别旺枝使用。

2. 疏剪 短截后抽发过多梢时或树冠过密时，将过密枝、过弱枝、重叠交叉枝条从分枝基部剪除。发枝力强的品种应以疏枝为主，短截量占总末级梢 1/3，短截后促弱芽萌发。

3. 抹芽 与疏剪相似，但在幼梢期进行与轻短截配合使用。

4. 摘心 在新梢未老熟前，将最嫩部摘除，与轻剪相同。

5. 拉枝 拉主枝加大与主干分枝角度，促均匀分布。

6. 修剪期和修剪量 在整个生长季节均施行。

（二）幼树期修剪

幼树期的修剪是为了培养好的树形，主要树形有以下两种：

1. 自然圆头形 多用摘心、抹芽、拉枝弯枝，而少用剪枝。

（1）定干。50～70 cm 摘心或剪顶，促分枝。

（2）主枝。留 3～4 个新梢作为主枝，其余抹去。

（3）树形培养。主枝长 40～50 cm 摘心，促侧分枝，侧枝留 2 条 30～40 cm 时剪顶，促第三级分枝，依此类推，形式自然圆头树形。

2. 主枝分层形

（1）定干。主干高度 50～70 cm，摘心，促分枝。

（2）选主枝。第一层主枝，留 1 条直立强枝作为中心主干，其余 2 条拉枝使之与中心主干成 60°～70°角度，均匀分布。中心主干长到距第一层主枝 100～120 cm 高时，剪截促分枝成第二层主枝，如此类推形成第三层主枝，树干控制在 3 m。各层主干错开成"十"字形。适用于干性强、长势旺的品种，如青皮、白象牙、红象牙等。

（3）侧枝选留。第一层主枝上留 3～4 个芽为侧枝（副主枝），第一侧枝距中心主干 40～60 cm，侧枝之间 20~25 cm，在侧枝中保留 1 条作为延续主枝，待长到距第一层侧枝 40~50 cm 留第二层侧枝，第二层主枝上侧枝 1~2 条。

(4) 其他。骨干枝选定后，其余扰乱树形的枝剪除，但中心主干上的自然枝每次可保留 1~2 条作为辅养枝。

(三) 初果树修剪

1. 采果后修剪 疏除影响主枝生长辅养枝，重叠枝、交叉枝、病虫枝。短截结果母枝，过长、过旺枝。

2. 发梢期修剪 对抽发的春梢，较晚夏梢第一次、第二次秋梢进行摘心，抹芽，每次梢保留 2 条。花芽分化前，对影响树形的竞争枝、徒长枝、病虫枝除去。

3. 花期和果期修剪 对末花期和坐果期抽发的晚春梢和早夏梢抹去。对花枝不足，末级梢数 60% 的树春梢也除去。但花枝数占末级梢数 60% 以上的树春梢可保留。第三次生理落果后疏剪无果花梗和畸形果、病虫果，靠在一起的果、败育果等。

(四) 盛果树修剪

1. 采果后 疏除过密枝、病虫枝、枯枝、弱枝、衰老枝和下垂枝。回缩交叉枝、重叠枝。短截结果母枝，强枝轻剪，弱枝中剪，密度大和无绿叶母枝疏剪。

2. 发梢期 秋抽发后抹芽，第一基枝留 1~3 条，弱树留强枝，中等树留中等，强壮树留弱梢。第二次梢留 1 条。

3. 花期 去除过多花序，保持 10% 末级枝无花，每梢一个花序，如抽出多个花序应在 5~6 cm 时疏去。开花不足 50% 的树，抹除花果附近春梢，其余保留一条春梢 2~3 片叶摘心，对夏梢全部抹除。

注意：开花坐果期只能疏剪不能短截。

4. 果期 每一母枝保留 1~3 个果。继续抹除营养枝和夏梢。

第九节 病虫害防治

一、主要病害及其防治

(一) 杧果炭疽病

1. 为害症状 为害杧果的苗木、嫩梢、嫩叶、花穗、幼果和成熟果实，严重时引起落花落果落叶、枯穗、枯梢，果实变质腐烂。在叶上，初期出现褐色小斑点，周围有黄晕。病斑扩大后成圆形或不规则形，黑褐色，数个病斑融合后形成大斑，使叶片大部分枯死。嫩叶受害后病斑突起，有时穿孔，叶片扭曲。花序感病后产生黑褐色小点，扩展形成圆形或条形斑，多在花梗上。严重时整个花序变黑干枯，花蕾脱落，杧果全部或部分不开花。未熟的果实感病后，产生黑褐色小斑点。若果柄、果蒂部分感病，则果实很快脱落。较大青果受侵染后常产生红点，但通常不会产生典型的坏死病斑，成熟的果实感病后，果面变黑，果肉初期变硬，后变软腐。潮湿的天气下，产生淡红色孢子堆。在嫩枝上产生黑色病斑，病斑扩展，形成回枯症状，病部产生小黑点 (图 19-8)。

2. 病原 病原菌为炭疽菌属真菌胶孢炭疽菌 [*Colletotrichum gloeosporioides* (Penzig) Penzig et Saccardo，主要病原] 和尖孢炭疽菌 (*Colletotrichum acutatum* JH. Simmonds，次要病原)。

3. 发生规律 病菌在枯枝落叶的病死组织上可存活 2 年以上，条件适宜时形成大量的分生孢子，借风、雨或昆虫传播，从寄主孔或伤口侵入。潜育期 2~4 d，全年均可发生，3~5 月气温 25~30 ℃ 时，该病易发生流行。

4. 防治方法

(1) 农业防治。结合修剪除去病枝、病叶，边同落地的枯枝落叶一起集中烧毁，树体喷洒 1：2：100

的波尔多液 2～3 次，减少侵染来源。选用抗病品种，如 R2E2 和金煌等。

（2）化学防治。在新梢、花序刚抽生到果实采收前等杧果感病期间做好化学防治，防治药剂有 50％硫菌灵 700 倍液，50％多菌灵 700 倍液、65％代森锰锌可湿性粉剂 600～800 倍液等，其他药剂有苯醚甲环唑、醚菌酯、腈菌唑、肟菌酯、春雷霉素等。

（二）杧果细菌性黑斑病

1. 为害症状　嫩叶感病后，最初出现水渍状小点，后扩大成不规则黑褐色斑，常受叶脉限制，呈多角形病斑，周围有黄晕；嫩茎感病后失色、变黑、皮开裂、流胶；果实感病后开始出现水渍状小斑点、流胶，后扩大呈圆形或不规则形黑褐色斑病，呈小粒状突起、质硬，中央常有裂缝，边缘有黄晕。病害严重时，引起大量落叶和落果（图 19-9）。

图 19-8　杧果炭疽病果实为害状

图 19-9　杧果细菌性黑斑病为害状

2. 病原　病原菌为黄色单胞菌科黄单胞菌属细菌野油菜黄单胞菌杧果致病变种 [*Xanthomonas campestris* pv. *mangiferaeindicae* (Patel et al) Robbs et al]。

3. 发生规律　病菌靠风雨传播，从伤口、自然孔口侵入。该病发生在雨季，暴风雨后病害发生更为严重。

4. 防治方法

（1）农业防治

① 做好防风。营造防风林或杧果园建在林地之中，减少台风暴雨袭击，可减轻发病。

② 做好果园清洁。收果后结合修剪，剪除病枝叶并把地面上的病枝、病叶、落果收集烧毁。在发病季节，随时注意剪除病枝、病叶。果园修剪后，应尽快用波尔多液喷施，以封闭枝条上的伤口。每次大风暴雨后就严重流行，因此因在每次下过暴雨后喷一次 1％波尔多液。

③ 是搞好田园卫生，适时套袋保护果实。

（2）化学防治。在嫩梢和幼果期要喷药保护嫩梢、幼果。防治药剂有 1％中生菌素水剂 300 倍液、40％氧氯化铜悬浮剂 500 倍液，2％春雷霉素水剂 500 倍液、50％氯溴异氰尿酸可溶性粉剂 1 000 倍液（同类产品还有三氯异氰尿酸和二氯异氰尿酸），或者 33.5％喹啉铜悬浮剂 1 500 倍液，注意药剂轮换使用，避免产生抗药性。

（三）杧果枝干流胶病

1. 为害症状　感病部位流出胶滴，初为乳白色，后转为棕褐色，剥开病部外皮，可见形成层和邻近组织变成褐色至黑色条纹，条纹在皮层内上下扩展，形成纵向黑色条斑，树皮破损，枝条枯萎。幼苗多在芽接口和伤口处感病，组织坏死，造成接穗死亡。

2. 病原　病原菌为拟茎点霉属半知真菌杧果拟茎点霉（*Phomopsis mangiferae* S. Ahmad）。

3. 发生规律　病菌在病组织内度过不良环境，条件适宜时便产生孢子，经风雨传播，由伤口侵入。下雨时，相对湿度 80％以上，温度 25.9～31.5 ℃，该病最易发生流行，引起大量枝干流胶和枯梢。

4. 防治方法

（1）农业防治。结合修枝整形，清除该病组织，刮除病组织后，涂抹 10％波尔多液或铜素杀菌剂的糊剂。

（2）化学防治。定期喷 1％波尔多液或 70％甲基硫菌灵 1 000 倍液。

（四）杧果露水斑病

1. 为害症状　该病主要为害果实和嫩梢，果实上的病斑初呈暗黑色或灰黑色霉斑，圆形或近圆形，直径 2～15 mm，病斑处的果皮呈现油渍状，病斑逐渐扩展，并相互愈合，严重时间全果变为污黑色，后期病部表皮出现粗糙龟裂，但病部局限于表皮，不为害果肉。新抽的枝条在老熟后表面产生相似的病斑。

2. 病原　病原菌为枝状芽枝霉（*Cladosporium cladosporioides*）。

3. 发生规律　较高的温度和田间有露水、高湿的环境有利于病害的发生，而物候期一致、清洁的果园病害发生较少。果实发育后期，雾大、露水重、降雨，容易诱发该病。

4. 防治方法

（1）农业防治。保持果园通风透光，清洁果园，铲除杂草，增施有机肥、磷钾肥，避免过量施用化学氮肥；通过催花、修枝或抹花技术调整果实生育期，避免采摘期处于多雨潮湿的季节。

（2）化学防治。高温高湿季节为病害易感病时期，可使用 50％甲基硫菌灵可湿性粉剂 800 倍液、25％苯醚甲环唑 2 000～3 000 倍、25％腈菌唑乳油 3 000～4 000 倍液、40％氟硅唑乳油 3 000～5 000 倍液、250％吡唑醚菌酯乳油 3 000～4 000 倍液等药剂，间隔 10～15 d 喷药，喷雾要均匀，连续使用 2～3 次。

二、主要害虫及其防治

（一）茶黄蓟马

1. 为害特点　茶黄蓟马（*Scirtothrips dorsalis* Hood）成虫和幼虫均为害花，吸食花的汁液，严重时受害花蕾干枯，影响开花和坐果（图 19 - 10）。

2. 形态特征　雌成虫体长 1.1～1.2 mm，体褐色，触角 7 节，褐色，第三节色略淡。前翅灰色，基部色淡。雄虫与雌虫形体基本相似，体略小，长 1.0～1.1 mm。

3. 生活习性　一年发生 10 多代，多时达 19 代，10 d 便可完成 1 代，世代重叠。成虫、若虫群集于花穗为害。花期，特别是盛花期，如遇高温干旱，危害最严重。

4. 防治方法

（1）农业防治。加强梢期肥水管理，促使植株放梢整齐，并应加强控制冬梢、春梢。

（2）化学防治。发现此虫为害时可喷洒 20％速灭杀丁或 2.5％敌杀死 4 000 倍液，也可选用 24％万灵水剂 1 000 倍液，5％在鱼藤精乳油 1 000～1 500 倍液，10％氯氰菊酯 1 500～2 000 倍液进行叶面喷雾，施药间隔为 7～10 d，可连续施药 2～3 次。上述药剂应交替使用，以延缓害虫产生抗药性。

图 19 - 10　茶黄蓟马为害状

（二）杧果扁喙叶蝉

杧果扁喙叶蝉（*Idiocerus incertus* Baker）又称杧果短头叶蝉、杧果褐叶蝉。

1. 为害特点　以成虫、若虫聚集于杧果花芽、花穗、嫩梢、嫩叶和幼果上刺吸组织汁液，致使被害叶片畸形及至脱落，幼芽、花穗枯萎，幼果脱落，严重影响杧果的生长和产量。雌成虫在花芽、花梗、叶芽、嫩梢及幼叶叶片主脉上产卵，亦使这些部位受害。此外，虫体排出的蜜露还可引致煤烟病的发生，致使枝、叶及果实表面呈污黑色，影响树的生势及果的品质（图19-11）。

2. 形态特征　成虫体长4~5 mm，体宽短，长盾形。头部短而阔，前翅青铜色，半透明，前缘中区黄色，后方和翅端各有1个长形黑斑。卵长椭圆形，微弯，长约1 mm。初生乳白色，半透明，后变土黄色。末龄若虫体长4~5 mm，土黄色，头大，腹部黑色，背面前方有1个大黄斑。

图19-11　杧果扁喙叶蝉

3. 发生规律　在海南1年发生8~9代，世代重叠严重。次年春季杧果抽芽开花时，即进行交尾产卵，卵产于嫩芽、嫩梢、嫩叶中脉的组织内，数粒或10多粒成行斜插在表皮下面，并分泌胶质物遮盖产卵口，使外表突起。孵化时，若虫从表皮下钻出，使表皮裂开。3龄前若虫以嫩梢、花序为食，4~5龄若虫以老叶为食。成群聚集为害，盛发于花穗、幼果和抽梢期。在海南一年有2个虫口高峰期，即2~5月和8~9月。

4. 防治方法

（1）农业防治。加强栽培管理，合理修剪枝条，也可用生长调节剂控梢使新梢期一致，减少叶蝉的食料桥梁。

（2）化学防治。盛蕾期、幼果期、秋梢期是防治关键时期，用50%稻丰散乳油1 000~1 500倍液、90%晶体敌百虫1 000倍液、80%敌敌畏乳油800倍液体、20%速灭杀丁乳油或10%高效灭百可乳油6 000~8 000倍液喷雾。上述药剂可轮换使用。

（3）生物防治。注意保护天敌。果园中的蜘蛛、猎蝽、螳螂、捻翅虫和某些卵寄生蜂都是叶蝉的天敌，注意保护利用。

（三）杧果叶瘿蚊

杧果叶瘿蚊（*Erosomyia mangicola* Shi）又称杧果瘿蚊。

1. 为害特点　以幼虫咬破嫩叶表皮钻食叶肉，甚至为害嫩梢、叶柄和主脉。被害处呈浅黄色斑点，近而变为灰白色，最后变为褐色而穿孔破裂。严重时，叶片卷曲，枯萎脱落。伤口容易感染炭疽病等病害（图19-12）。

2. 形态特征　雄成虫体长约1 mm，草黄色。足黄色，翅透明。触角14节，第五节基球部半球形，端球部球形，基球部和端球部各有10个左右的轮生环丝。雌成虫体长1.2 mm，草黄色。触角14节，各节有2排轮生刚毛。卵椭圆形，一端稍大，无色，长约2 mm、宽约0.6 mm，有明显体节。蛹椭圆形，黄色，长约1.4 mm，外面有一层黄褐色薄膜包囊。

3. 发生规律　该虫在广西南宁地区1年发生15代。每年4~11月均有发生。11月中旬后，幼虫入土3~5 cm处化蛹越冬。第二年4月上旬前后羽化出土。出土当晚开始交尾，次日上午雌虫将卵散产于嫩叶背后，成虫寿命2~3 d，卵期约2 d，初孵幼虫在嫩叶内咬食叶肉。幼虫期约7 d，第五天后幼虫落地入土化蛹。幼虫怕干、怕强烈阳光，干燥或暴晒2~3 h即死亡。

4. 防治方法

（1）农业防治。注意修枝整形，保持良好通风透光，适时清园松土，破坏其化蛹场所。

（2）化学防治。在新梢嫩抽出期，喷施 20％速灭杀丁或 10％安绿宝或 2.5％敌杀死 2 000～3 000 倍液，7～10 d 喷一次，每次稍喷 2～3 次。严重时，结合土施 5％辛硫磷颗粒。

（四）杧果切叶象甲

切叶象甲［*Deporaus marginatus*（Pascoe）］又名剪叶象甲、切叶虎等。

1. 为害特点 成虫咬食嫩叶上表皮，留下下表皮，使叶片卷缩、干枯；雌虫在嫩叶上产卵后，在近基部横向咬断，留下刀剪状的叶基部（图 19 - 13）。

图 19 - 12 杧果叶瘿蚊为害状

图 19 - 13 杧果切叶象甲

2. 形态特征 成虫体长 4～5 mm，红黄色，有白色绒毛。喙、复眼、触角黑色。鞘翅黄白色，周缘黑色，每个鞘翅上有 10 行纵列的粗密深刻点，刻点上着生白色毛。腹部膨大，腹端露出鞘翅之外。卵长椭圆形，长约 0.8 mm，宽约 0.3 mm，表面光滑，初产时白色，后变淡黄色，腹部各节两侧各有 1 对小肉刺。蛹长约 3.5 mm，宽约 1.7 mm，离蛹，淡黄色，老熟时黄褐色，头部有乳状突起，末节具有肉刺 1 对。

3. 发生规律 1 年发生 7～9 代，世代重叠。以幼虫在土壤中越冬，次年 3 月中旬至 4 月初羽化，成虫出土为害嫩叶，4～7 d 交尾，产卵于嫩叶正面主脉里，随后咬断叶片，卵随叶片落地；幼虫孵出后由主脉向叶肉潜食，可见蜿蜒曲折隧道，幼虫期 5 d，老熟后入土化蛹，土栖期 12 d。成虫具群集性、趋嫩性。5 月下旬至 6 月和 9 月上旬至 10 月中旬是危害高峰期。

4. 防治方法

（1）农业防治。结合除草、施肥、控冬梢时松翻园土，破坏化蛹场所。及时收拾并烧毁地面被咬断的嫩叶，消灭虫卵、幼虫。

（2）化学防治。喷药杀死成虫，药剂有 90％晶体敌百虫或 80％敌敌畏乳油 800～1 000 倍液，或 20％速灭杀丁或 2.5％敌杀死 2 000～2 500 倍液。选用敌敌畏、辛硫磷等拌制成有效成分含量为 0.3％～0.5％的毒土在植株树冠下滴水线范围内撒施，每公顷 300～450 kg 毒土。

（五）脊胸天牛

1. 为害特点

脊胸天牛（*Rhytidodera bowringii* White）幼虫钻蛀枝条和树干，使枝干枯干，刮大风时常造成断枝或树干倒折（图 19 - 14）。

2. 形态特征 成虫体长 25～35 mm，宽 5～8 mm，褐色至棕褐色，体狭长，两侧平行；翅面粗糙，有灰白色的短绒毛和金黄色绒毛组成的长条斑纹，排成断续的 5 纵行。卵长圆筒形，长约 1 mm，青灰色或黄褐色，表面粗糙，无光泽。老熟幼虫体长 46～63 mm，圆筒形，乳

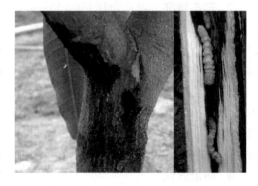

图 19 - 14 脊胸天牛为害状及幼虫

白色，被稀疏的褐色绒毛。蛹长 43～47 mm，初黄白色，后变淡黄褐色。

3. 发生规律　1 年发生 1 代。主要以幼虫，少数以蛹和成虫在孔道内越冬。第二年 3～4 月成虫钻出孔道，交尾后，在嫩枝缝隙、老叶的叶腋或枝条的分权等处产卵。卵单生，每雌虫产卵数 10 粒，4～5 月孵化为幼虫，蛀入枝干，从上向下蛀食，每 30 cm 的孔道开 1 个通气孔和排泄洞。11 月有少数化蛹和羽化为成虫，在枝干内越冬。

4. 防治方法

（1）农业防治。树冠秋剪时，剪除受害枝条并集中烧毁。人工捕杀成虫刚羽化成虫，在补充营养取食阶段，便于人工捕捉；幼虫期用铁丝捕刺或钩杀。

（2）物理防治。在成虫羽化盛期，安装黑光灯诱杀。

（3）化学防治

① 树冠喷药。利用成虫补充营养取食阶段喷药毒杀。可选用的农药有 2.5％溴氰菊酯乳油或 80％敌敌畏乳油 1 500～2 000 倍液，成虫发生期 7～10 d 喷一次，续喷 2～3 次。

② 虫孔注药。用 2.5％溴氰菊酯乳油 200 倍液，或 80％敌敌畏乳油 100 倍液，用注射器将药液直接注入虫孔内或用脱脂棉蘸药液塞入虫孔内，然后用湿泥堵住孔洞。

第十节　果实采收、分级和包装

一、果实采收

（一）采收成熟度的确定

杜果要适时采收，如采收过早，果实风味淡，极易失水，使果皮皱缩；如采收过晚，果实自然脱落，后熟加快，不耐运输。确定杜果采收成熟度的方法很多，一般有如下几种：

（1）根据果实外观。当果实已停止增大，果实饱满，两肩浑圆，果皮颜色具有本品种特有的色泽，果实已基本成熟。

（2）根据整棵果树成熟状况。一棵树已有自然成熟果落果或有果实蝇和吸果夜蛾为害果实时，即可采收。

（3）根据果实内果肉果核情况。切开果实，种壳变硬，果肉微黄或浅黄色，经 7～10 d 熟果皮不皱缩，便可采收。

（4）根据果实的密度。根据测定，杜果密度如低于 1.015 g/cm² 时，尚未成熟；如在 1.02 g/cm² 或更高时，即可采收。可以将果实放在水中出现半下沉或下沉，即已成熟。

（5）按果实发育期天数。不同品种之间的差别很大，从谢花至成熟在 90～150 d，早中熟品种需 90～120 d，晚熟品种需 120～150 d。

判断杜果最适宜采收成熟度时，最好是将这几种方法结合起来用。

（二）采收时间

采收宜在晴天 9:00 以后，果实无露水时采收，雨天不宜采收，雨天采收的果实均不耐贮藏，且易感染炭疽病和蒂腐病。如遇台风，应在台风前采收。

（三）采收要求

应进行无伤采果，整个采收过程中严防机械损伤，采收时要轻拿轻放轻搬。采收时工人应戴手套，用枝剪或果剪逐个剪下，禁止用力摇落或用竹竿打落，手摘不到的杜果，可用带袋的竹竿采果。采用"一果二剪法"：第一剪留果柄长约 5 cm，第二剪留果柄长 0.3～0.5 cm，防止因乳汁流出污染果皮而引起腐烂，如仍有乳汁流出，则应将果柄朝下，放置 1～2 h 后再装筐。果实采后迅速移至阴凉处散热，剔除病、虫、伤果。在果园装果用的容器应用软物衬垫。果实放置时，果柄向下，每放一层果实垫一层干净柔软的衬垫物，避免乳汁相互污染果面。所用采收工具要清洁、卫生、无污染，采收和搬运过程中避免暴晒、雨淋。采收的果实不能放在阳光下，应放在阴凉的地方。

二、果实分级

（一）质量等级

杧果可分为优等品、一等品、二等品。

1. 优等品　质量优良，具有该品种固有的特性。优等杧果应无缺陷，但允许有不影响产品总体外观、质量、贮存性的很轻微的表面疵点。

2. 一等品　质量良好，具有该品种的特性。允许有不影响产品总体外观、质量、贮存性的轻微的缺陷：轻微的果形缺陷，对于三个大小类别的杧果，机械伤、病虫害、斑痕等表面缺陷分别不超过3 cm²、4 cm²、5 cm²。

3. 二等品　不符合优等品、一等品质良要求，但符合 NY5024—2001 规定的基本要求。允许有不影响基本质量、贮存性和外观的下列缺陷：果形缺陷；对于三个类别的杧果，机械伤、病虫害、斑痕等表面缺陷分别不超过5 cm²、6 cm²、7 cm²。

一级和二级杧果中零散栓化和黄化面积不超过总面积的 40%，且无坏死现象。

（二）大小类别

杧果的重量决定杧果大小，杧果的大小按重量分为三个类别，三类杧果重量标准大小范围分别为200~350 g、351~550 g、551~800 g。

三、包装

包装材料要求卫生、无毒、无污染、透气。内包装材料可用薄绵软纸、硫酸纸、泡沫网、乙烯薄膜袋等。外包装容器要求坚固、耐压、透气，保证杧果适宜处理、运输和贮藏，要求不能有异物和异味，不会对产品造成污染，可用瓦楞纸板箱和塑料框，瓦楞纸板的性能要符合国家规定。

经洗涤、热水处理或杀菌处理的杧果晾干后进行包装。内包装需单果包装，同一包装箱内的果实产地和品种一致，质量和大小均匀。果箱内果实不宜堆集过厚，一般放 1~2 层为宜。包装内可见部分的果实应和不可见部分的果实一致。包装箱内杧果应与标示的等级规格一致。在纸箱上可以设计自己的标志，并可印上品种、等级、毛重、净重、包装日期及收货人、供应单位或姓名、住址、电话等，标志要符合国家规定，标签要符合相应的规定。礼品包装用的纸箱一般为手提式纸箱，要精心设计外观，力求做到精美、醒目、小巧、方便，每个果实上贴上精美的商标可起到美化的作用。净重以3~5 kg 为宜，每箱装 12~20 个杧果。

四、运输

短距离运输可用卡车等一般的运输工具；长距离运输要求有调温、调湿、调气设备的集装箱运输。运输工具通风良好，卫生条件良好，无毒、无不良气味。果实运输时要注意箱子要坚固透气，重量一般不超过 7.5~10 kg，箱内应有纸插板，将杧果隔开，并起一定的支撑作用，保护产品，纸箱内最多只能装 2 层杧果，运输温度为 10~13 ℃。

第十一节　果实贮藏保鲜

一、杧果贮藏保鲜的意义

杧果生产具有区域性，果实含水量高，后熟后极易腐烂变质，不耐贮存，采后极易失鲜，从而导致品质降低，甚至失去营养价值和商品价值，但通过贮藏保鲜手段就能消除区域性差别，满足各地消费者对果实的消费要求。

二、杜果贮藏保鲜方法

(一) 低温贮藏

杜果的适宜后熟温度为 $21\sim24$ ℃，高于或低于这个范围均难得到良好结果。温度超过这个范围，会使后熟的果实风味不正常；所以所采用的低温应逐步下降。具体方法是：将杀菌处理后分级包装后的杜果，在 15 h 内移入冷库，在 20 ℃的环境下散热 $1\sim2$ d，然后转入 15 ℃存放 $1\sim2$ d，再在 13 ℃（不同品种耐低温性有所不同，最低安全温度为 $9\sim13$ ℃，低于这个温度时，一般品种易受冷害）条件下冷藏，相对湿度保持 $85\%\sim90\%$。这样可以明显推迟后熟过程，保鲜 20 d 左右。冷藏后，需再放到温度 $21\sim24$ ℃下成熟 $2\sim3$ d，使其甜味增加，改善品质。

(二) 常温贮藏

对于就近销售的杜果，可以进行常温贮藏。其优点是成本低，设备简单，其缺点是贮藏效果比较差。在保鲜处理的条件下，常温贮藏的寿命为 $15\sim20$ d。为提高常温的效果，应注意下列几个方面的问题。

1. 贮藏环境　宜选择通风阴凉处建贮藏库。在贮藏期间，如因果实散热而使室温增加，应安置抽风机或鼓风设备。

2. 果箱环境　贮藏用的箱必须清洁无菌，箱缘打孔，以便散热和气体交流；箱内必须保持干燥，避免湿物进入果箱；热处理后，需待果实冷却，果皮已无附着水分时方能包果装箱。

3. 经常检查　贮藏 $7\sim8$ d 后即应开箱检查，拣除病果、烂果和过熟果，避免其浸染健康无病果。选择通风良好，温度相对恒定、波动幅度小于 4 ℃，相对湿度较大的房屋作为库房。在室温 30 ℃±2 ℃，相对湿度 $60\%\sim80\%$ 条件下，紫花杜果采后 $5\sim7$ d 即达到可食程度。常温贮藏的果实，宜在采后 15 d 内售完，否则商品价值大大降低。

(三) 气调贮藏

在温度 13 ℃和相对湿度 $85\%\sim90\%$ 条件下，用 $0.03\sim0.04$ mm 厚的聚氯乙烯薄膜袋包装，控制 5% 的氧和 $5\%\sim8\%$ 二氧化碳的气体指标，进行气调冷藏，可以进一步将贮藏保鲜期推迟到 30 d 左右。但应注意贮藏结束时应去掉聚乙烯薄膜小袋，以防止发生二氧化碳伤害。贮藏中若氧含量达 8% 左右、二氧化碳达 6% 左右效果较好，若二氧化碳含量超过 15%，杜果不能正常转色和成熟。另外，在贮藏杜果的薄膜袋中放些乙烯吸收剂——高锰酸钾载体，可以提高贮藏效果。

(四) 涂抹保鲜贮藏

在水果表面涂层处理形成一层半透膜可选择性地控制 O_2、CO_2 和水蒸气的渗透，延缓其采后生理活动；另外也限制了昆虫和微生物的入侵，且涂层法比其他贮藏法成本低、操作简单。使用聚乙烯蔗糖酯，羧甲基纤维素的盐类和单酰甘油、二酰甘油混合制备乳化液，涂层处理可延缓杜果的后熟。

第十二节　新技术的应用

一、杜果高接换种技术

1. 嫁接前处理　换种前，对换种树要加强肥水管理。地上部分适当修剪，把病枝、枯枝、荫蔽枝、过密枝。交叉枝剪除；对于多年生的大树，应在春、秋季于离地面 $1.2\sim1.5$ m 处，锯断主、侧枝（春锯秋嫁接，秋锯则在次春嫁接），留下部分小枝。锯口萌抽新梢后，每个锯口只留分布均匀的 $2\sim3$ 条新梢，待新梢老熟后，其直径在 0.5 cm 以上时，即可在新梢上嫁接。接前 15 d，应停止施肥，可减慢树液流动，有利嫁接。

2. 嫁接时期　在树液即将流动时，即在新梢抽出前，砧木和接穗易剥皮时嫁接。高温、低温或雨天高接换种，成活率均较低，而春接（3～4月）和秋接（8月中旬至9月中旬），成活率可达90%以上。5月高接换种虽可成活，但成活后发芽时正遇高温，很易出现回枯现象；11月后高接的也可成活，但此时正遇干旱及温度逐渐下降，成活萌芽后遇低温，长势缓慢，甚至新梢会出现冻伤或冻死现象。

3. 嫁接方法 从结果优良的母树上选择树冠外围粗壮、无病虫害的老熟枝或木栓化枝作为接穗。嫁接方法有芽片贴接、单芽枝腹接和单芽切接法。未短截枝干的树，在离地面1.0～1.5 m处的原枝条高接，采用芽片贴接或单芽枝腹接；已截枝干的新枝上，采用切接法，也可用芽片贴接法。嫁接时，最好使用特薄的薄膜包扎。单层薄膜包接穗芽眼，成活后萌动芽可穿过薄膜生长，减少挑膜工序。

4. 嫁接后管理 嫁接成活后，不应过早解除薄膜，否则新梢会枯萎。一般在第一次新梢转绿时解绑最安全；过迟解绑，会影响砧木和接穗的增粗生长，并且会引起腐烂。芽枝腹接和芽片贴接的，应在接后30～40 d，先剪去接口上8～10 cm的枝梢，待新芽变为老熟枝梢后再解绑，并进行第二次剪砧，即剪至接口上方为宜。

二、杧果产期调节技术

杧果从开花到果实的成熟需110～130 d，自然生长杧果的成熟期从每年的4月至9月或10月，不同的品种成熟期不同，调节杧果的成熟期，主要从以下几方面着手。

（一）采用生长调节剂提早花期

以海南杧果产期调节技术为例来说明。海南冬春季气温较高，低温时间短，杧果开花较难、不整齐，大部分杧果园都施用多效唑控梢促花，杧果花期可提前1～2个月。

1. 土施多效唑 在当年抽出的第二蓬新梢叶片转为古铜色时，即可土施多效唑，时间一般在6～7月。海南南部稍早，约在5月施；西北部较晚些，约在8月施。方法是距杧果树干40～50 cm开2条环形浅沟，或绕树冠开1条圈沟，沟深约15 cm，将多效唑兑水均匀淋于沟内，淋足水，盖土；每天淋水2次，连续3 d；如不下雨，以后每5 d淋水一次。土施多效唑后，前期浇足水很重要，这有利于杧果树的吸收。用药量要依据树冠大小来定，一般正常树树冠直径平均每米施多效唑10 g（含量为15%的粉剂）；土施多效唑用量还与土壤肥力、树的壮弱、树叶量的多少有关，一般沙壤土少施，黏性土多施；树弱、叶量少的树少施，树壮、叶量多的树多施。

2. 控梢 叶片转浅绿色后即喷多效唑500倍液加磷酸二氢钾，连喷2次；叶片变深绿老熟后用乙烯利加甲哌鎓或萘乙酸叶面控梢，一般每周喷一次，连喷5次左右。乙烯利的用量由低到高，第一次每壶水（15 kg）配乙烯利10 mL，以后逐步提高浓度，最高浓度可用到每壶水配乙烯利20 mL，即750倍液。乙烯利一般要配合甲哌鎓、萘乙酸或磷酸二氢钾使用，只喷叶片正面，这些措施可减轻乙烯利对杧果树的药害。与此同时，还可土施磷、钾肥控梢，每株树施硫酸钾0.5 kg、过磷酸钙1～2 kg，可混合施或与有机肥混合施。

3. 叶面促花 控梢2个月后即可进行叶面促花，每壶水配乙烯利10～15 mL加多效唑30 g或烯效唑15 g，再加叶面肥，一般可加硝酸钾30～50 g，磷酸二氢钾30 g或高磷叶面肥，还要加细胞分裂素、核苷酸等，喷2～3次，每5～8 d一次。

（二）通过品种搭配错开花期

目前杧果品种种植比较单一，成熟期较为集中，加上杧果贮藏期较短，进入丰产期后，大量相同成熟期的果实集中上市，将会影响到果实的销售处理。因此，对于区域性种植的杧果来说，通过不同成熟期品种搭配种植，利用早、中、迟熟品种的不同特性，开花期、成熟期的不同来调节杧果的成熟期。如广西早、中、晚熟品种的组合之一为台农1号、红象牙、桂热82或圣心。

（三）推迟花期

通过农业措施促使杜果抽发冬梢，结合药物处理，利用冬梢结果，能把花期向后推迟1个月，使杜果在受不良天气影响概率较小的4～5月开花，有利于结果，同时也推迟了产期。杜果秋梢结果，花期集中在2～3月，这时往往遇到较长时间的低温阴雨天气，致使杜果产量不稳定。具体做法：①抽发二次秋梢后，在秋季加强果园的水肥管理，增施1～2次速效肥，天旱时灌溉，可促使冬梢11月中旬抽生，1月老熟；②冬梢自然抽穗率低，必须用药物适时适量处理才能达到预期抽穗和提高抽穗率目的。在2～3月连续喷施多效唑200 mg/L 3次，使冬梢抽穗率达90%，与秋梢抽穗率接近。用药物调控推迟产期一般采用"先抑后促"的方法。在11月至12月花芽分化前连喷2～3次浓度为100～200 mg/L赤霉素，翌年2～3月再土施多效唑，将花期推迟至6月以后，收果期在9～11月。

（四）提早或延迟采收

通过对果实喷药提早或延迟采收。在进行坐果后每月喷施1次75 mg/L青鲜素（MH），能使采收季节推迟2周，并能增加单果重。杜果开始坐果后每月喷施1次25 mg/L的萘乙酸（NAA），能使果实采收期提前2周，并能增加果实的类胡萝卜素，使果实色泽更加诱人。

第二十章 橄 榄

概 述

橄榄产于亚洲及非洲热带亚热带地区。俞德浚认为，作为果树栽培的有橄榄和乌榄 2 个种，其余仍为野生。橄榄和乌榄有重要的经济价值，在我国有着悠久的栽培历史。

一、经济价值

橄榄果肉富含营养物质，据分析，每 100 g 果肉含蛋白质 0.77~1.2 g、脂肪 6.55 g、糖 5.6~12.0 g、钙 204~400 mg、维生素 C 21.12~39.89 mg、类胡萝卜素 7.52~8.05 g、全糖 1.67%~2.3%、还原糖 0.49%~0.75%、有机酸 0.97%~1.55%、单宁 2.57%、可溶性固形物 11.21%~14.25%。鲜果食用时，初感味涩微苦，渐觉回甘无穷，爽口清香，古人称之为谏果，借喻忠言逆耳、良药苦口。

橄榄有很高的药用价值，对人体健康非常有益。据《本草纲目》载："橄榄果实味涩性温，无毒，生食、煮饮消酒毒；嚼汁咽之，治鱼鲠；生啖、煮汁能解诸毒；开胃下气，止泻，生津液止烦渴，治咽喉痛；咀嚼咽汁，能解一切鱼鳖毒"。此外，新鲜橄榄还可预防白喉、解煤毒，食之能消热解毒，化痰消积。广东一些地方还用橄榄与肉类炖汤，作为保健食品，橄榄还有舒经活络等保健功效。

橄榄果实除鲜食外，还可加工成多种凉果，如和顺榄、脆皮榄、五香榄、十香果、玫瑰橄榄、桂花橄榄、大福果、爱尔香、去皮酥、拷扁榄等。这些凉果食后能助消化，开胃下气，深受国内外人们的喜爱，是广东、福建等省出口凉果的主要品类之一。橄榄果汁、复合饮料、果酱、果酒以及含片都已开发成功，其制品逐步投入市场。

橄榄花粉富含营养，是驱除疲劳的保健品。据分析，其蛋白质含量达 19.2%、总糖 22.1%、水解氨基酸总含量 23.3%、游离氨基酸 562.9 mg/kg，同时还含有 10 种维生素和磷、钙、锌等多种人体所需的矿物质，其中每 100 g 含维生素 C 达 35.41 mg。此外，橄榄果核可以雕刻成工艺品，还可以制成活性炭。

橄榄的根系深广，对土壤适应性广，耐旱性强，寿命长。江河两岸、缓坡山地都可种植，种植后 3~4 年开始挂果，初产期（种后 5~7 年）单产达 3 750~6 750 kg/hm²，进入盛产期后可达 30~60 t/hm²。福建闽侯上街有一株大长营品种橄榄，生长在沙质红壤土上，树龄 80 多年，生长旺盛，树势强健，树高 18 m 多，树冠 14 m×17.5 m，干粗 2.6 m，1980 年产量 957 kg；云尾镇有一株长营品种在溪浦桥闽江岸边洲地，树龄 60 多年，树叶繁茂，生长旺盛，树高 20 多 m，树冠 18 m×18.5 m，干粗 2.3 m，1980 年产量 1 000 kg。橄榄生产具有风险小、投入低、产量高、效益长等优点，是山区利用山地发展三高农业的好树种。橄榄树姿优美、终年常绿，可作绿化树种，美化环境，具有较高的生态效益。

二、栽培历史与分布

（一）橄榄栽培历史

橄榄在我国栽培历史悠久，北魏《齐民要术》中就有关于橄榄的记载。南北朝以前成书的《三辅黄图》载："汉武帝元鼎六年……起扶荔宫，以植所得奇草异木。……龙眼、荔枝、槟榔、橄榄……皆百余本"。可见橄榄早在汉代已栽培，至今最少 2 000 多年。据《珠江三角洲农业志》介绍，"公元一世纪，粤人杨乎著一本《异物志》，把广州附近生长的荔枝、橘、枸橼、芭蕉、稔（阳桃）、橄榄、余甘、益智、枳等果树性状、用途以及采摘方法等，都作了扼要的记述，说明那时对于果品的价值、栽培意义，已有相当的认识"。

（二）橄榄的分布

橄榄原产于我国，是我国南方特有的热带亚热带果树之一。世界橄榄以我国为最多，国内以福建、广东最多，重庆、四川、云南、广西次之，浙江、海南、台湾有少量栽培。

福建以闽侯、闽清、诏安、南安、福安、莆田、永泰、仙游种植较多。全省种植面积 1.5 万 hm^2，总产 6 万 t 左右，其中以闽侯、闽清的栽培面积和产量为最多。

广东以普宁、揭西、广州市郊萝岗、增城、博罗、潮州、惠来、潮安、阳江、阳春、信宜、茂名、高州等地较多。普宁种植面积 3 000 多 hm^2，总产 4 000 t。

重庆是近年来发展起来的新兴产区，主产区在江津区石蟆镇，紧邻四川橄榄产区合江县，两县区合起来统称西南橄榄产区，该区现种植面积 0.65 万 hm^2，年产量 1 万 t。

三、生产上存在的主要问题与解决途径

目前，橄榄生产上存在的主要问题：①品种品系繁多，良莠不齐，缺乏良种区域化生产；②实生繁殖为多，栽培管理粗放，投产迟，单产低，品质优劣不一；③大小年现象严重，收益不稳定；④加工品花色品种单一，工艺少有更新。

今后各地应根据实际情况，采取相应措施加以解决。①应根据市场需求，加强优良鲜食品种的选育和良种繁育管理工作，逐步实现良种区域化；②采用营养袋育苗，研究推广适宜嫁接方法，培育良种壮苗；③推广"五新"，科学管理，采用矮化、密植、早结栽培新技术；④加强橄榄贮运保鲜和加工新工艺研究开发，促进橄榄的产业化持续发展。

第一节　种类和品种

橄榄是橄榄科（Burseraceae）橄榄属（*Canarium* Linu）植物，又名黄榄、青榄、白榄、黄榔果。另有油橄榄 [*Olea europaea* L.（*O. oleaster* Hoffmgg et L. K.，*O. Sativa* Rong）] 和斯里兰卡橄榄（*Elaeocarpus seratus* L.），虽然也称橄榄，但不属于橄榄科，而分属于木犀科和杜英科，我国也有栽培。

一、种类

橄榄科植物有 16 属，500 余种，分布于南北半球热带、亚热带地区。我国有 3 属 13 种，分布于四川、云南、广东、广西、福建和台湾等省（自治区），作为果树栽培的仅有橄榄属植物。

橄榄属约有 100 余种常绿乔木植物。曲泽州认为，本属有栽培和野生种果树 30 多种，主要的有 26 种，分布在我国的橄榄有 7 种。

（1）白榄 [*C. album*（Lour.）Reausuh.]。即橄榄，别名山榄、黄榄、青果。

（2）乌榄（*C. pimela* Koenig）。别名木威子、黑榄。小枝髓部中央有维管束，小叶全缘，果核横

切面非锐三角，果核横切面近圆形。白榄和乌榄是我国目前最主要的橄榄栽培种类。

（3）方榄（*C. bengalense* Roxb）。别名三角榄。小叶 13～19 枚；果核横切面锐角形，顶叶有时平截。

（4）小叶榄（*C. parvum* Leenh.）。无托叶，小枝髓部中央无维管束，果核横切面锐三角。

（5）滇榄（*C. strictum* Roxb.）。小叶边缘微波状至拱圆齿，果核横切面近圆形至圆形三角形。

（6）毛叶榄（*C. subulatum* Guil）。小叶边缘具细圆齿或锯齿，或呈细波状，两面多少被柔毛。

（7）云南榄（*C. yunnanense* Huang）。小叶 13 枚以下；果核横切面非锐角形；小叶全缘，叶背有细小的瘤状突起；小叶大，长 13～20 cm，宽 6～8 cm。

二、品种

（一）橄榄主要品种

1. 鲜食品种

（1）清榄 1 号。原产福建省闽清县梅溪镇梅埔村。树姿直立，树冠半圆形，中心主干明显；枝条灰褐色。奇数羽状复叶，叶基楔形，尾急尖，叶缘微波浪形，叶不对称。果实卵圆形，果皮光滑，绿黄色，果基广平，与果蒂连接部黄色，果顶尖圆，果可食率 84%；果核黑褐色，棱明显，偶有三棱；肉脆而细嫩，化渣，清香有甜味，回甘强而持久，鲜食，品质上等。

（2）檀香。主产福建闽侯县、闽清县。叶为羽状复叶，不对称，小叶 12～17 片，对生或互生，短椭圆形，全缘，尾尖。果卵形，果皮深绿色，果顶圆突，花柱残存有黑点，果形大小匀称，外观美，味香质脆，纤维少，食后余味清甜，品质上等，可食率约 78%。但果实较小，平均单果重 7.65 g。该种果实基部圆平或微凹，有明显的褐色放射状条纹，俗称"莲花座"，这是鉴别本品种的主要特征之一。

（3）三棱榄。是广东潮阳著名的地方良种。植株高大，生长势强，叶为奇数羽状复叶，小叶对生 9～15 片，以 13 片者居多，具短柄，革质，椭圆状卵形，基部偏斜，顶端急尖，全缘，无毛。果倒卵形，果皮黄色，基部圆，微呈三棱状，平均单果重 10.2 g。果实可食率 88%，质脆化渣，回味甜，质优，且可留树贮藏。果实成熟期 11 月中旬。

（4）檀头。系檀香实生后代。羽状复叶，有小叶 13～17 片，互生或对生，长椭圆形，尾尖，全缘。果卵形，果皮光滑，青绿色，果顶圆突，花柱残存有黑点，果实较小，平均果重 5.23 g。果肉淡黄色，可食率 74.6%，肉质较粗，纤维多，有微涩，品质不及檀香。

（5）黄肉长营。福建闽江流域长营系列品种，羽状复叶，有小叶 10～15 片互生或对生。果皮淡黄色，果梭形、较小，平均单果重 6.31 g，果肉黄色，可食率 73.4%，果肉较细，纤维少，味香甜，品质较好。

（6）霞溪本。原产福建莆田西天尾镇溪白霞溪村。生长势强，枝条直立，叶为羽状复叶，小叶长椭圆形，先端较尖较小而薄。果实长纺锤形，两端尖而长，顶部较突出，腰部肥大，果蒂短小，果基部有褐色呈血丝状的短条纹，果皮淡黄色，果面光滑有光泽，平均单果重 7.6 g，果肉黄色，组织细致，味香甜，微涩，嚼后回甜，可食率 78.3%，稳产高产。

2. 加工品种

（1）大长营（大粒黄）。福建闽江流域长营系列品种，羽状复叶，有小叶 10～15 片，互生或对生。果长梭形，果皮黄色，果大且长，平均单果重 12.34 g，可食率 78.2%，但果肉粗硬，纤维多，味淡且涩，常用于盐渍加工。

（2）黄皮长营。福建闽江流域长营系列品种，树体性状同大长营。果长梭形，果皮淡黄色，果较大长营小，平均单果重 8.32 g，可食率 81.8%，果肉粗硬，味涩少香，常用于加工。

（3）青皮长营。福建闽江流域长营系列品种，树体性状同大长营。果呈细长梭形，果皮青绿色，果比黄皮长营小，平均单果重 5.08 g，可食率 72.2％，纤维多，味涩无香。

（4）长营。福建闽江流域长营系列品种，树体性状同大长营。果梭形，果皮淡黄绿色，平均单果重 9.02 g，可食率 78.4％，纤维多，味淡且涩，宜加工蜜饯。

（5）惠圆。福建闽江流域惠圆系列品种。羽状复叶，有小叶 10～15 片，互生或对生，长椭圆形，尾尖，全缘。果皮黄绿色，果面光滑，果基平或微凹，有放射状条纹，果顶浑圆，果呈纺锤形或广椭圆形，果实较大，平均单果重 17.11 g，质地松软，纤维少，汁多味浓且无涩味，可食率在 85％左右，稳产高产，较适于加工蜜饯。

（6）自来圆。是惠圆的变种，有黄皮自来圆和青皮自来圆两种。黄皮自来圆果皮淡黄色，平均单果重 11.69 g，可食率 82.77％。青皮自来圆果小，果皮青绿色，平均单果重 9.86 g，可食率 80.01％。自来圆果实卵圆形或椭圆形，果基钝突，果顶圆突，肉质较粗硬，香味较浓，单株产量比惠圆高一些，实生栽培后代变异性相对较小。宜加工成蜜饯。

（7）惠圆 3 号。原产闽侯县甘蔗镇三英村，树姿开张，树冠圆头形，中心主干明显；新芽和嫩枝绿色，成熟后逐渐变为褐色，老枝灰色；分枝能力较强，顶端优势明显，合轴分枝。羽状复叶 10～15 片小叶，互生或对生，叶全缘，尾尖，叶不对称。果特大，广椭圆形，果皮光滑，浅绿色，果基部圆平，果顶浑圆，可食率 80.9％，果肉黄白色，肉较粗汁多，化渣一般，无回甘。核短棱形，中部肥大，棱明显。

3. 鲜食加工两用种

（1）刘族本。产于福建莆田。果皮光滑，果色黄绿，但从果实基部到果顶有不明显的浅褐色条纹，果实纺锤体，两端尖而长，平均单果重 7.63 g，可食率 81.5％，质地较粗，味较涩，但耐贮运，鲜食加工皆可。丰产且隔年结果不严重。

（2）公本。原产于福建莆田华亭镇走马亭村。树势高大，生长旺盛，小叶长椭圆形，先端急尖，基部半圆形，全绿，叶背光滑，浅绿色。果实立冬前后成熟，属晚熟品种。果实卵圆形至棱形，两端稍尖，中间较大。果皮平滑，绿黄色，略有果粉，果肉黄色，果较小，平均单果重 5.48 g，可食率 77.6％，果脆汁多，纤维少，风味好，嚼后回甜。适于鲜食和加工，丰产但隔年结果严重。

（3）凤湖榄。原产广东揭西凤江区凤南村，生长势强，植株高大，奇数羽状夏叶，小叶披针形，革质，对生，7～17 片，以 13 片者居多，叶面浓绿。果实成熟时黄绿色，果形阔椭圆形似腰鼓状，果顶常有 3 条浅裂沟和小黑点突起，果大，单果重 14.0 g，可食率 88.5％，质脆、甜、多汁，回味甜，质优且耐贮；9 月下旬成熟，可留树保鲜至次年 2 月采收，鲜食加工皆可。

（4）冬节圆橄榄。主产于广东普宁，成熟期 8～10 月。果实长椭圆形，果皮绿黄色，果中大，单果重 9 g，可食率 80％，果脆化渣，纤维少，食甜味浓，适于鲜食，也可加工。

（5）青皮榄。原产于广东潮州意溪区橡埔乡韩江堤内，长势中等，分枝较疏，植株高大，叶为奇数羽状复叶，小叶披针形，革质，7～13 片，多 11 片，叶面浓绿。果实 9 月下旬开始成熟，可留树保鲜至 12 月采收。果实长椭圆形，果皮青黄色，果大，单果重 11.5 g，可食率 86.95％，果脆化渣，清香甘甜，鲜食加工皆宜，是广东潮州的名优品种。

（二）乌榄主要品种

1. 油榄　分布福建、广东、广西，云南等地，是最优良的乌榄品种之一。植株高大，叶片较长，树势强，喜阳光。果实长椭圆形，单果重约 10 g。果皮紫黑色，被有中等白蜡粉，橙黄色。果肉细滑，肉厚 0.6 cm，味香，可食率 71％。果实 9 月中旬着色，10 月下旬采收，丰产稳产。

2. 软枝榄　软枝榄主产于广东揭西、普宁等地。植株生长势中等，分枝性稍强。叶较小，叶色较浅。果实倒卵形，较油榄小，平均单果重 3.40 g，肉较薄，可食率 58％，肉质也较油榄差。但丰产性好，大小年结果不明显，果实 9 月下旬成熟，一般加工成盐渍榄或榄角。

3. 青笪榄　青笪榄主产于广东揭西县。植株高大，生势强，枝粗叶大，向上斜生，适应性强。

果椭圆形，果顶、果基圆锥状，紫黑色，蜡粉极丰，单果重 12 g。果肉厚 0.35 cm，淡黄色。果核 3 室，2 室有种仁。花期、采收期与油榄相同。

4. 白露榄 白露榄主产于广东揭西县。植株生势中等。果椭圆形，果顶、果基圆锥形。果较小，单果重 7 g，肉较厚。果实于白露前后成熟，为早熟丰产稳产良种，主要用于加工榄角。

5. 三方榄 主产于广东增城，以果实横切面呈三角形而得名。果大，果皮灰黑色，单果重 14.2 g，果肉厚 0.7 cm，可食率 63.8%，品质一般，9 月下旬成熟。

第二节 苗木繁殖

近年来，有些地方推广种植嫁接苗，但由于小苗嫁接的苗木定植后生长缓慢，前期产量偏低，树结果后易衰，不被生产所接受。所以，目前不少地区生产上仍用实生苗定植，但实生树有结果迟、变异大的弊病，为解决这个生产问题，生产上广泛采用实生小苗定植后 2～3 年，离地面 50 cm 处茎粗 5 cm 时进行嫁接栽培。

一、两段式实生苗培育

两段式育苗法即以优质橄榄种子撒播出苗后，再移植到营养袋培育的两段育苗法。两段育苗法培育的橄榄苗，由于在小苗移植时其根尖生长点受损或人工短截，抑制了主根的垂直延伸，促进了侧根的生长，侧根和须根的生长量比直播苗增多，苗木生长粗壮，种植成活率大幅度提高。

（一）种子采集与处理

直接定植的实生苗其播种用种子，需采自优良母株，并选充分成熟的果实。如作砧木的，在选好品种后于果实充分成熟时采收。采下的橄榄，先沤烂果肉，洗去果肉后晾干，或用开水烫 1～3 min，取出倒入冷水浸 1 h，然后用锤轻敲，使果肉与核分离，再用苔藓或河沙层积处理，以一层干净湿润细沙或苔藓一层种核，堆放于阴凉通风处，高 30～50 cm，沙堆覆盖塑料薄膜保湿。细沙湿度以手捏成团、摊开即散为宜；沙存过程中每隔 15 d 检查一次，沙子过干时宜适量喷水，以堆底不漏水为宜。经过 60 d，其发芽率可达 67%～90%。如不层积处理，采取收后即播，发芽率低，仅 45% 左右。

（二）选地和整地

橄榄苗圃地应选地势平坦、地下水位低、排水良好、灌溉方便、土层深厚的壤土或沙壤土，土壤质地差，黏性土以及易积水地不宜做苗圃。山地育苗注意不要选西向，西照阳光强烈，对苗木生长不利。苗圃整地宜在冬季进行，先将苗地深耕，播前精细整地起畦，并施足基肥，做成宽 1～1.2 m 的长畦。

（三）播种及管理

经层积处理的种子，2～3 月取出催芽，种子用 75～80 ℃ 热水浸 0.5 min，再用冷水浸 2～3 h；将育苗畦整细耙平，每 667 m² 施 30% 腐熟液肥 3 000 kg 做基肥，待畦面吸收后，将种子均匀撒播，以木板将种核压入畦面，覆盖细肥土厚约 1.5 cm，如覆土太厚、太黏，则芽不易伸长，且幼苗易弯曲；播后清水喷洒浇透，然后用黑色遮光网或用芒萁搭荫棚适当遮阴。

（四）小苗移植

在散播的种核萌发破土后，揭去遮盖物，当小苗子叶完全展开、真叶半展开到展开一叶前，或组培苗的子叶展开转绿时即可移植上袋。选择晴天傍晚或阴天移植到营养袋中，即起苗移植到营养袋中进行第二段育苗；小苗移植时剪掉主根的 1/3 左右，主根留 3～5 cm，其余的可用枝剪截断，以促进侧根生长。移栽时，先用竹签在基质中央袋插一孔，深 4～6 cm，再旋转一下，以扩大孔的体积，接着选择生长强壮的小苗，把根部在加有少许钙镁磷、磷酸二氢钾、浓度为 20 mg/kg 的 NAA 或 50～100 mg/kg 的 ABT 3 号生根粉里蘸一下，随后放入栽植孔中，再用竹签在距孔 4 cm 处直插 10 cm，并向

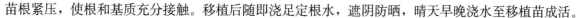

苗根紧压，使根和基质充分接触。移植后随即浇足定根水，遮阴防晒，晴天早晚浇水至移植苗成活。

1. 容器选择 营养袋通常采用折径 18 cm、高 30 cm 的聚乙烯薄膜袋，袋底剪角或袋壁打孔以利排水通气。传统的营养袋采用透明薄型薄膜袋，由于透光，繁育时常将育苗袋埋在土中，容易老化破损，在移植运输过程中，袋土易散出，影响移植成活率。可选用黑色厚型薄膜袋或白色硬质塑料盆钵，质厚不透光，耐磨损，使用期限长。

2. 育苗基质 营养袋的培养土可采用肥沃园土、火烧土、沤熟的粪土按 7：2：1 比例混合，再加入 1% 钙镁磷与之拌匀。

与传统橄榄繁育采用壤土相比，无土育苗采用泥炭土、珍珠岩、椰子糠和锯末按比例（3：4：2：1）配制成无土介质，具有轻便卫生，方便携带与摆放，排水性、持肥力和通透性好等优点。种植时需将苗木倒出，袋、钵可以反复使用。

（五）苗圃管理

1. 防冻 橄榄苗期和幼龄期怕霜冻，苗圃冬季必须进行搭架遮盖防霜冻，霜期结束后，再拆除遮盖物。

2. 施肥 移栽后的小苗长到 5～10 cm 时，就可以开始追肥。追肥宜"薄肥勤施"，每月施 1 次少量的稀薄人粪尿、喷 1 次叶面肥；追肥宜在傍晚进行，追肥后要及时用清水冲洗幼苗叶面，以防肥害。

以基质为营养袋的肥力和持肥力较壤土差，须加强肥水管理。一般 7～15 d 施一次肥水，肥料为速效和迟效的复合肥，配入多种微量元素，以磷酸二氢钾和尿素为主。

3. 排灌水 橄榄幼苗对水分要求比较严格，一般营养袋内的土壤含水量应为 60%～70%，移植后 1 周内，每天早、晚各浇 1 次水，1 个月内每天浇水 1 次，保持苗木根系分布层处于湿润状态。雨天则要注意排除积水。

4. 病虫害防治 由于苗木较密集，应特别注意防治炭疽病、烟煤病、叶斑病、星室木虱、橄榄枯叶蛾、橄榄皮细蛾、金龟子等病虫害，每次新梢抽发时应注意防治。

（六）苗木出圃

橄榄营养袋苗木要连袋带土起苗，起苗时要用比较锋利的铁锄或铁铲，将主根或垂直根切断后再起苗。注意切断营养袋外的根时，不要松动营养袋内的土。起苗后，若要长途运输，须将营养袋苗放在打结成"十"字形的稻草上，稻草从四面拢起，并在营养袋口和苗木一起绑紧，以保持营养袋不断裂、营养土不松散。

二、嫁接苗培育

橄榄的嫁接，广东采用抽骨切接法，福建、广西多用嵌接和切接法。此外，还可采用腹接、劈接、贴接、芽接等方法。根据福建经验，小树嫁接，离地面 50 cm、茎粗最小也要 3 cm 才能嫁接，其嫁接后生长结果才能正常，否则生产上嫁接后表现生长慢，结果后树体容易衰退而失去生产价值，茎粗 3～5 cm 的采用切接法，5 cm 以上的采用嵌接法。嫁接应掌握的技术要点是：

（一）嫁接时间

橄榄嫁接的成活率与气候关系极大。福建闽侯以 3 月中旬至 4 月下旬为宜，尤其是 4 月中下旬，气温稳定在 18～20 ℃时，在这段时间的晴天嫁接，可以提高嫁接成活率，补接最迟在 5 月上旬前结束。广东等橄榄南部种植区根据气温情况可适当提早 10～20 d。

（二）嫁接方法

以单芽或 2～3 芽嵌接和切接为好。为了克服单宁多和伤流多的问题，嫁接速度要快，嫁接时砧木与接穗形成层的一边要对准，先用一层薄棉花包住砧穗伤口，再绑上塑料带，微露芽，再套上相应大小的塑料袋，并扎好袋口。

脱脂棉花包在嫁接处，主要作用是前期可以吸收砧木伤流，使接口及早愈合，后期棉花有一定湿度，可以延长接穗的生命力。

目前在嫁接上，采用超薄塑料带将砧木切口和接穗全封严绑扎，不必先贴一层棉花，长出的芽可以穿破薄膜，成活率很高。

（三）接穗的选择

接穗必须采自生长结果表现优良的嫁接树，选择丰产稳产、果大质优的壮年树，取外围粗细适中、不弯曲、生长充实、芽眼饱满的一至二年生的平直枝条，截成 30 cm 长的接穗 20～30 条一捆，箱装或薄膜袋装，箱或袋上下左右和空隙处要填满苔藓或湿木屑，填充物湿度以手握能成团、放手能松开为适度。接穗最好随采随接，若需较长时间贮运，必须保存在 5～10 ℃的低温或阴凉处，最长不超过 5 d。

（四）砧木的选择

福建闽侯、闽清采用羊矢等品种做砧木，莆田仙游多采用秋兰花品种。羊矢橄榄主要优点是亲和力强，主根发达，适应性强，适于山地栽培，结果早，树高大，经济寿命长，果大，品质佳。以羊矢、秋兰花做砧木，其缺点是主根生长优势强，要加以控制。广东过去用适于加工的大粒种做砧木，比较粗生快长。今后要向矮化密植栽培发展，要加强矮化砧木的研究开发。

此外，定植在大田的实生树换种，高接多采用嵌接法，也可用切接法的。

（五）接后管理

嫁接后管理包括剪砧、炼苗及水肥管理、病虫害防治等方面。嫁接后如气温稳定在 20 ℃以上，一般 20～30 d 伤口即可愈合，接穗开始萌芽。采用腹接的先在接口上方 10～15 cm 处将砧木剪断，待接穗芽长到 20～25 cm 时，在接口上方 3～4 cm 处将砧木剪断。接穗萌芽后，会主动冲破薄膜带，如果嫁接时没包紧接穗，则芽不会主动冲破薄膜带，这时就要人工挑破薄膜，让芽伸出；剪砧后正值高温多湿季节，要及时抹除砧芽，同时接穗新梢长 20 cm 以上时，立一支牢固的杆将新梢绑在支杆上，以防嫁接新梢受风吹雨打折断，直到第二年。

三、组培苗培育

（一）离体胚的培养

取橄榄树上花后 70～80 d 的新鲜橄榄，剥去果肉取核，经消毒后破核，取其胚，将离体胚接种于 0.5 mg/L 6‑BA＋1.0 mg/L IBA 的 MS 培养基上，培养 4 周后，获得 30～35 cm 高，带有 40～50 片叶片的无菌橄榄幼苗。

（二）侧芽的诱导

以无菌幼苗为材料，摘除顶芽，剪成约 1 cm 长的带节茎段或与根相连的下胚轴作为外植体，接种于含有 MS＋0.5 mg/L 6‑BA＋0.5 mg/L IBA 固体培养基中进行培养。培养条件：温度 23～25 ℃，光照时间为 12 h/d，光照度 2 000 lx。培养约 70 d 后，得到诱导侧芽。由于橄榄具有很强的顶端优势，侧芽不易萌发，细胞分裂素（6‑BA）是侧芽萌发的诱导因子，生长素（IBA）是侧芽生长的促进因子。适当浓度的细胞分裂素和生长素有利于侧芽萌发。

（三）芽的继代培养

将生长到 3～4 cm 长，带 5～6 个芽节的侧芽摘除顶芽，剪取带 3～4 个芽节的茎段再接种到培养基（MS＋0.5 mg/L 6‑BA＋0.5 mg/L IBA）上进行继代培养，继代培养约 1 周后可见芽节处长出芽点，3～4 周各芽点萌发为新的侧芽。剩下的 1～2 个芽节仍留于原株上，并将原株转入原培养基上继续培养，以获得更多的丛生芽。

（四）生根培养

取 1～2 cm 高的健壮芽苗，接种于 MS＋1.0 mg/L NAA 的培养基上，在上述培养条件下培养。

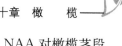

芽苗在生根培养基上接种约 55 d 后基端开始膨大，切口愈合，约 65 d 后开始长根。NAA 对橄榄茎段的生根诱导影响较为明显，其浓度范围为 0.5～1 mg/L，太低或太高浓度的 NAA 对橄榄芽苗生根的作用不理想，而 IBA 对橄榄芽苗的生根作用不如 NAA。

第三节　生物学特性

一、根系生长特性

橄榄根系生长情况还与土质、地势有关。种植在土层深厚的山地，垂直根入土深；种植于水旁或地下有硬隔层的山地土壤，根系大量分布在近地表处。据调查，干径 50 cm 的橄榄树，在洲地根深可达 5～8 m，在丘陵地根深可达 4～5 m；洲地橄榄主根离地面 2 m 处根径可达 20 cm 以上，离树干 1 m 处的水平根直径可达 20～25 cm。在福建莆田木兰溪沿岸冲积土上，一株二十年生的橄榄树根深仅 1.46 m，大量侧根和须根都分布在地下 20～140 cm 的地层中。在下郑后坑尾的山地，有一株百年生的大树，直根深入土中 2.5 m，其末端周径仍有 15 cm。由于根系强大，分布又深，所以橄榄抗旱力强（表 20 - 1）。

表 20 - 1　丘陵红壤山地橄榄根系分布情况

（郑家基，1988）

土层深度（cm）	总根数	根系分布情况							
		$\phi<2$ mm		$\phi2\sim5$ mm		$\phi5\sim10$ mm		$\phi>10$ mm	
		数量	百分比（%）	数量	百分比（%）	数量	百分比（%）	数量	百分比（%）
0～50	187	160	85.56	22	11.76	2	1.07	3	1.61
50～100	182	146	79.67	22	12.07	10	5.49	5	2.72
100～150	131	90	68.70	20	15.27	14	10.69	7	5.34
＞150	83	26	31.33	40	48.19	14	16.87	3	3.61

注：调查橄榄株高 8.72 m，干高 1.80 m，干周 1.83 m，树冠 12.0 m×10 m。

二、枝梢和叶生长特性

（一）枝梢生长发育

正常生长的幼年橄榄树一年可抽 3～4 次梢，即春梢、夏梢、秋梢和冬梢。成年树每年抽梢多为 2 次，即春梢和秋梢，在 3 月底至 4 月初抽春梢，7～8 月抽秋梢。

不同品种间抽发各梢的时间有前后，相差 25～30 d，年度间相差 1～3 d，但结束期基本相同。如春梢长营、自来圆为 3 月中旬开始抽出至 5 月上旬停止，檀香、惠圆为 4 月初开始抽出至 5 月初停止，比长营、自来圆迟 20 d 左右。秋梢各品种基本一致为 8 月 20～24 日抽出至 10 月 1～6 日结束。

春梢大部分是从前一年秋梢顶芽抽生，占 92.14%～95.15%，多为结果枝，少量作为结果母枝。秋梢是主要的结果母枝，其抽生数量在很大程度上取决于当年植株的产量、树势及管理水平。结果多、树势弱、管理粗放，秋梢抽生较少。此外，当年开花结果少者，亦可抽生夏梢。

（二）结果母枝与结果枝

橄榄结果母枝的顶芽为混合液，翌春抽生春梢，并于其上叶腋抽出 2～8 个小花序，每叶腋抽生出 1 个小花序，形成结果枝，结果枝的顶芽为叶芽，夏或秋季又可萌发成夏梢或秋梢，成为翌年的结果母枝（表 20 - 2）。

结果枝粗度和长度影响橄榄产量。穗径 0.61～0.90 cm 的结果枝总梢数占 77.2%，产量占 74.3%（表 20 - 3），穗长度与产量的关系呈正态分布（表 20 - 4）。

表 20-2 橄榄结果母枝和结果枝类型
(罗美玉等，1996)

品 种	结果母枝				结果枝			
	春梢母枝（枝）	比例（%）	秋梢母枝（枝）	比例（%）	顶芽果枝（枝）	比例（%）	侧芽果枝（枝）	比例（%）
自来圆	32	10.5	168	89.5	230	76.1	70	23.9
长 营	16	8.0	176	92.0	234	78.0	66	22.0

表 20-3 橄榄结果枝粗度与产量的关系
(罗美玉等，1996)

粗度（cm）	数量（枝）	比例（%）	结果数（粒）	比例（%）	平均坐果数（粒/枝）
0.51~0.60	26	8.7	63	2.4	2.42
0.61~0.70	56	18.7	339	13.0	6.05
0.71~0.80	101	33.7	944	36.9	9.54
0.81~0.90	65	21.7	649	24.9	9.98
0.91~1.00	30	10.0	431	16.5	14.37

表 20-4 橄榄结果枝长度与产量的关系
(罗美玉等，1996)

果穗长（cm）	果穗数（个）	穗坐果率（%）	穗坐果粒数（粒/穗）	比例（%）	穗平均粒数（粒/穗）
3.1~4.0	33	11.0	181	6.9	5.48
4.1~5.0	37	12.3	2.5	7.9	6.21
5.1~6.0	45	15.0	436	16.7	9.68
6.1~7.0	81	27.0	749	28.7	9.25
7.1~8.0	45	15.0	485	18.4	10.78
8.1~9.0	36	12.0	323	12.4	8.97
9.1~10.0	18	6.0	181	6.9	10.06

(三) 叶

伴随着三次梢小叶展开期有三期。春梢小叶展开期：长营、自来圆为 3 月下旬至 5 月中旬。檀香、惠圆为 4 月上旬至 5 月上旬，比长营、自来圆迟 10 d。夏梢小叶展开期：长营、檀香、自来圆于 7 月 13~21 日开始展开至 8 月 10~12 日，惠圆于 7 月 29~31 日开始展开，结束期与其他 3 个品种一样。秋梢小叶展开期：长营、檀香、自来圆于 8 月 24~29 日至 10 月 23~27 日，惠圆为 9 月 11~13 日至 10 月 21~23 日，比其他 3 个品种迟约 20 d。

三、开花与坐果习性

(一) 花芽分化与开花

橄榄的花芽分化从 3 月下旬开始到 5 月下旬基本结束，约需 2 个月时间。橄榄的花芽分化顺序为花序总轴原基→花序侧穗原基→小型聚伞花序原基→花原基→花萼→花瓣→雄蕊→雌蕊→花粉粒（图 20-1）。橄榄花芽分化是连续的，在同一枝梢上的花芽分化是自下而上，同一花序是从基部向顶部，同一株树不同方向、部位的花芽分化阶段有互相交错的现象。不同品种其分化时间有差异（表20-5）。

橄榄开花的物候期因品种而异。一般是 4～5 月从结果母枝先端抽生结果枝，待长达 10 cm 左右时，从结果枝的叶腋间或顶端抽生花序，5 月中下旬始花，6 月中下旬终花（表 20 - 6）。两性株的总状花序是自下而上逐步开，橄榄雄花和两性花多 3 朵并生成一小穗，中间 1 朵先开，旁边 2 朵后开，或当中央的 1 朵花将开放时，两旁的花多逐渐凋萎而不能开放；雌花多单生，3 朵并生的较少。每一花序有花 10 余朵，多至 200～300 朵，但能结果的不到 10%。

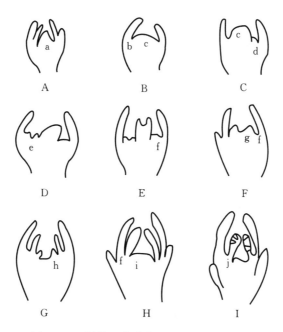

图 20 - 1　橄榄花芽分化过程（1985—1986）

A. 未分化期　B. 花序总轴原基出现　C. 花序侧穗原基出现　D. 小型聚伞花序原基出现

E. 花萼形成　F. 花瓣形成　G. 雄蕊形成　H. 雌蕊形成　I. 花粉粒出现

a. 生长锥　b. 苞片　c. 花序总轴原基　d. 花序侧穗原基　e. 小型聚伞花序小花原基

f. 花萼　g. 花瓣　h. 雄蕊　i. 雌蕊　j. 花粉粒

表 20 - 5　橄榄花芽分化期（月/日）

（郑家基等，1988）

品种	开始分化期	花序总轴原基出现	花序侧穗原基出现	小型聚伞花序小花原基出现	3 朵小花原始体出现	花萼形成	花瓣形成	雄蕊形成	雌蕊形成	花粉粒（四分孢子体）出现
长营	3/22	3/22～3/29	4/5～4/12	4/5～4/19	5/3	4/16	4/26	5/10	5/17	5/17～5/24
惠圆	3/22	3/22～4/12	4/19～5/3	4/26～5/10	—	5/10	5/7	5/24	5/24	5/31

表 20 - 6　橄榄花序形成期（月/日）**观察**

（许长同等，1994）

品　种	一级花穗	二级花穗	三级花穗	四级花穗	总天数（d）
檀　香	4/27～5/16	5/9～5/16	5/15～5/18		22
惠　圆	5/1～5/16	5/13～5/17	5/15～5/18		18
长　营	3/23～4/10	4/10～5/4	4/22～5/7	5/7～5/11	48
自来圆	4/16～5/16	4/28～5/16	5/15～5/18		33

（二）坐果

据调查结果，橄榄不同品种、不同花性树之间坐果率差异很大。自来圆仅有单性雌花树，而长营有单性雌花树和两性异花树两种。自来圆橄榄着花 12 414 朵坐果 2 916 粒，坐果率为 23.49%；长营橄榄两性异花树着花 49 904 朵，坐果 2 610 粒，坐果率 5.23%，长营单性雌花树着花 15 312 朵，坐果 2 803 粒，坐果率 18.30%。说明橄榄单性雌花树比两性异花树坐果率高 3.5~4.5 倍。

橄榄花粉萌发率较低，适量的 2,4-滴、NAA 和硼砂均有促进花粉萌发的作用。橄榄在开花后 3 d 内均有很高的授粉能力，花后第四天授粉能力明显降低（表 20-7）。授粉后到完成受精所需时间为 32~48 d（表 20-8）。惠圆橄榄采用异花授粉，坐果率由对照的 6.8% 提高到 47.8%，建议配置长营等品种作为授粉树。

乌榄于 3 月下旬现蕾，4 月下旬至 5 月下旬开花。乌榄自花授粉结实，其坐果率因品种、树龄、花期气候条件而异。一般幼、壮树坐果率比老弱树高，花期天气晴朗比阴雨连绵坐果率高。

表 20-7　不同授粉时间对惠圆橄榄坐果率的影响

（刘星辉等，1993）

授粉时间	授粉花数（朵）	坐果数（个）	坐果率（%）
开花当天	38	18	47.4
花后第二天	48	24	50.0
花后第三天	29	13	44.8
花后第四天	43	9	20.9

表 20-8　惠圆橄榄受精时间的观测

（刘星辉等，1993）

授粉后时间（h）	切柱头			切花柱 1/3			切花柱 1/2		
	处理花数（朵）	坐果数（个）	坐果率（%）	处理花数（朵）	坐果数（个）	坐果率（%）	处理花数（朵）	坐果数（个）	坐果率（%）
4	14	0	0	14	0	0	14	0	0
8	14	0	0	14	0	0	14	0	0
20	16	8	50.0	14	6	42.9	12	4	33.3
32	14	12	85.7	16	10	62.5	14	6	42.9
48	14	13	92.9	14	12	85.7	14	12	85.7

（三）落花落果

橄榄开花后如授粉、受精不良，或谢花后部分花器官发育不良，花谢后 1 周便开始大量落花落果，一般 6 月中旬达到生理落果高峰期，至 6 月下旬落果日趋稳定，7 月上旬落果停止；壮旺的幼树抽夏梢也会引起落果。

乌榄自花授粉结实，其坐果率因品种、树龄、花期气候条件而异。一般幼、壮树坐果率比老弱树高，花期天气晴朗比阴雨连绵坐果率高。乌榄开花后，如果授粉受精不良，花谢后 5~7 d 陆续出现大量落花落果，此后至采前都很少发生生理落果。6 月幼果迅速膨大，6 月下旬核和核仁开始硬化，7 月下旬核仁渐趋发育完好。

由于橄榄的果实充实和果核硬化期开始比秋梢期早，而结束期相同，营养生长和生殖生长矛盾十分突出，在大田观察到，大量挂果的橄榄树当年秋梢很少，来年产量很低，不及 1/5，大小年十分明显，因此秋梢前重施促梢壮果肥是保证稳产的关键措施之一。

在花蕾期、谢花期和幼果期分别喷施核苷酸、果特灵等保果剂，或者 0.2% 硼砂＋0.3% 尿素喷施，对保花保果、提高坐果率有显著效果。在终花期和花后 2 周喷布 CTK 和 2,4 -滴也能够显著提高坐果率。

四、果实发育与成熟

（一）果实生长动态

谢花后 6 月中旬，幼果细胞迅速分裂，体积增大。果实纵横径均增长较快，纵径增加比横径快，增长率至 6 月下旬达高峰，至 7 月上旬种胚继续发育，果核硬化，果径增加较慢，直至成熟期果实纵横径增长曲线平缓，至 10 月底成熟采收（图 20 - 2）。

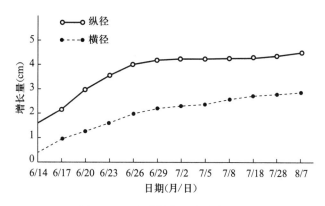

图 20 - 2 长营橄榄果实发育动态
（郑家基，1988）

（二）果实形态、生理成熟时期及影响因素

橄榄果实为核果，其形状因品种而异，有卵圆形、椭圆形等，大小也与品种有关，单果重 4～20 g 不等，颜色初为黄绿色，后变淡黄色，有的初为青色后变青绿色，果肉白色带绿或淡黄色。果核两端锐尖，核面有棱，横切面圆形至六角形，内有种仁 1～3 粒。早熟种 9～10 月可采收，迟熟种 11～12 月采收（表 20 - 9）。

乌榄未成熟时青绿色，成熟后一般为紫黑色，果皮被白色蜡粉，少数品种成熟时果皮仍保持青绿色。8 月以后果实陆续着色，9 月中旬开始成熟、采收。

植物生长调节剂（CTK 和 2,4 -滴）能够显著提高橄榄果实的纵横径和可食率等物理性状。

表 20 - 9 橄榄开花结果物候期（月/日）

（许长同等，1994）

品种	年份	现蕾期	始花期	盛花期	终花期	幼果期	果实膨大期	果核硬化期	生理落果期
檀香	1992	5/15～5/24	5/24～5/25	5/25～5/30	5/13～6/21	5/13～6/14	5/31～7/13	7/13～10/2	5/13～6/14
	1993	5/16～5/24	5/24～5/25	5/25～5/30	5/31～6/20	5/30～6/12	5/30～7/12	7/12～10/2	5/31～6/15
惠圆	1992	5/20～5/22	5/22～5/30	5/31～6/7	6/8～6/14	6/8～6/11	6/8～7/19	7/13～10/2	6/11～6/14
	1993	5/21～5/23	5/23～5/31	5/31～6/8	6/8～6/15	6/7～6/12	6/7～7/18	7/10～10/2	6/10～6/15
长营	1992	5/11～5/14	5/15～5/25	5/25～5/31	5/31～6/14	5/31～6/14	5/31～7/19	7/13～10/1	6/12～6/14
	1993	5/9～5/14	5/15～5/25	5/26～5/30	5/30～6/12	5/30～6/12	5/31～7/19	7/12～10/2	6/7～6/15
自来圆	1992	5/14～5/16	5/19～5/21	5/22～5/30	5/30～6/21	5/30～6/14	5/31～7/19	7/13～10/2	6/7～6/15
	1993	5/13～5/15	5/15～5/20	5/20～5/30	5/30～6/20	5/31～6/15	5/30～7/18	7/10～10/2	6/8～6/14

第四节 对环境条件的要求

一、土壤

橄榄对土壤的适应范围比较广，从江河沿岸的冲积土到红壤丘陵地都可种植。福建闽侯、闽清多种在闽江两岸冲积土的沙洲地和低丘陵的山坡地上，其土壤质地大多为沙质土和沙质红壤土。广东的广州郊区、增城、揭西、普宁，福建莆田的走马亭，都在山地栽培，树龄达百余年，而且年年丰产。从福建的主产区看，橄榄适应于 pH 4.5～6.5 的土壤上种植。橄榄适于沙质、砾质壤土或土层深厚的冲积土、山地红壤，过于潮湿的黏土则不适宜。

二、温度

橄榄原产于我国南部，性喜温暖，畏霜冻，温度是限制橄榄经济栽培适宜区的主要因子。在生长期间需要有适当的温度，才能生长旺盛、结果良好。我国栽培橄榄的地区最北至北纬 28.2°浙江温州的瑞安、平阳，其年均温为 18.6 ℃，但冬天易受冻害，生长结果不良，表现不适应。广州橄榄产区平均温度为 22.2 ℃。广东英德以北很少栽培。福建主产区闽侯、闽清年均温为 19.6～21.1 ℃。许长同（1999）调查了福建橄榄产区温度条件，认为年均温 19.7 ℃以上，≥10 ℃年活动积温 6 450 h，日极端低温−3 ℃持续时间不超过 3 h，连续出现不超过 3 d 的地区，均适宜于发展橄榄。李纯等（1995）在桂林雁山试验，认为广西在桂林以南、在极端最低温度−4 ℃以上的地区可以推广种植。

温度过低，橄榄易受冻害。如闽侯沙堤村 1995 年 1 月 11～12 日气温降至−4～−5 ℃，有一半左右的橄榄树顶部和外围的嫩枝梢受冻如烧。许长同等（1992）调查了福建闽清 1991 年橄榄大冻害情况后，认为橄榄承受极端低温临界温度为−3 ℃，日平均气温为 1.3 ℃，低温持续时间为 2 d 之内；南坡的橄榄比西、北坡冻害轻。王剑等（1995）以檀香等 3 个品种为材，观察其枝条在不同低温下组织的电解质渗出率，结果表明，不同品种的橄榄其耐寒性不同，0 ℃时檀香开始发生冷害，−2 ℃是惠圆、长营的临界低温。郑家基等（1996）以檀香、惠圆等 6 个品种为试材研究了其耐寒性，结果表明，叶片空隙率大小与耐寒性关系密切，叶片空隙率小的品种，耐寒性较强。

乌榄比橄榄较不耐寒。年平均气温 22 ℃左右的地区最适宜其生长。气温达到 18 ℃时春梢萌动，28 ℃时抽梢最旺盛。短暂的极端低温−2.4 ℃，即可使种植于低洼谷地的幼年树遭受严重冻害，致使落叶枯枝；成年树则树冠顶部受冻而不能正常开花结果。年均温 20 ℃左右，1 月气温 10 ℃以下，绝对低温−4 ℃的地区，基本没有乌榄的经济栽培。

三、水分

橄榄的主根发达，抗旱力强，但喜湿润，忌积水。福州 1962 年秋至 1963 年初夏连续 210 d 未雨，闽江两岸橄榄依然生长结果良好。橄榄对短暂洪涝也有一定耐力，闽江春夏时常发洪水，两岸橄榄经常被洪水淹至主枝以上 1～2 d，退洪后橄榄生长依然正常，但会造成不同程度落果。橄榄长期浸水，轻则烂根、生长不良，重则枯死。橄榄在年降水量 1 200～1 400 mm 地区即能正常生长，5～6 月如雨量过多，极易造成烂花或花药不散，不利于授粉受精，7～8 月幼果长大时，需要适当的雨量。福建、广东 4～5 月多雨，秋冬少雨，基本上能满足橄榄生长结果的要求，但秋旱对果实生长不利。

四、光照

橄榄喜光，但忌暴晒，耐阴性较强。适当的日照有利于加速花药成熟和花粉的散发，提高坐果率。光照过强则花丝凋谢，柱头黏液干枯，不利授粉受精。6～9 月是橄榄果实生长的关键时期，对日照的要求比重大，占全生育期的 54%。结果期要求较强的光照，以满足果实发育所需，否则将因光合作用效率低而减产。

五、风

福建沿海地区每年在 7～9 月台风频繁，此时正值福建橄榄栽培区果实膨大期，倘若遇到中到大的台风、风力达 8～10 级时，常会造成断枝落果，当风力达 11 级以上时，土质松的地方，有的橄榄树会被吹倒而死亡，严重影响产量。

第五节　建园和栽植

一、建园

（一）园地选择

橄榄生长要求年平均气温 20.0 ℃左右，年极端低温不低于 -3 ℃，冬季无严重霜冻的地区；山地建园应注意坡向，冬季霜冻严重地区，宜选择南向或东南向，沿海地区常有东北台风，有条件地区，宜选西南方向为果园；土层厚度要求 1 m 以上、地下水位 1.5 m 以下、含有机质 1% 以上、土壤 pH 5.0～6.5 的壤土和的洲地冲积沙壤土均可种植，长期积水和黏重壤土不宜种植。避免在台风、冰雹等严重自然灾害常发地区建园。

（二）园地规划

橄榄园规划必须根据橄榄的生长特点及其对外界环境的要求，因地制宜，全面规划，合理布局，着眼长远，立足当前，实行果、水林、路综合治理。橄榄园的规划主要包括栽植小区的划分、道路和排灌系统的规划、包装场和建筑物的设置、防护林的营造等。

1. 小区划分　根据地形、地势、土壤等自然条件将整个橄榄园划分为若干个作业小区。山区、丘陵一般按等高线横向划分，小山体可按山区大小一山一区，平地可按原有的水利系统划分小区。山地自然条件差异大，灌溉和运输不方便，小区面积宜小，一般 1～2 hm² 为一小区；地势平坦的地带，小区面积可 3～8 hm²。

2. 道路系统　道路应以建筑物为中心，便于全园的管理和运输。道路系统主要由主干路、支路和小路组成。主干路要求贯穿各小区，使之成为小区的分界线，路面以双车道为宜，宽度一般为 6～8 m；支路是果园小区之间以及小区与主干道的通路，路面宽 2～4 m；小路是田间作业用道，以方便农事操作，如使用机动喷雾器、搬运采果梯及果实的运输等，路面宽 1～2 m。

3. 水利系统　水利系统应以蓄为主，以提为辅，蓄引结合，做到旱时能灌、雨时能排。

平地水利系统主要是修筑网状排水系统，灌溉渠常修果园道路系统的旁边，且要高出地面 30～50 cm，路渠交叉处还要埋设暗涵管；平地果园修建排水渠非常重要，排水渠要深到地下水位以下，最低也要 1.5 m 以下，与畦面排水沟构成网状排水系统。山地橄榄园的水利系统主要是拦洪沟、山边沟、纵排水沟、横排水沟、蓄水池及输水管、喷滴灌设施等。

（三）整地和改土

1. 平地建园　先将地面杂物清除并平整，再根据果园规划，现场测量，划出道路、排灌沟渠及小区边界线的位置；接着修筑主干路、支路和小路、道路系统，修成后再修筑灌溉渠、排水渠和防护林。

平地建园根据地下水位的高低采取不同的筑墩方式，地下水位较低用客土或定植穴周围表土筑成直径 1 m 左右、高约 50 cm 的土墩待植；地下水位较高在筑墩的同时要深挖 0.5 m 以上的畦沟，整成高畦式园地，同时每隔 50 m 建深 1.5 m 以上的排水沟渠，以利排水。

2. 山地建园　建园前要根据果园规划图与施工图，标记道路系统和排灌系统及附属建筑物的位置和走向，接着按顺序修筑道路与排灌系统，同时修筑拦洪沟、排水沟，以拦蓄山水，防止雨水冲毁路基，还可蓄水供施工用。最后修筑等高梯田或鱼鳞坑。

修筑等高梯田时，一般坡度在15°以下的山坡地，梯面宽约6 m，15°以上的，梯面宽约4 m，25°以上不宜修筑梯田。梯田面要外高内低，倾斜60°～70°，保留山地表层土作为梯田表土。

梯面整平后，开始开挖定植穴。定植穴一般长宽深各1 m，经30 d以上晒穴晒土后，然后回填基肥，分2～3层回填稻草、有机肥、石灰等，株用量各为50 kg、50 kg、1.5 kg，堆土起墩高约0.5 m，待穴土沉实后再定植。

山地果园建设亦可劈草后采用鱼鳞坑种植，即挖"品"字形穴，或爆破开穴。实施爆破开穴者应持有爆破许可证，并要注意现场安全。

山地建园也采用机械开垦梯田和挖穴，省时、省工、效率高。

二、栽植

(一)栽植时间
定植穴沉实后，即可选择适宜的时间栽植橄榄苗木。营养袋小苗四季均可栽植，且成活率很高，但传统的种植时间一般在春季3～4月种植。

(二)栽植密度
实生种植，山地果园每667 m² 18～20株，平地果园每667 m² 12～18株；嫁接种植，准备嫁接的山地果园每667 m² 30～35株，平地果园每667 m² 25～30株。

(三)栽植方法
种植时，每定植穴再堆培肥土或山皮土25 kg，与0.1 kg钙镁磷肥充分混合后开穴；将营养袋苗竖直放入穴中，割去塑料薄膜袋，保持土球不松散，由下往上逐层堆土填实，苗木入土高度以土球表面为准。堆好的种植穴宜高出地面0.2 m左右，呈四周高、中间低圆盘状，浇足定根水，树盘覆盖地膜、稻草保湿。

种植裸根苗，一定要先用黄泥浆根再栽植或者在定植穴内打浆后苗木放入定植，并使苗根在黄泥浆摆布均匀，然后边填土，边向上稍稍提苗，边踏实土壤，使根系与填土紧密黏合，再覆盖杂草、绿肥等。裸根浸浆时用浓度为20 mg/kg萘乙酸或50～100 mg/kg ABT生根粉处理，能显著地提高栽植成活率，并能促进苗木成活后迅速生长。

(四)栽后管理
苗木定植后，半个月内要经常浇水，之后每隔2～3 d浇一次水，定植1个月后，每周浇水1次，直至新梢老化，苗木成活后可勤薄施淡粪水，同时树盘覆草，立柱防风。橄榄幼树易受冻害，要适当多施磷钾肥，增强橄榄抗寒力，特别是在霜冻来临之前，用稻草把橄榄树覆盖起来。

第六节　土肥水管理

一、土壤管理

我国橄榄产区高温多雨，在丘陵山地红壤土上种植橄榄，由于有机物质分解快，易淋洗流失，铁铝富积，土壤呈酸性反应，具有旱、黏、瘠、酸的特性。因此，必须抓好土壤改良、中耕除草、覆盖、间作以及培土等工作。

1. 扩穴改土　山地果园苗木定植后2～3年，每年秋冬季对种植穴两侧及内外台面进行有计划的全园扩穴改土。要与原种植穴不留隔墙挖宽1 m、深0.8 m、长适度的壕沟，分2～3层回填稻草、有机肥、过磷酸钙、石灰等，株用量各为50 kg、50 kg、2.5 kg、1.5 kg，堆土起墩高约0.3 m，以备穴土沉实。

2. 建台整园　对鱼鳞坑方式建园的要采取建台整园，结合扩穴改土，逐年对果园进行平整建台。

3. 套种 橄榄树种植株行距比较宽，橄榄树根也较深生，因此，幼树、大树都可间作豆科作物、绿肥或种牧草，改善立地条件，增加收入，增加土壤覆盖度、蓄养水分、提高土壤肥力，改善果园生态环境。

4. 中耕覆土 采果后中耕 1 次，深约 20 cm，用割草机割下绿肥、园下套种作物、杂草覆盖树盘。高温干旱季节，果园地面或树盘距主干 1 m 以外覆草厚约 20 cm，冬季结合深翻压埋入土。冬季株施石灰 1.5～3.0 kg，盘堆培河泥或火烧土 50～500 kg，清理后沟淤泥，台面整成前次开发高内低反倾斜状，梯壁有崩塌的应及时修补。

二、施肥管理

橄榄是常绿果树，生长量大，结果多，需要从土壤中吸收大量的营养物质和水分。由于树龄不同，结果量不同，需要什么肥和肥量多少均不同。栽培上要根据树龄、树势、生长量、结果量、土壤肥力等决定施肥时期和施肥量。

1. 施肥原则 以有机肥为主，化肥为辅，薄肥勤施，由薄到浓。农家、农村沟渠污泥等有机肥要经过无害化处理后施用。禁止将含有毒有害物质的城乡生活、工业垃圾和淤泥等作为肥料施用。

2. 施肥方法 土壤施肥要在树冠滴水线外侧开半圆形或射线形施肥沟，深、宽各约 10～30 cm，均匀施肥后及时覆土。叶面施肥以适宜浓度液肥喷湿树冠叶面即可。

3. 幼树施肥 幼树营养生长旺盛，年发梢、发根次数多，生长量逐渐增大，施肥要着重培养充实、健壮的新梢，以迅速扩大树冠，增大根系，为早结、丰产打下良好的基础。因此，在肥料种类上应以氮肥为主，适当配合施用其他肥。幼龄树的根系少，耐肥力差，应勤施薄肥，实生苗定植后第一年每 2 个月施一次农家人畜水肥或株施 0.15～0.25 kg 以氮为主的 45％复合肥，施肥逐次加浓；第二年每次新梢生长前后各施 1 次追肥，冬季施 1 次基肥，每株全年施肥量为腐熟粪肥或土杂肥 50 kg 左右、饼肥 1～3 kg、N∶P∶K（15∶15∶15）复合肥 0.5～1.5 kg，具体施肥量应根据树龄、树势灵活掌握；可选用人粪尿、复合肥、尿素、土杂肥等肥料。

4. 投产树施肥 于春芽萌动前、壮果期（秋梢萌动前）及采果后各施 1 次肥，年施肥 3 次。春芽、秋梢萌动前以速效化肥为主分别株施 N∶P∶K（15∶15∶15）复合肥 1.5～2.5 kg；采果后冬季基肥以农家有机肥为主，增施磷、钾肥，同时结合深翻培土，株施腐熟粪肥或土杂肥 100 kg 左右、饼肥 5.0～10.0 kg，以促进树体恢复，保证秋梢结果母枝的健壮生长发育，为翌年丰产奠定基础；另外，投产树可在幼果生长期、秋梢生长发育期喷 0.3％磷酸二氢钾稀释液各 1 次保果、壮梢。

种在平地或洲地上的橄榄树，有每年或隔年施堆河泥 1 次作为肥料。此外，还可在春季花期喷布 0.05％硼砂，促进受精，提高坐果率；在幼果期、花芽分化期喷布 0.3％尿素和 0.2％磷酸二氢钾，促进果实增大和花芽分化。

三、水分管理

橄榄树比较耐旱，但为了获得丰产，也要及时灌水，尤其是干旱年份。橄榄新梢抽生期、果实膨大期需要较多的水，田间土壤要保持适当的水分，如遇天气干旱，要引水灌溉。山地橄榄园在旱季来临以前进行全面浅耕，可以减少土壤水分的蒸发，浅耕后利用山草进行覆盖保墒。也可在梯田壁下挖一横蓄水沟，拦蓄雨水，可比较长期地供根部吸收。

橄榄根系忌积水，积水容易引起烂根，当果园土壤长期积水，土壤中氧气不足以维持根系正常呼吸作用时，根系的正常生理活动受阻，呼吸作用紊乱，有害物质含量积累，引起烂根。因此，雨后果园积水时，要及时排水，平地橄榄园可挖排水沟排水，山地橄榄园可通过建园时修建的拦洪沟、山边沟、纵排水沟、横排水沟等排水。

每 0.5 hm² 建 1 个 25 m³ 的生产水池，用于田间喷药、施肥用水，每 5 hm² 建 1 个 100 m³ 的灌溉池用于贮备用水，每 30 hm² 建 1 个 500 m³ 的蓄水库用于设施喷灌、滴灌、微灌等现代化果园建设用水。蓄水库建在最高处，连接着灌溉池，再连接着生产水池，形成梯级网络果园水利设施。

第七节　花果管理

一、花果管理的意义

造成橄榄花而不实的主要原因是花器发育不健全、自交亲和力低、授粉受精不良、树体营养和内源激素供应不足或分配失调等；外因则有低温霜冻、高温干旱、光照不足、多雨积水、大风及病虫害等。要针对不同原因，采取相应措施，才能提高坐果率。

二、保花、保果

加强果园管理，保证树体的正常生长发育，增加贮藏养分的累积，培养健壮、发育完全的花器，调节适当的雌雄花比例和生长与结果的关系等，是保花保果的基础。

橄榄干性强，顶端优势明显，树冠高大，传统生产上多采用自然圆头形，为了改善光照条件，可采用主枝开心圆头形。今后应研究推广树冠矮化整形技术。幼年树长势旺盛，生长季应做好摘心控梢工作，防止上强下弱。结果树树冠可适当开天窗，增加树冠内部光照，以利于结果，提高果实质量。

1. 培养健壮结果母枝　橄榄的秋梢是主要的结果母枝。秋梢抽生前 20～30 d 施用促梢肥，施肥量视树体大小和生长势而定，一般年产 10 kg、树体营养中等的株施 2 kg 左右的复合肥；为使秋梢适时抽发、促进幼果发育，8 月中旬前应重施 1 次壮果肥，以速效肥为主；12 月中下旬株施有机肥 20 kg 及石灰 0.5～1 kg。在结果母枝嫩梢长至 10～15 cm、叶片已基本展开时，用 30 kg 水加入 15% 多效唑可湿性粉剂 100～150 g、磷酸二氢钾 50～100 g、硼砂或硼酸 50 g 喷布枝叶，促使结果母枝健壮生长。

2. 适时控冬梢

（1）断根。秋梢老熟后，在滴水线内 20～40 cm 深翻，深度以断去少量根系为宜，主要在于减少根系吸水能力。深翻不能伤及大根，翻后要及时复土。

（2）环割环扎。对生长特别旺盛的树，秋梢老熟后可环割或环扎主枝、副主枝，也可在主枝上用 14 号铁丝环扎，扭紧至铁丝两侧出现树液为止。

（3）化学控梢。11 月下旬至 12 月上旬用 15% 多效唑 200～300 倍液喷梢叶或用 40% 乙烯利 45 mL加水 50 kg 喷布树冠。

3. 保花保果　2 月中旬至 3 月上旬萌发的春梢，也是结果母枝之一。若遇到冬季干旱，1 月上旬应及时灌溉，促发春梢，树势较弱的，可结合施肥。开花前后用 0.1% 硼砂＋0.2% 磷酸二氢钾根外施肥 2 次，可使花穗健壮，提高坐果率。花后喷施则可保花保果，减少落果，提高果实品质。

4. 保证授粉受精

（1）高接花枝。需要配置授粉树的品种，在建园时未配置授粉树的，可将授粉品种带有花芽的枝条高接到部分植株的树冠上，来弥补授粉树的不足。

（2）挂花罐。在开花初期剪取授粉品种的花枝，插在盛水的罐或瓶中，挂在需要授粉的树上。此法虽简单，但需年年进行。

（3）花期放蜂。按每 667 m² 放置 1 群蜜蜂，可明显提高坐果率。在放蜂期间切勿喷洒农药。

5. 应用生长调节剂和微量元素　落果的直接原因是果蒂或果柄处产生离层，应用生长调节剂对防止离层的产生有一定效果。一般在生理落果前或采收前喷洒。常用的生长调节剂有 GA₃、2,4 -滴、防落素、三十烷醇等。微量元素对于促进果实生长发育也有良好的作用，常用的有硼砂、硼酸、硫酸锌、钼酸铵、硫酸锰及稀土元素等。

6. 防治病虫害 及时防治病虫害，这也是保花保果的重要措施。

三、疏花蔬果

在橄榄花发育的早期，应适当疏去部分多余的花穗，以节约养分，这样不但可以提高坐果率和产量、增进品质，还可以维持健壮的树势，均衡每年的产量。橄榄坐果率较低，在生产上要根据品种特性，注意留果量。

四、果实套袋

在果实稳果后进行套袋，其作用是改善外观品质和减少农药残留，使果实的果面洁净、果皮细嫩、果点小，锈斑变浅或无，果实着色均匀。

（佘文琴执笔）

第八节 整形修剪

一、主要整形修剪方法

橄榄的修剪基本方法有短截、疏删、回缩、摘心、抹芽等。这些方法要灵活应用，并注意冬季修剪结合夏季修剪，以调节生长与结果、衰老与更新、群体与个体以及各器官之间的平衡关系，达到早结、丰产、稳产、优质和延长经济寿命的目的。

1. 短截 短截是指将一年生新梢剪去一部分的修剪方式。短截长度小于 1/3 的为轻度短截，大于 2/3 的为重度短截，介于两者之间的为中度短截，短截可以促进营养生长，降低分枝高度，使树冠紧凑，结果部位降低。短截也常用于移栽时对根系的处理，以促进水平根的生长。

2. 疏剪 疏剪是指把一个梢或枝组甚至骨干枝从其基部剪去的修剪方式。疏剪可以减少枝梢量，调整枝梢的密度和分布，改善通风透光条件，提高树体光合效能，促进枝条的生长，有利于花芽分化和提高坐果率。生产上常利用疏剪促进生长和抑制生长的双重作用，疏弱留强，以促进生长；反之，要抑制过旺生长，则疏强留弱。

3. 回缩 回缩是将多年生大枝或枝组从其下部的一个强壮分枝处疏剪去前端的衰退部分，再对剪口处留下的强壮枝梢进行中度短截的修剪方式。回缩能增加下部的光照，改善树体光合作用，是控制树冠过度扩张及树体更新复壮的重要手段。

4. 抹芽 抹芽是在新梢萌发期，将过多的、无用的新梢抹除的修剪方式。抹芽能促进枝梢生长，调整新梢伸展方向，改善树体结构。抹芽宜早不宜迟。

5. 拉枝 拉枝是根据树势和树冠，将枝条拉成适宜角度和方向的修剪方式。拉枝可以规范树形，是缓和长势，促进花芽分化的一项重要措施。

6. 摘心 摘心是摘除正在生长的新梢顶端的修剪方式。摘心能促进新梢老熟，降低分枝高度，增加分枝级数和分枝数量，培养合理的结果枝组。

二、主要树形

橄榄有主枝开心圆头形、变则主干形和多主枝形等。植株顶端优势明显，实生树主根发达，顶端优势更为明显。幼树一般在离地面 100 cm 处短截定干。

1. 主枝开心圆头形 在主干高度 50～100 cm 内选配不同方向的 3～4 个分枝，培养为主枝，主枝长 50～80 cm 短截，留 2～3 个分枝培养为副主枝，在副主枝上培养结果枝组，树高控制在 4 m以下。

2. 变则主干形 在主干高 1.5 m 内配置 3～4 个分枝，培养为第一层主枝；顶端的主枝培养为变则主干，在变则主干高约 2.5 m 时，再选留主枝 2～3 个，培养为第二层主枝；在 3.5 m 时可培养第三层主枝。在各主枝上选留向两侧生长、位置适宜的侧枝 2～3 个作为副主枝。各层层间距 1.0 m 左右，树高控制在 5 m 以下。

三、修剪

1. 实生树修剪 实生树定植后一般需要 5～7 年才能结果，营养生长旺盛，要注意加以控制，促进生殖生长，提早开花结果。主要做法是在夏梢尚未老熟时，将主干顶芽和主枝顶芽短截或摘心，促进侧芽生长；8 月上中旬对当年夏梢短截 5～10 cm，促进生长充实健壮的秋梢成为结果母枝。顶端优势明显、生长过旺的植株，对直立的中心枝应及时回缩截顶，促使侧芽生长，并注意拉开分枝角度，控制树冠和枝组的发展。

2. 嫁接树修剪 嫁接苗种后一般第三年开始结果，对初果树的修剪原则上以轻剪为主，对过长的枝条行短截，促其多发侧枝；盛产后原则上是调节营养枝与结果枝的比例，使其年年丰产。

3. 结果树修剪 初产树 8 月初将树冠顶部的夏梢回缩至春梢，促发 2～3 条健壮的秋梢，培养为结果母枝，翌年这些结果母枝开花结果后再回缩到基部。盛果期主要控制树高和促进矮化，以疏剪为主，剪除直立性生长枝、枯枝、密闭交叉枝和病虫害枝条为主；对连续延长生长并多年结果的侧枝，应及时在适宜位置短截回缩，以控制树高和树冠；横向生长至两树枝条交叉时应回缩。伤口较大的要涂接蜡保护。

橄榄顶端优势明显，秋梢顶芽大多抽生来年结果枝，因此，对于结果树，冬季修剪一般少短截摘心，多疏剪。但对于来年的大年树，为了调节生长与结果的平衡，可以适当短截部分枝梢，减少当年挂果量。

此外，对于计划密植的果园和盛产期荫蔽果园，对非永久株要及时回缩或疏划。

4. 高接树的修剪 要注意疏除过多的枝条，对生长过旺的枝条进行短截、摘心，对于去年的结果枝也可适当短截，让其抽生健壮的结果母枝，达到丰产稳产。当进入盛产期后，徒长枝条逐渐减少，主要剪去树冠内的枯枝、荫蔽枝、交叉枝、病虫枝。树冠顶部要适当开天窗，要及时剪去树冠内部的徒长枝，增加光照，有利于结果。

第九节　病虫害防治

一、主要病害及其防治

（一）橄榄叶斑病

1. 为害症状 橄榄叶斑病主要为害春梢转绿期叶片，幼果亦会感病。高温高湿环境易发病。叶片刚开始发病时会出现圆形灰褐色病斑，后期病斑变成灰白色或灰色，每片叶有 3～12 个病斑，病斑大小约 4 mm，中部有小黑点，干枯后脱落形成圆形小孔。幼果感病后，病斑变黑，幼果腐烂脱落。

2. 病原 橄榄叶斑病由不同真菌侵染所致。

3. 防治方法

（1）农业防治。①注意果园排灌，降低果园湿度。②加强树体管理，提高抗性。③及时清除落叶和病叶，并集中烧毁或深埋，以减少病源。

（2）化学防治。橄榄叶斑病应在春梢展叶、发病初期防治，常用的药剂有 70%甲基硫菌灵可湿性粉剂 1 500～2 000 倍液、50%多菌灵可湿性粉剂 800～1 000 倍液等药剂和 600 倍液氧氯化铜等，每隔 10～15 d 喷一次，连用 2～3 次。

（二）橄榄炭疽病

1. 为害症状 橄榄炭疽病会为害橄榄的叶和果实。

（1）叶片被害状。叶片受侵染时，先从叶缘或叶尖开始，为半圆形或不规则形病斑，病斑颜色随环境的空气湿度而变，雨后空气潮湿时病部有朱红色黏性小点，天气干燥时病斑则呈灰白色，并有散生或呈轮纹状排列的黑色小点。叶片被害严重时容易脱落。高温高湿及偏施氮肥环境易发病。

（2）果实被害状。幼果受害呈暗绿色油渍状，容易脱落；腐烂则多发生在近成熟或已成熟的果实上。贮藏期间的果实，发病初期呈浅褐色水渍状，后呈暗褐色，最终会腐烂。

2. 病原 橄榄炭疽病由真菌胶孢刺盘孢〔*Colletotrichum gloeosporioides*（Penz）Sace〕侵染引起。

3. 防治方法

（1）农业防治。①平衡施肥，特别注意不要偏施氮肥。②及时排水，防止积水，以降低空气湿度，减少病害。③冬季清园，剪除病叶，减少病源。

（2）化学防治。新梢展叶或发病初期，用70％甲基硫菌灵可湿性粉剂1 500～2 000倍液或50％多菌灵可湿性粉剂800～1 000倍液喷雾防治。

（三）橄榄煤烟病

1. 为害症状 煤烟病主要为害橄榄的叶片、果实与小枝条。发病时在受害表面形成一薄层煤烟状暗褐小霉斑，并逐渐扩大，后期于霉层上散生黑色小粒点或刚毛状突起物。每年的3～10月是煤烟病的高发期。煤烟病的发病因素较多，如透光不良、光照差、湿度大等，橄榄受星室木虱、蚂蚁、黑点蚧等为害后，受害部残留有排泄物，也易引发煤烟病。

2. 病原 子囊菌亚门真菌，吸取昆虫分泌物作为营养，以菌丝体、闭囊壳或分生孢子器在病部越冬，次年由风雨传播。

3. 防治方法

（1）农业防治。①冬季清园，降低病原基数。②及时排水，降低园内湿度。③加强管理，增加透光。④治虫防病。积极防治星室木虱、黑点蚧、蚂蚁等害虫，减少煤烟病的发生。

（2）化学防治。在发病初期用70％甲基硫菌灵可湿性粉剂1 500～2 000倍液、50％多菌灵可湿性粉剂800～1 000倍液、77％氢氧化铜可湿性粉剂400～600倍液、70％或80％代森锰锌可湿性粉剂600～800倍液等药剂喷射，每隔7～10 d一次，连喷2～3次。

（四）橄榄果实黑斑病

1. 为害症状 受害果的表面，特别是果顶部位，呈现灰色至浅黑色点状或不规则圆形油渍状斑，常连成一片。

2. 病原 该病主要由橄榄星室木虱为害和幼果期喷药不当引起。橄榄果实受星室木虱刺吸后，从幼果表面流出的果汁中的单宁在空气中氧化后，就在果面上产生黑斑；另一种情况是幼果生长期由于使用农药浓度偏高，或者重复喷药，药液累积在果实下表面，使下表面药液浓度过高，破坏了果面的胶质保护层，而发生黑色病斑；还有的是在晴天中午前后高温时用药，黏附在果面上的药滴水分蒸发快，浓度迅速升高，而产生黑色病斑。

3. 防治方法

（1）治虫防病。积极防治橄榄星室木虱，尽可能降低虫口密度，减轻为害程度。

（2）科学用药，防止药害。

（五）橄榄青霉病

1. 为害症状 橄榄青霉病为害贮藏期的果实，病果表面开始时出现霉斑，初为病菌的白色菌丝，以后产生青绿色粉粒状分生孢子，随之果实腐烂。

2. 病原 青霉菌（*Penicillium*）。

3. 防治方法

（1）采前防护。采前用 50％多菌灵可湿性粉剂 1 000～1 500 倍液或 50％甲基硫菌灵可湿性粉剂 800～1 000 倍液杀菌。

（2）保护果实。采收时不要击打果实，采后要轻拿轻放，避免产生伤口。

（3）低温贮藏。果实贮于 9～10 ℃的环境，可有效抑制病菌的发生。

二、主要害虫及其防治

（一）橄榄星室木虱

橄榄星室木虱（*Pseudophacopteron canarium* Yang & Li），属同翅目木虱科。橄榄星室木虱是目前橄榄的主要虫害。

1. 为害特点 叶片被星室木虱刺吸后，叶面凹凸不平，扭曲畸形，失绿黄化，甚至脱落；嫩梢被刺吸后则萎缩、干枯脱落，并诱发烟煤病。

2. 形态特征 成虫体长 1～2 mm，黄色。触角黑黄相间，末端 2 叉。前胸背有深黄色纵纹 4 条。翅膜质，透明，前翅在黄褐色的翅脉上布有 10 个黑色斑点。腹部两侧黑褐色。

3. 发生规律 此虫在福州 1 年发生数代。卵散产于嫩叶的主脉及其两侧附近，以成虫在树苑裂缝、枝梢生长点芽缝或老叶叶脉主脉两侧越冬，或在附近龙眼、荔枝等常绿果树树皮裂缝处越冬，以若虫、成虫为害新梢嫩叶，有两个危害高峰期：第一个为害高峰期在 4 月中旬，为害春梢，影响当年产量；第二个为害高峰期在 10 月上旬，为害秋梢，影响次年产量。

4. 防治方法

（1）农业防治。加强管理，使枝梢抽发集中整齐。

（2）生物防治。保护天敌，橄榄的天敌主要有瓢虫、草蛉、黄斑盘虫、黄褐新圆蛛和寄生蜂等。

（3）化学防治

① 消灭越冬虫源。12 月下旬和 3 月中旬用 20％灭扫利 1 000 倍液清园，同时，园内撒施石灰粉，树干刷白，消灭越冬虫源。

② 嫩梢抽发期，要喷药保护新梢，特别是春梢和秋梢。常用农药有 20％甲氰菊酯乳油 4 000～5 000倍液，5％高氯菊酯净乳油 2 000～3 000 倍液；10％吡虫啉可湿性粉剂 2 000 倍液，25％噻嗪酮 1 500倍液，2.5％三氟氯氰菊酯乳油 5 000～6 000 倍液等。梢期不整齐的果园相隔 10～15 d 要再喷 1 次。橄榄星室木虱易产生抗性，应不同种类农药轮换使用，同一种农药年使用不超过 2 次。

（二）橄榄枯叶蛾

橄榄枯叶蛾（*Metanastria terminalia* Tsai et Hou），属鳞翅目枯叶蛾科。橄榄枯叶蛾以幼虫取食叶片。

1. 形态特征 成虫雌虫体长约 35 mm，棕褐色，前翅中室端白色不明显，全翅有 3 条横带，亚外缘部有约 7 个黑褐色斑点，后翅外半部暗褐色。雄虫体长约 30 mm，赤褐色，前翅色深暗，中部有 1 广三角形深咖啡色斑，色斑被银灰色的内、外横带所包围，三角斑内有 1 黄褐色新月形小斑纹，亚外缘部点列黑褐色，后翅外半部有污褐色斜横带。

2. 发生规律 在福州 1 年发生 1～2 代。幼虫白天常见成片群栖于树干或叶片上。5 月中旬老熟幼虫在叶间作茧化蛹，6 月中下旬成虫羽化，6 月下旬至 7 月上旬新一代幼虫发生为害，低龄幼虫成片栖息于叶上，并成群迁移，有吊丝现象。

3. 防治方法

（1）化学防治。可参考橄榄星室木虱的防治。利用幼虫白天群集于树干或叶片的特性，用 25％灭幼脲悬浮剂 1 000 倍液或 5％高效氯氰菊酯 1 500～2 000 倍液等喷施防治。

（2）生物防治。春季湿度大时，可施用白僵菌粉剂或苏云金杆菌。

（3）农业防治。结合施过冬肥，每株施米乐尔 1～2 kg。

（三）小黄卷叶蛾

小黄卷叶蛾（*Adoxophyes orana* Fischer von Rosterstamm），属鳞翅目卷叶蛾科。

1. 为害特点 以幼虫为害新梢叶片。为害时将一片至多片叶网卷成巢，幼虫白天于巢内取食，黄昏后出巢活动。幼虫不仅食害嫩梢、幼果，导致大量落花、落果，致使橄榄减产；危害严重时，可食害橄榄的全部叶片，导致植株枯死。

2. 发生规律 在广东、福建等地 1 年发生 6 代，世代重叠，以老熟幼虫在树皮裂缝和枯枝落叶中结茧越冬，越冬蛹在 3 月开始羽化，产卵于新抽发的春梢嫩叶背面，数十粒一块。幼虫孵化后吐丝下垂，借风飘荡转移到新梢危害。

3. 防治方法

（1）农业防治。冬季清园，剪除卷叶除茧，减少虫源。

（2）物理防治。利用成虫的趋光性，可用黑光灯诱杀。

（3）化学防治。可用 2.5％三氟氯氰菊酯乳油 5 000～6 000 倍液等喷杀。

（4）生物防治。用 50 亿活芽孢/g 蜡螟亚种苏云金杆菌＋1.8 mg/g 阿维菌素、100 亿活芽孢/g 蜡螟亚种苏云金杆菌＋1 mg/g 阿维菌素、10 亿/g 棉铃虫多角体病毒粉剂，配制成浓度依次为 0.067％、0.04％、0.067％、0.033％的溶液喷施。

（四）橄榄叶蝉

橄榄叶蝉（*Amrasca* sp.），属半翅目（Hemiptera）叶蝉科（Cicadellidea）小型昆虫，成虫体长仅 3～5 mm，善跳跃。

1. 为害特点 以成虫和若虫潜于叶背刺吸汁液，群集生活。被害叶片黄化，严重时可使全株叶片黄化，树体生势明显衰退，造成大量落果而减产。

2. 发生规律 叶蝉 1 年多代，且世代重叠，常年可见成虫。第一代若虫最先出现于 3 月下旬的春梢叶片转绿期间。

3. 防治方法

（1）物理防治。在成虫大量出现时，用灯光诱杀。

（2）化学防治。若虫未羽化时用 2.5％三氟氯氰菊酯乳油 5 000～6 000 倍液或 20％叶蝉散乳油 800 倍液或 25％杀虫双水剂 500～700 倍液等喷杀。

第十节 果实采收

橄榄采收的时间对果实产量、品质和树体的恢复，翌年的产量有着密切的关系。过早采收，果核未硬化，产量低，果皮易皱缩，果实不耐贮藏；过迟采收果实易掉落，留果期长会消耗树体养分，影响翌年产量。只有适时采收，才能满足鲜食和不同加工品质的需要，获得较高的经济效益和生态效益。

一、采收时间

橄榄的成熟期因种植地区、栽培品种而异，果实未成熟时各品种一般都呈青绿色，果核未硬化，核仁未饱满。成熟时有各品种特有的色、香、味。橄榄的采收时间也因地区、品种和用途而不同。

橄榄的成熟期为 7～11 月，采收标准根据用途而定。乌榄果实采收太早了，果实着色不良，品质差，加工产品不美观；如迟至霜降后采收，由于受干冷的西北风吹刮，会使果皮硬化，果实品质更差。

橄榄供加工蜜饯用果，一般可适当早采。如用于鲜食，要完全成熟才能采收，如檀香橄榄多在

11 月（立冬）后采收；太早采收苦涩味浓，果实容易失水，果皮皱缩，不耐贮藏。有的可在树上挂果贮藏，但应在霜冻来临前采收完毕。

1. 加工用果　用于加工凉果、蜜饯的果实，一般在 7～8 月果实体积不再长大时，采收青果。这时的橄榄果实虽不具备各品种特有的色、香、味，但果已成形，符合加工凉果、蜜饯的基本要求。而且，此时采收，秋梢可以早萌发，为次年的丰产打下基础。

2. 贮藏保鲜用果　用于贮藏保鲜的橄榄果实，八九成熟、具有品种特有的色、香、味时，即可采收。早采和晚采都不利于贮藏。早采果实组织不充实，含水量高，容易腐烂变质；晚采细胞开始走向衰老，不利于长期贮藏。

3. 鲜食果　作为鲜食的橄榄，要待果实充分成熟、果皮着色良好、风味浓厚时才采收，一般早熟品种约于中秋节前后采收，迟熟品种 12 月左右采收。鲜食果通常较迟采收，采收当年秋梢不抽发，即使可以萌芽，抽生的秋梢也不充实，很难发育成结果母枝，从而影响次年的产量，这也是导致橄榄大小年结果的一个重要原因。

4. 乌榄采收　乌榄采收期因品种而异，一般在 9～11 月果实已充分长大，全树有 90％的果实呈紫黑色、有光泽时，便可采收。

二、采收方法

橄榄在采收过程中，由于外果皮直接与环境接触，极易造成机械伤而变色。对树体而言，橄榄果枝顶芽可抽生次年的结果枝，采收果实时不能损伤果枝顶芽。采果前，必须做好各项准备工作，采果用的工具如采果篮、装果筐（箱）、梯凳等要准备齐全，果篮、果筐等应内衬编织布、棕皮或薄膜等软垫物，以防果皮擦伤。

采果时应由下而上，由外而内，依次采摘。采运过程中要严格执行操作规程，做到轻采、轻放、轻装、轻卸。一般用以下几种采果方式：

1. 竹竿敲打采收　这是一种传统采收方式，常用于加工果的采收。采果时，先在树冠下面，铺上蓬布，再以竹竿直接敲击树上的果实，使其落到蓬布再收集起来。这种采果方式对果实和树体都会造成损伤，果实被敲打，造成机械伤，易腐烂变质。树体被敲打，会造成大量的断枝落叶，而且秋梢顶芽也会被打伤，造成次年减产。但这种采收方法，速度快、工效高。

2. 手工摘果采收　用长梯靠上树冠，人踏梯而上，果实一粒一粒地摘。这种方法，不会对树体和果实造成机械损伤，有利于鲜果贮运和保鲜，但工效低、成本高，而且对采果人也不安全。

3. 药剂催果采收　据报道，用 40％乙烯利 300 倍液加 0.2％中性洗衣粉作为黏着剂，喷果 4 d 后，振动枝干，果实催落率大于 99％。这种方法有一定的风险，药剂浓度控制得当，对橄榄的果实、树体无不良影响，倘若控制不当，则效果不佳。浓度太低，催果没有作用；浓度太高，则会成落叶，降低翌年产量，要慎重使用。

第十一节　果实贮藏保鲜

橄榄果皮薄，怕干燥，采后极易失水皱缩，又忌高温高湿，黄化腐烂。因此，橄榄采后须及时采取适当的保鲜措施，以减少损失，增加效益。据研究，橄榄的贮藏适温为 8～10 ℃，相对湿度 90％～95％。

由于橄榄的外果皮和中果皮紧密相连，食用时一般不去皮而直接食用，因此不能使用有损人体健康的杀菌剂来处理。

1. 化学防腐　果实采收后，剔除劣果、伤病果等，再用饮用水消毒片（次氯酸钙）或漂白粉水

溶液清洗果实，或用戴挫霉 1 ml/L＋保鲜剂 2 号 100 mg/L 洗果，或 0.1％高锰酸钾和 0.1％硼酸混合液中浸泡 3 min；洗净果蒂处流胶，阴凉通风处晾干。

2. 塑料薄膜袋贮藏　将经清洗防腐并晾干的橄榄果实，装入 0.04～0.05 mm 厚的高压聚乙烯薄膜袋中，加入适量乙烯吸收剂，置于 8～10 ℃冷库贮藏，或阴凉、温度稳定的仓库或民房常温贮藏。

3. 乙烯吸收剂　用蛭石作为载体，先将其浸泡在饱高锰酸钾溶液，捞起后晾干，再用具孔塑料复合膜袋或透气性材料（无纺布等）包装备用。

4. 橄榄保鲜贮运实用技术规程

（1）保鲜橄榄九成熟时采收较适宜，一般在霜降至小雪时用人工精细采果。禁止用竹竿等敲落。

（2）果实采后立即防腐洗果，至洗净果实表面果胶为止，阴凉通风处晾干。

（3）剔除病虫果、机械伤果后装入 0.04～0.05 mm 高压聚乙烯袋中（打孔），每袋 0.5～1 kg，置于 48 cm×35 cm×17 cm 有孔塑胶箱中，堆垛贮藏；或每袋 5 kg，袋口留透气孔，置于层架上贮藏。

（4）在冷藏时，适宜温度为 8～10 ℃；温度过低，易产生冷害。在常温下贮藏时，应选择通风、阴凉、温度较稳定的场所，并加强贮藏期间的通风换气管理工作，一般采用昼关夜开窗门的做法调节温度。

采用冷藏的橄榄果实好果率较高，贮藏 3 个月，好果率可达 92％以上。但冷藏的果实货架寿命较短，而在常温下贮藏货架寿命较长。在常温下贮藏，如果温、湿度管理得当，贮藏 3 个月，好果率可达 90％以上；贮藏 5 个月，好果率可达 85％以上，商品率 80％以上。

（5）出库时，应严格再行检查、挑选、分级，根据客户的要求进行再包装，可用塑料托盘（200～500 g）或薄膜袋装。

（6）运输时，应注意防晒、防挤压。

第十二节　新技术的应用

一、果园生草

果园生草栽培是指果园株行间套种豆科或禾本科草，或去除恶性杂草后让良性杂草自行生长的土壤耕作方式。果园生草栽培可以提高土壤的有机质，改良土壤结构；改善果园生态环境条件，调节地表水的平衡供应，保持土壤温度的相对稳定，抑制有害杂草，改善果园小气候；防治水土和肥料流失；有利于益虫生长繁殖，减少果树病虫害；促进土壤有益根际微生物的生长，延长果树根系活动时间；减少果园作业量，提高果实质量。此外，果园生草栽培还可果草牧结合，促进果园循环经济发展。发达国家已将此作为果园科学化管理的一项基本内容。为了加快我国果园耕作制度的变革，提高果业生产的经济效益、生态效益和社会效益，农业部中国绿色食品发展中心 1998 年正式将果园生草纳入绿色食品果业生产技术体系，在全国推广。

国内外一些研究发现，生草果园在头 3 年左右的时间里，会表现土壤有效态氮含量下降，但以后表现正常且有逐渐增加的趋势。因此，果园生草栽培的前 3 年必须注意适当增加氮肥用量。

果园生草栽培有人工种草和自然留草两种方式。在草种选择上，要注意以下原则：

1. 人工种草　要因地制宜选用草种，一般选择适应性强、植株矮小、生长迅速、鲜草量大、覆盖期长、再生能力强、耐践踏、固氮能力强、根系发达、茎叶密集的草种，最好是豆科草种和禾本科草种混种。可选用的有百喜草、白三叶、藿香蓟、商陆、黑麦草以及豆科植物。

2. 自然留草　草种可利用当地的杂草资源配套种植，最好选用生长容易，生草量大，矮秆、根浅，与果树无共同病虫害，且有利于果树害虫天敌及微生物活动的杂草，如野艾蒿、商陆等。

二、高位嫁接

橄榄树遗传背景复杂，实生后代容易发生变异，对结果性能不佳的果园或植株，可以通过高接换种来更新品种，提高效益。也可用高接换种来繁育橄榄稀、优品种，以保持其遗传稳定性，加快选育种进程。

1. 高接部位的选择与处理　高接部位应根据树龄、树体高度、树干粗度等灵活掌握。一般嫁接部位在主干或接近主干处，接穗成活后生长旺盛，但由于主干组织老化，嫁接成活率较低，且伤口愈合慢。反之，如果高接部位在主枝、副主枝或远离主干的侧枝上，则伤口小，成活率较高，但长势中等。

一般三至五年生树，在主干离地 30～80 cm 处嫁接；五至十年生树，可将主枝或副主枝分别在离主干 30～40 cm 处锯断，进行骨干枝嫁接；十至十五年生树，一般在径粗 3～8 cm 的副主枝或侧枝上嫁接。高接时，最好留 1～2 条略下垂的侧枝作为辅养枝，以保持树体地下、地上部的营养与水分的供给平衡。

2. 高接时期　高接以 4 月中旬到 5 月中旬的晴天高接为好，5～6 月进行夏季补接。补接时，如遇气候干旱，可在嫁接前 2～3 d 树盘灌水。

3. 高接方法　目前生产上橄榄一般用嵌接和劈接法。潘云辉等（2004 年）报道，四川泸州在橄榄高接换种上首次采用双芽刃皮切接法，成活率高达 92％。不管采用哪种方法，砧树和接穗的削切、嵌合、固定过程都要求快速、准确，尽量缩短暴露于空气中的时间，以免砧树和接穗的单宁氧化，影响嫁接成活率。

4. 接后管理　橄榄高接后的管理，对高接的成败至关重要。管理工作主要抓保湿与遮阴、适时破膜、合理利用辅养枝等。

第十三节　优质高效栽培模式

福建省闽侯县南屿镇其天农业果场橄榄生产基地，果园建在丘陵山地坡度 10°～25°的山地上，红壤，海拔 50～120 m，面积 13.3 hm²。1998 年以鱼鳞坑方式建园，1999 年春种植一年生两段式营养袋苗，长营品种，平均栽植 300 株/hm²；2001 年小树嫁接惠圆 1 号品种，同时平整建立等高梯田，并扩穴改土；2003 年试产，株产 5 kg 左右；2005 年全部投产，株产 15 kg 左右；2007 年进入盛产期，株产 50 kg 左右；每 667 m² 产值 6 000 元左右。

一、建园和栽植

(一)整地

1. 清山规划　建园前炼山，清除果园规划区内的所有植物，根据果园规划图与施工图，标记道路系统和排灌系统及附属建筑物的位置和走向，修筑与外界公路接通主干道路，然后规划果园小区，修筑支道和人行道。采取人工爆破方式挖种植的鱼鳞坑。

2. 定点整台　首先标记种植等高线，每间隔 6 m 挖一个小平台，然后挖一个长、宽、深各 1 m 的鱼鳞坑，鱼鳞坑建在等高线上，并从果园的最下面一条等高线做起，最后逐条上移，上一条等高线的鱼鳞坑与下一条等高线上的鱼鳞坑错位开挖，即挖在下一条鱼鳞坑两穴之间。等高线的水平间距 5 m 左右，以保证等高线为主，根据山地坡度调整等高线的间距，等高线间距小于 3 m 则断线，大于 10 m 则加线。

3. 回填筑墩　鱼鳞坑挖好后，晒台晒土 1～2 个月，分化土壤，然后分三层压入有机物，每层以山坡表面土覆盖，最底层每穴放入 10 kg 鸡、鸭、猪毛，中间层 20 kg 稻旱、芦苇、绿肥等，上层

10 kg鸡、鸭、猪、羊粪等，土墩高出小平台50 cm左右待植。

（二）栽植

1. 苗木选择 选择嫁接亲和力高、愈合能力强的长营品种，营养袋两段式育苗的一年生实生苗，苗茎粗1 cm以上，苗高50～100 cm，健壮无病虫害。

2. 定植穴下肥 定植前，挖开定植墩呈直径50 cm左右内低外高的圆形环，环内下5 kg经粉碎发酵的花生饼、菜籽饼等，加1 kg的过磷酸钙或钙镁磷，与土壤充分搅拌后待植。

3. 苗木定植 元宵过后1个月内定植，将营养袋竖向割破，在定植穴内挖一个比营养袋稍大稍深的穴放入营养袋苗，覆土踩实，淋足定根水，最后覆上一层细土、杂草、绿肥等，以保湿并防止表土干裂。

4. 栽后管理 苗木定植后，要经常浇水，特别是定植后的半个月内，保证水分的充足供应，视土壤的干湿程度，每隔2～3 d浇一次水，定植1个月后，每周浇水1次，直至新梢老化。同时树盘覆草，并在苗旁立柱固定。

二、第一年果园管理

（一）土肥水管理

1. 建立等高梯田 第一年完成鱼鳞坑之间的平台修筑，先建立宽1.5～2.0 m的台面，并将表层土壤堆放在平台中间，播种绿肥作物，以备扩穴改土用。

2. 苗木施肥 苗木春梢老化以后每月浇施1次10%浓度的农家人粪或复合肥薄肥，直到翌年春季。

3. 树盘覆盖 树盘覆盖稻草、绿肥等，以保肥水，减少杂草。

（二）整形修剪

年底冬梢成熟后，种植一年的树苗高超过1 m的，在离地面1 m处短截，不到1 m的则摘除顶芽，促进树苗分枝和增粗。

（三）病虫害防治

苗期主要以防治橄榄星室木虱为主。可在每梢萌发期间采用菊酯类农药如10%氯氰菊酯2 000～2 500倍、70%吡虫啉水分散性粒剂3 000倍液等间隔15 d防治1～2次。

（四）冬季防冻

树苗期间，树冠较小，全树盖稻草或遮阳网。

二、第二年果园管理

（一）土肥水管理

1. 拓宽等高梯田 在第一年建立等高梯田的基础上，进一步横向拓宽梯台面至2.5～3.5 m。

2. 种植绿肥 在橄榄树之间，利用建设梯台时留在台面上的山表土，种植花生、紫云英、印度豇豆、绿豆、黄豆等，也种植一部分蔬菜、西瓜。

3. 施肥管理 每次新梢生长前后各施一次追肥，每次施N：P：K（15：15：15）复合肥0.25～0.5 kg，肥料施在树冠滴水线外两侧开1/4圆形施肥沟，沟深、宽各10～30 cm，下次施肥换一边，均匀施肥后及时覆土。

（二）整形修剪

年底冬梢成熟后，种植2年的树苗离地面50 cm茎粗超过3 cm的不做处理，待翌年嫁接；茎粗达不到3 cm的，离地面1.5 m处短截，不到1 m的则摘除顶芽，促进树苗分枝和增粗。

（三）病虫害防治

苗期仍主要以防治橄榄星室木虱为主。

(四)冬季防冻

树苗期间，树冠较小，全树盖稻草或遮阳网。

三、第三年管理技术

(一)小树嫁接

1. 嫁接时间 春季 3～4 月，气温稳定在 18～25 ℃，选择天晴无雨无西北风的天气嫁接。

2. 嫁接对象 离地面 50 cm 茎粗超过 3 cm 的实生小树。

3. 接穗选择 惠圆 1 号品种，从丰产稳产的嫁接树上采一至二年生中部外围健壮无病虫害的枝条。

4. 嫁接方法 茎粗 5 cm 以上，在 50 cm 处截主干，采取嵌接。茎粗 3～5 cm，50 cm 处截主干采取切接或留主干腹接。采取腹接的接穗长出 5～10 cm 新梢时截掉主干。

(二)土肥水管理

1. 扩穴改土 秋、冬季时，对种植穴两侧台面扩穴改土，不留隔墙挖宽 1.0 m、深 0.8 m、长适度的壕沟，分 2～3 层回填稻草、有机肥、过磷酸钙、石灰等，株用量各为 50 kg、50 kg、2.5 kg、1.5 kg，堆土起墩高约 0.3 m，以备穴土沉实。

2. 种植绿肥、施肥 同第二年。

(三)整形修剪

年底冬梢成熟后，嫁接苗离地面高超过 1.2 m 的，在 1.2 m 处短截；不足 1.2 m 的则不短截，待春梢或夏梢成熟超过 1.2 m 后短截。并在主干 0.8～1.2 m 段选留分布均匀的 2～3 条分枝作为主枝培养。

(四)病虫害防治和冬季防冻

同第二年。

四、第四年管理技术

(一)土肥水管理

1. 扩穴改土 秋、冬季时，对种植穴内侧台面扩穴改土，不留隔墙挖宽 0.8～1.0 m、深 0.8 m、长适度的壕沟，分 2～3 层回填稻草、有机肥、过磷酸钙、石灰等，株用量各为 50 kg、50 kg、2.5 kg、1.5 kg，堆土起墩高约 0.3 m，以备穴土沉实。

2. 种植绿肥 同第二年。

3. 施肥管理 夏、秋、冬梢生长前 10～15 d 各施一次肥，每次施 N∶P∶K（15∶15∶15）复合肥 0.5～1.0 kg，肥料施在树冠滴水线外两侧开 1/4 圆形施肥沟，沟深、宽各 10～30 cm，下次施肥换一边，均匀施肥后及时覆土。冬季施一次基肥，每株施花生、菜籽饼肥 10 kg 左右，以后每 2 年施一次。

(二)整形修剪

1. 主枝开心圆头形 梯台面宽大于 3 m 的整形修剪采用主枝开心圆头形，在主干高度 50～120 cm 内选配不同方向的 2～3 条分枝，培养一级主枝，一级主枝留长 50～80 cm 短截，留 2～3 个分枝培养二级主枝，在一、二级主枝上培养结果枝组。

2. 变则主干形 梯台面宽小于 3 m 的整形修剪采取变则主干形，在主干高 1.0 m 内配置 2～3 个主枝，培养为第一层主枝；顶端的主枝培养为变则主干，在变则主干高约 2.0 m 时，再选留主枝 2～3 条，培养为第二层主枝；在一、二级主枝上培养结果枝组。

3. 回缩修剪 8 月上中旬对当年作为结果枝组培养的夏梢回缩 5～10 cm，培养成熟的秋梢做为翌年结果母枝。

（三）病虫害防治

1. 冬季清园 剪除病虫枝叶集中毁烧，全园喷1次倍量式波尔多液或45％石硫合剂120倍液。

2. 虫害防治 以防治橄榄星室木虱为主，在治木虱的同时可兼治其他同类和蛾类虫害。在每梢萌发期间采用菊酯类农药如10％氯氰菊酯2 000～2 500倍、70％吡虫啉水分散性粒剂3 000倍液、99％矿物油200倍液、20％木虱净1 500倍液等间隔15 d防治1～2次。化学药剂轮换使用，同药剂一年不超过2次。

3. 病害防治 6月中旬幼果期期全园喷一次广谱性杀菌剂，如10％苯醚甲环唑1 500倍、70％甲基硫菌灵、50％多菌灵1 000倍液等。

（四）防寒措施

树干刷白，有寒流时进行果园熏烟，树冠较小者盖稻草或遮阳网。

五、第五年管理技术

（一）土肥水管理

1. 施肥管理 每梢萌发前10～15 d各施一次肥，每次施N：P：K（15：15：15）复合肥1.0～2.0 kg。

2. 套种 在树盘1 m以外可套种绿肥、豆科作物、蔬菜及西甜瓜等作物。

3. 中耕除草、深翻护壁 秋冬季中耕1次，深约20 cm，结合中耕将绿肥深翻压埋入土。同时清理后沟淤泥，台面整成前高内低反倾斜状，梯壁有崩塌的应及时修补。

4. 覆草 夏季高温干旱季节，树盘覆草厚约20 cm，也可在冬季结合中耕用套种绿肥树盘覆草。

（二）整形修剪

1. 培养结果枝组 多主枝型在二、三级主侧枝上培养结果枝组，树高控制在4 m以下。变则主干型在3.0 m可培养第三层主枝，并在一、二、三级主侧枝上培养结果枝组，树高控制在5 m以下。

2. 回缩修剪 回缩修剪是当年修剪的重点工作，8月上中旬对夏梢回缩5～10 cm，培养成熟的秋梢作为翌年结果母枝。

3. 修剪 控制树高和促进矮化，以疏剪为主，剪除枯枝、密闭交叉枝、病虫害枝条。

（三）病虫害防治和防寒措施

同第四年。

第二十一章 阳　　桃

概　　述

　　阳桃（Averrhoa carambola L.）别名五棱子、五敛子、洋桃等，属酢浆草科阳桃属植物。阳桃原产亚洲东南部，大致为印度尼西亚、摩洛加群岛。我国云南西双版纳海拔 600～1 400 m 的热带雨林、热带季雨林、南亚热带季风常绿阔叶林中也发现有野生阳桃零星分布。世界上阳桃栽培历史较久的是东南亚地区，阳桃从马来西亚、越南传入我国，已有 2 000 多年的栽培历史。据考证，东汉粤人杨孚的《异物志》中已有记载，称阳桃为"蒹"或"三蒹"。《广志》记载："三蒹，似剪羽，长三四寸，皮肥细，绛色。以蜜藏之，味甜酸，可以为酒啖。出交州，正月中熟。"

　　目前，阳桃的分布仅限于南北纬 30°之间，主要分布在中国、印度、马来西亚、印度尼西亚、菲律宾、越南、泰国、美国、澳大利亚、缅甸、柬埔寨、巴西、以色列等国，马来西亚生产的阳桃在国际市场上最为著名，成为马来西亚重要的出口创汇产品。

　　在我国，阳桃主要分布于海南、台湾、广东、广西、福建等地，云南有少量栽培。广东是我国阳桃栽培较多的省份，主要有三大产地：珠江三角洲地区，潮汕平原，粤西茂名、雷州半岛等地。

　　阳桃果形美观，清甜多汁，具有较高的营养价值。据测定，B10 阳桃可溶性固形物含量为7.7％，每 100 g 果实含蛋白质 170 mg，粗脂肪 7.82 mg，维生素 B_1 28.86 mg，维生素 B_2 5.36 mg，维生素 C 26.56 mg，铁 0.79 mg。阳桃还有药用价值，可以清热降火、润喉爽声、排毒生肌、止血等。《本草纲目》记载："五敛子，去风热，解酒毒，治黄疸、赤痢"。除鲜食外，阳桃可以加工成罐头、果汁、蜜饯、果酱、果酒、果冻等产品，在珠江三角洲地区，还有盐渍作为菜食的习惯。

　　阳桃每年多次抽生新梢，生长快，早结丰产，适应性强。春植到第二年底即可形成树冠，开花结果。阳桃一年多次开花，通过调节可周年供果，也有利于避开不利的气候因素，保证连年稳产。

第一节　种类和品种

一、种类

　　阳桃在植物学分类上属酢浆草科阳桃属，有 2 个种，即阳桃（普通阳桃）和多叶阳桃（毛叶阳桃）。栽培上的品种都是阳桃种，一般可分成 2 类，即甜阳桃和酸阳桃。

　　酸阳桃植株高大，生长势旺盛，复叶的小叶数较多，叶色浓绿，果实较大，果棱较薄，味酸，种子较大，充分成熟后也可鲜食，主要用于加工。种子实生苗一般作为培育嫁接苗的砧木。

　　甜阳桃植株较矮，生长势较弱，复叶的小叶数较少，叶色绿，果实一般较小，果棱厚，果身丰满，风味清甜，清脆可口。

二、品种

(一) B2 阳桃

自马来西亚引进,是当地 B 系列阳桃的 3 个推广品种之一。小叶倒卵形,长 6.1 cm,宽 3.6 cm,叶尖急尖,基部较宽,明显歪斜。单果重 150~300 g,卵圆形,成熟时黄色,风味纯而清甜,无酸味。坐果率高,丰产性好。

(二) B10 阳桃

B10 阳桃又名香蜜阳桃,自马来西亚引进,是当地 B 系列阳桃的 3 个推广品种之一 (图 21-1)。小叶多为 9~11 片,先端急尖,基部偏斜。枝条柔软下垂。单花较小,呈钟状,紫红色。单果重150~300 g,成熟时黄色,果肉爽脆稍有渣,清甜多汁,含可溶性固形物 7.0%~10.0%;果心小,种子少或无,可食率 96%。

B10 阳桃　　　　　　　　　　花地甜阳桃　　　　　　　　　　粤好 3 号

粤好 5 号　　　　　　　　　　粤好 10 号　　　　　　　　　　粤好 11

蜜丝甜阳桃

B17 阳桃

图 21-1 杨树主要品种结果状

（三）B17 阳桃

B17 阳桃又名水晶蜜阳桃、红阳桃，自马来西亚引进，是当地 B 系列阳桃的 3 个推广品种之一。复叶长 25 cm 左右，小叶 7～13 片，多为 11 片，叶色浓绿。枝条斜生，稍硬。生长结果快，一般移植后当年即可开花结果。6～10 月开花，花梗深红色，单花较大，淡紫红色，开花到成熟约 80 d。单果重 200～400 g，成熟时金黄色，有蜜香气，果肉爽脆、化渣，清甜多汁，含可溶性固形物 11.0%～12.0%。果心小，种子少或无，可食率 96%，品质极优。

（四）蜜丝甜阳桃

1992 年华南农业大学自我国台湾地区引入，在广州试种表现良好，平均单果重 168 g，果肉细腻，纤维少而化渣，汁多味甜，风味较佳，品质优良，早结丰产。每年抽梢 5～6 次，春植后第二年底可以形成树冠，开始开花结果。7 月下旬至 11 月上旬陆续开花，9 月中旬至翌年 2 月下旬果实陆续成熟。

（五）七根松阳桃

广东省罗定市素龙镇上宁乡七根松村 100 多年前自新加坡引入。树势较强，发枝力强，枝条柔软下垂。小叶 7～9 片，卵形，深绿色。每年开花 5～6 次，花序多抽生于当年生枝的叶腋，花小，浅紫红色。果实 8～12 月成熟，单果重 90～120 g，果肉厚，橙黄色，化渣，汁多味甜，果心小，种子少，可食率 96%，品质上等。含可溶性固形物 10.0%、总糖量 9.2%，每 100 g 含维生素 C 42 mg。适应性强，成年树株产 50～60 kg。

（六）东莞甜阳桃

广东省东莞市大朗镇洋乌管理区洋坡村 1983 年自马来西亚引入。树势中等，发枝力强，枝条下垂。小叶 7～9 片，卵形，浅绿色。每年开花 4～5 次，花序多着生于当年生枝的叶腋。果实 9～10 月成熟，单果重 250～350 g，果厚，肉色橙黄微绿，汁多味甜，化渣，果心小，种子少，可食率 97%，品质上等。含可溶性固形物 10.0%、总糖 9.6%，每 100 g 果含维生素 C 22 mg。适应性强，丰产稳产，嫁接苗定植后 2 年开始结果，七年生树株产 40～50 kg。

（七）花地甜阳桃

主产广州地区。树势中等，枝条柔软下垂，丰产。小叶 7～9 片，卵形，浅红色。果实 8～10 月成熟，平均单果重 67 g，果肉厚，果心小，种子少，可食率 96%，清甜无渣，香味浓，品质好。含可溶性固形物 18.0%、总糖 8.7%，每 100 g 含维生素 C 29 mg。

（八）红种甜阳桃

广东省潮安区优良地方品种。树势壮旺，发枝力强，枝条柔软下垂。小叶 7～9 片，卵形，深绿色。每年开花 4～5 次。果实 6～12 月成熟，果形正，单果重 120～130 g，果棱厚，肉浅绿黄色，清甜多汁，含可溶性固形物 9.0%、总糖 8.3%，每 100 g 含维生素 C 含量 13 mg。果心中等，种子少，可食率 96%，品质好。三年生树株产 25 kg 左右。

（九）台农 1 号

该品种是我国台湾地区凤山热带园艺试验分所利用二林种、蜜丝种与歪尾种混植。通过自然杂交，从二林种实生后代中选育获得。枝条柔软，呈橙红色，具有白色斑点突起。叶片比二林种大。果实为长纺锤形，果蒂突起，果尖钝，果皮、果肉均呈金黄色，光滑美观，敛厚而饱满。平均单果重 338 g，果肉纤维少，风味清香，含可溶性固形物 7.8%、有机酸 0.27%，品质优良。果皮薄，不耐贮藏。

（十）二林种

二林种又名蜜丝软枝，是由我国台湾地区彰化县二林镇选出的实生变异种，目前在台湾地区的种植面积最大。生长势较旺，果实成熟后，果皮呈黄白色且微有皱纹，果蒂微突起，果尖微尖，果实为纺锤形，果肉细，可溶性固形物含量 7.9%，有机酸 0.21%，风味中等。

（十一）广州阳桃

"广州阳桃"为一统称，系广州市果树科学研究所从新加坡、泰国、马来西亚和中国台湾地区引入 8 个阳桃品种后，经过多年试种选育、筛选出来的品种。其中品质较好、值得推广应用的优良品种有以下几个。

1. 粤好 2 号 该品种 1991 年自我国台湾地区引入。生长迅速，早结丰产，果大味甜，肉滑化渣。抗逆性和适应性均强。开花量大，坐果率高。果硕大，色蜡黄，平均单果重 172 g，最大可达 380 g。含可溶性固形物 10.7%、总糖 7.84%，每 100 g 含维生素 C 45.64 mg。二年植株平均株产 20.3 kg，最高单株产果 44.9 kg。该种早结丰产，品种优良。

2. 粤好 3 号 该品种 1986 年自泰国引入。植后三年结果，果肉爽脆，纤维少，汁多，甜度适中，含可溶性固形物 9.0%，9 月底至 10 月初成熟。六年生树株产 40 kg，单果重 200～250 g。该品种适应性强，较耐旱，适宜低丘陵地种植。

3. 粤好 4 号 该品种 1992 年自新加坡引入。粗生快长，周年树龄可有三级分枝，树冠直径 1.0～1.2 m。早结丰产，一般春季种植，次年结果。一年生树株产 4 kg，二年生树株产 8 kg，三年生树株产 16 kg。果实大，平均单果重 150 g。果形端正，品质上乘，肉质爽脆，细滑化渣，多汁，含可溶性固形物 9.5%。

4. 粤好 5 号 该品种 1992 年自泰国引入。适应性强，植后 2 年结果，果特大，单果重 210～350 g，个别可达 500 g。果肉爽甜多汁，纤维少。果实充分成熟时，果皮金黄色，十分美观。一年可以两熟，但以 9 月成熟品质最佳。

5. 粤好 10 号 自马来西亚引进，在广州表现幼树期生势较弱，树形稍直立。叶为单数羽状复叶，小叶 11～13 片，椭圆形，淡绿色。花为复总状花序，花小淡紫色，近钟形。单果重 143～190 g，果肉爽脆，纤维少，汁多清甜，含可溶性固形物 11%，果心极小。在广州年结果 2～3 次，三年生树株产 12～15 kg。本品种质优，清甜爽脆，前期生长慢，耐寒性差，受冷空气影响后，叶片即转为灰白色。

6. 粤好 11 马来西亚引进，树势旺盛，树形直立，年发梢 3～4 次。叶为单数羽状复叶，小叶 9～11 片，椭圆形，淡绿色，先端急尖，基部浑圆，主脉居中；花为复总状花序，花小，淡紫色，近钟形；浆果长椭圆形，5 棱，未熟时青绿色，绿熟时果淡绿色带白色晶点，充分成熟时金黄色，果面有水晶状斑点。单果重 143～180 g，果身修长，肥大饱满，果心小，肉脆化渣，汁多清甜，有蜜香，含可溶性固形物 9%～11%。三年生树株产 8～10 kg。

此外，还有不少地方品种，现在正逐渐被近年引进的大果型甜阳桃所取代，这些品种包括广东的崛督甜阳桃、尖督甜阳桃、吴川甜阳桃、潮汕酸阳桃，广西的金边阳桃、甜蜜阳桃、白马甜阳桃，福建的广东蜜阳桃、赤口桃、白阳桃，台湾的歪尾种、竹叶种、南洋种等。

第二节　苗木繁殖

一、播种苗培育

（一）种子采集

做播种育苗用的种子要经过树选、果选、粒选。即当阳桃成熟时，从阳桃的健壮母树上选充分成熟、果大端正、无病虫害的果实中取出的种子，播种前应对种子进行消毒处理，可用多菌灵等粉剂拌种或高锰酸钾等药液浸种，药液浸种后用水浮去不充实籽粒，洗净种子外层的胶质物，浸后即播或即用湿沙催芽。

（二）播种期

阳桃播种育苗可分秋播、春播两种。

1. 秋播　秋收的种子，洗净后即播种。秋播的好处是即收即播，不用贮存种子，此时土壤不会过湿，种子发芽率高，苗木生长整齐。待春暖后移植至嫁接圃，比春播早成苗、早出圃，但要采用保护措施防寒过冬。

2. 春播　在 2 月下旬至 3 月上旬播种，此时天气渐回暖，种子萌发、生长快。阴雨天多，苗床易积水而影响影种子发芽率，但可避开寒冷冬季。

（三）整地播种

阳桃因种子细小，苗床地应选背北向南、排灌便利的壤质沙土为宜。苗床畦宜宽 100 cm，高 15 cm，表层土 10 cm 用土、沙、有机肥比例 1∶1∶1 混合整平。播后用细沙覆盖，盖草，淋水，保持土壤湿润，并用竹片搭拱形架，播好种后盖塑料薄膜。出苗后要注意除草，小苗长有 4～5 片真叶时，可薄施 1 次腐熟的 1∶10 人畜尿水（即 1 份尿 10 份水），以加速幼苗生长。此后每月施 1 次 0.3%～0.5% 尿素液，使苗木粗壮、直立，凡 30 cm 以下的萌叶均应及时除去。当苗径粗 0.5～0.8 cm 时，即可进行装袋或移栽。

（四）出苗后管理

出苗后苗床湿度要保持在 70% 左右，湿度过高易引起茎腐烂和根腐烂。若出苗后遇多雨天气且出现上述病害时，要及时加以防治，可用波尔多液（石灰∶硫酸铜∶水 = 3∶1∶100）喷施。另外，为了使幼苗健壮，每月可施 1～2 次淡人粪尿或 0.2% 的氮肥溶液。

（五）幼苗移栽及管理

当幼苗出土约 3 个月，苗高 5 cm，有 3～4 对叶片时，即可移栽于营养袋或育苗地。营养袋规格一般为 10 cm×15 cm 或更大一些，营养土可用 1 份有机肥（腐熟猪牛粪或土杂肥）与 9 份泥土混合而成，每平方米施腐熟鸡粪 3 kg 或花生麸 0.5 kg 左右，与表层 35 cm 深的土壤拌匀。营养土混合均匀后即可装袋，一般排成宽 1 m、长 3 m 的苗床，把小苗移栽于袋内。起苗或栽种时要精细，随起随栽，移栽时间以每天 4:00～6:00 为宜，栽后要及时淋定根水，以后每天可淋少量水，并注意遮阴，1 周以后，幼苗已基本成活，淋水次数可逐渐减少，一般 3～4 d 淋一次，再往后可视营养土的湿润度补充水分，并撤掉荫棚，让其自然生长。

每月应施复合肥 1 次，并结合病虫害防治喷施 0.3% 尿素溶液或绿芬威 2 号等叶面肥。当幼苗移栽 5～6 个月，苗高 50～60 cm，茎粗达 0.6～0.8 cm 时，便可出苗。

二、嫁接苗培育

（一）砧木选择

阳桃多采用酸阳桃（俗称酸三稔）的种子培育实生苗做砧木。因为酸阳桃种子多，籽粒大，发芽率高，根系发达，生长快，寿命长，又较耐寒、耐旱，亲和力强，嫁接成活率高。

（二）接穗采集

接穗要在品种纯正、品质优良、丰产、无病虫害的健壮母株上采集。接穗不宜过老或过嫩，以枝条充实、芽眼饱满、刚脱皮的一至二年生树冠外围已木质化的枝条为适宜。剪取接穗前 10～15 d，摘去叶片，待芽将萌发时才剪取供嫁接。

（三）嫁接方法

1. 嫁接时间 阳桃可进行嫁接的时间长，温度是主要的制约因素。温度在 31～32 ℃时，成活率可达 93.98％，32～33 ℃时，成活率为 90％；34～35 ℃时为 79.64％。因此，在广东中南部地区，从 2～9 月均可进行嫁接，只有 7～8 月由于温度过高，日照强而应停止进行。

2. 嫁接方法

（1）劈接。于 3 月剪取一年生枝条作为接穗。每株接穗长 6～9 cm，上具有 2～3 个芽，砧木为二年生实生苗。方法是在离地面 30～40 cm 截去上部，砧木切口长度为 1.5～2 cm，然后在接穗下端两边相对处各削一个 30°斜面，其长度与砧木切口长度一致即可。将其扦入砧木切口，用薄膜带扎紧即成。劈接适期为 3～4 月，高接换种常用此法。

（2）靠接。靠接的砧木一般是事先准备好的袋装苗，若是地苗则应在靠接前半个月，将地苗带泥团起苗，置于阴凉处，待其恢复生机后即可进行靠接。选好母株一至二年生的枝条，在顶芽以下 15～20 cm 处削一斜面，又在砧木离地面 30～40 cm 处削一斜面，然后将砧木与接穗的斜面接合，用薄膜扎紧即成。一般接口斜面长 2～3 cm，深 0.2～0.3 cm。接后 60 d 左右即可与母株分离。

（3）切接。切接法常用单芽切接。时间在 9 月秋或翌年 3～4 月春。应选新梢萌芽前进行，接后成活率高，生长快。方法是在优良母株树冠外围中上部选生长充实健壮的枝梢作为接穗，要节密，芽点饱满。接穗剪截为 4～5 cm 长，在芽的下方向前削成 45°的削面，翻转接穗平整的一面，从芽点附近向前削去表皮层，要削得平整，然后将接穗倒转，芽点向上，在芽点上方 1.5 cm 处削断，即为接芽。削好接芽后用干净湿布包存备用。砧木在离地面 30～40 cm 截去上部，削平成 45°，在斜面的下方沿形成层与木质部交界处向下纵切一刀，切面长度因接芽长短而定，约短于接芽 0.3 cm。然后将一接芽放入砧木切口，接芽基部紧贴砧木切口的基部，使两个斜面紧密相贴，接后即用薄膜扎紧。

（四）嫁接后管理

若接后有套薄膜小袋，天气转晴后要及时揭去小袋，以防烂芽。嫁接苗接活（接穗已萌芽）后，应及时将砧木抽出的腋芽抹去，以便集中养分供应接穗生长。但接穗未能确定成活前（即未有萌芽），砧木抽生的腋芽应保留一段时间，待接穗成活后才抹去。接口愈合之后，即可解除缚扎的薄膜，以免束缚接穗正常生长。接后 1 个月左右，经检查确实未有接活的，及时进行补接。当接穗萌发的新梢开始转绿后，根外追施 1 次淡薄的液肥。也可以混合农药，防治病虫害。

三、苗木出圃

1. 起苗时期 阳桃起苗通常分为春、秋两季出圃。春季出圃应在春梢萌发前起苗；秋季出圃应在新梢充分成熟后起苗。

2. 起苗方法 挖苗前几天应核对砧木类型、来源及苗龄等。土壤干燥时应充分灌水，以免起苗时伤根过多。起苗时应尽量减少根损伤，并蘸泥浆护根。如采用营养袋育苗，则应先配好基质，待起苗后迅速将苗木种入杯内，并淋足定根水，以保证苗木成活。

3. 苗木分级 嫁接成活后，发梢 2～3 次，嫁接口 2～3 cm 处粗 5 mm 以上，叶色浓绿，枝条粗壮，无病虫，嫁接口平滑愈合。

4. 苗木假植 当嫁接苗达到出圃标准时，可做假植处理，通过一定时间的假植，促进根系发达，从而保证更高的移栽成活率和生长效果。

选择排灌良好、肥沃、疏松的壤土作为假植圃，并起假植畦，畦面宽 120 cm，高 20 cm，株行距 20～25 cm，一般在春、秋季进行假植。

5. 苗木包装 阳桃苗为裸根苗时，用黄泥浆蘸根后，再用淋湿的干稻草包扎根部，每 20～25 棵苗用麻绳或尼龙绳扎成 1 捆。

第三节 生物学特性

一、根系生长特性

阳桃根系由主根、侧根和须根构成。主根发达，可以深入土壤 1 m 以上，土层深厚或地下水位低的地方甚至深达 3 m。侧根多而粗大，主要分布在表土下 10～35 cm 的土层中。须根多，吸收根分布较浅，表土下 2～3 cm 处已有分布，通常分布在表土下 10～20 cm 的土层中，伸展宽度为树冠的 1.5 倍以上。

由于根系的生长与当地的气候、立地土壤的温湿度和通气状况、栽培管理水平等因素有关，新根的生长期、旺长期、缓长期和停长期在不同地区有所差异。在广州，根系 3 月上旬开始生长，5～6 月为旺长期，然后进入缓长期，11 月新根停止生长。在广西南部地区，根系生长在 2 月中旬开始，6～8 月进入旺长期，9 月以后生长趋于缓慢，11 月停止生长。在海南的东南部，根系的生长则没有明显的停歇期。

二、枝梢生长特性

阳桃萌芽力强，只要温度、水分适宜，周年均可以萌芽抽生新梢，一般每年抽生 4～6 次，主要集中于 3～9 月，在高温多雨季节，新梢生长没有明显的间歇期。由于年发梢次数多，新梢生长迅速，因此定植后 18 个月即可形成 2 m 以上的树冠，开始正常开花结果。阳桃的成枝力也强，一般枝长 25～30 cm，但是夏、秋季会抽生徒长枝。

幼树枝梢硬而斜生，结果树枝梢软而下垂（俗称马鞭枝）。春梢和二年生的下垂枝是主要的结果枝。阴生枝、徒长枝在修剪后留下的残桩上也能着生花序并开花结果，因此修剪树冠内部的阴生枝、徒长枝时，应留 1～2 cm 的枝桩用于结"枝头果"。

三、开花与结果习性

阳桃花为总状花序，每一花序由数十朵小花组成，小花为两性完全花。花序一般从当年生和二至三年生枝条的叶腋抽生，也可从骨干枝、主枝和主干上的枝桩抽生。在各种类型的枝条中，以侧枝、下垂枝和树冠内部枝结果为主（表 21-1）。阳桃有一年多次开花结果的习性，常见花果并存现象。在广州地区，一般开 4 次花，结 4 次果：5 月底至 6 月出开花，立秋后采收，称为头造果；7 月下旬开花，9 月下旬采收，称为正造果；9 月下旬开花，11～12 月采收，称为二造果；11 月上旬开花，12 月至次年 1 月采收，称为雪敛果。头造果一般采收青果，产量低，品质较差；正造果产量高，品质好，味甜多汁，如果留至 10 月上中旬采收，果是由黄变红黄，称为红果，品质更佳；二造果产量也较低；雪敛果品质差，产量低，通常避免此次开花结果，以免影响树势。

阳桃一年多次开花结果的习性是丰产稳产栽培和产期调控栽培的生物学基础。如果采用产期调控，阳桃开花可以提前到 4 月中旬，7 月上中旬果实成熟。虽然阳桃易成花，花量大，但是某些品种（如 B17 阳桃）自花授粉的坐果率低，生产上需要配置授粉树才能获得丰产。影响坐果率高低的因素除授粉条件外，花期和幼果期的气候条件、虫害和树体营养条件对坐果率也有较大影响。

表 21-1　香蜜阳桃各类枝条的结果状况

枝条类型		10 月 4 日		12 月 3 日		平均比例（%）
		挂果数（个）	比例（%）	挂果数（个）	比例（%）	
枝类	主干	0	0	0	0	0
	主枝	1.2	3.1	2.9	2.9	3.0
	副主枝	0	0	3.1	3.1	1.6
	侧枝	37.2	96.9	94.3	94.0	95.4
枝态	直立枝	1.6	4.2	0.3	0.3	2.2
	水平枝	4.4	11.5	13.4	13.4	12.4
	下垂枝	32.4	84.4	86.6	86.3	85.4
树冠	树冠内	—	—	90.3	90.0	90.0
	树冠外	—	—	10.0	10.0	10.0

四、果实发育与成熟

阳桃果实为肉质浆果，长椭圆形，有 5～6 棱。成熟时果皮呈黄绿色，有光泽，整个果实的发育时间从开花到果实成熟需 60～80 d，生长曲线呈 S 形：谢花后 15 d 内增长缓慢，15～50 d 内迅速增长，50 d 后果实增大趋于稳定。

果实发育过程中有 3 个明显的落果高峰：第一个落果期是谢花后至小果形成初期，主要是在小果形成的同时，花序和小花消耗了小果发育所需的营养；第二个落果期是小果形成后 5～10 d 的转蒂期，主要是养分不足及天气不良引起；第三个落果期是小果形成后 20 d 至采果期，主要是干旱、风雨等不良气候及病虫害引起的。

第四节　对环境条件的要求

一、土壤

阳桃对土壤类型和土壤酸碱度的适应范围较广，在山地、平原、河流冲积地均可种植，但是最适合在富含有机质、土层深厚、疏松肥沃的沙质壤土上种植。由于阳桃早结丰产，年生长量大，对养分和水分的需求量大，应选择结构良好、肥力较高的湿润土壤，大果形品种更是如此。

二、温度

阳桃属热带果树，喜高温多湿气候，不耐霜冻，一般在热带、南亚热带地区栽培。阳桃要求年平均气温在 22 ℃以上，日平均气温在 15 ℃以上枝梢开始生长，适宜生长温度为 26～28 ℃；10 ℃以下树体生长不良，产生落果、叶片变黄脱落、细弱枝条干枯现象；4 ℃以下嫩梢受冷害；0 ℃时幼树易被冻死，成年树大量落叶并产生枯枝。在花期，温度达到 27 ℃以上才能授粉受精良好。

三、湿度

阳桃喜多湿气候，不耐旱，适合年降水量 1 700～2 000 mm，雨水充沛。由于阳桃一年发 4～6 次新梢，生长量大，花果量多，对水分的需求量大。花期久旱不雨或天气干热，可以引起大量落花落果或果实发育不良，秋冬季干旱会导致叶片黄化脱落。

阳桃不耐积水，雨季土壤排水不良或地下水位过高都会影响根系的呼吸作用，严重时导致根系腐烂，树势衰弱，叶片黄化脱落。

四、光照

阳桃为较耐阴树种，喜阳光，忌烈日。在阳光充足的环境中，阳桃对氮的利用效率较高，叶片较厚，氮和磷的含量较高，枝叶生长健壮，花芽分化良好，病虫害较少，产量高且着色良好，果实品质和贮藏性都较好。花期后幼果期忌烈日、干风，主枝和骨干枝忌日晒，光照强烈且干旱的条件下，树冠顶部易出现落叶和枯枝，果实受到强日照后生长发育不良，品质变劣。因此，阳桃应该适当密植并多留枝叶，但是种植过密或枝叶郁闭时，内膛枝结果少且着色不良、含糖量低，品质较差。

树冠外围中下部的一至二年生枝由于叶片相互庇荫，通风阴凉而且光照适当，一般花芽分化良好，果实发育充分，因而结果多、果实大、品质好，是最好的结果枝。

五、风

阳桃的枝梢柔软、细弱而下垂，在产地经常因为大风、台风而造成落叶、落果，甚至折断枝条。强风暴除了引起落叶、落果外，还会导致叶片发黄，需要 1~2 个月才能恢复。因此，阳桃应避免在风口处建园，大量坐果后要用支架撑起枝条，防止风害。另外，春夏季节的干热风对开花结果和果实发育也有很大影响，冬季的寒风可能会造成大量落叶。因此，建园时要建立防护林，避免在北坡和西北坡建园。

第五节　建园和栽植

一、建园

(一)园地选择

阳桃对肥水要求高，属喜湿怕旱忌水浸，较耐阴，忌烈日直晒，喜温怕冷，忌强风。应选择土层深厚肥沃、水源充足、排灌便利、背风向南或向东南，或者有其他乔木、灌木果树环绕周围的平地建园。若在山地建园，则应选有水灌溉、土质较好、坡度较小的南向或东南向的下坡地，或冷空气不易积聚的大山窝种植。

(二)园地规划

平地建园多采用筑畦种植。单行植一般畦宽 3 m，各畦之间开一条深 40 cm、宽 60 cm 的排灌沟。若采用双行植，则畦宽 7 m，按上述规格开畦沟，还要在两行之间挖一条宽 40 cm、深 20 cm 的浅沟，以便雨季排水。面积大的园地，应在果园中央与畦垂直筑一条宽 3 m 的道路，方便运输。路的两旁各挖一条深 60 cm、宽 80 cm 的排灌沟，与畦沟相连。地下水位高的园地，还要开挖环园沟，以降低水位。在大山窝建园的要特别注意开好环园沟、排灌沟，排除山水，防止冲刷。在坡地建园，要依地势修筑水平梯田，采取打穴或撩壕种植。

二、栽植

1. 栽植时间　阳桃种植适期为 2~3 月。

2. 栽植密度　种植株行距一般以 3.5 m×3.5 m 或 3 m×4 m 为宜，每 667 m² 种植 50 株。土地肥沃、水分充足的地方，可适当疏些，但每 667 m² 不宜少于 40 株。

3. 栽植方法　种植前应挖大植穴，平地果园种植穴深宽各 70 cm，山地种植穴深宽各 80 cm。每穴施腐熟有机肥 15~20 kg、禽畜粪 10~15 kg、过磷酸钙 1 kg。肥料要与土壤充分混合后回穴，并要培成高出地面 20~30 cm 与穴口一样大的树盘，即可定植。种植时，要扶正苗木，将根部四周的泥土压实，淋足定根水。植后用小竹竿支撑树苗，防止风吹摇动，影响成活。定植后，树盘应覆盖干杂草，1 周之内要注意淋水，保持湿润，保证树苗成活。

第六节　土肥水管理

一、土壤管理

（一）培土

培土工作每年进行，土质黏重的应培含沙质较多的疏松肥土，含沙质较多的可培塘泥、河泥等较黏重的土壤。

培土的方法是把土块均匀分布全园，经晾晒打碎，通过耕作把所培的土与原来的土壤逐步混合起来。培土量视植株的大小、土源、劳动力等条件而定。但一次培土不宜太厚，以免影响根系生长。

（二）翻耕

春季气温回暖，阳桃开始发芽，新梢和根系开始生长，此时阳桃对水分和养分的需求量大，通过多次耕作对果园进行锄草，保持果园土壤疏松。在阳桃生长期间根据杂草的生长情况进行多次翻耕。通过耕作锄草，不仅可以有效防止杂草对养分和水分的消耗，而且中耕有助于土壤中空气畅通，加快有机质的氧化分解，促进果树根对养分的吸收。

（三）间作

阳桃植后第三年才可以投产。种植初期株行距间空地多，且阳桃怕烈日晒，要求半阴、湿润环境，合理进行间作，既可增加经济效益，又有利于阳桃生长。广州地区肥水充足的阳桃园可间作番木瓜等短生长期果树，也可以间作蔬菜、豆类作物。一般植后1~2年最好间作豆类，收获后可作绿肥压青，以改良土壤，促进阳桃生长。

（四）其他措施

1. 生草法　在果园土壤管理上，定植当年可培植浅根性杂草，如藿香蓟、苜蓿和繁缕等覆盖果园地表，对树盘和水沟实行清耕。对于一至二年生阳桃树，对树盘进行中耕除草即可。树盘以外部分，采取生草栽培。当草长至40~50 cm高（未结草籽）时，用割草机或用快刀将草割除，进行园地覆盖。这样处理，既能减少除草开支，又能大大改善果园的生态环境。随着树冠的扩大，中耕除草范围也要相应扩大，免耕范围逐步缩小。每年割草2~4次，冬季结合清园，将所割下的草作为肥料压埋。

2. 覆盖法　阳桃生长后期，对肥料和水分吸收需求量变小，此时通过在果园内带状种植一年生草类，可以有效地吸收土壤中多余的水分和养分。当草长至20~30 cm时及时刈割，留茬5~10 cm以便草再次生长，通过多次刈割防止草过高妨碍阳桃正常生长。割下的草原地晾晒至半干状态后掩盖于树根周围，面积与树冠的投影面积相当，草覆盖厚度为15~30 cm，并用少量土壤压住杂草，防止被风吹或火灾发生。

二、施肥管理

（一）施肥的意义

阳桃具有一年多次抽梢、多次开花结果的习性，生长量大，产量高，对肥料的需求量较大，在整个生长周期中应该及时、充分施肥，才能保证树体生长正常，连年高产稳产。幼树施肥与成年树施肥的目的不同，因而施肥的时间和方法也不相同。

（二）幼龄树施肥

阳桃定植后1~2年为幼龄树，主要目标是培养树冠。施肥以勤施薄施为原则。定植成活后，当年每月施腐熟粪尿水（稀释3倍），或者施经沤腐熟的生麸水，每株用干麸0.25 kg。以有机肥为主，亦可隔月施1次复合肥，每株用0.1 kg。12月底每株施禽畜粪土杂肥10 kg（开穴深施）以增强树势，提高植株抗寒力。

次年 3~11 月，隔月于新梢萌发期施肥 1 次，以加速枝梢生长，迅速形成树冠，为下年开花结果打好基础。第三年则按结果树施肥方法施肥。

（三）结果树施肥

阳桃一年多次发梢，多次开花结果，消耗养分多，进入结果期后，科学施肥是保证高产丰收的关键措施之一。要依抽梢、开花、果实发育期几个阶段施肥，才能满足枝梢正常生长和花果发育需要。在广州地区，清明前后施速效水肥，促进春梢萌发生长；立夏后施速效氮肥，促进花芽形成及早开花；7~9 月施肥，促进果实发育、新梢萌发和成花；11 月施水粪过寒肥；初冬或春夏穴施长效有机肥。若留红果（即充分成熟的果实），还要增施充分腐熟的麸饼肥水，以保证果实充分成熟而不易落果。一年必须施肥 5 次以上。

1. 壮梢催花肥 壮梢催花肥一般在 4 月春梢抽出后施用，以速效磷氮肥为主，有机肥与化肥相配合。用过磷酸钙、花生麸（或豆麸）、人畜粪尿 3 种肥料按 2∶3∶100 的比例沤制成为麸粪水。初结果树每株用 5~10 kg，兑水 1 倍环施或穴施，或者每株施复合肥 0.5 kg。

2. 保果肥 果实拇指大时（开始转蒂）施用。用过磷酸钙、花生麸、人粪尿按 1∶2∶100 的比例沤制，每株用 15~20 kg，兑水 1 倍环施或穴施，或每株用复合肥 0.5 kg。

3. 壮果促花肥 果实定形、充实，又有一批花继续开放，可再施 1 次肥，种类和数量与保果肥相同。此时天气高温、日照强，施肥应在傍晚进行。若干旱，要灌水或淋水。

4. 促熟肥 为了使果实早熟和提高品质，在每造果将要成熟前 20 d 施一次速效复合肥，并适当减少灌水。

5. 越冬肥 为了增强树势，提高抗寒力，减少冬季落叶，提高来年产量，于 12 月重施 1 次有机肥，每株施禽畜粪土杂肥 20~30 kg。采取环施或穴施。

进入投产期的阳桃，每年的 6 月以后，营养生长与生殖生长同时进行，抽梢、现蕾、开花、大小果集于一树，需肥量大，因此 6~10 月需连续施肥。全年 80% 的施肥量应在此时施下，以有机肥为主，适当配施化肥。结果树的施肥量随产量增加而增加，一般每产 50 kg 果，需施花生麸 1 kg，尿素、氯化钾、过磷酸钙、石灰各 0.5 kg，外加 50 kg 土杂肥铺于根际。

施肥时，在树冠滴水线下挖深约 15 cm 的环形沟或挖 4 个穴，施后盖土。土壤过湿不宜施水肥，以免引起烂根。施肥时还要注意，化肥要配合有机肥使用。要依树势、叶色、土壤肥力因地制宜进行。在花期前后应避免偏施氮肥，以免造成营养过剩，不利于开花结果，还会招致病虫危害。

三、灌水和排涝

阳桃喜湿润、透气土壤环境，不耐水浸，长时间水浸会导致烂根、落叶、落果，生势受到影响。如若水浸加上高温，受害会更加严重。因此，雨季到来之前要疏通排水沟，降低地下水位。山地果园要及时扩穴改土，疏通环山沟、排灌沟，防止局部积水烂根。旱季要做好灌水工作，及时灌水或淋水，保持土壤湿润。但灌水不能过久过多，防止过湿对生长不利。冬季及霜期可以多灌水，减少干旱落叶，减轻寒害，增强树势。有条件的果园可以设置滴灌、微型喷灌。

此外，为疏松土壤，减少果园水分蒸发和提高土温，可在 2~3 月及 9~10 月各进行 1 次中耕松土、除草。中耕深度 6~8 cm，以不伤根为度。

第七节 花果管理

一、花果管理的意义

阳桃花量大、坐果率高，任其自然结果会因结果过多而形成小果。果实含水量高，容易遭受病虫害和鸟害。枝条柔软下垂，大量结果容易因风害导致落果或折枝。因此，从阳桃开花直至果实成熟的整个发育期间，必须进行严格的花果管理，保证果实大小、品质和树体的正常发育。

二、花果管理方法

通常花果管理主要包括促花保果、疏花疏果、果实套袋和撑枝护果四个方面。

（一）促花保果

阳桃幼龄树普遍树势偏旺，不易进入生殖生长期。为了促其开花结果，除有计划地增施磷钾肥、翻土深耕断根等措施外，还可适当进行环割促花。对生长过旺的植株，在 5 月中下旬进行一次环剥。方法是在主干离地面 30 cm 处，螺旋环剥 1～1.5 圈，剥口宽 0.2～0.3 cm，深达木质部，对促进花芽分化、开花、结果有一定效果。

对于已投产多年的结果树，因其生长过旺而要环割的，环割部位应选在一、二级主枝进行。并留下 1～2 条主枝不环割，让其正常生长，供应养分养根，保持植株壮旺。

在阳桃果实发育过程中，往往由于养分不足、病虫害或不良天气影响而引起生理落果。为了减少落果，增加产量，要适时适量补施肥料，可每株施复合肥 0.5 kg，并且保持土壤湿润，加强果园检查，预防病虫危害。

（二）疏花疏果

阳桃开花多，坐果率高，任其自然开花结果必然虚耗过多养分，果实大小不一，畸形果多，不仅影响果实品质，也影响植株生势。为了保证阳桃果实个大、均匀、品质好，在开花之前必须做好疏花疏果工作。

开花前，根据花蕾着生情况疏去过密小花，疏花也要均匀疏抹，着留位置适中，使果实均匀分布。

谢花后，从小果转蒂下垂开始，分 2 次进行疏果。先疏病虫果、畸形果和着生过密的小果，以后依树势、结果情况，疏除部分发育不正常果，使果实在树上分布均匀。初结果树一般每株留果 15～20 个；定植后 5～6 年，进入高产期的植株每株每造留果 50～60 个；树壮、肥水充足的果园每株可留果 70～80 个。以后根据树势逐年增加挂果量。

（三）果实套袋

阳桃果实套袋可以减少病虫害、减轻大风等引起的机械伤，防止农药残留果面，从而促进果实发育，改善果皮色泽，提高品质，减少损失。研究结果表明，经过套袋处理的阳桃果实的糖酸比、单宁含量和纤维含量都有很大改善。套袋是在最后一次疏果后、果实拇指大小时进行，并在套袋前 2～3 d 全面喷施 1 次杀菌和杀虫剂。套袋材料可以采用塑料袋、废旧报纸、牛皮纸袋或专门的果实袋。

（四）撑枝护果

阳桃主要结果部分在侧枝、一年生枝、新梢和树冠下部的结果枝上，因此可能会因为负载过重而折断枝条。另外，阳桃产地经常受到台风的侵袭，更加剧枝条折断、降低产量、危害树体的危险性。因此，阳桃在进入结果后应设立支架进行撑枝，防止折枝和果实损伤。撑枝的支点选择枝条的 2/3 处，用竹木支架支撑牢固，尤其是树冠下部的结果枝群。对于某些软枝型的阳桃品种，可以考虑采用棚架式栽培。

第八节　整形修剪

一、幼龄树整形

阳桃定植后 4 年内，着重整形。定植时未有分枝的，于主干离地面 60～80 cm 处截顶，促进分枝。幼龄树分枝后，留 3～4 条作为主枝。当主枝生长超过 40 cm 时，进行短截，长度为 40 cm，继续让其分枝。每枝留 2～3 条分枝，待分枝长度超过 40 cm 时，再在 40 cm 处截断，让其再分枝。如此不断生长，由主干→主枝→分枝→小分枝，以后加速各级分枝抽生，扩大树冠，造成主侧枝分布均匀、结构牢固的圆头形树冠。由于阳桃枝梢细弱，易下垂，故整形时可用竹桩支撑或用细绳拉吊主枝、分枝，使其分布均匀、不下垂，日后不易出现通顶。在整形的同时，注意修剪要轻，除按一定长度短截营养枝外，其他枝条应尽量保留，利用其上中部下垂枝遮挡阳光，使树干不受阳光直晒。

二、结果树修剪

阳桃进入结果期后，修剪宜轻，对中下部枝条要尽量保留，使枝叶分布均匀、层状排列。对幼年结果树，可适当疏剪树冠上层徒长营养枝，以抑制向上生长。对老弱树则要培养树冠上部枝条，以荫蔽树干，并充分利用徒长枝填补树冠空位和更替老枝。

在广州地区，除幼龄树为了整形加速扩大树冠，年内分枝长过 40 cm 时于 40 cm 处截去顶部整枝外，结果树一般修剪 2～3 次。第一次于 3 月采完冬果后进行，剪除越冬后的枯枝、弱枝、密枝及徒长直立枝，以疏通树冠，促进新梢萌发。春梢抽出后，要疏去密生、丛生的部分春梢。第二次于 6 月中旬进行，剪除徒长枝和过密枝、弱枝，保留分布均匀的下垂细长枝群作为结果枝。第三次于秋冬采果后进行，主要是剪除枯枝、弱枝、过密枝和病虫枝。

三、产期调节

阳桃具有一年多次开花结果的习性，因此容易进行产期调节。广义上的产期调节包括地区性产期调节和栽培技术产期调节。前者是指由于不同栽培地区的纬度、气候和环境等因子存在差异，导致开花结果时间有所不同，果实发育所需时间也因温度、日照的差异，使得果实的采收期各不相同。后者则是指利用栽培技术来改变花期，实现产期调节，如通过肥水调控与修剪措施相结合，可以使果实成熟提前。

以我国台湾地区南部为例，每年 2～3 月最后一批果实采收结束前，结合中耕将堆肥、化肥施入，8～14 d 后适量灌水以促发新根，促进养分吸收，同时剪除徒长枝、衰老枝和枯死枝，7～15 d 后即可抽出花序。第二次修剪和第三次修剪分别在 6～7 月和 9～10 月进行，使得每年有 6～7 月、9～10 月和 1～2 月 3 次采收期。若台湾地区的中部和北部地区采用该方法进行产期调节，则能实现阳桃的周年生产。

第九节 病虫害防治

一、主要病害及其防治

（一）阳桃炭疽病

阳桃炭疽病在广东、广西阳桃产区普遍发生，对果、叶均可危害。不但危害采收前成熟期果实，而且在采后贮藏运输过程中继续造成危害。是阳桃的常见病。

1. 为害症状

（1）果实症状。病斑圆形。受害果实初期出现褐色小斑点，后逐渐扩大，呈黑褐色，内部组织腐烂，病部表面密生橙红色黏质的黏孢团。严重时整个果实腐烂，散发出酒味。

（2）叶片症状。叶片上的病斑初为紫色小点，后逐渐扩展成褐色圆形、椭圆形或不规则形斑块。叶柄、枝条受害，病斑呈褐色坏死，叶片早落，形成秃枝（图 21 - 2）。

2. 病原 真菌病害，无性态为半知菌类炭疽菌属胶孢炭疽菌 [*Colletotrichum gloeosporioides* (Penz.) Sacc.]，其寄主范围很广；有性态为子囊菌门小丛壳属围小丛壳菌 [*Glomerella cingulata* (Stonem) Spauld. et Schrenk]，有性态在田间不常见。

3. 发生规律 病菌在寄主的病残组织上越冬。翌年春夏季，病菌通过风雨传播，从寄主叶片或果实伤口入侵而引发病害。病部病菌产生分生孢子，进行再侵染循环。高温、高湿、多雨的天气有利

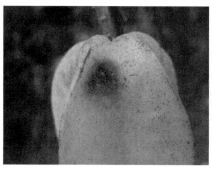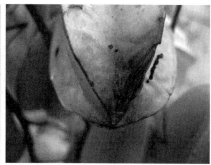

图 21 - 2　阳桃炭疽病

于该病发生，病情加重。果实伤口多，可引起贮藏运输期间发病，造成烂果。

4. 防治方法

（1）农业防治。①清洁田园，减少病源。冬、夏两季，结合修枝，把园中枯枝、落叶、落果全面清除，连同有病枝叶集中烧毁。并全园喷 1 次 1％波尔多液、40％硫黄胶悬剂 300 倍液。②采收果实时，要按采收、包装程序轻摘轻放，减少伤口，预防病害。

（2）化学防治。及时施药，预防病害发生。阳桃开花之前、谢花结幼果后及幼果期各施 1 次杀菌剂，保护花果。药剂可用 70％甲基硫菌灵 1 000 倍液、80％代森锰锌可湿性粉剂 400～600 倍液等。

（二）阳桃赤斑病

阳桃赤斑病又称褐斑病。在阳桃产区普遍发生，主要为害叶片，严重时可引起病叶早落，影响树势，间接造成产量损失。

1. 为害症状　叶片病斑圆形、半圆形或不规则形，直径 1～5 mm。初为黄色，后变褐色至灰白色，边缘褐色，有一黄色晕圈，组织枯干，脱落，造成穿孔。天气潮湿时，病斑表面可长出不明显的灰色霉层。植株发病严重时，病斑相连成片，病叶早衰脱落（图 21 - 3）。

2. 病原　阳桃赤斑病由半知菌门的一种韦氏假尾孢（*Cercospora averrhoae* Petch）的真菌侵染所致。

3. 发生规律　赤斑病病菌以菌丝体在病叶上越冬，翌年春季气温回升，遇降雨或潮湿天气，越冬病菌通过风雨传播，开始初侵染，造成叶片发病。继而进行再侵染循环，引起病害大发生。荫蔽果园不通风透光，或果园潮湿、偏施氮肥，有利于该病发生。全年均可发病，以夏秋季发病严重。

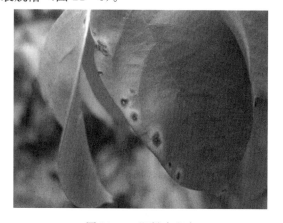

图 21 - 3　阳桃赤斑病

4. 防治方法

（1）农业防治。清洁果园，及时收集田园枯枝落叶，集中烧毁，减少病源。加强管理，增施有机肥料，防止过多、偏施化学氮肥。

（2）化学防治。及时施药预防病害，掌握春梢展叶期施药，隔 7 d 喷一次，连续施 2～3 次，进行预防。药剂可用 50％多菌灵可湿性粉剂 500 倍液、75％百菌清 800 倍液、45％多·硫悬浮剂 350 倍液、0.5％波尔多液、40％硫黄胶悬剂 300 倍液。

二、主要害虫及其防治

（一）阳桃鸟羽蛾

1. 为害症状　阳桃鸟羽蛾（*Diacrotricha fasciola* Zeller）属鳞翅目羽蛾科。幼虫取食嫩梢叶片造成叶片孔洞或缺刻，或在花期同时蛀食为害花蕾造成落花和花穗枯死，对阳桃生产造成严重影响。

2. 形态特征 成虫为中型蛾，全体密覆黑褐色鳞片，展翅 6.5～7.5 mm（图 21-4）。雌虫前翅黑褐色，后缘臀角上方有一个近三角形的黑色斑纹。后翅淡灰黑色，外缘有灰黑色缘毛。雄虫前翅后缘具深褐色纵带。雌雄异型。卵粒鳞片状排列成卵块。幼虫头部及前胸背板褐色，末龄幼虫体长 12 mm，胴部背面粉红色，腹部黄白色，有灰色毛片，臀板灰黑色（图 21-5）。蛹为深褐色被蛹，长 10.5 mm、宽 2.8 mm 左右，椭圆形丝质薄茧包裹。

图 21-4 阳桃鸟羽蛾成虫

图 21-5 阳桃鸟羽蛾幼虫及其为害状

3. 发生规律 每年发生 4～5 代。越冬后的幼虫在 3 月底开始化蛹，第一代成虫于 4 月中旬盛发，幼虫于 4 月中下旬为害中早熟荔枝，如三月红、状元红等。第二代成虫 5 月下旬至 6 月初盛发，幼虫继续为害中迟熟荔枝。估计 7 月下旬第三代成虫开始陆续转移，危害阳桃以 8～9 月最烈。10 月以后，幼虫在寄主植物中进入越冬期。

4. 防治方法

（1）农业防治。冬季清园，中耕除草，消灭越冬虫源。

（2）化学防治。早春于第一次花期前（4 月底），用药剂制成毒土，撒施于果园内阳桃树冠下表土，消灭越冬后羽化出土的成虫。阳桃开花前后，可用 90%敌百虫 600～800 倍液、20%氰式菊酯 3 000 倍液喷施。

（二）蓟马

1. 为害症状 蓟马是近年危害较重的一种主要害虫之一。种类主要是橘蓟马（*Scirtothrips citri* Moult）、茶黄蓟马（*Scirtothrips dorsalis* Hood）。属缨翅目蓟马科。蓟马以成虫和若虫在嫩梢、嫩叶背面用锉吸式口器锉吸汁液，造成伤口，致使嫩梢被害后幼叶不能展开，卷曲畸形；即使危害较轻时，幼叶展开，但叶片出现分散性黄点，严重时成片黄化，后变成褐色，造成落叶。花穗、幼果以及果实均被害。小花被害后花瓣干枯，小果被害后变褐坏死，严重时造成落花、落果。果实被害后造成黑皮果、畸形果，危害的伤口造成裂皮果，严重影响果品品质和产量。

2. 形态特征 橘蓟马和茶黄蓟马均为微小害虫，体长形。锉吸式口器，复眼发达。翅膜质，狭长，翅缘有长而密的缨毛，翅脉退化，无横脉。橘蓟马体色为黄褐，茶黄蓟马体色为黄色。由于虫体微小，田间极难发现，只能从其被害状识别。

3. 发生规律 蓟马 1 年发生数代，在阳桃园中，全年可见危害，但以秋季花期发生最为严重。秋季干旱少雨对害虫发生更加有利。

4. 防治方法 对阳桃蓟马的防治，除抓好田园清洁、科学栽培之外，最重要的是抓好两个药剂防治适期，①4～6 月春梢期，②8～9 月秋梢期。在开花之前施药 1～2 次，可以有效地保护春、秋两造开好花结好果。药剂可选用 40.7%毒死蜱乳油 1 000 倍液等。

（三）橘小实蝇

1. 为害症状 橘小实蝇（*Bactrocera dorsalis* Hendel）属双翅目实蝇科，又称柑橘小实蝇、东方果实蝇，原发生于东南亚，现分布于日本、新加坡、马来西亚、缅甸、印度、越南、老挝、柬埔寨、菲律宾、澳大利亚等及我国的海南、广东、广西、福建、四川、云南、台湾等地。幼虫食性很杂，其寄主有250余种，几乎所有的果树都能危害。我国常见的寄主为柑橘、杧果、枇杷、阳桃、番荔枝、桃、梨、杏、葡萄、辣椒、茄子、番茄、瓜类等，是国内外一个重要的检疫对象。

图21-6 橘小实蝇果实为害状

该虫以成虫产卵于寄主果实内，幼虫在果内孵化、危害。被害果实未熟先黄，造成落果烂果，对产量影响极大（图21-6）。

2. 形态特征 成虫体长6~8 mm，展翅14~16 mm，全身深黑色和黄色相间，形似苍蝇，故又称黄苍蝇（图21-7）。翅透明，翅脉暗褐色，狭窄；腹部黄到黄褐色，椭圆形，第一、二节中部具有一黑褐色横带。雌、雄蝇的主要区别是雌蝇体型稍大，腹部由5节组成，产卵管长形，由3节组成；雄蝇腹部由4节组成，体型略小。卵白色，长梭形，两端尖细，其中后端较钝。幼虫圆锥形，蛆状，前端尖细，后端钝圆，黄白色，体长10 mm，由大小不等的11节组成。蛹椭圆形，体长5 mm，黄褐色围蛹。

3. 发生规律 根据观察，该虫1年发生7~8代，以成虫在果树丛中越冬。各代重叠发生，生活史不整齐，各虫态同时存在。成虫午羽化，8:00前后最盛。成虫产卵前期夏季为15~20 d，春、秋季25~60 d，冬季3~4个月。成虫产卵前经一段时间补充营养才能交配产卵，寿命较长，每雌产卵量200~400粒。产卵时雌虫用产卵管在果实上刺成产卵孔，卵产于果皮内，每孔5~10粒，多次产完。卵期夏季24 h，春秋季48 h，冬季3~6 d。幼虫孵化后在果内为害，使果实腐烂、发黄、早落。幼

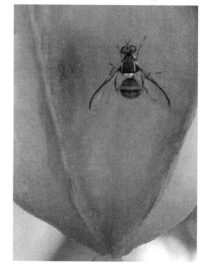

图21-7 橘小实蝇成虫

虫历期夏季7~9 d，春季10~12 d，冬季13~20 d。幼虫蜕皮2次，分3龄，老熟幼虫脱果弹跳落地，入土3 cm左右，进行化蛹。蛹期夏季8~9 d，春、秋季10~14 d，冬季15~20 d。每年的夏秋两季是该虫的危害高峰。

4. 防治方法

（1）植物检疫。加强检疫工作，防止害虫蔓延扩展。柑橘小实蝇是国内外检疫对象，对该虫必须加强检疫，防止向新区扩散，保护新区。

（2）预测预报。加强害虫测报工作，及时指导防治。疫区应对该虫设立测报制度，掌握发生规律，测准各代成虫发生期，指导适时防治。

（3）农业防治。冬季清园，冬耕灭蛹。疫区果园必须做好冬季清园工作，使田园清洁，并且进行翻土除草，增加过冬虫蛹的机械伤亡，或让翻出的虫蛹被益虫鸟类啄食，减少虫口密度。及时摘除虫害果，集中处理。疫区果园要加强检查，及时发现虫害果实。定期组织人力进行全园收集烂果、落地果，及早摘除虫害果，集中处理。采用果实套袋护果，防止危害。

（4）化学防治。适时施药防治，掌握两个适期。①成虫盛发期，用90%晶体敌百虫800倍液，

喷洒树冠和树冠下表土，保护果实，杀死羽化成虫；②成虫盛发期前 2～3 d，用 50% 辛硫磷乳油 1 000 倍液喷洒树冠下表土，或者用泥粉混合，制成毒土，撒施于树冠下土表，杀死刚羽化出土的成虫。

（四）柑橘全爪螨

1. 为害症状 在阳桃园中，常为害叶片，使被害叶片出现黄白色的细小斑点，严重时斑点密布，连成一片，全叶呈灰白色，失去光泽，叶片脆薄，容易脱落，影响树势。

2. 形态特征和发生规律 见"柑橘"部分。

3. 防治方法

（1）农业防治。①做好冬季清园工作，消灭越冬虫源；②加强栽培管理，增施有机肥料，增强植株抗虫能力。

（2）化学防治。适时施药，保护新梢、花穗，减少害虫直接为害果实，减少对产量的影响。施药的重点时间，应在春暖、秋凉两个季节，并且要掌握幼螨发生期进行。虫口密度大时，可以几种药剂轮换使用，防止害虫产生抗药性。适用药剂有 73% 克螨特乳油 2 000～3 000 倍液、5% 噻螨酮乳油 1 000～2 000 倍液、5% 速螨铜 1 500～2 000 倍液、40% 硫黄胶悬剂 300 倍液。

（3）生物防治。果园采用藿香蓟覆盖土壤，可以保护红蜘蛛天敌捕食螨，增加天敌数量，有利于控制害螨。

第十节 果实采收、分级和包装

一、果实采收

阳桃果实的采收期可根据远销和近售的需要，分为青果采收和红果采收两种。果实发育饱满，但尚未充分成熟，果色淡绿略透黄，此时采收，称为青果。因有一段后熟期，适宜长途运输，远地销售。若继续留在树上生长一段时间，让其充分成熟，果色转为红黄蜡色，糖分再升高时采收，称为红果。红果质软，肉滑清香，售价高，适宜近销，但有遭受风害、鸟害、病虫害和落果的危险，不耐贮藏，而且留红果对树体养分消耗大，对下一造果有一定影响。因此应因地制宜，酌情处理，一般留红果的数量占产量的一半为宜。

阳桃立秋前后成熟的第一造果，果实含水量高，组织疏松，容易腐烂。而 11～12 月采收的第三造果，虽然组织致密，但因树体已消耗大量养分，若留红果会影响树势恢复，也不利于越冬。故一般以 9 月中旬采收的第二造果留红果，并以留树冠中下部马鞭枝的果最好，因为树冠顶部位置过高，易受风害。

阳桃果大、水多、皮薄，采收时要轻采、轻放、轻搬运，避免一切机械损伤。采下的果实要避免日晒，以防腐烂。

二、采后处理

1. 冷激处理 冷激处理可以减缓阳桃果实的呼吸作用，减少水分损失，抑制酶活性，延长货架期。新鲜阳桃采后迅速进入贮温 5 ℃，湿度 90%～95% 的湿冷系统，可迅速预冷，且在 30 d 的贮藏过程中，未发生黄化，果实仍能满足商业需求。

2. 涂膜处理 纳米果蜡处理能降低香蜜甜阳桃果实呼吸速率、减少失重率和延长果实货架期；2%～6% 的棕榈蜡处理可显著减少阳桃果实水分损失；1% 的溪黄草涂膜阳桃果实，可形成微气调环境，减缓阳桃果实的水分损失，保持较高的果肉可滴定酸和总糖等营养成分含量。

3. 防腐剂保鲜剂处理 防腐剂可以有效抑制真菌和某些细菌的活性，防止阳桃果实腐败变质，低毒无污染的环保型保鲜剂能够有效提高阳桃果实保鲜效果。黄化程度为 1/4、1/2、3/4 的采后阳桃果实分别在浓度为 100 mg/L 和 200 μg/L 1 - MCP 水溶液中浸泡 1 min，结果发现，不同浓度的 1 - MCP 处理均可以延缓阳桃果实颜色变黄，保持较高的果实硬度。

三、包装

阳桃采收后应按果实大小进行分级挑选，选出具有商品价值的好果，经清洁及防腐保鲜消毒后，用特殊的水果包装纸逐个包好，小心置于包装箱内，分层紧密叠放整齐，防止在运输过程中互相碰撞，造成损伤，降低果品质量，以确保经济效益。

第十一节　果实贮藏保鲜

一、贮藏保鲜的意义

近年来，我国阳桃生产发展迅速，栽培总面积和总产量快速增加。但阳桃果实成熟于高温季节，果实采后生理代谢旺盛，易失水皱缩、变味和腐烂，在常温下保鲜期短，给阳桃果实的采后保鲜流通带来困难；同时，阳桃果实的特殊棱结构、果皮果肉相连、皮薄肉脆等特点也容易造成阳桃果实在采摘及采后处理过程中的机械损伤，从而进一步导致阳桃果实采后腐烂。此外，阳桃果实低温贮藏时容易产生低温冷害而缩短果实保鲜期。因此，随着我国阳桃产业的快速发展，延长阳桃果实的贮运流通和保鲜期已成为阳桃产业发展亟待解决的问题。

二、贮藏保鲜方法

（一）常温贮藏

常温贮藏具有经济方便等优点，但由于阳桃常温贮藏下 1 周内就会失水皱缩，因此，常温贮藏经常与有效包装相结合用于阳桃的短途运输。红阳桃果实经过预处理后用保鲜袋包装，常温可以贮藏 18 d，且好果率达 96%，保持较好的色、香、味和品质。

（二）低温贮藏

冷藏低温能延缓果实新陈代谢，减少水分蒸发和蒸腾作用，抑制果实采后生理变化，并且可以保持较高品质，是延长贮藏期的关键技术。由于阳桃采摘于高温季节，生理代谢旺盛，低温贮藏能够在保证其商业品质的同时实现远距离长时间运输，其中 6 ℃±0.5 ℃贮藏较 2 ℃和 10 ℃贮藏保鲜时间长，可减少水分损失、褶皱和棱边缘褐变现象的发生，6 周内生理品质变化最小。

（三）气调贮藏

气调贮藏气调包装是一种无污染、无残留的保鲜技术，又分为被动气调包装和主动气调包装。前者根据果蔬的呼吸作用在包装容器内建立低 O_2 高 CO_2 的环境；后者则是充入理想气体，快速建立有利于果蔬贮藏的气调环境，这种贮藏环境可降低阳桃果实呼吸强度，抑制酶活性及抑制微生物生长，减少乙烯的生成，延缓阳桃果实代谢过程，较好地保持果实的风味和品质。利用主动气调和被动气调在 12 ℃条件下贮藏阳桃果实，可延迟阳桃果实黄化，维持较高的硬度和营养成分，抑制酶活性，延缓衰老；主动气调较非气调贮藏可延长货架期 15 d 左右；低密度的聚乙烯膜包装的阳桃果实，在 10 ℃条件下贮藏，能够维持较高硬度，减少黄化发生和水分损失，减少冷害的发生率。

第十二节　优质高效栽培模式

三亚市合丰农业综合开发有限公司于 1997 年起，在位于三亚市河东区的海螺农场开始种植阳桃，至今已有 17 年的种植历史，品种以蜜丝甜阳桃为主。以前，在海南地区曾有很多人种植阳桃，也曾经出现过很多名噪一时的知名阳桃产品，但如今很多知名产品已销声匿迹。合丰阳桃，经历了长时间的探索，在海南省稳步发展，逐渐站稳脚跟。合丰阳桃清甜、多汁，深受广大消费者青睐，其生产手段、种植环境如下所示。

一、果园概况

三亚市合丰农业综合开发有限公司阳桃园，位于三亚市河东区海螺农场，占地 26.7 hm²，种植品种为蜜丝甜阳桃，砧木为酸阳桃，于 1997 年 3 月定植。

海螺农场位于三亚市北部，年平均气温 25.7 ℃，气温最高月为 6 月，气温最低月为 1 月，平均 21.4℃，年极端最高气温 35.9 ℃，年极端最低气温 7.1 ℃，年平均降水量 1 347.5 mm，全年无霜，年平均日照时间 2 534 h。园区土壤为沙质红壤土，平均每 667 m² 产量为 3 500 kg。

二、整地建园

园区采用深沟高畦种植，畦面宽 8 m，在畦面中间挖一条深 20 cm、宽 40 cm 的浅沟，畦与畦之间挖一条深 40 cm、宽 60 cm 的深沟，以腐熟鸡粪作为基肥，每株 20 kg，加石灰 1.5 kg，将基肥与土壤充分混匀，起直径 100 cm、高 30 cm 的种植墩，株行距约为 3 m×5 m，初期每 667 m² 植 44 株左右，后期经过间伐，现每 667 m² 植 22 株。定植后用小竹枝支撑树苗，防止风吹摇动，影响成活。定植后用稻草覆于定植墩表面并淋足定根水。

三、幼树管理

（一）土肥水管理

1. 初期管理　定植后，在 1 周内每天淋水 1 次，保持土壤湿润，定植 15 d 左右，根系开始恢复生长，此时淋 0.8％尿素溶液，新梢抽发后，结合防病除虫，喷施 0.4％的尿素溶液补充养分，促使新梢生长健壮，尽快恢复树势。

2. 肥水管理

（1）施肥管理。定植后 1～2 年内为幼龄树，主要目标是培养树冠。施肥以勤施薄施为原则。定植成活后，当年每月施腐熟粪尿水，或者施经沤腐熟的花生麸水，每株用干麸 0.3 kg。以有机肥为主，亦可隔月施 1 次复合肥，每株用 0.15 kg。12 月底每株施禽畜粪土杂肥 10 kg（开穴深施）以增强树势，提高植株抗寒力。

（2）水分管理。幼龄树生长旺盛，根系浅而少，容易受土壤水分变化影响，旱季要注意土壤干湿情况，及时灌（淋）水，以保持果园土壤湿润。

（二）整形修剪

幼树定植后使其主干直立生长到 60～70 cm 高，再摘心使其在 50～70 cm 高度抽枝，从中选留 3～4 条主枝，并用木桩支撑，再在主枝上培养侧枝结果，对枝条分布不均匀的植株，可把枝条拉到适当的位置，并用绳子绑住，打桩固定。

（三）病虫害防治

1. 病害

（1）赤斑病。主要为害叶片，采用 45％多·硫 350 倍液或 80％氧氯化铜 800 倍液喷洒。

（2）炭疽病。主要为害果实，药剂可用 70％甲基硫菌灵 1 000 倍液、80％代森锰锌可湿性粉剂 400～600 倍液喷洒。

2. 虫害

（1）鸟羽蛾。主要为害新梢及嫩叶，采用 90％敌百虫 600～800 倍液喷洒。

（2）红蜘蛛。主要为害新梢及嫩叶，采用 45％万灵水 800 倍液。

（3）潜叶蛾。采用 90％敌百虫 800～1 000 倍液或 45％万灵水 800 倍液。

四、结果树管理

(一) 肥水管理

1. 施肥管理 结果树采用沼气液进行施肥,沼气来自该公司生猪养殖场,具体施肥流程如图 21-8。施肥每月 2～3 次,通过管道将沼气液输送到田间,结果树施肥量在 100～200 kg/株;果实发育期内,幼果拇指大小时,每株施 KNO_3 100 g,10 d 施一次。此种施肥方法,不仅大大降低了劳动强度,同时充分利用动物排泄物制造沼气、沼液,循坏利用,减少了化肥使用,保证了果品安全,还可为果园生产提供充足的农用燃料。

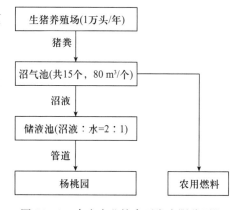

图 21-8 合丰农业综合开发有限公司阳桃园沼气循环施肥模式

按照此方法施肥,早期平均株产 200 kg 以上,后期间伐后株产 300 kg 以上,果实可溶性固形物含量 12%～13%,高者可达 15% 以上,维生素 C 含量是普通阳桃 1.5～2 倍。

2. 水分管理 蜜丝阳桃根系分布比较浅,容易受到干旱,长时间没下雨则要及时灌溉,保持土壤经常湿润,遇干、热风则要在早晨或傍晚向树冠喷水。阳桃根系不耐水浸,长时间水浸容易导致烂根,落叶、落花、落果,若水浸再加上高温持续,则受害更严重,故雨季来临前疏通排水沟进行 1 次全园中耕松土,深度宜 5 cm 左右,免得严重伤根。

(二) 整形修剪

修剪时期一般每年 2 次,修剪在冬季收果后至春芽萌发前,一般在 3～4 月,主要是将枯枝、重叠枝及基部结过果的纤弱枝剪除,过度下垂枝进行短截,促进花芽形成,结枝头果。进入结果期后,对中下枝条保留,使其呈层状排列,枝叶分布均匀,疏密适度。

(三) 果实套袋

当阳桃果横径达 3～4 cm(鸡蛋大小)时就进行套袋,果袋为透明塑膜袋。套袋前疏去畸形果、病虫果等;保留果形端正、果大、着生在较粗枝条上的果。套袋前 1～3 d,全园喷洒 50% 多·硫 800 倍液等杀菌剂加 45% 万灵水 800 倍液等杀虫剂。

(四) 病虫害防治

与幼树基本一致,有果品生产后,重点防治橘小实蝇,防治方法是采用果实套袋,同时有条件时悬挂喷有性诱剂的黄色防虫板,发生高峰期内采用 90% 敌百虫 800 倍液进行化学防治。

(五) 果实采收及包装

阳桃果实的采收期可根据远销和近售的需要,分为青果采收和红果采收两种。11 月至翌年 3 月为海南省旅游旺季,此时采收的果实主要针对岛内销售,故为红果时采收;6～10 月采收果实主要远销北京、上海等国内大中城市,所以此时为青果采收。采收后进行果实分级(特级果 300 g 以上,一级果 250～300 g)并迅速遇冷,套透明塑膜袋,放入底部装有纸屑的阳桃专用包装箱,等待运输。

五、小结

合丰阳桃园利用"养猪场—沼气—沼液有机肥"的种植模式,为果园提供有机肥的来源,每年节省肥料费用近百万元,同时减少化肥的使用,充足的有机肥施入果园,使阳桃果实清甜、多汁,提高了阳桃果实品质,有了品质保障之后,才能在市场打响"合丰阳桃"品牌。同时该种模式还解决了农场的生产用电和沼气问题,节约了农场经营成本,并通过利用猪粪发生沼气,解决了养猪场对环境的污染,成功探索了一条可持续发展的生态农业发展道路。

第二十二章 番木瓜

概 述

番木瓜(*Carica papaya* L.),又名万寿果、乳瓜,番木瓜科番木瓜属,为多年生常绿大型草本植物。广东、广西又称为木瓜,与香蕉、菠萝并称为"热带三大草本果树",有"岭南佳果"的美称,为我国热带、亚热带地区常见果树。

番木瓜原产于热带美洲,后传到西印度群岛,现广泛分布于热带及亚热带地区,即南北回归线之间及附近。以印度、马来西亚、泰国、印度尼西亚、孟加拉国、墨西哥、巴西、尼日利亚、哥伦比亚、菲律宾、美国、古巴等国家栽培为多。番木瓜17世纪传入我国,在我国已有近400年的栽培历史,主要分布在广东、广西、海南、福建、云南、台湾、四川等地。

番木瓜是多年生常绿果树,在我国20世纪50年代末至60年代初,由于番木瓜环斑型花叶病毒病的侵袭,严重影响了番木瓜的生产。其危害使番木瓜第一年种植已严重发病,产量下降,品质变劣,寿命缩短,造成第二年大幅减产甚至失收。经过多年的试验研究,我国现普遍采取秋播春植,此栽培技术的成功应用,使我国番木瓜生产得到迅速恢复和发展。而近年由于设施栽培技术,包括网室、温室栽培及转基因抗病等新技术的研发应用,使番木瓜很少或无番木瓜环斑型花叶病毒病出现,又可以在设施栽培下防止冻害,从而使番木瓜能周年供应市场。

番木瓜果实用途很广,营养丰富,含有多种维生素,特别是维生素 A,含量比菠萝高20倍,还含有维生素 B、维生素 C 和丰富的糖分及钙等。未熟果与半熟果及叶含有丰富的番木瓜酵素,可助消化。番木瓜的所有绿色部分均含有一种番木瓜碱,可供药用。此外,果实含有番木瓜凝乳蛋白酶,这种蛋白酶的粗制品能分解蛋白质的各种肽键,广泛用于食品工业、医药、制革、美容用品等,目前,国内番木瓜蛋白酶的生产已具一定规模。

番木瓜果实除鲜食外,生果可腌酸菜或作为蔬菜煮食用,还可制作果脯、果浆、果汁和罐头,并可提取果胶。番木瓜种子含油分高达32.97%,属非干性油。此外,番木瓜全身都可利用作为饲料,如番木瓜青果是极好的精饲料,喂奶牛能促进牛奶的分泌,提高产奶量。

番木瓜从播种至采收,只要1年左右,在气温较高、雨水充沛的地区栽培,初收期会更早,是世界第四大热带、亚热带畅销水果。据联合国粮农组织(FAO)统计,2011年世界番木瓜收获总面积约42万 hm²,居于世界水果收获总面积的第十三位;世界番木瓜总产量1 183.86万 t,居各种果树的第九位;世界番木瓜平均每667 m² 产1.87 t,居各种果树的第一位。我国番木瓜2011年栽培面积7 300 hm²,产量18万 t,由于我国没有对番木瓜种植面积进行官方统计,故FAO数据仅可作为参考,我国番木瓜实际种植面积及产量都远远超过FAO数据。番木瓜的生产具有广阔的前景,对我国热带、亚热带地区果树产业结构调整及北方设施果树产业结构调整有着重要意义。

第一节　种类和品种

一、种类

番木瓜属于番木瓜科（Caricaceae）番木瓜属（*Carica*）。番木瓜属约有 40 个种，主要分布在美洲热带地区，除栽培种番木瓜外，其他番木瓜属植物果形小、品质差，但抗逆性及抗病力强。育种上有利用价值的有下列几种：

1. 山番木瓜（*C. candamarcensis* Hook. f.）　原产哥伦比亚和厄瓜多尔海拔 2 400～2 700 m 的高山上，抗病及抗寒性强，在−2～2.4 ℃ 也不受害。但果小、味酸，不适于鲜食，可用于腌制。

2. 槲叶番木瓜〔*C. quercifolia*（St. Hil.）Solms Laub.〕　原产玻利维亚、厄瓜多尔、乌拉圭、阿根廷等地。耐寒性强，在−4.4 ℃ 也不会冻死，果形较山番木瓜小，味涩，可加糖食用。

3. 秘鲁番木瓜（*C. monoica* Desf.）　原产秘鲁，雌雄异株，一年生，树形小，早熟，播种后 3～4 个月开始连续结果数月，果、叶及幼株均可煮食。

此外，还有五棱番木瓜（*C. pentagona* Heilb.）、兰花番木瓜（*C. cauliflora* Jacq.）、戟叶番木瓜（*C. hastaefolius* Solms.）。这 3 种番木瓜都原产于美洲安第斯山区，果小、肉薄、缺香味，可作蔬菜用。有天然单性结果现象，耐寒力较强。兰花番木瓜有抑制病毒类似干扰素的物质，可作为番木瓜的育种材料。

二、品种

我国栽培的番木瓜品种主要有：

1. 穗中红 48　穗中红 48 是广州市果树科学研究所由多元杂交育成的非转基因品种。穗中红 48 具有矮干、早熟、丰产、优质、花性较稳定等优点。其植株偏矮，茎干偏细。叶略小，缺刻较多而略深。营养生育期短，24～26 叶期现蕾，花期早；坐果早，冬播春植，190～200 d 始收；坐果部位低；两性果长圆形，雌性果椭圆形，单果重 1.3～2.5 kg，肉色橙黄，肉质嫩滑，味甜清香，可溶性固形物 10.5%～12%。当年每 667 m² 产量 3 500～4 000 kg，肥沃地区每 667 m² 产量可达 5 000 kg。在高温干旱条件下，两性株花性趋雄程度较轻，间断结果不明显，比较稳产。该品种占栽培总面积的 50% 以上，是国内主栽品种，过去作为果菜两用型，现在是番木瓜蛋白酶生产的主要品种。缺点是耐寒性稍差，根系较浅，要注意防台风。

2. 美中红　美中红是广州市果树科学研究所 1996 年选育出来的非转基因小果型品种。根据国际市场的鲜食趋向，小果型番木瓜在我国港澳地区及国际市场是主要的鲜食品种，因此通过引进国外小果型品种与本地中果型品种进行杂交育种，选出了适应岭南地区栽培的小果型品种美中红。该品种株高 153～156 cm，茎粗 29～32 cm，叶片数 70～74 片，主要结果株占 90% 以上，冬播春植苗始蕾期在 5 月上旬，始收期在 9 月底至 10 月初，属中熟类型，群体的株性比较合理，花性较稳定，两性株在高温期趋雄程度较轻，坐果较稳定，两性果纺锤形，雌性果倒卵形，单果重 0.4～0.7 kg，果肉红色，肉质嫩滑清甜，可溶性固形物含量 13% 以上，品质极佳，当年每 667 m² 产量 2 200～3 000 kg。该品种植株较粗壮，适应性较强，较丰产，是适应市场鲜食需求的品种。

3. 红铃 1 号　红铃 1 号是广州市果树科学研究所筛选出的非转基因番木瓜常品种。该品种具有适应性强、矮干、红肉、早结、丰产、稳产等优点。植株长势旺盛，株高约为 160 cm，茎粗约 26 cm；叶片掌状缺刻；单果重 1.68 kg，坐果高度 28～40 cm，当年株产约 30 kg；每 667 m² 产量可达 5 000 kg，果肉淡红色，可溶性固形物含量 11.0%。高温干旱条件下，两性株的花性趋雄程度较轻，间断结果不明显，开花结果习性稳定。红铃 1 号具有很好的矮化性状，有较强的抗台风能力。

4. 红铃 2 号　红铃 2 号是广州市果树科学研究所通过杂交选育出的非转基因优良菜用型番木瓜

新品种。该品种株高 195～220 cm，长圆形两性果椭圆形，雌性果圆形。果顶微凹，果面无隆起，光滑，光泽度好；果肉为橙红色，口感柔嫩多汁、入口化渣，可溶性固形物含量达 11.14%，果实硬度高，耐贮性极好。单果重 1.5 kg，当年单株产量 30 kg，每 667 m² 产量可达 5 000 kg。

红铃 2 号是优良菜用番木瓜品种，早结丰产，对番木瓜环斑型花叶病毒病具有较强的耐病性，其外观商品性较佳，有较长的保鲜贮藏期。目前，该品种主要在我国广东珠江三角洲地区栽培种植，产品除供本地蔬菜市场消费外，还出口到我国香港、澳门等地区。

5. 红妃 红妃是我国台湾地区选育的非转基因果菜两用型番木瓜常规品种。具有较矮干、果型大、果肉口感好、可溶性固形物含量较高等优点。雌株果实椭圆形，两性株果实长圆形。单果重 1.5～2 kg，含可溶性固形物 11%～12%，品质佳，果实大小均匀，果皮光滑美观，果肉红色、厚。该品种在 20 世纪 70～80 年代曾是台湾地区的主要栽培品种，自 90 年代引进大陆以后，曾经是果菜两用型番木瓜的主要种植品种。但该品种的缺点是高温干旱期间断结果现象较为严重，目前在我国商业生产较少。

6. 红日 1 号 红日 1 号是广州市果树科学研究所选出的新品种。红日 1 号为无性繁殖系后代，全部为两性株，在肥水充足条件下，植株生长壮旺，株高 140～180 cm，冠幅为 220～240 cm。果形主要为椭圆形，果顶微凹，果面轻微隆起，果肉为红色，果肉厚 2.1 cm，果面较光滑，光泽中等，可溶性固形物含量可达 18%，单果重 0.58 kg，当年每 667 m² 产量 2 400 kg 左右。

红日 1 号是针对发展绿色果品生产而选育出的非转基因优质小果型番木瓜新品种。其果实食用品质极好，口感细腻，带有桂花香味。该品种目前在广东、海南等地均有种植，其商品果售价一般为市场同类产品的 3～4 倍，属于中高端商品。

7. 台农 2 号 台农 2 号是我国台湾地区选育的果用型番木瓜常规品种。该品种具有较高的食用品质，且环斑型花叶病毒病（PRSV）耐病性较强。该品种单果重 1.6 kg 左右，最重可达 3 kg，属于大果型品种，是当前台湾地区番木瓜主要栽培品种。

此外，引进的品种还有 Solo、Sunrise、台农系列及马来西亚系列等。

第二节　苗木繁殖

一、实生苗培育

番木瓜通常采用实生育苗。在严格选种的基础上采种，培养矮壮苗。

1. 种子检验和处理 新鲜种子发芽率通常 95% 以上，经过浸种催芽后播种，发芽率高且出苗整齐。种子先用 70% 甲基硫菌灵可湿性粉剂 500 倍液或 25% 多菌灵可湿性粉剂 400 倍液消毒，20 min 后洗净，再用 1% 的小苏打溶液浸种 4～5 h，洗净后用清水浸种 20 h，在 35～37 ℃下用恒温箱或自制灯箱进行催芽。每天翻拌及湿水 1 次，亦可露天沙藏盖薄膜保温保湿进行催芽，待种皮裂开见白（俗称露白）的时候可确认种子发芽率并进行播种。此外，也可用直播法播种，即浸种后直接播到营养袋中，盖一层薄土后上放稻草再盖薄膜。

2. 苗地选择及营养袋育苗 苗期怕低温霜冻且忌积水，故此，宜选择地势稍高、背北向南、阳光好、排水灌溉方便的地方，为预防番木瓜环斑型花叶病毒病，应选取新土或远离旧番木瓜园的地方育苗，并要注意与葫芦科的瓜园间隔一定的距离。彻底清除周围的花叶病株，以防感染。

营养袋（或杯）育苗达到提早种、快长的效果，定植时又不易伤根，用营养袋育苗是较好的方法。一般用直径 10～12 cm，高 16～18 cm 的营养袋。在底部开 2～4 个直径约 1 cm 的小孔，以便排水和透气，袋泥应加 30% 充分腐熟基肥并杀菌消毒。营养袋可排成不超过 100 cm 的宽度，以便田间管理。

3. 播种 种子经浸种催芽处理后便可播种。播前先淋透杯泥，每杯播 2～3 粒种子于杯面，播后覆盖一层 1 cm 厚的细泥土或火烧土为宜。然后淋水，再盖薄膜，控制温度在 30～35 ℃。幼苗拱起后控制苗棚温度在 20～30 ℃为宜，并及时搭好小拱棚。秋播苗于 10 月中下旬至 11 月上旬播种，苗期约 120 d。热带的海南、西双版纳一年四季都可播种。

4. 苗期管理 秋播苗必须越冬，到第二年春定植，故秋播苗的管理主要是控制好温、湿度及合理施肥喷药。番木瓜苗的生长温度范围为 5～35 ℃，故此冬季必须搭拱棚加盖薄膜防寒保温。播种后要经常保持土壤湿润。当幼苗长出 2～3 片真叶时，适当减少水分，防止徒长和感染病害。苗棚内适温为 20～25 ℃，不能高于 35 ℃和低于 4 ℃，所以，每天 10:00 左右在强烈阳光照射的情况下，及时揭开薄膜通风，使苗棚内温度不至于太高，17:00 后重新把薄膜盖上，提高晚上棚内温度，达到防寒保温效果。此时要进行间苗和补苗。抽出 4～5 片真叶后开始施薄肥，每 10 d 左右施一次，用 0.2%～0.3%浓度喷施或淋施，淋肥一般用复合肥，喷施一般用磷酸二氢钾或尿素。幼苗刚出真叶时最易受冻，5 片真叶后抗寒能力已逐步增强，故可开始逐步炼苗。如夜间温度不低于 8 ℃时可不盖膜，并适当减少肥水，尤其是氮肥的施用。有寒潮及霜冻时不宜揭膜，还应根据霜情加盖禾草保暖。太阳猛烈时要及时揭膜通风，防止灼伤，长期低温后转暖时不可一下子全部揭膜，应该部分揭膜让幼苗逐步适应。

二、扦插苗培育

番木瓜可扦插繁殖，但成本高。一般利用侧芽作插条，长 20～30 cm。用生根粉处理可促进生根。

扦插繁殖能保持母株的优良性状，开花结果早，但因番木瓜抽发侧芽少，故繁殖率低，扦插在夏季易生根，冬季扦插则成活率低，造成春植苗供应不足。扦插繁殖与组织培养相结合，可以加快两性株及优良抗病植株的繁殖速度。

三、组织培养和脱毒苗培育

长期以来，番木瓜都是用种子繁殖，其后代会出现两性株和雌性株各约半的现象，而长圆形两性瓜的市场价格是雌性株圆瓜的 2～3 倍。因此，过去常采用同一种植穴内种植 2～3 株，待现蕾时能区分出花性时砍掉雌性株的办法来获得更多的长瓜。尽管如此，在实际生产过程中也无法确保 100%的植株为长圆形两性植株，同时，有性繁殖的方法既浪费苗木，也浪费人力、肥料、农药，增加不必要的成本。

20 世纪 90 年代以来，广州市果树科学研究所采用生物技术开展稳定番木瓜株性的研究，通过无性繁殖技术达到全部植株均为单一长圆形两性株或雌性株的效果，从根本上解决了长期困扰番木瓜生产的株性分离的问题。目前生产上已应用此专利技术生产苗木，改变了番木瓜依赖有性繁殖的状态。

第三节 生物学特性

番木瓜是多年生常绿果树，播种定植后 1 年左右即可采收，树干结果，叶顶生，树呈伞形，故又称"篷生树"，其植株生长可达 10 多年，有些树龄长达 20 多年。一般种植 3～4 年后结果减少，加上番木瓜环斑型花叶病危害及霜冻影响，故亚热带地区多采用一年生栽种。而海南及西双版纳等地区由于气候温暖，基本无霜冻，在无番木瓜环斑型花叶病危害的新区，可跨年种植周年收获番木瓜。

一、根系生长特性

（一）根系生长状态

番木瓜为肉质根，分布浅，不耐涝亦不耐旱，主根粗大，须根多。种子苗主根明显，稍长；移植苗主根不明显。结果期的树在根颈处生长 2～4 cm 的粗根，向下生长，对植株起着固定和贮藏养分及扩大根系的作用。一年生以上的番木瓜其固定根有 4～5 条，在这些粗根上密生须根，须根上着生根毛，起吸收养分的作用，亦称为吸收根。

（二）根系生长发育与土壤的关系

根系的发生、生长与分布随植株生长、土壤结构、地下水位高低不同而不同。大量的根系分布在表土下 10～30 cm 处。地下水位高分布浅，地下水位低或丘陵地分布深，根系深入土层可达 70～100 cm，故在低地采用起墩培土的栽培法，有利于根系生长发育。根系的生长发育与气候条件，特别是温度有很大关系。广州每年 3 月平均气温达 17.9 ℃时，可见新根生长，而以 5～6 月发根旺盛，12月以后，新根抽生减少，处于生长停缓状态。番木瓜的根系生长除受温度影响外，土壤湿度的影响也很大。番木瓜的吸收根多分布在土表层，根系浅生，要求土壤不能过干或过湿，更不耐水浸。果园畦地不平，在吸收根分布的土层积水，或降大雨水浸过畦面 5 h 以上，其根系生长将受严重影响，而根系与地上部分生长关系密切。土壤积水、缺氧，根的生长受抑制，引起叶片凋萎、脱落，严重时造成落花、落果，甚至造成植株死亡。出现旱情时也会影响根系的生长，番木瓜叶片凋萎黄化，逐渐脱落。因此，要使根系处于良好生长状态，土壤必须保持一定的湿度。

二、芽、茎和叶生长特性

（一）芽

番木瓜以顶芽生长为主，当顶芽生长正常时，侧芽受抑制，但较老的植株可抽生侧枝，甚至在侧枝上再抽生第二次、第三次，侧枝也有开花能力，但产量低。在冬季气温较低或有霜冻时，顶芽生长就受影响或冻死。而侧芽仍有萌动和恢复生长能力。如果冬季顶芽被冻死，当春季气温回升时，在地面上 1 m 处砍断茎干，则留存茎干上的侧芽会抽生成新茎干，并开花结果，茎干的粗细及色泽与品种、植期、栽培管理及植株的健壮状况有关。

（二）茎

番木瓜茎干直立、少分枝，成年的植株茎中空，有的植株茎高可达 10 m。主干生长受到伤害后，可促生侧枝。幼苗茎的直立主要靠细胞的膨压。幼苗定植时若伤根过多，蒸腾大而供水不足，顶部凋萎下垂。成年树在夏、秋生长迅速的季节所形成的茎，在叶柄部形成膈，两膈之间中空形成节。冬季生长缓慢、节密，膈连在一起，所以茎中空现象不明显。

茎干仅表皮木质化，中间肉质空心，容易折断。矮干便于管理和防风；高干不抗风。如果过度密植，会造成植株徒长，开花结果少。番木瓜茎的高矮及生长速度，因不同品种、不同地区气候、不同栽培管理条件而有明显区别。相同条件下，雌株生长最慢，雄株生长最快，两性株介于两者之间。

同一品种，茎的粗度可作为管理水平高低的衡量指标之一。在营养条件良好时，茎干粗壮；缺肥或干旱时，茎干生长缓慢，叶柄变短，叶片变小，易间歇结果，特别是在下部坐果多的情况下，茎干上部容易形成"鼠尾"现象，一旦发生，较难恢复，故要保持水肥均衡供应，以保证植株正常生长，增加产量。

（三）叶

由种子萌芽抽出的子叶呈椭圆形，第一、二片真叶呈三角形，从第四、五片叶开始呈三出掌状缺刻，第九、十片真叶出现五出掌状缺刻。随着植株的生长，叶片缺刻逐渐加深。番木瓜叶片为 5～7出掌状缺刻，叶片自树干顶部抽出，互生，叶柄中空，长 60～100 cm。叶片的大小及叶柄长短因品种和营养而不同。随着植株生长，新叶陆续发生，下部老叶逐渐枯黄脱落，叶片寿命通常只有 4 个月左右。老叶脱落后，留下明显叶痕。

由叶片抽出至老熟，夏季需要经过 20 d，冬季需要 30 d 以上。在广州附近全年均可抽生新叶，全年抽生 60 片左右。在肥水条件良好的情况下，一年可抽出 90 片以上。在阳光充足条件下，树冠呈圆头形。叶片是制造营养物质的器官，有足够的叶供给养分，果实才能良好发育。故此，在果实成长过程中保持较大的绿叶面积是很重要的。

在不同栽培环境、不同气候条件下，番木瓜在定植后第 7～8 个月，是生长最旺盛、挂果最多而尚未成熟的时期，此时植株绿叶着生数最多。当果实逐渐成熟时叶片脱落，绿叶数逐渐减少。当然，栽培条件较差，肥水不足或病虫危害，亦会导致叶片脱落，叶片寿命明显缩短，直接影响产量。

三、开花与结果习性

(一) 花性及株性

1. 花性 番木瓜的花在叶腋中抽生，随着植株生长，每个叶腋均会抽生花蕾。每叶着生单花、多花或成花序，有单性花和两性花。番木瓜的花性比较复杂，依花的雌雄蕊数目及发育情况、花形、花瓣大小、形状等，分为 3 个类型 5 种花。

(1) 雌花。花单生或以聚伞花序着生于叶腋。花型大，花瓣五裂相互分离。子房肥大，由 5 个心皮组成，雄蕊完全退化，子房所发育成的果实多近圆球形、梨形或椭圆形等。果腔大，中果皮薄，授粉好则种子较多，也有的因为天气影响授粉而少籽，甚至无籽。

(2) 雄花。花型小，花瓣上部 5 裂，下部成管状，具有 10 枚雄蕊，子房退化成针状，缺柱头，不能结果。

(3) 两性花。根据雌蕊或雄蕊的发育情况、花朵大小及形状可将两性花分为：

① 长圆形两性花。为主要结果花，花中等大。花瓣 5 裂，雄蕊 5～10 枚，子房长圆形，所发育成的果实肉厚，果腔较小，单果最重。

② 雌型两性花。花较大，比雌花略小，花形不正而易于识别。花瓣 5 裂，雄蕊 1～5 枚。子房有棱或畸形，所发育成的果实带棱或畸形。

③ 雄型两性花。花较小，比雄花稍大。花瓣 5 裂，下部连成管状。子房发育成圆柱形或退化。有雄蕊 10 枚。这种花所结果实较细长，也有呈牛角形，果腔小，肉厚，种子很少。

2. 株性 番木瓜花性繁多，株性复杂，根据植株开花的主要花型，分为：

(1) 雌株。只开雌花，花性稳定，受外界环境条件的影响较少。群体性比合理，结果能力强，是构成产量的主要株型。雌株所结果实果肉较薄，单果轻。在广州 1～2 月气温较低时，子房多不能发育。

在自然栽培的情况下，不经授粉和受精的过程，子房发育结成无核果实，这是天然的单性结果。这种果实小，无充实的种子，近顶部果肉薄，品质差。

(2) 雄株。基本开雄花，着生在由叶腋抽出的长 10～90 cm 的花梗上，为总状花序，亦有的植株全株都开短柄雄花，均不能结果。个别健壮植株有时在花序末端结几个小果，故出现番木瓜公结果现象。

(3) 两性株。当植株积累养分后，在不同的外界条件影响下，开各种类型的花。在温度逐渐升高的条件下，花的开放顺序是：由雌型两性花转变为开长圆形两性花，再转变为开雄型两性花和短柄雄花。相反，温度从高降到低时，花性由雄型两性花及短柄雄花转变为开长圆形两性花，再转变为开雌型两性花。依花型比例，分为长圆形两性株、雌型两性株、雄型两性株。

一些开两性花的植株，春夏之间，气温由低到高，花型则由雌向雄性过渡。开花顺序一般是雌花→1～4 个雄蕊的两性花→5 个雄蕊的两性花→6～9 个雄蕊的两性花→10 个雄蕊的两性花→雄花。在一般的栽培条件下，4～5 月多开两性花及个别雌花，可以结果。7～8 月气温过高而偏干旱，番木瓜两性株都出现趋雄现象，即由正常的两性花逐步向短花柄雄花过渡，呈间断结果现象。至 9 月前后又开两性花结果。10 月以后至次年 3 月，多开雄花而不结果。

不同栽培条件亦会导致花性变化。在相同气候条件下，栽培同一番木瓜品种，但土壤条件、水肥管理水平不同，亦会导致花性变化。在贫瘠的丘陵山岗地栽种的番木瓜会出现雄花较多，如栽种在肥沃的壤土上，植株会出现两性花较多。另外，化学药剂的刺激和植株受损伤也会导致花性的变化。如用乙烯利处理植株后，最初出现的多为雄花。植株受损伤后，开出雄花也较多。

（二）坐果

各种株型的坐果率有很大的差异，雌株的坐果率最高，一般可连续结果，产量稳定。两性株的花性往往受外界条件影响而花性不稳定，故结果能力不如雌株强。但它的果肉较厚，单果较重，品质也较优，故长圆形两性株亦是构成产量的主要结果株。所以，番木瓜产量的构成主要是长圆形两性株和雌株。

（三）落花落果

番木瓜在发育过程中很少会出现落花，仅在生殖生长前期出现少量生理性落花或严重营养不良才会大量落花。果实在发育过程中会出现落果，落果原因是多方面的，主要有以下几方面：

① 授粉受精不良而引起落果。柱头授粉会使子房产生一种激素，这些激素刺激幼果发育膨大，花粉有保证时授粉受精顺利，果实发育较快。如果授粉不良，子房未能通过受精而膨大，花谢之后2～3 d会变黄而脱落。

② 天气不良影响导致落果。出现高温干旱时，柱头分泌物容易干枯，影响授粉受精。或长期的低温阴雨亦会导致落果。

③ 植株坐果过密会出现落果。挂果很多，养分供应不足，植株生理失调而自行落果。

④ 栽培管理条件差，肥水缺乏导致落果。

⑤ 病虫害或喷不适宜的农药如除草剂等亦会导致落果。

因此，在栽培管理上就要采取相应措施，减少落果，增加产量。

四、果实发育与成熟

果实发育的前期主要是积累淀粉和糖。多数品种当果实发育到72～82 d，种子的胚迅速发育，果实重量迅速增加。62～69 d是果实重量增长的高峰，果实与种子的发育均需大量的糖类，这个时期贮藏的淀粉下降至最低点，可溶性糖类迅速上升。后期，种子基本趋于成熟，果实体积和重量增加缓慢，养分以淀粉的形式大量累积，直至成熟前，淀粉又急剧转化为可溶性糖。维生素 C 的含量随着果实的发育而不断增加，以果皮出现黄色条纹时增加最迅速，至果顶出现黄色时达最高峰。果实的含水量约90%。

影响果实发育的重要因素是温度、授粉受精以及水分和肥料等。温度升高有利于果实发育，低温则延迟成熟。低温不但影响果实发育，而且影响果实品质。每年1～2月低温条件下成熟的果实，由于形成多量糖苷，具有明显的苦味，影响食用品质。

五、种子

种子着生于果腔里，种脐一端连接在维管束末端的乳状突起上。维管束与内果皮汇聚为一层乳白色的网膜，紧贴着中果皮即果肉。种子呈黄褐色或黑色，外种皮有皱纹，种皮外为一层透明胶质的假种皮包围。种子多少与雌蕊发育、授粉受精及外界环境有关。充分授粉的果实，一个果可有300～500 多粒种子，而授粉不良的果实仅有少数种子或全无种子。

留种用的果实要黄熟过半时采收。后熟至黄熟时取出种子，将种子洗净，除去假种皮，阴干贮藏。一般情况下种子寿命较短，经密封常温下贮藏1年的种子，其发芽率在60%以下。种子发芽的适温为35 ℃，低于23 ℃或高于44 ℃均能抑制种子发芽。发育正常的果实，50 kg 鲜果一般可留干种子100～150 g。1 kg 干种子有 50 000～65 000 粒。

第四节　对环境条件的要求

一、土壤

番木瓜对土壤的适应性很广，宜选样土壤疏松、土层深厚、富含有机质、地下水位低、pH 6.0～6.5、通气良好的沙壤土或砾质壤土才能使番木瓜生长好、产量高。如土壤 pH 低于 5.5 时，可施用石灰，效果较好。黏质土种植番木瓜，特别要注意增加有机质，保持湿润，防止土层开裂拉断肉质根。但不管是哪种类型的土壤，都必须具备土质疏松、透气性良好、地下水位低等条件。

1. 土质疏松，透气性良好　番木瓜的根结构和根群的分布状态都说明，番木瓜根系的呼吸作用比较强，对土壤中的空气需求量较大，对土壤的空气含量也比较敏感。比如连续几天降雨，新生的须根就会迅速露出表土，这是根系对土壤中缺乏空气的反应。根系对养分的吸收需要消耗相当的能量，而能量来源于根系的呼吸作用，所以当根的呼吸作用受阻碍时，必然会影响对养分的吸收。只有在一定的透气条件下，根系才能进行正常的生命活动。在畦面积水或水淹地的情况下，土壤因孔隙充满水而缺少空气时，根系即会因缺少氧气而窒息死亡，严重的还会造成整株死亡。

土壤的透气性还直接影响到根系的生长和分布状态。在结构良好的土壤中生长的植株，根系发达，须根多，寿命长，分布层深，伸展范围广；相反，在结构不良的土壤中，比如在黏重土中生长的植株，就会出现根系发育不良，须根少，寿命短，分布层浅。因此，番木瓜对土壤要求的首要条件是透气性良好。

2. 地下水位适中和排水条件好　平地番木瓜园的地下水位高低与根系的分布深浅有着密切的关系。地下水位高，限制了根系向下伸展，大部分根群就会浮生于表土，容易受高温干旱天气的影响，须根的寿命比较短，同时反映到地上部的叶面积变化较大。在雨季，由于降水过程长，降水量大，地下水位逐渐上升，土壤孔隙被水埋没，透气性不好，因而发生种种不良影响。如果引起根系窒死，地上部就会出现落叶、落花、落果等现象。凡是地下水位过高的果园，番木瓜的生长都不好，产量也比较低和不稳定。地下水位高的地块，可通过在建园时采取设置排灌系统等措施来降低水位，也可设置深沟高畦解决这个问题。

二、温度

番木瓜是热带果树，喜炎热气候，生长适温为 26～32 ℃，月平均温度在 16 ℃以上，生长、结实、产量、品质才能正常。在 10 ℃左右条件下，生长受抑制。5 ℃以下幼嫩器官开始出现冻害现象。当温度在 35 ℃以上时，花朵发育受影响，出现趋雄的现象，引起大量落花落果，影响产量。番木瓜不耐霜冻，在有霜冻的地区，应注意防寒。

霜冻对番木瓜的危害大过低温的影响，其受害程度的轻重与结霜强度的大小及解冻过程有关，若解冻迅速，水分很快蒸发掉，使细胞来不及收回所失去的水分，因而造成器官干枯，受害程度就比较严重；如果解冻过程缓慢，细胞能逐渐收回所失去的水分，从而恢复了器官的生命活动，受害程度就比较轻。此外，霜冻的轻重与番木瓜所在地理位置及田块的朝向有很大关系，在低洼山坳受害严重，这与霜降沉积有关。而朝东和朝东北一面的植株受害较重，说明太阳的直射和气温的明显回升也使其受害较重。另外，空气流动大的地方及水塘边受害较轻。

温度不但对番木瓜生长很重要，而且对果实的发育、果实品质都有一定的影响。果实发育前期处于较高温度条件下，比如 5～7 月开花，9～11 月成熟，果实糖分高，风味好，品质佳。如果果实发育的中后期处于低温条件，比如 9～10 月开花，次年 3～4 月收获的果实，由于中期经常遇到低温天气甚至霜冻，所以肉质硬，味淡甚至苦涩，品质最差。如果果实发育前期处于低温条件，而中后期处于较高温度下，比如 11 月开花，次年 5～6 月成熟的果实，其果肉尚能软化，因而含糖分略高，风味也较好。如果栽种地区处于热带，常年温度都较高，果实的品质就不会出现明显的差异。

温度条件对番木瓜的影响是多方面的，可以直接影响到番木瓜的生长速度、器官的大小及寿命，以及花期、坐果率、果实大小和品质等。在广州地区，果实从谢花到成熟所需的时间，4月下旬开花的为150～160 d；6月开花的由于温度升高，只需110～120 d；9月以后，由于温度逐渐下降，10月开花的要180 d以上才能成熟。

土壤温度对番木瓜生长也有一定影响。在冬季，提高地温对植株抗寒有一定作用，特别是幼苗期更应注意提高地温。生长在重黏土上的番木瓜，由于夏季水位高，根系分布浅，而且没有覆盖，常因土温过高，引起番木瓜叶片黄化，影响植株生长。

三、湿度

番木瓜正常生长需要充足而均衡的土壤水分，雨量充沛，降雨均匀的环境更适合番木瓜生长。在广东产区，每年春夏的梅雨季节（4～5月）和秋季阵雨过后（8～9月）由于水量充足，番木瓜生长最快，果实发育也较快。番木瓜对土壤含水量和空气湿度反应也很敏感，如果土壤水分不足，植株生长缓慢、纤瘦，叶片萎蔫的时间提前，恢复期推迟。严重缺水时，叶片萎蔫。如果在开花结果盛期缺少水分，则影响植株生长，并出现落花、落果、落叶现象。旱季应该在早晚喷灌或灌溉，以保持番木瓜正常生长结果。另外在栽培时采用覆盖措施，可保持土壤一定的含水量。

虽然番木瓜对水分需求较大，由于根系浅生和好氧性，土壤积水和地下水位过高，又会引起烂根。暴雨浸园半天就会造成植株严重受害甚至死亡，这是因为在地下水位过高时，土壤孔隙充满了水，排除了空气，因此根群得不到充分的氧气供应，生长受到明显的阻碍，而根群发育不良必然影响地上部的生长发育，出现器官细弱早衰的现象。如果淹地或积水，容易引起须根死亡和基部叶片枯黄脱落，严重的还会造成落花落果，甚至整株死亡。因此，栽培上要求保持土壤湿润，但又要注意避免积水和地下水位过高。番木瓜园应采用深沟高畦防止地下水位过高，排灌系统要好。

四、光照

番木瓜喜光，若光照不足，如过度密植或不恰当的间套种，则番木瓜幼苗徒长，生长衰弱，产量低，寿命短。

第五节　建园和栽植

一、建园

番木瓜园不宜连作，新建番木瓜园要与旧园相距1 000 m以上，并彻底清除周围的病株。园地以选择背北东南向，北部有山丘防风，土壤肥沃疏松为最好。低地平原尤其是围田区应选地势较高的田块，深挖排灌沟，可采用2畦1旱沟2水沟的方式进行整地，以做到排灌迅速，使地下水经常保持在离地面50 cm以下。

二、栽植

1. 栽植方式和栽培密度 栽植方式宜采用宽行窄距，行株距一般采用2.5 m×1.5 m，如果果园肥沃，可采用2.5 m×1.8 m，较瘦瘠的园地，行株距可为2.3 m×1.7 m，每667 m²植150～180株。另外，也要根据不同品种的树冠大小来调整不同的行株距。

2. 栽植方法及栽后管理 多采用秋播春植。亦有采用春播夏植于2月下旬至3月播种，4月下旬至5月中旬定植。夏播秋植于7月下旬播种，9月至10月上旬定植。后两种办法在冬季有霜冻地区较少使用，或必须使用设施保暖才可越冬收获。

秋播春植时，先挖好畦，下足腐熟基肥，覆盖地膜后就可定植。次年 2 月底至 3 月初春暖后可移苗定植，定植前一晚要淋透水，定植时整杯植下，剥除营养杯时尽量不要弄松杯泥，淋透定根水，并做到不伤根、不露根、不积水，最好在阴天无北风时种植。降雨时定植易引起根腐，种后如刮北风或阳光过强，必须遮盖护苗。

不要种植过深，以畦面略高过番木瓜苗根颈 1 cm 为宜。不带泥移植的种苗，还须摘除下部的叶片。定植后覆盖上一层腐殖质或稻草，然后淋定根水，使根系和土壤充分接触。植后每天淋水 1 次，经常保持土壤湿润，成活后可逐渐减少淋水次数。

第六节　土肥水管理

一、土壤管理

1. 中耕、除草、培土　番木瓜是浅根性作物，应在定植后 2～3 个月内进行中耕除草，每隔一段时间，要适当培土，以消除露根现象，补偿土壤流失，增加土壤营养。近年多采用少耕法栽培技术进行种植，即定植前施放七八成肥料，然后覆盖地膜再定植，植后不需要进行中耕除草，仅在需要的时候打洞施肥。这种方法适用于大面积种植且能放水灌溉的地区，可有效防止土壤冲刷或板结，使土壤保持良好的透气性，有利于根系生长。覆盖地膜可在春季起增加地温，防止积水沤根，旱季阻止水分蒸发和降低地温的作用，同时保持肥料不易流失，提高肥料利用效率。该栽培方式能起到节约劳力、早收增收增值的效果。

2. 间作和套种　番木瓜园可适当间、套种其他作物，这有利于改变番木瓜果园的生态环境，同时增加单位面积的经济收益。合理的间套种对番木瓜是有利的。套种以豆、菜类较好，还可间种甜玉米，起集中消灭蚜虫，减少番木瓜环斑型花叶病发生的作用。如在广东地区，3 月种植番木瓜的同时间种甜玉米。前期两者同步进行管理，5～6 月是番木瓜大量开花坐果期，甜玉米收获后，要加强番木瓜管理，增施肥料。9 月份后番木瓜逐渐成熟，这个时期雨量较少，可在番木瓜园中栽培蔬菜，如甘蓝，到年底可收获。这种套种方式，一年三造（甜玉米—番木瓜—蔬菜），既可提高土地利用率，增加收入，又可改善生态环境，减少病虫害发生，降低成本。但是，间套种必须以充足肥水条件为前提。

二、施肥管理

（一）施肥的意义

1. 氮肥　番木瓜生长发育需求量较多的一种。氮能促进番木瓜茎、叶、果生长，缺少氮肥，番木瓜生长缓慢；严重缺乏氮肥，番木瓜生长速度下降，叶片色泽变淡黄，花蕾发育不良、脱落，或无花蕾萌发，已开花坐果的，其幼小果实容易脱落。番木瓜各个生长发育阶段对氮要求不同，幼苗期对氮的要求不高，如施用氮肥过多，幼苗徒长。在花蕾萌发期氮肥需求虽然增加，但亦不能偏多。在营养生长期和果实发育盛期则需求氮肥最多。

2. 磷肥　在番木瓜生长过程中不可缺少。磷能促进新叶抽生和新根的发育，特别对果实发育更为重要。磷在果实发育过程中的糖分转化不可缺少，磷肥充足，果实糖分含量增加，相反果实糖分含量就下降。增施磷肥既可改良品质，还可增强植株的抗病能力。

3. 钾　在番木瓜各组织含量中占的比例较高。钾对增加果重、叶组织干重量都有明显作用，能增强番木瓜的抗寒性和耐旱性，能促使果实中的淀粉转变为糖分。

（二）营养要求

番木瓜是速生高产的果树，除了在定植前要施腐熟有机肥外，营养生长及生殖生长亦要不断补充营养。在营养生长期氮、磷、钾的适宜比例是 5：6：5，生殖生长期是 4：8：8。施肥位置应在树冠外缘，即滴水线外，无覆盖畦面采用条沟施肥，有覆盖畦面采用打洞施肥，叶面喷肥在阴天或傍晚进行，则效果较好。

1. 促生肥 在定植后 10～15 d 开始薄施促生肥，以后每隔 10～15 d 施肥一次，以速效肥料为主，由薄施到多施、由稀至浓，叶面喷施氮肥常用 0.3%～0.5% 的浓度。

2. 催花肥 早熟种一般 24～26 片叶就现蕾（45～50 d），现蕾前后要及时施重肥，供花芽形成等需要，仍以氮肥为主，适当增施磷、钾肥。另外，缺硼地区还应在花期喷施 0.5% 硼砂和每株加施 3～5 g 硼砂，以防瘤肿病发生。

3. 壮果肥 进入盛花坐果期，要增施较重的肥，满足基部果实发育和顶部开花坐果的需要，6 月挂果的番木瓜在 6～10 月每月施重肥一次，要求氮、磷、钾水平较高。8 月还应注意加施有机肥，如沤熟的生麸，这有利于提高果实品质。

三、水分管理

番木瓜生长发育需要充足的水分，但又忌积水和地下水位高，故要做好排灌水工作，营养生长盛期和膨果期需要较多的水分，因此，这两个时期尤其是膨果期正值秋旱期，一定要勤灌溉，果园土壤含水量以最大持水量的 70% 左右为宜。遇有暴雨或台风雨浸园时，一定要及时排水，水浸过畦面不得超过 5 h。珠江三角洲的围田地区常要备有抽水机用于排灌。

第七节　果园管理

一、疏枝及疏花果

番木瓜叶腋处会有侧芽发生，应及时摘除。每一叶腋通常只留 1 个最多 2 个果，一般雌性株坐果率高，仅留 1 个果；长圆形两性株若间断结果明显，则可部分留 2 个果，多余的花果应及时疏去。小果型番木瓜可采用多留果的办法使果实不会太大。计划只收当年果实的，留果至 9 月初即可，当年生单株平均留果 25～30 个，小果型品种可适当增加留果数量，以后的花果全部疏去，以利于养分集中满足早期果实发育的需要。疏果宜在晴天午后进行。海南地区基本无霜冻，全年都可留果并周年供应市场。

二、授粉

番木瓜的花性和株性都较不稳定，其授粉坐果又受各种因素的影响，坐果率高低和果实发育是否完全，直接关系到产量。在这种情况下，最好能进行人工授粉，这不仅能提高坐果率，而且还可以促进果实发育达到增加单果重量和果身丰满的目的。番木瓜进行人工授粉时，花朵柱头接受了相当数量的花粉，能更大地刺激柱头分泌物产生，使其更好地完成受精作用，同时产生更多的激素，促进子房膨大和幼果发育，使果实特别膨大。但目前生产上通常都没有进行人工授粉，而由其自然授粉，此时保护好授粉的昆虫就很重要了。

三、防风

番木瓜茎干较高，组织松脆，根浅生，结果后树身重，所以容易风折。从品种选择上要选择矮生、抗风力强的品种。沿海地区在台风季节应重视防风，以尼龙绳或竹、木支撑加固，以减少台风出现时的损失。有的地区采用倾斜种植以降低其高度来增强其抗风力。

四、防寒

番木瓜是热带果树，在冬季低温和霜冻的情况下，容易受伤害。因此在出现霜冻天的时候，可把稻草扎成一束，盖住番木瓜植株顶芽，可保顶芽不受霜冻。幼小植株可用竹条插成三角形，再用稻草盖住顶部，或用薄膜覆盖。熏烟是非常有效的防霜冻手段之一。低温阴雨季节着重抓好排水工作，排除畦面积水，减少根系受冻害而腐烂。在霜冻后，太阳出来前，对全株喷水，可减少太阳直射温度的剧烈变化，减少霜冻后迅速升温造成的伤害。受霜冻后，植株没有冻死时，天气转暖则应注意多施磷、钾肥，使植株恢复生长。

第八节　病虫害防治

提倡农作物病虫害绿色防控，即是按照"绿色植保"理念，采用农业防治、物理防治、生物防治、生态调控以及科学用药技术，从而达到有效控制农作物病虫害，确保农作物生产安全、农产品质量安全和农业生态环境安全，促进农业增产增效。

一、主要病害及其防治

番木瓜病害目前已知的有 40 多种，其中危害最普遍及最严重的首推由病毒引起的番木瓜环斑型花叶病毒病，除此之外，还有 30 多种真菌病害，如炭疽病、叶斑病及贮藏病害等，其他为线虫、缺素等病害。而我国番木瓜产区常发生的病害只有 10 多种。

（一）番木瓜环斑型花叶病毒病

番木瓜环斑型花叶病毒病（*Papaya ringspot virus*，PRSV）一般称花叶病毒病，本病的特点是来势凶、传播快、危害大，已成为毁灭性病害，感病后的成年植株在冬季落叶，只留下顶部发黄的幼叶，次年结果量大减，甚至完全不结果，果实含糖量低，风味差，病株在 1～4 年内会死亡。

1. 为害症状　发病初期，在茎、叶脉及嫩叶的支脉间出现水渍斑，随后在嫩叶上出现黄绿相间或深绿与浅绿相间的花叶病症状，在感病果实表皮上也出现水渍状圆斑（环斑），几个圆斑可联合成不规则形。低温期，病株叶片大部分脱落，幼叶出现畸形叶，如鸡爪型、卷叶型和缩叶型，即叶肉皱缩、卷曲，或叶肉退化，只剩下叶脉，成一条线状。

2. 病原及传播途径　病原为线状病毒，已报道番木瓜病毒病的病原有番木瓜花叶病毒（PMV）、番木瓜环斑病毒（PRV）、番木瓜畸叶病毒（PMLV）。汁液中病毒致死温度 60 ℃。

自然传播媒介为桃蚜和棉蚜，且传播率非常高。摩擦非常容易传毒，田间病株叶片与健株叶片进行接触摩擦，便可传染。因此，适当改变种植密度，或在栽种中把番木瓜与其他作物间种，都可减少番木瓜环斑花叶病的危害。用人手接触摩擦亦可传播此病，因而人工操作要注意。病株上的果实种子不带毒，土壤不传病。

3. 发生规律

（1）气候条件。温暖干燥年份，本病发生严重（该气候有利于蚜虫的发育和迁飞），因此，在广州地区的气候条件下，一年可出现两个发病高峰期和一个病株回绿期。4～5 月及 10 月至 11 月上旬，月平均温度为 20～25 ℃，则发病株最多，症状最明显；7～8 月，平均温度为 27～28 ℃，是病株回绿期，症状消失或减缓，高温对本病病毒有抑制作用。

（2）果园位置。因本病主要由蚜虫传染，凡与旧果园或与邻果园病株毗邻的植株发病快，发病率高。连年种植的果园，发病早及发病率高。西葫芦、南瓜、黄瓜、丝瓜、西瓜等瓜类为其中间寄主。因此以瓜类间作或邻近瓜园的果园发病较早及较重。

（3）植株的生育期及生长状况。从苗期开始到开花坐果，整个生长发育阶段均可感染。从发育阶段来看，苗期虽感病，但一般发病较少，定植后 40 d 期间植株发病亦较少。开花结果期植株容易感病，且这个时期植株感病传播速度比较快。生长旺盛的植株耐病性强。

（4）品种抗病性。不同品种对本病的抗耐性有差异，如表现发病迟早，发病率高低，病状的轻重等都有所不同。

4. 防治方法　至今还没有完全根治本病的方法，只能采取以栽培为主的综合防治措施。

（1）农业防治

① 选择种植耐病品种。现有栽培的品种中，穗中红 48 具较高的耐病性能。

② 加强栽培管理。改进栽培管理措施，增强植株抗、耐病能力。改秋植为春植，当年种植当年收果以保产量。秋植番木瓜要经过两个发病高峰，而秋播春植在第一次发病高峰（4～5 月）发病较少，第二次发病高峰（10～11 月）已结果，产量基数已定，且在 7～8 月回绿期，加强肥水管理，促进植株长势壮旺，对提高单位面积产量有显著效果。

③ 及时挖除病株。在果园发现病株（特别是苗期）时应立即挖除，并用生石灰消毒。已达盛果期的果园、发病率超过 20% 的果园可以只挖除失去结果能力的病株，对坐果多的发病轻的植株保留，利用回绿期加强肥水管理，让果实继续发育。

④ 消灭病原，适当隔离。老果园在种植前应清除病株，新果园距离老果园 2 km 以上。果园不要与瓜类的蔬菜间作。

（2）化学防治。药剂治蚜，定期喷药灭蚜，在蚜虫迁飞高峰期，特别是在干旱季节应该及时检查喷药，还要注意清除果园周围蚜虫喜欢栖息的杂草。

（3）物理防治。用网室大棚育苗及种植来防蚜虫，效果非常好，但网室大棚的制作成本较高，可考虑用于高产值的小果型品种。台风影响大的地区可根据实际情况使用。

（二）番木瓜炭疽病

番木瓜炭疽病是仅次于番木瓜环斑型花叶病毒病的另一个重要真菌性病害，在我国广东、广西、福建和台湾等产地普遍发生。全年都可发病，以秋季最为严重，幼果及熟果发病较多，在果实贮藏期本病可继续危害。

1. 为害症状　本病主要为害果实，其次为害叶片和叶柄、茎。被害果面出现黄色或暗褐色的水渍状小斑点，随着病斑逐渐扩大，病斑中间凹陷，出现同心轮纹，上生朱红黏粒，后变小黑点。叶片上，病斑多发生于叶尖和叶缘，色褐，呈不规则形，斑上有小黑点。在叶柄上，多发生于即将脱落或已脱落的叶柄上，病健交界不明显，上面密生黑色小点或朱红色黏粒点。

2. 病原及发生规律　病原为炭疽病菌（*Colletotrichum gloeosporioides*），该菌在病残体中越冬。在高温多湿的条件下，有利于病害发生流行，分生孢子由风雨及昆虫传播，由气孔、伤口或直接由表皮侵入。病菌亦具有潜伏侵染特性，病菌在幼果期侵入，直到果实近成熟期才表现症状，果实越近成熟发病越重。

3. 防治方法

（1）农业防治。冬季清园。彻底清除病残体，集中烧毁或深埋，结合喷波尔多液或多硫悬浮剂 1～2 次。

（2）化学防治。在 8～9 月，发病季节每隔 10～15 d 喷一次，连喷 3～4 次。药剂可用 70% 甲基硫菌灵可湿性粉剂 800～1 000 倍液或 40% 多硫悬浮液 250～350 倍液等，并及时清除病果。

适时采果，避免过熟采果。选晴天采果，采果时注意轻拿、轻放，避免采摘时弄伤果实，在采果前 2 周喷 70% 甲基硫菌灵可湿性粉剂 1 000 倍液，可起到防腐保鲜的作用。果实采收后，进行保鲜处理。

（三）白粉病

1. 为害症状　病症表现为叶上开始呈白色粉斑，后期粉斑汇集一起，叶上则铺了一层白色粉状物。白粉病在嫩叶上为害较严重。除为害叶片外，严重时可为害嫩茎、叶柄，发病后叶柄与叶片脆弱易折断。

2. 病原及发生规律　该病由粉孢属病菌（*Oidium caricae*）引起，在适温潮湿时易发病，以幼苗叶片为多。

3. 防治方法　避免过度密植，注意通风透光。避免偏施氮肥，在 1～2 月发病期间，定期喷洒胶体硫 250 倍液或 0.2～0.3 波美度或石硫合剂防治。还可用 25％粉锈宁可湿性粉剂 1 500 倍液，或43％菌力克悬浮剂 4 000 倍液防治。

（四）番木瓜疫病

1. 为害症状　苗期和成株期都可受害，以侵染果实、根以及茎基部为主。

幼苗茎基部产生暗绿色水渍状腐烂，后变黑褐色并缢缩，最后呈猝倒状或立枯状死去，湿度大时，常造成生长点腐烂，叶片水渍状坏死，病部常长有白色棉絮状霉层。果实受害初期形成水渍状、圆形至不规则形病斑，边缘褐色，其后迅速扩展至整个果实引起软腐，果肉变褐色，湿度稍大时病斑上密被白色棉絮状霉层。

2. 病原及发生规律　疫霉菌（*Phytophthora palmivora*）病菌以卵孢子在土壤里和病残体上越冬，翌年条件适宜时，越冬孢子萌发芽管侵入寄主，在病株产生孢子囊和游动孢子，借风、雨水、灌溉水等途径传播。高温、高湿、土壤积水及连茬地块普遍发病。

3. 防治方法

（1）农业防治

① 清洁田园、轮作栽培。前茬收获后应及时清园，翻耕土地，采用粮菜轮作或非茄果类蔬菜轮作，防止该菌的逐年累积。

② 选种抗病品种。不同番木瓜品种对疫霉的抗性程度有着明显的差异，在保证番木瓜品质与产量的同时，应该优先选择较抗病或耐病的品种。

③ 科学的水肥管理。采用深沟高畦栽培，做到雨干畦干，暴雨水浸时要及时人工强排水，最好在 1～2 小时内降低水位。薄膜大棚和温室苗地避免湿度过大，温度过高。追肥采用畦中挖沟条施法，施后覆土 12 cm 左右。

（2）化学防治。育苗时用 8 g 40％乙磷铝或 25％瑞毒霉可湿性粉剂与 15 kg 苗土拌匀消毒。种子出苗后 2～3 片真叶时，用 50％多菌灵 800 倍液喷 1～2 次；当田间出现个别病株时，宜全园喷洒和个别病株灌根相结合。高温高湿季节可选用 50％甲霜铜可湿性粉剂 700 倍液或 25％吡唑醚菌酯乳油 2 000 倍等一种或几种药剂交替使用，一般每 7～10 d 喷一次，连喷 3 次防治。

（五）番木瓜瘤肿病

1. 为害症状　叶片变小，叶柄缩短，幼叶叶尖变褐枯死，叶片可卷曲脱落，常枯死。果实很小时就大量脱落。在果实、嫩叶、花、茎干上有乳汁流出，并在流出部位有白色干结物。果实在幼果期乃至成熟初期均有乳汁流出的症状，而多在果实向阳面流出，果皮流出汁液后会慢慢溃烂，没有溃烂的果实会有瘤状突起。切开病果，瘤肿处的细胞硬化，严重的病果种子退化败育。

2. 病原及发生规律　这是一种生理性病害，主要由土壤缺硼引起的。

3. 防治方法　补充硼元素即可。可以土壤施硼或根处施硼，选用硼酸或硼砂。每植株穴施 2～5 g 硼砂，通常 1～2 次。根外施硼可喷 0.2％硼酸水，每隔 7 d 一次，喷 3～5 次即可防瘤肿病的发生，施放时间在番木瓜植株现蕾前。

（六）番木瓜枯萎病

1. 为害症状　苗期在茎基部产生暗绿色水渍状腐烂，后变黑褐色并缢缩，最后呈猝倒状或立枯状死去，湿度大时，病部常长有粉红色霉层。成株期发病较轻的植株白根少，粗根变水渍状暗灰色，须根开始变黑坏死；发病较重的植株，根系 85％～90％变黑坏死，植株头部中间组织坏死腐烂。由于皮层腐烂，受害部以上常萎蔫，根部及茎基部维管束变褐坏死，植株停止生长，生长点（顶中心）皱缩，后期由顶部枯萎蔓延至整株萎蔫枯死。田间温度过高表现为明显的中心病株和发病中心，发病中心多形成在低洼积水和土壤黏重地带。

2. 病原及发生规律　病原菌是镰刀菌（*Fusarium solani*）。苗期和成株期都可受害，以侵染根及茎基部为主。

3. 防治方法

（1）清洁田园、轮作栽培。前茬收获后应及时清园，集中处理残枝落叶，翻耕土地，采用水稻、莲藕或其他水生作物轮作1～2年，控制病菌量。防止该菌的逐年累积危害。

（2）品种选择及育苗。不同番木瓜品种对枯萎病的抗性有明显的差异。育苗用98％噁霉灵原药3 000～4 000倍液播前苗土淋施或95％敌克松可湿性粉剂每667 m² 用350 g拌15～25 kg细土，撒在营养杯上播种后并立即盖土。

（3）加强栽培管理。采用薄膜覆盖结合滴灌能有效地防止雨水和天气对番木瓜的不利影响，创造保温保湿、节水节肥、早栽早收获等条件。采用深沟高畦栽培，做到雨干畦干。施足基肥，增施磷、钾肥。移栽前调节土壤酸碱度，中和土壤碱性，破坏番木瓜枯萎病的发病条件而控制该病的发生。

（4）病株处理。发现病株要立即连根拔起，移出远离番木瓜园并杀菌或晒干烧毁。病穴用95％噁霉灵3 000倍进行消毒；病穴周围2 m范围的番木瓜株用50％多菌灵400倍液淋根，预防病菌侵染。

（5）化学防治。番木瓜枯萎病还没有特别有效的药剂能够控制，只有在发病初期用药液浇灌，对枯萎病的扩展有抑制作用。种子出苗后2～3片真叶时，用50％多菌灵800倍液喷1～2次；当田间出现个别病株时，宜全园喷洒和个别病株灌根相结合。高温高湿季节可选用药液浇灌，目前常用的药剂有多抗霉素、精甲·咯菌腈、噁霉灵、噁霉灵＋溴菌腈等，药剂中可一种或几种交替使用。

二、主要害虫及其防治

为害番木瓜的害虫常见的有番木瓜圆介壳虫、红蜘蛛、蚜虫、毒蛾、斜纹夜蛾、蜗牛等，苗期还经常受小地老虎、大蟋蟀、蛴螬等地下害虫的危害。蚜虫还是番木瓜环斑花叶病的传播媒介。

（一）红蜘蛛

1. 为害特点 以成螨和若螨活动于叶片背面，吸取汁液。被害叶片缺绿变黄点，严重为害叶片时黄斑点连成一片或斑块，似花叶病症状。被害叶片缺绿影响光合作用，严重时叶片脱落，植株生长受影响。

2. 发生规律 番木瓜一年四季都有红蜘蛛危害，每年发生20多代，世代重叠，但以4～5月和8～11月为发生高峰期。田园发病初呈点片发生，随即靠爬行或吐丝下垂借风雨在株间传播。农事操作时，可由人、工具传播。高温低湿则严重发生。管理粗放、植株叶片越老、含氮量越高，红蜘蛛则繁殖快，危害严重。

3. 防治方法

（1）农业防治。番木瓜砍除时，要彻底清除田间残体及杂草，集中烧毁，减少越冬虫源。

（2）生物防治。发现红蜘蛛危害可喷水3～4次，减少虫口，保护自然天敌捕食红蜘蛛。红蜘蛛的天敌很多，如钝绥螨、长须螨、食螨瓢虫、六点蓟马等。利用自然天敌捕食红蜘蛛，可采用人工饲养捕食螨撒放番木瓜植株上，或人工饲养钝绥螨撒放在喷水果园的番木瓜植株上捕食红蜘蛛。

（3）化学防治。用药时应考虑农药的品种、使用方法和次数，尽量保护自然天敌。可用胶体硫悬浮剂250倍液，在幼虫孵化期每隔5～7 d喷药一次，连喷2～3次。还可用杀螨剂，如1.8％阿维菌素甲2 500～3 000倍液，或73％克螨特乳油1 500～2 000倍液，或5％噻螨酮乳油2 000倍液。

（二）蚜虫

1. 为害特点 蚜虫是番木瓜环斑花叶病传播的主要昆虫媒介之一，主要有桃蚜和棉蚜。当蚜虫在病株上吸取汁液时，番木瓜环斑花叶病的病原病毒随着汁液吸入蚜虫体内，使蚜虫成为带毒蚜虫，当其再去吸食健康植株时，便把病毒传播给健康植株。

2. 发生规律 蚜虫1年发生10～30代，其他寄生植物有桃、十字花科蔬菜、烟草、马铃薯等。桃蚜也在番木瓜植株上繁殖、越冬。通常干旱气候对蚜虫发生有利，雨水对蚜虫有直接冲刷、机械击落作用。有翅蚜对黄色有强烈趋性，对银灰膜有负趋性。

3. 防治方法

（1）农业防治。育苗应远离桃园等其他寄主植物，清除田间杂草。砍除蚜虫传病的病株。

（2）物理防治。畦面覆盖银灰膜驱蚜虫。苗期及生长期用 32 目网室覆盖防蚜。

（3）化学防治。发现蚜虫及发生高峰期用药剂防治。可用 40％乐果乳油 1 000 倍液，或 50％抗蚜威可湿性粉剂 2 000～3 000 倍液，或 50％马拉硫磷乳油 1 500～2 000 倍液等杀虫剂交替喷杀。

（三）圆介壳虫

1. 为害特点　番木瓜圆介壳虫以成虫、若虫刺吸番木瓜植株的叶、茎及果实的汁液。被害严重的植株生长势衰弱，耐寒力显著降低，冬季容易发生冻害。果实受害，停留于绿色状态，不能成熟，味淡肉硬，品质变劣。

2. 发生规律　番木瓜圆介壳虫以若虫和雌成虫越冬，翌年 4 月上旬越冬成虫开始活动，卵产于介壳下。初孵若虫可爬行活动 1～2 d，找到适当部位后，即刺入口针，固定于寄主上吸食。该虫常密集于番木瓜植株接近结果部位的主茎上。夏、秋季食料丰富，繁殖快，危害严重。

3. 防治方法

（1）农业防治。冬季清园，彻底清除带虫植株，集中烧毁，消灭越冬圆介壳虫。

（2）化学防治。在若虫初孵期，喷洒 40％杀扑磷乳油 1 000～1 500 倍液，或 45％灭蚧可溶性粉剂 100～150 倍液，或 2.5％溴氰菊酯乳油 2 000～4 000 倍液。

（四）毒蛾

1. 为害特点　毒蛾是一类多食性食叶害虫，其幼虫的体毛和成虫鳞片有毒，触及皮肤可引起红肿疼痒或皮肤过敏。为害番木瓜以幼虫食叶为主，1～2 龄幼虫取食叶表和叶肉，3 龄以后幼虫咬食叶片成孔洞或缺刻仅留叶脉。

2. 发生规律　该毒蛾在广东省每年发生 4～6 代，以幼虫在地面的枯枝落叶处结茧越冬，第二年春，越冬幼虫破茧出蛰，开始为害。初孵幼虫群居叶背啃食叶肉，3 龄后分散为害，幼虫一般夜间活动取食，白天静伏叶背，成虫夜间活动，具有趋光性。

3. 防治方法

（1）农业防治。结合果园管理，冬季清园。彻底清除落叶、杂草，集中烧毁，消灭越冬幼虫。

（2）物理防治。成虫盛发期灯光诱蛾或性信息诱杀雄蛾。

（3）生物防治。选用苏云金杆菌（含孢量 100 亿个/mL）制剂 1.5～2 L/hm² 加水喷雾。

（4）化学防治。抓住 3 龄前幼龄期药剂喷杀。可选用 5％氟啶脲乳油，或 25％灭幼脲 3 号 1 000～1 500 倍，或 90％敌百虫晶体 800～1 000 倍，或 20％氰戊菊酯乳油 2 000～3 000 倍液。

（五）斜纹夜蛾

1. 为害特点　此虫食性很杂，寄主植物达 200 多种，以幼虫取食叶片危害。初孵幼虫群栖叶背取食叶肉，2 龄后分散为害，4 龄后进入暴食期，晴天躲藏在阴暗处很少活动，傍晚出来取食。

2. 发生规律　华南地区 1 年发生 7～9 代，主要以蛹越冬，也有少数幼虫在杂草间、土下过冬。成虫白天不活动，傍晚出来活动，对糖、酒、醋等发酵物有很强的趋性，对黑灯光趋性显著。卵块大多产在叶背，幼虫 6 龄，少数 7～8 龄。老熟幼虫入土做土室化蛹。

3. 防治方法

（1）农业防治。结合果园管理，人工摘除卵块和初孵幼虫为害的叶片，可压低虫口密度。

（2）物理防治。利用成虫趋光性和趋化性，用黑光灯、糖醋液等诱杀成虫。

（3）化学防治。发现初孵幼虫及时施药，喷药宜在午后及傍晚进行。常用药剂有 2.5％灭幼脲 1 000 倍液、50％马拉硫磷乳油 500～800 倍液、2.5％溴氰菊酯乳油 4 000～5 000 倍液。

（六）番木瓜瘿蚊

1. 为害特点 为害对象主要是番木瓜幼苗。该虫成虫产卵于幼苗叶片及幼茎上，以幼虫蛀食幼茎，致使幼苗枯萎、断折、死亡，番木瓜瘿蚊成虫在田间周年可见，世代重叠，但各个世代发生时间清晰，世代之间期距规律性强，一般上一世代盛发末期，即为下一世代的始盛期。盛发期内常会出现2～3个小峰，整个高峰期为10～12 d。

2. 发生规律 番木瓜瘿蚊以3～4月、8～9月数量较多。发育起点温度较低，在发育起点温度以上的气温条件下有温度升高，发育速率加快的规律。一般14～18℃，世代历期为30～35 d；22～27℃，世代历期为21～23 d。对湿度敏感，持续阴雨的条件，有利于该虫害发生。

3. 防治方法

（1）农业防治。保持育苗温室清洁，育苗之前或在育苗期间，全面清洁温室。可用辛硫磷混合杀菌剂多菌灵、硫菌灵或百菌清等进行温室消毒，减少温室内病虫源。

（2）物理防治。应用黑光灯诱杀成虫。每667 m²面积温室挂设3～4支黑光灯，诱杀成虫。并且可以利用黑光灯作为测报工具，预测成虫盛发高峰期，指导药剂防治；另外，还可以采用诱虫板诱杀成虫，或者灭蚊拍直接灭虫的，减少田间成虫虫口密度。

（3）化学防治。适时施药，掌握成虫盛发高峰期，苗床以及幼苗苗圃要及时施药1～2次。药剂可选用敌百虫、阿维菌素、甲氰菊酯、灭多威等有效安全的无公害药剂。

（七）蜗牛

1. 为害特点 取食幼苗、嫩心和花蕾。每年4～6月危害。

2. 防治方法

（1）农业防治。选无杂草处育苗。幼苗定植后，用大塑料袋围套保护。

（2）物理防治。人工捕捉。

（3）化学防治。撒放10％多聚乙醛，或蜗立死10～15粒，或8％灭蜗灵诱杀蜗牛。

（八）苗期地下害虫

地下害虫主要有蛴螬、小地老虎、鼻涕虫、大头蟋蟀等。为害方式主要是将苗的根颈咬断，使植株枯死，造成缺苗。防治时可用药剂喷洒或撒施毒土。药剂可选用80％敌百虫可湿性粉剂800倍液，或50％辛硫磷乳油800倍液。也可用上述药剂0.5 kg加适量水后拌细土50 kg做成毒土，撒施在幼苗附近（每667 m² 20～25 kg）。也可用40％毒死蜱乳油每667 m² 380～400 mL灌根，施药后立即浇水。还可在清晨天未亮之前用手电筒照射进行人工捕捉害虫。

第九节 果实采收、分级和包装

一、果实采收

番木瓜由开花至果实成熟的时间，短则110 d，长则达210 d以上。如过早采收，果实难以成熟；过熟采收则不耐贮运。

（一）采收标准

1. 果皮颜色 番木瓜果皮色泽的变化是由粉绿→浓绿→绿→浅绿→黄绿→出现黄色条斑→黄色扩大但果肉很硬→黄色果肉变软。果皮出现黄色条斑时，表明果实已开始进入成熟期，从出现黄色条斑直到全果变黄这段时间内都可以采收，但从运输贮藏角度来考虑，在果皮出现黄色条斑，亦即常说的三画黄，果肉未变软时采收，不但果实已具有番木瓜固有的风味，而且果皮坚实，运输方便。

2. 乳汁 随着果实趋于成熟，乳汁颜色由白变淡，后变成轻微混浊的半透明状，汁液减少，流速减慢，较易凝聚。果实在树上成熟时，乳汁基本消失。此时采收可即食用。

（二）采收方法

采收时，一手握着果实向上一掰，连果柄一起采收。成熟的番木瓜果实，由于皮薄、质软，容易碰伤，所以在采收的过程中要小心操作。采下的果实要轻放，果柄朝下，使滴下的乳汁不污染果皮。另外，还要避免碰撞挤压而碰伤果皮。

二、果实分级、包装

在我国，番木瓜可分为果用型、果菜两用型、菜用型、割酶用型等多种类型，其中果用型及果菜两用型品种约占 40%，菜用型及割酶用型品种约占 60%。若按果实大小来分类，番木瓜还可以被分为小果型和大果型两类品种。一般小果型番木瓜多作鲜食，大量的大果型番木瓜果实在作鲜食或用于提取番木瓜蛋白酶的同时，还被用来加工果脯、果浆等。因此，其分级包装要根据不同类型开展，可参考相关的行业及地方标准。

鲜食番木瓜最好用纸或泡沫网袋单果包装，然后装箱贮藏运输，以防机械损伤和防止水分蒸发。

第十节 果实贮藏保鲜

一、催熟

采收的三画黄的番木瓜果实，可用乙烯利催熟。在高温的 7~8 月，可用 45% 乙烯利 2 000 倍液；在低温的 10~11 月，可用 45% 乙烯利 1 000~1 500 倍液，将药液喷洒或涂于果皮上便可。可结合保鲜药夜一起处理。也可根据实际需要不催熟直接入货架销售。

二、保鲜技术

由于番木瓜是易腐烂的水果，容易受真菌、果蝇的侵染，因此，果实采收后，用化学药剂或杀菌剂处理可减少病菌危害。据报道，果实浸在含 1% 碳酸气的 2-AB 溶液中（40 ℃，pH 10.5）2 min，也可将果实先用清水或 1% 漂白粉洗净晾干，然后用 0.1% 特克多浸果 3 min，可起到防腐作用。还可用 48~50 ℃ 热水浸果 20 min，用热的药剂效果更好。也可先将果实浸在 47 ℃ 的水中 20 min，然后用水冷却，用溴化乙烯熏蒸，这样即可防病，也可控制番木瓜果蝇危害。

三、贮藏技术

番木瓜耐贮时间与果实采收的成熟度、有无机械伤以及贮藏温度有密切的关系。低温可以延长贮藏时间，一般采用 15 ℃ 的贮藏温度。如果是果端现黄的果实，可贮藏 10 d 以上。经过防腐处理后，番木瓜贮藏在 10% 二氧化碳和 18 ℃ 下能保持完好状态，或用 5% 二氧化碳和 1% 氧气贮藏也有良好效果。但温度太低也不好，在 7~8 ℃ 下贮藏会降低果实品质，在低于 6 ℃ 的温度下贮藏会把果实冻坏。

综合上述可见，低水平氧气有延长番木瓜货架寿命的效果，热水或热药液处理后加低氧贮藏可增强防止果实腐烂的效果，并进一步延长货架寿命。

第十一节 设施栽培及其他新技术的应用

少耕法、网室栽培、水肥一体化、组织培养、有机栽培技术、转基因抗病育种、诱变技术的抗环斑型花叶病病毒育种等新技术带来新一轮的革命。

围绕减少劳动力成本、科学用肥而研究的少耕法和水肥一体化技术，为防虫防病、生产绿色有机食品而进行的网室栽培技术已被迅速应用在番木瓜生产上；转基因抗环斑型花叶病毒病番木瓜新品种的选育研究也在国内外迅速开展，华南农业大学在这方面开展了大量的研究，成功选育出华农 1 号抗环斑型花叶病毒病转基因品种，并获得由农业部批准核发的农业转基因生物安全证书。抗环斑型花叶病毒病番木瓜新品种的出现可恢复番木瓜多年生的特性，使番木瓜能够周年供应市场，增加经济效益。北京市农业技术推广站经过近 10 年的探索，研究"南果北种"技术并取得成功，实现了热带亚热带水果番木瓜在北方温室扎根落户，通过引进新品种和新技术，建立"三高"示范园，为首都市民观光采摘提供了丰富的热带亚热带水果品种，也为京郊农民增收致富增加了新的途径。

20 世纪 80 年代以来，国内外学者和产业从业人员在番木瓜的选育种、种苗繁育、栽培技术和产品加工等方面进行了较多的研究，特别是在新品种的选育和引进、分子遗传育种、一年生栽培技术、抗病性研究、药理药效研究、食品开发等方面取得了较为突出的成绩，为番木瓜产业的可持续发展奠定了基础。同时，新的技术发展也带来新的问题，包括水肥一体化的营养元素配方问题，转基因抗环斑型花叶病毒病番木瓜的食品及生态安全问题等，还有待科学研究工作者的持续不懈的努力。

第十二节　广州地区番木瓜优质丰产园周年栽培历

（一）1～2 月（物候期：幼苗期）

此时营养杯的幼苗处于 6～13 片真叶期，管理上主要是控制小拱棚内的温、湿度，在不低于 8 ℃的温度下应经常掀开薄膜炼苗，使幼苗适应低温天气，以备在出现更低温时幼苗有较强的抗寒力；在高温时应及时掀开小拱棚膜通风透气，在低于 7 ℃时要盖膜保温，出现霜冻时还应加盖稻草或用灯泡等加温。还要调节好湿度，只要幼苗叶片不出现缺水下垂现象就不需要淋水，这样可有效地防止徒长及病害的发生。还要防治地下害虫。此外，根据苗木生长情况，淋施 0.2%～0.3% 复合肥，或叶面喷施磷酸二氢钾。

备耕工作，犁田翻晒，施基肥如腐熟鸡粪并与泥土拌匀；起种植畦，挖好排灌沟渠，植前畦面覆膜。

（二）3～4 月（物候期：定植、营养促生期）

广州地区 2 月下旬低温过后即可进行定植，定植时要求泥杯不松散，及时淋透定根水。定植后 10～15 d 叶片正常伸展时，可薄施尿素或复合肥。这一时期以促生肥为主，穴施每 10 d 施一次，以速效氮肥为主，加施磷、钾肥。每周喷叶面肥 1 次，并可结合杀菌剂混喷。定期喷杀菌剂，以防白粉病为主。要保持土壤温润又不浸水，防止沤根。及时摘除侧芽，及时培土，消灭露根现象。

（三）5 月（物候期：生殖生长、始蕾期）

从营养生长向生殖生长过渡，一般 5 月上中旬开始现蕾，要求摘除侧芽时要注意，不要将花蕾错当侧芽除去。始蕾前后要及时重肥，每 10 d 一次，供花芽形成的需要，仍以氮肥为主，适当增施磷、钾肥。始蕾期正遇上蚜虫、红蜘蛛盛行，要及时喷杀。应在现蕾期连喷 2 次 0.3% 硼酸和每株施 3～8 g 硼砂，防止瘤肿病发生。

（四）6 月（物候期：开花结果期）

从现蕾至开花需 1 个月时间，要求以氮肥为主，适当增施磷、钾肥，每 10～15 d 施一次，每次株施 100 g 左右。

要及时疏花疏果，将侧边的花果及时摘除，以减少营养消耗。田间保持一定的湿度，有利于开花授粉。出现干旱天时，要进行灌溉或喷水增加湿度。人力充足时可进行人工授粉，使单性果发育良好、果大。

（五）7～8 月（物候期：坐果盛期、膨果期）

此时植株连续开花、坐果，幼果膨大，应继续做好疏花疏果工作。雌性株每一叶腋留 1 个果，长圆形两性株若间断结果明显，可部分叶腋留 2 个果，多余的花果及时疏去。计划只收当年果实的，留果至 8 月底即可，其余的全部疏去，疏花果宜在晴天午后进行。

重施壮果肥。每月 1 次，每次施 150～200 g 复合肥，为了提高果实品质，8 月还应加施 0.5～1 kg 生麸。

台风季节来临，株坐果多过 15 个时，最易被风吹倒，尤其是雌性株，处于头重脚轻状态，应及时做好防风工作。可用竹竿支撑或用尼龙绳拉扯防风。

排灌水。暴雨时期应注意清沟排水，天旱时应注意灌水或淋水。

8 月红蜘蛛盛行，要及时喷杀。台风雨过后，要及时喷杀菌剂，以防治和减轻病菌的侵染。要及时摘除下部的黄叶，集中销毁。

（六）9 月（物候期：膨果期）

继续做好疏花疏果工作，及时摘除黄叶。果实迅速膨大，需吸收大量水肥，仍要适当施肥。此时正值秋旱，要适时灌水，保证果实膨大所需。临近收果，要连续喷 2～3 次杀菌剂，减少贮果病害，可通过制水使提早、整齐收获上市，果实三画黄即可采收。

展开育苗筹备工作，选择远离老园的新地准备杯泥，营养土可用塘泥＋红壤＋有机质肥，拌匀后装填营养杯。

（七）10 月（物候期：收获期、播种期）

果实大批收获上市，收果时果柄折断后要让果柄朝下，使乳汁不沾污果实。采收后的果实可在 45％乙烯利 1 500 倍液中用海绵抹洗干净，达到洗果及催熟效果。然后果柄朝下倒立在果架或地面上，晾干后用泡沫袋包装入箱，在 30 ℃左右的室内贮藏 2～3 d 即可上市。亦可置于 10～15 ℃下贮藏，以延长上市的时间。10 月下旬可少量施肥，以保证植株上部果实可继续膨大。要喷 1～2 次低毒杀菌剂防治贮藏病害。

10 月中下旬开始播种，播种前营养杯要淋透水，可喷芽前除草剂（丁草胺、甲草胺等），播种后盖薄膜。播种后 7～8 d 就可发芽出苗。

（八）11～12 月（物候期：收获期、幼苗期）

采收盛期。幼苗 4～5 片真叶后可薄施水肥，叶面喷施或淋施 0.1％～0.2％磷酸二氢钾或尿素，每 10 d 淋施一次 0.2％～0.3％复合肥液。要利用低温炼苗，防止出现徒长，高温时要揭膜通风。12 月下旬要注意防霜冻，可盖双层薄膜防冻，还可用烟熏减少霜冻危害。苗期应注意防治白粉病、炭疽病、猝倒病，可定期喷杀菌药，并要注意控制好温、湿度，防止高温高湿的诱病条件。要严密注意蚜虫、红蜘蛛及地下害虫危害，出现虫害要及时喷杀。

第二十三章　番石榴

概　　述

番石榴（*Psidium guajava* L.），又称鸡矢果（植物名实图考）、花稔（珠江三角洲）、拔仔（广东梅县）、芭乐（台湾地区）等，为桃金娘科（Myrtaceae）番石榴属（*Psidium*）植物，热带常绿木本果树。番石榴原产墨西哥南部和中美洲，在16世纪初期哥伦布发现美洲大陆后，经西班牙传到世界各地，现热带和亚热带温暖地区广泛栽培，主产区分布在南北纬25°～30°，亚洲以印度、泰国、马来西亚和越南等国栽培较多。

番石榴在我国已有300多年的栽培历史，但直至20世纪80年代少有作为商业性栽培。随着泰国大果番石榴的引入，新世纪、珍珠等四季结果类型品种选育成功和推广，我国的番石榴生产得到迅速发展，目前以台湾、广东、福建、广西和海南等地栽培较多，云南南部、四川南部等地也有栽培。

番石榴是颇受消费者欢迎的、具有保健功能的水果，其口感、风味独特，富含有益于人体的各种营养成分。据中国疾病预防控制中心营养与食品安全所《中国食物成分表》（第二版）记载，番石榴可食部分97%，每100g可食部分含水分83.9g，糖14.2g，蛋白质1.1g，脂肪0.4g，不溶性纤维5.9g，钙13mg，磷16mg，钾235mg，镁10mg，铁0.2mg，锌0.21mg，硒1.62μg，维生素C68mg，烟酸0.3mg，硫胺素0.02mg，核黄素0.05mg。由于果实富含维生素C、多酚和黄酮，有降低血糖和抗氧化衰老的作用。番石榴果实用途广泛，既可鲜食，也可加工制成果汁、果粉、果酱等。

番石榴是适应性较强的热带果树，适于我国热带、亚热带地区栽培。栽培管理要求相对简单，早结、丰产、稳产，特别是四季结果类型品种，花期容易调控，经济效益较好。如珍珠番石榴，生长快，种植当年可开花结果，次年甚至当年即可投产，植后第三年进入丰产期，每公顷年产鲜果可达4.68万kg。

番石榴是我国发展比较快的热带水果，近年种植面积台湾地区维持7000hm²左右，大陆约1.5万hm²。在我国水果产业中，番石榴仍属于小宗、特色果品，但在一些产区，如广东省潮州市，番石榴已经成为当地的主栽果树、大宗果品。

第一节　种类和品种

一、种类

番石榴属植物约有100个种，果实可供食用的主要有番石榴、草莓番石榴（*P. cattleyanum* Sabine）、哥斯达黎加番石榴［*P. friedrichalianum*（Berg.）Niedz.］、巴西番石榴（*P. guineensis* Swartz.）等，其中番石榴是分布最广、栽培最多的。

二、品种

在栽培上，番石榴按用途可分为鲜食、加工两种类型；按果实风味可分为甜味和酸味两种类型；按开花结果习性分为春夏季结果和四季结果两种类型。目前，我国种植的番石榴主要是鲜食、甜味类，果皮较光滑，果肉厚，石细胞少，种子少，味甜，维生素 C 含量高。酸味类果肉含酸量较高，适宜加工果汁、果酱等。

（一）春夏季结果类型

我国的番石榴，早期栽培的多为果小、味甜的春夏结果类型品种，如福建的白蜜、青皮，广西的白心，广东的胭脂红和云南的红心等，单果重在 80～100 g。胭脂红是早期栽培的品种中果实品质最优者。

胭脂红　原主产于广州近郊新滘，曾为广东最著名的番石榴，现广东南亚热带北缘区仍有小面积种植，其果品以传统、特色的概念畅销广州、深圳等城市。主要特征是成熟果呈现不同的红色，色、香、味皆优。依其果实成熟着色程度，分出 5 个品系，即宫粉红、全红、出世红、大叶红和七月红。

（1）宫粉红。又称菊嘴红、短身红。单果重 85 g 左右，果实梨形，初熟时果皮白色，近果顶部分逐渐转为粉红色，软熟时转色达全果一半。果肉厚、质嫩滑、味清甜。成熟期在大暑前后。

（2）全红。又称大红。单果重 80 g 左右，果实梨形，果基略显颈状，软熟时全果鲜红色，有光泽。果肉厚，质稍粗，清甜。

（3）出世红。单果重 78 g 左右，果实卵形，初熟时果皮已现红色，软熟时果色暗红，缺乏光泽。果肉质软、味稍淡。

（4）大叶红。单果重 95 g 左右，果实呈卵形或梨形，果基颈状，软熟时果身中部呈粉红色。果肉厚、质软稍粗，味稍淡。

（5）七月红。又称七月熟。单果重 91 g 左右，果实卵形或梨形，果基尖状，初熟时果面洁白，软熟时果顶淡玫瑰红色。果肉厚、嫩滑、清甜。

（二）四季结果类型

1. 新世纪　我国台湾 1982 年前后选育出，20 世纪 90 年代初引入大陆。生势较强，树形较直立。枝条较粗壮，直立而脆，节间较短。叶片长椭圆形，较厚，深绿色，茸毛明显，叶端较钝。单果重 150～350 g，大的可达 500 g 以上，果实梨形，果基截形；果皮较粗糙，玉绿色，有光泽；果肉厚，白色，质脆，味清甜，可溶性固形物含量 9％～12％；果心嫩滑，种子少。耐肥、早结、丰产，果实品质中上，耐贮运，一般植后第二年始投产，株产可达 7～8 kg，第三至四年达 20～35 kg。

2. 珍珠　我国台湾 1991 年前后选育出，是目前我国主栽品种。生势较强，树形较开张。枝条较长，柔软斜生，叶片浓绿宽大。单果重 200～500 g，大的可达 700～800 g，果实圆形或椭圆形，果面有 5～8 条棱纹，果基圆形或尖形；果皮玉绿色，较平滑润泽；果肉厚，白色带绿，质细脆，味清甜，可溶性固形物含量 8％～13％；种子少而软。该品种耐肥、早结、丰产，口感好，品质较优，较耐贮运，第二年株产可达 10 kg，第三至四年达 25～35 kg。

3. 水晶　我国台湾 1991 年前后从泰国番石榴变异中选育而成。生长势中等，树形较开张。单果重 300 g 左右，果实扁圆形，果基广圆形；果皮黄绿色，果肉厚、白色、质细脆、较甜；果心较小。产量低，较耐贮运，果实核少，品质优。

第二节　苗木繁殖

一、实生苗培育

（一）种子的采集

种子必须从已生理成熟的果实采取。果实采收后让其自然腐烂，洗出种子，浮去不实粒，晾干即播或备用。番石榴种子生活力在室温下存放可维持 1 年以上，但新鲜种子生活力强、发芽率高，苗长势好，生产上一般即采即播。

（二）苗床准备

番石榴育苗对土壤要求不严格，但须选择远离番石榴果园作为苗床，或选择经消毒处理的土壤等基质进行容器育苗，以避免番石榴根结线虫危害。土壤消毒可用 1.8% 阿维菌素乳油 300 倍液浇灌，每公顷约用药液 3 000 kg，或用塑料薄膜平铺苗床，利用日光能使苗床 10 cm 深处地温达 30～40 ℃。利用日光能处理苗床能有效杀灭各种虫态的线虫，简单实用。番石榴种子小，且从播种至移栽的时间很短，可专砌苗床用于播种。苗床用砖或石块砌成高 25～30 cm、宽 100 cm、长 250～300 cm。床土在播种前撒放复合肥，每平方米 250 g 左右，与苗床面表土拌匀，拌土深度约 20 cm。

（三）播种

1. 播种前的种子处理　播种前应对种子进行消毒处理，可用多菌灵等粉剂拌种或高锰酸钾等药液浸种，处理后即播或用湿沙催芽。番石榴种子外壳坚硬，不易吸水，干燥的种子虽先用清水浸种，一般待种胚芽外露时才捞起，经浸种的种子播下后发芽率高，出苗整齐。

2. 播种时期　播种期以 2～3 月或 7～8 月为佳，新鲜种子播后 15 d 左右发芽，出苗率 50% 以上。

3. 播种方法　将处理过的种子均匀地撒入苗床上，每平方米播种 500～600 粒。由于番石榴种子较为细小，播种时种子宜掺入适量的干沙，使播下的种子能均匀分布在苗床。播种后，用细沙盖面，厚度 0.3～0.5 cm，然后铺盖稻草并淋水。此外，苗床要搭设距床面高 100 cm 的荫棚。苗床宜保持湿润，播种后要经常淋水，最好用喷雾器或喷壶喷洒。播种后 2 周左右检查种子发芽情况，发芽后要及时将稻草撤去。

（四）出苗后的管理

出苗后宜保持苗床湿润，每月可淋施 1 次稀薄的人粪尿或 0.2% 尿素溶液。苗床过湿易引起根、茎腐烂，初病时要及时施药，可用波尔多液（石灰∶硫酸铜∶水＝3∶1∶100）喷施。

（五）幼苗移栽及栽后管理

当幼苗出土后约 3 个月，苗高 5 cm，有 3～4 对叶片时，应移栽至育苗容器或育苗地。育苗容器可用薄膜育苗袋，袋规格一般为 10 cm×15 cm，也可更大。营养土可用 1 份有机肥（腐熟猪牛粪或土杂肥）与 9 份泥土混合而成，营养土混合均匀后即可装袋，一般排成宽 1 m、长 10 m 的苗床，周边培土护袋，小苗移栽于袋内；育苗地需整地起畦，畦宽 1 m，长 10～20 m，每平方米施腐熟鸡粪 3 kg 或花生麸 0.5 kg 左右，与表层 35 cm 深的土壤拌匀。移栽要做到精细，随起随栽，时间以每天 16：00～18：00 为宜，栽后及时淋定根水并遮阴，以后每天可淋少量水，移栽后 1 周，幼苗已基本成活，淋水次数可逐渐减少，一般每隔 3～4 d 淋一次，再往后可视营养土的湿润状况补水，并撤掉荫棚，让其自然生长。

苗期每月应施复合肥 1 次，并结合病虫害防治喷施 0.3% 的尿素溶液或绿芬威 2 号等叶面肥。移栽后 5～6 个月，苗高 50～60 cm、茎粗达 0.6～0.8 cm 时，可安排嫁接或出圃。

二、嫁接苗培育

（一）砧木处理

嫁接前 5～7 d 宜先将砧木距地面约 20 cm 以上部分剪去，避免因伤流而影响嫁接成活，尤其在苗木生长旺盛的春夏季或潮湿的苗圃地施行，效果更明显。剪顶后隐芽开始萌动时嫁接，成活率最高。

（二）接穗采集

应选择品种纯正、丰产稳产、果实品质优良的植株做母树，采集树冠外围无病虫、刚脱皮已木质化、芽眼饱满的枝条做接穗。若在采穗前 10～15 d 摘去叶片，待芽眼萌动时即剪即接，能提高嫁接成活率。

（三）嫁接

1. 嫁接时间　嫁接适期为 2～9 月。选择气温稳定在 20～30 ℃，下雨较少的天气，在阴天或晴天午后嫁接。

2. 嫁接方法

（1）切接法。适用于一年生砧木，嫁接口处苗径应有 0.5～0.8 cm 粗。砧木在离地 10～15 cm、皮厚、光滑、纹理顺处断顶，然后将砧木剪口略削少许，再沿韧皮部与木质部间的皮层，略带木质部垂直向下切 2 cm 左右。接穗每段长 3～5 cm，顶端具 1～2 个饱满的芽，在下芽的背面 1 cm 处向下斜削一刀，削掉 1/3 的木质部，斜面长 2 cm 左右，再在斜面的背面斜削个小削面，小削面长 0.8～1 cm。将接穗插入砧木的切口中，使接穗的长斜面两边的形成层和砧木切口两边形成层对准、靠紧；若接穗削面小于砧木削面，则对准一边的形成层。用长 30～50 cm、宽约 1.5 cm 的嫁接专用薄膜带扎紧接口，包裹封闭砧木切口和整段接穗。绑缚时切勿触动接穗，以免穗和砧木形成层错位。

（2）劈接法。砧木在离地 10～15 cm、皮厚、光滑、纹理顺处断顶，保留剪口以下的叶片，在剪口中间向下纵切一刀，深 1.5～2 cm。接穗每段长 3～5 cm，顶端具 1～2 个饱满的芽，下端削成削面长 1.5～2 cm 的楔形。将削好的接穗对准砧木切口的形成层插入；若砧穗粗细不一致，以一边形成层对齐并互相密接。用专用嫁接薄膜带扎紧接口、包裹封闭砧木和整段接穗。

（3）靠接法。此法操作麻烦且接穗材料用量大，不利于大批量育苗，但嫁接成活率高，多用于接穗离体嫁接不易成活品种的育苗。方法是将砧木和作为接穗的母株靠近，然后在砧木光滑无节便于操作的位置，削 3 cm 长的削面，削面只露出形成层，再在作接穗的母株上选一与砧木相宜的枝条，削一段和砧木削面相应的削面，削面露出形成层或到髓心，然后用塑料薄膜条将两者削面对削面绑缚在一起。经一段时间（40～60 d）削面愈合后可将嫁接株剪离母株，移到苗圃集中假植。

（四）嫁接后苗木管理

接穗离体嫁接的，接后 15～30 d 接穗开始萌芽，1 个月左右，芽体就会顶破薄膜向外生长。这段时间需经常检查，及时抹除砧木上的不定芽，以集中养分供给接穗芽体萌发和新梢生长，未接活的应补接，以保证苗木的数量和整齐一致。接穗第一次新梢老熟后可施薄肥，用稀释 4～5 倍的人粪尿或 2% 尿素溶液淋施，以促进生长，原则上每发一次梢施肥一次。

三、高空压条苗培育

高空压条（俗称圈枝）育苗，曾是珠江三角洲番石榴产区常用的育苗方法。此法技术简单，方便易行。一般选径粗 2～3 cm 的二至三年生枝，在枝的平滑处环状剥皮，宽度 3～5 cm，剥口需刮除形成层。剥后约 1 周即可包裹生根基质，基质可用稻草泥条或椰糠等。经 50～60 d，见基质外围有密集新根，即可将圈枝苗锯离母株，进行假植。假植苗抽发 2 次新梢，末次新梢转绿后，即可出圃。最好采用育苗容器假植并适当遮阴。苗株锯离母树时，要剪去大部分枝叶，但不能全部剪去，以防止新芽抽发太快，导致新梢"回枯"，苗木死亡。在包裹生根基质前，要先用 0.02% 的吲哚丁酸（IBA）水溶液，或吲哚丁酸羊毛脂涂抹上圈口，能促进早发根，多发根，提高育苗成活率。

四、扦插苗培育

（一）绿枝扦插

剪取母株中、上部的健壮、半木质化、无病虫、径粗 0.6 cm 以上、长 15 cm 左右的枝条做插穗，将插穗基部削成平滑的三棱形，保留 3 对叶片，每片叶剪去 1/2。扦插前将插穗用多菌灵、代森锰锌等药剂浸泡 25～30 min 杀菌消毒，消毒后用复合生根剂处理切口下端，斜插于装有基质的育苗容器中，深度 3～5 cm。扦插需在有喷雾设施的苗棚内进行，以营造温暖湿润的插条生根环境。插条生根后，可移出插床，放在遮阴棚内 7～10 d 炼苗，宜逐步减少遮阴，直至撤除遮盖物。当苗株始萌芽时，即可更换育苗容器，或移至露地苗床，苗高 50 cm 以上，即可出圃。

高温高湿易引发炭疽病等病害，影响插条成活，可用 70％百菌清可湿性粉剂 800 倍液或 50％多菌灵可湿性粉剂 500 倍液喷雾，防止病害的发生和蔓延。要留意苗棚内温度的变化，超过 30 ℃要通风降温。为了使幼苗健壮，苗株移出 1 个月后宜隔 10 d 施薄肥 1 次，可用 15％尿水等液肥淋施，施肥最好在傍晚进行。

（二）硬枝扦插

宜在 2～4 月进行。剪取健壮的二至三年生枝，每段长 15～20 cm，将其基部削成前端尖细的平滑三棱形，以 12 cm×15 cm 的株行距，直插或斜插入沙床，扦插深度为扦插枝长度的 1/2。扦插后淋水，保持土壤湿润。经过 6～8 周开始长出新根，4 个月后即可移入育苗容器假植。假植苗培植至翌年清明前后出圃。如扦插前用 0.2％萘乙酸、0.2％吲哚丁酸或 ABT 生根粉处理枝条 3～5 min，可促进插条发根，提高成活率。

五、苗木出圃

（一）出圃

露地苗可带土球出圃或裸根出圃，出圃前若土壤干燥应灌水，以免起苗时过于伤根。带土球出圃的，土球不宜过小，球径应有 15 cm 以上，以免起挖时伤根太重。裸根苗起苗前 1 d 应灌水以湿润苗床土壤，苗木宜即挖即整理，剪除病虫枝叶、嫩枝嫩叶和大部分老熟叶片，叶片保留约 1/3，过长侧根宜适当短截，整理好的苗株蘸泥浆护根，每 20～50 株一扎，用椰糠保湿，塑料薄膜、稻草等包裹。也可先将裸根苗转入育苗容器中假植，待苗株生长稳定后再出圃。容器苗可随时出圃。

出圃时，容器苗或地栽土团苗剪除过嫩枝梢和露出袋外的根段，容器破损但土团完好的应更换容器或加袋包装，土团已松散的宜依裸根苗处理。

（二）苗木质量要求

（1）生长正常，叶绿而有光泽。

（2）苗高 45 cm 以上。

（3）根系良好，须根 3 条以上，粗度超过 0.15 mm，须根新鲜，颜色淡黄色。

（4）根部无线虫根结；茎干无病斑；病叶片数不超过单株叶片总数的 20％。

（5）嫁接苗嫁接口愈合良好，无隆起或瘤状肿大，无绑带绞缢现象。

（6）容器苗或土球苗土球直径 15 cm、高度 20 cm 以上，容器破损不严重，土团不松散。

（7）裸根苗须根长 20 cm 以上，已用泥浆浆根和用保湿材料包裹根部，捆扎牢固。

（三）嫁接苗分级

各等级可参考表 23 - 1 规定。

表 23 - 1 番石榴嫁接苗质量等级指标

项 目	级 别	
	一级	二级
品种纯度（％）	≥98	≥95
嫁接口高度（cm）	10～30	10～30
接穗生长长度（cm）	≥40	25～39
种苗茎粗（cm）	≥0.6	≥0.4

注：参考 NY/T 689—2003 番石榴嫁接苗。

第三节　生物学特性

一、根系生长特性

番石榴为主根系，须根多而密，浅生。须根主要集中分布在表土 50 cm 土以内。每年 2 月始发新根，4～8 月最旺盛，10 月以后随气温降低，生长减缓。

番石榴根系抗逆能力很强，耐湿、耐旱，旱坡、湿地均能生长，特别适应在水道河堤沿岸栽培。

二、芽、枝、叶生长特性

(一) 芽

番石榴的芽为裸芽，分顶芽、腋芽和不定芽，顶芽有自枯现象。芽具早熟性，分枝多，进入结果期早。番石榴由混合芽成花，花多着生于枝条的第二至四节叶腋上，常成对抽出，其后的节位着花极少。成花对环境条件要求不严，特别是四季结果类型品种，只要有新梢萌发，都可成花。芽的潜伏力强，枝条恢复能力强，容易进行树冠的复壮更新。

(二) 枝

番石榴为乔木果树，自然生长高 5～10 m，分枝低，主干不明显。干茎淡绿褐色或灰色，极光滑。树皮薄，片状剥落。嫩枝四棱形，被柔毛，老枝变圆。

番石榴萌芽力和成枝力强，枝条短截后顶端 2～3 节的芽极易萌发成枝。具顶端优势，枝梢延伸生长能力强，如不短截，枝条长可达 80 cm 以上；短截的枝条，上部的芽抽生的枝条生长势较强，其下生长势逐渐减弱。

在广州，受气候的影响，每年 2 月中下旬气温逐渐转暖，枝梢开始萌芽，3～4 月抽生较多新梢，结果枝的比率高，7 月期间枝梢生长相对缓慢，结果枝的概率会相对减小，至 12 月枝梢生长才缓慢下来，12 月下旬至翌年 1 月枝梢基本停止生长。

(三) 叶

番石榴每段新梢一般有 3～8 对叶片。叶片为单叶，对生；卵形或长圆形，一般长 7～12 cm，宽2.5～6 cm；全缘，革质，厚而粗糙；先端尖或钝，基部宽楔形或钝圆；叶面暗绿色，叶背颜色较浅，密被白色短柔毛；叶脉明显，羽状，隆起。

三、开花与结果习性

番石榴花单生或为二歧聚伞花序，花序有 2 花并生或 3 花簇生，多为 3 花簇生。花两性，白色，萼片、花瓣各 4～5 枚，雄蕊多数，子房下位，4 心室，柱头头状。

混合芽侧生于当年或上年生枝条上，随着枝梢和叶片抽生至 2～4 节位现花，常成对生出。同一结果枝的不同节位的花蕾由下而上随新梢生长先后显现，同一花序上的花蕾，2 花并生的，几乎同时开花，3 花簇生的，中间先开，侧花后开。从现蕾至开花所需天数与气温有关，生长适温季节需 20～40 d，反之则要 50～110 d。花多于早晨开放，自花结实性强，坐果率高，大多数都自花能孕，也有自花不孕的栽培型。

在热带地区终年均能成花，我国南亚热带地区 12 月至次年 2 月因气温较低新梢不易抽生而少成花，3～11 月均可成花。

四、果实发育与成熟

(一) 果实生长动态

番石榴果实为浆果，球形、卵形或梨形，长 3～8 cm，直径 3～5 cm，熟时有浓郁香气，果皮黄色，果肉白色、黄色或淡红色，顶端有宿存萼片。果实发育曲线一般呈双S形。如新世纪番石榴，果实生长有两个速长期，第一个速长期在开花后约 30 d 前后，第二个速长期在收果前约 1 个月前后，此期生长较明显，两个速长期之间有一个缓慢生长期。由小果发育到成熟，春夏季 60～70 d，秋冬季 80～100 d，甚至超过 100 d。

（二）果实成熟

随着果实发育，绿色或红色减退，果肉软化，进入生理成熟期。果肉是番石榴的主要食用部分，由花托及子房壁发育而成。在果实发育过程中，含酸量逐渐减少；维生素 C 含量逐渐增加，软熟后迅速减少。秋冬季果实的可溶性固形物、可滴定酸、维生素 C 的含量都比春夏季果实高，这与果实发育期间的低温（7.5～15.1 ℃）有关，在低温条件下，分解代谢速度慢而糖类合成时间长，树体营养生长几乎停止，有较多的物质积累。

第四节　对环境条件的要求

（一）土壤

番石榴对土壤要求不严格，在 pH 4.5～8.2 的沙质土、壤土和黏质土等土壤上均能生长。以土层深厚、肥沃、排水良好、pH 5.5～6.5 的壤土为佳。番石榴根有一定的耐盐能力，田间盐分达 0.3% 时在新梢和叶片上表现盐害症状。

（二）温度

温度条件决定着番石榴的分布、产量及品质。最低月平均气温在 10 ℃ 以上的地区可作番石榴经济栽培区，15 ℃ 以上的地区为生态最适宜区。15 ℃ 时开始生长，23～28 ℃ 最适，低于 12 ℃ 或高于 38 ℃，生长会停止。

番石榴不耐寒，霜冻会冻坏叶片，冻枯顶芽。幼龄树 -1～-2 ℃ 时会受冻致死，成龄树 -4 ℃ 时地上部大部分受冻枯死，但翌年可从地面的茎部萌芽重新生长。不同品种的耐寒力稍有差异，泰国番石榴的耐寒力比已久经驯化的早期番石榴差，当气温降到 5～7 ℃ 时上部叶片转为紫红色，提早落叶。如珍珠番石榴，在我国南亚热带种植区，冬季遇寒流侵袭，温度低于 5 ℃ 叶片会受害变为淡红色至紫红色，影响光合作用制造营养，若低于 -1.7 ℃ 连续 5 d 枝条会产生冻害，叶片脱落，甚至枯死。

番石榴能耐短期 45 ℃ 高温，超过 40 ℃，果实常会被灼伤。

（三）湿度

番石榴耐水、耐湿性很强，在珠江三角洲地区地下水位高、土壤湿度大的围田、塘边及堤围上，多种果树不能生长而番石榴长势却相当茂盛，结果良好，即使较长时间受渍，也能生长。番石榴也很耐旱，生长在瘦瘠旱坡上的树，即使半年不下雨，也未见枯死。

番石榴在年降水量 1 000～3 000 mm 的地区均可栽培。生长发育对水分需要量大，生产上宜保持果园土壤湿润，雨量不足或分布不均，须灌溉补充。开花时遇雨，常会导致授粉不良而落花。若雨天连续 1 周以上，则导致坐果连续性中断，是造成"断果"的主要原因。

（四）光照

番石榴树既喜光，也较耐阴，光合能力较强，即使是老叶和初展开的嫩叶，也有较强的光合能力。因此，番石榴适宜密植，或作间、套种树种。过去，在珠江三角洲，番石榴常套种于高大的荔枝、橄榄树间。

第五节　建园和栽植

一、建园

（一）园地选择

应选择在番石榴栽培生态适宜区，生态环境良好、远离污染源的地方建园，园土以透气性良好、有机质含量高的壤土和沙壤土最佳。面积较大的果园，应交通方便，便于肥料、果品等的运输。在有霜冻地区，应考虑植地的小气候，山地果园宜选背北向南地块。若在易积霜的地块建园，宜配套冬季御寒设施。

（二）园地规划

大型果园，要根据园地实际划分栽植区。遵循原则：①同一小区内的土壤、小气候条件应大体一致；②不会加剧果园土壤的侵蚀、流失；③有利于果园中的各项作业，特别是耕作和运输机械的作业。平地果园，每一小区可达 8～12 hm²，山地果园，自然条件差异较大，灌溉、运输也不如平地果园方便，每一小区的面积宜小，一般 1～2 hm²。

二、栽植

（一）种植密度的确定与种植穴的准备

种植密度，常规栽培或土壤较肥沃平地果园，宜疏；以早结丰产为目的或山地果园，宜密。疏植株行距（4～6）m×（5～9）m 甚至更疏，国外便于机械化作业，行 6 m×9 m 稀植；密植株行距（2～3）m×（3～4）m 甚至更密，国内有采用 2 m×2.5 m，当年种植当年投产。

平地或缓坡地可整成方块，成行种植，山坡地应按等高线整成带状梯田等高种植。带宽视坡度而定，坡度角较大（15°以上）的带宽 3 m，单行种植，坡度角较小（15°以下）的带宽 6 m，双行种植。种植前按确定的株行距，定点、挖穴，种植穴长、宽各 80 cm，深 60 cm。挖穴最好在种植前 2～3 个月进行，表土和心土分开堆放。

（二）种植穴回填与施基肥

回填前，在每穴边撒 0.2～0.3 kg 石灰粉消毒和中和土壤酸性。回填时，把表土放在底层，心土放在上层，回填深度达种植穴的 2/3 处时，每穴施腐熟鸡粪或猪粪 25 kg 或菜籽饼（或花生麸）肥 3 kg，加过磷酸钙 1.5 kg，有条件的另加塘泥 50 kg 作为基肥，然后将尚未回填的穴土回填，整成略高出地面 20～30 cm 的种植墩，以备定植。

（三）栽植方法

春、夏、秋季均可定植，以春植为佳。春后温度渐高，空气湿度大，雨水较多，光照不强烈，种植成活率高，植后生长快，当年秋、冬季即可让其结果。

选壮苗定植。苗株叶片较多时，宜剪去部分叶片，过嫩新梢也应剪去。定植时，在定植位上挖开一小穴，穴底先填入一层厚 3～5 cm 未拌肥料的表土，放入种苗。苗木种植深度以泥土盖过苗木根部原土痕（根颈处）2 cm 为度，并应保持苗木侧根自然舒展。然后填入未拌肥料的表土于苗株周边，用手从穴边由外向内、向下轻压苗株周边松土，使填入的表土充分与苗株相接，又不会压断苗根。最后整理种植墩，造成树盘。树盘直径为 60～70 cm，以苗茎为中心，四周稍高、中心稍低。在树盘上盖上稻草等覆盖物，浇足定根水。植后隔 2～5 d 浇水一次，阴、雨天可少浇甚至不浇，1 个月后，可隔 5～7 d 浇一次水，2 个月后，视土壤含水量情况，7～10 d 浇一次水。

第六节　土肥水管理

一、幼龄树土肥水管理

（一）土壤改良

沙质或黏质较重的果园可通过逐年培土改良。培土工作每年进行 1～2 次，土质黏重的应培含沙质较多的疏松泥土，含沙质较多的可培较黏重塘泥、河泥等。方法是把土块均匀分布全园，经晾晒打碎，通过耕作把所培的泥土与果园表土壤混合。培土量视植株的大小、泥土来源难易、劳力松紧等条件而定，但每次培土不宜太厚，以免影响根系生长。

（二）土壤管理

采用清耕或清耕覆盖法。幼龄树根基本分布在 0～40 cm 土层内，占总根量的 80％以上，尤以 10～20 cm土层最多。因此，树盘内的土壤耕作宜浅，一般深 5～10 cm，以不伤根为度。有条件的，可用各种有机物覆盖树盘，厚约 10 cm，若用厩肥、稻草或泥炭作为覆盖物，可稍薄。夏季覆盖树盘，有较好的降低地温效果。

（三）施肥管理

番石榴幼龄树生长量大，发梢次数多，需要大量的养分供给才能满足植株生长发育的需要，但根系尚不发达，分布较浅，吸肥力弱，施肥以稀施、浅施、勤施为宜，最好肥水结合，以水调肥。肥料以氮肥为主，配施磷、钾等肥料，施肥量前期宜少、宜稀，以后适当增加。

施肥一般定植后约 1 个月待新梢转绿后进行，一次新梢追肥 1～2 次，于新梢萌芽前（促梢）及新梢长至 30 cm 摘顶时（壮梢）各施 1 次。促梢肥以速效氮肥为主，可每株施腐熟的人畜粪水 10 kg 加 0.4％尿素，或 0.5％复合肥溶液 5 kg，如遇雨天，改撒施尿素 100～150 g。壮梢肥要增施磷、钾肥，可每株施腐熟的人畜粪水 10 kg 加 0.5％硫酸钾或氯化钾，或施腐熟生麸水 5 kg（含麸量 100 g）加 0.5％的硫酸钾或氯化钾。如遇雨天，改施复合肥 100 g 加硫酸钾或氯化钾 50 g。若一梢一肥，可在新梢萌芽期每株施豆饼肥 0.5～0.7 kg（沤制淋施或分 2 次埋施）、复合肥 0.4 kg、尿素 0.2 kg 和钙镁磷肥（或过磷酸钙）0.2 kg。

此外，还可结合病虫防治，根外追肥。

（四）水分管理

番石榴虽然适宜在湿润的环境下生长，但果园积水、浸水对果树生长不利。因此，雨季来临前，要清理好排水沟，保持果园排水通畅，发现积水要及时开沟排除。幼龄树生长旺盛，根浅而弱，容易受土壤水分等土壤环境变化影响，旱季要视树盘土壤干湿情况灌（淋）水，以保持果园土壤湿润，满足植株生长对水分的需要。

二、成龄树土肥水管理

（一）土壤管理

1. 清耕法　春季气温回暖，番石榴开始发芽，新梢和根系开始生长，此时需通过多次耕作保持果园土壤疏松，同时控制果园杂草生长，此后再根据杂草的生长情况进行多次翻耕。通过耕作，可以减少杂草对土壤养分和水分的消耗，提高土壤的通透性，促进根的生长和养分吸收。

2. 生草法　从定植当年起培植藿香蓟等浅根性草，树盘实行清耕、覆盖。在草结籽前或 40～50 cm 高时割除，割下的草覆盖在树盘。一般每年割草 2～4 次，冬季结合改土，将割下的草与改土肥料一起深埋。

3. 覆盖法　行距较宽的果园，可在行间带状植草，当草长至 20～30 cm 时留茬 5～10 cm，通过多次刈割可防止草生长过高妨碍番石榴生长、结果。割下的草在原地晾晒至半干状态后覆盖于树盘，覆盖面积略宽于树冠的投影面积，厚 15～30 cm，草面压少量泥土，以防风吹走覆盖物。

（二）施肥管理

番石榴全年开花、结果，生长量和花、果量均较大，产量高，树体生长和花、果发育消耗大量土壤养分，随着果实的收获，大量的土壤养分被带走，因此，土壤中的养分通常无法满足番石榴经济生产所需，要通过施肥迅速补充果园土壤养分，适时、适量、适法施用有机肥和化肥，改善地力，维持果树生长势。番石榴具有很强的耐肥性，对土壤施肥和根外追肥都反应良好。

1. 施肥时间　番石榴从开花、结果至果实成熟需 60～80 d，在此短期内果实的生物质量大为增加，而采收后养分随果实移出，故开花、结果和采收期均为施肥时机，因此，施肥时间应根据目标产期而定，施肥与修剪等促花措施配合。广州地区胭脂红番石榴，一年只收一造果，且产量低，对土壤营养消耗较少，一般在春季萌芽前、果实发育期及采果后各施肥 1 次，也有仅在每年采果后重施有机液肥 1 次。围田区果园，甚至只在每年 10～12 月上河泥 1 次，就可满足树体的营养要求。

对于四季结果类型品种，施肥时间依花果量而定，一般于 2 月、5 月、7 月、8 月和 11 月各施肥 1 次，贫瘠了则每月施肥 1 次。以生产冬春果为主的，施肥重点在培养秋梢结果枝和冬春果的发育，8 月和 11 月施肥对提高冬春果品质有重要作用。

2. 施肥量 番石榴养分需要量与品种、产量、修剪程度等有关，产量越高，修剪越重，所需的养分越多。四季结果类型品种，产量高，花果重叠，既要抽发新梢开花结果，又要供果实发育需要，需肥量较大，对养分的要求全面。据研究，每生产 100 kg 番石榴鲜果带走养分为氮 1.83 kg、磷 0.39 kg、钾 1.62 kg、钙 0.90 kg、镁 0.22 kg、钠 0.24 kg，氮、磷、钾、钙、镁比为 1∶0.21∶0.89∶0.49∶0.12。因此，为达高产、优质生产，全年施用的肥料总量宜大，肥料种类应以有机质长效肥为基础，以速效化肥调节。

每年需施优质有机肥 1～2 次，施肥量根据树体大小、留果量而定。以年产果 25 kg 为例，第一次在早春 3 月底至 4 月初，春季修剪前，每株施腐熟鸡粪 15 kg、钙镁磷肥 1 kg，或花生麸 4 kg、钙镁磷肥 2 kg；第二次在 8 月中旬施，此次施肥要稍浅，尽量避免伤根，每株施腐熟花生麸 3 kg。

以腐熟的有机质液肥作为追肥有利于番石榴的开花结果和提高果实品质，如用腐熟的人畜粪水加 0.2％硫酸镁和 0.5％硫酸钾或氯化钾，每株每次施 25 kg；或腐熟花生麸水加 0.2％硫酸镁和 0.5％的硫酸钾或氯化钾，每株施 10 kg。

追施速效肥主要是为了促梢和壮果，因此要看树势和结果量而决定施肥时间和施肥量，一般年追施肥 6～8 次，当期果量大的每期果施肥 2 次，可于花蕾期施 1 次，果实长至鸡蛋大小时再施 1 次。果量不太集中的可每月施肥 1 次。每次每株可施复合肥（N∶P∶K＝15∶15∶15）0.2 kg、硫酸钾或氯化钾 0.1 kg、硫酸镁 0.05～0.08 kg。

以上是生产施肥经验，化学肥料全年单株施用量，可参考表 23 - 2。

表 23 - 2 番石榴年施肥量

单位：g/株

树龄	三要素量			肥料量			
	氮	磷	钾	硫酸铵	过磷酸钙	硫酸钾	总量
1	40	40	40	200	220	80	500
2	60	60	60	300	330	120	750
3～4	120	120	120	600	660	240	1 500
5～6	200	120	200	600	660	400	2 060
7～8	250	140	250	1 000	770	500	2 520
9～10	300	180	300	1 250	990	600	3 090
11 年以上	400	200	400	2 000	1 100	800	3 900

根外追肥对番石榴树势恢复和品质提升有较好的效果，可结合病虫防治喷施 0.2％磷酸二氢钾或绿芬威 1 号等植物营养剂。

实际上，果园间的立地条件、土壤肥力、管理水平和果品质量定位等都有程度不等的差异，因此，施肥量也必须考虑实际栽培管理情况适时调整。

3. 缺素症状 番石榴缺乏营养元素则生长不良，严重时表现缺素症：缺氮，植株生长不良，由下位叶开始全株黄化；缺磷，成熟叶之叶脉间发生紫红色色素；缺钾，中段叶片叶缘产生暗棕色坏疽斑点，渐向脉间蔓延，出现坏疽斑点；缺钙，顶梢新叶扭曲变形，并发生叶肉褐化干枯现象，生长受抑制；缺镁，叶脉间黄化，严重时叶脉间出现坏疽斑点；缺铁，新叶黄白化，但下位叶正常；缺硼，生长点停止生长，新叶有不规则褐色坏疽斑点，植株矮化；缺铜，近顶芽之新叶褐化扭曲。

（三）水分管理

果园土壤常年保持湿润状态最有利于番石榴的生长和果实发育，水分不足植株发育缓慢，新芽无法萌发花蕾，果实小、肉薄、产量低、品质劣。华南地区虽年降雨较多，但雨日、雨量分布很不均匀，一般 9 月中下旬后，进入秋、冬季节，雨水明显偏少，空气干燥，容易出现旱情，更需要灌（淋）补充果园土壤水分，灌溉间隔因气候、季节、土壤质地、覆盖方式、植株发育阶段有所不同，一般可隔 7～10 d 灌水一次，以保证有充足的水分供植株生长和果实发育。有条件的果园，可采用微喷灌供水，此法既可达到维持土壤湿润的目的，又可节约用水和改善果园小气候，提高果园空气湿度。但是，雨天也要防止果园积水。

第七节　花果管理

一、花果管理的意义

番石榴早年生产期大都集中 7～9 月，胭脂红番石榴等传统番石榴品种一年只开花 1～2 次，4～5 月开的称为正造花，而 8～9 月开的称为翻花，因翻花果很少，收获的基本是正造果，花果管理非常简单，结成小果后，会进行轻度修剪，以利于果实着色。随着泰国番石榴等四季开花结果品种的引进和推广，花果管理才真正进入研究阶段。最初是解决品质问题，泰国番石榴等品种易成花，坐果率高，春季花量大，由于同一批果量过多而导致果实淡而无味，由此，探索出疏花疏果的技术措施，为周年有果上市打下基础。

二、疏花疏果

番石榴花序有单花、2 花并生、3 花簇生等 3 种，通常成对着生叶腋下，每一枝条可着生 3 对花序。一般一结果枝只保留 1 对花，但光热条件好、肥水和管理水平高的果园，树势壮旺，粗壮的枝条可留 1～2 对花，中庸枝和弱枝留 1 对花，叶、果比 8∶1 可作为留果量的基础指标。一花序中，双花并生的疏去其中一花，3 花簇生的疏去左右保留中间；此外，向上、果形不正、擦伤、虫害严重的幼果应疏去。

三、果实套袋

（一）套和袋的选择

珍珠番石榴果实套袋选用泡沫网套（内）＋透明塑料袋（外）双层套袋最佳。泡沫网套起防止塑料袋紧贴果皮灼伤果实的作用，规格可用 15 cm×6 cm 的网格套；透明塑料袋规格可用 25 cm×20 cm 的聚乙烯薄膜袋，袋底两角各开 1 cm 的漏水口。套袋材料要求耐日晒、抗老化、不变形、风吹雨淋不易破碎。

（二）套袋时期

番石榴套袋最佳时期为谢花后 30 d，此时生理落果已结束，果径达 2～2.5 cm，幼果开始下垂。套袋作业最宜在无风的晴天、9∶00～11∶00 及 15∶00～18∶00 进行，早晨露水未干，中午高温及雨天、雾天均不宜套袋作业。

（三）套袋前准备

1. 疏花疏果　疏花在花蕾期进行，疏果在套袋前进行。

2. 喷药保护果实　疏果后套袋前，以护果为主要目的，全园（或树）喷杀虫、杀菌药剂 1 次，喷药须细致，务必喷湿果面。杀菌剂可选用 50% 多菌灵可湿性粉剂 600 倍液等，杀虫剂可选用 20% 氰戊菊酯乳油 1 000 倍液等，等药液干后及时套袋。药后 4～5 d 未套或药后套袋前遇雨须补喷。套袋时发现病虫果或缺陷果，即时疏除。

（四）套袋

实行单果套袋，一袋一套一果。先套上泡沫网套，再套薄膜袋，然后绑扎固定薄膜袋。绑扎固定薄膜袋的方法：①将薄膜袋绑在果枝上，此法操作速度快且袋不易被强风吹落，但采果时要解绑；②将薄膜袋绑在果柄上，此法操作时要较小心，速度稍慢，但采果时不用解绑。

第八节 整形修剪

一、树形结构特点

1. 自然开心形 当苗木长至 40～50 cm 时，进行摘心，让其自然分出 3 条以上枝梢，最后选定 3 条发育充实、强壮、分布均匀的斜生枝做主枝。新梢上的花蕾应摘除，选定做主枝的枝梢宜绑小竹竿等定位和不让其下垂。当主枝长 40～50 cm 时，再行摘心，并从长出的新梢中选留 2～3 条枝梢做骨干枝条，依此培育各级枝梢，形成兼具营养枝和结果枝的枝组。此法能迅速扩大树冠，成形快，阳光能透入树冠内部，能立体结果，早产、高产。

2. 杯状形 当苗木长至 20～30 cm 时，进行摘心，选留 3 条新梢做主枝，各向四周生长。每一主枝上再分叉生出 2 条枝梢，如此不断分生出新枝，直至两树相接而停止延伸。此法树冠中空光照好，树冠矮，便于管理。

3. 自然杯状形 当苗木长至 40～50 cm 时，进行摘心，让其自然分出 3 条以上枝梢，最后选定 3 条发育充实、强壮、分布均匀的斜生枝做主枝，然后第一主枝上再分叉生出 2 条枝梢，以后各级枝梢让其一条延伸，1～2 条结果，并在其外侧培养副主枝。此法树冠能迅速扩大，成形快，可依树留果，早期产量高，较适于密植。

二、不同年龄期树的修剪

（一）幼树期修剪

1. 定干 番石榴宜矮干整形，定植后在植株嫁接口以上 15～20 cm 处短截，促发 4～6 条枝梢作为选留主枝用，其余枝梢可抹除或暂留作为辅助枝。

2. 培养树冠 主要通过摘心和疏芽措施依树形需要培养树冠。一般第一、二级分枝上的花蕾须摘除，第三级分枝上的花蕾适量保留，让其结果，以后各级分枝的花蕾依产期调节需要确定疏或留。没有着生花蕾的枝梢，长达 20 cm 时摘心；着生花蕾的枝梢，在着生花蕾的节位上留 3 对叶片摘心。树体有四级分枝时，树高已达 80 cm、冠幅 100 cm 以上，树冠架构已基本形成，进入投产期。

（二）初果树修剪

初果树的修剪，以培养各主、侧枝，逐步配备各类枝组为主，适度留果。选留壮梢作为骨干枝条，疏去其上的花蕾；尽量利用内膛枝、下垂枝留果；疏剪徒长枝，纤细枝和内膛结果枝，短截外围结果枝。

（三）丰产树修剪

番石榴当年种植当年就能结果，密植园植后第三年即可进入丰产期，第三至第七年，产量最高。第七年以后随着土壤营养的消耗和病虫的侵染，产量和品质均会下降，甚至失去生产价值。对丰产树进行科学合理的修剪，是获得高产优质和保持产量、品质稳定的关键环节。

1. 春剪 南亚热带番石榴产区主要修剪时期，一般在春季果实采收完毕后进行。目的是将树高控制在 1.8 m 以下，以利疏花、疏果、果实套袋、果实采收等操作，同时促使重新抽出健壮枝梢，更新树冠。方法是先疏除病虫枝、交叉枝，后在约 1.5 m 高处剪截径粗 2 cm 以上的粗枝，最后，短截径粗 1～1.5 cm 枝条，疏除无叶小枝，保留带叶的细小枝条。修剪配合施肥，以供给充足的养分，当新梢长至 15 cm 长时，按三去一、五去二的方法疏去过密枝。

2. 夏剪 春季留果的树，修剪宜轻。一般是指将结果枝摘心，或在采果后短截结果枝。为了将果实采收期调节至 9 月以后，春季可不留果，摘除春梢上全部的花蕾，可在春梢长至 40 cm 以上时，将其短截，回缩至 10 cm 左右，让其上萌生的枝梢开花结果。

3. 秋剪 随果实采收进行，修剪程度轻于夏剪，一般只短截结果枝。在南亚热带番石榴产区，此时宜促生、保留树冠外围较长的枝条，使树冠在冬季保持较密集的枝梢，有利树体越冬。

4. 冬剪 春夏结果类型品种，修剪主要在冬季，将已结过果实的枝条于基部留 1～2 芽短截，同时疏去弱枝、枯枝、内膛枝、密生枝，夏季仅将徒长的枝条摘心，促进下部发生新枝。

（四）老龄树修剪

根据树体老化程度、树冠大小情况以及栽植密度等进行回缩修剪。对树势较好的番石榴老龄树，可选择在一级或在二、三级枝上进行重度回缩，在选留枝上保留 20～30 cm 长剪（锯）截。程度掌握是树的高度有利田间操作和产量形成，果园行间、株间枝条不交叉。

三、产期调节技术

番石榴可以系统运用不同时期整枝修剪、疏花、疏果、摘心、肥培管理、灌溉及强迫落叶等措施，进行产期调节，周年生产。

（一）产期调节的目的

番石榴果实成熟期多集中在 7～8 月，正值荔枝、龙眼、黄皮、杧果等水果旺季，市场竞争激烈；为了缓解市场供需平衡，增进果实品质，提高产品价格，需实施产期调节，以减轻夏秋果因过剩而产生的滞销。

番石榴周年可生产，但果实品质因品种与采收季节不同，其果实果肉厚薄、可溶性固形物含量等均有明显差异。

（二）产期调节的品种选择

新世纪、珍珠等四季结果番石榴品种，花芽分化对环境条件要求不严格，新梢基本都会成花，因此可通过栽培措施控制花期、花量，达到调节产期。

（三）产期调节的方法

1. 物理方法 摘心，番石榴在新梢萌发后，花蕾随即抽出。为了诱导开花，可在果实上方 3～4 对叶片或老熟处摘心，30～40 d 后腋芽发带花新梢。采用清明除白露萌的方法培育冬春果。即在清明前后将花和小果全部摘除，并酌情修剪枝梢，促发 9 月中旬的白露花生产冬春果。全株回缩修剪后，30～50 d 会整齐萌芽开花。

2. 化学方法 用 15%～25% 尿素水喷全株，到叶片滴水为止，使植株叶片全部灼伤脱落，35 d 后可萌发新梢带花。用 40% 乙烯利 0.05%～0.06% 喷叶，落叶后 35～40 d 再萌芽开花。

3. 果期、果量调节 番石榴的产期调节，主要通过在不同时期进行整枝修剪和摘心的方法来实现，大面积果园可运用分区修剪方法以错开产期及调配工作量，小面果园可以摘心方法诱发结果枝继续萌发，延续结果，错开产期。树势较弱、冠幅矮小的树，可在清明节前后的 1 周，将树上的全部花果摘除，并进行适度的轻剪（或摘心），剪后 24～34 d 可现花蕾。当新梢长至 30 cm 左右时进行摘心和除花蕾，6 月底 7 月初现的花蕾可保留，让其结果，9 月底 10 月初采果上市。树势强壮、冠幅高大的树，修剪的程度适当重一点，修剪时结合剪除病枝、弱枝、密生枝和徒长枝，使结果枝分布均匀，疏除树顶及内膛直立枝条，使树体为矮化开心形，便于病虫害防治、套袋及果实采收等工作的进行。中等程度的修剪可使花期相对集中，便于管理。在 4～5 月进行修剪，枝梢萌发至现蕾需 24～34 d，现蕾至坐果需 20～30 d，幼果发育至果实成熟 60～70 d。10 月以后的花，从现蕾至成熟需时 140～155 d。

留果量视树势而定，强树多留，弱株少留甚至不留。①壮旺树，春季可留少部分花，约疏去总花量的 3/5 或更多，以解放大部分的枝条供后续萌发新梢，开花结果，每枝可留果 1～2 个。②中庸树，春花尽量少留，主要留 6 月以后的花，每枝留果 1 个。③弱树，春花不留，以后的花视树势恢复情况而定。

第九节　病虫害防治

一、主要病害及其防治

（一）番石榴炭疽病

1. 为害症状　为害叶片、枝梢和果实。叶片上多发生在叶尖和叶缘；病斑半圆形、近圆形或椭圆形，褐色至暗褐色，边缘颜色较深，斑面微现轮纹；多个病斑愈合成较大的斑块，致使叶片干枯脱落。枝梢受害，初期病部呈现短条状稍下陷的黑褐色的斑块，绕茎扩展后致使枝梢枯死。幼果受害，果实表面变为褐色，多呈干果状脱落。近成熟或成熟的果实发病后，果面出现圆形或近圆形的褐色至黑褐色病斑，直径为 3～30 mm，病斑中部稍下陷，病斑愈合呈现不规则形、圆形或椭圆形的病斑，潮湿时，病斑上产生橘红色的孢子堆，果肉亦变褐腐烂，发病严重时致使果实部分或大部分变软腐烂。

2. 病原　真菌病害，无性态为半知菌类炭疽菌属胶孢炭疽菌 ［*Colletotrichum gloeosporioides* (Penz.) Sacc.］，其寄主范围很广；有性态为子囊菌门小丛壳属围小丛壳菌 ［*Glomerella cingulata* (Stonem) Spauld. et Schrenk］，有性态在田间不常见。

3. 发生规律　病菌以菌丝体和分生孢子盘在有病植株的病叶、病枝、病果上越冬，翌年回春转暖、雨季到来时产生分生孢子，通过风雨或人为活动等传播，从寄主组织的表皮气孔、伤口侵入危害，造成组织坏死。4～5 月春雨频繁，是该病的传播高峰。病果在花期及幼果期已经感染病菌，但多不表现症状，病菌潜伏其中，至果实近成熟始表现症状。

4. 防治方法

（1）农业防治

① 注意做好田园清洁。剪除病叶、病枝，及时捡拾病果，避免留置田间的病组织成为病菌侵染源。可结合一年一度的集中修剪，全园喷施石硫合剂等药剂 1 次。

② 加强栽培管理。弱树最易得病，通过增施有机肥，避免氮肥过度施用，适当补充硼肥和钙肥，保持果园土壤湿润等措施，增强树势，减少病害发生。

（2）化学方法。适时施药，保护嫩梢、幼果。可在每批果的花蕾期和谢花后各施药 1 次，可选用 70％甲基硫菌灵可湿性粉剂 800～1 000 倍液、80％代森锰锌可湿性粉剂 400～600 倍液等喷雾。

（二）番石榴茎溃疡病

1. 为害症状　主要为害树干、树枝和果实，树干、树枝受害表现为树皮溃疡、纵裂。发病初期，病部树皮淡褐色，病痕沿着茎上下扩展，病部两侧病健交界处有裂痕，树皮呈溃疡状。木质部外层褐色至黑褐色，随着病组织的扩展，茎溃疡裂皮症状加重，树皮沿病痕裂开。严重的时绕树干 1 周，使整株死亡。在树皮病组织上可见子囊果和分生孢子器。果实被害，表现为果腐，病斑初期为淡褐色，后期暗褐色至黑色，果皮皱缩，最后整个果实黑腐。受害的幼果果皮不皱缩。受害果实产生许多小黑点，为病原菌的分生孢子器和子囊果。

2. 病原　真菌病害，无性态为半知菌类球二孢属可可球二孢菌 （*Botryodiplodia theobromae* Pat.），有性态为子囊菌门葡萄座腔菌属柑橘葡萄座腔菌 ［*Botryosphaeria rhodina* (Cke.) Arx］，有性态在田间不常见。

3. 发生规律 以菌丝体、分生孢子器和子囊果在病枝株或病残体上越冬，在环境条件适宜时，产生大量的分生孢子和子囊孢子，借风雨传播，发病后病部产生分生孢子作再侵染。该病害在田间整年均可发生，但以温暖潮湿环境条件更在利，一般在每年 10～12 月树干、树枝上出现新的病痕。植株长势差，田间枯枝、落叶、病果多，杂草丛生，土壤贫瘠，雨季积水，有利于病害的发生。

4. 防治方法

（1）农业防治

① 加强树体管理。做好防治害虫和冬季植株的防冻等工作，避免造成各种伤口，减少病菌侵染机会。

② 清理病组织。田间根部发病时应及时挖除病株，病穴撒布石灰消毒；茎干发病时应及时剪除病枝，并集中烧毁。

（2）化学防治。在茎干发病初期，剪除病枝后，可选用 30％氧氯化铜悬浮剂加 75％百菌清可湿性粉剂 800 倍液或 70％硫菌灵可湿性粉剂 1 000 倍液等喷雾。

（三）番石榴根结线虫病

1. 为害症状 为害根部，发病初期新根弯曲，根尖肿大，并逐渐膨大成椭圆形或棍棒形根结，根结单个或呈念珠状串生，须根稀疏。老根受害，形成较大的不规则瘤状凸起，后期变黑腐烂。地上部发病初期植株生长停滞，生势渐趋衰弱，新梢短而弱，枝叶稀疏，后期叶片发黄，枝条干枯，终致全株枯死。

2. 病原 有象耳豆根结线虫（*Meloidogyne enterolobii* Yang et Eisenback）、南方根结线虫 [*M. incognita* （Kofoid et White） Chitwood]、湛江根结线虫（*M. zhanjiangensis*）和番禺根结线虫（*M. panyuensis*）4 种。

3. 发生规律 根结线虫以各种虫态（卵、幼虫和雌、雄成虫）在病组织内，或以卵在土壤和肥料中越冬。田间通过土壤、流水、农具及人、畜的活动等传播，远距离通过带病苗木的移栽或调运传播。2 龄幼虫通过根尖或根部伤口侵入，在根结内生长发育，经 4 次蜕皮发育成成虫，成熟的雌虫产卵在卵囊内，卵囊吸水破裂后，释放大量的卵，卵散落在土壤中，成为病害的再侵染来源。

根结线虫适宜生长繁殖的土温 10～35 ℃，土壤含水量 40％～70％，最适土温 25～30 ℃。干燥的土壤较适宜其繁殖，潮湿的土壤内缺氧，线虫不宜生存；沙质土或沙壤土较干燥、通气性好、结构疏松，往往比壤土发生严重；田间连作发病重，轮作发病轻，前作为非根结线虫寄主作物（如玉米、水稻等禾本科作物）发病轻，前作为根结线虫寄主作物（如豆科、茄科等）发病重。

4. 防治方法

（1）选用健康无病种苗。在无病区或利用无病土或消毒土培育无病苗，禁止调运疑病苗至无病区。

（2）避开病害侵染源建园。尽量避免在前作或上水位为番石榴根结线虫寄主作物的田块建园，用于土壤管理的农具一园专用。

（3）加强栽培管理。增施有机肥，保持果园土壤湿润，以增强树势，减轻危害；采用肥水一体化灌溉施肥，尽量减少因施肥而动土伤根。定期检查果园，定植后或已挂果的果园，应加强肥水管理，并且要定期观察检查，发现病株，及时清离果园（重点是根部），挖开植穴，暴晒穴土。若需补植，暴晒穴土应不短于 1 个月，植前撒施石灰消毒。

（4）套种。套种万寿菊、孔雀草、太阳麻、葱等作物可防治土壤线虫，具有一定效果。

二、主要害虫及其防治

（一）橘小实蝇

橘小实蝇又名柑橘小实蝇、东方果实蝇，俗称针蜂、果蛆，为国内检疫性害虫。以幼虫蛀食果肉，寄主植物超过百种，除柑橘类外，还为害番石榴、蒲桃、莲雾、番荔枝、杧果、人心果等。

1. 为害特点 以幼虫危害，成虫以产卵管刺穿果皮产卵，孵化后幼虫在果实内取食危害，被害果肉呈水浸状腐烂或导致果实畸形，剖开果实时可发现幼虫钻食果肉。

2. 形态特征 见柑橘病虫害部分。

3. 发生规律 年发生 8～9 代，田间世代重叠，各虫态并存。无明显的越冬现象，在有明显冬季的地区，以蛹越冬。广东于 2 月可见少量成虫活动，4 月中旬以后渐多，7～9 月为盛发期，10 月后渐次，1 月几不见成虫。成虫羽化后在适宜的温度下，经 13～15 d，性器官发育成熟，交尾产卵，1雌虫可产卵 600～900 粒。产卵于果皮与果肉间，卵于果实内孵化，幼虫潜居果内取食，幼虫老熟后从果中弹跳到地面，入表土内化蛹。老熟幼虫弹跳距离可达 25 cm，高度可达 15 cm，并可连续跳跃多次。

4. 防治方法

（1）植物检疫。严格检疫，严防带虫果实和土壤传入无虫区。

（2）农业防治。进行果实套袋。

（3）物理防治

① 悬挂含毒甲基丁香酚诱杀板或诱杀器诱杀雄成虫。诱杀板（器）宜悬挂于果园外围荫蔽树枝下，于成虫发生期每月悬挂 2 次。

② 悬挂含蛋白质水解物的黄色粘胶诱杀板诱杀成虫。

③ 利用食物诱杀，以黄熟的番石榴果实捣破加敌百虫诱杀成虫。

④ 清除虫果，及时摘除树上虫蛀果，拾捡落地果，带离果园集中深埋或高温堆沤，杀灭果内虫卵、幼虫。

（二）吹绵蚧

吹绵蚧（*Icerya purchasi* Maskell）寄主植物超过 250 种，除番石榴外，还有柑橘、黄皮、龙眼、番荔枝等。

1. 为害特点 若虫、成虫常群集在叶芽、嫩枝及果实上为害，吸食植株养料，分泌大量蜜露并诱发煤烟病。致叶色变黄，枝梢枯萎，果味变酸，树势衰弱，影响果实品质和产量。

2. 形态特征 雌成虫无翅、橘红色或暗红色，椭圆形，长 5～7 mm，背脊隆起，背面着生黑色短毛，被白色蜡粉；发育到产卵期，在腹部后方分泌出白色卵囊，卵囊上有隆脊 14～16 条。雄成虫体长约 3 mm，橘红色，触角黑色，1 对前翅，紫黑色，后翅退化为平衡棒，腹端两突起上各有长毛 3条。卵长椭圆形，橘红色，密集于雌虫卵囊内。若虫椭圆形，橘红色或红褐色，背面覆盖淡黄色蜡粉。雄蛹长约 3.5 mm，椭圆形，橘红色，触角、翅芽和足均淡褐色。茧长椭圆形，质地疏松，覆盖有白色蜡粉。

3. 发生规律 1 年发生 3 代，以雌成虫、若虫越冬。多寄生于嫩枝及叶背的主脉两侧，二龄以后迁移到枝干及果梗等处聚集危害。有群集性，成虫定居后不再移动，体后分泌卵囊，产卵其中。

4. 防治方法

（1）农业防治。适度修剪，使植株通风及光照良好。

（2）物理防治和生物防治。注意保护和利用天敌，在虫口密度较低的情况下，采用人工剪除带虫部位，尽量减少农药使用。

（3）化学防治。虫源较多的果园，可结合其他病虫害的防治在果实套袋前施药。可选用 25% 噻虫嗪水分散粒剂 2 000 倍液或 20% 氰戊菊酯乳油 1 000～1 500 倍液等喷雾。

（三）橘蚜

橘蚜（*Toxoptera citricidus* Kirkaldy）寄主植物达 200 多种，除番石榴外，还有梨、西瓜等。

1. 为害特点 主要群集于嫩芽或幼叶，吸食汁液，并分泌蜜露诱发煤烟病，被害严重时叶片常卷缩，凹凸不平，不能正常伸展，甚至枯萎。

2. 形态特征 无翅蚜体长约 1.3 mm，漆黑色；有翅蚜特征与无翅型相似，翅 2 对，白色透明。胎生，若虫体褐色。

3. 发生规律 1 年发生 20 余代，春、秋两季发生较多。无性胎生繁殖，雌成虫以孤雌生殖方式产生若虫，繁殖适温 24～27 ℃。

4. 防治方法

（1）化学防治。新梢期勤检查，危害较普遍时需喷施药剂防治。药剂可选用 45％吡虫啉可湿性粉剂 800～1 000 倍液等。

（2）生物防治。田间可见捕食性的锚纹瓢虫、寄生性的棉蚜小蜂等天敌，宜善加保护。

第十节 果实采收、分级

一、果实采收

番石榴自开花结果后至成熟果实的生长日数依季节温度、日照而不同，呈现显著差异。夏季高温长日照下 80～90 d 成熟，冬季温度低，日照短，需经 100 d 以上才能成熟。果实未成熟时果皮为深绿色，成熟时鲜食用果皮逐渐转为白绿色，加工果汁用果皮转为黄绿色至黄色。

就地或近地销售的鲜果，一般于九成熟时采收。远距离异地销售的鲜果，需在八九成熟时采收。成熟度越低，口感及风味均越差；成熟高虽则风味好，但果肉较软，果实也容易碰伤、压伤，不耐贮运。

先熟先收，一般隔 2～3 d 采收一次，宜在无雨天的上午采收。采收时用枝剪带果柄将果实采下，轻采轻放。

二、果实分级

分级、包装场地，要求清洁卫生，阴凉通风，有洁净水源，有条件的最好配备预冷设备。果实质量基本要求是无病虫害和碰、压伤，八成以上的成熟度。

（一）前处理

果实运到分级、包装场地后，一般先进行预冷。可入保温库预冷，或在果实上面放置一层番石榴枝叶，枝叶上加上冰块预冷。预冷时间约需半小时，果实预冷后进行分级。

（二）分级

经预冷的果实，先把果实原套有袋和泡沫网套除去，然后按果实的大小和果皮的颜色等，分成不同的等级，同时套上新的泡沫网套。生产者多依消费者喜好进行分级，如新世纪、珍珠等品种，外观要求果形端正，果皮颜色嫩绿，单果重 300～400 g 为一级，单果重 250～300 g 或 400～500 g 为二级，250 g 以下或 500 g 以上为三级果。分级后的果实，可直接包装运到市场销售，或入保鲜库贮藏。

第十一节 果实保鲜贮藏、运输

一、贮藏保鲜

（一）贮运前的处理

1. 杀菌剂处理 需要远销或贮藏的果实，宜在分级后进行防腐处理，在采收后 3～4 h 完成。选择特克多、扑海因、施保克等高效、低毒的杀菌剂洗涤果实，进行贮运前的杀菌。对大批量果实进行防腐处理时，可将果实（带网套）装入有孔塑料筐（每筐可装果 25 kg 左右），整筐放入药液池中，让药液浸过果面，然后将筐晾于池上，沥去筐内药液，转箱（或筐）入库贮藏。贮藏箱（或筐）需先放置薄膜筒（或袋）再装果，果面铺纸以吸去果实散发的水分。

2. 热处理 将果实浸泡在 45.9～46.3 ℃的热水中，处理 35 min，捞出冷却 90 min 后浸泡大米淀粉液，或放在 20 ℃环境下 24 min 后，入库冷藏。

3. 大米淀粉液处理 将番石榴果实浸泡在 30 g/L 的大米淀粉液中，晾干后再置于室温下，12 d后测定结果证明用大米淀粉处理完全能保持番石榴果实的品质，且对人体安全。

（二）冷库贮藏

低温能抑制果实呼吸强度，减少果内养分消耗，抑制和削弱病原微生物的活动，延长果实贮藏保鲜时间。番石榴为热带水果，贮运的适宜温度是 10～12 ℃。据试验，珍珠番石榴在冷藏温度为10 ℃，相对湿度为 85％～90％下贮藏 2 周，好果率在 95％以上，且颜色、硬度和风味保持较好。

二、运输

最好采用冷藏车运输，车内温度控制在 10～12 ℃，相对湿度调为 85％～95％。也可采用加冰保湿运输，果箱改用抗压强度较好的带盖泡沫箱装果。果实装箱时，在箱底四角打几个小孔，放入一层加盐冰块，然后再装果实，装满后加盖密封。贮运过程中随时检查库内或车厢内的温度，温度低于5 ℃时，会出现冷害。

三、销售

将番石榴运到目的地后，应及时入库或上货架销售。上货架量应视具体销售情况而定。若能够在冷藏货柜（温度为 8～20 ℃，相对湿度为 85％～95％），上销售，果实品质保持更佳，货架期也较长。对于软熟或稍次的果实，宜就地销售。

第十二节 新技术的应用

水肥一体化是近些年来发展较快的一种施肥技术，方法是将肥料先溶解于水中，然后用浇灌、淋灌或滴灌等灌溉方式施入田间，具有迅速为果树提供养分，肥料利用率的施肥效果。实践证明，水肥一体化滴灌施肥技术在番石榴上应用，能达到促进生长发育，提高产量和品质的效果。

一、水肥一体化滴灌施肥系统的选择

果园的肥水一体化施肥灌溉系统通常选用滴灌方式进行，滴灌施肥系统构成主要有：

（1）符合灌溉标准的干净水源。如山泉水、井水、河水、塘水等，河、塘水如带碎屑杂物，应在管道入水口先粗过滤。

（2）过滤系统。可使用 120 目的叠片过滤器。

（3）施肥系统。通过泵、加压设备将肥料溶液注入输水管道，有泵吸肥法和泵注入法两种注肥方法。

（4）输水管道与滴灌管道。多采用 PVC 管。输水管道通常情况下 3.3 cm 管可用于 0.67 hm^2 左右的轮灌区，13.3 cm 管可用于 10 hm^2 左右的轮灌区；滴灌管平地果园可选用直径 12～20 mm、壁厚 0.3～1.0 mm 的普通 PVC 管，山地坡地果园使用直径 16 mm、壁厚 1.0 mm 以上的压力补偿 PVC管，平铺于果园地面滴灌管平铺于果园地面。滴管滴头流量为每小时 2～3 L，滴头的间距根据土壤质地而定，通常为 60～80 cm，滴灌管铺设长度为 150 m 以内，出水均匀度 90％以上，滴灌压力一般在 10 m 水压左右。

二、水肥一体化滴灌施肥方案的制订

水肥一体化滴灌施肥肥料的选用原则是能溶于水，可使用尿素、氯化钾、硝酸钾、硝酸钙和硫酸镁等化肥，经沤制的人畜粪尿、花生饼、豆饼等有机液肥，不能完全溶解化肥和有机液肥仅用其上清液，混配会形成沉淀物的肥料则不得同时使用。

施肥时，固态肥料须用水化成液肥，肥料需充分溶解，以避免出现未溶肥料堵塞滴头。滴肥原则为少量多次，一次不超过 1 h，肥料的用量，可参考果园原施肥量，在原量的基础上减半。滴灌系统除用于施肥外，还可单用于灌水，特别是旱季，可 3～5 d 滴水 1 次，以维持植株根部土壤湿润状态。

三、水肥一体化系统的注意事项

过滤器是水肥一体化滴灌施肥系统的必备装置，过滤器选用孔径为 0.125 mm（120 目）或 0.105 mm（140 目），目的是防止肥液中的杂质进入滴管中，堵塞滴头甚至滴管。操作分 3 步，第一步，先滴水约 20 min；第二步，加注肥液，通常控制肥液的浓度为 0.1%，避免肥液浓度过高；第三步，当肥液注完后，还需继续滴清水至少半小时，以免滴管中的肥液残存，致使滴头、滴管藻类、青苔等滋长，堵塞滴头。此外，每隔 15～20 d 需将滴管尾端解开，冲洗滴管 1 次。滴肥、滴水时入田间检查管道、滴头，发现管道破损及时维护，滴头堵塞及时清洗或更换。

第十三节　优质丰产栽培模式

一、果园概况

广州水果世界九佛基地番石榴示范园，位于广州市黄埔区龙湖街，占地 1 hm²，种植品种为珍珠，嫁接苗，砧木为新世纪的实生苗，于 2010 年 3 月定植，2013 年平均每 667 m² 产值约 9 kg。

九龙镇地处广州市中北部，距离广州市区 40 多 km，年平均气温 22.6 ℃，年极端最高气温 39.8 ℃，年最低温度平均值为 3.9 ℃，历史极端最低气温－3 ℃，年平均降水量 1 477.6 mm，集中于 4～9 月，无霜期 360～363 d。示范园土壤为红壤，pH 4.1，含有机质 3.62%、全氮 1.72 g/kg、全磷 0.83 g/kg、全钾 4.36 g/kg、碱解氮 140 mg/kg、速效磷 53.9 mg/kg、速效钾 133 mg/kg。

二、整地建园

该示范园为水田，采用深沟高畦种植，每隔两畦挖一深沟，沟深、宽均约为 80 cm，两畦间 1 浅沟，沟宽约 80 cm，深 40～50 cm，单畦畦面宽约 2.5 m，株距约 2.5 m，每 667 m² 植 80 株左右。种植前放入腐熟鸡粪作为基肥，每株 15～20 kg，并加放石灰 2.5 kg，方法是将基肥与土壤充分混匀，起直径 100 cm，高 30 cm 的种植墩，定植时用竹竿插入根颈附近土中，然后用塑料绳将苗固定在竹竿上，以免摇动根部，影响成活，定植后用稻草覆于定植墩表面并淋足定根水。

三、第一年管理技术

(一) 土肥水管理

1. 植后初期管理　定植后，在 1 周内每天淋水 1 次，保持树盘土壤湿润，定植 15 d 左右，新根已生长，淋施 0.8% 尿素溶液，促新梢抽发，结合新梢病虫防治，喷施 0.4% 尿素溶液补充养分，促使新梢生长健壮，增强树势。

2. 肥水管理

(1) 施肥。定植后约 1 个月第一次新梢转绿后进行，一次新梢追肥 1～2 次，于新梢萌芽前（促梢）及新梢长至 30 cm 摘顶时（壮梢）各施 1 次，促梢肥以速效氮肥为主，每株施腐熟生麸水 5 kg

（含麸量 100 g）加 0.4％尿素，壮梢肥要增施磷、钾肥，每株施腐熟生麸水 5 kg（含麸量 100 g）加 0.5％硫酸钾。第四批梢起每次梢株施豆饼 0.5～0.7 kg、复合肥 0.4 kg、尿素 0.2 kg。可结合病虫的防治根外追肥。

（2）水分管理。旱季留意土壤干湿情况，及时灌（淋）水，保持果园土壤湿润。

3. 土壤管理　结合除草浅松土，深度 5～10 cm。

（二）整形修剪

培育杯状形或自然杯状形树冠。当定植幼苗长至 50～60 cm 高时，留干高 20～30 cm 短截，促发分枝；留 3 条向四周均匀生长的新梢作为主枝，3 个枝间应成 120°均衡发展；每一主枝上再分叉生出 2 个势力相等的主枝，并依此不断分生各级分枝，或依形留梢，形成树冠中心始终空虚、外围开张的树冠。

（三）病虫害防治

1. 病害　主要有为害叶片的炭疽病和褐斑病，在新梢生长期采用 70％硫菌灵可湿性粉剂 800 ～1 000倍液、80％代森锰锌可湿性粉剂 400～600 倍液或 45％多·硫胶悬剂 350 倍液喷雾，保护新梢。

2. 虫害　主要是为害新梢、嫩叶的蚜虫，采用 45％吡虫啉可湿性粉剂 800～1 000 倍液等药剂防治。平时多检查虫情，轻微发生的一般不施药；个别树发生较严重的，单独施药；全园已普遍发生，且虫情较重的，全园施药；虽发生较重，但天敌数量较多的，不施药。

（四）其他措施

冬季入冬之前（12 月上旬之前），覆盖稻草等在植株表面，防御低温特别是霜冻的危害。

四、第二至四年管理技术

（一）肥水管理

1. 施肥　二至四年生树开始采用肥水一体化设施进行施肥，具体施肥量及施肥时间详见表23-3。

表 23 - 3　施肥量及施肥次数

时间	施肥次数	月份	N（g/株）		P₂O₅（g/株）		K₂O（g/株）	
			每次施入量	总量	每次施入量	总量	每次施入量	总量
2011	9	3～6	8～10	≤90	8～10	≤90	4～5	≤45
	12	7～9	8～10	≤120	2～2.5	≤30	5～7.5	≤90
	4	10～11	3～5	≤20	0	0	3～5	≤20
2012	9	3～6	10～13	≤120	10～11	≤100	6～8	≤75
	12	7～9	10～12.5	≤150	3～4	≤50	10～15	≤180
	4	10～11	8～10	≤40	0	0	8～10	≤40
2013	9	3～6	13～16	≤150	10～12	≤110	8～11	≤100
	12	7～9	12～15	≤180	4～5	≤60	15～17.5	≤210
	4	10～11	10～12.5	≤50	0	0	10～12.5	≤50

2. 水分管理　用滴灌方式灌水。春季每周滴水 2 次，进入夏季后，晴天每天滴水 2 次，早晚各 1 次，每次半小时。同时，深沟保持离畦面 60～80 cm 水位。雨季及时排水，防止树盘积水。

（二）整形修剪

春季果实采收完成后进行重剪，控制树冠高度在 1.8 m 以下。重剪前重施肥。平时每次新梢一般留 2 条，其余疏除，并疏去过密、交叉、有病虫和过于下垂的枝条。结果枝和营养枝均在长 20～25 cm 时摘心，结果枝需在未对花之上留 3～4 个节位。

（三）疏花、疏果和果实套袋

全树的疏花量，春花仅留 20%～25%，其余摘除，把产果量调控至秋冬季，特别在 10～11 月。一般情况下，每 2 条新梢留 1 条结果、1 条作为营养枝，每条结果枝留 1 对花蕾，并根据树势保留 1～2 个小果。

幼果发育至横径约 2.5 cm 时套袋，套袋材料为泡沫网套加透明薄膜袋。

（四）病虫害防治

与一年生树基本一致，重点防治炭疽病、蚜虫和橘小实蝇，药剂防治关键期从新梢期转向花蕾期和果实套袋前。果实套袋可阻隔橘小实蝇对果实的危害。

（五）防寒措施

入冬后（一般在 12 月上旬之前），采用 70% 遮光率的遮阳网覆盖在植株上面，防御低温特别是霜冻的危害。

第二十四章 澳洲坚果

概　述

一、营养价值与用途

澳洲坚果（*Macadamia integrifolia*），又称夏威夷果、澳洲核桃、昆士兰栗。属山龙眼科（Proteaceae）澳洲坚果属（*Macadamia*）常绿乔木果树，食用部分为果仁，烤制后酥脆、口感细腻，带奶油香味，风味极佳，也可生吃。常被用来制作烹调食品、小吃或制作果仁夹心巧克力及糕点、冰激凌等的原料，亦用于护肤品、美容化妆品、洗发香波等。

澳洲坚果营养丰富，脂肪含量高达75%以上，如表24-1所示。据南非澳洲坚果种植协会报导，每100 g澳洲坚果仁中还含有570 μg的维生素E。澳洲坚果油中含12.5%饱和脂肪酸、84%单不饱和脂肪酸和3.5%多不饱和脂肪酸，是单不饱和脂肪酸含量最高的天然食品，其单不饱和脂肪酸由油酸和棕榈油酸（深海鱼油中的主要成分）组成，能够有效降低人体内血清中胆固醇含量，提高血液中高密度脂蛋白和抑制低密度脂蛋白，澳洲坚果油中不含胆固醇和反式脂肪酸，能够改善 $\Omega-6$ 与 $\Omega-3$ 之间的平衡，促进人体内必需脂肪酸和类二十烷酸（前列腺素等）的合成，澳洲坚果油中还含有丰富的 $\Omega-7$，据报道，$\Omega-7$ 对人体有许多好处，包括保持皮肤健康、保持健康体重、预防心血管疾病和有益肠道健康。澳洲坚果油熔点低、油质清香，是一种天然的色拉油。此外，澳洲坚果的副产品也有多种用途，果皮含有14%适于鞣皮的鞣质，并含8%～10%的蛋白质，粉碎后可混作为家畜饲料，果壳可制作活性炭或作为燃料，也可粉碎作为塑料制品的填充料，目前这些副产品仅被广泛用作坚果树下的覆盖物或育苗的培养基料。

表24-1　澳洲坚果果仁营养成分（南非澳洲坚果种植协会）

成分	水分(g)	脂肪(g)	糖(g)	纤维素(g)	蛋白质(g)	钾(K)(g)	磷(P)(g)	镁(Mg)(g)	钙(Ca)(mg)	硫(S)(mg)	铁(Fe)(g)	锌(Zn)(mg)	锰(Mn)(mg)	铜(Cu)(mg)	硒(Se)(mg)	烟酸(mg)	维生素B₁(mg)	维生素B₂(mg)
每100g果仁	1.5	75	4.8	7.7	9.4	0.36	0.20	0.12	70	6.6	0.27	1.3	0.30	0.57	3.6	2.3	0.71	0.09

二、发展历史、现状与前景

澳洲坚果原产于澳大利亚昆士兰州东南部和新南威尔州北部，南纬25°～31°的沿海亚热带雨林。1857年初，澳大利亚著名植物学家F·米勒和苏格兰植物学家W·希尔，在昆士兰莫顿湾派因河附近的丛生灌木林中发现了这一植物，F·米勒把它命名为三叶澳洲坚果（*Macadamia ternifolia* F. Mueller）。1858年，W·希尔在布里斯班河岸成功地进行了首次人工种植。约1888年，斯塔夫在新南威尔士州利士莫附近建立起了1.2 hm² 世界第一个商业性澳洲坚果园。

美国夏威夷的农业试验站经过长期研究，至 20 世纪 40 年代末就开始了商业性大面积发展澳洲坚果。而澳大利亚是在 60 年代中期才开始商业性大面积发展种植澳洲坚果的。到 80 年代，除美国和澳大利亚之外，南非、肯尼亚发展也较快。进入 90 年代世界澳洲坚果业发展迅猛，据统计，过去 10 年，全球澳洲坚果产量增加了 56％，2017 年世界总产量达到 5.6 万 t（果仁），其中南非、澳大利亚和肯尼亚三国的产量占到世界总产量的 62％，分别为 1.34 万 t、1.20 万 t 和 0.92 万 t，美国、危地马拉、中国、马拉维、巴西的产量分别为 0.54 万 t、0.31 万 t、0.3 万 t、0.14 万 t、0.13 万 t。此外，津巴布韦、坦桑尼亚、埃塞俄比亚、秘鲁、墨西哥、以色列、印尼、越南、缅甸、泰国、新喀里多尼亚、新西兰、萨尔瓦多等均有种植。

我国最早引种澳洲坚果约在 1910 年，种在台北植物园作为标本树。1950 年前，岭南大学也从夏威夷引入少量种子种植实生苗，但由于引入的实生树产量低，品质差异大，果仁率低，未形成商品性生产，至 1979 年，中国热带农业科学院南亚热带作物研究所陆续从澳大利亚批量引入 9 个优良的命名品种嫁接苗在广东湛江种植，经多年研究获得成果，至今 2017 年年底在我国华南七省（区）已推广种植面积 7 万多 hm²，年产壳果约 8 000 t，主要分布在云南和广西，近年来云南的种植面积正在迅速增长，广西、广东及贵州也在积极发展澳洲坚果。

澳洲坚果在国际市场长期处于供不应求状况，被列为世界最昂贵的坚果。美国的澳洲坚果主要以内销为主，澳大利亚及南非的产品则主要为出口，过去主要出口美国，近些年来，亚洲成为主要消费市场。2009—2013 年 8 个主要的澳洲坚果果仁出口国为南非（9 931 t）、澳大利亚（5 791 t）、中国（4 194 t，进口壳果加工后再出口）、肯尼亚（3 717 t）、荷兰（2 306 t，加工国家）、危地马拉（1 686 t）、津巴布韦（1 495 t）、美国（1 389 t），分别占总出口量的 32％、19％、13％、12％、7％、5％、5％、4％。近年来我国的澳洲坚果消费量也日益增加，2013 年我国澳洲坚果果仁消费量为 5 843 t，到 2018 年迅速增加到 1.5 万 t。随着澳洲坚果消费量的迅速增加，我国已经成为主要的澳洲坚果进口国，2009 年进口果仁仅为 4 658 t，到 2017 年迅速增加到 1.2 万 t（部分再出口），随着人们生活水平的不断提高，澳洲坚果等坚果类保健食品的需求量也将不断增大。

第一节　种类和品种

一、种类

澳洲坚果属山龙眼科，本科在世界范围内大约有 60 属 1 300 种，至今发现的澳洲坚果属植物有 23 个种（世界澳洲坚果属植物名录），主要分布在澳大利亚、新卡里多尼亚、印度群岛和新西兰等地。原产澳大利亚的有 10 个种，原产新卡里多尼亚的 6 种，原产马达加斯加的 1 种，原产西里伯岛的有 1 种。在这些种类中，可食用的已被商业性栽培的只有 2 个种，即光壳种（*Macadamia integrifolia*）和粗壳种（*Macadamia tetraphylla*），其他的种因仁小、味苦，内含氰醇苷而不能食用。

二、品种

澳洲坚果商业栽培品种均从光壳种和粗壳种或两个种的杂交后代中选出。

目前世界各主产区选育正式命名的澳洲坚果品种大约 60 多个。而使用最广泛的是夏威夷品种和澳大利亚品种。

（一）主要引进品种

我国澳洲坚果产业生产上使用的品种大多为国外引进品种，以下介绍的是我国最初引进的 9 个品种。

1. Keauhou（246）　该品种 1936 年选出，1948 年命名，树冠开张，圆形至阔圆形。分枝多，且向下部弯曲，枝条细小至中等大，叶尖钝通常上卷，叶缘波浪形，刺中等多，叶片常扭曲。壳果大、棕色。珠孔大而凸出，缝线宽、槽状，颜色比壳果其余部分略淡，卵石斑纹集中在扁平的脐部周围，在夏威夷，壳果平均粒重 7.2 克，果仁平均粒重 2.8 克，出仁率 39％，一级果仁率 85％、高产。但在不同的植区表现差异大，在夏威夷该品种只在科纳岛表现特好，在其他地区则一级果仁率不稳定。而在澳大利亚，它是一个可靠的品种，近四个产季中，它的产量都高于本产业平均水平（产量 36.5 kg/株，出仁率 39.2％）。在我国的表现：早结性比 H_2 差，前期产量不高，10 年龄后比其他品种丰产稳产，抗风性比其他品种差。

2. Kakea（508）　该品种 1936 年选出，1948 年命名。树冠窄圆形至圆锥形，枝条健壮，节间短。叶颜色比其他夏威夷种淡绿，叶顶部略呈圆形，叶缘波浪形，少刺或全缘，有时叶缘反卷，叶呈簇状成束着生于枝梢末端。壳果中等大小，圆形，珠孔中等大小，缝线为一明显的暗红棕色条纹而非槽状。在夏威夷，壳果平均粒重 7.0 g、果仁平均粒重 2.5 g，出仁率 36％，一级果仁率 90.0％。在夏威夷评价认为该品种是夏威夷商业性种植最好和最高产的品种之一。该品种在冷凉的植区表现较好。在我国广东粤西地区产量不高。夏季高温季节新梢叶片变黄白色。不抗风。

3. Ikaika（333）　该品种 1936 年选出，1952 年命名。树冠圆形，颜色深绿，叶大，尤其有些老叶非常大（长×宽＝25 cm×8 cm），叶尖方形、扭曲，叶缘呈极明显的波浪形，多刺。壳果深红棕色，略有卵石花纹。缝线不清晰，颜色和壳果的其余部分相同或略淡。在夏威夷，壳果平均粒重 6.5 g，果仁平均粒重 2.2 g，出仁率 36％，一级果仁率 90％，生势极旺盛，耐寒，抗性好。在夏威夷老果园产量和果仁质量稳定性比其他品种差。但风害地区该品种被广泛使用。在我国广东粤西地区，表现早结丰产，后期产量高、抗风性好。在广东、广西、云南早期种植的果园中，表现为生势旺早结，前期产量较好。

4. Keaau（660）　该品种 1948 年选出，1966 年命名，树冠直立紧凑，呈深绿色。叶缘波浪形，刺中等多，叶顶端呈圆形有时略尖，叶脉明显可见。壳果小，深棕色，光滑，球形，缝线像一条小沟，从珠孔开始逐渐减弱变细消失，圆形斑点集中在脐端，长形斑点靠近珠孔。在夏威夷，壳果平均粒重 5.7 g，果仁平均粒重 2.5 g，出仁率 44％，一级果仁率 97％，抗性好，果实成熟早、集中。在夏威夷是一个优良的品种；在我国广东粤西地区，抗风性好，产量一般，和其他品种比较产量起伏变化较大。

5. Kau（344）　该品种 1935 年选出，1971 年命名。树冠直立，枝条粗壮，分枝少，叶片长椭圆形，叶缘扭曲少刺，叶顶部上卷。壳果中等大小，果仁品质极好。在夏威夷，壳果平均粒重 7.6 g，果仁平均粒重 2.9 g，出仁率 38％，一级果仁率 98％。该品种高产，抗性好，适合果园密植，在较冷凉的植区耐寒性比 246 好。该品种在我国主产区云南表现较高产、稳产；在我国广东粤西地区，抗风性强，早结丰产，10 年龄果园高产。在夏季高温期，新梢叶片变黄泛白。枝条壮旺，分枝力差，要常短截促其分生结果枝，前期才获丰产。

6. Mauka（741）　该品种 1957 年选出，1977 年命名。树冠直立、紧凑，枝条健壮，分枝量适中，叶缘刺少，叶顶部近似等腰三角。壳果中等大小，很圆，在夏威夷，壳果平均粒重 6.5 g，果仁平均粒重 2.8 g，出仁率高达 43％，一级果仁率 98％，果仁外观非常好。高产，在夏威夷较高的海拔要比其他夏威夷品种好。在我国广东粤西地区，树型疏密适中，分枝量中等，抗性较好，高产、稳定。

7. Makai（800）　该品种 1967 年选出，1977 年命名。是 246 的实生后代，在夏威夷表现比较适合较低海拔地区种植。树型、果实特性、产量潜力与 246 非常相像。树冠圆形，枝条要比 246 健壮，分枝力比 246 稍弱，叶片长形槽状，叶缘扭曲多刺，果实比 246 大。在夏威夷，壳果平均粒重 8.0 g，果仁粒重 3.2 g，出仁率 40％，一级果仁率 97％，果仁质量特好。在夏威夷表现出早产性能及果仁质量都超过 344 及其他已推荐的品种。但在澳大利亚及我国广东、广西、云南早期种植的果园产量低，不抗风，各种大田性状均比其他品种差。老果园的产量表现有待观察。

8. Own Choice（O.C.） 该品种是从昆士兰州比瓦地区野生丛林中选出的实生树。树冠密集、灌木形，开张，叶小扭曲，叶缘无刺或极少刺，反卷，枝条小而多，抗风性好，高产。原产地10年生单株产壳果26 kg，壳果中等大，平均粒重7.75 g，果仁平均粒重2.7 g，出仁率33%~37%，一级果仁率95%~100%。果仁品质很好。在澳大利亚该品种果实成熟后约80%的果粘留在树上不脱落，生产上主要用乙烯利1 500 mg/L进行催落收获。在我国广东粤西地区没观察有粘留果现象，该品种在华南7省试种均表现出早结。定植后3年即开花结果，高产、稳产，抗风性强，但一年中该品种开花期较其他种早，花期较长，果壳较薄，鼠害较重。

9. Hinde（H2） 该品种于1948年从昆士兰州吉尔斯顿地区选出。在新南威尔士州，该品种表现比任何一个澳大利亚品种都好，早结性比夏威夷品种246、508都好得多。高产稳产，10年生单株产量18 kg。树冠疏朗，中等直立，分枝长健壮，叶短而宽，很像灯泡，末端圆，叶基较窄，叶全缘呈波浪形，极少刺或无刺。壳果中等大，形状不规则，种脐部宽大，盖有一块紧粘着的果皮物，旁边有一明显的凹陷窝。壳果平均粒重7.05 g，果仁平均粒重2.33 g，出仁率30%~35%，一级果仁率85%~90%。抗风性差，有少量果实成熟后不脱落，果实比其他品种难脱皮。较适宜气候较凉的地区种植。实生苗生势旺，成苗整齐，与D4品种一样，常被选作砧木材料。在我国华南7省试种均表现早结，对广东、广西10~16年树龄以前的果园调查表明，早结、丰产、稳产，但抗风性差，鼠害重。由于其每年结果量大，若肥水管理水平低，则该品种的树势比其他品种更容易出现衰退病症。

（二）我国选育品种

近年来我国科研机构也选育出一些优良品种：

1. 南亚1号 该品种是中国热带农业科学院南亚热带作物研究所1991年从实生群体中选出，于2010年通过广东省农作物品种登记。南亚1号树势中等，树冠圆形、较开张，枝梢健壮，颜色深绿。三叶轮生，叶片扭曲，叶基较窄，叶端较尖，叶柄较短，叶缘波浪形，叶缘多刺。花序较长，小花白色，每个花穗小花数量100~150；带皮果大，成熟时纵径5.2~5.8 cm，横径3~4 cm，平均粒鲜重22.86 g；壳果较大，平均粒重8.43 g，果仁平均粒重2.89 g，出仁率37.2%~37.8%，一级果仁率100%，含油率76.4%~80.5%；壳果棕红色，斑点较大，蒂部分布较集中，萌发孔较大。该品种适应性强，粗生易管，成枝力中等，枝条较稀疏，树冠通风透气，早结丰产，定植后2~3年就能开花结果。在原产地湛江，该品种于9月中下旬成熟。

2. 南亚2号 该品种是中国热带农业科学院南亚热带作物研究所1991年从实生群体中选出，于2010年通过广东省农作物品种登记。树势中等，树冠圆形、较开张，枝梢健壮，颜色深绿。三叶轮生，叶较短，叶基较窄，叶端较钝，叶柄较长，叶缘刺中等多，叶片两面的叶脉、侧脉和大量的细网脉明显可见。花序较长，小花两性乳白色，每个花穗小花数量为90~140；壳果中等大，平均粒重7.52 g，果仁平均粒重2.6 g，出仁率30.6%~30.7%，一级果仁率100%，含油率76.5%~78.3%；壳果棕红色，斑点少，主要集中在近蒂部，萌发孔中等大，结果较早，产量很高。该品种适应性强，产量高，在原产地湛江，八年生树株产可达14.82 kg，于9月下旬至10月上旬成熟。

3. 南亚3号 该品种是中国热带农业科学院南亚热带作物研究所1991年从实生群体中选出，于2011年通过广东省农作物品种审定。树势中等，树冠圆形、较开张，枝梢健壮，分枝力中等，颜色深绿。叶片长椭圆形，三叶轮生，叶片扭曲，叶基较窄，叶端较尖，叶柄较短，叶缘波浪形，叶缘多刺。花序较长，小花白色，每个花穗小花数量为220~280。带皮果卵圆形，深绿色，成熟时纵径3.84 cm，横径3.07 cm，平均单果重19.75 g；壳果中等大，平均单粒质量6.95 g，果仁平均单粒质量2.63 g，出仁率36.8%~38.2%，一级果仁率98.9%~100.0%，总糖含量4.2%~5.7%，蛋白质含量8.72%~9.04%，含油率75.3%~78.7%；壳果深褐色、淡咖啡色条状或点状斑纹，腹缝线咖啡色，浅但明显，萌发孔小。该品种在原产地湛江，于9月下旬至10月上旬成熟。

4. 南亚12 该品种是中国热带农业科学院南亚热带作物研究所2000年从实生群体中选出，于

2013 年通过广东省农作物品种审定。长势中等，树冠圆形、较开张，枝梢健壮，分枝力中等，颜色深绿，节间长约 3.82 cm。叶片倒卵形，浅绿色，三叶轮生，叶较短，长 15.31 cm、宽 5.02 cm，叶柄长 1.01 cm，叶缘波浪形，刺少或无，主要集中在基部；总状花序腋生、下垂，花序较长，每个花序有小花 180～250 朵，小花两性、乳白色，无真正的花瓣，而是 4 个花瓣状萼片连接成管状花被。带皮果卵圆形，颜色深绿，果皮略粗糙，纵径 3.46 cm、横径 3.06 cm；壳果近球形，棕红色，中等大，表面光滑、有光泽，斑纹极少，萌发孔小，平均单粒重 7.21 g；果仁较大，乳白色，平均单粒重 2.58 g；出仁率 35.3%～37.3%，一级果仁率 96.4%～100%，果仁中总糖含量 2.0%～2.9%，蛋白质含量 9.16%～9.91%，含油率 73.9%～77.8%。该品种在原产地湛江，于 9 月中旬成熟。

5. 南亚 116 该品种是中国热带农业科学院南亚热带作物研究所 2000 年从实生群体中选出，于 2014 年通过广东省农作物品种审定。树冠圆形，长势旺盛，树势较开张，分枝力较强，颜色墨绿，节间长 3.85 cm。叶墨绿色，披针形，三叶轮生，叶中等长，长 17.15 cm，宽 4.25 cm；总状花序腋生、下垂，长 28.62 cm，每个花序有小花 250～320 朵，小花两性、乳白色；带皮果球形，颜色深绿，果皮略粗糙，果顶钝尖，带皮果中等大，纵径约 3.45 cm，横径约 3.26 cm，果皮厚 0.38 cm；壳果棕红色，球形，表面光滑有光泽、无斑纹，萌发孔小，壳果平均单粒重 7.45 g；果仁较大，乳白色，果仁平均单粒重 2.76 g。品质检测结果：出仁率 37.3%，一级果仁率 100%，果仁中总糖含量 2.31%，蛋白质含量 7.89%，含油率 73.9%。该品种在原产地湛江，于 9 月下旬成熟。

6. 桂热 1 号 该品种是广西亚热带作物研究所试验站从实生群体中选出。该品种树势中庸，树冠半圆形，枝条分布较均匀疏朗，树干呈灰褐色。叶尖为半圆形，叶缘呈微波浪形，有少量刺，叶柄长约 1 cm，叶片长 10～14 cm、宽 3～4 cm。总状花序腋生、下垂，长 14～17 cm，每个花穗有小花 130～160 朵。果实球形，平均单果重 18.8 g，壳果平均粒重 8.7 g，出仁率 32.9%，一级果仁率 100%，含油率 78%，蛋白质 8.53%，可溶性总糖 4.25%。该品种果穗结果紧密成串状，高温季节抽出的新梢叶片呈淡黄色。在原产地广西龙州 9 月中旬成熟。

我国最初引进的 9 个品种的果仁质量与主产地的比较结果如表 24-2 所示。

表 24-2 澳洲坚果主要品种在各种植区的果仁质量

品种	澳大利亚				夏威夷				广东湛江				
	出仁率（%）	一级果仁率（%）	果仁平均粒重（g）	抗风性	出仁率（%）	一级果仁率（%）	果仁平均粒重（g）	烘烤果仁质量	出仁率（%）	一级果仁率（%）	果仁平均粒重（g）	抗风性	果仁含油率（%）
246	31～35	85～95	2.5～3.0	很差	39	85	2.8	好	34	85.1～92.9	2.28	很差	79.02
660	33～37	90～95	1.8～2.4	好	44	97	2.5	极好	37	75.2～76.0	1.25	好	73.62
508	32～36	80～95	2.2～2.5	很差	36	90	2.5	极好	35	66.9～85.7	1.82	很差	77.93
344	30～34	90～100	2.4～2.8	好	38	98	2.9	很好	34	94.2～96.2	1.58	很好	74.5
741	32～36	90～100	2.1～2.5	好	43	98	2.8	很好	37	83.9	1.81	好	76.4
800	33～36	95～100	2.4～2.8	很差	40	97	3.2	极好	33	91.1～97.2	2.11	很差	79.13
333	31～35	90～97	2.2～2.6	好	34	89	2.2	一般	30.7	88.8～88.3	1.79	好	79.10
H2	30～35	85～95	2.1～2.5	差					38	92.8～97.5	1.90	差	80.04
Own Choice	32～36	90～100	2.5～3.0	差					30.7	98.2～99.9	2.38	很好	89.51
平均	31.5～36.5	88.3～97.4	2.2～2.7		39.1	93.4	2.7		34.4	86.1～90.7	1.88		

第二节　生物学特性

一、植物学特征

澳洲坚果为常绿高大乔木，树高可达18 m，冠幅可达15 m。原产地澳大利亚仍有100年以上的老树，生长良好。经济寿命可达40～60年。

（一）根

澳洲坚果是双子叶植物，主根不发达，侧根庞大，根垂直分布范围多在地表以下70 cm以内的土壤中。其中70％的根系主要集中分布在0～30 cm土壤中，水平分布绝大多数在冠幅范围，根系约在实生苗子叶脱落时，即萌芽后2～6个月开始形成。澳洲坚果与其他山龙眼科植物一样，在土壤缺磷或低磷，在侧根上产生典型的簇状须根，也称排根，其作用是增大根系的吸收面积，排根在土层分布的深度一般在10 cm左右最多，20 cm以下较少，在瘦瘠沙土的分布几乎达到地表。

（二）枝干

澳洲坚果主干直立，分枝较多，圆柱形树枝上有许多小突起（皮孔），树皮粗糙，无皱纹或沟纹，灰褐色，树皮切口呈暗红色，木质脆而硬。

（三）叶

光壳种三叶轮生（粗壳种四叶轮生），有时也有二叶对生或四叶轮生，叶片革质，窄椭圆形或者披针形；叶缘波浪形，全缘或分成若干坚硬小齿。叶片两面的叶脉、侧脉和大量的细网脉明显可见。叶片长75～250 mm。有些长达300 mm。长是宽的3～4倍，叶柄长5～15 mm。

（四）花

澳洲坚果花为总状花序，总状花序下垂（悬挂），长100～300 mm，每个花序上着生花100～300朵小花，小花最多达500朵。花的数量和花序的长度无紧密相关，花成对或3～4朵花为一组着生在花梗上，花梗长3～4 mm，在花序轴上有规律地间隔排列。小花长约12 mm，为两性花，但是完全花，无花瓣，只有4裂花瓣状的萼片，萼片形成花被管，形如4片黄色细裂片，长7 mm、宽1 mm，花开时外翻，已开的花为白色。在花被内，花的中心是单心皮的上位子房，子房上密生茸毛直至花柱下部，花柱上部无毛。子房卵形2室，顶部逐渐变成很细的花柱，花柱球棒状，顶部增厚。子房和花柱全长约7 mm，雌蕊基部周边是一个不规则的花盘，高约0.6 mm，为联生下位（低于子房）腺体。柱头表面很小，乳状突起物不对称地排列在柱头顶端，并向下延伸到柱头腹缝线。4枚周位雄蕊着生于子房旁边，花丝短。每枚雄蕊有2只长约2 mm的花粉囊，雄蕊在花被管约2/3处黏附在花瓣状萼片上（图24-1）。

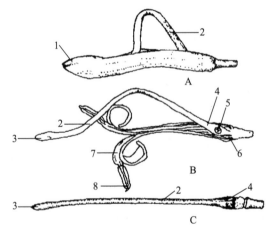

图24-1　花
A. 澳洲坚果花（开花前，花柱开始弯曲，挤穿两片花萼间的缝合线）　B. 花开的纵剖面　C. 雌蕊（授粉受精后花柱伸直）
1. 花瓣状萼片　2. 花柱　3. 柱头　4. 子房　5. 胚珠
6. 蜜腺　7. 雄蕊　8. 花药
（邓旭仿绘）

（五）果

果为蓇葖果，绿色，球形，直径25 mm或更大。绿色果皮厚约3 mm，果实成熟时，果皮沿腹缝线开裂，通常情况下一个果实只有1粒球形或卵圆形种子，少数情况，为2粒半球形种子。种子即是常说的坚果，由2～5 mm厚的硬壳和种仁（果仁）组成，种仁由两片肥大的半球形子叶和一个几乎是球形的微小胚组成，胚嵌在子叶之间种子靠萌发孔一端，由胚芽、胚根、胚轴组成。

果皮由一层深绿色、表面非常平滑的纤维状外果皮和一层较软而薄的内果皮组成，外果皮由薄壁组织（带有众多的具分枝的维管束）和表皮层（内含叶绿素细胞薄层）组成。内果皮的薄壁组织充满了像鞣酸似的黑色物，但无维管束，当内果皮由白色转棕色至棕黑色，表明果实已成熟，这是生产上常用来检查果实成熟度一种简单而直观的方法。

种子有种皮、种脐和珠孔。种皮由外珠被发育而来，并形成坚果的壳，且有明显的两层。外层厚于内层15倍，由非常坚硬的纤维厚壁组织和石细胞构成。内层有光泽，深棕色部分靠近脐点，约占内表面一半以上，而珠孔那一半像釉质，呈乳白色。棕色部分（在较宽的一端）具有扁平致密的细胞，像在果皮内层细胞一样充满一种棕色的沉积物。珠孔周围乳白色部分由外珠被的内表皮发育而来的细胞层组成，这层细胞类似未发育的内珠被。

二、生长发育规律

（一）枝条生长习性

澳洲坚果枝条一年抽生3次或4次梢，两次抽梢之间有一段休眠期。澳洲坚果幼树每年抽梢4次以上，新梢从萌芽到老熟的时间约40 d，新梢老熟到下一次梢萌芽，平均间隔18～28 d。成年结果树，在广州及粤西地区，一年主要抽3次梢，春梢发生的高峰季在4月，夏梢一般在6月底发生，10月晚秋梢，此外，一年中植株均有零星抽梢现象。7月中旬至8月下旬高温季节澳洲坚果生长缓慢，有的品种新梢出现黄化现象，如508、344、桂热1号，这一时期的新梢常转色困难，出现叶片变黄至泛白的生理病害。12月底至翌年2月底抽梢较少。

澳洲坚果抽梢一般长30～50 cm，有7～10个节，生长旺盛的幼树或有些品种抽梢最长约1.0 m以上。澳洲坚果的结果枝绝大部分是内膛1.5～2年老枝条，初结果的树尤为明显。少量结果枝甚至是几厘米长的内膛小枝条。梢的基部有一个明显无叶节，梢的顶部是发育未完全的叶，小而像鳞片，但这个节已形成了通常枝节内含的芽数量。每个叶腋里有3个垂直排列的芽，这些芽同时抽发时，将出现9（或12）条枝，这种现象时有发生，但通常仅三叶轮生的顶上三个芽同时萌发。

（二）开花习性

澳洲坚果花芽形态分化可分3个时期：芽休眠期（花芽从肉眼可见到花序达5 mm长），花序伸长期（花序伸长5 mm至花序上第一朵小花盛开）和开花期。花芽分化并变得肉眼可见后，根据生长地区不同，保持50～96 d的休眠期，以后花序开始伸长。在较凉的种植区花序伸长开始较早，并持续约达60 d之久。花开期发生在花芽分化后137～153 d。在粤西地区，植株的初花期在2月中下旬，盛花期为3月中，3月底至4月初为谢花期，花期比云南德宏地区早10～15 d。品种不同，其开花时间也有差异，如695品种，在湛江花期比其他品种均迟，3月中下旬才初花，3月底至4月初盛花，4月中旬谢花。

澳洲坚果为雄蕊先熟花，即花药先于柱头成熟。开花一段时间后柱头才开始有接受花粉的能力。据Urata试验，将花粉粒置于20%的蔗糖琼脂上，1～2 h花粉即开始萌发，萌芽率高达99.17%，在17个品种上，仅2个品种的萌芽率低于95%。自然状态下，开花后头2 h内，柱头上的花粉粒不萌发，花粉粒多在开花后24～26 h开始萌发，48 h后萌发量才增加。

大多数澳洲坚果为自花授粉坐果，但澳洲坚果本身又具有较大程度的自交不孕性。研究表明部分品种自花授粉后，花粉管在花柱内的生长2～7 d内会受到阻碍而导致未能受精。2个或2个以上澳洲坚果品种互相靠近种植时，产量会提高，在澳大利亚，一般建议一个果园种植4～5个品种。澳洲坚果的授粉昆虫主要是蜜蜂和食蚜蝇。

（三）果实发育

1. 果实生长发育　澳洲坚果子房内一个胚珠受精后，第二个胚珠会受抑制而败育。但偶尔也有在 1 个果实中发育成 2 个种子的，使种子成半球形。在粤西地区，澳洲坚果果实在花后 80 d 左右，生长最快，一般每旬直径增长 0.4~0.7 cm，以后增长较少；6 月下旬（花后约 110 d）果实不再增大，在果实直径达到 2.7 cm 左右后生长即趋缓慢，最后直径可达 3 cm。各品种的果实生长量略有差异，不同年份之间因开花期的差异，果实生长发育时间也略有不同。

2. 落花落果　果实发育期间，大量果实脱落，低坐果率是澳洲坚果产业面临的重要问题。澳洲坚果花量大，成年树一株的花序量多的可达 1 万多穗，每个花穗着生的 100~300 朵小花，初始坐果率为 6%~35%，而仅有 0.1%~0.5% 的花能发育成成熟的果实。花和未成熟果的脱落，可以分 3 个时期：①花后头 14 d 内，授粉而未受精的花迅速脱落。未脱落的幼果（初始坐果）有膨大的子房，它们中大多已经受精。②花后 21~56 d 内初始坐果迅速脱落；③花后 70 d 到 116~210 d 果熟时，较大的果实在成熟前逐渐脱落。在粤西地区，果实脱落主要在 5 月以前，花后 50~80 d，已受精且子房膨大的初始坐果迅速脱落，这段时间的落果量约占全年总落果量的 2/3；至 7 月末到 8 月中旬，花后 120~150 d，又有一个落果小高峰，这时的落果量约占落果总量的 1/4~1/3。

普遍认为，澳洲坚果生理落果的原因是营养问题，幼果量大的花序比幼果量少的花序落果严重，相同品种植株间也存有一定的这种普遍现象。南亚热带作物研究所的研究表明，果实的生长发育高峰和落果高峰非常吻合。

除生理落果外，温度、湿度也会引起未成熟果的脱落，风害也会引起落果。高温会加剧未成熟果的脱落，随着气温的升高，在坐果后头 70 d 内，30~35 ℃ 的气温下未成熟果脱落比 15 ℃、20 ℃、25 ℃ 显著增加。干燥亦会加重因气温升高引进的未成熟果脱落。特别是在坐果初期 35~41 d，干旱也会引起未成熟果大量脱落。在果实发育初期，偶尔的干热风出现，也会加剧落果。生长调节剂对澳洲坚果落果的影响，各国都做了大量研究工作，至今仍未能在生产上推广应用。

3. 油分的积累　澳洲坚果从坐果至成熟脱落大约需要 215 d，果实成熟时，果仁含油率可达 75%~79%。在粤西地区，6 月下旬，果实形态不再增大，随着果实的发育，果仁含油量不断增大，而氮总量（粗蛋白含量）却不断下降；糖总量在花后 111 d 以前不断增加，111 d 以后逐渐下降。南亚热带作物研究所以 H2、246、660、508 四个品种七龄以上结果树发育中的果实为材料，测定 4 年的结果表明：果实发育过程中粗脂肪含量变化，从花后 90 d 开始，随着果龄的增加，果仁含油量逐渐增加，其中花后 120 d 以前为油分积累最迅速时期。各品种油分积累的速度略有差异，660 和 246 的油分积累在前期较快，花后 120 d 时已分别达到了 54.94% 和 43.30%，而 H2 和 508 则分别只有 32.59% 和 36.1%。到花后 150 d 时，各品种均能达到 60% 以上，果实完全成熟时，油分均在 72% 以上。

第三节　对环境条件的要求

（一）温度

澳洲坚果较耐寒，在广东英德市，澳洲坚果植株在绝对低温曾达 −4 ℃、霜期 7 d 而完好无损，成年树能耐 −6 ℃ 短暂低温，不致受冻害，然而，尽管在纬度 0~34° 见有澳洲坚果种植，但澳洲坚果商业性生产最适宜在年均气温 19~23 ℃，绝对低温在 0 ℃ 以上的无霜冻地区发展，澳洲坚果在温度 10~15 ℃ 开始生长，20~25 ℃ 生长最好，而在 10 ℃ 和 35 ℃ 时，生长停止。在 30 ℃ 以上的高温，508、344、桂热 1 号等品种，新梢叶片会出现褪绿变黄泛白现象。

花芽分化最适夜间温度介于 15~18 ℃，根据温度不同，花芽分化需 4~8 周完成，花芽分化并变得可见后，则进入芽休眠期、花序延长期和开花期。在坐果后 10 周内，30~35 ℃ 的日温，比 15 ℃、20 ℃ 和 25 ℃ 日温更刺激未熟果脱落，因为温度超过 26 ℃，光合作用突然下降，同化物质缺乏。在果实完成迅速膨大和油分积累后，25~30 ℃ 温度时果仁生长较快，出仁率较高，在 25 ℃ 时，油分积累最迅速，在 15 ℃ 和 35 ℃ 时，果仁生长慢、出仁率和含油量低。高温条件下，果仁重量和出仁率下降，表明净同化积累较少。在 35 ℃ 时，绝大多数果仁质量较低，含油量低于 72％，在果实发育后期，极度高温反而影响果实生长和油的累积，导致果仁质量差。

（二）年降水量

年降水量以不少于 1 000 mm 为宜，且年分布均匀。在澳洲坚果原产地区，年降水量约 1 894 mm，在夏威夷澳洲坚果生长最好的地区，年降水量幅度为 1 270～3 048 mm。过分干旱，则植株生长慢，产量也低。干旱条件下的果实小，果仁发育不良。因此，在年降水量低于 1 000 mm 的干旱地区，就考虑提供灌溉条件，即便是年降水量大，如分布不均匀，如在植株开花初期的 5～6 周果实发育时期遇到干旱天气，也会出现大量的果实脱落。果实成熟前 3 个月。适宜的水分对增加果实的大小和重量有重要作用。

（三）土壤

澳洲坚果在各类土壤均能生长，但适宜土层深厚、排水良好、富含有机质的土壤。商业性栽培土层深度至少达 0.5 m，且土壤疏松，排水良好。土壤 pH 4.5～6.5，最适宜的土壤 pH 为 5.0～5.5，在盐碱地、石灰质土和排水不良的土地，则生长不良。

（四）风

澳洲坚果树冠高大，根系浅，抗风性差，属忌热带风暴作物。商业栽培应选择无风害的环境种植。在有风害的地区要特别注意宜植地的选择和防风林的配置。在平均风力低于 9 级、阵风低于 11 级、无强热带风暴出现的地区，可选择避风地域配置防护林种植；在平均风力超过 9 级、阵风达 11 级、有台风出现的地区，不宜大面积发展，抗风性较好的品种有 Own Choice、344、南亚 1 号、南亚 3 号、南亚 12、922、741、660 等，而 246、800、508、H2 等则抗风性差。

（五）其他

澳洲坚果适宜在平地、丘陵及坡度≤25°的山地种植，坡度大不利于耕作，且易引起水土流失。果园宜建在海拔 800 m 以下区域，如果温度、湿度、光照适合，也可建在海拔 800～1 400 m 的区域。

在果园的迎风面，应安排抗风性较强的品种，果园的长度和宽度不宜超过 150 m，四周应种上 1～3 行抗风防护林。

第四节　苗木繁殖

澳洲坚果商业性种植都采用优良品种的嫁接苗或扦插苗，靠接和高压育苗法由于操作上的限制，极少用于大规模的育苗生产。

一、播种

用作繁殖的种子越新鲜越好。种子在温室下贮藏 3 个月后发芽率将迅速下降。贮藏时间越长，种子发芽率越低。

经贮藏后的种子，在播种前，必须用干净清水浸泡 1～2 d（若种子太干，最长需浸 3 d），去掉浮出水面的种子，沉在水中的种子再用 70％甲基硫菌灵 1 000 倍液浸泡 10 min，然后播种。

播种苗床至少 20 cm 厚，宜采用干净河沙或疏松排水性好的生泥土作为基质材料。播种苗床的沙和泥土不能重复使用，以免真菌大量繁殖侵染种子而影响发芽率。种子最后经甲基硫菌灵处理后条播在催芽床上。播种时种子的腹缝线朝下，种脐和萌发孔在同一水平面，即与地平线平行播在浅条沟上，种子间相隔半个种子的距离，1～2 cm 宽，条沟之间相隔 5 cm 距离，播后用沙覆盖厚约 2 cm。若播种过深，由于缺乏空气易于腐烂，发芽率较低。播种后催芽床要用 50％～70％遮光度的遮阳网遮光。注意经常淋水，保持苗床土壤湿润，在播种后第一周保湿尤为重要，种子必须吸足水分，发芽时才能自由开裂。播种后种子萌芽的时间长短依湿度和种子种壳厚薄不同而先后有异。快的 2～3 周即有种子发芽，而通常要 3～5 周，全部种子发芽，可能要持续 6～8 周，在温度低于 24 ℃时，持续的时间更久。播种后另一项特别重要的工作就是注意防鼠和蚂蚁的危害。

二、移苗

当播种苗床绝大部分的幼苗头两轮叶已稳定硬化，即可把苗移入营养袋或实生苗床，移苗不宜过早也不宜在抽生新梢时进行，否则成活率低，移苗时应选择阴天、多云天气或晴天 16：00 之后进行。有条件的在移苗后拉上 50％～70％遮阳网遮阳 3～4 d。

1. 袋装苗　把幼苗直接移入营养袋中管理，种植幼苗时要防止将根系卷曲在育苗袋中。通常营养袋规格为 18 cm×25 cm，种苗一年半后出圃。大袋规格 25 cm×35 cm。为了保持良好的排水性，营养袋底部及四周应留有足够的排水孔。营养土以排水良好的土壤和腐熟的锯屑有机肥混合物 3：1 比例为宜。袋装苗每 4 袋为一行排列，以便嫁接操作，袋的 2/3 深度埋于土中。上部 1/3 周围和袋与袋之间的空隙用土覆盖填充。袋装苗嫁接成活后易于取苗。缺点是，在实生苗期，由于受袋规格及有限的营养土的限制，生长速度比地栽苗差，需水量大，施肥管理不方便。长途运输成本较高。

2. 地栽苗　把催芽床已稳定的幼苗移栽在实生苗床上管理，嫁接后达到出圃标准时，提前装袋，炼苗稳定后定植大田。移苗前播种苗床以及实生苗床均需提前 1～2 d 浇水，以便起苗和栽苗时易于操作，减少根系损伤。移栽时株行距 15 cm×20 cm。1 m 宽的畦种 6 株，以便嫁接操作。种植时，注意保留子叶以埋过种子稍深 3 cm 左右为宜，根系要舒展，回土稍微压实后，淋足定根水。

三、实生苗管理

移苗后，立即淋足定根水。干旱季节 2～3 d 随时复淋水，遇高温日灼天气，应及时遮阳或随时喷水保苗。移苗后初期要注意防鼠害。待幼苗稳定后起初 2 个月，每 15 d 淋施稀薄水肥一次，以氮肥为主，同时及时补苗。以后可以撒施 N：P：K＝13：2：13 的复合肥。在管理过程中，要注意除草、淋水工作。每隔一段时间，则要安排一次修剪整理小苗，使实生苗保留单一主干，其余分枝全部剪去，以保证苗木快速增粗增高生长。

四、嫁接

1. 嫁接前苗床管理　实生苗生长 8～12 月后即可达到嫁接标准粗度。实生苗生长势旺、离地 25 cm 高度处茎干直径达到 0.8～1.2 cm 时最适宜作为砧木。嫁接前 1 个月苗圃应全面施一次水肥，并做好除草修枝和苗床修复整理，嫁接前 10 d 喷药一次，进行病虫防治清理工作。嫁接前 3 d 淋足水。

2. 嫁接季节　嫁接繁殖的最佳季节是在秋末、初冬和春季。其他季节嫁接效果不佳。

3. 接穗准备和选择贮藏　接穗最宜采用老熟充实、节间疏密匀称的枝条。最好的枝条成熟度是灰白色已木栓化的部分，淡棕红色部分效果不好，淡灰绿色枝也不宜作为接穗。接穗采下后，从叶柄处剪去叶片，但不宜用手剥离，以免伤及叶腋的芽。枝条剪成 20～30 cm 长，分小捆包扎挂好标签。然后用 70％甲基硫菌灵 1 000 倍液处理 10 min 稍阴干，用经药剂处理过的湿润干净毛巾包裹保湿即可长途运输，若要保存 7～10 d 使用，在贮藏过程中有条件的最好放在 6 ℃低温下效果更好。

4. 嫁接方法　澳洲坚果采用的嫁接繁殖方法多种多样。各种植区习惯和推广使用的方法各不相同。在我国澳洲坚果植区最普及的方法是劈接嫁接法和改良切接嫁接法。在接穗来源珍贵或砧木已超大情况下，可使用芽接法繁殖。繁殖苗数量不多，有条件的亦可用靠接法嫁接。

（1）劈接法（图 24 - 2）。

（2）改良切接法（图 24 - 3）。

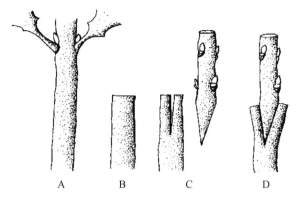

图 24 - 2　劈接法

A. 砧木在高 25 cm 处左右剪断，并剪去靠近剪口的一轮叶片，以便嫁接操作
B. 选择与砧木粗度相当的芽条，截取 2～3 个节，5～8 cm 长的接穗。接穗下半部削成楔形，
两边的削口平滑，削口长 2.5～3 cm　C. 在砧木的剪口中心下刀纵破长 2.5～3 cm 的嫁接口，
把楔形接穗插入，两边皮部对正吻合，砧穗大小不一时，最少一边的砧穗皮部对准　D. 接口自下
往上用 1.5～1.8 cm 宽，30 cm 长，韧性较好的聚乙烯薄膜带绑扎，接穗部分用 3C 低压聚乙烯膜密封

（邓旭仿绘）

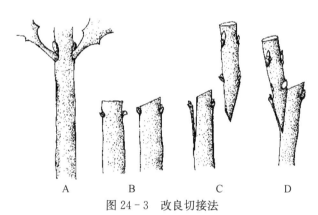

图 24 - 3　改良切接法

A. 砧木在高 25 cm 处左右靠近节眼地方剪断，并剪去靠近剪口的一轮叶片。用刀在砧木
切口处节眼叶柄的地方下刀往上削一斜面 1.2～1.5 cm 长　B. 截取 2 个节，5～6 cm
长的接穗，接穗一边靠近节眼下刀，但不伤及芽，削成 2.5～3 cm 长的斜面，另一面
基部削一约 0.5 cm 长的小斜面，削面要求平滑　C. 在砧木斜面的下部，按接穗削面宽度
垂直平滑下切一刀长 2.5～3 cm 的嫁接口。插入接穗，接穗长削面与砧木的嫁接口两边
皮部对准，砧穗切口宽窄不一时，最少一边的皮部相对准　D. 接口自下往上，用 1.5～1.8 cm 宽，
30 cm 长，韧性较好的聚乙烯薄膜带绑扎。接穗部分用 3C 低压聚乙烯膜密封

（邓旭仿绘）

五、嫁接后管理和起苗

嫁接后要注意防止碰伤，同时及时撒施农药防治蚂蚁，尤其是秋季干旱时节嫁接，蚂蚁常常咬食接穗外边的薄膜。注意淋水保湿。及时抹除砧木上的萌芽，待接穗上长出的芽第一轮叶稳定后，即可开始疏芽工作，每个接穗上只保留 1～2 个健壮枝条。大部分接穗抽芽后即可开始施肥。在防虫防病过程中，可加入叶面肥喷施，以促进幼苗的快速生长。

待接穗抽生的新梢稳定且长度达 30 cm 以上时，地栽苗即可挖苗装袋。装袋时，对根系可作适当修整，同时剪去多余的枝条，浆根后，装入 18 cm×25 cm 规格的营养袋，集中放置，并用 50%～70%遮光度遮阳网遮阳。上袋后 7～10 d，要对叶面喷水保湿，1 个月后植株生长稳定长出新根即可出圃定植。

第五节 建园和栽植

一、品种配置

应选择适应种植区气候环境的丰产优质高效品种，宜选择使用农业农村部或省（区）级主管部门推荐的品种。各种植区可选用的部分澳洲坚果品种见表 24-3。

表 24-3 我国各澳洲坚果种植区推荐品种

产区	品 种
云南	Own Choice（O. C.）、Hinde（H2）、922、Keaau（660）、Kau（344）、Purvis（294）、Keauhou（246）
广西	Own Choice（O. C.）、922、Beaumont（695）、桂热 1 号、南亚 1 号、南亚 2 号、南亚 3 号、南亚 12、南亚 116
广东	Hinde（H2）、Own Choice（O. C.）、922、Beaumont（695）、Kau（344）、南亚 1 号、南亚 2 号、南亚 3 号、南亚 12、南亚 116
贵州、四川	Hinde（H2）、Own Choice（O. C.）、Kau（344）、922

注：品种排名不分先后。

澳洲坚果自花授粉可以结果，但自交不育率较高。品种间混种、异花授粉的产量要比单一品种连片种植的产量要高。因此果园不宜采用单一品种种植，建议采用 3～5 个品种搭配种植。

在选择搭配种植的品种时，要注意避免来自相同亲缘关系的品种种植在一起，如 246 与 800、790、835；660 与 344、816、915；D4 与 A4、A16；Own Choice 或 D4 与 Greber Hybrid 等品种，每一组品种内互相有亲缘关系，搭配的效果不佳。

二、苗木质量要求

果园种植的苗木应符合农业农村部发布的农业行业标准 NY/T 454—2018《澳洲坚果 种苗》质量要求。

可选择生长健壮、品种纯正的嫁接苗或扦插苗；嫁接苗根系良好，嫁接口高 20～30 cm，砧木和接穗亲和性好，嫁接口平滑，至少有二次老熟梢，接穗上抽生的第一次新梢枝条粗度直径为≥0.6 cm，整株高≥85 cm，无严重病虫害，苗木营养袋完整；扦插苗根系良好，至少有二次老熟梢，插枝上抽生的第一次新梢枝条粗度直径为≥0.6 cm，整株高≥85 cm，无严重病虫害，苗木营养袋完整。

三、定植

1. 定植前准备工作 需做好定植点的选定、定植坑的挖掘、回填定植坑工作。

（1）种植密度。澳洲坚果属高大乔木，经济寿命 40～60 年。一般种植密度株距 4～5 m，行距 5～6 m。直立型品种如 344、660、741 等可种密些，开张型品种如 246、Own Choice 等可种疏些。在实行机械化管理的果园，一般种植密度，直立型品种株行距为 4 m×（7～8）m，312～357 株/hm²，开张型品种采用的株行距规格为 5 m×（9～10）m。

（2）挖定植坑。按株行距进行定标，丘陵山地宜采用等高种植，定植坑的大小，一般要求为 80 cm×80 cm×80 cm，直壁平底。定植坑挖好后最好让太阳暴晒 1～3 个月。

（3）定植坑回土。定植前 1～2 个月，将已挖好的定植坑底部锄松，每穴用石灰粉 0.25 kg 撒于穴壁四周和底部，每穴再用腐熟的有机肥 25 kg 和饼肥 1 kg 与表土拌匀，将定植穴四周的草料回填，回一层草料加一层表土，踩实，再回一层草料和表土。填满坑后，定植坑的土至少要高出地面 20 cm

左右，形成底部直径 80 cm，高 20 cm，盘面直径 70 cm 的定植盘，待定植坑回填土下沉稳定后再种植。

2. 定植时期和方法

（1）时期选择。根据当地的气候条件确定定植时间，宜于雨季进行。有灌溉条件的果园秋冬季也可种植。

（2）定植方法。在定植盘中心挖种植坑，坑的深度略深于营养袋的高度。种植时除去苗木的营养袋，扶正苗木，纵横成行，填土适当压紧。填土完毕在树苗周围起直径 80～100 cm 的树盘，淋足定根水后盖草保湿，以后视天气情况浇水，保持土壤湿润。定植时应注意：基肥与表土应拌匀，避免基肥集中造成烧根死亡；澳洲坚果根系较细脆易断，填土时用手适当压紧，不宜用脚踩踏，应避免造成大量断根死亡；除去营养袋时，应避免造成大量断根死亡。

3. 定植后管理 定植后应及时修复定植盘，平整梯田，用草料或塑料地膜覆盖定植盘，利于保水和防止植盘杂草的滋生，覆盖物应离主干 10 cm；在风害地区，可给幼树附加抗风支架，提高抗风力，防止倒伏。

定植后视天气情况及时补复淋水抗旱或注意排涝，确保植株成活。定植后约 1 个月，应及时对死苗缺株补植同一品种，当年保苗率应达 100%；定植成活后及时解除嫁接苗接口处的薄膜，抹除砧木萌生芽，将因各种原因造成歪倒的苗木扶正。

定植成活的苗，定植后约 1 个月，可施 1 次水肥，每株施尿素 25 g、钾肥 25 g，兑水 10 kg 浇施。

第六节　果园管理

一、整形修剪

（一）幼树期

澳洲坚果的结果枝为 18～24 个月龄的内膛小枝和弱枝；澳洲坚果幼树一年可抽生 3～5 次新梢，但大多品种的分枝力均较弱，一至三年生树，以促使幼树增大树冠，促使更多结果枝的抽生、培养丰产树形为主，以促使植株尽早进入投产期。

定植成活后在幼树主干离地 80 cm 左右处摘心或打顶，注意抹除砧木上的萌芽。在生长期主要进行摘心短截，促其分枝，当新梢长 30～40 cm 时进行摘心，促其分枝；冬季则以疏剪为主，主要对树冠过密的幼树，如 Own Choice、246、800 等树冠密集型品种的树进行疏剪，疏去交叉重叠枝、徒长枝和枯枝及病虫为害枝。同时要特别注意保留内膛结果枝。而树冠低部位枝是初产期的主要产量来源，幼树至初产期宜提倡保留这些枝，待结果部位上升后再予修剪。修剪时要注意控制植株向高生长的趋势，如品种 344、741、660，树冠直立生长，枝条健壮，少分枝，要注意短截，促其分枝，引导树冠横向扩展，冬季在树冠顶部截顶开"天窗"，抑制顶端优势。冬剪时也要注意避免在内膛部位留下残桩，以免第二年春残桩萌发大量的丛枝或徒长枝，使内膛严重荫蔽。每次修剪时要注意掌握修剪量，修剪量大于植株再生量时，严重影响植株的生长，每次修剪掉的枝叶量以不超过树冠的 1/3 为宜。

（二）结果树

结果树收果后，在入冬前必须进行清园工作，主要疏除清理病虫枝、枯枝、交叉重叠枝以及内膛的丛生枝、徒长枝和落果后遗留在结果枝上的果柄。对生长茂盛、树冠密集的树，在树冠顶部适当截顶开"天窗"，下部除去影响作业的下垂枝。对树与树之间已封行交叉的树，进行适当的回缩修剪。对生势衰弱、枝叶稀疏的树可实行回缩更新枝条，但要避免因回缩更新修剪后主干严重裸露被阳光直射，因为阳光直射极易灼伤主干造成树皮爆裂、干枯死亡。在回缩更新后，再生萌发的枝条要及时进行疏芽定梢、摘心短截等整形工作，避免任由自然生长而形成丛生枝或徒长枝，降低结果能力。

二、营养与施肥

(一)澳洲坚果树的营养变化

澳洲坚果叶片一年中各月份的营养水平受生长期、施肥措施等多方面因素的综合影响而变化较大,其中大量元素氮(N)、磷(P)、钾(K)、钙(Ca)、镁(Mg)以及微量元素硼(B)随月份而变化,并表现出一定的季节性规律,N、P、K三要素的季节变化以春季(1~3月)含量相对稳定,且接近全年平均值,夏季(4~7月)含量相当低且波动较大,秋季(8~10月)果实发育结束时养分迅速积累,达到全年最高值,冬季(10~12月)进入花前期时养分又开始下降。Ca、B含量在春季略呈下降趋势含量较低,2月含量为全年最低值,3~4月以后,Ca、B含量迅速上升,至7~8月达到全年最高值,8~9月以后又迅速下降,至11月达最低,12月又略有回升。Mg含量的变化规律大体与Ca相似,但月份含量波动较大,最低值出现时间有所不同,规律没有Ca明显。叶片B含量在春季最低,这也许与开花有关,因为硼对植物生殖器官的正常发育和开花结实有重要作用,花期对硼的需求较大,从而导致叶片中硼含量降低。

研究结果表明,不同品种对吸收和转移单个元素的效率是有差别的,一些品种更易缺氮,而另外品种可能对缺磷或缺钾更为敏感,如508和246更易表现出缺钾。

(二)幼树的施肥管理

对1~4龄幼树,为了促使幼龄坚果树快速生长,肥料的施用应与枝梢生长物候相结合。幼树的施肥时期一般以一梢两肥较合理,即促梢肥和壮梢肥,另外每年在初春和植株生长相对缓慢的7~8月施有机肥,即铺肥和压青。各时期施肥的用量如表24-4所示:

表24-4　澳洲坚果幼树施肥量推荐

树龄(年)		1	2	3	4
促梢肥 [g/(株·次)]	尿素	40	50	75	100
壮梢肥 [g/(株·次)]	复合肥(N:P:K=13:2:13)	30	40	50	75
	氯化钾	20	20	30	50
铺肥 [kg/(株·次)]	猪粪		7.5	15	15
	饼肥		0.25	0.50	0.75
	石灰		0.15	0.15	0.15
压青 [kg/(株·次)]	绿肥		25	25	25
	猪粪		7.5	15	15
	饼肥		0.50	0.75	1
	石灰		0.25	0.25	0.25

1. 促梢肥　在梢萌芽前1周至植株有少量枝梢萌芽之间。

2. 壮梢肥　在大部分嫩梢长到10 cm至梢基部的新叶由淡绿变深绿之间。施用复合肥和钾肥壮梢。

3. 铺肥　从两年生树开始,每年在春季生长高峰来临前,即春梢发生前进行铺肥。

铺肥方法:肥料预先堆沤腐熟,二年生树在树冠滴水线挖环状沟;三年生树挖半圆形沟;四年生树挖沟长达树冠圆周1/3。各种沟宽和深各30 cm,沟的内壁以见根为宜,避免大量伤根,然后用腐熟肥和土拌匀回沟。

4. 压青　从二年生树开始,每年7~8月在植株生长相对缓慢季节进行压青改土。在树冠滴水线下挖长1 m,宽0.4 m,深0.6 m的压青坑。坑靠植株一边的内壁以见根为宜,避免大量伤根,然后用绿肥和预先堆沤腐熟的肥料分层回坑,而用挖出的心土覆盖做成土墩,据广西华山农场对澳洲坚果压青后 37 d 的抽查，结果压青坑内已有大量 3～7 cm 长的新根，新根白嫩健壮，根毛发达。

（三）结果树的施肥管理

进入结果期以后，施肥则应与物候期相对应。据南亚热带作物研究所对坚果树年养分变化测定结果认为，结果树每年的施肥应分 5 次进行，具体如下：

1. 花前肥（2 月初）　澳洲坚果花量大，开花前对氮、磷需求较多。在抽穗前期施以速效氮为主，配合磷、钾肥，以提供抽穗开花时的营养需要，提高花质。

2. 谢花肥（3 月中）　谢花后要及时施肥补充营养，为将要发生的幼果速长和春梢抽生的营养需要做准备。以氮、磷、钾复合肥为主，适当增施少量氮。

3. 保果壮果肥（4 月底）　在 5 月叶片含氮量降至全年最低值，叶片中氮、磷、钾均明显下降之前的 4 月底，增施一次氮、磷、钾复合肥补充营养，以起到保果壮果作用。到 7 月份叶片氮、磷、钾含量均明显下降，磷、钾降至全年最低值，而出现第二个落果小高峰，因此，在 6 月中应施第二次保果壮果肥。这两次壮果肥的施用，要适当控制氮的用量，以免引起树体营养生长过旺盛，而造成减产。

4. 果前肥（7 月底至 8 月中旬）　由于果实油分的积累和抽生新梢的养分消耗，果树挂果量越大，树体表现的缺肥就越突出，植株叶片色泽变浅绿，因此，这时要增施一次肥料，以保持植株健康生长，减少非成熟果提前掉落，同时可以提高果仁质量，果树进入收获期后，因果实成熟从树上掉落后定期集中收拣的，从收获期开始到结束长达 1 个多月，在进入收获季前安排这次果前肥，既可以补充前期消耗的营养，也可以保证收获季节不便施肥期间植株的营养需要。

5. 果后肥（10 月初）　由于收获季长达 1 个多月，树体消耗营养量较大，随之而来的是下一次活跃的营养生长，加之花芽分化亦需要营养，所以，在收获后的树体修剪前，宜施一次果后肥，以便植株迅速恢复生势，提供树体抽梢营养。

结果树在春季气温回暖，根系恢复生长、花穗抽生之前施一次已堆沤腐熟的有机肥，以农家肥为主，豆饼和氮、磷、钾复合肥为辅。有机肥肥效长，提前在抽穗开花前施用，可以为花期和幼果迅速增长期提供养分，又能起到改善土壤物理和化学性状的作用。

据测定，100 kg 澳洲坚果果实要从土壤中消耗的营养，如表 24 - 5 所示。营养器官生长也需要消耗土壤中的营养，所以应按照树体的需要予以及时施肥，补充营养，表 24 - 6 列出了澳洲坚果各龄树氮、磷、钾三大元素的参考用量，在实际大田生产中，由于各个种植区具体情况不同，树龄、树势、产量、土壤肥力都不一样，肥料的使用应与实际生产需要相结合而灵活安排。

表 24 - 5　每 100 kg 带壳鲜果的营养元素含量

（Mike. A. Nagao 等，1992）

单位：g

营养元素	果皮	果壳	果仁	总计
氮	212.00	73.00	120.00	405.00
磷	11.00	14.00	12.00	37.00
钾	280.00	29.00	24.00	333.00
钙	10.00	7.15	4.20	21.44
镁	10.30	3.00	9.10	22.40

表 24 - 6　澳洲坚果各龄树每株每年需用肥料量

树龄（年）	氮磷钾复合肥（kg）	再增施氮量（g）
5	2.30	270
6	2.70	320
7	3.10	320
8	3.60	320
9	4.00	320
10	4.50	320

三、土壤管理

（一）灌溉排水

定植后的澳洲坚果幼苗天旱时需淋水保湿，以保持种植盘土壤湿润。结果树花期缺水，会影响开花质量，导致落果减产，果实发育后期缺水会影响果实油分的积累，降低果仁的品质，因此，从开花至果实成熟这段时期都应防止缺水。

积水会影响澳洲坚果植株生长甚至导致死亡，因此地势低或地下水位高的果园，在雨季要经常检查，及时排涝以防止果园积水。

（二）除草覆盖

澳洲坚果根系分布较浅，树盘杂草会影响植株的生长，因此果园每年应对树盘除草 3～4 次，宜结合施肥一起进行，通常在施肥前把树冠范围内的杂草除去。

提倡树盘周年盖草，尤其是幼龄树，盖草能保水，防止地表温度剧烈变化，减少杂草滋生，草腐烂后还能增加土壤有机质，防止土壤板结，保持土壤团粒结构和通气性，有利于根群活动。有条件的地区，尤其是幼树在入冬前和高温季节来临前，都应及时补加草。

（三）间作、压青改土

澳洲坚果非生产期长，行间距离宽，幼龄果园在行间封行前，为了经济利用土地，减少杂草生长和水土流失，行间可种短期作物如蔬菜、花生、豆类，短期水果或绿肥等，但不宜种植消耗地力的作物或攀缘性强的作物。同时注意间作物最少要离树盘 1 m 以上，以免影响植株的生长和妨碍田间管理操作。

利用间作物的绿肥如花生苗或豆秆，作为肥料进行覆盖或压青，起到土壤改良的作用。

第七节　病虫害防治

据报道，为害澳洲坚果的害虫有 330 多种，螨类 4 种，病原菌 30 多种，而主要的害虫只有 20 多种，病害 10 多种，鼠害为害果实也较严重。

一、主要病害及其防治

（一）果壳斑点病

1. 病原　病原菌为束梗尾孢菌（*Pseudocercospora* sp.）

2. 为害症状　主要为害果实，造成大量的熟前落果。初期在绿色果皮上呈漫射晕圈的淡黄色小斑点，扩展后变成较暗的黄色到棕褐色，直径 2～5 mm；当病斑扩展到 5～15 mm 时，中心变为褐色，边缘保持淡黄色；当该菌侵染未熟果实白色的果皮内层表面时为棕褐色圆斑，而随着果实的成熟，果皮内层表面变褐时，病斑则越难于辨认。

3. 防治方法　在坚果豌豆大小时开始喷药，每月 1 次，连喷 3 次，喷药要彻底全面覆盖果实，在该病的易发地区，如地势较低、树冠密挤和通风不良的果园，可进行局部喷药防治，如 77% 氢氧化铜可湿性粉剂 1 283～1 925 mg/kg；或 450 g/L 咪鲜胺乳油 300～500 mg/kg；或 250 g/L 的吡唑醚菌酯乳油 125～250 mg/kg；或 25% 咪鲜·多菌灵可湿性粉剂 250～400 mg/kg。

（二）炭疽病

1. 病原　病原菌为小刺盘孢菌（*Colletotrichum gloeosporioides* var. *minor*）、拟茎点霉菌（*Phomopsis* sp.）、毛色二孢菌（*Lasiodiplodia theobormae*）和束梗孢菌（*Stilbella cinnabarina*）。

2. 为害症状　起初在绿色果实上出现黑色斑点，斑点互相结合，形成腐烂斑块，果实表面覆盖橘黄色、针状的病菌子实体，继而果皮腐烂，真菌侵染由果皮扩展到果柄，造成大量的熟前落果。

3. 防治方法　用 450 g/L 的咪鲜胺乳油 300～500 mg/kg；或 250 g/L 的吡唑醚菌酯乳油 125～250 mg/kg；或 25％咪鲜·多菌灵可湿性粉剂 250～400 mg/kg 进行喷雾防治。

（三）花疫病

1. 病原　病原菌为灰绿葡萄孢霉（*Botrytis cinerea*），主要侵害花序。

2. 为害症状　起初在萼片上出现暗色小斑点，随后整个花朵枯死，并很快扩大至整个花序，只剩下绿色的总花梗不受侵害，当整个花序感病后，总花梗的颜色变暗，最后枯死花脱落，或可见灰色蛛网状菌丝体缠绕总花梗，潮湿条件下，受侵害的总状花序变成暗灰色至黑色。

3. 发生规律　连续 3 d 以上的阴雨和 10～22 ℃的温度。再侵染的条件：当这些孢子被冲刷或风传到其他花序上并至少有连续 6～8 h 的阴湿条件，再侵染便成功。

4. 防治方法　用 50％苯菌灵可湿性粉剂 833～1 000 mg/kg；或 450 g/L 的咪鲜胺乳油 300～500 mg/kg；或 25％咪鲜·多菌灵可湿性粉剂 250～400 mg/kg 进行喷雾。抓住喷药时机，当有 60％的花序刚刚全部开放的时候，必须注意观察病菌的侵染情况，一经发现应及时喷药。

（四）茎干溃疡病

1. 病原　病原菌为樟疫霉菌（*Phytophthora cinnamomi*）。

2. 为害症状　该菌以泥水、雨水、手、机械甚至灰尘等为媒介，通过植株的伤口、自然裂口进入树干，侵害树皮，使茎干或枝条表皮裂口，流褐红色树胶，木质部变暗色，染病茎干或枝条所在的叶片脱落或呈火烧状干化，顶梢落叶，枝条干枯，该病原菌逐渐扩展至整株，引起全株落叶，枝条干枯，严重的引起植株死亡。

3. 防治方法　对该病的防治主要以防为主。购买无病种苗，大田种植时应避免积水，并用 80％波尔多液可湿性粉剂 1 333～2 000 mg/kg；或 450 g/L 的咪鲜胺乳油 300～500 mg/kg；或 77％氢氧化铜可湿性粉剂 1 283～1 925 mg/kg 进行喷雾。

（五）衰退病

1. 病因　多种因素引起，病因包括疫霉菌引起的根腐病，缺素如缺锌、缺铜或两者同时出现引起缺磷，或者土壤有机质含量低等。

2. 为害症状　植株染病后，整株叶片褪色，然后树冠上部枝条回枯，逐渐向下蔓延，最后植株死亡。衰退病分为速衰病和渐衰病，速衰病发病后叶片似火烧状，叶片一般很少脱落，从发病到死亡只需几个月；渐衰病发病后，植株叶片黄化并逐渐脱落，进一步扩展则引起全株落叶，树枝回枯，2～3 年植株死亡。

3. 防治方法　目前还没有见到有效的化学防治报道，一般以预防为主，多施有机肥，增加果园土壤的有机质含量，树盘覆盖结合行间生草。

二、主要害虫及其防治

（一）蓟马

1. 为害特点　主要为害花、嫩梢、嫩叶。为害花时成虫、若虫以锉吸式口器吸食花朵各器官中汁液，影响花的正常发育，使之干枯、脱落。为害嫩梢、嫩叶时，先聚集于叶尖部位，后沿叶脉两则至叶缘为害，刺吸汁液，使嫩叶沿叶脉两则卷曲，组织变硬、变脆，逐渐使整个叶梢干枯、弯曲，影响新梢生长，严重的引起整株死亡。该虫对幼苗为害较重，其流行速度较快，一般 1 周左右达到成片为害，若不加以注意及时防治，将会造成严重损失。

2. 防治方法

（1）农业防治。防除杂草，尽量减少蓟马的栖息场所。

（2）化学防治。在该虫的流行季节，须经常调查虫口密度，做到及时喷药，抑制进一步为害，所用药剂为 10％吡虫啉可湿性粉剂 40～50 mg/kg；或 45％马拉硫磷乳油 250～330 mg/kg。

（二）蚜虫

1. 为害特点　主要为害幼苗的嫩梢，成蚜、若蚜聚集于心部及嫩枝，刺吸植物汁液，使新梢萎缩，难于抽长，叶片变形、卷缩发黄，影响幼苗生长。该虫还为害成龄树的嫩梢、花穗和幼果，使花蕾枯萎，幼果受害后脱落，该虫流行时将造成大量的落果。另外，其排泄物可诱发煤烟病。

2. 防治方法　可用 40％辛硫磷乳油 200～400 mg/kg；或 45％马拉硫磷乳油 250～330 mg/kg；10％吡虫啉可湿性粉剂 40～50 mg/kg 液喷雾。

（三）光亮缘蝽、褐缘蝽、柱石绿蝽

1. 为害特点　该虫主要为害果实，成虫、若虫以刺吸式口器刺入果皮或当果壳未硬化时刺入果仁吸取汁液，导致果仁畸变和引起大量未成熟果脱落。在果实发育时期较为严重。褐缘蝽还为害嫩梢，使叶片皱缩或枯死。果实受害后，果皮果呈暗绿色，表面有细小的孔，果皮内部组织和未硬化的果壳收缩，被害部位的周围组织变色，果仁畸形，这些特征与自然落果的幼果有明显区别。

2. 防治方法　在整个结果期，每周都要检查虫口密度，随机调查未熟落果，无论在哪一周当有 4％或连续数周调查均有 2.5％的果实受害时，即可开始防治，可用 4.5％高效氯氢菊酯乳油 20～33 mg/kg；或 45％马拉硫磷乳油 250～330 mg/kg 喷雾防治。

（四）澳洲坚果蛀果螟

1. 为害特点　幼虫在果实中钻洞，当果壳未硬化时，幼虫钻入果壳，取食种仁，果壳硬化后，幼虫局限于果皮中蛀食，有的也蛀过果壳取食果仁，特别是薄皮薄壳或已受其他害虫为害的果实。幼果受害后造成严重落果，成熟果实受害后引起果仁品质下降。该虫在果实的整个生长期均可为害。

2. 防治方法　对该虫的防治必须在成虫产卵至孵化并在幼虫找到取食点钻入果皮的 3～5 d 内防治才能获得防治效果，所以，在结果期必须每周调查虫口密度，随机调查 100 个果实，若发现有 5 个被该虫为害，或发现有 1％～3％的果实上有虫卵时，则可开始喷药，且每隔 10～15 d 喷一次。所用药剂为 45％杀螟硫磷乳油 250～500 mg/kg；或 50％倍硫磷乳油 1 000～2 000 倍液，两者轮换喷施效果较好。此外，要勤收果减少果实受害率，减少果园损失。

（五）白蛾蜡蝉

1. 为害特点　该虫寄主较广，成虫、若虫聚集在坚果枝梢、叶片、果柄、果实处，刺吸组织汁液，造成组织凋萎或生长衰弱，严重的引起未成熟果脱落并诱发煤烟病。该虫一年发生两代，夏季是为害高峰期。

2. 防治方法　若虫盛发期，用 45％马拉硫磷乳油 250～330 mg/kg；或 10％吡虫啉可湿性粉剂 40～50 mg/kg 液喷雾。成虫产卵初期，喷药效果最好。

三、鼠害

（一）为害特点

咬破果皮及果壳取食果仁，在果实的整个生长期均有发生，尤其是接近成熟或已成熟的果实，受害更加严重，地面上常可见散落大量被老鼠咬开的果壳，或爬上树为害而留下被咬开的果壳于果穗上，有时在鼠洞或杂草丛中也可见被为害的果实。

（二）防治方法

1. 栽培管理　清除果园周围的杂草、枯枝落叶或其他垃圾，保持果园的整洁、干净；修剪下垂枝，使其离地面约 1 m 高，疏除过分稠密的树冠，不易于老鼠的窝藏，结果期采用塑料薄膜包裹地面以上 0.3～0.5 m 的树干部分，避免老鼠爬树。

2. 保护鼠类天敌　如长标蛇、南蛇、猫头鹰等各种食鼠动物。

3. 捕鼠　运用鼠笼、鼠夹和竹筒鼠吊等捕捉器在适宜的位置，傍晚放早上收。同时还要选用适

当的诱饵（如花生、葵花子、鱼虾仔等）。有条件的，可运用电子捕鼠器。

4. 药物毒鼠　目前常用的毒鼠药物主要有磷化锌、敌鼠钠盐、杀鼠迷、溴敌隆、安妥等。

配好的药饵可放于鼠类经常活动的场所，如鼠洞口、鼠路、果园四周或每棵树底下，投放毒饵后每隔1～2 d检查一次，连续检查2～3次，发现毒饵被吃完或吃过要补放，另外，最好发动周围果园或地区统一行动、统一灭鼠，这样才能取得较佳的效果。

第八节　果实采收、贮藏和初加工

一、采前准备

果实成熟脱落前1～2周必须先清除果园内的杂草、枯枝落叶和其他障碍物。行间种草的果园要进行剪草以方便捡果，平整树冠下的地面，填补果园内的洞穴和鼠穴，清理排水沟。在果实成熟前的1个月内，不施生物或动物粪肥，直至采收结束，以免病菌或脏物污染果实。

坚果开花后历时215 d左右果实成熟、脱落。可按生产经验估算收获期，在临近收获季前，定期到果园检查，简单而实用的方法是检查果实内果皮的颜色，一般情况下未成熟果的内果皮呈白色或淡褐色，果实充分成熟时内果皮为褐色到深褐色、果壳褐色坚硬，以此判定正常的成熟落果或非成熟落果而确定开始收获时间。

二、采收和分拣

由于澳洲坚果的开花期长达1个多月，果实成熟落地收获历时也相应较长。在我国广东、广西等种植园，果实成熟季一般在8月中下旬至10月初，但品种间又稍有不同，如660、南亚1号较早，然后依次是741、344、H2、246、800、508、A4、922和695等。

（一）采收

澳洲坚果成熟后一般会自然脱落，果实脱落掉到地上后，通常用手工或机械收捡，在山坡地不平坦或较小规模的果园，可采用人工捡果，大规模种植、机械化程度较高且又平坦的果园，采用机械收获，如用澳大利亚大的澳洲坚果园一般采用收获机在果园的行间来回移动时，似橡皮手指的刷子把成熟脱落的坚果从地面上捡起来，然后推到输送带上，把坚果输送到接收桶或拖车上。

一般收获间隔期为1～2周，在病虫危害较严重的果园，若收获间隔期过长，会加重病虫的危害，在潮湿天气，由于霉菌的生长、种子发芽和酸败的发生，会造成果仁质量的降低，应尽量缩短收获间隔期。在干旱时节，若病虫鼠害较少，则可适当延长收获间隔期。

（二）分拣

由于在采收过程中，尤其是机械收获时，常有一些石块、枯枝落叶等杂物混入其中，在果实脱皮前，必须进行分拣，把碎石、枯枝落叶和果实分离，以便机械脱皮，防止加工机械受损。

三、脱皮和干燥

澳洲坚果由树上脱落时，果皮含水量可高达45%。若带皮果大量贮藏，因呼吸活动使温度升高，堆沤发热会影响果仁质量。所以，果实在收获后24 h内，必须把绿色果皮剥除，并进行初步干燥，以免引起发酵、腐败。如果在24 h内不能去除果实，应把带皮果存在通风干燥的室内摊晾，不宜在阳光下直接暴晒。

（一）脱皮

人工脱皮，用橡胶胎做垫并固定坚果，然后用锤敲击使果皮分离，此法只用于小规模种植园，随着澳洲坚果产业的发展，大量的坚果脱皮都采用机械方法。脱皮后将果皮集中堆沤或者热处理后可作果园树盘覆盖材料。去皮后的带壳果必须尽量清除杂质、果皮碎片、病虫受害果、发芽果、裂（细小的裂缝除外）等。

（二）干燥

带壳果按 NY/T 1521—2007《澳洲坚果　带壳果》进行大小规格和等级分类。脱皮后果仁中仍含有大量的水分，若大量囤积，高温和高湿会导致果实霉变、果仁成分的变化，如脂类分解造成可滴定酸增加等不好的生理活动，所以必须尽快进行干燥，使果仁水分含量达到 1.5％左右。带壳果的干燥可自然风干或者人工干燥。

1. 自然风干　在小规模的种植园，坚果数量较少，其简单的干燥方法是在遮阴、通风良好的地方，将果实铺撒于钢丝网架上，厚度 10～25 cm，每周耙翻 1 次，约需 6 周才能完成干燥，这种自然风干方法干燥到的最低含水量为 10％，当含水量达到 10％时，近半数的坚果摇起来会有"格格"声，果仁与果壳分离。自然风干的壳果可短期贮藏。在大规模的坚果生产中，一般采用烘干设备进行干燥。

2. 人工干燥　将带壳果置于干燥箱或干燥生产线上分别干燥。一般如下程序：32 ℃（5～7 d）→38 ℃（1～2 d）→44 ℃（1～2 d）→50 ℃（一直干燥到所要求的果仁含水量为止）。干燥的壳果壳内果仁含水量应≤3％。

四、破壳

经过干燥的带壳果用人工或机械方法使果仁与果壳分离，人工的方法是使带壳果固定于某一位置，然后用铁锤敲击，使果壳破裂，取出果仁。大规模的坚果加工采用机械方法，其原理是用两个钢体夹迫壳果，使果壳破裂，释放出果仁，然后过筛和鼓风，得到果仁。

五、分级

破壳后，进一步对果仁进行分检，以除去受损的果仁和果壳碎片，并予分级，一级果仁的含油量≥72％，在水中漂浮的果仁为一级果仁。二级果仁含油量 66％～72％在水中下沉，但在比重为 1.025的盐水中漂浮，余下为三级果仁，含油量 50％～66％。分级后的果仁必须尽量降低果仁的含水量，使之达 1.5％左右，以便较长时间贮藏。

六、包装

果仁的包装一般采用真空包装。真空度越大，风味品质越好，货架寿命越长。另外，在包装袋内放入小袋包装的抗氧化剂，即起干燥吸附作用，又有助于延长货架寿命。

第二十五章 番荔枝

概　述

一、栽培意义

番荔枝为热带名果，果实营养丰富。番荔枝果实除鲜食外，尚可供制果酱、果酒及饮料。此外，番荔枝的根、叶、种子和未熟果实可供药用，种子作为强心剂，根作为泻药，叶用作伤口消毒、杀虱类害虫。近年，从番荔枝科植物中发现一系列新的抗肿瘤活性成分（番荔枝内酯），引起人们的极大关注（杨仁洲等，1994；李朝明等，1995）。

在气候适宜区，番荔枝栽培管理容易，病虫害少，耐干旱，平地、山地均宜种植，且结果早，丰产稳产，一般实生苗植后 2～3 年开始结果，成年树每公顷产果 15 t 以上，果实在中秋节前后成熟，售价高，经济效益好。在我国热带、南亚热带大中城市附近及交通方便地区，发展番荔枝生产颇有可为。

二、栽培历史与分布

番荔枝科为比较古老的植物，起源较复杂。番荔枝属（Annona）果树主产美洲，少数产于非洲（陈伟球，1999），塞内加尔番荔枝（A. senegalensis Pers.）就分布在非洲西部的佛得角到东部的坦桑尼亚。考古发现，秘鲁史前已有形似番荔枝果实的陶瓷制品。西班牙人 15 世纪入侵南美后，大力推广种植番荔枝，其后传至亚洲、非洲、大洋洲的热带、亚热带地区。亚洲以印度栽培最早、最多，印度尼西亚、菲律宾、越南、泰国及中国均有栽培。我国以台湾地区栽培最早、最多。据《台湾府志》（1614）记载，番荔枝系由荷兰人传入，有 400 年历史。广东的番荔枝目前主要分布在汕头和东莞，分别是 200 年前从泰国和 100 年前从越南引入。此外，我国海南、福建、广西、云南、四川的热带、亚热带地区均有种植。

第一节　种类和品种

一、种类

番荔枝类果树为番荔枝科（Annonaceae）番荔枝属（Annona）植物。在番荔枝属果树中，以普通番荔枝为我国传统栽培种。其他供经济栽培的还有南美番荔枝、阿蒂莫耶番荔枝和刺番荔枝（黄昌贤，1958；林更生，1986）。分析越南番荔枝 15 个家系的果实，发现各家系之间果实纵径、单果质量、糖度以及种子的长度、种宽、种厚、千粒重均有显著差异，而各家系之间果实横径差异不显著（侯远瑞等，2014）。

（一）普通番荔枝

我国的文献资料常称为番荔枝，为了便于与番荔枝属中其他树种区分，本文称普通番荔枝

（*A. squamosa* L.）。普通番荔枝原产南美洲热带地区。半落叶性灌木或小乔木。叶较狭长，茸毛少。花蕾呈三棱剑状下垂，开花时外轮 3 片花瓣张开。聚合果，心形，重 150 g；果肉为假种皮，乳白色，极甜具香味，可溶性固形物含量超过 18%，酸约 0.25%。8～9 月成熟。亚洲栽培最多。

（二）南美番荔枝

南美番荔枝（*A. cherimola*）原产哥伦比亚和秘鲁的安第斯山高海拔地区。因初生枝叶和花密生褐色茸毛，又称毛叶番荔枝。能耐较长时间−3 ℃低温，属亚热带果树。果肉嫩滑，甜酸适中，具香味，适合西方人口味，以美洲栽培较多，且有不少品种。

（三）阿蒂莫耶番荔枝

阿蒂莫耶番荔枝（*A. atemoya*）是普通番荔枝与南美番荔枝的杂交种，1908 年由 P. J. Wester 在美国佛罗里达州亚热带植物园育成，后来世界各地相继育出许多新品种。1981 年，华南农业大学从大洋洲引入 African Pride、Paxton、Pink's Mammoth 和 Bullock's Heart 4 个品种，分别简称为 AP、P、PM 和 BH。经多年观察，生长开花结果正常，比普通番荔枝生长势强、梢长、叶大、果大，果面较平滑，瘤状突起不显，果皮稍能整块剥离，果肉组织较结实，美味可口，含糖量稍低，种子稍大但数量较少且多为中途败育。四川、云南、广西、海南已引入试种，有采后裂果现象。目前，AP 已成为广东的主栽品种，称为 AP 番荔枝。国外以澳大利亚栽培最多。

（四）刺番荔枝

刺番荔枝（*A. muricata*）耐寒力弱，属热带型。果硕大，纵径 15～35 cm，重约 1 kg，最大 6 kg；果形不正（卵圆形），果面密生肉质下弯软刺，皮绿色、革质，成熟时绿黄色；果肉乳白色，绵质，多纤维、多汁，偏酸微甜，略带菠萝香味，供鲜食也可制冰激凌和混合果汁等。古巴有无纤维优良品种。刺番荔枝在连续 12 个月的淹水中仍能正常生长，可作湿地资源利用（Nunez‐Elisea R, et al, 1998、1999）。目前以加勒比海地区种植较多。

（五）其他

在番荔枝属中，可进一步开发利用的还有牛心番荔枝（*A. reticuluta* L.）、依拉麻番荔枝（*A. diversifolia* L.）、山番荔枝（*A. montana*）和圆滑番荔枝（*A. glabra* L.）。

1. 牛心番荔枝 树型高大，花多丛生，春季开的花多不能结果，初秋开的花才能结果；果实在早春成熟，果皮初期为浅黄色，后期为粉红色或红棕色，果实表面平滑，心形，直径 7～12 cm，果重约 100 g；果肉乳白色，品质不佳，汁少，味淡微涩。

2. 依拉麻番荔枝 原产南美洲低海拔地区，树型高大，花形与普通番荔枝相似，但呈紫色；果实表面平滑，果肉粉红色，风味不佳。

3. 山番荔枝和圆滑番荔枝 花形结构与刺番荔枝相似，呈圆形，外轮花瓣与内轮花瓣都肥厚，同等大小；叶片革质，有光泽，山番荔枝叶揉碎具辛辣味；果实表面都平滑，风味都不佳。圆滑番荔枝在连续 12 个月的淹水中仍能正常生长，可作湿地资源利用。

各种番荔枝果实的营养成分见表 25‐1。

表 25‐1 **番荔枝属果实成分分析**（100 g 鲜果肉中含量）

（林国荣，1986）

树种	含水量 (g)	纤维素 (g)	氮 (g)	磷 (mg)	钙 (mg)	铁 (mg)	胡萝卜素 (mg)	氨基酸 (mg)	维生素 C (mg)
普通番荔枝	69.8	2.5	0.31	55.3	44.7	1.02	0.005	0.547	42.2
刺番荔枝	84.1	0.8	0.11	23.7	21.0	0.32	0.004	0.878	24.3
牛心番荔枝	68.3	0.6	0.37	24.4	21.4	0.45	0.007	0.689	41.2
南美番荔枝	80.6	—	0.42	43.0	23.0	0.41	0.020	3.310	6.8

二、品种

我国栽培的普通番荔枝过去多为实生繁殖，尚没有经审定的商业性栽培品种，但也有一些较好的地方品种。近年引入了一些阿蒂莫耶番荔枝的优良品种，现介绍如下：

（一）樟林番荔枝

主产于汕头市东里镇。树高 5～6 m，分枝多，枝条细软下垂。花单生或簇生，花期 4 月中旬至 8 月中旬，以 6 月中旬开花结果为多。果心形，重 100～250 g，大果可达 500 g；果皮呈瘤状突起，各突起间缝合线明显，果实软熟后，各突起独立分离，果皮难以整块剥离；果肉软，糊状，奶黄色，甜蜜芳香，可食率 67%，可溶性固形物含量 26.8%，酸 0.14%，每 100 g 果肉含维生素 C 2.00 mg。

（二）虎门番荔枝

主产于东莞市虎门镇。植物学和生物学特性与樟林番荔枝相似，与樟林番荔枝比较，各瘤状突起间的缝合线不明显，果皮稍可整块剥离；果肉稍为硬实，可保持一定形状，清甜芳香；果重约 200 g，可食率 55%，可溶性固形物含量 24%～25%，酸 0.1%，每 100 g 果肉含维生素 C 4.0 mg。

（三）粗鳞番荔枝

主产于台湾地区台东县。树体大，叶片宽，叶尖稍钝，近椭圆形。果实较大，果重约 250 g；果面瘤状突起粗大，瘤状突起之间的鳞沟宽又深，表面全绿色；果内种子数较少，可食率高，可溶性固形物含量 21%。

（四）细鳞番荔枝

主产于台湾地区台东县。树体略小，叶茂密，叶小。果面瘤状突起较多，排列紧密，鳞沟浅平，果面较平滑呈黄白色；果实较小，平均单果重 210 g；种子数较多，可食率较低，肉质较细嫩，可溶性固形物含量 23%。

（五）AP 番荔枝

AP 番荔枝是阿蒂莫耶番荔枝 African Pride 品种在国内的简称。该品种树势开张，生长势旺，叶大，早产丰产。果实大，平均单果重 360 g，可溶性固形物含量 25.0%，总糖 18.3%，酸 0.37%，每 100 g 果肉含维生素 C 40.0 mg，果实香甜可口，略带酸味。

（六）吉夫纳番荔枝

原产以色列，2004 年福建省农业科学院果树研究所从台湾地区引进，先后在厦门同安，漳州龙海、漳浦、云霄、诏安、东山、长泰等地推广种植，具有果大、质优、早结、丰产、稳产、经济效益高、无大小年结果现象等优点。

平均单果重约 617 g，最大的超过 1 000 g；果皮黄绿色皮薄，厚度 0.25 mm，易剥皮果肉乳白色，柔软多汁，味浓甜，可溶性固形物含量 26%，香味独特，口感好，果心圆锥形、乳白色，直径 1.33 cm，长度 7.06 cm，果心重 5.6 g；种子黑色、扁椭圆形，嵌入果肉，种子 30 粒，单粒种子重 0.45 g，部分种子瘪粒不饱满；可食率 80.76%，品质极优。果实采收后至软熟 3～6 d（刘友接，2013）。

（七）台东 2 号

台东 2 号番荔枝是台湾地区台东农业改良场 2000 年从台东县黄振袭先生的粗鳞种番荔枝果园之实生变异株中选育出来，2008 年 12 月 17 日通过该场命名。

台东 2 号番荔枝果实超大，平均单果重 750 g，最大的超过 1 200 g；果肉乳白色，肉质较好，可溶性固形物 20%～24%，香味独特，可食率 50%。种子小，种子数为 71.8 粒，品质优。在福建诏安县，果实成熟期为 9 月中旬至翌年 2 月，果实采收后到软熟 3～6 d。

第二节 生物学特性

一、枝梢生长特性

番荔枝具半落叶特性，落叶的表现和原因与温带落叶果树不同。温带落叶果树在严冬前叶片全部脱落，落叶与树体休眠有关；而番荔枝类果树在严冬前仅部分或大部分叶片脱落，树冠不会秃净，到春季萌芽前叶片才全部脱落，出现秃净的树冠，落叶与芽的萌发有关。秋冬季低温干旱会促进落叶，若种植地肥水充足，能推迟落叶，甚至有较多的绿叶过冬，直至萌芽前叶片才全部脱落。春季萌芽后，新梢会不断延长生长，但叶腋多不萌发侧芽，特别是阿蒂莫耶番荔枝，如果新梢叶片不脱落，即使去顶芽或短截枝条，腋芽也不萌发。叶片与腋芽之间的这种关系，使得除春季有明显的新梢大量萌发外，其他季节很少有新梢大量萌发。

二、开花与结果习性

普通番荔枝开花的第一个特点是花期漫长，花果并存，从始花至果熟都有花开，除初夏开花较多外，其他季节都会断断续续地少量开花。我国广州地区在 4 月上旬抽生新梢，5 月上旬开花，但 6～7 月仍有开花。印度从 3 月下旬到 8 月下旬历时 5 个月都有开花。第二个特点是有新梢就有花，新梢多则花多。此特性以阿蒂莫耶番荔枝尤为明显，故生产上多用短截去叶的促梢方法增加花量。花多着生在新梢基部，梢顶部基本无花，故萌芽现蕾后，新梢长到 20～30 cm 时打顶，对促进枝梢加粗生长和花果的发育很有好处。此外，花非腋生，属茎上花。

普通番荔枝的花为完全花。花瓣排列分内外 2 轮，各 3 片。内轮花瓣细小，甚至退化消失；外轮花瓣肥厚，花瓣基部扁宽而顶部尖，呈长三棱形，从现蕾至雌蕊成熟，3 片外轮花瓣互不分开，连成三棱剑状。花瓣内为雄蕊，将雌蕊包围。雌蕊的柱头群呈三棱锥状突起。

番荔枝花有雌蕊先熟现象。雌蕊比雄蕊早熟 2 d，靠趋化性小甲虫的爬行活动来传授花粉。从现蕾到开花约经 35 d。从花瓣松弛、雌蕊开始成熟到花瓣完全张开、雄蕊释放花粉，可分为外形和功能都明显不同的 3 个阶段。首先是 3 片外轮花瓣微松弛呈微张开状态，用手轻压可独立分开，此时雌蕊柱头发亮，具黏性，具接受花粉、进行受精的能力。因花瓣未张开，小甲虫不能爬到柱头上，故在自然情况下无传粉受精机会。经 24 h 的发育，花瓣呈半张开状，此时柱头更发亮，充满大量胶黏物质，具接受花粉进行受精的能力，小甲虫可穿越由 3 片半张开花瓣形成的细小张口到柱头表面爬行。此时花仍缺少趋化性芳香气体的吸引，所以前来传粉的小甲虫不多，授粉的概率很低，坐果率不高。这样的花再经过 24 h 的发育，花瓣呈完全张开状态，此时花丝伸长，花药裂开，释放花粉同时放出一种浓香气体，能立即见到有许多细小甲虫在雌雄蕊上爬行。从花瓣完全张开、花丝伸长到释放花粉、放出浓香气体的过程，以一朵花来说约在 1 min 内完成。在释放花粉的初期，柱头仍新鲜，显得发亮，充满丰富的胶黏物质，但已没有接受花粉进行受精的能力，虽有小甲虫传粉，但不能受精，所以不能坐果。花药裂开后，由于小甲虫爬行和风的吹动，约经 3 h，花粉完全脱落，柱头呈褐色干枯。所以花粉对同一朵花的雌蕊不起受精作用，只供应另一朵处于花瓣半张开的花，进行授粉受精。

为提高坐果率需人工授粉，人工授粉时应采用树上花药正在裂开的花粉来授粉，可采自同株，也可采自异株，甚至异品种，均能提高坐果率。当柱头的发育阶段处于第一阶段状态时，已有接受花粉受精的能力，只是此时花瓣未张开而不便授粉操作。处于图第二阶段状态时，花瓣半张开，授粉操作极为方便。试验证明，这样的花采用早上花药正裂开的花粉来授粉，坐果率为 87.9%；处于图第三阶段状态的花，用同样的花粉来授粉，坐果率仅为 5.3%，与对照坐果率 4.4% 无显著差别。这说明花药一旦释放花粉，柱头便失去接受花粉进行受精的能力。在阿蒂莫耶番荔枝上的试验还发现，即便授粉时被授粉花的花药未裂开，但紧接授粉后不久被授粉花的花药裂开了，其坐果率也不能提高，可见，柱头的容受性在花药裂开前已消失。故正确选择接受花粉的花很重要，因为树上花瓣半张开与完全张开的花，在外形上的区别不甚明显，授粉时以操作方便为原则，尽可能选择花瓣不要超过半张开的花来接受花粉，效果较为理想。普通番荔枝多在早上释放花粉，故人工授粉多在早上进行。近年发现少数普通番荔枝在 16:00～18:00 释放花粉，用来与早上释放花粉的花进行授粉也能提高坐果率。如果花粉释放期不同的植株配对种植，一天内有 2 次授粉机会，在理论上不管是对提高自然坐果率，还是对人工授粉的操作都有好处，值得提倡。阿蒂莫耶番荔枝的花也有雌蕊先熟现象，人工授粉能提高坐果率，以被授粉花的花瓣呈半张开状态时效果最好。阿蒂莫耶番荔枝的花药是在傍晚裂开的，但其花粉早在当天 8:00 已发育成熟，在上午或下午人工提取这些将在傍晚时才自然裂开的花药，即时用其花粉进行人工授粉也能提高坐果率。阿蒂莫耶番荔枝为普通番荔枝与南美番荔枝的杂交种，用普通番荔枝的花粉来授粉也能取得良好的效果。

在促进坐果方面，利用芳香性引诱料吸引露尾甲属的几种甲虫来授粉可取得一定效果。在利用植物激素提高坐果率方面，彭松兴对处于第一发育阶段花的单性结果处理（去花瓣和雌蕊柱头群后喷 2，4，5 - T 50～250 mg/L 和 GA 100 mg/L）和处于第三发育阶段花喷 2，4，5 - T 100 mg/L 和 GA 100 mg/L，都取得很高的坐果率。Sundararjan S 等在开花后即用 GA 10 mg/L、25 mg/L、50 mg/L，NAA 5 mg/L、10 mg/L、25 mg/L 和 2，4 -滴 2 mg/L、5 mg/L、10 mg/L 处理，发现在坐果、保果、增大果实、增加果重和减少种子数方面 GA 50 mg/L 取得良好效果。Keskar 等用 NAA 10～30 mg/L 在开花期间每 8 d 喷一次，共 4 次，取得增加挂果量的作用，每 100 m³ 树冠平均结果量以 20 mg/L 处理最高，为 94.4 kg；其次为 10 mg/L 处理，结果量为 84.6 kg；对照只有 62 kg。Kularni 用 GA 50 mg/L 或 100 mg/L，NAA 20 mg/L 或 30 mg/L，2，4 -滴 15 mg/L 或 30 mg/L。处理也取得提高坐果率的效果。上述资料说明，用植物激素来提高坐果率值得探索。

三、果实发育与成熟

普通番荔枝开花后经 115～125 d 达到成熟采收，在 45～60 d 和 90～105 d 出现 2 次生长高峰，呈双 S 形生长模式。30 d 前种子还没发育完善，45 d 前主要长果皮，60～75 d 后果肉才不断增加，果实在成熟前主要含淀粉。采果后，在 25～31 ℃室温中，经 2～5 d 后熟便可食用，其间出现呼吸高峰。

普通番荔枝为肉质聚合果，由多心皮组成，心皮发育后果面呈鳞片状瘤状突起，其内为果肉（假种皮）。每果的心皮数在 96.0～101.4，平均为 98.2，果实间差别不大；种子数却在 4.8～47.1，平均为 28.8，果实间差别较大。种子数总是比心皮数少，说明 1 粒种子可支持多个心皮的发育，故有些假种皮内的种子虽缺，假种皮仍能充分发育。种子在果内分布情况影响果内各个心皮的发育，种子数多且分布均匀，则果大、形正，否则果小而畸形。正常种子数与果实大小和可食率在一定范围内呈正相关。增加种子数的有效措施是人工授粉。坐果后生理落果不明显，应疏除畸形小果。

普通番荔枝有天然单性结果的资源。美国佛罗里达州于 1955 年引入古巴无籽普通番荔枝并于 2 年后开始结果，果实畸形，果实大小、含糖量、结果性能都比有籽品种差。在人工单性结果方面，Dikshsit 用 0.3％～0.9％ 2，4，5 - T 羊毛酯处理取得直径不超过 1.5 cm 的无籽果。彭松兴在 1965 年的单性结果处理中也取得纵横径（3.7～4.9）cm×（4.5～6.3）cm、果重为 29.8～77.0 g 的无籽果，果面鳞片数与正常有籽果基本相同，说明各心皮都得到初步的生长。这些果实生长缓慢，直到 11 月才成熟。成熟时，果面木栓化，畸形，各瘤状突起间同样会露出乳白色浅沟，果实能后熟，果肉不发达，呈乳白色，有一定的甜味，说明激素不但可促进坐果，对坐果后的继续生长也有一定作用。

第三节　苗木繁殖

一、育苗

普通番荔枝习惯用实生苗繁殖，春播1年后苗高40～60 cm便可定植。实生育苗的种子应从经过人工授粉的母株上收集。种子休眠期很短或者没有休眠（Hayat，1963），所以新鲜种子经水洗，漂去不实粒，稍晾干便可秋播，或充分晒干后翌年春播。秋播种子发芽率高，但秋播后很快进入秋旱和冬季低温期，不利幼苗生长，要到次年3月萌发新芽才能继续生长。尽管可用塑料薄膜保护，秋播小苗也难以良好状态过冬，故一般仍主张春播。播后约20 d便能发芽。

普通番荔枝种皮外层坚硬，透性和吸水性差，播前应进行晒种、浸水处理。用粗沙擦伤种皮后浸水或500 mg/L GA处理可促进发芽。Chopde等（1999）发现，用椰糠、蛭石作为育苗袋介质时，发芽率、生根数量和长度、苗高和叶片数都优于用淤泥、农家粪肥和沙按2∶2∶1比例的混合介质。南美番荔枝和阿蒂莫椰番荔枝种子发芽适温为28～32 ℃，在此条件下播后3周便发芽，在15～20 ℃条件下则要经3～4个月才能发芽，且发芽率低。普通番荔枝种子春播后遇上低温阴雨、土壤积水，种子极易腐烂，即使发芽也易枯死，故春播宁迟勿早。广州地区多在晴暖天气基本稳定的3月下旬至4月上旬播种。

可将番荔枝苗木生长进程划分为生长初期、速生期、缓增期和停滞期。其中，苗高和地径在速生期间的生长量占全年总生长量的67.38%和70.33%。苗木生物量积累与苗高、地径的函数模型关系表明：全株干质量、地上干质量、全株含水量和地上部分含水量与苗高和地径显著相关。番荔枝苗木生长210 d全株可积累干质量7.39 g，其中地上部分为4.86 g，地下部分为2.53 g，全株含水量是全株干质量的1.68倍。可根据苗木不同阶段的生长特性采取相应的管理措施（彭玉华等，2014）。

苗地要求肥沃、疏松、向阳、排水良好。播前宜翻土晒地，多施石灰，但勿施城市垃圾。种子不耐贮存，秋采的种子要在翌年春季播种完毕。室内常温贮藏1年以上的种子会丧失发芽力。一般行条播，播后可用火烧土盖种并适当淋水，然后对表土喷丁草胺一类芽前除草剂，以抑制杂草生长。种子发芽后追施薄肥以促幼苗生长。秋末苗高40～60 cm时，应维持水肥供应，幼苗有较多的绿叶过冬，春栽后易于成活。

普通番荔枝共砧芽接和切接可获72%以上的成活率。盾形芽接和劈接均宜，以3～4月成活率较高，7月成活率最低。普通番荔枝在国内尚未采用嫁接育苗。阿蒂莫耶番荔枝则多以普通番荔枝为砧木嫁接繁殖，若以圆滑番荔枝或牛心番荔枝为砧木都有不亲和现象。南美番荔枝也有相似的嫁接不亲和现象，故选择砧木至关重要。嫁接时期对成活率影响也很大，春接成活率高，秋接成活率低。组织培养方面的进展，仅知Lemos等已取得芽的增殖和生根植株。国外繁殖情况见表25-2。

表25-2　番荔枝类果树繁殖方法

(George A. P. et al. , 1987)

繁殖方法	阿蒂莫耶番荔枝	普通番荔枝	南美番荔枝	刺番荔枝
实生苗	有遗失变异，经济栽培不提倡	遗传性一致，为一些国家的主要繁殖方法	有遗传变异，经济栽培不提倡	遗传性一致，为一些国家的主要繁殖方法
茎段插条	仅部分品种成功	仅部分品种成功	不成功	相当成功
根插	不知成功率	不知成功率	不知成功率	不知成功率
微型繁殖	少量研究表明成功率高	不知成功率	不知成功率	不知成功率

（续）

繁殖方法	阿蒂莫耶番荔枝	普通番荔枝	南美番荔枝	刺番荔枝
压条	不知成功率	改进技术并应用生长素则成功率高	不知成功率	不知成功率
空中压条	成功率很低（<5%）	少量成功（8.3%）	成功率很低（<5%），用幼龄枝条成功率较高	不知成功率
芽接	成功率很高（>70%）	成功率很高（>70%）	成功率很高（>70%）	成功率很高（>70%）
枝接	成功率很高（>70%）	成功率很高（>70%）	成功率很高（>70%）	成功率很高（>70%）

二、栽植

普通番荔枝对渍水特别敏感。植穴四壁土壤硬实则穴底易渍水，易引发根腐病，故最好用种植沟定植。植沟宜分层压绿肥，施腐熟农家肥和较多石灰，待绿肥分解腐熟、土壤沉实后再行定植。

普通番荔枝植后 2 年便能开花结果，寿命 10～20 年。为了早期丰产，可用 2 m×2.7 m 的株行距，在盛果期后进行回缩修剪或适当间伐，也可作为寿命长、树体高大的荔枝、龙眼、杧果和橄榄的间种树种，待主栽树种进入盛果期时逐步间伐。AP 番荔枝具有较高的光饱和点以及光补偿点，说明其具有较强的喜光性，对光的需求量较大，不宜过密种植，在高温干旱的时期，应通过适当的肥水管理等措施来增大光合速率。

定植期以春芽萌动前为宜，广州地区一般在 3～4 月定植。普通番荔枝为半落叶性果树，进入秋冬易自然落叶，春暖后才萌发新芽，所以不宜秋植。定植时，填土一半即应浇水 1 次，全部填完后再浇 1 次水，以保证土壤湿润又不至渍水，根系与土壤接触良好。

普通番荔枝对根腐病很敏感，间作时不宜选用茄科等对根腐病敏感的作物。

第四节　对环境条件的要求

普通番荔枝的耐寒性比杧果、荔枝、龙眼弱，比香蕉强。成年树能耐 0 ℃的低温，气温再稍低则主干受害，幼树只能耐 4 ℃低温。广东目前的种植北限是北回归线稍北的清远市三坑镇，1991 冬季出现极短时的−3 ℃低温，四年生结果树的主枝受冻，经修剪后次年生长正常，开花结果量有所减少；1992 年冬又出现极短时的−1.5 ℃低温，主枝受轻害，经修剪后开花结果比前一年好，直到 2001 年生长结果都正常。两年低温均导致幼苗的近地表根颈部及多数根尖变黑坏死。1999 年 12 月 20～25 日广东湛江连续 3 d 霜冻，近半数植株一、二年生枝冻死，不能开花结果。故普通番荔枝应在北回归线以南无霜区种植。

南美番荔枝为番荔枝属中最耐寒的种类，适宜在接近下雪的地区种植，在热带低海拔地区种植只营养生长而不开花结果，需在海拔 1 000～2 000 m 的冷凉地区种植才能正常开花结果。华南农业大学 1981 年引入接穗和种子，繁殖后在广州种植，生长正常，大部分绿叶能过冬，但始终开花结果少，甚至完全不开花。

阿蒂莫耶番荔枝的耐寒性比南美番荔枝弱，比普通番荔枝强。幼树在−1 ℃下，成年树在−3 ℃下冻死。广州地区阿蒂莫耶番荔枝萌芽和开花期比普通番荔枝早半个月，大部分绿叶能安全越冬，无霜年份果实也能安全越冬。广州在 2008 年 1 月 25 日开始连续 20 d 平均气温在10 ℃以下、最低日平均气温 5.4 ℃、极端最低气温 3.6 ℃，AP 番荔枝果实能安全过冬。在广东省北回归线北缘的清远市三坑镇和清新区太平镇的 AP 番荔枝经过 2008 年冬季严寒后 2009 年仍能正常生长，开花结果。所以 AP 番荔枝不仅在北回归线以南，也可在北回归线的北缘地区做经济栽培。番荔枝生长和果实成熟最适温度见表 25-3。

表 25 - 3 番荔枝生长和果实成熟最适温度范围

种 类	最适生长温度（℃）		最适果实成熟温度（℃）
	最高温度	最低温度	
阿蒂莫耶番荔枝	22～28	10～20	20～26
南美番荔枝	15～25	7～18	18～22
普通番荔枝	25～32	15～25	25～30

　　普通番荔枝较耐干旱，最忌渍水，土壤排水不良极易发生根腐病，故不宜在地下水位高、黏重的土壤上种植。普通番荔枝适宜在 pH 7～8 的土壤上生长，特别是底层有贝壳类沉积的沙壤土上或在石灰质地上生长更好。

　　Cull B.（1995）认为番荔枝在白天 27 ℃、相对湿度 70%～80%的条件下授粉最为适宜。在低湿（相对湿度低于 70%）情况下，落花增加，柱头干化，坐果明显减少，在干热地区应通过高密度种植、营造防风林和喷雾来增加果园的湿度。但湿度过高（相对湿度高于 95%）又会把柱头上的糖类分泌物稀释，使花粉发芽降低，不利于受精。

第五节　土肥水管理

一、施肥管理

　　根据叶片和土壤分析进行施肥是生产的方向。阿蒂莫耶番荔枝在澳大利亚的叶片营养水平为氮 2.5%～3.0%、磷 0.16%～0.2%、钾 1.0%～1.5%、钙 0.6%～1.0%、镁 0.35%～0.50%、铁 40～70 mg/L、锰 30～90 mg/L、锌 15～30 mg/L、铜 10～20 mg/L、硼 15～40 mg/L、钠 0.02%、氯 0.3%（George A P，et al，1987），普通番荔枝在广东的叶片营养水平为氮 3.21%、磷 0.16%、钾 1.09%、钙 1.69%、镁 0.32%。

　　幼树以迅速形成树冠为目的，除施足基肥外，每次新梢成熟后宜短截、摘叶和追肥，以促进更多新梢萌发，肥料以氮肥为主。结果树则施完全肥料，在萌芽前、果实发育期、果实采收后 3 个时期施肥。

　　（1）萌芽前追肥。俗称促梢促花肥。普通番荔枝当年的新梢量与开花结果呈正相关。新梢可在上一年的各类枝上萌发，即各类枝条都可成为结果母枝。故宜重施促梢促花肥，占全年施肥量的 40%，以氮为主，配施磷、钾肥。另外，普通番荔枝宜在 pH 7～8 的土壤上生长，对钙反应良好。华南地区多为酸性土壤，故多施石灰对根系生长和果实发育有良好作用。一般在大部分叶片脱落至萌芽前施肥完毕，开花前还可根据树势适当补施或根外追肥。

　　（2）果实发育期追肥。俗称壮果肥。普通番荔枝无明显的生理落果期。小果横径 3～4 cm 时可施追肥，占全年施肥量的 30%，以钾为主配合氮。因侧芽需落叶后才萌发，果实生长期间不会出现落叶现象，故多施肥也不会诱发大量新梢而导致落果。采前还可以根据树势适当补施，以提高品质。

　　（3）果实采收后追肥。俗称采果肥。普通番荔枝不是明显地以秋梢为结果母枝，通常入秋后会自然落叶，营养生长减弱，故往往忽视采果后的施肥。普通番荔枝要到春暖萌芽前才全部落叶。故采果后（广州地区 9～10 月）加强肥水供应不但可延长叶片寿命，还可减少落叶，增加树体贮藏养分，对翌年春季枝梢生长和开花结果均有良好作用。此次追肥应占全年施肥量的 30%，以氮为主，适当增加磷肥。

　　广东省东莞市虎门镇果农对五至六年生普通番荔枝的施肥为开花前每株施氮、磷、钾比例 15：15：15 的复合肥 0.75 kg；坐果后施复合肥 0.5 kg；果实膨大期施复合肥 0.5 kg，另加硫酸钾 0.4 kg；

采果前根据结果量和果实大小补施复合肥 0.5～0.75 kg；采果后施优质农家粪便肥 15 kg、复合肥 0.5 kg、磷肥 1 kg。

据杨正山介绍，我国台湾的普通番荔枝实行产期调节，一年中除 4～6 月外，7 月至翌年 3 月树上均有果实。四年生以上树每株每年可施腐熟鸡粪肥 6～10 kg，并随树龄增长酌增施用量。有机肥在 1～3 月全部施下，化肥分多次施用，第一次在冬季修剪前（1～3 月）施，磷肥施入全年用量的 70％，氮、钾肥施入 10％；第二次在正造果开花后幼果期（5～7 月）施，氮肥施入全年用量的 35％，磷肥施入 15％，钾肥施入 30％；第三次在冬造果幼果期间（9～11 月）施，氮肥施入全年用量的 35％，磷肥施入 15％，钾肥施入 30％；第四次在冬造果采收期（12 月至翌年 2 月）施，氮肥施入全年用量的 10％，钾肥施入 30％；还有 10％氮肥在下雨天或土壤湿润时撒施。

番荔枝常出现缺锌现象，表现为顶端生长受抑制，叶片变得细小，叶色褪绿，或叶脉出现黄色。若出现缺锌，可用 0.1％的硫酸锌（$ZnSO_4 \cdot 7H_2O$）溶液在春梢成熟后喷洒来解决。果肉出现褐色硬实的异常组织时为缺硼所致，可用每株撒施 50 g 硼砂来解决。

二、水分管理

春季长时间低温阴雨常导致普通番荔枝根系腐烂，植株死亡，夏季台风雨渍水也同样会导致烂根，植株死亡。土壤干湿急剧变化对果实生长不利，甚至会引起裂果，应注意园地的水分管理。春夏雨季期间不宜覆盖土壤，夏末初秋高温季节则宜覆盖土壤以维持土壤水分的稳定。用黑色塑料薄膜、锯屑、秸秆或粗沙覆盖地面可促进生长，提高产量。科学的水分管理应是根据树体的需要和土壤水分情况来进行。澳大利亚果园是在树冠内外不同深度的土层埋入探测土壤水分情况的张力计，根据张力计读数的变化来确定灌溉时间和数量。小苗种植后每周每株淋水 20 L，成年树（树冠面径 8 m）在较热的月份每周每株淋水 1 000～2 000 L，要求 450 mm 深的土壤每周浸湿 1 次，冬季用水量为平时用水量的 1/3（Cull B，1995）。

第六节　整形修剪

由于普通番荔枝在粗短的枝条甚至树干、主枝上结果良好，故整形修剪时留干高 30～40 cm 以防止下垂枝接触地面。定植后 1～2 年内在主干上留 4 条分布均匀、互不重叠、间距适当、角度稍开张的主枝，在主枝上再选留 4～5 条副主枝，当这些副主枝长至 50～60 cm 摘心，以促进枝条加粗生长，形成多主枝矮生开心形树冠。进入结果期后，新梢 20～30 cm 长时摘心，待叶片成熟后适量摘除枝条中部的叶片以促腋芽萌发，通过不断摘心、摘叶来培养多个粗短的结果枝组。过密的纤细枝条均应疏除。粗壮下垂枝结果性能良好，应注意保留。进入结果后期，可选留主枝基部位置的蘖芽进行树冠更新。

在 20 cm 的短枝条中，C/N 及 P/N 等比值有最大值，并极显著大于 60 cm 的长枝和全枝条的平均水平。调查结果显示，不同的修剪处理对新梢萌发生长的影响差异不显著，而 20 cm 的短枝条的带花率却极显著高于 60 cm 的长枝条。主要营养物含量虽对新梢的萌发生长无明显影响，但淀粉含量、C/N 及 P/N 等却对提高新梢带花的影响达极显著水平。因此，AP 番荔枝的修剪以 20 cm 左右为佳。

广东普通番荔枝的主要灾害是冷害和台风。选择在无霜地区种植可防止冷害；短截主枝，促进基部萌发新梢，把树冠控制在 2.5 m 以下，可以提高抗风能力。

我国台湾果农还善用修剪进行产期调节，以躲避台风和高温所造成的烂果损失及延长供果期。具体技术介绍如下：

（1）6 月修剪。此时树上叶片已老熟，并大量开花坐果，应结合疏枝，根据枝梢分布及坐果情况，选择发育充实的春梢留长 15 cm 短截，再去叶。

（2）7 月修剪。此时树上已有发育中的小果，应结合疏果，力求质量不求数量，尽量疏除畸形果，再根据树上果实分布和数量，选择无果春梢留长 15 cm 短截，并去叶。

（3）8 月修剪。此时树上第一次开花的正造果开始成熟，7 月修剪后长出的新梢结有小果，结合采收正造果和二造果的疏果来进行，选择无果枝留长 15 cm 短截，并去叶。

（4）9 月修剪。此时树上第一次开花的正造果已大量采收，树上也结有 6 月、7 月修剪后的小果，8 月修剪的新梢也大量开花结果，所以树上可供修剪枝梢不多，可结合采果疏果后树上结果情况，选择前几次修剪后的无果枝条，留长 15 cm 短截，并去叶。

产期调节的修剪操作应注意两点：①短截的枝条要粗壮，着生位置越靠近主干、主枝的越好；②短截后要去叶，否则不能萌发新梢开花结果。短截后去叶的数量视树体生长势而定，一般来说，短截后摘去先端 4 片叶长出的新梢都能开花。若能及时人工授粉和对新梢适时摘心，则会取得更满意的效果。

产期调节的修剪一般应在白露前（9 月上旬）进行完毕，最迟也不可超过寒露（10 月上旬），否则低温干旱难以萌芽开花或落花严重，结果不良。果实不能安全过冬的地方则要早修剪，争取在严冬前采果上市。

广东种植的 AP 番荔枝春季自然开花所结的果实多在秋季成熟。这些果实在采后的完熟期间会出现裂果现象，不能上市。现在都用夏季短截摘叶促梢的方法，使其在秋季开花坐果（彭松兴等，2006）。在广州，这些果实能安全过冬，冬春上市。广州在 2008 年 1 月 25 日开始，连续 20 d 日平均气温在 10 ℃以下、最低日平均气温 5.4 ℃、极端最低气温为 3.6 ℃，AP 番荔枝果实都能安全过冬。冬春季采收的果实不但没有采后后熟期间的裂果现象，而且可以远销我国北方市场。

第七节　病虫害防治

一、主要病害及其防治

通过对广东番荔枝主产区的病害调查，发现真菌病害 9 种，现分述如下。下述后 4 种病害较常见，病原菌可为害许多植物，我国在其他果树上早有报道，故省略其病原菌描述，侧重介绍其在番荔枝上的为害症状。

（一）叶疫病

此病多分布于广州，为害普通番荔枝及其与秘鲁番荔枝杂交的后代——AP 番荔枝，较常见。

1. 为害症状　幼苗期为害枝叶，成株期主要为害树下部的叶片。叶片上，病斑多从叶尖、叶缘开始，圆形，较大，直径数厘米，褐色至暗褐色，水渍状，边缘不明显。苗期近地面的嫩枝受害时，呈暗褐色至黑色溃烂，病部表面可见一层白色霉状物。

2. 病原　*Cylindrocladium scoparium* Morgan。在 PDA 上 25 ℃黑暗培养 7 d，菌落 5.2 cm，气生菌丝发达、绵绒状、灰色，菌落具白色边带，宽 0.4～0.5 cm，反面锈褐色，色泽不均匀。分生孢子梗无色，分隔，长（包括不育附属丝）200～450 μm，梗基宽 4.5～7.0 μm；有不育附属丝，顶端泡囊椭圆形或梨形，大小为（16～35）μm×（5.0～7.5）μm；分生孢子梗一级分枝 0～1 个隔膜、（11.5～25）μm×（3.5～5）μm，二级分枝不分隔、（8～27）μm×（2.5～7.2）μm，三级分枝不分隔、（9～20）μm×（2.5～4.5）μm；瓶梗桶形至肾形，无色，无隔，大小为（3.5～12）μm×（2～4）μm。分生孢子圆柱形，无色，中央 1 个隔膜，两端圆，大小为（32～57）μm×（3.8～5.0）μm。厚垣孢子近球形，直径 8～12.5 μm，分布广而密，形成微菌核。

室内（28～33 ℃）水培番荔枝枝叶，人工接种本菌的孢子悬浮液成功，接种后 6 d 显症，对照不发病。

（二）拟茎点霉叶斑病

此病为国内病害及病原真菌新纪录，分布于广州、澄海，零星发生，为害轻。

1. 为害症状　常与炭疽病、类叶点霉病同时为害叶片，病斑圆形、椭圆形或不规则形，褐色，有暗褐色的边缘。

2. 病原 *Phomopsis anonacaearum* Bond - Mont。子实体为真子座，叶两面生，初埋生，后突露，器状，单腔，三角形或扁球形，（110～220）μm×（70～140）μm，器壁褐色；分生孢子梗无色，丝状，分隔，分枝，（9～20）μm×（1.6～2.6）μm，内壁芽生，瓶体式产孢。甲型分生孢子无色、单孢，近梭形或椭圆形，两端较窄，内具 2 个油球，（4.0～8.0）μm×（1.6～2.6）μm；乙型分生孢子无色、单孢，丝状，（15～26）μm×（1.0～1.2）μm。

（三）类叶点霉叶斑病

此病亦为国内病害及病原菌新纪录，在汕头市樟林等地发生严重，晚秋初冬为发病高峰期。

1. 为害症状 主要为害叶片和枝条，幼苗、成株均感病。叶斑典型的呈圆形，黄褐色，边缘黑色，直径 2～7 mm；病斑可相互联合在叶尖形成 V 形，在叶的其他部位形成不规则的大斑，边缘黑色、波纹状，病部产生大量黑色小点。枝条被害后呈褐色坏死。

2. 病原 *Phyllostictina annonicola* Batista et Vital。分生孢子器叶两面生，松散集生，点状，暗褐色至黑色，球形，有固定孔口，埋于角质层下，（70～125）μm×（70～115）μm；器壁由角状细胞构成，较厚，产孢细胞柱形，全壁芽殖，（6～12）μm×（2.0～2.6）μm。分生孢子无色，椭圆形、近圆形或阔卵形，顶端圆并有一胶纤丝，末端常截，（7.5～12.5）μm×（5.0～7.5）μm。此属真菌由于其模式种为叶点霉（*Phyllosticta*），故此菌重新组合为 *Phyllosticta annonicola* 更合适。

（四）假尾孢叶斑病

分布于广州，在 10 月发生较多。

1. 为害症状 为害枝叶。病斑多从叶边缘开始，半圆形，直径 2～13 mm，褐色，边缘暗褐色至黑色，波纹状，病斑常联合，病部生稀疏的灰黑色霉状物。

2. 病原 *Pseudocercospora annonicola* Goh et Hsieh。子实体叶两面生，子座褐色，球形至近球形，直径 20～50 μm；初生菌丝体内生，宽 1.5～2.5 μm；次生菌丝体表生，有隔膜，榄褐色，分枝，宽 2～4 μm，上亦可有单生的分生孢子梗。分生孢子梗在子座上密集，不分枝，直或微弯，不呈屈膝状，0～1 个隔膜，榄色至榄褐色，（10～32.5）μm×（2.5～4.5）μm；分生孢子近圆形或圆柱形、倒棍棒形，近无色至淡榄色，直或微弯，顶端钝，基部倒圆锥形，2～9 个隔膜，（18～52）μm×（2～3）μm。按此种命名人郭英兰与谢儒焕的描述，此菌子座生在气孔下，分生孢子鞭形至倒棒形。而据我们所见，子座亦可生在叶面，分生孢子顶端并不尖，而是较钝或钝圆，但从症状、病原菌其他特征来看，此菌仍为 *P. annonicola*。

（五）根腐病

分布于湛江。苗圃内发生较多，值得重视。

1. 为害症状 为害幼苗，引起根腐，被害苗木的根断续变褐色，地上部叶片萎凋，严重时苗木死亡。

2. 病原 *Cylindrocladiella tenuis* Zhang C. F. et P. K. Chi。在 CLA（石竹培养基）上 25 ℃近紫外光照射 7 d，菌落直径 4.0 cm，不形成不育附属丝和顶端泡囊。分生孢子梗分枝，一级分枝 0～1 个分隔、（14～27.5）μm×（2～5）μm，二级分枝无隔、（11～23）μm×（2～3）μm，三级分枝无隔、（7.5～18.5）μm×（1.8～2.2）μm，瓶梗圆柱形、无色、无隔膜、（10～24）μm×（1.6～2.2）μm。分生孢子常为中央 1 个隔膜，少数不分隔，（15～18.5）μm×（1.8～2.2）μm。厚垣孢子多，密集，形成微菌核。在无菌土中人工接种成功。再分离得到同一致病菌，对照不发病。

（六）焦腐病

焦腐病（*Botryodipldia theobromae* Pat.）又称黑腐病、蒂腐病。虽然在其他果树如杧果、柑橘、香蕉等上均有报道，但番荔枝上危害也较重。

1. 为害症状 幼苗、枝叶、果实均可被害。幼苗受害症状似青枯病，植株萎蔫，叶片发黄或青枯，杆基部维管束可变褐，严重时叶片凋萎脱落，枝条变褐干枯，呈典型的梢枯状，由于基部维管束褐变，还容易被怀疑为镰刀菌引起的枯萎病；叶片感染时，可变褐腐烂，并常与其他病菌一起为害；病果一般从蒂部开始，初为水渍状小圆点，后扩大为褐色圆斑，最终全果变黑腐烂、变质、流胶，并长出黑色小粒，即病原菌的子座与分生孢子器。

2. 分布　广州、东莞、珠海、潮州、澄海。

（七）炭疽病

炭疽病［*Glomerella cingulata*（Stonem.）Spauld et Schrenk］在果实及叶片上常见，一般 11 月至次年 2 月发病，对枝叶、幼苗为害较大，3～5 月春果易感染而变成黑果。

1. 为害症状　叶斑椭圆形或不规则形，褐色，边缘暗褐色至黑色；枝条上病斑圆形至椭圆形，褐色，均产生小黑点状的分生孢子盘或子囊壳；果实上病斑圆形，水渍状，褐色、暗褐色或黑色，表面可产生橘红色的小粒即病原菌的粘分生孢子团。

2. 分布　各番荔枝产区。

（八）酸腐病

酸腐病（*Geotrichum candidum* Link）为果实贮运期病害，在各番荔枝产区均常见。病部水渍状，黑褐色，果壳较硬，果肉腐烂化作酸臭汁液流出，表面密生一层白色霉状物。

（九）软腐病

软腐病［*Rhizopus stolonifer*（Ehrenb. ex Fx）Lind］为花和果的一种常见病，在各番荔枝产区均有分布。病部呈褐色软腐，表面密生白色绵毛，上有点状黑霉，即病原菌的孢囊梗和孢子囊。开花结果期天气潮湿，发病较多。

除上述 9 种病害外，珠海市郊区前几年番荔枝一度发生的根腐，病因复杂，与栽培管理、线虫为害都可能有关。迄今我们在番荔枝上未发现在台湾地区严重为害的、由疫霉菌引起的疫病。

迄今未发现番荔枝细菌、病毒、类菌原体病害。番荔枝虫害较少且不重。故就发展种植番荔枝来说，注意防治病害是必要的，特别是在引进东南亚国家及我国台湾地区的番荔枝品种时，应警惕苗木或果实有无疫病。

二、主要害虫及其防治

番荔枝提取物虽然对一些害虫存在一定的杀虫活性，但在其生长过程中，仍会受蓟马等害虫的危害，在一定程度上制约着果品生产的进程。一方面的原因是番荔枝栽培面积较小，果园管理水平相对滞后，加重了病虫害的发生；另一方面，病虫害防治时期把握不适当，或没能对症下药，导致防治效果不佳。因此，建立一套科学、合理、实用和有效的病虫害预测预报系统，加强生产技术管理，尽量控制病虫害暴发，用生物农药代替化学农药，人为改变害虫生活环境；另外，实施果实套袋技术可以减少番荔枝果实受病虫危害，有效地降低农药残留并改善果实的商品外观，这些都是实现番荔枝安全生产和无公害生产的有效途径。

（一）蓟马

蓟马属缨翅目蓟马科。为害番荔枝的蓟马主要是红带网斑蓟马。

1. 为害特点　蓟马成虫、若虫在叶片和嫩梢上刺吸汁液造成危害。被害叶面上有产卵点的叶片表面隆起，上盖有黑褐色胶质模块和黄褐色粉粒状物，使叶片黄化干枯，造成落叶；新梢受害时，新叶卷曲，变褐焦枯，影响树势。

2. 防治方法　夏秋两季新梢抽出后，虫口密度达到一定程度时，可喷施 2.5％多杀霉素悬浮剂 1 000～1 500 倍稀释液，或 1.8％阿维菌素乳油 3 000 倍稀释液，或活性成分为 25.0％噻虫嗪水分散粒剂 1 500 倍稀释液，或 20.0％吡虫啉可溶剂 2 000 倍稀释液等进行防治，重点喷施嫩梢、幼叶和幼果等幼嫩组织。

（二）介壳虫

介壳虫属同翅目介壳虫属。

1. 为害特点　为害番荔枝的介壳虫主要是堆蜡粉蚧。该虫以成虫、若虫为害番荔枝的嫩梢和果实，尤以为害果实较严重。幼果被害后发育缓慢，甚至枯萎落果；若果实发育中后期受到侵害，则严重影响果实的外观和品质。

2. 防治方法　于春、秋两季新梢期及幼果期用8％阿维菌素乳油3 000倍稀释液，或25％噻虫嗪水分散粒剂1 500倍稀释液进行防治。

（三）柑橘小实蝇

柑橘小实蝇属双翅目实蝇科。是国内外重要的检疫对象，主要分布在广东、广西、福建、四川和台湾等地。

1. 为害特点　该虫的成虫产卵于寄主果实内，幼虫孵化后即为害果实。被侵害果实未熟先黄，造成落果、烂果，对果实产量和品质影响极大。

2. 防治方法　在成虫发生期用90.0％的晶体敌百虫800倍液或25.0％喹啉硫乳油500倍液喷施树冠和树冠下表土，保护果实，杀死羽化出土的成虫，抑制成虫产卵。另外，还可以悬挂有毒的甲基丁香酚诱捕笼，引诱并毒杀成虫。

（四）斑螟

番荔枝斑螟为台湾省新记录种，其分类地位为鳞翅目螟蛾科。

1. 为害特点　斑螟于6～8月及11～12月危害较严重，幼虫蛀食果实，被害果实初期呈局部黑化、干枯，轻者果实畸形、变黑，重者受害部位扩大至整个果实由黑变干枯、僵化，但仍留在果树上。

2. 防治方法　斑螟对一般常用药剂相当敏感，必须把握正确施药时机。每年6月中下旬和10月下旬至11月上旬，于斑螟卵孵化盛期，幼虫未蛀果前即落花后幼果果径2 cm左右时喷药，每10 d喷一次，连续施药3次。可选用的药剂有2.5％溴氰菊酯乳油1 500倍液、50.0％杀螟硫磷乳油1 000倍稀释液、25.0％毒死蜱可湿性粉剂1 000倍液等；一般8～12月，第一期果逐渐采收而第二期果又正逢生长期，若遇斑螟危害，可用20.0％的氰戊菊酯乳油2 000倍液，或2.5％溴氰菊酯乳油2 000倍液，或90.0％敌百虫晶体1 000倍液等药剂全园喷施。

（五）蛀果虫

自2000年番荔枝开始发生蛀果虫以来，该虫数量急剧上升，危害日趋严重。蛀果虫，俗称针蜂、黄苍蝇、果蛆等，属双翅目实蝇科。

1. 为害特点　该虫食性杂，寄主范围广，能为害番石榴、阳桃、杧果、柑橘类、枇杷等250多种水果和蔬菜。成虫产卵于果皮下，幼虫群集于果内蛀食果肉，造成果实腐烂、干瘪收缩。

2. 防治方法　防治应于成虫发生高峰期前选用90.0％敌百虫或45.0％马拉硫磷或48.0％毒死蜱等800～1 000倍液喷树冠，每隔6～7 d喷一次，连喷2～3次，可以大量杀死蛀果虫。喷施时间选择在10:00前或16:00以后为宜。若在每15 kg药液中加入100 g红糖后再稀释5倍，加热至有香气喷施则效果更佳。

（六）红蜘蛛

红蜘蛛属蛛形纲蜱螨目叶螨科。

1. 为害特点　为害番荔枝的主要是柑橘红蜘蛛（又名红叶螨）。其成虫、若虫刺吸番荔枝叶片、嫩梢和果实表面汁液，导致叶片发黄，造成落叶落果。

2. 防治方式　在红蜘蛛的成螨、若螨、幼螨和卵并存时，应选用对各虫态都有效的杀螨剂防治。如73.0％克螨特乳油、20.0％哒螨灵可湿性粉剂、34.0％螨统杀乳油等，可选其中之一轮换使用，也可用水胺磷硫和石硫合剂两种农药配制混合药液防治，效果十分显著。

（七）木蠹蛾

为害番荔枝的木蠹蛾主要有荔枝拟木蠹蛾和相思拟木蠹蛾，属鳞翅目木蠹蛾科。

1. 为害特点　两种拟木蠹蛾均以幼虫钻蛀枝干成坑道，并且食害枝干韧皮部，在树干外部以虫丝缀连虫粪与枝干皮屑形成一条隧道；幼虫白天匿于坑道中，夜间沿隧道外出啃食树皮，削弱树势，导致减产；危害严重时，可导致幼树死亡。

2. 防治方法　在幼虫盛孵期即 5 月至 6 月上旬，喷施 1～2 次 90.0％的晶体敌百虫 500 倍液或 20.0％天牛灵乳油 250 倍液；对于已经蛀入树干的幼虫，用棉花蘸 80.0％敌敌畏乳油 100 倍液堵塞坑道将其杀死。

（八）天牛

为害番荔枝的天牛主要是星天牛，属鞘翅目天牛科。

1. 为害特点　星天牛以幼虫蛀害树干、主枝，影响水分和养分输导，使植株成株发黄，部分叶片脱落，树势衰弱，严重时整株死亡，是多数果树的树干害虫。

2. 防治方法　于 6～7 月天牛幼虫盛孵期，在树干上喷施 25.0％天牛灵乳液 250 倍液或 25.0％喹硫磷乳油 500 倍液防治。

（九）铜绿金龟子

铜绿金龟子属鞘翅目金龟子科，是为害番荔枝的主要害虫之一。

1. 为害特点　该虫发生普遍，食性复杂，对番荔枝新梢、叶片和花穗造成严重危害。其成虫白天聚集于果园及其周围的杂草丛中，晚上大量取食叶片、嫩梢，严重影响番荔枝的正常生长。

2. 防治方法　在成虫危害期，用 90.0％晶体敌百虫 600 倍液，或 20.0％氯化甲氰菊酯乳油 5 000 倍液喷施树冠防治（魏永赞等，2012）。

第八节　果实采收及贮藏

普通番荔枝需在硬果期采收。果皮色泽、瘤状突起及间缝合线的变化可作为成熟度的依据。当果皮褪绿呈乳白色或浅黄色、缝合线丰满、外露浅白色沟时，采收后经 2～3 d 后熟变软即可食用，供当地销售的果实可按此标准采收。成熟度分别为 70％、80％和 90％的果实，在 25～33 ℃室温中贮藏，分别经过 6 d、4 d 和 2 d 后完成后熟，果实品质以 90％成熟度为最佳。果实一经后熟便不可挪动，故需在硬果期采收。

据林国荣报道，普通番荔枝果实于硬果期采收后，约含 70％淀粉和 10％糖。随果实后熟，淀粉快速水解为糖，后熟后期蔗糖水解为果糖和葡萄糖，故后熟后最甜。普通番荔枝属呼吸跃变型果实，在采后成熟过程中会出现几个呼吸峰。Brown 等认为，南美番荔枝和阿蒂莫耶番荔枝果实在采后有 2 个呼吸峰，普通番荔枝只有 1 个呼吸峰。这 3 种番荔枝都只有 1 个乙烯产生高峰，且都在呼吸高峰之后才出现。

降低温度是降低呼吸速率的有效措施。但普通番荔枝果实对温度反应极为敏感，在 15～20 ℃条件下贮藏 10 d 后转置于 25 ℃室温，则可完成采后成熟过程，且温度越高成熟越快。在 10 ℃、15 ℃、20 ℃和 25 ℃条件下贮藏，10 ℃贮藏的果实硬化变黑，15 ℃、20 ℃和 25 ℃贮藏的果实分别于贮藏 9 d、6 d 和 4 d 后能完成后熟，果肉色泽、质地、风味以 25 ℃、20 ℃较好，25 ℃、20 ℃贮藏的果实有明显的呼吸高峰，而 15 ℃和 10 ℃贮藏的果实都没有明显的呼吸高峰，所以番荔枝果实用 15～20 ℃来贮藏较为安全。

用 0.5～1.0 g/L 苯来特浸果 5 min、0.125 g/L 丙氯灵浸果 1 min、500 mg/L 多菌灵等浸果，对防止果实采收后腐烂有良好作用。

第二十六章　毛　叶　枣

概　述

一、毛叶枣生物学概述

毛叶枣为鼠李科（Rhamceae）枣属（Zizyphus）植物，本属植物全世界有 100 多个种，我国就有 13 个种，其中枣和毛叶枣是果树栽培中最重要的两个种。毛叶枣（Zizyphus mauritiana Lam.）又名印度枣、台湾青枣、西西果、滇刺枣，是热带、亚热带常绿或半落叶性阔叶灌木或小乔木，因其叶背有茸毛，故常称毛叶枣（图 59-1）。

关于毛叶枣的原产地有两种不同的说法：一种说法认为它起源于中国和印度，然后传到阿富汗、马来西亚和澳大利亚的昆士兰。在 1850 年前后被引种到关岛，经夏威夷再到美洲。另一种说法认为它起源于小亚细亚南部、北非、毛里求斯、印度东部一带。目前，毛叶枣已广泛分布于印度、越南、缅甸、斯里兰卡、马来西亚、泰国、印度尼西亚、澳大利亚、美国的南部和非洲。在中国，毛叶枣也在台湾、云南、海南、广东、福建、广西、四川、重庆等地广泛种植，并作为特色水果在长江以北地区开始温室大棚设施栽培。

图 59-1　蜜王毛叶枣

毛叶枣有野生和栽培品种之分，野生类型多果小味涩，集中分布于印度中央邦、拉贾斯坦邦、北方邦、旁遮普邦及哈里亚纳邦等。巴基斯坦的西北边境也有野生毛叶枣林分布（Pareke O P，1976），在泰国东北部紫胶生产区，野生毛叶枣树与四角风车子（Combretum quadrangulare）、亮叶合欢（Albizzia lucida）等混交。中国野生毛叶枣常被称作滇刺枣，主要分布在我国云南怒江河谷、金沙江河谷以及澜沧江流域海拔 1 800 m 以下的山坡、丘陵、河边的灌丛地带（李义龙，1985）。此外，在四川攀枝花、广西东兴、海南昌江、福建及台湾南部也有见野生半野生状态的滇刺枣分布，但具体是外来引进还是原生分布无从考证。

栽培品种是由野生类型毛叶枣经过数代的遗传改良和选育、驯化而培育成，果大、肉厚、味甜，按其原产地常分为印度品种群、中国台湾品种群和缅甸品种群。因中国台湾在毛叶枣育种方面处于领先地位，而且当前我国大陆种植毛叶枣品种基本是从台湾地区引进，因此，常把毛叶枣称作为台湾青枣。

毛叶枣是一种多用途的经济果树，从茎、枝、花、果、叶、树皮均可被利用，经济寿命长达40～50年。其枣果营养丰富，含有丰富的维生素 A、维生素 B、维生素 C 及蛋白质、钙等，特别是维生素 C 的含量，每 100 g 鲜枣果含 75～150 mg，分别是苹果、香蕉的 2 倍和 3 倍多（茶正早等，1996）。毛叶枣不寒不热，具有清凉、解毒、镇静等功效，鲜果还具有净化血液、助消化、养颜美容等功效。其根及果仁可入药，具有清凉功效，可治虚烦不眠、精神疲乏、健忘等症（黄雪莲，2000）。

毛叶枣速生快长，进入结果期时间短，当年定植，80 d 后即可开花结果，具有早结丰产特性，是木本果树中生长结果最快的果树之一。毛叶枣一年可多次开花，产量稳定，丰产稳产性好。特别是经改良后发展而成的中国台湾品种群，依品种不同，单果重在 50～230 g 不等，种植当年即可结果，第二年株产可达 50 kg，3～4 年株产最高可达 200 kg，成熟期在 12 月到次年 3 月，收获期长达 3 个月，产期调节后，收获期更长，是优良的冬春季淡季补缺水果品，丰富冬季果品供应。

毛叶枣果实核小，可食率极高，果肉清脆爽口，无涩味，食后无渣，其含糖量比枣低，没有过分甜腻的感觉；无论鲜食还是加工均俱佳。除鲜食外，还可加工成罐头、果脯、果干、蜜饯、果冻、果丹皮等。毛叶枣花期长，也是较好的蜜源植物。此外，毛叶枣还是紫胶虫的优良寄主，其枝干可以放养紫胶虫，产量较高（李金元，1994）。

毛叶枣根系发达，生长速度快，耐旱、耐热、耐瘠薄，对土壤要求不严，适应性强，即使在气温 42 ℃的酷热下，亦能生长，在我国广东、广西热区的大部分地区均可种植。甚至可以作为我国西南干热地区荒山造林绿化的先锋树种。此外，毛叶枣存在天然的三倍体、四倍体、五倍体、六倍体和八倍体等，染色体数目通常为 $2n=48$、个别品种 $2n=60$ 或 $2n=96$（孙浩元，2001）。另外，毛叶枣虽然存在自交不育和品种间杂交不亲和现象，但一些品种自然杂交率很高，并容易产生芽变，而且有些品种间杂交成功率很高。毛叶枣童期很短，当年开花、当年结果，相对来说育种周期很短，是很好的育种材料。

二、我国毛叶枣产业概述

（一）我国毛叶枣产业发展历程

毛叶枣在印度的栽培历史久远，而在我国毛叶枣产业发展始于台湾地区。

据 1944 年《台湾农家便览》记载，在 20 世纪 40 年代台湾就从印度引进了 Beneras、Narkeri、Bombay 等品种，台湾本岛北部也有甘味枣、酸味枣、金枣等地方品种，但果实小，品质差，无生产价值。其后，毛叶枣逐渐南迁引到台湾南部的高屏地区，并逐步选出较好的品系，栽培面积也不断扩大（郑少泉，1999）。毛叶枣在台湾作为商业栽培的历史只有几十年，但发展非常迅速。据《台湾农业年报》统计：1993 年台湾的毛叶枣栽培面积为 1 451 hm²，投产面积 1 367 hm²，总产 14 472 t，单株产量 25 kg，每公顷产量 10 584 kg，至 1997 年毛叶枣栽培的面积已超过 2 000 hm²，主要分布在高雄县的燕巢、大社、阿莲及田寮（面积约占 70%），屏东县的里港、高树、盐浦等地（面积约占 20%），台南县、嘉义县及台东县亦有栽培。近年来毛叶枣品种不断更新，产量和风味品质不断提高。目前，毛叶枣已成为台湾地区重要的经济果树之一，现已有优良品种 20 多个。

我国大陆对毛叶枣这一资源的开发利用较为滞后。20 世纪 80 年代，云南省首先从缅甸引进 2 个毛叶枣品种，依据果型分为长果型和圆果型，仅元谋县就发展数百公顷，但由于长期沿用一两个品种，且果小、商品性差，加上缺乏系统的栽培管理技术，产业发展不成功，种植面积不增反降，到最后仅作为庭院栽植树种。

20 世纪 80 年代，广东、海南等地也从中国台湾以及缅甸等引入系列优良品种进行试种和优质栽培技术研究。另外，一些越南归侨也从越南引进越南毛叶枣试种。由于当时引进的台湾品种不是优良品种，越南毛叶枣品质又太差，未能引起生产者的重视。

中国热带农业科学院南亚热带作物研究所是我国较早开展毛叶枣引种试种的科研单位之一，在 20 世纪 80 年代末先后从缅甸、中国台湾引进 10 多个毛叶枣品种进行试种观察，并系统开展育苗、修剪和肥水管理、病虫害防治等栽培技术研究（邓次珍，1995）。经过多年引种试种，从台湾地区引进品种中筛选出适宜栽培的品种高朗 1 号、福枣等优良品种，表现出良好的适应性和商品性。随着 90 年代中期台湾地区农业投资商大量进入大陆，台商不但带来了系列优新品种，还带来了先进的栽培管理技术，在台湾投资商的宣传带动下，毛叶枣早结丰产、投资少、见效快、品质好、种植效益比较高等特点逐渐被广大消费者和种植所认识，毛叶枣得到空前关注。其当年种植当年结果的特性有利于投资者快速收回成本，且在冬春季水果淡季上市，深受地方农业部门和农户的喜爱，各地方政府纷纷把发展毛叶枣作为"短平快"项目加以推广，毛叶枣产业开始迅速发展。

从 20 世纪 90 年代中后期开始到 21 世纪初期，广东、海南、广西、云南和福建等南亚热区掀起了发展毛叶枣的热潮。到 2002 年，发展得到顶峰，短短七八年间，毛叶枣种植面积就从无发展到 2 万多 hm^2。目前仍有较大种植规模的区域有广东雷州半岛、东莞、潮州，福建漳州，云南玉溪、元谋，海南文昌，广西钦州、百色等地。

毛叶枣当年开花、当年结果，成枝成花能力强，且每年均需进行主干更新修剪等特点也引起了我国温带地区果农和科技工作者重视，毛叶枣也被引种到北京、辽宁等地设施大棚内，2000 年后，毛叶枣设施栽培在北方获得成功，也拉开了毛叶枣"南果北移"的序幕，目前毛叶枣已在我国长江以北地区温室大棚设施中广泛种植。

（二）我国毛叶枣产业发展主要成就和教训

毛叶枣因其速生快长、早结丰产、丰产稳产及果大核小、清香甜脆、营养价值高等特点，深受消费者青睐，其投资见效快、丰产稳产等特点也使其短时间内在我国广大热区得到迅速推广，在发展之初有效地推动了地方产业的发展，促进了农民增收和产业结构的调整，也丰富了我国冬春季鲜果供应。但由于我国大陆毛叶枣研究起步较晚，科研资金、人员和技术研发投入有限，种质资源贫乏，选育种工作严重滞后，现有品种多为台湾地区引进，具有自主知识产权的新优品种几乎没有，苗木市场不规范，品种混杂退化严重，同时因缺乏品种区划研究，跟风种植，盲目引种现象较严重；由于科技推广普及不快，更缺乏规范栽培技术体系，管理粗放，广种薄收，管理水平参差，特别是毛叶枣花果量大，糖分积累主要形成于果实发育后期，缺乏高效的花果调控技术，不注重疏花疏果和适时采收，造成果品品质参差，优质果率低；青枣采后商品化处理程度低，政府相关职能部门只管组织种，没有重视市场开拓同步走，产销体系不健全，销售多为产地批发，销售价格不高。

这些问题，严重影响了毛叶枣种植效益的进一步提升，制约了毛叶枣产业的进一步发展。特别是技术普及跟不上产业发展的速度，造成了许多不必要的损失。在 2004 年以后，毛叶枣面积又开始大面积萎缩。部分种植区毛叶枣果园又处于失管或遭砍伐的地步。以海南省为例，海南毛叶枣规模化生产始于 1999 年，因其品质表现良好而深受消费者喜爱，相关部门对其发展也给予了高度重视。在市场和政策的双重刺激下，海南毛叶枣发展较为迅速，规模逐渐扩大，至 2002 年达到历史高峰。投产高峰期则出现在 2004 年，该年度海南毛叶枣投产面积为 693.33 hm^2，总产量 0.65 万 t。此后，由于生产上过快发展，种植管理病虫害严重（白粉病），加上海南常受台风影响，海南毛叶枣生产规模又不断萎缩，至 2013 年年底，全省毛叶枣种植面积仅 100 hm^2 左右，总产量约 0.15 万 t，面积及产量只有最高水平时的 10%，产业萎缩明显。

（三）我国毛叶枣产业发展前景展望

近年来，随着我国毛叶枣科研工作的不断深入开展，许多产业关键技术问题也得到了初步解决，并且产业结构的进一步调整，毛叶枣产业也逐步向有一定产业基础的优势种植区集中，果农的种植管理水平也得到了大幅提升。从 2013 年以来，部分优势种植区（广东雷州，广西钦州、百色，云南元谋、元江，海南文昌、琼海，福建漳州）又形成了新一轮的种植热潮，出现苗木供不应求的现象。要使毛叶枣产业健康发展，要做到以下几点：

1. 要加强政府的引导和扶持　毛叶枣属于小宗果树，相关部门要在资金、技术等方面加大扶持力度，如给予小额贷款，定期举办技术培训讲座等，同时在道路、水电设施等基础设施方面给予支持，促进毛叶枣产业快速发展，增加农民收入。

2. 加快育种、建立苗木质量标准体系　目前生产上主栽品种基本上是从我国台湾地区引进品种，大陆自主选育的新品种极少，因此，要尽快启动自主育种程序，选育一批具有自主知识产权，又符合生产要求的新品种。同时要尽快形成一套毛叶枣苗木质量标准体系，规范毛叶枣苗木的品种、质量，从源头上把关。有条件的地区可建立高标准的育种圃，为企业和农户提供优良种苗，为产业的发展奠定基础。

3. 加大科技研究，提高产品的市场竞争力　毛叶枣在国内的研究力量相对较弱，科技投入也较少，相对其他果树，毛叶枣的研究还处于初期阶段，为了产业的可持续发展，必须要加大科研投入，研究解决毛叶枣生产中出现迫切需要解决的问题，如病虫防治、提高果实品质、采后保鲜、果品加工等关键技术研究，为产业及时提供新品种、新技术，使企业和农民获得最大经济效益。

4. 对现有低劣品种进行升级改造　毛叶枣具有品种退化特性，对种植 10 年以上的老果园进行升级改造，办法一是可全部淘汰树，重新种植新品种，但此法成本较高，优点是一次性投入几年可以受益；其次是采用高接换种，在老树头上嫁接新品种，不影响产量，成本较少，是目前较普遍的一种做法。

5. 建立深加工基地，延长产业链　目前毛叶枣仍然以鲜食为主，加工产品较少。应尽快建立加工体系，特别是一些次等果的加工。有关部门应加大扶持力度，鼓励相关企业、个体建立加工基地，解决毛叶枣终端问题，以促进产业健康发展。

第一节　品种群及主要品种

一、品种分类

目前多以产地来划分，通常划分为印度品种群、中国台湾品种群、缅甸品种群等 3 个品种群。印度品种群品种多达 100 多个，主要有 Umran、Kathli、Gola、Sanaur‑5 等；中国台湾品种群主要是台湾地区农民和科技工作者自主选育推出的系列新品种，如高朗 1 号、新世纪、肉龙种等，是目前生产上的主栽品种；缅甸品种群主要有两个类型，即缅甸长果种和缅甸圆果种。印度品种群、缅甸品种群因果小且外形不美观等，综合商品性状较差，目前在生产上难以推广。

二、主要品种

（一）高朗 1 号（五十种）

1992 年在台湾屏东县高朗乡选出，因当时一个条接穗卖价可达 50 元新台币故又名"五十种"。该品种枝条粗硬，生长势旺，刺少，分枝较少，节间长 4～5 cm。花期 5 月下旬至 11 月上旬，自开花至果实成熟需 120 d。果实长椭圆形，平均单果重 110 g，果皮光滑，颜色鲜绿，可溶性固形物含量 12%～17%，味清甜多汁，耐贮藏，产量高。该品种果大、丰产、品质优、成熟早，是目前毛叶枣中园艺性状最好的品种，是福建和云南的主栽品种，也是最受消费者和种植者欢迎的品种。

（二）新世纪（二十一世纪）

该品种从我国台湾地区引入，初步表现极好，比高朗 1 号果更大，成熟期也稍早，其他性状与高朗 1 号近似，果实甜度比高朗 1 号稍低。可溶性固形物含量 9.0%～13%，果实卵圆形，颜色黄绿。果实成熟期为 11 月上旬至翌年 2 月中旬，果皮较粗糙，易裂果。

（三）蜜枣

果实近圆形，平均单果重为 80～110 g。从授粉至果实成熟需 115～135 d，果皮浅绿、光滑，果网较致密，口感脆甜。

（四）蜜枣王

蜜枣是从台湾品种芽变中选育出来的新品种，是毛叶枣中的精品，品质优，含糖量达 15～18 白利度，肉质清甜、爽脆，风味可口，是一种特色精品水果。果型大，单果重 150 g 左右，最大达 300 g，果形美观，成熟时呈淡黄色。收获早，果实八成熟时就可收获。

(五) 蜜丝枣

属晚熟品种，开花时间可在 6～11 月，但一般 8 月前开的花较难坐果，正常果实成熟期为翌年的 1～3 月。果实长卵圆形，果大，单果重 80～150 g，可溶性固形物含量 15%～17%，脆甜无渣，口感极佳，品质上等，表皮光滑，外观漂亮。

(六) 肉龙种

泰国变异种，具酸甜浓烈的枣味。较晚熟品种，12 月下旬至翌年 2 月成熟，果形长圆形，果色淡黄，可溶性固形物含量可达 15%，品质较好。但果实小，平均单果重 49 g。目前生产上很少栽培。

第二节　苗木繁殖

一、嫁接苗培育

毛叶枣的苗木繁育方法有多种，包括扦插繁殖、组织培养和空中压条等，但生产上多采用嫁接繁殖。

(一) 砧木的选择和培育

毛叶枣实生苗变异大，因此常采用无性繁殖。但栽培品种的种子发育率极低（0.1%～7.5%），不宜用于播种作砧木。近年来砧木常用毛叶枣野生种，如我国云南产的野生毛叶枣及印度、泰国、越南毛叶枣种子都可用来培育砧木。选择无病虫害的优良单株采种，果实要充分成熟（果面红色或浅黄色），收集堆放腐烂后除去果肉，清洗种核，自然风干后贮藏备用。滇刺枣种子具有坚硬的种壳，播种前通常人工除去种壳，取出种仁，用 1% 甲基硫菌灵和 100 mg/L 赤霉素（GA$_3$）用 50 ℃温水浸泡 24 h 后晾干，播种于沙床或直播于大田苗地。

(二) 嫁接

当砧木苗径粗 14 cm，苗高 25 cm 时出圃嫁接，多用切接法。一般在当年 7～8 月选择阴天或晴天下午进行嫁接。嫁接前先把砧木运到选择接穗枝的母树下。接穗选择优良母株当年生枝龄 3～5 个月的枝。采用靠接法，嫁接时不切断接穗与母树的联系，待接口愈合后再与母株分离，方法有舌贴式和插腹式。砧木在离袋面 5 cm 处剪断，然后再开接口。采用插腹式靠接时，从砧木两侧对称向上削接口呈楔形，削片厚度各为茎粗的 1/4，接穗接口舌片厚度为接穗粗的 2/5，舌片不能切断。砧穗接好后用塑料带绑紧。接穗最好随剪随接，或用保鲜膜、湿毛巾或塑料布包好，保持接穗的新鲜，从外地采集接穗要严格检疫，防止危险病虫传播。

(三) 嫁接苗管理

嫁接成活后要经常检查，及时把砧木上萌发的不定芽抹去。定期浇水，嫁接 1 个月后从接位下端剪断接穗枝，切断接穗与母树的联系（称为下树）。下树后的嫁接苗集中假植管理，并适度遮阴，嫁接成活后要经常检查，及时把砧木上萌发的不定芽抹去以减少养分消耗。抽出新一轮叶后，施 1 次稀薄水肥，以促进嫩梢生长健壮整齐，以后每 15 d 施肥一次，以水肥为主。

二、实生苗培育

(一) 苗圃地的选择与准备

苗圃地的选择要因地制宜，须注意以下事项：

1. 地点　苗圃地必须距毛叶枣果园 500 m 以上，以减少病虫的传播，同时要求水源充足，交通方便。

2. 地势　苗圃地应选择背风向阳、背北向南、日照充足、稍有倾斜的缓坡地。地下水位在 1 m 以下。因毛叶枣幼苗怕霜冻、忌积水，不宜选用低洼地。

3. 土壤　一般应选择土层深厚、肥沃、富含有机质的沙壤土。沙土由于保水性差，苗木易受干旱的太阳灼伤，生长差，不利于培育养壮苗；黏土则透气排水性能差，土壤易板结，根系生长不良，起苗时伤根多，定植成活率低。

另外，毛叶枣苗圃地不宜长期连作，否则引起苗圃地力下降，病虫害严重，对苗木生长不利。

（二）种子选择与采集

毛叶枣应采用本砧作为砧木，所谓本砧就是与栽培种同一个种的野生种的种子播种后长出的实生苗。因栽培种种子败育率高，发芽率极低，生产上普遍采用滇刺枣或缅甸长果种、圆果种种子播种苗作为砧木。

砧木选种要求果实要充分成熟、饱满新鲜。果实采下后要去除果肉，然后洗净、晾干。毛叶枣种子有短暂的休眠特性。因此，晾干后不宜立即播种，将晾干的种子放入塑料袋密封保存。

（三）播种时期和方法

应当年制种当年播种，播种时间在 3~4 月天气回暖时进行。播种前要把种子暴晒 2~3 d，然后用 1% 甲基硫菌灵和 100 mg/L 赤霉素（GA$_3$）用 50 ℃ 温水浸泡 24 h 后晾干，可采用点播和散播。点播是将种子直接播入准备好的营养袋中。散播是将种子先在苗床上催芽，待种苗长出一对真叶时将苗移入营养袋。因苗期容易产生猝倒病，出苗后，3~4 d 喷一次 75% 百菌清 500~700 倍液。

（四）分床移植

毛叶枣种子一般 15~20 d 开始出芽，幼苗长至 4~6 片叶即可分床移植。一苗床种 4 行或 6 行苗，4 行式行距 20 cm，株距 15 cm，畦面宽 70 cm；6 行式株行距与 4 行距相同，畦面宽 100 cm。如用营养袋（杯）育苗，每行以放 4~6 个营养袋（杯）为佳。为提高苗木质量，移苗时要分批进行，每批选大小生长基本一致的苗木移栽在同一苗床上。移苗是要注意遮阴防晒，可用 70% 及以上的遮阳网作荫棚，10~15 d 再揭去。

（五）苗圃管理

1. 淋水与施肥 移植后，每天淋水 1 次，如遇高温干旱天气，必须每开上下午各淋水一次，至小苗恢复生长抽芽为止。此时应施稀薄粪水及 0.5%~1% 尿素和复合肥。为培育壮苗，应半个月或 10 天淋肥 1 次，施肥前要先除草松土。

2. 修枝 毛叶枣幼苗生长迅速且分枝力较强，一般从出芽到符合嫁接标准 100~120 d 即可。若不注意修枝，很容易导致苗木纤细而高，易倒伏，也易滋生病虫害。

3. 病虫害防治 主要防治白粉病、红蜘蛛，防治方法见本章病虫害部分。

三、苗木出圃

苗木出圃质量好坏直接影响到苗木的质量、定植后的成活率及幼树的生长。因此优质苗需符合以下标准：①品种纯正，嫁接部位适中（离地面 10~20 cm），嫁接口平滑，愈合良好，无瘤状突起；②嫁接口以上 3~5 cm 处干径在 0.5 cm 以上，苗高 80 cm 以上；③末次梢充分老熟，无病虫害。苗木出圃时间以春季（3~5 月）为主，尤其是裸根苗，要浆根；秋季出圃在 9~10 月，以袋装苗或带土苗为宜。应尽可能避开低温干旱的冬季和高温的 7~8 月。

第三节　生物学特性

一、根系生长特性

毛叶枣实生树根系发达、入土深，侧根较多。初期实生苗的垂直根强壮于水平根，一至二年的实生苗根系的特征具有两个明显的层次：第一层次的骨干根水平分布，侧根围绕水平分布的骨干根向各个方向生长；第二层的骨干根垂直分布，多向下生长。第一年根系可深达 1~1.5 m，水平分布范围在 70~100 cm。

二、枝梢生长特性

毛叶枣萌发力强，其主枝多在主干的侧芽抽出，新芽又在枝条先端的顶芽上或枝条腋芽抽生。抽梢的次数因品种、树龄、营养状况、气候条件及修剪方式而异，枝梢可一年四季生长，一年可抽新梢5～10次，强修剪过后，一年内即可恢复树势，当年又可形成4～5次分枝，一年新梢可长达1.5～3 m；二年生树即使主干更新后，树冠也可长至3～4 m，部分品种树冠可达10 m。

三、开花与结果习性

花芽在一年生或当年生枝条上孕育，具有分化快（5～8 d）、连续分化、持续时间长的特性，一年能多次开花结果，但不同时期开花坐果能力不同。毛叶枣品种不同，开花期也有所不同，一般开花期为5～12月，但5～7月开花量少，挂果少；8～11月开花量大，挂果量也最多。

1. 花芽发育　花芽刚开始发育时非常小，呈紧缩簇状，芽卵圆形，被细小白色的茸毛覆盖。随着生长发育，芽长大并呈卵形，花梗显得清晰可见，一些白茸毛变成暗褐色，嵌生于花瓣里的雄蕊被包裹在芽片中。这时，还看不到柱头，花芽逐渐成为球形而花梗呈现淡绿色，切开芽就会发现柱头仅为1个微小的凸起。经过一段时间，芽分化出5个径向的凹陷，顶部中央也出现1个凹陷，柱头的分化更清楚。进一步增大，花梗轻微弯曲，芽的颜色转为完全的苍白色，凹陷变得更加明显，颈部中央裂开之后花就开放了，但一段时间内雄蕊仍会包在白色的花瓣里，在开放的花朵中柱头呈明显的凸起。从开始分化到处分化完全需20～22 d。

2. 开花与花药开裂　花为腋生聚伞花序，每片叶可生一花序，每花序有花8～20朵，开花时，靠近枝条基部的花先开，然后沿着枝条依次向上开放。花的开放约需3～4小时，大多数情况下，花药在开花合3小时雄蕊在花瓣中出现后开裂，温度的升高会促使开花及花药的开裂。

3. 花粉粒的形状及大小　新鲜的花粉是一个黄色的颗粒，显微镜检测表明，其外形从三角形到卵形变化不等，表面光滑干净，花粉粒的大小在不同的条件下各异，在湿润的条件下，花粉粒会膨大，变化幅度为4%～9%。

4. 柱头的亲和性　柱头在开花时仅为1个微小的凸起，然后逐渐变长，柱头分泌物一般在开花后6～8 h出现，但柱头表面完全黏稠则是开花后24 h，这个时期被认为是柱头亲和性最好的时期，开花32 h后，柱头开始萎缩，变为苍白色，然后干枯。

5. 授粉授精与生理落果　毛叶枣为异花授粉植物，授粉媒介为蜜蜂和苍蝇。毛叶枣着花虽多，但落花落果现象也十分严重。

四、果实发育与成熟

经过授精的花，子房开始膨大，发育十分迅速，而未受精或胚不发育的子房开花后4～5 d开始随花凋萎脱落。果实长至1.5 cm左右时，因种子发育而生长缓慢，此期又称硬核期，后期又快速发育。据观察，毛叶枣果实生长呈双S形曲线。从开花至果实成熟需110～150 d，早熟品种需用110～120 d，晚熟品种需用130～150 d，成熟期从每年的9月至翌年3月，但成熟期多集中在12月至翌年2月。

五、主要器官特性

毛叶枣实生树主干明显，直立粗壮，树皮较厚，表皮粗糙常有纵裂纹。嫁接树主枝长势因品种而异，可分为两种类型，第一种类型如缅甸长果种，主干斜向上生长，分枝角度大、开展，分枝多，主枝不明显，树冠呈扇形；第二类型分枝角度适中型，如台湾福枣、碧云种等，树冠略似圆形，主枝明显，较为开张。

毛叶枣实生树根系发达、直生、入土深，侧根较多。初期实生苗的垂直根强壮于水平根，1~2年实生苗根系的特征具有两个明显的层次：第一层的骨干根水平分布，侧根围绕着水平分布的骨干根向各方向生长；第二层的骨干根垂直分布，多斜下生长。第一年根系可深达 1~1.5 m，水平分布范围也在 70~100 cm。

毛叶枣叶为单叶互生，呈椭圆形或长椭圆形，自基部有 3 条明显叶脉。叶面光泽呈绿色，叶背生灰白色茸毛。叶缘锯齿状，叶的大小因品种相差较大，缅甸、越南品种群明显小于中国台湾品种群。如缅甸圆果种，叶长 6.5 cm、宽 5.7 cm，而台湾福枣种，叶长 9.8 cm、宽 7.5 cm，叶形可作为品种辨别的标志之一。

毛叶枣花为聚伞花序，腋生于当年生结果枝上。花轴较短，仅为 2~5 mm，一轴上着生小花 8~26 枚，花梗长 4~8 mm，基部具线状小苞片 1 枚，早脱落，花径 6 mm。萼片 5 裂，先端尖锐，下段互相连合呈杯状，或向下弯曲，长 2 mm，宽 1 mm，表面淡黄色，较光滑，中央隆起纵棱线一条，背部密被褐色柔毛。花瓣与花萼同数，彼此互生，瓣呈匙状，上端向内凹，长 1 mm，宽 0.5 mm，在花后 3~4 d 萼片及花瓣一起脱落。雄蕊 5 枚，与花瓣对生，基部嵌入花瓣边缘，成熟后与瓣片反向下垂，雄蕊长 2 mm，花白色。花药卵形，具 2 室向内纵裂，淡黄色。雌蕊 1 枚，白色，柱头 2 裂，或已退化，子房上位具 2 室，生于花盘中央，略凹入，每室有胚珠 1 粒。花盘发达，扁平，白色，边缘具波状浅裂，环状而整齐。

毛叶枣为核果，单果重 10~200 g，目前生产上栽培品种多数在 70 g 以上。果实形状有卵圆形、长椭圆形、扁圆形等，果皮绿色，果肉为乳白色，脆甜多汁。核 1 枚，有坚硬的核壳，呈凹凸不规则的龟纹，有 2 室，通常仅有一室种胚发育完全，另一种胚退化。

第四节　对环境条件的要求

一、温度

毛叶枣适应干热气候，即能耐高湿，又能耐较低温度，但忌霜冻。适宜在海拔 1 200 ℃以下，年平均温度 18 ℃以上、极端低温不低于−3 ℃，大于 10 ℃的活动积温达 6 500 ℃以上、基本无霜冻的热带和亚热带地区种植。春季日平均气温达到 18 ℃以上，开始萌芽生长，低于 15 ℃则极少萌芽抽梢，最适生长温度为 25~32 ℃。稍耐寒，能短期忍受−2~−3 ℃的低温。花芽分化适宜温度为 25~32 ℃。

二、光照

毛叶枣属喜光植物，在光照充足的情况下，毛叶枣对氮的利用率较高，叶片较厚，含氮、磷也较高。枝叶年生长健壮，花芽分化良好，病虫害减少，果实着色好，提高糖和维生素 C 含量，增进果实品质及耐贮性。反之，在光照不足或种植过密、树冠严重交错的条件下，枝梢细长、软弱、不充实，落花落果严重，果实着色不良，含糖量低，病虫害较多，而且果实品质下降。理想的栽培地要求日照时数在 2 400 h 以上。

三、水分

毛叶枣根系发达，抗旱力强。年降水量在 500 mm 以上、相对湿度大于 50%的地区都能正常生长，开花结果，但以水分充足、有灌溉条件的地方生长结果最好。在开花期前 1 个月、幼果前期和采收期，应保持土壤干燥，不需灌水；其余时期果园应保持土壤湿润，特别是果实发育期（果实直径 1.2~1.5 cm），如果干旱，应及时灌水，以保持湿润，防止落果，确保果实的增大。骤雨骤干或一干一湿的灌溉方式，容易导致严重落果及裂果现象。根系长期积水也容易产生烂根。

四、土壤

对土壤要求不严格，在土壤 pH 6.0～6.5 的沙土、壤土、黏土、石砾土等多种类型土壤上都能生长，但以排水良好、土层深厚、疏松、肥沃的土壤为好。毛叶枣虽然对土壤酸碱度的适应范围较广，然而 pH 过高、过低时，对生长也会产生影响。在而 pH 5.5 以下易使铝、锰、铜、铁等变为可溶性而导致过量，同时引起磷、钙、镁、钼的缺乏；尤其在 pH 4 以下时，铝、锰、铜等过多，对毛叶枣根系具毒害；而在 pH 8.5 以上时，锰、铁、硼、铜、磷的可溶性剧减，对毛叶枣的生理也有不良的影响。

五、风

微风可以促进空气流动，改善空气温度和湿度等生态条件，还可以补充毛叶枣树叶周围的 CO_2 的浓度，加强光合作用的进行。但由于毛叶枣枝条长、软、脆，不抗风，因而强风会给毛叶枣造成极大的危害，甚至毁灭性的损害。因此，毛叶枣种植应选择在台风不易到达成地方。挂果期还应搭架，防止枝条断裂。

第五节 建 园

一、园地选择

毛叶枣是典型的阳性树种，山坡地种植一定要选择阳面，阴坡种植将严重影响产量和品质。毛叶枣怕涝忌渍，但生长高峰期要求水分充足供应，建园时要充分考虑这一特性。在地下水位低而土质疏松肥沃，容易排灌的水田和冲积地建园时可采用低畦浅沟式；在地下水位高、易涝、排水不易的水田或平地建园时宜采用高畦深沟式；丘陵山地建园，宜修筑等高梯田，同时要求果园有灌溉系统。

实践证明，毛叶枣喜欢大水大肥，在排水良好、土壤疏松肥沃的平地水田种植时效益较好。具体要求如下：

（1）温度。毛叶枣性喜温暖气候，宜在全年光照充足、无霜冻、日温最低温在 8 ℃以上、最高温不宜超过 38 ℃的地方栽培。

（2）土壤。毛叶枣根系发达，树势旺盛，对土壤要求不严，能在 pH 5.5～7.5 的土壤中生长。若按商品经营，毛叶枣种植地宜以平坦水田、冲积河床地为宜，山坡地宜 50°以下缓坡种植。土壤肥力中等以上，有机质＞1.5%，全氮＞0.05%，速效磷＞20 mg/kg，速效钾＞120 mg/kg，土壤以沙质壤土为佳。

（3）水源。毛叶枣生长旺盛，结果极多，对水分的要求很高。种植毛叶枣一定要选择水源丰富且符合农田灌溉水质标准的地区。

（4）种植面积。毛叶枣在管理上需大量人工，不宜大面积栽植。个体农场以 1.5～2 hm^2 为宜，大型农场宜在 20 hm^2 以下。因为毛叶枣只有在精细管理下才能优质丰产。

2012 年在福建云霄县有相当一部分毛叶枣果实一直很小，长不大，最后形成了"橄榄枣"，产量低，效益差。通过田间调查，了解到造成这种现象的原因：①没配或少配授粉树，造成花期授粉受精不良，由于气温高，枝条营养积累不够，早花坐果率低，晚花结的果品质差；②少施基肥，土壤有机质含量低，长期缺乏微量元素，使根系生长不良，开花时消耗大量养分，至幼果期生长不良造成生理落果；③气候原因，长期干旱无雨，花期果农不敢喷水，结果期也没采取科学喷水，致使果实生长期间严重缺水，品质下降。所以园地的选择是非常重要的。

二、园地规划

果园的规划和设计主要包括栽植区（小区）的划分，道路、建筑物的设置，排灌系统的规划，防护林的营造等。规划前必须实地勘测，有条件的要利用仪器测绘，绘制出整个园地的平面图，按图建园。

三、果园的开垦

开垦包括清地、翻耕、平整土地、开梯田、定标、挖种植穴或开沟种植等。水田、冲积地种植毛叶枣，一定要降低地下水位，园地的开垦可采用低畦浅沟式和高畦深沟式两种形式。在丘陵地建园重点是改良土壤，修筑等高梯田（环山行），防止水土流失。其好坏直接影响水土保持、抚育管理、生长和产量。一般应在定植前半年进行。同时，在设计和开垦工作中，要十分注意环境保护和可持续发展问题。

第六节　优质高效栽培技术

一、栽植

（一）选择优良品种

选用主栽品种，不但要考虑果实的商品品质，也要考虑丰产性和抗逆性，产品供应期等综合因素。毛叶枣的优良品种应具备下列条件：①果实大、肉质细脆，甜度高，无涩味；②果皮薄且光滑，颜色淡黄绿色、黄绿色或鲜绿色，口感佳；③种子小而肉厚，果呈椭圆形或长卵圆形；④较抗病虫害，如白粉病。

目前生产上栽培的品种主要引自中国台湾品种群，如高朗 1 号，蜜枣、蜜王、蜜丝等。其中云南、福建以高朗 1 号为主，广东、海南、广西以蜜枣、蜜丝、蜜王为主。

（二）适地栽培

毛叶枣是一种典型的阳性热带果树，喜光怕阴，喜温怕高湿。要求在阳光充足，年均温 19 ℃以上，基本无霜的地区生长。印度、中国台湾有因在高湿区和过北地区栽培而致病害严重，品质低劣，致使果园荒废，栽培区不得不转移的教训。毛叶枣若阳光不足或被遮挡，很难开花结实，果实品质大大降低。在台湾地区有通过果园人工照明提高果实品质的做法。故择地栽培一定要求阳光充足，山地栽培要选择向阳坡面，并不宜与其他果树间作。毛叶枣对土壤要求不严格，适应微酸性至碱性的沙土、壤土、黏土等多种土壤，但以土层深厚肥沃的微酸性沙土为宜。

（三）定植

选苗高 50～60 cm，茎粗 0.6 cm 以上，主干粗直，生长健壮，叶片浓绿，根系发达，无病虫害的苗木进行定植。种植规格为行距 5 m，株距 4 m，每 667 m² 植 33 株。种植前，挖长和宽各 1.2 m，深约 50 cm 的坑，每坑施有机肥 20 kg、钙镁磷肥 2.5 kg，盖土，然后再种植，种植后要及时淋足定根水。

毛叶枣是多年生植物，定植一次多年受益。因此建立毛叶枣园应该做到认真选地、周密规划、合理布局、精细开垦、施足基肥、熟化土壤，为毛叶枣生长创造良好的环境，为早结、丰产、优质、高效打下基础。

（四）配置授粉品种

毛叶枣为异花授粉植物，必须配置授粉品种。毛叶枣花期长，对授粉品种要求不严。中国台湾品种群中，任何两个品种都可互作授粉品种，如选择蜜丝作为主栽品种，可选用蜜王作为授粉树。

二、幼龄树管理

幼龄树的管理主要有：

1. 肥水管理　要保证土壤湿度，定植后进行树盘覆盖。追肥可在定植后 2 个月左右进行。及时中耕除草。行间可间作花生等短期作物或其他豆科作物，用以固氮，促进果树生长健壮。

2. 定干摘心 一年生幼树，在嫁接口 30 cm 左右处剪断，等侧枝抽发后，选发育良好、分布均匀、导向四周的枝条作为主枝，其他的予以修除。主枝上的直立枝也要剪除。于 5～6 月，修剪徒长枝及幼小细枝。

3. 病虫害防治 主要须防治白粉病、红蜘蛛等，以使毛叶枣苗生长健壮。

三、成龄树管理

（一）修剪、疏花疏果

1. 修剪 研究表明，修剪程度和修剪时间对毛叶枣果实品质和产量影响很大。毛叶枣虽是多年生阔叶果树，但因生长势强盛，所以每年 2～3 月需进行一次结果主枝的锯剪，诱发侧芽，选优留枝成为当年结果主枝。另外毛叶枣树的退化相当迅速，3～5 年是结果高峰，其后就越结越少。所以种植 4～5 年后就须进行嫁接换种以确保其品质和产量。毛叶枣树体的更新方式有 3 种：

（1）基干更新。一年生幼枣树，可于 2～3 月离地面 30 cm 处剪断，以诱发侧枝生长，仅留生育良好、分向四方的枝条作为结果主枝，其余剪除；二年生以上枣树可每 1～2 年，于 2～3 月进行更新修剪，将采收后的枣树于基干离地 10～20 cm 处锯掉，约 1 个月后从新梢中选留生育良好枝条 1～3 个，作为当年的新主干。

（2）主干更新。若仅留单一主干，则于基干选单一新梢培养成主干，每年 3～4 月当新芽成长约 30 cm 处时，剪掉顶芽，促使侧芽萌发，选 3～4 个生育良好、向四方扩展且靠近棚面的侧芽培育为当年的结果主枝，结果主枝离主干 30 cm 内的侧芽应剪除。若选留多个主干，则于基干选 2～3 个新梢培养成主干，每年 2～3 月即需进行，比单一主干树提早 20～30 d 更新，其更新方式，即是离基干 10 cm 处锯断，诱发侧芽择优成为新主干，新主干离棚架 30 cm 以下的侧芽宜剪除，以利果园通风。

（3）主枝更新。每年 3～4 月将上年结果主枝离主干 10 cm 处锯断，诱发主枝侧芽生长，选一生长势优的新梢枝条作为当年结果枝条。新的结果主枝离主干 30 cm 内的侧芽应剪除，以防层叠过密，不利生长。

2. 疏花疏果 毛叶枣花果量大，最初一个花序一般能结 4～5 个果，后因营养竞争，自然疏果后余 1～2 个果。疏花选择在盛花期进行，一般要疏除花量的 1/3～1/2，先从枝梢顶端的花序开始，基部的花选择去一留一。经自然落果后，毛叶枣挂果仍然过多时，需要人工疏除。疏果要尽早进行，避免浪费养分，让留下的果实在充足养分供应下迅速生长。疏果在果实如花生米大小前后就要进行，首先结合修剪把已坐果的纤细枝、徒长枝、过密枝、荫蔽枝剪去，再将过密果、细小果、黄病果、畸形果、机械伤果疏去，每节只留 1 个果形漂亮的果。经过疏果的植株，所结的果实大小均匀，个头较大。

（二）加强肥水管理

毛叶枣优质栽培主要施好 3 次肥，即促梢肥、促花肥、保果肥。促梢肥在采果后，修剪前 1 周施下，株施有机肥、氮、磷、钾肥分别为 15～20 kg、0.6 kg、0.4 kg、0.6 kg，混匀后施下。促花肥 8 月上旬每株分别施尿素、磷、钾肥 0.3 kg、0.3 kg、0.5 kg。保果肥株施豆饼等水肥 10 kg、尿素 0.3 kg、钾肥 0.4 kg。在施好这 3 次肥的同时，注重叶面施肥，特别是硼肥和锌肥等微肥。微旱对毛叶枣生长及果实品质有利，但在挂果期应进行果园覆盖保湿，干旱时应及时灌溉，冬春干旱地区 10～15 d 应灌水一次。使用植物生长调节剂对减少毛叶枣落花落果，增大果实，提高品质和提早上市均有重要作用。盛花期喷施 0.03 mg/L 赤霉素（GA3）或萘乙酸（NAA）均能提高单果重和可溶性固形物含量。

（三）搭建棚架

搭建材料可用竹材（直径 5 cm）、木条柱（直径 3～5 cm）或水泥柱配钢丝。一至三年生以竹材、木条柱为主，架高 1～1.2 m，架面形成 30 cm×50 cm 方格。三年生以上可用水泥柱配钢丝或钢管搭设，架高 1.5～1.6 m，架面形成 50 cm×50 cm 方格。棚架上毛叶枣枝条应以固定，保持平整均匀分散，避免毛叶枣枝条重叠。棚架的搭建不宜过高，以利套袋及采摘，因毛叶枣的着果量多、果重，棚架应牢固。

（四）套袋

套袋可使毛叶枣果皮光鲜翠绿，果实增大，减少病虫害，防止霜冻及鸟害。但套袋耗时耗工，而且套袋后果实光合作用减弱，果实甜度略低。网室栽培则不需进行套袋。毛叶枣在套袋前应进行杀菌处理，可使用 25％咪鲜胺乳剂 3 000 倍或 10％苯醚甲环唑水分散粒剂 2 500 倍喷施果实，待药剂干后再套袋。毛叶枣套袋作业进行时间宜在疏果作业完成后进行。套袋使用材料为 10 cm×15 cm 透明薄膜胶袋，将果实套入胶袋后袋口回折用钉书钉固定即可。

四、实生劣质低产树高接换种

毛叶枣容易发生芽变和自然杂交，产生新的良种，生产中优良品种不断推出，品种更新换代极快，再加上毛叶枣特有的每年春季截干重修剪，因此，果园高接换种极普遍。换种时间一般选择在 3～4 月主干更新时进行，常用的高接换种方法为切接法，嫁接成活后要加强管理，及时抹芽。如管理得好，当年也能保证较高的产量。

五、主要病虫害防治

（一）毛叶枣主要病虫害

1. 白粉病

（1）为害症状。白粉病是对毛叶枣危害最大的一种病害。主要为害幼嫩的叶片、枝梢和果实。叶片染病时，初期正、反两面均会出现少量白色粉状物，发展到后期，白粉层增大，叶片发生扭曲、皱缩，易脱落。嫩梢发病时，枝条细弱，枝梢节间缩短，叶片狭长，病芽较难萌发。幼果（未转蒂果）感病时，果面初期出现少量白色粉状物，严重时白色粉状物布满全果，后期病果皱缩，变黄变黑，易干枯脱落，小果感病多出现褐色病斑，果面粗糙，大大降低商品品质，严重时也脱落。

（2）发生规律。病菌经菌丝附着在病叶及枝上，待气温回升湿度增大时发展。菌丝发展到一定阶段，可产生大量分生孢子，分生孢子经气流传播。该病发生的严重程度与温湿度、立地条件及品种的关系密切，枣园通风不良或夜间湿度较大特别是早晨有雾的环境下较易发生。在广东湛江一般于 8 月下旬开始发病，9 月上旬至 11 月下旬为发病盛期，此期主要为害幼果和嫩叶；早春 2～4 月也是发病期，此时主要为害嫩叶和嫩梢。品种不同抗病性有很大差别，高朗 1 号、新世纪、脆蜜、蜜丝等抗病性强，而福枣、碧云种、大世界易感白粉病。

2. 粉蚧与煤烟病

（1）为害特点。枣粉蚧又称柑橘粉蚧，是对毛叶枣危害较重的害虫之一。主要为害叶片、花和果实，成虫和若虫皆密集于枝条、叶腋、叶背、果顶凹陷处，或藏匿于开裂皮层下。雌成虫和若虫用刺吸口器吸食汁液，造成枝梢和叶片皱缩，果实畸形，其分泌物可诱发煤烟病。煤烟病为表面附生菌，菌丝为一层黑色煤烟状物，覆盖叶片和枝梢上，妨碍植株正常光合作用，造成树势衰退，花少果少，产量降低，成熟果外观受影响，商品价值低。

（2）形态特征和发生规律。雌成虫椭圆形，淡黄色，雄成虫体长形，暗褐色，体被白色蜡粉，产卵前分泌白色蜡质绵状卵囊，产卵其中。卵椭圆形，淡黄色。若虫体扁椭圆形，足发达，爬行各处固定后即开始分泌蜡粉覆盖身体。该虫 1 年可发生 5～6 代，其中以 6～8 月危害最重。干旱季节和树体荫蔽有利粉蚧和煤烟病发生。

3. 柑橘全爪螨（柑橘红蜘蛛）

（1）为害特点。柑橘全爪螨主要为害叶片和果实，雌螨产卵于叶背叶脉两侧，卵孵化后若螨、成螨在叶片两面用口器刺吸汁液，被害处叶绿素消失，变成褐色或红褐色，阻碍叶片光合作用，严重时造成叶片脱落。为害果实时，于果面产生粗糙褐色疤痕，影响果实外观。

（2）形态特征和发生规律。成螨体呈卵圆形，背部隆起，侧面观呈半球形，红色至紫红色，背部刺毛基部突起，足 4 对，体长 0.3～0.5 mm。卵呈球形、略扁，红色有光泽。初孵若螨体长 0.2～0.3 mm，红色，足 3 对。该虫繁殖能力极强，一年可达数十代，高峰期每片叶虫口可达 30 多头，世代重叠。其发生和消长受气候、越冬虫口基数、营养条件和天敌等因素的综合影响，其中温度和雨量是最重要的影响因素。该螨在 10 ℃时开始发育，20～25 ℃为发育最适温。在 15～30 ℃范围内，温度越高，柑橘全爪螨繁殖率也越大；降雨越少的秋冬季，繁殖率越高。因此，在广东西部地区，9 月至翌年 2 月，是柑橘全爪螨的高发期。

4. 黄毒蛾

（1）为害特点。为害毛叶枣的毒蛾有许多种，其中以黄毒蛾发生较多，幼虫取食叶、花、嫩芽和果实。初孵幼虫群集危害，吃掉叶背表皮和叶肉，4 龄后分散取食，向叶缘为害；幼果受害后成锈果状，极大影响外观品质。幼虫老熟多在卷叶内、叶背等处结茧。

（2）形态特征和发生规律。每年可发生 8～10 代，以 6～8 月密度最高。成虫昼伏夜出，卵产于叶背，卵块呈带状，20～80 粒一块，分为两排，上覆盖黄色尾毛。雄成虫大，雌成虫小，体长 9～12 mm，翅展 26～35 mm，头、触角、胸及前翅皆黄色，腹部末端有淡黄色毛块。幼虫体长约 25 mm，橙黄色，头褐色。腹部两侧带有赤色刺毛，有毒。成虫有趋光性，幼虫有假死性。最后一代幼虫 11 月在树干裂缝、蛀孔等处吐丝结茧越冬。

5. 拟木蠹蛾

（1）为害特点。早春主干更新修剪后，萌发的新芽易受拟木蠹蛾幼虫为害。幼虫在新芽基部新老皮层接合处咬食嫩芽皮层，啃食一周，并吐丝将虫粪和树皮屑缀合成隧道，覆盖住躯体，沿隧道啃食前端树皮，稍大后钻蛀枝干木质部，造成树势衰退，生长不良，而且新主干遇风易从基部折断，危害严重时整片果园断倒率可达 30%，造成重大损失。

（2）形态特征和发生规律。成虫体长 10～14 mm，翅展 20～37 mm，体灰白色，胸、腹部的基部黑褐色，前翅密布灰褐色横向斑纹。老熟幼虫体长 26～37 mm，灰黑色。该虫主要在 4～6 月为害新主干，四周种植台湾相思做防护林的果园为害较重，其原因有待进一步调查。

6. 橘小实蝇

（1）为害特点。橘小实蝇又称东方实蝇，为害多种热带亚热带水果，寄主达 50 多种，为国内检疫对象。成虫产卵于快成熟果实果皮下，幼虫孵化后即钻入果肉取食，引起腐烂，造成大量落果。

（2）形态特征和发生规律。成虫体长 7～8 mm，全体黄色与黑色相间，前胸肩胛鲜黄色，中胸背黑褐色，两侧有黄色纵带，后胸背黄色。翅透明，翅端有黑色带状斑。雄虫腹部有 4 节，雌虫 5 节。卵长约 1 mm，梭形，乳白色，一端细而尖。老熟幼虫体长约 10 mm，圆锥形，黄白色。蛹长 5 mm，椭圆形，淡黄色。该虫一年发生 3～5 代，无明显越冬现象，世代重叠。种植有多种成熟期不一致果树的果园，为害较重，而且田间各虫态常同时存在，可终年活动。近年来为害较大。

7. 缺素症　毛叶枣对微量元素镁、硼、钙和锌的需求也较多。常见的缺镁症状，叶色淡绿，后逐渐出现淡绿色斑块或变黄褐色，边缘出现火烧状坏死。影响叶片叶绿体合成，树体养分积累少，因营养不足，果实小，品质差。缺硼时果实内部果肉呈水渍状褐色硬块斑状。

8. 其他病虫害　近年来还发现一些为害毛叶枣的其他病虫害，有果实疫病、叶片黑星病、咬食新梢、嫩叶和幼果的小绿象甲与灰鳞象甲、盲椿象，蛀食枝干木质部的星天牛和一些其他蛾类害虫，目前危害性不大。

（二）综合防治技术

毛叶枣害虫种类较多，寄主范围广，食性杂，不能仅仅依靠单一的化学防治方法，特别是目前市场对无公害果品的需求日益增长，因此，在防治中应采取加强栽培管理为基础，农业防治、物理防治和生物防治为主，配合使用高效、低毒的化学农药，控制病虫发生和危害。

1. 农业防治

（1）选用抗白粉病品种。毛叶枣主栽品种高朗1号需搭配授粉树，众多授粉树品种中新世纪较碧云种、福枣抗白粉病。

（2）合理建园，合理栽植。创造有利于果树生长和害虫天敌生存繁殖而不利害虫发生的生态环境。多数毛叶枣害虫食性杂，在规划建园时，应尽量避免和其他果树或林木混栽，减少寄主，减少虫源。华南地区较多用刺合欢做围园树种，但柑橘粉蚧为害严重，极易向毛叶枣传播，因此，应尽量少用刺合欢来围园。

（3）加强树体管理。果园荫蔽，病虫容易滋生，因此，在毛叶枣梢期应做好修剪，及时疏除过密枝、细弱枝、交叉枝和病虫枝，培养通风透光树冠。

（4）结合主干更新，及时"晾蔸"，并做好清园工作。扫除地下落叶落果，刮除树皮虫卵，减少病虫源，实行树干涂白，可有效减少粉蚧、星天牛为害。

（5）主干更新后，及时抹除多余抽出的芽，并保持树体光滑，可降低粉蚧和拟木蠹蛾为害。

（6）在缺镁果园中应增加有机肥施用，加强土壤管理，适当增施镁肥。酸性土应施用石灰镁（0.8～1 kg/株）；微酸至碱性土则应施用硫酸镁。镁盐可与堆肥混施。也可用0.1%～0.2%硝酸镁喷叶2～3次来矫治缺镁。

2. 物理防治和生物防治

（1）灯光诱杀。有条件的果园可安装频振式杀虫灯，每盏灯可控制2.5～4 hm²，灯离地面2.5 m，在晴天闷热的夜晚开灯诱杀具有趋光性的蛾类、星天牛等害虫。

（2）食物诱杀。使用食物引诱剂诱杀橘小实蝇。在果实成熟期，每1 333 m²悬挂一个内放有食物的纤维板诱芯的诱捕器，诱杀桔小实蝇，减轻为害。

（3）人工捕杀。在每年5～6月星天牛高发期，利用星天牛在皮下蛀食时期较长的特点，注意及时"晾蔸"，检查星天牛粪虫孔，及时用铁丝钩杀，消灭幼虫于皮下初期为害阶段。

（4）利用天敌防治。果园放养食螨瓢虫和捕食螨可防治柑橘全爪螨，利用台湾小瓢虫或小毛瓢虫可防治介壳虫等。

（5）果实套袋。实行果实套袋技术，防止病虫侵染为害果实。套袋一般在在11～12月果实直径2～3 cm时进行，果树经疏果、喷1次农药防治病虫害后，采用白色透明小薄膜袋进行单果套袋。

3. 化学防治

（1）防治白粉病。一定要抓住发病初期及时喷洒药剂。一般主干更新修剪的果园春季发病较轻，早春3～4月喷洒20%粉锈宁乳油3 000倍液或多·硫悬浮剂350～500倍液2～3次，即可控制病害扩展。秋冬花果期，白粉病危害较重，应经常巡视果园，做好预防工作。除上述药剂外，在盛花初期全园喷洒硫黄粉，防治效果最好。具体做法：硫黄粉晒干200～300目过筛，选雾水较大的清晨，采用背负式机动喷雾喷粉机全园喷洒，每公顷用量1～2 kg，视果园发病情况，15～25 d后再喷一次即可控制白粉病为害。硫黄粉防治白粉病，虽费时费工，较脏较累，但较其他药剂防治效果更好更彻底，又经济实惠，一般喷洒两次即可控制为害，商品果（无病斑果）率也明显提高。没有条件喷硫黄粉的地区也可在发病初期，应及时选用50%硫胶悬剂200～400倍液，或70%硫黄可湿性粉剂300～400倍液喷2次。硫剂是防治白粉病的特效药。

（2）柑橘红蜘蛛防治。主要吸食叶片汁液，影响叶片生长，可用35%杀螨特乳油1 200倍液或霸螨王乳油1 200倍液喷杀。

（3）其他害虫。金龟子、黄守瓜、毛虫（毒蛾）、尺蠖等主要咬食毛叶枣嫩梢、叶片，食量大，危害严重，可用2.5％敌杀死3 000倍液，50％辛硫磷乳油1 000倍液或2.5％三氟氯氰菊酯乳油2 500倍液防治。

六、产期调节

毛叶枣产期调节一般可采用：①早、中、晚熟品种的搭配种植；②主干更新时间的变动，即利用主干更新时间的迟早来调节开花期的早晚，以调节坐果期。③夜间光照的应用。枣树于2月间提早进行主干更新、修剪，5～6月以40 W日光灯为光源，每公顷设置70～120盏，架设于棚架上方1～2 m处，进行夜间灯照6～9 h，可促进青枣提早开花，增加花数及着果数。产果期可提早至9～11月。

第七节　果实采收及贮藏

毛叶枣栽培种植时，通常会在果园内搭配种植多个品种。采摘时应严格按品种分类，采摘后按等级分级包装，以建立果园品牌，才能有较高的经济效益。

一、适宜采收时期

毛叶枣采收期长达3～4个月，枣果生长日数在100～130 d后由青绿色转为浅绿色、乳白或黄白色时即可采摘，若作为商品，采摘时要求带有果蒂，以利果品保鲜，毛叶枣太过黄熟，品质会糖化而带酸，果品组织因失水而绵化带渣，所以毛叶枣采摘应适时。

二、鲜果冷藏、贮运和包装

毛叶枣果实较不耐贮藏，鲜果在常温下极易失水皱缩、变黄、变褐、脆度降低，严重影响果实的商品价值和食用品质，给果实的贮藏、运输和销售带来了很大的困难，适时采收，保持毛叶枣良好的理化性质，是其贮藏保鲜的重要前提。不同成熟期的毛叶枣果实贮藏性不同。成熟度低的较耐贮藏，但食用品质差；一般长途运输或要长时间贮藏的，采收成熟度要稍低一些；短途运输或即时销售的，采收成熟度要高一些，但不能过熟；过熟的毛叶枣果肉软化变味，品质下降，且不耐贮运。研究认为，在毛叶枣八成熟时采摘，品质佳且耐贮藏，可放置于温度14.5～18.3 ℃，果实在贮藏期间重量损失大大减少，并可延长其贮藏寿命15 d，在4.0～6.0 ℃，相对湿度70％～75％条件下贮藏，可延长贮藏寿命29 d。热激处理果实采后热水浸泡可减少果实生理失水，抑制酶活性、果实呼吸的上升和采后真菌活力，阻止表面霉菌的发展，降低腐烂损失，也可延长果实的货架期和质量。冷水浸泡可减少呼吸、乙烯的产生和酶活性，延长果实的货架期。此外，用1-MCP、马来酰肼、苄基腺嘌呤等在果实表面涂上一层食用蜡、胶等，阻碍了果实与环境的接触，从而起到抑制了果实呼吸，防止水分蒸发，减少病菌侵染等作用，达到延长果实贮藏期的目的。

毛叶枣的包装一般采用内部用塑料袋包果后层层叠放，外用纸箱包装的办法，方便于运输。长途运输最好采用冷藏车。

第八节　果实加工及营养价值

目前，毛叶枣大部分为鲜食，其加工产品在市场上很少，毛叶枣的加工市场前景广阔。

一、毛叶枣的加工

在尽可能保证果实营养成分不受损失的前提下，充分保存毛叶枣固有的风味，针对该果实特性，加工成罐头、果脯、果酱、果冻、果丹皮、果汁饮料等系列产品。因毛叶枣果实果胶含量很高，制作果冻可不加增稠剂，凝胶效果也相当好。

（一）毛叶枣罐头的加工

1. 工艺流程　选料→去皮→修整→预处理→漂洗→装罐→排气→封罐→杀菌→冷却→成品。

2. 操作要点　选择新鲜、果形大而饱满、完整度好、成熟度适中的果实。清洗沥干后用6％氢氧化钠溶液进行化学褪皮，漂洗修整后用1％氯化氢溶液浸泡，捞出后漂洗，再用3％氢氧化钙溶液硬化处理；漂洗完后将果沥干，分级装罐，加入80 ℃以上热糖水，加热排气、密封、杀菌，冷却后即为成品。

（二）毛叶枣果脯的加工

1. 金丝枣的加工

（1）工艺流程。选料→清洗→划缝→浸硫→漂洗→沥干→煮制→烘干→整形→装袋→成品。

（2）操作要点。选择新鲜、肉质肥厚、完好的果实。清洗后在每个果实上划缝30～40条，深入果肉2/3，不改变果形，然后放入亚硫酸盐溶液中浸数小时，充分漂洗后沥干，加45％糖溶液煮制后沥出，接着再以不同浓度的热、冷糖溶液分次调制，使糖液浓度达65％以上，浸果48 h，烘干、整形、包装后即为成品。

2. 蜜枣的加工

（1）工艺流程。选料→清洗→暴晒→刺孔→浸硫→煮制→烘干→整形→包装→成品。

（2）操作要点。选择果形中等、完好的果实。在阳光下晒至果皮深红色，在果实上刺孔，放入亚硫酸盐溶液中浸数小时，漂洗沥干后，配45％～50％糖溶液加热煮制，维持10～15 min，再加糖，待浓度为62％时，煮制5～10 min，浸泡48 h，烘干、整形、包装即为成品。

（三）毛叶枣果酱的加工

1. 工艺流程　选料→清洗→去皮→去核→软化→打浆→调糖度及pH→浓缩→装瓶→排气→杀菌→冷却→成品。

2. 操作要点　选择新鲜、成熟度高、完整的果实。清洗后用氢氧化钠溶液褪皮，挤压果实，取出果核。将果肉预煮软化，用打浆机打浆，按浆料重量称60％的白砂糖，分批加入，并加入柠檬酸调整酸度，待浓缩至可溶性固形物达65％以上时起锅，装瓶、排气、密封、杀菌、冷却后即为成品。

（四）毛叶枣果冻的加工

1. 工艺流程　选料→清洗→去核→取果汁→调整糖酸→加热浓缩→装罐及密封→杀菌冷却→成品。

2. 操作要点　选择完好的毛叶枣果实。去果核，按果肉重量的1.5倍加水煮沸20 min后，过滤、澄清得到加工果冻所需的果汁。按所取果汁量加入60％白砂糖，调整pH至3～4，加热、浓缩至可溶性固形物达65％，起锅，趁热装罐密封（80 ℃以上），然后在85 ℃下杀菌20 min，冷却后即为成品。

（五）毛叶枣果丹皮的加工

1. 工艺流程　选料→清洗→去皮→去核→蒸煮→制浆→调制→摊皮→烘干→包装→成品。

2. 操作要点　拣出果中杂物及烂果。清水洗涤，去皮、去核后在不锈钢锅中加入果肉及水，煮到果肉软化后送去制浆。把软化好的果肉用打浆机制浆，在浆料中加入其重量60％的白砂糖，并加入柠檬酸调整酸度，进行煮制，不断搅拌待浓缩至稠糊状即可起锅。把果泥用勺舀入有木框模子的钢化玻璃上，用木板压刮平整，摊成4 mm厚薄层，将已摊好的果泥在65～75 ℃下烘至不黏手，趁热揭片，将烘干冷却后的果丹皮折叠为一定形状，切成所需大小，用玻璃纸包装即为成品。

（六）毛叶枣果汁饮料的加工

1. 工艺流程　选料→清洗→去核→加热糖水浸提→浸提汁→调配→封盖→贴标签→成品。

2. 操作要点 挑选完好的毛叶枣果实。洗后去核，加入与果肉重量相同的 40％糖液煮沸 20 min 后浸 48 h，过滤澄清后即得浸提汁。取浸提汁按 5％～10％入冷开水或消毒水中，加糖至可溶性固形物达 10％～12％，并调整 pH 至 3～4 为毛叶枣果汁饮料。

二、营养价值

毛叶枣果实营养丰富，有"日食三枣，长生不老"之说。据测定，每 100 g 果肉含钙 30 mg、铁 0.9 mg、磷 30 mg、维生素 A 50 mg、维生素 B_1 0.04 mg、维生素 C 76 mg，蛋白质 0.7％，可溶性固形物 8％～18％，是营养价值高、早春热带水果。毛叶枣单果重可达 90 g 以上，果实脆甜可口，由于其果形优美而兼具苹果、梨、枣的风味，所以素有"热带小苹果"美称。

毛叶枣还是一种多用途植物，除供饲养紫胶虫及作为蜜源树外，果干、种子、叶片、根液、根皮等全株都有药用价值。果肉捣烂敷治硬疖；叶捣烂做敷剂，治发烧气喘，叶汁用于婴孩伤寒、喉疾；树皮捣烂用于皮肤炎症，煎液能止泻止痢，缓解牙龈炎；根的煎液用作退热药、杀绦虫、调经药；根皮汁液能缓解痛风及风湿病；根干粉撒于伤口助愈。

第二十七章 波 罗 蜜

概　述

波罗蜜（*Artocarpus heterophyllus* Lam.），又称木波罗、树波罗、牛肚子果（云南），是我国重要的岭南佳果，也是世界闻名的热带优稀水果。

波罗蜜的用途十分广泛。其果实香味浓郁，果肉清甜可口，含有丰富的营养成分。据测定，每100 g波罗蜜熟果果肉中，含水分72.0%～77.2%、蛋白质1.3～1.9 g、脂肪0.1～0.3 g、糖18.9～25.4 g，以及各种矿物质和维生素；波罗蜜鲜果中的钾（107.00～407.00 mg）、镁（37 mg）、猛（0.197 mg）和铁（0.5～1.10 mg）等矿物质的含量较高，同时也是维生素A（175.0～540.0 IU）、维生素C（5～10 mg）、维生素B_6（0.108 mg）、烟酸（0.4～4.0 mg）、核黄素（0.05～0.11 mg）和叶酸（14 mg）等维生素的良好来源。

熟果除鲜食外，可制成各种果汁、冰激凌，在印度等地十分流行。果肉脱水后制成的波罗蜜干或脆片，风味独特，已成为泰国、越南等地的重要波罗蜜加工产品，出口至多个国家。波罗蜜生果可用于烹饪，各种以波罗蜜果肉为食材的菜肴广泛存在于世界各地的波罗蜜产地，成为当地的特色佳肴。波罗蜜的种子富含淀粉，煮后食用，味似板栗，具有木本粮食之功用；其淀粉中的直链淀粉含量较高，提取工艺简单，理化性质接近马铃薯淀粉，具有广阔的工业及食品加工用前景。波罗蜜木材因其色泽金黄、坚硬耐虫，被视为名贵家具用材，用其制成的家具被视为家产富贵的象征，优于花梨和荔枝木；在国外，它还被用作很多民间乐器的主体。波罗蜜木屑与明矾混煮后，形成黄色的染料，被用于一些佛教徒衣袍的染色。在我国，还有一种以波罗蜜叶片包裹糯米等食材，经蒸制而成的、被称为"艾椰（音）"的民间糕点，是当地逢年过节（特别是春节）每家必制的食品。在国外，波罗蜜叶片则被广泛地用作牛、羊饲料。此外，波罗蜜的医用价值也很高。其种子可提取波罗蜜凝集素；叶片可用于治疗皮肤病、溃疡和机械伤等；根可用于防治哮喘、发烧、腹泻等。

波罗蜜原产于印度西高止山脉的热带雨林。随后，波罗蜜传播至马来西亚、毛里求斯、缅甸等南亚、东南亚以及中国南部等地，成为热带、亚热带特别是南亚和东南亚地区的重要树种。目前，波罗蜜被广泛种植在很多热带和亚热带国家，主要是印度、孟加拉国、缅甸、尼泊尔、马来西亚、泰国、印度尼西亚、越南、老挝、斯里兰卡、菲律宾、柬埔寨等地；非洲的桑给巴尔岛、肯尼亚、乌干达、马达加斯加、毛里求斯，以及巴西、苏里南、加勒比海、美国和澳大利亚等地也有种植。但不是在所有国家都视为重要树种，巴西甚至将其列为入侵树种。

我国的波罗蜜源自海外。有关我国波罗蜜的最早记录见于646年的《大唐西域记》。有关波罗蜜种植的最早记录见于广州。在徐珂（1869—1928）所编《清稗类钞》中的植物类中，就有这样的记载，"波罗树，原植于广州南海庙中，相传萧梁时，西域达奚司空所种。"其中所说的"萧梁时"是指502—557年，"南海庙"则是现在的广州黄埔波罗庙，始建于达奚司空到达广州后的8年，即梁大同元年（535年）。由此推断，我国波罗蜜的种植始于527年，距今已有1 400多年的历史。

现今，在我国的海南、广东、广西、云南、台湾、福建和四川等地区的热带亚热带地区，都有波罗蜜的分布或栽培。海南是我国波罗蜜种植最多的地区，普遍分布于全岛各个市县，但集中种植在海口羊山、儋州那大和万宁兴隆一带。广东广州以南各县市都有波罗蜜的分布，以阳江、电白、高州和雷州半岛各市县较多。云南的波罗蜜主要分布在红河、西双版纳、临沧、德宏、思茅等湿热地区，在元江、元谋和潞江等干热地区也有零星分布。广西的波罗蜜主要分布在防城港、银海、合浦、灵山、博白、隆安、龙州及宁明等地。

波罗蜜在我国华南地区虽普遍分布，但多呈房前屋后的零星种植方式，规模化的商业种植刚刚起步。随着国外新品种的引进和国内新品种的不断选育，一些大规模成片的波罗蜜种植园开始陆续出现。如海南的西联农场、岭头茶场等，先后有上百公顷的波罗蜜种植园投产。随着波罗蜜种植的大规模发展，一些限制产业持续发展的问题也开始出现，如鲜果的贮运保鲜技术、波罗蜜增值产品加工技术、波罗蜜的新品种选育以及栽培基础等，这些问题的解决不仅需要各类各级科研项目的资助，更需要不同波罗蜜产区科研和技术推广人员的协作攻关。

第一节　种类和品种

一、种类

波罗蜜为桑科（Moraceae）桂木属（*Artocarpus*）常绿果树。该属约有木本植物 60 种，其中的很多种类都具有重要的经济价值，如毛桂木（*Artocarpus hirsutus*）和滇胭脂木（*Artocarpus chaplasha*）是重要的材用树种。除波罗蜜外，该属中果实可食用的还有面包果［*Artocarpus communis* Forst. 或 *Artocarpus altilis*（Park.）Fosberg］、极香面包果（*Artocarpus odoratissimus* Blanco.）、面包坚果（*Artocarpus camansi* Blanco）等。小波罗蜜［*Artocarpus integer*（Thunb.）Merrill. 或 *Artocarpus champeden*（Lour.）Spreng. 或 *Artocarpus polyphena* Pers.］，又名尖蜜拉，果实食用，果实与波罗蜜类似，但较长，果皮比波罗蜜薄，在马来西亚广泛栽培。滇波罗蜜（*Artocarpus lakoocha* Roxb.）的果实近圆形或不规则形，果肉甜酸，偶尔生食，多做成咖喱酱或酸辣酱。白桂木（*Artocarpus hypargyraeus* Hance.）起源于我国，为珍稀濒危植物，果实外观丑陋但果肉鲜美。在我国的重庆还分布有"极危"物种南川木波罗（*Artocarpus nanchuanensis*）。

二、品种

1. Bali Beauty　印度尼西亚的巴厘岛选育。树冠直立，树势中等，树冠很容易保持在 3 m 以下。果实长圆形，果大，单果重 8～10 kg。果肉暗橙黄色，肉质中等硬，风味优，甜，食后无收缩感。年株产 60 kg。

2. Black gold　澳大利亚的昆士兰选育。树冠开张、伸展。树势强旺，枝条密集，生长速度快，年年修剪可容易地使树冠大小维持在 2.0～2.5 m。果实中等大小，单果重 6.7 kg，果实长，尖。果皮暗绿色，刺尖，成熟时不变平或开裂，因而判断果实的正确收获时间和成熟时间较为困难。果肉橙黄到深橙黄色，质地中等硬，化渣，肉软，可食率 35%，每果含种子 192 粒，占果重的 17%，品质好，风味甜，浓香，果肉容易剥离。高产，稳产，年株产 55～90 kg。迟熟，产地 9～10 月成熟。常用作砧木。

3. Chompa Gob　泰国选育，曾是泰国最好的品种。树冠开张、伸展，生长速度快，易于通过修剪控制树冠大小为 3.0～3.5 m。果实中等大，单果重 8.4 kg，果实短圆形，果形一致。果皮淡绿色到黄色，刺尖锐，成熟时刺变平。果肉橙黄色到深橙黄色，质地脆，可食率 30%。每果含种子 200 粒，占果重的 7%，品质好，风味淡，香甜，果肉质地优。果胶少，易于食用。产量中等，单株产量 45～60 kg，中熟，7～8 月成熟。保持较小树冠。

4. Cheena　澳大利亚选育，是波罗蜜和小波罗蜜（Champedak）的自然杂交种。树冠开张、伸展、低矮，生长速度中等，通过每年修剪树冠垂直和水平分布可控制在 2.5 m 内。果实小，单果重 2.4 kg。果实细长形，果形及果实大小一致。果皮绿色，成熟时苞刺变钝，变黄，轻微开裂。果肉深橙黄色，质地软，有稍许纤维感，可食率 33%。每果含种子 38 粒，占果重的 11%。品质优，风味出色，香气浓郁，有土味，果肉容易剥离。产量中等，稳产，年株产 50～70 kg。中熟，7～8 月成熟。

5. Cochin　澳大利亚选育，树冠稀疏、直立，树冠窄，生长较慢。每年轻度修剪，即可控制冠高 2.0～2.5 m，冠径 1.5 m。果实较小，单果重 1.5 kg。果实圆形，不规则。果皮平滑，成熟时刺变平，开裂。果肉黄到橙黄色，质地软，果胶少，有稍许纤维感，可食率 35%～50%。一年中有些时期结的果实，整个果肉都可食用。每果含种子 35 粒，占果重的 7%。品质好，风味淡，果胶少。产量中等，单株产量 38～50 kg，中产和高产后，树势容易衰退。早熟，6～7 月成熟。需进行疏果。

6. Dang Rasimi　泰国选育。树冠开张、伸展，生长速度快。波罗蜜品种中树势最强的品种之一，需每年修剪以维持树冠大小在 3.0～3.5 m。果实中等大到大，单果重 8 kg。果实长圆形，若通过疏果保持每枝 1 果时，果形整齐一致。果皮亮绿色到淡黄色，苞刺尖锐，成熟时不变平或开裂。果肉深橙黄色，质地硬到软，可食率 32%。每果含种子 187 粒，占果重的 12%。风味淡，甜，香气怡人，果肉薄。非常高产，年株产 75～125 kg，而且树势仍很健壮。中熟，7～8 月成熟。

7. Gold Nugget　澳大利亚昆士兰选育。枝条密集、树冠开张，生长速度快，树冠大小易控制在 2～2.5 m 的范围内。叶片暗绿色，圆形。果实小，单果重 3.2 kg。果实圆形，果皮绿色，刺尖，成熟时，刺变平滑，金黄色。果肉深橙黄色，视果实成熟度质地软到中等硬，无纤维感，可食率 41%，每果含种子 79 粒，占果重的 13%。风味优，遇暴雨会发生熟前裂果。高产，稳产，年株产 60～80 kg，早熟，5～6 月成熟。推荐疏果。

8. Honey Gold　澳大利亚的昆士兰选育。树冠稀疏、伸展，生长速度慢到中等，树冠小，年年修剪可容易地控制树冠大小在 2.5 m 内。果实小到中等小，单果重 4.5 kg。果实短圆形，果皮暗绿色，刺小而尖，成熟后开裂，变为金黄色。果肉深黄到橙黄色，质地硬，可食率 36%。每果含种子 42 粒，占果重的 5%，甜，风味丰富，有浓郁的甜香味，果肉厚，果肉质地优。产量中等，年株产 35～50 kg，中熟，7～8 月成熟。为维持旺盛的生长，需进行疏果。

9. J-29　果实卵圆形，较大（10 kg）。果皮绿黄色。果苞大，果皮厚，橙色，硬，甜。较少果胶。

10. J-30　马来西亚选育。生长势强，树冠开张，圆锥形，生长速度快。需年年修剪以维持树冠大小在 3 m 左右。果实中等大，单果重 7.6 kg。单果挂在主干上，长圆形，果形一致。果皮暗绿色，成熟时刺变平钝。果肉深橙黄色，质地硬，可食率 38%。每果含种子 200 粒，占果重的 9%。风味浓，甜，清香，果肉厚，质地优。产量中等，年株产 50～60 kg，中熟，7～8 月成熟。

11. J-31　马来西亚选育。树冠开张、伸展，生长速度快，树势中等。每年修剪可容易地控制冠高和冠幅在 2.0～2.5 m。果实小至中等大，单果重 6～12 kg，果形不规则，钝刺明显，成熟时刺变平。果皮绿黄色，果苞圆形，果肉深黄色，质地硬，可食率 36%。每果含种子 180 粒，占果重的 18%。风味甜，具有浓郁的土香。果实很少裂果，果肉质地优。产量中等，单株产 42～60 kg。早熟，5～6 月成熟。大小年严重，经常在秋季和冬季产生反季节果。

12. Kun Wi Chan　泰国选育。树势强旺，枝条密集，生长速度快，需每年修剪以维持树冠大小在 4 m 内。果实大，均果重 15 kg。果实圆形，果形一致，刺尖，成熟时刺不变平。果肉黄色，质地中等硬到软，可食率 29%。每果含种子 210 粒，占果重的 11%。风味淡，香气怡人，品质一般。非常高产，年株产 110 kg。中熟，7～8 月成熟。

13. Lemon Gold　澳大利亚的昆士兰选育。树势中等，树冠开展，生长速度中等。每年修剪可维持树冠大小在 3.5 m 内。果实中等小，果均重 6 kg。果实短圆形，果皮亮绿色，肉质刺明显，成熟时变平。果肉柠檬黄色，质地硬，果肉可食率 37％。每果含种子 104 粒，占果重的 14％。风味甜香。产量中等，年株产 30～45 kg，中熟，7～8 月成熟。

14. Leung Bang　泰国选育。树势壮旺，开展，需每年修剪以维持树冠大小在 3.5 m 内。产量中等，稳产，年株产 50 kg。果实大，长方形，和 Tabouey 品种相似。果实大小变化大，平均在 6 kg 左右。果肉硬，黄色，风味甜香，无回味。

15. NS 1　马来西亚选育，是西半球成功种植的优质波罗蜜品种之一。树势中等，枝条密集，树冠直立，生长速度中等，每年中度修剪可维持树冠大小在 2.5～3.0 m 范围内。果实小到中等小，单果均重 4.2 kg。果实短圆形，果皮暗绿色，刺平而钝，成熟时刺变平，裂开。果肉暗橙黄色，质地硬，可食率 34％。每果含种子 63 粒，占果重的 5％。风味甜，香气丰富，果肉质地优。高产，年株产 90 kg 以上。早熟，5～6 月成熟。对青壮树应进行疏果。常用作砧木。

16. Singapore（Ceylon）　风味突出，新加坡选育。在马来西亚和印度表现非常不错。树势中等，开张。叶片大而美丽，每年修剪可维持树冠大小在 2.5～3.0 m 内。果实中等大，果皮暗绿色，刺小而尖。心皮小，纤维性，肉脆，极甜，暗橙黄色，风味丰富，品质优。结果期早，能在种植后 1 年半结果。1949 年自斯里兰卡引入印度并广泛种植，除夏季收获外（6 月和 7 月），还可结二造果（10～12 月）。

17. Sweet Fairchild　佛罗里达选育，为'Tabouey'的实生苗。树冠直立，树势强旺，每年修剪可维持树冠大小在 3.5 m 内。高产，稳产，年株产 90 kg 或更多。果实大，平均单果重 8 kg。果皮淡绿色到黄色，果肉淡黄色，硬，风味淡，甜。

18. Tabouey　印度尼西亚选育，树冠开张，圆形，生长速度慢到中等。叶片小，暗绿色，圆形。树势中等强旺，每年修剪可维持树冠大小在 3 m 内。果实中等大到大，重 9～11 kg。果实细长，果柄部较细，经常畸形，收获前易发生无规律的裂果，亮黄色。刺钝而不规则，成熟时不变平。果肉淡黄色，质地硬，果肉可食率 40％，每果含种子 250 粒，占果重的 12％，风味淡而怡人，香味非常淡，几无香气。产量中等，年株产 50～70 kg。迟熟，9～10 月成熟。对青壮树应进行疏果。

19. Mastura（CJ－USM 2000）　马来西亚选育。最近由 Dr Zainal Abidin 和 Lim Cheh Gaan 历时 6a 选育出，为 CJ－1（母本）和 CJ－6（父本）的杂交种。单果重 40 kg，刺钝，在马来西亚沙捞越邦平均果重 15～25 kg。成熟时，果肉金黄色，果肉多汁，风味浓香。种植 1 年半后开始结果，5 年后进入盛产期，年株产可达 400～500 kg。

20. Golden Pillow（Mong Tong）　19 世纪 80 年代从泰国引入美洲，在原产地泰国因其形美和质优而闻名。树体小，冠高和冠幅容易控制在 3 m 内。果实平均重 3.6～5.5 kg，可食率 35％～40％。每果 65～75 个种子，果胶少。果肉厚而脆，金黄色。风味淡而甜，食后无麝香味。该品种进入结果期早，种植后第 2 年即可结果。

21. Mia 1　该品种以树势强旺、高产和品质好为特点。植株满足园艺要求，种植后 2～3 年挂果。果实重可达 11～13 kg，果皮金黄色。果肉脆，甜，品质佳，果胶少。树冠大小可控制在 2.5 m 左右。

22. 茂果 5 号　也称常有波罗蜜，广东省茂名市水果科学研究所选育，为实生苗繁殖后代。果实椭圆形或长椭圆形，果肩平圆，果顶钝圆，果皮表面凹凸少，果型中等偏细，单果重 3～5 kg，最大 8 kg。果皮较薄，黄绿色。干苞，果苞金黄色，可食部分 67％～69％，苞肉可溶性固形物含量 20.5％～27.5％。清甜，香味浓郁，干爽脆嫩。果实成熟后，果胶极少或无胶，食用不黏手。7 月初至 9 月中旬成熟。

23. 红肉波罗蜜　由高州市华丰无公害果场、华南农业大学园艺学院、高州市水果局、东莞市林业科学研究所、茂名市水果局联合选育，2009 年通过广东省农作物品种审定（粤审果 2009007）。该品种，早结丰产，综合性状优良，无性繁殖遗传性状稳定。具有一年多次开花结果的特性，嫁接苗定植后 2～3 年开始开花结果。果长椭圆形，中等大，平均单果重 9.5 kg，干苞，果肉橙红色，肉厚爽脆、味清甜有香气，可溶性固形物含量 18.87%，每 100 g 含维生素 C 9.54 mg，果实成熟后少乳胶。4 年生树平均株产 89 kg，5 年生树 111.4 kg。

24. 四季波罗蜜 由广东省高州市华丰无公害果场、华南农业大学园艺学院、茂名市水果学会、茂名市老区建设促进会、高州市良种繁育场共同选育，2009 年通过广东省农作物品种审定（粤审果 2009019）。该品种早结丰产，周年结果。果长椭圆形、中等大，平均单果重 10.2 kg，干苞、肉厚、橙黄、爽脆、味清甜有香气，鲜果可溶性固形物含量 21.38%，每 100 g 含维生素 C 4.73 mg，果实成熟后少乳胶。嫁接苗定植后 2～3 年开始开花结果，3 年生树平均株产 58.2 kg，5 年生树平均株产 135.2 kg。

25. 海大 1 号 由广东海洋大学从干苞类波罗蜜实生群体中通过单株选育而来的新品种。2013 年通过广东省农作物品种审定委员会审定。树冠圆锥形，树干灰褐色。叶椭圆形，浓绿色，革质，叶面平，叶尖钝尖，叶基楔形。果实近椭圆形，黄绿色，平均单果质量 2.48 kg。果肉金黄色，爽脆浓香，含可溶性固形物 27.20%，维生素 C 112.7 mg/kg，熟果粘胶少，可食率 62.30%。5 年生树平均株产 38.45 kg。尤其适宜在广东雷州半岛等南亚热带区域栽培。

26. 云热－206 由云南省农科院热带亚热带经济作物研究所从本地波罗蜜种质资源中选育而来，于 2006 年命名。该单株的成熟期在 7 月中旬，果实发育期为 90～120 d；植株生长量中等；叶片大，长 17.10 cm、宽 8.52 cm；果实椭圆形、中等大，果长 25.5 cm、果径 15.4 cm，平均单果重 2 233.0 g，果皮青绿色；种子长 2.957 cm、宽 2.052 cm，每千克果实的种子数较少（40.9 粒/kg）；成熟时果苞金黄色，果苞长 3.951 cm、宽 3.256 cm，果苞重比率为 72.40%；果苞清香味浓。成熟期为 7 月中旬。

27. 马来西亚无胶波罗蜜 即马来西亚 1 号，是由马来西亚选育出来的优良品种，1998 年由海南省农业科学院热带果树研究所、海南省农垦总局西联农场海晶果苗公司引进海南。植株生长迅速，树体中等挺拔、开张，树冠多伞形或圆头形，少椭圆形，多开张，自然条件下生长的植株具多个中心主枝。叶革质，多呈倒卵形至椭圆形，长 8.0～13.0 cm，叶片先端钝圆，有短尖，基部楔形，全缘，边缘整齐无锯齿；叶柄 1.10～3.60 cm。正常管理条件下，植株 18 个月即开花挂果，四季均可开花结果。正常年份一般上年 12 月底为开花高峰期，其间若遭受低温危害，则于次年 2 月出现高峰。果实一般经 6～7 月的时间后发育成熟。成熟果实大而匀称，长椭圆形，平均 18.02 kg。成熟果果皮黄色，果皮厚 1.17 cm，包刺钝圆、软化。果苞黄色，单果果苞重 43.69 g，多呈肾形、纺锤形、广梭形或长方形。果肉可溶性固形物含量 17.39%，肉质厚实细腻，气味芳香浓烈，汁多，蜜甜脆口，无胶或少胶，品质中上。种子白色至浅褐色，长圆形、肾形、广圆形。

28. 海大 3 号 由广东海洋大学从干苞类波罗蜜实生群体中通过单株选育而来的新品种。2013 年通过广东省农作物品种审定委员会审定。树势较旺盛，树冠圆锥形，树干黄褐色、有纵裂，分枝力中等；叶椭圆形，绿色，革质，叶面平，叶尖钝尖，叶基楔形；果实长椭圆形，黄色，果顶平，果柄部楔形，平均单果重 4.47 kg。果苞短圆形，果肉金黄色，干苞，肉质爽脆、浓香、甜而多汁，熟果黏胶较少，可溶性固形物 27.50%，维生素 C 65.90 mg/kg，可溶性蛋白质 6.08 g/kg，果苞可食率 56.95%。谢花至果实成熟需 115～130 d，果实 7 月中下旬成熟。丰产性好，5 年生嫁接树平均株产 47.85 kg。该品种为小果型，丰产性好，品质优良，风味浓，适宜在广东省雷州半岛及相近气候条件的地区栽培。

第二节　苗木繁殖

一、实生苗培育

从发育良好、无畸形的波罗蜜成熟果实中采集种子。由于波罗蜜种子不耐脱水，种子采集后应尽快洗净催芽。贮藏 4 周后的波罗蜜种子的发芽率可能不到一成。波罗蜜催芽常采用沙藏法催芽。将洗净后的波罗蜜种子平铺在沙床上，在上面覆盖细河沙 1～2 cm，通过淋水保持湿润；也可在其上部再覆盖一层稻草保湿。1 周后，波罗蜜种子即可萌芽，但贮藏后的种子可能需要更久的时间（有时需要 4～6 周），才可发芽。

由于波罗蜜主根发达，侧根较少，直播育苗时，会降低移栽成活率。最好采用营养袋（钵）育苗。营养土可用牛粪和表土按 3：7 混合堆沤而成；也可按照土壤表土与腐熟有机肥 2：1 的比例配制，或参考其他的育苗营养土配制配方。在育苗容器内装好营养土后，将经催芽后露出胚根的种子水平播种于育苗容器内，覆土 2～3 cm，盖草、淋水保湿。

种子萌发后，须每天淋水保持土壤湿润。种子展叶后，可每隔 10～15 d 淋施一次薄粪水或 1% 尿素溶液。

二、嫁接苗培育

（一）砧木选择

波罗蜜嫁接苗可波罗蜜作砧木，也可使用尖蜜拉作砧木。使用波罗蜜作砧木时，干苞、湿苞类型均可，也有人认为湿苞类型粗生快长，更适宜用作砧木。

砧木径粗 1～2 cm 时，即可嫁接。

（二）接穗采集

从生长健壮、品质优良、正在开花结果的植株上采集接穗。选择树冠外围健壮生长的、1 年生以上充分老熟的枝条，去叶后插水或用湿毛巾保湿。接穗最好是随采随接，需要储存或运输时，应保湿和维持较低温度。

（三）嫁接方法

波罗蜜的嫁接常采用补片芽接法。多芽切接也可保证较高的嫁接成活率。

（四）嫁接后苗木管理

嫁接后至接穗抽芽期间，视苗圃地干旱情况，适当淋水 1～2 次，保持土壤湿润。待接穗抽芽后，及时检查成活率，必要时补接未成活的植株。已成活植株要及时进行解膜和断砧。接穗第一次梢老熟后，每隔 15 d 施一次花生麸、鸡粪和磷肥沤制的水肥。

三、营养苗培育

（一）优良母树的选择

选择果实品质优良、产量高、结果稳定、生长势健壮、抗逆性状突出的结果母株。

（二）营养苗培育方法

1. 压条 波罗蜜可采用高空压条育苗，但使用较少。印度则较普遍地应用生长调节剂辅助下的高空压条育苗。波罗蜜高空压条育苗常在 2～4 月或采果后的 7～8 月进行。选择 1.5～2 cm 的枝条，环剥后用 0.25%～0.5% 的吲哚丁酸处理，以保湿、透气的生根基质包扎。有 2～3 次根后，可锯离母树假植。高空压条前进行黄化处理可促进生根。

2. 扦插 波罗蜜也可采用弥雾条件下的嫩枝扦插法育苗。取半木质化的波罗蜜枝条，带 1 叶或 2～3 片半叶，用吲哚丁酸处理后，弥雾条件下扦插在保湿、透气的插床上。其间可每隔 3 d 叶面喷施一次有机营养液。

（三）出苗后管理

压条繁殖苗锯离母树后，需进行必要的假植。假植后长 2～3 次新梢后，移至较大的育苗容器内后培育。扦插苗在插床上生根成活后，移至育苗容器内培育。

四、组织培养和脱毒苗培育

取带腋芽的波罗蜜茎段，流水清洗后，用 0.1% L 汞灭菌 10 min，无菌水冲洗数次。外植体接种在 MS+6-BA 2.0 mg/L+KT 1.0 mg/L+NAA 0.5 mg/L 的培养基上，暗培养 14 d 后转入光培养有助于芽的萌发；MS+6-BA 2.0 mg/L+KT 1.0 mg/L+NAA 0.1 mg/L 的培养基有利于波罗蜜芽的增殖。1/2 MS+1.0 mg/L NAA+1.0 mg/L IBA 的培养基可促进波罗蜜不定芽的生根。

五、苗木出圃

（一）起苗

由于波罗蜜裸根移植成活率低，苗木出圃时需带土。使用容器育苗的，直接起苗；直播育苗的，需使用起苗工具带土起苗；大树移栽时，可先在植株周围挖沟断根，待植株适应后，再整株起苗。起苗前 1 周须进行苗圃灌溉，以保证起苗时的土球完整。

（二）苗木分级、假植

苗木出圃后，按苗木大小进行分级。出圃的苗木要求营养袋完好，根球完整不松散，土团直径 12 cm 以上，土团高 20 cm 以上；植株主干直立，生长健壮，叶色浓绿，根系发达，无病虫及机械损伤，苗高 50 cm 以上，主干粗 0.5 cm 以上。嫁接苗需有 2 次梢老熟后出圃。大苗有利于定植后快速成园。大树移栽、高空压条苗锯离母树后须进行假植。

（三）苗木包装、运输

长途运输时，须对容器育苗、带土移栽苗的土球进行必要的包扎，防止运输途中根球散开，影响定植成活率。运输期间要保持较低的温度，进行必要的遮阴等。

（四）苗木检疫

不同检疫区进行苗木运输时，须进行病虫害的检疫，避免检疫性病虫害的传播。

第三节　生物学特性

一、根系生长特性

波罗蜜的根系呈圆柱形，初生根黄白色，老根黄褐色，主根十分发达。

二、芽、枝和叶生长特性

（一）芽

波罗蜜的芽可分为营养芽和花芽。营养芽瘦长，花芽肥大；花芽为混合芽，内含 1 至多个雌花序或雄花序。

（二）枝

波罗蜜的枝条呈圆柱形。树干灰白至灰褐色，嫩枝绿色，有明显的环状托叶痕。枝条表皮富含胶乳。植株的主干高可达 8~25 m，树冠直径可达 3.5~6.7 m。波罗蜜的生长速度较快，2 年内，植株高度可达 3 m，树冠直径可达 2 m。幼树的植株高度每年可增加 1.5 m，成年树的植株高度每年可增加 0.5 m。

枝条可分为营养枝和结果枝。营养枝较为细弱，结果枝粗壮。徒长的营养枝节间较长。

波罗蜜一年可生长新梢 4~6 次，除 11 月至次年 2 月有明显的新梢生长停滞外，其他季节的新梢生长间断不明显。

波罗蜜枝条具有较强的更新复壮能力。

（三）叶

波罗蜜的叶片为完全叶，具有叶片、叶柄和托叶。叶片革质，表明绿色、浓绿色或暗绿色，有光泽，背面淡绿色。新叶有毛，老熟后较为光滑。单叶互生或螺旋式排列。叶形有长圆形、卵圆形、倒卵形、椭圆形或长椭圆形。实生苗幼株偶见不规则形叶片，以 3 裂常见。托叶抱茎，展叶时自然脱落。叶片内含有乳汁管。

三、开花与结果习性

（一）开花

波罗蜜的花为单性花，雌雄同株。花序单生，头状花序，有苞叶包被，花序基部有一轮包片。花被同形，管状。雄花具 2 片合生的花被和一枚雄蕊及 4 个花药。雌花也有一对花被裂片，花被内有一个位于基部的上位子房，子房 1 室，内有胚珠 1 枚。

波罗蜜的花属于茎生花，雌、雄花序多着生在位于主干或较老枝条上的具叶枝条上，有些雄花序还可着生在树冠中上部萌发出的具叶枝条上。

波罗蜜一般种植 3～14 年后即可开花结果，有些品种可在种植后 14～30 个月开花结果。根据开花次数不同，波罗蜜可分为单季型品种和双季型品种。单季型品种一般 12 至次年 4 月开花，5～8 月果实成熟；双季型品种在立秋前后开花，冬至至小寒前后果实成熟。

（二）坐果

波罗蜜属于异花授粉植物。一般情况下，雌花序中小花的授粉率和受精率较低，最终能发育成果肉的小花一般为 150～600 朵。波罗蜜优良单株大树可株产 150 个大果，小果型品种大树甚至可挂果 200～500 个。生产上，视植株及果实大小，一般单株结果 10～50 个。

雌花序授粉后，小花子房发育，形成复果。雌花序中的小花未被均匀授粉时，会导致畸形果的形成，降低了果实的外观品质。人工辅助授粉要比正常风媒授粉获得更多果苞发育正常的果实。昆虫和风都可成为波罗蜜的授粉媒介。花粉生活力受温度和相对湿度的影响。进行人工辅助授粉时，最好随采随授粉。不同品种间的花粉生活力存在差异。

（三）落花落果

良好授粉条件下，波罗蜜果实的坐果率较高，自然条件下，坐果率一般在 30%～70%。授粉情况、病虫害发生情况、温度和湿度是影响波罗蜜落花落果的主要原因，其落花落果主要表现为谢花后未受精雌花序脱落以及小果发育途中种胚败育或发育不良导致的小果脱落。病虫危害会导致果实软化而过早脱落。

改善授粉条件、进行病虫害综合防治、控制雌花数等措施可降低波罗蜜的落花落果率。

四、果实发育与成熟

（一）果实生长动态

波罗蜜一般开花后 3～8 个月果实成熟。在我国，干苞类品种的果实发育 120 d 左右成熟，湿苞类品种的果实发育期稍短，100～120 d 成熟。

（二）果实成熟

波罗蜜果实是所有树结果实中最大的，直径 25～50 cm，长 30～100 cm，最重可达 50 kg。果实圆柱形至梨形，果柄粗短。果皮厚，表明有大量的锥形突起，突起的形态、密度在不同品种间存在差异。成熟后，这些突起变扁平或长钝。果皮黄绿色、绿色、黄色或褐色。

果实为复果。正常授粉受精的小花发育成果苞，未正常授粉受精的小花成为果腱。一般情况下，果实的食用部分为果苞，果腱韧而无味，少数品种的果腱甜而脆。果苞的颜色有白色、淡黄色、金黄色和红色等，果腱多为白色、黄色至金黄色。多数果苞中含有一粒种子，少数果苞中的种子发育不良。

波罗蜜果实为呼吸高峰型果实。果实可在树上自然成熟，但成熟时会自然脱落导致果实损坏。果实采收后，在 24～27 ℃下放置 3～10 d 可完成后熟。20～25 ℃下、100 mg/L 乙烯处理 24 小时可加速绿熟果实的成熟。在完熟过程中，淀粉转化成糖，果肉颜色从苍白色或淡黄色转变成金黄色，果实香味变浓。

第四节　对环境条件的要求

一、土壤

波罗蜜在多种土壤中都能良好生长，以土层深厚、疏松肥沃、排水良好的土壤最为适宜，有时在含有碎石的土壤也能良好生长。最适的土壤 pH 为 5.0～7.5。波罗蜜对浅层土、轻盐碱土和贫瘠土壤有一定的耐受性，对高 pH 的石灰质土壤、砾石土壤和黏壤土也有耐受能力。

二、温度

波罗蜜在年平均气温＞22 ℃、最冷月平均气温＞13 ℃、绝对最低温＞0 ℃地区能正常开花结果。在年均温 21 ℃的地区虽然能够生长结果，但果实较小，产量也较低。波罗蜜幼株怕冷，5 ℃时表现出冷害症状；大树在 7 ℃时表现冷害症状。叶片在 0 ℃时受害，枝条在 −1 ℃时受害，−2 ℃时枝条和树体死亡。

在温度较低或海拔较高的地区，波罗蜜的生长较慢，果实发育期较长。

三、湿度

波罗蜜适宜于湿润环境和充足的水分，无灌溉条件时，要求年降水量在 1 200 mm 以上。

由于波罗蜜植株主根发达，根系深，对干旱也具有较强的耐受能力。秋旱和冬旱会影响植株的生长及养分积累，造成大量落叶。春旱会影响开花。

波罗蜜植株不耐积水。潮湿土壤中植株生长减弱，积水 2～3 d 植株死亡。

低温加阴天浓雾会导致落花落果。

四、光照

波罗蜜要求阳光充足。充分的光照条件有利于光合作用、枝梢生长及开花结果，花期遇低温阴雨时，会妨碍授粉受精，同时会加剧病害的发生，导致花和幼果腐烂、脱落。

五、风

波罗蜜植株高大，枝条较脆，容易受到大风危害，因而不宜种植在风口或风害发生严重的地区。微风或中风有利于植株的光合作用及授粉受精等生理和生长发育过程。

由于波罗蜜根系较深，因此在受到飓风危害之后，虽枝干受损，但容易重新萌发出新的枝条。

第五节　建园和栽植

一、建园

(一)园地选择
波罗蜜喜高温怕寒霜，喜阳光充足，应选择向阳背北、冷空气不积聚的山坡地或平地，在土层深厚、肥沃疏松和排水良好的地块建园。

（二）园地规划设计

园地需有便利的工作便道，畅通的排灌设施，大型平地建园需利用工作便道分隔成不同的小区。风速较大的地区要规划防风林。丘陵地建园时，要做好水土保护工程，规划防洪沟、水源林和蓄水池。根据园地的大小和生产规模，规划相应的仓库、工作房以及采后处理、包装等相关场地和建筑。

（三）整地和改土

平地或在坡度在 5°以下的地块可使用机耕深翻 1 次再平整土地。丘陵地须按等高线建成梯田或种植行。土壤贫瘠时需要改土增施有机质肥。

二、栽植

（一）栽植方式、栽植密度

波罗蜜植株高大，常采用株距 5～6 m、行距 6～7 m 的株行距进行长方形定植，每公顷种植225～330株。也有采用 8 m×8 m 的正方形定植方式，每 667 m^2 种植 10 株。株型较矮的品种可采取 4 m×4 m或 4 m×5 m 的定植方式和密度。

（二）授粉树配置

波罗蜜为异花授粉植物，种植时须配置授粉树。在花期一致、开花稳定、花量大的前提下，尽量选择果实品质较佳的品种作为授粉树。取决于授粉树的经济假植，授粉树的配置方式可以是行列式或中心式。

（三）栽植方法

波罗蜜一般在春、秋定植，管理水平高的园地可以周年定植。

种植前先挖长、宽、深各 0.8～1.0 m 的穴，分开堆放表土与底土。放置 1 个月左右任其风化后，在种植前 1～2 个月回土并增施有机肥。回土时，在最下层放置表土，然后放入混合后的杂草、枝叶和石灰 0.5 kg；再放一层表土后，施入塘泥、禽畜粪 50 kg 和磷肥 0.5 kg，最后盖一层表土使土丘高出地面 20～30 cm 即可。也可在施肥的同时掺入菌肥，提高植株的成活率和抗逆能力。施入的有机肥也可以是土杂肥、花生麸等。回完土后，灌水使有机肥充分腐熟，经 15～20 d，土丘下沉后，开始定植。

定植时要小心保护苗木的根系，尽量少伤根。定植时，解开包扎物或营养袋，将苗放入定植穴，用敲碎后的细土回土，深度在根颈位置，压实后，整理成小树盘便于浇水。

（四）栽后管理

定植后须浇定根水。除下雨外，定植后的 1～2 个月须每周灌水 2～3 次，待苗木长出新芽并转绿后，可减少灌水次数，根据土壤湿度情况适时灌水。夏季定植时，可进行适当的遮阴，并在树盘盖草保湿。竖支柱保护小苗，必要时用竹篱围护，以防牲畜践踏和咬食嫩芽叶片。

第六节　土肥水管理

一、土壤管理

（一）扩穴

波罗蜜生长 2 年后，要进行扩穴改土。方法是在原定植穴外围采取逐年开环沟或在四周开直线沟的方式，分层施肥，疏松土壤。沟深 60 cm，宽 30 cm，开沟后，在下层施入绿肥、植物残体、土杂肥，在上层施入禽畜肥、花生麸、优质塘泥等肥料，也可施入火烧土、腐熟垃圾肥等。

（二）间作

波罗蜜幼株喜阴。有条件时，尽量在幼龄波罗蜜园间种短期作物或短期果树。

（三）其他措施

幼龄波罗蜜园未封行时须定期进行中耕除草，或种植绿肥。未间作的果园可进行生草栽培。

雨量较为丰富的地区或季节，或山地果园，可用稻草或其他杂草覆盖树盘，草厚 3～5 cm。水土流失明显的地区，可每年用沤制腐熟的垃圾肥、塘泥、火烧土或其他土杂肥等覆盖树冠下的表土及裸露的根群。

每年冬季须进行清园。将波罗蜜园内的周围杂草连通枯枝落叶落果清除干净，剪除树冠内部处于遮光状态的各类纤弱枝，以及树冠外部的纤弱枝、病虫枝、干枯枝、重叠枝、过密枝等，再集中进行深埋、制成植物秸秆肥或烧毁，以减少树体养分的无效消耗，消灭病虫滋生场所，减轻病虫危害。

二、施肥管理

（一）施肥的意义

波罗蜜虽然耐贫瘠，施肥后可以促进植株生长，提高果实品质和产量。幼树施肥可以促进枝梢生长、迅速形成树冠，早日开花结果。结果树施肥可以补充花果消耗，促进树势恢复，提高果实产量和品质。

（二）基肥

基肥在 2～3 月施入，以农家肥、花生麸、豆粕肥等为主，配合适量化肥。每株可施用堆沤好的 10 kg 鸡粪＋1.5 kg 花生麸＋1 kg 磷肥的混合肥料或株施 20～30 kg 的堆肥加过磷酸钙 0.5 kg。每株对开穴或对开行施入，每年更换施肥位置。

（三）追肥

幼树的管理目标是促进枝梢生长，迅速形成树冠。在施肥上可追肥多次。刚定植的波罗蜜苗成活后，第 1 次新梢老熟、抽发二次新梢时开始施肥，可施入 1：（20～40）腐熟粪水或 0.4%～0.6% 三元复合肥（15：15：15），每月 2～3 次，以水肥为主。定植一年后，可在每次新梢抽梢前施肥一次或每月 1 次，1 年生树株施尿素 50～70 g 或三元复合肥 100 g；2 年生树株施尿素 100 g 和复合肥 130 g；随着树龄增长，逐年加大施肥量。穴施或溶水后淋施。

结果树的施肥以有机肥为主，配合以氮、磷、钾无机肥。一般分 3 次施入，即花前肥，壮果肥和采果后肥。花前肥在初春发芽、抽花序前施入，以速效肥为主，促进新梢生长和花序发育，一般株施尿素、氯化钾 0.5 kg 或氮磷钾复合肥 1～1.5 kg。壮果肥于果实迅速膨大期施入，目的是促进果实发育，一般株施尿素 0.5 kg，氯化钾 1～1.5 kg，硫酸钙 0.5 kg，饼肥 2～3 kg。采果后肥以有机肥为主，配施少量化肥，目的是恢复树势，促进花芽分化。一般株施有机肥 25～30 kg，三元复合肥 1～1.5 kg，饼肥 2～3 kg。无机肥可溶水后以水肥施入，或穴施后灌水。无机肥和有机肥也可采用树冠滴水线开沟的方式施入，沟宽、深各 15 cm，长 100～200 cm，施后盖土。

三、水分管理

（一）时期、作用

波罗蜜植株较为耐旱，一定雨量条件下，不进行灌溉也可获得产量，但要高产稳产，须定期进行灌溉。灌溉的时期主要有开花前，目的是促进春梢萌发和雌雄花开放；果实发育期，目的是保证果实的正常生长和发育，避免水、旱交替导致果实裂果；采果后，目的是促进植株树势恢复和新梢生长，为花芽分化和来年结果积累养分。

（二）方法和数量

可采用沟灌或树盘灌溉。花期避免高位喷灌。视降雨情况，灌溉时期和灌水量以维持土壤湿润为准。

（三）排涝

波罗蜜植株不耐积水，雨季要及时排水。

（四）滴灌节水技术

滴灌是经济省水的先进灌溉方式。由于波罗蜜株行距大，滴灌时可采用压力补偿式滴头多头滴灌，或采用毛细管滴灌。滴灌可结合施肥，实行水肥管理一体化。

第七节　花果管理

一、花果管理的意义

花果管理是保证花果正常生长发育、获得最佳经济受益的花果和树体管理技术和环境调控技术措施。花果管理是现代果树栽培实践中的重要内容，开展花果管理的主要目标是维持最佳经济效益的树体果实产量，它是综合考虑果实大小、果实品质、产量、大小年等诸多因素下的权衡结果。

二、保花、保果

为促进波罗蜜的花芽分化，提高来年果实坐果量，我国传统就有用刀砍波罗蜜树干的做法。当波罗蜜植株植后多年不结果，或营养生长过旺难以成花时，可在 11 月上中旬花芽分化前，在树干、主枝上每隔 30 cm 左右用刀做成鱼鳞状环割，促使养分积累，使其抽发结果枝开花结果。但也有研究表明，环割仅在第一年具有增加结实的效果，第二年产量会下降。

在波罗蜜开花期，进行适当的人工授粉和喷硼处理可以提高果实坐果率，降低畸形果实的发生率。

开花前和谢花后，及时进行病虫害综合防治可以降低因病虫害导致的果实落果。可在波罗蜜幼果期间，每隔 10～15 d 喷施 1 次杀虫剂＋叶面肥，以防虫及促进果实膨大。在果实基本定型时，每隔 20～25 d 喷 1 次杀虫剂杀菌剂防治病虫害。

三、疏花、疏果

开花季节，若波罗蜜植株挂满幼果，为确保果实均匀发育，果型美观，必须对波罗蜜植株进行疏花疏果。某些品种，如红包波罗蜜和四季蜜甜波罗蜜，14 个月即可结果，但过早结果会削弱树势，降低植株经济寿命，果实也会变小，此时也需要进行疏果，待定植 2 年后才让其正常挂果。

一般采用人工疏花疏果。疏果的原则是去除病虫果、畸形果、小果、过密果及畸形果。保留果形端正、果实较大、着生在粗大枝条上的果。留果量可按照投产后第一年每株留果 2 个，第二年每株留果 4 个，第三年每株留果 6～7 个，第四年每株留果 8～10 个，第五年每株留果 12～15 个，第六年每株留果 15～20 个，第 7 年以后留果 20～30 个。一般 1 个结果枝留果 1～2 个。

四、果实套袋

雌花序谢花结束后，可对果实进行套袋。套袋可防止农药残留，也可避免果实在生长发育阶段受虫为害。可施用纸袋、蓝色塑料袋或发泡网袋。

第八节　整形修剪

一、树形或架式结构特点

波罗蜜以主干和大型主枝结果为主，所有树形和修剪较为简单。波罗蜜树形多采用自然圆头形或开心形。在任其自然生长的情况下，波罗蜜非常容易形成自然圆头形树形，因此，一般情况下不用人为特殊整形。集约管理条件下，为控制树高、便于管理，需要对其进行整形修剪。

国内波罗蜜多采用自然圆头形，泰国则采用 4 个大主枝构成的开心形树形。

二、修剪技术要点

（一）修剪时期、作用

波罗蜜的修剪时期主要包括幼树期的整形修剪和结果期的修剪。幼树期整形修剪的目的是整形，修剪时期一年四季均可。结果树的修剪主要包括采果后的修剪和冬季修剪，主要目的是控制树体大小，去除寄生性枝，促进花芽分化。

（二）修剪方法和运用

波罗蜜幼树整形以短截和疏剪为主，主要用于促进产生分枝和去除不需要的枝条。也可采用摘心、剪枝、拉枝、吊枝和撑枝等方法控制枝条生长势和生长角度。

波罗蜜结果树中的修剪方法以疏剪为主，主要用于去除不需要的枝条。为促进波罗蜜花芽分化，在树干上也会采用环割的修剪方法。

三、不同年龄期树的修剪

（一）幼树期

波罗蜜定植第 1 年一般不需要修剪。任其生长，定植第 2 年后开始修剪。幼树修剪的首要工作是定干。视品种不同，一般主干高度 1～3 m。具体做法是，待植株长至 1.5～2 m 时，摘心或短截，促其分枝。从抽生的芽中，选择树冠周围分布均匀的 3～6 个健壮枝条，最低 1 个枝条距地面 1 m 左右，其余枝条全部疏除，形成一级主枝。一级主枝长至 1.5～2.0 m 时再进行摘心，培养二级主枝 3～4 条。

（二）结果期

波罗蜜结果期修剪主要分为 2 次。果实采果后需要进行一次修剪，主要是要剪去病虫害枝、过密枝、弱细枝、枯枝、徒长枝以及结果后留在植株上的结果枝、雄花枝、中途落果的枝条等，在使树冠通风透光的同时，可促进双季型波罗蜜品种的第 2 季开花结果。除了采果后修剪，波罗蜜结果树还需要进行冬季修剪。冬季修剪一般在 2 月开始，主要也是修剪交叉枝、过密枝、弯细枝、弱枝、虫枝等，改善主干通风透光条件，促进春季开花结果。

第九节　病虫害防治

一、主要病害及其防治

1. 波罗蜜软腐病

（1）为害症状。发病部位初期呈褐色水渍状软腐，随后在病部表面迅速产生浓密的白色绵毛状物，其中央为灰黑色，上有许多黑色的点状物。感病的果实，病部变软，果肉组织溃烂。

（2）病原。白桂根霉［*Rhizopus artocarpi*（Berk. et Br.）Boedijn］。

（3）发生规律。花序、幼果、成熟果均可受害，受虫伤、机械伤的花及果实易受害。此病为波罗蜜花及果实上的常见病害。阴湿多雨的环境加重病害发生。

（4）防治方法。将树上地上病花、病果及枯枝落叶销毁掉，并且在发病期间用 50% 氯硝胺 500 倍喷洒即可。或者用 77% 氢氧化铜可湿性粉剂 600～800 倍液喷雾；0.5% 等量式波尔多液喷雾该病害的发生与果实表面的受伤情况关系很大。运输时，病果可相互接触传染。防治果腐，在田间要注意防治为害果实的害虫，要小心采收，运输时尽量避免，损伤果实。收果后，果实用 40% 特克多胶悬剂 500～800 倍液浸泡 5～6 min，晾干后，用纸单果包装，可防止病菌相互接触传染。

2. 波罗蜜果蒂腐病

（1）为害症状。波罗蜜果腐病感病的果皮初开始呈现褐色小点，产生茶褐色病斑，扩大后组织变软，病斑中部渐变成深褐色或黑色，在果皮多角形瘤状突起的表面上产生许多黑色小点，严重时连成一片。遇潮湿即散出大量白色至黑色条状物。病菌延及果柄，果实易腐烂、脱落。幼果感病，由于果肉未成熟，病果渐渐干枯，挂于树上。主要危害接近成熟的果实。大多通过机械损伤和昆虫蛀伤侵入。

（2）病原。可可毛色二孢［*Botryosphaeria rhodina*（Cke.）Arx ＝ *Lasiodiplodia thebromae*（Pat.）Criff. et Maubl. ＝ *Botrydiplodia thebromae* Pat］。

（3）发生规律。广东地区一般在3月发病，4～6月发病盛期。病害发生适宜温度为25 ℃，相对湿度为80%以上。在阴湿多雨的环境，结果过多、树冠发育过旺或生势衰弱的植株，都会使病情加重。

（4）防治方法。加强栽培管理，冬季适当修枝，追施有机肥料。适时疏花疏果，喷药防治害虫，收获果实轻拿轻放，避免损伤。果熟期可喷洒1%波尔多液，或50%速克灵500倍液，或58%瑞毒霉锰锌可湿性粉剂800～1 000倍液，每7～10 d喷一次。

3. 波罗蜜酸腐病

（1）为害症状。被害果实初呈水渍状斑点，后扩大。稍凹陷，表面有一层稍致密的白色霉层，果实腐败流出，发出酸味。其侵染特点：①只侵染寄主抗病性较弱的生长阶段。为害成熟果较多，一般很少为害青果，因青果阶段抗性较强。②一般只能从伤口或自然孔侵入寄主内。

（2）病原。酸腐菌［*Geotrichum candidum* Link ＝ *Oospora citriaurantii*（Ferr.）Sacc. et Eekert.］。

（3）发生规律。该病一般发生于贮藏较久、成熟有伤的果实上。

（4）防治方法。采用75%抑霉唑2 000倍液＋72% 2,4-滴乳剂5 000倍液或用0.05%～0.1%（500～1 000 mg/L）的双胍盐浸果。

4. 波罗蜜炭疽病

（1）为害症状。果实受害后，呈现黑褐色圆形斑，其上长出灰白色霉层，引起果腐，导致果肉褐坏。

（2）病原。胶孢炭疽菌［*Colletotrichum gloeosporioide*（Penz.）Sacc.］，有性态为围小丛壳［*Glomerella cingulata*（Stonem）］。

（3）发病规律。波罗蜜开花后，病菌可潜伏侵染幼果，从而存活于果实内，于果熟期扩展引起果腐，为害较重。

（4）防治方法。防治此病应采取以加强管理为基础适当时间喷药保护的防治措施。加强管理收果后，应进行松土，增施有机肥料，尽量剪除树上的病枝叶及病果。在花期及幼果期要喷药保护。常用药有：50%多菌灵可湿性粉剂500～600倍液，40%灭病威胶悬剂500倍液，选用百菌清600～800倍液，对整个苗圃地进行喷药防治。在砧木苗期，选用磷酸二氢钾600～800倍液，喷洒叶面，每隔7 d就需要喷洒一次。

5. 波罗蜜红粉病

（1）为害症状。病部表面有一层霉状物，初白色后为淡粉红色。果斑淡褐色，上面霉层初为白色，后为粉红色。

（2）病原。粉红单端孢［*Trichothecium roseum*（Pers.）Link］。

（3）发生规律。病菌侵染性软弱，一般从伤口或自然孔口入侵，常与焦腐病菌、软霉病菌一起为害，造成果实褐腐。

（4）防治方法。发病初期进行药剂防治，可选用50%敌菌灵可湿性粉剂500倍液，或50%扑海因可湿性粉剂1 200倍液，或70%甲基硫菌灵可湿性粉剂600倍液，或80%代森锰锌可湿性粉剂800倍液，或25%炭特灵可湿性粉剂600倍液喷雾防治。保护地可选用5%百菌清粉尘剂，或5%加瑞农粉尘剂 15 kg/hm² 喷粉防治。

6. 波罗蜜叶斑病

（1）为害症状

① 链格孢叶斑病，叶片受害，病斑初期近圆形或不规则形，略凹陷，中央浅褐色，边缘深褐色，病健分界明显，外围有明显的黄晕圈。病健交界处有明显的黑褐色线纹，宽 1～3 mm。中后期可在病斑上产生灰色至黑色霉层。此病主要发生于幼苗和幼树上。

② 叶点霉叶斑病，病斑常从叶尖、叶缘开始形成，初期圆形，后期为近圆形或不规则形，黑褐色至灰褐色，轮纹明显，病健交界处具明显的黑色线纹，外围有明显的黄色晕圈；中后期病斑较大，并可见轮生的棕褐色小点。

③ 拟盘多毛孢叶斑病，叶尖、叶缘发病较多。病斑较大，多为不规则形，红褐色，周围有不明显的黄晕。后期病斑中央变灰白色枯死，其上散生许多浓黑色小点。

（2）病原。①链格孢叶斑病，链格孢（*Alternaria* sp.）；②叶点霉叶斑病，叶点霉（*Phyllosticta* sp.）；③拟盘多毛孢叶斑病，拟盘多毛孢（*Pestalotiopsis* sp.）。

（3）防治方法。叶部病害的防治应采取以加强管理为基础适当时间喷药保护的防治措施。加强管理 收果后，应进行松土，增施有机肥料，尽量剪除树上的病枝叶及病果。在花期及幼果期要喷药保护。常用药有：50％多菌灵可湿性粉剂 500～600 倍液，40％灭病威胶悬剂 500 倍液，选用百菌清 600～800 倍液，对整个苗圃地进行喷药防治。在砧木苗期，选用磷酸二氢钾 600～800 倍液，喷洒叶面，每隔 7 d 就需要喷洒一次。

7. 波罗蜜绯腐病

（1）为害症状。树皮脱落，取而代之的是一层白色的霉状物。茎枝部坏死脱落，脱落处有明显腐烂物，层黑褐色。而未感染部位正常生长。

（2）病原。茧皮伏革菌〔*Corticium porosum* Berk et Curt＝ *Gloeocystidellm porosum*（Berk. et Curt.）Donk〕。

（3）发生规律。通常为害树茎，造成茎枝部腐烂坏死。

（4）防治方法。①病部可用利刀切除，然后涂封沥青柴油（1∶1）合剂，促进伤口愈合。病死枝条应从健部切除，集中烧毁，伤口涂刷上述涂封剂。②化学防治。雨季发现此病发生时，可用1％波尔多液喷雾。

8. 波罗蜜流胶病

（1）为害症状。枝干感病时有水泡状病斑突起，渗出琥珀色胶液，后变茶褐色硬胶块。严重时枝干树皮开裂，黏附胶块状，干枯坏死，导致枝条或全株枯死。

（2）病原。节状镰孢（*Fusarium merismoides* Cda. var. *merismoids* Cda.）。

（3）防治方法。保护枝干。田间作业注意防止机械损伤，预防冻伤，修剪时剪口要平滑。注意防治病虫害，特别是钻蛀性害虫的天牛、吉丁虫等，减少枝干伤口，减轻病菌侵入。刮除病部。冬末春初，在果树发芽前，检查果树，有流胶病的枝条，用小刀把胶状刮除干净，然后用石硫合剂渣或 1∶1∶10 的波尔多浆或 1∶4 纯碱水等涂刷伤口，控制病部扩展。喷药保护。新梢生长旺盛期，用 50％多菌灵或 70％甲基硫菌灵 1 000 倍液喷 1～2 次，隔 15 d 喷一次。大风雨容易造成枝条断伤，因而在每次大风雨过后，要及时喷一次 70％敌克松 600～800 倍液，可减少伤口感染流胶病。

9. 波罗蜜红根病

（1）为害症状。病树长势衰弱，易枯死。病树的根茎上方长出病原菌子实体。病根表面平粘一层泥沙，用水较易洗掉，洗后可见枣红色菌膜；病根湿腐，松软而呈海绵状，有浓烈蘑菇味。

（2）病原。灵芝属（*Ganoderma* sp.）。

（3）防治方法。应以预防为主，因本病原菌为害植物初期地上部没有任何病征，一旦地上部出现黄化萎凋时，根部已有 80% 以上受害，在此情况下如欲进行治疗处理，为时已晚。本病原菌主要传染的来源是病残根，其传播途径主要靠病根与健康根的接触传染。因此在预防的考虑下，只要可以阻止病根与健康根的接触，及杀死或除去土壤中的感染病残根，就可以达到防治效果。以下的防治方法则依据上述的原则。①掘沟阻断法：在健康树与病树间沟深约 1 m，并以强力塑胶布阻隔后回填土壤，以阻止病根与健康根的接触传染。②将受害植株的主根掘起并烧燬，无法完全掘出之受害细根，可施用尿素并最好覆盖塑胶布 2 周以上，尿素的用量约为每立方米 2～4 kg。如该土壤偏酸性可配合施用石灰调整土壤偏中性及碱性。此方法可以杀死土壤中细根的病原菌，尤其在碱性土壤更有效。另外可以考虑使用熏蒸剂迈隆每立方米 50～100 g 拌入土中加水后覆盖塑胶布 2 周以上，进行熏蒸。③发病地区如不便将主根掘起且该地区具有灌溉系统，可进行 1 个月的浸水，以杀死存活於残根的病原菌。

二、主要害虫及其防治

1. 绿鑫（学名待定）

（1）形态特征。体绿色，大型。前胸背板无龙骨状突起；复眼红褐色；触角白玉色，间黄褐色段斑；前胸背板前缘边线浅绿色；前翅翅脉深绿色，臀域部位稍透明；后翅呈三角形，透明，肩角及翅脉浅绿白色；各足内侧，后足股节端半，胫、跗节淡肉红色，前足股节暗绿色，中足、后足股节浅绿色，后足有黑褐色小齿各两行。体长 44～61 mm，头宽 5.2～6.9 mm，触角长 185～195 mm，前翅长 72～78 mm，后足股节 20.7～24 mm。

（2）发生规律。波罗蜜产区几乎都有该虫分布，受害株率局部地区达 100%，但每年受害程度不一。该虫每年发生一代，4 月下旬或 5 月初，当波罗蜜萌动、盛发时，出现若虫并为害叶片，一、二龄若虫取食叶片叶肉，留下网状叶脉；三、四龄取食叶片留下较粗叶片侧脉与主脉，大龄若虫及成虫取食全叶，严重时将全树大部分叶片吃光，剩下大小光秃秃枝干，影响植株光合作用，减缓果实生长发育与成熟。若虫、成虫都分散危害，遍布全树冠。白天都栖息于叶片背面，紧贴叶中主脉，入夜后便进行取食，成虫每晚可吃去一张巴掌肚大小叶片。晚上成、若虫都可以发出"得、得、得"的响声。

（3）防治方法。可喷洒 2.5% 敌杀死 5 000 倍液或 800 倍敌百虫溶液，大树可喷 1:200 的 2.5% 敌杀死油剂＋滑石粉配成的杀虫粉剂。也可以在晚上用手电筒照射正在危害的若、成虫，此时它的触角不停地晃动容易发现；白天则应先查明受害叶片最严重的四周，然后搜索完好叶片的背面，发现该虫后用竹竿击落捕杀。

2. 榕八星天牛

（1）形态特征。榕八星天牛体长 30～46 mm，体宽 10.2～15.5 cm，体绛色，头、前胸及前足股节色较深，全体被绒毛，背面的较细疏，灰色；腹面的较长而密，棕灰色，两侧各有 1 条白色阔纵纹。前胸背板有 1 对橘红色月牙状斑，小盾片密生白毛；每一鞘翅上各有 4 个白色圆斑，第四个最小，第二个最大，并较靠中缝。雄虫触角超出体长 2/3，其内沿具细刺，从第三节起各节末端略膨大，内侧突出，以第 10 节突出最长，呈三角形刺状；雌虫触角较体略长，具刺较细而疏，除柄节外各节末端不显著膨大。前胸侧刺突粗壮，尖端略向后弯。鞘翅肩部具短刺，基部瘤粒区域肩内占翅长约 1/4，肩下及肩外占 1/3，翅末端平截，外端角略尖，内端角呈刺状。

（2）发生规律。文献记载此虫为害榕属、杧果、木棉、美洲胶、重阳木等，分布于华南及越南等地。现在广西博白发现其危害波罗蜜果实。它在成虫期为补充营养而取食果实的表皮，咬痕深达肉质体或直到瘦果外缘，一果可为害多处，也能转移为害多个果，其危害不分日夜，想吃即吃。经该虫取食后的伤口，肉质体外露，少数可形成伤痂愈合，多数经雨水、空气中的病菌侵染，形成溃烂口，并逐渐向果内侵入，造成大小不一的坏死伤口，影响果实外观、质量及产量，也对果农的收入不利。

（3）防治方法。该虫主要靠人工捕杀控制其危害。应在中果期间，注意查看有无天牛咬食果实。其为害时多固定，可用捕虫网或竹竿上扎一扫帚将其打落，要争取一次成功，因其受惊动后会飞翔逃去。为保证食用安全，一般不应用化学药剂喷杀。

3. 黄翅绢野螟

（1）形态特征。成虫体长约 1.5 cm，虹吸式口器，复眼突出红褐色，触角丝状，胸部有 2 条黑色横纹，前翅三角形，有 2 个瓜子形黄斑，斑的周围有黑色的曲线纹，黄斑顶部有 1 个槽形黄色斑纹，在翅的近肩角处有两条黑色条纹，近顶角处有 1 个塔状的黄斑；后翅有两块楔形黄斑，顶角区为黑色。足细长，前足的腿节和转节为黑色，中、后足长均为 1.2 cm 左右，中足胫节有两条刺，后足也有两条刺，腹部节间有黑色鳞片，第一、二、三节均有 1 个浅黄色的斑点，腹部末端尖削且有黑色的鳞片。卵椭圆形，扁平，表面有网状纹。老熟幼虫体长约 1.8 cm，柔软，头部坚硬呈黄褐色，唇基三角形，额很狭，呈"人"字形，胸和腹的背面有两排大黑点，黑点上长毛。前胸盾为黄褐色，胸足基节有附毛片，腹足趾钩二序排列成缺环状，臀板黑褐色。蛹长 1.6 cm 左右，幼虫化蛹开始为浅褐色，后变为黑褐色，表面光滑，翅芽长至第四腹节后缘，腹部末端生有钩刺，足长至第五腹节。

（2）发生规律。以幼虫为害。主要为害果实，为害幼果时一开始嚼食果皮，然后逐渐深入食到种子，取食的孔道外围有粪便堆聚封住孔口，孔道内也有粪便，还常常引起果蝇的幼虫进入取食果肉，使果实受害部分变褐腐烂，严重时导致果实脱落，造成减产；为害嫩果柄时则从果蒂进入，然后逐渐往上，粪便排在孔内外，引起果柄局部枯死，影响果品质量；为害新梢时，取食嫩叶和生长点，排出粪便，并吐丝把受害叶和生长点包住，影响植株生长。黄翅绢野螟在海南世代重叠，无明显的越冬现象。成虫白天隐蔽在草丛和作物内，夜间活跃，受惊后可作短距离飞移，具有趋光性。幼虫危害新梢将叶子卷住。化蛹在荫蔽处、泥土里、果柄食后的道孔里、果实与树枝接触处。化蛹时吐丝将粪便或干的叶子等做成茧，藏在茧内。取食果实一般 1 条幼虫 1 条孔道。

（3）防治方法。黄翅绢野螟应采取综合防治。在农药的选择上少用杀伤力太强的农药，注意保护好天敌；在使用农药上，一种农药一年内连续使用 3 次就要轮换，开始要使用低浓度，若药效不够才提高浓度，以避免产生抗药性。时间选择应为晴天的上午和下午，喷药时应避免大风。具体方法为：①进行田间检查，幼虫蛀果取食初期，拨开虫粪便，用木棍沿着孔道将其杀死，可降低虫口基数。②摘下被害严重的果实和收集落地的果实，集中倒进土坑中，再倒上速灭杀丁水液，然后回厚土，以降低下一代的虫口密度。③喷药保护防治，7 d 左右一次，连喷 2～3 次。药物为 90％敌百虫晶体 800～1 200 倍液，或杀螟杆菌脱水 1 000 倍液等。

第十节　果实采收、分级和包装

一、果实采收

波罗蜜植株高大，果实重，采收时造成的果实跌落不仅影响果实的贮运性能和鲜食品质，还会拉伤树皮、折断枝条。因此，在波罗蜜果实采收前，应先要准备好梯子、绳索或其他托扶果实的工具。果实采收用的道具须锋利，避免形成不平滑的果柄伤口，影响愈合。准备好果实运输用的工具；不具备采后处理建筑和设施的，需准备好果实防晒、遮阴工具或场所。为避免采果用刀具上黏附果柄上的胶乳，可事先在刀具上涂上植物油。

果实用于烹饪时，可采收生长 1～3 个月的绿色果实。

鲜食用果实需在八至九成熟采收。判断波罗蜜果实成熟的方法有，①根据果实生长时间判断。不同波罗蜜品种，自开花到果实成熟都有固定的积温需求，可根据积温需求量推算波罗蜜果实成熟的大致日期。②当离果柄最近的 1 片叶片变黄时，表明果实有八九成熟，可以采收；变黄脱落时，表明果实已经完全成熟。③用木棍敲打果实，声音清脆者，表明果实还未成熟；声音哑而沉闷者，表明果实有八成熟，可以采收；这也是生产上最常用的方法，当与果实生长时间的判断方法相结合使用时，成熟度判断的结果具有很高的可靠性。④用手指折断果皮瘤状突起，根据韧、脆程度和乳汁流出量判断果实成熟度，若其质地很脆、容易折断，乳汁较少，则说明果实接近成熟，可以采收；若能折断但有较多乳汁，则说明果实还未成熟。就地销售的，可以等到果实果皮稍软，能闻到少许香味时采收，但此时的运输性能已大大下降。

在采收波罗蜜时，最好两人操作。果实着生位置较低时，可一人托果，另一人切断果柄。果实着生位置较高时，可用绳索绑住果柄，或先用塑料袋套住果实然后再用绳索绑住塑料袋，然后再切断果柄，避免果实从高空坠落损伤果实。采收后的果实要倒置或平放在树荫下，让其果柄的胶乳流出和凝结。采收时，避免果实或枝条上的胶乳沾染果实表面，破坏果实的外观和导致病原繁殖。

二、果实分级

2002 年农业部颁发了《木波罗》（NY/T 489—2002）行业标准，规定了波罗蜜鲜果的要求、试验方法、检验规则、标志、标签、包装、贮存和运输条件。根据这一标准，果实皮色正常，有光泽，清洁，形状完整，果轴不长于 5 cm，果实长度 50 cm 以上，横径 40 cm 以上，肉质新鲜，色泽金黄，苞肉厚度均匀，风味芳香，口感干爽脆滑，味甜，无腐烂、裂果、疤痕、软腐及其他病虫害，果重 18 kg 以上、可溶性固形物≥21％、可食率者≥42 者为优等品；果实皮色正常，有光泽，清洁，形状完整，果轴不长于 5 cm，果实长度 40 cm 以上，横径 30 cm 以上，肉质新鲜，色泽金黄，苞肉厚度均匀，风味芳香，口感干爽脆滑，味甜，无腐烂、裂果、病虫害引起疤痕不超过 3 cm²，果重 12 kg 以上、可溶性固形物≥21％、可食率者≥42 者为一等品；果实形状尚完整，无畸形，皮色青绿，尚清洁，果轴不长于 5 cm，果实长度 30 cm 以上，横径 20 cm 以上，肉质新鲜，色泽淡黄，苞肉厚度均匀，风味芳香，口感干爽脆滑，味稍淡，无腐烂、裂果、病虫害引起疤痕不超过 5 cm²，果重 8 kg 以上、可溶性固形物≥21％、可食率者≥42 者为二等品。

这一标准未考虑到波罗蜜品种间在果实大小、果肉色泽、果皮颜色等方面的差异，应用时会过于局限。在菲律宾，波罗蜜果实的分级如下：大果至少 20 kg；中等果 15～20 kg；小果 8～15 kg。另外一种分级标准是，一级果，果实性状良好，果皮没有变色、疤痕，割伤或其他病虫害侵染；二级，果实没有畸形，尽管果皮有所缺陷。

三、包装

波罗蜜进行运输时可散装，也可单果包装。要求包装容器必须具有保护果实不受伤害的能力，清洁、干燥、牢固、透气、无污染、无异物、内部无尖突物、外部无钉刺、无虫孔及霉变现象。直接用于零售的波罗蜜单果，可采用美观的纸箱包装。

四、运输

波罗蜜在长途运输时，建议运输温度保持在 11.1～12.7 ℃，湿度保持在 85％～90％。短途运输时，须采取遮阴、防雨及防震措施，避免果实在运输途中受伤。

第十一节　果实贮藏保鲜

一、贮藏保鲜的意义

虽然波罗蜜的有些品种可以实现果实的周年供应，但仍有 2 个多月的不挂果期，而且大多数的波罗蜜品种都有较强的季节性，加之波罗蜜生产的区域性和果实的易腐败性，对波罗蜜进行贮藏保鲜十分重要。贮藏保鲜不仅可以缓解鲜食市场以及加工市场波罗蜜果实供应的季节性，而且可以降低果实

贮运过程导致的损失，降低果实采后损耗，提高资源利用效率，降低环境污染和经济损失。

二、贮藏保鲜技术

成熟的波罗蜜果实果皮软，加上成熟季节多为盛夏，高温加剧了运输过程中的损耗。需要进行贮藏和远运的果实需要提早采收，控温贮运。小于 16 ℃的低温可以推迟果实的成熟，但在 12 ℃以下时，果皮会出现冷害症状，果皮变为暗褐色，果肉褐化品质降低。因此，波罗蜜果实一般贮藏在 13 ℃左右，85％～95％相对湿度的条件下，视品种和成熟度的不同，一般可贮藏 2～4 周。

除了整果贮藏外，还可贮藏切取出的单个果苞。将切取出的波罗蜜果肉，用魔芋精粉与红藻胶混合制成的凝胶包埋后，可以保存 7 个月。也可将取出的果肉放在聚乙烯塑料盒中，至于－18 ℃左右的冰柜中保存 8 个月。

第二十八章 火 龙 果

概　　述

火龙果（*Hylocereus undulatus* Britt.）又称红龙果、龙珠果、仙蜜果，属仙人掌科量天尺属植物。原产中美洲，是热带、亚热带的著名水果之一。后传入越南、泰国等东南亚国家和中国台湾地区，20 世纪末和 21 世纪初，中国海南、广西、广东、福建、云南等省份进行了引种栽培和推广。目前生产上栽培的火龙果主要分为三类：红皮白肉型、红皮红肉型、黄皮白肉型。火龙果营养丰富、功能独特，其含有一般植物少有的植物性白蛋白及花青素，丰富的维生素和水溶性膳食纤维及矿物质，具有明目降火，养颜美颜，预防便秘、贫血、老年记忆力减退等多种功能，深受生产者和消费者喜爱。

第一节　种类和品种

一、种类

生产上栽培的火龙果主要分为三类。

1. 红皮白肉型　果实椭圆形，果面鳞片长。单果重 405.4 g，最大单果重 600 g，可溶性固形物 11%～13%，果肉带酸，予人清甜的口感；自花授粉，开花期比红皮红肉型晚，结束产期比红皮红肉型早，产期比红皮红肉型短 2～3 个月，但抗溃疡病能力比红皮红肉型强。

2. 红皮红肉型　果实近圆或卵圆，一般果面鳞片短而稀。平均单果重 400 g，最大单果重 600 g，可溶性固形物 16%～18%，甜度较高，但果肉较软，不具脆感；有自然授粉品种和人工授粉品种，人工授粉品种种植时需要配置授粉品种。市场消费受欢迎程度比红皮白肉型高。

3. 黄皮白肉型　果实椭圆，果面具细刺。平均单果重 200 g，最大果重超过 400 g，可溶性固形物超过 18%，味甜，口感甚佳。开花期主要在 5 月（90～100 d 成熟）两期及 10 月（140～150 d）两期，果实生长发育期长于红皮白肉型和红皮红肉型果，在春夏之交或中秋气温变化较大时才能促成花芽。由于果小且果皮带刺，种植户及消费者有被刺伤之感觉，管理不便，较少做商业栽培。

二、品种

农作物品种具有时间性和地域性，各地应积极选育适应本地区生态条件的优良品种。本章仅介绍筛选的四个品种。

（一）白玉龙

果实属红皮白肉型，为我国台湾地区选育，后火龙果种植区域均有引种栽培。

根系长 80 cm，分布深度 20 cm，须根密。茎的一面平展，另两面下陷，直线延伸。刺丛间距 5.0 cm，每丛刺数 4 枚，刺丛着生部位下陷。

花长 32.5 cm，子房表面鳞片 16 枚，外轮黄绿色花被 28 枚，内轮白色花被 20 枚，花柱直径 0.47 cm，花柱长 21.0 cm，花丝长 7.20～18.0 cm，花丝数 897 枚，花药长 0.53 cm，柱头 25 枚，柱头长 2.04 cm。雄蕊与雌蕊齐平，自然授粉。

果皮红色，其上着生鳞片 14 枚。果肉白色，单果重 405.4 g，果实椭圆形，果形指数 1.39。果皮厚 0.25 cm，可食率 80.4%，果实含水量 83.05%。种子倒卵形，黑色、有光泽，平均每果种子数 3 154 粒。总糖 8.41%，总酸 0.24%，每 100 g 果肉含维生素 C 5.0 mg，可溶性固形物 11.7%。

从广东省湛江地区 2005 年和 2006 年的结果物候期看，第一批果成熟为 6 月下旬，10 月底至 11 月初为最后一批果的采收期。每批果从现蕾至果实成熟的生育期为 35～40 d，可自然授粉，每年可采收 15 批果。2006 年 8 月采收的果实在常温下仅能贮藏 7 d，在 4 ℃冰箱贮藏的条件下，果实可贮藏 22 d；2006 年 11 月采收的果实在常温下只能贮藏 11 d，在 4 ℃冰箱贮藏的条件下，果实可贮藏 32 d。白玉龙火龙果产量高、抗病性强、口感好，是红皮白肉类型的优良品种。

（二）湛红 1 号

果实属红皮红肉型，从广东湛江地区引入种质资源中选出，广东各地有栽培。

根系长 80 cm，分布深度 22 cm，须根密。茎的一面近平，另两面凹，刺着生茎缘锯齿隆起最高一侧，锯齿凹口深。平均刺丛间距 3.38 cm，每丛刺数 3～4 枚，多数 3 枚。

花长 30 cm，子房表面鳞片数 36 枚，外轮黄绿色花被 45 枚，内轮白色花被 19 枚，花柱直径 0.65 cm，花柱长 22.8 cm，花丝长 7.00～9.60 cm，花丝数 876 枚，花药长 0.87 cm，柱头 28 枚，柱头长 2.04 cm。雄蕊高出雌蕊 3.92 cm，需人工授粉。

果皮红色，其上着生鳞片 24～28 片。果肉红色，单果重 413 g，果实近圆形，果形指数 1.05。果皮厚 0.26 cm，可食率 77.20%，果实含水量 84.04%。种子倒卵形，黑色，有光泽，平均每果种子数 5 841 粒。总糖 8.24%，总酸 0.26%，每 100 g 果肉含维生素 C 0.98 mg，可溶性固形物 13.2%。

从广东省湛江地区 2012 年和 2013 年的结果物候期看，第一批果实成熟为 5 月底或 6 月中旬，10 月底或 11 月中旬为最后一批果的采收期。每批果从现蕾至果实成熟的生育期为 45～55 d，连续结果能力强，每年可采收 17 批果实。30～34 ℃条件下，可贮藏 6 d，4 ℃条件下，可贮藏 14 d。湛红 1 号果大、产量高、经济效益高，深受市场欢迎，是红皮红肉型的优良品种，但抗溃疡病能力弱。

（三）湛红 2 号

果实属红皮红肉型，从广东湛江地区引入种质资源中选出。粤西地区有栽培。

根系长 70 cm，分布深 22 cm，须根稍疏。茎的一面近平，一面微凹，另一面凹，刺着生茎缘锯齿略高一侧，锯齿凹口微波状。平均刺丛间距 3.57 cm，每丛刺 3～4 枚，多数 3 枚。

花长 29.4 cm，子房表面鳞片 31 枚，外轮黄绿色花被 54 枚，内轮白色花被 26 枚，花柱直径 0.64 cm，花柱长 23 cm，花丝长 8.40～11.20 cm，花丝 1 230 枚，花药长 0.65 cm，柱头 30 枚，柱头长 1.06 cm。雄蕊与雌蕊齐平，自然授粉。

果皮红色，其上着生鳞片 26～30 片。果肉红色，单果重 340 g，果实卵圆形，果形指数 1.15。果皮厚 0.28 cm，可食率 68.10%，果实含水量 83.44%。种子倒卵形，黑色、有光泽，平均每果种子数 5 998 粒。总糖 10.23%，总酸 0.25%，每 100 g 果肉维生素 C 含量 0.91 mg，可溶性固形物 13.6%。

从广东省湛江地区 2012 年和 2013 年的结果物候期看，第一批果成熟为 5 月底或 6 月中旬，10 月底或 11 月中旬为最后一批果的采收期。每批果从现蕾至果实成熟的生育期为 48～58 d，连续结果能力强，每年可采收 17 批果实。30～34 ℃条件下，可贮藏 10 d，4 ℃条件下，可贮藏 20 d。湛红 2 号果实比湛红 1 号味甜，深受市场欢迎，是红皮红肉型的优良品种，抗溃疡病能力较强，但产量比湛红 1 号低。

（四）湛红 3 号

果实属红皮红肉型，从广东湛江地区引入种质资源中选出。粤西地区有栽培。

根系长 75 cm，分布深 22 cm，须根稍疏。茎的一面近平，另两面微凹，上有灰白色斑痕，刺着生茎缘锯齿上，锯齿凹口平。平均刺丛间距 2.4 cm，每丛刺 3～5 枚，多数 4 枚。

花长 31 cm，子房表面鳞片 49 枚，外轮黄绿色花被 44 枚，内轮白色花被 30 枚，花柱直径 0.64 cm，花柱长 25.2 cm，花丝长 6.70～11.00 cm，花丝 1 042 枚，花药长 0.49 cm，柱头 28 枚，柱头长 1.75 cm。雄蕊高出雌蕊 3.50 cm，需人工授粉。

果皮红色，其上着生鳞片 36～42 片。果肉红色，单果重 295 g，果实近圆形，果形指数 0.98。果皮厚 0.30 cm，可食率 70.50%。果实含水量 83.32%。种子倒卵形，黑色，有光泽，平均每果种子 5 330 粒。总糖 8.14%，总酸 0.16%，每 100 g 果肉维生素 C 含量 1.02 mg，可溶性固形物 13.1%。

从广东省湛江地区 2012 年和 2013 年的结果物候期看，第一批果成熟为 5 月中旬，11 月上旬或 11 月下旬为最后一批果的采收期。每批果从现蕾至果实成熟的生育期为 46～56 d，连续结果能力弱，每年可采收 19 批果实。30～34 ℃条件下，可贮藏 7 d，4 ℃条件下，可贮藏 18 d。湛红 3 号是红皮红肉型火龙果的优良授粉品种，抗溃疡病能力强，但产量比湛红 1 号低。

第二节　苗木繁殖

一、实生苗培育

杂交育种后代培育和资质资源的收集保存需要用种子繁殖。火龙果种子比较小，大田繁殖易受不利环境因素的干扰，一般宜采用设施育苗。

（一）种子的检验和处理

1. 生活力测定

（1）酸性靛蓝（靛蓝胭脂红）染色法。靛蓝胭脂红为具金属光泽的蓝色粉末，分子式为 $C_{16}H_8N_2O_2(SO_3)_2Na_2$，商品名为靛红。易溶解于水，其水溶液为天蓝色。靛蓝能透过死组织使其染上蓝色，在靛蓝溶液中凡被染成蓝色的部位都是无生命力的，根据胚染色部位和比例判断种子生活力。靛蓝适宜的染色浓度为 0.05%。

（2）四唑染色法。2,3,5—三苯基氯化（或溴化）四氮唑或唑的钠盐，简称为四唑，商品名红四氮唑，分子式为 $C_{10}H_{12}N_4Cl(Br)$，为白色粉末，见光易分解。不溶解于水，但易溶解于乙醇，其水溶液无色。四唑可参与活细胞的氧化还原反应，形成一种红色的、稳定的、不易移动的红色物质。在四唑溶液里，被染成红色的是活组织，未染色的为死组织。以染色的位置和比例大小判断种子有无生活力。适宜的染色浓度为 0.1%～1.0%，用缓冲溶液溶解四唑。缓冲溶液配制方法如下：

溶液（甲）：在 1 000 mL 蒸馏水中溶解 9.078 g KH_2PO_4。

溶液（乙）：在 1 000 mL 水中溶解 11.876 g $Na_2HPO_4 \cdot H_2O$ 或 9.472 克 Na_2HPO_4。

取溶液（甲）400 mL 及溶液（乙）600 mL 混在一起，配成缓冲溶液。在该缓冲溶液里溶解准确数量的四唑，以获得正确的浓度。如 1.0 g 四唑溶解于 1 000 mL 缓冲溶液中，即得到 pH 7.0 的 1.0% 四唑溶液。须将配好的溶液贮存在黑暗或棕色瓶里，以免照光而变质。这种溶液可在室温下保存几个月，但每次用后溶液作废。最好随配随用。

温度在 20～30 ℃时，染色时间需 2～3 h。靛蓝法测定种子生活力的主要标志是有生活力者，胚全部未染色；无生活力者，胚全部被染色。四唑染色法测定种子生活力的主要标志是有生活力者胚全部染色；无生活力者，胚全部未染色。

$$生活力 = \frac{有生命力种子粒数}{供试种子粒数} \times 100\%$$

2. 发芽试验 为了预防霉菌感染而影响检验结果，所以在检验时必须对所使用的各种用具和测定样品进行消毒处理。检验用具发芽皿、脱脂棉、滤纸、镊子等高温灭菌。对发芽箱或培养箱内喷洒福尔马林，喷后密封 2 d，然后使用。种子可用福尔马林、高锰酸钾等药剂消毒。

用中温水浸种 4～5 h。在发芽皿上垫有滤纸或纱布，将经过消毒和浸种后的种子分组放置于 4 个发芽床，在每个发芽床上整齐放置 100 粒种子，种子之间保持一定距离，以免霉菌蔓延和幼根相互接触。

在 25～28 ℃条件下，保持发芽皿湿润、通气，每天光照 6～8 h。从有种子发芽开始，持续 15 d 统计发芽种子数，计算发芽率。

3. 催芽方法 火龙果种子发芽适宜中温水浸种时间为 6～8 h，最适发芽温度为 25 ℃。50 mg/L GA_3、10 mg/L NAA、25 mg/L IAA 等植物生长调节剂对火龙果种子萌发有较好的促进作用，发芽率与对照相比可分别提高 4.4%、6.1%和 5.5%。

（二）苗床准备

火龙果种子育苗的苗床宜选塑料育苗筐，筐内下层基质（园土：腐熟猪粪＝2：1）10 cm 厚，上层河沙 6 cm 厚。基质和河沙必须消毒，消毒剂可选用 70%五氯硝基苯和 65%代森锌等量混合粉剂，每立方米基质或河沙拌混合药剂 0.12～0.15 kg。塑料育苗筐宜置于可控温度和湿度的大棚或温室内。

（三）播种

火龙果种子无发芽休眠期，果实成熟后取种子即可播种。选取成熟果实挖出果肉，置于网袋中将果肉去除后洗净留下的种子。播种前用中温水浸种 4～5 h，再浸入 1%硫酸铜溶液中 5 min，最后用清水洗净。将种子与一定数量的河沙混匀，均匀撒播在湿润的苗床，每平方米可播 0.2～0.3 g，播后种子不需覆盖基质，用塑料膜盖好塑料筐，保持河沙湿润。

（四）出苗后管理

火龙果播种 7～10 d 即可发芽，种子发芽后揭除覆盖的塑料膜。胚根长出后即可用 0.3%复合肥液喷施小苗。由于小苗根系在沙中不易扎稳，小苗常横躺在育苗床上，所以待小苗根系生长至 1 cm 左右，必须将小苗移入营养育苗袋，以便管理。营养育苗袋基质容重一般为 0.5～0.8 g/cm³，总孔隙度 60%左右，持水孔隙和透水空隙各占 50%左右，生长者可购买商品基质，也可自行配制。自行配制的基质要求疏松、通气、保水、保肥，pH 6～7。

小苗定植后，注意用水肥浇灌，做到勤施薄施。幼苗期的虫害主要是蚂蚁，常用的药饵为 1%毒死蜱、1%灭蚁灵、10%硼酸等。幼苗期的炭疽病、痒倒病、立枯病可用 0.7%的石灰半量式波尔多液和 50%多菌灵、70%甲基硫菌灵 1 000 倍液等进行防治。

二、嫁接苗培育

黄皮火龙果扦插苗生长发育较差，所以，黄皮火龙果苗木常用嫁接繁殖。嫁接繁殖也用于品种更新，或通过嫁接提高植株的抗病性等。

（一）砧木选择

生长上常用观赏用的三角柱（霸王花）作为砧木嫁接黄皮火龙果，也可用抗病性强的栽培品种嫁接抗病性弱的品种。常用扦插方法培育砧木，砧木宜用营养育苗塑料杯培育。做砧木的枝条必须健康、成熟，长度 20 cm 左右。

（二）接穗采集

接穗要求一年生成熟枝条，健康饱满。接穗采下后，必须清洗干净，用甲基硫菌灵 800 倍浸泡 15 min 左右，晾干 1～2 d 后即可用于嫁接。

（三）嫁接方法

嫁接的方法很多，火龙果常用的嫁接方法有切接法、平接法、套接法、楔接法等，嫁接时间宜在每年的 3～10 月。

（四）嫁接后苗木管理

嫁接好的苗木移入大棚，防治雨水淋刷。保持基质湿润，切忌水分过多引起茎腐病、溃疡病等病害的发生。用营养基质培育苗木，苗木培育期间可不施或少施肥。用甲基硫菌灵、多菌灵、代森锰锌等广谱性杀菌剂每隔 10 d 轮换喷施，防止病害发生。发现蚂蚁危害，必须及时杀灭。嫁接苗发芽以后，只留顶部 1 个芽，其余的芽必须抹除。

三、扦插苗培育

生产上主要用扦插方法培育苗木，扦插技术虽然简单，但要留意整个过程的每个细节。

（一）基质准备

扦插育苗基质要求与实生苗繁育的基质相同。推荐使用 40％园土＋40％谷壳＋20％河沙，45％泥炭＋45％椰糠＋10％蛭石等配方。培养土消毒以后才可使用，消毒可与实生育苗基质消毒方法相同。

（二）扦插方法

选取周年每批次结果量较均匀，产量高，品质好，具有品种典型特性的优良单株作为母株。将一年生健康枝条剪切成 25 cm 左右长的枝段，用 1％高锰酸钾或 800 倍液甲基硫菌灵浸泡 15 min 后，取出晾干，置于干燥洁净处 6～7 d，即可扦插。

扦插场地宜选用大棚或温室。作畦扦插时，畦面宽 1.2 m，畦面上铺 6～8 cm 厚基质，以 6 cm×8 cm 的株行距进行扦插，扦插深度 4～5 cm，插条须用绳索和竹竿等固定，防止倾倒，切忌插条靠在一起。使用塑料营养杯扦插时，宜选用 12～15 cm 高的营养杯，营养杯须盛满 90％体积的基质，每个营养杯插一根插条，扦插深度与做畦扦插相同，扦插后同样固定好插条。扦插后对苗床必须浇透水。

扦插后的管理与嫁接苗培育管理基本相同，不再重述。

四、组织培养苗培育

组织培养育苗生产上应用较少，下面按苗木生产顺序介绍福建省农业科学院甘蔗研究所的试验结果。

1. 外植体消毒 将茎段用自来水冲洗干净，在超净工作台上用手术刀将茎段切成 1～2 cm 长的小块；先经 75％酒精消毒 30 s，再将茎块置于 0.1％升汞中浸泡 15 min，用无菌水冲洗 4～5 次，然后接种于诱导培养基 MS＋6 - BA 2 mg/L＋NAA 0.1 mg/L，培养温度为 26 ℃±2 ℃，每天光照 10～12 h，光照度为 1 000～1 500 lx。

2. 不定芽的诱导 在 26 ℃±2 ℃的条件下，火龙果茎段在固态静止诱导不定芽的培养基上培养 30～50 d，每个外植体可长出 1 至数个不定芽，刚长出的芽呈球形状，绿色，有茸毛。试验中发现，较小的外植体诱导率较低，诱导阶段用较大的外植体可获得较多的不定芽。

3. 不定芽的增殖与继代培养 将诱导形成的不定芽转入含有 6 - BA 4 mg/L＋NAA 0.1～0.5 mg/L 的 MS 培养基，在 26 ℃±2 ℃，光照度 1 500～2 000 lx 条件下，培养 10 d 左右，不定芽逐渐萌发呈根状茎匍匐伸长，待根状茎生长到 5～6 cm，取出切成大小相等的茎段（每段 1～2 cm）转入继代培养基上继续培养，部分不定芽呈丛生状，将这种丛生芽继续培养，其增殖倍数比根状茎芽快 10 多倍。

4. 根的诱导 将丛生状或根状茎的不定芽分离切开，每段 4～5 cm 长，转入含 IBA 0.3 mg/L 的 MS、大量元素减半的生根培养基上，经 15～20 d 的培养，从嫩茎芽基部长出 3～6 条根，再经一段时间的培养即可移出试管。

5. 试管苗的移栽

（1）炼苗。将试管苗移出培养室，放在自然散射光下炼 6～7 d，然后洗去培养基，用 1 000 倍高锰酸钾溶液浸泡 2 min，再用清水冲洗去药液后，将苗放在荫凉通风处晾干 3～5 d。

（2）营养土的配制及移植。营养土由蔗渣或木屑（已腐熟）＋沙＋田园土（2∶3∶5）配制而成，将炼苗后晾干的试管苗移栽到准备好的营养土中，植后用 0.1％百菌清或多菌灵喷雾保苗，用塑料薄膜调节湿度在 60％左右。移苗初期用 70％遮阳网覆盖，1 个月幼苗成活后逐渐拆除遮阳网，苗木成活率可达 90％以上。

五、苗木出圃

火龙果是肉质茎，起苗时必须严格操作规程。起苗前对苗木喷一次杀菌剂，所有用具与运输车辆必须消毒。苗木按砧木大小或按新芽生长长度分级后用软材料包装，容器苗用塑料筐排放，防止损伤苗木。感染溃疡病的苗木严禁出圃，必须就地销毁。

第三节 生物学特性

一、根系生长特性

（一）根系生长动态

扦插育苗的火龙果根系肉质，属须根系，呈水平分布。一般条件下根系分布深度 0～20 cm，水平分布 0～80 cm。火龙果茎上长有气生根，露天栽培情况下，攀缘在支撑物上的主茎气生根生长较多，利于植株的固定。温室栽培的火龙果其分枝茎易诱发气生根。

与其他果树一样，火龙果根系在一生中有发生、发展、衰老、死亡、更新过程。热带地区火龙果根系没有自然休眠，适宜的条件下可周年生长。地下部和地上部分交替生长，成年结果火龙果的根系生长高峰出现在开花结果前和最后一批果实采收后。

（二）根系生长与土壤的关系

火龙果根系生长与土层深度、土壤温度、土壤水分、通气状况和土壤营养有密切关系。土层深厚、温度适宜、水分适中、通气状况好、营养充足有利根系生长。水分和肥料过量容易引起根系腐烂。土壤温度低于 10 ℃或高于 40 ℃，根系停止生长。火龙果根系对土壤 pH 适应性较广，种植在 pH 仅为 4.2 的砖红壤中，根系生长正常，地上部结果良好。

二、芽、茎和刺生长特性

（一）芽

火龙果的芽可分为茎芽和花芽，茎芽和花芽从刺丛旁边萌发，芽萌发后刺丛脱落。茎芽呈棱形，其上有茸毛和刺，生长后可成为营养茎和结果茎，成年结果植株开花结果期间茎芽萌发少，果实采收期结束后一段时间相对集中萌发茎芽。花芽呈圆球形，初生时现紫红色。花芽萌发前，无法人为判断其着生茎及所在茎的具体位置。茎芽的潜伏寿命相当长，长期不萌发的芽只要处于剪口芽位置，当季就可萌发，所以火龙果植株容易更新换代。

（二）茎

火龙果茎三棱形，一面较平，一面微凹，另一面凹。多数品种茎较直，少数品种茎弯曲延伸。茎绿色，不同品种颜色深浅有差异，有些品种茎上显灰色斑痕。茎三面边缘波状，刺着生凹口一侧，茎是火龙果光合作用的器官。

从结果状况看，火龙果的茎分为营养茎和结果茎。由于火龙果依靠绿色茎进行光合作用，广义上讲，结果茎也称营养茎，不同结果批次中，结果茎和营养茎角色可能进行转换，也可能继续担任上批次结果期的角色。当年生茎可结果，维持结果 2～3 年，其后很少结果或不再结果。茎处于下垂状态容易形成花芽，处于直立状态的茎不易形成花芽。

（三）刺

刺是火龙果的变态叶，<u>丛生</u>，每<u>丛</u> 3～5 枚，多数 3 枚。刺长 0.5～0.8 cm，刺丛间距 2.4～5.0 cm。火龙果刺有自我保护功能。

三、开花与结果习性

（一）开花

火龙果花大型，长 30.0 cm 左右，单生，无梗，两性，漏斗状，于夜间开放，白色具红晕。花托与子房合生，上部延伸成长的花托筒，外面覆以多数叶状鳞片，无刺无毛。花被片螺旋状着生于花托筒上部，外轮花被片细长，淡绿带紫色，萼片状，常反曲，一般 28～50 枚，内轮花被片较宽，花瓣状，黄白色，展开，通常 20～30 枚。花柱圆形，长 18.5～25.2 cm，<u>直径 0.40～64 cm</u>。柱头 21～30 枚，线形，展开，长 1.75～2.06 cm。雄蕊 876～1 230 枚，花丝黄白色，长 6.7～11.0 cm，着生于花托筒内面。子房下位，一室，侧膜胎座。花药黄色，长 0.49～0.87 cm。红皮白肉品种和少数红皮红肉品种柱头与雄蕊等高，可自然授粉，多数红皮红肉品种柱头高出雄蕊，需要人工授粉。

积温是衡量作物生长发育过程热量条件的一种标尺，也是表征地区热量条件的一种标尺。火龙果起源于中美洲，对热量要求高，年积温低则结果批次少，产量低。光对花的形成影响很大。在植物完成光周期诱导的基础上，花开始分化后，自然光照时间越长，光强度越大，形成的有机物越多，对花形成越有利。

作者从 2004—2008 年对白玉龙火龙果的结果物候期进行了观察，2003 年 3 月种植的果苗，2004 年第一批果实的成熟期是 8 月 4 日，结果 8 批次。2005 年结果 14 批，2006 年结果 16 批，2007 年结果 12 批，2008 年结果 9 批，2005 年至 2008 年连续 4 年结果批次不同，显然与气象因子有关。2004—2008 年连续 5 年的年平均温度均超过 23 ℃，但相互之间的差异没有超过 1 ℃；2006 年活动积温 8 571.0 ℃，5 年中居第一位，1 月平均气温 16.2 ℃，5 年中居第二位，年降水量 1 146.6 mm；2005 年活动积温 8 449.8 ℃，5 年中居第三位，1 月平均气温 16.2 ℃，5 年中居第一位，年降水量 1 382.6 mm，5 年中居第三位。综合分析可知，年活动积温高，1 月平均温度高，年降水量少的条件下，火龙果结果批次多。年日照和年平均相对湿度的高低对火龙果的结果批次多少的影响显得不突出，在年积温充足，降水量相对少的条件下，年平均相对湿度在 84％左右，年日照时数超过 1 600 h，就能较好满足火龙果开花结果的需要。

（二）坐果与落花落果

火龙果的坐果率较高，生理落花落果分为落蕾和落花两个时期。①落蕾期，其特征是花蕾在茎上黄化、凋萎、变褐，最终脱落，落蕾数量高于落花的数量。②落花期，落花出现在授粉后 10 d 左右，其特征是花冠凋萎，子房萎蔫，变黄脱落。单枝一朵花可能脱落，单枝 2～3 朵花不一定脱落。落花落果与多种因素有关，花量多、花期降雨、营养不良，坐果率低，花量适中或花量少、花期雨量少、营养正常，坐果率高。需人工授粉的品种未经授粉引起落果，即使坐果，因果实太小没有商品价值。开花期爆发炭疽病等严重病害，可引起大量落花落果。

四、果实发育与成熟

果实生长发育期气温高，果实生长迅速，成熟快。反之果实生长延缓，成熟较慢。2006 年 7 月 8 日谢花的白玉龙火龙果，7 月 30 日果实停止膨大，果实生长期仅 22 d。2006 年 9 月 18 日谢花的白玉龙火龙果，10 月 20 日果实停止膨大，果实生长期 32 d。果实着色期很短，果实上色后 3～6 d 可以全红。

有研究认为，红肉火龙果有两次重要生长高峰，第一次出现在授粉 8 d，第二次出现在授粉后 24 d，6 月中旬授粉的果实在 16 d 还有一次较小的生长高峰。果实在着色采收时仍保持较大的生长量。

第四节　对环境条件的要求

一、土壤

火龙果是一种生命力非常旺盛的植物，对土壤的适应性极其广泛，能够在山地、旱地、半旱地、石山地、荒地，在黄壤、红壤、紫色土、冲积土及壤土、沙壤土、黏质土上均能生长。但在排水良好土层肥沃的壤土和沙壤土上生长快、产量高、品质好。虽然火龙果对 pH 适应性很广，但最适宜 pH 6.0～7.5，因此，对于长期施用化肥的土壤，要用草木灰、石灰、河蚌壳粉等进行土壤微碱化处理，并增加有机肥的施用量，防止土壤酸化和沙化。

二、温度

温度是决定火龙果分布的关键因素。火龙果原产地为热带地区，是一种典型的热带和南亚热带水果。它的最适生长温区在 25～35 ℃，温度低于 10 ℃ 和高于 38 ℃ 将停止生长，火龙果经济栽培区域要求年均温 20 ℃ 以上，最低温不低于 4 ℃，且持续时间不超过 6 h。5 ℃ 以下低温即可出现冻害，幼芽、嫩枝会被冻死，甚至部分成熟枝条也会受到伤害。

三、水分

火龙果是一种耐旱植物，但是其经济栽培需要较充沛的水分，因为土壤中的水分主要影响植物根系的发育，而根系发育得是否健壮则直接影响到植株是否能够快速生长。如果火龙果种植地缺乏水分，就会造成火龙果生长停滞，甚至造成肉质茎慢慢枯萎。每年的 5～11 月，正值火龙果开花结果期，此时的火龙果植株所需水分较多，特别在果实膨大期所需水分最多，土壤中的持水量宜保持在 60%～70%。同样，如果土壤中的水分过多，尤其是缺乏氧气，火龙果的根就容易腐烂，淹水时间超过半天植株就会受到伤害。水分过多会诱发严重的病害。

四、光照

火龙果是典型的喜光植物，最适光照度在 8 000 lx 以上，阳光充足，火龙果的光合作用增强，肉质茎色泽浓绿，病害少，产量高，品质好；反之，则生长不良，病虫害严重，产量低，品质差。因此，火龙果应种在开阔地带，坡地以阳面为佳。火龙果对阴生环境也有很强的适应性，但光照度低于 2 500 lx 对营养积累有明显影响，在这样的环境下不适宜火龙果的经济栽培。对于比较老熟的枝条，集中高强度日光较长时间直射，积累的热量得不到散失，会导致部分火龙果枝条产生日灼。

五、风

微风有利于火龙果生长发育。一般情况下，火龙果采用搭架栽培，依靠气生根将茎紧紧地固定在支撑物上，很少受到风的伤害。台风伴随着暴雨，有可能吹倒支撑物，伤害火龙果植株，同时暴雨带来酸雨和溃疡病等病菌，使火龙果受到致命的伤害，应引起高度重视。

第五节　建园和栽植

一、建园

（一）园地选择

规模化建园应尽可能选择适宜生态区，相对集中连片。建园前必须做好包括地形、地貌、土壤、气象、园艺资源、社会经济因素和市场前景等资料的收集工作。在此基础上，邀请有关专业人员对建园地环境适应性、规划可行性、技术措施科学性、产生效益的可靠性进行充分论证。

宜选择年平均气温在 21~25 ℃，最冷月平均气温 13~14 ℃以上，水源充足，交通方便，周边无污染源的地区建园；园地土壤 pH 在 5.0~7.0，且透气性良好，地下水位在地面 1 m 以下；园地坡度宜小于 15°。园地环境质量应符合 NY 5023 的规定。

(二)园地规划

园地规划应遵循下列原则：①合理利用土地，寸土必争。②对土地的利用进行合理布局，利用机械作业，节省劳动力。③充分利用现有条件，尽量节省投资，并充分考虑发展需要。大型果园要考虑功能区的划分、功能定位和防护林的建设。道路、作业区、排灌系统建设按 NY/T 5256 规定执行。6°~15°的坡地应采取等高线种植。水田应起垄种植，做到渠道畅通、排水快速。

二、栽植

(一)品种选配

选择适应当地气候、土壤条件，优质、高产、抗逆性较强，适合市场需求的主栽品种，对需要人工授粉的主栽品种，须选择花粉量多、花粉萌发率高、商品性好的授粉品种，授粉品种与主栽品种的比例为 1∶10。

白肉火龙果是红肉火龙果的优良授粉品种，但红肉火龙果比白肉火龙果早开两批花，最后一批果实开花比白肉火龙果迟。湛红 3 号开花期早，最后一批开花期迟于其他品种，是良好的授粉品种，但湛红 3 号连续开花能力弱。所以，选择授粉品种时，必须注意授粉品种的合理搭配，保障授粉时有足够的花粉。另外，根据观察和试验证明，需要人工授粉的红肉火龙果并不是自花不孕，而是雌蕊高于雄蕊造成的不能自然授粉，用本品种自身花粉通过人工授粉可正常结果形成种子，果实略小于异花授粉。如果授粉品种花粉不足，可以采用自身花粉人工授粉。

(二)栽植

火龙果一年中 3~11 月均可种植，3~4 月为最适种植期。苗木要求品种纯正，插条新芽萌发，根系发达，无病虫害。每条水泥柱支撑 3~4 株火龙果苗，每 667 m² 333~444 株。定植深度为 4~5 cm，以火龙果茎较平的一面贴近水泥柱。定植后浇透定根水。种植后保持土壤湿润，防止水分过多引发病害和烂根。

(三)立柱与施基肥

各地栽培火龙果采用的架式有棚架、篱架、单柱等，支撑物的材质包括竹、木、水泥柱，架的高度也各异。经过多年的实践，火龙果种植宜采用单柱式水泥柱。水泥柱长×宽为 0.1 m×0.1 m，地面高度 1.2~1.4 m，地下长度 0.4~0.5 m，确保稳固；水泥柱顶部宜嵌入直径 45 cm 的圆形混凝土预制圈，混凝土预制圈厚 4 cm，中间孔口嵌入水泥柱，火龙果主茎从四面孔口攀上顶部，固定在预制圈上。整地后，按水泥柱行间距 3.0 m，间距 2.0 m 立柱。上述水泥柱架式有利火龙果茎紧密攀附，修剪、喷药、采收等管理方面，能强有力抵御台风的袭击。

火龙果茎肉质，容易受到外力伤害，为了促使火龙果茎生长健壮，施用有机肥具有特殊的作用。距水泥柱四周 30 cm 外挖深 25 cm、宽 40 cm 的围沟，施入腐熟有机肥。推荐用量为每 667 m² 施入花生麸 50 kg、过磷酸钙 75 kg、鸡粪 1 000 kg 或花生麸 50 kg、过磷酸钙 75 kg、猪牛栏肥 2 000 kg。有机肥种类多，各地土壤肥力水平也不同，施肥量可根据土壤分析结果等酌情施用。

第六节　土肥水管理

一、土壤管理

(一)扩穴

定植穴是局部改良果园土壤的第一步。定植后应结合施基肥，逐年向定植穴外扩穴改土。根据火龙果根系分布浅的特点，即在树冠两侧挖深 30～40 cm、宽 40～50 cm 的半圆形或长方形沟，分层埋入绿肥、堆肥，翌年在树冠另两侧如上法扩穴改土。3～4 年内要完成全园的扩穴改土工作。扩穴改土每穴需堆肥 20 kg、稻草 4～6 kg、饼肥 1.5 kg、钙镁磷肥 1.5 kg、石灰 0.5 kg。一层土一层肥，以促进土壤熟化。扩穴改土后，由于土壤有效养分和团粒结构都得到改善，穴内新根密布、树势生长良好。

（二）培土

火龙果对空气需求量大，由于耕作和雨水淋溶，使其根系容易外露。一旦发现根系外露，要及时取畦沟里面的土或客土将根系覆盖，以免损伤根系。

（三）翻耕

选择清耕方式的果园，每年果实采收完毕，即可进行翻耕。深翻熟化土壤，深翻可改良土壤的理化性状，促进土壤团粒结构的形成，尤其对改良土壤深层理化性状效果更显著。经过深翻后，能增强土壤的透水性和保水能力。深翻后土壤中的水分和空气条件得到改善，土壤中的微生物数量增加，从而提高了土壤熟化程度，使难溶性营养物质转化为可溶性养分，相应地提高了土壤肥力。如果深翻结合施肥，土壤中的有机质、氮、磷、钾含量都会有明显的提高。所以，深翻只有结合水、肥管理，才能充分发挥改良土壤的作用。火龙果深翻深度以 40～50 cm 为宜。黏性土壤深翻深度应较深，沙质土壤可适当浅。果园下层为半风化的岩石、沙砾时深翻深度应加深。下层有黄淤土、白干土或胶泥板时，深翻深度则以打破这层土为宜，以利渗水。常见的深翻方法如上述扩穴外，还有隔行或隔株深翻、全园深翻，深翻应结合清园。

（四）间作

果园间作不应以直接的经济收入为目的。通过间作覆盖果园，减少冲刷。在火龙果种植的第 1～2 年，种植绿肥可增加土壤有机质，提高土壤肥力。间种首先要注意选好合适的作物。通常要求这些作物能够提高土壤肥力，产量高，耗肥少，没有与火龙果共有的病虫害；植株矮小，无攀缘性；根系浅，不与火龙果争夺水肥。下面介绍几种绿肥作物。

1. 肥田萝卜　直立，耐瘠、耐酸、耐旱性均强，有松土作用。适于山地栽种。9 月中下旬播种，点播，株行距 20 cm×26 cm，每 667 m² 播种 0.5～0.75 kg，翌年盛花期翻压，产鲜茎叶约 2 500 kg。

2. 乌绿豆　直立性，株高 70～100 cm，茎叶茂盛，覆盖期长，3 月下旬播种，点播，株行距 20 cm×70 cm，每 667 m² 播种 2～3 kg，可割青 1～2 次，产茎叶量可达 1 000～2 000 kg。

3. 花生　又称落花生。抗旱能力较强，最适宜于沙质土壤。植株矮小，横伏地面生长，保土保水性能好，是沙性果园的较好绿肥。但由于播种量大，成本高，一般宜采后埋青。

二、施肥管理

（一）施肥的意义

养分是火龙果生长的物质基础，养分管理是通过合理施肥来改善与调节火龙果营养状况的管理工作。通过施肥，不但可以供给火龙果生长所必需的养分，而且还可以改良土壤理化性质，特别是施用有机肥料，可以提高土壤温度，改善土壤结构，使土壤 疏松并提高透水、通气和保水能力，同时还为土壤微生物的繁殖与活动创造有利条件，进而促进肥料分解。

肥力不同的果园，火龙果的产量和品质存在显著差异。2007—2009 年，对白玉龙火龙果适产园和低产园的产量、品质与土壤肥力关系进行了分析对比，结果表明，适产园每 667 m² 产量 2 520 kg，可溶性固形物 11.5%，有机酸 0.46%，每 100 g 果肉含维生素 C 5.6 mg，总糖 9.13%；低产园每 667 m² 产量 1 870 kg，可溶性固形物 10.4%，有机酸 0.40%，每 100 g 果肉含维生素 C 5.1 mg，总糖 7.64%。适产园有机质含量 25.4 g/kg，pH4.5，全氮 1.45%，全磷 1.80%，全钾 4.70%；低产园有机质含量 19.6 g/kg，pH 4.4，全氮 1.40%，全磷 1.53%，全钾 3.30%。适产园产量、品质指标极显著高于低产园，适产园有机质、氮、磷、钾均显著高于低产园，肥力与产量、品质间存在正相关关系。

（二）基肥

火龙果是多年生作物，基肥包括种植前施用的肥料和果实采收结束后施用的肥料。基肥的施用有利土壤的改良，保障植株有良好的根际环境，以及满足新茎生长对营养的需求。基肥的种类主要包括动物粪便、饼肥、植物秸秆、无机磷肥、无机钾肥、石灰等，以有机肥为主。施肥量与追肥量有密切关系，应根据土壤已有肥力和火龙果生长发育的需求来确定。本章第五节火龙果种植前推荐施用的基肥种类和施肥量是湛江地区 pH 4.2 的砖红壤所用的经验数据，各地应视具体情况予以修正。

火龙果基肥施用的方法同其他果树施肥方法基本相同，包括：

（1）环状沟施肥。在树冠外围挖一条宽 20～30 cm、深 15～30 cm 的环形沟，然后将表土与基肥混合施入。

（2）条状沟施肥。在果园行间或株间，靠近树冠滴水线挖 1～2 条宽 40 cm、深 30～40 cm 的长条形沟，然后施肥覆土。

（3）穴施。在树冠滴水线以下，均匀挖 3～4 个深 30 cm、宽 30 cm、长 40 cm 的坑，将肥施入。

（三）追肥

未结果的幼年树追肥应做到勤施薄施，未结果的幼树以水肥为主，果苗成活后，每隔 15 d 追肥一次，推荐每柱穴施 4％～5％腐熟鸡粪水肥或 3％腐熟花生麸水肥 0.75 kg；施两次有机肥后，间施一次化肥，每柱施 1％尿素水肥 0.75 kg。

进入结果期后，宜每次采果前追肥一次。推荐每柱穴施 10％腐熟鸡粪水肥或 8％腐熟花生麸水肥 1 kg；施一次有机肥后，间施一次化肥，每柱施复合肥 100 g、尿素 50 g。

追肥量最好根据火龙果正常生长发育的营养临界值决定。也可以根据果实产量和修剪出园的枝条重量带走的营养元素作为施肥量的参考。表 28-1 是 1 000 kg 果实和 1 000 kg 茎所带走的主要矿质元素含量，可供生产者参考。

表 28-1　1 000 kg 离体果实（茎）带走的主要矿质元素含量

器官	氮（kg）	磷（kg）	钾（kg）	钙（kg）	镁（kg）	硫（kg）	锌（g）	硼（g）	铁（g）
果实	2.04	0.42	4.25	0.65	0.53	0.27	5.34	1.76	12.01
茎	1.47	1.01	1.83	3.98	0.96	0.37	5.25	1.62	10.12

追肥方法包括：

（1）土壤打眼施肥。在树冠滴水线钻眼 3～4 个，直径 10 cm，深 20 cm，将稀释好的肥料灌入洞眼内，让肥水慢慢渗透。

（2）水肥一体化。滴灌时，将肥料溶解于水中，伴随浇水将肥料施入。不少生产者在下雨前将无机肥料均匀撒施在树冠下，如果施肥时天不下雨，施肥后辅以浇水。这种方法节省人工，但肥料浪费大，不宜采用。

三、水分管理

（一）灌水

火龙果是肉质根和肉质茎，根系分布浅，没有叶片蒸腾，抗旱性相对较强。水分不足的情况下，不会引起火龙果死亡，但会影响植株的健康生长发育和开花结果。因此，火龙果的灌溉必须做到土壤湿润，保障火龙果正常生长，不引起烂根和引发病害为标准。

节水灌溉的方法很多，根据火龙果生长特性，宜采用：

（1）滴灌。该方法具有节水、节能、水肥同步、操作方便、适应性强等优点。

（2）小管出流灌溉技术。利用管网把压力水输送分配到田间，用塑料小管与末级输配水管道连接，使灌溉水流入环绕每株果树的环沟或树行格沟，浸润沿沟土壤，适时适量提供火龙果所需的水分。它主要有以下优点：不易堵塞，水质净化处理简单，施肥方便节水效果显著，适应性强，对各种地形均适用。

（3）浇灌。在树冠滴水线四周挖穴或环状沟，用水管人工浇水后覆土，不要将水浇到植株上。该法是在不具备管网条件下采用。

（二）排水

排水不良，火龙果根系的呼吸作用受到抑制，土壤通气不良妨碍微生物，特别是好气细菌的活动，从而降低土壤肥力。如土壤排水不良，黏土中施用的硫酸铵等化肥或未腐熟的有机肥进行无氧分解，使土中产生一氧化碳或甲烷、硫化氢等有害物质。

多雨季节或一次降雨过大造成果园积水，应挖明沟排水。在河滩地或低洼地建果园，雨季时地下水位高于果树根系分布层，则必须设法排水。土壤黏重、渗水性差或在根系分布区下有不透水层时，由于黏土土壤孔隙小，透水性差，易积涝成害，必须搞好排水设施。盐碱地果园下层土壤含盐高，会随水的上升而到达表层，造成土壤次生盐渍化。因此，必须利用灌水淋洗，使含盐水向下层渗漏，汇集排出园外。

果园应建好排水系统。一般管理果园做到畦沟连围沟，围沟连园外排水沟，沟沟畅通，保障园中无积水。有条件的果园可建明沟排水与暗沟排水两种系统。明沟排水是在地面挖成的沟渠，广泛地应用于地面和地下排水。地面浅排水沟通常用来排除地面的灌溉贮水和雨水。暗管排水多用于汇集地排出地下水。在特殊情况下，也可用暗管排泄雨水或过多的地面灌溉贮水。

第七节　花果管理

一、人工授粉

1. 花粉采集　头戴矿工灯，开花当日晚上采集授粉品种含苞待放花朵或初开花朵的雄蕊置于玻璃器皿内，花粉黄色。对需要授粉的主栽品种，如果没有授粉品种，则可采集主栽品种自身花粉。

2. 授粉　21:00 左右开花后至次日 10:00 前用毛笔或鸡毛扎成的刷子蘸上花粉，将其涂抹到主栽品种花朵的柱头上，因火龙果花朵柱头多，柱头裂片长，授粉的毛笔要深入柱头内部进行授粉，保证授粉充分。

二、保花保果

火龙果在正常条件下的坐果率比较高，没有必要利用植物生长调节剂进行保花保果。火龙果保花保果应主要落实在栽培技术措施上。

1. 加强肥水管理　肥水管理措施主要包括：

（1）合理施肥。以有机肥为主，化肥为辅；重施基肥肥，适量追肥；注重氮、磷、钾肥的配合施用并重视使用微肥，不施果树敏感的肥料。

（2）科学管水。开花和坐果期是果树需水量较多的时期，如果土壤缺水，应及时灌溉，可结合施肥一并进行。灌水时间应选择傍晚或早上，不要在中午高温烈日下进行。如果雨水多则应及时排水。

2. 加强病虫防治　病虫防治应掌握两个原则：

（1）抓住防治时期。根据病虫害发生发展规律，抓住防治关键时期及时用药防治，减少病虫危害。

（2）合理使用农药。①选择低毒高效的无公害农药；②按农药使用说明配制浓度，浓度不能过大；③注重防治方法，喷药不宜在雨天或高温进行，不施果树敏感的农药。

3. 疏花疏果　保花保果的技术措施之一。火龙果是单花，据多年观察，花蕾初期看不出花的异质性，如发现有萎蔫黄化倾向的花蕾，应立即疏除。开花后疏除发育不良的畸形果、病果；为了保证果实足够大，结果比较多的批次每茎选留 1 个果；结果比较少的批次，每茎选留 2 个果，以保障有足够的产量。

三、果实套袋

坐果后，宜用厚 0.02～0.04 mm、无色透明的聚乙烯塑料袋将果实套住。套袋前对果园喷施一次防治病虫害的药剂。

第八节　整形修剪

整形是根据火龙果内在生长发育的规律和外界条件，运用修剪技术，培养具有丰产、稳产、优质的树体结构和群体结构。修剪是运用技术手段，控制枝条的长势、方位、数量、形成一定的形状，具有调节营养生长和生殖生长，协调地上部分和地下部分生长，实现树体更新，减少病虫害等功能。通过修剪实现整形，通过整形规范修剪，两者密不可分。

一、与整形修剪有关的术语

与火龙果整形修剪有关的术语主要有：
（1）主茎。从火龙果植株地面处至水泥柱顶部的茎段。
（2）分枝茎。主茎顶部分生的茎。
（3）截顶。当火龙果主茎长到水泥柱顶部时，将茎顶部剪除，使其分枝。
（4）除萌。将火龙果主茎上萌生的芽除掉。
（5）抹芽。除去初生的嫩芽。
（6）疏枝。从基部剪除一年生或多年生茎。
（7）绑缚。用包装绳将茎绑缚在支撑架上。

二、树形或架式结构特点

火龙果的树形随架式而定。火龙果的架式有多种，下面分述常用的四种。

1. 棚架　棚架多用钢管、水泥柱、毛竹、圆木作架材，毛竹、圆木寿命有限，不宜使用。棚架地面高度 1.8 m 以上，钢管 DN80 mm，水泥柱长×宽为 12 cm×12 cm。支柱顶部用 8# 铁丝制成网状，或用钢管、混凝土预制件作横梁，再用铁丝制网。棚架下面可自由走动，适宜休闲果园和房前屋后采用。过低和过高棚架管理均不方便。

2. 篱架　采用 10 cm×10 cm 水泥柱作支柱，地面高度 1.4 m，株距间用 3 层 8# 铁丝相连，常年风向为行距方向。篱架引起分枝茎交错，给修剪、采果带来困难。

3. 单柱　采用 10 cm×10 cm 水泥柱，柱与柱之间独立，地面高度 1.2～1.4 m，喷药、修剪、采果方便，但柱顶枝茎密集，不利通风透光，绑缚不当，植株容易从支撑柱上下滑。

4. 冠状单柱　即在单柱顶部套上直径 45 cm 水泥预制圈，混凝土预制圈厚 4 cm，中间孔口嵌入水泥柱，火龙果主茎从四面孔口攀上顶部，固定在预制圈上。这种架势管理方便，通风透光良好，植株与柱结合牢固，值得推广，但一次性投入较高。

三、不同年龄期树的修剪

火龙果修剪是劳动密集型技术工作，必须全年开展修剪工作。
1. 幼年植株修剪　植株从地面沿水泥柱攀缘生长到水泥柱顶部这一段，只保留一个主茎，并用包装带捆缚，助其固定到水泥柱上。当植株超过水泥柱高时截顶，使其萌生3~4个分枝。

2. 结果植株修剪 最后一批果实采收后，剪除衰老茎、细弱茎、病虫茎、触地茎，促发新茎。3~4月，疏除部分新茎，特别要疏除成熟茎中上部萌生的新茎，使茎抽生处聚集在水泥柱周围，利于更新修剪，使茎分布均匀合理，通过修剪宜每柱保留55~60枝末级茎。抹除开花结果期间萌发的新芽，以利保花保果，防治溃疡病的浸染。及时治疗或剪除腐烂茎。

第九节 病虫害防治

一、主要病害及其防治

危害火龙果的病害较多，下面介绍几种危害严重的病害。

（一）火龙果溃疡病

1. 为害症状 该病为害茎、花、果实，嫩芽最易感病。发病初期茎上出现近圆形凹陷褪绿病斑，后逐渐变成橘黄色，继而分别形成典型的褐色和黑色溃疡病病斑，病斑突起，扩大后相互粘连成片，部分病斑边缘形成水渍状，湿度大时病斑扩大，果实和茎秆迅速腐烂，空气干燥时腐烂病茎干枯发白，在果实上形成黑色溃疡病斑，开裂。发病后期在溃疡斑上形成针头大小黑点。

2. 病原 火龙果溃疡病病原菌为新暗色柱节孢［*Neoscytalidium dimidiatum*（Pentz.）Crous & Slippers］。

3. 发生规律 高温、高湿环境条件利于病原菌菌丝生长、形成无性孢子和孢子萌发，特别是台风过后更容易出现病害大面积暴发和流行。

4. 防治方法

（1）农业防治。增施有机肥，使茎生长健壮，提高对病原菌的抵抗力。及时清理病茎、病果等残留物，防止病菌的传播。加强修剪，注重开花结果期修剪，抹除开花结果期萌发的嫩芽，减少病害的寄主。剪除老茎、病茎、细弱茎，使其通风透光。注意果园开沟排水，降低果园湿度。

（2）化学防治。目前没有特效农药治愈火龙果溃疡病。对历年发病的果园，果实采收结束后，使用石硫合剂、甲基硫菌灵等全园喷施2~3次，在下雨、台风过后要抓紧用药，注意轮流使用不同的药物品种，提高用药效果。

（二）火龙果茎腐病

1. 为害症状 感染火龙果的病原真菌有多种，其中以镰胞菌感染茎部，造成茎部腐烂的现象颇为常见。发病初期在三角柱状枝条一面出现黄色不规则形病斑，病斑微凸，边界不明显，病斑逐渐向周边扩展并出现湿腐症状。湿腐病斑中央褐色，边缘黄色，病健交界处形成一条黄褐色扩展带，向三角柱边缘扩展速度快于向中心木质部扩展，故病斑多呈半月形。部分病斑受外界条件及杀菌剂影响，扩展速度出现快慢交替现象，呈现特殊轮纹状。发病严重时，枝条病部多肉组织全部腐烂，仅存中心木质化组织。该病还可为害火龙果花及果实，花苞受害初期出现略突起的红褐色斑点，湿度较大时在开花前即出现湿腐症状，导致落花；果实受害造成果腐。

2. 病原 此病害由屏东科技大学发现，由3种镰刀菌感染，分别为*Fusarium semitectum*、*F. oxysporum*、*F. moniliforme*所引起。主要为害火龙果茎干（枝条）。

3. 发生规律 当遇到不良天气时病菌的菌丝体可以产生球形厚壁的厚膜孢子，长期生活在土壤中。病菌的分生孢子借风和雨水飞溅传播。该病害发病期4~11月，温暖湿润条件有利于病害发生与传播；冬季不发生新病斑，原有病斑不扩展。

4. 防治方法

（1）果园通风透光。保持良好通风，使病菌孢子无法利用茎表皮残留的水分发芽，茎部修剪后用广谱性杀菌剂喷施保护切口，防止感染。若有交叉，应适当调整茎干方位，避免交叉磨伤。

（2）化学防治。目前没有特效农药可以治愈茎腐病，可用竹刀将腐烂的茎肉刮除后用 70％ 的瑞托配成 1 000 倍的浓药液涂抹伤口；全园用百泰 1 000 倍液喷洒；用苯醚甲烷唑 2 000 倍液喷雾。

（三）火龙果炭疽病

1. 为害症状 肉质茎、花、幼果容易被感染形成炭疽病。受害部位产生坏死病斑，开始较小，后迅速扩展，浅褐色至暗褐色，形状大多不规则，有时能使叶片大部或全部枯死。病斑上有时出现不明显轮纹，黑色子实体顺轮纹形成，高湿度下出现淡红色至橘红色分生孢子堆。

2. 病原 病原为盘圆孢属（*Gloeosporium* sp.）真菌。

3. 发生规律 炭疽病以菌丝体和分生孢子盘在病部或随病残体遗落土中越冬。翌年 4～6 月产生大量分生孢子借风雨传播，进行初侵染和多次再侵染，不断扩大蔓延，一直延续到收获。气温 25～30 ℃，相对湿度 80％ 易发病。天气温暖多湿或雾大露重有利发病，偏施过施氮或植地郁蔽、通风透光不良会使病害加重。

4. 防治方法

（1）平衡施肥。按 N∶P∶K＝1∶0.7∶1.3 的比例来施肥，增加锌、硼、铁、锰、钼、铜等微量元素，适当增施硫、硅、镁、钙等中量元素。增强火龙果植株的抗性。

（2）化学防治。为提高防治效果，建议采用治疗剂和保护剂搭配喷雾。每个疗程速喷 3 次。每隔 7 d 喷一次。药剂组合有百泰，翠贝＋百菌清，晴菌唑＋福美双，三环唑＋代森锌。

（3）农业防治。清理修剪病残株，集中晒干烧毁。

（四）火龙果疮痂病

1. 为害症状 病茎表面出现不规则的砖红色坏死斑或铁锈坏死斑，略突起。病斑初期直径大小为 0.2 cm，后期病斑成片生长形成长 2～15 cm、宽 2～5 cm 的大型病斑，表面光滑，严重时直接伤害到肉质茎，危及整株植株的生长。该病多发生在植株中部较老节的两棱中间，后期可见到过度生长的木栓化病斑，幼嫩茎节不发病，植株发病率在 50％ 以上。

2. 病原 经初步鉴定为细菌引起。

3. 发生规律 病菌在病部组织内越冬，发育最适温度为 16～23 ℃，当春季阴雨潮湿天气气温在 15 ℃ 以上时，产生分生孢子，通过风、雨、昆虫传播本病。春季空气湿度是决定发病严重与否的主要因素。

4. 防治方法

（1）农业防治。加强果园管理，多施钾肥，使抽出的新梢整齐而健壮，搞好清园和修剪，以提高树体抗病能力。

（2）化学防治。在春季和初夏，雨水多和气温不很高，早上雾浓露水重时发病严重，要喷药剂保护嫩叶幼果。防治溃疡病和炭疽病的药剂均可选用。

（五）火龙果黑斑病

1. 为害症状 茎表常先褪色变淡、灰绿色，后茎表面密生黑色细小斑点，自上表皮长出分生孢子梗及分生孢子，分生孢子多胞，常一端略粗钝圆状，另一端较细，在多胞中央的细胞常有分隔，营养不良茎组织常因茎内层组织瘦弱不饱满，导致表面易被害，或由红龙果茎脊产病症，病斑后期呈现黑色，故称黑斑病。

2. 病源 黑斑病系由链格胞菌（*Alternaria* sp.）引起，病菌以分生孢子随风散落火龙果实表皮。

3. 发生规律 以菌丝在病枝上越冬，翌年早春，形成分生孢子盘，产生分生孢子传播危害。分生孢子也是初浸染来源之一。分生孢子借风雨、飞溅水滴传播危害，因而多雨、多雾、多露时易于发病。

4. 防治方法

（1）农业防治。加强果园管理，平时应加强栽培管理，勿施过多氮肥，增施磷钾肥，注意通风透光。

（2）化学防治。在发病期前，每5～7 d喷1次65％代森锰锌可湿性粉剂800倍液，连喷3～4次，可有效防止病害蔓延。发病初期，可喷50％多菌灵500倍或70％甲基硫菌灵800倍液或75％百菌清600～800倍液防治，5～7 d喷一次，连喷3～4次，防治效果明显。

（六）火龙果茎枯病

1. 为害症状 植株棱茎边上形成灰白色的不规则病斑，上生许多小黑点，病斑凹陷，并逐渐干枯，最终形成缺口或孔洞，多发生于中下部茎节。

2. 病原 目前有3种病原菌可引起上述症状，色二孢（*Diplodia* sp.）、壳二孢（*Ascochyta* sp.）、茎点霉（*Phoma* sp.）。

3. 发病规律 主要为害火龙果肉质茎，病菌随病茎在地表越冬，翌年3～4月温度达到20 ℃时，湿度80％以上，病菌开始浸染。温度高，湿度大，通风透光不良，营养缺乏容易诱发此病。

4. 防治方法

（1）保护无病区。严格控制无病区向有病区调种、引种，选育无病种苗。

（2）农业防治。加强肥水管理，侧重避免漫灌和长期喷灌，漫灌造成根系长期缺氧状态而死亡，喷灌造成果园湿度增大，有利于病害的发生，最好采用滴灌技术，起垄栽培，施用腐熟有机肥增施钾肥，提高植株抗病性。

（3）化学防治。可采用波尔多液、施宝克、施宝功、克菌净、甲基硫菌灵、代森锰锌、多菌灵和石硫合剂等进行喷雾。15～20 d喷一次，共2～3次。繁殖的种苗可用50 mg/L的多菌灵可湿性粉剂药液浸10 min，再进行定植；而繁殖的苗圃可喷波尔多液，10～15 d喷一次，共2次。

（七）火龙果病毒病

1. 为害症状 田间感病症状多出现在三棱茎表皮，常有褪色斑点，呈淡黄绿色，或嵌纹及绿岛型病症或环型病斑等，容易受其他菌类感染腐烂。

2. 病原 火龙果病毒病由仙人掌X病毒（*Cactus virus* X，CVX）引起。

3. 发生规律 火龙果病毒多借种苗及机具修剪过程传播。叶蝉、飞虱、蚜虫、金龟子、介壳虫等害虫也可传播此病害。

4. 防治方法

（1）清除带毒病株。除采用血清查除繁殖苗是否带有病毒外，利用病毒病表现症状将可疑的种苗除去，一旦植株发生病毒，避免共用刀具进行全园的修剪。

（2）及时防治害虫，消灭病毒病的传播媒介。

二、主要虫害及其防治

（一）小黄家蚁

全世界蚂蚁上万种，我国估计有600多种，但为害火龙果的主要是小黄家蚁（*Monomorium pharaonis*）。

1. 形态特征 小黄家蚁国内分布于辽宁、河北、北京至广东、海南等沿海各省区。体形小，3～4 mm。全身淡黄色至红色，腹部较膨大，黑色。种群中只有雄蚁、雌蚁和工蚁三个品级。小黄家蚁一般选择室内接近食物、水源的隐蔽缝隙筑巢。食性杂，种群巨大，可达数百万只，一个窝巢中雌蚁有上千只。

2. 发生规律 小黄家蚁在火龙果的根部周围和茎秆上构筑泥被和泥线，在泥被和泥线内隐蔽生活，也可以在火龙果园周围筑巢，白天进园为害。小黄家蚁主要群集蛀食火龙果嫩芽，被蚂蚁危害过的嫩芽腐烂，容易被误认为是茎腐病。也蛀食火龙果根、花、果实，使火龙果不能正常生长，对火龙果的产量和品质影响很大。

3. 防治方法

（1）毒饵。用麦麸 5 kg，放进锅内炒香，用 50％辛硫磷 500 倍液，喷洒在麦麸上，充分搅拌均匀，再用蜂糖 0.5 kg 兑水 1.5 kg 洒在上面，即成毒饵，把其撒在蚂蚁途经的地方，可起到灭蚁的作用。

（2）喷雾。用马拉硫磷 45％乳油 1 000 倍液喷雾，可达到理想的防治效果。

（3）在蚂蚁行走的路线上和蚂蚁身上喷撒灭白蚁粉剂，使细黄蚂蚁携带药粉后相互传播，从而达到使全巢蚂蚁死亡的目的。

（二）江西巴蜗牛

江西巴蜗牛（*Bradybaena kiangsinensis*）为巴蜗牛科巴蜗牛属的动物，俗名蜒蚰螺、天螺、水牛，是中国的特有物种。江西巴蜗牛分布于黑龙江、北京、河北、河南、湖南、湖北、四川、江西、广东、广西等地，生活环境为陆地，主要栖息于阴暗潮湿、多腐殖质的树林边、农田田埂、垄间杂草丛或乱石堆里以及住宅公园附近，在山区灌木丛草丛中也可见到。

1. 形态特征 贝壳较大，壳质厚，坚固，呈圆球锥形，壳高 28 mm，宽 30 mm，有 6～6.5 个螺层，顶部几个螺层增长缓慢，略膨胀，体螺层增长迅速，特别膨大，壳顶尖，缝合线深。壳面呈黄褐色或琥珀色，有光泽，并具有稠密而细致的生长线和皱褶，体螺层周缘有一条红褐色色带环绕。壳口呈椭圆形，口缘完整而锋利，略外折；轴缘在脐孔处外折，略遮盖脐孔；脐孔呈洞穴状。

2. 发生规律 一年发生 2 代，卵产于疏松潮湿的土壤及石缝落叶中。幼虫取食土中的腐殖质，成虫为害多种植物，白天躲在阴暗潮湿处，晚上及阴雨天外出为害作物，全年为害可达 200 d 之久，以房前屋后、阴坡潮湿、间作蔬菜等果园发生严重。蜗牛主要为害火龙果茎和果实，常引起果实凹陷状并腐烂，严重影响产量和质量。

3. 防治方法

（1）清洁种植区。及时铲除田间、圩埂、沟边杂草，开沟降湿，中耕翻土，每 667 m² 撒石灰 50 kg，以恶化蜗牛生长、繁殖的环境。

（2）消灭成蜗。春末夏初，尤其在 5～6 月蜗牛繁殖高峰期之前，及时消灭成蜗。①放养鸡鸭取食成蜗，注意需要在未用农药时进行。②人工拾蜗。田间作业时见蜗拾蜗，或以草、菜诱集后拾除，或人工专门拾蜗。这样可以起到事半功倍的灭蜗效果。

（3）化学防治。在蜗牛群体较大，且即将进入为害始盛期时，采用化学药剂防治蜗牛。用多聚甲醛 300 g，蔗糖 50 g，5％砷酸钙 300 g 和米糠 400 g（先在锅内炒香），拌和成黄豆大小的颗粒，撒入果园进行诱杀；每 667 m² 用 6％密达杀螺粒剂 0.5～0.6 kg 或 3％灭蜗灵颗粒剂 1.5～3 kg，拌干细土 10～15 kg 均匀撒施于田间。蜗牛喜欢栖息的沟边、湿地适当重施，以最大限度减轻蜗牛危害。

（三）尺蠖类

尺蠖类害虫是指鳞翅目（Lepidoptera）尺蛾科（Geometridae）所有大型蛾类的幼虫，遍布世界。

1. 形态特征 尺蠖类害虫主要有毒尺蠖、绿额翠蠖。主要为害火龙果新梢。成虫体长约 11 mm，翅展约 25 mm。体翅灰白，翅面散生茶褐至黑褐色鳞粉，前翅内横线、中横线、外横线及亚外缘线处共有 4 条黑褐色波状纹，外缘有 7 个小黑点。后翅线纹与前翅隐约相连。外缘有 5 个小黑点。卵椭圆形，鲜绿至灰褐色，常数十至百余粒堆成卵块，并覆有灰白色丝絮。成熟幼虫体长 26～30 mm，黄褐、灰褐至褐色，第二至四腹节背面有隐约的菱形花纹，第八腹节背面有一明显的倒"八"字形黑纹。蛹长约 12 mm，红褐色第五腹节两侧有一眼形斑。

2. 发生规律 每年发生 1 代，以蛹在土中 8～10 cm 深处越冬。翌年 2 月下旬至 3 月上旬羽化。雌蛾出土后，当晚爬至树上交尾，卵块上覆盖有雌蛾尾端绒毛。3 月中下旬幼虫孵化为害，为害盛期在 4 月。4 月下旬至 5 月上旬幼虫先后老熟，入土化蛹越夏越冬。

3. 防治方法

（1）捕杀成虫。每天 9:00 前人工捕杀静栖在火龙果园周围树干、丛间的成虫，效果很好。

（2）除蛹、杀卵。结合耕作深埋或拣除虫蛹。烧杀产在水泥柱裂缝中的卵堆。

（3）生物防治。在一、二龄幼虫期，每 667 m² 喷施 100 亿多角体（或 30～50 头虫尸）的核型多角体病毒或每毫升含孢子 1 亿的杀螟杆菌。

（4）化学防治。茶尺蠖幼虫量大于防治指标用药防治，施药适期掌握在 3 龄幼虫期，施药方法以低容量扫喷为宜，药剂可选用每 667 m² 用 2.5% 高效氯氟氰菊酯乳油 20～25 mL、2.5% 溴氰菊酯乳油 20～25 mL，以上农药安全间隔期分别为 5 d 和 7 d。

（四）堆蜡粉蚧

堆蜡粉蚧 [*Nipaecoccus vastalor* (Maskell)]，属同翅目粉蚧科。主要分布于我国广东、广西、福建、台湾、云南、贵州、四川以及湖南、湖北、江西、浙江、陕西、山东、河北的局部地区。

1. 形态特征 该虫主要为害新梢，附着于茎棱边缘，光照不足或照不到的蔓茎常发生，以啄状口吻插入茎肉吸收营养。雌成虫体近扁球状，紫黑色，体背被较厚蜡粉，体长约 2.5 mm，雄成虫紫褐色，翅 1 对，腹端有白色蜡质长尾刺 1 对。卵囊蜡质、绵团状，白中稍微黄；卵椭圆形，产于卵囊内。若虫体形与雌成虫相似，紫色，初孵时体表无蜡粉，固定取食后，开始分泌白色粉状物覆盖在体背与周缘。

2. 发生规律 1 年可发生 4～6 代，以幼蚧、成蚧藏匿在被害植物的主干、枝条裂缝等凹陷处越冬。次年天气转暖后恢复活动、取食。雌虫形成蜡质的卵囊，卵产在卵囊中，多行孤雌生殖。若虫孵出后，常以数头至数十头群集在嫩梢幼芽上取食危害。湛江地区第一代若虫盛期于 3 月上旬，第二代于 4 月中旬，第三代于 6 月中旬，第四代于 8 月上中旬，第五代于 9 月上中旬，第六代于 10 月中下旬。每年 3～4 月、9～10 月虫口密度较大，危害较重。

3. 防治方法

（1）用小竹竿绑上脱脂棉或用小棕刷刷去粉蚧，集中灭杀。

（2）用尼古丁水、肥皂水洗刷。

（3）除火龙果植株开花期外，采用喷洒浇水的方法，可防止堆蜡粉蚧的侵害。

（五）金龟子类害虫

金龟子是鞘翅目昆虫中庞大的类群之一，是国内外公认的难防治的土栖性害虫。全世界已记载有 3 万余种，北美大约有 1 200 种，我国目前已记录约 1 800 种。这类害虫种类多、分布广、食性杂、生活隐蔽、适应性强、生活史长短不一，很难防治。

1. 形态特征 成虫体多为卵圆形或椭圆形，触角鳃叶状，由 9～11 节组成，各节都能自由开闭。体壳坚硬，表面光滑，多有金属光泽。前翅坚硬，后翅膜质。多在夜间活动，有趋光性，有的种类还有拟成虫体，有的种类还有假死现象，受惊后即落地装死。

2. 发生规律 为害火龙果的主要有铜绿金龟子和红脚金龟子，主要为害嫩茎，1 年发生 1 代，以成虫或老熟幼虫于土中越冬。金龟子类成虫均有假死习性，铜绿金龟子除上述习性外，还具有较强的趋光性。

3. 防治方法

（1）人工捕杀。在成虫大量发生期。利用其假死习性予以捕杀。即在早晨或傍晚时人工震动枝条，把落到地上的成虫集中起来，进行人工捕杀。或先在树下药剂，然后震动枝条，使其落地触药毒杀。

（2）诱杀成虫。利用其趋光性，架设黑光灯诱杀成虫。

（3）化学防治。成虫于春季出土为害，喷洒砒酸铅 200 倍液，并加黏着剂进行防治。

（六）黑刺粉虱

黑刺粉虱 [*Aleurocanthus spiniferus* (Quaintanca)] 属同翅目粉虱科。别称橘刺粉虱、刺粉虱、黑蛹有刺粉虱。

1. 形态特征 成虫体橙黄色，薄敷白粉。复眼肾形红色。前翅紫褐色，上有 7 个白斑；后翅小，淡紫褐色。卵新月形，长 0.25 mm，基部钝圆，具 1 小柄，直立附着在叶上，初乳白后变淡黄，孵化前灰黑色；若虫体长 0.7 mm，黑色，体背上具刺毛 14 对，体周缘泌有明显的白蜡圈。共 3 龄，初龄椭圆形淡黄色，体背生 6 根浅色刺毛，体渐变为灰至黑色，有光泽，体周缘分泌一圈白蜡质物；2 龄黄黑色，体背具 9 对刺毛，体周缘白蜡圈明显。蛹椭圆形，初乳黄渐变黑色。蛹壳椭圆形，长 0.7～1.1 mm，漆黑有光泽，壳边锯齿状，周缘有较宽的白蜡边，背面显著隆起，胸部具 9 对长刺，腹部有 10 对长刺，两侧边缘雌虫有长刺 11 对，雄虫有 10 对。

2. 发生规律 1 年发生 4～5 代，以 2～3 龄幼虫在叶背越冬。发生不整齐，田间各种虫态并存。湛江地区越冬幼虫于 2 月上旬至 3 月上旬化蛹，2 月下旬至 3 月上旬大量羽化为成虫，随后产卵。初羽化时喜欢荫蔽的环境，日间常在树冠内幼嫩的枝叶上活动，有趋光性，可借风力传播到远方。羽化后 2～3 d，便可交尾产卵，多产在叶背，散生或密集成圆弧形。幼虫孵化后作短距离爬行吸食。蜕皮后将皮留在体背上，以后每蜕一次皮均将上一次蜕的皮往上推而留于体背上。一生共蜕皮 3 次，二至三龄幼虫固定为害，严重时排泄物增多，煤烟病严重。

此虫主要危害茎，从茎中吸食汁液，影响植株生长。在火龙果茎尖、棱的边缘处常有白粉状黏附物，开始是小白点，以后逐渐扩大。

3. 防治方法

（1）农业防治。采取增施有机肥、配施氮、磷、钾肥，适时修剪等措施，不断改善火龙果的肥水和通风透光条件，以增强树势，提高抗虫能力。

（2）生物防治。保护天敌，黑刺粉虱的天敌种类很多，包括寄生蜂、捕食性瓢虫、寄生性真菌，应注意保护和利用。

（3）化学防治。对于越冬代的防治可分别于 3 月上旬、10 月下旬用 45％晶体石硫合剂 150～200 倍液进行防治，铲除越冬代的幼虫和卵，降低大田虫口基数。盛发期可选用 2.5％天王星 2 000 倍液、吡虫啉 3 000 倍液，间隔 10 d，连续喷药 2 次，可收到良好的防治效果。

第十节 果实采收与贮藏保鲜

一、果实采收

果实采收是果品田间生产的最后环节，采收质量的好坏直接影响到果品的商品性和贮藏性，生产者应充分重视。

1. 采收时间 火龙果采收时间影响火龙果贮藏期限和保鲜效果。过早过迟采收会造成不良影响。过早采收，果实内营养成分还未转化完全，影响果实的产量和品质。过迟采收，则果质变软，不利运输和贮藏。供贮存的果实和远距离运输的果实可比当地鲜销果实早采，而当地鲜销果实和加工用果，可在充分成熟时采收。供贮存的果实和远距离运输的果实具体采收物候期是果面见红色，当地鲜销果实和加工用果采收物候期是果面全红。

2. 采收方法 由于不同批次火龙果同时生长发育，火龙果必须及时采收。采收最好在温度较低的晴天早晨、露水干后进行，如遇下雨，则必须保证果面无雨水再采收。果筐内应衬垫麻布、纸、草等物，尽量减少果实的机械损伤。火龙果果实在茎上不显现果柄，采收时宜采用"两剪法"，第一剪连部分茎将果实剪下，这样不伤及果肩，第二剪将果肩上残留的茎剪除，以利存放。火龙果是肉质果皮，容易受伤，采收时必须轻拿轻放。

二、果实分级

1. 按品种分级 不同品种火龙果果形不同，果面鳞片特征有差异，重量分级不要将不同品种混合，应按品种分开分级，使分级后的商品果重量、果形整齐一致。

2. 按重量分级 分开品种后，果实通过分选机械分级。火龙果分选机采用天平与杠杆原理，利用盛料器重量与砝码器所设定秤量，以游动时的移位与测量达到选择重量的分等分级，在全自动的传送中，果实由大到小分选，分选的等级可增设、减少，分选精确。目前广东省湛江地区按 100～200 g、200～300 g、300～400 g、400 g 以上 4 个等级分级。各地可根据市场需要和品种特性，自行设定分级标准。

三、包装

宜采用内包装加外包装。内包装是单果包装，包装材料可根据需要选用保鲜膜和泡沫网袋。外包装是硬纸盒，里面用硬纸板隔成小格子，一个格子装 1 个，一共 2～3 层。外包装的大小可根据单件重量进行设计。火龙果包装要遵循《绿色食品包装通用准则》NY/T658—2002。该准则要求产品包装的容器如塑料箱、泡沫箱、纸箱等须按产品的大小规格设计，同一规格应大小一致，整洁、干燥、牢固、透气、美观无污染、无异味，内壁无尖突物，无虫蛀、腐烂、霉变等，纸箱无受潮、离层现象。每批产品所用的包装单位净含量应一致。每一包装上应标明名称、商标、生产单位、产地、日期等

四、运输

目前国内水果运输方式有公路运输、铁路运输和空运。在三种运输方式中，火龙果宜用高速公路运输，既快捷又方便。为保证运输过程中水果的新鲜度，最好采用冷藏车运输。冷藏车由专用汽车底盘的行走部分，与隔热保温厢体（一般由聚氨酯材料、玻璃钢、彩钢板、不锈钢等）、制冷机组、车厢内温度记录仪等部件组成。冷藏车的温度调至 10～12 ℃为宜。

五、贮藏保鲜

1. 低温贮藏 低温贮藏是目前火龙果贮藏的最佳方法。据研究，5 ℃贮藏延迟了火龙果果皮过氧化物酶、超氧化物歧化酶活性高峰的出现，使过氧化氢酶保持较高活性，抑制了丙二醛含量增加，从而延缓了火龙果的衰老，使贮藏期延长 20 d。当贮藏温度为 3 ℃±0.5 ℃时，可减缓火龙果贮藏期间的失重和失水萎蔫，减少可溶性固形物、总糖、可滴定酸及维生素 C 的损失，有利于延长火龙果的贮藏保鲜期。

低温保鲜应采取冷链的方式，田间采收后在 12～15 ℃条件下预冷，10～12 ℃冷藏车运输，3～6 ℃、相对湿度 75%～90%冷库贮藏，18～20 ℃货架零售。

2. 其他 贵州省果树研究所的研究表明，保鲜剂单独使用对延长火龙果贮藏时间的效果不明显；复合保鲜剂结合冷库贮藏，1.0%壳聚糖＋0.6% 纳米载银抗菌粉＋0.08%茶多酚的复合保鲜剂处理能延长火龙果的贮藏时间 2～4 d。PVC 保鲜袋套袋和果蜡涂膜处理不利于火龙果贮藏。常温 20～25 ℃，用浓度为 1 μL/L 1-甲基环丙烯处理火龙果，比对照贮藏期延长 2 d。$CaCl_2$ 处理对火龙果呼吸作用的抑制作用不明显，但对降低火龙果的腐烂率有一定的作用，以 2%$CaCl_2$ 处理效果较好。

第二十九章 蛇 皮 果

概　述

蛇皮果［*Salacca zalacca*（Gaertn.）Voss，或 *Salacca edulis* Reinw］是棕榈科（*Palmae* 或 *Arecaceae*）蛇皮果属（*Salacca*）植物，其果实因外表像蛇皮而得名蛇皮果（图 29 - 1），是东南亚著名水果之一，果肉脆嫩清香，具有苹果、菠萝和香蕉三者混合的独特味道，可生食，也可制成糖果或果汁饮料罐头，在国内外颇受欢迎。全球蛇皮果主要约有 14 个种，主要分布于印度、中南半岛至马来群岛等亚洲热带地区。我国有 1 个种，分布于云南西部。

图 29 - 1　蛇皮果植株
A. 雌花序　B. 雄花序　C. 果穗　D. 果实

我国海南和云南早在 20 世纪 80 年代就已成功引种蛇皮果，目前国内栽培面积约在 31 hm²，且有 9 hm² 的资源保存，主要集中于海南省。栽培面积小，价格高，一般每千克 58～90 元的高价，经济收入十分可观。目前，我国蛇皮果产量低，一般在年产量 150 t 以内，远远不能满足国内市场的需要，因此，国内蛇皮果多为引进水果。现在的国内栽培趋势是在不断扩大，因为蛇皮果消费市场的迅速发展激发了蛇皮果的栽培积极性。而目前我国蛇皮果栽培技术还缺乏，多为引进种。作为引进物种，蛇皮果在我国要面临原产地所没有的逆境，如雨量少、旱季长和高低温频繁等逆境，实践证明，如果不采取任何措施，这些因素完全可以导致蛇皮果栽培的再次失败或摧毁。

栽培蛇皮果经济效益高，在我国种植 4～5 年可以开花结果，10 年后达到盛产期，经济寿命达 50 年以上，平均单株年产量 55.5 kg，单株最高年产量达 100 kg，具有高产、稳产、口感好、性状一致、产量稳定等优点，适宜作为鲜果食用或加工用。

蛇皮果在我国发展具有广阔的前景，首先，水果是居民膳食的重要组成部分，居民在实现水果消费数量增加的基础上对于水果的品种和风味的要求越来越讲究，热带水果的多元化也是国际旅游不可缺少的、诱人的风景线。其次，我国的海南拥有热区面积近 $3.5 \times 10^4 \, \mathrm{km}^2$，约占全国热区面积的 7.3%，其中 50% 是丘陵、山区，适合蛇皮果间种或复合种植，不会与橡胶等经济林及其他热带果树争地，这为蛇皮果的规模化生产提供了宽阔的发展空间。再次，蛇皮果是一种理想的投产快、经济收益高和采收方便的经济植物，它的推出将成为农林生产者的新宠。我国地域辽阔、人口多、市场潜力大，蛇皮果的消费市场将是非常巨大的。

因此，通过扩大栽培面积及完善配套技术，不仅可以丰富我国热带水果种类，改观我国居民不能吃到新鲜蛇皮果的局面，而对于增加农民的收入，稳定热区经济的发展起到了积极作用。蛇皮果的应用前景广阔，意义重大，将为我国热带水果产业的发展做出重要贡献。

第一节　种类和品种

一、种类

（一）分类

1. 系统位置　蛇皮果属棕榈科（Palmae）蛇皮果属，主要约有 14 种，主要分布于印度、中南半岛至马来群岛等亚洲热带地区。我国有 1 种，分布于云南西部，称滇西蛇皮果（*S. secunda*）。

2. 蛇皮果种类及形态

（1）种类。我国只有 1 个种，即滇西蛇皮果。

（2）植物学形状。滇西蛇皮果植株丛生，短茎或几无茎，有刺；雌雄异株。叶羽状全裂，长约 6 m，叶轴下部背面有针刺，上部无刺；羽片整齐排列，披针形，长 50～100 cm，宽 5～11 cm，顶端的渐短，两面绿色，具 3 条肋脉，上面有刚毛，边缘具稀疏的稍短刚毛。

雄花序的序轴粗壮，具几个着生穗状花序的分枝花序；一级佛焰苞被脱落性的锈色鳞秕，基部的为管状，上部的为披针形渐尖并部分地抱合；二级佛焰苞基部管状，上部为披针形渐尖撕裂状；穗状花序从二级佛焰苞口伸出，长 6～7 cm，粗 1.4 cm，具稍细的为几个三级佛焰苞所包藏的梗；雄花成对着生，长 8 mm，几乎全伸出于小佛焰苞；花的小苞片线形，被鳞毛；花萼深 3 裂；花冠 3 裂，稍长于花萼；花药线状长圆形。

雌花序亦具粗壮序轴，有几个短而粗的着生穗状花序的分枝花序；基部的一级佛焰苞具短的抱茎的基部和在一侧延伸的长渐尖的尖，上面具少数针状刺；二级佛焰苞与雄的相似，但较宽而短；穗状花序稍短，长 6～9 cm，具短梗；小佛焰苞基部合生，上部具极宽的钝三角形的分离部分；每个小佛焰苞包着 1 朵雌花和 1 朵中性花，花的小苞片短，密被长柔毛状纤毛。雌花长球状卵形，直径 8 mm；花萼在开花前裂至中部稍下面而成 3 裂片，而后完全劈裂成 3 个卵形、稍钝的裂片；花冠稍长于花萼，裂至中部而成 3 个三角形急尖、靠合的裂片；无退化雄蕊；雌蕊的子房球形，3 室，密被上举的针刺状鳞片，花柱短，柱头披针状三棱形，急尖，靠合。

图 29 - 2　蛇皮果花序
A. 雌花序　B. 雄花序

中性花长 9 mm，三棱状金字塔形，急尖，下部削尖成一细的基部（图 29 - 2）。

果实球状陀螺形，顶端稍圆，基部短渐狭，果实形状鳞依种子多少而有变化，由球形（含1种子）、近双生形（含2枚种子）至近三棱形（含3枚种子），直径6～6.5 cm，果皮薄，壳质，密被钻状披针形的长8～10 mm的暗褐色而有光泽的鳞片；残留的柱头呈不明显的短尖头。

种子球形、半球形至钝三棱形，直径2.5～3 cm，暗褐色，无光泽，顶端有深的小孔穴延伸至胚乳的一半，内含珠被（种皮）侵入物；胚乳角质、坚硬；胚近侧生，靠近基部。花果期9～10月。

（二）品种

蛇皮果原产马来半岛至爪哇一带，印度、泰国、马来西亚、印度尼西亚和菲律宾均有栽培，以泰国、印度尼西亚种植较多，目前已成为东南亚国家著名热带水果之一。我国本土没有认定的栽培种，主要是通过印度尼西亚、泰国等地引进的4～6个品种，主要品种是Pohdoh，分布于我国海南省的文昌市、定安县、万宁市等地，也有零星分布于中国科学院西双版纳热带植物园和广东省雷州半岛区域。

二、蛇皮果资源

1. 国外资源 印度尼西亚的蛇皮果种质资源丰富，根据制定的印度尼西亚国家标准，蛇皮果有近19个品种（表29-1）。这些品种可分为两类，第一类是雌雄同株，原产于巴厘岛的蛇皮果有11个品种，全部属于此类；第二类是雌雄异株，原产于巴厘岛以外地区的蛇皮果属于此类。目前大量栽培的品种有Pondoh和Bali（图29-3）。Pohdoh较甜，而Bali较涩。现在Pondoh中又发现Pondoh super、Pondoh hitam、Pondoh honey等品种。在巴厘岛有Sugar cane、Coconut等品种，其中Coconut品种的植株外表具刺较少。

表 29-1 印度尼西亚蛇皮果种质资源

序号	品种名	原产地	出品年份
1	Pondoh	印度尼西亚日惹斯勒曼县	1988
2	Swaru	印度尼西亚东爪哇玛琅市	1991
3	Enrekang	印度尼西亚南苏拉威西省恩勒康县	1992
4	Nglumut	印度尼西亚中爪哇省马格朗（马吉冷）地区	1993
5	Bali	印度尼西亚巴厘省卡朗阿森县	1994
6	Gula pasir	印度尼西亚巴厘省卡朗阿森县	1994
7	Padangsidempuan Merah	印度尼西亚北苏门答腊省南塔帕努里地区	1999
8	Padangsidempuan Putih	印度尼西亚北苏门答腊省南塔帕努里地区	2000
9	Gading Ayu	印度尼西亚日惹斯勒曼县	2000
10	Pangu	印度尼西亚北苏拉威西省米纳哈沙县	2001
11	Sanggatta	印度尼西亚东加里曼丹省东库台县	2002
12	Sibakua	印度尼西亚北苏门答腊省南塔帕努里地区	2002
13	Riring	印度尼西亚马鲁古省	2003
14	Condet 8592	印度尼西亚东爪哇省	2003
15	Condet 8590	印度尼西亚东爪哇省	2003
16	Madu	印度尼西亚日惹斯勒曼县	2004
17	Manggala	印度尼西亚日惹斯勒曼县	2004
18	Kramat Bangkalan	印度尼西亚东爪哇省邦卡兰县	2006
19	Doyong	印度尼西亚东爪哇省宗班县	2007

图 29 - 3　蛇皮果品种
A. Pondoh 品种　B. Bali 品种

2. 国内资源　我国的栽培种，还没有经过国家或地方认定，主要通过引进之后，经过国内驯化形成的栽培品种，根据果肉颜色及植株覆盖有刺与否可分为无刺种和有刺种或白果肉种和黄果肉种（图 29 - 4）。

图 29 - 4　蛇皮果种类
A. 无刺种　B. 有刺种　C. 黄果肉种　D. 白果肉种

第二节　苗木繁殖

一、实生苗培育

种子育苗既可将种子播种到沙床上，待其出芽后移植到容器内，也可将种子直接点播在容器上，通过常规方法育苗。由于苗期不能确定性别，多用于 Bali 这类雌雄同株的蛇皮果品种（图 29 - 5）。

（一）种子的检验和处理

1. 生活力测定　种子在衰老过程中，胚细胞结构和功能都发生显著的变化，其中最重要的是原生质膜失去选择透性，细胞内物质较易外渗，细胞外的重金属化合物和高分子染料也能进入细胞，故细胞被染色。而生活细胞原生质膜则具有选择透性，某些染料不能通过质膜进入细胞，因

图 29-5 蛇皮果实生苗

此不被染色。用红墨水做染料对种子进行处理，根据胚组织染色反应可区别无生活力和有生活力的种子。

具体做法：将待测种子用 30～35 ℃温水浸泡 5～8 h，待种子充分吸胀后备用，取吸胀的种子 50 粒，切除硬的外果皮。将准备好的种子置于培养皿中，加入稀释的新鲜红墨水溶液（红墨水与水的稀释比例 1∶20），以浸没种子为度。染色时间约 5 h。之后用清水反复冲洗种子，至冲洗液无色便可观察种子胚的情况。凡种胚不着色者，即表示种子具有较强的生活力；如种胚染为淡红色者，则为生活力弱的种子；如种胚染成深红色者，则当无生活力的种子。

用红墨水染色测定种子生活力，具有简单方便、快速准确的优点，较可靠的判断种子生活力的强弱，即种子发芽潜在的能力的高低。

2. 发芽试验

（1）内在条件。种子必须有生活力，且已通过休眠。

（2）环境条件。水分、温度、氧气是种子萌发的必要条件，种子萌发还需要光照或黑暗。不同作物种子由于起源和进化的生态环境不同，其发芽所要求的条件也有差异。

① 水分。蛇皮果需水量比较低，最低需水量为 22.5％～60％。其中：沙床，按饱和含水量的 60％～80％加水。土壤，加水至手握土黏成团，手指轻轻一压就碎为宜。发芽期间发芽床必须呈湿润状态，但任何时候不应潮湿到种子周围出现水膜。发芽试验用水要清洁、干净、无毒无害、不含酸碱，pH 6～7.5。

② 温度。种子萌发是一个相当复杂的生理生化过程。蛇皮果是高温型作物为 30 ℃。采用变温发芽，在发芽期间一天 24 h 内：高温保持 8 h；低温保持 16 h，变 30 ℃/20 ℃；25 ℃/15 ℃两组变温。

③ 氧气。氧气是种子发芽不可缺少的条件。一般发芽试验的水量，以种子周围不出现水膜为宜。

④ 光照。间接需要光照，其光照度为 750～1 250 lx 以上。

3. 催芽方法 蛇皮果的种子，较难发芽，所以播种前将种子浸泡 6～8 h，充分揉洗后扎开脐孔，继续泡 16 h，沥干表面水分用湿布包好，放在 25～28 ℃ 条件下催芽。注意常翻动，使其受热均匀。每隔 4～6 h 用清水漂洗 1 次。5～7 d 种子露白，此时可选芽播种，未出芽的种子继续催芽经 10～14 d 有发芽能力的种子都可萌发。发芽的种子播于营养钵中，规格 8～10 cm，每钵 1 株，覆土 2～3 cm，白天保持 25～30 ℃，夜间保持 18～20 ℃，每隔 7～10 d 浇一次水，定植前 1 周应进行炼苗，条件应接近于田间，注意控水。

（二）整地

1. 翻耕 在气候干燥、降雨较少、春风较大的地区，育苗地在秋季起苗后要立即进行秋翻、耙平，以便翌春提早细致做床，适时播种。山地苗圃则应在雨季前整地做床，整地深度不应小于生草层。在气候较温暖、湿润、降雨较多、土壤较黏重的地区，宜采取秋翻地。有的育苗地苗木是在春季起苗出圃，可在起苗后立即翻耙，以利土壤保墒。

2. 做畦 蛇皮果育苗一般采用沙床。规格为 60 cm×150 cm，沙床四周用砖砌起 6～10 cm 高，内部填满河沙或 1：3 比例的河沙、海沙。

3. 消毒 沙床做好后，浇透水，并喷洒多菌灵溶液消毒。放置 1～2 d 再播种蛇皮果种子。

（三）播种

1. 时期 一般以春季效果好。春季播种发芽率高，苗木生长整齐，有利于苗木的大田种植，尤其是在海南 5～6 月是雨季，移植大田有利于成活，减少人工成本及其他费用。

2. 方法 播种有条播、撒播、点播三种。一般种子都采用条播，其播种技术主要包括开沟、播种、覆土和镇压四道工序。

（1）开沟。在做好的苗床上，先按确定的行距开沟。沟宽一般 5～8 cm，宽幅播种可增大沟宽。沟深通常是 5～10 cm，沟底要求整平，土块打碎，土壤要疏松。

（2）播种。开沟、播种要同时进行，即边开沟边播种。小粒种子可混拌细沙或草木灰后再播种，这样下种均匀也好控制播种量。

（3）覆土。下种后要随机覆土。覆土厚度要适当，适中的覆土厚度相当于种粒直径的 2～3 倍。播后覆土也可用沙子、椰糠末做覆土材料，既能保温、保水又利于发芽出土。

（4）镇压。覆土后立即镇压，使种子与土壤紧密相接，促进毛细管水迅速上升，利于种子发芽。镇压的方法，小面积可用铁锹等工具拍打或木板牵引镇压。

3. 播种量

（1）播种间距。每粒种子间距为 1～1.5 cm。

（2）播种量。每个沙床约播种 500～800 粒蛇皮果种子。

（四）苗木管理

1. 肥水管理 当苗高 15～20 cm 时即可浇水施肥，采用漫灌方法浇水，施肥量每 667 m² 施尿素 2～5 kg，根据生长情况再各施一次尿素，用量各为 5～8 kg，每次施肥后必须立即灌水，其间需要及时除草，以减少养分消耗。

当新梢长至 2～4 cm 以上时，可以进行叶面追肥，一般每 4～15 d 喷 1 次 0.1% 的尿素水溶液，以促进苗木生长。结合圃地墒情，进行排水与灌水，并注意及时中耕除草。

2. 病虫害防治 在生长季节，蛇皮果苗易发生金龟子及鳞翅目幼虫的危害，如若发现，立即喷施药剂防治。如果发生白粉病可用 20% 粉锈宁 0.05% 溶液进行防治。

二、营养苗培育

（一）优良母树的选择

（1）处于结实盛期或进入结实期的植株。

（2）生长整齐、生长量及其他经济性状明显优良。

（3）密度适宜，郁闭度不低于0.6。

（4）果林中优良母树株数占20％以上。

（5）无病虫害感染。

（6）地形较平缓、背阴向阳，有利于树木结实和采种。

（二）苗木培育

在育苗生产中，对种源缺少或扦插生根困难的树种，可根据其特性，采用压条、植根等方法培育苗木。

1. 萌蘖条育苗（压条）　萌蘖条育苗即在母株萌发的多条萌蘖条中选择粗壮的萌蘖条（图29-6），从顶部往下套进塑料容器，装上土壤或稻糠，经过2个月后待萌蘖条长出更多的根时将其切离，并移植到竹编容器内继续培育。移植时将萌蘖条的叶片剪掉一半，用尼龙绳或竹篾条捆紧，放在竹编容器后浇上稀泥，置于遮阳网下继续培育。

图29-6　蛇皮果萌蘖条

萌蘖条育苗法适用于知道母株的性别而培育出所需性别的苗木，如Pondoh等蛇皮果品种。

2. 出苗后管理

（1）苗分离后需要1～3周隐蔽处理，不可以直晒。

（2）定期浇水，保证苗木根系的恢复和生长。

（3）定植前约4周，适当使用少量化肥，促进苗木苗壮生长。

（4）注意病虫害的管理，尤其是鼠害。

（三）组织培养苗培育

棕榈科植物的组培比较难，虽然蛇皮果的组培在国外有报道，但也不多见，目前，蛇皮果的组培是根据刊发资料整理而成。

1. 外植体准备　外植体表面消毒处理将蛇皮果种子表面残余果肉清洗干净，然后于超净工作台上用0.1％升汞消毒40 min，再用无菌水冲洗4次，用刀片轻轻打开发芽盖，接种到培养基上。

2. 接种

（1）胚芽生长种胚接种于含6-BA 0.5 mg/L的MS培养基上，待胚芽长出后再转入丛芽诱导培养基。

（2）丛芽诱导和继代增殖将胚芽接种于添加不同质量浓度2-ip和NAA组合的MS培养基上进行不定芽的诱导分化，每30 d转接1次。待丛芽诱导出来后，将丛芽切分为3～5个一组，继代到新的培养基中，进行继代增殖培养。

（3）生根培养当丛芽长至3 cm高时切分为单芽，转至添加不同质量浓度ABT的1/2 MS培养基上诱导生根。用于生根的单芽分为2种类型，一种单芽的所有叶片仍呈包裹状，一种单芽的叶片上部已经展开。

3. 后期管理　移植分别将高度＞5 cm和高度＜5 cm生根试管苗移入炼苗室。炼苗2周后，移栽至50％黄心土＋50％珍珠岩的基质中，每周喷1/1 000的复合肥液，每10 d喷1/1 000的多菌灵或百菌清杀菌剂，前期20 d相对湿度控制在75％左右，自然光80％强度遮阳。

4. 快繁体系构建

（1）蛇皮果丛芽诱导的最适激素组合是2-ip 8.0 mg/L＋NAA 0.25 mg/L，继代增殖适宜激素

组合是 2-ip 4.0 mg/L＋NAA 0.25 mg/L。

（2）适宜的蛇皮果生根培养基是 1/2MS＋ABT 1 mg/L＋IBA 1 mg/L。

（3）已生根苗达到 5 cm 以上才能移植。

（4）培养条件外植体丛芽诱导试验每处理组合为 24 瓶，每瓶接种 1 个外植体。生根诱导试验每处理组合为 16 瓶，每瓶接 2 个芽，卡拉胶 8 g/L，生根培养基蔗糖 20 g/L，其余培养基蔗糖 30 g/L，pH 5.8，培养温度 25 ℃±2 ℃，光照度 30 μmol/（m^2·s），光照时间 12 h/d。

三、苗木管理

苗木的抚育管理包括灌溉、中耕、松土、除草、追肥等。

（一）灌溉

灌溉是苗木生长过程中的关键措施，合理灌溉才能满足不同树种在不同生长发育期对水分的需求，要做到合理灌溉。春季苗木出土和幼苗期，土壤墒情尚好，可多浇水促进苗木生长。在苗木速生期（7～8 月）应根据气候和土壤状况，加强灌水。

幼苗灌水最好在早晨或傍晚进行，但南疆多数地区，因用水困难，一般是分水轮灌，也就只好见水就灌，难分早晚。平床育苗应小水慢灌以免冲坏苗木和苗床，尤其是播种育苗，播后第一次浇水一定要小水慢浇，或多分进水口在进水口处拦放杂草或挖一小坑，以减缓流速。

（二）中耕松土

苗木生长期因灌溉或下雨而使苗床板结土壤通气不良，会加速水分蒸发，影响苗木生长。加之苗床内杂草与苗木争水、争光、争养分，所以要经常进行中耕松土和除草工作。

中耕松土要主要保护苗木根系，尤其是第一次松土，要在土壤墒情良好时进行。表土干燥时松土，会搬动土块，拉伤苗根，造成苗木死亡。苗木生长初期，松土要浅，一般深度为 3～5 cm，速生期可增加到 8～12 cm。

除草应掌握"除早、除小、除了"的原则。一般是在松土的同时，除掉杂草。苗木第一次松土除草，应离苗行略远一些，苗行株间的杂草，可用手拔除。在苗木生长期，一般每浇 1～2 次水，就要松土除草一次，才能保证苗木健壮生长。

（三）追肥

追肥是为促进苗木生长，及时共生长所需各种营养元素，苗圃追肥一般使用速效化肥，也可使用腐熟的有机肥追肥。苗木追肥应根据育苗土地的肥力状况，土壤理化性质和苗木所缺乏营养元素来确定。一般每 667 m^2 施肥量为 15～20 kg，可分 2～3 次施入。

四、苗木分级与出圃

（一）起苗

起苗宜在树液开始流动前进行，最好在雨季前最好。起苗要保证应有的深度和根幅宽度才能提高造林成活率。蛇皮果 4 月生播种苗深 10～15 cm。

（二）苗木分级

苗木分级是对根据育苗技术规程或标准要求，把苗木分成不同等级的过程。分级指标有形态指标和生理指标 2 类，但生理指标只是一个控制条件，生产上主要用形态指标来进行分级。形态指标中地径为主，苗高为辅，同时考虑根系状况、根茎比、叶色、顶芽、木质化状况等。

苗木分级在我国一般与起苗同时进行。拣苗同时，首先将有病虫害的、有损伤的、未达合格苗规格的苗木及非目的树种苗木剔除，再把Ⅰ级苗拣出，剩下部分均未Ⅱ级苗。

（三）苗木包装、运输

包装好的苗木可以直接运送到造林地或移植地，也可以进行贮藏起来。如苗木假植即使将苗木根部用湿润土壤掩埋。蛇皮果苗木一般采用临时假植，根据苗木根部的大小开挖 30～50 cm 深和宽的沟，长度随苗木数量而定，以能容下苗木全部根部为原则，苗干倾斜于地面，根部放在沟内用湿土填埋。

第三节　生物学特性

蛇皮果染色体为 $2n=32$，棕榈科植物，多年生常绿灌木，经济寿命 40～60 年，自然寿命长达 80 多年。

一、根系生长特性

蛇皮果属须根系植物，由不定根与各级支根（营养根）及呼吸根组成。从茎干基部球状茎呈放射状生长出的根称"不定根"，一般粗细不超过 1 cm，没有形成层，粗细大致相同，长度通常为 5～7 m，最长可达 25 m 以上，数量大概为 2 000 条，具体视土壤条件而定。不定根大多数生长在 1 m 深的土层内，近水平分布。从不定根生长出侧根，分根，再分根，总称营养根，多分布在茎干基部半径 3 m，深 20～50 cm 的土层中，组成庞大的根群。

蛇皮果的不定根及少量侧根可长出白色圆锥形的小突起称呼吸根，具有柔软的表皮。根尖由"根帽"保护着，为活跃生长区，没有根毛，表皮由一层薄壁细胞组成，随着根龄增加而逐渐变厚，表皮脱落，外皮层硬化，形成不渗透的细胞层。

蛇皮果根生命力较强，主要起支撑和固定作用，抗风性强。如果遇到自然灾害，如台风和强风暴，被连根拔起的蛇皮果如果得到良好的养护管理，回土覆盖在根冠上，新根又会从根冠处长出来。

二、茎生长特性

蛇皮果茎干不明显，茎干可高达 5～8 m，直径可达 5～10 cm，蛇皮果植后 3 年茎干便开始露出地面。茎干上有老叶脱落后留下的轮状叶痕。蛇皮果茎干的生长是依靠茎干顶端分生组织不断生长分化实现的，顶端分生组织细胞具有强烈的分生能力，由于它的分裂以及初生组织伸长形成新的茎干组织。蛇皮果的茎干分为两层，外层约 1 cm 厚的称"树皮"，内层没有形成层，由纤维束构成，维持着植株的营养运输功能。蛇皮果茎干随着树龄的增加而增高，但增高量逐渐下降。蛇皮果茎干不能随着树龄增加而增粗，但茎干在形成过程中受土壤营养状况、水分含量和其他气候条件的影响而发生变化，部分蛇皮果茎干粗细不匀就是受生长条件影响的结果，而这种粗细不匀情况在一生中是不能改变的。蛇皮果只有一个独立的茎干而不产生分枝，侧芽只产生花序，顶芽为仅有的营养芽，一旦顶芽遭受破坏，整棵植株将死亡。

三、叶生长特性

蛇皮果小苗的叶片为船形单叶，长出 8～10 片叶后（发芽后 8～9 个月）叶片逐渐羽化成多对深裂叶，裂叶全缘，呈线状披针形。正常成龄树一般有 30～40 片叶丛生在茎干顶端，呈辐射状树冠。叶由叶柄、中轴和小叶组成，成熟叶片长达 5～6 m，小叶 30～50 对，长 50～100 cm，宽 2～6 cm，着生在中轴两侧，叶革质、较厚、抗风力强。

蛇皮果叶片从茎干顶端的生长锥开始分化形成到抽出大约需要 24 个月时间，抽出后到自然死亡时间大约需 2 年。生长正常的成龄树每年可抽出 12～16 片新叶，每个腋芽都能分化成一个花序，叶片脱落后在茎干上留下一个永久的脱落痕。叶柄基部披着鞘状托叶，称"椰布"，与叶柄一起承受椰果的重量。

四、花生长特性

蛇皮果通常是雌雄异株植物，其花序为佛焰花序。一个叶腋中有一个花序，通常一株树每年抽出

12～16 片新叶，因而就有 12～16 个花序，但花序在发育过程中由于环境条件的影响，常有败育现象，所以通常叶片数量多于花序数量。

花序从分化到开花约 3 年时间。在开花前两年就分化出花序的苞片，又过半年左右小穗开始出现。花序和相应的叶片是同时发育的，叶原基开始分化后 4 个月左右，可以初步看出花序原基，再过 22 个月花序长成几厘米长，开始分化雄花和雌花，大约过 1 年时间，佛焰花苞开裂，再过 1 年左右果实成熟。

蛇皮果的苞片有单层的、双层的，也有多层的，常见的为单层苞片。佛焰苞成熟时，花苞从顶部纵裂，露出花序。花序由花序柄、中轴和小穗组成。每个花序有 20～50 小穗，每个小穗上部着生雄花 100～300 朵，基部着生雌花 1 个或多个。

蛇皮果雄花呈三角筒状，花被二轮 6 片，雄蕊 6 枚二轮排列，雄花成熟时，花药纵裂，吐出花粉粒，其长度为 65～69 μm，直径 28～69 μm，花药有 111 000～221 000 粒花粉，每朵雄花从开裂散发花粉到凋谢脱落历时 2 d。蛇皮果雄花期为 18～22 d，矮种为 15～24 d。蛇皮果雌花较大，呈球状，子房上位。雌蕊群退化成 1 枚具有 3 个顶齿的不完全雌蕊，子房具有 3 个心室，3 个顶齿下方各有一个蜜腺。通常只有 1 个心室能发育成熟，偶尔也有双心皮现象。雌花顶端有 1 个无柄的乳头状的三裂柱头，基部有 3 片萼片和 3 片花瓣，在花果发育过程中不脱落，果实成熟时成为果蒂上的萼片。蛇皮果雌花开放比雄花稍晚一些，花期为 5～7 d，雌花感受期约 3 d，而矮种蛇皮果雌花期 10～14 d，雌花感受期约 2 d。

五、果实

蛇皮果果实呈圆形或椭圆形，也有少量三棱形。由果皮、果肉和种子组成。

1. 果皮　亦称果皮，外表革质，椰果未成熟前，外表光滑，有红、黄、绿、褐等颜色，充分成熟后果皮饱满光滑，蛇皮形状。

2. 果肉　果皮里面一层为果肉，可食部分。颜色多为白色、部分品种为米黄色。

3. 种子　在果肉内有 1 个棕色的种子。

蛇皮果植后 3～8 年便可开花结果，每一串花序可结 6～12 个果，高产的可达 30 个果，但果较小。蛇皮果单株产量每年 50～200 个果从授粉到成熟，一般需要 4 月时间，在整年中如果某一阶段遇到自然灾害，如干旱、寒潮、台风等都会影响椰果的发育。

第四节　对环境条件的要求

蛇皮果主要分布在南、北纬 20°之间的热带地区，是典型的热带作物。在高温多雨，阳光充足，土壤疏松、肥沃的条件下生长发育良好。

一、温度

温度是影响蛇皮果分布和产量高低的限制因子，在年平均温度 24 ℃以上，温差小、全年无霜的地区才能正常开花结果。最理想的年平均温度为 26～28 ℃，最低月平均温度不低于 20 ℃，温差不超过 7 ℃，植株生长繁茂，发育良好，产量高，果实大，椰肉厚，椰汁甜，结果期长。椰树安全越冬温度为 8 ℃，嫩叶和椰果安全越冬温度为 13～15 ℃，13 ℃以下连续低温会造成蛇皮果寒害。

二、水分

蛇皮果最适宜于在年降水量 1 300～2 300 mm 且分布均匀的地区生长。严重干旱会影响蛇皮果产量，地下水位低，连续 3 个月降水量低于 50 mm，蛇皮果产量就会受到影响。但如果地下水位太高，蛇皮果根浸泡在含水量很大的低洼地则生长不良。

蛇皮果生长需要高湿环境，一般认为85%的湿度较为合适，低于60%则不适宜。因此，蛇皮果大多分布在热带沿海国家和热带海岛等高温高湿地区，干燥地区如地中海附近蛇皮果非常稀少。

三、光照

蛇皮果是强光照作物，一般认为年日照时数2 000 h以上植株才能生长旺盛，低于这个水平则生长不良。

四、土壤

蛇皮果对土壤的要求不严，能在多种不同土壤条件上生长，适应性较强，不论沙土、壤土、黏土、冲积土、泥炭土、珊瑚风化土、火山岩风化土都能种植蛇皮果。蛇皮果对土壤pH适应性也很广，一般在排水良好，pH 5.0～8.0的多种类型土壤中能够适应及正常生长。但最适于种植蛇皮果的土壤是质地疏松、土层深厚、排水良好、水分和养分丰富的土壤。

第五节　建园和栽植

一、建园

(一)园地选择

选择新栽培地需要考虑海拔、水分和透光度。蛇皮果可种植于海拔300～600 m的土地上，但最合适的是在400～600 m。蛇皮果对水分要求较高，要求全年湿润。新栽培地分要求遮阴，因此可种植于现有林分下，对于林分的树种组成没有限制，针叶树和阔叶树都可以，但要求林冠层需要20%～30%的透光度。种植2～3年后可以承受全光照。

(二)园地规划

果园规划是果园建立前的总体设计，包括园址选择、栽植设计、防护林设置、灌排系统安排和水土保持规划，以及经营规划、用地计划、建设投资预算和经济效益预测等。蛇皮果是热带特色水果，具有耐阴性。在蛇皮果园区的选择及规划方面要考虑其生活特性。一般是"宜林宜农，浅山沟旁，不与其他作物争耕地，宜林间作"等。

1. 规划原则　蛇皮果生态果园是一个生物多样、物质和能量良性循环的生态经济系统，生态果园的规划布局应遵循以下原则：

(1)因地制宜原则。我国地域辽阔，地形复杂，环境多样，气候千差万别；同时我国各地经济发展不平衡，生产习惯和传统多种多样，农民的素质也千差万别等。这样多样的立地条件和复杂的社会经济现状决定了各地的生态果园及其经营模式要多样化，绝不可能用一个或数个模式规范全国的生态果园。应紧紧围绕当地的自然、社会和经济条件选择种植的作物品种、养殖的动物种类、生态果园的类型等，因地制宜原则进行规划设计。

(2)生态高效原则。果园生态系统是多种成分相互联系、相互制约、互为因果的一个统一有机整体，每一成分的表现、行为、功能及大小均或多或少受其他成分的影响。规划生态果园要在优化果园系统的基础上，通过生态系统内部结构的进一步完善和有效调控，建立生态与经济良性循环的人工生态经济系统。建设生态果园要遵循生态工程学的整体、协调、自生及再生循环等理论，按预期目标调整复合生态系统的结构和功能，连接不同成分和生态要素，构建完整的生态链，形成互利共生网络，分层多级利用物质、能量、空间和时间，促进系统良性循环，以达经济、生态和社会的综合效益。

(3)生态工程技术集成应用原则。生态果园是一个综合经济系统，不是依靠单一技术就能建立起来的，需要集成应用多种生态工程技术，这包括为适应自然环境变化，改进耕作方式与种植制度以及选择相应品种的技术；为促进果园生态系统的良性循环，开发与利用资源再生、高效利用及少（无）废弃物生产的接口技术；根据生态位差异原理，设计果园高效间作套种、多层种植和立体种养的生物群落技术；利用生物共生相克关系，调整益害生物种群结构及比例，生物防治与减轻环境污染的技术；根据物质与能量多层次转化、多途径利用的要求，重建优化食物链网的技术等。在生态工程技术集成中，要注意需汲取我国传统农业技术精华并通过与现代农业技术有机结合，因地制宜地引进并优化组装。在注重技术先进性的同时，更要重视技术的适用性、技术间的协调性和整体效果的协同性。

（4）资源可持续性利用原则。果园生产是一种自然资源开发利用的过程，在生态果园规划中，要特别重视果园生态系统中的物种多样性、产业的多样性以及用地构成的多样性，要根据资源特点选择适宜的主栽果树品种和生产模式，养地用地相结合，种植养殖相配套，通过物质循环及其能量多级利用，提高生产效率，并实现资源的可持续利用。

（5）产业化经营原则。生态果园需要一定规模，需要多部门、多行业、多环节的配合与协调；同时生态果园的果品和其他农产品除了供应传统的市场外，还有其专门的市场，如何将产品成功地打入这个特有的市场，就需要有产业化经营的思路。如采取公司加农户、土地反租倒包、公司租赁经营、农民以协会或合作社的形式经营等产业化的经营模式。在生态果园建设中，必须根据第一、二、三产业的协调发展要求，使得种养加、产供销一体化，选择有市场竞争力的果树品种，建设相应的分级、包装、运销基地，开辟生态农业旅游、休闲场地，实现果园产业化经营。

2. 道路系统

（1）干道。在规划中从整体出发，分区处理，方便管理，利于耕作。为此对道路的布局，应以干道为主，沿一条通向全园的等高线作为干道，连接成一个整体。主干道宽6～8 m。坡度不超过10°与场外公路连接。

（2）机耕道。是以干道为中心，等高环山机耕道和上下机耕道，道宽4～5 m，坡度10°左右，

（3）人行道。是与干道和机耕进相连，宽0.6～1 m，便于管理。

3. 道路系统水利系统　从当地实际情况出发，利用集水面，着重以蓄为主，以提为辅，蓄引结合的原则。棚果园植株年雪水量1 m，做到旱时能灌，雨时能排，以满足植株对水分的需求，才不至于影响它的生长和结果。

（三）整地和改土

一般采用全垦，种植穴的规格一般为50 cm×50 cm×50 cm。

二、栽植

（一）栽植方式、密度

株行距有多种，有的1.5 m×1.5 m、1.5 m×2.0 m、2.0 m×2.0 m和2.5 m×3.0 m。

（二）授粉树配置

对Pondoh来说，雌雄株比例为50：1，即每50株雌株配1株雄株，雄株每个花序有4～5个分枝花序，每个分枝花序用于10株左右的雌株授粉。也有雌雄比例为20：1，即每20株雌株配1株雄株。

（三）栽植方法

一般采用全垦，种植穴的规格一般为50 cm×50 cm×50 cm。

（四）栽后管理

1. 水热管理　水热条件好，在海拔600 m以下基本上不需要灌溉，且无低温冻害问题。

2. 养分管理　一般每年施肥两次，每次每株1～2 kg，分别在旱季（3～8月）和雨季施放。肥料采用大量元素的复合肥，如N：P：K比例为1：1：1的复合肥，没有施用微量元素的肥料。

3. 叶数控制　蛇皮果的叶数需要适当控制，Pondoh品种的叶片数一般控制在每株7～8片，Bali

的叶片数一般控制在 14～16 片。不论叶片是否枯死都可以将其砍掉，但应保留果实下方的那片叶用于支撑果实。砍掉的叶子一般不移走，而将其覆盖在地面，减少水土流失和增加营养。

4. 人工授粉 对 Pondoh 来说，需要人工辅助授粉。每个花序人工辅助授粉进行 2 次，相隔 3～4 d。即将雄株花序采下，在每个开放的雌花序上轻敲雄花序，使其花粉撒落在雌花上，然后在授粉过的雌花序上方加个防护罩，防止雨水的冲刷。

防护罩可以采用塑料薄膜，也可以用蛇皮果的叶，但塑料制作的防护罩防护效果更好。

5. 病虫害防治 蛇皮果人工林病虫害较少。比较严重的虫害是一种甲虫，主要以根部为食，可导致植株死亡。

第六节 果实采收、分级和包装

一、果实采收

果实采收是果树生产中用工较多的一个环节。及时和合理的采收，对果品当年和来年的产量、品质，以及果品的贮运加工和市场供应关系极大。果实采收采用择采法，即根据果实成熟程度不定期进行采收。采收时首先是辨认并标记成熟的果串，其次是将选中果串切下并集中在一起，最后是人工去掉果串上残留的苞片，用毛刷刷去果实上的灰尘和鳞片上的绢毛。

（一）采前准备

采前先喷布松果剂如乙烯利等，促使果柄离层处松动；采收时将采收刀具剪短果柄，并送至果箱。采下的果实放在阴凉处，经预冷及其他处理后尽快入库贮藏。

（二）果实成熟

采收适期主要决定于果实的成熟度。根据不同用途可分为：

（1）采收成熟度。果实已充分长大，但尚未充分表现出应有的风味，肉质较硬，耐贮运。适用于蛇皮果罐藏、蜜饯或需经后熟的鲜食种类的采收。

（2）食用成熟度。果实表现出该品种应有的色、香、味，采下即可食用。用于蛇皮果制果汁、果酒、果酱的果实也要达到食用成熟度时采收。

（3）生理成熟度。果实在生理上充分成熟，果肉化学成分的水解作用增强，风味变淡，营养价值下降，而种子充分成熟。

判断成熟度常以果皮色泽、果肉硬度、风味、含糖量、糖酸比等为标准。对成熟期不一致的种类如蛇皮果须分期采收。

（三）采收方法

为避免果实受伤后腐烂变质，鲜食水果多用手工采摘，采收过程中应防止指甲伤、碰擦伤和压伤等机械伤害。蛇皮果采果剪将果实或果穗剪下。采果时须防止折断果枝以免影响下年产量。

二、果实分级

1. 分级方法 果实采收后根据其成熟度、大小等进行分级。根据果实大小和外观分为 A、B、C 三级。实际操作中，主要依据果实硬度、比重及折光度进行分级。

2. 标准、分级要求

A 级占 60％，B 和 C 级合占 40％。

A 级果实最大，一般单果质量 120 g；B 级单果质量 101～120 g；C 级单果质量 81～100 g。

蛇皮果分级标准主要包括：果肉 pH 3.25～4.25；可溶性糖＜10％；总酸 0.3％～1.3％；糖/酸比为 10～33；硬度达到足以抵抗 170～180 r/s 的振动；果实大小，直径＞1 cm；颜色未达到固有棕褐色说明尚未成熟。

三、包装

（一）包装材料

鲜包装材料是在普通包装材料的基础上加入保鲜剂或经特殊加工处理，赋予保鲜机能的包装材料。目前已经开发出来的保鲜包装材料有保鲜包装纸、保鲜箱、触媒型乙烯脱除剂充填到造纸原料中或者浸涂在造好的纸上，使其具有保鲜性能。保鲜箱和保鲜纸的原理相同，可将箱体的全部或者一部分进行保鲜处理，亦可将保鲜纸贴在箱体内侧而得到。

保鲜袋有硅橡胶窗气调袋，防结露薄膜袋，微孔薄膜袋和混入抗菌剂、乙烯脱除剂、脱氧剂、脱臭剂等制成的塑料薄膜袋。保鲜包装材料由于具有许多优点，是深受用户欢迎的大的发展前途的包装材料，近年来被广泛用于果蔬的贮藏保鲜。

（二）蛇皮果包装

果实可以果串形态出售，也可以将果串拆散后将散果堆放在一起。以果串形态存在的果实具有较长的货架寿命，可以存放 2 周；以散果存在的果实货架寿命较短，可以存放 1 周。

（三）果实贮运

1. 低温贮存　蛇皮果鲜果需要在 10 ℃以下低温贮存，即使在运输过程中也要保持 10 ℃以下温度。但是果实从田间温度降至 10 ℃以下低温必须经过预冷过程，去除田间果实热量，才能有效防止腐烂。预冷的方式主要有真空冷却、冷水冷却、冷风冷却。

（1）真空冷却。真空冷却是果实通过表面水分蒸发散热冷却的方式。这种方式冷却速度快，20～30 min 即可完成。

（2）冷水冷却。用冷水浸渍或用喷淋冷水方式。这种方法与冷空气冷却相比，效率更高、速度更快，但易造成果实腐败。

（3）冷风冷却。即用冷冻机制造冷风冷却果实的方式。采用这种方式冷却果实利用价值高。分为强制冷却和差压冷却，强制冷却即向预冷库内强制通入冷风，但有外包装箱时冷却速度较慢，为了尽快达到热交换，可在外包装上打孔；差压冷却在预冷库内所有外包装箱两侧打孔，采用强制冷风将冷空气导入箱内，达到迅速冷却的目的。

2. 冷冻保存　果实采收分级包装后，可速冻贮存，加工成速冻果。速冻果可以有效控制腐烂，延长贮存期，但生食风味略偏酸。冷冻的温度要求 0～−5 ℃以下。聚乙烯袋包装大小有 10 kg 和 15 kg 装。运输过程中也要求冷冻条件。蛇皮果不适宜此种途径保鲜。

第七节　果实贮藏保鲜

一、贮藏保鲜的意义

采用贮藏保鲜主要，一方面是栽培地区有限，第二方面，水果采收后还会进行呼吸，需要一定的保鲜技术使水果从生产地道销售地不受损伤。

热带水果采收多集中于炎热的 4～9 月，高温高湿的生长条件极易加速水果的腐烂；果实采收后仍保持旺盛的代谢作用，极易失水，造成萎蔫、褐变；大多数热带水果不耐低温，易产生冷害；果实多皮薄多汁，在贮运过程中易造成机械损伤；在田间生长期间易遭多种微生物的潜伏侵染，采后随着果实的后熟、衰老逐渐表现出病症，采后损耗十分严重。

二、贮藏保鲜技术

（一）采前技术

1. 栽培技术　栽培管理与水果的贮藏保鲜关系密切。如果方法不当，因果园条件差致使果实本身养分积累不足，即使用再好的药物或方法处理，贮藏保鲜效果也非常有限。因此要重视采前管理，运用科学的栽培管理技术，合理施用氮、磷、钾肥以及植物生长调节剂等；搞好田间卫生；及时防治病虫害；以增加水果的耐贮藏性。

2. 采收技术　适宜的采收期对热带水果的贮藏效果影响很大。采收期的确定主要从采后用途、产品种类、贮藏时间的长短等方面考虑。一般就地销售的产品可适当晚采收，而作为长期贮藏的产品应适当早采收。一些呼吸跃变型热带水果应在呼吸高峰前采收。

（二）采后贮藏保鲜技术

目前，热带水果常用的采后贮藏保鲜技术有防腐剂保鲜、低温冷藏保鲜、气调贮藏保鲜、热处理保鲜及包装保鲜等。

蛇皮果藏保鲜主要是包装保鲜，合理的包装可明显减少热带水果贮运过程中因相互摩擦造成的机械损伤，延长贮藏保鲜期。常用的包装材料有包果纸、塑料薄膜、抗压托盘等。不同的热带水果可依据自身的生理要求、果型、果皮的特点等选择适合的包装材料。

一般而言，每一种保鲜方法都有其局限性，在实际生产中往往综合使用几种方法。近年来，我国热带水果的贮藏保鲜技术虽取得了一定的进展，但总体尚处于起步阶段，还需进一步向深层次推进，使更多研究成果转化为实际生产力，以满足我国热带水果生产发展的需要。

第三十章　黄　　皮

概　　述

　　黄皮，又名油皮、黄淡、黄段、黄批、黄胆子或王坛子，英文名 Wampee（也称 Wampi），学名 *Clausena lansium*（Lour.）Skeels，为芸香科（Rutaceae）柑橘亚科（Aurantioideae）黄皮属（*Clausena*）常绿乔木，南亚热带亚热带果树。黄皮属约有 24 种，分布于东半球的热带、亚热带地区（亚洲、非洲及大洋洲），我国约有 10 种及 3 变种，黄皮为该属的栽培种。

　　黄皮原产于我国华南地区，至少已有 1 500 多年栽培历史。早在 533—544 年的《齐民要术》就有记载"王坛子，如枣大，其味甘。出侯官越王祭太一坛边有此果。无知其名，因见生外，遂名'王坛'。其形小于龙眼，有似木瓜……"，是最早记录黄皮的古籍。之后，《本草纲目》和《岭南杂记》等古书中亦有记载，如 17 世纪的《岭南杂记》记载"果大如龙眼，又名黄弹，皮黄白有微毛，瓣白如猪脑……夏末结果……此果当时多数野生在田间"，对黄皮的基本特征特性作了初步的描述。现主要分布在广东、广西、福建、海南、台湾、四川、云南、贵州等地，其中以广东、广西、福建等地栽培较广。广东以郁南、英德、潮安、揭西、丰顺、梅县、封开、博罗、广州、增城、从化、清远等地种植较多；广西主要分布在玉林、梧州、南宁、柳州、钦州、百色和桂林；福建主要分布在罗源、福州、福清、闽侯、同安、泉州、漳州、莆田、云霄等地。在国外，越南、印度、马来西亚、泰国、缅甸、斯里兰卡、尼泊尔及美国的佛罗里达州等地有零星栽培。

　　黄皮虽然分布地区较广，但过去一直都是以农民自发小规模种植、果园间种或屋前房后零星种植为主，栽培面积不大，产量极低，以致一向未予单独统计。随着人们生活水平的提高、商品经济的发展、品种的改良、栽培技术的提高以及贮运和保鲜加工技术的进步，黄皮的栽培效益也开始被越来越多的人所关注，因此近年来栽培面积不断扩大。目前，广东省黄皮种植面积已达 2.6 万 hm²，发展较快，而广西、福建等地也开始摆脱过去小规模零星种植的生产格局，逐步走向大规模商业化连片种植，栽培面积一路攀升。

　　在华南地区，黄皮果实于每年 6~8 月成熟，果实形状多样，有圆球形、椭圆形、圆卵形、长心形和梨形等；果皮呈金黄色、褐色或古铜色；口感独特，甜中带酸，吃起来有点像葡萄，又有柚子的味道。果实含可溶性固形物 14.0%~20.0%，每 100 g 果肉含维生素 C 10~60 mg，总酸 0.13%~2.0%，还原糖 2.9%~7.8%，蔗糖 1.7%~7.18%，全糖 4.7%~12.6%；此外还含有多种人体所需的微量元素和丰富的氨基酸。

　　作为热带亚热带特色果树，黄皮的医药用价值长期以来都受到人们的普遍关注和重视。早在明清时期的《本草纲目》和《广东通志》就有"食荔枝太多，用黄皮果解之"的记载，表明黄皮果具有消食理气的功效。除了果实之外，黄皮的花、枝、皮、叶、皮、根和种子均能入药，具有解表散热、行气化痰、解毒止痛、健胃消肿和利尿等功效，民间及中医用于主治咳嗽痰喘、气滞脘腹疼痛、疝气痛、小便不利、感冒发热、疟疾等症状。近年来，随着功能活性成分提取检测技术以及科学理论的不断发展和完善，人们对黄皮的医用保健功能有了进一步的认识。到目前为止，已经从黄皮种以及该属其他种的各个不同部位提取得到了酰胺类化合物、咔唑类化合物、吲哚类化合物、香豆素类化合物、黄酮类化合物、多酚类化合物以及挥发油类化合物等不同的具有生物活性的功能成分，并经实验证明具有清除自由基、抗氧化、保肝护肝、调血糖降血脂、增强记忆力、促进智力发育、抗肿瘤和艾滋病毒 HIV 等药理作用。此外，也有研究表明黄皮提取物具有除草、杀虫以及抑菌等农用生物活性。

　　黄皮虽为小宗果树，发展相对缓慢，但其果实营养丰富、风味独特，同时又具有重要的医用保健功能，深得消费者喜爱，经济效益较高；在近年荔枝、龙眼等大宗水果效益普遍下滑的形势下其市场售价一直居高不下，且连年出现供不应求的局面，市场潜力巨大，具有广阔的发展前景。因此，在当前的形势下，应一方面加大科研投入力度，加快优良新品种的选育和改良，并配套高效优质丰产栽培技术；同时深入开展黄皮贮运保鲜技术研究，延长鲜果的供应期；加大黄皮深加工技术的研究力度，开发多样化的深加工产品，特别是药用保健产品的研发等，拓展黄皮产业链，提升黄皮的附加值。另一方面，则应该尽早结束当前农户自发分散零星种植的混乱局面，充分发挥政府部门的导向作用，因地制宜，因势利导，合理规划，突出特色，争创品牌；并加强与相关企业的联系，走集约化、产业化的发展道路。目前，广东省郁南县经过多年的自主探索，已成功打造了具有浓郁地方特色的黄皮产业。该县利用自身独特的地理环境，将发展本地名优品种郁江无核黄皮作为促进山区经济和经济结构调整的重大战略来抓，采用"公司＋基地＋农户"的模式，建立生产示范基地，促进规模化种植，同时通过政府搭台宣传，吸引大量外商投资。如今，郁南县无核黄皮种植面积已经超过 4 667 hm²，年产无核黄皮产量约 1.88 万 t，整个黄皮产业链在该县涵盖了种植、加工、包装材料、交通运输、餐饮和特色旅游等行业和领域，从业人员约 20 万人，年产值超过 10 亿元，创造了"两株母树成就一大产业"的传奇。

第一节　种类和品种

一、种类

　　黄皮属（*Clausena* Burm. f.）隶属于芸香科柑橘亚科，为无刺灌木或乔木，该属全球约有 24 种（表 30-1），分布在亚洲、非洲及大洋洲的热带、亚热带地区；我国约有 10 种及 3 变种（其中 1 种为引进栽培种），分布于长江以南各地，以云南、广西及广东的种类较多。在目前已发现的黄皮属种中，用于商业栽培的只有黄皮种［*Clausena lansium*（Lour.）Skeels］和细叶黄皮种［山黄皮，*Clausena antisum-olens*（Blanco）Merr. 或 *Clausena indica*（Dalz.）Oliv.］，其余的皆为野生种。细叶黄皮原产于菲律宾，主产于我国广西西南部（百色、龙州）、广东（新会、鹤州）、云南南部（蒙自、河口）以及越南的北部等，在广东至少有 80 年的栽培历史。而黄皮种则是目前黄皮属商业栽培最广泛的栽培种。

表 30-1　黄皮属分类

序号	种　　名	备　　注
1	*Clausena abyssinica*（Engl.）Engl. 也称 *Clausena anisata*（Willd.）Hock. f. ex Beath. 或 *Clausena inaequalis*（DC.）Benth.	分布于非洲的马拉维、莫桑比克、尼日利亚、赞比亚、津巴布韦等地
2	*Clausena antisum-olens*（Blanco）Merr. 也称 *Clausena indica*（Dalz.）Oliv. 或 *Clausena brevistyla* Oliv.	细叶黄皮（小叶黄皮），原产于菲律宾，主产于我国及越南北部

（续）

序号	种 名	备 注
3	*Clausena austroindica* B. C. Stane & K. K. N. Nair.	分布于印度的喀拉拉、安德拉、卡纳塔卡等地
4	*Clausena dunniana* Levl.	齿叶黄皮
5	*Clausena dunniana* var. *robusta*（Tanaka）Huang 或 *Clausena henryi*（Swingle）C. C. Huang	毛齿叶黄皮（齿叶黄皮的变种）
6	*Clausena emarginata* Huang	小黄皮，产于广西、云南等
7	*Clausena excavate* Burm. f.	假黄皮，产于中国，越南、老挝、柬埔寨、泰国、缅甸和印度等地亦有发现
8	*Clausena hainanensis* Huang ex Xing	海南黄皮，产于海南昌江县
9	*Clausena harmandiana* Pierre ex Guill.	产于越南
10	*Clausena heptaphylla* Wight & Arn.	分布于印度、澳大利亚等
11	*Clausena excavata* var. *guadrangulata* Z. J. Yu et C. Y. Wong	四棱黄皮（假黄皮新变种）
12	*Clausena inolida* Z. J. Yu & C. C. Wong	丽达黄皮（新种）
13	*Clausena kanpurensis* Molino 也称 *Clausena pentaphylla*（Roxb.）Oliv.	
14	*Clausena lansium*（Lour.）Skeels	黄皮
15	*Clausena lenis* Drake	光滑黄皮
16	*Clausena luxurians*（Kurz）Swignle	
17	*Clausena odorata* Huang	香花黄皮，产于云南墨江
18	*Clausena poilanei* Molino	产于越南
19	*Clausena sanki*（Perr）Molino	
20	*Clausena vestita* Tao	毛叶黄皮
21	*Clausena smyrelliana* P. I. Forst	产于澳大利亚
22	*Clausena wallichii* Oliv.	产于印度
23	*Clausena yunnanensis* Huang 也称 *Clausena engleri* Yu Tanaka.	云南黄皮
24	*Clausena yunnanensis* var. *lognnangensis* Liang et Lu	弄岗黄皮、毛云南黄皮（云南黄皮的变种）

二、品种

我国是黄皮的原产地，早在南北朝时期就开始人工栽培。由于多年来民间习惯实生栽培，加之黄皮自身变异频率较高，经过在长期的自然选择和人工选育，形成很多不同的品系，种质资源十分丰富。目前黄皮在分类上尚没有统一标准，习惯上按果实的风味可分为甜黄皮和甜酸黄皮等；按果实的形状可分为鸡心黄皮、圆果黄皮、梨形黄皮、牛心黄皮、尖尾黄皮等；按成熟期的不同又可分为早、中、晚熟品种等。由于没有统一的分类标准，加之中国方言的多样性，在长期的民间种质交流过程中出现了很多同名异物或同物异名的现象。广东省农业科学院果树研究所优稀水果研究团队长期以来一直致力于黄皮种质资源的收集、保存、评价和利用，已建成国内保存黄皮种质最多的资源圃，保存种质 200 多份。经过多年的观察，已发现多个优良的品种（品系或单株），下面做简要介绍：

（一）甜类黄皮

1. 从城甜黄皮 1983 年在广东省广州市从化区水果资源普查时发现并选出的优良单株，因其位于从化区街口街城郊村而得名（图 30-1）。树高 4～6 m，树冠开张。12 月开始现蕾，2 月下旬开始开花，坐果率高。平均单果重 11.5 g，果形近球形，果皮黄白色，皮薄肉厚，果肉淡白色，肉厚多汁，风味清甜，有蜜味，含可溶性固形物 17.56%，每 100 g 果肉含维生素 C 30.3 mg，总酸 0.12%，还原糖 6.84%，可食率 69.5%，平均种子数 4.2 粒。6 月下旬开始成熟。该品种坐果率高，丰产性好，品质优等。果实成熟时遇雨，引起裂果。

图 30-1 从城甜黄皮挂果状

2. 早丰甜黄皮 植株较紧凑，分枝多且较短。在 12 月至翌年 1 月进行花芽分化，12 月下旬至 3 月中旬开始现蕾、抽生花穗。3～4 月开花。整植株花期 30～40 d。平均单果重 8.03 g，果实椭圆形，果皮黄色，果肉黄色，肉质脆嫩，清甜，汁多（图 30-2）。可溶性固形物 15.90%，每 100 g 果肉含维生素 C 34.10 mg，总酸含量 1.10%，总糖 11.10%，果实可食率 67.04%。种子 2～3 粒。果实在 6 月上中旬开始成熟，从开花至果实成熟需 70～90 d。果实风味浓，品质优良。果实成熟期较早，比白糖黄皮早 7～15 d。果实成熟时遇雨容易产生裂果。

图 30-2 早丰甜黄皮挂果状

3. 禄田甜黄皮 禄田甜黄皮原产于广东省萝岗区水西村，有 100 多年栽培历史，因常出现无核或独核，当地人又把其称为禄田独核黄皮。树势壮旺，对土壤适应性强，耐阴，寿命长，在 0 ℃低温时未受冻害。2～3 月抽生花穗，4 月开花，没有明显的生理落果，没有隔年结果现象。果实较大，平均单果重 9.6 g，圆球形，果皮黄色。果肉蜡白色，肉质脆嫩，清甜有蜜味，风味浓，果汁较少。含可溶性固形物 13.26%，每 100 g 果肉含维生素 C 14.0 mg，总酸含量 0.21%，还原糖 5.85%，蔗糖 4.10%，全糖 9.95%，可食率 68.57%，平均种子数 3.6 粒。果实 6 月下旬开始成熟，果实成熟时遇雨会出现裂果。该品种丰产性强，100 多年生老树仍年年结果，果实品质佳（图 30-3）。

4. 白糖鸡心黄皮 白糖鸡心黄皮主产于广州市郊，增城、清远、博罗、龙川等地有栽培，是对甜黄皮的总称。树势中庸，果穗大，坐果率高，平均单果重 7.2 g，果长心形，果皮较薄，黄色。果肉蜡白色，肉质细嫩，清甜，风味较淡，果汁少（图 30-4）。含可溶性固形物 15.8%，每 100 g 果肉含维生素 C 23.6 mg，总酸含量 0.15%，还原糖 5.66%，蔗糖 5.36%，全糖 11.02%，果实可食率 54.17%。平均种子 3.6 粒。7 月下旬成熟，丰产稳产，为鲜食迟熟品种。

图 30 - 3　禄田甜黄皮挂果状　　　　图 30 - 4　白糖鸡心黄皮挂果状

5. 岐山甜黄皮　以广州市黄埔区吉山大队岐山村主产而名。为早熟品种。一般树高 3～4 m，树干灰绿色，枝干密生，叶为互生奇数复叶，小叶一般 9 片，阔卵形，叶缘波浪形。果椭圆形，单果重 6～9 g，果皮深黄色，有油胞，肉味甘甜有蜜味，具有特殊香味。2 月上旬抽春梢，7～8 月抽秋梢，充实秋梢是次年结果母枝。3 月下旬开花，6 月下旬成熟。

6. 迟熟甜黄皮　树势壮旺，较直立。果大，平均单果重 12.1 g，果皮淡黄皮，果肉硬、脆，果皮与肉相连，甜味淡，品质中。含可溶性固形物 14.1%，酸 0.11%，种子多，平均 4.6 粒，可食率 62.81%。2 月上旬抽春梢，7～8 月抽秋梢。2 月现蕾，3 月开花，7 月成熟，较一般甜黄皮迟 10～20 d 成熟。

7. 水晶黄皮　别名白皮黄皮，产于广西玉林市柳州地区。果实圆球形，果皮黄白色，皮薄而光滑，具光泽，果实中等大小，平均单果重 4～6 g，种子 1.1 粒左右，果肉黄白色，味清甜，果汁稍少，含可溶性固形物 12.2%。果实于 6 月下旬至 7 月上旬成熟，是黄皮中较早熟的品种。

（二）甜酸类黄皮

1. 郁南无核黄皮　原产于广东郁南建城镇。在 1960 年广东全省水果资源普查时被发现。广东省农科院果树研究所于 1967 年种下株选良种嫁接苗几十株，1986 年广东省优稀水果评选会议中被评为广东省优质水果（图 30 - 5）。果穗较大，着果疏散，果粒大小均匀，果椭圆鸡心形，果顶棱角分明，果大，平均单果重 9.3 g，大者可达 29.3 g。果皮较厚，不易裂果，充分成熟果皮呈褐色，果肉橙红色，肉质结实嫩滑，纤维少，甜酸可口，果实含可溶性固形物 18.6% 以上，柠檬酸 1.74%，固酸比为 10.7：1，每 100 克果实含维生素 C 43.8 mg，还含有多种氨基酸。单独成片栽种该品种无核率达

图 30 - 5　郁南无核黄皮挂果状

95% 以上，少数有 1 粒退化种子，与普通有核黄皮混栽，无核率则降低至 65%，有核果也仅含 1 粒正常或退化种子。可食率达 85%。成熟期为 7 月中旬至下旬。对土壤适应性强，粗生易栽。定植后 3

年可投产，第七年进入盛产期，每 667 m² 产量可达 1 000～1 300 kg。

2. 大鸡心黄皮 主产广州市郊，广东全省各地均有栽培。果穗长大，果形似鸡心，果粒均匀、饱满，单果重 8～10 g，最大达 15 g。果皮较厚，蜡黄色。果肉黄白色，果汁多，味甜酸，有黄皮特有香气。肉质结实，较耐贮输。果汁可溶性固形物 12.0%～16.7%，全糖 10.55%，酸 1.02%，每 100 g 果肉含维生素 C 35.15 mg。种子 2～3 粒，可食率 47%～62%。7 月下旬成熟，为晚熟优良鲜食品种。适应性强，丰产稳产。

3. 金鸡心黄皮 即为选种大鸡心黄皮。是广州市果树科学研究所与广州市农牧渔业局、广州市白云区果树科从大鸡心黄皮芽变中共同选育而成的新品种（图 30 - 6）。该品种的植物学性状及适应性与大鸡心黄皮基本相同，但成熟期比大鸡心黄皮早 5～7 d，其果实品质、早结丰产性能都优于大鸡心黄皮。果实于 7 月上旬成熟，果大，平均单果重 9.7～10.5 g，大的可达 16～18 g，一穗果中的果粒大小较均匀，果实鸡心形，美观，果皮蜡黄色，充分成熟时果皮古铜色，风味好，甜酸适中；果实含可溶性固形物约 17%，每 100 g 果肉含维生素 C 35.15 mg。种子约 3 粒，可食率 61% 以上。

图 30 - 6 金鸡心黄皮挂果状

4. 大果黄皮 广西从鸡心黄皮品系中选出的优良单株。树圆头形，分枝能力强，枝粗壮，叶片宽大。果大，鸡心形，平均单果重 9 g，最大果重 14.6 g。果皮黄褐色，并随着成熟度增加而加深，果肉厚、坚实，黄白色，种子 2～5 粒，含可溶性固形物 13.5%，含酸 1.17%。

5. 长鸡心黄皮 原产广州郊区，广东各地有引种。果穗较大，着果密且均匀。果长鸡心形，中等大，单果重 8～10 g。果皮金黄色，较薄。果肉黄白色，肉质结实，味甜可口。果实含可溶性固形物 10.0%～14.0%，全糖 8.11%，酸 1.47%。每 100 g 果肉含维生素 C 26.29 mg。种子 2～3 粒，可食率 45%～62%。7 月下旬成熟。丰产性强。果形美观，是晚熟鲜食优良品种。

6. 阳山独核黄皮 产于广东省阳山县。果椭圆鸡心形，果顶棱角分明，果较小，单果重 5～6 g，果皮厚、黄褐色，果肉浅黄色，风味深。可溶性固形物 19.0%～21.0%，质优，种子 1～2 粒，无核 20%～30%，独核 60%～70%，2 粒种 10%（图 30 - 7）。植株丰产性强，100 多年树龄还连连结果，2003—2006 年株产 150～250 kg，是优良单株。

7. 龙山无核黄皮 1982 年在广东省揭西市在龙山海拔 190 cm 左右的山寨上发现（图 30 - 8）。该品种 1960 年种植实生树，三年后开始结果，无核率 95.6% 以上。与有核黄皮一起种植时，果实有核率达 92.77%。树势中等，发枝力较强。单果重 6～9 g，果圆卵形，果皮浅橙黄色，果肉蜡黄色，肉质细嫩，味酸，汁多，风味一般。果实含可溶性固形物 12.0%～15.0%，每 100 g 果肉含维生素 C 16.7～53.4 mg，总酸 1.32%～1.34%，还原糖 2.83%～3.71%，蔗糖 3.01%～4.59%，全糖 5.84%～8.30%，可食率 48.39%～61.45%。该品种较易成花，坐果率高，花穗大，结果多，单穗果重达 2.3 kg。在果实着色时开始裂果，果实商品率低。

8. 惠良 广东省潮州市饶平县樟溪镇主栽品种，种植面积约 167 hm²（图 30 - 9）。树势壮旺，枝条直立。单果重 8～13 g，果长鸡心形，果皮黄褐或古铜色，果肉蜡黄色，肉质细嫩滑，甜酸适中，风味浓。果实含可溶性固形物 12.0%～15.2%，每 100 g 果肉含维生素 C 26.9～33.7 mg，酸 0.93%～1.42%，还原糖 2.93%～4.22%，蔗糖 1.19%～4.64%，全糖 4.12%～8.57%，可食率 51.85%～63.28%。种子 3～5 粒。在广州表现，容易长冬梢，易感炭疽病。花穗长，果穗较大，较早熟。

9. 大牛心 主要分布在广东省广州市海珠区，因果大如牛心而称之。单果重 9～14 g，果椭圆形，果皮黄褐色或古铜色，果肉蜡白色，肉质细嫩滑，味酸汁多，风味中等地。果实含可溶性固形物 12.0%～14.0%，每 100 g 果肉含维生素 C 37.1～47.9 mg，酸 0.96%～1.13%，还原糖 3.03%～4.04%，蔗糖 1.84%～4.03%，全糖 4.87%～8.07%，可食率 56.25%～66.67%。种子 3～5 粒。成花较迟，花穗较大，常出现大小果，成熟不一，且风味偏酸，基本没有种植。为迟熟鲜食品种。

图 30-7　阳山独核黄皮挂果状　　　图 30-8　龙山无核黄皮挂果状　　　图 30-9　惠良黄皮挂果状

第二节　苗木繁殖

一、优良母树的选育标准

目前黄皮生产上应用的品种基本上是通过实生选育的优良单株，民间栽培大多以种子繁殖，而大面积的商业种植都是利用嫁接苗，一方面可以保持原品种的优良性状，提前结果；另一方面可利用砧木的优良性状，增强植株的适应性，提高产量和增加效益。作为苗木繁殖的母树，必须通过严格的筛选。鉴于目前黄皮生产以鲜食为主，作为优良母树应具有以下标准：

1. 优质　黄皮果形丰富，风味独特，不同种质具有不同的风味。选择鲜食品种，首先以鲜食风味为主，口感第一；如果口感不好，其他指标即使再好，也会影响其经济效益。优质鲜食黄皮应具有如下特点：

（1）甜酸类黄皮。①果长心形或椭圆形，单果重 8 g 以上。②果皮黄褐色或古铜色。③果皮甜或无味。④果肉细嫩甜酸适中且风味浓。⑤果汁适中，果实成熟时含可溶性固形物 18% 以上。

（2）甜类黄皮。①果圆球形或椭圆形，单果重 9 g 以上。②果肉清甜带蜜味且风味浓。③果汁适中，果实成熟时含可溶性固形物 15% 以上。

2. 丰产　黄皮的产量由单果重、穗重和果穗数量决定，所有这些因素，都与成花有关。优良母树应具有易成花、坐果率高、单果重和穗重较大，此外，果实大小要一致，成熟度要一致，果实成熟时不裂果或少裂果，这样才能保证其丰产性。

3. 早熟或迟熟　目前，黄皮生产上所种植的品种较单一，成熟期集中，降低了市场竞争力，早熟和迟熟品种有很高的经济效益。近几年我们对黄皮成熟期与经济效益调查发现海南岛黄皮在 5 月下旬开始成熟，每千克售价 30～40 元，在广东省粤西地区黄皮在 6 月开始成熟，每千克售价 20～40 元，粤中地区黄皮在 6 月下旬开始成熟，因种植面积大，是黄皮主产区，果实成熟较集中，每千克售价 6～16 元,广西黄皮在 7 月下旬开始成熟,主要的广东果商收购,售价每千克 6～10 元,福建因纬度较高,黄皮成熟较迟,一般在 8 月初开始成熟,售价每千克 20～30 元。

4. 抗逆性强 黄皮生长易受天气、环境以及病虫害等影响,只有具有较强的抗逆性,才能在更多地区、更大面积推广。

二、良种苗木繁殖体系的建立

1. 苗圃的建立 苗圃要设在交通方便、有水源和电源、地势平坦且排水良好的新垦地。要求地下水位 1 m 以下,土层厚 50 cm 以上,土壤质地良好,疏松肥沃,有机质含量在 1.5 g/kg 以上。育苗前必须整地,包括翻耕、平整、耙地,要求做到深耕细整,清除草根、石块,地平土碎,施足有机肥(如花生麸,腐熟鸡粪、猪粪等)。

2. 砧木培育 所有成熟的黄皮种子均可作砧木。在黄皮成熟季节,挑选个大、饱满的果实,取出种子,洗净,剔除细小的、发育不全的以及形状异常的种子,最好即采即播种。播种前先要整好苗床,每 667 m² 施有机肥如绿肥、堆肥等 1 000～1 200 kg,均匀撒于地上,经深耕细耙后,按畦宽 1.2 m,畦高 0.4 m、长 10 m 的规格整理苗地。营养袋育苗的,可用高 25 cm、宽 20 cm 的育苗袋,将表土、堆肥等按 3：1 混合成的营养土装入袋中,按长 8～10 m、宽 1 m 将营养袋排成畦。播种可点播,也可撒播或条播。点播:粒距 3～4 cm,将种子压入土后再薄盖一层细土,厚 0.8～1 cm;撒播:将种子均匀地撒于苗床,再用细土覆盖;条播:按行距 15～20 cm 开浅沟,深 2～3 cm,沿沟播下种子。营养袋育苗则在袋中间播 2 粒种子。播种后盖草并淋水保湿。为使种子发芽、出苗整齐,应根据苗床的干燥和气温的高低情况进行浇水,有 2/3 的种子出土时揭去覆盖物,同时应进行中耕除草,施肥宜勤施薄施。幼苗出土后,喷农用核苷酸或 0.1％ 尿素,促进叶片生长。长出 4～5 片叶时开始间苗,除去弱苗过密苗,株距保留 8～10 cm,行距 15～20 cm。育苗袋育苗每袋留 1 株。每次新叶生长时除了喷叶面肥外,还可适当施复合肥,防止叶片黄化或落叶,冬季再施 1 次复合肥,争取春季嫁接。

3. 接穗采集 从优良品种母树或优良单株选择充实健旺、芽眼饱满、无病虫害的老熟向阳枝条作接穗。为了提高嫁接成活率,可在嫁接前 6～7 d 进行摘心处理。接穗采下后去掉叶片,留下叶柄,用消毒后的干净湿布包好,再用薄膜包装,避免在阳光下暴晒。接穗采集应在晴朗的早上进行,雨天或高温时间最好不要采接穗。如果要在这时段采集,雨天接穗要晾干再包装,高温时接穗要降温后再包装。接穗最好随采随接,不宜久放,以免影响嫁接成活率。

4. 嫁接 黄皮整年均可嫁接,最适时间在 2～3 月和 8～9 月,其他时间成活率较低。2～3 月嫁接在春芽萌发前进行,苗木初夏可出圃。8～9 月嫁接在秋梢老熟时进行,苗木可在次年春季出圃。一般采取单芽切接,在砧木离地 15～20 cm 短截,沿形成层与木质部交接处垂直下刀,切口长约 1.5 cm,切口要平滑。接穗则在枝条下端距芽眼 0.3 cm 处斜削一刀,使枝条下端切成 45°角斜面,随后反转枝条,使平直面向上,下刀深达形成层与木质部交接处,刀口要切平。然后把接穗切口与砧木切口形成层对齐,再用嫁接薄膜全封闭包扎。

5. 嫁接苗管理 嫁接后 15～20 d,接芽开始萌动,不成活的要及时补接。壮旺的砧木抽出的蘖芽要及时除去,但生势弱的砧木可适当保留 1 个蘖芽,过度除蘖芽会影响接穗生长。当第一次新梢叶片开始老熟时,喷 1 次农用核苷酸,以后每次新梢抽出前施 1 次复合肥,叶片转绿时喷 1 次农用核苷酸,保证苗木正常生长,及时出圃。嫁接苗生长过程中,注意蚜虫、潜叶蛾、介壳虫、炭疽病、根腐病等为害,发现病虫害及时喷药防治。

6. 出圃 苗木粗度 1 cm,苗高 40～60 cm,有 1～2 条分枝,枝叶生长正常,无病虫为害,便可出圃定植。春植可裸根或带土,秋植要带土,才能保证成活率。

第三节　生物学特性

一、根系生长特性

黄皮根系好气，生长较浅，侧根须根发达，一般深度达 30～60 cm，宽度可至树冠滴水线外 30～40 cm。黄皮根系生长没有明显的休眠期，只要条件适宜，都能生长。每年 1～2 月春季现蕾期或春梢抽发前出现第一次生长高峰；在果实成熟采收后的 7～8 月，出现第二次生长高峰；在高温且秋季有雨的地区，9 月下旬会出现第三次生长高峰，诱发 10 月抽新梢，影响花芽分化。

二、枝梢生长特性

黄皮幼年树一年抽发新梢 4～5 次。幼年树第一次在 2～3 月抽发，是一年中较重要的新梢，肥水管理良好的果园该次新梢整齐、枝条长、叶片大，一般 40～60 d 老熟，在高温产区 45 d 左右老熟。第二次在 4 月下旬至 5 月抽出，叶片较春梢小，但枝条较春梢长。第三次在 6 月下旬至 7 月，因高温影响，叶片较小，枝条也短。第四次在 8～9 月，枝条较短。第五次在 10～11 月抽出，高温产区该次新梢能正常生长，在低温地区会出现冷害或冻害。

结果树一般一年抽发 2～4 次。新梢第一次在 2～3 月萌发，此次春梢为当年的结果枝。第二次在 6 月下旬至 7 月果实成熟或采收后。黄皮在果实成熟后，不管果实是否采收，从结果枝基部开始萌芽、长新梢，该次新梢因结果消耗大量养分，枝条较短，叶片较少，很快老熟。第三次在 8～9 月，肥水供应充足的果园，该次新梢生长较长且叶片较多，是次年的结果母枝。生长旺盛的树在 10 月中下旬 11 月上旬抽发第四次新梢，结合相应的栽培技术，仍可培养成次年的结果母枝。早熟产区，因采收早，枝条老熟时间短，可多抽出 1～2 次新梢。

黄皮新梢生长与其他果树不同，如果上次新梢复叶没有完全生长，在本次新梢抽出之前，上次梢不完整复叶会继续生长；直到复叶完全生长后顶芽才开始萌动，长出新梢，这一过程我们称之为"补叶"。在新梢生长过程中，遇上不良天气或缺肥、快水，新梢只生长一片复叶，就停止生长；等下次条件适宜时再接着生长。观察还发现，秋冬季期间新梢生长在适宜的条件下没有明显的停顿，只要条件允许新梢会不断生长，不像常规新梢生长那样，待叶片转绿后才抽发下次新梢。

三、花生长特性

黄皮的花芽为混合花芽，在 12 月至翌年 1 月进行花芽分化，在这个阶段所有发育充实、老熟枝条的顶芽或其下腋芽都能进行花芽分化。现蕾期为当年 12 月至次年 3 月，花穗生长期在 2～3 月，开花期 3～4 月。每花穗有小花几十至千朵以上，因品种、树龄、结果母枝状态和老熟时间而定。花在早上和下午各开 1 次，多在 7:00～9:00 开放，花药在 10:00 左右开裂，撒出花粉，雌花授粉在 10:00～12:00 时间段最佳。花在 14:00～15:00 开时，花药同时开裂，撒出花粉。单花花期为 8～12 h，单花穗花期为 20～30 d，整植株花期 30～60 d。

黄皮开花时间与开花时的温度有很大关系。已有的研究表明，黄皮花芽在日平均温度 14 ℃萌发，16.3 ℃开始开花。单花开放过程在日均温度 16.5 ℃需 4 d、日均温度 25.2 ℃则只需 2 d。花粉萌发也与天气有较大的关系，田间观察发现，当温度<15 ℃或温度>28 ℃时，花粉的萌发率很差；而在 18～24 ℃且天气晴朗时开花，花粉萌发率较高，其后期果实的坐果率也较高。

四、果实发育与成熟

黄皮自初花至果实开始成熟需时 70～100 d，其中幼果生长 30～48 d，果实着色 30～60 d，果实成熟 10～20 d。黄皮果实发育纵径呈双 S 形增长。生长过程可分为三个时期：果实快速生长期（果皮生长期）、缓慢生长期（种子速长及果肉出现期）和第二次果实快速生长期（种子充实及果肉速长期）。果实在生长过程中出现 4 个落果高峰。第一次落果高峰期出现在盛花后 14 d 内，主要是由于天气（如低温阴雨）或其他原因而导致授粉受精不良；第二落果高峰期出现在盛花后 15～45 d，持续时间达 30 d；第三次落果高峰出现盛花后 46～60 d；第四次落果高峰在采果前。第二、三次落果高峰出现的时间分别与果实的两个快速增长期出现的时间吻合，主要的果实之间养分竞争引起。在天气正常年份，一般管理正常的果园很少出现大量落果，只有弱树或缺乏管理的果园在幼果期（果实如绿豆大小）、果实着色期出现落果。黄皮幼果初期以果皮和种子生长为主，呈纵向生长，当种子成熟时，果皮开始退绿、着色，果肉开始生长，果实横向生长加快，在果皮完全着色后，果实的各种养分含量越来越高，最后达到各品种具有的特性和风味。

第四节　对环境条件的要求

黄皮原产我国南方，是亚热带常绿小乔木，耐阴，不耐低温，喜温暖、湿润的环境，在良好的生态条件下，才能正常生长。

一、温度

温度影响黄皮生产区的分布、影响其最终品质和产量的形成。黄皮喜温，年平均气温 20 ℃以上，1 月平均温度 12 ℃以上的地区为最适宜种植区，气温在 0 ℃以下成年树有受冻害的危险。在广东北回归线以北地区种植黄皮，常因 12 月、1 月的低温影响现蕾，容易出现冷害，严重时出现冻害，造成大小年结果现象。在广州下雨的冬季，气温<10 ℃时，嫩叶出现冷害，造成落叶，气温<5 ℃时，顶芽变黑变硬，推迟现蕾或不现蕾。在清远、英德北部有霜冻地区，冬季低温会造成黄皮死亡。20 世纪 90 年代，清远、英德黄皮发展很快，2008 年 1 月的低温后，大部分黄皮受冻害，面积骤减，许多果农改种柑桔或其他耐寒作物。黄皮新梢生长最适温度 20～25 ℃，气温>30 ℃时生长受到抑制，叶片退绿、黄化并脱落。现蕾期气温>10 ℃时开始现蕾，最适温度是 15～20 ℃。气温>15 ℃且湿度达到 70％时，会出现"冲梢"现象（花蕾停止生长而长出新梢）。气温>18 ℃黄皮开始开花，最适温度 20～25 ℃且晴天，花药开裂，花粉萌发，坐果率高。果实着色时气温>30 ℃且高湿，容易出现黑皮、果实皱缩、果实停止生长等现象。

二、水分

黄皮是周年常绿的果树，需要湿润的环境和充足的水分，在年降水量 1 200 mm 以上且分布均匀的地区，黄皮生长良好。黄皮根群浅生，好水好气，土壤过干过湿都不利于根系生长。排水不好的果园，大雨暴雨后要及时排水，防止水浸，引起烂根；干旱季节，果园要及时淋水，保证土壤湿润，保证根系正常生长。1～2 月干旱影响花穗抽发；2～4 月干旱影响开花、坐果；4～6 月干旱影响幼果生长；6～8 月干旱影响果实成熟；7～9 月干旱影响结果母枝生长；10～12 月干旱有利于花芽分化。1～2 月现蕾期遇上低温阴雨，花蕾发育差，小且黄化，严重时还会脱落。遇上高温多雨，容易出现"冲梢"，影响花穗质量或造成春梢生长。2～4 月开花期下雨，花药不开裂，花粉不能散发，影响坐果。4～6 月果实生长发育期，高温高湿天气，容易发生炭疽病，叶片发黄脱落；5～8 月多雨，影响果实成熟，容易引起裂果。7～10 月结果母枝生长期，有充足的雨水利于新梢生长。11～12 月花芽分化期遇上高湿多雨时，容易长出冬梢，造成来年无花。

三、光照

黄皮是较耐阴果树，需要一定的种植密度，但充足的光照，有利于叶片进行光合作用。树冠过于密闭，影响枝条生长，缩短叶片寿命，枝条细长且叶片薄易脱落。影响花芽分化，成花能力减弱，坐果率低，果实着色差，品质差。此外，还会诱发病虫为害。光照过强会抑制枝梢抽发，叶片退绿黄化，植株极易衰退。树冠修剪时要保持一定的叶幕，保护树干不被太阳直射。据观察开花、花药开裂和花粉萌发与光照有一定关系。开花期遇上阴天多雨时，开花推迟，花药不开裂，花粉萌发率低或不萌发，坐果差。2013年广州3～4月黄皮开花期连续下大雨29 d，好使温度达到18～25 ℃，但缺少阳光，田间调查结果显示，大部分种质花药不开裂，花粉不萌发，只有初花期和末花期晴天时开花才能坐果，大部分在阴天雨季开花的种质基本无果。

四、土壤

黄皮虽然根系好气，生长较浅，但对土壤要求不高，黏壤土、沙壤土、砾质土都可种植。以土层深厚、土质疏松、湿润、排水良好、富含有机质的沙质壤土或砾质土最为适宜。平地、山地都可种植，山地种植以南向或东南向山坡最好。地下水位较高的平地或水田种植时，要注意排泄水，起高畦种植。据观察黄皮植于地下水位较低、排水不良的黏壤土时，常出现烂根现象。黄皮不适合种于海滩围田地区，该地区秋冬季缺水土壤返盐，易伤根，叶片枯黄脱落；只有待春季下雨后，新梢再生长，最后植株因生长过于缓慢，没有足够的枝叶，不能形成产量。在广东的南沙地区、中山坦洲等围田区种植黄皮经常出现烂根、叶片黄化、植株不生长。

五、风

黄皮根系生长较浅，即使植株不高，但抗风能力也不强。沿海地区种植黄皮要种植防风林，台风来临之前，要加固树盘，支撑树干，减少风害。黄皮开花时需要微风，帮助授粉，提高坐果。

第五节　建园和栽植

一、建园

黄皮园地应选择排灌良好、疏松、肥沃、湿润的壤土、沙壤土和砾壤土。切忌植地积水、土壤黏重板结，也忌干旱、瘦瘠的土地。平地、丘陵和山地均可种植。建园时要根据地形和栽培方式，做好区间、道路、排灌和辅助设施的规划和建设。

（一）山地建园

山地果园水土流失现象比较普遍而且严重，必须在建园开始就要规划和兴建水土保持工程，根据地形地势，规划建设相对应的规格，防止水土流失，防止雨水冲刷，同时提高果园的保水能力，缓解干旱季节对果树的危害。

1. 修建水平梯田　在缓坡山地，应修建水平梯田，是保土、保肥、保水的有效方法，是治理坡地、防止水土流失的根本措施，也是山地果园实现水利化、机械化的基本建设。

梯壁可修筑成石壁梯田和土壁梯田。不论哪种梯田，均不宜修直壁，而应向内倾，垒石壁梯田大约与地面呈75°的坡度；筑土壁应保持50°～60°的坡度。不论石壁土壁，壁顶都要高出梯田面，筑成田埂。修筑梯田时，随梯田壁的增高，应以梯田面的中轴为准，在中轴线上侧取土，填到下侧，一般不需要到外处取土，保持田面水平。梯田面采用内斜式，整修梯田的横向上必须有0.2%～0.3%的比降，向泄洪（集水）沟处稍倾斜，才有利于排出过多的地表径流，防止梯田壁倒塌。梯田面宽度，最好少于4～5 m。梯田面平整后，以梯田面的中轴为准，在其内沿，挖一排水沟，排水沟按0.2%～0.3%的比降，将积水导入总排水沟内。在梯田面上栽植果树，应距梯面外沿约1/3田面的地方。

2. 建造防洪沟　在山地果园上方，果园与山林接壤处挖一道0.1%～0.2%的比降防洪沟。防洪沟对果园内水土保持作用甚大，防止洪水流入果园内，冲刷果园。在防洪沟上方种植树林，形成青山戴帽，防风保水防溢护土。

（二）平地或水田建园

平地建园宜选择地形较高，地下水位在 0.5 m 以下的地区建园。平地和水田种植黄皮关键是防止积水和沤根。地下水位较低的果园开挖深 0.6 m，长、宽各 0.8 m 的种植穴；地下水位高的果园要起高畦种植。按地形设置道路、排水沟，并按一定面积划分小区，便于管理。

（三）园区规划

1. 小区划分 平地果园小区面积 3.3～6.7 hm²，山地及丘陵地果园小区的面积 1～2 hm²。小区面积的大小要根据地形地貌因地制宜，使小区与周围环境融为一体。

用滴灌方式供水的果园，小区可按管道的长短和间距划分，用机动喷雾器喷药的果园，小区可按管道的长度而定，建筑物或水利设施可作栽植小区的边界。

2. 道路系统规划 果园的道路系统是果园中不可缺少的重要设施。在规划各线道路时，应注意与作业区、防护林、排灌系统、输电路线，以及管理等相互结合。果园道路系统在中型和大型果园，由主路（干路）、支路和小路组成。主路一般建在种植大区之间，宽 6～8 m。支路一般布置在大区之内、小区之间，一般长 4～6 m，并与主路垂直相接。小区中间和环园路，是田间作业用道，路面宽 1～2 m，应与支路垂直相接。

3. 排灌系统设置 排灌系统是水果农业的命脉，即使果树在整个生长周期相对其他农作物需水较少，但如果没有完善的排灌系统的果园，不可能获得优质丰产。

（1）排水系统。修建排水系统的目的在于减少地面积水和土壤中过多的水分，保证果树正常生长。平地一般可采用三级排水系统，即总排水沟、中排水沟和小排水沟。园区的四周设总排水沟，小区与小区之间设中排水沟，畦与畦之间设小排水沟；各级排水沟要相互连通。低丘缓坡地设置纵横排水沟，纵排水沟设在果园四周和果园道路两侧，沟深 80～100 cm，沟宽 50～60 cm；横排水沟设在行间，沟深 35～45 cm，沟宽 20～30 cm。

（2）灌溉系统。灌溉系统有渠道灌溉、喷灌、滴灌三种方式。果园常用渠道灌溉，主要优点是投资小，见效快，缺点是费工，水资源浪费大，易引起土壤板结，特别是长畦大漫灌，水土流失严重，同时又降低地温。滴灌可以避免渠道灌溉的缺点，但投资大。喷灌的投资和效益介于渠道灌溉和滴灌之间。

现代栽培技术提倡精准施肥，肥水一体化管理可达到此目的。通过叶片分析，检测果树不同生长期需要的各种养分，然后开出相应配方，把肥料溶解，通过灌溉系统来施肥，作物在吸收水分的同时吸收养分。肥水一体化管理可节省大量管理成本，及时提供养分，提高土壤肥力，促进根系生长，山地果园还可减少水土流失。

4. 防护林设置 黄皮在南部地区种植早成熟，经济效益高，如海南岛、粤西等地区。但这些地区经常有大风或台风，在向风的方向应规划防护林带。一些山地果园也常因冷空气入侵，影响植株生长，在冷空气入侵方向也要规划防护林带。林带距果树的距离，北面应不小于 20～30 m，南面为 10～20 m，为了不影响果树生长，在果树与林带之间挖一条宽 60 cm，深 80 cm 的断根沟。防护林应选生长快，防风效果好，适应性强，与果树无共同病虫害，与果树争夺养分矛盾小的树种。

（四）整地和改土

黄皮根系好肥好气，种植前必须进行整地和改土，改善土壤生态环境，利于根系生长，才能保证植株能正常生长。山地果园根据地势及种植密度挖种植穴，种植穴规格按深 60～80 cm，长和宽各 100 cm。并分层填埋绿肥、有机肥和化肥。底层 20～30 cm 先放杂草树枝和适当石灰，然后填 10 cm 左右表土；中层 20～30 cm 放腐熟有机肥；顶层培表土，并高出地表约 20 cm。平地果园因地下水位较高，一般不挖种植穴，挖条状种沟。规格按深 40～60 cm，宽 60～80 cm，填入腐熟有机肥，并培土高出地表 20 cm。

二、栽植

相对于其他果树而言，黄皮具有群体效应，适当密植有利于生长。一般株行距 3.0 m×3.0 m，每 667 m² 植 65～75 株。种植前按种植规格，固定种植穴，挖开种植穴，让根系自然分布，然后培土，并边培土边压土，让根系充分与土壤接触，植株固定后淋足定根水。如果种植穴没有充分下沉，苗木种植时要高出地表 20 cm 左右，留出下沉空间，避免苗木因下沉淹没了嫁接口，影响植株生长。植株种植后，起树盘并用杂草覆盖，要用树枝或其他材料固定植株，防止风吹倒伏。

新树施肥以"勤施薄施，一梢两肥"为原则。植株种植后，第一次新梢老熟，第二次新梢萌动时，开始施肥。每株施入 25 g 尿素，叶片转绿时，每株施入复合肥 50 g。天气干旱时，要及时淋水。及时除去蘖芽，还没有解除嫁接带的苗，及时解除。新梢 30～40 cm 时，可摘顶促分梢，培养早结树冠。

第六节 土肥水管理

一、土壤管理

（一）扩穴

黄皮根群好气好肥，为了确保植株正常生长，提高对不良天气的抗性，每年在冬季，结合控梢促花，扩穴压绿改土。黄皮 12 月现蕾，1 月花穗抽发，所以扩穴要在 10 月下旬至 12 上旬进行。一般沿滴水线向内 10 cm 处开始挖沟，长度与树冠直径一致，宽度和深度根据有多少肥料而定。每年扩穴两边，2 年时间完成四周扩穴。平地果园每年结合挖排水沟培土，及堆放有机肥达到改土目的。由于冬季干旱，土壤很硬，不利于操作，随着天气的变化，我们发现扩穴改土在秋梢生长期进行，更利于植株生长。扩穴时施肥除了大量的腐熟有机肥外，还要增加氮肥和复合肥，促进根系生长，及时抽出新梢。

（二）间作

黄皮幼树生长较快，新梢容易抽发，所以在植株还没有封行时，可间种一些豆科作物，除了增加土壤氮肥外，还可以利用作物枝杆压绿改土或覆盖树盘。当果园植株生长密度适宜时，果园不能再间种任何作物。黄皮果园平时可采用生草法管理，以不影响植株生长为原则，但要及时清除树盘周围杂草，山地果园可利用生草防止下雨时土壤冲刷，还可改善果园小气候，利于植株生长。当杂草长到一定高度时，可采用铲草机除草，不提倡使用除草剂。冬季清园时，要清除果园内所有杂草，并与表土、猪粪、牛粪或花生麸等混合，再加适当石灰分层堆沤，用薄膜覆盖、发酵，明年春季作有机肥覆盖于树盘周围。

二、施肥管理

（一）幼年树施肥

黄皮幼年树一年抽发新梢 3～5 次，种植后进入盛果期需 3～4 年。早期因根系少，生长弱，吸收能力差，要以勤施薄施、以氮肥为主配合磷钾肥为原则。新种苗木第一次新梢老熟后开始施肥，以后每次新梢萌动时每株施 50 g 尿素或复合肥，秋冬季为了保护叶片可喷 1～2 次农用核苷酸，1 月进行压绿改土，沿滴水线挖沟填埋绿肥、堆肥或优质有机肥如花生麸、鸡粪等。随着根群和树冠扩大，应逐年增加施肥量，当植株准备结果时，最后一次新梢停施氮肥，防止冬梢抽发，影响花芽分化。地下水位高或水田果园，每年冬季要适当培土，保护根系。

（二）成年树施肥

黄皮结果树每年消耗大量养分，且黄皮不耐瘠瘠，缺肥时容易出现叶片退绿，根系枯死，落叶，植株衰退等现象，所以黄皮施肥是获得优质、丰产、稳产的关键技术之一。成年结果施肥要根据不同生长阶段，施用不同的肥料种类才能达到最大的效益。管理正常的果园一般一年土壤施肥 3～4 次，外加适当的叶面肥。

第一次施肥在 1～2 月现蕾前后，目的是促进花芽分化及结果枝的生长发育。主要以有机肥和复合肥为主，如果植株生长较弱，还要增加适量的氮肥。干旱时最好施腐熟有机水肥如花生麸水或鸡屎水等，既可提供水分又提供肥效，对花蕾抽发有促进作用。春季高温的地区，要注意不能施过量速效氮肥，以免引发"冲梢"，影响花穗质量。

第二次施肥在盛花后，根据结果量和树势决定施肥量。经过现蕾、开花等阶段，植株消耗大量养分，加上黄皮坐果较高，如果缺乏养分供应，幼果生长必受阻。京戏以复合肥为主，适当增加钾肥和有机肥施用量。如果结果较少或树势较强壮，要注意控制氮肥的施用，氮肥过量会诱发夏梢抽发，引起落果。所以结果少的果园，可以不施肥。

第三次施肥在疏果后或果实开始着色前。果实开始着色，预示着种子成熟，果实转入以果肉生长为主的膨大生长阶段，果实的品质和风味以及产量和质量都在此阶段形成，如果养分供应不足，会影响果实品质和产量，严重时会出现大量落果或裂果。丰产树或树势偏弱的树，一定要注意提供充足的养分，最好施腐熟的有机肥与复合肥，如果叶片退绿，要增加氮肥的施用。

第四次施肥在采果前后，对结果树体的恢复和秋梢的抽发有促进作用。除了根际施肥外，还要根据实际情况，在不同生长阶段，追施农用核苷酸、细胞分裂素等叶面肥，保证果实正常生长。

三、水分管理

（一）灌溉

黄皮幼树定植时，要淋足定根水，以树盘土壤水分饱和为度。正常情况下每月淋水 1 次，直至成活。遇上干旱天气，要及时淋水。成年树在花芽分化期遇上干旱要淋 1 次"跑马水"，保持地表湿润，保证花芽分化。现蕾期干旱时要淋 1 次透水，促进根系生长，及时抽出花穗。采果后，秋梢生长期干旱时也要淋 1 次透水，保证秋梢生长。

（二）排涝

黄皮需要果园湿润，但根系不耐水浸，平地、水田种植黄皮因地下水位高或大暴雨过后不能及时排水，常出现烂根现象，引起黄叶严重时落叶死树。山地果园排灌系统不完善，大暴雨过后也会出现水浸现象。故此，平地、水田果园每年要疏通排水沟，降低地下水位，暴雨过后要及时排水，防止涝害。山地果园要完善排水设施，暴雨过后能及时排水，防止雨水冲刷造成局部水涝。有条件的果园为了节约用水及降低人工成本，可采用滴灌或其他水利设施，实现肥水一体化。有研究数据表明，与传统灌溉施肥相比，采用滴灌施肥技术能够明显加快无核黄皮的生长速度。

第七节 花果管理

一、控梢促花技术

黄皮以冬季低温、干旱作为花芽分化的条件，所以当气温开始下降，大气湿度降低时，枝条就停止生长，转入花芽分化。但如果冬季高温、高湿就容易出现冬梢抽发，影响花芽分化。据观察，黄皮末次秋梢最迟在 11 月下旬充分老熟，在 2 月上中旬开始现蕾，3 月开始开花。如果秋梢不能老熟，花芽分化将推迟、现蕾推迟常遇上高温，出现"冲梢"或不能成花。2006 年许多产区因冬季下雨且高温，在 11 月中下旬抽出新梢，2007 年成花减少，减产达 70％。所以防止或控制冬梢的抽发成为获得产量的关键。控梢促花主要技术如下：

（一）培养适时健壮秋梢

秋梢的质量对植株来年的产量有决定性的作用。秋梢肩负着提供花芽分化、现蕾、开花、果实生长发育、果实成熟及采收后树体恢复等养分的消耗，所以，秋梢的培养十分重要。根据不同品种花芽分化期，确定末次秋梢的老熟时间，然后根据各果园的管理水平和生态条件，确定末次秋梢的抽发时间和老熟时间，通过施肥、修剪、淋水等措施，让枝梢在花芽分化开始前老熟，枝梢老熟后马上进入花芽分化。

（二）药剂控梢

由于冬季气温较高且常下雨，枝条不能停止生长，影响了花芽分化。可喷具有抑制新梢生长的药剂如控梢灵、多效唑等。冬梢开始萌发时喷 1 次控梢灵或多效唑；末次秋梢不能按时老熟，可在新梢生长过程中喷 1 次控梢灵或多效唑，迫使枝梢停止生长，缩短枝条生长时间，按时老熟，按时进入花芽分化。

（三）物理刻伤控梢

土质肥沃，管理水平良好，植株生长旺盛的果园，药物不能控制新梢生长时，可用物理刻伤方法（环扎、断根）控梢。但植株不强壮且管理不到位的果园，不宜使用物理刻伤方法控梢，否则会引起黄叶和落叶，严重时会死树。山地果园或缺管理的果园要慎用此技术。

1. 环扎　用 14 号铁线环扎大枝，铁线入树皮为宜。但要时刻注意铁线是否被树皮包了，要及时疏扎。

2. 断根　当末次秋梢老熟或冬梢开始萌发时，沿树冠滴水线向内 20 cm 左右，挖施肥沟，深30～40 cm，宽 20～30 cm，长与树冠长度一直在 12 月上中旬结合施肥埋沟，埋沟后要淋 1 次透水，能达到控梢促花作用，对现蕾有促进作用。

在实际应用上，可同时结合多种方法，效果更优。如结合冬季清园及改土压绿，断根控梢；让树盘表土干旱，部分吸收根枯死，对抑制新梢生长有作用；或在树体抽出冬梢时，小面积果园人工摘除后，马上断根及喷控梢灵或多效唑。此外，在末次秋梢生长过程中，慎用氮肥，除了高温、高湿天气可引发冬梢生长外，盲目施用氮肥也是诱发冬梢生长的主要原因。

二、防止"冲梢"技术

"冲梢"是指在现蕾期、花穗生长期，因气候影响，生殖生长转向营养生长，最后花穗长成枝梢或花穗与叶片共同生长的现象。黄皮花芽是混合花芽，在花芽分化过程中，花原基与叶原基同时分化，现蕾期是以花穗生长为主还是以叶片生长为主，决定于当时的天气条件。黄皮在系统发育过程中，形成了现蕾期需要的外界条件是低温、适当的湿度、适当的光照。但当温度高于 15 ℃时，叶片不断生长，花穗衰退消失，出现"冲梢"。防止"冲梢"的主要技术有：

（1）培养适时的秋梢，让花芽正常分化，正常现蕾。

（2）防止"冬梢"抽发，保证花芽分化有充足的养分，及时现蕾。

（3）出现"冲梢"时，及时摘除叶片，或喷药迫使叶片停止生长且叶片转绿，仍能抽出纯花穗。

三、疏花疏果

（一）疏花

黄皮花穗大、花朵多，可以通过人工疏花或花穗，减少生殖生长树体养分消耗，保证坐果率及果实生长发育，利于采果后树体有足够养分恢复树势，减少大小所结果现象。减少花量可进行人工疏花或药物控花穗。由于黄皮开花时常遇上不良天气，低温、下雨严重影响坐果。2013 年广州地区从 3月中旬开始下大雨、暴雨近 30 d，正值黄皮开花，结果只有下雨前或雨后开化能坐果，所以黄皮疏花与其他果树有所不同。幼年树或树干矮的成年结果树，在开花前可进行人工疏花，疏除 1/3～1/2 花穗，从基部起留 4～5 级花枝，对提高坐果、果实生长发育和果实大小一致有明显作用。但树干过高不利于人工操作时，可通过喷控梢灵控制花穗生长。在花穗 10 cm 左右时喷 1 次稀浓度控梢灵（每包加水 30 kg），能有效地控制花穗长度。在现蕾期遇上高温，花穗出现徒长时，同样喷控梢灵控制花穗生长速度，对花蕾生长发育有利。

弱树或成花多的树通过疏花已不能达到保持营养生长与生殖生长平衡时，必须疏除花穗，在花穗10 cm左右，整穗花摘除，培养春梢抽发，利用新梢积累养分，供果实生长，通过疏除花穗可以克服大小年结果，防止植株衰退。

（二）疏果

黄皮为聚散圆锥形花序，完全花花朵多、花期长，坐果率高，早花与末花果实成熟差5～10 d，在疏花的基础上为了提高果实成熟度的一致性，还要进行疏果。疏果可分1～2次进行。第一次在谢花后15～20 d，主要疏除病虫害果、迟花果、畸形果、过密果等；第二次在果实着色时，把畸形果、迟熟果、小果疏除，保证果实大小较一致，成熟一致，便于管理采收，也利于树体恢复。如果人工紧缺也可在果实开始着色时才进行疏果。

四、保花保果

引起果树产量低或无果主要原因是授粉受精不正常，其次是营养不足，再者是激素不平衡，最后是病虫为害。为此，保证授粉受精正常的保果技术的关键，而花的质量与受精有极大关系，优质的花粉才能保证受精正常，所以花质的好坏对产量和质量有直接影响。

（一）培养健壮的花穗

黄皮花穗大、花朵多、开花期长，开花过程消耗大量养分，容易造成果实大小不一致，果实成熟度不一致，所以黄皮俗称"树上鹩哥，熟一个食一个"，就是指黄皮果穗果实成熟度不一致之故。所以，果实大小与成熟度是否一致是衡量产量和品质的标准之一。在生产调查中，我们发现35 cm以上长花穗，早期坐果差，果实大小和成熟度不一致，果穗长果稀疏，卖相不好；15 cm以下短花（一般冲梢花穗）坐果率高且果实大小、成熟都较一致，但在果实成熟对称中常出现裂果。25 cm左右的花穗坐果较高，果实大小和成熟度较一致，果实紧凑，商品价值高。要获得健壮的共穗，要培养适时健壮的秋梢，及时进入花芽分化，形成适宜的花穗。现蕾期、花穗生长期注意控制氮肥施用，不要盲目使用激素，防止花穗徒长。花芽分化期，遇上过度干旱，果园要淋水，保证花质。

（二）保证正常授粉受精

黄皮通过风和昆虫传播花粉，自然授粉率高，开花期天气正常，一般坐果率较高。影响黄皮授粉受精主要原因是品种自花不育，还有就是开花期遇上不良天气，影响授粉受精。据我们观察，蜜蜂是黄皮最好的花粉传播者，有条件的果园在黄皮开花时最好放蜜蜂。自花坐果较差的品种，应适当种植其他品种，帮助授粉，提高坐果率。如金鸡心黄皮、郁南无核黄皮等。

（三）使用生长调节剂

一般情况下，种子发育与果实发育是相互依赖和相互促进的，授粉受精作用的完成会增加子房中生长促进物质的含量，从而刺激细胞分裂，促使果实坐果和继续生长发育；而当授粉不正常时，内源生长促进物质含量会迅速下降，子房将停止细胞分类并脱落。因此，适当补充生长调节剂有利于促进果实生长，提高坐果率，可在盛花期、谢花末期和第三次落果高峰期喷施适量赤霉素、细胞分裂素（如CPPU）等。

（四）施肥

植株在生长过程中需要各种元素，保证其正常生长。黄皮花芽分化期、现蕾期、开花期、果实生长发育期都需要相应的营养，如果不及时供给，植株生长受阻，就会出现各种问题。

一般在现蕾期、幼果生长期及果实膨大期进行施肥。现蕾期遇上干旱时施水肥、复合肥和有机肥，既可保充水分又可增加养分；雨季施复合肥和有机肥，弱树还要追加适量氮肥，保证及时现蕾。幼果生长期根据果量及树势，施1次复合肥。果实膨大期根据树势、果量可再施1次复合肥。此外，还要根据具体情况喷施叶面肥。除了氮、磷、钾三大元素外，还要补充锌、镁、钙等中量元素，以及硼等微量元素。

第八节 整形修剪

一、幼年树整形修剪

黄皮幼树自然生长，在较高的位置才开始分枝，植株太高不利田间管理，也不符合早结丰产的要求，所以幼年生长期对树冠整形是获得丰产稳产的重要环节之一。幼年树以培养根群纵横向生长，增加枝条数量和扩大树冠为主。定植成活后，在树干 50 cm 处摘顶或短截，促使侧芽抽发，选 3～4 条生长健壮、分布均匀的枝条培养一级主枝，待枝条长至 3 cm 左右摘顶或短截，促其侧芽抽发，选留 2～3 条枝条培养二级分枝，用同一方法培养次一级枝组，经 3～5 年达到丰产树冠的要求。

二、结果树整形修剪

黄皮进入结果期后，植株生长周期分为营养生长期和生殖生长期两阶段。生殖生长期从花芽分化开始至果实成熟，在此阶段如果出现新梢生长会影响成花、坐果及果实质量和产量。采果后从 6～10 月为营养生长期，该阶段主要促进新梢生长，培养健壮结果母枝。

修剪一般在施肥后 7～10 d，芽开始萌动时进行。黄皮芽没有休眠，剪到哪里芽萌发到哪里，根据树冠需要短截和疏枝相结合，以增加枝条数量或更新树冠，迅速恢复树势，促进新梢抽发，培养健壮结果母枝，以保证树体有充足的养分积累，连年丰产、优质、长寿为目的。修剪时应尽量保留叶片，防止阳光直射树干。修剪后最后一次新梢老熟时，在正午阳光能穿过树冠照射到地上成梅花点，树冠枝条密度适宜。

黄皮开始结果后，因新梢生长次数减少，且养分消耗大，正常结果树枝条数量不会过多，修剪时要根据实际情况进行。黄皮修剪以疏枝及短截为主，尽量保留叶片和枝条数量，过度修剪不但影响来年的产量，严重时还会出现枝条枯死最终植株死亡。

结果正常且营养枝与结果枝比例适宜的树，修剪时只需要疏除病虫害枝、枯枝、阴枝、下垂枝和弱枝，盲芽结果枝、徒长枝根据需要进行短截或疏除。没有结果或结果少的树，对密闭的枝组进行"开天窗"疏枝，增加树冠透光透气，同时也要疏除不需要的枝条；果园出现密闭封行时，可根据具体情况采取相应的措施。

种植过密的果园首先进行疏株或疏行，然后对衰老枝组进行短截更新，重新培养结果枝组；果园密闭是由于没有及时进行修剪造成，要针对实际情况采取疏枝、短截或回缩等方法修剪，用 1～2 年重新培养健壮的树冠。

衰老树要进行更新修剪时要注意在适当的季节进行，一般在第一次春梢老熟后进行重回缩修剪，既能保证新梢抽发，还不会出现回枯现象，如果在夏秋季高温缺水时进行重回缩修剪，常常出现树体枯死。

三、根系修剪

南方果树因没有明显的落叶休眠期，对根系生长的重视不及树冠，对其研究就更少了。其实根系生长与枝条生长相同的特性，随着树龄的增加，根系水平生长离树干越来越远，吸收到的养分在运输过程中消耗不少，输送到树冠顶部枝叶相对减少，植株为了保持生长，树冠会出现内膛枝，内膛枝多少及出现高度，表示了植株根系营养运输水平和自身更新能力。内膛枝越多，表明植株对自身更新要求越强，出现位置越低表明根系运输能力衰弱，通常只有进行修剪，帮助植株树冠更新，而忽略了对根系的更新修剪。

黄皮根系修剪可结合改土施有机肥。利于 7～9 月南方雨水充足，沿滴水线向树冠内 10～20 cm，挖深 30～40 cm、宽 20～30 cm，长与树冠直径一致的施肥沟，其中适当断部分直径 1 cm 以上的大根，施入杂草、修剪后的枝叶、复合肥和有机肥，促进新根生长，增加新根数量，提高吸收养分能力。需要在冬季控梢促花时，也可沿滴水线挖施肥沟，沟深 30 cm 左右，长与树冠一致，宽 30 cm 左右，待到顶芽开始萌动时施肥埋沟，并淋水，促进新根生长，有利于现蕾。

第九节　病虫害防治

过去，黄皮一直在房前屋后零星种植，没有发现重大的病虫害。近年来，随着种植面积的不断扩大，为了获得高产，生产管理不规范，盲目使用农药、化肥，使得本来没有病虫为害的黄皮，也出现严重的病虫害，严重影响其产量和经济效益。因此，做好病虫害防治，关乎整个黄皮产业的可持续健康发展，具有重要的意义。首先要建立科学的果园耕作制度，合理密植；选用健康种苗；加强田间管理；及时摘除病虫枝和病虫果，收获后及时清除田内的病残体；增施有机肥，提高植株的抗性；合理安排采收期，防病菌侵染；果园周围不宜种植与黄皮有共同病虫害的作物品种。

一、主要病害及其防治

（一）黄皮炭疽病

1. 为害症状　黄皮炭疽病是生产上的一种常见病害，各生育期均可发病。为害叶片、枝和果实，造成叶斑、叶腐、枝枯和果腐等症状（图 30 - 10）。

（1）叶斑。叶片中央和边缘都可受害，病斑圆形或半圆形，可相互合并，灰白色，边缘水渍状，病健部分界明显。

（2）叶腐。常从叶尖叶缘处开始发病，病斑呈褐色腐烂，灰白色，无明显的病健分界线，5～7 d 可导致全叶枯死，叶柄受害变褐，易发生离层，而导致叶片早落、秃枝。

图 30 - 10　黄皮炭疽病

（3）枝枯。病部呈褪色坏死。

（4）果腐。病斑初为水渍状褐色小点，后扩展为圆形褐腐斑，表面生橘红色黏孢团，一般幼果比成熟果轻。

2. 病原　病原为胶孢炭疽菌（*Colletotrichum gloeosporioides* Penz），属半知菌亚门。

3. 发生规律　病菌以菌丝体和分孢盆及病残体上存活越冬，翌年以分生孢子通过风雨传播，从伤口侵入进行初侵染和再侵染而致病。全年均可发病，5～7 月进入发病盛期。温暖、潮湿的天气及荫蔽果园有利发病；低洼积水果园发病重；偏施氮肥或弱树，易诱发病害。

4. 防治方法　科学用肥用水，增强树势，提高植株抗病能力。雨后要注意及时排水，防止病菌侵染。做好冬季清园，清除病残枝叶并烧毁，减少越冬菌源。常发病的果园冬季清园后全园喷施石硫合剂 400～600 倍液或 30％＋50％退菌特（1：2）1 000 倍液或多硫悬浮剂 600 倍液 1 次。在新梢生长期、谢花期、幼果期、果实膨大期每隔 15～20 d 喷药一次，共喷 2～3 次。常用药剂有 70％硫菌灵可湿性粉剂 800～1 000 倍液；75％百菌清可湿性粉剂 500～800 倍液；50％加瑞农可湿性粉剂 1 000 倍液；50％施保功可湿性粉剂 1 000～1 500 倍液。

（二）黄皮梢腐病

1. 为害症状　黄皮硝腐病在各个生育期均可发生危害，其症状可分为梢腐、叶腐、果腐和枝条溃疡等 4 类。

（1）梢腐。幼芽幼叶变褐坏死，腐烂，潮湿时表面生白霉和橙红色黏孢团，顶部嫩枝受害呈黑褐色至黑色，病部干枯收缩呈烟头状。

（2）溃疡。枝条上病斑菱形，褐色，长 3～12 mm，隆起而中央下凹，表面木栓化粗糙。

（3）叶腐。常从叶尖叶缘开始褐腐，可扩展到叶的大部或全部，病健分界处常有一条波纹。

（4）果腐。病斑圆形、褐色、水渍状，潮湿时可产生大量白霉。

2. 病原　病原为黄皮砖红镰孢长孢变种（*Fusarium lateritium* Nees ex LK. var. *longum* Wollenw.），属半知菌亚门。

3. 发生规律　病菌以菌丝体、分生孢子、厚垣孢子在病部或病残体在土壤中越冬，翌年主要以分生孢子借雨水或水流传播，也可借施用带病残体沤制未腐熟的土杂肥而传播，病菌在植株伤口侵入，在根茎维管束内繁殖蔓延，通过堵塞导管，破坏输导组织，导致凋萎死亡。在广东一年四季均可发病，以 4～8 月为发病高峰期。定植 1～2 年后的幼树易发病，春梢病重于秋梢，刚抽出的嫩芽、嫩枝易感病，地势低洼、土壤湿润、排水不畅的果园易发病。

4. 防治方法　做好冬季清园，剪除病梢，清除地面落叶，集中烧毁或深埋，以减少菌源。加强果园管理，整治排灌系统，防治受涝、受旱；避免施用未腐熟的土杂肥；防过施及偏施氮肥，增施钾肥，提高植株抗病力。及时挖除病株，对初发病株可淋灌高锰酸钾 600～1 000 倍液、或多硫胶悬剂 600 倍液控病。根据植株大小，每株每次淋灌药 3～5 kg，每隔 7～10 d 施一次，连续 3～4 次。新梢萌发期喷洒 70％甲基硫菌灵可湿性粉剂 700 倍液，或 50％多菌灵可湿性粉剂 600 倍液，隔 7～10 d 喷一次，共喷 2～3 次。

（三）黄皮煤烟病

1. 为害症状　主要发生在叶片上，枝梢和果实也可受害。发病初期在叶片、枝梢等表面着生一层暗褐色小霉斑，后渐扩大布满黑霉，似覆盖一层煤烟灰，故称"煤烟病"。该病的发生会影响光合作用，导致树势衰弱，严重会引起叶片卷缩、凋萎，为害果实时，影响品质和产量。

2. 病原　病原为多种煤炱菌（*Capnodium* sp.），属子囊菌亚门。

3. 发生规律　病菌以菌丝体、分生孢子器和闭囊壳在病部及病残体上存活越冬。翌年春季，由霉层飞散孢子，借风、雨、鸟类传播。在蚜虫、蚧类、粉虱类害虫分泌物中生长繁殖，并随这些害虫的活动面消长、传播与流行。此病全年均可发生，以 5～6 月发病较为严重，栽培管理不良、郁蔽果园，均有利于发生。

4. 防治方法　注意种植密度，适度修剪，保持果园通风透光。加强肥水管理，培养健壮树势，提高树体抗性，减少为害。及时防治蚜虫、介壳虫等害虫，减少虫源。可选用 10％吡虫啉可湿性粉剂 2 000 倍液，或 10％氯氰菊酯乳油 2 000 倍液。发病初期可选用硫黄胶悬剂 300 倍液、30％氧氯化铜悬浮液 600 倍液抑制蔓延。

（四）黄皮树脂病

1. 为害症状　幼树枝干基部离地面 10～15 cm 处最易受害。发病初期，皮层破裂流胶，木质部中毒，呈褐色环形的坏死线，叶病发黄，叶脉发亮（明脉），呈萎蔫状，严重时植株干腐枯死(图 30 - 11)。

2. 病原　病原为黄皮拟茎点菌（*Phomopsis wampi* C. F. Zhang et P. K. Chi）属半知菌亚门。

3. 发生规律　主要以分生孢子器和分生孢子在病树组织内越冬。

图 30 - 11　黄皮树脂病

次年环境条件适宜、水分充足，潜伏的菌丝恢复生长，形成分生孢子器，分生孢子借风、雨、昆虫传播，从寄主伤口侵入为害。因此，能造成树体伤口的因素，如冻伤、机械伤、虫伤等，都有利于发病。

4. 防治方法 加强栽培管理，如增施肥料，改良土壤，防寒防冻，及时防治病虫害，增强树势，提高抗病力。在春芽萌发前及幼果期，可用50％硫菌灵可湿性粉剂600倍液，或30％氧氯化铜600倍液防治。用利刀割去病部，用75％酒精消毒，并用50％多菌灵可湿性粉剂100倍液，或50％硫菌灵可湿性粉剂100倍液，或58％瑞毒霉镁锌可湿性粉剂100～200倍液涂抹病部。

二、主要害虫及其防治

（一）蚜虫

1. 为害特点 蚜虫属称蟛、蜜虫、油虫，是为害新梢的主要害虫，其种类有桃蚜、橘蚜、绿线菊蚜等，属同翅目蚜科。寄主有黄皮、柑橘、桃、梨等多种果树。蚜虫以其若虫和成虫群集在新梢的嫩叶和嫩茎上吮吸汁液，被害嫩叶卷缩，阻碍生长；花和幼果受害后，严重时会造成落花落果。蚜虫排泄蜜露，诱发煤烟病，阻碍叶片的光合作用，严重削弱树势，产量大减，果实品质下降。

2. 形态特征 桃蚜（*Myzus persicae* Sulzer）无翅胎生，雌蚜体长1.4～2.0 mm，绿色、黄绿色、淡黄色、红色等。有翅胎生雌蚜体长1.7～2.1 mm，头、胸部黑色，腹部绿色、黄绿色、赤褐色、褐色等。桃蚜头部额瘤显著，因而头部前端中央陷入颇深，不同于其他几种蚜虫。橘蚜〔*Taxoptera citricidus*（Kirkaldy）〕无翅胎生雌蚜体长约1.3 mm，全体漆黑色，触角灰褐色，复眼红黑色。有翅胎生雌蚜与无翅胎生雌蚜相似，翅白色透明，前翅中脉分三叉。若虫体褐色，有翅蚜的若虫3～4龄时翅芽显现。绣线菊蚜（*Aphis citricolavander* Goot）体长约1.8 mm，无翅胎生雌蚜苹果绿色；有翅胎生雌蚜胸部暗褐色，腹部绿色。绣线菊蚜头部前缘中央稍微突出，因而与桃蚜头部前缘凹入有显著区别，尾片近圆形，基部稍宽（图30-12）。

A   B   C

图30-12 蚜 虫
A. 桃蚜 B. 橘蚜 C. 绣线菊蚜

3. 发生规律 蚜虫类一般年发生世代多，繁殖力强，若虫成熟为成虫后，在当天或隔天即能胎生幼蚜，如橘蚜在广东一年有24个世代以上，全年可进行孤雌胎生繁殖，无休眠现象。绣线菊蚜在广东一年发生30个世代，几乎全年可行孤雌生殖。在广东蚜虫以春末夏初和秋季发生最多，一般在干旱、气候较高的年份，发生早而严重，夏季高湿、相对湿度大的环境对其不利。

蚜虫的天敌种类很多，有多种食蚜的瓢虫、草蛉、食蚜蝇、寄生蜂、寄生菌等。

4. 防治方法 冬季清园结合修剪，剪除被害枝梢和虫卵，集中烧毁。每次放梢整齐，打断其食物链。减少喷药，保护天敌，减少为害。25％以上新梢发生蚜虫时，可选用10％氯氰菊酯乳油2 000～3 000倍液，或10％吡虫啉可湿性粉剂2 000倍液，或2.5％溴氰菊酯乳油5 000倍液，或3％啶虫脒乳油2 000倍液。

（二）白蛾蜡蝉

1. 为害特点　白蛾蜡蝉（*Lawana imitate* Melichar）又名青翅羽衣，俗称"白鸡"，属同翅目蛾蜡蝉科。寄主有柑橘、黄皮、荔枝、龙眼等果树。成虫和若虫聚集在枝梢、花穗、幼果、果梗上吸食汁液，并分泌许多白色絮状的蜡质物，致使枝梢生长不良，还能诱发煤烟病，受害严重可造成落果及降低果品质量。

2. 形态特征　成虫体长 17～21 mm，黄白色至碧绿色，被白色蜡粉。头尖、圆锥形，触角基节膨大，其余各节呈刚毛状。前翅黄白色或碧绿色，有蜡光，翅外缘平直，顶角几成直角，臀角尖锐突出。静止时，前、后翅合拢成屋脊覆盖于体背上。卵长椭圆形，黄白色，表面有细网纹，卵块长方形。若虫体白色，稍扁平，被白色蜡粉，腹末有成束粗长的蜡丝。

3. 发生规律　一年发生 2 代，以成虫在茂密荫蔽枝叶处越冬。春季回暖后即开始取食，交配产卵，卵产于嫩枝或叶柄组织中，常 20～30 粒排列成长方形。第一代卵孵化盛期在 3～4 月，若虫于 4～5 月盛发；第二代卵孵化盛期在 7～8 月，若虫于 8～9 月份盛发。卵期 20 d，若虫期 60～80 d，成虫寿命 57 d 左右。若虫有群集性，常三五成群上爬或跳动，扩散危害。在夏、秋两季、阴雨天多和雨量较大时，发生较为严重。成虫和若虫善跳能飞，如遇惊动，即纷纷跳跃和遁逃。在管理粗放，荫蔽的果园发生严重。

4. 防治方法　采果后结合修剪，剪除阴枝、过密枝和病虫枝，改善果园生态环境，保持果园、树冠通风透光，减轻为害和减少虫源。在 3 月上中旬和 7 月中下旬，成虫产卵初期和若虫低龄期喷药防治。可选用 90％敌百虫晶体 800 倍液，或 50％马拉硫磷乳油 1 000 倍液，或 10％氯氰菊酯乳剂 2 000 倍液。适时剪除有虫枝条，集中烧毁。

（三）堆蜡粉蚧

1. 为害特点　堆蜡粉蚧（*Nipaecaccus vastator* Maskell）又名橘鳞粉蚧，属同翅目粉蚧科。寄主有黄皮、柑橘、荔枝、龙眼等果树。成虫、若虫常群集在嫩枝、果柄、果蒂、叶柄、小枝上吸食汁液，同时分泌白色蜡质絮状物，并能诱发煤烟病。嫩梢被害，常引起扭曲、畸形。生长受阻，影响结果，果实被害，容易落果（图 30 - 13）。

图 30 - 13　堆蜡粉蚧

2. 形态特征　雌成虫体长椭圆形，紫酱色，体长 3～4 mm 触角及足暗草黄色，触角 7 节，全身被覆较厚的白色蜡粉，每一节上蜡粉分 4 堆，由前至后形成 4 行，虫体周缘蜡丝粗短，末对蜡丝粗而略长。卵椭圆形，黄色，藏在雌虫腹下白色带黄的蜡质棉絮状卵囊中。若虫紫色，外形似雌成虫。

3. 发生规律　在广州一年发生 5～6 代，世代重叠，田间各种虫态同时并存。以成虫、若虫在树干、枝条裂缝、卷叶等处越冬。翌年 2 月开始活动，4～5 月开始危害，其若虫发生期第一代为 4 月上旬，第二代为 5 月中旬，第三代为 7 月中旬，第四代为 9 月上旬，第五代为 10 月上旬，第六代 11 月中旬。一年中以 4～5 月、10～11 月虫口密度最大，危害最重，在干旱期间发生危害尤为严重。天敌已发现有多种寄生蜂和瓢虫。

4. 防治方法　新建果园要选用无病虫害苗木，防止通过苗木传播。结合栽培修剪，剪除阴枝、弱枝、病虫枝，减少虫源。抓住第一代若虫盛孵期和末期叶喷药 3 次，采取挑治或点、片喷药，以保护天敌。常用药剂有 20％喹硫磷乳油 1 000 倍液，或 40.7％毒死蜱乳油 1 000 倍液。

（四）柑橘木虱

1. 为害特点　柑橘木虱（*Diaphoring citri* Kuwayama）属同翅目木虱科。寄主有柑橘、九里香、黄皮等。成虫、若虫以刺吸式口器刺及叶片和嫩芽吸取汁液，被害嫩梢幼芽干枯萎缩，新片畸形卷曲。若虫的排泄物能诱发煤烟病，影响光合作用。

2. 形态特征　成虫体小，长约 3 mm，全体青灰色面有灰褐色刻点，被有白粉。头顶突出如剪刀状，复眼暗红色，触角 10 节，末端具 2 根硬毛，前翅透明，散布褐色斑纹。卵近梨形，橘黄色，表面光滑，顶端尖削，底有短柄插入嫩芽组织中。若虫扁椭圆形，背面略隆起，共 5 龄。体黄色，复眼红色，3 龄起体黄色带褐色斑纹，具翅芽，腹部周缘分泌有短蜡丝。

3. 发生规律　柑橘木虱在福州一年可发生 8 代，若虫周年有嫩梢的情况下，一年可发生 11～14 代。主要以成虫在叶背越冬。一年中主要在春、夏、秋梢的抽发期发生为害，以秋梢期虫量最多，危害严重，其次为春梢和夏梢期，成虫分散在叶片背面叶脉上和芽上栖悉取食，卵产于嫩芽的缝隙里，一个芽多的可有卵 200 余粒。成虫寿命长，越冬代寿命长达半年以上。温暖季节约 45 d 以上，平均寿命雌虫为 36.9 d，雄虫为 35.0 d。春芽期，卵期 8～9 d，若虫期 18.9 d；夏秋梢期，卵期 2 d，若虫期 9.8 d；10 月冬芽期，卵期 6～7 d，若虫期 18.6 d。

4. 防治方法　加强栽培管理，采用抹芽放梢，去零留整，去早留齐，使抽梢整齐，减轻为害。每次嫩梢抽发期，喷药保梢。可选用 2.5％溴氰菊酯乳油 2 000～3 000 倍液，或 10％吡虫啉可湿性粉剂 2 000 倍液防治。

（五）黄皮叶潜蛾

1. 为害特点　黄皮叶潜蛾（*Phyllocnistis wampella*）俗称"鬼画符"，属鳞翅目叶潜蛾科，是柑橘潜叶蛾（*P. citrella* Stainton）的近缘种。寄主目前仅黄皮一种。幼虫潜入嫩叶表皮下蛀食叶肉，形成弯曲隧道，被害叶严重卷缩，新梢生长停滞，影响树冠长成（图 30-14）。

2. 形态特征　成虫体长约 2 mm，翅展 5 mm，全体银白色，触角丝状，白色，近端部灰黑色；前翅披针形，银白色，翅基部有 2 条似青褐色条纹，中部有黑色 Y 形纹，在翅端有 1 黑色圆斑，其前方有白鳞片镶成不明显的半圆斑；后翅灰白色，缘毛白色。幼虫扁平无足，第三龄幼虫体长 4 mm，黄绿色，头扁平三角形，胸腹节每节两侧中部

图 30-14　黄皮叶潜蛾

有一小突起。卵：长 2.8 mm，黄褐色。头长三角形，头顶有倒 Y 形穿孔器，附肢长，触角入生足长于前翅，后足又微长于触角。8～10 腹节连在一起，短于第七节。蛹背面腹部第二节有许多背刺，3～6 腹节每节中部两侧有两个大型弯刺，8～10 腹节体表实密生细毛。

3. 发生规律　黄皮叶潜蛾在广东发活史未进行详细研究。经观察叶潜蛾幼虫潜叶，终身在隧道中生活，隧道蜿蜒弯曲，白色发亮，隧道无虫粪。叶潜蛾主要危害黄皮夏、秋梢，以秋梢期发生最盛。

4. 防治方法　抹芽控制夏梢和早发秋梢，切断虫源。掌握嫩叶受害率在 20％时喷药防治。可选用 10％吡虫啉可湿性粉剂 2 000 倍液，或 40.7％毒死蜱乳油 1 000 倍液，或 20％甲氰菊酯乳油 2 000 倍液。

（六）咖啡木蠹蛾

1. 为害特点　咖啡木蠹蛾（*Zeuzera coffeae* Nietner）属鳞翅目木蠹蛾科。寄主有黄皮、荔枝、龙眼、柑橘、枇杷等多种果树。幼虫危害苗木主干或大树树冠上部的枝梢，蛀食木质部，致使被害部枯死，或多被大风吹折（图 30-15）。

图 30-15　咖啡木蠹蛾

2. 形态特征 成虫体长 18～22 mm，翅长约 45 mm，体覆有灰白色鳞毛，体、翅都散布有墨兰斑点。雌蛾触角丝状，雄蛾触角基部羽毛状，端部丝状。卵长椭圆形，两端钝圆，杏黄色。幼虫老熟幼虫体长 35 mm，红色，前胸背板硬化，黑色，后缘有棕色锯齿状小刺一排，臀板黑褐色。蛹长圆筒形，赤褐色，头部有一个突起。

3. 发生规律 一年发生 1～2 代，以幼虫在被害的枝干内越冬。次年 3 月开始活动取食，4 月上旬至 6 月中下旬化蛹，4 月底 5 月初成虫开始羽化，5 月下旬为羽化盛期，蛹期 10～20 d，成虫黄昏后活动，有趋光性。卵块产于树皮缝隙处，亦有散产于嫩梢顶端或腋芽处，卵期 10～15 d。初孵幼虫群集取食卵壳，2～3 d 开始扩散，从嫩梢顶端几个腋芽蛀入，向枝条上蛀食，然后在木质部与韧皮之间绕枝条蛀食一圈，蛀入孔圆形，带有木屑排出孔外，多数向外钻蛀孔道，10 月下旬或 11 月初停止取食，末龄幼虫在蛀道内化蛹。

4. 防治方法 在 5～6 月进行灯光诱杀成虫。结合修剪，剪除被害枝，集中烧毁。用 80% 敌敌畏乳油 10～20 倍液堵塞被害蛀道，然后用湿坭封闭道口，毒杀幼虫。

（七）柑橘红蜘蛛

1. 为害特点 柑橘红蜘蛛（*Panonychus citri* Mcgurgory）又名柑橘全爪螨，瘤皮红蜘蛛，红叶螨等，属蜱螨目叶螨科。寄主有柑橘、黄皮、荔枝、香蕉等多种果树。近年发现为害黄皮时，果有逐年严重趋势。以成螨、若螨和幼螨刺吸叶片，枝梢和果实汁液，被害叶片出现失绿斑点，果实变黑，果皮出现褐色小点，影响树势和产量。

2. 形态特征 雌成螨体长 0.26～0.35 mm，近椭圆形，紫红色，背有 13 对瘤状小突起，每一突起着生 1 根白色刚毛，足 4 对。雄成螨体略小，鲜红色，后端略尖，似楔形，足较长。卵扁球形，红色有光泽，顶部有一垂直的长柄，柄端有 10～12 根向四周辐射的细丝，可附着枝叶表面。幼螨体长 0.2 mm，近圆球形，足 3 对。若螨形状、色泽近似成螨，但个体较小，足 4 对。

3. 发生规律 一年发生的世代数与柑橘产区年平均温度有关，在广东年平均气温 21 ℃ 的地区，一年发生 12～15 代。夏季在平均气温 25 ℃，相对湿度 85% 左右，完成一世代需 14～16 d，其中产卵前期 1.5 d，幼螨期 2.5 d，前若螨、后若螨期各 2～3 d，成螨产卵前期约 1.5 d；气温 30 ℃ 左右时，完成一世代需 13～14 d；冬季 12 ℃ 左右时，一个世代周期 63～71 d，其中成螨产卵前期和卵历期各 20 d 左右。世代重叠，多以卵和成螨在叶背越冬。在广东柑橘上，春梢期（4～5 月）和秋梢期（9～10 月），在温度和食料上适宜其繁殖条件时，会形成两个明显发生高峰，夏梢期气温高，只形成一个次高峰。在幼年柑橘园，田间气候变化大，夏梢期可严重发生。

4. 防治方法 做好冬季清园，结合修剪，剪除病虫枝，减少虫源。采果后至春芽萌发前，认真进行喷药，消灭越冬虫源。加强栽培管理，提高植株抗虫能力。改善果园生态环境，避免滥用农药，为天敌种群提供繁衍的良好场所。做好预测预报，定点定株进行检查，挑治中心虫株，避免全园盲目喷药，以利于保护捕食螨、食螨瓢虫等天敌。做好虫情检查，局部发生时进行挑治，当 100 片叶平均虫口 1～2 头时，进行全面喷药。药剂可选用 25% 单甲脒水剂 1 000～1 500 倍液，或 1.8% 阿维菌素乳油 2 000～2 500 倍液，或 5% 尼索朗乳油 3 000～5 000 倍液，或 50% 溴螨酯乳油 1 000～2 000 倍液。

第十节 果实采收及贮藏保鲜

一、果实贮运特性

黄皮果实为浆果，属于非呼吸跃变型果实。其外表皮薄，只有 2～3 层细胞构成；表面无角质层，蜡质层薄，有明显裂隙；外表皮薄且结构疏松，表皮组织与薄壁组织间有较大空腔，这些空腔与果皮外表面上的开口相同。这一特点使得黄皮组织易受到机械损伤，并使得病原微生物容易侵入果实内部。新鲜采收黄皮果皮中既有病原微生物潜伏，随着贮藏时间延长，黄皮果外表皮病原物大量繁殖，表皮毛与蜡质层脱落，气孔也逐渐闭合。黄皮成熟期正值南方6～8月，隔夜即明显褐变，2～3d便失去商品价值，因此耐贮性较差。

二、采收原则

黄皮花穗为圆锥形，花穗含花量多，开花期长，初花与末花的幼果生长所需时间并不相同，因此，黄皮果实普遍存在成熟期不一致的现象。采收时，应该根据品种特点、销售距离以及果实用途的不同对果实进行适时、分批采收，过早或过迟采收均不合适。黄皮过早采收则风味偏酸偏淡，营养价值较低；而过迟采收虽风味浓郁、营养丰富，但又不耐贮藏。黄皮采收一般以八九成熟最为适宜。远距离销售用果或加工成果脯用过，可适当早采（以八成熟较好），就地鲜销用果或加工成果汁用果，可在九成熟后采收。实际操作时可根据果实成熟时果皮的颜色及果实可溶性固形物含量综合判断，决定采收最佳时期。就目前较大面积种植的金鸡心黄皮而言，果皮呈黄褐色，可溶性固形物含量在17%左右时为最佳采收时期，该品种具有的风味已表现出来，如果可溶性固形物含量达到18%以上，果实成熟度过高，不利于长途运输，果品损耗率高，经济损失严重。而甜黄皮类最早可在果实完全褪绿并开始表现该品种果皮特有的色泽时进行，过早采收严重影响果实品质和产量。

此外，黄皮成熟期正逢台风季节，风害常造成很大损失，为减少风害和骤雨后裂果和损失，对黄皮要抓紧适时采收、抢收，必要时还要提早采收。

三、采收

黄皮肉质柔软多汁，果皮很薄，易受机械损伤而导致病原菌侵染，因此在采收以及采后贮藏和运输过程中应尽量做到轻拿轻放、轻装轻卸。采收前1周内不宜淋水或灌水，一般在早上或今晚气温较低时采收，禁止在高温、雨天采收。采果时，一手拿果穗基部，另一只手拿剪从果穗基部并带半节结果母枝剪下，再剪掉青果、劣质果、病虫害果、烂果等，放入适宜的薄膜袋中，一穗一袋，一袋一袋整齐叠放在果筐内，防止果穗和果实间相互挤压而造成损伤。装满后运回冷库进行预冷，再进行保鲜处理。

四、采后贮藏保鲜

黄皮果实耐贮性较差，因此采后的保鲜处理对黄皮贮藏至关重要。目前常见的保鲜技术主要有：

（一）低温贮藏保鲜

低温贮藏是延缓园艺产品采后成熟、抑制采后病害发生的常用手段。贮藏温度的选择是低温贮藏保鲜技术的关键，不同黄皮品种最适贮藏温度略有差异。如大鸡心黄皮的最适贮藏温度在2～12℃，在这个范围内温度越低，保鲜效果越好。而郁南无核黄皮则在4～8℃贮藏对抑制黄皮贮藏期病害及保持果实风味、硬度以及营养成分效果最好，超过8℃果实容易遭受真菌侵染，产生白霉、绿霉等，而在4℃以下贮藏时虽然霉变果少，但易产生冷害，导致果皮凹陷。因此，如要达到最优的保鲜效果，不同黄皮品种应当做预备实验，以确定最适贮藏温度。

（二）热处理保鲜

采后热处理保鲜是国内外近年来发展起来的一项环境友好型果蔬保鲜新技术，也是一项有机保鲜技术，能够有效抑制贮藏冷害的发生、防止病虫害以及延长贮藏期，在崇尚绿色、有机食品的今天有着广阔的发展和应用空间，目前已被广泛应用于水果的采后处理。热水处理是热处理最简单可行的一种，目前黄皮热水处理的常用温度在50～60℃，处理时间也各不相同，从10s到20min不等。郁南无核黄皮采用50℃热水浸泡1min处理能有效延长采后果实保鲜寿命；海南本地黄皮果实以55℃热水浸泡10s效果最好，贮藏效果最佳；而鸡心黄皮则以50℃热水处理20min保鲜效果最好。

（三）涂膜保鲜

可食性涂膜剂处理可在果实表层形成一层透明薄膜，有效抑制水分的蒸发及呼吸强度，延缓果实后熟衰老，提高商品价值，是保鲜水果的理想材料。目前在黄皮上应用的可食性涂膜剂有壳聚糖、羟甲基纤维素和海藻酸钠等，其中以壳聚糖处理效果最好。如采用 1.5% 壳聚糖浸泡处理能够将海南本地黄皮果实贮藏期延长至 28 d，好果率在 84% 以上，能明显抑制果实质量损失，维持较好的果实品质。

（四）化学保鲜

应用植物生长物质是控制果实完熟的有效手段。无核黄皮果实采后用 6 - BA、GA_3 或 2,4 - 滴处理均能在一定程度上延缓果实的后熟衰老进程，其中以 20 mg/L 6 - BA 浸泡 1 min 处理效果最好，可延长无核黄皮果实贮藏保鲜期 4 d 左右。

施保功是一种新型的防腐保鲜剂，对柑橘等水果贮藏期的各种病害均有很好地防治效果，且使用安全、可控，具有很好的应用前景。采用 200 mg/L 和 400 mg/L 施保功浸泡 1 min 处理的黄皮贮藏 6 d 的好果率比对照提高 17% 以上，并能有效延缓病情指数的上升，且处理简便、安全可靠，值得在生产上推广应用。

1 - MCP（1 - methylcyclopropene）为近来发现的一种新型乙烯受体抑制剂，能够阻断内源乙烯的信号转导，抑制其所诱导的与果实后熟相关的一系列生理生化反应。使用 1 μL/L 的 1 - MCP 处理能够在一定程度上减缓无核黄皮果实品质的劣变，提高贮藏期的好果率及可食率。

（五）MAP 保鲜

MAP（modified atmosphere packaging）保鲜技术，即自发气调包装保鲜技术，是利用果实呼吸消耗 O_2、产生 CO_2 的特性，根据果品呼吸强度，选择不同透气率的包装膜以及调整单位面积的装果量，以保持保鲜袋内合适的 O_2/ CO_2 浓度比例，从而达到延缓果实衰老、延长保鲜期的目的，是一种绿色环保的保鲜技术。大鸡心黄皮采用 0.025 mm 厚的 PE 膜包装，在 2～4 ℃ 下贮藏 35 d 后好果率在 82.8% 以上，且保持较好的品质。因此，MAP 保鲜技术在黄皮上具有较好的应用前景。

黄皮保鲜是一项复杂的系统工程，虽然目前已提出多种采后处理技术，但多数仍处于研发阶段，实际推广应用的技术不多。因此，要真正解决黄皮贮运保鲜的问题，还须加大科研投入，果农、企业和科研院所等各方面也应通力合作，加速成果转化，共同促进黄皮产业的可持续发展。

第三十一章 莲 雾

概 述

一、栽培意义

莲雾（*Syzygium samarangense* Merr. et Perry），又名洋蒲桃、水蒲桃、金山蒲桃、辈雾、爪哇蒲桃等，是重要的热带水果。莲雾生长速度快，树姿优美；花期长，花浓香，花形美丽；挂果期长，果实钟状，果形美，果色鲜艳，有乳白、粉红色、大（深）红色、血红（大红）、暗紫红色、淡绿、淡红色、青绿色等多种颜色，因此也是热带亚热带地区重要的庭院绿化植物。莲雾果实皮薄，果肉白酥脆可口，甜而不腻，有特殊的香气，无种子或细小，在炎热大夏季，经冰冻后食用，清凉可口，是消暑的佳果。果实营养全面，王晓红对莲雾营养成分分析结果表明，每 100 g 莲雾果肉组织中，水分含量 90.8 g，总糖含量为 7.7 g，蛋白质含量为 0.7 g。另外，甘志勇等测定了'黑珍珠'莲雾果实中的矿质营养成分，为钙 37.9 mg/kg、镁 49.7 mg/kg、铁 1.33 mg/kg、锰 1.1 mg/kg、锌 0.98 mg/kg。

莲雾药用价值高，其性平，有润肺、止咳、除痰、凉血、收敛的功效，主治肺燥咳嗽、呃逆不止、痔疮出血、胃腹涨满、肠炎痢疾、糖尿病等症，与冰糖一起煮食可治疗治干咳无痰或痰难咯出。莲雾用途广泛，果实除鲜食外，还可加工成果膏、果汁、蜜饯、果脯、果酒等。莲雾果实以外的其他部分也有广泛的用途，花可以制花茶，滋味醇和甘甜；叶片晒干后可以作为药茶饮用，具有退热降火的功效；根有去湿止痒的功效，可作为药材使用。

莲雾生长速度快，种植后第二年即可少量投产，第三年可正式投产，其具有一年多次开花的特性，可以进行产期调节，其中的反季节冬春果，品质特优，而且此时正是水果淡季，价值高。

二、栽培历史与分布

莲雾原产于马来半岛、印度尼西亚以及安达曼和科巴群岛，早在 17 世纪由荷兰人自爪哇引入我国台湾地区，在 100 多年前引入广东、福建等地，初期作为庭院观赏树种植，后来由于栽培管理技术的改革，才成为重要果树之一。

广西亚热带作物研究所和广西大学农学院于 20 世纪 80 年代初期自台湾屏东引进黑珍珠在南宁试种；海南省农业科学院热带果树研究所于 2001 年从泰国引进印泰莲雾（也称印度红莲雾）在海南试种；广东省潮州市果树研究所于 2001 年引进大粉红莲雾品种；云南省的元江县和元谋县从台湾地区引种试种黑珍珠等品种。经过多年的引种试种，截止到 2011 年，广东、福建、云南、广西、海南等省均有种植。其中，海南省莲雾种植面积超过 3 333.3 hm²，产量超过 3 万 t，经济效益超过 9 亿元。

第一节 种类和品种

一、种类

莲雾（*Syzygium samarangense* Merr. et Perry）为桃金娘科（Myrtaceae）蒲桃属（*Syzygium*）

果树。在蒲桃属植物中，果实可供食用的有 12 种，主要栽培的有以下 5 种[5]：

1. 莲雾（*Syzygium samarangense* Merr. et Perry）　莲雾是蒲桃属植物中栽培最广的一个种。热带常绿乔木，树高可达 10 m 左右，树干分枝多，灰褐色。幼叶紫红至红色，成熟叶深绿色，叶片宽大对生，椭圆形或长椭圆形，先端钝或稍尖。花序为聚伞状花序，顶生或腋生，萼片 4 裂，花瓣 4 枚，雄蕊多数。果实钟形或扁圆锥形，果皮薄，表面覆盖有蜡质，有光泽。果肉白色、海绵质，味酸甜。种子小，1 粒或无，正造果一般在 5～6 月成熟。

2. 蒲桃（*S. jambos* Alston）　蒲桃为常绿乔木，树干分枝多，树皮光滑，灰褐色。叶片细长，披针形或长椭圆形，全缘，革质，深绿色。花序为顶生的总状花序，萼片 4 裂，花瓣 4 枚，雄蕊多数。果实球形，果皮薄，黄色，果肉较硬，汁少，味甘甜。种子 1～2 粒，具多胚性。

3. 马六甲蒲桃（*S. malaccense* Merr. et Perry）　又名马来蒲桃，大果莲雾，原产于马来西亚，喜温暖潮湿的环境，不耐旱也不耐寒。果实梨形，白色和红色，有薄荷的香气，风味佳。

4. 水蒲桃（*S. aquea* Burm. f.）　原产印度南部，果实白色或粉红色，透明，果肉爽脆多汁，维生素 A 含量高。产量高，但不耐寒，只适合在赤道地区栽培。

5. 乌墨蒲桃（*S. cuminii* Skeels）　原产印度和马来群岛，果实深紫色至黑色，果小，长 1～2 cm，果皮薄，果肉厚，汁多，微带酸味和涩味，主要用于鲜食和盐渍。

二、品种

莲雾是蒲桃属植物中栽培最广泛栽培的种，根据果实的颜色，莲雾品种主要可以分为大红色、粉红色、淡红色和绿色莲雾等。

1. 大红莲雾　果皮深红色，果实小，果形较扁，但可溶性固形物低，一般在 5％以下，果肉带有涩味，品质较差，但耐贮藏。

2. 粉红莲雾　果皮粉红色，果实大，可溶性固形物可达到 6％，果形和果皮色泽美观，产量高，是品质较优的品种。

3. 绿色莲雾　绿色莲雾又称二十世纪莲雾，全果绿色，果皮有光泽，单果重 48 g，果肉清甜爽口，可溶性固形物达到 9％，是莲雾品种中甜味最高的品种之一。

4. 淡红莲雾　淡红莲雾果皮淡红色，可溶性固形物可达到 7％，果实中等大小，产量偏低。

第二节　苗木繁殖

莲雾育苗主要采用嫁接、圈枝和扦插等繁殖技术。

一、嫁接苗培育

莲雾苗圃地宜选择排灌良好、背北向南的平地或缓坡地，避免北坡或西向坡地，以土质疏松壤土为宜，不宜在沙质土上建苗圃。

（一）砧木苗的培育

1. 种子的采集　一般以蒲桃作为砧木，从丰产稳产、适应性强的蒲桃优良母树上采集充分成熟的果实，取出种子，把种子洗干净，去除不充实的种子，晾干。蒲桃种子需要经过后熟才能播种，晾干的种子需要经过 1～2 个月的贮藏才能后熟。蒲桃种子的发芽率低，一般只有 13％～28％，但种子具有多胚性，每粒种子可以长出 3～4 株苗。

2. 播种　播种时间一般在 8～9 月，播种时间过迟幼苗易遭受寒害。为了提高种子的发芽率，可以用 0.1％赤霉素（GA₃）溶液浸种 6～8 h，晾干后播到苗床上，用河沙或火烧土覆盖，再铺一层稻草，充分浇水，经常保持湿润。播种后需要保持介质的湿度，同时也要防止水分过多。播后一般 7 d

开始萌发，此时要注意把稻草揭开，如果气温太高要搭遮阴棚，冬天要搭拱棚并盖塑料薄膜防寒。

3. 出苗后管理 当幼苗生长至 5～6 cm 时即可移栽，移栽后要淋足够的定根水，当移栽成活后约 4 周即可施肥。施肥掌握勤施薄施的原则，可以施稀的水肥。

（二）嫁接技术

1. 接穗采集 接穗采自品种纯正、质优、丰产的莲雾母树，枝的粗度与砧木相近或略小于砧木，枝条生长充实，以树冠中上部健壮的、已木质化的一年生枝条较适宜。接穗采后应立即剪除叶片，用湿布包裹保湿。接穗采集后应尽快嫁接。

2. 嫁接方法 莲雾嫁接可采用切接法和腹接法，以切接法的成活率较高。张绿萍和金吉林比较了莲雾不同嫁接方法对嫁接成活率的影响，结果表明切接的成活率达 62%，而腹接法的成活率只有 39%。

3. 嫁接后管理 一般嫁接 10～25 d 后，成活的芽即可以萌发，嫁接后要经常检查成活率，并注意抹除砧木上的萌蘖。未成活的植株应及时补接。嫁接口已经充分愈合后要及时解绑，采用腹接法的嫁接苗要及时去顶。嫁接成活后，植株应及时施肥，施肥掌握勤施薄施的原则。

4. 嫁接苗出圃的标准 嫁接苗出圃的标准为砧木和接穗亲和良好，嫁接口平滑，上下生长均匀，叶片浓绿有光泽，嫁接口离地面 20～30 cm，苗的高度达到 50～60 cm，有 3～4 条分布均匀的分枝，枝杆粗壮，根系发达，没有检疫性病虫害。

二、圈枝苗培育

圈枝苗也称空中压条苗，其操作简便，可以快速培育大苗，但需要损耗较多的材料。一般在每年的 4～5 月生长季节开始培育圈枝苗，此时树液流动快、容易剥皮，成活率高。供圈枝用的枝条最好平直，生长健壮，叶片浓绿、有光泽，粗度达到 2～3 cm，以树冠中上部的向阳的枝条较为理想。圈枝的方法是在枝条的基部环剥 2～3 cm，刮掉附在木质部上的形成层，再用塑料薄膜包上疏松透气、保水良好的基质，可以采用椰糠、木屑、苔藓、泥炭土等基质，一般经过 1～2 个月后便有新根的发生，待发出 2～3 次新根后即可把圈枝苗锯离母树，同时剪除大部分的枝叶，以减少水分蒸腾，然后假值到苗圃，当再长出 2～3 次新梢，且末端枝梢成熟后即可出圃。

三、扦插苗培育

莲雾扦插容易生根，可以采用扦插的方法繁殖，方法简便，耗材较少，可以快速培育出大量的苗木。扦插的时间掌握在春梢萌发前，选择枝条充实饱满、叶片浓绿有光泽的 1～2 年生枝条，剪取 15～20 cm 的茎段，留下茎段上部的叶片一对，茎段的基部可用 100～200 mg/L 的萘乙酸（NAA）浸泡 5 min，或者用 1 000 mg/L 的 NAA 浸泡 2 min，然后在把茎段的 2/3 插入到基质中，基质可以选用河沙、锯木屑、园土、牛粪等量混合，注意保湿，同时又要防止基质湿度过大导致插条腐烂。经过 1～2 个月后开始生根发芽，当长出 2～3 次新梢，而且末端新梢成熟后即可移栽到营养袋中。

扦插苗出圃的标准为苗木整齐，叶片有光泽，枝芽完整，无检疫性病虫害。苗木质量分级标准可参考谢志南等制定的标准（表 31-1）。

表 31-1 莲雾扦插苗质量标准

等级	品种纯度（%）	侧根数量（条）	侧根粗度（cm）	侧根长度（cm）	株高（cm）	主干粗度（cm）
一级	98	≥20	≥0.4	≥35	≥60	≥0.95
二级	98	≥10	≥0.3	≥30	≥50	≥0.80

四、苗木出圃

如果苗木春植，可以不带土起苗，挖出的苗木用泥浆浆根，并用塑料薄膜包扎，每 20～30 株一捆。春季以外的其他季节出圃需要带土起苗，起苗宜在阴天进行，用起苗器起苗，保留直径 15～18 cm、高 20～25 cm 的泥团，起苗后立即用塑料薄膜包扎，并剪去 1/2～2/3 的叶片。

第三节　生物学特性

一、根系生长特性

据许家辉等在福州的观察，六年生的莲雾根系垂直根深达 80 cm，根系主要集中在 20～60 cm 的土层内，水平根伸展的宽度可以达到 5 m，20～40 cm 土层新根生长活跃，根尖形态清晰可辨，根冠呈米黄色，根毛区密布白色根毛，40 cm 以下的深度的根系未见根毛区。

根系生长发育与地上部供应的有机养分有关，莲雾由于产期调节的需要，常需要强度大的环剥，以促进地上部的糖分的积累从而促进开花；但过度的环剥会影响根系有机养分的供应，导致根系生长受到抑制。此外，根系生长的因素还受到外部因素的影响，包括土壤的温度、湿度、土壤的酸碱度和通气状况等。

二、枝梢生长特性

莲雾生长旺盛，一年可以抽生 4～5 次梢，由于莲雾芽的萌发力强，成枝力也强，因此树冠形成迅速，容易早结丰产。按照抽生季节的不同，可以分为春梢、夏梢、秋梢、冬梢。据韩剑等在海南对印泰莲雾的观察结果，各种梢的特点如下：

1. 春梢　枝条长 5～7 cm，圆形，枝梢充实，节间较短，新梢由浅绿色转为深褐色。叶片椭圆形，叶肉厚，叶片先端渐尖，叶基有一浅倒心形凹洼。叶缘光滑，叶片有光泽，叶背浅绿，叶面深绿，叶脉明显凸出。

2. 夏梢　枝条长 8～10 cm，长而粗壮，节间长，叶片先端渐尖，叶基有一浅倒心形凹洼，叶缘光滑，叶片有光泽，叶背浅绿，叶面深绿，叶脉明显。

3. 秋梢　枝条长 16～20 cm，枝条长度比春梢和夏梢长，生长速度较快，秋梢从萌发到成熟的时间约为 1 个月。

三、开花

莲雾的花芽一般为纯花芽，但也有着生 2～3 片新叶的混合花芽。花芽从成熟枝梢的顶端或叶片的叶腋抽出，聚伞花序，每花序有小花 3～10 朵。花白色，萼片 4 裂，花瓣 4 枚，雄蕊多数，子房下位。

莲雾具有周年开花的特性，在成熟的枝条上，只要养分积累充分，环境条件适宜，即可进行花芽分化。莲雾虽然可以周年开花，但其花芽分化仍需要内部因素和外界环境条件的配合才能得以启动。花芽分化需要抑制植株营养生长，促进糖分积累，强迫芽进入休眠。生产上可以通过盖遮阳网、浸水、环割、环剥、断根等措施抑制营养生长，促进花芽分化，低温同样也可以迫使营养生长停顿。在华南地区，莲雾经历了冬季的低温后，在次年春季抽出花芽，自花芽抽出到开花需要 1.5～2 个月，每年的 3～4 月正是莲雾大量开花时节，一般此次花量最大，称为正造花。但是，目前为止，关于莲雾花芽分化的机理仍未明晰。

四、果实发育与成熟

莲雾果实梨形或钟形，果皮颜色丰富，有白色、青色、粉红、大红、深红、紫红等，果面有光泽，被蜡质。果实有大果型的，也有小果型的，重量从 30 g 至 200 g 不等。多数品种果实的果顶中心凹陷，果肉白色海绵状，有些品种种子退化，有些品种的果实有 1～3 粒种子。莲雾果实属于假果，果实由花托和子房发育而成。

果实发育受温度、光照、水分和养分的影响。正造花从开花到果实成熟需要 1.5～2 个月，占全年自然结果量的 70% 左右；7 月下旬开第二次花，9 月果实成熟；如果条件适宜，12 月也能开花结果，但果实发育时间长，从开花到果实成熟需要 3～4 个月。

莲雾果实生长曲线属于单 S 形，据陈志锋等在福建漳州对黑珍珠莲雾进行观察的结果表明，9 月上旬开始坐果的莲雾，单果鲜重迅速增长期为 30～50 d，可溶性固形物含量迅速增长期为 30～60 d；果纵径快于果顶增长速度，果顶增长最快的时期为花后 30～40 d，最后，果实发育成钵形果。伴随着果实发育，果皮颜色由黄绿色逐渐向红色转变；叶绿素 a、叶绿素 b 含量逐渐下降；类胡萝卜素含量变化呈现为极显著下降、不变、显著下降的趋势；类黄酮、总酚含量先急剧下降后缓慢下降；花色素苷含量在盛花后 30 d 前后开始显著增加，采收时达到最高值。果实转色前果皮色泽由叶绿素、类胡萝卜素、花色素苷、类黄酮和总酚共同决定，转色后花色素苷含量对果皮色泽起决定作用。温度过高不利于花色素苷的积累，因此夏季成熟的果实往往着色不良。

第四节　对环境条件的要求

一、温度

莲雾原产于热带的马来半岛，属于热带果树，喜温畏寒。生长的最适温度为 25～30 ℃，当温度低于 8 ℃ 时，花蕾和果实会发生冷害，导致落蕾落果；莲雾枝梢对霜冻敏感，短暂的霜冻天气即会造成叶片受害，或者长时间的低温天气也会造成落叶。据观察，10 ℃ 的短暂低温即会使印泰莲雾出现冷害症状，表现为叶脉变红，并出现落叶的现象。华南地区冬季的低温也会导致叶片出现冷害症状，严重时会出现大量落叶。因次，莲雾在冬季需要注意防寒保温（图 31-1）。

图 31-1　莲雾叶片冷害症状

二、光照

莲雾喜光照充足的环境，要求全年的日照时数达到 2 000～2 500 h。当光照不足时，会导致枝梢徒长，叶片变薄，果实着色不良，抗逆性弱，病虫危害严重。生产上常采用盖遮阳网的方法来控制营养生长，促进生殖生长，但处理的时间不宜过长，否则会影响树势，即便可以成功催花，但后续的坐果和果实发育会受到严重的影响。

三、水分

莲雾叶片宽大，生长迅速，对水分的需求量较大，当水分缺乏时，生长会受到抑制，表现为芽的萌发延迟或萌发不整齐，新梢生长缓慢。如果花期缺水，则会降低坐果率，果实发育期水分不足则会影响果实品质。如果莲雾果实在经历长时间的干旱后遭遇大暴雨，很容易发生裂果，严重影响果实的品质，这种现象在黑珍珠莲雾上发生严重（图 31-2）。

图 31-2　莲雾裂果

莲雾有一定的耐涝性，莲雾产期调节技术中，使用浸水1.5个月处理进行促花，可以获得良好的效果。

四、土壤

莲雾对土壤的适应范围较广，在 pH 5.5～7.8 的土壤上均能生长结果，在山地、平地、河流冲积地均可种植，最适宜在有机质丰富、土层深厚、疏松肥沃的沙壤土上种植。由于莲雾早结丰产、年生长量大、一年可以多次结果，故对养分和水分的需求量大，应选择结构良好、肥力高的土壤。

五、风

我国莲雾产区多在沿海地区，经常受到台风的威胁。莲雾的枝梢柔软，结果后因果实的重力作用而使得枝条折断，在产地常因台风而造成落叶、落果、枝条折断。因此，莲雾应避免在风口处建园，大量坐果后需要撑起结果枝条，也可以用尼龙绳牵拉结果枝条。建园时要建立防风林带。

第五节　建园和栽植

一、建园

(一) 园地选择

莲雾原产于热带地区，喜温畏寒，选择园地首先要考虑的因素是气候是否温暖、光照是否充足。在建园前，可调查当地的平均温度、最高温、最低温、积温、霜期、日照时数等；也要调查水源和水利设施是否具备。另外，在选择园地时，还要考虑交通是否便利；市场与园地的距离如何；劳动力是否充足、价格是否合理；当地居民的消费习惯和消费水平如何等。

宜选在阳光充足，空气流通，土层深厚的地方，避免在低洼地、冷空气容易沉积的地方建园。在丘陵山地建园要注意做好水土保持保持工作，如修筑梯田，开挖防洪沟。平地建园须修建排水系统，降低地下水位。

(二) 园地规划

莲雾园基础设施的建设包括了道路系统、灌溉系统、排水系统、办公室、工具房、包装室、贮藏室等。道路包括了主路、支路和小路（工作行），大型果园的主路需要考虑两辆车可以并行通过，而小路需要考虑能通过大型的机械。灌溉系统包括了蓄水池、灌溉的管道，蓄水池宜建于园地的最高处，通过落差自流灌溉，同时安装一定数量的开关阀门，有条件的莲雾园可以安装滴灌系统。

(三) 整地和改土

我国莲雾有在平地建园，也有在丘陵山地建园。丘陵山地土壤结构不良，有机质含量低，需进行土壤改良。土壤改良包括深翻熟化、加厚土层、酸性土壤施石灰和有机肥等。深翻熟化是指深翻熟化土壤，疏松硬土层；增施有机肥，可在种植穴施厩肥、绿肥；由于丘陵山地红壤土含磷低，有效磷缺乏，土壤呈酸性反应，在定植前可在种植穴中施入磷肥和石灰。

二、栽植

(一) 栽植密度

莲雾为高达的乔木，生长速度快，不宜种植过密，可采用株距 4 m、行距 5 m 的种植密度，每 667 m² 种植 30 株。

(二) 栽植时间

一般采用春植和秋植，春植在 2～5 月进行，秋植在 9～10 月进行。春植苗可以带土和不带土种植，秋植苗最好带有营养袋或营养杯，否则成活率难以保证。莲雾根脆易断，定植过程应十分细心，苗木入穴后培土时切忌踩踏，以免伤根。定植后应设立支柱扶持，防止摇动伤根，注意保持土壤湿润，直至抽第二次梢后成活才有保证。

（三）栽植方法

定植前把种植穴内的基肥与土壤混合均匀，避免根系与肥料直接接触，植穴培成约 1 m 宽的土墩，由于种植后土层下陷，因此土墩需要高出地面 15～20 cm。栽种裸根苗时，应使根系分布均匀。填入细土时，边填边将苗木轻抖动，使细土与细根密接。盖土后充分灌水定根，然后盖上草，以利于保湿。

（四）栽植后的管理

定植后要设立支柱扶苗，以防风吹摇动，并注意保湿，旱天每天或 2～3 d 灌溉 1 次。当苗木定植成功后，以后每隔 10～15 d 施肥一次，以促进生长，扩大树冠。苗期要注意病虫防治，特别是新梢害虫，及时摘除嫁接口下的不定芽，培养良好的树冠。

第六节 土肥水管理

一、施肥管理

莲雾需肥量大，要使莲雾果实大、品质优，应注意各种营养元素的合理搭配，增施有机肥可以改善果实的品质。树龄、树势、产量、土壤养分含量以及不同的生长发育阶段均影响莲雾的施肥量。吴能义等对莲雾叶片养分含量的周年变化分析结果表明，莲雾开花对叶片 N、P、Mg 含量有一定影响，而叶片 K、Ca 含量受莲雾果实生长发育影响较大；在莲雾幼果期和壮果期喷施叶面肥对于补充叶片 Ca、Mg 含量有一定效果（表 31-2）。

表 31-2 不同树龄莲雾一年的肥料施用量

（郑金贵，2000）

树龄	肥料三要素（g/株）			肥料用量（kg/株）		
	氮素	磷酸	钾素	尿素（硫酸铵）	过磷酸钙	氯化钾（硫酸钾）
1～2 年	400～600	400～600	400～600	0.87～1.32 (1.71～2.86)	2.16～3.24	0.67～1.00 (0.80～1.20)
3～4 年	700～900	700～900	700～900	1.53～1.96 (3.33～4.29)	3.78～4.87	1.17～1.50 (1.40～1.80)
5～6 年	1 000～1 200	1 000～1 200	1 000～1 200	2.17～2.61 (4.76～5.71)	5.41～6.49	1.67～2.00 (2.00～2.40)
7～8 年	1 200	1 200	1 200	2.61 (5.71)	6.49	2.00 (2.40)
9～10 年	1 200	1 200	1 200	2.61 (5.71)	6.49	2.00 (2.40)
11 年以上	1 200	1 200	1 200	2.61 (5.71)	6.49	2.00 (2.40)

莲雾幼龄树的施肥应掌握勤施薄施的原则，氮、磷和钾均有较高的需求量，而 5 龄以上的结果树，则以氮、钾肥为主。表 31-2 是台湾地区针对不同的苗龄推荐采用的施肥量，每年催花前（7～10 月）施氮、磷、钾肥占全年施肥量的 50%，另补充有机肥 20～30 kg/株；花期和幼果期（11 月至次年 5 月），氮肥施用量占全年的 50%，磷钾肥占全年施用量的 25%，可分多次施用；果实转色时施所剩下的 25% 钾肥；采收后（6～7 月），施所剩下的 25% 磷肥。如坐果量偏多，可在果实发育期间

叶面喷施钙、镁、硼、铁、铜、锌、钴、钼。

施肥方法有土壤施肥和根外追肥。土壤施肥通过根系吸收，是主要的施肥方法，主要有环状沟施肥、条沟施肥、放射沟施肥等方法。环状沟施肥是在树冠滴水线处开挖 20 cm 深、30 cm 宽的环状沟，施入肥料后盖土；条沟施肥是在莲雾的株间或行间开挖深 30 cm、宽 30 cm 的直沟，施入肥料后盖土；放射沟施肥是在树盘内开挖 4～6 条放射状浅沟，深度 20～30 cm，宽度 30 cm。华南的莲雾栽培区，降雨量多，易造成肥料淋失，在雨季土壤施肥效果不理想，此时可以通过根外追肥补充营养，可向叶面喷施 0.2%尿素或 0.2%磷酸二氢钾 4～5 次，结合病虫害防治，在喷施农药的时候可以适当添加营养元素，此外，微量元素可以通过根外追肥的方式提高肥料的利用率。莲雾根外追肥推荐施用的浓度，过磷酸钙为 1.0%～2.0%，氯化钾为 0.2%～0.3%，硫酸镁为 0.1%～0.3%，尿素为 0.3%～0.5%，硫酸铵为 0.1%～0.3%，硫酸钾为 0.4%～0.5%，磷酸二氢钾为 0.3%～0.5%。

二、水分管理

莲雾叶片宽大，生长迅速，果实含水量超过 90%，对水分的需求量较大，当水分缺乏时，生长会受到抑制，叶片萎蔫、果实发育受阻、品质下降，因此，莲雾需要及时供应水分，新梢生长期和果实发育是莲雾水分的临界期，此时对水分的要求更高。灌溉的方式有沟灌、浇灌、喷灌、滴灌等。

虽然莲雾有一定的耐涝性，但长期积水会造成落花落果，果实品质下降，因此，雨季要注意排水，防止土壤积水时间过长。

第七节　花果管理

一、莲雾落果的原因

(一) 营养

碳素营养的产生与供应是莲雾坐果的重要物质基础，而叶片是制造碳素营养的重要器官，其数量对坐果至关重要。因此，坐果量需要相应数量的叶片，影响光合作用、不利于碳素营养积累的因素，如过度的环剥、遮光处理，均会导致落果。莲雾的反季节生产过程中，往往需要利用环剥、遮光等措施控制营养生长，并使用高浓度的乐斯本等农药催花，但如果这些措施使用不当，会使得叶片产生伤害（图 31-3），严重时甚至导致落叶，即便能开花，但之后坐果会受到影响，并会导致大量落果。

图 31-3　催花药剂使用不当
莲雾产生药害

(二) 不适宜的环境条件

莲雾在果实发育期间遭受低温、干旱、强风、光照不足、病虫为害等不利的因素，会使得果实大量脱落。莲雾属于热带果树，开花结果要求的温度较高，最适宜的温度是 15～24 ℃，其间温度过高或过低均不利于开花坐果，并导致大量落果。反季节冬春果在果实发育期间如遭遇强寒潮袭击，会导致大量的落果，因此，冬季温度过低的地区不宜生产反季节的冬春果。

二、保花保果技术

(一) 提高树体的营养水平

通过合理的施肥，增加树体的养分水平，有利于防止落花落果。除了土壤施肥外，还可以通过根外追肥及时补充营养。在莲雾的花期，可以喷施 0.1%尿素＋0.2%磷酸二氢钾＋0.1%的硼肥，在坐果期，可以喷施 0.2%尿素＋0.2%磷酸二氢钾。

由于碳素营养是莲雾坐果的物质基础，而叶片是光合作用的场所，是制造碳素营养的重要器官，因此维持叶片正常的生理功能对于防止落果具有重要的意义。在实施控梢催花技术时，应把握好尺度，在保证催花获得成功的前提下，减少各种胁迫处理对叶片造成的伤害。

（二）利用生长调节剂保果

利用生长调节剂处理可以提高坐果率，已有的研究表明，喷施 GA_3 可以有效提高莲雾的坐落率，浓度可以采用 50 mg/L。利用生长素类的生长调节剂也可以保果，如采用 10～20 mg/L 的 2,4-D 钠盐处理，也有保果的作用，但要注意使用的方法，宜在早晚喷施，药剂配制时要均匀充分溶解，防止因使用不当发生药害。果实发育期间如果遇到寒潮，可以在寒潮来临前，喷施芸薹素和萘乙酸，也有较好的防寒保果作用。

（三）疏花、疏果

疏花疏果可以减少养分的过度消耗，使树体合理负载，剩下的果实可以获得充足的养分，经过疏果处理后，剩余的果实落果率减少，而且果实体积增大。

确定合理的负载量主要是根据叶果比，对于初结果的莲雾树，仍需要继续扩大树冠，使其尽快进入盛期，因此，留过量不宜多，进入盛果期的莲雾树，留果量可以根据树势合理增加。对于 5～10 年生的莲雾树，一般可以抽生 2 000 个花序，每个花序可以着生 10～20 朵花，实际上，200 个花序即可满足生产的需要，一般每个花序只保留 4～6 个果，其余的均应及时疏除。

疏花疏果的方法是，在盛花期，疏除长枝条顶端的花序，尽量保留横向生长的、着生在大枝干上的花序。对于着生在大枝上的花穗，保留 1～2 对叶片的花序，疏除向上生长的花序，保留两侧或向下生长的花序，经疏花后，能使得两个花序之间有 15 cm 的间距。

（四）平衡营养生长和生殖生长

春季抽生花芽时，叶芽也会同时萌发，这样会加剧营养生长和生殖生长的矛盾，导致落花落果。夏季为营养生长旺盛的季节，容易抽生枝梢，引起养分的竞争，加剧梢果矛盾，因此在结果期要注意控制新梢的生长，可以根据树体的状况保留新梢上的 1～2 节或全部摘除。

三、果实套袋

为了减少机械伤和裂果，防止果蝇危害，生产无农药污染的优质莲雾，需要进行果实套袋，对于反季节的冬春果，套袋还有防寒的作用。套袋前，应全面喷洒杀菌剂和杀虫剂，果实外表干燥后马上套袋。套袋材料宜选用耐水纸袋，一般选取规格长 36 cm、宽 32 cm，套袋前把离袋口处 2～3 cm 的部分浸水 10～20 min，软化后将袋口多余的水分甩去，然后成束直立放置。套袋前需要结合疏果，每个袋以留 4～6 个果实为宜，注意不要把果穗上方的叶片连同果实一起套住，否则会响果实的着色和品质，套袋开口处的铁线必须旋紧，以避免雨水、果实蝇爬入为害。

果实套袋后能明显改善果实的外观品质，增大单果重，使果面光洁。

套袋的时间一般在幼果期，即约花后 20 d 实施。如果果实蝇发生危害严重的果园，应在谢花后即进行。套袋前需彻底防治 1 次病虫害

四、立支柱

莲雾结果量大，枝条柔软，容易折断，为防止枝干折断，应立支架，并绑拉绳线，以支撑或固定果穗。

五、产期调节技术

（一）产期调节的意义

1. 避免在水果盛产期上市　莲雾正常花期为 3～5 月，"正造果"产期为 5～7 月，此时正是荔枝、龙眼、杧果等水果大量供应的时期，莲雾的竞争力大大下降，价格低落，为了避开水果的盛产

期，宜把莲雾的产期调整至 11 月至第二年的 4 月。

2. 提高果实的品质 莲雾产期调节为 11 至次年 4 月，即生产冬春季莲雾。经产期调节后，果大而脆，水分少，糖分高，品质优，肉厚无种子，果皮红色艳丽，病虫害少。

（二）产期调节的原理

莲雾一年具有多次开花的习性，在自然环境下，要枝条成熟、养分充足、环境条件适宜，就能进行花芽分化，花芽分不完全依赖低温条件，其他因素如淹水、控水、遮光等处理也可以诱导莲雾开花，因此，可以通过采用适当的调控措施，使得莲雾在任何季节开花，在预定的时节上市。

（三）产期调节的时间

产期调节的时机掌握在新梢停止伸长，叶片微带黄绿色但未完全转成绿色和革质化时进行。

1. 7 月上旬至 8 月中旬催花 7 月上旬至 8 月中旬进行催花处理，花称为"大暑花""立秋花"和"处暑花"。此时温度高，雨水充足，营养生长旺盛，催花的难度大，根据树的长势，可以在催花前进行主干环剥，或在催花前 10～15 d 进行断根处理，有利于提高催花的成功率。此时进行催花处理，均需要在催花前的 5～6 月盖遮阳网，以控制枝梢生长，降低温度。

2. 8 月下旬至 9 月上旬催花 8 月下旬至 9 月上旬进行催花处理的花称为"白露花"，此时环境温度仍然很高，营养生长旺盛，不断抽生新梢，控梢难度大，催花的成功率较低。可以在催花前 2 个月进行浸水处理，或者主干基部环剥处理，并在催花前的 10～15 d 切断部分根，处理后可以提高催花的成功率。

3. 10 月上中旬 10 月上中旬进行催花处理，称为"寒露花"，此时因温度已经下降，枝梢生长明显减慢，催花较易获得成功。

（四）提早结束产期的方法

为了生产反季节的莲雾果实，需要对正造的果实进行适当的调控，提早结束生产，以便有更充分的时间抽生新梢，为下一轮的开花结果积累养分。在台湾南部，4 月以后生产的莲雾，尤其是'黑珍珠'莲雾，由于果实发育期间温度过高，温差小，果皮着色不良，颜色淡，且高温季节生产的果实病虫危害严重，因此，4 月以后的果实不宜保留，一般只生产冬春果。

采用剃光头或人工摘除果实的方法提早结束生产。对于生长旺盛、容易抽生新梢的莲雾，可以在清明前后进行主枝回缩，并把分枝和细弱枝剪除，一片叶也不留，只剩下大的枝干，这种方法也称为"剃光头"（图 31-4）。对于不易抽生新梢的莲雾，可以人工摘除所有的花和果。经"剃光头"式的修剪或摘除花果后，须及时中耕，并施用氮肥，促进新梢的抽生，同时补充磷钾肥和微量元素，以防止由于新梢的大量生长而出现缺素症状。

图 31-4 莲雾经"剃光头"式的
修剪后抽生新梢

（五）控制营养生长的方法

经提前结束生产的莲雾，当长出 2～3 趟新梢，并且最后一次新梢停止生长时，即可对树体进行催花前的营养生长控制处理，使树体不再抽生新梢，强迫芽进入休眠，以利于成花诱导，之后使用药剂处理，使植株抽出整齐和满足生产需要的花穗。

控制生长的方法主要有以下几种：

1. 盖遮阳网 盖遮阳网能够较好地抑制莲雾的营养生长（图 31-5），使新梢的数量、生长速度下降，甚至新梢生长停止，此外，它还可保护植株避免高温的伤害。研究表明，遮光 95% 可以有效控制新梢抽生，但遮光 60% 会使得枝梢有徒长的现象。目前生产上选用 90% 或 95% 防紫外线的黑色遮阳网进行遮阳处理 35～50 d，效果稳定，催花率可高达 75%～85%。

盖遮阳网的方式一般有全株覆盖、树顶覆盖、连片覆盖、围盖四周 4 种，一般以全面覆盖效果最好，经催花处理后成花率可高达 70%～80%。但遮光处理会给树体带来不利的影响，遮光时间过长，叶片长时间无法进行正常的光合作用，造成树体糖总体水平下降，根系也不能获得足够的有机营养而衰退，即便催花效果理想，但之后的坐果和果实发育也会受到影响，造成落果严重，果实品质差。因此，遮光处理需要掌握好尺度，避免过度遮光。

2. 浸水处理　浸水使得根系缺氧，能有效控制营养生长，促进花芽分化。浸水时间的长短根据树势而定，一般在 7 月上中旬进行，浸水时间为 30～60 d。浸水开始时，枝梢必需已经停止生长。浸水期间，每 10～15 d 喷施一次磷酸二氢钾，以及钙、镁、硼等元素。对于生长旺盛的树，还需要先断根再浸水，以利于控制新梢的抽生。但浸水过重，即便催花效率高，但会造成树势过度衰弱，使得落果严重，果实品质下降。

3. 断根处理　在水源不足的地区，对于生长旺盛的青壮年树，可以采用断根的方法，在树冠内缘 40～60 cm 挖 20～30 cm 深的浅沟，切断部分根系，1 周后在浅沟上施用有机肥。

4. 主干环剥、环扎或敲打处理　对于生长旺盛的青壮年树，可以对主干进行环剥（图 31 - 6）、绑扎铁丝，也可以用铁锤或斧头敲打主干基部，使其韧皮部松碎但不脱落等，以抑制枝梢营养生长，促进花芽分化。主干环剥一般在催花前 1～2 个月进行，宽度为 1～3 cm。铁丝环扎一般在催花前 2～3 周进行，由于莲雾树势生长旺盛，愈伤组织形成快，环剥 1 cm 的树约 2 周后愈合，催花效果一般不如浸水和断根。

图 31 - 5　莲雾盖遮阳网控制营养生长

图 31 - 6　莲雾环剥控制营养生长

（六）催花的方法

经过控制营养生长，促进芽休眠和促进花芽分化的处理后，需要借助化学药剂进行催花处理，以利于植株较为统一地抽出花穗，方便进行栽培管理。催花可以参照以下的配方。

配方一：50%速灭松乳油 200～500 倍＋1.95%爱多收 500～800 倍＋98%萘乙酸 5 万～10 万倍的混合液。

配方二：50%扑灭松乳油 200～300 倍＋尿素 50～100 倍的混合液。

配方三：48%乐斯本乳油 400～500 倍＋尿素 50～100 倍的混合液。

配方四：40%省时本乳油 200～300 倍＋尿素 100～150 倍的混合液。

药剂浓度依据树势强弱调整，弱树一般使用的药剂浓度低于树势壮旺的植株。

（七）催花后的管理

催花剂处理 5～7 d 后，需全园灌水，最好以微喷灌合理控制水分，保持土壤湿润状态。如果处理得当，催花处理后 12～15 d 即可观察到花芽的抽生。

第八节　整形修剪

莲雾树体高大，任其自然生长会造成枝条过度密集，树体衰弱，病虫危害严重，果实品质差。因此，莲雾树冠必须进行整形修剪，使枝条分布均匀，通风透光。整形宜在幼苗期开始，进入结果期的树，每年均需要根据生长发育阶段、树冠生长状况进行适当的修剪。

（一）整形

幼树整形的方法为在离地面 40～60 cm 处选留健壮、与主干的夹角在 40°～60°的主枝 3～4 枝，均匀分布在各个方向。如果主枝过于直立，可以通过拉绳的方法矫正。通过幼树的整形，可以尽快形成理想树冠和良好树形，有利于立体结果。

（二）修剪

幼年树的修剪，主要的目的是维护树形、尽快成形并扩大树冠，因此修剪宜轻不宜重，对于可剪可不剪的枝条，应暂时保留，树冠中部抽生的强枝，应及时短截或剪除。冠幅过小的幼年树，如抽出花蕾，应及早摘除，以减少养分消耗，促进树冠的扩大。

成年结果树的修剪，目的是保持植株生长健壮，保证树冠的各个部位均能接收阳光，保证通风透光，减少病虫滋生。修剪的时间可以在春季、夏季和秋季。

春季修剪时间在 2～3 月，主要是回缩和疏除过高的枝条、顶端优势过强的枝条。夏季修剪时间为 7～9 月，此时植株生长旺盛，要注意控制徒长枝，有空间发展的徒长枝可以扭平，无伸展空间的则疏除。对已经结果的小枝、枯枝、内膛弱枝、密生枝，果实采收后要及时疏除。冬季修剪主要在11 月进行，主要控制冬季抽生的新梢，这些新梢对于成花诱导不利，应及时抹芽或剪除新梢，减少养分消耗，提高树体营养水平，也有利于孕育正造花。

第九节　病虫害防治

一、主要病害及其防治

（一）炭疽病

炭疽病的病原为胶胞炭疽菌（*Colletotrichum gloeosporiodes* Penz.），为炭疽菌属真菌。

1. 为害症状　为害果实和叶片，也为害枝条。当叶片或枝条受害时，可以观察到枝条表皮变褐，有斑点；受到感染的叶片组织坏死，呈灰白色，边缘褐色；为害果实时，果实外皮出现褐色水渍状病斑，病斑向内陷，并出现同心轮纹，严重时整个果实腐烂，感病后的果实容易脱落。

2. 发生规律　炭疽病最适宜的发病条件是在 21～28 ℃的温度和高的相对湿度，主要通过风、雨水、叶片或果实之间的摩擦传播。接近成熟或成熟的果实容易感染，没有成熟的果实，病菌会潜伏在果实中，至果实成熟时形成病斑。感病后的叶片和果实容易脱落，如不及时清理，当遇到适宜的条件，会成为病原，使得植株上的果实和叶片再次感染。

3. 防治方法　加强田间管理，增施有机肥和磷、钾肥，增强树体的抗性，防止机械伤，注意进行防寒、防旱等工作，做好冬季清园，减少越冬病原。另外，在莲雾果实发育的初期，每 10～15 d 喷施 50%甲基硫菌灵 500～700 倍液，或 50%多菌灵 500～800 倍液，或 50%退特灵 500 倍液，或50%施保功 1 500 倍液，或 25%咪鲜胺乳油 1 500 倍液，连续喷施 2～3 次。

（二）黑腐病

黑腐病的病原为可可毛色二孢菌（*Lasiodiplodia theeobromae* Pat.），为球二胞属真菌。

1. 为害症状　莲雾黑腐病通常在接近成熟或成熟的果实上发生，首先在果实开裂处或伤口处感染，为害果实初期，果皮褪去红色、呈水浸状，果肉颜色转淡，受害部位渐渐扩大，中后期病斑中央出现褐化，后期全果变黑，果实腐烂。

2. 发生规律　病菌在受到感染的组织上越冬，通过风、雨水、昆虫等途径传播，从果实上的伤口处开始入侵。

3. 防治方法　加强果园管理，增施有机肥和磷钾肥，增强树体的抗性，防止机械伤，注意做好虫害防治工作，做好冬季清园，减少越冬病原。另外，可以采用药剂防治，可用 70％甲基硫菌灵可湿性粉剂 500～600 倍液＋10％世高 1 500 倍液，也可用 80％代森锰锌可湿性粉剂 600 倍液防治。

二、主要害虫及其防治

（一）果实蝇

果实蝇属于双翅目实蝇科（Trypetidae）害虫，为害莲雾的果实蝇有多种，包括柑橘小实蝇、番石榴实蝇、东方果实蝇等。

1. 为害特点 果实蝇在果实转色期产卵于果实内，卵孵出幼虫后在果实内取食，造成果实腐烂、脱落，严重影响产量和品质。

2. 发生规律 果实蝇一年可发生 8～9 代，每年在温度高的 7～9 月发生严重，11 月至次年发生少。在果实转色期，雌虫在果皮下产卵，幼虫蛀食果肉，发育成熟后入土化蛹。

3. 防治方法 做好清园工作，及时清除果园的落果、烂果并集中销毁；每年冬季对果园进行松土，并撒施生石灰，以破坏果实蝇化蛹的场所；利用果实蝇对黄色趋性，在果园放置黄板诱捕成虫；在莲雾树上挂诱捕器，里面放置甲基丁香酚等性诱剂配制成的毒饵，以诱杀雄虫，一般每 667 m² 挂 3～5 个，高度为离地面 1.5 m，每半个月更换一次性诱剂；采用化学药剂防治，可用 90％敌百虫晶体 800 倍液，或杀灭菊酯乳油 800 倍液，或 50％辛硫磷 800～1 000 倍液，或 48％毒死蜱乳油 1 000 倍液，每 10～15 d 喷一次，连续喷 2～3 次至果实采前半个月停止用药；果实套袋，防止成虫在果实上产卵。

（二）潜叶蛾

潜叶蛾属于鳞翅目潜叶蛾科（Phyllocnistdae）害虫。

1. 为害特点 主要为害幼叶，幼虫钻蛀入幼叶叶肉取食，在叶片上产生弯曲的虫道，叶片被钻蛀后不能展开，畸形，受害部分的叶片不能进行正常的光合作用，因而影响果实的发育和品质。

2. 发生规律 潜叶蛾一年可发生 8～10 代，在每年的 4～5 月新梢萌发时开始危害，10 月气温下降后发生逐渐减少，以蛹和幼虫在叶片上越冬。一代约 20 d，白天成虫主要栖息在莲雾的叶背和果园杂草中，晚上活动，成虫有趋光性。

3. 防治方法 做好清园工作，及时剪除受害叶片并集中销毁；利用药物防治，在莲雾叶片刚抽出，叶片长 1～2 cm 时，喷施 40％毒死蜱乳油 1 500 倍液，或 25％杀虫双 500 倍液，或 25％西维恩可湿性粉剂 500～1 000 倍液。

（三）蓟马

蓟马为缨翅目蓟马科（Thripidae）害虫。

1. 为害特点 主要为害叶片和花器官，成虫和若虫取食叶片的汁液，它们分泌出的排泄物会使叶片卷曲，叶片出现锈斑，受害的叶片不能进行正常的光合作用。为害花器官后导致花和果实畸形，出现锈斑。危害严重时会引起落叶、落花和落果。

2. 发生规律 蓟马一年四季均可发生，在温暖干旱的季节发生最严重，发生最适的温度是 23～28 ℃，最适宜的湿度是 40％～70％。成虫怕强光，在背光处如叶背危害，寿命 8～10 d，产卵于叶肉组织，每头成虫可以产卵 20～30 粒，经约 1 周变成若虫，若虫在叶背取食，在表土化蛹，蛹为假蛹。

3. 防治方法 做好清园工作，及时剪除受害叶片并集中销毁；利用药物防治，在莲雾叶片刚抽出，叶片长 1～2 cm 时，喷施 40％毒死蜱乳油 1 500 倍液，或 25％杀虫双 500 倍液，或 25％西维恩可湿性粉剂 500～1 000 倍液。

（四）蚜虫

蚜虫为同翅目蚜科（Aphididae）害虫。

1. 为害特点 主要为害嫩叶、幼芽和嫩茎，成虫和若虫群集于叶片背面，或者群集于幼芽和嫩茎，刺食汁液，导致叶片卷曲、皱缩、畸形，被蚜虫为害后的幼芽生长受阻，不能伸展，严重时枯萎脱落。此外，蚜虫分泌出大量的蜜露，会诱发植株感染煤烟病。

2. 发生规律 蚜虫繁殖力极强，一年可发生 10～30 个世代，世代重叠。在秋季，雌蚜和雄蚜交配产卵，受精卵在树上越冬，春季孵化后成为干母，干母进行孤雌生殖。在气温较低的季节，完成一个世代需要 10 d，但在夏季高温的条件下，完成一个世代仅需 4～5 d。蚜虫最适宜的温度条件是16～22 ℃，秋季干旱条件发生严重。

3. 防治方法 做好清园工作，结合冬季修剪，剪除有卵枝和危害枝；保护瓢虫、草蛉和食蚜蝇等天敌，果园禁止使用对天敌杀伤力大的农药；利用药物防治，可喷施 50%蚜松乳油 1 000～1 500倍液，或 50%辛硫磷乳油 2 000 倍液，或 10%吡虫啉可湿性粉剂 4 000～6 000 倍液。

第十节　果实采收与贮藏保鲜

一、果实成熟度的判断

当莲雾果皮呈现出品种特有的颜色和光泽，果实上存留的 4 片萼片（也称为果脐）展开时，表明果实已经成熟，可以采收。果脐分离得越开，表明果实成熟越高。需要注意避免果实过熟采收，因成熟度过高的莲雾果实容易开裂，果实在树上成熟后若未能及时采收，容易出现大量落果，造成损失，所以必须及时采收。

二、采收方法

莲雾果皮很薄，容易被擦伤、碰伤，因此很容易发生机械伤。采收时宜用枝剪从果穗轴基部连同果袋一起剪下来，采收的过程要防止果穗上的果实之间相互摩擦、碰伤，剪后要小心并轻轻放进采收的容器内，小心运送至分级包装厂，在运输的过程中，注意避免碰伤或压伤。

三、果实分级

（一）分级方法

采收后的果实运至包装场后，应小心打开果袋，取出果穗，放至果实传送分选机上，挑出病果、烂果、裂果、畸形果等，余下的商品果根据各个品种的分级标准进行分级。商品果的要求是果实果形端正，着色均匀，果色鲜艳，果实性状与品种特性相符，果表无裂痕、病虫斑、机械伤，

（二）果实分级标准

在同一品种中，一级果果形及色泽优良、成熟适度、果面清洁、无裂果、无腐烂、无病虫害及其他伤害；二级果果形及色泽优良、成熟尚适度、果面清洁、无严重裂果、无腐烂、无病虫害及其他伤害；三级果品质次于二级，但尚有商品价值者。

如果按照单果重进行分级，优等果单果重>110 g，一级果单果重 90～110 g，二级果单果重 75～90 g，未达标果单果重<75 g。

四、包装

经过分级后的果实，可根据贮藏时间的长短、运输距离的远近进行包装。对于就地销售的果实，可采用设计精美的纸箱、纸盒包装，首先用泡沫网袋套上果实，然后小心放进纸箱、纸盒中，果顶统一向下或统一平放。如果果实需要贮藏较长的时间，或需要长途运输，则可采用自发气调保鲜包装，莲雾果实套上泡沫网后，再用专用气调保鲜袋包装，最后用纸箱，可放入冷库进行贮藏，也可冷藏车运输。

五、果实贮藏保鲜技术

1. 冷藏保鲜　低温条件下，莲雾果实呼吸作用下降，各种代谢的酶活性下降，微生物活动受到抑制，因此低温处理是抑制莲雾果实采后生理变化，延长贮藏期最关键的技术。莲雾果实冷藏的温度一般选用 10 ℃，如果在贮藏前用保鲜膜进行单果包装，可以贮藏 20～30 d。

2. 气调贮藏　气调贮藏可以通过调节采后果实贮藏环境的气体成分，达到降低 O_2 浓度，提高 CO_2 浓度的目的，从而抑制果实呼吸，降低酶和微生物活性，减少乙烯产生，延缓采后果实代谢，在贮藏期间保持果实风味和品质。气调贮藏适宜的气体条件是氮气 80%，氧气 4%～8%，二氧化碳 6%～10%。

六、运输

为了保持果实新鲜，宜用冷藏车运输，车内温度控制在 10～15 ℃、相对湿度控制在 80%～95%。装运过程注意减少机械碰伤，到达目的地后应及时入冷库。

第三十二章 酸 角

概 述

酸角（*Tamarindus indica* Linn.）又称酸豆、酸梅、酸饺等，学名罗望子，为苏木科酸角属热带、亚热带常绿大乔木，该属仅含酸角 1 种，在世界上所有的热带果树中，酸角分布最为广泛，除南极洲外，其他各大洲均有分布。亚洲是世界酸角的主要出产区，印度、斯里兰卡及东南亚各国均有栽培，主要生长于热量条件好、降雨少、海拔不超过 1 500 m 的旱坡地，其中印度、菲律宾、泰国种植面积最广；美洲的酸角主要分布于拉美国家及美国的干热地区，其中墨西哥栽培面积最大，美国主要分布于夏威夷、西部太平洋沿岸的南段、墨西哥湾沿岸和佛罗里达州，危地马拉的酸角集中分布于墨塔瓜干热峡谷；非洲的酸角主要分布于埃及、埃塞俄比亚、南非、莱索托、肯尼亚、尼日利亚、喀麦隆、苏丹等国家的低海拔荒坡旱地和沙漠，其中南非、埃塞俄比亚分布最广；欧洲的酸角主要分布于葡萄牙、西班牙、法国、意大利、希腊等国家海拔 1 000 m 以下的近海坡地、荒山斜坡；大洋洲的酸角主要分布于澳大利亚、斐济等国。

酸角在我国主要分布于云南、福建、广东、广西、四川等地区的南部及海南、台湾地区，海拔不超过 1 400 m 的旱坡荒地、干热河谷、庭院四旁和滨海。绝大部分处于野生和半野生状态，株数超过 2 200 万株，其中云南分布最多，主要集中于金沙江、怒江、元江干热河谷及西双版纳一带，株数达 1 500 万株，且拥有全国树龄最老的酸角树，位于云南元谋县黄瓜园镇雷丁村，树龄达 1 700 年以上，还拥有国内唯一两个大型连片酸角示范种植基地，其一位于云南省元谋县楚雄彝族自治州元谋县东城郊的沙地村，树龄 21 年，面积 73.3 hm²，其二位于云南省玉溪市新平县漠沙镇大曼线村，树龄 3 年，面积 93.3 hm²。川滇交界的金沙江流域是我国酸角的主要产区，年产酸角 500 t，单产、品质、风味都优于国内其他地区。

酸角用途广泛，其树型优美（图 32-1），枝叶常绿，是一种理想的庭院观赏乔木，又是一种上好的盆景制作材料；其花量大，花期长，4～8 月均不断开花，可谓极好的蜜源植物，其花蜜略带酸味，口感极好，同时花又可用作西餐沙拉；酸角树叶是牛、羊的好饲料，叶子可发展养蚕或供人佐餐食用；嫩枝还是紫胶虫优良寄主，可放养紫胶虫；树皮含单宁 7%，常用来制革染色或燃烧后制墨；酸角木材的边材黄白色，心材黑紫带棕色，结构致密、硬重、防虫、耐用，韧性强，是优质家具、建筑、枪托、车轴、船帮、蒸笼等的良好用材；种子含淀粉 63%，泰可焙烤磨成粉末调制咖啡饮品，在工业上，可用

图 32-1 酸角树

于纤维上浆、彩色印刷、纸张上光、塑料加工和瓦片、木头粘接，另外，酸角种仁还含有琥珀酸，经提炼是上等的食用油，在工业上又可用于上釉和抛光（图 32 - 2）。

图 32 - 2 酸角应用

酸角果肉富含糖、醋酸、酒石酸、蚁酸、柠檬酸等成分，在食品领域主要用来做调味品、饮料、果酱等。目前，国际市场出售的有中美洲酸角汽水，印度酸角饮料，南美洲酸角与番木瓜、番石榴、香蕉等的混配饮料，泰国威士忌酸角调配酒，中国云南的酸角汁、酸角果脯以及国内知名品牌—猫哆哩酸角膏等。

酸角果肉富还含 18 种氨基酸，维生素 B_1、维生素 B_2、维生素 C 和钙、磷、铁、硫、锰、镁、铜、钠、钾、锶等多种矿质营养元素，其中含钙量在所有水果中居首位，号称果中"钙王"（表 32 - 1 至表 32 - 4）。酸角在医药方面酸角也被人们广为运用，如常食用酸角可治腹泻、气胀、麻风病、麻痹、瘫痪，防治坏血病、胆汁过多，可杀死人体寄生虫，减缓酒精、曼陀罗中毒；直接口含酸角则可生津祛暑，清热解毒，消除咽喉疼痛，帮助消化，洁齿固齿，与食盐拌用可作为去风湿病搽剂。

表 32 - 1 酸角果肉的营养成分

单位：g

营养物质名称	水分	灰分	蛋白质	脂肪	膳食纤维	碳水化合物	还原糖	蔗糖	总糖	总酸	果胶质	单宁
每 100 g 含量	31.9	3.3	6.8	0.6	3.4	54.6	33.3	1.4	34.7	13.9	3.0	0.4

表 32 - 2 每 100g 酸角果肉氨基酸含量

单位：g

氨基酸名称	含量	氨基酸名称	含量	氨基酸名称	含量
赖氨酸	0.26	亮氨酸	0.36	苏氨酸	0.25
谷氨酸	0.66	丙氨酸	0.24	缬氨酸	0.34
甘氨酸	0.21	色氨酸	—	异亮氨酸	0.21
精氨酸	0.65	天门冬氨酸	0.65	苯丙氨酸	0.21
酪氨酸	0.18	丝氨酸	0.25	脯氨酸	1.01
蛋氨酸	0.12	组氨酸	0.15	胱氨酸	—

表 32 - 3 酸角果肉矿质元素含量

单位：mg

矿物质名称	Na	Ca	Mg	Fe	Mn	Zn	Cu	P
每 100 g 含量	25.2	176.0	97.0	1.5	0.2	0.4	0.3	157.8

表 32 - 4 酸角果肉的维生素含量

单位：mg

维生素名称	胡萝卜素	硫胺素	核黄素	烟酸	维生素 C	维生素 E
每 100 g 含量	1.15	0.41	0.39	0.95	10.44	48.27

　　酸角树体高大，枝叶繁茂，树型优美，抗逆性强，适应性广，根系展幅大，生长快，被认为是干旱荒山、荒坡水土保持经济林的优秀树种之一，具有较好的生态价值。

　　酸角集生态、医药保健、经济为一体，具有很好的开发前景。对推动我国热带农业产业的结构调整，促进农业增效、农民增收也具有重要的现实意义。从目前的发展趋势看，对酸角进行规模化、产业化开发的力度将会越来越大，随着工业化、科技化的发展，在各项成熟配套的技术支撑下酸角会朝着新型食品化、工业化得到越来越广阔的开发利用。

第一节　种类和品种

一、种类

　　酸角属仅含酸角 1 种，关于酸角类型现在尚无统一科学的划分，各地叫法均有差异。主要按照酸角果形、果肉颜色、果肉厚薄、果肉风味、果荚皮粗糙程度、种子形状大小等直观地把酸角划分类别。根据果肉风味大致可分为三个类型：甜型、酸型和酸甜型，根据云南省农业科学院热区生态农业研究所对全国酸角分布区的调查及对酸角果肉糖酸含量的分析测定研究得出，糖酸比＜3.55 为酸型，糖酸比在 3.55～5.53 之间为酸甜型，糖酸比＞5.53 为甜型。根据果实可将酸角分为直果形甜酸角和马蹄形酸角（图 32 - 3）；根据果肉颜色可分为褐肉酸角、棕肉酸角和橙色酸角。

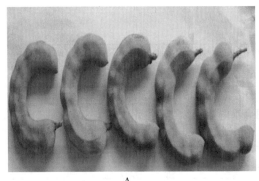 

A   B

图 32 - 3 酸角果实
A. 马蹄形酸角　B. 直果形酸角

二、品种

　　由于酸角树寿命达 1 700 年以上，丰产期也在 20 年以上，一代人无法完成品种选育工作，因此，酸角暂无人工培育品种，自然界中主要存在 3 个品种，分别为泰国甜酸角、泥鳅酸角和普通酸角（图 32 - 4）。泰国甜酸角通过无性系选择而来，主要特征为：树形中等，成熟期早，产量高，果实大而饱满，味甜，可食率高，果皮脆，易压碎，种子易受虱跳甲危害，耐贮运性差，以鲜食为主；泥鳅酸角为云南红河及金沙江流域地方品种，树体高大，产量较低，荚果直行或稍弯，形似泥鳅，味酸甜，果肉少，成熟果肉含水率高，果皮硬，耐贮运性较好，用途以调味剂为主；国内普通酸角树体高大，荚果形状多样，成熟期相对较晚，产量高，肉质厚，味酸，果皮硬，耐贮运性较好，以加工饮料和果脯为主。

A   B   C

图 32-4 酸角品种
A. 泰国甜酸角　B. 泥鳅酸角　C. 普通酸角

第二节　苗木繁殖

一、实生苗培育

（一）种子检验和种子处理

1. 种子物理性状检测　检测内容包括净度、整齐度、千粒重。

2. 种子生活力测定　用 TTC 法测定酸角种子生活力。

3. 发芽试验　对酸角种子进行发芽试验，发芽合格种子才能用于生产。

4. 种子贮藏　酸角种子贮存期间易遭受虫害，自然条件下不能长时间贮存，氯或碘等卤素化合物杀虫剂处理种子，可有效地避免虫害的发生。用聚乙烯包装和贮存种子，发芽率可提高 15% 以上。

5. 种子处理　酸角外种皮较含有较多的果胶质，种皮坚硬，不易吸水，发芽率低、发芽历期长且容易发霉，因此，播种前需对种子进行处理。处理方法包括物理方法和化学方法。物理方法有砂纸摩擦种子、种子混河沙高速搅拌及开水浸泡，砂纸摩擦种子、种子混河沙高速搅拌处理种子发芽率92% 以上，发芽历期缩短至 2 d，但不适宜生产，开水浸泡种子 12 h，种子发芽率可达 80%，是一种简便可行的方法；化学方法是用 98% 的硫酸处理酸角种子 30 min，或用甲醇处理种子 10 min，种子发芽率均为 80% 以上。

（二）整地

1. 圃地选择　苗圃要设在交通方便，劳力充足，有水源、电源的地方。面积大小，根据苗木的需要量和苗圃耕作制度来决定。苗圃地要求地势平坦，排水良好，地下水位最高不超过 1.5 m，土层厚一般不少于 50 cm，微酸性至微碱性的沙壤土、壤土或黏壤土。原有苗圃圃地不符合上述条件，要逐步平整和进行土壤改良，根据生产规划和充分利用土地、合理布局的原则，搞好区划，原则为：便于科学管理，提高劳动生产率；对圃地、道路、输电、排灌设施和房屋建设，要统一规划，合理安排，便于生产作业。

2. 整地要求　圃地要在播种上一年的冬季进行深耕，深度在 25 cm 以上，随耕随耙，播种前15～20 d，翻耕土地，除去杂物，平整，日晒杀菌。下种前做低床，步道宽 30～50 cm，床宽 120～150 cm，低于步道 10～15 cm，苗床长视田块而定。将混合好的农化料均匀撒在床面（农化料混合方法：每平方米床地用复合肥25～80 g，多菌灵5～30 g混合均匀），翻拌均匀且深度为8～10 cm，平整床面。土壤偏酸的加施石灰、草木灰等，偏碱的混拌生石膏或泥炭土、松林土。

（三）播种

1. 播种量

$$X=10\times P\times N\times(C/E)\times K$$

式中，X——播种量（g/m^2）；

　　　10——常数；

　　　P——种子千粒重（g）；

　　　N——计划产苗量（株数/m^2）；

　　　C——损耗系数，根据种粒大小、圃地环境条件、育苗技术和经验确定，酸角育苗播种量计算C值取1～1.2；

　　　E——种子净度（%）；

　　　K——种子发芽率（%）。

2. 播种方式　根据当地气候条件，确定播种期，当土壤5 cm深处的地温稳定在10 ℃左右时，即可播种。年均气温大于20 ℃地区2～10月均可播种。播种方式有点播和条播。点播是在厢面用固定株行距的打眼器均匀打眼，将待种的种子点入刚打好的眼中，点种后及时覆上潮湿的土，土壤的潮湿度不能低于播种时床面土壤湿度，覆土以填平种眼并超过种眼半径2～5 cm，打眼、点种、覆土要同步进行，播种后浇透水，盖草。条播行距为25～30 cm，粒距5～7 cm，播后覆土2～3 cm、搂平稍加镇压、浇水，盖草。

（四）出苗后管理

酸角种子一般播种5～7 d开始出苗，幼苗出土后，要及时分批撤除有碍苗木生长的覆盖物。播种10～15 d苗齐后，个别种子受各种因素的影响不能出苗，要进行补种。

酸角苗期短，一般底肥就可以提供苗期足够的养分。但苗期对水分的需求量大，要注意适时浇水，浇水还可以促进底肥的养分分解，有利于根系的吸收。浇水采用喷灌或床沟分段漫灌，床沟分段漫灌要防止水流过急，以免冲刷床面，保持床沟水面与床面基本水平，待水分刚好浸透整个床面时及时将水排入下一段。圃地发现有积水立即排除，做到内水不积，外水不流。

床沟和步道是杂草生长最旺盛的地方，要在杂草刚刚萌发时清除干净，除草要掌握除早、除小、除了的原则，人工除草在地面湿润时连根拔除，使用除草剂灭草，要先试验后使用。

酸角苗期易受白粉病侵害和地老虎危害，病虫害要以防治为主，幼苗长出2片真叶后每7 d喷洒一次0.2%～0.5%粉锈灵、0.5%百菌清、0.1%吡虫啉混合水溶液，根据幼苗发病情况，可适当增加药剂浓度或喷洒次数。

二、嫁接苗培育

（一）砧木的选择

砧木以地方酸角品种为宜。嫁接育苗是实生播种育苗基础上进行的，第一年培育实生苗，第二年3～4月中下旬在地径达8 cm以上时即可嫁接。砧木要求茎秆平滑通直，生长健壮，无病虫害和机械损伤。

（二）接穗采集

1. 接穗培育　为了使接穗健壮，采穗的头年对母树进行修剪施肥，冬春干旱季，每月灌水1次，保证母树在水肥充足的条件下生长，促进夏枝梢健壮，芽体饱满，保证来年有健壮穗条可采。

2. 接穗选择　选择生长健壮母树，在树冠中上部选取生长充实的一年生外围粗壮发育枝或结果枝，穗条要求平滑通直，节间适中，芽体饱满健壮、无病虫害（图32-5）。

3. 接穗采集　在落叶到萌发前的整个休眠过程进行接穗采集，一般结合修剪进行采集，根据枝条的粗细，50 或 100 条为一捆，并挂上标签，用潮湿的草纸包裹，外层用保鲜膜严密包裹。采穗圃距离较远或嫁接时间较长应采取接穗保鲜措施，常规的处理方法是穗条采会整理后，要及时放在低温保湿的深窖贮藏，穗条下半埋于潮沙中，捆与捆之间要用潮沙隔离，温度一般低于 4 ℃，湿度达 90％以上，贮藏期间要随时检查窖内温度及湿度，防治穗条霉烂。蜡封穗条的目的是减少穗条水分蒸发，保证穗条从母树剪下后到成活期间的生命力，其才做方法是穗条采集后按嫁接时所需的长度进行剪裁，将剪裁好的穗条在融化的石蜡溶液种迅速蘸取蜡液，要求穗条上不留未蘸蜡空间，蜡温控制在 50 ℃左右，蜡封穗条完全冷凉后置于干燥、冷凉、光线较弱的窖内或室内贮藏。

图 32 - 5 接 穗

A. 采穗母树 B. 穗条

（三）嫁接方法

嫁接前 3～5 d 对砧木和采穗母树进行灌透水 1 次。酸角嫁接方法可选用舌切接、劈接和芽接 3 种方法进行嫁接试验。嫁接时间根据物候变化而定，主要在 3～5 月进行嫁接。常规劈接法较适于酸角嫁接，其嫁接成活率高，且方便后期管理，操作步骤为：①在接穗下端削成长短相背的 2 个斜面，斜面长 3～4 cm，切削的斜面应一刀削成，力求平整光滑。②在距地面 10～15 cm 处断砧，剪除下部枝条，断砧后修平切口，在横断面沿形成层的内侧，用嫁接刀带部分木质部垂直切下，深度 4～5 cm。③将削好的接穗对准砧、穗的形成层，插入砧木切口底部，要求形成层必须有一侧彼此充分吻合。④用塑料薄膜带绑扎，使接合面紧密固合，绑扎时应将接穗、断砧口、嫁接口、接穗全部密封，接穗腋芽处覆薄膜 1～2 层，以便于新芽拱破薄膜。

（四）嫁接后管理

1. 浇水与施肥 3～5 月正值酸角种植区的干旱季节，嫁接后至雨季来临前，每 7～10 d 浇水 1 次，浇水方法采用滴管或漫灌，防治水浸到接口。接穗长出嫩枝后，待真叶由黄绿转为深绿时施肥 1 次复合肥，施肥方法为穴施。

2. 遮阴、抹芽、剪砧、解绑 嫁接后，立即用遮阴度为 70％的遮阳网对嫁接苗木进行遮阴，嫁接后 7 d 起，每隔 3 d 抹 1 次砧木上的萌芽，接芽萌发生长 2～8 cm 时适当进行松绑，嫁接后 60 d，待接穗与砧木的嫁接伤口愈合稳固牢靠后，及时解除薄膜绑带。

3. 蚂蚁防治 嫁接后应及时喷 80％敌百虫可湿性粉剂 800 倍液在接后 10 d、20 d 分别喷雾 1 次，防止蚂蚁等咬破薄膜而降低成活率。

4. 补接与人工辅助破膜挑芽 接后应及时检查，对愈合组织没有形成的接头，应剪除原接口补接，对接芽难破膜的，应进行人工辅助破膜挑芽。

三、营养苗培育

酸角以种子繁殖为主，营养体木质化程度较高，水分含量较低，生长素含量极低，营养繁殖极难取得成功。笔者通过多年采用不同处理方法进行根蘖、压条、埋条、埋根、扦插、组培等试验研究均为取得成功，仅断根和露根育苗上取得成功，但繁殖效率较低，且断根育苗毁坏母树，生产上不宜采用（图32-6）。具体育苗技术如下。

A   B

图 32-6 酸角苗
A. 酸角实生苗 B. 酸角嫁接苗

（一）母树选择

选择发育健壮周边 50 m 以内无其他酸角树的成年母树，树龄一般 10～30 年，要求母树营养生长旺盛，生殖生长弱，挂果少，生长环境要求土壤深厚肥沃，避风背阴，土壤微酸性。

（二）培养苗培育

1. 断根苗培育

（1）挖根、断根。酸角萌芽期（4～5月）沿母树周围 30～50 cm 扩穴，切断全部母树根系，移走母树，扒开土壤，使距截面 10 cm 左右的根部暴露于土外。

（2）断根后管理。断根后沿母树种植穴及时浇水，用塑料薄膜盖住穴坑，以后每 15 d 浇水 1 次。

（3）取苗、定植。断根后约 20 d，部分侧根开始发芽，待嫩芽生长至 15～20 cm，侧根上新生须根较多时即可取苗定植，取苗时尽量保证根系完整，由于母株根系较长，需大穴定植，且定植后注意保持土壤水分。

2. 露根苗培育

（1）挖根。酸角萌芽期（4～5月）沿母树周围 1～3 m 处翻土，挖出表面浅根，使根部中段 20～50 cm 暴露于土外。

（3）取苗、定植。露根后约 60 d，部分侧根开始发芽，待嫩芽生长至 15～20 cm 时即可取苗定植，取苗时嫩芽距母树 20～30 cm 出切断根系，尽量保证根系末端完整，大穴定植，定植后注意保持土壤水分。

四、苗木出圃

（一）起苗前准备、取苗方法

在苗木休眠期，调查苗木质量、数量，为做好苗木生产、供销计划，提供依据，调查的内容包括苗木数量、高度、直径，根系生长状况，木质化程度。

取苗前 1～2 d 给苗床浇透水，起苗时间要与造林季节相配合。除雨季造林用苗，随起随栽外，在秋季苗木生长停止后和春季苗木萌动前起苗，起苗要达到一定深度，要做到少伤侧根、须根，保持根系比较完整和不折断苗干，不伤顶芽。取苗时，双手尽可能握住种苗的根部，轻轻用力左右晃动，同时向上用力，慢慢拔取，起苗后要立即在庇荫无风处选苗，剔除废苗，将取出的苗苗木用剪刀剪除叶片，在修剪时，枝条上要保留 1～5 cm 的叶柄，保留顶端叶片 1～5 片，剪去过长的主根和侧根及受伤部分。

（二）苗木分级、假植

种苗等级的划分，以植株高和地径为标准，苗木共分三级：一级苗为苗高≥100 cm、地径≥2 cm；二级苗为苗高 50～100 cm，地径 1.5～2 cm；三级苗为苗高<50 cm、地径<1.5 cm。

不能及时移植或包装运往造林地的苗木，要立即临时假植。秋季起出供翌春造林和移植的苗木，选地势高，背风排水良好的地方越冬假植。越冬假植要掌握疏摆、深埋、培碎土、踏实不透风。假植后要经常检查，防止苗木风干、霉烂和遭受鼠危害。

（三）苗木包装、运输

酸角苗木应根据苗木大小和运输距离，采取相应的包装方法。要求做到保持根部湿润不失水。一般包装方法是将取出修剪好的苗木用半湿的报纸包住根部，装入塑料袋，塑料袋在苗的根部以上 5～10 cm 处打结捆扎。在包装明显处附以注明树种、苗龄、等级、数量的标签。将捆好的种苗及时搬运到阴凉的室内或及时运走，取苗到种苗定植的时间间隔一般不能超过 36～72 h。

运输要及时、途中注意通风，不得风吹、日晒，防止苗木发热和风干，必要时还要洒水。

（四）苗木检疫

（1）在省内调运的苗木，运出县级行政区域之前，调出单位或个人应向调出所在地的植物检疫机构申请检疫，经植物检疫机构检疫合格，发给省内调运植物检疫证书后，方能调运；

（2）调往省外的苗木，调出单位或个人持有关手续，向调出地植物检疫机构申请检疫，经检疫合格的，由省植物检疫机构或其授权的植物检疫机构签发省间调运植物检疫证书后，方能调运（图 32 - 7）。

A　　　　　　　　　　　　　　　B

图 32 - 7　苗木检疫及运输

A. 苗木运输　B. 苗木检疫

（五）建立苗圃档案

苗圃要建立基本情况、技术管理和科学试验各项档案，积累生产和科研数据资料，为提高育苗技术和经营管理水平提供科学依据。

基本情况档案的内容包括：苗圃位置、面积、自然条件、圃地区划和固定资产、苗圃平面图、人员编制等。如情况发生变化，随时修改补充。

技术管理档案的内容包括：苗圃土地利用和耕作情况；各种苗木的生长发育情况及各阶段采取的技术措施，各项作业的实际用工量和肥、药、物料的使用情况。

苗圃档案要有专人记载，年终系统整理，由苗圃技术负责人审查存档，长期保存。

第三节 生物学特性

一、根系生长特性

直根系，深根性，酸角具 1～3 条主根，圆锥形根不突出，离地表 20～50 cm 层次的水平根盘根错节，如网状。

二、枝生长特性

酸角为多年生高大乔木，植株高度 5～18 m，冠幅 6～35 m，分枝能力强，单轴分枝，最长寿命可达 1 700 年以上。3～5 月播种，播种后 7～10 d 出苗，子叶出土，出苗 1 月后子叶脱落，出苗后 2～3 个月分生侧枝，5～7 月为最适定植期，5 月初叶芽分化，新叶萌发，比开花早 3～5 d（图 32 - 8）。

图 32 - 8 酸角古树

三、叶生长特性

复叶类型为二回羽装复叶，对生 12～17 对小叶，复叶长 5～13 cm，小叶形状为矩圆形，叶尖微凹，小叶大小长 0.5～2.5 cm，宽 0.4～1.0 cm，复叶中部宽，顶部和基部较窄，脉系为羽状网脉，叶缘全缘，叶基心形，萌芽期 4～5 月，叶色嫩叶紫红色，幼叶黄绿色，成熟叶深绿色，老叶深黄色，期翌年 2 月落叶（图 32 - 9）。

A B

图 32 - 9 酸角花和叶
A. 花、叶 B. 酸角花

四、花

始花期 5 月初，末花期 10 月中旬。花系类型为总状花系，每个花系着生小花 5～100 朵，花系着生方式为轮生，花萼数 2，淡黄色；花萼长 0.8～1.5 cm、宽 0.4～0.8 cm，花柄长 0.4～0.9 cm，花为完全花、两性花、两被花、左右对称花，花冠为蝶形花冠，最上一片最大，在外，为旗瓣，两侧各一瓣，为翼瓣，花冠数 3，花冠色紫红色夹淡黄色羽状网脉；雄蕊数 3，极少为 4，二体雄蕊，全着药，纵裂；雌蕊为单雌蕊，雌蕊数 1；胎座为边缘胎座，子房上位子房下位花。

五、果实

(1) 坐果期。5 月底至 10 月初。

(2) 成熟期。3～4 月。

(3) 果实颜色。棕色。

(4) 果实类型。荚果，成熟后沿心皮背缝线或腹缝线裂开（图 32 - 10）。

(5) 果长。5～18 cm。

(6) 果宽。1.5～2.5 cm。

(7) 果厚。1.0～1.9 cm。

(8) 单果重。2.5～13 g。

(9) 单果种子数。1～10 粒。

(10) 种子颜色。褐色、棕色、橙色。

(11) 种子形状。心形、菱形、扁圆形、矩圆形、类三角形。

(12) 种子类型。有胚种子，子叶 2。

(13) 种子千粒重。500～550 g。

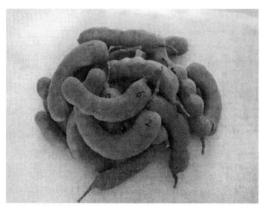

A   B

图 32 - 10 果实和种子

A. 酸角果实 B. 酸角种子

第四节 对环境条件的要求

一、土壤

酸角对土壤条件要求不很严，在质地疏松、较肥沃的南亚热带红壤、砖红壤和冲积沙质土壤均能生长，发育良好，而在黏土和瘠薄土壤上生长发育较差，但喜酸性土壤。

二、其他因素

因酸角主要分布在南亚热带，温度要求活动积温 6 000～7 500 ℃以上，年平均气温 18～21 ℃，最冷月平均温度 10～15 ℃，基本无霜，极端最低温不低于 3～4 ℃。酸角为阳性树种，喜光，易栽培，最适宜在温度高、日照长、气候干燥，干湿季节分明的地区生长，表现出耐干热的生物习性。正常生长发育、开花结果需在平均 10 ℃以上，年积温 7 500 ℃左右，年降水量在 1 000 mm 以下和日照时数在 2 200 h 以上的环境条件。酸角种子发芽力可保持 3 个月以上，播种后 2 周内萌芽，实生苗生长缓慢，每年长高大约 60 cm，幼龄期长达 4～5 年或更长。高海拔地区主要在春季抽芽，夏季开花，荚果翌年春季成熟，从开花到收获期间很长，从嫩荚形成到果实完熟约 8 个月。

第五节　建园和栽植

一、建园

(一) 园地选择

园地应设置在适合于酸角生长的生态条件范围内，生态条件应有利于大量结实。除考虑降水量、积温外，霜冻易发生地段、风口也不宜建园。为了便于经营管理，并有利于提高酸角果实的绿色、有机标准，酸角园应交通便利，水源方便，集中成片，避免与农田或其他用地穿插，同时避免工业废气、废水的污染。

(二) 园地规划

酸角园总体规划方案的主要内容包括建园目的和任务、规模、园址的自然条件和社会情况、园址选择的理由、全面区划、小区配置、施工和管理技术要点、工作进程、附属设施、经费预算和经济效益预算。

在同一个酸角园中，只应包含来自相似自然条件的优树材料或单一家系，面积的大小依供应的市场及生态建设需要而定。

(三) 整地、改土

定植前 6 个月整地。清除植被和采伐剩余物，地势平坦的地段可全面整地，山地采用块状整地，坡度较大的山地可采用带状整地、修筑水平阶或反坡梯田。种植塘规格为 1 m×1 m×1 m，塘穴开挖后充分暴晒，雨季来临前回填，每塘施 30～40 kg 农家肥、20 kg 腐殖土、5 kg 钙镁磷肥，拌土分层回填，表土回在下层，农家肥和磷肥回填中层，腐殖土上层，塘后种植穴内土壤略高于地表，做好鱼鳞坑蓄水圈，迎坡上沿开口以拦截顺坡而下的径流水，待雨水浸沉后定植（图 32 - 11）。

在坡度 8°～25°的旱坡地栽植酸角，为经济合理地利用降水，宜沿等高线运用隔坡水平沟设计，在坡面两侧及底部打保水土坎，宽、高 20～25 cm，按隔坡水平沟标准施工，水平沟宽 60 cm，深 30 cm，在沟底按规定的 4～6 m 的株距挖定植塘，改土措施与平地栽植相同，雨季，可在沟间种植豆科牧草改良土壤，减少冲刷，也可最大限度利用降水，使雨水及坡面有机质汇于沟内。

二、栽植

(一) 栽植方式和密度

选择株高 50 cm 以上、茎粗 15 mm 以上，健壮、根系发达、无病虫危害的苗木，7 月上旬雨季来临时及时定植，使当年能有较长的生长时间，以便苗木扎根、长高、增粗，茎秆充分木栓化，利于次年度旱保苗，种植后 1 个月内观察苗情，及时补苗。确定酸角栽植密度应有利于植株的正常生长发育，提高产量，同时为今后去劣疏伐，淘汰劣株创造条件。根据各方面因素综合考虑，酸角栽植密度以 5 m×6 m 或 6 m×6 m 为宜，每 667 m² 定植 19～23 株（图 32 - 12）。

图 32 - 11　土壤改良
A. 改土　B. 回塘

图 32 - 12　种植沟和种植塘
A. 隔坡水平沟　B. 种植塘

（二）栽植方法

栽植时舒开根系，苗木扶正，嫁接口朝迎风方向，边填土边轻轻向上提苗、踏实，使根系与土充分密接。栽植深度以根颈部与地面相平为宜。

（三）栽后管理

1. 促苗　酸角移栽成活后，要注意加强管理，施氮肥和有机肥，以促进植株生长。壮苗带土栽植后恢复期 15～20 d，成活后即抽发新梢，此时正值水热条件最佳时期，一般要抽发 2～3 次新梢并长出多条分枝，应适时追施有机肥以补充移植后快速生长的营养需要，追肥时间以抽发新梢为准，少量多次为原则，距根颈 10 cm 左右挖穴施肥，同时注意防虫，尤其象甲类喜食嫩梢，发现时人工捕捉或喷洒农药。

2. 覆盖、保墒　干旱地区 10 月雨季结束，11 月至翌年 5 月为旱季，尤其 3～5 月高温低湿，风高物燥，天气干燥，土壤干旱严重，为了增强苗木抗御高温干旱能力，11 月初应松植穴表土，就地割草覆盖整个塘穴表面，厚度不少于 10 cm，并从四周垄土压实，此项措施能较长时间保墒，待酸角根系深入 1 m 深的营养土层下部，就能安全度旱。

第六节　果园管理

一、土壤管理

土、肥、水管理包括灌溉、施肥、中耕除草。改善水肥状况，有利于数目生长发育，提高产量，减少结实大小年间隔现象，干旱地区花期和幼果期各灌透水一次。对土壤做分析和营养诊断，一般前 3 年夏季每株施肥 300 g 复合肥，4～7 年夏季每株施 500 g 复合肥，7 年后分两次施肥，夏季每株施 500 g 复合肥，嫩荚形成期增施 200 g 尿素。由于深耕能切断根系，调整树冠对根系的比例，在短期内有促进开花结实的作用，因此，每年 10 月上旬对行间进行深耕 1 次，可有效抑制冬梢萌发，促进秋梢充实老熟和花芽分化。

二、整形修剪

（一）修剪的作用

酸角耐高温、喜光照充足时，结果多、品质好，相反，过阴则结果少、品质差。此外，酸角以顶部花芽结果为主，易产生结果部位外移，因此，每年都要对徒长枝、枯死枝、密集枝进行修剪、整形，保证树体通风透光，同时结合撑枝，拉枝打开内膛，合理利用膛内空间，培养成内膛结果枝组，促进萌发新枝，使整个树体成为立体结果的丰产树形，避免大小年，有利稳产、高产和提高品质。

（二）修剪时期

修剪应在春末采果之后，春芽萌发之前进行。

（三）修剪技术要点

酸角树中心干不明显，树形多以自然圆头型，具有顶部芽萌发力强、发梢次数多和隐芽受刺激极易萌发等特点，因此，酸角整形修剪需每年进行一次。第一年进行定杆修剪，当幼树植株生长到 2.5～3 m 时截顶；第二年进行主枝修剪，保留 3～4 个主枝并截顶；第三年进行二级主枝修剪，保留 2～3 个二级主枝并截顶。以后每年对过密、病虫害枝条修剪，结合上一年的结果量对侧枝进行适当修剪，保持丰产的合理树冠。

（四）去劣疏伐

根据酸角树体的生长状况，要及时进行留优去劣疏伐，保持树冠间距在 1～2 m。合理的密度可使树体生长发育良好，果实产量也高，特别是进入结实期后，应本着宁稀勿密的原则尽早尽快进行疏伐。

三、间作套种

（一）间作西瓜、黑籽南瓜

幼龄酸角行间关照充足，可间种西瓜或黑籽南瓜，在有灌溉条件的地区可在春季进行种植，4～5 月西瓜上市，效益显著，但大多数酸角园都没有灌溉条件，只能在第一次透雨后进行种植。种植西瓜时应春季做好整地工作，整地后按 1 m×2 m 株行距，施足基肥并盖好膜，提前 1 个月左右做好西瓜的集中育苗工作，然后在第一次透雨后定植西瓜苗。

西瓜不与酸角争空间和阳光，反而西瓜的蔓叶会攀延覆盖地表，降低水分蒸发，起到保水的作用，从而促进酸角的生长。

黑籽南瓜种植简单，在酸角行间可大量套种黑籽南瓜，一般在雨季开始后，挖宽 40 cm，深 30 cm 的塘穴，每穴放 100 g 复合肥与土壤混合均匀，然后回填，每穴点播 4 粒黑籽南瓜种子，每 667 m² 可间种

300 株左右，苗期进行 1～2 次的浅中耕和除草。

（二）间种豆科作物

在酸角生长地区的农民有长期种植花生和豆科作物的传统，对种植花生和豆科作物具有一定的经验和技术，在酸角行间间作花生、大豆等豆科作物操作简单、农民容易接受，综合效益明显。豆科作物具有很强的固氮作用，间种后可明显提高土壤养分，花生或大豆的秸秆可作为酸角的覆盖材料，起到保水、保肥的效果，秸秆腐烂后可增加土壤的有机质和改善土壤结构，从而改善酸角的生长环境，促进酸角的生长（图 32 - 13）。

A   B

图 32 - 13　间作套种
A. 酸角行间间套种豆科植物　B. 酸角行间间套种牧草

花生和大豆主要以雨养栽培为主，在第一次透雨后种植，出苗快、出苗齐，是获取高产的基础，一般在 6 月中间左右种植，生长期在雨季，减少灌水等措施或免灌，节约生产成本，保证产量。酸角行间种植 10 行花生或大豆，花生或大豆的行间 40 cm，株距 15～20 cm，每穴放 3～4 粒种子，15 d 后间苗，每穴保留 2 株，依靠雨养，经济效益明显。

酸角与花生、大豆的生长发育特性有明显的互补性。酸角为多年生作物，生长周期长，株行距宽，前期封行迟，而花生、大豆的生长期短，可在酸角行间正常生长，在酸角封行前都可进行间种。

在酸角行间除间作以上介绍的作物外，还可以间作一些豆科牧草，如柱花草等，总之，间套种要根据各地的实际，结合市场的需求，劳动力状况，种植习惯等灵活掌握。

第七节　花果管理

酸角树坐果率较低，为 0.5%～1%，因而提高酸角坐果率对其丰产栽培尤为重要。

（一）花期喷硼

在酸角盛花期 5 月中下旬，喷施 0.2% 硼砂液 2～3 次可明显提高坐果率，其坐果率能提高 71.8%。

（二）秋梢抽生期喷施多效唑

在秋梢抽生期 9 月中上旬，喷施 2 次有效成分含量 15%，浓度为 500 倍液的多效唑可湿性粉剂，可明显抑制冬梢萌发，促进秋梢老熟和花芽分化，喷施效果显著，坐果率可提高 171.5%。

（三）环割技术

对生长旺盛树体，在开花前 4 月上旬左右对其部分侧枝或付侧枝进行环割，深达木质部，环割 2～3 圈，间距 1.5～2 cm，坐果率可提高 136.5%。

第八节 病虫害防治

一、主要病害及其防治

(一) 主要病害

白粉病，酸角白粉病的病原为粉孢属真菌，菌丝表生，以吸器伸入寄主组织吸取营养，分生孢子梗直立单生，其顶端可连续产生分生孢子，分生孢子串生，卵圆形，无色透明。

(二) 为害症状

酸角白粉病主要为害苗圃地幼苗及大田植株的幼嫩秋梢，在部分老叶上也可发现其为害。发病初期，染病嫩梢的嫩叶上先出现一些分散的白色粉状小病斑，以后病斑逐渐扩大互相联合，形成一层白色粉状物，这就是病原菌的菌丝体和分生孢子。随着病害的蔓延扩展，羽状复叶的小叶柄、叶轴及幼嫩小枝上也发病。受害组织会坏死，病害严重时，受害嫩叶脱落，嫩枝干枯（图32-14）。

A   B

图 32-14 酸角白粉病
A. 白粉病初期 B. 幼苗遭白粉病为害状

(三) 发生规律

1. 幼苗 在干热区酸角周年均可育苗，白粉病在干热区幼苗上周年均会发生，一般在出苗1个月以后开始发病，若防治不及时，无论在雨季还是旱季发病都较严重，发病率可高达100%，大量嫩叶脱落，嫩枝干枯，极大地影响幼苗生长成苗，即使后期防治住了该病，苗木出圃率和出圃质量也会大打折扣。

2. 植株 植株于9月下旬开始抽秋梢初期即开始发病，若防治不及时，会不断蔓延扩展，到11月中下旬达到发病高峰，严重时，发病率可高达100%，大部分秋梢被为害，嫩叶脱落，部分嫩枝干枯，极大地阻碍了秋梢正常生长、充实、老化，影响第二年结果母枝的数量和质量，从而影响来年花的数量和质量，使其开花减少，花质量降低，坐果率和产量也随之降低。

(四) 防治方法

1. 苗期白粉病防治

（1）农业防治

① 科学施肥，使苗木健壮充实。按肥土比1∶4配制营养土装袋育苗，苗期养分管理以施清粪水为主，辅以一定复合肥，切忌追施尿素，以利于苗木健壮充实，提高抗病力。

② 及时除草，使苗圃地清爽卫生。按苗圃地除草要出早、除小、除了的原则，将营养袋内的在杂草小及时拔除，否则杂草会与幼苗争夺水分、养分、阳光，使幼苗生长衰弱，易被白粉病病原原菌侵入而发病。

（2）化学防治。发病初期喷洒800倍15%三唑酮可湿性粉剂或500～800倍液50%粉锈清悬浮剂；发病初期喷洒 500～1 000 倍液的 15％百粉灵可湿性粉剂防治效果较好，喷洒 800 倍 50％多菌灵可湿性粉剂或 800～1 000 倍液 70％甲基硫菌灵可湿性粉剂防治效果也好。

2. 植株白粉病防治 9 月中旬统一施促秋梢肥，使秋梢整齐健壮抽发，在发病初期进行化学防治，措施同上述苗期化学防治相同。

二、主要害虫及其防治

（一）主要虫害
1. 象甲 俗称象鼻虫，鞘翅目（Coleoptera）象甲科（Curculionidae）昆虫的简称。
2. 蚂蚁 属于膜翅目昆虫。
（二）为害特点
1. 象甲为害特点 象甲主要为害酸角嫩芽，幼虫能钻入酸角的根、茎、叶，种子中蛀食，受害症状为嫩芽卷曲、变黄，种子出现面粉状粉尘（图 32 - 15）。

A   B   C

图 32 - 15 酸角虫害
A. 象甲 B. 蚂蚁蛀干 C. 蚂蚁啃食嫁接膜

2. 蚂蚁为害特点 啃食嫁接膜，蛀杆。
（三）发生规律
1. 象甲发生规律 成、幼虫均植食性，大部分种类蛀入植物组织内，危害严重。幼虫多数肥胖、无足而只取食酸角的花头、种子、肉质果实、茎或根。
2. 蚂蚁特性 蚂蚁为典型的社会性群体。具有社会性的 3 大要素：同种个体间能相互合作照顾幼体；具明确的劳动分工；在蚁群内至少二个世代重叠，且子代能在一段时间内照顾上一代。
（四）防治方法
1. 象甲防治方法 成虫出土前在树干周围利用辛硫磷 300 倍进行地面封闭，喷药后浅翻土壤，以防光解。树冠喷药：在成虫发生盛期（4 月中下旬），采用 50％辛硫磷 1 000 倍、40％水胺硫磷 1 000～1 500 倍液树冠喷雾，均有较好防效。
2. 蚂蚁防治方法 喷洒敌百虫原液 500～1 000 倍液；喷洒 50％敌敌畏乳油 1 000～1 500 倍液或 80％敌敌畏乳油 2 000～3 000 倍液；喷洒 0.1％除虫菊酯煤油溶剂。

第九节 果实采收、分级和包装

一、果实采收

酸角荚果于第二年的 3～4 月变干，外观表现为灰褐色时，果肉呈褐红色，外果皮与果肉分离，

果穗轴基部离层干脆，此时具有良好风味，即可采收。采摘时应避免果壳破裂，影响果品的外观和价格，另外，也要注意避免损伤和折断树体营养枝，影响翌年的产量。采收时，用枝剪，不伤果实，轻采轻放。

二、果实分级

果实分级标准参照相关标准（表32-5）。

表 32-5　酸角果实分级指标

项目	一级	二级	三级
个体数（个/kg）	≤52.0	≤70.0	>70.0
杂质率（%）	≤0.5	≤1.0	>1.0
果肉率（%）	≥55.0	≥50.0	<50.0
水分含量（%）	≤14.0	≤17.0	>17.0
缺陷果率（%）	≤5.0	≤10.0	>10.0

三、包装

果实分级标准参照 LY/T 1741—2008《酸角果实》。
(1) 酸角采收后，应挑选分级，按等级分别包装。
(2) 每件包装内只能含有同一产地、同一等级的酸角果实。
(3) 产品的包装材料应符合食品卫生要求。

四、运输与贮存

果实分级标准参照 LY/T 1741—2008《酸角果实》。
(1) 酸角果实存放和运输过程中，严禁雨淋，注意防潮，防止挤压，保持通风良好。
(2) 严禁将酸角果实与有毒、有异味、发霉以及其他易传播病虫的物品混合存放和运输。

第十节　果实贮藏保鲜

一、贮藏保鲜的意义

果实成熟后具有易腐性、季节性、地域性的特点，保鲜有利于调节市场旺季供应，丰富食物种类，提高附加值，增加收入；酸角果实熟后，由于果肉含糖量较高，受潮后容易霉烂及受虫害侵扰，采用有效的酸角保鲜技术，有利于保证酸角市场的全年供给，也能保证优质原料的供给，对于加工原料而言，酸角原料的好坏直接关系到产品的质量。

二、贮藏保鲜方法

（一）装袋码垛

经筛选后的酸角，按等级分别装入麻袋或塑料编织袋内，每袋重量控制在 40 kg。每袋重量在 40 kg 左右包装，有利于装卸、叠堆，库内叠放要留有空间通道，有利于通入潮湿的冷风。

（二）温湿控制

酸角在常温下贮藏，病原菌呼吸及代谢均十分活跃，很容易造成果实的腐烂。而在低温下贮藏，则可降低酸角及病原菌的代谢活动，降低水分的损失，有利于贮藏，适合的温度在 0~2 ℃，相对湿度 50%～55%。

（三）入库后管理

酸角入库后温度保持在 0～2 ℃，相对湿度保持在 50%～55%。库房内一定要安装温度和湿度表进行监控，每天检查。若湿度过大，可每天开窗通风一次。每 3 d 要抽出几个酸角进行检查，贮藏 3 个月以后还要把酸角清拣一次，清除烂果及虫果，清理后重新按规定堆放。

第十一节　新技术的应用

一、皆伐更新

对采用任何技术措施都不能恢复正常的营养生长和生殖生长，病虫害严重，产量低下的酸角林地可采用皆伐更新。

皆伐更新改造包括块状改造和带状改造，两种改造的面积视不同立地条件而异，先易后难，及时更新，待更新后的幼树生长稳定后及时施肥一次，更新后在新芽萌发后进行必要的病虫害防治，更新时分部进行，先更新的林地生长稳定后，再改造剩余的林地。

酸角营养生长正常，结实量低的林地可采用顶植更新。就是先在林地种植优良品种（或种源）的苗木作为接班树，同时对进行结实盛期的单株进行适度修剪，促进其开花结实，同时加强对新载植株的抚育，待新载植株大量开花结实后，再伐去结实生长差的老枯株，把生空间让给新枯的幼龄酸角，促进幼龄酸角的生长。

二、抚育改造

抚育改造的目的是调整林分密度和树种机构，伐除长势弱的老、病、残和不结实或结实较少的单株，补植优良的品种或材料，培养合理的株分机构，以便形成优质丰产林。抚育改造可采用间伐、补枯等技术措施。

（一）间伐改造

间伐改造适用于树冠层郁闭较高的林分。因株间密度过大，光照不足，株间竞争激烈，从而使得整个林分生长不良，形成低产低效林。间伐改造时采用去弱留强，去劣留优，去密留稀和适当兼顾均的原则，保育生长健壮、中幼龄级的植株，伐除徒长及长势弱、病虫害严重、不结实或产量低的植株。

（二）补株改造

补株改造适宜于缺株较多，达不到设计密度的林地。补株时在原来设计的行内或定位挖塘补枯。补株的时间在雨季之前或第一次透雨过后，补株的苗未选用规模大的优良品种或种源。加强对树补株苗木的管理，促进其快速生长，协调补株苗木和原有苗木的关系，使其尽早达到一致，便于生产管理。

（三）复壮改造

复壮改造主要包括对林分环境的改造和树体管理，改造低产林的立地质量和分林的低产低效的不良状况。复壮改造主要采用施肥，林地复垦、松土、扩穴和修剪等措施。

1. 施肥　为提高土壤养分，改善土壤营养条件，促进酸角生长，施肥时应根据林木所缺养分进行科学配方施肥。

2. 复垦和除杂松土　酸角为喜光耐热树种，在荫蔽的环境下生长极差。对长期失管，林地严重荒芜，杂灌丛生的林分，铲除影响林木生长的灌木丛及杂草，扩穴松土，在扩穴松土的同时在茎干周四周围大塘积水，对林地复垦，促进幼龄复壮。

（四）嫁接改造

嫁接改造是对产量低、虫害严重的林地，通过嫁接优良品种的接穗，改造低产低效林，提高单株产量。嫁接包括枝接和芽接等方法，在接穗充足时采用枝接发芽快、见效快，在优良品种接穗紧张时，可采用芽接，芽接发芽慢，操作复杂，但能节省嫁接的接穗材料。

1. 酸角枝接

（1）枝接时期。在每年春季的 2 月中旬至 3 月下旬及秋季的 9 月上旬至 10 月中旬时节，日温 20 ℃±3 ℃进行枝接。

（2）接穗和砧木的选择。选择酸角优良材料的木质化半木质化的枝条，砧木则选择需要改造的酸角。

（3）枝接操作

① 接穗切削。剪取酸角优良材料的木质化半木质化枝条，每 1~3 个饱满腋芽作为一段接穗，在接穗下端削成长短相背的 2 个斜面。从下芽的背面下方，削出不深入髓部的长斜面，长斜面 3~4 cm。在长斜面背面，削出短斜面 2~3 cm。切削的斜面力求平整光滑，长短切面均应一刀削成。

② 砧木切削。在选取作为砧木的酸角上，以培养树型为目的，选择需要改接的枝条，在上一年的生长点处断砧，其余枝条剪掉。断砧后修平切口，在横断面沿形成层的内侧，用嫁接刀带部分木质部垂直切下，深度 2~4 cm，切口平滑。

③ 接合及绑扎。将削好的接穗，长斜面向内，短斜面向外，对准砧、穗的形成层，插入砧木切口底部。由于砧、穗粗度不可能完全一样，接合时要求形成层必须有一侧彼此充分吻合。然后用塑料薄膜带绑扎，使接合面紧密固合。绑扎时应将接穗、断砧口、嫁接口全部密封，且不能使对准后的砧、穗位移，同时在接穗腋芽处注意覆薄膜 1~2 层，以便于新芽拱破薄膜。

（4）接后管理。嫁接后应及时喷 80％敌百虫可湿性粉剂 800 倍液，在接后 10 d、20 d 分别喷雾 1 次，防止蚂蚁等咬破薄膜而降低成活率；接后应及时检查，对愈合组织没有形成的接头，应剪除原接口补接；对接芽难拱出的，应进行人工辅助破膜挑芽；接芽萌发生长 2~8 cm 时适当进行松绑和解绑，促进加粗生长；及时、多次地对砧木进行抹芽。

接后 7~15 d 形成愈伤组织，腋芽 10~15 d 拱出薄膜，30 d 左右即可完全解绑，形成新的优良材料的酸角枝条。酸角枝接的枝接成活率高，达到 98％以上。枝接后的酸角具有了高产抗病性等接穗优良材料的特性，是很好的酸角品种改良方法。

2. 酸角芽接

（1）芽接时期和接穗的选择。选择在春季的 2 月和秋季的 9 月进行芽接。接穗采取具有优良材料优良酸角的木质化半木质化枝条，砧木选择需要改造的麻疯。芽接日温在 20 ℃±3 ℃。

（2）芽接操作

① 剥芽。选取优良酸角品种穗条，用嫁接刀剥取芽片。取芽时用嫁接刀在芽位的上下各 1.0~1.5 cm 横切一刀，在芽的左右各宽 0.4~0.6 cm 处，撬切至木质部并将芽片轻轻挑动剥起，切成长 2.0~3.0 cm、宽 0.8~1.2 cm 的芽片。

② 接口开剥。在选取作为砧木的酸角，以培养树型为目的。在选取作为砧木的酸角上，选择需要改接的枝条，在适宜操作处断砧，即上一年生长点处断砧，其余枝条剪掉。离断砧处 15~20 cm 选择砧木上光滑无伤口处，用嫁接刀上下及左右各横切一刀，宽度和长度与芽片相同，深度以切断皮层稍至木质部为准。撬起皮层，剥出一个近似窗式开口，切口大小与接芽相适应。

③ 接合及绑扎。将剥取的方块芽片放置于开口，上下左右的皮层对准，恰好安放。最后用塑料薄膜绑扎，密切吻合，接芽处覆薄膜 1~2 层，以便于新芽拱破薄膜。

（3）接后管理。嫁接后及时喷防虫类药物，喷施 40％乐果乳油 800 倍液，分别于接后 15 d、25 d 喷雾 2 次，防止蚂蚁等咬破薄膜而降低成活率；接后及时检查，对愈合组织没有形成的接头，剪除原接口补接；对接芽难拱出的，进行人工辅助破膜挑芽；接芽萌发生长 2～8 cm 时适当进行松绑和解绑，促进加粗生长；及时、多次地对砧木进行抹芽。

接后 10～15 d 形成愈伤组织，腋芽 20～25 d 拱出薄膜，45 d 左右即可完全解绑，形成新的优良材料的酸角枝条。芽接成活率达 95％以上，春季嫁接成活率 97.6％，秋季嫁接成活率 95.8％。芽接后的酸角具有了高产、抗病性等接穗优良材料的特性。

第十二节　优质高效栽培模式

一、果园概况

园地建于元谋县城南面哨房梁子，面积 73.3 hm²，地貌为干旱山地，内布冲沟，四周土石显露；土壤类型主要为燥红土、变性土和沙砾土。海拔 1 100 m，典型的干旱燥热气候，年均湿 21.9 ℃；多年平均降雨量为 634 mm，蒸发量高达 3 830 mm，为降水量的 6 倍，干燥度达 2.8，年均相对湿度 54％。

二、整地建园

1992 年上半年全面实施建园，品种引进泰国直果甜型、弯果甜型，版纳甜型、甜酸型和元谋酸型品种，共计 8 个株系分区块种植。建园采用深挖大塘，重施基肥，袋育壮苗，雨季栽植，追肥促苗，覆盖塘穴，保墒度旱等综合配套措施。视地形情况采用多种栽植形式和密度，较平缓规整地段采用宽窄行或宽行密株，大行 14 m、小行 6 m，株距 4 m。平坦规则地块顺主埂 6 m 株距种一行，地块内间作其他作物。坡度较大的地段，充分利用沟阱土地，采用 8 m×6 m 或 8 m×4 m 株行距，共规划 8 248 株，塘穴按 1 m×1 m×1 m 规格开挖，重施基肥回填，下层 60～80 kg 垃圾肥拌 3 kg 磷肥回填，中层 10～15 kg 农家肥拌 2 kg 磷肥回填。育苗用中号营养袋单粒种子点播，苗龄 100 d 时，挑选苗高 50 cm 以上，地茎 1.5 cm 以上进行栽植。栽植时间为 7 月中旬，成活后追施 2 次速效肥促进生长，及时防治象甲虫危害新梢。

当年 12 月下旬调查成活率达 98.36％。次年经过春夏半年干旱的严峻考验，周年保存率仍达 95.45％，生长良好平均株高 97.6 cm，冠幅 66.0 cm，少量植株株高冠幅都超过 1 m。

在 1992 年 7 月至 1993 年 6 月栽植周年内，降水量仅 480.9 mm，蒸发量 2 726.5 mm，降水量较正常年少 150 mm，属旱年。综合配套技术措施有效地保障了建园的成功，1993 年 12 月调查，平均株高 189.75 cm，冠幅 97.25 cm，地茎 4.49 cm。

三、栽培技术

在干旱燥热河谷旱坡山地营建天然雨养酸角林成功的关键，是抓好大塘足肥、袋育壮苗、适时早植、促苗治虫、保墒度旱五个重要环节。

(一) 大塘足肥

植穴长、宽、深分别为 1 m×1 m×1 m，正方形塘穴便于开挖时操作，并与坡向垂直，有利于截蓄更多雨水。塘穴开挖时间以 11 月至翌年 2 月为宜，此时土壤水分较多，土体软，开挖省工省时；3 月后则土体干旱坚硬，尤其 4～5 月需要运水浸泡塘位土壤；塘穴开挖后充分暴晒，促进土体熟化，5 月下旬即可回填，每塘不少于 60 kg 垃圾土杂肥、10 kg 有机肥、4 kg 磷肥，拌土分层回填，垃圾土杂肥回填中下层，有机肥回填中上层，回填后做好蓄水圈，迎坡上方开品以拦截顺坡而下的径流水。

(二) 袋育壮苗

营养袋规格为 15 cm×25 cm，以腐熟有机肥与细土比例为 1∶2 装袋，营养土装平袋口，苗床宽 1 m。3 月上旬选择果荚饱满，色鲜荚匀的新成熟酸角，坡果壳去果肉，筛选深褐色光泽鲜亮的种子，用 60～70 ℃温水浸泡 48 h。捞出种子点播于备好的育苗营养袋内，每袋播一粒，点种深度 2～3 cm。播种后立即浇水，采用漫灌，让水由下而上自然吸湿，盖上一层薄稻草防晒保湿。点种 20 d 后陆续出苗，30 d 苗基本出齐。苗高 10 cm 时追施稀薄沼池水催苗，苗高 50 cm 以上时出圃种植。

（三）适时早植

干热河谷雨季降水量少时短，天然雨养酸角林营建栽植必须抢时令，尽量利用有限降水充分长苗扎根，争取当年能有较大生长量。多数年份干热河谷 6 月有个小雨季，应抓紧时令在第一个小雨季末抢栽下去，使当年能有较长的生长时间，以便苗木扎根长高增粗，茎干部充分老化，得次年度旱保苗。种植时期最迟不超过 8 月上旬。

（四）促苗治虫

壮苗带土栽植后恢复期 15～20 d，成活后即抽发新梢，此时正值水热条件最佳时期，一般要抽发 2～3 次新梢并长出多条分枝，苗期冠幅生长量大于树高生长量，应适时追施速效肥以补充移栽后快速生长的营养需要。追肥时间以抽发新梢为准，多次少量近苗穴追施后覆土，每次轮换方向。同时注意治虫，尤其象甲类喜食嫩梢，发现量较多时及时用 600 倍液乐果喷雾。

（五）保墒度旱

干热河谷 10 月雨季结束，11 月至翌年 5 月为旱季，尤其 3～5 月高温低湿，风高物燥，天气干燥土壤干旱严重。为了增强苗木抗御高温干旱能力，11 月应松植穴表土，就地割草覆盖整个塘穴表面，厚度不少于 10 cm，并由四周扰土压实，此项措施能较长时间保墒，促使酸角根系深入 1 m 深的营养活土层下部，即能安全度旱。经过半年旱季炼苗，至次年 5 月降水后，苗木迅速抽发新枝梢并快速生长，种植周年后保存苗木不会再死亡，转入按常规管理，除草施肥，待第二周年时通常都能长成 1 m 以上的幼树。

四、经济、生态、社会效益

目前，酸角园进入丰产期，保存株数 6 200 株，平均树高 12.5 m，平均胸径 26.0 cm，每 667 m² 产量约 800 kg，单株产量约 40 kg，年产值 30 万元，已成为酸角糕绿色食品生产原料基地，在良好的管理条件下，园区内酸角果实饱满，无明显大小年。其中 3.3 hm²，共 789 株培养为优良酸角采穗圃。

该酸角园的建设成功，成为金沙江流域特色经济发展及生态治理的典范，带动企业发展的同时也将带动农户发展酸角种植，也带动了农户观念转变，重视科技，提高品质和市场经济意识，对促进农业产业结构调整、资源保护和可持续发展利用具有深远的意义。

该酸角园将生态种植、生态养殖、生态旅游结合发展，发展循环经济，为干热山区发展开辟新的经济增长点。推动了整个云南酸角产业化发展，解决热区剩余劳动力就业问题，为热区农民开辟新的增收致富渠道，切实解决"三农"问题，加快社会主义新农村建设步伐。

第三十三章 人 心 果

概　述

人心果（*Manikara zapota* Linn.）是山榄科热带常绿果树之一，其原产于中南美洲的墨西哥至哥斯达黎加一带，现广泛分布于印度、菲律宾、斯里兰卡、马来西亚、墨西哥、委内瑞拉、危地马拉等热带、亚热带地区。

1900 年人心果首先引种至我国福建，此后广东、台湾地区相继引种成功。目前，人心果在我国的广东、广西、福建、海南、台湾等地区均有种植，但商品化果园少，多处于房前屋后零星种植状态，产业规模不大。

人心果果实味道甜美、芳香爽口、营养丰富，含有多种氨基酸，维生素及磷、钙、铁等矿质元素。除鲜食外，还可加工制胶，其果胶是制造口香糖的高档环保胶基，具有天然安全、易被生物降解、不污染环境等优良特性。此外，人心果树四季常绿，树形优美，是很好的园林绿化树种。由于人心果具有较好的经济价值和生态效益，美国、印度、墨西哥等国家的科学家对人心果进行了大量而深入的研究，在种质资源保存、优良品种选育、栽培管理技术及加工利用等方面取得了较大成果。由于人心果在我国属稀有热带果树，产业规模小，基本上没有科研单位开展科学研究，因此积极开展人心果引种及配套技术研究工作，对于丰富我国热带水果种类，促进人心果产业的发展具有重要意义。

第一节　主要类型

我国所栽培的人心果品种大多没有具体的名称，按其果实形状可划分为 3 种类型，即椭圆形果、圆形果和圆锥形果。

1. 椭圆形果　果实呈椭圆形或长卵形，平均单果重 60～210 g，果皮粗糙，呈棕褐色，具果毛。该品种树冠圆形或椭圆形，叶互生，密聚于枝顶，革质、墨绿色，具有光泽。花 1～2 朵生于枝顶叶腋，花梗长 2～2.5 cm，密被黄褐色或锈色茸毛，花萼外轮 3 裂片长圆状卵形，花冠白色，先端具不规则的细齿，能育雄蕊着生于冠管的喉部，花丝丝状，花药长卵形，退化雄蕊花瓣状，子房圆锥形，花柱圆柱形，基部略加粗。果实椭圆形，种子扁，花果期 4～9 月。该品种在我国分布最为广泛，其中海南省、广东省较多。

2. 圆形果　树体形状、叶、花等与椭圆形果品种类似，但叶片颜色较淡，呈绿色，质地较软，果实呈圆形，平均单果重 100～150 g，果皮棕色，较平滑。全年可开花，果实成熟期为 4～9 月。该品种主要分布于海南、台湾等地区，广东省也有分布。

3. 圆锥形果　树体相对较小，叶片叶形指数相对较大，果实呈圆锥状，平均单果重 50～100 g，果皮棕褐色，粗糙。全年可开花，果实成熟期为 4～9 月。该品种主要分布于海南中部的五指山、琼中、白沙等市县，在广西壮族自治区的百色市有零星分布。

第二节 苗木繁殖

人心果种苗繁育，可通过有性繁殖和无性繁殖两种途径进行，采用种子直接繁育出苗木的方法称为有性繁殖方法，当所繁育出的苗木直接在生产种植中应用时被称为实生苗；不通过种子萌芽方式而利用植株其他组织器官繁育出苗木的方法称为无性繁殖，圈枝和扦插方法均属于无性繁殖方法，而将两者结合起来繁育苗木的方法即为嫁接繁育，所繁育出的苗木称为嫁接苗。目前，生产上人心果育苗的方法主要有嫁接法育苗和圈枝法育苗。

我国人心果传统育苗方式以高压育苗为主，而国外多采用嫁接法育苗。两种育苗方法各有优劣势，高压法育苗操作简单，育苗时间短，所育苗木生长快，进入结果期早，但繁殖系数小，对结果母树损伤较大，容易造成母树树体早衰，且高压人心果苗木无主根，根系相当脆嫩，极易断根，易造成建园时成活率不高。嫁接法所育的人心果苗木根系发达、生长快、树体矮、早结果、早丰产、结果期长，能保持人心果母树的优良性状。另外，嫁接法繁殖系数大，可使优良品种得到迅速的繁殖和推广。此外，人心果育苗还有实生繁殖法，但实生繁殖结果迟、品质差、变异性大，在生产上极少应用，只作为人心果砧木和行道树的繁殖。

一、嫁接苗培育

（一）砧木选择

人心果砧木品种应因地制宜地选择，要用与不同种人心果嫁接亲和力强、适应性广、能早结果、丰产稳产的优良砧木品种种子培育砧木苗。人心果生产常用的适宜砧木品种有人心果（*Manikara zapota* Linn.）、星萍果（*Chrysophyllum cainito* Linn.）和曼妹人心果（*Pouteria sapota*），上述砧木在我国海南、广东、广西、云南（西双版纳）均有分布。

（二）实生苗培育

在育苗前，先清尽其中的树丛杂草，将场地用机耕进行两犁两耙的作业，然后起畦。畦的规格可大可小，以方便日常管理为宜，一般要求畦的宽度 1 m 左右，高 20 cm 左右，长 5 m 左右或以苗圃大小而定，畦间沟宽为 40 cm 左右，与排水沟相通。畦内施入适量的腐熟有机肥和少量石灰，与土壤拌匀后平整畦面。用于催芽的苗床可不用施有机肥和石灰，将畦面平整后即可进行催芽。催芽前，预先将储存的种子用清水浸泡 3~4 h，以利种子吸涨；刚制备的新鲜种子可直接进行催芽。催芽时，种子可密播，均匀撒播于催芽床中，但种子间不应重叠，播后覆上一层厚约 1 cm 的细土或细沙。有条件的地方，还可在苗床上覆盖约 15 cm 厚的干草，起到保湿及调温功效，然后淋透水。最后，拉开遮阴网以防止烈日暴晒。在催芽期间，土壤应保持湿润，一般在早上或黄昏进行淋水。淋水时，在水管前应套上洒水头，起到分散水柱的作用，防止将种子冲出土面或将幼苗冲倒。催芽 10 d 后，种子开始萌动、冒芽。待出苗后，及时揭开盖草。当幼苗长至 10 cm 以上高度时应及时进行分床。分床时夹起的幼苗应整齐摆放于篮或小筐中，并尽快种植。对茎或主根折断、大部根系损伤、畸形和黄化的幼苗都须淘汰。操作过程中，应尽量避免对其他尚小的幼苗造成损伤。每次工作完成后，需再淋水一次，以填平拔苗后留下的空穴和固定其他存留的小苗。由于人心果种子发芽历时较长，因而分床工作要多次进行。幼苗分床种植后需及时淋透水，铺设好遮阴网，并在下午或第二天早上再淋水一次。此后，视土壤墒情进行淋水直到幼苗成活。发现死苗应及时补种。

（三）嫁接

1. 嫁接时间 人心果的嫁接时间，一般在每年的夏、秋两季进行，此时进行嫁接，成活率高，秋季最好视当地气温而定，常温较低、或冬季低温影响频繁的地区应提早进行嫁接，以防止低温的影响。

2. 芽条　嫁接的接穗取自优良母树，优良母树的选择，一般以丰产性能好、结实率高、果大果形饱满端正作为标准。嫁接所用芽条应选择无病虫害、生长饱满的半年生枝条。夏季嫁接前，不需对芽条进行处理，直接剪下即可使用；秋季嫁接时，应在芽接前 5 d 剪去芽条的幼嫩部分，以促进腋芽的萌动。

3. 嫁接要求　选取的接穗芽眼要饱满，切口面要平整、光滑、干净，接穗与砧木贴合处应紧密。捆扎要牢固、密实，以防止外界水分渗入。操作时应尽量避免阳光直射，高温及降雨天气，对嫁接成活影响较大，因而需铺设好遮阴网及防雨布。嫁接时应避开中午的高温烈日天气。在嫁接前、后的几天时间里，不用对砧木进行淋水。

4. 嫁接方法　人心果上通常采用的方法为切接和芽片接，其他方法（合接、劈接、腹接等）极少采用。切接和芽片接都具有嫁接效率高、成活率大等优点。采用何种方法，应根据工人的操作熟练程度、砧木的生长情况以及外界的环境条件等不同情况而定。由于切接法的操作更为简便，因而被普遍采用；而芽片接法多用于特定的情况条件，如不同种类的砧木等。

（1）切接法。也称为枝接法，其优点是：接穗萌发快，长势强，接后管理用工少；但对砧木的影响较大，一旦嫁接不成活时，不便再次补接；某些种类的砧木嫁接成活率低。

① 剪茎干。视砧木茎干的粗细程度，剪去砧木茎干距土面 10～20 cm 部分，将剪下的茎干顺放于苗行间。

② 开接口。为便于捆扎，用芽接刀将砧木切口面削平滑，并除去切口下方 6 cm 左右间的叶及侧芽。在砧木光滑一侧的切口断面上，将芽接刀放于形成层与木质部交接处或稍带少许木质部的位置，垂直下切一刀，长 2～4 cm，保留切皮。

③ 削接穗。选取与砧木围茎粗细基本一致的芽条，在芽条上切下带有 2～3 个饱满腋芽的一小段枝作为接穗，并除净接穗上的叶柄。将接穗下端（方向不能弄错，枝条生长方向为上端，反之则为下端）的切口削成约 40°的斜面；用芽接刀在距斜面底角 2～4 cm 处下刀，深达木质部顺切一刀，削去与砧木切口长度一致的皮层，便在接穗的形成层或稍入木质部上形成一个平整的切面。

④ 接合。将接穗切面插入砧木接口中，使接穗形成层与砧木形成层最大限度地贴合在一起，保留的砧木切皮紧压接穗斜面。最后用专用塑料绑带，自下而上作覆瓦状螺旋缠绕，将砧木切口与接穗捆扎紧实即可。

（2）芽片接法。又称补片芽接或芽片腹接法。芽片接的长处是：每嫁接一株只用一个腋芽，芽条用量省；对砧木的影响小，方便再次补接，但接穗萌发较慢。

① 开芽接口。在距土面 10～20 cm 的砧木茎干上，选取平直光滑部位，擦净附着在茎干的污物并摘去四周叶片，用芽接刀按 T 形，沿茎干划出长方形切口，开口朝下，长 3 cm 左右，宽视砧木的粗细而定，一般在 0.7～1.0 cm，深达木质部。从切口上端挑出皮层并将皮层向下拉至切口底部，切去剥离的砧木皮的上部，留下 1/3 左右的树皮。

② 削芽片。取与砧木粗度基本一致的芽条，在芽条上选取一个饱满芽，在此芽的下方 2～3 cm 处下刀，沿芽条轴向，将腋芽带木质部完整削下，长 5～6 cm，厚约为芽条粗度的 1/3，小心剥去木质部，便成为带有一个可萌发腋芽的芽片接穗。适当修整芽片的上下及两侧，使芽眼位于芽片中间，大小比砧木切口略小的长方形接穗。

③ 贴合。将修好的芽片马上安放于芽接位中，注意勿使芽片上下颠倒，并使芽片的内面与砧木形成层全部贴合，芽片下端用砧皮压住，可防止芽片在贴合过程中产生滑动。然后用备好的芽接专用塑料绑带，自下而上作覆瓦状螺旋缠绕，捆扎密实，使外界水分不能进入到芽接口即可。注意，两者间的形成层组织不能受损，否则，将不能芽接成活。因此在贴合捆绑过程中，芽片不能在芽接口内有任何的移动。

5. 嫁接注意事项　嫁接人心果苗木不理想的地方是切口表面有乳汁流出，这要求操作迅速，经常清洁嫁接刀。否则黏稠的乳汁使操作困难且迟缓，尤其工作量比较大的时候。除了熟练的操作技术，以下几点也应注意。①砧木苗应规格统一，长势强健。不符合规格的砧苗木应弃之不用。②成活后在2～3个月内苗木需正确捆绑支架，使成功的概率最大。③人心果嫁接最佳时间是夏季和秋季，而不是春季。

6. 嫁接后的管理 嫁接期间应减少淋水次数，适当控制土壤湿度。及时抹除砧木上的萌芽；及时清除杂草。采用切接法的，嫁接25 d前后，应检查嫁接成活情况，凡接穗萌发的嫩梢仍带绿色或接穗未变成黑褐色的即是嫁接成活，对未成活的应尽快补接。补接时，不能在原剪断处重新开切接口，须将砧木顶部再剪去3 cm左右的一段，然后在新的剪口上进行切接。采用芽片接的，检查时间要晚些，一般要30 d左右。检查时，凡芽眼已萌动或芽片整体未变色的、或芽片四周部分虽有少量变为黑褐色但芽眼未变色的为芽接成活，对未成活的应尽快补接。补接时，新开的芽接位可选在原芽接位的反面或另选合适位置。由于芽片嫁接苗在嫁接过程中没有剪茎干，因而即使芽片接活，芽眼也很难萌发。为促使芽眼尽快萌发，必须要进行截干处理。截干时，在距芽接位以上3 cm左右的位置，用枝剪将砧木茎干剪断即可，剪下的茎干顺放于苗行间。

二、圈枝苗培育

1. 圈枝时间 圈枝法育苗常年都可进行。海南多数在清明至立夏期间即3～5月为宜，此时气候暖和，树液已开始流动，皮层与木质部易分离，发根快。圈枝时无论阴天还是晴天，上午还是下午均可进行。各地气候环境条件不同，可根据当地具体情况而定。

2. 圈枝枝条 枝条的选择一般应选择品种纯正、生长健壮、产量高、无病虫害的植株作母树，高压枝最好选二、三年生，直径2～3 cm，长50～60 cm的向阳的、斜生的或水平的、充实健壮的枝条。老化枝、阴弱枝、徒长枝和病虫枝条不能选用。

3. 圈枝方法 枝条选定之后，在平滑、无赘瘤处环状剥皮，方法是用利刀环剥3～5 cm宽的皮层，深达木质都，并将形成层刮净，上方切口要整齐，剥皮的长度按枝条大小而定。如果切口留有形成层，养分会继续上下流通，影响生根成活。因此，剥皮处的形成层一定要刮干净，如刮不干净，可用棕绳来回地打，也可晒2～3 d，将形成层晒死，断绝养分流通，然后再上营养土包扎。为促进早发根，可用植物激素吲哚丁酸（IBA）、萘乙酸（NAA）涂抹切口，能有效地促进生根。用含量为3 000×10^{-6}～5 000×10^{-6}的吲哚丁酸在环剥上方的切口处周围涂上即可。上营养土时，选择质地较黏的泥土，加水搅成泥浆，然后将椰糠与泥浆和匀，做成长50 cm的泥绳；也可用椰糠、塘泥加入过磷酸钙2 500 g、草木灰5 000 g、骨粉1 000 g、食盐500 g配制成。食盐可加速椰糠腐烂，草木灰能增加钾和磷，可促进生根。上述肥料与泥浆搅匀后，涂在事前经过水浸泡过的稻草或椰糠上做成泥绳。包扎时先将泥绳一端对正上方切口，用力紧绕，不使泥团转动，缠绕成宽约15 cm，中部厚8～10 cm的泥团。然后用塑料薄膜把泥团包好，两端用细绳扎牢，为了使薄膜包扎的泥团里面既保水又能排水通气，应戳穿几个小洞，以免里面水分过多造成烂根和切口腐烂。

4. 圈枝注意事项 人心果圈枝后如气候温暖，2～3个月即可生根，120～150 d就可下树。当须根长出泥团外面，即高压苗到9～10月初长出3次根后，就可将枝条从母树上包扎泥团的下方锯断。锯口与泥团要平，不得留树枝突出于泥团下方。高压苗下树后要进行整形修剪，剪去部分叶片，减少水分蒸发，然后解除塑料薄膜进行假植。由于高压苗的根很幼嫩，在下树假植过程中要注意保护泥团，以免断根，影响成活。假植地可按苗圃地的整地方法进行，假植后须搭架遮阴，以防日晒落叶，同时要加强肥水管理和病虫害防治。一般经过150～180 d的假植培育后就可出圃。

三、苗木出圃

1. 出圃标准 苗木出圃是育苗工作的最后环节，对即将出圃的苗木，要认真把好质量关，保证苗木质量，并做好出圃前的准备工作。苗木的出圃定植有两种方式：裸根与袋装（非裸根）。裸根苗是过去人心果种植的主要方式，现已较少采用。裸根苗在出圃时，将育成的实生苗或嫁接苗从苗床中挖出，根部不带泥土，稍加处理后直接运出苗圃种植。这种方式，可不经假植阶段，直接出圃定植，从而缩短了育苗时间；由于重量减轻，提高了运输效率。在一些特定的外界条件如阴雨天气、当天完成定植等情况下可以采用。当根系长时暴露于空气中时，将影响苗木的成活率。袋装苗可在不同的季节种植，成活率高，方便长途运输，且不受外界条件影响等。

出圃前，应先对这批苗木进行质量检查，达到以下标准要求的，可以出圃。

（1）苗木的品种纯度在99％以上。

（2）嫁接口愈合正常，嫁接部上下发育正常，皮面光滑；砧穗亲和，没有接合部肿大、皮粗糙等现象；砧木上没有抽生的枝芽。

（3）无病虫危害，特别是易传播且危害性大的病虫害。

（4）植株生长正常，梢基部茎粗在0.5 cm以上，梢长30 cm以上。叶片已充分老熟，叶色浓绿。

（5）营养袋不应严重破损，袋中土团不应过分松散。

（6）裸根苗的主根长度在25 cm以上，基本无损伤，切口平整；根系完整，保留有较多的侧根。

2. 出圃要求　即将出圃的苗木，需要做好出圃前的准备工作。首先要进行截顶处理，剪去苗木顶端幼嫩部分，促使枝叶加速老熟。出圃前半个月左右的时间，收起遮阳网，使苗木得到充分的日照锻炼，并减少淋水次数。同时，还要清除砧木上萌发的枝芽，保证出圃的苗木质量；出圃前2 d，若土壤湿润可不用淋水，以保持土团的紧实性，减少运输过程中因土团松散而使嫁接苗根系受损。

（1）起苗。按标准和数量要求起出袋装苗，剪除穿出袋外的较大根系，视情况装入包装箱或筐中。若采用裸根苗的，则在起苗前剪叶，留下少量叶片；挖苗时，尽量避免损伤主根，挖苗后，剪平主根断口，修剪根系，随即用预先准备好的泥浆浆根。浆好后，用塑料袋密封苗木根部并给予遮盖或进行包装，防止水分蒸发。

（2）运输。运输过程不应重压，车顶有棚，可防止日晒雨淋，车厢内不能密闭，适当保持通风透气，防止因长久日晒，车厢内温度过高导致苗木烫死。

第三节　生物学特性及对环境条件的要求

一、生物学特性

1. 根　实生树根系深广，抗逆性强。由于树体流胶，嫁接不易成活，常用压条法繁殖，茎源根系分布浅，抗风力弱。关于根系在土壤中的分布和年生长动态等未见报道。

2. 茎　人心果为常绿乔木，树冠自然圆头形；茎干、枝条灰褐色，圆形；树皮暗褐色，纵横龟裂；成枝力强，小枝合轴生长，分为营养枝和结果枝，前者长而粗壮，后者在上部叶腋着生5~10朵花，每年可抽生3~4次新梢。

3. 叶　叶丛生枝端，轮状互生，革质，墨绿色，有光泽，椭圆或长卵圆形，先端短尖或钝，基部楔形，全缘叶，具白色乳汁。

4. 开花结果　花着生在新生枝的叶腋，单生，偶有簇生，花小。花萼6片，作2轮互生，花冠筒状，白花；雄蕊6。雌蕊1，子房上位，10~12心室。年开花3~4次，雌雄异熟，自花不实。异花授粉，风媒花。果实为浆果，灰褐色，皮薄，表皮粗糙；大小、形状因品种而异，依据果实性状可以把品种分为圆形、椭圆形、圆锥形等，果肉成熟时黄褐色，后熟，果实柔软便可食用，石细胞较多，味甜。种子黑色，扁圆形，有一层坚硬的外壳，每果种子3~6粒，亦有无核类型。自开花至果实成熟需9~10个月，依据地区和年际气候差异而不同。果实分泌乳汁减少，表示果实已经成熟而可以采摘；采收后后熟5~7 d，软化即可鲜食。

二、对环境条件的要求

1. 温度 温度是人心果发展的限制因子。人心果最适宜生长温度为平均最高温 25~32 ℃，平均最低温 15~25 ℃。低于 3 ℃人心果就会发生冷害，低于 -1 ℃时产生冻害。一般来说人心果最适宜生长温度为平均最高温 22~28 ℃，平均最低温 7~18 ℃，人心果对霜害极为敏感，不耐霜冻和阴冷天气，-4 ℃左右就会产生明显的冻害状。在果实成熟期间，温度过低会推迟成熟，而温度过高，又会过早成熟。在果实成熟期间，遇上晚上低温，特别是 13 ℃以下的低温，果实会出现生理病害，开花坐果期间，适当的高温有利于开花与授粉。

2. 湿度 最新研究表明，在低湿条件下，落花增加，柱头干化，坐果明显减少。在栽培上，可用高密度种植，营造防风林和喷雾的方法来增加果园的湿度。湿度过高又会把柱头上的糖类分泌物稀释，使花粉发芽率低，不利于受精，一般以 80％左右的相对湿度对人心果生长发育较有利。人心果开花授粉时，空气湿度以 80％~95％为最佳，不够时可进行树冠喷水。

3. 降水量 灌溉和降水对开花和早期坐果非常重要，如果期间过于缺水，会导致落花落果，果实生长缓慢。但大多数人心果对水涝比较敏感，即使短期的水淹也会使其生长减弱，落叶少花，对坐果不利。在果实成熟期间，土壤含水量的不稳定或急剧变化也会引起一些品种掉果。人心果喜欢湿度较大环境，过于干旱影响枝梢生长。地下水位过高或土壤排水不良，则易发生根部疾病，故雨季要注意排除积水。

4. 风 除山刺果人心果等少数种类外，大部分人心果类果树都是浅根性的，极易遭受风害。特别是植后 1~3 年的幼树风害严重。风害摇动树体，损伤树干，导致根颈腐烂病菌入侵。开花期间的干热风则使花粉和柱头干化，降低坐果率。在种植之前，应营造好主、副防护林带，以保护幼树。

5. 土壤 人心果对各类土壤的适应性较强，从沙质土到黏壤质土上都能生长。但是要获得高产和稳产，则以沙壤土为宜，因为土壤黏性重，排水不良，落花多，坐果率不高，沙壤土则无此弊端并容易通过施肥和灌溉来控制生长。如果土层浅薄，可培土加厚土层，改进排水，也可进行覆盖促使表土层吸收根的生长发育。土壤 pH 5.5~6.5 较为适宜。

第四节 建园和栽植

一、建园

人心果为多年生果树，生产具有长期性和连续性。果园的建立应根据当地的环境、气候条件，并结合其目的来选择合适的品种。果园的规划设计，应围绕生产和生活两个基本点进行，以方便生产管理为原则，根据环境条件做好果园的整体结构布局，对生活、生产区域分别进行总体规划，再将生产区域按地形地貌特点进行适当规划。建立人心果果园，重要的是应规划好种植的主栽品种，因此，在建立果园时，需对种植的种类或品种有所考虑并进行选择。首先，应考虑所选择的人心果品种是否适合本地的土壤、气候等环境条件；其次，所选择的品种应具有丰产稳产性好的特点；再次，有广阔的市场前景、产品销路好、售价高、效益好；最后，投产要早、产品的质量要优。总之，建立人心果果园，应以经济效益为首选、以此作为评估种植品种的标准。

（一）园地选择

园地立地条件的好坏，直接影响到果园的成败。园地选择应根据人心果对环境条件的要求进行。人心果为热带果树，喜好温暖的气候和适当的降水，但怕寒不耐霜冻和阴冷天气。最适宜的生长温度夏季平均为 25 ℃上下，冬季平均为 20 ℃左右，因而，只能在冬季极端气温高于冰点以上的地区种植。要求的环境气候条件，年平均温度在 20 ℃以上，绝对低温不低于 0 ℃，年降雨量在 1 000 mm 以上的地区。此外，在园地选择中，应选择在生态环境良好、远理污染源，并具有可持续生产能力的农业生产区域。除地下水位高、积水难以排干的低洼地，土壤透水性极差或黏性强的黏土地区以及高盐分含量的土壤不要选择外，还要尽量避免选择在常有霜降或冬季长期低温的高海拔地区或坡度大于35°以上的山地。在我国热带地区，一般的土壤条件都可选择。但以通气透水性强、质地为沙壤土或壤土为最好，pH 6.0～6.5 为最佳。

人心果喜阳光，应选阳光充足的坡向，如南坡、东南坡或西南坡。人心果在低海拔地区风味较高海拔地区佳，宜选择海拔 500 m 以下的地方。交通要方便。人心果是热带果树，作为商品性栽培，应相对集中、成片开发建园。另外，目前人心果以生产鲜果为主要目的，而鲜果贮运性较差，应首先在大、中城市郊区及交通运输方便的地方发展。园地选在平地、缓坡地均可，陡坡不宜作园地。在坡地建园时应选择条件好的中下坡，由于谷底的冷空气排出慢，常出现霜害、冻害，应距谷底 15 m 以上建园，但山顶、山脊风大且土壤干燥瘠薄，不宜建园。

（二）园地规划

建立商品化的人心果果园，一定要搞好整体规划。根据果园面积规模，对植区、防护林、道路、排灌系统、住宅仓储及其他设施等作一个细致的总体安排，确定种植品种及区域分布、道路走向、人员生活住宅的方位等等，以利于管理运作。6.67～13.33 hm² 的小果园，一般不需作较细致的总体规划，只要安排好果园的种植结构布局（如品种、排灌系统等）、人员生活区及田间道路就可以了。

1. 小区规划　以土壤条件、坡度、坡向等对植区进行总体划分，要求每个区的土地条件基本一致；若面积过大，可再分为若干小区。在山地或丘陵的小区划分应按等高线进行，小区面积为 1.33 hm² 左右；地面较平整的可按 3.33 hm² 左右的面积进行划分。各个小区间要有明显标识，一般以辅道作为分区的标记。此外，由于有机肥在人心果生产中的不可替代性，因此应规划有堆放或沤制有机肥的场地。

2. 道路　园内道路主要用于农业机械的通行，以方便生产资料及产品的运输。因而道路应与各小区联通。道路分为主干道、支道和辅道等，主干道为联通不同住宅点及仓储的道路，并且与外界公路联通；住宅仓储到各大区的道路为支道，小区间与支道相连的道路为辅道，辅道也是划分不同小区的分界。

3. 排灌系统　分为灌溉系统和排水系统，应根据情况，统一规划，合理安排。在山地丘陵、缓坡地和台地等地势较高的果园，首先要做的是灌溉系统的规划。灌溉系采用管网设计较好，主要由引水、蓄水、灌溉管路三部分组成，采用管道深埋铺设。水源可引自山塘、水库、农业灌溉渠道等，如不便取水的，可打井自行解决。蓄水及灌溉管路，应根据地形及种植面积而定。山地果园的排水系统，可在每小区的边缘及道路两侧挖好排水沟，使多余雨水顺着坡势流出即可。在平地、水田等地势平坦的果园，由于地下水位较高，水源丰富且取水较易，灌溉系统可采用管网设计；也可将灌溉系统和排水系统作为一个整体进行统一规划，系统可由明沟暗渠组成，水丰时排水，缺水时引水灌溉。当地下水位更高时，须采用小区四周挖深沟的办法，及时排除田地积水，使地下水位降低到 1 m 以下。

4. 防护林设置　防护林的建设以改善果园小气候环境及防风为主。对于较小型果园，防风林以环园林为主，即在果园四周种植一圈防护林；对于大型果园，除环园林外，还应在每个大区四周或在主干道、支道两旁规划种植防风林。

5. 住宅、仓储　以人员相对集中，方便管理为原则。一般在地势相对平坦、近干净水源、能方便与外界连接的地方规划为住宅、仓储区。大型果园，往往不止一个住宅、仓储区，可按面积和路途远近多设几个。

6. 其他设施　如水电、厕所、牲畜养殖地等等，这些与人们的日常生活密切相关，必不可少的设施。在外界条件具备的地区，按有关标准进行规划高压及变电线路；如无条件，则应自行解决。通信已很普及，电话通信线路可以省略。生活用水，由于河流、水库的水均有不同程度的污染而不能直接采用，故果园的生活用水要靠打井解决，以深水井更好。同时要求建设水塔以方便人员生活用水需求。在规划时，应将水井位置安排在远离污染源处，或在住宅、仓储区与水源间设计有效的隔离措施，及早做好预防准备，以保证用水安全。有条件的可规划建设沼气池。

（三）整地

目前，人心果的种植已基本上采用袋装苗或圈枝苗方式，由于袋装苗对种植期的气候条件要求不严，因而，除了冬季因气候较冷不宜栽植外，一年中的其他季节均可栽植。但以春季栽植为最佳，无论是营养袋装苗还是裸根苗，均有很高的成活率。在其他季节，除袋装苗外，成活率会因气候条件的影响而有所不同。

二、栽植

（一）开挖种植穴

植区清理完后，按所标定的穴位开挖种植穴。种植穴一般要求为 0.6 m×0.6 m，贫瘠瘦弱或石块遍布的地区，种植穴还应加大到 0.8 m×0.8 m。开挖时，表土、底土分别堆放，挖好后，让穴在自然条件下充分曝晒风化一段时间。种植前半个月用基肥和少量石灰进行回填，用已完全腐熟的禽畜粪肥 10～15 kg 作为基肥，混入适量的过磷酸钙或石灰，与表土混合后施入，再用表土回填满，即可种植。在土壤酸性较强的地区，还要增加石灰的量到每穴 1 kg 左右。施用石灰，除了能中和土壤酸度外，还有一定的杀菌功效；此外，还能增加土壤钙含量。

（二）苗木准备

当种植穴挖好后，就应准备苗木。有两种途径，一是购买，二是自行育苗。购买可省去苗木繁育时的大量工作，省事、省时、方便，只要到有资质的育苗单位或部门采购育好的苗木即可。自行育苗除了要准备合适的育苗场地外，还要在种子、接穗等来源等各方面进行组织准备；若要繁育嫁接苗，还要求工人具备嫁接技术等诸多方面的条件，才能开展育苗工作，非常的麻烦和不方便，因而目前生产单位的苗木准备多为购买。在购买时，应对所购买的苗木，按有关人心果种苗标准的要求把好质量关。首先是品种的纯度；其次是品种的规格及其数量；接着应检查苗木是否有病虫危害，尤其是危害性大的病虫害；然后，应注意嫁接苗接口的愈合情况以及接穗的生长情况；最后，观察袋装苗的土壤是否过于松软；若土壤过于松软，则应推后至土团较紧实后再行装运，以免在搬运过程中造成泥土与根系分离而降低苗木成活率。运输过程中应采用厢式货车，以免日晒及车风劲吹伤害苗木。运达目的地后，将苗木整齐码放于树荫或遮阳网下，防止烈日暴晒；当天种植不完的苗木也应在荫蔽处下存放；当袋装苗中的泥土过干时，应淋些水。购买的若是裸根苗，远途运输时，应有包装及保湿的措施；在装运过程中应尽量避免阳光暴晒及热风劲吹，以防植株体内水分过快丧失，影响成活；运达目的地后，应尽快放于阴凉处，并洒水于裸根苗上，以防止植株水分蒸发。裸根苗挖出后应尽快种植，离土时间越长成活率越低，最好在当天种完。因而，裸根苗的采购量不能一次过多，应分批进行。

原地育苗所需的时间长，且要具备嫁接技术及充足的嫁接材料。育好的苗木，应在 5 d 前进行打顶，剪去苗木上端幼嫩部分，并预先揭开遮阳网。出苗前两天，淋透水使土壤湿润松软，方便起苗工作。起苗时，袋装苗只需将袋连同苗木一起取出，放入筐内运到种植区即可。遇到部分苗木根系穿出袋外的情况，要剪断袋外根系方能取出苗木。对于裸根苗，挖苗前，应再剪除叶片的 2/3 以上部分，以减少出苗后的水分蒸发；挖苗时应尽量避免对根、茎、接穗造成较大的损伤，尤其是接穗的接口处，并保留有较长且完整的主根以及较多的侧、须根，一旦挖出后应尽快定植，以保证苗木成活。

（三）栽植时期

栽植时期对人心果栽植成活率影响大，种植时应选好适宜的栽植时期。一般在冬末至春季当苗木未萌动前的雨季进行栽植，此时苗木仍处于休眠状态，栽植后成活率高。一旦苗木已萌动，苗木对养分和水分的需求量大；另外，当气温逐渐升高，苗木水分蒸发量也大，此时栽植裸根苗，成活率低。有秋旱和冬旱的地区，最好于雨季且用带土苗开始种植，以保证在秋季干旱季节来临前苗木成活，苗木已生长稳定。若用容器苗，则可提早或推迟栽植期。有灌溉条件时，一年四季可种植。但由于人心果幼苗、幼树怕冷，有霜害和冻害的地区，应避免冬季种植，秋植时务必使新梢能在冬前老熟。

（四）栽植方法

种植时，先挖一个与培养容器或苗木根部相同高度的定植穴，然后按不同的苗木种类采用不同的栽植方法。

1. 裸根苗的栽植 在栽植前用 ABT3 号生根粉混浆浆根，生根粉的浓度按使用说明书规定的范围使用。栽植时，采用三埋两踩一提苗方法进行栽植，即把苗木放入定植穴中，将苗扶正，理好根系，使其均匀向四周伸展，不窝根，根系更不能上翘或外露；然后把肥沃湿润土壤填埋于根际，再握住苗茎把苗往上轻轻一提，让根系舒展朝下；踏实，使土壤与根系紧密接触，防止干燥空气侵入，保持土壤湿润；再埋土，踏实；踏实后穴面再覆一层虚土。栽植深度过深时，苗木根部不容易干燥，成活率高，但栽植后苗木生长慢；栽植太浅，苗木根部易干燥，成活率低。栽植人心果时应注意栽植深度，考虑到栽植后穴面土壤会有所下沉，故埋土高于原苗木根颈处 5 cm 左右。

2. 嫁接苗的栽植 放入定植穴内，再用挖出的土壤填埋。栽植时应先将苗木小心从培养容器中取出，防止土团松散；易降解的容器可不去掉，连同容器或包装物一起栽植。将苗木放入定植穴中，用肥沃土壤填实定植穴与土团的空隙，用手轻压，切勿用脚踏实，否则易造成土团松散断根。带土苗也要注意栽植深度，埋土要比原苗木根颈处高出 5 cm 左右。

3. 高压苗的栽植 人心果高压苗根系较脆弱易断，根系必须生长 3 次以上才能锯离母树，并要在苗圃假植成活后才能定植于果园内。定植时要特别小心，先将苗木小心放入定植穴中并扶正，埋土时只可从四周向苗的"泥头"轻轻压土，不可在"泥头"上向下压土。另外，种植不宜过深，以稍盖过"泥头"为度，但整个种植位应高出地面 20 cm，以防有机质肥料腐解后植位沉实而致种植过深。以上各种苗木在定植时应避免苗根直接与肥料接触，以防发生肥害。嫁接苗接口应至少高出地面 10 cm以上。

（五）栽植后管理

种植后修筑一个以主干为中心半径为 0.6 m 的树盘，在树体周围覆盖大量的覆盖物（稻草、干杂草等），及时浇足定根水，以保持根部土壤湿润。并立支柱固定苗木，防风吹动摇曳折断新根。如果不下雨时，种植后的第一个月每天均要浇水，1 个月后，每周浇 2～3 次。成活后，在干旱季节，每10～14 d 要浇水一次。有条件的商业种植园，需要安装张力计以监测土壤的湿度，再根据土壤的湿度制定灌溉时间。

（六）授粉树配置

人心果雌雄异熟，有些品种有自花不实的现象，孤树难以结果。自花不实的品种需要异花授粉才能结实，自花结实的品种进行异花授粉可提高产量。因此，作为商品生产的人心果果园应配置授粉树或多个品种混植。授粉树或混植的品种选择授粉树或混植的品种应具备如下条件：

（1）适应性强，抗性强，寿命与主栽品种相近。

（2）与主栽品种有良好的授粉亲和力，并能互相授粉。

（3）与主栽品种的物候期一致，开花期大致相同。

（4）能产生大量花粉，花粉发芽率高，能满足授粉的要求。

（5）与主栽品种同时进入结果期，果实有一定的经济价值。

（6）与主栽品种管理条件相似。凡是符合以上条件的品种均可作为授粉树，若作为数量多的混植品种，除了以上的条件外，还应具有优良品质的特征。

第五节　土肥水管理

在人心果生产中，水是植物赖以生存的基础和保证，肥是丰产的物质保证，二者缺一不可。要获得丰产，肥水管理的重要性是不言而喻的。每年人心果都需进行修剪，修剪下的枝叶等物，要消耗大量的氮、钾、磷、钙、镁等大量元素及其他微量元素，需要及时补充，使树体尽快恢复；同时，对结果树来说，除修剪外，每年的果实生长发育，均需要大量的水分和养分的供应。因此，人心果的生长、结果与肥水管理戚戚相关，人心果要达到高产目的，必须注重结果树的土、肥、水的管理，使得人心果生产在提高产量、提高品质的同时，还可延长植株的生产期限。

一、施肥管理

（一）幼龄树的施肥管理

人心果定植后的 2 年左右为幼龄生长期。对幼龄树的施肥管理，以促进植株生长为主要目的。幼龄期间，每年施肥 4～5 次，以氮肥为主，除每年一次的充足基肥外，还应在不同的生长期追施适量的氮肥并辅以少量钾肥。基肥为腐熟的禽畜粪肥，添加有 3% 左右的过磷酸钙，于每年的 1～2 月间一次性施入，每株施入量 5～15 kg。施肥时，在距幼树两侧 0.4～0.7 m 的位置各挖一个施肥穴，穴深 30 cm 左右，长 50～70 cm。穴挖好后，应先将每株 0.5 kg 的石灰施入两穴底，再将基肥等份施入两穴，并用行间覆盖物或灌木等枝叶填满施肥穴，压紧后用土盖实。对土壤瘦瘠的土壤，施肥量可增加 25%～30%。除基肥外，每年还应为每株幼树施入尿素 0.1～0.25 kg 和氯化钾 0.05～0.1 kg 或单施复合肥（15-15-15）0.4～0.7 kg。追肥分为 3 次施，第一次在 4 月期间施入，施入量占总量的 30%；第二次于 6～7 月施入，用量为 40% 左右，剩余的 30% 左右在 9 月施入。施肥时，在距树头两侧 0.3～0.5 m 处挖半弧状浅沟均匀施入，施后覆土、淋水、盖草，有助于保肥和幼树的吸收。也可用腐熟的粪水肥替代部分追肥，每年施入 3～4 次，每次每株 3 kg 左右。在安装有喷灌系统的果园，也可将化肥溶于灌溉水中，混匀后随灌溉水施入。

（二）结果树的施肥管理

结果树的施肥管理一般根据结果情况即植株大小而定。施入量随果树大小、结果量等情况进行调整。树体大、结果多的施肥量可多些，反之可少些。目前，生产栽培的三种人心果，在植株体形、枝叶生长量及果实产量上存在较大的不同，因而施肥量不能相同，以满足正常生长及高产的需要。植株结果时对钾肥的需求较高，施肥时应适当增加钾肥比例；对于生势弱的植株，在查明不是由于病虫害引起的应多施些氮肥，以促进长势。施肥后淋水、盖草，有助于肥分的迅速溶解，利于根系吸收及保肥。由于有机肥包含的养分种类更为全面，因而更应注重增加有机肥的施入量，以免因多年施用化肥而导致土壤板结造成退化。

人心果每年的施肥量随投产年限而增加，不同结果期的年施肥量可参考下表。对贫瘠的土壤，应在常规施肥基础上增加 25% 左右的有机肥施入量，以增加土壤中的腐殖质含量。在有机肥施入量不足的情况下，应增加尿素和钾肥的用量。追肥每年施 4 次，第一次为促花肥，于 4 月前后进行，施肥量仅占追肥的 20% 左右；第二次施的是正造果肥，于 6～7 月施入，施肥量为 25% 左右；第三次施肥于 8～9 月施入，以补充结果及第二次修剪后养分的消耗，施肥量为 25% 左右；剩下的 30% 为反季节果的壮果肥，根据情况于 10～11 月施入。施肥时，在距树头两侧的 0.6～1.5 m 处挖半弧状浅沟，将所需肥料均匀施入，并覆土、盖草。由于冬季的果实较大，质量更优，绝大多数的生产单位都将其安排在元旦至春节期间收获，以获得更好的收益，故年产出的主要部分均放在反季节果的生产上，因而施肥管理也应调整为，第一次在 4～5 月，主要作为促梢肥；第二次在反季节修剪期间的 7～8 月进行，第三次于 9～10 月，第四次在 11 月中旬。每次施肥量分别占追肥量的 20%、20%、30% 和 30%。也可用经沤制的腐熟粪水肥或沼气池的沉积物、沼气池水作为追肥与化肥交替施用，可节省部分化肥。每造果施肥 3 次左右，年施肥 6～8 次，每次每株施入 5～10 kg。施水肥时，可直接施于树冠四周的覆盖物上或另挖半弧状浅沟施入，上覆干草遮盖。基肥于每年反季节果收获完后进行。在植株两侧的树冠外缘处的施肥穴内，先将约 0.5 kg 的石灰撒入施肥穴底，后将砍下的行株间的生物覆盖物，连同枯枝落叶及修剪下的枝条和表一中的有机肥及磷肥一起，分层填入施肥穴中，填满后用土压实封盖。

人心果的生长除了氮、磷、钾等三大要素外，还需要钙、镁、硫等中量元素及铁、锰、锌、硼、铜等微量元素。尽管需要量少，但仍是植株生长必不可少的营养元素。由于这些元素在有机肥中含量较多，因而当有机肥施入充足的情况下，一般不需刻意添加这些肥料。在正常施肥管理的条件下，有机肥中的微量元素的含量足以满足植株生长需求。只有在偏施化肥时，植株才容易发生缺素情况。因此，对植株的营养状况情况的了解，最好是定期进行叶片的营养检测分析，通过确诊结果，可在元素缺乏的初始阶段及时地进行补充。由于植株叶片具有吸收的能力，具有效率高、见效快的特点，在多数情况下对微量元素的补充，多采用此方式。一般每隔 8～10 d 一次，连用 2～3 次即可。也可结合病虫害防治，与其他农药混合进行叶面喷施。一些微量元素的喷施次数不可过多，以免适得其反，发生肥害。

二、水分管理

由于我国华南地区受热带季风气候的影响，每年的总降雨量虽较为丰沛，但全年各期的降雨分配极不均匀而明显分为雨季和旱季。夏秋时节高温多雨，又常有台风过境，往往带来狂风暴雨；冬春干旱，雨量稀少，且旱时长。因而造成土壤干湿变化大，对人心果的生长和结果均有不利影响。结合产期调节，一年收获两季，产量大幅度提高，因而需肥量大增，若水分供应不足，必将影响植株对养分的吸收和利用。特别是在果实发育期间，更需要有稳定的水分供应保障，才能保证果实有好的品质质量。因此，为保障人心果的营养生长、生殖生长和产量以及品质的需要，全年的水分管理就显得十分的重要。根据人心果对土壤水分的要求以及我国南方地区的气候特点，在水分管理方面，应进行如下的管理工作：

（1）在地势低洼、易积水的果园，应在雨季来临前开挖好排水沟，及早做好积水的预防工作。在果园四周挖好排水沟，防止下雨时外界径流汇集于果园内。沟的大小应根据周边的地势地貌而定，一般均要求此类的排水沟应挖的大些，修筑的牢固些，以防雨水漫过沟堤或直接冲毁沟堤而导致果园受淹。同时，在果园内，还要根据果园面积大小，在地势较低处，开挖数条横贯全园的排水沟，以便雨季来临时，使园内积水及时、顺利地排出园外。

（2）在雨季期间，要注意及时疏通排水沟，防止因山石枝叶等杂物堵塞沟渠而影响排水效果，导致果园被淹。果园一旦受淹，应尽快将积水排出，尤其是土壤黏性较大的低洼处，更应防止因积水过久而使根系受害。

（3）当干旱来临时，土壤水分含量骤减，从而影响对养分的吸收利用。幼龄期的植株，由于根系较浅、对干旱的抵抗能力较弱，此时应重视定期浇水，以利幼龄期的植株正常生长。旱季期间，对人心果的开花及传粉受精也有一定影响，同时对果实的生长发育也不利。因此，旱时要定期对果园进行浇水，保持土壤湿度。淋水最好采用喷灌、微喷方式，以提高工效、减轻劳动强度、节约水资源并且降低生产成本。

（4）在夏秋季节，正是正造果即将成熟收获的关键时期。但此期间多有暴雨降临，此时，由于水分供应不平衡，极易造成植株的生理性裂果现象，严重影响果实品质和产量。特别是在土壤较干旱时，遇上骤降大雨，往往会引发即将收获的果实严重开裂，使产量受损。为此，在此期间，不要因为是在雨季而忽略了淋水，要注意保持土壤湿度维持在田间最大持水量的 60％左右，在多日无雨时应淋水，以保证水分持续、充足地供应，以免因久旱骤雨而引起大量裂果、落果。在冬季时节，正是反季节果生长时期，虽然温度较为适宜，但由于干旱少雨，使土壤水分持续减少，在这样的条件下，也易影响人心果果实的正常生长。因而在此期间，也需要经常淋水，以保证水分的正常供应。

三、水肥综合管理

在安装有喷淋或微喷、滴灌等灌溉系统的果园，也可将化肥溶于灌溉水中，经过滤后随灌溉水施入。基本上可按每 20～30 d 施肥一次进行，每造果施 5 次左右，分别于萌发开花期、幼果期、中果期、壮果期及采果后施。每次施肥量为全年总施肥量的 15% 左右。当计划每年收获两造果时，则全年共需施肥 10 次左右，每次用量仅为总量的 1/10。微喷或滴灌等施肥技术，目前在人心果的生产中并不普及，但它是现代农业施肥管理的发展方向。它实现了水、肥的统一、综合管理，有利于植株对养分的吸收，实现了科学施肥。与手工施肥方法相比，具有以下优势：

（1）在大面积果园中，可同时进行施肥，提高了施肥效率，节省了劳力和工作时间。

（2）有利于根系对肥料的吸收，做到及时、有针对性地施肥。

（3）可根据植株物候期及植株营养状况，方便、准确地调控各种养分比例及其数量。

（4）提高了肥料利用率，减少了肥料损耗，降低了施肥成本，改善了土壤环境状况。因此，在条件具备的情况下，应采用该项施肥技术。

目前，测土配方施肥及叶片营养诊断指导施肥的技术正逐渐在农业的各个领域全面展开，如在人心果上应用可及时为人心果的生产提供科学、合理、准确的施肥依据。由于每个果园的土壤肥力状况各不相同，所需要的养分种类及其施肥量应有差别。只靠经验来施肥难免过多或不足，难免带有盲目性和随意性，易造成某些养分过多而造成浪费而另一些养分不足而欠缺的情况，导致产量和品质受到影响，达不到科学化、合理化的施肥要求。通过测定人心果的叶片营养状况，可为植株的"健康"及生产能力状况提供十分准确的合理施肥依据，目前国外农业发达的地区已普遍采用。因此，通过诊断土壤和叶片营养状况，了解土壤和植株间的养分供需情况，及时通过微灌施肥补充所需养分，也将是我国人心果种植业的发展方向。

第六节　整形修剪

一、整形修剪的作用

不经整形修剪的人心果树高矮不齐，大小不一，造成一部分树产量减少。树体结构不合理，冠内的枝条配置混乱，从属不明，过密或过疏，易发生病虫害，果实品质差，大小年结果现象明显。因此，人心果应根据其生物学特性、生长发育规律、立地条件等进行科学的整形修剪。通过整形修剪，调节营养生长和生殖生长的作用，减少果树大小年结果的幅度；调整树体结构，充分利用土地和空间，提高产量；提高植株的抗逆性和适应性，减少病虫侵害；提高果实品质和等级；方便管理。但当整形修剪不当时，也带来许多问题，修剪过强，树体矮化造成产量减少，经济年龄缩短而使一生总产量减少，易导致落果多，或果实不能充分肥大。有伤口遗留，迟迟不愈合，影响生长，造成养分的损失。

不同种类、不同品种对整形修剪的反应也各不相同。一般情况下，整形修剪可促进人心果的营养生长和枝条发育，但对其果实生长有抑制作用；人心果对整形修剪的反应因品种、原产地不同而有较大差异。

二、幼树整形修剪

人心果常见的树形有疏散分层形、开心形和圆锥形等，整形修剪时，应根据不同种类、不同品种的特性选定不同的树形。良好的树形和培养具有粗壮枝条的树体结构很重要，可有利于人心果植株生产大量的果实而不至于折断枝条。人心果必须从定植时起开始整形与修剪，以培养较好的树形，幼树常用的修剪方法有摘顶、疏除、短截、拉枝等。人心果幼树在生长季节和休眠期均可进行整形修剪。

幼树修剪的主要目的是整形，宜着重培养作为树形的主干、主枝、副主枝等骨干枝。修剪宜轻，除了为整枝而强短截外，应尽量多保留枝梢，若仅留少数将来有用的树枝则会因修剪过度，生长势衰弱，造成营养生长期延长，结果期推迟，但对扰乱树形的枝条，宜及时除去。对徒长枝要及时处理，若徒长枝位于树冠空位时，可对其进行短截促进分支以填补空位，对于无用的徒长枝，应及时疏删。

1. 自然开心形　当树高达 50～60 cm 时，对主干短截或摘心进行定干，促进分支。保留生长势基本相同、分布均匀的 3～4 个枝条作为主枝。当主枝长达 50 cm 左右时，对主枝行短截或摘心，促进分支，每个母枝保留 2～3 个分支。当第二级分支或以后的各级分支长达 40 cm 左右时即进行短截或摘心，以促进更多地分支，并留好新梢 2～3 条，留枝条时要考虑新梢与周围原有枝条之间的相互影响，要求所留的枝条不交叉、不重叠、不过密。如果植株徒长且分支部位较高时，宜剪除树冠顶部的生长旺盛的枝条抑制顶端优势以促使较低树干上的侧芽萌发。疏除过密枝、重叠枝、交叉枝、病虫枝、枯枝和分支角度窄小的枝条。此树形用于分支角度大、树冠开张的品种。

2. 疏散分层形　当树高达 50～60 cm 时定干，将最上的分支进行绑柱让其继续往上生长作为延长枝，而将其下的分支作为第一主枝进行培养。当延长枝长达 60 cm 左右时，又将其短截或摘心，并将最上分支作为新的延长枝，其下分支又作为第二主枝培养，以同样的方法培养各层的主枝。一般培养 3 层，层内各主枝的距离为 60 cm 左右，各层间的距离为 80～100 cm。第一层的主枝数为 3 个，第二层和第三层的主枝数为 2 个，在各主枝上每隔 60 cm 交叉留副主枝。当分支角度较小时，可用拉枝方法将枝条的分支角度拉大，一般控制在 50°～60°。此树形用于层性较强的品种。

3. 圆锥形　当与垂直线呈 10°～15°的角进行剪除植株四周的枝条（篱形整枝）时，树可培养成圆锥形的树形，此树形可有利于阳光透射至树冠下部。

有些品种自然成形较好，不经整形也能自然形成圆锥形树形，故一般无须人工刻意培养主枝、副主枝。但对徒长枝要及时处理，剪除或短截促进分支；对生长过密的枝梢应适当疏除，以免光照；对分支角度过小，枝条直立者，可拉开分支角度。

三、成年树整形修剪

人心果花量大，花果并存，养分消耗大，营养生长和生殖生长矛盾比较突出，在生产中，除了加强施肥外，还应科学整形修剪。人心果成年树主要的修剪目的是通过修剪健壮的直立枝控制树体大小，通过整形使树冠通风透光良好。

成年树修剪较少，主要是控制树体的高度和冠幅、树势。在佛罗里达州，两行间距为 1.8～2.4 m 有利于生产用车辆通行。适宜的树高约为两行中间距离的两倍，最高不超过 4.5～4.8 m，矮树形便于采果、病虫害防治和整形修剪。冠幅的大小以两行间仍有 1～1.5 m 为宜。

人心果成年植株主要是在春、夏季进行修剪，对树冠上部生长旺盛的直立性枝条进行疏者则短截或密者则疏删，控制树高；疏删枯枝、被损伤枝、病虫枝、无用枝。除非下部枝条触地，否则，不宜剪除，应尽可能保留。如果树冠枝条过于密集，宜疏删树冠内部一部分枝条，以通风透光。高温多湿季节，人心果和曼妹人心果常生长过于繁茂，应进行抑制修剪，以促进开花结果。

人心果的生长习性不同，整形修剪的具体操作时也有所不同。曼妹人心果通过整形修剪可控制树体大小，提升树体结构。如果不修剪，曼妹人心果的树体很大，但主枝非常少。可通过剪去幼树唯一的中央顶枝控制树体大小，这样在修剪处能长出 4～7 个枝条，再挑选部分枝条作为新的树冠上部枝。整形时先确定树高再开始整形，树高是由品种决定的，但大部分品种可保持在 3.5～4.0 m。曼妹人心果幼树的树冠内部会自然生长少量的枝条，几乎不生长侧枝。进行疏枝以形成新的生长点，增加郁闭度，增加潜在的结果部位。在修剪处会长出很多枝条，疏剪至 4～5 枝。将树冠整形为金字塔形状，使阳光能照射到下部枝条。树冠上部的枝条重缩剪，使下部枝条比上部枝条长，约成 30°角。对曼妹人心果而言，修剪可在采果后进行，但曼妹人心果来年的果实已生长在树上，会减少当前产果量，必须权衡果实的损失量与果实收获量和修剪后的果实收获量，再决定修剪量。

人心果由于品种的起源不同，故修剪效果不同，所以不易管理。起源于尤卡坦半岛的品种（如 Betawi 和 Molix）有很强的直立生长特性，分支角窄而小。尤卡坦品种最初通过剪去强壮的中央顶枝，使树冠中心开放，类似于桃和其他核果的修剪技术。但这种修剪的结果是使树冠下部的次枝强健的、不可控制的直立生长。这些枝条覆盖了树冠的其他部分，使其不能正常开花、结实，且即使有少量的挂果也会折断。一年内重复的修剪不能促进苗木的水平生长。目前多通过调整中央顶枝来修剪尤卡坦品种。不全部剪去中央顶枝，挑选一个顶枝，使其成为长势弱的直立枝。这样，在保证树木自然生长习性的同时，可控制树体大小。生长季的后期，剪去所有高度超过新顶枝的枝条。树体大小控制好以后，通过缩剪树冠顶部枝条将其修剪成金字塔形，使下部枝条接受更多的阳光照射。尤卡坦品种易生长较长而易断的枝条，在挂果时易折。不间断地缩剪长枝，形成刺状的短枝对此品种有利，可降低折枝率。

初植密度较大的人心果果园在进入结果期后，随着树的生长，树冠会较早郁闭，如不及时修剪，则易发生平面结果。目前，为了在早期增加人心果单位面积的产量，常在永久植株间栽植临时植株。在临时植株保存期间，对永久植株与临时植株的修剪要区别对待，如果采取千篇一律的矮化管理，则永久植株不可能具备大树的骨架，以后难以补救。当临时植株对永久植株的生长结果有影响时，应及时修剪或间伐。永久植株的主枝或其他枝群必须健全发展，并希望在间伐临时植株以后能充分利用临时植株伐去后所遗留的空处和空间，所以应维持永久植株的生长势强盛，在前期不能让它结果过多，在结果期注意整形。至于临时植株宜求其早日生产果实，不必考虑整形和根系的培养，其树形宜比较小，因此自主干直接所生的主枝数宜多，中小枝宜稍多保留且密生，尽量使其早期多结果，而略抑制其营养生长。在临时植株与永久植株在空间的生长有矛盾时，临时植株及时修剪，将对永久植株有影响的枝条短截或疏除，影响一片去一片，全面影响时，要彻底疏伐或移栽。当要进行间伐的数年前，在一部分主枝上可进行环状剥皮，尽量使其多结果，以求发挥最高度的生产力。总之，对临时植株在一定期限内抑制生长，使其结果早而多，将来的生长和树形不必考虑。

第七节　授粉技术

一、授粉目的和作用

人心果花虽为两性花，但由于开花时具有雌雄异熟的特性，使得同一朵花进行自花授粉完成传粉受精结果绿低。又由于雌蕊成熟时花呈半开状态，花柱头仍被花瓣包裹，因而多数授粉昆虫如蜂、蝶类不能为其进行传粉，导致人心果的自然结果率较低，加之人心果开花时具有特殊气味，虽为典型的虫媒花，但未发现有蜜蜂、苍蝇等授粉昆虫进行传粉。因此，在自然状态下，坐果率低，通过人工授粉可增加 82.0％的坐果率。在人心果生产中，为了提高产量，除了配置授粉树外，还应进行人工授粉。

二、人工授粉技术

1. 花粉采集时间　在人心果花期，于上午采饱满、花瓣吐白但未展开的花蕾或刚展开、柱头伸出、花药黄白色的花朵置于干净的容器内，待用。

2. 最佳授粉时间　吐白期柱头伸出花瓣外至花朵刚开放，柱头的分泌物最多，此时，是授粉的最佳时期。一般情况下，花粉随采随授，可在最佳授粉时期的晴天的 8:00～11:00 或 16:00 后进行。一个花期内应喷 2～3 次，即初花期 1 次，盛花期 1 次或 2 次。

3. 授粉方法　人心果人工授粉的方法有人工撒粉法、人工点授法和机械喷雾授粉法。人工撒粉法是将采集的花粉用纱布包住，挂在竹竿端上，再置于树冠上摇撒。由于人心果花粉黏着性较大，花粉不易撒落，另外，人心果的花朵多为斜朝下，授粉效果不佳。人工点授法又分为花朵点授法和毛笔点授法两种，由于人心果树高、花小，花药短而花瓣长，人工点授费事、工作量大。

生产上，人心果人工授粉多用机械喷雾授粉法进行授粉，即将采回的花朵用纱布包好，置于少量水中，比例为花朵：水为1：1，将花朵搓碎，使花粉完全散出在水中，过滤掉杂质，待用。将花粉液配置成如下授粉液：花粉液0.5%、硼酸0.01%、白砂糖5%的水溶液，用超低雾喷嘴的喷雾器进行全树喷雾。

第八节 保花保果技术

一、落花落果原因

引起人心果落花落果的原因有内因也有外因，归纳起来主要有如下原因：

1. 品种特性 人心果有大量花粉败育和胚珠发育不正常及败育、干瘪的现象，不同品种这种现象的差异性就直接影响坐果。如果该品种花粉败育量大，胚珠发育不良所占的比例高时，则落花落果严重。各品种开花期的不同也会受到环境的影响而引起落花落果，内源激素的种类和比例的不同，引起离层的形成而脱落。此外，有些品种有自花不实的现象，当其不与其他品种混栽时，落花落果量则要比自花坐果率较高的品种多。

2. 雌雄异熟 人心果是雌雄异熟，当雌蕊成熟时，没有足够的花粉供给柱头。加上雄蕊着生于冠管内，花丝短，花药不伸出花外，而雌蕊长于雄蕊且伸出花冠外，是典型的虫媒花，但传粉昆虫少或无，造成授粉不良，引起落果。

3. 营养不良 人心果花果并存，花量大，易造成营养不足而落花落果。或由于不施肥或土壤过于瘠薄，造成养分供应不够而引起落花落果。

4. 高温干旱 人心果在20~30℃温度条件下都能正常开花结果，41℃以上不利于开花结果。干旱高温，花粉萌发率低，造成受精不良，此外也影响幼果的正常生长发育，易引起大量落果。

5. 降水 开花期遇降雨时，会影响传粉，冲刷柱头上的花粉，造成授粉不良，引起落花落果。

6. 病虫害 引起人心果落花落果的害虫有人心果云翅斑螟、介壳虫、蚜虫、花蛾等，在栽培时要及时防治。

7. 其他因素 人心果遭风害后，造成落果。或在风的作用下，枝条摆幅大时易将花果刮掉；或将果实刮伤，引起病虫侵染，间接造成落果。

二、保花保果措施

人心果保花保果是人心果丰产措施之一。所采取的保花保果措施应有针对性，即在生产中，要找出引起落花落果的原因，有针对性地采取措施。针对人心果落花落果的可能原因，建议采取如下措施：

（1）人工授粉。人工授粉是人心果保花保果最关键的措施。

（2）加强施肥。人心果花量大，及时补充营养可减少落花落果。

（3）及时防治病虫害。人心果病虫害较少，但也有一些病虫害引起落花落果，如人心果云翅斑螟、介壳虫、蚜虫、花蛾、小蠹虫、人心果炭疽病等，栽培时应及时防治。

（4）防风林设置。如前所述，由于风的影响会造成落花落果，因此，在有风害的地方应设置防风林。

（5）及时疏果。人心果花小，落花严重，栽培时不可疏花，当结果过多时应疏果。疏果的原则是：树长势好多留，弱树少留，将密生果、弱果、小果、畸形果、病果及时疏除。当果实有豌豆大小，即可疏果，每个枝条留 1～2 个幼果。

（6）叶面喷施营养液和植物生长调节剂。在每次的花蕾期、谢花后和幼果期，可用 1% 尿素＋0.5% 磷酸二氢钾＋0.2% 硫酸锌＋0.05% 硼砂＋赤霉素 100 mg/L 或 100 mg/L 的丁酰肼（SADH）进行叶面喷施。在果实豌豆大小时，可用浓度为 100 mg/L 的 NAA 溶液喷施。

第九节 病虫害防治

一、病虫害防治原则

对人心果病虫害的防治，应本着"预防为主、综合治理、环保绿色"的宗旨，采用有效、可靠方法，对病虫害进行综合预防及治理。在防治过程中，应采用高效、低毒、对环境较安全、低残留的农药，避免使用高毒、高残留、对环境影响大的剧毒农药，尽量控制农药的使用量，降低农药残留，减少环境的污染和生态造成破坏，从根本上做到环保、绿色、天然的要求，确保人心果生产的质量安全，实现优质生产、丰产丰收的目的。

二、主要病害及其防治

人心果病害较少，叶锈病是叶部病害，主要为害嫩叶，其他主要的病害有干腐病、壳针孢霉叶斑病和其他叶斑病类、果腐病、炭疽病和疮痂病。在我国，人心果炭疽病、煤烟病、人心果叶斑病类是人心果的主要病害，其发生发展规律和防治方法如下。

1. 人心果炭疽病 炭疽病是人心果上发生最普遍、为害最严重的病害，发病率高，不仅造成叶片细枝发病，还引起大枝条枯死。在我国人心果产区，均有发生。炭疽病危害植株地上各部，引起叶枯、叶斑、枝枯、花腐、果斑和果腐等症状，防治方法如下：在嫩梢期和幼果期喷 43% 大生富 500 倍液保护，每隔 15 d 喷 1 次。发病时可用 25% 叶斑清 1 000～1 500 倍液防治或用 1∶1∶100 的波尔多液喷雾。发病严重的果园，修剪枯枝，清园，清除杂草灌木，收集病叶及落叶，集中烧毁，并用 1∶1∶100 波尔多液喷树干和地面。

2. 人心果煤烟病 煤烟病为人心果的常见病害，病原具有多种类型，其中 *Chaetothyrium* spp. 是人心果煤烟菌的主要菌种。该菌在全年均可发生，在密度大的果园或枝条过密的植株易发生，有蚧壳虫、蚜虫等害虫危害的地方常诱发煤烟病发生，被害枝条或叶片的病部表面覆盖黑色煤烟状污垢，妨碍人心果正常光合作用，影响植株正常生长，导致落花落果，影响人心果产量和质量。严重时可造成植株生长衰退而死亡。防治方法如下：及时防治介壳虫、蚜虫。当有介壳虫、蚜虫危害时，用乐斯本 1 000 倍液或速灭抗 1 000～1 500 倍液喷杀。密度过大的果园应进行间伐，枝条过密的植株应进行修剪，疏除过密枝，以保证树冠通风透光良好。

3. 人心果焦腐病 焦腐病主要危害枝条，但为害性不及炭疽病大，采后也可为害果实。受害枝条皮纵裂、皮层褐腐；防治方法如下：①冬季彻底剪除病枝、病叶，收集病果实、病枝、病叶集中烧毁。②冬季喷 1 次 1～3 波美度石硫合剂。③当发病时，可喷施 1% 波尔多液或 75% 百菌清可湿性粉剂 600～800 倍液。

4. 人心果叶灰斑病 叶灰斑病在叶上较常见，为害不大。病斑常发生于叶缘处，不规则形，中央灰白色，边缘紫褐色波纹状。防治方法如下：①加强果园管理，及时修剪，保持通风透光，降低果园湿度。②及时清除感病枝叶，集中烧毁，减少再侵染菌源。③注意灌溉用水的来源；应未受本病菌的污染。④及时进行药剂防治，可选用 70% 代森锰锌可湿性粉剂物 500～600 倍液，或 40% 乙膦铝可湿性粉剂 300 倍液，或 0.5% 波尔多液（硫酸铜 250 g、石灰 250 g、水 50 L）。

5. 人心果褐斑病 主要发生于叶片上，叶片任何部位均可发生。发病初期病斑为红褐色小点，后病斑逐渐扩大成椭圆形或圆形，病斑边缘呈深褐色，中央呈淡褐色或褐色。防治方法如下：①将病叶集中烧毁。②当发病时可喷1%波尔多液或25%叶斑清1 000～1 500倍液。

6. 人心果藻斑病　藻斑病是人心果叶片上的主要病害之一，高温高湿发生严重。主要为害老叶，病斑大多出现在叶片表面，叶背相应处呈现凹陷，有时病斑也出现在叶背。发病初期病斑为棕褐色或红褐色细小圆点，后逐渐向四周扩展，形成圆形、椭圆形或不规则形病斑。防治方法如下：①加强肥水管理，合理修剪，使枝叶分布合理，通透性良好。②喷1%等量式波尔多液。

三、主要害虫及其防治

人心果是少数几种抗虫害的果树之一，通常不需特殊的控制措施来防治病虫害。国外周期性危害人心果的害虫有古巴五月金龟子（*Phyllophaga bruneri*）、拟桑盾蚜（*Howardia biclavis*）、绿盾蚧（*Pulvinaria psidii*）、丘链蚧（*Asterolecanium pustulans*）、潜叶蛾等。国内研究人员对我国人心果进行调查，发现共有23种害虫为害人心果。其中为害严重的有红蜡蚧和云翅斑螟。

1. 红蜡蚧　在我国，分布于长江以南各地。是山林和城市园林花木上常见的蚜虫，该虫食性杂，可为害100多种植物。若虫和成虫聚集在人心果枝叶上，吮吸枝叶危害。雌虫多发生在枝条和叶柄上，而雄虫则多在叶柄和叶片中肋处。人心果受害后发育不良，枝梢枯萎，果实瘦小，严重时幼树全树枯死，且能诱发煤污病，影响光合作用。红蜡蚧多在人心果光线较强的外侧枝叶和内层枝叶上均危害发生，种群密度最高时每枝（5 cm）有44只。初孵出的若虫离开母体移到新梢上，晴天8:00以后开始爬出，13:00～17:00爬出最多，以后逐渐减少，阴雨天和夜间常不爬出。防治方法如下：①受害严重的植株，结合冬、夏修剪，重剪虫枝和枯枝，同时加强肥水管理，促进抽发新梢，更新树冠，恢复树势。②初龄若虫大量上梢时，每隔15 d喷药一次，连喷2～3次。可用乐斯本1 000倍液或10%氯氰菊酯2 000倍液喷杀。③有多种寄生蜂寄生于红蜡蚧，可加以保护和利用。

2. 云翅斑螟　云翅斑螟是人心果危害严重的害虫，发生为害的程度与田间结果期以及结果量有密切关系并随果实的不同发育阶段不同。人心果周年均可结果，田间幼果、中龄果、成熟果并存，其中成熟果被害率最高，中龄果次之，幼果最低。3种不同发育阶段的果被害率差异的主要原因，初步认为，老龄果肉质丰满，含糖量高，果胶乳含量少，有利于成虫产卵和幼虫的侵入，中龄果、幼果肉质坚实，果胶乳含量高，不利于成虫产卵和幼虫侵入。树冠中层被害率最高，下层次之，上层最低。其防治方法如下：①及时摘除被害果。发现有虫粪堆积的被害果随手摘除，集中烧毁或深埋。收集落果。中龄果、成熟果被害后容易凋萎脱落，幼虫仍在果内取食化蛹。②每7 d捡收一次集中深埋；合理修剪。每年冬季合理修剪，将中、下层细弱枝剪除。③砍除杂草灌木，增加光照，降低田间阴湿度。

3. 综合防控　要进行综合防治，首先应采用非药物方法，通过农业栽培技术的改良、创新、利用，控制病虫害的发生。其次，采用物理及生物方法进行长期防治，以减少病虫基数。在病虫危害期间，应加强果园的检查预报工作，尤其对传播快、危害强、范围广的严重病虫害，更应加强排查工作，一旦发现，及时上报处理。当发现病虫危害情况时，要准确判断受害类型（病害或虫害）以及危害的原因，以便有针对性地进行药物防治，做到及时、快速、科学、经济、安全、有效地控制病虫害的发生、发展，尽量将病虫危害消灭在初始阶段。采用的药物防治方法，根据需要可综合使用，也可单一使用。使用化学农药时，应严格执行国家相关标准GB 4285《农药安全使用标准》和GB/T 8321.16《农药合理使用准则》以防意外事件发生。

第十节　果实采收与催熟

一、采收

人心果从开花至果实成熟需9～10个月。由于人心果一年多次开花，果实发育先后相差极大，故要充分成熟才采收外，要分期采收，先熟先采收。未熟果实采后虽也会软化，但品质差。人心果树常年有花，有果，不同生长期的果在树上同时存在的现象非常普遍，成熟果的判断相对较难。一般情况下，判断果实成熟最明显的特征是：采下的果蒂不流汁，用手轻按果实微软或树上的果实被小鸟啄食即可食用。还可用下列方法鉴别果实成熟度：果蒂乳汁减少或不流，用手轻擦果皮明显出现黄褐色，有些品种果实在成熟时带有沙质，果皮呈淡黄色或桃红色，绿色则未熟；果柄易脱落，过熟者有酒味。但有些树种的成熟果很难判断，须凭经验采摘，可选择饱满的大果先采。

采收方法有许多，常见的有直接用手采摘或用挂在竿上的采收篮采收，机械采果可使采果者站在接近果实的采果平台进行采果。不可用吊钩钩果，因为果实在空中不易接住，大多数果实会落到地上从而被撞伤。

采收时要贴近果基部剪断果柄，注意勿使流出的乳汁污染果面。采果篮及盛果容器不宜过大，最好能用纸逐层分隔，以免流出的乳汁污染下一层的果实。成熟时的人心果虽果肉尚硬，但由于果皮很薄，易损伤，采摘果实时要强调轻采、轻放和轻运，忌砸忌摔，避免一切机械损伤。果实采收经后熟3～7 d即可食用。成熟果实不耐贮运，若要远距离运输，应提早采收，避免压伤、撞伤和机械损伤，如能控温贮运，则可延长保鲜期，减少腐烂。

二、催熟

人心果为呼吸跃变型果实，在树上不能达到食用成熟度，即使已充分长成熟，甚至已不能继续留在树上，采下来还是不能鲜食，这是因为果实中含有大量的可溶性单宁物质，入口中时单宁细胞破裂而单宁物质刺激味觉细胞，使人感到有涩味、不甜、果肉硬，没有成熟果实应有的品质。因此，果实采摘后，必须经过后熟处理，方能达到鲜食成熟度，通常采用以下方法：

1. 温水处理法　将新鲜果实装入铝锅或洁净的缸中（忌用铁质容器），倒入30～50 ℃的温水淹没果实，密封缸口，以隔绝空气流通。大约浸泡24 h，水面出现一层白沫后再继续浸泡24 h，即可完成后熟处理。保持水温的方法因具体条件不同而不同，有的在容器下端置一火炉，有的用谷糠、麦草等包裹容器外壳，也有的采取隔一段时间掺入定量热水等方法。温水处理法的关键是控制水温，水温过高果皮易被烫伤，果肉呈水渍状，果色变褐，后熟处理效果较差，水温过低则后熟速度很慢。

2. 石灰水处理法　生石灰与水的配比为10∶1。具体做法是：先用少量水将生石灰化开，除去杂质，倒入缸内，再加入水，最后放入果实，水要淹没果实，将果实轻轻搅动后用木板压好缸口，经过3～4 d即可食用。经此法处理的果实表面附有一层碳酸钙粉末，应及时洗净，以增强其商品性。

3. 乙烯处理法　在0.10～0.20 mm厚的薄膜袋或帐内，按照容积的千分之一浓度通入乙烯气体，密封几天后便可达食用成熟度。此法因事先要制造乙烯气体，故比较麻烦。目前市场可以买到的催熟剂—乙烯利是一种液体，使用方便，也可用0.05％～0.10％乙烯利溶液喷果或浸果，经3～5 d即可。也有在果实达坚熟时，用0.025％乙烯利溶液在树上喷果，3 d即可达食用成熟度。

4. 乙烯处理法　将果实放在密闭箱内，箱底放两个双重玻璃器皿，其一放入电石（每立方米约4 g），其二盛水，两个玻璃器皿用纱布相连，使水与电石作用逐渐产生乙炔气体。密室温度为10～25 ℃，相对湿度为85％左右，经4～5 d后即可达食用成熟度。

第三十四章 椰 子

概 述

椰子（*Cocos nucifera* L.）是棕榈科椰子属中唯一的一个种，是热带地区重要的木本油料作物，在南北纬 20°之间的热带地区均有分布。关于椰子的起源众说不一，但迄今尚未定论。

世界椰子的发展具有悠久的历史，考古学家曾在太平洋的美拉尼西亚群岛和新西兰等地的冲积层内发现 100 万年以前的椰子化石。大约在距今 4 000 年，居住在亚洲东南部海岛的人们已经驯化并种植了椰子树。《南越笔记》有"琼州多椰子，昔在汉成帝时（公元前 20 年）越飞燕立为后，其妹南珍物有椰叶席，见重于世"的记载，可见，我国种植椰子已有 2 000 多年的历史。但直到 1949 年后，我国的椰子生产才有较大的发展。目前除了海南岛，仅有雷州半岛南部的徐闻、海康两县和云南南部的澜沧江、元江河谷地区有少量椰树保留下来。

在长期自然选择和人工选择中，椰子形成许多类型和变种。以栽培的角度分析，可分为高种椰子、矮种椰子和杂交种椰子。高种椰子是目前世界上种植量最大的商品性椰子，在所有椰子种植地广泛存在。矮种椰子具有"矮化、高产、早结"等优良特性，椰肉细腻松软，椰水鲜美清甜，主要用于满足鲜食市场的需求。杂交种椰子则综合了高种、矮种椰子的优点，具有植株矮、结果早产量高的特点；此外，杂交椰子还具有很强的抗风、抗病虫害等特点。

椰子单位面积产油量高，从油料作物产品的出油率来看，最高的是椰干，达 63%～65%，为油棕仁（46%）、花生仁（44%）和大豆（16%～18%）所莫及。如以单位面积产量计，产油量仅次于油棕，高于其他油料作物。

椰汁及椰肉含大量蛋白质、果糖、葡萄糖、蔗糖、脂肪、维生素 B_1、维生素 E、维生素 C、钾、钙、镁等。椰肉色白如玉，芳香滑脆；椰汁清凉甘甜。椰肉、椰汁是老少皆宜的美味佳果。

椰子除了其果实有很大的作用外，其他部分的功用也不小：椰壳可以烧制活性炭或加工椰雕、乐器；椰干可加工成椰油；椰木质地坚硬，花纹美观，可做家具或建筑材料。椰子综合利用产品达 360 多种，在国外有"宝树""生命木"之称。

第一节 种类和品种

一、种类

从栽培的角度分析，椰子可分为高种椰子、矮种椰子和杂交种椰子三种类型。

（一）高种椰子

植株高大粗壮，整株可高达 20 m。树干基部膨大呈葫芦头状，茎干直径 90～120 cm；树冠由 30～40 片大型羽状复叶组成，单片叶长 5～6 m；雌雄同株同花序，花期不重叠，大多为异花授粉，后代分离变异大。椰果一般较大，椰干产出率高，平均 1～1.5 t/hm²。该类型椰子开花、结果较迟，通常定植后 7～8 年才进入始花期，自然寿命长达 100 多年，经济寿命 60～80 年。我国的椰子基本都属于高种椰子，占栽培面积的 90% 以上。

（二）矮种椰子

植株较矮，整株高为 8～10 m。树干基部没有葫芦头，或不明显。茎干直径 50～90 cm；单片叶长 4～5 m；雌雄同株同花序，花期有较大重叠，自花授粉，也存在一定的异花授粉，后代相对较纯。椰果一般较小，年产量 80～120 个/株。该类型椰子开花、结果较早，定植后 3～4 年即可进入始花期，经济寿命 20～40 年。具有矮化、高产、早结等特点。我国没有原生的矮种椰子，现有的矮种类型都是从国外引进。

（三）杂交种椰子

该种椰子是通过人工授粉方法，获得的杂交一代。一般以高种、矮种为亲本获得，后代综合了高种、矮种椰子的优点，具有相对矮化、产量高等特点，此外，杂交种椰子相对矮种抗风等抗逆性增强。此外，也有高种间杂交和矮种间杂交获得的杂交种。我国的杂交种椰子有 2 种，一种是我国培育的文椰 78F1，另一种是从国外引进的马哇种。

（四）特殊类型椰子

除了上述三大类型外，我国还存在一些特殊类型椰子，现分述如下：

1. 雄性树　又称超优势公树，主要特征是椰叶不完全羽裂。4～5 片小叶黏合在一起，小叶较宽，7 cm 左右（正常 4～5 cm），叶片长度较短，为 400 cm（正常 450～500 cm），花序较短，为 70～90 cm（正常 110～120 cm），雄花数量多，雌花少或没有，发育不正常，植株不结果。

2. 雌性树（雄性不育）　花序较短，为 40～80 cm，花轴较短，为 17～25 cm（正常 40 cm），花枝数量少，为 15～17 条（正常 36～40 条），花枝较短，为 12～15 cm（正常 36～40 cm），花枝上仅着生雌花，雄花极少或没有，植株结果，产量低，植株之间差异大。

3. 雌花特多型椰子　花序上雌花特别多，每个花序雌花达 104～214 朵，每个花枝雌花 7～12 朵，比正常高种椰子树多 3～4 倍。花枝和花序较短，雄花数量少，产量低。

4. 双层花苞椰树　佛焰花苞双层（正常单层），有的双层花苞一样长，有的一层长一层短，叶片和花序及花枝较短。

5. 多层花苞椰树　佛焰花苞多层，花序较短，为 80 cm，花枝多层分枝（正常不分枝）。花序枯干之后不随叶片枯干脱落，树干上挂满残留花序，有的花序全是雄花，有的雌雄同序，产量低，罕见。

6. 早结椰子　苗龄仅 3～4 个月就开花，苗高约 40 cm，叶片约 10 片，全是船形叶（未羽裂）。从中心抽出花序，雌雄同序，雌雄花体积比正常种质小，开花后不久植株死亡，不能繁殖后代。

7. 多胚椰　正常椰果只有一个胚能发育成一株苗，但有的椰果两个以上胚发育成苗。双胚苗常见，4～6 株苗少见，最多达 20 多株苗，罕见。

8. 甜椰衣椰子　植物学特征与一般高种类似，其嫩果椰衣脆嫩，食之有甜味，曾在许多地区存在，现已十分罕见。

9. 红头椰　其特点是嫩果的椰衣呈红或粉红色，果柄端尤其明显，该种类型椰子在多个地区均有发现。与普通绿椰相比，红头椰较受鲜食市场欢迎。

二、品种

（一）海南本地高种椰子

高种椰子在各椰子主产国均为主栽品种，我国以海南本地高种为多数。该品种植株高大，茎干粗壮，抗风性好，椰衣厚，椰果较大，椰干质量好，含油量高，经济寿命长达 70～80 年，但非生产期长，植后 7～8 年才开花结果，产果数量相对较少。

高种椰子按果实和叶片色泽可分为红椰、黄椰、绿椰和褐椰等。

（二）矮种类型椰子

该类型是海南省从马来西亚、泰国等地引进的优良品种。该种椰子植株矮小，茎干较细，抗风、抗寒力较弱，果实较小，椰干质量差，含油率低。经济寿命约 25 年。但其结果早，植后 3～4 年开花结果，产量高，椰肉软，椰水较甜，果形美观，较受旅游者欢迎。另外，其树形优美，可作为庭园绿化和旅游观赏。更为重要的是由于其具有产量高、种质纯的特点，可作为椰子杂交亲本（多为母本）材料培育杂交种。

矮种椰子按果实和叶片颜色又可分为红矮、黄矮、绿矮三个类型。

1. 红矮　其特征是叶柄、花苞和嫩果呈橙红色，成熟果呈球状、红色，树干细、笔直，粗细几乎一样，平均围径约 60 cm，植株较矮小，开花早，植后 3～4 年开花结果，叶长 3.0～3.5 m，椰肉薄（0.8～1.0 cm），椰水甜。椰果颜色优美、鲜艳，有观赏价值。椰子嫩果可加工成椰青。但其椰干质量差，含油率低，经济寿命短，不宜用于深加工。

2. 黄矮　其特征是果实和叶片呈黄色或黄绿色，树干细、笔直，粗细一致，平均茎围约 60 cm，叶长 3～4 m，开花结果早，约 3 年开花结果，单株产量高，果实中等，椰肉较厚、较软、味甜。椰果颜色鲜艳，有观赏价值，通常作为杂交亲本（多为母本）材料。其缺点与红矮相同。

3. 绿矮　其特征是果实和叶片呈深绿色，开花早，植后 3 年左右开花结果，茎干较小，茎围约 50 cm，树冠密集，叶长约 2.8 m，果实小，产量高，椰肉薄（0.8～1.0 cm）。其中香水椰子（Aromatic Coconut）属绿矮珍贵品种，由于其椰水具有特殊香味，可做水果用，也可做杂交亲本和园林绿化树种。

（三）杂交种椰子

通常是由矮种为母本、高种为父本杂交而得的 F1 代，其主要特点是树干大小中等，介于高种和矮种之间，生长快，早结，植后 3～4 年开花结果，果实中等，产量较高，椰干质量好，含油率高，抗风、抗寒性与父本抗性有关。目前海南主要种有马哇和文椰 78F1 两个杂交种。

1. 马哇　马来西亚农业发展所（MARDI）利用马矮×西非高种椰子的 F1 杂交种。其树干大小中等，介于高种和矮种之间。生势旺盛，叶片细长柔软，生长速度快，植后 3～4 年开花结果，产量高（单株产量 100～120 个），椰干质量好。但其果实较小，果形不规则，抗风、抗寒能力较差，在国外已逐步淘汰。

2. 文椰 78F1　是中国热带农业科学院椰子研究所利用马来亚矮×海南本地高种椰子杂交，培育出的海南第一个椰子杂交新品种。其特征是树干粗壮、生长快、早结，植后 3～4 年后开花结果，果实较大，产量较高（单株产量 100 多个），椰干质量好，含油率高，较抗风、抗寒，比较适宜海南栽种，经农业部鉴定认为是一个新的优良椰子品种，生产潜力大，可大面积推广。但其后代不能留种，杂交制种成本较高。

第二节　苗木繁殖

一、椰子的催芽育苗

（一）种子的检验和处理

1. 种子的检验　椰树的种子即为椰子果，选择种果主要用目选和水选结合法。

（1）目选。外观上以"熟、重、密"为选果标准。"熟"，即椰果皮黄褐色，已充分成熟，摇动有"响水"声；"重"，要求椰果较大，水多肉厚（水多相对而言，肉厚靠猜）；"密"，指种果繁密，果蒂果肩上压痕多。具体做法：双手举起一个成熟厚重老果椰子，在一侧耳边轻轻摇晃，水声清澈响亮者，则为好的种果；声音浑浊细碎者，则为坏果。

（2）水选结合法。将经目选合乎要求的果实放于水中，果直立者最理想，倾斜着次之，平卧者淘汰。

2. 种果处理 选择种果后，在果蒂旁果肩突出部分45°角斜切去直径10～15 cm的椰果种皮，以利于种果吸收水分和正常出芽，减少畸形苗率。

3. 椰子催芽

（1）按照育苗场地分。分为半阴地播法、露天地播法、硬化苗床法。

① 半阴地播法。这种方法主要在椰子或其他果树行间林间播种催芽的方式。优点是改善了堆积法中的光、温、水分和通气条件，并可提早1个月发芽，催芽7个月发芽率就可达到70%以上，同时又可避免鼠害，且能及时分床育苗，提高了成苗率，改善了幼苗的生长状况。

② 露天地播法。露天地播催芽比半阴地播催芽更好，由于光温条件较好，可以加快发芽，催芽6个月的发芽率可达到70%以上，如果水源条件较好，在开始发芽后，每隔1～2 d喷灌或浇灌种果1次，则发芽率能提高到90%左右，并且椰苗抽叶快，羽化早，生长健壮。因此，这是目前效果较好的催芽方法。

③ 硬化苗床法。将种果摆放在铺满基质（如椰糠、锯末、谷糠等或者混合物）的硬化苗床上（也可以用防渗膜降低成本），然后再用基质覆盖，厚度约5 cm，浇足水，注意保持湿度。待绝大多数种果抽出船形叶时，在有条件的情况下可适当遮阴，当长到4～5片时，去掉遮阴网进行炼苗，效果更好。此法育苗的优点在于出芽后不用分床育苗，简化了步骤；成苗后，易起苗，不伤根，大大提高了移栽成活率。缺点是如果对种苗进行长距离运输时易脱水，需采用蘸根保湿方法防止脱水，成本较大。

（2）按照种果处理方法分。分为堆积法、悬挂法、穿株堆叠法、斜播法、刀削斜播法。

① 堆积法。农户主要采用室内排列催芽或层叠式催芽，这种方法由于温、湿、通气条件差，致使发芽缓慢，发芽期较长，发芽不整齐，畸形苗多。催芽8个月的发芽率仅6%左右，且移苗不方便，容易引起鼠害，幼苗长势差，不宜采用。

② 悬挂法。把种果串起来吊在空中，让其自然发芽，长出芽后种果取下育苗。其优点是通风透光条件好，但是不易保持水分，发芽缓慢。

③ 穿株堆叠法。用竹篾或铁线把种果串成一串，然后把一串一串的果在树荫下、椰子树干基部或空旷地上堆叠成柱状，让其自然发芽，待种果大部分发芽后，取出育苗，该方法占地面积小，但发芽缓慢，发芽率低。

④ 斜播法。把种果果蒂斜向上，使果身与地面呈45°斜放于种植沟中，应注意将种植深度保持一致，然后培土覆盖至种果3/4即可。该方法发芽初速度较慢，后期较快，发芽率高，胚芽和根系容易伸出纤维层，幼苗生长快，长势健壮，成苗率高。

⑤ 刀削斜播法。在斜播的基础上改良，在催芽前先用刀对椰果肩部与中心线呈45°角斜劈，削去顶皮（位于发芽孔处），处理后再按照斜播发催芽育苗。这是目前常用的一种催芽方法，发芽率较高，发芽周期短，畸形苗率较低。目前我国多采用刀削法和埋土2/3的露天地播催芽相结合，其优点是发芽快、出芽齐，如经常给予灌溉，发芽率可达90%；且具抽叶快、羽化较早、生势壮旺、移苗或装袋后可继续在露天培育，成活率高等优点。

（二）催芽床的整地与管理

以露地地播法为例说明建设催芽床的建设方法。建立椰子催芽床应选择灌溉方便、土壤肥沃、排水良好、地势平坦的地方，也要接近苗圃，以缩短移芽的距离。催芽场地要清除杂物，锄松土壤，平整起畦。按规格长10 m、宽1.2 m筑催芽床，床间留人行道60 cm，每床开沟4条，沟深、宽各15～20 cm，每床播种220个果。苗床走向要排水良好，以免雨水冲刷泥土，使种果裸露，从而影响发芽。注意把种果果蒂朝上或同一方向倾斜45°，按顺序整齐地摆在沟中，然后覆土盖过种果3/4为宜。有条件的可于面上盖一层椰糠，既可保水，也可抑制杂草生长。每天要淋足水，淋水时间应在早上或傍晚天气凉爽时，另外还需及时清除杂草。

(三)播种

椰子播种一般采用直立式、平卧式和斜置式 3 种。海南多采用斜置式，其优点在于发芽初速较慢，后期较快，发芽率高，胚芽和根系易伸出纤维层，幼苗生长快，长势好，成苗率高。

(四)出苗后管理

苗期管理以浇水除草为主，兼以防病虫害、防畜鼠，并可结合看苗施肥。育苗时间为 8～12 个月，苗高约 1 m 时即可出圃。

二、苗木出圃

在苗龄 8～18 个月，苗高 80～100 cm 时，可选择长势好的小苗出圃定植。出圃苗必须是发芽早、苗茎粗、叶片羽裂早、长势旺盛的椰苗，达到种苗出圃的标准。

第三节 生物学特性

一、根系生长特性

(一)根系生长动态

椰子是单子叶植物，为须根系，没有主根。从圆锥体的茎干基部产生大量基本一致（直径约 1 cm）的主要根，成龄椰树通常有 4 000～7 000 条，沿水平和垂直方向伸长，可能接近地表，地下水位很低的地方则伸展至深土层。主要根产生数条侧根，侧根又生有分根和再生根，这些根通称给养根，能帮助吸收养分。大部分主要根成活 20 年以上，给养根寿命短，大部分在每年的旱季枯死。

(二)根系生长与土壤的关系

根系的生长方式，取决于两个因素，即植株本身的遗传潜力与一些环境因素。遗传潜力和环境因素对根系的生长同样重要。环境因素包括：土壤特性（如质地、结构、深度、有效水总量、溶质种类和浓度、pH、透气性）和与其他植株根群的竞争。影响植株地上部分生长的因素有放牧、切割、病虫害引起的落叶、荫蔽等也会影响根的发展。椰子地上部分的环境尽管很少能改变，但根的环境可以通过栽培、施肥及排灌措施来改变。

二、茎、叶和花生长特性

(一)茎

椰子茎干直立，无分支，圆柱状。茎由 18 000 个维管束组成，维管束集中在树干边缘。因无外形成层，所以不随树龄增粗，树干一经形成，茎围变化不大。高种椰子植后约 5 年形成茎，茎基膨大称"葫芦头"，茎干较粗，1.5 m 处茎围约 90 cm；茎干随年度增高，一般 20 m 左右，百年椰树几近 40 m。矮种椰子只需 2～3 年成茎，茎基无膨大现象，1.5 m 处茎围约 80 cm，茎高 5～8 m，高者可达 15 m。

(二)叶

椰子的叶为巨型羽状复叶，由叶柄、中轴、小叶组成。9 个月以前的幼苗，叶片船形单叶，8～10 片叶后开始分裂成羽状小叶。成龄椰子树一般有 30 多片叶，叶片成熟时长约 6 m，宽约 1.4 m，每片复叶有小叶 100 余片，小叶长 90～135 cm，着生于中轴两侧，末端有奇数小叶。叶柄和中轴由木质纤维构成，叶柄厚实宽大，中轴两旁无色的薄壁细胞组织可调节小叶的开张度，干旱时细胞收缩，小叶下垂，以减少蒸发；湿度大时细胞膨胀，小叶挺拔，充分接受阳光。椰子平均每年抽叶 12～14 片，一张叶片从原基至脱落的寿命约 5 年，中间需经过 60 多个阶段。

（三）花

椰子的花属于肉穗花絮，长 75～200 cm，花序随其相应的叶片同时发育。在叶原基开始分化后约 4 个月，可看出花序原基，约再过 22 个月，花序长出几厘米时才分化雌花和雄花，是雌雄同序的单性花；一年左右，佛焰花苞开裂。肉穗花序发育完全后，苞片由下侧纵向裂开，吐出花序。花序由主轴与侧枝组成，侧枝达 40 条左右。每条花枝的基部一般着生不超过 5 朵的雌花，中上部生雄花，约千朵。花期 15～23 d。雄蕊成熟时花药纵裂，吐出花粉粒。雌花较大，呈球状，子房上位。

三、落花落果

（一）落花落果原因

研究认为，椰子雌花和幼果脱落有以下几种原因：

1. 单株结实能力低 经常发现有些椰子树的一个花序开放后，除留下 2～3 朵雌花外，其余的全部落光，尽管加强管理和施肥，仍然如此，这显然是由于遗传性的缺陷所致。也就是说，植株的结实能力生来就低。

2. 严重干旱 落花落果的另一个重要原因是缺少水分。在水分条件不利和天气干旱时，椰子树会有一些衰弱的表现，如叶片萎垂，叶柄干裂，雌花和幼果大量脱落。

3. 养分缺乏 土壤养分缺乏是另一个重要原因。椰子树的正常生长和生产需要氮磷钾这三种主要营养元素。缺乏其中任何一种，特别是缺钾，都会严重影响椰子的产量。

4. 土壤条件不利 落花落果也与淹水、通气不良等不适宜的土壤条件有关。这些情况在黏重土上最普遍，根的生长一受到阻碍，养分和水分的吸收势必减少，从而导致幼果的脱落。

5. 病害 已知根萎病、果腐病等病会引起椰子落果。

（二）预防方法

（1）保持土壤水分是预防椰子落果的一个重要因子。

（2）施用足量的肥料，以补偿其养分消耗。

（3）犁、挖、堆土等耕作措施可以翻松土壤，改进土壤质地，使土壤适于根系的生长。也宜在椰园种植绿肥作物，并把它翻入土内，以增加土壤的有机质，保持土壤水分和改善土壤通气条件。

（4）真菌病害引起落果时，用波尔多液或氧化亚铜喷射开放的花序，可以收效。

第四节 对环境条件的要求

（一）土壤

椰子对土壤的要求不严，能在多种不同土壤条件上生长，适应性较强，不论砂土、壤土、黏土、冲积土、泥炭土、珊瑚风化土、火山岩风化土都能种植椰子。椰子对土壤 pH 值适应性也很广，一般在排水良好，pH 5.0～8.0 的多种类型土壤中能够适应及正常生长。但最适于种植椰子的土壤是质地疏松、土层深厚、排水良好、水分和养分丰富的土壤。

（二）温度

温度是影响椰子分布和产量高低的限制因子，在年平均温度 24 ℃以上，温差小、全年无霜的地区才能正常开花结果。最理想的年平均温度为 26～28 ℃，最低月平均温度不低于 20 ℃，温差不超过7 ℃，安全越冬温度为 8 ℃，嫩叶和椰果安全越冬温度为 13～15 ℃，13 ℃以下连续低温会造成椰子寒害。

（三）湿度

椰子生长需要高湿环境，一般认为 85％的相对湿度较为合适，低于 60％则不适宜。

（四）光照

椰子属于强光照作物，年日照时数 2 000 h 以上植株才能生长旺盛并获得高产。

（五）风

椰子抗风力较强，在滨海地区 3～4 级的常风，有助于加强蒸腾作用，7～8 级的风力，对椰子生长发育和产量也影响不大。但 9～10 级以上的强风对椰子生长及产果均有较大的影响。

第五节　建园和栽植

一、建园

（一）园地选择

年平均温度达 23 ℃，一年中平均气温 15 ℃以下低温天气≤20 d，年降水量＞1 000 mm，地下水位较高，海拔较低的各类土壤均适宜种植椰子，椰子优势种植区为海南省东南沿海。

（二）园地规划

椰子园地的规划必须根据椰子生长的特点及对环境条件的要求进行规划，坚持水土保持为前提，要求土地相对集中连片，交通方便；对防护林、道路、排灌系统、建筑物（包括放置化肥、农药和椰园养殖禽畜的房屋或简易棚）、水肥池等进行统一规划，合理布局，从而给周边创造良好的生态环境。

① 椰园道路分为主干道、支干道，主干道宽 5～6 m，支干道宽 2～3 m。

② 分布在沿海的椰子园，周围种植 3～4 行防风林，有利于抵御台风。

③ 不同小区间设有宽 0.5～1 m、深 20～50 cm 的排水沟；在每个小区间安装灌溉管道，也可在小区内安装滴管管道。

④ 在椰园内按每 3.33 hm² 配置一个容积≥5 m² 的硬底肥池。

（三）整地和改土

为了给今后椰园的抚育管理打下良好的基础，在定植前 6～12 个月，应进行细致整地，具体如下：

（1）清杂。于雨季末，将杂灌木砍除。如在平地，应犁至无杂草为止；丘陵地则实行带垦，尽量减少土壤侵蚀。

（2）种植覆盖作物。为防止土壤侵蚀及抑制杂草生长，需种覆盖作物，于整地后即进行。

（3）定标与挖穴。可根据椰子品种及地形决定种植密度与种植形式。种穴大小则取决于土壤种类。

二、栽植

（一）栽植方式、密度

椰子是喜阳作物，种植密度应根据立地条件和不同品种等有所区别。一般高种椰子以 180 株/hm² 为宜，间距可采用 7 m×9 m、7.5 m×8 m、8 m×8 m、8.5 m×8.5 m、8 m×9 m；矮种椰子与杂交种椰子以 6 m×6 m、6.5 m×6 m、6.5 m×6.5 m 为宜。

（二）栽植方法

采用深植浅培土的方法，植穴规格 80 cm×70 cm×60 cm。为了促进椰苗迅速生长，提早投产，在植前必须施足基肥。施肥时，必须连同表土混匀回穴，填至植穴的 1/2，并在其中再挖 1 个穴形，将椰苗定植其中，回填表土踏实；种植深度以种果顶部离地面 30 cm 为宜。为确保椰苗成活，在定植当天需淋透 1 次水。

在有一定坡度以及未建立覆盖椰树的土壤上，植穴易被泥沙冲埋，故要及时开设拦水沟埂和开沟排水。随时清理植穴，把冲进植穴的泥沙挖出，以免阻碍生长。

（三）栽后管理

由于海南椰子种植区的土壤砂性重，渗漏多，易于干旱，椰苗种植后应及时用椰糠或杂、树叶等残落物将穴面覆盖，以免穴面曝晒，要注意旱情，及时淋水抗旱，保证椰苗成活。

幼苗时期，椰子易感灰斑病，应及时喷打相关药剂。

第六节 土肥水管理

一、土壤管理

我国早些年基本没有成片的椰园，大量的椰子树分散种植，基本没有特别的土壤管理措施可言。近年来随着椰子种植面积的扩大，规模化的椰子种植园不断增多，因而在土壤管理方面也不断制度化，主要管理措施有以下几个方面：

（一）深耕除杂

定植前的椰园用地，最好深耕（约 30 cm）一次，并将园内大型的杂物清理出园，以免影响后期的椰园管理。同时可以疏松椰园土层，有利于椰子根系生长发育。

（二）大穴定植

为了培养椰树发达的吸收根群，挖长、宽、高分别为 60～80 cm 定植穴，然后将表土及基肥拌匀回入穴中，回至穴深的 1/2～2/3。也有椰农将定植穴挖到 150～200 cm 宽，大量回入表土和基肥，对椰子树后期的生长更为有利。

（三）植穴培土

在有一定坡度以及未建立覆盖椰树的土壤上，植穴易被泥沙冲埋，故要及时开设拦水沟埂和开沟排水。随时清理植穴，把冲进植穴的泥沙挖出，以免阻碍生长。椰子植后头一年，生长较慢，到第三、四年茎干开始露出地面，因此一般从第三年起就应结合除草施肥开始逐渐进行培土，直至最后与地面培平。

（四）环沟追肥

根据树冠的大小，在树头四周逐年轮换挖环沟、扩穴，施肥改土，使椰园土壤得到全面改造培肥，使地下地上生长协调发展。扩穴改土后，由于土壤有效养分和团粒结构都得到改善，穴内新根密布、树势生长良好。

（五）间作

在定植后前三年，合理间、套种其他经济作物，既可增加收入，达到"以短养长"的目的；又可覆盖椰园、减少冲刷，增加土壤有机质，提高土壤肥力。

经过多年的试验，在幼龄椰园间种西瓜、番木瓜和菠萝，椰树活叶数、自然高度、露地处围径和开花率均有了明显的提高，并且随着间种时间的延长，3 种间种模式促进椰树生长和开花的效果表现得更为突出。其中，间种西瓜模式的效果最好、间种番木瓜次之。间种西瓜、番木瓜模式的椰园土壤养分的有机质、速效氮、速效磷含量和速效钾含量均显著高于对照；但间种菠萝椰园土壤养分中只有速效磷的含量显著高于对照。3 种间种模式椰树叶片中氮、磷、钾、钠、镁、钙等元素的含量均显著高于对照，其中间种西瓜和番木瓜模式中椰树叶片氮、磷、钾、钠、镁、钙的含量显著高于间种菠萝模式；椰树叶片中的微量元素差异不显著。

（六）其他技术

定期中耕培土，可以改善土壤结构，保持椰园土壤温度和提高土壤肥力，有利于增加产量。一般在雨季末期中耕，如杂草太多可适当在雨季进行。中耕深度 15～25 cm，通常离树基 1.8 m 范围内不犁，用锄头结合除草，浅耕即可。耕作计划取决于土壤类型、土地坡度、雨量分布等因素。轻质土壤耕作不宜太频繁，更不宜深耕。树干基部长出的气生根要及时培土，能加固树体，增大营养吸收面，对提高产量有一定的作用。

二、施肥管理

（一）施肥的意义

在椰树养分研究方面，国内外普遍认为几种的大量养分元素（如 N、P、K、Mg、Ca）对椰子生长关系极大，对此许多试验已经证实；但在部分中量和微量元素（如 Cl、Na、Zn、Cu、Fe、Mn、B、Mo）的研究方面结果差异较大。相关试验表明，我国椰树缺氮（N）比较明显，其他大量元素也有不同程度的缺乏，但各地差异较大。国内在大量营养元素研究方面也有所成效，而中、微量元素的研究几乎还是个空白。目前我国椰子产量很低，人工授粉稳实率不高，认为可能是缺硼（B）所致；椰子主要分布在沿海一带，而在内陆地区常生长不良，有可能是氯（Cl）的问题；椰肉薄、含油量低，有可能是缺硫（S）所致；还有缺钼（Mo）可能与氮（N）不足有关等。

（二）基肥

基肥在定植时施放。可采用腐熟厩肥、畜肥、土杂肥、垃圾费、塘泥、火烧土等，每穴施量 30 kg 以上，加 0.5 kg 过磷酸钙，连同表土混匀回穴。

（三）追肥

施肥时间必须根据椰树生长发育物候期和气候条件为依据。在干旱时，根系呈枯萎状态，所施肥料不易分解，难以被吸收利用；在盛雨季节，冒雨施肥或施肥遇着暴雨，极易造成养分淋溶损失，以致施肥效果不显著。因选在每年的 3～9 月，此时椰子生长发育较快，根系吸收力最强，根据旱前、雨后、土壤湿润情况适时适量进行追肥。

追肥次数应依土壤肥力、物理性和幼树生势而定，以能保持椰子树生势旺盛和叶色常绿为原则。通常比较肥沃、保水保肥力强的土壤，每年只需施肥 2～3 次，而保水保肥力差的瘦瘠土壤，则需施肥 3～4 次。

三、水分管理

椰子树由于在漫长的生物进化过程中，形成了喜水的生长习性。其庞大的根系具有强大的吸水能力，因而在较干旱的条件下也能适应；但同时，椰子不能在排水不畅的土壤正常生长。

不仅如此，椰子树对海水也具有较强的依赖性，世界上大部分椰子树都分布在沿海地区，有关海水的应用问题也正在研究中，普遍认为灌溉 30% 左右的海水有利于椰树生长和产果。

灌溉方式有滴灌、喷灌、人力浇水和自流灌溉等。其中喷灌比较普遍；滴灌是椰树灌溉与施肥的最好形式，可以较准确地计算灌溉量，可把灌溉和施肥结合起来，但成本较高。在无灌水设备时，幼苗期椰树需水量少时也可以适当用人力担水淋灌；水源充足的地方，可采取自流灌溉。

对于无法灌溉的椰园，在栽培上要采取相应的措施，以减少干旱的危害程度。比较有效的措施有：

（1）覆盖。用间作、生草、地膜等覆盖椰园土壤，可减少土壤的水分蒸发。

（2）深植。对于旱地椰园，采用深植，即植穴低于地面 20～30 cm，这样有利于保持雨水，防止水土肥流失，对短期干旱有好处。

（3）密植。利用植株叶片进行遮阴，调节地温，减少水分蒸发。在气候较干燥，雨量少，常利用丛植（3～4 株丛植）的方法，合理密植来保持土壤水分。我国海南省和粤西地区，太阳光充足，气温高，灌溉困难的旱地椰园，也采用适当增加种植密度、大小行种植等办法来减少干旱危害。

第七节 病虫害防治

一、主要病害及其防治

（一）芽腐病

1. 为害症状 椰子芽腐病是椰子树上的致死性病害。发病初期，树冠中央最嫩而未展开的叶片先行枯萎，呈淡灰褐色，随后下垂，颜色越来越深，最后从基部倾折。该病从中间嫩叶的基部向里扩展到生长点，最后生长点枯死腐烂，生长点周围未被侵染的叶片仍可保持绿色达数月之久（图 34-1）。在此期间，最外一轮叶片的叶腋中长出的果穗能正常生长；而其他叶腋的幼果则先后自行脱落。过一段时间，较老的叶片按叶龄顺序凋萎并从基部倾折，直至整个树冠死亡为止。拔出心部未展开的嫩叶，基部组织已腐烂，并发出臭味，已展开的嫩叶基部常见水渍状病斑，湿度大时病斑上长出白色霉状物（图 34-2）。

图 34-1 芽腐病典型症状
（余凤玉 摄）

图 34-2 心部腐烂
（李朝绪 摄）

2. 病原及发生规律 该病的病原为棕榈疫霉（*Phytophthora palmivora* Butler）。病原在寄主的病残体上存活，该病原好水性强，喜凉爽气温，每年 2～5 月是常发季节，在雨天或相对湿度 90% 以上，温度在 20～25 ℃，病原开始萌发和传播，病原菌便侵入寄主的细嫩组织危害。雨季末期和台风雨后，此病危害最严重。5 月以后，由于温度升高，该病的危害明显减弱。干旱季节不利该病发生。椰子树整个生长期都感病，其中 5～10 龄的椰子树最易感病。在椰子园中，较高的植株若先感病，则其他较矮的植株就容易发病。另外，管理不善的椰园该病发生较多、较重。

3. 防治方法 一般高种椰子比矮种椰子抗病，因此，重病区应选种高种椰子。多施有机肥及人畜土杂肥。雨季及时开沟排除椰园积水，降低椰园湿度，干旱时及时浇水。

经常巡查椰园，发现病植株及时铲除，将病组织深埋或集中烧毁，减少初侵染源；对处理过的伤口涂药保护。在 10 月到次年 2 月选用 1% 波尔多液，或 58% 瑞毒锰锌可湿性粉剂 600 倍液，或 40% 乙膦铝可湿性粉剂 350 倍液，或 65% 甲霜灵可湿性粉剂 600～800 倍液，或 50% 嘧菌酯悬浮剂 3 000～4 000 倍液，或 250 g/L 双炔酰菌胺悬浮剂 1 000～1 500 倍液，或 69% 烯酰吗啉锰锌可湿性粉剂 800 倍液，或 50% 烯酰氟吗可湿性粉剂、或 68% 精甲霜锰锌水分散粒剂、或 72.2% 霜霉威盐酸盐水剂、或 64% 噁霜·锰锌可湿性粉剂等药剂喷施植株心叶及幼嫩部分。每隔 7～10 d 喷药一次，连喷 2～3 次，可有效地防治此病。

（二）椰子灰斑病

1. 为害症状 椰子灰斑病分布很广，在所有种植椰子的地区都有发生，是我国椰子种植区的一种常发性病害。发病特点：该病大多数发生在较老的下层叶片或外轮叶片上，嫩叶很少发病。最初在小叶上出现黄色小斑，外围有灰色条带，这些斑点最后汇合在一起形成大的病斑，病斑中央逐渐变成灰白色，灰色条带变成黑色，外围有黄色晕圈。重病时整张叶片干枯萎缩，似火烧状。在褐色病斑上散生有黑色、圆形、椭圆形或不规则的小黑点。受害叶片斑点累累，影响叶片光合作用；重病时叶片干枯、凋萎、提早脱落。在苗期或幼树期，染病植株长势衰弱，严重时导致整株死亡。成龄树影响开花、结果，导致减产。

2. 病原及发生规律　病原为拟盘多毛孢菌［*Pestalotiopsis palmarum*（Cooke）Steyaert］。有性世代为棕榈亚隔孢壳菌（*Didymella cocoina*），属子囊菌门真菌。此病全年均可发生。高湿条件有利病害发生。管理粗放，树势弱的椰园发病重。育苗时过度拥挤此病蔓延迅速。病原以菌丝体和分生孢子盘在病叶、病落叶残体上越冬，次年产生分生孢子，借风雨传播。偏施氮肥加重发病。该菌除危害椰子树外，还可危害油棕、槟榔等棕榈科植物。病原菌可在病叶及落地的病残体上存活，主要借风雨、蚂蚁与其他昆虫媒介传播。在椰子产地此病全年均有发生，病情随着雨量增多、相对湿度增加或气温的递降而加重，病情随着旱季到来或气温的递升而减轻。高湿、月均温 17～24 ℃时，有利于病菌侵染。育苗种植密度大，扩展蔓延迅速。阴雨天气持续天数长、露重，病情急剧上升。不同月份发病率为 24％～40.5％ 由于 7～12 月气温由最高向最低逐渐降低，相对湿度和雨量逐步增加，因此病害的强度从 7 月的 25.4％逐渐上升到 12 月的 40.5％。最高温 29.7 ℃和最低温 13 ℃之间，高湿度（相对湿度 93％）和高雨量（162 mm）时病害最严重。1 月以后随着温度上升和相对湿度下降，病害流行强度减弱。最低病害强度在 6 月，是时最高温（36 ℃）和最低温（24 ℃）都高，湿度低（相对湿度 83％）。研究发现，病害流行强度与最高温度（-0.886）和最低温度（-0.837）呈极显著负相关，而与相对湿度（0.645）和雨量（0.447）呈极显著正相关。病害流行强度和下雨天数呈正相关，但不显著。

3. 防治方法　育苗期避免过度拥挤和给予适当荫蔽；种植密度一般每公顷种植椰子 165～210株；不偏施氮肥，宜增施钾肥；清除病叶集中烧毁。发病初期选用 50％克菌丹可湿性粉剂 500 倍液，或 50％王铜可湿性粉剂 500 倍液，或 1％波尔多液，或 70％甲基硫菌灵可湿性粉剂 500～800 倍液，或 80％代森锰锌可湿性粉剂 500～800 倍液，或 50％异菌脲可湿性粉剂 500～800 倍液等药剂喷洒叶片。每隔 7～14 d 喷施 1 次，连续喷施 2～3 次可以有效地防治此病。发病严重时，先把病叶清除干净，然后再喷施以上药剂。

（三）椰子炭疽病

1. 为害症状　叶片初期出现小的、水渍状、墨绿色，1～2 mm 宽的斑点。病斑扩大成圆形，病斑中央由棕褐色转为浅褐色，边缘水渍状（图 34 - 3、图 34 - 4）。随着病斑的扩展，病斑中心由浅褐色转为乳白色，一些病斑边缘呈黑色。多数圆形病斑宽 3～7 mm，随着病斑连接在一起，坏死面积增大。展开的嫩叶上病斑扩大。

图 34 - 3　受椰子灰斑病为害后叶片（左）及叶斑（右）

（余凤玉　摄）

图 34-4　椰子炭疽病
A. 嫩叶上的水渍状叶斑　B. 老叶上的褐色病斑
（余凤玉　摄）

嫩叶容易感病，老叶比较抗病。叶片老化后，病斑扩展速度减慢。但是如果湿度足够大，新孢子继续产生，形成比较大的、边缘黑色，周围有大量黑色小点的大斑。在老叶上，病斑不再扩展，叶片大部分被数百个病斑覆盖，整个叶片表面黄化坏死，单个斑点也会发生黄化。叶柄和叶鞘也会被侵染。典型病斑是长 5～10 mm，褐色到灰白色，边缘褐色到黑色的病斑。

2. 病原及发生规律　病原为胶孢炭疽菌（*Colletotrichum gloeosporiodes* Penz.）。叶片和叶鞘上的老病斑上会产生炭疽菌孢子，这些孢子通过雨水溅射传播到健康植株上。叶片保持湿润 12 h 以上，孢子就会萌发产生附着孢，附着孢使孢子牢牢吸附于叶片上，然后产生侵染菌丝，侵染菌丝穿透叶片表面，完成病原在叶片上的定殖，叶片出现褐色坏死或是叶斑。孢子也可通过风传播。苗圃工人清除病株等人事操作或昆虫等也可传播。

3. 防治方法　把所有的坏死病叶和叶鞘清除干净。只有少量斑点的叶片或小叶也要清除干净，集中销毁。减少高空灌溉或雨天湿度，以减少病原的传播，阻止孢子萌发，减少孢子产生。化学防治可选用 50%咪鲜胺锰盐可湿性粉剂 1 000 倍液，或 80%代森锰锌可湿性粉剂 800 倍液，或 50%退菌特可湿性粉剂 500 倍液，或 50%多菌灵可湿性粉剂 600～800 倍液，或 70%丙森锌可湿性粉剂 600～800 倍液，或 78%代森锰锌·波尔多液可湿性粉剂 500～600 倍液，或 50%嘧菌酯悬浮剂 3 000～5 000倍液，或 75%百菌清可湿性粉剂 300～500 倍液，或 50%甲基硫菌灵可湿性粉剂 1 000 倍液等药剂进行叶片喷雾。

（四）椰子平脐蠕孢叶斑病

1. 为害症状　发病初期叶片上出现细小的水渍状病斑，黄色或绿褐色，最后扩展成圆形至椭圆形的病斑，病斑大小 2～10 mm，或更大一些，病斑呈褐色、红褐色或黑褐色到黑色，病斑周围可能会有褪绿色晕圈（图 34-5）。一些棕榈植物上会有凹陷的眼斑。发病严重时病斑接连在一起形成大的病斑，叶片干枯碎裂。

2. 病原及发生规律　病原为平脐蠕孢菌［*Bipolaris incurvata* （Ch. Bernard） Alcorn］，种植密度过大、过度荫蔽、土壤贫瘠发病重，偏施氮肥会加重发病，叶片上有露珠也可加重发病。病原孢子随风传播。

3. 防治方法　提高土壤肥力，苗期增施钾、磷肥。降低种植密度，确保苗期阳光照射充足，减少露水在叶片上的滞留，减少水珠溅射，降低树冠湿度，清除并烧毁发病组织。选用 50%多菌灵可湿性粉剂 500 倍液、或 50%硫菌灵胶悬剂 600～700 倍液、或 25%三唑酮可湿性粉剂 1 000 倍液、或50%嘧菌酯悬浮剂 3 000～5 000 倍液、或 50%福美双可湿性粉剂等药剂喷洒叶片。

图 34-5 椰子平脐蠕孢叶斑病为害状

A. 发病初期的水渍状病斑（唐庆华 摄）　B. 发病中期的病斑（余凤玉 摄）

（五）椰子泻血病

1. 为害症状　最先在斯里兰卡报道，是椰子产区常见的病害。该病害症状出现在树干茎部。初期茎部出现细小变色的凹陷斑点，病斑扩大后可汇合，会在树干上形成大小不一的裂缝，小裂缝连成大裂缝。随着病情的发展，茎干内纤维素开始解体，变腐烂，从裂缝处流出红褐色的黏稠液体。干后呈黑色，裂缝组织腐烂。严重时叶片变小，继而树冠凋萎，叶片脱落，整株死亡（图 34-6）。

图 34-6 椰子泻血病为害状

A. 裂缝中流出红褐色黏稠液体　B. 后期下层叶片开始死亡

（余凤玉 摄）

2. 病原及发生规律　该病的病原为奇异长喙壳菌 [*Ceratocystis paradoxa* (Dade) Moreau]，无性态为奇异根串珠霉 [*Thielaviopsis paradoxa* (de Seynes) von Hohnel]。病菌以菌丝体或厚垣孢子在病组织中或土壤里越冬，厚垣孢子可在土中存活 4 年，厚垣孢子借气流或雨水溅射及昆虫传播，遇到寄主组织时产生芽管，从伤口侵入为害。病菌侵入后，只要环境温暖潮湿，病害即迅速发展。高温干旱发病较轻，当遇有暴风雨或台风后，发病率升高。春季地温低于 19 ℃或遇有较长时间的阴雨，发病加重。此外，土壤黏重、板结，椰园低洼积水、湿度大，容易发病。

3. 防治方法　科学施用有机肥和化学肥料，于 9 月在每株椰子树基部施用 50 kg 有机肥和 5 kg 含拮抗真菌木霉的印楝素饼。避免在树干上造成机械损伤。干旱的时候注意浇水，雨季做好排水工作。挖除病组织，并集中烧毁，对处理过的伤口用克啉菌（十三吗啉）（100 mL 水加 5 mL 克啉菌）消毒，2 d 后涂上波尔多液保护；为防止病害沿着树干向上蔓延，用 5%克啉菌在 4～5 月、9～10 月和 1～2 月各灌根 1 次。

（六）椰子茎干腐烂病

1. 为害症状　在美国佛罗里达州，心腐病和干腐病是都由根串珠霉菌引起的两种常见的致死性病害。该病很难发现，直到树干折断或是树冠倒伏才会发现，倒伏的树冠仍表现正常。树冠断倒时，在树冠下面的心部已经腐烂，在木质化部位也有少量腐烂。当树干往下腐烂的时候，树干就会断倒。检查树干横截面可以发现，只有一边的树干腐烂。这与灵芝菌引起的腐烂不同，灵芝菌引起的腐烂在树干基部，并且腐烂从树干中心开始向外围扩展（图 34-7）。

图 34-7　椰子茎干腐烂病
（符海泉 摄）

2. 病原及发生规律　椰子茎干腐烂病是由奇异根串珠霉（*Thielaviopsis paradoxa*）引起的。奇异根串珠霉有多种命名。有性阶段为奇异长喙壳菌（*Ceratocystis paradoxa*），奇异根串珠霉菌只从新伤口中侵入，树势较弱时传播会加快。该病原大多数侵染未木质化或是轻度木质化的组织。一般会产生挥发性物质，特别是乙酸乙酯和乙醇，所以病组织常有果腐的臭味。

该菌在世界范围都有分布，但只危害亚热带地区的单子叶植物。除危害棕榈科植物外，还危害香蕉、菠萝、甘蔗。所有棕榈科植物都可能是该菌的寄主。

树干腐烂病发生十分分散。该病的发生必须得有新造成的伤口。由于吸水过多造成树干的伤口、昆虫（如椰花四星象甲）、鼠类及其他哺乳动物等造成的伤口、暴风造成的伤口及人类活动造成的伤口都成为病原侵入的重要途径。

病原传播途径有孢子通过风、雨水、昆虫和啮齿动物传播至新的伤口；厚垣孢子可以土壤中存活很长一段时间，因此土壤也可传播。

3. 防治方法　由于该病在早期很难发现，因此没有有效的防治措施。当树断倒后立刻把病株清除干净，防止成为传染源。

如果在早期发现该病，把发病部位挖除干净后喷施防治根串珠霉菌（如杀菌剂甲基托布津或氟咯菌腈）的杀菌剂可有效防治该病。用于清除发病组织的工具都必须用消毒剂消毒。消毒剂有：25％漂白粉（水∶漂白粉＝3∶1）、25％松油清洁剂（水∶松油清洁剂＝3∶1）、50％外用酒精（70％异丙基；酒精∶水＝1∶1）、50％工业酒精（95％；酒精∶水＝1∶1）。把工具放在消毒剂中浸泡 10 min，然后用干净的水冲洗干净。对于小型的机器链，把链条和横木分开浸泡。

（七）椰子茎基腐病

1952 年，印度首次报道了椰子茎基腐病的发生，1987 年大面积发生，发病率达到 8.0％，在发病严重的地方，发病率高达 30％。

1. 为害症状　茎基腐病在 11 月至翌年 6 月发生比较普遍，长势弱的椰子树比较容易发病，病原从根部侵入，随后向上发展，最后整个根部腐烂（图 34-8）。

2. 病原及发生规律　病原是灵芝菌（*Ganoderma lucidum*），属于土壤寄居菌。该病主要发生在种植于滨海地区沙壤土上的椰子树上，这些椰子树一般是在失管的椰园中靠雨水来生长。研究发现，夏季土壤湿度低、雨季土壤积水、种植园中残存有老病株及栽培管理不当均有利于该病的发生与传播。一般 10～30 龄的老树比幼树更容易受到侵染（老树被侵染率为 43％，幼树被侵染率为 17％）。在病害流行地区，杂种椰子树在 5～6 龄时易被侵染，高种椰子树在 16～30 龄时易受侵染。该病多在 3 月和 8 月发生，与土壤平均最高温度明显相关。最初的可见病症是病株的茎基部流出红棕色黏性分泌物，随着病情的加重，分泌物可扩展到茎干地上部分 3 m 高处。发病末期，椰子树的茎基部完全腐

A B

图 34-8 椰子茎基腐病
A. 病菌子实体　B. 病树死亡，仅留树干
（唐庆华 摄）

烂。在某些病株枯萎死亡之前，灵芝菌子实体出现在紧贴土壤的茎干上。

其外轮叶片变黄，之后变成淡黄色，最后枯萎。在树冠部位，其心叶枯萎。随着病情加重，残留的叶片将枯萎脱落。某些病株的芽由于输导组织被破坏，导致细胞液缺失，细胞死亡而出现在软腐。发病末期，整个树冠从主干上脱落下来。花朵和花穗的正常生长被抑制，随着病情的加重，花蕾不断脱落，病害较轻时不出现这种现象。当叶片枯萎时，花穗也垂挂在树上，不能孕育果实。当病害蔓延速度较慢时，还可产少量正常果实。根系水渍状，且散发出酒糟味，皮下组织变红，邻近中柱的组织变褐。症状出现后植株基本上不再长出新根。

总的来说，椰茎腐病有五个发展阶段：第一阶段，小叶枯萎，最低一层叶片变黄，健康根系受侵染后腐烂死亡；第二阶段，邻近地面的茎基部出现泻血点，逐渐向上蔓延，根系进一步腐烂，停止抽生新的花穗；第三阶段，泻血点在茎干上进一步蔓延，低层叶片枯萎，大量花蕾脱落，不结果；第四阶段，茎腐继续向上蔓延，最低一层叶片干枯脱落，除了叶轴及 2～3 片仍向上展开的嫩叶外，其他的叶片也全都枯萎；第五阶段，所有叶片枯萎且从主干上脱落，茎干皱缩干枯。从病害的第二个阶段发展至第五个阶段（从植株出现泻血斑点至死亡）需要 6～54 个月的时间。在病害的第三、四、五阶段，发现小蠹和椰花四星象甲从茎干的泻血部位钻进树干危害，这些虫害加速了椰子树的死亡。

3. 防治方法　把发病植株连根和树桩一起销毁，在离病株 2～3 m 远的地方挖一条深 1 m、宽 50 cm 的隔离沟以防止病害传播；沙质土发病严重时，可种植田菁等绿肥作物来保持土壤水分，增强抗病性；避免深耕和挖掘对根部造成伤口；每年 6～7 月每株树施用农家肥 200 kg；把 2 kg 过磷酸钙和 3 kg 氯化钾分成 2 份，分别在 7 月和 11 月对每株树施肥；不施氮肥和复合肥。每年 8～9 月，每株椰子树基部喷 40 L 1‰波尔多液 1 次；发病初期，每 25 mL 水加 6 mL 十三吗啉混匀后，灌根，每年 3～4 次；每株椰子树施硫黄粉和石灰 2 kg 在土中，也可以有效预防该病。

二、主要害虫及其防治

目前中国椰子害虫共有 64 种，分属 7 目 25 科，其中椰心叶甲、红棕象甲、椰子织蛾、二疣犀甲、椰花四星象甲、食根锯天牛、黑刺粉虱、椰园蚧是椰子的主要害虫。每种害虫都有其独特的生存机制和发生规律，目前未能有一种方法或技术能同时控制其为害。

（一）椰心叶甲

1. 为害特点　椰心叶甲（*Brontispa longissima* Gestro）的成虫和幼虫在未展开心叶中沿叶脉平

行取食表皮薄壁组织，在叶上留下与叶脉平行、褐色至灰褐色的狭长条纹，严重时条纹连接成褐色坏死条斑，叶尖干枯，整叶坏死。每株成年椰子树上最多可有上千头虫危害。五年生以下椰树或长势较弱的棕榈寄主受椰心叶甲为害后恢复能力较弱。植株受害后期表现部分枯萎和褐色顶冠，造成树势减弱，椰子产量降低，甚至导致植株死亡（图34-9）。

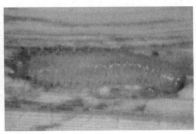

图34-9 椰心叶甲成虫（左）和幼虫（右）

（李朝绪 摄）

2. 发生规律 椰心叶甲在我国每年发生3～6代，世代重叠，其发育历期受取食寄主植物和外界环境温度影响，各虫态的发育起点温度均在11℃以上；高温对椰心叶甲各虫态发育均不利，室内饲养椰心叶甲在温度32℃以上时，成虫与卵均不能成活。天气干旱有利于此虫的发生，海南的西南部市县降水相较于其他市县略少，故当地椰心叶甲危害程度略重；在高温多雨的情况下，此虫虽发生但并不能对椰树造成严重危害。取食寄主对成虫产卵前期有一定的影响，一般产卵前期在6 d以上，雌虫一生可产卵100多粒。

3. 防治方法 对于幼苗和矮株椰子，可悬挂椰甲清药包于未展开的心叶部位；也可用化学农药进行喷洒或滴灌植株心叶。高效氯氰菊酯、功夫菊酯、辛硫磷、敌百虫、啶虫脒均可有效杀死椰心叶甲成虫和幼虫，致死率在90%以上。生物防治方面，目前防治椰心叶甲主要靠施放天敌寄生蜂椰心叶甲啮小蜂、椰甲截脉姬小蜂和金龟子绿僵菌。

（二）红棕象甲

1. 为害特点 红棕象甲（*Rhynchophorus ferrugineus* Oliver）主要为害3～15年的椰树，成虫产卵寄主未展开心叶叶腋叶柄内或受害的幼嫩组织部位里，幼虫孵化后在里面向下蛀食，形成一条条的食道，最终破坏椰子的生长点及上部茎干的幼嫩组织。危害前期可以看到心叶长出的取食痕迹，后期时上部茎干出现钻蛀孔，一些叶柄上部可以看到老熟幼虫利用纤维做的茧。此时，上部茎干已基本上被蛀空，外部叶柄逐渐倒披，心叶部分遇到大风时会倾折。由于红棕象甲幼虫在椰子等寄主的茎干内蛀食，危害前期极难发现，危害后期多无法挽救，造成的损失严重（图34-10）。

2. 生活习性 成虫白天一般隐藏于叶柄夹缝间，仅在取食和交配时飞出。雌虫将卵产入寄主叶柄或树冠伤口、裂缝处。幼虫孵化后，即取食寄主的幼嫩组织并靠身体收缩蠕动向树干内部钻蛀，在寄主植物内部形成错综复杂的

图34-10 钻蛀孔多头幼虫

（李磊 摄）

蛀道。当幼虫发育至一定老熟度时，幼虫的取食和钻蛀行为从棕榈植物中心向外围扩散，便利用寄主纤维做茧化蛹。

3. 发生规律 红棕象甲有一定季节性活动规律，在海南通过聚集信息素对红棕象甲成虫诱集发现，6～8月是红棕象甲成虫活动的一个高峰期。气候条件对红棕象甲成虫的活动有一定的影响，雨天及低温天气引诱红棕象甲成虫数量明显减少。

4. 防治方法 加强检疫，切断虫源传播。一旦发现有红棕象甲为害的植株，应立即就地销毁。同时积极开展疫情普查，杜绝害虫引进。及时清理棕榈苗圃里的垃圾及枯枝败叶，减少园内虫源。受害植株应及时救治，受害后无法救治的或已经死亡的植株，应及时清除、销毁，彻底消灭幼茎组织内各虫期的害虫。针对成虫喜欢在植株上的孔穴或伤口产卵的习性，尽可能减少人为制造伤口或孔穴，如发现应用沥青涂封或用泥浆涂抹，防止成虫产卵。在椰园中悬挂诱捕器，利用红棕象甲聚集信息素诱杀红棕象甲成虫，有效降低虫口密度，从而减少其对椰树的危害。3％啶虫脒剂型、4.5％高效氯氢菊酯剂型、30％三唑磷剂型和80％敌敌畏剂型对红棕象甲高龄幼虫药效最好；用磷化钙对红棕象甲进行熏蒸防治有比较理想的防治效果，即在靠近危害处约 30 cm 的地方用电钻钻 3 个深约 5 cm 的洞，塞进磷化钙颗粒剂，用湿泥封口，每受害植株的使用量为 8 g 的磷化钙。防治红棕象甲的虫生真菌主要有金龟绿僵菌和球孢白僵菌，主要从蛹和成虫分离获得。据国外报道，球孢白僵菌与金龟子绿僵菌对红棕象甲的致病性相比，后者高于前者，但两种菌株在室内 6～7 d 后均能对其幼虫造成 100％死亡。

（三）二疣犀甲

1. 为害特点 二疣犀甲（*Oryctes rhinoceros* L.）以成虫为害未展开的椰子心叶、生长点、叶柄或树干，咬断或咬食其中的一部分。心叶尚未抽出时便被害时，抽出展开后叶端被折断或呈扇形，或叶片中间呈波纹状缺刻，受害较多时树冠变小而凌乱，影响植株生长和产量；生长点受害多致整株死亡；树干（幼嫩部分）受害留下孔洞为其他病虫害侵入提供条件（图 34-11）。

图 34-11 二疣犀甲成虫（左）及幼虫及繁育环境（右）

（李朝绪 摄）

2. 发生规律 在海南 1 年发生 1 代，世代重叠。成虫和幼虫以 6～10 月发生量较多，成虫羽化时间大多数在 9:00～19:00，初羽化的成虫在蛹室内停留 5～26 d，然后外出活动，成虫属昼伏夜出型，黄昏开始活动。成虫期较长，可达数月乃至半年。成虫飞翔力强，一般一次飞翔距离 200 m 左右，顺风能飞 9 km 远，如果附近有取食作物和繁殖场所存在，则不作远距离飞翔。成虫多选择多汁植株的心叶为害，咬坏心叶和叶柄，深达 5～30 cm，食其汁液。取食时留下撕碎的残渣碎屑于洞外，依此可发现此虫为害。成虫取食时一般在植株上潜居为害 20～60 d 方飞回繁殖场所交配产卵。

3. 防治方法 首先要搞好田间卫生、清除二疣犀甲的繁殖场所是防治二疣犀甲最重要和最有效的措施。及时清理因台风或大风刮断的棕榈树干、病虫害致死的棕榈树、树桩及附近的牛粪堆及其他腐殖质堆肥；如能及时加以清除，即可大大减少二疣犀甲幼虫的生活环境，降低当地的虫口密度。其次对二疣犀甲成虫诱杀，主要有两种方法：潜所诱杀和诱捕器诱杀。潜所诱杀是利用成虫喜爱在腐殖质堆上产卵的习性，用牛粪或劈成两半的新腐烂疏松的椰树干（以平的一面接触地面）引诱成虫前来产卵繁殖，然后进行诱杀。诱捕器诱杀是将二疣犀甲聚集信息素诱芯，悬挂在置于 1 m 高的诱捕器挡板上部，成虫飞来后撞在挡板上后落入诱捕器水中诱杀。

第八节　果实采收、分级和包装

一、果实采收

根据椰果的不同用途，可分为不同的最佳采收期。椰子果加工的主产品为椰干、椰蓉（椰茸）、椰奶、椰子汁、椰子油和椰子糖时，其椰子果要充分成熟，收获期为第十二个月，提前收获会降低油含量，影响产品品质和出品率。对副产品椰衣纤维而言，褐椰衣纤维（通用硬质纤维）椰子果也要充分成熟（12个月），椰衣纤维质量才达到高标准；对白椰衣纤维（嫩果纤维）而言，一般在椰子果发育7~8个月为最佳纤维收获期；椰壳一般作为活性炭和工艺品原料，要求椰壳硬度高，不变型才能达到标准，所以椰子果要充分成熟（12个月）才可收获；作为椰青（嫩椰子果）当饮料水果时，7~9个月为最佳收获期，此时椰子水中碳水化合物含量高，口感好。

目前，海南椰子的采收还是采用传统的方法，主要有：

1. 椰果熟透后自然脱落　由于这种方法因采收时间长、过熟果椰水少、品质差，因而不能满足椰子加工业的要求，已逐渐被淘汰。

2. 用长竹竿钩果　竹竿末端绑一锋利钩刀，用其将成熟果钩下。这种方法操作非常费力，椰树越高，劳动强度越大。据调查，成年健壮男子每天约能采60株树。如果用力过大，钩刀将深深地钩住椰果，椰果无法脱离钩刀，容易使竹竿上端断裂，中途钩刀也易松动。所以工效较低，而且椰子受钩刀斜方向的力将快速被抛下，对采椰作业者造成一定的人身安全威胁。另外，椰果快速抛下的冲击力大，容易使椰果摔裂，造成损失。

3. 爬树采果　一般是直接爬上树，也有借助梯子；一般不是整穗采摘，而是根据同一穗果实的不同成熟度采取，用砍刀将椰果砍下，果穗柄依旧留在树上，可在很大程度上保证椰果采收质量。但采果的进度较慢，爬树技术较熟练的工人一般每天约能采16株。显然，由于属于高空作业，该种采果方式存在较大安全隐患，特别是在雨季（海南雨季也是椰果采收时期），椰树非常滑，爬树摘椰子更不合适。时常有因爬树摘椰果而摔伤的报道。另外，椰树上常有各种蚂蚁及蜂类昆虫，对采椰工危害极大。

4. 训练猴子爬树采果　猴子是一种模仿性和可训性很强的动物，经过专业培训之后，可以爬到10 m以上高的椰子树上采摘椰果。它会选择较为成熟的椰果，然后用爪子用力地拧椰果，直到椰果落下地来。在盛产椰子的泰国南部，猴子是上树采摘椰果的主要劳动力。泰国有好几所猴子学校，专门训练猴子采摘椰子，还举办"毕业生"摘椰子比赛，曾有猴子以30 s摘下9个椰子夺冠。这种方法虽然很好，但饲养和培训猴子成本太高、技术难度太大，未能推广应用。目前，在中国，这种方法只在一些旅游观光点才能见到。

5. 机械化采果　针对目前椰果采摘劳动强度大、作业效率低、安全性差、生产成本高的问题，设计了一种液压控制采摘系统：该系统由支腿收放、回转机构、大臂变幅、大臂伸缩、上臂回转、前臂回转、割刀回转等7个部分组成，可满足机械化椰果采摘高效、安全、稳定的要求。但由于各种实验条件及椰林环境的限制，目前这种机械采果方式仍不能完全适应大部分椰林，未能真正投入生产。因此，要实现也过采收机械化还需要更多的研究和科技投入。

二、果实分级

椰果根据用途的不同，分为嫩果（主要用作喝椰子水）和老果（用于各种椰子产品的加工），并无具体分级。

三、包装

在我国，一般椰子嫩果都是在海南本地作为特色水果食用，无需特别包装；椰子老果作为加工材料，也无须特别包装。

四、运输

由于椰子具有较厚的外果皮，一般磕碰不会影响到果腔内椰子水及椰肉的风味，也不会对椰衣纤维产生影响，故在运输过程中，直接堆放即可。

第九节　果实贮藏保鲜

一、贮藏保鲜的意义

椰子以其特有的清甜香味和不需添加防腐剂保鲜而受到国内外消费者的一致喜爱。采摘后的椰子仍进行一系列的代谢活动。它们主要以椰子中的葡萄糖、果糖等营养物质作为呼吸底物，在一系列酶系统的作用下，降解底物，维持其生理活动，最终放出 CO_2。椰子果皮含有的多酚氧化酶活性较高，能催化一元酚、二元酚和三元酚的氧化。因此，椰子在贮藏过程中，内含物不断被消耗，品质和风味逐渐下降。另外，采后的椰子很容易受到微生物的侵害，逐渐腐败变质。

目前，新鲜椰子运到内地市场后，售价比海南本地售价高出一倍以上，经济价值极高，因此，研究解决嫩椰子的保鲜技术，延长货架期，是实现海南椰子远销国内外市场，增加椰农经济收入的关键之一。

二、贮藏保鲜方法

1. 低温保鲜　低温贮藏（3～4 ℃）可使嫩椰子水保存 2 个月，而常温下（25～30 ℃）8～10 h就会发酵变质。

2. 薄膜保鲜　嫩椰子果用食品薄膜包裹后贮藏在 14～15 ℃下，也可贮藏 2 周，但 3 周后糖含量减少；用聚乙烯（厚 14 μm）包装嫩椰子，处理好后置于 20 ℃下贮藏 5 周后，其外观和椰子水理化性质均较好。

3. 焦亚硫酸盐溶液处理　用 2.0% 浓度的焦亚硫酸盐溶液处理过的嫩椰子果在 7 d 内可防止褐变。

4. 防褐剂处理　目前，国际市场上普遍流行将嫩椰子去掉部分果皮（称椰青），使外表呈乳白色，其价格是普通椰子的 6～8 倍。然而，由于嫩椰子不耐贮藏，在去皮过程中即发生褐变，严重影响其商品价值。椰果在采收后，立即用 HA 防褐剂（主要成分为抗氧化剂）处理 20 min，能明显抑制多酚氧化酶和过氧化物酶活性，降低酚类物质含量，在 2 个月贮藏期内能有效地防止椰子褐变发生。

5. SO_2 处理　椰果用 200～300 g/m³ 的硫黄熏制时间 1.5～2.5 h，可明显地延长椰子的贮藏寿命。

6. 其他方法　在木箱底部铺上 8 cm 厚的沙，把嫩椰子果垂直放入，再在椰子果上覆盖 15 cm 厚的沙，贮藏 4～5 d 仍可保持较好的风味。

第十节　新技术的应用

一、椰子的营养诊断及施肥

椰子叶片营养诊断，是由法国油脂油料研究所在科特迪瓦取得的研究成果。所谓营养诊断就是在一定季节、一定时间、采集椰树最高产的指标，并根据这个指标确定椰树营养中缺乏什么元素，缺乏到什么程度及施什么肥。

（一）诊断单位的划分及叶片样品的采集

1. 诊断单位的划分　椰子树进行营养诊断时，须根据椰树立地土壤、株龄、品种和健康状况，划分成条件尽可能相同的诊断单位。在一个诊断单位内，每个样品至少要包含 15～25 株树，尽可能均匀分布于诊断单位中。

2. 样品的要求　经过实验，选取有拳头大小椰果的叶片（13～15 叶）上的小叶作为分析样品，不仅数据较为可信，而且采取也比较方便、省工。一般选用第 14 片叶的中间段小叶作为分析样品。

3. 采叶样的时间　可在旱季末期（4～5 月），或冬季来临前（11 月）进行。当有 20 mm 以上雨时，当天不能采样，可在 36 h 后采样。一天中采样的时间在 7:00～12:00 进行。

（二）临界指标

中国热带农业科学院椰子研究所近年来根据对海南岛不同土壤类型、不同地区、高产椰园和高产单株的叶片营养水平的调查，结合相关资料进行分析，提出我国海南岛椰子叶片营养临界值：N：1.69%～1.71%；P：0.13%～0.14%；K：0.61%～0.68%；Na：0.2%～0.24%；Ca：0.32%～0.43%；Mg：0.21%～0.24%；Fe：57.0～70.2 mg/kg；Mn：38.4～70.2 mg/kg；Cu：2.1～2.2 mg/kg；Zn：8.4～9.3 mg/kg。

（三）叶片营养与指导施肥

椰树的叶片营养诊断其根本目的是想通过对植株的叶片养分分析来确定植株缺乏什么元素，缺多少，并据此确定施肥数量和方法。但是由于椰子的个体及群体的差异较大，因此在指标的确定及应用上都存在着不确定性，尤其是根据实际的叶片的养分含量与临界值之间的差数来确定施肥数量时更是如此，因此椰子的叶片营养诊断目前还只能是估计甚于定量。

二、椰园水肥一体化与水肥高效利用

水肥一体化技术是指借助压力系统（或地形自然落差），将可溶性固体或液体肥料，按土壤养分含量和椰树种类的需肥规律及特点，配兑成的肥液与灌溉水一起，通过可控管道系统进行供水、供肥的技术。该技术可均匀、定时、定量地浸润椰树根系生长区域，使主要根系土壤始终保持疏松和适宜的含水量，提高水、肥利用率，并大幅减少环境污染。

由于水肥一体化技术通过人为定量调控，可满足椰树在关键生长发育期"吃饱喝足"的需要，杜绝了任何缺素症状，因而在生产上可有效提高椰树的产量和椰果的品质。

（一）适宜范围

该项技术适宜于有井、水库、蓄水池等固定水源，且水质好、符合微灌要求，并已建设或有条件建设微灌设施的区域推广应用。

（二）技术要领

水肥一体化是一项综合技术，涉及农田灌溉、椰树栽培和土壤耕作等多方面，其主要技术要领须注意以下四方面：

1. 滴灌系统　根据地形、田块、单元、土壤质地、种植方式、水源特点等基本情况，设计管道系统的埋设深度、长度、灌区面积等。水肥一体化的灌水方式可采用管道灌溉、喷灌、微喷灌、泵加压滴灌、重力滴灌、渗灌、小管出流等。特别忌用大水漫灌，这容易造成氮素损失，同时也降低水分利用率。

2. 施肥系统　在田间要设计为定量施肥，包括蓄水池和混肥池的位置、容量、出口、施肥管道、分配器阀门、水泵肥泵等。

3. 适宜肥料种类　可选液态或固态肥料，如氨水、尿素、硫酸铵、硝酸铵、磷酸一铵、磷酸二铵、氯化钾、硫酸钾、硝酸钾、硝酸钙、硫酸镁等肥料；固态以粉状或小块状为首选，要求水溶性强，含杂质少，一般不应该用颗粒状复合肥（包括中外产品）；如果用沼液或腐殖酸液肥，必须经过过滤，以免堵塞管道。

4. 灌溉施肥的操作

（1）肥料溶解与混匀。施用液态肥料时不需要搅动或混合，一般固态肥料需要与水混合搅拌成液肥，必要时分离，避免出现沉淀等问题。

（2）施肥量控制。施肥时要掌握剂量，注入肥液的适宜浓度大约为灌溉流量的0.1％。例如灌溉流量为每667 m² 灌水 50 m³，注入肥液大约为50L；过量施用可能产生肥害以及环境污染。

（3）灌溉施肥的程序。分3个阶段：第一阶段，选用不含肥的水湿润；第二阶段，施用肥料溶液灌溉；第三阶段，用不含肥的水清洗灌溉系统。

总之，水肥一体化技术是一项先进的节本增效的实用技术，在有条件的椰区只要前期的投资解决，又有技术力量支持，推广应用起来将成为助农增收的一项有效措施。

（三）实施效果

水肥一体化省肥节水、省工省力、降低湿度、减轻病害、增产高效。

1. 水肥均衡　传统的浇水和追肥方式，椰树饿几天再撑几天，不能均匀地"吃喝"。而采用滴灌，可以根据椰树需水需肥规律随时供给，保证椰树"吃得舒服，喝得痛快"！

2. 省工省时　传统的沟灌、施肥费工费时，非常麻烦。而使用滴灌，只需打开阀门，合上电闸，几乎不用工。

3. 节水省肥　滴灌水肥一体化，直接把椰树所需要的肥料随水均匀的输送到根部，椰树"细酌慢饮"，大幅度地提高了肥料的利用率，可减少50％的肥料用量，水量也只有沟灌的30％～40％。

4. 减轻病害　椰树很多病害是土传病害，随流水传播。采用滴灌可以直接有效的控制土传病害的发生。

5. 控温调湿　使用滴灌能控制浇水量，提高地温；而传统沟灌会造成土壤板结、通透性差，椰树根系处于缺氧状态，造成沤根现象，而使用滴灌则避免了因浇水过大而引起的椰树沤根、黄叶等问题。

6. 增加产量，改善品质，提高经济效益　滴灌的工程投资（包括管路、施肥池、动力设备等）约为每667 m² 1 000 元，可以使用5年左右，每年节省的肥料约700元，增产幅度可达30％以上。

第三十五章　红　毛　丹

概　述

红毛丹原产于马来半岛，目前亚洲热带地区及中美洲均有栽培。产地以马来半岛为中心，西到斯里兰卡的低地，东至中南半岛及印度尼西亚、菲律宾、夏威夷。现在泰国和马来西亚是世界红毛丹的主产地。泰国红毛丹种植面积达 10 万 hm²，年产约 130 万 t，占世界总量的 70%。泰国的红毛丹主要分布在南部和东南部地区，大多属农场主的种植园。红毛丹是泰国大众化的水果。产品除在本国销售外，还远销日本、中国等国家。

我国台湾地区 1915—1922 年曾几度引种红毛丹，1962 年又从马来西亚引进种苗，在台湾南部种植，能开花结果（图 35-1、图 35-2）。20 世纪 30 年代以来，东南亚华侨先后带红毛丹种苗（种子），在海南省的琼山、琼海、文昌等地种植。60 年代以后，广东农垦系统数次从东南亚地区引进种苗在海南岛一些农场（所）试种。1960 年海南省保亭热带作物研究所从马来西亚引进种苗建立了小面积实生树试验区，1966 年开花结果。其后该所在此基础上进行红毛丹选育，到 80 年代已经选育出 5 个优良无性系并经专家鉴定适合本地区生长，可在海南南部地区推广。到 1998 年该所又新选出 10 个试种级优良品系。80 年代以来，保亭、三亚、陵水等市（县）都陆续从保亭热带作物研究所引种种植，开花结果正常。近年又有人从保亭热带作物研究所引种到琼海、文昌、琼山等市（县）种植，在某些年份也开花结果。云南西双版纳的勐仑地区引种种植可开花结果。据调查，海南省南部、东南部山区有野生红毛丹分布，但果型小、肉薄、味酸，是进行品种改良和选育种的宝贵种质资源。

图 35-1　红毛丹果实
（黄升南 摄）

图 35-2　红毛丹结果树
（陈兵 摄）

红毛丹在国内市场上出现是近几年的事，由于其种植有一定的地域性，在我国大规模生产的地方主要集中于海南岛南部 4 市（县）的部分地区。到目前为止种植面积约 1 200 hm²，产品不够当地消化，每到水果成熟季节，买者甚众，使红毛丹呈现供不应求之势。北京、上海、广州、深圳等一些大城市红毛丹全部从国外进口，每千克售价 60～80 元。红毛丹市场前景广阔，由于红毛丹栽培区域性强，可种面积在全国来看是很少的，发展红毛丹能真正地体现"人无我有"的产品优势（图 35-3）。

红毛丹经济寿命长，产量高。据海南保亭赴泰、马红毛丹考察团在泰国考察时看到 30 年树龄最高单产单株约 600 kg。泰国南部的达拉种植园经营的 6.67 hm² 的红毛丹，1997 年总产量约 80 t，平均每 667 m² 约 0.8 t，平均株产 100 kg。我国海南省保亭热带作物研究所植物园 1960 年从马来西亚引进试种的红毛丹，38 年树龄实生树其生长仍然茂

图 35-3　红毛丹鲜果销售
（黄升南　摄）

盛，株高 15 m 左右，冠幅 8～10 m，没有生长衰退的现象。估计其经济寿命至少 50 年以上，甚至与荔枝寿命不相上下。

红毛丹果实通常做水果生食，也可作饮料或糖水罐头。果肉黄白、半透明，汁多、肉脆爽，味清甜或甜酸可口，或有香味。据分析，果肉比占 31.0%～60.2%，总固形物 14.0%～22.2%，糖 3.61%～6.25%，柠檬酸 0.39%～1.53%，100 g 果肉含维生素 C 1.63～5.5 mg。红毛丹种子含油脂约 37%，适于制造肥皂等，树皮和根含单宁及皂苷，用根煮汁可治疗热气病，又可作收敛剂，有治疗舌溃烂之功效，还可做产妇的保养药，新梢可作染料。红毛丹树经过修整，树体、叶、花、果都很美观，也是园林绿化和庭院栽培的好品种。

第一节　种类和品种

一、种类

红毛丹（*Nephelium lappaceum* L.）又名韶子，属于无患子科常绿乔木。无患子科植物种类丰富，全球约有 143 属 2 000 种，以分布于热带、亚热带地区为多。果树植物约有 22 种，其中，荔枝属、龙眼属、金毛丹（韶子属）、赤才（赤才属）、亚旗果（亚旗属）、番龙眼（番龙眼属）等，都是韶子属的亲缘植物，可作为红毛丹砧木及杂交育种的原始材料，据调查，广东及海南南部、东部山区有野生红毛丹分布，果型较小、味酸甜、肉薄、品质差，没有食用价值。

二、品种

（一）国外主要品种

1. Lebakboelos　该树树体宽广，树形美观，果实黑红色，刺毛疏，长约 1.5 cm，果肉厚、灰白色、有韧性、酸甜，肉核不易分离，部分种皮常常脱离果肉。果实适于长远距离运输。

2. Seematjan　该品种是东南亚栽培较广的品种。其特点是树冠开阔，树体高大，枝条有韧性。成熟果实黑红色，刺毛长约 2 cm。有 2 个品系：①Besar。果肉皮有光泽，甜多汁，果肉粗糙，果肉与种皮不分离。②Ketjil。即 Koombang 品种。果实较小，皮较薄，刺毛很少；果肉软而坚实，甜度低。

3. Seenionta　树型比其他品种矮小，树冠稀疏。果实近卵形，长约 4 cm、直径 3 cm，成熟果实黑葡萄红色，刺毛细小，长约 1 cm。果肉与种子不易分离。

4. Sectang Kooweh　该品种树冠开张宽广，果实椭圆形，长约 5 cm，宽 4 cm；刺毛细小，长约 1 cm；皮薄、韧而坚实；果肉黄白色、味甜，果肉与种皮不易分离。果实可船运做长距离运输。

5. Seelengkeng　该品种树冠稀疏，一般属于矮生品种，少栽培。市场售价比其他品种都高，有特殊风味（果肉风味类似荔枝）。果实卵形，长约 3 cm、宽 2 cm；刺毛软、细小，果实坚实而富有光泽，少数碎块种皮附着在果肉上。

6. Seekonto　该品种生长较快，树高大、树冠宽广。果实椭圆形，长约 5 cm、宽 4 cm；刺毛短而粗；假种皮无光泽，浅灰白色，干燥而粗糙，果肉与种子易分离，但与种皮不易分离。

7. Atjeh koonjing　许多品种的总称，果实黄色美观。

（二）国内主要品种

保亭热带作物研究所从 20 世纪 60 年代末期开始进行红毛丹的选育种工作，栽培的红毛丹有红果和黄果两类。根据果皮颜色，刺毛长短多少，果皮厚薄，果肉与种子分离难易程度和品质优劣等，初步选出一些优良品种（或单株），现介绍如下：

1. 保研 1（BR-1）　从 20 世纪 60 年代种植的实生树群体中选出，属晚熟品种。该种树冠圆头形，分枝多而均匀，枝条浓密。果实红色，长圆形，果形指数 1.25～1.54，果重 37.4 g，刺毛长而细密，果皮较厚，肉敦厚而实，果肉比 41.2%，肉色蜡黄色、半透明、肉质爽脆而甜，总糖 18.9%，肉核分离；种子扁长卵形、顶端尖。成熟期为 7 月下旬至 8 月中旬。该品种质优高产、较耐储运。但有大小年现象、寒害严重。

2. 保研 2（BR-2）　20 世纪 60 年代初从东南亚引进的无性系，属早熟品种，果实黄色。该品种树冠中等，树冠圆头形、疏朗、分枝较少而粗壮，枝脆，果实近圆形、果肩平、果形指数 1.06～1.17、果重 49.9 g；刺毛较短、细而疏、果皮薄、果肉厚而实，果肉比高达 58.2%；肉色蜡黄色、透明、肉质爽脆而甜、汁少，总糖 16.0%。肉核自然分离，吃时果肉附带一些种皮，种子扁圆形。成熟期较早，为 6 月下旬至 7 月下旬。该品种产量中等，品质优良、宜于鲜食，深受消费者喜爱，同时较抗寒。缺点是果皮薄不耐贮运。

3. 保研 3（BR-3）　该品种属于晚熟品种。树势中等，树冠矮伞形、果实红色长圆形、果肩尖，果形指数 1.61，果实较小，果重平均 32.1 g；刺毛长而细密，果皮较厚；果肉较厚，果肉比 42.3%，肉色蜡色，甜至酸甜、软、半离核；种子扁长卵形、产量中等；成熟期为 7 月中旬至 8 月中旬。

4. 保研 4（BR-4）　该品种树势中等，树冠大小中等，矮伞形，分枝多而密，枝条粗壮，分布均匀，果实红色、长圆形、果肩较平，果实中等大小，果形指数 1.44～1.7，果重 39.2 g，刺毛长细而密，果皮厚，肉厚，果肉比为 43.4%～45.7%，肉质蜡黄色、肉质脆软，清甜而带微酸，含糖量为 18%，肉核分离，种子长卵形，成熟期为 7 月上旬至 8 月上旬，为中熟品种。该品种特点是高产优质，耐贮运，适合大面积推广种植。

5. 保研 5（BR-5）　树势中等，树冠疏朗，分枝疏而均匀。果实红色，近圆形，果肩平长，果形指数 1.07～1.36，果实果重 43 克，刺毛长粗而密，果皮厚，肉厚，果肉比 42.3%，肉色蜡黄色，肉质甜脆而略带软，含糖量 19.2%，肉核自然分离，种子扁方形，该品种产量中等，大小年不明显，成熟期为 7 月中旬至 8 月中旬。

6. 保研 6　选自保亭热带作物研究所四队实生树，品种优良，可大面积种植的优良单株。该树树冠圆头形，高大疏朗开张，枝条粗壮。果实红色，扁圆形、果重 38.4 g，刺毛粗短而疏，果皮较厚，果肉厚、蜡黄色、半透明、肉质爽脆、甜多汁、有香味，肉核分离，种子近长方形。常熟器为 6 月下旬，为早熟品种，该树果实肉厚圆，脆而多汁，香甜可口，可加速繁育，大面积推广。

7. 保研 7　选自保亭热带作物研究所四队实生树优良单株。该树高大，树冠圆头形、枝条紧凑分枝较均匀；果实红色、近圆形较大，单果重 44 g；刺毛短而疏，果皮厚，肉厚、肉色蜡黄色、半透明、甜脆多汁、有香味、肉核分离，种子近圆形成熟期为 6 月中下旬，为早熟品种。20 年树龄产果可达 100～125 kg。该树高产，果大肉厚、甜脆多汁、有特别香味，可加速繁殖推广。

8. 保研 8（BR-8）　选自保亭热带作物研究所四队实生树单株。该树高大，树冠紧凑，圆头形。

果实红色、近圆形，果大、单果重 45.8 g，细毛细长、密度中等，皮薄而肉厚，果肉蜡黄色，半透明、脆软多汁、甜中略微带酸，肉核分离不太干净，种子近长方形。成熟期为 6 月下旬至 7 月下旬，为早熟品种。20 多年树龄产量可达 125～150 kg。该树高产、果大、肉厚、甜中略微带酸、汁多，缺点是肉核分离不太干净。

9. 保研 9（红鹦鹉）　选自保亭热带作物研究所标本园实生树。该树树体高大，树冠开张，枝条疏朗、圆头形。果实红色、长圆形、果肩一侧突起形似鹦鹉嘴，果长 5.0 cm，果形指数 1.31，果重 42.3 g，刺毛细短而疏、皮较薄、肉色蜡黄色，肉厚甜多汁、脆软有香味、肉核分离、种子倒卵形。成熟期为 6 月下旬至 7 月下旬。20 多年树龄，产量高达 75～100 kg；该品种果实形态独特，品质较好，可适当推广。

10. 保研 10　选自保亭热带作物研究所标本园芽接树。该树树势中等，树冠矮伞形。果实红色、扁圆形，果长 5.2 cm、宽 4.3 cm，果形指数为 1.21，果重 39.5 g，刺毛长细而疏，果皮较厚，果肉蜡黄色、肉厚、甜脆多汁、肉核分离，种子扁长方形，成熟期为 7 月上旬至 8 月上旬，为中熟品种，特点是肉特别厚，种子自然分离。

11. 保研 11（红丁香）　选自保亭热带作物研究所标本园芽接树。该树树势中等，树冠矮伞形，枝条细、分枝较多。果实红色近圆形，果实较小，果重 27.5 g，刺毛细短而密，果皮较薄，果肉蜡黄色、肉厚中等，甜略带微酸，有香味，种子近长方形，成熟期为 7 月上旬至 8 月上旬。主要优点是果肉味美香甜，产量较高。

12. 保研 12　选自保亭热带作物研究所标本园芽接树。该树树体高大，枝条疏朗粗壮，树冠圆头形。果实红色、扁圆形、果长 5.32 cm、宽 4.03 cm，果形指数 1.32，果重 36.9 g，刺毛长细而密，果皮较厚，果肉蜡黄色、厚度中等、清甜脆爽汁少，肉核分离，种子倒卵形。成熟期为 7 月上旬至 8 月中旬，为中熟品种。

第二节　苗木繁殖

一、实生苗培育

（一）种子的处理和选择

作砧木用的种子选择和要求：作为培育红毛丹砧木的果实必须饱满老熟，红果的表皮必须红透，黄果的表皮必须黄透，无病的果实。一般情况下应做到随采，随处理，随播。但在特殊情况下，异地采果作种要注意搞好包装，尽量缩短途中运输时间，防止大量堆放闷热造成果皮变黑腐烂等。时间不能超过 3～4 d。如果为了减少体积方便运输，也可以将鲜果去肉，处理干净后把种子晾干，然后将种子用湿沙混合分箱包装，但在运输中要经常检查，防止发热种子霉烂。种子处理后，选择粒大，充实饱满的种子作种，淘汰粒小、不饱满的种子。处理后的种子要放于阴凉处阴干，准备播种。红毛丹种子不耐干燥，处理后的种子绝不能在阳光下曝晒。

（二）催芽床要求

种子先经催芽后再移床育苗，效果远比未经催芽直接播种到地的苗圃好得多。催芽床一般高 15～20 cm，地下水位高的要起高垄，宽 100 cm，长度根据实际需方便工作为度。苗床走向要根据地形地势利于排水。起好垄后再垄面铺一层 15 cm 厚洗净的河沙。红毛丹幼芽对高温很敏感，很容易被太阳灼伤，必须遮阴护理。可在催牙床上搭建遮阳小拱棚，棚高 80 cm 左右，并遮盖一层塑料薄膜以防连续阴雨天造成种子霉烂。播种前在苗床上和周围要进行防虫消毒。

（三）播种

将处理好的种子平铺于沙面上，不要重叠，种子间隙留一些间隔，然后用平板将种子往下轻压，再在种子面上均匀撒一层 1.5～2 cm 厚的沙子。盖沙过浅种子容易干燥而影响发芽率，过厚则土壤阻力大，幼苗出土困难，也影响发芽率。

（四）出苗后管理

淋水保湿，晴天一定要经常淋水，每天 1～2 次，保持垄面湿润。若淋水不足，垄面过干，红毛丹种子便很快会干燥而失去活力。但如果过湿，尤其是出现连续阴雨天气，垄面过湿，种子也会霉烂。所以要注意掌握床面的湿度。

（五）移苗

一般播种后 5 d 开始胚芽萌动，10～15 d 当芽长至 5～10 cm，心叶未张开前就要及时移苗。移苗时间应在上午九点前和下午四点半后进行。移苗时先给垅面淋湿水，再将苗轻轻从沙床上拔起，注意不要碰断种子和苗根。移苗株行距 20 cm×（20～25）cm，每行 5 株，每 667 m² 可移苗 8 000～10 000 株。

（六）施肥管理

当苗萌发第一次新梢老化后，即可开始施肥。每月在行间进行浅松土施薄肥 2～3 次。肥料可用充分沤制腐熟后的有机肥加少量复合肥，稀释 500～1 000 倍液淋施。

二、嫁接苗培育

（一）砧木选择

一般选用生长势好，抗性强，产量高的采种母树上的种子培育 1～2 年的实生苗，生长健壮，无病虫害，茎粗 1～1.5 cm，树皮光滑的实生苗做砧木为好。砧木选择要注意与接穗品种间的亲和力强，砧木与接穗大小接近，芽接成活率较高。野生红毛丹种子砧木苗，亲和力差，芽接成活率较低。

（二）接穗采集

应以品种优良纯正、生长势健壮的结果数作为采接穗的母本树。选取树冠外围中上部、光照充沛的部位的枝条。接穗要芽眼饱满，皮身嫩滑，粗度与砧木相近，顶梢叶片已经转绿老化，为萌发或刚萌芽不久的一、二年生枝条，剪下后立即剪除叶片，用湿布包好，以备芽接。

（三）嫁接方法

红毛丹嫁接，目前通用的有芽接和枝接两类，芽接法是红毛丹常用的嫁接方法。枝接是用带芽眼印的枝条做接穗，如顶接、劈接。下面主要介绍两种常用的嫁接方法，补片芽接和顶接。

（1）补片芽接。又称贴片芽接法。具有节省接穗，成活容易，有利于补接等优点。不足之处是嫁接苗初期生长缓慢，但植后生长速度快于顶接。此法一定要砧木接穗都能容易剥皮时进行。此法是红毛丹繁殖常用的方法，也是目前公认为较好的繁殖方法。

（2）顶接。砧木与接穗粗细一致时适用此法。

（四）嫁接后苗木管理

检查成活、补接：补片芽接的，嫁接后 30～40 d，要及时解缚，检查是否成活，不活的要及时补接。

及时减砧。补片芽接在检查成活后 7～10 d，接芽仍然活着的，便可剪断砧木顶部，去掉顶端优势的抑制，加速接穗的萌芽生长。

顶接属于顶接苗，嫁接时加套反折薄膜袋密封的，在接穗芽萌发后，要剪穿袋顶，使新梢顺利生长。缠缚固定接合部或兼起密封作用的薄膜带，则在第二次新梢老化后从侧边切口剪除。

抹除砧木芽，剪顶后的砧木，常有砧木芽萌动，抢夺养分，应随时抹除，集中养分供应接穗生长。

影响嫁接成活的因素是多方面的。包括嫁接品种间的亲和力、砧木接穗质量、树胶单宁等物质对伤口愈合的影响和环境条件的影响等。

第三节　生物学特性

一、根系生长特性

（一）根系生长动态

红毛丹根系在满足其所需的条件下，可以全年不间断生长，没有自然休眠期，然而不同时期有生长势强弱的生长量大小的差别。在一年中，红毛丹根系有夏、秋、冬 3 个生长高峰。第一次生长高峰出现于 4～5 月，此时是谢花后幼果发育、树体已消耗大量养分的时期，一般根量较少。第二次生长高峰出现在 7～8 月，此时果实已经采收，地温较高、湿度大，适合根系生长，是一年中根系生长量最大的时期。第三次生长高峰在 10～11 月。

（二）根系生长与土壤的关系

红毛丹根系庞大，其分布范围与所在土壤性质，土层厚薄、地下水位高低等密切相关。红毛丹根系垂直分布，通常地下水位低、土层深厚、疏松肥沃、根系分布较深；地下水位高，土层贫瘠，根系生长较浅；主根未受到伤害的根系分布较深，主根生长点被切断以及高压繁殖苗的根系分布较浅。一般来说，红毛丹"根浮"，根群的垂直分布、大多数在 60 cm 以上的土层中，主要集中在 10～40 cm 深的土层中。红毛丹根系水平分布通常比树冠大 1～2 倍，以距主干约 1 m 至树冠外围、根量最多，施肥区比非施肥区根量也显著增加，健壮树总根量比衰弱树总根量多达数倍。

二、枝梢生长特性

红毛丹的新梢，多从上一次营养枝顶芽及其下 2、3 个芽抽出，采果枝及修建枝从枝条先端腋芽抽出，此外，弱枝衰退枝会从树干或枝条的不定芽萌发新梢。

一年中新梢发生的次数，因树龄、树势、品种和外界条件而定。幼年树营养生长旺盛，若肥水充足，温度适宜，可抽新梢 3～5 次；青壮年树，当年采果后抽梢 1～2 次，无结果年份，抽梢 3～4 次，抽梢时间一般在 2～4 月、5～7 月、8～10 月。

不同季节对梢期长短、叶色变化、枝梢质量影响很大。11 月至次年 4 月，温度较低、湿度小、梢期较长、枝梢较细；而 5～10 月气温高、雨水多、叶片转绿快，光合效能提高，营养积累多、生长快，此时梢期较短，故抽梢次数多，幼年树的管理充分利用这一特点，加速其生长、扩大树冠。

红毛丹叶片寿命长一年至一年半，春梢及秋梢萌发期是大量新、老叶更新期。青、少年树营养生长旺盛，能保持延续萌发多次新梢而其老叶仍色绿而不脱落，梢长叶多而健壮，有利于树体营养的制造和积累。老、弱树树体常在新梢抽出后，上一次梢的叶片即脱落，树上叶片数量减少，红毛丹是大型果树，主枝发达，成年树常出现同一株树不同主枝的发梢期和开花期差异较大。如同一植株，其中有些主枝开花结果，另一些则还在进行营养生长。

在周年期中，因物候期不同，枝梢的生长发育有春、夏、秋、冬之分。

三、开花与结果习性

有关红毛丹花芽分化和开花结果方面的研究尚少。红毛丹的花芽分化大致可分为三个时期：即花序原基形成期、花序各级枝梗分化期、花器分化期。关于红毛丹果实发育大致可分为下面 3 个阶段：胚和果皮、种皮发育阶段，子叶迅速生长阶段，果肉迅速生长阶段和果实成熟期。

第四节　对环境条件的要求

红毛丹原产于东南亚热带雨林区，经历了漫长岁月的生存斗争、形成了与原产地环境相适应的特性，是典型的热带常绿果树。

一、红毛丹经济栽培事宜的生态指标

在系统发育中，红毛丹对气候因子的适应范围有一个明显的幅度、经济栽培有一定的区域性。根据保亭热带作物研究所引种栽培红毛丹几十年的气象资料分析，红毛丹经济栽培最适宜的生长指标是：年平均气温 24 ℃以上，最冷月（1 月）月平均气温 19 ℃以上，冬季绝对低温 5 ℃，≥15 ℃的年积温 8 600 ℃，最低气温<10 ℃的天数不超过 2 d，未出现 5 ℃以下的低温；年降水量 2 500～3 000 mm；年日照时数 1 870.3 h 以上，pH 5.5～6.0，有机质含量 2%以上，风速 1.3 m/s。总的要求是不出现严寒，果实发育天气晴朗，数天遇雨为佳。

二、土壤

红毛丹对土壤适应性较强。山地、丘陵地的红壤土、黄壤土、紫色土、沙壤土、砾石土；平地的黏壤土、冲积土都能正常生长和结果。山地、丘陵地，地势高、土层厚、排水良好，但缺乏有机质、肥力较低，经深翻改土，根群分布深而广，植株生长势中等。与平地红毛丹相比，树龄长，果实皮较厚，色泽鲜红、味甜、品质较佳。平地地势低、水位高，有机质丰富，水分足，树木生长快，生长势旺盛，根群分布浅而广，树龄不及山地红毛丹长，果实水分多，味较淡。排水不良的低洼地及地下水位过高的地方是不能种植红毛丹的。另一方面，红毛丹是典型的热带果树，喜酸性土壤、土壤的 pH 5.5～6.0，碱性土及偏碱性土是不能种植红毛丹的。

三、温度

温度是红毛丹栽培的限制因子，是红毛丹营养生长和生殖生长主要影响因素之一。据国外报道，红毛丹生长在年平均温度 21.5～31.4 ℃的地区，生长良好。据观察：11 月至翌年 2 月各月的平均温度在 18 ℃以上，绝对低温 10 ℃以上，低温持续时间不长时，红毛丹生长发育正常，若出现 5 ℃以下的低温，当年开花结果不正常，小枝有不同程度的受害。1963 年 11 月保亭热带作物研究所的绝对最低气温为 2～6 ℃，红毛丹实生树北面枝梢出现 2～3 级寒害，当年春季不开花，6 月以后少数植株枝梢开花结果。红毛丹寒害的临界温度为 5 ℃以下，持续时间越长，损失越严重。关于对红毛丹花芽分化、花器官发育、开花期及果实发育的影响有待进一步研究。

四、湿度

红毛丹性喜高温、湿润。雨量充足与否，土壤及空气湿度大小是红毛丹生长及花芽分化、开花结果的另一个主要影响因素。泰国红毛丹主产区的年降雨量为 2 828.7 mm，雨量集中在 5～9 月，以 7 月降水量最多，有时达 619 mm，在那种高温高湿的气候条件下，红毛丹生长好、产量高。保亭热作所年降水量 925.7～2 482.3 mm，平均 1 884.8 mm，干湿季节明显，5～10 月降雨多，但 11 月至次年 4 月雨水偏少，土壤干燥、空气湿度低。虽然这样会抑制根系和枝梢生长，提高树液浓度，有利于花芽分化，但不利于红毛丹开花和稳实（保亭地区红毛丹的花期一般在 2～4 月），致使花期推迟且不集中，稳实成果率低。相反，春季降雨过多，则易萌发冬梢，不利于花芽分化。花期忌雨，雨多会影响授粉受精。幼果期阴雨天多，光合作用效能低、易致落果；花期又需要适量的降水、宜数天一阵雨，如遇少雨干旱，会妨碍果实生长发育，引起大量落果。久旱骤雨，水分过多，也会大量落果。

五、光照

红毛丹幼苗需要荫蔽度 30%～50%，成龄树则喜好阳光。光线充足有助于促进同化作用、增加有机质的积累，有利于生长及花芽分化、增进果实色泽，提高品质。而枝叶过密阳光不足，养分积累少、难于成花。花期日照时数宜多但不宜强，日照过强、天气干燥、蒸发量大、花药易枯干。花蜜浓度大、影响授粉受精，花期阴雨连绵，光合效能低，营养失去平衡，会导致大量落果。

六、风

风有调节气温的作用。花期晴天湿度低，风力有助传粉授粉，花期忌吹西北风和过夜南风。西北风干燥、易致柱头干枯，影响授粉，过夜南风潮湿闷热，容易引起落花，果实发育期间最忌大风和台风，易引起大量落果，严重者破坏树形、枝折倒树，造成严重损失，因此建园时，应注意选择园地和设置防风林。

第五节　建园和栽植

一、建园

（一）园地选择

根据红毛丹的生长习性，园地应选择天然屏障较好，较静风，坡度在 20°以下的半山坡地，缓坡地或平地，土层深厚，肥沃、土壤结构良好，pH 5～6，地下水位 0.5 m 以下，靠近水源，连片集中，便于管理。

（二）园地规划

建立大型现代果园要做到山、水、园、林、路、房全面规划综合管理，划分类型区，品种对口，分区种植。

1. 分区划片　分区划片的目的是做到开发管理科学化，生产规模化。使栽培的红毛丹产品形成一片一品，或一区一品。根据其不同品种的生长习性，抗风能力的差异，选择相应的立地环境条件，实行品种对口种植。一般 33.3～66.7 hm² 为一片，1.3～1.7 hm² 为一小区（或一个管理岗位）。最好做到一片一个品种或者起码也要一个岗位一个品种。太小易造成品种混乱，不利于科学的管理和产品的采收，产品分级包装，销售等。分区要按其自然地形地势，土壤类型环境条件，以及行政管理等因素进行综合考虑划分。

2. 道路　根据园地规模大小，地形，地势坡度及机械化程度而定，连片开发种植的果园要设主道，支道和小道，做到主道通大车，支道通小车，主道贯穿园区，支道通岗位。一般主道 5～6 m 宽，支道 3～4 m 宽，小道可利用梯田面或萌生带做人行小路。由于红毛丹株行距较宽，也可不另开小道。

3. 排灌系统　园区的建立，要保证植后红毛丹生长所的水分。要因地制宜利用河沟山泉，山塘水库蓄水。根据其实际情况铺设管道喷灌。山坡地应在坡顶挖环山防洪沟，一般面宽 0.8～1 m，底宽及沟深 0.6～0.8 m，沟的出水口与天然排水沟相连接，以减少冲刷。

4. 园区水肥池的设置　红毛丹肥料管理，一般雨季以压青改土和追施化肥为主，冬季干旱季节应以你沤制的水肥为主。因此每个管理岗位要建 1～2 个水肥池，利用农家肥等进行沤制水肥施用，肥池容量 10～15 m³。

5. 林带的建立　为防止台风为害，减少常风风速，提高林地空气湿度，在园区应营造防护林带。其主要目的在于改善果园生态条件，保护红毛丹树的正常生长和开花结果，起涵养水分，减少土壤冲刷作用；防风林起降低风速，提高空气相对湿度和调节温度的作用。风害严重的大型红毛丹果园，防风林宜设主林带和副林带，小型果园可只设环园林。防风林品种宜选择较高树种，可选马古相思，小叶桉等品种。一般每 2.0～3.3 hm² 为一个方格。

6. 岗位住房　果园管理，需要岗位工人长年累月吃住、劳动在岗位，因此在上岗前要盖好岗位住房，一般一对夫妇管 2 个岗位，盖一套 40 m² 的住房。

（三）整地和改土

根据丘陵山地的特点及栽植地区的气候条件，红毛丹园区开垦工作的重点在于做好水土保持工程。一般坡度为 4° 以上的园地要修筑环山等高梯田，其作用在于最大限度地分层拦截蓄水，消除径流，使雨水不外流，不冲垮梯田面。

梯田的修筑，大型红毛丹园的开垦，宜在总体规划的基础上进行。

1. 排灌保土系统的设置

（1）环山阻洪沟。果园上方山地，暴雨骤雨时积集大量雨水向下流以引起冲刷。宜在园区外围上方设置环山阻洪沟，切断山顶径流，防止山洪冲入园内，也可兼作环山蓄水灌溉渠。环山沟的大小，深浅视上方集水面积而定，一般深宽各 50 cm，有 0.2%～0.3% 的比降，并筑成竹节状，每 8～10 m 留土墩，低于 20～30 cm，以缓冲流速和蓄水。环山沟应与山塘及天然纵排水沟连接，将多余的水排出，以免冲坏果园。开环山挖出的泥土填于沟下侧，压实筑成环山路，宽约 2 m。

（2）纵排灌水沟。要尽量利用天然低地作排水沟，或用有杂草的纵路代替纵排水沟。由于路面有植被，可减少土壤冲刷。也有在路旁设竹节式纵排水沟，深宽 20～30 cm，每 6～8 m 留一低于 10 cm 路面的土墩，或在每一梯级内侧设一消力池，更好地缓冲水流，蓄水积泥。

（3）横向排水沟。主要是梯田内侧沟，即每一梯级环山行，在两株苗间做一土埂作为消除梯级内多余积水和积蓄雨水，防止冲刷延长果园湿润时间。

2. 环山行的修筑　丘陵地要求等高开垦。环山行面宽度依坡度程度而定。原则上根据坡度大时可窄些，坡度小时宜宽。一般环山行面宽为 1.8～2.5 m，反倾斜 15°，每隔 1～2 个穴留一个土埂，埂高 30 cm。

开垦时先挖好环山行面基本达到要求后，再挖穴。植穴株行距为 （4～4.5）m×6 m 即每 667 m² 植 25～28 株。植穴规格为 80 cm×70 cm×60 cm，即面宽 80 cm，深 70 cm，底宽 60 cm。植穴回表土，取表土统一在三角路内壁上方 30 cm 宽，20～30 cm 厚的一条取土带，取土带要先除净杂草，后回表土、成馒头状，并用木棍插好标。

二、栽植

（一）栽植方式、密度

应选用优良品种的袋装苗定植。初植的幼苗在高温、太阳暴晒下，死苗率较高，特别是当年培育的芽接苗，苗木小、组织幼嫩，保苗率低。一般提倡采用隔年苗定植最为理想，保苗率高，生长快。

（二）栽植方法

植前先将苗木按大小、生势分级，使每块地定植的苗木大小均匀一致。袋装苗定植时要把塑料袋割破去掉后定植，种植小心填土，用手从四周向营养土周围分层压实，注意不要把营养土弄散，填土高度以填至与原营养袋土面平或略高出 1～2 cm。植后即淋足定根水，用草或树叶进行根圈盖草并适当进行遮阴。红毛丹定植深度是否适当直接影响其生长，定植过深生长慢，定植太浅，抗旱力弱，易受风害，成活率低。种后 30 d，检查成活，发现缺株，应及时补植。

（三）栽后管理

幼年树是指从定植开始到生长结果的早熟阶段，为期 3～4 年。其特点是枝梢萌发次数多，生长旺盛，根量少、分布浅，抗逆性较弱。后期树体开始具开花能力，但结果产量不高。幼年树的管理工作从定植开始，任务在于提高成活率，扩大根系生长范围，增加根量，培养生长健壮，分布均匀的骨干枝，扩大树冠、增加绿叶层，为早结丰产奠定基础。因此，栽培上必须根据其生长特点，提供相应生长条件，促使发挥正常的生长潜能。

1. 施肥　土壤施肥，根据幼年树生长特点，施肥原则应勤施薄施。

（1）施肥期。定植后1个月即可以开始施肥。2～3年，以增加根量、促梢、壮梢为主。宜掌握"一梢二肥"或"一梢三肥"，即枝梢顶芽萌动时施入以氮为主的速效肥，促使新梢迅速生长和展叶；当新梢伸长基本停止，叶色由淡黄绿转绿时，施入第二次肥，促使枝梢迅速转绿，提高光合效能，由营养生长的消耗尽快转为营养物质的积累，增粗枝条。也有在新梢转绿之后施第三次肥者，以加速新梢老熟，增加叶片的厚度和有机物质的积累，缩短梢期，利于多次萌发新梢。

（2）施肥量及方法。施肥量的多少依肥料的种类，土壤性质、幼树大小而定。化肥宜少，腐熟有机土杂肥宜多；沙质土易流失，冲积土较肥、宜少，黄壤、红壤瘦瘠山地宜多。一般定植后第一年根少树小，每株每次可施复合肥25～30 g，尿素20～25 g，单独施或配合施。配合施时，上述施肥量应酌情减少。农家肥通常用15％～20％尿水或腐熟人粪尿，每次每株3～4 kg，也可在稀薄人粪尿中每担加入尿素200～250 g或磷钾肥。基肥足，管理周到的幼树，定植后一周年垂直根生长深可达80 cm、水平根距主杆50 cm，开始形成骨干根并有一定根量。因此第二年起施肥量要相应提高，在前一年的基础上增加40％～60％。

幼树根系少，分布范围小且不均匀，若肥料施用不当，不能及时发挥肥效，且易因流失而浪费。故宜在根际开浅沟施，施后覆盖土。旱季，丘陵地果园土壤较干燥，以液施或干施后淋水效果更佳。

植后2～3年应挖沟压青，隔株挖压青沟，肥沟在两株苗中间靠内壁挖长1.5 m，宽0.4～0.5 m，深0.4 m，每沟施压青材料30～50 kg，加过磷酸钙0.5 kg，施后盖土。挖沟压青施肥应结合维修扩大环山行一起进行。

2. 根外追肥 通常肥料施于土壤中，由根部吸收利用。除此之外，红毛丹的枝、叶、果等都有不同程度的吸肥能力。对树冠喷施液肥，利于树体对某些元素的急需，肥效快，效果好。

叶片吸收是通过气孔、细胞间隙、细胞膜进行的。气孔及细胞间隙多、细胞膜薄、组织幼嫩的吸收率高。

根外施肥的效果受多种因素的影响：

（1）温度。温度高，喷雾在叶面的肥液干得快，影响养分的渗入，然而空气湿度高时，如果温度也较高，养分吸收迅速。

（2）叶龄。幼叶生理机能旺盛，一般幼叶单位面积气孔数比老叶多，角质层薄，有利于渗透吸收。

（3）液肥种类。不同肥料溶液，其渗入速度不同，对吸收量也不同，阳离子进入的多，而阴离子进入的少，其原因是细胞壁本身带负电荷。

（4）喷施时间。早晨、傍晚和灌溉后气孔开放，进行喷雾效果较佳。一般喷施时间为9：00前和16：30后为好。

喷施尿素0.3％～0.5％溶液，对缺氮植株反应较快，3～5 d可看到叶片转绿，但缩二脲含量高的尿素使用多时，易引起叶片中毒。为此，可在尿素中加入喷雾0.3％～0.5％的磷酸二氢钾，对新梢促进老熟作用，花芽分化期使用，则能促进花芽分化。

微量元素的使用量及浓度均应严格掌握，防止过量中毒。肥液浓度过高或浓度虽低但用量过多，在叶面干燥后使浓度发生变化，叶片过分吸收会导致叶灼伤，尤以嫩叶或多种元素合用的情况下更易因总浓度高而灼伤。因此，使用的浓度应依据具体情况而定，植株生长旺盛比生长弱的浓度高；春季或雨后使用宜比夏季、干燥天气高、嫩叶宜比老叶低。

3. 灌水、排水 水分是红毛丹树体的重要组成部分，充分老熟的红毛丹叶片含水量占45％～55％。幼年红毛丹树根少且浅，受表土水分变化的影响大，在土壤干旱、大气干燥的条件下，树体水分的供求易表现入不敷出，重者导致植株枯死，轻者影响枝梢萌发生长。

所以，幼年树水分的管理极为重要。旱季注意淋水保湿，若结合稀薄液肥施入更佳；雨季防止植穴积水，下沉植株宜适当提高植位，以利正常生长。

4. 松土和改土

（1）松土。红毛丹根好气、土壤疏松通气，促进根系生长发育。幼龄树果园的耕作，多数结合间种作物同时进行。一般 1～2 个月松土除草一次，并进行根圈盖草，保水保肥，创造疏松湿润的土壤环境，利于幼树的速生快长。夏、秋季高温多湿，大雨暴雨，杂草生长迅速，表土易板结，松土除草次数宜多；春季地温较低，冬季地表干燥，杂草生长缓慢，雨量少，耕作次数可少。

幼树根浅而少，根际范围松土宜浅 8～10 cm，以防断根伤树；根际以外宜深，12～18 cm，引根向下生长。

（2）改土。红毛丹园的土壤改良主要内容包括深翻熟化，加厚土层，增加有机质。其目的是改善土壤理化性状，提高肥力，为根群生长创造良好条件。

红毛丹苗定植后一年，其垂直根系可达穴底，水平根系也向穴外延伸，生至未经改造的坚硬土层。深翻改土，引根深生。扩大根系生长范围，壮大根群，从而促进地上部分生长及增强树体抗逆性。

丘陵山地红毛丹园的改土，宜行内深翻，而深翻必须与施入有机质材料结合，才能达到改土效果，深翻后埋入绿肥或堆肥的数量和质量，以及肥料的分布状况，对根的增长，根群的分布有决定性的影响：绿肥或堆肥等有机肥多，施入时分布均匀，则根量也多，分布也均匀，新生的细根、须根穿插生长在分解后含有机质多的土层或植物残体中。只深翻不埋入绿肥、堆肥，根量增加少且根群浅生，效果欠佳。

① 改土时期。从定植第二年起，一年四季均可进行。

② 改土方法。一般采用深翻扩穴。沿原植穴外围开环状沟或 2～4 条长方形改土沟，深 50～60 cm，宽度及长度视有机质材料和劳力而定。杂树枝叶，作物茎秆、草料、垃圾均可分层埋入沟内，粗料在下，细料在上。有时虽伤及部分细根，但过一段时间后能发生更大量的吸收根，吸收效果更好。

5. 间种和覆盖

（1）间种。红毛丹园寿命长，树冠大，通常株行距较宽，需 8 年以上树冠才能相接，幼龄果园均有较大的空间和地面，充分利用土地间种、套种，有利于达到以园养园、以短养长，长短结合增加收益的目的。并可通过对间种物的管理，防止水土流失，抑制杂草，防热保湿，促进微生物的活动，加速土壤理化性质的改良。

红毛丹园的间种必须坚持下列原则：

① 有主有次。主次分明间作物及其耕作活动不仅不能影响主作物红毛丹的生长发育，而且有利于红毛丹的生长。因此，应选不与红毛丹争光的低秆和非攀缘性作物。

② 应加强对间作物的管理。间作前尽量施入基肥，翻耕土壤并加强对间作物生长期的肥料供应，避免过分消耗地力。红毛丹生长需水临界期，要保证水分。同时避免间作物的病虫害对主作物的影响。

③ 间作物宜实行轮作。长期种植同一种间作物，土壤结构及地力将受到破坏，宜每年间种一种作物或配搭绿肥。

④ 随着主作物红毛丹树冠及根群的生长扩大，间作面积应逐渐缩小，较为理想的间作物有花生、红豆、黄豆、绿豆等豆科作物，或姜、芋、香蕉、菠萝、西瓜、甘薯等等。

（2）覆盖。红毛丹园的土壤覆盖可减少阳光强烈直射地面，夏降土温、冬能保暖，防旱保湿，减少杂草生长，增加土壤有机质，即可节省管理劳力，又对红毛丹生长有利。覆盖材料有死覆盖和活覆盖两种：

① 死覆盖。可用黑色塑料薄膜，其保温保湿防止杂草效果较为显著，但成本高。目前尚属少用。通常用田间杂草、作物茎秆等盖于"根圈"，作业时忌将覆盖物堆靠接触在树干上，以防止高温灼伤和防白蚁等危害，一般覆盖物距苗头 20～25 cm 远。盖草厚度 15～25 cm，宽度根据盖草材料多少而定，材料充足的可全覆盖，覆盖材料少的可根圈盖。

② 活覆盖。可以调节果园的温、湿等小气候。对提高果园大气相对湿度比死物覆盖更为有利。

活覆盖有种植绿肥和豆科覆盖作物。为防止生物覆盖与主作物争肥争水，故旱季宜收割后盖了环山行而，变活覆盖为死覆盖；或深埋于根际土层，作为改土材料。但切忌茅草、狗牙根、香附子等有地下茎、地下球茎攀缘性的恶性杂草。

6. 整形修剪　整形就是根据红毛丹的生长特性及当地的外界环境条件，把植株塑造成一定的树冠形状。修枝是进行整形的一个重要基本操作。修枝整形的目的：在于使主枝和侧枝分布均匀，骨架开朗，结构坚固，既符合红毛丹本来生长特性，又能适应于当地的自然环境和栽培条件，从而为丰产稳产打好基础。

红毛丹整形修剪一般采用半球形的树形，在主干高 40～80 cm 时实行摘顶促进其分生主枝，保留 3～4 条，主枝间要分布均匀平衡，当主枝抽生 3～4 蓬叶，枝条木栓化后，进行回剪，留枝长 30～40 cm，让其抽生二级分枝，每条主枝保留二级分枝 3～4 条，分布要平衡均匀。照此，经过 3～4 次的修剪，就基本可形成半球形树冠。骨干枝是整个树冠的骨架和基础，骨干枝的培养必须在幼年期做好，否则对树体的结构、树势的发育和结果都有很大的影响。

幼年红毛丹树整形修剪工作着重于培养 3～4 条主枝和二、三级分枝。使其角度合适，分布均匀。因此修剪的对象是交叉枝、过密枝、弯曲枝、弱小枝，以及不让其结果的花穗，使养分有效地用于扩大树冠。

修剪总的原则是宜轻不宜重，宜少不宜多，可剪可不剪的枝条暂且保留。修剪时期在新梢阴发前进行。整形修剪方法可用剪枝、摘心、拉枝、吊枝、撑开等方法。

第六节　土肥水管理

一、土壤管理

（一）松土

红毛丹根好气、土壤疏松通气，促进根系生长发育。幼龄树果园的耕作，多数结合间种作物同时进行。一般 1～2 个月松土除草一次，并进行根圈盖草，保水保肥，创造疏松湿润的土壤环境，利于幼树的速生快长。夏、秋季高温多湿，大雨暴雨，杂草生长迅速，表土易板结，松土除草次数宜多；春季地温较低，冬季地表干燥，杂草生长缓慢，雨量少，耕作次数可少。

红毛丹树根浅而少，根际范围松土宜浅，以防断根伤树；根际以外宜深，12～18 cm，引根向下生长。

（二）改土

红毛丹园的土壤改良主要内容包括深翻熟化，加厚土层，增加有机质。其目的是改善土壤理化性状，提高肥力，为根群生长创造良好条件。

红毛丹苗定植后一年，其垂直根系可达穴底，水平根系也向穴外延伸，生至未经改造的坚硬土层。深翻改土，引根深生。扩大根系生长范围，壮大根群，从而促进地上部分生长及增强树体抗逆性。

丘陵山地红毛丹园的改土，宜行内深翻，而深翻必须与施入有机质材料结合，才能达到改土效果，深翻后埋入绿肥或堆肥的数量和质量，以及肥料的分布状况，对根的增长，根群的分布有决定性的影响：绿肥或堆肥等有机肥多，施入时分布均匀，则根量也多，分布也均匀，新生的细根、须根穿插生长在分解后含有机质多的土层或植物残体中。只深翻不埋入绿肥、堆肥，根量增加少且根群浅生，效果欠佳。

1. 改土时期　从定植第二年起，一年四季均可进行。

2. 改土方法　一般采用深翻扩穴。沿原植穴外围开环状沟或 2～4 条长方形改土沟，深 50～60 cm，宽度及长度视有机质材料和劳力而定。杂树枝叶，作物茎秆、草料、垃圾均可分层埋入沟内，粗料在下，细料在上。有时虽伤及部分细根，但过一段时间后能发生更大量的吸收根，吸收效果更好。

（三）间作

红毛丹园寿命长，树冠大，通常株行距较宽，需 8、9 年以上树冠才能相接，幼龄果园均有较大的空间和地面，充分利用土地间种、套种，有利于达到以园养园、以短养长，长短结合增加收益的目的。并可通过对间种物的管理，防止水土流失，抑制杂草，防热保湿，促进微生物的活动，加速土壤理化性质的改良。

（四）中耕除草

起到灭草松土、通气保湿、防止土壤板结，加速有机肥料分解，切断细根，促发新根，更新根系及增强根系吸收能力的作用。

红毛丹园一般每年中耕除草 2～3 次。第一次中耕在采果前或采果后结合施肥进行。结果树由于开花和果实消耗大量的养分，根的负担重，树体较弱，采果后中耕可加速树势恢复，促进萌发健壮秋梢。深度视根系分布深浅而定，一般宜浅，10～15 cm，避免伤根多，影响树势，延迟发梢。第二次中耕在秋梢老熟后进行。促进深层土壤熟化，切断部分水平细根，降低根群吸水能力，抑制新梢萌发，有利于花芽分化，深度可达 15～20 cm。第三次中耕在开花前约一个月进行，促进新根生长、增强对水肥的吸收，以利于壮花壮果。此时，因花芽的发育及其后的开花结果，需要根系及时补充大量营养，故不可伤根太重，只宜浅耕，深度 8～10 cm。

此外，在杂草多的果园，宜掌握在 4 月大部分杂草已发芽并长至一定高度时全面清除一次。到秋季杂草普遍开花，应在开花前再铲除一次，不让其结籽落地。

二、土壤改良

（一）培土客土

培土主要是从园内取土覆盖于梯田面，客土主要是从园外搬入肥土覆盖于梯田而。培土客土是红毛丹园防旱保湿、抑制杂草、增加肥料、促进新根生长、增厚生根土层的有效措施，对严重露根的衰老树，恢复树势效果尤其显著。山地红毛丹园因水土流失，根群外露，严重影响树势，宜从园外挑入塘泥、河泥、山泥，铺盖于树冠下面，培土范围一般在冠幅范围内，小树培土 100～150 kg、中树 250～300 kg、大树 400～500 kg，厚度以 6～10 cm 为宜。

（二）深翻改土

红毛丹园多建于丘陵山地，有些土壤贫瘠，有机质含量低，影响土壤微生物的活动，养分供应，团粒作用及透水透气性，在大暴雨、暴雨等情况下易导致严重水土流失。同时，由于立地条件不良，根系生长差，影响树体的稳产性和丰产性，因此建园前未能进行土壤改良，则建园后急需继续进行，以适应根系的不断扩展，为其生长创造良好条件。

深翻改土方式有深翻扩穴，隔行隔株深翻。前者在定植后数年内，于定植坑外围挖沟深约 50 cm，长、宽视有机质肥及劳力而定，有机肥多，劳力充足，改土宽度增加，若缺乏有机肥的深翻改土效果不佳。

通过压杂草、绿肥、改变土壤理化性质、使板结变为疏松、干燥变为湿润、夏季降温、冬季保暖和提高土壤肥力等作用，吸收根增加 1～3 倍以上，压青沟内比沟外未经压青的吸收根多 40%，生势强壮，分枝多，植株生长壮旺。

三、水分管理

果园的水分情况影响着果树的生长发育、结果状况，而且也影响来年的果树结果状况，随着时间的推移，还影响果树的寿命，所以，水是果树生长健壮、高产稳产，连年丰产和长寿的重要原因。红毛丹原产地在热带雨林低地，喜欢土壤湿润，但又忌渍水。地下水位高的植地，红毛丹枯枝多，死亡率高。红毛丹在整个生长发育过程中，不同的时期对水分的要求不同，其中在某一较短的时期内，对水分的反应特别敏感，这一时期称为临界期，在临界期内，土壤或大气的水分状况起着决定性的影响。如花芽分化期长时间的阴雨，果实成熟期突遇骤雨暴风等都会导致不良效果，由于水分是通过土壤供给果树根系吸收的，所以土壤状况，也直接影响果树对水分、养分的吸收。这是红毛丹园水分管理的基础。

正确的灌水时期，不是等果树已从形态上显示出缺水状况（如果实皱缩、叶片卷曲等）时才进行灌溉，而是要在果树未受到缺水影响以前进行。如果在红毛丹形态上袭露出缺水的情况下才供水灌溉，会严重影响果树的生长和结果。

1. 花芽分化期 红毛丹花芽分化期一般在11月至次年1月。此期间必须适度控制水分，可使细胞液浓度提高，抑制新梢生长，有利于光合产物的积累和花芽分化，宜不淋或少量少淋。

2. 发芽前后到开花期 一般在2～4月，此时期充足的水分可加速新梢的生长，加大受光叶面积，增强光合作用，并使开花和坐果正常，为当年丰产打下基础。宜少量勤淋。

3. 新梢生长和幼果膨大期 一般在3～4月。此期是红毛丹树的需水临界期、树体生理机能旺盛，如水分不足，叶与果的水分竞争中，使幼果严重失水而掉落，叶片还夺取根系的水分，打乱根系的正常生理活动，从而致使树势变弱、产量显著下降。

4. 果实迅速膨大期 一般在4～6月，此时，果实生长迅速，需水量大，需及时灌水。

5. 采果前后及恢复期 一般在6～9月，此期正是琼南地区的雨季，经常是间歇性的大雨暴雨。如水分供应不均，旱湿交替易使树体生理活动受影响，激素产生紊乱导致果实落果，或果实一下吸水过量膨胀而裂开。此时注意均匀供水并结合施肥，维持树体营养平衡，有利于树势的恢复，为来年丰产打下基础。

第七节　花果管理

一、花果管理的意义

红毛丹是大小年比较明显的热带果树。为了保证和促进红毛丹花果的生长发育，需采取相应的技术措施以及对环境条件进行调控，提高红毛丹坐果率，尤其是在花量较少的年份提高坐果率，以保证红毛丹果树丰产稳产。

二、主要技术措施

（1）培育好大量的结果母枝，防止冬春梢萌发，如有需及时抹除。

（2）抑制营养生长，增强生殖生长。枝梢争夺养分是影响坐果率的主要原因，特别是幼龄果树，无花春梢过长（长10 cm以上）而影响幼果发育，造成大量落果，需及时修除。

（3）搞好排灌水，花期需要较多的水分。在这个时期琼南地区是干旱季节。因干旱影响养分的分解、运输和吸收，影响开花结果：并导致严重落果。因此，春夏季节要保持土壤湿润，增加空气湿度。干旱期要及时灌水，以增加空气湿度，稀释花蜜浓度，利于昆虫授粉、提高坐果率。

要注意做好雨季前蓄水沟的维修工作。出现连续降雨的天气，排水不良的低洼地，渍水地要及时排水，防止烂根，影响生长。每次台风后树盘被摇出洞的要及时排水，将洞内的烂泥挖净再填回干净的土压实。

（4）摘除花序。一般在花序长10～15 cm，花蕾未开放时进行，疏去生长弱的花序。太早疏则不易辨别好坏，且易导致抽发第二次花穗，太迟往往失去应有的作用。

（5）应用生长调节素保花保果。可用2,4-滴、赤霉素、磷酸二氢钾、硝酸稀土等生长调节素喷施。一般在谢花后喷施 2~3 次，以提高坐果率。

（6）整形修剪。一般 1~2 年修剪一次，于每年收果后进行，修剪的对象：枯枝、病虫枝、无叶或退化的果枝；不能利用而扰乱树型的徒长枝；失去结果能力的下垂枝；重叠枝、交叉枝，过密的荫蔽枝、弱枝、衰老枝。采果后还要修剪花序残枝，促进新梢萌发，培养次年结果母枝。

第八节　整形修剪

一、红毛丹树的修剪

（一）修剪的作用

修剪可以调节植株与环境的关系，通过修剪调整光照、水分、病虫的关系，利于提高有效叶面积指数，改善光照条件，提高光合效能。

1. 光的调节　红毛丹喜光。大面积生产实践和研究表明：在一定限度内，产量与有效叶面积大小成正比，通过对树冠的修剪，改变了树冠的结构，改善了通风透光条件，使单位面积有尽可能多的叶片接受到直射光和反射光照，从而增加了营养物质的积累。

2. 水分调节　一般说果树叶片含水量比饱和含水量降低 10%~20% 时，光合作用便会受到影响，当水分亏缺达 20% 时光合作用将受到显著抑制，呈现失水状态。修剪由于可减少叶面积和生长点，从而减少蒸腾面，减少了水分亏损。叶密集的红毛丹园，地面荫蔽，在阴雨季或水分过多时，水分不易蒸腾。修剪改善树冠通风条件，有利于降低地面及大气湿度，减少阴雨期烂果、烂花、裂果等损失。

红毛丹的害虫多数喜欢在树冠密集的地方栖息和危害，通过修剪，可以恶化害虫的栖息场所，利于减轻或避免受害。

3. 调整树体各局部的平衡　红毛丹树体大，各局部在一定的生态和树体结构条件下，相互间常保持一定的动态平衡，如地上部分的良好生长，必然有较发达的吸收根群，但各大枝又存在着某种程度的独立性，如大枝之间有时梢期差异很大。这种现象是由于局部的加强或减弱，影响到其他局部的生长，因此可以利用器官彼此的平衡关系加以调整。通俗的例子有秋梢老熟后断根（属于修剪内容），使吸收机能削弱，营养供应降低，而地上部枝叶数量没有减少，因而全树生长受到抑制。

通过对衰弱枝的修剪，使养分相对集中，促进局部新梢的萌发，抑制了其他部分的生长，达到各部的平衡。

（二）修剪时期

结果树修剪时期分秋剪和冬剪。秋剪在采果后一个月内进行；冬剪在冬末春初新梢萌发前或抽花蕾前进行。

秋季树体特点：结果树枝梢营养水平处于最低状态，根系生理机能减弱，而秋梢即将萌发又需要充足的营养。冬末树体特点：这一时期树体有机营养处于最高阶段，花芽分化及花器官发育需要大量营养，有机养分逐步降解，以满足生殖的需要。

修剪减少了枝和芽的数量，集中养分用于保留的枝条，利于生长或生殖的正常进行。

（三）修剪方法和运用

红毛丹枝梢的修剪主要采用回剪短截和疏剪。

1. 回剪短截　即当枝梢抽出 2~3 蓬叶，叶蓬稳定后，在木栓化部分进行回剪，保留枝梢 30~40 cm。剪除枝梢一部分，其作用是：促进抽新梢，增加结果枝；缩短根叶距离，水分养分上下交流加快；改变了部分枝梢的顶端优势，调节枝条间平衡关系；有利于枝条的更新复壮。

2. 疏剪　即将枝梢从基部疏除。其作用是减少分枝，增强光照，较重的疏剪失叶太多，会削弱整株树的生长量，但轻疏剪反而会增加生长量。疏剪（尤其是大枝）在基枝上形成伤口，阻碍营养物质的运输，对伤口上部的枝梢有削弱作用，对伤口下部枝芽有促进生长作用。疏去密生枝，细弱枝和病虫枝，因减少养分消耗，能增壮留下的枝条。

修剪时宜从树冠内部的大枝开始，向树冠外围进行。剪完后保持树冠周围枝条分布均匀，有较厚绿叶层，阳光透入树冠下，现出"金钱眼"为度（即树冠下有分布均匀的小圆圈）。经修剪后，会促进大枝剪口附近不定芽萌发，扰乱树形，消耗养分、务须及时除掉。

（四）注意事项

以促使新梢萌发为目的时，修剪务必与施肥、松土结合，才能产生较好效果。

结果多、树弱、叶色黄绿的树，采果后不宜马上修剪，否则，重者可致枯死；需待施肥后，叶色转绿，树势稍恢复时才能修剪。

二、不同年龄期树的修剪

（一）幼树期

幼年红毛丹树整形修剪工作着重于培养 3～4 条主枝和 2、3 级分枝。使着生的角度合适；分布均匀。因此修剪的对象是：交叉枝、过密枝、弯曲枝、弱小枝，以及不让其结果的花穗，使养分有效地用于扩大树冠。

修剪总的原则是：宜轻不宜重，宜少不宜多，可剪可不剪的枝条暂面保留。修剪时期在新梢萌发前进行。整形修剪方法可用剪枝、摘心、拉枝、吊枝、撑开等方法。

（二）初果期

幼龄结果树宜少剪多留，一般只剪除叶片已丧失光合效能的枝条，贴近地面的下垂枝和少数过于密集的枝叶；多留内膛有光合效能的枝条为辅养枝，以及树冠外围准备用于开花结果的结果母枝和营养枝，一般仅剪去枝梢的 10% 以下。

（三）盛果期

成年结果树已进入生命周期的结果盛期，树体消耗多。因此修剪宜较重，使养分集中于留下枝条、促使秋梢萌发，确保次年开花结果，一般约剪除枝梢的 20%～30%。

（四）衰老期

老年结果村视枝梢生长及当年结果情况决定修剪轻重：枝梢多而弱、修剪宜重，减少生长点。使养分集中以萌发健壮新梢；秋梢少而弱，修剪宜轻，重点工作放在根群的复壮更新。

第九节 病虫害防治

（一）刺蛾科类

为害红毛丹的刺蛾类主要有中国绿刺蛾、褐边绿刺蛾。以幼虫取食叶片，食叶片成不规则的缺刻，严重时只剩下叶柄和主脉，影响植株生长。

1. 中国绿刺蛾（*Latoia sinica* Moore）

（1）形态特征

① 幼虫。老熟幼虫体长 16～20 mm；头小，棕褐色、缩在前胸下面，体色黄褐色，前胸盾有黑点一对，背线为双行蓝绿包点纹组成。侧线灰黄色，各节有灰黄肉色刺瘤一对，中、后胸 2 对及腹部 7 母节上 2 对较大，端部黑色，9～10 节，上有较大的黑瘤 2 对，胸部第 10 节上一对并列，气门上线深绿色，气门线黄色，下面两侧各节有黄色刺瘤一对，端部黄褐色，腹面色较淡。

② 成虫。展翅 21～28 mm。头顶和胸背绿色；腹背灰褐色，末端灰黄色，前翅绿色基斑和外缘暗灰褐色，前者在中室下缘呈角形外曲，后者与外缘平行内弯，其内缘在 2 脉上呈齿形曲；后翅灰褐色，臀角稍呈灰黄色。

（2）生活习性。在海南各代重叠，7～9 月幼虫较多，以老熟幼虫结茧过冬，成虫产卵于叶背，成块状，角块30～80粒，鱼鳞状排列。初孵化的若虫群居，静止在卵壳上不食不动，到二龄后，先吃脱下的皮，后吃卵壳及叶肉，使叶片受害部位呈橘黄的薄膜状。随着龄期增长，逐渐分散取食。老熟幼虫在枝干丫杈下方结茧，茧为椭圆形，棕褐色。

2. 边绿刺蛾（*Latoia consocia* Walker）

（1）形态特征

① 幼虫。老熟幼虫体长 25～28 mm；头小，黄褐色，缩于前胸下面；体色黄绿，体形近长方形；前胸有一对黑刺突，背线蓝色，亚背线位上有 10 对刺突，气门线下方有 8 对刺突，刺突黄绿色，生有毒毛，毒毛顶端近棕褐色，气门上线及气门线呈蓝、黄色，相间的纵带，身体末端有 2 对刺突，上面着生黑绿间杂的毒毛束，腹面浅绿色；气门筛红褐色，围气门片黄色，胸足浅黄绿色，无腹足，每腹节的中部有一扁圆形的吸盘，腹部共有 7 个吸盘。第一胸节黄色显著，体末缩有 4 个黑点。

② 成虫。展翅 20～42 mm，头和胸背绿色，胸部中央有一红褐色纵线；腹部和后翅浅黄色；前翅绿色，基部红：褐色斑在中室下端和脉上呈钝角形曲，外缘有一浅黄色宽带，带内布有红褐色雾点，带内翅脉和内缘红褐色，后者与外端平行圆滑或在前缘下呈齿形内曲，臀角较内曲。

（2）生活习性。成虫产卵在叶背主脉附近，刚孵化的幼虫不取食，经过 1～2 次脱皮后，先取食脱下的皮而后才为害寄主，幼龄虫只取食叶肉，被害叶片呈网状半透明状。随着虫龄的增加，其食性渐杂。老熟幼虫在寄生附近的土表、石块边缘及靠近地面的老树皮缝内结硬茧过冬，茧似羊粪球，次年化蛹。

（3）防治方法。在刺蛾初孵至化蛹前的幼虫，可用 2.5%高效氯氟氰菊酯 2 500～5 000 倍液，喷雾。

（二）舟蛾类

为害红毛丹的舟蛾类有黑蕊尾舟蛾（又名红毛天社蛾）、龙眼蚁舟蛾。为害方式以幼虫取食叶片，严重发生为害时，可把整株叶片吃光，影响树的生长。

1. 黑蕊尾舟蛾（*Dudusa sphingiformis*）

形态特征。成虫体长 23～37 mm；翅展 70～83 mm，早在 86～89 mm；头和触角黑褐色；颈板、翅基片和前、中胸背板灰黄褐色，各有两条褐色线，前胸中央有 2 个黑点，冠形毛簇端部、后部、腹部、臀毛簇和匙形毛簇显黑色；前翅灰黄褐色，基部有一黑点，前缘 5～6 个暗褐斑点，从翅尖形后缘近基部有暗褐色似呈一个大三角形，中央暗褐色斜带不很清晰，亚基线、内线和外线灰白色、亚基线不清晰，内线呈不规则锯齿形，外线清晰，斜伸双曲形，亚端线（双道）和端线均由脉间月牙形灰白线组成缘毛暗褐色：后翅暗褐色，前缘基部和后角暗褐色，亚端线和端线同前翅。

老熟幼虫体长 60～73 mm；头较大，橙黄色，前胸盾肥厚，光滑、尖、黄色；体背面黄色，背浅，亚门筛黑色，围气门与气门下线橘红色，气门线白色有黑色条纹，气门筛黑色，围气门片白色。第八腹节气门显著大，亚腹线与腹部黑色，腹部第 2 节间两侧有较大的敢门色斑各一块，各体节基部黄色，端部有黑色较长的刺 3 对，第九、十节上还有较密的黑毛；胸足褐色，外侧有黑斑；腹足黄色，各节有黑环，幼龄虫体黄色，有不甚显著的黑纵条，三龄以后虫体于疑示上述斑纹。

2. 龙眼蚁舟蛾（*Stauropus alternus*）

形态特征。成虫体长 20～30 mm，翅展 40～43 mm，头和胸背灰褐色；腹背褐灰色，前 6 节中央毛簇棕褐色臀毛簇末端灰白色；前翅灰褐色，外缘较淡，基部有两棕黑色点，内外线不清晰，灰白色锯齿形，内线较难见，外线隐约可见，从前缘到中室下角弧形外曲、亚端线由一列脉间棕褐色点组成，内衬灰白边端线由列脉间棕褐色齿形线组成，内衬灰白边；雄蛾后翅灰白色，前锋部暗褐色，中央有两条灰白色短线，后缘浅褐色，端线由列棕褐色半月形线组成，雌蛾后翅整个褐色。

幼虫乍看似蚂蚁，头部窄，中、后胸足十分瘦长，杆形，腹背 1～5 节上有峰突前节的非常发达，顶端有一短尖突起，后两片的变宽，在变宽的锐尖上具短尖齿，臀足变成 2 个瘦长尖的尾角；头和身体密饰很短的刚毛，静止时头尾翘起，中、后胸足向前横过前足。头部暗褐色，胸足黑色；身体和腹足暗红褐色，背线苍白色，第二、三腹节有灰白亚背线。

3. 生活习性 成虫不活跃，白天隐伏，其色泽与树皮或隐伏环境相似，常不易发觉；栖息时双翅向体中央褶成屋顶形，有假死现象，夜间或黄昏配偶交尾，有正趋光性，产卵一般多次，散产或排列成块：多产于寄主嫩叶背面，数天后即可孵化。初龄至三龄幼虫常栖息在叶面剥食叶肉，食量很少。幼虫大都群栖但有吐丝下垂随风飘动转移的习性；幼虫三龄后逐渐分散活动，在附近枝条或植株上为害，食量大增，为全食量的95％以上。黑蕊尾舟蛾老熟幼虫入土化蛹越冬，成虫产卵于寄主叶面，卵圆形，灰褐色单产。幼虫稍受惊动，头尾摇摆不止，幼虫群栖性不强，静止时靠2～4腹足围着叶柄或枝条，前、后端翘起如龙舟。

4. 防治方法 用黑光灯诱杀成虫；用2.5％敌杀死乳油2 500～5 000倍液，20％速灭苯丁5 000倍液，25％喹硫磷500～800倍液，喷雾。

（三）蓑蛾类

蓑蛾种类多，分布广，食性杂，其中为害红毛丹的有大蓑蛾、小蓑蛾、茶蓑蛾等，为害方式以幼虫取食叶片，嫩枝皮层、花和幼果皮。咬叶成洞孔或缺刻，幼树受害重的，会致枯死。

1. 形态特征

（1）大蓑蛾（*Clania variegata* Snellen）。雄成虫体长15～17 mm；翅展35～44 mm；体、翅均黑褐色。前翅近外缘有5个半透明斑，前后缘附近黄褐色，后翅褐色。雌成虫体长约25 mm，头部黄褐色、体黄白色，胸部及腹末多茸毛。卵椭圆形，淡黄色。幼虫成长后体长25～40 mm。头暗褐色。胸部黄褐色至灰褐色，并有赤褐色纵带，腹部灰黑至暗灰色或褐色。雄蛹长约20 mm，暗褐色，翅芽与附肢明显。雌蛹长约30 mm，蛆状，赤褐色。护囊成长幼虫的护囊长40～60 mm，纺锤形，囊外附有较大的碎叶片和少数排列零散的枝梗。

（2）小蓑蛾（*Cryptothelea minuscala* Butler）。雄成虫体长4～4.5 mm，翅展11.5～13.5 mm。体茶褐色，披有白色鳞毛。前翅黑色，后翅底面银灰色。有光泽。雌虫体长6～8 mm。头小，咖啡色。胸、腹部黄白色。卵椭圆形，长约0.6 mm，宽0.4 mm，乳黄色。幼虫成长后体长5.5～9 mm，雄虫较小。头部咖啡色，有深褐色花纹。体乳白包。前胸背面咖啡色，中、后胸背面各有咖啡色斑纹价，背面2斑纹较大。腹部第8节背面有褐色斑点2个，第9节有价，背面10节背面为深褐色背板。雄蛹长4.56 mm，褐色。翅芽达第4腹节，第1～8腹节背极中央有深褐色斑，第4～7腹节背板近前后缘和第8腹节前缘各有小刺1列，腹末也有短刺2个。雌蛹长5～7 mm，蛆状，黄色，头小，腹末有2短刺。成长幼虫护囊长7～12 mm，枯褐色。囊外刚有细碎叶片和枝皮。化蛹时在囊的上端有一长丝柄。

（3）茶蓑蛾（*Clania minuscula* Butler）。雄成虫体长11～15 mm，翅展20～30 mm，体深褐色，胸、腹部密被鳞毛，前翅翅脉两侧色较深，前翅近外缘有2个透明斑。雌虫体长12～16 mm，蛆状，头甚小，黄褐色，胸腹部黄白色，后胸和腹部第7节各簇生一环黄白色茸毛。卵椭圆形，长约0.8 mm，宽0.6 mm，乳黄白色。幼虫成长后体长16～26 mm。头黄褐色，具黑褐色斑纹。胸腹部肉黄色，背面中央色较深，略带紫褐色。胸部背面有褐色纵纹2条，每节纵纹两侧备有褐斑1个，腹部各节有黑色小突起4个，排成"八"字形。雄蛹长1.1～13 mm、咖啡色，翅芽达第3腹节后缘。腹部背面第3节筛前后缘，第7、8节前缘各有细齿1列，臀棘末端具2短刺。雌蛹长14～18 mm，蛆状，咖啡色。头小，胸部弯曲，腹部第3节背面后缘，第4、5前后缘及第6～8节前缘各有细齿1列。腹末具短刺2枚。成长幼虫的护囊雌的长约30 mm，雄的25 mm。橄榄形，囊质紧密，4龄以后囊外缀有纵行排列整齐的小枝梗。

2. 生活习性 小蓑蛾以三四龄幼虫在护囊内越冬，大蓑蛾以老熟幼虫在护囊内越冬。雌虫甲化后仍留在扩囊内，仅头部伸出蛹外在囊的末端露出蛋黄色的绒毛。雄虫羽化后飞到树丛叶背，蛹壳部分露出护囊排泄孔外，雄蛾有趋光性。茶蓑蛾成虫羽化后次日清晨和傍晚交尾；小蓑蛾雄蛾白天活动，16：00～18：00 最活跃；大蓑蛾则以 8：00～9：00 最活跃。交尾前雌蛾头部伸出囊外，雄蛾在园内飞舞找到雌蛾后，即伏在雌蛾护囊上，以腹部插入囊内进行交尾。雌蛾交尾后即在囊内产卵、卵成堆地产在蛹壳中，产完后雌蛾腹末茸毛脱落盖在卵堆上，产卵后虫体渐干缩死亡。卵多在白天孵化，尤以中午至下午温度高时为多。初孵化的幼虫十分活跃，茬枝叶上迅速爬行或吐丝下垂，借风力吹到附近寄主上，在找到嫩叶后，先吐丝营囊而后取食，护囊以丝和碎叶片制成，虫体藏于其中，以后随幼虫成长，护囊也加大增长。幼虫取食和活动时，负囊而行，取食多在清晨、傍晚和阴天，晴天中午很少取食，常隐蔽在叶背和树丛间。一至三龄幼虫多咬食叶肉和一层表皮，使叶成半透明斑，四龄后则食成穿孔或缺刻，甚至仅留主脉。幼虫共 6 龄。在化蛹和越冬前，均吐丝封闭囊口，紧贴于枝叶上，而小蓑蛾化蛹前则先吐一长丝，一端黏结在树枝干或叶片上，再吐丝封闭囊口。

3. 防治方法

（1）人工摘除护囊。护囊悬挂在枝上，易发现，可结合果园的管理，摘除护囊。

（2）化学防治。应在幼虫孵化盛期和幼龄阶段进行，可用 90％结晶敌百虫 800～1 000 倍液；50％杀螟松乳剂，50％辛硫磷乳剂 1 000 倍液，一般进行挑治，消灭为害中心，但虫囊要充分喷湿。

（四）白蛾蜡蝉（Lawana imitata Melichar）

为害方式以成虫、若虫聚集在枝梢、花穗和果梗上吸取汁液。在被害枝叶，果上附有许多白色棉絮状蜡质分泌物，造成组织凋萎；生长衰弱，导致落花、落果；并引起煤烟病的发生。

1. 形态特征　成虫体长从头部至翅端 20～25 mm，淡绿色或灰白色；体被白色蜡粉。头顶锥形尖出，复眼褐色，触角着生于复眼下方。前胸向头部呈弧凸出，中胸背板发达，背面具 3 条细的脊状隆起。前翅近三角形，顶角呈近直角、臀角向后呈锐角尖出、外缘平直，后缘近基部略弯曲。径脉和臀中段黄色，臀脉基部蜡粉较多，集中成小白点。后翅白色或淡绿色，半透明，静止时双翅呈脊状竖起。卵长椭圆形、淡黄色，表面有细网纹。幼虫体长 7～8 mm，稍扁平，胸部宽大，翅芽发达，翅芽端部于截，被长白色絮状蜡丝，脱落的蜡丝挂满树叶背面或树枝上，可作为这一害虫所在的标志。

2. 生活习性　在保亭黎族苗族自治县 1 年发生多个世代，四季都见若虫和成虫为害红毛丹，以 3～4 月为害最重。若虫和成虫均可吸食寄主枝叶尤其嫩枝、嫩叶的液汁，使嫩梢生长不良，叶片萎缩弯扭，当幼果期被害时造成落果，常分泌白色絮状的蜡质物布满枝梢、果实上，容易引起煤烟病。成虫和若虫能飞善跳，当它们群集在枝叶上如遇惊动，即纷纷跳跃和飞逃。在阴雨天多，果园湿度大时，虫害发生尤其严重。

3. 防治方法　剪除过密枝条及虫害枝叶，使树冠通风透气，防止产卵，减少虫源，减轻危害；成虫盛发期间，可进行人工网捕；在成虫产卵期和若虫发生高峰期（保亭地区为 3～4 月），用 90％晶体敌百虫 800～1 000 倍液、50％马拉硫磷乳油 1 000 倍液喷杀。因蜡蝉分泌的蜡质物不亲水，在所喷药液加入 0.2％的洗衣粉，可获得更佳的防治效果。

（五）红脚绿金龟

1. 为害特点　成虫咬食红毛丹的幼梢、嫩叶、花穗、幼果，幼虫食害树地下根茎。

2. 形态特征　成虫体长 18～26 mm，宽 11 mm。体背面为青绿色，带光泽，腹面为紫红色具金属光泽，触角鳃片形，棕红色具光泽，前胸背板两侧边稍有紫红色光泽，密布小刻点，前缘向前半圆形弯曲复眼，两侧圆形并稍向上卷起似小边，后缘弯曲，中央凸出。小盾片钝三角形，稀布小圆刻点，后缘具紫红色光泽。中胸背板前缘及侧缘簇生黄褐色长绒毛；翅鞘满布圆形小刻点，翅鞘中央隐约可见由小刻点排列组成之纵线 4～6 条。雄虫臀板稍向前弯曲和隆起，尖端稍钝，第六腹板后缘具一状膜黑褐色带。雌虫臀板稍尖，向后方斜突出。卵长 2 mm、宽 1.5 mm 左右，椭圆形初为乳白色；将孵化时长大浑圆，水渍状透明，长 3 mm、宽 2.5 mm。幼虫共 3 龄，三龄幼虫体长 40～50 mm，头幅宽 5.5 mm；体圆筒形，气门环及头部黄褐色，盾板及足淡黄色，全体乳白色，老熟时黄色。肛门开口稍微向前、作弧状弯曲。老熟时内刚毛列前面部分近乎平行，短面粗，占全列 1/3～1/2 长度，近肛门部分一段逐渐向两侧扩开，细而长，占全列长 1/2～2/3，斜向内力，左右两列端部重叠。蛹长 20～30 mm、宽 10～13 mm，椭圆形，头部稍纯尖。蛹端部稍尖，初化蛹时淡黄色，以后变黄色，将羽化时黄褐色。

3. 生活习性 成虫出现期在 4～8 月，6～7 月为盛发期，成虫出土后，除烈日风雨外，不分日夜均在寄主取食，有伪死性、趋光性，但都不强。成虫交配后一周即产卵于土中，其幼虫是一种地下害虫，有机质丰富的土壤很适合它生活，主要为害果树的根茎。初龄幼虫入土较浅，冬季入土渐深，并准备化蛹，化蛹深度 31～40 cm。蛹室一经破坏，有 75％的蛹死去或羽化不良，失去飞翔能力。

4. 防治方法

（1）人工捕杀。利用成虫伪死性，摇动树枝，使之坠地，然后捕杀。

（2）农业防治。深翻果园土壤，破坏其蛹室，使蛹死亡或羽化不良，不能飞翔。

（3）化学防治。在成虫大量发生时，可喷施 50％杀螟松乳剂 1 000 倍液，50％倍硫磷 800～1 000 倍液，20％杀灭菊酯乳油，10％灭百可乳油1 000倍液。

（六）介壳虫类

介壳虫体微小，雌雄异体，雌虫无翅，体背披有绵状、粉状等蜡质分泌物，或覆盖着若虫脱皮壳与虫体分泌结合而成的介壳，一般农药不易渗入虫体，因而给防治增加了困难。

为害红毛丹的介壳虫类中有多种，常见的有菠萝粉蚧、绵蜡蚧、褐圆蚧、矢尖蚧、角蜡蚧等。

第十节　果实采收、分级和包装

（一）采收标准

红毛丹果实一般在 6～8 月成熟，成熟果实可在树上挂果一个月左右。因此，红毛丹的采收可根据市场销售情况，采取挂树保鲜办法，有计划安排采收与销售。红毛丹果实充分成熟其味才香甜可口。因此：要根据不同用途合理适时采收，既延长采后保鲜时间，又不影响品质口感。一般完全成熟的红毛丹果实其外观饱满、果色鲜艳，红果的果皮及软刺毛要红透，黄果的果皮及软刺毛要黄透。对于远销的果，成熟度应在 80％～90％时采收。做鲜果就地销售的成熟度要在 90％左右。用于加工罐头饮料的也要 80％～90％成熟度时采收。

果实成熟时间相差较大，一般可分为 2～3 批采收。当整株树大部分果实成熟就可采收，选其成熟的果穗单穗或单果采收。

（二）采收方法

每次采收时间应在晴天早晨或傍晚进行，中午强烈阳光照下采收对果实保鲜和品质都有影响，雨天一般不宜采果。果穗剪摘位置宜于果穗基部与结果母枝交界处下 1 cm 部位剪下，留下密节粗大的枝段、营养多、芽眼多、萌发新梢容易，生长快，枝梢健壮，利于养成优良的结果母枝。采果应用采果剪，不要用手折，以防伤树、折枝，以利于萌发新梢，采下的果要小心轻放于采果笋中置阴凉处。

（三）入库

入库前要严掐选果，剔除剪伤，压伤，重度介壳虫危害的果等，然后进库。

（四）分级

分级的目的是提高品牌质量。分级根据其不同市场需求的分级标准，按其品种，果实大小，形状，果皮颜色、品质等进行分级，按级论价出售。

（五）包装

包装是提高及保证产品质量的极重要环节。包装可分为内包装和外包装。内包装根据情况分别采用防止机械损伤、防失水分，方便贮运保鲜，零售等多种形式的内包装。外包装是根据销售市场、运

输距离等分别采用抗压、防水。可重复使用低成本、效果好的外包装。

（六）贮运

如果需转运的产品在进行处理后要及时尽快运走。长途运输一定要采取冷藏保鲜手段。暂时不能转运的要尽快进入保鲜库贮藏。但由于红毛丹采后保鲜期较短，都应尽量做到随采、随处理、随运，尽快进入市场。

第三十六章 西 番 莲

概　述

西番莲为西番莲科（Passifloraceae）西番莲属（*Passiflora*）的多年生木质藤本植物，也称百香果、鸡蛋果，英文名为"passion fruit"，意为"激情之果"，果实具有独特香气，是著名热带、亚热带水果，有"果汁之王"的美誉。西番莲原产南美洲的巴西等地，现广泛种植于世界热带至温带地区。该属有400余种，果实供食用的主要有6种：紫果西番莲（*Passiflora edulis* Sims.）、黄果西番莲（*P. edulis* Sims. f. *flavicarpa* Deg.）、樟叶西番莲（*P. laurifolia* L.）、大果西番莲（*P. quadrangularis* L.）、甜果西番莲（*P. ligularis* Juss）、香蕉西番莲 [*P. mollissima*（HBK）Bailey]，商业栽培的主要是紫果西番莲和黄果西番莲。

西番莲主产于澳大利亚、美国夏威夷、南非、巴西、印度和斯里兰卡等，巴西、夏威夷和斐济盛产黄果西番莲（黄果种）；印度和斯里兰卡以紫果西番莲（紫果种）为主；而澳洲地区紫果西番莲和黄果西番莲及杂交种均有栽培。

我国栽培西番莲具有悠久的历史，在唐代已作为观赏植物，但供食用的西番莲传入我国为时不久，台湾地区于1901年从日本引入紫果西番莲，1936年从夏威夷引进黄果西番莲。广东、福建等省种植的紫果西番莲系五六十年代从印尼引入的。目前在我国大规模种植的有3个类群：紫果西番莲、黄果西番莲及两者的杂交种，主要分布在广西、重庆、广东、云南福建、海南和四川等省区。在我国热带南亚热带地区，紫果西番莲一般每667 m² 年产1 000～1 400 kg，管理较好的可达1 800～2 000 kg；黄色皮西番莲一般每667 m² 年产800～1 200 kg，管理较好的可达1 600 kg。据农业部发展南亚热带作物办公室统计，2011年我国西番莲栽培总面积约1 000 hm²，总产值2 500万元。

西番莲果实营养丰富，含有丰富的蛋白质、脂肪、还原糖、多种维生素和磷、钙、铁、钾等多达165种化合物以及人体必需的17种氨基酸（占人体所需氨基酸总量的20％）。特别具有菠萝、香蕉、杧果、番石榴、苹果等多种水果的复合香味，香气浓郁并有较高的酸度，是高档天然香饮品，素有"饮料之王"的美称。同时，以西番莲果汁与其他果汁充分调配制成的混合饮料，具有良好的风味和独特口感，且具有提神醒脑、生津止渴、帮助消化、提高人体免疫力功能等，因而普遍受到消费者欢迎。目前，国际市场上西番莲果汁产品主要有原果汁、浓缩果汁、果汁饮料、碳酸饮料、固体饮料（果汁粉、果冻）等。西番莲果汁加工成的浓缩果汁和果汁饮料，在国际市场上一直呈供不应求之势。此外，西番莲花朵鲜艳芳香、花型独特，是一种十分理想的观赏植物，在种植开发区域增加了绿地面积，对防止水土流失、美化环境具有良好的生态效益。

西番莲易成活、适应性强，在科学管理情况下可当年种植就有收获，持续结果期长，经济价值高，且投入少、见效快，是极具发展潜力的水果，可在我国山区大力发展和推广，应用前景广阔。

第一节　种类和品种

在国内系统开展西番莲的选育种研究较少，选育的品种（系）不多。1974年台湾地区开始进行西番莲杂交育种工作，台农1号就是从紫黄果杂交子代中选出的优良品种。20世纪80～90年代，云南、福建和海南等省区先后通过各种途径引进泰国、澳大利亚、巴西和美国等国家的紫果西番莲、黄果西番莲和杂交种。近年来，国内华南农业大学陈乃荣教授也开展了西番莲的选育种研究，选育出的华杨1号，具有果大和丰产特点。而占果1号、古杨1号均是从黄、紫果种杂交后代中选出的优良品系。然而总体上来说，国内对引入品种的驯化及利用其培育新品种的工作进行得较少。

我国目前经济栽培的主要有紫果种、黄果种及两者的杂交种，下面对其做简要介绍。

1. 紫果种 稍耐寒，适宜夏季凉爽，海拔300～500 m的地方种植，茎叶均呈绿色，果实球形或卵形，（4～9）cm×（3.5～7）cm，果皮厚0.3～0.6 cm，果实嫩时绿色，成熟时紫黑色。果汁橙黄色，酸度低，香气浓，风味佳，宜加工或鲜食；入药具有兴奋、强壮的功效。自然条件下可由昆虫传粉结果，此外花大而奇特，也是良好的庭院观赏植物。

2. 黄果种 生长旺盛，适应性强，耐寒性弱，耐旱性较强，抗凋萎病。茎、叶柄、卷须呈紫红色。较适宜在低海拔地区栽培，果实较大，长圆或圆球形，（6～12）cm×（4～7）cm，皮硬，厚0.3～1.0 cm，果实嫩时绿色、成熟时鲜黄色（图36-1、图36-2）。果汁含量高达35%～40%，酸度4.0%以上，产量高、品质优。大部分品种需人工授粉才可结果，目前国内主栽品种主要是华南农业大学选育的华杨、汕黄、选1、选511等品种，其中选511是能自然结实品种。

 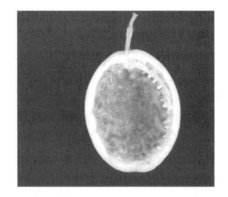

图36-1 黄果种 图36-2 黄果种果实纵切面

3. 杂交种 紫果种与黄果种的杂交种（图36-3、图36-4）。自然状态下可部分结果，抗病性和产量接近黄果种。开花、果实、出汁率均介于两个亲本之间。台农1号、紫香1号等都是杂交种。

 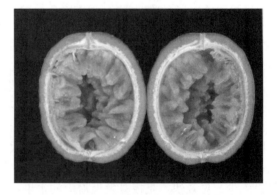

图36-3 杂交种 图36-4 杂交种果实纵切面

西番莲果汁丰富，味道鲜美，风味独特，在国际饮料业市场上占有重要地位。近年来国际市场对西番莲果汁的需求每年以15%～20%的速度增长，并且供不应求。随着我国生活水平的提高，人们对水果的要求日趋多样化，以西番莲果汁与其他果汁充分调配制成的混合饮料，具有良好的风味和独

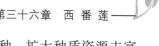

特口感，普遍受到消费者欢迎。因此，应利用多渠道、多途径，引进优良品种，扩大种质资源丰富度，并对现有资源进行鉴定评价创新利用，以选出产量高，果大汁多，品质优良，抗性好的优良品种。适当发展西番莲生产，既可满足市场需求，也可为农民提供一条致富之路。

第二节　苗木繁殖

一、实生苗培育

这是西番莲育苗中最基础的繁殖方法。无论是培育实生苗木或嫁接砧木，都要通过播种育苗过程。播种育苗有如下步骤：

（一）选种

在果实成熟期（8月下旬至翌年1月下旬）选种，从优良母株粗壮的茎蔓上选择完全成熟、果大、汁多、皮薄、无病虫的果实，取出种子洗净晾干，作育苗材料。当年种子当年育苗出苗率高，可达95%以上。

（二）育苗

1. 播种　把种子均匀撒在催芽沙床上，种子上面覆盖一层细河沙（厚约1 cm）。用花洒桶淋透水，以后保持沙床湿润。搭建荫棚或装置遮阳网，避免日晒。

2. 苗床（或育苗袋）准备

（1）苗床准备。苗床应深耕细耙，施足禽畜粪肥或土杂肥等基肥，务求苗床土壤肥沃、疏松。然后起畦，畦床规格为长10 m、宽1～1.2 m、高15～20 cm，每畦间隔宽50～60 cm（图36-5）。

（2）营养土的配备。以肥沃的表土或菜园土与土杂肥（或粪肥）9∶1或8∶2加适量的椰糠混合备用。

3. 移栽　10 d后就可陆续萌芽，待小苗长到子叶稳定时，便可从催芽沙床上移栽，移栽起苗前先浇透水易起苗，注意保护根系。移入苗床或育苗袋中。

4. 苗圃管理　移栽后管理与一般果树基本相同。当苗木直径达到0.3～0.5 cm，高度30～50 cm，即可出圃大田定植（图36-6）。出圃前要适当炼苗。

图36-5　沙床育苗

图36-6　种子苗

二、扦插苗培育

种植西番莲一般采用优良植株上的健壮枝条繁育的扦插苗定植，既可确保植株生长整齐，又可保

存母本的优良性状、早结果等。

插床要求土壤疏松透气，可采用泥炭：细沙为 2：1 或椰糠：细沙为 1：1 的基质。全年都可以扦插，采条时间以春季嫩枝萌发时为宜，选取近先端 6～12 节充分成熟、无病虫害、芽体饱满的枝蔓，剪成具 2～3 节、下切口在节位、上切口稍高于节、顶叶剪留 1/3～2/3 的插条。扦插入土深度为枝条的 2/3，扦插后为保持西番莲的生根条件，同时要遮阴并保持土壤湿润和较高的空气湿度，可盖上塑料薄膜保湿，湿度保持在 80%～90%。约 3 周生根，随后移栽至育苗袋中，待恢复生长炼苗后可出圃定植。从扦插到出圃需 3～4 个月。

三、嫁接苗培育

嫁接苗既可保存母本的优良性状，又可利用砧木强大的根系，有利于提高植株抗病、抗旱能力，使植株生长健壮，结果多，寿命长。

砧木一般选择抗病性和抗逆性强的种类。砧木种苗采用实生育苗方式繁育，砧木长至株高 30～40 cm，茎粗约 0.3 cm 时，即可嫁接。接穗要选择无病虫害的生长植株，以当年新抽的枝条先端部分作接穗。采用劈接法、侧接法嫁接，以春季为主、秋季为辅进行嫁接。

第三节　生物学特性

一、形态特征

西番莲是草质藤本植物。主根不明显，两年生植株水平分布达 2 m，垂直分布在土表下 5～40 cm 土层。蔓长 10 m 以上，黄果种果皮黄色，杂交种果皮带紫色，紫果种果皮呈紫黑色。叶腋着生卷须和叶芽，花芽着生在卷须基部。叶片薄纸质，长 6～13 cm、宽 8～13 cm，基部心形，掌状 3 深裂，中间裂片卵形，两侧裂片卵状长圆形。近裂片缺弯的基部有两个突起的腺体。两性花单生于叶腋，花大，直径约 5 cm，花梗长 4～5 cm；苞片 3 枚，绿色、长 1～1.2 cm；萼片 5 枚，外面绿色，内面绿白色，长 2.5～3 cm，外面顶端有 1 角状附属器；花瓣披针形，白色带淡紫色，约与萼片等长；副花冠由许多丝状体组成，3 轮，上半部白色，下半部紫色；雄蕊 5 枚，花药长圆形，长 5～6 mm，淡黄绿色，开花前花药已开裂；柱头 3 裂，顶端膨大，向外下翻转，呈时钟的指针状（图 36 - 7）。果实卵球或圆形，果面光滑长约 6 cm，黄果稍大。果嫩时绿色，熟后转为黄色或黑紫色。果皮稍硬，厚 0.4～0.7 cm。果肉为橙黄色黏质的假种皮，以两层液囊形式包裹种子，形成许多表面光滑的颗粒（图 36 - 8）。种子极多，黑色或黑褐色（图 36 - 9）。果实成熟即自然脱落。不同品系果汁含量 20%～40%，黄果种 30%～40%，紫果种 30% 以下。

二、开花与结果习性

除冬季低温外，西番莲几乎周年均可生长。从播种到开花结果需 15 个月左右，秋播春植实生苗，7 月即可开花结果，当年便有一定产量；扦插苗一般 12 个月即可开花结果。花芽属当年分化型，一边抽梢，一边分化，从花芽分化到开花仅 30 d 左右。紫果种开花期在 11 月至翌年 5 月，黄果种在 5～10 月，杂交种在两者之间，杂交二代则出现花期分离现象。每日开花时间紫果种在 6:00～12:00，黄果种在 12:00 至傍晚，杂交种在 10:00～14:00，此期间如未授粉，则柱头失去受精能力。黄果种由于柱头外伸，雄蕊短缩两者结构上难以相遇，在海南的自然条件下，由木蜂和蜜蜂等媒介进行自然传粉的坐果率一般在 10%～20%，故需要人工辅助授粉方能结实，用异株异花授粉坐果率可达 80% 以上。夏威夷等地不必人工授粉，是因为当地有个体较大的大黑蜂传粉的原因。但一般紫果种有较强自花授粉结实的能力。

不同种类西番莲在不同气候条件下其开花结实习性不同。紫果西番莲自交能亲和，但自然授粉坐果率低。黄果西番莲自交不亲和，需要昆虫媒介或人工授粉才能结果丰产，人工授粉以异株或异品种间授粉，坐果率较高。在我国台湾地区其花期自12月至翌年5～6月，开花时间7:00～17:00，在广西南宁一般3月现蕾，4月为盛花期。西番莲花瓣开放时间为13:00～14:00，傍晚闭合，在台湾地区其花期从5月上、中旬至12月上旬，开花时间为12:00～18:00，在云南西双版纳6～8月为开花高峰期，4月以前和10月以后开花量很少；在海南花期相对集中在4～6月和8～10月。杂交种的性状介于黄果和紫果之间，自花授粉可育，自然授粉坐果率高。

图36-7　西番莲花

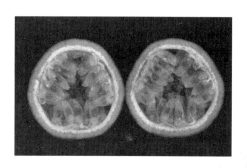

图36-8　西番莲果肉

图36-9　西番莲种子

　　西番莲花受精后，子房迅速膨大，15～20 d果实便长到接近发育最大程度，此后集中种子和假种皮的发育，直到果实成熟。从坐果到成熟一般需55～70 d，温度较高的季节为50～55 d，低温季节可延至70 d。正常授粉受精的果实只要不出现严重缺水、缺肥和根部障碍，落果现象极少出现。

第四节　对环境条件的要求

　　西番莲原产中南美洲的巴西等地，属热带、南亚热带果树。生长条件受各种环境因素支配与制约，其中主要影响因素有气候条件和土壤条件等。

一、气候条件

　　影响西番莲生长的气候有光照、温度、水分、风和降雨量等气象因子。

（一）光照

　　西番莲和其他热带、亚热带作物一样需要充足光照，适当的光照可以促进藤蔓生长、营养积累，此外西番莲开花、果实成熟等时期都需要充足阳光。年日照约2 000 h即可满足其生长发育的要求，年日照时数在2 300～2 800 h的地区，西番莲养分积累多、藤蔓生长快。日照率一般要求在50%以上，日照时数多，有助于同化作用，也有利于增进果实的色泽和提高品质。在光照不足的情况下，植株生长缓慢，徒长枝多，结果少、病虫害多。而光照过强伴随干旱的情况下，叶子变黄或褶皱，生长缓慢，严重的引起果实缩水脱落，并导致产量减少和品质下降。

(二) 温度

西番莲喜温暖环境，在年均气温 18 ℃以上的地区均能种植，最冷月平均气温应高于 8 ℃，冬季基本无霜冻。温度对抽蔓、花芽分化、果实发育进程和果实品质均有影响。33 ℃以上高温或 15 ℃以下低温抑制营养生长，低于 10 ℃生长基本停止。高温干旱季节，水分缺乏，西番莲则生长缓慢，叶子变黄或褶皱，花芽则不能正常发育，继而变黄脱落，部分果实会发生褶皱甚至萎缩脱落，从而降低产量。

此外，紫果种和黄果种对温度的要求有一定差异，紫果种喜热带高海拔（900～1 800 m）凉爽气候，在冷凉条件下分化花芽，尤其是凉爽的夏季，夏季炎热会缩短结果季节。但要求冬季无霜冻，一般在不低于 0 ℃的气温下生长良好，到 −3 ℃时植株会严重受害，甚至死亡，但个别品种抗寒性强，仅幼嫩组织表现出轻微冻害。黄果西番莲则适于低海拔（750 m 以下）地区，要求气温较高，这反映了两个种开花结果期对温度的不同要求。夏秋季果实发育速度快，香气浓，冬季果实发育期要长，且味酸、香气差。

(三) 水分

水分是植物进行光合作用的基本条件。西番莲生长过程需要充足的水分。以年降水量在 1 500～2 000 mm 且分布均匀者为好，发展商品性种植地区的年降水量不宜少于 1 000 mm。水分充足时生长茂盛，果汁多，产量高；但多雨季节排水不良时，茎基部肿大、松裂，叶片极易脱落，土壤湿度过高及空气湿度太大则增加茎基腐病及叶、果病害发生。缺水时侧根较少，根系弱，叶片变小变皱、茎干变细且节间变短，特别是缺水引起西番莲对土壤肥料元素 P、Ca、Me、Fe、Zn 和 B 的吸收功能，影响西番莲养分吸收和新陈代谢，从而影响植株正常生长发育。西番莲抗旱力中等，干旱抑制生长，花芽、开花数，在海南 6～8 月是干旱高温的夏季，此时西番莲正大量开花坐果，如不及时灌溉，则果实发育不良并脱落，严重时大量落叶。

(四) 风

西番莲为藤本植物，攀缘生长，蔓枝脆弱，抗风力差，要求静风环境。常风大的地区，嫩叶被吹破损，影响生长。在我国南部沿海等地如遇到台风，轻则吹落叶片和花果，造成减产；重则折枝、断蔓、倒柱，严重影响植株生长。此外，台风雨有利于病菌的传播，台风后植株的蔓、枝、叶和果实产生伤口，大量叶片和地面接触，易于受病菌的侵染和繁殖。我国主产区的广西、海南、广东和福建等地区如常遭台风的袭击，种植西番莲应有计划地保留和营造防护林，做好防风工作。

二、土壤条件

西番莲对土壤的选择不严格，除重黏土外，各种土壤均适宜，选择丘陵地区的红壤地、黄土地或沙壤土地种植也适宜。尽管如此，西番莲生长的理想土壤是土质疏松、土层深厚肥沃、排水良好的轻沙土壤，这种土壤条件最适合它们生长，不宜种植在长期低洼积水的地块。要重视土壤酸碱度（pH）。土壤 pH 在一定程度会影响土壤养分间的平衡，西番莲根部生长发育最适宜土壤 pH 5.5～7.0；在该果树种植区的土壤 pH 5.5 以下时，酸性太高，则易引发茎基腐病，就要在土壤中增施生石灰，中和土壤酸度，改良土壤。山地要易于灌溉，以保持土壤湿润为宜。种植地要温暖向阳，通风性好，避免吹强冷风。

西番莲生长发育有明显的季节性变化。春季、秋季营养生长快速，开花结果多；盛夏高温少量结果，冬天开花结果也少。开花结果期，晴天比阴雨天坐果率高。西番莲从开花至果实成熟一般需要 60～110 d，春季比秋季需要时间短。

第五节　建园和栽植

要种好西番莲首先必须根据西番莲的生长发育的特点，选择园地，做好规划，深耕全垦，搞好定植及引蔓上架，为西番莲的速生丰产打下基础。

一、建园

（一）园地选择与规划

在低洼地、排水不良的土壤或地下水位较高的地方种植西番莲，生长慢，生势差，且容易发生病害。温度比较低的地区、阴坡地、坡脚地等容易造成西番莲生长发育慢、开花结果少。因此，必须重视园地选择。西番莲在热带、亚热带地区生长良好，在温带地区也能开花结果；应选择土层深厚，结构良好，比较肥沃，易于排水，pH 5.5～7.0 的沙壤土或中壤土，向阳背风，靠近水源且排水良好的地方建园。坡地、山地也能种植，最好不超过 10°的缓坡地种植。盐碱地、排水不良的重黏土、保水保肥力差的重砂土一般不宜种植西番莲。

园地可根据自然条件、地形、地势和风力大小来规划园地的面积、防护林、道路和排水系统，以方便管理。园区内应设置道路系统，道路系统由主干道、支干道等互相连通组成，主干道贯穿全园，与外部道路相通，宽 3～4 m，支干道宽 1～2 m；规模较小的种植园设支道、步行道即可。园区四周应设置防护林，林带距边行植株 4 m 左右，主林带方向与主风向垂直，植树 6～8 行；副林带与主林带垂直，植树 3～5 行。宜选择适合当地生长的高、中、矮树种混种，在海南、广东等种植区可选择木麻黄、台湾相思、母生、菜豆树、竹柏和油茶等树种。

同时必须科学规划设置排灌系统，种植园内除设主排水系统外，还应 0.53～0.67 hm² 为一小区，区间设置排水沟与主排水沟相通，保证雨季排水畅通，以免积水，烂根致病。排灌系统的规划要因地制宜，尽量利用附近河沟、坑塘、水库等引水排水配套工程。山坡地应在坡顶挖环山防洪沟，通常，沟面宽 0.8～1 m、底宽及沟深 0.6～0.8 m，并要求沟的出口处与山塘形成天然排水沟相连接，以减少水土流失。

果园水肥池的规划。一般每个园块应设立水肥池，容积为 10～15 m³。

（二）整地和改土

在定植前 3～4 个月对园地深耕全垦、行垦或穴垦。让土壤充分熟化，提高肥力，消灭病原菌。开垦时，首先划出防护林带，保留不砍，接着砍掉不需要保留的乔木和灌木，并进行清理。灌木、树枝和杂草可以在地里烧掉，并将树根挖掉。将地里的树根、杂草、石头等清除干净。土壤深耕后，随即平整，修筑梯田，山地种植时，果园开垦要求种植带宽 1.2 m 以上，向内倾斜 5°～8°，种植带外缘筑起高 20 cm、宽 30 cm 的小埂。小区之间开设排水沟，沟一般深 50 cm、宽 30 cm。

二、栽植

（一）植穴准备

植穴准备在定植前 1～2 个月完成，定植穴的规格以 60 cm 见方为宜。挖穴时，把表土、底土要分开放置，并捡净树根、石头等杂物，经充分日晒后回土。

根据土壤肥沃或贫瘠情况施穴肥。每穴施充分腐熟的有机肥 20～30 kg、复合肥 0.5 kg、过磷酸钙 0.25～0.5 kg 作基肥，先回入 20 cm 表土于穴底，中层回入表土与肥料混合物，表层再盖表土。回土时土面要高出地面约 20 cm，成馒头状为好。植穴完成后，在植穴中心插标。

（二）定植

春、夏、秋季均可定植，以每年春季 3～4 月或秋季 9～10 月定植为宜。定植应选阴天或雨后晴天。按不同的种植目的确定种植密度。篱架式，一般要求株行距为 3 m×4 m，一般按每 667 m² 种植100 株。平顶棚架式，为提高通风透光率，减少病虫害发生，应适当稀植，种植密度以株行距 4 m×5 m，每 667 m² 栽 30 株左右。

定植时，植穴中部挖一小穴，深度以土团放入穴中，低于地表 2～3 cm。解去种苗营养袋，保持土团完整，放入种苗，苗身直立，回土压实。修筑比地表高 2～3 cm、直径 40～50 cm 的树盘，覆盖干杂草，淋足定根水，再盖一层细土。此外剪除西番莲种苗下部老叶，仅留顶部 3～4 片叶子。定植至成活前，保持土壤湿润，视降雨情况，每 1～3 d 淋水 1 次，成活后淋水次数可逐渐减少。若在夏天定植，阳光比较强烈时，要注意遮阴保湿。

（三）搭架

西番莲为藤本喜光攀缘植物，需要搭架支撑才能正常生长发育。可因地制宜，就地取材，用石柱、水泥柱或木柱等材料做支柱，用竹条或铁丝将支柱连接固定起来，搭好基本骨架，在骨架上缚竹枝或木棒即可。目前常见的搭架方式主要有单壁篱架式、平顶棚架式、T 形篱架式和"门"字形架式等。

单壁篱架式和 T 形篱架式搭架方便，光照充足、通风良好、修剪方便和成本低等；而平顶棚架式，方便采果，树下不长草，观赏性强，适合观光旅游的种植，但搭架成本高，来年修剪困难。

（四）引蔓上架

西番莲分枝能力较强，定植小苗恢复生长后先抹除侧芽，以促使主蔓速生、粗壮，立支柱引主蔓上架，达铁丝时使其缠绕铁丝横向水平生长，若侧蔓的抽生及伸长受抑制，则可通过打顶促使侧蔓速生，以后使主侧蔓自然生长，枝蔓进入水平生长状态愈快，开花结果愈早。也可每株留两个主蔓，到达铁丝高度后，引向两个相反方向生长。

第六节　土肥水管理

一、土壤管理

（一）扩穴

定植 1～2 个月后，可结合施肥进行扩穴改土，在紧靠原植穴四周挖两条施肥沟，规格为长 40～60 cm、宽 20～30 cm、深 20～30 cm，沟内压入绿肥，施有机肥并覆土。下一次在另外对称两侧逐渐向外扩穴改土。

（二）中耕除草

对种植园土壤中耕松土能改良土壤物理性状，使之通气保水。同时西番莲根系娇嫩，若土壤板结，新根抽生慢，根系不发达，植株生长不良，必须适时松土，创造一个有利于根系生长的环境条件，促进植株健壮生长，获得较高的产量。

西番莲生长的夏秋季，雨后对果园进行中耕浅锄，深度约 10 cm。中耕结合锄草进行，次数依杂草生长情况而定，一般应在果实迅速增大下垂前至采果后中耕 2～3 次。

要求 1～2 个月除草 1 次，保持无杂草，果园清洁。易发生水土流失园地或高温干旱季节，应保留行间或梯田埂上的矮生杂草。

（三）翻土培土

投产树每年结合冬季清园进行 1 次的全园翻土，并在过冬前完成。翻土时要将土块略加打碎，同时结合施肥，并将清园后的杂草和残枝落叶埋入土中进行改良土壤。翻土深度 10～20 cm，主蔓周围应浅翻。2 年以上盛产植株每年冬春季进行 1 次培土，培土使土壤增加养分，促进根系生长，提高抗旱、抗寒能力。每株每次培土 50～100 kg 较为肥沃的新土，可选用河泥、塘泥、稻田土、林地表土等。

二、施肥

由于西番莲定植后一年内可开花结果，早结、丰产要求肥水充足，施肥的原则应为勤施、薄施、生长旺季多施。

当年定植的树 3～9 月每月施肥 1 次，以水肥或复合肥为主。水肥由人畜粪尿、饼肥和绿叶沤制腐熟后施用。每次每株施水肥 2～3 kg 加三元素复合肥 100 g 或尿素 50 g。冬季株施有机肥 20～30 kg

加过磷酸钙 0.5 kg，以提高土壤肥力，促进西番莲根系生长。

成年投产植株合理施用花前肥、壮果肥、果后肥等，以满足其生长需要，促进新蔓生长、花芽分化和果实发育，并保持植株生势（图 36 - 10、图 36 - 11）。

图 36 - 10　结果植株　　　　　　　图 36 - 11　高产园结果状

（一）花前肥

一般于 3 月至 4 月中旬，抽花序前施速效肥，以促进新蔓生长与开花结果。株施高钾复合肥 1.0～1.5 kg，以提高花质。

（二）壮果肥

于 5 月下旬至 6 月下旬施入，根据结果量，每株施高钾复合肥 0.5～1.0 kg、过磷酸钙 0.5 kg、有机肥 2～3 kg，以促进果实增大。

（三）果后肥

果后肥于采果后马上施入，施好果后肥能及时给植株补充养分，以保持或恢复植株生势，避免植株因结果多、养分不足而衰退。株施有机肥 15～20 kg、复合肥 0.5～1.0 kg。

三、灌排水

建立必要的灌溉系统是丰产、优质的保证。西番莲是浅根系植物，喜湿润，但又忌积水、干旱缺水。

在干旱季节，土壤水分不足，往往影响西番莲正常生长和果实发育，引起植株落叶落花落果。因此，在干旱季节应及时灌水。可依行距每 2～3 行布置供水管，采用浇灌，即用皮管直接浇水。如有条件，可以按株行，距离每株茎基部 0.5 m 处接一个喷头开口，操作亦容易，效果较好。灌水一般在上午、傍晚或夜间土温不高时进行。

灌水过量或雨水过多而造成浸水时，对西番莲的生长也不利。园区水位上升或积水，园内湿度大，易诱发病害，会造成根部缺氧，导致烂根，影响地上部生长；开花结果期积水 12 h 以上，导致落花落果，因此，在雨季应注意及时排水。除建园时搞好排水系统外，每年雨季来临之前，疏通排水沟，填平凹地，维修梯田。大雨过后，应及时检查，排除园中积水。

第七节　整形修剪

（一）整形

上一年采果后萌发的枝梢，几乎在中部以上各节均抽生结果蔓。上一年要尽可能多留结果母枝，但为了防止棚面过于茂密，采果后要尽早修剪。按 2 个主枝留蔓，靠近主干的枝条先结满果实，成熟收果后，立即修剪至 2～3 节，从主枝基部再萌发的芽又可以形成新的结果枝。冬季最后一批果实收获后，所有的结果枝从基部修剪。

（二）修剪

果实采收后应当进行适当整形修剪，控制好棚面上的枝蔓密度。修剪最迟应在 10 月上中旬结束；易受寒害的地方，在刚收完果的 1～2 月修枝，能促使结果母蔓抽生更多的多级分枝，增加花蕾数和挂果数，有利于提高产量。修剪以主蔓为中心，一侧留 50 cm 左右（树冠冠幅约 1 m）进行修剪。缠在棚上的卷须要全部去除。重剪后马上萌发许多秋梢，能成为翌年的结果母枝，这种结果母枝萌发多，能确保开花数，因此在过冬前至少要长够 20 个节以上，且枝蔓壮实。

西番莲忌重剪，过度修剪会降低产量，使主蔓枯萎，严重时整株死亡。每批次采果后应剪去枯枝、病虫枝、老弱枝、郁闭枝，可改善光照条件和营养水平，提高产量和品质。

第八节　人工辅助授粉

（一）受精过程

西番莲花的柱头呈干性，当花粉着落于柱头，0.5 h 后即可发芽长出花粉管，顺利穿过绒毛组织中心之间细胞间隙，1 h 后花粉管进入引导组织，18 h 后子房内胚珠受精率可达 80%，子房发育速度惊人，一般 10 d 果的大小就已经定型。

（二）人工辅助授粉

西番莲具有自交不亲和的特性，因此在果园中混植杂交亲和性的品种，并在蜜蜂和蝇类等昆虫授粉的同时，辅以人工授粉，是提高坐果率的有效措施。西番莲约在每天 10：00 开花，开花后应及时进行人工授粉，在 16：00 前完成授粉工作。人工授粉有 2 种方法：①用毛笔将花粉均匀抹到雌蕊的 3 个柱头上；②用镊子采集花粉囊放到平底干净杯中，然后加水，使花粉溶到水中，再用喷雾器把花粉水喷到雌蕊柱头上。进行人工辅助授粉，可以提高结实率。有些品种是自花授粉结果品种，自然授粉靠蜜蜂、其他昆虫或风力等外力作用进行的，自然授粉坐果率约为 60%，完全满足生产需要。

第九节　病虫害防治

一、主要病害及其防治

（一）西番莲茎基腐病

1. 为害症状　幼苗和成株均可受害，主要为害部位为离地面 5～10 cm 的植株茎基部。染病幼苗表现叶片褪色、脱落和整株枯死。成株期染病初期在植株茎基部出现深褐色病斑，以后病部皮层产生裂痕、变软、腐烂；在湿度大时，病皮表面常出现粉红色病原物。当茎基部病斑横向扩展环绕茎干时，上部的枝蔓和叶片出现黄化、凋萎，然后整株植株枯萎死亡。

2. 病原　真菌病害，西番莲茎基腐病病原发表的有 *Nectria haematococca*、镰刀菌 *Fusarium solani*。

3. 发生规律　病菌借助风雨和灌溉水传播。气温高、湿度大的季节，为病菌繁殖提供了有利条件，易发生西番莲茎基腐病。

4. 防治方法　加强植穴和果园排水，避免茎基部机械损伤，增加果园内通风透光度；70% 甲基硫菌灵可湿性粉剂 800 倍液，或 50% 多菌灵可湿性粉剂 500 倍液，10～15 d 喷施一次，连喷 2～3 次。

（二）西番莲疫病

1. 为害症状 小苗受害后，初期在茎叶上出现水渍状病斑，病斑迅速扩大，导致叶片脱落或整株死亡。大田病株嫩梢变色枯死，叶片变棕褐色坏死，形成水渍状大斑，果实也形成灰绿色水渍状大斑，均极易脱落，病株主蔓可发展形成环绕枝蔓的褐色坏死圈或条状大斑，最后整株枯死，在高温潮湿天气，病部可看到白色絮状菌丝。

2. 病原 真菌病害，病原菌为 *Phytophthora nicotianae* var. *parasitica*。

3. 发生规律 本病的发生与降水量、温湿度关系密切，温度在 25 ℃左右，降水量较多时，发病较严重，栽培条件对该病的发生流行影响显著，地势低洼排水不良，田间杂草多或叶螨危害严重地块，发病也较重。田间郁闭通风不良时，则有利于病害的发生和蔓延。

4. 防治方法 应做好田间管理，加强通风、排水；培育和选种无病苗，种植前先做消毒处理；搞好田间卫生，及时做好茎蔓修剪和田间清洁等日常管理工作；发病时，可选用 25％甲霜灵可湿性粉剂、72％精甲霜锰锌可湿性粉剂 500～800 倍液喷施，每周 1 次，连喷 2～3 次。

（三）西番莲花叶病

1. 症状 受害叶片呈花叶状，带浅黄色斑，叶片皱缩，叶蔓生长迟缓，结果不正常，果缩小、畸形，果皮变厚变硬，果肉少或无。

2. 发生规律 病毒病害。病害发生与栽培管理密切相关，昆虫是主要传播媒介之一。管理差，幼龄期养分不足、生长不良，发病率高且症状严重。在冷凉、干旱天气会加剧花叶病的发生和流行。

3. 防治方法 选用健康无病毒壮苗；消灭传染媒介，清除病叶、病株；加强栽培管理，合理施氮磷钾肥、增施有机肥，提高植株抵抗力；果园附近不种瓜类或茄果类蔬菜；发病时，叶面喷施病毒必克 1 000 倍液，可减轻为害。

二、主要害虫及其防治

常见主要害虫有橘小实蝇（*Bactrocera dorsalis*）、咖啡木蠹蛾（*Zeuzera coffeae*）等。

（一）橘小实蝇

1. 为害症状 主要为害果实，将虫卵产于果实内，幼虫孵化后在果内为害果肉，引起果肉腐烂，或果实采摘后出现腐烂，导致减产或失去食用价值。切开受害果实，可发现有蛆在为害。

2. 发生规律 橘小实蝇卵期 1～3 d，幼虫期 9～35 d，蛹期 7～14 d，成虫羽化后需经 10～30 d 取食补充营养才开始交尾产卵。雌虫主要选择黄熟的果实产卵，完全膨大但未成熟的果实上有少量产卵，产卵于果皮内。孵化后幼虫在果实内为害，老熟幼虫爬行至潮湿疏松的土表下化蛹。成虫喜食用酸甜味物质。每年可发生多代，温湿度及食物是影响橘小实蝇发育、存活和繁殖的主要因素。最适发育温度为 25～30 ℃，土壤含水量在 60％～70％时，幼虫入土快，预蛹期短。

3. 防治方法 搞好田园清洁，及时收集田间虫害烂果、落地果或及时摘除被害果，集中深埋、火烧等；结合冬季清园，翻耕地面土层，有条件的可灌水 2～3 次，杀死幼虫、蛹和刚羽化的成虫；保护和利用跳小蜂等寄生和捕食性天敌；在果实膨大期，用阿维菌素乳油 2 500～3 500 倍液，2.5％的高效氯氟氰菊酯乳油 3 000 倍液，或 40％辛硫磷乳油 1 500 倍液进行全园喷施，每隔 7～10 d 喷施 1 次，连喷 2～3 次。此外利用甲基丁香酚性诱剂诱杀橘小实蝇雄成虫。

（二）咖啡木蠹蛾

1. 为害症状 初孵幼虫蛀入嫩茎或茎蔓内，沿髓部蛀成直隧道，3～5 d 被害处以上部分的茎蔓即黄化枯死。该虫来源于附近的寄主或作物，如铁刀木、咖啡等。

2. 发生规律 该虫 1 年发生 2 代。越冬代和夏秋代的成虫分别出现在 4～6 月和 8～10 月，5～7 月和 9～11 月是两代幼虫初侵入的时期。成虫白天不动，黄昏后开始活动。初孵化的成虫不活动，经数小时后开始交尾产卵，卵产于嫩梢及枝蔓上，产卵期 2 d，卵期 20 d 左右。

3. 防治方法 平时经常检查，因受害株比较容易辨认，结合修枝，及时剪除被害茎蔓，集中园外烧毁。对蛀入茎蔓为害的幼虫，用 48%毒死蜱乳油 500 倍液注入虫道内，以黄泥封孔，即可杀死害虫。此外用 40%辛硫磷乳油 1 500 倍液喷洒受害植株，连喷 2~3 次。

三、综合防治

病虫害是影响西番莲丰产增收的重要因素。例如茎基腐病发生严重时可致减产 10%~15%，咖啡木蠹蛾可导致盛产期的植株干枯死亡。提高广大种植户的防治意识和防治技术水平是当前重要而迫切的工作。随着生长季节、栽培环境、种植品种、气候条件等因素的变化，病虫害种类及为害程度也会随着发生变化。所以要准确掌握西番莲主要病虫害的发生动态，必须对病虫害长期系统地开展田间调查、监测和预报工作。为此，提出以下综合防治建议：

（1）引进品种资源时要严格执行检疫审批制度，避免检疫性病虫害的传播和蔓延。

（2）种植西番莲应着眼全局，合理规划、科学布局，综合考虑品种抗性、种植模式、果园布局等方面，降低病虫害防治的难度。

（3）加强田间管理，合理施肥、增加植株自身抗性，创造不利于病虫害发生的环境条件。

（4）有关农业科研、示范推广部门应与西番莲种植企业、农户联合起来，加强田间检查，及时掌握病虫害发生动态和发生规律，加强农民病虫害防治技术培训，为病虫害防治提供技术指导。

（5）坚持"预防为主、综合防治"的植保方针，及时预防，避免病虫害的大量流行。

第十节 果实采收及贮藏保鲜

一、果实采收

西番莲果实一般从开花后 60~90 d 成熟。果实采收标准：黄果型果皮由绿转黄色，紫果型由墨绿色转紫色。果实成熟自然落下的西番莲，果汁含量、果汁有效成分和风味均佳，最适宜鲜吃和加工果汁，但不耐贮藏。鲜销可采摘已转色的成熟果，加工则需充分成熟自然脱落。长途运输或保鲜则在果实 7~8 成熟时即可采收，但未变色的果实不能采收。采后用薄膜袋包装贮存保鲜，可提高果实商品价值。

二、贮藏保鲜

西番莲果实是典型的呼吸跃变型果实，采后容易失水变质，室温条件下 7~10 d 果皮就失水皱缩，易受病菌侵染而腐烂。西番莲果实对低温较为敏感，在低于 6.5 ℃下贮藏会遭受冷害，一般 6.5 ℃、相对湿度 85%~90%可贮藏 4~5 周。自然成熟的紫果西番莲很难保鲜，可在开花后 55~60 d 采收，在 10 ℃放 10 d 使其后熟，再用 10%乙烯处理 35 h，然后在 21 ℃中放 48 h，就可形成蔓熟特有的果色。糖和可溶性固形物含量与蔓熟的相同。

第三十七 油 梨

概 述

油梨（*Persea americana* Mill.）又名鳄梨、牛油果，因其果实富含不饱和脂肪酸、果形多为梨形，有的品种果皮有瘤状突起、粗糙不平，酷似鳄鱼皮而得名。油梨营养丰富，不饱和脂肪酸和蛋白质含量高，味如乳酪而有"森林黄油"之美称。是一种营养型、保健型水果。

一、油梨的营养价值和保健作用

（一）油梨的营养价值

油梨果实富含脂肪、蛋白质、矿物质和多种维生素。据分析，优质的油梨果实每 100 g 可食部分含脂肪 18.7 g、蛋白质 2.5 g、糖分 5.2 g、纤维 2.1 g、灰分 1.4 g 及多种维生素。油梨中的脂肪酸约 80％为不饱和脂肪酸，其中，亚油酸、亚麻酸含量达 27.5％。油梨的脂肪酸容易被人体消化吸收，吸收率高达 93.7％。其营养价值与奶油相仿，但不含胆固醇，被誉为高脂低糖保健水果。常食油梨不仅不会引起肥胖，还有降低血清胆固醇及磷脂的作用。油梨果实还含有丰富的蛋白质，其含量为一般果蔬的 2～4 倍（表 37 - 1）。

表 37 - 1　油梨与部分果蔬主要营养成分比较

（每 100 g 果肉主要营养成分含量）

单位：g

成分	油梨	苹果	桃	香蕉	草莓	萝卜	黄瓜	甘蓝	南瓜
水分	70.1	85.8	89.3	75.0	90.1	94.5	96.2	92.4	88.9
蛋白质	2.5	0.2	0.6	1.1	0.9	0.8	1.0	1.4	1.3
脂质	18.7	0.1	0.1	0.1	0.2	0.1	0.2	0.1	0.1
糖质	5.2	13.1	9.2	22.6	7.5	3.4	1.6	4.9	7.9
纤维	2.1	0.5	0.4	0.3	0.8	0.6	0.4	0.6	1.0
灰分	1.4	0.3	0.4	0.9	0.5	0.6	0.6	0.6	0.8

油梨果实还含有铁、钾、钙、磷等多种矿质营养素和维生素 A、维生素 B_1、维生素 B_2、维生素 B_5、维生素 C、维生素 E 等（表 37 - 2）。

表 37 - 2　油梨与部分果蔬的矿物营养与维生素含量比较

（可食部分每 100 g 矿物营养与维生素含量）

成分	油梨	苹果	桃	香蕉	草莓	萝卜	黄瓜	甘蓝	南瓜
钙（mg）	0.21	0.01	0.02	0.04	0.03	0.02	0.04	0.05	0.06
磷（mg）	55	8	14	22	28	22	37	27	35

（续）

成分	油梨	苹果	桃	香蕉	草莓	萝卜	黄瓜	甘蓝	南瓜
铁（mg）	0.7	0.1	0.2	0.3	0.4	0.3	0.4	0.4	0.4
钠（mg）	7	1	1	1	1	14	2	6	1
钾（mg）	720	110	170	390	200	240	210	210	330
维生素 A（IU）	65	0	0	15	0	0	85	10	340
维生素 B_1（mg）	0.10	0.01	0.01	0.04	0.02	0.03	0.04	0.05	0.07
维生素 B_2（mg）	0.21	0.01	0.02	0.04	0.03	0.02	0.04	0.05	0.06
维生素 B_5（mg）	2.0	0.1	0.5	0.6	0.3	0.3	0.2	0.2	0.6
维生素 C（mg）	15	3	10	10	80	15	13	44	15
维生素 E（mg）	3.3	0.2	0.9	0.5	0.4	0	0.4	0.1	1.6

（二）油梨的保健作用

1. 有美肤、护发的功效　从油梨果肉中提取的油梨油是不干性油，酸度小，其中含有丰富的维生素 E 和维生素 A，对人体肌肤有良好的保健作用。油梨油与肌肤的亲和性好，极易被吸收，除能保持肌肤的润滑外，还可作为多种营养物质的载体渗透进肌肤，从而具有良好的护肤效果。油梨油对紫外线还有较强的吸收性，对肌肤有良好的防晒保护作用。油梨油应用于护肤霜中具有抑制暗疮、滋润保湿、去死皮以及抗衰老等作用，使肌肤润滑细嫩；应用于沐浴产品和香皂中具有优越的抗刺激性和非常明显的富脂性能及滋润效果，同时还具有一定的除味作用。

在洗发香波中添加油梨油可以增加其稳定性，具有极佳的增泡、润滑和去头屑等调理功效，使毛发柔软、疏松、光亮。并对头屑多、头皮痒有一定的缓解作用。

2. 有防衰老和对多种疾病的辅助治疗作用　油梨油中的果酸能够延缓衰老和增加皮肤弹性，使皮肤更加柔软，恢复年轻肤质原有的光滑效果。油梨果肉富含维生素 E，可平衡体内性荷尔蒙，增强皮下脂肪的新陈代谢，同时可扩张毛细血管，使血液流畅，防止组织衰老；维生素 E 还具有抗氧化作用，防止不饱和脂肪酸的氧化，抑制过氧化脂质的生成。过氧化脂质在体内积聚过多，容易导致动脉硬化、血流不畅，是脑血栓、心肌梗死的主要诱因。因此，食用油梨具有清除引发脑中风、心肌梗死等有害物质的作用。

为手术后患者准备以油梨为原料的营养餐，如油梨汤、油梨沙拉、油梨牛奶、油梨汁等，可起到辅助治疗的作用。油梨中的维生素 E 可防止血液凝固，防止因心脏病而引起的血管损伤、对心脏病患者康复有益。对于消化系统病患者，摄取足够的维生素 E，可恢复肠胃功能，防止黏膜损伤。油梨含糖量很低，是糖尿病患者的理想果品，用油梨果皮泡茶饮用对糖尿病有一定的缓解作用。油梨富含铁元素和维生素 B 族，是贫血患者理想的食品。

据华中科技大学同济医学院附属协和医院骨科吴宏斌等报道，油梨油中的非皂化物有促进软骨缺损修复的作用，可作为治疗骨关节炎疾病的辅助药物。日本静冈大学研究人员发现，油梨对损害肝脏健康的病毒有特殊的杀伤力，对肝病患者有益。

二、油梨生产概况

（一）世界油梨生产概况

油梨原产于中、南美洲。早在 13 世纪时墨西哥已开始栽培油梨。1492 年当哥伦布发现新大陆时，美洲的热带和中、南亚热带地区已广泛种植油梨。但作为商业性生产则是从 20 世纪初期才开始。近几十年推广了哈斯（Hass）、富尔特（Fuerte）等优良品种及防治油梨根腐病研究工作取得了较大进展，使世界油梨生产得到了迅猛发展。目前世界上在地球南北纬 30°范围内约有近 40 个国家大规模生产油梨，主要产区是美洲、加勒比群岛、以色列、澳大利亚、西班牙、菲律宾群岛和非洲等。最大的油梨生产国依次是墨西哥、美国、巴西、哥伦比亚、委内瑞拉、智利、以色列、澳大利亚、西班牙和南非等。

（二）我国油梨种植概况

我国于1918年首先把油梨引入台湾地区，1925年引入广东省的广州、汕头、揭阳，1931年引种到福建省的福州、莆田、厦门、漳州等地。当时引种的数量少，而且都是实生树。1950年以后，华南地区才开始小规模试种油梨，至今我国已有广西、广东、海南、云南、四川、福建、台湾、贵州、浙江、湖南等省（区）试种油梨。

我国1980年以前种植的油梨大多数是实生树，果实品质差、产量低，而且多为零星分散种植。20世纪80年代后期，才有了连片生产性种植，并开始对引种试种、品种选育、丰产栽培、病虫害防治及果实保鲜加工等方面进行较系统的研究。目前，我国在广西、云南、广东、海南等地形成生产性种植。

三、我国发展油梨生产的基础条件和意义

我国油梨虽然还没有形成规模生产，但我国引种油梨有八十多年的历史，在油梨优良品种选育、种苗繁育、丰产栽培、病虫害防治及产品深加工等方面都取得较为成熟的经验和成果，油梨产业化的技术条件已经成熟。另一方面，随着我国经济的快速发展和人民生活水平的迅速提高，将会改变人们对水果的传统观念，油梨果实的高不饱和脂肪酸、高蛋白、低糖的营养价值更符合人们对水果保健型、健康型的要求，国内油梨的消费量将会与日俱增。此外，我国港、澳、台地区和邻近我国的日本需要进口大量油梨，发展油梨生产在满足国内市场消费后，也可以出口创汇。

（一）我国南亚热带山地适合油梨生长

油梨属热带、亚热带果树，但其不同的生态类型，对低温的适应能力较强，最耐寒的品种可忍受$-7\ ℃$的低温。多年引种试种实践证明，油梨可以在我国台湾、海南、广东、广西、福建、云南的大部及贵州、四川等省的部分亚热带山地种植。

在较好的栽培管理条件下，油梨可获早结丰产。优良品种的油梨种植后三年开始开花结果，进入盛产期后产量约$15\ t/hm^2$。据测产，高产品种三年生油梨株产达$40\ kg$，八年生油梨树平均株产达$74\ kg$。表明油梨在我国广大南亚热带地区有很好的适生性和丰产性。

（二）成熟的技术条件可为油梨产业化生产提供保障

我国对油梨80多年的引种试种，已经掌握了油梨生产的基本技术。

1. 选育出适合我国南亚热带山地种植的优质、高产良种 广西职业技术学院等单位自20世纪80年代初开始，对100多个试种点进行了调查，从7 000多株油梨实生树中初选出20多个优良株系，在广西建立无性系比较试验区，初选出8个优良无性系，并进一步开展复选试验，选育出桂垦大2号、桂垦大3号及桂研10号3个高产、优质的油梨新品系。这三个品系经过多点、多年试种，性状表现稳定，2003年获得广西壮族自治区种子总站作物新品种登记，目前这三个品种已在广西、广东、云南、海南等省（区）推广试种，表现良好，可应用于大面积生产性种植。

2. 国外油梨良种在我国具有良好的适应性 广西职业技术学院从20世纪80年代开始陆续从美国、澳大利亚、以色列等国引进油梨优良品种20多个，经试种观察，世界主栽的油梨优良品种哈斯具有良好的适生表现，该品种有园艺性状好、早产、稳产、优质及耐贮运的特点，可作为我国推广的主要品种之一。另外，中国热带农业大学20世纪80年代也曾从美国引进多个油梨品种，在海南省白沙县试种，发现路拉（Lula）等品种有较好表现，可在我国南亚热带偏南地区种植。

3. 探索出油梨良种快速繁育方法 广西职业技术学院油梨科研组已探索出油梨快速育苗方法——油梨幼芽嫁接技术。利用该技术育苗，从播种到嫁接苗出圃仅需5～8个月，比常规育苗方法

提早出圃 1 年左右。

4. 油梨深加工的关键技术已经解决 广西职业技术学院油梨科研组已成功利用离心分离的方法提取油梨油，并对其精炼技术进行了研究。用该技术提取的油梨油质量好，提取率高，生产工艺较简单，可以进行大规模生产；广西轻工研究院和广东南亚作物研究所等单位采用超临界流体萃取技术提取油梨油也取得成功。解决了油梨深加工的关键问题，为油梨油在化妆品等行业的应用奠定基础。

此外，油梨果实加工成果酱、果汁、油梨粉及冷饮等技术都已试验成功，大大拓宽油梨生产发展后的产品销路渠道。

（三）油梨具有广阔的消费市场

目前，世界油梨生产每年产量约 200 万 t，绝大部分均在生产国国内消费，每年鲜果的贸易量约 20 万 t，只占产量的 10% 左右。主要出口国为墨西哥、南非、以色列、智利等，主要进口市场是欧洲、加拿大及日本等，其中欧共体进口量占 70%。仅以色列每年向英国、法国等国家出口油梨达 6 万 t。日本对油梨的消费量增加很快，每年需进口油梨几万吨。美国为油梨生产大国，但还不能满足国内消费需要，每年还从智利、墨西哥等国进口。因此，油梨有广阔的国际市场。

我国上海、北京、广州等城市多从国外进口油梨鲜果，这些城市的水果批发市场油梨销售每千克价格约 40 元，超市出售的油梨每千克价格高达 60~120 元。

油梨生产国的人们对油梨非常喜爱，国内市场的消费量很大。如，以色列的家庭主妇将油梨视同番茄、胡萝卜一样成为每日蔬菜中不可缺少的一部分；危地马拉人几乎将油梨当作主粮食用；墨西哥是当前世界油梨生产大国，人均年消费量达 10 kg 以上。我国绝大多数人对油梨还很陌生，但随着人民生活水平的不断提高，人们对油梨这种营养型、保健型水果的消费量也将会不断增加，国内将是一个巨大的市场。如果 10 年以后全国有 1/10 的人口（即 1.3 亿人）食用油梨，人均消费量以墨西哥人的 1/10 计算，则全国每年的油梨消费量约 13 万 t。另外，油梨生产发展后，鲜果还可打入国际市场，销往港澳、日本等邻近国家和地区，具有明显的地域优势。

（四）发展油梨生产，可改善生态环境

种植油梨不仅在经济建设上有重要作用，而且对改善生态环境有重要意义。油梨树是一种速生阔叶高大乔木，四季常绿，叶片浓绿茂密，树形美观。每年春季换叶量大，换叶期集中，园内落叶层很厚。油梨树生长迅速，成林快，寿命长，果园成林后，园内完全被枯枝落叶所覆盖，形成良好的森林生态环境，对保持水土，改良生态环境有良好的作用。在一般管理条件下，油梨种植后第五年即郁蔽成林，成年油梨园内地面被一层厚厚的落叶层所覆盖，近地表面 2~3 cm 的土壤都是黑褐色的、潮湿的、有机质丰富的土层。这是由于油梨落叶层不断腐烂，增加土壤有机质，使得土壤质地和持水力都有明显改善。油梨园树冠浓密，一般短时大雨，水流不出林地；夏季高温时，林内温度也明显比林外低，已起到改善环境和储水改土的作用，形成良好的森林生态环境。

第一节 种类和品种

一、种类

油梨属于樟科（Lauraceae）鳄梨属（*Persea*）。其自然分布是以中美洲为中心，分布范围从热带的哥伦比亚至墨西哥南部的高山亚热带地区。根据原产地生态条件的不同，油梨主要分为三个种系，即西印度系 [*Persea americana* var. *americana*（Antillean or West Indian）]、墨西哥系 [*P. americana* var. *drymifolia*（Schlecht and Cham）Blake（Mexican）] 和危地马拉系 [*P. nuvigena* var. *guatemalensis* L. Wms.（Guatemalan）]。三者生态起源不同，对气候的适应性尤其是耐寒性也不一样。

（一）西印度系油梨

原产于中美洲加勒比海一带的安狄列斯群岛，故又名安狄列斯系油梨。自然分布在海拔 800 m 以下低地，适应高温高湿的热带低地条件，耐寒能力差，一般在 0 ℃以下的低温会严重受害，可视为热带果树。该种系的油梨果实大，果皮薄而光滑，单果重可达 1 kg 以上，果肉的脂肪含量较低，一般仅占果肉的 7%～10%。花少有纤毛，新叶揉碎无茴香味。

（二）危地马拉系油梨

原产于危地马拉和墨西哥南部海拔 1 800 m 以下的山地丘陵，属中、南亚热带生态型的种系。耐寒能力较强，三年生以上的植株在辐射低温降至−2.2 ℃时才会出现冻害，−6.1 ℃时才会严重受害，可视为亚热带果树。该种系在南、北纬 30°范围内的地区有广泛种植，甚至在美国北纬 37°的旧金山一带较避寒的地区也有栽培。我国以前引种的主要是这一种系，广西境内几乎都有过引种试种，在绝大部分地区均可安全越冬，并能正常生长结果。这一种系中的不同品种，果实有较大差异，有梨形、圆形、椭圆形、长椭圆形等；单果重从 0.2～1.0 kg 不等，甚至更大；果皮表面有光滑的、粗糙的和瘤状突起的，果实后熟时果皮有绿色、黄绿色、红色和紫黑色等；成熟期有早熟、中熟和晚熟的品种，采收期可从当年 8 月延续到第二年 2～3 月；果肉的脂肪含量 10%～30%。花少有纤毛，嫩叶揉碎没有茴香味。

（三）墨西哥系油梨

原产于墨西哥山地，自然分布可达 2 400～2 800 m 高山雪线以上的"山地冷带"气候区，属亚热带生态型品种。耐寒能力强，一般平流低温和雨雪不会对它产生危害，只有辐射低温降到−6～−10 ℃时，才会出现幼芽和枝叶冻害。可视为半亚热带果树。该种系果实较小，一般单果重在 0.25 kg 以下，果皮薄且光滑，种子比例较大，可食部分少，故经济价值不大，目前我国引种较少。但该种系抗寒力强，果肉脂肪含量 18%～30%。因此，可作杂交育种的亲本，以培育抗寒和优质的油梨品种。花多纤毛，嫩叶红色，揉碎有强烈的茴香气味，是区别于西印度系和危地马拉系油梨的最重要特征之一。

除上述三个种系外，油梨栽培品种中还有不少是三个种系间的杂交种。在生产中主要有危地马拉系×墨西哥系和危地马拉系×西印度系的杂交种。我国目前生产中种植的多以危地马拉系为主。

二、品种

（一）国外主要栽培品种

1. 墨西哥系

（1）墨西科拉（Mexicola）。树形直立，树冠大小中等，较丰产。A 型花，开花期 4～5 月；属早熟种；果实梨形，单果重 120～200 g，果皮黑紫色；种子大，可食部分少。抗病性和耐寒性强，可耐−10 ℃低温，是理想的砧木品种。

（2）巴康（Bacon）。树形高大，较直立，叶色浓绿。B 型花，开花期 2～3 月；果实成熟期在 10～11 月；果实卵形，单果重 170～340 g，果皮薄，绿色而光滑；果肉质地细腻，纤维少，风味较好。耐寒性较强，可耐短时−6 ℃低温。

（3）祖坦诺（Zutano）。从墨西哥系油梨实生树选出的中熟品种。植株高大，树形直立。B 型花，开花期 2～3 月；果实成熟期在 10 月到次年 3 月；果实梨形，单果重 150～400 g，果皮薄而光滑，黄绿色，有黄色小斑点；果肉淡黄色，品质中等。可耐−3 ℃的低温。

（4）杜克（Duke）。植株高大，生长势强，树冠开张，丰产。B 型花，开花期 3 月；果实呈长圆梨形，单果重 100～200 g，果皮亮绿色，有浅色斑点；果肉淡黄色，含油率 21%～22%；种子较小。耐寒抗风，可耐−5.5 ℃低温。

2. 危地马拉系

（1）哈斯（Hass）。植株大小中等，树形开展。A 型花，可自花结实。开花期 3～4 月；果实于

11月下旬至次年2月成熟；果实卵形，单果重140～340 g，果皮厚度中等，坚韧，有瘤状突起，粗糙不平，鲜果皮为绿色，后熟果皮为黑褐色。果实较耐贮运，果肉品质佳，脂肪含量18%～22%。耐寒性中等，可耐－4.5 ℃低温。

该品种有稳产、优质、耐贮运的特点，是目前世界上的主栽品种和主要出口的商业品种。

（2）奈伯尔（Nabal）。植株强壮，分枝均匀。B型花，开花期4～5月；果实于花后12个月成熟；果实近圆形，单果重340～510 g，果皮厚，暗绿色，光滑，果肉奶黄色，近皮处绿色，味道香美，品质极佳，脂肪含量18%～25%。抗寒性和抗风能力较差，树枝容易折断。有隔年结果现象。

（3）里德（Reed）。树形较直立。A型花，晚熟品种；果实球形，单果重220～510 g，果皮呈绿色，较粗糙，果肉风味好。耐寒性较差，温度降至－1.1 ℃时受害。

（4）奎因或皇后（Queen）。树形开展。B型花，果实成熟期在美国加利福尼亚州为5～10月；果实大，呈梨形，单果重约700 g，果皮粗糙，有瘤状突起，未成熟时为暗绿色，成熟时为紫色；果肉黄色，无纤维，香味浓，品质佳，脂肪含量12%～15%，种子小。抗寒性较差，尤其是不耐霜冻，温度降至－3.5 ℃以下受害。

3. 西印度系

（1）波洛克（Pollock）。B型花，开花期2～3月，果实成熟期8月。果实倒卵形或长梨形，单果重约1 000 g，最重可达2 400 g，果实长15～18 cm，横径10～12 cm；果柄短，果皮薄，革质，淡黄绿色；果肉淡黄色，细腻，近果皮处黄绿色，香味浓，品质优良，脂肪含量3%～6%。种子重约100 g，圆锥形，不易与种皮分离。抗寒能力差。

（2）特雷普（Trapp）。植株生势较弱，为高产迟熟种。B型花，果实成熟期10月，可留树保存到第二年3月；果实扁圆形，上部较小，下部较宽，果柄短，单果重450～700 g，果皮光滑，淡黄绿色，有许多形状不规则的斑点；果肉细腻，深奶酪黄色，近皮部处淡绿色，少纤维，香味中等，风味好，品质佳；种子宽扁圆锥形，重约140 g。耐寒力及抗病力较差。

（3）沙怀尔（Sharwil）。果实球形，果皮绿色，种子小，果肉多，品质优良，是美国夏威夷州最受欢迎的品种之一。但对根腐病敏感，不耐寒，温度降至0 ℃时即受害。

4. 杂交种系

（1）富尔特（Fuerte）。危地马拉系×墨西哥系的自然杂交种，1911年在墨西哥城南部发现。树形开展，分枝角度大，树冠庞大。B型花，开花期2～3月，果实成熟期10～11月。果实梨形，单果重170～400 g，果皮深绿色，较粗糙，上有许多黄色小斑点；果肉奶黄色，近皮处绿色，质地细腻，香味较浓，脂肪含量18%～30%。种子心脏形，大小中等，与果肉紧密结合。有较强的耐寒力，可耐－4 ℃的低温。但果实容易感染炭疽病，有隔年结果现象。

（2）路拉（Lula）。危地马拉系×墨西哥系的杂交种。A型花，2～4月开花，果实成熟期10月。丰产性能好。果实梨形，单果重400～680 g，果皮绿色，脂肪含量12%～16%。缺点是容易感染疮痂病。

（3）韦尔丁（Waldin）。危地马拉系×西印度系的杂交种。B型花，开花期3～4月，果实成熟期10～12月。果实卵形，单果重400～680 g，果皮绿色，脂肪含量6%～10%。产量中等，耐寒力较差。

（4）哈尔（Hall）。危地马拉系×西印度系的杂交种。B型花，开花期3～4月，果实成熟期11月至次年2月。果实长梨形，单果重570～850 g，果皮暗绿色，脂肪含量12%～16%。产量高，耐寒性中等，适合于庭院种植。

（5）博思7（Booth7）。危地马拉系×西印度系的杂交种。B型花，开花期3～4月，果实成熟期10～12月。果实呈球形，单果重280～560 g，果皮黄绿色，风味佳，脂肪含量10%～14%。产量高，耐寒力中等。

（6）博思 8（Booth8）。危地马拉系×西印度系的杂交种。B 型花，开花期 2～4 月，果实成熟期 10～12 月。果实卵形，单果重 400～570 g，果皮绿色，果肉含油量 6%～10%。产量高，耐寒力中等。

（二）国内选育的油梨优良品种

1. 桂垦大 2 号　选自广西职业技术学院 1979 年建立的危地马拉系实生油梨园。该品种较速生，主干粗壮，树叶茂盛，分枝均匀，树形美观。B 型花，开花期 3 月上旬至 4 月中旬，花序较短，花量中等。成熟期 9 月中旬至 10 月中旬，成熟时果皮黄绿色，外表美观。果实圆形至椭圆形，平均单果重约 420 g；果皮革质，表面较光滑、油绿色；果肉黄色，肉质细腻，有较浓的蛋黄香味，无异味。种子较大，扁圆形。可食率 76.2%。新鲜果肉中含粗脂肪 11.21%，粗蛋白 1.66%，总糖 2.90%，适宜鲜食。

该品种嫁接苗一般在定植后二年开花，第三年可挂果，前期产量一般，逐年增长，成年后较丰产，7～10 龄树一般株产可达 50 kg 以上。该品种果实抗炭疽病能力强，后熟后仍能保鲜相对较长时间。抗寒能力中等，可耐-2 ℃左右低温霜冻。

2. 桂垦大 3 号　选自广西职业技术学院 1979 年定植的危地马拉系行道油梨实生树。该品种速生，顶端优势较明显，主干型树冠，分枝角度大，树冠下部的枝条往往是水平方向伸展，甚至向下垂；叶片长椭圆形，较大型。B 型花，开花期 3 月中旬到 5 月初，花多而密。果实较迟熟，成熟期在 10 月下旬至 11 月中旬，成熟时果皮仍为鲜绿色，外表美观；果实呈不对称椭圆形，果实有较明显而平坦的脊痕数条，平均单果重 460 g，最大达 1 200 g；果肉黄色，肉质细腻，有蛋黄香味；种子较大，扁圆形，可食率 78%，新鲜果肉中含粗脂肪 9.16%，粗蛋白 1.06%，总糖 3.09%。抗寒力中等，可耐-2 ℃左右的低温霜冻。果实生长后期容易感染炭疽病。

该品种早产、丰产、稳产，嫁接苗定植后 1～2 年开花，第 2～3 年即可挂果。但该品种干性强，树冠高而直立，不便栽培管理，在生产中要注意控制树冠的高度，培养多主干、多分枝的树冠。

3. 桂研 10 号　广西橡胶研究所从危地马拉系实生树中初选，经广西职业技术学院复选而得的品种。该品种树形高大，分枝匀称，枝多叶茂，生势好。A 型花，开花期 3～4 月，早熟种，果实成熟期为 8 月下旬至 9 月中旬。果实椭圆形，平均单果重 320～550 g，种子较小，可食率达 79%；果皮绿色，光滑，有黄白色小斑点，成熟后黄青色；果肉质地细腻，具香味，品质优良，脂肪含量 10%～12%。丰产稳产。耐寒性好，可耐-3 ℃左右的低温霜冻。果实保鲜期短，不耐贮运。

第二节　苗木繁殖

油梨育苗方法有实生苗培育、嫁接苗培育、扦插苗培育、组织培养等。目前，生产上多以嫁接苗培育为主。

一、实生苗培育

实生苗主根明显，根系发达，生长健壮，抗逆性强；具有明显的童期，进入结果期迟；存在较强的变异性和明显的分离现象，难以保持母本的优良性状。因此，一般实生苗不宜直接用于生产种植，主要是用于油梨嫁接苗的砧木和杂交育种材料。

（一）种子的采集与处理

1. 种子的采集　在我国适宜作砧木的危地马拉系油梨品种多在 8～11 月成熟。选择没有病虫害、充分成熟的新鲜果实采集种子，如果需要利用果肉，可以待果实后熟软化后再取种，取种后的果肉可以直接食用或作为加工的原料。一般种子越大，发芽率越高，幼苗生长势越旺，所以要选择粒大饱满的种子为好。

2. 种子的处理　从果实中取出种子后，去掉残肉，用清水洗净，剥去种皮。用 $0.1\%\sim0.2\%$ 的高锰酸钾溶液或 40% 三乙膦酸铝可湿性粉剂 1 000 倍液浸泡 $3\sim5$ min，再用清水冲洗干净，阴干。按照种子大小进行分级，以方便播种后苗圃的管理。

油梨种子以随采随播为最好，如果不能立即播种，应置于冷凉干燥处，用湿润的细沙、锯屑或苔藓贮藏，切忌日晒。

3. 纵剖种子，增加育苗系数　在种子不足的情况下，可以通过纵剖种子的方法来增加育苗数量。具体做法是：选择新鲜、粒大饱满（直径在 4.5 cm 以上）的种子，尖端向下倒置种子，用利刀对准胚芽中心一刀切下，将种子切成两半，再根据种子的大小确定是否再行切分，每一块种子都要带有一部分的种胚。用 $0.1\%\sim0.2\%$ 高锰酸钾溶液或 75% 百菌清 $600\sim800$ 倍液等杀菌剂溶液浸泡消毒 $3\sim5$ min，取出用清水洗净后，在阴凉处晾干，再进行催芽。也可以先把种子催芽约 2 周后，待种胚膨大时再进行纵剖，这时候胚芽较大，容易确保纵剖后的每块种子均带有种胚。

纵剖种子长出的幼苗较纤弱，需加强幼苗期的管理，才能成苗。

（二）催芽与播种

在播种前先行催芽，根据种子萌动的先后分期分批播种，可以使种子发芽率高、出苗整齐。

1. 催芽　选择地势平坦、排水良好、阴凉的地块，将苗床整平，铺上 $3\sim5$ cm 的河沙，把处理好的种子尖端朝上摆在沙床上，每粒种子之间距离约 2 cm，用湿润的河沙盖过种子 2 cm 左右，然后用干草等材料覆盖于苗床上。根据天气情况适时淋水，保持苗床湿润。待胚根伸出种子，胚芽膨大，子叶开裂时即可播种。

2. 播种　如果实生苗是用作幼芽嫁接砧木，嫁接成活后立即移栽的，株行距以 10 cm×（$20\sim25$）cm 为宜；如果要培育成大苗嫁接的，株行距则以（$20\sim30$）cm×（$30\sim40$）cm 为宜。播种时，先在苗床上按照行距开深约 10 cm 的条沟，再按株距将种子摆放于沟底，尖端朝上，用砂质细土或火烧土覆盖于种子上，以盖过种子 1 cm 左右为宜，用稻草、秸秆等材料覆盖床面保湿，淋透水。

油梨种子萌芽时所需的营养物质主要来自种子的子叶，所以播种时应尽量保持子叶完整。经过催芽的种子播后约 $10\sim20$ d 发芽，未经催芽的种子需要 $30\sim40$ d 发芽。

（三）播种后管理

1. 覆盖　用稻草或其他秸秆覆盖苗床畦面，保湿保温，防止土壤板结，有利于提高发芽率，缩短出苗期。当有约 50% 的幼苗出土时，要及时揭开覆盖物，以免晴天温度过高，灼伤幼苗。

2. 淋水保湿　视床土干旱情况酌情淋水，保持苗床土壤湿润。如遇降大雨，要及时做好排水工作，避免积水引起幼苗根系腐烂。

3. 疏芽定苗　油梨种子具有多胚现象，一粒种子可以长出多个幼芽。萌芽后，选留一个生长健壮、直立的幼芽，把其他弱芽、斜生或弯曲的芽全部除掉，减少不必要的养分消耗，使留下的幼芽生长更加粗壮、迅速。

4. 施肥　当幼苗长出 $3\sim4$ 片叶片转绿时，即可进行施肥。施肥以腐熟厩肥水施为好，要少量多次，以免烧根。每月施 $1\sim2$ 次浓度为 0.1% 的腐熟人粪尿或 0.2% 左右的尿素或复合肥水肥。如要施干肥最好选择雨后阴天进行，肥料不要碰到叶片及茎部，施后用耙将肥料翻入土中，必要时施后淋水，促进肥料溶解。

5. 中耕除草　根据苗圃杂草生长情况松土除草，使苗地疏松无杂草。苗圃周围及畦间的杂草太多时也可以通过喷洒除草剂来除草，但要注意除草剂不要喷到幼苗的茎叶上，以免影响幼苗的生长。

6. 病虫害防治　油梨幼苗期最常见的病害主要是猝倒病，特别是雨水过多，苗圃地板结或渍水，根系生长不良时最容易感病。防治方法是：及时排水和除去病株，并用杀菌剂（如 80% 代森锰锌 800 倍液或 70% 甲基硫菌灵 $1 000\sim1 500$ 倍液或 50% 多菌灵 800 倍液或 75% 百菌清 800 倍液等）喷洒或淋根。

油梨幼苗期常见的主要害虫是咬食根系和幼茎的地老虎和食叶虫类。防治方法是：地老虎危害严重的苗圃，可用嫩草、鲜菜叶切碎拌以 10：1 的敌百虫撒在苗木附近诱杀或 8：00 前在被咬苗附近的土层中人工捕捉；发现有毒蛾幼虫、尺蠖幼虫等食叶虫类，可用杀虫剂（如 80％敌敌畏或 90％敌百虫 800 倍液或 4.5％高效氯氰菊酯 2 000 倍液等）喷杀。

二、嫁接苗培育

嫁接苗能保持母本树的优良特性；繁殖系数高；能利用砧木的抗性，扩大栽植区域；能提早结果，一般 2～3 年可开花结果。是目前我国油梨生产主要的苗木繁殖方法。

（一）砧木品种的选择

砧木品种关系到嫁接成活率高低、嫁接苗的长势、抗性、产量、果实品质及油梨树的寿命长短。应选择适应当地环境气候条件、耐旱、抗病性强、与接穗亲和力强的品种做砧木。

不同种系的油梨耐寒性、耐盐性、抗病性、产量、品质有很大不同。墨西哥系油梨耐寒性强，抗病性也较强，种子大小均匀，容易培育出生长整齐的苗木。根腐病发生严重、纬度偏北的地区用墨西哥系品种作砧木较好，但该种系的种子往往较小，刚出芽幼苗较细小，不适合作幼芽嫁接的砧木，可用于大苗嫁接的砧木；西印度系油梨生势较旺盛，耐盐性强，适于低海拔沿海地区作砧木，但耐寒能力较差，与有些品种的亲和力差；危地马拉系油梨种子较肥大，幼苗出芽粗壮，适宜做幼芽嫁接的砧木，该种系耐寒能力较强，在我国种子来源广，是我国主要的砧木品种。

为控制油梨根腐病的发生和传播，国外已选育出具有较强的耐根腐病能力的砧木品种，如托马斯（Thomas）、杜克 7（Duke7）和 G_{755} 等品种，并已在生产中应用。

（二）接穗选择及处理

油梨嫁接用的接穗要从优良品种的健壮母树上采取。优良接穗应采自粗 0.6～0.8 cm、长 25 cm 以上的一年生枝条。优质的接穗应该是枝条组织充实但尚未老化，芽眼饱满。如果在嫁接前 3～6 周环割枝条，剪取接穗前 10 d 去掉叶片，待芽点处于萌动状态时剪下做接穗更好。一些品种（如哈斯）长势偏弱的枝梢或较老枝梢上的侧芽大部分脱落，不宜用作接穗。

接穗以即采即嫁接为好，若要远途运输或需短时存放，应贮藏于湿润的水苔、锯末或河沙中，置于阴凉处保存。

（三）嫁接方法

油梨苗嫁接方法很多，有幼芽嫁接、切接、合接、劈接、芽片接、腹接等，其中，以幼芽嫁接法最为常用。幼芽嫁接是指在砧木幼茎尚未木质化、叶片未转绿前即进行嫁接的一种方法，也称核接法或籽苗嫁接法。利用该方法嫁接，从播种到嫁接苗出圃仅需 5～8 个月，比常规育苗方法提早出圃 1 年左右。

（四）嫁接后的管理

1. 防蚁害　嫁接后常有蚂蚁咬食嫁接薄膜，导致接穗失水干枯死亡。在蚁害严重的苗圃，嫁接前最好能先施用灭蚁药消灭蚂蚁。如果嫁接前不能灭蚁，嫁接后应立即施药防治，可以撒施灭蚁灵粉剂或喷洒敌敌畏、敌杀死等杀虫药剂。

2. 做好淋水保湿和防涝工作　在嫁接前 2 d，砧木苗要淋透水，嫁接后 3 d 内不宜淋水，以免嫁接口溢水影响接口愈合。以后，如遇干旱天气要及时淋水保湿，确保土壤湿润；如遇降大雨，要及时做好排水工作，避免苗圃积水。

3. 检查成活，及时补接　一般嫁接后 15～20 d 就可以判断是否成活。如果接穗保持不变色，芽眼新鲜，表明嫁接已成活；如果接穗变色干缩，说明嫁接不成活，应及时补接。

4. 适时剪砧　如果采用腹接法的，可结合检查成活率在接后 15 d 左右在嫁接口以上 3～5 cm 处折砧，这样既可遮阴又能促进接穗萌芽。在新梢长到约 10 cm 时剪砧，剪口在接穗上方约 0.5 cm 处。

5. 除蘖芽、丛苗 嫁接后，砧木上常有蘖芽萌发或长出多胚丛苗，与接芽争夺水分、养分，应及时除去，以免影响接芽生长。

6. 及时解绑 嫁接成活后接芽可自行顶破嫁接薄膜长出，待一次新梢老熟后，注意观察嫁接口的生长情况，如绑缚的薄膜影响到嫁接口茎部生长时，要及时解绑，以免出现薄膜带缢陷现象，影响苗木茎部的生长。解绑时，用嫁接刀尖竖向划破绑扎的塑料薄膜即可。解绑不宜过早，以免嫁接口尚未完全愈合，在高温干旱或遇到寒害时，接芽容易受到损伤。

7. 施肥 在接穗第一次新梢老熟后即可开始施肥，要薄施勤施，一般每月施肥 1~2 次。前期用腐熟人畜粪尿（10：1）或速效氮肥，后期增施磷、钾肥，促进苗木充实健壮。

8. 中耕除草与病虫害防治 苗圃地要注意及时松土除草，保持土壤疏松无草。接穗萌芽后，视病虫害发生情况，及时喷杀虫剂和杀菌剂保护新梢。

此外，也有利用扦插繁殖、组织培养进行油梨种苗繁殖的报道，但要求的技术条件较为苛刻，目前生产中应用较少。

三、苗木出圃

（一）起苗前的准备

苗木出圃是育苗工作的最后一个环节，出圃苗木的质量关系到苗木定植后能否成活和正常生长。因此，苗木出圃前应将苗木品种、数量、质量进行统计，制定周密的出圃计划和操作流程。如果在旱季出圃，在起苗前两天左右对苗圃进行灌水，使苗圃土壤湿润，以免起苗时过多损伤根系。准备好起苗用具和包装材料，如起苗铲、包装袋、包装绳、塑料薄膜等。

（二）起苗

起苗应在苗木生长缓慢期进行。一般以春季出圃为好，如果在夏秋季出圃则必须在每次新梢生长停止并充分老熟时进行。如果是用营养袋等容器育苗，周年均可出圃。起苗时注意避开大风、干燥和降雨天气。

用营养袋培育的苗木出圃时先把营养袋边上的泥土挖开，再用起苗铲插至营养袋底部把营养袋撬起，起苗过程中要保持营养袋的土团不松动。露地培育的苗木最好带土团起苗，尽量减少根系损伤，提高定植成活率。如果挖掘裸根苗，起苗时要使苗圃土壤湿润疏松，尽量减少根系（特别是侧须根）损伤。

（三）苗木分级、修剪和包装

优质的油梨嫁接苗应该是营养袋的土团不松散或裸根苗根系完好，嫁接口愈合良好，枝粗节间短，芽眼饱满，枝叶颜色正常，表现出该品种应有的特征，新梢枝叶完全老熟，无检疫病虫害。起苗时要根据苗木的大小和其他质量标准分级摆放。不合格的苗木应留在苗圃内继续培育。

起苗后，应立即对苗木进行必要的修剪，以减少苗木水分损失，提高苗木出圃质量。营养袋育苗或带土团起苗根系损伤很少的苗木，只剪去长出营养袋或土团的根系，枝叶可不用修剪或只剪去幼嫩部分。用包装袋和包装绳将土团包扎绑紧，避免土团松散。挖裸根苗的，要把过长的主根剪除（保留 20 cm 左右），尽量保留须根，并用新鲜黄泥浆（其中加入生根粉更好）蘸根保水，剪去所有幼嫩枝条和大部分的叶片，减少苗木水分蒸发；如遇高温干旱天气，要剪掉全部的叶片，并用薄型塑料薄膜条把茎干包扎，以减少水分损失。然后，根据苗木大小每 20~50 株扎成一捆，根部用塑料薄膜或稻草包扎并绑紧，以利保水。挂上标签，标明品种、苗木等级、株数、生产单位及地址等信息。

（四）苗木的假植

油梨苗木起苗后，如果不能立即定植或外运，应当进行假植，以保护苗木根系和枝叶。根据假植的时间长短分为长期假植和临时假植。临时假植要选用遮阳、避风、排水良好的地块，挖 30~40 cm 深的假植沟，营养杯苗或带土苗的把苗木摆在沟底，每株相隔 5~10 cm，株间用细土或湿沙填平；裸根苗则在沟内倾斜排放苗木 2～3 排，用湿沙或泥土埋住根部并压实，最后浇透水。长期假植是指假植时间在一年以上，假植时株行距（30～40）cm×（40～50）cm，假植时苗木要摆正种植，假植期内注意土肥水的管理。

（五）苗木的检疫和运输

苗木检疫是防止病虫害传播和扩散的有效措施。进行苗木调运时，应到植物检疫部门进行苗木检疫，严防苗木带有检疫对象的病虫。

油梨苗木在运输过程中，要注意遮阴、保湿、降温，防止苗木因温度过高造成烧苗、落叶，甚至干枯。如果是远距离运输，应在车箱底部和四周铺一层隔温材料，一般以价廉、质轻、坚韧、吸水保湿、不易发霉发热的就地材料为佳。营养杯苗或带土苗堆叠不得超过两层，裸根苗捆与捆之间用湿润的谷壳、锯末、苔藓等材料填充，最上面再覆盖草帘或薄膜。运输途中要给苗木根部适当浇水，保持根部湿润。车厢用帆布罩遮，减少苗木的水分损耗。

第三节　生物学特性

油梨为常绿阔叶高大乔木，在自然生长条件下，实生树高达 10～20 m，冠径 6～8 m。油梨树寿命可在百年以上，经济寿命 40～50 年。

一、根系生长特性

油梨根系浅生，侧根垂直分布范围多在地下 1 m 以内，绝大部分分布在土壤表层的 30 cm 以内。根部无根毛，由菌根代替根毛吸收水分和养分，菌根共生于根尖端，粗约 1 mm，在通气良好的湿润土壤中，菌根容易迅速形成。土壤过于干旱，对根系生长不利。但如果土壤排水不良，水分含量过多，根系不仅生长不好，还容易导致根腐病。因此，种植油梨必须选择通气、排水良好的土壤。

油梨不容易形成不定根，一旦根系受损，特别是较大的侧根受损，较难恢复生长，并容易使病菌从伤口侵入，感染根腐病。因此，在栽培过程中要尽量减少根部损伤。

二、茎生长特性

油梨多数品种枝干直立，分枝较多，枝条开张，多为阔圆锥形、圆头形或半圆头形树冠，也有些品种树冠直立而不开张的。一年生枝梢表皮绿色、光滑，枝条质地柔软而松脆，易折断，老熟后为暗褐色。主干及大枝皮灰褐色、粗糙，木质部质地疏松。

油梨幼树一年可抽生 4～5 次梢，结果树一年可抽生 3～4 次梢。在开花的枝梢上，油梨的新梢从花穗顶部抽生出来。

三、叶生长特性

油梨叶片较大，单叶互生，螺旋状排列。叶全缘，革质，叶面深绿色，光滑，叶背灰白色，有茸毛。嫩叶颜色因品种不同而各异，有淡绿色、有紫红色或古铜色等。叶形多为椭圆形、长椭圆形、披针形、倒卵形等，叶尖端急尖或渐尖，基部楔形。叶面凹陷或平展。叶脉羽状，一般有 6～7 对侧脉，突起于叶背。墨西哥系品种的油梨叶片揉碎时有强烈的茴香香气，这是区别于其他两个种系的重要特征之一。

油梨叶片的寿命一般在 10～20 个月，幼龄树或不开花的植株叶片寿命较长，结果树在每年春季开花期有一个比较明显的集中换叶期，此时部分老叶逐渐褪绿黄化，并陆续脱落，开花量大或肥水不足的植株绝大部分老叶会在开花期黄化脱落。与此同时，在花穗顶端抽生新梢长出新叶，接替老化脱落的叶片。

四、开花

大多数油梨品种开花期在 3～4 月。花序为圆锥花序，着生于一年生枝条的顶端或叶腋间。花序中花朵数量与品种有关，一般一个花序由几十朵至几百朵小花组成。花小而密，色淡黄带绿，直径约 1 cm，花柄淡绿色，长 5～7 mm，花被外多茸毛，属完全花；花萼与花瓣连成花被共 6 枚，分内外两层排列；雄蕊 12 枚，排列成 3 轮，其中 9 枚发育正常（外轮 6 枚，内轮 3 枚），退化的 3 枚与内轮雄蕊对生。花药 4 室，上面二室较小，每室都具有透明的花粉室盖；外轮雄蕊的药室多为向内着生，内轮雄蕊的药室则多向外着生；内轮雄蕊基部着生 6 个蜜腺，橙黄色，有黏性，与外轮雄蕊相间着生；子房一室上位，具有一侧生胚珠；花柱细长，浅绿色，长 5～7 mm，伸直或弯曲，有极细小的白色茸毛，柱头 1 个，呈盘状。

油梨花虽然属于完全花，但雌雄蕊异熟，根据雌蕊和雄蕊成熟的时间和顺序不同，可把油梨的花分为 A 型花和 B 型花两类。A 型花：花朵第一次开放是在当天上午，此时花中的雌蕊已成熟，可以接受传粉受精，但该花的雄蕊还未成熟，没有散发出花粉粒，花朵于当天下午第一次闭合；花朵第二次再开放是在第二天下午，此时雄蕊已经成熟，花药散发出花粉粒，但雌蕊已经失去了接受花粉受精的能力，傍晚花朵永久闭合。B 型花：花朵第一次开放是在当天下午，此时雌蕊已经成熟，可以接受传粉受精，但该花的雄蕊尚未成熟，没有散发出花粉粒，花朵于当天傍晚第一次闭合；花朵第二次再开放是在第二天上午，此时雄蕊已经成熟，花药散发出花粉粒，但雌蕊已经失去了接受花粉受精的能力，下午花朵永久闭合。

由于油梨存在 A 型和 B 型两种花型，同一品种或同一花型品种的花朵之间相互授粉的概率低，结实率也低，因此，在栽培中要考虑 A 型、B 型两种花型的品种适当搭配，才有利于授粉结实（图 37-1）。也有些油梨品种的花有 A、B 交叉混合型的，可以自花授粉结实，但是结实率也较低，因此，生产上大面积种植时还是应该搭配种植 A 型和 B 型两种花型的品种，才能实现高产稳产。

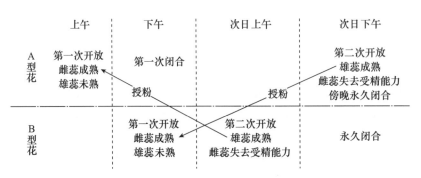

图 37-1　油梨 A 型和 B 型花开放顺序及相互授粉示意

五、果实和种子

油梨果实为肉质核果，形状因品种而异，有梨形、卵形、椭圆形、球形、茄子形等。单果重也有很大差异，小型果实仅 20～30 g，大型果实可达 1 500 g，最大型有超过 2 000 g 以上的。果皮革质，果实未后熟时一般为绿色或黄绿色，后熟以后有绿色、黄绿色、紫色、暗红色、黑褐色等；外果皮厚度不同品种间也有很大差异，薄的不足 0.1 mm，厚的可达 2 mm 以上，有的光滑，有的粗糙，有的表面有许多瘤状突起；中果皮即为果肉部分，浅黄色到深黄色，近似牛油状，靠近外果皮部分因含有叶绿素而略带青色；内果皮与种皮结合在一起，呈褐色，果实成熟时有的紧紧黏附在种子上，有的则较疏松，易从种子上剥离。

油梨坐果率低，大多数品种在幼果期有两次明显的生理落果高峰，第一次生理落果在谢花后的第

1～2周（在广西南宁4月中下旬）开始，主要是授粉受精不良的幼果脱落；第二次生理落果在谢花后1个月左右（在广西南宁6月）开始，主要是树体养分供应不足所致。有些地区受台风影响还会造成采前大果脱落。秋旱地区如不能及时灌水，也会引起采前落果。

油梨果实发育期的长短因品种而异，通常从坐果到果实成熟，早熟品种约需120 d，中熟品种约需150 d，晚熟品种需180～240 d。在广西南宁，大多数品种的果实生长高峰期在6月下旬至8月中旬，果实成熟期在8月下旬至12月左右。大多数品种果实成熟后，如不及时采收，即会自然脱落，尤其是果实成熟期遇到高温干旱天气，采前落果会加剧。而哈斯品种的果实成熟后不容易脱落，成熟果实可留树保鲜2～3个月不脱落，果实最长挂树期可达300 d左右。

油梨果实内有种子1颗，大型，占果重的10%～30%，多为扁圆形或心形，子叶2枚，黄白色，多胚或单胚。

第四节 对环境条件的要求

油梨的不同种系起源于不同的气候环境区，因而不同种系的栽培品种对气温的要求差异比较明显，特别对低温的适应性有较大区别，而对土壤、降水量、风和光照等的要求差异不大。

一、温度

由于三个种系生态起源不同，对温度的适应范围不一样，因此，从整体而言，油梨对温度的适应范围比较大。

油梨最适宜的生长温度在25～30 ℃。温度过高，油梨生长发育受阻，特别是干旱地区，温度超过44 ℃时，叶片容易被灼伤，开花坐果期还会引起落花落果，果实膨大期遇到高温干旱将严重影响果实生长，果实成熟期遇高温，向阳果面容易被灼伤。根据在广西南宁的多年观察，幼果期遇到气温在35 ℃以上、连续7 d以上的高温干旱天气，如果不能及时灌溉，会造成大量幼果脱落。

不同的油梨种系对低温的适应性不同。墨西哥系品种耐寒性最强，能耐−6～−10 ℃的低温，耐寒力中等的危地马拉系品种在−6 ℃低温下会严重受害，西印度系品种0 ℃以下就有可能受害。油梨开花期间如遇13 ℃以下低温，会影响授粉受精，降低坐果率。迟熟的油梨品种在冬季遇到低温霜冻天气，会引起果实冻伤，一些品种的果皮变暗红色，严重时造成大量落果。

在我国华南地区，一般的平流低温对油梨影响不大，而霜冻天气（辐射低温）会对油梨的生长和结果造成一定的影响。

二、降水量

油梨原产地年均降水量一般在1 200 mm以上，且有明显的干湿季节。各地引种试种的实践证明，油梨在年降水量1 000 mm以上的地区均可正常生长发育。如年降水量在900 mm以下，或一年中有4～5个月旱季的地区，则需要有灌溉条件才能获得高产。油梨在开花期至幼果生长时期对水分最为敏感，如果缺水干旱容易引起花穗萎蔫，结实率低，并会引起幼果大量脱落；开花期如遇长时间降雨，坐果率降低。7～8月果实膨大期需水量也比较多，缺水会影响果实增大。

三、光照

油梨属于喜阳作物。光照的长短对油梨的生长没有显著的影响，只要气温合适，油梨一年四季均可生长。但油梨不耐烈日暴晒，特别是幼苗期，地表温度过高容易引起幼茎灼伤。成龄油梨树需要充足的光照，有利于花芽分化及花序的发育，树冠内光照充足的部位花序多，花量也多，坐果率高，果实发育正常；荫蔽的枝条则花序少，花量也少，结果少。因此，油梨树一般南面、西南面及树冠顶部的枝条较树冠北面及下层的开花结果多,老油梨园如果树冠管理不善,冠内光照不足,结果部位上移,产量降低。

四、风

油梨树速生快长,木质松脆,枝叶茂密,根系浅生,抗风能力差。因此,应选择台风影响不到、常风较小的丘陵山地种植油梨。在有强风影响的地区种植油梨,必须要营造防风林,并选用树冠较矮、枝条开展的抗风品种。经常有台风袭击的近海地区不适宜种植油梨。

五、土壤

平地、坡地均可种植油梨。平地油梨园要做好排水系统的规划,确保雨季园内无积水;坡度大于10°以上的山地,则需要建造梯田,以减少水土冲刷。

油梨园地要求土壤结构疏松,排水良好,土层深 1.5 m 以上,地下水位 1.5 m 以下,pH 5.5～6.5,富含有机质的土壤最为适宜。油梨根系忌积水,在排水不好的高岭土、低洼地或地下水位高的地块种植油梨,根系生长不好,容易感染根腐病。

第五节 建园和栽植

一、建园

油梨为多年生木本果树,经济寿命可达 50 年以上,建立油梨园可以说是一项"百年大计"的工程。因此,园地选择和规划显得十分重要。

(一)园地选择

油梨忌积水、台风影响及结构不良的土壤,园地的选择要特别注意以下几个方面:

1. 选择缓坡丘陵山地 以地势开阔,阳光充足,无严重冻害,排水良好,坡度在 20°以下,南向的低丘陵山地为好。如果在平地建园,一定要做好园地排水系统的规划和建设。切忌在低洼积水地段种植油梨。

2. 土壤结构良好 以地下水位在 1.5 m 以下,土层深 1.5 m 以上,土质疏松肥沃,有机质含量丰富,排水良好的微酸性沙质壤土为好。不宜在排水不良的高岭土、重黏土及风化不良、沙石比例过高的土壤种植。如果一定要在地下水位高或自然排水困难的地段种植,则要做高畦种植,避免根际渍水。

3. 避风 油梨植株生长迅速,枝干质地疏松,根系分布浅,遇强风容易造成枝干折断,甚至连根拔起。另一方面,油梨果实较大型,遇强风也容易造成采前落果,影响产量。因此,要求种植地区常风在 3 级以下,阵风在 8 级以下。不宜在经常受台风侵袭的地区种植油梨。

4. 充足的水源 油梨开花期及果实膨大期需要充足的水分,春、秋季遇干旱时要有充足的水源及相应的灌溉条件。因此,选择园地时要考虑有自然河流、山塘水库或利用地下水进行灌溉。

5. 交通方便 以利于生产资料和果品的运输。

(二)园地规划

油梨园地规划应充分考虑到适宜的小区划分、道路规划、排灌系统规划、山地水土保持规划、辅助建筑物规划和防护林设置等内容。油梨园多建在缓坡山地,有地下水位低、水分条件差、雨后径流冲刷严重、土质较差等特点。因此,在方便果园管理的前提下,园地建设的工作重点是解决雨后径流所引起的水土流失,改良土壤,引根深生。同时,应充分考虑机械化操作的可能性。

二、栽植

(一)品种选择

选择适宜的品种是实现油梨高产、稳产、优质、高效的一项重要决策。

1. 选择适应当地气候条件的品种　我国海南省可以选择西印度系或危地马拉系×西印度系的杂交品种等适应热带气候条件的种系，如：波洛克、博思7、博思8、路拉等品种；对于内陆和高海拔地区，如广东、广西、福建的大部及云南、贵州、四川、浙江等部分地区，气候较冷凉，冬季有寒潮侵袭，偶尔还有霜冻的低温天气，选择品种时应以墨西哥系、危地马拉系或两者的杂交种较好，如 Bacon、Duke、Fuerte、Hass 和我国自行选育的桂垦大2号、桂垦大3号、桂研10号等品种。

2. 根据种植的主要目的选择品种　如以鲜食为主要目的，可选味香色美、口感较好的波洛克、桂垦大2号等品种；如以提取油梨油为主要目的，则应选择含油量高的品种，如富尔特、哈斯等；如以出口鲜果为主要目的，则应选择耐贮运、并可在树上留树保鲜期长的哈斯等品种为主。

3. 早、中、晚熟品种合理搭配，延长油梨鲜果的供应期　根据广西职业技术学院油梨科研组多年试种观察，在我国华南地区，采用桂研10号（8月下旬至9月中旬果实成熟）、桂垦大2号（9月下旬至10月中旬果实成熟）、桂垦大3号（10月下旬至11月中旬果实成熟）和哈斯（11月下旬至次年2月果实成熟）四个品种搭配种植，可以使油梨鲜果供应期由8月下旬延续到次年2月底。

（二）授粉树的配置

油梨雌雄同花异熟，有A型和B型花品种之分，如果种植单一花型的品种，授粉受精不良，难以获得高产。因此，生产中要以相同花期、不同花型的品种搭配种植，以便相互授粉。品种搭配可采用A型与B型，A型与交叉型（可自花授粉），B型与交叉型，单一交叉型等方式。

1. 授粉品种的选择　优良的授粉树应具备如下条件：与主栽品种花期相遇，花量大，花粉发芽率高；与主栽品种同时进入结果期；与主栽品种互为授粉树，有较高的经济价值。

2. 授粉树配置的方式与比例　授粉树在果园中的配置方式可采用以下两种：①中心式，即以1株授粉树为中心，周围栽种8株或更多主栽品种。此方式多用在授粉品种的经济价值不如主栽品种的配置；②行列式，大中型果园中配置授粉树，应沿小区长边方向成行栽植（图37-2）。

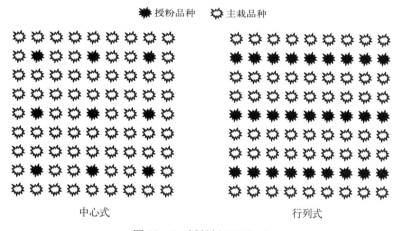

图37-2　授粉树配置方式

授粉树配置的数量因授粉树的特性而异，当主栽品种和授粉品种经济价值相同时，可等量配置，否则就要差量配置。等量配置一般采用行列式种植，如主栽品种和授粉品种隔行种植、2行主栽品种和2行授粉品种交替种植、3行主栽品种和3行授粉品种交替种植等方式；差量配置可采用中心式或行列式，行列式可每隔2～8行配置1行授粉树。

油梨开花期花粉的传播主要依靠蜜蜂等昆虫来传播，在设置授粉树距离时要考虑蜜蜂等昆虫的活动规律，以提高授粉率。据观察，蜜蜂在一次采蜜活动中，活动范围一般都在50～60 m，因此，授粉树与主栽品种的距离以不超过50 m为宜。

三、栽植

(一) 栽植时期与方式

1. 栽植时期　以营养袋培育的幼芽嫁接苗在我国南方地区一年四季均可种植，但以春植和秋植为好。

春植一般在春梢萌发前或春梢老熟后的 2~5 月进行，此时气温回升，雨水充足，适合油梨生长，种植后苗木新根发生快，是种植油梨的最适宜时期。春季雨水多，空气湿度大，可节省种植后淋水的劳动力，特别适合于较干旱或水源缺乏的山地种植。

秋植一般在秋梢老熟后的 9~10 月进行，此时天气由热转凉，但气温仍较高，适合油梨萌芽和生根，种植后当年可长一次新根和一次新梢，有利于次年春季萌发新梢，苗木恢复生长快。但秋季空气干燥，土壤干旱，种植后要注意遮阴和淋水保湿，避免苗木因缺水出现"回枯现象"。冬季寒潮来得早的地区，秋植后苗木抗寒能力弱，容易遭受冻害，不宜秋植。

2. 种植方式　油梨园的种植方式多采用长方形种植，这种方式的特点是行距大于株距，通风透光良好，便于机械化管理。也可采用正方形和三角形等种植方式，修筑梯田的山地果园则采用等高线种植（图 37-3）。

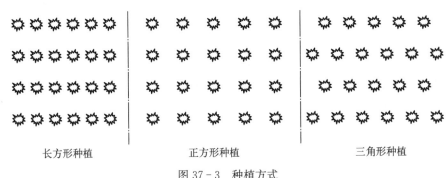

长方形种植　　　　　　正方形种植　　　　　　三角形种植

图 37-3　种植方式

3. 种植密度　油梨树为高大乔木，种植密度不宜过密。种植的株行距根据不同品种而异，一般采用（5~6）m×（6~8）m 的株行距。为充分利用土地，增加前期的经济收益，可以采用计划密植，即：前期株行距为 4 m×5 m，待树体长大，株行间树冠交接后隔株间伐，保留 5 m×8 m 的株行距。国外对一些植株高大的品种，有采用（8~10）m×（8~10）m 的株行距的，或前期采用 5 m×8 m 的种植密度，待封行后隔株间伐，保留 8 m×10 m 的株行距。

(二) 种植前的准备

1. 园地开垦　在定植前 6 个月左右即进行园地开垦，最好能全园犁翻，全面清除园地中的树根、杂草、石块等杂物，使土壤翻晒风化。坡度超过 10°的山地，种植前要先修筑梯田。在土壤肥力差的地区，开垦后最好先种植绿肥等先锋作物，绿肥长大后就地翻埋，以改良土壤结构，增加土壤肥力。

2. 肥料准备　种植前要进行定植穴或全园的土壤改良，要提前准备好肥料。肥料种类包括绿肥、垃圾肥、土杂肥、麸肥、腐熟禽畜粪和磷肥等。每株需有机肥 50~100 kg，磷肥 1~2 kg，石灰适量。有机肥料最好经过一段时间堆沤，充分发酵腐熟后再施用。

3. 苗木准备　自己培育或购入的苗木，在种植前均应进行品种核对、登记、挂牌，以免造成品种混杂或种植混乱。同时，对苗木进行质量检查和分级。合格的苗木按照大小、健壮程度进行分级，对不合格、质量差的弱苗、病苗、畸形苗等应剔除或淘汰，也可经过再培育达到合格苗标准后再种植。外地调入、经长途运输的裸根苗，如失水过多应立即解包，用清水浸泡根部，让根系充分吸水，再次浆根后种植。

4. 定点挖穴与改土

（1）定点挖穴。园地平整后，按照预定的种植密度测出种植点，按点挖穴。定植穴最好在定植前3～6个月挖掘，使底土充分风化。定植穴的长、宽、深要求1 m×1 m×1 m，土层较疏松的园地也可挖1 m×1 m×0.8 m的定植穴。挖掘时将表土和心土分开堆放。

（2）施基肥及回土。油梨是一种速生高产的果树，需要较多的养分，特别是油梨树长大到一定树龄以后要尽量少损伤根系，不宜再挖深沟施肥，以免感染根腐病。因此，施放优质、足量的有机质肥料做基肥，是油梨园获得速生、早结、丰产的基础。基肥的施用可结合种植前的植穴回土进行。

回土时先将表土和绿肥、杂草、垃圾肥等混合填在植穴底部，改良土壤结构，如果是红壤土要施适量石灰，以中和土壤的酸度，促进绿肥、杂草发酵腐熟。经堆沤腐熟的优质堆肥则与部分表土混合后施放在植穴的中上部，并在种植穴上方整成高出地面约25 cm的土盘。回土应在种植前1个月左右进行，以备植穴土层回沉下陷。

（三）种植技术及植后管理

1. 种植技术　种植时，根据苗木所带土团大小或裸根苗根系的长度，在已回土的植盘中心挖一个宽、深各30 cm左右的种植穴，将苗木放入种植穴中，校正种植位置，使株行之间整齐对正，以营养袋苗或带土苗定植的，小心除去营养袋或包装袋，土团不得松散，用细土回填，分层从四周向中心稍加压实，注意不要压散苗木所带的原土团。以裸根苗定植的，种植前用新鲜的黄泥浆（加有生根粉更佳）再浆根一次（特别是从外地运回的苗木），将苗木放入种植穴内，使根系自然展开，根系不能与肥料直接接触，用细土回填至近一半时，将苗木轻轻上下提动并压实，使根系与土壤紧密接触。最后将心土填入坑内上层，并整成直径约1 m、高出地面20～25 cm的树盘，树盘四周略高。最后，淋足定根水。苗木种植深度以根颈部位与树盘面相平为宜。

2. 种植后的管理

（1）做好淋水保湿和排涝工作。种植后1个月内要保持苗木根际土壤湿润，发现土壤变干发白时要及时淋水。如遇晴朗高温天气，以9:00前或16:00以后淋水较好。种植后遇降大雨天气，要注意排除积水，水分过多容易造成油梨幼苗烂根死苗。

（2）树盘覆盖。树盘用稻草、秸秆或塑料薄膜覆盖，以减少水分蒸发，保持树盘土壤湿润，减少淋水次数，避免土壤板结。但要注意稻草等覆盖物不要直接接触苗木的嫩茎，以免根颈或茎干在晴天高温时被灼伤。

（3）防倒伏、防晒。风大的果园或苗木带比较多叶片种植的，种植后在苗木傍立支柱，用绳子把苗木枝干固定在支柱上，防止苗木倾斜和摆动。遇晴天高温天气，种植后最好能采取遮阴措施，如搭建小荫棚架或在苗木的西南向插上临时荫蔽物（如树枝等），可以起到降低温度、减少蒸发的作用，从而提高种植成活率。

（4）查检种植成活情况，及时补种。种植后20～30 d，查检种植成活情况，发现死苗应立即补种，确保果园完整和果树生长整齐。

（5）幼树防寒。秋季种植的果园，如遇霜冻寒害天气，可采取霜前灌水、塑料薄膜或稻草覆盖、熏烟等措施，要做好幼树防寒工作。

（6）其他管理。根据幼树生长情况进行施肥、整形修剪、病虫害防治等。

第六节　土肥水管理

油梨在生长发育过程中，根系不断从土壤中吸收养分、水分，供应树体生长和结果的需要。在栽培管理过程中，必须创造有利于根系生长的土壤环境，不断提高土壤肥力，及时供应树体需要的养分、水分，达到早结、丰产、稳产、优质的目的。

一、土壤管理

我国油梨园多数建立在丘陵、山地上，大多数土层瘠薄，有机质含量少，团粒结构差，土壤肥力低。尽管在定植前进行过土壤改良，但远不能满足油梨生长结果和丰产稳产的要求。因此，种植后对果园土壤进一步改良仍是油梨园栽培管理的一项基础工作。通过土壤改良使油梨园土壤达到深、松、肥的管理目标：深，即要求土层深厚，一般应在 1.5 m 以上；松，即土壤疏松透气，结构良好；肥，即土壤有机质丰富，含量达到 2% 以上，土壤中氮、磷、钾、钙、镁等元素含量在中等水平以上。

（一）幼龄油梨园土壤管理

1. 扩穴　在种植时改良种植穴土壤的基础上，通过深翻，结合深埋有机肥，逐年向外扩大改土范围，不断改良根际土壤结构，改善土壤中肥、水、气、热的状况，提高土壤肥力，促进根系生长良好。

油梨园在栽培管理过程中如果根系受损伤，容易感染根腐病，一般情况下油梨树进入结果期后，很少再挖深沟改土。因此，油梨幼树期的扩穴改土显得比其他果树更为重要。扩穴改土要求在定植后 3～4 年内完成，四年以后因油梨根系伸展到株行间，不宜再深翻，以免伤根太多，引发根腐病。在定植后的第二年，自原种植穴外缘开始，每年向外扩穴，可挖掘环状沟或长方形沟，沟深 50～60 cm，宽度视压青材料多少而定，然后施入农家肥、土杂肥、绿肥、作物秸秆、杂树枝叶、磷肥和石灰等。如此逐年扩大，直至全园土壤改良完为止。

2. 树盘精细管理　树盘是根系分布较集中的地域。油梨幼树根系少，生长势较弱，喜欢湿润、疏松、肥沃的土壤环境，因此，树盘需要进行精细管理。

（1）树盘覆盖。在原产地，油梨是在热带雨林条件下、在竞争阳光中生长的果树，高温高湿的环境使其快速生长，如果环境条件不能满足上述条件，则生长缓慢。油梨栽培强调幼树期在株行间生草或种绿肥，并对树盘进行覆盖，形成与原产地相似的雨林环境，稳定根际生态条件。树盘覆盖可减少土壤水分蒸发，稳定表土温度，减轻干热气候对油梨植株的损害；覆盖还可增加土壤有机质、改良土壤结构，防止坡地水土流失和表土板结，减少杂草。

树盘覆盖物多采用稻草、秸秆等死覆盖物，厚度一般在 10 cm 左右。也可以用地膜覆盖。多雨季节要注意防止因覆盖造成果园土壤度湿过大，影响根系正常生长。冬季有霜冻的地区，要注意干草等覆盖物上容易凝霜，会使树盘周围局部地区温度偏低，如果干草等覆盖物与幼树茎干接触会引起茎干冻伤，因此，在霜冻到来之前，应该在覆盖物上盖一层细土，避免幼树受冻。

（2）中耕除草。结合土壤施肥，每年中耕除草 3～5 次，保持树盘疏松无草，有利于根系生长。中耕深度以不伤根系为原则，一般近树干处要浅，5～10 cm，向外逐渐加深至 15～20 cm。

3. 间作　新植油梨园树体小，株行间空地较多，进行合理间作，不仅可以增加收入，以短养长，还可以抑制杂草生长，改善果园群体环境，增强对不良环境的抵抗能力和提高土壤肥力，有利于油梨的生长。丘陵坡地油梨园间种作物，还能起到覆盖作用，改善果园环境，减轻水土流失。

间作物的要求：①植株要矮小，不影响油梨树的光照。②避免间作物与油梨树争夺养分、水分。例如，红薯、木薯、贮麻等作物不宜种植。③最好同时具有改良土壤结构，增加土壤养分的作用。例如，豆科作物。④与油梨没有共同的病虫害。

适宜间种的作物种类很多，可根据具体情况选择。可以间种经济作物，例如，花生、黄豆、绿豆、饭豆等豆科作物；也可种植蔬菜、绿肥、牧草等，如葱蒜类、叶菜类蔬菜和大叶猪屎豆、巴西苜蓿、铺地木兰、苕子、印度豇豆、藿香蓟等绿肥作物。间种作物收获后，秸秆可用于压青或果园覆盖。绿肥生长至开花结实时进行压青，可以增加土壤有机质，改良土壤结构。

（二）成年油梨园土壤管理

1. 除草　油梨进入结果期后，形成了茂密的树冠，一般树盘内因荫蔽很少长草，只是在枝叶还未长到的株行间长有杂草。适量的杂草可起到保护土壤，防止水土流失，改良果园小气候的作用。而生长过高的杂草则会与油梨争夺养分和水分，还可能成为某些病虫害的栖身之地，应及时除去。

成年油梨园除草不提倡铲草或松土除草，以免损伤表层根系，感染根腐病。可采用人工割草和喷洒除草剂的方法。每年从春季到秋季视杂草生长情况，在杂草开花结籽前，用镰刀割除杂草 2～3 次，割下的杂草覆盖于树盘下，起到保水恒温作用，腐烂后还可增加表土的有机质。为节省劳动力，对园边、道路旁和行间的杂草也可采取喷洒除草剂的方法，于春季和秋季杂草结籽前各使用一次。常用的除草剂有草甘膦和克芜踪（百草枯）。在使用过程中，要根据杂草的种类和生长情况，严格按照要求浓度使用。如果浓度过低，不能杀死杂草，起不到除草作用；浓度过高，喷洒后杂草地上部分很快干枯，药物未能传导到根部，除草效果也不好。喷洒草甘膦后 6 h 内遇降雨，应进行补喷。克芜踪是无选择性除草剂，有触杀和一定的内吸作用，可被茎叶吸收，速效，喷药半小时后下雨不影响杀灭效果，适合在雨季使用。

喷洒除草剂应选择在晴天或阴天、无大风的天气进行，药液不得接触油梨枝叶，以免发生药害。

2. 果园覆盖　油梨枝叶茂盛，每年春季换叶量大，在树冠下形成一层厚厚的天然覆盖物，有良好的保水保肥作用。有条件的可以在树冠滴水线以内加盖厚度 10 cm 左右的干草、剑麻渣、花生壳或木糠等死覆盖物效果更好。而在裸露的行间可以让其自然长草或种植巴西苜蓿、铺地木兰、日本草等多年生绿肥做活覆盖作物，每年待其长到一定高度后用镰刀割除，覆盖于树盘内。通过长年的地表覆盖，达到减少水土流失、保湿恒温、增加表土有机质的效果，形成与油梨原产地相似的雨林环境，稳定根际生态条件，促进油梨的正常生长和结果。

3. 根际培土　油梨根系分布浅，须根浮生，常因水土流失而造成根群裸露，影响树体的正常生长。培土可以保护根系，增厚根际土层，保持土壤水分，稳定土壤温度，增加土壤养分。培土宜在冬季进行。培土材料可根据油梨园的土壤性质而定，结合改土进行。原则上就地取较肥沃的土壤为好。山地油梨园可取周围的草皮或表土做培土材料，平地缓坡油梨园可挖塘泥、河泥等做培土材料。培土厚度视根系裸露情况而定，一般 3～5 cm，但不宜超过根颈部位。

一般 2～3 年进行一次培土，具体要根据果园水土流失和根群裸露情况而定。

二、施肥管理

油梨生长快、产量高，消耗大量的养分，要不断追施肥料，改良土壤，才能满足树体的需要。油梨结果树施肥的比例根据土壤性质、肥力不同而异，油梨的不同生长时期对各种营养物质的需求也不一样。在我国华南地区多数红壤油梨园中，施肥配比以春夏季氮∶磷∶钾为 1∶1∶1.5，秋冬季为 1∶2∶2.5为宜。在肥料种类上，应以有机肥为基础，配以复合肥料或单元素肥料。

油梨对氯敏感，施肥尽量避免使用含氯肥料。

（一）幼树施肥

1. 施肥时期　种植后 2 个月内一般不用施肥，此时幼苗根系尚未恢复生长，如果施肥容易引起烧根，这一时期主要以淋水保苗为主。待幼树根系恢复生长，抽出第一蓬叶稳定老熟以后才开始施肥。油梨幼树根系少而弱，吸收能力差，施肥应以勤施薄施为原则，做到"一梢两肥"，即在枝梢顶芽萌动时施第一次肥，施入以氮为主的速效肥，促使新梢迅速萌发和展叶；当新梢伸长基本停止、叶色转绿时，施第二次肥，促使枝梢迅速转绿，提高光合效能，由营养生长的消耗尽快转为营养物质的积累，增加树体的营养积累，加速树冠扩大。

2. 施肥量及施肥方法　施肥量根据肥料的种类、土壤性质、树冠大小而定。一般化肥宜少施，腐熟有机肥、土杂肥宜多施；较肥沃的冲积土宜少施，沙质土及瘦瘠山地宜多施。幼树每一次的施肥量原则上宁少毋多，以免造成肥害。肥料以腐熟的人畜粪尿或沤制腐熟的麸水肥为最好，化肥以优质复合肥和尿素为主。施肥方法以水施为主，雨季也可以在树冠外围开 10～15 cm 的浅沟干施化肥或下

雨时撒施化肥。

幼龄树种植当年，以水肥为主，勤施薄施，做到"一梢两肥"：种植当年，于第二次新梢萌发前，每株施腐熟麸肥20～30 g，加尿素20～30 g，对水5～8 kg，充分溶化后淋施于树盘。新梢转绿时，每株用腐熟麸肥20～30 g，加复合肥20～30 g，对水5～8 kg淋施壮梢。也可用30%～50%腐熟的人畜粪尿水肥代替麸肥。前期浓度宜稀，以后逐渐加浓。越冬前的最后一次肥料在11月左右施用，在上述肥料的基础上，每株增施钾肥30～40 g，以促进枝梢充实，提高植株抗寒能力。因油梨忌氯，钾肥最好选用硫酸钾，尽量少用氯化钾。促使当年种植的幼树抽梢3～4次。

种植第二年开始，油梨植株生长明显加快，施肥量要相应增加。于春梢萌发前增施一次基肥，每株施用腐熟鸡粪或猪粪5 kg，复合肥0.2 kg，钙镁磷肥0.5 kg，硫酸钾0.1～0.2 kg，在树冠滴水线开浅沟施下。全年各次水肥施用量比第一年增加一倍，并保证每次梢施2次肥，使植株年内抽梢达到4～5次。

种植后第三年，有部分植株开始开花结果，营养消耗大，需肥量也增多。在施肥上应减少氮肥施用量，增加钾肥的施用量，后期注意控制水肥，促使树势壮而不旺，积累足够的营养物质，以利花芽分化。在施肥上要注意以下三点：①重施萌芽肥。于2月，每株施尿素0.25 kg，腐熟麸肥0.3 kg，挖环沟淋施。并分别在春梢转绿和夏梢萌发前另加复合肥0.25 kg，硫酸钾0.3 kg。②控制水肥。8月以后，对壮旺的树一般不追施氮肥，以控制枝梢生长，使秋梢壮而不旺。11月以后控制水肥的施用，使土壤适当干旱，增加树体细胞液浓度，使其顺利进入生殖生长。③巧施钾肥。9～10月每株施用生物钾肥0.25 kg，在末次秋梢转绿时，结合抗旱，每株施生物钾肥或复合肥0.25 kg壮梢，促进秋梢充实。

油梨根系极易被化肥灼伤，在施肥时务必注意肥料不宜太过集中。沟施时，肥料与表土拌匀后再盖土；雨季撒施时，不能将肥料直接撒到根颈处，以免灼伤根颈导致死苗。

（二）成年树施肥

1. 土壤施肥　油梨园进入结果期后，根系分布范围宽，株行间的根系已经相互交叉，为避免感染根腐病，一般不再挖深沟改土或施肥。施肥以水施、铺施和挖浅沟施为主。容易溶解的化肥，以水施为主或在雨天撒施，也可以把麸饼、粪肥等有机肥放入水池中沤制腐熟后再水施；一般的有机肥料则在树冠滴水线内侧拨开落叶层和覆盖物，把约5 cm深的表层拨开，将肥料均匀地铺在上面，然后再把表土及死覆盖物盖回；也可以在树冠滴水线稍内侧挖深10～15 cm的浅沟把肥料施下。如遇天气干旱，土壤缺水时，铺施或浅挖施肥后还需淋水或进行灌溉，以促进根系尽快吸收，提高肥料利用率。需要注意的是，如果连续多年使用肥料铺施方法，会使油梨的吸收根上浮，集中在表土层，降低油梨的抗旱和抗寒能力。因此，生产中要注意铺施与沟施交替使用。

由于油梨生长周期中主要变化出现在春季，此时期既是大量开花，果实也开始发育，大量老叶脱落又抽发新梢，春前树体的营养积累对春后的生长、开花和结果有着决定性的作用，所以，大量肥料应在春前施用。夏季果实持续生长，但没有阵发性的夏梢或秋梢发生，每月均衡施肥即可。秋天收果后，进入树势恢复和花芽分化，应及时施肥。油梨结果树一般每年施肥3～4次。

（1）花前肥。主要作用是促进花芽分化及花穗发育，供给树体开花和春梢生长所需养分。在花芽萌动前10～15 d（1～2月）施用，以钾肥为主，结合有机肥和磷肥，每株施用硫酸钾0.5～1 kg、腐熟的有机肥10～20 kg、过磷酸钙0.5 kg。在开花前施一次促花肥，氮、磷、钾配合施用，每株施复合肥1～2 kg，促进开花。

（2）稳果肥。主要作用是补充幼果和春梢生长发育所需的养分，减少生理落果，提高坐果率，特别是对于多花树、老弱树效果更显著。在第二次生理落果前（5月底左右）施下，每株淋施复合肥1～1.5 kg，或尿素0.5 kg、过磷酸钙0.25～0.5 kg、硫酸钾0.25～0.5 kg。对初结果树和少果的壮旺树，可以少施或不施氮肥，避免抽发大量的夏梢，加重梢果矛盾，引起大量落果。

（3）壮果肥。主要作用是提供果实发育所需的养分，促进果实迅速膨大。在 7 月中下旬施用，每株施用复合肥 0.5～1 kg，或尿素 0.25 kg、过磷酸钙 0.25 kg、硫酸钾 0.25～0.5 kg。老弱树、花果多的树，要重视施壮果肥；树势旺而花果少的树可少施或不施壮果肥，或以根外追肥代替土壤施肥。

（4）采果肥。主要作用是恢复树势，促进秋梢生长和充实，为下一年结果打下基础。在 9～11 月施用，中早熟品种在果实采收后施用，迟熟品种宜在果实采收前施用，以尽快恢复树势，促使抽出健壮的秋梢。每株施用复合肥 1～2 kg、硫酸钾 0.5～1 kg。

2. 叶面追肥　油梨的枝、叶和果实等都具有不同程度的吸收肥料的能力，因此，可以通过将一定浓度的液肥喷施到叶片或枝条上，达到施肥的目的。叶面追肥简单易行，用肥量小，发挥作用快，肥料利用率高，可及时满足油梨对肥料的急需，还可结合喷洒农药防治病虫害进行，节约劳力，降低生产成本。但由于叶面追肥肥效短，不能代替土壤施肥，只作土壤追肥的补充。

常用的根外追肥肥料种类有尿素、磷酸二氢钾、硼砂、硼酸、硫酸镁、硫酸锌、硫酸亚铁、高美施、绿叶宝等无机或有机叶面肥（表 37 - 3）。生产中可根据果园和树体的具体情况选用适合的肥料。

表 37 - 3　常用叶面肥料种类及其使用浓度

单位：%

肥料名称	使用浓度	肥料名称	使用浓度
尿素	0.3～0.5	硝酸钾	0.3～0.5
硝酸铵	0.1～0.3	硼砂	0.1～0.2
硫酸铵	0.1～0.3	硼酸	0.1～0.5
磷酸铵	0.3～0.5	硫酸亚铁	0.1～0.4
腐熟人粪尿	5～10	硫酸锌	0.1～0.5
过磷酸钙	1～3	柠檬酸铁	0.1～0.2
硫酸钾	0.3～0.5	钼酸铵	0.2～0.3
草木灰	1～5	硫酸铜	0.01～0.02
磷酸二氢钾	0.2～0.3	硫酸镁	0.1～0.2

叶面追肥时期与使用的肥料种类不同，其效果也不同。在萌芽、枝梢生长期喷施尿素、磷酸二氢钾等叶面肥，有促进枝梢生长的作用；在开花期和幼果期喷施硼酸、磷酸二氢钾等叶面肥，可减少落果，提高坐果率；在果实发育期喷硫酸钾、磷酸二氢钾、草木灰等叶面肥，可促进果实发育和提高果实品质；采果后对长势衰弱的树喷施尿素等叶面肥，可恢复树势，增加体营养积累；在树体出现微量元素缺素时，喷施各种微量元素叶面肥，如硫酸锌、硫酸镁、硫酸亚铁等，可以较快地纠正相应的缺素症。

根外追肥时以叶片对肥料的吸收速度最快，而叶片主要是通过气孔和角质层吸收肥料的，所以进行根外追肥时要把肥料溶液重点喷在叶背上，以利吸收。在早晨、傍晚和灌溉后叶片气孔开放时进行叶面喷施效果最好。

在喷施叶面肥过程中，要根据植株的生长情况和天气情况，严格控制使用浓度，否则容易导致嫩叶灼伤、幼果脱落等药害现象，尤其是多种肥料混合使用的情况下更容易出现上述情况。

三、水分管理

油梨幼龄树根系少且分布浅，受表土水分变化的影响大，干旱季节树体水分的供应往往不足，影响枝梢的萌发和生长，严重的甚至导致死苗。特别是裸根苗种植的植株，有些种植后已抽发一次新梢，干旱严重时，如果不能及时灌水，常发生"回枯"死苗现象。幼树期的灌水一般结合施用水肥进行，每次新梢萌发和新梢生长期淋施水肥 1～2 次。

成年油梨果园全年都需要保持根际土壤湿润，一旦缺水，生理机能就会受阻，树势衰弱，叶色褪绿，严重时出现落花、落果，甚至引起叶片脱落。油梨对水分敏感的时期主要在花芽分化期、开花期及果实膨大期。花芽分化期缺水，花芽分化和花穗的发育不良，造成花芽不能按时萌发，花穗短小；开花期往往伴随着集中换叶，如果此时缺水，会影响花朵授粉受精，老叶提前脱落，春梢不能正常抽生；果实膨大期缺水，则会使果实增大受阻，直接影响到产量。因此，旱季要及时灌溉，一般连续15 d以上的晴天，油梨园就需要灌溉。果实成熟期，适当的干旱可以提高果实品质和耐贮能力。

灌溉方法最好采用喷灌或滴灌，如果没有条件，也可以用机械喷淋或人工淋灌。地面漫灌耗水量大，而且容易引起根腐病的传播和蔓延，不宜采用。

油梨根系忌渍水，如果土壤含水量过高，透气性差，造成根系生长不良，容易感染根腐病，严重的会造成根系腐烂。因此，在管理过程中切忌灌溉过量，雨季要做好油梨园的排水工作，避免果园积水。

第七节　花果管理

一、保花保果措施

油梨在一般栽培管理条件下，花量多，但坐果率低，有的果园还会出现花而不实的现象。造成油梨坐果率低的原因是多方面的，但主要是授粉受精不良，以及油梨在开花期伴随着大量的老叶脱落和新梢生长，消耗养分多，导致树体营养水平急剧下降，引起落花落果。因此，做好保花保果工作，是油梨丰产稳产栽培的一个重要环节。

1. 加强肥水管理，提高树体营养水平，增强树势　是提高花芽质量，促进花器正常发育，减少落花落果的重要措施。

2. 保证良好的授粉受精条件

（1）合理配置A型花和B型花品种，确保足够的花粉量。

（2）花期果园放蜂。油梨花朵为雌雄同花异熟，自花授粉困难，主要是依靠昆虫传递花粉。油梨花期较长，流蜜量大，花期果园放蜂既可增加经济收入，又可提高授粉率和坐果率，是保花保果的一个既经济又有效的方法。一般每公顷果园摆放10～20群蜜蜂较为适宜，蜂箱最好分散于油梨园中，以缩短蜜蜂采蜜的往返距离，增加蜜蜂接触花朵的机会。在花期切忌喷药，防止蜂群中毒。

3. 叶面追肥　叶面追肥见效快，能及时补充花果发育所需的养分，减少因营养供应不及时而造成的落花落果。一般可在开花期至果实膨大期，结合喷洒防病虫药剂或保果药剂施用。如开花期，可喷施0.1%～0.2%尿素＋0.2%～0.3%磷酸二氢钾＋0.1%硼砂；幼果期喷施0.1%～0.2%尿素＋0.2%～0.3%磷酸二氢钾，也可选用腐殖酸、高美施、绿叶宝等复合型叶面肥。如果树势旺，叶色浓绿，可少加或不加尿素。

4. 在花果发育关键时期做好水分的管理　在开花期和幼果生长期，如遇高温干旱天气，应适当灌水，并进行树冠喷雾，降低环境温度，避免花朵柱头过快干枯而不能授粉受精或幼果失水脱落。果实发育后期，一些品种（如桂研10号）果实在久旱后遇雨，往往会因为裂果造成果实脱落，所以，果实膨大期要保持均衡供水；果实成熟期遇干旱天气，适当灌水可以减少采前落果，延长果实挂树时间，但要注意不要灌水过多，以免对果实品质产生不良影响。

5. 及时防治病虫害　病虫害直接或间接危害花芽、花朵或幼果，造成落花落果。因此，及时防治病虫害也是一项保花保果的重要措施。

二、疏果

疏果与保花保果是相辅相成的措施。疏除过多的幼果，可以维持树体生长与结果的平衡，保证树体健壮，防止大小年结果，达到优质、高产、稳产的目的。

疏果一般在生理落果停止后立即进行。疏果过晚，由于消耗树体养分过多，影响果实发育。生产中要根据树龄、树势及当年的花果量来确定单株的适当负荷量。一般强树多留，弱树少留。在疏果时，应先疏除病虫果、畸形果，然后按预定的负荷量疏去过密过多的果，大果型品种一条结果枝上只保留1~2个果即可，中小果型品种可适当多留。

三、果实套袋

果实套袋可以改善果实外观，提高果实抗病虫能力，防止农药污染，防止日灼和裂果，提高果实的商品性。

果实套袋一般在果实稳定坐果后进行。套袋前要先疏果定果，喷洒长效高效低毒的杀虫杀菌药剂，药液干后及时套袋，喷药后下大雨或时间太长（3 d以上）没有套袋的，需要补喷。

可以选用白色单层纸质果袋。套袋时先用手撑开袋口，将袋口对准幼果扣入袋中，并让果在袋内悬空，不可让果实接触袋子，在果柄上呈折扇状收紧袋口，反转袋边用预埋的扎丝扎紧袋口，再拉伸袋角，确保幼果在袋内悬空。

第八节　整形修剪

一、幼树整形

良好的树冠结构是油梨丰产、稳产、优质的基础。油梨的树形因品种而异，理想的树形应是树冠较矮化、枝条开张、紧凑、分布均匀的阔圆锥形、圆头形和半圆头形。树冠整形要从定植当年开始，当幼树长至80~100 cm时进行短截，在中心干50~60 cm处留3~4条生长强壮的新梢培养成主枝，其余枝梢可作为临时辅养枝暂时保留，待其影响到主枝的生长时再剪除。主枝老熟后，留长30~40 cm进行短截，促进分枝，抽芽每条主枝后保留2~3个健壮的新梢作为副主枝，其余枝梢做为辅养枝。如此重复整形，两年内培养成具有3~4条主枝、各级骨干枝分布均匀的树冠骨架。

油梨幼树的修剪原则是宜轻不宜重，主要修剪交叉枝、过密枝和扰乱树形的枝条。在整形修剪过程中，只要不扰乱骨干枝的生长次序、不是过于密集的枝梢，应尽量保留做为辅养枝，以增大植株的光合面积，促进根系快速生长，迅速扩大树冠。待辅养枝过于荫蔽或影响到骨干枝的生长时再进行疏剪。同时，要注意控制植株的垂直高度，促进树冠的横向发展。

二、结果树修剪

（一）修剪的作用

通过修剪可保持合理的树冠结构，使枝梢分布均匀，冠内通风透光，提高光合效能，减少病虫害。同时，剪去一些过密枝、纤弱枝或病虫为害严重枝等无效枝条，可以减少养分消耗，集中养分给留下的枝梢，促进和调节营养生长和生殖生长。

（二）修剪的方法

以疏剪为主，短截为辅。疏剪可选优去劣，除密留稀，减少枝条数量，减少养分消耗，提高留用枝的质量，使树冠通风透光。疏剪后在母枝上形成的伤口，影响水分和营养物质的运输，因此可控制上部枝梢旺长，促使下部枝梢生长。短截可促进分枝，增加枝梢数量；还可缩短枝轴，使留下部分更靠近根系，从而缩短了养分运输距离，有利于促进生长和更新复壮。

油梨修剪以疏剪为主，主要剪去过密枝、交叉重叠枝、纤弱枝、枯枝、病虫为害严重枝等，改善树冠通风透光条件，促进开花结果。对初结果树，疏剪过多的夏梢，可以减少树体养分的消耗，从而减少生理落果。对突出树冠顶部的直立枝条进行疏剪或短截，可以控制树冠高度，便于生产管理。对一些老弱树，可以通过对较大枝条的短截回缩，促发新梢，达到更新复壮的目的。

第九节 病虫害防治

一、主要病害及其防治

油梨病害有 30 多种，其中危害性最大、传播范围最广的是疫霉根腐病。我国油梨种植区还发现有茎溃疡病、炭疽病、蒂腐病、疮痂病、日灼病及轮枝孢萎蔫病等病害发生。

（一）根腐病

根腐病是油梨的主要病害，在世界油梨植区广泛发生，严重时会毁灭整个油梨园，是许多地区种植油梨失败的主要原因之一。我国台湾、海南、广东、广西、云南等油梨种植区均有发生。因此，对根腐病的防治要高度重视。

1. 为害症状 油梨树的幼苗、幼树和成年植株均可能被侵害。病菌主要侵害植株的吸收根，造成吸收根变黑、腐烂。重病树的吸收根全部腐烂，一些较细的侧须根褐变坏死，而直径 5 毫米以上的支根、主根很少受侵害，这是本病的主要特征，也是与担子菌引起的其他根腐病的主要区别。茎干受害时，树皮坏死，形成溃疡斑，病部溢出一些含糖物质。病树树冠普遍呈现生势不旺盛的表征，叶片比健树小，苍白色或黄绿色，大量萎蔫和脱落，严重时枝条回枯，树冠稀疏，生势逐渐衰退。在病害发展的较早阶段，一些病树常产生异常多的小型果实，无经济价值，而重病树常不再抽生新梢，也不结果，最终整株死亡。一株大树从看到早期症状到整株死亡一般经过一年至数年。

2. 病原 病原菌主要是樟疫霉菌（*Phytophthora cinnamomi* Rands），属鞭毛菌亚门，腐霉科，疫霉属。此菌的寄主范围广泛，主要寄主有油梨、桉树、菠萝、澳洲坚果及松树等。

3. 发生规律 常在田间病株、病残物及土壤中存活和越冬，并能在无寄主植物存在的潮湿土壤中至少存活 6 年以上，并提供初侵染源。借助雨水径流、灌溉水和黏附病土的种苗、农具、人和动物等媒介传播。潮湿的土壤是主要诱病因子。低洼、透水性差、黏重土壤、排水不良或过量灌溉等导致土壤含水量高、缺乏地面覆盖和有机质含量低的果园发病严重。发病最适土温为 21～30 ℃，33 ℃以上和 12 ℃以下很少发病。pH 为 6.5 的土壤最适合病害发生，土壤酸度大不利发病。

4. 防治方法

（1）选好园地。排水不良是诱发根腐病的主要原因。因此，要选择在土壤疏松、排水良好的缓坡地种植油梨，不能在低洼地或排水不良的高岭土、重黏土上建油梨园。

（2）培育无病种苗。包括不在病区育苗，选择排水良好的无病土壤育苗，繁殖用的种子用 48～52 ℃热水浸泡 30 min，使用通气良好和自由排水的生长基质，苗圃四周设置围墙，出入人员和工具要消毒灭菌等措施。

（3）加强预防措施。油梨园种植前用威百亩和二氯丙烯混合剂或敌克松处理土壤，有较好防治效果；种植后，在树冠交接前，行间间种巴西苜蓿有预防根腐病的作用；树冠交接后，尽量避免过深中耕，果园中的杂草可以通过喷洒除草剂控制或人工割草，以减少对根系的损伤；在栽培过程中，土壤淋施硫酸铜或叶面喷施乙磷铝等杀菌剂也可防止根腐病的发生。

（4）做好果园排灌系统的建设，平地果园要筑土墩种植，保持果园地面覆盖，坐果过多时要及时疏果，增施有机肥，增强树势，合理灌溉，防止病苗、病土和病区流水进入无病果园。

（5）在病区可改种 Thomas、Duke7 等抗性砧木的嫁接苗，病区四周挖隔离沟将流水引入园外，病区土壤用甲基溴、棉隆或威百亩熏蒸杀菌。

（6）及时处理病株，做好化学防治。对新发病油梨园的个别病株必须尽早挖除，销毁病株，深挖病株周边土壤，撒施石灰或用杀菌剂消毒。对老病区，初发病时，轻病株可择晴天挖开根颈部泥土，让病株根颈处充分暴露，砍去病死根，刮去病灶，喷洒杀菌剂消毒后涂上防腐剂，伤口干后，施腐熟农家肥回土。同时，在病树及其周围健树的树冠下疏松土壤，重复淋灌 70％敌克松可湿性粉剂 1 000

倍液，25％甲霜灵可湿性粉剂 1 000 倍液或 40％三乙膦酸铝可湿性粉剂 1 000 倍液，2～3 个月淋一次，年施药 3～5 次，或用 40％三乙膦酸铝 40 倍液注射病树茎干，或三乙膦酸铝 200 倍液喷洒病树叶片，均可在一定程度上控制油梨根腐病的发生和蔓延。

（二）茎溃疡病

在美国加利福尼亚州、澳大利亚、巴西、南非、喀麦隆等地油梨园此病发生较严重。我国云南、广西等地的油梨园也有发生。

1. 为害症状　发病初期，在地表或地表以下根茎交接处树皮褪色、坏死，呈水渍状腐烂，随后病变部为白色粉状物所覆盖，边缘渐变为粉红褐色。患病植株叶片变小，叶色变淡，逐渐脱落，枝条回枯，当溃疡部环缢主干后，导致整株枯死。

2. 病原　主要由柑橘生疫霉菌（*Phytophthora citricola* Saw.）引起。此菌寄主范围广泛，主要有柑橘、丁香、苹果、胡桃、啤酒花和多种观赏植物。

3. 发生规律　在高湿土壤环境中容易发病，一般在高温多雨季节感染，冬季潜伏。多感染 10 龄以上的油梨树。

4. 防治方法　预防措施同疫霉根腐病。在春季和夏季发病多。发现时立即切除患部，用波尔多浆（由波尔多粉与亚麻油混合而成）涂敷伤口进行消毒。用亚甲蓝溶液注射病斑，也可取得良好的防治效果。

（三）炭疽病

此病呈世界性分布，是引起油梨落果、果腐和贮运期缩短果实货架寿命的主要原因之一。在美国佛罗里达州、澳大利亚、南非、新西兰、墨西哥和以色列等国均有发生。是南非最重要的采后病害，常造成 37％以上的鲜果损失。在我国海南、广西油梨产区亦有发生。

1. 为害症状　油梨的叶、花、果和嫩枝均可受害。叶片受害，在叶尖和叶缘处开始出现锈褐色斑点，斑点逐渐扩大、坏死，最终整张叶片完全枯萎、脱落。嫩枝受害，产生褐色或紫色坏死斑，造成枝条回枯。花朵感病后呈红褐色至深褐色，不能正常发育和授粉受精。果实感病时，病菌主要是通过皮孔或伤口侵入，在绿色品种果皮上出现褐色或者黄褐色斑点，在暗色品种果皮上出现比正常较淡的斑点，病斑有些下陷，常有破裂或有裂缝，有时呈环状斑纹。在潮湿条件下，病斑上出现粉红色物。在树上未成熟的果实感病后，可引起果变小或畸形。一般感病后的果实比正常果实提前成熟，随着斑块不断扩大会引起落果。有的果实在树上时就已被侵染，病菌潜伏侵染在果皮上，并不表现出症状，到采收后变软熟时才表现症状，随着油梨软熟，病部迅速从果皮蔓延至果肉，造成果腐烂，最终呈墨绿色软腐，不堪食用。

2. 病原　病原菌为胶孢炭疽菌（*Colletotrichum gloeosporioides* Penz Sace）。

3. 发生规律　病原菌在田间病枝、病叶和病果上产生大量分生孢子，通过风雨传播，散落在寄主组织表面的孢子在湿润条件下发芽，在芽管前端形成附着孢和侵入钉，穿入角质层，在细胞内和细胞间形成菌丝，蔓延危害而产生病斑。在多雨、早晨露水重和灌溉过后的高湿果园容易发病。

4. 防治方法

（1）加强栽培管理，增施有机肥料，增强树势，增强树体的抗性。

（2）冬季清园。清除果园内的枯枝落叶，减少病原。

（3）在新梢抽发期和坐果期，如天气潮湿，喷洒 2～3 次含铜杀菌剂（波尔多液、氯化亚铜或碱式硫酸铜）、苯来特、敌菌丹、扑菌唑等药剂，能有效控制炭疽病的发生。

（4）果实采收后 6 h 内，用 250 mg/L 有效成分的扑菌唑或苯来特、杀菌灵（TBZ）药液浸泡果实半分钟，风干后用草纸单果包装，摆放在纸箱中，可有效控制贮运期的炭疽病果腐。

（四）蒂腐病

国外油梨产区均有发生，是油梨采后贮运期的一种重要病害。我国油梨种植区也有发病。

1. 为害症状 常常由几种真菌引起的一种复合病症状，病菌在田间侵入幼果，表现为潜伏侵染。到果实采后软熟时，在果蒂部出现褐色或黑色斑块，果蒂皮层轻微皱缩，果肉不同程度地褐变、腐烂，最后整个果实变黑色，果肉软腐有腐臭味。

2. 病原 病原菌有可可毛二孢［*Lasiodiplodia theobromae*（Pat.）Griff. et Maubl.，*Botryodiplodia theobromae* Pat.，异名 *Diplodia natalensis* Pole‑Evans.］、小穴壳菌［*Dothiorella aromatiea*，*Phomopsis* spp.，*Colletotrichum gloeosporioides* Penz，*Fusarium* spp.］等。在不同的种植区有不同的优势菌种。

3. 发生规律 病原菌在天气潮湿时产生孢子，通过雨水和气流传播，造成潜伏侵染，也可以从采收时造成的伤口侵入果实。凡是有利于炭疽病和溃疡病发生的条件也有利于蒂腐病的流行。

4. 防治方法

（1）加强果园管理，适时适量灌溉，增施有机肥料，提高植株的抗性。

（2）坐果后至收获前期用纸袋套果，阻隔病原菌，能有效降低果实采后蒂腐病的发生率。

（3）适时采收。未成熟的果实、下雨天及早上露水未干时不宜采果，采收时不要造成果实机械损伤，尽量保留短果柄，以减少病原菌入侵的途径。

（4）采后迅速用250～1 000 mg/L扑菌唑或多菌灵、咪鲜胺药液浸泡果实，取出风干后，在适宜的低温下贮藏，可以减少蒂腐病的发生。

（五）疮痂病

在潮湿的热带和亚热带种植区，疮痂病是油梨的一种严重病害。在巴西、古巴、海地、墨西哥、波多黎各、美国佛罗里达州和南非均有发生。我国海南、广西等地油梨种植区也有发病。

1. 为害症状 病菌可侵害嫩叶、嫩梢和幼果。在叶上出现分散的小病斑，直径小于3.5 mm，病斑开始呈灰白色，以后转为紫褐色或浅黑色。多个病斑可连合成大的星状斑块，其中心形成穿孔。发病严重时叶片卷缩，小枝扭曲。果实受害，果皮上产生褐色至紫褐色卵圆形或不规则形病斑，病斑逐渐扩展、连合，形成茶褐色、稍凸起的粗糙斑块，病斑常有龟裂。病果在成熟前脱落或外观不佳，从而降低果实的商品价值。

2. 病原 病原菌为痂圆孢属真菌（*Sphaceloma perseae* Jenk）。此菌只侵害寄主的幼嫩组织，叶片抽出后一个月就不再被侵染，果实达到成熟大小的一半时变为抗病。

3. 发生规律 冷凉和潮湿天气容易发病，在嫩叶抽发期和幼果期如出现大雨和浓雾天气，有病原菌存在的果园，此病发生严重。油梨树对此病的抗病性因品种而有显著差异，危地马拉系和墨西哥系较抗病，西印度系油梨实生树的幼果特别容易被感染。

4. 防治方法

（1）加强果园肥水管理，增强树势，促使新梢、花穗抽发整齐、健壮，促进幼果发育迅速，缩短受害期。

（2）在新梢抽发期和开花坐果期，喷洒含铜杀菌剂、苯来特等（参考炭疽病的防治方法），可有效防治此病发生。在此病发生严重的果园，一般应连续喷洒3次上述药液：第一次在花穗抽生期喷洒；第二次在开花期结束时喷洒；第三次在开花结束后3～4周喷漆洒。

（3）发现病树要及时剪除病叶、病枝和病果，拿到果园外烧毁，以减少侵染源。

（六）日灼病

在美国加利福尼亚、佛罗里达及秘鲁、委内瑞拉、澳大利亚、南非、以色列和西班牙等油梨种植区均有发生。幼树染病后生长受阻，矮生，结果树染病后产量下降或果实变形，品质变劣而失去商品价值，此病会大大缩短油梨的经济寿命，带来严重的经济损失。

1. 为害症状 感病植株的枝、叶、果实均可表现症状。病树的小枝上出现浅黄色、红色条斑，呈锯齿状有时凹陷、坏死。果实被感染后，病部出现斑块或条纹，在绿色果皮品种上条斑浅白色或浅

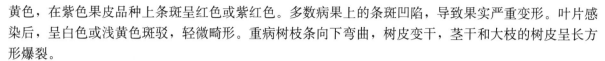

黄色，在紫色果皮品种上条斑呈红色或紫红色。多数病果上的条斑凹陷，导致果实严重变形。叶片感染后，呈白色或浅黄色斑驳，轻微畸形。重病树枝条向下弯曲，树皮变干，茎干和大枝的树皮呈长方形爆裂。

2. 病原　病原为油梨日痣病类病毒（*Avocado sunblotch viroid*，ASBVD）。主要由带病的种子和接穗传播。

3. 防治方法

（1）做好植物检疫，严防病原进入无病区。

（2）建立无病采种母树。为预防花粉传播，苗圃应建立在远离病园处，不在病区采集种子和接穗，选用无病树的接穗和种子做繁殖材料。

（3）及时清除有症状的病树，减少传染源。

（4）在病区，修剪、采收的枝剪等工具应进行严格消毒。

（七）轮枝孢萎蔫病

此病在油梨幼树和结果树均可能发生，造成小枝顶端枯死，病树一年或数年不结果。受害严重的可导致整株死亡。

1. 为害症状　病菌往往从根系侵入，在维管束系统内蔓延，再经木质部侵入植株枝条顶端。植株表面症状是一支或几支枝条或整株树的叶子突然枯萎，叶片迅速变褐、枯死，但仍挂在枝条上长达数月之久。

2. 病原菌及其寄主　病原菌为大丽花轮枝孢（*Verticillium dahliae* Kleb.）。此菌为土壤习居菌，以微菌核在土中存活长达几十年。寄主范围广，包括茄科蔬菜（番茄、辣椒、茄瓜等）、核果类、浆果类、花草和杂草等。

3. 防治方法

（1）选用墨西哥系抗病品种做砧木。

（2）选择在新开垦的园地种植油梨，果园行间不能间种茄科等感病作物。

（3）对初发病的植株，在病树枝条停止回枯和开始抽发新梢时剪除枯枝，增施肥料，促进抽生健壮的新梢。

（4）对发病严重的植株，应及时挖除，并用氯化钴熏蒸土壤消毒。

二、主要害虫及其防治

我国油梨园中发生数量较多的害虫有樟脊网蝽、角盲蝽、红带蓟马、梨豹蠹蛾、油桐尺蠖、刺蛾、毒蛾等。

（一）樟脊网蝽（*Stephanitis macaona* Drake）

属半翅目网蝽科。分布于海南、广西、广东、福建、江西及湖南等地。除为害油梨外还为害樟树。

1. 为害特点　成虫、若虫群集于油梨叶片背面吸食组织汁液，被害叶片正面呈浅黄白色小点或苍白色斑块，而背面呈褐色小点或锈色斑块，为害严重时，造成叶片干枯脱落。

2. 形态特征　成虫体长 3.5～3.8 mm，宽 1.6～1.9 mm，体扁平，椭圆形，茶褐色，头兜卵形网膜状，向上极度延展。中脊亦呈膜状隆起，延伸至三角突末端。三角突白色网状。前翅膜质网状，中部稍前和近末端各有一褐色横斑。胸部腹板中央有一长方形薄片状的突出。雌虫腹部末端尖削黑色，雄虫较钝，黑褐色。卵长 0.3 mm 左右，宽约 0.2 mm，茄形，初产时乳白色，后期淡黄色。若虫共 5 龄，5 龄若虫体长 1.7～1.8 mm，宽约 0.9 mm，前胸背板向两侧极度扩展，侧角处有枝刺 1 枚，中胸背板中央两侧各具长刺 1 枚，三角突近基部具褐色短刺 2 枚，翅芽达第五肢节中部。

3. 发生规律　一年发生 6 代左右。成虫、若虫性喜荫蔽，不甚活泼。油梨植株下部叶片比上部叶片受害重，树冠中部叶片比外部叶片受害重。雌虫成行产卵于叶背主脉和第一分脉两侧组织内，疏散排列，卵盖外露，上覆灰褐色胶质或褐色排泄物。

4. 防治方法 在虫害发生初期，喷洒 50% 敌敌畏或 90% 敌百虫或 50% 三硫磷 1 000 倍液有良好的防治效果。

（二）角盲蝽（*Helopeltis* sp.）

属半翅目盲蝽科。分布于海南、云南等地。除为害油梨外还为害可可、杧果、腰果、胡椒及红毛榴梿等多种作物。

1. 为害特点 成虫、若虫为害油梨树嫩叶，被害部位呈水渍状多角形斑，最后呈现干枯。为害幼果，致使被害部分出现痂状斑并停止生长发育，最后亦呈现干枯状。

2. 形态特征 成虫虫体长 5~6 mm，宽 1.2~1.5 mm。长形，土黄色，头小，后缘黑褐色。触角细长约为体长的 2 倍，第一节长于头与前胸背板之间。前胸背板前方缩小呈颈状。小盾片后缘圆形，其前端长有一稍向后弯、顶部呈小圆球状的小盾片角。前翅淡灰色，具虹彩。足土黄色，其上散生许多黑色斑点。卵近似圆筒形，乳白色，卵盖两侧具一长一短呈白色丝状的呼吸突。若虫共 5 龄，五龄若虫体长 5.3 mm，体宽 1.4 mm，长形，全体土黄色稍带红，复眼黑色，触角上具散生的黑色斑，第 3 节和第 4 节触角上部具黑褐色毛。翅芽发达伸至第 3 腹节背面。小盾片角完整，足的腿节具灰色斑，跗节黑色。

3. 发生规律 在海南一年发生 12 代，平均一代需时 26.1~52.2 d。在冬季照常产卵繁殖。雌成虫产卵于油梨树幼嫩组织上，待若虫孵出后为害嫩叶和幼果，并使其干枯。在抽梢及幼果期以外，可为害附近其他寄主植物。

4. 防治方法 合理修剪，使树体通风透光。发生初期，喷洒 80% 敌敌畏 1 000 倍液或 50% 杀螟松 1 000 倍液的方法对此虫进行防治。

（三）红带蓟马（*Selenothrips rubriocinctus* Giard）

属缨翅目蓟马科。分布于华南各省。除为害油梨外还为害杧果、腰果等多种作物。

1. 为害特点 成虫、若虫群集于油梨树叶片吸食组织汁液，致使被害部分呈现锈色斑，为害严重时使整张叶片干枯。

2. 形态特征 成虫虫体长形，黑褐色，体长 1~1.5 mm，翅缘缨毛浓密呈灰黑色。卵肾形，黄白色，长约 0.25 mm。若虫虫体长形，黄色，腹部基部呈带状亮红色，老熟时体长 1 mm。蛹长形，体长 1 mm，体形似若虫，但具完全发育的翅芽。

3. 发生规律 一年约发生 10 代。雌成虫行孤雌生殖，单产卵于油梨树叶片背面且带有一滴类似粪便状物。若虫孵出后即在叶背上取食，常数头聚集在一起于靠近主脉的凹陷处或小沟中生活，外有丝网遮盖，通常虫体将腹部末端翘起，顶部常带有一球状液滴。

4. 防治方法 在该虫发生初期，可喷洒 50% 杀螟松 1 000 倍液加以防治。

（四）梨豹蠹蛾（*Zeuzera pyrina* Staudinger et Rebel）

属鳞翅目豹蠹蛾科。分布于海南、广东、福建等地。除为害油梨外还为害桃树、梨树、茶树等多种作物。

1. 为害特点 幼虫孵出后便蛀入梢中，致使被蛀害部位以上的枝梢及叶片在第 3 d 出现萎蔫，第 15 d 左右出现干枯。幼虫老熟时先蛀一羽化孔，然后用粪便木屑等堵塞虫道两端，构筑蛹室在其中化蛹，蛹期约 15 d。

2. 形态特征 成虫虫体长 34 mm，翅展 50~75 mm，全体白色，胸部背面有 6 个黑色斑点，腹部有黑色线纹。前翅密布黑色斑点，前缘、外缘、后缘及中室的斑纹较粗大，其余的较窄小。后翅除后缘区外均密布黑色斑点，外缘中部黑斑稍粗。幼虫幼龄时紫红色，老熟时呈白黄色，体长 40~50 mm，前胸背板具黑斑，黑斑后缘具刺状突起或黑点，中央有一条纵走的黄白色细线，每一体节上均具有黑色毛瘤，瘤上长有一根乳白色长毛。蛹长约 25 mm，黄褐色，头部有一个突起。

3. 发生规律 在海南一年约发生 2 代。雌成虫产卵于枝梢部叶片叶柄基部，单粒散产。

4. 防治方法 及时剪除被害枝条及用钢丝钩杀幼虫等方法加以防治。

（五）油桐尺蠖（*Buzura suppressaria* Guenee）

属鳞翅目尺蛾科。华南各地均有分布。主要为害油梨、柑橘等果树以及油桐等多种经济林木。幼虫取食寄主叶片，猖獗为害时可将油梨的新叶片全部取食殆尽。

1. 为害特点 低龄幼虫啃食嫩叶叶肉，稍大幼虫可把叶片啃食成缺刻和孔洞，严重时可把嫩枝啃食成光秆。幼虫啃食幼果，造成果皮缺陷，受害部位变为黑褐色，轻者影响果实发育和外观，重者引起幼果脱落。

2. 形态特征 成虫体长 19～24 mm，灰白色，密布灰黑色小斑点；雌蛾触角丝状，前、后翅各有 3 条不规则黄褐色横纹；雄蛾触角羽状，翅纹内外有 2 条黑褐色，中间 1 条不明显。幼虫老熟时体长约 70 mm，初孵时体色黑褐，以后随环境不同而变化，有黄绿、青绿、灰褐、深褐等色，腹部有腹足和臀足各 1 对。

3. 发生规律 在广西一年发生 3～4 代，以蛹在油梨园土中越冬，翌年 3 月下旬陆续羽化出土；幼虫盛发期分别在 5 月上旬、7 月中旬和 9 月上旬。成虫白天蛰伏，夜晚活动，有趋光性和假死性，产卵于寄主粗糙的树皮或缝隙处以及油梨的叶背上。幼虫孵化后吐丝下坠，飘荡扩散，行动为典型"步曲"状，静止时伴作枯枝状。老熟后入土化蛹。

4. 防治方法

（1）结合中耕翻土挖蛹，或在产卵盛期刮除卵块，或手捕幼虫。

（2）幼虫化蛹前，在树干周围铺设薄膜，上铺湿润的松土，引诱幼虫化蛹，加以杀灭；也可在成虫羽化盛期点灯诱杀。

（3）在三龄幼虫盛发前施药防治，可选用下列任一药剂：90％敌百虫晶体 1 000 倍液、50％杀螟硫磷乳油 500 倍液、20％克螨虫乳油 1 000 倍液。

（六）刺蛾（*Thosea sinensis*）

刺蛾属鳞翅目刺蛾科。全国均有发生。除为害油梨外，还可为害柑橘、石榴、李等果树和花卉、茶叶等作物。

1. 为害特点 与油桐尺蠖为害特点相似。

2. 形态特征 成虫体长 13～18 mm，翅展 28～39 mm，体暗灰褐色，腹面及足色深，触角雌丝状，基部 10 多节呈栉齿状，雄羽状。前翅灰褐稍带紫色，中室外侧有一明显的暗褐色斜纹，自前缘近顶角处向后缘中部倾斜；中室上角有一黑点，雄蛾较明显。后翅暗灰褐色。卵扁椭圆形，长 1.1 mm，初淡黄绿，后呈灰褐色。幼虫虫体长 21～26 mm，体扁椭圆形，背稍隆似龟背，绿色或黄绿色，背线白色、边缘蓝色；体边缘每侧有 10 个瘤状突起，上生刺毛，各节背面有 2 根小丛刺毛，第 4 节背面两侧各有一个红点。蛹体长 10～15 mm，前端较肥大，近椭圆形，初乳白色，近羽化时变为黄褐色。茧长 12～16 mm，椭圆形，暗褐色。

3. 发生规律 华南地区一年发生 2～3 代，以末代老熟幼虫在树下 3～6 cm 土层内结茧越冬。于 4 月中旬开始化蛹，5 月中旬至 6 月上旬羽化。第 1 代幼虫发生期为 5 月下旬至 7 月中旬。第 2 代幼虫发生期为 7 月下旬至 9 月中旬。第 3 代幼虫发生期为 9 月上旬至 10 月。成虫多在黄昏羽化出土，昼伏夜出，羽化后即可交配，2 d 后产卵，多散于叶面上。卵期 7 d 左右。幼虫共 8 龄，六龄起可食全叶，老熟多夜间下树入土结茧。

4. 防治方法

（1）挖除油梨树干四周土壤中的虫茧，减少虫源。

（2）在幼虫盛发期喷洒 80％敌敌畏乳油 1 000 倍液或 50％辛硫磷乳油 1 000 倍液、25％爱卡士乳油 1 500 倍液、5％来福灵乳油 3 000 倍液。

（七）毒蛾（*Lymantridae*）

毒蛾属于鳞翅目。毒蛾为杂食性，幼虫容易更换寄主植物，主要寄主有樟科、桑科、大戟科、豆科、壳斗科、山榄科、木棉科、桃金娘科、楝科等植物。

1. 形态特征　成虫中型至大型。体粗壮多毛，雌蛾腹端有肛毛簇。口器退化，下唇须小。无单眼。触角双栉齿状，雄蛾的栉齿比雌蛾的长。有鼓膜器。翅发达，大多数种类翅面被鳞片和细毛，有些种类，如古毒蛾属、草毒蛾属，雌蛾翅退化或仅留残迹或完全无翅。成虫（蛾）大小、色泽往往因性别有显著差异。幼虫体被长短不一的毛，在瘤上形成毛束或毛刷。幼虫具毒毛，因此得科名。幼虫第 6、7 腹节或仅第 7 腹节有翻缩腺，是本科幼虫的重要鉴别特征。蛹：为被蛹，体被毛束，体表光滑或有小孔、小瘤，有臀棘。老熟幼虫在地表枯枝落叶中或树皮缝隙中以丝或以丝、叶片和幼虫体毛缠绕成茧，在茧中化蛹。卵多成堆地产在树皮、树枝、树叶背面，林中地被物或雌蛾茧上。卵堆上常覆盖雌蛾的分泌物或雌蛾腹部末端的毛。

2. 发生规律　初孵化的幼虫在树干上群集，有取食卵壳的习性，3～4 d 后才分散到树冠叶片上觅食。一至二龄幼虫食量很小，有吐丝下垂随风迁移的习性。三龄以后食量显著增加。幼虫在强烈阳光下有向荫蔽处迁移暂停取食的习性。如猛烈敲击树干，一至二龄幼虫可纷纷吐丝下垂；三至五龄幼虫则立即将头部昂起，左右上下旋转摆动，甚至弹跳落地。老熟幼虫于 5 月下旬开始，于树洞、粗皮及树皮缝隙内结茧化蛹，亦可在园内松土、杂草和枯枝落叶层内结茧。蛹期 15～20 d，如遇持续高温，蛹期可缩短为 10 d 左右。6 月上旬成虫开始羽化，6 月中旬至 7 月上旬为成虫活动盛期。初羽化的成虫常静伏树干背阴面和叶背等荫蔽处，3～5 d 以后常于傍晚进行飞翔交尾活动。大多数雌蛾于夜间产卵，15～20 粒卵黏结成卵块。

3. 防治方法

（1）利用幼虫白天下树潜伏习性在树干基部堆砖石瓦块，诱集二龄后幼虫，白天捕杀。

（2）化学防治。发现虫情，及时喷药防治四龄前的幼虫。可喷洒 4.5％高效氯氰菊酯或 2.5％敌杀死乳油 2 000 倍液、90％晶体敌百虫或 80％敌敌畏乳油或 50％辛硫磷乳油 1 000 倍液等药剂。

除上述害虫外，广西、广东等地油梨园还可常见潜叶蛾、金龟子、蚜虫等害虫，但一般不会造成严重为害。另外，在 Hass 和 Walter Hole 品种上还发现蓑蛾和介壳虫为害，造成叶片缺刻、失绿黄化，甚至脱落。一些品种（如 Hass、Ettinger 等）果实成熟时常有松鼠、老鼠啃食果肉，造成果实缺陷和采前落果。

第十节　果实采收、分级和包装

一、采收

（一）采收时期

适时采收是保证油梨产量和质量的重要措施。采收过早，果实中含水量高而干物质及含油量低，采收后果皮失水皱缩，不容易后熟，果肉缺乏特有的色、香、味，口感及风味差。采收过迟，果实过熟会引起落果，而且过熟果实采收后不耐贮藏及运输。生产中可以根据以下几方面判断油梨果实的成熟度：

1. 根据果实发育时间判断　一般早熟品种的果实发育约需 120 d，中熟品种约需 150 d，晚熟品种需 180～240 d。

2. 根据果实形态判断　果实已停止增大，发育饱满；果皮开始表现出品种固有的颜色（如由绿色变成暗绿色或紫色、红色等）；果柄变粗，由绿变黄。表明果实进入成熟阶段。

3. 根据果实相对密度判断　未成熟果实的相对密度大于 1，成熟果实相对密度约 0.9。把果实放入水中，能浮起水面的，表示已成熟，沉下水面的则未成熟。

4. 根据果实含油量判断 不同的品种达到完全成熟时果实含油量不一样。果实含油量不再增加时，表明已达到生理成熟度。可以通过实验测定手段测定果实的含油量来判断果实成熟度。

5. 根据种子判断 剖开果实察看种皮，种皮已干涸皱缩，呈深褐色时，表明果已成熟。种皮仍为灰白色，紧包种仁，表示尚未成熟。有的品种果实成熟后种子脱离种腔，用手摇动时会感觉到种子松动撞击果肉。

在生产中应根据油梨果实采收后的不同用途，选择在不同的成熟度采收。例如，供鲜食用的，要在果实已经充分长大，达到该品种固有的大小和风味时采收；采收后要贮藏和运输用的，应在果实达到可采成熟度时（约八成熟）采收；用于采种的果实，应在果实完全成熟、种子达到最饱满时采收；采收后用于提炼油梨油的果实，要在果实达到生理成熟度，含油量达到该品种最高值时采收；采收后用于制作果汁、果酱的果实，则宜在果实充分成熟、风味最佳时采收。

（二）采收方法

1. 采收用具的准备 油梨植株高大，除少部分树冠下部的果实可以就地采收外，树冠中上部的果实则需要借助一定的工具才能采收。因此，在采收前要做好采收用具的准备工作。采果用具要轻便耐用，不损伤果实。包括采果梯、采果剪、长柄网兜、采果袋（篓）、果筐或果箱等。采果梯要轻便，坚固耐用，最好使用铝合金材料的"人"字梯，以便搬动和固定。采果剪要锋利，前端要圆滑，以便采果时不致刺伤果实。树冠顶部及枝条远端的果实则需要用带长竹竿的网兜采收，竹竿的前端配以小钩（位于网兜口边上），以便钩取果实。采果帆布袋或篮（篓）的容量以能装 10 kg 左右为宜，太小影响采收工作效率，太大容易造成果实相互挤压。果筐或箱内部要光滑洁净，并衬垫有报纸或麻布，以免擦伤果皮。

2. 采收方法 可以用采果剪从果柄基部把果实剪下，或直接用手从果柄基部折断；结果部位过高或枝干远端的果实，则用带长竹竿的网兜采收，采收时，把网兜从果实下方往上套，使果实置于网兜中，再用网兜口内的铁钩钩住果柄基部或中上部，用瞬间力把果实连同果柄钩落入网兜中，再用采果剪把果柄剪掉，只保留约 5 mm 的果柄，放入采果袋（篓）中。

国外有条件的油梨园多用升降采果机械辅助采果，可最大限度地减少果实采收过程中的损伤。

3. 注意事项

（1）采收前 1 周内不要灌水，如遇降雨，要在停雨后 3 d 以上才能采收。否则，因果实含水量过高，影响果实品质和耐贮性。

（2）选择阴天或晴天上午露水干后采收果实，不能在雨天采收。

（3）分批采收，先熟先摘。只选摘已成熟的果实，这样采收的果实成熟度相对一致，便于分级包装，避免一次性采收因树冠水分供应不平衡造成叶片失水卷缩，尤其对结果多的树更有必要分批采收。

（4）采收的果实要保留一段果柄。不带果柄的果实，病菌容易从果蒂处侵入，导致果实在贮运和后熟过程中腐烂变质。但果柄又不能留得太长，以免果实之间相互戳伤，一般保留 5 mm 左右的果柄较适宜。

（5）做到轻拿轻放。油梨大多数品种果实大型，单果较重，果皮容易破损，或果肉被挤压损伤，所以，在采收果实的整个过程都要轻拿轻放。严禁将果实用长竹竿打下或摇动树枝将果实摇落下地，也切勿边摘边抛落或在转移容器时整袋、整筐倾倒，以免擦伤或压伤果实。特别是大果型品种，在转移容器时要单果转移，轻拿轻放。

二、分级、包装和运输

1. 分级 在果园里把果袋或果篮中的果实转装到果筐或果箱时，可以进行初选分级，按果实大小分别装筐或装箱，同时剔除严重病虫害果、畸形果、机械损伤和色泽反常的果实。若是就地销售，果实采收经分级后即可立即包装出售，也可经后熟果实初步软化后再出售。

2. 杀菌剂处理　炭疽病和蒂腐病是油梨贮藏期的主要病害。采果前用杀菌剂喷洒果面，采后用杀菌剂药液浸泡果实 3~5 min，可以有效防治油梨炭疽病和蒂腐病。杀菌剂可选用多菌灵、苯来特、咪鲜胺等。

3. 包装　油梨果实在贮藏和运输前要妥善包装，以减少果实水分蒸发，防止病菌入侵和传播，并使果实在运输过程中不致因松动而相互擦伤，保持果实的新鲜和果面美观。包装材料一般以白色、细软、无味、薄而有韧性的纸或塑料为宜。装果容器可用果箱（木制或纸制）或竹筐，容器内表面用干燥无异味的软纸加以衬垫，装果时每层果实之间还应衬以塑料泡沫垫，以缓冲果实与容器之间、果实与果实之间的摩擦和挤压。装果的容器以能装 5~10 kg 为好，容量过大容易使下层果实受挤压损伤。

4. 预冷　油梨果实采收后应立即预冷。预冷后的果实放在适宜的贮藏温度和没有乙烯的环境中，可以延缓油梨果实后熟和变软。

5. 运输　油梨果实的运输在确保果实不受损伤的前提下，装、运、卸的速度要快捷，以尽量缩短运输的时间。果实运输途中应保持低温、干燥、通风。严禁将果箱露天日晒雨淋。短途运输的车辆最好是带有防晒降温功能的帆布，以降低运输途中车厢的温度。长途运输的最好能用冷藏车装运，运输时的温度要求随品种而异，在美国推荐的运输温度是：加利福尼亚州栽培品种（属于危地马拉系和墨西哥系）4.5~6.6 ℃，佛罗里达州栽培品种（属于西印度系和危地马拉系）则常用 9~10 ℃。

三、果实的后熟

油梨果实采收时果肉仍然比较硬实，没有香味，甚至带有苦味，不能立即食用，需要须经过一个后熟阶段达到软熟时方能食用。温度对油梨果实的后熟及其品质（外观、风味及质地）有显著的影响。据 Hatton 对美国佛罗里达州几个油梨栽培品种的试验发现，果实后熟变软的最适温度为 15~21 ℃，在这个温度范围内，不同品种果实后熟变软的时间差异为 2~6 d。低于 12.8 ℃ 时，西印度系品种如 Pollock 和 Waldin 的果实会在 2~3 周内冻伤。温度太高，对果实后熟也不利，果实在 30 ℃ 或 30 ℃ 以上温度中后熟，果肉软化不均匀，果皮褪色、皱缩、腐烂而且有异味。果实后熟所需时间的长短也与生理成熟度有密切关系，一般说，果实生理成熟度愈大，达到食用软熟度所需的时间就愈短。软熟后的果实呈现该品种果实固有的后熟色泽，有的呈黄绿色，有的呈紫红色或紫黑色，用手指轻压果实，感到略有轻软，即可食用。过度后熟的果实，果肉软烂、品质下降，随后果肉会腐烂而不堪食用。在广西南宁，一般采收后在常温下，早熟品种后熟时间 5 d 左右，中熟品种 7 d 左右，迟熟品种 10 d 左右。

第十一节　果实贮藏保鲜

油梨果实可以通过贮藏保鲜达到延长市场供应期的目的。贮藏保鲜的关键在于抑制果实的呼吸高峰的出现，使呼吸作用降低到最低水平，这样就可以延缓果实衰老，延长保鲜期。最常见的保鲜方法有留树贮藏保鲜、冷藏贮藏保鲜、减压贮藏保鲜和气调贮藏保鲜。

一、留树贮藏保鲜

油梨最简单的贮藏方法是直接留树保鲜，延期采收。由于油梨在树上不会软熟，呼吸高峰只有在采收后才出现，当其达生理成熟后，可以在树上保留一段时间。油梨果实挂在树上不会后熟的原因一般认为是油梨的叶或茎可产生乙烯抑制物质，抑制了乙烯的生成，从而抑制果实呼吸高峰的出现，只有采收或果实受伤后才会产生大量乙烯，使果实出现呼吸跃变期，促使果实后熟。油梨果实留树保鲜时间的长短因品种不同而有较大差异，如 Hass 品种成熟后可留树保鲜 3 个月左右，一般品种也可留树半个月到 1 个月。但是，西印度系品种果实留树保鲜效果较差，果实成熟后，如不及时采收，往往会造成大量的采前落果。

二、低温贮藏保鲜

适宜的低温环境，可以使油梨果实的呼吸作用强度减弱 1/3 左右，延缓果实的后熟，同时低温抑制了各种病菌的滋长，从而延长果实的保鲜期。

油梨果实贮藏环境最适宜的温度以使果实的呼吸作用降到最低限度而又不致受冻害为原则。不同的品种对低温的忍受能力不一样，墨西哥系品种的果实最耐低温，一般可在 4～4.5 ℃的环境中贮藏；西印度系品种的果实耐低温的能力较弱，多数以 10～13 ℃的环境贮藏为宜；危地马拉系品种介于以上两者之间，以在 7～8 ℃的环境贮藏为宜。对大多数品种来说为防止果实冻伤，最保险的贮藏温度是 12 ℃左右，在此温度下，果实可推迟后熟期 2～4 周。贮藏期间相对湿度要求控制在 80%～90%。

经低温贮藏后的油梨果实须在 15～21 ℃的环境下后熟，若后熟温度超过 30 ℃，则果实变软不均匀，失去固有风味、果皮褪色、皱缩、腐烂、有异味。

贮藏过程中，温度过低果实会出现冷害，主要症状为果皮出现褐斑和凹陷以及出库后果肉软化不均匀，果肉变成灰褐色，有异味，冷害严重时果实变硬、变黑，无法继续后熟。采后果实真空渗钙处理、气调贮藏均可以在不同程度上减轻或避免油梨果实的冷害。

三、气调贮藏保鲜

油梨果实采收后存放期间会不断产生乙烯，当乙烯达到 0.1～10.0 g/m² 时就会引起果实出现呼吸高峰，此后 3 d 果实变软，达到可食用的成熟度，以后果实品质日渐衰败。因此，要延长果实的贮藏期，就要减少乙烯的浓度。实验证明，在低氧和高二氧化碳环境下可控制乙烯的产生，从而延缓呼吸高峰的到来。Hatton 曾在美国佛罗里达州试验表明，在 7.2 ℃低温下把油梨果实放在 2% 氧气和 10% 的二氧化碳容器中，能使 Lula、Booth8 和 Fuch 等品种的果实比在正常空气中冷藏的贮藏寿命延长 1 倍，贮藏时间可达 40～60 d 而保持新鲜状态。气调贮藏的最适温度因品种而异，可参照低温贮藏法各品种的最适温度。

四、减压贮藏保鲜

油梨还可以采用减压贮藏法。具体方法是：在特定温度下，用真空泵不断抽去密闭容器中的空气，使油梨产生的乙烯和贮藏环境中的氧气浓度下降，从而有效地抑制果实的呼吸作用，减缓后熟的生理进程。根据试验，Hass 品种果实贮藏在温度为 6 ℃、气压为 60 mm 水银柱条件下可贮藏 70 d，然后转移到 14 ℃的普通气压下，对后熟并无不利影响。墨西哥系品种的果实在气压 20 mm 水银柱、4.5 ℃的条件下贮藏 3 周后果肉依然坚硬，极少有腐烂和受冷害。而在 760 mm 水银柱下贮藏的，3 周后果实均已变软，而且有相当多的果实发生冷害并腐烂。

五、后熟油梨果肉的贮藏

①果实开始软化后熟时，置于 5～8 ℃条件下贮藏，可保持 6～10 d 不变质。②把后熟果肉与糖按 3∶1 混合，装罐密封，在－17.8 ℃条件下贮藏，可保存数个月不变质。但要随取随吃，一旦在常温下暴露于空气中时间过长，果肉会变色并产生异味。③将果肉切成片或做成酱，并用液氮冷藏，能保持原有质地与风味近一年。国外有人将油梨果肉与洋葱、柠檬、食盐等制成沙拉，装入大口玻璃瓶或锡罐，在瓶或罐中充氮以取代空气，在－18 ℃低温下可保存 7 个月，色味尚佳。若将其在氮或真空环境下包装，在－18 ℃条件下贮藏，11 个月后仍有原有风味。

第三十八章 余 甘 子

概　述

　　余甘子是原产亚洲热带、亚热带区域的果树，有"维C之丸"的美称，是新兴的药食兼用型果树。其果实营养丰富，肉厚多汁，回甘清甜久远，以其独特的保健药效，深受消费者的喜爱。除鲜食外，亦可制成系列加工产品，如罐头、果酱、果脯、果汁、果粉；还可生产片剂、冲剂、颗粒茶、果酒、果醋、饮料等多种食品。花、叶可提取香精油，果、叶、花、种子、根茎皆具有医治疗效，是传统的中药材。余甘子品种（系）繁多，鲜果供应期长，从6月至翌年2月，结合贮藏保鲜，可做到周年供应。

　　余甘子是一种早结、丰产、稳产、优质、高效的果树。种后第二年即可开花结果，但3年投产为宜，5年便能丰产，盛果期可达100～160年，多数产区的产量在6 000～10 350 kg/hm²。余甘子适应性较强，在我国南方热区发展生产，对调整农业产业结构、多种经营、搞活农村经济，绿化荒山、治理水土流失、改造环境生态具有重要的意义。

　　中国是余甘子的主要原产地之一，已有2 000多年的栽培历史。全世界除中国外，还分布在印度、泰国、越南、马来西亚、巴基斯坦、斯里兰卡、印度尼西亚、菲律宾等东经70°～122°、北纬18°～29°南亚热带、热带地区；美国、古巴、巴拿马、南非等国已引进种植；现以中国和印度种植面积最大，而产量以中国为多。印度长期的规模化生产，培育出系列的优良品种，而中国90%仍处在野生、半野生状态，也保留了中国余甘子丰富的种质资源多样性。中国境内，余甘子集中分布于东经98.5°～122°、北纬18°～29°的地区，包括四川、贵州、云南、广西、广东、海南、福建、台湾8个省份。

　　福建人工栽培余甘子和开展品种改良历史悠久，种植面积最大，仅惠安县就有667万 m² 的余甘子果林。明代弘治《兴化府志》有记，明正德帝（1506—1521年）周游江南，曾尝福建惠安蓝田的大竹粉甘，现尚存粉甘母树一株，民间称为"皇帝甘"，至今有五百年历史；百余年的古树，在福建闽南多地可见。20世纪80年代初期，余甘子进入快速发展的阶段，福建省栽培面积约10 700 hm²，到2013年，福建、广东、广西成为主要栽培产区，全国栽培面积约20 000 hm²，野生林约133 300万 hm²；主要栽培品种有兰丰1号、兰田粉甘，品种（系）有玻璃甘、平丹1号、甜种等。

　　余甘子果实营养丰富，含有12种维生素、16种人体所必需的微量元素、19种氨基酸、有机酸、蛋白质、糖类等，尤其是硒的含量每100 g果肉有0.24～0.73 mg，而一般果蔬含硒量都甚低（每100 g果肉硒含量<0.001 mg）；维生素C的含量极高，每100 g果肉含387～1 368 mg（约比苹果高160倍，柑橘高20倍）稳定性极好，经高压灭菌等高温处理后，其保存率为79.0%～93.5%，这在现有果树种类中是独具特色的。《新修本草》中论断："庵摩勒味苦、甘、寒、无毒、主风虚热气"。是指余甘子鲜食果实，其性微寒、略酸涩、回甘清甜，具有健胃、消食、润肺、生津、收敛止泻、清热降火、解毒、消滞止咳、解除疲劳等作用。《海药本草》中记载"主丹石伤肺，上气咳嗽。久服轻

身，延年长生。凡服乳石之人，常宜服也。"余甘子果实中含有大量的超氧化物歧化酶（SOD）、多糖、黄酮等，具有高效的抗衰老、抗癌等功效。在已知的藏、蒙、维、彝、傣、壮、瑶等 17 个民族的传统药志方中均有余甘子，在我国民间已近 2 000 年的历史。

余甘子不仅是营养价值极高的果树，其树皮、叶中的单宁含量高达 22%、纯度 70% 以上，是制革工业的重要原料。花、叶、种子可提取加工护肤系列用品，种子可榨油加工成肥皂、护发用品等多种用途。余甘子树成材木质红色、坚硬有弹性、耐湿耐腐、可作家具材和装饰品，尤其在印度比较流行，可以说余甘子全身都是宝，在药品、化妆品、保健品等诸多领域的应用前景广阔和巨大的市场潜力。为此，联合国卫生组织把余甘子指定为在全世界推广种植的三种保健植物之一。

第一节　种类和品种

一、种类

余甘子（*Phyllanthus emblica* L.）系大戟科（Euphorbiaceae）叶下珠属（*Phyllanthus*）多年生落叶灌木或小乔木，也有 10 m 以上的乔木类型，全属有 350~400 种植物，我国约 33 个种和 4 个变种，但可作鲜果食用的仅余甘子 1 种。

二、品种

（一）早熟品种（系）

1. 六月白　原产福建的传统栽培品系。树势强健。果实扁球形，果皮浅黄绿色，充分成熟时略呈红晕，果肉纤维多，味涩，品质中等。每 100 g 果肉含维生素 C 270.3 mg。平均单果重 6.85 g。7 月中、下旬成熟，产量较低，但果实挂树期长，延至 11 月采收时，平均单果增大至 12.1 g，果面锈斑增多，品质明显改善，产量显著提高。

2. 算盘子　原产福建。果实整齐度较高与算盘子相似而得名。植株较矮、树势开张，又称"矮种"。果实扁圆形，果梗洼深陷，果皮绿色，品质中等。每 100 g 果肉含维生素 C 221.6 mg。单果重 5.0~6.2 g，7 月下旬至 8 月上旬成熟。

3. TZ09-1　福建省农业科学院果树所选自广东。树势强健。果实扁圆形（果形质数 0.8），果皮浅绿色，果肉脆，味清甜，可溶性固形物达 10.5%，优质。每 100 g 果肉含维生素 C 270.3 mg。单果重 12.0 g，8 月下旬至 9 月成熟，高产、稳产，是鲜食的优良品系。

4. 甜种　原产广东，是广东的主要鲜食品系。树势强健。果实近圆形，果皮浅绿色，果肉脆，酸甜适口，可溶性固形物达 10%，优质。单果重 10.0 g，9 月成熟。高产、稳产，耐贮运，是鲜食的优良品系（图 38-1）。

图 38-1　甜　种

（二）中熟品系

1. 柿饼种　原产广东，仅在广东少量分布。树势强健。果实扁圆形（柿饼状），果皮淡黄色，果肉厚、质酥脆、酸甜可口、回甘味浓，可溶性固形物达 10.5%，优质。单果重 10.5 g，高产，9 月上旬成熟。系鲜食品系。

2. 人仔面　原产福建，少量分布。树势直立，节间长、枝条长而软。果皮绿色，光滑明亮、莹彻可见人面而得名；果肉半透明、质软脆、纤维少、回甘快，品质。单果重 7.4~6.5 g，高产、9 月下旬成熟。

3. 枣甘 1 号　原产福建。树形较直立。果实椭圆形，果皮浅绿色，锈斑少；果肉沙脆，回甘快，清甜，品质优。每 100 g 果肉含维生素 C 352.1 mg。单果重 5.5 g。高产、稳产，9 月下旬成熟期，是鲜食的优良品系（图 38 - 2）。

4. 玻璃甘 原产福建。树势矮壮。果实圆形，半透明；果皮浅绿色、具光泽。肉质细而脆，多汁，品质优。单果重 6.0～5.3 g。可年结二造果，高产、稳产，成熟期在 9 月下旬。是鲜食的优良品系（图 38 - 3）。

5. 枣甘 2 号 原产福建。树形较直立。果实六瓣南瓜形，果皮淡绿色；果肉脆，回甘快，清甜，品质优。每 100 g 果肉含维生素 C 230.0 mg。单果重 7.1 g。高产、稳产，9 月下旬成熟期，是鲜食的优良品系（图 38 - 4）。

图 38 - 2　枣甘 1 号　　　　　　　图 38 - 3　玻璃甘　　　　　　　图 38 - 4　枣甘 2 号

（三）晚熟品系

1. 兰丰 原产福建。树形较直立，果实扁圆形，果基大而平滑；果皮绿色，无锈斑；肉质松脆，细嫩化渣、酸甜适口；品质优。每 100 g 果肉含维生素 C 469 mg。单果重 17.6 g。11 月中、下旬成熟。高产、稳产，是国内优良的鲜食和加工兼用品种（图 38 - 5）。

2. 兰田粉甘 原产福建的主栽品种，占全省栽培面积的 70%～80%。树形开张。果实扁圆形、果顶凹陷明显，果皮浅黄绿色，未成熟时微被蜡粉，有锈斑；果肉多汁、纤维少，品质优。每 100 g 果肉含维生素 C 360～570 mg。单果重 13.5～9.6 g。10 月中旬至 11 月上旬成熟。产量高，可年结二造果，是国内优良的鲜食和加工兼用品种。已引种到广西、广东等主产省份（图 38 - 6）。

图 38 - 5　兰丰　　　　　　　　　图 38 - 6　兰田粉甘

3. 秋白 原产福建。树势高大、强健。果实近梨形，充分成熟时果皮黄绿色，自色果点明显。果肉纤维偏多、有渣、回甜快，品质中等。每 100 g 果肉含维生素 C 585 mg。单果重 7.7 g。产量高，10 月中、下旬成熟。

4. 青皮 原产广东。枝条顶端优势明显，树势健壮。果实圆球形，果皮深绿色，果味甘甜。单果重 6.6 g（软枝青皮）或 8.8 g（硬枝青皮），可溶性固形物 10%。产量中等，果实 10 月成熟。

5. 大玉子 广西壮族自治区的主栽品系。树形高大，开张，枝条较稀松。果六瓣南瓜形，果蒂微凹，果皮淡绿色。果肉脆、化渣，优质。单果重 15.1 g。高产，10～11 月成熟。是鲜食与加工的优良品系（图 38-7）。

6. 扁甘 原产福建。树形高大强健。果实扁圆形（果形指数 0.7 以下）；果皮浅黄绿色，锈斑较多，果基内凹；果肉松脆，品质优。每 100 g 果肉含维生素 C 365 mg。单果重 9.5～6.7 g。较丰产，可年结二造果，春果 10 上旬成熟，秋果翌年 2 月成熟（图 38-8）。

7. 赤皮甘 原产福建，主产福建、广东。树形开张，较健壮。果扁圆形（果形指数 0.7～0.8），果皮淡绿色，成熟时布满赤斑；果肉松脆；品质中等。每 100 g 果肉含维生素 C 211.0 mg。单果重 10.5～7.1 g. 可年结二造果，春果 10 上旬成熟，秋果翌年 1 月成熟（图 38-9）。

图 38-7 大玉子　　　　图 38-8 扁甘　　　　图 38-9 赤皮甘

第二节　苗木繁殖

余甘子苗木繁育有实生、嫁接、高压、扦插、根蘖等方法。实生苗繁殖方法简单、时间短、速度快，但缺点是变异性大，难以保持品种的优良性状，结果迟，因此生产上主要用于培育砧木。高压育苗是一种古老的育苗技术，这种方法对母树损伤大，繁殖系数小，生长弱，生产上也极少采用。余甘子扦插育苗技术要求高，且成活率极低，生产上不采用这种方法。根蘖育苗，虽简便易行，成本低；但缺点是，出苗量少、苗木不整齐且对母树根系造成损伤。目前余甘子生产上育苗普遍采用嫁接的方法。

一、嫁接苗培育

（一）砧木苗的培育

1. 砧木的选择 余甘子品种间嫁接亲和力均很高，在繁殖中余甘子苗木的砧木，通常采用"共砧"，即实生余甘子苗做砧木。福建的野生余甘子抗逆性很强，产区多数采用野生的余甘子果实培育实生苗。野生砧余甘子树具有根系发达、后代抗逆性强、丰产、寿命长等优点。大果型的余甘子种子具有个大饱满、出芽率高、生长快、相应缩短培育周期。而福建野生砧余甘子树，较云南、广西的适应性更强。

2. 种子的采集与贮存 采用野生甘种子，应于 11～12 月选择五年生以上矮化健壮的母树，采收充分成熟、无病虫斑的果实；采用大果型的余甘子种子，应根据不同品种果实的成熟期，采收充分成熟、无病虫斑的果实；以保证种子的萌芽率。将采回的果实用粗沙磨破果皮，堆积于室外或走廊，堆高 45 cm 左右；洒少量清水，经常翻堆，防止烧伤种子。10～15 d 后，筛洗干净，覆盖纱布晾干，将核裂弹出的种子过筛，筛除发育不良的种子、核壳与杂质，将种子装进经消毒的陶缸内贮存，种子贮存期不宜超过 6 个月。

3. 种子的处理 余甘子种子具有种皮坚硬、外层裹有蜡质、不易吸水膨胀的特点，未经处理的种子，萌发不整齐，萌发期长，种子萌发率在 32.00％～55.70％。处理方法：

（1）用 0.1％的硫酸亚铁溶液浸种 2 h 后，捞在尼龙编织袋内，用清水冲洗干净，然后用箩筛沥干后，将余甘子种子按 1:2 的比例与消毒过的湿沙混合拌匀后置入沙床内摊平，盖上一层湿沙，厚度以种子不裸露为宜，每天浇少量水保湿，4～7 d 后开始萌发，最终萌发率可达 79.46%～81.11%。

（2）用 50 ℃ 温水浸泡种子，自然冷却 24 h 后，去除轻浮劣质种子，用箩筛沥干后，将余甘子种子按 1∶2 的比例与消毒过的湿沙混合拌匀后置入沙床内摊平，盖上一层湿沙，厚度以种子不裸露为宜，每天浇少量水保湿，沙的温度以用手捏之成团，放手即散开为标准。4～10 d 种子开始萌发，最终萌发率可达分别为 80.11%～85.33%，露白 80% 即可播种。

4. 苗地准备　余甘子育苗地的选择是育苗成败的关键环节。应选择避风向阳、地下水位低、不易积水、便于灌溉和排水的区域，应以疏松肥沃的沙质土壤为佳。苗地提前 1～2 个月进行深耕翻晒白，整细表土。每 667 m² 施土杂肥 750 kg，过磷酸钙 75 kg，结合整地深翻，每 667 m² 用 10% 二嗪磷颗粒剂 1.0 kg 撒施翻入土中以防治地下害虫。播前按宽 80～90 cm，高 20～30 cm 整畦，畦沟宽 30～35 cm；苗地四周及大片苗地中间要挖深沟，沟深 45～50 cm，宽 35～50 cm，以雨停沟干为准。

5. 播种　畦面整平整好后，最好用碌碡碾压，使之呈"上实下松"状，这样畦面平而结实，使播种后的种子在营养土面上比较均匀，又及时能吸收到土壤里一定的营养肥力和水分，可促使种子迅速生根发芽，大大提高种子的出苗率。在畦面上开条沟，条沟长度根据畦面宽度而定，条沟宽 10 cm、沟深 3 cm，条沟之间距离 20 cm 左右。开沟后，撒一层 2 cm 厚的营养土，将种子点播在沟内营养土上。点播种子一般要求均匀，当每畦的条沟全部点播完后，盖上火烧土，以不见种子为好，并盖上一层 3 cm 左右的稻草。这样使畦面上能保持一定的湿度，可预防烈日暴晒水分大量蒸发或长期干旱畦面失去水分，也可预防暴雨淋透冲去种子和鸟类危害，避免造成种子损失，这样即可保温又可保湿，使种子播种后能吸收土壤中的营养和肥力，及时生根发芽，迅速生长。当 35% 种子发芽露土时，在阴天或傍晚时可将稻草揭去，让苗木能迅速生长。

6. 播后管理

（1）排灌。苗木初期最怕积水和干旱。有条件的可以搭荫棚防晒。遇干旱时要及时浇水或灌溉，即要灌足底水，一般 1 周灌溉一次，使苗木保持一定的水分；若遇雨天，要预防苗地积水，应及时疏通水沟，排出积水，使苗木正常生长。

（2）施肥。苗木出齐后，为了使苗木迅速生长，一般在 15 d 后可用 1% 的稀熟尿水喷洒，喷洒要在傍晚进行。采取薄肥勤施，少量多次的原则；以人粪尿为主，配合施用尿素；前期每隔 7～10 d 施 1 次肥，1 个月后每隔 10～15 d 施 1 次肥。施肥后应喷洒一遍清水，以免苗木嫩芽受肥伤。

（3）除草。当苗木生长 7 d 左右，若发现小草萌生要及时除草。拔草时要在阴天或傍晚进行，拔草前应把畦面浇水灌湿，使在拔草时不会松动幼苗，拔草完毕后要及时喷水，以免影响苗木正常生长。

（4）间苗和移苗。当苗高达 5～7 cm，2 片子叶打开而真叶又未长时，进行第一次疏苗和移苗。疏去过密的、过弱的小苗；此时移栽是最佳时节，成活率可达 95%。移栽应选择阴天或晴天早晚进行。移栽前应把苗床和营养袋浇湿，移栽时用小铲连根带土将过密的小苗补植到缺苗的行段栽植深度以覆土至苗根部以上 1 cm 为宜，用手指压实空隙，浇透水即可。此后可按每 667 m² 留砧 3.0～3.2 万株的数量，根据生长情况，再进行疏苗 1～2 次。移植的幼苗要盖上遮阳网，幼苗成活并长高达 10～15 cm 时，方可撤去

（5）病虫害防治。苗木生长期间主要虫害有毛虫和蚜虫。可用 40% 乐果乳油 1 000 倍液喷洒防治。地下害虫会为害根部，可用茶籽饼研碎撒施防治。

（二）接穗采集

余甘子的接穗母树应品种纯正，生长健壮，丰产稳产，无严重病虫为害的良种成年结果树。从健壮结果母树树冠中上部采集生长充实、芽眼饱满、粗细适中、枝条平直、无病虫害、一至二年生的春梢或秋梢做接穗。采穗宜在无风、晴朗，露水干后的上午或下午阳光较弱时进行。采穗后，采后立即剪去叶片，尽量控制穗条不受伤，用塑料薄膜包裹，挂上标签，放在遮阴的地方。接穗应随采随接，

成活率最高。

（三）嫁接方法

余甘子在每年的 2～11 月春、夏、秋均可嫁接，以春接和早秋接为好。嫁接部位选择高出地面 10～15 cm 处，砧木茎粗 0.8 cm 以上为宜。春接一般在"春分至清明"时进行；当腋芽膨胀而未萌发时嫁接最好。福建惠安等地秋接在"8～9 月立秋至秋分"时进行，至 11 月中旬测量，平均株高达 15～22 cm，枝条充实、健壮、抗寒力强，出圃快。余甘子的嫁接方法主要有枝腹接法、舌接法、切接法等，其中以枝腹接法成活率最高，适合径粗于 1 cm 左右的砧木。

（四）嫁接后苗木管理

1. 浇水　嫁接之前，保持畦面干燥。接后 4～6 d 浇水，湿润即可。当接芽开始抽梢后，视畦面干湿情况，必须经常浇水，保持畦面湿润，促进生长。

2. 抹芽　嫁接后 10 d 左右即检查成活情况，抓紧补接，15～20 d 在接芽开始展叶抽梢后，才能抹去砧木上长出的芽，否则会造成死苗。

3. 施肥　采取前促、后控的原则。当接芽膨胀即将破膜时，施薄肥让根系充分吸收养分，加速抽梢；而后相隔 7～10 d 施稀薄粪水或液肥，促使顶芽连续生长，1 个月后可加大肥量并减少为每月一次。当接穗长 17～20 cm，便可解除薄膜带。到 10 月下旬气温降低，枝梢顶芽生长停顿或封顶后，则要控制肥水，让嫁接苗的枝梢老熟，增强抗寒力。翌年春季便可出圃。

二、营养苗培育

（一）优良母树的选择

应选择品种纯正，生长健壮，丰产稳产，无病虫为害的良种，如兰丰、TZ09－1、玻璃甘、大玉子、甜种等，5 年以上的结果树作为接穗母树。

（二）营养苗培育方法

为了提高育苗定植成活率，可采用塑料营养袋育苗。营养袋规格 18 cm×20 cm，厚度 6 丝以上、底部留小孔（直径 1.5 cm），选择土层深厚的沙质土地块，翻耕细耙之后，撒上优质土杂肥，与上层土混合制成营养土，装满育苗塑料袋。按畦面宽 90 cm、高 20 cm，沟底宽 30 cm、沟面宽 50 cm 的规格起畦，按合适的规格平放，并用沟土填满各袋之间的间隙（埋土与营养袋齐平为宜）后即可点播。用处理过的种子，每个营养袋点播 2 粒，点播后盖上河沙 1 cm，再盖上稻草保湿，用尼龙绳固定。

（三）出苗后管理

营养袋点种后，应加以管理；浇水、除草、补苗、施肥、病虫害防治的管理方法与嫁接苗的管理方法基本相同。

三、苗木出圃

苗木出圃是育苗中最后的一个环节，出圃技术的好坏直接影响苗木质量、定植成活率及幼树的生长。余甘子的苗木的出圃时间各地略有不同，广东普宁等地多在 2 月，广西多为 2～4 月，福建为春植在 2 月下旬至 4 月、秋植在 9 月下旬至 10 月中旬为宜。

（一）起苗前准备

起苗前 1～2 d，苗圃地要灌水使土壤湿透，以减少挖苗时对根的伤害。不带土的苗，要准备好黄泥水浆；带土苗，要准备好编织草袋。挖苗后，要剪除植株顶端嫩梢和 50%～70% 的叶片。

（二）苗木分级、假植

品种纯正、枝梢生长健壮、无病虫害；苗高 35～45 cm，嫁接位以上 3 cm 茎粗 0.8 cm 以上、枝条已木质化，主根、须根健全，根系健康的为一级苗。苗高 30～35 cm，嫁接位以上 1 cm 处茎粗达 0.7 cm、脱落枝已掉落、枝条已木质化，主根发育健康的为二级苗。不符合出圃规格的苗木，可集中假植培育，待下个春季或秋季出圃。

（三）苗木包装、运输

露根苗根系蘸黄泥浆护根，50～100 株扎成一捆，用塑料薄膜包裹，洒水保湿，即可出圃。带土团的苗，要单株用塑料薄膜包裹扎紧，避免运输途中松散伤根，影响成活率。

（四）苗木检疫

苗木检疫、调运执行要符合国家相关标准的规定。

第三节　生物学特性

一、根系生长特性

（一）根系生长动态

余甘子为直根系旱生植物，有实生根系、茎源根系和根蘗根系。其根系由主根、侧根、须根组成。主根深而发达，最深可达 10 m 以上；侧、须根多分布于离地面 20～100 cm 的土层，根幅一般是树冠的 3～5 倍。根系一年有三次生长高峰，与枝梢交替生长。春梢展叶后至夏梢抽发前是全年发根量最多的生长高峰；夏梢抽生至秋梢前出现第二次生长高峰；第三次在秋梢停止生长后。

（二）根系生长与土壤的关系

余甘子植株根系发达，穿透力强，能穿越岩石缝隙；对土壤适应性很强，能在多种土壤上生长，如沙壤土、红黄壤土、砖红壤和燥红壤上，喜酸性土壤，亦适合中性土壤但是在盐碱地生长不良。土壤 pH 5～6 根系生长最好，pH 在 8.0 时明显表现出缺乏营养。余甘子可以在干旱贫瘠的山坡上甚至是在石缝中生存，但是要获得高产，还是应选取土壤深厚、疏松、排水良好的立地条件下生长。

二、芽、枝和叶生长特性

（一）芽

余甘子的芽有顶芽和侧芽。顶芽都是叶芽；侧芽则有单芽、复芽和潜伏芽。

1. 顶芽　余甘子的顶芽，都是叶芽，着生于枝条顶端，抽生的是结果母枝，冬季不会脱落。

2. 侧芽　着生于结果母枝和叶腋，余甘子的侧芽在不同季节所形成的芽是不同的。春季多形成复芽（和含有 2 个以上混合芽的复芽）；夏、秋季多形成单芽或复芽。单芽可抽生纯枝芽或纯花芽。

3. 潜伏芽　着生在余甘子枝条及茎干的中、下部，潜伏芽的寿命有数年或数十年之久。在枝、茎干折断之处能长出 3～5 处丛生性的枝梢，有利于老树更新复壮。

（二）枝

余甘子在生殖生物学特性上有着与众不同的特点。枝条分结果母枝、结果枝和营养枝。结果母枝从顶芽萌发生长，到冬天不脱落，是构成余甘子树冠的骨架干枝。结果枝或营养枝从结果母枝或茎干上的侧芽、单芽、复芽萌发抽生，到每年冬季会自行脱落（俗称脱落枝），特点是当年抽生当年脱落。而每个芽点抽生出几枝，是判断年造果次数的重要特征。年一造果，一般每个芽点抽生 1～3 条结果枝或营养枝；年造果二次以上，每个芽点抽生结果枝或营养枝 2～5 条。结果枝或营养枝的长度从 10～36 cm。

余甘子枝梢的顶端优势明显，侧芽抽生枝梢的多少、长短与生长势的强弱有关。枝条粗度在 0.3 cm 以下，其顶芽抽梢慢，枝短、侧芽少抽或不抽；粗度在 0.4 cm 以上，顶芽抽生早而快。余甘子一般一年可抽 3 次梢，但枝梢抽发的时间、次数、数量，因不同品种（系）、树龄、树势、立地条件和管理水平而不同。如算盘子一般只抽春梢；粉甘、玻璃甘和幼树则年抽三次梢。

1. 春梢　萌发整齐，占全年梢量的 60%～70%；分为结果枝，雄花枝和营养枝。结果枝上雄花多、雌花少，分有叶、无叶结果枝二种；春季抽生的多是有叶结果枝，福建惠安 2 月中下旬至 4 月上旬萌动，3 月下旬至 4 月下旬抽梢；雄花枝只开雄花，在谢花后成为营养枝。

2. 夏梢 萌发量少、不整齐，通常从二至五年生结果母枝的部分侧芽再抽 1~3 枝，多数只抽 1 枝，有的侧芽不再抽生结果枝，都是营养枝；若肥水供应不足，常会导致大量落果；（福建惠安）5 月下旬至 6 月中旬，控夏梢是生产栽培的关键环节。

3. 秋梢 秋梢于每年的 8 月萌发（福建惠安），抽生无叶结果枝，老弱树则秋梢少抽或不抽；秋梢的培养是来年产量与品质的基础。

4. 冬梢 冬梢的抽生会影响翌年的结果，应避免抽生和及时摘除。

（三）叶

余甘子是热带、亚热带树种，但在冬季却具落叶的特点。我国境内的品种（系），基本上是落叶型；仅在少数热带区域是常绿型的。在秋季，部分品种（系），会因季节变换而转黄色和红色。不同品种（系）在叶片的形态、长度和大小、叶柄的长度、叶尖的形状、叶色、叶片质地等方面均具有一定的差异。叶片纸质至革质，单叶、二列，互生于脱落枝上。叶，全缘。叶片长度因品种（系）而异，长 0.8~3.0 cm，宽 0.2~1.2 cm。顶端截平或钝圆，有锐尖头或微凹，基部浅心形而稍偏斜；叶上面绿色，下面浅绿色；侧脉每边 4~7 条；叶柄长 0.3~0.7 mm；托叶三角形，长 0.8~1.5 mm，褐红色，边缘有睫毛。

三、开花与坐果习性

（一）开花

余甘子的花芽有纯花芽和混合花花芽，不同品种（系）一年内可开 1~4 次。花芽分化主要与气温变化有关，生理分化期从 2~3 月开始。

余甘子开花物候期的特性是，所有的品种都先开雄花后开雌花，雌花花期短与雄花期重叠。春花（福建，下同）3 月下旬至 4 月下旬，夏花 7 月中旬至 8 月中旬；秋花 9 月上旬至 10 月下旬；花期 15~25 d。随品种（系）不同，物候期相差可达 25~30 d。

（二）坐果

余甘子是异花授粉植物，主要靠风媒传粉，余甘子不同的品种自然授粉率高，坐果率也高。但不同品种之间的坐果率存在极显著差异，其中兰丰品种的坐果率为最高，六月白的坐果率最低，相差在 57.6%~23.1%，不同结果母枝枝龄间也存在着较显著的差异。

影响余甘子坐果率的因素是多方面的，主要是果树本身的遗传因素。但天气、湿度条件是主要的影响因素。余甘子开花时间大都在清晨，当温度上升到 22~27 ℃，天气晴朗，开花最盛，坐果率也高。相反，在雌花开放期，若遇到低温阴雨，严重影响授粉，致使坐果率降低，甚至无法坐果。

由于余甘子的花期长，成熟期不一致，栽培管理中尤应注重适时修剪，是提高余甘子坐果率的主要干预措施。

（三）落花落果

余甘子不同品种的落果率不尽相同，第一个落果高峰期约在 40 d。落果率最高的扁甘达到 73.3%，落果率最低的粉甘只有 46.1%，但落果的基本趋势一致。如兰丰品种，终花期是 5 月初，因此第一个落果高峰期在 6 月上旬，第二个落果高峰期在 9 月下旬，此后一直到果实成熟采收，果实很少脱落。大玉的终花期是 3 月底，落果高峰期在 5 月上旬。余甘子落果主要是由营养竞争而引起，因此谢花后及时追施肥料以补充大量开花所消耗的养分，将有利于落果率的降低。

四、果实发育与成熟

（一）果实生长动态

余甘子雌花受精后 2 个月内，幼果发育基本处于停滞状态，细胞分裂少。6 月下旬至 7 月上旬，细胞分裂旺盛，开始进入第一个果实增大期，果皮转绿。8~9 月果实膨大最快，果核也迅速发育，果实体积明显增加。但余甘子不同品种的果重增长过程相差很大，如六月白品种在前期 8～9 月增重最快，而到了 9 月以后，生长趋于平缓，这于六月白品种成熟早的特性有关。而兰丰品种在前期生长并不快，而到中后期 9 月以后一直保持较高的增长速率，从 11 月初至 12 月初，兰丰单果重还从 15 g 增加到 18 g 明显表现中晚熟品种特点。

（二）果实成熟

余甘子果为蒴果，外果皮肉质厚而多汁，果实形状可分为几大类，有扁圆形、圆形、椭圆形、六瓣梅花形、三瓣南瓜形、长圆形等。余甘子品种（系）类型较多，生育期在 150～170 d。果实生长期从 4 月下旬至 10 月，秋果在第二年 1～2 月成熟，各品种果实成熟期之间差异可达 3～4 个月；而由于气候变化的影响，即使是同一地区的同一品种，因生长地的海拔不同其物候期也有较大的差异据。

余甘子果实的成熟期从早熟到最晚熟的可达 6 个月以上。果实物候期相在一定程度上与花物候期相一致。成熟期范围为 9 月上旬至次年 2 月，成熟期跨越 5～6 个月。其中春果 9～10 月成熟，夏果 11～12 月成熟。秋果次年 1～2 月成熟。果实可以留树至次年 3～4 月。不同品种（系）之间果实成熟期差异较大，我们选择的六月白、甜种为早熟类型，可在 6～9 月成熟，而秋白类型则在 11 月后成熟。

除春果外，其他几次开花结果量不大，在没有大风大雨的条件下，余甘果实可以在树上一直保留到来年第一次开花这对鲜果上市期的延长非常有利。

余甘子果实可以一直留果到第二年新梢生长，但早熟的六月白品种的果树留树时间相对较短，掉果比较早一般在 11 月左右基本掉光，而其他品种如扁甘可以留在树上到翌年 3～4 月。

第四节　对环境条件的要求

（一）土壤

余甘子对环境适应能力特强，是抗旱耐贫瘠的优良果树。在我国西南部的云南、贵州、四川的干热河谷地带、其他植物不能生长的地方，余甘子仍能形成优势群落并能正常的开花结实。故能在沙壤土、红黄壤土、砖红壤和燥红壤上生长，喜酸性、亦适合在中性土壤种植，但是抗盐碱性不强，在 pH 为 8.0 时营养缺乏明显。土壤是果树生长结果的基础，在生长发育过程中需要从土壤中吸收大量的营养物质和水分，是关系余甘子生长发育和产量品质的关键，要获得较高的产量，还是应选取土壤深厚、疏松、排水良好的立地条件栽培。因此，余甘子生产园应以有机质含量≥1.0％，pH 5～6，土层深度≥40 cm，土质疏松、排水良好的土壤为宜。

（二）温度

余甘子是原产于热带、亚热带的果树，却具有冬季落叶的特性。在印度境内的余甘子多为常绿型，而我国境内除少数常绿型外，多数是落叶型种类。余甘子喜温暖忌霜冻，要求年均温 18～23 ℃才能正常生长发育，每个发育期对温度的要求不同。植株萌动期温度要求在 12 ℃以上，初花期在 19～21 ℃，果实、枝梢和幼苗期要求在 23～26 ℃为宜。余甘子在年均温 20 ℃以下丰产性较差，在 20～25 ℃时生长最快。年极端高温＞45 ℃，年极端低温＜－1 ℃。对低温很敏感，遇霜时容易落花落叶，甚至冻坏嫩枝，5 ℃以下常受冻害，0 ℃以下会造成枝干冻害或整株冻死。但成年余甘子具有显著的从冻害恢复的能力，只要干枝没冻死，第二年春就能恢复生机。海拔高度不同，冻害情况有显著差异。海拔越低，受冻害越轻。

（三）湿度

余甘子为直根系旱生植物，主根深而发达，根幅一般是树冠的 3～5 倍。是热带、亚热带抗旱耐贫瘠的优良果树。年降水量为 600～1 800 mm，年相对湿度 50％～76％均能正常生长。我国余甘子主产区从东到西，随着年日照时数的增加，降水量减少，相对湿度下降，品种（系）的抗旱性增强。在不同的生育期余甘子的耐旱力有所不同，在余甘子幼苗期尤其注意园内的排水，土壤湿度过大，容易引起根系腐烂，造成死苗。在盛花期若遇连绵雨天，不仅会降低雌花受粉率，影响产量，甚至造成无果的现象。因此，余甘子果园要建好排灌系统，做到雨季及时排，旱季能浇灌。这是取得高产、优质、高效的主要生产措施。

（四）光照

余甘子不同生育期对光照的要求不同。幼苗期的生长以散射光为宜，在干热区育苗应搭荫棚以提高成活率。余甘子在幼树期比较耐荫庇，结果树则需要充足的阳光，增强光合作用，促进植株营养物质的积累，致枝梢抽生健壮，有利花芽分化，增加雌花量，提高坐果率和果实品质。若光照不足，致抽生的枝梢纤细，内膛易形成脱叶枯枝，雄花增加而不实。

（五）风

余甘子是雌雄同株异花的果树，花朵细小，主要靠微风传粉，所以果园内良好的通气循环在花期能提高坐果率；冬季降低能冷空气的沉积，减轻植株冻害。但是大风、台风则会引起落花落果、划伤果实表面、折断枝条等。因此沿海地区的余甘子果园、果园的风口必须营造防风林带。

第五节　建园和栽植

余甘子是多年生果树，经济寿命可达百年以上，建园应充分考虑到果园管理的长远性、便利性和成本核算；考虑到周边环境的生态平衡。根据余甘子生长、结果习性的特点和要求，综合分析当地的气温、光照、湿度、水利、风力等自然条件，达到年平均气温 20 ℃左右，年极端低温＞−1 ℃，年日照时数≥1 500 h，年降水量 600 mm 以上，冬季无严重霜冻地区。

一、建园

（一）园地选择

宜选择坡度 25°以下的山地，植被覆盖度中等，朝向南坡或东南坡；土层深度≥40 cm，以土质疏松、排水良好的红壤或黄壤，有机质含量＞1.0％，pH 5～6 为宜。平原忌低洼地，避免在山坳易沉积冷空气处种植。

（二）园地规划

实行标准化建园，要因地制宜，系统配套，科学规划。同时做好果园配套建设：

1. 道路设计　主干路贯穿全园与外路相连，能通行货车，位置可依山势盘旋而上贯穿全园。一般路宽 4～5 m；支道与主干道衔接并和果园小区相连，能通行拖拉机和小型果园机械，路宽 2.5～3.5 m；果园内还应规划人行耕作通道。

2. 排灌设置　拦洪沟（环山沟），沟面宽为 1.0～1.5 m，沟底宽 0.8～1.0 m，沟深 1.0～1.5 m。排水沟，梯地台面内侧开宽 0.3 m，深 0.2 m 排水沟，排水沟与排洪沟相连。每公顷建一个贮水 10 m³ 左右的水池。

3. 防护林　陡坡和山顶不宜种果的地段，均可造林；特别是果园的风口，应营造防护林带。防护林应选择混交林，且与余甘子不存在相同的主要病虫害。

（三）整地和改土

山坡地建园可开环山等高不等宽、反倾斜的梯田。平缓坡台面 3～4 m，陡坡台面 2～3 m。内侧低、外侧高，后壁挖 20 cm×20 cm×30 cm 的节水沟，前壁垒成 40 cm×30 cm×20 cm 的埂，并种植白喜草固土护坡，控制果园水土流失；台面种植豆科绿肥圆叶决明，压青改土，提高果园肥力。依据地势在每层梯田进行土地平整，使之成为规范化的果园。在梯田中间起垄，以确保定植后的幼树避免长时间浸水，造成死亡。

二、栽植

（一）栽植方式、密度

在定植前 2～3 个月，开挖定植穴，规格为 60 cm×60 cm×60 cm 的穴，可就地将杂草、绿肥回填，撒上石灰，再填入 10～20 cm 的表土，每穴施入有机肥 10～15 kg，磷肥 0.5 kg，与土拌匀填穴。做成高 20～30 cm、面宽 1 m² 的定植墩。有条件的可按株行距为 2 m×2 m、2 m×3 m 定植，立地条件、通风好、始果期能提高产量；进入盛果期封行过密后可间伐，使株行距为 3 m×4 m，利于果园通风和枝梢生长。

（二）栽植方法

定植时间宜选择春季 2 月中旬至 4 月中旬进行，秋季在枝条充实后的小阳春时期。春季在花芽、叶芽及枝条未抽生、气温稳定回升、雨水充沛的时日定植。要求嫁接苗的枝条已木质化、距接口 1 cm 处茎粗达 0.7 cm、脱落枝已掉落。苗木根部带土或沾上黄泥浆定植。把根系按其自然延伸方向顺势舒展，入穴压实，栽植后苗木根颈部宜高于地表水平 15～30 cm，以防日后下陷。浇足定根水再盖一层松土，同时进行地面覆盖。

（三）栽后管理

定植后，遇晴天，每隔 2～3 d 浇水一次，直至成活。成活后要及时抹除砧木芽、修剪密集芽、不定芽、整形、勤施薄肥，促进新芽苗壮成长。同时要注意检查苗木，适时补植，有利果园苗木生长的整齐度，便于管理。

第六节 土肥水管理

一、土壤管理

（一）扩穴

定植 2 年后，每年交替于植株的一侧或相对两侧，定植穴外围挖长 100 cm、深 40 cm、宽 30 cm 的沟。于秋冬、春初利用绿肥、秸秆、杂草进行株、行间压青。每株回填绿肥、秸秆 20～25 kg，生物有机肥 8～10 kg，钙镁磷肥或过磷酸钙 0.5～0.75 kg，石灰 0.5～1.0 kg，然后表土填入沟底，心土放在沟面，以增加土壤有机质、提高肥力。

（二）压土

因梯田土壤质量差、水土流失、根系裸露等情况的，应结合维修梯田，进行根际培土。在冬季或初春之际，用火烧土或潭泥，沟泥、土杂肥，每株 100～150 kg，堆于树干周围，起以土带肥的作用。

（三）间作

为提高单位面积的经济效益，可在果园内实行套种。种植后 1～2 年内，可套种花生、西瓜、生姜、绿豆等作物；也可开展林下种植中草药等；也可种植印尼豇豆、圆叶决明、白喜草、日本草等绿肥，以提高果园的生态环境，降低管理成本。但在植株的主干周围留一定空处，不可盖住树头。

（四）其他措施

中耕除草与土壤改良幼龄果园，每年春季至秋季中耕除草 3～4 次；或用除草剂除草，每 667 m²，可用草甘膦 1.5 kg 兑水后，对杂草茎叶喷雾，每年 2～3 次。种植后 2～3 年根系生长布满定植穴。每年冬季要进行扩穴，以利于根系生长，一般在定植后 2～4 年内完成全园的扩穴。成年树每年冬末春初采果结束后，进行一次深翻改土，深度 40～50 cm，结合施有机肥改良土壤团粒结构，提高土壤肥力。

二、施肥管理

（一）施肥的意义

余甘子是多年生的果树，生长过程中蒸发量大、消耗能量多，挂果时间长、需肥量大，较贫瘠的土壤无法长期供给所需的营养。适时施肥，是促进余甘子根系发育，提高余甘子早结丰产栽培的重要环节。如福建惠安是国内余甘子最大的种植产地，取蓝田村余甘子专业合作社 5 年生粉甘生产园试材。土壤以砖红壤为主，速效氮、磷、钾的含量分别为 $0.13\%\sim0.16\%$、$1.0\sim3.0$ mg/ kg、$60\sim120$ mg/kg，产量为每 667 m² 200.3 kg；高产园按 $1:1.21:1.56$ 比例平均施用速效肥 N、P_2O_5、K_2O 为 47.5 kg，298.5 kg，387.0 kg 后，产量为每 667 m² 699.05 kg，效果显著。

（二）基肥

基肥是较长时间供给果树多种养分的基础肥料，通常以迟效性的有机肥料为主，余甘子的基肥施用在定植的前 $2\sim3$ 个月，在穴内可填埋作物秸秆、绿肥及农家肥、堆肥等，每穴用青量 $25\sim50$ kg，撒上石灰；土杂肥 $50\sim100$ kg，配施有机肥 $10\sim15$ kg，磷肥 0.5 kg，与土拌匀，分 3 层施用，底层占 50%，中、上层各占 25%，表土回穴分层压，并培高墩 $20\sim30$ cm。

（三）追肥

1. 幼龄树的施肥管理 对新植的幼树，应采用薄肥勤施，幼树以氮肥为主，配合施用磷钾肥，每年 $3\sim5$ 次。第一次在 2 月春梢萌动前，第二次 4 月春梢抽发期，第三次 6 月春梢充实和夏梢抽梢期，第四次 8 月秋梢萌发期。植后第一年单株每次施 $10\%\sim20\%$ 腐熟人类尿 $3\sim5$ kg 或复合肥 $30\sim50$ g，以后每年增加 50% 至 1 倍的施肥量。

2. 成年树的施肥管理 依据余甘子品种、成年树体和土壤的营养状况，福建余甘子每年施肥 $2\sim3$ 次，主要施用 N、P_2O_5、K_2O 等速效肥，每 667 m² 施 N 16.5 kg、P_2O_5 19.9 kg、K_2O 25.8 kg。复壮肥在采果结束前的一个月施用。梢果肥：①壮梢保果肥，5 月下旬施肥。②壮果促梢肥，$8\sim10$ 月施用；施肥量占全年总量的 $45\%\sim50\%$。

三、水分管理

余甘子是比较耐旱的果树，一般情况下土壤都能满足其对水分的需求，但在春梢、夏梢、秋梢抽发期及果实发育期如遇干旱应适量灌水、灌水量以湿透根系主要分布层（$20\sim70$ cm）为宜。在不同的生育期余甘子的耐旱力有所不同，在余甘子幼苗期尤其注意园内的排水，若大雨造成积水，容易引起根系腐烂，造成死苗。$8\sim9$ 月是余甘子果实膨大和翌年结果母枝抽生的旺长期，缺少水分会影响果实品质和翌年的产量。因此，余甘子果园要建好排灌系统，做到雨季及时排，旱季能浇灌，这是取得高产、优质、高效的主要生产措施。

第七节 花果管理

一、花果管理的意义

果树花果管理是保障果树高产优质的重要环节，是在稳产负荷能力范围内提高果树坐果率的综合栽培技术。余甘子是异花授粉树种，开花物候有它自己特有的生物学特性，雌雄花在树冠中的分布受到品种的遗传特性、树冠结构、结果枝的生物学特性以及光照等因子的影响，但结果更大程度上取决于雌花的数量与物候。雌花的数量与分布，随着树龄的不同而变化，决定了植株的坐果率及单位面积的产量与品质。

二、保花、保果

1. 叶面施肥 在 $8\sim10$ 月秋梢抽生和果实膨大期，喷施 $0.2\%\sim0.3\%$ 磷酸二氢钾加 0.3% 尿素等，有保花、壮果、促梢、促进翌年花芽分化的作用。

2. 防止沤花　盛花期遇阴雨天气，人工摇花枝抖落水珠，加速花朵风干和散粉，促使花药开裂，改善授粉受精条件，提高坐果率。

3. 花前喷药　在花前喷施 40％乐果乳油 1 000 倍液，防治蚜虫危害花芽。

三、疏花、疏果

由于余甘子结果能力强，提倡疏果，把过密的小果、病虫果和畸形果疏除，有利于提高大果率和果品质量。

第八节　整形修剪

一、与整形修剪有关的术语

1. 主干　指地面到第一层主枝之间的树干部分。

2. 永久枝　指一至六年生的枝条称为永久枝，亦称结果母枝，是构成余甘子树的骨架枝。

3. 脱落枝　似羽状复叶，着生于永久枝的节上，每年冬季会自行掉落，第二年又从节上抽出，年复一年，循环不息。

4. 延长枝　主枝、侧枝等顶端继续延长的永久枝。

二、树形或架式结构特点

余甘子植株既有乔木型，也有灌木类型。树型在自然或粗放栽培状态下有开张型、紧凑型、直立型和平展型等不同类型。树体结构随着树龄的增长，也有很大的差异。余甘子树体延长枝超过 3 m，会削弱脱落枝和永久枝的萌发、抽生，甚至形成空洞的内膛。严重影响植株的产量和品质。必须对树体在不同树龄阶段进行整形修剪。控制成半圆形树冠，树体营养水平较高，树冠层内光照环境良好，雌雄花在树冠中的分布比较均衡，雌花数多，结实性好。

三、修剪技术要点

（一）修剪时期、作用

整形修剪要结合扶、拉、掉等修剪技术，灵活运用修剪方法进行修剪，修剪时期因树龄，树势，地区而异，幼树多在生长时期，结果树和老树多在落叶期以后至萌动前进行，一般在 12 月下旬至 2 月上旬。

（二）修剪方法和运用

余甘子植株生产上常用的树形，以半圆形为佳。

四、不同年龄期树的修剪

（一）幼树期

幼树整形主干定为 60～80 cm 打顶，留主枝 2～3 枝，副主枝 3～6 枝，做到矮壮，枝条四面伸展均匀，分布合理，刚定植的幼树一年能抽 3 次梢以上，主枝或副主枝生长量都较大，若是主枝或副主枝梢抽过长，而无抽生侧生永久枝时，主枝长 50～60 cm 时打顶，副主枝长 40～50 cm 打顶。

（二）结果树

结果树抽生永久枝一般在 12～25 cm，为适中，超过 25 cm 时则摘心或短剪。当主枝或副主枝生长量逐渐减少时，树冠内部的侧枝也开始出现衰老，就要进行修剪，除剪掉病虫枝、枯枝、纤细枝之外，对结果母枝粗在 0.40 cm 以下的部分枝条进行短截，留桩 30～40 cm。对 5～8 年尚未达到盛果期的植株，如出现树冠下部光透，枯枝多时，应当进行回缩修剪，从部分枝条的适当部位剪掉，使它能从剪口芽以下侧芽抽出 2～5 枝壮枝。

（三）衰老树

对老弱树必须采取更新和回缩修剪，回缩修剪的位置要尽量靠近回缩枝组，在更新或重回缩修剪之前，应进行深耕，增施肥料，增强树势。

五、主要品种或品种群修剪

1. 兰丰 原产福建。树形较直立，

2. 兰田粉甘 原产福建的主栽品种，占全省栽培面积的 70%～80%。树形开张。

3. 甜种 原产广东。是广东的主要鲜食品系。树势强健。

4. 玻璃甘 原产福建。树势矮壮。

5. 枣甘 2 号 原产福建。树形较直立。

6. 大玉子 原产广西壮族自治区的主栽品系。

7. 青皮 原产广东。枝条顶端优势明显，树势健壮。

六、放任树修剪

对放任生长的余甘子果树，必须采取更新和回缩修剪，回缩修剪的位置要尽量靠近回缩枝组，在更新或重回缩修剪之前，应进行深耕，增施肥料，增强树势。在更新和回缩修剪之后，要注重干枝的选择和培养，及时修除多余的新萌枝梢，以防止树体的再次放任生长。

第九节　病虫害防治

余甘子抗病能力强，病害少而虫害较多。主要有蚜虫、介壳虫、木蠹蛾、卷叶虫等。加强对余甘子病虫害的防治，是确保余甘子丰产及提高果实质量的重要措施之一。

（一）桃蚜（*Myzus persicae* Sulzer）

1. 形态特征 无翅胎生雌虫，体绿色、杏黄色或赤褐色。有翅胎生雌虫体绿色、黄绿色或赤褐色。以成虫、若虫密集于叶片、嫩茎、花蕾、顶芽等部位，刺吸汁液，为害时排出大量水分和蜜露，叶片出现油渍状，可诱发煤烟病发生。

2. 发生规律 气温为 16～22 ℃时最适宜蚜虫繁育，一年发生 10～30 代，世代重叠现象突出。以卵在受害枝梢、腋芽缝隙中越冬，翌年 3～5 月枝芽萌发到开花期发生多、危害重。干旱或植株密度过大，多爆发蚜虫为害。天敌主要有瓢虫、大草蛉等。

3. 防治方法 在发生为害时，选用高效低毒农药有 10%吡虫啉 4 000～6 000 倍液或 50%抗蚜威可湿性粉剂 1 000～2 000 倍液；连续喷 2 次，每次相隔 7～10 d。

（二）堆蜡粉蚧［*Nipaecoccus vastalor*（Maskell）］

1. 形态特征 以雌成虫和若虫群集于嫩梢、叶片、果蒂上吸食汁液，其次是叶柄和小枝。导致落花、落叶、枯枝、果实畸形脱落、树势衰退，严重的可造成主枝枯死。

2. 发生规律 堆蜡粉蚧一年发生 5～6 代，以 4～5 月和 9～11 月虫口密度最大，为害最重，世代重叠。以若虫和雌成虫在树枝裂缝或树盘下松土及附近杂草木根颈部（近表土）越冬。天敌主要有福建棒小蜂、孟氏隐唇瓢虫、台湾小瓢虫、圆斑弯叶毛瓢虫等。

3. 防治方法 ①及时修剪，剪除过密枝梢、带虫枝及清除园内和附近的杂草，集中烧毁，使树冠通风透光。②药剂使用的防治重点在春梢期进行。在初孵若虫盛发期，用 20%杀灭菊酯乳油 3 000 倍液、松脂合剂 18～20 倍液（冬季可用 10～15 倍液）、机油乳剂 500～700 倍液（生长期宜选择窄幅

高精度的产品，如 99.1％敌死虫乳油等，但花蕾期和果实开始转色后慎用）进行喷治。

（三）银毛吹绵蚧（*Icerya seychellarum* Westwood）

1. 形态特征　以若虫、成虫常寄生在嫩梢、叶片、果蒂及枝条上，聚集为害。使叶色变黄、枝梢枯萎、落叶落果、树势衰弱，其排泄物诱致煤烟病，叶、枝、果污黑成片，光合作用减弱，树势衰竭，提早落叶，甚至枝枯树死。

2. 发生规律　在福建以若虫和雌成虫越冬，一年发生 3 代，世代重叠。第一代发生于 4～6 月，第二代 7～9 月，9 月以后为第三代。初孵若虫分散活动，多寄生在叶片的主脉两则；二龄以后迁移至枝叶、树干和果梗等处吸食汁液聚集寄生。天敌主要有澳洲瓢虫、大红瓢虫、小红瓢虫、红环瓢虫等。

3. 防治方法　银毛吹绵蚧的防治应以生物防治为主，人工防治和药剂防治为辅。①合理修剪，删除虫枝。在南方 5 月助迁、移植天敌，如天敌量大，能控制为害，就不使用药剂。②初龄幼蚧盛期（第一代初龄幼蚧发生整齐，防治效果最好）或天敌隐蔽期用药。一般药剂防治的指标为 10％叶片（或果实）有虫，局部为害的应采用挑治。选喷施机油乳剂（含油量 2％～5％）500～700 倍液（但花蕾期和果实开始转色后慎用）、40％乐斯本乳油 1 000～2 000 倍液、松脂合剂 18～20 倍液（冬季可用10～15 倍液）等。

（四）木蠹蛾

为害余甘子的木蠹蛾有咖啡豹蠹蛾（*Zeuzera coffeae* Nietner）和相思拟木蠹蛾（*Arbela bailbarana* Mats）两种。

1. 咖啡豹蠹蛾（*Zeuzera coffeae* Nietner）

（1）形态特征。幼虫蛀入枝条后，在木质部与韧皮部之间绕枝蛀一环道形成环割，枝条易从此折断。主要危害大主枝及近主干，被害枝孔口下地上堆积着许多枣红色或红色如绿豆大的虫粪。

（2）发生规律。一年发生 1～2 代。以幼虫在蛀道内缀合虫粪木屑封闭两端静伏越冬。在福州地区，翌年 3 月中、下旬幼虫开始取食。幼虫有转梢为害的习性，使受害枝条逐渐枯萎死亡，果实脱落。

（3）防治方法。①初孵幼虫未钻入枝梢前，10％氯氰菊酯 3 000 倍液防效较好。②药剂注射虫孔，80％敌敌畏 100～500 倍液、20％杀灭菊酯乳油 100～300 倍液均可。

2. 相思拟木蠹蛾（*Arbela bailbarana* Mats.）

（1）形态特征。幼虫 5 月中旬后出现，多在树枝分叉，树皮粗糙和伤口等处钻蛀虫道，虫道在树干外面，由枣红色或棕红色的虫粪及树皮碎屑，有丝黏结成串组成的隧道，幼虫在傍晚沿隧道外出啃食韧皮部。主要为害 2～4 年生的树枝或枝干，严重削弱树势。

（2）发生规律。在福建、广东 1 年发生 1 代，以近老熟幼虫在虫道中越冬。在福州 4 月上旬至 5 月下旬化蛹，4 月下旬至 6 月中旬羽化。有弱趋光性。以幼虫钻蛀寄主植物的木质部，并啃食枝干皮层，致使枯枝增多，严重影响生长。幼树受害，可致死亡。

（3）防治方法。①经常深入检查，发现枝上有虫粪，及时剪掉虫枝，杀死幼虫；②堵塞洞口：发现枝条上有虫粪时用铁丝钩掉洞口的粪便，从幼虫隧道发现蛀道口后，用钢丝捅刺蛀道后塞入克牛灵胶丸剂，或用棉花蘸 80％敌敌畏与黄泥混合封闭孔口，熏杀蛀道内幼虫。

第十节　果实采收、分级和包装

一、果实采收

主要包括采前准备、果实成熟、指标、采收方法、注意事项等

因品种的成熟期、果实用途、市场需求情况而异；如早熟品种（如算盘子）于 7 月下旬至 8 月上旬采收；粉甘在 10 月中旬至 11 月上旬采收，用于加工蜜饯和保鲜的，可适当延长。采前不能大量灌水，保证采收后果温低、不带水分即可。

采收时间宜在清晨，露水干了以后采收；或傍晚，此时气温低，损失少。阴雨、大雾、天气过热及中午时间不能采收。

采摘时应由树冠外向内，从上而下，或从下而上，用手逐个采摘，轻采轻放于篮内，尽量减轻果实机械损伤。

二、果实分级

余甘子果实感官及理化分级指标见表38-1。

表 38-1 感官及理化指标

项 目		一 等	二 等	三 等
果实横径（cm）		≥2.40	2.20～2.40	≥2.00
单果重（g）		≥7.50	6.00～7.50	≥5.00
外观	果形	果呈扁圆形、凸圆形、余甘子品种特征形状一致	果呈扁圆形、余甘品种特征形状一致	果呈圆球形、腰鼓形、有余甘品种特征，无明显畸形
	色泽	乳白色、半透明或黄绿色果色泽鲜艳、光泽度良好	黄绿色、浅绿色或青绿色果色泽鲜艳，光泽度较好	绿黄色或浅绿色、果色泽鲜艳，光泽度尚好
	缺陷	无锈斑、无药迹等附着物，无冻伤、碰伤或腐烂果	略有锈斑、无药迹等附着物，无冻伤、碰伤或腐烂果	果锈较少、无药迹等附着物，无冻伤、碰伤或腐烂果

注：果实横径生产实践中以筛选分级。

三、包装

预贮后果实用 GB 4806.7—2016 要求的薄膜袋包装，每 0.25 kg 为 1 袋，袋口裹紧，装箱时，袋口朝下。

处运销售果实的包装用容量 5～10 kg 的纸箱包装，纸箱应符合 GB/T 6543—2008 的规定，每一果箱只能装同一品种、同一等级的果实。

四、运输

1. 短途运输 余甘子园到收购站，包装场，仓库或就地销售的短距离运输要求轻装、轻运、轻拿、轻放，避免擦、挤压，碰伤果实。

2. 长途运输 装运前果实应给预贮除去田间热，用塑料薄膜袋包装。运输工具需清洁、干燥通风、无异味，不得与有毒有害物品同运。装卸过程应轻装轻放，采用交叉堆叠或"品"字形堆叠，排列整齐，火车、轮船堆叠要留过道，汽车运输车厢要能遮日避雨。快装、快运、快卸，严禁果实在露地日晒雨淋，要防热防冻。

第十一节 果实贮藏保鲜

贮存场所应阴凉、通风、清洁、卫生；温度 10～12 ℃，相对湿度 85% 左右，严防病害交叉感染并注意防止鼠害；库内堆码应保持合理的距离和高度，保证气流通畅，不得与有毒有害物质共贮。

在本标准的贮存条件下，余甘子的贮存期限为 30～40 d。

第三十九章　香　榧

概　述

一、香榧的栽培历史

香榧（*Torreya grandis* Fort. ex Lindl. cv. Merrillii.）是榧树（*Torreya grandis*）的变异类型经无性繁殖形成的一个优良品种，是我国特产的珍稀干果，以风味独特、营养丰富而闻名于世。

榧树古称彼、柀、玉山果、赤果、榧树、榧子树。在其栽培过程中经历着材用、药用、食用和珍稀干果等历程。公元前 2 世纪初的《尔雅》是记载榧树的最早文献。书中称榧为"彼"，谓其木材"堪为器"。3 世纪初，根据三国魏人吴普所述撰写的《神农本草经》首次将榧实作药用。此后，南北朝时的《名医别录》，唐代的《食疗本草》《新修本草》《外台秘要》《图经本草》等都有榧实作药用的记载。明代李时珍的《本草纲目》集历代医家之说，将榧实归纳为"气味甘、温、平、涩、无毒……能治五痔，去三虫蛊毒，鬼疰恶毒，疗寸白虫"的疗效和"消谷，助筋骨，行营卫，明目轻身"等保健功能。

榧子作为食用最早见于 8 世纪的唐代陈藏器所著《本草拾遗》，称榧子"食之肥美"。北宋李昉等编著的《太平广记》称 828 年唐敬宗时浙江已将榧子上贡朝廷作宫女美容食品。将榧子列为席上珍品首见于苏轼《送郑户曹赋席上果得榧子》诗，诗云："彼美玉山果，粲为金盘实……"诗中将产于浙江东阳玉山的榧子（今属磐安县玉山镇）列为珍品。此后，南宋的叶适、刘子翚、王十朋和清代周显岱等文人都有歌颂榧子的诗文，诗中所歌颂的榧子都指玉山榧。玉山榧是人工嫁接的榧子良种，也就是现在香榧的祖先。据史料考证香榧诞生于中唐，推广于宋代，元、明、清时期得到缓慢的发展。在 1 000 多年的历史中，香榧名称几经变迁，由苏轼的玉山榧到南宋的蜂儿榧，明代的细榧，直到清代乾隆时期才定名为香榧。《乾隆诸暨县志》卷 19 物产志载："邑东乡东白山、上谷岭一带山村皆产榧……，榧有粗细二种，以细者为佳，名曰香榧。"

香榧发展历史最有力的见证者是香榧古树。据近年产区各县市的调查，在会稽山区 50 年生以上香榧大树有 10.5 万株，百年生以上 64 252 株。仅诸暨一市就有古树 40 754 株，500～1 000 年的 1 376 株，1 000 年以上 27 株，最大的香榧王，已经 1 200 年生仍能年产果（蒲）600 kg，年产值 2 万余元。在磐安和绍兴均发现 1 300～1 500 年生古香榧，最高单株产蒲 900 kg（图 39-1）。

香榧栽培历史已逾千年，但产业发展较缓慢，产区始终限于会稽山区，主要原因是育苗技术不过关，仅靠零星分布的野生榧树就地嫁接，难成规模。

图 39-1　诸暨赵家镇榧王村 1 356 年生古香榧树

直到 21 世纪初，育苗造林技术的突破才取得迅速发展。进入 21 世纪后 10 多年来，香榧栽培面积已由 667 hm² 发展到近 33 000 hm²，产量由 300 t 上升到 3 000 t 以上，产区由会稽山区扩大到全省大部分地区，临近的安徽、江西、福建等省纷纷引种，生长和结实情况均表现良好。

二、经济价值和栽培效益

香榧是我国特有的具有营养丰富、风味独特、显著疗效和保健功能的珍稀干果。根据对不同产地样品分析，香榧种仁蛋白质含量 12%～16%，脂肪含量 53.46%～61.47%，淀粉 4.17%～7.12%，总糖 1.33%～3.72%，属于高脂、高蛋白干果。种仁含 17 种氨基酸，氨基酸含量达 11.81%，具有 8 种人体必需氨基酸中的 7 种，必需氨基酸占氨基酸总量的 38.61%。

香榧种仁含 6 种以上维生素，其中维生素 E、维生素 D_3 及 B 族维生素的烟酸、叶酸含量丰富。特别是叶酸、烟酸含量分别高达 207.9 mg/kg 和 226.5 mg/kg，比一般干果、水果高 20 倍以上。叶酸能防巨细胞贫血、促进泌乳、健美皮肤、防止白发、增进食欲；烟酸能促进消化、降低血压和胆固醇。烟酸缺乏会引起糙皮病，又称"抗糙皮病维生素"。因此古药书记载榧子有助消化、美容、保健功能是有科学根据的。

香榧种仁中含 19 种矿物元素，包括钙、钾、镁、铁、锰、铬、锌、铜、镍、氟、硒等全部具备。其中钾（0.71%～1.18%）、镁（0.05%～0.314%）、钙（0.09%～0.301%）、磷（0.21%～0.33%）、铁（25.92 mg/kg）、锰（14.73 mg/kg）、锌（12.70 mg/kg）、硒（0.073 6 mg/kg）等含量丰富。经常食用香榧可预防心、脑血管等疾病，减少中风和老年痴呆病。

此外，香榧还是高产优质的木本油料树种，其种仁含油率达 53.46%～61.47%。饱和脂肪酸达 80% 左右，其中人体必需的亚油酸占 40% 以上。香榧油具有一定的降血脂和降低血清胆固醇作用，有软化血管，促进血液循环，防止动脉粥样化和调节内分泌系统等疗效。

香榧的经济价值居经济干果树种的前列。会稽山区的香榧百年古树果实年产值高达 3 万元。进入盛产期的香榧林每 667 m² 产值达 2 万元以上。

此外，香榧四季常绿，冠如华盖，叶如翠羽，果如玉珰，是重要的生态观赏和价值。

三、发展前景

1. 香榧为我国特有的珍稀干果　香榧产量低，价值高，市场供不应求。目前，香榧果实的价格高达 250 元/kg。同时，香榧假种皮、叶等具有重要的药用价值；香榧木材为珍贵用材，也具有很大的开发价值。

2. 香榧为高产优质的木本油料树种　香榧是我国特有的木本油料树种，其丰产林每 667 m² 产油可达 30～50 kg。目前，我国食用植物油 60% 依赖进口。随着人们生活水平的提高，高档木本油料的需求量日益增加。因此，大力发展香榧产业，具有广阔的市场前景，同时对于我国的粮油战略也具有重要意义。

3. 香榧适应性强，发展空间大　香榧是榧树的优良变种，凡是有榧树分布的地域均可发展香榧产业。我国榧树分布区在南岭以北，淮河以南，秦岭、巴山、大凉山以东至浙江沿海，跨浙江、江苏、安徽、江西、福建、湖南、湖北、贵州等 8 省及滇、渝、川等有云南榧和巴山榧分布的省份（两种榧均可嫁接香榧）。近年的引种栽培表明，酸性花岗岩、基性石灰岩和玄武岩发育的土壤均适宜香榧生长。其中，以石灰岩发育的土壤香榧生长和果实品质最佳。我国云南、贵州、湖南、重庆、广西等省（自治区、直辖市）有近 5×10^5 km² 石灰岩（喀斯特地貌）山区，这些区域也是我国面积最大的贫困地区。在这些地区，因地制宜地种植香榧，对于改善区域生态环境，促进山区经济发展和农民脱贫致富具有重要意义。

第一节 种类和品种

一、种类

香榧属红豆杉科（Taxaceae）榧树属（*Torreya* Arn.）榧树种（*Torreya grandis* Fort.）中的变异类型经无性繁殖形成的优良品种。世界榧属植物共 6 个种 2 个变种，美国有 2 种，我国有 3 个种 2 个变种，日本 1 种。

1. 榧树（*Torreya grandis* Fort. ex Lindl.） 常绿乔木。树高可达 25 m。顶芽发枝，呈轮生枝。叶条形，长 2 cm 左右，交叉对生，基部扭转排成两列，叶表面微凸，无明显中脉，下面有两条较窄气孔带，横切面维管束下方有一树脂道。叶肉中有石细胞及多数菱形成或六边形结晶。雌雄异株，稀同株。雄花单生叶腋，椭圆或卵圆形，有短梗，雄蕊多数，排列成 4～8 轮，每轮 4 枚，有腹背区别的下垂花药，药室纵裂，花丝短，雌球花无梗，2 个成对生于叶腋，每雌球花具 2 对交叉对生的球鳞和 1 对侧生的苞鳞，胚珠 1 个，直立于漏斗状花托上，受精后珠托发育成肉质假种皮。带假种皮的种子习惯上仍称果实或种莆。去假种皮的种子俗称种核，种皮骨质，肉种皮膜质（俗称种衣），紫红色。由于异花授粉，榧树种内性状变异复杂，种子品质差异悬殊。除品种香榧外，在野生榧树中还存在许多品质接近或达到香榧品质的变异类型和优株，对于良种选育具有重要意义。

榧树是榧类植物中分布最广、资源最多、经济价值最高的树种。

2. 长叶榧（*Torreya jackii* Chun） 乔木，高达 12 m，胸径约 20 cm；树皮灰色或深灰色，裂成不规则鳞片状脱落；小枝平展或下垂，一年生枝绿色，后渐变为绿褐色，有光泽。顶芽 3～5 个，瘦小。与榧树有显著区别。叶列成 2 列，线状披针形，质硬，上部多向上方微弯，镰刀状，长到 9～13 cm，宽 3～4 mm，上部渐宽，先端有渐尖的刺状尖头，基本楔形，有短柄，上面光绿色，有两条线槽及不明显中脉，下面蛋黄绿色，中脉微隆起，有两条灰白色气孔带，气孔带上有排列整齐的乳突；叶片中含有较多的分枝粗短，形态粗壮的石细胞。种子近圆形或上部微宽，肉质假种皮被白粉，长 2～3 cm，顶端有小突尖，基部有宿存苞片，胚乳深皱。种内种子大小、形状、种仁风味变异很大。本种以叶片长大，显著区别于同属其他种。

长叶榧分布于我国东部的浙江南部、西部，福建西部、北部，江西东部、北部，以及湖北省北部等地区，地理位置在东经 112°～122°，北纬 26°～32°的低山丘陵地区。

3. 巴山榧（*Torreya fargesii* Franch） 乔木，高达 12 m。树皮深灰色，不规则纵裂；一年生枝绿色，2～3 年生枝呈黄绿色或黄色，稀淡褐黄色。叶线形，稀线状披针形，通常直，稀微弯，长 1.3～3 cm，宽 2～3 cm，先端微凸尖或微渐尖，具刺状尖头，基部微偏斜，宽楔形，上面亮绿色，无明显隆起的中脉，通常有 2 条较明显的凹槽，延伸不达中部以上，稀无凹槽，下面淡绿色，中脉不隆起，气孔带较中脉带为窄，绿色边带较宽，约为气孔带的 1 倍；叶片中有大量纤细、星状分枝的石细胞。种子近球形，肉质假种皮微被白粉，直径 1.5 cm，顶端具小凸尖，基部有宿存苞片；骨质种皮内壁平滑；胚乳向内深皱。种仁含油率达 50% 左右，可食用。

巴山榧分布于陕西略阳、勉县、安康、平利、岚皋，甘肃微县、武都、康县、岷县及四川宝兴、峨眉、广元、南江、城口、万源、巫溪、巫山、奉节和南川，湖北巴东、兴山、通山，河南商城及安徽霍山，散生于海拔 1 000～1 800 m 的针阔叶林中。本种为我国榧树中分布地域最北，抗寒性最强的一种。

4. 云南榧（*Torreya yunnanensis* Cheng et L. K. Fu） 云南榧与巴山榧在形态特征上相近，1984 年 Silba 认为两者是同一种。康宁、汤仲埙则认为两者在某些形态特征上有显著差异，且地理分布不同，定云南榧为巴山榧向西南分布的地理变种。云南榧与巴山榧主要区别在于叶较宽长（长 2～3.6 cm，宽 3～4 cm），叶面积大于巴山榧 1 倍左右，叶上部常向上稍弯，微呈镰刀形，先端渐尖，有刺状长尖头，上面有两条达中上部的纵槽，下面有两条较中脉带窄或等宽的气孔带，边缘约为气孔带宽的 2～3 倍；叶片中有少量纤细、星状分枝石细胞；骨质种皮内壁有两条对生的纵脊，与胚乳的纵槽相嵌合，与巴山榧有显著区别。

本变种产于云南贡山、中甸、维西、丽江、卢水、云龙和兰坪以及贵州童梓柏枝山等地。生于海拔 2 000～3 400 m 中高山地带的阔叶林或针阔叶混交林中，喜温凉温润的气候以及棕色森林上，生态习性与巴山榧有显著差别。

5. 九龙山榧（*Torreya grandis* Fort. ex Lindl. var. *jiulongshanensis*）　九龙山榧是近年新发现的形态介于长叶榧与榧树之间一个类群。主要特征是高大乔木，树高 20 m 以上，胸径 30 cm 以上，叶长 2～4.5 cm，宽 3～4 mm，比榧树叶大，比长叶榧小；雄球花比榧树大，胚珠先端略呈暗红色，种子形状近似于榧树中的芝麻榧类型，但种核尾部扁平，是其与其他种不同的显著特征，单株或几株散生于长叶榧边缘地带，如浙江磐县安文镇，遂昌县九龙山自然保护区。数量很少，但树体高大，生长旺盛。近年的分子标记研究认为九龙山榧可能是榧树与长叶榧之间的杂交种。

除上述我国所产的 3 个种 2 个变种外，尚有产于美国的加州榧（*Torreya californica*）、佛罗里达榧（*Torreya taxifolia* Arn.）和产于日本的日本榧 [*Torreya nucifera*（L.）sieb. et Zucc.]。上述榧属种子可食的主要是榧树及日本榧，而长叶榧、巴山榧、云南榧种子胚乳深皱，脱衣难，不宜食用，美国分布的两种也无食用记载，但是所有榧属种子均富油脂且油质优良，为高档林木油料树种（表 39-1）。

表 39-1　榧属植物种子含油量及脂肪酸组成

种类	榧树子	日本榧子	九龙山榧子	长叶榧子	巴山榧子	云南榧子	香榧子
含油率（%）	39.2～61.0	54.19	47.34	42.67	49.58	50.27	54.3～64.5
脂肪酸（%）							
棕榈酸	8.3	7.2	8.8	8.3	8.3	9.0	7.7～8.1
棕榈油酸	0.1	—	0.3	3.2	0.1	0.3	0.2
硬脂酸	3.3	2.0	3.5	2.0	4.9	2.5	2.7～3.6
油酸	30.8～35.6	34.4	38.0	31.8	34.5	24.01	33.2～35.6
亚油酸	40.6～45.7	45.5	39.2	38.5	44.0	46.4	40.8～45.1
山嵛酸	9.6	8.5	5.3	11.2	5.5	12.3	7.7～10.2
亚麻酸	1.0	0.2	1.7	1.8	0.4	1.5	0.8～1
花生烯酸	2.3	1.0	2.1	2.4	1.7	3.0	1.2～2.1
不饱和脂肪酸	74.7～81.9	81.3	82.0	77.8	81.2	76.1	79.8～84.3

二、品种

（一）栽培品种——香榧（*Torreya grandis* cv. Merrillii）

榧树优良变异经无性繁殖培育而成，性状稳定，种核蜂腹形（卵状椭圆形、一端渐尖），核形指数 0.4～0.50，多数在 0.45 左右；种核重 1.5～2.3 g（多数在 1.5～1.8 g），种壳纹理细密、胚乳皱褶浅、实心，脱衣容易，肉质细腻，风味香脆；种仁油脂含量 56% 以上，淀粉含量 7% 以下。9 月上中旬成熟，春季抽梢早而齐。发源地与主产地均在浙江会稽山区。

（二）榧树的自然变异类型

榧树分布地域广阔，长期异花授粉，所以野生榧树种内性状变异丰富。根据干果的栽培目标，以种子性状变异与经济性状相关，按种核大小、核形指数（核径/核长）和种仁风味、食用价值划六大类型：

1. 象牙榧　实生榧中的变异类型，种核象牙形、羊角形或长柱形，细长，尾部渐尖，核形指数在 0.4 以下；单核重 1.5～2.5 g，种壳皱褶浅而实心、肉质细、风味香脆，品质达到或超过香榧；主要营养成分同香榧。象牙榧在安徽、浙江、福建、江苏 4 省资源调查中只发现 8 个单株。诸暨赵家镇钟家村通过榧树大树接象牙榧，整体丰产性良好。前人分类所述的獠牙榧、羊角榧、长籽香榧与本类型相近。

2. 米榧　米榧是香榧产区群众对野生榧中品质较好的一种变异类群的习惯称呼。种核形状类似香榧但比香榧小，单核重多在 1.5 g 以下，种壳纹理细，胚乳皱褶浅、实心、脱衣良好，风味多数香脆或较香脆，品质较好到好，种仁主要成分含量接近香榧。在榧树野生资源分布区都有这种类型，如安徽黄山的"樵山榧"；诸暨、嵊州、东阳、磐安等地的小米榧；绍兴稽东镇的野香榧；浙江临安"桃源榧"等品质较好的野生榧，均属这种类型。这一类型中有不少品质接近或达到正宗香榧水平的优株。

3. 芝麻榧　芝麻榧是产区群众对形态特征和品质近似香榧的野生榧的称呼。种核形状似香榧，但单核重多在 2.3 g 以上，核形指数在 0.45～0.65，种壳纹理较细，胚乳皱褶浅，容易脱衣或较易脱衣，肉质较细、香脆或较香脆。本类榧树单株间种子风味品质变异较大，但不乏品质达到香榧水平的优株，如嵊州、磐安的茄榧、东阳的朱岩榧、临安的雪山 16 等。

4. 小圆榧　小圆榧在自然界分布普遍，种核卵圆形或卵圆状椭圆形，单核重多在 1.5 g 以下，种壳纹理较细，胚乳皱褶浅，少数胚乳表面光滑，脱衣极易，肉质细、风味香脆，品质较好到好。类型中单株间变异较大，有的单株种子品质达到甚至超过香榧水平。安徽黄山市黄山区的"神仙榧"、黟县的"花生榧""和尚榧"，广德的小圆榧，诸暨、绍兴的小圆榧、嵊州市谷来镇的"珍珠榧"均属于这一类型，是野生榧中品质最好的类型之一。

5. 大圆榧　大圆榧是榧树自然变异类型中种核最大、品质最差的一个类群。特点是种核大而圆，单核重 2.6 g 以上，最大可达 8.3 g，种壳纹理粗呈龟背形，少数纹理扭曲旋转；胚乳皱褶深、空心、脱衣难，肉质粗硬、少香味，种仁油脂含量 39%～45%，淀粉含量 14.8%～19.78%，品质差，不堪食用。前人分类中的炭鬈榧、栾泡榧、旋纹榧均属这一类型。

在上述品种、类型中，香榧、象牙榧品质最好，米榧、芝麻榧次之，小圆榧中单株间变异较大，有不少品质好的优株，圆榧及大圆榧品质在中等以下。2002—2004 年浙江农林大学（原浙江林学院）在皖、浙、闽、赣野生榧中选出 70 多株优株，多数属米榧、芝麻榧和小圆榧等类型，圆榧和大圆榧中没有发现优株，而 8 株象牙榧全部品质优良。

（三）近年新选育的品种优株

进入 21 世纪以来浙江农林大学、东阳市林业局等单位先后选出珍珠榧、象牙榧、东阳 1 号、东阳 2 号等新品，并于 2006 年和 2007 年先后经浙江省林木良评审委员会会审定。

1. 珍珠榧　实生榧中的变异类型。物候期与香榧接近但种子成熟期比香榧迟 10 d 左右。种子近圆形，鲜籽重 6.30 g，种形指数 0.826；核形指数 0.831，加工后单核重 1.53 g（稍低于同地香榧 1.72 g）。种壳薄、种仁饱满，表面白亮光滑，胚乳皱褶而实生，极易脱衣；种仁中粗脂肪含量 59.47%、蛋白质含量 13.98%、淀粉含量 6.45%，总糖含量 3.01%；肉质香脆，脱衣及风味均优于香榧。本品种选自小圆榧类型。

2. 象牙榧　从实生榧的变异类型中选出。以种子细长、尾尖为特征。种子羊角形或长柱形，核形指数 0.34，炒制后单核重 1.80 g，稍大于香榧。壳薄、纹理细密、表面光洁，胚乳皱褶浅而实心、易脱衣；种仁主要成分含量：脂肪 55.04%、蛋白质 16.43%、淀粉 4.86%、总糖 2.47%；肉质香酥、风味达到或超过香榧。母树丰产性能好，成熟期迟于香榧 20 d 左右。在野生象牙榧变异类型中种子大小变异较大，但品质均优。

3. 大长榧　从实生榧中选出。种子形状似香榧而大于香榧，成熟期 8 月下旬，早于香榧 10 d 左右。种子鲜重 7.43 g，种核鲜重 2.63 g，炒制后单核重 2.44 g，种形指数 0.623，核形指数 0.478，种核比香榧大而长。壳较厚、仁饱满、胚乳皱褶比香榧深，脱衣稍难于香榧。各成分含量：脂肪 56.38%、蛋白质 23.29%、淀粉 7.64%、总糖 2.94%。肉质香脆，蛋白质含量高。

4. 东阳 1 号　选自东阳香榧产区香榧品种中的一个类型，具有早熟、丰产、出核率较高等特点。平均单核重 1.89 g，核形指数 0.44（径/长），种仁含脂肪 54.87%。风味品质同于香榧。

5. 东阳 2 号　香榧品种中一个变异类型，具有种核细长，成熟期早（比东阳 1 号早 2～3 d）等特点。核形指数 0.41，平均干核重 1.57 g，比香榧轻，种仁含油率 51.69%，品质风味与香榧相同。

6. 小叶种细榧　属于香榧范畴。种核指数 0.45，干核重 1.68 g，种子含油率 51.04%，种核形状、大小、风味均同香榧。另有大叶细榧，种子性状与小叶细榧基本相同。

7. 丁山细榧　为诸暨市斯宅乡丁嘉山村农民以当地实生榧树嫁接形成的品种。核形指数 0.63。近椭圆形，与香榧形状有显著差别。单核重 1.76%，种仁含油率 47.46%，比香榧略低，风味似香榧略带甜味。

8. 朱岩榧　选自实生榧树。属于芝麻榧变异类型。叶片面积、种子均大于香榧，核形指数 0.41，干核重 2.40 g，种仁含油率 48.86%，略低于香榧，风味近似香榧，香脆程度和脱衣性状略次于香榧。

上述新品种中，东阳 1 号和东阳 2 号、小叶种细榧、大叶种细榧，种子形状、营养成分含量、风味等均在香榧范畴内，属于正宗香榧中所产生的一些变异。丁嘉山细榧是当地农民从实生榧中选出经嫁接繁殖形成新品种，种核形状与香榧差别较大，品质也略次于香榧。珍珠榧、象牙榧品质优良，但繁殖推广刚起步，还不能算真正品种。目前生产上真正的良种还是正宗香榧，但由于诞生历史近千年，在长期无性繁殖条件下产生性状分离（芽变现象普遍）和退化在所难免，在香榧中选优，进行"提纯、复壮"十分重要。浙江农林大学经十多年努力，从香榧中选出高产优质优株 70 多株，已开始建立采穗圃，规模化繁殖苗木。至于从实生榧树中新选出的优株，目前正在开展无性系测验，在生产中进一步筛选。

第二节　苗木繁殖

一、实生苗培育

（一）圃地选择

（1）香榧及榧树幼苗喜阴，怕高温干旱和强日照。周围森林覆被率较高，阴湿凉爽的立地条件，最适于香榧育苗。在中亚热带，海拔 300 m 以下的低丘，地形变化大的山谷、阴坡梯田育苗比阳光直射容易受高温干旱危害的岗地和阳坡为好。在海拔 500 m 以上地域，应选光照好的地方育苗。

（2）苗圃地一定要排水良好。香榧的肉质细根一遇积水则烂根。圃地土壤以微酸性的沙壤土为好，pH 必须在 5 以上，酸黏而排水不良的土壤不适应育苗。水稻土改作圃地必须开深沟排水，土壤必须经过冬季风化才能作床育苗。

（3）香榧苗圃地连作有利于菌根发育和苗木生长，但缺点是病虫增多。连作地可使用硫酸亚铁（300～400 kg/hm²）对土壤消毒，在苗木生长过程中经常洒石灰、茶籽饼于根际以防治根腐病。

（二）圃地整理

圃地应在入冬时翻耕，以风化土壤和消灭土壤中病虫害，并用硫酸亚铁消毒。酸性土每公顷施 1 500 kg 石灰以改善土壤酸度，兼有预防病虫害作用。春季做畦前先用草甘膦、二甲四氯等除草剂消灭圃地杂草，然后将土壤耙平，做东西向畦，宽 1.2 m，沟深 30 cm。排水不良的圃地，中沟及边沟要加深到 40 cm。土壤黏重或沙性很强的土壤，在做畦前用腐熟的栏肥，鸡、鸭、兔粪等每 667 m² 4 000 kg 施于地表，再平整土地做畦。

（三）种子催芽

香榧种子在成熟采收时，须经 2～3 个月的贮藏后熟期，胚发育才趋于完善，具备发芽能力。因香榧种子价格高（每千克 150 元以上），生产上均用榧树种子为材料培育砧木。榧树种子发芽率比香榧种子低，经催芽后发芽率可达 80％以上。催芽方法为：

1. 种子准备　为节省种子，以选用中小粒种子为好。作育苗用种子必须充分成熟，要在半数以上种皮开裂时采收，摊室内及时脱皮，脱皮后的种核立即选阴凉、排水好地方堆放，堆厚 20～30 cm，表面覆稻草保湿。催芽前一定要防止种子干湿交错和发热，待多数种子采后立即催芽。

2. 做畦层积　在圃地做畦 1.5～2 m 宽、高 30 cm 的畦、平整畦面，在畦面上一层种子一层湿沙交互层积，沙层厚以不见种子为宜。最上覆稻草保湿。沙的湿度控制在 7％～9％，手握有湿润感但不见明水。催芽期间每月喷水 2～3 次，保持沙的湿度。为保持沙的通气性，一般以 2 层为宜。

3. 塑料棚加温　层积以后立即搭 2 m 以上的大棚，在大棚内按畦覆高 50 cm 以上的尼龙薄膜拱棚保温。这种双层保温棚在冬季催芽期间早晚温度能保持在 8～30 ℃。3 月以后，气温升高，可拆去畦上拱棚，迁到白天高温达 35 ℃以上时可打开大棚两端以通风降温。

4. 催芽时间及分期播种　催芽时间越早越好，最迟不能超过 10 月下旬。经催芽的种子一般春节后开始发芽。在胚根长 0.5～1.5 cm 时拣出播种。根据种子萌芽早晚一般分 2 月上中旬及 3 月、4 月 3 次播种。一般早期发芽的种子出苗率高，苗木整齐，越往后越差。4 月上中旬不发芽的种子当季不会再发芽。可选阴凉室内或露地庇荫处沙藏起来，下半年播种，有 70％左右可发芽，但出苗率和苗木生长情况都相对较差。

（四）苗木管理

榧树幼苗具有怕高温、干旱和强日照的特点，必须抓好以下管理措施（图 39 - 2）。

1. 及时遮阳　种子出苗后及时用透光率 40％～50％的黑阳纱拱阴棚遮阴，9 月中旬可撤去阴棚。二年生苗梅季结束到处暑仍需遮阴。海拔 300 m 以上圃地可以适当加大透光率，遮阴时间也可适当缩短。

2. 施肥　当幼苗高 10 cm 以上时，每月浇腐熟人粪尿一次或 0.5％～1％可溶性复合肥液一次，也可用少量复合肥直接洒于根际，再通过松土使肥土混合，但要防止肥料沾到枝叶，产生烧苗现象。施肥量控制在每 667 m² 3～5 kg。

图 39 - 2　遮阴处理两年生香榧实生苗

3. 雨季注意苗圃排水　在清沟时清出的泥土不能覆在苗床上，否则会引起根系通气不良，严重影响苗木生长。8～9 月高温干旱季节要注意灌溉，时间放在早晚。在丘陵地带，遮阴苗若 8～9 月遭遇台风吹去阴棚，应及时补救，否则雨后几个晴天就会使苗木大批死亡。

4. 除草　香榧育苗，除草是费工最多且又最易损伤苗木的工作。据调查，一年生苗木的圃地管理投资中除草支出将占 70％～80％，除草损伤苗木达 10％～25％，特别是小苗和刚嫁接的苗。除抓好整地前的除草剂灭草工作外，苗期的除草工作要坚持除早除小，用手拔或小锄除草。贴地喷施不同剂量的草甘膦、果尔乳油、精稳杀得等除草剂都能有效除草。其中，24％果尔剂量 1 050 mL/hm² ＋10％草甘膦水剂 16 500 mL/hm² ＋15％精稳杀得 450 mL/hm² 的混用组合杀草效果最好，但在使用过程中要避免接触苗木。

5. 病虫害防治　苗期常见地下害虫有地老虎、蛴螬和蝼蛄等，在使用未腐熟的栏肥时最易发生，出现虫情时用 1 000 倍敌百虫液浇地杀灭。雨季和高温、高湿天气容易发生根腐病，除注意排水外，用多菌灵 800～1 000 倍液连喷 2～3 次；8～9 月高温干旱季节，在灌溉遮阴的基础用 800～1 000 倍液多菌灵或甲基硫菌灵喷苗防治立枯病效果良好。在雨季开始前每亩洒熟石灰 25 kg，可防治多种苗木病害。

（五）容器育苗

采用容器育苗，由于人工配制的营养土疏松肥沃，催芽后种子发芽和出苗率高，苗木生长整齐良好；容器苗造林，不损伤根系，成活率显著高于圃地苗。同时，施肥、灌溉、除草等抚育管理工作效率可以大大提高。香榧容器苗不论实生苗还是嫁接苗造林成活率均在 95％以上，且缓苗期短，保存率高。

1. 容器选择　播种苗常用高 15 cm，直径 12～15 cm 的圆筒状塑料容器，播种 1 粒发芽种子，培养 2 年后于次年秋或第 3 年春季嫁接，再培养 1 年成为 2＋1 嫁接苗，即可出圃。如培养大苗，则于秋季或早春将 2＋1 苗移植于较大的容器中，2＋2 嫁接苗容器高 25～30 cm，直径 25 cm 以上，苗木越大，容器也随之加大。一般 2＋4 的大苗多数可以挂果。移苗时间应在阴天或雨后空气湿度大的晴天进行。播种或移植的容器苗可直接置于圃地平整的畦面上，排列紧密，容器间的空隙处填以细土，上搭阴棚以遮阳纱遮阴。

在立地条件较差的苗圃地，可以作 3 m 宽以上宽畦，在畦面挖穴或撩壕（深沟），在底部先放些谷糠或草屑后填入营养土，将苗木移入其中。每年施 4～5 次营养液肥于穴中，由于穴或撩壕中土壤比穴外肥沃、通气，香榧根系多集中于穴内，形成带土根团，用此苗木造林，根系损伤少，造林效果优于带土球苗。该方法要特别注意雨季排水和旱季遮阴。

2. 营养土配制　香榧喜肥沃通气土壤，营养土应多放有机肥，pH 保持微酸性至中性，生产上有如下几种配法。

（1）黄泥土 50％，鸡粪（干）35％，饼肥 15％，钙镁磷 1％，分层堆积，经一个夏季腐熟。播种前充分混乱和打碎，加入少量硫酸亚铁消毒。

（2）肥土（菜园土、火烧土等）每立方米加入牛粪 100 kg 或鸡粪 50 kg，钙镁磷肥 2.5～3.0 kg，饼肥 4～5 kg，石灰 1～2 kg，充分混合拌匀推好，外盖尼龙薄膜密封，半月翻 1 次，堆沤 30～45 d。

（3）兰花土（腐殖质土、阔叶林下的表土）50％，黄泥土或火烧土 50％，按 100 kg 土加入过磷酸钙 5 kg，草木灰 10 kg，充分拌匀。

在营养土配制中，要注意有机肥特别是饼肥的充分腐熟，在绍兴、临安等地均有因营养土中饼肥未腐熟而发生烧苗事例。其次，香榧苗期根腐病严重，必须注意营养土消毒。消毒方法：50％多菌灵可湿性粉剂 1 kg，加土 200 kg 拌匀，再与 1 m³ 营养土混合；按 1 000 kg 营养土加上 200 mL 福尔马林于 200 kg 水中的混合液混合堆起来，土盖塑料薄膜闷土 2～3 d，然后揭去薄膜再堆 10～15 d，使药味挥发后装盆。

3. 播种与移苗　经催芽的种子，待种壳开裂，胚根伸出至长 2 cm 以内时最适播种。将芽苗播种后覆土 2 cm。为防容器内土壤下沉，装土略高出容器口，呈馒头形。移苗时，先将根系完整的苗木置于容器内，边填土边晃动容器，再向上提苗至根颈处略低于容器土表 1 cm 左右，使根土密接，浇水后土壤下沉再适当补充营养土。移植深度宜浅，根上覆土厚 2～3 cm 即可。容器苗因营养土预先腐熟和消毒，病、虫、草害都较少。施肥以配制的营养液浇施，施用化肥后必须用水冲洗苗木以防烧苗。

二、嫁接苗培育

香榧大树嫁接已有千年历史，而小苗嫁接则从 20 世纪 60 年代开始，但直至近十年来，嫁接技术才真正成熟并普遍推广。嫁接方法有春季切接、劈接和夏秋季贴枝接。

（一）嫁接方法

香榧大树嫁接多用插皮接和劈接。二年生以上砧木可用切接。贴枝接是根据香榧接穗仅 0.9~4 mm 粗的特点，采用拉长切口，增加砧穗之间接触面以提高成活率的细砧嫁接方法。一般一、二年生幼苗于秋季嫁接，方法是：接穗基部去叶后，削去带木质部的皮层 3~4 cm 长，背面反削一刀；选砧木的光滑部位，削去与接穗同样长短深度较大的切口，插上接穗用尼龙带绑紧即可。贴枝接优点：①接口长，加上穗条细软，绑后砧穗容易密接，愈合好。②当年生砧苗秋季嫁接可以不断砧（次春断砧），光合面积增大。③少数不成活的可随时补接。香榧当年生苗秋季嫁接成活率可达 90% 以上，但如果砧木太细，接后生长会较差，且常有绑扎带缢死接穗现象，建议以二年生砧苗为宜。

（二）嫁接时间

传统的嫁接时间是 2 月下旬至 4 月初，此时地温升高，根系活动旺盛，树液开始流动，但尚未萌芽，采用切接与劈接成活率高。香榧嫁接愈合能力强，速度快。采用贴枝接方法，接后不立即断砧，除 4 月中旬与 6 月初的新梢生长期间外，其他月份均可嫁接，浙江农林大学于 2002—2004 年（5 月和 11 月至翌年 1 月除外）共嫁接 26 次，26 813 株苗，发现只要接穗新鲜，成活率可达 91%~99%。2005 年 10 月 16 日至翌年 1 月 26 日分 4 次嫁接，接后立即用尼龙拱棚保温，春季抽梢后断砧，共接 960 株，成活率 92%~100%，说明在保温措施下冬季也可嫁接。春季雨水多的地区以秋季嫁接为好。

（三）接穗质量与保护

接穗的粗细和生长势，对嫁接成活和嫁接苗生长均有很大影响。生长季节嫁接应对接穗进行保鲜。2001 年 3 月下旬用不同长势的接穗接于一年生砧木上，各 80 株，成活与生长情况见表 39-2。生长旺盛的主枝延长枝、顶侧枝及枝节上较粗壮的萌生枝，成活率高、生长好；粗壮侧枝延长枝及顶生侧枝成活率有所下降，而且嫁接后苗木易于偏斜生长。一般接穗粗度应在 0.2 cm 以上，长度不低于 8 cm 为宜。

表 39-2 接穗长势对嫁接成活率和生长的影响

砧木年龄	接穗保存	接穗类型	嫁接株数	成活株数	成活率（%）	当年主梢抽梢长度（cm）
一年砧就地接	随采随接	主枝延长枝	80	77	96.25	24.776
一年砧就地接	随采随接	主枝顶侧枝	80	75	93.75	20.38
一年砧就地接	随采随接	粗壮侧枝延长枝	80	74	92.50	16.44
一年砧就地接	随采随接	粗壮侧枝顶生侧枝	80	72	90.00	14.11
一年砧就地接	随采随接	主侧枝枝节上萌生枝	80	78	97.50	24.03

在生长季，特别是 8~9 月高温时，接穗保鲜是嫁接成败的关键。长途运输的接穗要用湿苔藓报纸包裹接穗基部防止干燥，到嫁接地点后，插于室内阴凉处湿沙中，一周内接完或贮藏于 5 ℃ 冰箱中冷藏，保持湿润与低温，10 d 内嫁接对成活无影响。如果接穗失水或置于密闭的尼龙袋中贮藏成活率将会大幅下降。

香榧枝条的叶腋间有隐芽，在受刺激后可萌发抽梢。一年生接穗越粗壮，当年发芽机会越多，因此不带顶芽的枝段也可嫁接。一般 6 cm 以上的粗壮枝段嫁接，当年抽梢率可达 66% 以上，次年抽梢率可达 96% 以上。

（四）砧木年龄、质量对嫁接成活和嫁接苗生长的影响

砧木类型和年龄对嫁接成活和嫁接苗生长都有重要影响表 39-3。一至三年生砧木对嫁接成活影响不大。但随着砧木年龄增长，嫁接苗生长量越大，长势越旺。一年生砧木当年秋季（不断砧）贴枝

接比次春贴枝接和切接生长量大、发枝多且较少倾斜生长。基径 4 cm 以上的大砧，接后培养 2 年后 50％可以开花结实。

表 39-3 砧木类型和年龄对嫁接苗成活、生活的影响

砧木类型和年龄	嫁接方法	嫁接株数	成活率（％）	嫁接苗年龄	平均苗高（cm）	平均基径（cm）
播种当年秋季嫁接	贴枝接	3 364	96.76	一年生	28.6	0.54
一年生苗春季嫁接	贴枝接	1 567	95.88	一年生	28.15	0.49
一年生移植苗春季嫁接	切接	18 477	85.89	一年生	17.79	0.40
二年生容器苗	切接	1 500	94.08	一年生	42.31	0.63
二年生容器苗	切接	9 640	93.24	二年生	60.85	1.15
三年生容器苗	切接	334	93.71	一年生	58.55	0.81
一年苗春季嫁接	切接	1 548	92.48	一年生	23.95	0.47

第三节 生物学特性

香榧属生长慢、寿命长、投产迟的树种。二年生砧木嫁接后培养 2 年（2＋2）的嫁接苗需要 4～5 年挂果，15 年后进入盛产期，2＋4 的大苗造林 3～4 年挂果，10～12 年进入盛果期，经济寿命可达几百年甚至千年以上。

一、根系生长特性

香榧属浅根性树种。只在幼年期有明显的主根，随着年龄增长，侧根分生能力增强，生长加速，主根生长受到抑制。进入盛果期后，由骨干根、主侧根、须根组成发达的水平根系，主根深仅 1 m 左右。根系的水平分布为冠幅的 2 倍左右，多至 3～4 倍；根系垂直分布多在 70 cm 深土层内，少数达 90 cm，密集层在地表 15～40 cm。根系皮层厚，表皮上分布多而大的气孔，具有好气性。在荒芜板结或地下水位高的林地，根系上浮，多密集于地表，林地深翻能促使根系向深广方向发展。根系再生力强，一旦断根，能从伤口的愈伤组织中产生成簇的新根，且粗壮有力。

香榧根系周年生长，无真正的休眠期。全年生长有 3 个高峰期，第一个高峰期在 3 月上旬至 4 月下旬，时间短，生长量小；第二个高峰期在 5 月中旬至 6 月下旬，新根多，生长旺；第三个高峰期在秋季种子收获前夕至隆冬，这段时间由于地上部分生长发育基本停滞，又逢 10 月小阳春天气，光合产物能较多地供应根系生长，因此新根量多，生长旺盛，历时也最长。

在根系生长高峰期的后期，多数须根尖端发黑自枯，随即在自枯部位的后部萌发新的根芽，相继进入下一个生长峰期。如此周而复始，不断分叉，形成庞大的网络吸收根群。

二、枝芽类型与生长特性

（一）芽

香榧芽根据着生位置分定芽与不定芽。定芽着生于一年生枝顶，常 3～5 个成簇，中间 1 个为顶芽，体积明显大于其他芽，抽生延长枝；其余为顶侧芽，抽生顶侧枝。不定芽主要产生于枝条节上及其附近，节间也有隐芽原基，受刺激后也可产生不定芽，但为数较少。

根据芽的性质可分为叶芽与混合芽，前者抽生营养枝，后者发育成结实枝。混合芽一般由顶侧芽

分化而成，生长势弱的下生枝顶芽也可发育成混合芽，形成结实枝丛。

不定芽抽生的枝条，部分当年就可以分化雌花芽。少数生长旺盛的枝条叶腋间的隐芽当年可分化成花芽，在幼树和苗木的夏梢上比较常见。

（二）枝

香榧多低位嫁接，早期生长慢，常形成低干开心形或椭圆形树冠。其枝条类型和发育动态与其他树种有显著差别：

枝条每年一轮。主枝顶芽形成延长枝不会形成花芽，一直向前伸延，扩大树冠。

主枝上侧枝以及其他各类枝上的侧枝多数粗度仅 0.8～3.0 mm，长度 20 cm 以下，一旦结果，细枝被压下垂，结果多的枝丛会整丛下垂，状如垂丝（图 39-3）。枝条一旦下垂，由于营养和激素水平下降，枝条长势随之下降。所以主枝上副主枝难以形成，一些结果多的幼树主枝常呈竹秆形，副主枝少且位置不定。

图 39-3　香榧下垂结果枝，枝顶为一年生小果

香榧细软的侧枝、枝丛结果下垂后生长势迅速变弱，接着枝条会自动脱落。一般细弱枝条结果一次后整枝脱落，较粗壮的细枝最多结果两次后脱落。在斜生的粗枝上随着结果侧枝下垂，在下垂枝基部所在的枝节上会萌发不定芽重发新枝。这样在一个枝节上可以多次发枝—脱枝—发枝循环，一个节上往往会有数个不同年龄的枝条和许多枝条脱落的痕迹。通过这个特点来保持结果枝年轻化和旺盛的结实能力是香榧的重要优点。但当整个枝条下垂后，枝节上就会产生不定芽。在脱枝部位形成盲节，仅保持枝顶 1～2 轮活枝，并不断地从基部形成离层整枝脱落。

三、叶生长特性

香榧叶条形，长约 2 cm、宽约 0.3 cm，交叉互生排列成羽状。因树冠外围照充足处，叶表革质层厚，叶色浓绿而有光泽；内膛光照不足处叶稍大、质薄、排列不甚规则，也缺少光泽。叶寿命因枝条所处位置和营养状况而异，内膛枝一般 2～3 年脱落，树冠外围发育健壮枝条上，叶寿命最长可达 4 年以上。在高温强光照条件下易产生日灼，叶背面受害更重。

四、开花与结果习性

（一）枝梢生长期

香榧除幼苗和幼树一年能抽生春、夏、秋 2～3 次梢外，盛产期的香榧树一年只抽 1 次春梢。由混合芽形成的结果枝于 3 月中下旬抽生，至 4 月上中旬生长结束，4 月中旬开花；营养芽抽生的营养枝于 4 月上旬萌发，5 月中下旬生长结束，抽生时间比混合芽迟 10～15 d。3 月中下旬可从树冠上抽生的淡黄色结果枝数量，预测当年结实多少和来年产量的丰歉。

（二）花芽分化期

1. 雌花芽分化　香榧雌花芽为混合芽，在开花前为带有雌球花原基的芽内梢。混合芽在上一年 6 月新梢生长停止时，由新梢的顶侧芽发育而成。雌球花原基于上年 11 月中旬开始分化，经珠托、苞鳞、珠鳞、珠心、珠被等分化阶段于当年 4 月中旬分化完成，4 月中下旬开花。混合芽发育历时120 d 左右，而形态分化主要在采果后的冬季，花芽分化与种子发育时间错开，避免花芽分化和结实发育争夺营养，有利于减轻大小年现象。

2. 雄花芽分化　香榧为雌雄异株，授粉的花粉主要来源于榧树雄株。雄榧树的雄球花原基于上一年 6 月上中旬在新抽枝条的叶腋间形成。8 月中旬以前，雄球花中轴伸长。在中轴上自下而上依次分化小孢叶原基。9 月小孢叶形成并产生花粉囊原基。9 月中下旬至次年 4 月经造孢组织、花粉母细胞形成，花粉母细胞减数分裂、四分体等分化阶段至 4 月初单核、二核花粉粒全部形成，接着进入开花期（图 39 - 4）。整个分化期历时 160 d 左右。

（三）开花与授粉受精

4 月中旬雌花珠孔（无柱头）处出现圆珠状的传粉滴（习惯上称性水）时即表示性成熟（图 39 - 5）。花粉落到传粉滴上随传粉滴收缩将花粉融入胚珠内，经花粉萌发、精子形成至 8 月中旬才开始受精。传粉滴是花粉的接受者和引导者，传粉滴的有无是授粉是否有效的重要标志。传粉滴的出现要求气温达 10 ℃以上的晴天、阴天。遇到低温或降雨天气传粉滴会回缩，待天气正常时又吐出，表现出晴天吐，雨天缩，白天吐，夜晚缩，单花花期可达 20 d。一旦授粉 2 h 内传粉滴缩回后不再吐出。一般发育越好的花花期越长，传粉滴吐缩次数越多，可以授粉的时间越长。在产区香榧树多为嫁接雌株，雄榧资源严重不足，加上雌雄花期不遇而导致香榧授粉不良，所以香榧人工辅助授粉是保证香榧产量的重要措施之一。传粉滴的出现是授粉的合适时期，开花后期香榧传粉滴出现的多少是是否需要补充授粉的重要依据。

图 39 - 4　榧树雄花枝及开花前的雄球花　　　图 39 - 5　榧树雌花开放传粉滴吐出状

（四）落花落果

香榧是丰产性很强的树种，结实壮年树在正常年份结果枝占总枝数的比例达 30%～40%，每个结果枝有雌球花 4～8 对，平均 12～14 个，结幼果 4～8 个。雌球花受孕率可达 50% 以上，但每个结果枝最终能成熟种子仅 1～2 粒，平均 0.6～0.9 粒，个别丰产树可达 1.5 粒。正常的落花落果是树体的自我调节现象，对保证树体生长与生殖的平衡和种子的正常发育都是必需的，但由于树体营养和特殊的自然条件而引起的大量落花落果，却是导致香榧产量不稳的重要原因。

香榧种子从授粉到成熟跨 2 年历时 17 个月之久。其落花落果主要集中在两个时期：

（1）落花。即在开花后的 10～30 d，时间约在 5 月中旬至 6 月上旬，落花量占雌球花总量的 25% 左右。

（2）幼果脱落。为前年形成的幼果在当年开始膨大期的 5～6 月，落果量占幼果总数的 80%～90%，对产量影响极大，加上前一年落花率 25%，所以从雌球花到最后成熟种子的百分率，仅 11% 左右。第一次落花主要是授粉不足。第二次落果主要发生在花后第二年 5～6 月，此时幼果进入膨大期和种子后期胚发育的关键时期。此期如遇长期阴雨光照不足造成光合产物不足，加上林地积水，根系发育不良，细胞分裂素合成受阻，营养和激素水平下降是幼果脱落的主要原因。春季倒春寒引起的大量落叶会造成 2 年生幼果大量脱落。2005 年 3 月会稽山区出现 3 次降雪，气温降到 -2 ℃，引起香榧大量落叶，落叶率达 50% 的大树，幼果全部落光。人工辅助授粉是防治落花的主要措施，而 4～5

月的施肥和雨季林地的及时排水是减少幼果脱落的重要措施。

五、种子发育过程

香榧 4 月中下旬开花授粉，次年 8 月底至 9 月中旬种子成熟，跨两个年度，历时 17 个月之久。每年的 5～9 月期间在同一株树上可看到当年开花授粉的幼果，又可看到上年形成今年膨大并成熟的大果，即所谓的"二代果"，这是裸子植物，特别是松、柏科中许多树种的共同特征。

种子生长发育时期长，根据其体积增长和内部物质积累过程可分为 4 个时期。

1. 缓生期 即从前年的 5 月到当年的 4 月底的幼果期，历时 1 年，幼果全部包埋于苞鳞和珠鳞之中。幼果体积由最初的长 0.5～0.6 cm，宽 0.3～0.4 cm 到最后的长 0.6～0.65 cm，宽 0.4～0.45 cm，增长甚微。

2. 速生期 由当年 5 月初幼果从珠鳞中伸出至 6 月底果实基本定型，为果体积增长旺盛期。历时约 2 个月。其中 5 月中下旬的 15～20 d 内增长最快，体积增长量占总体积的 70%～80%。在速生初期种子内部为液体状，至 6 月中下旬种仁变凝胶状并逐步硬化。

3. 种子内部充实和物质积累 从 6 月底至 9 月上旬为种子内部充实期，历时 70～80 d。此期种子体积无明显变化，光合作用的产物主要用于种仁发育和内部物质积累。此时期在种子外部形态上产生一系列变化，光滑的假种皮表面出现棱纹，外表产生一层白粉，肉质的假种皮内出现纤维质，种柄由绿色变成褐绿色；种仁衣（内种皮）由淡黄变成淡紫红色，种仁进一步硬化，表面出现微皱。其中 7 月中旬至 9 月上旬的 50 d 为种仁增长和油脂积累的快速时期。在此期间积累的油脂占油脂总量的 60%以上，不饱和脂肪酸含量、碘价、过氧化值逐渐增加，酸价逐渐降低，油质变优，同时总糖量和淀粉含量下降，使加工后种仁变得香脆。为了保证干果品质和油脂产量与质量必须在充分成熟后才能采收。种子成熟的特征是：假种皮由绿色转黄绿色，表面由光亮变为无光微皱，种柄离层形成，种皮失水开裂，部分种子开始脱落。在种皮开裂之前种皮中所含物质迅速流向种子，使富含浆汁的种皮迅速变为纤维状并与种核分离，种仁细胞的超微结构解体，酶活性产生不可逆的钝化。香榧一般 9 月上旬成熟，在生长季节如遇长期高温干旱，种子成熟期会推迟，有时会推迟 10 d 以上。成熟特征是种皮开裂，1/4 以上种皮开裂时是采种的合适期。

第四节 对环境条件的要求

香榧栽培历史近千年，栽培方式为野生榧树就地嫁接，立地条件复杂多变，其生态习性与对环境要求与大多数果树不同。从近年主产区的规模发展和外地引种栽培看，栽培地区多为地形、地貌复杂的山区，生长结实情况表现为坡地（中坡以下）好于平地，海拔 300 m 以上的高丘、低山好于 300 m 以下的低丘，石砾含量高的紫砂岩、石灰岩、玄武岩发育的土壤好于酸性岩发育的酸粘土壤。

一、气候条件

香榧的生态适应性较强。在我国南岭以北，淮河以南，秦岭、巴山、大凉山以东至浙江、福建沿海的广大地区，以及有榧树分布的地区，基本上都适合香榧栽培。这些地区的年均气温在 15～18 ℃，年降水量在 800～1 800 mm，年绝低温在 −12 ℃以上。在福建武夷山区，绝低气温达 −18 ℃，仍有高大榧树分布。香榧幼年耐阴，结果后则要求有足够的光照条件，在中亚热带的浙江地丘地带，常因夏季高温、强光照引起叶片和种皮日灼，种子品质下降。但在郁闭度超过 0.7 的林下，香榧生长不良、枝干斜伸、下垂，不能形成花芽。在沿海和高海拔的山顶、迎风坡易受大风的机械损伤，但较小的风速有利于花粉传播和空气流动，也有利于林冠、树冠内腔二氧化碳的补充。

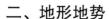

二、地形地势

在南方山地区域，海拔、坡位、坡向、坡度等变化都会引起小气候的变化，进而影响到香榧的生长结实。

1. 海拔　在中亚热带北部香榧栽培区应选 800 m 以下，中亚热带南部应在 1 200 m 以下，中部地区应选 1 000 m 以下。在浙江 900 m 左右的山地，近年引种的香榧生长结实正常，未见冻害，但雾凇、冰凌等会导致机械损伤时有发生，而 300 m 以下的地丘则常见高温日灼危害。

2. 坡向　300 m 以下低丘地带香榧生长结果情况是阴坡好于阳坡；而 500 m 以上的低山则是阳坡好于阴坡。

3. 坡度　坡度是引起水土流失的主要原因。为控制水土流失，保护生态环境，林地选择以缓坡为主，中坡以上必须建立永久性梯田或实行免耕，在栽培过程中，要注意保护地表植被，少动土。耕作只限制在鱼鳞状的树盘中。

坡位。高海拔山区要注意山顶植被的保护，以达到防风和保持水土的作用；在坡脚平缓地段和山凹要注意排水。

三、土壤

在主产区浙江，除酸黏贫瘠的第四纪红土不适合种植香榧外，从花岗岩、凝灰岩发育的酸性红黄壤到安山岩发育的微酸中性土和玄武岩、石灰岩发育的中性偏碱性土壤上香榧都能正常生长结实。其中花岗岩土含钾丰富、通气好、根腐病少，生长结实良好；而石灰岩发育的石灰土香榧不仅生长良好而且种子品质显著优于其他土壤。玄武岩、含钙紫砂土上香榧也生长结实良好。香榧是高产树种，土壤肥沃、通气、微酸性至中性、土层 60 cm 深以上是香榧高产优质的重要保证。香榧是油料树种，要求土壤有丰富的磷、钾、镁、硫等矿物元素，同时香榧细根肉质，最怕土质黏重，排水不良会导致根腐病滋生。所以在山区一些石灰岩、紫砂岩和一些变质岩发育的石砾含量高的粗骨土上也适宜发展。这些土壤面积大、许多树种不适宜种植，不少土壤已成石漠化。在这些土壤上发展香榧对扩大香榧发展空间、提高土地利用率、改善山区生态环境和经济水平都有重要意义。

第五节　建园和栽植

一、建园

（一）园地选择

首先，要根据香榧生物学特性选择适合香榧生长发育的地块，坚持适地适树的原则；其次，要注意交通条件，便于管理；最后，香榧园地多建于山区的荒山或疏林地以及经济效益不高的低产林地，即所谓的"低产林改造"。为了保护山区的生态条件，对需要改造的低产林不仅要估算其经济效益，更要估算其生态效益，对保持水土、涵养水源功能强的杂灌林、阔叶林和有发展前途的用材林不能随意破坏。

（二）园地规划

目前香榧的经营形式有"四旁"零星种植、农户分散的小块种植和龙头企业带动的规模化基地建设。规划设计仅适合于规模化基地建设。

如利用原有地形图，则要携图野外实际调查，对一些特殊地形、地貌和不同的立地条件须在图上区划表明，然后根据图纸进行规划设计并到现场对照校正。规划内容：

（1）园区规划。按地形地貌和立地条件进行园区和小区规划，园区地形设置面积 10～20 hm²，小区面积一般 2 hm² 左右。

（2）道路规划。主干道宽 4 m 以上，最好贯通主要园区；小区支道宽 2 m 以上，小区内设便道、便于林地管理和采收工作。

（3）晒场和管理工房建设。要与主干道相通并有一定的水源条件。

（4）在规划基础上进行各园区的种植、管理设计，包括种植密度、混交方式和立体经营、水土保持工程技术等。

（三）整地和改土

缓坡地全面翻耕做宽畦水平带，宽 5 m，开沟深 30～40 cm，以利排水。15°～30°的坡地，做窄带宽坎水平带，带宽 2 m，带距 3 m，带坎具一定坡度并保持原有植被，垂直梯坡容易崩塌（图 39 - 6）。30°以上陡坡实行免耕，在树干四周建鱼鳞形树盘，树盘下部、外缘砌石坎、打木桩或种茶叶以保持水土，施肥管理仅在树盘内进行。

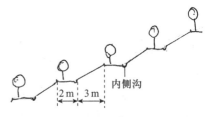
图 39 - 6　窄带宽坎水平带侧面

二、栽植

1. 栽植方法　实行缓坡宽带整地的，在畦中间种植；中坡狭带整地的，种植于带的外侧 1/3 处，以便根系向外侧坡发展。

2. 栽植密度　一般带距 4 m 作为行距，带内株距一般 5 m。每 667 m² 种 33 株。混交造林因混交树种不同可选带间混交和株间混交，株间因树种而异。按 1/20 的比例配植授粉树。

3. 提高造林成活率的关键技术　香榧是常绿树种且幼苗抗性弱，造林成活率、保存率低一直是扩大栽培中的主要问题。提高造林成活率的关键技术：容器苗成活率最高，造林时间可以延长；2+4（两年生砧木嫁接后 4 年，下同）以上的大苗必须带土球，尽量少损伤根系，一般成活率和保存率均可以保证；2+3 以下的裸根苗在造林及起苗时必须注意苗木根系保护。选阴天起苗，每起 20 株后立即打泥浆，并用尼龙袋包根，晴天起苗打泥浆后立即放阴凉地方，防止太阳直射。运苗最好在晚间，防止苗木被风吹日晒。苗木运到后放室内阴凉地方，上覆尼龙布，经常洒水保湿。造林时苗木放竹篮中上覆湿布，种一株拿一株，严格防止苗木抛洒造林地受风吹日晒。造林后立即用黑阳纱遮阴。造林季以 9～11 月和早春 2～3 月为宜。天气以阴天、细雨天最好。

4. 栽植方法　根据苗木大小决定挖穴规格。挖穴时表土心土分开放置，种植时先将心土与基肥混合放于穴底。在苗根处分层覆表层土踏实，再以心土覆于穴表做馒头状。香榧根系好气，要注意浅栽，特别是在土壤黏重或低洼处要防止穴土下沉造成的积水池导致烂根。

5. 栽后管理　种植后 1 个月选择雨后检查林地，发现根系裸露的要及时覆土，穴土下沉积水的要立即破穴排水。裸根苗造林及低丘强光照地段的土球苗造林，要采用黑阳纱遮阴。方法是在苗木四周立四方形竹片四根，用黑阳纱遮住顶部及向阳面。生长季节要除去穴内压制苗木生长的杂草，保留穴四周植被以造成侧方庇荫。雨季结束后，割草覆盖于苗木根际，以便旱季降温除湿。秋冬检查造林成活率并及时补植。

第六节　林地及树体管理

一、保持水土

香榧基地大多位于土薄坡陡的坡地，保持水土是实现香榧高产、优质、生态、安全的重要措施，也是可持续经营的根本保证。在山区，保持水土的关键是保护地表植被，少动土。要充分认识林下植被对保持水土、涵养水源、改良土壤和维持林地营养生物循环的重要作用。对林下植被要坚持"保护、改良、利用"的原则。保护就是不要随意除草、不用或少用除草剂；改良：清除耗水耗肥力强的五节芒等禾本科植物和藤蔓植物；利用：雨季结束后旱季到来之前及时刈割杂草铺于地表或根际，以便旱季降温、保湿和增加土壤有机质。要保护梯地、梯坎上的植被，以便护坡和夏季刈割覆盖梯地表面，起到降温、保湿和增肥作用。

坡地耕作（破坏植被、疏松土壤）是造成山地水土流失的罪魁祸首。传统观念认为耕作能疏松土壤，改良土壤结构，事实上能改良土壤结构的因素首推有机质，缺乏有机质的土壤频繁耕作质会破坏土壤结构。

二、间作经济作物，实行立体经营

间作花生、豆类和绿肥作物可以覆盖地表、改良土壤、提供饲料和增加早期经济效益。香榧林下套种茶叶可以借茶叶保持水土，而茶叶借用香榧遮光，会增加茶叶儿茶素和含氮化合物的含量，减少纤维素的形成，提高茶叶质量。茶叶套种方法：陡坡免耕香榧林，可在坡地每隔 20 m 沿山坡水平密植茶叶带或在树盘外缘密植茶叶；水平带状整地的香榧林，将茶叶种植于梯坎或带状密植于水平带的外侧；在缓坡地，茶叶可均匀水平带状种植。在浙江嵊州市香榧产区普遍推引香榧茶叶立体经营，好的园地每 667 m² 年收入超 2 万元。

三、施肥

1. 因地施肥　香榧林地大多数地形变化复杂，土壤肥力点发性变异很大，因取样分析困难，很难实行农业上的测土施肥。可以在一般土壤营养分析基础上结合实地土壤性状调整，综合分析土壤肥力状况来决定施肥数量与配比。实地调查中要注意：

（1）土壤的母岩母质种类。土壤的矿质元素主要来自母岩母质，不同母岩种类所含矿质元素种类与数量差异很大。了解母岩种类就可以了解土壤矿质元素含量及可能缺素情况。

（2）土壤有机质含量。土壤自然肥力中氮素 90％以上来自有机质，同时还含有磷、钾、钙、镁和一些微量元素。土壤颜色深、地表植被茂密是有机质丰富的重要特征。

（3）土壤 pH 的变化。直接反应土壤酸度、盐基饱和度、营养元素的有效性和土壤缺素水平。

一般石灰岩、玄武岩等基性岩发育的土壤，钙、磷、镁等元素丰富，容易缺钾和锌、锰、铁等微量元素，pH 中性偏碱；花岗岩、凝灰岩、砂岩等发育的红壤、砖红壤多缺钙、镁、磷等元素，钾元素相对较丰富，pH 偏低进而影响土壤微生物活动、酶活性和土壤营养的有效性，容易引起硼、钼等微量元素的不足。

2. 适时施肥　从香榧年发育期看，施肥效果最好的两个时期为：4～5 月的春末夏初的第一次施肥。此时新梢已发育完成，光合能力为最强时期，同时此期为当年开花授粉后雌、雄配子开始形成期以及两年生果胚开始发育（膨大）期，最需要肥料供给；同时 5 月开始根系进入第二次旺盛活动期，吸收能力强。第二次是采收的 9 月的果后肥，这时地上部分已停止生长，但秋高气爽，气候条件有利于光合作用和营养积累，及时施肥，提高光合速率，可以为 11 月开始的花芽分化和来年春天开花发梢打下营养基础。

3. 施肥量与肥料配比　在结实以前的幼年期，年施 1～2 次有机肥结合复合肥，适当增施氮肥，施肥量应树龄、长势和土壤肥力而异，一般每 667 m² 施化肥 6～15 kg，结果以后根据产量来确定施肥量。从香榧种子各组成部分分析结果看，每生产 100 kg 种子（带假种皮）大约带走相当于 8 kg 复合肥中氮、磷、钾含量。氮、磷、钾的比例约为 2：0.2：1。考虑到香榧喜钾和南方红壤含磷量低和有效性差而适当增加磷、钾施用量，校正氮、磷、钾施用的比例以 2：0.5：1.5 为好。每 667 m² 化肥施用量以不超过 40 kg 为宜。

4. 改进施肥方法　应改撒肥为沟施，沟深 10 cm 以上，施后覆土。沟位于树冠外围，圆形或位于上坡半圆形。对于大树，肥料要施于吸收根分布多的地方，根颈周围吸收少，施肥效果差。要提倡有机肥与化肥结合施，一般有机肥施于沟底，化肥施于有机肥上再覆土，以减少流失，增加肥效。

四、构建合理树形

低干嫁接的香榧多无主干，且主枝也难以合理配置。要构建立体性强、结实层厚的丰产树结构，首先，要用拉枝方法，选一主枝代替主干，在主干上配置 2～3 层，4～6 个主枝。香榧侧枝因结实后下垂，难以形成副主枝，要用修剪方法控制结实，培养等副主枝，构建上疏下密、通风透光良好的树体结构。香榧因树上同时有二代果存在，只能手工采摘，因此要培养适于攀爬、采收的树体骨架。

五、合理修剪

因香榧结实树枝条能自行脱落、重发而不断更新的特点，所以生产上很少有专门的修剪。但从近年的生产实践看，下列情况仍有修剪的必要：

（1）初结实的幼树，因结实太多生长衰弱，需要适当修剪以恢复树势。

（2）生长旺盛的幼树，不定芽萌发多，枝条丛生，影响光照、通风和授粉，应及时进行疏除。

（3）主枝上副主枝不能形成，呈竹杆状，应及时剪除延长枝，促进侧枝生长培养副主枝，并选一长势较弱的侧枝代替延长枝继续扩展树体。

第七节　病虫害防治

一、主要病害及其防治

（一）香榧立枯病

立枯病是香榧幼苗期的一种主要病害，主要为害种芽、苗木的根和茎基部。染病后常造成苗木大量死亡。常见症状：茎基部出现褐色病斑，并逐步腐烂，上部枯死，出现青枯病株，空气潮湿时，染病部位常出现淡褐色霉状物。病原菌以菌丝体或菌核在土壤中或病残体中越冬。春季菌丝蔓延，侵染苗木。主要存在于土壤表层、高温高湿有利于病菌生长。病原菌主要为终极腐霉（*Pythium ultinum* Trow）、茄丝核菌（*Rhizoctonia solani* Kohn.）和黄色镰刀菌（*Fusarium culmorum* Sacc.）等多种病原菌引起。危害比较严重的是茄丝核菌和黄色镰刀菌。病菌主要通过土壤和病苗传播。土壤酸黏、排水不良是发病的主要原因。

防治方法：

（1）选择地势较高，土壤疏松、排水良好的沙壤土建立苗圃。

（2）用 40％五氯硝基苯粉剂 100 g 加细土 40 kg 拌匀，在播种时撒于种子上再覆土；发病菌床用 50％多菌灵按 1∶500 兑水稀释，进行喷洒或浇灌苗根。连续 3 次。发现病苗，及时清除烧毁，并进行土壤消毒。

（3）秋旱、高温、强日照造成苗木根茎处灼伤会引起病情高发，要注意灌溉，阴棚不能过早拆除。

（二）香榧细菌性褐腐病

细菌性褐腐病为产区为害香榧种圃的主要病害。每年 5～6 月幼果染病后，被害蒲面会出现针头大小的油渍状斑点，并沿着维管束两侧延伸，使表皮组织凹陷变褐并分泌黏液，后期会侵入种仁引起皱果、僵仁和脱落。病菌为胡萝卜软腐欧氏杆菌 [*Erwinia carotovora* (Jones) Bergey et al.]，菌体短杆状，革兰氏染色阴性，兼性厌氧性。病菌在病蒲上越冬，4～5 月借风雨传播，5 月中下旬为发病高峰期。6 月幼蒲开始脱落，后期种壳木质化后一般不落，形成干疤状的畸形果。

防治方法：

（1）清除病蒲等侵染原，并集中烧毁。

（2）从 4 月下旬开始，对发病株采用 50％的菌毒清 800 倍液喷枝叶种蒲效果最好。

（三）香榧紫色根腐病

紫色根腐病，又称紫纹羽病，是香榧生产中常见的一种致命性根部病害，主要危害苗木和成年榧树根部，受害后，香榧根系逐渐腐烂乃至枯死，是造成当前香榧树育苗效率不高、平地和低洼地造林成活率偏低的重要原因。香榧紫色根腐病原为紫卷担子病菌［*Helicobasidium purpureum*（Tul.）Pat.］，属真菌担子菌亚门层菌纲木耳目。菌丝体在病根周围集结成膜或菌索，紫红色。以菌丝体、菌束或菌核等形式潜伏土壤中越冬，通过染病土壤、病根或病残组织传播。一般 4 月初发病，6～8 月为发病盛期。在排水不良的酸黏土壤更容易发病，并易形成发病中心向四周扩展。发病苗很容易拔起，与立枯病苗显著不同。防治方法：

（1）选择疏松、排水良好的土壤育苗，酸黏土壤都施腐熟有机肥，每 667 m² 加施 50～100 kg 熟石灰降低酸性并起到杀菌作用。

（2）及时清除病菌和死树，在苗圃发病中心或病树树冠下松土，用 70％甲基硫菌灵 1 000 倍液、5％菌毒清 100 倍液或 2％石灰水等浇灌，一般浇 2 次，隔周一次，效果良好。

二、主要害虫及其防治

（一）金龟子

在浙江，为害香榧的金龟子主要有铜绿丽金龟子、斜矛丽金龟子和东方绒金龟子。幼虫蛴螬为害苗木根系，成虫在春季也会为害枝芽嫩叶。

幼虫栖土中，一般一年一代，共 3 龄。最适土温为 13～18 ℃，高于 23 ℃时即向深层转移。一年中，4 月出土的金龟子，为害较大。成虫有强烈趋光性。

防治方法：

（1）秋末深翻圃地，人工或天敌捕杀或冻死幼虫，避免施用未腐熟厩肥。

（2）成虫期利用其假死和趋光性，人工捕杀或黑光灯诱杀，也可用菜饼、甘蔗渣等拌 10％的吡虫啉可湿性粉剂或 40％毒死蜱等诱杀。

（3）圃地用毒土或浇灌法杀死幼虫。

① 毒土。每 667 m² 用 90％晶体敌百虫 60～100 g，或用 50％辛硫磷乳油 70 mL，兑少量水稀释后拌毒土 140 kg，在播种或定植时均匀撒施于苗圃地面或定植穴内。每 667 m² 用量 13 kg。

② 灌根。幼虫危害的地块，每 667 m² 可用 50％辛硫磷乳油 80～100 mL，或用 90％晶体敌百虫 80～100 g，兑水 70 kg 灌根，每株灌药液 150～200 mL，可杀死根际附近的幼虫。

（二）香榧瘿螨

瘿螨俗称红蜘蛛，有的地方也称锈壁虱，属蜱螨目瘿螨科。主要以成若虫刺吸嫩叶或成叶汁液。受害后叶背产生红褐色锈斑或叶脉变黄，芽叶萎缩，严重时汁液似火烧状，大量落叶。

1 年发生 5～9 代，以卵在叶痕、树皮缝隙及枝杈处越冬，次年 4 月底至 6 月上旬孵化。4 月底至 10 月中旬均有为害，盛发期 5 月中旬至 7 月上旬。

防治方法：

（1）药剂涂干。3 月中下旬用 10％吡虫啉乳油加 5 倍柴油，在树干离地 50 cm 高处，先刮除老皮 20 cm 呈环状，涂药后用塑料薄膜包扎。

（2）喷药防治。5～7 月为香榧锈螨防治的最佳时期，用 80％唑锡乳油按 1∶2 000 兑水稀释或 0.3～0.5 波美度石硫合剂喷雾。也可用专用杀螨剂 5％尼索朗乳油 2 000 倍液、50％托尔克 2 000 倍液、73％克螨特乳油 3 000 倍液等喷杀。第一次喷药后，隔 7～10 d 再喷第二次，需连续防治 2 次以上。

（三）黑翅土白蚁

白蚁属等翅目白蚁科（Termitidae），主要为害香榧树干和根系，不论苗木、成年树均受其害。

苗木受害后成活率低或枝梢缩短；成年树受害后，大量落叶，枝叶稀疏，严重时全株死亡。5～6月是为害盛期，7～8月则在早晚和雨后活动，9月又形成高峰。蚁巢附近有泥被、泥线。无翅蚁畏光，有翅蚁趋光。群飞前工蚁用新土粒在蚁巢附近植被稀的地方堆成高出地面的群飞孔，群飞孔离蚁巢1～5 m。

防治方法：

（1）清理杂草、朽木和树根，减少白蚁食料。

（2）诱杀处理。用糖、甘蔗渣、蕨类植物或松花粉等加入0.5％～1％的灭幼脲3号、卡死克或抑太保，制成毒饵，投放于白蚁活动的主路、取食蚁路、泥被、泥路及群飞孔附近。

（3）苗床、果园用氯氰菊酯、溴氰菊酯或辛硫磷等药兑水淋浇，浇后盖土。

（4）发现蚁巢后用50％辛硫磷乳油150～200倍液，每巢用20 kg药液灌巢。

（四）介壳虫

介壳虫也是危害当前香榧生产的主要同翅目害虫，种类主要有矢尖蚧、白盾蚧、角蜡蚧、桔小粉蚧及草履蚧等。以成虫、若虫群聚于叶、梢、果实表面等处吸食汁液，使受害组织生长受阻，产生微凹的淡黄色斑点，严重时导致落叶，植株枯死（图39-7）。介壳虫1年发生1～3代，主要以雌成虫及部分若虫在枝叶上越冬。4月中下旬产卵。第一代若虫多在叶背、叶柄、果蒂及枝干伤疤处为害；第2～3代若虫多在果蒂处为害。初孵若虫于5月中旬至6月上旬天气晴朗时陆续从雌蚧体内爬出，吸食嫩梢汁液为害，9月下旬至10月上旬出现成虫，主要为害期在7～9月。

图39-7　介壳虫为害香榧枝果

防治方法：

（1）3～4月结合抚育管理，重剪有虫枝条，同时加强肥水管理，促发新芽。

（2）3月中下旬用10％吡虫啉乳油加5倍柴油、或50％辛硫磷乳剂按1∶20比例兑水，涂刷树干离地50 cm高处，操作时先刮除老皮20 cm宽环状，涂后用塑料薄膜包扎。

（3）5月中下旬，在林间若虫孵化盛期，可用40％速扑杀乳油1 000倍液，或35％快克乳油800倍液喷药防治，效果较好。

（五）天牛

局部地区危害较重。主要种类有咖啡虎天牛、星天牛和油茶红天牛。多1年发生1代，少数地区2～3年1代。幼虫在树干基部隧道内越冬，4月中下旬化蛹，5～6月羽化交配产卵，以幼虫蛀食枝干。

防治方法：

（1）5～6月成虫羽化后常栖息树干基部，发现后捕杀，树干涂白可避免产卵。

（2）盛发期检查枝干发现有虫粪和流黄水新虫孔，以小锤敲击或钢丝钩杀幼虫，或以黏土堵塞虫孔，使幼虫窒息死亡。

（3）化学防治。施药塞洞，若幼虫已蛀入木质部，可用小棉球浸80％敌敌畏乳油按1∶10的水剂塞入虫孔，再用粘泥封口。或用兽医用注射器打针法向虫孔注入80％敌敌畏乳油1 mL，再用湿泥封塞虫孔，杀虫率可达100％，此法对榧树无损害。

三、鼠害及其防治

在局部地区危害严重，主要在苗圃地为害种子苗木和幼林期危害幼树根茎处皮层和侧根，导致幼树生长不良和整株枯死。防治方法：

1. 苗圃地灭鼠　主要是毒饵诱杀，将药剂用温水溶解，倒入饵料（小麦或大米）中拌匀做成的毒饵，放置于田鼠经常活动的洞口或在圃地设置毒饵堆。

2. 林地灭鼠

（1）田鼠喜隐蔽环境，林下杂草灌木多，鼠害多，应经常清除香榧根际杂草。

（2）用波尔多液（硫酸铜、生石灰、水 1∶1∶10）涂树干基部，并结合清园。波尔多液加入适量的硫黄悬浮剂，效果更好。

（3）在鼠害严重的地方，可用稍粗于香榧基茎的小竹筒，长 10～20 cm，剖开去隔后，包于基干上，用铁丝捆好，可防鼠害。

第八节　香榧采收与加工

一、适时采收

香榧种子在成熟过程中，含油量逐步增加，油质逐步提高，淀粉含量逐渐下降。干果品质的重要指标是香味和松脆程度，它们均与含油量呈正比，与淀粉含量呈反比。种子充分成熟是保证香榧质量的前提。香榧是榧树所有品种类型中成熟期最早的一种。一般 9 月上中旬成熟，成熟的特征是假种皮皱缩开裂，核皮分离，开始落果。气候条件对成熟期影响较大，特别是夏季持续高温、干旱，引起种子生长停止，待气候正常时又继续生长，成熟期有时可推迟 10～15 d，反之雨水调匀，成熟期也可提早 5～10 d。香榧因树上同时存在二代果，只能用手工采摘，以免损伤幼果。

二、种子处理与后熟

种子采收后，放通风室内，薄摊地表待种皮大部开裂时脱粒，也可堆放通风室内，堆厚 20～30 cm，待种皮腐烂时脱粒，因后者在堆放过程中，腐烂种皮中的精油和果胶汁会从种脐处渗入种仁造成"榧臭"，现已少用。脱皮后的种核群众称"毛榧"，立即进行后熟处理。后熟处理是香榧有别于其他干果的加工前特有的处理方法，目的是在保持适当温度、湿度条件下通过一定时间的代谢活动达到种子脱涩和种仁香气的形成。具体方法：将不经清洗的"毛榧"堆放与室内泥地上，厚度约 30 cm，上覆假种皮或湿稻草。堆沤 15～20 d，温度保持 30～35 ℃，温度太高种核容易变质，太低脱涩效果差。在堆沤期间为调节上下层温湿度，常将种核上下翻转 2～3 次，后期检查种衣（内种皮）颜色由紫红转黑褐色则后熟完成。脱涩是通过堆沤过程中种子呼吸作用所释放的二氧化碳使可溶性单宁沉淀，失去涩味，同时单宁凝固结块使种衣容易脱落。此外，香榧后熟过程中通过代谢作用促进脂肪酸裂解形成短链的具香味的醇、醛、酮、酯等物质，增加加工后的香味。

三、香榧加工

香榧种子成熟后用清水清洗，放太阳下晒 2 d，使湿种子失重 20% 左右，含水量 10%～12% 即可加工。

目前市场上销售的香榧，主要是椒盐香榧，加工方法已由传统的手工加工改进为机器加工。所用机器为滚筒式炒茶机改装而成。其工艺流程：准备工作→开机放盐→炒制→分筛→浸盐水→炒制→包装。

1. 准备工作　检查机器运转情况，加工种子去杂、过筛大小分级，燃料、电源和加工用盐准备，机器和加工场地卫生情况，保证产品安全。

2. 炒制过程

（1）放盐。炒制机启动后，按香榧 50 kg，放粗盐 50 kg 比例，将食盐放于滚筒内，加热至 100～

120 ℃。

（2）第一次炒制。将香榧投入滚筒混盐炒 10～15 min（根据香榧干燥度而定），启动倒开关倒出种子。

（3）分筛。倒出的种子筛去食盐，再倒入竹箩筐。

（4）浸盐水。将香榧连同竹箩筐浸入饱和盐水中，浸泡 30 min 左右，提出沥干香榧。

（5）第二次炒制。待香榧沥干后，再次放入滚筒，盐炒 30～40 min，至种仁米黄色，香脆容易脱衣即炒制完成。倒出摊晾、去杂和包装。

3. 加工质量要求 外壳光洁，无明显焦斑，咸味适中，仁米黄色，香脆而脱衣容易。

第四十章　梅

概　述

一、栽培意义

梅（青梅）是原产我国的落叶性特产果树，根据主要用途分为果梅与花梅（梅花）两大类。果梅栽培上侧重于果实的品质和产量，花梅栽培上侧重于株形和花朵的观赏价值。花梅另有不少专著论述，本章主要论述果梅类。

梅的果实风味独特，营养丰富，含酸量高，含糖量低。据各产地对梅果实有机酸含量的分析，云南洱源的盐梅总酸含量 6.45%，四川的大白梅 6.78%，广东的软枝大粒梅 5.60%。在所含的有机酸中，以柠檬酸为主，其他酸的种类有枸橼酸、苹果酸、琥珀酸、酒石酸等。综合各地的分析，梅果实的可食率为 87%～93%，可溶性固形物含量 8.0%～14%，总糖含量 1.25%～2.31%，蛋白质含量 0.60%～1.67%，脂肪含量 0.29%～2.84%，粗纤维含量 1.18%～2.33%，果胶含量 1.05%～2.62%，每 100 g 鲜果肉含维生素 C 3.48～6.04 mg，维生素 A 0.89 mg，维生素 B_1 0.044～0.058 mg，维生素 B_2 4.39～5.88 mg，维生素 E 0.17～4.03 mg，黄酮 0.145 mg，钾 236 mg，磷 21.59～26.34 mg，锌 0.74 mg，铁 1.38～4.08 mg；天门冬氨酸、苏氨酸、赖氨酸等 16 种氨基酸的总含量达 445.1 mg。

梅的果实少用于鲜食，主要用于加工。梅加工食品风味独特，种类多样，可满足人们居家休闲、外出旅游对水果加工食品多样化的需求，可被制成各式各样的佐餐特色高档小吃、餐酒、酸性饮料等，在国内外拥有广泛的消费群体。传统的蜜饯类，如话梅等是老少皆宜的居家旅行常备凉果，是国内国际市场的畅销品；新开发的梅酒、梅饮料、梅酱等产品近年市场销售量不断增大，产品档次不断提升，附加值也随之增大。梅加工食品被认为是强生理碱性食品，能中和酸性食物（鱼、肉、酒等），使血液呈微碱性，有益人体健康。乌梅是传统中药，可用于治疗喉痛、喉炎、慢性腹泻等。《本草纲目》评述梅的果实、核仁、叶、根均具有药效。近年有研究认为，梅具有抑菌、解毒、驱虫、抗氧化、抗疲劳、抗过敏，甚至抗肿瘤等生理作用，具有一定的保健和药用价值，在食品和医药领域具有现实的和潜在的广泛应用前景。梅制品在日本消费量大，主要作为佐餐、保健食品，我国出口日本的梅制品主要是半成品干湿梅（又称咸水梅、半干梅）。近年我国有企业研发在日本畅销的加工产品，销售量日益扩大。梅各个部位的提取物可用在化妆品制造业上，在日本已取得多项专利，主要涉及生发、美白、消炎和保湿等方面。例如梅果肉提取物可用于治疗发藓菌病，梅花制得的精油可添加到护肤品中起到美白和保湿的作用，而梅果汁经过酵母发酵后可用于具有抗皱功能的产品中。随着国内外对梅的食用和药物价值不断地研究和利用。梅产品也逐步从传统食品转向更多的深加工产品。

目前已开发生产的梅主要制品有凉果类（话梅、蜜梅、酥梅、陈皮梅、五香梅、甘草梅、梅脯、糖青梅等）、盐渍类（咸水梅、干湿梅、低盐梅干、梅胚等）、果酒醋类（原梅酒、低度梅酒、青梅果醋等）、饮料类（梅原汁、酸梅汤、话梅茶、柠檬梅汁、青梅可乐、酸梅冲剂等）、熏制类（乌梅、药用梅粉剂等），共 5 大类数百个品种，而且还不断有新的加工品种被研制并投放市场，如梅饼、梅粉、果馅等。

我国广东、福建、浙江及台湾等地形成了较大规模的梅生产和加工产业，生产的梅制品在国内广为销售，同时畅销我国香港、澳门地区，并出口到日本、新加坡、马来西亚等国家。如广东主产区之一的普宁市，梅种植面积 10 000 hm²，年生产梅鲜果 50 000 t 左右，产值 1.8 亿元，年加工能力 80 000 t，年出口创汇 5 000 多万美元；福建主产区之一诏安县种植面积 8 533.3 hm²，年产梅鲜果 50 000~60 000 t，年加工能力 4 万多 t，2014 年梅制品出口超过 10 000 t，创汇 4 000 多万美元。梅已成为重要的食品加工原料和出口创汇果品，也成为许多山区振兴农业经济的特色产业，山区农民增收的新亮点。各梅主产区政府近年十分注重开发利用梅产业优势，延长和完善梅产业的种苗、种植、加工、流通等产业链条，推进梅生产销售的产业化、标准化、品牌化发展。

连片种植的梅园在冬春开花季节呈现特有的雪白鲜丽景色。广东广州的"萝岗香雪"是 20 世纪 80~90 年代的著名梅花欣赏景点。近几年来，广东的从化、南雄、陆河等市县，福建、浙江、江苏、台湾等地的梅产区在每年梅花盛开季节开辟赏梅景点，吸引众多游客，成为重要新兴农业旅游资源之一。

二、起源与栽培历史

我国西南山区是梅的起源地。据考察，四川与湖北交接的山岳地带，四川会理海拔 2 000 m 山间台地，广西兴安山区、河南大别山等地都有成片野生梅林。贵州西北的威宁、赫章和南部的荔波、三都发现树龄数百年的野生梅大树。西藏的波密、台湾阿里山等地有发现野生梅的报道。中外植物学家和园艺学家先后还在湖北的宜昌、巴东，江苏的宜兴，福建的梁峰，浙江的丽水、昌化，广东的连平、始兴、南雄以及台湾的新竹等地采集到野生梅的标本，证实梅在我国起源并分布相当广泛。

我国对梅的利用历史久远。据考古研究，我国多处遗址和墓葬出土有梅核，其中以河南新郑裴李岗遗址文物中发现的出土梅核为最早，距今 7 400 多年。在四川荥经曾家沟、湖北江陵望山、江苏铜山龟山、湖南长沙马王堆、广东广州黄帝岗、广西贵港等在考古发掘中都发现出土的梅核。在商代（距今 3 200 多年前）梅已作为调味品和盐并称，那时的人们已经懂得梅的栽培应用。我国古籍《诗经》《山海经》《尔雅》等均有关于梅的记载。

三、栽培分布

我国是世界上梅栽培分布地域最广的国家。目前栽培分布北至河南民权（北纬 34°40′）、禹州、新郑一带，南至广东沿海台山下川岛（北纬 21°34′）。从资料看，我国四川、云南、西藏、贵州、湖北、湖南、广东、广西、福建、台湾、江西、安徽、浙江、江苏、河南、陕西、甘肃、重庆 18 省（自治区、直辖市）有梅的自然分布和栽培分布，其中以广东、广西、福建、浙江、云南、江苏、四川、安徽、台湾等地的栽培面积较大，并形成了梅栽培集中区域，如广东的普宁、陆河、饶平、潮安、新兴；福建的诏安、上杭；浙江的长兴、嵊州、奉化；江苏的宜兴、溧阳；广西的梧州、贺州；云南的洱源、腾冲；台湾的南投、彰化、台中等都是梅集中产区。

根据梅的生态地理和气候条件，学者将我国梅栽培地区划为 4 个分布区：①北亚热带果梅栽培分布区，包括长江中下游丘陵山地亚区和汉中盆地亚区。②中亚热带果梅栽培分布区，包括中东部丘陵山地亚区、四川盆周山地亚区和西南高山峡谷和高原山地亚区。③南亚热带果梅栽培分布区，包括华南沿海亚区和台湾亚区。④南温带果梅灌溉栽培分布区，含黄淮平原亚区。

我国的梅在 1 000 多年前引入日本。如今梅在日本栽培分布广泛，南起鹿儿岛，北至青森县均有栽植。主要经济栽培区集中在和歌山、群马、长野、山梨、德岛、茨城等县，其中和歌山县梅栽培面积居日本全国首位。

第一节　种类和品种

一、种类

梅（*Prunus mume* Sieb. et Zucc.）属蔷薇科李属李亚属植物。为落叶性小乔木，多分枝，高 4～10 m。树皮纵裂，灰褐色。一年生枝绿色，或向阳面紫红色，无毛。顶芽自剪，侧芽为复芽或单芽，具鳞片。叶片互生，广卵形、卵形或阔卵圆形，长 4～10 cm，宽 2～5 cm，先端渐尖或尾尖，基部阔楔形或圆形，叶缘锯齿细锐；叶柄长 0.8～2 cm，绿色或暗紫红色。花先于叶开放，花多无梗或短梗，花径 2～3 cm，有芳香味，花瓣多白色，也有粉红色或带粉红色斑。花萼多为绛紫色，也有绿色或绿紫色，萼片 5～6 枚。子房 1 个，有时 2～7 个（离心皮），如品字梅等；子房上位，密被柔毛，花柱多长于雄蕊。雄蕊多数。果为核果，近球形，直径 1.3～4 cm，果柄短，果皮绿色，成熟时黄色或绿黄色或绿白色，部分品种有红晕，果皮密被短细毛。果肉淡黄色、白色或白绿色，味酸，粘核，核坚硬，近卵形或椭圆形；核面具蜂窝状点刻，腹面和背棱上有明显纵沟。开花期 12 月至翌年 3 月，果实成熟期 4～7 月。

（一）梅的植物学分类

1835 年 Siebold 和 Zuccarini 根据日本的标本首次定名梅 *Prunus mume*，这一学名沿用至今。此后一百多年来中外植物学家和园艺学家对梅的分类做了大量工作，定名了许多变种或变型，至 1994 年总数已达 45 个。梅种以下的分类也有较多的争论。梅原产我国，国内许多学者对中国梅的种类与分类做了大量工作，取得许多成果，最有代表性的是中国工程院院士、中国梅品种国际登录权威陈俊愉教授，在对梅的变异类型进行了长期和系统的研究后提出将梅种以下的变异类群分为 7 个变种 1 个变型，1999 年褚孟嫄教授主编的《中国果树志·梅卷》对这些变种变型作了内容补充并详细描述。这些变种和变型是：

1. 品字梅（变种）　*P. mume* var. *pleiocarpa* Maxim.（1883）。

2. 刺梅（变种）　*P. mume* var. *pallescens* Franch.（1889）。

3. 长梗梅（变种）　*P. mume* var. *cernua* Franch（1889）。

4. 小梅（变种）　*P. mume* var. *microcarpa* Makino（1908）。

5. 杏梅（变种）　*P. mume* var. *bungo* Makino（1908）。

6. 毛梅（变种）　*P. mume* var. *goethartiana* Koehne（1913）。

7. 蜡叶梅（变种）　*P. mume* var. *pallidus* Bao et Chen（1992）。

8. 常绿梅（变型）　*P. mume* f. *sempervirens* Bao et Chen（1992）。

（二）梅的园艺学分类

1. 按照果实色泽分类　著名园艺学家曾勉教授 1936 年对梅主产地之一的浙江杭州塘栖的梅进行了详细调查，首次提出按果实色泽将梅分为白梅类、绿梅类和花梅类（或称红梅类）。我国果树学界至今仍主要使用这一分类方法，并从有利于实际应用出发进行了一些相关性状的补充，如今多将梅品种分为白梅类、青梅类和红梅类，各类的主要性状如下：

（1）白梅类。果未熟时淡绿色，成熟时呈黄白色，果形中等大，近圆形。一年生枝淡绿色，嫩梢和幼叶黄绿色，成熟叶较小，较薄，淡绿色。果实肉质较粗，味微苦，品质一般较差，但也有优良品种，如福建的诏安白梅、广西的鹅塘白梅等。白梅类种类较少，目前有记载的品种（株系）约 10 种。

（2）青梅类。果未熟时青绿色或深绿色，阳面偶有红晕，成熟时呈黄色，果形较大，多近圆形。一年生枝绿色，阳面或带暗紫红色，嫩梢和幼叶多呈黄绿色，也有的品种带少量红色或紫红色，成熟叶深绿色或绿色。本类优良品种很多，有许多丰产品种，如广东的大核青、横核，浙江的升萝底、萧山大青梅等。青梅类有记载的品种（株系）达 110 多种。

（3）红梅类。果未熟时青绿色，阳面多有红晕，成熟时黄绿色，阳面红晕加深为紫红色或红色，成熟时红色占全果的30%～70%，甚或全果面，果形大或小，近圆形、椭圆形或桃形。一年生枝浅绿色，阳面呈浅红色或紫红色，嫩梢和幼叶呈红色或紫红色，成熟叶浅绿色。本类有许多丰产稳产、抗逆性强的品种，如广东的软枝大粒梅、白粉梅，浙江的大叶猪肝、小叶猪肝等。红梅类有记载的品种（株系）有近200种。

2. 按照梅与杏的杂合程度分类　梅与杏的亲缘关系近，容易产生杂交。川上繁（1959）调查了日本梅所有的品种，发现与杏杂交的品种不少，而保持纯系的品种极少，因而以托叶、茸毛、节部肉瘤等实用形态为基础，提出将现有的梅栽培品种分为五类：纯梅、杏性梅、中间系、梅性杏、纯杏（图40-1）。

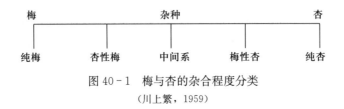

图40-1　梅与杏的杂合程度分类
（川上繁，1959）

梅与杏的核形态被认为是品种的固有特征，吉田雅夫等考察了日本栽培的梅、杏品种的核形态，描述了其杂合差异的10个连续类型（图40-2）。其中核翼低、核刻点状、小而浅的属于纯梅，核翼较高、核点网状、点大而深的属于杂种的中间类型，核翼高、核刻近乎平滑的属于纯杏。

图40-2　梅、杏及其不同程度杂种的核形态
1. 纯梅　2～9. 梅杏不同程度杂种　10. 纯杏
（吉田雅夫等，1996）

3. 按照果实形状分类　台湾是梅主要产区之一，当地根据果实的形状，将梅栽培品种分为大粒梅、小粒梅、尖头梅和平顶梅4种。

二、品种

梅是我国古老的栽培果树，有许多传统的品种资源。近几十年来，各主产省市如浙江、江苏、云南、广东、福建、湖南等进行了深入的梅种质资源调查以及新品种选育工作，取得了丰硕的成果，丰富了梅品种资源。1999年出版的《中国果树志·梅卷》，整理出国内梅品种（优株）白梅类13个、青梅类104个、红梅类80个、引进日本品种7个。近十多年来各梅产区又不断选育并审定了一些出新的品种。这里按主产省份选择介绍部分主要品种。

（一）广东主要品种

1. 软枝大粒梅　1984年在广东省普宁市高埔镇龙堀村的青竹梅群体中发现一个优良单株，列为初选单株。1999年，经专家考评，决选为优良新株系，取名'软枝大粒梅'。2003—2008年对该选种优株无性系进行品种比较试验和中间试验，2009年7月通过了广东省农作物品种审定委员会审定。1999—2008年在普宁市推广种植超过0.5万 hm²，已成为粤东梅产区的主要栽培品种之一，附近省市梅产区有引种。

属红梅类，树势健壮，树形开张，树冠杯状。成枝力强，枝条密，较软垂，极短果枝和短果枝占70.4%。主干黑褐色，粗糙，有浅纵裂。嫩梢幼叶紫红色，成熟叶片浓绿，椭圆形。花密而多，单花，浅碗形，花瓣乳黄白色，完全花。12月下旬始花，翌年1月中旬盛花，1月下旬初末花。结果早，丰产稳产，种植后第3年开始结果，株产3.1～3.5 kg；第六年开始进入盛产期，平均株产25.5 kg，折每667 m²产量765 kg，大小年不明显。

果实成熟期4月下旬，属中迟熟品种。果大，近圆形，大小整齐，单果重24.5～26.5 g，纵径3.90 cm，横径3.52 cm，侧径2.16 cm；果顶圆，顶点突出明显，果肩稍斜，缝合线明显，两侧较对称；梗洼较深广。果皮黄绿色，阳面呈淡红色晕；果皮较厚，较强韧，难剥离，有茸毛（图40-3）。果肉淡黄色，肉质细、紧实，风味酸，无苦涩味。可溶性固形物8.0%～8.6%，总酸含量49.6～55 g/L，维生素C 22～34.2 mg/L，总糖8.9～11.2 g/L。粘核，鲜核重2.5 g，棕褐色，长椭圆形；核基楔状，核尖急尖，核点小而浅；核沟短浅；背沟长深；腹沟明显；核翼无。核仁1枚，较饱满，微苦。果实可食率

图40-3 软枝大粒梅
（吴和原 摄）

90.6%。是加工梅干、话梅、脆梅、梅脯和蜜饯梅的优良品种。该品种抗逆性和适应性强，抗病能力较强。适宜在粤东沿海山区推广种植，可选择白粉梅等品种作授粉树。

2. 白粉梅 1987年在广东省普宁市高埔镇梅园中选出的优良单株列为初选单株。1994年决选为优良新株系，取名白粉梅。属红梅类。1995年起在普宁市和潮州市进行区域试验和中间试验。1995—2008年在普宁市推广种植3 333 hm²，在潮州市、陆河县推广种植1 333 hm²。2009年7月，通过了广东省农作物品种审定委员会审定（周碧容等，2009）。现已成为粤东梅产区的主要栽培品种之一。

树势健壮，树形开张，树姿杯状。主干褐色，粗糙，有深纵裂和浅横裂。一年生枝灰绿色，无茸毛。叶片长6.66 cm，宽3.51 cm，长椭圆形，叶基广楔形，叶尖长1.88 cm，渐尖；叶面光滑，平整，有光泽；叶缘锯齿深钝；幼叶紫红色，成叶绿色，叶脉淡紫色；叶柄长0.95 cm，紫红色，无茸毛。花密而多，单花，浅碗形，花径2.2 cm，花瓣5枚，乳白色；花萼淡绛紫色，平展；雌蕊1枚，与雄蕊等高，雄蕊64枚；花清香，完全花。成枝力强，一年可抽2～3次梢，枝条密，短果枝占76.7%。易成花，花量大，中果枝、短果枝和极短果枝均可结果。定植后第三年开始结果，平均株产4.5 kg，第六年开始进入盛产期，平均株产21.6 kg，折合每667 m²产量648 kg，大小年不明显。

果实近圆形，大小较整齐，单果重24.3 g，纵径3.69 cm，横径3.57 cm，侧径3.33 cm。果顶锥形，有小尖顶突起；果肩平，缝合线不显著，浅而窄，两侧较对称（图40-4）。果皮黄绿色，阳面偶有淡红色晕，厚度中等，中韧，难剥离，茸毛较多。果肉浅黄白色，果肉细脆，汁少，味酸，无苦涩味。可溶性固形物8.38%～8.58%；总酸量5.32%～5.42%，维生素C 47.0～48.1 mg/L，总糖0.04%～1.19%。粘核，褐色，长椭圆形，纵径1.98 cm，横径

图40-4 白粉梅
（吴和原 摄）

1.41 cm，侧径 1.03 cm；核基楔状，核尖急尖，核点多、大小和深度中等；核沟少、短、浅，背沟短、浅、窄，腹沟不明显、短而不连续，无核翼；核仁 1 枚，较饱满，微苦。果实可食率 90.2%～90.5%。成熟果品质优，外观极佳，在腌制过程中，果皮不破裂。

在粤东初花期为 12 月中旬，盛花期 12 月下旬至翌年 1 月初，终花期 1 月上旬至中旬。果实退绿期 4 月初，成熟期 4 月上中旬。该品种抗逆性和适应性强，对病虫害抗性中等，适宜在粤东沿海山区推广种植。可选软枝大粒梅等品种做授粉树。本品种是制作梅胚（干湿梅）的优良品种之一，也适宜制作话梅、酥梅、梅酒等。与软枝大粒梅相互授粉，表现早结丰产，尤以其稳产性好而受种植者欢迎。

3. 赤凤红梅　1994 年在潮州潮安区赤凤镇峙溪村的竹梅园实生群体中初选出优株，表现丰产稳产，果肉细脆，果皮亮丽，初定名为李梅。经多年在广东多地进行系统观察和区域试验，证明其遗传性状稳定，2011 年 6 月通过广东省农作物品种审定委员会审定，定名为赤凤红梅（图 40-5）。

图 40-5　赤凤红梅
（王心燕　摄）

属红梅类。树势中等偏旺，树姿开张，树冠扁圆头形，成枝力较强，枝条较密。5 年生树主干高 35 cm，干周 30.3 cm，树高 337 cm，冠幅 418 cm×391 cm，一年生枝条平均长 35 cm，粗 0.26 cm，节间长 1.43 cm，成枝力 1.5 枝，最多 3 枝。各类结果枝比例为：极短果枝和短果枝 39%，中果枝 39%，长果枝 22%；主干褐色，粗糙；叶片长 6.6 cm，宽 3.4 cm，短椭圆形，叶基楔形。花密而多，单花，花瓣 5 枚，乳白色；花萼绛紫色，完全花。自花授粉结实率 39%，异花授粉结实率 66%。

果实卵圆形，大小较整齐，单果重 19.5～21.5 g，平均 20.8 g；果实纵径 3.53 cm，横径 3.32 cm，侧径 3.13 cm，果顶尖，缝合线较明显，两侧较对称；果皮黄绿色，阳面有紫红色晕，洁净亮丽（图 40-5）；果肉淡黄色，质地细脆，果汁中等，味浓酸，无苦涩味，可食率 91.3%，可溶性固形物 8.7%，总酸含量 5.64%，品质优良。核鲜重 1.81 g，黄褐色，扁圆形；核基楔形，核尖突尖，核点较少、中深；核沟少、长，背沟长、中深，腹沟显著、间断；核翼无；核仁不苦，饱满。在粤东地区 1 月上旬初花，1 月中旬盛花，1 月下旬谢花，4 月中旬果实成熟，从盛花到果实成熟约 95 d，属于中熟品种。1 月下旬叶芽萌发，10 月中下旬落叶。幼年树每年抽发枝梢 2～3 次；成年结果树每年抽发枝梢 1 次，枝梢生长旺盛期在 2～3 月，中短枝条生长期 30～40 d，长枝条生长期 70～90 d。每年 10 月下旬至 12 月中旬休眠。3 年生树平均株产 2.0 kg，5 年生树 7.6 kg，10 年生树 36.6 kg，丰产稳产性好。适宜南亚热带沿海山区种植，可配植桃梅、白梅作授粉树，是加工话梅、梅胚（半干梅）、梅酱、梅酒等的优良品种。

4. 大核青　广州市萝岗、从化等梅老产区的主栽品种，也是广东省中、西部梅产区的主栽品种之一，广西有引种栽培（图 40-6）。属青梅类。树势壮旺，生长快速，树冠扁圆形，树姿半开张。18 年生树高 6.2 m，冠幅 6.2 m×6.5 m，干周 106 cm。主干和大枝灰褐色，一年生枝灰绿色，长 61.5 cm，粗 0.6 cm，节间长 1.4 cm，成枝力 2.3 枝。各类结果枝比例为：极短果枝 14.2%，短果枝 24.2%，中果枝 22.5%，长果枝 28.3%，徒长性结果枝 10.9%；叶短椭圆形，叶

图 40-6　大核青
（王心燕　2003）

基圆。叶片大，长6.8 cm，宽4.8 cm；叶尖长2.1 cm，急尖；叶缘锯齿浅；幼叶黄绿色，成叶青绿色，有光泽，叶面无毛；叶柄长0.8 cm，紫红色，无茸毛。广州地区初花期12月中旬，盛花期12月下旬，终花期翌年1月上旬，花期约25 d。花多单生，偶有2朵，碟形；花径2.69 cm，花瓣5枚，白色；花萼紫褐色，平展；雌蕊1枚，高于雄蕊；花清香。果实硬核开始3月上旬末，退绿期4月中下旬，成熟期4月下旬至5月上旬。

果近圆形，果顶明显，顶点小，果皮青绿色。单果重25 g，纵径3.71 cm，横径3.68 cm，侧径3.42 cm，缝合线显著，两侧较对称。梗洼中深，果梗长0.6 cm，粗0.15 cm，弯生。果皮青绿色，茸毛少（图40-6）。果肉味酸，微带苦味。可食率87%，可溶性固形物含量8.0%，总酸量4.33%。半粘核，鲜单核重3.2 g，淡褐色，卵圆形；核基楔形，核尖急尖；核点小，数量中，深度中；核沟少、短、浅，背沟短、浅、窄，腹沟不明显；核翼无；核仁饱满，微苦。本品种依枝条特性可分为软枝和硬枝2个品系，软枝系树姿开张，枝条较密、较软垂，坐果率高，树冠呈扁圆形，果型略小；硬枝系枝条硬直，树冠多呈圆头形，坐果率较低，果型略大。生产上以软枝系种植较为普遍。本品种对土壤适应性强，较耐旱耐瘠，旱地山地均可种植。以横核作授粉树，表现坐果率高，丰产性强，但丰产后树势容易衰退，需加强采后管理，才能获得稳产。本品种是制作话梅的优良品种，也适宜于制作蜜饯梅、陈皮梅、糖青梅等。

5. 横核 广州市黄埔、从化等梅老产区的主栽品种，也是广东省中、西部梅产区的主栽品种之一，广西有引种栽培。属青梅类。树势壮健，生长快速，树姿半开张，树冠多呈扁圆形。18年生树高4.2 m，冠幅5.3 m×5.5 m，干周67 cm。主干和大枝灰褐色，一年生枝灰绿色，无茸毛，长71.2 cm，粗0.52 cm，节间长1.6 cm，成枝力2.0枝。各类结果枝比例为：极短果枝14.4%，短果枝25.3%，中果枝26.4%，长果枝23.0%，徒长性结果枝10.9%；叶片近圆形，叶基圆，叶片长7.0 cm，宽5.5 cm；叶尖长1.5 cm，急尖；叶缘锯齿浅。新梢幼叶黄绿色。成叶青绿色，有光泽，叶面无毛；叶柄长1.0 cm，紫红色，无茸毛。广州地区开花期12月中旬至翌年1月上旬，花着生密，多单生，偶有2~3朵，碟形；花径2.5 cm，花瓣5枚，疏叠，白色，微带红晕；花萼褐红色，反曲；雌蕊1枚，高于雄蕊；花清香。

果实短椭圆形，平均单果重32.2 g，纵径3.67 cm，横径3.90 cm，侧径3.53 cm，果顶平或微凹；果肩一侧耸起，果形常不对称，缝合线浅，较显著，两侧较对称。梗洼深，中广，果梗长0.45 cm，粗0.15 cm，弯生。果皮青绿色，皮薄，茸毛多。果肉橙黄色，肉质松，果汁少，味清酸，无苦涩味。可食率91.3%，可溶性固形物含量7.8%，总酸量4.62%。粘核，鲜单核重2.8 g，短椭圆形，黄褐色，纵径2.01 cm，横径1.64 cm，侧径1.33 cm，核基楔形，核尖歪斜；核点大小不均，较疏，深度中；核沟极少，背沟短，腹沟不明显，核翼无；核仁饱满，微苦。本品种依果实大小可分为大横核、中横核和横核仔3个品系，其果重分别为32.2 g、22 g、12 g。大横核果大，坐果较疏，丰产性较差，中横核坐果率高，丰产性较好，现有的栽培园以中横核品系最多。本品种是制作话梅的良种，用其加工的优质话梅远销国内外。可与大核青配植相互授粉，坐果良好。对土壤要求不严格，适应性强，须加强采后管理，才能连年稳产。

6. 新白梅 1989年开始在新兴县梅产区进行梅新品种选育，经过18年初选、复选、子代性状观察、区试和生产试验，从当地实生梅（火梅）园中选育出新白梅品种。2008年通过广东省农作物品种审定委员会登记。属青梅类，树势强壮，树形开张，树冠自然半圆形。枝条密度中等，中短果枝比例占71%。叶片椭圆形，深绿，幼叶紫红色。花密而多，单花，碟形，白色，完全花比例占91%。

果实近圆形，大小较整齐，果皮浅黄绿或浅白绿色，阳面偶呈淡红色。果肉细脆，风味浓酸，无苦涩味，单果重21.9 g，总酸含量6.33%，可食率91.2%，可溶性固形物含量8.2%。在广东新兴县，12月上旬花蕾开始膨大，12月下旬盛花，翌年1月上旬初终花，4月中旬果实成熟。适应性和抗逆性强，耐瘠力强，幼果期抗冷风、雨能力较强，果实较抗黑星病。六至八年生株产22.6~33.5 kg，大小年不明显，丰产稳产。适宜在广东中北部、广西东北部、福建南部丘陵山地栽培，要求年平均温度 19～22 ℃，冬春寒暖变化小的气候条件。

7. 广东大青梅　广东普宁市大坝镇在当地梅园中选出的早结、丰产新品种。该市及附近市县均有引种栽培。属红梅类。树势壮旺，树形高大，树冠圆头形，树姿半开张。10 年生树高 5.2 m，冠幅 5.5 m×5.6 m，干周 60 cm。主干和大枝灰褐色，粗糙。一年生绿色，枝长 52.1 cm，节间长 1.52 cm，成枝力 2 枝，最多 7 枝。枝条密生，有茸毛。各类结果枝比例为：极短果枝 9%，短果枝 26%，中果枝 41%，长果枝 23%，徒长性结果枝 1‰；以中果枝结果为主，依次是短果枝、长果枝。叶片大，倒卵形，长 5.5 cm，宽 4.0 cm，叶基圆形，叶尖长 2.2 cm，急尖；叶缘锯齿浅、单齿、锐，叶面皱，无光泽；幼叶淡紫色，成叶绿色，叶脉淡绿色，叶面无毛，叶背被短柔毛；叶柄长 1.4 cm，紫红色，有茸毛。花着生密，多单生，偶有 2～3 朵；花瓣白色，雌蕊 1 枚，花清香。在广东普宁初花期 1 月上旬，盛花期 1 月中旬，终花期 1 月下旬，开花期近 1 个月。果实硬核期 3 月中旬，褪绿期 4 月初，成熟期 4 月下旬至 5 月上旬，为当地迟熟品种，果实发育期 90 d。

果实短椭圆形，果皮光亮。平均单果重 32 g，最大 37 g，纵径 3.6 cm，横径 3.88 cm，侧径 3.60 cm，果顶圆，顶点小，缝合线浅而中宽，较显著，两侧较对称。梗洼深而广，果梗长 0.4 cm，粗 0.2 cm，直生。果皮青绿而光亮，阳面淡紫红色，占全果皮 40%～50%，茸毛中。果皮薄、脆，剥皮难。果肉蛋黄色，肉质细，紧实度中，味酸，无苦味，微涩。可溶性固形物含量 7.5%，总酸量 3.53%。果实可食率 92.44%。粘核；鲜单核重 2.42 g，褐色，椭圆形；纵径 2.15 cm，横径 1.52 cm，侧径 1.15 cm，核基楔形，核尖突尖；核点大，数量中，中深；核沟少、深、中长，背沟短、浅、中宽，腹沟明显、间断；核翼无；核仁饱满，味苦。当地栽培表现速生快长，坐果率高，抗逆性、抗病性强，肥水充足条件下易早结丰产稳产。该品种是制梅坯良种，腌制过程中果皮不易破裂，制成的梅坯皮色特别好，也适宜加工话梅及其他梅制品。适合在粤东沿海地区种植。

8. 桃梅　广东省潮安区选出的优良品种。属红梅类，在当地以果大质优出名，当地有相当的栽培面积，省内其他市县也有引种。属红梅类。树势强旺，树冠扁圆头形，树姿半开张。三十五年生树高 6.5 m，冠幅 9 m×10 m，干周 155 cm。主干和主枝灰褐色，粗糙。一年生枝绿色，阳面紫褐色，长 35.2 cm，粗 0.35 cm，节间长 1.47 cm；成枝力 1.2 枝，最多 3 枝；枝条密生，无茸毛。各类结果枝比例为：极短果枝 12%，短果枝 22%，中果枝 41%，长果枝 24%，徒长性结果枝 1%，成年树以中、长果枝结果为主。叶片大，厚，倒卵形，长 6.0 cm，宽 4.5 cm，叶基楔形，叶尖长 1.8 cm，渐尖；叶缘锯齿浅，叶面皱，无光泽；幼叶淡紫色，成叶浓绿色，叶脉淡绿色，叶面无毛；叶柄长 2.0 cm，紫红色，有茸毛。花着生密，多单生，偶有 2～3 朵；浅碗形，花瓣 5 枚，也有 4 枚，白色，紧叠，瓣面皱；雌蕊 1 枚，高于雄蕊；花清香。在潮安初花期 1 月上旬，盛花期 1 月中旬，终花期 2 月上旬，花期约 1 个月。完全花 15%，自花授粉结果率 5.7%，配植授粉树能显著提高结果率。嫁接苗种植 3 年开始结果，10 年进入盛产期，30 年生树株产 50 kg，最高 150 kg。果实硬核期 3 月中旬，褪绿期 4 月上旬，成熟期 4 月中下旬至 5 月初，为当地迟熟品种，果实发育期 85～95 d。

果实卵圆形，形状似桃，单果重 23 g，最大 26 g，纵径 3.65 cm，横径 3.50 cm，侧径 3.30 cm，果顶尖，顶点小，缝合线较显著，两侧对称。梗洼深而广，果梗长 0.7 cm，粗 0.15 cm，弯生。果皮淡黄绿色，阳面桃红色，占全果皮 50%，茸毛中。果皮较厚、韧。果肉淡黄色，肉质松，汁少，味酸，无苦涩味，完熟后有甜味，可鲜食。可溶性固形物含量 9.0%，总酸量 4.03%。果实可食率 92.6%。粘核，鲜单核重 1.59 g，淡褐色，短椭圆形；纵径 2.18 cm，横径 1.54 cm，侧径 1.13 cm，核基宽楔形，核尖突尖；核点中等大；核沟少，背沟长，腹沟不显著；核翼无；核仁较饱满，不苦。本品种树势旺，易抽生徒长枝，中、长果枝坐果率较高。生产上应配植授粉树才能获得丰产。适合加工话梅及其他梅制品。适宜在粤东沿海地区种植。

9. 天水大肉梅　广东新兴县共成农艺师李宝林从当地梅园选出的丰产品种，经试验研究，其优良性状稳定。属青梅类。树势中等，树姿壮旺，枝条密集，短果枝多而健壮，坐果均匀；根系发达，须根多，耐肥，叶片椭圆形，叶基广楔形。开花期12月中旬至1月上旬，花瓣5枚，白色。果实褪绿期为4月下旬至5月上旬。当地多于褪绿期采收。果大，近圆形，平均单果重27.5g，核稍大，可食率87.4%，总酸含量4.8%，可溶性固形物含量6.8%。当地栽培适应性强，抗逆性好。需配植授粉树，产量较高，稳产性好。是制作话梅的良种。

10. 白头鹰大肉梅 广东新兴县共成农艺师李宝林从当地梅园选出的大果形新品种，因果实顶点歪向一侧，形似鹰嘴，故得名。属青梅类。树势中等，树姿开张。叶片圆形，叶基圆，叶色绿。开花期为12月上旬至1月初。花瓣5枚，白色。褪绿期为4月下旬至5月上中旬。当地多于褪绿期采收。采收期果近圆形，果顶顶点歪向一侧，平均单果重33.6g，可溶性固形物含量4.9%，总酸量4.5%，可食率90.6%。当地栽培适应性、抗逆性强，着果率高，产量稳定。是制作话梅的良种。

11. 沙梅 产于广东新兴县共成，因果肉口感疏松如沙而得名。属青梅类。树势中等，树姿开张。开花期为12月上旬至1月初。果实褪绿期4月下旬至5月上旬，当地多于褪绿期采收。果近圆形，成熟后果皮橙黄色，果肉松绵，有甜味，可鲜食。平均单果重19.1g，可食率85%，可溶性固形物含量6.8%，总酸量3.2%，当地表现产量稳定，是有发展前途的新株系。

（二）浙江主要品种

1. 大叶青 产于浙江萧山，栽培历史悠久，20世纪80年代当地的主栽品种之一，附近市县广有引种。属青梅类，树势强健。一年生枝绿色，阳面偶呈粉红色，长95cm，粗1.10cm，节间长1.7cm，成枝力2.4枝，最多5枝。各类结果枝比例为：极短果枝39.2%，短果枝34.4%，中果枝17.8%，长果枝4.7%，徒长性结果枝3.9%。自花授粉坐果率5%。枝条密生，无茸毛。幼叶黄绿色，成叶深绿色，叶片较大，长5.8cm，宽5.3cm，倒卵形，较厚，叶基圆，叶尖长1.6cm，渐尖；叶缘锯齿深，单生，锐尖，叶面粗糙，叶脉绿色，叶面无毛；叶柄长1.9cm，绿色稍染紫红色，无茸毛。花密生，多2朵，碟形，花径2.4cm，花瓣5枚，疏叠，瓣面平，绿白色。花萼5枚，绛紫色，平展；雌蕊1枚，高于雄蕊，花清香。

据当地观察，初花期2月下旬，盛花期3月上旬，终花期3月中旬，花期约17d。果实开始硬核期4月30日，果实褪绿期5月20日，成熟期6月上旬。果实发育期约85d。叶芽萌动期在3月下旬，展叶期4月上旬，落叶期在9月上旬，营养生长期约189d。嫁接苗定植3年开始结果，5～6年进入盛果期，6年生树株产6.6kg，最高株产8.5kg，大小年结果明显，单株间丰产性差异大。无裂果，采前落果少。

果形端正，近圆形，单果重21.95g，最大28.5g，纵径3.30cm，横径3.54cm，侧径3.25cm，果顶圆微凹，一侧微凸；缝合线较显著，两侧不对称；梗洼浅，较深广；果梗长0.7cm，直生。果皮深绿色，阳面偶呈微红晕，茸毛中等，成熟果绿黄色，皮薄，有光泽。果肉淡绿色，肉质脆，汁多，味酸，无苦涩味。可溶性固形物含量7.0%，总酸量4.31%，可食率86.7%。粘核，鲜核重2.91g，黄白色，椭圆形；纵径2.19cm，横径1.88cm，侧径1.42cm；核基圆，核尖平；核点中等；背沟中长、浅、窄，腹沟较明显；核翼中等宽；核仁饱满，有苦杏仁味。品质上等，适宜加工脆梅、糖青梅、青梅酒、梅酱等，也可鲜食。较易丰产，但自花结实率低，须配置授粉树。

2. 细叶青 产于浙江萧山，栽培历史悠久，20世纪80年代当地的主栽品种，也是浙江省内外引种最多最广的品种之一。在江苏南京、宜兴等地引种栽培表现良好。属青梅类，树势强健，结果后枝条易下垂。一年生枝黄绿色，细长，密生，无茸毛。各类结果枝比例为：极短果枝5%，短果枝40%，中果枝50%，长果枝5%。完全花达20%～90%不等，自花授粉坐果率5%。幼叶黄绿色，成叶绿色，叶片较小，倒卵形，较厚，叶基楔形，叶尖急尖；叶缘锯齿钝尖，叶面平，叶脉淡绿色，叶柄长1.33cm，微紫红色，无茸毛。花中等密，碟形，花径2.95cm，花瓣5枚，瓣面皱。花萼5枚，淡绛紫色，平展；雌蕊1枚，高于或等于雄蕊，花清香。

据当地观察，初花期 2 月下旬，盛花期 3 月上旬，终花期 3 月中旬，花期约 17 d。果实开始硬核期 4 月 30 日，果实褪绿期 5 月 20 日，成熟期 6 月上旬。果实发育期约 85 d。叶芽萌动 3 月下旬，展叶期 4 月上旬，落叶期在 10 月上旬，营养生长期约 204 d。嫁接苗定植 3 年开始结果，5～6 年进入盛果期，6 年生树株产 7.0 kg，最高株产 9.0 kg，大小年结果不明显。

果实歪圆形，大小较不一致，单果重 20.8 g，最大 30.5 g，纵径 3.19 cm，横径 3.26 cm，侧径 3.14 cm，果顶平而稍偏，一侧微耸；缝合线显著，两侧不对称；梗洼浅而广；果皮深绿色，阳面偶呈微红晕，茸毛中等，成熟果绿黄色，皮薄。果肉淡绿色，肉质紧、粗、脆，汁多，味酸，无苦涩味。可溶性固形物含量 7.62%，总酸量 4.31%，可食率 89.7%。品质上等。粘核，鲜核重 2.15 g，暗褐色，圆形或倒卵形；纵径 2.13 cm，横径 1.53 cm，侧径 1.38 cm；核尖突尖；核点深，核沟少、长、深，背沟中长、浅、窄，腹沟较明显；核翼中等宽；核仁较饱满，无苦味。品质上等，适加工脆梅、糖青梅、青梅酒、梅酱等，也可鲜食。较易丰产，但自花结实率低，须配置授粉树。

3. 长农 17 1973 年从浙江长兴县太傅乡新山村朱忠坤的梅园中选出的实生梅优株。1974 年起进行营养系后代遗传性观察鉴定，经过数代观察，表明其优良性状稳定。1980 年代进行品种比较观察。1990 年 5 月经专家鉴定，确定为浙江省重点推广品种，在浙江、江苏、安徽、福建、江西等省推广栽培，已成为浙江等多省的主栽品种之一。

属青梅类。树势强健，树冠自然开心形，树姿开张。6 年生本砧树高 2.6 m，冠幅 4.5 m×4.5 m，干高 40 cm，干周 25 cm。主干灰褐色，一年生枝淡紫褐色，枝条粗壮，密度中等。以短果枝结果为主，10 cm 以下的短果枝占总果枝的 83.76%。嫩梢幼叶淡紫色，成叶浓绿色，叶大而较厚，长 6.0 cm，宽 4.61 cm，倒卵形，叶尖长 2.02 cm，急尖，叶缘锯齿深、复生、齿尖钝，叶面光滑而平，有光泽，叶脉淡紫红色，叶柄长 1.48 cm，紫红色。花芽易形成，花量不多，花质很好，完全花 94.22%。当地初花期 2 月下旬，盛花期 3 月上旬，终花期 3 月中旬末。花多单朵，花瓣 5 枚，偶有 6 枚，白色，瓣面微皱，边缘偶有缺刻，雄蕊多数，高出雌蕊，完全花占 94.22%，花粉量多，着果率高，自然授粉着果率 38.8%。

果实圆形，大小整齐，硬熟期平均单果重 25.07 g，最大果 28.7 g，果顶平，一侧耸起，果肩圆，梗洼深而广，缝合线浅而较明显，两侧不对称，果皮深绿色，有光泽，茸毛少。果肉厚、白绿色，肉质紧而脆，汁液少，味酸、无苦涩味，可溶性固形物 7.0%，总酸 3.72%，品质佳。粘核，平均鲜单核重 2.2 g，可食率 91.22%。成熟期晚，在长兴硬熟采收期为 5 月 27～31 日，完熟期 6 月 10～15 日。品质佳、加工性好。果肉无苦味，适宜加工各种梅制品和鲜食。加工梅酱、梅汁等产品无须进行脱苦处理。

长农 17 对修剪反应不敏感，轻剪重剪均能抽生短枝，形成花芽结果，树冠容易控制。结果早，嫁接苗定植后 3 年开始结果，6 年生树平均株产 16.1 kg，最高 23.5 kg。结果稳定，产量逐年提高。

4. 软条红梅 1982 年从余杭南山村红梅类品种群体中选出的自然变异优株，经过 10 多年对母株及其营养系后代的遗传性观察及品种比较试验，表明其优良性状稳定，于 1994 年通过省品种审（认）定（夏起洲等，1995）。

属红梅类。树势强健，树姿较开张，12 年生树高 3 m，冠径 4.50 m×4.68 m，干高 0.64 m，干周 0.34 m。1 年生枝绿色，阳面微红，长 76.2 cm，粗 0.69 cm，节间长 1.33 cm，成枝力 2.0 枝，最多 3 枝。各类结果枝比例为：极短果枝 84.6%，短果枝 8.5%，中果枝 3.7%，长果枝 2.7%，徒长性结果枝 0.53%。长枝稀疏粗壮，极短果枝、短果枝数量大，花芽易形成。完全花达 96.8%，坐果率 10.85%。嫩梢和幼叶微红。成熟叶长 6.1 cm，宽 3.7 cm，叶色浓绿，叶基广楔形，叶尖急尖；叶缘锯齿锐尖，叶脉淡绿色，叶柄长 1.1 cm，微红色。花量较多，花径 2.5 cm，碟形，花瓣 5 枚，绿白色带红点或红纹。花萼褐红或绛紫色；雌蕊 1 枚，与雄蕊等高，花清香。花期较晚，据当地观察，初花期 3 月上旬，盛花期 3 月上中旬，终花期 3 月中下旬，花期约 19 d。果实退绿期 5 月下旬，成熟期 6 月上旬。果实发育期约 77 d。叶芽萌动展叶期在 3 月上中旬，落叶期在 11 月上旬，营养生长期约 240 d。

果实圆形，硬熟期平均单果重 20.6 g，最大 23.7 g，纵径 2.94 cm，横径 3.05 cm，侧径 2.74 cm，果顶微凹，歪向缝合线一边；缝合线较深，两侧不对称；果基扁圆，梗洼浅；果梗长 0.3 cm，直生。果皮底色浅绿，阳面紫红色，占全果面 1/3，茸毛中等。果肉淡绿色，肉厚、肉质紧脆，汁少，味酸带苦，无涩味。鲜核重 2.19 g，黄白色，纵径 1.92 cm，横径 1.68 cm，侧径 1.32 cm；核基楔形，核尖急尖；核点中等多，核沟中等，背沟长，浅而窄，腹沟显著；核翼窄；核仁较饱满。可溶性固形物含量 7.0%，总酸量 4.38%，可食率 89.8%。每 100 g 果肉含维生素 C 8.9 mg。嫁接苗定植 2～3 年开始结果，5～6 年进入盛果期，6 年生树株产 20.1 kg，最高株产 25.3 kg。本品种花期迟，落叶晚，始果早，坐果率高，隔年结果现象不明显，丰产稳产性强，耐氟害能力强，加工性能好，是理想的话梅和乌梅加工原料。

5. 美林红 1988 年开始在浙江长兴梅产区进行实生梅选种工作，经 15 年初选、复选、子代性状观察、区域试验和生产性试验，从中选出梅新品种'美林红'，2002 年通过浙江省林木良种审定委员会审定。属红梅类。树势强健，生长旺盛，树冠半开张。在浙江长兴 2 月中、下旬开花，5 月下旬 6 月上旬果实成熟。花中等大，完全花率为 80%。坐果率 7.20%。嫁接苗定植后第二至三年挂果，第四、五年平均单产分别为 2 145 kg/hm² 和 3 255 kg/hm²，第八年达 32 224.5 kg/hm²，大小年结果不明显。果实能在树上充分成熟，采前不易落果。果形圆整，对称，硬熟期果皮为绿色稍有红晕，充分成熟后黄色略带红晕，加工后红晕消失，果面清洁。平均单果质量 15 g 以上，充分成熟后可达 20～25 g。果实可食率 83.40%，可溶性固形物含量 7.40%，总糖 14.80%，总酸 8.14%，维生素 C 0.108 mg/g，含水量 85.93%，出汁率 47.40%。果实适于加工盐渍梅，也可制作蜜饯和青梅酒。鲜果与盐梅干的比例为 1.96：1，是优良的加工品种。适宜在长江以南丘陵山地栽培。选用梅砧嫁接苗，肥沃土壤株行距 4.0 m×4.5 m，一般土壤 4.0 m×4.0 m，以花期相近的品种作授粉树，按 2：1 或 3：1 配置。

6. 美林黄 1988 年开始在浙江长兴梅产区进行实生选种工作，经近 15 年初选、复选、子代性状观察、区域试验和生产性试验，从中选育出梅新品种美林黄，2002 年通过了浙江省林木良种审定委员会审定（王白坡等，2005）。美林黄系实生梅的变异，属青梅类。树势中庸，生长旺盛，叶倒卵形，淡绿色，树姿半开张。枝条粗壮，节间短，基枝上密布短枝，树形紧凑，连续结果性好。在浙江长兴 2 月下旬开花，5 月底 6 月初果实成熟。花较大，完全花率为 87.69%，花粉发芽率 68.60%，坐果率 16.10%，均高于一般品种。早果，丰产性好，幼树定植后第 2～3 年结果，4 年和 5 年生树产量分别为 4 920 kg/hm² 和 9 525 kg/hm²，8 年生树达到 23 520 kg/hm²，大小年结果不明显。果实耐 30 ℃以上高温，能在树上充分成熟，采前无落果现象。果圆形，成熟后黄色，平均单果重 13 g 以上，充分成熟后可达 18～25 g。果实可食率 84.60%，可溶性固形物含量 6.90%，总糖 7.38%，总酸 8.46%，维生素 C 0.101 2 mg/g，含水量 78.20%，出汁率 46.20%。果实适于制作盐渍梅。鲜果与盐梅干的比例为 1.89：1，是优良的外贸加工品种。适宜在长江以南丘陵山地红壤栽培，花期较早，须注意防冻。

7. 青丰 1987 年由钟忠仁等从细叶青或大叶青中选出的自然变异优株，经过对母株及其营养系后代的观察鉴定，认为其性状稳定，1996 年通过省品种审定。属青梅类，树势强健。一年生枝长 92 cm，粗 0.99 cm，节间长 1.6 cm，成枝力 2.5 枝，最多 5 枝。各类结果枝比例为：极短果枝 41.0%，短果枝 33.3%，中果枝 18.8%，长果枝 4.2%，徒长性结果枝 2.7%。完全花 89%，自花授粉坐果率高。

树姿开张，树冠扁圆形。六年生树高 2.75 m，冠幅 4.95 m×4.95 m，干周 8.5 cm。枝条较密，无茸毛。幼叶黄绿色，成叶深绿色，叶片长 5.8 cm，宽 5.6 cm，圆形，较厚，叶基圆，叶尖长 1.5 cm，渐尖；叶缘锯齿深，单生，锐尖，叶面粗糙，叶脉浓绿色，叶面无毛；叶柄长 1.3 cm，紫红色，无茸毛。花密生，多 2 朵，碟形，花径 2.5 cm，花瓣 5 枚，疏叠，白色。花萼 5 枚，绛紫色，平展；雄蕊高于雌蕊，雌蕊 1 枚，花清香。据当地观察，初花期 2 月下旬，盛花期 3 月上旬初，终花期 3 月上旬末，花期约 14 d。果实退绿期 5 月 25 日，成熟期 6 月上旬。果实发育期约 89 d。叶芽萌动期在 3 月下旬，展叶期 4 月上旬，落叶期在 11 月上旬，营养生长期约 226 d。2～3 年开始结果，6 年进入盛果期，6 年生树株产 15.2 kg，最高株产 21 kg，大小年结果不明显，丰产稳产。无裂果，采前落果少。

果形近圆，大小整齐，单果重 21.7 g，最大 26.5 g，纵径 3.34 cm，横径 3.63 cm，侧径 3.33 cm，顶点明显；缝合线较显著，两侧较对称；梗洼浅较浅；果梗粗，长 0.6 cm，直生。果皮绿色，阳面偶呈微红晕，茸毛少。果肉白绿色，肉较厚，肉质密细，无苦涩味。可溶性固形物含量 6.8%，总酸量 4.31%，可食率 87.3%。粘核，鲜核重 2.8 g，黄白色，椭圆形；纵径 2.14 cm，横径 1.87 cm，侧径 1.40 cm；核基圆，核尖平；核点数量大小中等；背沟短、浅、窄，腹沟明显而短；核翼中等；核仁饱满，有苦杏仁味。可加工糖青梅、青梅酒、梅酱、话梅等，也可鲜食。坐果率高。易丰产稳产。

8. 升萝底 又名青椰头，主产于浙江余杭，是浙江省最古老的名贵品种，以品质优秀而闻名，果实梗端大而圆，平整如升萝状，故而得名。属青梅类。树势中等，树姿开张，树冠圆头形。果实圆球形，单果重 18.5 g。果皮青绿色，果顶平，缝合线不明显。可食率 88.2%，总酸量 4.58%，可溶性固形物 7.3%。肉质细脆，汁多，有香气，无苦味，品质甚佳。开花期 3 月上旬至中旬。成熟期 5 月末至 6 月初。因栽培管理技术要求较高，栽培面积不多。能丰产稳产，但粗放管理产量低。

9. 东青 20 世纪 80 年代由钱亦平从浙江上虞丰惠镇梅园选出，属青梅类。树势中等，树姿半开张，树冠半圆或自然开心形。果实圆形，整齐美观，单果重 23.6 g，最大 31 g，果皮深绿，阳面偶有红晕，有光泽。可食率 88.9%，总酸量 4.73%，可溶固形物含量 7.0%。果大美观，肉质细脆，汁多，有香气，品质上等，适宜制作糖青梅、脆梅、青梅酒、话梅等，是浙江最优良品种之一，肥水管理得当能连年丰产。当地采收期 5 月下旬。

（三）云南主要品种

1. 果用照水梅 云南省主栽优良品种，分布在腾冲、丽江、鹤庆、洱源等地，以腾冲生产的最具独特优良性状。属青梅类。树势强健，树冠高大，树形开张，枝叶茂盛；40 年生树高 10 m，冠幅 8 m×8 m，干周 37 cm。主干灰褐色，大枝紫褐色，一年生枝暗绿色。叶大而较厚，长 5～11 cm，宽 4～7 cm，长椭圆形，叶色浓绿，叶缘锯齿细。花经 1.5～2 cm，花瓣 5 枚，白色，花萼 5 枚，深绛紫色；雄蕊 38～45 枚，雌蕊 1 枚。

在当地初花期 12 月下旬，盛花期 1 月中旬，终花期 2 月下旬，花期长达 2 个月。果实褪绿期 6 月中旬，果实发育期约 125 d。叶芽萌动期 3 月上旬，展叶期 3 月上旬，落叶期 11 月下旬，营养生长期约 210 d。果实大，近圆球形，单果重 25～45 g，最大可达 83 g；纵径 2.65～4.20 cm，横径 2.85～4.21 cm；果顶一边略耸起。果皮浅绿色或黄绿色，果肉黄白色，肉质细、嫩、香、脆，味酸，汁多。粘核，鲜核重 1.67 g，淡褐色，卵圆形；核点大、深，核沟长、深。可溶性固形物含量 7.0%，总酸量 4.38%，可食率 87%～90%。抗逆性强，丰产稳产。

2. 盐梅 产于云南，分大盐梅和小盐梅类型。是云南省主栽品种，全省各梅产区都有栽培分布，以洱源、漾濞、剑川、腾冲、丽江等地为集中。属青梅类。树势强健，树冠高大开张，30 年生树高 9 m，冠幅 7 m×8 m，干周 50 cm。主干灰褐色，大枝紫褐色，一年生枝暗绿色。以短果枝结果为主，坐果率高。成年树株产 100～250 kg，最高可达 500 kg，易丰产。在当地初花期 12 月下旬，盛花期 1 月上中旬，终花期 2 月下旬。果实退绿期 6 月上中旬，成熟期 7 月上旬。叶芽萌动期 3 月中旬，展叶期 3 月下旬，落叶期 10 月下旬，营养生长期约 210 d。叶片长 4～7 cm，宽 3～5 cm，长椭圆形，叶色深绿，叶缘具细复锯齿。花径 1.5～2.5 cm，花瓣 5 枚，疏叠，白色或粉红色；花萼 5 枚，绛紫色；雄蕊 35～47 枚，雌蕊 1 枚。

果实圆球形，单果重 20～35 g，果顶圆，顶点明显，缝合线浅，两侧对称。梗洼深广，果皮淡绿色，皮薄、肉厚、质优，肉质细、脆、嫩，可食率 86%~92%。6 月中下旬采收，适加工各类梅制品、梅酒等。当地栽培抗逆性强，丰产稳产。

（四）福建主要品种

1. 诏安白梅　主产福建诏安，果实成熟时果皮白粉多，又称白粉梅。当地主产品种，以红星乡栽培最多。邻近梅产区多有引种。属白梅类。树势较强，树冠自然半圆形，树姿半开张。以短果枝和针枝结果为主，3 年开始结果，8 年进入盛果期，成龄大树株产可达 60~80 kg。大小年结果不明显。

属白梅类，树姿半开张，树冠半圆形。主干较粗糙，褐色。一年生枝绿色，枝条较密，无茸毛。叶片长 5.2 cm，宽 3.5 cm 椭圆形或倒卵形，叶基楔形，叶尖细尾状，叶尖长 2.1 cm，叶片深绿色，叶面较粗糙，不平，无光泽，无茸毛。叶缘锯齿较深、锐、复锯齿。叶脉淡绿色，叶脉主侧脉均突起；叶柄淡绿色或红色，长 1.3 cm，无茸毛。在诏安，初花期 12 月下旬，盛花期 1 月上旬，花期 20~22 d。果实采收期 4 月上旬至中旬，果实发育期 100~110 d。叶芽萌动期在 1 月中旬，展叶期 2 月下旬，落叶期在 10 月下旬，营养生长期约 260 d。

果实圆形，大小整齐，单果重 17.6 g，最大 25 g，纵径 3.2 cm，横径 3.2 cm，侧径 2.8 cm，果顶圆，顶点明显；缝合线浅，较显著，两侧较对称；梗洼浅、宽；果梗细而直。成熟果果皮黄色，阳面淡微紫红晕，茸毛多而长，果皮较厚，易剥皮。果肉淡黄色，汁多，味苦，微酸。可溶性固形物含量 5.8%，总酸量 3.35%，可食率 93.8%；鲜核重 1.08 g，淡褐色，短椭圆形；纵径 1.83 cm，横径 1.38 cm，侧径 1.06 cm；核基宽楔形，核尖突尖；核点多、中大、浅；无核沟，背沟短、浅，腹沟不明显，间断；核翼窄。

适应性强，较抗病虫害。早结果，易丰产，较稳产，大小年结果不明显。

2. 永泰龙眼梅　主产福建永泰，是从当地实生梅中选出的优良品种。属青梅类。树势较强，树冠半圆形，树姿半开张。10 年生树株高 5.2 m，冠径 7.2 m×6.4 m，干高 65 cm，干周 57 cm。主干灰褐色，粗糙。1 年生枝绿色，阳面淡紫褐色，枝条密生，无茸毛。各类结果枝比例为：极短果枝 36.1%，短果枝 39.5%，中果枝 9.3%，长果枝 11.6%。完全比例高达 99%，自然坐果率 41%。嫁接苗定植后 4 年开始结果，6 年进入盛果期，成年树株产 70~100 kg，丰产性强，大小年结果不明显。叶片长 6.3 cm，宽 4.7 cm，圆形，叶较厚，叶基圆形，叶尖突尖，长 1.7 cm，叶面平，无光泽、无茸毛；叶脉淡绿色，叶缘锯齿不规则，叶柄长 1.3 cm，紫红色，有茸毛。花密生，多 2 朵，花径 2.0 cm，碟形，花瓣 5 枚，少数 6 枚，疏叠，纯白色，瓣面皱。花萼淡绛紫色，平展；雌蕊 1 枚，花清香。当地初花期 12 月中旬，盛花期 12 月下旬，花期 15~17 d。当地采收期 5 月上旬，果实发育期约 130 d。叶芽萌动期在 1 月上旬，展叶期 1 月下旬，落叶期在 10 月下旬，营养生长期约 265 d。

果实圆形，大小整齐，单果重 15.4 g，最大 16.5 g，纵径 3.05 cm，横径 3.03 cm，侧径 2.87 cm，果顶圆，顶点明显；缝合线宽，较显著，两侧对称；梗洼深而广。果皮黄色，茸毛较多。果肉白绿色，肉质松、粗，汁多，浓酸，无苦味，微涩。可溶性固形物含量 5.6%，总酸量 4.66%，可食率 93.38%；鲜核重 1.02 g，淡褐色，短椭圆形；纵径 1.81 cm，横径 1.43 cm，侧径 1.20 cm；核基宽楔形，核尖突尖；核点多、小、浅；无核沟，背沟长、深、宽，腹沟不明显，间断；核翼窄。适应性强，耐瘠、耐旱，较抗病，早结果，易获得丰产稳产，大小年结果不明显。

第二节　生物学特性

一、生长特性

（一）树性

梅树为落叶性小乔木，中心主干不明显。实生树自然条件下树形较直立，树高可达 10 m，经人工整形修剪后的树形多呈自然开心形或疏散分层形，树高一般 2.5~4 m，冠径 3.5~5 m，树姿开张或半开张，树冠多呈圆头形。人工栽培的梅树主干高一般 30～50 cm，树冠由主枝、副主枝、侧枝、枝组、一年生枝，以及芽、叶片、花、果等构成。实生梅树一般 6～7 年开始结果；嫁接苗定植后 3 年开始结果，6～8 年起进入盛果期。一般管理条件下，嫁接树每 667 m² 产量 500～1 500 kg，管理水平高的 667 m² 产量可达 1 500～2 000 kg。人工栽培的梅园的经济寿命一般为 40～50 年，但管理不善的 20 年左右开始衰老。自然条件下梅树寿命较长，野生梅林常见一、二百年的老树仍可正常挂果。

（二）根系

梅属于浅根性树种，主根较弱，根系分布浅。平地梅园根系多分布在 40 cm 土层内，以 10～20 cm 土层分布最密，山地梅园根系分布较深。据对广东新兴县山地梅园做的根系剖面调查，树龄 7 年，树冠高 5 m 的结果树，根系集中分布在 10～16 cm 土层中。另据调查，生长在冲积黄壤土上的八年生梅树，树高 6.1 m，冠经 10 m，根系集中分布区在 10～20 cm。梅根系水平分布可比树冠广，有的可超出树冠 1～2 m。梅的根系浅生是好气性的表现，因此梅根系忌土壤过湿、积水；由于根浅生，梅树也容易受到土壤干湿变化、土壤温度变化带来的不利影响，容易受到涝害、旱害、高土温害和低土温害。

梅根系生长早。在广东普宁，新根于 12 月中下旬开始生长，至秋末停止，其中以秋季生长最旺。在杭州，12 月下旬至 1 月上旬土温达到 4～5 ℃时，开始发新根，1～3 月为发根旺盛期。梅根系的生长与地上部分的生长相交替，在发芽前根系已经开始生长，至新梢旺盛生长前，根系生长出现第一次高峰；当新梢旺盛生长、果实发育时，根系生长处于缓慢；采果之后根系生长出现第 2 次高峰。由于梅根系生长早，故施肥宜早。

（三）芽、枝、叶

1. 芽 梅树的芽分叶芽和花芽，被鳞片。花芽比叶芽肥大，紫红色，属纯花芽，一般为一芽一花。梅树新梢顶端有自剪现象，其顶芽为假顶芽。叶腋中的芽有的是单芽，这个芽可能是花芽也可能是叶芽；也有 2 个或 3 个芽并生的复芽，复芽中多数是叶芽和花芽并生，但也有全部是花芽或全部是叶芽的。长果枝上复芽较多，短果枝上几乎无复芽。花芽与叶芽的比例，依结果枝的类型不同而不同，短果枝的腋芽几乎都是花芽，只有顶芽是叶芽，仅靠顶芽抽生新枝，长果枝上的花芽比例比短、中果枝的都小，结果能力低，而徒长性结果枝上的腋芽几乎都是叶芽，没有结果能力；针刺状结果枝上只有花芽，没有叶芽，开花结果后就枯死。

梅树叶芽的萌芽力强，即使是长枝，除基部几节不发芽外，其余的芽均可萌发。如浙江的升萝底、叶里青、红毛猪肝等，萌芽率可达 95%，品种间无明显差异。幼年树抽发长枝的能力强，长度可达 1 m 以上。成年树形成长枝的能力不强，一般是长枝顶部的 1～3 个芽能抽发长枝，其余的芽抽发众多的中、短枝，而且树龄越大，抽发的长枝越短。但若对长枝进行短截，可刺激剪口下的芽抽发长枝。生产上常利用这一特性，每年培养一定数量的长枝，使其在下一年形成足够数量的中、短枝群，保证结果的稳定。

梅芽的潜伏力也强，大枝、主枝、主干上的隐芽（潜伏芽）能多年保持活力，稍受刺激（如短截修剪等）容易萌发，可在大树、老树更新复壮需要时加以利用。

2. 枝 梅幼年树年抽发 2～3 次新梢，以春梢的数量最大。成年结果树在开花末期叶芽萌发抽梢，一般年抽发 1 次春梢，不发生第二次梢，但在采果后春梢仍可继续伸长生长，人工摘心可促发二次梢。每年发梢的迟早，与分布地域差异较大。在广东沿海地区，幼年树于 2 月下旬萌发春梢，6 月上旬萌发夏梢；结果树则在开花末期的 1 月中、下旬叶芽萌发，2 月至 3 月初春梢旺盛生长，3 月中下旬后春梢陆续停止生长，采果后的 5～6 月部分长枝能继续生长一段时间。在浙江，3 月上中旬终花期叶芽开始萌发、展叶，此后的 1 个月是新梢旺盛生长期，这期间新梢每天约能生长 0.28 cm，旺盛生长过后逐渐缓慢，5 月中旬至 6 月中旬春梢先后停止生长。

结果树萌发的春梢，是当年的营养枝，停止生长后，夏秋季开始进入花芽分化，年末至第二年春开花、结果成为主要的结果枝。因此春梢的数量和质量，是第二年形成产量的关键枝梢基础。

3. 叶 梅叶片呈倒卵形或椭圆形，也有的呈近圆形，叶基楔形至圆形，先端渐尖、急尖或细尾尖。叶片的大小因品种、树势以及生长时期有差异，同一植株中，春季抽生的叶片一般比夏季的叶片小。梅幼叶背部叶脉多着生柔毛，随叶片老熟而逐渐脱落。幼叶初展时托叶紧贴于枝条上，随着叶片老熟逐渐张开，然后多脱落。新梢幼叶叶缘多反卷，幼叶的颜色有淡绿色、绿色、粉红色、红色等，是区分不同品种的特征之一。成熟叶片的叶色因品种不同有墨绿色、绿色、深绿色等。叶片的气孔分布于下表皮，由 2 个肾形保卫细胞合围而成，呈椭圆形，未发现副卫细胞（图 40-7）。据统计，梅气孔密度每平方毫米 31～47 个。

梅树叶片呼吸速率的日变化幅度较小。一天中，呼吸速率在正午最大，早晨和傍晚较小。但是，叶片光合速率的日变化较大。一天中，叶片的光合速率在 8:00 以前和 17:00 以后较小，在 10:00 左右达最高峰，接近正午时即下降而呈现光合作用的"午休"现象，随后，光合速率又逐渐增加，在15 时达次高峰，以后又急剧下降，叶片净光合速率在 6:00 以前和 18:00 以后为负值（图 40-8）。

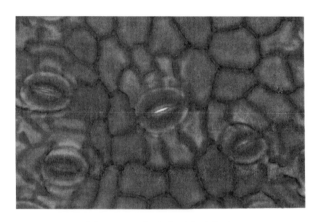

图 40-7 梅叶片下表皮气孔
（王心燕等，2006）

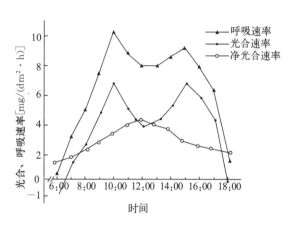

图 40-8 梅树叶片光合速率、呼吸速率日变化
（陈凯等，1986）

（四）落叶休眠

梅的落叶期比其他落叶性果树早。在广东，梅树在 9 月至 10 月上旬正常落叶；浙江、江苏的落叶期在 10～11 月。不同树龄、不同品种、不同气候条件下，落叶期会有较大的差异。原产于南亚热带的品种，一般落叶较早，原产于北亚热带的品种落叶较晚。梅园落叶提前的现象很常见，多种原因如结果过量、树势衰弱、土壤过分干旱、病虫害严重等，均可导致落叶提前。近年比较严重的大气污染、酸雨等，也是一些梅园落叶过早的原因。梅落叶过早或过迟，都会影响花芽的质量，导致来年结果不良。

在南亚热带地区，梅树在 7～8 月的夏季高温期，枝叶生长停止，9 月气温下降后，部分幼龄树及水分充足的梅园的部分枝梢能恢复生长一段时间。相当部分植株夏季枝条生长停止的状态持续到冬季的休眠，因此，有研究认为，夏季的高温可能是启动梅生长充实的腋芽进入休眠的因素。

正常落叶后，树体进入冬季休眠。休眠期的长短品种间差别较大，广东的梅品种休眠期较短，在44.8～60.9 d，江苏及日本引进的品种休眠期较长。梅的休眠分自然休眠和被迫休眠两个阶段。自然休眠的打破需要经过一定的低温量，也称"需冷量"。经过足够的低温需冷量后，自然休眠被打破，这时若气温适宜，则进入开花，若气温偏低，则进入被迫休眠，直至气温回升后开花。

二、开花与结果习性

（一）结果枝类型

梅树的结果枝依其长度的不同，可分为以下几类：

1. 极短果枝 长度 3 cm 以下的结果枝，生长势弱，除顶端为叶芽外几乎都是单花芽，完全花比例高，坐果率较高，但连续结果能力弱。其中长度 1 cm 以下的，又称为针枝（先端呈针状），针枝顶端无叶芽，结果后即枯死。针枝多发生在实生树、衰弱树和野生梅树上。

2. 短果枝 长度 3～10 cm 的结果枝，发生在母枝中下部，生长势适中，组织充实，花芽多、叶芽少，完全花比例最高，结实能力最强，是多数品种最重要的结果枝。短果枝结果后其顶部叶芽在第二年春天仍有抽发春梢的能力，形成新的短果枝继续结果。

3. 中果枝 长度 10～20 cm 的结果枝，发生在母枝中、上部，生长势中等，多复花芽；花芽着生在枝条的中、下部，上部着生叶芽，结实能力较强。中果枝上部的叶芽可萌发新梢，形成新的结果枝，持续结果能力较强。

4. 长果枝 长度 20～40 cm 的结果枝，发生在母枝上部，生长势偏旺，叶芽多，花芽少，结实能力低。长果枝上的叶芽次年能抽生强壮的结果枝，形成新的结果枝组，维持树冠持续结果能力。

5. 徒长性结果枝 长度 40 cm 以上的结果枝，发生在母枝上部，生长势旺盛，花芽很少或无花芽，结实力极差。徒长性结果枝可视树冠情况采取适度短截，促进其中下部的叶芽萌发形成中短枝群。

（二）花芽分化

梅的花芽分化要经过生理分化期和形态分化期。在南京，5 月初梅树的短枝在停止生长后 15～20 d，进入花芽生理分化期，历时 1.5 个月，6 月底 7 月初，短枝进入花芽形态分化期。在海拔 900 m 的四川大邑县，短果枝在 6 月 10 日左右开始花芽分化，至 10 月末形态分化结束，历时约 4 个半月，长果枝的花芽分化比短果枝迟 5～10 d。在南亚热带的广东普宁梅产区，花芽分化初期在 7 月下旬开始，雌蕊分化于 12 月中旬结束，不同品种之间有 10～20 d 的差异。徐汉卿等 1995 年在南京的研究发现，雌蕊心皮原基分化高峰期在 10 月上旬，较雄蕊原基分化高峰期约迟 1 周，12 月下旬，雌蕊明显分化出柱头、花柱和子房。表 40-1 和表 40-2 分别列出广东普宁和江苏南京梅的花芽形态分化时期。

表 40-1 广东主要梅品种花芽形态分化期（月/日）

品种	分化初期	萼片分化期	花瓣分化期	雄蕊分化期	雌蕊分化期
软枝大粒梅	7/20～9/29	8/3～10/10	9/20～11/30	9/29～12/10	10/10～12/21
白粉梅	7/10～9/10	8/2～9/10	8/30～9/20	9/20～10/10	10/10～11/30
广东大青梅	7/31～9/20	8/20～9/29	9/29～10/20	10/10～10/31	10/31～12/31

表 40-2 梅花芽形态分化期（月/日）

物候期	花原基分化期	萼片原基分化期	花瓣原基分化期	雄蕊原基分化期	雌蕊原基分化期	雄蕊雌蕊结构分化期	
						前期	后期
始期	7/24	8/16	8/28	9/20	9/28	10/10	11/21
高峰期	7/10	8/28	9/14	9/28	10/10	11/16	12/21
终期	9/28	9/20	9/28	10/10	10/16	11/29	翌年 1 月

梅树进入花芽生理分化时，木质部液、短枝和叶片的氨基酸含量达到最大。然后急剧下降。在花原基分化前一周，短枝和叶片的氨基酸含量再次增大。到花原基大量分化时，短枝中氨基酸含量下降。梅树进入形态分化之前，枝叶的碳水化合物处于积累状态，进入形态分化后很快被消耗；至萼片原基分化期又出现第二个高峰，尔后随着花芽分化的进程被大量消耗。说明梅树花芽分化需要大量的

碳水化合物和氮素营养，它们需要大量的糖类和氮素营养，它们不仅为花芽分化提供了所需要的能源，还参与了花器的形成。

花芽形态分化后期，花器官各部分须充分发育完善，若贮藏养分不足或外界环境条件不适，花器官发育不完全，容易出现雌蕊败育的不完全花。侍婷等（2011）比较了龙眼和大嵌蒂两个品种雌蕊分化进程及相关生化指标，发现龙眼品种有95％的花芽在分化末期能顺利形成完全花，而大嵌蒂品种仅有23.7％的花芽能形成完全花，同时发现龙眼完全花的可溶性糖和可溶性蛋白质含量均高于大嵌蒂的完全花和不完全花，淀粉含量则低于后两者；品种大嵌蒂不完全花的可溶性糖和可溶性蛋白质含量最低，淀粉含量则最高。多地梅产区的栽培经验认为，梅树花芽形成期，根系需要从土壤中吸收大量的氮磷钾营养。因此在花芽分化之前的5～6月应足量施用速效肥，以满足梅树形成花芽的营养需要。

（三）开花结果

梅在落叶性果树中开花最早，不同品种、不同地域的开花期相差较大。在广州市白云区及其周边的青梅类产区如大核青、横核等品种，12月中旬初花，12月下旬盛花，翌年1月上旬谢花，花期约25 d。广东沿海普宁等地的红梅类品种如软枝大粒梅，12月末至1月上旬初花，1月中旬盛花，1月下旬谢花，花期约1个月。福建诏安的诏安白梅，12月下旬初花，翌年1月上旬盛花，花期20～22日。浙江萧山的细叶青，初花期2月下旬，盛花3月上旬，谢花3月中旬。同是细叶青品种，在江苏常熟，初花期3月上旬，盛花期3月中旬，终花期3月下旬。同一品种在不同年份花期可相差10～20 d。在同一植株上短果枝上的花先开，长果枝的花后开。开花持续时间的长短与当时的气温关系密切，气温高时花期短，气温低花期延长。如在温室中恒温5℃、10℃、15℃、20℃处理的盆栽南高品种，其单株平均花期分别为33 d、28 d、11 d和9 d（王心燕，1992）。在华南地区，梅的开花期处于一年中气温最低的12月下旬至2月下旬，梅的幼果易遭受低温或霜冻害，是这一地区梅产量不稳定的因素之一。

梅花先于叶开放，而且开花量大。大多数果梅品种的花都是单瓣花，极少重瓣花；花瓣颜色大多数品种为白色，或带粉红色斑，少数品种花瓣粉红色或红色。开花时多数品种有清香，少数品种无香味。梅花根据花器的发育完全程度分为完全花和不完全花，花器中缺少雌蕊或子房枯萎、子房畸形、花柱短缩的花统称为不完全花（图40-9）。不完全花没有受精能力，开花后脱落。

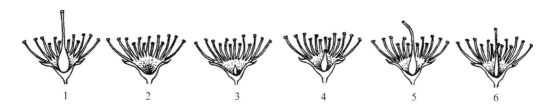

图40-9　梅花的类型
1. 完全花　2. 空心花（完全没有雌蕊）　3. 雌蕊枯萎　4. 花柱短缩　5. 花柱弯曲　6. 子房瘦小
（褚孟嫄等，1982）

不完全花产生的比例在不同品种中表现不同，高志红等对29个梅品种进行了调查，不完全花一般占总花量的0～75％，不完全花比例较低（1％以下）的品种有龙眼梅、细叶青、四川白梅、铜绿等，不完全花比例较高（70％以上）的品种有开蒂、小青等。相同品种不同年份之间差异亦较大。据2007年、2008年连续两年在南京调查，细叶青不完全花比例分别为34.3％、26.7％，软条红梅不完全花比例分别为26.4％、23.3％。不同枝条种类之间的不完全花率也有差异，短果枝不完全花率比长果枝低。不完全花比例的高低与品种本身的遗传特性有关，同时也与树体养分积累，花期早晚，气候影响有关。树体营养生长过旺，也会导致不完全花率偏高（表40-3）。

表 40 - 3 不同品种梅开花特性比较

(侍婷等 2011，南京)

品种（种质）	花香	完全花（朵）	空心花（朵）	花柱萎缩（朵）	不完全花比例（%）
大羽	浓香	169	0	2	1.17
白加贺	清香	168	0	4	3.03
杭州白梅	浓香	150	0	5	3.23
东青	浓香	175	4	2	3.31
云南红梅	浓香	170	1	11	6.59
大叶猪肝	清香	184	6	12	8.91
南高	清香	180	6	16	10.89
双水大肉梅	浓香	140	1	21	13.58
东山李梅	浓香	150	34	26	28.57
奉化李梅	清香	104	1	53	34.18
太湖1号	清香	122	104	8	47.86
小梅	清香	88	40	78	57.28
七星梅	清香	92	122	14	59.65

注：每品种调查 200 朵花左右；本表品种有删选。

梅的花粉量在不同品种之间相差很大，据高志红等（2010）对 5 个梅品种的观察，花粉量最多的南红，每个花药的花粉量可达 1 323 粒，最少的细叶青达到 220 粒；有的品种完全花的花药量多于不完全花，也有的品种完全花的花药量少于不完全花，花粉生活力与完全花与否没有关系（表 40 - 4）。

表 40 - 4 梅花花粉量及花粉生活力比较

(高志红等 2010，南京)

品种	花类型	花粉量/花药	花粉生活力（%）
迟红梅	完全花	661.5d	47.4b
	不完全花	882.0c	48.0b
细叶青	完全花	294.0g	68.2a
	不完全花	220.5h	70.8a
软条红梅	完全花	441.0f	41.7c
	不完全花	441.0f	47.4b
南红	完全花	1 323.0a	38.1d
	不完全花	1 176.0b	35.0e
开蒂	完全花	514.5e	15.0f
	不完全花	441.0f	12.5f

注：表中不同字母表示不同处理在 0.05 水平上差异显著。

梅开花 3 d 内授粉受精结实最高，3 d 以后逐步下降。授粉后能否受精，取决于花粉能否萌发，花粉管能否伸长。温度是梅花粉萌芽最直接的因素，0 ℃时已可发芽，10～15 ℃时发芽率最高，花粉管最长（张彦书，1990），南高品种则在 20～25 ℃时发芽率最高，花粉管也最长。此外，授粉昆虫蜜蜂一般在 10～14 ℃才开始采蜜传粉，15 ℃以上活动才旺盛，所以盛花期需有 10 ℃以上的晴朗天气 1 周以上，才能保证授粉受精良好。

梅多数品种有自花不实现象，如广东的主栽品种横核、大核青自花授粉结实率低，两品种互作授粉树，结实率高（表 40-5）。也有报道自花结实率较高的品种，如四川大邑梅和福建大沛梅。梅的商品栽培应注意合理搭配授粉树，选择花期相遇、授粉亲和性好的组合，尽量选择花粉量多、花粉活力高的品种做授粉树。

表 40-5 梅不同品种授粉组合的结实率

（黄建昌等，1992）

品种组合	授粉花朵数（个）	结实数（个）	结实率（%）
横核×横核	108	9	8.33
横核×大核青	114	51	44.74
横核×鹅嗉	122	46	37.70
横核×大肉梅	98	6	6.12
大核青×大核青	124	11	8.87
大核青×大肉梅	88	38	43.18
大核青×横核	98	40	40.82
大核青×鹅嗉	74	24	32.43
大肉梅×大肉梅	123	12	9.76
大肉梅×横核	110	68	61.82
大肉梅×大核青	122	51	41.80
大肉梅×鹅嗉	131	50	38.17
鹅嗉×鹅嗉	114	9	7.89
鹅嗉×大核青	107	47	43.93
鹅嗉×横核	125	43	34.40

果梅开花坐果过程中，完全花比率、花粉量多少及萌发率的高低影响着果梅的坐果最后影响产量。雌蕊的发育、花粉量及其萌发率除与自身的遗传特性相关外，还涉及树体的营养状况、当年气候条件、栽培管理水平等因素，如结果量过大，树体衰弱，落叶过早等因素，造成树体贮藏养分不足；冬季偏暖，开花提前等，也会使得不完全花率提高。

（四）果实发育

梅果实由单心皮的上位子房发育而成。开花受精后，子房开始膨大，颜色转绿，未受精的子房转黄脱落。果实鲜重和干重的增长均呈双 S 形生长曲线（图 40-10）；果实的纵、横、侧径变化曲线近于呈双 S 形，果核三径生长发育呈单 S 形曲线（熊新武等，2007）。整个果实发育过程可分为 3 个时期：

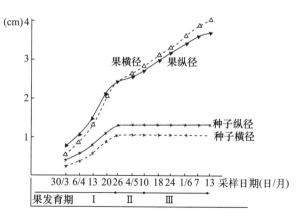

图 40-10 梅细叶青果实和种子纵横径变化

（张源林、褚孟嫄，1991）

1. 幼果迅速增长期 自子房受精开始发育至核的大小定形，此时期的特点是核迅速生长，果肉也随之增长，核内种子的胚尚未形成，种子内主要为胚乳占据。

2. 硬核期 从果核大小已定形至果核完全硬化，此时期的特点是胚迅速生长，吸收胚乳而逐渐占据种子内部空间，果核硬化并开始变黄色，果肉也有增大，但整个幼果体积的增大缓慢。

3. 成熟前增大期 从果核完全硬化至果实采收，此时期的特点是果核已木质化，果肉迅速增厚，果实体积迅速增大，有机酸、糖等含量增加，随着果实成熟，果肉变软，果皮褪绿转色或着色，产生香气。

从花后受精坐果至成熟的整个果实生育期，广东普宁的软枝大粒梅约为 110 d，广东广州地区的大核青约为 120 d。不同地区、不同品种间的果实生育期长短差别较大，最短的约 75 d，最长的约 125 d。梅果实绝大部分主要用于加工，不同加工产品对梅鲜果的成熟度要求不同，多数加工品要求果肉有一定的硬度和脆度，有的要求果皮不着色，所以往往在褪绿期或着色前采收。

梅果实发育期间，一般有 3 次落果高峰：第一次在盛花后 6～15 d，此次脱落的主要是花芽分化不完全，花器官发育不良的不完全花，也有部分属于花器外部正常，但胚珠早期萎缩、珠心中无胚囊分化或胚囊分化停滞过早而脱落。脱落前在花柄基部形成离层，连花柄一起脱落。第二次在盛花后 20～35 d，脱落的主要原因是未受精或受精过程不能正常完成，如胚囊中只发生次生核单受精，但卵细胞未受精，无原胚形成（徐汉卿等，1995）。此期落果正值新梢旺盛生长期，新梢与幼果竞争树体贮藏养分也是原因之一。第三次落果在盛花后 50～60 d，果实处于发育的第二期即硬核期，此时偏施氮肥，新梢旺长，结果过量，或土壤干湿不稳定等，均会加剧此次落果。

三、生态习性

（一）温度

梅在落叶性果树中属于不耐寒的树种。我国果梅栽培分布最北的河南省民权县，年平均温度 14.1 ℃，最南部的经济栽培区广东省新兴县 22.6 ℃。从我国现有梅主产区的温度条件来看，年平均温度 13～23 ℃，≥10 ℃的积温为 4 500～8 000 ℃的地区均可适合于梅的经济栽培。日本认为梅的经济栽培区年平均温度应在 12～15 ℃，最低气温不低于－4 ℃，生长期的月均气温应在 19～21 ℃。

梅的不同器官在不同时期对低温的忍耐力不同，幼根在－8 ℃时有严重的冻害，生长的根尖在－5 ℃时受冻。褚孟嫄等发现大多数品种的花在－6 ℃下经 60 min 即受冻，幼果的临界低温则为－2～－3 ℃。处于休眠期的枝条可耐－20～－25 ℃低温，低于这一温度，梅不能安全越冬。梅能否安全越冬，是限制梅向北分布的因素。

梅主要依靠昆虫传粉，蜜蜂在 10 ℃开始活动，15 ℃以上活动较活跃，21 ℃活动最活跃。广东梅产区认为开花期气温在 15 ℃左右，天气晴朗，便于昆虫传粉，适合花粉萌发和花粉管的伸长，开花坐果最有利；花期气温过于温暖，不利于坐果。福建产区也认为，花期日温高于 20 ℃，坐果不良。

在冬季，梅需要经过一定的低温才能打破自然休眠。这种低温量也称为"需冷量"。落叶性果树的需冷量一般以 7.2 ℃以下经过的小时数来计算，近年多有用犹他模型低温单位（chill unit，CU）来计算的，犹他模型以 2.5～9.1 ℃经 1 h 为 1 个低温单位，9.2～12.4 ℃的系数为 0.5，12.5～15.9 ℃的系数为 0，16.0～18.0 ℃的系数为－0.5，大于 18 ℃的系数为－1。我国台湾地区的梅品种需冷量在 20～50 CU，属于低需冷量的品种（欧锡坤等 2003）。江苏、浙江等地多数梅品种的需冷量在 641～832 CU，属于中需冷量品种。广东梅产区休眠期 7.2 ℃以下的低温很少，认为当地主要梅品种的需冷量为 0～14 ℃经过 110～180 h 足以打破休眠。如果需冷量不足，会影响休眠，造成开花结果不良，因此需冷量限制了梅的向南分布。原产于不同地区的梅品种需冷量差异大，在引种时尤要注意。

（二）光照

梅属于喜光树种。成熟叶片光合作用的光补偿点和光饱和点分别为 2 000～3 000 lx 和 35 000～40 000 lx。研究表明，日平均相对光照与梅树枝组的萌芽率、粗壮短枝比率、花芽率、花芽干重、枝组坐果率以及维生素 C 含量均呈极显著正相关。当枝叶光照不足时，生长不良，形成花芽少，不完全花率高，坐果率低。生产上改善树冠的光照条件，可提高花芽的数量和质量，提高坐果率。

（三）降雨

我国梅产区的年降水量在 600～2 200 mm，可见对降水总量要求不严格，但年降水的分布对梅生长有显著影响。广东北部地区在梅的花期和幼果期常遇到连续的阴雨天气，导致落花落果现象严重，产量不稳定。江苏、浙江梅产区花期较晚，阴雨天气是影响此地区开花坐果的重要因素之一。连续的阴雨影响授粉昆虫的活动，也影响花药的开裂和花粉的传播。广东 4～6 月充足的雨水使枝叶旺盛生长，排水不良的梅园会导致积水伤根；7～8 月的秋旱，使浅生性的梅树根系容易受到旱害，引起叶片卷缩，严重的导致落叶过早，缺少灌溉条件的山地、沙质地梅园尤为严重。

（四）土壤

梅多种植于山地、丘陵地、平地、冲积地等，对土壤要求不严格，但以土层深厚、土质疏松、有机质丰富、排水良好的壤土和沙质壤土为最好。土壤酸碱度以 pH 5～6 为合适，pH 小于 4.5 或大于 7.5 时，梅树生长不良，甚至植株死亡。

（五）污染

梅对空气污染反应敏感，已发现水泥厂、砖瓦厂、农药厂等工厂排放出来的废气对梅树的生长有严重的影响。在污染气体中，主要的有害物质是二氧化硫、氟和氟化物，空气中的含氟量达到 1～1.2 $\mu g/(dm^3 \cdot d)$，就会造成梅叶片离层纤维素酶活性的明显提高，导致提前落叶。梅树对部分农药的反应也极为敏感，如乐果，即使是很低的浓度，也会造成落叶。

第三节　栽培技术

一、育苗

目前梅的繁殖主要采用在实生砧木上嫁接育苗的方法，很少采用扦插、圈枝、分株的方法。砧木可采用本砧，即实生梅砧，也可采用毛桃砧、李砧和杏砧。目前我国生产上最多采用的是梅砧，嫁接亲和力最强，接口愈合好，成活率高，根系发达，抗逆性强，较耐潮湿土壤，树体寿命长。毛桃砧苗期生长快，嫁接易成活，进入结果期较早，果实也较大，但进入盛产期后逐渐表现不亲和，接合部输导不畅，易患流胶病，抗逆性差，不耐潮湿，易受白蚁危害，树体寿命短，各省采用桃砧育苗已越来越少。李砧亲和性较差，也已很少采用。杏砧耐寒力强，在日本使用较多，但我国使用少。

采种用梅的果实应在充分成熟后采集，堆沤 5～7 d，果肉腐烂后去掉果肉，将种子充分洗干净，晾干，可在微弱阳光下晒 2～3 h，再放在通风处晾至五六成干。晾干的种子在室内阴凉干燥处用干净河沙层积处理，保持河沙始终润湿，层积处理的高度在 30 cm 以下为宜，经常检查水分，防止过干、过湿或发热，过于干燥不能达到解除种子休眠的目的，过于潮湿造成通气不良致使种子霉烂。种子播种前层积处理的时间不少于 90～100 d。为防止种子霉烂，种子在层积处理前，可用 70％甲基硫菌灵 500 倍液消毒 20 min。

经层积处理的种子，广东一般于 11 月下旬至 12 月上旬播种，浙江一般在翌年 2 月中旬播种。如采用打破种核，取出种子，5～7 ℃湿冷层积处理方法，约经 56 d 可萌芽，可提早至 6 月下旬播种。梅核约每千克 600 粒，条行点播每 667 m² 用种量 20～25 kg，条行撒播每 667 m² 用种量 90～100 kg。种子均匀撒播于畦面上，用木板轻压，使种子入土，盖 3 cm 厚的细河沙，再覆盖稻草和薄膜。发芽后揭去薄膜并分多次抽疏稻草。待苗高达到 6～8 cm 时分床，按株距 12～15 cm，行距 23～25 cm 移植，并淋足定根水，保持畦面湿润，直至成活。砧木苗期要防止积水，薄施肥水，除草松土，遇旱灌水，防治立枯病等病虫害，剪除苗干 30 cm 以下的分枝，使基部平滑利于嫁接。

11～12 月播种，精细管理，翌年秋冬即可嫁接。广东在 12 月下旬至翌年 1 月上旬嫁接成活率最高，也可在秋季（9 月下旬至 10 月上中旬）嫁接，但成活率较低。浙江一带可在 10 月中旬至 11 月上旬秋接，也可在 2 月中旬至 3 月上旬春接，有产区认为秋接成活率比春接高。嫁接时在离地面 15 cm 处将砧木主干的上部剪去，削平断面。冬季嫁接用单芽切接法。秋季嫁接，用接穗留两个芽的半通头芽切接法。也可采用腹接法、T 字形芽接法和劈接法。秋接接穗随采随接，春接接穗须在 11～12 月采集砂藏备用。

嫁接后加强肥水管理和病虫害防治。苗高达 50～60 cm 时，在离地面 40～50 cm 处剪顶，促生分枝，选留 3 条分布均匀的侧枝做主枝，其余剪去。嫁接 1 年后全苗高度达 80～100 cm 即可出圃。

嫁接苗宜在 11 月落叶后至次年 2 月吐芽前出圃定植。苗木出圃应提前两天将苗地灌透水。逐行顺次深掘挖起，轻轻去掉泥土，避免伤根。嫁接苗应主干直立，须根多，根系完好，没有明显机械伤。嫁接苗分级标准可参考表 40-6。

表 40-6　梅嫁接苗分级（DB44/T 131—2003　广东果梅生产技术规范）

级别	主干径粗（cm）	主干高度（cm）	全苗高度（cm）	主枝数（条）	主枝长（cm）
一级	≥1.2	40～50	80～100	3	≥30
二级	0.9～1.2	40～50	80～100	3	≥30

二、建园和栽植

梅园应在适宜的生态条件范围内，选择无环境污染，地域开阔，阳光充足，花期少雨，花期极端气温不低于－6 ℃，幼果期不低于－3～－6 ℃，无冷空气积聚的地区建园。做好园地规划和各项水土保持工程及土壤改良工作。

种植前 3 个月预先做好种植准备工作：建成等高梯地，在梯面中心线的内侧开挖种植穴或种植沟。种植穴或种植沟的规格为面宽 1 m，底宽 0.8 m，深 0.8 m。种植沟的两端应与排水沟连通。每株准备绿肥 20～30 kg、鸡粪（或猪牛粪）10～15 kg、过磷酸钙 1 kg、石灰粉 1 kg 做底肥。种植沟（穴）底先回填表土，后将绿肥、石灰与松土混合回填，再将禽畜粪、磷肥与松土混合回填，最后用松土在栽植穴位置上做成高出地面 25 cm 的土墩。待回填的松土沉实后（约 1 个月）开始定植。

栽植的时间选择在休眠期春芽萌动前进行，广东、广西在 11～12 月定植最好，江浙地区也可在 12 月种植，但如果当地冬季寒冷，大风，则应在 2 月春植为好。

在广东、广西，种植密度宜 4 m×5 m，每 667 m² 植 33 株，计划密植园，可栽 3 m×5 m，每 667 m² 栽 44 株。在浙江、江苏，一般山地株行距 3.5 m×4 m，每 667 m² 植 48 株；平地株行距 4 m×4 m 或 3.5 m×4.5 m，每 667 m² 植 41～42 株。

梅多数品种自花不实性强，生产园须配授粉树。根据各产区的品种组合，选择搭配 1～2 个授粉品种。授粉树的比例以 30%～50% 为宜。

三、土壤管理

梅大部分建立在丘陵山地或旱地上，一般土层较浅，土质瘠瘦，有机质少，保水保肥力较差。而且梅树根浅，不耐旱，容易受到土壤表层养分、温度、水分变化的影响。因此做好梅园的土壤管理，改善土壤理化性质，提高保水保肥能力，创造根系生长的良好环境是山地梅园取得丰产的基本保证。

1. 合理间作　幼年梅园树冠尚未长大，地面空间较多，可用于间作短期作物，如一年生豆科作物、蔬菜，也可种植绿肥，既可增加梅园前期收入，又可加速土壤熟化，增加有机质，改良土壤。间作的范围应在树盘外株行间，以免影响梅树的生长。

2. 深翻扩穴 幼年梅园在定植后的第二年秋季开始，结合施基肥时进行深翻扩穴，逐年将植穴范围扩大，深施有机质肥，达到全园改土。

3. 松土培土 成年果园在秋冬季清园时进行全园松土，并培入塘泥、草皮土等，使土层增厚，增加有机质，并防止露根晒根，保护根系。

4. 树盘覆盖 夏季土表温度变化激烈，有时高达 40 ℃以上，根系容易受到伤害。覆盖可使土表温度稳定，防止雨水冲刷，覆盖物腐烂后，又可增加土壤有机质，覆盖还可减少杂草的生长。覆盖材料可用植物茎秆、杂草树叶等。夏秋过后，将覆盖物去除或翻入土中。

四、施肥管理

渡边毅（1988）对日本福井县的梅园进行营养分析之后，推算出每公顷种植 300 株，平均单株产 45.1 kg，十四年生梅园的营养吸收量为氮 142 kg，磷 34 kg，钾 154 kg，钙 124 kg，镁 28 kg，说明钾的吸收量大于氮，钙的吸收量接近于氮，应注意增加钾、钙肥的施用量。

梅的物候期比一般落叶果树早，施肥时期依物候期而定。成年丰产梅园一般每年施肥 4 次。

1. 第一次施肥 梅春季的开花、抽枝、展叶主要依靠树体贮藏养分，此次肥用于补充贮藏养分的不足，提高坐果率。以长效有机肥为主，如株产 50 kg 的树冠，可施花生麸 1～1.5 kg，起基肥的作用，树势偏弱时，适当配合部分速效氮肥，土壤偏酸的红壤山地，每株加施 1 kg 的石灰。施肥时间广东在 11 月上旬，浙江、江苏在 12 月上旬至翌年 1 月上旬。

2. 第二次施肥 坐果量大的树，到果实硬核期后，果实的第二次迅速长大需要大量的养分，如果营养不足，果实偏小。此次肥促进果实膨大，提高果实质量，并可减少第三次生理落果。施肥时间广东在 3 月上旬，浙江在 4 月上旬。施肥量依照坐果量而定，果多则多施，果少则少施，以速效肥为主，氮、磷、钾配合。

3. 第三次施肥 在果实采收前后 1 周内施下。此次肥非常重要，施肥量也较大，约占全年施肥量的 30％～40％。用于采果后及时补充养分，恢复树势，防止树势衰退。在采果后的 2～3 个月里，气温高、雨水足，及时补肥，提高叶片光合作用能力，是有效积累养分，促进花芽分化，提高完全花比率的重要时期，是使梅园获得连年丰产的关键措施。本次肥以速效氮肥为主，配合适当的磷、钾肥。

4. 第四次施肥 广东在 6～7 月，江浙一带在 8～9 月。用于延长叶片光合效能，提高花芽质量。此次肥以磷、钾肥为主。

五、生长调控

（一）整形

幼年树定植成活后，在主干上选留 3 条主枝，主枝留 45 cm 短截促发分枝，再选留 2～3 条相互错开的斜生枝做副主枝。待至冬季留 40～50 cm 短截促发侧枝。以后继续在副主枝及延长枝上培养侧枝和结果枝组。树冠中央中上部抽生的直立枝条，主枝、副主枝上抽生的角度不适当的侧枝，以及影响树形的枝条，要及时抹芽或剪除。经 2～3 年培养成自然开心形树冠。

（二）修剪

初结果树的修剪重点是保留短、中果枝，疏除徒长枝。冬季对超过 30 cm 的枝条轻短截，以促发中、短果枝，同时，疏删部分过密、重叠和荫蔽枝，剪除枯枝和病虫枝。

成年结果树修剪分冬季修剪和夏季修剪。冬季修剪在 11 月至 12 月中旬现蕾前进行，冬剪的修剪量一般较重，将密生枝、重叠枝、交叉枝等疏除，使树冠得到足够光照。树冠中上部的徒长枝和徒长枝群易扰乱树形，一般应剪除，空间位置好的可以保留利用，或通过轻短截促发新的结果枝群。没有形成花芽的外围营养枝，过密的疏删，位置合适的短截促进分枝。短、中果枝如数量太大，可适当疏除一部分，以免开花量太大。根据树势状况，适当疏删一定数量的短、中果枝，让其分布均匀。福建陈清西等的试验认为，冬季修剪疏除结果枝总量的 1/5 为合适，可有效缓和树体营养生长和果实生长对养分竞争的矛盾，对树体、产量都有很好的效果。

夏剪在采果后 15 d 内完成，及时剪除树冠上部扰乱树形的直立枝、徒长枝或徒长枝群，对荫蔽的树冠进行开天窗，并适当剪去部分重叠枝，使太阳光能分散射入树冠内；封行的梅园回缩行间、株间的交叉枝，剪除内膛衰退枝、下垂枝、枯枝及病虫枝。夏季修剪一般程度较轻。

老树、衰退树宜进行更新修剪。在发春梢前，对部分大侧枝分年度轮换进行重度回缩修剪，促发壮旺营养枝和结果枝。衰退树进行主枝更新，如果主枝下部或中部已抽生有徒长枝的，则可在粗壮徒长枝着生处之外将主枝短截，或在主枝、副主枝中下部短截，以刺激潜伏芽萌发，长出徒长枝或健壮枝条，重新培养树冠。

（三）保果与疏果

梅花的传粉主要依靠蜜蜂，开花期应人工放养蜜蜂促进授粉。药剂保果以营养型药剂为主，可以选用下列方法：花蕾期喷 1～2 次 0.007 5% 核苷酸，幼果期喷 2～3 次叶面肥，花果量少的壮旺树，可人工疏除部分徒长春梢，防止春梢争夺养分，以提高着果率。花蕾膨大期及开花期遇干旱，应及时灌水，空气过于干燥时于早晨喷清水润湿柱头，盛花期遇浓雾在日出前及时喷清水除雾，遇阴雨天气则摇花振落水珠和残花，花期、幼果期遇霜冻，预先覆盖防寒和夜间熏烟防寒。

在丰产的年份，梅树常会因结果过多而引起采前落果并促进树体衰老。可进行适量疏果并加强肥水管理。浙江等地疏果选在第二次生理落果刚结束时进行。留果量一般按 5～10 片叶留 1 个果，树势强多留，树势弱少留，树冠内膛、中下部多留，外围、上部少留的原则，短果枝留 1～2 个，中果枝留 3～4 个，长果枝留 5～6 个。疏果的工作量较大，但对提高果实的质量，防止树势衰退有显著效果。

（四）化学调控

9 月上旬至 10 月上旬喷布 GA_3 150 mg/L 可延迟梅开花 8 d，9 月喷布多效唑 1 500 mg/L 能延迟开花 13～20 d，使花期和幼果避过冻害，并可提高结实率；在新梢期喷布多效唑 150 mg/L 能有效控制枝梢的延长生长；在硬核期前喷布 GA_3 使果实成熟期推迟 5 d，而喷布乙烯利则提早果实成熟 5 d。

六、标准化栽培

近年我国各梅产区制定了栽培技术标准，多产区建立了标准化生产示范基地。近年广东省的普宁市、福建省诏安县、浙江绍兴市、江苏溧水区等产地加大标准化栽培示范普及的力度，有效提高了各产区梅鲜果的质量和产量，有利于提高梅果实制品的国内国际市场竞争力。各地具体的技术标准可参照各省质量监督部门发布的标准，如广东梅产区可参考：广东省质量技术监督局发布的《果梅生产技术规程》DB/44T 131—2003 或其更新修订版本。

七、采收

应准备的采果工具有布袋、竹篮、箩筐或泡沫箱，竹钩、竹梯或人字梯等。竹篮和箩筐应垫以软布或软纸，防止碰伤果皮。采果时轻采轻放，置于竹篮或布袋中，然后集中于箩筐或泡沫箱中，避免机械伤。同一果园或同一株树，果实成熟度差异较大，宜先熟先采，分次采摘，提高果实等级、产量和质量。果实的采收应按照加工制品企业或厂家的不同要求确定采收成熟度。一般参考采收成熟度为：酥梅，七成熟；话梅，八成至九成熟；干湿梅和咸水梅，九成熟；梅酒，九成熟；梅酱，九成至充分成熟。采收后及时运送加工厂。

梅鲜果的大小分级一般可分为特大级（LL）、大级（L）、中级（M）和小级（S）四个级别，分级标准可参考表 40-7。不同加工企业、不同加工制品可能有具体的分级要求。

表 40 - 7　梅鲜果大小分级参考标准

级别	特大级（LL）	大级（L）	中级（M）	小级（S）
果实横径（cm）	≥3.05	2.7~3.049	2.2~2.69	1.8~2.19

　　同一梅园的果实，成熟期相差可达 20 d，而果实在接近成熟的 15 d 是果重增加最快的时段，所以按实际情况分期采果可显著提高产量和品质。

第四十一章 腰　　果

概　　述

一、栽培意义

腰果又名槚如树、鸡腰果、介寿果。常绿乔木，树干直立，高达 10 m。腰果是一种肾形坚果，有丰富的营养价值，可菜用，亦可药用，为世界著名四大干果之一。

腰果的食用部分是着生在假果顶端的肾形部分，长约 25 mm，青灰色至黄褐色，果壳坚硬，里面包着种仁，甘甜如蜜。腰果果仁是营养丰富的美味食品，含脂肪 48%、蛋白质 21%、淀粉 10%～20%、糖 7%，以及少量矿物质和维生素 A、维生素 B_1、维生素 B_2。可生食或制果汁、果酱、蜜饯、罐头和酿酒，亦可用于制腰果巧克力、点心和油炸盐渍食品。

果壳油是优良的防腐剂或防水剂，还可提制栲胶，木材耐腐，可供造船。树皮用于杀虫、治白蚁和制不褪色墨水。腰果树木材还可以用来做成家具，且十分坚固；腰果树的树根、树皮还可以入药，用于治疗多种疾病。

果梨（花托膨大部分）中含水分 87.8%，糖 11.6%，蛋白质 0.2%，脂肪 0.1%。此外，还含有多种维生素和钙、磷、铁等矿物元素，除了可以直接当水果食用之外，还可以加工成果汁、果冻、果酱、蜜饯以及用来酿酒等，有利水、除湿、消肿的作用。

腰果含有较高的热量，其热量来源主要是脂肪，其次是糖分和蛋白质。腰果所含的蛋白质是一般谷类作物的 2 倍之多，并且所含氨基酸的种类与谷物中氨基酸的种类互补。

二、栽培历史与分布

腰果原产于巴西东北部、南纬 10°以内的地区。16 世纪引入亚洲和非洲，现有 50 个国家中沿海地区都种腰果树。印度是世界上腰果种植面积最大、产量最高的国家，其次为巴西、越南、斯里兰卡、马来西亚、印度尼西亚和一些非洲国家，如坦桑尼亚、莫桑比克等热带多雨气候区。在中国，腰果主要分布在海南和云南，广西、广东、福建、台湾、新疆等地也均有引种。

全世界腰果总产量为 $15.7×10^8$～$16×10^8$ kg。其中，印度有 $4×10^8$～$5×10^8$ kg。2011 年越南腰果种植面积达 $3.65×10^5$ hm^2，总产量为 $2.9×10^8$ kg，出口金额达到 $1.5×10^{10}$ 美元，是世界腰果出口最多的国家，越南发展腰果种植潜力很大。

第一节　主要品种

腰果（*Anacardium occidentalie* Linn.）属被子植物门双子叶植物纲原始花被亚纲无患子目漆树亚目漆树科腰果属植物。

腰果树种类只有 1 种，但品种有很多。因其属热带植物，所以特别耐旱，越是贫瘠的土地，反而生长得越茂盛。

在越南，通过无性繁殖选出多个品种。其中，品种 PN1、LG1、MH4/5、MH5/4 和 TL2/11 适宜于越南东南部；品种 DDH67-15 和 DD07 适宜于沿海南中部；品种 PN1、ES-04、BD-01 适宜于越南中部西原各省。这些品种有抗旱和抗病虫害性能，产量可以达到 2 000～3 000 kg/hm²。特别 AB05～08 品种和 AB29 品种可以达到 4 000～5 000 kg/hm²。

印度于 1970 年前后培育出 16 种适于不同农业气候区域种植的腰果品种。

在中国海南省，目前引种栽培的有 7 个不同品种，云南省西双版纳地区亦有少量栽种。

第二节　苗木繁殖

腰果的繁殖方法很多，在坦桑尼亚南部，曾试用过芽接、插条和嫁接等无性繁殖方法来繁殖腰果树，但没有一种方法获得成功，但用空中压条法却获得相当的成功，如果在操作技术方面加以改进，还可大大提高这种方法的成效。但在目前，由于缺乏个别植株的性状的资料，不了解哪些腰果树既高产而又具有其他理想的特性，因此不可能大规模进行空中压条。腰果树是异花授粉植物，任何一株母树的后代都是杂合型的，因此，高产树的种子不一定就能长成高产树。目前，果园里所栽种的腰果全都是使用种子实生播种。

一、种子的选择

播种前首先要选择腰果的种子。选择优良母树，采充分成熟种子，晒 3～4 d，放在通风干燥处，于雨季进行大田直播。要选择个体较大的种子，因为种子越大，里面的养分就会越多，发芽后的成活率较高，管理较为简单；反之，种子较小死亡率就会比较高。

二、育苗方法

播前要先进行水选，淘汰上浮种子后浸水 24 h，播种，果蒂向上发芽较快。在雨季短或禽畜危害严重的地方，可用塑料袋育苗。将新鲜的腰果种子栽种在一个塑胶袋内的消毒土壤里。挖 5 cm 深的洞，每洞 3～4 个种子。种子朝上，间距 30～40 cm，定期浇水。幼苗成活率较低，选生长最旺盛的幼苗，淘汰生命力不旺盛的幼苗。

三、移植

待幼苗生长 10～12 d，便可仔细地将幼苗移植到果园中。在移植前检查土壤条件至关重要，为此需要清除杂草和其他植物的残体。同时，挖 10～15 cm 深洞，让根在洞中生长。为满足腰果树传播花粉所需要的空间，根之间要保持距离，种植基质至少要有 10～15 m 的距离。为了防病虫害在果园可种胡椒。

由于腰果实生苗后代产量性状的不稳定性，现多采用无性繁殖。腰果无性繁殖技术包括压条、插条、上胚轴嫁接、镶接、靠接、芽接、劈接、切接、软木接、组织培养等。腰果不耐寒，在生长期内要求很高的温度。月平均气温 23～30 ℃ 开花结果正常，低于 15 ℃ 则严重受害致死。不宜在地下水位过高或雨季积水的地区栽种。

第三节　生物学特性

腰果为灌木或小乔木，种植后 2 年开花，3 年结果，8 年后进入盛果期，盛果期 15～25 年。

海南省多 8 m×8 m 正方形种植，每公顷植 156 株。肥沃地可 9 m×9 m 正方形或三角形种植，每公顷植 123 株。幼树根圈每年除草 2～4 次，最好盖草保水，行间种短期作物或绿肥，如花生、甘薯、扁豆、毛蔓豆、大翼豆等。

其树体一般高 4～10 m；小枝黄褐色，无毛或近无毛。叶革质，倒卵形，长 8～14 cm，宽 6～8.5 cm，先端圆形、平截或微凹，基部阔楔形，全缘，两面无毛，侧脉约 12 对，侧脉和网脉两面突起；叶柄长 1～1.5 cm。

圆锥花序宽大，多分枝，排成伞房状，长 10～20 cm，多花密集，密被锈色微柔毛；苞片卵状披针形，长 5～10 mm，背面被锈色微柔毛；花黄色，杂性，无花梗或具短梗；花萼外面密被锈色微柔毛，裂片卵状披针形，先端急尖，长约 4 mm，宽约 1.5 mm；花瓣线状披针形，长 7～9 mm，宽约 1.2 mm，外面被锈色微柔毛，里面疏被毛或近无毛，开花时外卷；雄蕊 7～10，通常仅 1 个发育，长 8～9 mm，在两性花中长 5～6 mm，不育雄蕊较短（长 3～4 mm），花丝基部多少合生，花药小，卵圆形；子房倒卵圆形，长约 2 mm，无毛，花柱钻形，长 4～5 mm。

核果肾形，两侧压扁，长 2～2.5 cm，宽约 1.5 cm，果基部为肉质梨形或陀螺形的假果所托，假果长 3～7 cm，最宽处 4～5 cm，成熟时紫红色；种子肾形，长 1.5～2 cm，宽约 1 cm。

腰果是一种肾形坚果，果实分为两个部分，坚果和果梨（由花柄膨大而成的花托称果梨），又被称为真果和假果。真果里面的果仁其实就是我们常吃的腰果，生长在假果的顶端。果仁外边一般都会有一层硬壳，果仁呈青灰色，因为长相酷似鸡肾，故又名鸡腰果，长 2～3 cm；越南称倾仁桃（seed overturn prunus，dao lon hot，巴西称为 "Caju 果" 或 "Cajueiro（树）"，其他各国称为 cashew Nut）

假果是由花托形成的肉质果，长得有些像梨，呈卵圆形或是扁菱形状，因此被称为果梨。这种果在成熟以后颜色是鲜红色或者橙黄色，且水分含量很足，是热带地区清凉解暑的水果之一。

第四节　对环境条件的要求

腰果树是喜温、强阳性树种。耐干旱贫瘠，具有一定抗风能力。以海拔 500 m 以下生长为宜。腰果不耐寒，在生长期内要求很高的温度。月平均气温 23～30 ℃开花结果正常，20 ℃生长缓慢，低于 17 ℃，易受寒害，低于 15 ℃则严重受害致死。年日照 2 000 h 以上，年降水量以 1 000～1 600 mm 较宜。不宜在地下水位过高或雨季积水的地区栽种。花期忌阴雨。生长盛期一般在雨季初期。4～5 龄树主根深达 5 m，侧根发达，6 龄树侧根长达 7 m 左右。种植后 2 年开花，3 年结果，8 年后进入盛果期，盛果期 15～25 年。腰果树在生长发育中受到很多因素，主要是温度、湿度、光照、土壤等。

一、温度

腰果系热带树种之一，对温度要求高，特别是冬季最冷月月均温度≥18 ℃以上。

1. 温度与分布　据江式邦研究，月平均气温 23～29 ℃，腰果正常生长结果；20 ℃左右生长缓慢；18 ℃左右生长受到不同程度的抑制，17 ℃以下出现寒害，15 ℃以下出现严重寒害以致死亡。

2. 温度与种子发芽　据研究温度 35 ℃时种子发芽速度快，发芽率高，30 ℃和 25 ℃时发芽明显降低，而 20 ℃和 40 ℃则急剧下降。

3. 温度与腰果树的生长　腰果树生长在热带地区是不抗寒的。月平均气温 23～30 ℃开花结果正常，平均气温是 27 ℃左右。如果温度过低，腰果树就根本无法成活。腰果树对于霜冻腰果树是非常敏感的。低于 10 ℃的温度是无法生存下去的。然而，高的温度并不是一个问题，腰果树能承受温度高达 40 ℃的高温，

4. 温度与开花结果　温度对花期和花的开放影响明显。腰果树 2～3 月为盛花期，4 月是果实形成期。离赤道越远，海拔越高的地区开花期逐渐推迟。腰果为虫媒花，温度直接影响到花粉和授粉昆

虫的活力。日均温在 18 ℃以上虽能开花，但低于 23 ℃往往花而不实。

5. 温度与虫害　腰果在开花坐果期，易受锤角盲蝽危害，严重影响产量，可减产 80％～85％，该虫在日平均气温 20～30 ℃，相对湿度 80％以上时适生长繁殖，在日平均 18 ℃以下，相对湿度低于 80％，低龄若虫大量死亡；当气温高于 30 ℃、相对湿度低于 75％时，成虫活动迟钝取食少，低龄若虫大量死亡。最低气温低于 6 ℃对害虫有抑制作用，高于 12 ℃则有利于害虫发生。

二、降水量

腰果树可以承受干旱而不是过多的雨水，不宜在地下水位过高或雨季积水的地区栽种。事实上，降雨会损害腰果树的花粉，从而生长不出果实。同时，降雨在收获的季节能使坚果腐烂或导致倒下。这样坚果就会开始发芽。一般，平均年降水量 1 000～1 500 mm，降水量 1 000 mm 对腰果树来说是非常充分的了。腰果树要最少 2 个月干旱才能完成花芽分化，所以腰果树要生长在雨季和旱季隔离，其中旱季要最少拉长 4 个月才能开花结果。相对湿度影响到腰果树生长发育不大，但如果在花期湿度过大可以出现炭疽病和椿象危害，如果过于干旱和有热风会引起花果落。

三、光照

腰果喜光，适宜的年日照时数为 2 000 h，在年日照时数 1 500 h 的地区，开花和坐果期需要较强的光照度。生长在阳光充足条件下三年生幼树，树冠冠幅大分枝均匀而在荫蔽条件下则生长纤弱且缓慢。腰果结果特征是枝条多、花序顶生，对光极为敏感，相邻植株枝条重叠，不仅影响生长，严重时会导致枝条死亡。腰果盛花期为 2～3 月，4 月是果实形成盛期，此期日照条件与产量显著相关。经相关分析，2～4 月的阴雨天数和最长持续阴天数与产量的关系呈显著负相关，3 月中旬至 4 月下旬，间日照时数大于 370 h，每天日照时数≤2 h 的天数少于 6 d 的年份则产量高；反之，间日照时数少于 340 h，每天日照时数≤2 h 的天数多于 10 d 的年份则产量低。腰果树受光照制约，主要是具有树冠外围枝条结果的特性，一株腰果结果最多的是在树冠外围，并且在东南和西南向最多。

四、土壤

腰果树对土壤要求不高，除重黏土和石灰岩上发育不佳外，在土壤有机质含量不足 1％的红壤、沙壤或多石山地均能生长。沿海沙土地区是理想的种植腰果树的环境，但是最适合为腐殖质丰富的地方，pH 6.3～7.3。这些树无法抵抗根部周围积水的问题，因此，在黏土中是不能生长的。含氮、磷肥料有益于腰果树的生长，特别是在它需要的时候，植物的花朵长得也会很快的。

第五节　土肥水管理

栽培实践证明，自然状态生长的腰果树几乎没有产量。成龄果树再施肥后产量会成倍提高。因此，要适当对腰果树进行施肥。施肥采用混施，增产效果最好；其次是单施磷肥；再次是氮肥和磷肥混施。较高水平的氮肥能延长花期，而较高水平的磷肥和钾肥则缩短花期。

以施氮肥为主。一至二龄树每年施尿素 0.2～0.5 kg，三至五龄施 1 kg，六龄以上施 1～2 kg。此后每年每株加施过磷酸钙 1 kg，有机肥 10～15 kg。实生成龄结果树，每年每株施尿素 1.5 kg，过磷酸钙 0.5 kg，氯化钾 0.5 kg，平均每公顷产果达 660 kg。

第六节　整形修剪

整形修剪可以调节树冠结构，改善树体通风透光状况，从而提高坐果率，增加产量。腰果幼树修剪的原则是宜轻不宜重，宜早不宜迟，采用分期分批多次进行修剪的方法，金字塔形修枝整形效果好。

第七节　病虫害防治

腰果树是一种热带植物，病虫害也很多。如果大面积种植会造成病虫害流行，造成有花无果或完全无花果。腰果病虫害是影响腰果产业健康发展的主要因素之一，做好病虫害的防治工作是腰果生产管理的重要环节。

腰果树常见的病虫害为腰果花腐病、腰果炭疽病、腰果粉红病、腰果细菌斑点病、蓟马、盲蝽、天牛和金龟子等。

一、主要病害及其防治

（一）花腐病

1. 为害症状　病害为害花朵，造成化期缩短花朵下垂，早期调委，脱落，最后花柄腐烂变黑，潮湿时表面长出灰色霉层。

2. 病原　腰果树花腐病由笄霉菌［*Choanephora cucurbitarum*（Berk & SRav.）Thaxtel］引起，该菌属接合菌门（Zygomycota）毛霉菌目（Mucorales）笄霉科（Choanephoraceae）。菌丝无色透明，乃无横隔膜之管菌丝，孢囊柄由菌丝尖端特化而成，直立于寄主植物表面，长度为 3～6 mm，基部稍狭窄且不分枝，顶端膨大为囊胞状，其上并形成小分枝，孢囊褐色至深褐色，着生于孢囊柄顶端小分枝，成球形；孢囊为纺锤形至椭圆形，特化为分生孢子形态，故每一孢囊亦为一分生孢子，大小为（12.5～21.3）μm×（8.8～12.5）μm，表面并有明显纵向纹路。

3. 发生规律　本病发生于高温高湿季节，多发生于夏季，尤以梅雨及台风季节，甚少发生于冬季，因此虽病症与灰霉病极为相似，亦不难区分。

4. 防治方法

（1）清除病源。及时清除果树下的枯枝、落叶和落果。春季发病初期，剪除病枝，摘除病叶、病果。

（2）合理修剪。搞好夏季修剪，疏除徒长枝、重叠枝，外围交接枝、下垂枝，生长季枝量控制在 12 万～15 万，树高不超过 3.5 m，保持树冠内通风透光，增强果树抗病能力。

（3）合理施肥。增施有机肥，按千克果千克肥的标准施入豆饼、棉籽饼、花生饼、腐熟的动物粪便，使果园有机质含量达 2% 以上。通过测土配方，平衡施肥，尤其重视钙、镁、硼、钾的使用，施肥时期在 8 月底到封冻前为宜，株施全元复合肥不低于 5 kg；叶面喷 3～4 次 2 000 倍液的卡利奥钙和花果素补充中微量元素；地面撒施生石灰，解决土壤的酸性问题，增加养分供应，提高树体的抗病力。

（4）及时排水。合理地挖好排水沟，雨后及时排出果园地面的水，确保不长时间积水。

（5）合理环剥。环剥时间不超过 5 月底，宽度不超过枝条直径的 1/10。还可通过主干涂抹促花优果三抗宝，替代环剥，维持强健树势，抵抗花腐病的侵染。

（6）药剂防治。果树花后 10 d 喷药防治，可基本控制病害的扩展和蔓延。

（二）腰果炭疽病

1. 为害症状　炭疽病为害很多种植物，其中有腰果树；为害部分由叶，枝，花，果。分布很广泛。受害部分出现圆形，半圆形或长圆形病斑浅显褐致灰白色，边缘有红褐色环圈，潮湿时病部分泌出浅桃红色黏液或长出小黑点。

2. 病原　炭疽病主要由真菌，无性阶段为刺盘孢（*Colletotrichum gloeosporioides* Penz.）有性

阶段为小丛壳［*Glomerella cingulata*（Stonem）Spauld. et Schrenk.］，为小丛壳科（Glomerellace-ae）小丛壳目（Glomerellales）粪壳菌纲（Sordariomycetes）子囊菌门（Ascomycota）。

3. 发生规律 病菌在叶中越冬。翌年 4～5 月开始发病。病菌主要借助风雨传播，多从上口侵染危害。病菌在生长季节可重复侵染多次，以 6～9 月发生较重。

4. 防治方法

（1）加强抚育管理，注意补充磷钾配料，以增强抗病力。

（2）及时清除病落叶集中炒毁。

（3）药剂防治。在发病初期，每 7～10 d 喷一次杀菌剂，发病期间可用 50％多菌灵 800 倍液，均能控制病害蔓延。

（三）腰果粉红病

1. 为害症状 粉红病分布在热带和温带地区，危害很多种树，其中有腰果树。菌丝在树皮危害。树死后在树上长粉红色伏革菌。

2. 病原 由红色伏革菌（*Corticium salmonicolor* Berk. and Br.），属于伏革菌科（Corticiaceae）伏革菌目（Corticiales）伞菌纲（Agaricomycetes）担子菌门（Basidiomycota）。

3. 发病规律 病害以孢子传播，从伤口侵入，菌丝在树皮满眼是全树枯死。

4. 防治方法

（1）加强抚育管理。

（2）冬季彻底清除病残株，落叶高湿条减少病源。

（3）发病前后喷药保护，以 1∶1∶100 波尔多液 3～4 次。

（四）腰果细菌斑点病

1. 为害症状 细菌斑点病主要寄生在腰果树和杧果树危害叶片，顶芽和果实。可以使果早落影响腰果树的产量。病菌发生于叶片顶芽和果实形成许多黄褐色，灰白色病班，后期变成暗褐色。

2. 病原 细菌斑点病由杧果假单胞菌（*Pseudomonas mangriferae - indicae* Patel）属于假单胞菌科（Pseudomonadaceae）假单胞菌目（Pseudomonadales）变形菌门（Proteobacteria）细菌。

3. 发病规律 病菌以雨水传染，以伤口，气孔侵入。在梅雨季节发病严重。种植过密，通风不良，植株生长衰弱，均利于病害的发生。

4. 防治方法

（1）栽种抗病品种。

（2）选用清洁种子或不带细菌性斑点病菌之幼苗。

（3）注意田间卫生并减少植株伤口。

二、主要害虫及其防治

（一）锤角盲蝽（*Helopeltis anacardii* Miller）

1. 为害特点 盲蝽亚科（Bryocorinae）盲蝽科（Miridae）半翅目（Heteroptera）昆虫纲（Insecta）。分布在东非、印度、期里兰卡、马来西亚、越南等热带地区。为害叶片、顶芽和果实，带来很大损失。

2. 形态特征 成虫体长 5.0～5.5 mm，黄绿色，体背面凸头三角形，黄褐色；触角 4 节，比身体短，前从背版绿色。足绿色腿膨大，胫节刺黑色；跗节 3 节，黑色。卵长口袋形，微倾斜，长约 1 mm，黄绿色。若虫体长 3 mm，鲜绿色，五龄出现翅芽和密布黑色细毛，触角淡黄色，端部暗灰色，喙 4 节，翅芽尖端黑色。足较短，浅黄色，有微刺。

3. 发生规律 一年 6～7 代，以卵在各树枝干表皮越冬，翌年春季开始腐化，3 月中旬微若虫盛孵期，4 月羽化成虫。2～6 代都在各月出现，长出现世代重叠现象。成虫活跃善飞，有趣光性。成虫羽化后6～7 d开始产卵。成虫、若虫均不耐高温干燥，喜多雨潮湿环境下生活，发生数量多，危害严重。成虫白天隐藏在枝叶处，傍晚后喜群集花叶幼蕾等初刺吸取食汁液，致使枝叶丛生叶片破碎，花蕾大量脱落。

4. 防治方法

（1）清除周围腰果树的杂草，减少繁殖场所。

（2）化学防治。内吸性杀虫剂均可，但杀卵作用不理想，因此在若虫孵化期每周喷一次药，连续2～3次。

（二）蓟马（*Rhipiphorothrips cruentatus* Hood.）

1. 为害特点　蓟马科（Thripidae）蓟马目（Thysanoptera）昆虫纲（Insecta）。这种蓟马分布在一些树种但是主要在腰果树。蓟马以其唑吸式口气刮破植物表皮，口针插入组织内吸收汁液。危害严重失实心叶呈黄色斑点或凋萎，叶片卷曲，或全叶枯黄，花期被害后，花朵很快凋谢，严重影响腰果树价值。

2. 形态特征　成虫体长1 mm左右。全体黑褐色或红褐色。触角8节。前胸背板扁钝。前翅中央略收窄。前足胫节黄褐色。

（三）天牛

天牛是一类腰果树茎干害虫。种类比较多。主要有黑褐天牛（*Plocaederus ferrugineus* Linn.）和咖啡皱胸天牛（*Plocaederus obesus* Gahn），都属于天牛科（Cerambycidae）多食总科（Polyphaga）鞘翅目（Coleoptera）昆虫纲（Insecta）。

1. 咖啡皱胸天牛的特征　雌成虫体长6.0 mm，体宽1.5 mm，长形，土黄色，头小，后缘黑褐色。雄成虫虫体稍小，体长5.2 mm，体宽1.2 mm，前胸背板黄褐色。卵近圆筒形，白黄色，长0.9 mm，宽0.2 mm。若虫共5龄，一龄体长1.4 mm，长形，体红色，三龄体长2.8 mm，体红色带土黄色，五龄体长5.2 mm，长形、体土黄色稍带红色。成虫、若虫喜在隐蔽处休息，当受阳光照射时立即转移。

2. 防治方法

（1）抚管时合理修剪使植株不至于过分荫蔽。

（2）加强田间调查，及时除去带卵的枝叶，以降低下一代虫的密度。

（3）发生量大时可喷洒药剂加以防治

对其防治最好是在7～8月产卵期进行，一般可用药剂处理腰果树的裸露根。

（四）蛀果斑螟（*Nephopteryx* sp.）

斑螟亚科（Phycitinae）螟蛾科（Pyralidae）鳞翅目（Lepidoptera）昆虫纲（Insecta）。

在海南岛南部，腰果蛀果斑螟（*Nephopteryx* sp.）一年发生9代。田间始见期为10～11月，末见期为7月中下旬。4～6月是该虫大发生为害期，田间虫果率为20%～60%。4～7月完成一代雄虫需26～31 d，雌虫需28～36 d；10月至翌年3月完成一代雄虫需28～34 d，雌虫30～36 d。成虫产卵对果实的部位以及果实的发育阶段有明显的选择性。幼虫具转果为害的习性。蛹在树冠下土壤中呈不均匀水平分布。种群虫口的建立与田间结果量的增长同步，产量损失因果实发育阶段而异。田间中果态果实坚果受害最重，是重点保护目标。防治方法，目前以化学防治为主等。

（五）金龟子（*Holotrichia parallela* Mots.）

金龟子亚科（Melolonthinae）金龟子科（Scarabaeidae）鞘翅目（Coleoptera）昆虫纲（Insecta）。金龟子幼虫主要为害腰果根部，分布比较广，为害很多种植物。

1. 形态特征　成虫体长16～22 mm，宽8～11 mm，长椭圆形，触角10节，复眼黑色，前胸背板前缘密生黄褐色，鞘翅黑色，腹部圆筒形，腹面微有光泽，肛门孔3裂。

2. 生活习性　一年发生1代，以少数幼虫于当年羽化成虫越冬。翌年3月出土活动，有趋光性和飞行能力较强。产卵于土中。

3. 防治方法　①春、秋两季实行深耕土地，以消灭虫卵和幼虫。②成虫羽化期以人工捕杀或灯光诱杀。③掌握成虫羽化盛期喷 80% 敌百虫可溶性粉剂 800～1 000 倍液。④每公顷施有效成分 1 kg 的石硫合剂效果最好，用药 15 d 后虫口减少 70% 左右。

第八节　果实采收

腰果成熟程度是保证质量的要素之一，要区别生理成熟和形态（收获）成熟。生理成熟主要果实完成芽胚生长但果仁还未完全变硬。形态成熟是生理生化在果实中已经结束，果仁已经变硬，仁皮变成灰色，果皮变成红色，有香味。这一段时间收获是最好的。一般有两种采收方法：

（1）树上采收。如果面积小或与其他树种混合栽培可以用树上采收。这种方法比较费工夫但比较完整保证质量。

（2）树林拣果。普遍的采收方法。当果实成熟自落在土上可以收拣。拣了以后要把果梨和果仁分开。果梨要集中来加工（酿酒、食用等）。

第九节　果仁分级、贮藏和加工

1. 果仁分级方法　一般要检查原料各个方面：采收地点、色泽、味道、病虫仁（5% 以下）、无熟仁（12% 以下）、鲜仁适度（18% 以下）、腰仁每千克 180 仁，以便于销售。

分级标准：根据鲜腰仁重量来分成 3 级：

（1）1 级：每千克 170 仁。

（2）2 级：每千克 170～190 仁。

（3）3 级：每千克 190～210 仁。

2. 果仁贮藏　首先要晒干腰仁保证湿度为 11% 以下。后来装包，记号，运输，贮藏。贮藏库要干净通风。为了防病虫害仓库要有熏蒸剂保管。腰仁要保证经常白色。可以用烧仁方法，放入烧锅（130～140 ℃）或放入油锅（190～200 ℃）或放入蒸锅气压为 $1.01 \times 10^5 \sim 2.03 \times 10^5$ Pa。

3. 果仁加工

（1）剥皮。腰果仁皮比较硬要用专用刀或机械来剥。这方法要求工人要仔细不让破仁。

（2）烤果仁。为了降低果仁湿度要进行烤果仁，条件为 70～100 ℃，1～2 h。

（3）剥里皮。果仁里皮较薄，可以用手工剥去。最后把果仁装在铝盒后销售或出口。

第四十二章 山　竹

概　述

　　山竹（*Garcinia mangostana* L.）属藤黄科藤黄属，作为一种栽培植物，主要起源于马来西亚。近百年来，通过国际间的引种，山竹在东南亚、南亚、非洲、西印度群岛、大洋洲、北美洲、南美洲等热带地区都有分布。20世纪30～60年代，我国海南省文昌、琼海、万宁、保亭热带作物研究所先后引种。其中，1960年海南省保亭热带作物研究所（海南省农垦科学院保亭试验站）从马来西亚引种的山竹，于1969年开花结果，试种成功。

　　目前，山竹主要种植在东南亚地区的泰国、马来西亚、印度尼西亚、菲律宾、越南等国，其中以泰国的种植面积最大，2004年就已达到了69 000 hm²。山竹也是泰国重要的出口创汇水果的之一，出口量占到了东南亚山竹出口总量的85%左右。澳大利亚和中国是山竹的小规模产区。山竹在我国海南省南部地区有零星种植，至2012年总面积达133.3 hm²左右，主要分布在海南省保宁、五指山境内。

　　山竹种植生态效益显著，病虫害较少，种植园中很少使用杀虫剂与杀菌剂，对环境的污染较小，可以称得上十足的绿色无污染的健康水果。在海南建设国际旅游岛之际，发展山竹等热带珍稀水果的种植，培养新兴的农业产业，既符合国家大力发展热带高效农业的要求，又能满足海南热带水果产业，实现农业高效发展。

　　山竹经济效益显著。在海南省保亭地区，土地平坦、土壤肥沃、管理好、投入高的山竹果园，实生苗一般种植7～8年即可开花结果。每株结果当年产量约0.5 kg，随着树龄增大，树势增强，山竹的产量逐年提高。良好的管理下，山竹结果4～5年可进入丰产期，平均每667 m²产1 200 kg左右，如按照售价20元/kg计算，山竹园的年产值可达每667 m² 2.4万元，经济效益十分显著。

　　山竹树全身是宝，在食品、印染、雕刻、制药、油漆等领域用途广泛。如山竹果实味道鲜美，既可以鲜食，也可以加工成罐头或果酱。山竹树干心材致密结实，常用于木艺工业。山竹的树皮、树叶的浸出液是传统的治疗口疮的收敛剂、退烧药、创伤药。果皮中富含花青素-3-葡糖苷和藤黄胶，分别是天然的红色和黄色染料及着色漆。果皮中含有倒捻子素、4-倒捻子素、异倒捻子素、藤黄素和蒽酮5种抗氧化化合物，被用于医药，在一定范围内替代抗菌药。

　　山竹果实味美，营养丰富，深受人们喜爱，是一种在海南有着较大发展潜力的热带水果。

第一节　种类和品种

一、种类

（一）山竹起源及种类简介

　　山竹属于藤黄科（Guttiferae）藤黄属（*Garcinia*）植物，其主要发源于马来西亚半岛。藤黄属植物主要分布在东南亚和印度次大陆等地区，在东南亚的边缘地区如中印边境地区也有大量分布。另外，此物种在非洲也有分布。

藤黄属植物中大约有 40 种能生产可供食用的果实。其中，东南亚地区大约利用了其中的 27 种，南亚地区则大约利用了 11 种，非洲地区大约利用了其中的 15 个物种。Martin 等（1987）调查发现，在亚洲地区有 4 个藤黄属的物种分布较为广泛，并得到了普遍的种植与应用。它们分别是：*G. mangostana* L.（山竹）、*G. cambogia*（Gaertn）Desr.、*G. dulcis*（Roxb.）Kurz 与 *G. tinctoria*（D. C.）Wight。其中，山竹和 *G. dulcis* 在热带地区有大量的人工种植，其他几个物种人工种植较少。

（二）常见山竹的近缘种介绍

1. *G. dulcis* 原产于菲律宾、印度尼西亚（特别是印度尼西亚的爪哇和婆罗洲地区）、马来西亚和泰国，该树种在安达曼和印度的尼科巴群岛也有分布（Dagar 和 Singh，1999）。*G. dulcis* 是一种中等乔木，高 5～20 m，与山竹的树高近似。其小枝分泌的乳胶呈白色，果实分泌的乳胶呈黄色。叶片对生，老熟叶片呈暗绿色，叶背被毛，叶矛尖形，叶长 10～30 cm，宽 3～15 cm。雄花乳白色，有淡淡的臭味，常成丛开放在树叶后面的嫩枝末梢上。雌花具有更长的花柄和更浓的气味，可产生大量的花蜜。果实圆球状，直径 5～8 cm，成熟时变为橙色。每个果实里面有 1～5 颗棕色大种子，种子外面有可以食用的淡橙色果肉。其果实由于太酸不适宜生食，经过烹饪或制成蜜饯后，风味变佳。

2. *G. tinctoria*（D. C.）Wight 与 *G. dulcis* 较为相似，容易混淆。该树种在东南亚、中印边境、印度次大陆以及安达曼群岛的森林中都有很广泛的分布，在中国也有分布，印度和马来西亚也偶有种植。*G. tinctoria*（D. C.）Wight 是中等大小的树木，高 10～20 m，叶对生，长 7～15 cm，宽 4～6 cm。雄花呈粉红色或红色。果实是呈近球形的浆果，直径 3～6 cm，成熟后变黄色，种子包裹在橙色的果肉里面。嫩芽和果实均可以食用，有酸味，其果实常用于烹饪。

3. 藤黄果 ［*G. cambogia*（Gaertn）Desr］ 藤黄果原产于马来西亚半岛、泰国、缅甸和印度，在菲律宾也有发现（图 42 - 1）。这种树常分布在低地雨林中，属高大乔木，高 20～30 m，其树干的基部常有凹槽。树体可分泌无色清淡的胶乳。树叶较大，暗绿色、平滑有光泽，呈窄的椭圆形，叶尖陡然变尖，叶对生。花略带红色，雄花罕见，但常成簇着生在枝条的顶端，雌花一般单独开放。果实近圆球形，体积较大，直径为 6～10 cm，表面有 12～16 条突出的纹理和凹槽。果实成熟后呈橘黄色，花瓣和萼片仍保留在果实基部，果肉口感较酸。有些国家把已长大但未成熟的藤黄果果实切成片后晒干，用于调味，以取代酸豆果。在印度和泰国，也用于减肥类加工保健品。

图 42 - 1　藤黄果

4. *G. hombroniana* 该物种主要原生于马来西亚和安达曼、尼科巴群岛。常常生长在沙质和岩石较多的海滨，或生长于靠海的次生林中。属于中小型树种，树高一般 9～18 m，树皮灰色。树体可以分泌白色乳胶。叶对生，树叶长 10～14 cm、宽 4～8 cm。雄花乳白色或乳黄色。果实圆球形，有薄薄的外壳，直径约 5 cm，果实呈鲜亮的玫瑰色，具有苹果的香味，果实的尖端通常保留有碟状的柱头。其鲜果和山竹果外形非常相似，味道有点像桃子，但略有些酸。

5. G. indica 该树种主要分布于热带雨林中，特别是印度的东北部地区。其一般生长在较高海拔地区，甚至在 2 000 m 海拔处仍有分布。*G. indica* 是一种中等大小的乔木，果实近圆球形，直径 2.5~3 cm。果肉味酸，常用于生产果冻和果汁。果实外形与山竹相似。在印度，常将其果实连肉带皮一起烘干，制成略有酸味的咖喱和果汁，深受人们喜爱。

6. G. prainiana 该树种原产于马来西亚和泰国，属于中小型树种。该树分泌白色胶乳。树叶大且呈椭圆形，长 10~23 cm，宽 4.5~11.5 cm，叶缘或尖锐或顿挫，棱纹较多，几乎无柄。其花常成簇盛开在多叶的嫩枝上，具 5 个花瓣，花呈微黄色或粉红色。果实圆形，表面光滑但无光泽，一般 2.5~4.5 cm 大小，成熟时为橘黄色，柱头黑色像纽扣一样附着在果实上，果皮薄，果肉呈淡黄橙色，味甜但常略带酸味。

7. G. livingstonel 主要分布在东非和南非，是一种树高小于 10 m 的小乔木或灌木。其树冠密集，枝叶常绿，分枝较多或呈丛生状，树干多而弯曲不直。树皮呈棕灰色，可分泌黄红色胶乳。雄花、雌花或两性花着生于叶腋处，或生长于早些时候叶子没有发育出来的地方。果实呈卵球体，大小 2.5~3.5 cm，橙色或红色，果肉是酸里带甜的浆果，可以生吃或经烹饪后食用。

二、品种

山竹的生殖方式为无融合生殖，属于无性生殖，因此世界各地的山竹彼此间基本为同源克隆，遗传差异不大。当然，自然环境下也产生了些表现不同的变异种，有被发现和保存下来。

(一) 国外山竹的品种介绍

泰国、马来西亚、印度尼西亚、菲律宾是山竹的主要种植区域，马来西亚和印度尼西亚都有鉴选出山竹的变种。

在印度尼西亚，山竹的栽培已遍及 30 个省，现已鉴定出了 3 个山竹的变种。即：叶片大，果实大，有厚果皮；叶片中等大小，果实中等大小；叶片较小，果实较小。

在马来西亚，除了常规种植的山竹品种外，在马来西亚半岛还选育了山竹的早熟品种 Mesta，该品种具有童期短、果实稍小、顶端稍尖、无籽的特点（图 42 - 2）。

图 42 - 2 马来西亚山竹变种 Mesta

(陈幸琴 摄)

(二) 我国山竹的栽培种介绍

我国的山竹栽培种如按照引种地来区分，主要来源于马来西亚、泰国、越南等地。其中，海南省保亭热带作物研究所、海南省国营南茂农场、海南省国营金江农场，以及乐东、陵水零散种植的山竹为马来西亚种，主要是由海南省保亭热带作物研究所从马来西亚引种的山竹母树采种培育出的种苗，推广到这些地区种植；海南省国营新星农场、海南省国营三道农场、海南省五指山市毛道乡（四通合作社）、海口三江、澄迈永发等地种植的主要是泰国种，分别为五指山山竹公司、海南省农科院从泰国买入的种果培育的种苗种植而来；近些年，也有越南种的山竹被引入种植，主要分布在海南省五指山市一些乡镇。

第二节　苗木繁殖

一、实生苗培育

（一）苗床催芽

1. 选种　山竹育苗选种，需选择新鲜的山竹果实，尽量随采随播，市场上销售的山竹果由于在运输过程中冰冻过，种子丧失发芽力，不可以用作种源。在海南，山竹一般 6 月开始成熟，种果应选取新鲜个大的果实，其内种子饱满，所繁育出的种苗生长势强，生长健壮。

2. 洗种　将新鲜山竹果实中剥出的种子浸泡 12 h 后，通过细沙搓洗和清水漂洗等方式，去除种子上残留的果肉和糖分。首先，用细沙搓种，剔除种子残留的果肉；其次，在清水中人工搓洗 2～3 次，洗净种子上的糖分，避免招引蚁虫啃食。

3. 做沙床　沙床一般建在灌排条件便利的地方。沙床上需要建立荫棚，荫棚一般需用钢柱或水泥柱、钢丝绳、遮阴度 85％以上的遮阴网搭建，荫棚既需要能保湿和防止日光暴晒，还要能抵御台风的侵袭。沙床用砖砌起，床高 30～40 cm，宽 120 cm 左右，基质选用漂洗干净的河沙。

4. 催芽管理　播种选在晴天进行。种子平放在沙床上再按紧压实，种子间稍留一定间隔，不要重叠，以方便种子出芽与移植。播种后，在种子上面铺一层 1～2 cm 厚的面沙，用于保湿。面沙撒好后，淋一次透水。等到沙床稍干，用 80％敌百虫可溶性粉剂 800～1 000 倍液，给沙床喷药一次，杀灭蚂蚁或者其他地下害虫，以预防种子被啃食。

5. 幼苗管理　夏季山竹 15～20 d 即可出芽。山竹喜湿，幼苗期间要经常保持沙床湿润。晴天时，每天淋水 1～2 次，早上和傍晚各淋一次，面沙湿润即可。雨天要注意排水，以免水渍烂种。播种后 15 d 左右开始出芽，先长出 1 对托叶，托叶较小，棕红色。随后第一对真叶由托叶间抽出，新抽出的真叶较小，颜色棕红。约 15 d 后叶片稳定，颜色转为深绿色，叶面积变大。在真叶展开后到稳定前，最适山竹幼苗移栽，此时山竹小苗的侧根还没有发育，移栽过程中根系损伤小，成活率高。沙床上会出现一些细小的杂草，需要人工拔除。

（二）营养袋育苗管理

1. 袋育苗苗圃建设　山竹育苗圃一般选建在地势平坦、管理与运输方便、灌水与排涝条件良好的地方。苗圃内育苗床一般长条形，25 cm 深、60 cm 宽，基本满足横排 3 个育苗袋的要求。育苗床间距 50 cm，地面需平坦，方便管理人员行走。山竹育苗床必须要用荫棚遮阴，防止山竹小苗被阳光晒伤。遮阴网还需要牢固抗台风，以免荫棚被风刮倒，山竹小苗被砸伤或被太阳灼伤晒死。

2. 配营养土　山竹喜欢有机质丰富的酸性或弱酸性壤土。营养土一般以土壤、河沙、腐熟的有机肥混合。在海南省保亭县，土壤中富含沙粒，可直接将壤土与有机肥按照 5∶1 混合均匀配成营养土。将配好的营养土装入育苗袋中，稍微墩紧，在苗床内排列整齐，淋透水后备用。

3. 幼苗移植　幼苗移植时，沙床要先淋透水，然后才将山竹幼苗从沙床上移栽到营养袋中。移植在非雨日均可进行。幼苗从沙床移出后，需尽快定植到营养袋中，每个营养袋栽种一株。定植时，用小木棍在袋中插出 10 cm 左右深的小穴，随即将幼苗的根部放入穴中，保持根系伸展，覆土高于种子 1.5 cm 左右。在苗头周围用手轻轻将土压实。移栽完成后，淋足淋透定根水。

4. 袋苗的水肥管理　每天早晚各淋 1 次水，见营养袋土面干就淋水，雨天注意排水，雨后注意及时将育苗袋中被雨水冲倒的幼苗扶正与补土。山竹幼苗定植后约 10 d，叶片开始转为绿色，侧根开始生长发育。0～6 月龄山竹小苗，施用 0.5％尿素与有机肥发酵液稀释液的混合液，每月 3～4 次；6 月龄以上的山竹小苗，根系逐渐发达，可增大施肥量和浓度促进生长，可施用 1.5％的挪威复合肥

（N：P：K＝15：15：15）水肥，每月 3 次。

（三）出苗

山竹袋苗生长 1.5～2 年，种苗平均高度达到 25～30 cm，即可出圃，直接移栽至大田种植。也可以移入荫蔽度 50%～70% 的荫棚中继续培育至 1 对分枝（苗约 80 cm 高），再移栽至大田种植，能有效降低移栽后的管理强度。

二、嫁接苗培育

（一）种苗芽接

1. 砧木选择　山竹和大多数藤黄属植物嫁接后都表现不亲和，因此，山竹种苗芽接时，砧木多选用 1.5～2 年生的山竹实生苗。

2. 芽接　山竹的嫁接方式主要采用劈接。嫁接时间多选在春季或秋季气候温和时进行。①选取 30 cm 高的山竹幼苗作为砧木，此时砧木与接穗直径基本一致；②从山竹结果树上选取中、上层树冠的健壮枝条作为接穗，接穗一般长 6～12 cm，最好带有 1 对分枝，接口端削成楔形；③采用劈接的方式将接穗插入砧木的 V 形口内，缠紧塑料绑带，将接穗与砧木紧紧固定在一起。

（二）嫁接苗的管理

1. 防护管理　嫁接完毕的种苗需要注意遮阳、防雨、防外力摇动。嫁接好的苗木继续在 75% 左右荫蔽度的育苗棚内培植，育苗棚最好加盖薄膜用于防雨和防风，避免雨水淋入芽接口和种苗摇动后砧木与接穗错位，造成芽接成活率降低。

2. 空气湿度管理　有条件的苗圃，可以安装雾化加湿管道，在空气干燥时，通过雾化喷头喷射水雾，以保持育苗棚内空气湿润。

3. 解绑　芽接 3 个月后，芽接口基本愈合，统一解除嫁接苗芽接口上的绑带，避免影响嫁接苗今后的正常生长。

4. 水肥管理　嫁接后每 7 d 淋 1 次水，保持容器内土壤湿润。每月袋内除草 1～2 次。山竹嫁接苗成活抽生的第 1 蓬叶稳定后开始施用肥料，所施肥料选用挪威复合肥（N：P：K＝15：15：15），浓度为 1.5% 的水肥，每隔 10 d 施用 1 次，水肥施用后及时淋水。

5. 虫害预防　每隔 7 d 喷施一次菊酯类杀虫剂 800 倍液，防止虫蚁咬破薄膜绑带，影响山竹种苗的嫁接成活率，同时防止蚜虫侵害种苗新抽出的幼嫩叶片。

三、山竹空中压条育苗法

空中压条繁殖法是山竹营养繁殖常用的方法。

（一）育苗时间

在海南南部地区，山竹空中压条几乎全年均可以进行，但通常以 8 月之后较好，此时山竹果实采收结束，雨水充沛，山竹生长旺盛，剥皮操作容易，圈枝后压条苗发根、成苗快，成活率较高。

（二）枝条选择

高压育苗的枝条一般选用山竹中层树冠内部的成熟结果小枝和下层需要修除的枝条，环状剥皮部位粗 1.5～2 cm，枝身较平直，生长健壮，皮光滑无损伤，能接受到阳光。选枝条的数量要注意，一株母树不能同时高压育苗太多，以免影响母树的正常生长和下一年开花结果。

（三）操作方法

1. 环状剥皮　在人选的枝条上适宜环割的部位，环割两刀，深度仅达木质部，两刀相离约 3 cm，在其间纵切一刀，用手钳将两切割口之间的皮剥除。环剥后晾干 2 周，再开始包生根基质。

2. 包生根基质　制备生根基质采用通气、保湿的材料，常用的有椰糠、木糠、干牛粪、黄泥、生根粉等混合成肥泥。肥泥采用椰糠（木糠等疏松材料），牛粪，黄泥等按照 1：1：1 的比例加生根粉搅拌混匀后，再加水充分混合均匀，至紧握掌中指缝略有水分渗出即可。预先准备好包裹你泥团用的塑料薄膜，长 40 cm，宽 30 cm，以及缚扎的塑料绳等。包基质时，先将薄膜一端扎紧于圈口之下，成喇叭状，填入基质后，边填边压实，最后把薄膜包成筒形，扎紧上端即可。

3. 生根管理　海南冬、春季旱季降雨稀少，气候干旱，如发现薄膜包裹的基质干燥，可采用注射器注水，补充基质水分，提高高压苗成活率。

(四) 落树与假植

山竹高空压条后 6～9 个月，薄膜包裹下的基质就可以看到布满细根。这时，就可以把高压苗从母树上剪下。落苗时，用修枝剪或小锯贴近下端扎口的地方，把枝条连袋剪下。落树后，高压苗及时转入荫棚假植，假植苗至少保留 2 片完整的老化叶片。

(五) 假植管理

山竹高压苗装袋后需在 70%～85% 遮阴度的荫棚中假植。假植时采用 25～30 cm 有孔的塑料袋，将表土与有机肥按照 5∶1 混合均匀配成营养土。育苗袋装了 1/3 的营养土后，将山竹压条苗植于袋中用营养土分层压实，盖土至根茎交接处略高 1～2 cm。

压条苗植入袋中后即时淋足定根水，以后晴天每天淋 1 次，保持土壤湿度湿润。当新抽出 1 对新叶后，每周施用 0.5% 的尿素水肥 1 次。当苗木生长有 3～4 对老化叶片后即可定植。定植前 15 d 需提前将打开荫棚四周的遮阴网炼苗，同时要注意避免阳光直接照射在种苗上。炼苗后的山竹压条苗才能大田移植。

四、山竹组织培养

以山竹的种子为外植体，消毒后，接种在萌发培养基上，诱导种子萌发，获得无菌苗，进而以无菌苗为组培材料，经过愈伤诱导、不定芽分化、增殖培养、生根培养，培养无菌苗，建立一个完整的山竹无菌苗快繁体系。

(一) 外植体的选取、消毒、接种

每年的 6～8 月，海南省保亭黎族苗族自治县境内的山竹种植园的山竹开始成熟。此时，从种植园中采收成熟（果皮颜色转为紫色），表皮光滑，无病虫害的山竹果实为外植体，带回实验室进行清洗消毒。

将山竹果在用自来水冲洗 10～20 min，再用 75% 的酒精迅速漂洗一下，再用 0.1% 升汞浸泡 10 min，最后用无菌水冲洗 2～3 次，在超净工作台上取出果内种子进行培养。

(二) 初代培养

在超净工作台上等的无菌条件下，将经过消毒的山竹果内的种子水平放置在培养基中，深度约 1 mm。初代培养基配方为：MS＋6-BA 3 mg/L＋琼脂 0.6%＋蔗糖 2%，pH 5.8。接种后即可转入培养室内培养，培养室光照度为 1 500 lx，光照时间 8 h/d，培养温度为 28～30 ℃。培养 15 d 后，萌芽 3～5 条，平均芽长 3.0 cm；30 d 后第 1 对叶片基本稳定。

(三) 继代培养

在超净工作台上，将初代培养的无菌苗剪下后，直立插入继代培养基中，深度 2～3 mm。

继代培养基配方：MS＋6-BA 2 mg/L＋NAA 0.05 mg/L＋琼脂 0.7%＋蔗糖 3%，pH 5.8。接种后即转入培养室内培养，培养室光照度为 1 500 lx，光照时间 8 h/d，培养温度为 28～30 ℃。每培养 30 d，更换 1 次培养基，90 d 后无菌苗基本带有 3 对叶片，此时在无菌环境下将无菌苗切成带叶的 3 个茎段，再次接入继代培养基中，转入培养室内培养。

(四) 生根培养

在超净工作台上，将继代培养中带有顶芽的无菌苗接入生根培养基中，深度 2～3 cm。生根培养基配方：1/2MS＋NAA1 mg/L＋活性炭 0.25%＋琼脂 0.7%＋蔗糖 3%。接种后转入培养室内培养，培养室

光照度为 1 500 lx，光照时间 8 h/d，培养温度为 28～30 ℃。每培养 30 d，更换 1 次培养基（图 42-3）。

图 42-3　山竹组培苗
（陈兵　摄）

五、袋苗出圃

（一）起苗

1. 做好防护　起苗 5～7 d 前，将符合出圃要求的山竹袋苗，用小竹竿或竹片插入袋中，并与苗木绑扎在一起，使起苗运苗过程中苗木不易折断。

2. 起苗　人工使用锄头挖苗。起苗时注意避免锄伤育苗袋。起苗后，种苗搬运到 60% 遮阴度的荫棚中炼苗 15～30 d。

（二）包装运输

用于定植的山竹种苗运输前应确保育苗袋完好。运输过程中应轻拿轻放，避免茎、叶碰伤。运输过程要注意在运输车辆上做好遮阴防护，避免苗木被阳光灼伤。定植园地也要搭建临时的荫棚，临时存放种苗。

（三）苗木检疫

即将出圃的山竹种苗，要通过植物检疫，对种苗的调拨、运输及贸易进行管理和控制，以防止危险性病、虫害的传播、扩散。它是从根本上解决病虫害问题的重要而基本的方法之一，是贯彻"预防为主，综合防治"方针、防止病虫侵入新植地与蔓延。山竹苗木出圃前，需要喷施敌百虫和多菌灵 800 倍液，杀灭粉虱、吹绵蚧、介壳虫等，最大限度的避免其随苗木传播，为害定植苗木。

第三节　生物学特性

一、根系生长特性

（一）根系的生长动态

山竹根系为直根系，根系由主根、侧根、须根、根毛组成。山竹根系生长缓慢，肉质，较脆，容易受到损伤。山竹主根上侧根比较稀少，主根与侧根上都分布有根毛。山竹根系不发达，其分布范围与所在土壤的理化性质，土层厚度，地下水位高低，地面覆盖物等密切相关。Bordeaut and Moreuil（1970）发现非洲象牙海岸生长的山竹的根系，在树高 3～8 m 时，树冠幅度 2～5 m，大部分根系分布在地表 5～30 cm 的土层，最长的侧根也只延伸到树干外 1 m 多的位置。2013 年，海南省农垦科学院保亭试验站科技人员发现，山竹树冠下长期有落叶覆盖的潮湿根区，布满了肉质的营养根。

（二）根系的年周期

山竹根系在适宜的栽培条件下，可以全年不断生长，没有自然的休眠期，但是在全年不同时期根系的生长势有差别。在一年中，山竹根系有夏、秋、冬 3 个生长高峰期。第一次生长高峰于 4～5 月出现，此时山竹幼果快速生长发育，树体消耗大量养分，根系生长量相对较少。第二次生长高峰出现在 7~8 月，此时果实采收完毕，地温较高、湿度较大，适宜根系生长，这一阶段是根系生长量最大的时期。第三次生长高峰在 10~11 月。一年中，山竹根系随季节、物候期的变化呈现节奏性活动。

二、芽、枝、叶生长特性

(一) 芽

按着生位置山竹的芽可以分为顶芽、侧芽。休眠期时，芽一般包裹在茎的顶端叶柄或叶腋间。

(二) 枝

山竹树冠圆锥形，树干直立。树皮粗糙。黑褐色，内含黄色藤黄胶。单轴分支，且枝对生。一级分枝着生于茎上，与茎成 45°~60° 角平伸生长，小枝粗厚，呈圆形，一般为 4 楞茎。

(三) 叶

山竹的叶对生，全缘、顶端略尖，叶呈椭圆形，具短柄 (1~2 cm)。新生叶片由小枝顶端抽生，呈红棕色，并逐向深绿色转变。山竹成熟叶长 15~25 cm，叶宽 4.5~10 cm，叶表面呈革质，多为暗绿色，叶正反面光滑无毛。

三、花、果实生长特性

(一) 花

山竹花为两性花，雄蕊退化。4 个萼片成 2 对分布，长约 2 cm。4 个花瓣，呈倒卵形排列，花瓣肉质较厚长 2~5 cm，花瓣为黄绿色有红色边缘或偶尔呈全红色。雄蕊 10~23 枚，较子房短小，单生活 2~3 枚成束。花丝纤细，基部扁平，长 0.1~0.5 cm，花药椭圆形，呈黄色。子房无柄，近圆形，5~7 室，柱头 5~7 裂。花常一朵、或成对，或呈少见的 3 朵生长于嫩枝顶端 (图 42-4)。

(二) 果实

1. 果实的植物学特性 山竹果实属于浆果，球形，花萼残留果实顶端，成熟果实外果皮紫褐色，果皮厚 0.8~1 cm，未成熟果实淡绿色，并富含藤黄胶。果实内有 0~3 粒种子，种子扁椭圆形。果肉白色透明，清甜，多汁。

2. 果实生长动态 在海南一般山竹从坐果到成熟需要 5~6 个月的时间。Poonnachit 等 (1992) 曾报道说山竹的果实从开花到果实发育成熟需要 100~120 d，在冷一点的地方需要 180 d 甚至更久。山竹果实的生长遵循 S 形曲线。从一开始果皮的生长就在果实的生长中占优势，与此同时假种皮的干物质直到花后的 20 d 才开始缓慢增加，直到果实发育成熟也没增加多少。在 13 周的时候，果肉、外皮、糖分和酸的百分含量都达到最高：分别是 29.37%，69.14%，18% 和 0.49% (图 42-5)。

图 42-4 山 竹
(陈兵 摄)

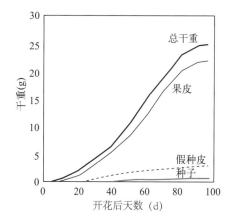

图 42-5 山竹果实生长曲线
(Poonnachit et al., 1992)

第四节　对环境条件的要求

一、土壤

山竹可以在类型广泛的土壤类型上生长。但是，山竹不能适应石灰性土壤、沙质冲积土、腐殖质低的沙土。

山竹生长最好的土壤是透气、土层深厚、排水良好、pH 微酸、富含有机质的黏壤土。尽管，根系相对较弱，假如在遮阴和相对湿度低的条件下，水分蒸发受到限制，阻止水分散失，山竹也可以生长在粘土上。在干旱的条件下，必须有灌溉，根部覆盖也是非常有益山竹生长的。

二、温度

山竹在 25～35 ℃、相对湿度 80％的环境下可以生长旺盛。20～25 ℃的温度范围也可以满足山竹栽培的要求。一般山竹生长适宜的温度为 25～32 ℃，当温度降到 25 ℃以下时，山竹生长将受到抑制。温度长期低于 5 ℃或高于 38～40 ℃都会引起山竹死亡。

过去，世界各地通过引种，证明山竹种植区域最远可以延伸到赤道两边纬度 18°的地区。我国山竹引种试种成功表明海南南部地区的气候条件基本满足山竹的生长需求。保亭热带作物研究所及海南省农科院山竹的引种试种结果证明了山竹在海南三亚、陵水、保亭、乐东、五指山生产正常，其中就温度、湿度、海拔等条件而言，又以保亭最佳。

三、光照

山竹在生长期的前 2～4 年，不管是在育苗床上，还是大田定植了的，都需要荫蔽的环境。山竹的光合速率在 27～35 ℃的温度范围、20％～50％的遮阴条件时基本稳定不变。一般山竹适宜的光照度为 40％～70％，直接光照下，山竹的枝叶与果实容易晒伤。

在东南亚国家，习惯将山竹与其他果树套种，从而由套种的果树提供山竹早期生长需要的弱光照条件。海南的山竹种植园也常常采用这种模式。

四、湿度

山竹是典型的热带雨林型果树，自然生长在年降水量大于 1 270 mm 的地区，在年降水量在 1 270～2 500 mm 的地区生长旺盛。山竹结果树的正常开花结果，需要 15～30 d 的持续干旱期，其余时间要求降雨充足且分布均匀，山竹在相对湿度 80％的环境下生长最快。

山竹能忍受一定程度的涝渍，但是不耐干旱。干旱地区，通过灌溉提供持续的水分供应，也可以成功的栽培山竹。

五、风

风主要有调节山竹种植园的温度和湿度的作用，台风时会对果树枝叶和果实有危害。海南省保亭地区的西北风干燥，易引起山竹落花落果，严重时还会造成新梢皱缩干枯。海南台风多发生于 5～11月，台风过境时易引起大量落果，严重者折枝损叶，破坏树形，影响下年产量。

第五节　建园和栽植

一、建园

（一）园地选择

山竹园地应选择在海南南部地区（陵水、三亚、保亭、乐东、五指山南部）天然屏障较好，坡度小于 20°的半山坡，缓坡地，平地，土层要求深厚，肥沃，土壤结构良好，pH 5～6，地下水位 0.5 m 以下，靠近水源，连片集中，便于管理。

（二）园地规划

1. 分区划片　为了方便管理，园地规划时可以依据果园面积，自然地形地势条件，土壤类型对规划园地分区划片，山地、丘陵地可以一面或一个山丘为一个小区。

2. 道路　为了园区管理和运输方便，必须合理规划建设道路系统。道路包括主路和作业路。主路一般宽 3 m，主路上可行驶汽车或大型拖拉机，在适当位置加宽至 10 m 以便会车；为了方便小区日常作业，设置从主路通向各个小区的支路（作业路宽 1.2 m）。在园区内形成主路和作业路要形成道路网。主路修成厚 20 cm 的水泥浇筑路，作业路修成水泥或路面。

3. 防护林　为了防止台风危害，降低常风风速，提高园地湿度，应在园区四周营造防护林带。防护林的类型一般选择透风结构林带，树种选择台湾相思或马占。

4. 环山行修筑　丘陵地要求等高开垦环山行。环山行面宽度依坡度而定。原则上根据坡度大时可窄些，坡度小时宜宽。一般环山行面宽 1.8～2.5 m，反倾斜 15°，每隔 1～2 个定植穴留一个土梗，梗高 30 cm，用于旱季保水。

5. 排灌系统设置

（1）灌溉系统

① 水源。水源是海南南部区域实现山竹灌溉的关键。为了保证山竹生长所需的水分，要因地制宜地利用河沟山泉，自打水井，山塘水库蓄水引水等灌溉配套工程，有条件的在果园高处自建蓄水池用于旱季蓄水或果园自压喷灌。

② 灌溉方式。海南南部地区的园地多为丘陵山地，为了实现节水和利用天然地势落差，山竹园地的灌溉系统一般优选微喷灌。利用田间输水管道，分级输送，最后采用小喷头在距地面很近处喷洒水分，其喷水范围较小，多在树干周围 80 cm 处，比喷灌水分流失少，节水效果好。

（2）排水系统。海南南部地区年降水量较大，夏秋季节台风频繁，强对流雨频发，降雨强度大，因此果园规划要提前做好排水和水土保持系统的设置。

① 阻洪沟。果园上方山地，暴雨骤雨时积集大量雨水向下冲刷，宜在园地设置环山阻洪沟，以切断山顶径流，防止山洪冲入果园，也可以兼作环山蓄水灌溉渠。环山沟的大小与深浅视上方集水面积而定，一般深、宽各 60 cm。环山沟应与山塘连接，将多余的水收集用于灌溉水源。

② 排水沟。果园应有纵向排水沟和横向水沟，排除园地积水。尽量利用天然低地作为纵向排水沟，或在田间道路旁边设纵向排水沟，排水沟深、宽 20～30 cm。横向排水沟设在梯田内侧沟，且每一梯级环山间隔 2 株做一土梗，以消除梯级内多余积水和积蓄雨水，防止冲刷延长果园湿润时间。

（三）深翻改土

海南山竹种植园因多建于南部地区，气温高，降雨强度大，园地坡度陡，因此，水土流失较重，园地的土壤贫瘠，有机质含量低，影响土壤微生物的活动、养分供应、团粒作用及透水透气性。对立地条件不良，影响根系生长和树体的丰产性的园地，应在建园前后进行土壤改良，以适应山竹将来根系的不断扩展，为其生长创造良好条件。

深翻改土的方式有深翻扩穴，隔行隔株深翻。深翻扩穴较为常用，一般于定植后数年内，在定植坑外围挖沟，沟深约 50 cm，长 50 cm，深 40 cm，通过在沟内压杂草、绿肥、表土等，改变局部土壤的理化性质，提高土壤肥力，增加吸收根数量。

二、定植

（一）开穴与施基肥

最好在移栽前，适当开大穴。定植穴的大小一般为 60 cm×60 cm×60 cm。穴土表层土与底层土分开放置。每个定植穴施腐熟的有机肥 15 kg，0.5 kg 钙镁磷肥。将两种肥料与底层穴土混合，拌均匀备用。可先将表层土提前填入穴中。定植穴需提前 1 个月挖好。定植时间在阴天的下午较好，以避免山竹小苗受到太阳光灼伤。

（二）小苗定植

选择实生苗，或者嫁接苗定植都可以。栽苗前去掉残叶，也可适当剪去一些过多的叶片，避免因蒸发量大，失水过多。（只要叶主脉没有损伤是不需要剪掉叶片的）种植时，先将混匀的肥土填入穴中至40 cm，然后去掉种苗营养袋，放入穴中，种苗的支撑棍不必拔出来，带棍一起栽苗，发挥防风的作用。接着回填肥土，高出苗根 10 cm。山竹定植的株行距规格为 4 m×5 m，或者 4 m×6 m 都可以，种植密度为每 667 m² 30 株左右。

（三）遮阴

山竹苗定植好了，用木桩或者竹棒，在山竹四周打桩，固定成方形，再用透光率（遮阴度）为90％的遮阳网遮挡阳光，搭成方形遮阳棚。避免阳光直射，晒伤幼嫩叶片与枝条。以搭成边长为1 m 左右的正方形为好。荫棚搭好前，提前做好圆形水盘。及时淋足定根水。

（四）根区覆盖

山竹小苗移栽后还需要地面覆盖，一般移栽后立即覆盖，可以显著提高山竹的成活率。在山竹小苗周围大量覆盖铁芒萁，还可以有效控制山竹根区杂草疯长。一般在从树干向外直到树冠滴水线内的30 cm 范围内保持覆盖。在一些干旱的季节，植株周边地区，需要加覆盖物，以保持土壤持续潮湿。根区覆盖对保证山竹成活率实用有效。

（五）施肥管理

1. 定植后第一年的施肥管理　第一年的幼龄树，在旱季时，需要施 1 次尿素水肥，可结合淋水进行。每株施用量100 mL，浓度 2％，促进山竹小苗生长。雨季初期，施 1 次有机肥加钙镁磷肥。每棵树用有机肥 10 kg 左右，混合 0.25 kg 的钙镁磷肥。在植株两侧开穴，撒施。回土时先将表土填到根系分布层，底土与有机肥混匀后压在中、表层。雨季期间施肥 2～4 次。用氮磷钾比例为15：15：15的三元复合肥，在幼树两侧开沟撒施，东西和南北两侧依次轮换施肥。每棵幼树复合肥用量共为 0.2 kg，施肥完后及时覆土。

2. 定植后第二年的施肥管理　第二年施肥的规律和肥料的种类和第一年一样。不同的是施肥量发生变化。旱季，用尿素溶成2％的水肥，共施用 2 次，每次每棵树100 mL。雨季初期，有机肥一般用量 10 kg，钙镁磷肥一般用量 0.25 kg，氮磷钾复合肥的用量增加到 0.25 kg。

3. 定植后第三年的施肥管理　第三年，旱季时，氮肥的用量增加到每棵树施用 2％的尿素 2 次，每次 150 mL，共 300 mL。雨季初期，有机肥的用 15 kg，钙镁磷肥的用量 0.40 kg。雨季期间，氮磷钾复合肥的用量增加到 0.3 kg。

4. 定植后 4～6 年的施肥管理　4～6 龄的山竹，以有施用机肥与挪威三元复合肥为主，充足合理的肥料供给，将有利于山竹尽早进入结果期。雨季初期，结合扩穴改土，每棵树施有机肥 15 kg，再加入 0.2 kg 钙镁磷肥。雨季来临后分别于 5～9 月，开浅沟撒施。施用氮磷钾比例为 15：15：15 的三元复合肥 3 次。每棵幼树每次施肥量为 0.1 kg。雨季结束前后，于 11～12 月，再用沟施法，施用1 次三元复合肥，株施 0.2 kg 左右。

第六节　土肥水管理

一、土壤管理

（一）深翻扩穴

深翻熟化土壤。海南省保亭县的山地果园土层较浅、土壤质地粗糙，有机质含量低，影响了山竹根系的健康生长与分布，所以山竹定植后，应隔年结合施有机肥进行深翻扩穴，改善根系分布层的土壤结构和理化性质，提高土壤的熟化程度和蓄水、保肥的能力及透气性，增加土壤中有机质的含量。具体做法是：每年夏季采果之后，施用有机肥时（8月中下旬）进行深翻扩穴，于定植穴外缘向外挖深 40 cm、宽 20～30 cm 的环树沟，每年向外扩穴，直至全园深翻。深翻时注意挖出大块石块，打通隔离层；尽量少伤直径 1 cm 以上的粗根；及时做好回填工作，沟底可埋些麦糠、杂草等，有机肥与土壤混合后，重点施于深 20～40 cm 范围内；翻后充分灌水，使土壤与根紧密接触，加速根系的恢复和有机肥的腐熟，尽快发挥肥效。

（二）根区覆盖

山竹移栽后，每年可以利用园区内生长的铁芒箕覆盖根区。既能有效保持根区土壤湿润，还可以增加根区土壤有机质，以及抑制杂草生长。一般是从树干向外直到树冠滴水线内的 30 cm 范围内保持覆盖。根区覆盖对保证山竹健壮生长实用有效。

（三）间、套种

山竹生长缓慢，海南保亭地区定植的山竹实生苗一般 8 年左右开花结果，与橡胶、槟榔、荔枝、芒果等海南常规经济作物相比，收获期分别晚了 2～5 年。较长的抚管期，需要付出的多倍资金与人力投入，以及滞后的资金回笼，这都令一般种植者望而生畏。但是，山竹属于耐荫、树冠生长缓慢的果树，因此可与多种作物间作套种。如在山竹行间套种槟榔、香蕉、木瓜、菠萝。通过利用间、套种的方式，既可以利用间套种的作物的自然遮阴，为山竹童期提供所需的荫蔽环境，还可以提高土地效率，以短养长，增加土地收益。

二、施肥管理

施肥对山竹结果树的枝、叶、花、果的生长发育都十分重要。不同生育阶段，合理搭配施用有机肥与氮、磷、钾等化肥，分别促进山竹营养生长和生殖生长，是保证山竹树势旺盛生长，果实高产、优质的重要因素之一。

（一）促花肥

每年 11～12 月，结合旱季控水，施用 N：P：K＝1：1：2 的高钾肥，以诱导山竹花芽分化，抑制新梢抽生，促进开花结果。施肥时，在树冠滴水线内开环形沟，撒施混匀的挪威复合肥（N：P：K＝15：15：15）200 g 与氯化钾 50 g，施肥前后适量灌水，避免化肥烧根。

（二）壮果肥

每年 3～5 月，山竹进入挂果期。此时，山竹果实正快速膨大，新梢也在老化生长，养分管理应同时满足生殖与营养生长的需求。这一阶段，施肥比例为 N：P：K＝1：1：2，树冠滴水线内开环形沟，混合施用挪威复合肥（N：P：K＝15：15：15）200 g 与氯化钾 50 g，以促进果实发育膨大和新梢生长老化。

（三）果后肥

1. 基肥　7～8 月，山竹果实采摘后，结合改土施用基肥，促进树势恢复和秋梢健壮生长。在植株两侧开穴，规格（长×宽×深）为 1.0 m×0.6 m×0.6 m，每穴施用混合了 0.25 kg 钙镁磷的腐熟有机肥 5～10 kg 与挪威复合肥（N：P：K＝15：15：15）200 g。施肥时，先将表土填入穴底，再将底土与肥料混施并分层施入踏实。每年开穴施肥，东西和南北两侧依次轮换。

2. 追肥　9～10 月，追施化肥 1～2 次，施肥比例为 N：P：K＝1：1：1，共施用挪威复合肥（N：P：K＝15：15：15）200 g，以促进山竹枝叶老化和养分积累。

三、水分管理

（一）山竹的水分需求

山竹喜欢湿润的生长环境，一般要求年降水量在 1 270～2 500 mm，且分布均匀，全年相对湿度维持在 80% 左右。此外，山竹结果树每年还需要有 1～2 个月的自然干旱期，这一段干旱期有助于诱导山竹开花。

（二）宜植地降水特征

海南省保亭县、三亚市、陵水县、五指山市属于热带季风季候，年平均降水量 1 900 mm 左右。区域内干湿季节明显，4～10 月为雨季，降水量占全年的 80%，11 月至翌年 3 月为旱季，逐月平均降水量分布如图 42-6 所示。由于区域内自然干旱期较长，因此，人工灌溉仍是山竹丰产栽培的关键条件。

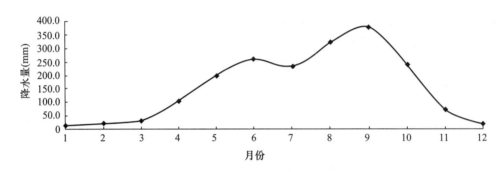

图 42-6　海南省保亭热作所 30 年逐月平均降水量分布

（三）山竹结果树的水分管理

1. 花芽分化期水分管理　海南保亭，山竹的自然花芽分化期一般在 11 月至次年的 1 月内。期间为保亭的旱季，降雨稀少，土壤墒情逐月降低。此时，需控制灌水量，保持土壤适度干旱，重点诱导山竹花芽分化，及保持花期整齐一致。这一阶段的水分管理，一般采用"前控后抑"，即前期控水不淋，后期少量淋水。前期保持山竹园地持续干旱 30 d 左右，可有效促山竹的花芽分化，同时抑制新梢萌动。后期，根据土壤墒情和山竹树冠外部枝条树皮的外观（如表皮是否出现明显的皱缩），适度淋水以保持园地表层土壤不会过于干燥，以免出现山竹枝叶脱水现象。

2. 花期水分管理　海南保亭的山竹花期一般发生在 2～3 月。这一时期气候干旱，空气湿度低，土壤干燥。大量花开后需及时灌水，一般 7 d 灌溉一次，保持表层土壤适度湿润。

3. 挂果期水分管理　3～6 月，山竹进入果实的生长期。此时，海南保亭由旱季进入雨季，需根据降雨合理安排山竹果园的排灌。降雨不足或过多，都会影响果实生长发育。降雨较少造成水分供应不足时，山竹果实发育缓慢、果实较小、落果；降雨较多造成土壤水分供应饱和时，容易诱发山竹果实流胶、裂果。根据天气情况，如果连续 7～15 d 没有降雨，需灌水保持园地土壤湿润；如果出现连续降雨的天气需及时排水，防止园地积水。

（四）微喷节水灌溉技术

2000 年后，微喷灌逐渐在海南南部地区果园中发展应用，作为一种半自动化的灌溉方式，起初最早应用在三亚市的杧果种植上，目前也在山竹种植园广泛应用。微喷灌系统由首部、输水管、微喷头组成。使用时只要打开阀门，即可利用安装在毛细管上的微喷头将压力水以喷洒状湿润土壤。微喷灌节水效果显著，比地面淋灌节约用水 30%～40%。

1. 微喷灌系统组成

（1）供水装置。包括水源、水泵、流量和压力调节器、肥料混合箱、肥料注入器。进入滴灌管道的水必须具有一定压力，才能保证灌溉水的输送和滴出。要获得具有一定压力的水可采取以下方法：

① 利用现有水塔。需要计算水塔与灌溉管道的相对高度差，一般要求送水的压力达到 0.1～0.2 MPa，相当于要求水塔与灌区的相对高度差达到 10 m 以上。

② 利用加压泵加压。当储水池提供的压力不够时，供水主管上需安装加压泵，直接为管道中的

供水加压。

③ 微型水泵直接供水。一般采用离心泵或潜水泵供水。

（2）输水管道。输水管道是把供水装置提供的水引向滴灌区的通道，山竹种植园的输水管道一般是二级式，即干管和支管，滴灌管直接安装在支管上。滴灌管为高压聚乙烯或聚氯烯管，管的内径有25～100 mm不同的规格。海南太阳辐射较强，大田的输水管道一般需埋入0.5 m深的土层以下。为防铁锈和泥沙堵塞，输水管道上需要安装过滤器。过滤器采用8～10目的纱网过滤，同时要安装压力表阀门。滴管一般置于环山行地面上。

（3）喷水部分。多采用高压聚乙烯或聚氯烯滴管，滴管沿环山行铺设。山竹果园一般株距为4～6 m，可在每棵树布置2个微喷头，以保证灌溉水量。

2. 微喷灌系统设计　海南保亭及周边地区地形多为丘陵和山地，山竹一般沿等高线在环山行内种植。山竹果园微喷灌系统布置时，根据地形条件，一般将泵房设置在果园低洼处，方便直接从山塘或水井中抽水直接灌溉。蓄水池修建在果园的最高点，以满足灌溉时的压力需求。灌溉主管沿着山丘的基线，支管沿山坡垂直于等高线布置。毛管沿着环山行布置，每行山竹树下布置一条毛管。微喷头位于山竹树两侧滴水线下，用毛细管与毛管连接取水，并用插杆固定在地面上。

3. 系统日常维护　防止滴孔堵塞，定期清理过滤装置，并清除杂质。注意水压，压力要适中，避免灌水开口太多，压力不够，影响灌溉质量。保管好塑料管材，经常检查地面的管材是否有完整的覆盖，避免强光和高温造成管材风化。

4. 微喷灌的优势　在海南南部地区微喷灌具有以下优势：

（1）省水省工，增产增收。因为灌溉时，水不在空中运动，不打湿叶面，也没有有效湿润面积以外的土壤表面蒸发，故直接损耗于蒸发的水量最少。

（2）容易控制水量，不致产生地面径流和土壤深层渗漏。故可以比喷灌节省水35%～75%。对水源少和缺水的山区实现灌溉开辟了新途径。

（3）由于株间未供应充足的水分，杂草不易生长，因而作物与杂草争夺养分的干扰大为减轻，减少了除草用工。

第七节　整形修剪

一、整形

山竹树属单轴分枝，侧枝对生于主干，小枝又对生于侧枝。一般，山竹长出16对侧枝后进入了结果期，树冠自然成为宝塔形丰产树型。结果后，可通过绳索固定、重物吊坠等人工手段压迫侧枝平行生长，以增强山竹树冠内部透光，促进果树光合作用与生长健壮。根据定植的株行距，一般在树高4～6 m时打顶，阻止树身继续增高，方便果实采摘。

二、修剪

山竹童期枝叶生长缓慢，一般不进行修剪。成熟结果树的修枝在果实采收后进行。每年的9～10月，结合新梢抽生情况，修除树冠内层的残枝、死枝和荫蔽处的纤弱小枝，以避免空耗养分，为下一年山竹丰产奠定基础。

第八节　病虫害防治

一、主要病害及其防治

1. 山竹果腐病　采后的成熟果易发此病。病害症状为，起先果蒂周围褪色变褐，进而很快发展到果肉内，外果皮变成黑亮之后，长出分生孢子堆。该病的病原菌为柑橘蒂腐囊孢菌（*Physalospora rhodina* Cke），分生孢子器为黑色，椭圆形，有孔口，直径为 150～180 μm；分生孢子为椭圆形，2 个细胞；具条纹；大小为 24 μm×15 μm；子囊孢子无色透明、单胞、椭圆形，大小为 24～42 μm。

2. 山竹枝枯病 为害茎、枝。病原为 *Zignoella garcineae* P. Henn.，在马来西亚发生，受害枝上的叶片出现枯萎，最终整株树死亡。防治方法是砍除病株并烧毁，防止病害传播 9%。

3. 山竹线疫病 病原菌是橙叶网膜革菌。该病菌易侵染叶表面，破坏叶表面的薄壁组织，引起叶颜色变褐，叶枯死、脱落。丝状菌索也可引起叶片下垂，受侵染的叶柄褪色、干枯。波多黎各有此病为害的报道。过阴或过湿的环境易诱发此病。此病首先在小枝上发生，继而扩展到叶片，在叶面上形成一白色条纹，叶色变棕色，然后转深棕色，导致落叶。防治方法是降低荫蔽度，并喷施波尔多液或含铜杀菌剂。

4. 山竹叶斑病 叶斑病主要发生于叶片，初期叶片上出现几个淡黄色到黄褐色间的不规则小点，随着病情加重，不规则病斑在叶片上蔓延，颜色加深，到后期病斑颜色为深褐色到黑色之间，密布叶片表面，病斑坏死干枯，严重阻碍叶片的光合作用，最终可导致叶片脱落（图 42 - 7）。

图 42 - 7 山竹叶斑病症状
（陈兵 摄）

5. 山竹条溃疡病 山竹条溃疡病多发生于嫩枝的第一节和第二节。初期在果树幼嫩茎秆上出现一条黄色到棕褐色的线状痕迹，随着病害发展，线状痕迹所在部分的茎秆组织开始溃疡腐烂，并逐渐干枯凹陷，呈现出椭圆形或狭长的凹陷病灶，病灶周围组织木栓化。该病害发生在幼龄种苗时可导致整个枝条溃烂坏死，影响养分及水分的输送，导致幼苗枯死（图 42 - 8）。

6. 山竹绿霉病 绿霉病的病原菌为子囊菌亚门青霉属（*Penicillium*）的青霉菌。青霉菌属多细胞，营养菌丝体无色、淡色或具鲜明颜色。其分生孢子梗经过多次分枝，产生几轮对称或不对称的小梗，形如扫帚，称为帚状体。

图 42 - 8 山竹条溃疡病症状
（陈兵 摄）

青霉 PDA 培养基上初出现时为一白色的小点，之后扩展为白色绒毛状平贴的圆形菌落，接着菌落上产生大量绿色的分生孢子，使菌落的中间变成深绿色或蓝绿色的粉状菌斑，外围则仍有一圈白色的菌落带（图 42 - 9）。这种菌落一般扩展较慢，而且有局限性，即当菌落扩大到一定程度时，边缘会成收缩状而基本不扩展。但其菌落上的绿色分生孢子在空气和人为的作用下，会飘落在培养基的其他部位或紧邻其原菌落，继续萌发成大小不等的菌落，在这些菌落密集产生时就自然连接成片，菌落的表面再交织在一起，形成一种膜状物。

图 42-9　山竹绿霉病症状

（陈兵　摄）

　　青霉菌侵染山竹叶片后，多在在叶片正面长出几个白色霉层，随后在叶片中部产生青色或绿色粉状霉层（即分生孢子梗和分生孢子），但在病斑周围仍有一圈白色霉层带，随着病情加重，病斑扩散蔓延整个叶片，长满绿色粉状霉层，严重影响叶片的光合作用和呼吸作用。

　　7. 山竹藻斑病　藻斑病病原为头孢藻（*Cephaleuros virescens*），该病害初期在叶片上出现黄褐色针头状小点，随后形成直径为 5～10 mm 的近圆形或不规则形病斑，病斑灰绿色至黄褐色，病斑边缘稍隆起，表面有细条纹状的毛毡状物，即病原菌的孢子囊和孢囊梗等，发病后期病原菌穿透叶面，叶背面也出现灰褐色坏死斑，叶片正面的病斑颜色加深为灰黑色。

　　8. 生理疾病　山竹主要有"流胶病"和"生水病"两种生理性病害发生（图 42-10）。

图 42-10　山竹"生水病""流胶病"症状

（陈兵　摄）

　　"流胶病"主要表现为果皮和树枝上有胶渗出。山竹树脂呈黄色斑点覆盖在果皮上，频繁弄脏果实。流胶病也会发生在果实内部。如果流胶渗入果实的白色部分，会变成半透明，果实变硬，果肉品尝起来有些苦。在很多事例表明，流胶病都是由物理伤害引起的。如山竹果皮被昆虫叮咬后引起果皮乳管破裂，遭受暴风雨的打击、阳光强烈照射、粗放的采摘与采后处理等都会引起"流胶病"的发生。另外，山竹树在干旱季节里过度吸收水分和也会造成果实流胶，严重开裂。开裂果实的果肉会肿胀和变成糊状。果实也会渗胶。

　　"生水病"为害症状主要表现在果肉颜色、质地、果皮剥离难易程度等方面发生不同程度的改变：①果肉颜色由雪白色变成了如经过水渍过了的半透明状的水晶色。②果肉质地由通常的松软质地变成为硬脆的质地。③部分受"生水病"危害的果实，局部果皮出现不同程度的硬化，果皮剥离相对困难，有时会有部分果皮残留在发生"生水病"的果肉上。受山竹"生水病"的影响，山竹果实口感变差，商品性降低。

二、主要害虫及其防治

山竹叶片革质，且枝叶富含藤黄胶，很少发生严重的病虫害。在海南保亭，偶尔会有蚜虫、粉疥、蓟马、荔枝椿轻微为害山竹幼嫩的叶片、枝梢、幼果，但危害都不大，基本不用喷药防治。

1. 蚜虫 1~3 月、5~7 月、8~11 月，山竹抽生新梢时，部分山竹植株上偶见蚜虫在嫩叶背面吸取汁液，引起卷叶。虫口数量一般不大，如严重侵袭，可用 50％辟蚜雾可湿性粉剂 1 000~1 500 倍液叶面喷施，施药间隔 7~10 d，施药次数为 2~3 次。叶片老化后较少见危害。

2. 蚂蚁 还可见蚂蚁在山竹果实萼片下做窝，影响山竹果外观与品质。也有小蚂蚁，大量栖息在新枝或老枝上，会叮蛀为害新枝条的生长点，造成节间缩短，叶片簇生；一般采用切除枯死树枝，或喷施 90％敌百虫 800 倍液，化学喷药应在采收前 14 d 进行喷杀。

3. 蓟马与荔枝椿 在与龙眼、杧果、荔枝套种的果园，3~6 月时偶尔有蓟马、荔枝椿刺吸山竹幼果、嫩叶，形成褐色斑点，也会诱发病菌入侵，在果皮或叶片表皮上形成病斑，严重时会引起果实内部流胶，果肉变硬丧失食用价值。可于 3~4 月，喷施 12％噻虫·高氯氟 1 000~1 500 倍液，喷药次数 2~3 次，每次间隔 7~10 d。

4. 红蜘蛛、穿叶虫与食叶虫 红蜘蛛伤害果皮及枝条，使果实品质降低，可用 20％三氯杀螨醇乳油 1 500 倍液喷雾防治。穿叶虫通常为害幼苗或一至五年生幼龄树，在嫩叶背面爬行，将叶片吃成螺旋形的伤痕；食叶害虫使被害叶残缺。一般可都用用具有胃毒或触杀作用的药剂防治。间隔 7~10 d。

第九节 果实采收、分级和包装

一、果实采收

(一) 果实成熟及指标

山竹成熟的外观标志就是在果皮表面开始出现红色的线条，这种称为"血线"的线条随着果实的成熟而增多，也可以从果实同果柄的分离来判断果实的成熟度，完全成熟的果实颜色转为紫色，或在采摘时可以轻松地从果柄结合处分开。

目前，还没有普遍适用标准或一致的成熟度指标。马来西亚、泰国和澳大利亚这些国家都制定了自己的成熟度指标用于指导山竹采收。山竹成熟度的判断是通过果实变色程度和果实的柔软程度来判断的，通过果实的颜色来鉴别果实的成熟程度被认为是最容易的衡量标准。

马来西亚根据果皮颜色，果皮胶乳含量，果皮分离难易程度等制定了一个从 0~5 的成熟度分级指标，处于 1~3 级颜色的果实可以采收用于出口，处于 4~5 级颜色的果实则供应即时消费。颜色指标（表 42 - 1）。

表 42 - 1 马来西亚制定的山竹颜色指标

分级指标	果实成熟度及适合用途
0	果实黄绿色具红色痕迹，外皮具黄色的胶乳。果肉和果皮不能分离。在当前阶段采摘，即使后来颜色变为第三级，果味依然寡淡
1	果实黄红色，黄色胶乳略有减少。果肉和果皮仍然不能分离。当前阶段的果实在采摘后的 3~4 d 即可食用。当前阶段是用于出口的果实采摘的最早阶段
2	果实淡红色，具有鲜红色的斑块，果皮中仍然存在黄色的胶乳。果皮和果肉能够分离。处于当前阶段采摘的果实适合出口
3	果实深棕色。果皮中仍然有黄色胶乳。处于当前阶段的果实适合即时消费。用于出口的果实不能晚于当前阶段采摘
4	果实紫红色。果皮中不再存在胶乳。果皮和果肉能够轻易分离。处于当前阶段的果实适合即时消费，果肉品质佳
5	果实深紫色至黑色。果皮中不再存在胶乳。果皮和果肉能够轻易分离。果肉品质达到最佳状态

泰国根据果皮的颜色，果皮与果肉的剥离力，果皮内的胶乳含量，种子与假种皮的分离难易程度，果实风味，可溶性固形物含量等成熟度指标将山竹果实成熟阶段分为 7 个阶段（表 42 - 2）。

表 42 - 2　泰国制定的山竹成熟度指标

成熟阶段	果皮颜色	剥离力（kg）	胶乳含量	种子和假种皮分离难易	风味	可溶性固形物含量（%）
0	黄白	2.20	多	不能分离	差	15.2
1	黄绿，遍布粉色斑点	2.09	多	不能分离	差	
2	浅粉红	1.19	中等	较难分离	采收的最早阶段	16.0
3	深粉红	1.24	少	较易分离	可供出口	
4	红色至棕红色	1.32	无	更易分离	可供出口	17.7
5	紫红色	1.32	无	容易分离	马上食用	18.3
6	深紫色，略带红	1.32	无	容易分离	马上食用	
7	深紫色至黑色	1.32	无	容易分离	马上食用	

（二）采收时间

海南省保亭县及周边地区是我国山竹的主要产地。正常年份，本区域内的山竹果实基本上从 6 月中旬开始集中上市，整个产季前后跨度 6～12 周。为避免果实过于老熟，采收间隔期不能太长。为保证最佳的果实品质，一般每 2～3 d 采摘一次符合市场需求成熟度的果实。采收时间通常选择清晨或傍晚气温较凉爽时进行，以保证果实能在最佳状态下进入市场。

（三）采收方法

1. 原始采摘　小种植园的采摘方式较为粗放。果树下部的果实，多手工采摘。较高枝条上的果实，多采用带叉子或钩子的竹竿叉钩下来，果实易坠落地面，造成机械损伤，诱发山竹果实品质降低。

2. 无伤采收　使用采果杆实现山竹果的无伤采收。采果杆由落果梳、采果兜、手杆三部分组成。采果兜为带网袋的铁环，环口直径 20～25 cm，铁环具柄，柄并与手杆相连；落果梳为硬铁丝弯制成圆环，并固定在采果兜铁环内侧，圆环两端对称的弯制成梳齿状。采果时，将采果兜置于山竹果下，拉动手杆，落果梳可将山竹果耙下并落入兜中。这种方法采摘的果实损伤率（只有大约 1%）低，且采收速度快。

（四）注意事项

山竹的果皮虽然外观较厚，但是采摘时，即使遭受轻微的碰撞，也会致使果皮内部的乳管破裂，诱发果皮中的藤黄胶侵入果肉，诱发果肉变得透明僵硬，严重时果肉会布满藤黄胶，从而丧失食用价值。因此，山竹果采摘时需仔细小心，目前正在推广无伤采收以替代损伤率高的原始采收方法。

二、包装

马来西亚，泰国的山竹商品化程度较高，不论采收后的果实将被运输到当地市场还是出口市场，都要经过包装间按照标准流程处理。包装间可以是就地取材搭建的简易的棚，也可以是具备先进设备的复杂工作间，无论设施条件如何，都必须满足包装前和包装后的操作要求，具体如下：

（一）果实接收

指果实抵达包装间。在这里果实被贴上标签以区别来源和接收日期，检查交付数量或重量，给供应商开发票承认货已交付。

（二）分拣

果实的初步分拣应将卖不出去的果实（未成熟的、过熟的和受损的果实）和杂质清除出来。

（三）清洗

果实的清洗要小心，因为表皮的损伤将加速果实衰老。清洗主要是要求除去在采摘期间的损伤引起的胶乳痕迹，萼片下面需仔细清理蚂蚁等昆虫，以防影响商品感官。

（四）干燥

山竹果实经过清洗后，平放在阴凉通风的架子上，辅助电风扇，以快速风干表面水分。

（五）分级

包装前将果实按质量和大小分拣，这个环节标准取决于市场需要。

（六）包装

挑选出来的水果要包装在内衬有薄海绵的通风透气的塑料筐或瓦楞箱里，塑料筐或瓦楞箱的尺寸参照进口国的要求。

（七）预冷

供应较远市场的山竹在运输前预冷能更好地实现山竹的保鲜。一般将包装好的山竹，储存在温度5 ℃左右、相对湿度85%的冷库里12 h左右，以充分降低果实的温度，抑制山竹果实的呼吸强度。

第十节　果实贮藏保鲜

一、贮藏保鲜的意义

山竹属跃变型呼吸模式的果实。在25 ℃情况下，山竹果实产生 CO_2 和 C_2H_4 的速率分别是10.95 mL/h 和 29.72 μL/h。这种呼吸模式所产生的热量大约是 2 537 kJ/(t·d)。贮藏室的温度和相对湿度是影响山竹货架期的主要因素。

在热带气候条件下，山竹果实仅有不超过一周时间的贮藏和货架有效期。在低温（9～12 ℃）条件下，山竹贮藏期可以达到4周。因此，贮藏保鲜对山竹的贸易有着重要的作用。

二、贮藏保鲜技术

目前，冷藏保鲜是贮藏山竹的最好方法。在适合出口的成熟阶段所采收的果实能贮藏的时间是最长的。冷藏室最适宜的贮藏是温度是2 ℃。在这个温度下，山竹能贮藏42 d。然而，在这个温度下贮藏的最佳时期是采收后的21 d以内。在这段时间内，果实保持着初始质量并且适合食用。贮藏时间过长将导致果皮硬化变色。

第四十三章　槟　榔

概　述

槟榔（*Areca catechu* Linnaeus）分为食用槟榔、药用槟榔，属棕榈科（Arecaceae）的槟榔亚科（Arecoideae）槟榔族（Areceae）槟榔亚族（Arecinae）槟榔属（*Areca*）。中文槟榔译音由印尼语"pinang"的翻译过来，在国内也有许多不同的叫法，如槟榔、榔玉、宾门、橄榄子、青仔、国马、大腹子、海南子等（图 43-1）。

图 43-1　槟　榔

槟榔是棕榈科热带珍贵的经济植物，属多年生常绿乔木，槟榔原产于马来西亚及菲律宾，主要分布在亚洲和非洲，特别是中非和东南亚地区，现已广泛种植于世界热带地区，我国广东、海南、云南、福建、台湾等省均有栽培，尤以海南省为多。

迄今为止槟榔在哪个国家起源尚无确切的证据。许多国家、地区均称自己为发源地，包括南亚、东南亚的一些国家。有研究认为其起源于菲律宾，有人认为槟榔起源于马来半岛及临近的岛屿。有的研究认为起源于印度尼西亚，又有人认为起源于菲律宾、斯里兰卡、中国华南地区、中国台湾、爪哇东印度群岛。印度人 Bavappa 认为槟榔起源于东印度群岛的马来半岛、加里曼丹岛、苏拉威西岛接壤地区，证据是在该地区发现的槟榔属多达 24 个种。

槟榔是单子叶植物棕榈科的重要物种之一，在印度等亚热带地区广泛栽培，经过长期的自然选择和人工选择，培育和选育出了许多新的槟榔品种类型。印度 CPCRI 研究所出版的《槟榔》一书认为槟榔属有 76 个种，FAO 编著的《热带棕榈》认为槟榔属有 60 种，2008 年英国邱园出版的《棕榈植物属志》提到槟榔属只有 47 个种。

Areca catechu 是唯一的栽培种，最早被 Fisher 在印度西南部喀拉拉邦海拔 1 000 m 的原始森林里发现。亚太地区有大面积栽培，主要分布在热带及亚热带边缘地区。主要包括东南亚、亚洲热带地区、东非至欧洲部分区域；密克罗尼西沿线的岛屿；另外中美洲国家也有槟榔分布的记录，主要有东非、马达加斯加岛、阿拉伯半岛、印度、斯里兰卡、孟加拉国、缅甸、泰国、柬埔寨、老挝、越南、

中国南部、马来西亚、印度尼西亚、菲律宾等国家和地区；太平洋地区槟榔种植主要分布在巴布亚新几内亚、所罗门群岛、斐济、密克罗尼西亚，以及瓦努阿图、波纳佩岛州周围的珊瑚礁上也有零星分布；马里亚纳群岛上也发现有槟榔分布。这些分布区域均有嚼食槟榔的风俗，由于槟榔在这些地区生活中具有重要作用，并与宗教、文化紧密相关，因而被广泛地栽培和研究。

槟榔种植多处于半野生状态，人工规模化栽培历史较短。槟榔主要在印度、孟加拉国、中国、马来西亚、印度尼西亚、菲律宾和泰国等种植。其中印度约占世界槟榔总产量的57%，主要分布在印度卡纳塔克邦、喀拉拉邦、阿萨姆邦，占印度种植区域的90%。其次是中国、孟加拉国和缅甸。

目前，中国是世界上槟榔第五大生产国，台湾、云南、福建、广东、广西等省区均有种植，但槟榔种植大部分分布在海南的东部、中部、南部山区一带。中国台湾地区的槟榔种植主要分布中南部山坡地，集中在南投、屏东及嘉义三县，占80%左右。

槟榔其果实呈椭圆形，颜色橙红，富含槟榔碱和鞣酸，可作食用，有较高的药用价值。槟榔种植区域，尤其在太平洋岛屿（密克罗尼西亚、斐济、所罗门群岛）咀嚼槟榔已有2 000多年的历史，是当地居民非常流行的传统习惯。咀嚼槟榔，越嚼越香，醇味醉人。槟榔作为继香烟、酒精、可卡因之后的第四大嗜好品逐渐被人们所接收，目前全世界有至少5%的人食用槟榔。槟榔果实中含有多种营养元素和有益物质，如脂肪、槟榔油、生物碱、儿茶素、胆碱等成分。

在中国，槟榔果实常被用作药材。居中国四大南药（槟榔、砂仁、益智、巴戟）之首。因此，在相当长的历史时期里，槟榔是中国古代居民治疗瘴气、消食化积的良药。其种子、果皮、花等均可入药。医学家李时珍在《本草纲目》中记载，槟榔有"下水肿、通关节、健脾调中、治心痛积聚"等诸多病症，是历代医家治病的药果。

槟榔茎干和纤维可以用作轻纺工业原料，加工后，可制成优质纤维隔板，用作塑料填充物，还可用来编织地毯等。槟榔叶可编织扇子、草帽等工艺品，也可扎扫帚，东南亚国家还用成年树干和叶片建筑房屋；果实中含单宁和红色染料，可分别提取栲胶和植物性色素；未成熟的果皮，也用于提取鞣料、单宁，供制皮革、染料和药用。新芽还可作蔬菜（台湾地区称之为"半天笋"），海南也有食用的习惯。在一些国家和地区，槟榔还具有重要的宗教意义。此外槟榔树由于其茎干挺拔修长，树姿优美，和椰子并称"夫妻树"，在南方地区常被用来园林绿化。槟榔的综合利用经济效益高，对热带国家和地区的经济发展起着重要的作用，在我国台湾享有"绿宝石"的美称。

在中亚、东南亚、南太平洋诸岛及周边地区，槟榔与人们的生产、生活息息相关，被广泛运用到婚姻缔结、交友待客、祭祀祖先等重要的礼仪场合。其中一些礼俗流传至今，成为上述地区民俗中的特殊象征和载体。随着人们对槟榔的认识加深，逐渐形成了与槟榔相关的文化。在海南黎族同胞的眼里，槟榔被赋予了特定的含义。槟榔一方面是待客的上品。李时珍在《本草纲目》里释曰："宾与郎皆为贵客之称，贵客临门先用此果招待，故在宾郎前加木以名槟榔。"《正德琼台志》记有"亲宾来往非槟榔不为礼"。槟榔还是爱情的信物。台湾地区民间流传的吟唱男女青年爱情生活的情歌，将槟榔作为情投意合的比喻或经它寄托爱情的坚贞。早期台湾原住民曾视槟榔为宝物，成为婚嫁必备的礼物之一。槟榔现在湘潭已经成为一种被大家普遍认可的社交工具。槟榔形似银锭，故民间将此物象征财定。过去每年春节期间一些民间"赞土地"的到各家各户闹春、赞辞，祝贺春节。

目前，世界主要槟榔消费国家和地区大多食用槟榔鲜果，印度和中国台湾地区是世界槟榔鲜果的最大消费国和地区，巴基斯坦和尼泊尔也是槟榔鲜果的主要消费国。

世界槟榔的收获面积为$9.5 \times 10^5 hm^2$，产量为$1.5 \times 10^9 t$，其中99.9%以上都产自亚洲。我国是世界槟榔的第五大生产国。（2017年FAO数据）。海南自然条件得天独厚，是我国最大的适宜槟榔生产的省份，其槟榔种植面积约占中国大陆槟榔总种植面积的98%。海南槟榔种植面积已到$10.3 \times 10^4 hm^2$，收获面积$7.4 \times 10^4 hm^2$，干果产量达$2.5 \times 10^5 t$，产值达50多亿元以上《海南统计年鉴2017》。目前，槟榔已成为海南省东部、中部和南部山区200多万农民增加收入、脱贫致富的重要途径，从事槟榔种植和加工的农户多达几十万户，槟榔产业已经成为海南农业中仅次于橡胶的第二大支柱产业，发展前景十分广阔。大力发展槟榔产业，对于发展海南热区农村经济，提高海南热区农民收入，促进海南热区新农村建设具有重大意义。

第一节　种类和品种

槟榔的种质资源区分主要是根据果实与果仁的特征，从气孔特征、果实大小、叶片、雌花、果实的大小等方面对栽培品种进行区别划分。

不同的槟榔栽培种在果实特性、株高、节间长度、叶片大小和形状等方面有较大的差别，同时在产量、早熟程度、果的数量和果穗数、质量和矮化程度方面也存在很大的变化差异。槟榔的主栽区主要分布在热带地区，在这些国家多处于原始栽培状态。除印度、中国外没有专门的研究机构开展槟榔相关科学研究，也无政府机构资助开展相关研究，没有针对性地开展种质资源收集保存及品种研究工作。再加上槟榔属多年生作物，品种选择周期长、培育速度慢，在栽培国家大多根据树的高低、果形、产量、果色等性状将槟榔划分为不同的栽培品种。印度在槟榔品种的选育方面起步较早，先后选育出 Mangala、Sumangala、Sreemangala、Mohitnagar、Calicut‐17、Sirsi Arecanut Selection‐1（SAS‐1）、South Karana（地方种）、Thirthahalli、Sagar、Shriwardhan、Hirehalli（地方种）等槟榔优良品种。其他国家这方面的研究较少。

目前，中国槟榔的主要种植地在海南，其中栽培最广泛的是海南本地种（农家种），占 95% 以上，台湾省大多种植台湾种以供咀嚼。中国热带农业科学院椰子研究所对海南、云南的槟榔种质资源开展收集保存工作，收集保存来自泰国、越南及中国台湾、云南、广东等省份的槟榔种质资源，并开展系统评价工作。从外观上分为不同的类型，如长椭圆形、椭圆形、圆形、卵形、倒卵形、心形等。后根据种果的类型将海南本地种又分为圆果、椭圆果等类型。2010 年由中国热带农业科学院椰子研究所从海南本地槟榔中选育出的槟榔新品种，定名为"热研 1 号"槟榔（品种认定编号：琼品认果蔬 2010002），于 2010 年通过海南省品种审定委员会认定，并于 2014 年通过国家热带作物品种审定委员会审定（编号：热品审 2014011）。

热研 1 号槟榔高产、稳产，10 年树龄植株株高 7.6～9.4 m，茎干较粗，成熟果实长椭圆形，橙黄色，经济价值高，品种综合性状优良。该品种 4～5 年开花结果，果长 5.10～5.50 cm，单果重 23.8～27.8 g，槟榔碱含量 0.51%，不可溶膳食纤维 15.3%。平均单株鲜果重 9.52 kg，折每 667 m^2 产量为 1 047.2 kg。加工性能好，无明显抗性，适合在海南种植。

第二节　苗木繁殖

一、实生苗培育

（一）选种

海南主栽区域选种一般采用海南本地种或热研 1 号槟榔，若考虑销往台湾地区可采用台湾种。

1. 选单株　传统方法以生长健壮的 20～30 龄树为宜，可选择株高矮和中等、叶片青绿、叶柄短而柔软、茎干上下粗壮一致、节间均匀、长势旺、开花早、结果多而稳定、抽生三蓬以上果穗、单株产果 300 个以上、叶片 8 片以上浓绿而稍下垂的优良植株。关于树龄是否是母株选择的一个重要因素存在很多争议。有些果农喜欢选择老树的种果，有些则喜欢幼树的种果。Bavappa 和 Ramachander 认为持续高产的母株不能直接作为选择的条件，因为槟榔的产量直接遗传率很低，只有 0.2，但尽管如此，还是可以作为选择的一个有用的信息。选择母株重要参考性状是第一串果实结果期和开花习性，其他性状为：母株叶片大、节间距短、产量高，而且最基本需符合加工要求等性状要求。

2. 选果穗　选择第二蓬、第三蓬，5～6月开的花，果大而多的果穗。而每年3月前开的第一蓬花的果穗，由于此时正是旱季，水分不足，气温较低，果实发育不良，种仁细而不实，其发芽率通常不足60%，因此不作为选种用。

3. 选果实　立夏时，选择第二至四穗，5～6月收的分支中间部分果色亮、果大饱满、果皮薄、种仁重、大小均匀、无裂痕无病斑、呈充分成熟的金黄色、每千克鲜果18～22个，果形以椭圆形和长卵形为佳。

剔除不成熟、畸形、带病、重量不足的果，可以在种果成熟后采用漂选法进行初筛剔除残次种果。为防止果实从树上落地碰伤，因而腐烂影响发芽，故最好在摘果时，树下张网承接，采回的果应随即进行催芽处理。

（二）催芽

种果收果后晒1～2 d，使果皮略干，催芽后再苗床育苗。催芽方法有：堆积法、苗床催芽法、箩筐催芽法，沙藏催芽法等。

1. 堆积法　在近水源树荫下的通风湿润处或在通风的室内，将种果堆放高15 cm、宽80～100 cm、长2～3 m（大约堆放75 kg），上面盖稻草，每天淋水保持湿润。在温度35℃左右时，约堆10 d，果皮即发酵腐烂，打开稻草把种果用水冲洗干净；洗净后晒1～2 d，再按原样堆放，重新盖草、淋水，每2～5 d检查一次，在此后15～30 d中每天检查白果蒂，若发现白色小芽点，立即拿出来在营养袋里育苗，此法出芽率在90%以上，成苗率达95%。

2. 苗床催芽法　做宽1.3 m、高10 cm的苗床，床底铺一层河沙，果实按3 cm行距排好，果蒂向上，表面重土1 cm，再加盖稻草。每天淋水1次，25～30 d开始萌芽；此时剥开果皮，如发现有白色芽点，即可取出进行育苗，但此法占地面积大。

3. 箩筐催芽法　将果实放在箩筐内，上面用稻草封口，然后把箩筐放在牛棚内或隐蔽处，淋水保湿。到果皮发酵腐烂时取出稻草，将整个箩筐用水冲洗，然后再盖稻草，种子发芽后方可育苗。此法处理时温度高、发芽快，但处理需要的箩筐多，花费大，移栽不及时长出的芽、根彼此交错，移栽时难分离、易断苗，不施用大规模育苗。

4. 沙藏催芽法　一般选荫蔽地挖坑深30 cm，长宽视地形和种子多少而定，在坑底先淋水后铺一层砂，然后铺一层果（果蒂向上，以便发芽），加一层沙（厚约9 cm），堆放1～2层后，盖层稻草，经常注意浇水保持湿度，半月后可生米粒样大的白色芽点，此时即取出育苗，否则芽长过大，播时易损伤，播后也易被晒死。笔者改用在坑上架钢网，网上堆积种果（厚约10 cm），上覆稻草，淋水催芽，收到同样的效果。

（三）育苗

种子育苗圃应选水源充足、灌溉方便处，搭建荫棚以渐减荫蔽度。按苗床育苗规格，整好苗畦。

1. 苗床育苗法　选土质疏松肥沃的沙质壤土或壤土，做畦面长4～5 m，宽1～1.2 m的苗床，然后按33 cm×33 cm的株行距挖穴放基肥，每穴放1粒已出芽的种子，盖土2～3 cm、压实后盖草，淋水至湿为止，一般每667 m²苗床可育苗3 500～4 000株，经25～30 d，小苗可陆续出土。育苗1～2年，苗高60～100 cm时，便可定植。

2. 营养袋育苗法　选择高30 cm、宽25 cm的塑料薄膜袋，底部2～4个打孔，以便通气透水。先装入3/5的营养土（表土、火烧土、土杂肥为6:2:2混合），每袋中放进萌芽的种子1粒，芽点向上，覆土过种子1 cm左右，再在上面盖一层河沙，以防板结，上面用盖草覆盖，淋水至全湿为止，天旱要注意淋水保湿。苗长出后因营养袋肥源有限，故要勤施肥，每隔15～20 d施一次，可施用1:100稀释人粪尿，也可用浓度1%的尿素洒施，但切勿洒在叶上，以免烧伤，此后可视苗的长势逐次加大肥料的浓度。待苗长出4～5片叶后便可定植。待苗有4～5片叶时，便可定植。

（四）小苗管理和分级

小苗叶片数达到 5 片以上，株高不超过 90 cm。小苗起苗时需连根拔起，并且根系上保留圆形土球。并小苗装于塑料袋中并填满土壤，保证小苗存活率，利于长途运输。由于一年生苗的围径和两年苗的茎节数和产量高度相关。因此应选择 12～18 个月大、种苗系数（叶片数×4－株高即选择系数）在 50～150 的苗用于移栽。移栽要带土移栽。

二、组织培养

槟榔只有独立的茎干而不产生分枝，侧芽只产生花序而顶芽为仅有的营养芽，因而常规的营养繁殖手段如扦插、嫁接、高空压条等无法用于槟榔的无性繁殖，其生物学特性决定了其繁殖方法为传统的有性繁殖而不是营养繁殖方法，一般用种果繁殖。但在传统的槟榔留种（有性繁殖）有诸多缺点，留种后母树次年产量急剧下降，不到未采种的 1/3，且易感黄化病。筛选出的优良品系后代分离严重，绝大部分不能保持亲本的优良性状，且繁殖系数低。而且槟榔花单性同株，为异花授粉植物，杂种后代性状分离严重，个体差异较大，难于形成遗传性一致的群体，一些具有优良抗逆性、高产性状的品种种果繁殖后代大部分不能保持亲本优良性状，不利于标准化生产和加工。通过组织培养进行则是槟榔优良品种进行高效繁殖的重要手段，不仅节约果，而且能短期内大量繁殖出保持亲本性状的苗木。

槟榔的组织培养研究工作开展于 1996 年，中国槟榔的相关研究起步也较晚。中国热带农业科学院椰子研究所对槟榔的组织培养方面进行了研究，详细地研究了槟榔的胚培养过程并获得幼苗。随后研究了不同基本培养基与激素浓度配比对槟榔胚培养的影响，但是利用体细胞诱导槟榔幼苗技术尚在探讨和逐步完善中。

槟榔的组织快繁研究工作开展于 1996 年，Anitha Karun 等（2002）利用 7 个月胚成功的诱导出试管苗并移栽成功。Wang（2003）以槟榔的离体胚愈伤组织通过体细胞胚途径获得再生植株。同年又报道了通过槟榔幼苗的茎段诱导出愈伤组织进而获得再生体系。Anitha Karun（2004）等利用当地 4 个主栽品种（Mangala，Sumangala，South Kanara 本地种）幼叶和未成熟的花序研究诱导幼苗，成功获得槟榔组织培养幼苗。Wang（2006）又报道可通过叶、根及茎段的诱导经过体细胞胚方式获得再生植株。但到目前为止尚没有大规模采用组织培养繁殖槟榔种苗的相关报道，还未实现规模化生产和应用。

第三节 生物学特性

一、生长特性

（一）根

1. 根的形态特征 槟榔根系为须根系，没有明显的主根，茎干上次生根 400 多条，次生根上又分生支根，形成强大的根系，可入土 1～2 m。初生根直径在 1.4 cm 左右，随着树龄的增长其颜色逐渐变为褐色。槟榔的气生根分布在根茎周围，形似侧根，但是短而粗，表皮细胞发达，木质化部分含有大量的微孔细胞，这些微孔细胞与根系的通气组织相连，中老龄树比幼树多，这些吸收根有明显的呼吸功能，有利于深埋在水中或沼泽地中的根尖吸收空气。

槟榔根系适宜生长于深厚、肥沃、有机质丰富、排水良好的沙质壤土中。土层浅薄，质地坚硬、地下水位高时根系则分布较浅，对水分、养分的吸收面积小。湿度、温度对根系生长的影响较大。

不同树龄的根系颜色不同。一年生小苗的根系呈乳白色，再过 2 年呈淡棕色，随着年龄的增长颜色逐渐变深，10 年后颜色逐渐变深黑色。试验表明，移栽前的小苗伤根后会影响到以后根系的生长和结果产量。

槟榔是典型的浅根性树种,根型如团网状。据此特征,在槟榔管理中,应注重上层土壤的水肥管理。幼龄树结合施有机肥,定期扩大植穴,改良土壤环境,促进根系的良好生长。

2. 根系的分布 槟榔根系密集着生于茎基部,在靠近地表部分根系与地表倾斜角不超过 $15°$,$0 \sim 20$ cm 土层处根幅较小,20 cm 以下根幅扩大。槟榔根系倾斜角与分布深度呈正比,即随分布深度加深而倾斜角变大。一般根系相对均匀对称,其中 $60 \sim 80$ cm 以 $75°$ 倾角伸展,起到良好的固定作用。$20 \sim 40$ cm 土层以下以小于 $45°$ 的倾角向下延伸。槟榔标准木全株生物量为 99.5 kg(鲜重,下同),其中地上部分重 74.3 kg,占 74.7%;地下部分重 25.2 kg,占 25.3%。比值为 $1 : 2.9$。

根系在土壤中的形态、分布、生长、发育以及吸收与分泌物随树种而异。同种树也依年龄、生态环境、培育措施等的不同,根系的形态结构差异很大。根据对样根追踪测定结果统计,槟榔根系形如团网状,成密集分布,这种结构使槟榔具有很强的抗风能力。槟榔根系的水平延伸范围相差不远,以 10 年生槟榔根系最大,达 0.86 m 左右。根系的分布深度均相差不大,仍以 10 年生最深,为 0.95 m。

根系数量与树龄关系密切,一株 10 年的成龄树根系大约有 175 条,35 年的有 385 条,68 年的有 78 条。成年以后根系开始衰老。

(二)茎

1. 茎的形态 槟榔茎干幼龄期呈现翠绿色,成年则呈灰褐色。直挺不分枝,高 $10 \sim 20$ m,胸径 $10 \sim 20$ cm,有环状的叶痕,称为节,节间一般宽 $5 \sim 10$ cm,其疏密与品种和生长势有关,荫蔽和土壤肥沃、水源充足的环境下节间较宽,土壤贫瘠、干旱、病害危害的情况下节间较窄。

幼龄茎生长极慢,槟榔的茎干三年开始露出地面,头 $2 \sim 4$ 年主要是茎的横向生长,形成大的茎基。然后茎部才露出地表,出现明显的叶痕。叶痕逐渐有规律的增加,干的周长通常决定于品种类型和土壤条件,刚露出地面的茎干最粗,随后逐渐变细至正常水平,在正常的土壤条件下维持不变,10 龄以前的树围周长通常维持在 $38 \sim 60$ cm 长。土壤肥力下降和年龄增长将使茎干逐渐变细。$4 \sim 9$ 月为抽生新叶期,一年可抽 7 片新叶,健壮植株为 $7 \sim 10$ 片,衰老植株抽 6 片以下。每年脱落枯黄衰老叶片为 7 片,留下 7 个叶痕。因而用茎的叶痕除以 7,再加 2 或 4,就能算出槟榔的大约树龄。

在任何条件下,正常生长的槟榔茎干生长始终保持直立,由于缺少形成层,受到伤害后很难恢复原状,槟榔茎干较细,有一定的柔韧性和抵抗强风的能力。茎干的唯一顶芽不断产生新叶片,随着叶片的逐渐脱落,永久的叶痕就留在茎干上,因此槟榔树的年龄可以清楚地通过叶痕数量计算出来。早期茎干生长迅速,然后逐渐减缓,幼树的平均叶痕间距在 $13.9 \sim 34.3$ cm,随年龄的增长,叶痕间距逐渐变窄,底部,中间和顶部的平均叶痕间距分别为 10.5 cm、6.8 cm、1.7 cm。

2. 茎的功能 茎是巨大的贮藏器官,代谢产生的有机养分、根系吸收的养分和水分,大部分贮藏于茎的基本组织中。叶片和果穗的维管束与茎的贮藏器官相连,有利于营养物质的贮藏和运输。槟榔园管理好,茎干贮藏物质多。在开花结果期,大量的营养物质便往花穗和果实运输,产量提高。如果茎干贮藏物质少,植株只能从树冠的下层叶片抽取养分,从而加速了养分耗竭而使叶片过早黄化脱落。

(三)叶

1. 叶的形态结构 槟榔的叶为大型羽状全裂单叶,聚生于茎干的顶端,长 $1.5 \sim 2$ m,由叶片和叶鞘组成。新叶抽生周期平均 43 d,包含叶鞘、叶轴和小叶,叶轴基部膨大成三棱形,叶轴沿中脉小叶末梢,叶鞘约 54 cm 长,15 cm 宽,紧紧包围着树干保护着未出生的花序。叶片脱落后形成灰绿色的环状结构,成龄树每年约抽生 7 片叶。平均叶片长 1.65 m,叶片长短决定于树体的活力、健康状况和土壤肥力状况。叶片中脉两旁各有 70 片左右小叶,小叶多数线状披针形,长 $30 \sim 70$ cm,基部小叶长约 62.5 cm,宽 7 cm,顶端小叶 30 cm 长,5.8 cm 宽,而中间小叶长约 69 cm,宽 7 cm。主脉两边的小叶部分粘连在一起,在中脉的末梢有 $2 \sim 3$ 对中断的小叶形成两歧分裂的顶端。小叶有 1 个或多个中脉,叶片革质柔软,正常叶片呈浓绿色。

2. 叶的抽生规律 叶冠着生于树干的顶部，叶鞘包裹着树干，叶片的数量随着树体状况和土壤营养状况而不同，1 年的幼苗一般有 4～5 片叶，2 年树龄有 6～7 片叶，3 年树龄有 7～8 片叶。成年树有 7～12 个叶片。叶序呈逆时针螺旋状分布，每 6 片叶一个循环，第 6 片叶在第一片叶的正上方，每 5 片叶构成一个环，叶片之间间距 2/5 个圆，角度 144°，新叶从中间生长点伸出。随着叶片逐渐变老，弯曲然后逐渐脱落，每片叶的寿命约 2 年。

(四) 花

1. 花的形态 槟榔为异花授粉植物，雌雄同株，穗状花序、着生在节上，发育前期被苞片裹着，形状呈船型，称为船型佛焰苞，呈黄绿色。槟榔经济寿命 40 年，直到死亡前都可以开花。

苞片开裂后出现肉穗花序。花序具短柄，主花轴长约 69 cm，有 12～18 个次花轴，长 25～30 cm，并依次产生三级分枝，雌花位于次花轴的末梢，雄花分布于长 15～25 cm 的丝状分枝上。沿着丝状花序排列为两排，偶尔有贴近雌花生长的雄花。花单性，雌雄异花。雄花小，无柄着生于花枝上部，呈奶白色，着生两轮花被，3 片覆瓦状分布的花萼，长约 0.1 cm。3 片硬质披针形花瓣，尖端呈镊合状，长 0.35～0.4 cm；6 个雄蕊，6 个箭头状花药，紧贴着花瓣，环状分布在子房周围。雌花无柄，具有两轮花被，外层是绿色船型覆瓦状花萼，内层是轮生卵形覆瓦状花瓣。花瓣紧贴子房，有 6 枚退化的雌蕊，子房呈穹顶型，硬质结构组成柱头。不同品种的花序形态特征不一样。

2. 花的数量 投产当年第一串花一般只有雄花，不结果实。槟榔佛焰苞的数量决定于叶片的数量，叶片的缺失必定导致此处花序的死亡，幼龄树、中龄树和老龄树产花序的数量分别为 3.8 个、3.5 个、3.1 个。槟榔最初产生上百个雌花，但随着花序的生长，雌花逐渐减少，到了开花期，只留下部分雌花。壮年槟榔一般一年产生 644 朵雌花，15 000～48 000 朵雄花。

(五) 果

核果有圆形、椭圆形、卵圆形、心形。长 4～6 cm 或 7～8 cm，最长的 11～13 cm。未成熟果为青绿色，成熟橙黄色，光滑。果实由果皮和种子组成。外果皮为革质、中果皮初为肉质，成熟为纤维状质，内果皮为木质。槟榔果实一般单室，内含种子 1 枚，果核呈倒卵形（子弹形），胚乳微红色，间杂波浪形暗黑色线，咀嚼后有收敛功能。由胚、（种仁）胚乳和种皮组成。槟榔果实呈圆形长圆形等形状、大小可作为品种划分的依据。

二、开花与结果习性

(一) 开花

在肥力较高条件下四龄槟榔开始抽生花序，第一花序一般从离地面 1.52 m 处第十节叶腋上抽生佛焰苞，平均长度 75.0 cm，宽 45.9 cm，当佛焰苞中等寿命时花序从花苞顶部伸出。每年 4～5 月开花，投产期每年 10 月左右，下部叶片的叶鞘基部节上已孕育有花芽，到第二年的 3～5 月，叶鞘开裂，叶片脱落，陆续露出佛焰苞，苞片在 4～7 d 脱落露出花序。每株树一年抽生 1～4 个花序，多的达 5 个以上。

槟榔为异花授粉植物。肉穗花序伸出佛焰苞 1～11 d 雄花开放，有时可以看到当肉穗花序从佛焰苞伸出时有大量雄花脱落，说明部分雄花在未伸出佛焰苞时已经开放，雄花一般在太阳升起的时候开放，散发出浓郁的香气，当天或第二天上午开放的雄花脱落，雄花附着处有清澈的蜜露分泌。雄花开放周期一般持续 25～46 d，平均 31 d。

雌花一般 2:00～10:00 开放，刚伸出佛焰苞时呈现乳白色，在阳光照射下逐渐变绿，雌花花冠在开放时呈乳白色或象牙白；花萼绿色，待雌花开放时，颜色逐渐变淡，变为黄绿色或浅绿色。雌花开放前先逐渐张开一条小缝，在随后的 5～6 d 内然后逐渐加宽呈 Y 形，暴露出柱头。一般雌花开放期持续 3～10 d。

（二）授粉

柱头从雌花开放时即具有接受花粉的能力，一般延续到第二天或第三天，然后迅速下降。中年的槟榔树接受能力较强。雄花和雌花开放期约有13%的花间重叠和4%的花内重叠。当雄花几乎完全败落，雌花才从底部花朵开始开花，雄花和雌花的交错期为2.33 d左右。尽管是异花授粉植物，但仍有0.8%的自花授粉果实产生。人工授粉是提高槟榔坐果率的重要手段，研究表明，通过人工授粉成年槟榔树可以达到平均60.45%的坐果率。雄花在花序露出后自下而上开放。

雌雄花期重叠的时间较短，再加上授粉期遇到低温或刮风下雨，很容易导致授粉不良，坐果率下降。根据调查结果，槟榔在我国坐果率低主要原因如下：

（1）树小养分不足，雌花多脱落，树龄增加落花减少。

（2）雌雄花期不一致，花粉寿命短，错过雌花易受精的时间。

（3）花粉变异大，大量花粉落在柱头上不萌发。

（4）花粉管生长缓慢，易受精不良。

（5）在不适宜的温度和湿度条件下，花粉易受病菌侵染。

（三）花粉的传播途径

花粉量最大的时间是每年的3月初到4月底，花粉浓度最大的时间是8:00，花粉散播高度可达槟榔园上空12 m，最远达12 km远。通常雄花先开，几天后雌花再开放，雄花开放吸引大量的蜜蜂和其他昆虫，但是这些昆虫通常只对雄花进行采粉而不触碰雌花，其传粉作用值得怀疑，普遍认为花粉是由风传播。

（四）坐果

雌花受精后，子房开始发育膨大形成果实。花序从开放至果实成熟需12～13个月。第一穗花序的果实第二年3～4月成熟，由于气候干旱，气温低，果实发育较差，果小种仁不够饱满。第二至四穗果第二年5～6月成熟，由于气候条件较好，果实品质优良。

果实发育可以分为3个阶段，生长周期在35～47周，第一阶段是长度、直径、体积的快速增长期，核果干重占到50%。第二阶段是体积和干物质重量增长期，此阶段可以明显看到胚；第三阶段是果实的最后膨大期，该阶段果实完全失绿并且能在水中漂浮起来。前15～20周果实的干重增长缓慢，种子的干重占果实的大部分，最后两个阶段占到80%。

幼树刚进入开花期，结果少，约100个。以后逐渐增加，10～20龄树年产果约200个，20～30龄树为盛产期，年产量达400个。以后产果量逐渐下降，寿命最高可达100年以上。果实采收后种子有果内后熟的特性。黄色成熟果实发芽率64.3%。果实失水发芽率降低。在室内催芽，日均温26.41℃，日温变化平均差1.8℃，发芽率98%。

种果发芽过程中极少出现双胚苗和多胚苗，但存在一定的比例，也会出现一些畸形苗，比如不羽裂苗、狭长叶苗、嵌合体苗、白化苗。种果发芽试验一般历经53～94 d，94%的种果可以发芽。不能发芽的多是由于胚腐烂和无胚种子。种子播种后20 d左右发芽，30 d左右长出嫩芽和第一条主根。50 d后可以看到明显的芽

（五）结实

在正常条件下，每串花只有30%可以坐果，主要原因是授粉不良，感染病害。掉落高峰期是开花后第六至八天，掉落的花中77.7%是正常开放的，13%是半开放，2.3%时未开放。

槟榔花粉产量高，但往往坐果率低于50%，只有12.0%～42.2%。雄花败育、3%～54%的雌花有繁殖能力，雌雄异熟，柱头的接受力，温度及花粉管伸长能力等都是影响坐果率的重要因素。采用100 mg/kg GA，50 mg/kg 2,4-D或者200 mg/kg的比久均能提高槟榔的坐果率。另外花粉来源和数量也影响槟榔果实的坐果率，批量授粉可以从靠自然授粉坐果率的32%提高到60%，

第四节 对环境条件的要求

槟榔在不同生态区都可以种植，但槟榔的生长发育和产量受气候条件的影响非常大，以热量条件、水分条件和台风等的影响最大。超过50%的槟榔产量的变化是由于气候条件变化引起的，槟榔的产量与湿度、蒸发量和降水量相关性极大。在我国的海南等地，由于长期的干旱、强台风、寒流等不利天气的影响，槟榔的生长和产量也经常受到严重的影响。

一、土壤

槟榔生长寿命长短，经济效益高低，土壤条件是关键。槟榔粗生易长，适应性较广，对土壤要求不甚严格，除冲积的海滩、盐碱地、沙地、酸性大的干旱地外，一般在平地、低山和丘陵地的土层深厚、质地疏松而富含有机质的壤土，保水力强且排水良好的砖红壤土及沙质壤土，pH 4.5~7.8，土壤约60 cm深而底层为红壤或黄壤土均可种植，但最忌干旱、易积水和瘦瘠的沙砾地。通常肥沃的林缘、沟谷、坡麓、坝旁和五边地（河溪旁、山沟地、鱼塘旁、水井边、房前屋后）种植最为理想，植株生势旺，叶片大且色深绿，花穗分枝多，结果量多，产量高。植株生长发育状况及果实性状与土壤质地相关密切。对比结果五边地种植的槟榔生势旺，果实性状好，其次是山地沟谷，再次为低丘林缘。前者每（托）穗果数，平均果重均比后者分别增加18.8%~51.9%和6.88%~28.78%。

二、气温和坡向

槟榔属热带雨林植物，喜高温，但不能过高，也不能忍耐过低的温度或日温差变化急剧的气候，要求年平均温度在22℃以上，年变化度为14~36℃的地区生长，5~40℃的地方也能生长，但以24~28℃最宜。16℃时落叶，5℃时植株受冻，3℃时叶色变黄，叶尖枯死，果实发黑脱落，个别植株死亡。-0.2℃时叶片枯黄，-1℃时植株死亡。极端低温和大的日温差对槟榔树的伤害不同树之间差异较大。海南产地秋尽至春始，生境回春明显，按平均气温≥10℃标准，槟榔多散生或块状混生于热带雨林中，要求适宜的气温（24~26℃），最冷月（1月）平均气温18℃以上，若气温降至16℃时，植株发生落叶现象，相继下降至5℃，老龄植株即受寒害。果实的发育受温度的影响也较明显，每年的3月前，是第一蓬果实成熟期，正是气温较低，果实发育不良，果小、种仁不饱满，只能加工成榔干。到了5~6月，气温升高，此时成熟的果实饱满，品质也较高，种用果和加工成榔玉的果实均是这时候成熟的。

另外，海南岛地形复杂，四周低平，中部山地崛起，低山、丘陵、谷地交错，不同地形。不同山岭高度、不同坡向，光照、气温、雨量也就不同，导致热量水分重新分配，因而对槟榔生长发育亦十分重要。在低温突变条件下，同一山丘而不同高度和坡向对槟榔生长发育的寒潮寒害程度差别显著，寒害总的趋向是山顶＞山腰＞山脚，北坡＞南坡。在地形坡向种植槟榔生产中，人们应选择背北风的南坡或东南坡，常年温凉湿润和日温差变化不大的生境为宜。

三、海拔

槟榔的栽培主要分布于南北纬28°范围，而海拔高度则在很大程度上取决于纬度的高低，通常槟榔主要是种植在低海拔地区。在印度的东北部地区，虽然槟榔有种植在海拔超过1 000 m的地方，超过这个高度的槟榔果实质量不好，因为冬天的低温对槟榔影响很大，槟榔果实的胚乳发育不充分。另据报道，高海拔地区成熟种果外壳的质量不好，种子发芽也不好。海拔超过850 m地区槟榔果实的发芽率和果壳的占整个果实的重量也比低海拔地区低。在我国海南省五指山市海拔超过1 000 m的槟榔园，种果成熟期较晚、产量也较低。

四、降水量和相对湿度

光照和气温是槟榔以生存繁殖的重要生态条件，但是常年雨量充沛且均匀，导致生境湿润，温凉而忌积水、久旱干燥和充足的养分，更是槟榔高产增收的关键所在。年降水量在 1 700～2 000 mm 适宜槟榔生长发育，年降水量在 750～1 500 mm 时需灌溉，雨量过大时需排水。空气相对湿度为 60％～80％时适宜槟榔生长和发育（成龄树 50％～60％较适宜），相对湿度影响叶片的生长，光合作用，花粉的扩散等，最终影响经济产量，但湿度太高则有利于病害的传播如果腐病、芽腐病等。空气相对湿度对土壤的蒸腾作作影响相当大，从而影响槟榔的水分需求。

一般混生或散生在海拔 300 m 左右的山地雨林和沟谷雨林中的成龄槟榔林地，空气相对湿度 50％～60％，幼龄期林地相对湿度 60％以上，年干燥度 0.53～0.78，夜间温差小，风静、雾大、露水多，干湿交替明显，均有利于槟榔植（苗）株的迅速生长发育，特别是立地坡度在 20％～25％或处于"簸箕状"的地形生境，更适于成龄槟榔园生长。因为每年从岭顶上冲刷大量腐殖质与矿质养分，有助于补充植株营养物质的不足，促使体内有机物质的积累，因此果实饱满、果色浓绿且有光泽，肉质厚，品质好。秋冬干旱季节，气温下降，空气和土壤相应地变为干燥，槟榔生长缓慢，若遇久旱，雨量仅在 750～1 500 mm 时，应注意灌溉，防止植株停止生长。

五、光照

槟榔属阳性植物，长期生长于热带季雨林或山地沟谷地区，因而形成了具有喜光照忌荫蔽的遗传特性。海南地处低纬度，光热资源丰富，产地平均年光照总辐射量 439.32～585.76 kJ/cm²，年日照时数 2 060～2 522 h，年积温量 8 150～8 234 ℃的自然条件非常适宜槟榔的生长，但苗龄不同所需阳光也有所差异，槟榔幼苗和幼树期适当的荫蔽可以促进植株的生长，成龄以后则需要充足的光照，如过于荫蔽就会徒长。低山阳坡沟谷和低山阴坡密林下生长的槟榔植株其幼苗株和成龄株的表现完全不同。幼苗期，荫蔽度大，温射光照不足，有利于促进幼苗株生长，槟榔幼苗的株高，茎围粗和小叶面积分别比荫蔽度不足下生长的幼苗增加 40.37％、22.35％和 41.80％。而成龄期则完全不同，全光照下对成龄树都有程度不同的促花、保果、增加果重作用，可提高成花量 32.58％，幼果数 156.25％，坐果率 92.30％和增加青果重 25.88％。

六、风

槟榔属风媒花为主的植物，微风有利于花粉的传播。但热带低气压和台风对槟榔生长极为不利，槟榔由于根系发达、无分枝、树冠小、茎干坚硬、长期生长在热带季风的环境里，一般不易被台风刮倒，但台风会损坏叶片，如果损害叶片在 4 片以上时，就会影响第二年的花序形成。海南 1973 年遭 14 号台风袭击，1974 年槟榔就不开花，到 1975 年也就收不到果，直至 1976 年才恢复了正常。因此选择向阳而又避风的小环境种植是槟榔的丰产条件之一。海南较大面积的槟榔栽培要注意营造防护林，以减轻强风的危害。

第五节 建园和栽植

一、建园

槟榔喜湿润，但是不耐干旱也不耐积水。因此，槟榔种植地应该选择在雨量充沛且具有很好的排水和灌溉条件的地方。海南槟榔主要分布在东部、中部和南部雨量充沛的山区。槟榔种植地点选择在南边和西边有山丘或高大树木可以遮阴的山谷里，可以避免直接暴晒在太阳下。此外，海南容易受到台风的侵袭，通常种植在山谷里的槟榔可以得到周围山丘和丛林树木的保护，在空旷平坦地区开垦的

槟榔园需要营造防护林来保护槟榔不受台风的侵袭。

二、栽植

(一) 株行距

槟榔种植方式可以是方形的、三角形的和梅花形的，可以等行距种植，也可以按大小行种植，大小行种植方便机械作业。不管采用哪种方式，槟榔种植时最好是按由北向南排成直行并且稍向西倾斜，这样可以降低被太阳灼伤的概率。

槟榔种植株行距因地形和土壤肥力而异，山地和坡地槟榔由于存在高度的梯度，适当减小株行距也不会影响到光的分布。海南省槟榔主产区槟榔种植的株行距一般在 1.5 m×1.5 m 到 3.0 m×3.0 m 之间变化，普遍认为以株行距为 2.7 m×2.7 m 时单位面积的产量最高。槟榔种植的株行距过大，土地等资源利用率就会较低，而种植较密时槟榔根系可能较多的集中在土壤的下层，这样不利于土壤养分的吸收，反而会导致产量减少。

(二) 种植深度

槟榔种植深度视土壤类型和地下水位高度而定。深植通常认为会为根系提供固定和较大的延升空间。定植深度不够，根系就会暴露在外，需要培土。因此，建议在有良好灌溉条件的土壤上应深植，而在严实土壤和地下水位较高的地方种植深度宜浅植。在红壤且具有良好的灌溉条件下，种植深度为 90 cm 时要比 30 cm 或 60 cm 更最有利于槟榔的生长，而且能够使槟榔提早开花并能获得高产。幼苗定植前，先挖穴，将表土与堆肥混合，填至一半时将幼苗带土球种在穴里，覆土并适当压紧。

(三) 种植季节

槟榔种植季节应充分考虑到温度、雨量和太阳辐射强度等因素。太阳辐射过强或温度过高都可能灼伤槟榔苗，槟榔种植后雨量的多少决定了是否需要浇灌及投入的人力及物力的多少，这些都决定了槟榔苗的成活率。在海南，槟榔种植的最适宜季节为 3～4 月或 9～10 月，因为这时期的温度和太阳辐射强度都较适中，而雨水也较充裕。

(四) 槟榔苗定植管理

1. 灌溉和排水　槟榔定植时要浇定根水，定根水要浇透。定植后如果遇到长时间的干旱就需要浇水。槟榔在苗期无法忍受长时间的干旱，长期干旱不利于槟榔苗的成长，还可能会导致死苗。此外，幼苗经常浇水可以防止叶片被太阳灼伤。

当槟榔园地积水时适当排水是必不可少的，因为积水会影响槟榔苗的生长和发育。排水渠的数量视土壤类型而定，在比较疏松的土壤里，排水渠的数量可以相对少些，在比较紧实的土壤里，每行都应挖排水渠以便能更及时的排除积水。排水渠应至少比幼苗种植穴要深 15～30 cm，排水渠应每年都需清理以保证水流畅通。

2. 遮阴　槟榔苗不耐高温而且易受太阳灼伤，应避免直接暴晒在太阳下。如果直接暴晒在太阳下会导致槟榔苗茎基部受热过度，从而使槟榔变得比较虚弱，这样就容易被风吹倒。因此，槟榔苗定植后需要提供遮阴保护，可以用槟榔、椰子叶片或其他树枝覆盖，也可以在园地的南面或西边种植一些生长较快且能提供荫蔽的作物如香蕉来保护槟榔，间种同时也可以为农户带来收益。

3. 抗寒　槟榔最适宜在温度年变化度为 14～36 ℃、平均温度为 22 ℃以上的地区生长。槟榔适宜生长在年平均温度为 22 ℃以上的热带地区。平均温度在 24～28 ℃时最适宜槟榔生长，当平均温度低于 16 ℃，槟榔老叶提前脱落，低于 5 ℃时槟榔表现出明显的寒害，叶色变黄、叶片干枯、枯死，果实发黑脱落，或整株树枯死。有文献记述 1975 年冬，海南出现低温（1～2 ℃），全岛受寒潮寒害植株 30%～40%，屯昌山区老龄树寒害 20%，3 年生苗木寒潮寒害 40%～50%，一、二年生幼苗寒害达 60%。受寒害植株呈现边叶枯黄、花序枯死、幼果严重脱落。由此可见，槟榔生育期间对低温极为敏感。

槟榔抗寒栽培要做到以下几点：

（1）入冬前，少施尿素、人粪尿等氮素肥料，增施磷钾肥，在11月中旬可结合有机肥施入过磷酸钙、氯化钾，每株槟榔树施入有机肥10 kg，过磷酸钙0.5 kg，氯化钾0.25 kg。

（2）入冬前，用涂白剂涂白处理，具有防治病虫害和提高防寒抗冻能力。在穴位周围可用稻草、树叶进行死覆盖以增加土温。

（3）在园林及周围烧置烟堆，以增加土温。

（4）寒害过后，要加强肥水管理，尽快恢复长势，每株树可施入氮、磷、钾15：15：15比例的复合肥0.5 kg，还可根据树体营养情况增施少量氮肥；对有伤口的树干可用多菌灵、甲基托布津等杀菌剂配制药泥涂刷伤口。

（5）1～2月遇到严重寒害，会对槟榔的开花结果造成潜在的影响，3～4月后，施入少量硼肥微量元素，每株施硼砂75 g左右，硼可以提高雌花的受精能力及雄花的质量。开花后应喷施硼酸、磷酸二氢钾等保果剂，以减少落花、落果，提高产量。

第六节 土肥水管理

一、土壤管理

（一）松土除草

松土能够使土壤更好的保持水分和防止板结，特别是在一些土壤比较紧实地区。一年松土一次或两次，在雨水充裕时并在施肥前进行，分别在3～4月和9～10月，也可两年松土一次。松土常与施肥同时进行，在槟榔穴位松土，然后摊开农家肥，或者是绿肥包括细嫩的枝条和树叶、杂草等，最后再在上面覆上新土。

除草是槟榔园管理中另一个主要措施。槟榔园每年的除草可以和施肥松土结合进行，也可以单独进行。除草的次数视槟榔园杂草的生长情况及槟榔长势而定，一般幼龄期每年除草3～4次，成龄槟榔园每年除草2～3次。铲除槟榔种植穴内杂草，而对于槟榔园空地上的杂草则不需要铲除干净，主要是砍去生长过快的和高大的杂草，保留适当的植被有利于防止夏季槟榔园地水分过度蒸发、防止雨季雨水的侵蚀。此外，在槟榔园空地上覆盖也能够防止槟榔园地水分过度蒸发和防止雨水的侵蚀，还可以减少杂草的滋生。带绿叶的嫩枝条，砍落的槟榔叶、杂草，槟榔壳和从附近树林取来的干叶子等都可以用作槟榔园覆盖物，还能够增加土壤的腐殖质和提高土壤肥力。

（二）施肥

1. 幼龄树施肥 幼龄树以营养生长（建造根、茎、叶）为主，对氮素的要求较高。施肥原则，以补充氮肥为主，适当施用磷、钾肥。施基肥：在定植时可施堆肥、厩肥、塘泥肥等5～10 kg，混合过磷酸钙0.2～0.3 kg。追肥：每年结合除草松土追3～4次，尿素0.1 kg＋氯化钾0.1 kg，或者用复合肥0.2 kg，于树根15～20 cm处挖沟施入，然后覆土。产前1年加大氯化钾的用量每次0.2 kg，有利于提高初产期的产量。

2. 成龄树施肥 营养生长和生殖生长同时进行，以补充磷、钾辅以氮肥。花前肥：在2月花开放前施，由于槟榔的花苞处于快速生长阶段，进入3～5月则花序陆续开放，树上头一年的果实也处于成熟期，故对钾需求量大。本次肥以钾为主，配合施用氮肥。促进花苞正常发育，提高开花稔实率和成熟期果实的饱满度，并使叶片正常生长。施厩肥每株10～15 kg，氯化钾125～150 g。青果肥：6～9月施入，此时果实体积处于迅速膨大期，也是一年抽生叶片的旺盛期，对氮的需求迫切。应提高氮肥的用量和比例，以促进叶片的生长，提高坐果率使果实体积增大。每株施厩肥10～15 kg，或尿素120～150 g，氯化钾70～125 g，或用15：15：15的复合肥150～200 g。入冬肥：在11月下旬施入，施用磷钾肥，有利于提高槟榔冬季耐低温、耐干旱和增强光合作用的能力。于树根15～20 cm处挖沟施入，然后覆土每株施厩肥10～15 kg或粪尿肥10～15 kg、氯化钾100～120 g、过磷酸钙0.5～

1 kg，几种肥料最好混合后一起施。

3. 中、微量元素肥料的补充　正常施入有机肥的槟榔园一般无须再补充中、微量元素，但一些滨海地区有机质含量很低的槟榔园容易出现缺镁、缺硼和缺锌等现象，可根据症状的表现有针对性地施入中微量元素养肥料。成龄树株施钙镁磷肥 300～500 g、硫酸镁 100～150 g、硼砂 50～75 g、硫酸锌 50～100 g。幼龄树根据树体大小酌情减少施入量。

（三）槟榔园有机物的循环利用

每公顷槟榔园每年有 5.5～6 t 的有机废弃物，包括槟榔叶片、叶鞘、果串、淘汰果、间作物、杂草等，可直接覆盖于槟榔树盘附近，可以对槟榔园保持湿度、培肥土壤起到一定的作用，但利用率不高。最好是以蚯蚓粪便的形式利用这些有机物，回收率可以达到 75%～88%。把槟榔的废弃物切成 5～10 cm 长度放入水肥池中，按重量比加入 10% 的牛粪，进行浇水，湿度保持在 30%～40%。2～3 周后进行翻转以降低温度，2 个月后按 1 t 的重量比放入 1 kg 的蚯蚓进行接种。每株槟榔树只要有 8 kg 的蚯蚓粪便就可以满足槟榔树的全年需求，有机碳及其他营养元素的利用可以提高 30% 左右，可以大量节约化学肥料的使用和有利于槟榔园产量的稳定。

二、水分管理

槟榔是一种长期作物，一旦受到干旱影响，可能需要 2～3 年才能恢复和结果。槟榔无法忍受长时间的干旱，特别是在苗期干旱会导致死苗，但是，由于干旱而导致成龄植株死亡的现象并不常见。灌溉是非常有利的而且能够明显提高经济效益。幼苗及时浇水能提高其成活率，成龄树浇水有利于早开花，提高坐果率，促进幼果生长，促进增产增收。在有条件的槟榔园可安装喷灌、滴灌设施进行浇水。此外，在槟榔园内间种矮秆作物和绿肥作物，或在槟榔园覆盖稻草等能够起到保持土壤湿度的作用，及时松土防止土壤板结也能有效提高土壤保水能力。

第七节　槟榔园高效种养模式

一、间种

在槟榔园空地上间种其他作物是一种土地充分利用的形式。苗期槟榔树根系不发达，根系分布范围小，槟榔园内未被利用的土地面积相当大。而在成龄槟榔园内，槟榔 61%～67% 的根系集中在 50 cm 半径范围内，80% 的根系集中在 85 cm 深度范围内。0～50 cm 和 51～100 cm 深土壤分别分布有 66%～67% 和 18%～24% 的根系，密植槟榔的根系要比疏植槟榔的根系渗入的深度要深些。在一个纯槟榔园内将近有 68.9% 的面积没有被有效利用，而这个面积是可以充分利用来种植其他作物的。

在大多数槟榔种植地区，风只偶然对成年槟榔茎造成损伤，但这会比因太阳暴晒造成的伤害要严重得多，它对茎造成的伤害是毁灭性的。间作物能够保护槟榔树不受任何风的损伤。主间种作物间的协同作用非常重要，既可以减少风的影响又可以防止太阳辐射对像可可这样的阴生作物造成机械损伤。

槟榔非生产期较长，为获得较稳定的经济收益，这就促使农户种植 1 年或 2 年生作物。在槟榔园刚开垦时的槟榔苗比较小，间作物的选择不会受到光的限制，许多一年生作物如菠萝、高粱、豇豆和山药都能作为槟榔的间作物。间作物种植在槟榔园空地上，保留槟榔穴 1 m 半径的范围。高粱、玉米、豇豆成行种，而花生和甘薯则开沟种植。挖穴或开沟种植薯蓣属类如魔芋，以及香蕉、菠萝。像生姜、姜黄、竹芋、辣椒等作物起垄种植，起垄大小视情况而定，间种方式对主作物没有有害影响。香蕉是槟榔苗期一种很好的间作物，香蕉叶片大能够为槟榔提供很好的遮阴效果，而且具有很好的经济收益。

二、槟榔园多层栽培

槟榔冠层下占据较高层空间的间作物具有较低的光拦截和较高的光合速率，更下层空间的作物则要求更强的耐阴性。

典型的槟榔园多层栽培是由多种作物在不同的垂直空间的分布，包括黑胡椒、可可、苜蓿、菠萝/咖啡、香蕉。在间种的条件下，槟榔产量没有受到不利影响，而且槟榔也会增产。多层栽培的成功在于各个组成间作物具有相对的耐阴性。槟榔冠层下占据较高层空间的间作物具有较低的光拦截和较高的光合速率，更下层空间的作物则要求更强的耐阴性。因此在槟榔园间作山药、胡椒、酸橙、蒌叶、可可、香蕉、姜黄、咖啡、肉桂都是有利可图的，而其中以胡椒、可可、香蕉、咖啡最具有优势。槟榔产量间种比单种明显增加。槟榔园间作胡椒、象草、菠萝、豇豆和四季豆对槟榔有增产作用，同时也能够增加总收入。

多层栽培条件下槟榔园内的小气候相对于开放地块要温和些，主要是由于槟榔树的遮阴效果。槟榔园内土壤表面蒸发要比空旷地小，槟榔园内空气温度会有所下降，而湿度会有所增加。同时与空旷地的平均风速相比，单一种植槟榔园内为33%，而间混种槟榔园内则只有9%。因此，槟榔园为间作物提供了很好的避风作用。另外，多层栽培中，槟榔、可可、菠萝根际细菌、真菌、放线菌和固氮菌的数量要比单一种植槟榔多。主间作物根系的这些有利的变化不仅提升了土壤微气候，而且也有增产作用。

三、槟榔园养殖

槟榔园内养殖，是提高槟榔园土地综合利用率、降低槟榔生产成本和提高单位面积槟榔园经济效益的重要途径。成龄槟榔树茎干笔直，园内空间充足，空气流动性好，同时还有一定的荫蔽度，适合禽畜活动，槟榔茎干还可利用来搭建禽畜的圈舍，同时，禽畜粪便又是很好的有机肥料源，能够改良槟榔园土壤结构与提高肥力，有槟榔的生长很有利，可以减少槟榔的肥料投入，还可减少杂草滋生。园内进行间种套种及生态养殖，不仅可以提高椰园土地、空间、时间三维利用率，还可以增加椰区农民经济收入。

单一种植槟榔的经济效益受到产量和市场价格的影响，存在着一定的风险，槟榔园高效种养模式可以降低这种风险，因为各间作作物及放养的禽畜价格总是不一样的。单一种植槟榔还存在因天气灾难和害虫的侵袭了风险，导致作物的毁坏和损失，使农民收益减少，槟榔园种养模式能够为农户带来除槟榔以外的收益，其净收益要显著地高于单一种植槟榔。

第八节 病虫害防治

一、主要病害及其防治

槟榔黄化病是一种缓慢引起槟榔产量降低，最终绝产，导致植株死亡的毁灭性病害。槟榔黄化病于20世纪80年代初最早出现于我国海南屯昌，1985年以后在屯昌、万宁等地大量发现，目前该病已蔓延至海南省琼海、万宁、陵水、琼中、三亚、乐东、保亭等市县。一般槟榔园的发病率为10%~30%，重病区发病率高达90%左右，造成减产70%~80%，甚至绝产。由于至今未发现有效的防治药剂，只能采取砍除烧毁的方式来处理病株，因此大面积的发病槟榔园遭砍伐，是目前我国槟榔生产上的最重要病害。

我国海南的槟榔黄化病表现为黄化型和束顶型两种症状。黄化型黄化病在发病初期，植株下层2~3片叶叶尖部分首先出现黄化，花穗短小，无法正常展开。结有少量变黑的果实，不能食用，常提前脱落。随后黄化症状逐年加重，逐步发展到整株叶片黄化，干旱季节黄化症状更为明显。整株叶片无法正常展开，腋芽水渍状，暗黑色，基部有浅褐色夹心。感病植株常在顶部叶片变黄一年后枯死，大部分感病株开始表现黄化症状后 5～7 年内枯顶死亡；束顶型槟榔黄化病的病株树冠顶部叶片明显变小，萎缩呈束顶状，节间缩短，花穗枯萎不能结果；叶片硬而短，部分叶片皱缩畸形，大部分感病株表现症状后 5 年内枯顶死亡。

目前，槟榔黄化病还没有有效的防治方法和科学准确的检测手段，迄今所报道的药物及施药方式的治疗效果尚不理想。虽然发病初期注射四环素族类抗生素可以使症状隐退或消失，但有复发性。所以，目前槟榔黄化病的防治仍主要是以预防为主，即减少初侵染源、切断传播途径和提高植株的抗耐病能力 3 个方面。

1. 减少初侵染源 槟榔黄化病的早期危害具有隐蔽性的特点，因此往往并没有引起人们的足够重视，并且极易与栽培不当引起的黄化症状相混淆，导致病害的扩展蔓延。一旦确诊发生槟榔黄化病且植株不再具有结果能力，应当及时砍除并烧毁。

2. 切断传播途径 在槟榔抽生新叶期间，应及时喷施氰戊菊酯、溴氰菊酯等拟除虫菊酯类农药杀灭潜在媒介昆虫，延缓病害蔓延；

3. 提高植株的抗耐病能力 由于目前槟榔黄化病的防治尚无有效的化学和生物药剂，因此通过加强水肥管理和选育抗黄化病的槟榔品种，提高槟榔的抗耐病能力显得尤为重要。应尽快改变过去粗放的槟榔种植管理模式，重视水肥管理，施足基肥，及时追肥，提高树体的抗病能力。

二、主要害虫及其防治

槟榔害虫可危害槟榔的所有部位。自 1918 年，Coleman 和 Rao 首度报道半圆坚介壳虫危害槟榔后，至 1982 年共有 102 种昆虫和非昆虫动物危害槟榔。其中，椰心叶甲、红脉穗螟、红棕象甲等均能对槟榔造成严重的经济危害。这些害虫可短暂或长期生活在槟榔植株上，虽然没有明显的寄主专一性，但却能危害大部分的槟榔作物。

（一）椰心叶甲（*Brontispa longissima* Getro）

隶属于鞘翅目（Coleoptera），叶甲总科（Chrysomeloidea），铁甲科（Hispidae），铁甲亚科（Hispinae）。别名红胸叶虫、椰子扁金花虫、椰子棕扁叶甲、椰子刚毛叶甲。

1. 为害特点 成虫和幼虫在未展开心叶中沿叶脉平行取食表皮薄壁组织，在叶上留下与叶脉平行、褐色至灰褐色的狭长条纹，严重时条纹连接成褐色坏死条斑，叶尖干枯，整叶坏死。每株槟榔树上最多可有上百头成虫和幼虫危害。四、五年生幼树或长势较弱的寄主植株容易感染椰心叶甲。植株受害后期表现部分枯萎和褐色顶冠，造成树势减弱后植株死亡。

2. 形态特征 成虫体扁平狭长，雄虫比雌虫略小。体长 8～10 mm，宽约 2 mm，触角粗线状，11 节，黄褐色；顶端 4 节色深，有绒毛，柄节长 2 倍于宽。触角间突超过柄节的 1/2，由基部向端部渐尖，不平截。沿角间突向后有浅褐色纵沟。头部红黑色；头顶背面平伸出近方形板块，两侧略平行，宽稍大于长。前胸背板黄褐色，略呈方形，长宽相当。具有不规则的粗刻点（图 43-2）。

卵椭圆形，褐色，长 1.5 mm，宽 1.0 mm。上表面有蜂窝状平凸起，下表面无此结构。

幼虫一般有 5 龄，白色至乳白色。幼虫的龄期可从尾突的长短来分别：一龄平均为 0.13 mm，二龄 0.20 mm，三龄 420.29 mm，四龄 0.37 mm，五龄 0.45 mm（图 43-3）。

蛹长 10.5 mm，宽 2.5 mm，与幼虫相似，但个体稍粗，翅芽和足明显，腹末仍有尾突，但基部的气门开口消失。

3. 发生规律 每年发生 3～6 代，世代重叠。椰心叶甲的发育历期取食受寄主植物的影响，同时与外界环境关系密切，各虫态的发育起点温度均在 11 ℃以上；在常温下，卵期 4～6 d，幼虫期 30～40 d，预蛹期 3 d，蛹期 6 d，成虫期可达 236 d。高温对椰心叶甲各虫态发育不利，室内饲养椰心叶甲在 32 ℃时，成虫与卵均不能成活。干旱有利于此虫的发生，在高温多雨的情况下，此虫虽发生但并不造成危害。由于椰心叶甲成虫期远长于幼虫期，因此椰心叶甲成虫比幼虫危害更重。强风有利于椰心叶甲成虫的扩散。另外，交通工具和寄主苗木调运也是椰心叶甲扩散的主要途径。

图 43-2　成　虫

（李朝绪　摄）

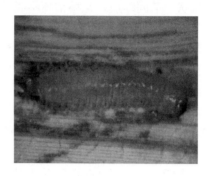

图 43-3　幼　虫

（李朝绪　摄）

4. 防治方法

（1）检疫防治。新疫情发现后，要严密封锁疫区，禁止一切棕榈科植物的调运，包括有疫情的县内、县与县之间和省际的调运；禁止从疫区国家和地区进口棕榈科植物成株、种苗以及果实。

（2）化学防治。对于幼树和矮树，可悬挂椰甲清药包于未展开的心叶部位；也可用化学农药进行喷洒或滴灌植株心叶。高效氯氰菊酯、辛硫磷、敌百虫均可有效杀死椰心叶甲成虫和幼虫，致死率在90％以上。

（3）生物防治。椰心叶甲卵寄生蜂有 *Hispidophila*（Haeckeliana）*brontispae* Ferriere，分布在印度尼西亚爪哇，在田间对椰心叶甲卵寄生率达15％；*Ooencyrtus podontiae* Gahan 分布在印度尼西亚爪哇，对椰心叶甲卵有10％的寄生率；*Trichogrammatoidea nana* Zehntner，分布在印度尼西亚爪哇，可以寄生椰心叶甲和其他椰子害虫的卵，曾被成功引进到斐济、巴布亚新几内亚和所罗门群岛。

椰心叶甲幼虫和蛹寄生蜂有椰甲截脉姬小蜂（*Asecodes hispinarum* Boucek）被引进到萨摩亚、瑙鲁、泰国和马尔代夫、越南。椰心叶甲啮小蜂（*Tetrastichus brontispae* Ferriere）对蛹有60％～90％的寄生率，对幼虫有10％的寄生率，被认为是控制椰心叶甲最有效的种。*Chrysonotomyia* sp.分布在萨摩亚，该蜂可以有效降低椰心叶甲种群密度，对四龄幼虫有70％的寄生率。

释放椰心叶甲寄生蜂的方式有两种，一种是指形管放蜂法，每管里面有椰心叶甲寄生蜂成蜂400～1 000头，指形管用黑色塑料膜包好，斜向上45°角插在受害棕榈植株叶腋处，打开棉花塞，成蜂会自动飞出寻找寄主，每30 m释放2 000头左右，每月2次，释放4～5次便可显著降低椰心叶甲幼虫密度；另外一种是放蜂器放蜂法，将放蜂器上铁丝和线上涂抹凡士林以防蚂蚁捕食寄生蜂，放蜂器中放椰心叶甲僵蛹或僵虫10头左右，悬挂在槟榔园中，寄生蜂羽化后会自动飞出寻找寄主。目前在海南后一种方式比较普及。

（二）红脉穗螟（*Tirathaha rufivena*）

隶属于鳞翅目（Lepidoptera）螟蛾科（Pyralidae）。

1. 成虫　体长13 mm左右，翅展23～25 mm，初羽化颜色鲜艳。前翅绿灰色，中脉、肘脉及臀脉和翅后缘均被有红色鳞片，使脉纹显现红色；中室区有白色纵带1条，除外缘有1列小黑点、中室端部和中部各有1大黑点外，翅面尚散生一些模糊的小黑点，以翅基和顶角较多。翅中央有一大黑点。后翅及腹部橙黄色。雄蛾体较细小，体色较浅而鲜艳，下唇须短，翅外缘两条银白色斑纹明显可见；雌蛾体较粗大，体色较深，下唇须长，从背面明显可见。翅外缘两条银白斑纹不太明显。雌虫体长12 mm左右翅展23～26 mm。雄虫体长11 mm左右，翅展21～25 mm。

2. 卵　长0.55～0.64 mm，宽0.40～0.44 mm，椭圆形，具网状纹，初产时乳白色，1 d后呈黄

色，卵孵化前呈橘黄色。

3. 幼虫　老熟幼虫体长约 22 mm，体圆筒形，向两端渐细，初孵化的幼虫白色透明，随着虫龄的增长体色逐渐变深而呈黑褐色，老熟时略呈淡褐色，头及前胸背板黑褐色，有光泽，臀板黑褐间黄褐色，中胸背板具有 5 个不规则的褐色斑点，腹部各节亚背线、背线、气门上下线处均各有 1 对黑褐色大毛片，其上着生 1～2 根长刚毛。体背具不甚清晰的暗褐色纵阔纹，散生刚毛，腹足趾钩双序缺环。

4. 蛹　体长 10～13 mm，赤褐色，背面有一条明显而颜色较深的纵脊，翅芽下端伸达第四腹节后缘，腹末有臀棘 4 枚。雄蛹生殖孔在第九腹节，生殖孔两侧有两个乳状突起；雌蛹生殖孔在第八腹节，两侧无乳状突。

5. 茧　长 12～15 mm，宽 3.8～6 mm，长椭圆形。

第九节　果实采收、分级和包装

一、采收

为了生产质量良好的产品，需要在适当时期采收槟榔。槟榔采收一般分两个时期，第一个时期在 11～12 月，采收青果加工成榔干，以采收长椭圆形或椭圆形、茎部带宿萼、剖开内有未成熟瘦长形种子的青果加工成榔干品质为佳；第二个时期在 3～6 月，采收熟果加工榔玉，以采收圆形或卵形橙黄或鲜红熟果，剖开内有饱满种子的成熟果实加工成榔玉为佳品。

二、分级

（一）农业行业标准

中华人民共和国农业行业标准 NY/T 487—2002 对槟榔干果（dried betel nut）进行了等级分类。标准中将槟榔干果定义为：槟榔幼果和近成熟的槟榔果，经水煮、烘烤等类似工序加工制成的干果。

（二）我国现行的中药槟榔规格等级

现行的中药槟榔规格标准如下。

一等干货。呈扁圆形或圆锥形，表面淡黄色或棕色，质坚实，断面有灰白色与红棕色交错的大理石花纹，味涩微苦，每 1 000 g 160 个以内，无枯心、破碎、杂质、虫蛀、霉变。

二等干货。呈扁圆形或圆锥形，表面淡黄色或棕黄色，质坚实，断面有灰白色与红棕色交错的大理石样花纹，味涩微苦，每 1 000 g 160 个以上，间有破碎、枯心不超过 5%，轻度虫蛀水超过 3%，无杂质、霉变。

（三）鲜食槟榔加工

在中国海南和台湾地区及印度等生产槟榔的地区，居民有鲜食槟榔的习惯。将采收的青槟榔果进行简单的加工即可食用，一般是将槟榔平均切成 4 瓣，在蒌叶（胡椒科胡椒属的植物）中包裹石灰与槟榔（包括榔玉）一起食用，一般在大街小巷即有这种产品出售。

（四）食用槟榔加工

槟榔在我国湖南、海南、福建、台湾及东南亚等国家消费者众多，消费量大。根据湖南省质量技术监督局发布的地方标准 DB43/132—2004，食用槟榔是指以槟榔干果为主要原料，经炮制、切片、点卤、干燥等主要工加工制作而成的槟榔。食用槟榔的加工工艺主要包括：槟榔干果→清洗→炮制→上光→烘果→切果→挑卉→槟榔片→点卤水→上卉→真空包装→分级分选→外包装→成品→卉处理→切卉。

三、果实的贮藏保鲜

由于鲜食槟榔即可以充分保护槟榔的有益成分，又能减轻熏干的槟榔纤维及其含有的烟垢、苯并芘等有害物质对口腔的损害，所以市场对鲜槟榔的需求不断扩大。据调查，槟榔果实在运销过程中存在的主要问题是果实软化、褐变、果皮皱缩干枯和霉变等，这些问题严重制约了槟榔果实的销售和流通。

（一）化学保鲜

李雯等采用 3% 的柠檬酸、2% $CaCl_2$ 和 0.1% 施保功溶液处理成熟槟榔果实，在 10 ℃下贮藏具有明显的抑制呼吸、延缓果实褐变的作用；在 4 ℃下贮藏果实至第五天时开始出现冷害症状，随着贮藏时间的延长，冷害症状更加明显。

（二）涂膜及气调保鲜

王锡彬等对槟榔贮藏保鲜的最适温度、湿度及贮藏环境中氧和二氧化碳等气体成分的最适组成进行了研究。结果表明，采用涂膜处理和硅窗气调贮藏相结合的方法最佳，它能使槟榔保鲜贮藏 4 个月以上，其果实的自然损耗率、腐烂损耗率都能控制在较低的水平下，保持了较高的商品率，具有较大的推广价值。

采用洗果剂洗果，抑制剂浸果，最大限度地减少了病原菌的侵害。同时，采用高效降氧剂降氧，涂膜处理和硅窗气调贮藏相结合的方法，在低氧低温的条件下，有效降低了槟榔的呼吸强度，减少了对呼吸底物的消耗和水分的散失，从而减少了自然损耗率。贮藏袋内放乙烯吸附剂，及时地吸附了槟榔贮藏过程中产生的乙烯，抑制了槟榔的成熟过程，保证了贮藏的质量。

在贮藏袋内放高效降氧剂快速降氧，对减少槟榔贮藏损失至关重要。在开始阶段，由于氧浓度较高，果实生理活跃，呼吸强度较高，贮藏损失也大。资料显示，一定剂量的乙烯，对果实的呼吸有刺激作用和催熟作用。试验表明：袋内放乙烯吸附剂，能及时地吸附槟榔贮藏过程中产生的乙烯，使袋内乙烯浓度始终保持在较低的水平。因而能明显地抑制槟榔的成熟过程。

硅窗袋贮藏槟榔环境条件的管理办法如下。

（1）高湿贮藏环境的相对湿度以控制在 90%～95% 为宜。湿度过低，容易造成袋内槟榔失水萎蔫，而湿度过高时，容易造成冷害，还可使呼吸强度增高，增加自然损耗率，另外还容易引起微生物的侵害，使槟榔腐烂变质。

（2）适宜的温度槟榔生长于高温高湿的热带，生理过程旺盛，对低温的抵抗能力较差，最适贮藏温度也高于其他寒带或温带水果。经过多次试验，发现 13.5 ℃是槟榔硅窗气调贮藏的最适温度。温度上下波动过大，会刺激呼吸作用，影响贮藏效果。因此，环境温度应尽量控制平稳。

（3）气体槟榔在贮藏保鲜过程中，仍然是具有活力的生物体，不能在缺氧的条件下生存。试验表明，贮藏环境中的气体组成以氧 4.5%～5.5%，二氧化碳 5.5%～6.5% 比较适宜。

第四十四章 新兴果树

概　述

中国台湾地处亚热带气候区，有着发展亚热带和热带部分果树的良好地理环境及气候条件，本章着重介绍台湾省的新兴果树栽培现状及发展趋势。

新兴果树的定义极为广泛，大致指非主要经济栽培、具有潜力或竞争力的果树种类，而主要经济果树的新品种亦可算广义的新兴果树。台湾省原生果树资源稀少，只有台湾胡桃、台湾苹果、台湾野梨、台湾柿、猕猴桃（台湾羊桃、台湾猕猴桃、阔叶猕猴桃等）、台湾梅、爱玉子及部分悬钩子等。台湾现有主要果树种类均为数百年来不断的引种及选育而来，台湾果树品种的引进，可追溯自明清时期，从祖国大陆引进柑橘、荔枝、龙眼、梨、桃、李、梅、枣、柿等各种果树，至今椪柑、桶柑、黑叶荔枝、横山梨仍为重要果树。1624—1662 年自东南亚引进波罗蜜、释迦、杧果、番柑、莲雾、牛心梨等热带果树，至今杧果、释迦、莲雾已成为重要经济果树；1895—1944 年，自日本引进高冷地的梨、苹果、水蜜桃等品种，之后果树资源逐渐丰富。1953 年爱文等杧果引进带动杧果产业迅速发展，引进的巨峰葡萄至今仍为主栽品种，引进的茂谷柑等延长了柑橘产期，木瓜台农 2 号的育成扩大木瓜产业，菠萝品种育成带动鲜食菠萝产业，火龙果的引进开启新兴果树之发展。品种及果树资源的开发也带动了水果生产面积的扩大，最高达 22 万 hm^2，产值居台湾地区农产品第一位，远超过水稻、蔬菜、花卉及其他作物。

台湾省果树产业近几十年有极为显著发展。据台湾大学康有德教授的调查，台湾水果近年来统计有 59 科 248 种，而主要果树由 30 年前三大青果香蕉、菠萝、柑橘类增加至目前栽培面积超过 1 000 hm^2 的有 21 种，其中较为显著的为杧果，短短 40 年间，栽培面积由 580 hm^2 增加至 20 000 hm^2 以上，而杧果的大量增加，美国品种引进为其主要因素。果树引种、试种及推广，为果树产业不断提升提供动力。

随着果树产业及种植面积的不断扩展，主要果树栽培亦出现不同问题。最大宗的柑橘因品种老旧，病害严重，栽培成本增加，而售价又未能相对提高，使生产者遭遇极大地困扰；杧果因炭疽病为害使生产成本提高，而市场次序紊乱，早期上市者未必获得高利；荔枝除高屏地区早期果获利较高外，其他地区除较晚熟品种糯米糍外均利润不高；木瓜、百香果因病毒病为害使面积得以控制，利润尚可；莲雾经过生产期调节技术改进，收益较佳，但投入人工及成本亦极高；其他各类果树或多或少均遭遇类似问题。鉴于传统果树栽培的种种问题，近年来，随着产业发展，新品种及新作物栽培往往代表高收益，因而果农对果树新品种及新兴作物的需求极为殷切，但因经费、人力及法规与制度限制，新品种出台往往赶不上农民需求，近年来亦有私人自行引种试种或育种，如火龙果、红毛丹、黄晶果（加蜜蛋黄果）等果树均获得成功。

有机农业是近年来社会大众所关心的问题，面对环境污染及农业生产过程造成的环境破坏及对产品的清洁程度需求，使生产者到消费者均面临极为严肃的课题，如何以最完美的方式永续持久的生产安全农产品，是生产者及研究者最大的挑战。果树为长期作物，不似蔬菜等短期作物可以轮作、设施栽培、休耕等方法克服病虫害，研究显示果树多样化可降低病虫害发生，尤其新兴果树在台湾栽培时间尚短或数量尚少，病虫害感染较长期栽培主要果树为少，甚至全无病虫害，此为新兴果树未来可着力的另一重点。

休闲农业为未来最具潜力的产业之一，具有本地消费特性，亦无产业外移，新兴果树的新奇性具有很强的观赏性，具吸引观光的作用，也带有凸显产业特性的效果。

由以上观点可知新兴果树的研究及开发具有多重功能，亦符合产业发展的需求。

台湾地区以往经由各种途径引进的各类果树极多，如嘉宝果、蛋黄果、红毛丹、人心果……等，但未必都适合本地栽培，现谨就以往引进可能适合台湾气候和环境，并具有潜力的果树做详细介绍。

第一节　山荔枝

一、概述

山荔枝为无患子科（Sapindaceae）热带果树，又名葡萄桑，学名 *Nephelium mutabile* Blume。与红毛丹（*Nephelium lappaceum* L.）为同属果树，有许多植株性状相似，易被混淆，但红毛丹果棘较长，山荔枝之果棘短平。同科果树尚有常见的荔枝（*Litchi chinensis* Sonn.）与龙眼（*Dimocarpus longan* Lour.）。原产马来西亚，野生植株零星分布于霹雳州（Perak）和马来亚（Malaya）附近的平地森林。在菲律宾的吕宋岛到民答那峨岛之低海拔地区亦有大量的分布。主要栽培于马来西亚和泰国，在爪哇亦有大量栽培。在波多黎各、宏都拉斯、哥斯达黎加等地仅有零星种植。山荔枝因为分布于许多不同语系之国家，故尚有其他地方名称，如在马来亚被称为 rambutan - kafri（黑人的红毛丹），在菲律宾被称为 bulala，在马六甲有时候会被叫做 pening - pening - ramboetan，在泰国被称为 ngoh - khonsan。

二、植株性状

山荔枝树形美观，可作为观赏树，树高可达 10～15 m，树干约 30～40 cm 粗，其幼树枝条带有褐色绒毛。叶互生，羽状或奇数羽状复叶 17～45 cm 长，有 2～5 对对生或接近对生的小叶，长椭圆或椭圆之披针形 6.25～17.5 cm 长，小叶宽可到 5 cm。叶身有轻微的波浪状，叶面深绿色，叶背微有绒毛。花小淡绿色，无瓣，具 4～5 带茸毛萼片，腋生或顶生，圆锥花序具淡黄或褐色细毛。果实呈卵圆形，长 5～7.5 cm，直径 4～6 cm，暗红或亮红色或黄色，其厚外皮上有圆锥形钝针状的小突起或粗肉棘，可达 1 cm 长，偶有 1～2 个小且未发育的果实紧贴在茎上。果肉（假种皮）白色或淡黄白色，厚可达 1 cm。有黏核或离核之分，粘核种之果肉不易剥离种子。果肉风味与红毛丹类似但较甜。种子呈扁卵圆形或长椭圆形，淡褐色，长 2～3.5 cm。果重 50～75 g，果肉率25％～45％。

三、栽培习性与管理

山荔枝为热带果树，喜好温暖潮湿之气候，虽然可以忍受短暂的干旱，但在整年都有充足的水分供应时生长良好，适合在海拔 300 m 以下，年降水量 2 000～3 000 mm 热带地区，土壤以 pH 5～5.8 为宜，喜肥沃且排水良好的土壤。定期的施肥可促进其生长及结果。在马来西亚，开花前需较长期的旱季以促结果。果实发育阶段应有充足的水分及适当的施肥，可以提高果实质量。

栽培密度每公顷 100～260 株，行株距 6～10 cm，于台湾可采荔枝之行株距，后再间伐。整枝修剪方法与荔枝相似，于地上 0.5～1 m 处留 3～5 个分枝并形成开心形，可适当短截而不影响次年开花。幼年期修剪至有 3～4 主枝，并维持至结果期，树型养成后需除去徒长枝及枯枝并适度修剪，花穗残留于采收后亦需除去以促进生长。成株长至树高 10 m 时可生产 150 kg 以上之果实。在 1996—

2001 年分别从马来西亚及夏威夷引进种子试种，至今已可生产果实。但雄株比例偏高。多年研究发现环刻可稍加提早花期，但效果仍不稳定，尚待深入研究。实生幼苗对低温敏感，几乎无法越冬，但若在 10 月中前将当年种子直播土中或播于盆子之实生苗，定植于田间，给予充足的水分供应，大部分可顺利越冬。幼苗初定植时，生长缓慢，需注意略施钾肥，防风及杂草控制。成株在低温及干旱会导致叶缘及叶间枯黄、褐化，严重者会大量落叶。在病虫害方面，需注意会有金龟子啃食新梢叶片的情形，果实可以利用套袋减少虫害的发生。

四、繁殖方法

山荔枝可由种子、嫁接或高压繁殖。其种子易在短时间丧失活力，特别是在失水干燥后则无法发芽。在播种后 10～15 d 可萌芽，但实生苗果实质量及产量变异极大，且雄株比率可能高达 50％以上。一般可利用芽接及靠接，在雨季于田间的芽接较易成功，因为不需要移植。移植会造成嫁接苗不宜存活，特别是在干季。嫁接之植株可在 3～5 年开始生产果实。高压亦是可行的繁殖方法，但是与红毛丹有相似问题，即高压初期尚佳，但于假植或定植后成活率较低。

五、采收后处理及利用

在泰国产期为 4 月底至 5 月，而在台湾地区果园内之主要产期为 7～11 月，可以环刻微调产期。果实不耐贮藏，货架期只有 3～4 d。成熟果实果肉可生食或制成果酱。种子经煮过或烘烤可制成类似可可的饮料。山荔枝果实每 100 g 果肉含有水分 84.5～90.9 g、蛋白质 0.82 g、糖分 12.7 g、纤维 0.14 g、脂肪 0.55 g、灰分 0.43～0.45 g、钙 0.01～0.05 mg、铁 0.002 mg、维生素 C 10.8 mg。干燥的种仁可以产生 74.9％固态白色的脂肪，在 40～42 ℃可熔化，为具有微香油脂，可用于制造香皂。在马来西亚其根与叶被使用于湿敷药物，其根煎煮之后可作为退热药及驱蠕虫药。

六、结论

山荔枝树形美观可作为庭园或景观树，其果实亦可食用，为具有观赏价值的新兴果树。因检疫问题，红毛丹未准自东南亚进口，在台湾价格颇佳，而山荔枝其果实质量风味与红毛丹相似或更佳，在市场上亦应有不错的销售潜力，且不需投入大量管理，病虫害亦少，唯需引进或选育具离核特性优良品种，并探讨栽培高质量果实提高产量及调节产期的方法。

第二节　黄晶果

一、概述

黄晶果又名黄星苹果、加蜜蛋黄果、黄金果，为山榄科植物，在新加坡称为黄晶果。原产于亚马孙河上游之常绿果树，分布于安第斯山脉之东，自委内瑞拉、秘鲁、厄瓜多尔至巴西均有栽培，以外地区较少见。1914 年引进美国佛罗里达南部，发现幼株不耐低温寒害。山榄科（Sapotaceae）重要果树尚有人心果（*Manilkara zapota*）、星苹果（*Chrysophyllum cainito* L.）、蛋黄果［*Pouteria campechiana*（H. B. K.）Bachni］、马米果［*Pouteria sapota*（Jacq.）H. E. Moore & Stearn］、绿果（*Pouteria viride*）、神秘果（*Synsepalum dulcificum* Daniell），大多为少量或尚未栽培果树，部分仍具有发展之潜力。

二、气候环境

黄晶果为热带果树，喜温暖潮湿气候，温度最好在 10 ℃以上，20～35 ℃最为适合，降水量在 1 000～3 000 mm 平均分布者较佳，于终年温暖潮湿地生长良好，台湾中部海拔 500 m 以下仍可生长，新竹、花莲以北地区冬季遇 10 ℃以下温度可能使叶片黄化落叶，幼株不耐寒害，喜肥沃、排水良好土壤，但对土壤适应性强，不耐积水但微耐旱，土壤 pH 在 5.5～7.5 均可生长，但在石灰质土壤上有叶片黄化症状，栽培宜多施有机质肥料。植株应适度灌溉以促成正常生长，长期干旱缺水造成生长迟滞而影响产期，果实生长期缺水使果实较小，但近成熟期多雨易造成裂果。

三、植株性状

植株形态及栽培性状极似蛋黄果，植株高大可至 35 m，树干受伤分泌白色胶状乳汁，叶互生长 10～20 cm，宽 3～6 cm，花单生或 2～5 花一组着生于叶腋，4～5 裂，白至绿色 0.4～0.8 cm 长，上午开放可维持约 2 d，除主干及老枝外，全株各部均可能着生花，自可见花芽至开花 20 余 d，果实多着生于枝之中外侧，幼果呈长卵圆、椭圆或扁圆形，深绿色微具茸毛，成熟时转光滑鲜艳明亮之黄色，表面光滑，果实膨大至圆至卵圆形，果顶微尖或平滑，果重约 250 g，于新加坡平均果重约 400 g，于澳洲 Gray 品种单果重在 450～620 g，最大可达 900 g，果径6～10 cm，果肉乳白色半透明，未熟果有涩味，成熟后甜而具芳香，带有微黏乳汁，呈半透明胶质状，甜度 12～15 白利度，果肉含水分74%，种子 1～4 枚，通常 1 枚，种子重 4～7 g，长 3～4 cm，夏季果实自开花至采收需 60～70 d，冬季果实生长期可达 80 d。

四、品种

台湾地区目前尚未有命名的品种，比较已引进的黄晶果各实生品系，于果重、果色、果肉质地、甜度等方面均有极大变异。目前，屏东科技大学至少已选出 10 个优良品系。在果重方面，各实生品系平均果重超过 500 g 者有 1 个 （517 g），超过 300 g 者有 4 个，超过 250 g 者有 10 个，均引自菲律宾、美国夏威夷；早期自新加坡引进品种果重较小，多在 250 g 以下，超过 200 g 者只有 5 品系，显示自菲律宾引进者果实较大。果色有淡黄、黄色、金黄及橘黄，果肉质地有柔软紧密至粉质者，甜度分布于 10～17 白利度，未来本省宜进行品种选育并将目标定于中大果（果重 300 g 以上），果色鲜黄，肉质柔软，甜度 15 白利度以上，果肉于成熟时能保持米白色不变为佳。于澳大利亚至少选出 10 余品种，较著名如大果品种 Gray、Z2、Z4、T25 及 T31，丰产且味美的有 Z1、Z2 及 Z3。

五、繁殖与栽培习性

黄晶果为极早熟短幼年期果树，实生苗幼年期 1～5 年。在哥伦比亚，圆形大果品种种植后 4 年坐果，亦有播种后 1 年即坐果者，但果实小，果肉亦薄。实生株性状变异较大，果实形状、大小、质量均有极大差异，果肉有硬脆及柔软不同，风味有极甜至淡而无味。种子取出后不宜失水，最好在 1～2 d 内种植，种植覆土约 1 cm，播种后 15～20 d 萌芽，苗高 30～40 cm 即可种植田间。调查自各地引进黄晶果种子实生苗，显示菲律宾引进之实生苗幼年期最短只有 13 个月，大多在 18～24 个月，且果实大至 300 g 以上，全年均可结果。1999 年 10 月自美国夏威夷引进者于 2001 年 7 月已有开花者，幼年期 21～24 个月。早期自新加坡引进者幼年期最长，在 1.5～3 年，且实生苗常有 20%～30% 不结果，冬天亦无果实。在田间观察，实生植株多在株高 1.5 m 脱离幼年期而开花。

亦可用高压法、扦插法及嫁接法繁植，高压后 2 个月发根，再 1 个多月即可切下假植。嫩枝插配合喷雾亦可生根，可大量繁殖苗木，但冬季插床宜加温至 25～27 ℃，可增加发根及成活率。嫁接之植株虽可维持品种特性，但结果期未必早于实生苗，且嫁接法成活率常在 50% 以下，亦可用高接法更新品种。

宜于温暖多雨之季节种植，有灌溉设施者全年均可种植，行株距 4～6 m，3 年内即可采果，5 年内进入盛产期。幼株不需太多之修剪，但修剪可控制树形，且达到矮化之效果，为促成开心形，最好于幼苗促生 3～5 分枝，并使主枝高度在 2.5 m。

周年开花结果，每次周期为 3~5 个月，单株产期通常在 6 个月以上。受开花周期影响，中国台湾之主要产期在 2~4 月及 7~8 月，品种之间略有差别。菲律宾引进品种结果期较长，配合不同品系几可全年生产。在厄瓜多尔为 3~4 月，巴西 9 月至翌年 4 月均可于市场上看到，澳大利亚主要产期为1~9 月，其间有 2~3 次采收期，于美国佛罗里达为 6~12 月，亦可经由环刻及灌溉控制生长而全年结果。在屏东科技大学调查，三年生植株年产量 6~10 kg，六年生植株年产量 25~35 kg，试验显示自新加坡引进者五年生植株产量最高可达 34.9 kg，低者低于 1 kg，差异极大。自菲律宾引进三年生植株产量最高为 13.9 kg；澳大利亚调查三年生植株年产量约 10 kg，五年生株最高可于秋季结果230 粒，其中 100 粒为无籽果，大树年产量最高可达 200 kg。比较全年产量之分布，自新加坡引进者多集中在 2~3 月及 7~8 月，其他月份除 5 月、11~12 月外均有少量；自菲律宾引进则集中在 6~8月及 10 月，其他各月亦有，分布较为平均。比较全年各月果重变化较无规则，春、秋及冬季果较大，夏季果较小。果实甜度之分布在 10~17 白利度，比较果实甜度季节性变化显示均以春、秋、冬的果实较甜（14~17 白利度），夏季果风味较淡（10~14 白利度）。

台湾地区目前尚未有施肥量及施肥时间试验，缺乏此类数据。依经验未结果树一年生株可施台肥5 号 500 g，二年生株 1 kg，结果树施台肥 43 每年递增 500 g 至最高 6 kg，全年分 3 次施用（4 月、8月、12 月）。堆肥由每年 2 kg 递增至 10 kg。

黄晶果树形可经修剪及拉枝控制矮化，因果实多着生在枝梢中后段，植株进入结果期后枝梢下垂，稍加修剪即可控制植株高度。亦可利用修剪及疏果调节产期，轻剪后依修剪及季节 4~8 个月即可采收果实，强剪常刺激营养生长使产期延后。

植株至今病虫害不多，害虫主要以粉虱、介壳虫、蚜虫及毒蛾危害为主，病害方面除了偶有缺硼生理病害，其余并未观察到。果实成熟期则易遭小昆虫为害影响商品价值，尤其以果蝇最严重，套袋可有效防止虫害，亦可增加着色及果实美观性。套袋时期以绿果期约乒乓球大时为最佳，太早套袋，因果实过小可能会有落果的情形。套袋可用纸袋、透明塑料袋及细网袋，但套袋材质对果实质量影响不显著，用细网袋者果色较淡，澳大利亚采用较厚透明塑料袋效果亦佳，用透明塑料袋最大优点为易于判别成熟期，但如果直接暴晒阳光可能造成日灼，可用白色纸袋套袋防治，透明塑料袋套袋最好于果实生长中后期使用，否则可能造成少量落果。多雨季节偶有裂果发生，但不严重。

六、采后处理及利用

果实自转黄至全黄需 2~8 周（依温度及季节而定），果实从转黄至全果黄色只有果梗微绿时为适合采收期，太早采近果皮处仍有胶状液，易粘口。果实采收适期依季节及果色与品种而异，夏季果实2/3 转黄即可采收，冬季需至果色全黄才可采收，夏天过熟晚采者常内部褐化而不可食，品种间之采收适当熟度有极大差异。黄晶果不耐贮藏，比较不同温度贮藏显示室温（2 月）及 15 ℃果实可贮放4~8 d，室温可维持 8~10 d，但果肉在 4 d 后已有软化不宜食用，5 ℃贮藏 10 d 后即有寒害之症状，于 5 ℃常外皮转褐，但果肉仍为白色，15 ℃以下之温度贮藏常有寒害。

果实多供鲜食，亦可制成冰品或冰激凌，风味极佳。亦可切开后滴柠檬汁于果肉，以防止褐化，并增加酸度使风味更佳。果实采收后须注意包装，防止擦伤影响外观。黄晶果果实营养价值极高，其每 100 g 果肉含蛋白质 2.1 g、脂肪 1.1 g、维生素 B_1 0.2 mg、维生素 B_2 0.2 mg、维生素 B_3 3.4 mg、维生素 C 49.0 mg、色氨酸 57 mg、赖氨酸 316 mg、蛋氨酸 178 mg、苏氨酸 219 mg、铁 1.8 mg、磷45.0 mg、钙 96.0 mg、粗纤维 3.0 g、水分 74.1 g（Morton，1987）。

七、结论

黄晶果性喜温暖潮湿，极适合台湾地区中南部栽培。果实浑圆美观，色泽鲜黄似水晶，甜度高且肉质柔软，送礼自用美观大方。在栽培上树形优美，于中南部成长迅速，种植后 2～3 年即能开始生产，且一年四季可采果，为极适合栽培之果树。病虫害少，几乎无需喷药，是个相当安全的健康水果，对于未来台湾部分果树种植可能转型为观光休闲农场也极适合。虽然果实于采收后不耐贮运，反观之其缺点也可成为一项优势，故无须担心进口相同水果冲击。目前在世界各地均少有商业栽培，除澳大利亚已发展部分品种外，可说是缺乏研究。未来可选育出适合台湾地区栽培的色泽鲜黄、甜度高、果肉成熟时能保持乳白色或耐贮运的大果品种。

第三节　星　苹　果

一、概述

星苹果又名牛奶果，为原产加勒比海、西印度群岛的常绿果树，分布于热带美洲甚至热带地区，东南亚国家均可见，主要供鲜食及制作冰激凌等甜点。树皮、乳汁、果实及种子可入药，木材亦极佳，植株可为庭园树。

二、植株性状

植株高可达 30 m，树体有乳汁，叶表深绿色，叶背为金褐色，花侧生于当年生枝，每花穗有 5～35 朵小花，花期可长达 4～6 个月，果卵圆至圆形，果径 5～10 cm，果重 90～138 g，有紫褐及黄绿色两种，于中国台湾常见之紫色种较小，果皮光滑革质，果肉紫或白色，柔软多汁，区隔成 4～11 室，横切似星形，内含种子 3～10 粒，黑色，果实可食部分 53%～63%，富营养价值，虫媒花，自交亲和。开花与生长有关，常于雨季发生，果实于开花后 4～5 个月成熟，采收期于中国台湾约在 11 月至翌年 6 月，但于株间差异极大。菲律宾于 12 月至翌年 4 月，印度尼西亚于 5～7 月。依果色可分成紫褐及黄绿色两大类，绿色者变异较大，于菲律宾及危地马拉均有选育之大果紫色品种（350～380 g），生长强健，适应性广。

三、繁殖

繁殖可以实生、高压、嫁接、芽接等方法，种子贮放数个月仍可萌芽，可先播于苗床，2～3 cm×1 cm 之距离，待有 4～5 叶时再移至盆中，播种后 14～40 d 萌芽，生长迅速，5～10 年即可结果，实生苗 6～8 个月后可供嫁接，嫩枝扦插配合喷雾生根极易，高压需 6～7 个月。实生株高常达十余米才脱离幼年期，高压及嫁接苗可于 3 年内结果，且可控制植株在 3 m 以内，较适合经济栽培，亦可使用确定品种。

四、栽培管理

星苹果喜温暖之气候，东南亚地区海拔 400 m 以下之山坡地均可栽培，台湾中部地区仍可生长结果良好，于 0 ℃下植株受害，对土壤之选择不严，于沙质土、石灰质土、黏质壤土等均可生长，但需排水良好之果园。

粗放栽培行株距 10～12 m，经济栽培可采 5 m，未结果株每年施氮肥 150～200 g 2 次，初结果株每年施完全肥料（如台肥 43）500 g 2 次，正常结果株每年施 3 kg 以上，定期灌溉（每周 1 次）有利于幼株生长，开花期灌溉增进坐果，整枝修剪依一般果树，可先分成 3～5 主枝再逐年养成开心树形。少病虫害，但如套袋可防止果蝇及鸟害。全株果实成熟期不一，须采收数次，绿色种果实转明亮淡绿色时，果实轻触感觉微软时即可采收，但亦可挂于树上至果色为粉红色时才采收，此时甜度更佳。紫色种需转至暗紫色才可，成熟时以手触果实有微软之感。未熟果乳汁含量高，有涩味不可食。正常株每年生产约 1 000 粒果实，在印度成年株于 2～3 月收获期每株可收约 60 kg。

五、采后处理及调理

果实多供鲜食，果皮不可食。食用时常以刀切开两半，再以汤匙取食果肉，也有先用手轻揉果实，使果肉变软，再切开两半更易取食。果肉可单独食用，鲜食或制冰淇淋，或切丁与芒果、柑橘、菠萝等果实及椰子水混合冷冻后食用，或加酸橘、柠檬汁等。果实采收后置 3～6 ℃（相对湿度90%）环境下可放约 3 周，室温只可放数天。星苹果于每 100 g 果肉中约含水分 82.6 g、蛋白质1.3 g、脂肪 1.1 g、糖分 17.4 g、纤维 0.7 g、钙 17 mg、磷 13 mg、铁 0.4 mg、维生素 B_1 0.02 mg、核黄素 0.02 mg、烟碱酸 0.9 mg、维生素 C 7 mg，并含有抗氧化物矢车菊素（Cyanidin - 3 - O - b - glucopyranoside）。

六、展望

于实生株间之观察，显示产量、果重、果形、果色、质量及成熟期仍有极大之变异，未来仍有选种之空间，优良之品种应具有圆形、果重 200～300 g，果皮厚度适中，少籽，甜而多汁，微耐果蝇及果实蛀虫，丰产，无来年结果现象。星苹果于台湾地区仍少经济生产，以往多种于庭园为观赏植物，因果实具美味且栽培容易，应具有经济生产之潜力。

第四节　波罗蜜、小波罗蜜及香波罗

一、波罗蜜

（一）概述

原产印度，常绿果树，植株最高可达 20 m，喜温暖潮湿气候，广植于热带平地，热带地区可至海拔 1 500 m，并延伸至南北纬 30°无霜之范围，于南北纬 25°内均可结果良好，较本属其他种耐寒。周年生长，但生长盛期在 3～5 月及 7～9 月。通常种植后 2～8 年结果，12 月至翌年 3 月开花，夏天结果量最多。雌雄同株异花，雌花常着生于基部主干及老枝，雄花穗于茎部及顶稍，枝围 6.5 cm 以上者多生雌花。雌花穗少于雄花穗，十六年生株花穗中，雄花占 60%～96%，雌花通常占 4%～40%，雌花穗直径及长度均远超过雄花穗。雄花穗光滑，雌花穗呈粒状（雌花开时），雌花接受花粉期为 36 h，坐果率约 75%，人工授粉增加坐果率。果为聚合果，为所有栽培果树中最大者，最长可达 90 cm，果实长形，绿色、黄色或褐色，有短而钝尖之六角形刺，热带地区开花后 3 个月果实可成熟，但较高纬度可能长达 6 个月，每果 100～500 种子，每种子 3～6 g，种子外为味道浓厚可食之果肉（假种皮）。

（二）种与品种

波罗蜜与小波罗蜜及香波罗区分大致为：波罗蜜叶全缘；小波罗蜜果较小，叶及枝有棕褐色茸毛，可达 0.3 cm；香波罗裂叶，似面包树，果较小。

小波罗蜜与香波罗于 5 ℃受严重寒害，波罗蜜较耐寒。

波罗蜜为常异交作物且多经种子繁殖，品种变异极大，甜度、酸度、风味、质地、乳汁量、幼年期、产量、果形、成熟期均有极大差异。主要区分两大类：

（1）软肉品种。果肉多汁，柔软，甜度各异，风味浓厚。

（2）脆肉。肉质硬脆，风味较淡。

中国台湾地区多实生繁殖，变异必大，但未有调查。国外较著名者如 Rudrakshi、Indian type，圆果，果较小，如大柚子，皮比较平滑，质量较佳。Singapore（或 Ceylon jack）幼年期短，种植后18 个月左右可结果，形如一般波罗蜜，果实略小。

（三）栽培管理

对土壤适应性广，但须选择排水良好壤土，pH 6.0～7.5。微耐风及盐土，不耐寒、旱及湿，可能需要昆虫授粉，干季最好有适量灌溉。行株距（6～12）m×12 m。施肥量每 6 个月每株施用 1 kg 的复合肥（N∶P∶K∶Mg＝4∶2∶4∶1）。开花后 90～110 d 可采收，每年每株结果率不定，最高每株 250 个果，果重最大 50 kg（通常 10～30 kg），单株年产量可达 2 500～7 500 kg，但有来年结果倾向。

病虫害：常见为果腐病（*Rhizopus artoarpi*），以及花腐病及叶斑病，害虫为茎枝干的蛀虫以及芽象鼻虫、蚜虫、介壳虫。

（四）繁殖

以实生法最常见，播种后 2～8 年（通常 4～5 年）开始开花坐果，也有实生种植 2 年即结果之品系。种子不耐贮藏，种子含水量 40%，放于 20 ℃下密封 PE 袋，可贮藏 3 个月。种子贮藏 15 d 后播种，约 70% 发芽，但贮藏 30 d 之后，萌芽率降至 40%。种子以 25 mg/L NAA，GA100～500 mg/L 处理，增加萌芽率及苗生长。种子以选自优良母株之大种子为佳，清洗乳汁及外皮再播种成活率较高，苗于 4 叶前移植较佳，幼苗宜适度遮荫。

无性繁殖植株可在 2～4 年内开始结果。

（1）扦插。IBA 500 mg/L 处理白化枝，于喷雾下 84% 生根，50%～70% 成活；无 IBA 处理者不生根；如以环刻 30 d＋白化处理＋IBA 3 000 mg/L 处理＋肉桂酸 2 000 mg/L 处理，可有 90% 生根。

（2）高压。100% 发根，加 IBA 效果更佳。

（3）芽接。可用 Patch、Chip、T 形，6 月成活最佳。可芽接于小波罗蜜及 *A. rigidus*，可嫁接于小波罗蜜、*A. hirsuta*、*A. altilis* 及同种实生苗。通常以 12 个月龄之实生苗为砧木。

（4）靠接。60%～70% 成活。

（五）采后处理及调理

成熟度判断，极为重要，有下列方法：

（1）敲击法。以木棍或竹竿轻敲果实，声沉闷者表示可采，清脆音者未熟。

（2）闻香法。成熟果有香味释出。

（3）果色判别。果色由青绿转成淡或黄褐。

（4）果纹转宽。果棘转平者。

其中以敲击法较为迅速可靠。

春夏间种子硬化前幼果可为蔬菜，成熟果为水果，富果胶、蛋白质，果实风味浓厚，市场接受性因人而异。小波罗蜜及香波罗因果实较小，且甜而多汁，具有芳香，可能较易被接受。可食部分占全果约 30%，其中 73% 水，糖分 23%，脂肪 0.6%，纤维 2%，灰分 0.5%，种子占全果约 5%。种子含 52% 水，7% 蛋白质，0.5% 脂肪，糖分 40%，纤维 1.5%，灰分 1.5%。果肉可制罐、果酱、果冻、果干、冰激凌、饮料或冷冻；种子如莲子可食，可煮、烘、烤食用；果皮及叶可饲牛；木材为家具，可防白蚁。11.1～12.7 ℃可贮藏 6 周（相对湿度 85%～90%）。

二、小波罗蜜

原产于东南亚各地，风味较波罗蜜浓厚，介于榴莲与波罗蜜之间，又名榴莲蜜，其他特性极似波罗蜜，但果实较小，果皮较薄，易于运输及剥食，果实切开即可以手取食，波罗蜜最大缺点为果实太大，不易剥取果肉，小波罗蜜无此缺点，应较有潜力。

植株可达 20 m 高，各特性均似波罗蜜，但叶有茸毛，果重 600～3 500 g，平均 1 kg 左右，长 20～35 cm，宽 10～15 cm。播种后 3～6 年结果，雌雄花同株，果实生长需 3～6 个月，在东南亚果实大多在夏季成熟，中国台湾屏东于 7～9 月成熟。马来西亚已有品种选出，如 CH26 - 29。

小波罗蜜为较耐高温果树，不耐寒及旱，喜潮湿多水地区，甚至可在沼泽地生长。

繁殖多采用实生，种子选自优良母株，实生株4～5年即可开花，但变异颇大。亦可用芽嫁接及切接于各 *Artocarpus* 砧木。幼苗宜遮阴，果实多生于主干，易采收，套袋可防果蝇，极丰产。种植6年株龄约可年产40～50粒果实。

三、香波罗

原产地可能为婆罗洲，在菲律宾栽培较多。喜热带多雨气候，植株高大可达25 m，叶似面包树，常于叶后半三裂，花序着生于叶腋。果圆形，直径可达16 cm，黄绿色，外披密集约1 cm软刺，果实内部构造似波罗蜜而较小，果肉白色、黏稠多汁芳香，内含种子，果重最大可达2.5 kg。

繁殖以实生为主，播种后约4周萌芽，4～6年后开花，不易高压，可芽接或高接，亦可靠接于面包树。果实多在夏天采收，在中国台湾地区在7～8月采收。果实多着生于顶端，不易采收，植株需矮化，在菲律宾产量每公顷约4.6 t。

果实供鲜食用或制作糕点，风味优于波罗蜜，种子可烘烤或煮食，风味亦佳，幼果可为蔬菜，果不耐贮藏。

未来潜力如何有待观察，产量偏低及不易贮藏，可能为香波罗于其他地区较少生产原因。

第五节　白　柿

一、概述

白柿为与柑橘同科的亚热带果树，但植株性状完全不同，因其形状像柿子，又名白人心果、香肉果，原产于墨西哥及中美洲高地，目前分布于热带及亚热带地区。近年来美国佛罗里达州、以色列、澳大利亚和新西兰已广泛种植在庭园及作为药用植物（Morton，1962；Nerd et al.，1992；Yonemoto et al.，2007）。白柿最早引进于中国台湾嘉义农试分所，但未推广利用，后经屏东科技大学开发研究其栽培管理特性，并办理观摩会，始受人重视为新兴果树。除鲜食外，可制成加工食品如冰激凌及果汁等，可增加水果的多样性，提高附加价值。白柿已有37个品种（Yoshimi et al.，2007），目前台湾地区嘉义试验分所共有 W1、W2、Golden Globe、Lemon Gold、Max Golden、Candy、Vernon、Suebelle、Chestnut 及 McDill 等10余个品种。

二、开花结果习性与产期

白柿为常绿多年生木本果树，叶为掌状复叶，植株生长迅速且强健。于屏东科技大学调查，主要抽梢及生长期为7～8月及11月，9月较少量，10月会有停梢现象，其他月份因花芽生长伴随新梢抽出，亦有少量生长，而12月中旬至翌年2月底为主要开花期，1～5月为果实生长期（3～5个月），5月中旬至6月采收，其生育会因品种差异、栽培管理及环境而有不同表现。白柿的花序可分为无叶花序、带叶花序及无叶单花序，花着生于上年生长新梢枝条中端及末端、叶腋或是二年生多年生枝干部位的潜伏芽，且除向上生长之徒长枝，全株均可形成花芽（图44-1）。

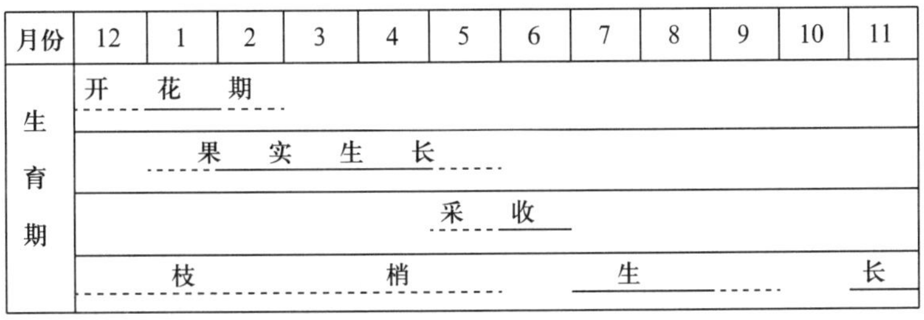

月份	12	1	2	3	4	5	6	7	8	9	10	11
生育期		开　花　期										
			果　实　生　长									
					采　收							
		枝　梢					生　　长					

图 44-1　白柿 Golden Globe 生育期

调查白柿 Golden Globe 品种，花朵开放时间于凌晨 2:00 开始至上午，大部分在 5:00～8:00，开放后可维持 3～4 d，为两性花，每花穗 2～30 朵小花，甚至 30 朵以上，雌雄同花，为有限圆锥花序。白柿的花序小花轮生，花梗 5～10 mm 以上；萼片不发达；花瓣黄色微带绿色呈 5 裂，花瓣长 5～6 mm、宽 2～3 mm，雌蕊长 3～4 mm，为白色；花药黄绿色，花粉量少；柱头大似一朵小花，子房上位型，呈球形，表面绿色，光滑。部份品种自交着果率略低，品种间授粉有利于着果。果实圆至扁圆，或有不规则，果径及果长 6～12 cm，果色绿及淡黄色。

白柿 Golden Globe 品种花芽于 11 月下旬开始发育，从可见花芽至果实采收需 181 d 左右，果皮颜色由绿转淡绿时可采收，果实长与宽之生长均为 S 形，果实生长时间需 3～5 个月。果实平均果重约 244.3 g，果长 65.5 mm，果宽 82.4 mm，可溶性固形物 16.1 白利度，种子 2～4 粒，种子重 34 g/粒，果肉率 87%，果实不同部位总可溶性固形物含量亦不同，果萼端较果柄高。

三、栽培管理

白柿在台湾地区海拔 1 000 m 以下一般土壤均可生长良好，适应性广，易栽植，稍耐 0 ℃ 之低温。可利用种子、扦插、嫁接及高压繁殖。嫁接成活率高，营养繁殖植株 2 至 4 年后可生产，实生苗种植后需 5～8 年，才可开花结果。栽培适宜温度为 20～30 ℃，植株生长可展开至 9 m 以上，但在栽培时，植株可控制在 5 m 以内，行株距 5～10 m，依管理及修剪程度而异。幼树应每隔 2～3 个月施肥 1 次，每树每次施用台肥 43（15-15-15）200 kg，结果树则每年施 1～2 次，其量依树大小和果实产量而增加。白柿枝梢结实后枝条亦有干枯现象，不利于来年开花，且枝梢向上生长之徒长枝非常旺盛，所以可进行弱剪，每年待果实采收完成后将枯枝及徒长向上枝剪除，可提高开花率。白柿植株极少病虫害，但果实易受果实蝇为害，着果后宜套袋或罩网。

四、采后处理

白柿果实须在硬熟果皮颜色由绿转淡绿时采收，此时果实较硬，可减少采收搬运时之伤害。采收果实的硬度平均约在 7.8 kg/cm²，将果实置于室温后熟软化 5～7 d 即可食用。比较 3 种温度处理，果实贮藏在 25 ℃ 下 1 周后，果实果皮颜色逐渐由淡绿而转黄，此时果实硬度已下降为 0.2 kg/cm²；于 15 ℃ 下贮藏至 14 d 后，硬度与放置 25 ℃ 1 周约相同，为 0.2 kg/cm²；5 ℃ 环境下贮藏时间可长达 4 周（1 个月之久），果实才开始软化，且硬度仍为 0.6 kg/cm²。

五、未来展望

白柿于屏东科技大学栽培后观察，植株适应性强，其植株生育良好，且病虫害少，栽培容易，为具有潜力的新兴果树。但成熟果皮颜色变化不大，不易由外观判断是否成熟，较难判定采收时间，以及种子较大且种子数多，果皮后熟后软化易受伤害为其缺点。未来仍应进一步进行相关研究，以利推广。

第六节　巴西樱桃

一、概述

巴西樱桃为桃金娘科（Myrtaceae）亚热带果树。巴西樱桃又名西班牙樱桃，学名 *Eugenia brasiliensis* L.。同科其他果树尚有莲雾（*Eugenia javanica* L.）、番石榴（*Psidium guajava* L.）、阳桃（*Auerrhoa carambola* L.）、嘉宝果（*Myrciaria cauliflora*）及其他番樱桃属（*Eugenia* L.）植物等。原产及分布于巴西东南沿岸，尤其在巴拉那州和圣卡塔琳娜州，主要栽培于巴西里约热内卢以及巴拉圭 Paraguay，自 18 世纪以来，已从原产地引至中南美洲、北美、东南亚及非洲等适合栽培的地区，其他热带及亚热带地区亦有零星栽培。

二、气候环境

巴西樱桃为亚热带果树，栽培于部分遮阴条件下植株生长良好，但在商业生产上，需在充足日照下果实质量较佳。植株可耐低温，在巴西，植株于－3.33 ℃下仍可存活。栽培于年降水量 1 800 mm以上的地区果实较佳，植株喜富含有机质的沙质壤土，pH 5.5～6.5。可利用堆肥或覆盖物覆盖于植株基部，促进生长，栽培宜选土层深厚之地为佳，但水分充足时，仍可在浅沙土上生长。植株耐淹但忌长期干旱，生长于长期干旱环境下虽不会死亡，但会导致植株停止抽梢，生长缓慢，尤其在开花和果实生育期间，需要充足的供水。一般只要水分充足，其他因素对植株的影响较低。

三、植株性状

巴西樱桃为小至大型灌木，树形优美，具观赏价值，可当庭园树或果树盆栽。自然生长下，株高可达 14 m，但商业栽培通常将植株维持在 3 m或更低的株高，以便管理及采收。叶对生，全圆且光滑，卵形至长椭圆形，深绿色，长 7～13 cm，宽 5～6 cm，新叶红色。花着生于叶腋 1～2 朵，具 4绿色花萼及 4 白色花瓣，约 100 个雄蕊，花药呈淡黄色。果实圆形，有 2～3 cm长的花梗。幼果期果实表面较粗糙，随果实发育慢慢转为光滑，果皮薄且易破裂。依果实颜色分类，主要分为紫色种及黄色种，紫色种果实由绿转红，再转为暗紫或黑色即为成熟。果实直径 1.25～2.5 cm，多汁且甜，像微带酸及甜味的樱桃，且果皮具有番石榴的独特风味。果实含 2～3 个种子，呈亮褐色或黄灰色。巴西樱桃目前没命名的栽培品种。引进品种调查发现，植株平均每 2 个月会抽一次梢，且主要于 2～5月开花，3～6 月结果，于植株其他抽梢期，亦偶尔会有伴随新梢抽出而开花的现象。植株从开花至果实成熟，依照温度差异需要 30～45 d，并于果实采收后会持续抽梢及开花，每植株视生长状况不同，可连续抽 2～3 次带花的新梢。

四、栽培管理与繁殖

巴西樱桃种植株距可在 4.5～6 m或利用围篱式密植栽培，需适当修剪维持树冠高度或树形，并除去不良枝或枯枝。因巴西樱桃的开花及结果部位，主要为新梢，故可经由修剪方式将植株矮化栽培，以利采收。需定期施肥及补充微量元素，施肥可使用有机肥及台肥 43，于开花期可补充一些高磷钾肥，但须避免过量施肥，以免导致植株生长过盛而抑制开花。幼株生长较缓慢，定植时需注意防风及杂草控制，可用有机物或黑色塑料布覆盖降低杂草生长。

在台湾省试种后发现，其主要产期较短且产期过于集中，多在 3～6 月，且因结果期环境较湿热，病虫害较多，特别是东方果实蝇危害严重，故希望借由产期调节方式来延长或改变其产期，以分散产期，降低病虫害。目前研究调查结果发现，可利用环刻方式将产期提早 2～3 个月，并可利用修剪方式将产期延后，未来将利用其他方式处理，希望能将产期调整至全年均能生产。另外，由于主要产期植株产量高，常导致果实较小，且因种子较大，有果肉率偏低的缺点，目前研究利用施肥、疏枝、疏果等方式，改善果实大小（图 44 - 2）。

月份	1	2	3	4	5	6	7	8	9	10	11	12
生育期		开花抽梢期										
		果实生长期										
						抽梢期		抽梢期			抽梢期	

图 44 - 2 巴西樱桃生育期

在病虫害方面，因植株叶片较厚，故较少昆虫为害，唯抽梢时期叶片较嫩，偶尔会有金龟子或夜盗蛾等取食嫩叶。除结果期果蝇为害严重外，巴西樱桃没有其他较严重的病虫害问题，但鸟亦是危害果实生产的大问题。在巴西有些利用遮网方式来防治鸟的危害，亦可在树上挂彩带、条状金属箔等将损害降低。套袋也是有效防治方式，并可保持果实美观，套袋时期可在接近成熟时、果实尚未转色前的绿果期，因果实过小可能会有落果的现象，故不宜太早套袋，套袋使用网袋或白色纸袋效果佳。

巴西樱桃属于幼年期较短之果树，一般播种后 2.5～4 年即可开花，且种子繁殖后植株间变异不大，播种后约 30 d 即可发芽，种子可保存约 6 周，亦可利用嫁接、高压或扦插等方式繁殖，无性繁殖初期植株生长较缓慢。植株环刻后愈合迅速，故高压繁殖发根率不高，所以常用扦插方式繁殖。虽然无性繁殖之植株可维持品种特性，但结果期未必早于实生苗，故通常还是利用种子繁殖。另外，于栽培植株下方常有许多小苗，亦可移植栽培。

五、采后处理及利用

中国台湾南部采收季节主要为 3～6 月，果实成熟时间依温度不同，在花后 30～45 d。3 m 高植株可生产 20 kg 以上的果实，植株修剪维持株高约 1.8 m，可生产 14 kg 的果实。因果皮薄且易破，采收后销售需注意包装及鲜果保存，不推荐使用大包装及多层堆放方式，以避免引起果皮损伤或凹陷，而导致质量降低，虽然保留果梗采收较困难，但能防止果实失水。果实采后应尽快低温冷藏，冷藏 1 h 可保持 12 d，若冷藏前放于常温下 5 h，质量仅能维持 5 d，在夏威夷果实于收获后可销售 10～20 d，一般作为鲜食，如鲜果、色拉等，产量过盛或有凹痕的果实，可利用煮沸加工方式制成浓缩汁，可用于果汁、果酱、果冻，也可做酒，果肉亦可制成干，另外，树皮和叶子中含精油，主要精油组成含 α-蒎烯、β-蒎烯和 T-杜松醇，在巴西也将巴西樱桃用于利治疗尿疾和风湿病。

巴西樱桃果实营养价值，每 100 g 果肉中约含：碳水化合物 13.4 g、水分 84 g、蛋白质 0.3 g、纤维 0.6 g、脂肪 0.3 g、钙 39.5 mg、磷 13.6 mg、铁 0.45 mg、胡萝卜素 0.039 mg、核黄素 0.031 mg、烟碱酸 0.336 mg、维生素 C 18.8 mg、维生素 B_1 0.044 mg、维生素 A 67 IU（Ken，2007）。

六、结论

巴西樱桃为灌木型植株，树形优美且新梢为鲜红色，植株于开花期间具有香味，可诱引蜂、蝶，为具观赏价值的新兴果树。除可用于一般商业栽培方式生产外，也适合作为果树盆栽、庭园观赏植物或作为绿篱植物，且作为不同于果树生产的模式，其经济效益更可高于商业栽培之果实生产。

虽然巴西樱桃有产期集中及果肉率偏低的缺点，但经研究已可利用环刻、施肥等方式调整产期及改善果实大小，同时虽然主要生产期仍集中在 3～6 月，但果实盛产时也可经由加工方式制成果干、果汁、果酱、果冻、酒、饼干内馅等产品，故不需担心会有产量过盛的情形。

综合上述讨论，巴西樱桃可说是相当具有推广价值的新兴果树，其栽培容易且病虫害少，虽然目前栽培数量仍不多，但在未来可算是相当具有浅力及竞争力的新兴果树。目前主要仍朝向大果品种的选育及产期调节技术的研究，以提高果实质量及利用率，并期望全年均可供应鲜果或观赏盆栽。

第七节　黑　柿

黑柿又名巧克力果或巧克力布丁果，果肉后熟后由黄褐转黑褐色而名之。柿树科之常绿亚热带果树，原产于墨西哥及中美洲等地，植株可达 25 m，叶深绿色，革质，3～6 月开花，花着生于新梢叶腋，淡绿色，有雄花及完全花，果绿色，果径 5～12 cm，果重 50～900 g，可溶性固形物 9%～10%，果肉于后熟后呈黑褐色，肉质软，有淡巧克力味。种子褐色，扁卵圆形，长约 2 cm，每果种子 0～10 个。

栽培易，对气候及土壤之适应性广，可耐 0 ℃之低温，中国台湾平原地区均可栽培，南部可至海拔1 000 m，耐旱及湿，极少病虫害。

　　以种子繁殖 3～5 年可结果，实生变异不大。种子可干贮数个月，播种后 30 d 萌芽，可高压及嫁接，于暖季切接，接穗保留半片叶，外包塑料袋者成活率可达 80％。嫁接 2 周后接穗开始生长，3～4周即可除塑料袋。栽培行株距至少 6 m，采收期约在 12 月至翌年 3 月，较大果植株可较早成熟，于澳洲达尔文地区部分植株可周年生产。果实于绿色硬实期采收，2～6 d 即后熟变软，果转暗绿色，硬熟果于 10 ℃可放数个月，果实软化后不易保存及食用。果实可供食用，或添加牛奶、柠檬汁、甜橙汁、菠萝汁等在果肉上或打成果汁，亦可制酒，果肉冷冻贮藏效果好。菲律宾以打碎未熟果来毒鱼。

　　目前保存有 2 种黑柿，小果为早期引进，果重 60～70 g，长椭圆形，幼年期较长 4～5 年，成熟期在 2～4 月；大果引自澳大利亚，果重 200～250 g，扁圆形，幼年期 3 年，较早熟。澳大利亚目前至少有 3 个品种。

及野生果树 70 余种，

突出了有关果树栽培

究、良种选育、苗木培育、

剂，以及采收与采后处理。

、枇杷、菠萝、香蕉、杧果、

枣、波罗蜜、火龙果、蛇皮

、油梨、余甘子、香榧、梅、

李、甜樱桃、猕猴桃、石

、酸枣、榛子、蓝莓、草莓、

、木瓜、文冠果、油用牡丹、

物学特性、对环境条件的要

害防治、果实采收、分级和

模式加以介绍，增强了栽培

有较强的学术价值、实用性

理工作者应用，亦可作为果